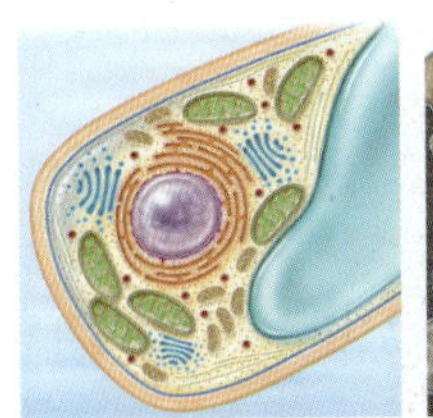
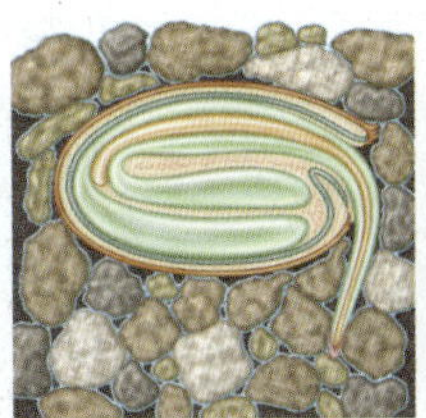

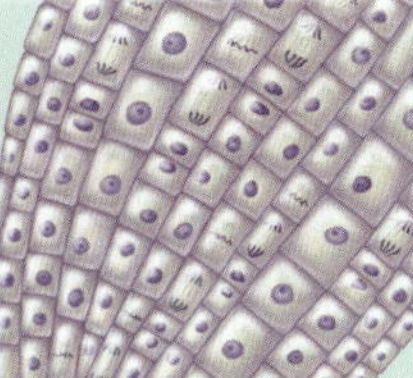

식물
분자생명과학

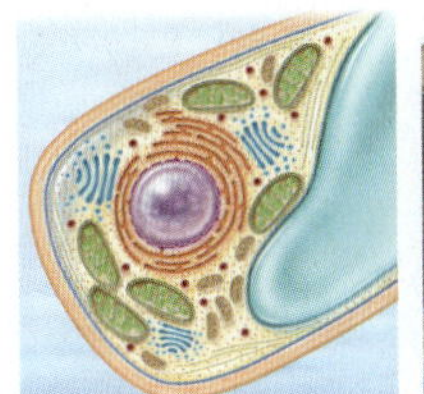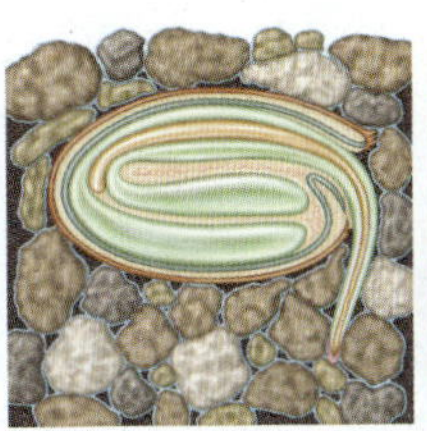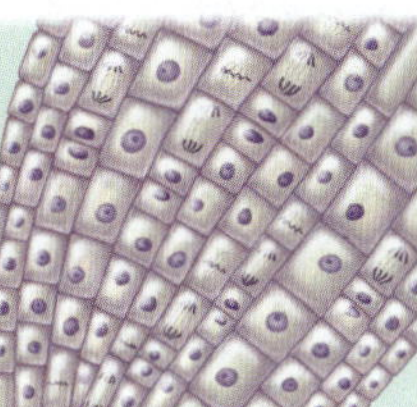

식물 분자생명과학

The Molecular Life of Plants

대표역자 **김우택**

권지안 고재흥 김태훈
남경희 문정환 서미정
이병하 이재훈 정태준 공역

Russell Jones | Helen Ougham | Howard Thomas | Susan Waaland

식물분자생명과학

인　쇄 | 2016년 2월 5일 인쇄
발　행 | 2016년 2월 15일 발행

저　자 | Russell Jones, Helen Ougham, Howard Thomas, Susan Waaland
공 역 자 | 김우택, 권지안, 고재흥, 김태훈, 남경희,
문정환, 서미정, 이병하, 이재훈, 정태준

발 행 인 | 박선진
발 행 처 | (주)도서출판 월드사이언스

주　소 | 서울특별시 서초구 방배4동 864-31 월드빌딩 1층
등록일자 | 1988년 2월 12일
등록번호 | 제 16-1601호

대표전화 | (02) 581-5811~3
팩　스 | (02) 521-6418
E-mail | worldscience@hanmail.net
U R L | http://www.worldscience.co.kr

정　가 | **45,000원**
I S B N | 978-89-5881-252-4

이 도서의 국립중앙도서관 출판시도서목록(CIP)은 서지정보유통지원시스템 홈페이지(http://seoji.nl.go.kr)와 국가자료공동목록시스템(http://www.nl.go.kr/kolisnet)에서 이용하실 수 있습니다. (CIP제어번호 : CIP2016002551)

Brief contents

Part IV 생장

Part V 성숙

Part VI 재생

차 례

Part V 성숙

저자 머리말

"식물분자생명과학"은 대학교 학부생들에게 현대 실험식물학을 소개하기 위해서 디자인되었으며, 지난 2000년에 미국 식물학회에서 발간한 **"식물 생화학 및 분자생물학"** 책을 기초로 제작되었다. 모두 24장으로 이루어진 **"식물 생화학 및 분자생물학"**은 대학원생들을 위하여 쓴 책이며, 식물 생화학 및 분자생물학에 관한 중요한 토픽들을 다루고 있다. 이 책은 식물과학 연구의 최신 발전을 소개할 뿐만 아니라, 식물 생화학과 분자생물학 분야에 관한 양질의 삽화와 그림을 제공함으로써 다른 어떤 교과서와도 필적하는 책이다. **"식물 생화학 및 분자생물학"**은 중국어, 일본어 및 이태리어로 번역되었으며, 영국식 영어를 사용하는 인도판도 제작되었다.

"식물 생화학 및 분자생물학" 책의 성공적인 발간은 미국식물학회로 하여금 윌리-블랙웰 출판사와 함께 새로운 식물학 교과서를 제작하도록 하였다. **"식물 생화학 및 분자생물학"** 책의 편집자인 밥 부케넌, 윌리 그루섬 및 러셀 존스는 **"식물 생화학 및 분자생물학"** 책의 장점을 살려서 학부생들을 위한 **"식물분자생명과학"** 교과서의 기초를 만들었다. 이 새로운 교과서의 목적은 전형적으로 학부생이 수강하는 식물생리학 교과과정에 현대 실험식물학의 전반적인 정보를 제공하는 것이다. 따라서 **"식물분자생명과학"** 교과서는 생화학, 생리학, 발생학, 진화학 등이 실험식물학 강의에 매우 중요하다는 것을 잘 나타내도록 디자인되었다.

"식물분자생명과학" 교과서은 식물의 기능에 관한 중요한 부분을 설명하는 방법으로 종자식물의 일대기를 사용하였다. 애버리스트위스 대학의 헬렌 오그햄과 시드 토마스, 와싱턴 대학의 수잔 워랜드, 그리고 캘리포니아 버클리 대학의 러셀 존스가 이 책을 집필하였다. 러셀 존스, 헬렌 오그햄과 시드 토마스는 18개 장으로 이루어진 본문을 썼으며, 수잔 워랜드는 편집자로서 이 책의 전반적인 형식적 통일과 정확성을 검토하였다.

기능 식물학 강의는 유럽과 북미에서 오랜 역사를 가지고 있으며, 식물학에 대한 다수의 우수한 교과서들이 발간되었다. 19세기 중반에는 하버란트, 세크스, 페퍼 등이 독일어로 쓴 책들이 유명하였는데, 이 식물학 책들은 영어로 번역되어 전 세계에 걸쳐 널리 사용되었다. 1930년에 와서야 비로소 북미 학자들이 식물의 성장과 발생을 조절하는 매커니즘에 관한 책들을 쓰기 시작하였는데, 1931년 에드윈 밀러가 최초였다. 밀러는 그가 쓴 **"식물생리학"** 책의 머리말에서 다음과 같이 썼다: '유럽학자들이 쓴 다양한 교과서들은 유럽에서 수행된 연구를 잘 요약하고 있지만, 미국과 영국 식물생리학자들의 연구결과들을 적절하게 서술하는 데는 실패하였다.' 20세기 중반부터, 식물학 교과서의 저자들은 대부분 북미학자들이었는데, 그 이유는 미국의 대형 농업대학들이 식물학이 농업에 필수적이라고 생각했기 때문이었다. 밀러의 식물생리학 책이 발간된 후, 유명한 식물생리학 교과서가 버나드 메이어와 도날드 엔더슨에 의해 발간되었는데, 이 책은 1938년 첫판이 인쇄된 후 1970년대까지 재판이 계속해서 발간되었다. 그 이후에는 두 종류의 식물생리학 교과서가 유명한데, 그 첫 번째가 프랭크 살리스버리와 클레온 로스가 1969년에 처음 발간한 책이고, 두 번째는 최근에 링컨 테이즈와 에두알도 제이거가 1991년에 처음 발간하여 현재까지 5판이 나온 식물생리학 교과서이다.

"식물분자생명과학"은 분자유전학에 의해 도입된 혁신적인 생물학의 변화를 책 본문에 반영하였다는 면에서 과거의 다른 교과서와 구별된다. 다양한 식물 종의 완전한 유전체가 해독되었으며, 애기장대와 옥수수를 포함한 다양한 식물에서 독특한 표현형을 야기하는 돌연변이체를 제작하는 기술을 통해서 생화학 반응과 세포 과정을 면밀히 조사하고 식물의 성장과 발생의 기초를 이해하는 것이 가능해졌다. 이미 발간된 **"식물 생화학 및 분자생물학"** 교과서의 뒤를 이어서 본 **"식물분자생명과학"**은 이러한 식물학의 최근 연구 경향을 책 속에 적극 반영하였다. 또한, 본문을 효과적으로 요약하고 학생들의 이해도를 높이기 위하여 '키 포인트' 난을 첨가하였다. 각 장의 섹션에서 중요한 이슈들을 100-150자 정도로 '키 포인트' 난에 요약하였다.

본 **"식물분자생명과학"** 교과서는 6개의 파트로 구성되어 있다. 첫 번째 "기원" 파트는 4개의 장으로 이루어져 있는데, 제1장은 식물의 구조, 제2장은 기본적인 식물 세포 화학, 제3장은 식물 유전체의 구조와 발현, 제4장은 세포 구조를 서술하고 있다. 두 번째 "발아" 파트는 3개의 장으로 이루어져 있다. 제5장은 막통과와 세포내 단백질 이동과 같은 발아에 중요한 세포 현상을 설명한다. 제6장은 저장 물질의 이동, 제7장은 성장하는 식물에게 에너지와 탄소를 제공하기 위한 저장 물질의 대사를 설명한다.

세 번째 "출현" 파트는 어린 줄기의 성장과 발생 과정에 필요한 빛의 중요성을 다루고 있다. 제8장은 빛의 인식 및 발달 과정에서의 빛의 중요성을, 제 9장은 광합성과 광호흡을 설명한다. 네 번째 "성장" 파트에서는 호르몬 합성과 작용 (제10장); 세포 주기와 분열조직 (제11장); 그리고 세포 신장, 씨앗의 형성 및 체세포 성장을 다루고 있다.

다섯 번째 "성숙" 및 여섯 번째 "재생" 파트에서는 식물의 전체 일대기에서 나타나는 기능적인 측면을 설명하고 있다. 다섯 번째 파트에서, 제13장은 영양소의 획득을, 제14장은 성숙한 식물에서 일어나는 물질의 장거리 이동, 그리고 제15장은 식물과 환경과의 상호작용을 다룬다. 마지막 여섯 번째 파트에서, 제16장은 꽃, 씨앗, 과일의 발달 과정을, 제17장은 다른 장에서 다루지 않은 식물의 나머지 부분의 구조와 식물의 휴면 메커니즘을 설명하고 있다. 제18장에서는 식물의 노화, 성숙, 그리고 식물 일대기의 마지막 부분인 죽음에 대해서 자세히 서술하고 있다.

본 교과서에서 사용된 많은 그림들과 표에 대한 출처와 사용 허가는 책의 마지막 부분에 표시되어 있다. 윌리-블랙웰 출판사의 편집팀 멤버들에게 특별한 감사를 드린다. 책을 발간하는 과정에서 늘 유쾌한 유머를 발휘한 셀리아 카든 편집자에게 특히 고마움을 표시한다. 셀리아는 책을 출판하는 일에 해박한 지식을 가지고 있을 뿐만 아니라, 원고를 심사하는 익명의 심사자들을 선택하는 데 필요한 식물학에 대한 전반적은 지식을 소유하고 있었다. 우리 저자들은 이러한 익명의 심사자들에게 감사를 드린다. 또한, 셀리아는 삽화가인 데비 메이젤스를 고용하는 데 큰 도움이 되었다. 데비는 매우 뛰어난 예술가이며, 생물학 분야의 깊은 기초 지식을 덤으로 가지고 있었다. 데비에게 심심한 감사를 드린다. 윌리-블랙웰 출판사의 선임 편지자인 피오나 세이모어는 책을 출판하는 데 큰 도움이 되었다. 교과서를 출판하는 복잡한 과정에 대한 피오나의 지식은 높은 수준의 "**식물분자생명과학**" 교과서를 만드는 데 필수적이었다. 출판 부장인 제인 엔드류는 원고 정리, 조판자와의 연락, 원고 교정 및 색인 등과 같은 세세한 일에 큰 도움을 주었다. 마지막으로, 윌리-블랙웰 출판사의 낸시 윈체스터, 그리고 메릴랜드 주 락빌에 소재하는 미국식물학회 (ASPB) 본부의 앤디 슬래이드에게 큰 감사를 드린다. 낸시와 앤디는 ASPB와 윌리-블랙웰 출판사의 공동 출판 프로젝트를 시작하는 데 큰 도움이 되었으며, 두 사람 모두 "**식물분자생명과학**" 교과서가 실제로 출판되기까지 든든한 후원자가 되었다.

러셀 존스
헬렌 오그햄
하워드 토마스
수잔 워랜드
2012

역자 머리말

역자는 학부생과 대학원생들에게 식물분자생리학 과목을 20년 이상 강의하면서, 식물과학은 외우는 과목이 아니라 이해하는 것이라고 늘 얘기해 왔습니다. 그러나 식물분자생리학은 세포학, 분자생물학, 생화학 및 생리학적 측면뿐 아니라, 최근에 큰 발전을 이룬 유전체학까지 모두 포함하고 있는 포괄적인 과목이기 때문에, 학생들에게는 부담스럽고 어려운 과목이라는 사실을 항상 느끼고 있었습니다. 보다 쉽고 흥미 있게 식물분자생리학 과목을 학생들에게 강의할 수 있을지 고민하던 중 미국식물학회에서 발간한 "The Molecular Life of Plants"를 접하게 되었습니다. 그리고 이 책이 이러한 고민을 해결할 수 있을 것이라 기대하면서 본 책을 "식물분자생명과학"이라고 명명하고 번역작업을 시작하였습니다.

"식물분자생명과학"은 대학교 학부생들에게 현대 실험식물학을 소개하기 위해서 디자인된 책이며, 생화학, 분자생물학, 생리학 및 세포학과 같은 현대 식물학 분야의 중요한 토픽들을 자세하고 쉽게 설명하는 책입니다. 또한 유전체학과 분자유전학 등 식물과학 연구의 최신 발전을 친절하게 소개할 뿐만 아니라, 양질의 삽화와 그림을 제공함으로써 생물학, 식물학, 원예학 및 농학을 공부하는 학생들에게 포괄적이고 통합적인 기초 지식을 제공하고 있습니다. 특히 식물의 성장과 발생을 조절하는 분자적 조절 메커니즘을 세포학 및 분자생물학 측면에서 설명함으로써 실험식물학의 중요성을 학생들에게 잘 전달해 주는 교과서라고 생각합니다. 따라서 저희 공동역자들은 "식물분자생명과학"이 식물학을 어려워하는 학생들에게 유익하고 쉬운 책이며 동시에 현대 식물생리학 전반을 이해할 수 있는 좋은 교과서라고 추천하는 바입니다.

특별히 본 "식물분자생명과학" 교과서 번역 작업은 사단법인 한국식물학회와 공동으로 이루어졌으며, 공동번역자 10명 모두 사단법인 한국식물학회 소속 대의원들입니다. 미국식물학회에서 발간한 교과서를 한국식물학회 소속 교수들이 공동으로 번역한 것은 양국 식물학회의 교류와 발전에 도움이 되리라고 기대합니다.

이 책이 나오기까지 번역에 참여하여 주신 공동 집필진들께 진심으로 감사드리며, 월드사이언스 한용희 부장님과 편집부 정창기 실장님께 특별히 고마운 마음을 전합니다.

2016년 1월

대표역자 김우택

역자 약력

대표역자

김우택	연세대학교 시스템생물학과

공역자

권지안	단국대학교 분자생물학과
고재흥	경희대학교 식물 · 환경신소재공학과
김태훈	덕성여자대학교 프리팜메드/건강기능신소재학과
남경희	숙명여자대학교 생명과학과
문정환	명지대학교 생명과학정보학과
서미정	전남대학교 바이오에너지공학과
이병하	서강대학교 생명과학과
이재훈	부산대학교 생물교육과
정태준	부산대학교 생명과학과

Part I
기원

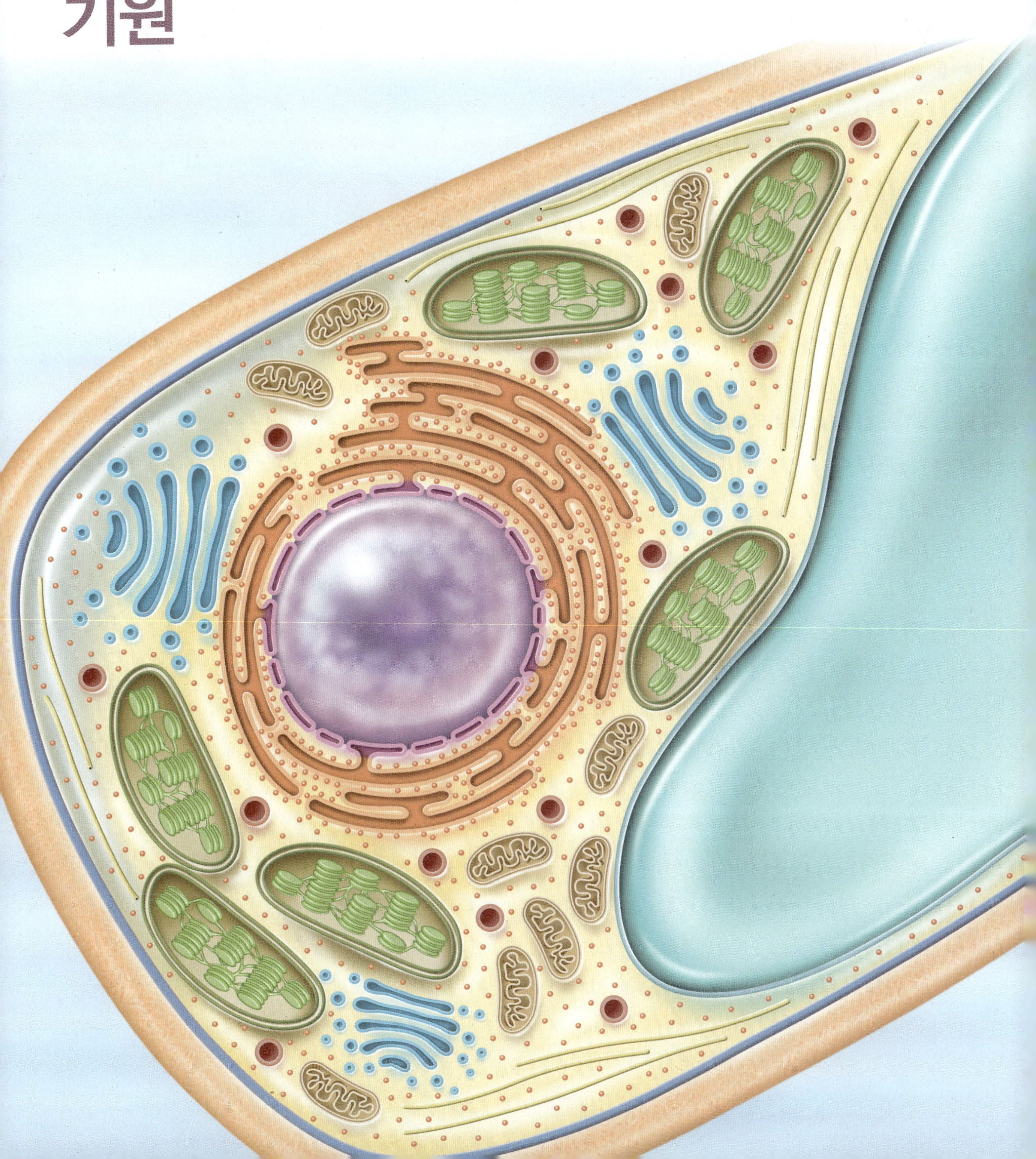

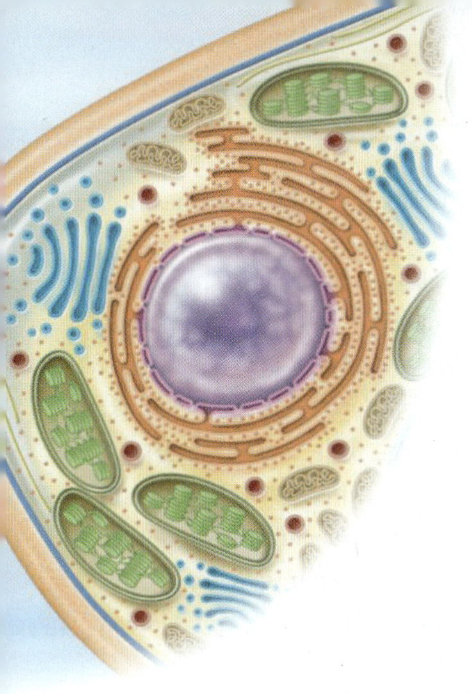

Chapter 1
식물의 생활: 입문

1.1 식물학 소개

이 책의 독자들은 다른 학문적 배경을 가지고 식물학을 바라볼 것이라는 것을 인식하면서, 살아 있는 식물체에서 유전자, 단백질, 대사물질과 외부 환경 신호가 어떻게 상호작용하는지를 이 책을 통해서 알아보려고 한다. 공통적인 기초 지식을 갖게 하기 위해서, 이번 장은 식물학의 기초적인 내용을 다루었다. 진화학, 발달생물학, 형태학과 식물구조에 대해 잘 아는 독자들은 이번 장에서는 익숙한 주제를 보게 될 것이다. 그러나 그렇지 않은 독자들은 이번 장에서 전체 식물학의 기초와 식물의 생활사에 관하여 배우게 될 것이다. 이 책의 얼개는 식물의 생활사를 기반으로 구축되었다. 여기서 소개되는 많은 용어와 개념은 뒤이은 장에서 더 자세히 설명될 것이다. 더불어, 현대 분류체계를 구축하는 데 쓰여진 증거와 현존하는 녹색식물의 진화적 역사와 상관관계가 다뤄질 것이다. 이런 것들은 식물의 형태, 발달, 그리고 생식의 원리를 논의할 수 있는 기초를 제공해 줄 것이다.

1.2 식물의 계통학

무엇이 식물을 식물로 만들까? 이 질문은 간단히 보이지만, 생물학자들에게는 수세기 동안의 도전적인 질문이었다. **계통학**(systematics)은 생물체를 동정하고 **진화적**인 상관관계에 따라 계층적으로 구분하는 학문이다. 계층 구분은 가장 상위 계층인 **영역**(domain)에서부터 가장 하위 계층인 **종**(species)에까지 이른다(표 1.1). 이런 구분은 개체 생물체를 이름에 의해 구분하기 쉽게해 주고, 가깝거나 먼 유연관계의 그룹을 쉽게 인식하게 해 준다. 한 분류 계층에서 한 종의 구성원은 **분류군**(taxon; **복수형** taxa)이라고 이르고, 이를 분류하는 과학을 **분류학**(taxonomy)라고 한다.

1.2.1 각 종은 진화적 유연관계를 보여주는 독특한 학명을 갖는다

식물의 학명은 속명과 종명으로 구성되어 있다. 1753년 Carolus Linnaeus는 자신의 분류학 저술 *Species Plantarum*에서 사용한 긴 다명법(polynomial system)의 축약판으로 속/종명으로 구성된 이명법(binomial system)을 만들었다. Linnaeus의 다명법은 더 이상 사용되지 않지만 이명법은 지금까지도 모든 생물학 분류에서 사용된다.

라틴어로 구성되는 이명법의 학명은 이탤릭체로 속명의 첫머리는 대문자로, 종명은 모두 소문자로 쓴다. 종종 특별한 속성이 따라 붙기도 한다. 재배 보리의 경우, *Hordeum vulgare*이 Linnaeus에 의해서 처음에 사용되었다. 이에 따라 Linnaeus의 축약 'L.'이 정자로 다음과 같이 첨부될 수 있다: *Hordeum vulgare* L.(그림 1.1). 보리를 언급할 때, 한 문서 등에서 축약이 아닌 전체 학명이 한번 사용된 이후로는, *H. vulgare*와 같이 사용될 수 있다.

The Molecular Life of Plants, First Edition. Russell Jones, Helen Ougham, Howard Thomas and Susan Waaland.

표 1.1 재배 보리(*Hordeum vulgare*)를 예로 든 식물 분류에 사용되는 계층

도메인	진핵생물(Eukarya)
계	녹색식물(Viridoplantae)
문	현화식물(Magnoliophyta)
강	단자엽식물(Liliopsida)
목	벼(Poales)
과	화본(Poaceae)
속	*Hordeum*
종	*vulgare*

그림 1.1 이 보리의 학명은 *Hordeum vulgare* L. 'Galena'이다.

일반 식물 명칭의 불분명성을 생각하면, 이명법이 진화적 유연관계를 근거로 한 분류법과 함께 사용될 때의 그 가치는 분명해진다. 콩을 예로 들어보자. 일반적으로 콩이라고 불리는 많은 식물은 사실 같은 속, 과, 심지어 같은 목이 아닐 수 있다(그림 1.2). 식탁에 올라오는 일반적으로 먹는 콩은 콩과(Fabaceae)에 속한다. 그러나 피마자(castor bean)를 만드는 식물은 *Ricinus communis*로 대극과(Euphorbiaceae)에 속하는 반면, 커피콩은 *Coffea arabica* 식물에서 오고, 이것은 꼭두서니과(*Rubiaceae*)에 속한다. 더 문제를 복잡하게 하는건, 콩과에 속하는 콩이 서로 다른 속에 속할 뿐 아니라 종종 다른 일반 식물명을 갖는다는 점이다. 예를 들면, *Phaseolus vulgaris*는 아드즈키콩(adzuki), 건콩(dry), 프랑스콩(French), 녹색콩(green), 핀토콩(pinto), 러너콩(runner), 스냅콩(snap), 그리고 왁스콩 등으로 불린다. 같은 속에 속하는 서로 다른 종의 예는 리마콩(lima beans; *P. limensis*)와 버터콩(butter beans; *P. lunatus*)이다. 또 콩과의 또 다른 속, 나비나물속(*Vicia*)는 *Vicia faba*를 포함, 160개의 다른 종이 있다. 종명 faba에서 알 수 있듯, *Vicia faba*가 파바콩(fava bean)이나, 이 종은 또한 넙적콩(broad bean), 영국콩, 필드콩, 말콩, 비둘기콩, 틱(tick), 윈저콩(Windsor bean)(그림 1.2)으로도 불린다.

재배변종(cultivar)은 경작되는 품종(<u>cult</u>ivate <u>var</u>ieties)로 식물 육종학자들이 야생종으로부터 만들어 낸 것이다. 재배변종이 알려져 있다면, 단일 따옴표를 써서, 라틴 학명 뒤에 표기한다. 'cv.'를 재배변종 이름 앞에 붙이기도 하고, 단일 따옴표를 쓰지 않기도 한다. 재배변종의 이름은 라틴어 보다는 일반 용어를 쓰고, 이탤릭화되지 않고, 첫머리 글자는 대문자로 쓴다: *Hordeum vulgare* L. 'Golden Promise'가 현재 규칙이나, *Hordeum vulgare* L. cv. 'Golden Promise'와 *Hordeum vulgare* L. cv. Golden Promise 또한 사용될 수 있다.

키포인트 일반명은 식물을 식별하는 데 사용하기에는 제한적이다. 영국에서 넙적콩(broad bean)은 미국에서 파바콩(fava bean)으로 불린다. 또한 이 콩은 파바(faba), 필드콩(field), 말콩 등등으로 불리기도 한다. 식물학자들은 Linnaeus가 만들어 낸 종을 가리키는 학명으로 라틴 이명법을 사용해 왔다. 파바콩(Fava)의 학명은 *Vicia faba*이다. 이명법은 다음과 같은 규칙에 따라 표기된다. *Vicia*와 같은 첫 명칭은 그 생물체의 속명이고 *faba*와 같은 두 번째 명칭은 종명이다. 학명 뒤에는 종종 명명자의 이름의 약어가 붙기도 한다. *V. faba*의 경우, Linnaeus가 명명했기 때문에 L.이 뒤에 붙을 수 있다. 학명은 반복해서 사용될 경우, 위의 *V. faba*의 예와 같이 속명의 첫글자와 종명의 전체 이름으로 구성하여 줄여서 사용될 수 있다. 학명은 이탤릭체로 쓰고, 명명자는 정자체로 쓴다.

1.2.2 진화 근연관계 확립을 위한 현대 분류법

계통 발생(phylogeny)를 근거로한 분류법은 **단계통군(monophyletic taxa)**을 구축하는 것을 목표로 한다. 단계통군은 한 조상종과 여기서 기원한 후손 모두를 포함하는 집단을 의미한다. 계통 발생 분석의 현대 방법론을 **분기학(cladistics)**이라고 한다. 이 용어는 **분기군(clade)**이라는 용어에서 기원했다. 분기군은 하나의 단계통군이다. 이번 장에서 우리는 식물 진화 역사에 관한 최근 가설을 조명해 보기 위해서 **분기도(cladogram)**라고 불리는 진화적 계통도(evolutionary tree)를 이용할 것이다.

분기도를 만들기 위해서, 계통학자와 진화생물학자들은 생화학적, 분자 유전학적 자료 뿐만 아니라, 형태적, 구

그림 1.2 일반 명칭인 '콩'은 많은 다른 과나 속에 속하는 식물을 지칭한다. 위 사진은 4개의 '콩'으로 3개의 다른 과와 4개의 다른 속에 속한다. 따라서, 식물을 식별할 때 라틴어 이명법 학명을 사용하는게 중요하다. (A) 프랑스콩(Fabaceae, *Phaseolus vulgaris*). (B) 파바콩(Fabaceae, *Vicia faba*). (C) 피마자(Euphorbiaceae, *Ricinus communis*). (D) 커피콩(Rubiaceae, *Coffea arabica*).

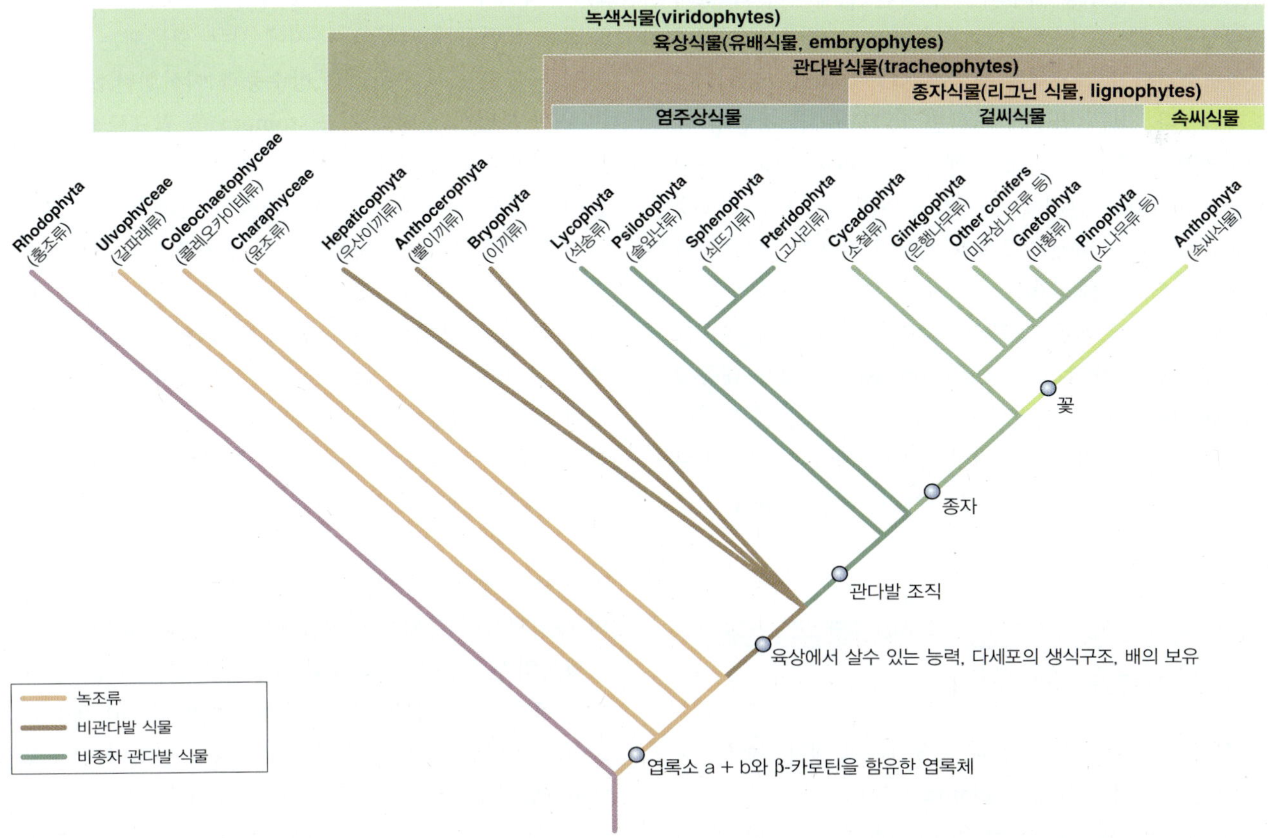

그림 1.3 녹색식물의 진화를 표현한 분기도(cladogram)

조적, 그리고 대사적 형질을 사용한다. 계통도는 조사대상 분류군(**내집단, ingroup**)의 관련 그룹인 **외집단**(**outgroup**)을 사용하여 뿌리를 둔다. 내집단과 외집단은 같은 **원시근본적인 형질**(**primitive trait**)을 공유한다. 내집단 구성원은 외집단과 구분되는 **새로운 형질**을 가지고 있다. 예를 들면, 그림 1.3의 분기도에서 홍조류는 녹색식물 분기군의 외집단이다. 홍조류와 녹색식물은 셀룰로즈로 만들어진 세포벽(4장 참고)과 이중막 구조의 엽록체와 같은 원시근본적인 형질을 공유하고 있다.

홍조류의 엽록체와는 달리, 녹색식물의 엽록체는 엽록소 a와 엽록소 b를 모두 가지고 있다; 엽록소 b를 가지고 있다는 사실은 녹색식물을 홍조류로부터 구분되게 하는 중요한 특징이다. 분기도의 나머지는 유사한 방법으로 만들어진다. 각 분지점에서 분지점 위의 분기군은 가지 아래의 분류군으로부터 구분되는 다른 특징을 가지고 있다.

1.3 육상식물의 기원

육상식물의 전화를 이해하기 위해서는 이들의 진화적 기원을 살펴보는 것이 좋다. 지구 상의 생명체는 35억 년 전에 발생했다. 광합성 기구의 기본적인 설계는 진화 초기에 완성된 것으로 여겨진다. 식물에서 광합성이 일어나는 세포소기관인 엽록체는 광합성 세균(cyanobacteria)에서 기원했다. 최근 연구에 의하면 15억 년 전 광합성 세균이 초기 동물성 단일세포 생물체(protozoa)와 내공생(endosymbiotic) 관계에 들어가게 되었다. 1차 내공생(endosymbiotic) 사건은 2개의 진화적 계통을 만들어 냈다. 즉, 회색조식물(glaucophytes, 조류와 유사한 단일세포의 담수생물체 작은 그룹)과 홍조/녹색식물 계통이 그것들이다. 다른 광합성 원생생물(protists)은, 2차 내공생(endosymbiosis), 즉 단일세포의 홍조 및 녹조류를 흡입함으로써 엽록체를 획득하게 되었다. 다음에서 더 세분화된 녹색식물 그룹, 나아가 이 책의 주제인 육상식물을 논의할 것이다.

1.3.1 녹색식물 분기군, 녹색식물은 녹조류와 육상식물을 포함한다

육상식물들의 조상은 녹조류라고 생각되고 있다. 녹조류와 육상식물은 **녹색식물**(**viridoplantae**)이라고 하는 녹색식물 분기군을 구성한다. **녹색식물**(Viridophytes)은 광합성 생물체로 엽록소 a와 b 그리고 전분을 저장하는 이중막의 엽록체를 가지고 있다. 세포학적 그리고 분자생물학적 분석에 근거하면, 녹색식물은 10억 년 이전에 2개의 분기군로 나뉘었다. 그 두 분기군은 **녹조식물**(**chlorophytes**)와 **스트렙토식물**(**streptophytes**)로, 녹조식물은 대부분의 녹조류로 구성되어 있고, 스트렙토식물은 *Chara*와 *Coleochaete*와 같은 **윤조식물**(**charophycean green algae**)와 **육상식물**을 포함한다. 육상식물은 **유배식물**(**embryophytes**)로 다세포의 생식기관를 가지고 있고, 부모식물로부터 보호와 영양 공급을 받는 배를 만든다.

1.3.2 유배식물(embryophytes)은 이들의 조상인 녹조류와 달리, 육상에 적응했다

육상식물의 진화는 건조한 육지에서 생존하는 것에 의해 촉진되었다. 식물은 광합성을 위해서 이산화탄소, 물 그리고 빛을 필요로 한다. 이 뿐만 아니라, 식물은 산소를 접할 수 있어야 하고, 질소, 인, 칼륨, 황과 같은 많은 다른 원소를 함유하는 무기 이온을 필요로 한다(13장 참고). 육상식물의 조상인 녹조류는 상대적으로 간단한 수생 생물이다(그림 1.5). 육지에서 생존과 번성을 하기 위해서, 식물은 몇가지 도전에 직면하게 되었다. 육지에 사는 생물체는 건조한 공기에 노출되었고 이에 따라 **방수층**과 이산화탄소를 섭취하기 위한 **특별한 구멍**인 **기공**(**stomata**)을 필요로 하였다. 공기는 식물체가 떠 있게 받쳐 주지 않는다. 이러한 사실은 식물이 똑바로 서게 해 주는 지지조직의 진화를 이끌었다. 식물의 생장에 필수적인 **자원**은 보통 **공간적으로 분리**되어 있다. 즉, 빛은 지상에, 물과 미네랄은 지하부에 존재한다. 이러한 점들은 특별한 지상부 **광합성 기관**(잎), 물과 무기 이온을 섭취하기 위한 **지하부 기관**(뿌리), 그리고 광합성 산물인 당을 광합성 조직으로부터 뿌리에, 그리고 물과 미네랄을 흙으로부터 잎으로 효율적으로 이동시킬 수 있는 체계를 가지고 있는 **연결 기관**(줄기)의 진화를 유도하였다.

물속 생활에서 지상 생활로의 변경은 또한 생식의 방법에 큰 영향을 미쳤다. 이 영향을 이해하기 위해서는 식물의 유성생식에 대해서 살펴볼 필요가 있다. 육상식물의 유성생식의 방식은 동물의 것과 상당히 다르다(그림 1.6). 사람을 포함하는 동물의 경우, 성체는 **이배체**(**2n**) **세포**로 만들어져 있다. 감수분열에 의해서 정자와 난자와 같은 **반수체**(**n**) **생식세포**가 만들어지고 이것이 동물 생활사에서 유일한 반수체 세포이다. 정자와 난자가 수정을 통해 결합

그림 1.4 대표적인 녹조류 (A) *Ulva*, (B) *Chlamydomonas*, (C) *Nitella* 그리고 (D) *Coleochaete*.

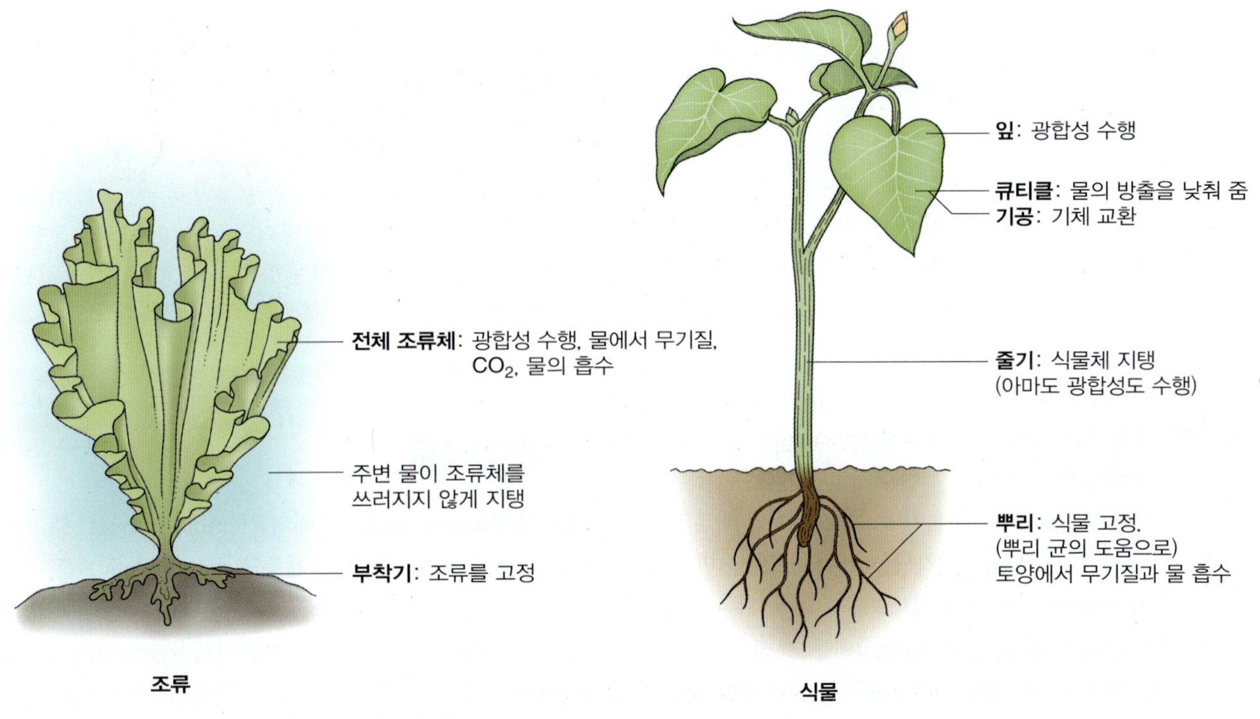

그림 1.5 수생 녹색 조류와 육상 관다발 식물의 비교.

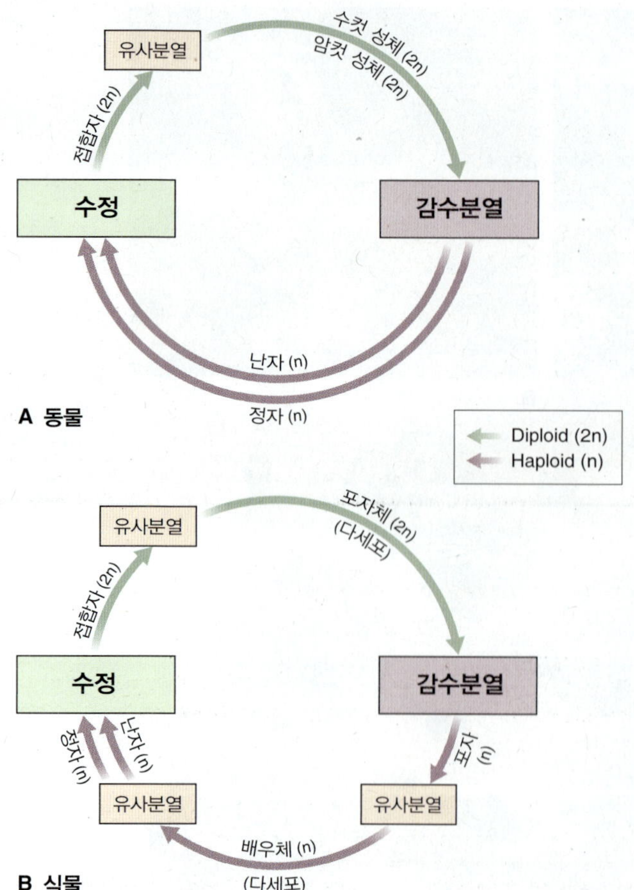

그림 1.6 식물과 동물의 일반적인 생활사 비교. (A) 동물 생활사는 1개의 이배체 다세포 세대의 특징을 갖는다. (B) 식물 생활사는 다세포 세대가 교차되는 특징을 갖는다. 한 다세포 세대는 반수체, 다른 다세포 세대는 이배체이다. 배우자 세포는 유사분열을 통해 반수체 세대에서 만들어진다. 이배체 세대에서 감수분열을 통해 포자가 만들어지고 이 포자는 발아하여 반수체 세대를 시작한다.

하면 이배체의 접합자가 만들어지고 이것은 다시 다음 이배체 세대를 가능하게 한다. 반면에, 육상식물에서 유성생식은 **이배체 세대**인 **포자체**(sporophyte)와 **반수체 세대**인 **배우체**(gametophyte)의 **교번**(alternation)이 일어난다. 게다가, 육상식물의 생식세포는 유사분열에 의해서 만들어진다. 이배체 포자체는 다세포의 **포자낭**(sporangia)을 만들고 여기에서 **감수분열**이 일어나서 **반수체**의 **포자**가 만들어진다. 이 포자는 유사분열에 의해 다세포의 반수체 배우체가 된다. 배우체는 다세포의 **배우자낭**(gametangia)을 만들고 여기에서 **유사분열**을 통해 **생식세포**가 만들어진다. 생식세포는 결합하여 이배체 **접합자**(zygote)를 형성하고 다시 새 포자체 세대가 시작된다. 종자식물에서의 세대교번은 눈에 띌 정도가 아니다. 왜냐하면 포자가 배우체로 발달하는 과정이 포자낭에서 일어나기 때문이다. 종자식물의 배우체는 상당히 작고, 영양분을 포자체에 의존한다. 종자식물의 암 배우체는 포자체에 물리적으로 연결된 채로 남아 있다.

육상식물에서, 접합자는 **암배우자낭**(**female gametangium**)에 보존되어, 추후 **배**(**embryo**)로 발달한다. 배는 부모 배우체 조직 안에서 보호받고 영양분 공급을 받게 된다. 육상식물의 경우, 배우체와 포자체의 두 세대 모두 육상에서 반드시 살아 남아 자손을 남겨야 한다. 생식세포와 포자는 물에서 수영할 수 있거나 떠다닐 수 있다. 육상의 경우, 배우자 사이의 수정과 자손을 퍼뜨리는 새로운 기작이 필요하게 되었다. 그림 1.3을 참고하여, 식물이 지상부를 뒤덮을 수 있게 진화해 온 적응기작을 염두에 두면서, 육상식물의 가장 원시적 분기군인 선태식물(bryophytes)부터 시작하여 육상식물의 진화를 따라가 보겠다.

키포인트 진화적 계통도 또는 분기도는 생물체 그룹 간의 진화적 유연관계를 구축하기 위해서 사용된다. 분기학(Cladistics)이라고 불리는 이 분야의 목표는 모든 다른 생물체와 구분이 되는 중요 형질을 이용하여, 조상 생물체를 알아내고, 이것의 자손 모두를 파악하기 위한 것이다. 한 특정 그룹에 속하는 생물체를 분기군 또는 분류군이라고 부른다. 식물은 녹조류와 육상 식물의 두 분기군으로 분리된다. 육상식물은 부모식물이 수정란을 보존하고 있고 배를 보호하고 영양공급해 준다는 면에서 녹조류로부터 구별이 된다. 배를 보존하고 있다는 점은 수생식물에서 육상식물로의 전이를 가능하게 하는 몇 가지 특징 중의 하나이다. 이를 진화적으로 가능하게 한 다른 중요한 특징으로는 물의 손실을 막게 해 주는 왁스층의 외부 보호막, 가스교환을 가능하게 하는 여닫을 수 있는 구멍, 물을 운반하는 조직과 물을 불필요하게 한 새로운 생식 기작이 있다.

1.4 선태식물

선태식물(**Bryophytes**)은 유배식물(embryophyte) 중 가장 원시그룹이다. 이 그룹은 **측계통군**(**paraphyletic**, 즉, 구성 생물들이 공통조상을 공유하지 않는다)으로 구성되어 있다; 이 그룹은 **뿔이끼**(**hornwort**), **우산이끼**(**liverwort**), 그리고 **이끼**(**moss**)의 3개 단계통 분기군을 포함한다(그림 1.3과

그림 1.7 대표적인 선태식물: (A) 이끼, (B) 우산이끼 그리고 (C) 뿔이끼

1.7). 약 24,000 선태식물 종이 현재 존재한다. 초기 선태식물은 4.5억 년 이전에 관다발 식물 계통으로부터 분리된 것으로 생각된다.

키포인트 식물의 생식은 동물과 기본적으로 다르다. 동물의 난자와 정자는 감수분열에 의해서 생성되는 반면, 식물은 유사분열에 의해서 난자와 정자를 만든다. 반수체 포자는 포자를 만드는 이배체 포자체 식물에서 감수분열을 통해 만들어진다. 포자가 발아해서 반수체의 배우자를 만드는 식물인 배우체를 만들고, 이것은 유사분열을 통해서 난자와 정자를 만든다. 이 포자체와 배우체를 번갈아 가는 세대교번은 고사리류에서 잘 나타난다. 커다란 잎을 가지는 고사리는 포자체이고 포자는 잎의 뒷면에서 감수분열에 의해서 만들어진다. 확산된 포자는 발아하여 배우체를 형성하는데, 이것은 지름이 겨우 몇 mm 수준이다. 난자와 운동성있는 정자가 배우체에 의해서 만들어지고 수정의 결과물인 접합자는 포자체 식물로 성장한다.

1.4.1 선태식물은 다양한 환경에 적응해 왔고, 조직과 기관으로의 분화가 제한적으로 일어났다

선태식물은 일반적으로 습하거나 축축한 환경에서 주로 발견되나, 건조하고 뜨거운 환경에서 발견되기도 한다. 예를 들면, 지붕 타일 위, 슬레이트나 바위 위와 같은 곳에도 광범위하게 분포되어 있다. 이러한 환경에서 이끼는 탈수된 상태로 건조한 기간 동안 살아 남아, 물이 공급될 때 물을 다시 흡수하여 자란다. 선태식물은 또한 나무가 분포 가능한 위도 이상이나, 극지 지역의 상당한 곳에서 많이 자란다.

우리가 보는, 이끼, 우산이끼나 뿔이끼에서 광합성을 하는 식물체 형태는 반수체 배우체이다(그림 1.7). 뿔이끼와 많은 우산이끼에서 배우체는 **엽상체(thallus)**라고 하는 형태를 취하고 있다. 엽상체는 납작한 모양으로 지표면에서 자란다. 이것의 아래쪽엔 엽상체를 부착 표면에 고정을 시켜 주는 길다란 단일세포인 **헛뿌리(rhizoid)**가 있다. 잎 모양을 가지는 우산이끼나 이끼의 배우체는 큐티클로 뒤덮인 잎과 줄기와 유사한 기관을 만든다(그림 1.7, 1.8). 이끼의 '줄기' 중심부에는 물과 물질들을 수송하는 것으로 생각되는 길다란 세포가 종종 존재한다. 그러나 이들 세포들은 관다발 식물의 물관세포와는 구조와 기원이 다르다. 이끼 배우체는, 부착 표면에 고착되게 하는, 실과 같은 다세포 헛뿌리를 가지고 있다. 이배체 포자체는 눈에 덜 띄이고, 배우체에 영양분을 의존하고 있다.

1.4.2 배우체는 선태식물 생활사의 대부분을 차지한다

이끼의 전형적인 생활사는 그림 1.8에 나타나 있다. 배우체는 배우자를 다세포인 배우자낭(gametangia)에서 만들어 낸다. 난자는 암배우자낭(**장란기, archegonium**) 안에 남아 있고, 2개의 편모를 가지는 정자가 수배우자낭(**장정기, antheridium**)을 떠나 수분막을 따라 헤엄쳐서 난자에 도달한다. **수정**은 암배우자낭에서 일어난다. 수정 결과물인 **접합자**는 분열을 시작하여, 이배체의 **배(embryo)**가 만들어진다. 배는 **포자체(sporophyte)**로 발달하는데, 포자체는 배우체에 부착되어 비독립적이다. 성숙한 포자체는 줄기와 같은 **자루(seta)**와 **포자낭(capsule)**을 가지게 된다. 포자체의 자루 내 중심원기둥의 분화된 세포는 아마도 관

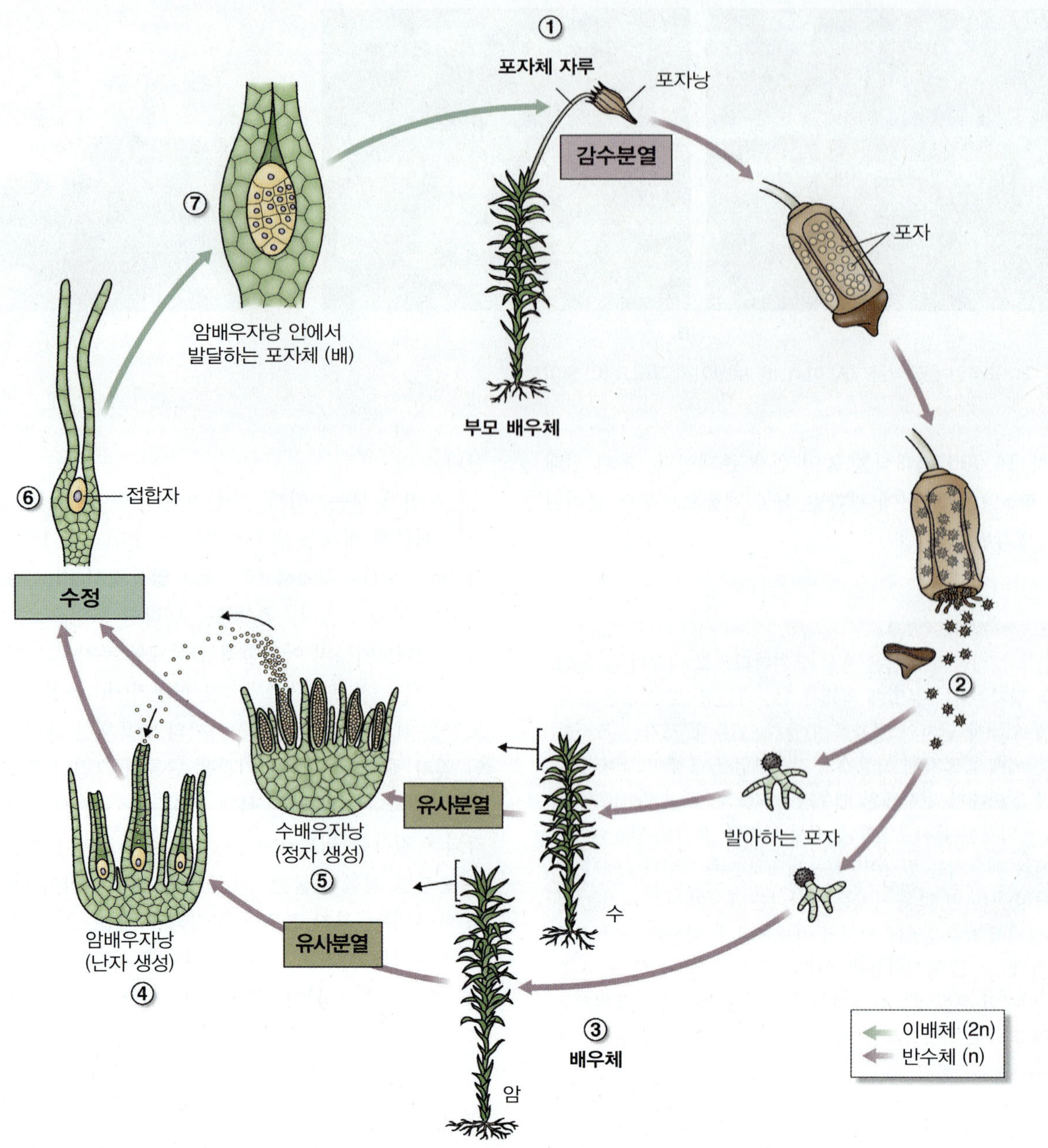

그림 1.8 솔이끼(*Polytrichum*)의 생활사. (1) 이배체의 포자체가 포자낭을 발달시키면 이곳에서 (2) 반수체의 포자가 감수분열에 의해서 만들어진다. (3) 이들 포자가 발아해서 암 또는 수 배우체를 형성한다. (4) 유사분열을 통해서 암 배우체 식물의 암배우자낭에서 반수체 난세포가 형성되고 (5) 수 배우체 식물의 수배우자낭에서 반수체 운동성 있는 정자가 만들어진다. (6) 운동성 있는 정자는 암배우자낭의 목 부분을 타고 헤엄쳐 내려와서, 난자를 수정시키고, (7) 이배체 접합자를 형성시킨다. 접합자는 이배체 포자체로 발달한다.

다발 식물내 관다발 조직의 기능적인 조상일 것이다. **기공**(**stomata**) 역시 포자체에 존재할 수 있다. 포자체 내, 이배체 세포는 **감수분열**에 의해 **반수체 포자**를 만들어 낸다. 이끼 포자는 **스포로폴레닌**(**sporopollenin**)이라는 두꺼운 세포벽으로 감싸져 있다. 스포로폴레닌은 수분 손실을 감소시켜 주는, 분해가 잘 안 되는 중합화합물이다. 포자는 바람에 의해 퍼뜨려진다. 포자가 발아하면, 새로운 배우체 세대로 자라나게 된다.

> **키포인트** 선태식물는 가장 원시적인 육상 식물이다. 선태식물의 생식은 정자가 난자에 도달할 수 있는 물이 필요하다. 수정의 결과물인 접합자는 모체 조직에 감싸져 있는 배로 발달한다. 포자체는 암배우체에 부착되어 영양분을 공급받는다. 감수분열로 만들어지는 반수체 포자는 바람으로 퍼뜨려진다. 독립적으로 사는 선태식물의 배우체는 육상에 생존하기 위한 많은 적응 장치 — 예를 들면 방수기능의 큐티클이나 잘 발달한 관다발 조직 — 가 부족하지만, 관다발 식물의 조상으로 생각된다.

1.4.3 선태식물의 많은 특징은 관다발 식물과 연관성을 보여준다

선태식물의 포자체는 육상 생존을 위해, **큐티클**, **기공**, **물질 수송 세포**, 그리고 **건조 저항성**이 있고 바람에 의해 퍼지는 **포자**(**spore**)와 같은 몇가지 적응 장치를 가지고 있다. 그러나 이 포자체는 배우체에 영양분 공급면에서 의존적이기 때문에, 포자체는 배우자가 자랄수 있는 습한 환경(적어도 계절적으로라도 습한 환경)에서만 제한적으로 생존할 수 있다. 배우체가 어느 정도의 큐티클을 가지고 있는 반면에, 포자체의 조직은 건조에 민감하다; 물과 미네랄의 흡수는 전체 포자체의 표면에서 일어난다. 포자체는 단단한 조직이 부족하고 이에 따라 상대적으로 크기가 작다. **유성생식**을 위해서는 **이동성이 있는 정자**가 **이동성이 없는 난자**에 **헤엄**쳐 갈 수 있는 **수분막**을 필요로 한다. 그러나 다세포 성기관의 존재와 이배체 배가 배우체 내에서 보호받고 영양공급을 받는다는 점에서 선태식물은 육상 생활에 적응 장치를 가지고 있다.

1.5 관다발 식물

화석 증거에 의하면 첫 **관다발 식물**(**tracheophyte**)는 5–10 cm 키의 **두 갈래로 분지된**(**dichotomous branched**) 간단한 생물체였다. 아주 초기의 관다발 식물은 배우체와 포자체가 거의 같은 크기로 모두 독립적이었을 것으로 여겨진다. 이 초기 육상식물은 물, 당, 미네랄을 운반하기 위한 특화된 **관다발 조직**(**vascular tissue**)을 가지고 있었다(1.8.2–1.8.4절 참고). 형태학적, 분자적 증거에 의하면, 생존하는 관다발 식물은 세 가지 분기군으로 구분된다: **석송류**(**lycophyte**), **고사리류**(**ferns**) **및 관련 분류군**(**염주상식물**, **monilophyte**), 그리고 **종자식물**(**리그닌식물**, **lignophyte**)(그림 1.3 참고). 관다발 식물 분기군 내에서 배우체 세대의 크기와 수명의 점진적인 감소와 포자체 세대의 크기와 중요성의 증가가 있음을 볼 수 있다. 우리가 보았을 때, 고사리, 소나무, 현화식물로 인식되는 식물체들은 이배체의 포자체이다. 먼저 **관다발 포자 식물**인 석송류(lycophyte)와 염주상식물(monilophyte)에 대해 먼저 논의할 것이다. 이 두 그룹에서, 비록 포자체가 더 두드러지지만, 포자체와 배우체 모두 독립생활을 한다. 두 그룹에서 포자체는 바람에 흩뿌려지는 포자를 생산한다.

> **키포인트** 관다발 식물은 잘 발달된 운송시스템, 큐티클로 덮인 표피, 잎과 줄기의 기공을 가지는 특징을 가지고 있고, 이들의 포자체는 육상 생활에 아주 잘 적응되어 있다. 석송류(lycophyte), 고사리류(fern) 및 관련 분류군(염주상식물, monilophyte), 그리고 종자식물(리그닌식물, lignophyte)로 분류되는, 관다발 식물의 3개 분기군이 현재 존재한다. 석송류와 고사리류와 관련 분류군은 모두 독립생활의 포자체와 배우체 세대를 교번한다. 이 세대교번에서는 포자체가 더 주도적인 세대로 육상에 잘 적응되어 있다. 이들의 배우체는 크기면에서 아주 감소해 있고, 이들이 만드는 운동성 있는 정자는 수정을 위해 물을 필요로 한다. 물부추(quillwort)와 부처손속(*Selaginella*)과 같은 현존하는 석송류는 비교적 작아 눈에 띄지 않고, 수분이 충분한 환경에서 자란다. 석탄기에, 이 분기군의 구성원들은 오늘날의 석탄 축적을 가능하게 한 30 m 이상의 키로 이루어진 나무숲을 이루었다. 고사리류 또한 석탄기에 풍부했다. 이때의 고사리류는 현존 고사리류보다 더 컸다.

1.5.1 석송류는 첫 진화된 관다발 식물 중 하나이다

현존하는 **석송류**는 약 4억 년 전에 다른 관다발 식물과 분리되어 독특한 분기군을 이룬다. 오늘날 석송류는 단지 1200종으로 수적으로 아주 적으나, **석탄기** 동안, 다양한 석송류가 존재하여 **석탄** 축적을 가능하게 했다. 멸종한 석송류 분기군 구성 식물체는 목본종자 식물과 같은 나무 줄기를 가지는 커다란 나무를 포함한다. 살아 있는 석송류는 **석송**(**club mosse**; 예, *Lycopodium*), 열대에서 흔히 발견되는 **부처손류**(**spike moss**; 예, *Selaginella*), 그리고 **물부추류**(**quillworts**; 예, *Isoetes*)(그림 1.9)가 있다. 선태류와

그림 1.9 대표적인 석송류 식물: (A) *Lycopodium*(석송), (B) *Selaginella*(부처손) 그리고 (C) *Isoetes*(물부추).

달리, 석송류 포자체는 진정한 뿌리, 줄기, 그리고 잎을 가지고 있다. 이들의 잎은 작고 단일맥을 갖는다. 특정 잎에서 만들어지는 포자낭은 바람에 흩날릴 수 있는 포자를 만든다. 석송류 배우체는 독립 생활을 하며, 단순한 형태를 가지고 있고 관다발이 없다. 이들은 편모가 있는 정자를 생산하고 정자는 수분막을 헤엄쳐 난자에 도달한다.

1.5.2 고사리류(ferns), 쇠뜨기류(horsetail) 그리고 솔잎난류(whisk ferns)는 염주상식물이라는 1개의 단계통군을 구성한다

염주상식물(monilophyte)는 3.6억 년보다 전에 발생하여, **고사리류**[(고사리삼과(Ophioglossaceae), 마라티아목(*Marattiales*) 그리고 고사리목(*Polypodiales*)], **쇠뜨기류**(Equisetales) 그리고 **솔잎난류(Psilotaceae)**(그림 1.10)로 구성되어 있다. 석송류와 같이, 고사리류 및 관련 그룹은 석탄기 동안 석탄 생성에 기여했다. 오늘날, 이들의 경제적 가치가 제한적이긴 하지만, 이들은 생태학적으로 중요한 역할을 한다. 고사리류는 그 종의 수가 엄청나게 많다(11,000종을 초과한다). 특히 열대지방의 경우 더욱 그렇다.

염주상식물 사이의 계통유전학적 유연관계는 유전자 염기서열로부터 도출되었다. 단지 형태적 특징이 비교를 위해 사용되었을 때는 계통학자들은 이들을 단계통군으로 보지 않았다. 예를 들면, 잎이 없고, 뿌리가 없는 솔잎난류(예, ***Psilotum***)의 경우 이들은 석송류보다 더 원시적인 것으로 여겨졌으나, 분자생물학적 계통에 의해 이들이 단계통 분기군에 확실히 포함되게 되었다.

1.5.3 육상에 적응되었으나, 고사리류는 생식을 위해 물을 필요로 한다

일부 고사리목(예, *Salviniales*)은 물에서 살지만, 대부분은 육상에서 산다. 석송류와 마찬가지로 고사리류의 생활사는 크기가 큰 포자체 세대와 독립적이지만 눈에 잘 띄지 않는 배우체로 나뉜다(그림 1.11). 고사리 포자체는 육상에 아주 잘 적응되어 있다. 이들의 지상부는 큐티클에 의해 덮여져 있고, 표피세포 사이에 기공이 존재한다. 잎은 일반적으로 크고 다중맥을 가지고 있으면서 아주 많이 분지되어 있다. 고사리류에서는 이 잎들이 유일한 지상부인 경우가 많다. 대부분 고사리류는 누워자라는 **뿌리줄기(rhizome)**와 복잡한 뿌리계를 가지고 있다. 고사리 포자체는 잎의 아랫면에 있는 포자낭에서 바람에 흩날리는 반수체 포자를 만들어 낸다. 포자는 발아해서 반수체 배우체가 된다. 이들 배우체에서 배우자낭을 만들어 내는데, 한 배우체에서 암, 수배우자낭을 동시에 갖거나, 각각 다른 배우체에서 따로 따로 암, 수배우자낭을 갖는다. 몇몇 종은, 포자체가 두 종류의 포자낭을 만들기도 한다: 즉, **대포자(megaspore)**를 만드는 **대포자낭(megasporangia)**과 **소포자(microspore)**를 만드는 **소포자낭(microsporangia)**을 만든다. 대포자는 암배우체로, 소포자는 수배우체로 발달한다.

고사리류 배우체는 광합성을 할 수 있다. 이들 배우체

그림 1.10 고사리류 분기군(염주상식물)에 속하는 식물의 다양한 형태. 이 형태로만으로는 이들이 단계통 분기군에 속하는 지를 알 수 없다. 이들의 유연관계는 DNA 염기서열 자료를 분석하여 확립되었다. (A) *Equisetum*(쇠뜨기). (B) *Psilotum*(솔잎난). (C, D) 진정 고사리류: (C) *Polystichum*과 (D) *Cyathea*, 고사리목

는 거의 지름이 1 cm도 되지 않을 정도로 작고, 보통은 1-2 세포의 두께를 가진다. 또한 이들은 큐티클이 없으며, 관다발과 진정 기관(true organ)이 없고, 간단한 단세포의 헛뿌리가 배우체를 고정시킨다. 따라서, 이들 배우체는 습기 있는 곳에서만 살아갈 수 있다. 이들은 암배우자낭에서 난자를 그리고 수배우자낭에서 편모가 있는 정자를 만든다. 정자는 수분막을 헤엄쳐 난자에 도달한다.

1.5.4 종자식물은 육지를 성공적으로 정복했다

현존하는 종자식물은 2개의 단계통 분기군으로 나뉜다. 이 두 분기군은 바로, 5개의 주 계통 — **소철류**(cycad), **소나무류**(pine family), **기타 침엽수류**(other conifer), **마황류**(gnetophyte), **은행나무류**(*Ginko*) — 을 포함하는 **겉씨식물**(gymnosperms)과 **속씨식물**(또는 **현화식물**, angiosperm)이다(그림 1.3). 겉씨식물 계통은 현존하는 800개 이상의 종을 포함한다. 현화식물 또는 속씨식물은 지금까지 가장 큰 종자식물 계통으로 254,000개 이상의 종을 포함한다. 이 숫자는 아마도 적게 추산한 것으로 아직도 많은 수의 종이 발견되지 않은 것으로 생각된다.

종자식물은 음식, 목재, 섬유 그리고 연료와 같은 많은 주요 산물을 생산해 낸다. 종자식물이 우리 삶에 미치는 중요성과 이 책의 주된 주제라는 것을 고려해서, 종자식물의 생식, 구조, 그리고 발달을 상세히 살펴볼 것이다. 먼저, 겉씨식물과 속씨식물의 계통 유전과 생식을 따로 고찰할 것이다. 이후, 1.7-1.10절에서, 겉씨식물과의 유사점과 차이점을 비교해 가면서 속씨식물의 형태와 발달을 논의할 것이다.

1.5.5 종자는 배와 양분을 담아 보호하고, 새로운 포자체 세대의 확산을 촉진한다

종자식물의 포자체는 **배주**(ovule; **대포자낭**, megasporangia)와 **화분낭**(pollen sac; **소포자낭**, microsporangia)이라는 2종류의 포자낭을 만든다. 이들 포자낭에서 만들어지는 포자는 배출이 되지 않고 조직 내에서 분열하여 배우체가 된다. 배주는 암배우체를, 화분낭은 **꽃가루**(pollen)인 수배우

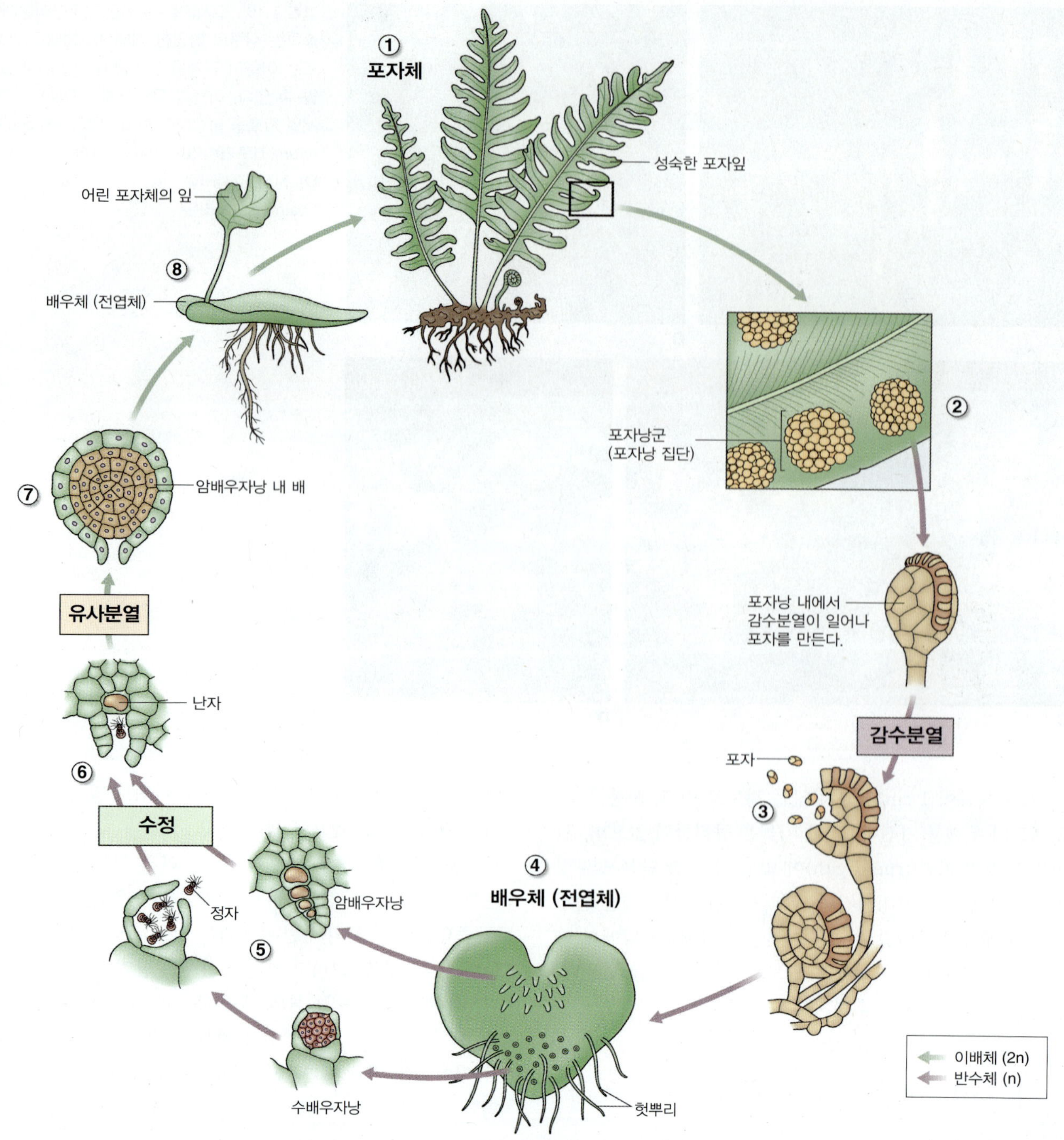

그림 1.11 한 고사리류의 생활사. (1) 커다란 포자체가 (2) 포자 잎의 아랫면에 포자낭을 집단 단위로 가지고 있다. 각 집단을 포자낭군(sorus)이라고 하고, (3) 여기서 감수분열이 일어나 반수체의 포자를 만들어 낸다. (4) 이들 포자는 발아해서 작은 반수체 배우체를 만드는데, 크기가 수 mm 정도이다. 배우체는 (5) 수배우자낭에서 운동성 있는 정자를 그리고 암배우자낭에서 난자를 만든다. (6) 운동성의 정자는 얇은 수분막을 헤엄쳐서 암배우자낭의 목을 따라 내려가 난자를 수정하고 (7, 8) 접합자를 만들어 낸다. 접합자는 그 조직 내에서 이배체 포자체로 발달한다.

체를 포함하고 있다.

종자식물은 육상에 생존에 적합한 3개의 주요 생식적 장점을 가지고 있다. 첫째, 반수체 배우체가 크기가 감소하고 부모 포자체의 포자낭 안에 보호된다. 둘째, 종자식물은 더 이상 수정을 위한 수분막을 필요로 하지 않는다. 수배우체인 꽃가루는 보호층을 가지고 있고, 바람 또는 수분 매개 동물에 의해 암배우체 가까이 옮겨진다. 마지막으로, 새 확산 장치인 **종자**를 진화시켰다. 종자는 종자보호층 안에 새

포자체와 양분을 가지고 있다. 이러한 각 특징이 어떻게 겉씨식물과 속씨식물 생활사에 반영되어지는지를 겉씨식물부터 먼저 살펴보겠다.

키포인트 종자식물은 겉씨식물과 속씨식물, 2개의 독특한 분기군을 가지고 있다. 종자식물은 육상에서 성공적으로 번성하였다. 이는 이들이 물이 필요 없는 유성생식 방법을 가지고 있기 때문이다. 종자식물의 성공은 또한 종자가 상대적으로 오래 생존할 수 있고 유식물에 발아 동안에 공급해 줄 수 있는 저장된 양분을 가지고 있기 때문이다. 포자체는 종자식물 생활사의 대부분을 차지한다. 배우체는 포자체 안에서 존재하여 보호와 양분공급을 받는다. 꽃가루는 수분막이 필요 없이 정자를 난자에 전달해 주는 장치로 진화했다.

1.6 겉씨식물의 계통과 생식

겉씨식물(gymnosperm)은 그리스어의 '벌거벗은'이란 뜻의 *gymnos*와 '종자'란 뜻의 *sperm*에서 기원했다. 이름에서 알수 있듯이 겉씨식물의 종자는 속씨식물의 씨방(ovary ; *ang(os)* = vessel(그리스어))과 같이, 보호하는 구조에 의해 감싸져 있지 않다. 겉씨식물은 공룡의 시대인 백악기와 쥐라기에 광범위하게 번성하였다. 현재에는 약 800종의 겉씨식물이 존재한다.

1.6.1 겉씨식물은 5개의 계통이 있다

겉씨식물은 3.2억 년 이전에 발생했다. 겉씨식물은 이전엔 4개 그룹으로 분류되었었다: **소철류(cycad)**; **은행나무류(ginkogophyte**, 현존하는 *Ginkgo biloba* 종을 포함); **마황류(gnetophyte**, *Ephedra*, *Gnetum*, *Welwitschia*를 포함); **침엽수(conifer)**(그림 1.12A–D). 그러나 엽록체, 미이토콘드리아, 핵 DNA 염기서열 분석 결과 침엽수가 소나무과(*Pinaceae*)와 나머지 침엽수류의 두 계통으로 나뉜다는게 밝혀졌다. 소나무과는 *Pinus*(소나무), *Abies*(전나무), *Picea*(가문비나무), *Cedrus*(삼나무), *Tsuga*(솔송나무), *Pseudotsuga*(더글라스 전나무) 등의 9개 속으로 나뉜다. 나머지 침엽수 계통은 *Araucariaceae*(아라우카리아과), *Cephalotaxaceae*(개비자나무과), Podocarpaceae(나한송과), Taxaceae(주목과), Cupressaceae(측백나무과; *Sequoia*, *Sequoiadendron*(그림 1.12E), *Chamaecyparis*, *Thuja*, *Juniperus*을 포함)의 5개 과로 구성되어 있다.

1.6.2 침엽수는 중요한 자연 자원이다

가장 잘 알려지고 가장 다양한 겉씨식물은 소나무류 및 기타 침엽수 계통이다. 이들의 포자체는 지구 생태에서 가장 크고 오래된 생물체이다. 이들은 마른 육상 생존에 잘 적응하고 있다. 이들 중 많은 수는 바늘과 같은 잎을 가지고 있어서 수분 손실을 최소화하고 있다. 침엽은 절단면이 둥글기 때문에 부피당 낮은 표면비를 보이고, 표피는 두꺼운 **큐티클**로 감싸져 있다. 소나무류 및 기타 침엽수들은 큰 목질 줄기(1.10절 참고)를 만들어 낸다. 해안 세콰이아(*Seuoia sempervirens*)는 키가 100 m를 넘기고, 자이언트 세콰이아(*Sequoiadendron giganteum*)는 지름이 8 m를 초과한다. 일부 강털 소나무(*Pinus longaeva*)는 4,900년 넘게 살아가고 있다.

다른 겉씨식물 계통과는 다르게, 소나무과 및 기타 침엽수는 높은 경제적 가치를 가지고 생태적으로도 아주 중요하다. 이들은 건축 목재를 제공하고 종이 생산의 펄프를 공급한다. 북부 침엽수림(taiga)은 지구의 가장 큰 육상 생물군계 중 하나이고, 소나무류 및 기타 침엽수종은 낮은 위도의 많은 온대성 숲에서 흔하게 발견된다. 원자재와 서식환경으로써의 이들의 중요성을 고려해서, **소나무속(*Pinus*)**을 중점으로 겉씨식물의 생식을 논의하겠다.

1.6.3 포자낭과 소나무류 및 기타 침엽수의 배우체는 솔방울에서 만들어진다

소나무속(*Pinus*)의 생활사는 그림 1.13에 나타내었다. 대부분의 겉씨식물과 마찬가지로 **배주(ovule)**는 **암솔방울(자성구과, seed cone)**에서, **화분낭(pollen sacs)**은 **수솔방울(웅성구과, pollen cone)**에서 만들어진다(그림 1.14). 수솔방울은 솔방울 비늘을 가지고 있고 이 각각의 비늘은 2개의 화분낭을 가지고 있다. 화분낭 안에는 많은 이배체 **소포자모세포(microspore mother cell)**가 감수분열을 통해 반수체의 **소포자(microspore)**를 만든다. 각 소포자는 유사분열을 통해서 **수배우체(꽃가루)**를 만든다. 성숙한 꽃가루는 두꺼운 세포벽으로 감싸져 있으며, 이 안에는 정자를 만드는 **생식세포(generative cell)**, 정자를 전달하는 기능을 하는 **화**

그림 1.12 대표적인 다섯 가지 겉씨식물의 계통: (A) 소철, (B) *Ephedra* (마황), (C) *Ginkgo biloba*, (D) *Pinus* and (E) *Sequoiadendron giganteum* (자이언트 세콰이아).

분관 세포(**tube cell**)와 일반적으로 소멸되는 2개의 **전엽체 세포**(**prothallial cell**)가 있다. 성숙하게 되면, 꽃가루는 수솔방울에서부터 방출되어 바람에 의해 흩뿌려져 암솔방울에 도달하게 된다.

암솔방울에서는 배주가 배란성 비늘(ovuliferous scale)에서 만들어진다. 배란성 비늘은 각각 2개의 배주를 만든다. 1개의 배주는 꽃가루관이 침투할 수 있게 한쪽 끝이 열린 보호성 주피(integument)에 감싸져 있다. 배주의 가운데 세포인 **대포자모세포**(**megaspore mother cell**)는 감수분열을 통해서 4개의 반수체 **대포자**(**megaspore**)를 만들고 이 중 3개는 소멸한다. 살아 남은 대포자는 유사분열을 통해 암배우체가 된다. **암배우체**는 배주 안에 남아서 영양분을 공급받는다.

1.6.4 소나무 생식은 수분과 수정 사이에 오랜 지연이 있는 것이 특징이다

꽃가루가 소나무의 수솔방울에서 암솔방울의 배주로 전달이 되는 **수분**(**pollination**)은, 배주 내에 대포자가 형성되기 수주 전에 일어난다. 암솔방울의 표면은 솔방울 비늘 사이에서 **수분액**(**pollination droplet**)이라고 불리는 끈적한 분비물을 낸다. 바람에 날린 꽃가루는 수분액방울에 부착되고 수분액이 마름에 따라 꽃가루는 점차 배주에 가깝게 된다. 수분 후 석달이 지나고 나면 꽃가루는 꽃가루관을 만들기 시작하고 이 관을 통해 정자가 배주 내의 암배우체로 전달된다. 꽃가루관이 암배우체에 도달하는 데는 일년까지 걸릴 수 있다.

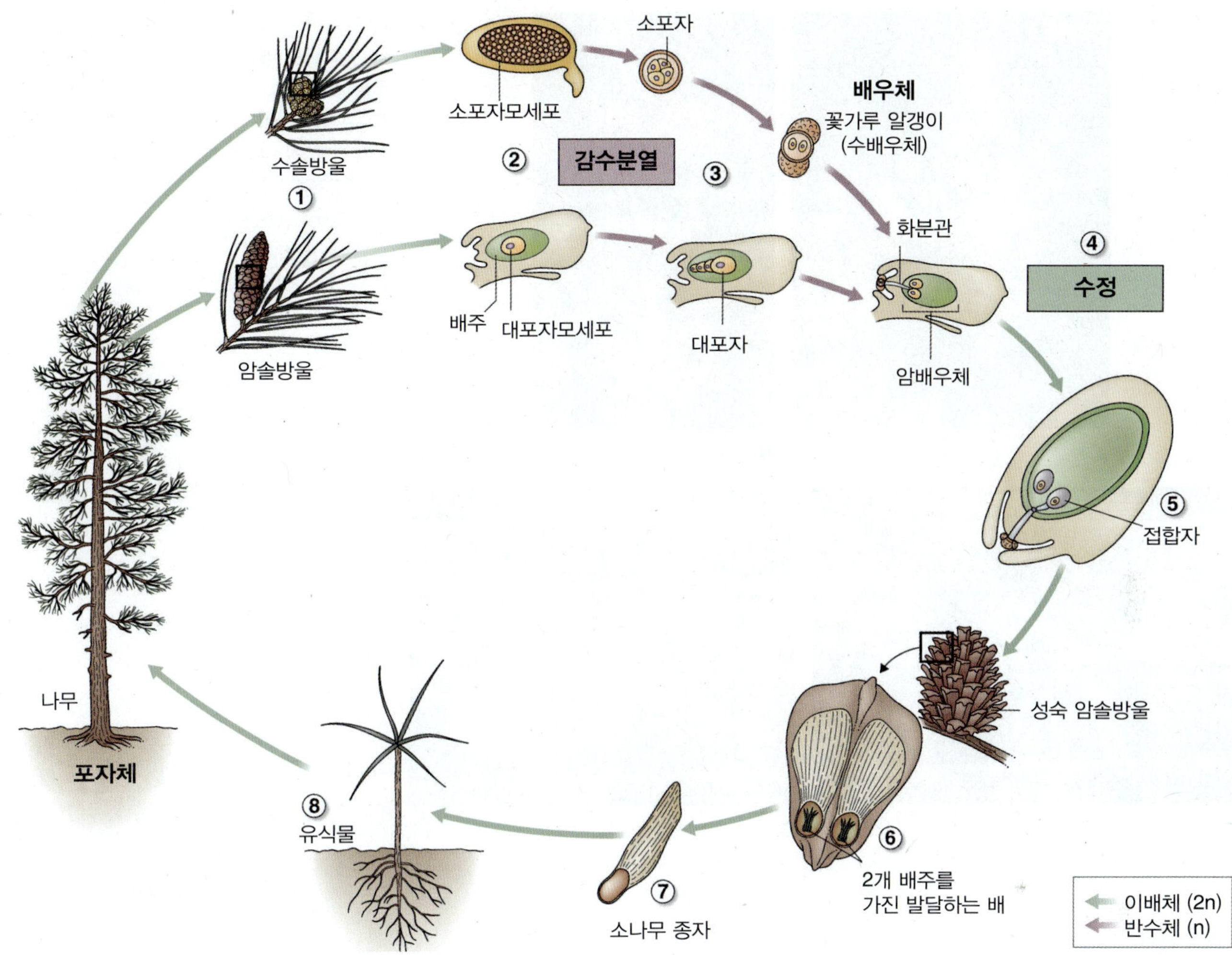

그림 1.13 소나무(*Pinus* sp.)의 생활사. (1) 수, 암솔방울은 2종류의 포자낭(각각 한 종류씩)을 가지고 있는 비늘을 가지고 있다. (2) 수솔방울에는 화분낭(소포자낭)이, 그리고 암솔방울에는 배주(대포자낭)이 존재한다. (3) 각 화분낭 안에서 많은 소포자모세포가 감수분열하여 반수체의 소포자를 만들고 이것은 꽃가루(수배우체)로 발달한다. 암솔방울 내의 각 배주 안에서 1개의 대포자모세포가 감수분열하여 1개의 대포자가 되고 이것은 난자를 가지는 암배우자낭을 포함하는 암배우체로 발달한다. (4) 꽃가루는 바람으로 흩뿌려져서 암솔방울 내의 배주 위에 내려 앉아서 발아하여 2개의 정자를 가지는 꽃가루관을 형성한다. 이 2개의 정자 중 1개가 난세포를 수정한다. (5) 수정된 이배체 접합자가 배로 발달한다. (6) 1개의 암솔방울 비늘이 2개의 배주를 가지고 있는데, 각각은 포자체인 배를 가지고 있고 (7) 날개 달린 종자로 발달한다. (8) 종자는 발아하여 포자체인 유식물로 자라난다. 솔방울 발달에서 시작하여 종자를 배출하는 것까지 진행되는 소나무의 생식은 약 3년이 걸린다.

그러는 동안, 수분이 일어나고 얼마 되지 않아, 암배우체 발달이 시작한다. 6개월에서 1년 후, 성숙한 암배우체에서는 여러 개의 암배우자낭(장란기, archegonia)를 만들어 낸다. 이 암배우자낭은 난자를 하나씩 가지고 있다. 이때 쯤, 꽃가루관이 암배우체에 도달한다. 꽃가루의 생식세포(generative cell)는 한번 분열하여 1개의 무생식 세포와 1개의 **정자 생성 세포**(spermatogenous cell)를 만든다. 꽃가루관이 암배우자낭에 도달해 갈때, 정자 생성 세포는 한 번 분열해서 편모가 없는 2개의 정자가 만들어진다. 꽃가루관은 난자의 세포막과 결합이되고, 두 정자세포를 난자 세포질에 방출한다. 한 정자세포는 난자와 수정을 하여, 이배체 접합자를 만들고 다른 정자세포는 소멸한다. 많은 꽃가루관이 한 배주로 자라 나갈 수 있고 이에 따라 여러 난자가 수정될 수 있다. 그러나 일반적으로 단지 한 접합자만이 배(embryo)로 발달한다.

1.6.5 소나무 종자는 이배체와 반수체 조직을 가지고 있다

수정 후, 배발달이 진행해 감에 따라 배주의 안쪽 조직의 크

그림 1.14 소나무의 수솔방울과 암솔방울. (A) 꽃가루를 배출하는 어린 수솔방울. (B–D). 암솔방울: (B) 수분이 일어나는 첫해의 봄; (C) 수정이 일어나는 두 번째 해의 봄; (D) 종자가 배출되는 두 번째 해의 가을.

기가 증가할 수 있다. 감싸고 있던 주피(integument)가 종피가 된다. 성숙한 소나무 종자(그림 1.15)는 유전적으로 다른 세 가지 조직을 가지고 있다: (1) 부모 포자체에서 기원한 종피로 종자를 보호하는 층을 형성; (2) 배에 영양을 공급해 주는 저장양분을 가지는 반수체 암배우체; (3) 이배체 배. 식료품점에서 구할 수 있는 식용 소나무 종자는 소나무 암배우체와 그 안에 존재하는 배이다. 소나무류 및 기타 침엽수의 종자는 종종 날개를 가지고 있어서 바람에 의해 날려갈 수 있다.

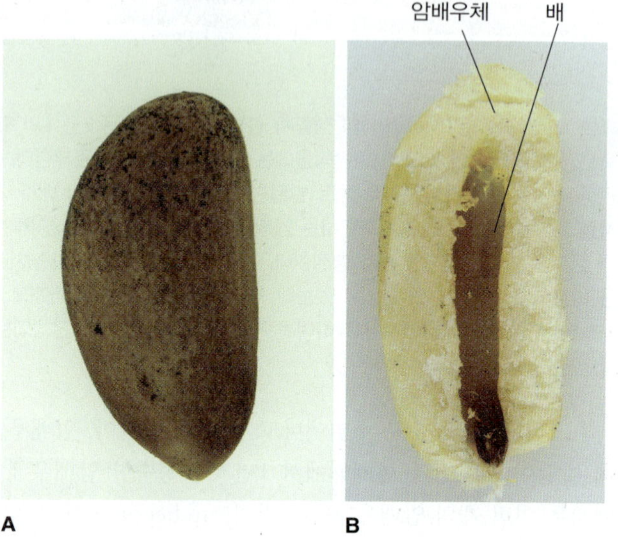

그림 1.15 *Pinus edulus*의 종자. (A) 종자 전체 모습; 종피는 부모의 포자체 세대의 배주 조직(2n)에서 발달한다. (B) 종자 단면; 배(2n; 새 포자체 세대)는 암배우체 조직(1n) 안에 감싸져 있다. 이 암배우체 조직은 종자가 발아하는 동안 배의 영양분원으로 기능한다.

1.7 속씨식물의 계통과 생식

화석 기록에 의하면 속씨식물(또는 현화식물)은 1.4억 년 이전에 발생하였다. 전통적으로 속씨식물은 **진정쌍자엽식물**과 **단자엽식물**의 2개의 확연한 그룹으로 나뉜다. 대부분의 진정쌍자엽식물은 **2개의 떡잎**(자엽), **가지치는 엽맥**을 가지는 **넓적한 잎**과 **원뿌리**(taproot)를 갖는다. 많은 진정쌍자엽식물은 **목질부**(wood)를 형성할 수 있다. 단자엽식물은 **1개의 떡잎**과 **평행한 엽맥**을 가지는, **폭이 좁은 잎**을 가진다. 단자엽은 일반적으로 **목질부를 가지지 않는다.**

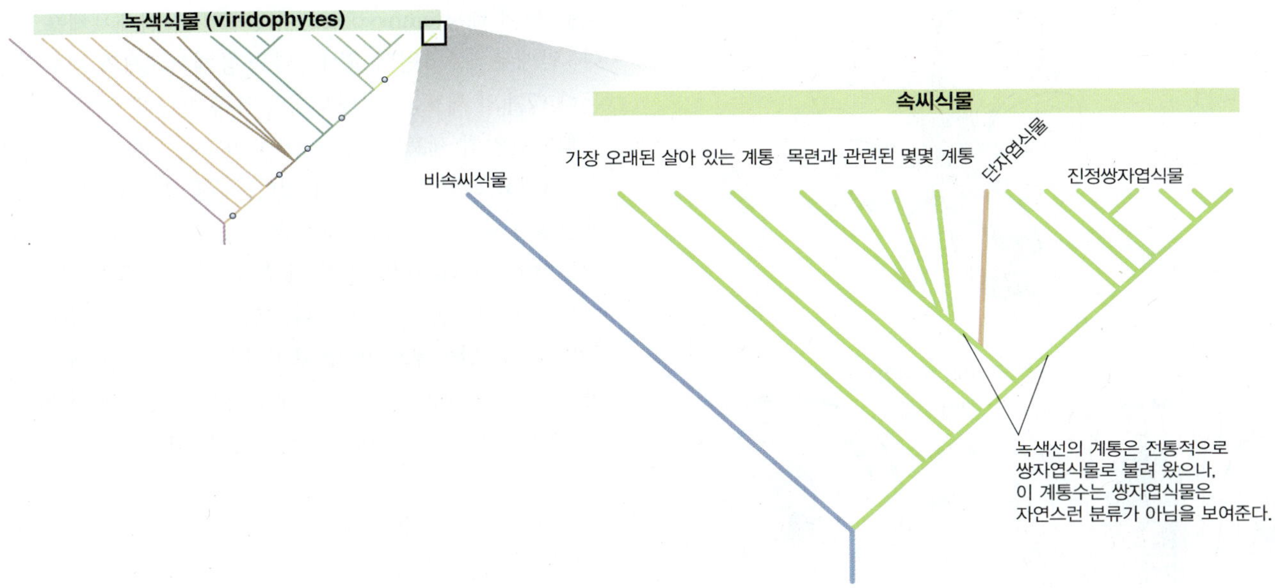

그림 1.16 속씨식물의 진화를 나타내는 분기도

키포인트 겉씨식물은 속씨식물과 달리 씨방으로 둘러싸여지지 않은 배주를 가지고 있다. 소나무속의 암배우체는 암솔방울 비늘의 표면에 위치한 배주 안에 존재한다. 배주 내에서 감수분열이 일어나서 대포자가 만들어지고 이것은 다시 유사분열에 의해서 반수체의 암배우체를 만든다. 꽃가루는 수솔방울의 감수분열의 산물인 소포자로부터 만들어진다. *Pinus*에서 각 꽃가루는 수배우체이고 각 4개의 세포를 가지고 있다. 겉씨식물 꽃가루는 엄청난 양이 만들어져서 바람에 의해 퍼뜨려진다. 꽃가루는 성숙한 암솔방울 표면에 앉아서 수분액이 말라감에 따라 암솔방울 안으로 들어가게 된다. 꽃가루는 꽃가루관을 만들어서 배주를 통해 자라난다. 이 꽃가루관은 운동성이 없는 정자를 암배우체로 전달한다. 꽃가루관이 난자막과 결합하여, 정자를 방출하고 수정이 일어난다. 접합자는 조직 내에서 배로 자라난다. 배주의 외부층은 배를 둘러싸는 종피가 되고, 암배우체 조직은 유식물을 위한 양분저장고로 기능한다.

특히 형태와 유전자 염기서열 결과를 결합한, 최근 계통유전학 분석에 의하면, 속씨식물의 계통이 더 복잡하다는 것이 알려졌다. 그림 1.16은 속씨식물이 유전자 염기서열과 꽃가루 세포벽의 구멍의 수를 바탕으로 어떻게 다수의 주요 그룹으로 분류가 되는가를 보여준다.

1.7.1 꽃은 속씨식물의 결정적인 특징이다

꽃은 속씨식물에서만 발견된다. 꽃은 속씨식물 포자체의 생식기관을 포함하는데, 배주, 화분낭(pollen sac)과 이들과 관련된 비생식성 기관으로 구성되어 있다. **완전화(complete flower)**는 **4개 중심환(whorls)**의 기관을 갖는다(그림 1.17). **꽃받침(sepal; calyx)**은 가장 바깥쪽 중심환에 위치하고 있다. 꽃받침은 일반적으로 녹색이고 꽃봉우리 상태에서 안쪽의 꽃기관들을 보호한다. **화관(corolla)**이라고도 하는 다음 안쪽 중심환은 **꽃잎(petal)**으로 구성되어 있으며, 이들은 밝은 색상을 띠고 동물 수분매개자들을 꼬이게 하는 역할을 한다. 바람을 이용하는 것과 달리 동물 수분매개자들을 이용하는 것은 더 정확한 수분의 전달과 수분의 장거리 이동을 가능하게 한다. **수술(stamen)**은 **수술군(androecium)**이라고 하는 다음 안쪽의 중심환을 구성한다. 각 수술은 줄기와 같은 **수술대(filament)**와 **화분낭(pollen sac)**으로 구성된 꽃밥(약, anther)으로 이루어졌다. 가장 안쪽 중심환인 **암술군(gynoecium)**은 1개 또는 많은 **심피(carpel)**로 구성되어 있다. 꽃병 모양의 각 심피는 꽃가루가 앉을 수 있는 **암술머리(stigma)**와 꽃가루관이 자라면서 통과하는 목과 같은 구조의 **암술대(style)**, 1개 또는 많은 **배주(ovule)**를 가지는 1개의 **씨방(ovary)**으로 구성되어 있다. 심피는 속씨식물에서만 발견된다. 심피는 배주를 보호하고 열매로 발달한다.

1.7.2 속씨식물의 배우체는 겉씨식물의 것보다 훨씬 작다

꽃은 속씨식물의 생식이 일어나는 장소이다. 꽃에서는 감수분열로부터 유사분열을 통한 배우체의 발달, 수정과 종

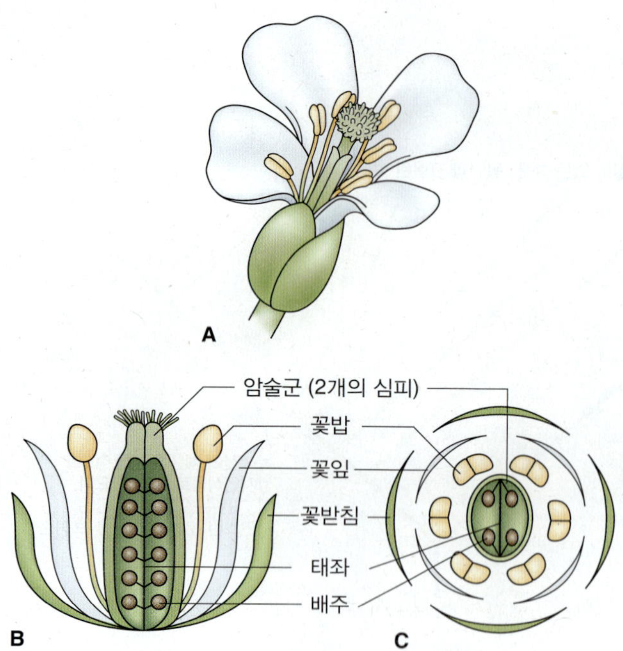

그림 1.17 (A) 애기장대꽃의 그림과 (B) 세로 절단면 (C) 가로 절단면 그림. 가장 바깥쪽부터 첫번째 중심환은 4개의 꽃받침(sepal), 두 번째 중심환은 4개의 꽃잎(petals). 세번째 중심환은 6개의 수술(stamen)을 기자고 있고, 각 수술은 수술대(filament)와 꽃가루를 가지고 있는 꽃밥(anther)를 가지고 있다. 가장 안쪽에 존재하는 네번째 중심환은 중심의 암술군(gynoecium)을 가지고 있는데, 암술군은 배주(ovule)를 가지고 있는 2개의 심피(carpel)를 가지고 있다.

자 생산의 모든 단계가 일어난다(그림 1.18). 수배우체의 생성은 꽃밥(약, anther)의 화분낭에서 일어난다. 이 안에서 이배체의 세포는 감수분열을 통해 반수체 소포자를 형성한다. 각 소포자는 다시 유사분열을 통해 수배우체인 꽃가루를 만든다. 꽃가루는 **화분관 세포(tube cell)**과 **생식세포(generative cell)**, 2개의 세포를 가지고 있다. 일부 속씨식물에서는 생식세포가 즉시 분열을 해서 2개의 **운동성이 없는 정자**가 된다. 다른 나머지 속씨식물은 수분(pollination) 후 생식세포가 분열하여 2개의 정자가 만들어진다. 두 경우 모두 꽃가루는 스포로폴레닌(sporopollenin)이라는 두꺼운 방수의 세포벽을 만들어 낸다. 꽃가루의 세포벽은 종종 매우 정교하게 조각된 듯한 모양을 하고 있고, 분해에 저항성이 있어서 식물 종을 판단하는 특징으로 사용되기도 한다.

겉씨식물과 같이, 속씨식물의 암배우체는 배주 안에서 일어난다. 그러나 이 경우 배주는 심피의 씨방으로 감싸져 있다. 각 배주는, 한쪽에 **주공(micropyle)**이라고 불리는 작은 구멍을 가지는 보호 주피를 가지고 있다. 배주 내에서, 한 세포가 감수분열해서 4개의 반수체 대포자를 만드는데, 이 중 3개 대포자는 소멸한다. 살아 남은 대포자는 유사분열을 통해 **배낭(embryo sac)**이라 불리는 암배우체를 만든다. 암배우체는 3번의 유사분열을 통해서 7개의 세포를 만든다. 7개의 세포는, 암배우체의 양쪽 끝단에 위치한, 각각 3개의 단일핵 세포와, 두 극핵을 가지는 1개의 큰 중앙세포(central cell)로 구성되어 있다. 주공이 있는 쪽에 있는 배낭의 3개 세포 중 가운데 세포가 난자이고 그 옆의 두 세포는 **조세포(synergid)**로 두 세포 중 하나가 꽃가루관이 배낭으로 들어오는 통로가 된다. 암배우체내 주공 반대쪽의 3개 세포를 **반족세포(antipodal)**라고 한다. 수천 개의 세포를 갖는 겉씨식물의 암배우체와는 달리, 성숙한 속씨식물의 암배우체는 단지 7개의 세포만을 갖는다.

1.7.3 속씨식물은 중복수정을 통해 이배체의 배와 다배체의 배젖을 만든다

수분은 꽃가루가 화분낭에서부터 암술머리로 옮겨질 때 일어난다. 꽃가루와 암술머리/암술대가 서로 호환되지(compatible) 않으면, 꽃가루 발아 또는 성장이 일어나지 않는 기작이 존재한다(16장 참고). 꽃가루가 발아하면, 꽃가루는 두 정자를 가지는 꽃가루관을 만든다. 꽃가루관은 심피의 암술대를 통해 자라 내려간다. 이때 꽃가루관의 끝쪽에 두 정자가 위치한다. 꽃가루관은 주공을 통해 배주로 들어간다. 꽃가루관이 배낭에 도착하면, 꽃가루관은 두 조세포 중 하나와 결합하여 정자를 방출한다. **한 정자**는 난자와 결합하여 이배체 **접합자(zygote)**가 되고, **두 번째 정자**는 두 극핵과 결합하여 삼배체를 만들어, **원배젖세포(primary endosperm cell)**가 된다. 이러한 수정 기작을 **중복수정(double fertilization)**이라고 하고, 이는 속씨식물에 특이한 현상이다. 즉, 두 번째 수정은 속씨식물에서만 발견된다.

중복수정 후, 접합자는 세포분열을 통해 새 배를 만들어 내고 원배젖세포는 **배젖(endosperm)**이라고 하는 독특한 영양조직을 만든다. 속씨식물 종자의 배젖은, 다른 모든 유배식물(embryophyte)에서 존재하는 배 영양공급 조직인, 큰 다세포의 암배우체를 대신한다. 배와 배젖의 발달은 수정 후 거의 바로 일어난다. 초기 배발달의 양상인 **배형성(embryogeny)**은 놀랍게도 모든 속씨식물에서 유사하다(그림 1.19). 접합자의 첫 세포분열은 세포를 가로질러서(transverse) 일어나서 2개의 세포를 만든다. 정단세포(apical cell)는 배의 대부분을 만들고, 기부세포(basal cell)는 배뿌리 정단(embryonic root apex)과 **배병(suspensor)**을 만든다.

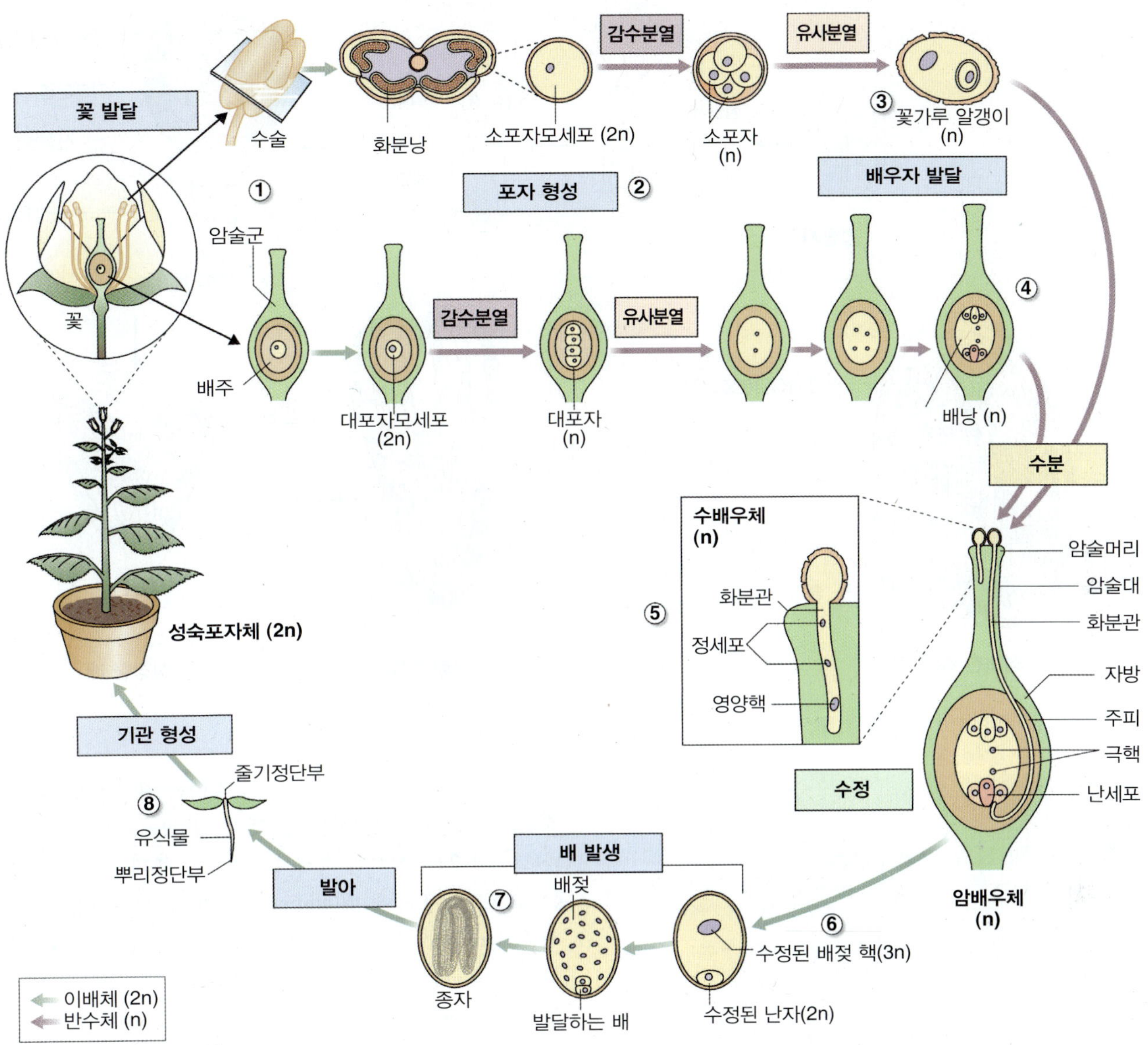

그림 1.18 현화 식물의 생활사. 다세포 반수체(배우체)와 다세포 이배체(포자체) 세대의 교차를 주목하길 바란다. (1) 꽃은 꽃밥(anthers)과 암술군(gynoecium)을 가지고 있고, 이들은 (2) 감수분열에 의해서 포자를 만든다. (3) 소포자는 유사분열하여 수배우체인 꽃가루를 만든다. 한 꽃가루 알갱이는 화분관 세포(tube cell)와 생식 세포(generative cell)의 2개의 세포를 가진다. (4) 배주(ovule)에서 한 대포자(megaspore)가 유사분열하여 배낭(embryo sac)을 만든다. 배낭은 한 난자와 2개의 극핵을 가지고 있다. (5) 발아한 꽃가루 알갱이는 화분관을 만들어서 암술대(style)를 따라 배낭을 향해 자란다. 생식 세포는 유사분열하여 2개의 운동성이 없는 정자를 만든다. 화분관이 배낭에 도달하게 되면 화분관 끝이 터진다. (6) 한 정자는 난자를 수정하여 이배체인 배(embryo)를 만든다. 다른 하나는 두 극핵과 결합하여 삼배체인 배젖 핵(endosperm nucleus)을 만든다. (7) 배와 배젖은 유사분열로 성장한다. 이 그림의 예는 배젖이 성장하는 배에 흡수된 경우다. 성숙한 종자는 배축(embryo axis)과 두 떡잎이 종피로 감싸져 있다. (8) 종자가 발아한 후, 배가 유식물로 발달하여 궁극적으로 성숙한 포자체 식물이 된다.

배는 계속적으로 분열해서 구모양이 되는데, 이때가 **구형 단계(globular stage)**이다. 이 단계에, 조직의 전구체 세포가 형성되기 시작한다. 원시 쌍자엽식물과 진정쌍자엽 식물은 세포들의 확장 및 분열 속도의 차이로 2개의 **떡잎(cotyledon; seed leaf)**을 형성하게 된다. 이것은 **심장형 단계(heart stage)**에서 확연해진다. 줄기정단분열 조직은 발달하는 두 떡잎 사이에서 형성된다. 단자엽에서는, 1개의 떡잎이 만들어진다. 이 경우 줄기정단분열 조직은 떡잎 아래쪽 근처 배의 한쪽 면에 형성된다(그림 1.20). 성숙한 배는 보통 배뿌리인 **배근(radicle)**, 1개 또는 2개의 **떡잎(cotyledon)**, 그리고 배축(embryonic shoot axis)으로 구성된다. 여기서 배축은 **하배축(hypocotyl**; *hypo* = below,

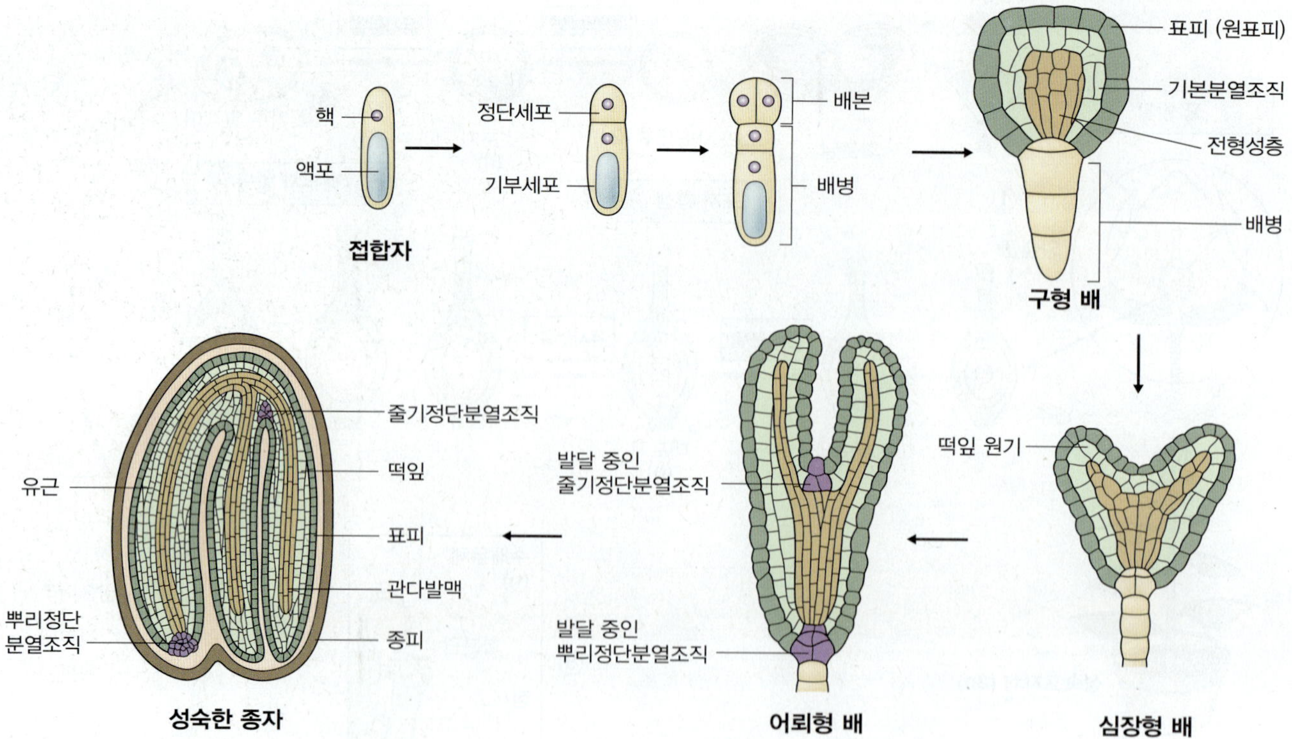

그림 1.19 진정쌍자엽식물인 애기장대의 배 발달

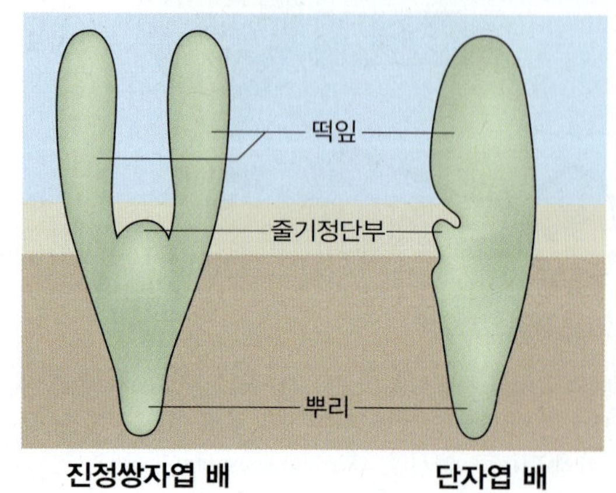

그림 1.20 단자엽과 진정쌍자엽 배의 비교

cotyl = cotyledons), **상배축(epicotyl**; *epi* = above)과 **줄기정단부(shoot apical bud)**를 포함한다. 곡류와 목초(grass)는 대부분의 단자엽과 진정쌍자엽보다 더 복잡한 배를 가지고 있다(6장 참고).

배젖 발달은 일반적으로 배 발달이 시작하기 전에 일어난다. 원배젖세포는 세포벽이 형성되지 않는, 많은 핵분열을 한다. 세포벽이 나중에 핵 사이에 형성되어 궁극적으로 완전히 세포화된 조직이 만들어진다. 코코넛 팜의 경우, 씨앗 발아시기까지 세포화가 완전히 끝나지 않는다. 그 결과, 코코넛은 코프라(copra)라고 불리는 세포화된 딱딱한 배젖과 코코넛 액으로 알려진 액체 배젖을 모두 가지고 있다(그림 1.21). 성숙한 속씨식물 종자는 **종피(testa)**라고 하는 보호조직에 안에 **배(embryo)**를 가지고 있는데, 종피는 **배주(ovule)**의 외부조직에서 기원한 것이다(6장 참고). 일부의 경우, 성숙한 종자에 배젖이 존재하는 경우도 있고, 일부는 배 발생 단계 중 배젖이 모두 소모되는 경우도 있다. 6장에서 종자의 조직의 구조와 기능에 대해서 더 자세히 살펴볼 것이고 종자의 휴면과 발아에 대해서 고찰할 것이다.

1.7.4 속씨식물에서 열매는 종자 확산을 촉진한다

씨방 안에서 종자가 성숙하고 있는 동안, 씨방의 세포벽은 커지면서 **열매**로 발달한다. 열매는 종자를 포함하는 성숙한 심피로 속씨식물에서만 발견된다. 1개 종자만 가지는 열매를 가지는 곡류 낟알과 같은 일부 종에서는 씨방의 벽이 종피와 결합되어 있다. 따라서, 낟알은 엄밀하게는 종자가 아니라 열매이다.

열매는 일반적으로 종자 확산을 촉진하기 위해서 변

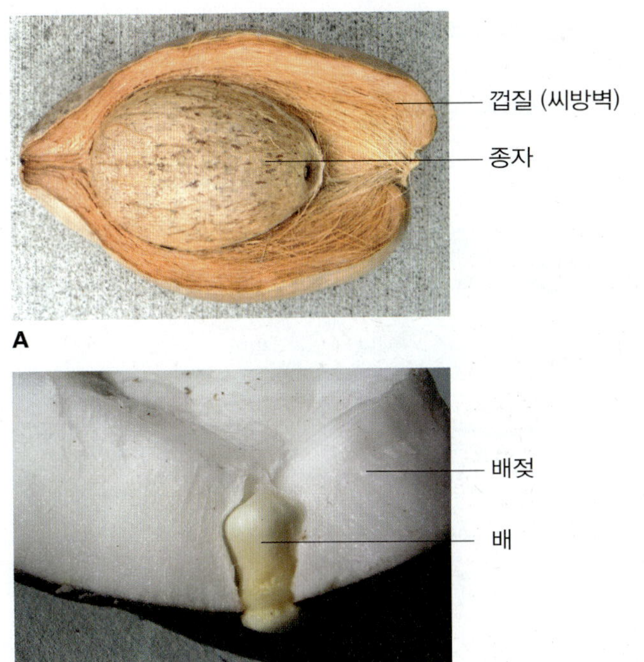

그림 1.21 코코넛 열매의 구조. (A) 종자를 보여주기 위해서 열매를 반으로 잘랐다. (B) 배젖과 배를 보여주는 코코넛 종자 부분.

형되어 있다(그림 1.22). 토마토와 체리와 같은 과육이 있는 열매는 씨방이 맛있는 과육으로 발달한다. 단풍나무와 느릅나무와 같은 식물에서는 씨방의 벽이 날개로 발달하여 바람에 의한 종자의 확산을 돕는다. 어떤 열매들은 솜털과 같은 낙하산을 가지고 있어서 바람에 종자를 떠날려 보내기도 한다.

도꼬마리는 씨방벽이 갈고리를 만들어 털 또는 깃털을 붙잡을 수 있어 열매와 그 안의 종자가 동물을 잡아탈 수 있다. 코코넛은 씨방벽이 부력이 있게 되어 열매가 물에 떠다닐 수 있다.

환경조건이 좋아지면 종자는 발아해서 새 포자체가 자라난다. 이 발아는 6장에서 자세히 설명될 것이다. 속씨식물을 이용해서 종자식물의 포자체의 구조와 조직에 대해서 아래에서 고찰할 것이다. 그 후, 어떻게 식물이 크기를 키우고 새로운 기관을 만들어 내는 기본 원칙에 대해서 논의할 것이다.

1.8 종자식물 체제 I. 표피 조직, 기본 조직, 관다발 조직

속씨식물과 겉씨식물의 체제는, **뿌리**, **줄기**, 그리고 **잎**의 세 가지 종류의 체세포 기관으로 만들어져 있다. 한 식물의 모든 뿌리는 **뿌리계**(root system)를 구축하는 반면, 줄기와 잎은 **지상부계**(**슈트계**, **shoot system**)를 이룬다(그림 1.23). 각 기관은 **표피**(dermal), **기본**(ground), **관다발**

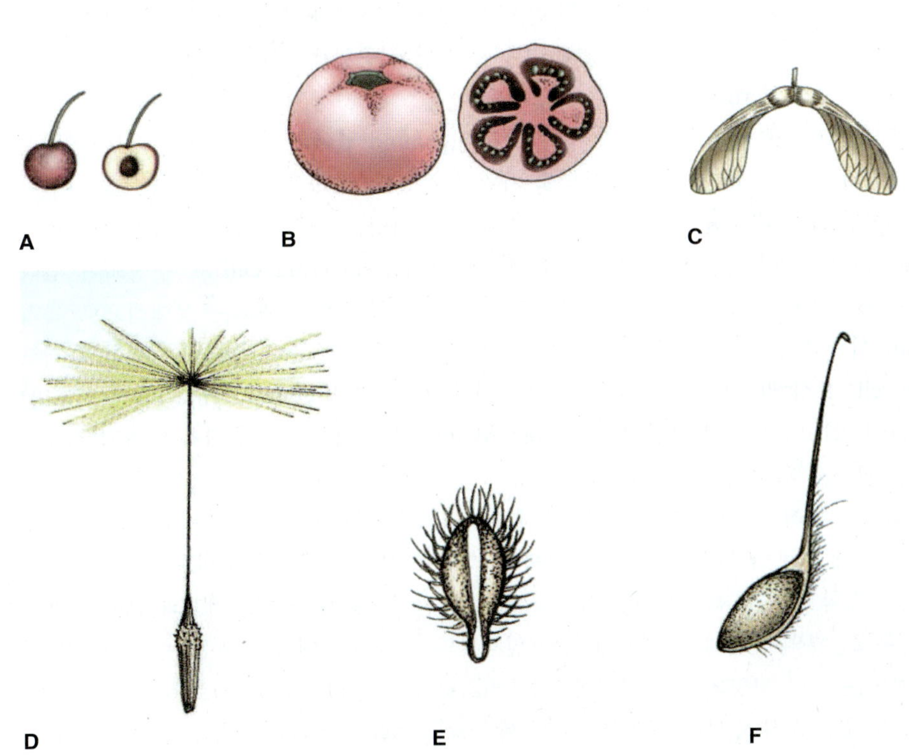

그림 1.22 열매는 종종 종자의 산포를 도울 수 있게 특화되어 있다. (A, B) 과육을 가진 열매는 동물이 먹고 부모식물체가 있는 곳에서 어느 정도 떨어진 곳에 배변을 함으로써 종자가 흩어진다. (C, D) 날개가 있는 열매는 바람에 의해 산포된다. (E, F) 가시나 갈고리를 가진 열매는 털, 깃털, 옷에 붙어서 다른 곳으로 이동한다.

키포인트 속씨식물은 원래 쌍자엽과 단자엽의 두 주요 그룹으로 구성되어 있다고 생각되어 왔다. 그러나 더 최근 분석에 의하면, 속씨식물은 최소한 15개 다른 계통으로 구성되어있음이 밝혀졌다. 심피가 배주를 감싸고 있는 꽃의 진화는 식물 진화의 큰 진전이었다. 배주를 보호하는 것 뿐만 아니라, 심피는 열매로 발달하여 종자 확산을 촉진한다. 또 다른 속씨식물의 주요 진화적 진보는 중복수정의 결과물인 배젖의 형성이다. 속씨식물 생활사의 배우체 시기는 겉씨식물에서 발견되는 것보다 훨씬 감소했다. 암배우체는 7개 세포의 배낭인데, 여기에는 1개는 난자와 2개의 극핵이 존재한다. 꽃가루는 심피의 암술머리에 전달된 후 즉시 꽃가루 발아, 그리고 암술대를 통한 배주쪽 꽃가루관 성장이 일어난다. 꽃가루관은 2개의 운동성이 없는 정자를 가지고 이들을 배낭에 전달해 준다. 한 정자는 난자와 결합하여 접합자를 만들고 다른 정자는 2개의 극핵과 결합하여 삼배체의 배젖을 만든다. 배와 배젖은 유사분열을 통해서 자라서 종자가 되고 배주는 보호하는 종피가 된다.

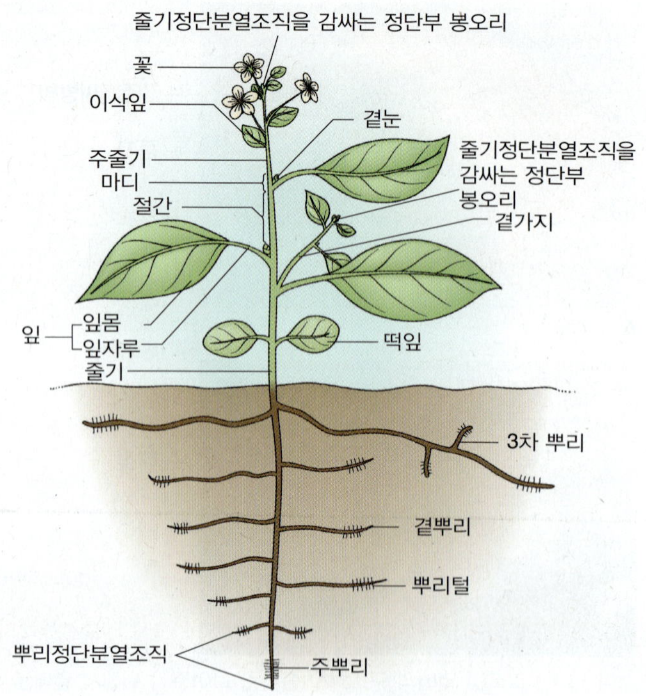

그림 1.23 대표적인 속씨식물의 지상부와 지하부 체계의 조직. 지상부는 꽃에 추가적으로 2개의 비생식적인 기관(잎과 줄기)를 포함한다. 지하부는 식물의 뿌리계로 구성된다.

(vascular)의 세 가지 **조직계**(tissue system)로 이루어진다. 한 식물체에서의 이들 조직계의 배열은 그림 1.24에 나타났다. 각 조직계는 다른 기능을 가지고 있고, 다른 세포 종류로 구성되어 있다(표 1.2).

1.8.1 표피 조직은 식물의 외부를 덮는 반면 기본 조직은 식물의 대부분을 구성한다

표피(epidermis)로 구성된 **표피 조직계**(**외피 조직계, dermal tissue system**)는 각 기관의 내부 조직을 뒤덮고 보호한다. 지상부 기관의 표피는 수분 감소를 최소화하기 위해 **큐티클**(cuticle)이라는 방수층을 분비한다. 물과 미네랄을 흡수해야 하는 뿌리에서는 큐티클이 없고, 흡수를 촉진시키는 표면적을 늘이기 위해 길고 튜브형의 표피세포의 확장이 일어나는데, 이것을 **뿌리털**(root hair)이라고 한다. **표피는 분비세포**(gland cell), **털세포**[hair cell; **모상체**(모용, trichome)이라고도 불림], **공변세포**(guard cell)의 특화된 세포를 가지고 있다(그림 1.25와 1.26). 공변세포는 잎에서 기체 교환을 위한 구멍인 기공(stomata)을 둘러싸고 있는 세포이다. 다른 표피세포들과 달리, 공변세포는 엽록체를 가지고 있고 또한 기공 구멍의 크기를 조절할 수 있게 특화된 세포벽 두께를 가지고 있다. 식물에는 2종류의 공변세포가 있는데, 목초류나 야자수에서 발견되는 아령 모양의 공변세포와 대부분의 진정쌍자엽에서 볼 수 있는 소세지 모양의 공변세포가 있다(그림 14.29 참고). 2종류의 공변세포 모두 한 세포 내에서 두께가 차이가 나는 세포벽을 가지고 있다. 기공을 여닫는 공변세포의 기능은 14장에서 자세히 논의될 것이다.

기본 조직계(ground tissue system)는 대부분의 식물 부피를 차지하고 있다. 식물의 대부분의 대사활동이 이 조직에서 나타난다. 이것은 대부분 유연한 1차 세포벽을 가지는 **유조직 세포**(parenchyma cell)로 구성되어 있다(그림 1.27; 4장 참고). 유조직 세포는 상대적으로 특화되지 않았고, 탄수화물과 다른 유기화합물을 만들고 저장하는 데 관여한다. **후각 조직**(collenchyma)과 **후벽**(**후막**) **조직**(sclerenchyma) 역시 기본 조직계에서 발견된다(그림 1.27).

후각 세포(collenchyma cell)은 불균등 두께를 가지고 있는 1차벽을 가지고 있고 보통은 세포의 구석 쪽이 두껍다. 이들 세포는 일반적으로 셀러리 줄기맥과 같이 다발로 존재하고, 잎자루와 잎의 주맥에 신축성 있는 지지력을 제공한다. 섬유(fiber)와 보강세포(sclereid)로 분류할 수 있는 **후벽**(**후막**) **세포**(sclerenchyma cell)는 두껍고, 리그닌화된

그림 1.24 관다발 식물의 세로와 가로 절단면에서의 3개 조직계(관다발 조직, 기본 조직, 표피 조직)의 배열. (A) 잎, (B) 줄기, (C) 뿌리의 가로 절단면.

표 1.2 식물 기관에서 발견되는 조직계, 조직, 그리고 세포 종류

조직계	조직	세포의 종류
표피 조직	표피	표피세포, 공변세포, 분비샘세포, 털세포
기본 조직	기본 조직	유조직세포
	후벽 조직	섬유, 보강세포
	후각 조직	후각세포
관다발 조직	물관부 조직	통수요소(물관요소와 헛물관), 섬유세포, 유조직세포
	체관부 조직	체관세포, 동반세포, 섬유세포, 유조직세포

2차 세포벽을 가지고 있으며, 완전성숙시 죽은 세포일 수 있다. **보강세포(sclereid)**는 돌세포(stone cell)라고도 불리는데, 정육면체 모양을 하고 있으며, 집단으로 존재하는 경향이 있다. 이들 세포들이 바로 배와 같은 과일에서 모래를 씹는 듯한 느낌을 나게 하는 것으로 잘 알려져 있다. **섬유(fiber)**는 길다란 세포로 개별적 또는 그룹으로 존재하여, 단단한 지지력을 제공함으로써 조직에 힘을 부여한다.

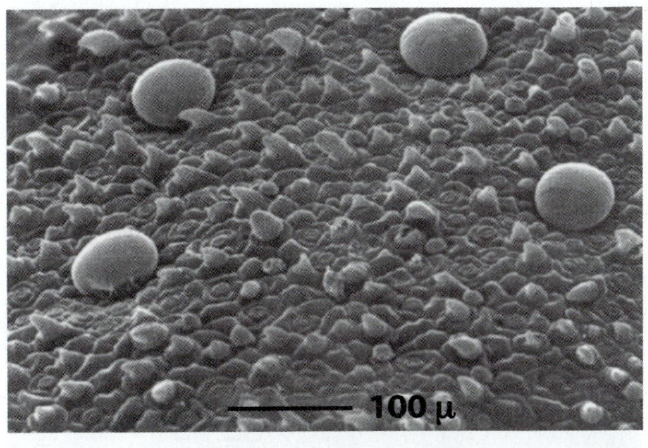

A

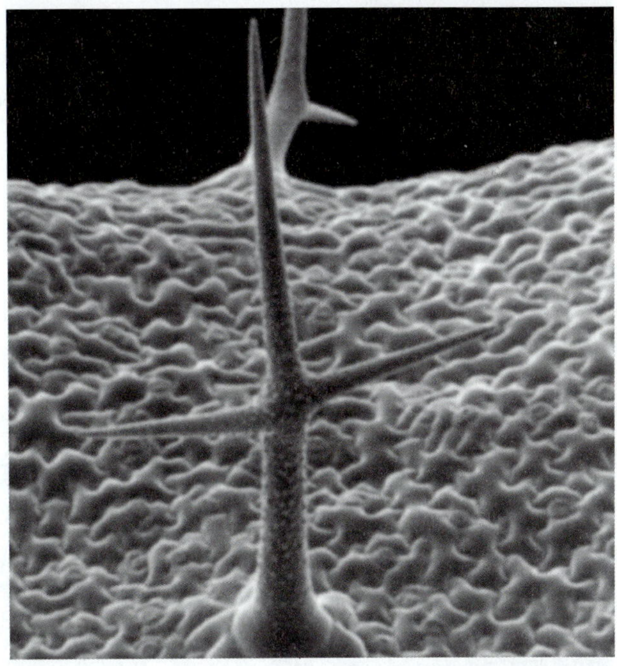

B

그림 1.25 표피 조직계에 발견되는 일부 세포 종류의 주사전자현미경 사진. (A) 오일을 배출하는 분비샘세포 (B) 포식자 활동을 억제하거나 과다한 빛을 반사시키는 기능을 하는 것으로 추정되는 모상체(모용, trichome).

1.8.2 관다발 조직은 장거리 수송에 특화되어 있다

관다발 조직계(vascular tissue system)는 2개의 복잡한 장거리 수송 조직인 **물관부(xylem)**와 **체관부(phloem)**로 구성되어 있다(표 1.2). 물관 조직은 **통수요소(관상요소, 통**

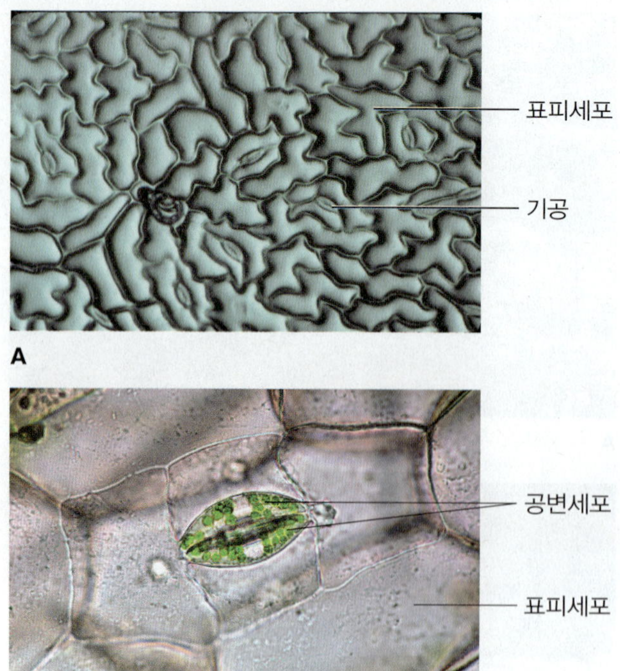

그림 1.26 잎의 표피. (A) 체리 월계수(cherry laurel, *Prunus laurocerasus*)의 잎 표피. 기공과 불규칙적인 모양의 표피세포가 보인다. (B) 자주달개비(*Tradescantia* sp.)의 표피막. 공변세포는 엽록체를 가지고 있다.

키포인트 종자식물의 체제는 간단하며 지상부와 뿌리부로 구성이 되어 있다. 지상부는 줄기와 잎의 두 기관을 포함하고, 뿌리는 뿌리계의 모든 부분을 포함한다. 이들 기관의 각각은 3가지 주요 조직으로 이루어져 있고, 이들 조직은 모두 줄기와 뿌리의 정단 분열조직(apical meristem)에서 기원한다. 정단 분열조직은 표피, 기본, 관다발 조직계를 만들어 낸다. 모든 식물체를 뒤덮고 있는 외피 조직은 표피(epidermis)로 줄기와 잎에서 물의 보존과 보호 및 뿌리에서 물의 흡수에 특화된 조직이다. 표피는 기본 조직을 감싸고 있고 그 안쪽에 관다발 조직이 묻혀 있다. 기본 조직은 주로 유조직 세포(parenchyma)로 구성이 되어 있고, 유조직 세포는 식물체의 위치에 따라서 다른 기능을 가지고 있다. 관다발 조직은 물관과 체관의 복잡한 두 조직으로 구성되어 있다.

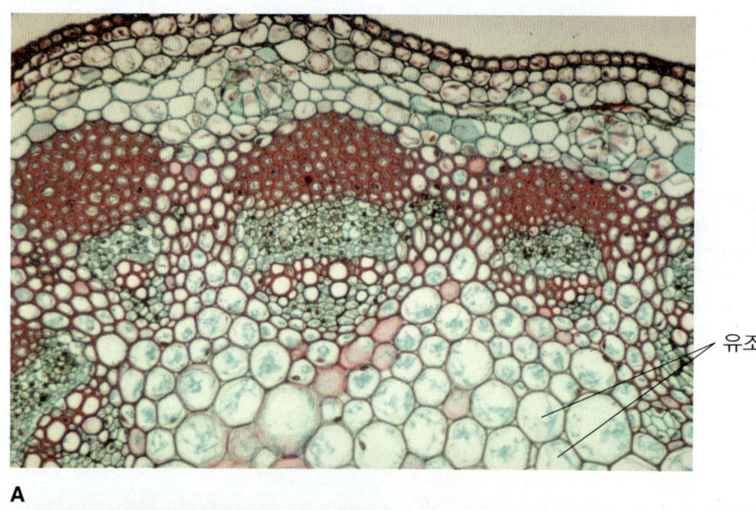

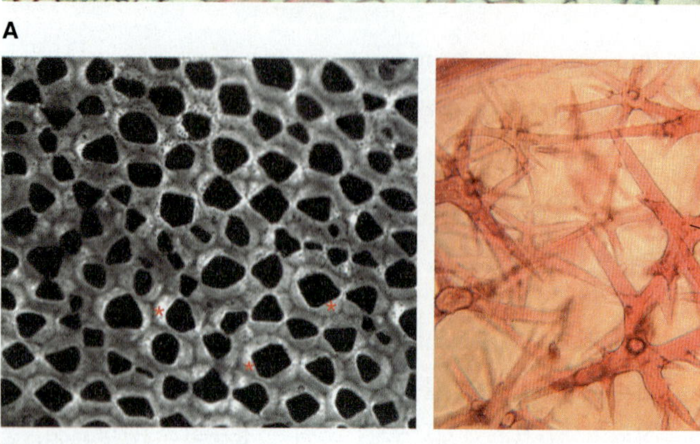

그림 1.27 기본 조직계에서 발견되는 세포종류. (A) 해바라기(*Helianthus*) 줄기의 수(pith)의 유조직 세포. (B) 셀러리 잎자루에서의 공초점 현미경 사진; 빨간색 별 표시는 세포의 코너의 세포벽이 두꺼워진 것을 보여준다. (C) 수레나무(*Trochodendron*) 잎 세포의 보강세포(sclereids(S)).

도요소, tracheary element)를 포함하고 있어서, 이것을 통해서 장거리 물수송이 일어난다. 물관 조직은 또한 물관 유조직 세포(xylem parenchyma cell)와 섬유(fiber)를 포함한다. 체관 조직은 당을 운반하는 **체관(사관, sieve tube)**과 이들의 동반 세포(companion cell) 및 체관 유조직 세포(phloem parenchyma cell)과 섬유(fiber)를 포함한다.

1.8.3 물의 장거리 수송은 통수요소에서 일어난다

통수요소(tracheary element)는 **헛물관(가도관, tracheid)**과 **물관 요소(도관절, vessel element)**의 2종류가 있다(그림 1.28). 이들은 두껍고 리그닌화된 2차 세포벽을 가지고 있으며 기능을 발휘하는 성숙단계에는 세포 안이 비어 있는 죽은 세포가 된다. 통수요소의 2차 세포벽 축적 모양은 다양하다.

통수요소는 길이 생장을 하고 있는 조직에서 분화하는데, 여기에 2차 세포벽은 원형 또는 나선형 밴드로 축적이 된다. 식물체 내 길이 생장이 멈춘 곳에서는, 통수요소의 2차 세포벽의 구멍인, 막이 있는 **벽공(pit)**이 만들어진다. 물관 요소나 헛물관이 끝단끼리 맞닿아 연결되어 만들어진 기둥을 통해 **물관(xylem)**에서 물과 미네랄이 수송된다. 이들 기둥은 뿌리의 맨 아래 끝에서부터 가장 큰 줄기 위쪽까지 연결되어 있다. 물관 요소의 기둥을 **물관(도관, vessel)**이라고 부른다.

헛물관(tracheid)은 모든 관다발 식물의 물관에서 발견되는 반면, 물관(vessel)은 거의 속씨에서만 발견된다. 헛물관은 길고 폭이 좁고 끝이 뾰족하다. 이들에는 벽공이 끝쪽면과 옆면에 존재한다. 벽공은 간단한 구멍일 수 있고 또는 복잡한 구조를 가지고 있기도 하다. 예를 들면, 일부 겉씨식물의 통수요소에서는 유연벽공(bordered pit)(그림 1.28)과 같은 복잡한 형태로 나타난다. **물관 요소(vessel element)**는 짧고 지름이 700 μm에 이를 정도로 폭이 헛물관보다는 넓다. 물관(vessel)에서 벽공(pit)은 옆면에 존재하고, 끝쪽면에는 큰 천공(perforation)이 존재하여 물 흐름이 방해 받지 않고 세포 간에 흘러갈 수 있게 해 준다. 물 수송에 더해서, 통수요소(tracheary element)는 구조적인 지지력을 제공하여, 일부 관다발 식물의 경우 100 m 이상의 키를 가질 수 있게 해 준다.

키포인트 물과 유기물질을 효율적으로 수송하는 관다발 조직의 진화는 육상 식물이 확립되는 데 중요한 요소였다. 물은 물관에서 위쪽으로 수송된다. 속씨식물에서 물관부에서 물을 수송하는 세포는 헛물관(tracheid)와 물관요소(vessel element)이다. 그러나 거의 모든 겉씨식물의 물관은 헛물관만을 가지고 있다. 헛물관은 길다란 모양으로 이웃 헛물관과는 벽공(pit)이라고 불리는 구멍을 통해서 연결되어 있는 반면, 물관(vessel)은 죽은 세포가 천공이 있는 끝단끼리 연결되어 있는 형태로, 이를 통해 물이 방해 받지 않고 수송될 수 있다. 유기물질은 체관에서는 양쪽 방향으로 이동할 수 있다. 속씨식물에서 체관부는 살아 있는 체관세포(sieve tube element)로 구성되어 있는데, 이들 체관세포는 핵이 없고, 대신 핵이 있는 동반세포(companion cell)과 연결되어 있다. 체관세포들은 체판(sieve plate)이라고 불리는 천공이 많이 있는 끝단 벽을 가지고 있고 세포질이 상호간 연결되어 있어서 쌓아져 있는 이들 세포가 연속적인 통로를 만들 수 있다. 체관이행(translocation)이라고 하는 체관 수송은 살아 있는 체세포(sieve cell)를 필요로 한다.

1.8.4 유기물질의 장거리 수송은 체관을 통해서 일어난다

속씨식물을 제외한 모든 관다발 식물은 길다란 **체세포(사세포, sieve cell)**가 맞닿아 연결된 튜브를 통해 설탕이나 다른 유기분자의 장거리 수송을 수행한다. 통수요소와 달리, 체세포는 얇은 1차벽을 가지고 있으며, 충분히 자랐을 때 기능적으로 살아 있는 세포이다. 속씨식물은 **체요소(사요소, sieve element)**로 알려진 **체관세포(사관절, sieve tube member)**가 맞닿아 연결된 통로를 이용해서 유기물질의 수송을 수행한다. 체관세포는 핵, 액포 그리고 여러 다른 세포소기관이 없지만, 기능적인 세포막을 가지고 있어서 살아 있는 세포이다(그림 1.29).

연결되어 있는 체관세포끼리는 세포질 연결 흐름으로 각각 통해 있다. 이들 세포에서 구멍이 나 있는 한쪽면을 **체판(사판, sieve plate)**이라고 한다. 각 체관세포 옆에 존재하며 많은 수의 원형질연락사(plasmodesmata; 5장과 14장 참고)로 연결되어 있는 세포가 있는데, 이 세포를 **동반세포(반세포, companion cell)**라고 한다. 이 동반세포는 다른 살아 있는 식물 세포와 같이 핵과 다른 세포소기관을 가지고 있다. 이들은 체관세포의 대사에 아주 중요한 역할

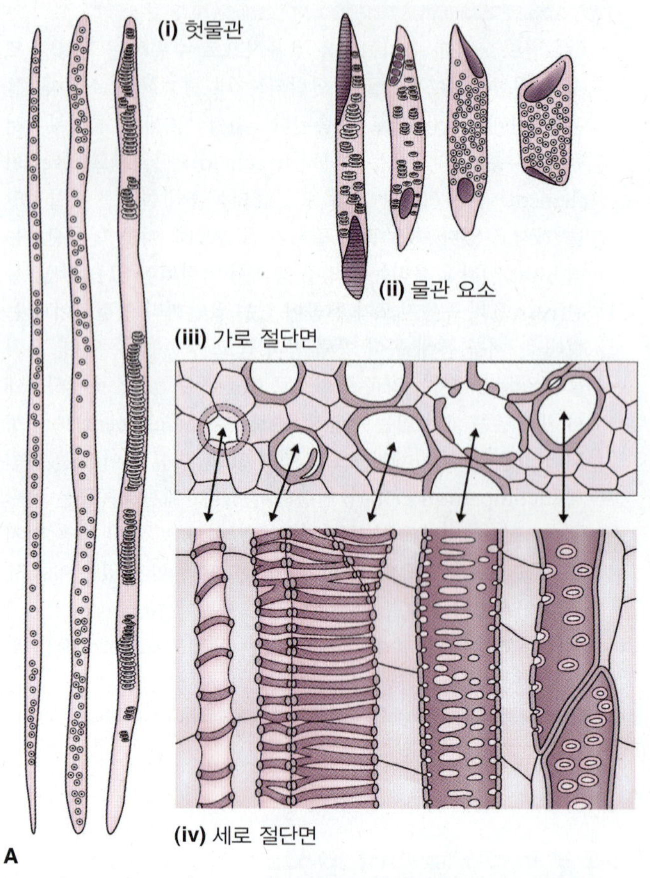

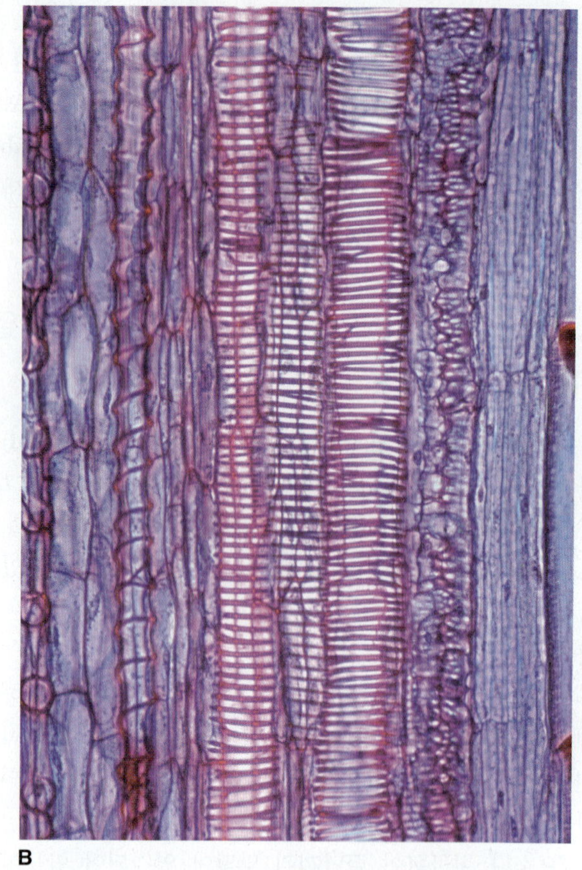

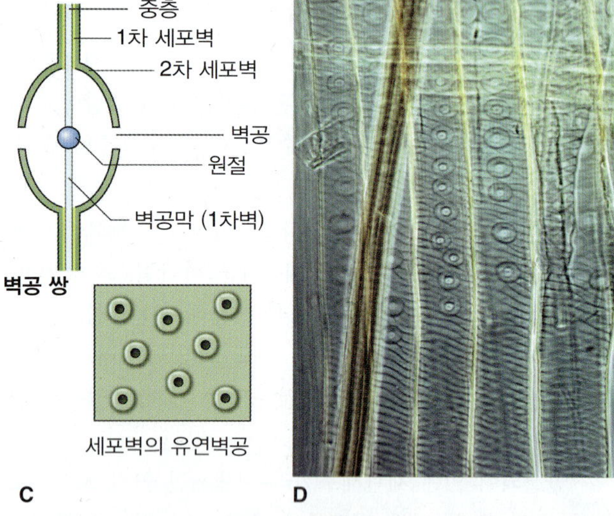

그림 1.28 물관에서의 통수요소(tracheary elements). (A) (i) 헛물관(tracheid)와 (ii) 물관 요소(vessel element)를 물관의 (iii) 가로 절단면과 (iv) 세로 절단면으로 그린 그림. (B) 호박 줄기의 물관 요소와 헛물관을 세로 절단한 광학현미경 사진. (C) 겉씨식물의 헛물관의 유연벽공 모식도; 만약 공기가 헛물관의 유연벽공 한쪽면으로 들어가게 되면, 원절이 반대쪽으로 밀려가서 벽공을 막아 공기방울의 이동을 막게 된다. (D) 유연벽공을 보여주는 소나무 헛물관 광학현미경 사진.

을 할 뿐 아니라, 장거리 수송을 위해 체관세포에 당을 옮겨 싣는 데 참여한다(14장 참고).

1.9 종자식물 체제 II. 기관계의 모양과 기능

지금까지, 조직과 조직계에 구성되어 있는 다른 기능을 가진 식물 세포를 공부하였다. 이제 이들 세포와 조직이 뿌리, 줄기, 그리고 잎에서 어떻게 배열되어 있고, 어떻게 각 기관의 기능에 기여하는 가를 살펴볼 것이다.

1.9.1 뿌리계는 물과 미네랄을 흡수한다

뿌리계는 매우 많이 분지되어있고 일반적으로 지상부보다

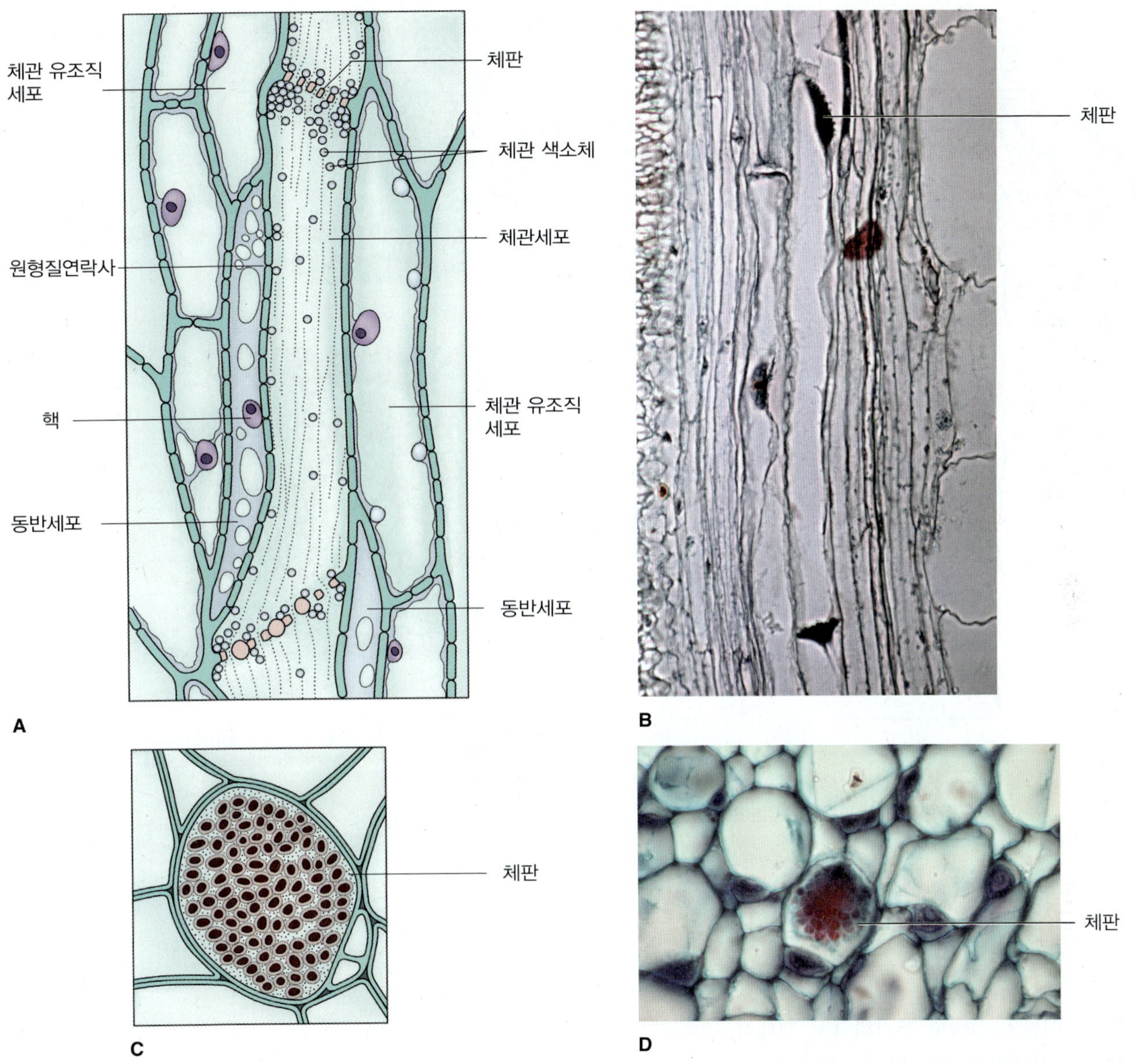

그림 1.29 체관구조. (A) 체관에서 체관세포(sieve tube member)와 동반세포를 세로로 본 그림. (B) 호박(*Cucurbita pepo*)의 체관의 세로 절단면 광학현미경 사진. (C) 체판(sieve plate)의 정면 모습; 어두운 부위는 체판의 구멍을 통한 세포질 연결부분. (D) *C. pepo*의 체관 세로 절단면의 광학현미경 사진. 체판의 정면을 보이는 체관세포와 동반세포를 볼 수 있다.

더 큰 표면적을 가진다. 뿌리의 1차 기능은 물과 미네랄을 토양으로부터 흡수하는 것, 식물체를 고착시키는 것, 탄수화물을 저장하는 것이다. 대부분의 겉씨식물과 진정쌍자엽식물은 배에서 만들어진 유근(radicle)이 주뿌리가 되어 **원뿌리**(**taproot**)를 만든다. 가지치는 **곁뿌리**(**lateral root**)의 생성은 뿌리 표면적을 더 증가시켜 준다. 원뿌리는 토양 속 아주 깊숙히 뚫고 들어갈 수 있다(그림 1.30). 사막 관목인 메스키트(mesquite)의 뿌리는 깊이 100 m까지 뚫고 들어갈 수 있다. 당근과 비트(beet)의 원뿌리는 양분 저장을 위해 변형되었다. 곡류와 목초와 같은 단자엽에서는 일반적으로 유식물의 1차 뿌리는 죽고 줄기의 아래 부분에서 만들어지는 **부정근**(**adventitious root**)이 생성된다. 이 뿌리는 토양에서 넓게 뻗어지는 **수염뿌리계**(**fibrous root system**)을 형성하여, 토양의 표면으로부터 물과 미네랄을 효과적으로 흡수한다. 이들 두 뿌리계의 생태적인 차이는 더운 여름 동안 물을 주지 않은 잔디밭에서 잘 들어난다. 수염뿌리를 가지고 있는 잔디는 종종 갈색으로 변하지만, 긴 원뿌리를 가지고 있는 민들레와 같은 진정쌍자엽 잡초는 녹색으로 남아 있는다.

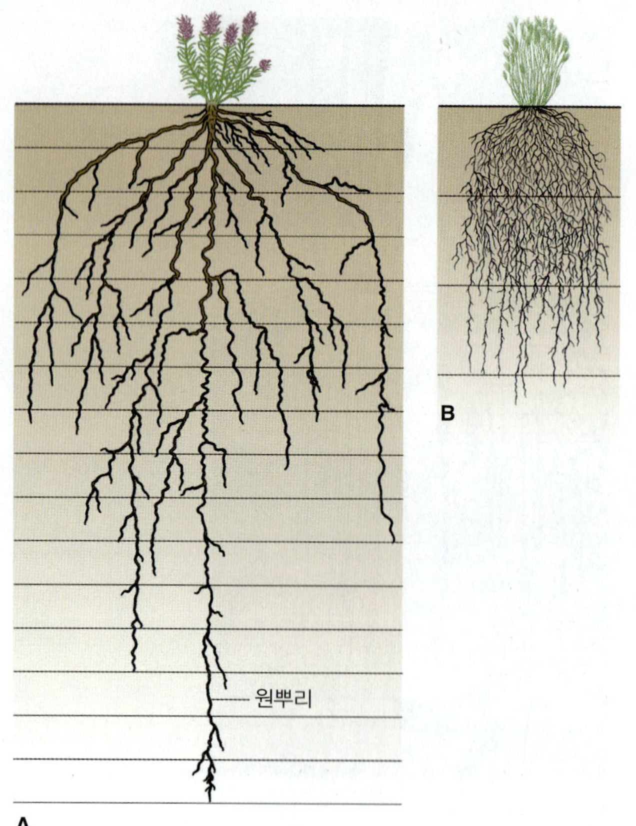

그림 1.30 2종류의 뿌리계. (A) 뿌리로 깊게 펼쳐 뻗어가는 원뿌리계. (B). 깊이 보다는 토양 표면을 넓게 펼쳐가는 수염뿌리계. 가로줄간 간격은 약 30.5 cm.

1.9.2 뿌리의 1차 조직은 피층와 표피로 둘러쌓인 중앙 관다발로 구성되어 있다

진정쌍자엽 식물의 성숙한 뿌리의 1차 형태적 구조는 그림 1.31에 나타내었다. 뿌리의 가운데 부분에는 관다발의 중심인 **관다발 기둥(vascular cylinder)** 또는 **중심주(stele)** 가 위치한다. 솔방울과 같은 열매를 맺는 겉씨식물와 대부분의 진정쌍자엽식물은 1차 물관이 중심주의 가운데를 차지하고 있다. 그래서, 중심주를 가로지르는 절단면에서 물관은 3-5개의 끝점을 가지는 별모양을 닮았다. 1차 체관은 별모양의 움푹 파인 곳에서 발견된다. 그 반면에, 단자엽 뿌리에서는 **수(속, pith)**라고 불리는 기본 조직이 중심주의 가운데 자리잡고 있다. 원심원의 1차 물관과 1차 체관이 수를 둘러싸고 있다. 진정쌍자엽과 단자엽 모두 관다발 기둥(vascular cylinder)의 바깥쪽 면에 **내초(pericycle)**라는 미분화세포층이 형성된다. 표피와 관다발 기둥 사이에는 **피층(cortex)**이라고 불리는 기본 조직이 있다. 피층 세포는 저장양분 (대부분 녹말) 저장한다. 피층의 가장 안쪽의 층은 **내피(endodermis)**로, 뿌리 표면과 90°를 이루는 내피 세포벽면에는 **수베린(suberin)**이라는 왁스중합체가 집적된 **카스파리선(Casparian strip)**이라는 띠를 가지고 있다(그림 1.31C). 내피 세포의 세포막은 카스파리선과 단단히 붙어 있어서, 물과 용질이 내피의 세포벽을 따라 확산되는 것을 방해하는 장애띠를 형성한다. 따라서, 용질이 관다발 조직에 도달하기 위해서는 반드시 내피 세포의 세포막을 거쳐야 한다(13장 참고).

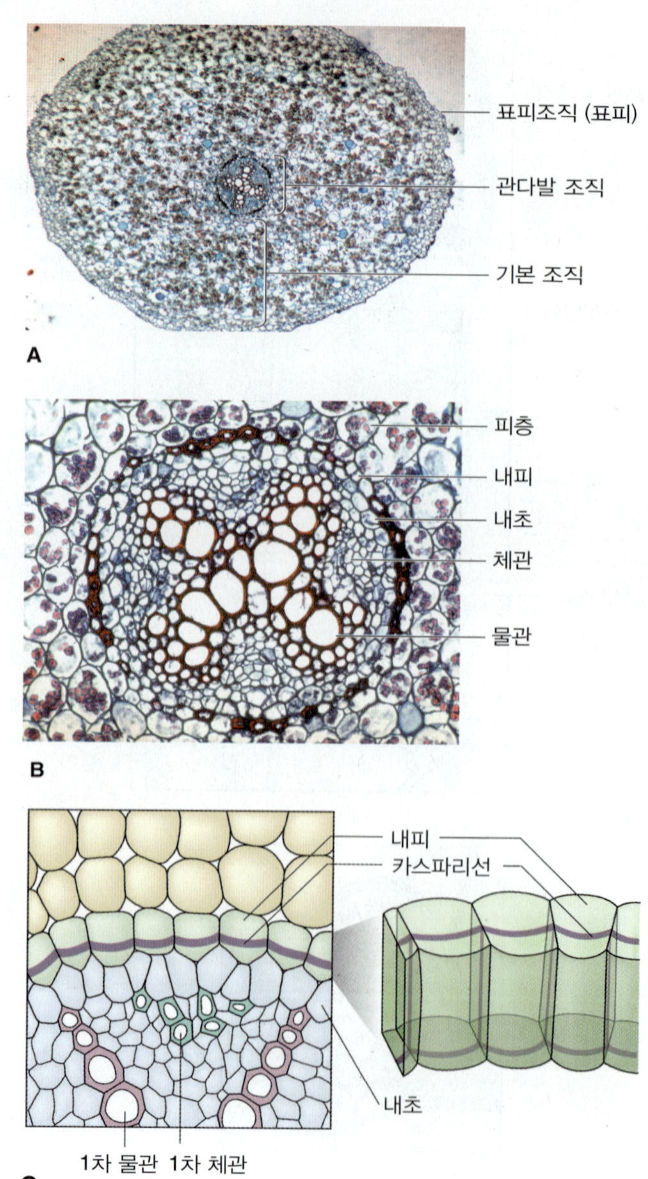

그림 1.31 어린 진정쌍자엽 식물 뿌리(*Ranunculus*, 미나리아재비)의 1차 조직의 구성. (A) 전체 뿌리 그리고 (B) 3개의 1차 조직계를 보여주는 원통형 관다발의 가로절단면 광학현미경 사진. (C) 카스파리선을 포함하는 내피를 나타내는 그림.

1.9.3 지상부는 반복되는 모듈로 조직되어 있다

지상계는 **잎**(**leaf**)과 **줄기**(**stem**) 2개의 기관으로 되어 있고 또한 생식기관을 만든다(그림 1.23). 지상계는 **피토머**(**phytomer**)라고 불리는 반복되는 기관으로 조직되어 있다. 각 피토머는, 잎과 **곁눈**(**액아, axillary bud**)이 붙어 있는 곳인 **마디**(**node**)와 마디 사이인 **절간**(**internode**)으로 구성되어 있다. 잎은 다양한 형태로 나타나며, 물, 이산화탄소와 빛 에너지를 탄수화물로 바꾸는 광합성 기관이다(그림 1.32). 줄기는 지하부 뿌리와 지상부 잎을 연결해 주고, 뿌리로부터 잎으로 물과 미네랄을 전달해 주며, 잎으로부터 뿌리로 광합성 산물을 전달해 준다. 감자(*Solanum tuberosum*) 괴경(tuber)과 붓꽃(*Iris* spp.) 뿌리줄기(rhizome), 크로커스(*Crocus* spp.)의 알줄기(corm)와 같은 일부 줄기는 양분 저장용으로 변형되었고, 선인장 줄기와 같은 줄기는 수분 저장용으로 변형되었다(그림 1.33).

1.9.4 속씨식물의 잎의 조직은 기공을 가진 표피, 광합성을 하는 엽육세포와 엽맥으로 구성되어 있다

일반적인 잎의 조직 배열은 그림 1.34에 나타냈다. 큐티클을 가지고 있는 표피는 잎의 안쪽 조직을 둘러싸고 있다. 기공은 표피에서 발생하는데, 위치와 밀도는 종 마다 다르다(14장 참고). 속씨식물의 기본 조직은 대부분 유조직세포(parenchyma cell)로 구성되었으며 이들은 많은 엽록체를 포함하고 광합성에 특화되어 있다. 잎에서 광합성을 하는 유조직세포는 **엽육세포**(**mesophyll**; *meso* = middle, *phyll* = leaf)라고 한다. 많은 속씨식물은 2개의 특징적인 유조직세포를 가지고 있다. 하나는 길다란 모양으로 조밀하게 배열되어 있는 **책상조직세포**(**palisade parenchyma**)로, 잎의 위쪽면(향축면, adaxial surface)에 위치하고 있고, 다른 하나는 느슨하게 존재하고 있는 **해면조직세포**(**spongy parenchyma**)로 잎의 아래쪽(배축면, abaxial side)에

그림 1.32 잎 모양의 다양성. 단순한 잎은(C–H)은 전체 잎몸(lamina)을 가지고 있는 반면 복엽(A, B, I)은 잎몸이 소엽으로 나뉘어져 있다. 잎몸은 크기와 모양에서 다양한다; 일부는 넓은 반면(예, C와 E), 다른 일부는 좁거나(H), 심지어 바늘과 같다(J). 잎자루의 길이 역시 다양한다; 일부는 길고(예, C, E, K), 다른 일부는 짧으며(예, G) 또 다른 잎은 잎자루가 없다(D, F).

그림 1.33 줄기형태와 기능의 다양성. (A) 딸기와 같은 일부 식물은 포복지(stolon)라고 하는 토양 표면을 따라 기어 자라는 누운 줄기를 가지고 있다. (B) 붓꽃(Iris)은 뿌리줄기(rhizome)라고 하는 누워 자라는 지하부 줄기를 가지고 있는 식물의 한 예이다. (C) 구형의 양파는 잎 아래 부위가 부풀어진 것으로 잎들은 작은 줄기에 붙어 있다. (D) 감자 식물체는 지상부 줄기와 지하부 포복지(stolon)를 가지고 있다. 이 경우 포복지의 끝이 부풀어서 감자 괴경을 형성한다. (E) 크로커스 알줄기(corm)는 커다란 지하부 줄기로 저장분을 함유하고 있다. (F) 선인장 줄기는 둥글거나 넙적하고, 주된 광합성이 일어나는 곳이다. 가시는 변형된 잎이다.

있다. 해면조직세포 사이의 공간들은 책상 세포(palisade cell)에 더 빠른 가스교환을 제공하는 데 적합하다.

후각 조직(collenchyma)과 후벽(후막) 조직(sclerenchyma)은 잎의 기본 조직에서 발견될 수 있는데, 주로 주 엽맥과 부착되어 발견된다.

잎의 관다발 조직은 기본 조직에 둘러싸져 있는 **엽맥**(**vein**)에서 발견된다. 엽맥의 연결망은 가지를 매우 많이 치고 있어서 엽맥이 잎 안의 모든 세포 하나하나에 가깝게 존재한다. 각 엽맥에서 물관은 잎의 위쪽면(향축면, adaxial side)에, 체관은 잎의 아래쪽면(배축면, abaxial side)에 존재한다. 엽맥은 종종 유조직세포 **관다발초**(**bundle sheath**)로 감싸져 있다. 대부분 속씨식물에서 관다발초는 엽록체를 가지고 있지 않다. 그러나 옥수수(*Zea mays*)와 같은 C4 광합성을 하는 식물체의 관다발초는 엽록체로 가득 차 있다(9장 참고). 대부분의 진정쌍자엽과 원시 쌍자엽 식물에서 엽맥은 주엽맥이 중앙맥을 형성하고 점차적으로 작은 엽맥으로 가지쳐 나가는 형태의 그물망과 같은 모양을 하고 있다. 대부분의 단자엽 잎들은, 엽맥이 잎의 길이 방향으로 서로 평행하게 나열되어 있다.

1.9.5 단자엽과 진정쌍자엽의 줄기의 1차 조직들은 다르게 배치되어 있다

전형적인 단자엽과 진정쌍자엽의 줄기에서 조직들의 배치

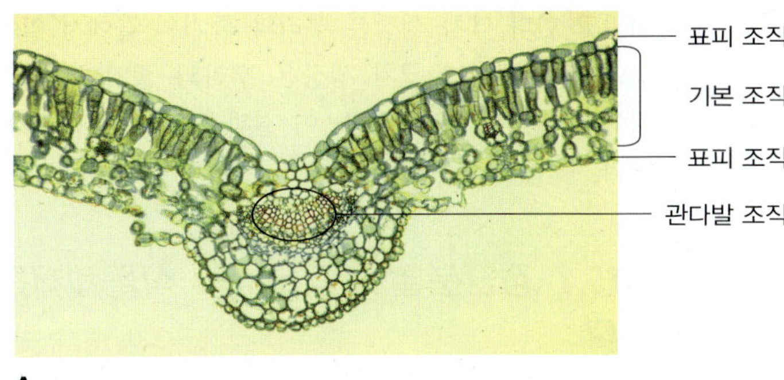

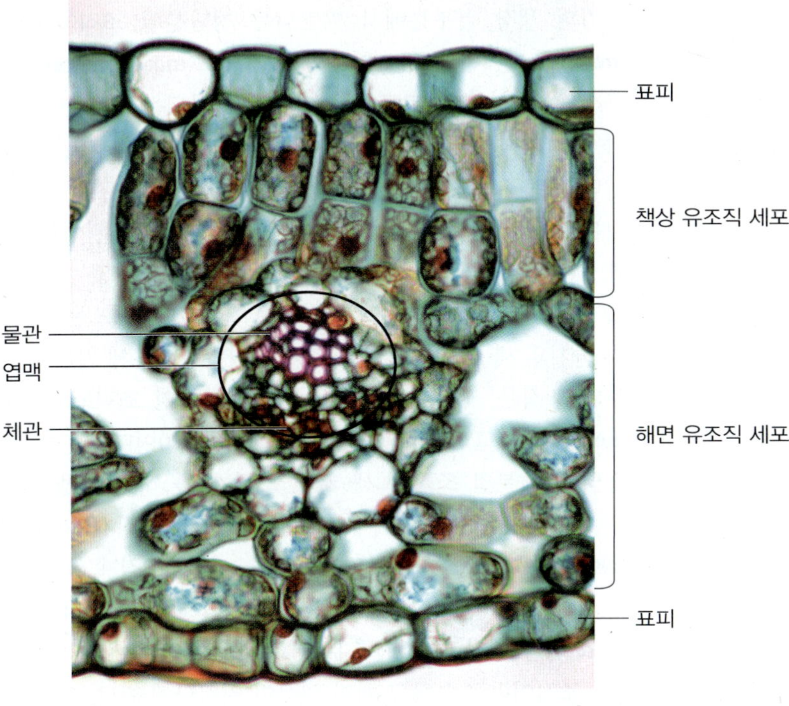

그림 1.34 진정쌍자엽 잎의 조직계 구성. (A) 잎 주맥의 절단면 광학현미경 사진. 관다발 조직(주맥), 기본 조직, 그리고 위와 아래의 표피를 볼 수 있다. 이 잎에서 기공은 아래(adaxial) 표피에서 발견된다. (B) 잎몸(leaf blade)의 절단면 광학현미경 사진. 이 잎에서, 기본 조직은 책상(palisade)과 해면(spongy) 유조직 세포로 나뉜다. 물관과 체관을 가지고 있는 작은 엽맥을 볼 수 있다.

는 그림 1.35에 나타내었다. 가장 바깥쪽 층은 왁스성 큐티클을 가지고 있는 표피이다. 녹색 줄기의 표피도 분비세포, 털세포, 그리고 기공을 가지고 있을 수 있다. 정단면에서 줄기의 **관다발 조직**(**vascular bundle**)은 다발 형태로 존재한다. 각 다발은 **물관**과 **체관**으로 나뉜다. 일반적으로 물관은 다발의 안쪽에, 체관은 바깥쪽에 존재한다. 대부분 진정쌍자엽식물과 1차 생장만을 하는 겉씨식물의 줄기에서, 관다발의 원형 나열은 기본 조직을 표피와 관다발 바깥쪽 사이의 **피층**(**cortex**)과 관다발의 원형 안쪽의 **수**(**속, pith**)로 구분되게 한다. 반면에 옥수수와 같은 단자엽식물의 관다발은 줄기 기본 조직 전체에 걸쳐 산재해 있다. 녹색 줄기에서, 피층의 바깥쪽 층은 엽록체를 포함하여 광합성을 할 수 있다.

1.10 종자식물의 체제 III. 새 기관의 발달과 생장

앞에서 식물 체제의 조직에 대해 익혔으므로, 이 절에서는 이 체제가 어떻게 생장하고 발달하는지 알아보겠다. 동물과 반대로, 일생에 걸쳐서 식물은 계속적으로 자라고 기관을 반복적으로 만들어 낸다. 새 기관은 세포분열이 집중되어 있는 부분에서 시작하며 이 부분을 **분열 조직**(**meristem**)

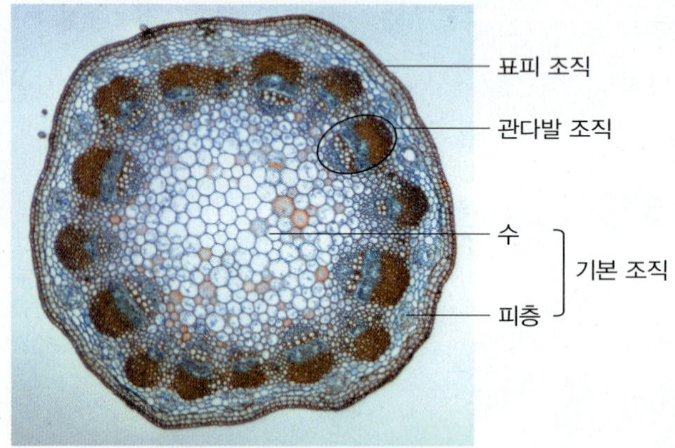

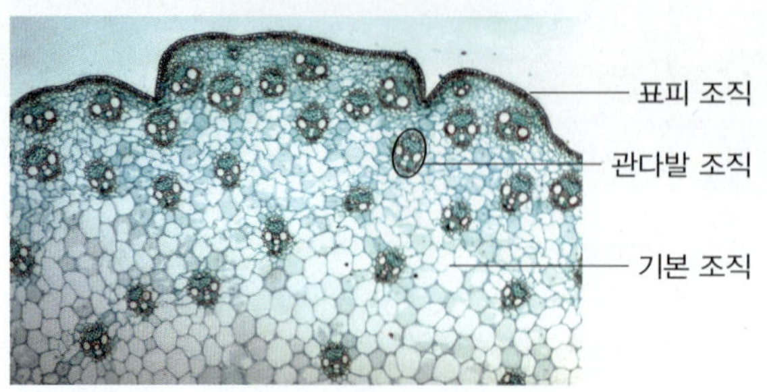

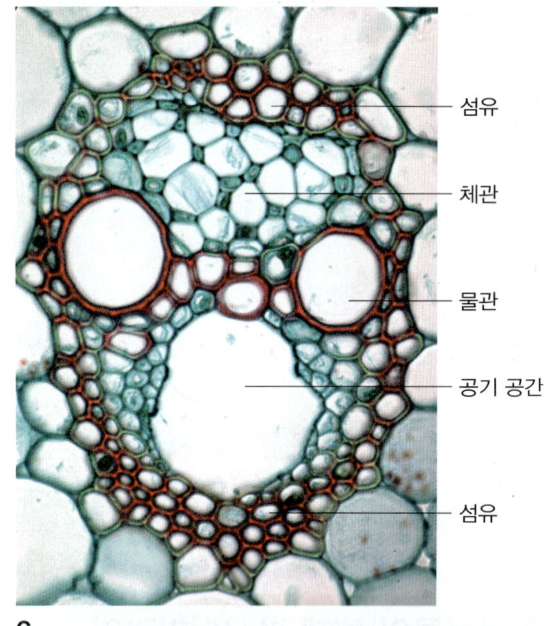

그림 1.35 어린 줄기의 주조직계의 구성을 보여주는 광학현미경 사진. (A) 진정쌍자엽인 해바라기(*Helianthus*)에서, 줄기는 원형의 관다발(vacular bundle)을 가지고 있고, 이것은 기본 조직을 피층(cortex)과 수(pith)로 나눈다. (B) 옥수수(*Zea mays*)와 같은 단자엽의 관다발은 줄기의 기본 조직 전체에 산재해 있다. (C) 옥수수의 한 관다발을 고배율로 확대한 사진. 체관과 물관의 위치를 보여준다.

이라고 한다. 1차 생장은 뿌리와 줄기의 끝에서 일어나서 길이 생장을 한다. 2차 생장은 뿌리와 줄기의 성숙한 조직에서 일어날 수 있으며, 이 결과로 두께의 증가가 일어난다.

1.10.1 정단분열 조직은 1차 식물체제를 만든다

분열 조직은 분열하는 세포가 모여 있는 부분이다. 뿌리와 줄기의 생장 끝부분에서 발견되는 **정단분열 조직(apical meristem)**은 분열하는 **미분화 줄기세포(meristem cell)**로 구성되어 있다. 분열 조직에 의해서 생성되는 세포는 뿌리와 줄기의 끊임 없는 생장을 가능하게 한다. 게다가, 줄기 정단분열 조직은 잎, 곁눈(액아, axillary bud), 새 가지와 같은 기관이 될 세포들을 만든다. 따라서 식물은 일생을 통해서 새 기관을 만들고 크기를 키우면서 끊임 없는 생장을 할 수 있다. 정단분열 조직에서 만들어진 세포는 뿌리와 줄기의 세 가지 **1차 분열 조직**을 만든다. 그 세 가지 1차 분열 조직은, **원표피(protoderm)**, **기본분열 조직(ground meristem)**, 그리고 **전형성층(procambium)**이다. 이들 각각의 1차 분열 조직은 세 가지 조직계 중 하나를 생산하여 식물체를 구성한다. 즉, 원표피는 **표피 조직계(dermal tissue system)**, **기본분열 조직은 기본 조직계(ground tissue system)**, **전형성층은 관다발 조직계(vascular tissue system)**를 생산한다. 1차 분열 조직에서 만들어진 조직을 **1차 조직**이라고 부르고 길이 생장이 일어나게 한다. 이러한 생장의 결과를 **1차 생장**이라고 한다.

> **키포인트** 식물은 동물과 달리 원칙적으로 무한 생장과 분열을 하는 세포집단을 가지고 있다. 분열조직은 세포 분열을 통해 성숙한 조직으로 분화할 수 있는 미분화세포의 구역으로 정의될 수 있다. 줄기와 뿌리 끝 정단분열조직은 1차 생장을 일어나게 한다. 강털 소나무(*Pinus longaeva*)와 같은 장수종이 오래 살 수 있는 것도 부분적으로는 정단분열조직 덕분이다. 목본류 나무에서 측생분열조직(측재분열조직, lateral meristem)은 2차 생장을 통해 2차 조직인 코르크, 2차 체관과 2차 물관을 만들어 낸다. 측생분열조직은 줄기와 뿌리에서 모두 발견된다. 목본류의 경우, 수년 동안의 2차 생장 후 지상부와 뿌리부 서로 간의 구분이 어려울 정도이다.

1.10.2 뿌리 정단부는 뿌리골무에 의해 보호되는 분열 조직으로 이루어져 있고, 곁뿌리는 내초(pericycle)의 원기(primordia)에서 발달이 시작한다

뿌리와 지상부에서 새 기관 형성과 1차 생장에 많은 중요한 차이점이 있다. 먼저 뿌리에서의 기작을 알아보고 지상부를 살펴보겠다. 뿌리 정단부의 조직은 그림 1.36에 나타냈다. 뿌리에서 정단분열 조직은 뿌리가 토양을 파헤쳐 나아갈 때 뿌리를 보호해 주는 **뿌리골무**(**root cap**)에 의해 감싸져 있다. 뿌리가 자람에 따라 뿌리골무 세포는 차츰 벗겨져 나가고, 정단분열 조직에 의해서 계속적으로 새로 만들어져 대체된다. 뿌리골무의 가장 바깥쪽 세포는 뿌리가 토양을 파헤쳐 나갈 때 윤활제 역할을 해 주는 다당류 점액을 생성한다. 뿌리는 막대한 양의 점액을 만들 수도 있는데, 수천 개의 뿌리를 가지고 있는 큰 식물의 경우, 광합성 탄소산물 10% 만큼을 점액 생성에 투입하기도 한다.

대부분 뿌리세포 길이 생장은 정단분열 조직 뒤 10 mm 정단 부위에서만 일어난다. 이 세포 길이 생장 구역에서 세포는 20-50배의 길이 생장을 하기도 한다. 일부 세포 분화가 이 구역에서 일어나기도 하지만, 뿌리털 생성을 포함한 대부분의 분화는 세포 길이 생장이 끝난 후 세포 성숙 구역에서 일어난다(그림 1.36).

곁뿌리(**측근**, **lateral root**, **brach root**)는 뿌리의 성숙한 부위에서 시작된다(그림 1.37). 내초(pericycle)의 세포가 분열을 통해 **측근원기**(**branch root primordium**)를 형성한다. 이 원기는 자체의 정단분열 조직을 가지는 새 뿌리로 발달하여 주뿌리의 피층과 표피를 뚫고 외부로 자라난다. 곁뿌리 밑둥 쪽 관다발이 성숙하면서 주뿌리의 관다발과 연결된다.

1.10.3 줄기 정단 봉오리는 잎, 곁눈(액아, axillary bud)과 꽃 기관의 근원이다

줄기 정단조직인 **줄기 정단 봉오리**(**shoot apical bud**)는 뿌리 끝과는 다르다(그림 1.38). 1차 분열 조직에 세포를 공급하는 것에 추가적으로, 줄기정단분열 조직은 새 잎, 곁눈(액아, axillary bud), 또는 특정 조건하에서 꽃 기관을 만들어 낸다. **엽원기**(**leaf primodium**)는 정단분열 조직의 측면에서 세포집단 형태로 시작한다. 세포분열이 계속됨에 따라, 새 잎의 크기가 커지고 정단분열 조직을 감싸 둘러싼다. 각 **엽액**(**잎겨드랑이**, **leaf axil**=잎과 줄기 사이 윗쪽 각)에는, 정단분열 조직에서 기원한 세포가 분열하여 형성하는 **곁눈**이 존재하는데, 이것은 줄기 정단 봉오리의 작은 복사판으로 휴면 상태이다. 줄기에서 세포 길이 생장은 다소 늦게 일어나서 줄기의 정단 봉오리는 아주 짧은 절간(마디 사이, internode)을 가진 여러 개의 마디를 가지게 된다. 곁눈이 자라서 생장하게 되면 곁가지가 된다. 만약 곁눈이 생성되어 바로 자라게 된다면, 식물은 장식용 식물인 콜레우스(Coleus)와 같이 덤불이 많은 형태를 띠게 된다. 만약 곁눈이 휴면상태로 남아 있다면 담배식물과 해바라기 같이 가지가 없는 일직선의 생장을 하게 된다(그림 1.39).

1.10.4 2차 생장은 수천 년에 이르는 긴 시간 동안 일어난다

단자엽과 초본류 진정쌍자엽과 같은 많은 식물체는 1차 분열 조직이 세포를 추가하면서 일어나는 1차 생장에 의한 크기 증가만 일어난다. 겉씨식물과 목본류 진정쌍자엽에서는 **2차 생장**을 통해 줄기와 뿌리가 키 뿐만 아니라 직경면에서 증가한다. 2차 생장 동안 대부분의 식물체제의 조직은 정단분열 조직에 의해서 만들어지지 않고, 측생분열 조직(측재분열 조직, lateral meristem)에 의해서 생성된다. 그 결과 일어나는 식물의 크기의 증가를 2차 생장이라고 한다. 강털 소나무와 자이언트 세콰이아 같은 나무에서 보듯 2차 생장은 종종 엄청난 크기 그리고 장수와 관련되어 있다(1.6.2절 참고).

1.10.5 측생분열 조직(측재분열 조직, lateral meristem)은 식물체의 둘레를 증가시켜 준다

2차 생장은 일부 종에서 줄기의 지름을 1-2 cm에서 10-15 cm까지 증가시킬 수 있고, 목본류의 경우에는 키를 100 m 이상 자라나게 할 수 있다. 2차 비후(thickening)라 불리는 식물체 둘레의 생장은 길이 생장이 더 이상 일어나지 않는 뿌리나 줄기의 부위에서 시작한다. 2개의 측생분열 조직(측재분열 조직, lateral meristem)이 2차 생장에 관여한다. **유관속 형성층**(**vascular cambium**)은 **2차 물관**과 **2차 체관**을 생성하고, **코르크 형성층**(**cork cambium**)은 **주피**(**periderm**)를 만들어 낸다. 주피는 방수가 되는 세포의 외부 보호막이다. 비록 대부분의 단자엽은 2차 분열 조직

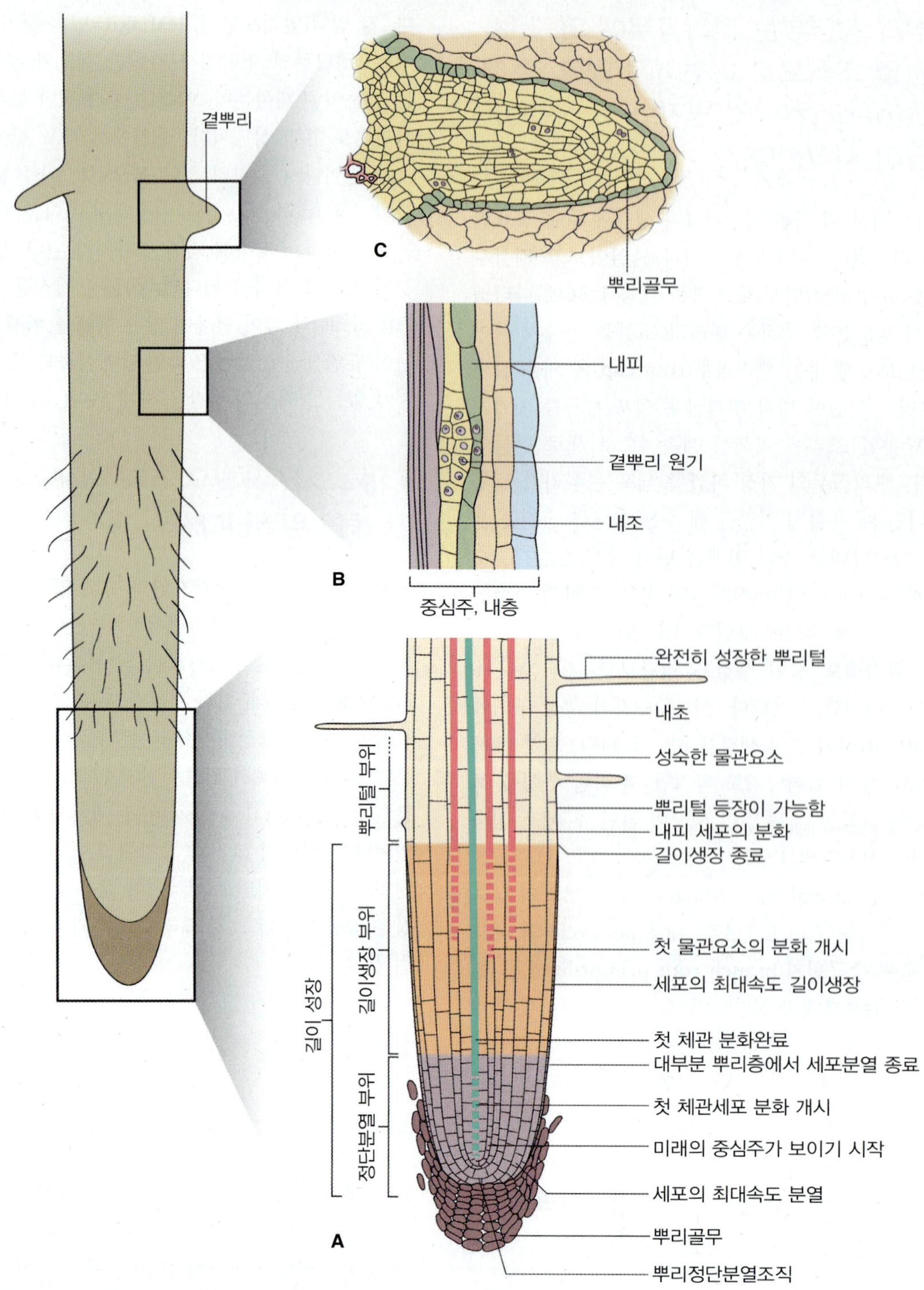

그림 1.36 뿌리의 1차 생장. (A) 길이 생장하는 주뿌리는 두 방향으로 세포를 만들어 내는 정단분열조직을 가지고 있다. 여기서 한 방향은, 위에서 아래 방향으로, 뿌리골무세포를 계속 만들어 주고, 나머지 한 방향은 아래에서 위 방향으로, 길이 생장 부위로 세포를 만들어 공급한다. 길이 생장 부위에서는 세포가 20–50배 길이 생장한다. 세포 분화는 주로 세포 길이 생장이 끝난 뒤에 일어난다. (B) 성숙한 조직의 중심주(vascular cylinder)의 끝단에서 내초(pericylce)가 분열하여 곁뿌리 원기(primordium)가 만들어진다. (C) 발달하는 곁뿌리는 뿌리 피층을 비집고 자라나서 궁극적으로는 표피를 뚫고 토양 쪽으로 자라 나온다.

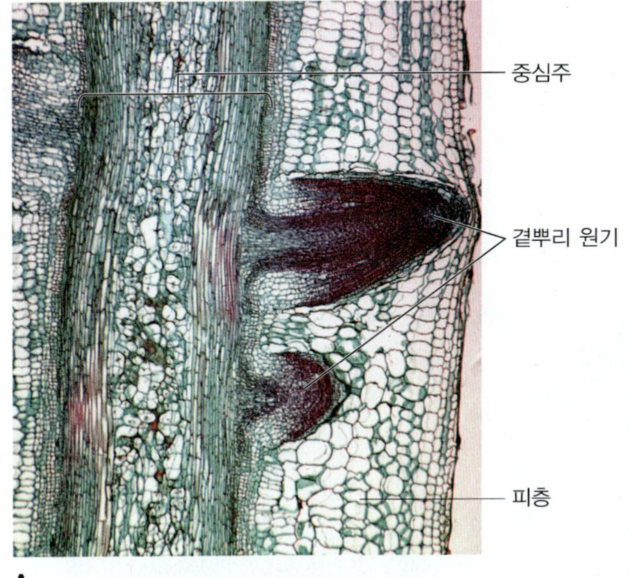

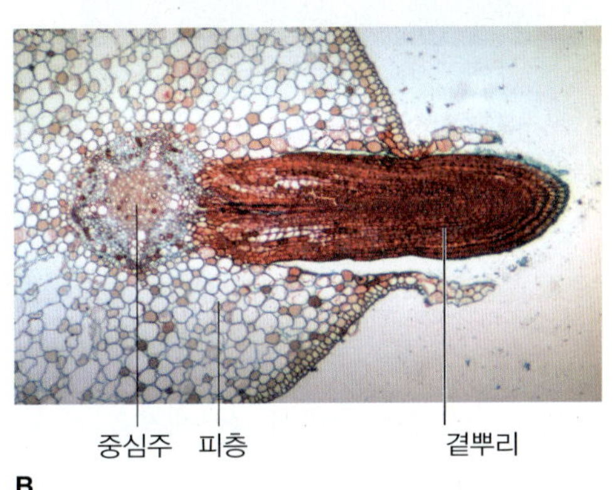

그림 1.37 곁뿌리 형성을 보여주는 광학현미경 사진. (A) 층층이부채꽃(*Lupinus*) 뿌리의 세로 절단면으로 2개의 곁뿌리 형성 단계를 보여준다. (B) 버드나무(*Salix*)의 곁뿌리 형성을 보여주는 가로절단면 사진. 곁뿌리는 내초 세포의 분열로 만들어진다. 뿌리 원기는 모뿌리의 피층과 표피를 뚫고 자라서 외부 토양에 도달한다.

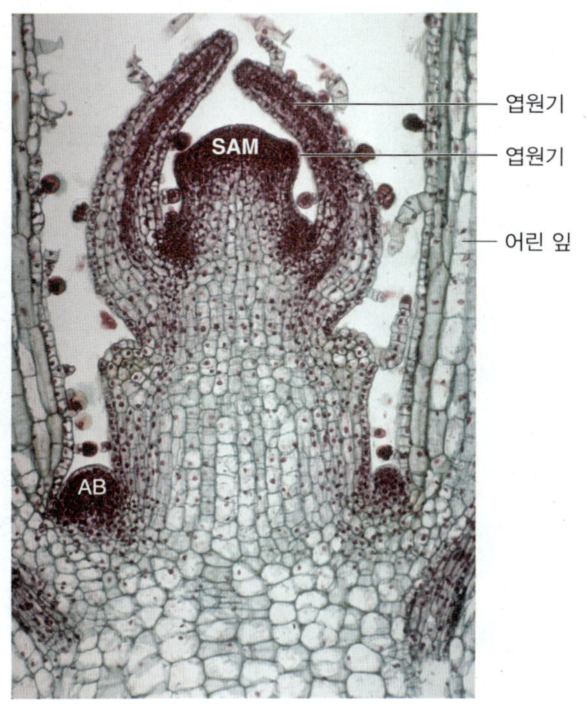

그림 1.38 콜레우스(Coleus)의 줄기 정단의 세로 절단면을 보여주는 광학현미경 사진. 줄기정단분열조직(Shoot apical meristem, SAM)과 단계적으로 성숙하고 있는 엽원기(leaf primordium)를 주목하라. 곁눈 원기(axillary bud primordium, AB)는 어린 잎의 윗겨드랑이(axil, 잎과 줄기 사이 윗쪽 각)에서 발달한다. 이것들이 성장하면서, 이들 원기는 곁눈을 형성하고 이것은 다시 각각 자신만의 정단분열조직과 엽원기를 갖는다.

이 없지만, 야자나무류와 같은 많은 수의 단자엽은 리그닌화된 잎의 아래쪽과 같은 구조물이 죽으면서 남게 되어 줄기에 지지력을 보태 주는 방식으로 줄기의 둘레를 증가 시킨다.

줄기 내에서는, 체관과 물관 사이에 위치한, 미분화되어 남아 있는 전형성층(procambium)과 관다발(vascular bundle) 사이에 위치한 유조직세포의 탈분화를 통해 만들어지는 줄기 **관다발 사이 형성층(interfasciular cambium)**이 끊김 없는 원형의 **유관속 형성층(vascular cambium)**을 만들어지게 한다(그림 1.40). 뿌리에서는 1차 물관을 둘러싸고 있는 잔여 전형성층으로부터 유관속 형성층이 중심주(stele) 안에 형성된다. 줄기와 뿌리에서, 유관속 형성층 원은 줄기 또는 뿌리 원주면과 평행한 방향으로 분열하여 방사형 방향으로 세포층을 만들어 낸다. 2차 물관은 줄기나 뿌리의 안쪽으로 만들어지고, 2차 체관은 바깥쪽으로 만들어진다. 유관속 형성층은 간격을 두고 **방사조직(ray)**이라는 유조직 세포열을 중심부와 바깥쪽 양방향으로 만들어 낸다. 방사조직 세포들은 전분을 저장하고 있고, 물, 무기이온, 유기물질을 목질 줄기와 뿌리의 가로 방향으로 전달해 준다. 유관속 형성층은 원주면에 수직으로도 분열하여 형성층의 지름을 증가 시킨다.

생장이 매년 진행됨에 따라, 2차 물관의 층이 축적이 되어 **목질(wood)**을 형성한다. 오래된 나무의 줄기에서는 중심부의 진한 색의 **적목질(심재, heartwood)**과 밝은 색의 새로 형성된 **백목질(변재, sapwood)**을 볼 수 있다(그림 1.41). 이 경우에, 물의 수송은 단지 백목질에서만 일어난다. 적목질의 통수요소(tracheary element)는 노폐물로 생각되는 다양한 중합체가 영구히 보존되어 가득차 있다.

1차와 2차 체관, 피층과 표피를 포함하는 유관속 형성

A B

그림 1.39 정단우성은 전체적인 식물의 형태에 영향을 준다. (A) 콜레우스(*Coleus*)와 같은 일부 식물은 약한 정단우성을 가지고 있어서 키가 작고 많은 가지를 가지고 있는 형태를 가진다. (B) 히스비스커스(*Hisbiscus*)와 같은 종은 정단우성이 매우 강해서 가지가 거의 없는 1개의 주된 줄기만을 가진다.

층 바깥쪽의 조직은 둘레 크기의 증가를 감당할 수 없게 된다. 종종 이 바깥층은 쪼개지게 되고 떨어져 나간다. 이 보호 표피를 대신해 주기 위해서 또 다른 측생분열 조직(측재분열 조직, lateral meristem)인 **코르크 형성층**이 줄기 피층의 바깥쪽 층과 뿌리의 내초(pericycle)에서 발생한다. 코르크 형성층이 분열하여 **코르크(cork, phellem)**을 바깥쪽에 만들고 **코르크 피층(phelloderm)**이라고 부르는 유조직 세포를 안쪽에 만든다. 코르크 세포는 성숙시 죽은 세포이다. 코르크 세포의 벽은 리그닌과 수베린(suberin)을 가지고 있어서 방수역할을 한다(그림 1.42). **피목(lenticel)**이라고 불리는 코르크의 기다란 모양의 구멍은 코르크 형성층이 해면조직세포를 만들어 내는 곳에 생기는데, 해면조직세포는 코르크와는 달리 세포 사이에 많은 간격을 가지고 있다.

나무껍질(bark)은 유관속 형성층 바깥쪽의 모든 조직으로 구성되어 있다. 즉, 껍질 내부쪽은 기능적인 2차 체관으로, 외부쪽은 코르크와 기능이 없는 오래된 2차 체관이 교차배열된 층으로 구성되어 있다. 나무는 만들어 내는 모든 물관을 축적 보존해 두지만, 기능적인 2차 체관은 수년간만 기능한다. 나무의 원주를 따라서 나무껍질을 제거하는 것을 윤상박피(ringing 또는 girdling)라고 하는데, 이것은 체관을 제거하는 것으로 광합성 산물이 뿌리쪽으로 이동하는 것을 방해하게 되어 결국 나무가 죽게된다.

1.10.6 나무의 형태는 환경과 내부적 요인의 영향을 받는다

유관속 형성층(vascular cambium)의 활성은 낮의 길이에 따라 조절받는다. 낮의 길이에 계절적인 변화가 있는 온대지방에서 자라는 나무는 가을에 낮의 길이가 짧아짐에 따라 형성층 분열을 멈춘다. 가을 무렵 형성층에 의해서 만들어진 마지막 세포는 작은 지름과 두꺼운 세포벽을 가지게 된다. 봄에 새로 시작하는 형성층 분열에 의해서 만들어지는 통수요소는 늦은 여름에 만들어진 것 보다 크고 얇은 세포벽을 갖는다. 물관의 한해 생장은 늦여름의 목질부와 다음해 봄 목질부의 대비로 잘 나타나진다. 주어진 한해에 만들어진 물관의 양은 온도, 수분, 영양분 등과 같은 여러가지 요인에 의해 영향을 받는다. 나이테의 변화 측정은 **연륜연**

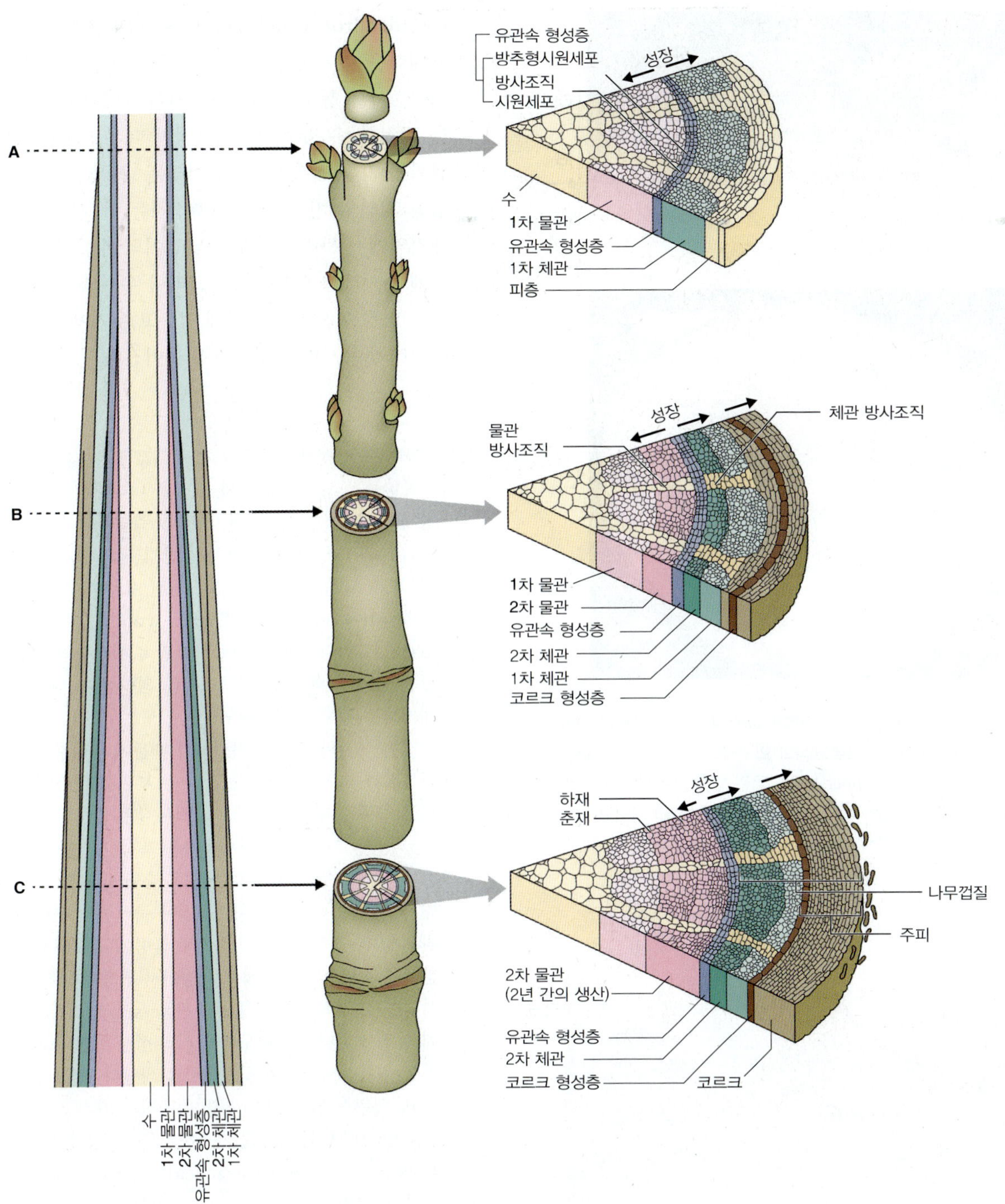

그림 1.40 지상부(shoot)의 2차 성장. 유관속 형성층(vascular cambium)과 코르크 형성층(cork cambium), 이 2개의 측생분열조직(laterl meristem)의 활성에 의해서, 많은 겉씨식물과 단자엽을 제외한 속씨식물에서, 줄기의 지름이 증가한다. 유관속 형성층은 2차 체관과 2차 물관(목재)를 각각 바깥쪽과 안쪽으로 만들어 낸다. 코르크 형성층은 외부 나무껍질의 일부를 형성하는 코르크층을 형성한다.

그림 1.41 목재성 줄기의 단면과 확장된 나무껍질(bark) 부분과 그 아래의 목재 부위(W). 코르크성의 외부 껍질(OB, outer bark), 기능을 가지고 있는 체관(IB, inner bark), 유관속 형성층(VC, vascular cambium), 물을 운반하는 백목질(SW, sapwood, 변재) 그리고 운반통로로 쓰이지 않는 적목질(HW, heartwood, 심재)를 보여준다.

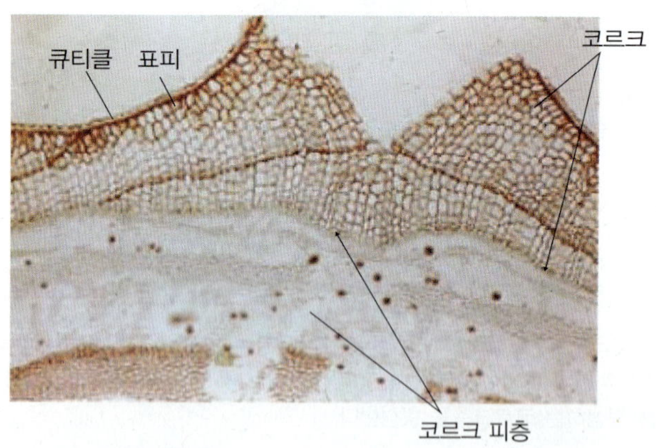

그림 1.42 목재성 나무의 외부 껍질. 코르크 형성층(Cork cambium)에 의해서 형성된 주피(periderm)은 표피를 대신한다. 이때 표피는, 유관속 형성층(vascular cambium)의 세포분열로 줄기 둘레가 늘어남에 따라, 쪼개져서 죽게 된다. 주피의 외부층은 죽은 코르크 세포로 구성되어 있다.

대학(dendrochronology)이라는 학문을 만들어 냈다. 연륜연대학은 나이테의 양상을 특정한 시간과 연관시키는 학문이다. 이를 통해 연륜연대학자들은 정확하게 나무의 나이를 결정할 수 있고, 언제 특정한 나무조각이 만들어졌는지 날짜를 가늠할 수 있다. 나이테는 나무의 나이와 나무가 성장한 지역의 기후 역사를 추정하는 데 사용될 수 있다. 열대지역에서 자라는 나무는 낮길이의 계절적 변화가 없기 때문에 나이테가 거의 없다. 그러나 우기와 건기를 가지는 지역은 형성층 분열이 건기에 멈추고 우기에 시작되기 때문에 나이테와 유사한 원구조가 만들어진다.

키포인트 성숙한 나무의 조직을 나타내는 데 많은 일반 명칭과 기술 명칭이 사용되어진다. 즉, 바깥쪽 층을 의미하는 껍질(bark)와 코르크, 백목질(변재, sapwood)과 적목질(심재, heartwood) 그리고 2차 물관 유무를 기준으로 하는 연질목(soft wood)와 경질목(hard wood) 등이 그것이다. 껍질(bark)은 비기술적인 용어로 유관속 형성층의 바깥쪽에 놓여 있는 줄기나 뿌리의 모든 조직을 의미한다. 나무에서 껍질을 제거하는 것을 윤상박피(ringing 또는 girdling)라고 부른다. 이것은 체관의 수송을 저해하기 때문에 나무를 죽일 수 있다. 백목질과 적목질은 2차 물관의 두 부위를 나타내는 말로 이들의 모양새로 구분할 수 있다. 적목질은 줄기의 중앙에 존재하여, 다양한 자생적인, 항생물질을 축적한 결과로 나타나는 진한색을 띠고 있다. 나무의 바깥쪽 층인 백목질은 이 부위를 통해 물 수송이 일어나는데, 특별한 축적물이 없어서 옅은색을 띠고 있다. 적목질은 일반적으로 곰팡이나 다른 미생물에 의한 분해에 저항성이 상대적으로 높아서 건축자재로 아주 높게 선택된다. 연질목과 경질목은 물관(vessel)과 섬유(fiber)의 유무에 의해서 나타나는 나무의 물리적 성질을 의미한다. 연질목은 가장 일반적으로 겉씨식물에서 나타난다. 겉씨식물은 물관이 없고, 일관성 있는 같은 형태의 조직을 가지고 있어서 상대적으로 끌, 대패, 톱 등으로 가공하기 쉽다. 경질목은 속씨식물에서 발견이 되고, 헛물관(tracheid)과 물관(vessel)의 혼합으로 구성되어 있어서 작업하기가 더 어렵다.

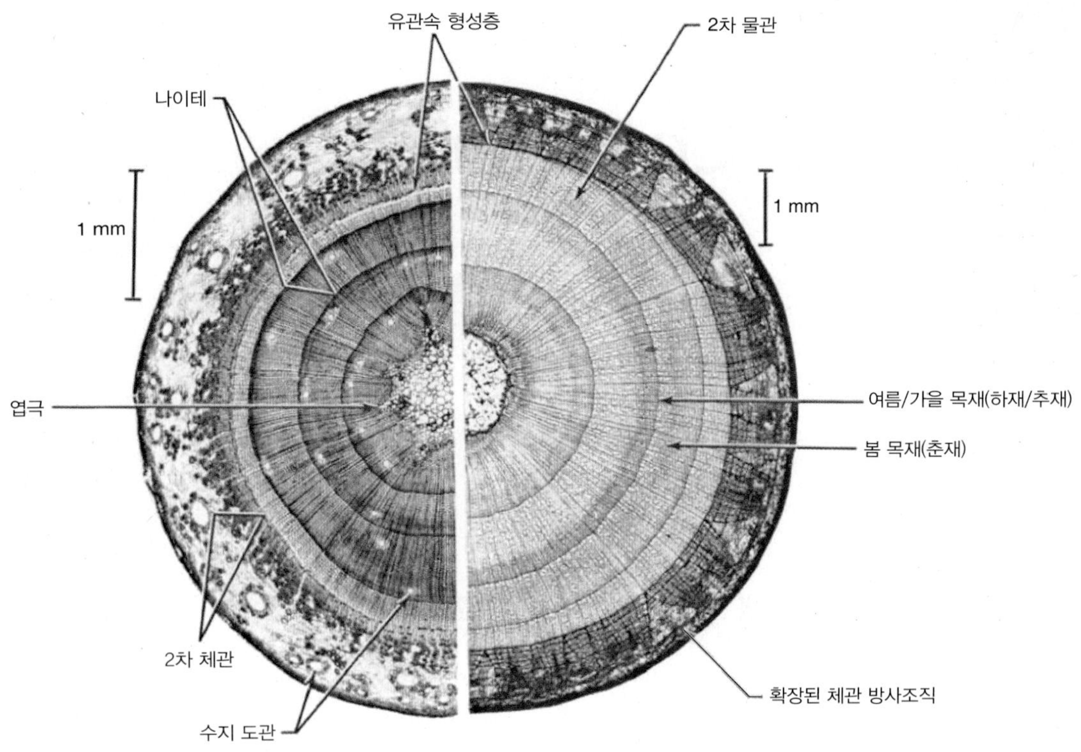

그림 1.43 겉씨식물(*Pinus*, 좌)과 속씨식물(*Tilia*, 우)의 2차 물관에서의 나이테. 나이테는 봄에 형성되는 세포(봄 목재, early wood, 큰 세포)와 여름/가을 세포(여름/가을 목재, late wood, 매우 작은 세포)의 크기 차이 때문에 생긴다. 여름/가을의 매우 작은 세포는 이후 따라오는 봄의 세포와 더불어 분명한 경계를 형성한다. 나이테를 세는 가장 쉬운 방법은 여름/가을 목재 세포가 2차 물관에서 만드는 선의 수를 세는 방법이다.

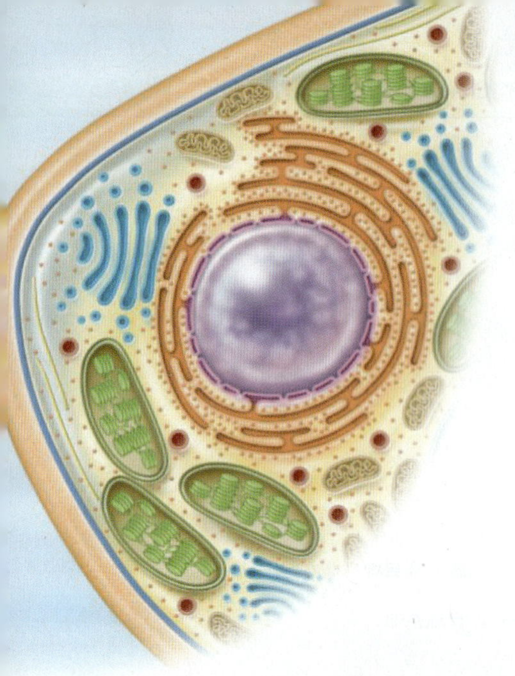

Chapter 2
분자, 대사, 그리고 에너지

2.1 생화학 및 에너지론 소개

이 책은 식물의 내부 작용 기작에 관해 다루고 있다. 이를 위해 첫 시작점으로 **생화학**과 **생에너지론**에 대한 기초 원리에 대해서 고찰할 필요가 있다. 모든 생물체는 **생체분자**를 만들기 위한 **화학원소의 공급**과 생존에 필요한 화학반응을 촉진하기 위한 **에너지원**이 필요하다는 공통점이 있다. 먼저 대표적인 분자 구조와 화학결합을 시작으로 생체분자의 구조에 대해서 살펴볼 것이다. 반복된 분자 단위로 **구성된 거대분자**(**macromolecule**)는 정보를 담고 있으며, 화학반응을 촉매하고, 구조적 기능을 담당하는 세포의 주요 구성성분이다.이 장은 거대분자의 주된 종류인 탄수화물, 지질, 단백질과 핵산의 화학적 성질에 대해서 살펴볼 것이다.

생물체는 에너지를 취득하여 생화학적 반응에 이를 사용한다. 에너지 변화를 연구하는 **열역학**의 기본을 이해하는 것은 특정 생화학 반응이 왜 그리고 어떻게 일어나는지 잘 알 수 있게 해 준다. 생물체를 통한 에너지의 흐름은 산화/환원 반응과 고에너지 화합물의 형태변환(일반적으로 인산기를 가지고 있는 유기분자의 변환)의 방식으로 일어난다. 열역학적으로 선호되는 경우라도, 많은 생화학적 반응은 생물학적으로 의미 있는 속도로 반응이 진행되기 위해서 **촉매**를 필요로 한다. 촉매는 자신은 변화하지 않으면서 화학반응을 빨리 일어나게 해 주는 물질이다. **효소**는 촉매적 단백질로 세포 내에서 화학적 변화를 촉진한다. 이 장은 효소의 반응과 조절의 일반적인 특징을 탐구할 것이다.

2.2 생체분자

이번 절에서는 분자 구조의 기본 개념에 대해서 알아볼 것이다. 이 분자 구조 개념은 세포를 특징지어 주는 분자들에 적용될 수 있기 때문이다. **물**은 생화학적 반응이 일어나게 매개해 주는 반드시 필요한 분자이다. 따라서, 이처럼 생존에 중요한 물의 화학적 물리학적 성격에 대해서 논의할 것이다. 탄소 기반 생체분자는 세포질, 세포막, 그리고 식물 세포벽을 만들고 유지하는 데 중요하다. 이에 탄수화물, 지질, 단백질 그리고 핵산에 대한 구조와 기능을 살펴볼 것이다.

2.2.1 분자는 화학결합으로 연결된 원자들로 구성되어 있다

세포는 상대적으로 적은 종류의 다른 원소로 만들어진다. 탄소, 수소, 그리고 산소가 주요 구성요소이고, 이어서 질소, 인, 황(그림 2.1) 그리고 몇몇 금속원소와 미량 원소 수 종이 세포의 구성요소이다(13장 참고). 대사는 이들 원소 사이의 화학 결합을 만들거나 제거하는 것이다. 일반적으로 원자가 서로 연결되는 데에는 공유결합 또는 비공유결합의 두 가지 방법이 있다. **공유결합**(**covalent bond**)에서 두 원자는 전자쌍을 공유한다(A와 B를 예를 들면 A:B형태로). 특정 원자가 형성할 수 있는 화학결합의 수를 **원자가**(**valence**) 또는 **결합가**(**valency**)라고 한다. 탄소의 원자가

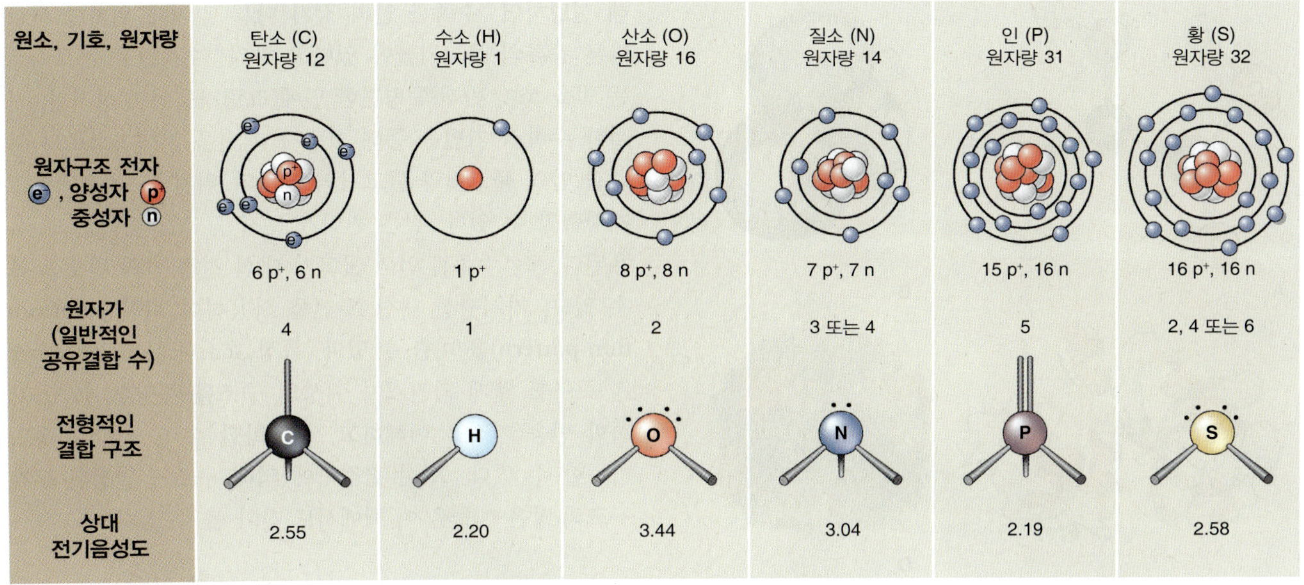

그림 2.1 생물분자에서 가장 많이 존재하는 원소의 물리화학적인 성질. 원자핵은 양성자(붉은색)과 중성자(흰색)의 무리로 표현되었다. 핵과 전자는 크기에 맞게 나타낸 건 아니다. 수소이온 H^+는 수소원소가 하나 뿐인 전자를 잃어서 만들어지므로, 종종 양성자로 불리기도 한다.

는 4이고, 수소는 1, 산소는 2, 질소는 3 또는 4, 인은 5, 그리고 황은 2, 4 또는 6이다(그림 2.1).

만약 공유결합의 전자쌍이 두 원자 사이에 균형되게 공유된다면, 이 분자는 **비극성**(**non-polar**)이라고 한다. 탄소-탄소결합과 탄소-수소결합은 비극성이다. 만약 공유결합의 공유된 전자가 두 원자 중 한 원자와 가까운 곳에 더 자주 위치한다면, 이 원자는 **전기적으로 음성**(**electronegative**)이라고 할 수 있으며, 이 불균형한 공유의 결과 **극성 결합**(**polar bond**)이 형성된다. 이 극성 결합에서는 더 전기적으로 음성을 띠는 쪽이 약간의 음전하(δ^-)를 그리고 덜 음성 전기를 띠는 쪽이 약간의 양전하(δ^+)를 가진다. 산소와 질소는 탄소와 수소보다 더 전기적으로 음성이며(그림 2.1), 따라서 이들 원소 사이의 결합은 극성의 경향성을 띤다. 극성 결합의 성격과 영향은 2.2.3절에서 물의 성격과 연관하여 더 자세히 살펴볼 것이다. 일반적으로 극성분자는 물에 잘 녹고, 기름이나 유기용매에는 잘 녹지 않는다. 이와 같은 성격을 **친수성**(**hydrophilic** = 'water-loving') 또는 **소유성**(**lipophobic** = 'oil-hating')이라고 한다. 반대로, 비극성분자는 **소수성**(**hydrophobic** = 'water-hating') 또는 **친유성**(**lipophilic**= 'oil-loving')의 성격을 가진다.

공유결합에 더하여, 원자는 **수소결합**(**hydrogen bond** 2.2.3절 참고)과 **이온결합**(**ionic bond**)과 같은 다른 여러 종류의 결합을 형성할 수 있다. 이온결합은 양이온과 음이온 사이의 정전기적 인력에 의해서 형성된다. 이온은, 전자를 공유하는 대신 1개 이상의 전자가 한 원자(A)에서 다른 원자(B)로 이동할 때 형성된다. 이 결과 B는 전체적으로 음전하를 띠게 되어 **음이온**(**anion**) B^-가 되고, A는 전체적으로 양전하를 띠게 되어 **양이온**(**cation**) A^+가 된다. 그리하여, A와 B 사이에는 **이온결합**, A^+ B^-가 형성된다. 극성분자와 마찬가지로, 이온 역시 친수성이다.

2.2.2 화학구조는 다양한 방법으로 표현된다

화학구조는 분자의 복잡성과 전달해야 할 정보에 따라서 다양한 방법으로 표현된다. 작은 분자는 화학식으로 편리하게 나타내질 수 있다. 예를 들면, 물은 H_2O, 메탄올은 CH_3OH와 같이 나타낸다. 어떤 경우는 결합구조를 포함하는 것이 유용할 때도 있다. 이를 테면, 삼중결합의 질소 가스는 $N{\equiv}N$ 그리고 이중 결합의 에틸렌은 $H_2C{=}CH_2$와 같이 나타낼 수 있다. 더 복잡한 분자는 화학명의 약자로 표현할 수 있다. 예를 들면, 아데노신 삼인산(adenosine triphosphate)은 ATP로 또 보조 효소 A(coenzyme A)는 CoA로 나타낸다. 3차원의 화학구조 모델은 원자의 상대적 크기와 원자 사이의 결합 각도 등을 표현할 수 있는데, 공과 막대의 형태(그림 2.2A) 또는 공간을 채우는 형태(그림 2.2B)로 표현된다. 단백질과 같은 거대 분자는 종종 접히는 구조를 보이기 위한 리본구조(그림 2.2C)나 결합 부위

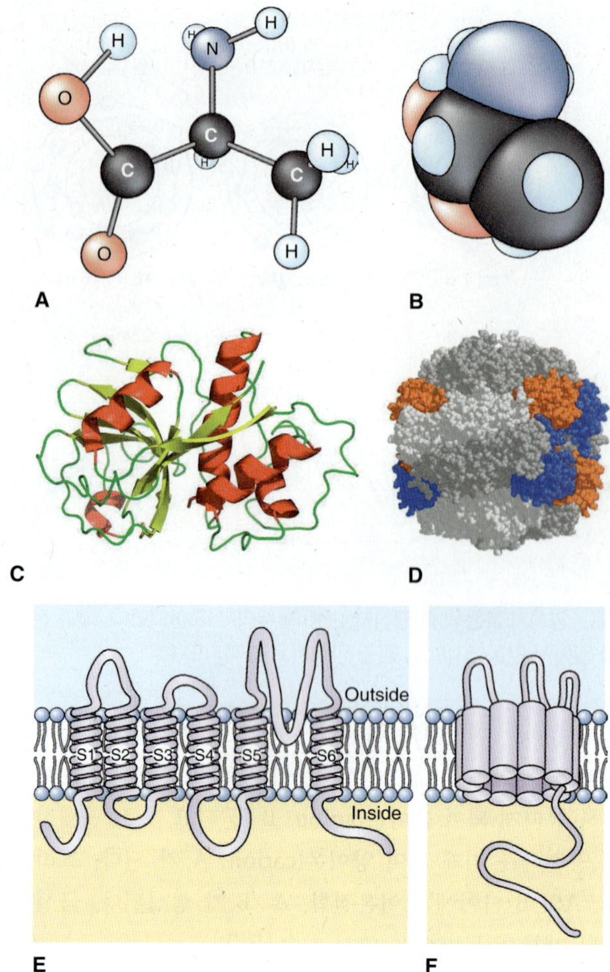

그림 2.2 분자 구조 표현들. (A) 아미노산 알라닌의 공-막대 모델. (B) 알라닌의 공간 채움 모델(탄소 원소는 어두운 회색, 수소 원소는 옅은 파란색, 질소는 어두운 파란색, 산소는 붉은색으로 표현했다). (C) 파파인 효소의 폴리펩타이드 사슬의 2차 구조에 대한 리본 표현(나선 구조는 붉은색, 병풍 구조는 노란색). (D) 다중 단위체로 구성된 CO_2 고정 효소인 루비스코의 공간 채움 윤곽 모델. (E) 식물 칼륨채널의 막 관통 부위. 지질 이중막의 안과 밖에 관련한 나선 구조 S1-S6를 나타내었다. (F) 세포막 H^+-ATPase의 막 관통 부위를 원통형으로 표현했다.

나 내부 상호작용 특징을 나타내기 위한 등고선 윤곽 형태(그림 2.2D)로 표현된다. 막 단백질의 막관통 부위를 컴퓨터 예측이 가능한데(2.2.8절 참고), 나선형 또는 원통 형태로 표현된다(그림 2.2E, F).

원자와 상호 결합 관계성을 파악하여 구조를 결정하는 많은 도구 중에서, **X-선 결정학(X-ray crystallography)**은 단백질과 핵산과 같은 거대분자의 구조를 밝히는 데 아주 강력한 기술이다. 이 기술이 어떻게 작동하는지 비유를 통해 설명하면, 수족관 안의 각기 다른 깊이에 위치한 서로 다른 종류의 물고기들이 있다고 하자. 수족관을 가로지르는 빛을 쏘아 반대쪽 평편한 면에 그림자들이 형성되면, 적절한 수학적 기법을 통해 그림자 패턴을 분석함으로써 수족관 안의 물고기와 물고기의 크기와 위치를 3차원적으로 재창출할 수 있다. 같은 원리가 분자 구조를 밝히는 데 사용된다. 즉, 수족관 안의 물고기 대신 결정 안의 원소를 볼 수 있고, 가시광선 대신 X-선을 사용하여 **회절상(diffraction pattern)**을 비출 수 있다. 특정 효소나 복합 분자의 결정 구조를 알게 되면 2차 이상의 구조를 증명할 수 있고, 화학 반응 기작을 이해하고, 시각화할 수 있으며, 변형도 가능할 수 있다. X-선 결정학에 의해 구조가 결정된 분자 구조의 많은 예들을 이 책에서도 찾아 볼 수 있다.

키포인트 생물학적 분자는 탄소, 수소, 산소에 더해 질소, 인, 황 그리고 몇몇 미량 원소로 구성되어 있으며, 서로 공유결합, 이온결합 또는 수소결합으로 연결되어 있다. 대사는 이들 분자 내 또는 분자 사이의 결합을 만들거나 깨는 과정이다. 한 원자가 만들 수 있는 결합수는 결합가로 나타낼 수 있다. 극성 또는 친수성 또는 소유성이라는 용어는 한 분자 내에서 그 결합을 구성하는 전자의 분포에 따라 물에 용해가 될 수 있지만 기름에는 용해될 수 없는 것을 표현하는 것이다. 기름에 용해되는 분자는 비극성, 소수성, 또는 친유성의 성격을 가지고 있다. 분자 구조는 기호를 통해 다양한 다른 방법으로 표현될 수 있다. 즉, 화학식, 화학명의 약자, 2차 또는 3차 구조의 그림, 그리고 컴퓨터가 생산한 모델로 표현된다.

2.2.3 물은 살아 있는 세포에 필수적인 구성성분이다

물은 생물체에서 가장 풍부한 화학 구성성분이다. 목본 식물이 아닌 식물체의 70-90%를 차지할 정도이다. 물은 세포의 생화학적 반응이 일어나는 매개체(medium) 이상의 역할을 한다. 물의 독특한 물리화학적 성질은 일반적으로 생명 유지에, 특히 식물생리의 많은 측면에서 중요하다.

물은 극성분자의 한 예이다. 물분자는 산소 원자 1개가 2개의 수소 원자와 공유결합을 하여 구성되어 있다(그림 2.3A). 양전하를 띠고 있는 8개 양성자로 구성된 핵을 가지는 산소 원자는, 1개의 **양성자**로 구성된 핵을 가지는

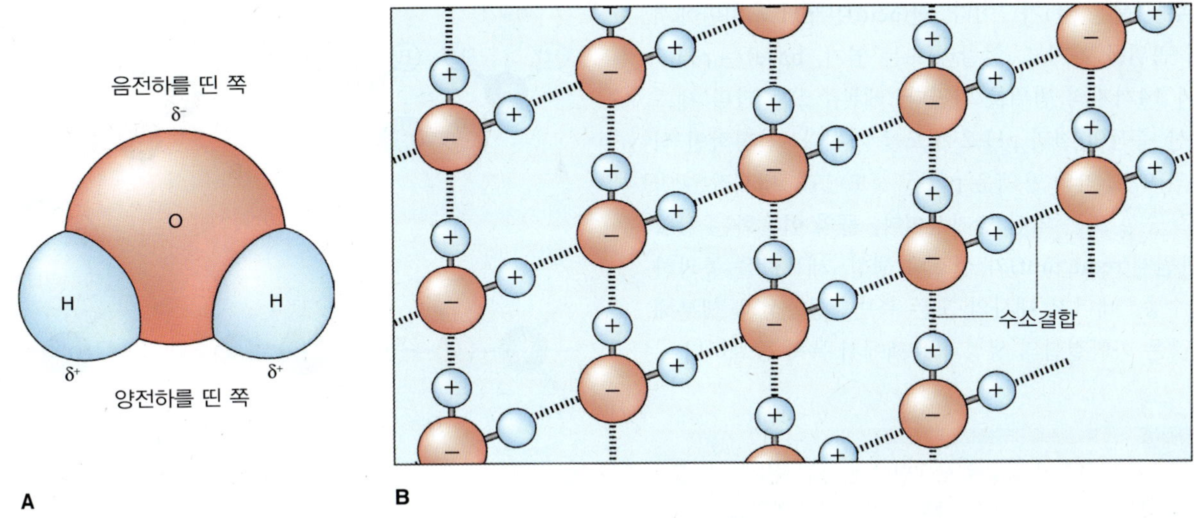

그림 2.3 물의 분자 구조. (A) 물분자는 쌍극분자이다. (B) 물분자는 상호 간에 수소결합을 형성한다.

수소에 비해서 상대적으로 더 전기음성을 띠게 된다(그림 2.1 참고). 그 결과, 공유된 전자(음전하를 띰)는 물분자내 산소 원자 쪽으로 더 강하게 끌리게 되어, 부분적인 음전하를 산소 원자가 갖고, 수소 원자가 부분적으로 양전하를 띠게 된다(그림 2.3A). 그러므로 각 물분자는 작은 자석(**양극성**)과 같이 행동을 하여 다른 물분자와 **수소결합**을 형성한다. 수소결합력은 공유결합력의 약 5-10% 정도이다. 액체 상태의 물에서 수소결합은 10^{-11}초 단위의 지속력을 가지고 계속적으로 결합과 분리가 일어난다.

결합력이 있으나 쉽게 분리되는 성격을 가지는 수소결합 덕분에 물은 특별한, 그리고 생명을 유지하게 해 주는 특징을 가질 수 있다. 수소결합 때문에 물은 이례적으로 높은 끓는점(100°C)과 녹는점(0°C)을 가질 수 있다. 물과 유사한 구조의 화합물, 예를 들면 H_2S는 −86°C에서 녹고 −61°C에서 끓는다. 실온와 실내 대기압 상태에서 물이 액체 상태인 까닭에 생명에 필수적인 확산과 수송 기능을 유지할 수 있다. 수소결합에 의한 물분자의 점착성을 **표면장력**이라고 한다. 이 표면장력은 물방울 표면에서 발생하고 물방울이 서로 결합하려는 경향성을 의미한다. 이 때문에 물이 끊어지지 않는 수직의 물길을 형성하여 가느다란 **모세관**을 통해 중력에 반하여 이동해 갈 수 있는 것이다. 이것은 관다발 식물에서 **증산 흐름**(**transpirational flow**)을 위해 필수적인 현상이다(14장 참고). 물의 내부 수소결합으로 인해 나타나는 또 하나의 특징은 특이하게 높은 **비열**(**specific heat**)이다. 비열은 한 단위량의 물질의 온도를 1도 올리기 위해 필요한 열에너지로, 높은 비열은 온도 변화를 완충할 수 있는 효과를 발휘할 수 있어서 생존이 가능한 환경 범위를 크게 넓혀 줄 수 있다.

물은 살아 있는 세포의 구조와 화학반응에서 아주 중요한 역할을 한다. 물은 전하를 띠고 있는 화학 단위나 이온을 둘러싸는 **수분막**(**hydration shell**)을 형성하여 극성분자를 용해되게 하는 용매로서 기능한다. 물은 지질과 같은 무극성 분자는 용해하지 않는데, 지질은 수용액에서 소수성 결속으로 모여 클러스터를 형성하고, 이것이 더 확장되면 다양한 분자의 연결체인 세포막 시스템을 이룬다.

물은 또한 생존에 필요한 생화학, 생에너지학적 반응에서 양성자(수소이온)와 전자를 받아들이거나 내어 줌으로써 반응자(reactant)로서의 역할을 한다. 비록 물은 공유분자이지만, 약간 정도의 자발적인 이온화가 가능하여(실온과 실내 대기압 상태에서 천만 개 분자 중에서 1개 분자 정도), 양전하를 띠는 수소이온(H^+)과 음전하를 띠는 수산화이온(OH^-)을 형성한다. 수소이온은 가수된 형태인 **하이드로늄 이온**(**hydronium ion**, H_3O^+) 상태로 존재한다(식 2.1)

식 2.1 물의 이온화

$$H_2O \rightleftharpoons OH^- + H^+$$
$$H^+ + H_2O \rightleftharpoons H_3O^+$$
$$\overline{2H_2O \rightleftharpoons OH^- + H_3O^+}$$

수용액의 산성도 또는 염기성도의 일반적인 측정치를 **pH**라고 하면, 이것은 25°C에서 한 용액의 수소이온 농도의 10이 밑인 로그함수의 음의 값과 같다($-\log_{10}[H^+]$). 중성인 순수한 물은 pH가 7이다. **산(acid)**은 pH 7 미만에서 0까지의 범위를 가지고, 알칼리(또는 **염기, base**)는 pH 7 초과에서 14까지의 범위를 가진다. 레몬주스는 과일 세포의 유기산 축적의 결과 pH 2 정도를 가진다. 전형적인 식물 세포의 액포 안의 용액은 pH 5 정도이고, 세포질은 일반적으로 중성 또는 약간 염기성이다. 물의 이온화는 광합성 중 환원제(reductant)와 산소의 생성, 세포막을 통과하는 용질수송, 에너지 대사의 모든 측면, 생합성과 생분해 동안의 많은 화학결합의 생성과 분해에서 특히 중요하다.

키포인트 물의 화학적 성질은 생명현상에 아주 중요하다. 물분자는 극성을 띠며 상호 또는 다른 분자와 수소결합을 한다. 수용액 내에서 수소결합은 모세관현상, 온도변화의 완충, 용질수송 등의 많은 생물학적 과정의 밑바탕이 된다. 물은 대사를 위한 보편적인 용매이고, 많은 생합성과 분해 경로에서 반응자이다. 물은 또한 광합성에서 환원제와 산소의 원천이기도 하다. 물의 이온화는 pH 등급의 기초가 된다.

2.2.4 생체분자는 탄소-탄소 중심축(backbone)을 가진다

모든 생체분자는 탄소 원자를 포함한다. 탄소 원자는 다른 탄소 원자를 포함한 다른 4개의 원자들과 결합할 수 있다. 이러한 것은 거의 무한한 화학 구조 형태로 나타날 수 있다. 탄소는 단일, 이중, 또는 삼중 결합을 할 수 있다. 단일 결합의 탄소 원자는 결합축을 중심으로 자유롭게 회전할 수 있다. 그러나 탄소와 탄소의 이중 결합은 자유로운 회전이 불가능하여, 이중 결합의 탄소쌍에 결합한 원소 또는 결합기는 **시스(cis-)** 또는 **트랜스(trans-)**의 두 상대적 원소 배치 중 하나의 배치 형태를 보인다. 시스 또는 트랜스 상대 배치는 결합기가 각각 같은 방향 또는 반대 방향에 위치하는 가로 나뉜다(그림 2.4A, B). 동일한 화학식으로 표현되나 시스 또는 트랜스 형태를 가지는 다른 구조의 화합물을 **이성질체(isomer)**라고 한다. 유기분자의 중심축의 탄소는 여러 개의 다른 **기능결합기(functional group)**와 결합하고 있을 수 있다. 수소와 결합한 탄소는 **메틸기**($-CH_3$)의 탄화수소 구조를 형성한다. 탄화수소기는 비극성일 가능성이 높다. 수소와 산소를 가지는 결합기는 **알콜기**(C-OH), **카르보닐기**(C=O), 그리고 **카르복실기**(**카르복실산**, COOH) 등이 있다(그림 2.4C-E). 탄소는 또한 질소와 결합할 수 있는데, 일반적으로 **아민기**($-NH_2$)(그림 2.4F) 형태로 결합하

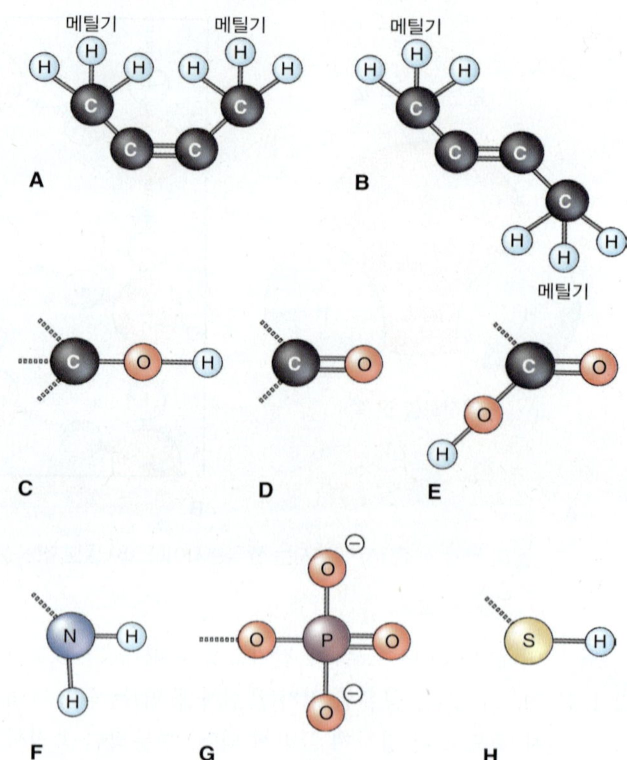

그림 2.4 화학기의 구조. (A) 시스 위치로 메틸기과 이중 결합한 탄소 원소. (B) (A)의 트랜스 이성질체. (C) 알콜기. (D) 카르보닐기. (E) 카르복실기. (F) 아민기. (G) 인산기. (H) 티올기. 탄소 원자는 어두운 회색, 수소는 옅은 파란색, 산소는 붉은색, 질소는 파란색, 황은 노란색, 인은 보라색.

고, 또한 인과 황과 결합할 수 있는데, 각각 **인산염**($-PO_4$)와 **티올** (-SH) 형태로 결합한다(그림 2.4G, H). 한 결합기(group)에 O 또는 N의 존재는 해당 유기분자를 더욱 극성을 띠게 즉, 친수성으로 만들어 준다.

만약, 탄소 원자가 4개의 다른 원자 또는 다른 결합기와 결합하고 있다면, 이 경우를 **비대칭** 또는 **키랄(chiral)** 탄소라고 한다. 비대칭 탄소에 결합하는 결합기는 서로 겹쳐지지 않는 2개의 거울상 배치 구조를 가지게 된다(그림 2.5). 이와 같은 것을 **입체이성질체(stereoisomers)** 또는 **거울상체(enantiomers)**라고 하고, D- 또는 L- 형태로 표기한다. 입체이성질체는 똑같은 화학적 성질을 가지나, 효소는 이들을 각기 구분할 수 있다.

2.2.5 단위체는 서로 연결되어 거대분자를 형성한다

생물체는 크기가 클 뿐 아니라, 구조적 그리고 기능적으로 복잡한 다양한 거대생체분자를 만들 수 있다. 거대분자는

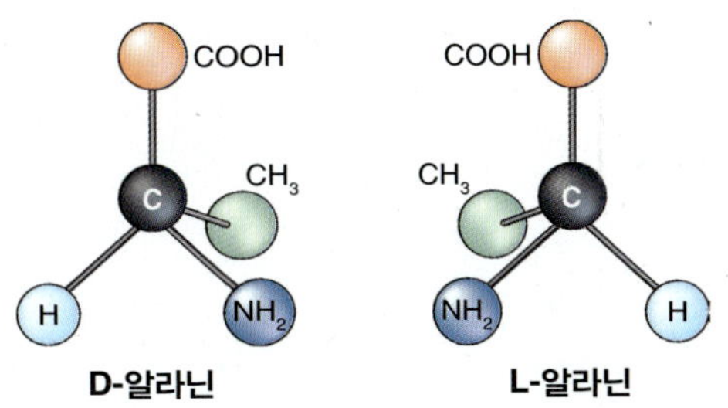

그림 2.5 거울상으로 나타낸 아미노산 알라닌의 D- 와 L- 거울상 이성질체

일반적으로 작은 반복된 단위인 **단위체(monomer)**로 구성되어 있다. 한정되고 상대적으로 짧은 단위체 사슬은 종종 **올리고중합체(oligomer)**라고 불린다. 대부분의 중요한 거대분자는 **중합체(polymer)**로 이것은 잠재적으론 무제한 개수의 단위체로 구성되어 있다. 예를 들면, 셀룰로스(cellulose) 분자는 단위체인 포도당이 수백 개의 길이로 이루어진 사슬이다(4장 참고). DNA, RNA와 단백질 역시도 중합체로, 다만 이들의 경우는 올바르게 기능을 하기 위한 구조를 만들기 위해서는 다른 종류의 단위체가 올바른 순서로 결합되어 있어야 한다. 핵산에서 다른 단위체들의 정확한 **순서(sequence)**가 **유전정보**를 이룬다. 유전정보는 유전자 **전사(transcription)**와 **번역(translation)**이라는 과정을 통해서 다시 단백질에서 단백질 단위체의 순서를 정해주게 된다(3장 참고). 생체분자의 분자 질량은 종종 **달톤(Da)**이라는 단위로 표기된다. 1,000 단위의 분자 질량을 가지는 거대분자의 질량은 **킬로달톤(kDa)**으로 표기된다.

저중합체나 중합체 생합성시 단위체 사이의 반응은 **탈수(dehydration)**를 통한 결합이 일반적이다(식 2.2)

식 2.2 탈수에 의한 두 분자의 축합

$$R^1–OH + R^2H \rightarrow R^1–R^2 + H_2O$$

탈수반응의 한 예는 카르복실 산과 알콜 사이의 반응을 들 수 있다. 이 반응 생성물은 **에스테르(ester)**로 이 반응을 **에스테르화(esterification)**라고 한다(식 2.3). 역반응인 **가수분해반응(hydrolysis)**은 중합체를 한 단위체와 저중합체로 분해하고, 에스테르 결합을 끊고 탈수에 의해 다른 결합을 형성한다.

식 2.3 탈수에 의한 에스테르 생성

$$R^1–C–OH + R^2–OH \rightarrow R^1–C–O–R^2 + H_2O$$

지금까지 생체분자가 어떤 원리로 형성되는지를 알아보았으며, 다음 절에서는 각 생체분자를 좀 더 자세히 살펴볼 것이다. 각 생체분자에서 먼저 단위체를 살펴보고 이들이 어떻게 연결되어 중합체를 이루는가에 대해 알아 볼 것이다. 이 주제는 개별 식물 세포 뿐만 아니라 식물체 전체의 구조와 기능을 이해하는 데 중요하다.

키포인트 생체분자는 탄소 원자로 구성되어 있다. 탄소 원자는 각자 또는 다른 원자와 결합하여 사슬, 가지가 있는 구조와 원형 구조를 만든다. 탄소는 원자가 4를 가지고 있고, 다른 원자와 단일, 이중, 또는 삼중 결합을 할 수 있다. 같은 화학식을 가지고 있으나 서로 다른 상대적 원소 배치를 보이는 두 분자를 이성질체라고 한다. 탄화수소결합기인 CH_3와 같은 메틸기는 비극성이다. 카르보닐(C=O)과 아민(NH_2)과 같은 결합기는 극성이다. 복합 탄수화물, 단백질, DNA와 다른 큰 복합 생체분자는 중합체이다. 중합체는 반복되는 단위체로 구성이 되어 있는 거대분자이다. 일반적으로 생체 중합체는 탈수 반응을 통해 단위체 사이에 결합이 생기면서 만들어진다.

2.2.6 탄수화물은 단순당과 복합 다당류를 포함한다

탄수화물은 당, 전분 그리고 셀룰로스를 포함하는 생체분자류이다. 복합 탄수화물의 단위체는 단순당, 또는 **단당류(monosaccharide)**이다. 이들은 탄소, 수소, 그리고 산소로 구성되어 있으며, 일반적인 화학식은$(CH_2O)_n$으로 n은 3~7이다. 영문 탄수화물의 이름은 -ose로 끝난다. **3탄당(triose)**은 n=3인 당이다. **4탄당(tetrose)**, **5탄당(pentose)** 그리고 **6탄당(hexose)**은 n이 각각 4, 5, 6인 당이다. n의 수가 특정화되어 있지 않다면, 일반적인 용어인 **글라이코스(glycose)**가 사용된다. 포도당의 구조는 그림 2.6에 나타나 있다. 모든 단당류가 D-형과 L-형의 광학이성질체를 갖지만, 세포 내에서는 일반적으로 한 형태의 광학이성질체만 존재한다. 예를 들면, 포도당은 거의 항상 D-형의 이성질체로 존재한다. 모든 단당류는 링 구조가 없는 선형 형태를 가질 수 있으며, 4개 이상의 탄소를 가지는 당은 또한, 한 종류 이상의 원소를 가지는 **헤테로 고리(heterocyclic rings)** 형태로 재배열될 수 있다(그림 2.6과 2.7). 6개 원소 구성원(5개 탄소와 1개 산소)을 가지는 배치를 **피라노스(pyranose)** 형이라고 한다. 5개 원소(4개 탄소와 1개 산소)의 원형 배치를 **퓨라노스(furanose)** 형이라고 한다. 그림 2.6은 선형의 6탄당 포도당과 원형 구조의 포도당(종

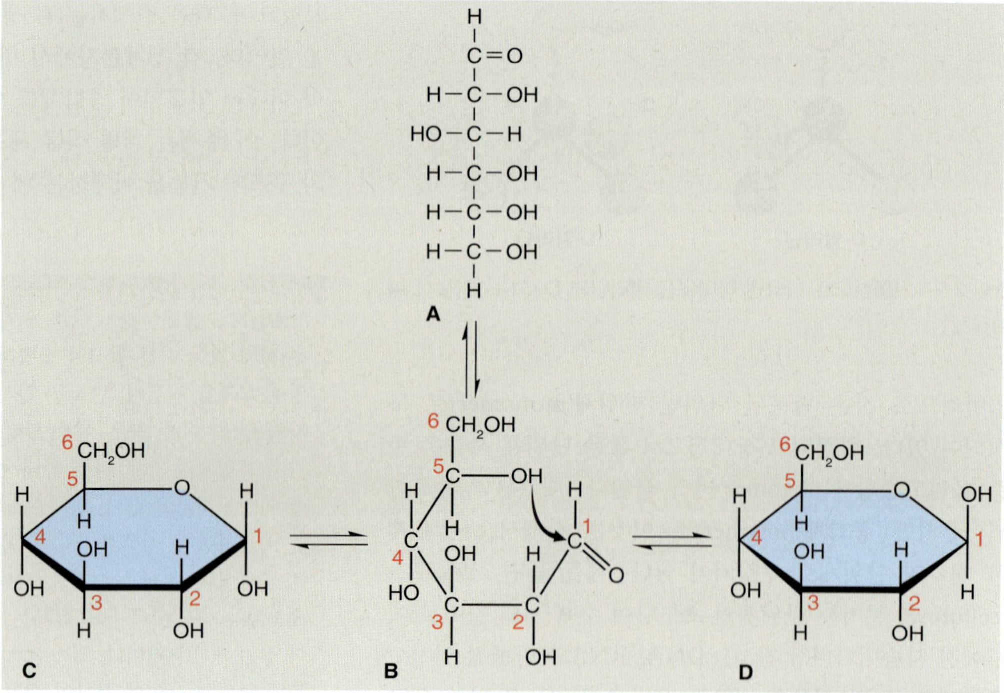

그림 2.6 포도당의 구조. (A) D-포도당의 비고리 구조. (B) (C) α-D-glucopyranose 또는 (D) β-D-glucopyranose를 만들어 내는 고리화 기작

종 glucopyranose라고 불린다.)을 보여준다. 과당은 포도당의 **이성질체**로, 같은 화학실험식($C_6H_{12}O_6$)을 갖으나, 다른 원자 배치 구조를 갖는다. 과당의 선형과 원형 구조(fructofuranose)는 그림 2.7A와 B에 나타내었다. 그림 2.7C와 D는 5탄당인 리보오스의 선형 구조와 원형 구조(ribofuranose)를 나타낸 것이다.

당의 원형 구조에서, 두 산소 원자가 결합한 탄소를 **아노머** 탄소(**anomeric** carbon)라고 한다. 즉, 포도당의 C-1 또는 과당의 C-2가 그 예이다. 선형의 당이 원형화될 때, -OH기가 결합된 아노머 탄소는 α 또는 β 형의 배치를 취할 수 있다(그림 2.6 참고). 용액에서 당은 원형 구조가 열리거나 닫힐 때, α와 β 형태로 전환한다. 자유 아노머기를 가지는 탄수화물은 Cu^{2+} 또는 Ag^{2+}와 같은 산화제와 반응할 수 있고, 이 경우 이 탄수화물을 **환원당**(reducing sugar)이라고 한다. 만약, 아노머 탄소가 분자내 결합에 참여한다면, 이 탄소는 α 또는 β 형의 배치로 고정이 되는데, 이 당을 **비환원당**(non-reducing)이라고 한다.

각 개별 5탄당 또는 6탄당은 **글라이코사이드 결합**(**glycosidic bond**)으로 서로 결합되어 소중합체(**올리고당류**, **oligosaccharide**)와 중합체(**다당류**, **polysaccharide**)를 형성할 수 있다. **설탕**(**sucrose**)은 이당류의 한 종류로, 포도당이 과당과 α(1→2) 결합으로 연결되어 있다(그림 2.8A). 여기서 주목할 것은 설탕은, 두 단당류의 아노머 탄소가 모두 α(1→2) 결합에 참여하여, 비환원당이다. 설탕은 식물에서 특이하게 발견되는 중요한 생물분자로, 식물체에서 탄소와 에너지를 이동시키는 주요 분자이다. 일부 식물은 또한 설탕을 에너지 저장 목적으로 사용하기도 한다.

광학이성질체는 광학적으로 활성화되어 있다. **편광빛**(즉, 빛의 파장이 단일 평면으로 정렬된 빛)이 한 화합물의 한 광학이성질체 용액을 통해 지나가게 되면, 편광 평면이 돌게 된다. 편광빛을 오른쪽으로 돌게 만드는 화합물은 **우회전성** 이성질체(**dextrorotatory** stereoisomer)라고 하고, 왼쪽으로 편광빛을 회전하게 하는 것을 **좌회전성** 이성질체(**levorotatory** stereoisomer)라고 한다. 주의할 것은 (혼란스럽게도) 예를 들면 단당류에 적용되는 것과 같은 D-와 L-의 지시자는 단지 키랄 중심 주위의 분자의 기하학적 배치에만 적용되고, 분자가 우회전성인지 좌회전성인지에는 적용되지 않는다.

D-glucopyranose는 우회전성으로, 편광을 +52.7°로 회전시킨다. 반면에 D-fructofuranose는 아주 강한 좌회전성으로, 편광을 -92° 회전시킨다(식 2.4). 설탕(우회전성, +66.5°)의 가수분해는 같은 몰수의 포도당(D-glucopyranose로)과 과당(D-fructofuranose로)을 만들어 내는데, 이 혼합체의 순 편광회전은 -39.3°이다. 설탕 가수분해 결과로 우회전에서 좌회전으로 편광 회전이 바뀌는 것을 **반전**(**inversion**)이라고 한다(식 2.4). 이에 따라 이 반응을 촉매하는 효소를 **전환효소**(**invertase**)라고 부른다. 가수분해

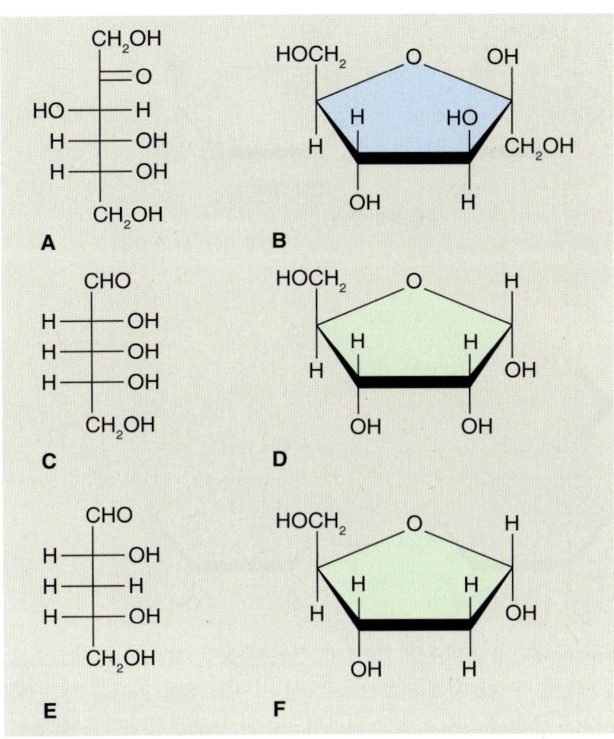

그림 2.7 일부 단당류의 구조: (A) D-과당(D-fructose)의 비고리 구조, (B) α-D-fructofuranose, (C) D-리보스(D-ribose), (D) α-D-ribofuranose, (E) 2-디옥시리보스(2-deoxyribose), (F) α-D-2-deoxyribofuranose.

산물은 종종 반전당(전화당; invert sugar)이라고 불린다.

말토스(엿당, 맥아당; maltose)와 **셀로바이오스(cellobiose)**는 이당류 이성질체로 둘 다 환원당이다. 각 분자는 2개의 포도당 분자가 C-1→C-4로 연결되어 있으나, 말토스의 경우 이 결합은 α형으로, 셀로바이오스는 β형으로 이루어져 있다(그림 2.8B, C). 이 두 화합물은 화학적, 생물학적으로 매우 다른 성질을 가지고 있다. 말토스를 근간으로 한 포도당 단위체가 α(1→4)로 연결되어 만들어진 다당류(polysaccharide)가 **아밀로스(amylose)**다. 아밀로스는 전분의 구성분자로, 식물이 에너지를 저장하는 데 사용된다(그림 6.10). 세포벽의 주요 구조분자인 **셀룰로스(cellulose)**는 셀로바이오스의 β(1→4) 결합에 기반한 중합체이다(그림 4.4 참고). 아밀로스의 α(1→4) 결합은 사선형의 모양을 만들어 내는 반면, 셀룰로스의 β(1→4) 결합은 일직선의 막대 모양을 만들어 낸다. 이들 분자 모양의 차이는 이들 분자의 매우 다른 기능을 결정하는 데 아주 중요하다.

따라서, 글라이코사이드 결합을 묘사할 때, 아노머 탄소가 참여하는 결합의 배치(α 또는 β), 결합에 참여하는 두 탄소의 번호, 그리고 각 당의 광학이성질체(D 또는 L)를 반드시 표시해야 한다. 따라서, 말토스, 셀로바이오스와 설탕의 화학적으로 완전한 이름은 각각, α-D-glucopyranosyl-(1→4)-D-glucose; β-D-glucopyranosyl-(1→4)-D-glucose;β-D-fructofuranosyl-(2→1)-α-D-glucopyranoside이다.

다당류(polysaccharide)는 이들 자신을 구성하는 주요 당의 이름을 따라서 명명되었고, 종종 접미어로 -an이 붙는다. 아밀로스와 셀룰로스는 **글루칸(glucan)**의 한 예이다. 다른 예들은 저장 탄수화물의 일종인 **프럭탄(fructan)**[**레반(levan)**으로도 불리며, 설탕으로부터 확장된 과당기 연쇄로 구성되어 있다]과 자일란[xylan; 5탄당 자일로스(xylose)의 중합체]이 있다. 곁가지가 있는 다당류, 즉 다양한 길이의 측쇄를 가지고 있는 다당류는 식물에서 많이 발견된다. 전분은 아밀로스와 더불어 많은 곁가지를 가지고 있는 글루칸인 **아밀로펙틴(amylopectin)**으로 구성이 되어 있다. 아밀로펙틴은 α(1→4) 결합의 D-glucopyranose기를 기반으로 추가적인 α(1→6) 결합이 매 24에서 30개의 포도당에 한번씩 나타나는 구조를 가지고 있다(그림 6.10 참고). 4장에서 보게 될 것이지만, 세포벽은 특별히 곁가지를 가지는 다당류를 많이 함유하고 있고, 이들은 대부분, **자일로글루칸(xyloglucan)**에서 보듯, 한 종류 이상의 단위체로 구성되어 있다.

중합체 분자에서 당은 화학적으로 변형될 수 있다. 아마도 가장 중요한 예는 **디옥시리보스(deoxyribose**, 2-deoxy-D-ribose; 그림 2.7F 참고)일 것이다. 디옥시리보스는 DNA(deoxyribonucleic acid)라는 이름을 있게 한, 뉴클레오시드 단위체를 구성하는 5탄당이다. 이것에 대응하는 RNA(*ribo*nucleic acid; 그림 2.7D 참고)의 당은 리보스(D-ribose)이다. 푸코스(L-fucose)와 람노스(L-rhamnose)는 식물 세포벽의 구조 다당류에서 흔히 발

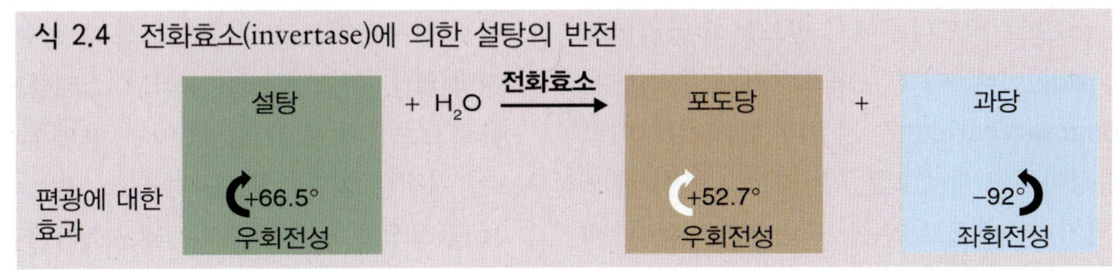

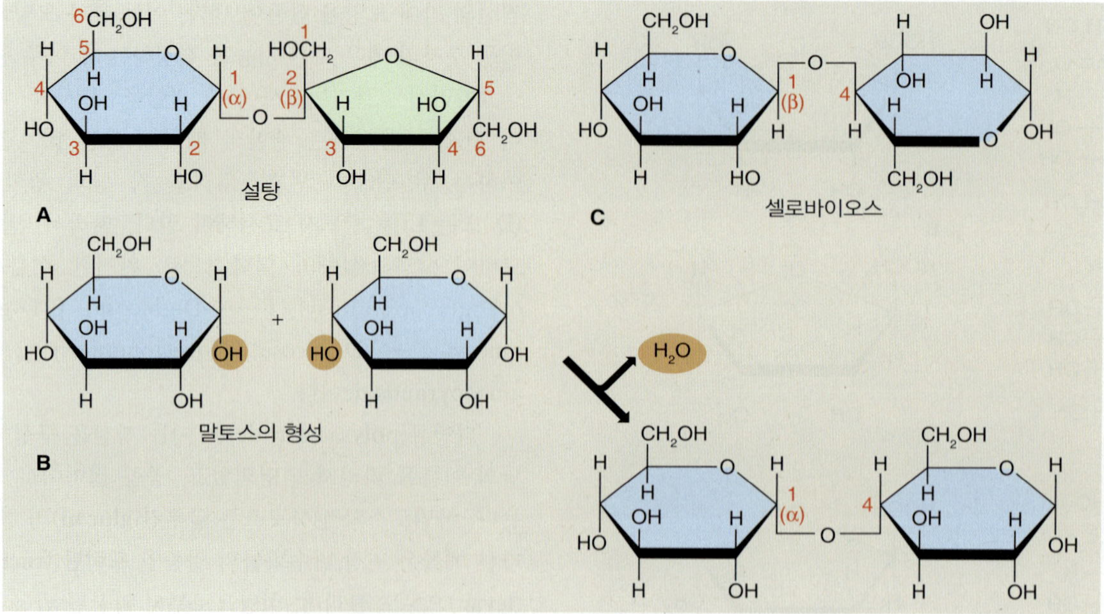

그림 2.8 이당류의 구조와 형성. (A) D-glucopyranose의 α 1 탄소와 D-fructofuranose의 β 2 탄소의 결합으로 구성된 설탕. (B) 이당류 말토스를 형성하기 위해 2개의 포도당 분자 사이의 탈수 반응. 말토스는 전분의 아밀로스 다당류 구성분자의 분해산물로 α(1 → 4) 결합을 가지고 있다. (C) 셀로바이오스(cellobiose)는 셀루로스의 분해산물로 β 배위의 1 → 4 글라이코사이드 결합을 가지고 있고 결과적으로 한 포도당기가 다른 것에 상대적으로 뒤집혀져 있다.

견되는 탈산소당(deoxy-sugar)이다. 또한 세포벽의 변형된 당 중에서 두드러진 것은 **우론산(uronic acid)**으로, 우론산은 6탄당의 C_6 1차 알콜(C_6 primary alcohol)이 카르복실산과 산화하여 형성된다. D-mannuronic acid, D-galacturonic acid와 D-glucuronic acid는 각각 만노스(mannose), 갈락토스(galactose)와 포도당(glucose)에서 기원한 우론산(uronic acid)이다. 다른 주목할 만한 당 유도체들은 솔비톨(sorbitol; 일부 식물에서 사용되는 운반과 저장 화합물로, 포도당에서 기원)과 같은 **당 알콜(sugar alcohol)**과 글루코사민(glucosamine)과 같은 **아미노당(amino sugars)**이다.

당과 변형된 당은, 서로 다른 당끼리 결합할 뿐만 아니라, 다른 많은 종류의 분자들과도 결합하여 **글라이코사이드(glycoside)**를 형성하기도 한다. 식물은 특별히 많은 양의 환경 화합물(**xenobiotic**) 또는 2차 대사물을 축적하는데, 이들의 많은 것들은 저장, 배출, 또는 글라이코사이드(glycoside) 형태로 해독된다. 그러한 글라이코사이드의 한 예는 살리신(salicin)으로 버드나무에서 만드는 β-글라이코사이드(β-D-glucoside)이다. 이것은 아스피린과 유사하다. 당과 올리고당(oligosaccharide)은 지질과 함께 글라이코사이드 결합을 형성하기도 하며(2.2.7절 참고), 특히 세포막을 지나 배출되거나, 액포로 분해 또는 저장되는 단백질들과도 글라이코사이드 결합을 형성한다.

> **키포인트** 당, 전분과 셀룰로스는 일반적인 화학실험식이 $(CH_2O)_n$인 탄수화합물이다. 트리오스(triose), 테트로스(tetrose), 펜토스(pentose)와 헥소스(hexose)는 n이 각각 3, 4, 5 또는 6인 단순당이다. 리보스(ribose)는 5탄당의 한 예이고 포도당과 과당은 6탄당이다. 당은 직선의 연쇄구조와 원형 구조를 형성할 수 있고 여러 이성질체 형태로 존재한다. 이당(Di-), 삼당(tri-), 올리고당(oligo-) 그리고 다당류는 2개 또는 그 이상의 단순당 단위체의 연쇄이다. 설탕은 이당류의 한 예로, 포도당 한분자와 과당 한분자가 결합한 형태이다. 셀룰로스는 포도당 단위체가 β 배치로 연결된 긴 연쇄의 다당류인 반면, 전분은 포도당 단위체의 α 결합으로 된 다당류이다. 결합 배치의 차이가 이 두 분자의 구조와 기능의 커다란 차이를 만들어 낸다.

2.2.7 지질은 기름, 지방, 왁스와 스테롤을 포함한다

지질은 구조적으로 다양한 그룹의 소수성 분자로 기름(oil), 지방(fat), 왁스(wax), 그리고 스테롤(sterol)을 포함하여, 클로로포름과 같은 물이 아닌 용매에 선호적으로 용해된다. 지질은 많은 기능을 가지고 있다. 이들은 세포막의 주요 구성성분으로, 세포막, 세포소기관막, 세포내 막시스템의 기본적인 생물리학적, 기능적 성질을 결정한다. 지질은 탄소와 자유에너지 저장소로 기능한다(동일량의 탄수화물에서 생성되는 ATP 양의 2배 정도까지의 에너지를 만들어 낼 수 있다). 지질은 주로 꽃가루와 종자에서 저장물질로 사용된다. 지방산(fatty acid)은 또한 식물 표피 보호막을 형성하는 표면 **왁스**와 같은 중요한 생물화합물을 생산하는 전구체일 뿐만 아니라, 식물 호르몬인 **자스몬 산(jasmonic acid)**과 **포스파티딜이노시톨(phosphatidylinositol)**에서 기원한 신호전달물질 같은 조절 물질로 기능한다.

대부분 지질은 **지방산(fatty acid)**의 유도체이다. 지방산은 긴 탄화수소 꼬리를 가지는 카르복실산이다. 200종 이상의 다른 지방산이 식물에 존재한다. 스테아린산(stearic acid)은 18개의 탄소를 가지는데, 이것은 **포화지방산**의 한 예이다. 포화지방산은 탄화수소 꼬리에 이중 결합이 없는 지방산이다. 명명법 규칙에 따르면, 스테아린산(stearic acid)는 옥타데칸산(octadecanoic acid; 즉, 18개 탄소분자 옥타데칸(octadecane)과 관련 있는 카르복실산) 또는 짧게는 18:0으로 칭한다(그림 2.9A). 지방산의 탄소 원소는 카르복실산의 탄소를 C-1로 번호를 매기기 시작할 수 있다. 올레산(oleic acid)은 18개 탄소를 가진 불포화 지방산으로 1개의 이중 결합이 C-9 위치에 존재한다. 올레산의 짧은 명명은 $18{:}1^{\Delta 9}$이다(그림 2.9B). 탄소 원소에 결합한 수소 원소는 이중 결합으로 연결되어 있어서, 시스 또는 트랜스 형태의 두 가지 이성질체 배치를 가질 수 있다(그림 2.4A, B 참고). 불포화지방산의 결합은 거의 전적으로 시스 이성질체이다. 따라서, 올레산(oleic acid)은 cis-9-octadecenoic acid라고 부를 수 있다. 올레산과 같이 이중 결합이 하나 있는 지방산은 **단일불포화지방산(monounsaturated)**이라고 한다. 식물의 지방산 상당량은 **다불포화지방산(polyunsaturated)**이다. 리놀레산(linoleic acid; $18{:}2^{\Delta 9,12}$)과 α-리놀레산(α-linolenic acid; $18{:}3\Delta^{9,12,15}$)은 엽록체막의 주요 성분이기 때문에 녹색조직에 풍부하다. 음식물에서 다불포화지방에 비교한 불포화지방의 이점과 단점은 인간의 영양과 건강에 있어서 논란이 많은 주제이다.

생명체의 다른 유기산과 마찬가지로, 지방산은 일반적으로 생리적 pH 조건에서 이온화가 되기 때문에 생화학자들은 종종 이들을 각각의 음이온의 이름으로 명명하곤 한다. 예를 들면, 올레산(oleic acid)과 올레산염(oleate)은 상호교환적으로 사용된다. Acetic acid와 acetate, cinnamic acid와 cinnamate, fumaric acid와 fumarate 등등도 마찬가지이다. 같은 규칙이 아미노산에도 적용되어, glutamic acid는 종종 glutamate라고 불린다.

생체막과 저장 조직의 주요 지질은 **글라이세롤지질(glycerolipid)**이다. 글라이세롤지질은 3탄당 알콜인 글라이세롤 유도체에 지방산이 에스테르화 반응으로 결합된 것이다. 식물에서는 **트라이아실글라이세롤(triacylglycerol)**, **인지질(phospholipid)**, **갈락토지질(galactolipid)**과 **황지질(sulfolipid)**, 이렇게 4개의 주요 **글라이세롤지질(glycerolipid)**이 존재한다. 트라이아실글라이세롤은 에너지와 탄소 저장화합물로 대부분 종자와 꽃가루에서 발견된다. 트라이글라이세롤은 아주 크게 비극성이고, 이에 따라 종종 중성 지방이라고 불린다. 이름에서 알수 있듯이, 트라이글라이세롤은 1개의 글라이세롤 분자에, 3개의 지방산 분자가 글라이세롤 분자의 3개 탄소에 각각 1개씩 에스테르화되어 결합되어 있는 구조이다(그림 2.10A). 인지질(phospholipid)은 **다이글라이세라이드(diglyceride)**로, 글라이세롤의 1번과 2번 탄소가 지방산과 에스테르화되어 있고, 3번 탄소는 인산기를 가지고 있고 이 인산기는 콜린(choline)이나, 이노시톨(inositol)과 같은 알콜과 에스테르화되어 있다(그림 2.10B). 인지질은 세포막의 필수 요소일 뿐 아니라 신호 전달에서 중간 전달자로 기능한다. 인지질 분자의 중요한 성질은 **양친매성(amphipathic** character)으로, 다시 말하면, 친수성(극성)의 포스포에스테르(phosphoester) 머리 부위가 한쪽 끝에 그리고 소수성(비극성)의 지방산 부위가 반대편에 위치하고 있다. 세포액과 같은 친수성 환경에서는 양친매성 지질은 이중층을 형성할 수 있는데, 이 층

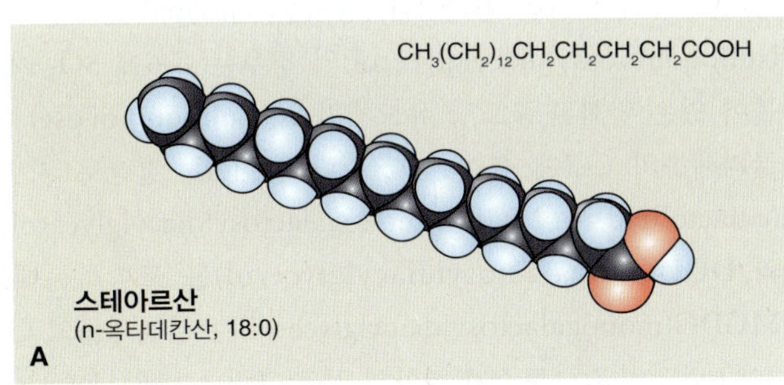

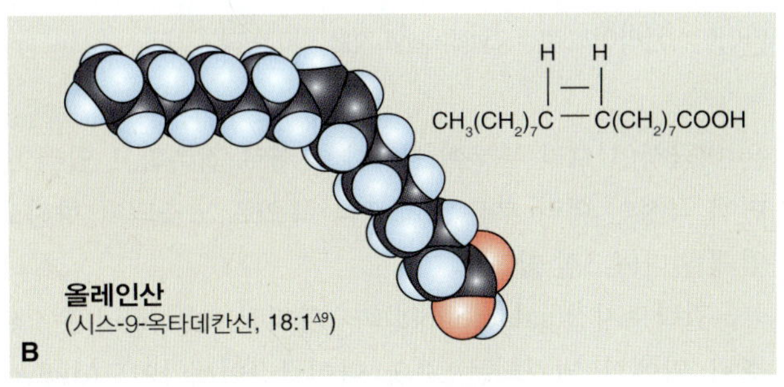

그림 2.9 C_{18} 지방산의 포화된 (A)과 불포화된 (B) 구조.

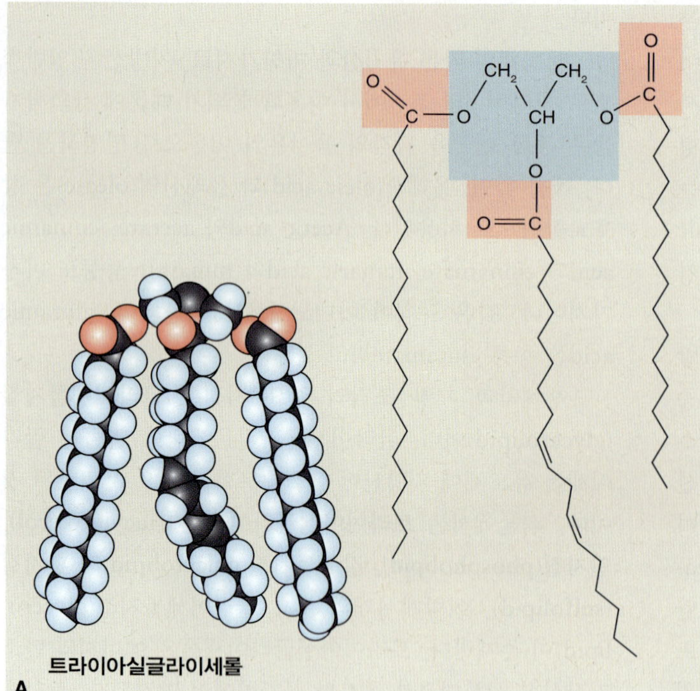

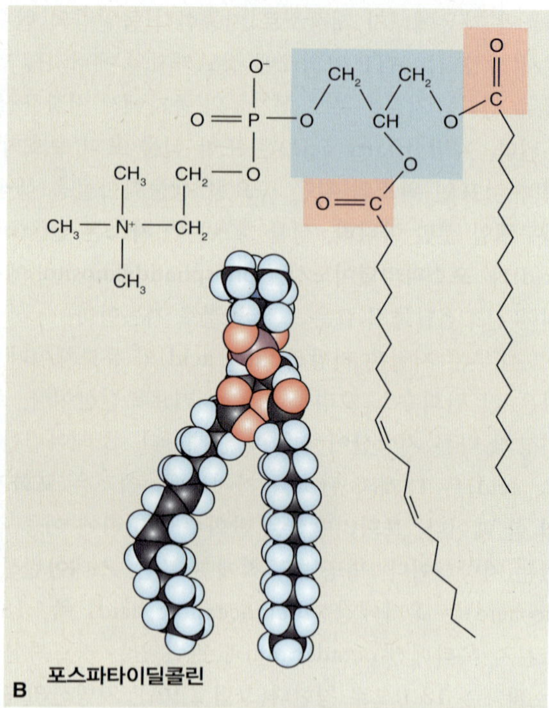

그림 2.10 (A) 트라이아실글라이세롤 (triacylglycerol)과 (B) 포스파타이딜콜린 (phosphatidylcholine)의 분자 구조.

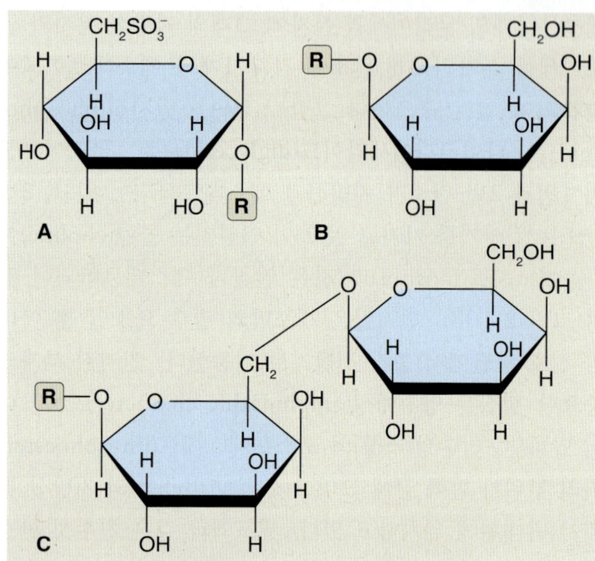

그림 2.11 식물 당지질의 당 치환기: (A) 설포퀴노보스(SQ, sulfoquinovose), (B) 갈락토스(galactose), (C) 다이갈락토스(digalactose). R은 다이아실글라이세르(diacylglyceryl)기를 의미한다.

은 비극성인 꼬리 부분이 안쪽에서 서로 접촉하고 있는 반면에 극성인 머리 부분은 세포액 쪽으로 노출되어 향하고 있게 된다(4.3절 참고).

갈락토지질(galactolipid)과 황지질(sulfolipid)은 색소체 막에서 발견되는 주요 다이글라이세라이드(diglyceride)이다. 이들은 **당지질(glycolipid)**로 글리세롤의 C-3에, 포스포에스테르(phosphoseter) 머리 대신에, 당이나 당 유도체가 결합한 형태이다. 황지질(sulfolipid)인 SQDG (sulfoquinovosyldiacylglycerol)의 경우는 C-6에 SO_3-가 붙어 있는 황화된 포도당 유도체인 SQ(sulfoquinovose)가 글리세롤의 C-3에 붙어 있다(그림 2.11A). 갈락토 지질(galactolipid)은 MGDG(monogalactosyldiacylglycerol)와 DGDG(digalactosyldiacylglycerol)를 포함하는데, MGDG(monogalactosyldiacylglycerol)는 글리세롤의 C-3에 6탄당인 갈락토스가 결합해 있고(그림 2.11B), DGDG (digalactosyldiacylglycerol)는 갈락토스기가 MGDG(mo

키포인트 지질은 소수성이 많은 분자로 생체막 구조와, 탄소와 에너지 저장, 식물 보호 및 세포 신호전달에 주요한 기능을 하고 있다. 대부분은 긴 탄화수소 연쇄를 가진 지방산 유도체로, 탄화수소 연쇄는 포화되어 있거나, 1개 이상의 C=C의 이중 결합을 가질 수 있다. 이렇게 이중 결합을 가질때는 불포화되었다고 한다. 식물에서 주요 구조 및 저장 지질은 글리세롤에 2개 또는 3개의 지방산이 연결된 형태이다. 막지질은 인지질(글리세롤에 2개의 지방산과 인을 포함하는 측쇄가 결합한 형태), 당지질(글리세롤에 2개의 지방산과 1개의 탄수화물 측쇄가 결합), 그리고 스핑고지질(sphingolipid; 지방산이 긴 연쇄의 아미노 알콜에 결합)이 있다. 지질로 분류되는 다른 중요한 소수성 분자는 왁스, 휘발성 물질, 그리고 대부분의 광합성 색소이다.

측쇄 성질	아미노산	3자 약어	1자 약어	구조
극성이고 완전히 전하를 띰 친수성의 측쇄는 산 또는 염기로 작용하여, 생리적 조건에서 완전히 전하 (+ 또는 –)를 띤다. 측쇄는 이온결합을 형성하고 화학적으로 활성화되어 있다.	L-아스파르트산	Asp	D	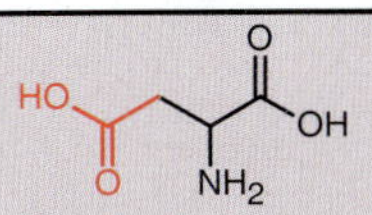
	L-글루탐산	Glu	E	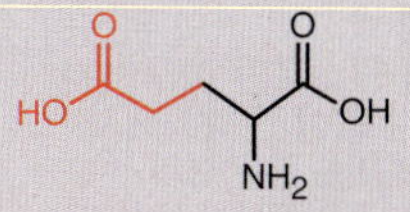
	L-라이신	Lys	K	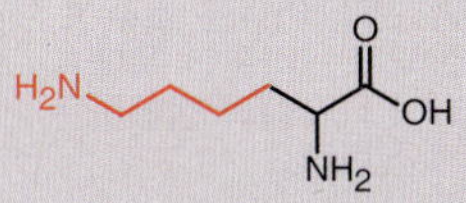
	L-아르기닌	Arg	R	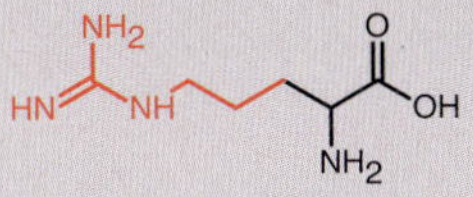
	L-히스티딘	His	H	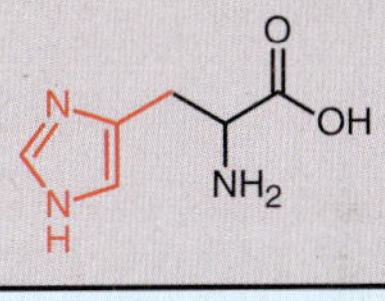
극성이고 전하를 띠고 있지 않거나 부분적으로 전하를 띰 친수성의 측쇄. 부분적으로 + 또는 – 전하를 띨 때, 이 아미노산은 화학적으로 활성화되어 있고, 수소결합을 형성하며 물과 결합을 이룬다.	L-세린	Ser	S	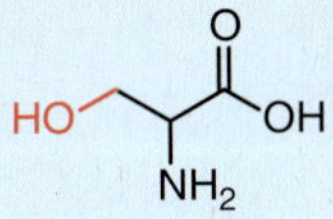
	L-트레오닌	Thre	T	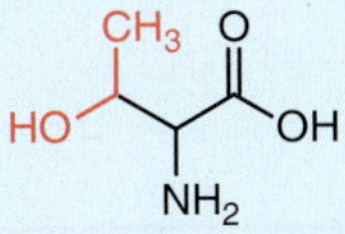
	L-글루타민	Gln	Q	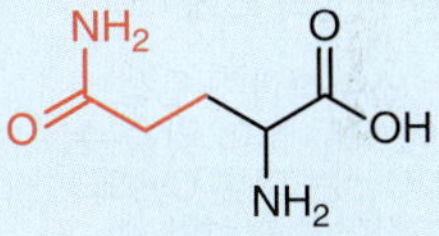
	L-아스파라긴	Asn	N	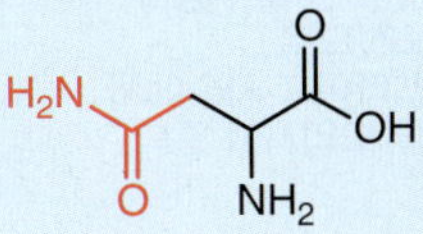
	L-타이로신	Tyr	Y	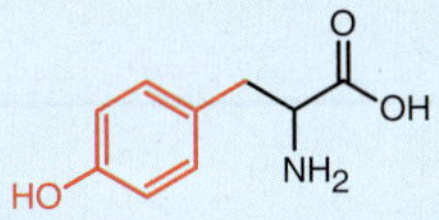

그림 2.12 단백질에서 가장 일반적으로 발견되는 20개 아미노산의 분자 구조. 측쇄의 화학적 성격에 따라 분류되었다.

nogalactosyldiacylglycerol)의 갈락토스에 6→1 결합으로 붙어 있다(그림 2.11C).

갈락토지질과 황지질은 인지질과 같이, 높은 농도의 다불포화지방산을 가지고 있다. 따라서, 이들은 성질상 매우 양친매성이다.

다른 식물 구성화합물 중에서 지질로 구분이 되고 있는 것은 **스핑고지질**(**sphingolipid**)로 이것은 긴사슬의 아미노 알콜의 지방산 에스테르로 세포막에 흔하다. **왁스**는 매우 소수성의 지질로, 1차 알콜과 지방산의 긴 연쇄의 에스테르, 폴리에스테르, 하이드록시 에스테르(hydroxyl ester) 등의 다양한 긴 꼬리의 탄화수소 치환기를 가지고 있다. 필수 오일, 향, 곤충 유인물, 항해충물질(anti-feedant)과 같은, 많은 **휘발성 화합물**은 지질 유도체이다. 또한 **소수성 색소**(**카로티노이드, 엽록소**), 스테롤, 수지(resin), 퀴닌(quinine)과 지방산과 대사적으로 관련이 없는 다양한 2차 대사물들이 지질로 분류된다.

비극성	L-알라닌	Ala	A	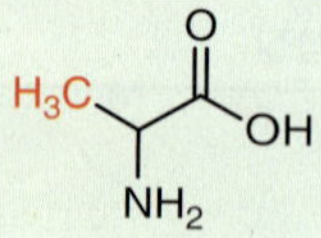
소수성 측쇄로 거의 완전히 C와 H 원소로만 이루어져 있다. 수용성 단백질에서 이들 아미노산은 3차 구조에서 안쪽에 묻히는 경향이 있다. 이들은 소수성 단백질에서는 바깥면 쪽에 위치하여 막지질과 결합하는 것을 촉진한다.	L-발린	Val	V	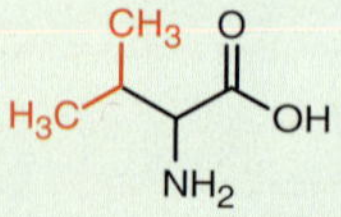
	L-류신	Leu	L	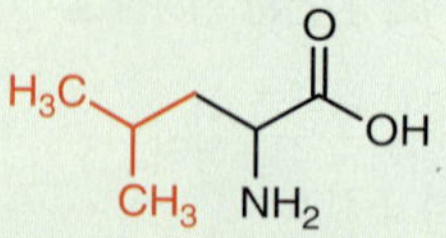
	L-아이소류신	Ile	I	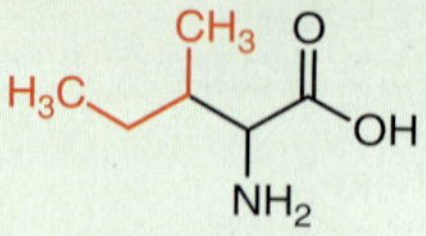
	L-메티오닌	Met	M	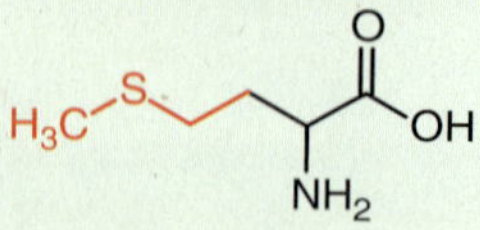
	L-페닐알라닌	Phe	F	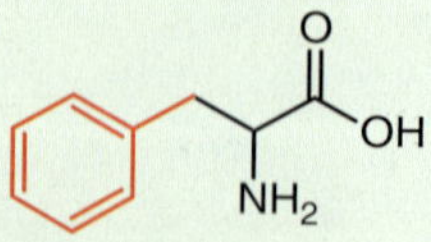
	L-트립토판	Try	W	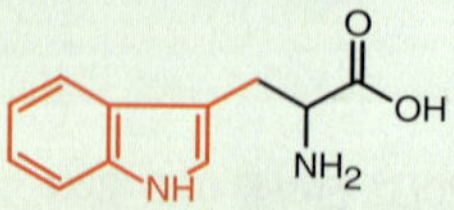
독특한 성질의 측쇄 Gly는 소수성과 친수성 조건에 모두 들어 맞을 수 있다. Cys는 다른 Cys와 -S-S- 결합을 형성할 수 있다. Pro는 소수성 이미노산으로 폴리펩타이드 사슬에서 꼬임을 도입시켜 준다.	글라이신	Gly	G	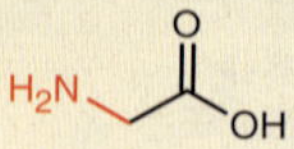
	L-시스틴	Cys	C	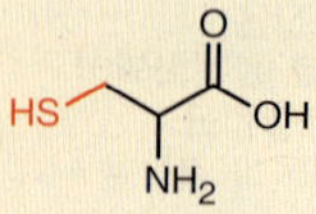
	L-프롤린	Pro	P	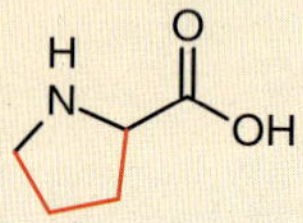

그림 2.12 *(계속)*

2.2.8 단백질은 촉매제, 구조 및 기계적인 실체, 그리고 신호 전달 분자로 기능한다

단백질은 생명 현상의 중심을 차지한다. 생명체에 필수적인 화학반응을 촉매하는 효소는 단백질이다. 단백질은 또한, 구조, 기계, 그리고 신호 전달 분자로 세포 및 구성원의 형태와 기능에 필수적이다. 단백질은 선형의 중합체로 최대 20개의 다른 아미노산의 연결로 형성된다(그림 2.12). n개의 아미노산이 있다면, 20^n개의 가능한 조합이 존재한다. 따라서, 적절한 크기의 100개 아미노산으로 구성된 단백질의 경우, 천문학적 숫자인 20^{100}개의 조합이 가능한 1차 서열이 존재할 수 있다. 이 예를 통해 이와 같이 만들어지는 거대분자의 구조 및 이에 따른 기능의 엄청난 다양성을 알수 있다. 이론적으로 단백질의 모든 다른 아미노산 단위체는 공통적인 구조적 특징이 있는데, 이는 아미노기의 α-탄소, 카르복실기와 'R'로 표기되는 다양한 측쇄가

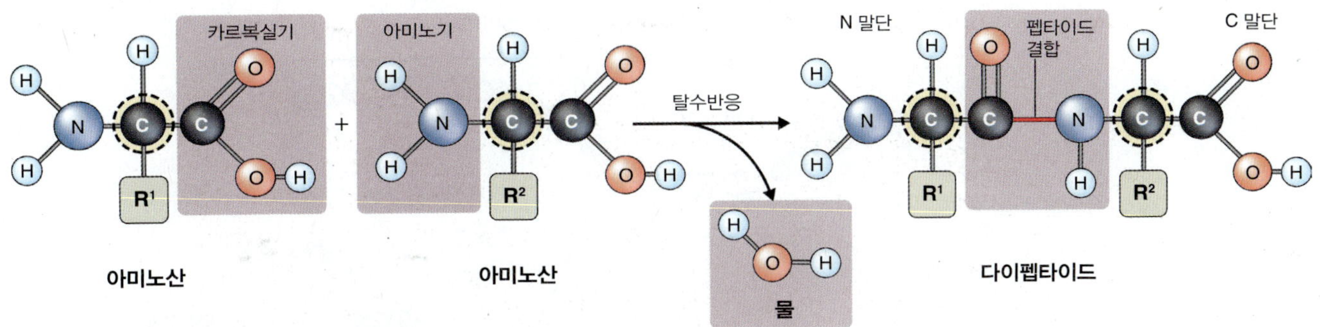

그림 2.13 아미노산 구조와 펩타이드 결합의 형성. 두 아미노산의 α-탄소(점선원)에서 결합된 아미노기와 카르복실산기를 볼 수 있다. 펩타이드 결합은 한 아미노산의 아미노기가 다른 아미노산의 카르복실기와 응축이 되면서 형성된다. 결과적으로 다이펩타이드는 한쪽 끝은 카르복실산기(카르복실 또는 C 말단)를 가지며, 다른 한쪽 끝은 아미노기(아미노 또는 N 말단)을 가진다.

바로 그것이다(그림 2.12와 2.13). 이것의 한 예외는 프롤린 아미노산으로, 프롤린은 아민기가 원형화되어 있다(그림 2.12). 모든 글라이신(glycine)을 제외한 아미노산은 α-탄소가 비대칭적이어서 각각은 D-와 L-이성질체 형태로 존재한다. 단백질의 아미노산은 전적으로 L-배치를 취한다.

한 아미노산의 카르복실기와 다른 아미노산의 아미노기 사이의 탈수반응은 **펩타이드 결합(peptide bond)**(그림 2.13)을 형성한다. **올리고펩타이드(oligopeptide)**와 **폴리펩타이드(polypeptide)**는 아미노산의 펩타이드 결합 연쇄이다. 올리고펩타이드 또는 폴리펩타이드의 한쪽 끝은 결합되지 않은 아미노기(amino 또는 **N 말단**)가 존재하고, 다른 쪽 끝에는 결합되지 않은 카르복실기(carboxy 또는 **C 말단**)가 존재한다.

단백질은 폴리펩타이드이다. 더 높은 차원의 구조와 반응성은 단백질을 구성하는 아미노산의 성질과 화학적 구조의 다양성으로 결정된다.

단백질의 **1차 구조(primary structure)**는 N 말단과 C 말단 사이의 정확한 아미노산 서열을 의미한다. 각 아미노산은 세 글자의 약어나 또는 더 간결히 한 글자의 약자로 표기된다(그림 2.12 참고). 따라서 한 단백질의 1차 구조는 이들 약어의 연속으로 표시되거나, 펩타이드 결합으로 서로 연결된 구슬의 가닥의 형태로 그려서 나타낸다(그림 2.14A). 단백질 **2차 구조(secondary structure)**는 아미노산끼리 수소결합을 형성해서 고리형, 나선형 그리고 다른 국소적 구조배열을 가지는, 팹티드 결합의 배치를 의미한다. 이러한 상호작용은 특정 3차 구조 단위를 가지는데, 특별히 **α-나선 구조**와 **주름형**(β) **면**을 형성한다(그림 2.14B). 그림 2.2C는 식물 단백질 분해 효소인 파파인(papain)의 구조를 보인 것으로, β-면(sheet) 지역이 노랗게 그리고 α-나선 구조는 붉게 표시되어 있다. 활성이 있는 상태에서 단백질은 **3차 구조(tertiary structure)**를 갖게 되는데, 이 3차 구조는 모든 구성 원소의 좌표(공간적 위치)를 뜻하고, 폴리펩타이드 사슬의 다른 부위끼리의 상호작용으로 유지된다(그림 2.14C). 마지막으로, 3차 구조의 단백질은 많은 경우에 복수의 하위단위체로 구성된 복합체의 **4차 구조(quaternary structure)**를 취한다(그림 2.14D; 예로 탄소 고정 효소 루비스코가 그림 2.2D에 제시되었다). 2개, 3개, 4개 등의 하위 단위체로 구성된 복합체는 각각 이합체(dimer), 삼합체(trimer), 사합체(tetramer) 등으로 명명된다. 만약 동일한 하위 단위체로 구성된 복합체라면 **동형합체(homomeric)**라고 하고, 하위단위체가 서로 다르다면 **이형합체(heteromeric)**라고 한다.

서로 다른 단백질 아미노산의 측쇄는 서로 다른 정도의 소수성을 갖는다(그림 2.12 참고). 각 아미노산은 상대적인 소수성 '점수'를 갖게 되는데, 높은 점수일수록 더 소수성 아미노산이다. 만약 1차 구조의 아미노산 서열의 한 쪽 끝에서 다른 쪽 끝까지의 아미노산의 소수성 지표를 그림으로 나타낸다면, 이 결과물은 **친수도(hydropathy plot)**라고 하여 전체 단백질에서 소수성이 강한 부분과 그렇지 않은 부분을 알 수 있게 해 준다. 그림 2.15A는, N-말단 메티오닌[methionine(M)]으로 시작하여, C-말단 아스파라긴[asparagine(N)]으로 끝나는 275개 아미노산을 가지는 단백질의 전형적인 1차 구조를 나타낸 것이다. 그림 2.15B를 보면, 아미노산 약 130번째부터 시작하여, 3개의 피크를 볼 수 있다. 이 피크에 해당하는 폴리펩타이드 부위는 생체막 이중층 관통 기준점을 초과하는 소수도 값을 가지고 있다. 이 친수도 분석에 의하면, 실제로 엽록체 틸라코이드 막에 존재하는 이 단백질은 α-나선의 형태로 막을

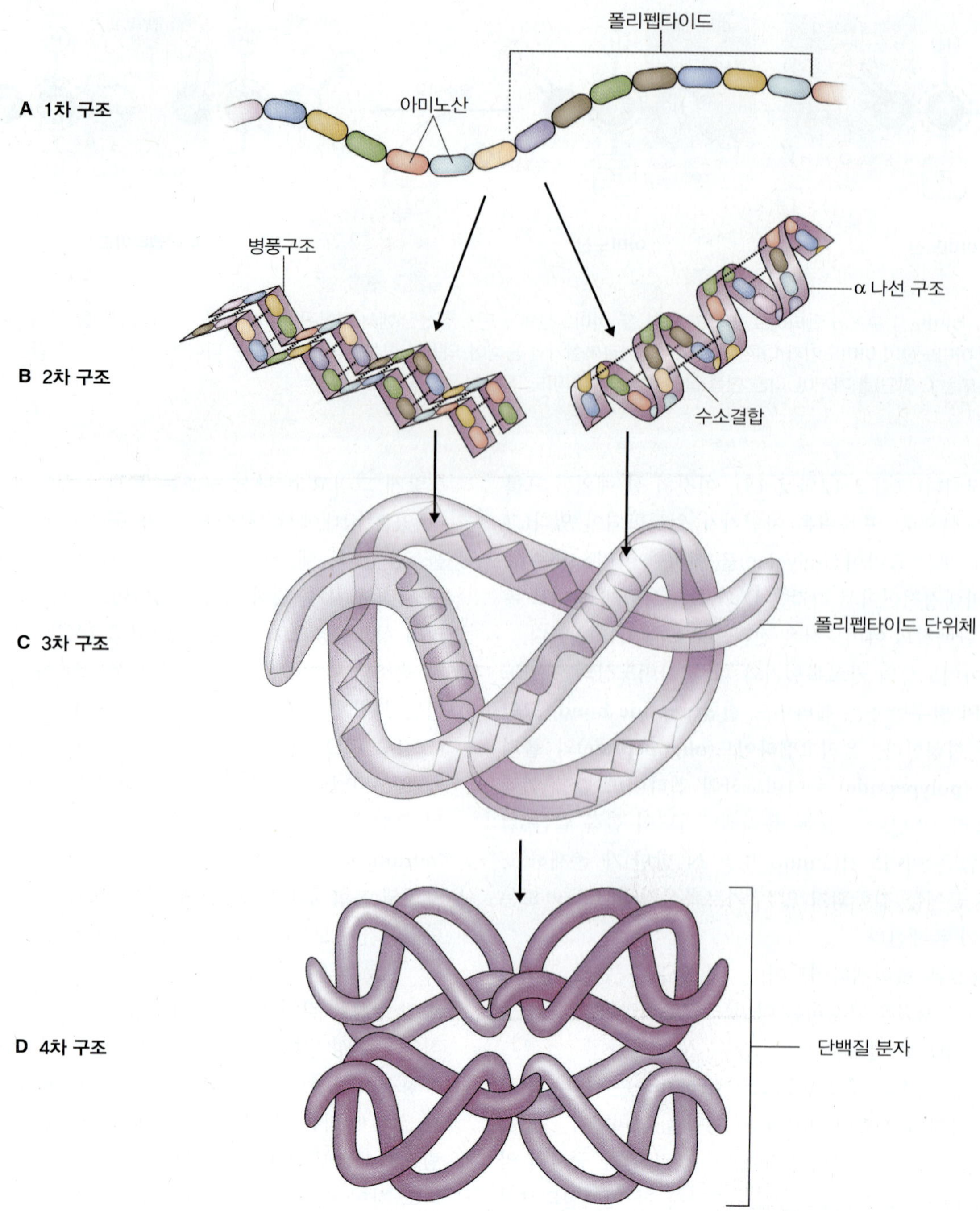

그림 2.14 4개 수준의 단백질 구조. (A) 1차(폴리펩타이드 사슬의 아미노산 서열). (B) 2차(나선 구조와 병풍 구조의 국소적 배열). (C) 3차(전체 폴리펩타이드의 접힘). (D) 4차(복수단위체로 이루어진 복합체로의 조립)

관통하기에 충분히 긴 3개의 소수성 지역을 가지고 있다. 그림 2.15C는, 생체막과 친수성의 외부 환경에 관련하여, 단백질 구성 체제를 컴퓨터로 예측한 것이다. 컴퓨터로 예측한 이 구조는 생체 내에서의 이와 같은 단백질의 실제 배치와 잘 부합한다. 그림 2.2E와 F는 친수도 분석과 컴퓨터 모델링에 의해 예측된 막 관통 나선 구조를 가지는 단백질의 몇 가지 더 예를 보인 것이다.

MAATTAVAASYFSGTRTQYTKQNPGKIQALFGFGTKKSPPPPPPKKSSPKQFEDRLVWFPGASPPEWL
DGTMVGDRGFDPFALGKPAEYLQFDLDSLDQNLAKNLAGDVIGVRVDATEVKPTPFQPYSEVFGLQR
FRECELIHGRWAMLGTLGAIAVEALTGVAWQDAGKVELIEGSSYLGQPLPFSLTTLIWIEVIVVGYIEFQ
RNAELDPEKRLYPGGYFDPLGLASDPEKIENLQLAEIKHARLAMVAFLIFGIQAAFTGKGPISFVATFNN

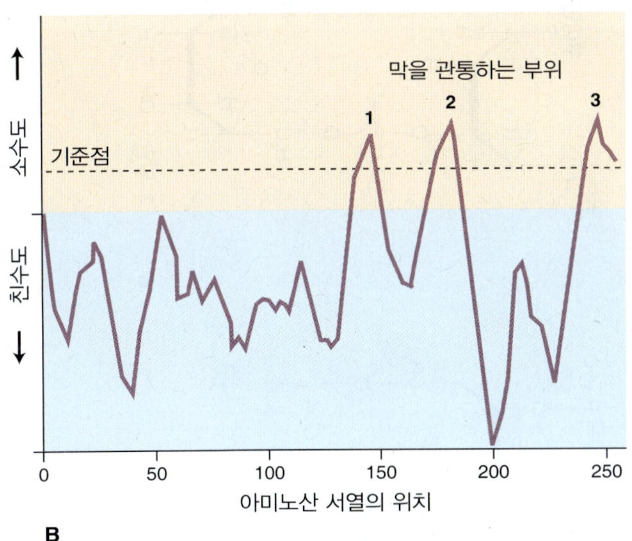

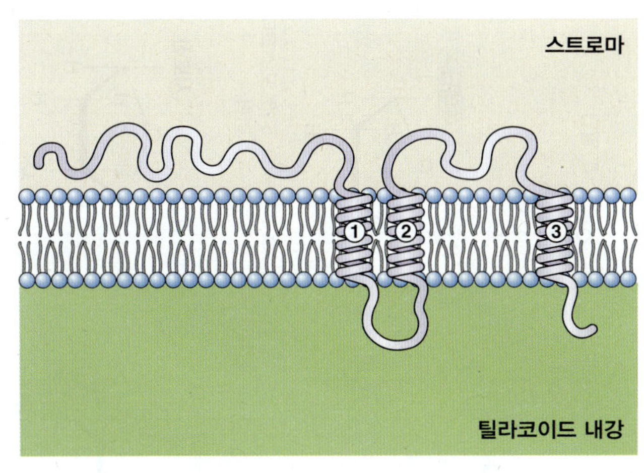

그림 2.15 포플러 엽록체의 광합성막에서 분리한 엽록소 결합 단백질의 구조적 특징. (A) 아미노산 서열(1자 약어; 그림 2.12 참고)로 표현된 1차 구조. N 말단의 메티오닌(M)에서 C 말단의 아스파라긴 (N)까지 나타냈다. (B) 친수도[(hydropathy plot; 1차 서열을 N 말단에서 C 말단까지 읽은 뒤 각 아미노산 측쇄의 성질에 따라 소수성 점수(hydrophobicity score)를 부여한 도표]. 기준점 값을 넘어가는 피크는 지질막을 거쳐 있을 만큼 충분히 소수성이다. 이 예에서는 이러한 지역을 3개 보여준다. (C) 친수도의 예측에 기반한 틸라코이드막과 조합되어 있는 이 단백질의 구조적 모델.

키포인트 단백질은 효소, 구조물질과 신호 전달 분자를 포함한다. 한 단백질은 폴리펩타이드, 즉 펩타이드 결합으로 연결된 최대 수백 개의 아미노산 단위체로 구성된 사슬로 이루어진 생체고분자 중합체이다. 한 폴리펩타이드 사슬에서 20개의 서로 다른 아미노산의 순서를 단백질의 1차 구조라고 한다. 사슬 내 존재하는 국소적인 고리형과 나선형 구조가 2차 구조를 만들고, 전체 폴리펩타이드가 입체적으로 접혀서 3차 구조를 만든다. 접힌 단백질은 종종 다수의 하위 단위로 참여, 결합한 복합체를 만들어 4차 구조를 취하기도 한다. 막과 연관된 단백질은 소수성 아미노산들로 구성되어 지질 이중층에 끼어들수 있는 2차 구조 부위를 갖는다.

2.2.9 핵산은 생물체의 유전정보를 가지고 있다

이제 뉴클레오티드와 핵산에 대해서 알아보자. DNA의 구조와 이것의 **이중나선** 구조 발견에 대한 이야기는 너무도 자주 들어 봤을 것이기 때문에, 여기서는 간단한 핵산의 화학적 성질에 대해서만 다루겠다. 3장에 유전학적 기능 관점에서 DNA와 RNA에 대해 더 자세히 설명하였다. 핵산의 단위체를 **뉴클레오티드(nucleotide)**라고 부르고, 이것은 다시 5탄당인산(pentose phosphate)에 **질소성 헤테로고리 염기(heterocyclic base)**가 연결되어 구성되어 있다(그림 2.16A). 5탄당은 RNA에서는 D-리보스(D-ribose)이고 DNA에서는 2-디옥시리보스(2-deoxyribose)이다(그림 2.7 참고). 뉴클레오티드의 당에서 탄소 원소는 1′에서 5′(one prime to five prime)으로 번호가 매겨진다. 뉴클레오티드의 인은 C-5′에 결합이 되어 있고, 질소성 염기는 C-1′에 결합이 되어 있다. 인이 없는 뉴클레오티드는 **뉴클레오시드(nuecleoside)**라고 부른다. 질소성 헤테로 고리 염기에는 2종류가 있는데, **피리미딘(pyrimidine)** 계열로 6개 원소로 구성된 단일 원형을 가지는 것과 **퓨린(purine)** 계열로 피리미딘 원에 5개 원소의 이미다졸 원이 결합된 것이 있다. 퓨린인 **아데닌(adenine)**과 **구아닌(guanine)**, 그리고 피리미딘인 **시토신(cytosine)**은 DNA와 RNA에서 모두 발견되나, DNA은 피리미딘 계열의 **티민(thymine)**을, RNA에서는 티민 대신에 **우라실(uracil)**을 가지고 있다(그

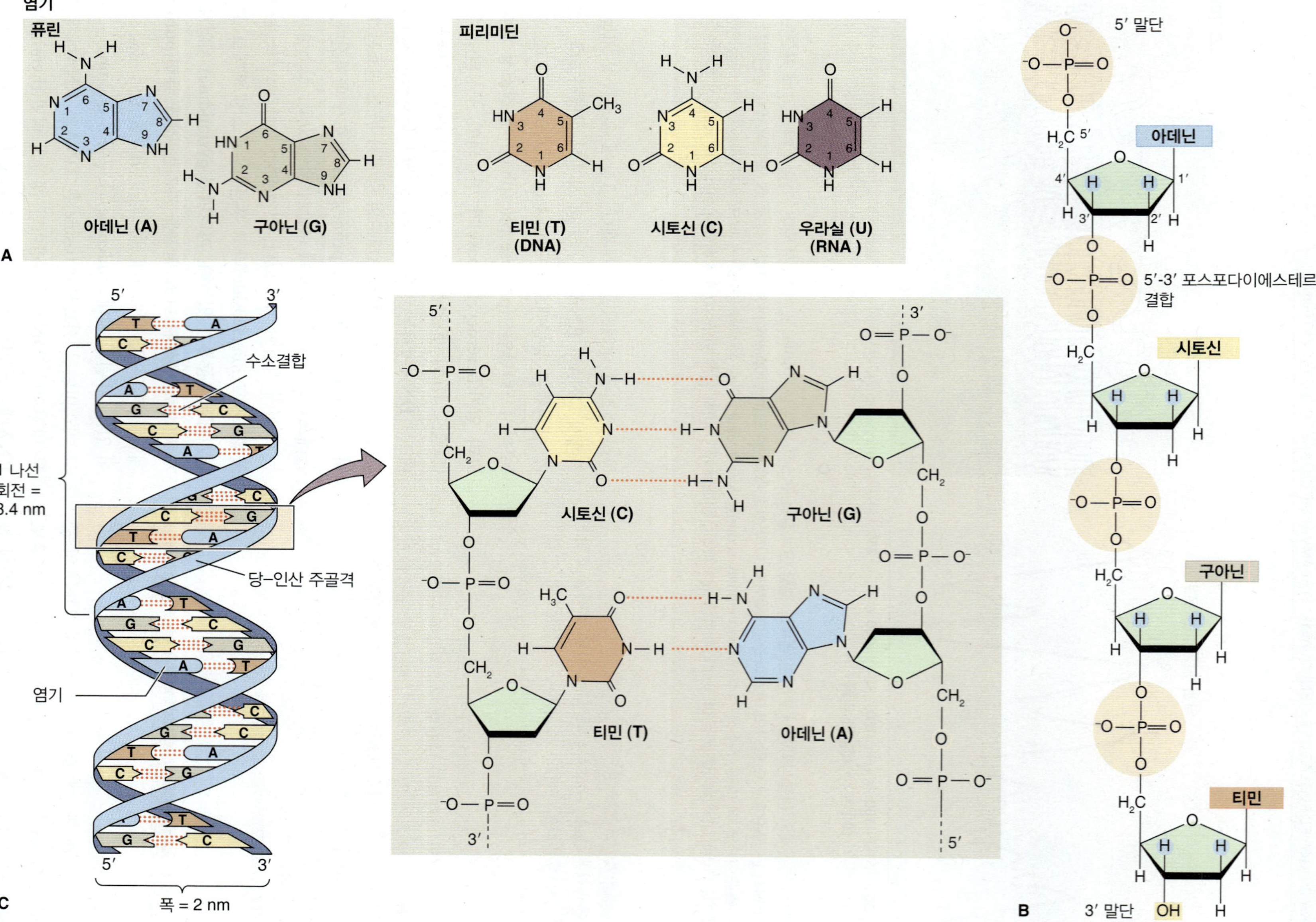

그림 2.16 핵산의 구조. (A) 퓨린과 피라미딘 염기. (B) 폴리뉴클레이티드 사슬의 1차 구조. (C) 염기쌍과 이중나선

림 2.16A). 핵산의 염기는 A, G, C, T, 그리고 U로 줄여서 쓴다.

DNA와 RNA의 폴리뉴클레오티드(polynucleotide) 연쇄는 당-인 주골격, 즉 5탄당이 인과 번갈아 가면서 당의 3번째 탄소가 다음의 5번째 탄소와 연결된 구조로 구성되어 있다(그림 2.16B). 상보적인 가닥의 핵산 염기들, 즉 A는 T 또는 U와, C는 G와 수소결합을 형성한다(그림 2.16C). 이들 짝들의 특이성은, 두 폴리뉴클레오티드 가닥이 서로 쌍을 이루면서 반대방향으로 진행될 때, 한 가닥의 염기서열로 다른 가닥의 염기서열을 충분히 결정할 수 있는 정보의 보유와 정확한 배열을 가능하게 한다는 의미가 있다. 쌍을 이룬 DNA 가닥은 유명한 이중나선 구조를 형성하게 된다(그림 2.16C). 일부 바이러스와 세포 내에서 조절적인 구조를 이루는 경우를 제외하곤 RNA는 일반적으로 한 가닥이다. 그러나 RNA 분자는 분자 내부적으로 염기쌍 결합이 일어나는 곳에서 나선형 **헤어핀 고리** 구조를 형성하기도 한다. 단백질과 복합체를 이루는 핵산으로 구성된 필수적인 세포 구성성분은 염색체와 리보솜이다(3장 참고).

키포인트 핵산은 핵산 단위체의 연쇄로 구성된 중합 거대분자이다. 뉴클레오티드는 질소성 염기에 결합된 5탄당 인산(pentose phosphate)이다. DNA에서, 5탄당은 디옥시리보스이고, 뉴클레오티드 단위체의 염기는 A, C, G 또는 T로 표현된다. RNA의 경우 5탄당은 리보스이고 염기는 A, C, G 또는 U이다. 염기 서열은 유전정보를 의미한다. C는 G와 특이적인 수소결합을 한다. 마찬가지로 A는 T(DNA) 또는 U(RNA)와 쌍을 이룬다. DNA 이중나선은 두 가닥의 당-인산 연쇄가 서로 반대 방향으로 진행되며 A-T와 C-G 염기쌍으로 서로 붙잡고 있다. RNA는 일반적으로 뉴클레오티드의 단일 연쇄이나 분자 내 부분적인 염기쌍을 이루어서 종종 고리구조를 형성한다.

2.3 에너지

살아 있는 세포는 세포 조직을 유지하고, 생장하고, 또 생식/분열하기 위해 에너지를 필요로 한다. 이번 절에서는 세포 내에서 에너지의 변환을 이해하는 기초를 닦고자 한다. **에너지**는 힘의 활동으로 수행될 수 있는 일의 양을 설명하는 용어이다. 에너지 단위는 **줄(joule, J)**이다. 자유롭게 바뀔수 있는 다양한 형태의 에너지가 존재한다. 이 다양한 형태의 에너지는 크게 두 가지로 분류된다: **운동 에너지(kinetic energy)**와 **잠재** 또는 저장 **에너지(potential or stored energy)**가 그것이다. 열 에너지, 복사 에너지, 그리고 전기 에너지는 운동 에너지의 예들이다. 살아 있는 세포에서 잠재 에너지는 화학 결합에 존재한다. 세포막을 사이에 둔 용질의 농도 구배와 전하 분리 역시 잠재 에너지이다.

살아 있는 생명체는 에너지를 어떻게 획득하는 가에 따라서 구분할 수 있다. **독립 영양 생물(autotroph**, 광합성 세균과 녹색 식물을 포함한)은 대기에서 CO_2를 탄소의 유일한 공급자로 사용하여 작은 전구체 분자를 만들어 거대분자로 조립한다(그림 2.17). **화학합성 독립 영양 생물(chemoautotroph)**로 알려진 일부 세균은 제1철(ferrous iron)과 같은 무기분자를 산화하여 에너지를 얻는다. 이 책에서는 빛을 에너지 근원으로 사용할 수 있는 **광합성 독립 영양 생물(photoautotrophic organism)**인 조류와 육상 식물에 초점을 맞출 것이다. 인간과 같은 생물체는 반드시 에너지와 탄소를 포도당과 같은 유기 분자를 분해하여 얻기 때문에 종속 영양 생물(heterotroph)로 구분된다. 이 종속 영양 생물체는 생명 유리를 위해 궁극적으로 독립 영양 생물에 의존적이다.

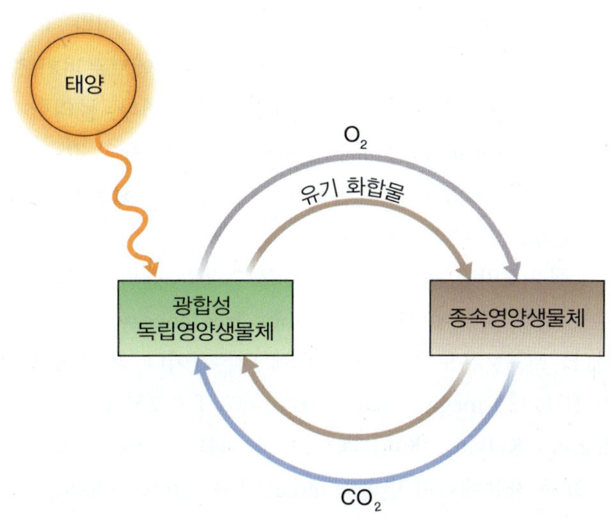

그림 2.17 광합성 독립 영양 생물체에 의한 태양 에너지 포획과 지구 생태 내 유기 화합물, CO_2와 O_2의 독립영양체와 종속영양체 사이에서의 순환.

2.3.1 생물시스템은 열역학 법칙을 따른다

에너지 변환을 연구하는 학문을 **열역학(thermodynamics)** 이라고 한다. 열역학 기초를 아는 것은 세포에서 에너지와 화학 반응이 상호 연관되는 것을 이해하는 데 도움이 된다. 열역학의 기본 원리는 특정 반응이 자발적으로 일어나는지 여부를 예측할 수 있게 해 준다. 용어 "열역학"에서 이것이 열('thermo-')과 변화('-dynamics')와 관련이 있음을 알 수 있다. 변화는 에너지가 다른 형태로 변환되는 것을 의미하고 그리스 심볼 델타(Δ)로 나타낸다. 열역학의 기본 원리는 기계적인 일과 열 사이의 등가에 대한 연구를 통해서 확립되었으나, 일과 열 사이의 관계는, 살아 있는 세포의 처리 반응을 구동하는 것을 포함하는 모든 형태의 에너지에 적용된다. 에너지가 고정된 시스템에서 한 형태에서 다른 형태로 변환할 때, 에너지는 **열역학 법칙**을 따른다. 열역학 제1법칙은 *에너지가 한 형태에서 다른 형태로 변할 때, 에너지는 새로 만들어지거나 없어지지 않는다*로 **에너지 보존의 법칙**이라고도 한다.

살아 있는 조직 내에서 대부분의 생화학적 반응에서와 마찬가지로 동일한 압력과 부피 아래의 한 시스템에서 에너지 변화는 ΔH로 표현된다. 여기서 H는 엔탈피를 의미한다. 열역학은 또한 한 시스템 내에서 **엔트로피**(S)로 표현되는 무질서도에도 주목한다. ΔS는 엔트로피의 변화이다. **열역학 제2법칙**은 *닫힌 시스템은 엔트로피를 증가시키는 방법으로 항상 변화를 겪을 것이다*라고 설명한다. 여기서 주목해야 할 것은 엔트로피를 감소시키고 질서를 만들어 내는 대사과정이 작동하는 살아 있는 세포는 반드시 계속적으로 외부 환경과 에너지를 교환해야 한다는 것이다. 따라서 세포는 닫혀 있는 시스템이 아니고, 전체 엔트로피가 증가하는, 더 큰 시스템 내에 존재하는 구성원이다. 물리학자 Erwin Schrödinger의 말을 빌리면, 생명은 '음의 값의 엔트로피를 먹고 산다'. 따라서, 이러한 생명체 활동은 열역학 제2법칙에 위배되지 않는다.

실용적인 일을 하는 데 사용될 수 있는 엔탈피 변화 부분을 **깁스 자유에너지**, ΔG(**Gibbs free energy**, ΔG)라고 한다; ΔG는 온도(T)와 압력(P)에 의존적이다. P 값이 1기압(101.325 mega-Pascals, MPa)이고 T가 25° C(298.15 degrees Kelvin, °K)일 때, 1몰 물질을 포함하는 반응에서 **표준 자유에너지 변화(standard free energy change)**를 ΔG°라고 한다. 주어진 pH(일반적으로 7)에서 표준 조건하의 이러한 반응에서의 자유에너지 변화는 ΔG°′로 나타낸다. 대부분의 생화학적 반응이 표준 조건의 P, T 그리고 pH에서 또는 이와 아주 가까운 조건에서 일어나기 때문에, 이 책에서는 일반적으로 자유에너지 변화를 ΔG°′로 나타낼 것이다. 유사하게, 표준 반응 조건에서 엔탈비와 엔트로비 변화를 ΔH°, ΔH°′, ΔS°와 ΔS°′로 각각 나타낼 것이다.

식 2.5는 **깁스-헬름홀츠 식(Gibbs-Helmholtz equation)**으로, 자유에너지, 엔탈비 그리고 엔트로피 사이의 관계를 보여주는 것이다. ΔG와 ΔH의 단위는 단위 몰값 당 Joules(J mol^{-1}), 그리고 ΔS의 단위는 $J°K^{-1}mol^{-1}$이다. T ΔS°는 시스템의 무질서를 만들어 내기 위해 사용된 에너지 양을 나타낸다. 이것은 열역학 제3법칙의 근간이다. **열역학 제3법칙**은 *한 시스템은 절대온도가 0일 때*(T가 0 °K에 근접할 때) *0 값의 엔트로피를 가질 수 있다*라고 표현할 수 있다.

식 2.5 깁스-헬름홀츠 식(Gibbs-Helmholtz equation)

$$\Delta G^\circ = \Delta H^\circ - T\Delta S^\circ$$

2.3.2 자유에너지 변화는 화학반응의 방향을 예측하는 데 사용될 수 있다

깁스-헬름홀츠 식을 사용하여, 반응물로부터 생산물을 형성하는 화학반응이 일어날 것 같은 흐름 방향에 따라 화학반응을 분류할 수 있다(표 2.1). 반응물의 깁스 자유에너지가 생산물의 것보다 크다면, ΔG°는 음의 값이고, 화학반응은 생산물 형성 쪽을 더 선호하게 된다. 이러한 반응 시스템은 외부에 대해서 일을 할 수 있고, 이것을 **에너지 방출적(exergonic)**이라고 한다. 에너지 방출 반응은 종종 **자발적인(spontaneous)** 반응이라고 한다. 세포 호흡(당 + O_2 → CO_2 + H_2O + 화학에너지; 7장 참고)은 에너지 방출 반응의 한 예이다. 만약 ΔG°가 양의 값이면, 생산물 형성은 선호되지 않게 되며 이러한 반응을 **에너지 흡수적(endergonic)**이라고 한다. 광합성(CO_2 + H_2O + 빛에너지 → 당 + O_2; 9장 참고)이 이러한 반응의 한 예이다. 에너지 흡수 반응은 자발적으로 일어나지 않으나, 반응 전체의 자유에너지의 변화가 음의 값이라는 전제에서, 에너지 방출 반응과 짝이 지어질 때 일어날 수 있다. 광합성의 예에서, 광합성 반응을 일으키는 에너지는 빛에 의해서 공급된다. 많은 생화학적 반응은 에너지 흡수적이고, 따라서 생물체에서 에너지 대사는, 이러한 각각의 비선호적인 반응을 일으키게 하기 위해서, 고에너지 기질 공급과 에너지 방출

표 2.1 다른 조합의 ΔG, ΔH와 ΔS에 대한 깁스-헬름홀츠 식($\Delta G° = \Delta H° - T\Delta S°$)에 따라 예측된 생산물 형성 방향 반응 진행 가능성

ΔH°	ΔS°	ΔG°	생산물의 자발적 형성
음의 값 (발열)	양의 값	음의 값 (에너지 방출)	선호됨
음의 값 (발열)	음의 값과 $T\Delta S° < \Delta H°$	음의 값 (에너지 방출)	선호됨
양의 값 (흡열)	양의 값과 $T\Delta S° > \Delta H°$	음의 값 (에너지 방출)	선호됨
양의 값 (흡열)	음의 값	양의 값 (에너지 흡수)	선호되지 않음

반응을 유발해 주는 방향으로 일어난다.

자유에너지 변화의 시각으로 반응을 분류하는 것 외에, 이 반응이 열을 생산하는지 아닌지 여부로 반응을 분류할 수 있다. ΔH°가 음의 값일 때, 반응은 주변부로 열 형식으로 에너지를 방출하며, 이를 **발열성(exothermic)**이라고 한다. ΔH°가 양인 반응의 경우 주변부로부터 열 에너지를 받아들일 수 있는데, 이를 **흡열성(endothermic)**이라고 한다. 에너지 흡수/방출(endergonic/exergonic)은 자유에너지의 변화를, 흡열/발열(endothermic/exothermic)은 엔탈피의 변화를 의미하는 차이가 있음에 주의해야 한다. 표 2.1은 G, H와 S의 변화 방향의 시각에서 반응의 가능성을 요약해 놓은 것이다. 역시 주목해야 할 것은 엔트로피 증가가 충분히 크다면, 열에너지가 흡수되는 반응은 생성물이 형성되는 방향으로 진행될 수 있다는 것이다.

키포인트 식물은 빛에서 에너지를 획득하는 광독립영양 생물이다. 동물과 같은 종속영양 생물(heterotrophic)은 독립영양 생물체가 만든 생분자를 산화하여 에너지를 얻는다. 에너지 변환은 열역학 법칙을 따른다. 열역학 법칙에 따르면 에너지는 새로 만들어지거나 소멸될 수 없고 무질서도(엔트로피, S)는, 절대온도가 0인 경우를 제외하고, 증가하는 경향이 있다. 엔탈피(H)는 표준 조건에서 한 시스템의 전체 에너지를 의미하며, 깁스 자유에너지(G)는 일할 수 있는 에너지이다. 만약 한 화학반응에서 G 값의 변화(Δ로 표현된다)가 음의 값이라면, 생산물 형성이 선호되며 반응은 에너지 방출적이라고 한다. 에너지 흡수 반응은 양의 ΔG를 가지며, 자발적으로 생산물 형성 방향으로 진행하지 않는다. 그러나 이 반응이 더 큰 음의 ΔG를 갖는 에너지 방출 반응과 짝을 이룰 경우 생산물 형성 방향으로 진행될 수 있다. 양 또는 음의 ΔH 값을 갖는 반응은 각각 흡열 또는 발열 반응이라고 분류한다.

2.3.3 산화/환원 반응 중 전자가 이동된다

세포내 반응에서 에너지가 이동되는 한 방법은 전자를 한 분자에서 다른 분자로 이동시키는 방법이다. 세포 호흡(7장 참고)과 광합성(9장 참고)에서 전자 이동 연쇄는 이러한 예이다. 한 분자가 전자를 내놓을 때[**전자 공여체(electron donor)**로 기능할 때], 이 분자는 **산화되고** 전자를 받아들인 분자[**전자 수용체(electron acceptor)**]는 **환원된다**. 이러한 반응을 **산화환원반응(redox reaction)**이라고 한다. 전자 공여체는 또한 **환원제(reducing agent** 또는 **reductant)**라고 하고 전자 수용체는 **산화제(oxidizing agent** 또는 **oxidant)**라고 한다. 환원제와 산화제는 모두 산화환원 반응에서 전자의 이동을 필요로 한다.

정의에 의하면 전자의 흐름은 전류이며, 전자 공여체와 수용체 사이의 전압 차의 결과이다. 따라서, 산화환원반응에서 전자의 흐름은 반응물의 에너지 수준[**산화환원 전위(redox potential)**로 불린다]에 따라서 일어난다. 열역학에서 사용되는 용어와 유사하게(2.3.1절 참고), 1기압, 25°C, pH 7에서 표준 산화환원 전위를 $E°'$라고 표기한다. 산화환원 전위(단위: 볼트, V)는 pH 7일때 0.000V인 수소 전극($H_2 \rightarrow 2H^+ + 2e^-$)을 기준으로 계산된다. 더 많은 에너지 전위(더 큰 음의 값)를 가지는 전자 공여체(환원제)는 더 낮은 에너지 전위(더 작은 음의 값, 즉 상대적으로 더 큰 양의 값)를 가지는 전자 수용체에 전자를 제공한다.

산화환원반응과 관련된 자유에너지의 변화($\Delta G°'$)는 식 2.6을 이용해서 계산할 수 있다. 여기서 n은 환원제에서 산화제로 이동하는 전자의 수이고, F는 페러데이 상수($96.48\ kJV^{-1}\ mol^{-1}$)이다.

식 2.6 자유에너지와 산화환원전위의 관계

$$\Delta G°' = -nFE°'$$

표 2.2 pH 7.0과 25°C에서 몇몇 생물학적으로 중요한 반쪽 반응에 대한 표준 환원전위와 이에 맞는 자유에너지 변화값

반쪽 반응	$E^{\circ\prime}$ (V)	$\Delta G^{\circ\prime}$ (kJ mol^{-1})
$\frac{1}{2}O_2 + 2H^+ + 2e^- \rightarrow H_2O$	0.816	−157.5
$NO_3^- + 2H^+ + e^- \rightarrow NO_2^- + H_2O$	0.421	−81.2
Cytochrome f (Fe^{3+}) + e^- → cytochrome f (Fe^{2+})	0.365	−35.2
Cytochrome a (Fe^{3+}) + e^- → cytochrome a (Fe^{2+})	0.29	−28.0
Cytochrome c (Fe^{3+}) + e^- → cytochrome c (Fe^{2+})	0.254	−24.5
Cytochrome b (Fe^{3+}) + e^- → cytochrome b (Fe^{2+})	0.077	−7.4
$Fumarate^{2-} + 2H^+ + 2e^- \rightarrow succinate^{2-}$	0.031	−6.0
$Oxaloacetate^{2-} + 2H^+ + 2e^- \rightarrow malate^{2-}$	−0.166	32.0
$Pyruvate^- + 2H^+ + 2e^- \rightarrow lactate^-$	−0.185	35.7
$Glutathione_{ox} + 2H^+ + 2e^- \rightarrow 2glutathione_{red}$	−0.23	44.4
$NAD^+ + H^+ + 2e^- \rightarrow NADH$	−0.32	61.7
$NADP^+ + H^+ + 2e^- \rightarrow NADPH$	−0.324	62.5
Ferredoxin (Fe^{3+}) + e^- → ferredoxin (Fe^{2+})	−0.432	41.7

표 2.2는 환원전위와 생물학적으로 중요한 산화환원 반쪽 반응(half-reaction)의 $\Delta G^{\circ\prime}$ 값을 나타낸 것이다. 표의 낮은 쪽 줄의 구성원으로부터 표의 높은 쪽 줄의 구성원으로(예를 들면 NADH에서 옥살아세테이트로) 전자가 흘러간다. 이 과정에서 배출되는 자유에너지는 일반적으로 에너지학적으로 비선호적인 반응을 구동하는 데 사용된다. 한 반응의 역반응의 환원전위 또는 자유에너지 변화의 **부호** 역시 **역**으로 바뀌는 것에 주목하라. **트라이카복실 회로(Tricarboxylic acid cycle, TCA)** 효소인 말산 탈수소효소(malate dehydrogenase, 7장 참고)를 예로 들어 이것을 설명해 보겠다. 식 2.7은 말산 탈수소효소에 의해서 촉매되는 반응의 부분을 나타낸다. 이 식은 또한 이들 반응(표 2.2)의 $\Delta E^{\circ\prime}$ 값과 유도된 $\Delta G^{\circ\prime}$ 값을 얻을 수 있게 해 주고 전체 반응의 예측된 $\Delta G^{\circ\prime}$ 값을 얻게 해 준다. 옥살아세테이드(oxaloacetate)에서 말산(malate)으로의 환원은 에너지 흡수 반응인 반면, NADH의 산화는 강한 에너지 방출 반응이다. 만약 이 두 반응이 짝이 지어진다면, 전체 반응은 에너지 방출 반응이 될 것이고 따라서 열역학적으로 가능한 반응이 된다. 말산 탈수소효소(malate dehydrogenase)의 $\Delta G^{\circ\prime}$ 값은 표준 조건에서 평형 측정을 통해 실험적으로 결정되었는데, 이 값은 약 −26 kJ mol^{-1}로 예측값에 유사하다.

식 2.7 말산 탈수소효소(malate dehydrogenase)의 산화환원과 깁스 자유에너지 관계

$$Oxaloacetate^{2-} + 2H^+ + 2e^- \rightarrow malate^{2-}$$
$$E^{\circ\prime} = -0.166 \qquad \Delta G^{\circ\prime} = +32.0$$

$$NADH \rightarrow NAD^+ + H^+ + 2e^-$$
$$E^{\circ\prime} = +0.32 \qquad \Delta G^{\circ\prime} = -61.7$$

$$Oxaloacetate^{2-} + NADH + H^+ \rightarrow malate^{2-} + NAD^+$$
$$\Delta G^{\circ\prime} = -29.7$$

2.3.4 세포에서 에너지는 인산화된 매개물을 통해서 흐른다

대사를 통한 에너지의 흐름은 원칙적으로 **인산화**된 대사체, 즉 1개 이상의 인산기가 결합한 유기분자의 형태로 이루어진다. P_i(무기 인산염, $PO_4^{3-} \rightleftharpoons HPO_4^{2-} \rightleftharpoons H_2PO_4^-$)로 명명되는 인산염은 자체의 산소 원소를 통해서 다른 탄소 원소와 결합한다(그림 2.18A, C). 생리적 pH에서, 인산염의 3개의 비결합 산소 중 2개 산소 원소는 음전하를 띠며, 양성자(수소이온, H^+) 또는 Mg^{2+}와 같은 금속이온과 결합한다. 유기 인산염의 3개의 비결합 산소 중 하나는 다른 인

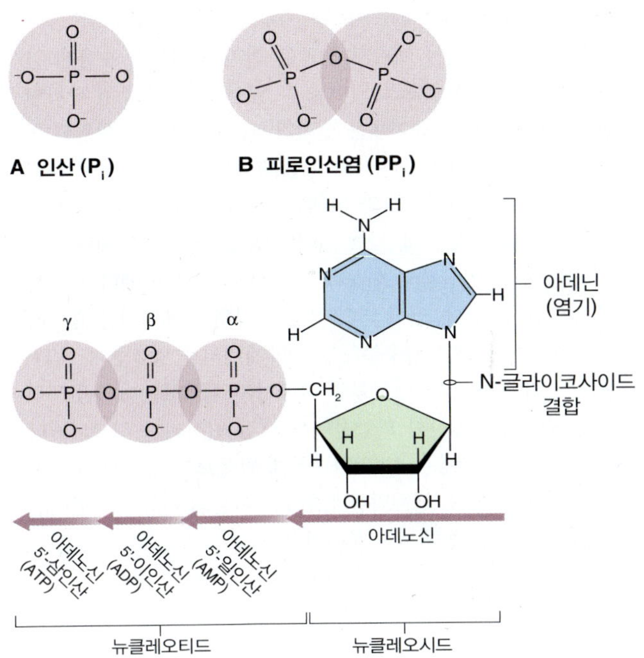

C 아데노신 일, 이, 삼인산

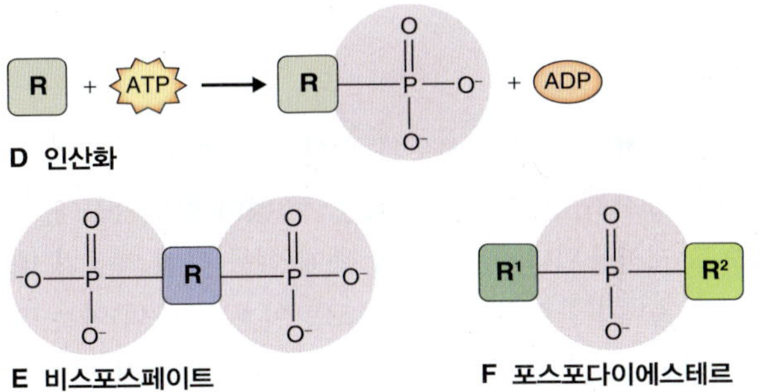

그림 2.18 에너지 대사에서 인산이 참여하는 형태

산기와 **인산무수 결합(phosphoanhydride bond)**을 형성하여, **이인산염(diphosphate)**를 생성할 수 있다. 두 번째 인산기는 다시 인산무수 결합을 통해 **삼인산염(triphosphate)**를 형성할 수 있다(그림 2.18C). 삼인산염은 가수분해되어, 하나의 단일 인산염과 **피로인산염(pyrophosphate,** PPi)으로 분해될 수 있다(그림 2.18B). 한 인산염이 다른 인산염과 서로 연결되어 있는 다이포스페이트(이인산염; diphosphate)와 두 인산기가 한 유기분자의 각각 다른 두 탄소 원자에 연결된 **비스포스페이트(bisphosphate)**의 차이를 잘 알기 바란다(그림 2.18E). 한 인산기는 또한 포스포다이에스테르(phosphodiester) 결합을 형성하여 두 유기분자를 연결해 줄 수 있다(그림 2.18F). DNA와 RNA는 **포스포다이에스테르** 결합 단위체로 구성된 중합분자이다

표 2.3 일부 주요 인산화된 대사물의 가수분해(pH 7.0) 표준 자유에너지

인산화된 화합물	$\Delta G^{\circ\prime}$ (kJ mol^{-1})
Phosphoenolpyruvate	−54.4
1,2-bisphosphoglycerate	−49.4
Acetyl phosphate	−43.9
Creatine phosphate	−37.7
ATP → ADP + P_i	−30.5
Phosphodiesters (e.g. PP_i → P_i)	−25.1
Glucose-1-phosphate	−20.9
AMP → adenosine + P_i	−13.8
Glucose-6-phosphate	−13.8
Glycerol-1-phosphate	−9.6

(2.2.9절 참고).

인산무수 결합을 만들기 위한 반응을 구동하는 데에는 상당량의 에너지가 필요하다. 반대로, 가수분해에 의한 P_i 또는 PP_i의 배출은 화학에너지를 발산시킨다. 표 2.3은 몇몇 인산화된 대사화합물의 가수분해 표준 자유에너지($\Delta G^{\circ\prime}$)를 보여준다. 음의 값은 반응이 에너지 방출 반응임을 의미한다. 인산화된 중간 반응매개체의 에너지 관계는 종종 특정 '고에너지 결합'의 절단이라는 용어로 표현된다. 그러나 한 분자의 에너지 상태는 그 분자의 전체 구조적 특징이지, 한 특정 결합의 특징이 아님에 주의하기 바란다.

2.3.5 ATP는 세포 에너지 흐름의 중심 요소이다

아데노신 삼인산(Adenosine triphosphate, ATP, 그림 2.18C 참고)은 살아 있는 세포의 일상적인 에너지 통화(currency)이다. ATP의 아데노신 이인산(adenosine diphosphate, ADP)과 P_i로의 가수분해는 에너지를 방출하여, 이 에너지로 에너지적으로 비선호적이나, 세포가 생명을 유지하는 데 필요한 많은 생화학적 반응을 구동시킬 수 있게 한다. 많은 경우, ATP의 효율적인 사용을 위해 Mg^{2+}가 ATP의 인산기에 결합하는 것이 필요하다. ATP의 두 인산무수 결합이 끊어질 때 에너지를 내는데, 이 결합은 가수분해(ADP + P_i 또는 AMP + PP_i로의 전환) 또는 수용 대사체로 결합이 전달될 때(그림 2.18D 참고) 제거된다. 후자의 경우, 인산화된 대사체의 에너지 상태가 변하게 됨으로써 앞서 비선호적이었던 반응들이 더 선호적으로 바뀐다.

예를 들면(식 2.8), 포도당 분해의 첫 번째 단계는 포도당의 인산화로 포도당-6-인산(glucose-6-phosphate)를 만드는 에너지 흡수 반응이다(7장 참고). 이 경우, 에너지 방출 반응인 ATP에서 P_i가 제거되는 반응이 일어나서, Pi가 포도당으로 전달되어 포도당-6-인산을 만들게 되는데, 전체 반응은 에너지 측면에서 선호되는 반응이다.

식 2.8 포도당 인산화의 에너지 관계

ATP → ADP + P_i	$\Delta G^{\circ\prime} = -31.0$
포도당 + P_i → 포도당-6-인산	$\Delta G^{\circ\prime} = +13.8$
ATP + 포도당 → 포도당-6-인산 + ADP	$\Delta G^{\circ\prime} = -17.2$

AMP의 포스포에스테르(phosphoester) 결합의 절단은 ADP와 ATP의 경우보다 훨씬 적은 에너지를 방출하기 때문에(표 2.3 참고), AMP는 비선호적인 반응을 구동하는 데 사용되지 않는다.

2.3.6 ATP 합성은 2개의 별개 기작으로 이루어진다

ATP는 2개의 별개 기작에 의해서 합성된다. 첫 번째는 **기질 수준의 인산화**로, 고에너지 준위의 인산화된 공여체로 인산기가 ADP로 직접 전달되는 방법이다. 이 경우, 공여체는 ATP → ADP + P_i 보다 더 음의 $\Delta G^{\circ\prime}$ 값을 갖는다. 포스포엔올 피루브산염(phosphoenol pyruvate)과 크레아틴 인산염(creatine phosphate)이 그 예이다(표 2.3 참고). 두 번째 기작은 **화학삼투 짝반응(chemiosmotic coupling)**으로, 노벨상 수상자 Peter Mitchell에 의해서 1961년 제시되었다. 이것은 본질적으로 ATP 가수분해의 역반응이다. 이 반응은 아주 비선호적인 합성 방향으로 일어나는 건데, 엽록체 틸라코이드막 또는 마이토콘드리아 내막과 같은 막 사이의 높은 양성자 농도 차이를 따라 양성자가 고농도에서 저농도로 확산될 때 생기는 에너지로 구동된다. 이 ATP 합성에는 고에너지 중간체가 존재하지 않고, 대신 전자 전달과 양성자의 막 한쪽 면에서 반대쪽 면으로의 이동(화학삼투)를 이용하여, ADP의 인산화를 일으킨다(7장과 9장 참고).

키포인트 대사에서 에너지 전달은 전자 공여체와 수용체 분자 사이의 전자 이동으로 일어날 수 있다. 이러한 소위 산화환원 반응에서, 전자 공여체는 산화가 되고 수용체는 환원된다. 산화환원 전위(E)는 공여체와 수용체 사이의 전압 차이로 깁스 자유에너지 변화 ΔG와 비례한다. 산화환원 반응이 양 또는 음의 E 값을 갖는데, 각각 에너지 방출 반응 또는 에너지 흡수 반응이다. 인산기의 이동에 의해서도 세포내 에너지 흐름이 일어날 수 있다. 인산 결합 형성은 강하게 에너지를 흡수하는 반면, 인산 결합 가수분해는 화학에너지를 방출한다. ATP는 세포의 보편적인, 인산화된 고에너지 화합물이다. ATP 생성은 공여체인 인산화 화합물에서 직접 인산기가 전달되거나(이때, 이 전달 반응은 ATP 가수분해 반응보다 더 낮은 ΔG 값을 갖는 반응이다), 생체막을 통한 H^+ 이온의 이동을 포함하는 화학삼투반응을 통해서 이루어진다.

2.4 효소

효소는 생화학적 과정을 가능하게 하는 촉매이다. 다른 촉매와 마찬가지로, 효소는 소진되는 것 없이 화학반응에 계속적으로 재사용된다. 다른 화학 촉매(예를 들면 자동차 배기장치의 촉매변환장치에서 금속 코팅이 된 세라믹)와는 달리, 효소는 열, pH 또는 중금속 이온에 의해 쉽게 **변성**이 된다. 이것은 효소가 단백질이고 따라서 2차 또는 3차 구조를 잃게 되는 결과로 쉽게 비활성화되기 때문이다. 다른 일반 화학 촉매와 구분되는 효소의 더 필수적인 특징은 효소의 **특이성**에 있다: 일반적으로 한 특정 효소는 한 종류의 생화학 반응만을 촉매한다.

자기 자신의 스플라이싱을 촉매하는 일부 특정한 RNA(리보자임, ribozyme)와 단백질 합성에 관여하는 리보좀 RNA(ribosomal RNA)를 제외하고, 단백질 효소는 세포가 의존하는 생화학적 반응의 보편적인 촉진제이다. 효소는 매우 효율적인 촉매이며 특이적이다. 세포는 수천 개의 효소를 가지고 있고, 각각 효소는 일반적 조건에서 매우 빠른 속도로 1개 또는 그 이상의 기질을 1개 또는 그 이상의 생산물로 변환시킨다. 서로 다른 종류의 효소 반응을 표 2.4에 나타내었는데, 여기서 분류 체계는 국제 생화학 분자 생물학 연합의 효소 위원회(Enzyme Commission(EC) of the International Union of Biochemistry and Molecular Biology)의 것을 따른다. 효소

표 2.4 효소 위원회(Ezyme Commission, EC)에 따라 분류된 효소와 그들의 반응. 각 효소는 4개의 EC 번호(예를 들면, 헥소카이네이스(hexokinase)[EC2.7.1.2])로 식별된다. 이 EC 번호는 아래에 나열된 6개 주요 그룹 중 하나에서 효소의 고유한 반응 범주를 정해 준다.

EC 1 Oxidoreductases

전형적인 반응 : AH + B → A + BH (환원된)
A + O → AO (산화된)
전형적인 효소 이름 : dehydrogenase, oxidase
예 : alcohol dehydrogenase [EC 1.1.1.1]
Ethanol + NAD^+ → acetaldehyde + NADH + H^+

EC 2 Transferases

전형적인 반응 : AB + C → A + BC
전형적인 효소 이름 : transaminase, kinase
예 : hexokinase [EC 2.7.1.2]
D-glucose + ATP → D-glucose-6-P + ADP

EC 3 Hydrolases

전형적인 반응 : AB + H_2O → AOH + BH
전형적인 효소 이름 : lipase, amylase, peptidase
예 : papain [EC 3.4.22.2]
$[aa\text{-}aa]_n + H_2O \rightarrow [aa\text{-}aa]_m + [aa\text{-}aa]_{n-m}$
where aa = 아미노산

EC 4 Lyases

전형적인 반응 : RCOCOOH → RCOH + CO_2
[A–X–Y–B] → [A–B] + [X–Y]
전형적인 효소 이름 : decarboxylase
예 : pyruvate decarboxylase [EC 4.1.1.1]
Pyruvate → acetaldehyde + CO_2

EC 5 Isomerases

전형적인 반응 : AB → BA
전형적인 효소 이름 : isomerase, mutase
예 : phosphoglucomutase [EC 5.4.2.2]
D-glucose-1-P → D-glucose-6-P

EC 6 Ligases

전형적인 반응 : X + Y + ATP → XY + ADP + P_i
전형적인 효소 이름 : synthetase, ligase
예 : Glutamate–cysteine ligase [EC 6.3.2.2]
L-cysteine + L-glutamic acid + ATP → L-γ-glutamyl-L-cysteine + ADP + P_i

에 의해 촉매되는 대부분의 반응은 전자, 원자 또는 기능화학기의 이동을 포함한다. 따라서, 효소는 이동 반응, 화학기 공여체와 수용체의 종류에 따라 분류된다.

2.4.1 효소는 종종 보조인자를 필요로 한다

효소는 종종 단백질이 아닌 **보조인자(co-factor)**를 필요로 한다. 보조인자는 금속 원소, 이온 또는 유기화학기일 수 있다. 유기 분자인 보조인자를 **조효소(coenzyme)**라고 하며, 많은 조효소는 비타민의 유도체들이다. 보조인자가 단백질에 붙을 때, 이 복합체를 **전효소(holoenzyme)**라고 한다. 전효소에서, 보조인자를 **보결기(prosthetic group)**라고 하고 단백질을 **결손단백질(apoprotein)**이라고 한다. 그림 2.19 – 2.21은 식물 대사에 관여하는 일부 주요 조효소의 구조를 나타낸 것이다.

일부 조효소는 뉴클레오티드의 유도체로, 이들은 세포에서 산화환원 반응에서 **전자 운반체**로 기능한다. 이들은 산화환원 과정 중에서 한 효소에서 다른 효소로 움직여 다닌다. **NAD^+(nicotinamide adenine dinucleotide**의 산화형)와 **NADH**(환원형)의 구조를 그림 2.19에 나타내었다. 환원시, 산화된 조효소는 2개의 전자와 1개의 양성자를 받아들이고, 두 번째 양성자는 분리되어서 생리 pH의 세포질로 배출된다. 또한 **$NADP^+$(nicotiamide adenine dinucleotide phosphate)**에서, 인산기는 아데닌과 결합한 리보스의 C-2 위치에 도입되어 있는 것에 주목하길 바란다. NAD^+는 전형적으로 에너지 흡수 또는 방출 반응에서 사용되는 반면, $NADP^+$는 일반적으로 생합성 반응과 연계되어 있다. **FAD(flavin adenine dinucleotide)**와 **FMN(flavin mononucleotide)**의 산화형과 환원형 구조가 그림 2.20에 표현되어 있다. NAD^+와 $NADP^+$와 마찬가지로, 플라빈(flavin) 조효소는 산화환원 반응에서 기능한다. 니코틴아마이드(nicotinamide) 조효소와는 달리, 플라빈 전자 운반체는 일반적으로 이들의 결손단백질에 결합한 채로 남아 있어 이동성이 없다.

조효소 A(coenzyme A; CoA; 그림 2.21A)는 필수적으로 중요한 대사체로 당과 지질의 분해가 서로 만나는 경로에 존재한다(7장 참고). 한 지방산이 세포 내에서 대사화되기 전에, 이 지방산은 일반적으로 CoA 끝의 티올(thiol, –SH)기와 결합하여 acyl-CoA를 형성해야 만 활성화 된다. 2개의 탄소를 가지는 아세트산염(acetate)과 CoA가 공유결합하고 있는 acetyl-CoA 역시 해당과정과 TCA 회로를 연결시켜 주는 생성물이다(7장 참고). 티올 에스테

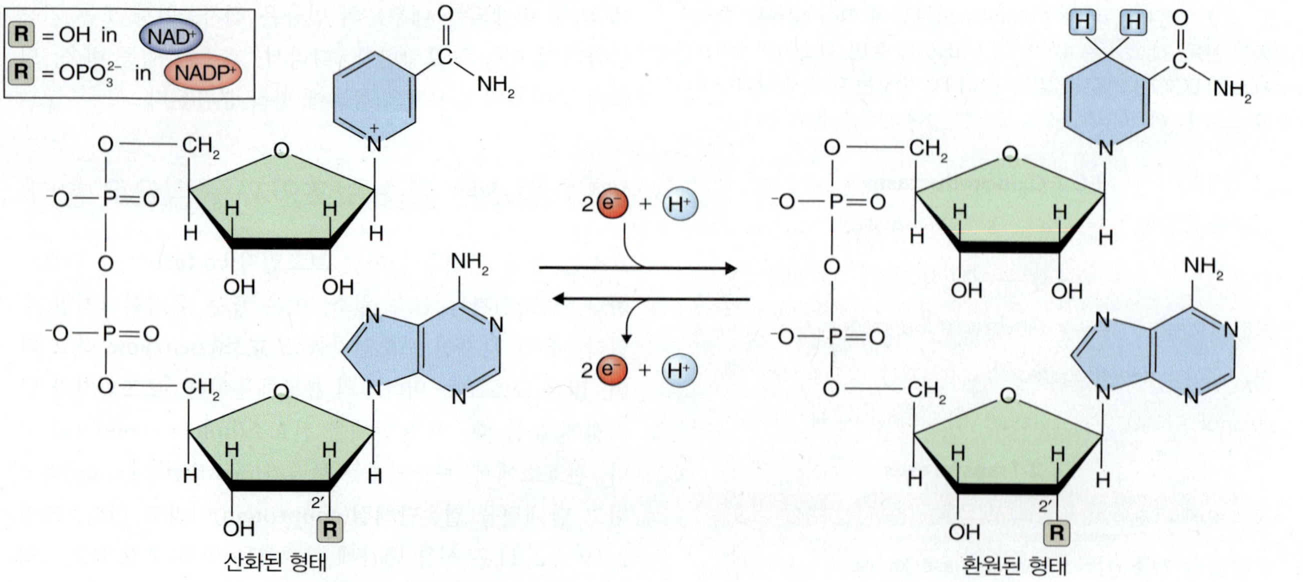

그림 2.19 NAD와 NADP의 산화/환원 반응과 구조

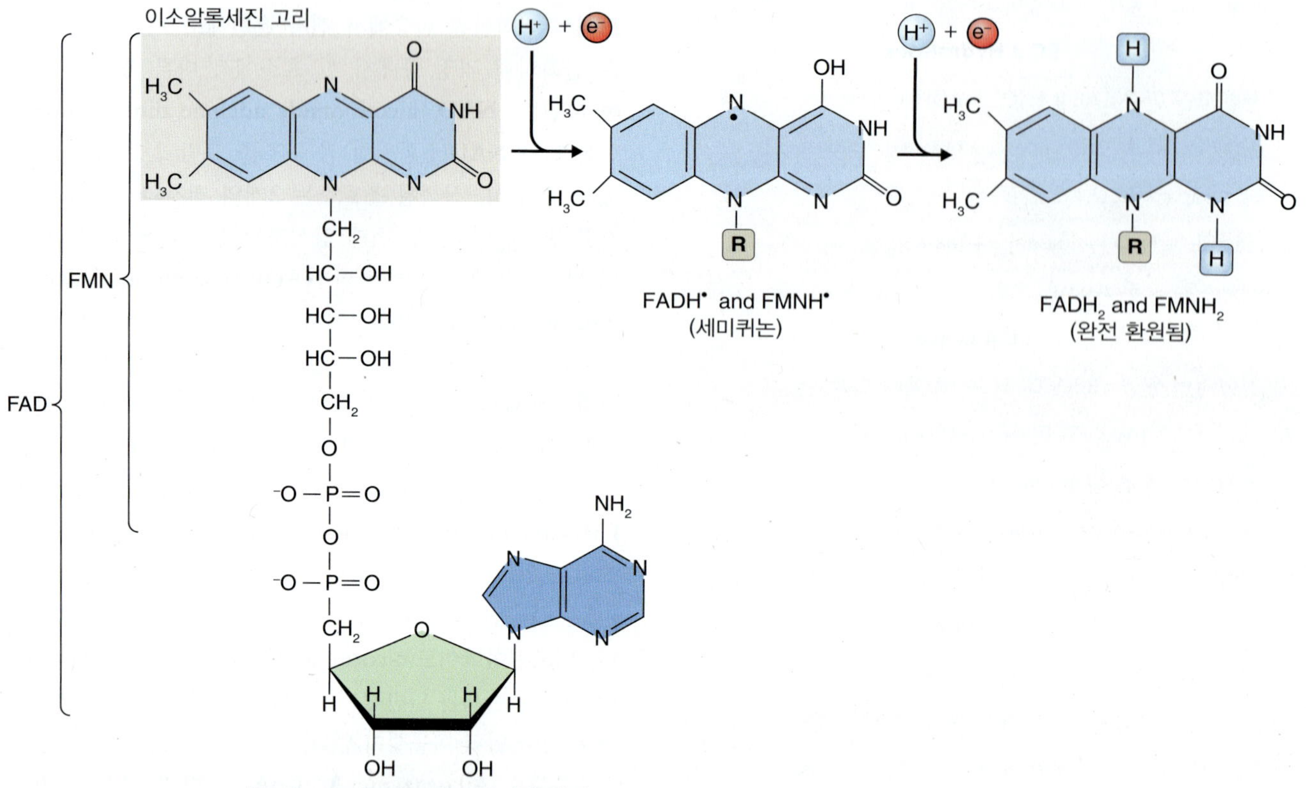

Flavin adenine dinucleotide (FAD)와
flavin mononucleotide (FMN)

그림 2.20 FAD와 FMN의 산화/환원 반응과 구조

르 결합(thiol ester bond)은 acyl-CoA를 고에너지 대사체 ($\Delta G^{\circ\prime}$ −59 kJ mol^{-1})로 만들어 충분히 ATP 합성을 구동할 정도이다. 에스테르화되지 않은, 환원형의 조효소 A(약어; CoASH)는 여러 구성 분자로부터 만들어진 복합적인 구조를 가지고 있다(그림 2.21A). 이 분자의 ADP 부위는 CoA가 효소에 결합하는 결합도를 증가시키는 인식 부위로 기능한다. 식물과 미생물은 CoA 전구체인 판토텐산(pantothenic acid)을 생산할 능력이 있다. 그러나 동물은 그렇지 않기 때문에 비타민 B_5나 음식을 통해서 섭취해야 한다.

그림 2.21은 세포 호흡에서 중요한 역할을 하는 다

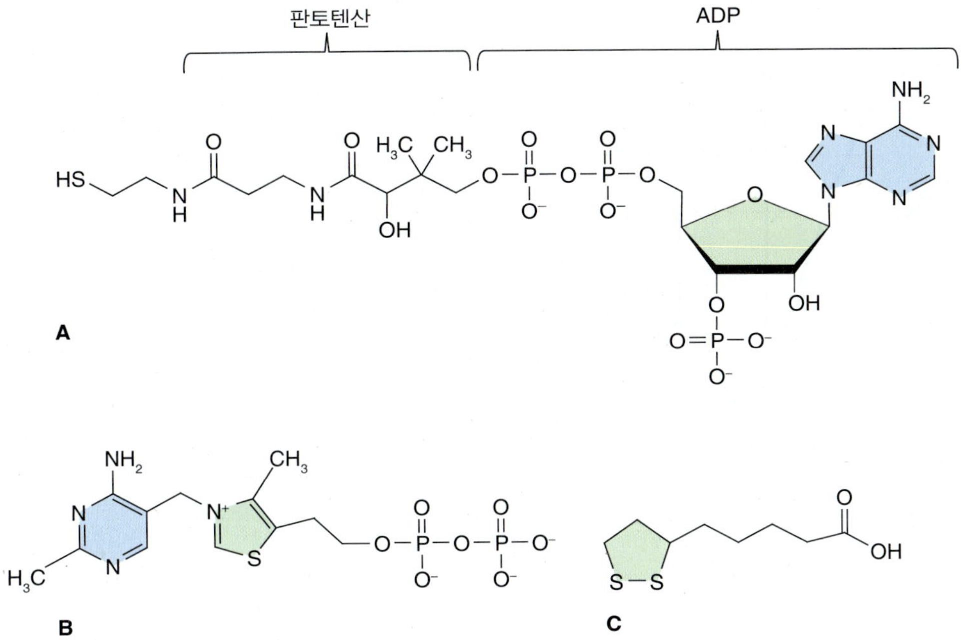

그림 2.21 조효소 구조: (A) 조효소 A, (B) 티아민 피로인산(thiamine pyrophosphate), (C) 리포산(lipoic acid)

른 두 조효소를 보여준다. **티아민 피로인산염**(**Thiamine pyrophosphate**, 그림 2.21B)은 비타민 B_1의 활성형으로 피브루산 탈수소효소(pyruvate dehydrogenase)를 포함하는 많은 효소의 보결기이다. **리포산**[(**lipoic acid**, α-lipoic acid, 치옥토산(thioctic acid); 그림 2.21C]은 강한 항산화 성질을 가지고 있는 고리형 이황화물(cyclic disulfide)이다. 이것은 몇몇 마이토콘드리아 효소에 결합하는 보조인자이다.

많은 수의 중요한 보조인자는 활성을 위해서 중요한 위치에 하나 또는 그 이상의 금속 원소를 가지고 있는데, 이 금속 원소는 아미노산 측쇄나 보결기 또는 이 두 그룹이 함께 붙잡고 있다. 이러한 예들은 산화환원 효소의 철-황(iron-sulfur) 중심, 세포 호흡과 광합성의 전자 전달 구성원, 그리고 질소와 황 환원대사(13장 참고)에서 기능하는, 철, 마그네슘, 코발트를 포함하는 테트라피롤(8장 참고)과 몰리브덴 보조인자에서 찾을 수 있다(7장, 9장 참고).

> **키포인트** 효소는 매우 특이적인 촉매 단백질로 대사 과정 중 전자, 원소 또는 기능기의 전달을 일으킨다. 촉매 기능은 종종 비단백질성 보조인자, 즉 금속 원소, 이온, 또는 유기화합기를 필요로 하기도 한다. 조효소는 유기 보조인자로, 많은 것들이 비타민과 구조적으로 연관성이 있다. 산화환원 반응에서 전자 운반체로써 기능하는 뉴클레오티드 역시 조효소에 포함된다. 중요한 조효소는 NAD^+, $NADP^+$, FAD, FMN 그리고 조효소 A가 있다.

2.4.2 촉매반응은 에너지 장벽을 낮춤으로써 열역학적으로 가능한 반응 속도를 매우 빠르게 한다

화학반응이 에너지 측면에서 선호가 되더라도, 일반적인 조건에서는 잘 발생하지 않는다. 석탄은 많은 에너지를 함유하고 있으나, 이 에너지는 석탄에 불이 붙지 않는 한 방출되지 않는다. 석탄에 불이 붙게 되면 이 상태를 스스로 유지하는 연소 에너지의 원천이 된다. 설탕은 상대적으로 실온에서 안정적이다. 그러나 설탕이 순에너지를 방출하면서 포도당과 과당으로 분해되기 위해서는 에너지가 반드시 투입되어야 한다. 이러한 반응을 일어나게 할 수 있게 투입되는 에너지를 **활성화 에너지**(**activation energy**)라고 한다. 화학 반응의 활성화 에너지와 자유에너지 사이의 관계는 그래프로 잘 표현될 수 있다. 그림 2.22에서, x축은 화학 반응이 일어나는 정도를, y축은 이상적인 에너지 방출, 에너지 측면에서 선호되는 반응의 자유에너지 변화를 나타낸다. 화학 반응과 생성물을 연결해 주는 곡선의 최대점에 **전이상태**(**transition state**)가 존재한다. 전이상태는 생성물을 형성하기 위해서 필요한 에너지 양과 원소의 배치를 보이는 단계이다.

활성화 에너지는 석탄의 예에서와 같이 온도 에너지로 공급될 수 있으나, 이러한 경우는 세포에 치명적일 수 있다. 일반적으로 촉매, 즉 구체적으로 효소는 활성화 에너지를 낮춰줘서 기능한다(그림 2.22, 점선). 이로 인해 반응

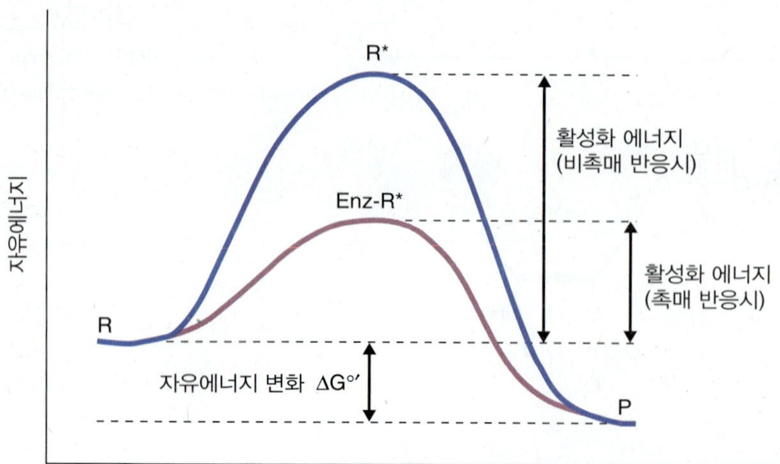

그림 2.22 반응물(R)의 생성물(P)로의 전환 효소 촉매반응 동안 에너지 전환. 효소는 기질과 전이 복합체 (Enz-R*) 형성하여, 활성화 에너지를 낮춤으로써 반응 속도를 증가시킨다. 반응의 순자유에너지 변화(ΔG°)는 효소 촉매 작용에 의해 변하지는 않는다.

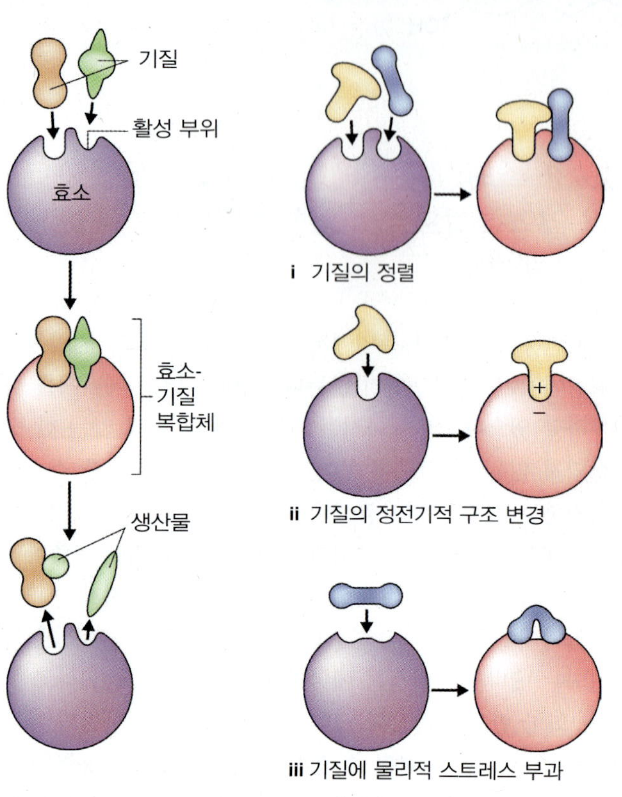

그림 2.23 효소와 기질 사이의 상호작용. (A) 효소-기질 복합체의 형성. (B) 효소가 반응 속도를 촉진시키는 기작의 예

속도를 증가시킬 수 있고, 어떤 경우는 수십 배로 증가시킨다. 그래서 반응이 일반적인 세포 조건 하에서도 일어날 수 있다. 반응 속도가 아주 크게 증가했지만, 촉매는 ΔG°′에 영향을 끼치지 않는다. 이 값은 반응이 촉매 반응이든 아니든 상관 없이 같다.

전이상태에 도달하는 과정 중, 효소는 **기질과 분자적 접촉**(enzyme-substrate complex)을 형성하여, 순차적으로 자유 효소와 생성물로 변환되게 된다. 기질이 결합하는 효소의 부위를 **활성 부위**(active site)라고 한다(그림 2.23A). 효소와 기질 간의 상호작용은 기질 분자들을 정확한 방향으로 더 가깝게 오게 한다. 또한 효소-기질 상호작용은 기질 내의 결합을 변형시키기도 한다(그림 2.23B). 효소의 모양 역시 변한다. 이러한 상호작용은 매우 특이적이어서 효소가 서로 다른 분자, 심지어는 한 분자의 광학이성질체끼리도 구분할 수 있게 해 준다. 반응이 끝났을 때, 생성물은 효소의 활성 부위에서 떨어져 나오게 되고, 변형이 안 된 효소는 재생산되어 다른 반응을 촉매할 준비를 갖춘다.

2.4.3 많은 요소들이 효소 촉매 반응 속도를 결정한다

정의된 조건에서 효소 촉매 반응의 속도는 기질, 생성물, 그리고 효소 자체의 농도에 달려 있다. 효소는 기질에 따라 다른 친화도를 가질 뿐 아니라 촉매 능력에도 차이를 보인다. 여기서 촉매 능력은 기질이 효소의 활성 부위를 차지하고 생성물이 활성 부위를 떠나는 속도를 의미한다. 이러한 속도를 **전환수**(**turnover number**)라는 인자로 표현한다. 기질의 친화도를 측정하는 한 가지 일반적인 방법은 초기 반응 속도를 기질 농도의 함수 그래프로 그려보고 **미하엘리스-멘텐 상수**(**Michaelis-Menten Constant**)인 K_m을 계산하는 것이다.

미하엘리스-멘텐 식(Michaelis-Menten kinetics)을 따르는 간단한 효소 반응의 참여물들은 효소(E), 이것의 기질(S), 그리고 반응 생성물(P)로 구성된다. 효소와 기질은 상호결합하여 효소-기질 복합체(E-S)를 만든다. 효소는 S가 P로 변화하는 것을 촉매한다. P는 배출되고 E는 다른 촉매를 위해 재사용된다. 미하엘리스-멘텐 반응(Michaelis-Menten behavior)은 E-S가 가역 반응을 통해 E와 S로부터 형성되고, E-S는 빠르게 **안정 상태(steady state)**에 달하며, E-S로부터 P가 형성되는 것은 비가역적이라고 가정한다. 이것은 식 2.9에 표현되었다.

식 2.9 미하엘리스-멘텐 식을 따르는 효소 반응

$$E + S \rightleftharpoons E - S \rightarrow E + P$$

초기의 반응 속도 (V)는 기질 농도 [S]에 의해서 결정된다. 매우 낮은 [S]에서는 효소의 기질 이용 가능성이 속도 결정 요인으로, 반응은 S에 대하여 **1승(first order**; V가 [S]에 선형적 비례)이라고 말한다. 만약 [S]가 효소의 농도보다 크게 많다면, 반응은 최대 속도(V_{max})로 진행될 것이고, 더 많은 기질의 추가는 더 이상 V를 증가시키지 않을 것이다. 이러한 조건의 반응을 S에 대하여 **0승(zero order**; [S] 변화에 의해 V가 크게 변하지 않음)이라고 한다. [S]에 대한 V의 그래프는 그림 2.24A에 나타낸 것과 같이 곡선 형태를 취한다. 미하엘리스-멘텐 식은 [S], V 그리고 V_{max}의 관계를 식 2.10A로 표현한다. 식 2.10B에서 보듯, 한 효소의 K_m은 V_{max}의 절반 속도($V_{max}/2$)의 반응을 가능하게 하는 기질의 농도이다(그림 2.24A). 한 효소의 기질에 대한 친화도는 $1/K_m$이다. 따라서 낮은 K_m의 값은 효소가 높은 기질 친화도를 가지고 있다라는 의미이다. 역으로도 마찬가지다.

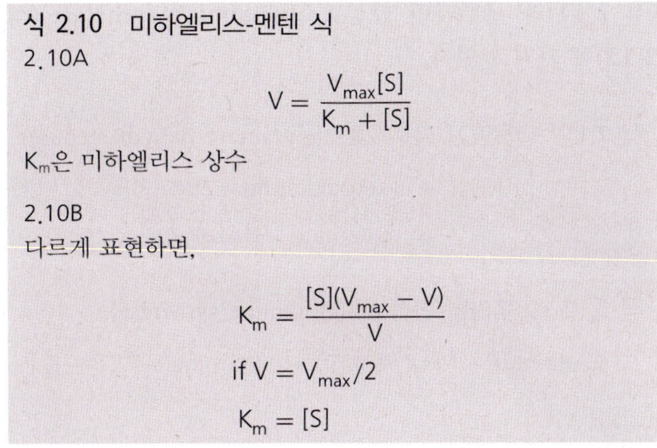

식 2.10 미하엘리스-멘텐 식

2.10A

$$V = \frac{V_{max}[S]}{K_m + [S]}$$

K_m은 미하엘리스 상수

2.10B

다르게 표현하면,

$$K_m = \frac{[S](V_{max} - V)}{V}$$

$$\text{if } V = V_{max}/2$$

$$K_m = [S]$$

K_m과 V_{max}는 [S] 범위 내의 효소 반응의 초기 속도를 측정하고 그림 2.24A와 같은 그래프를 그려봄으로써 구할 수 있다. 실제로는 이러한 곡선 그래프에서 0승(zero-order) 부위([S] 변화에 의해 V가 크게 변하지 않는 부위)를 확실하게 그려 내는 게 종종 어려울 수 있다. 미하엘리스-멘텐 식을 재배치하면, 더욱 정확하게, K_m과 V_{max}를 결정할 수 있는 V/[S] 그래프를 그릴 수 있다. 일반적으로 이용하는 방법은 미하엘리스-멘텐 식의 양쪽에 **역수**를 취하는 법이다. 1/[S]에 대한 1/V의 이중 역수 그래프는 직선으로 표현되어 수직축과 만나는 한 점을 갖게 되는데, 이 값이 $1/V_{max}$이고 수평축과 만나는 점이 $-1/K_m$ 값이 된다(그림 2.24B).

한 효소의 K_m 값은 그 효소의 생물학적 기능에 대한 중요한 근거가 된다. 예를 들면, 식물은 암모늄 이온 NH_4^+를 아미노산으로 동화시킬 수 있는 적어도 2개의 효소, 즉 글루탐산 탈수소효소(glutamate dehydrogenase)

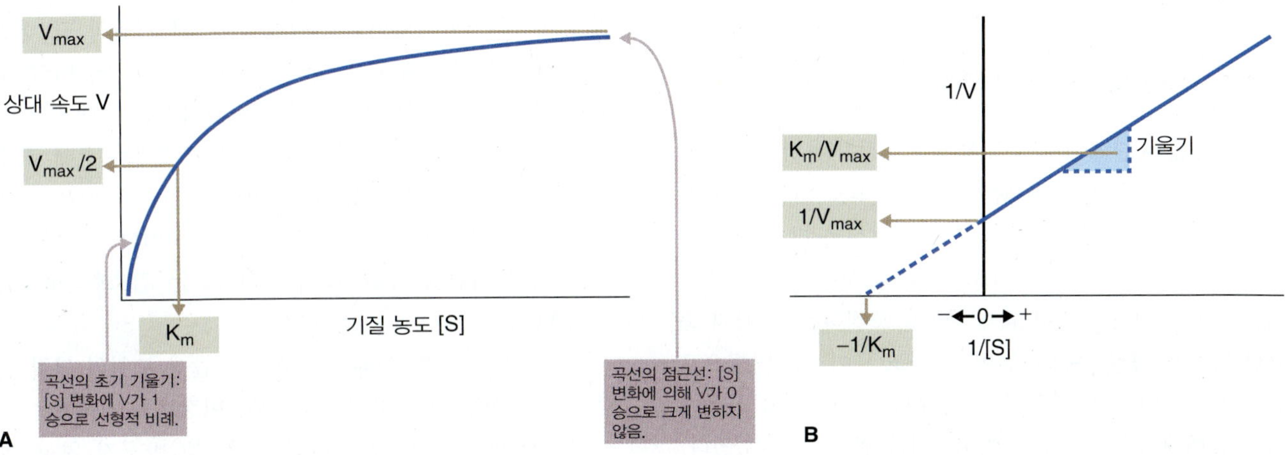

그림 2.24 효소반응에서 기질 농도에 대한 속도 관계. (A) 미하엘리스-멘텐식을 따르는 효소 반응에서 효소 농도에 따른 초기 반응 속도의 그래프. (B) 1/[S]에 대한 1/[V]의 이중역수 도표(double-reciprocal plot). 수직축 절편과 V_{max}의 역수, 그리고 수평축 절편과 K_m의 역수 사이의 관계를 보여준다.

(식 2.11)와 글루타민 합성효소(glutamine sythetase)(식 2.12)를 가지고 있다.

식 2.11 글루탐산 탈수소효소(glutamate dehydrogenase)

$$NH_4^+ + \alpha\text{-ketoglutarate} + NAD(P)H \rightleftharpoons \text{glutamate} + NAD(P)^+$$

식 2.12 글루타민 합성효소(glutamine sythetase)

$$\text{Glutamate} + NH_4^+ + ATP \rightarrow \text{glutamine} + ADP + P_i$$

수생식물 개구리밥(*Lemna*, duckweed)이 질산염(nitrate) 또는 저농도의 암모늄을 포함하는 액체 배지에서 자랄 때, NH_4^+의 조직내 농도는 0.2–1.0 mM 범위이다. 개구리밥 글루탐산 탈수소효소(glutamate dehydrogenase)의 NH_4^+에 대한 K_m은 약 30 mM(이것은 상당히 높은 값으로, 낮은 친화도를 의미한다)이다. 반면에, 글루타민 합성효소(glutamine sythetase)의 값은 많아야 0.015 mM이다. 개구리밥 조직 내의 암모늄 농도는 글루탐산 탈수소효소가 V_{max} 속도의 절반이라도 작동하기 위해 필요로 하는 값의 1/3보다 적은 반면에, 글루타민 합성효소의 NH_4^+에 대한 높은 친화도(낮은 K_m)는 이 효소가 개구리밥 조직 내에서 거의 최대 효율로 작동할 것임을 의미한다. 이것은 개구리밥의 암모늄 동화는 글루타민 합성효소에 의한 것임을 보여주는 강력한 예이다. 13장과 18장에서 더 논의되듯이, 글루탐산 탈수소효소의 기능은 역동화 반응을 통해서 주로 글루탐산염(glutamate)으로부터 NH_4^+를 방출하는 역할을 한다(이 개구리밥 글루탐산 탈수소효소의 글루탐산염(glutamate)에 대한 K_m은 2.5 mM이다.).

2.4.4 효소 활성은 엄격하게 조절된다

생물체는 많은 단계에서 효소 활성을 조절하는 방법을 가지고 있다. 예를 들면, 생물체는 효소가 필요로 하는 양에 따라 효소를 암호화 하고 있는 유전자의 발현을 더 많이 또는 더 적게 할 수 있다; 또는 효소를 깨뜨려서 초과된 효소를 제거하기도 한다. 그러나 효소 활성을 조절하는 한 가지 중요한 방법은 **기질 수준 조절**이다. 구조 특이적인 방법으로 단백질 분자의 촉매 또는 조절 부위에 결합하는 화합물에 의해서 대체적으로 효소는 저해되거나 활성화될 수 있다. 효소 활성이 다른 종류의 활성과 저해에 의해서 조절되는 기질 수준 조절은 복합체를 유지하는데, 때로는 균형을 위한 경쟁 반응을 유지하는 데 필수적이다. 이번 절에서는 먼저 효소의 저해를 살펴본 뒤 활성으로 주제를 옮길 것이다.

효소 저해는 어떤 조건하에서는 **비가역적**일 수 있다. 이 경우 한 저해분자가 효소에 결합하여 더 이상 제거되지 않게 붙어 반응과정에서 효소를 비활성화 시키는 경우다. 동물에서, 많은 독 그리고 페니실린과 같은 일부 항생제는 이런 방식으로 작용한다. 페니실린은 잠재적인 병원균이 정상적인 세포벽을 형성하는 것을 방해하여 죽인다. 이 때, 페니실린은 세포벽의 교차 결합을 형성하는 세균 효소에 비가역적으로 결합하여 항생제 기능을 수행한다. 식물 또한 포식자와 병원체에 대항하는 기작의 일부로 비가역적 저해제를 사용한다. 한 예는 신경초 *Minosa pudica*에서 분리된 알칼로이드(alkaloid)인 미모신(minosine)이다. 미모신은 잎을 먹는 동물들에 독성이 있는데, 이것은 미모신 섭취 세포에서 DNA 합성 효소를 비가역적으로 저해하기 때문이다.

그러나 **가역적** 효소 저해가 더 민감하고 덜 비용이 들기 때문에, 비가역적 저해는 생물체가 자신의 효소 활성을 조절하는 일반적인 방법은 아니다. 가역적 저해는 네 가지로 분류할 수 있다: **경쟁(competitive)**, **비경쟁(non-competitive)**, **혼합(mixed)**, 그리고 **무경쟁(uncompetitive) 저해**가 그것이다.

효소의 정상적인 기질과 유사한 구조를 가지는 화합물은 효소의 활성 부위에 부착하여 기질이 결합하는 것을 방해할 수 있다. 그래서 이 화합물은 **경쟁적 저해제**로 기능한다. 식물 효소의 활성 부위를 차지하는 이러한 저해제의 한 예는 일부 진균류가 만들어 내는 트라이펩타이드(tripeptide)인 류펩틴(leupeptin)이다. 이 화합물은 단백질 분해 효소인 papain 또는 관련된 가수분해 효소(hydrolase)의 촉매 부위에 결합한다(그림 2.25). 한 기질과 한 경쟁적 저해제가 같은 부위를 놓고 경쟁하기 때문에, 만약 충분한 기질이 존재한다면, 기질이 저해제와의 경쟁에서 이겨서 저해를 극복할 수 있다. 경쟁적 저해제는 촉매 최대 속도(V_{max})를 바꾸지는 않으나, 이들이 기질 결합을 방해하기 때문에, 경쟁 저해제는 K_m을 증가시킨다(즉, 저해제의 존재시 기질에 대한 효소의 친화도는 감소한다)(그림 2.26A).

또 다른 종류의 저해제는 효소의 활성 부위의 기질 결합 부위가 아닌 다른 곳에 결합한다. **비경쟁적 저해제**는 효소의 기질에 대한 결합 친화도인 K_m을 바꾸지 않고 화학 반응의 최대 속도(V_{max})를 감소시킨다(그림 2.26B). 비경쟁적 저해는 기질의 농도를 증가시켜서 극복할 수 없다.

드문 경우인 **무경쟁 저해제**는 기질이 결합하지 않은

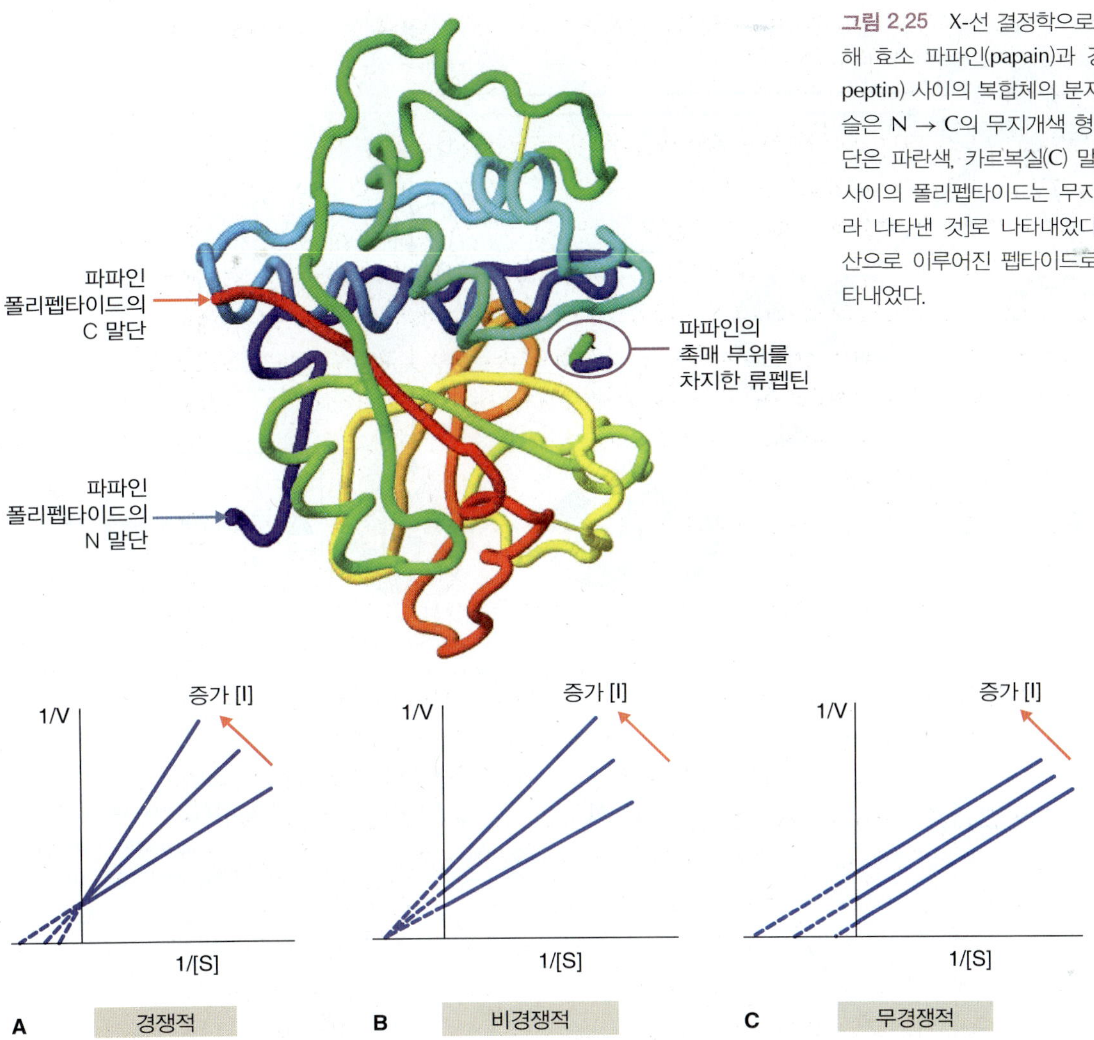

그림 2.25 X-선 결정학으로 분석한, 식물 단백질 분해 효소 파파인(papain)과 경쟁 저해제 류펩틴(leupeptin) 사이의 복합체의 분자 구조. 폴리펩타이드 사슬은 N → C의 무지개색 형태[(단백질 아미노(N) 말단은 파란색, 카르복실(C) 말단은 붉은색, 그리고 그 사이의 폴리펩타이드는 무지개 스펙트럼 순서를 따라 나타낸 것]로 나타내었다. 류펩틴은 3개 아미노산으로 이루어진 펩타이드로 역시 무지개색으로 나타내었다.

그림 2.26 효소 반응 속도에 대한 저해제의 영향을 나타낸 이중역수 도표(그림 2.24B 참고). (A) 경쟁적 저해제는 K_m을 변화시키나 V_{max}에는 영향이 없다. (B) 비경쟁적 저해제는 V_{max}를 감소시키나 K_m은 동일하다. (C) 무경쟁 저해제는 K_m과 V_{max}를 모두 변화시킨다. 화살표는 저해제의 농도 [I]를 가리킨다.

자유 효소가 아닌 효소-기질 복합체에만 결합한다. 혼합 저해제와 마찬가지로, 무경쟁 저해제는 V_{max}도 감소시키고 기질 결합도 감소시킨다(따라서 K_m을 증가시킨다); 한편, 혼합 저해제와는 달리, 무경쟁 저해제는 기질 농도 증가에 영향을 받지 않는다(그림 2.26C).

혼합 저해에서, 저해제는 기질과 동시에 효소에 결합한다; 비록 혼합 저해제의 결합 부위가 기질 결합 부위와 다르지만, 이 혼합 저해제는 여전히 효소의 기질에 대한 친화도를 감소시킨다. 그리하여, K_m은 증가하고 V_{max}는 감소한다. 기질의 증가는 부분적으로, 그러나 완벽하게는 아니게, 혼합 저해를 극복한다.

위에 기재된 가역적 저해의 네 가지 종류는 어떻게 저해제가 효소의 최대 촉매 반응 속도(V_{max}) 그리고 기질 결합 친화도(K_m)에 영향을 미치는가에 따라서 저해제를 분류한다. 이것들은 이 저해가 어떻게 일어났는지에 대해서는 말하지 않는다. 그러나 대사체에 의한 일반적인 조절 모드—활성 또는 저해—는 **다른자리 입체성**(allosteric) 또는 **비공유적 조절**이라고 하는 기작이다. 여기에 참여하는 대사체는 **다른자리 입체성 변경자** 또는 **작동자**(**allosteric modifier** 또는 **effector**)라고 한다. 다른자리 입체성 조절은 보통은 1개 초과의 소단위체(subunit)를 가지는 효소에 영향을 주는데, 효소의 형태(conformation)에 변화를 일으켜서 활성화 부위가 기질에 결합하는 능력이 증가하거나 감소한다. 대부분의 혼합 저해제가 이 부류에 속한다. 그림 2.27은 다른자리 입체성 작동자(allosteric effector)의 존재에 대응하여, 한 올리고합체 효소(oligomeric enzyme)

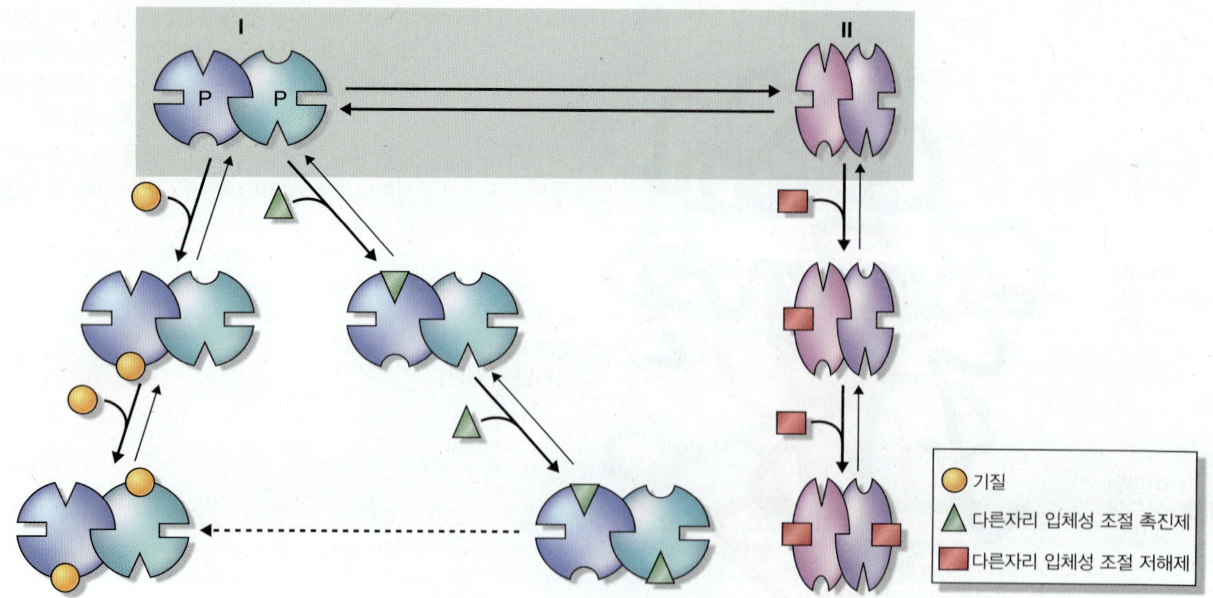

그림 2.27 기질 결합 부위, 촉진제 결합 부위, 저해제 결합 부위를 가지고 있는 2개의 동일한 소단위체 P로 구성된 효소의 구조 의존적 활성의 다른자리 입체성 조절(allosteric regulation). 효소는 I(촉매적으로 활성화된)과 II(비활성화된) 형태의 두 구조를 취할 수 있다. 기질 또는 다른자리 입체성 조절 촉진제의 결합은 I 구조를 선호하게 할 뿐 아니라, 더 많은 기질 또는 촉진제 분자의 협력적 결합을 촉진하게 된다. 저해제 결합이 일어나면 II 구조가 선호되게 된다. 이 구조에서는 촉진제와 기질 결합 부위가 결합할 수 없게 된다.

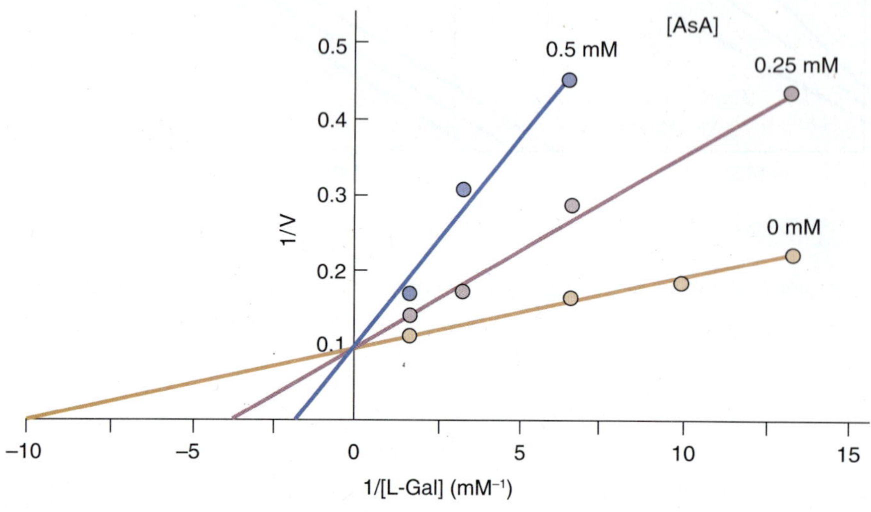

그림 2.28 아스코르브산(ascorbic acid)에 의한 갈락토스 탈수소효소(galactose dehydrogenase)의 피드백 저해. 서로 다른 아스코르브산 농도([AsA])에서 측정된, 초기 반응 속도 역수(1/V)에 대한 L-갈락토스(L-galactose 농도(1/[L-Gal])의 이중역수 도표는 경쟁적 저해를 보여준다.

가 기질과 생성물에 대해 다른 친화도를 가지는 모양으로 입체형태를 어떻게 변화시키는 지를 보여준다. 다른자리 입체성(allosteric) 결합이 효소 활성 저해를 일으키는 곳이 대부분 비경쟁 저해가 된다.

효소 촉매 경로의 속도를 미세 조절하는 일반적인 생화학 기작은 중간체 또는 최종 생성물을 핵심 단계의 촉진제 또는 저해제로 사용한다. 이러한 모드의 조절을 표현하는 용어로, **피드백(feedback)**, **피드포워드(feed-forward)** 또는 **생성물 조절(end-product regulation)**이 있다. 갈락토스 탈수소효소(galactose dehydrogenase)는 식물에 존재하는 많은 예 중 하나이다; 이 효소는 아스코르브산(ascorbic acid, 비타민 C) 생합성 경로의 반응을 촉매한다(식 2.13).

식 2.13 갈락토스 탈수소효소(Galactose dehydrogenase)

$$\text{L-galactose} + \text{NAD}^+ \rightleftharpoons \text{L-galactono-1,4-lactone} + \text{NADH} + \text{H}^+$$

그림 2.28의 이중역수 도표(double-reciprocal plot)에서 보듯이, 아스코르브산(ascorbic acid)은 갈락토스 탈수소효소의 전통적인 경쟁 저해제이다. 최종 생성물 저해

에 대한 이 효소의 민감도가 아스코르브산이 과도한 수준으로 축적이 되는 것을 막아 준다.

효소는 공유결합 변형에 의해서도 조절될 수 있다. 특별히 중요한 공유결합 변형은 단백질에 존재하는 세린기 또는 티로신기가 특정 **단백질 인산화 효소**(**protein kinase**)에 의해서 ATP와의 반응으로 인산화되는 것이다. 단백질 기능의 미세조절은 단백질 인산화 효소가 매개하는 인산화와 단백질 **탈인산화 효소**(**phosphatase**)가 매개하는 탈인산화 사이의 조화를 통해 이루어질 수 있다. 대사 조절에 역할을 하는 또 다른 공유결합 변형의 예는 환원이다. 예를 들면 다리 결합(bridge linking)을 할 수 있는 2개의 시스틴기의 S-S에서 -SH HS-로 변환이 있다. 이 변화는 단백질의 고차형태(higher-order conformation)를 변화시킨다.

이들 다른 종류의 조절에 반응하여, 주요한 생화학적 경로 지점에 위치한 효소가 경로의 속도를 조절한다. 어떤 경우는, 반대 경로의 효소가 같은 종류의 조절에 반대되는 방식으로 반응하기도 한다. 촉매 또는 조절이 진행될 때, 효소의 입체 형태가 일반적으로 아주 크게 변하여, 촉매 반응 속도에 영향을 준다.

키포인트 효소를 포함하는 촉매는 활성화 에너지를 감소시킴으로써 화학 반응 속도를 증가시키지만 ΔG에는 영향을 미치지 않는다. 촉매반응은 전이상태 구조 형성을 필요로 한다. 생화학 반응에서 전이 상태 구조는 효소-기질 복합체로 효소 단백질 분자의 활성 부위에 반응물질이 결합하여 있다. 효소와 기질에서 구조 변화는 반응 생성물의 형성을 촉진하고, 효소를 다음 촉매 반응을 위해서 반응 생성물을 내놓는다. 많은 효소는 미하엘리스-멘텐식을 따른다. 이 식에서 변수 K_m과 V_{max}는 각각 기질에 대한 친화도와 최대 촉매 반응 속도이다. 효소 저해제와 다른자리 입체성 작동자(allosteric effector)는 효소 또는 효소-기질 복합체와 결합하는 화합물로 K_m 또는 V_{max} 또는 두 가지 모두에 영향을 끼칠 수 있다. 효소 활성은 인산화와 같은 공유결합 변형에 의해서 바뀔 수 있다.

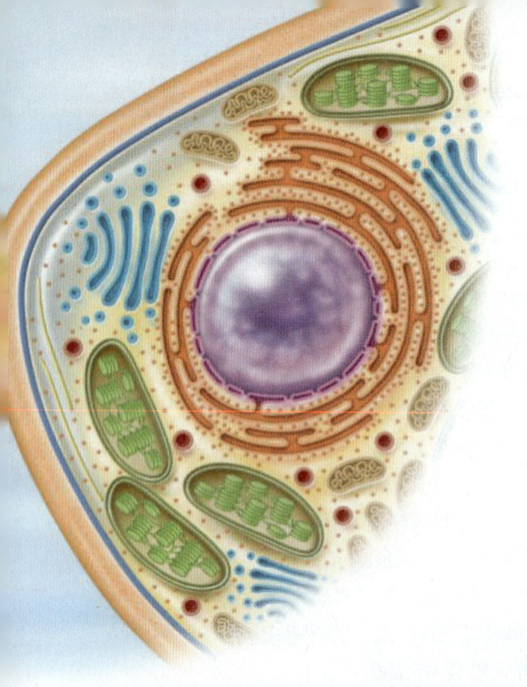

Chapter 3
유전체의 구성과 발현

3.1 유전자와 유전체의 소개

특정 바이러스를 제외한 모든 살아 있는 생물체처럼 식물은 성장과 기능에 필요한 정보를 DNA의 형태로 담고 있다. DNA 분자는 RNA 중간체를 거쳐 단백질을 생합성하도록 지시하는 유전자들과 이들 사이의 비-유전자 영역을 포함한다. 즉, 세포의 DNA 총량이 **유전체(genome)**이다. 이 용어는 아마도 인간 유전체 프로젝트(the Human Genome Project)를 통해 가장 잘 알려져 있는데, 야심찬 사업의 결과 2000년에 인간의 거의 완전한 유전체 서열이 규명되었다. DNA 염기서열을 결정하는 기술의 발전으로 다른 생물체의 유전체를 분석하는 일도 점점 더 쉽고 저렴해지고 있다.

식물의 유전체는 일생에 걸쳐 그리고 모든 조직에서 거의 변함이 없다. 식물의 성장, 형태 그리고 행동은 어떤 시기에 DNA의 어떤 부분이 작동되었는지, 즉 어떤 유전자가 발현되었는지에 의해 결정된다. 이번 장에서는 식물 유전체(더 정확하게는 세 가지 식물 유전체인 마이토콘드리아, 색소체, 그리고 핵 유전체)를 개관하는 것으로 시작한다. 먼저 식물 염색체의 구조와 특징을, 이어서 전형적인 식물 유전자의 특성을 설명한다. 후반부에는 식물이 어떻게 유전자의 발현을 조절하는지와 단백질 생합성을 일으키는 전사와 번역 과정을 다룬다.

3.2 식물 유전체의 구성 I. 색소체, 마이토콘드리아 그리고 핵 유전체

진핵생물의 유전체는 대부분의 유전자가 발견되는 핵 유전체와 소기관 유전체들로 구성되어 있다. 식물을 포함한 모든 진핵생물에서 발견되는 마이토콘드리아는 자신의 유전체를 가지고 있다. 그러나 식물과 같은 광합성 진핵생물들은 독특하게 총 세 가지 유전체를 가지고 있다. 이들은 핵과 마이토콘드리아 유전체에 추가하여 색소체 유전체도 가지고 있다. 4장에서 논의하듯이, 색소체와 마이토콘드리아는 원핵세포 **세포내공생체**로부터 기원한 것이다.

3.2.1 색소체 유전체는 색소체 기능에 필요한 모든 유전자를 담고 있지는 않다

유전체의 크기는 유전체가 담고 있는 DNA 염기쌍의 수라고 말할 수 있다. 가장 일반적으로 사용되는 단위는 1000개 염기쌍을 의미하는 킬로베이스(kb)이다. 다른 용어들은 표 3.1에 열거되어 있다. 색소체 유전체의 크기는 식물 간에 다른데, 보통 120-160 kb이다. 가장 큰 색소체 유전체로 알려진 것은 단세포 녹조류인 *Acetabularia*인데 약 400 kb이다. 도해할 때 색소체 유전체는 보통 원으로 그리지만, 살아 있는 색소체에서는 고리형 뿐만 아니라 선형과 분지된 형태를 포함한 몇 가지 서로 다른 유전체 형도 있다. 색소체 유전체의 구성은 종에 따라 다르지만 가장 일반적으

표 3.1 DNA 길이를 나타내는 데 사용되는 용어

bp	뉴클레오티드 염기 한 쌍
kb	1 킬로베이스(킬로베이스 쌍) = 1000 bp
MB	1 메가베이스(메가베이스 쌍) = 1000000 bp

로 네 부분으로 구성된다(그림 3.1). 2개의 **단일-카피 유전자(single-copy genes)** 영역이 있는데, 하나는 큰 영역(LSC region)이고 다른 하나는 작은 영역(SSC region)이다. 이 영역들은 두 카피의 **역반복배열(inverted repeat**, IR_A와 IR_B)에 의해 분리되어 있는데, 몇몇 송백류, 조류, 그리고 콩과 식물 종들에는 역반복배열이 없다. IR 영역은 고등 식물 색소체의 공통 조상에 존재했지만 어떤 종류에서는 진화 과정 중 상실된 것으로 여겨진다. IR 영역은 0.5 kb(500 bp)부터 76 kb까지 크기가 다양하기 때문에 색소체 유전체 크기 변이는 대부분 IR 영역과 관련되어 있다.

한 생물체의 모든 비-생식세포(non-reproductive cell)는 동일한 세트의 핵 유전자를 가지고 있지만 세포의 위치, 환경 및 기타 인자에 따라 다른 조합의 유전자들을 발현시킨다. 유사하게 한 식물체 내의 모든 색소체들은 동일한 DNA를 담고 있지만 발달 단계와 대사 활성에 따라 DNA가 발현되는 방식이 다르다. 현재 약 300종의 식물과 조류의 색소체 유전체 서열이 이용 가능하기 때문에 색소체 유전체가 포함하고 있는 유전자들을 일반화시킬 수 있다. 대부분의 색소체 유전체는 색소체 리보좀 RNA와 전령 RNA를 암호화하고 있는 모든 유전자를 담고 있는데, 이들은 핵 유전체에 암호화되어 있는 것들과는 다르다. 또한 색소체 유전체는 약 100개의 단일 카피 단백질 암호화 유전자를 포함하는데 이들의 대부분은 광합성 기능에 필요한 단백질을 암호화하고 있다(표 3.2). 색소체 유전체에는 단백질을 암호화하고 있는 것으로 예측되고 있지만 기능이 아직까지 밝혀지지 않은 영역도 여전히 있다. 조류의 색소체 유전체는 일반적으로 육상식물의 색소체 유전체보다 크며 식물 색소체에서는 발견되지 않는 여분의 단백질 암호화 유전자를 가지고 있다. 예를 들어, 홍조류인 김(*Porphyra purpurea*)의 색소체 유전체는 육상식물에서는 핵 유전체에 암호화되어 있는 70개 단백질을 암호화하고 있다. 이에 비하여 새삼속(*Cuscuta*)과 구상난풀속(*Epifagus*)의 기생성 식물들과 같은 비-광합성 식물들의 색소체 유전체는 광합성에 더 이상 필요하지 않은 많은 유전자들을 잃어버렸기 때문에 크기가 작다(50–73 kb).

색소체는 자신의 기능에 필요한 모든 유전자들을 담고 있지는 않다. 공생 동화 직후에 조상 소기관에 존재했던 많은 유전자들은 아마도 진화 과정 중에 핵으로 이동한 것 같다. 하나의 좋은 예가 CO_2 고정에 필요한 효소인 **리불로스-1,5-비스포스페이트 카르복실레이즈/옥시지네이즈(ribulose-1,5-bisphosphate carboxylase/oxygenase; rubisco, 루비스코;** 9장 참고)이다. 광합성 생물에 가장 풍부한 단백질인 이 효소는 2종류의 단위체로 이루어진 다중단백질 복합체이다. **대단위체(*rbcL*)**의 유전자는 색소체 유전체 상에 존재하지만 **소단위체(*RBCS*)**의 유전자는 핵에서 발견된다. 광합성에 참여하는 많은 단백질 복합체는 이와 비슷하게 핵과 색소체 유전자에 복합적으로 암호화되어 있다. 그러나 한편으로 엽록체와 기타 색소체(그림 4.23 참고)에는 모든 효소들이 핵 유전체에 암호화되어 세포질 리보솜에서 합성되고 색소체 내부로 수송되는 중요한 생화학적 경로들도 있다.

3.2.2 식물의 마이토콘드리아 유전체는 서로 다른 식물 종 사이에서 그 크기가 크게 다르다

식물의 **마이토콘드리아 유전체(mitochondrial genome)**는 달맞이꽃(*Oenothera*)과 배추(*Brassica*)속 종에서 약 200 kb로부터 멜론(*Cucumis melo*)에서의 2600 kb까지 크기 변이가 매우 크다. 이는 현재까지 해독된 동물 마이토콘드리아 유전체들이 겨우 약 16 kb인 것과 대조된다. 식물과 동물 마이토콘드리아 유전체 간의 대부분의 차이는 유전자 사이 영역의 비-암호화 서열의 차이 때문이다(그림 3.2). 예를 들어, 모델식물인 애기장대(*Arabidopsis thaliana*)에서 암호화 영역은 367 kb 크기의 마이토콘드리아 DNA의 10% 미만을 이룬다. 식물의 핵 유전체에 있는 유전자 사이에서 비-암호화 DNA가 많이 발견되는 것에 반하여 식물 마이토콘드리아의 유전자 간 영역은 반복 DNA 서열로 구성되어 있지 않다.

색소체 유전체와는 다르게 식물 마이토콘드리아 유전체가 항상 단일 DNA 분자로 존재하는 것 같지는 않다. 대신, 그림 3.3에서 옥수수(*Zea mays*)를 도해한 것처럼, 마이토콘드리아 유전체는 때때로 **미소유전체 고리(subgenomic circle)**로 알려진 다양한 크기의 고리형 DNA 분자들로 존재한다. 미소유전체 고리들의 DNA 서열을 종합하

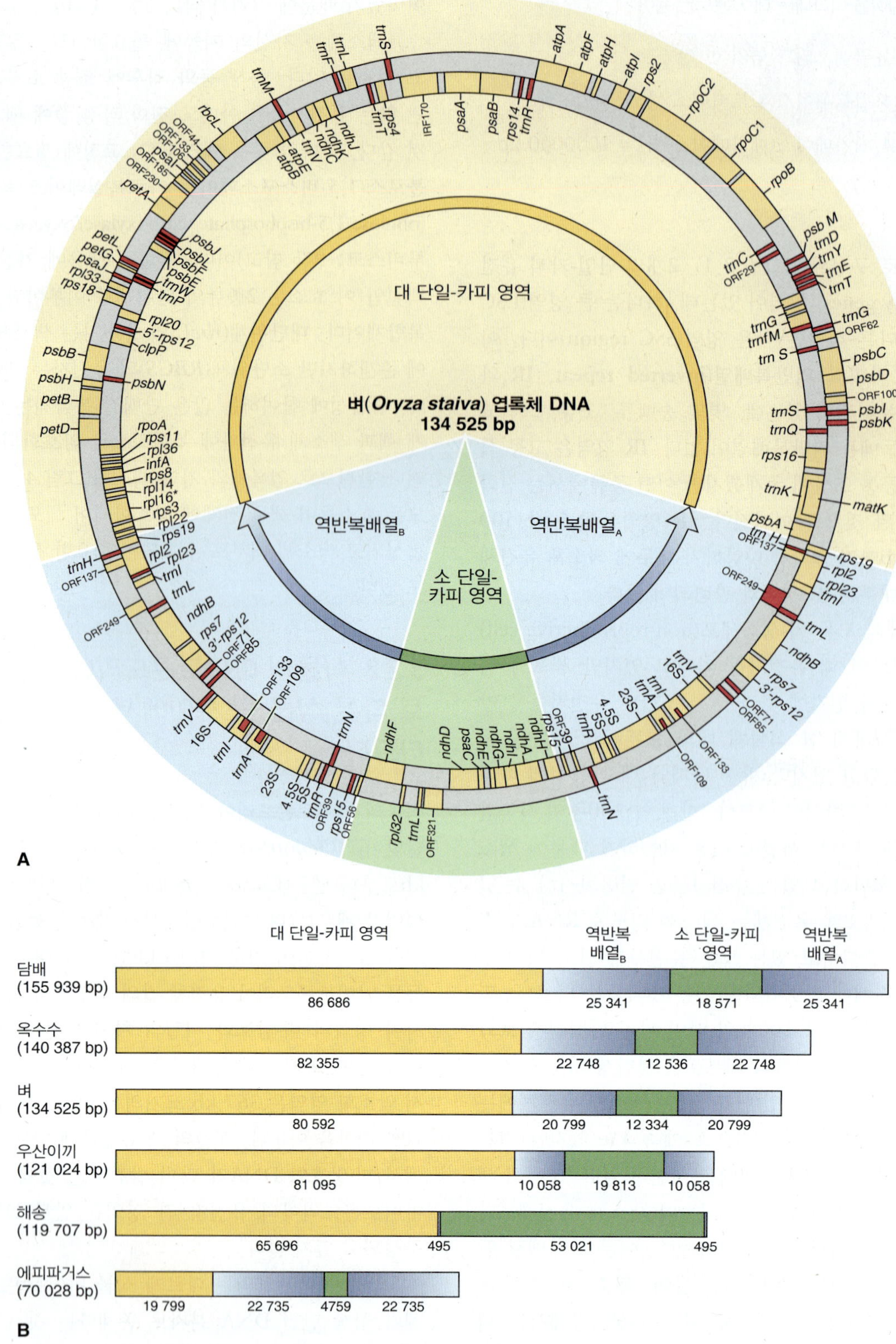

그림 3.1 색소체 유전체 지도. (A) 벼 색소체 유전체 지도는 대부분의 현화식물에서 색소체 유전자가 조직화되어 있는 방식을 대표한다. (B) 몇몇 식물 색소체 유전체의 도해. 2개의 단일-카피 영역과 2개의 역반복배열의 보존적 특징을 보여주고 있다. 비-광합성 기생식물 에피파거스(*Epifagus*)의 색소체 유전체 내 단일-카피 영역은 광합성 유전자를 암호화하는 대부분의 유전자가 제거되었기 때문에 매우 작다. 각 DNA 단편 아래에 쓰인 숫자는 염기쌍의 길이를 나타낸다.

표 3.2 완전한 색소체 유전체 서열에서 확인된 유전자

유전자 산물	유전자 약어	육상식물		조류	
		광합성 식물	에피파거스[a]	유글레나	김[b]
유전자 수		101–150	40	82	182
rRNA	*rrn*	4	4	3	3
tRNA	*trn*	30–32	17	27	35
리보솜 단백질	*rps, rpl*	20–21	15	21	46
루비스코와 틸라코이드 막계 복합체	e.g. *rbcL, psa, psb, pet, atp*	29–30	0	26	40
NADH 디하이드로지네이즈[c]	*ndh*	11	0	0	0
생합성, 유전자 발현 및 기타 기능		6–11	4	5	58
인트론 수		18–21	6	155	0

[a]에피파거스(*Epifagus*, beechdrops)는 비-광합성, 기생성 현화식물이다.
[b]김은 홍조류이다.
[c]해송의 색소체 유전체는 NADH 디하이드로지네이즈(dehydrogenase) 유전자를 갖고 있지 않다.

표 3.3 옥수수 마이토콘드리아 유전체에서 확인된 유전자 종류

유전자 산물	유전자 약어	기능
rRNAs	*rrn18, rrn26, rrn5*	단백질 합성
tRNAs	*trn*	단백질 합성
리보솜 단백질	*rps, rpl*	단백질 합성
NADH 디하이드로지네이즈	*nad*	호흡 전자 전달
시토크롬 c 옥시데이즈	*cox*	호흡 전자 전달
아포시토크롬	*cob*	호흡 전자 전달
F_0F_1-ATPase 단백질	*atp*	ATP 합성

면 마이토콘드리아 유전체 전체가 될 수 있다. 옥수수에서 이론적으로 완전한 마이토콘드리아 유전자 세트를 암호화하고 있을 것으로 추정되는 **마스터 고리(master circle)**라고 부르는 가능한 가장 큰 마이토콘드리아 고리 DNA 분자는 분리된 적이 없다. 미소유전체 고리의 형성은 살아 있는 식물 세포에서 관찰되어 왔지만 일부 또는 모든 미소유전체 DNA 고리들이 독립적으로 복제되는지 또는 가상의 마스터 고리로부터 만들어질 수 있는지는 명확하지 않다. 모든 식물들이 미소유전체 DNA 고리를 형성하지는 않는다. 예를 들어, 태류인 우산이끼(*Marchantia*)와 백겨자(*Brassica hirta*)는 균일한 고리형 마이토콘드리아 유전체를 갖고 있으며 조류인 클라미도모나스(*Chlamydomonas*)는 1개의 선형 마이토콘드리아 유전체를 갖고 있다. 다양한 구성의 세포소기관 유전체를 갖는 이유를 현재까지는 잘 알지 못한다.

현재 사탕무(*Beta vulgaris*), 애기장대, 우산이끼, 녹조류 프로토테카(*Prototheca*), 그리고 홍조류 진두발(*Chondrus*) 등 많은 식물과 조류의 마이토콘드리아 유전체의 완전한 DNA 서열이 이용 가능하다. 식물 마이토콘드리아는 크기는 비록 매우 다양하더라도 본질적으로 동일한 유전 정보를 담고 있다. 이들은 많은 유전자를 담고 있지 않으며 마이토콘드리아 DNA의 복제와 전사에 필요한 대부분의 효소는 핵에 암호화되어 있다. 마이토콘드리아 유전체에 암호화되어 있는 유전자의 산물은 대부분 단백질 합성에 필요한 리보솜과 전령 RNA 또는 산소 호흡(7장 참고)과 ATP 합성에서 중요한 역할을 하는 효소들이다(옥수수에서 이러한 유전자 산물들은 표 3.3에 요약했다).

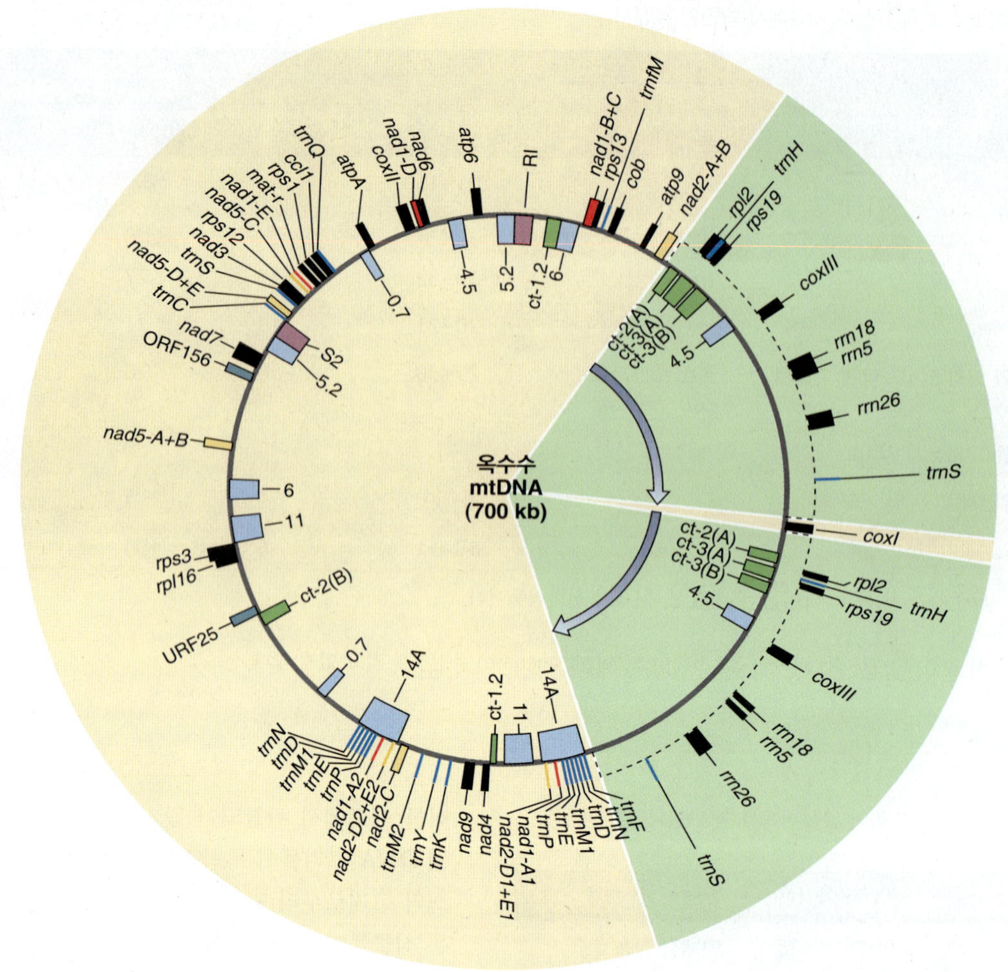

그림 3.2 옥수수의 마이토콘드리아 유전체는 일반적으로 모든 마이토콘드리아 유전자를 포함하는 가상의 고리형 DNA 분자를 나타내는 고리로 그려진다. 옥수수에서 마이토콘드리아 DNA는 엽록체 DNA 보다 훨씬 크다고 여겨지지만 유전자는 더 적다. 작은 미소유전체 DNA 분자를 생성하는 재조합 사건에 참여하는 몇 개의 역반복 및 직렬반복 DNA 서열들(안쪽 고리 위의 파란색, 녹색, 붉은색 상자)은 그림 3.3에 나타냈다.

3.2.3 어떤 식물들의 핵 유전체는 인간 유전체보다 훨씬 더 크고 어떤 것들은 훨씬 더 작다

다른 진핵생물의 **핵 유전체**(**neclear genome**)처럼 식물의 핵 유전체 크기는 다양하다. 유전체의 크기는 유전체 당 염기쌍의 수 또는 1개의 핵 속 DNA 양(피코그램, pg)으로 나타낸다. 유전체 내 염기쌍의 수는 유전체 해독에 의해 결정된다. 모델식물인 애기장대는 알려져 있는 가장 작은 식물 유전체 중 하나이다. 애기장대는 다섯 쌍의 염색체를 가지고 있는 2배체 종이다. 이의 반수체 DNA 양 또는 **C 값**(**C value**)—5개 염색체 한 세트의 DNA 양—은 1.35×10^8 bp이다. 이에 반해 왕패모(*Fritillaria assyriaca*)는 1×10^{11} bp로서 유전체가 가장 큰 것 중의 하나이다. 대부분의 작물 종의 유전체 크기는 이 두 종류의 극단 사이이다. 예를 들어, 벼, 옥수수, 그리고 밀(*Triticum aestivum*)의 유전체 크기는 각각 5×10^8, 6.6×10^9, 그리고 1.6×10^{10} bp이다. 이와 비교하여 인간 유전체는 중간 범위인 3×10^9 bp이다(그림 3.4).

서열 데이터를 이용할 수 없는 경우에도 식물 유전체의 크기는 피코그램 수준에서 개별 세포의 핵 DNA 양을 측정할 수 있는 기술인 유동 세포분석기(flow cytometry)로 상당히 정확하게 결정할 수 있다. 그 다음 염기쌍의 수는 1 pg이 978×10^6 bp, 즉 애기장대의 반수체 DNA 양은 0.138 pg이며 왕패모의 반수체 DNA 양은 102.25 pg에 해당하기 때문에 피코그램 무게로부터 추정할 수 있다.

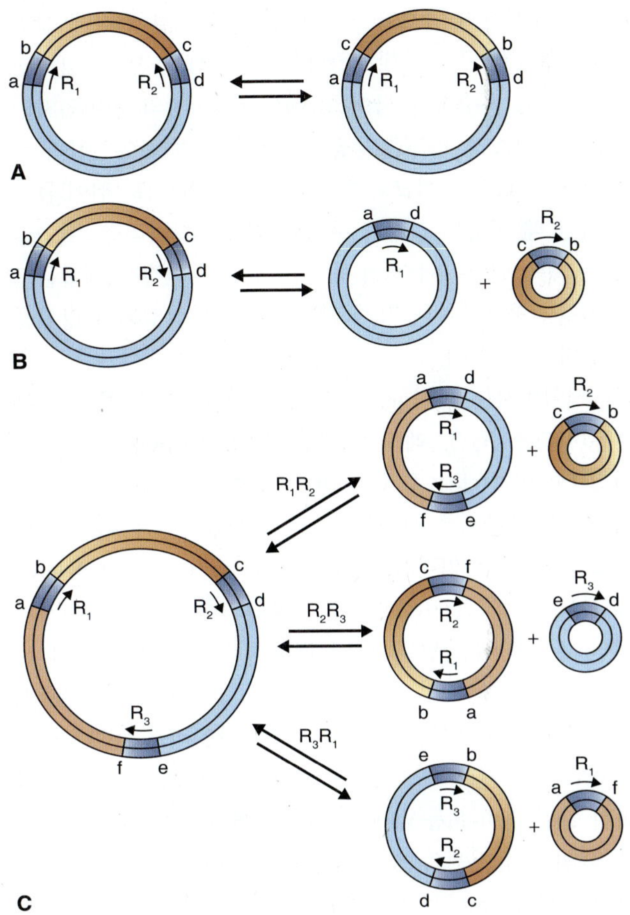

그림 3.3 식물 마이토콘드리아 DNA의 미소유전체 고리 형성. 식물 마이토콘드리아 DNA는 직렬 또는 역반복 영역을 가지고 있다. 이런 반복 영역은 마이토콘드리아 DNA를 서로 다른 다양한 고리 형태로 재조합될 수 있게 하며 전체 마이토콘드리아 유전체의 일부분만 가지고 있는 미소유전체 고리를 만들 수 있게 한다. 여기에서는 세 가지 '마스터 고리' DNA 가설 구조를 바탕으로 세 가지 예를 보여준다. (A) 한 쌍의 역반복 서열 사이의 재조합은 두 가지 형태의 마스터 고리 DNA를 만든다. (B) 한 쌍의 직렬 반복 서열 사이의 재조합은 2개의 미소유전체 고리를 만든다. (C) 마스터 고리가 세 카피의 직렬 반복 서열을 가지고 있을 때, 세 가지 다른 재조합 사건이 가능하며, 각각의 경우 서로 다른 미소유전체 고리 쌍을 만든다.

영국의 큐 왕립식물원(Royal Botanical Garden in Kew)에서 운영하는 식물 DNA C 값 데이터베이스(The Plant DNA C Value Database; http://data.kew.org/cvalues)는 주로 유동 세포분석기를 통해 얻은 식물 유전체 크기에 대한 좋은 정보 원천으로서 라틴어 명칭(이명법)으로 검색할 수 있다. 또한 많은 식물 종의 반수체 염색체 수도 목록화되어 있다.

식물 유전체의 크기는 왜 이렇게 다양할까? 단백질을 암호화하는 유전자의 수는 식물체 사이에서 크게 다르지

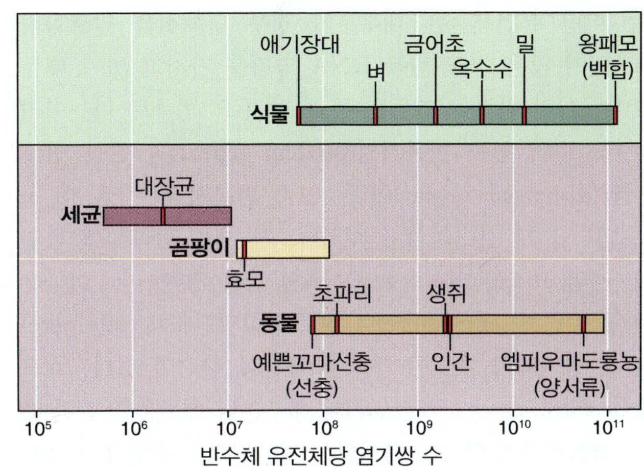

그림 3.4 서로 다른 생물들의 C 값(반수체 유전체 내의 DNA 염기쌍의 수). 대부분의 진핵생물은 10^7에서 10^{11} 염기쌍 사이의 C 값을 갖는다.

않다. 종에 따라 30,000개부터 60,000개까지의 범위로 추산된다. 인간 유전체는 20,000에서 25,000개 사이의 유전자를 가지고 있는 것으로 추정된다. 이용 가능한 식물 유전체 서열 데이터로부터 우리는 이제 비록 식물 자신의 성장과 성능에 대한 중요성에 대해서는 여전히 잘 이해되고 있지는 않지만 유전체 크기 차이에 크게 기여하고 있는 서로 다른 DNA 종류의 특성에 대해 많은 것을 알게 되었다. 최소한 크기 차이의 일부분은 그 종의 진화 과정 중의 어느 시기에 일어난 한번 또는 그 이상의 유전체 중복과 이를 뒤따른 유전자 재배열, 그리고 반복 인자군들의 팽창(3.2.4 참고) 뿐만 아니라 배수화(3.3.7 참고) 때문일 수도 있다.

키포인트 식물은 색소체, 마이토콘드리아, 핵의 세 가지 유전체를 가지고 있다. 핵 유전체는 식물 발달과 기능에 필수적인 유전자의 대부분을 가지고 있다. 색소체와 마이토콘드리아 유전체는 각각 이들의 고유 기능에 필요한 유전자의 일부분을 가지고 있다. 엽록체와 마이토콘드리아 단백질을 암호화하는 유전자의 많은 수가 핵 유전체에서 발견된다. 식물 핵 유전체는 크기 차이가 매우 크다. 어떤 것은 인간 유전체보다 훨씬 더 크고 어떤 것은 훨씬 작다. 큰 식물 유전체들은 반복 DNA 영역이 우세하다.

3.2.4 많은 식물에서 반복 DNA는 유전체의 많은 부분을 구성한다

식물 핵 유전체의 크기가 크게 차이 나는 한 가지 이유

는 어떤 유전체들은 대부분의 경우 단백질을 암호화하고 있지 않은 고도 반복 DNA 영역을 가지고 있기 때문이다. 이런 반복 서열들은 두 가지 주요 범주로 나누어지는데, 소위 **연속 반복서열**(tandem repeat)과 **분산 반복서열**(dispersed repeat)이다. 연속 반복서열은 몇 개 또는 몇 십 개 길이의 뉴클레오티드가 계속 반복되어 동일한 서열 요소를 형성하는 DNA의 짧은 영역이다. 이들은 종종 동원체(centromere)나 텔로미어(말단소체, telomere) 같은 염색체의 특별한 구조적 특성과 관련이 있다. 효모(*Saccharomyces cerevisiae*)와 대부분의 동물을 포함한 많은 생물체에서 연속 반복서열은 일반적으로 유전체 전체보다 A와 T 뉴클레오티드가 더 많다. 반대로, 식물에서 연속 반복서열은 GC가 풍부하다. 전체 유전체를 통해 퍼져 있는 분산 반복서열은 항상 그렇지는 않지만 불활성화되기 전 염색체 전체에서 스스로 증식하는 전이인자(아래 참고)로부터 자주 유래한다. 옥수수와 같이 유전체가 큰 종은 서로 다른 이런 서열 종류들을 많이 가지고 있다. 그림 3.5는 알콜 디하이드로지네이즈(alcohol dehydrogenase) 유전자 *Adh1* 주변의 옥수수 유전체 영역을 보여준다. 이 그림에서 모든 반복 서열들은 이전 전이 인자의 불활성형이다. 어떤 것들은 다른 것들과 관련되어 있다. 모든 경우에서 각 인자의 더 많은 사본이 유전체 어느 곳에나 있다.

전이인자(transposable element, TE)는 유전체 한 곳으로부터 다른 곳으로 움직이거나 **전이**(transpose)하는 DNA 부분이다. 이 이동성 DNA 인자들은 전이할 때 내부에 유전 정보를 실어 나르기 때문에 유전체 구조에서 중요한 특성이 된다. 이들은 노벨상 수상자인 바바라 맥클린톡(Barbara McClintock)에 의해 1940년대에 옥수수에서 처음 발견됐다. 그 이후 이동성 인자들은 효모, 곤충, 포유류, 식물 등 대부분의 고등 생물들에서도 발견되었다. 전이인자가 유전자의 암호화 영역이나 이의 조절 인자에 삽입될 때 유전자 기능을 방해한다. 식물에서 가장 잘 밝혀진 전이인자는 옥수수와 금어초(*Antirrhinum*)의 전이인자인데, 각각 색소가 축적된 알갱이와 꽃을 통해 전이인자가 색소 생합성 효소를 암호화하는 유전자 안팎으로 '뛰어'들거나 나갈 때 이들의 활성을 추적할 수 있다. 이러한 '뛰어들기'는 계속 일어나 심지어 동일한 기관의 인접한 세포들도 동일 유전자에 전이인자가 삽입되었거나 삽입되지 않았을 수 있다(그림 3.6).

전이인자는 전이하는 기작에 따라 두 가지 종류로 분류된다(그림 3.7). **레트로트랜스포손**(retroposon)으로 알려진 **I형 인자**(class I element)는 전이 과정의 일부분으로서 RNA 중간체를 합성한다. 그 다음 RNA는 **리버스 트랜스크립테이즈**(**역전사효소**, **reverse transcriptase**)에 의해 DNA로 역전사(RNA → DNA)되며 DNA는 유전체 내 다른 지역에 삽입된다. 이 과정은 레트로바이러스가 식물이나 동물 숙주의 유전체 전체에서 스스로 복제되는 방식과 유사하다. 따라서 이 인자들은 바이러스에서 기원한 것으로 여겨진다. 레트로트랜스포손과 이로부터 유래한 퇴화한 불활성(비-운동성) 인자들은 거대-유전체를 가진 식물 종의 전체 유전체의 많은 부분을 구성한다. 일부 곡류들과 붓꽃(*Iris* spp.)과 백합(*Lillium* spp.)의 많은 종들에서 유전체의 50-90%는 레트로트랜스포손에서 유래한 서열로 구성되어 있다. 때때로 이 서열들은 현재의 유전체를 만들어 낸 사건들의 순서를 추론할 수 있게 하는 복잡한 방식으로 조직화된다. 그림 3.8은 옥수수 유전체 내의 일련의 전이인자들을 도해하고 있다. 전체 영역의 서열을 결정하고 이 삽입 배열의 서로 다른 구성원 사이의 서열 유사도를 비교함으로써 서로 다른 인자들의 상대적 연령을 결정할 수 있었다.

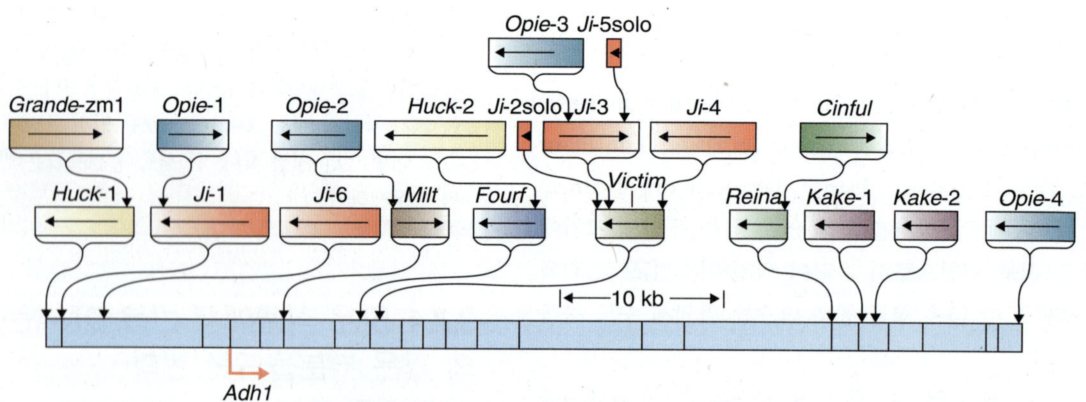

그림 3.5 옥수수 유전체에서 많은 수의 반복 서열에 둘러싸인 *Adh1*(알콜 디하이드로지네이즈) 유전자 주변 영역. 이 서열들은 대부분 레트로트랜스포손으로서 이들이 속하는 관련 서열군에 따라 색칠하였다(예를 들어, *Huck* 유전자군은 노란색).

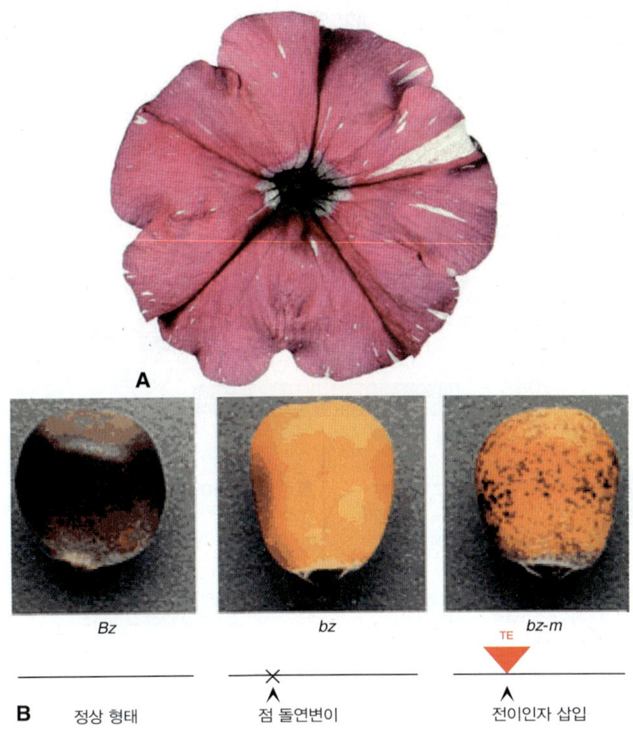

그림 3.6 트랜스포손에 의해 유도된 페튜니아 꽃(A)과 옥수수 알갱이(B)의 색소 변이. (A) 페튜니아 식물체의 *diff* 유전자 내부로 전이인자가 삽입되면 붉으스름한 꽃이 만들어진다. 전이인자 삽입은 시토크롬 b_5의 발현을 차단하여 분홍색과 붉은색 색소(안토시아닌)의 전구체를 정상적으로 변경시키는 효소의 활성을 떨어뜨려 무색으로 만든다. 트랜스포손이 유전자로부터 자발적으로 잘려나가면 시토크롬 B_5의 발현이 복구되고, 희미하고 색소가 없는 점들과 구획이 형성된다. (B) 옥수수 알갱이에서, 한 종류의 점 돌연변이는 색소 생합성에 필요한 UDP-글루코스:플라보노이드 3-O-글루코실 트랜스퍼레이즈를 암호화하는 *Bronze1*(*Bz1*) 유전자를 불활성화시킨다. 이 불활성화는 옥수수 알갱이를 어두운색(*Bz*) 보다는 주황색(*bz*)으로 만든다. 만약 트랜스포손이 점돌연변이(*bz-m*)에 가까운 위치에 있는 유전자에 삽입되어 알갱이의 세포들에서 다시 빠져 나가면 이 세포들에서 유전자의 정상 기능이 회복되기도 한다. 그 결과 주황색 배경에 어두운색 점을 갖는 옥수수 알갱이가 만들어진다.

트랜스포손(**transposon**)으로 불리는 **II형 인자**(**class II element**)는 RNA 중간체보다는 DNA를 거쳐 이동한다(그림 3.7 참고). 인자는 한 곳에서 절단된 다음 다른 곳으로 삽입된다. 각각의 활성형 II형 TE는 전이에 필요한 한 두 개의 유전자 산물을 암호화한다. 이들은 또한 약 10 bp 길이로서 이들의 암호화 서열을 감싸고 있는 역반복 서열을 갖고 있다. 이 반복서열들은 **트랜스포세이즈**(**전이효소, transposase**)에 의해 인지되는데, 이 효소는 반복서열에 결합하고 트랜스포손을 유전체 내 목표 지점에 통합시킨다. II형 인자가 한 지역에서 절단되면 그 인자의 일부분은 원래 위치에 남는다.

대부분의 식물 유전체는 이동 잠재력이 있는 소수의 활성형 TE만을 갖는다. 오랜 시간 많은 수의 TE가 이들을 불활성화시키는 DNA 결실을 포함한 돌연변이를 겪어왔다. 이러한 불활성 인자들은 식물 유전체의 크기와 조직화에 기여하지만 기타 효과들은 알려진 바 없다.

활성 인자들이 전이되어 유전자의 단백질-암호화 또는 조절 영역에 삽입된다면 돌연변이를 일으켜 그 결과 유전자들을 불활성화시키거나 이들이 부정확하게 조절되게 한다. I형과 II형 인자 사이의 중요한 차이는 원래의 I형 인자는 원래 위치에 남는 데 반해 II형 인자는 한 곳에서 제거된 다음 다른 곳으로 전이된다. 따라서 I형 인자들은 안정적인 돌연변이를 일으키지만 II형 인자는 전이 인자가 절단될 때 부분적으로 또는 완전히 회복될 수 있는 일반적으로 불안정한 돌연변이를 만든다. 그러나 중복된 서열의 일부가 절단 이후에도 남기 때문에 돌연변이가 가역적일지는 이의 위치가 결정할 것이다. 만약 유전자의 조절 영역 또는 암호화 영역에 삽입되면 유전자는 기능을 상실한 채로 남는다. 꽃과 옥수수 알갱이의 얼룩덜룩한 양상(그림 3.6B를 참고)의 많은 경우는 II형 전이인자가 관여하는 절단의 결과이다.

3.2.5 친척 관계의 식물 종들은 유전자 조성과 순서의 구성이 보존되어 있다

친척 종인 식물들은 염색체의 긴 부분에 걸쳐 유전자 조성과 순서가 흔히 유사하다. 이런 현상을 **신테니**(**유전자 구성의 상동성, synteny**)라고 한다. 가장 놀라운 신테니의 예는 곡류와 기타 벼과 종들에서 최초로 발견되었다. 밀, 호밀(*Secale cereale*), 벼, 사료용 풀과 기타 종들 모두 놀라운 수준으로 유전자 순서가 잘 보존되어 있다(그림 3.9). 더 많은 유전체가 해독될수록 가지과[토마토(*Solanum lycopersicum*), 감자(*S. tuberosum*), 파프리카(고추, *Capsicum annuum*), 가지(*S. melongena*) 등을 포함]와 콩과 식물인 대두(*Glycine max*), 강낭콩(*Phaseolus vulgaris*), 알팔파(*Medicago sativa*), 클로버(*Trifolium* spp.) 등 다른 식물 집단에서도 비슷한 관계가 나타난다는 것이 명확해지고 있다. 신테니가 미치는 유전체의 길이는 유연관계가 더 먼 종들에서는 점차 감소하지만 5천만 년 전에 분화한 종들 사이에서도 짧은 구획의 신테니(**미소신테니, microsynteny**)를 발견할 수 있다.

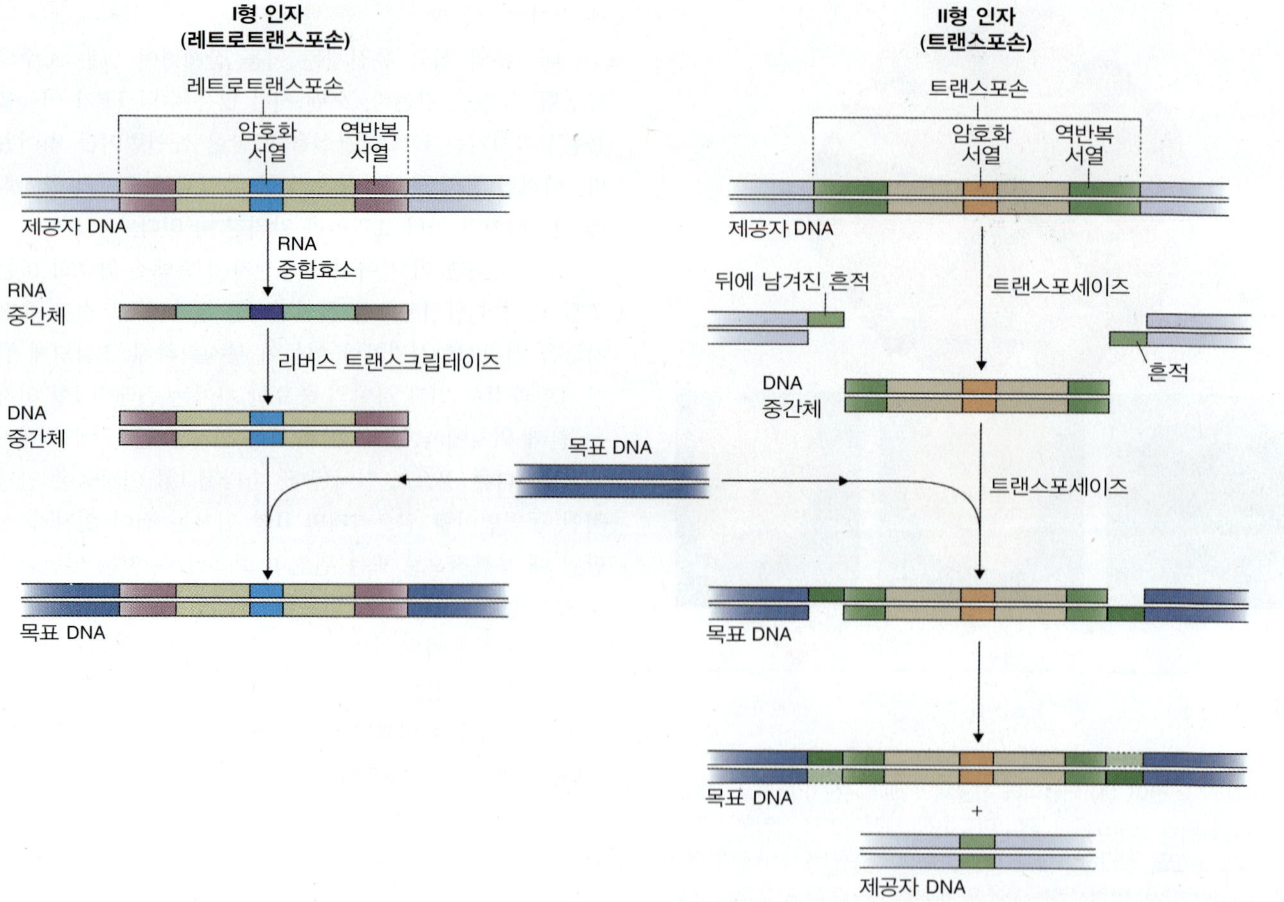

그림 3.7 I형과 II형 전이인자. I형 인자(레트로트랜스포손)는 RNA 중간체를 거쳐 이동한다. II형 인자는 DNA 중간체를 거쳐 이동하며 이들이 절단된 유전체 지역에 작은 삽입 흔적을 남긴다.

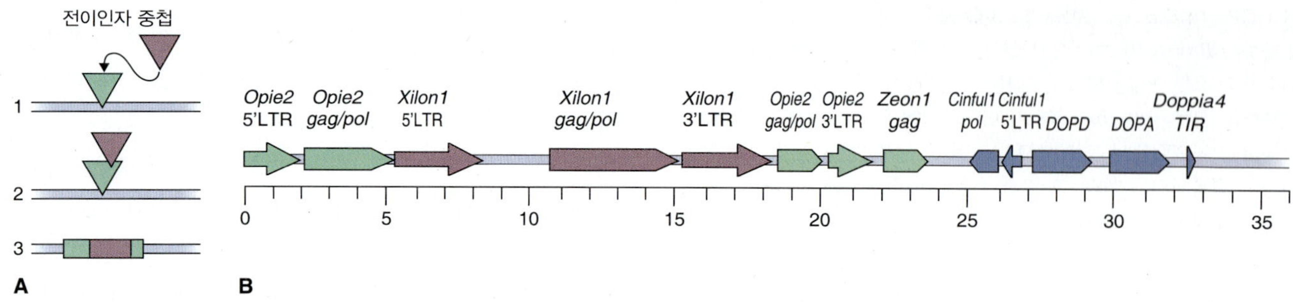

그림 3.8 중첩되어 있는 전이인자들. (A) 하나의 전이인자가 다른 전이인자 내에 삽입되어 '중첩'된 인자가 될 수 있다. (B) *Opie* 반복서열 집단 내에 중첩되어 있는 *Xilon*군 반복서열들을 보여주고 있는 McC와 B73 계통 옥수수 유전체의 한 영역. 축척자는 시작 지점으로부터의 거리(kb)를 나타낸다.

3.3 식물 유전체의 조직화 II. 염색체와 염색사

20세기 초반부터 진핵생물에서 염색체가 유전 물질을 운반한다고 알려져 왔다. 20세기 중반에 이르러서야 이 유전물질이 DNA로 밝혀졌다. 이제 각 염색체는 몇 센티미터 또는 어떤 경우에는 몇 미터 길이의 이중나선 DNA 한 분자를 담고 있다고 알려져 있다. DNA 분자 및 결합 단백질들은 매우 조밀하게 포장될 수 있어 염색체의 길이는 체세포분열 동안 겨우 몇 마이크로미터이다(그림 3.10). 핵분열 동안 관찰되는 고도로 응축된 염색체는 자매 염색분체가 연결되어 있는 **동원체**(centromere), 동원체로부터 바깥쪽

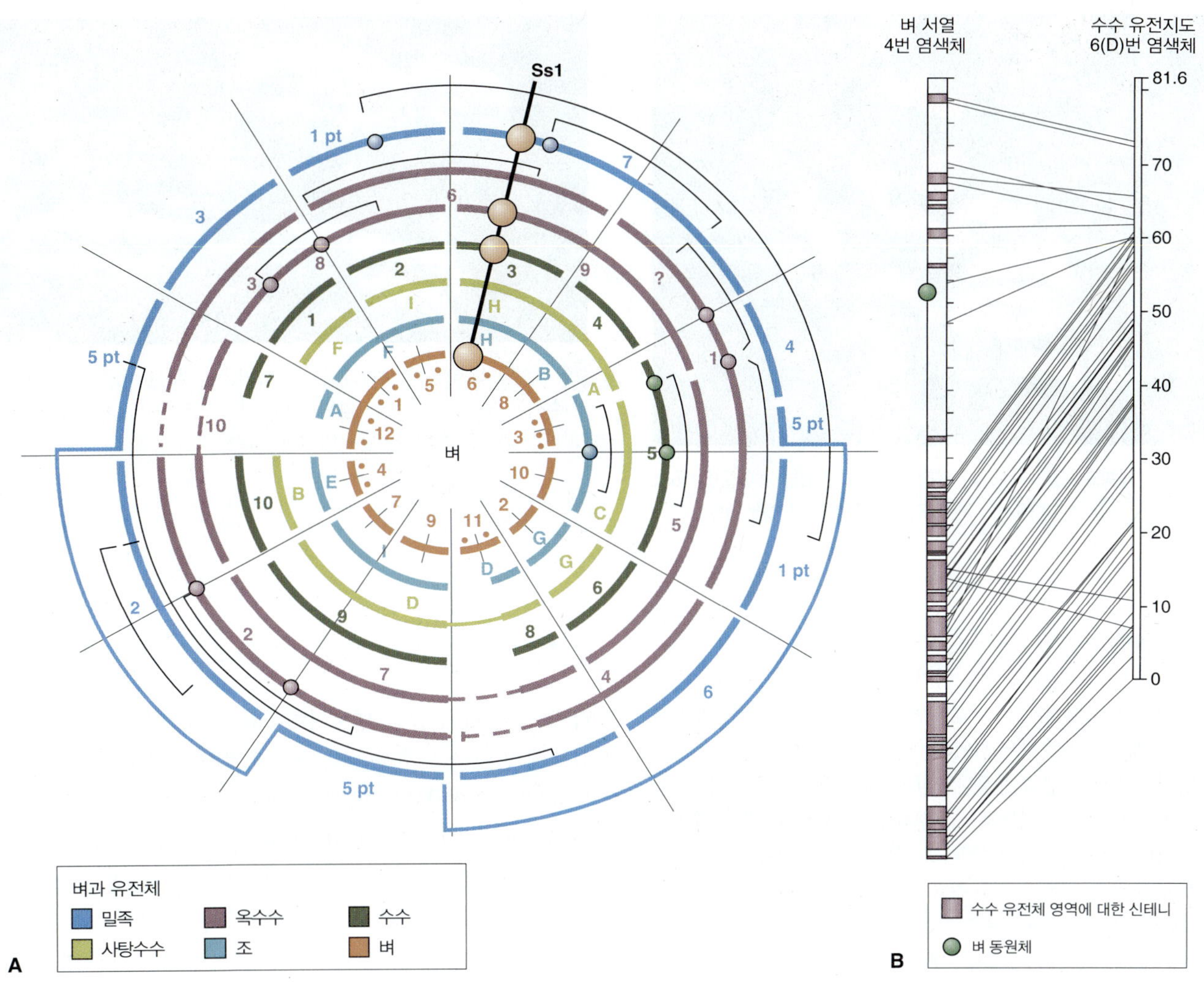

그림 3.9 벼과 유전체의 신테니. (A) 곡류와 기타 벼과 초본의 전체 유전체들을 원형으로 정렬할 수 있다. 벼(*Oryza sativa*)의 한 유전자(여기에서는 *Ss1*)에서 출발하여 바깥쪽으로 이동하면 다른 종에서 이 유전자 및 이를 둘러싸고 있는 다른 유전자들의 위치를 예측할 수 있다. 각 유전체를 나타내고 있는 원은 각 종의 염색체 세트에 해당하는 색의 숫자와 글자로 표시했다. (B) 벼의 4번 염색체와 수수의 6번 염색체 사이의 DNA 서열 유사도. 세로 막대는 염색체를 나타낸다. 두 염색체 사이에 그어진 선들은 DNA 서열상의 높은 유사도를 나타낸다. 대부분의 경우 DNA 서열의 순서, 즉 유전자는 보존되어 있지만, 선이 교차하는 곳에서 수수의 유전자는 벼와 비교했을 때 다른 곳에 있다.

으로 뻗어 나온 **팔**(**arm**) 그리고 각 팔 끝에 있는 **텔로미어**(**telomere**)를 포함한 특징적인 형태적 특성을 갖는다(그림 3.11). 이런 특성들이 수년 간 관찰됨에 따라 우리는 이제 DNA 서열의 관점에서 염색체의 특징을 찾아볼 수 있다.

3.3.1 염색체 팔은 유전자가 풍부하다

염색체 팔(**chromosome arm**)은 텔로미어로부터 동원체 근처 영역까지 펼쳐져 있고 식물 유전자의 대부분이 발견되는 곳이다. 애기장대와 같이 유전체가 작은 종에서는 염색체 팔이 유전자로 구성되어 있고 그 외 다른 것은 거의 없다. 애기장대 유전체에서 유전자는 4.5 kb당 평균 1개씩 있고 유전자 각 쌍은 유전자 산물을 암호화하지 않지만 보통은 조절 영역을 포함하고 있는 평균 2 kb의 DNA에 의해 분리되어 있다. 대부분의 식물 종은 애기장대보다 큰 유전체를 가지고 있다. 그러나 거대 유전체라도 더 많은 유전자를 가지고 있지는 않기 때문에 대부분의 식물에서 평균 유전자 밀도는 더 낮다. 예를 들어, 옥수수에서 유전체의 약 80%는 반복 DNA로 이루어져 있는데 대부분의 반복서열은 레트로트랜스포손을 암호화한다. 옥수수 유전체는 수백 킬로베이스까지 확장할 수 있는 레트로트랜스포손의 바다에 많으면 7개의 유전자를 담고 있는 유전자의 섬으로 이루어져

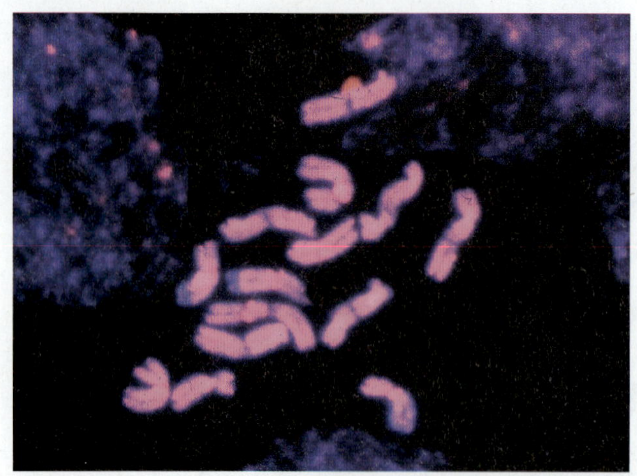

그림 3.10 형광표지를 사용하여 시각화한 2배체 초본 호밀풀(*Lolium perenne*, 2n = 2x = 14)에서의 체세포분열 동안의 염색체 세트.

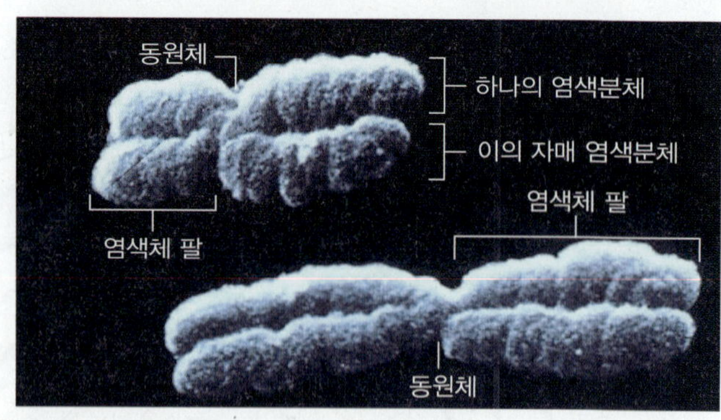

그림 3.11 복제된 염색체의 주사전자현미경 사진. 동원체(염색체에서 수축된 부분으로 보임), 염색체 팔과 염색분체의 위치를 보여주고 있다. 각각의 염색분체는 텔로미어에서 끝난다.

키포인트 유전체 내의 반복 영역은 계속적으로 반복되어 동일한 서열 요소의 구역을 형성하는 연속 반복서열—몇 개 또는 수십 개 뉴클레오티드 길이의 DNA 영역—일 수 있다. 다른 한편으로 반복 영역은 유전체의 한 지역에서 다른 지역으로 이동할 수 있는 전이인자로부터 유래한 분산 반복서열일 수도 있다. 전이인자가 한 유전자 내로 삽입될 때 유전자의 기능은 멈추게 된다. 전이인자는 두 종류로 구분된다. 레트로트랜스포손으로도 알려져 있는 I형 인자는 RNA 중간체를 합성하며, 이는 리버스 트랜스크립테이즈에 의해 DNA로 역전사된 다음 유전체의 다른 곳으로 삽입된다. 이 과정은 일반적으로 안정적인 돌연변이를 일으킨다. 흔히 전이인자로 불리는 II형 인자는 RNA 중간체를 합성하지 않는다.
대신, II형 인자는 트랜스포세이즈라는 효소에 의해 한 곳에서 절단되어 있던 곳에 자신의 일부분을 남기고 유전체의 다른 곳으로 삽입된다. 남겨진 일부분은 유전자의 기능을 계속 방해할 수 있지만, 어떤 경우에 II형 인자의 삽입에 의한 돌연변이는 그 인자가 절단될 때 복구되기도 한다. 근연 관계의 식물종들에서 유전자 조성과 순서의 구성은 보존되어 있다.

있다고 생각할 수 있다.

현재까지 연구된 모든 식물에서, 유전자 밀도는 동원체에 가까워지는 것 보다는 염색체 팔의 말단 쪽으로 갈수록 더 높다. 이러한 경향은 유전체 크기가 큰 종에서 더 두드러지지만 애기장대에서도 역시 관찰된다. 그림 3.12는 애기장대와 벼에서 알려진 유전자들의 분포를 보여준다.

3.3.2 각 염색체 팔은 텔로미어에서 끝난다

각 염색체 팔의 끝은 **텔로미어(telomere)**이다. 텔로미어는 염색체 말단을 보호하는 특수 구조로서 염색체가 정확하게 복제되게 하여 DNA가 매번 복제될 때(DNA 복제 기구는 5′ 말단 서열로부터 50-100 뉴클레오티드을 잃게 하기 때문에) 짧아지는 것을 막는다. 텔로미어는 또한 염색체의 '비-점착성' 말단을 유지하게 끔 하는 역할을 하는 것 같다. 예를 들어, 방사선으로 인해 염색체가 부서질 때 부서진 말단은 점착성이 높아 이용 가능한 어떤 DNA 절편과도 잘 연결된다. 온전한 염색체에서 텔로미어는 이런 일을 예방한다. 마지막으로 텔로미어는 핵막 안쪽 면에 염색체를 부착시켜 핵 내부에서 염색체를 조직화하는 역할을 하는 것 같다.

텔로미어는 복수의 짧은 DNA 반복서열로 이루어져 있다. 현재까지 연구된 대부분의 식물에서 텔로미어 반복서열은 TTTAGGG이며, 아스파라거스 목(Asparagales; 아스파라거스, 양파, 용설란, 유카와 난을 포함함)에서는 인간과 기타 척추동물에서 발견되는 것과 같은 TTAGGG이다. 각 텔로미어 영역의 전체 길이는 종과 유전자형에 의존한다. 예를 들어, 애기장대에서 각 염색체 최말단에는 TTTAGGG 모티프의 완전한 반복서열로 이루어진 2-5 kb 영역이 있고 뒤이어 이 모티프가 변화된(불완전한) 형태로 몇 킬로베이스가 뒤따른다. 이에 반해 담배(*Nicotiana tabacum*)는 약 150 kb 길이의 텔로미어 영역을 갖고 있다.

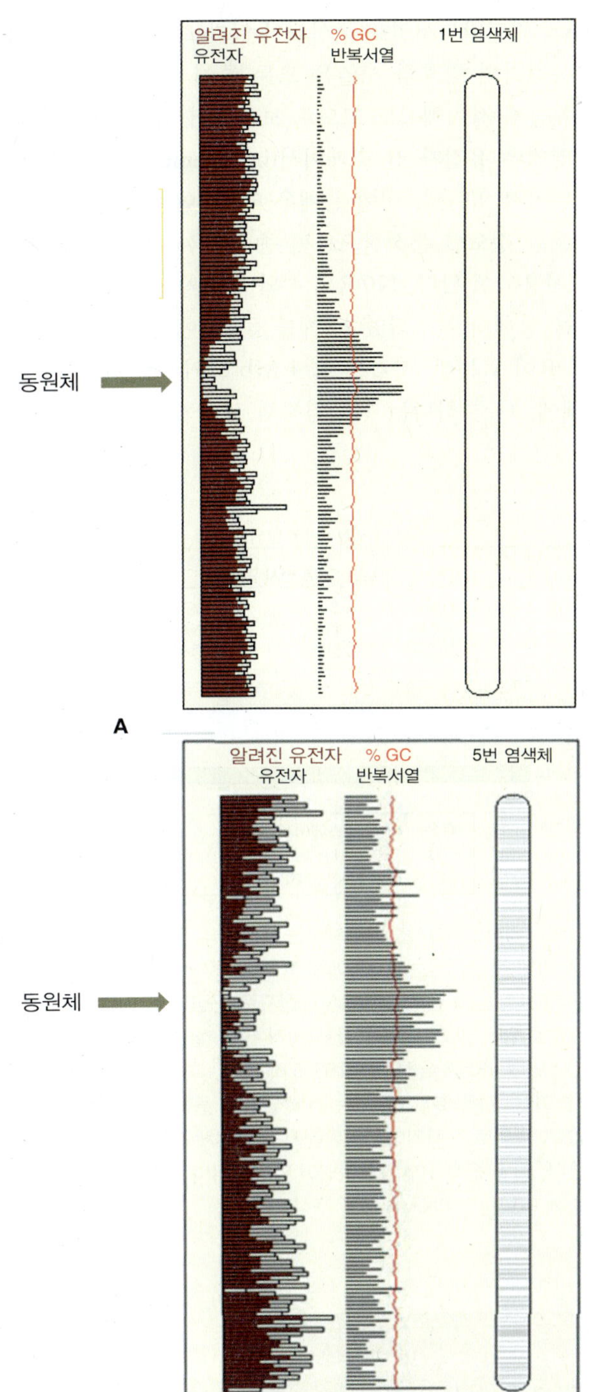

그림 3.12 애기장대 1번 염색체와 벼 5번 염색체 상의 알려진 유전자(빨간색)의 분포. 두 경우 모두 유전자는 염색체의 말단 쪽에 더 많다. GC-풍부 반복서열 DNA를 포함하고 있는 영역의 분포 또한 보여주고 있다. 일반적으로 이런 영역은 유전자가 거의 없는 곳, 특히 동원체 주변에 가장 많다.

3.3.3 동원체는 복잡한 구조로서 염색체 내 협착 부위로 보인다

모든 진핵생물의 염색체처럼 각 식물 염색체는 **동원체**(centromere)를 담고 있다. 동원체는 염색체 내 협착 부위로서 세포분열 주기 동안 염색체가 응축할 때 뚜렷이 보인다(그림 3.11 참고). 11장에서 자세히 논의하는 것처럼, 체세포분열과 감수분열에서 복제된 염색분체의 분리를 촉진하기 위하여 방추사가 동원체에 붙는다. 동원체는 그 이름에도 불구하고 염색체의 물리적 중앙 부위에서 반드시 발견되지는 않는다. 그림 3.13은 동원체가 서로 다른 위치에 자리 잡은 식물 염색체의 예를 보여주고 있다. 한 종에서 염색체 간 동원체 위치의 차이는 한 염색체를 다른 것들과 구분할 수 있게 하는 유용한 세포유전학 도구가 될 수 있다.

식물 동원체는 크고 구조가 복잡하다. 예를 들어, 애기장대에서 동원체는 주로 180 bp DNA 서열이 계속 반복되는 직렬 배열로 이루어져 있는 데 비해 옥수수 동원체는 150 bp의 다른 반복서열을 담고 있다. 한 식물체 내 다른 염색체 사이에서 그리고 심지어 한 종내 다른 변종들에서의 동일한 염색체에서도 반복서열의 복제 수는 상당히 다르다. 이러한 직렬 반복서열에 더하여 동원체는 보통 동원체-특이적인 레트로트랜스포손을 자주 포함한다. 동원체 내 반복 DNA의 양은 이 영역 내부와 주변의 해독을 기술적으로 어렵게 하므로 대부분 식물 동원체의 정확한 크기는 아직까지 확립되지 않았다. 벼는 예외인데, 12개 동원체 중 2개는 완전히 해독되고 분석되었다. 이들은 1 메가베이스(Mb)에서 2 메가베이스 길이로 보인다. 애기장대에서 동원체는 비록 더 클 수 있다고 제안하는 증거가 있기는 하지만, 각각 1 Mb 정도로 추정되고 있다.

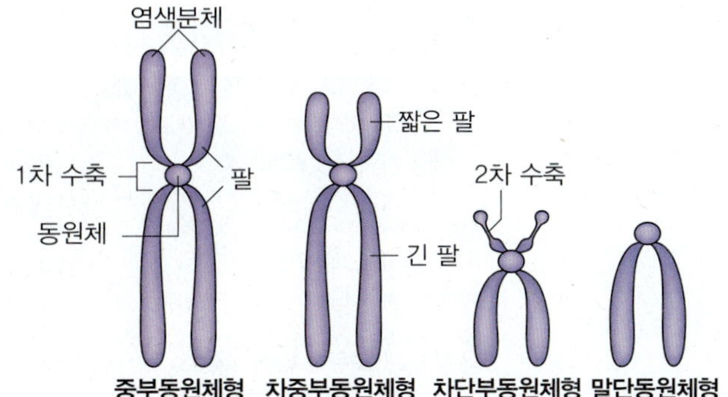

그림 3.13 거의 대칭적인 중부동원체형부터 두 번째 염색체 팔이 거의 없는 말단동원체형까지 서로 다른 곳에 동원체가 위치하고 있는 식물 염색체.

3.3.4 염색체는 기타 독특한 구조적 특성을 가지고 있다

염색체 상의 주요 형태적 표식들에 추가하여, DNA 서열로 구분될 수 있는 특징적인 영역이 있다. 여기에는 모든 염색체에서 발견되는 **동원체주변 영역**(pericentromeric region)과 특정 염색체 상에 위치하는 **인 조직화 영역**(nucleolar organizer region, NOR)과 **이질염색질 혹**(heterochromatic knob)이 포함된다. 각 동원체 인접 부위는 2개의 **동원체주변 영역**(pericentromeric region)이 있는데, 길이는 수 메가베이스이며 유전자는 거의 없다. 11장에서 더 논의하는 것처럼, 이 부위는 감수분열 동안 유전적 재조합률이 낮다. 보통 많은 수의 전이인자와 레트로트랜스포손을 담고 있다.

인 조직화 영역은 리보솜 RNA 유전자가 발견되는 곳이다. **인**(nucleolus)은 NOR 주변에서 형성되며 세포질 리보솜이 이곳에서 조립된다. 리보솜은 살아 있는 세포에서 단백질 합성을 위해 막대한 양이 필요하고, 유전자 한 카피 또는 몇 카피로는 리보솜 RNA 합성에 필요한 양을 충당할 수 없다. 단백질 합성이 일어나는 세포 하위 구획 각각은 — 세포질, 색소체, 마이토콘드리아 — 독특한 S 값을 갖는 자신의 고유 리보솜을 갖고 있다(표 3.4). 리보솜과 그들의 개별 소단위체는 설탕 농도구배 하에서 원심분리할 때 침강하는 속도를 나타내는 침강계수 S 값(스베드베리, Svedberg, 스웨덴의 화학자 테오도르 스베드베리의 이름을 따름)에 따라 지정된다. 리보솜의 기능은 3.6.2절에서 논의한다.

세포질 리보솜은 4종류의 RNA를 갖고 있다. NOR은 리보솜의 **28S, 18S, 5.8S RNA** 요소를 암호화하는 약 10 kb의 직렬반복서열로 구성되어 있다(그림 3.14). 이 리보솜 유전자의 암호화 서열은 모든 종에 걸쳐, 심지어 식물과 동물계 사이에서도 고도로 보존되어 있다. 그러나 암호화 영역은 **유전자 간 스페이서**(intergenic spacer, IGS)로 나누어져 있는데, 변이가 매우 크다. 이 부분은 IGS 서열의 분화 정도를 분석함으로써 종 간 유연관계를 탐구하는 데 사용되어 왔다. NOR의 수와 염색체 상의 위치는 많은 식물 종에서 결정되었다. 예를 들어, 애기장대에는 2개의 NOR이 있는데, 각각은 약 4 Mb 크기로서 하나는 2번 염색체에, 다른 하나는 4번 염색체 상에 있다. 28S, 18S,

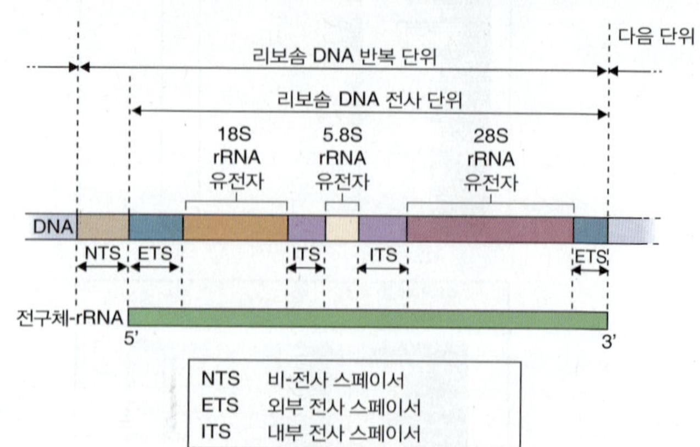

그림 3.14 리보솜 RNA를 암호화하는 유전자의 구조. 대부분의 식물성 진핵 리보솜 유전자는 7,800에서 185,000 염기쌍 길이의 반복 단위로 존재한다. 반복 단위는 rRNA 유전자로 구성되며, 이들의 서열은 고도로 보존되어 있고, RNA로 전사되지 않는 짧은 스페이서 서열로 나뉘어져 있다. rRNA 유전자는 18S, 5.8S, 28S, 그리고 5S 크기의 4개가 있다. 이 중 처음 3개 유전자는 반복 단위에 들어 있어 처음에는 전구체-RNA 단위로 전사된다. 5S 유전자는 유전체의 다른 곳에 암호화되어 있다. 이 유전자들에 암호화되어 있는 4개의 서로 다른 rRNA 분자는 함께 리보솜의 RNA 부분을 구성한다.

표 3.4 다양한 리보솜 종류의 조성 및 특성 요약

	침강 계수(S)		
리보솜	**단위체**	**rRNAs**	**단백질 수**
식물 세포질, 80S	소단위체 40	18	32
	대단위체 60	28, 5.8, 5	48
식물 색소체, 70S	30	16	~25
	50	23, 5, 4.5	~33
식물 미토콘드리아, ~70S	30	18	> 25
	50	26, 5	> 30
원핵생물, 70S	30	16	21
	50	23, 5	31

5.8S RNA에 더하여 각 리보솜은 **5S RNA**도 갖고 있다. 이 RNA 또한 직렬배열 내에 암호화되어 있으며, 28S, 18S, 5.8S RNA 클러스터와는 다른 유전체 영역, 보통은 다른 염색체에서 발견된다.

이질염색질 혹(**heterochromatic knob**)은 동원체로부터 분리된 영역에서 발견되는 고도로 응축된 염색사 영역이다. 이는 거대 유전체 식물에서는 매우 일반적인 것으로 옥수수에서 그 특징이 매우 잘 분석되었다(그림 3.15). 애기장대는 반수체 유전체에 1개의 이질염색질 혹을 4번 염색체에 가지고 있다. 염기서열 분석 결과 주로 레트로트랜스포손으로 구성되어 있음이 밝혀졌다.

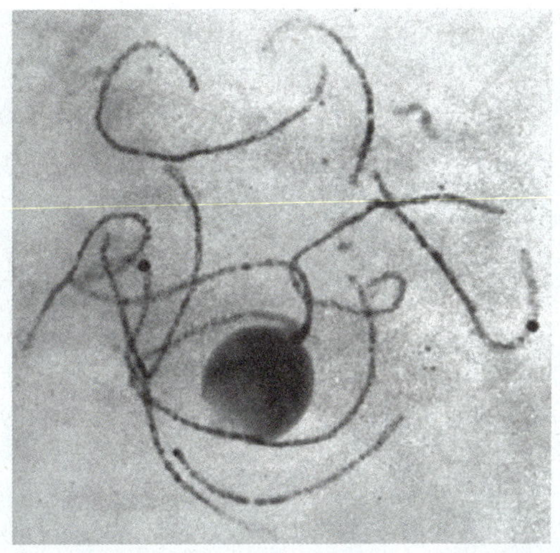

A

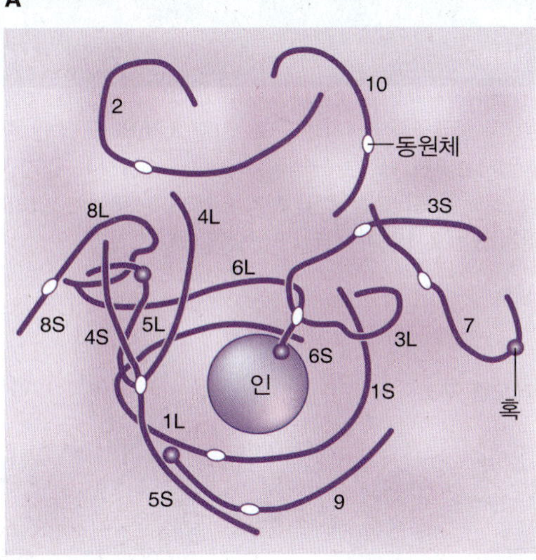

B

그림 3.15 세포분열 주기의 한 단계에서 관찰되어 뚜렷하게 신장된 가닥으로 보이는 옥수수 핵의 10개 염색체. (A) 전자현미경 사진. (B) 개별 염색체별로 동원체와 이질염색질 혹을 표시한 (A)의 모식도. S와 L은 각각 각 염색체의 짧은 팔과 긴 팔을 나타낸다.

3.3.5 핵 내 DNA는 히스톤 단백질과 함께 포장되어 염색사를 형성한다

지금까지, 염색체에서의 DNA 조성에 대해서만 기술했다. 그러나 식물 염색체는 다른 진핵생물처럼 단순히 DNA 보다는 더 많은 것들로 구성되어 있다. 염색체 DNA는 다수의 서로 다른 단백질들과 결합한다. 이 단백질들은 염색체의 구조를 유지하고 유전자 발현을 조절하는 데 중요하다. DNA와 이의 결합 단백질들을 **염색사**(**chromatin**)라고 부른다. 염색사의 단백질 중 많은 부분은 **히스톤**(**histone**)이다. 히스톤은 고도의 염기성 단백질(즉, 양전하를 띠고 있음)인데, 이 특성이 산성 DNA 분자와의 상호작용을 촉진한다. 간기 동안 **이질염색질**(**heterochmatin**)로 불리는 염색사 영역은 강하게 꼬여 있고 염색 시약에 어둡게 염색된다. 이질염색질은 보통 '활성이 없는' DNA로 유전자 전사가 거의 또는 전혀 일어나지 않는다. 이에 반해 **진정염색질**(**euchromatin**)로 지칭되는 다른 영역은 더 느슨하게 포장되어 있고 약하게 염색되며 보통 전사가 활발히 일어나는 유전자들을 담고 있다.

초고해상도 주사전자현미경을 사용한 결과, 염색사는 약 10 nm 직경의 '줄에 달린 구슬' 구조를 닮았다(그림 3.16). '구슬'은 뉴클레오좀(nucleosome) 배열을 나타낸다. 뉴클레오좀 1개는 8개 히스톤 단백질-2개의 4량체로서 각각은 H2A, H2B, H3, 그리고 H4-의 구형 집합체와 이 주변을 두 바퀴(166 bp) 감싸고 있는 DNA로 구성된다(그림 3.17). 또 하나의 히스톤인 H1은 뉴클레오좀 핵의 바깥쪽에 결합한다. 이 단백질은 뉴클레오좀 배열 뿐만 아니라 염색사의 고차 구조를 안정화시키는 기능을 한다(그림 3.18). 핵심 히스톤 H2A, H2B, H3, H4는 모두 단백질

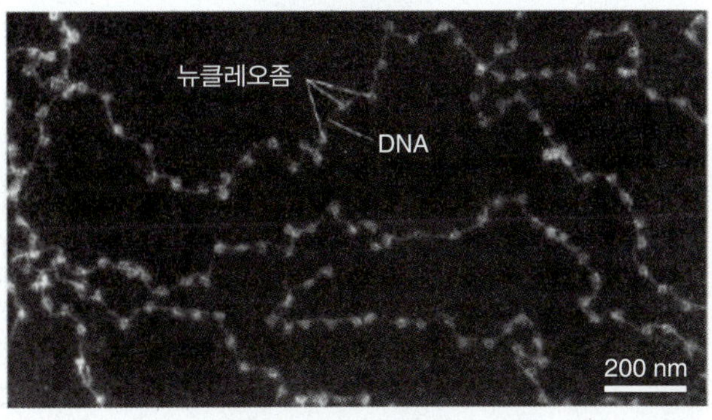

그림 3.16 DNA 가닥을 따라 배열된 뉴클레오좀(직경 약 10 nm의 줄에 달린 구슬 구조)를 보여주는 현미경 사진

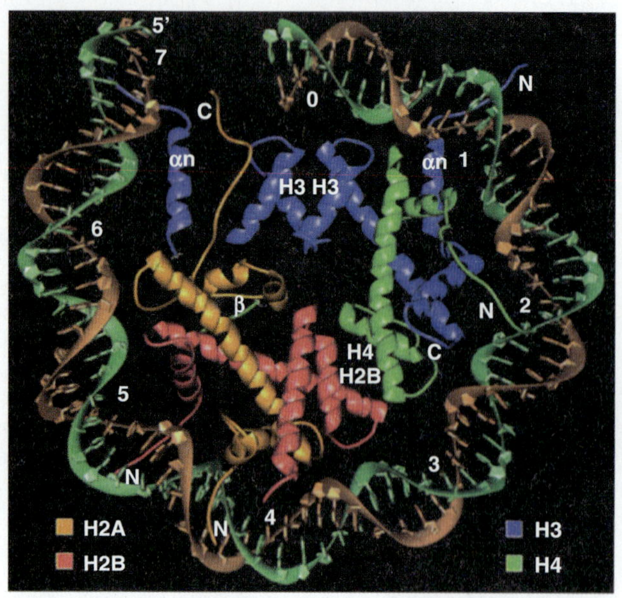

그림 3.17 뉴클레오좀의 3차원 구조. 그림 3.16의 '구슬'인 중심 뉴클레오좀 입자는 8개 히스톤 단백질 복합체 주변을 146 염기쌍이 감싸고 있다. 히스톤 옥타머는 각각 히스톤 H2A, H2B, H3, 그리고 H4로 이루어져 있는 2개의 4량체로 구성되어 있다.

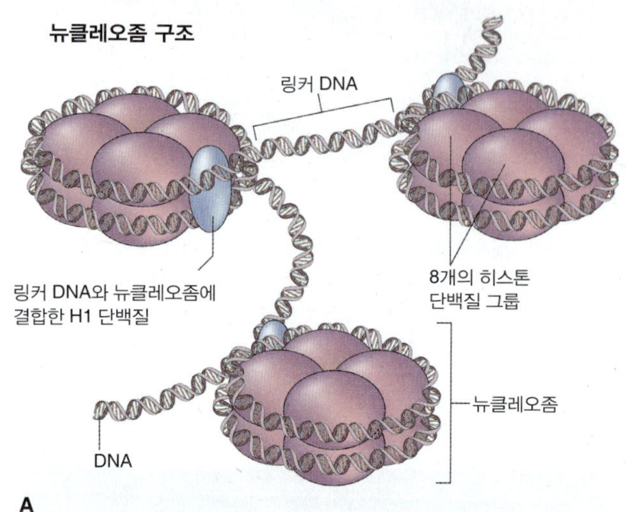

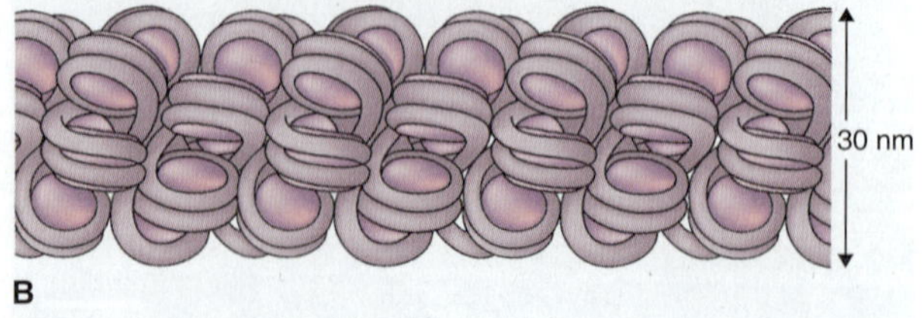

그림 3.18 10 nm 뉴클레오좀의 배열. (A)의 배열은 보통 더 꽉 찬 30 nm 섬유 '솔레노이드' (B)로 응축된다. 히스톤 H1은 뉴클레오좀 6개로 이루어진 코일을 연결하여 이 구조를 안정화시킨다.

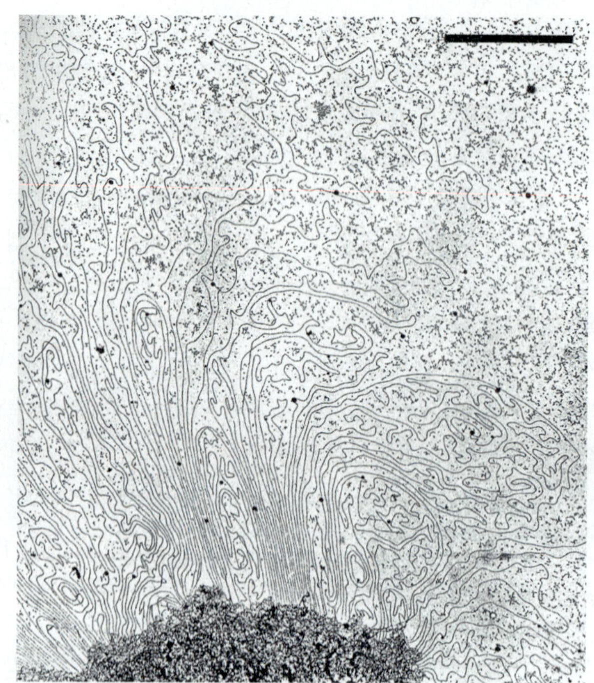

그림 3.19 핵의 스케폴드 단백질에 염색사가 부착하여 이 전자현미경 사진에서 보는 것과 같은 다양한 크기의 루프를 형성한다.

구조에 공유 변화가 일어난다. 이러한 변화에는 메틸화, 아세틸화와 인산화 등이 포함된다. 이 변화는 히스톤과 DNA 사이의 상호작용에 영향을 주며, 어떤 경우에는 유전자의 발현 조절에 참여하기도 한다.

'줄에 달린 구슬' 조립은 더 높은-차원으로 꼬여 30 nm 직경의 소위 말하는 **'솔레노이드(solenoid)'** 구조를 만들어 유전체를 핵 내에서 매우 응축된 구조가 되게 한다. 솔레노이드 구조는 **핵 스케폴드 단백질(nuclear scaffold protein)**에 붙을 때 더 응축되어 다양한 길이의 염색사 루프 도메인이 된다(그림 3.19). 고등 식물의 핵은 직경이 겨우 몇 마이크로미터이지만, 예를 들어, 옥수수의 핵 1개에 들어 있는 전체 DNA의 길이는 약 4 m에 달하기 때문에 이러한 다양한 단계의 응축은 필수적이다. 따라서 DNA는 핵 내부에 꼭 맞아 들어가고 부서지거나 얽히지 않기 위해서는 포장될 필요가 있다.

3.3.6 각 종은 특징적인 염색체 수를 갖는다

핵당 염색체 수는 한 종의 특징이 된다. 유전체 크기의 경우처럼, 각 종 간의 염색체 수와 크기는 큰 차이가 있다. 이 범주에서 최하 말단에 있는 3종(*Brachycome dichromosomatica*, *Zingeria biebersteiniana*, 그리고 *Haplopappus gracilis*)의 반수체 염색체 수는 2이다. 반

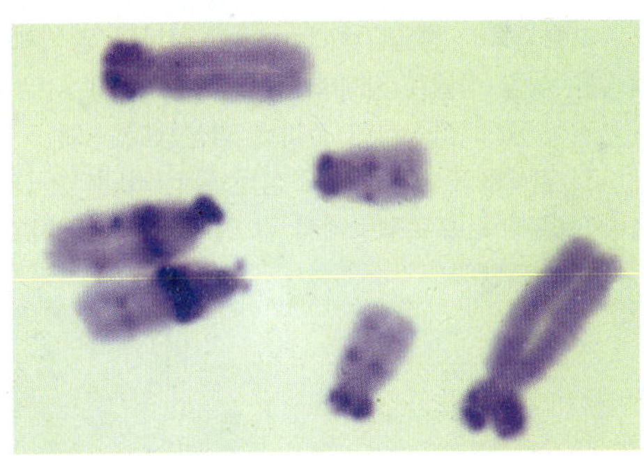

그림 3.20 *Crepis capillaris*의 염색체 세 쌍을 보여주는 현미경 사진

대편 극단에서 쇠뜨기(*Equisetum*)속 식물들은 100개 이상의 반수체 염색체를 갖고 있다. 염색체 수와 전체 DNA 양 사이의 인과관계는 없다. 예를 들어, 일본에서 다다미 매트를 짜는 데 상업적으로 쓰이는 골풀(*Juncus effusus*)은 아주 작은 23개 염색체를 반수체 염색체로 갖고 있지만, 핵 DNA 양은 0.3 pg으로 애기장대(n = 5)의 2배 보다 작다. 이에 반해 국화과 식물인 *Crepis capillaris*는 2.1 pg의 DNA가 3개의 염색체에 포장되어 있다(그림 3.20).

3.3.7 식물에서 배수화와 유전체 중복은 흔하다

대부분의 포유류처럼 인간은 2배체이다. 인간은 완전한 염색체 2세트를 갖고 있으며 한 세트씩은 각각의 부모로부터 온다. 이에 반해 2세트 이상의 염색체를 갖는 식물 종들이 흔하게 발견된다. 이런 현상을 **배수화(polyploidy)**라고 부른다. 각각 4세트와 6세트의 완전한 염색체를 갖고 있는 4배체와 6배체 종이 일반적이며 8배체 또한 존재한다.

배수체(polyploid)는 다음의 두 가지 방법 중 한 가지에서 기인한다. 만약 2배체 식물의 전체 염색체가 2배로 늘어나면 그 결과는 **동형4배체(autotetraploid)**이다. 즉 한 식물은 4세트의 염색체를 가지며 2세트는 각각의 부모로부터 온 것이다. 동형4배체는 자발적으로 생기거나 방추사를 분해하는 콜치신(colchicine)과 같은 약물 처리에 의해 유도될 수도 있다. 만약 부모 식물체가 2n = 6이면 동형4배체는 12개 염색체를 가질 것이며, 2n = 4x = 12로 표현되게 된다. 이때 n은 새로운 2배체 염색체 수이며 x는 원래 2배체 염색체 수이다. 만약 염색체 세트가 한 번 더 2배 증가하면, 그 식물은 2n = 8x = 24인 8배체가 될 것이다(그림 3.21).

더 많은 식물 유전체 서열이 이용 가능해짐에 따라 식물 진화의 역사를 통해 많은 **유전체 중복(genome duplication)**이 있었다는 증거가 증가하고 있다. 유전체 중복이 일어난 시기는—몇 백만년 전 어느 때부터 1억년 보다 더 오래된 시기 전까지—중복된 서열이 서로 달라진 정도로부터 추정될 수 있다. 이 분석에는 단백질-암호화 유전자가 사용되는데, 왜냐하면 유전체의 비-암호화 영역은 강한 선택 압력을 덜 받으며 종종 이들의 공통 기원을 더 이상 알아볼 수 없는 지점까지 빠르게 분화하기 때문이다. 동일 식물 종 또는 서로 다른 식물 종 간에 두 유전자의 암호화 서열이 구분 가능하게 관련되어 있으면 이 유전자들을 **호몰로그(homolog)**라고 부른다. 더 특별하게, 서로 다른 식물 종에서 발견되는 호몰로그 유전자들은 **오솔로그(ortholog)**라고 한다. 동일 종에 있는 2개 이상의 동위형 유전자들은 **파랄로그(paralog)**라고 한다.

유전체 중복에 따라, 중복된 유전자 각각은 상실되거

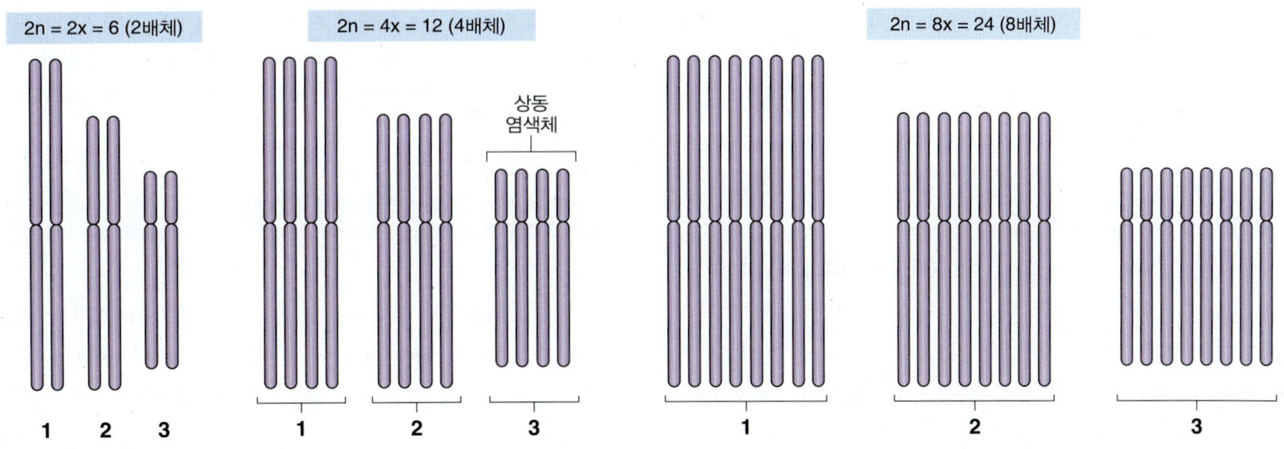

그림 3.21 3쌍의 염색체를 갖고 있는 가상의 2배체(2n = 2x = 6) 식물체로부터 동형배수화에 의한 4배체(2n = 4x = 12)와 8배체(2n = 8x =24) 형성.

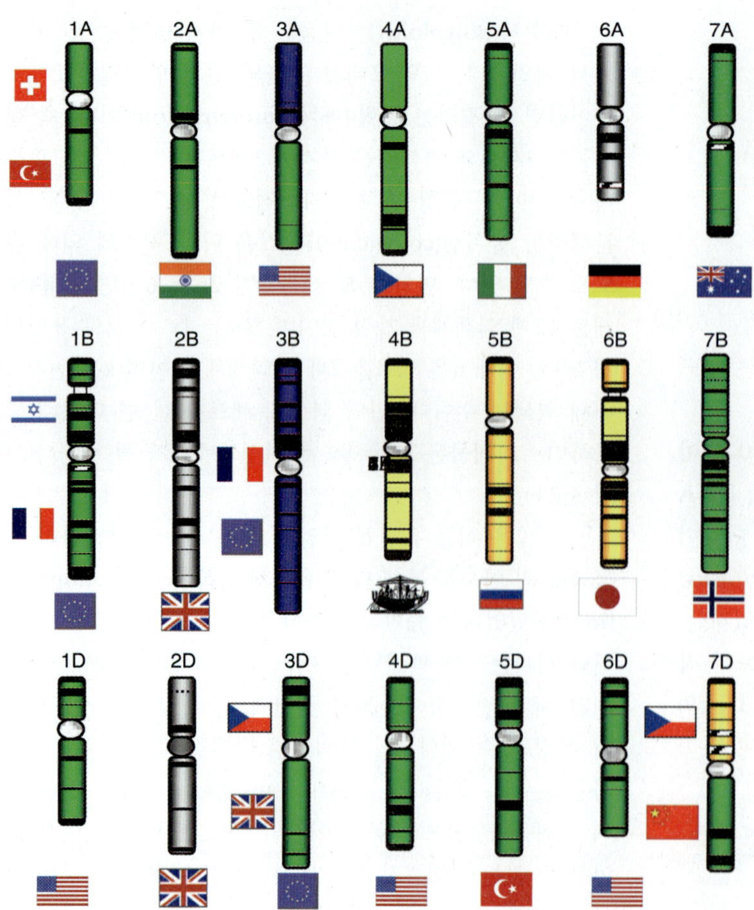

그림 3.22 빵밀(*Triticum aesivum*)의 염색체 조성. 빵밀은 식량 작물로 재배화되던 중에 3종의 서로 다른 2배체 조상 종의 잡종화의 결과로 형성됐다. A와 B 그리고 D는 각 염색체에 해당하는 조상 종을 나타낸다. 국기들은 밀 유전체 해독 프로젝트에서 각 염색체를 담당하고 있는 나라를 나타낸다.

나 유전자 기능에 변화를 겪을 수 있다. 이러한 변화는 중복 이후 중복된 유전자 중 최소한 하나는 생물체의 생존에 필수적인 원래의 기능을 유지하는 것이 꼭 필요치 않아 자유롭게 분화 또는 진화하기 때문에 일어날 수 있다. 최종 결과는 중복된 유전자 중 하나는 원래 부모 유전자의 기능과는 다른 기능을 갖게 된다. 다른 한편으로는, 중복된 두 유전자가 부모 유전자가 수행하던 원래의 역할을 함께 담당할 수도 있다. 예를 들어, 한 유전자는 잎에서 발현되고 다른 유전자는 뿌리에서 발현된다. 또는 하나는 발달 초기에 발현되고 다른 하나는 늦게 발현된다. 두 경우 모두 이러한 변화는 유전자의 단백질-암호화 영역 또는 이들의 조절 영역에 영향을 줄 수 있다.

다른 종류의 배수화인 **이형배수화(allopolyploid)**는 둘 또는 그 이상의 조상 종 유전체가 전체 염색체의 수가 줄어들지 않은 상태로 하나의 새로운 종으로 융합될 때 만들어진다. 이러한 **종간 잡종 현상(interspecific hybridization event)**은 자연상태에서는 흔하지 않으며 자손은 보통 불임이다. 그러나 유전 분석에 따르면 많은 근대 식물종은 진화 역사의 어느 순간에 종간 잡종화를 겪었다. 많은 중요한 작물 종들은 이형배수체인데, 이는 아마도 초기 인류가 야생 종의 최적 형질들을 함께 가져감으로써 수확량과 품질을 증진시키기 위해 시도했던 결과일 것이다. 예를 들어, 빵밀(*Triticum aestivum*)은 3개의 조상 2배체 종으로부터 온 3세트의 염색체를 가지고 있다. 빵밀의 유전체는 2n = 6x = 42로 나타낸다(그림 3.22)

키포인트 핵 유전체에서 유전 물질인 DNA는 염색체에 담겨 있다. 각 염색체는 2개의 팔을 가지고 있는데, 각각은 텔로미어에서 끝나며 동원체로 부르는 복잡한 구조에 의해 분리된다. 염색체는 인 조직화 영역과 이질염색질 혹을 포함한 또 다른 뚜렷한 구조적 특성을 갖는다. 염색체 팔은 유전자가 풍부한 데 반해 동원체 주변 부위는 유전자가 거의 없다. 핵 DNA는 히스톤 단백질과 함께 염색사로 포장되어 있으며, 염색사는 '줄에 달린 구슬' 형태의 일련의 뉴클레오좀으로 구성된다. 뉴클레오좀은 더 꼬여 빽빽한 '솔레노이드' 구조를 만든다. 식물 종 각각은 특징적인 숫자의 염색체 쌍을 갖는다. 염색체 수는 모든 세포에서 2쌍부터 100쌍 이상까지 중에 하나이다. 배수화와 유전체 중복은 식물에서 흔하다.

3.4 식물 유전체의 발현 I. DNA로부터 RNA로의 전사

유전자가 발현되기 위하여 유전자를 구성하는 DNA는 반드시 RNA로 전사되어야 한다. 대부분의 경우에서 그 다음 RNA는 단백질로 번역된다. 그러나 전사 산물은 단백질 합성의 주형인 mRNA 뿐만 아니라 단백질 합성 기구의 구성원이거나 조절 기능을 하는 다양한 RNA 분자들도 포함한다(표 3.5). 극소수 예외를 제외하면 DNA 이중나선 중 한 쪽 가닥(**암호화 가닥, coding strand**) 만이 단백질을 암호화하며, 두 가닥 중 어느 가닥도 될 수 있다. 따라서 염색체 특정 구역의 단백질-암호화 유전자는 양쪽 어느 방향으로든지 RNA로 전사될 수 있다. 이 과정은 한 유전자가 특정 시간과 주어진 조건 하에서 발현될 것인지, 그리고 얼마나 많이 발현될 것인지를 결정하는 조절 요소의 통제 하에 있다. 우리는 이제 핵 유전자의 전사와 번역 과정을 살펴보고 유전자 발현이 조절되는 방식을 논의할 것이다.

3.4.1 식물 핵 유전자는 복잡한 구조를 가지고 있다

식물 유전체의 일반적인 구조와 조성은 이미 논의했다. 이제 개별 식물 유전자의 구성을 살펴보자. 식물 핵 유전자는 다른 진핵생물의 유전자와 유사하게 구성되어 있다. 평균적으로 유전자 산물을 암호화하고 있는 유전자 부위는 약 1300 DNA 염기(1.3 kb)에 걸쳐 있다. 그러나 대부분의 경우에서 이 염기들은 퍼져 있으며 다른 비-암호화 서열에 의해 둘러싸여 있기 때문에 전형적인 진핵생물 유전자는 4 kb 또는 그 이상에 이른다. 염색체에서 유전자의 물리적 위치는 **유전좌위**(**locus**, 복수는 loci)로 알려져 있다.

유전자 산물을 암호화하는 단백질-암호화 유전자의 구획을 **엑손**(**exon**)이라고 하며, 이들 사이에 펼쳐져 있는 비-암호화 DNA는 **인트론**(**intron**)이다. 처음에 단백질-암호화 유전자가 RNA로 전사될 때 엑손-인트론 영역 전부가 전사되어 **1차 전사체**(**primary transcript**)를 만든다. 그 다음 인트론에 해당하는 영역은 **스플라이싱**(**splicing**)으로 알려져 있는 과정을 통해 절단되고 단백질 산물로 번역되는 **전령 RNA**(**messenger RNA, mRNA**)가 만들어진다.

유전자의 5′ 말단(**5′ 선도 서열, 5′ leader sequence**)에 접하는 비-암호화 서열은 보통 유전자 전사를 조절하는 역할을 하는 DNA 요소를 담고 있다. 3′ 측면 영역은 mRNA를 변형시키는 서열 요소와 전사 종결 부위를 가지고 있으며, 추가적인 조절 요소도 가지고 있을 수 있다(그림 3.23). 때때로 한 유전자의 3′ 측면 영역이 '끝나는' 곳과 그 다음 유전자의 5′ 측면 영역이 '시작'되는 곳을 결정하는 것은 쉽지 않다. 이러한 유전자 사이 영역은 직렬 반복 서열과 활성형 또는 비활성형 전이인자를 포함하여 식물 유전체를 거대하게 만드는 DNA를 많이 가지고 있다.

표 3.5 서로 다른 종류의 RNA 중합효소에 의해 서로 다른 종류의 RNA가 전사된다

중합효소 종류	전사되는 유전자/합성되는 RNA의 종류
Pol I	18S, 5.8S와 25S 리보솜 RNA
Pol II	전령 RNA, 마이크로 RNA
Pol III	5S 리보솜 RNA, 운반 RNA
Pol IV	짧은 간섭 RNA(siRNA)

3.4.2 히스톤과 염색사 구성은 유전자 발현에 중요한 역할을 한다

핵 유전자가 전사되기 전에 염색사는 유전자가 전사 기구에 접근 가능하도록 형태가 바뀌어져야 한다. 전사되고 있거

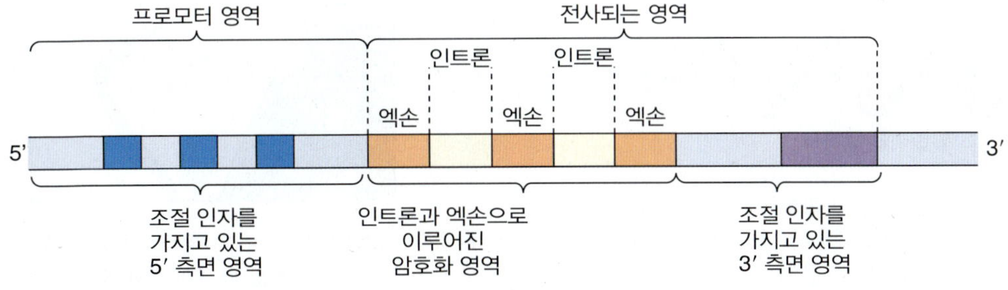

그림 3.23 전형적인 식물 유전자의 구조. 조절 영역(프로모터)과 유전자의 단백질 산물을 암호화하는 RNA 복사본을 만들기 위해 전사되는 영역을 포함하고 있다. 암호화 영역은 조절 정보도 담고 있다. 인트론은 암호화 영역 내부에 존재하며 단백질을 만드는 데 사용되는 성숙한 전령 RNA에는 참여하지 않는다. 최종 mRNA에는 엑손(단백질을 암호화하고 있는 서열)만 나타난다.

나 곧 전사될 유전자를 둘러싸는 염색사는 전 유전체 염색사보다 덜 응축되어 있다. 유전체에서 이런 영역은 DNaseI 효소에 의한 분해에 과민감하기 때문에 감지할 수 있다.

염색사 구조에서의 역할에 추가하여 2종류의 히스톤인 **H3**와 **H4**는 합성된 이후 폴리펩티드 사슬에 특정 구성요소를 추가함으로써 번역-후 조절되면 유전자 전사에 영향을 미칠 수 있다. 이러한 변화는 염색체 구조를 변화시키거나 전사인자의 결합을 촉진 또는 감소시킴으로써 유전자 전사에 영향을 미칠 수 있다. 히스톤 H3와 H4가 겪는 두 가지 주요한 변형은 **아세틸화**(**acetylation**)와 **메틸화**(**methylation**)이다. 아세틸화 도중 하나의 아세틸기는 아세틸 조효소 A로부터 두 히스톤 중 어느 쪽에나 있는 5개 리신 잔기 중 하나 또는 다수에 전달된다. 이 과정을 수행하는 효소는 **히스톤 아세틸트랜스퍼레이즈**(**histone acetyl transferase, HAT**)로 알려져 있다. 아세틸화된 히스톤은 덜 빽빽한 뉴클레오좀을 형성하며 일반적으로 전사인자가 더 많이 접촉할 수 있다(그림 3.24). 히스톤 H3과 H4의 메틸화 또한 리신 잔기에 영향을 준다. 이 과정은 S-아데노실메티오닌(S-adenosylmethionine) 또는 S-아데노실호모시스테인(S-adenosylhomocystein)으로부터 히스톤으로 메틸기를 전달하는 히스톤 메틸트랜스퍼레이즈(histone methyl transferase, HMTase)에 의해 이루어진다. 어떤 리신 잔기가 아세틸화되느냐에 따라 메틸화는 유전자 발현의 증가 또는 이질염색질 형성과 유전자 침묵의 결과를 이끌 수도 있다. 히스톤 변형과 염색사의 구조는 식물과 기타 진핵생물에서의 유전자 발현에 중요한 역할을 한다는 사실이 점점 더 명확해지고 있지만 이 과정들에 대한 이해는 아직 완전하지 않다.

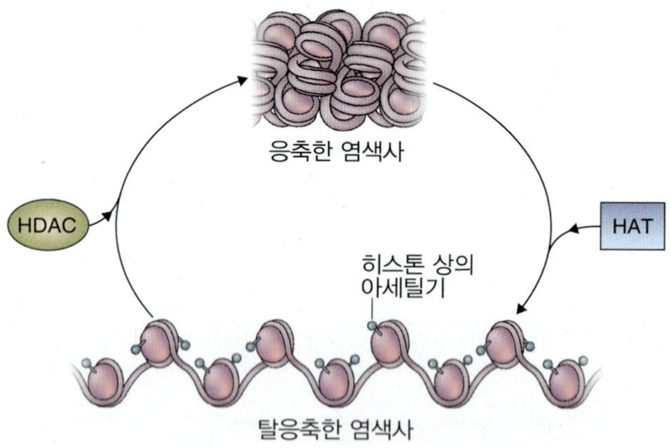

그림 3.24 히스톤 변형. 뉴클레오좀 내 히스톤과 링커 히스톤 H1 모두 아세틸 트랜스퍼레이즈에 의한 아세틸화에 의해 N 말단이 변형될 수 있다. 히스톤에 아세틸기가 있으면 이는 염색사의 지역적 탈응축을 일으킨다. 그 결과·이런 부위의 DNA는 전사되기 더 쉽다. 히스톤 디아세틸레이즈(HDAC)에 의해 아세틸기가 제거되면 히스톤은 DNA와 더 단단히 상호작용하며 뉴클레오좀 구조가 더욱 응축된다.

3.4.3 고차원 염색체 구조 또한 유전자 발현을 조절한다

고등 진핵생물의 염색체는 핵 구조체에 여러 지점에서 부착되어 있어 다양한 크기의 염색사 고리 영역을 형성한다(그림 3.19 참고). **기질 부착 영역**(**matrix attachment region, MAR**)으로 알려져 있는 부착이 일어나는 서열들은 200-1000 bp 길이의 AT가 풍부한 DNA 서열이다. MAR은 염색사의 응축을 줄여줌으로써 한 유전자 또는 유전자 집단의 전사를 촉진한다고 여겨진다(그림 3.25). 서로 다른 MAR에 의해 형성되는 고리들은 각각 독립적이며 유전자 발현에 영향을 미친다고 알려진 초나선의 정도도 다양하다. 예로는 완두(*Pisum sativum*), 강낭콩(*Phaseolus vulgaris*),

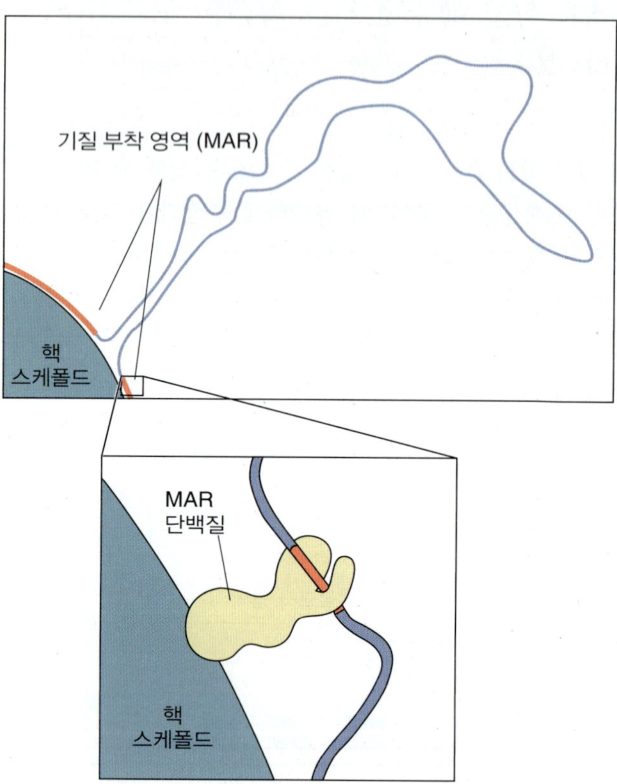

그림 3.25 기질 부착 영역. 염색사의 MAR은 핵의 기질에 부착하여 루프 모양의 초나선 구조를 형성한다. MAR은 서로 다른 영역에서 유전체의 응축 수준을 차등화하여 유전자 발현에 영향을 미친다고 생각된다. MAR과 결합하는 몇몇 종류의 특수 단백질도 있는데, 이들은 MAR DNA 서열을 핵 기질에 묶는 기능을 한다.

대두(*Glycine max*), 담배(*Nicotiana tabacum*), 사탕수수(*Saccharum officinarum*), 그리고 옥수수(*Zea mays*)가 있다. MAR은 자주 유전자의 암호화 영역과 접해 있는데 많은 경우 조절 인자와 연결되어 있다. 예를 들어, 강낭콩 β-파세올린(β-phaseolin) 유전자의 5′-인접 영역은 이 유전자의 전사를 촉진하는 인핸서(enhancer) 서열과 함께 작용하는 MAR을 포함하고 있다.

키포인트 식물의 핵 유전자는 구조가 복잡하다. 단백질-암호화 유전자에서 유전자 산물을 암호화하는 구획을 엑손이라고 부른다. 엑손은 이들 사이에 있는 비암호화 영역인 인트론에 의해 분리된다. 유전자의 단백질-암호화 부위에 인접하는 영역은 유전자 발현의 시기와 양을 조절하는 프로모터와 기타 조절 영역을 포함한다. 발현되는 유전자의 경우 전사로 불리는 과정 속에서 DNA의 RNA 복사본이 만들어져야 한다. 대부분의 경우에서 RNA는 단백질로 번역된다. 그러나 전사의 일부 산물은 단백질 합성 기구의 구성원 또는 조절 역할을 하는 RNA 분자들이다. 거의 예외 없이 DNA 이중나선의 어떤 영역의 한 쪽 사슬(암호화 사슬)은 RNA 산물을 암호화하며 DNA의 어느 쪽 사슬이든 암호화 사슬이 될 수 있다. DNA의 발현은 많은 단계에서 조절된다. 히스톤, 염색사 구성, 고차원 염색사 구조 모두 유전자 발현에 중요한 역할을 한다.

3.4.4 프로모터와 기타 조절 요소들이 유전자 전사의 시기와 양을 조절한다

DNA로부터 RNA로의 전사는 RNA 중합효소(RNA 중합효소, RNA polymerase)에 의해 수행된다. 전사가 일어나기 위해서 중합효소는 전사될 유전자의 상류(5′ 영역의 앞쪽) 프로모터 서열에 결합해야 한다. 넓은 의미에서 **유전자 프로모터**(gene promoter)는 유전자의 전사에 필요하거나 또는 전사를 강화하는 **전사인자**(transcription factor)로 불리는 단백질의 결합을 조절하는 다양한 서열 요소를 포함한다. 한 유전자의 프로모터는 보통 유전자 자신으로부터 바로 1-2 kb 상류 서열로 간주된다. 프로모터는 **핵심 요소**(core element)와 **프로모터 조절 요소**(promoter regulatory element)로 구성된다. 핵심 요소는 RNA 중합효소의 결합에 필요하며, 따라서 유전자의 전사에 필요한 서열이다. 이들은 보통 전사 개시점으로부터 50 bp 상류(5′ 쪽으로) 또는 하류(3′ 쪽으로) 내에 있다. 프로모터 조절 요소는 유전자 발현의 활성화, 억제 또는 조절을 담당한다. 전사인자는 이 조절 요소에 결합하고 유전자가 적절한 RNA 중합효소에 의해 전사되는 속도에 영향을 준다. 프로모터 조절 요소는 전사 개시점과 핵심 요소의 상류이며 가까운 곳에 있다. 그러나 기타 조절 요소들은 유전자의 인트론, 암호화 영역의 하류, 또는 유전자로부터 수 킬로베이스 떨어진 곳에서도 발견될 수 있다.

동일한 염색체에서 유전자의 암호화 영역과 동일한 DNA 사슬에서 유전자에 밀접하게 위치하고 있는 조절 요소를 **시스 요소**(cis element)라고 한다. 한편, 유전체 어느 곳에 암호화되어 있는 단백질(또는 기타 분자)로서 프로모터 또는 프로모터에 결합하는 단백질과 상호작용하는 것을 **트랜스-활동 인자**(trans-acting factor)라고 부른다.

어떤 식물 유전자의 프로모터는 영양 수준, 호르몬 농도 또는 환경 스트레스 같은 인자들에 반응하여 유전자 발현의 특이성을 부여하는 DNA 서열을 포함한다. 이러한 **반응 요소**(responsive element, 또는 response element)는 일반적으로 짧고, 고도로 보존되어 있는 핵심 DNA 서열을 가지고 있는데, 이 서열은 특별한 인자에 반응하기 위하여 필수적이며 덜 보존적인 영역에 둘러싸여 있다. 예를 들어, 애기장대와 벼 모두에서 2,000개 이상의 유전자에서 발견되는 앱시스산 반응 요소(ABRE)는 핵심 서열 AGCT를 가지고 있다. 한 유전자의 프로모터 영역에 이 서열을 가지고 있다는 것은 유전자의 발현이 앱시스산에 의해 유도될 수 있음을 의미한다. 에틸렌, 철 결핍, 탈수에 반응하는 요소들도 식물에서 잘 밝혀져 있다.

3.4.5 RNA 중합효소는 전사를 촉매한다

식물은 4종류의 서로 다른 핵 RNA 중합효소를 가지고 있는데, 각각은 핵에서 서로 다른 종류의 유전자 전사에 참여한다. 마이토콘드리아와 색소체 유전자의 전사에 필요한 추가적인 RNA 중합효소들도 있다. 각각의 핵 중합효소에 의해 전사되는 유전자 유형은 표 3.5에 요약했다. RNA 중합효소 I, II, III은 진화적으로 서로 관련되어 있는 다중 단위체 효소이며 모든 진핵세포에서 발견된다. 각각은 2개의 대 단위체와 10-15개의 소 단위체로 이루어져 있다(그림 3.26). 단위체의 일부는 중합효소 2개 또는 3개 모두에서 공통으로 나타난다. 4종류의 중합효소 각각은 특징적인 핵심 프로모터 유형을 갖는다.

RNA 중합효소 I(Pol I)은 전적으로 **45S 리보솜 RNA**

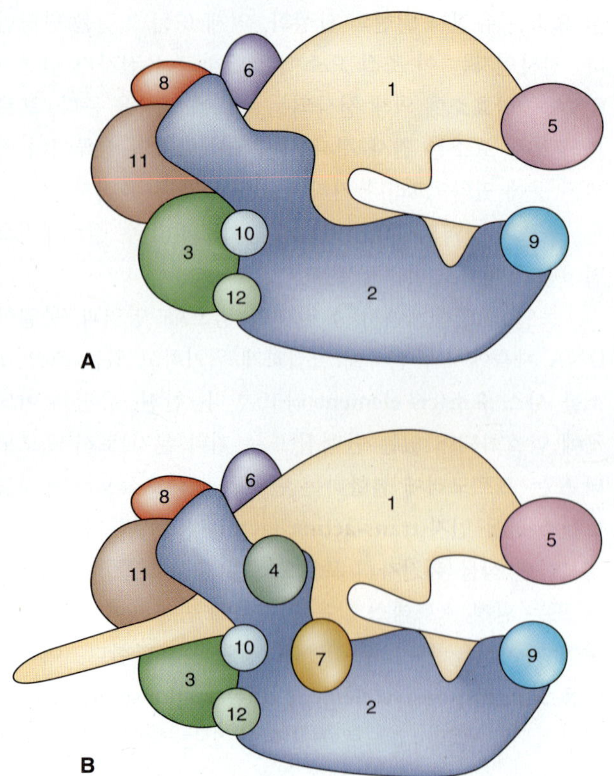

그림 3.26 RNA 중합효소(polymerase). (A) 3종류의 진핵 RNA 중합효소 각각은 5개의 중심 단위체(1, 2, 3, 6, 11)와 5개의 일반 단위체(5, 8, 9, 10, 12)를 갖고 있다. (B) 여기에서 보여주는 것은 RNA 중합효소 II로서, 모든 중합효소는 고유한 특성도 갖고 있다. RNA 중합효소 II는 5개의 중심 단위체와 5개의 일반 단위체에 추가하여, 2개의 고유 단위체가 있다. Rpb4와 Rpb7은 그림에서 4와 7로 나타냈으며 카르복시-말단의 '꼬리'는 전사 개시와 RNA 가공에 필요하다.

전구체(**45S ribosomal RNA precursor**)를 만들어 내기 위하여 직렬 전사되는 리보솜 유전자(18S, 5.8S와 25S 서열; 3.3.4절을 보시오)의 전사에 관여한다(그림 3.27). 전사체는 이후에 가공되어 스페이서 서열을 절단하고 각각의 개별 rRNA 구성원을 만들어 낸다.

Pol I의 **핵심 프로모터**(**core promoter**)는 리보솜 유전자의 상류 약 50 bp에서 발견된다. 이 핵심 프로모터는 보통 전사 개시점(TATATA(A/G)GGG) 부근에 고도로 보존된 영역을 담고 있지만 결정적인 조절 요소가 무엇인지는 아직 알려지지 않았다. 성장하는 세포에서 Pol I에 의한 다수의 RNA 유전자의 전사가 모든 RNA 합성의 80%에 이르고 있지만 이러한 전사가 어떻게 조절되는지에 대해서는 거의 알려지지 않았다. 세포질 리보솜의 네 번째 RNA 구성원인 5S RNA는 Pol III에 의해 전사된다.

RNA 중합효소 II(**Pol II**)는 핵 내 모든 단백질-암호화 유전자의 전사를 책임진다. Pol II 프로모터는 다른 프로모터보다 더 자세히 연구되어 왔다. 유전자와 연관되어 있는 Pol II 프로모터는 유전자가 언제, 어떤 세포 형에서, 그리고 어떤 환경 조건에 반응하여 발현되는지를 조절하는 데 중요한 역할을 한다.

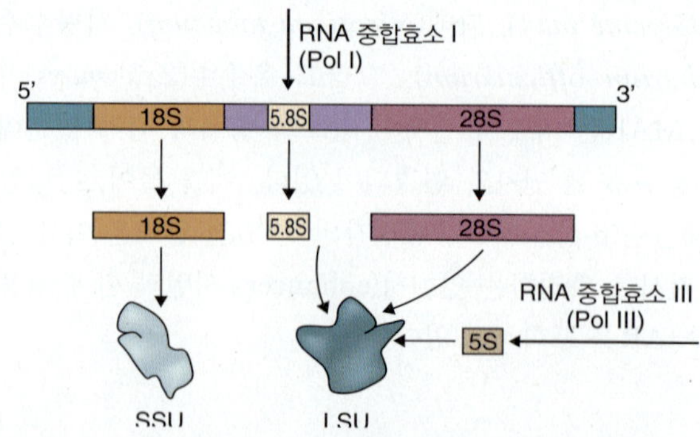

그림 3.27 RNA 중합효소 I(Pol I)은 리보솜 유전자 그룹(18S와 5.8S 그리고 28S 서열)을 전사하여 45S 리보솜 RNA 선구체를 만들어 낸다. 선구체는 그 다음 3개의 개별 단위로 절단된다. 18S rRNA는 리보솜 소단위(SSU)의 구성원이, 5.8S와 28S rRNA는 리보솜 대단위(LSU)의 일부가 된다.

많은 Pol II 핵심 프로모터는 **TATA 박스**(**TATA box**)로 불리는 영역을 담고 있다. TATA 박스는 DNA 서열 TATAA인데 보통 A-T 염기쌍이 3개 더 뒤따르고 GC-rich 영역에 의해 둘러싸이며, RNA 합성 개시점의 약 25 bp 상류에서 발견된다. Pol II 프로모터가 처음 확인됐을 때, 식물, 동물, 또는 곰팡이 모두에 TATA 박스가 존재하며 필수적일 것으로 믿어졌다. 이제 전-유전체 서열이 더욱 광범위하게 이용 가능하게 됨에 따라 TATA 박스는 3개의 Pol II 프로모터 중 약 1개에서만 나타난다고 밝혀졌다. 이런 특성을 가지고 있는 유전자는 주로 최소한 어떤 조건 하에서 발현이 많이 되는 것들이다. 유전자 전체 종류에서 TATA 박스가 없는 것들(예를 들어, 광합성에 관여하는 것들)도 있다. 이런 유전자들은 보통 **전사인자 IIB**(**TFIIB**) 결합 부위의 3′ 영역에 위치한 **하류 프로모터 요소**(**downstream promoter element**)로 알려진 대체 영역을 갖고 있다.

Pol II에 의한 전사 개시는 단백질-암호화 유전자의 정확한 전사를 위하여 몇몇 인자의 상호작용이 필요하다. TFIIB 같은 일반화된 전사인자(TFIIs)는 RNA 중합효소가 모든 단백질-암호화 유전자의 핵심 프로모터에 정확하게 결합하게 하기 위하여 **TATA-결합 단백질**(**TATA-binding protein, TBP**)과 함께 작용한다(그림 3.28A).

특정 유전자 또는 관련된 유전자 집단의 전사에 참여하는 고유 전사인자들은 전사의 개시를 조절하기 위하여

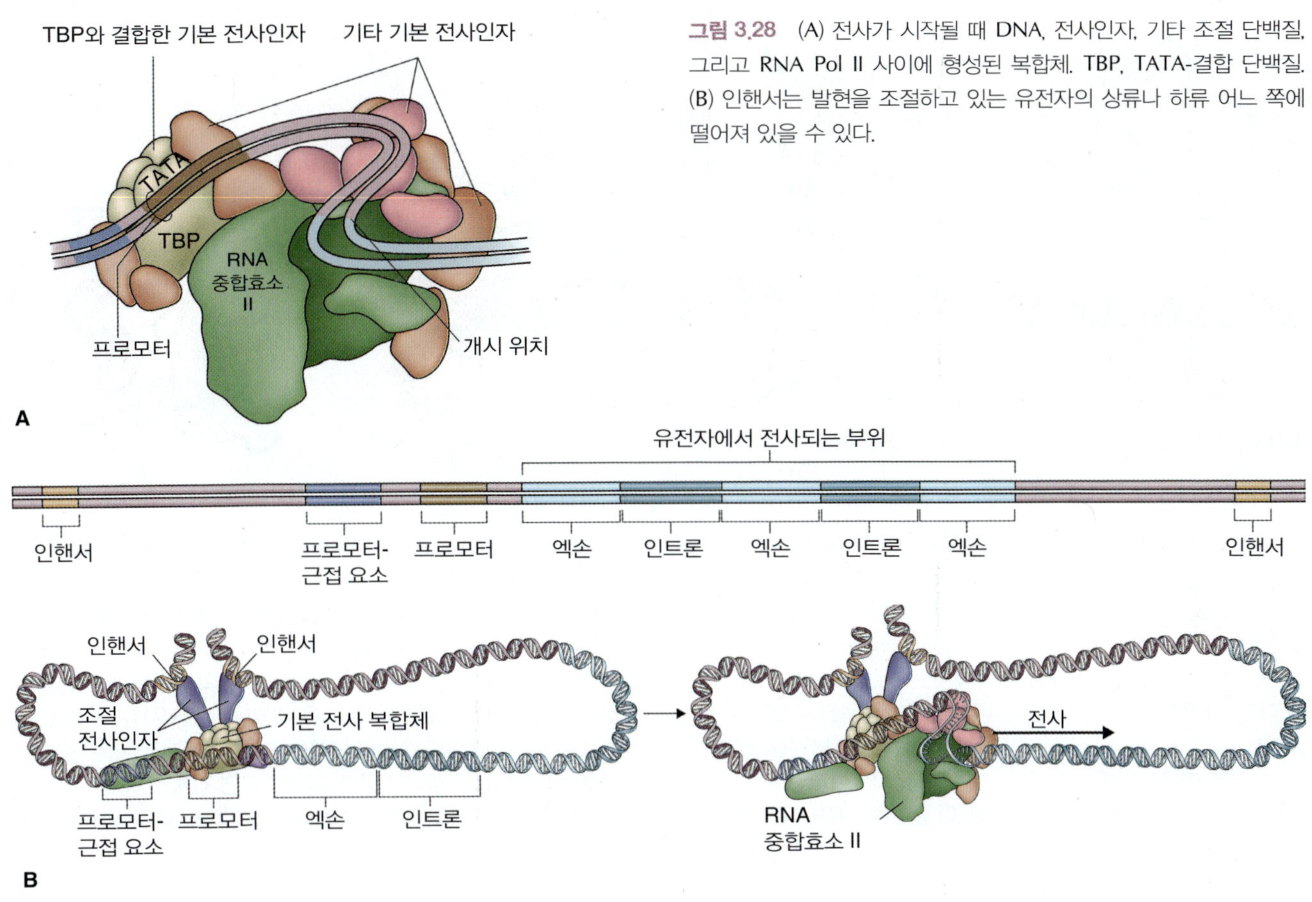

그림 3.28 (A) 전사가 시작될 때 DNA, 전사인자, 기타 조절 단백질, 그리고 RNA Pol II 사이에 형성된 복합체. TBP, TATA-결합 단백질. (B) 인핸서는 발현을 조절하고 있는 유전자의 상류나 하류 어느 쪽에 떨어져 있을 수 있다.

기초 전사 복합체와 상호작용한다(3.4.6절 참고). 또 다른 TBP-연합 인자는 전사 복합체와 특정 전사 인자 사이의 상호작용을 중개하여 서로 다른 유전자가 발현되는 방식을 조절하는 역할을 한다.

조절 요소는 전사인자에 결합하는데, 프로모터 자체 또는 TATA 박스로부터 상류 쪽 먼 곳, 유전자의 번역되지 않는 5′ 선도 서열, 그리고 심지어 인트론 내부 모두에서 발견될 수 있다. 이러한 조절 요소들은 흔히 **인핸서(enhancer)**로 작용하는데, 유전자 전사를 개시하는 데 있어서 RNA Pol II의 효율을 높여준다(그림 3.28B). 인핸서 서열은 유전자의 암호화 영역에서 상당히 멀리 떨어져 위치할 수 있다. 그러나 시스 요소처럼, 인핸서도 이들이 영향을 미치는 유전자와 동일한 DNA 가닥 위에 존재해야 한다. 인핸서는 유전자 발현의 특이성을 조절하거나 특정 조직에서 유전자가 발현될지 그리고 어느 정도로 발현될지 통제하거나, 또는 빛이나 병원체의 공격 같은 어떤 환경 인자에 반응하는 데 역할을 할 수 있다. **사이렌서(silencer)**라는 용어는 유전자 발현을 증가시키기 보다는 낮추는 데 작용하는 요소로서 인핸서와 유사하게 사용된다.

남은 2개의 RNA 중합효소, **Pol III**와 **Pol IV**는 잘 연구되지 않았다. Pol III는 가장 복잡한 RNA 중합효소로서 17개의 단위체로 구성되며, 이 중 5개는 Pol I과 Pol II에 동위형이 없다. Pol III는 tRNA, 5S 리보좀 RNA와 기타 몇몇 작은 RNA를 암호화하는 유전자를 전사한다. Pol IV는 Pol I-III와 완전히 구분된다. 이는 상대적으로 최근에 발견됐고 식물에 고유한 것으로 보인다. Pol IV는 **짧은 간섭 RNA(small interfering RNA, siRNA)**를 합성한다. 이들은 보통 20-25 뉴클레오티드 길이의 RNA 분자로 진핵세포에서 다양한 역할을 한다. 1990년대 말에 식물에서 처음 발견됐지만 현재는 곤충, 포유류와 기타 생물체에서도 발견되었다. siRNA의 한 가지 기능은 RNA 침묵이다. 이 과정에서 siRNA 하나는 이에 대한 서열 상동성이 있는 유전자의 발현을 억제할 수 있다. 이들은 또한 특정 바이러스에 대해 저항하는 역할도 한다.

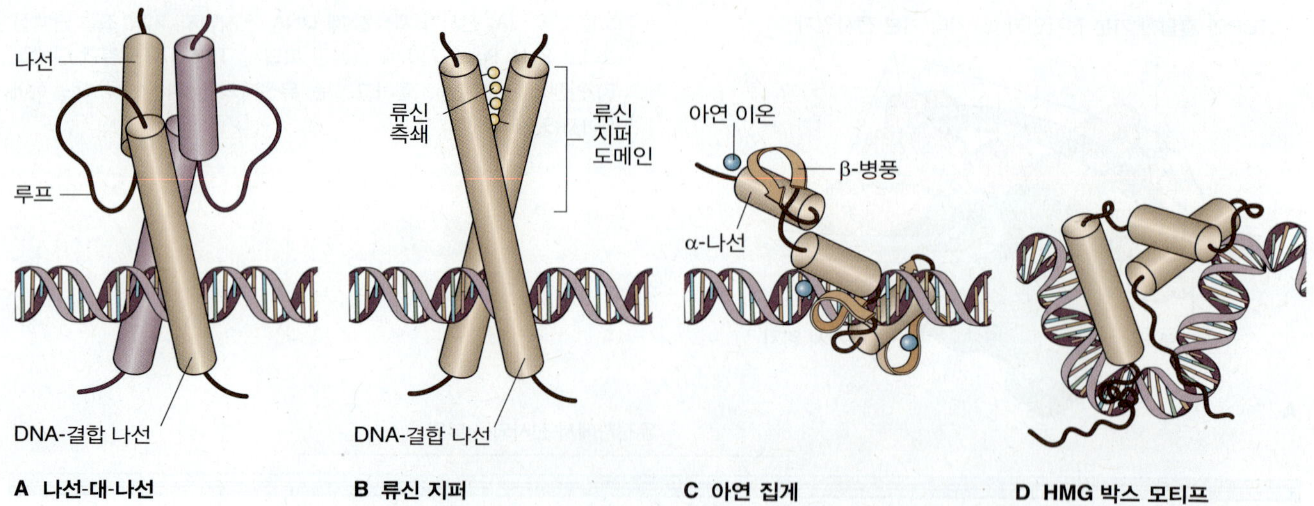

그림 3.29 전사인자 모티프. (A) 나선-대-나선(helix-turn-helix) 단백질은 1개의 루프로 분리되어 있는 2개의 α-나선 영역으로 이루어져 있다. 즉, 기능을 하기 위해서는 단백질 두 분자가 필요하다. 각각의 단량체 내 1개의 α-나선은 다른 쪽 단량체의 짝과 상호작용하여 함께 이량체를 유지시키는 기능을 한다. 또 다른 α-나선의 쌍은 한 쌍의 가위와 같은 구조를 형성하는데, 2개의 '가위 날'은 DNA 분자의 깊은 쪽 홈(major groove)에 꼭 들어맞는다. (B) 기본 류신 지퍼(basic leucine zipper) 단백질 또한 DNA 분자의 깊은 쪽 홈에 결합하는 이량체를 형성한다. 그러나 이 경우, 각 단량체는 7번째 아미노산마다 류신이 나타나는 1개의 α-나선을 가지고 있다. 이량체에서 류신은 서로 마주보고 있으며, 이들의 방향은 두 나선을 함께 이중의 나선으로 '지퍼' 채운다. 이렇게 지퍼 채워진 나선은 두 단량체의 염기성 부분을 DNA 분자의 깊은 홈 내부에서 위치시킬 수 있다. (C) 일반적으로 단량체로 작동하는 아연 집게(zinc finger) 단백질은 DNA 분자의 깊은 홈 내부에 삽입되는 돌기를 형성한다. 이 돌기들, 또는 '집게'는 1개의 아연 이온과 단백질의 아미노산 4개(시스테인 4개 또는 히스티딘과 시스테인의 조합)로 구성되어 있다. 하나의 아연 집게 단백질은 이런 돌기를 2개에서 9개 까지 가지고 있는데, 이 돌기들은 DNA 분자를 따라 나타나는 깊은 홈 내부에 연속적으로 삽입된다. (D) HMG-박스 모티프 단백질은 이들이 최초로 밝혀졌던 염색사-결합 단백질 중 한 종류에서 이름을 딴 것이다. 나선-대-나선 및 류신 지퍼 전사인자처럼, 이들도 이량체로서 DNA에 전형적으로 결합한다. 이량체의 두 단백질 분자 각각은 3개의 α-나선을 가지고 있다. 이들 중 2개는 유전자의 프로모터에 결합하여 DNA를 뒤트는 구조를 만들어 낸다. 이러한 뒤틀림은 HMG 인식 모티프 바깥쪽에 있는 다른 조절 서열들을 노출시켜 다른 전사인자들과의 공동 상호작용이 일어날 수 있을 만큼 충분히 가깝게 위치시킨다.

3.4.6 전사인자는 DNA 조절 서열에 결합한다

적절한 식물 발달과 기능을 위하여 정확한 시간에 정확한 자극에 반응하여 올바른 유전자가 발현되는 것은 필수적이다. 앞에서 본 것처럼, 단백질-암호화 유전자에서, 이러한 조절은 프로모터 조절 cis 요소와 trans-작동 DNA-결합 단백질(전사인자) 사이의 상호작용에 의해 이루어진다. RNA Pol II가 유전자를 정확하게 전사하는 것을 보증하기 위해서는 이 상호작용이 필요하다.

대부분의 전사인자들은 이들의 기능에 필수적인 최소한 2개의 도메인을 갖고 있다. 이 중 하나는 유전자 자체에 연관되어 있는 cis 요소 목표 서열의 인식과 결합에 필요하다. 다른 도메인은 전사를 활성화시키는 데 관련된 추가적인 단백질들을 조직하는 데 기능한다(그림 3.28). 알려진 전사인자의 대부분은 구조 모티프에 근거하여 몇 개의 그룹으로 구분할 수 있다. 전사인자는 **나선-대-나선 연결구조**(helix-turn-helix) 모티프, **기본 류신 지퍼**(basic leucine zipper), **아연 집게**(zinc finger), 그리고 **고속-이동 그룹 박스**(high-mobility group box, HMG-box) 모티프의 네 가지 범주로 나누어진다(그림 3.29). 이 모티프들은 종 간에 보존되어 있으며 전사인자의 DNA-결합 도메인 또는 단백질-결합 도메인 내에서 발견된다.

전사인자는 보통 관련된 유전자 세트를 암호화하는 유전자군에 의해 암호화되어 있다. 한 전사인자군의 구성원들은 밀접하게 관련된 유전자들 또는 서로 다른 조직이나 환경에서의 동일한 유전자의 전사에 관여할 수 있다. 한 전사인자 군의 서로 다른 두 구성원이 상호작용할 때 형성되는 이형중합체로서 작용하는 전사인자들은 DNA 결합 특성을 더욱 더 미세 조정할 수 있게 한다.

3.4.7 호메오박스 단백질은 발달과 세포 운명 결정을 조절하는 데 중요하다

한 종류의 전사인자는 발달 조절 그리고 세포와 기관의 운명 결정에 있어서 매우 중요한 역할을 하기 때문에 특별히

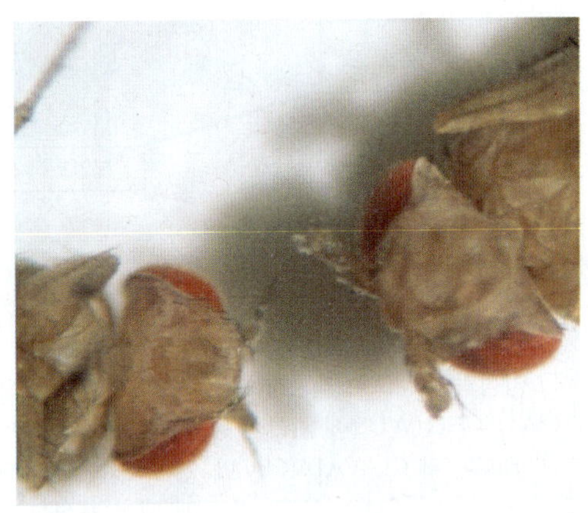

그림 3.30 초파리(*Drosophila melanogaster*)의 *antennapedia* 호메오박스 유전자의 돌연변이 효과. 왼쪽 초파리는 정상이다. 오른쪽은 돌연변이 초파리로서 더듬이가 있어야 할 곳에 다리가 발달해 있다.

그림 3.31 수수 잎에서 *Knotted1*(*Kn1*) 유전자의 비정상 발현. *Kn1*은 호메오박스 유전자의 또 다른 예이다. 잘못된 발달 단계에서 발현될 때, 잎의 유관속 세포는 정상 면의 바깥쪽에서 분열하여 '매듭(knot)' 같은 조직을 형성한다.

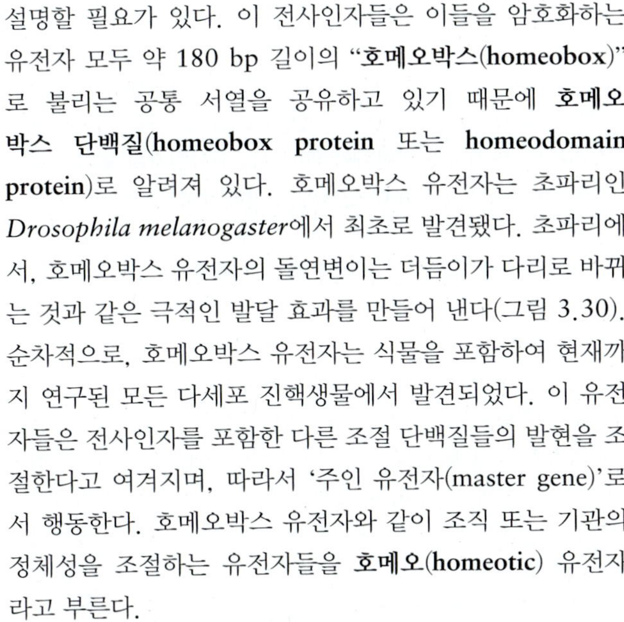

설명할 필요가 있다. 이 전사인자들은 이들을 암호화하는 유전자 모두 약 180 bp 길이의 "**호메오박스(homeobox)**"로 불리는 공통 서열을 공유하고 있기 때문에 **호메오박스 단백질(homeobox protein** 또는 **homeodomain protein)**로 알려져 있다. 호메오박스 유전자는 초파리인 *Drosophila melanogaster*에서 최초로 발견됐다. 초파리에서, 호메오박스 유전자의 돌연변이는 더듬이가 다리로 바뀌는 것과 같은 극적인 발달 효과를 만들어 낸다(그림 3.30). 순차적으로, 호메오박스 유전자는 식물을 포함하여 현재까지 연구된 모든 다세포 진핵생물에서 발견되었다. 이 유전자들은 전사인자를 포함한 다른 조절 단백질들의 발현을 조절한다고 여겨지며, 따라서 '주인 유전자(master gene)'로서 행동한다. 호메오박스 유전자와 같이 조직 또는 기관의 정체성을 조절하는 유전자들을 **호메오(homeotic)** 유전자라고 부른다.

호메오박스 유전자가 암호화하는 전사인자는 모두 나선-대-나선(helix-turn-helix) 연결구조 종류이다. 이들의 DNA-결합 도메인은 고도로 보존된 180 bp의 호메오박스에 의해 암호화되어 있다. 이들은 목표 유전자를 시간과 공간에서 정밀하고 통합된 양상으로 조절한다. DNA-결합 도메인 자체가 높은 수준으로 보존되어 있음에도 불구하고 호메오박스 유전자는 다른 조절 단백질 또는 보조인자와의 차등적 연합 또는 결합 효율을 바꾸는 호메오박스 주변 DNA의 변이에 의해 특이성을 얻는다. 호메오박스 도메인의 바깥쪽 DNA 서열은 종 간 또는 심지어 종 내 호메오박스 유전자 사이에 보존되어 있지 않다. 예를 들어, 옥수수에서 두 종류의 호메오박스 유전자인 *KNOX*(*Knotted1*, *Kn1*에 대한 이름임)와 *ZMH1*/*ZMH2*가 발견됐다. 호메오도메인의 아미노산 서열은 *Kn1*과 *ZMHs* 사이에 고도로 보존되어 있지만(두 단백질에서 64개 아미노산 중 57개가 동일함) 나머지 서열은 매우 다르다.

옥수수 *Kn1* 유전자는 식물에서 처음으로 밝혀진 호메오박스 유전자였다. 이 유전자의 돌연변이는 관다발 조직이 원래 위치의 바깥쪽에서 만들어짐으로써 잎의 구조를 변화시킨다(그림 3.31). *Kn1*이 발견된 이래로 옥수수, 애기장대, 그리고 많은 다른 식물들에서 호메오 유전자들이 추가 분리되었다. 식물과 인간을 포함한 동물의 호메오도메인은 매우 유사하여 진화에 있어서 동물과 식물이 분화되기 이전에 발달을 조절하는 방식으로서 호메오박스 유전자가 나타난 것 같다.

3.4.8 MADS-박스 군은 호메오 유전자와 개화 시기 조절자를 포함한다

MADS-박스 유전자(MADS-box gene)는 진핵생물의 발달 초기에 나타났으며 효모로부터 파리와 인간 그리고 식물에 이르는 종에서 발견된다. 이 유전자의 이름은 유전자 군의 네 구성원, 즉 출아 효모(*Sacchaomyces cerevisiae*)의 *MCM1*, 애기장대의 *AGAMOUS*, 금어초(*Antitthinum majus*)의 *DEFICIENS*, 그리고 인간의 *SRF*(serum respnse factor)로부터 온 것이다. MADS-박스는 단백질의 N 말단쪽 56개 아미노산의 고도로 보존된 영역으로 DNA-결합 도메인이다. 식물은 많은 MADS-박스 유전자를 가지고 있으며—예를 들어, 애기장대에는 최소 30개가 있다—이들은 다양한 기능을 수행하도록 진화해 왔다. 이 중 일부는 호메오 유전자인데 꽃의 서로 다른 부위의 정체성을 지정한다. 따라서, 예를 들어, MADS-박스 유전자 *APETALA3*의 돌연변이는 꽃잎이 꽃받침으로, 수술은 암술로 변한 꽃이 피게 한다. 이 그룹의 다른 유전자들은 호메오 유전자는 아니지만 낮의 길이와 온도 같은 환경 인자에 반응하여 정확한 시기에 꽃이 피게 하는 데 중요하다.

3.4.9 많은 유전자들은 돌연변이 표현형을 따라 명명된다

돌연변이와 기타 유전적 변이체의 분석은 식물 유전자를 밝히고 이들의 조절을 이해하는 데 필수적이다. DNA 서열 수준에서 하나 또는 그 이상의 변이를 갖는 동일한 유전자의 서로 다른 버전을 **대립유전자(allele)**라고 부르며, 어떤 대립유전자 변이는 돌연변이 표현형을 일으킨다. 돌연변이체는 종종 서술형 이름(몇몇 경우에는 전적으로 심하지는 않음!)이 주어지는데 유전자가 분리되고 서열이 결정되었을 때 그 고장난 유전자에 대응하여, 보통은 축약형 형태로, 붙여진 것이다. 관례적으로 돌연변이 유전자의 이름은 소문자로, **야생형(wild-type**, 기능을 하는) 변이체는 대문자로 쓴다. 유전자 이름은 보통 이탤릭으로 쓰며 유전자에 대응하는 단백질 번역 산물은 정자로 쓴다. 조절 경로는 돌연변이 유전자의 기능을 하는 버전의 상호작용 네트워크로 나타낸다. 다른 유전자에 대한 한 유전자 또는 유전자 산물의 억제적 영향은 끝에 빗장이 처진 선으로 나타낸다. 긍정적 상호작용은 화살표로 나타낸다. 예를 들어, 잎과 줄기가 무질서하게 만들어지는 애기장대 돌연변이체 이름은 독일어로 '헝클어진 머리카락(tousled hair)'이라는 의미의 *wuschel*로 명명되었다. 분열조직이 점 대신 띠 또는 고리 형태로 자라는 또 다른 종류의 돌연변이체는 *clavata*(라틴어 '곤봉-형'에서 옴)로 명명되었다. 이들에 대한 야생형 유전자는 *WUSCHEL*(*WUS*)과 *CLAVATA*(*CLV*)로 각각 단백질 WUS(호메오박스 전사인자)와 CLV(리셉터 카이네이즈)를 암호화한다. 그림 3.32는 돌연변이 분석에 기초한 **조절 모델(regulatory model)**을 보여주는데, 여기에서 *WUS*와 *CLV*는 분열조직의 성장 양상을 조절하는 데 상호작용하는 정반대 경로의 구성원이다(12.3.3절 참고).

3.4.10 전사는 개시, 신장 그리고 종결 과정으로 진행된다

필요한 전사인자를 포함한 전사 개시 복합체와 함께 전사 과정은 시작된다. RNA Pol II는 DNA 분자의 두 가닥을 분리하고 약 10개 뉴클레오티드 영역을 유지하여 두 가닥이 떨어져 있게 한다. 이 지역의 주형(비암호화) 가닥에 상보적인 리보뉴클레오티드는 RNA Pol II에 의해 한 번에 1개씩 더해져 DNA-암호화 가닥의 복사본인 RNA 분자를 만드는데, DNA 내 티민은 RNA에서는 우라실로 나타내진다. 전사가 완료되면 RNA Pol II는 DNA로부터 떨어져 나오고 유전자의 전사체가 방출된다. 다수의 RNA Pol II 분자가 단일가닥 DNA 주형에 한번에 결합하여 많은 카피의 유전자 전사체를 만들 수 있다.

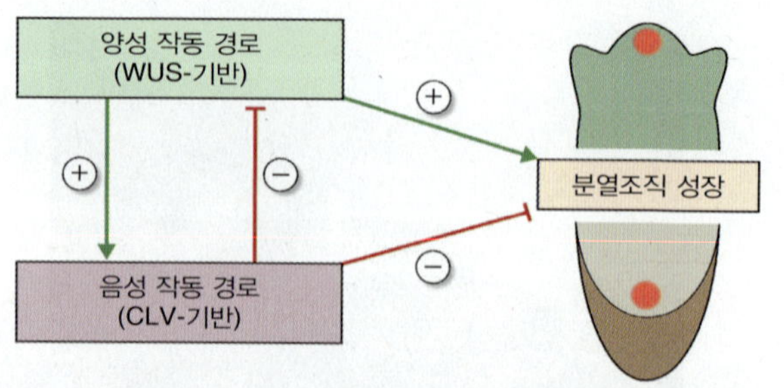

그림 3.32 양성과 음성으로 작동하는 경로 간 조절 상호작용의 예. 조절 인자 WUSCHEL(WUS)에 기반한 경로는 분열조직의 성장을 촉진하며 동시에 유전자 CLAVATA(CLV)에 기반하여 음성적으로 작동하는 경로를 자극한다. CLV는 WUS 경로에 대한 음성적 영향을 통하여 분열조직의 성장을 억제하며, 또한 분열조직을 직접적으로도 억제한다.

> **키포인트** DNA에서 RNA로의 전사는 RNA 중합효소에 의해 이루어진다. 핵 유전체는 4종류의 RNA 중합효소에 의해 전사되는데, 각 효소는 서로 다른 종류의 유전자를 전사한다. 단백질-암호화 유전자는 RNA 중합효소 II에 의해 전령 RNA로 전사된다. 전사가 일어나기 위해서는 전사인자로 불리는 단백질이 DNA의 프로모터 영역에 결합해야 한다. 전사인자에는 몇 가지 종류들이 있는데, 이들은 구조 모티프에 따라 분류된다. 전사인자들은 보통 유전자군에 의해 암호화되어 있는데, 한 유전자군의 구성원들은 구조적으로 관련되어 있는 유전자들 또는 서로 다른 환경에 처했거나 서로 다른 식물체 부위에 있는 동일한 유전자들의 전사에 참여할 수 있다. 호메오박스 단백질들은 발달을 조절하거나 세포 운명을 결정하는 데 중요한 특별한 종류의 전사인자이다. MADS-박스 유전자군은 식물에 널리 퍼져 있으며 식물체 각 부위의 발달과 환경 신호에 반응하여 꽃이 피는 것과 같은 과정을 조절하는 역할을 한다.

3.4.11 전령 RNA 분자는 전사후 가공된다

단백질-암호화 유전자의 전사 초기 산물은 유전자의 DNA 서열에 대하여 암호화 엑손 뿐만 아니라 비암호화 인트론을 포함한 1:1 RNA 복사본이다. 이 1차 전사체가 단백질로 번역되는 성숙한 전령 RNA가 되기 위해서는 상당한 가공을 거쳐야만 한다. 이러한 가공에는 **모자**(cap)로 알려진 5′ 구조의 첨가, 인트론을 제거하기 위한 **스플라이싱**(splicing) 그리고 3′ 말단에 아데닌 사슬(**poly(A) tail**)의 첨가 등이 포함된다. 그림 3.33은 1차 전사체와 성숙한 mRNA 사이의 관계를 보여준다.

5′ 모자는 RNA 중합 복합체에서 빠져 나온 직후 성장 중인 mRNA 분자에 추가된다. 3인산 다리에 의해 구아닌 1개가 먼저 5′ 뉴클레오티드에 부착된다. 그 다음 구아닌은 N-7번 위치에 메틸화된다. 5′ 모자는 mRNA 번역의 개시과정 중 중요한 역할을 한다. 또한 mRNA는 뉴클리에이즈(nuclease)의 공격에 보통은 매우 민감하기 때문에 합성되는 동안 분해되지 않게 mRNA를 보호하는 데 5′ 모자가 도움을 준다고 생각된다.

일단 전사가 끝나면 인트론은 1차 RNA 전사체로부터 잘려 나가고 엑손은 RNA 스플라이싱으로 불리는 과정을 통해 성숙한 RNA 서열로 연결된다. **작은 핵 리보핵산단백질**(**small nuclear ribonucleoprotein, snRNP**)은 인트론-엑손 경계를 인식하고 결합한다. 결합한 snRNP들은 그 다음 서로 뭉쳐져 단백질 합성에 사용될 서열을 형성하기 위하여 엑손을 떼어내고 인트론을 연결시키는 과정을 촉매하는 **스플리시오좀**(**spliceosome**)을 형성한다.

대부분의 핵-암호화 mRNA들은 번역을 위해 핵으로부터 세포질로 이동하기 전에 25개에서 250개 사이의 아데닌 서열이 3′ 말단에 첨가된다. 폴리(A) 꼬리는 유전자에 암호화되어 있지 않지만 전사후 과정을 통해 추가된다. 이는 핵으로부터의 mRNA 방출 과정을 촉진하며 5′ 모자처럼 뉴클리에이즈에 의한 분해에 대항하여 mRNA를 안정화시키고 번역을 개시시키는 역할을 한다.

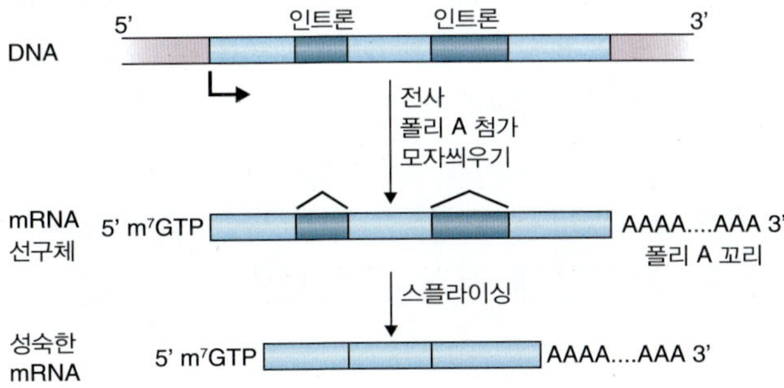

그림 3.33 유전자, 전사의 초기 RNA 산물, 그리고 5′ 모자와 폴리(A) 꼬리 첨가 및 스플라이싱에 의한 인트론 제거를 거친 성숙한 mRNA 사이의 관계. 성숙한 mRNA는 번역되어 유전자가 암호화하는 단백질을 만들어 낸다.

핵-암호화 mRNA와는 다르게 색소체와 마이토콘드리아 유전체에 암호화되어 있는 mRNA는 5′ 모자와 긴 폴리(A) 꼬리가 없다. 색소체 mRNA 중 소수는 3′ 말단에 짧은 폴리(A) 단편 또는 A가 많은 영역을 가지고 있다. 이 경우 이 영역이 mRNA의 분해를 조절하는 것으로 보이지만 번역의 개시에는 기능하지 않는다.

3.4.12 마이크로 RNA는 전사후 수준에서의 유전자 발현 조절자이다

마이크로 RNA(**micro RNA, miRNA**)는 진핵생물에서 발견되는 몇 가지 소형 RNA(small RNA)의 한 종류로서 유전자 발현을 조절하는 역할을 한다. 이런 종류 중 또 다른 하나인 siRNA에 대해서는 3.4.5절에서 설명했다. 전형적인 miRNA는 21-23 뉴클레오티드 길이이며

키포인트 DNA로부터 전령 RNA로의 전사는 개시, 신장, 종결의 3단계로 이루어진다. 전사인자와 기타 조절 단백질, RNA 중합효소 II를 담고 있는 전사 개시 복합체는 전사되는 DNA 위에서 조립된다. RNA 중합효소 II는 2개의 DNA 가닥이 짧은 영역에서 서로 떨어져 있게 하고 이 영역의 주형 (비암호화) 사슬에 상보적인 리보뉴클레오티드를 한 번에 하나씩 첨가하여 DNA 암호화 사슬에 대응하는 복사본인 RNA 분자를 생산하는데, 이때 예외로서 DNA 내 각각의 티민은 RNA에서는 우라실로 표현된다. 종결 단계에서 RNA 중합효소 II는 DNA로부터 떨어져 나가 유전자의 RNA 전사체를 방출한다. 전령 RNA 분자는 모자로 알려져 있는 5′ 구조의 첨가, RNA의 암호화 부위만을 남겨 두기 위한 스플라이싱에 의한 인트론의 제거, 그리고 3′ 말단에 아데닌 사슬인 폴리(A) 꼬리의 첨가를 포함한 전사후 가공 과정을 거친다. 유전자 발현은 마이크로 RNA(micro RNA)와 전령 RNA 사이의 상호작용에 의해 전사후 수준에서 조절될 수 있다. 전형적인 식물 마이크로 RNA는 21-23 뉴클레오티드 길이이며 1개 또는 여러 개의 전령 RNA의 단백질-암호화 영역의 일부와 상보적인 서열을 담고 있다. 이 서열은 마이크로 RNA가 이들의 mRNA 목표와 이중가닥 구역을 형성하게 한다. 이중가닥 영역은 효소 절단에 의한 전령 RNA의 분해를 촉진한다.

단일 가닥이다. 다이서(dicer)로 부르는 리보뉴클리에이즈(ribonuclease)는 더 긴 RNA 전구체를 절단하여 miRNA를 만든다. 식물에서 miRNA는 보통 하나 또는 그 이상의 전령 RNA의 단백질-암호화 영역의 일부에 상보적인(또는 거의 상보적인) 서열을 가지고 있다. 따라서 하나의 miRNA는 이의 목표 mRNA와 이중가닥 구역을 형성할 수 있다. 이 이중가닥 영역은 mRNA의 효소적 절단을 촉진한다. 따라서 miRNA는 전사가 일어난 이후이지만 이 정보가 번역되기 전에 유전자 발현을 조절한다(3.5절 참고). 이들은 식물에서 정상 발달 과정과 무생물적 스트레스, 세균과 곰팡이 병원체에 대한 반응 모두에서 광범위한 역할을 한다. miRNA와 siRNA가 기능하는 방식은 RNA 간섭(RNA interference, RNAi)으로 알려져 있다.

3.5 식물 유전체의 발현 II. 유전자 발현의 후성유전 조절

전통적으로, 과학자들은 유전자가 발현될지 그리고 언제 발현될지를 결정하는 모든 유전가능한 형질과 이에 따른 한 개체의 외형과 행동은 DNA, 즉 유전체의 1차 서열 내에 암호화되어 있다고 믿었다. 그러나 세포에서 세포로(체세포분열적으로), 때로는 세대에서 세대로(감수분열적으로) 안정하게 전달되는 유전자 발현이 변화될 수 있지만 개체의 **1차 DNA 서열(primary DNA sequence)**에서의 변화는 관련되어 있는 것 같지 않다는 증거가 지난 수십 년에 걸쳐 있어 왔다. 이러한 변화는 꽃과 곡물에서 색소 손실과 같은 변화를 통해 나타날 수도 있다. 덜 분명하지만, 다른 변화들도 이전에 생각했던 것보다 더 광범위하게 퍼져 있는 것으로 이제 인식된다. 이러한 변화들을 **후성유전적(epigenetic)**이라고 말한다. 새로운 연구 분야인 **후성유전학(epigenetics)**은 이러한 변화를 연구한다. 식물체에서 후성유전적 변화가 일어날 수 있는 방식은 많다. 이 중 가장 잘 이해되는 것들을 아래에 설명한다.

3.5.1 DNA 메틸화는 유전자 발현의 후성적 조절의 중요한 매개자이다

DNA 메틸화(DNA methylation)는 유일하지는 않지만 가장 잘 연구된 기작으로서 체세포분열적으로(주어진 생물체의 세포 내에서) 유전되는 것과 감수분열적(한 세대에서 다음 세대로)으로 유전되는 두 경우 모두의 후성유전적 변화를 설명한다. 유전체 DNA 내 시토신 그룹은 메틸화된다. 식물에서 이 과정은 보통 CpG 2뉴클레오티드(p는 인산2에스테르 결합을 나타냄)가 있는 곳 또는 CpNpG 부위(N은 어떤 뉴클레오티드도 될 수 있음)에서 일어난다. DNA의 새로 복제된 영역의 부모 가닥이 메틸화된 CpG 또는 CpNpG 부위를 가질 때, 새로운 가닥은 기존에 존재하던 메틸화 양상이 세포 분열의 결과로 형성된 딸 염색체 모두에 확실히 전달되도록 하는 **DNA 메틸트랜스퍼레이즈(DNA methyltransferase)**의 강력한 기질이 된다. DNA 메틸화는 염색사의 구조에 영향을 줄 수 있는데, 이는 결과적으로 유전자 전사의 양상에 영향을 줄 수 있다.

3.5.2 의사돌연변이를 통한 후성유전학적 변화는 한 세대에서 다음 세대로 전달될 수 있다

의사돌연변이(paramutation)는 감수분열적으로 유전될 수 있는, 즉 한 세대로부터 다음 세대로 전달될 수 있는 후성유전학적 변화의 한 유형이다. 이 용어는 한 이형접합자 내 한 쪽 대립유전자의 발현이 다른 쪽 대립유전자의 존재에 의해 변화되는 두 대립유전자 사이의 상호작용을 설명한다. 그림 3.34는 옥수수에서의 한 예를 보여주는데, 착색을 조절하는 한 유전자는 두 가지 중 한 가지 형태로 존재할 수 있다. 이 중 한 가지인 유전자 *b*(*booster*)의 대립유전자 *B-I*는 강하게 발현되며 짙은 색깔을 띠게 하여 이 대립유전자를 두 카피 갖는 식물체는 진하게 착색된다. *B′* 대립유전자는 약하게 발현되며, 이 대립유전자를 두 카피 갖는 식물체는 덜 진하게 착색된다. 그러나 각각의 대립유전자를 한 카피씩 갖는 이형접합자(*B-I*/*B′*) 식물에서 착색 강도는 낮으며 *B′* 대립유전자만이 이형접합자 식물로부터 꽃가루와 종자를 통해 생식적으로 다음 세대로 전달된다. 2개의 *b* 대립유전자인 *B′*와 *B-I*는 동일한 DNA 서열을 갖고 있지만 전사되는 비율은 10–20배 차이가 난다.

3.5.3 외부에서 도입된 유전자는 공동억제에 의해 식물체 원래 유전자를 침묵시킬 수 있다

어떤 경우, 유전자의 DNA 서열에서 어떠한 변화도 없이 유전자 발현을 억제하는 것은 유전자의 활성에서 유전 가능한 변화를 이끌어 낼 수 없다. 형질전환 식물을 만드는 것이

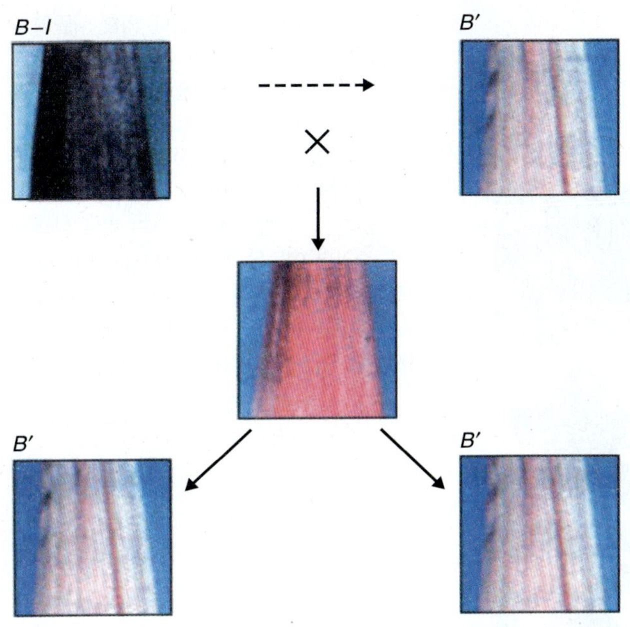

그림 3.34 옥수수에서 알갱이 껍질의 착색에 영향을 주는 의사돌연변이 현상. 부모, F1, 그리고 분리개체(F2)의 표현형은 그림에서 일렬로 나타냈다. 약하게 발현되는 의사돌연변이 *B′* 상태는 강하게 발현되는 의사돌연변이 가능형 *B-I* 대립유전자(점선 화살표)로부터 자발적으로 발생할 수 있다. *B-I* 대립유전자는 F1 이형접합자에서 *B′*에 노출되면 전적으로 *B′*로 바뀐다.

처음 가능하게 됐을 때, 연구자들은 유전공학적으로 삽입한 유전자(**외래유전자**, **transgene**), 즉 식물체 내에 이미 존재하고 있던 유전자에 대해 DNA 서열이 유사하거나 동일한 유전자가 원래 존재하던 유전자를 침묵시킨다는 놀라운 사실을 발견하였다. 이러한 현상은 **공동억제**(**cosuppression**)로 알려져 있다. 가장 잘 알려진 예 중 하나는 색소 생합성 경로(15장 참고)의 한 효소를 암호화하는 외래유전자를 도입하여 페튜니아에서 꽃 색깔을 짙게 만들려는 시도로부터 나왔다. 외래유전자는 색소 합성을 증가시키지도 못했을 뿐만 아니라 이에 대응하는 내재 유전자의 활성을 유전자의 mRNA 전사체의 분해를 유발함으로써 실질적으로 억제했다. 이 사실은 색소가 전혀 합성되지 않아 결과적으로 무색의 꽃을 초래했다는 것을 의미했다(그림 3.35). 페튜니아 뿐만 아니라 애기장대와 담배에서 몇 가지 형질전환 연구는 유전체의 한 지역에서의 유전자 반복과 침묵 사이의 상관관계를 보여주었다. 한 곳에 더 많은 카피의 외래유전자가 존재할수록 연관된 외래유전자의 발현이 침묵하게 될 가능성은 더 커지며 외래유전자이든지 식물 자신의 DNA이든지 간에 유전체 어느 곳에 있는 관련된 유전자를 침묵시킬 수 있는 능력도 더 커진다. 배우자를 형성하는 감수분열 동안 재조합에 의해 외래유전자가 원래 존재하던 유전자와 분리되면 원래 존재하던 유전자의 활성이 회복되기 때문에 공동억제가 영구적으로 유전가능한 변화를 이끌어 내지는 못한다. 이러한 분리가 일어나기 위해서는 몇 번의 유성생식이 일어나야 한다.

3.5.4 각인은 식물 발달의 특정 단계에서만 일어난다

각인(**imprinting**)은 식물 발달의 특정 단계에서만 작동하는 후성유전적 변화의 한 예이다. 각인은 어떤 대립유전자의 발현이 부계에서 왔는지 모계에서 왔는지에 의존하여 달라질 때 나타난다. 각인의 예는 식물 뿐만 아니라 포유류와 곰팡이에서도 알려져 있다.

각인은 생식 발달의 어떤 시기 동안 특히 분명해지며, 현화식물 종자의 배젖에서 상세히 연구되었다. 그림 3.36은 배젖 색깔에 영향을 주는 빨간색 유전자(*r*)의 경우를 보여준다. 이 유전자의 한 대립유전자(*R* allele)는 암 배주를 통해 전달될 때 강하게 발현되어 짙은 종자 색을 띠게 하지만 수 꽃가루를 통해 전달될 때는 약하게 발현된다(얼룩덜룩한 종자 색). 이는 *r* 유전자 활성에 대한 웅성-특이적 후성유전적 변화를 나타낸다.

3.6 식물 유전체의 발현 III. RNA에서 단백질로의 번역

식물에서 세포질과 마이토콘드리아 단백질의 생합성 과정은 일부 mRNA의 번역이 빛에 의해 조절될 수 있다는 점만 제외하면 다른 진핵생물의 번역과 유사하다. 색소체에서의 단백질 합성은 식물 세포 고유 과정이다. 광합성이 활발한 조직에서, 전체 단백질 합성의 약 75%는 핵에서 전사된 mRNA를 주형으로 사용하여 세포질에서 일어난다. 세포질에서는 총 25,000종류 이상의 서로 다른 단백질이 만들어지는 데 반해 엽록체와 마이토콘드리아에서는 둘을 합쳐도 많아야 300종류의 서로 다른 단백질이 만들어진다.

일단 성숙한 mRNA가 핵을 떠나 세포질로 이동하면 단백질을 생산하기 위하여 번역될 수 있다. **번역**(**translation**)은 mRNA 내 뉴클레오티드 서열이 암호 해독되고 단백질 내 아미노산의 순서를 지정하는 데 주형이 되는 기작이다. **유전 암호**(**genetic code**)는 mRNA 내 뉴클레오티드 서열과 이에 대응하는 단백질의 아미노산 서열 사이의 관계를 지정한다. mRNA는 한번에 3개의 뉴클레오티

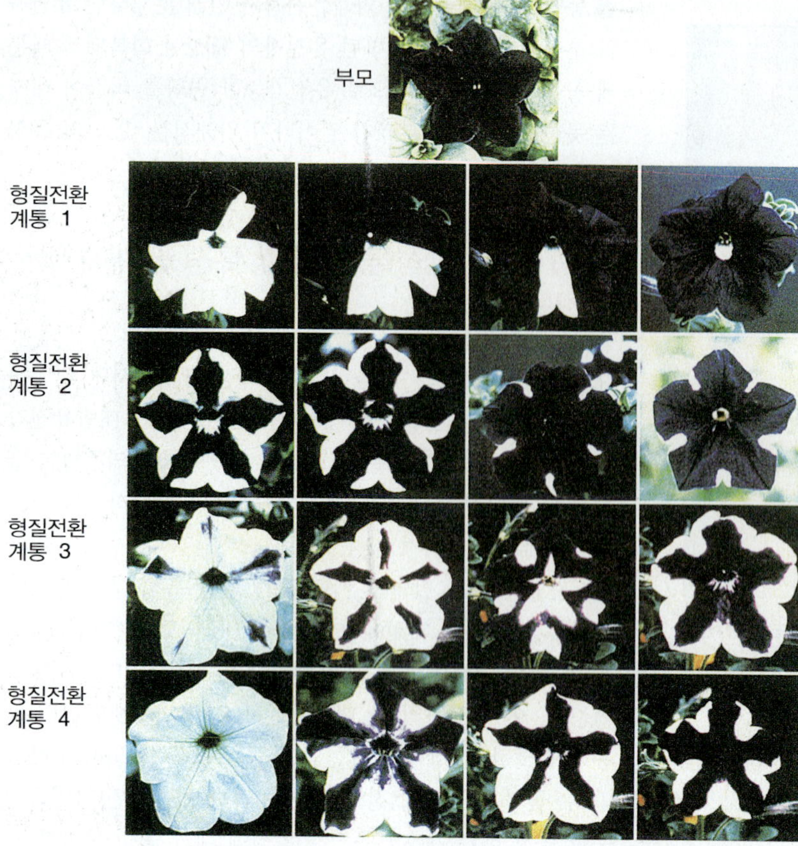

그림 3.35 외래유전자 도입에 의한 식물체 자신의 유전자 공동억제. 안토시아닌 색소가 있기 때문에 부모 페튜니아 식물체의 꽃은 짙은 보라색이다. 외래유전자 찰콘 신세이즈를 삽입시키면 원래 있던 찰콘 신세이즈 유전자의 발현이 억제되어 안토시아닌 생합성이 줄어들거나 막힌다. 가장 극적인 예는 색소가 없는 흰색 꽃이다. 중간형 예들은 원래 유전자가 덜 효과적으로 억제되거나 특정 세포에서만 억제된 결과이다. 각 열은 한 가지 형질전환 계통에 대한 네 가지 대표적인 꽃들을 보여주고 있다.

키포인트 유전자 발현에 있어서 어떤 변화는 생물체 내 세포에서 세포로, 어떤 경우에는 세대에서 세대로도 전달될 수 있지만 그럼에도 불구하고 1차 DNA 서열의 변화는 포함하지 않는다. 이러한 변화를 후성유전적이라고 한다. 염색사 구조에 영향을 주는 시토신에서의 DNA 메틸화는 유전자 발현의 후성적 조절에 대한 한 가지 중요한 기작이다. 의사돌연변이는 이형접합자 개체에서 한 대립유전자의 발현이 다른 대립유전자의 존재에 의해 변화하는 후성적 변화의 한 유형이다. 이러한 종류의 변화는 다음 세대로 전달될 수 있다. 공동억제는 외래유전자의 과다 발현이 식물체 자신의 동형 유전자의 발현을 억제시키는 후성유전적 유전자 침묵의 한 형태이다. 각인에서, 어떤 대립유전자의 발현은 이들이 부계 또는 모계 중 어느 쪽에서 왔는지에 따라 달라진다.

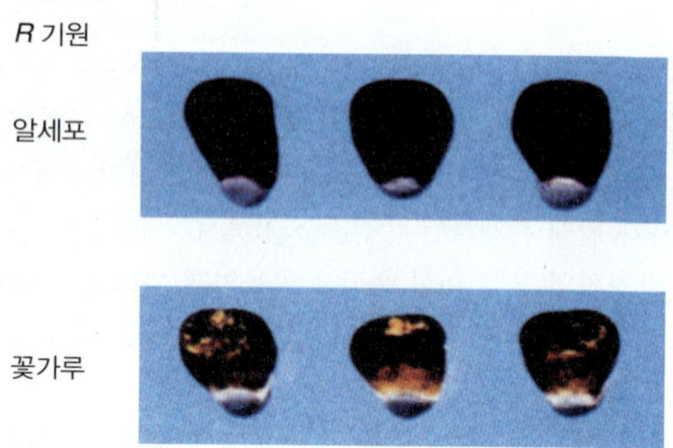

그림 3.36 각인은 유전자 발현에 대한 후성 조절의 한 유형으로서 한 유전자가 부계 또는 모계 중 어느 쪽에서 왔는가에 따라 그 발현이 달라진다. 이번 예에서, *R* 대립유전자는 모계에서 전달됐을 때 강하게 발현되어 옥수수 알갱이의 색깔을 짙게 한다. 그러나 이들이 부계에서 기인했을 때, 더 약하게 발현되어 알갱이는 더 약하게 착색된다.

드가 번역되며 각 3뉴클레오티드 서열 또는 **코돈(codon)**은 하나의 아미노산을 암호화한다(그림 3.37). 유전 암호는 퇴화되어 있다고 말하는데, 단백질에서 발견되는 20개 아미노산 대부분에 대하여 1개 이상의 코돈이 존재하기 때문이다. 가능한 mRNA 코돈은 64개가 있다. 이 중 3개는 mRNA의 번역이 끝나는 지점을 확인하는 **종결 코돈(stop codon)**으로 쓰이도록 지정되어 있다. 단백질 합성 기구가 서열의 정확한 지점에서 번역을 개시한다는 점은 중요하다. 그림 3.38에서 보여주는 예에서, AUG의 A 대신 U에서 번역이 개시된다면 완전히 다른 아미노산 서열을 갖는—아마도 기능이 없는—단백질이 만들어지게 된다.

번역 과정은 mRNA 내 코돈과 이들이 암호화하고

아미노산	세 글자 기호	한 글자 기호	코돈
Alanine	Ala	A	GCC, GCU, GCG, GCA
Arginine	Arg	R	CGC, CGG, CGU, CGA, AGA, AGG
Asparagine	Asn	N	AAU, AAC
Aspartic acid	Asp	D	GAU, GAC
Cysteine	Cys	C	UGU, UGC
Glutamic acid	Glu	E	GAA, GAG
Glutamine	Gln	Q	CAA, CAG
Glycine	Gly	G	GGU, GGC, GGA, GGG
Histidine	His	H	CAU, CAC
Isoleucine	Ile	I	AUU, AUC, AUA
Leucine	Leu	L	UUA, UUG, CUA, CUG, CUU, CUC
Lysine	Lys	K	AAA, AAG
Methionine	Met	M	AUG
Phenylalanine	Phe	F	UUC, UUU
Proline	Pro	P	CCU, CCC, CCA, CCG
Serine	Ser	S	UCU, UCC, UCA, UCG, AGU, AGC
Threonine	Thr	T	ACU, ACC, ACA, ACG
Tyrosine	Tyr	Y	UAU, UAC
Tryptophan	Trp	W	UGG
Valine	Val	V	GUU, GUC, GUA, GUG
"Stop"	—	—	UAA, UAG, UGA

그림 3.37 코돈(mRNA 내 뉴클레오티드의 3염기)과 단백질에서 각각의 3염기가 암호화하는 아미노산을 연결시킨 유전 암호. 아미노산은 세 글자 또는 한 글자 약자로 표현할 수 있다(그림 2.12 참고)

있는 아미노산을 인지하는 **운반 RNA(transfer RNA, tRNA)**를 필요로 한다. 번역은 또한 아미노산 사이의 펩티드 결합 형성을 촉매하는 구조인 **리보솜(ribosome)**도 필요로 한다. 다음 절에서 이들에 대해 더 상세히 살펴본 다음 단백질 합성 과정과 기능을 하는 단백질의 생산에 대해 논의하도록 한다.

3.6.1 운반 RNA는 mRNA 코돈과 아미노산의 연결고리이다

운반 RNA는 일반적으로 70-90개 뉴클레오티드 길이의 작은 RNA 분자이다. 각각의 tRNA는 특정 아미노산이 붙을 수 있는 부위를 가지고 있고, 결합한 바로 그 아미노산을 암호화하는 mRNA의 트리플렛(triplet)과만 염기쌍을 형성하는 1개의 3뉴클레오티드 **안티코돈(anticodon)** 서열을 가지고 있다. tRNA 서열 내 염기-쌍은 안티코돈을 외부로 노출시켜 mRNA 서열의 코돈과 상보적인 염기-쌍을 형성할 수 있게 하는 L자 모양의 3차원 구조를 만든다(그림 3.39). tRNA 분자의 3′ 말단에 붙는 특정 아미노산은 아미노아실-tRNA 신세이즈(aminoacyl-tRNA synthetase)에 의해 촉매된다. 아미노산이 붙은 tRNA를 **아미노아실화(aminoacylated)** 또는 '충전되었다'라고 하며 **aa-tRNA^{aa}** (예를 들어, Phe-tRNA^{Phe})로 나타낸다. 리보솜과 aa-tRNA는 함께 mRNA의 뉴클레오티드 서열 속에 담긴 정보를 풀어내는 데 참여한다.

특정 아미노산을 지정하는 코돈이 61개 있는 데 반해 tRNA는 종에 따라 30-40개 밖에 없다. 어떤 tRNA는 특정 아미노산에 대한 코돈을 1개 이상 인식할 수 있기 때문에 이러한 일이 가능하다. 예를 들어, 코돈 5′-UUU-3′와 5′-UUC-3′는 모두 동일한 아미노산인 페닐알라닌으로 번역된다. 이는 하나의 페닐알라닌 tRNA의 안티코돈 5′-GAA-3′가 mRNA의 페닐알라닌 코돈 두 종류와 모두 쌍을 이룰 수 있기 때문이다(그림 3.40). 하나는 정확하게 맞지만 다른 하나는 코돈의 세 번째 뉴클레오티드가 맞지 않아 소위 **워블-쌍(wobble-pairing)**을 이룬다. 이 현상이 유전 암호의 특정 아미노산을 지정하는 61개 코돈을 30-40개의 tRNA로 읽어낼 수 있게 한다. 워블-쌍은 안티코돈-코돈의 특정 조합에서만 일어날 수 있는데, 이 때문에 단지 20개가 아닌 30개 이상의 서로 다른 tRNA가 61개의 코돈을 아미노산으로 번역하는 데 필요한 이유이다.

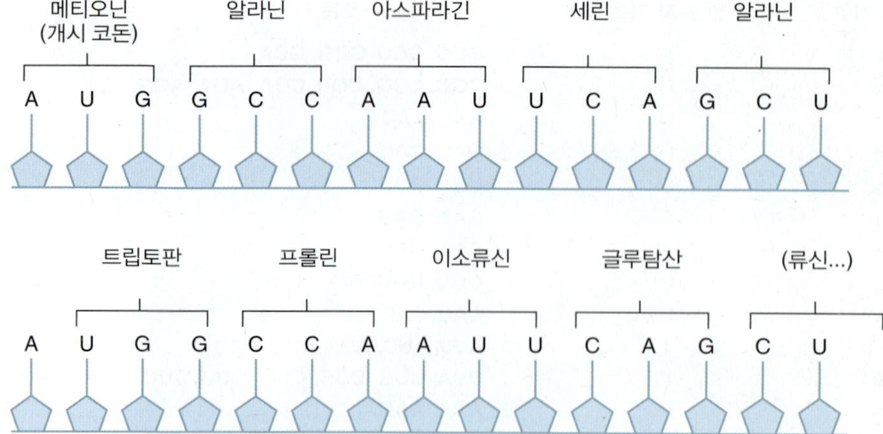

그림 3.38 5개 mRNA 코돈 서열의 번역은 개시코돈 AUG에서 시작한다. 만약 뉴클레오티드 1개를 옮겨 UGG에서 번역이 시작되면 단백질 산물은 완전히 다른 아미노산 서열을 갖게 된다.

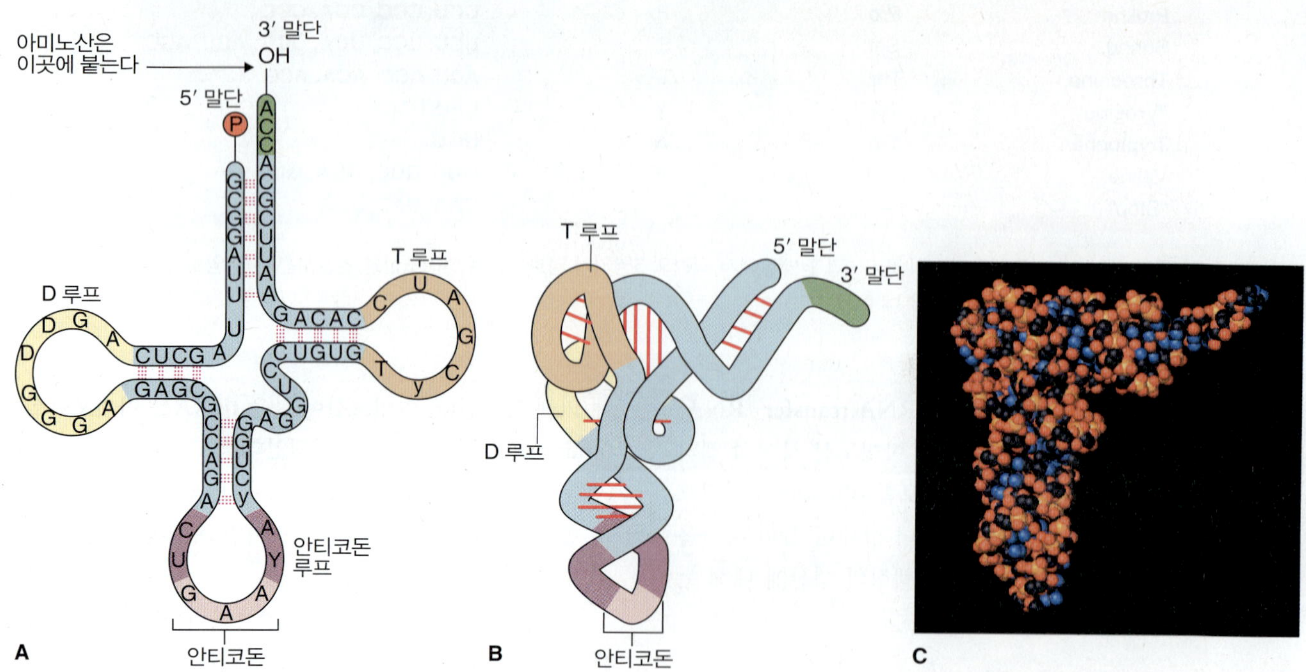

그림 3.39 전형적인 tRNA의 구조. (A) 루프와 줄기를 형성하는 염기의 쌍 형성 결과 '클로버잎' 모양의 tRNA 2차 구조가 만들어진다. (B) tRNA는 입체적으로 더욱 접힌다. (C) 공간-충전 모형은 tRNA 분자의 조밀한 형태를 보여준다.

3.6.2 단백질 합성은 리보솜 위에서 일어난다

단백질 합성은 리보솜 RNA(rRNA)와 단백질로 구성된 리보솜 위에서 일어난다(표 3.4). 세포질에서 발견되는 리보솜(80S)은 마이토콘드리아나 색소체에서 발견되는 것(70S)보다 더 크다. 세포소기관 리보솜은 원핵세포에서 발견되는 것과 유사하다. 리보솜 각각은 2개의 **소단위체**로 구성되는데, 상대적 S 값에 따라 대단위체와 소단위체로 부른다. 각 단위체는 고도로 접혀 있는 구조로 단백질과 결합해 있는 1개 이상의 rRNA를 담고 있다. 식물의 세포질 리보솜은 종 간에 고도로 보존되어 있는 80여 개 단백질을 담고 있다. 이 단백질들은 대부분 염기성(양전하를 띰)인데, 이는 음전하를 띠고 있는 rRNA와의 상호작용을 촉진한다. 세포질 리보솜은 또한 **P-단백질(P-protein)**으로 부르는 산성 단백질군도 담고 있다. 이들 중 하나로서 식물에서 발견된 P3은 다른 진핵생물에서는 발견되지 않았다.

리보솜은 mRNA-암호화 서열을 5′에서 3′ 방향으로

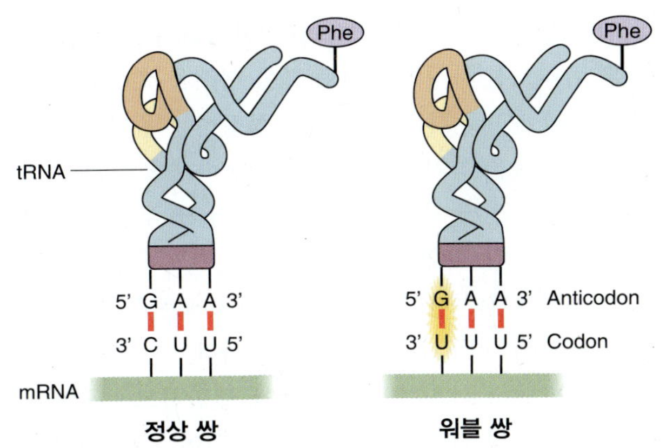

그림 3.40 워블 쌍은 하나의 tRNA가 1개 이상의 RNA 코돈을 읽을 수 있다는 것을 의미한다. 이번 예에서, 아미노산 페닐알라닌을 운반하며 안티코돈 5′-GAA-3′를 가지고 있는 $tRNA^{Phe}$는 상보적인 코돈 UUC 뿐만 아니라 UUU와도 쌍을 이룰 수 있다. 따라서 mRNA 내 UUC와 UUU는 모두 단백질 내 페닐알라닌으로 번역된다.

읽어 각 코돈에 대응하는 아미노산이 첨가되도록 지시하고 폴리펩시드 사슬을 아미노(또는 N) 말단에서 카르복시(또는 C) 말단쪽으로 확장되게 한다(그림 3.41). 단백질은 리보솜 상에서 **개시(initiation)**, **신장(elongation)**, **종결(termination)**의 3단계로 구성된 과정을 통해 합성된다. 각 단계마다 특정 단백질 인자들이 필요하며, 이들의 이름은 이들이 참여하는 과정에 따라 각각 진핵생물 개시 인자(eukaryotic initiation factors, eIFs), 진핵생물 신장 인자(eukaryotic elongation factors, eEFs), 진핵생물 방출 인자(eukaryotic release factors, eRFs)로 붙여진다. 다음 절에서는 단백질 합성의 각 단계와 여기에 관여하는 단백질 인자의 역할에 관해 살펴볼 것이다.

3.6.3 단백질 합성은 mRNA의 5′ 말단에서 시작된다

단백질 합성은 아미노산 메티오닌을 암호화하는 **범용 개시 코돈**인 **AUG**에서 시작한다. 따라서 만들어지고 있는(성장하고 있는) 모든 폴리펩티드의 N 말단은 **메티오닌** 또는 이의 유도체이다. N-말단의 메티오닌은 번역-후 가공 과정 동안 자주 제거된다. 메티오닌을 지정하는 안티코돈을 가지고 있는 tRNA에는 두 종류가 있다. 이 중 하나는 **특별한 개시인자**인 **$tRNA_i^{Met}$**로서 N-말단 메티오닌을 개시 코돈으로 운반한다. 다른 Met-$tRNA^{Met}$은 신장하고 있는 폴리펩티드 사슬 내부로 나머지 메티오닌을 실어 나른다. 개시 코돈에서의 단백질 합성 개시는 **해독 틀(reading frame**, mRNA 내 트리플렛이 읽히는 양상)을 확립한다.

단백질 합성의 개시 단계 동안, Met-$tRNA_i^{Met}$이 결합한 40S 리보솜 단위체는 mRNA의 5′ 말단에 붙는다. 그 다음 개시 코돈을 만날 때까지 mRNA를 따라 훑어 내려간다. 이 과정은 복잡하며 진핵생물 개시 인자로 불리는 몇 종류의 보조 단백질들이 필요하다(그림 3.42). 첫 번

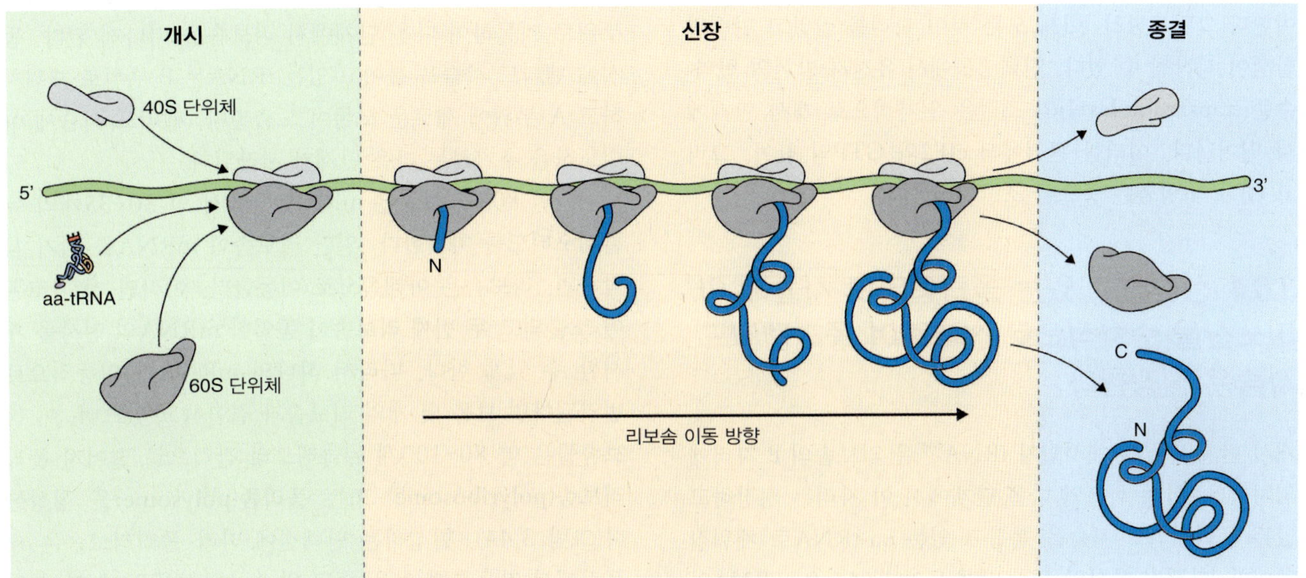

그림 3.41 단백질 합성. mRNA는 5′ 말단에서 3′ 말단으로 읽히며, 폴리펩티드 사슬은 아미노 말단에서 시작하여 아미노산을 순차적으로 첨가함으로써 합성된다. 번역 과정은 개시, 신장, 종결의 3 단계로 나눌 수 있다.

키포인트 전령 RNA에서 단백질로의 번역은 단백질 산물 내 아미노산을 암호화하는 유전자의 DNA 내 트리플렛 코드, 즉 뉴클레오티드 3개의 단위, 또는 코돈에 의존한다. 64개의 가능한 3뉴클레오티드 코돈이 있고 이 중 3개는 DNA에서 mRNA 전사가 끝나는 곳을 지정하는 종결 코돈으로 쓰이며, 나머지 61개는 아미노산을 암호화한다. 대부분의 경우에 한 아미노산이 1개 이상의 코돈에 의해 지정되기 때문에 유전 암호는 퇴화되어 있다고 이야기한다. 운반 RNA는 mRNA 내 코돈을 인지하고 이들이 정확한 아미노산으로 번역되도록 보장하는 어댑터 분자이다. 단백질 합성은 리보솜 RNA와 단백질로 이루어진 리보솜 상에서 일어난다.

째, eIF2 인자는 개시인자 $tRNA_i^{Met}$ 및 GTP와 상호작용하여 RNA-단백질 **4차 복합체(tertiary complex)**를 형성한다. 그 다음, 4차 복합체는 자유 상태의 40S 리보솜 단위체에 결합하여 **개시전 복합체**를 형성하는데, 이 과정은 기타 다른 eIF에 의해 촉진된다(그림 3.42). eIF4 개시인자군의 구성원들은 mRNA의 5′ 모자 주위에 모여 리보솜 단위체-Met-tRNA-eIF 복합체가 결합하게 한다. 복합체는 Met 개시 코돈과 만날 때까지 mRNA를 훑어 내려가며, 개시 코돈에서 개시인자 Met-$tRNA^{Met}$은 개시 코돈과 염기쌍을 이룬다. 이때 개시 복합체의 eIF는 방출된다. 마지막으로 리보솜 대단위체가 소단위체에 결합하여 개시인자 Met-$tRNA^{Met}$를 대단위체 P 자리(펩티드-tRNA-결합 자리)에 위치시킨다. eIF5 단백질군의 구성원들은 대단위체의 위치잡기와 GTP 가수분해 산물인 GDP의 방출에 참여한다(그림 3.42). 이제 모든 것이 자리를 잡았고 단백질 합성이 시작될 수 있다. 진핵생물에서 유전자 발현의 **번역-수준(translation-level)**의 조절은 일차적으로 개시 단계에서 일어난다. 이러한 관점에서 eIF2와 GTP의 참여, 그리고 GDP의 방출은 중요한 조절 지점이다.

3.6.4 성장하고 있는 폴립펩티드 사슬에 아미노산을 순차적으로 첨가하여 폴리펩티드 사슬은 신장한다

개시 단계의 끝에 개시인자 $tRNA^{Met}$은 리보솜의 P 자리에 위치한다. 합성 회로의 다음 단계에서 이 자리는 성장하고 있는 폴리펩티드 사슬을 붙잡고 있는 aa-tRNA로 채워질 것이다. 단백질 합성의 신장 단계 동안 리보솜은 mRNA와 아미노산이 장전된 tRNA를 제 위치에 붙잡고 있고, 리보솜의 **펩티딜 트랜스퍼레이즈(peptidyl transferase)** 자리는 연속된 아미노산 사이의 펩티드 결합 형성을 촉매하여 폴리펩티드 사슬을 만든다(그림 3.43). 성장하는 폴리펩티드 사슬에 아미노산을 첨가하기 위하여 완전하게 조립된 리보솜에서 **A**, **P**, **E**의 세 부위가 필요하다. 이 세 부위는 순차적으로 사용되는데, 1/20초마다 폴리펩티드 사슬에 아미노산을 반복적으로 첨가한다. 사슬 신장 과정에는 3종류의 신장인자인 eEF1A, eEF1B, eEF2가 필요하다.

신장인자 eEF1A는 aa-tRNA에 결합하고 GTP는 이를 mRNA 상의 다음 번 코돈이 노출되어 있는 리보솜의 A 부위(아미노아실-tRNA-결합 부위; 해독 부위라고도 알려져 있다)로 운반한다. 만약 aa-tRNA 안티코돈이 A 부위의 mRNA 코돈에 상보적이면 GTP가 가수분해되고, 이는 A 부위 내 aa-tRNA의 구조적 변화를 야기한다. 그 결과 tRNA 상의 아미노산은 P 부위에 있는 tRNA 상의 아미노산에 더 가깝게 위치한다. 또한 eEF1A-GDP는 이 단계 동안 방출되고 차후에 eEF1B에 의해 쪼개져 eEF1A가 재순환되게 한다.

이제, 리보솜의 펩티딜 트랜스퍼레이즈 중심은 A와 P 부위 내 tRNA에 붙어 있는 아미노산 사이의 펩티드 결합 형성을 촉매한다. 이 과정 동안, 성장하고 있는 폴리펩티드 사슬은 P 부위에 있는 tRNA로부터 A 부위에 있는 aa-tRNA로 전달된다. 그 다음 리보솜은 eEF2에 의해 촉매되며 GTP 가수분해가 필요한 **전좌(translocation)**라고 부르는 과정을 통해 mRNA를 따라 이동한다. 리보솜이 움직임에 따라 이제 탈아세틸화된 tRNA는 P 부위에서 E(출구) 부위로 이동하여 다음 단계에서 리보솜을 떠나게 된다. 동시에 펩티드 사슬을 붙이고 있는 tRNA는 P 부위로 재위치하고 A 부위에 새로운 코돈이 노출된다. 펩티드 사슬에 아미노산을 추가하는 다음 단계가 시작된다.

단일 80S 리보솜은 mRNA 상에서 약 30-35개의 뉴클레오티드를 차지한다. 일단 리보솜이 mRNA를 읽기 시작하면, 리보솜은 아래쪽으로 이동한다. 이러면 개시 코돈이 노출되고 두 번째 리보솜이 동일한 mRNA의 전사를 개시할 수 있게 한다. 따라서 하나의 mRNA가 활동적으로 번역된다면 보통 몇 개의 리보솜과 결합하고 있으며, 이 리보솜들은 약 80-100개 뉴클레오티 간격으로 떨어져 **폴리리보솜(polyribosome)** 또는 **폴리좀(polysome)**을 형성한다(그림 3.44). 합성하는 단백질에 따라 폴리리보솜은 세포질에서 자유롭게 있을 수도 있고 소포체(ER)에 붙어 있을 수도 있다.

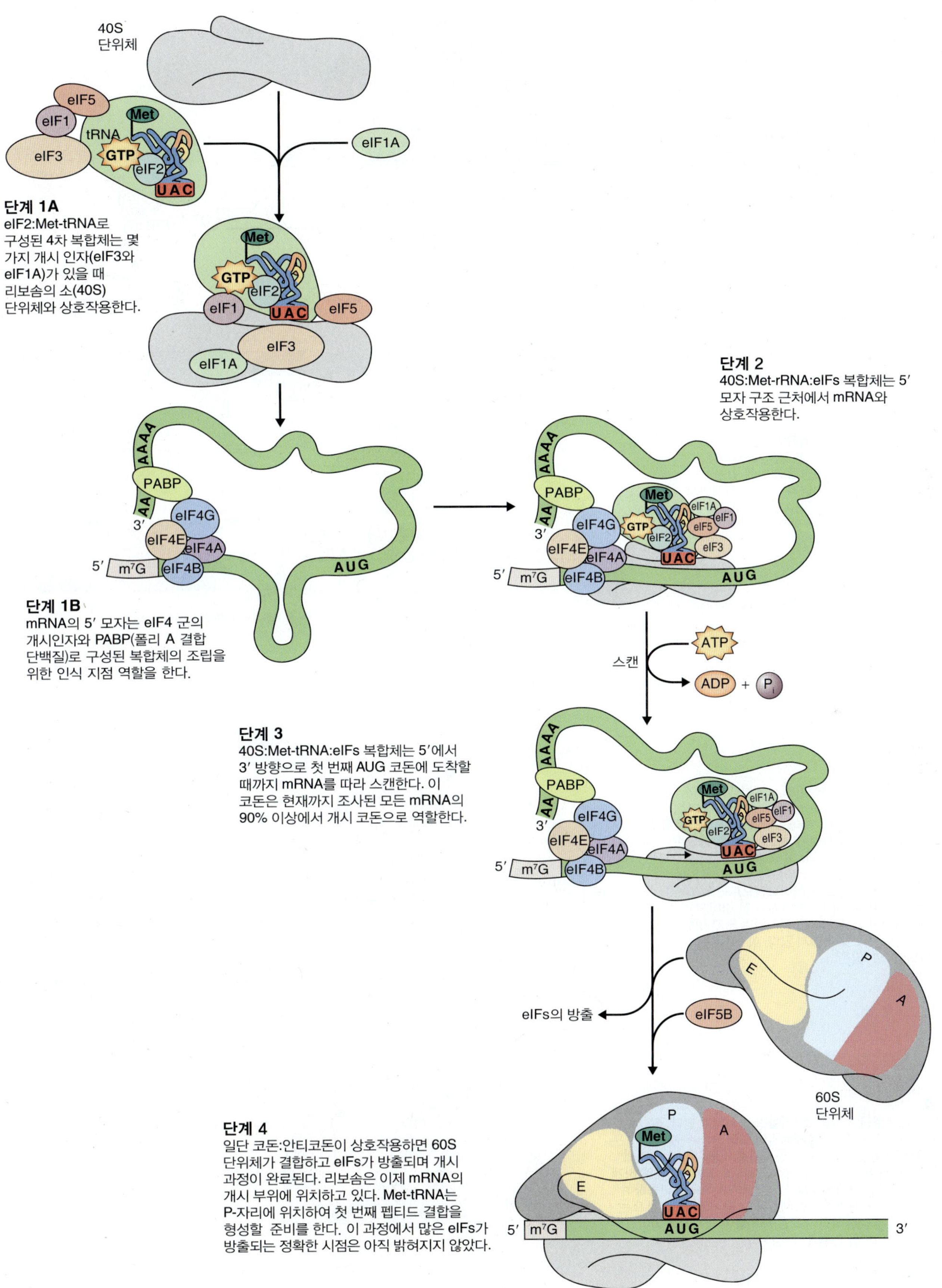

그림 3.42 세포질에서 폴리펩티드 사슬 합성의 개시 기작

단계 1
성장하고 있는 폴리펩티드 사슬은 P-자리에서 tRNA에 공유결합으로 붙어 있다. A-자리는 비어 mRNA의 다음 코돈이 노출되어 있다. E-자리는 이전 사이클에 참여했던 빈 tRNA로 채워져 있다.

단계 2
장전된 tRNA는 안티코돈이 mRNA 상에서 노출된 코돈과 상응할 때만 리보솜의 A-자리에 결합한다. 이 과정이 일어나면 E-자리에 있던 tRNA는 리보솜으로부터 떨어져 나온다. 신장인자 eEF1A는 GTP 및 장전된 tRNA와 4차 구조를 형성하고 리보솜의 A-자리에 장전된 tRNA의 결합을 촉진한다.

단계 3
리보솜은 펩티딜 트랜스퍼레이즈 중심을 사용하여 성장하고 있는 폴리펩티드 사슬과 새로운 아미노산 사이의 펩티드 결합 형성을 촉매한다. 최근의 실험들은 이 촉매 단계에서 rRNA가 리보자임으로서 특히 중요한 역할을 한다고 제안하고 있다. 이 과정의 전체적인 결과는 P-자리에 있는 tRNA의 폴리펩티드가 A-자리에 있는 tRNA에 결합해 있는 새로운 아미노산으로 전달되는 것이다. 폴리펩티드는 아미노산 1개가 더 길어지고, 펩티딜-tRNA가 이제 A-자리를 차지하며 P-자리에 있던 tRNA는 아미노산을 갖고 있지 않다. 이 tRNA는 탈아실화되었다고 말한다.

단계 4
복합체는 재배열되어 다음 3염기를 노출시켜야 한다. 전좌로 불리는 이 과정에서 세 가지 재배열이 일어난다. P-자리의 탈아실화된 tRNA는 비어 있는 E-자리로 이동한다. A-자리의 펩티딜-tRNA는 P-자리로 이동한다. 그리고 리보솜은 정확하게 3개의 뉴클레오티드(코돈 1개) 만큼 mRNA 쪽으로 이동하여 새로운 3염기를 A-자리에 노출시킨다. 뉴클레오티드 1개 또는 2개 적거나 많게 이동하면 새로운 해독틀이 개시되어 아마도 불활성 폴리펩티드를 만들게 할 것이다.

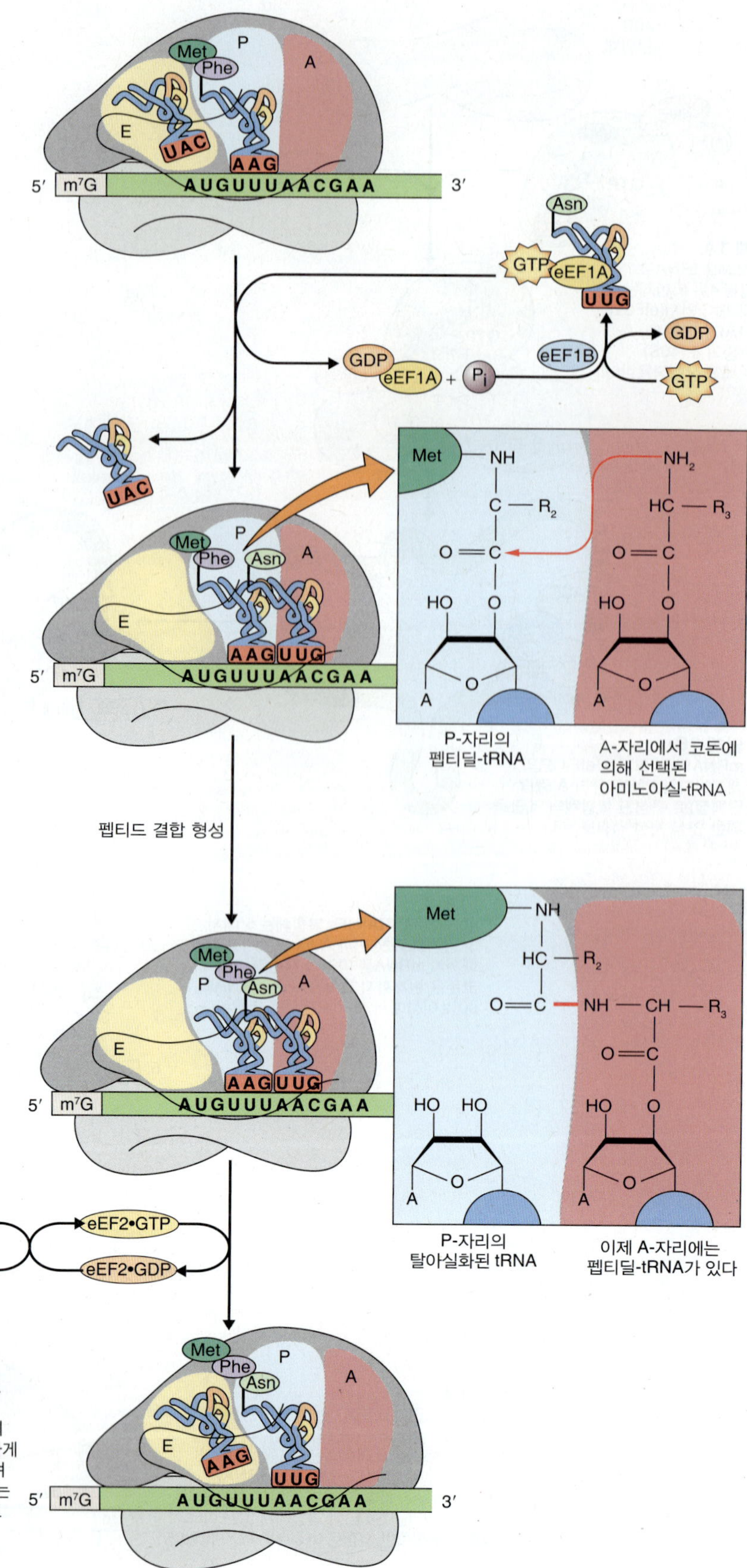

그림 3.43 세포질 단백질 합성에서 신장 단계

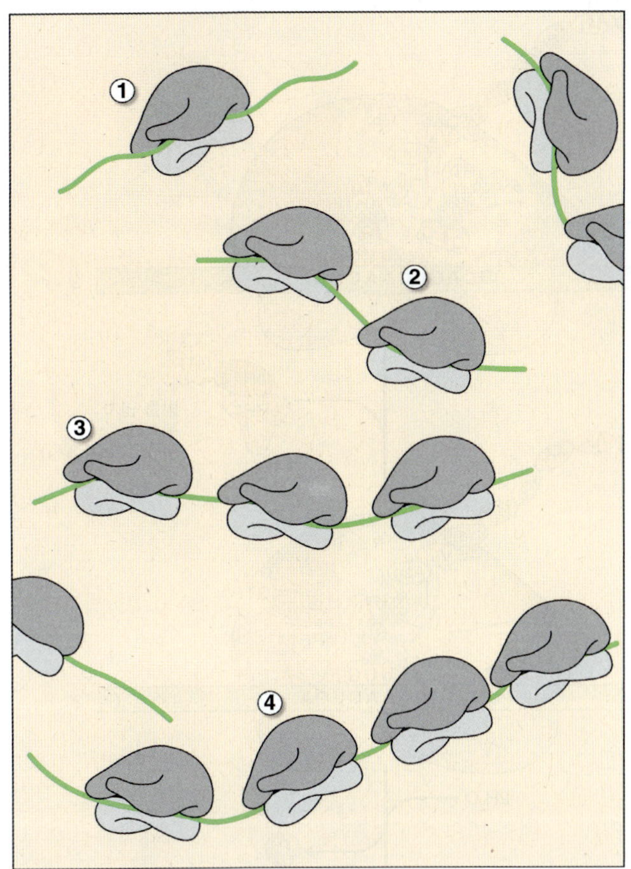

그림 3.44 폴리좀은 이 그림에서 번호로 나타낸 것처럼, 2개 이상의 리보솜이 결합해 있는 전령 RNA 분자이다.

3.6.5 단백질 합성은 종결 코돈에 도착할 때 종결된다

리보솜이 mRNA 상에 있는 3개의 종결 코돈(UAA, UAG, UGA) 중 하나에 도착할 때, 이는 폴리펩티드 사슬 신장이 끝나야 한다는 신호가 된다(그림 3.45). 단백질 합성이 종결되기 위해서는 방출 인자로 알려진 2종류의 특별한 단백질, eRF1과 eRF3가 A 위치에 결합해야 한다. eRF1은 tRNA와 구조적으로 닮은 단백질로서 모든 세 가지 종결 코돈을 인지한다. 이 단백질은 GTP가 붙어 있은 eRF3와 결합한다. RF 단백질과 리보솜의 상호작용은 일련의 사건들을 유발시킨다. RF3에 의한 GTP의 가수분해는 P 부위에서 합성 완료된 폴리펩티드 사슬과 마지막 tRNA 분자 사이의 결합이 끊어지도록 촉매하여 리보솜으로부터 폴리펩티드를 방출시킨다. 이는 또한 리보솜으로부터 RF 단백질의 방출을 촉진한다. 이때 tRNA와 리보솜 또한 mRNA로부터 떨어져 나오고 또 다른 번역 회로에 참여할 수 있게 된다. 이때 리보솜은 소단위체와 대단위체로 분리될 수 있는데, 이 과정은 eIF6에 의해 촉진된다. 그러나 소단위체가 번역에 더 필요할 때까지는 이런 일이 일어나지 않으며, 따라서 스트레스 조건(예를 들어, 저산소 상태, 열 충격 또는 탈수 스트레스)에서와 같이 전사 개시가 제한적일 때 mRNA가 없는 온전한 리보솜이 축적된다.

3.6.6 대부분의 단백질은 번역후 가공을 겪는다

새로 합성된 폴리펩티드는 완성되어 기능을 수행하는 마지막 형태의 단백질에 도달하기 위하여 흔히 추가 가공 과정을 겪는다. 첫 번째, 아미노산 몇 개는 아세틸기, 인산 또는 기타 작용기들이 추가됨으로써 공유결합적으로 변경된다. 두 번째, 폴리펩티드는 정확한 3차원 구조로 접혀야 한다. 3차원 단백질 구조의 예는 이 책의 어느 곳에서나 볼 수 있다. 세 번째, 많은 단백질들이 둘 또는 그 이상의 단위체로 구성되는데, 이들은 기능을 하는 단백질을 형성하기 위하여 조립되어야 한다. 예를 들어, 사람과 다른 동물들에게 매우 유독한 겨우살이(*Viscum album*)의 주 단백질 렉틴(lectin)은 2개의 서로 다른 단위체로 구성된 이형이량체(heterodimer, 그림 3.46)이다. 이의 1A 단위체는 254개 아미노산 길이이며, 1B 단위체는 263개 아미노산 길이다. 렉틴은 탄수화물-결합 분자인데, 겨우살이 렉틴의 경우 1B 단위체는 28S 리보솜 RNA 단위체의 당을 포함하고 있는 뼈대에 결합하는 데 비해 1A 단위체는 리보솜 RNA로부터

키포인트 단백질의 합성은 mRNA의 5′ 말단으로부터 개시 코돈 AUG에서 시작된다. 개시 과정은 mRNA와 리보솜에 더하여 개시 인자로 알려진 몇 종류의 단백질이 필요하다. 아미노산을 순차적으로 첨가함으로써 폴리펩티드 사슬의 신장이 일어난다. 리보솜은 리보솜의 펩티딜 트랜스퍼레이즈 자리가 연속적인 아미노산 사이의 펩티드 결합 형성을 촉매할 수 있게 mRNA와 적절한 아미노산이 장전된 운반 RNA를 붙잡는다. 신장은 종결 코돈에 도착할 때까지 계속된다. 그 다음 새로운 폴리펩티드가 방출되고 리보솜과 mRNA는 분리된다. 새로 합성된 폴리펩티드는 흔히 번역후 가공되어 성숙하고 기능을 하는 단백질이 된다. 이러한 가공은 아세틸, 인산 또는 기타 작용기의 공유결합적 추가와 정확한 2차, 3차, 그리고 적절한 곳에서, 4차 구조로의 폴리펩티드 접힘을 포함한다.

단계 1
방출 인자(eRF1과 GTP-결합 eRF3을 포함함) 복합체는 A-자리에 노출되어 있는 종결 코돈에 결합한다. 아직까지 밝혀지지 않았지만, E-자리에 있는 탈아실화된 tRNA는 이때 방출되는 것 같다.

단계 2
리보솜 상의 펩티딜 트랜스퍼레이즈 중심은 완전한 폴리펩티드를 마지막 tRNA에 연결하고 있는 에스테르 결합의 가수분해를 촉매한다.

단계 3
리보솜은 mRNA로부터 분리되고 다음 번 단백질 합성에 쓰일 수 있게 된다. (GTP 가수분해의 정확한 시기와 기능은 더 자세히 연구되어야 한다.)

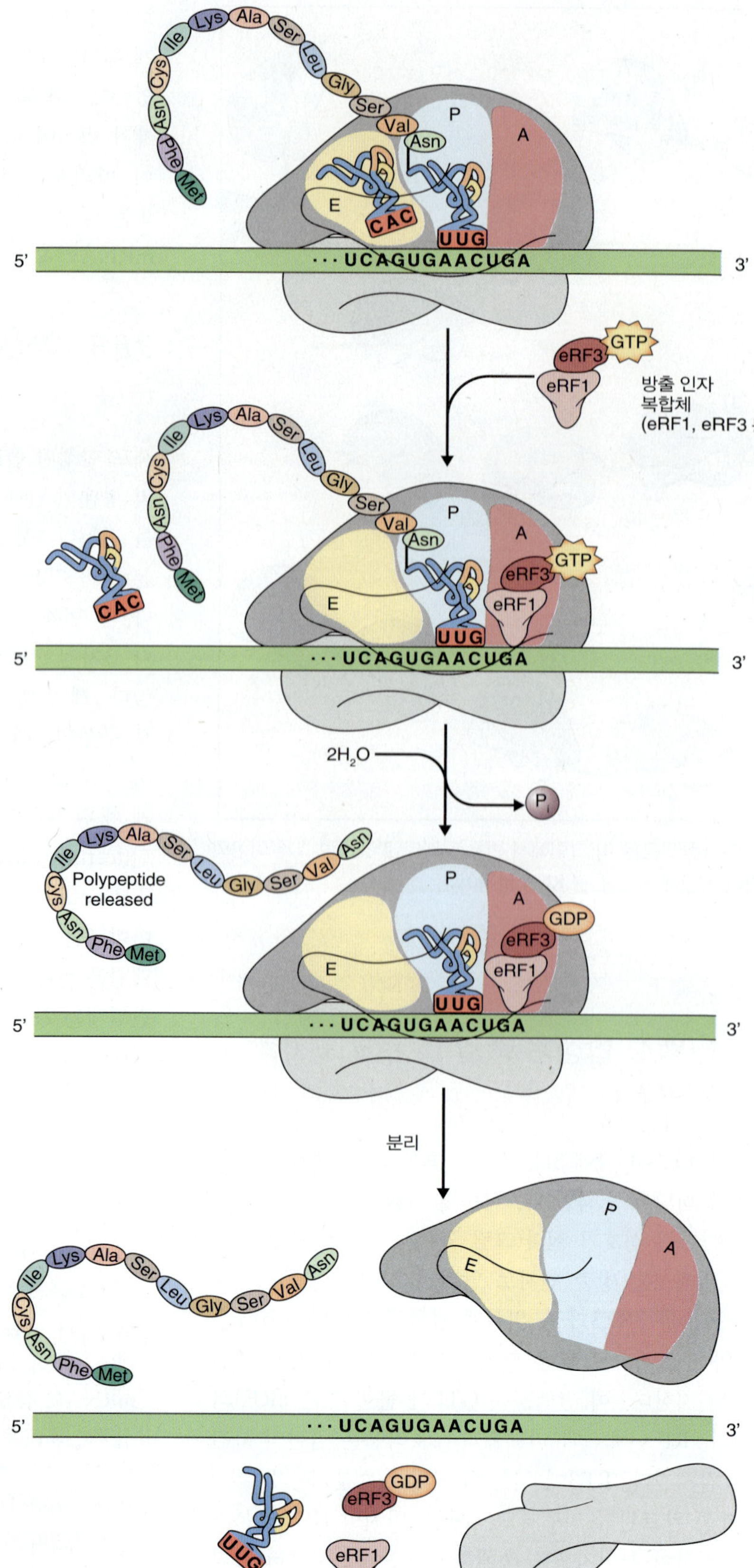

그림 3.45 단백질 합성 종결은 3종류의 종결 코돈—UAA, UAG 또는 UGA—가운데 하나가 리보솜의 A 자리로 이동할 때 일어난다.

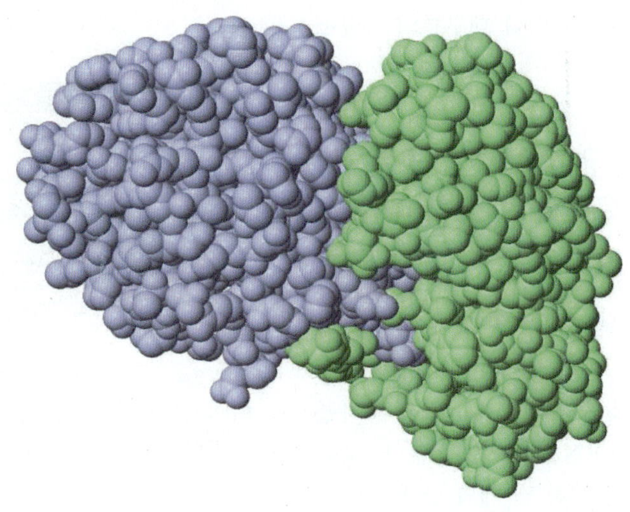

그림 3.46 겨우살이(*Viscum album*)의 렉틴 구조. 이 단백질은 그림에서 파란색과 녹색으로 색칠한 254개와 263개 아미노산의 서로 다른 2개의 단위체로 이루어져 있다.

아데닌 염기를 절단하여 신장 단계에서 단백질 합성을 막고 세포를 사멸로 이끈다.

3.7 소기관 유전자의 발현

현재까지 우리는 핵 유전자의 전사와 발현에 초점을 맞춰왔다. 3.2절에서 설명한 것처럼, 엽록체와 마이토콘드리아 또한 RNA와 단백질을 암호화하는 유전체를 가지고 있다. 엽록체와 마이토콘드리아 유전자의 발현은 핵 유전자의 발현처럼 중요한 점이 많다. 엽록체와 마이토콘드리아 유전자의 발현은 RNA를 합성하기 위하여 RNA 중합효소에 의한 DNA 전사로 이루어지며, 단백질-암호화 유전자의 경우, 폴리펩티드를 만들기 위한 리보솜 상의 mRNA 번역이 뒤따른다. 그러나 엽록체와 마이토콘드리아에서 유전자 발현의 상세한 과정은 미생물에서 일어나는 것과 매우 유사한데, 이는 이 세포소기관의 기원이 원핵 세포내공생자(endosymbiont)임을 반영하는 것이다. 엽록체 유전자 발현은 식물 마이토콘드리아 유전자의 발현 보다 더 상세히 연구되어 왔다. 식물에서 마이토콘드리아 유전자 발현은 다른 진핵생물과 유사하기 때문에 여기에서는 더 논의하지 않을 것이다.

3.7.1 엽록체 유전자 발현 기구는 핵 유전자 보다는 세균과 닮았다

엽록체의 RNA 중합효소는 세균의 것과 유사한데, 4개의 단위체(이들 중 2개는 동일함)로 구성된 1개의 중심부와 색소체 유전체에 암호화되어 있는 몇 개의 조절 단위체 중 하나로 이루어져 있다. 이 중합효소는 세균의 −10과 −35 서열(이 서열들은 전사 개시 지점으로부터 각각 약 10 뉴클레오티드와 35 뉴클레오티드 상류에 놓여 있기 때문에 이렇게 불림)과 유사한 프로모터 영역을 갖는 유전자를 인식한다. 그러나 모든 엽록체 유전자들이 이런 프로모터 서열을 갖고 있지는 않다. 식물은 또한 색소체 내부로 들어오며 또 다른 프로모터 서열을 인식할 수 있는 핵에 암호화되어 있는 RNA 중합효소를 가지고 있다.

엽록체-암호화 단백질의 합성에 필요한 리보솜, 전령 RNA, 효소, 그리고 기타 구성원들은 핵-암호화 단백질의 합성에 필요한 것들과는 다르다. 색소체 내 특정 개시 인자들의 수와 기능은 세포질의 것들과 상당히 다르다. 생물정보학 분석에 따르면 색소체는 **세균의 개시 인자** IF1, IF2와 IF3의 동위형을 가지고 있다. 유사하게, 색소체의 신장 인자, 종결 인자, 그리고 리보솜 재사용 인자들은 진핵생물의 것보다는 세균의 것과 서열 상동성이 높다. 색소체 리보솜은 세균에서 발견되는 거의 모든 리보솜 단백질을 가지고 있지만, 세균에는 유사형이 없는 **색소체-특이적인 리보솜 단백질(plastid-specific ribosomal protein,** PSRP)도 가지고 있다. 이러한 PSRP 단백질의 수는 서로 다른 식물 종 사이에서 다양하다. 예를 들어, 시금치 엽록체 리보솜은 이들 중 6개를 가지고 있는데, 4개는 소단위체에, 2개는 대단위체 속에 있다. 몇몇 PSRP는 빛에 의한 단백질 합성 조절 역할을 할 수도 있다고 제안되었는데, 이는 엽록체의 중요한 특성이지만 마이토콘드리아나 대부분의 세균에서는 그렇지 않다.

3.7.2 색소체 유전체에 암호화되어 있는 전사체는 흔히 폴리시스트론이며 원핵생물형 기구에 의해 번역된다

엽록체와 세포질의 번역 체계 사이의 핵심적 차이 중 하나는 mRNA 상의 개시 신호가 선택되는 방식이다. 세포질 mRNA가 개시 인자에게 5′ 말단임을 표시하는 5′ 모자를 가지고 있는 데 반해 색소체 mRNA는 모자가 없다. 세균 mRNA처럼, 색소체 mRNA는 흔히 몇 개의 단백질을 번역시킬 수 있는 **폴리시스트론 전령**(**polycistronic message**)으로서 처음에는 전사된다. 세균 시스템에서, 정확한 개시에 필요한 AUG 코돈은 개시 AUG의 상류에서 발견되는 짧은 서열과 염기-쌍을 형성할 수 있는 소단위체(30S) 내 16S rRNA에 의해 선발된다. **샤인/달가노 서열**(**Shine/Dalgarno sequence**)로 불리는 이 서열은 30S 단위체에 의한 개시 코돈 선발을 직접 지정한다. mRNA의 2차 구조 또한 번역 개시 효율을 결정하는 데 중요하다. 어떤 식물의 색소체는 세균 시스템과 유사한 기구를 사용한다. 이런 종에서, 엽록체 mRNA는 개시 코돈 상류에 샤인/달가노 서열을 가지고 있다(그림 3.47). 개시 코돈 주변 mRNA의 2차 구조와 함께 이 서열은 번역 개시에 중요한 역할을 한다. 이에 반하여, 다른 종들의 색소체 mRNA는 개시 코돈의 20 뉴클레오티드 내에 샤인/달가노 서열을 가지고 있지 않다. 이런 mRNA에서 번역 개시 부위는 2차 구조가 거의 또는 전혀 없는 mRNA의 AUG 영역이 존재함으로써 지정되며(그림 3.48), 많은 경우 핵에 암호화되어 있는 단백질 또한 번역 개시를 촉진시키기 위해 필요하다.

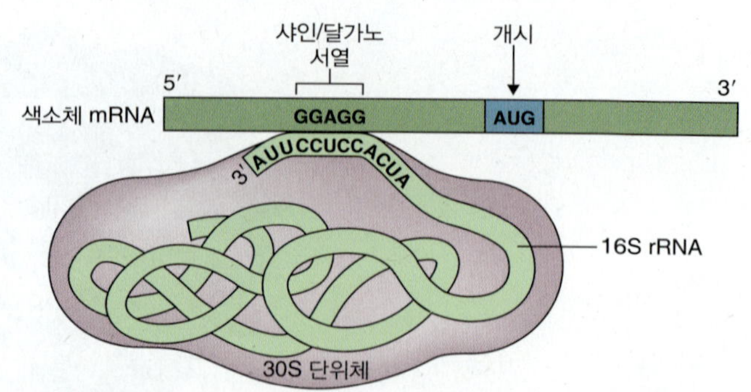

그림 3.47 샤인/달가노 서열과 이 서열이 참여하는 색소체 유전자의 개시 코돈 선발. 샤인/달가노 서열 내 폴리퓨린 서열과 16S rRNA의 3′ 말단 근처 폴리피리미딘 서열 사이에서 수소결합이 일어난다.

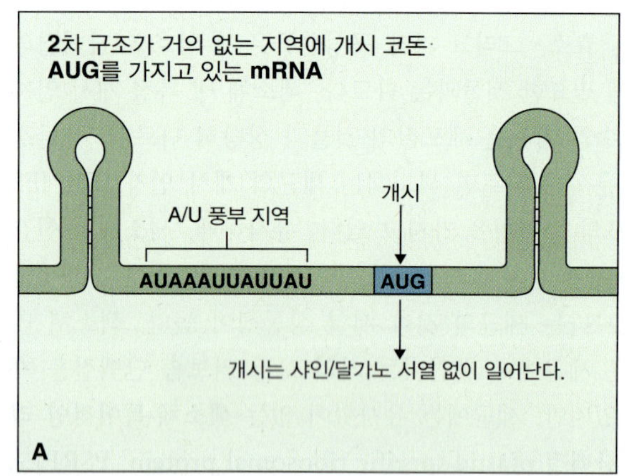

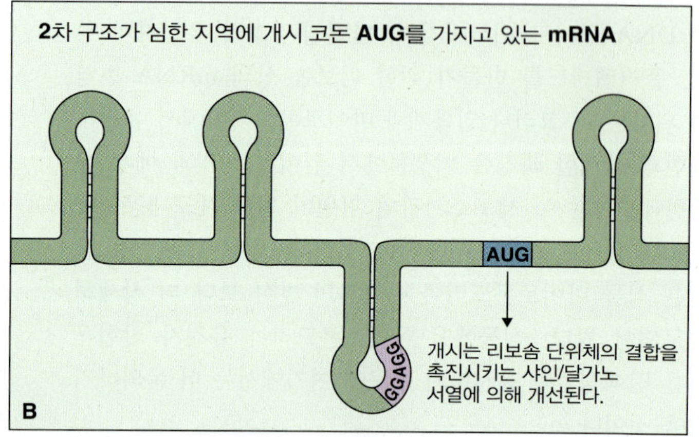

그림 3.48 엽록체 mRNA의 개시 자리 선발은 mRNA 서열과 이의 2차 구조에 따라 두 가지 경로 중 하나를 통해 진행된다. (A) 개시 코돈은 2차 구조가 거의 없는 지역에 존재하며, 효과적인 개시를 위하여 트랜스-작용 인자를 필요로 한다. (B) 두 번째 경로에서, 샤인/달가노 서열은 개시 코돈 근처에 위치하여 개시를 위한 선발을 가능하게 한다.

키포인트 엽록체와 마이토콘드리아 유전자의 발현은 분자생물학의 중심 원리를 따른다: DNA → RNA → 단백질. 소기관 DNA는 RNA 중합효소에 의해 전사되어 RNA를 만들고, 단백질-암호화 유전자의 경우, RNA는 그 다음 리보솜 상에서 번역되어 폴리펩티드를 만든다. 엽록체와 마이토콘드리아에서 리보솜의 자세한 구조, 개시 인자, 그리고 유전자 발현은 핵과 세포질보다는 진정세균(eubacteria)의 것과 더 비슷한데, 이는 색소체와 마이토콘드리아의 세포내 공생적 기원을 반영한다. 식물에서 마이토콘드리아 유전자의 발현은 다른 진핵생물과 유사하다. 엽록체 RNA 중합효소는 세균의 것과 유사하며 세균 프로모터 서열과 유사한 프로모터 영역을 인지할 수 있다. 어떤 엽록체는 이런 프로모터 영역이 없기 때문에 엽록체는 또 다른 프로모터를 인식할 수 있는 핵-유래 RNA 중합효소를 또한 도입한다. 색소체 RNA 상에서 정확한 번역 개시 지점을 선발하는 것은 두 가지 중 하나의 기구에 의해 이루어진다. 첫 번째는 세균에서 사용되는 것과 유사하며, 다른 하나는 색소체 특이적이다.

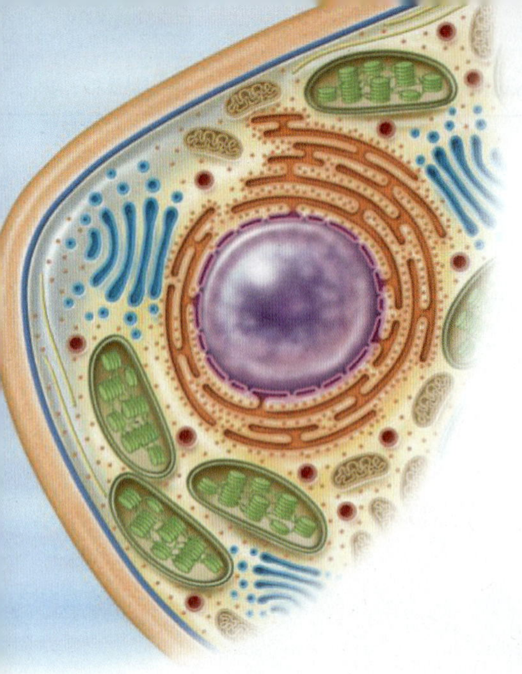

Chapter 4
세포 구조

4.1 세포 구조 소개

생명체는 생명을 가능하게 하는 장치를 포함하고 있는 독특한 구조적 단위인 세포로 구성되어 있다. 식물은 진핵세포(eukaryotic cell)를 갖는다; 일반적인 식물 세포는 그림 4.1에 보여진다. 동물 세포와 다르게 식물 세포는 세포외층, 즉 **세포벽(cell wall)**에 의해 둘러싸여 있다. 세포벽 안쪽에는 **원형질막(plasma membrane)**으로 둘러싸인 살아있는 **원형질체(protoplast)**가 있고, 그 안에는 특화된 기능을 갖고 구획되어 있는 다양한 막 경계를 갖는 **세포소기관들(organelles)**이 있다.

화학, 분자 생물학 및 현미경의 발전으로 인해 세포 구조에 대해 더 잘 이해할 수 있게 되었다. 20세기 중반까지 **전자현미경(electron microscope, EM)**이 세포 구조 연구에 널리 이용되었으며, 조직 전처리 기술의 발전으로 전자현미경의 사용 범위가 대폭 확장되었다. **급속냉각(rapid freezing)**이나 **동결치환(freeze-substitution)**과 같은 세포 전처리 기술의 발전으로 세포 고정시 거친 화학처리 없이 세포 구조를 생체 내 조건과 가장 흡사한 상태로 보존할 수 있게 되었다. 또한 동결치환법은 단백질의 항원성을 보존하여 전자현미경 수준에서 항체를 이용한 단백질의 확인이 가능하게 하였다.

최근에는 **광학현미경(light microscopy)** 특히, 살아 있는 세포의 구조를 3차원적으로 볼 수 있게 하는 **레이저 주사 공초점 현미경(laser scanning confocal microscopy)** 기술에 비약적인 발전이 있었다. 생물학적으로 중요한 여러 가지 이온과 고분자들의 확인을 가능하게 하는 리포터 분자(reporter molecules) 이용기술이 발전함에 따라 광학현미경의 기술력이 증진되었다. 이들 리포터 분자에는 Ca^{2+}나 H^{+} 등 다양한 분자에 특이적인 형광 염료는 물론 세포 내에서 적합한 프로모터나 표적 유전자(target gene)에 결합되어 발현이 조절되는 **녹색 형광 단백질(green fluorescent protein, GFP)**과 같은 형광 단백질이 있다.

화학의 발전 또한 식물 세포 구조 중 특히 세포벽 구조에 대한 이해를 증진시키는 데 큰 기여를 했다. 식물 세포벽은 **다당류(polysaccharide)**, **단백질**, **리그닌 중합체(lignin polymer)**의 복합체로 **질량 분석기(mass spectrometry)** 기술의 발전에 힘입어 그 구조가 밝혀졌다. 질량 분석기를 통해 세포벽에 존재하는 당과 페놀 화합물(phenolic compounds)의 존재가 밝혀졌으며, 이 정보를 토대로 어떻게 다당류와 리그닌이 조립되는지에 대한 연구가 시작되었다.

이 장에서는 대부분의 살아 있는 식물 세포에 존재하는 세포 수준의 구조물들을 알아보고자 한다. 식물학은 물론 동물과 인간 영양과 관련된 중요한 주제인 세포 구조의 화학적 성분들에 대한 이야기는 제2장과 5장에서 다루었다.

The Molecular Life of Plants, First Edition. Russell Jones, Helen Ougham, Howard Thomas and Susan Waaland.

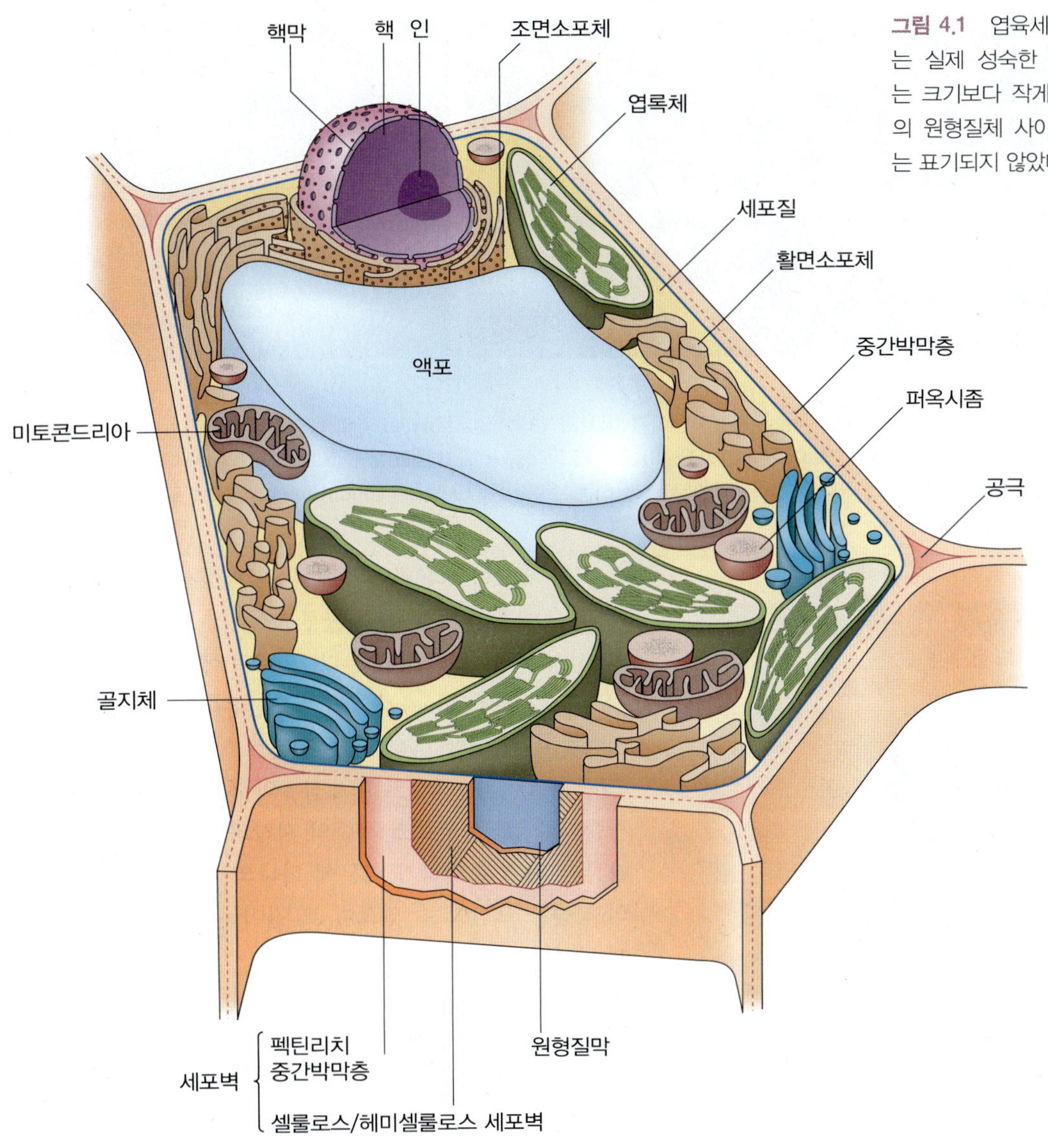

그림 4.1 엽육세포. 그림의 중앙 액포의 크기는 실제 성숙한 엽육세포에서 액포가 차지하는 크기보다 작게 보여지고 있다. 인접한 세포의 원형질체 사이를 연결시키는 원형질연락사는 표기되지 않았다.

4.2 세포벽

견고하고 유연한 일차 세포벽은 각각의 식물 세포를 둘러싸고 있으며 다당류와 단백질 복합체로 이루어져 있다. 식물 세포는 물론 궁극적으로 식물 자체의 모양은 세포벽에 의해 결정된다 할 수 있으며, 이러한 세포의 형태는 세포의 기능에 중요하게 작용한다(그림 4.2). 세포벽은 살아 있는 세포에 과하게 물이 흡수되는 것을 방지해 식물이 담수에서 생존할 수 있도록 한다. 서로 인접해 있는 식물 세포는 근접세포벽을 따라 **중간박막층**(**middle lamella**)이라고 불리는 벽을 따라 서로 접착되어 있는데, 이로 인해 일반적으로 식물의 세포에서는 상호 움직임이 발생하지 않는다(그림 4.3). 또한, 모든 세포벽은 뼈대처럼 하나의 네트워크를 형성하여 식물이 위로 서 있도록 하며, 각 식물의 특징적인 모양이나 **형태**(**morphology**)를 결정한다. 세포벽은 세포의 수명이 다할 때까지 그 구조와 성분을 변화시키며, 세포가 팽창되는 동안에는 세포 표면적이 급격하게 증가한다. 살아 있는 세포에서, 세포벽은 식물체의 성장 속도와 방향을 제한하며 식물체의 발달 및 형태에 커다란 영향을 끼친다. 최종적으로 식물체가 분화되는 동안, 많은 세포들은 세포의 기능에 특이적으로 맞춰진 복잡한 구조의 보다 견고한 **이차 세포벽**(**secondary cell wall**)을 만들어 낸다.

4.2.1 셀룰로스는 일차 세포벽의 기본 뼈대를 이루는 주요 구성 성분이다

일차 세포벽은 구조적으로 독립적이지만 상호작용을 하는 몇 개의 성분들로 이루어져 있다. 세포벽의 기본 뼈대는 **교**

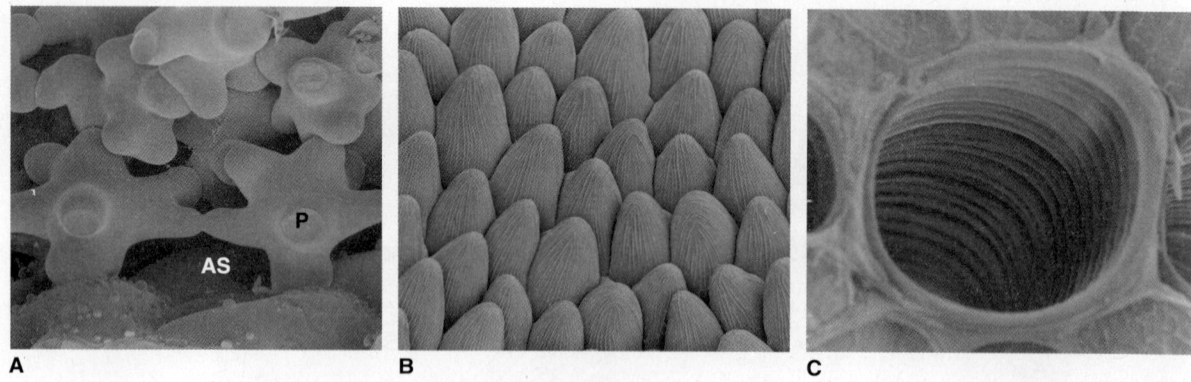

그림 4.2 발달 중인 식물 세포의 세포벽 골격을 보여주는 주사전자현미경 이미지. (A) 백일초(Zinnia) 잎의 해면조직(P); 가스 교환을 용이하게 해 주는 세포 사이의 커다란 공간들(air spaces, AS)을 보여주는 이미지. (B) 표면의 광택을 높이기 위해 효율적으로 빛을 반사시키는 금어초(snap-dragon, *Antirrhinum majus*) 꽃잎의 표피세포. (C) 극도의 수축 상황에서 기능하는 수분이동세포(water-conducting cell)의 벽을 강화시켜 주는 방사형으로 비후화된 체관부 가도관(tracheid).

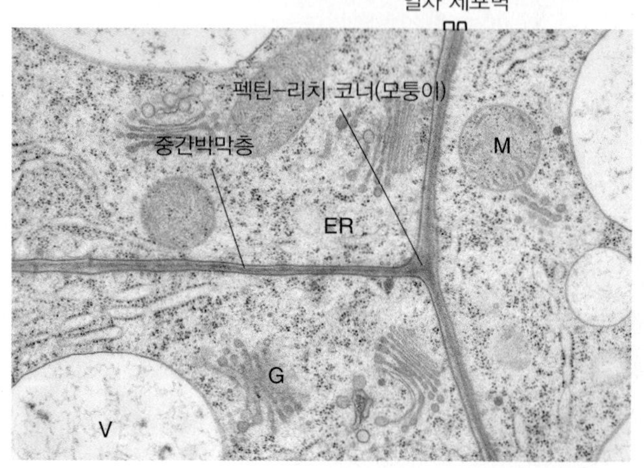

그림 4.3 3개의 세포가 맞닿아 있는 모퉁이 부분의 투과전자현미경 이미지. 이들 세포의 일차 세포벽은 중간박막층에 의해 붙어 있다. 중간박막층은 세포 분화 동안 만들어져 세포 신장 동안 일차 세포벽과 함께 성장한다. 세포의 모퉁이는 보통 펙틴-리치 다당류로 채워져 있으나 분화한지 오래된 세포에서는 종종 분해되어 그 공간에 빈 공간이 만들어지기도 한다(not shown). ER, Endoplasmic reticulum(소포체); G, Golgi apparatus(골지체); M, Mitochondria(마이토콘드리아; V, Vacuole(액포).

차결합(**cross-linking**)된 **글라이칸**(**glycan**)에 의해 연결된 **셀룰로스**(**cellulose**) 막대로 구성된 다당류로 이루어져 있다. 이 네트워크는 **펙틴 다당류**(**pectin polysaccharides**) 기질에 포함될 수 있다. 세 번째 독립적인 비다당류 네트워크는 **구조 단백질**(**structural proteins**)이나 **페닐프로파노이드**(**phenylpropanoid**)로 이루어진다. 여기에서는 이러한 네트워크 각각을 설명할 것이다.

셀룰로스(**cellulose**)는 세포벽의 기본 스캐폴드(scaffold)을 형성한다. 셀룰로스는 일차 세포벽의 총 건조중량 중 15~30%를 차지하는 가장 많은 식물 다당류이고 그 양은 이차 세포벽보다 비율이 크다. 셀룰로스는 200-20,000개의 (1→4)-β-D-결합된 글루코스 유닛(unit)(2장 참고)의 선형 사슬 형태를 갖는다. 세포벽에서 셀룰로스는 준결정(paracrystalline) 배열인 **미세섬유**(**microfibril**) 형태로 존재하며, 길이에 따라 다른 셀룰로스와 수소결합을 한다(그림 4.4). 평균적으로 미세섬유의 직경은 36개 셀룰로스 사슬이다. 한 셀룰로스 사슬의 시작과 끝이 미세섬유 내의 다른 위치에 존재하기 때문에 하나의 미세섬유는 수천 개의 사슬을 포함할 수 있으며 그 길이는 수백 마이크로미터에 달한다.

또 다른 글루코스(Glucose, 포도당) 중합체인 **칼로스**(**callose**)는 특정 유형 세포의 발달 단계 중 특정 단계에서 중요한 벽 구성 성분의 하나이다. 셀룰로스와는 다르게 칼로스의 글루코스 유닛은 분자를 선형이 아닌 나선형으로 만드는 (1→3)-β-D-결합을 갖는다. 따라서 칼로스는 선형 셀룰로스 사슬이 길이에 따라 수소결합을 통해 미세섬유의 형태를 띠는 것과 다르게 미세섬유를 형성하지 않는다. 칼로스는 꽃가루(pollen grain)의 세포벽, 신장 중인 화분관(elongating pollen tube), 분화 중인 세포의 세포판을 비롯하여 물리적인 상처를 입었거나 병원성 곰팡이에 의해 공격당한 세포에서 만들어진다.

4.2.2 교차결합 글라이칸이 셀룰로스 스캐폴드를 고정한다

셀룰로스 미세섬유는 셀룰로스끼리의 수소결합과 **교차결합 글라이칸**(**cross-linking glycans**)이라고 불리는 세포벽 다당류의 한 종류와의 결합에 의해 망구조를 형성한다. 글라이칸은 다른 글라이칸과 연결되어 셀룰로스 미세섬유를 둘

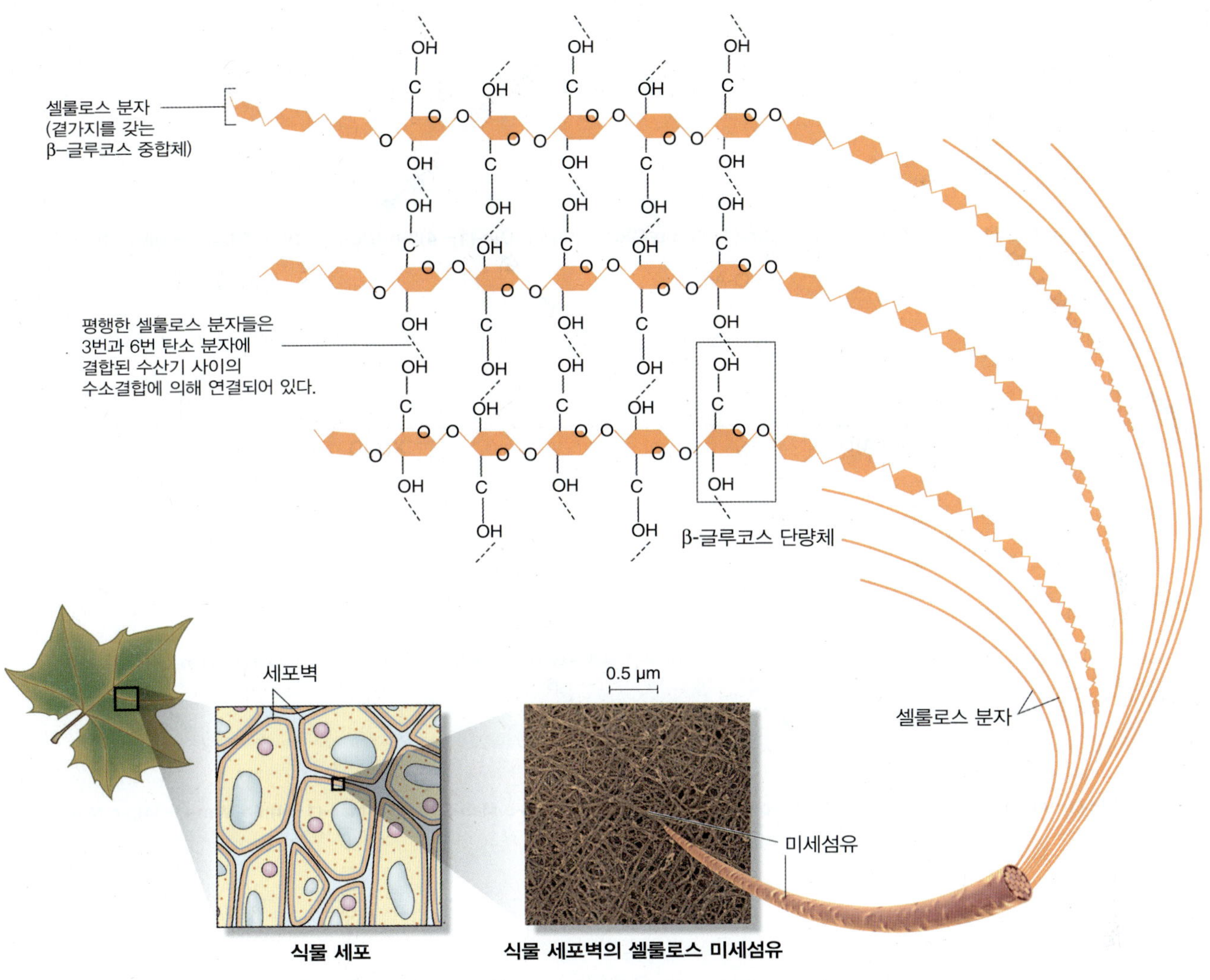

그림 4.4 세포벽에서의 셀룰로스 배열. 선형 셀룰로스 분자들은 서로 수소결합을 이루어 미세섬유를 형성한다. 미세섬유는 보통 36개의 셀룰로스 분자로 이루어져 있다. 위 그림에서는 글루코스 분자에 존재하는 3번과 6번 위치의 수산기만을 보여주고 있다.

러싸고 미세섬유 사이의 거리를 벌려 세포벽의 기본 구조적 네트워크를 형성한다. 과거에 교차결합 글라이칸은 헤미셀룰로스(hemicellulose)라고 불렸으며 강알칼리 성분에 의해 세포벽으로부터 추출되는 물질이라는 뜻에서 이름 붙여졌었다.

현화식물(flowering plant)의 일차 세포벽을 구성하는 두 종류의 주요한 교차결합 글라이칸에는 **자일로글루칸(xyloglucans, XyGs)**과 **글루쿠로노아라비노크실란(glucuronoarabinoxylans, GAXs)**이 있다. 자일로글루칸은 글루코스의 6번 탄소에 일정한 간격으로 선형의(1→ 4)-β-D-글루코스와 다수의 **α-D-자일로스(xylose)**가 연결된 구성을 갖고 있다(그림 4.5A). 이들은 또한 다른 당 성분들과 측면결합을 할 수도 있다. 글루쿠로노아라비노크실란은 선형의 (1→4)-β-D-자일로스가 **글루쿠론산(glucuronic acid)**과 **아라비노스(arabinose)**에 측면결합한 형태이다(그림 4.5B). 그리고 이들 교차결합 글라이칸의 주요 구성성분 외에도 일부 일차 세포벽에서 미세섬유와 연계되어 있는 **글루코만난(glucomannans)**, **갈락토만난(galactomanan)** 그리고 **갈락토글루코만난(galactoglucomanans)** 등이 보다 적은 양으로 존재한다. 이 만난성분들은 거의 모든 속씨식물(angiosperms)에서 발견된다.

속씨식물의 일차 세포벽은 비섬유성(non-cellulosic) 구성요소의 화학적 구성에 따라 2개의 그룹으로 나뉜다(표 4.1). **Type I 세포벽**은 모든 쌍떡잎(eudicot) 식물과 약 절반 정도의 외떡잎(monocots) 식물에서 발견된다. 자일로글루칸은 Type I 세포벽에서 주요하게 교차결합에 관여하는 글라이칸의 하나이다. Type I 세포벽은 같은 양의 셀룰로스와 자일로글루칸을 가지고 있다(그림 4.6). Type II

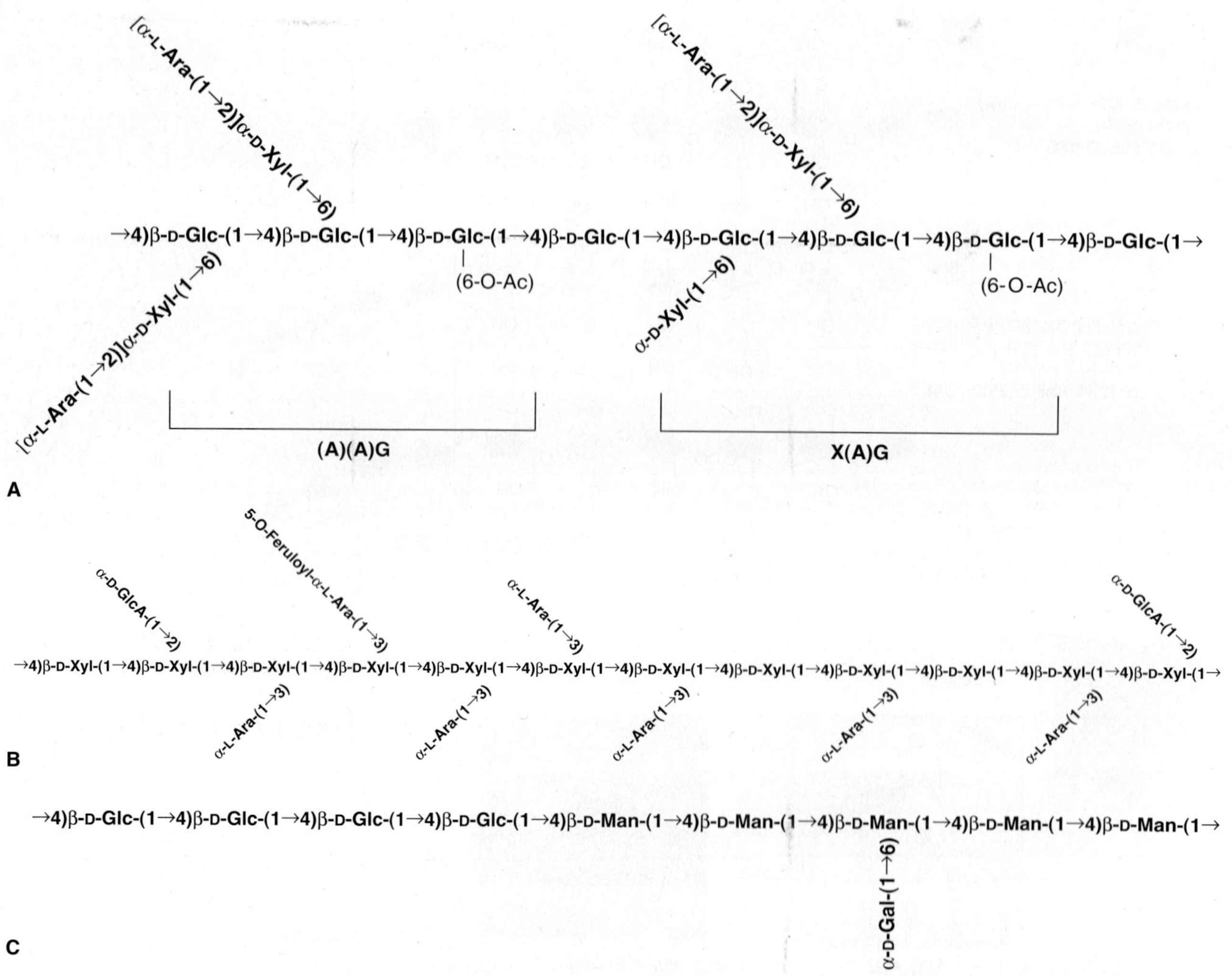

그림 4.5 일차 세포벽의 교차결합 글라이칸. (A) 가지과의 아라비노옥실로글루칸, 즉 β(1→4)-결합 글루코스 백본과 자일로스와 아라비노스 곁가지를 갖는 자일로글루칸. (B) β(1→4)-결합 자일로스 백본과 주로 아라비노스와 갈락투론산으로 이루어진 곁가지를 갖는 코멜리노이드 글루쿠로노아라비노크실란(Commelinoid glucuronoarabinoxylan). (C) 전체가 β(1→3)이나 β(1→4) 결합으로 연결된 글루코스로 이루어진 초본 식물의 혼합결합 글루칸.

세포벽은 코멜리노이드(commelinoid) 단자엽(monocots) 식물[파인애플과 식물(bromeliads), 야자과 식물(palms), 사초과 식물(sedges), 풀(grasses) 등]에서 나타난다. Type II 세포벽의 주요 교차결합 글라이칸은 글루쿠로노아라비노크실란(glucuronoarabinoxylan)이다(그림 4.6). 이 그룹에서 곡물(cereals) 등을 포함하는 풀(grasses)에는 교차결합 글라이칸이 하나 더 있는데 이 글라이칸은 **β-글루칸**이라고 불리며 (1→3), (1→4)-β-D-글루칸의 **혼합결합(mixed-linkage)** 형태를 갖는다(그림 4.5C). 이 혼합결합 형태의 글라이칸은 특히나 곡물 배젖(cereal grain endosperm) 세포벽에 풍부하게 존재하며 **'수용성 식이섬유(soluble fiber)'**의 대부분을 차지한다. Type I과 Type II 세포벽에 존재하는 교차결합 글라이칸의 종류가 다르기 때문에 각각의 세포벽이 pH 등 세포벽 해리(wall-loosening)에 관여하는 요인에 의해 다르게 반응할 것으로 보인다(12장 참고).

4.2.3 펙틴 기질 중합체는 일차 세포벽에서 2차 네트워크를 형성할 수 있다

펙틴(pectins)은 **D-갈락투론산(D-galacturonan)**에 많이 존재하는 분지되고 높은 수준으로 수화된 다당류의 이종 혼합물로서 일차 세포벽에서 2차 네트워크를 형성한다. 이들은 Ca^{2+}에 결합하며, Ca^{2+} 킬레이트를 이용하여 세포벽에서 추출해 낼 수 있다. 펙틴의 기본적인 두 가지 구성 요소는 갈락투론산이 선형 사슬 형태를 띠고 있는 **호모갈락투로난**(homogalacturonan, HGA)과 갈락투론산과 **람노스**

표 4.1 다른 종 간의 Type I과 Type II 일차 세포벽의 구성 비교

	Type I	Type II	
	진정쌍떡잎, 대부분의 단자엽	코멜리노이드 단자엽 (벼과 초본식물 제외)	벼과 식물 (곡류 포함)
주요 교차결합 글라이칸	크실로글루칸 (1:1 셀룰로스:XyG)	글루크루노아라비노자일란	글루크루노아라비노자일란 β-글루칸
펙틴 기질	있음	없음	없음
단백질 네트워크	있음	아주 약간(Limited)	아주 약간(Limited)
페닐프로파노이드 네트워크	없음*	있음	있음

*명아주과 식물 제외

(rhamnose)의 몇몇 잔기가 변형된 선형 사슬 모양의 **람노갈락투로난(rhamnogalacturonan)**이다. 호모갈락투로난 사슬은 Ca^{2+} 가교를 통해 같은 Ca^{2+} 이온과 연계되어 있는 2개의 다른 HGA 분자로부터 갈락투론산 잔기가 음전하로 하전된 다른 사슬과 연결될 수도 있다.

펙틴은 세포벽의 투과성(porosity), 세포벽의 pH와 이온 균형에 영향을 미치고, 또한 식물 세포가 병원체 혹은 곤충의 존재를 감지할 수 있도록 도와주는 인식분자로서 역할한다. 그리고 **중엽(middle lamella)**에 존재하는 펙틴은 인접한 세포를 다른 세포에 연결시켜 주는 역할을 한다(그림 4.3). Type I 세포벽에는 Type II 세포벽에 비해 훨씬 많은 펙틴이 있지만 두 세포벽의 중엽은 대부분 펙틴으로 구성되어 있다. 과일의 세포벽에는 펙틴이 매우 많으며 끓였을 때 추출되는 과일의 펙틴은 잼이나 젤리와 같이 겔의 형태를 만드는 성분으로 이용되기도 한다.

4.2.4 비다당류 구성요소는 일차 세포벽에서 3차 구조적 네트워크를 형성한다

일차 세포벽에는 중합체들로 이루어진 3차 네트워크가 있다. Type I 세포벽에 존재하는 3차 네트워크는 구조 단백질로 이뤄져 있다. 이 네트워크는 세포벽의 신장성 및 화분(pollen)-암술(stigma)의 상호작용을 조절하는 등의 역할을 한다(12장과 16장 참고). 이들 구조 단백질에는 5가지 종류가 있는 것으로 밝혀졌다: **하이드록시 프롤린 리치 글리코단백질(hydroxyproline-rich glycoprotein)**, **프롤린 리치 글리코단백질(proline-rich glycoprotein)**, **글리신 리치 단백질(glycine-rich proteins)**, **트레오닌 리치 단백질(threonin-rich protein)**과 **아라비노갈락탄 단백질(arabinogalactan protein)**. 이들 단백질의 합성 및 침적은 발달 과정에서 조절되며, 그 상대적인 양은 조직이나 종에 따라 차이가 있다. 가장 잘 연구된 하이드록시프롤린 리치 글리코단백질은 막대기 꼴의 단백질인 **익스텐신(extensin)**으로 이 단백질은 다른 세포벽 중합체와 교차결합을 통해 세포벽의 구조적 강도를 부여한다(그림 4.6). **프롤린 리치 단백질**은 그 구성과 형태에 있어서 익스텐신과 유사하다. **글리신 리치 단백질**은 원형질막-세포벽 경계면에서 판상 구조(plate-like structure)를 형성할 것으로 짐작된다. 네 번째 그룹에 속하는 **아라비노갈락탄 단백질**은 중량의 95% 이상이 당으로 구성되어 있으며, 이들 단백질은 **포스패티딜이노시톨(phosphatidylinositol)** 고정(anchor)을 통해 원형질막에 고정되어 세포 신호전달 및 호환성 반응에 연관되어 있을 것으로 보인다.

Type II 세포벽에는 익스텐신이 없고, Type I 세포벽에 비해 구조 단백질이 소량 존재하지만 익스텐신과 구조적으로 유사한 트레오닌 리치 단백질이 페놀 화합물과 함께 Type II 세포벽에서 발견된다[(그림 4.6, 페닐프로파노이드(phenylpropanoids)]. 페놀 화합물, 주로 **하이드록시신나믹산(hydroxycinnamic acids)**은 다당류를 단백질이나 다른 다당류에 연결시킨다. 이러한 네트워크들은 세포벽의 강도를 약화시키거나 식물의 성장이 끝난 후 자리에 고정되도록 한다.

4.2.5 세포 팽창기에 일어나는 일차 세포벽의 생합성과 조립

새로운 세포벽은 세포 분화 중에 만들어진다. 글리코단백질과 비섬유성 벽 다당류들을 갖는 골지소낭은 판형의 막질 소기관인 **프라그모솜(Phragmosome, 격막 형성질)**을 만들기 위해 결합하는 방추사의 중심점으로 이동된다(그림

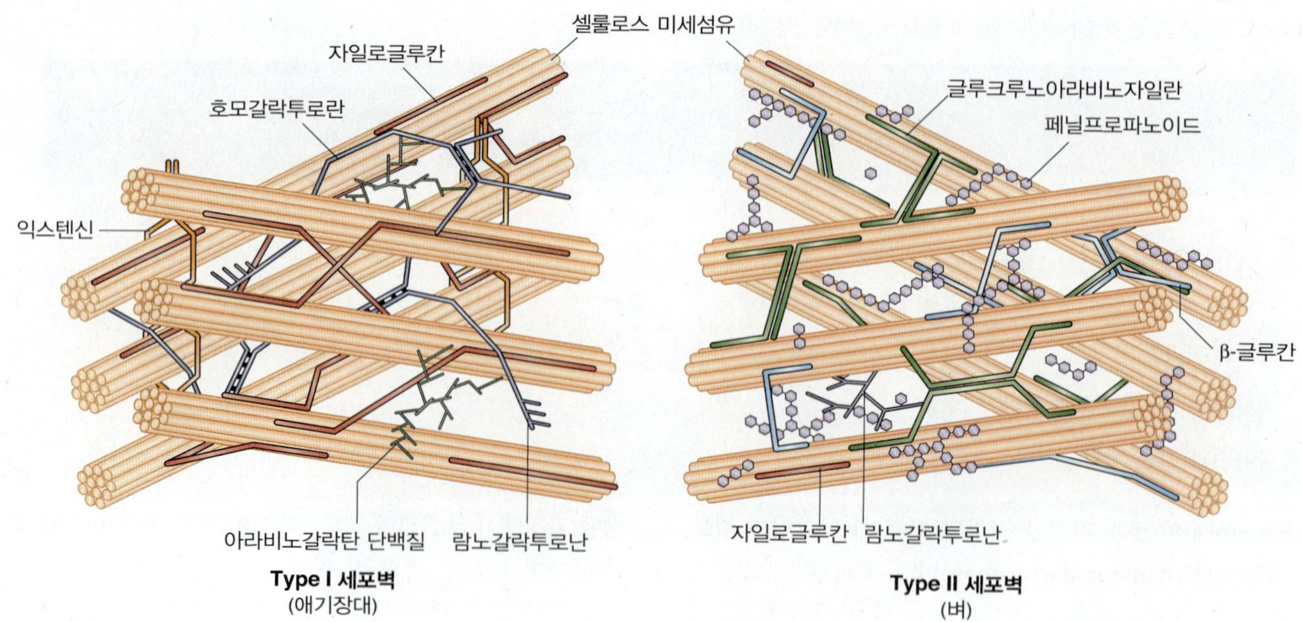

그림 4.6 애기장대의 Type I 일차 세포벽과 벼의 Type II 일차 세포벽의 3차 구조 모델. Type I 세포벽은 진정쌍떡잎식물(eudicots)과 대다수의 외떡잎식물에서 발견되고, 반면에 코멜리노이드 단자엽 식물(예를 들면, bromeliads, palms, sedges, grasses)은 Type II의 세포벽을 갖는다. 위 그림에서는 벼의 Type II 세포벽이 나와 있으며, 이 세포벽에는 초본식물의 전형적인 형태인 β-글루칸이 존재한다. 이와 같은 글루코스를 기반으로 교차결합된 가교 글라이칸은 서로 수소결합을 하게끔 만드는 펼쳐진 구조의 셀룰로스형 결합(cellodextrins)과 짧은 구간의 셀룰로스형 결합(cellotriosyl- and cellotetraosyl-rich)을 갖고 있으며, 또한 칼로스형 결합이 혼재되어 있다.

키포인트 식물 세포들은 셀룰로스와 교차결합 글라이칸, 펙틴 중합체 그리고 단백질로 이루어진 일차 세포벽에 의해 둘러 싸여 있다. 일차 세포벽의 구조는 강철 보강된 콘크리트와 비슷하다. 강화된 셀룰로스 미세섬유(콘크리트 안의 강철과 유사)는 교차결합 글라이칸, 단백질과 펙틴이 많이 있는 무정형 중합체 기질(콘크리트와 유사) 안에 존재한다. 기질의 다당류와 단백질들은 셀룰로스와 비공유결합(non-covalent linkages)를 형성한다. 모든 식물의 세포벽에 셀룰로스 성분이 있는 반면, 기질 중합체의 성분은 종에 따라 매우 다양하다. 기질 중합체의 차이점에 의해 속씨식물을 Type I 세포벽과 Type II 세포벽을 갖는 두 가지 그룹으로 나눌 수 있다.

4.7). 격막형성질은 딸 세포의 내용물을 분리시키기 위해 원형질막과 융합하는 친세포의 측벽을 향하여 외측으로 성장한다. 그리고 발달 중인 세포벽의 비섬유성 구성요소들은 골지체에서 나온 분비소낭에 의해 이동된다(4.5.5절 참고). 셀룰로스 미세섬유는 **셀룰로스 합성효소**에 의해 합성되고 이 효소는 원형질막 안에 존재한다. 셀룰로스 미세섬유가 합성될 때 이 효소들은 원형질막의 바깥 공간에서 세포벽으로 이동한다(그림 4.8).

식물 세포는 발달하는 동안 그 길이가 약 20~50배 가량 늘어난다. 일차 세포벽은 세포 팽창 시 그 크기가 반드시 커지게 되어 있다. 기존의 세포벽은 느슨하게 풀려야 하며 이때 새로운 벽을 만드는 재료들은 기존의 벽의 구조적 안전성을 손상시키지 않도록 조정된 과정을 통해 기존의 벽에 삽입된다. 이 과정에 대해서는 12장에서 자세하게 다루어질 것이다.

4.2.6 이차 세포벽은 일차 세포벽의 성장이 멈춘 후 만들어진다

세포가 신장을 멈출 때 일차 세포벽이 교차결합을 통해 최종적인 형태를 이룬다. 이 단계에서 일차 세포벽 내부 공간에 **이차 세포벽**(**secondary wall**)의 침적이 이루어지는 것으로 보인다(그림 4.9). 이차 세포벽의 구성요소와 침적 형태는 세포마다 매우 다양하다(그림 4.10). 예를 들어, 면(cotton) 섬유 세포의 이차 세포벽은 98% 가까이 셀룰로스로 이루어져 있는 반면, 몇몇 종자 조직의 이차 세포벽은 대부분 비섬유성 다당류로 이루어져 있기도 한다. 곡물류 배젖 세포의 이차 세포벽은 β-글루칸으로 이루어진 반면, 대추야자 배젖(date endosperm)의 이차 세포벽은 주로 **만난**(**mannans**)과 만노스 중합체로 이루어져 있다. 이 경우 이

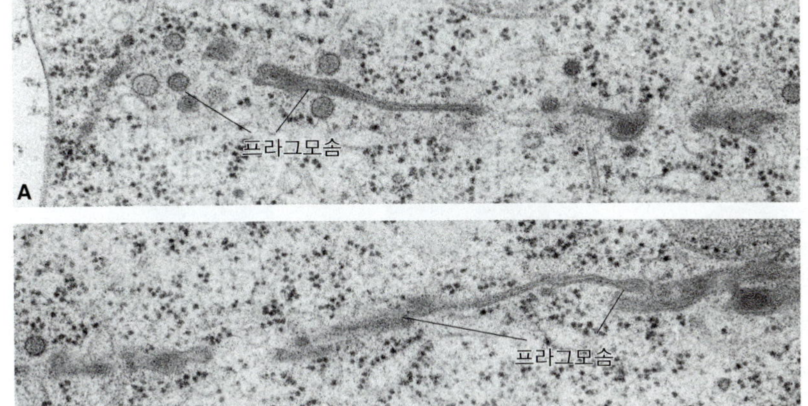

그림 4.7 유칼립투스(*Eucalyptus sieberti*) 근단세포에서 프라그모솜의 고압 냉동 및 결빙 치환된 조직의 TEM 관찰 이미지. (A) 프라그모솜은 분할 중인 두 세포의 적도에 가까이 형성되는 연속된 납작한 막 모양의 낭으로 구성되어 있다. (B) 최종적으로 세포질 분열과 두 딸세포로 분열되는 과정인 막 융합의 시작으로 각각 원형질막을 갖게 된다.

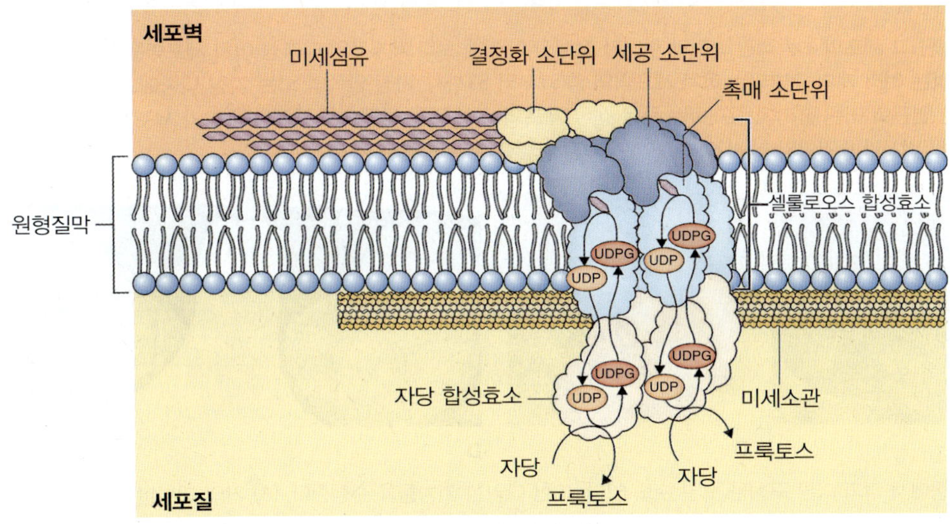

그림 4.8 셀룰로스 합성효소 복합체의 모델. 셀룰로스 합성효소는 원형질막에 박혀 있고, 셀룰로스 미세섬유를 세포 표면 바깥으로 밀어낸다. 셀룰로스 합성효소의 위치와 그로 인한 미세섬유의 방향성은 미세소관에 의해 결정된다. 셀룰로스 합성을 위한 글루코스는 셀룰로스 합성 복합체에 연결되어 있는 자당(Sucorose) 합성효소에 의해 공급된다.

차 세포벽의 다당류들은 종자가 발아하는 시기나 초기 유묘시기에 주로 에너지원으로 이용된다. 곡물류의 배젖세포에 존재하는 β-글루칸은 인류의 식생활에 있어 매우 중요한데, 왜냐 하면 혈중 콜레스테롤 농도를 낮추는 데 중요하다고 여겨지는 '수용성 식이섬유'를 제공하기 때문이다. 효모를 이용하여 맥주를 만들 때 글라이칸이 쉽게 분해되지 않기 때문에 맥주 안에 흐린 '혼탁(haze)'를 일으키는 성분으로 축적된다(6장 참고).

많은 이차 세포벽이 **리그닌(lignin)**과 **페닐프로파노이드(phenylpropanoids)**라고 불리는 방향성 화합물로 이루어진 복잡한 네트워크를 갖는다. 목질부의 수분 전도 세포 내에 목질화된 이차 세포벽은 환상 또는 망상이나 나선형 코일 및 움푹 들어간 면과 같은 독특한 패턴으로 축적된다(그림 1.28). 리그닌은 세포벽의 강도를 높이며 방수 기능을 갖도록 한다. 나무 목재부의 총 건조 중량 중 15~25%를 리그닌이 차지하며 리그닌화된 이차 세포벽으로 인해 목질부의 힘이 생기고 나무의 몸통이 똑바로 서서 100미터 까지도 성장할 수 있는 골격이 형성된다. 목재로 종이를 만들 때는 강한 화학약품 처리를 통해 리그닌을 반드시 제거해야 한다.

수베린과 큐틴의 이차 침적은 세포벽의 물 투과성을 제거할 수 있다. **수베린(suberin)**은 특정 유형의 세포, 특히 줄기 부분과 오래된 뿌리의 표피세포, 껍질의 코르크 세포, 상처 입은 세포의 표면 및 내배엽과 관다발 세포의 세포벽에서 발견된다. 수베린의 중심은 리그닌 유사성을 띠고, 장쇄 탄화수소(long chain hydrocarbons)의 부착물은 물의 이동을 방지하도록 하는 강한 소수성의 특성을 부여한다. **큐틴(cutin)**은 에스테르 결합 지방산의 중합체로서 이와 관련된 왁스 성분이 잎과 줄기의 표면에서 발견되며 수증기의 확산을 막는 장벽으로 작용한다. 왁스는 보통 소포체에서 합성되는 장쇄 지방산과 알코올의 에스테르 화합물이다.

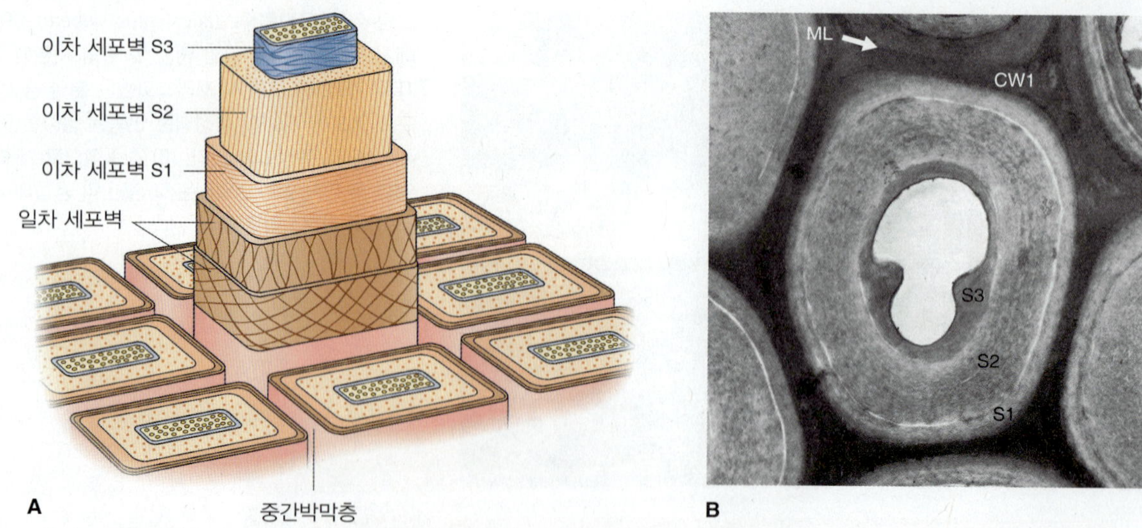

그림 4.9 이차 세포벽. 일부 세포들은 일단 그 세포의 최종적인 크기와 형태가 정해진 이후에, 보다 세부적인 다층성 이차 세포벽을 만든다. 그림 (A)에서는 살아 있는 원형질체에서 생성하는 여러 개의 구별되는 이차 세포벽의 층(S1부터 S3까지, 가장 안쪽의 S3는 가장 나중에 만들어진다)들을 보여주고 있다. 반면 현미경사진 (B)는 연근의 어린 줄기에 존재하는 죽은 섬유 세포의 비어 있는 루멘으로 둘러싸인 이차 세포벽을 보여주고 있다. 두 그림 모두에서 기본 일차 세포벽(CW1)과 중간박막층(ML)이 세포벽의 가장 바깥쪽 층을 형성하고 있다.

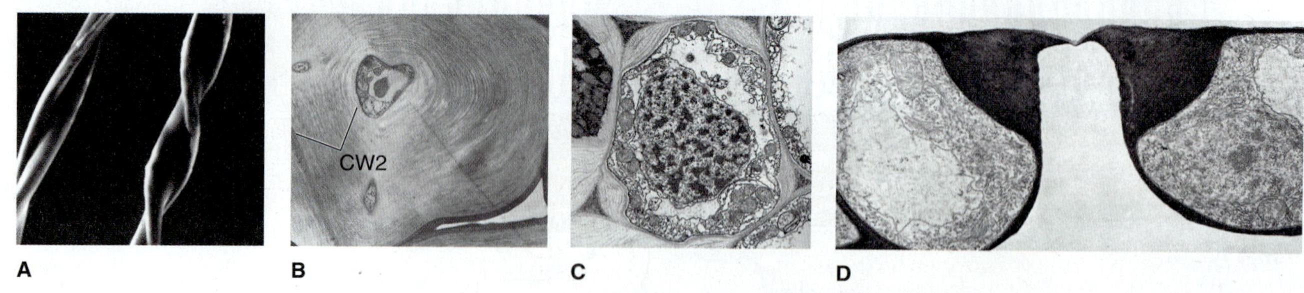

그림 4.10 이차 세포벽은 다른 세포 유형에서 각기 다른 구성을 보일 수도 있다. 또한 다양한 기능들을 수행한다. (A) 거의 대부분이 셀룰로스로 이루어진 두꺼운 이차 세포벽은 면 섬유에 편평한 나선형 구조를 제공한다. (B) 이차 세포벽(CW2)은 배(과일)의 석세포에 존재하는 루멘을 거의 채우고 있다. (C) 후각세포는 세포 모서리 부분의 비후화를 강화한다. (D) 한 쌍의 공변 세포에 존재하는 비후되고 정교한 내벽은 기공의 형성을 조절하는 데 필요한 물리적 형태를 제공한다.

> **키포인트** 팽창하는 세포에서 일차 세포벽은 반드시 연화되어 성장이 이루어 질 수 있도록 변화해야 한다. 셀룰로스와 기질 구성요소 사이의 결합은 세포벽의 pH 변화 등을 통해 쉽게 끊어져 성장이 가능해진다. 특정 유형의 세포에서는 세포 팽창이 끝났을 때 이차 세포벽이 생겨난다. 이차 세포벽은 많은 셀룰로스와 리그닌 그리고 페닐프로파노이드 화합물로 이루어져 있다. 리그닌은 단단한 네트워크를 만들고 벽을 딱딱하게 하여 세포가 더 이상 팽창하지 않도록 한다. 이차 세포벽은 식물 기관을 단단하게 지지하는 역할을 한다.

4.3 세포의 막

세포벽 안에는 **원형질막(Plasma membrane)**에 쌓인 살아 있는 **원형질(protoplast)**이 있다. 원형질막은 외부 환경과 구분되는 세포 내의 전기화학적(electrochemical) 환경을 만들고 유지한다(5장 참고). 자신들 내부에 독특한 전기화학적 환경을 유지하는 막을 가진 세포소기관이 존재한다. 각 소기관들의 기능은 각각의 원형질막과 그 안의 수송체들의 완전성에 의해 결정된다. 식물 세포들은 적어도 14개 이상의 고유한 막 유형을 갖는다(표 4.2). 우리는 모든 세포막들의 일반적인 특징과 특히 원형질막에 대해 자세히 알아보고자 한다.

4.3.1 생물의 막은 공통의 구조적 기능적 성질을 갖는다

대부분 생물의 막은 다양한 단백질들과 연관되어 있는 극성 지질 분자의 이중층으로 구성되어 있다. 대부분의 세포막

표 4.2 식물 세포에서 발견된 막 유형

내막계	그 외 막
원형질막	퍼옥시좀의 막
핵막	색소체의 피막(안쪽과 바깥쪽 모두)
소포체	색소체의 틸라코이드막
골지 시스터네(cis, medial, trans)	마이토콘드리아의 막(안쪽과 바깥쪽 모두)
후기골지망/부분 피복 세망	
클라트린- 및 COP-수송 소포	
내포작용에 관여하는 소포의 막	
엔도솜의 막	
다소포체/자가식포의 막	
액포막	

COP=Coat protein(코팅 단백질)

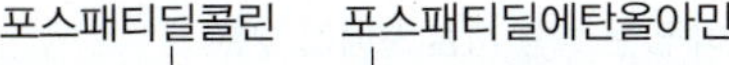

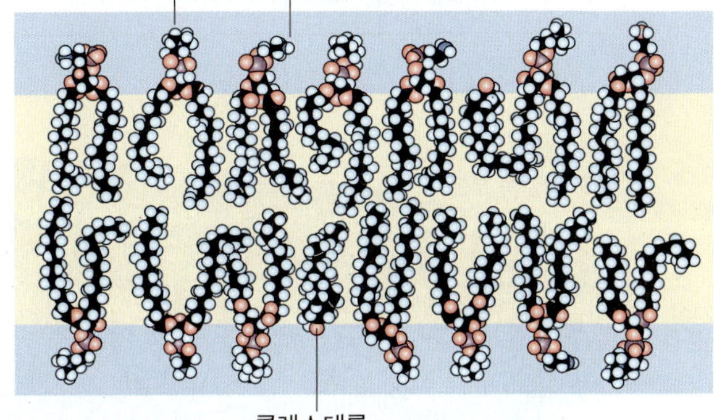

그림 4.11 이중막에서 양친매성 지질 분자의 구조. 분자의 친수성 머리 부분은 물과 상호작용하고, 소수성 꼬리 부분은 물과 구분되고 이중막 가운데에서 서로 상호작용을 한다.

들은 동일한 양의 단백질과 지질 구성요소로 이뤄져 있다. 거의 모든 막 분자들은 막의 안쪽 면에서 자유롭게 확산될 수 있으며 막의 모양을 변하게 하거나 막 분자들을 빠르게 재배열하기도 한다.

세포막 극성 지질 이중층의 주요 구성요소에는 **인지질**(**phospholipid**)과 **당지질**(**glycolipid**)(2.2.7절 참고)이 있다. 이 분자들은 14~24개의 탄소 분자를 갖고 극성이나 전하를 띠는 **친수성**(hydrophilic) 머리와 **소수성**(**hydrophobic**) 꼬리에 2개의 지방산을 가지는 구조로 **양친매성**(**amphipatic**)을 보인다. 1개의 지방산은 직쇄 지방산과는 달리 사슬의 꼬임을 만드는 이중결합을 최소 1개 혹은 그 이상 갖는다(그림 2.9, 2.10). 인지질의 친수성 머리는 다른 극성 분자들이 붙을 수 있는 인산기로 이루어진 반면 당지질의 친수성 머리는 당(sugar)으로 이루어져 있다. 물과 만나면 이들 분자들은 자발적으로 이중층을 형성하여 친수성 머리가 물과 작용할 수 있고 소수성 꼬리는 물을 피해 다른 꼬리들과 상호작용하게 된다(그림 4.11). 다른 종류의 막 지질로는 **스테롤**(**sterols**)이 있다. 스테롤은 소수성인 탄화수소 골격을 갖으며 단일의 친수성 수산기를 갖는다. 콜레스테롤은 스테롤 중 하나로 막에서 흔하게 발견된다. 각 지질의 종류별 비율은 세포안의 막에 따라 다양하다.

막 단백질들은 지질 이중층과 다양한 방법으로 연관되어 있다(그림 4.12). **막내재성 단백질**(**integral protein**)은 이중층 안에 들어 있으며 막지질과 유사하게 친수성과 소수성 도메인을 갖고 있다. 많은 막내재성 단백질들이 당 사슬을 갖는다. **수용성 외재성 단백질**(**peripheral proteins**)들이 염다리(salt bridge) 혹은 수소결합 및 정전기(electrostatic)의 작용이나 이들의 결합 작용을 통해 막 지질이나 단백질과 상호작용한다. 막 내재성 단백질과 달리 외재성 단백질들은 막에 지장을 주지 않는 정도의 처리를 통해 제거할 수 있다. 이중층에 존재하는 지질 고정(lipid anchor)이 공유결합을 통해 단백질에 부착되어 **고정 단백질**(**anchored protein**)을 만든다. 고정 단백질은 단백질과 공유결합하는 지질 고정을 통해 지질 이중층에 붙어 있다.

세포막의 지질 이중층은 많은 분자들의 투과에 장벽이 된다. 비극성 분자나 가스가 이중층의 소수성 부위를 통해 쉽게 확산되는 것과 다르게 친수성을 띄는 극성 분자와 이온들은 확산되지 못한다. 극성을 띠는 물질들이 지질 이중층을 자유롭게 드나들 수 있도록 예외성을 주는 요인이 물이다. 막 단백질들은 고도로 특화된 수송체들로서 세포가 이온이나 분자를 받아들이거나 내보내는 데 작용한다(5장 참고). 막 단백질들은 신호전달이나 효소 촉매 및 구조적 역할을 포함하는 다양한 기능을 수행한다. 꼭 기억해야 할 것은 막 단백질이 각 막 시스템의 특성을 정의한다는 점이다.

키포인트 거의 대부분의 생물 막은 단백질이 내재된 인지질 지질 이중층으로 구성되어 있다. 막들은 외부의 악조건에서 세포질(cytosol)을 보호하며 세포소기관들을 특화된 대사 기능을 수행할 수 있는 장소에 위치하게 한다. 막이 세포와 그 내용

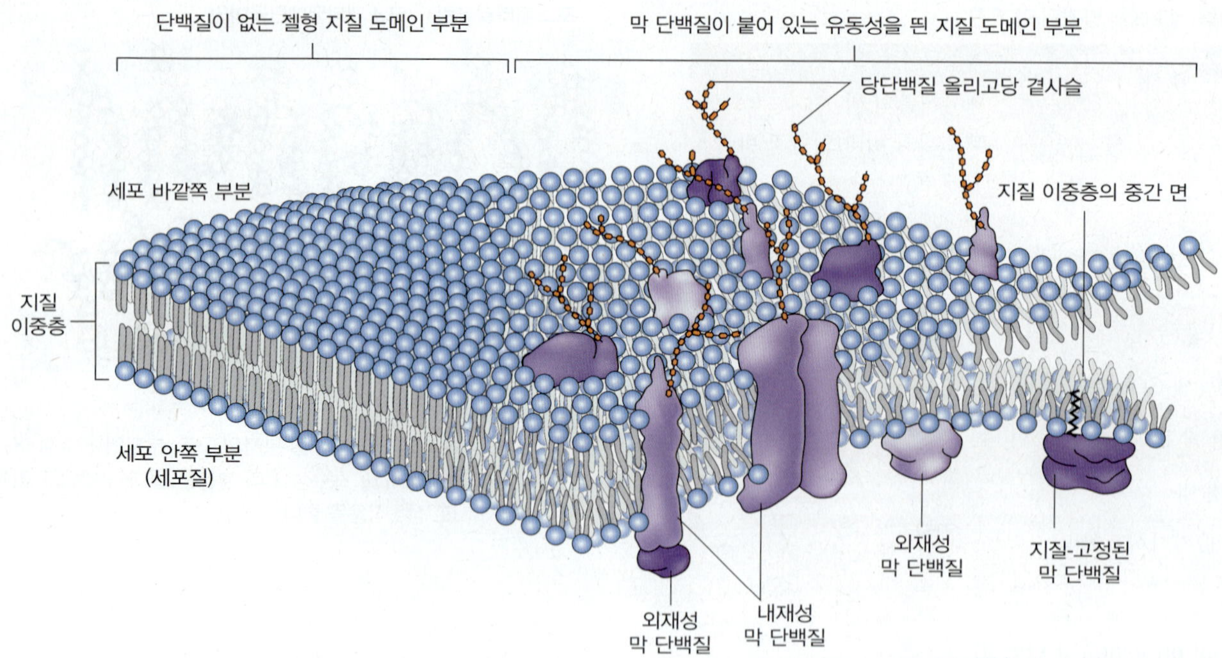

그림 4.12 유동 모자이크 모델. 막내재성, 막외재성 및 지질 고정 막 단백질. 모식도는 실제 크기를 반영하지 않았다.

> 물을 보호하는 장벽을 둘러싼다 할지라도, 막은 놀라울 정도로 높은 물 투과율을 갖지만 극성 분자나 이온 및 거대분자는 거의 투과시키지 않는다.

4.3.2 원형질막은 살아 있는 원형질체와 외부환경을 나누는 경계이다

모든 살아 있는 세포는 원형질막을 갖는다. 식물의 원형질막을 이루는 지질, 단백질 그리고 이것들과 연관되어 있는 탄수화물 측쇄(carbohydrate side-chain)의 분자 비율은 대략 2:2:1 정도이다. 세포막의 가장 일반적인 지질은 인지질과 스테롤이다. 각 종류별 지질의 비율은 다른 기관 또는 다른 종의 같은 기관 세포에 따라 다르게 나타난다. 원형질막에 존재하는 단백질은 막 간 수송(transmembrane transport) 및 신호전달, 셀룰로스 합성 등의 촉매 반응과 (4.2.5절 참고) 막과 막에 연결된 세포 골격 요소를 세포벽에 연결하는 데 관여한다.

대부분의 식물 세포는 원형질막에 수 없이 존재하는 좁은(40-50nm) 세포질 채널에 의해 연결되어 있다. **원형질연락사**(**plasmodesmata**, 단수형=**plasmodesma**)는 인접한 세포벽에 걸쳐 있다(그림 4.13). 대부분의 식물 세포는 지속적이고 물리적으로 원형질막을 공유한다. 주목할 만한 예외에는 기공 공변세포와 배낭 세포가 있다. 원형질연락사의 구조는 매우 복잡하다(그림 4.13, 14.7): 최대 약 800 Da 질량의 작은 분자와 이온까지 원형질연락사를 통해 세포에서 세포로 자유롭게 확산될 수 있다. 몇몇 세포는 원형질연락사의 크기를 키울 수 있고 그로 인해 보다 큰 분자가 원형질연락사를 통과할 수 있게 된다. 몇몇 경우에서는 크기가 10 kDa에 달하는 분자가 이 경로를 통해 이동하기도 한다. 식물에서 상호연결되어 있는 원형질체(protoplast) 네트워크를 **심플라즘**(**symplasm**)라고 부르며, 원형질막과 세포벽 외부 등 세포 바깥 부분의 빈 공간을 통틀어서 **아포플라스트**(**apoplast**)라고 부른다(14장 참고).

4.4 핵

대부분의 식물 세포소기관 중 가장 중요한 것은 **핵**(**nucleus**)이다. 다만, 성숙된 체관부의 당-전달 체관에는 핵이 존재하지 않는다. 핵은 직경 3-10 μm로 세포의 유전 정보 대부분을 갖고 있으며 조절 활동의 중심 역할을 수행한다(그림 4.14). 핵은 핵 주위의 **빈 공간**(**perinuclear space**)인 루멘(lumen)에 의해 분리되어 있는 2개의 이중층 막으로 이루어진 **핵막**(**nuclear envelope**)으로 둘러싸여 있다. 이 막에는 **핵공**(**nuclear pores**)이 존재하는데 이를 통해 핵에서 합성된 RNA와 리보솜이 세포질로 나가고 세포질에서 합성된 단백질이 핵 안으로 들어온다(그림 4.15). 40 kDa 보다 작은 분자들은 확산 현상에 의해 핵

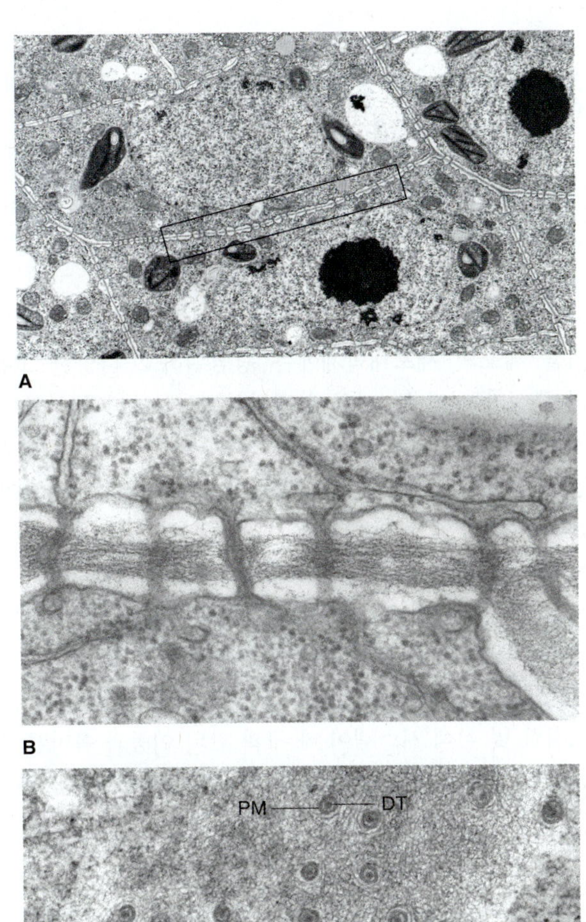

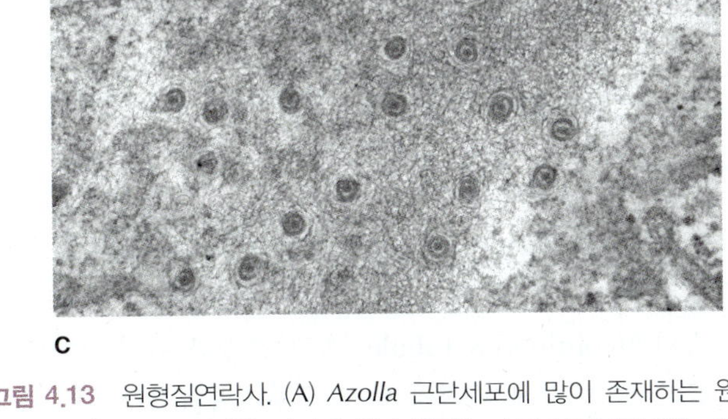

그림 4.13 원형질연락사. (A) *Azolla* 근단세포에 많이 존재하는 원형질연락사의 TEM 관찰 이미지 상자 안에는 상호연결되어 있는 이웃한 세포들을 보여준다. (B) 누에콩(잠두, *Vicia faba*)의 꽃 밖 꿀샘의 원형질연락사의 측면 고배율 이미지. (C) *Abutilon* 꿀샘(extrafloral nectary) 분비모의 원형질연락사의 정면을 관찰한 TEM 이미지. 원형질연락사는 원형질막(PM)에 고정되어 있고, 그 중심은 데스모튜불(desmotybule, DT)을 형성하는 단단한 두루마리 형태의 소포체 조각들로 채워져 있다.

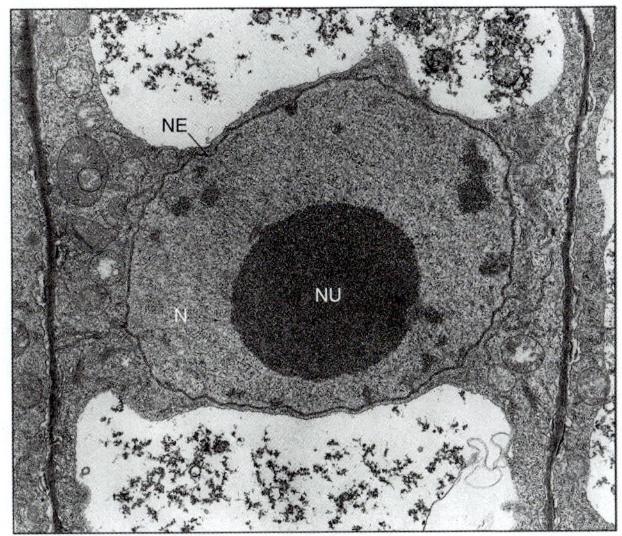

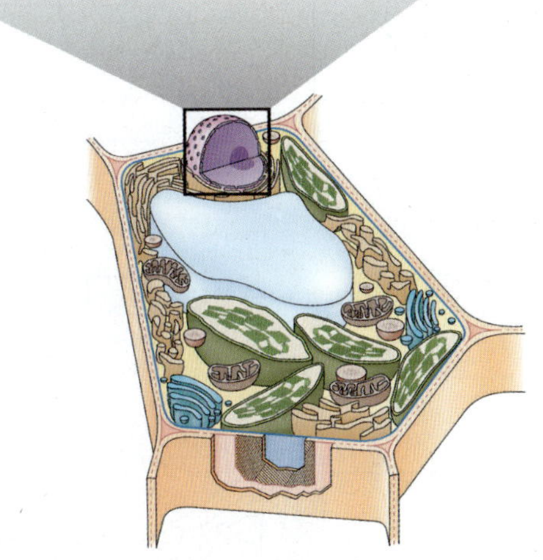

그림 4.14 콩(*Phaseolus vulgarirs*)의 근단세포의 핵(N)을 관찰한 TEM 이미지. 중심에 위치한 크고 어둡게 염색된 핵인(NU), 2개의 막으로 이루어진 핵막(NE).

공을 통과할 수 있으나, 이보다 더 큰 분자들은 에너지 의존성 수송체에 의해 핵공을 통과할 수 있다. 핵막의 외막은 세포질과 맞닿은 쪽에 리보솜을 갖고 있다. 핵막은 소포체(endoplasmic reticulum)의 막과 이어져 있기 때문에 세포내막계(endomembrane system)의 일부로 간주되기도 한다.

염색체(chromosomes)는 **염색질(chromatin)**이라고 불리는 DNA-단백질 복합체로 이루어져 있다(13장 참고). 염색질은 유전자 전사와 DNA 합성이 일어나는 간기(interphase) **핵질(nucleoplasm)**에서 네트워크를 형성한다. 각각의 염색체는 세포주기 중 간기에 분리된 핵의 도메인을 차지한다.

전형적으로 간기의 핵은 1개 혹은 그 이상의 **핵소체(nucleoli, 단수=nucleolus)**를 갖는다. 핵소체는 투과 전자현미경을 통해 관찰했을 때 빽빽하게 염색되는 특징을 보이는 부분이다(그림 4.14). 핵소체에서는 ribosomal RNA가 합성되며 ribosomal 단백질이 리보솜소단위로 재조립된다. 이 소단위들은 핵공을 통해 세포질로 이동한다.

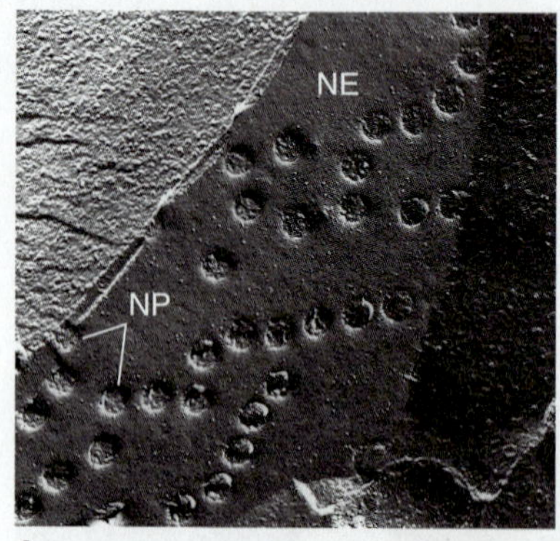

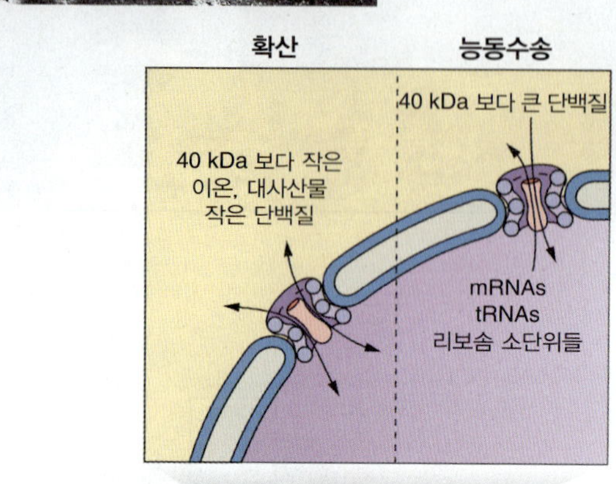

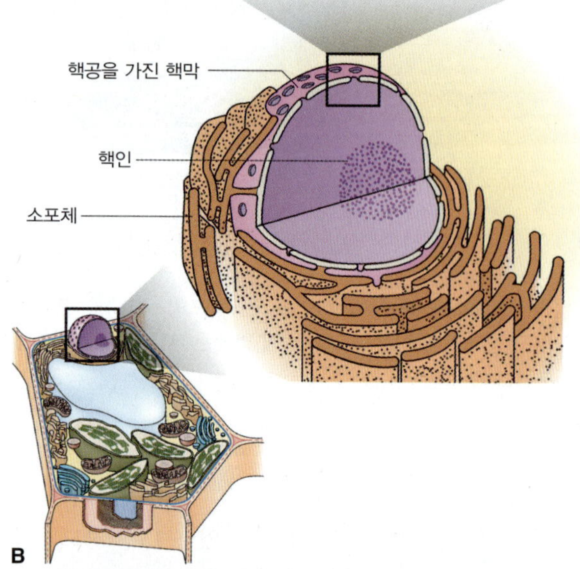

그림 4.15 (A) 동결-절단 핵막(NE)과 핵공(NP)의 TEM 관찰 이미지. 막을 횡단 절단하였을 때 내막과 외막의 연속성이 확연히 드러난다. (B) 핵공을 통해 작은 분자는 핵 안쪽으로 확산을 통한 이동을 하고, 보다 큰 분자의 경우 에너지를 소비하는 능동수송에 의해 이동한다. ER, endoplasmic reticulum(소포체).

키포인트 핵은 진핵세포의 특징적인 소기관 중 하나이다. 핵에는 유전 물질과 염색질이 있는 핵질이 존재한다. 핵막은 수많은 핵공을 갖는 2개의 인지질 이중층으로 이루어져 있다. 핵공은 세포질과 핵질 사이의 이동을 관장한다. 다양한 형태의 RNA와 리보솜이 핵으로부터 세포질로 이동하며 전사조절인자와 같은 조절 분자들이 세포질로부터 핵으로 이동한다. 이온부터 약 40 kDa에 달하는 고분자까지 핵공을 통한 확산 이동이 가능하다. 40 kDa 크기 이상의 분자가 핵공을 통해 이동할 경우 세포 에너지가 소비된다.

4.5 세포내막계

식물 세포의 **세포내막계**에는 광범위하고 다양한 고분자의 합성과 저장 및 가공에 관여하는 서로 연관이 있는 여러 소기관들이 존재한다. 표 4.2에 표시된 14가지 세포 막 유형 중 10개 유형의 세포막이 세포내막계의 일부분이다. 분비된 분자를 세포 표면으로 이동시키거나 액포 단백질(vacuolar protein)을 저장 액포(storage vacuoles)로 이동시킬 뿐만 아니라, 막 단백질과 막 지질을 합성된 곳에서부터 세포내막계의 다른 부분으로 이동시키는 것 또한 광범위한 구획 간 이동에 포함된다(그림 4.16). 많은 수의 분류, 표적화 및 검색 시스템이 타 구획 간의 이동과 올바른 소기관으로 분자를 전달하는 것 그리고 소기관의 특성을 유지하는 기능을 조절한다(5장 참고).

4.5.1 소포체는 핵막과 이어지는 막 체계이다

소포체(**endoplasmic reticulum, ER**)는 가장 광범위하고 다용도로 사용되는 진핵 세포의 적응 소기관이다. 소포체는 연속세관(continuous tubules)과 세포질과 원형질막의 기저를 통해 핵막에 연결된 납작한 주머니의 3차 네트워크로 이뤄져 있다(그림 4.16, 4.17). 식물에서 소포체의 기본적인 기능은 다양한 막과 액포 및 분비경로에 필요한 단백질의 합성과 가공 그리고 분류이다. 또한 지질분자의 다양한 배열은 소포체 내에서 합성된다. 게다가 소포체는 세포질 유동을 일으키는 액틴섬유 다발(actin filament bundle)에 고정 지점(anchoring site)을 제공한다. 또한 세포질의 Ca^{2+} 농도를 조절하는 데 중요한 역할을 한다. 세포질의 Ca^{2+} 농도는 많은 다른 세포 활동에 영향을 미친다. 소포체는 다음의 몇 가지 유형으로 나뉜다: **조면소포체**(**rough ER**)는 리보솜이 박혀 있으며 단백질 합성이 일어나고(그림 4.17B), **활면소포체**(**smooth ER**)는 리보솜이 없으며 지질 합성과 관련 있고, 마지막으로 **핵막**이 있다. 또한 다양한 기능을 수행하며 고유한 형태를 갖는 많은 소포체의 서브도메인이 식물 세포에서 발견되었다(그림 4.16).

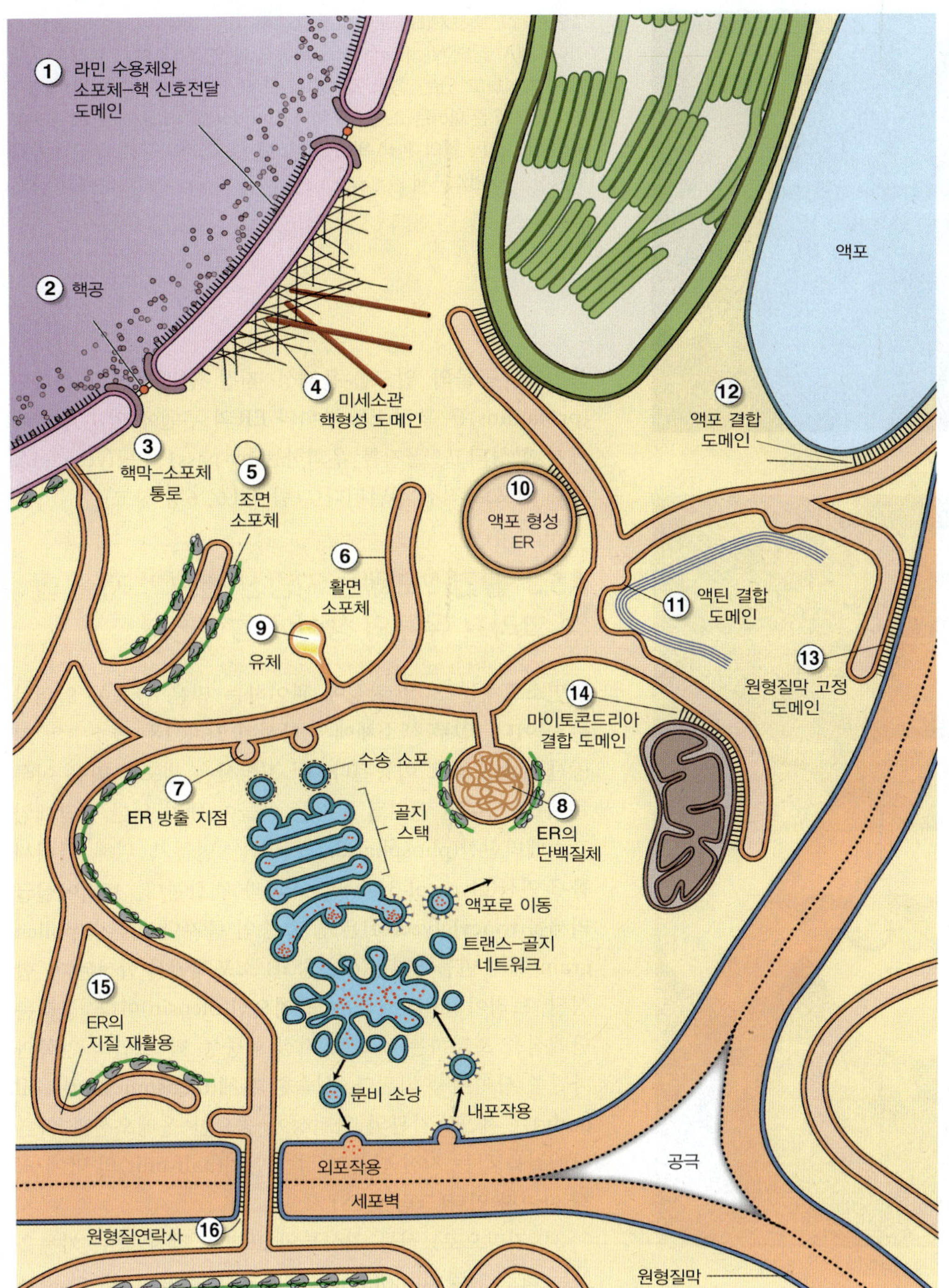

그림 4.16 식물 세포내막계의 모식도. 소포체의 16개 도메인을 각각 숫자로 표기하였다.

4.5.2 많은 단백질들이 조면소포체에서 합성된다

모든 핵 전령 RNA(messenger RNA, **mRNAs**)의 **번역**(**translation**)은 세포질의 자유 리보솜에서 시작된다. 분비될 단백질이나 세포내막계의 세포소기관을 대상으로 하는 단백질의 합성은 소포체에서 이루어진다. 합성된 수용성 단백질들은 루멘(lumen) 내의 소포체 막을 가로질러 전위되고 필수 막 단백질들은 소포체 막에 직접 통합된다(5장 참고). 이 단백질들 중 많은 수가 소포체에서 추가적인 과정을 통해 최종적인 3차 구조 형태에 영향을 미치는 수정이 이루어진다. 예를 들어 단량체 단백질(monomeric protein)은 고분자 단백질(polymeric protein) 복합체로 조립될 수 있다. 게다가 몇몇 단백질은 아스파라긴 잔기의 아마이드 질소에 분지 당 사슬(branched sugar chain)을 추가하는 효소에 의해 당화된다. 소포체에 위치하는 단백질

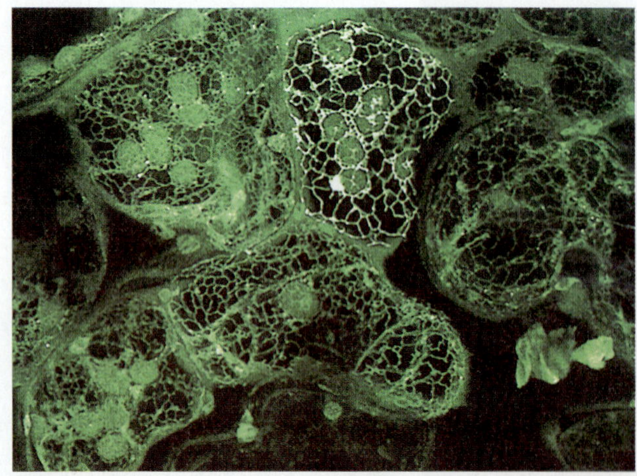

A

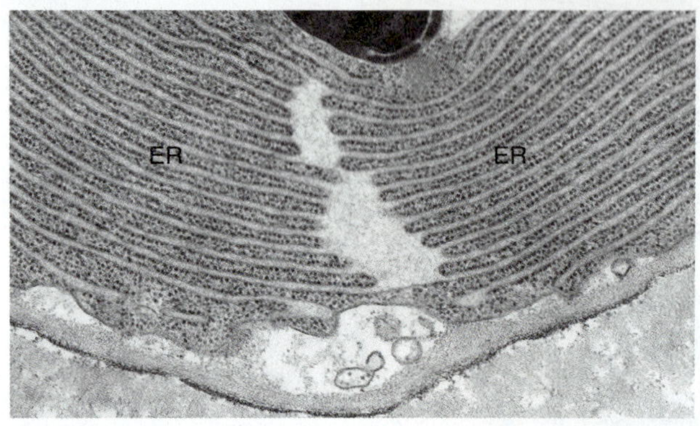

B

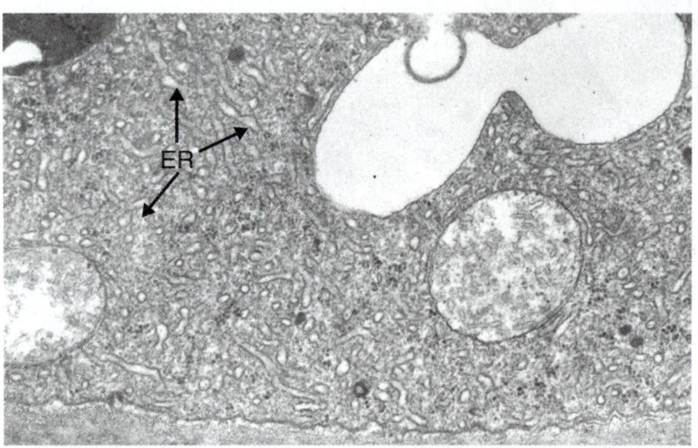

C

그림 4.17 소포체(ER)의 공초점 형광현미경(Confocal; A), TEM(B, C) 이미지. (A) 담배(*Nicotiana tabacum*) 잎의 엽육세포에서 관찰한 그물망을 형성하고 있는 형광 표지된 소포체. (B) 콜레안(Coleus) 식물의 분비세포에 존재하는 조면소포체와 (C) *Primula malacoides*의 꽃가루 분비 세포(가루형의 흰색 왁스를 분비하는 표피의 구조)의 끝 부분에 위치하는 활면소포체.

의 처리가 완료되면, 대부분의 단백질은 소포체에서 소포 내의 **골지체(Golgi apparatus)**로 이동되고, 골지 낭체/시스터네(cisternae)와 융합된다(그림 4.16, 4.5.4절). ER로부터의 소포 발아와 이동은 **외피단백질(coat protein, COPs)**의 도움을 받아 이루어진다.

종자 발달 시기에 합성되는 몇 가지 저장 단백질은 보통 소포체에서 골지로 이동되는 규칙과 다른 이동 경로를 보인다. 곡물의 알코올-용해성 저장 단백질인 **프롤라민(prolamins)**은 특정 ER 부위와 ER의 루멘에 있는 집합체에서 합성되고, 골지를 우회하는(by-pass) 소낭(vesicle)을 통해 액포로 직접 전달된다(그림 4.16, 6장 참고).

4.5.3 활면소포체는 지방산 변형과 지질 합성 그리고 유체의 생산에 참여한다

활면소포체는 지질 합성에 관여하는 많은 반응이 일어나는 곳이다. 일부 색소체에서 합성된 16-, 18- 탄소수의 지방산은 소포체로 이동된다. 이 지방산은 세포의 막을 이루는 주요 성분인 인지질 분자를 만들어 내기 위한 전단계인 포스페티딘산(phosphatidic acid)을 만들기 위해 글리세롤-3-인산(glycerol-3-phosphate)과 결합한다. **트리아실글리세롤(triacylglycerol)**은 발달 중인 종자나 화분립(pollen grain)에서 만들어지는(6장 참고) 소포체에서 합성된다. 합성된 트리아실글리세롤은 **올레오신(oleosin)**이라 불리는 단백질을 포함하는 소포체 지질 이중층 막 소엽의 안쪽과 바깥쪽 사이에 축적된다. 성숙한 **유체(oleosomes 또는 oil body)**는 세포소기관의 완전성에 중요한 올레오신과 다른 단백질을 갖는 지질 단층인 절반 단위(half-unit)의 막에 의해 싸여져 있다(그림 4.18).

마지막으로, 식물 지상부의 표면을 감싸 방수 기능을 하는 왁스 단량체(monomer, 4.2.6절)는 표피세포의 소포체에서 합성된다(그림 4.19). 소포체 막에 위치한 신장 효소(elongase enzymes)는 엽록체에서 생산된 지방산을 신장시킨다. 지방산 신장을 통해 얻어지는 장쇄지방산(very long chain fatty acids)은 왁스와 큐틴의 단량체이다. 이 단량체가 어떤 방법으로 세포 바깥으로 이동되는지에 대해서는 밝혀지지 않았으나, 하나의 가설은 소낭(vesicle)이 세포 밖 표면으로의 재배치에 관련된 플립페이즈(flippase)가 있는 원형질막으로 단량체를 수송는 것이다(그림 4.19).

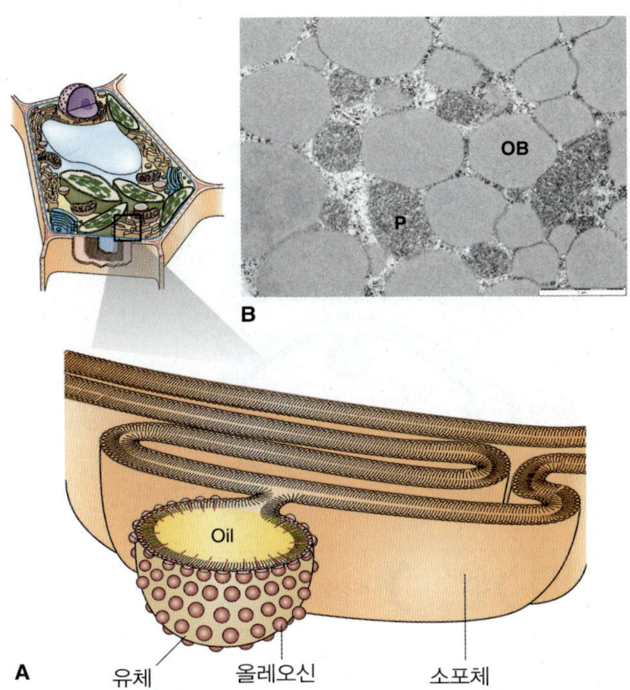

그림 4.18 유체의 형성. (A) 트리아실글리세롤(triacylglycerol)은 소포체 막의 두 지질 단일막 사이에 축적되고, 올레오신 단백질이 있는 위치에서 불거져 나와 유체를 형성한다. (B) 퍼옥시좀과 거리상 가까이에 위치한 유체(oil body, OB)를 관찰한 TEM 이미지.

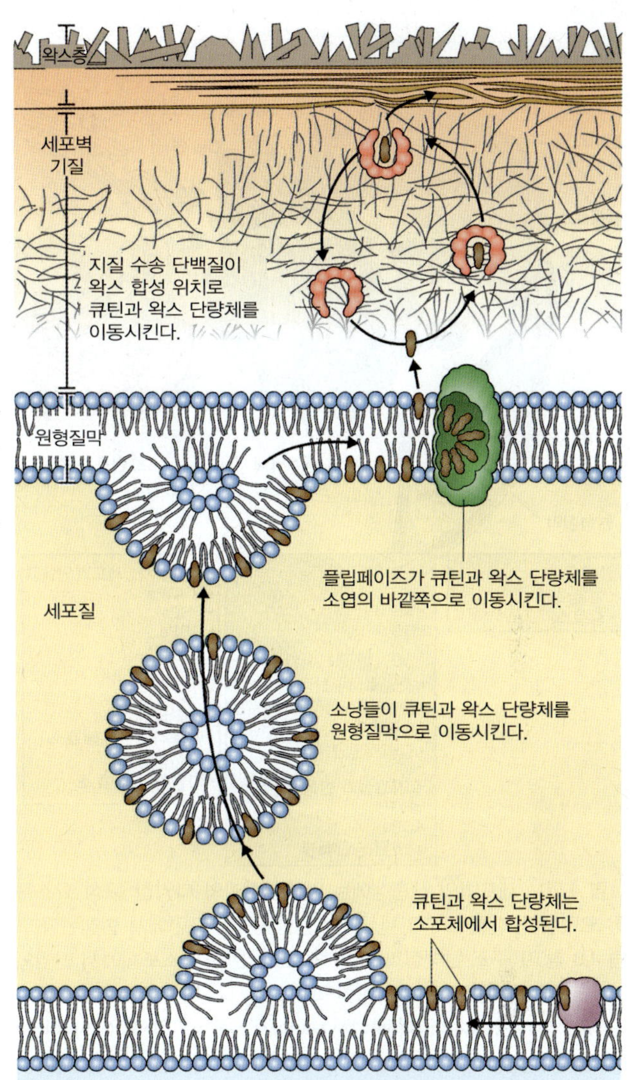

그림 4.19 큐틴과 왁스의 합성에 이용되는 지방산 전구체들이 세포벽에 존재하는 고분자로의 중합이 일어나는 위치로 이동되는 경로의 가설. 지방산은 소포체로부터 소포의 원형질막으로 소낭의 막에 위치하여 이동하는 것으로 추측된다. 플립페이즈가 큐틴 단량체를 원형질막 안쪽으로부터 수용성인 지질-수송 단백질에 의해 막에서 추출될 수 있는 장소인 원형질막 바깥쪽으로 이동 시킨다. 지질-수송 단백질은 세포벽 기질이 용액 상태일 때 확산되며, 큐틴 단량체를 왁스로 중합할 수 있는 효소가 위치한 표피 세포벽의 표면 가까이 이동시킨다.

키포인트 소포체(ER)는 세포 내부에 편평한 모양의 주머니와 관다발로 이루어진 광범위한 네트워크를 형성한다. 소포체는 핵막 바깥층과 이어져 있다. 리보솜으로 둘러싸인 소포체는 조면소포체라고 불린다. 활면소포체는 리보솜이 없는 형태이다. 조면소포체는 루멘(lumen)으로 이동하는 단백질의 합성에 관여한다. 이러한 단백질의 대다수는 다른 세포소기관으로 이동되거나 세포 바깥쪽으로 이동된다. 활면소포체는 지질의 합성과 호르몬 및 2차 대사물질과 같은 분자들의 배치에 관여한다. 소포체에 의한 트리아실글리세롤의 합성으로 소엽의 이중막 안쪽과 바깥쪽 사이에 지방이 축적된 형태인 유체라고 하는 독특한 소기관을 형성한다.

4.5.4 골지체는 새롭게 합성된 고분자를 처리하고 포장한다

골지체(golgi apparatus)는 분비 경로에서 중요한 위치를 차지한다. 골지체는 세포벽 바깥으로 배출되거나 다른 소기관으로 이동될 다양한 고분자의 합성, 변형, 포장 및 선별을 담당한다. 골지체는 소포체에서 새롭게 합성된 당단백질과 당지질을 받아들여 당 곁사슬을 변형하고 매우 다양한 올리고당(oligosaccharides) 그룹을 만들어 낸다. 원형질막-세포벽의 상호작용에 특화된 단백질의 당그룹은 렉틴이 조기에 활성화 되는 것을 방지하고, 단백질 접힘(protein folding)이나, 멀티단백질 복합체 조립에 기여하기도 한다. 게다가 골지는 교차결합 글라이칸의 합성과 다른 비섬유성 세포벽 다당류의 합성을 책임진다(그림 4.20).

골지체는 막성 세포소기관의 하나로 몇 가지 구성 성

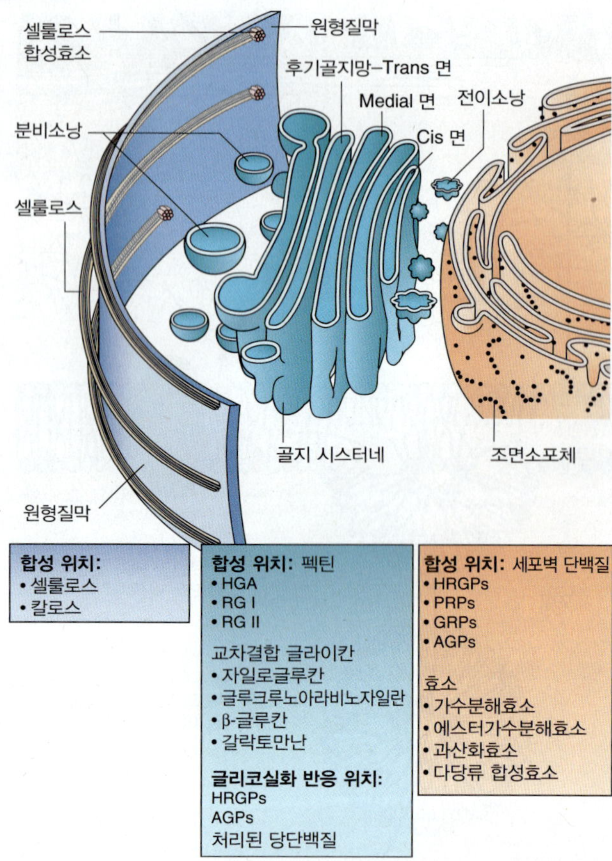

그림 4.20 세포벽의 생합성에는 세포내막계의 다양한 구성 요소들이 요구된다. 셀룰로스 미세섬유는 원형질막의 표면에서 합성된다(그림 4.8 참고). 구조 단백질과 벽-변형 효소들은 조면소포체에서 번역되어 골지체로 이동되고 세포 바깥으로 보내지기 위해 분비 소낭에 싸여지기 전 일부에서 당화(glycosylation)가 일어난다[(AGP, Arabinogalactan protein(아라비노갈락탄 단백질); GRP, Glycine-rich protein(글리신 리치 단백질); HRGP, hydroxyproline-rich protein(하이드록시프롤린-리치 단백질); PRP, proline rich protein(프롤린 리치 단백질)]. 골지는 다양한 비셀룰로스 세포벽 다당류를 합성하고 포장하여 분비한다(HGA, homogalacturonan(호모갈락투로난); RG I과 RG II, rhamnogalacturonan I and II, (람노갈락투로난 I과 II)]. 세포 표면에서, 소낭의 내용물들은 새롭게 합성된 미세섬유와 결합되어 있다. 새로운 벽의 조립은 셀룰로스 체인이 10 포도당 잔기의 길이보다 길지 않을 때 시작되는 것으로 추청된다. TGN, trans-golgi network(후기 골지망).

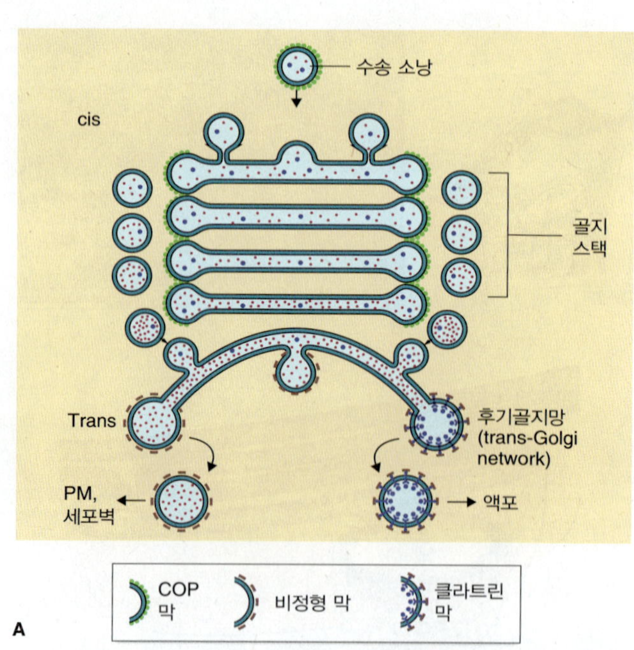

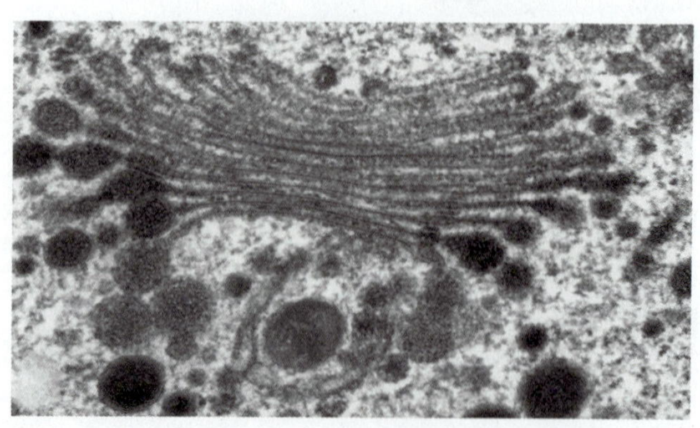

그림 4.21 골지체의 구조적 특징. (A) 골지 스택(stack)과 트랜스-골지 네트워크(TGN)의 공간적인 관계. TGN에서 출아된 두 유형의 소낭: 클라트린 단백질로 둘러싸인 소낭은 액포로 이동되고 다른 단백질로 둘러싸인 소낭은 원형질막(PM)이나 세포벽으로 물질을 이동시킨다. (B) 녹조류인 *Micrasterias*의 골지 스택과 TGN를 관찰한 TEM 이미지. 소포의 cis 면과 cis-시스터네의 빈 공간 주변 및 TGN 세포의 주변에는 흐릿하게 단백질이 둘러싸고 있다.

분으로 이루어져 있다: 그 첫 번째는 **골지 스택(golgi stack)**으로 직경 약 1 μm로 막의 편평한 낭인 **시스터네(cisternae)**와 5-8의 비율을 이룬다. 두 번째는 **후기 골지망(trans-golgi network, TGN)**으로 골지 스택의 한쪽 면과 연결되어 있는 관 모양의 구조를 갖는다. 마지막으로, **골지 매트릭스(golgi matrix)**는 골지 스택과 TGN의 주변을 둘러싸고 있는 섬유 모양의 케이지(cage)이다(그림 4.21). 세포 하나의 골지 스택 수는 세포의 유형과 각 세포의 기능에 따라 매우 다양하다. 예를 들어, 바늘꽃(willow-herb, *Epilobium*)의 경정분열조직세포에는 20개의 골지 스택이 있으며, 그보다 조금 더 큰 양파(*Allium cepa*) 같은 세포에는 약 400개의 골지 스택이 있고, 면(*Gossypium hirsutum*)의 거대한 섬유 세포에는 적어도 1만 개 이상의 골지 스택이 있다.

4.5.5 골지를 통한 수송은 방향성을 갖는다

각각의 골지 스택은 비대칭이다. 수송 소낭(vesicle)들은 소포체에서부터 골지 스택의 시스면(cis face)으로 결합(fusion)을 통해 내용물을 전달한다. 소포체 유래 생산 물질은 골지 스택에 있는 시스터네의 시스면, 중간면, 트랜스면을 거쳐 후기골지망(TGN)으로 이동한다. 그리고 골지체의 수송 소낭을 통하여 다른 부분들은 다양한 종류의 세포벽 다당류를 합성하는 데 관여한다. 세포벽의 비섬유성 다당류 성분을 갖는 소낭들은 후기골지망에서 생겨난 후 세포벽으로 전달되기 위해 원형질막으로 이동한다. 내골지(intra-golgi)와 골지-후기골지망 수송에 관여하는 소포는 외피단백질(COP)의 도움으로 시스터네에서 생겨난다.

후기골지망에서 물질의 분류가 이루어져 액포나 원형질막으로 이동될 것인지, 세포 바깥으로 이동될 것인지가 정해진다. 액포로 이동될 단백질들은 그들을 액포로 특정지어 **다소포체**(**multivesicular body, MVB**)를 통해 이동 되게끔 하는 특정 아미노산 서열을 갖고 있다(5장 참고). 그 외 다른 단백질들은 원형질막으로 이동할 수 있도록 포장된다. 골지에서 만들어져 액포로 이동되는 소낭은 **클라트린**(**clathrin**)이라고 불리는 특수한 단백질로 싸여 있으며, 원형질막으로 이동되는 다른 소낭의 코팅 단백질과 구별된다(그림 4.21).

4.5.6 소낭은 외포작용과 내포작용을 통해 세포 외부와 물질을 교환한다

골지체에서 만들어진 수송소낭이 원형질막에 도착하여 소낭의 막이 원형질막과 융합되고 그 내용물이 세포벽 내로 배출된다. 이 과정을 **외포작용**(세포 외 배출, **exocytosis**)이라고 부른다. 외포작용은 세포벽으로 단백질과 다당류를 이동시켜 세포 바깥으로 내보내게 한다. 또한 새로운 막 단백질과 지질을 원형질막에 추가하기도 한다.

두 번째 기작인 **내포작용**(세포 내 섭취, **endocytosis**)은 식물 세포가 원형질막의 성분을 검색하여 재활용하거나 변형할 수 있도록 한다. 이 과정은 또한 식물 세포가 세포 외부의 분자를 흡수할 수 있게 한다. 내포작용은 클라트린으로 감싸여진 원형질막 유래 소낭의 유입에 관련되어 있다. 식물에서 제안된 내포작용의 모델은 다음과 같다. 유입된 물질이 액포에 도달하기 전까지 클라트린으로 감싸여진 소낭에서 다소포체를 통해 이동되며 액포에서 그 물질들은 분해되어 새로운 분자로 재활용된다(그림 4.16, 5.30).

키포인트 골지체와 다소포체는 분비경로가 교차되는 지점에 존재한다. 일부 종자 저장 단백질을 제외하고 모든 단백질들이 소포체을 떠나 골지체로 이동하여 당단백질에 글라이칸 사슬이 추가되거나 몇몇 아미노산 잔기가 수정되는 등의 변형 과정을 거친다. 단백질은 외포작용에 의해 원형질막과 융합된 분비 소낭의 골지체를 떠나 세포 외부로 이동한다. 액포로 이동될 단백질들은 클라트린으로 감싸여진 소포체에 의해 다소포체로 이동된다. 클라트린으로 감싸여진 소포체는 종자 저장 단백질이나 액포 효소 또는 내포작용에 의해 골지에서 만들어진다. 내포작용에 의해 세포 내부로 유입된 단백질이나 고분자들은 액포로 이동되어 분해되거나 재활용된다.

4.5.7 액포는 다기능 구획이다

액포(**vacuoles**), 단일 막인 **액포막**(**tonoplast**)으로 둘러싸인 액체가 가득 차 있는 구획은 식물 세포 총 부피 중 약 30-90%를 차지한다(그림 4.1, 4.22). 크고 성숙한 식물세포는 커다란 중앙 액포(central vacuole)를 갖는 반면 분열조직세포(meristematic cell)는 세포가 성숙되고 확장됨에 따라 조금 더 큰 액포로 병합되거나 하나로 뭉쳐질 수 있는 수많은 작은 크기의 액포를 갖는다(그림 4.22C). 액포는 전형적으로 소포체에서 생겨난 전액포(provacuole)에서 기원한다.

액포는 몇 가지 기능을 수행한다. 성숙한 식물 세포에서는 커다란 중앙액포가 세포 부피의 대부분을 차지하며, 식물의 표면적을 증가시키고 가스 및 영양소 교환을 최대화하는 박막층으로 대사 활성 세포질을 제한한다. 액포는 또한 식물이 단백질-rich 세포질을 많이 생산하지 않고도 크기가 큰 세포를 만들 수 있게 한다.

식물 세포에서 액포는 다양한 분자나 이온을 일정기간 동안 저장하는 데 사용된다. 액포는 전자, 유기산 및 Ca^{2+}과 같이 대사에 중요한 물질의 저장소 역할을 하며, 풀 등에서 프룩탄(fructan)이라고 불리는 다당류의 저장 소기관으로서 역할한다(17장 참고). 또한 액포는 세포 구성성분의 분해 및 재활용 뿐만 아니라 저장된 비축분의 소화에도 사용될 수 있는 라틱 효소(lytic enzyme)을 갖고 있는 것으로 보인다. 액포는 중금속과 탄닌, 옥살산(oxalic acid crystal), 단백질 가수분해 효소(protease) 및 핵산 가수분해 효소(nuclease)와 같은 식물 방어에 관여하는 화합물과 조류의 경우에는 황산(sulfuric acid)과 같은 물질을 가질 것으로 생각된다. 몇몇 세포에서는 식물의 잎과 꽃에 붉은색, 분홍색이나 파란색 등을 내게 하는 안토시아닌(15

A

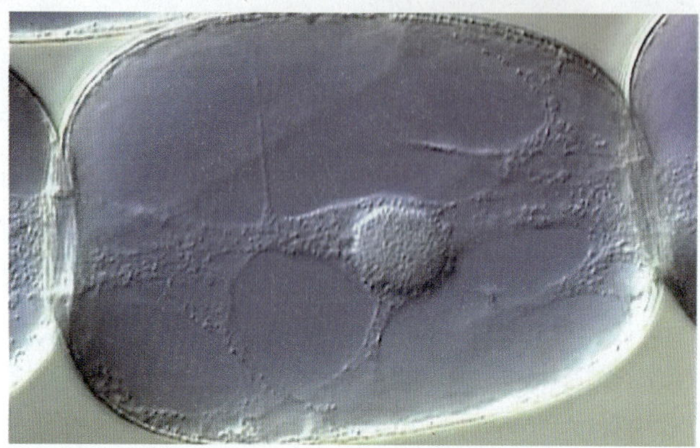

B

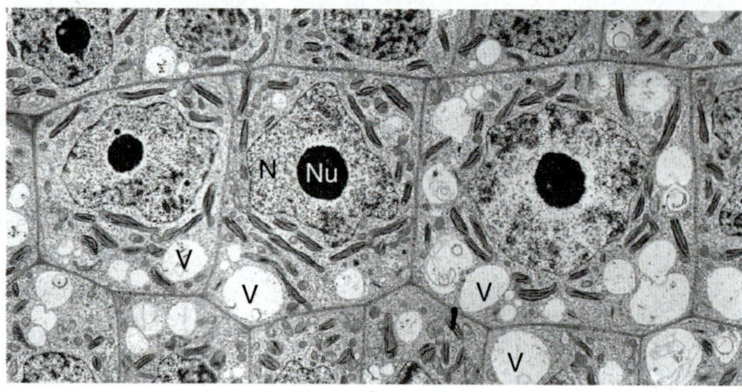

C

그림 4.22 액포. (A) *Tradescantia*의 꽃. 수술의 필라멘트 위의 보라색 수술 털; 각각의 수술 털은 세포의 사슬이다. (B) 단일 수술 털 세포의 광학현미경 사진. 액포의 내용물들은 안토시아닌 색소에 의해 보라색으로 보인다. 커다란 중앙 액포 주위 세포질의 아주 얇은 막 중한 세포질 가닥들은 액포를 가로지르고, 다른 가닥은 핵을 포함하고 있다. (C) *Hydrocharis* 근단 세포를 관찰한 TEM 이미지로 액포 형성의 초기 과정을 볼 수 있다. N, Nuclus(핵); Nu, nucleolus(핵인); V, Vacuole(액포).

장 참고)과 같은 수용성 안료가 액포에서 발견되기도 하였다(그림 4.22A, B). 종자에는 단백질 저장 액포가 특징적이다.

키포인트 액포는 활동적인 세포소기관이다. 액포가 식물 세포 전체 부피의 약 95%를 차지하고 있는 만큼 액포는 식물 성장의 중요한 조절인자의 하나이다. 식물 세포가 부피 증가를 통해 성장하는 동안 부피 변화의 대부분은 액포에서 발생한다. 액포는 중요한 미네랄, 대사산물 및 다당류와 단백질의 저장 기관으로 합성 제초제와 같은 독성을 띠는 외부 화합물을 저장하기도 한다. 세포 구성성분의 소화도 액포에서 일어난다. 이 과정은 세포내 단백질이 아미노산으로 분해되어 식물의 다른 부분으로 재분배되는 세포 사멸 동안에 특히 중요하다. 액포는 엽록소(chlorophyll)와 같은 분자의 분해 산물의 최종 저장 장소로서 중요한 역할을 한다. 마지막으로, 종자 내의 저장 단백질은 보통 단백질 저장 소낭과 단백질체 등 인간 및 동물의 식이 단백질의 중요한 원천을 형성하는 장소에 존재한다.

4.6 색소체

색소체(plastids)는 진핵생물의 모든 독립영양 세포에서 발견되며 식물의 경우 거의 모든 세포가 독립영양 세포이다. 이 세포들은 광합성에 의해 당을 생성하고(9장 참고), 탄수화물을 녹말로 저장한다. 이 세포들은 또한 **엽록소**(chlorophyll), **카로티노이드**(carotenoid), **퓨린**(purines), **피리미딘**(pyrimidines), **아미노산**(amino acids) 그리고 **지방산**(fatty acids) 등과 같은 필수 대사 산물 및 **지베렐린**(gibberellins)이나 **아브시스산**(abscisic acid)과 같은 호르몬의 생합성에 관여한다. 또한 질소와 황의 유기 화합물과 결합되는 반응을 촉진시켜 **아질산염**(nitrite)이나 **황산염**(sulfate)을 환원시킨다.

4.6.1 색소체는 2개의 막에 의해 경계를 이루고 있고, 원핵생물 타입의 유전체 및 단백질을 합성하는 시스템을 가지고 있다

색소체는 **외막**과 **내막**의 두 막에 의해 싸여 있으며 색소체의 발달 단계와 기능에 따라 매우 복잡하고 다양한 내막계를 갖는다. 외막에는 두 막 사이의 막간 공간(intermembrane space)으로 10 kDa 이하 크기의 이온이나 분자를 확산시키는 데 필요한 비특이적 단백질 구멍이 존재한다. 갈락토지질(galactolipid) 대사에 관련된 효소들이 외막에 자리한다. **스트로마**(stroma)라고 불리는 수용성 구획을 둘러싸고 있는 내막은 투과성이 낮다. 가스와 전하를 띄지 않은 작은 분자들은 다른 도움 없이 내막을 가로질러 이동할 수 있으나 대부분의 대사산물은 기질로 들어오거나 나갈 경우 특수한 수송체가 필요하다. 내막은 색소체 내부에 **틸라코이드**(**tylakoid**) 막 시스템을 만든다. 식물에서 새로운 지방산의 합성은 오직 색소체의 기질에서 한정적으로 이루어진다.

색소체는 선형의 핵 염색체나 진핵세포의 세포질 리보솜보다 원핵세포의 리보솜과 더 유사한 리보솜이나 노출된 DNA(naked DNA, 히스톤과 같은 단백질이 전혀 붙어 있지 않은 형태의 DNA; 3장 참고)에 필요한 단백질의 일부를 합성하는 데 필요한 기작을 갖고 있다. 형태학적, 생화학적 및 핵산 서열 등의 측면에서 볼 때 색소체는 시아노박테리아(cyanobacteria)와 관련된 원핵세포의 내공생체에서 발생한 것으로 보인다. 색소체는 많은 유전자를 잃었으나, 핵에서 인코딩된 단백질과 세포질 유리 리보솜(free ribosome)에 전사된 단백질의 약 75%가 세포 안으로 반드시 유입되어야 한다.

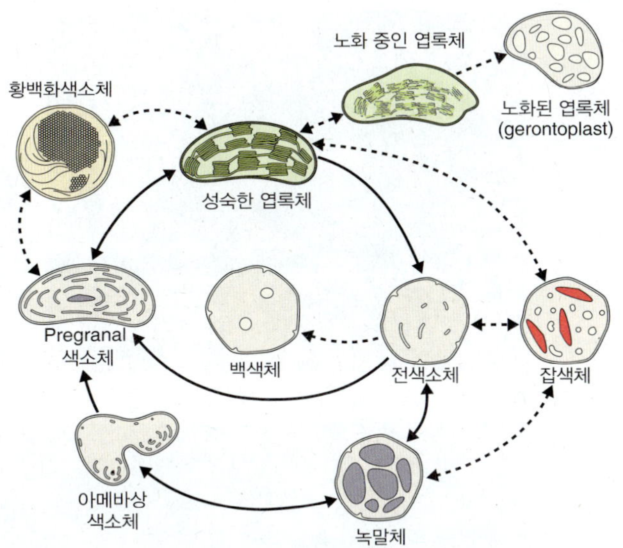

그림 4.23 색소체의 발달 단계와 다양한 색소체 유형으로의 변환. 실선 화살표는 정상적인 엽록체의 발달 단계를 나타내고, 점선 화살표는 특정 환경 혹은 발달 조건에 따라 일어나는 색소체의 변환을 나타낸다. 녹말체 안의 회색 구조물은 녹말 입자이다.

4.6.2 각기 다른 유형의 색소체들은 발달학적으로 서로 연관되어 있다

모든 유형의 색소체들은 분열세포(meristematic cells)에 존재하는 미분화된 **전색소체**(**proplastds**)와 관련 있다. 색소체는 분화, 탈분화(dedifferentiate) 및 재분화(redifferentiate)에 뛰어난 능력을 갖고 있다(그림 4.23); 분화된 색소체는 발달 단계나 환경적 조건에 따라 다른 유형으로 변화할 수 있다.

전색소체는 0.2-1.0 μm 직경의 구형 혹은 난형의 모양을 띈다. 전색소체에는 약간의 리보솜이 있으며 리보솜의 내막계는 거의 발달 되지 않은 형태로서 내측 포막(envelope)의 중첩부와 몇몇 편평한 모양의 라멜라(lamellae)라 불리는 낭으로 이루어져 있다(그림 4.24A).

엽록체는 광합성이 일어나는 장소이며 녹색 색소인 엽록소(chlorophyll)을 갖는다. 엽록체는 보통 관다발식물에서 반구형 혹은 렌즈 모양으로 존재한다(그림 4.25A). 직경은 약 3–10 μm 정도이며 두께는 0.5-1.0 μm 정도이다. 엽록체에서 틸라코이드는 광범위하고 지속적인 네트워크를 형성하는데 이 네트워크는 하나 혹은 분지된 틸라코이드 루멘(lumen)을 둘러싸고 있다. 대부분의 틸라코이드 네트워크는 두 가지 유형의 막 도메인을 갖는다: **틸라코이드**가 쌓여 있는 **그라나**(**grana**, 단수=**그라늄**, **granum**)는 중첩이 없는 **스트로마 틸라코이드**(**stroma thylakoid**)와 연결되어 있다(그림 4.25B). 광합성 관련 색소를 포함한 광-에너지-수확 반응의 구성요소들은 틸라코이드 막과 연관되어 있다(9장 참고). 성숙한 엽록체에서 틸라코이드의 수는 그라늄 내에 몇 개에서 40개까지도 존재하며 식물의 종과 광 조건에 따라 그 보다 많기도 하다. 예를 들어, 그늘에서 자라는 식물의 경우 양지에서 자란 같은 종의 식물에 비해 대부분 더 많은 수의 그라나를 갖고 또한 한 그라늄 당 더 많은 틸라코이드를 갖고 있다.

광합성에 관여하는 조직에 존재하는 리보솜 중 절반 가까이가 엽록체에 존재한다. 엽록체 효소인 **루비스코**(**rubisco**)는 잎에 존재하는 수용성 단백질의 절반 정도를 차지하고 지구에 존재하는 가장 흔한 단백질 중 하나이다. 루비스코의 큰 소단위는 엽록체 DNA에 의해 암호화되어 있으며, 엽록체 리보솜에서 합성된다. 반면, 작은 소단위는 핵 DNA에 의해 암호화되어 있으며, 세포질 리보솜에서 합성된다(9장 참고). 이는 색소체의 발달과정에 있어 핵과 색소체 유전자의 발현 조절에 관한 중요한 예이다.

황백화색소체(etioplasts)는 **전색소체**가 엽록체로 발달되는 과정에서 빛을 받지 못했거나 매우 낮은 빛만 받아서 발달이 지연된 색소체를 말하며 그 길이는 약 2-3 μm 정도이다. 황백화색소체는 엽록체를 갖지 않으나 엽록체의 전구체라고 할 수 있는 **원엽록소**(**protochlorophyllide**)를

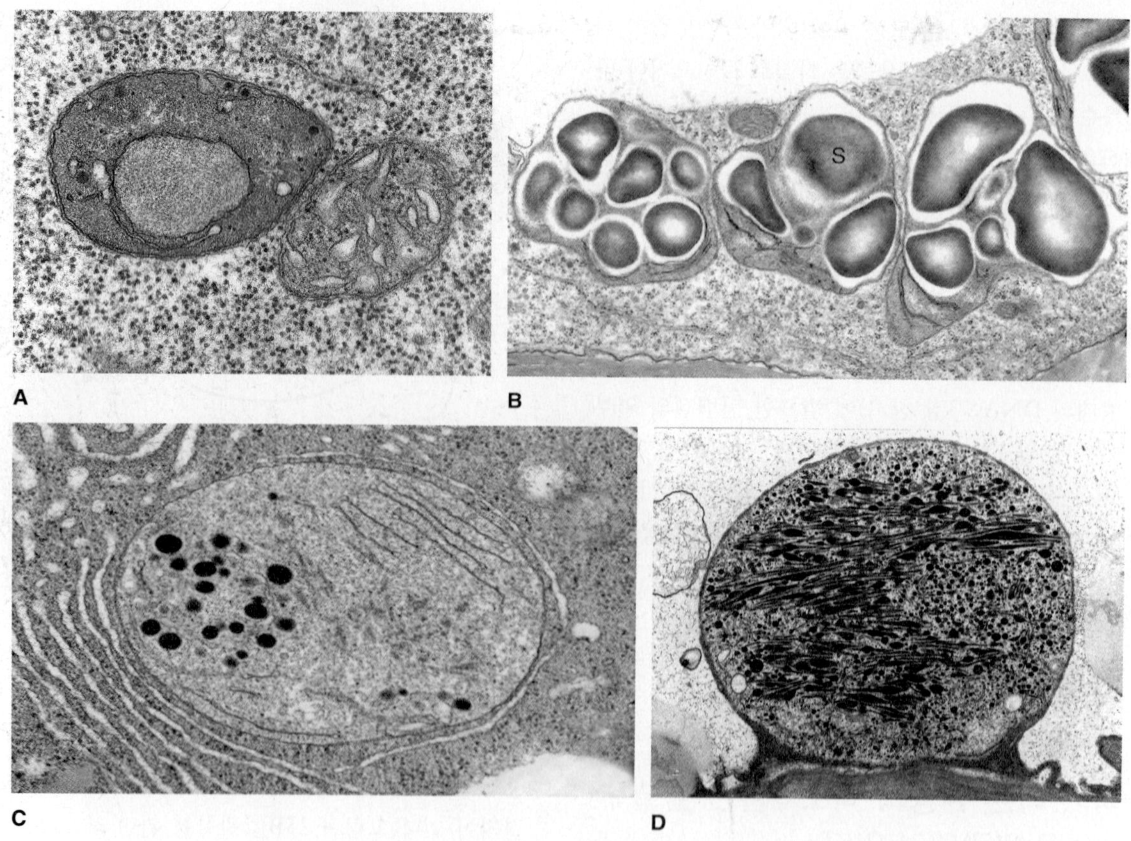

그림 4.24 식물 세포들에서 발견된 다양한 색소체 유형. (A) 강낭콩(*Phaseolus vulgaris*) 뿌리세포의 마이토콘드리아에 인접해 있는 전색소체(proplastid; 왼쪽)를 관찰한 TEM 이미지. 전색소체 주변의 전자 밀도가 높은 입자들은 지질방울(lipid droplets)이다. 전색소체의 중간 부분에 커다랗고 동그란 단백질 아래 부분은 내막의 편평한 박막층으로 볼 수 있다. (B) 대두(*Glycine max*)의 많은 녹말립(S)을 갖는 근단 중축 세포에 존재하는 녹말체를 관찰한 TEM 이미지. (C) 박하(*Mentha* spp.)의 활발한 분비작용을 담당하는 백색체의 분비모를 관찰한 TEM 이미지. 검은색의 전자 밀도가 높은 작은 구상체는 지질립이다. 세포질 주변에 광범위하게 존재하는 관 모양의 활면소포체 시스터네가 존재한다. (D) 익은 옥천앵두(*Solanum pseudocapsicum*) 열매의 유색체 TEM 관찰 이미지. 색소체 내의 전자밀도가 높은 덩이들은 카로티노이드로 채워져 있다.

갖는다. 황백화색소체의 주요 구조로는 **전박막층체(prolamellar body)**가 있으며(그림 4.26), 전박막층체는 지질과 원엽록소 및 광 요구 효소 원엽록소 산화환원효소(light-requiring enzyme protochlorophyllide oxidoreductase)로 이루어진 격자형 구조이다(8장 참고). 원엽록소는 엽록체로 변환되고 엽록체-단백질의 안정화된 복합체를 만들어내고 전박막층체로부터 지질이 발달 과정의 틸라코이드 막에 병합된다.

녹말체(amyloplasts, 그림 4.24B)는 색소가 없는 (unpigmented) 색소체로서 **녹말**을 합성하고 저장하는 기능을 하며 엽록체와 비슷한 크기이다. 녹말체의 이름은 녹말의 주요 구성성분인 **아밀로스(amylose)**에서 기원하였다(6장 참고). 녹말체는 곡물류 식물의 저장 조직인 뿌리와 줄기 및 배젖에 특히 흔하게 존재하는 소기관이다. 감자의 덩이줄기에서는 보통 녹말립(starch grain)이 기질의 내측 포막 층을 제외한 전체 색소체를 차지한다. 녹말체는 대개 감자의 덩이줄기가 빛에 노출되었을 경우에 엽록체로 재분화한다. 곡물류 배젖의 녹말체는 조직이 기능적으로 죽었을 경우에 재분화하지 못한다.

백색체(leucoplast, 그림 4.24C)는 색이 없는 색소체로서 **필수 지방(essential oils)**에 포함된 휘발성의 화합물인 **모노테르펜(monoterpene)**을 합성하고 저장한다(15장 참고). 백색체는 소수의 내 막이나 리보솜 혹은 지질방울(또는 지방소립, lipid droplets)을 갖는다. 백색체는 잎이나 줄기의 털이나 꽃의 꿀과 감귤류의 껍질에서 보이는 분리 낭 등 특화된 분비 샘 세포에서 발견된다.

유색체(chromoplast, 그림 4.24D)는 **카로테노이드(carotenoids)**를 저장하는 색소체이며, **카로틴(carotene)**이나 **잔토필(xanthophyll)**의 비율에 따라 노란색, 주황색 혹은 붉은색 등을 띤다. 유색체는 많은 과일(토마토, 오렌지

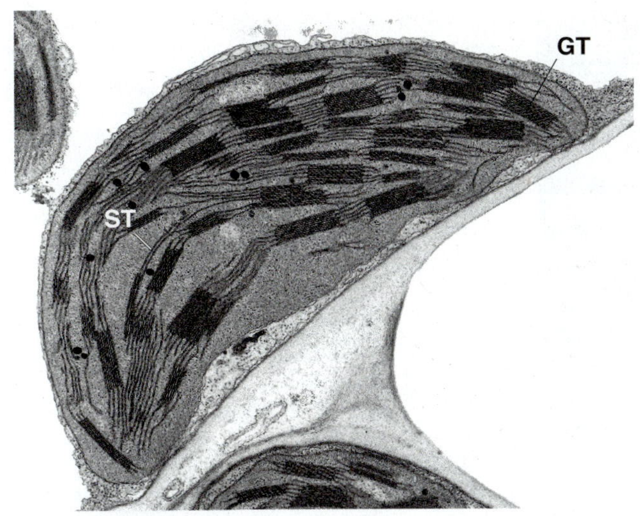

A

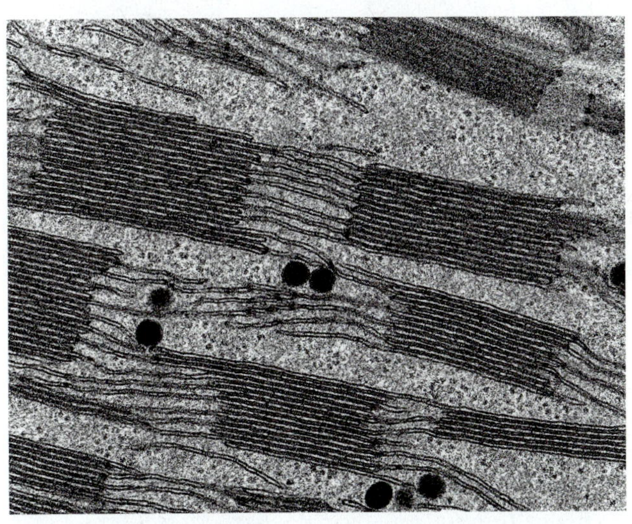

B

그림 4.25 엽록체의 초미세 구조. (A) 옥수수 엽육 세포에 존재하는 쌓여 있는 구조의 그라나(GT)와 그렇지 않은 스트로마(ST) 틸라코이드의 TEM 관찰 이미지. 어둡게 표시되는 과립은 지질방울이다. (B) 큰 조아재비(*Phleum pratense*)의 잎에 존재하는 엽록체의 겹쳐진 구조를 갖는 그라나와 그렇지 않은 구조의 스트로마 틸라코이드의 고배율 TEM 관찰 이미지. 한 공간에서는 겹쳐져 있고 다른 공간에서는 펼쳐져 있는 막들은 하나의 루멘을 에워싸고 있다.

등), 꽃(알라만다, 미나리아재비, 매리골드), 뿌리(당근), 그리고 덩이줄기(고구마) 등의 색을 결정한다. 유색체는 둥근 모양부터 아메바형 및 길쭉한 모양 등 불규칙적인 모양으로 존재하며, 어떤 경우에는 큰 결정을 갖고 있기도 한다. 유색체는 원엽록소에서 바로 발달되기도 하며 익어가는 토마토 열매의 경우처럼 엽록체에서 탈분화하여 만들어지기도 한다. 오래된 잎에 존재하는 색소체는 때때로 **제론토플라스트(gerontoplasts)**라고 불리며, 가을 단풍의 밝은 노란색과 주황색을 나타내는 카로테노이드를 축적하는 유색체와 유사하다(18장 참고). 감귤류 열매가 적정 조건 아래에서 과실의 노란색 혹은 주황색 부분이 다시 녹색으로 바뀌거나 당근 뿌리가 빛에 노출되었을 경우 때때로 유색체가 엽록체로 재분화하기도 한다.

키포인트 색소체는 원시의 진핵세포로 둘러싸인 시아박테리아노(cyanobacteria)으로부터 진화되어 왔을 것으로 생각되며 식물 세포의 특징이다. 엽록체는 진핵생물에서 광합성이 일어나는 유일한 장소이다. 색소체는 잎이나 줄기의 밝은 색을 나타내게 하는 역할을 한다. 엽록체와 다른 색소체들은 작고 색을 띄지 않는 원색소체로부터 분화되어 생겨난다. 오래된 잎에 존재하는 유색체는 카로테노이드나 잔토필과 같이 가을 낙엽의 밝은 색을 나타내게 하는 부가적인 안료를 갖는다. 사과나 후추, 토마토 등의 성숙된 과실은 이와 같은 유색체를 갖고 있다. 색소체는 중요한 저장 기능도 수행한다. 녹말은 세포 내의 저장기관과 곡물류의 배젖 등에서 발견되며 녹말체에 저장된다.

4.6.3 색소체는 기존 색소체의 분열에 의해 재생산되며 속씨식물과 겉씨식물에서 다르게 유전된다

색소체는 기존 색소체의 **이분법**(binary fission)에 의해 만들어진다(그림 4.26). 원색소체와 황백화색소체 및 어린 엽록체의 분열은 흔하게 일어나지만, 완전히 발달된 엽록체 또한 분열할 수 있다. 식물의 지상부와 지하부의 분열조직에 존재하는 원색소체의 분열은 세포의 분열과 함께 일어나기 때문에 모세포와 딸세포는 같은 수의 색소체(약 20개)를 갖는다. 세포 팽창에 따라 색소체의 분열도 계속 일어나 세포당 색소체의 수가 증가한다.

세포질의 소기관들은 난자(**모계 유전; maternal inheritance**), 정자(**부계 유전; paternal inheritance**) 혹은 둘 모두(**양친 유전; biparental inheritance**)에 의해 한 세대에서 다음 세대로 유전될 수 있다. 유전학적으로 대부분의 속씨식물에 존재하는 색소체와 마이토콘드리아는 모계로 유전된다. 이 소기관들은 속씨식물의 정세포에는 존재하지 않거나, 수 배우체의 발달 과정 중간이나 수정 후 분해된다. 이 과정은 제16장에서 다루어진다. 겉씨식물에서, 색소체는 일반적으로 정세포를 통해 다음 세대로 전달된다. 색소체와 마이토콘드리아의 양친 유전은 몇몇 현화식물 속에서

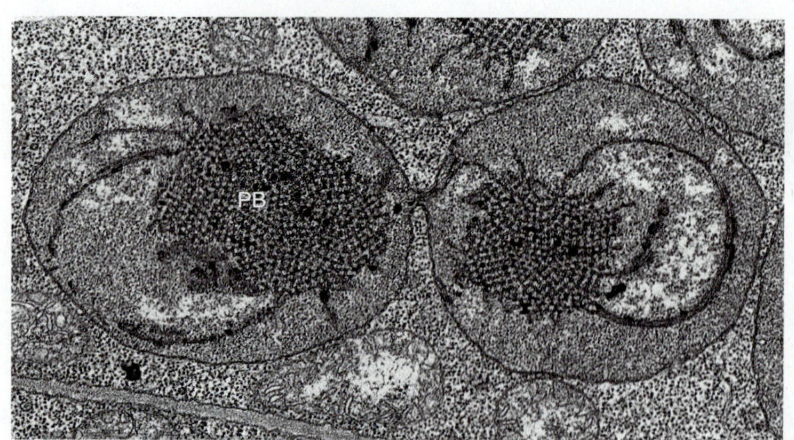

그림 4.26 2분열 중인 강낭콩(*Phaseolus vulgaris*)의 황백화색소체의 TEM 관찰 이미지. 각 황백화색소체에서 전박막층체(PB)가 두드러지고 두 딸 세포의 색소체 사이에 응축되어 있다.

세포학적 및 유전학적으로 밝혀진 바 있다. 모계 유전과 부계 유전 모두 다 색소체는 유전될 때 전색소체의 단계로 존재한다.

4.7 마이토콘드리아와 퍼옥시좀

세포의 발전소라고도 불리는 **마이토콘드리아(Mitochondria)**는 거의 모든 식물 세포에서 볼 수 있다. 마이토콘드리아는 **유기호흡(aerobic respiration)**을 하며(7장 참고), **당신생과정(gluconeogenesis)** 과정에 관여하고(6장 참고), **광호흡(photorespiration)**에 관여한다(9장 참고). 마이토콘드리아 안에서의 전자 이동은 ATP의 주요 요인이며, 마이토콘드리아의 대사 과정은 세포에서 생합성에 쓰이는 유기산이나 아미노산과 같은 중요한 중간체를 제공한다. 색소체와 같이 마이토콘드리아는 고유의 DNA를 갖고 원핵생물처럼 리보솜을 갖으며 **세포분열(fission)**에 의해 나뉜다. 마이토콘드리아 리보솜 DNA의 서열에 따르면 마이토콘드리아는 α-프로테오박테리아(α-proteobacterial)와 연관있는 세포내 공생체(endosymbionts)로부터 기원한 것으로 보인다.

전자현미경 사진으로 관찰해 보면, 식물 마이토콘드리아는 구형 혹은 타원형의 모양을 갖으며, 1 μm 정도의 너비에 1-3 μm 정도의 길이이다(그림 4.27). 그러나 살아있는 세포에서 관찰된 바에 따르면, 그 모양은 원형에서 타원형, 아령 모양 등으로 변하였다가 다시 원형으로 변하기도 한다. 식물 세포의 발달 단계나 세포 유형에 따라 수백에서 수천의 마이토콘드리아가 식물 세포에 존재하기도 한다. 어린 옥수수 근관(root cap) 세포에는 약 200개의 마이토콘드리아가 존재하며 완전히 성장 발달한 옥수수 근관 세포에는 약 2000-3000개의 마이토콘드리아가 존재한다.

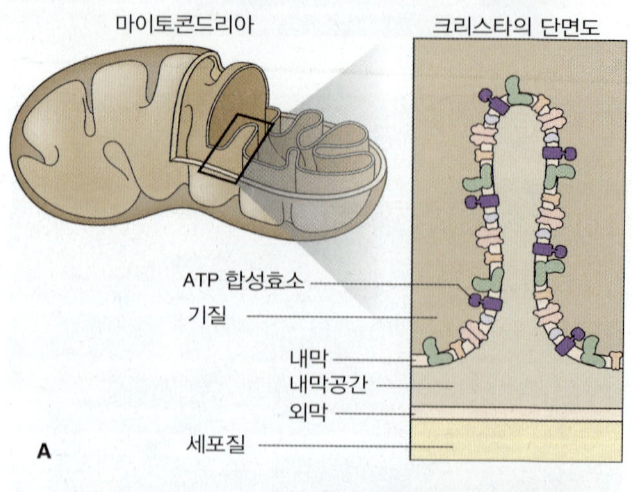

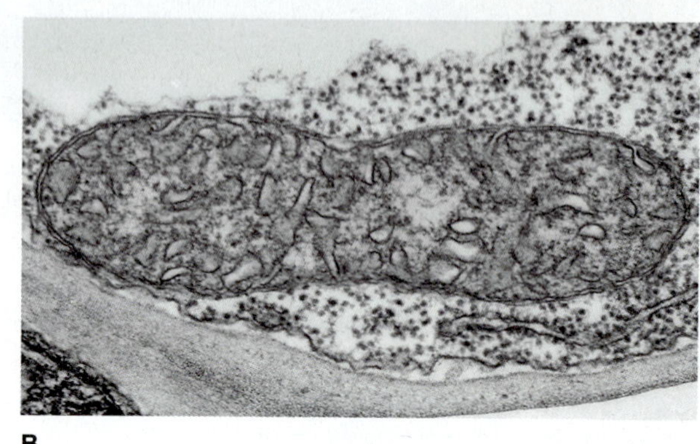

그림 4.27 마이토콘드리아의 형태와 구조. (A) 마이토콘드리아의 3차원적인 구조와 마이토콘드리아 내막에서 ATP 합성효소의 분포. (B) 귀리(*Avena*) 엽육세포에서의 마이토콘드리아의 TEM 관찰 이미지.

마이토콘드리아는 막간 공간으로 나누어지는 2개의 막에 의해 경계를 이룬다. 마이토콘드리아의 **외막(outer membrane)**에는 몇 가지 효소가 있다. 마이토콘드리아 **내막(inner membrane)**은 수용성 효소 및 마이토콘드리아 DNA(mitochondrial DNA)와 리보솜을 포함한 **마이토콘

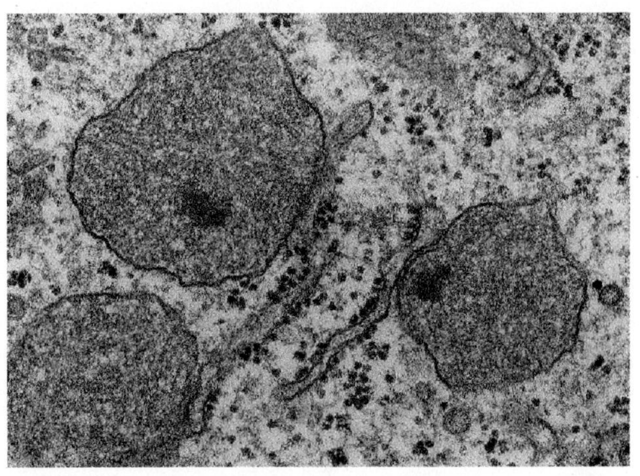
A

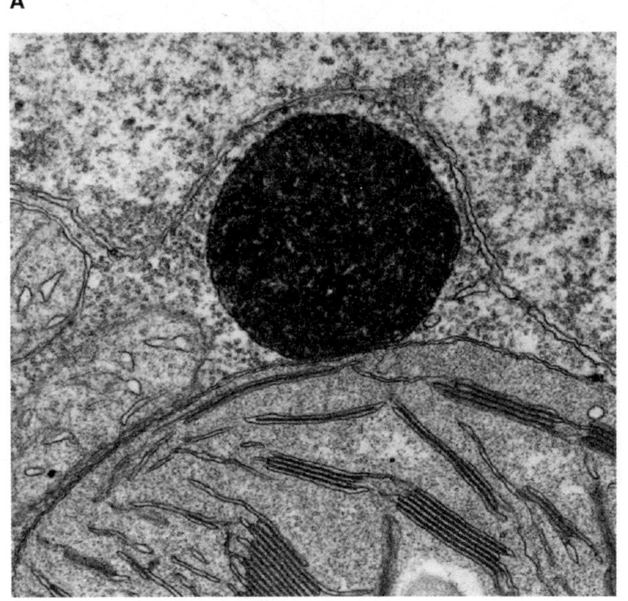
B

그림 4.28 퍼옥시좀. (A) 강낭콩(*Phaseolus vulgaris*)의 뿌리세포에서 관찰된 소포체와 긴밀하게 연결되어 있는 특화되지 않은 3개의 퍼옥시좀을 관찰한 TEM 이미지. (B) 담배(*Nicotiana tabacum*)의 잎 세포에서 관찰된 엽록체와 인접한 퍼옥시좀의 TEM 관찰 이미지. 디아미노벤지딘(diaminobenzidine)으로 염색되어 있으며 카탈레이즈가 활성화된 곳은 전자밀도가 높다. 광합성 조직에서, 퍼옥시좀은 광호흡과 연관되어 있다.

드리아 기질(mitochondrial matrix)이 둘러싸고 있다. 내막에는 기질 안쪽으로 주름 잡힌 긴 관 모양의 **크리스타(cristae)**가 있다(그림 4.27). 크리스타를 포함한 내막은 호흡 전자 전달계(respiratory electron transport chain)와 ATP를 만들어 내는 ATPase가 존재한다.

색소체의 외막과 비슷하게 마이토콘드리아 외막은 작은 분자의 투과성이 매우 높은 반면에, 반면 내막은 그 투과성이 매우 낮다. **포린(protins)**이라고 불리는 단백질 복합체가 작은 분자들이 외막을 통과할 수 있게끔 도와준다. 각각의 복합체는 이온이나 분자가 자유롭게 이동할 수 있는 수용성 채널을 만들어 낸다. 반대로 용질 특이적 수송체는 내막을 통한 용질의 이동을 조절한다.

퍼옥시좀(peroxisomes)은 직경 0.2-2.0 μm 정도이며 단일막으로 둘러싸인 거친 타원형 모양을 갖는 소기관이다(그림 4.28). 퍼옥시좀은 세포질에서 유입된 지질, 막 단백질 그리고 기질 단백질을 이용하여 성장하며 주기적으로 분열한다. 색소체나 마이토콘드리아와는 다르게 퍼옥시좀은 DNA나 리보솜이 없다. 퍼옥시좀에 존재하는 모든 단백질들은 핵내 유전자(nuclear gene)에 의해 암호화되며 세포질에서 폴리솜(polysome)에 의해 번역되어 소기관으로 표적화된다.

반면 그 기능은 조직과 기관에 따라 다양하고, 퍼옥시좀은 독성을 띠는 대사 부산물인 **과산화수소(hydrogen peroxide)**를 만들어 내는 **산화효소(oxidase)**와 과산화수소를 O_2와 H_2O로 분해하는 효소인 **카탈레이즈(catalase)**를 갖는다. 잎에서 **퍼옥시좀**은 **광호흡(photorespiration)** 경로로 알려진 **글리콜산 경로(glycolate pathway)**에 관여한다(9장 참고). 일부 콩과 식물의 질소 고정에 관여하는 뿌리혹의 퍼옥시좀은 고정된 질소를 질소가 풍부한 유기 화합물(nitrogen-rich organic compounds)로 변환시키는 데 관여한다. 퍼옥시좀에서는 지방산의 **β-산화(β-oxidation)**와 지방의 당화가 일어난다(6장 참고). 퍼옥시좀은 지방이나 오일을 저장하는 종자에 특히 많이 존재하고 이와 같은 퍼옥시좀은 **글라이옥시좀(glyoxisomes)**이라고도 불린다. 퍼옥시좀은 식물 호르몬인 재스몬산(jasmonic acid)의 생산에 연관되어 있다.

4.8 세포골격

진핵 세포의 공간 조직 및 세포의 직접적인 움직임과 그 구성은 세포질을 투과하는 단백질 섬유의 네트워크인 **세포골격(cytoskeleton)**에 의해 매개된다(그림 4.29). 세포골격에는 세 가지 주요 단백질이 존재하는데, **중간섬유(intermediate filament)**, **액틴(actin)** 그리고 **튜불린(tubulin)**이 그것이다. 이러한 섬유와 연결된 보조 단백질(accessory proteins)이 네트워크를 연결, 이동, 수정한다. 세포골격은 세포질과 고정 단백질, 그리고 다른 거대 분자에 구조적 안

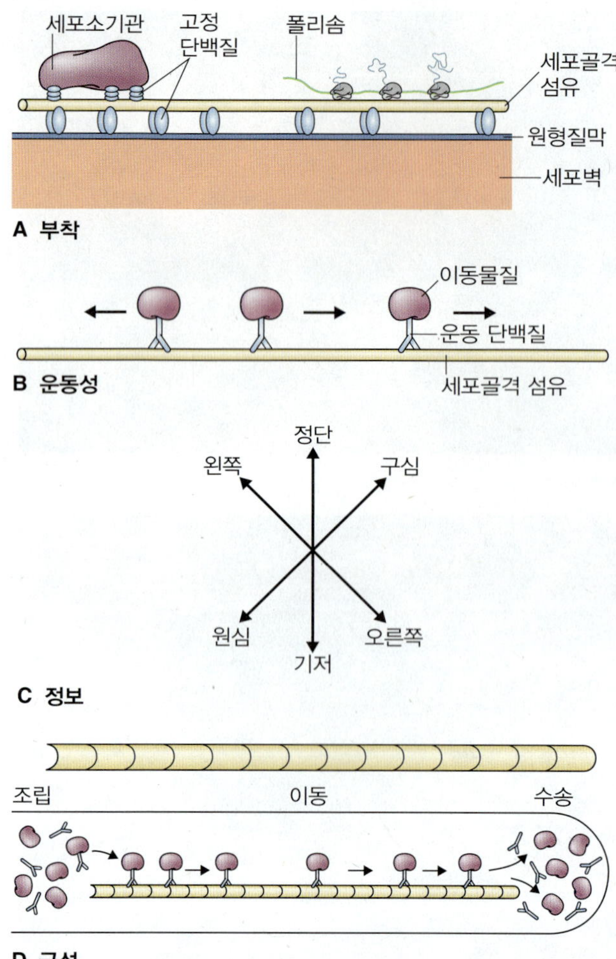

그림 4.29 세포골격의 다른 기능들: (A) 부착, (B) 운동성, (C) 정보, (D) 극성.

정성을 부여하고 세포소기관들이 조립되는 과정은 물론 그 후 세포소기관 보조에 관여한다(그림 4.29). 세포골격은 세포질 유동(cytoplasmic streaming) 과정 중에 세포 구성 요소들을 이동시키고, 세포분열에서 새로운 세포벽 유도 뿐만 아니라, 세포벽 축적에 핵심적인 역할을 한다. 또한 세포소기관이 이동할 방향을 정하는 등 세포에 극성을 부여하기도 한다(그림 4.29B–D).

세포골격은 동물로부터 분화된 식물 이전에 진화되었으며 세포골격의 주요 특징은 양쪽 모두에서 보존되어 있다. 그러나 식물의 세포골격은 독특한 기능을 갖도록 진화해 왔으며 이와 같은 특징들은 세포벽의 구성 및 식물 세포의 분열 방식과 연관되어 있다.

4.8.1 세포골격은 섬유상 단백질(fibrous protein)의 네트워크로 구성되어 있다

식물 세포에서 **중간섬유**(**intermediate filament**), **액틴섬유**(**actin filament**) 혹은 **미세섬유**(**microfilamnet**), 그리고 **미세소관**(**microtubules**)의 세 가지 섬유가 존재한다고 알려졌다. 각각의 섬유는 자가조직(self-assembling)과 비대칭적 단백질 소단위로 구성된다. 이러한 소단위들은 비공유결합으로 연결되어 있으며, 따라서 이온강도(ionic strength), pH, 온도와 같은 단백질-단백질 상호작용에 영향을 줄 수 있는 요인에 의해 조립되거나 분해된다.

중간섬유는 10–15 nm 정도 직경의 단백질 섬유로서 미세소관보다 가늘며 액틴섬유보다는 두껍다. 식물은 다른 진핵생물에서 발견되는 라민(lamins), 케라틴(keratins), 비멘틴(vimentins) 및 신경미세섬유(neurofilament)와 같은 다양한 종류의 중간 섬유를 갖지 않는다. 식물은 또한 핵막 바로 안에 위치하여 핵막을 안정화하고 세포소기관의 형태를 유지하는 역할을 하는 **핵막하층**(**nuclear lamina**)도 갖지 않는다. 다른 진핵생물에 존재하는 중간섬유 단백질과 유사한 단백질이 식물에 존재하지 않지만 몇 그룹의 식물 단백질은 중간섬유 단백질의 전형적인 구조라고 알려진 **작살구조 상호작용**(**coiled-coil interaction**)을 형성한다. 이러한 것들은 **섬유형 단백질**(**filament-like protein, FLPs**)이라고 알려져 있다. FLPs는 상대 섬유와 작살구조 상호작용을 통해 10–15 nm 길이의 밧줄형 중간섬유를 형성한다(그림 4.30). 식물에서 발견된 작살구조 단백질은 다른 진핵생물에서 발견된 중간섬유와 기능적으로 유사하다. 이 단백질들은 진화과정에 따라 달라져 왔으며, 현재는 매우 제한된 서열의 유사성만 갖고 있다.

미세소관은 구형 단백질인 **α-**와 **β-튜불린**의 이형이량체 소단위에 의해 만들어진다(그림 4.31). 이 이량체는 직경 25 nm 정도의 속이 빈 구조를 형성한다. 튜불린 이량체는 그들의 측면과 끝 부분에 서로 붙어 있다. 이량체는 **프로토필라멘트**(**protofilament**)라고 불리는 직선형 원통에 놓여 있다. 대부분의 미세소관은 13개의 프로토필라멘트를 갖으나, 그 수는 11개부터 16개까지 다양한 편이다.

액틴섬유 혹은 미세섬유는 단백질 액틴으로 이루어져 있다. **수용성 액틴**(**soluble actin**)은 375개의 아미노산으로 이루어진 구형 단백질이다(섬유상 구조가 **F-액틴**이라고 불리는 것과 반대로 구형 구조는 때때로 **G-액틴**이라고 불린다). 소단위들은 8 nm 너비의 단단한 나선형 섬유를 중합하기도 한다(그림 4.32A).

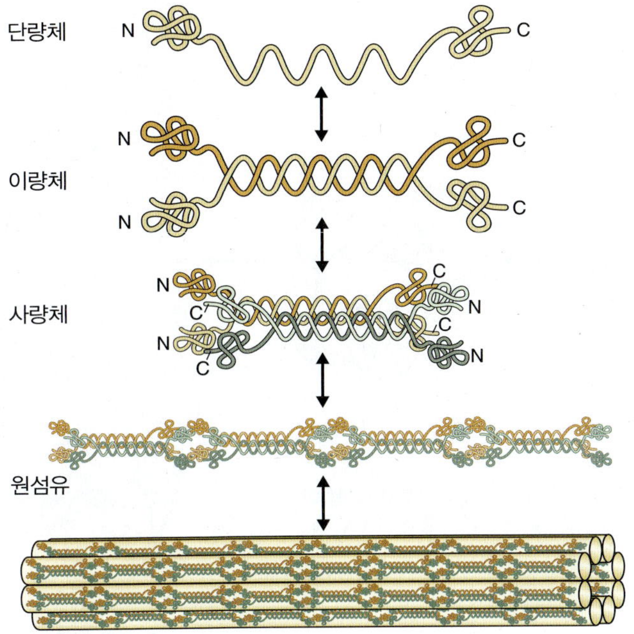

그림 4.30 중간섬유의 조립. 동일한 단량체 한 쌍이 이중나선형 상호작용을 통해 이량체를 형성한다. 이량체는 측면으로 연결되어 사량체를 형성한다. 사량체는 중합하여 프로토필라멘트를 형성한다. 최종적으로 프로토필라멘트는 측면으로 연결되어 중간섬유를 형성한다.

액틴과 튜불린은 모든 진행생물에서 존재한다. 액틴과 튜불린은 다세포 진핵생물로 분화하기 전에 단일 복사 유전자(single copy gene)로부터 유래된 것으로 보이는 고도로 보존된 단백질이다. 식물에서 α-와 β-튜불린 유전자는 비슷한 양(4–9개) 만큼 존재하는 반면, 액틴 유전자의 수는 애기장대에는 10개, *Petunia*에는 100개 이상 존재하는 등 그 수가 종에 따라 매우 다르다.

> **키포인트** 식물 세포의 세포골격은 많은 서로 다른 종류의 단백질성 섬유로 이루어져 있다. 이러한 단백질성 섬유에는 액틴 미세섬유와 튜불린 단량체로부터 조립된 미세소관 및 다르지만 관련된 많은 종류의 중간섬유 단백질로 구성된 중간섬유가 있다. 세포골격은 세포소기관의 고정 또는 그들의 움직임 등에 의해 지속적으로 변화하는 내부의 스캐폴드(scaffold)를 형성한다. 세포골격은 감수분열과 유사분열 중 염색분체(chromatids)와 염색체(chromosomes)를 이동 및 고정시키는 방추체와 같은 크고 복잡한 구조로 조립될 수 있다. 뉴클레오사이드 3인산(nucleoside thriphsophates) 형태의 에너지는 세포골격의 조립과 세포골격계의 동력에 이용된다.

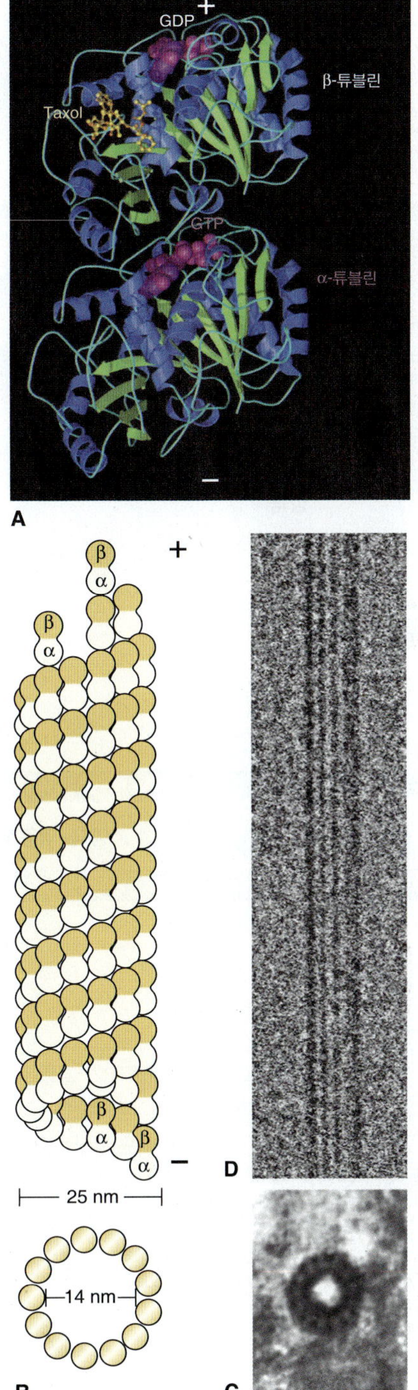

그림 4.31 미세소관의 구조. (A) 미세소관 내 튜불린 이량체의 리본 도해. β-면 구조 부분은 녹색으로 α-나선 구조 부분은 파란색으로 표시하였다. (B) 미세소관의 단면과 측면 모식도. (C) 식물 세포에 존재하는 미세소관의 단면 전자현미경 사진. 13개의 프로토필라멘트가 있다. (D) 정제된 튜불린으로부터 조립된 미세소관과 그 측면의 TEM 관찰 이미지. (C)와 달리 측면을 관찰할 때는 중금속을 이용한 고정이나 염색 방법이 아닌 동결법을 이용하여 시료를 준비하였다.

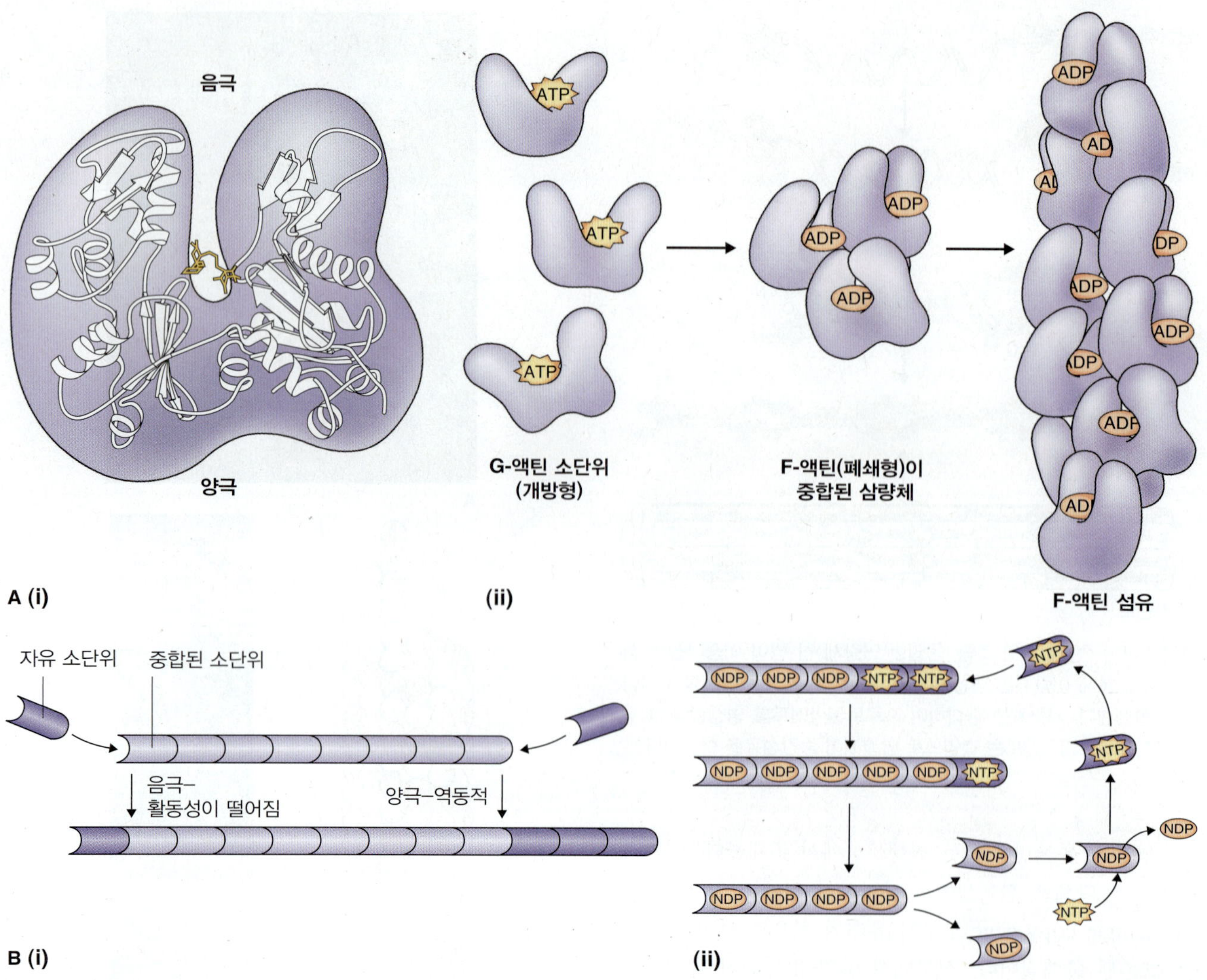

그림 4.32 액틴섬유의 구조와 조립. (A) (i) ATP가 결합된(노란색 표시) 개방형 배치 형태에서의 G-액틴 단량체 리본 모식도. (ii) ATP의 가수분해가 일어나는 닫힌 구조에서의 열린 G-액틴과 F-액틴 그리고 각각의 단량체가 나선구조를 형성하며 자라나는 액틴섬유의 순서. (B) (i) 액틴섬유와 미세소관은 양극과 음극에 극성 소단위들이 추가되면서 형성된다. (ii) 액틴과 튜불린 단량체들은 뉴클레오사이드 3인산(NTPs)에 결합하고, NTP는 단량체가 중합체를 형성할 때 가수분해된다.

4.8.2 미세소관과 액틴섬유는 고유의 극성을 갖는다

액틴섬유와 미세소관의 단백질 소단위가 비대칭 모양으로 존재하므로 극성 구조를 갖는다. 중합체가 조립되는 과정에서 비대칭 소단위들이 균일한 한 방향으로 끝과 끝이 결합하여 줄줄이 늘어서게 된다(그림 4.32B). 중합체의 극성은 각각의 끝 부분이 서로 다른 생화학적 특성을 갖으며 그로 인해 각각의 끝 부분은 조립 혹은 분해 반응에 서로 다른 반응상수를 보인다. 또한 각각의 끝 부분은 고유하게 인식되어 세포는 같은 극을 갖는 중합체 배열을 구축할 수 있다. 보다 활동적인 끝 부분을 '양성'이라 하고 보다 덜 활동적인 끝 부분을 '음성'이라고 한다.

4.8.3 자발적인 세포골격 구성요소의 조립은 3단계에 걸쳐 일어난다

액틴섬유와 미세소관은 몇 가지 같은 특징을 갖는 유사한 과정에 의해 조립된다(그림 4.33). 조립의 첫 번째 단계는 **핵생성**(nucleation)이라고 불리며 주형(template)이 형성된다. 두 번째 단계인 **신장**(elongation)에서는 핵생성 과정에서 만들어진 주형의 끝 부분에 소단위들이 추가되면서 주형이 커지게 된다. 신장 속도는 소단위들이 추가되는 속도와 소단위가 빠지는 속도의 차이와 같다. 세 번째 단계는 **정**

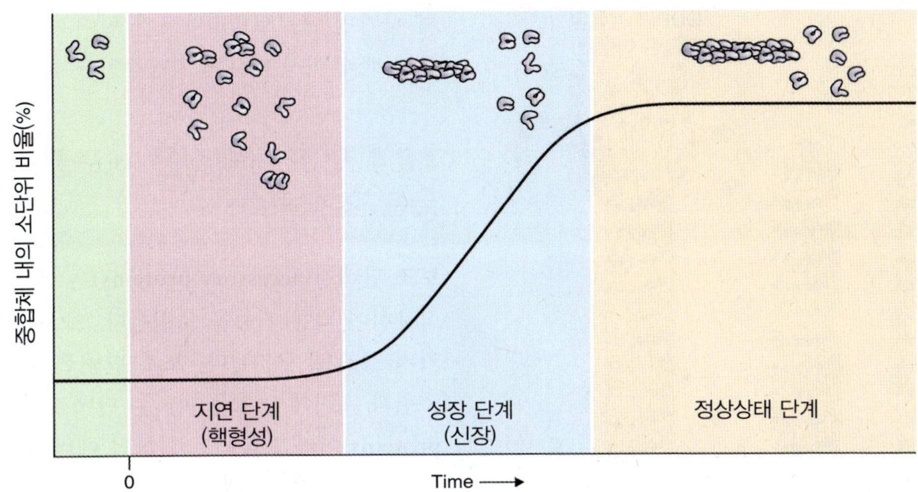

그림 4.33 중합의 과정과 속도 그래프. 시작점에서 각 소단위 용액에 중합반응을 유도한다. 핵생성 단계(분홍색 부분)에, 소단위들은 추후 신장 과정을 위해 안정된 주형을 만들어야 하며, 이를 위해서는 서로 반드시 연결되어 있어야 한다. 액틴섬유를 예로 들면, 액틴 주형은 세 가지 소단위가 삼량체를 형성할 때 만들어진다. 신장과정(성장 단계, 파란색 부분) 동안 소단위들이 빠르게 자라나는 중합체의 말단에 추가된다. 정상상태 단계(노란색 부분)에는 소단위들의 추가 속도가 소단위들의 상실 속도와 정확하게 균형을 이루었을 때 도달한다.

상상태(**steady state**)로 섬유의 길이가 일정하게 유지된다. 정상상태는 활동적인 상태로서 섬유는 지속적으로 소단위들을 얻거나 잃기를 반복한다. 그러나 정상상태에서 소단위가 추가되는 속도는 소단위를 잃는 속도와 정확하게 균형을 이룬다.

미세소관과 미세섬유의 조립에는 그들의 상대적인 단백질 소단위에 의해 **뉴클레오타이드 3인산**(**NTP**)의 결합 및 가수분해가 필요하다. G-액틴은 ATP와 결합하고 α-와 β-튜불린은 구아노신3인산(GTP)과 결합한다. NTP의 γ-인산 결합은 소단위가 성장하고 있는 구조에 결합한 후에만 가수분해된다. 염기 가수분해는 액틴과 튜불린의 조립에 서로 다른 결과를 가져온다. 액틴의 경우 섬유의 양성 말단에 ATP가 존재하면 ADP를 갖는 액틴 소단위가 존재하는 음성 말단에 비해 조립 속도가 훨씬 빨라진다. 이런 차이점은 양성 말단의 성장을 돕는 자유 소단위의 농도가 음성 말단의 줄어드는 속도와 균형을 이루는 상태인 **트레드밀**(**treadmilling**) 상태라고 불리는 동적 거동(dynamic behavior)의 유형에 기초한다. 전체 중합체 길이의 변화율은 "0"이 될 수 있으나, 양성 말단에 결합된 소단위들은 중합체에 의해 트레드밀 상태가 될 것이고 결국에는 음성 말단으로부터 배출될 것이다(그림 4.34). 양성 말단과 음성 말단의 조립 속도의 차이는 미세소관보다 액틴에서 훨씬 크기 때문에 트레드밀 상태는 액틴 조립 과정에서 보다 흔하게 일어난다. 그러나 두 중합체 모두 트레드밀 상태를 보인다.

미세소관에서 뉴클레오타이드 가수분해는 **동적 불안정성**(**dynamic unstability**)이라고 하는 행동적 측면에서 또 다른 차이를 보여준다. GTP 가수분해에 의해 배출된 에너

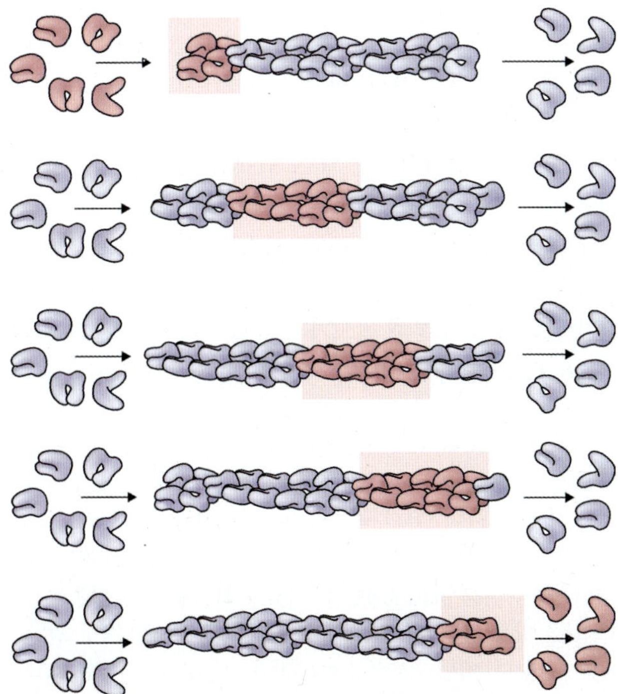

그림 4.34 세포골격 고분자 중합체에서 관찰되는 반복적이고 역동적인 과정. 소단위들(어두운 분홍색)은 한쪽 말단에 추가되고(상단 열) 중합체에 의해 반복적으로 추가된다. 이 소단위는 반대쪽 말단에서 방출된다(하단 열). 위의 그림은 액틴섬유를 예로 들고 있지만, 미세소관에서도 같은 현상이 일어난다.

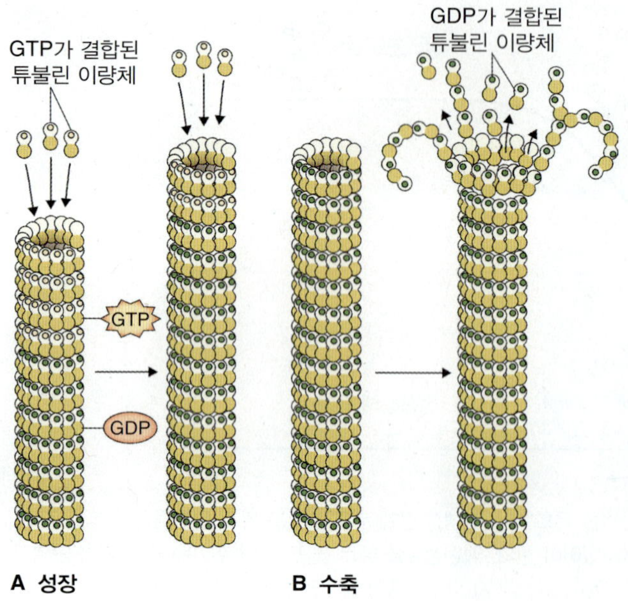

그림 4.35 미세소관의 역동적인 불안정성. (A) 자라나는 미세소관(GTP는 노란색 점, GDP는 녹색 점)의 모식도. GTP의 가수분해가 보통 새로운 소단위의 중합보다 뒤처지기 때문에 미세소관의 성장하는 말단부에는 GTP가 붙어 있는 β-튜불린이 매우 많이 존재한다. 이러한 미세소관을 GTP-cap을 갖는다라고 한다. (B) GTP의 가수분해는 프로토필라멘트가 바깥 방향으로 굽어지는 경향과 이량체들 간의 측면 접촉이 약화되는 것과 같은 입체 구조적인 변화를 유발한다.

지는 해중합(depolymerization)의 속도를 가속화시킨다. 성장하고 있는 미세소관은 GTP 결합 소단위를 추가한다. 가수분해가 조립과정보다 약간 뒤에 일어나기 때문에 미세소관의 성장하는 말단 부위가 GTP가 결합된 소단위의 "cap"을 갖게 된다. 이 'cap'은 구조를 안정화하고 추후의 성장을 돕는다(그림 4.35A, B). 그러나 튜불린 이량체가 적거나 GTP 가수분해 속도가 증가할 때 미세소관의 말단부에는 **GDP-결합** 소단위가 생기게 된다. GTP cap이 떨어져 나가면 프로토필라멘트가 떨어져 나오고, 성장 속도보다 수백배 이상 빠르게 치명적인 분해가 시작된다.

키포인트 액틴과 튜불린은 미세섬유와 미세소관으로 조립된다. 이 섬유들은 고유의 극성을 갖으며 비대칭적 소단위로 구성되어 있다. 이들 섬유의 극성은 이들 섬유의 말단에 각각 다른 생물학적 특성을 부여한다. 조립과 분해가 보다 활동적인 말단을 양성 말단이라고 하며 덜 활동적인 말단을 음성 말단이라고 한다. 액틴 미세섬유는 ATP가 결합된 후 G-액틴 소단위가 추가되어 성장한다. 미세소관은 GTP가 결합한 후 α-와 β-튜불린이 추가되어 성장한다. 성장하는 세포골격 섬유에 소단위들이 부착되기 위해서는 뉴클레오타이드3인산의 가수분해가 필요하다.

4.8.4 보조 단백질은 세포골격의 조립과 기능을 조절한다

보조 단백질(accessory proteins)은 액틴 및 튜불린과 상호작용하여 다른 기능을 조절한다. 보조 단백질들은 보통 두 가지 종으로 구분된다. 보조 단백질은 세포골격 단백질의 조립과 조직에 영향을 미치는 단백질과 **운동단백질**(motor proteins)이라고 불리는 화학적 에너지를 움직임으로 변환시키는 단백질로 나뉜다.

운동단백질은 세 가지 종류로 나뉜다: **미오신**(myosins), **다이닌**(dyneins), 그리고 **키네신**(kinesins). 모든 운동단백질은 세포골격 중합체에 결합하는 force-producing 구형의 '머리'와 cargo에 결합하는 봉 모양의 '꼬리' 도메인을 갖는다(그림 4.36). 각각은 모두 ATP를 에너지원으로 사용한다. 미오신은 액틴섬유가 관여된 세포 운동성을 작동시키고(그림 4.37A), 반면 디아닌과 기네신은 미세소관과 상호작용한다(그림 4.37B). 디아닌은 카고를 미세소관의 음성 말단으로 이동시키고 키네신은 양성 말단으로 카고를 이동시킨다. 키네신은 **소낭 수송**(vesicle traffic)과 **방추체**(mitotic spindles) 형성에 관여한다. 보조 단백질의 세 유형 모두 식물에서 발견되지만 존재 비율은 동물과 다르다. 식물에서 **축사 디네인**(axonemal dynein)은 운동성 단백질을 갖지 않는 속씨식물문에서만 발견된다. 반면, 식물은 식물 특이적인 형태를 비롯하여 동물보다 많은 종류의 키네신을 갖는다.

게다가 보조 단백질의 몇 가지 다른 유형 중 하나인 운동성 단백질은 세포골격의 조립과 기능에 영향을 준다(그림 4.38). **'교차결합**(cross-linking)**'** 혹은 **번들링**(bundling) **단백질**이라고 불리는 단백질들은 같은 종류의 세포골격 중합체 간의 결합을 형성한다. 몇몇 세포골격 보조 단백질들은 중합체를 안정화시킨다; 다른 것들은 중합체를 두 조각으로 잘라 내거나 약하게 한다. 몇몇 단백질들은 특정 중합체의 말단에 특이적으로 결합한다. 꽃가루 알레르기 유발 항원(pollen allergen)인 **프로필린**(profilin, 16장 참고)은 수용성 액틴에 결합하여 중합 가능한 소단위의 농도를 낮춘다. 최종적으로 몇몇 단백질들은 세포골격을 막 생합성 관여 효소 및 신호 전달 구성요소 등 세포를 구성하는 다른 요소와 교차결합시킨다.

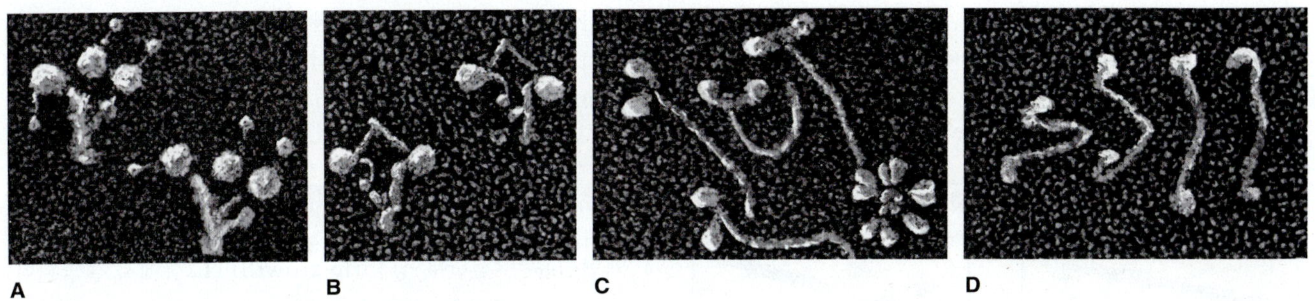

그림 4.36 고도로 정제된 운동 단백질의 TEM 관찰 이미지. (A) 3개의 구형 머리 도메인을 갖는 디네인(dynein)의 편모성 형태. (B) 2개의 머리 도메인을 갖는 세포질성 디네인 형태. (C) 미오신 II: 오른쪽 아래의 별모양 구조물은 미오신을 정제하는 데 사용된 IgM 항체이다. (D) 키네신, 2개의 작은 운동성 도메인이 봉 모양 단백질의 한쪽 끝에 위치하고 반대쪽 끝의 light chain는 뚜렷하지 않다.

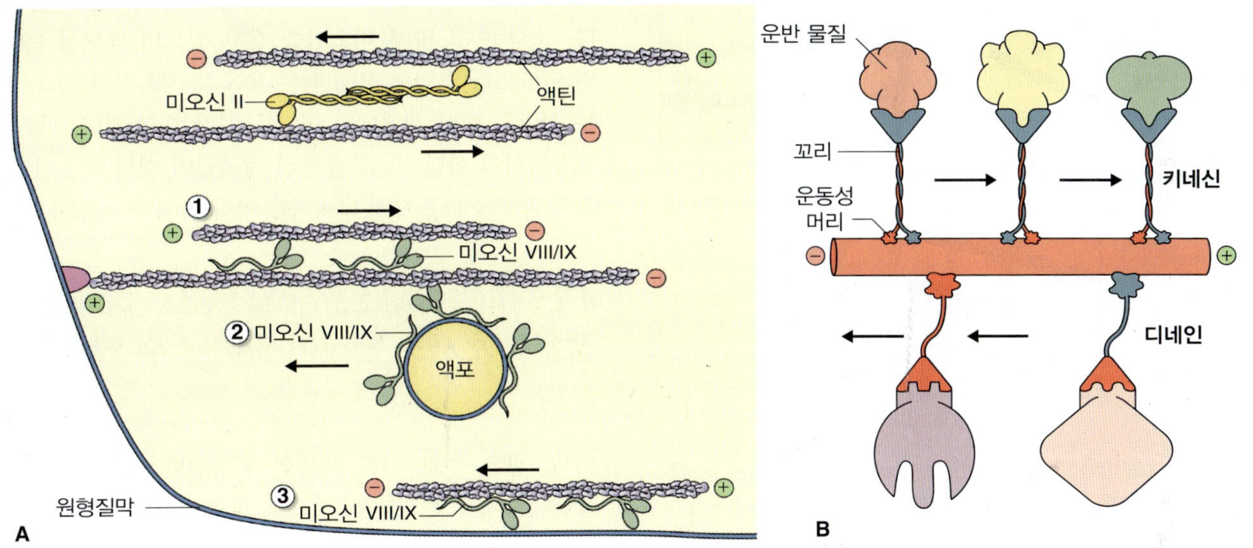

그림 4.37 운동 단백질과 액틴섬유들과의 상호작용. (A) 미오신 단백질은 액틴섬유와 상호작용하고 중합체의 마이너스 말단에서 플러스 말단으로 이동한다. 근육에서 보이는 것과 같은 미오신 II 단백질은 양극성 섬유로 조립을 촉진하는 긴 봉 형태를 갖는다. 미오신 VIII/IX 모터는 액틴섬유나 막에 결합할 수 있는 짧은 꼬리 도메인을 갖는다. 미오신 VIII/IX 헤드로 기동력이 전달되면 (1) 다른 섬유와 연계하여 한 액틴섬유를 이동하고, (2) 액틴섬유를 따라 소낭을 이동시키거나, 혹은 (3) 막을 따라 액틴섬유를 이동시키게 된다. (B) 미세소관-연계 운동 단백질인 디네인과 키네신의 모식도. 디네인은 미세소관의 마이너스 말단으로 화물을 옮기고 대부분의 키네신은 플러스 말단으로 운반물질을 이동시킨다.

키포인트 세포골격의 조립과 기능은 운동성 단백질인 디아닌, 키네신, 미오신의 활성이 필요하다. 운동성 단백질은 구형의 머리와 꼬리를 갖는다. 구형의 머리는 세포골격에 부착하여 일을 하고 꼬리 부분은 카고와 결합한다. 미오신은 액틴섬유가 연관되어 있는 세포 운동성을 작동시키고 디아닌과 키네신은 미세소관과 상호작용한다. 디아닌은 미세소관의 음성 말단으로 카고를 이동시키고, 키네신은 양성 말단으로 카고를 이동시킨다. 키네신은 소낭 수송 및 방추체 형성과 관련 있다.

4.8.5 세포질 유동과 이동 및 세포소기관 고정에는 액틴이 필요하다

많은 식물 세포에서 마이토콘드리아나 색소체와 같은 세포소기관들은 세포질을 통해 이동한다; 이와 같은 움직임을 **세포질 유동(cytoplasmic streaming)**이라 한다. 세포질 유동은 세포소기관의 표면과 연결되어 있는 미오신과 세포질의 액틴섬유의 상호작용과 연관되어 있다고 생각된다. 세포골격 또한 세포소기관을 특정 장소로 이동시키거나 세포 내 특정 장소에 고정한다. 예를 들어, 광합성 세포들에서

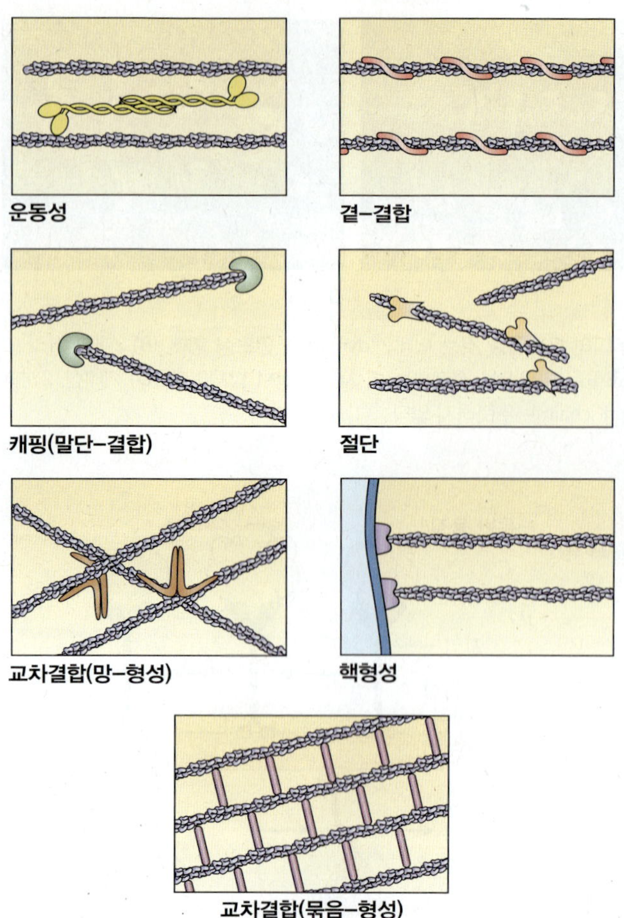

그림 4.38 보조 단백질들의 다양한 기능. 세포골격과 관련된 단백질들은 다양한 기능을 갖는다. 액틴 필라멘트를 이용하여 삽화로 보여주고 있다. 대부분의 보조 단백질들이 동물 세포에서 연구되어 왔으나 일부, 유사 혹은 동일한 단백질이 식물 세포에서도 발견되었다.

액틴섬유는 빛의 강도에 따른 빛의 흡수를 위해 엽록체의 위치 변경에 관여한다(그림 4.39). 또한 액틴섬유와 미세소관은 핵의 위치 변경이나 고정에 함께 작용하기도 한다.

4.8.6 액틴섬유는 분비에 관여한다

액틴섬유는 '선단부 성장(tip growth)'(12장에서 설명된다)을 하는 관세포의 세포외 유출(exocytosis)에 중추적인 역할을 한다; 이러한 세포에서 세포외 유출은 세포가 연장되는 말단부에서 이루어진다. 꽃가루관이나 뿌리털과 같이 선단부가 성장하는 세포에서 극성을 띄는 액틴섬유는 선단부에 수직으로 배열되고 분비 소낭을 이동시키는 역할을 한다. 소낭은 그 막에 미오신을 갖고 있으며 액틴섬유와 관련되어 있다(그림 4.40). 빠른 속도로 지속적인 팽창을 하는 선단부 성장 세포에는 벽 전구체가 중단 없이 대량으로 전달되어야 한다. 다른 유형의 세포들이 액틴 의존적인 세포외 유출을 하는지에 대해서는 아직 논의가 더 필요하다.

4.8.7 피층미세소관은 셀룰로스 미세섬유를 정렬하여 세포 팽창이 일어날 수 있도록 돕는다

미세소관은 주로 식물 세포의 원형질막 바로 안쪽의 가장 빠른 팽창 방향과 수직으로 배열된다. 단세포나 뿌리나 줄기와 같은 원통형의 기관에서 가장 큰 팽창은 기관

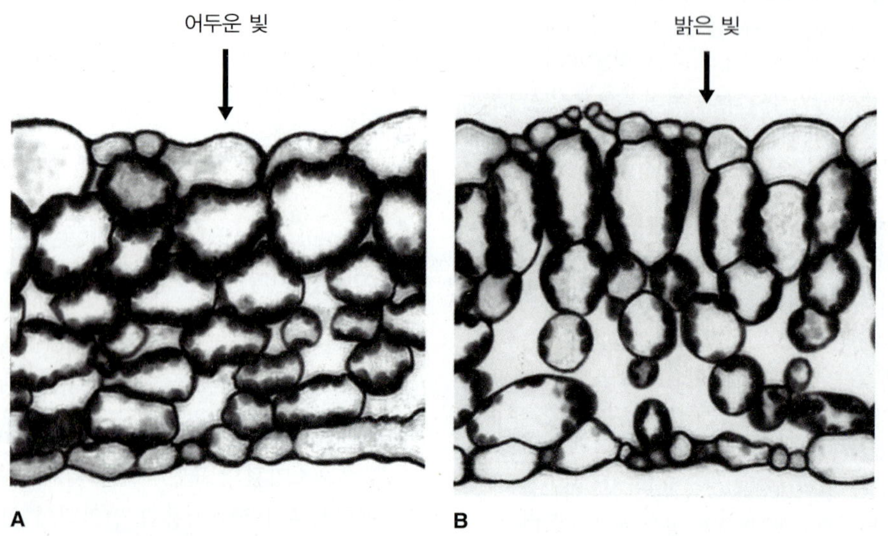

그림 4.39 애기장대 잎에서 엽록체의 배치. (A) 어두운 빛 조건 아래에서 엽록체는 잎의 표면과 평행하는 방향으로 이동한다. 그러므로 광합성을 위한 빛의 흡수를 최대화시킨다. (B) 밝은 빛 조건 아래에서 엽록체는 잎 표면과 수직하는 방향의 세포벽으로 이동하여 광 손상과 빛의 흡수를 최소화한다.

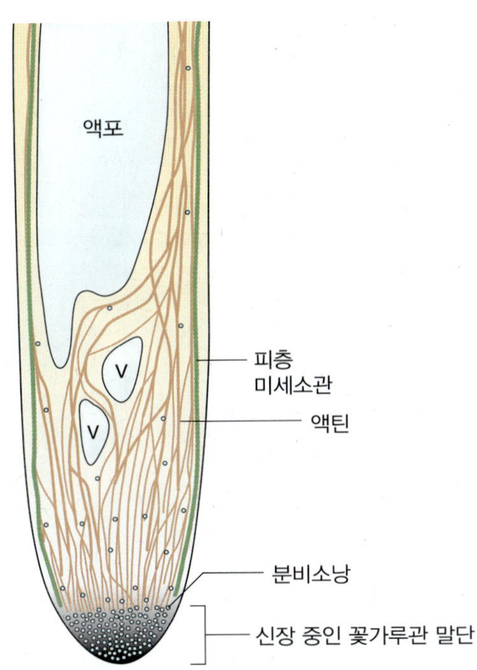

그림 4.40 신장 중인 꽃가루관 끝 부분으로 이동하는 소낭의 단면 그림. 피질의 미세소관은 녹색으로 액틴섬유와 굵은 섬유들은 주황색으로 표시하였다(V, vacuole, 액포). 말단 부 세포질의 높은 Ca^{2+} 농도 구배를 회색과 검은색의 농도 차이로 표시하였으며 검은색이 가장 높은 Ca^{2+} 농도를 나타낸다. 파란색 점은 분비 소낭을 표시한다.

의 긴 축과 평행하다. 이런 이유로, 피층미세소관(cortical microtubules)은 축에 수직인 주로 '가로 방향'으로 생겨난다(그림 4.41). 피층 배열의 주요한 기능은 셀룰로스 미세섬유의 축적 방향에 대한 영향과 이로 인해 성장 중인 세포의 최대 세포 팽창 방향을 정하는 데 있다.

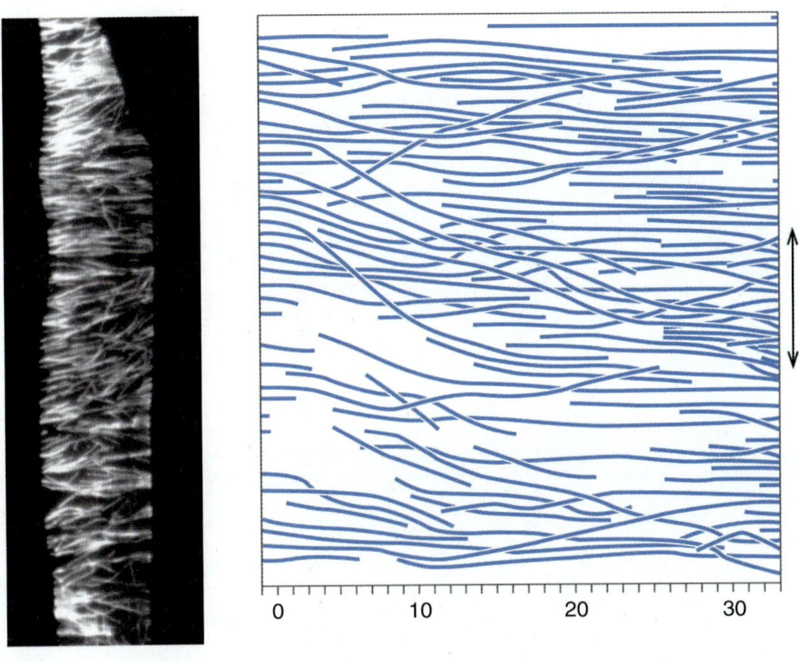

그림 4.41 애기장대 뿌리세포 신장 과정에서 보여지는 미세소관의 방향성. (A) 애기장대 뿌리세포의 형광현미경 사진에서 미세소관이 피질에 배열되어 있음을 볼 수 있다. 미세소관은 주로 세포와 뿌리의 긴 축을 가로지르는 방향으로 생겨난다. (B) *Azolla pinnata* 뿌리세포 부분의 피질 배열. 양쪽 방향의 화살표는 세포의 최대 팽창 속도의 방향을 나타낸다.

Part II
발아

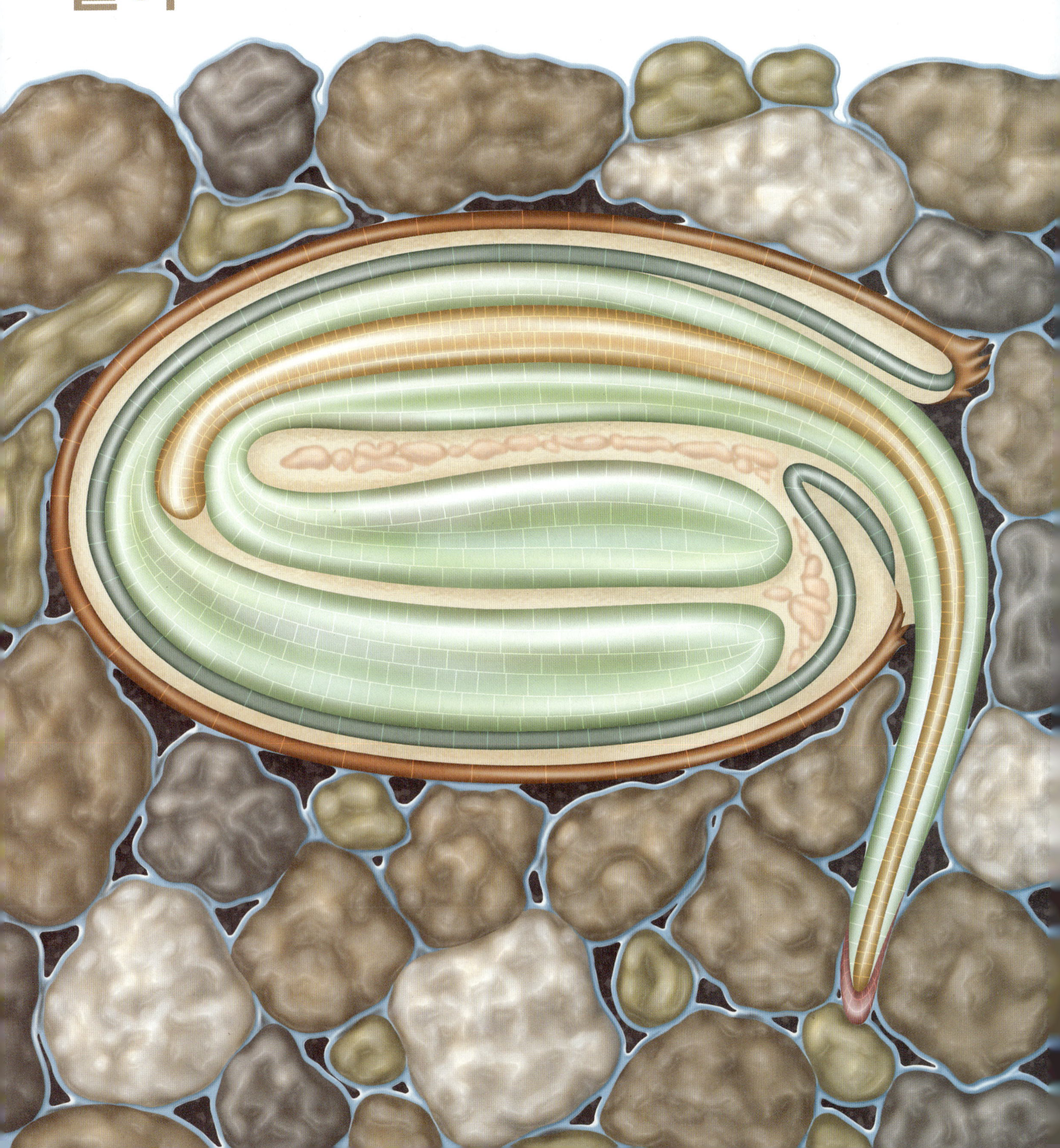

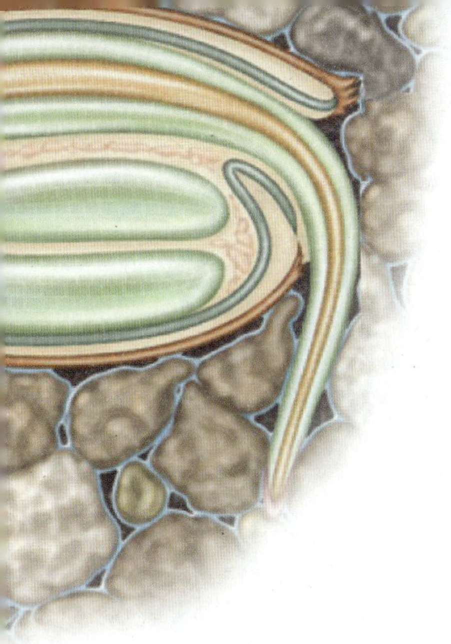

Chapter 5
세포막을 통한 이동과 세포 내 단백질 수송

5.1 용질과 거대분자의 이동에 대한 개요

이 장에서는 어떻게 용질이 식물 세포 안팎으로 이동되는지에 대해 알아볼 것이다. 또한 어떻게 거대분자들이 세포 내에서 이동되는지도 볼 것이다. 무기물과 당류, 대사물질, 그 외에 다른 작은 분자들은 제한적인 세포막과 세포소기관의 막을 통과하여 이동한다. 반면 단백질이나 당단백질 같은 거대분자들이 특정 장소로 이동하기 위해서는 주머니 같은 소포에 싸여져야 한다. 세포막들은 좋지 않은 외부 환경으로부터 세포의 내용물들을 격리시키고, 특정한 물질대사를 담당하도록 세포질을 구획화하는 차단막의 역할을 한다. 진화과정에서 세포질이 세포막으로 둘러싸인 세포소기관으로 구획화됨으로써 진핵세포들은 크기가 증가할 수 있었고 매우 특화된 기능들을 수행할 수 있었다. 원핵세포와는 달리 진핵세포들은 다양한 합성과 분해, 저장 기능들을 수행할 수 있는 특수화된 세포소기관들이 많다(그림 5.1; 4장 참고). 세포막으로 싸여져 있는 세포소기관들 내에서 용질과 거대분자들이 구획화되는 것은 반응물과 생성물을 농축시키는 효과 뿐만 아니라 불필요한 과정들을 차단하는 효과도 있다.

물과 용질의 이동은 휴면상태의 씨가 활성화될 때 나타나는 첫 번째 변화이다. 성숙한 씨는 10% 이하의 물을 함유하고 있으므로 씨를 물에 불렸을 때 세포나 조직에서 수분을 흡수하는 일이 가장 먼저 일어난다. 세포막을 가로지르는 용질의 수송은 세포막에 박혀 있는 수송 단백질들을 통해 이루어진다(그림 5.2). 이들 수송체들은 수송되어야 할 물질들에 대해 선택적이고, 이들의 활성은 매우 정교하게 조절된다. 주머니 같은 소포로 거대분자들을 싸서 이동하는 것 역시 선택적으로 세포 내외의 다양한 장소로 화물을 운반하는 것과 같다. 이 과정의 선택성은 소포 안에 있는 물질 뿐만 아니라 소포의 표면에 있는 정보에 의해 생긴다.

분자의 클로닝과 게놈생물학(genome biology)의 발전으로 세포막을 통한 수송에 대해서 연구가 크게 발전할 수 있었다. 여러분들이 이 장에서 보게 되겠지만, 수송 단백질의 염기 서열과 아미노산 서열이 알려졌고, 이들 단백질들의 분자 구조에 대한 정보들이 활용 가능하게 되었다. 용질 수송 분야에 대한 비약적인 발전은 30여 년 전부터 시작된 패치클램프(patch clamp) 기술의 발달 덕분이다. 이 방법으로 세포막에 위치한 연구대상인 단일 수송 단백질이 어떻게 작용하는지 알게 되었는데, 이는 세포생리학자들이 생체 내 상태를 거의 유사하게 유지하면서 분자의 기능을 분석할 수 있음을 의미하는 것이다.

세포막을 통과하거나 소포에 싸여 이동하는 것은 용질들이 세포 내에 적절히 분포되고, 거대분자들이 자신들의 최종 목적지에 도착할 수 있도록 매우 정확해야 한다. 세포막을 사이에 둔 이온이나 작은 분자들의 농도 차이는 수십 배 혹은 수백 배로도 다를 수 있고, 이러한 농도의 차이는 세포막 수송체들의 활성에 따라 결정된다. 세포 내에서

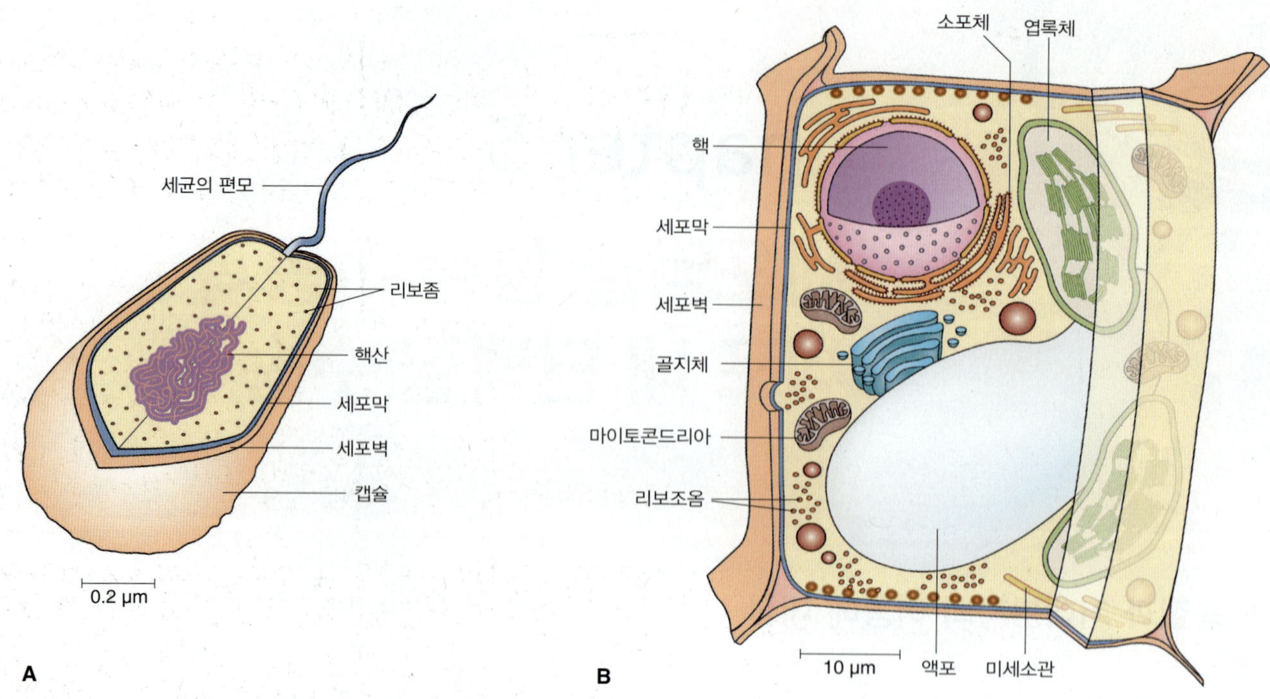

그림 5.1 세균(A)과 식물(B) 세포들. 세균 세포에서와는 달리 식물 세포에는 막으로 둘러싸인 구획들이 많이 있다.

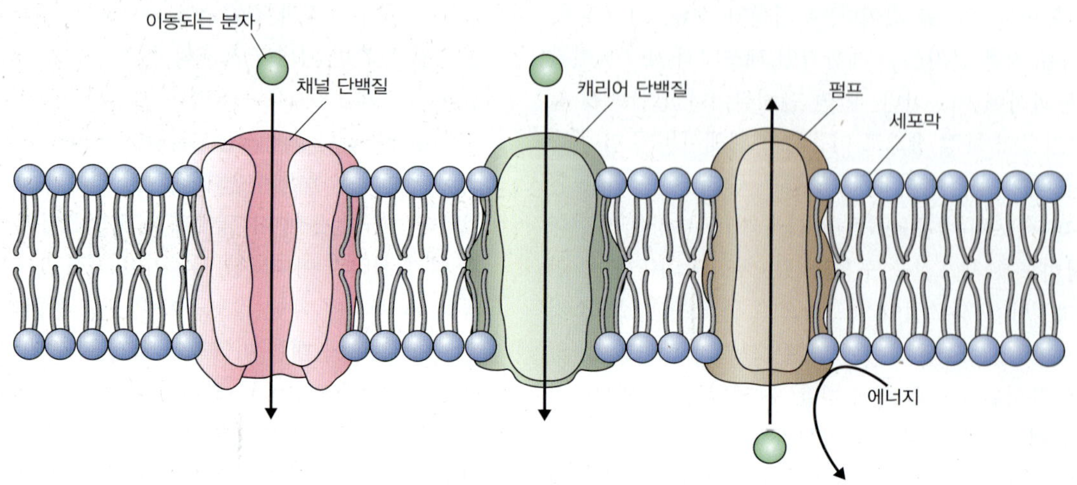

그림 5.2 채널, 캐리어, 펌프 등이 주요한 막 수송체들이다. 채널과 캐리어는 용질을 전기화학적 차이가 감소되는 방향으로 수송하는 데 반해서, 펌프는 ATP를 에너지로 사용하여 용질을 전기화학적 차이에 역행하는 방향으로 수송할 수 있다.

거대분자들의 농도 차이도 발견된다. 즉 수용성 효소들은 세포 전역에 존재하지만, 세포막에 부착된 단백질들은 14가지 이상의 서로 다른 지질 이중층에 나타난다(표 4.2 참고). 30% 정도의 세포 내 단백질이 세포막에 존재하는 것으로 추정된다. 어떤 단백질들은 특이적인 구조를 가진 일정 구획, 혹은 세포막에서만 나타나고, 이들과 아미노산 서열에서 매우 유사한 다른 비슷한 단백질들은 한 부분 이상에서 나타나기도 한다. 분명히 세포내 기능의 특이성 때문에 수송기작이 매우 선택적으로 조심스럽게 조절되어야 한다.

이 장에서 우리는 세포막을 가로지르는 용질의 이동 원리에 대해 먼저 알아 볼 것이다. 다음으로 이런 이동의 기작과 거대분자의 세포 내 분류와 이동에 대해 살펴볼 것이다.

5.2 물리적 원리

액체 내에서나 공기 중에서 분자들이 이동할 수 있는 원동력은 그들이 가지고 있는 **포텐셜에너지**(**potential energy**)의 **차이**(**gradient**)이다. 그림 5.3에 표현되고 있듯이, 절대 영도가 아닌 곳에서는 분자들은 끊임 없이 움직여 그들이 차지하고 있는 공간 내에서 균일하게 퍼지려고 한다. 이러한 움직임을 **확산**(**diffusion**)이라고 한다.

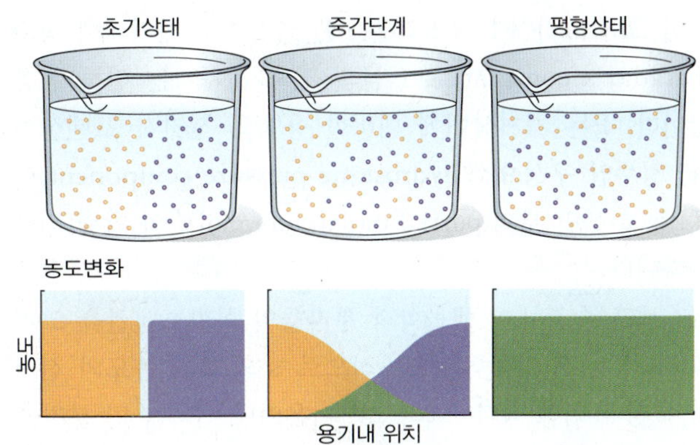

그림 5.3 분자들의 무작위적인 물리학적 열운동은 농도 차이를 없애서, 궁극적으로 완전히 섞여 있는 상태를 만든다. 초기에 파란색과 노란색 분자는 완전히 분리되어 있다; 평형상태에 이르면 이들은 무작위적으로 분포되어 있고, 결과적으로 완전히 섞여 있다. 각각의 종류에서 분자들의 확산은 농도차에 의해서 이루어진다. 확산은 기체 상태에서 가장 빠르고, 용액 상태에서는 느리며, 고체 상태에서는 훨씬 느리다.

5.2.1 확산은 Fick의 법칙을 따르는 자발적인 과정이다

확산은 자발적으로 일어난다; 추가적인 에너지의 공급이 필요 없다. 확산은 생물계에서, 예를 들어 세포의 한 지점에서 다른 곳으로, 혹은 세포막을 가로질러 일어난다. 한 분자(예를 들어 's'라 하면)가 확산되는 속도는 분자의 크기, 농도차의 정도, 매질의 점성도 및 온도와 관련이 있다. 이 관계는 **Fick의 법칙**(**Fick's law**)이라고 알려진 5.1의 식과 같다.

식 5.1 Fick의 법칙

$$J_s = -D_s(\Delta C_s/\Delta x)$$

어떤 's'라는 물질의 확산의 속도(J_s)는 확산계수(D_s)와 농도차($\Delta C_s/\Delta x$)에 의해, 즉 두 지점(Δx) 사이의 농도차(ΔC_s)에 의해 결정된다. J_s는 시간당 단위 면적당 몰수로 표현된다. 공기 중에서 작은 분자들은 빠르게 확산되는 반면, 용액 내에서 단백질이나 다당류 등과 같은 거대분자들은 느리게 확산된다. 식 5.1에서의 마이너스 표시는 물질이 농도차를 감소시키는 쪽으로 이동하는 것을 나타낸다.

Fick의 법칙의 중요성은 어떤 분자가 일정 거리를 확산하는 데 걸리는 시간을 계산할 수 있다는 데 있다. 일정 거리 'L'을 움직이는 데 걸리는 시간은 L^2/D_s로 표현된다. 그러므로 물질 's'가 확산하는 데 걸리는 시간은 거리의 제곱으로 늘어난다. 이온들의 D_s 값은 대략 10^{-9} m^2s^{-1}이고, 더 큰 생물학적 분자들의 D_s 값은 대략 10^{-11}에서 10^{-10} m^2s^{-1}이다. D_s 값이 10^{-9} m^2s^{-1}인 분자는 평균적인 식물세포의 지름 길이인 50 μm를 움직이는 데 2.5초가 걸린다. 그러나 1 m를 움직이는 데는 32년이 걸린다. 그러므로 확산은 분자나 이온들이 세포 정도의 길이를 움직이는 데는 효과적이지만 장거리 이동에는 그렇지 않다. 14장에서 다루겠지만, 식물에는 용질의 장거리 수송(기관에서 기관으로의)을 위한 다른 기작이 작동하고 있다.

5.2.2 용질의 화학포텐셜은 몰(mole)당 자유에너지로 표시된다

Fick의 법칙은 전하를 띠지 않고 있는 용질의 흐름을 나타낸다; 즉 농도만을 고려한다. 생물학적 시스템에서 용질의 이동을 논할 때는 용질 's'에 적용되는 **물리적 힘의 합**(**sum of the physical forces**)을 고려하는 것이 중요하다. 용질의 **화학포텐셜**(**chemical potential**)(**μ_s**)은 몰당 자유에너지이다. 이것은 용질의 농도, 전기적 전하와 정수압에 영향을 받는다(식 5.2).

식 5.2 용질 's'의 화학포텐셜

$$\mu_s = \mu_s^* + RTlnC_s + z_sFE + V_sP$$

이 식에서 μ_s^*는 표준상태에서 's'의 화학포텐셜이다; 이것은 's'의 화학포텐셜을 측정하는 기준이 된다. $RTlnC_s$는 **농도 구성요소**(**concentration component**)로 표준 압력(R)과 절대 온도(T)의 조건에서 1 리터에 들어있는 용질 's'의 몰(mole) 수인 농도 C를 나타낸다. z_sFE 는 **전기적 구성요소**(**electrical component**)이다; z는 's'의 전하이다(전하를 띠지 않으면 0, 양이온이나 음이온의 전하를 띤다면 그에 따라 +1, +2 혹은 −1, −2). F는 페러데이 상수(Faraday's constant)로 1 몰의 전자가 가지는 전하의 총합이다. E는 기저상태에 대비한 용액의 전기적 포텐셜이다. **정수압 구성요소(hydrostatic pressure component)**인 V_sP는 분몰랄 부피(partial molal volume)(V)와 압력(P)을 나타낸다.

세포 수준에서 생물학적 분자들의 화학포텐셜을 고려할 때, V와 P의 비중은 일반적으로 's'의 화학 농도와 전기적 특징에 비해 작다. 그러므로 이온이나 전하를 띤 분자에 대해서 식 5.2는 농도와 전하 구성요소만으로 이루어진 식 5.3으로 단순화될 수 있다.

식 5.3 이온이나 전하를 띤 분자의 화학포텐셜

$$\mu_s = \mu_s{}^* + RT\ln C_s + z_sFE$$

전하를 띤 물질의 화학포텐셜은 **전기화학 포텐셜(electrochemical potential)**이라고 한다. 전하를 띠지 않은 용질에 대해 식의 전기적 구성요소는 영(zero)이고, 이것의 화학포텐셜에 대한 식은 다음과 같다:

식 5.4 전하를 띤 용질의 화학포텐셜

$$\mu_s = \mu_s{}^* + RT\ln C_s$$

14장에서 물의 화학포텐셜을 고려할 때는 압력이 중요한 요소라는 것을 보겠지만, 세포들에서 용질에 대한 화학포텐셜의 정수압 구성요소는 매우 미미하다.

5.2.3 화학포텐셜의 차이가 용질을 이동시킨다

세포 속으로 혹은 세포 바깥으로 용질을 확산시키는 원동력은 세포 내부와 외부 용액 사이에 있는 용질의 화학포텐셜 차이이다(그림 5.4). 그러므로 그 차이를 양적으로 기술하는 것이 중요하다. 전하를 띠지 않는 용질에 대해 세포 안(i) 과 바깥(o)의 화학포텐셜 차이는 식 5.4의 확장된 형태로 서술될 수 있다(식 5.5).

식 5.5 세포 내부와 외부의 화학포텐셜 차이

$$\Delta\mu_s = (\mu_s{}^* + RT\ln C_s{}^i) - (\mu_s^* + RT\ln C_s{}^o)$$

이 식은 다음과 같이 환원된다.

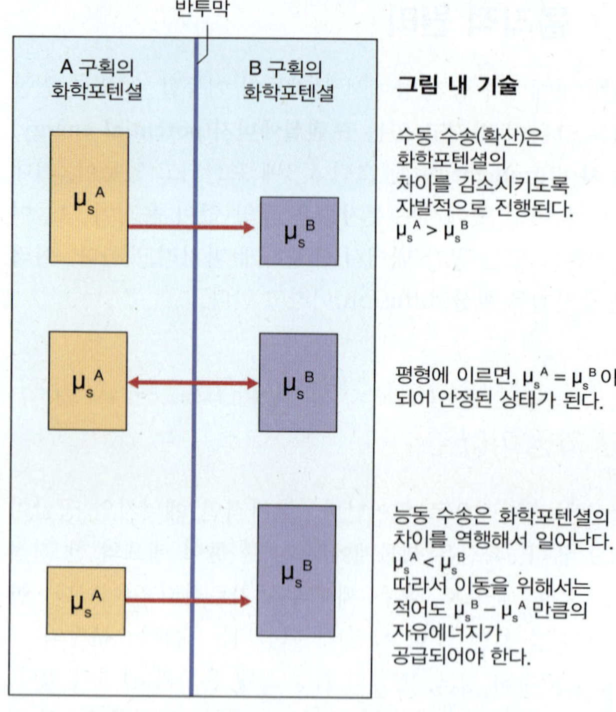

그림 5.4 화학포텐셜 차이의 크기가 막을 가로지르는 용질의 이동을 결정한다. 박스의 높이는 각 구획 내 용질의 화학포텐셜을 나타낸다; 막은 용질 s에 대해 투과적이다. 막을 가로지르는 용질 s의 농도차가 나타나면 s는 화학포텐셜의 차이를 감소시키는 쪽으로(맨 위) 평형상태에 이를 때까지 이동한다(중간). 화학포텐셜의 차이에 역행하는 방향으로 이동시키기 위해서는 능동 수송이라는 자유에너지가 공급되는 과정이 있어야만 한다(아래).

식 5.6

$$\Delta\mu_s = RT\ln(C_s{}^i/C_s{}^o)$$

식 5.6으로부터의 결론은 전하를 띠지 않는 용질 s의 확산 원동력은 세포막을 사이에 둔 농도차의 크기라는 것이다. 이 식에서 나오는 결과의 부호는 s의 이동방향을 의미한다; 마이너스 표시는 s가 화학포텐셜이 낮은 쪽으로 이동할 것을 의미한다. 세포막을 가로지르는 s의 이동을 결정하는 또 다른 요인은 s에 대한 세포막의 투과성이다. 이에 대해서는 추후에 더 자세히 다룰 것이다.

전하를 띤 분자나 이온에 대해서는 식 5.7에서 나타나듯이, 세포막 사이의 전기화학 포텐셜이 차이를 계산하는데, 식 5.2의 농도 구성요소 뿐 아니라 전기 구성요소도 고려해야 한다.

식 5.7 전하를 띤 용질의 전기화학 포텐셜의 차이

$$\Delta\mu_s = (\mu_s{}^* + RT\ln C_s{}^i + z_sFE^i) - (\mu_s^* + RT\ln C_s{}^o + z_sFE^o)$$

이 식은 다음과 변환된다.

식 5.8

$$\Delta\mu_s = RTln(C_s^i/C_s^o) + zF(E^i - E^o)$$

식 5.8의 $E^i - E^o$를 **막 포텐셜(membrane potential)** 혹은 **막전압(membrane voltage)**이라고 하고 V_m으로 표시한다. 식 5.8로부터 전하를 띤 용질의 이동은 두 가지 독립적인 요소, 즉 세포막 사이의 농도차와 세포막 포텐셜에 의해 반응한다는 것을 알 수 있다. 용질 s만이 농도변화에 기여하는 반면, 다른 어떤 전하를 띤 용질은 세포막 포텐셜을 변화시킬 수 있다. 이것은 전하를 띤 용질들은 세포막 포텐셜이 허락한다면 자신들의 농도차에 역행하는 방향으로도 세포 안팎으로 확산될 수 있음을 의미한다.

키포인트 생물계에서 용질들의 이동을 다룰 때에는 그 용질에 가해지는 모든 물리적인 요소들을 고려하는 것이 중요하다. 이것들은 용질의 농도, 용질의 전기적인 전하, 온도와 압력의 효과 등이다. 용질이 세포 안과 밖으로 이동하는 데에 압력은 상대적으로 덜 중요하지만, 나무에서 용질이 이동한다면 압력도 고려될 수 있다. 물리적인 힘들의 합은 용질의 전기화학 포텐셜로 표현된다. 생물학자들이 명심해야 할 것은 용질의 전기화학 포텐셜의 차이를 아는 것이다. 왜냐하면 이것이 용질이 움직일 것인가와 전기화학 포텐셜의 차이를 감소시키는 어떤 방향으로 이동할 것인가를 결정하기 때문이다.

5.2.4 세포막 사이의 전하를 띤 용질의 불균등 분포가 막 포텐셜을 만든다

서로 다른 전하를 띤 분자나 이온들이 세포막을 가로지는 속도는 동일하지 않고, 세포막을 사이에 둔 이들 분포의 작은 차이라도 막 포텐셜을 만들 수 있다. 막 포텐셜의 생성은 그림 5.5의 예에서 볼 수 있다; 여기에 농도가 다른 2종류의 KCl 용액이 Cl^-에 보다는 K^+에 더 투과적인 세포막을 사이에 두고 나뉘어져 있다. 이 그림에서 K^+과 Cl^-은 모두 A 구역에서 B 구역으로 농도차를 감소시키는 방향으로 확산되지만, K^+이 Cl^- 보다 약간 더 빠르게 세포막을 통과해 확산되면서 세포막을 사이에 두고 전하의 차이가 생기게 된다. A와 B 구역에 전극을 꽂아 둔다면 K^+과 Cl^-의 농도차는 전압의 차이로 측정될 수 있다. 전하 분포의 아주 작은 차이가 막 포텐셜의 큰 차이를 일으키는 것이다. 예를 들어, 양이온에 대한 음이온의 농도차가 겨우 0.001%라도 −100 mV의 막 포텐셜이 발생한다. 대부분의 식물 세포의 경우 막 포텐셜은 −100~−250 mV 범위에 있다.

5.2.5 네른스트(Nernst) 방정식으로 주어진 막 포텐셜에서 내부와 외부의 이온 농도를 알 수 있다

세포 안팎으로 확산에 의한 용질의 이동은 평형상태에 이르러야 한다. 주어진 용질에 대해 세포 내외부의 평형상태가 이루어졌을 때, $\Delta\mu_s$는 영이다. 식 5.8을 다시 정리하면

식 5.9 $\Delta\mu_s = 0$인 경우 식 5.8의 재정리

$$RTln(C_s^i/C_s^o) = -zF(E^i - E^o)$$

식 5.9는 식 5.10에 나타나듯이 세포 내외부의 전기 포텐셜, ΔE의 차이를 나타내기 위해 다시 재정리될 수 있다.

식 5.10 세포 내외부의 전기화학 포텐셜의 차이

$$\Delta E = (RTln(C_s^o/C_s^i))/(z_sF)$$

25°C에서 1가 양이온(s)에 대해 이 식은 식 5.11로 단순화될 수 있다[자연 로그(ln)이 아닌 10의 (log(base 10)로 나타나는 것의 유의하자].

식 5.11 네른스트 방정식

$$\Delta E_s = 59mV\ log(C_s^o/C_s^i)$$

식 5.11은 **네른스트 방정식(Nernst equation)**이라고 알려져 있고, 특정 이온에 대한 ΔE는 **네른스트 포텐셜(Nernst potential)**이라고 한다. 네른스트 방정식의 가치는 세포 생리학자들이 예측 가능하게 한다는 것이다. 이 방정식은 이온들이 전기화학 포텐셜에 역행해서 축적될 것인지를 결정하는 데 이용된다. 세포의 세포막 포텐셜을 측정할 수 있고, 그 세포의 바깥에 있는 용질의 농도(C_s^o)와 안에 있는 용질의 농도(C_s^i)를 측정하면, 용질이 능동수송에 의해 이동할지 아니면 전기화학적 차이를 감소시키는 방향으로 이동할지를 결정하기가 쉬워진다. 표 5.1에는 뿌리세포 내부와 토양 용액에서의 이온 농도가 −110 mV의 세포막

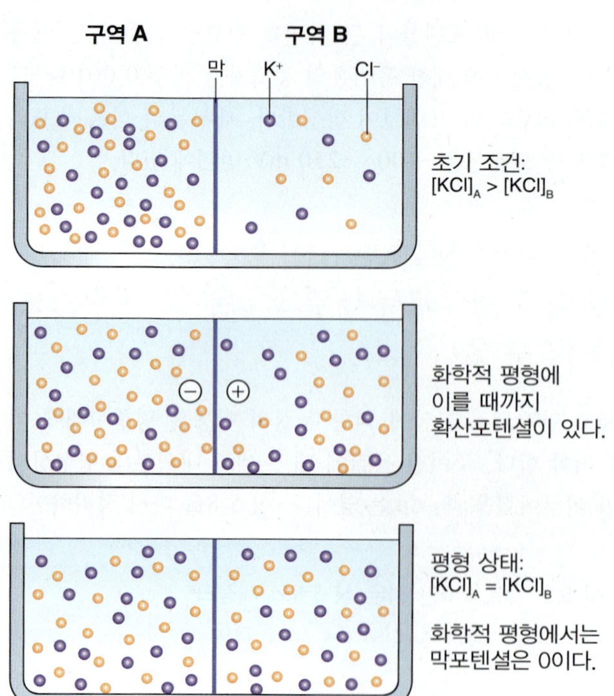

그림 5.5 K^+과 Cl^- 같은 이온들에 대해 막에 서로 다른 투과성을 나타낼 때 막 포텐셜이 발생할 수 있다. 위: K^+과 Cl^-이 각 이온들에 대한 전기화학 포텐셜의 차이로 인해 A 구역에서 B 구역으로 막을 가로질러 이동할 것이다. 초기에 막은 Cl^-에 대해서 보다는 K^+에 대해서 더 투과적이기 때문에 전하의 차이-막 포텐셜-가 발생된다(중간). 평형에 이르면(아래), 막 양쪽에서의 K^+과 Cl^-의 화학 농도는 같아지고 막 포텐셜은 영(zero)이다.

포텐셜로 결정된 완두 뿌리에서 얻어진 데이터들이 나타나 있다. 이 표에서 명백히 나타나는 것은 K^+은 토양 용액에 비해 완두의 뿌리에서 평형을 이루는 반면, Cl^-, $H_2PO_4^-$, NO_3^-와 같은 이온들은 네른스트 방정식에서 예측된 것 보다 훨씬 높은 농도로 완두의 뿌리세포에 존재한다. 예를 들어 질산염은 네른스트 방정식에서 예측된 것보다 1,000배 높은 농도로 축적되어 있다. 이것으로 볼 때, 질산염이 세포 내에 축적되도록 에너지가 사용되었다고 할 수 있다. 반면, Ca^{2+}와 Mg^{2+} 같은 이온들은 네른스트 방정식에서 예측된 것 보다 훨씬 낮은 농도로 완두의 뿌리세포에 존재한다. 이는 이러한 이온들이 세포 내로 들어오는 것을 막든가 아니면 세포 밖으로 퍼내든가 해서 이들의 농도를 낮게 유지시키는 기작이 있었음을 의미한다.

표 5.1 막 포텐셜이 −110mV로 측정된 완두 뿌리세포에서 관찰되어진 이온의 농도와 예상된 이온의 농도 비교

이온	외부 농도 (mmol L^{-1})	내부 농도 (mmol L^{-1})	
		예상치	관찰값
K^+	1	74	75
Na^+	1	74	8
Mg^{2+}	0.25	1340	3
Ca^{2+}	1	5360	2
NO_3^-	2	0.0272	28
Cl^-	1	0.0136	7
$H_2PO_4^-$	1	0.0136	21
SO_4^{2-}	0.25	0.00005	19

5.3 세포막과 세포막에 결합된 수송체들을 통한 용질의 이동 조절

생물학적 세포막은 선택적으로 투과성을 갖는다. O_2, CO_2, N_2, NH_3와 H_2O_2 등의 지방 친화적인 또는 소수성인 분자들은 지질 이중층을 비교적 자유롭게 통과한다(그림 5.6). 지질 이중층은 물은 물론 요소(urea) 같은 큰 극성분자들에게도 어느 정도 투과성이 있다. 이런 분자들에 대해 유리한 화학포텐셜의 차이가 형성되어 있는 한, 이들은 세포막 양쪽에 화학포텐셜의 차이가 없어질 때까지 세포막을 통해 확산된다. 전하를 띤 용질과 뉴클레오타이드, 설탕과 같은 더 큰 극성분자들은 세포막을 가로질러 쉽게 확산되지 못한다. 그러므로 세포 안팎으로 이들의 이동을 수월하게 하기 위한 특이적인 수송 단백질이 필요하다. 수송 단백질은 세포막에 박혀 있다(그림 5.2 참고). 이들은 대개 소수성과 친수성 아미노산 부분이 교대로 나타나, 친수성인 영역이 세포질이나 세포소기관의 루멘(lumen), 세포 바깥으로 향하도록 되어 있다(그림 5.7)

용질은 전기화학 포텐셜의 차이를 감소시키면서 확산에 의해 세포막을 가로질러 이동할 것이다(그림 5.8A). 지질 이중층을 자유롭게 이동하는 용질들은 **단순 확산(simple diffusion)**에 의해 이동한다고 말한다. 세포막을 가로질러 확산하는 데 세포막의 수송체가 필요한 용질들은 **촉진 확산(facilitated diffusion)**에 의해 이동한다고 할 수 있

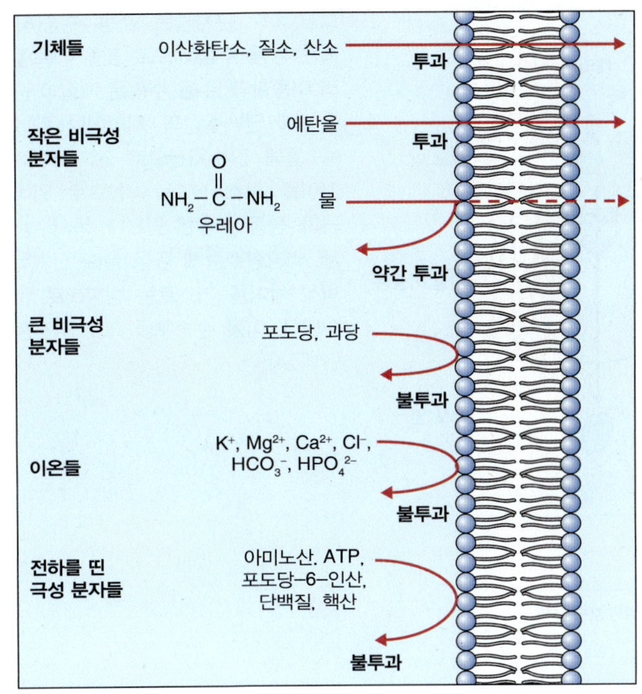

그림 5.6 인지질 이중층은 투과성이 다르다. CO_2, O_2, N_2 등의 기체나, 에탄올과 같은 작고 전하를 띠지 않는 분자들은 자유롭게 투과될 수 있다. 반면, 요소(urea)나 물처럼 작지만 전하를 띤 극성 분자들에 대해서는 제한된 투과성을 보인다. 막들은 더 큰 극성 분자들, 이온이나 거대분자들에 대해서는 투과적이지 않다.

다. 확산을 돕는 수송 단백질에는 **채널**(channels)과 **캐리어**(carriers) 두 가지가 있다.

단백질 수송체들은 용질의 전기화학적인 차이에 거슬러 이들을 이동시킬 수도 있다; 이 과정은 에너지를 소비하며 **능동 수송**(active transport)이라고 한다.(그림 5.8B). 능동 수송은 **일차 능동 수송**(primary active transport)과 **이차 능동 수송**(secondary active transport), 이렇게 두 부류로 세분화할 수 있다. 일차 능동 수송 동안에 ATP와 피로인산염(pyrophosphate)이 이온의 농도차를 형성하는 데 필요한 에너지를 공급하기 위해 가수분해된다. 일차 능동 수송을 수행하는 수송체들을 **펌프**(pumps)라고 한다.

공동수송체(co-transporters)라고도 하는 **이차 능동 수송체**(secondary active transporters)들은 일차 능동 수송에 의해 형성된 이온 차이를 활용하여 두 번째 용질을 전기화학적 차이를 거슬러 이동시킨다. 이들은 2개의 용질을 동시에 이동시킨다; 하나는 전기화학적 차이를 낮추도록, 다른 하나는 전기화학적 차이를 거스르는 방향으로 이동시킨다. 공동 수송체들은 다시 **동시수송체**(symporters)와 **역방향수송체**(antiporters), 두 그룹으로 나뉜다. 동시수송체는 두 용질을 세포막을 가로 질러 같은 방향으로 옮기고, 역방향수송체는 두 용질을 서로 반대 방향으로 옮긴다. 식

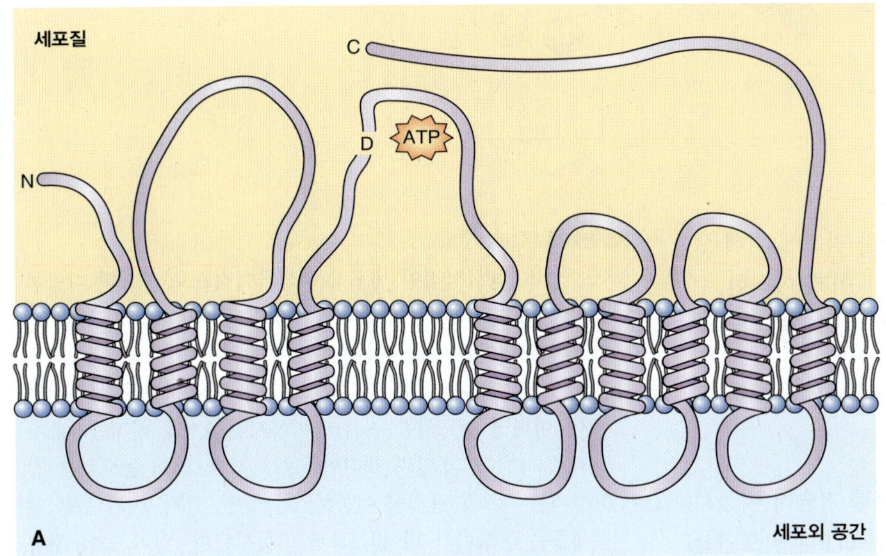

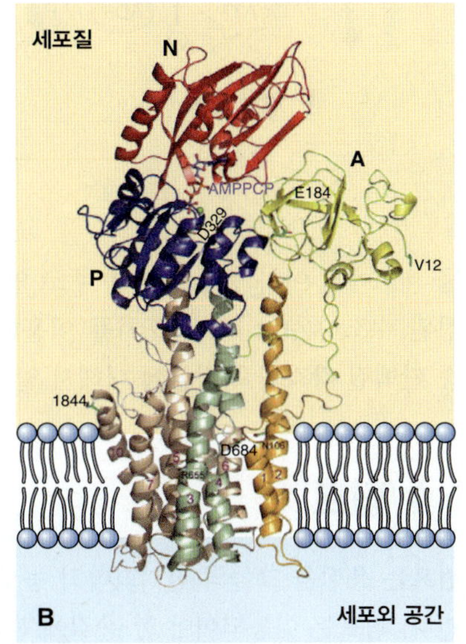

그림 5.7 막에 연관되어 있는 ATPase의 모습. (A) 10개의 막관통 도메인과 C-말단에 긴 자가억제 도메인을 가지고 있는 세포막 ATPase의 모습. 루프 4와 5 사이에 ATP와 결합하는 아스파르트산염(D)이 보인다. (B) 긴 C-말단이 없는 상태의 활성화된 펌프를 X-선 회절 자료로 본 H^+-ATPase의 리본 모양의 모습. 10개의 막관통 도메인들은 주황색, 초록색, 갈색으로 보이고, ATP 결합 도메인은 N으로, 결합된 마그네슘은 AMPPCP로 표시되어 있다.

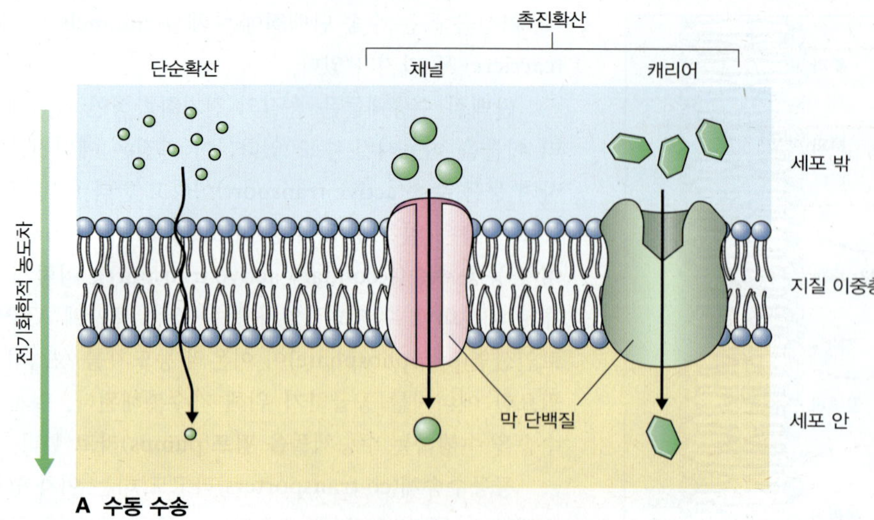

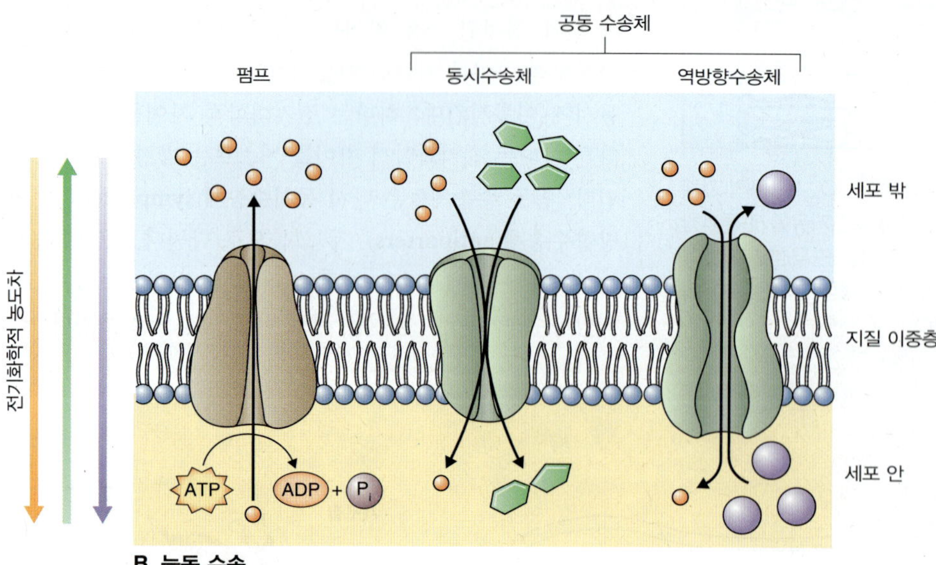

그림 5.8 분자들은 수동 수송(A), 혹은 능동 수송(B)으로 막을 가로질러 이동한다. 수동 수송은 지질 이중층이나 단백질성의 캐리어나 채널을 통해 단순확산으로 전기화학적 차이를 감소시키는 방향으로 일어난다. 능동 수송은 펌프나, 동시수송체, 역방향수송체 등을 통해 전기화학적 차이를 거스르는 방향으로 일어난다. 이들 수송체들 모두 막관통 단백질이다.

물 세포에서 이차 능동 수송은 주로 양성자 펌프에 의해 생성된 수소이온(H^+)의 농도차를 이용한다. 이제 이러한 수송 단백질 각각의 특징들에 대해서 알아보기로 한다.

5.4 펌프

펌프는 용질을 그들의 전기화학적 농도차를 거슬러 이동시킨다. 펌프는 이동되어야 할 용질에 붙고, ATP나 피로인산염을 가수분해하여 에너지를 얻는다. 펌프는 1초당 수천 개의 분자나 이온을 옮기는 속도로 용질을 이동시킨다. 이들은 대부분 세포막에 위치해 있다(그림 5.9). ATP를 가수분해하는 펌프는 구조와 억제자에 대한 민감도, 활동 기작에

키포인트 생물학적인 세포막은 생물학적으로 중요한 다양한 범위의 용질들에 대하여 투과적이지 않다: 이들이 세포막을 통과하기 위해서는 특정한 수송체들이 요구된다. 이들 수송체들은 용질을 전기학적인 포텐셜의 차이가 감소하도록 이동시키는지, 아니면 농도차를 거슬러 이동시키는지에 따라 크게 두 가지로 나뉜다. 채널과 캐리어들은 확산에 의해 농도차를 감소시키는 쪽으로 용질을 이동시키는 반면, 일차, 이차 능동 수송체들은 농도차가 더 생기도록 이동시킨다. 일차 능동 수송체들은 이온 농도차를 형성하기 위해 ATP나 피로인산염의 가수분해로 방출된 에너지를 이용한다. 이차 능동 수송체들은 이렇게 생긴 이온의 농도차를 이용하여 다른 용질들의 축적을 유도한다.

의해 세 가지로 구분된다(그림 5.10). 엽록체나 마이토콘드리아에서 볼 수 있는 **F-type ATPase**[ATP 합성 효소(ATP synthease)]는 여러 개의 단위체로 되어 있고 억제자인 바나데이트(vanadate)를 감지하지 못한다. 액포나 다른 세포 소기관에서 발견되는 **V-ATPase**는 역시 여러 개의 단위체로 되어 있고 억제자인 바나데이트를 감지하지 못한다는 면에서 F-type ATPase와 관련이 되어 있다(5.4.4절 참고). **P-type ATPase**는 다른 종류의 ATPase들 보다 간단한 구조로 되어 있다. 이들은 ATP를 가수분해한 후에 인산화된 중간 산물을 이루고(그림 5.11), 바나데이트에 의해 억제된다. **ABC superfamily of transporters**들이 P-type ATPase 이다. 이들은 4개의 핵심 영역으로 되어 있는데, 2개는 세포막에 걸쳐 있고, 2개는 세포질에 있다. 세포질 쪽에 있는 영역에 ATP가 결합하여 가수분해되고 방출되는 에너지는 세포막을 가로질러 용질을 이동시키는 데 쓰인다.

Proton(H^+) ATPase는 양성자가 식물 세포에서 주된 에너지 흐름을 담당하기 데에 있어 매우 중요한 역할을 한다. 빛이나 화학에너지를 이용하여 마이토콘드리아의 내막과 틸라코이드막에서 막을 사이에 둔 양성자의 농도차가 발생된다; 이 농도차가 이제는 양성자 펌프(ATP synthase)에 의해 ATP를 합성하는 데 이용된다. 세포 내의 모든 다른 세포막에서는 양성자 펌프(**H^+ pumps**)가 양성자를 세포 밖으로 이동시키는 동력을 만들기 위해 ATP와 피로인산염을 가수분해시킨다. 양성자의 전기화학적 농도차를 **proton motive force(pmf)**라 한다. Pmf는 세포막을 가로질러 다른 이온이나 용질들을 이동시키는 이차 능동 수송에 이용된다.(그림 5.8B 참고).

양성자 펌프에 의한 양성자의 이동은 음이온들의 이동

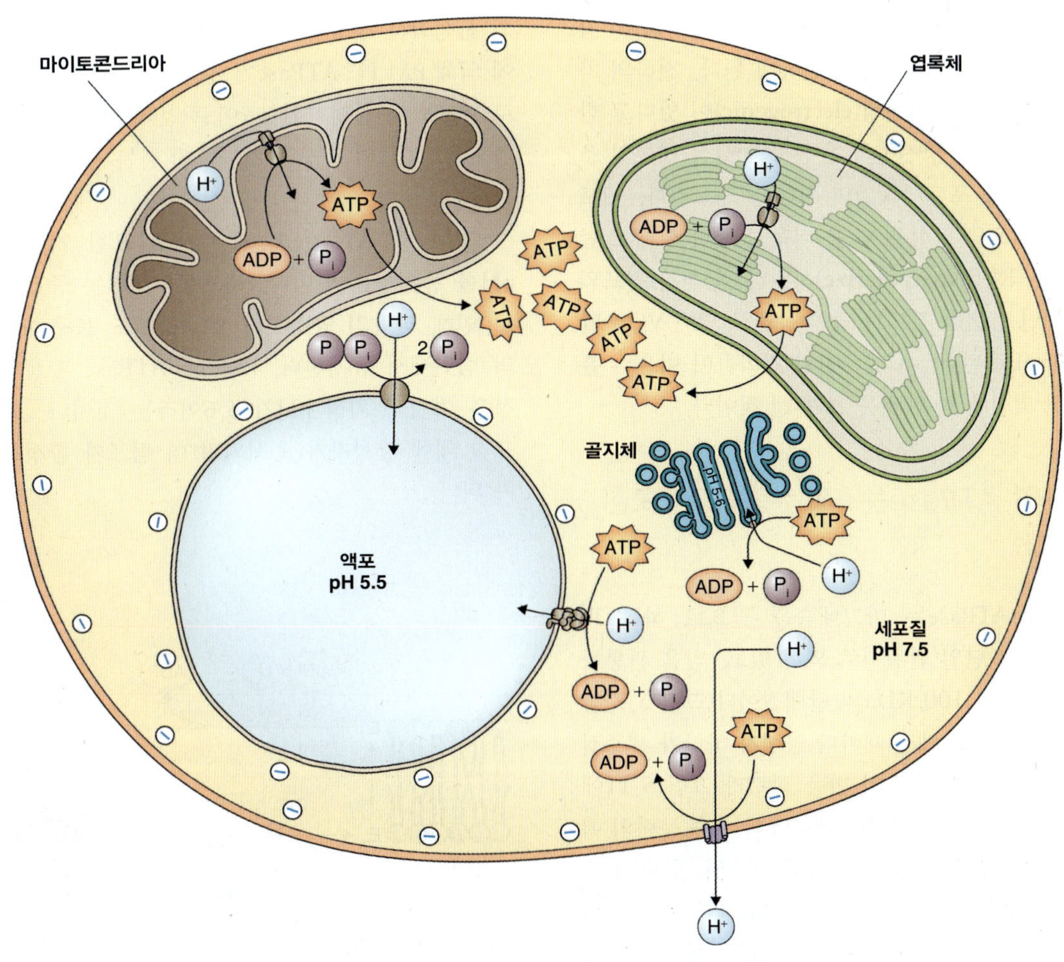

그림 5.9 식물 세포에서 양성자 펌프의 세포내 위치. 양성자 펌프는 세포내 막들을 가로지르는 양성자의 농도차를 형성한다. 이러한 양성자의 농도차는 F-type 효소에 의해 ATP를 합성하거나, P-type과 V-type 펌프들 및 양성자를 퍼내는 피로인산가수분해효소들이 용질을 옮기는 데 이용된다. 피로인산가수분해효소와 V-ATPase는 세포막, 골지, 후기 골지망과 전액포 분획(provacuolar compartment) 등 토노플라스트(tonoplast)를 제외한 막들에 있다.

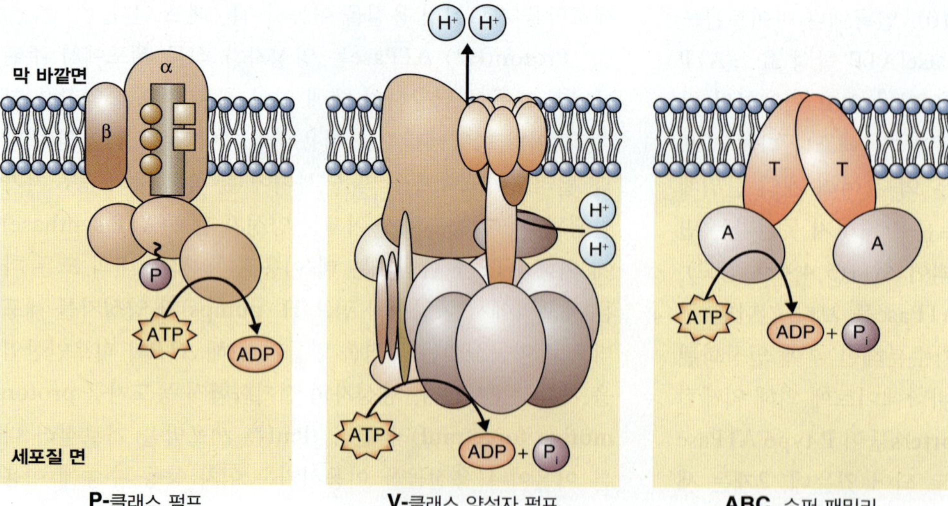

그림 5.10 ATP를 가수분해시키는 3종류의 펌프가 막에 있다. P-type과 V-type 펌프들은 H^+을 이동시키고, ABC-type 펌프는 다양한 용질들을 이동시킨다. 세포막의 H^+-ATPase나 Ca^{2+}-ATPase 같은 식물의 몇몇 P-type 펌프들은 베타(β)-단위체가 없다. A, ATP 결합 자리; T, 막 관통 도메인

과 균형이 맞지 않다. 그러므로 양성자의 이동은 전하의 차이를 발생시키고 세포막 포텐셜이 변하게 된다. 전하의 차이를 발생시키는 펌프를 **기전성**(electrogenic)이 있다고 한다. 세포막을 가로질러 양전하와 음전하의 실질 개수의 조그만 차이가 세포막 포텐셜(V_m)의 차이를 일으킨다. 세포막에서 양성자 펌프의 활성은 V_m을 더욱 음전하 상태로 만들어 V_m을 **과분극화**(hyperpolarize)시킨다; 양성자 펌프의 활성이 줄어들면 음전하 정도가 덜한 상태로 되어 V_m은 **탈분극화**(depolariize)된다. 우리는 이런 변화들이 이온의 흡수에서 중요한 역할을 하는 것은 보게 될 것이다.

5.4.1 세포막 ATPase는 막 수송에 중요한 역할을 한다

세포막(PM) H^+-ATPase는 마그네슘을 필요로 하는 P-type ATPase이다; 단일 단위체로 되어 있고, 막을 관통하는 영역이 10개로 된 100 KDa의 단백질이다(그림 5.7 참고). ATP 하나가 가수분해될 때마다 양성자 하나가 세포질 밖으로 튀어 나온다; 이 효소의 반응 회로가 그림 5.11에 나와 있다. 이 펌프의 활성이 식물 세포에서 수송 능력의 핵심이고, 이 일이 세포내 ATP를 소비하는 주된 일이다. 세포에서 만들어지는 ATP의 30~50%가 PM H^+-ATPase에 의해 가수분해된다. 이 펌프는 세포의 pmf를 형성하여 공동수송체와 역방향수송체의 활성에 에너지를 공급한다(그림 5.8B). 또한 이 펌프는 V_m도 변화시켜 채널을 통한 이온의 이동에도 영향을 미친다. 양성자 펌프에 의한 세포벽의 산성화는 성장과 발달에도 영향을 미친다. 옥신(auxin)에 의해 PM H^+-ATPase가 수분 내에 활성화되면 결과적으로 세포벽이 산성화된다. 이로 인해 세포벽의 탄력성이 증가하고, 세포의 팽창을 가능하게 하는 팽압이 생긴다(12장 참고).

PM H^+-ATPase의 또 다른 중요한 기능은 세포질의 pH를 유지하는 일이다. 세포질의 PH는 중간 대사산물들로 인해 과량의 양성자가 발생함에도 불구하고 7.3~7.5의 범위에서 유지된다. PM H^+-ATPase 활성의 흥미로운 점은 이것의 최적 pH가 6.6이라는 것이다. 그러므로 세포질 내에 양성자가 축적되면 이 펌프가 활성화되는 결과가 된다.

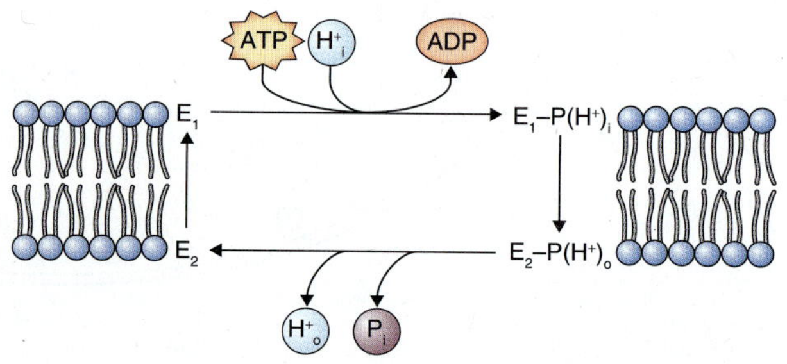

그림 5.11 세포막 상에서 나타나는 P-type ATPase의 반응 회로. ATPase(E_1)이 인산화되면 막 한쪽 면에서 H^+이 결합하여 E_2를 형성한다. E_2는 H^+에 대한 친화도가 낮기 때문에 막의 다른 면에서 양성자와 무기 인산염(inorganic phosphate)이 방출된다. E_2에서 무기 인산염이 가수분해되면 E_2는 다시 E_1으로 돌아가게 된다.

키포인트 식물 세포들은 세포막을 가로질러 용질을 이동시키는 동력으로 양성자 농도차를 이용한다는 점에서 상응하는 동물 세포들과 다르다. 이러한 양성자 농도차를 proton motive force(pmf)라 하며, 세포막의 PM H^+-ATPase의 펌프가 활성화된 결과이다. 이 펌프 때문에 세포벽의 pH는 대부분의 동물 세포의 세포 밖 공간보다 더 산성인 5-6.5로 유지된다. 동물 세포들은 Na^+를 세포 밖으로 퍼내고 K^+을 세포 안으로 들여오는 Na^+/K^+ ATPase가 활성을 띠고 있다. 식물의 H^+-ATPase처럼 Na^+/K^+ ATPase도 양성자의 농도차 대신에 Na^+와 K^+의 이온들의 농도차를 형성한다. Pmf처럼 동물 세포 밖에 축적된 Na^+은 다른 용질들을 흡수하는 원동력이 된다. 동물과 식물 세포들의 세포질 pH는 7 근처이거나 살짝 넘는다.

5.4.2 세포막 H^+-ATPase는 유전자 발현보다는 효소 활성을 통해 주로 조절된다

식물 세포생리학에서 세포막 양성자 펌프의 중요한 역할을 고려했을 때, 이것의 활성조절에 대해서도 광범위하고 깊게 연구되어 왔다. 이 펌프는 큰 다수 유전자 그룹에 의해 암호화되어 있다; **아라비돕시스**(*Arabidopsis*)에서 11개의 유전자가 발견되었다. 이들 중 두 유전자들은 모든 아라비돕시스 세포에서 발현되고, 개별적인 세포들이 다수의 유사 유전자를 발현시킬 수 있다.

PM 양성자 펌프의 생리적 중요성에도 불구하고, 이들의 발현은 전사수준에서, 혹은 단백질 합성 수준에서 그리 크게 조절되지 않는다. 대신, 효소활성의 수준에서 조절되고 있다는 증거들이 있다. 이 펌프의 활성이 조절되는 한 가지 방법은 14-3-3 단백질의 활성을 통해서다. 14-3-3 단백질들은 다양한 표적 단백질에 결합하여 이들의 활성을 변화시키는, 모든 진핵세포에서 보존되어 있는 그룹이다. 14-3-3이라는 이름은 이온 교환 크로마토그래피와 젤 전기영동을 거친 후 단백질이 분리되는 패턴에서 가져 왔다. 세포막 양성자 펌프는 C-말단에 자가억제 영역의 조절 부위를 가지고 있다(그림 5.12). 이 부위에는 여러 개의 인산화 지점이 있다. 이 펌프의 자가억제 영역에 보존되어 있는 쓰레오닌 잔기(threonine residue)에 인산화가 되면, 14-3-3 단백질이 C-말단 부위에 결합하여 펌프와 14-3-3-단백질 복합체를 활성화시킨다. 보존되어 있는 쓰레오닌 잔기에 탈인산화가 되면 14-3-3 단백질이 방출되고 펌프는 비활성화 상태가 된다.

14-3-3 단백질의 발견으로 곰팡이 독소인 푸시코신(fusicoccin)의 활성 기작을 설명할 수 있게 되었다. 1970년대의 연구들에서 푸시코신은 여러 조직에서 세포들의 세포벽을 산성화시키는 것으로 보고되었다. 푸시코신은 세포막 양성자 펌프의 활성을 증가시켜서 세포벽의 산성화를 초래한다고 제안되었다. 지금은 푸시코신이 14-3-3 단백질과 세포막 양성자 펌프의 상호작용으로 형성되는 자리에 결합함으로써 양성자 펌프의 활성을 증가시킨다고 알려져 있다.

5.4.3 내막에 있는 Ca^{2+} pumping ATPase는 세포질의 Ca^{2+} 농도를 조절한다

칼슘은 세포내 활성의 중요한 조절자이다; 인산과 함께 불용성인 염을 형성하기 때문에 세포질 내의 칼슘의 농도는 나노 몰 수준으로 매우 낮게 유지된다. 세포질 내 칼슘의 농도는 여러 종류의 수송체들에 의해 조절되는데, 그 중에는 엽록체막과 마이토콘드리아막을 비롯해 거의 모든 세포내 막에 존재하는 Ca^{2+}-ATPase가 있다. 세포막에 있는 H^+-ATPase처럼 Ca^{2+}-ATPase도 ATPase의 P-type에 속한다. 이것은 N-말단이 연장되어 있는 110 KDa 가량의 단일 폴리펩타이드로 구성되어 있다(그림 5.13A). 이 효소에 의한 ATP 가수분해는 막을 가로질러 2개의 칼슘이 이동하면서 이루어진다(그림 5.13B).

칼슘 펌프의 역할은 칼슘이온을 세포 바깥으로 퍼내거나 액포나 다른 세포소기관으로 이동시켜 세포질 내의 칼슘 농도를 50-200 nM의 범위로 유지시키는 것이다. 식물세포에서는 Ca^{2+}-ATPase를 세포내 칼슘 센서인 캘모듈린(calmodulin)과의 결합 여부에 따라서 크게 두 가지로 나눌 수 있다. 캘모듈린과 결합하는 Ca^{2+}-ATPase는 Ca^{2+} 의존적으로 캘모듈린과 결합하는 자가억제 영역을 N-말단에 가지고 있다. 캘모듈린이 Ca^{2+}-ATPase의 N-말단에 붙으면 펌프의 작용이 억제되어 세포질의 칼슘농도가 증가하게 된다. 이러한 현상은 세포질의 칼슘 항상성을 유지하는 음성 되새김 루프(negative feedback loop)의 좋은 예이다.

5.4.4 식물의 V-type H^+-ATPase는 F-type ATPase와 관련이 있다

액포의 H^+-ATPase(V-ATPase)는 모든 살아 있는 세포에서 발견된다; 이들은 F-type ATPase와 공통의 기원을 가

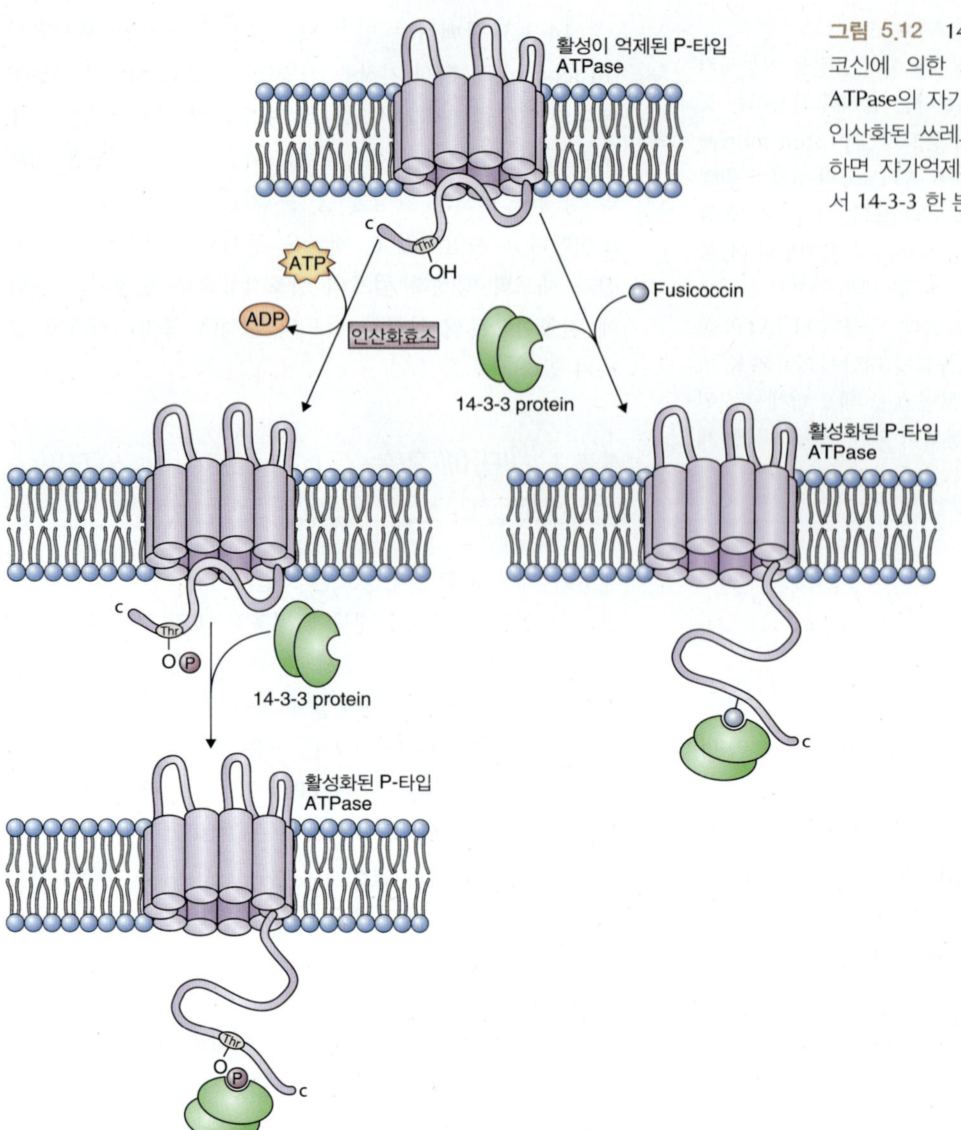

그림 5.12 14-3-3 단백질과 곰팡이 독소인 푸시코신에 의한 세포막 H^+-ATPase의 활성화. P-type ATPase의 자가억제 부분(autoinhibitory)인 C-말단의 인산화된 쓰레오닌 잔기에 두 분자의 14-3-3이 결합하면 자가억제가 해제된다. 푸시코신 역시 C-말단에서 14-3-3 한 분자에 결합해서 효소를 활성화시킨다.

키포인트 Ca^{2+} pumping ATPase는 세포막을 비롯한 거의 모든 내막에서 발견된다. 이들의 역할은 세포질 내의 칼슘 농도를 50–200 nM의 범위로 유지시키는 것이다. 세포질 내의 칼슘 농도는 많은 대사작용의 반응들을 유지하기 위해서, 또한 Ca^{2+}이 신호전달 물질로 작용하기 위해서 낮게 유지되어야만 한다. 예를 들어, 세포질 내의 칼슘 농도가 너무 높으면 칼슘인산염이 침전되어 세포질의 인산염을 고갈시킨다. 인산염의 총량은 세포 대사과정에서 ATP 합성을 빠르게 작동시키는 데 매우 중요하다. 더구나 Ca^{2+}이 효과적인 신호전달 분자로 작용하려면 세포질 내에서 농도를 빠르게 변화시키기 위한 기작이 분명히 있어야 한다. Ca^{2+} 채널이 세포질 내 Ca^{2+}의 농도를 빠르게 증가시키는 반면 Ca^{2+} pump는 그 농도를 빠르게 감소시켜서 Ca^{2+}의 신호를 조절하고 있다.

지고 있다. V-ATPase는 F-type ATPase와 유사한 복잡한 다수의 단위체로 구성되어 있다(그림 5.14). 아라비돕시스에서 V-ATPase는 13개의 단위체로 되어 있고, 각각은 27개의 유전자들 중 하나에서 암호화된다. 유사한 단위체들이 무작위적으로 결합한다면 매우 많은 서로 다른 종류의 V-ATPase 복합체가 형성될 수 있다. V-ATPase는 ATP가 가수분해될 때마다 약 세 분자의 H^+를 퍼낸다. 이들은 기전성을 띠며 **토노플라스트(tonoplast)**라는 액포막의 세포막 포텐셜(V_m)과 pmf를 발생시킨다.

액포에 있는 효소로 설명되기는 하지만, V-ATPase는 식물 세포의 엽록체와 마이토콘드리아막을 제외한 내막 전역에 분포되어 있다. 골지체막에 있는 V-ATPase는 분비과정에서의 외포작용과 낭수송에 관련되어 있는 것으로 여

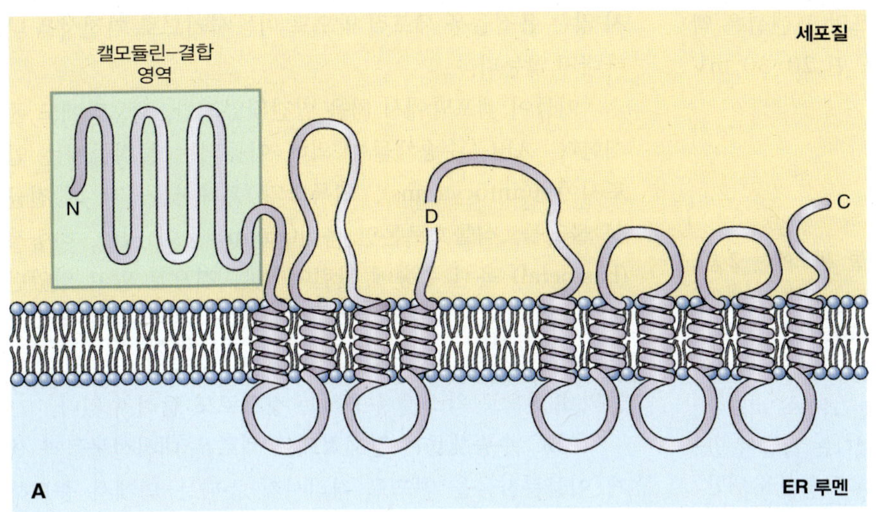

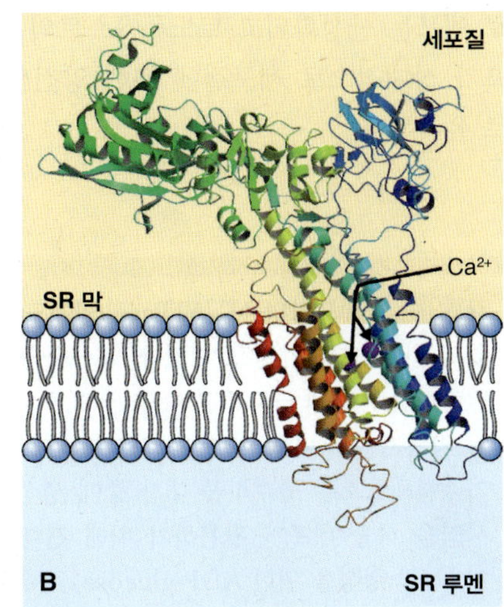

그림 5.13 막에 부착되어 있는 Ca^{2+}-ATPase의 모습. (A) 액포막의 Ca^{2+}-ATPase는 10개의 막관통 도메인과 캘모듈린이 결합하는 확장된 N-말단을 가지고 있다. D, ATP 결합 도메인. (B) X-선 회절 분석을 통해 동물 근소포체에서 ATP를 가수분해하는 Ca^{2+} 펌프인 Ca^{2+}-ATPase가 리본 모양으로 보이는 형태(SR; 소포체(ER)와 상응하는 것으로 Ca^{2+} 이동의 경로가 된다.)

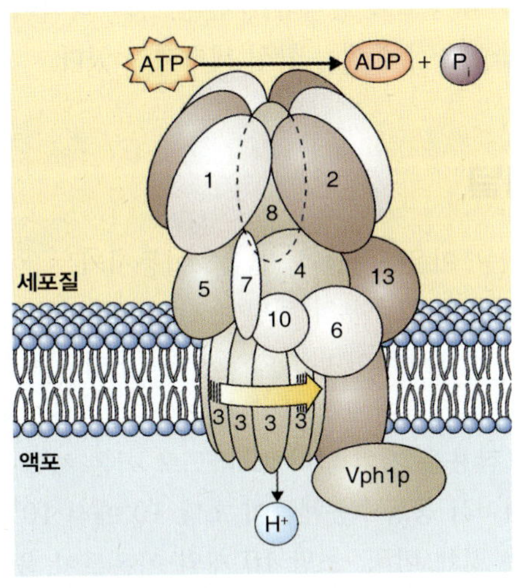

그림 5.14 이스트(*Saccharomyces cerevisiae*)의 V-ATPase의 모델. 이 복합 효소의 단위체들이 1부터 13까지 번호로 표시되어 있고, 추가 단위체는 Vph1p로 표시되어 있다.

겨진다. 토노플라스트에서 V-ATPase가 양성자를 퍼내면 액포가 산성화된다. 액포 내부의 양전하는 말산(malate), 옥살산(oxalate)과 같은 유기 음이온들과 염소(chloride) 같은 무기 음이온들로 균형을 이룬다. 대부분의 식물에서 액포의 pH는 약 5.5 정도이고, 라임 열매나 **옥살리스**(*Oxalis* spp.)의 액포같은 특별한 액포들의 pH는 1.7, 혹은 1.9~2.6 사이가 된다.

5.4.5 식물에는 양성자를 퍼내는 2종류의 피로인산가수분해효소(pyrophophatase)가 있다

식물과 몇 종류의 원생생물, 많은 종류의 고세균과 진정세균들은 80 KDa 크기의 단백질로 양성자를 퍼내는 피로인산가수분해효소(pyrophosphatase, H^+-PPase)를 가지고 있다. 이 펌프는 토노플라스트 막에 많이 있고, 골지, 후기 골지망(trans-Golgi network), 다포성소체(multivesiculat body)와 세포막에도 존재한다. 기능성인 H^+-PPase는 같은 단위체 2개로 이루어진다. 2종류의 H^+-PPase가 식물에서 발견되는데, Type I 펌프는 세포질의 K^+에 의해 활성화되고 Ca^{2+}에 의해 억제되는 반면, Type II H^+-PPase는 Ca^{2+}에 의해 강하게 활성화되고, K^+에 대해서는 반응성이 없다. H^+-PPase는 분류 그룹 간에 매우 높은 유사도를 보인다; 식물과 세균류의 모든 H^+-PPase는 아미노산 서열에서 85% 이상의 유사도를 나타낸다.

생리학자들은 식물 세포에 2종류의 양성자 펌프가 존재한다는 것에 의문을 품어 왔다. 이에 대한 한 가설은 H^+-PPase가 식물 세포에서 다량의 피로인산염을 공급하도록 진화되어, 식물 세포의 피로인산염 농도가 밀리몰 수준에 다다르게 되었다는 것이다. 피로인산염은 예를 들어 ADP-glucose와 uridine diphosphoate(UDP) glucose의 합성과정이 일어나는 동안에 볼 수 있듯이 탄수화물 대사의 여러 반응들을 통해 생성된다. V-ATPase와 H^+-PPase의 작용으로 액포는 산성화되고 토노플라스트의 세포막 포텐셜은 액포가 상대적으로 세포질에 비해 양전하를 띤 20-30 mV로 유지된다.

키포인트 세포막의 H^+-ATPase 외에도 식물 세포에는 2종류의 다른 양성자 펌프가 있다. 토노플라스트나 다른 막에서 발견되는 액포의 H^+-ATPase와 역시 토노플라스트에 많이 있는 양성자를 퍼내는 피로인산가수분해효소이다. H^+-피로인산가수분해효소는 탄수화물 대사 중에 생성되는 과량의 피로인산염을 식물 세포가 활용하기 위해 진화되었다는 가설이 있다. 녹말 형성을 위한 ADP-glucose, 셀루로오즈 형성을 위한 UDP-glucose 등의 합성으로 피로인산염이 생기고, 이는 특히 ADP-glucose 생산을 더디게 하는 음성되새김 조절자로 작용한다. 토노플라스트나 다른 막에서 양성자를 퍼내는 데 피로인산염을 사용함으로써 피로인산염의 농도는 탄수화물 대사를 방해하지 않을 정도의 수준으로 유지될 수 있다.

5.4.6 ABC 수송체는 용질 이동을 원활하게 하는 P-type의 ATPase이다

ABC(ATP-binding cassette) 수송체는 ATP를 가수분해하고 다양한 분자들을 이동시키는 다수의 수송체군으로 이루어진다. 이들은 P-type ATPase에 속한다. *Arabidopsis*와 벼에서 ABC 수송체를 암호화하는 120개 이상의 유전자들이 알려졌다. 모든 ABC 수송체들은 구조적으로 세포막 안쪽을 관통하는 영역과 세포질 쪽으로 방향이 나 있고, ATP 가수분해에 관련된 뉴클레오타이드가 결합하는 두 부분으로 이루어져 있다(그림 5.15). ABC 수송체들은 전하를 띠지 않는 용질들을 세포질 밖으로 이동시키므로 기전성을 나타내지 않는다.

이들이 액포막에서 처음 발견되었지만, 세포막에도 존재한다. ABC 수송체들에 의해 이동되는 물질들에는 안토시아닌(antocyanins), 엽록소의 분해산물들과, 항진균성 물질들, 식물호르몬인 옥신(auxin) 등이 있다. 하향적(basipetal) 옥신 수송에 관련이 있는 것으로 알고 있었던 옥수수의 *BR2* 유전자는 지금은 ABC 수송체를 암호화하고 있는 것으로 밝혀졌다. 또한 ABC 수송체들은 잎 세포들의 표면으로 왁스를 수송하는 것으로도 알려져 있다.

ABC 수송체들은 잠재적으로 해로운 대사산물들과 생체 이물분자들을 액포로 격리시켜 둔다는 면에서 중요하게 여겨진다. 많은 생체 이물질들은 글루타싸이온 트렌스퍼레이즈(glutathione transferase)라는 효소에 의해서 아미노산 3개로 이루어진 **글루타싸이온(glutathione)**이 붙어서 변형된다. ABC 수송체는 글루타싸이온이 붙은 용질을 옮겨야 할 대상으로 인식하게 된다. 글루타싸이온과 결합하는 생체 이물질 중에는 합성 제초제가 있다.

5.5 채널

식물에서는 이온 채널과 물을 이동시키는 아쿠아포린(aquaporin) 등 2종류의 **채널**이 잘 밝혀져 있다. 이온 채널은 막에서 선택적이며 물이 들어찬 구멍으로 되어 있다(그림 5.16). 캐리어에 의한 수송과는 달리, 채널과 이온 사이의 상호작용은 거의 없다. 그러므로 이온 채널을 통한 속도는 캐리어나 공동수송체들이 초당 10^2에서 10^4개의 이온을 옮기는 것에 비해, 초당 10^8개의 이온들이 움직일 정도로 매우 빠르다. 그러므로 이온 채널은 많은 양의 이온이나 분자들을 수송하는 데 이상적이다.

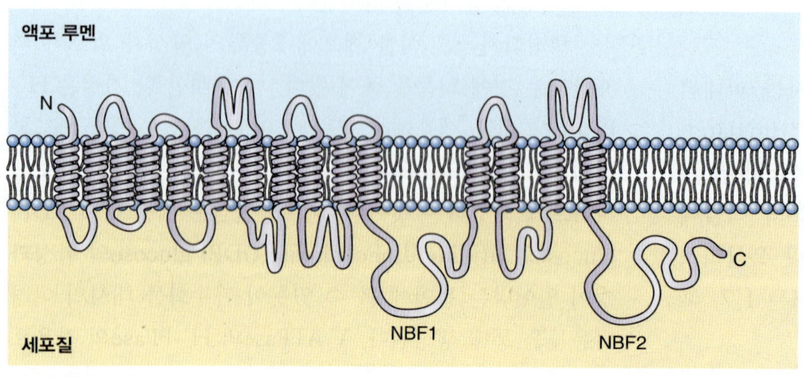

그림 5.15 *Aarabidopsis* 액포의 ABC 수송체 모델. 뉴클레오타이드가 결합하는 두 부분(NBF1과 NBF2)이 다수의 나선형 막관통 도메인들에 의해 서로 떨어져서 구부러져 있다.

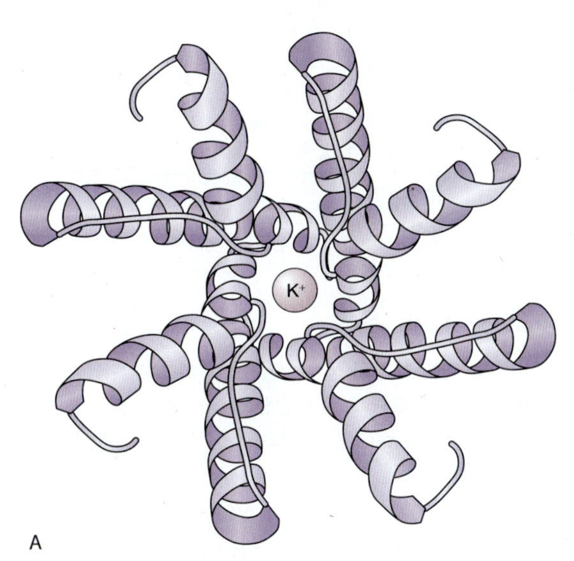

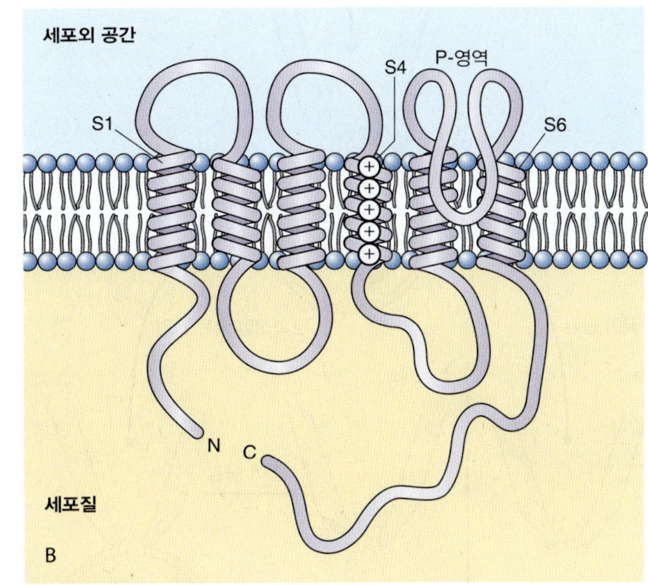

그림 5.16 식물의 K^+ 채널. (A) 가운데 K^+가 통과되는 구멍이 형성되도록 4개의 채널 단위체들이 함께 모여 있는 것을 보여주는 리본 구조를 위에서 본 모습. (B) *Arabidopsis* AKT1의 한 단위체에서 6개의 막관통 도메인이 있는 것을 보이는 측면 모습. 막관통 5와 6 루프 사이의 P-도메인은 구멍을 만드는 데 필요하고, 도메인 S4에 있는 전하를 띤 아미노산들은 채널의 전압감도(voltage sensitivity)에 필요하다.

이온 채널은 식물 세포의 막에 고르게 분포하고 있으며 중요한 조절작용을 한다. 예를 들어, 이들은 K^+가 세포 안팎으로 이동할 수 있도록 삼투농도를 조절하고, 세포내 신호전달 과정에 중요한 세포질의 Ca^{2+}이나 이온의 농도를 일정하게 유지하도록 한다. 이온 채널을 통한 이동은 수동적이며 특정 이온에 대한 전기화학 포텐셜의 막 전위차에 의해 큰 영향을 받는다(그림 5.8 참고). 세포막의 V_m이 보통 음전하를 띠므로 양이온들은 세포질 쪽으로 음이온들은 세포질 바깥 쪽으로 이동하려는 경향성을 띤다.

대부분의 이온 채널들은 양이온들이나 음이온들에 대해 강한 선택성을 보인다. 채널의 선택성은 크기를 바탕으로 작동된다. **양이온 채널**(**cation channels**)은 다른 1가 양이온들에 대해서 보다는 K^+에 대해서 선택적인 종류와, 1가 양이온들에 대해서는 비교적 덜 선택적인 종류, Ca^{2+}에 대해서 선택적인 종류로 구분된다. 대부분의 세포막 **음이온 채널**(**anion channels**)은 Cl^-, NO_3^-, 유기산을 포함한 다양한 범위의 음이온들을 통과시킨다. 말산(malate)에 특이적으로 선택성을 보이는 음이온 채널은 액포에 있다.

5.5.1 이온 채널의 활성은 패치 클램핑(patch clamping)으로 연구된다

패치 클램핑 기술로 이온의 수송을 촉진하는 단일 이온 채널 분자의 활성을 결정할 수 있다. 피코암페어(10^{-12} A)의 전류를 정확히 측정할 수 있는 고체전자공학의 발달로 가능해진 이 기술로 인해 이온들이 채널을 통과할 때 수반되는 작은 전류를 측정할 수 있게 되었다. 끝이 평평한 마이크로파이펫(micropipette)으로 생물학적인 막들을 누르면 흡입 효과와 더불어 저항이 센 봉인이 생긴다. 이 강한 저항의 봉인으로 인해 파이펫 끝에 닿아 있는 막 부분을 통과하기 위해 파이펫 안팎으로 전류가 흐르게 된다(그림 5.17). 이 형태를 **세포부착모드**(**cell-attached mode**)라 한다; 이것으로 마이크로파이펫 끝의 막 조각에 있는 이온 채널 개개의 활성을 기록한다. 파이펫을 나머지 막 부분에서 멀어지도록 당기면 세포질 쪽으로 향해 있던 막의 부분이 용액 매질 쪽으로 드러나는 **인사이드아웃 패치**(**inside-out patch**)로 된다(그림 5.17). 세포 부착에 의한 기록으로 단일 이온 채널이 활성을 가늠할 수 있지만 막 양쪽에 있는 용액의 구성성분들은 한정된다. 다른 식으로는 고전압이나 흡입으로 파이펫 끝에 있는 막을 교란시키면 세포의 내부로 전기적 접근이 가능하게 된다. 이러한 형식은 **전체세포모드**(**whole-cell mode**)라고 한다. 파이펫 내의 비교적 많은 양의 배지는 세포 물질들과 빠르게 교환이 되고, 이로써 세포내 용액을 알 수 있다. 마지막으로 전체세포모드로 기록을 다 마치고 세포로부터 파이펫을 떨어트리면 물집처럼 잡혀 있던 막 부분도 떨어져 나오면서 파이펫 끝을 가로질러 그 자체

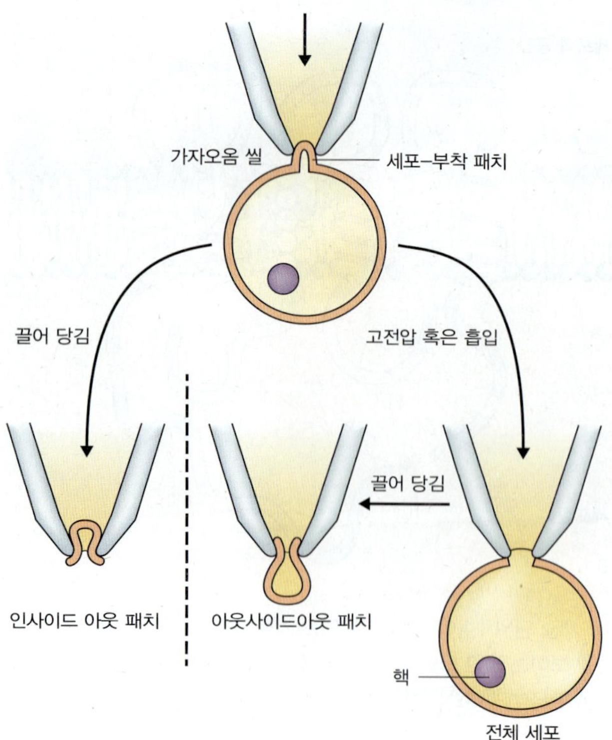

그림 5.17 패치 클램프 기술에서 사용되는 기록 방식들. 초기에 전기적으로 강하게 봉인된 기가오옴 씰(gigaohm seal)은 세포부착모드를 만든다. 파이펫을 나머지 막들이 떨어지도록 당기면 막의 세포질 쪽이 용액 매질 쪽으로 노출되는 인사이드아웃 패치가 된다. 이번에는 부착된 세포에서 파이펫 끝에 닿아 있는 막 조각이 고전압이나 흡입으로 상하게 되면 전체세포모드의 기록이 가능하게 된다. 전체세포모드 후에 세포로부터 떨어지도록 파이펫을 당기면 아웃사이드아웃 패치가 형성된다.

로 봉합되어 **아웃사이드아웃 패치**(**outside-out patch**)가 된다. 이 기록 형태는 특히 세포질 내의 조절자라고 예측되는 분자들의 효과를 테스트하는 데 유용한다.

패치 클램프 기술의 큰 장점은 비교적 작은 세포들에서 수송 활성을 분석할 수 있다는 데에 있다.그러므로 모든 종류의 식물 세포에서 가능한 것은 아니지만 대부분의 종류에서 분석이 가능하다. 반면 전극을 직접 꽂는 전통적인 미소전극법(microelectrode impalement techniques)은 작은 세포들에는 치유할 수 없는 상처를 내기에 매우 큰 세포들에만 한정될 수 밖에 없다.

5.5.2 채널을 통한 이온의 이동은 전류의 흐름을 발생시킨다

채널을 통한 이온들의 이동은 전류를 흐르게 한다. 이 전류를 채널의 활성을 측정하는 데 이용할 수 있다. 전류의 흐름

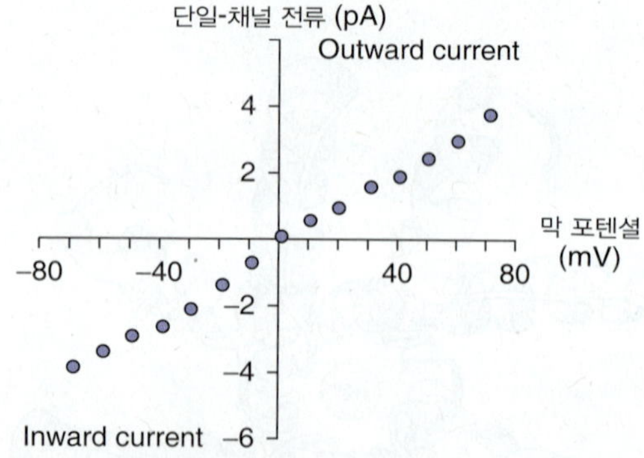

그림 5.18 단일 이온 채널의 전류-전압 관계. 이 그래프는 서로 다른 막 포텐셜에서 채널을 통해 흐르는 전류를 나타낸다. 전류-전압의 그래프로 반전 전위(E_{rev})를 결정할 수 있고, 특정 이온에 대한 막의 투과성을 정할 수도 있다.

은 막 포텐셜과 막에서 나타나는 저항의 함수이다. 그러므로 막을 가로지르는 이온의 이동에 대한 모델을 만드는 데 오옴의 법칙(Ohm's law)($I = V/R$, 여기서 전류는 I 이고, 막 포텐셜 V는 막의 저항 R로 나누어진다)을 이용할 수 있다(그림 5.18). 특정 이온에 대한 막저항성은 막의 선택성과 채널의 개수에 의존적이다. 완전히 투과성이 없는 막에는 전류가 흐르지 않지만, 자유로운 투과성이 있는 막은 $I = V$인 저항이 없는 회로의 양상을 나타낸다.

그림 5.19에 전체세포 패치 클램프를 이용하여 전류를 측정하는 예가 나타나 있다. 여기서 전류는 −100에서 +100 mV에 이르는 서로 다른 범위의 전압이 막에 가해질 때 세포막을 통과해서 흐른다. 명백한 것은 이 세포의 막에는 전압에 반응하고 양의 값이거나 음의 값의 막전압 V_m에 열리는 채널이 있다는 것이다. 그러므로 음이거나 양인 막전압이 증가하면 막에서 채널을 통한 전류의 흐름도 동시에 증가한다. 그림 5.19B에는 그림 5.19A에서 보이는 실험 데이터로 그린 I−V 그래프가 나타나 있다; 커브는 이들 채널이 일정한 임계 전압이 형성된 직후에 활성화되는 것을 나타낸다. 이는 채널의 활성이 상당한 양의 임계점이 되어야만 활성화되기 때문에, 양의 전압이 가해졌을 때 가장 분명하게 나타난다.

5.5.3 채널의 열리고 닫힘은 정교하게 조절된다

이온 채널은 단위 시간당 다량의 이온을 옮길 수 있기 때문에 이들의 활성은 정교하게 조절되어야만 한다. 채널이 열리고 닫히는 것을 조절하는 것을 **게이팅**(**gating**, 통문)이라고 한다. 많은 이온 채널들은 막 포텐셜이 채널 개폐의 중

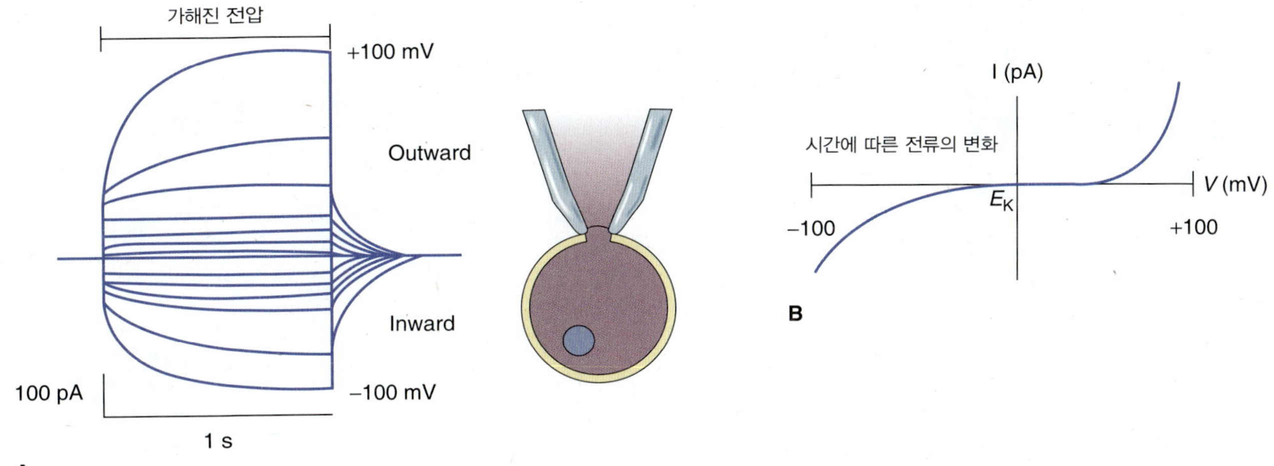

그림 5.19 패치 클램프 기술을 이용하여 측정한 전체세포 이온 전류(whole-cell ion currents). (A) 전체세포 형태에서 파이펫은 세포막으로 봉인되어 있다. 1초 간격으로 가해지는 전압에 반응해서 전류는 세포막을 통과해 흐른다. 이 그래프에는 −100과 +100 mV 사이의 13번의 전압에 대해 13번의 전류가 흐른 기록이 겹쳐서 기록되어 있다. (B) (A)에 표시되어 있는 전류를 시간-의존적으로 나타낸 전류(I)와 전압(V)의 관계.

요한 조절자인 곳에서는 일정 부분 피드백 사슬(feedback loop)의 역할을 하기도 한다. 전압의존성 K^+-채널은 막 포텐셜(V_m)의 변화가 채널의 개폐를 변화시키는 것으로 보상될 수 있기 때문에 세포의 막 포텐셜을 유지하는 데 중요하다. 세포막에는 K^+을 안쪽이나 바깥쪽으로 이동시키는 채널들이 있다. K^+을 안쪽으로 이동시키는 채널을 **inwardly rectifying channels**이라 하고, 바깥쪽으로 이동시키는 채널을 **outwardly rectifying channels**이라 한다. 전압에 반응해서 열고 닫힘으로써 이들 채널은 V_m을 일정하게 유지시킨다. 반면, V_m의 변화는 이온의 전기화학적 포텐셜을 변화시킴으로써 삼투 농도를 조절하는 데 이용될 수도 있다. 이온 채널들은 호르몬이나, Ca^{2+}, **G-protein**, pH 같은 리간드들(ligands, 채널에 결합하는 화학물질들)에 의해서도 열고 닫힐 수 있다. 다른 화학물질들은 세포의 팽압 변화에 대해 반응을 나타내어 열리고 닫힌다.

이온 채널의 활성을 조절하는 이렇게 다양한 조절자들과 이들이 상호작용하는 다양한 방식으로 형성될 수 있는 복잡한 조절 기작은 **앱시스산(abscisic acid, ABA)**에 의해 기공이 닫힐 때 공변세포의 토노플라스트에서 어떤 일이 일어나는지로 예를 들 수 있다(그림 5.20). 공변세포의 토노플라스트에는 적어도 4개의 Ca^{2+} 채널이 있는데, 하나는 전압에 의해, 하나는 Ca^{2+}에 의해, 다른 2개는 다른 리간드들에 의해 조절된다. 서로 다른 신호에 의해 열리고 닫히는 다수의 Ca^{2+} 채널이 존재하기 때문에, 다양한 자극에 반응해서 세포질 내 Ca^{2+}의 농도 변화도 매우 큰 폭으로 일어날 수 있다.

키포인트 생물학적 막들을 가로질러 물과 이온을 수송하는 채널들은 세포들이 신호에 빠르게 반응할 수 있도록 하는 역할에 잘 맞춰져 있다. 예를 들어, 토양이나 대기 중의 물의 양이 변하는 것에 대해서 공변세포들이 반응하는 것은 세포 내에서 용질과 물의 농도를 재빨리 바꾸는 채널들의 능력 때문이다. 일차, 이차 능동 수송에 의해 초당 10^2에서 10^4 사이의 이온들이 옮겨지는 반면, 채널을 통해서는 초당 10^8개의 속도로 이온이 수송될 수 있다. 채널들은 이온들을 매우 빠른 속도로 세포의 안팎으로 수송할 수 있기에, 예를 들어 수송할 수 있고, 그 한 예로 기공이 신속하게 닫히게 되는 것이다.

5.5.4 아쿠아포린은 물의 수송을 원활하게 하는 종류의 채널이다

생물학적 막들의 지질 이중층이 물에 대해서 매우 투과적이라는 것은 상식에 반하는 일이다. 막들이 **아쿠아포린(aquaporin)**이라는 특수한 물에 대한 채널을 가지고 있다는 것도 더욱 놀랍다. 식물 세포에서 아쿠아포린은 토노플라스트에서 처음에 발견되었으나, 소포체를 포함한 세포의 내막에서 뿐만 아니라 세포막에도 존재한다. 이들은 식물에서 비교적 큰 유전자 그룹에 속한다. 예를 들어 Arabidopsis에는 35개의 아쿠아포린 유전자가 있고, 옥수수는 36개, 벼에는 33개의 유전자가 있다. 이름처럼 아쿠아포린은 물에 대한 채널로 작용하지만 이들이 CO_2, NH_3, H_2O_2, 붕소(boron), 실리콘(silicon) 등의 운반을 용이하게 하는 역할도 있음을 짐작하게 하는 증거들이 많아지고

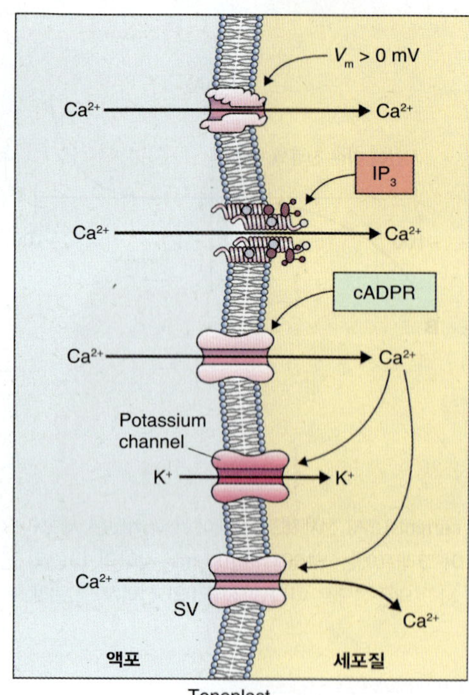

그림 5.20 앱시스산(**abscisic acid, ABA**)에 의해 기공이 닫힐 때 공변세포의 토노플라스트에 있는 채널들을 통해 이동하는 Ca^{2+}와 K^{+}. K^{+} 채널은 Ca^{2+}에 의해 조절되고, 여러 개의 Ca^{2+} 채널은 전압(V_m), 이노시톨 트리스인산(inositol trisphosphate, IP3)이나 cyclic ADP ribose(cADPR), slow vacuolar Ca^{2+} 채널(SV)에 의해 조절되고 있는 것이 보여지고 있다.

있다.

아쿠아포린은 네 그룹으로 나뉜다(그림 5.21); 각각의 하위 그룹들 간에는 높은 유사도를 보인다(>97%). TIPs와 PIPs는 각각 액포막과 세포막에 내재되어 있는 막단백질들이다. 뿌리혹 내재 단백질들(nodulin intrinsic proteins, NIPs)들은 공생으로 질소 고정하는 뿌리혹의 박테로이드(bacteroid) 주변의 막에서 발견되고, 콩과식물이 아닌 식물에도 있다. 네 번째 아쿠아포린 종류는 두세 개의 작은 유전자들에서 발현되는 SIPs(small basic intrinsic proteins)들로, 소포체에서 발견된다. 이런 4종류의 아쿠아포린은 이끼류에서부터 피자식물에 이르기까지 모든 육상식물에서 발견된다.

아쿠아포린은 30 KDa 정도의 비교적 작은 단백질로 6개의 막관통 도메인이 있다(그림 5.22). 모든 아쿠아포린의 C-말단과 N-말단은 세포질 쪽으로 면해 있고, 연결 루프 II와 루프 IV도 역시 세포질 쪽에 있다. PIPs의 연결 루프 I, III과 V는 원형질 바깥의 세포 간극인 아포플라스트(apoplast) 쪽으로 면해 있는데 비해, TIPs와 SIPs에서는 각각 액포와 소포체의 루멘 쪽으로 면해 있다. 4

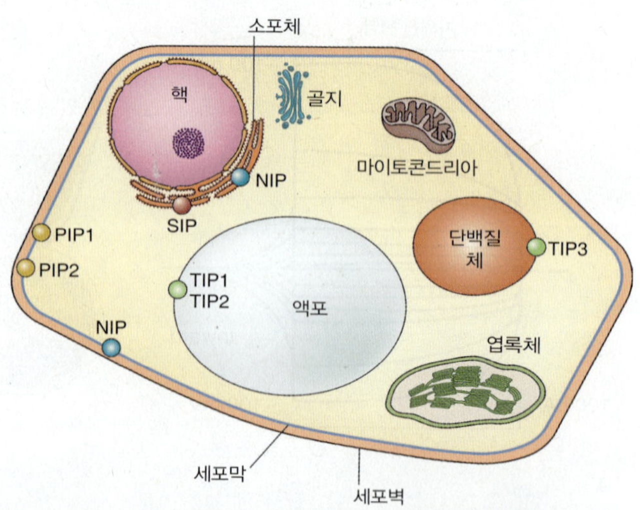

그림 5.21 아쿠아포린의 세포내 위치를 보여주는 모식도. 세포막 내재 단백질인 PIP1과 PIP2, 뿌리혹 내재 단백질인 NIP는 세포막에 존재한다. 액포 내재 단백질인 TIP1과 TIP2는 액포에 존재하고, TIP3는 단백질 저장 액포에, NIP와 SIP들은 소포체에 있다.

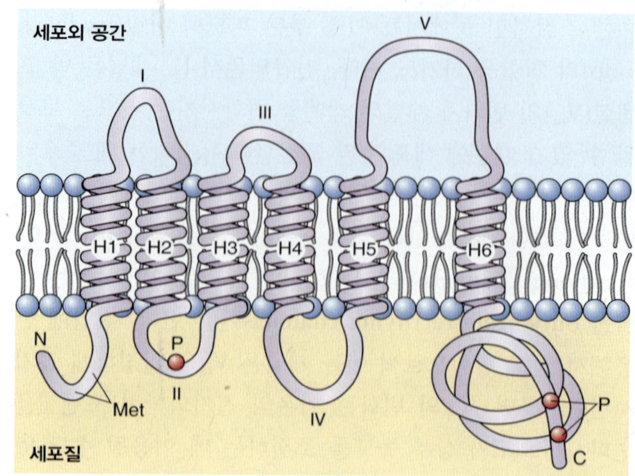

그림 5.22 막에 존재하는 PIP 형태의 아쿠아포린의 모습. 6개의 막을 관통하는 나선 구조가 보이고, 5개의 아미노산 루프 중 I, III과 V는 아포플리스트 쪽으로, II와 IV는 세포질 쪽으로 나와 있다. 단백질의 긴 C-말단과 루프 II에는 몇 개의 인산화 자리가 있고, N-말단에는 메틸기가 붙어 있는 조절 부위가 있다.

개의 아쿠아포린 모노머(monomer, 단위체)들이 기능적인 복합체를 형성하지만 테트라머(tetramer)의 각 단위체들에 물이 통과하는 채널이 있다는 점에 유의해야 한다(그림 5.23).

5.5.5 아쿠아포린을 통한 물의 흐름은 여러 요인들에 의해 조절된다

아쿠아포린의 활성은 여러 수준에서 조절된다. 많은 아쿠아포린들은 mRNA의 양이 변하면서 조절된다. 사실, 양분

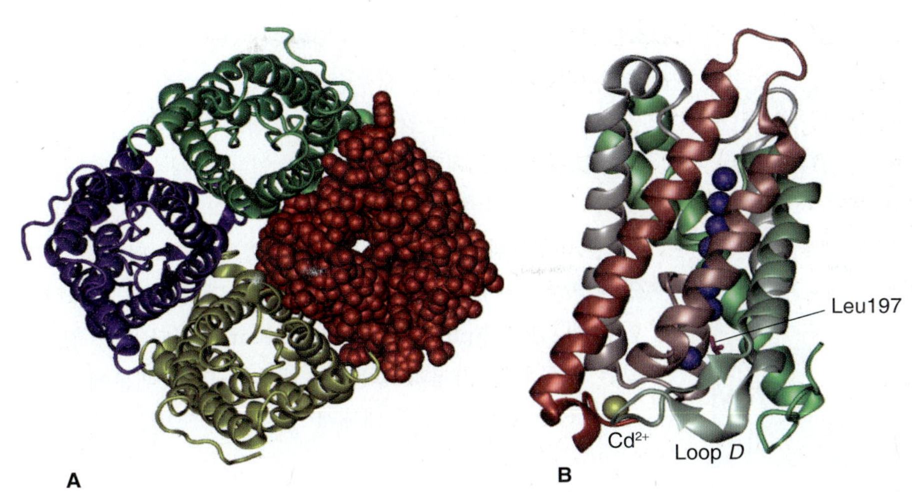

그림 5.23 결정 분석을 통한 아쿠아포린의 리본 모형도. (A) 4개의 아쿠아포린 단위체들을 막 위에서 본 모습; 각각의 단위체들이 물을 수송하는 구멍을 이루고 있다; 한 단위체에는 그 구멍을 공간채움모형(space-filling model)으로 나타내고 있다. (B) 막의 면에서 아미노산 사슬의 방향성을 보여주고 있는 단일 단위체의 측면 모습; 물 분자들(파란색 구)이 구멍을 통과해서 이동한다.

이나 수분 스트레스에 반응해서 아쿠아포린 mRNA의 양이 감소한다는 증거들이 있다. 또한 호르몬이나 다른 조절자들에 의해서도 mRNA 수준이 조절되기도 한다.

아쿠아포린은 단백질 합성 후에 N-말단 혹은 C-말단 등에 인산화되거나 메틸기가 붙는 형식으로 광범위하게 조절되기도 한다. 인산화는 대부분 아쿠아포린 C-말단의 여러 곳에서 일어나고, N-말단의 아미노산에 메틸기가 붙는 것은 PIPs에서 나타난다(그림 5.22). 아쿠아포린의 인산화로 아쿠아포린의 구멍이 조절되는데, Ca^{2+} 의존적인 단백질 카이네이즈(kinase)가 이 인산화 과정을 촉매한다. 이 사실은 세포 사이의 물의 이동과 Ca^{2+} 신호전달 과정이 연결되어 있음을 의미한다.

아쿠아포린에 대한 조절작용에서 또 다른 흥미로운 사실은 세포질 내의 pH의 변화가 물의 이동도 바꾼다는 점이다. Arabidopsis 뿌리에 산소가 없는 상태가 되면 세포질은 매우 산성이 되고, 물의 이동이 급격히 줄어든다. 물의 이동에 대한 무산소의 영향은 뿌리세포를 실험적으로 산성화시킬 때도 재현되는데, 이는 물의 흐름에 영향을 미치는 것이 세포질의 pH임을 나타내는 것이다.

키포인트 막에 아쿠아포린이 존재한다는 것은 얼핏 보면 정상이 아닌 것처럼 보인다. 지질 이중층이 물에 대해 투과적인데 왜 아쿠아포린이 있어야 하는가? 예를 들어 막의 넓은 부분에 수송 단백질과 막의 표면에 붙어 있는 거대분자들로 들어차 있다면 이는 물이 확산되는 이중층의 남는 부분을 제한하는 효과가 된다. 사실, 식물의 아쿠아포린은 액포에서 처음 분리되었는데, 이들이 액포막에서 가장 많이 분포하는 단백질이었기 때문이었다. 액포는 식물 세포 부피의 95% 이상을 차지하고, 여기에 있는 물을 수송하는 채널은 외부 용질의 농도가 변하는 것에 따라 액포막을 가로질러서 물을 빠르고 정교하게 수송시킨다.

5.6 캐리어와 공동수송체, 확산 매개자, 이차 능동 수송의 매개자

캐리어(carriers)와 **공동수송체**(co-transporters)들은 세포막들을 가로질러 다양한 범위의 이온들과 대사산물들을 이동시키는 매우 다양한 여러 종류의 단백질들에 속한다. 이들은 세포막에 고르게 분포되어 있다. 세포막과 결합되어 있을 뿐만 아니라, 내막계에서도 발견되는데, 특히 엽록체와 마이토콘드리아의 막에 많이 있다. 이들 수송체들에 의해 옮겨지는 이온이나 분자들은 엄청나게 다양하다. 이들 수송체들은 NH_4^+, NO_3^-, SO_4^{2-}와 $H_2PO_4^-$ 같은 무기양분의 흡수에도 중요하고, 원거리 수송을 위해 체관으로 당분을 들여 보내는 데도 중요하다. 공동수송체와 캐리어들은 엽록체나 마이토콘드리아 막을 사이에 두고 대사 산물들을 맞교환 하는 데도 관련된다. 액포에 있는 공동수송체들은 액포에 이온과 유기 용질들을 저장하는 데도 역할을 한다.

캐리어와 공동수송체들에 의해 매개되는 이동 과정에서 이동되는 용질들은 수송체들과 결합하여 구조적인 변화를 일으킨다(그림 5.24). 이러한 구조의 변화로 막을 가로질러 용질이 이동하는 것으로 생각된다. 이런 수송 단백질들이 용질과 상호작용하기 때문에 이들은 효소와 비슷한 특징을 지닌다. 캐리어와 공동수송체들은 기질의 농도 증가에 따른 포화 역학을 보이고, 이로부터 미카엘리스-멘텐 상수(Michaelis-Menten constant)인 K_m을 구할 수 있다(그림 2.24A 참고). 수송체와 용질의 상호작용은 매우 선택적이어서 이런 단백질들은 당분이나 아미노산의 입체이성질체(stereoisomer)도 구분할 수 있다.

캐리어(carrier)는 막을 가로 질러 유기 용질의 확산을 원활하게 한다. 예를 들어, 포도당이나 몇몇 아미노산들은

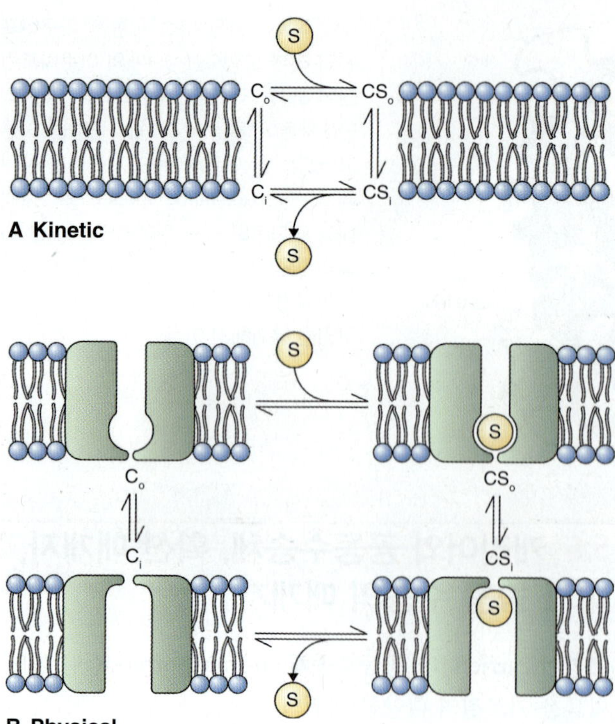

그림 5.24 용질 캐리어 C의 반응 모델. (A) C가 용질 S와 막의 양쪽(C_o와 C_i)에서 상호작용 할 때 C의 역학 모델링. (B) C가 S와 작용할 때의 C의 구조 변화에 대한 모델. C_o와 C_i 사이의 차이가 S의 결합과 방출을 유도한다.

이 물질들의 농도차에 의해 액포로 흡수된다. **공동수송체(co-transporters)**들은 H^+ 같은 이온은 농도차가 감소되는 방향으로 이동시키고, 동시에 무기 이온이나 유기 용질들은 농도차를 거슬러 이동시키는 과정이 일어나는 이차 능동 수송에도 관련된다. 세포막과 액포막의 H^+-ATPase는 양성자를 세포질 밖으로 퍼내어 이들 막 사이의 양성자 농도차를 발생시킨다. 그러므로 양성자들은 이들 막을 가로질러 세포질 쪽으로 농도차를 줄이는 쪽으로 움직이려 한다. 양성자의 이동과 같은 방향으로 용질의 수송을 매개하는 수송체를 **동시수송체(symporters)**라 한다(그림 5.8B 참고). 동시수송체들은 전형적으로 외부의 매질이든 세포내 막으로 둘러싸인 구획이든 용질을 세포질 쪽으로 이동시킨다. 양성자와 결합된 동시수송체들로는 수크로오즈(sucrose)을 체관에 옮기는 데 관계된 양성자/수크로오즈 동시수송체(H^+/sucrose symporter)와 몇 종류의 양성자/음이온 동시수송체, 다수의 양성자/아미노산 동시수송체 등이 있다. 반대 개념으로 세포질에서 용질을 분비하는 것은 **역방향수송체들(antiporters)**에 의해 이루어진다. 이들은 용질과 양성자를 교환한다. 역방향수송체들은 세포막과 내막들에 존재한다. 양성자와 연관된 역방향 수송체들에는 액포의 H^+/Ca^{2+} 역방향수송체와 세포막의 Na+/H^+ 역방향수송체들이 있다. 동시수송체와 역방향수송체 모두 양성자의 농도차(pmf)를 감소시키려는 경향을 띤다.

양성자 농도차에 의해 동력을 얻는 동시수송체들과 더불어 물질을 수송하는 데 다른 이온들의 농도차를 이용하는 동시수송체들도 있다. 예를 들어, 엽록체 막에서 가장 양이 많은 단백질은 무기 인산염과 3탄당 인산을 교환하는 인산염 전이체(phosphate translocator)이다(9장 참고). 많은 종류의 캐리어와 공동수송체들이 있기 때문에, 이들의 구조나 조절 작용에 대해서 일반화된 모델을 만들기는 어렵다.

5.7 세포내 단백질 수송

식물 게놈(genome)에는 수만 개의 단백질이 암호화되어 있다. 거의 모든 세포의 단백질은 핵 DNA에 암호화되어 있고, 소포체에 부착되어 있거나, 세포질에 부착되어 있지 않고 그냥 세포질에 있는 리보좀(ribosome)에서 합성된다. 마이토콘드리아나 엽록체 DNA에 암호화되어 있는 단백질(약 100여 개 정도)은 이들 세포소기관 내에 있는 리보좀에서 합성되어 소기관의 구획으로 바로 편입된다. 그러나 세포질이나 소포체에서 합성되는 단백질들은 그들이 활성을 가질 막들이나 다른 구역으로 옮겨져야만 한다(그림 5.25). 단백질이 적절한 장소로 확실히 이동되기 위해서는 그 장소를 표시할 필요가 있다. 우리는 이렇게 주소를 표시하고 이런 주소들을 읽어들이는 기작에 대해 살펴볼 것이다. 더불어 이런 단백질들은 다양한 세포내 막들을 지나치거나 통과해야만 한다. 여기에 필요한 특별한 세포내 기작들도 살펴볼 것이다. 마지막으로 어떻게 단백질이 세포벽에 다다르고, 여러 내부 소기관들이 이동되기 위해 어떠한 과정을 거치고 싸여져서 목적지에 다다르는지도 살펴볼 것이다.

5.7.1 단백질 이동에는 펩타이드로 된 주소와 단백질 분류 기작이 필요하다

세포질에 있는 리보좀에서 합성되어 세포의 다른 구역이나 세포내 막들로 가려는 단백질에는 최종 목적지를 알려 주는 주소와 같은 역할을 하는 표적 도메인(targeting domain)이 하나 이상 있다. 표적 도메인들은 일반적으로 단백질의 아미노산 서열 어디에라도 놓일 수 있는 짧은 펩타이드나 아미노산 모티프이다. 특별한 세포내 과정이 이 정보와 상호작용하여 단백질을 적절한 장소로 보내거나 그대로 있게

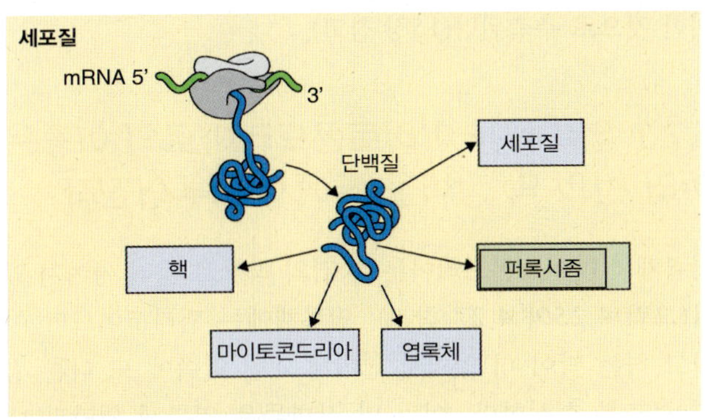

A 세포질에 있는 프리 리보좀

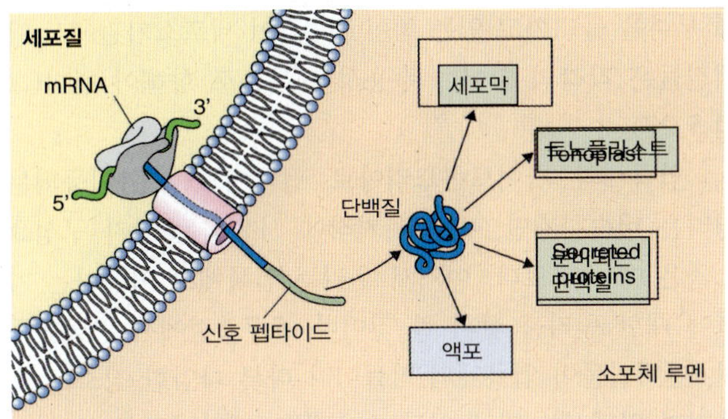

B 막에 부착되어 있는 리보좀

그림 5.25 단백질 합성은 세포질에 자유롭게 있거나(A), 소포체(ER) 표면에 붙어 있는(B) 리보좀에서 일어난다. 세포질에 있던 리보좀에서 합성된 단백질은 세포질이나 핵, 엽록체, 마이토콘드리아, 퍼록시좀 등으로 가는 반면에 소포체에 부착된 리보좀에서 합성된 단백질은 분비 경로로 들어간다.

한다. 각 구역들과 막 시스템마다 서로 다른 표적 도메인과 선별하는 구분 기작이 있다. 표적 도메인이 단백질 이동에는 필수적이지만 단백질의 활성에 관련된 부분은 아니다. 운반된 장소에서 단백질 분해 효소들이 표적 도메인을 제거해야만 기능적으로 성숙한 폴리펩타이드가 된다.

세포질에 그대로 남아 있거나 엽록체나 마이토콘드리아, 핵, 퍼록시좀(peroxisome)으로 운반될 단백질들의 합성은 세포질에 자유롭게 있는 리보좀에서 완결된다(그림 5.25A). 분비 경로를 거칠 단백질들은 소포체에 부착된 리보좀에서 이루어진다(그림 5.25B). mRNA가 세포질에 자유롭게 있는 리보좀에서 합성될지, 아니면 소포체에 부착된 리보좀에서 합성될지는 단백질의 N-말단에 있는 짧은 신호 펩타이드(signal peptide)의 유무에 의해 결정된다. 계속 늘어나고 있는 폴리펩타이드 사슬에 신호 펩타이드가 있으면 단백질 합성 과정이 소포체 막 표면에서 일어난다.

퍼록시좀 같은 단순한 세포소기관으로 단백질을 보내는 것과 엽록체나 마이토콘드리아 같은 복잡한 세포소기관으로 단백질을 보내는 데 관련된 기작들이 매우 다르기는 하지만 원리는 유사한다. 세포소기관으로 가야 하는 단백질의 대부분은 **표적 도메인(targeting domains)**을 가지고 있다. 표적 도메인은 세포소기관의 막 표면에 있는 수용체들에게 인지된다. 표적 도메인과 수용체 사이의 특이성으로 인해 단백질들은 정확한 장소에 다다를 수 있는 것이다.

폴리펩타이드가 길어짐에 따라 세포질에 있는 샤페론(chaperone)들은 이 사슬이 세포질 내에서 구부러지지 않은 상태로 있을 수 있도록 한다. 뉴클레오사이드 삼인산(nucleoside triphosphate, NTPs)을 가수분해하는 단백질을 포함해, 이동 작용을 담당하는 여러 폴리펩타이드들은 세포소기관의 막에 있는 구멍을 통해 단백질이 원활히 이동할 수 있도록 한다. 이동될 단백질이 세포소기관의 루멘에 들어오면 이들은 단백질의 구부러짐을 담당하는 다른 종류의 샤페론들과 상호작용을 한다(그림 5.26).

5.7.2 목적지에 이르기 위해서 단백질은 적어도 하나의 막을 가로지르게 된다

지정된 세포소기관으로 들어가기 위해서 단백질들은 적어도 하나의 막은 통과해야 한다. 대부분의 단백질들은 표면이 친수성이기 때문에 소수성의 성질을 띤 세포내 막들의 안쪽을 쉽사리 통과할 수 없다. 단백질들은 막을 통과할 때 단백질성 구멍이나 채널을 통해서 최종적인 접혀진 형태가 아닌, 늘어지거나 접혀지지 않은 형태로 통과하게 된다

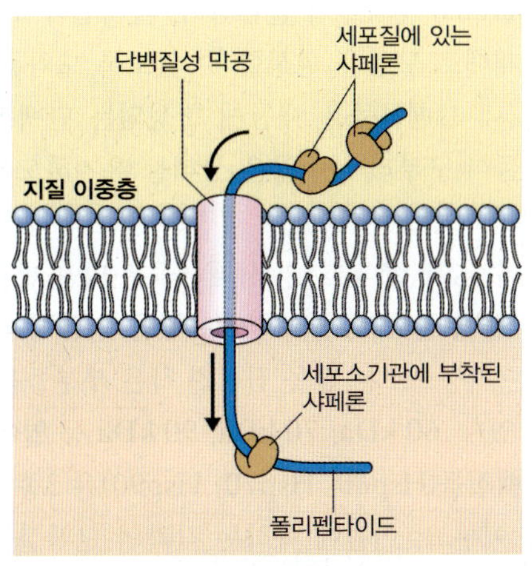

그림 5.26 막의 지질 이중층을 가로지르는 단백질은 막에 박혀 있는 수용체로 이끌려진다; 단백질들은 단백질성의 구멍을 통과하는데, 막 양쪽에서 샤페론 분자들의 활성이 필요하다. 샤페론들은 단백질들이 구멍을 통과하기 용이하게끔 구부러지지 않은 상태를 유지하도록 하기도 하고, 통과하고 나서는 접혀진 형태가 되도록 하기도 한다.

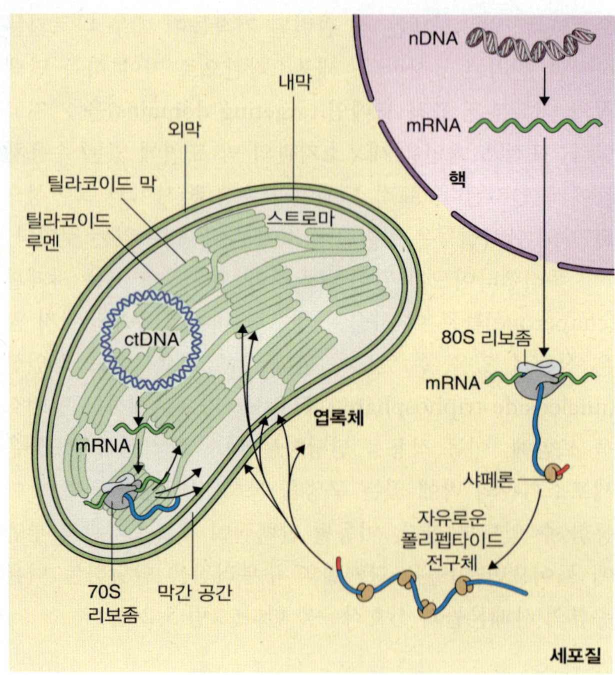

그림 5.27 세포질에 있는 리보좀에서 합성되어 엽록체로 들어간 단백질들은 엽록체의 외막과 내막, 막 사이의 공간, 스트로마, 틸라코이드막, 틸라코이드 루멘 등 6군데의 다른 장소로 배치될 수 있다. 엽록체 내의 스트로마에 있는 70S 리보좀에서 합성된 단백질들은 스트로마 내에 남아 있거나, 틸라코이드막, 엽록체의 내막으로 가도록 표시된다.

(그림 5.26과 5.27). 폴리펩타이드가 구멍을 통과할 때, **샤페론(chaperons)** 분자들이 결합하여, 폴리펩타이드가 구부러지면서 제대로 모양을 형성할 수 있도록 도와준다. 몇몇의 세포질 내 샤페론들은 새롭게 합성되는 단백질들에 결합하여 이들이 구부러지지 않은 상태를 유지하도록 함으로써 단백질성 구멍을 통과하여 적절한 세포의 구역이나 막에 다다를 수 있게 한다. 다른 샤페론들은 막을 통과해 나오는 아미노산에 붙어서 구부러지는 것을 원활히 하도록 한다. 또 다른 기능으로는 잘못 접혀진 작은 부분들을 바로 잡는 역할이 있다. **60 kDa, 70 kDa, 90 kDa 등 열에 의해 유도되는 단백질들**(Hsp60, Hsp70, Hsp90)은 3종류의 샤페론 그룹을 이루고, 이들에 속하는 각각의 단백질들이 다양한 다른 종류의 단백질들과 결합하여 이러한 기능을 수행한다. 열에 의해 유도되는 단백질들의 합성은 열 스트레스 상황에서 증가되는데, 이는 아마도 다른 단백질들이 잘못 접혀짐을 방지하고, 이미 잘못 접혀진 단백질들을 교정하기 위한 것으로 추측된다(15장 참고).

5.7.3 엽록체나 마이토콘드리아로의 이동은 여러 번의 막 장벽을 통해서 이루어진다

엽록체와 마이토콘드리아는 두 겹의 막으로 둘러 싸여져 있다(그림 4.25와 4.27 참고). 엽록체에는 틸라코이드막 이라고 하는 막이 더 있어서 엽록체 내막 안쪽에 또 다른 접힘 구조를 형성한다. 이런 막 장벽들은 엽록체 외막과 내막 사이의 공간, 스트로마와 틸라코이드 루멘 등 수용성인 세 부분을 둘러싸고 있는 셈이 된다. 이 세포소기관에서 단백질들은 각각의 막이나 수용성 부분으로 향해야 한다(그림 5.27).

엽록체와 마이토콘드리아로 펩타이드들이 이동되는 원리는 비슷하지만, 관련된 기작에 사용되는 분자 구성요소들은 매우 다르다. 여기서 우리는 엽록체로 이동하는 기작에 대한 원리를 살펴 볼 것이다. 5.7.1절에서 언급했듯이, 단백질들이 엽록체의 막들이나 다른 다양한 장소로 옮겨지기 위해서는 막에 있는 수용체들, 펩타이드의 표적 도메인, 샤페론 분자들과 수송 단백질 등이 있어야 한다. 그림 5.28에 엽록체의 스트로마와 틸라코이드막, 틸라코이드 루멘으로 단백질이 이동되는 과정에 대해서 나와 있다. 대부분의 엽록체 단백질들은 세포질에 있는 리보좀에서 합성되지만, 몇몇의 단백질들은 소포체에 있는 리보좀에서 합성된 후 골지체에서 유래한 소낭을 통해서 엽록체로 옮겨진다.

세포질에 있는 리보좀에서 합성된 대부분의 엽록체 단백질들은 스트로마로 옮겨지기 전에 Hsp70 그룹의 샤페론들과 상호작용한다. TOC(translocon at the outer chloroplast envelope)과 TIC(translocon at the inner chloroplast envelope)라는 2종류의 수송 복합체가 단백질 이동에 역할을 한다(그림 5.28). 엽록체에 붙어 있는 단백질들은 이들을 엽록체의 외막 표면으로 인도하는 짧은 통과 펩타이드(transit peptide) 신호가 있다. 외막이 이르면 TOC 복합체와 상호작용을 하게 된다. 안으로 들어가야 할 단백질과 TOC의 상호작용, 그리고 외막을 통과해 이동하는 데는 ATP와 GTP의 가수분해가 필요한 반면, TIC을 통한 이동에는 ATP만 필요하다. 마이토콘드리아로 단백질이 이동되는 것과는 달리, 엽록체의 스트로마로 단백질이 이동되기 위해서는 막 사이의 양성자 농도차(pmf)가 필요하지는 않다. TOC과 TIC을 통한 이동이 생화학적으로 개별적인

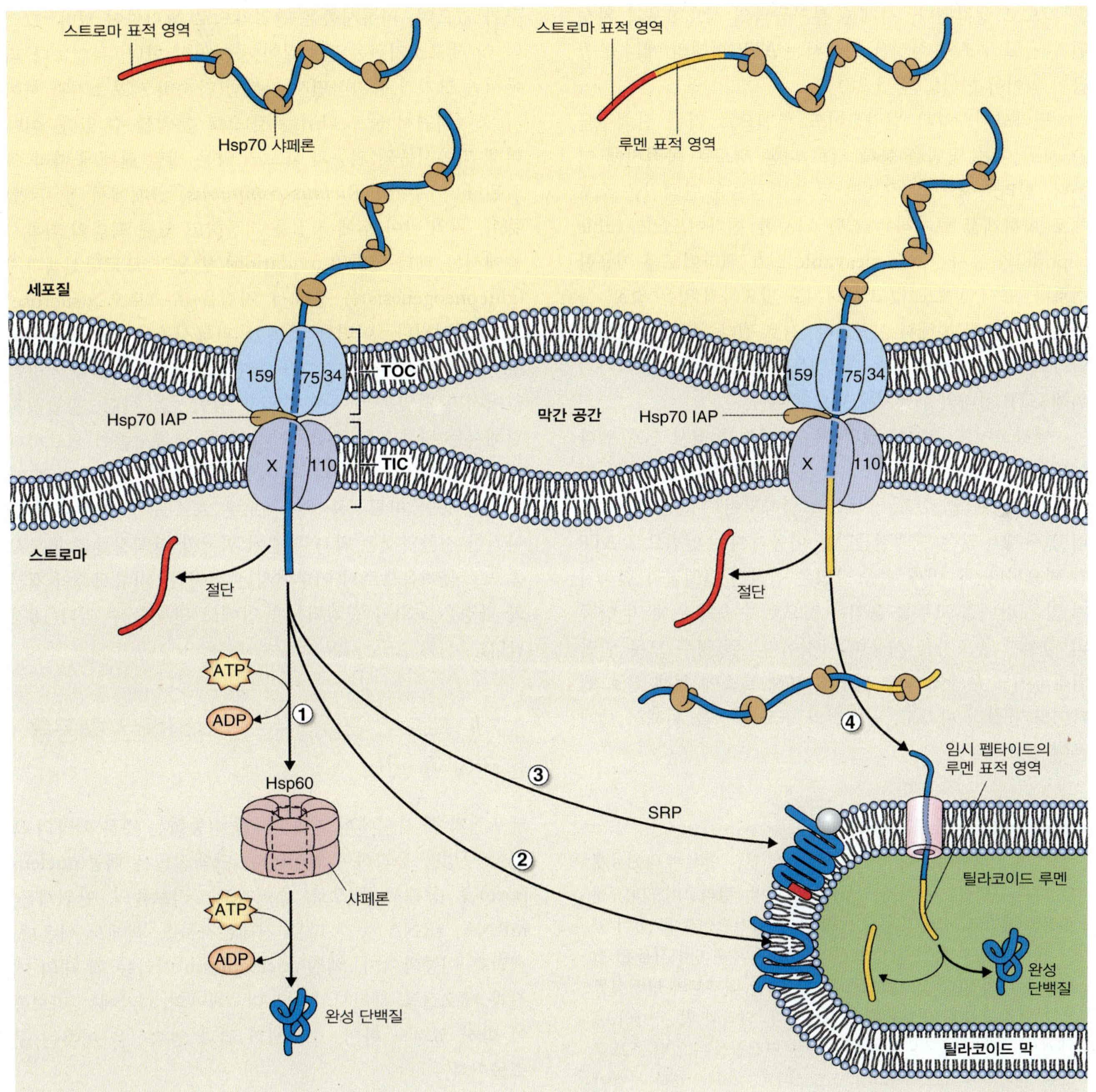

그림 5.28 엽록체 안으로 단백질이 들어가기 위해서는 특별한 샤페론 분자들과 표적 신호, 에너지가 있어야 한다. 스트로마의 통과 펩타이드는 접혀지지 않은 단백질들을 엽록체의 외막으로 향하도록 하고, 막을 통과하는 이동은 TOC와 TIC 수송복합체에 의해 원활히 이루어진다. 통과 펩타이드는 단백질분해효소에 의해 잘려 나가고, (1) 스트로마 단백질은 Hsp60/70과 상호작용하여 최종적인 구조로 된다. 틸라코이드막으로 가야 하는 단백질들은 두 가지 경로 중 한 가지에 의해 이동된다: (2) 표적 신호나 에너지가 필요하지 않은 경로를 통해서, 혹은 (3) 신호 펩타이드가 스트로마에서는 신호인식입자(SRP)와, 틸라코이드막에서는 수용체와 상호작용하는 경로를 통해서이다. (3)의 경로를 통해서 틸리코이드막에 삽입되는 단백질들은 막에 삽입되기 위해 GTP 형태의 에너지를 필요로 한다. (4) 틸라코이드 루멘으로 가야 하는 단백질들의 이동에는 이들을 틸라코이드막으로 수송하는 신호 펩타이드가 있고, 이 신호 펩타이드들은 막을 통과한 후에 잘려 나간다.

과정처럼 보일 수 있지만, 이 과정들은 엽록체의 외막과 내막이 서로 닿을 정도로 가까이 있는 곳 어디에서라도 거의 동시에 일어나는 것으로 생각된다.

일단 단백질이 스트로마에 들어가면, 단백질 분해효소에 의해 통과 펩타이드는 잘려 나간다. 그리고는 Hsp60과 Hsp70 종류의 샤페론과 상호작용하여 최종적인 구조를 이를 것으로 생각된다. 샤페론 분자들과의 상호작용과 완성된 단백질 구조의 형성을 위해서는 ATP 형태의 에너지 공급이 있어야 한다(그림 5.28).

틸라코이드막과 틸라코이드 루멘으로 가는 단백질들은 서로 다른 방법을 통해 서로 다른 경로로 목적지에 이른다. 틸라코이드막으로 향하는 단백질들은 단백질을 소포체로 향하게끔 표시하는 절단 가능한 펩타이드(cleavable peptide)와 유사한 non-cleavable 신호 펩타이드를 이용한 경로나, 표시 정보도 없고 에너지도 필요하지 않은 경로, 둘 중의 한 경로를 통해서 이동된다. 신호 펩타이드를 이용하여 틸라코이드막에 삽입되는 단백질들은 막으로 끼어 들어가기 위해 GTP 형태의 에너지를 필요로 한다.

틸라코이드 루멘에 위치하는 단백질들 역시 신호 펩타이드가 필요한 별개의 두 기작에 의해 이동하게 된다. 첫 번째는 특이적인 수송 기작으로 틸라코이드 막을 가로 질러 접혀지지 않은 단백질들만을 이동시키는 방법으로 ATP가 필요하다. 두 번째 수송 방법은 접혀진 단백질과 접혀지지 않은 단백질 모두를 옮기는 것으로 수송을 위해 막 양쪽의 양성자 농도차를 사용하는 것이다. 두 경우 모두 일단 틸라코이드 루멘에 오면 단백질 분해 효소에 의해 신호 펩타이드가 잘려 나가고, 단백질의 구조 완성을 위해서 샤페론이 필요하다.

키포인트 엽록체로 단백질이 이동하는 것은 엽록체 내에 6개의 다른 구역들: 세 가지 막들(외막, 내막, 틸라코이드막), 세 부분의 공간(막 사이의 공간, 스트로마, 틸라코이드 루멘)이 있기 때문에 매우 복잡하다. 또한 일부의 엽록체 단백질들은 스트로마 내의 70S 리보좀에서 합성되지만 대부분의 단백질들은 세포질의 80S 리보좀에서 합성된다. 외막과 막 사이의 공간에 위치하는 단백질을 제외한 다른 단백질들은 일단 스트로마로 들어와야 하고, 여기서 스트로마로 향하는 표적 서열이 제거된다. 내막과 틸라코이드막, 틸라코이드 루멘으로 향하는 단백질들은 더 많은 표적 신호들이 있어야 한다. 각각의 막이나 공간으로 들어가거나 통과하기 위해서는 특이적인 단백질 수송 체계가 필요하다.

5.7.4 단백질이 퍼록시좀으로 이동하기 위해서는 단일막을 가로질러야 한다

퍼록시좀은 여러 면에서 엽록체나 마이토콘드리아와는 다르다. 첫째, 퍼록시좀에는 핵산이나 단백질을 합성하는 기구가 없으며, 퍼록시좀은 단일막으로 둘러싸여 있다. 그러나 이 세포소기관은 단백질이 들어와야 한다. 무엇보다 퍼록시좀 크기가 증가하면서 이분법(단순히 세포소기관 사이가 조여지면서 둘로 나뉘는 것)으로 분열할 수 있다. 이에 더해 퍼록시좀의 기능과 효소의 양은 발달 단계에 따라 조절된다. 아주까리(*Ricinus communis*) 열매에서 볼 수 있듯이, 씨의 발아 후에 지질을 저장하고 있던 떡잎의 퍼록시좀에서는 베타-산화(β-oxidation) 반응과 포도당신생과정(gluconeogenesis)을 통해서 지질을 수크로오즈(sucrose)로 변환시킨다. 이러한 특별한 퍼록시좀을 글라이옥시좀(glyoxysome)이라고 한다(6장과 7장 참고). 떡잎에 지방이 없어지면 떡잎은 초록색이 되고 광합성을 한다. 광합성을 위해서는 광호흡을 종결시키기 위한 퍼록시좀이 필요하다(9장 참고). 타가영양의 대사과정에서 자가영양상태로 전환하는 동안 퍼록시좀에는 새로운 효소들이 생기게 된다. 이러한 전환과정은 막과 루멘에 위치할 단백질들을 퍼록시좀으로 들여옴으로써 이루어지는 것이다. 퍼록시좀의 재분화 과정은 노화가 진행되는 동안에도 관찰할 수 있다(18장 참고).

5.7.5 핵으로 들어가는 단백질들은 핵공을 통과해야 한다

세포질과 핵 사이에서 거대분자를 수송하는 것은 핵막의 특별한 구멍을 통과하여 일어난다. 단백질들은 **핵공(nucleus pore)**을 통해서 핵으로 들어가고, 리보좀의 단위체들, mRNA, tRNA 등과 다른 거대분자들은 핵에서 나온다. 핵막은 이중막이며, **핵질(nucleoplasm)**이라는 핵 내의 매실과 세포질을 분리시켜 놓는다. 핵막의 외막에는 리보좀이 박혀 있기도 하며, 소포체의 겹과 연속성을 이루는 구조물이다.

핵공은 복잡한 방사대칭형의 구조물로써 100개 이상의 개별적인 펩타이드들로 이루어진다(그림 5.29). 이들은 핵 안팎으로의 물질 이동을 원활히 한다. 핵공의 직경은 약 9 nm로, 최대 약 40 kDa 크기의 분자들이 수동 확산될 정도이다. 핵공을 통한 능동 수송도 역시 일어난다; 아마도 최대 20 kDa 정도되는 단백질들이 능동 수송으로 이동된다. 이 과정은 **핵위치신호[nuclear localization signal(NLS)]**라는 표적 서열과 핵공 복합체에 있는 수용체 단백질, 수용성의 세포질 인자들과 GTP 형태의 에너지가 관련된다. 이 과정은 두 단계로 나뉠 수 있다. 첫째, 단백질에 있는 NLS가 핵공에 있는 수용체에 결합한다. 이것은 세

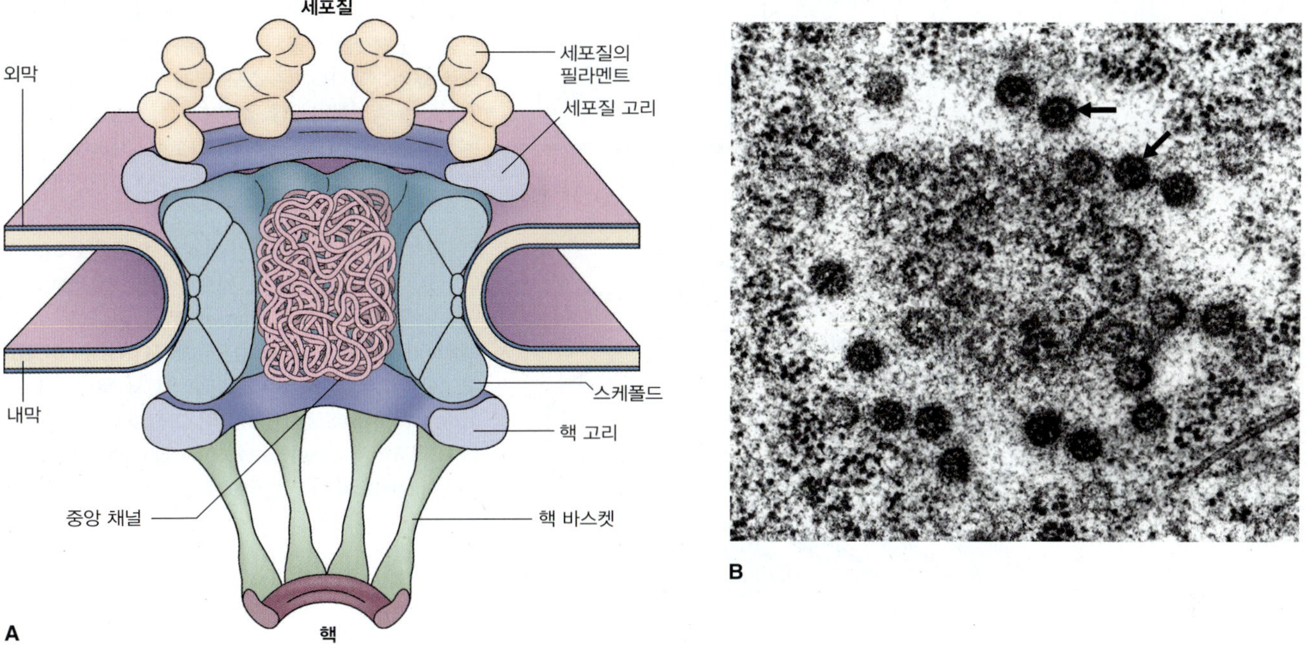

그림 5.29 핵공 복합체. (A) 핵공 복합체를 이루는 단백질들의 조직에 대한 모식도. (B) 여러 개의 핵공 복합체를 접선 면에서 절단한 전자현미경 사진. (A)에서는 막의 횡단면을 보여주고 있고, (B)에서는 핵공 복합체(화살표)들이 박혀 있는 핵막의 표면을 보여주고 있다.

포질 인자와 GTP가 필요한 과정이다. 그런 다음 단백질은 핵공을 통과하는데, 여기서 역시 추가적인 에너지 공급을 위해 GTP가 필요하다.

핵공을 통한 이동은 수송되어야 할 단백질의 NLS를 가리는 데 효과적인 여러 인자들과 빛과 같은 환경적인 요인들에 의해 조절된다. 예를 들어, 광형태형성과정에 대한 빛의 효과는 빛에 반응해서 핵과 세포질을 왔다 갔다 하는 단백질인 COP1에 의해 영향을 받는다. COP1이 소포 수송에 관련되는 COP1 코트 단백질(COP1 coat protein)과는 다름을 주목하자(5.8.3 참고). COP1 단백질은 광형태형성과정의 억제자이다. COP1은 암상태에서 키운 식물에서는 보통 핵 내에 있다. 그러나 식물에 빛이 비치면 세포질로 이동한다. COP1이 세포질로 이동하면 광형태형성에 관련된 유전자들의 억제가 해제된다(8장 참고).

키포인트 대부분의 세포내 단백질들은 세포질에 있는 리보좀에서 합성된다. 소포체에 붙어 있는 리보좀에서 합성된 단백질들이 세포 밖으로 분비되려거나, 세포질에 있는 리보좀에서 합성된 단백질들이 엽록체나 마이토콘드리아, 퍼록시좀과 같은 세포소기관으로 이동하려 할 때는 적어도 하나 이상의 지질 이중층으로 이루어진 막을 통과해야 한다. 복잡해 보이지만 막을 통한 단백질의 수송 원리는 기본적으로 비슷하고, 유사한 법칙을 따른다. 첫째, 단백질들은 특정한 아미노산 서열을 이용하여 이동되어야 할 막으로 보내진다. 둘째, 샤페론 분자들이 이동되어야 할 단백질들이 구부러지지 않은 상태를 유지하게 한다. 셋째, 단백질성 구멍을 통해 막을 통과한다.

5.8 단백질 분비 경로

분비 경로(secretory pathway)는 세포 전체에 펼쳐져 있는 **내막계**(endomembrane system)라는 광범위한 막성 시스템이다. 내막계는 **소포체**(endoplasmic reticulum, ER), **골지체**(Golgi apparatus)와 **후기 골지망**(trans-Golgi network, TGN), **다포성소체**(multivesicular bodies, MVB) 등과 다양한 형태의 소포들과 액포로 이루어진다(그림 5.30). 모든 단백질 합성이 리보좀에서 시작되지만, 내막계로 향하는 단백질들과 세포 밖으로 나가는 단백질들은 리보좀-단백질 복합체를 소포체의 표면에 가도록 하는 신호 펩타이드(signal peptides)가 있어 소포체 표면에서 합성이 종결된다(그림 5.31). 리보좀이 부착되어 있는 소포체를 **조면소포체**

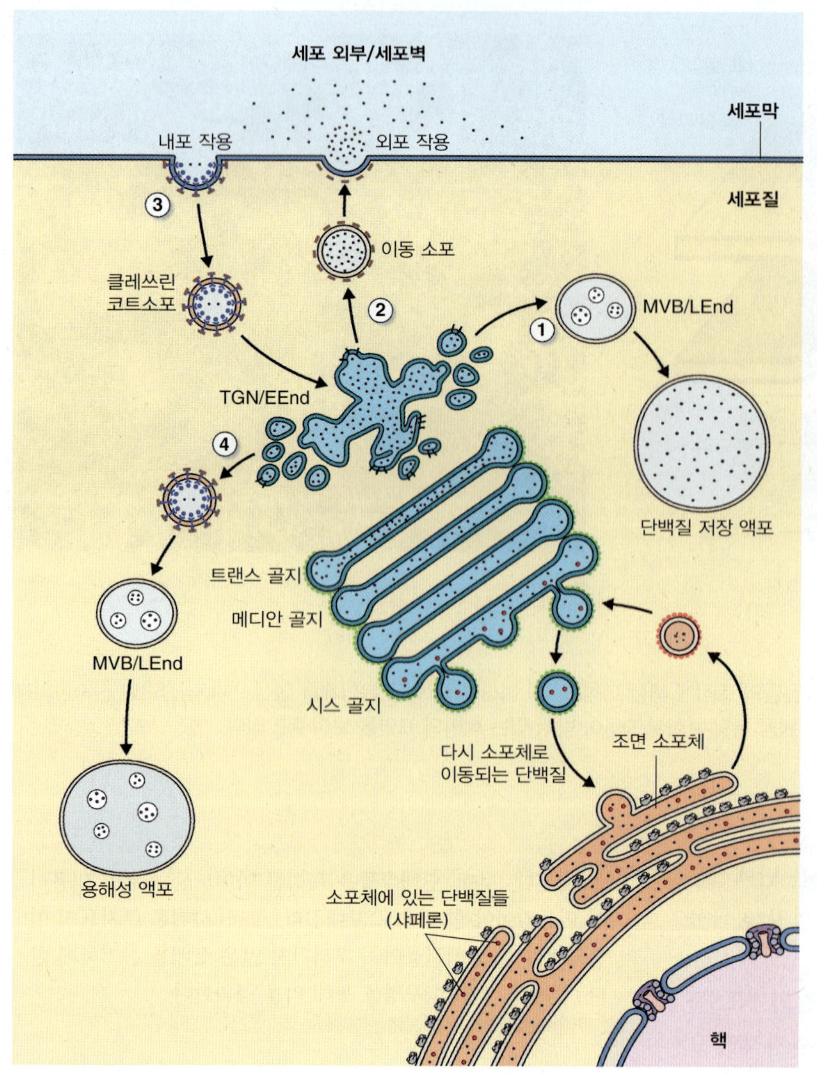

그림 5.30 분비 경로. ER에 부착된 80S 리보좀에서 합성된 단백질들은 골지체를 통해 후기 골지망(TGN)으로 옮겨진다. TGN은 소포 트래픽(vesicle traffic)을 지시하는 중심적인 역할을 한다. (1) 액포로 가야 하는 단백질들은 TGN으로부터 다포성소체(MVB)를 통해 단백질을 저장하는 액포로 향해진다. (2) 세포 밖으로 나가야 할 단백질들은 소포로 싸여 세포막으로 옮겨져 외포 작용이 일어나는 방식으로 이동된다. (3) 내포 작용을 통해 세포 안으로 들여와야 할 단백질들은 클래쓰린(clathrin)으로 덮여 있는 소포(clathrin-coated vesicles)을 통해 TGN으로 이동하고, (4) 여기서 다시 MVB로 보내져서 용해성 액포(lytic vacuoles)로 전해진다. 이 과정 동안에 TGN은 동물 세포에서의 early endosome(EEnd) MVB는 late endosome(LEnd)과 기능적으로 상응한다.

(**rough ER**)라 한다. 조면소포체는 단백질 분비가 많이 일어나는 세포들(예를 들어, 종자 발아를 하는 동안의 곡류의 호분층 세포들; 6장 참고)이나 액포에 저장 단백질을 많이 두는 세포들(예를 들어, 발달 중인 종자의 저장 유세포들)에 특히 많이 분포한다.

5.8.1 신호펩타이드가 단백질을 소포체로 향하게 한다

세포의 밖이나 세포벽, 혹은 내막계의 안쪽에서 기능을 나타내는 단백질을 암호화하고 있는 mRNA에는 단백질 합성이 시작되는 개시 코돈(codon) 부근에 48-90 뉴클레오타이드 정도의 길이가 되는 신호 서열이 있다. 이러한 mRNA에서의 단백질 합성으로 암호화되는 단백질의 N-말단에 16-30 아미노산으로 이루어진 신호 펩타이드가 만들어지는 것이다(그림 5.31). mRNA가 번역되어 감에 따라 결과적으로 만들어지는 단백질의 N-말단은 리보좀 밖으로 나오기 시작하고, **신호 펩타이드**는 **신호인식입자**(SRP)에 의해 인식된다. SRP는 소포체 막에 있는 단백질 복합체에 리보좀이 안착되도록 하는 세포질의 RNA-단백질 복합체이다. 신호 펩타이드의 아미노산 서열은 이루 말할 수 없이 다양하지만 대개의 경우 단백질을 ER로 유도하는 기능을 호환적으로 할 수 있다. 예를 들어, 식물의 신호 펩타이드는 동물 단백질들을 동물 세포의 소포체로 가게 할 수 있고, 그 반대의 경우도 가능하다. 더구나 정상적이라면 분비되지 않을 단백질의 N-말단에 신호 펩타이드를 붙이면 그 단백질은 분비 경로로 가게 된다.

SRP가 신호 펩타이드에 붙으면 단백질 합성은 일시적으로 중단된다. 리보좀과 생겨 나기 시작하는 단백질, SRP가 복합체를 이루고, 이것이 소포체 표면에 있는 SRP 수용체에 인지되어 소포체 막에 복합체가 닿게 된다. 복합체가 소포체 막에 닿으면 GTP 가수분해시 나오는 에너지를 사

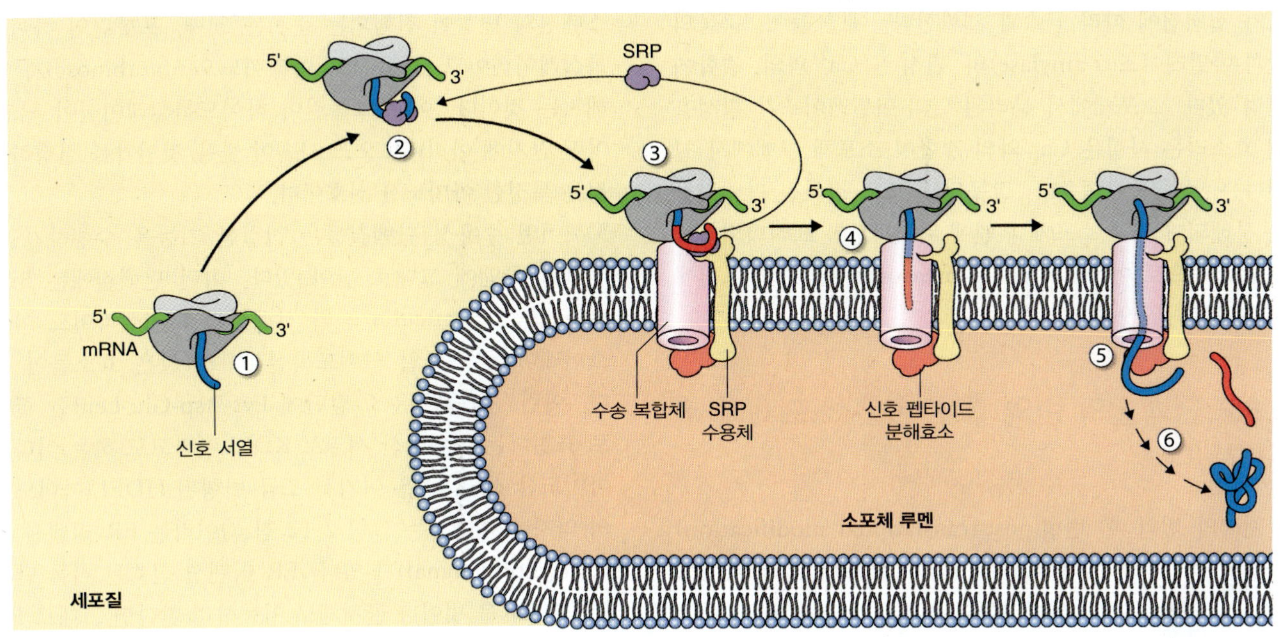

그림 5.31 소포체의 루멘으로 단백질을 표적화시키는 것은 (1) 신호 서열(signal sequence), (2) 신호인식입자(SRP), (3) SRP 수용체, (4) 수송 복합체, (5) 신호펩타이드, (6) 샤페론 분자 등이 관련되는 과정이다. 이들이 서로 협조적인 체계로 작용하여 세포질에서 합성된 구부러진 형태의 단백질이 ER 루멘속에 자리잡게 한다.

용하면서 SRP와 **SRP 수용체**를 이루던 다른 구성요소들이 떨어져 나간다. 그러면 고정된 단백질의 합성이 재개되고, 생겨나기 시작하는 단백질은 소포체에 있는 막관통 채널로 인도된다. 막을 통과해 단백질을 이동시키기 위해서는 역시 GTP 가수분해에 의한 에너지가 필요하다.

조면 소포체에서 합성되는 다양한 종류의 단백질들은 소포체 막을 완전히 통과하지 않는 것들도 있다; 이런 종류에는 소포체나 내막계의 다른 부분을 이루는 내재 막 단백질들이 있다. 이들이 막을 통과하여 이동되는 것은 **이동종결서열(stop transfer sequence)**이라고 하는 소수성의 아미노산 서열로 인해 차단된다. 그림 5.32에 나와 있듯이, N-말단에 신호 펩타이드와 전체 길이의 중간 지점에 이동종결서열을 가지고 있는 단백질들이 막에 그대로 걸려 있는 것을 상상하기란 어렵지 않다. Type I이라고 명명되는 이런 단백질들은 N-말단이 소포체의 루멘 쪽에 있고, C-말단이 세포질 쪽에 있다. C-말단이 소포체의 루멘 쪽에 있는 Type II 단백질들은 소포체로 표적화시키기 위해 신호 펩타이드가 아닌, 다른 소수성의 아미노산 서열을 이용한다(그림 5.32B). 이 장의 앞에서 기술했던 막 수송체들에서 처럼 막통과 도메인이 여러 개인 단백질들은 막의 안쪽과 바깥쪽에 단백질들을 고정하도록 함께 작용하는 다른 종류의 신호 펩타이드와 이동 종결 신호들을 가지고 있다(그림 5.32C).

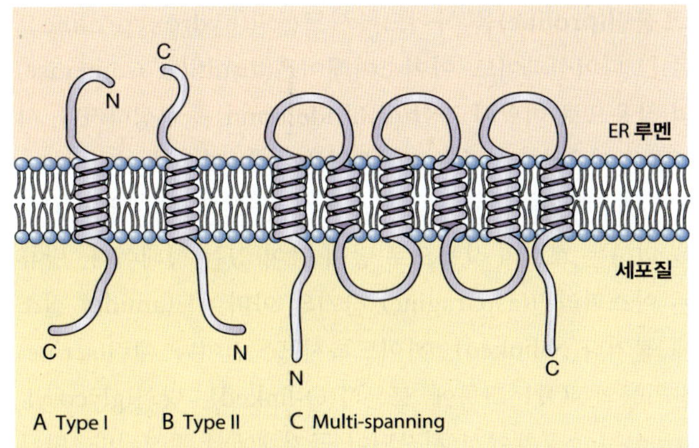

그림 5.32 소포체에 부착되어 있는 리보조옴에서 합성되어 막을 관통하는 N-말단과 C-말단을 가지고 있는 단백질들의 방향성. (A) Type I단백질들은 세포질쪽으로 C-말단이 있고, (B) Type II 단백질들은 세포질쪽으로 N-말단이 나와 있다. (C) 여러 개의 막관통 도메인을 가지고 있는 단백질들은 N-말단과 C-말단이 모두 세포질쪽으로 나와 있다.

수용성 단백질들은 전체로 소포체 루멘으로 들어간다. 이 경우, N-말단의 신호 펩타이드는 펩타이드 분해효소에 의해 제거된다. 그러고 나면 폴리펩타이드는 Hsp, bip(bincing protein), calnexin, calreticulin 등의 샤페론들의 도움으로 소포체의 막 안쪽 면에서 제대로 된 구조로 접힌다. 샤페론에 의해 매개되는 단백질의 구조 형성에는 GTP가 필요하다. 금속단백질(metalloprotein)들은 구조가 접혀짐에 따라 금속과 결합한다. 예를 들어, 곡물의 알파-아밀레이즈(α-amylase)의 활성은 Ca^{2+}와의 결합에 달려 있다. 소포체에서 분리된 알파-아밀레이즈가 활성을 띤 효소라는 사실은 Ca^{2+}와의 결합이 소포체 루멘에서 일어나는 일임을 보여준다. 잘못된 구조로 접혀진 단백질들은 분해되기 위해 소포체 루멘에 위치하도록 표적화되거나 소포체 밖으로 이동되어 26S **proteasome**에 의해 세포질에서 분해된다(5.9 참고).

5.8.2 단백질의 번역 후 변형은 소포체에서 시작된다

단백질의 번역 후 변형(post-translational modification) 과정은 소포체의 루멘에서 시작된다. 단백질들의 아미노산 서열 정보는 이들 단백질들이 변형될 것인지 아닌지, 변형된다면 어떻게 변형될 것인지, 이들이 분비 경로로 가기 위한 공정이 더 필요한지 등의 여부를 결정한다. 소포체에서 진행되는 번역 후 변형은 글라이칸(glycan) 사슬을 더해서 당단백질로 되게 하거나, 아미노산을 변형시키거나 [프롤린(proline)을 하이드록시프롤린(hydroxyproline으로)], 다이설파이드 아이소머레이즈(disulfide isomerase)의 작용으로 이황화 결합(disulfide bond)를 형성하거나, 샤페론을 이용하여 다중복합체를 합체하는 식으로 일어난다.

분비경로로 가는 많은 수용성 단백질들은 서당 서열을 더하는 효소의 작용으로 당이 붙어 있는 형태이다. 당류는 아스파라진(asparagine) 잔기의 아마이드(amide) 질소에 붙거나(N-linked), 하이드록시프롤린이나 세린(serine) 잔기들의 -OH 그룹에 붙는다(O-linked). 당화(glycosylation)는 소포체에서 시작되어 골지체에서 종결된다. 많은 콩과 식물의 저장 단백질을 포함해서 N-linked 당류가 붙어 있는 단백질들은 Asn-X-Ser/Thr이라는 특정한 아미노산 서열을 가지고 있는 특징이 있다. 여기서 X는 프롤린을 제외한 어떤 아미노산이라도 올 수 있다. O-linked 당류가 붙어 있는 단백질들에도 역시 특정한 아미노산 서열이 있다. 하이드록시프롤린이 많이 함유된 세포벽 단백질인 **익스텐신(extensin)**은 O-linked 올리고아라비난(O-linked oligoarabinan) 사슬이 하이드록시프롤린에 붙어 있는 수용성 단백질이다. 하이드록시프롤린을 암호화하는 코돈은 없다: 하이드록시프롤린은 번역 후에 프로일 하이드록실레이즈(proyl hydroxylase)에 의해 프롤린에 하이드록실레이션(hydroxylation)이 되어 생긴다. 그러므로 ER에서 익스텐신의 변형이 진행되는 순서는 첫째, 프롤린의 하이드록실레이션이고, 다음으로 아리비노오즈(arabinose)가 더해지는 것이다. 어떤 프롤린이 하이드록실레이션이 되고, 어떤 잔기에 아리비노오즈 사슬이 붙을 것인가를 결정하는 것은 특정한 아미노산 신호이다.

어떤 수용성 단백질들은 적절한 기능을 수행하기 위해 ER 루멘에 그대로 남아 있다. 이런 단백질에는 BiP, calnexin, calreticulin 등의 샤페론과 다이설파이드 아이소머레이즈, 프로일 하이드록실레이즈 같은 효소들이 있다. 이런 단백질들은 C-말단에 Lys-Asp-Glu-Leu(한 글자로 표현하는 아미노산 서열로 KDEL이라고도 하는)이라는 아미노산 서열, 혹은 여기서 조금 변형된 HDEL(아미노산의 약자에 대해서는 그림 2.12 참고)이라는 ER 리텐션 신호(retention signal)가 있다. ER 리텐션 신호는 이들 단백질들이 ER을 벗어나 골지체로 이동하려 한다면 그대로 ER에 잡아 두는 역할을 한다.

5.8.3 코트 단백질이 소포체와 골지체 사이를 왕복하는 소낭들을 통제한다

분비 경로를 통해 ER에서 다른 장소로 단백질이 이동하는 것은 소낭들이 초기에 ER에서 단백질이 더 변형되고 분류되는 골지체로 이동하는 과정을 통해 이루어진다. 소낭들이 ER에서 골지체로 이동하는 것을 **anterograde transport**라고 한다(그림 5.33). 이 과정은 표면에 **COPII** 라는 특정한 종류의 **코트 단백질(coat protein)**이 있는 소낭에서 일어난다. 이루어진다. COPII는 이동할 방향을 결정하는 정보를 가지고 있다.

ERs에 위치해야 할 수용성 단백질들이나 막단백질들을 골지체로부터 끌어 들이는 과정을 retrograde transport라고 한다(그림 5.33). 수용성 단백질들에 대해서는 KDEL 수용체인 ERD2가 단백질의 KDEL 모티프를 인지한다. ERD2는 골지체와 ER 사이를 왕복하는 ER 소낭의 막에 박혀있다. 막단백질들 역시 골지체에서 ER로 다시 끌어 들여지지만, 식물에서 이들에 대한 특정 아미노산 서열이나 수용체에 대해서는 아직 밝혀지지 않았다. 두 경우 모두, 수용체들은 ER에 머무를 단백질들을 다시 회수하는 기작의 형태로 작용한다. 이런 단백질들은 표면에 **COPI**이라는 다른 종류의 코트 단백질을 가지는 소낭에서 ER로 돌아온다.

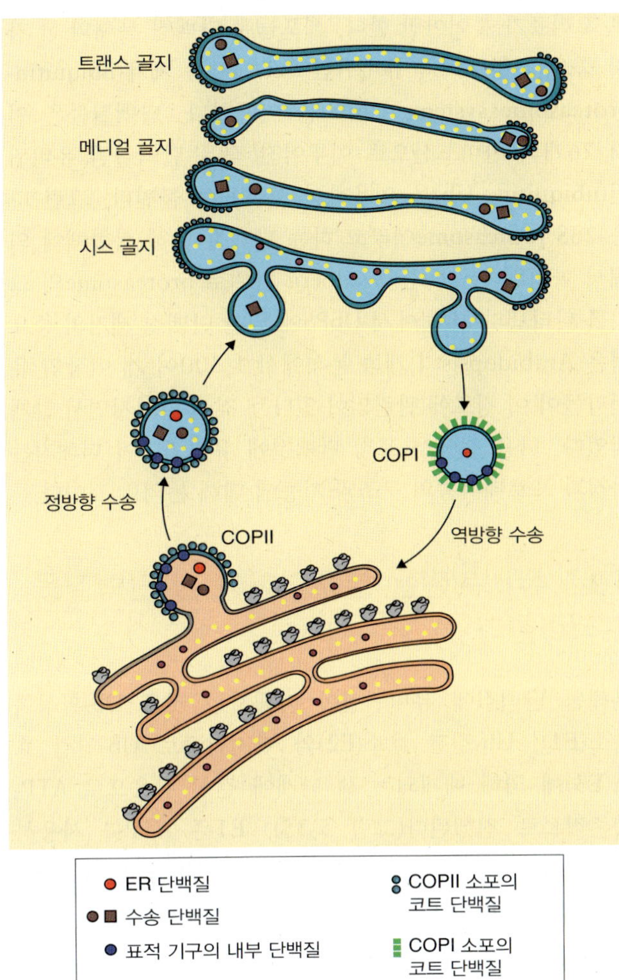

그림 5.33 단백질들은 ER과 소포체 사이에서 리사이클 될 수 있다. ER에서 골지체로 단백질이 이동하는 것을 anterograde transport라고 하며, COPII 코트를 가지고 있는 소낭에서 이루어진다. 이에 반해 골지체에서 ER로 리사이클되는 것을 retrograde transport라고 하며, COPI 코트를 가지고 있는 소낭에서 이루어진다. Retrograde transport는 ER에 있을 수용성 단백질과 막단백질 모두를 되돌아오게 한다.

5.8.4 단백질들은 골제체에서 여러 위치로 이동한다

골지체에서 단백질들은 TGN, MVB, 액포와 세포 밖 등의 다양한 장소로 이동한다(그림 5.33). TGN으로부터 액포나 세포막 등의 다른 곳의 다음 장소에까지 소낭이 이동되는 것은 clathrin으로 둘러 싸여진 소낭(clathrin-coated vesicles)에서 진행된다(4장 참고). 특정한 주소 같은 역할을 하는 서열 정보 없이 분비되는 수용성 단백질들은 **default pathway**라고 하는 경로를 통해서 세포의 표면에 이른다. 이들은 후기-골지(trans-Golgi)에서 소낭으로 싸여

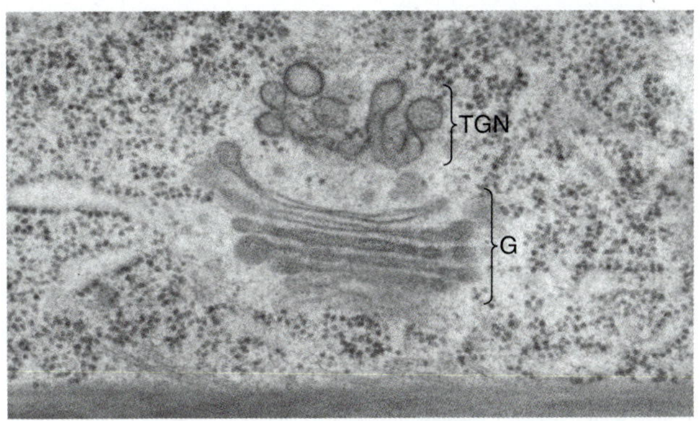

그림 5.34 *Eucalyptus siebertii*에서 골지체(G)와 인접해 있는 후기 골지망(TGN)을 보여주고 있는 전자현미경 사진.

진 다음 TGN으로 이동한다(그림 5.34). 이런 단백질들이 들어 있는 소낭은 TGN에서 세포막으로 이동하여 융합되고, 단백질들을 세포 바깥으로 내놓게 된다. 이 과정을 **외포작용(exocytosis)**라 한다. 곡류 호분층의 α-아밀레이즈(α-amylase)가 이런 종류 단백질의 한 예이다.

Default pathway와는 대조적으로 액포로 가는 단백질들은 특별한 분류 신호가 있어야 한다. 모든 성숙한 식물 세포에 존재하는 중앙 액포 외에도 세포들에는 적어도 세 가지의 액포가 있다: **단백질 저장 액포(protein storage vacuoles)**, 산성인 **분해 액포(lytic vacuoles)**와 **중성 액포(vacuoles with a neutral pH)**가 그들이다. 이런 곳으로 이동하는 단백질들은 특이적인 액포로 분류되는 서열에 의해 어떤 서로 다른 경로들을 거쳐서 여기에 이르게 된다. 고구마의 수용성 저장 단백질로 분해 액포로 이동될 스포라민(sporamin) 같은 단백질에는 N-말단 프로펩타이드 신호(N-terminal propeptide signal, NTPP)가 있다. TGN에서 NTPP는 액포 분류 수용체(vacuolar sorting receptor, VSR)에 의해 인식되어 스포라민을 MVB로 이동하는 clathrin으로 둘러 싸여진 소낭으로 향하도록 한다. MVB에서 clathrin으로 둘러 싸여진 소낭은 분해 액포로 이동한다. 다른 한편으로 C-말단 프로펩타이드 신호를 가지고 있는 단백질들은 아직 정확히 알려지지 않은 경로로 중성 액포로 이동한다. 6장에서 논의하겠지만, 소포체에서 단백질 합성이 이루어진 후 액포로 이동하는 더 많은 경로가 있다. 예를 들어 액포의 저장 단백질인 호박의 알부민은 전구체 축적 소낭(precursor accumulating vesicles, PACs)의 형태로 골지체나 TGN, MVB를 건너뛰고 바로 ER에서 단백질 저장 액포로 이동한다(그림 6.18 참고).

분비 경로 외에도 단백질들은 **내포경로(endocytotic**

pathway)를 통해서도 이동될 수 있다(그림 5.30). 세포막의 함입이 일어나는 **내포작용(endocytosis)**를 통해 만들어지는 소낭들은 clathrin 코트를 가지고 있고, TGN으로 이동된다. 여기서 막단백질과 수용성 단백질들이 분류되고 MVB를 거쳐서 액포로 이동된다. TGN은 동물 세포의 초기 endosome과, MVB는 후기 endosome과 기능적으로 상응한다고 여겨진다.

키포인트 동물 세포와는 달리 식물 세포에는 세포질 전역에 수천 개의 작은 골지체들이 분포하고 있고, 큰 중앙 액포로 인해 식물 세포의 세포질은 넓은 범위에 펼쳐져 있다. 식물의 골지체에서 유래한 산물들은 세포벽이나 여러 다른 종류의 액포들에 위치하게 된다. 이들 중 일부는 식물의 성장과 발생에 관련이 되고, 다른 일부들은 종자의 자엽이나 배젖에서 볼 수 있는 저장 단백질의 형태가 되기도 한다. 식물 세포에서 분비 경로를 통하거나 외포작용에 의한 거대분자들의 이동은 각각의 개별적인 골지체와 연관된 TGN과 전액포 분획(prevauolar compartment)에 의해서 조절된다.

5.9 단백질의 재편과 유비퀴틴-프로테아솜 체계의 역할

합성이 잘못되거나 구조가 잘못된 단백질을 깨뜨리는 것뿐만 아니라 정상적인 세포의 기능을 위해서는 발달 단계에 따라 조절되는 단백질을 제거하는 등의 단백질 분해가 일어나야 한다. 이런 단백질들의 분해는 다른 여전히 필요한 단백질들의 결실을 방지하기 위해서 매우 선택적이어야 한다. 제거되기로 한 단백질들은 파괴되기 전에 특이적으로 꼬리표가 붙어야만 한다. 세포들은 단백질 분해의 한 가지 중요한 경로로써 **유비퀴틴-프로테아솜 체계(ubiquitin-proteasome system, UbPS)**을 이용한다. 단백질들은 먼저 76개의 아미노산으로 이루어진 작은 단백질인 **유비퀴틴(ubiquitin, Ub)**을 이용하여 꼬리표로 붙인다. 그런 다음 **26S proteasome**이라고 하는 단백질 분해 복합체에 의해서 파괴된다. 26S는 Svedberg 단위로 proteasome의 크기를 나타낸다. 식물에서 UbPS에 의한 단백질 제거의 중요성은 Arabidopsis의 게놈 분석에서 1,300여 개 이상의 유전자들이 이 경로에 관련되어 있다는 것이 밝혀지면서 알게 되었다. 다음 절에서 표적 단백질에 유비퀴틴이 더해지는 과정과 프로테아좀의 구조와 기능에 대해 논의할 것이다.

5.9.1 유비퀴틴은 분해되어야 할 단백질을 표적화한다

분해될 단백질에 유비퀴틴이 더해지는 것은 Ub-활성화 효소(**E1**), Ub-결합 효소(**E2**)와 마지막으로 Ub-연결 효소(**E3**)에 의해 매개되는 세 단계에 걸친 반응으로 ATP-의존적으로 진행된다(그림 5.35). E1은 ATP를 사용하여 E1-Ub 중간체를 형성하도록 하여 Ub를 활성화시킨다. 그러면 Ub는 E2로 옮겨진다. 끝으로 Ub 라이게이즈(Ub ligase, E3)가 E2-Ub와 표적 단백질에 결합하여 유비퀴틴을 표적 단백질로 옮긴다. Ub를 표적 단백질에 붙인 후 추가적으로 유비퀴틴이 7개 까지 붙어서 폴리유비퀴틴(polyubiquitin) 사슬이 된다. 유비퀴틴이 붙는 과정은 매우 특이적이다; 이런 특이성은 E3가 결합하는 방식에 의해 주로 결정된다. Arabidopsis에는 1,200개 이상의 E3 유전자가 있고, E1은 2개, E2는 37개의 유전자만 있을 뿐이다.

E3 복합체는 Ub가 표적 단백질에 전달되는 방식에 따

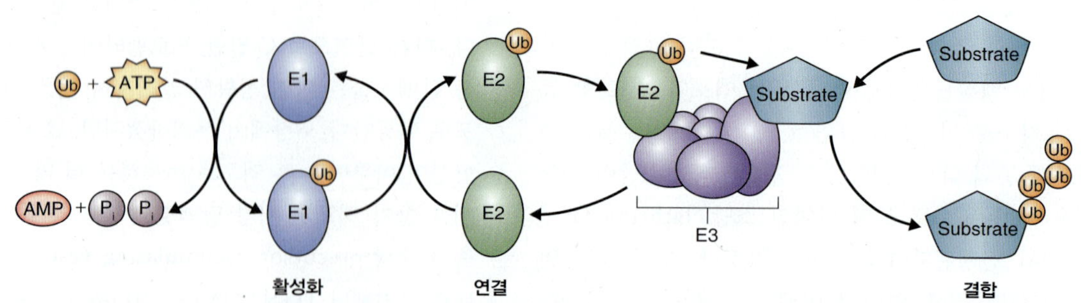

그림 5.35 Ubiquitin-proteasome system을 통한 단백질의 분해. UB-활성화 효소인 E1이 ATP 의존적으로 Ub를 붙인다. Ub는 E1에서 Ub-결합 효소인 E2로 옮겨진다. Ub-연결 효소인 E3는 E2와 표적 단백질에 결합하여 Ub가 7개 까지 표적 단백질에 붙을 수 있는 과정을 촉진한다.

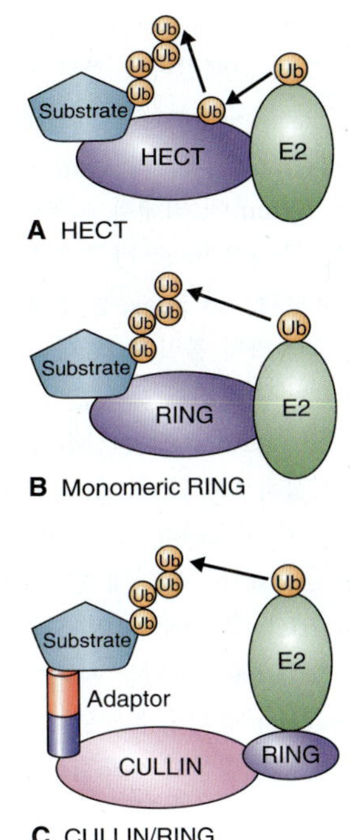

그림 5.36 두 종류의 E3-Ub ligase가 알려져 있다. (A) HECT-domain ligase에서 Ub는 E2에서 HECT domain으로 옮겨지고, 그 다음 HECT domain에 붙어 있던 표적 단백질로 다시 옮겨진다. (B, C) 두 번째 종류에서는 Ub가 E2에서 표적 단백질로 직접 옮겨진다. (B) Ring/U-box E3 ligase는 단량으로 존재하고, E2와 표적 단백질에 직접 결합한다. (C) CULLIN/RING domain ligase는 여러 단백질로 되어 있다. CULLIN이 E2와 결합하는 RING-domain 단백질과 표적 단백질과 결합하는 어댑터 단백질의 플랫폼으로 작용한다.

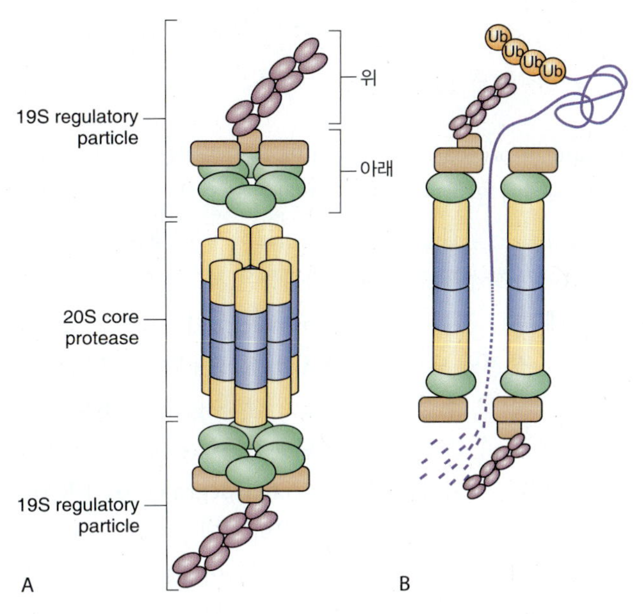

그림 5.37 단백질 분해 공정의 중요한 모습을 보여주는 26S proteasome의 모델. (A) Core protease는 20S 입자로 되어 있고, 양쪽 끝에는 lid와 base로 구성된 19S regulatory particle이 있다. RP와 CP의 결합은 ATP 의존적이다. (B) 유비퀴틴이 붙은 단백질들은 regulatory particle에 의해 인식되고, base에 있는 샤페론들은 표적 단백질들의 구조를 풀어서 이들이 CP에서 분해되도록 한다.

라 두 그룹으로 나뉜다. **HECT E3 ligase**는 E2로부터 UB를 받아 표적 단백질로 이를 전달한다(그림 5.36A). Ring E3 ligase는 E2-Ub와 표적 단백질에 결합하여 Ub가 E2로부터 직접 표적 단백질로 옮겨지는 것을 원활하게 한다. RING E3 ligase는 E2-Ub와 표적 단백질 모두에 결합하는 단량체의 RING E3 ligase로 이루어진 그룹과 CULLIN/RING ligase라고 하는 다수의 RING E3 ligase로 이루어진 복합체 그룹이 있다. **CULLIN/RING** ligase는 단백질이 합체된 복합체로, 각각은 E2-Ub와 붙는 **RING finger domain**과 상당한 변이를 보이며, 표적 단백질을 인지하고 결합하는 어댑터, 그리고 복합체의 나머지 부분에 대한 골격의 역할을 하는 CULLIN-type 단백질로 이루어져 있다(그림 5.36C). 11개의 서로 다른 CULLIN 단백질과 수백 개의 어댑터가 식물에서 알려져 있다. 대부분의 CULLIN/RING E3 ligase는 10개 이상의 서로 다른 단위체를 가지고 있는 APCs(anaphase-promoting complexes)이다(11장 참고).

5.9.2 26S proteasome은 유비퀴틴이 붙은 단백질들이 분해되는 분자 공장이다

유비퀴틴이 붙은 단백질들은 **26S proteasome**에 의해 인지되어 ATP 의존적인 단백질 분해 과정을 거친다. Proteasome은 20S **core protease**(CP)와 19S **regulatory particle**(**RP**)로 이루어진 큰 복합체이다(그림 5.37). CP는 끝이 열려 있는 원통형으로 양 끝에 RP가 있다. RP가 유비퀴틴이 붙은 단백질들을 인식하여 단백질 합성이 일어나는 CP로 이들을 들어오게 함으로써 단백질 분해의 특이성을 부여한다. 또한 RP는 Ub 꼬리표의 제거와 CP에서 단백질들이 빨리 분해될 수 있도록 단백질의 구조를 푸는 역할을 매개하기도 한다.

5.9.3 세포질과 소포체에 위치한 단백질들은 UbPS에 의해 분해된다

Ubiquitin-proteasome system에 의한 단백질 분해는 세포질과 핵에서 일어나며, 막에 부착되어 있지 않는 리보좀에서 합성된 단백질들에 대해서 정교하게 진행된다. 놀랍게도 ER에서 합성된 잘못된 단백질들은 세포질의 UbPS에 의해 분해된다. 전체 단백질의 30% 이상이 ER에서 합성되고, 새로 생겨난 단백질의 약 1/3 정도는 합성되자마자 분해되는 것으로 추정된다. 막으로 감싸져 있는 ER의 루멘 특성상 여기서 합성된 잘못된 단백질들의 분해 기작이 분명 있어 보인다. 이 기작을 **ER-associated degradation(ERAD)** 라 하고, 이는 매우 정교하게 조절되는 과정이다.

ERAD는 ER에 위치한 샤페론들이 ER 루멘에 있는 잘못된 단백질들을 인식하여 구조를 헝클어뜨리고 UbPS에 의해 분해되도록 세포질로 보내는 것이다. 이런 샤페론들에는 ER 단백질과 calnexin, calreticulin, hsp 등이 있다. 스트레스에 의해 ER에서 잘못된 단백질들이 합성되는 비율이 증가하면, ER에 위치한 샤페론들의 합성도 증가된다. 비정상적인 단백질들은 ER막에 있는 전위 구멍(translocation pore)를 통해서 ER에서 세포질로 이동된다. 이 과정을 **retrotranslocation**이라고 한다. ER의 표면에 26S proteasome이 많이 존재한다는 것은 ERAD의 흥미로운 측면이다.

키포인트 결합이 있는 단백질이나 전사 활성자나 전사 억제자 같은 세포 내 기능을 수행하는 단백질들은 분해되기도 해야 한다. 이것은 핵과 세포질 모두에서 볼 수 있는 ubiquitin-26S proteasome system에 의해서 이루어진다. 분해되기로 표적화된 단백질들에는 E3 ligase라고 하는 단백질 복합체에 의해 유비퀴틴이 붙는다. E3 ligase는 분해될 단백질을 인지하고, 유비퀴틴을 7개 까지 붙일 수 있다. 유비퀴틴을 붙이는 데는 Ub를 ATP 의존적인 반응으로 붙이는 Ub-활성화 효소인 E1과 HECT E3 ligase를 거쳐 간접적으로, 혹은 RING ligase를 통해서 직접적으로 Ub를 표적 단백질로 전달하는 Ub-결합 효소인 E2가 필요하다. 표적 단백질에 Ub가 붙으면 이들은 26S proteasome에 의해 인지된다. Proteasome의 regulatory particle에 의해서 인지된 이런 단백질들은 regulatory particle의 base에 있는 샤페론들에 의해 구조가 풀려지고, core protease에 의해 분해된다. ERAD에서는 ER 루멘에 있는 잘못된 단백질들이 세포질로 이동되어 UbPS에 의해 분해된다.

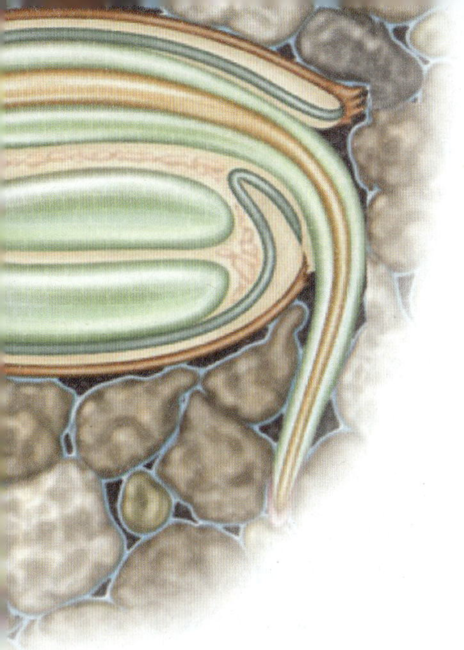

Chapter 6

씨에서 어린 식물로: 발아와 저장 양분의 이동

6.1 씨와 발아에 대한 개요

식물의 일생은 씨(종자)에서 시작되고, 씨가 발아하여 배(embryo)가 자랄 때 재개되어 어린 식물체로 발달한다. 초기에 씨는 수분을 가진 상태로 발달하지만 성숙과정에서 수분이 소실되면서 마른다. 마른 상태(활성이 없는 휴지 상태)에서 씨는 장기간, 때로는 몇 년까지, 물이 다시 들어와 발아하기 전까지 생존할 수 있다. 어떤 씨들은 성숙했을 때 휴면 상태에 놓인다.; 이런 휴면 상태는 발아를 하기 전에 없어져야 만 한다.

발아가 완결됐음을 알 수 있는 신호는 씨껍질을 뚫고 **래디클**(**radicle**)이라는 유근이 보이는 것이다. 배가 자라서 발달함에 따라, 씨의 저장 조직에 있었던 비축된 영양분들이 어린 식물의 발달과 성장을 돕기 위해 이동된다. 발아는 보통 토양의 표면 바로 아래에서 일어나고 어린 식물체는 씨 속에 저장된 양분에 의존적이다. 이 점에서 어린 식물의 성장은 전적으로 **타가영양적**(**heterotropic**)이며, 광합성과는 독립적이다.

씨들은 인간과 가축에게 중요한 식량 자원으로, 인간이 섭취하는 칼로리의 50%, 단백질의 47%가 씨에서 얻어진다고 추정된다. 17종의 식물들이 인간이 섭취하는 음식의 90%이다. 이들 중 곡물류는 마른 상태로 소비되는 다량의 식량이다, 밀, 옥수수, 벼와 보리 등의 곡물은 식량의 70%를 차지하고, 전 세계적으로 소비된다. 사람의 섭생에서 곡물이 우위를 점하게 된 것은 비교적 최근이다. 농업은 인간의 진화 측면에서는 상대적으로 얼마 되지 않은 10,000년 쯤 전에 현재의 터키, 이라크, 이스라엘, 팔레스타인과 요르단을 둘러싸고 있는 지역인 초생달 모양의 지역(fertile Crescent)에서 시작되었다. 따라서 인간이 녹말과 씨에서 유래한 단백질이 풍부한 섭생에 대해 특히 잘 적응된 것이라고 할 수는 없다. 사람의 많은 질병들이 곡물 섭취에 연관되어 있음이 밝혀지고 있다.

농업 생산성에 있어서 식물 육종의 영향력은 엄청나다. 집단의 성장이 식량 공급을 능가할 것이라는 맬서스 학파의 주장(Malthusian claims)에도 불구하고, 전통적인 식물 육종학자들은 거의 매년 곡물의 수확량을 증가시키는 데 성공적이었다. 녹색 혁명(Green Revolution)의 결과로 나온 수확량이 높은 밀과 보리의 변종들은 육종학자들의 기술에 대한 증거였다. 노먼 볼로그(Norman Borlaug)는 많은 새로운 밀의 변종을 개발한 연구결과로 노벨 평화상을 수상하기도 했다.

새롭고 더 개량된 종자 식물의 개발을 위해서 분자생물학적인 방법들이 점점 더 많이 이용되고 있다. 여러 해충에 대해 저항성을 지니고 있는 새로운 옥수수, 제초제 저항성을 지닌 대두, 비타민 D의 합성이 증가되고 철분 함량이 올라간 벼의 변종들이 재조합 DNA 기술을 이용하여 성공적으로 개발되어 왔다. 종자 오일의 유전적인 변형에도 대단한 진전이 이루어졌다. 예를 들어 독성 지방산인 에루스산(erucic acid)의 함량이 2% 미만으로 감소된 카놀라의 개발 같은 것이다(17장 참고). 또한 분자생물학적 공학은 씨

The Molecular Life of Plants, First Edition. Russell Jones, Helen Ougham, Howard Thomas and Susan Waaland.

에 있는 단백질의 질적 향상을 도모하기도 했다. 생명공학자들이 당면하는 가장 큰 장애물은 아마도 소비자들이 유전적으로 변형된 식품을 수용하겠는가 에 대한 문제다.

이 장에서 우리는 씨의 구조를 자세히 살펴보고 씨에 저장되어 있는 영양분의 종류에 대해 알아볼 것이다. 그리고는 씨의 발아에 관련된 과정과 초기에 어린 식물이 성장하는 동안 저장된 물질들이 어떻게 이동하는지를 알아보고자 한다.

6.2 씨의 구조

성숙한 씨는 보호막인 씨껍질(seed coat)로 싸여있는 배(embryo)로 이루어져 있다(그림 6.1). 여기에 더해서 모든 단자엽식물과 많은 진정쌍자엽식물에는 배젖이 있다; 이들을 **endospermous seeds**라 한다. 쌍자엽식물의 배젖은 *Arabidopsis* 씨에서 보듯이 한 층의 세포들로 이루어진 것부터(그림 6.2), 아주까리(caster bean, *Ricinus communis*) 같이 오일을 함유하고 있는 큰 배젖(그림 6.1B)과 옥수수(*Zea mays*) 같이 곡류의 녹말을 함유하고 있는 배젖에 이르기까지 크기가 다양하다(그림 6.1D). 덩굴강낭콩(*Phaseolus vulgaris*) 같은 몇몇 **진정쌍자엽식물들(eudicots)**의 씨(그림 6.1A)는 **non-endospermous**이다; 즉, 성숙했을 때 배젖이 없다. 이제 우리는 씨의 각 부분들에 대해서 더 자세히 살펴볼 것이다.

6.2.1 씨에는 식물의 배가 있다

약간의 예외를 제외하고, 진정쌍자엽식물의 배는 유근인 **래디클(radicle)**과 어린 식물의 한 쌍의 잎인 **떡잎(cotyledon)**을 품고 있는 배의 슈트(shoot)인 **유모(plumule)**로 이루어진다. 단자엽식물들의 배는 떡잎이 하나라는 것 말고는 여러 면에서 진정쌍자엽식물의 배와 유사한 양파의 배부터(그림 6.1C), 상대적으로 복잡한 구조를 가지고 있는 잔디의 배(그림 6.1D)에 이르기까지 구조의 변이가 좀 더 심하다. 잔디의 배에서는 단일 떡잎이 배젖 옆에 있는 흡수 기관인 배반(scutellum)으로 변형되어 있다. 그리고 자엽초(coleotile)라고 하는 한 겹의 덮개가 잔디의 유모를 덮고 있고, 유근초(coleorhiza)라는 덮개가 유근을 둘러싸고 있다.

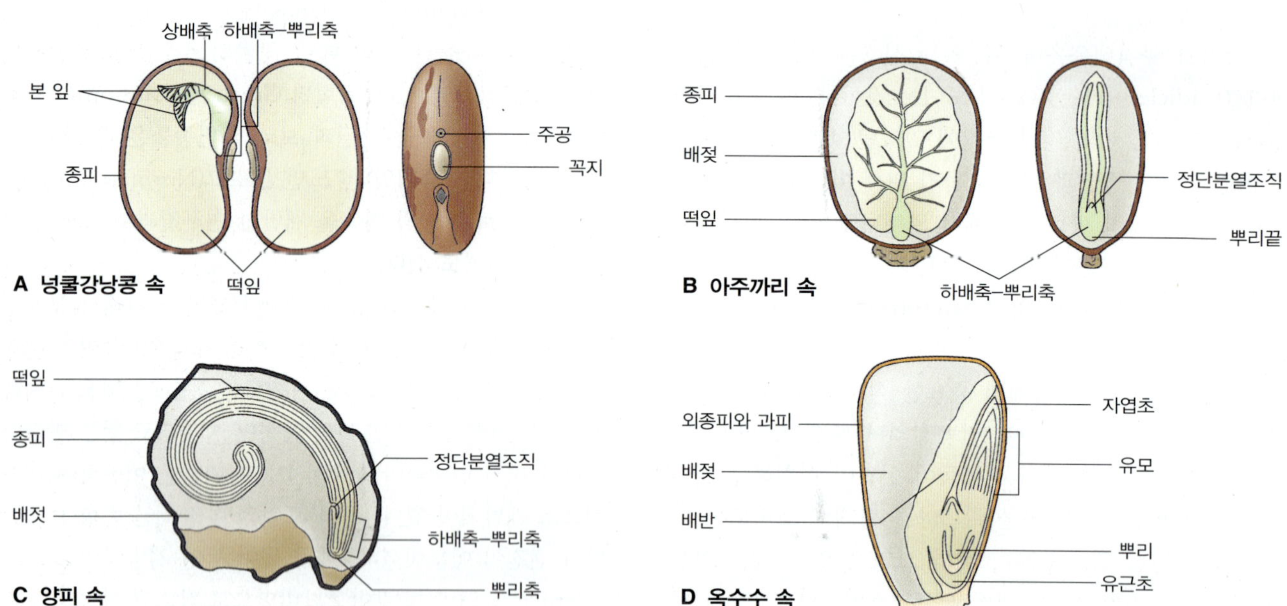

그림 6.1 대표적인 진정쌍자엽식물(A, B)과 단자엽식물(C, D)의 씨. (A) 넝굴강낭콩의 씨가 벌어져 있는 모습과 측면에서 본 모습; 배와 2개의 육질성의 양분 저장소인 떡잎이 있고, 배젖은 없다. (B) 아주까리 씨의 벌어져 있는 모습과 측면에서 본 모습; 큰 배젖과 얇은 잎 같은 떡잎에 주목하라. (C) 큰 배젖과 아래쪽으로 생장점, 옆쪽으로는 떡잎 하나가 있는 양파의 씨. (D) 옥수수의 씨에서 큰 배젖, 육질성의 배반(scutellum), 정단에서 자엽초로 싸여 있는 유모(plumule), 유근초(coleorhiza)로 둘러싸여 있는 뿌리 등을 볼 수 있다.

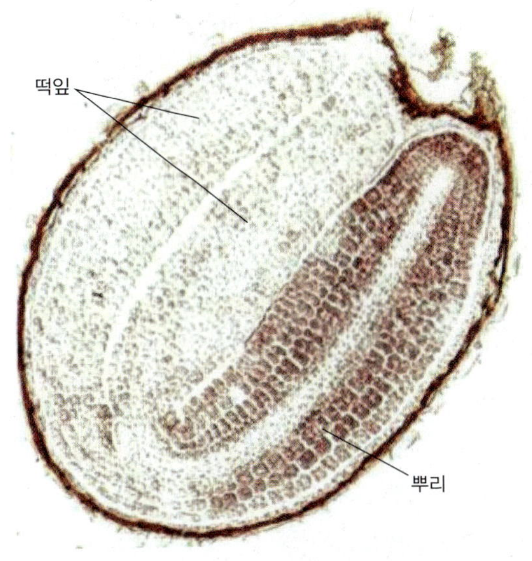

A

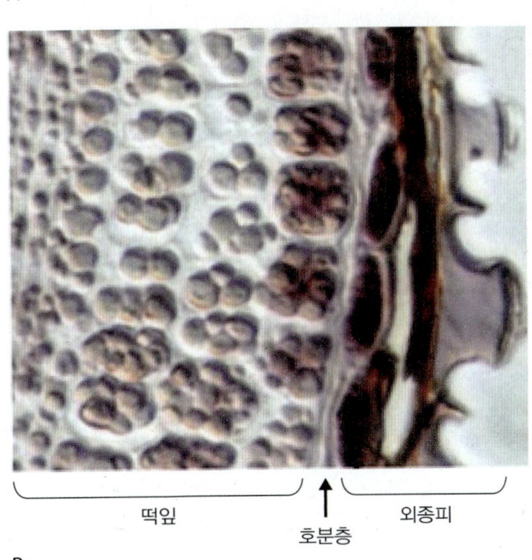

B

그림 6.2 *Arabidopsis* 씨의 광학현미경 사진. (A) 2개의 떡잎(Cots)과 외종피(testa)와 호분층으로 둘러싸인 뿌리가 보이도록 자른 면. (B) 고배율로 관찰한 외종피와 단일 세포층으로 이루어진 호분층(Al), 그리고 한 떡잎의 가장자리.

6.2.2 죽은 세포층으로 만들어진 외종피는 배를 보호한다

배주(ovule)의 주피(integument)(그림 1.18 참고)에서 유래된 외종피(testa)는 여러 층의 압착된 죽은 세포들로 이루어진다(그림 6.2). 외종피에는 많은 씨나 낟알의 색깔을 붉은색에서부터 갈색에 이르게 하는 페놀(phenol) 계통의 물질들이 침적된다(그림 6.3A). 이런 페놀 성분의 물질들은 초식 동물들이나 병원균으로부터 씨를 보호하고, 파장이 짧은 해로운 광선을 걸러 내고, 종피를 단단하게 만들거나 물이나 산소가 통과되지 못하도록 만들어 씨를 휴면 상태에 들어가게 할 수 있다. 씨껍질에 있는 **탄닌(tannins)**과 **폴리페놀(polyphenols)**들은 열매에서 떫은 맛이 나도록 하여 초식 동물들이 먹고 싶어하지 않게 만든다. 자외선의 해로운 효과로부터 배를 보호하는 폴리페놀 성분들이 효율적인 이유는 그 구조에 있다(그림 6.3B). **프로앤토사이아니딘(proanthocyanidines)** 같은 폴리페놀에 많이 있는 이중결합으로 인해 짧은 파장의 빛을 효과적으로 흡수할 수 있고, 이런 빛들에 의해 유발되는 돌연변이로부터 배를 보호할 수 있다.

때로는 씨껍질의 외부에 씨가 물에 닿았을 때 빠르게 수화될 수 있도록 하는 점액층(mucilage layer)이 있다(그림 6.24). *Arabidopsis* 씨에서 점액층은 주로 폴리갈락트론산(polygalcturonic acid)의 폴리머로 이루어진 에스테르화된 펙틴(esterified pectins)으로 되어 있다. 이런 점액층이 씨가 성숙함에 따라 외부 표면에 집적된다. 점액층의 존재는 씨를 물에 불릴 때 표면 전체에서 고르게 물을 흡수하고 보유하는 데 중요할 것이라 생각된다.

많은 씨의 껍질은 외종피가 **과피(pericarp)**에 융합되어 있기 때문에 훨씬 더 복잡하다. 과피는 씨방의 벽에서 유래하기에, 외종피와 과피로 둘러 싸여져 있는 씨는 열매다. 융합된 외종피와 과피가 하나의 배를 둘러싸고 있는 열매의 예로는 잔디의 영과(caryopses, 그림 6.1D)와 딸기, 민들레, 상추 등의 수과(akenes, 그림 6.5)를 들 수 있다. **내화영(palea)**과 **외화영(lemma)**이라고 하는 변형된 잎인 포(bract) 역시 잔디의 영과를 둘러싸고 있는데, 때때로 **까락(hulls)**이라고 하기도 한다(그림 6.6). 까락은 곡식을 타작할 때 생기는 **왕겨(chaff)**의 주된 성분이다.

씨껍질은 정상적인 음식물로 인간의 건강에 유익하다고 생각된다. 이들은 식이섬유를 제공한다. 씨껍질의 리그닌(lignins)과 폴리사카라이드들(polysaccharides)은 주로 소화되지 않으면서 음식물이 장을 통과하는 것을 도와준다. 씨껍질은 항산화제의 풍부한 원천이 되기도 한다. 씨껍질에서 발견되는 물질 중 프로안토사이아니딘(그림 6.3)은 강력한 항산화제로 알려져 있다. 보리 낟알의 왕겨는 맥주를 만드는 공정에서 필터로 사용되며, 전통적으로 맥주를 주정하는 데 있어 중요한 역할을 한다(그림 6.7).

붉은수수

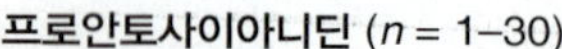

프로안토사이아니딘 (n = 1–30)

그림 6.3 붉은 수수의 외종피 색. (A) 수수 낟알의 선단부. (B) 프로안토사이아니딘의 분자구조. 프로안토사이아니딘은 여러 폴리페놀 중의 하나로 수수를 포함한 많은 종에 존재하면서 위험한 자외선으로부터 씨와 낟알을 보호한다.

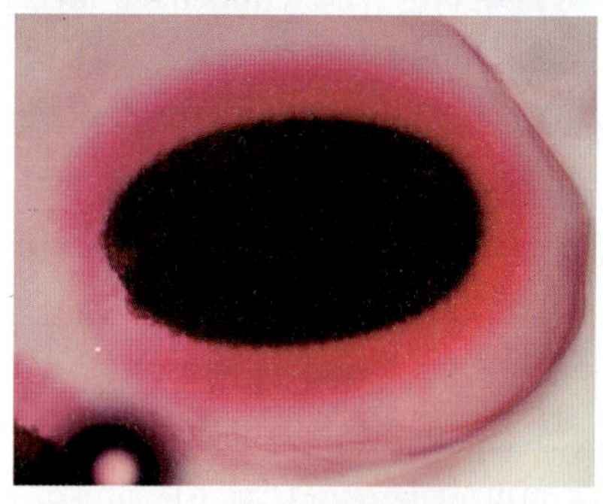

A

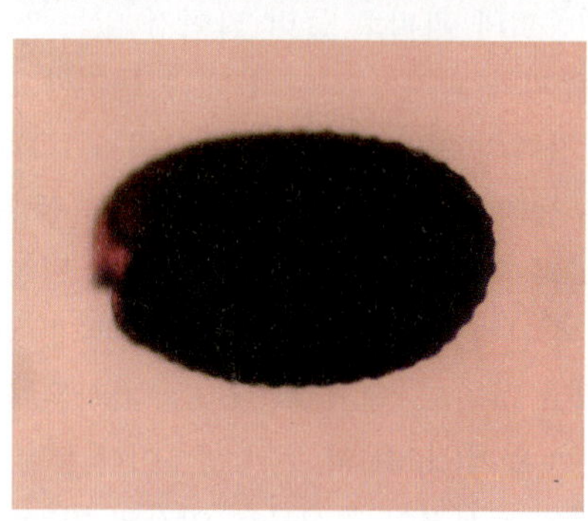

B

그림 6.4 *Arabidopsis*씨를 둘러싸고 있는 점액층은 물을 원활히 흡수하는 두 층으로 되어 있다. (A) 루테늄 레드(ruthenium red)로 염색되어 바깥 층은 희미하게, 안쪽 층은 더 진하게 보이는 씨. (B) 점액층이 없는 돌연변이체의 씨를 루테늄 레드로 염색하여 본 모습.

키포인트 씨는 여러 가지로 복잡한 씨껍질에 둘러싸인 배와 저장 영양분으로 구성된다: 영양분은 배에 저장될 수도 있고, 배젖이라는 특수화된 다배체의 조직에 저장될 수도 있다. 진정쌍자엽식물의 배축은 각각 유근, 유모, 떡잎의 형태로 어린 식물의 뿌리, 줄기와 잎을 포함하고 있다. 단자엽식물의 배는 양파의 배에서와 같이 떡잎을 하나 가지고 있거나, 진정한 떡잎이 없기도 하다. 잔디의 배반은 배젖으로부터 영양분을 흡수하는 변형된 떡잎이다. 씨껍질 혹은 외종피는 배를 둘러싸고 있다. 성숙한 씨에서 한 층, 혹은 여러 층의 죽은 세포로 이루어져 있고, 때로는 페놀 성분의 물질이 침적되어 있다.

6.2.3 배젖은 속씨식물에 특이적인 조직으로 양분을 저장하고 있다

거의 모든 씨들은 발아 후에 어린 식물체의 성장에 사용할 양분을 저장하고 있다. 난초의 가루 같은 씨들은 예외적인데, 이런 씨들은 저장된 양분이 없이 공생 관계를 맺는 진균류와의 관계를 통해 발아를 한다. 많은 콩과 식물에서처럼 배젖이 없는 씨들에서 양분은 배의 떡잎에 저장되어 있다. 대부분의 배젖이 있는 씨들에서 배젖은 양분 저장을 위해 특수화 되어 있다. 그러나 몇몇 종들에서는 양분의 저장이 사소한 역할이기도 하다. 예를 들어 *Arabidopsis* 씨에서 배젖은 비교적 세포벽이 두꺼운 한 겹의 세포층으로만 이루어져 있다(그림 6.2 참고). 나중에 보겠지만, *Arabidopsis*의 배젖과 외종피는 배의 성장을 억제함으로써 휴면 상태가 되게 한다. 이러한 더 특화된 배젖 세포들 역시 단백질과 지질을 저장하지만, *Arabidopsis*에서 저장된 양분의 대부분

그림 6.5 열매. (A) 딸기(*Fragaris* spp.)는 열매가 육질성의 붉은 화탁 위에 얹혀 있다. (B) 상추(*Lactuca sativa*). (C) 민들레(*Taraxacum* sp.). 이러한 종들의 외종피는 과피와 융합되어 수과라고 하는 단과를 이룬다

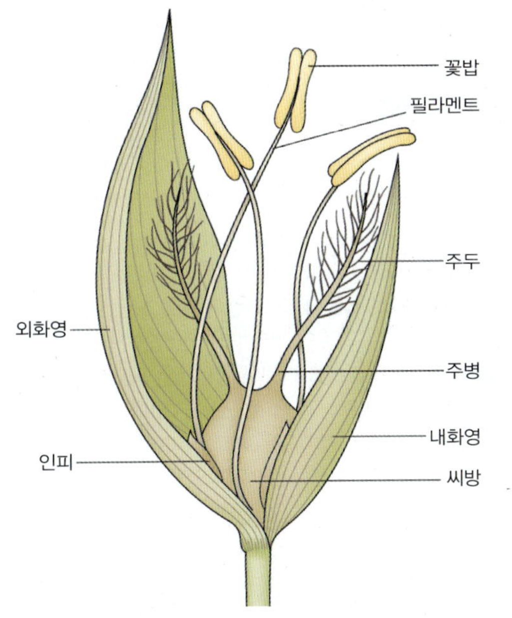

그림 6.6 스파이크라고도 하는 낟알의 선단부를 보여주는 곡류의 꽃 하나를 나타낸 모식도. 내화영과 외화영이 씨방을 둘러싸고 있다. 비늘 같은 인피(lodicules)가 보이는데, 이들은 꽃잎과 꽃받침의 흔적이라고 생각된다. 내화영과 외화영은 성숙된 곡식 낟알의 겨가 된다.

은 떡잎에 있다.

많은 씨들의 배젖은 일정하지 않다: 두께가 다른 영역에 의해 달리 분류되기도 한다. 잔디에서 배젖은 **녹말성 배젖**(starchy endosperm)과 **호분층**(aleurone layer)이라는 두 가지 구조적으로 기능적으로도 다른 **조직**들로 구분된다(그림 6.8). 발아하는 동안 이런 조직들에서 기능을 하는 효소들이 있기는 하지만, 성숙한 이후의 녹말성 배젖은 죽은 세포층이다. 이런 세포들이 녹말 뿐만 아니라 단백질을 저장한다. 호분층은 성숙된 씨에서도 살아 있다. 발아 후에 호분층은 α-아밀레이즈(α-amylase) 같은 효소를 다량으로 생산하고 분비해서 녹말성 배젖에 저장되어 있었던 영양분들을 옮기는 역할을 한다.

배젖이 있는 곡물류와 배젖이 없는 콩과 식물들 모두 사람들이 많이 섭취하는 것들이다. 사람들에 의해 소비되는 건조한 먹거리 중 75% 이상이 곡류에서 유래되고, 6% 정도는 콩과 식물의 씨에서 온다. 표 6.1은 세계적으로 생산되는 씨 작물의 양을 톤으로 표시한 것으로, 곡류가 얼마나 많은 양을 차지하는가를 보여주고 있다. 사실상 미국 농림부(USDA)에서는 곡류나 곡류로 만든 생산품을 1일 6-11회 섭취하도록 권하고 있고, USDA의 1회 분 식사는 많은 비율의 곡물을 포함하고 있다(그림 6.9).

사람이 먹는 식품 중 곡물류가 중요한 역할을 한 것은 인류의 진화적 측면에서는 비교적 최근의 일이고 농업의 결과이다. 곡식의 경작은 약 10,000년 전에 시작되었고, 3,000년 내지 4,000년 전부터는 곡류만이 주요 산물이 되었던 것 같다. 사람의 대사과정이 적어도 대략 100,000년 정도는 육식을 바탕으로 한 수렵으로 얻은 음식물(이 경우는 녹말을 함유한 뿌리가 중요한 역할을 했을 수 있다)에 맞춰서 진화되었기 때문에 곡류를 바탕으로 하는 음식물에 잘 적응하지 못했을 것이라는 것은 어쩌면 그리 놀라운 일이 아니다. 밀에 대한 엘러지(allergy)나 셀리악병(celiac disease)과 같은 많은 인류의 질병들은 사람들이 곡물을 흔하게 섭취할 때부터 생겨났다. 셀리악병은 몇 종의 곡식의 저장 단백질인 글루텐(gluten)에 대한 과민성으로 인해 생긴다. 다른 잘 알려져 있지 않은 질병들 역시 곡류의 과도한 섭취로 인해 특정 필수 아미노산(라이신, 메티오닌, 프

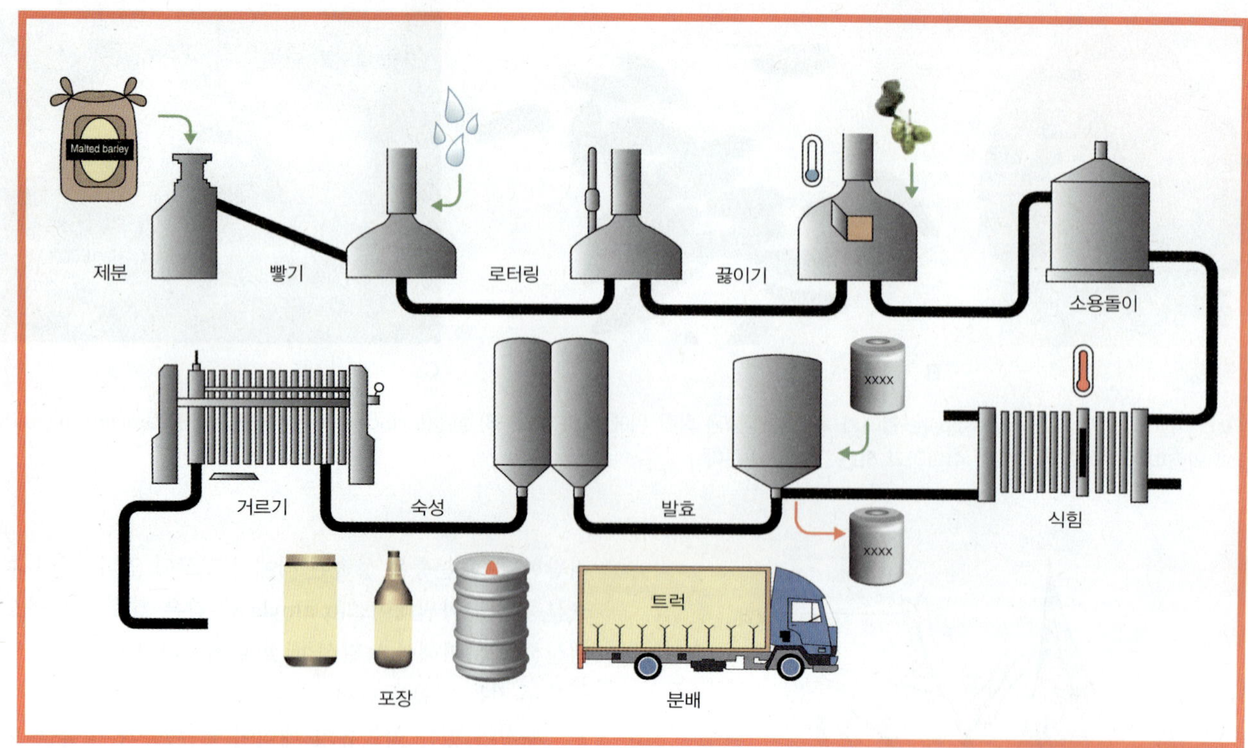

그림 6.7 맥주의 맥아 제조와 양조. 맥아 제조를 하는 동안 성숙한 보리와 밀의 낱알들은 제한된 조건에서 발아되어 재빨리 말려진다. 발아하는 동안 배젖에 저장된 녹말과 단백질들을 분해할 효소들이 생성되지만 발아된 씨를 빨리 말리면 배젖이 파괴가 정지된다. 마른 상태의 생성물을 몰티드 그레인(malted grain)이라 한다. 몰티드 그레인을 갈아서(milled) 탱크에 넣고(mash tun) 물과 섞는다. 이 과정에서 효소들은 녹말과 단백질들은 당분과 아미노산으로 전환시켜 용액 상태의 맥아즙(wort)이 만들어진다. 탱크 바닥에 남아 있는 곡류의 겨로부터 맥아즙이 짜내진다[이 과정을 로터링(lautering)이라고 한다]. 깨끗하게 걸러진 맥아즙을 끓이는 용기로 옮기고 여기에 향을 위한 호프를 더해 혼합물들을 끓인다. 식힌 후 이스트를 넣고 맥아즙을 발효 탱크로 옮기면, 이스트는 당을 알코올로 전환시킨다. 여과를 하고, 이제는 맥주라고 할 수 있는 액체를 식힌 후 조건을 갖춘 탱크에서 맥주의 종류에 따라 수 주일에서 몇 개월까지 저장한다. 드래프트 맥주는 곧바로 소비되고, 병맥주는 해로운 미생물을 파괴하고 보관 기간을 늘리기 위해 멸균처리(보통은 60°C에서 수분 간 열처리한다)를 하기도 한다. 독일에는 맥주를 주정하는 데 "독일맥주순수령(Reinheitgebot)"라는 엄격한 법령이 있다. 이 법은 맥주를 만드는 데 오로지 몰티드 그레인과 이스트, 호프, 물만을 사용할 것을 규정하고 있다. 미국과 다른 많은 나라들에서는 보리나 밀 외의 다른 곡물들이 녹말과 단백질의 보충제로서 사용되기도 한다. 보통 옥수수나 벼, 밀 등의 배젖을 갈아서 사용된다. 이런 첨가제들은 맥주의 향에 영향을 미치는데, 주로 향이 덜 강한 제품들을 만드는 데 이용된다.

립토판)이나 미네랄(칼슘, 철, 이연)이 결핍되는 것과 연관이 있다(6.3.5 참고).

6.3 배는 발아하면서 씨에 저장된 양분을 사용한다

씨는 배가 성장을 시작할 때 사용될지도 모르는 다양한 분자들 뿐만 아니라, 폴리사카라이드, 지질, 단백질, 미네랄 등을 저장한다(표 6.2와 6.3). 이전에 언급했듯이, 이런 저장 영양분들은 배젖이나 떡잎, 혹은 배를 이루는 다른 조직에 저장되어 있다(표 6.4). 예를 들어, 곡류의 배반은 영양분을 저장하는 주요 기관으로 옥수수유기 주로 여기서 얻어진다. 녹말성 배젖이 단백질과 녹말의 주요 저장 기관이지만, 호분층이나 배반과 배의 나머지 부분들에도 단백질과 지질이 저장된다. 벼와 같이 낱알이 작은 곡류는 호분층의 지방이 수확되도록 과정을 거친다. 야자수(*Elaeis* spp.)와 아주까리(*Ricinus communis*)에서 지방은 배젖에 저장된다. 반면에 브라질너트(*Bertholletia excels*)에서는 배의 하배축/유근이 부풀어 올라 씨의 육질 부분을 구성한다. 소나무(*Pinus* spp.)의 씨에는 영양분이 대배우자체에 저장되어 있다(그림 1.15 참고).

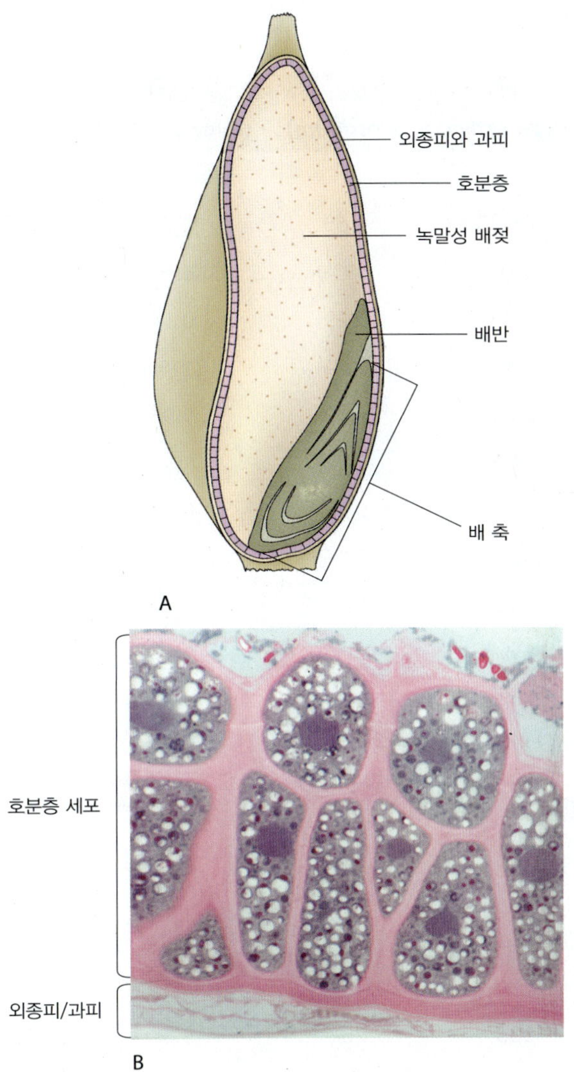

그림 6.8 보리 낟알의 상세한 구조. (A) 바깥쪽이 과피와 호분층, 녹말성 배젖, 배반과 배가 보이도록 종단면으로 자른 모습. (B) 보리 호분층의 현미경 사진으로 두꺼운 세포벽으로 싸여 있고, 세포질이 꽉 들어찬 호분 세포들을 나타내고 있다.

6.3.1 녹말은 식물에서 중요한 탄수화물의 저장 형태이다

녹말은 대부분의 식물에서 중요한 탄수화물의 저장 형태이다. 녹말은 특히 곡류의 많은 씨와 낟알 뿐만 아니라 완두(*Pisum sativum*)나 잠두(*Vicia faba*) 같은 콩과 식물에서 저장된 탄수화물의 대다수를 차지한다(표 6.3)

녹말은 가지를 치지 않은 **아밀로오즈(amylose)** 사슬과 가지를 친 **아밀로펙틴(amylopectin)**으로 이루어진다(그림 6.10). 아밀로오즈는 300-3000개의 포도당이 α(1

표 6.1 전 세계 씨앗용 작물의 연간 생산량

작물	생산량 (kg ×10^9)
곡류	
밀 (*Triticum* spp.)	468
옥수수 (*Zea mays*)	429
벼 (*Oryza sativa*)	330
보리 (*Hordeum* spp.)	160
수수 (*Sorghum* spp.)	60
귀리 (*Avena sativa*)	43
호밀 (*Secale cereale*)	29
기장과 다른 작은 낟알 곡물들	26
콩류	
대두 (*Glycine max*)	88
완두 (*Pisum sativum*)	12
녹두	14
땅콩 (*Arachis hypogaea*)	13
기타	
유채 (*Brassica napus*)	19
해바라기 (*Helianthus annuus*)	10
목화 (*Gossypium* sp.)	5

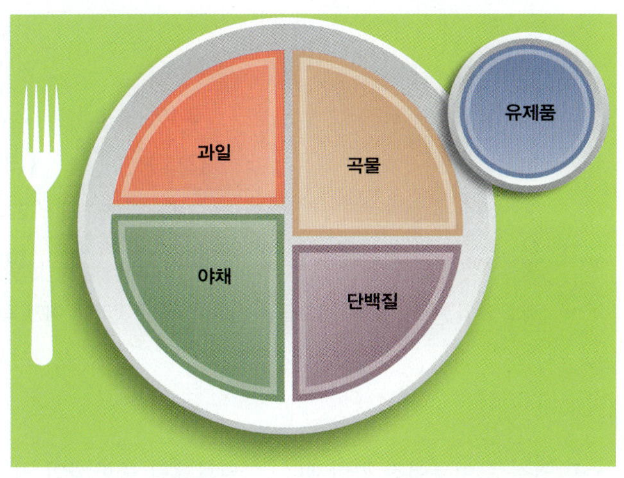

그림 6.9 미국 농림부에서 미국인들의 이상적인 식품 섭취를 위해 고안한 음식 접시. 단백질을 기준으로 권장하고 있는 곡물류와 채소, 과일에 주목하라. 오늘날 영양학자들은 다양한 음식들을 특별한 비율 없이 균형 있게 섭취할 것을 권한다.

표 6.2 도정되지 않은 5종류의 곡물에 있는 비타민과 미네랄 함유량(100 그램 기준)

	밀 (*Triticum* spp.)	옥수수 (*Zea mays*)	벼 (*Oryza sativa*)	보리 (*Hordeum*)	귀리 (*Avena sativa*)
비타민					
B_1 (mg)	0.38 (35%)	0.39 (35%)	0.40 (36%)	0.65 (59%)	0.76 (69%)
B_2 (mg)	0.12 (9%)	0.20 (15%)	0.09 (7%)	0.29 (22%)	0.14 (11%)
B_3 (mg)	5.47 (36%)	0.20 (24%)	5.09 (34%)	4.60 (31%)	0.96 (6%)
B_6 (mg)	0.30 (21%)	0.62 (39%)	0.51 (32%)	0.32 (20%)	0.12 (7%)
엽산 (mg)	38.2 (21%)	19.0 (11%)	19.5 (11%)	19.0 (11%)	56 (31%)
판토텐산 (mg)	0.95 (17%)	0.42 (8%)	1.49 (27%)	0.28 (5%)	1.35 (24%)
무기염류					
칼륨 (mg)	363 (18%)	287 (14%)	223 (11%)	452 (23%)	429 (21%)
칼슘 (mg)	29.0 (4%)	7.0 (1%)	23.0 (3%)	33.0 (4%)	53.9 (7%)
인 (mg)	228 (36%)	210 (26%)	333 (42%)	264 (33%)	523 (65%)
마그네슘 (mg)	126 (45%)	127 (45%)	143 (51%)	133 (48%)	177 (63%)
철 (mg)	3.19 (21%)	2.71 (18%)	1.47 (10%)	3.60 (24%)	4.72 (31%)
아연 (mg)	2.65 (22%)	2.21 (14%)	0.27 (12%)	0.50 (22%)	0.63 (28%)

괄호 안의 수치는 일일권장량을 퍼센트로 나타낸 것이다. 어떤 곡류에서도 비타민 A, C, D, B_{12}는 검출되지 않았다.

→ 4) 연결로 이루어진 중합체다. 아밀로펙틴 중합체의 골격은 아밀로오즈보다 훨씬 더 길다. 이는 10^5개의 포도당이 α(1 → 4) 연결로 되어 있는 기본 골격에, α(1 → 6) 연결로 되어 있는 20-25개의 포도당이 곁사슬에 가지를 쳐서 α(1 → 6) 연결되어 있는 구조이다(그림 6.10).

아밀로오즈는 요오드와 요오드화 칼륨(I_2KI) 혼합물에 대한 반응성에서 아밀로펙틴과 차이가 난다. 아밀로오즈의 α(1 → 4) 연결은 나선 구조인 반면, 아밀로펙틴은 가지를

표. 6.3 몇 가지 중요한 작물에서의 저장 영양분

	평균 함량 (%)			
	단백질	지방	탄수화물	주요 저장소
곡류				
보리 (*Hordeum* spp.)	12	3[b]	76	배젖
옥수수 (*Zea mays*)	10	5	80	배젖
귀리 (*Avena sativa*)	13	8	66	배젖
호밀 (*Secale cereale*)	12	2	76	배젖
밀 (*Triticum* spp.)	12	2	75	배젖
콩류				
잠두 (*Vicia fava*)	23	1	56	떡잎
완두 (*Pisum sativum*)	25	6	52	떡잎
땅콩 (*Arachis hypogaea*)	31	48	12	떡잎
대두 (*Glycine max*)	37	17	26	떡잎
기타				
아주까리 (*Ricinus communis*)	18	64	Negligible	배젖
야자류 (*Elaeis* sp.)	9	49	28	배젖
송나무류 (*Pinus* spp.)	35	48	6	자성배우자체
유채 (*Brassica napus*)	21	48	19	떡잎

[a]주로 전분
[b]곡류에서 지방은 배반, 배젖 조직과 호분층에 저장된다.

표 6.4 옥수수(*Zea mays* cv. Iowa 939) 낟알의 서로 다른 부분에 있는 저장 양양분의 비율

저장 영양분	낟알	배젖 (목말성 배젖과 호분층 포함)	배 (배반 포함)
전분	74	88	9
지방	4	<1	31
단백질	8	7	19

치기 때문에 나선 구조를 형성하지 않는다. 요오드는 나선 구조를 이루는 아밀로로즈 분자의 사이에 끼어 들어갈 수 있고, 그렇게 되면 색깔이 갈색에서 짙은 흑청색으로 바뀐다. 아밀로펙틴 분자는 나선이 아니기 때문에 요오드가 결합할 수 없고, 요오드의 색깔은 그대로 있다.

아밀로펙틴이 가지를 치는 정도는 매우 다양하고 이

키포인트 씨의 저장 물질은 배에 영양분을 공급하는 역할을 한다: 이들은 다양한 조직에서 발견된다. 소나무의 씨에서 대배우자체의 조직에 단백질과 지방이 저장되어 있다. 속씨식물에서 씨에 저장된 물질들은 배젖과 배 자체에 있다. 곡류의 낟알에서 배젖은 녹말과 단백질을 저장하고 있는 죽은 세포로 이루어져 있는 반면, 배와 배반에는 지방이 저장되어 있다. 코코넛 같은 다른 단자엽식물에서는 성숙한 씨의 배젖이 녹말 탄수화물, 지질 등을 저장하는 살아 있는 세포로 이루어져 있다. 많은 진정쌍자엽식물의 씨에는 배젖이 한 층의 세포로 축소되어 배를 둘러싸고 있고, 다량의 저장 영양분은 떡잎에서 발견된다. 아주까리 같은 쌍자엽식물의 씨는 지방을 저장하는 육질성의 배젖을 가지고 있다.

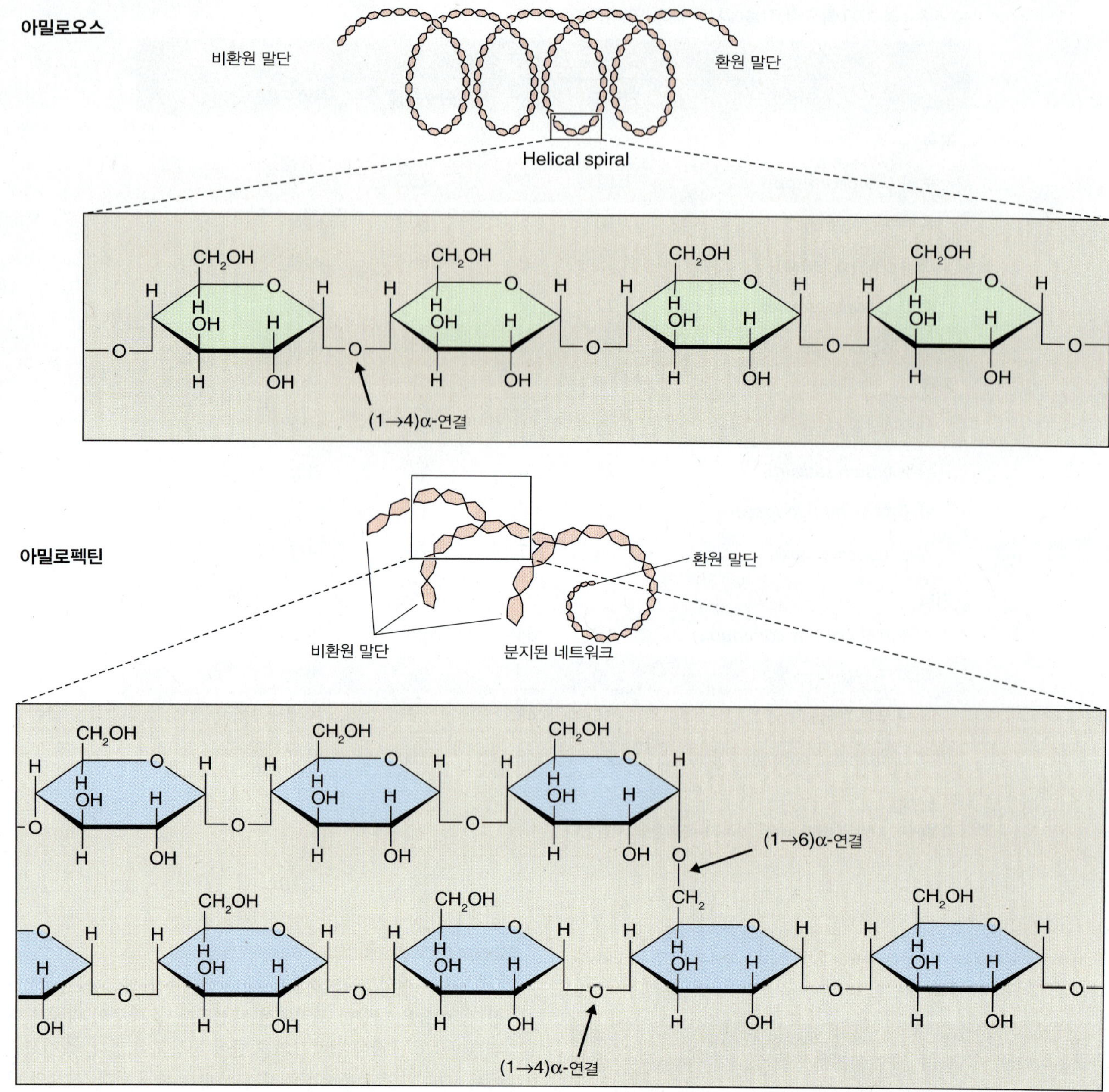

그림 6.10 녹말의 구조. 녹말에는 길고 가지를 치지 않은 포도당들이 α(1 → 4) 연결로 이루어진 아밀로오즈와, 아밀로오즈 사슬이 α(1 → 6) 연결에 의해 가지가 쳐진 형태로 연결된 아밀로펙틴이 있다. 아밀로펙틴에서 가지가 나기 시작하는 지점은 평균 20-30개의 포도당 잔기로 구분되어 있다. 두 분자들이 보여지고 있는 모형에서는 어떻게 α(1 → 4) 연결과 α(1 → 6)이 중합체를 구성하는 데 영향을 미치는지를 나타내고 있다. 아밀로오즈의 나선 구조는 인접한 아밀로오즈 사슬 간에 수소 결함이 쉽게 이루어지지 않게 하는데, 이로 인해 녹말이 가루 느낌이 나게 한다.

때문에 합성되는 녹말의 특징이 달라진다. 아밀로펙틴에 대한 아밀로오즈의 비율은 종에 따라 다르다; 대부분의 곡류에서 평균 녹말의 30% 정도는 아밀로오즈이고, 70% 정도는 아밀로펙틴이다. 표 6.5에서는 몇몇 상업적인 작물에서 아밀로오즈의 함량이 극단적인 예를 볼 수 있다. 옥수수의 왁스 돌연변이처럼 기름기가 있는 곡류에서는 녹말은 전적으로 아밀로펙틴으로 이루어져 있는 반면, 당분을 녹말로 전환시키는 효소가 결여된 옥수수 돌연변이체에서는 아밀로오즈 함량이 70%에 이른다.

부모세대의 식물에서 자라고 있는 씨나 낱알로 옮겨오는 당분은 **아밀로플라스트(amyloplast)**에서 녹말로 전환된다. 아밀로플라스트는 녹말의 합성과 축적을 위해 특

표 6.5 다양한 식물종에서 아밀로오즈 함량과 녹말 과립의 크기

녹말원	아밀로오즈 (%)	과립 크기 (μm)	평균 크기 (μm)
옥수수 (*Zea mays*)	28	5–25	14
고아밀로오즈 옥수수	70	4–20	10
찰옥수수	<2	5–25	14
찹쌀[a] (*Oryza sativa*)	0	2–15	6
흰수수[a]	0	—	—
밀 (*Triticum* spp.)	26	3–35	7 and 20
고구마 (*Ipomoea batatas*)	18	4–40	19
카사바 (*Manihot esculenta*)	17	3–30	14
감자 (*Solanum tuberosum*)	20	10–100	36

[a]녹말은 모두 아밀로펙틴이다.

화된 녹색이 아닌 색소체이다(그림 4.24). 녹말은 녹말 과립으로 축적되고 그 크기는 2 μm에서 감자(*Solanum tuberosum*)의 녹말 과립에서 볼 수 있는 50 μm 이상까지 다양하다(표 6.5). 곡물의 배젖에 있는 녹말 과립은 그림 6.11A의 전자현미경 사진에서 보듯이 한 세포 내에서도 그 크기가 매우 다양하다. 녹말이 층으로 과립에 더해져서 전자현미경 사진으로 보면 동심원을 이루면서 축적되는 것처럼 보인다(그림 6.11B).

녹말은 사람과 가축들을 위한 기본적인 식량으로 이용되는 것을 넘어 훨씬 다양하게 이용된다. 예를 들어, 종이를 만들거나, 인쇄 산업에서 아교와 같은 접착제 역할을 하거나, 세탁시 옷감을 빳빳하게 하거나, 다양한 종류의 사탕 같은 먹거리의 모양을 만드는 고형제로서도 이용된다.

6.3.2 많은 씨에서 세포벽 역시 중요한 폴리사카라이드의 저장 형태이다

녹말이 폴리사카라이드의 중요한 저장원임에는 틀림 없지만, 세포벽도 많은 씨들에서 탄수화물의 중요한 저장소이다. 씨에서 거의 모든 조직의 세포벽은 폴리사카라이드 저장을 위해 변형될 수 있다. 배젖의 세포벽은 특히 저장을 위해서 중요하다. 대추야자(*Phoenix dactylifera*)와 호로파(*Trigonella foenum-graecum*) 같은 식물의 씨에서 세포벽은 만난 폴리시키라이드의 중요한 저장소이다. 이들의 배젖 세포벽은 매우 두꺼워져 있어서 거의 모든 세포질이 제거된 것으로 보인다(그림 6.12).

세포벽에서 여러 종류의 폴리사키라이드들이 저장 형태의 중합체로서 역할을 한다. 대추야자나 호로파에서 뿐만 아니라 콩과 식물 씨의 세포벽에는 만노오즈(mannose) 골격을 가진 폴리사카라이드가 주요 저장 중합체이다. 순수한 **만난(mannans)**은 굳어 있는 거의 결정 형태로 셀룰로오즈와 유사한 매질을 형성한다; **갈락토만난(galactomannans)**에서 갈락토오즈의 곁 사슬은 중합체의 구조적 특징을 변화시킨다(그림 6.13). 골격을 이루는 중합체가 포도당과 만노오즈가 다양한 비율로 섞여 만들어지는 **글루코만난(glucomannans)**은 많은 백합과(*Lilium* spp.)에서 볼 수 있는 반면, 타마린드(*Tamarindus indica*)의 씨에는 갈락토오즈 함량이 높은 **자이로글루칸(xyloglucans)**이라는 폴리사카라이드가 있다.

곡류의 배젖 세포벽은 글루칸이나 β-글루칸이라는 특징적인 폴리사카라이드를 함유하고 있다(그림 6.14). 이것은 셀로트리오즈(cellotriose, 포도당 3개로 된 단위체)와 셀로테트라로오즈(cellotetraose, 포도당 4개로 된 단위체)가 번갈아 β(1 → 3)와 β(1 → 4) 연결로 이어져 있는 중합체다. 보리와 귀리의 배젖은 4–5%의 β-글루칸을 함유하고 있다. 이는 매우 점성이 높은 중합체로, 이 때문에 양조업자들은 차가운 온도에서는 맥주의 색이 탁해지고 공정이 끝난 후 맥주가 잘 걸러지지 않는 등의 애를 먹는다. 곡류

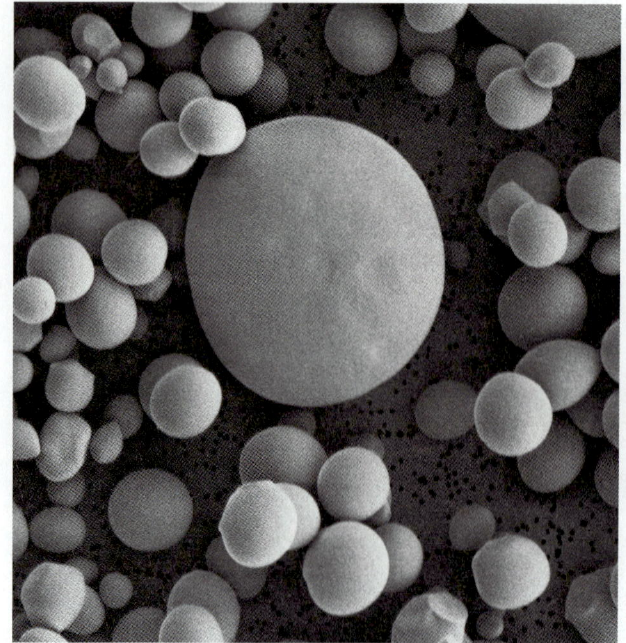

A

B

그림 6.11 밀(*Triticum aestivum*)에서 분리된 녹말 과립의 주사전자현미경 사진. (A) 녹말 과립의 크기는 매우 다양한데, 밀의 배젖에는 큰 것과 작은 것, 두 가지 종류의 녹말 과립이 있다. (B) 녹말이 동심원으로 침적되어 있음을 나타내고 있는 녹말 과립의 자세한 모습.

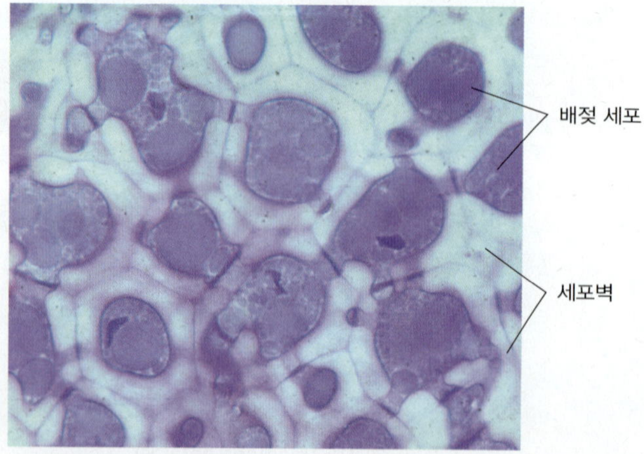

그림 6.12 대추야자 배젖 세포의 광학현미경 사진. 만난을 함유하고 있는 극히 두꺼운 세포벽과 세포질 내의 큰 단백질 저장 액포에 주목하라. 자른 면이 세포벽 만난은 염색되지 않고 단백질만을 염색하는 톨루이딘 블루 O로 염색되었다.

의 β-글루칸은 혈청의 콜레스테롤 수준을 감소시키므로 사람들의 건강에 유익한 것으로 여겨져 왔다. 흔히 '용해성 식이섬유(soluble fiber)'로 시장에 나와 있다.

6.3.3 진정쌍자엽식물의 저장 단백질에는 글로불린과 알부민이 있다

저장 단백질은 콩과 식물의 경우 건중량의 40% 정도를 차지하지만 곡류에서는 10-12%에 지나지 않는다(표 6.3 참고). 단백질 함량의 이런 차이에도 불구하고 곡류의 저장 단백질은 사람과 가축이 섭취하는 단백질 함량의 많은 부분을 차지한다(약 연간 2 × 10^5 kg). 콩과 식물에서는 불과 연간 7 × 10^4 kg을 섭취한다(표 6.1 참고). 20세기 초기부터 시작된 연구의 결과 식물성 단백질들은 물, 염류가 있는 용액, 희석된 산성, 혹은 알칼리성 용액에 녹는가에 따라 구별할 수 있다(표 6.6). 각 물에 녹는 단백질들은 **알부민(albumins)**, 묽은 염에 녹는 단백질들을 **글로불린(globulins)**, 알칼리에 녹는 단백질들을 **글루텔린(glutelins)**, 70% 에탄올에 녹는 단백질들을 **프롤라민(prolamins)**이라 한다.

염에 녹는 글로불린과 물에 녹는 알부민이 진정쌍자엽식물의 저장 단백질 다량을 구성한다. 예를 들어 알팔파(*Medicago sativa*)의 씨의 저장 단백질에서 글로불린은 40%를, 알부민은 20% 정도를 차지한다. 콩과 식물의 글로불린은 다량체의 단백질로 **레규민(legumins)**과 **비실린(vicilins)** 2종류로 구분된다. 레규민과 비실린은 침전 계수(Svedberg units, S)의 측면에서 차이가 나는데, 레규민에 속하는 단백질은 크기가 11S~14S인 반면, 비실린은 7S-8S이다. 2종류의 단백질 모두 다양한 개수의 단위체로 구성되는데, 완두의 경우 비실린은 8개의 단위체로, 레규민은 7개의 단위체로 이루어져 있다. 다른 진정쌍자엽식물의 씨에도 레규민 같은, 혹은 비실린과 유사한 단백질들

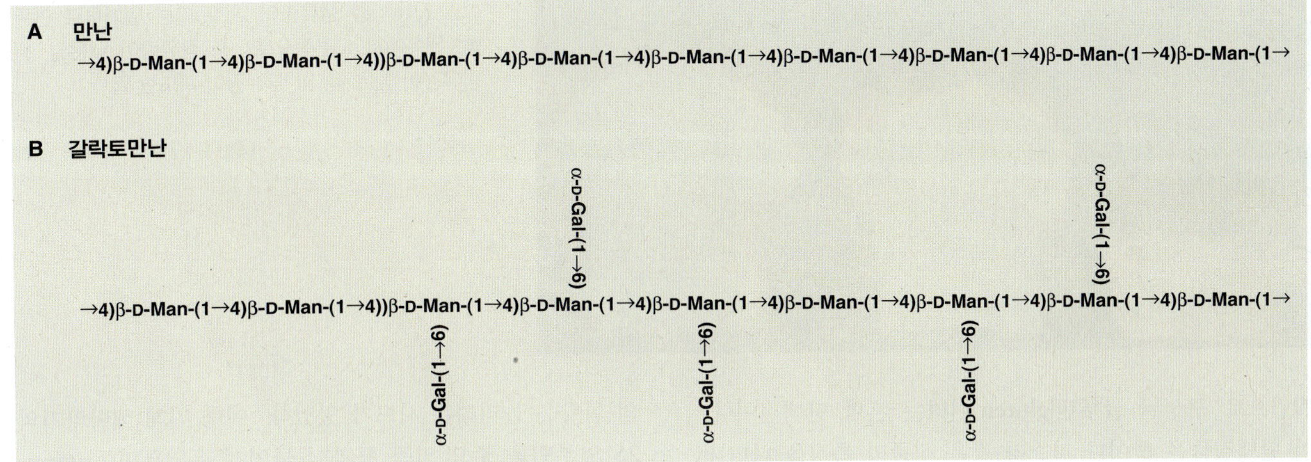

그림 6.13 만노오즈와 교차 결합된 글라이칸의 구조. (A) 일자형의 인접한 만난 사슬은 서로 수소결합하여 셀룰로오즈와 유사한 결정체를 만들 수 있다. (B) 전적으로 β(1 → 4)-D-mannose로 이루어진 골격에서 만노오즈의 6번 위치에 α-D-galactose가 결합한 갈락토만난의 모습. 이런 곁 사슬들은 정형화된 결정 구조가 안 생기게 한다.

→4)β-D-Glc-(1→4)β-D-Glc-(1→3)β-D-Glc-(1→4)β-D-Glc-(1→4)β-D-Glc-(1→3)β-D-Glc-(1→4)β-D-Glc-(1→4)β-D-Glc-(1→4)β-D-Glc-(1→3)β-D-Glc-(1→4)β-D-Glc-(1→

그림 6.14 혼합 연결로 이루어진 글루칸은 곡류 배젖의 특징적인 폴리사카라이드다. 글루칸은 β(1 → 3)와 β(1 → 4) 연결이 혼합적으로 되어 있다.

표 6.6 식물 단백질들의 분류

단백질 종류	용매에 따른 용해 정도
알부민	물
글로불린	묽은 염 (0.1 M NaCl)
글루텔린	묽은 알칼리 (0.1 M NaOH)
프로라민	70% 알코올

이 있는 듯 하다. *Arabidopsis*의 씨에는 7S 비실린인 글로불린이 없고, 저장 단백질의 85% 정도가 12S 레규민과 2S 알부민으로 구성되어 있다.

6.3.4 곡식 낟알의 저장 단백질은 진정쌍자엽식물의 저장 단백질들과는 다르다

곡류 낟알에 있는 저장 단백질의 구성은 진정쌍자엽식물의 그것과는 매우 다르다. 곡류 낟알에는 사실상 쌍자엽식물의 씨에는 없는 알코올에 용해되는 프롤라민과 알칼리 용액에 용해되는 글루텔린이 고농도로 존재한다(표 6.7). 전반적인 단백질 성분의 이런 차이에도 불구하고, 곡류와 쌍자엽식물의 저장 단백질들은 흥미롭게도 유사한 점이 있다.

표 6.7 몇몇 곡물의 대략적인 단백질 구성(%)과 저장 단백질의 이름

곡류	알부민	글로불린	프로라민	글루텔린
밀 (*Triticum* spp.)	9	5	40 (글리아딘)	46 (글루테닌)
옥수수 (*Zea mays*)	4	2	55 (제인)	39
보리 (*Hordeum*)	13	12	52 (호데인)	23 (호데닌)
귀리 (*Avena sativa*)	11	56	9 (아베닌)	23
벼 (*Oryza sativa*)	5	10	5 (오리진)	80 (오리제닌)
수수	6	10	46 (카피린)	38

침전계수가 7S인 곡류의 글로불린은 콩과 식물의 7S 비실린과 유사한 서열을 보인다. 또한 곡류의 녹말성 배젖과 호분층에서 발견되는 글로불린은 레규민의 11S 단백질들과 유사한 서열을 보인다.

밀의 배젖 단백질 절반 정도는 주로 프롤라민과 글루

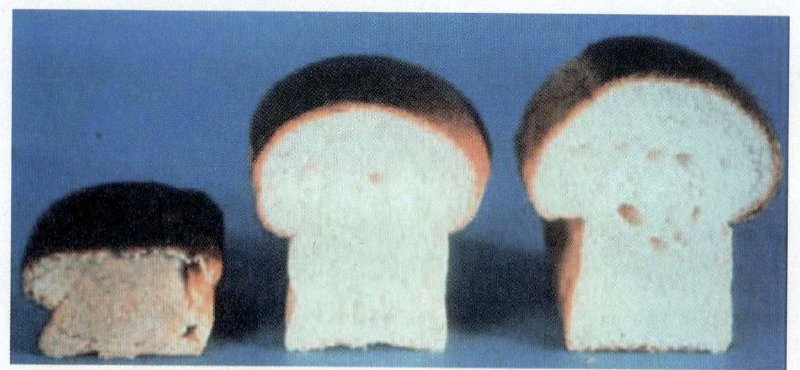

그림 6.15 황 함유량이 서로 다른 밀가루로 만든 빵. 왼쪽에서 오른쪽으로: 황 함유량이 낮은밀, 황 함유량이 높은 밀, 황 함유량이 과도한 밀.

텔린으로 구성된 **글루텐(gluten)**이라는 혼합 단백질이다. 이 단백질들은 빵이나 파스타 같은 식품의 특징을 나타내는 데 필수적이다. 빵을 구울 때, 인접한 글루텐 사슬간에 이황화 결합(S–S)이 존재하는지에 따라 크게 영향을 받는다; 반죽의 탄력성은 글루텐의 산화와 관련된다. 빵을 만드는 동안, 반죽은 글루텐의 분포가 균일하도록 하고 –SH 기가 산화되어 S–S 결합이 인접한 글루텐 분자들 사이에서 만들어질 수 있도록 잘 주물러 준다. 이를 통해, 발효 이스트를 첨가해서 생기는 이산화탄소를 붙잡아 두는 단백질 네트워크가 형성됨으로써 빵이 부풀어 오르는 것이다. 황을 함유하고 있는 시스테인 함량이 적은 단백질로 된 밀가루는 아마도 이황화 결합이 적게 생길 것이고, 이 때문에 빵이 부풀지 않는다. 반면 밀가루에 시스테인이 너무 많아도 빵의 질에는 좋지 않게 작용한다(그림 6.15). 반죽의 질을 향상시키기 위해 브롬산칼륨(potassium bromate) 같이 시스테인을 산화시켜 이황화 결합을 유도하는 물질을 쓰기도 한다.

6.3.5 씨 단백질의 아미노산 함량은 인간과 가축들을 위한 영양가에 영향을 미친다

콩과 식물에 많이 포함된 글로불린은 아미노산 중 아르지닌, 아스파라진, 글루타민이 많아서 발달 중인 어린 식물의 질소를 함유한 아미노산의 공급원이다. 이런 단백질들은 사람이나 가축에게는 상대적으로 라이신이나 프립토판뿐 아니라 황을 포함하는 시스테인이나 메싸이오닌 등의 다른 아미노산들이 결핍되어 있으므로 영양학적으로 그리 좋지는 않다. 반면, 알부민에 속하는 씨 단백질들은 특히 메싸이오닌이 풍부하다. 예를 들어 브라질너트(*Bertholletia excelsa*)와 해바라기(*Helianthus annuus*) 씨에 있는 2S 알부민은 메싸이오닌을 각각 18%, 16% 가지고 있다. 콩과 식물이 가축 사료로 폭넓게 사용되기 때문에 메싸이오닌의 함량을 늘리려는 시도가 있었다. 이를 위해 해바라기의 2S 알부민을 주요 알곡 콩과 식물인 좁은잎루핀(*Lupinus angustifolius*)에 도입시켰다. 해바라기의 알부민 단백질을 가지고 있는 형질전환된 루핀은 메싸이오닌 함량이 높아져 동물에게 먹이는 시험에서 야생형에 비해 영양학적으로 우수한 것으로 나타났다. 그러나 원하는 아미노산을 가진 단백질들의 유전자를 도입해서 영양가 높은 씨를 만들려는 시도에는 주의가 필요하다. 2S 알부민을 암호화하는 브라질너트의 유전자를 대두(*Glycine max*)에 도입하여 영양가를 향상시키려는 실험은 불가피하게 형질전환된 식물체에 강력한 앨러지 유발 물질을 도입시킨다. 사실, 씨의 2S 알부민 중에 저장 단백질의 소화와 앨러지를 유발하는 단백질들의 분해에 중요한 아밀레이즈나 단백질 분해효소들의 억제제들이 있다는 것은 잘 알려져 있는 사실이다. 영양가와는 상관이 없이 앨러지를 유발하는 이러한 알부민의 특징은 왜래 알부민 유전자가 다른 종으로 유입될 때도 계속 유지된다.

레규민, 비실린, 프롤라민 그룹에 속하는 씨이 저장 단백질들은 **단백질체(protein body)**라고도 하는 특별한 **단백질 저장 액포(protein storage vacuole)**와 호분립(aleurone grains)에 있다(그림 6.16과 6.17). 모든 씨 저장 단백질은 소포체에서 합성되지만, 소포체부터 액포까지는 서로 다른 경로를 따른다. 쌍자엽식물과 단자엽식물의 글로불린은 골지체에서 형성되는 밀도가 높은 소포를 통해서 소포체에서 액포로 옮겨진다(그림 6.18). 호박씨의 알부민과 옥수수나 벼의 프롤라민 같은 단백질들은 골지체를 통하지 않는다. 호박(*Cucurbita pepo*)의 경우, ER에서 합성된 알부민은 전구체를 축적하는 소포(precursor accumulating vesicles)에 직접 액포로 이동된다(그림 6.18). 반면, 곡류의 프롤라민은 ER의 루멘에 축적되어 ER-유래 단백질 저장 액포로 된다(그림 6.17).

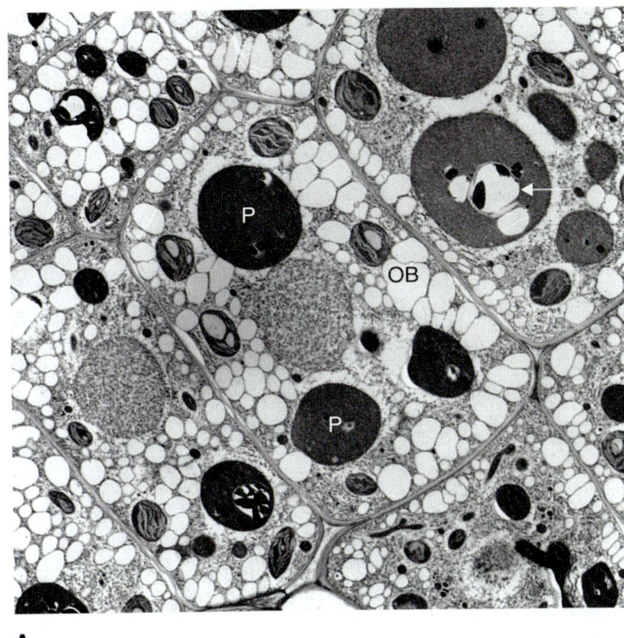

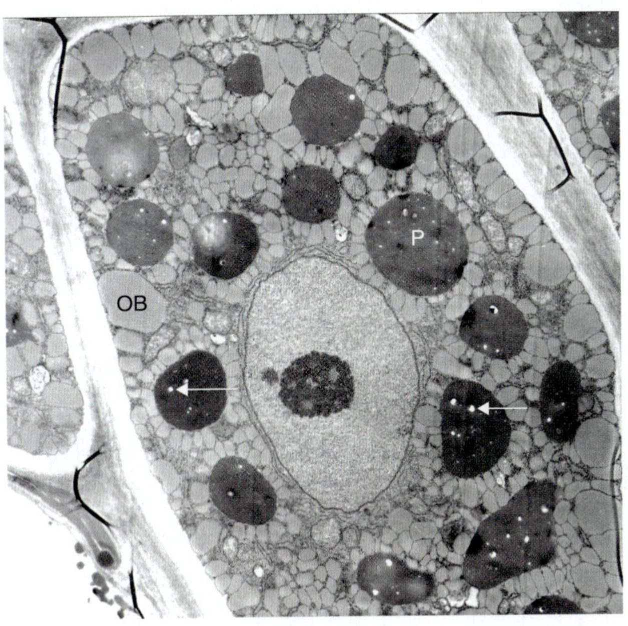

그림 6.16 *Arabidopsis* 씨의 단백질 저장 액포. 떡잎(A)과 호분층 세포(B)의 전자현미경 사진. 크고 진하게 염색된 단백질 저장 액포(P)에는 피틴(phytin) 결정이 안으로 함입되어 있고, 이 결정은 떡잎에서 훨씬 크게 나타난다. 세포의 전자현미경 사진을 준비하는 과정에서 피틴 결정이 사라져서 액포에 단백질이 있는 곳에 빈 공간을 남기기도 한다(흰색 화살표). 2종류의 세포 모두에 지질체(oil body, OB)가 다량으로 존재하며, 호분층 세포의 세포벽이 훨씬 두껍다는 점에도 주목하라.

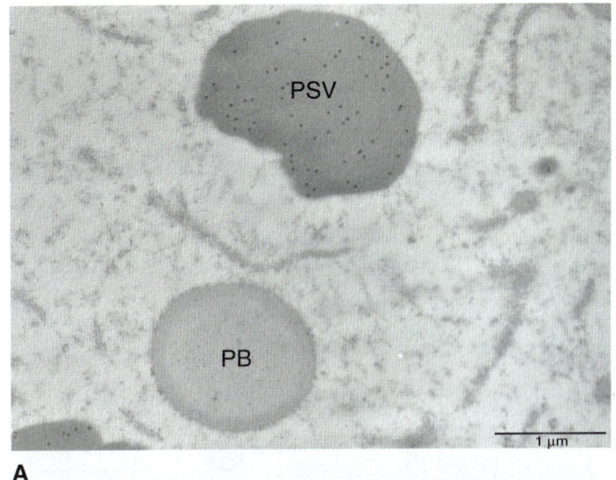

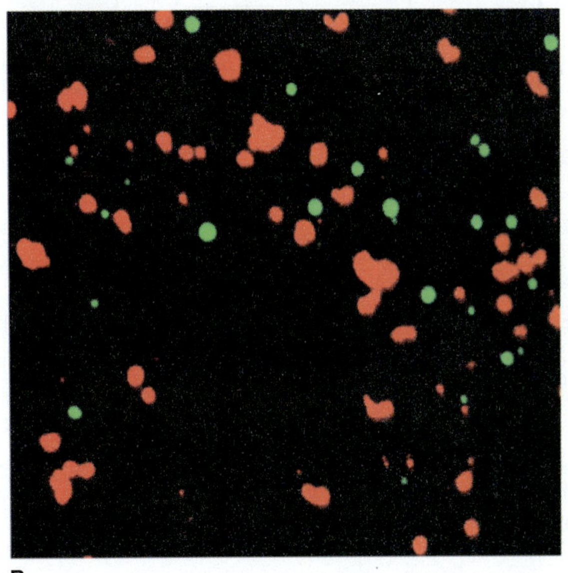

그림 6.17 벼의 단백질체. (A) 면역세포화학적인 방법으로 글루텔린의 위치와 벼의 주요 저장 단백질체를 보여주는 전자현미경 사진. 금 입자(작은 검은 점)가 단백질 저장 액포(PSV) 내의 글루텔린의 위치를 나타낸다. PSV 밑에는 소포체 내에 프롤라민 단백질체(PB)가 있는 곳이 보인다. (B) 분리한 벼의 단백질체를 이중 간접 면역형광법으로 염색하여 나타낸 형광현미경 사진. 초록색으로 염색된 단백질체가 프롤라민 단백질체이고, 붉은색이 글루텔린 단백질 저장 액포를 나타낸다.

6.3.6 씨의 저장 단백질들은 반영양소로 작용하기도 한다

어떤 씨들의 저장 단백질은 원하지 않는 특징을 가지고 있고, 많은 병의 원인이 되기도 한다. 이런 단백질에는 렉틴과, 효소 억제제들, 티오닌 등이 있다. 효소 억제제들은 α-아밀레이즈 억제제와 단백질 분해효소 억제제, 두 그룹으로 나눌 수 있다. 씨에는 곤충에서부터 사람에 이르기까지 다양한 동물들이 가지고 있는 α-아밀레이즈에 대해 특

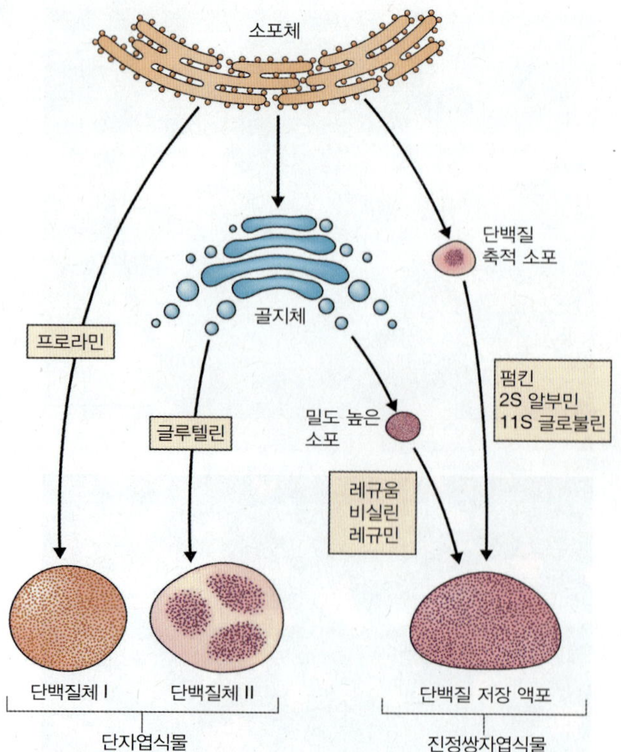

그림 6.18 어떻게 저장 단백질들이 내막계에 침적되는지를 나타내는 모식도. 글루텔린, 비실린, 레규민 등은 ER에서 합성되어 골지체로 옮겨지고, 골지체에서 형성된 소낭을 통해 단백질 저장 액포로 이동된다. 호박씨의 11S 글로불린과 2S 알부민 같은 저장 단백질들을 ER에서 합성되어 precursor accumulating vesicles에 의해 바로 단백질 저장 액포로 이동된다. 곡류의 프롤라민 같은 다른 단백질들은 ER의 루멘에 축적되어 ER-유래 단백질체를 형성한다.

이성을 보이는 많은 종류의 **아밀레이즈 억제제(amylase inhibitors)**들이 있다. 이런 억제제들은 보리, 호밀, 밀들이 속한 Triticeae 족의 초본류에 특히 많이 있다. 아밀레이즈 억제제들은 씨의 저장 단백질 중에서 수용성인 알부민 분획의 80% 정도까지를 차지하고 있다. 이들은 α-아밀레이즈의 활성 부위 근처에 결합하여 아밀로오즈 사슬의 글루코실 연결이 가수분해되는 것을 방해한다. 이러한 단백질들은 곤충에 대한 식물의 방어 기작의 일환으로 진화된 것으로 여겨진다. 분명 많은 씨의 아밀레이즈 억제제들이 곤충의 α-아밀레이즈에 대해서 특이성을 나타내지만, 곡류의 아밀레이즈 억제제들은 사람의 침과 이자에 있는 α-아밀레이즈 뿐만 아니라 곡류의 α-아밀레이즈도 억제한다.

아밀레이즈 억제제들의 이러한 특징들은 여러 면에서 연구되어 왔다. 세계의 특정 지역에서는 매우 큰 곤충으로 인한 손실을 줄이기 위해 씨가 아밀레이즈 억제제를 합성하도록 고안되었다. 이런 억제제들은 사람들이 체중 감량을 위한 식이 대체재로도 사용되어 왔다. 그러므로 아밀레이즈 억제제들은 비만을 감소시키는 데 이용된 것이다. 또한 당뇨병 환자들이 당을 생산하는 것을 감소시키기 위해서도 투여될 수 있다.

더불어, **단백질 분해효소 억제제**들도 씨의 저장 단백질에서 발견된다; 이들은 단백질 분해효소에 결합하여 단백질의 분해를 억제시킨다. 씨에는 아밀레이즈 억제제처럼 넓은 범위의 특이성을 갖는 다양한 억제제들이 존재하고, 이들은 식물 방어 기작의 한 부분으로 진화되어 온 것으로 생각된다. 해충, 특히 곤충들에 대한 방어 기작의 한 방법으로 새롭게 숙주가 된 식물에서 다양한 종류의 단백질 분해효소 억제제들이 발현된다.

렉틴(lectin)은 탄수화물에 결합하는 다량의 단백질을 포함하고 있다. 효소 억제제처럼 렉틴도 탄수화물과 당단백질의 특징에 영향을 미칠 수 있다. 이들은 효소나 구조 단백질들, 영양분으로 섭취되는 분자들에 결합할 수 있다. 사람 세포와 조직에 다양한 영향을 미치기 때문에, 널리 연구되는 렉틴으로 소맥 배아 응집소(wheat germ agglutinin, WGA)라는 단백질이 있다. WGA는 소화계의 경계를 이루는 세포의 글라이칸에 결합하여 장으로부터의 흡수를 방해하고 장내 미생물 환경을 변화시킨다. WGA는 매우 안정적이어서 요리 시에 열을 가할 때나 소화관을 통과할 때도 살아 남는다. WGA는 장에서 살아남아 혈관으로 흡수되기도 하기 때문에, 강력한 면역 항원으로 작용하여 다양한 유해한 효과를 일으키기도 한다.

티오닌(thionins)은 씨에 흔한 작은 염기성 단백질이지만 영양 조직에서도 발견된다. 대부분의 티오닌은 45-50개의 아미노산으로 이루어져 있고, 몇 개의 보존된 시스테인 잔기들이 있다. γ-티오닌은 곤충의 디펜신(defensin)이나 전갈의 독소와 같이 절지동물에서 생성되는 독소와 유사하다. 티오닌은 식물 병원균 뿐만 아니라 동물들에 대해서도 독성을 나타내는 것으로 알려져 있다. 이들의 작용 방식은 다양한데, 효소합성과 활성의 억제제로 작용하거나, 세포내 수송체계에 영향을 미치기도 한다.

6.3.7 대부분의 식물 조직과는 달리 씨에는 저장 지질이 있다

대부분의 식물 조직들이 탄수화물만을 저장하지만 많은 씨들을 **트리아실글라이세롤(triacylglycerol)**의 형태로 지

키포인트 씨에는 사람이나 다른 동물에 대해 반영양소로 작용할 수도 있는 다양한 구성 성분들이 포함되어 있다. 이들 중에 피틴산(phytate)과 저장 단백질들은 세균이나 진균과 같은 식물 병원균이나 곤충과 같은 초식 동물들에 대한 식물의 방어기작으로 진화되었다고 생각된다. 피틴산은 강력한 양이온 킬레이터로 사람이나 가축이 필요로 하는 칼슘이나 철, 다른 양이온들의 양을 감소시킨다. 씨가 들어 있는 음식을 많이 먹으면 뼈의 소실과 빈혈을 일으킬 수 있다. 보호 역할을 하는 씨의 저장 단백질 중에는 많은 아밀레이즈 억제제와 단백질 분해효소의 억제제, 저분자량의 티오닌, 당단백질에 결합하여 불활성화시키는 렉틴 등이 있다. 이들도 식물을 포식으로부터 보호하기 위해 진화되었지만, 이런 반영양소들은 이들이 포함된 음식물을 사람이 섭취했을 때에도 영향을 미친다. 몇몇 반영양소들은 의학적으로 유용한 특징이 있다. 예를 들어, 아밀레이즈 억제제들은 녹말 소화를 감소시키므로 약으로 먹었을 때 체중감소에 도움이 될 수도 있다.

질을 저장한다(그림 2.10A와 6.16, 표 6.3, 6.4, 6.8 참고). 마카다미아와 피칸(*Carya illinoinensis*)은 마른 씨 중량의 70% 이상을 지방이 차지한다; 다른 식물 종의 씨들에도 50% 이상의 지방 함유량이 되는 것들이 있다. 상업적으로 중요한 지방은 코코넛(*Cocos nucifera*), 옥수수(*Zea mays*), 목화 속(*Gossypium* sp.), 마(*Linum usitatissimum*), 올리브(*Olea europaea*), 야자수 속(*Elaeis* sp.), 카놀라(*Brassica napus*), 대두(*Glycine max*) 해바라기(*Helianthus annuus*)(표 6.8) 등의 몇 종에서 얻어진다. 옥수수 낟알의 건중량 중 4.5% 만이 지방이지만, 배반을 포함하는 배의 경우 무게의 50% 까지가 지방으로 주로 이 조직에 대부분의 옥수수 기름이 저장되어 있다. 생식세포라 할 수 있는 배는 가축 사료나 아침식사용 시리얼로 가공되는 동안 성숙한 옥수수 낟알에서 제거된다. 큰 배반을 포함하는 생식세포를 눌러 짜서 기름을 만들고, 배젖은 식용이나. 에탄올 생성 및 관련 산업을 위해 쓰인다. 옥수수는 미국에서 매우 광범위하게 기르는 작물로, 식물성 기름을 제공하는 중요한 식물 중 하나다.

아시아에서 주된 곡류인 벼의 낟알 역시 기름을 위해 쓸 수 있다. 사람이 소비하는 거의 모든 벼는 백미로, 통곡물을 **도정**(**pearling**)해서 생산한다. 도정은 배와 과피, 외종피, 호분층들을 제거하는 과정이다; 우리는 백미와 거의 같은 정도로 도정된 보리에 익숙할 수도 있다. 도정으로 제거되는 층들을 **겨**(**bran**)라고 한다. 겨는 압착되어 미강유(rice bran oil)로 만들어질 수 있는데, 미강유는 비타민 E가 풍부하기에 영양학적으로도 좋다고 여겨진다. 미강유는 발화점이 높아서 음식을 튀기는 데도 탁월하게 사용할 수 있다.

지방산 분자들을 탄수화물보다 더 환원된 상태이기에, 지질은 폴리사카라이드보다 몰당 더 높은 에너지를 생산한다. 녹말과립과 프럭탄(fructans)은 수화시키면 에너지 밀도가 감소한다. 반면 트리아실글라리세롤은 주로 소수성으로 포텐셜에너지가 더욱 농축된 형태다. 이들의 물리화학적 특징으로 인해, 이산화탄소와 물로 되는 분해 과정을 통해서 생기는 ATP의 양은 동량의 탄수화물에 비해 트리아실글라이세롤에서 약 2배 이상 높다(그림 6.19). 생태학적 적응도의 면에서 소형이고 밀집적인 씨의 무게가 요구되는 상황에서, 탄수화물보다는 지방의 형태로 탄소와 에너지 비축분을 저장하는 것이 유리하다. 씨나 열매의 트리아실글라이세롤은 전형적으로 C_{16}과 C_{18}의 포화지방산과 불포화지방산으로 되어 있지만, 야자유와 같은 기름에는 길이가 짧은 지방산이 많고, *Arabidopsis* 씨에는 C_{20}의 단일 불포화지방산인 곤도익산(gondoic acid, 표 17.1 참고)이 많이 있다. 리놀레익산(linoleic acid, $18{:}2^{\Delta 9,12}$)과 α-리놀레닉산(α-linolenic acid, $18{:}3^{\Delta 9,12,15}$) 같은 다중 불포화지방산들은 식물 세포막의 지질에서 주로 발견되는 형태다(2장 참고).

6.3.8 사람이 사용하기 위해서는 씨에 있는 지방의 지방산 함량이 중요하다

씨의 지방에 들어 있는 지방산의 구성이 사용하고자 하는 데 매우 중요하다. 표 6.9에 식물에서 흔히 발견되는 지방산이 표시되어 있고, 표 6.8에는 이러한 지방산들이 씨에 얼마나 분포되어 있는지를 나타내고 있다. 이중결합이 없는 **포화지방산**(**Saturated fatty acids**)은 야자수나 코코넛에 풍부하고, **팔미트산**(**palmitic acid**)은 씨에 있는 지방의 85-90%를 차지한다. 포화지방산은 브라질 너트와 목화씨, 땅콩 등에도 많이 있는데, **스테아르산**(**stearic acids**)이 지방산의 17-24%를 차지한다. 씨에 가장 풍부한 **불포화지방산**(**unsaturated fatty acids**)은 **리놀레산**(**linoleic(18:2)**)과 **리놀렌산**(**linolenic(18:3)**), **올레산**(**oleic(18:1)**) 등이다.

영양학자들은 사람의 식사에 요구되는 필수 지방산의 범주를 정했다. 필수 아미노산처럼 필수 지방산은 사람이 합성할 수 없다. 오메가-3나 오메가-6 지방산이 그것인데, 이들 중 식물에서 만들어지는 것이 리놀레산과 α-와 β-리놀렌산이다(표 6.10). 오메가-3나 오메가-6 라는 용어는

표 6.8 씨의 기름에서 지방의 양과 지방산의 구성성분(양과 성분은 종류와 성장 조건에 따라 매우 다르다. 제공원이 다를 때에는 평균값을 제시하였다).

씨	지방 함량 (%)	지방산 (% 총 지방)[a] 18:3$^{\Delta 9,12,15}$ α-linolenic	18:2$^{\Delta 9,12}$ linoleic	18:1$^{\Delta 9}$ oleic	18:0 stearic	16:0 palmitic
아몬드 (*Prunus dulcis*)	54		17	78	5	
애기장대[b]	40	18	29	16	4	9
브라질 너트 (*Bertholletia excelsa*)	67		24	48	24	
코코넛 (*Cocos nucifera*)	35		3	6		91
옥수수 (*Zea mays*)	4		59	24	17	
목화씨 (*Gossypium* sp.)	40		50	21	25	
마씨 (linseed; *Linum usitatissimum*)	35	58	14	19	4	5
마카나미아	72		10	71	12	
땅콩 (*A. hypogaea*)	48		29	47	18	
피칸 (*Carya illinoinensis*)	71		20	63	7	
피스타치오 (*Pistacia vera*)	54		19	65	9	
유채 (canola; *Brassica napus*)	30	7	30	54	7	
참깨 (*Sesamum indicum*)	49		45	42	13	
대두 (*Glycine max*)	18	7	50	26	6	9
밀배아 (*Triticum* spp.)	11	5	50	25	18	

[a]지방산의 이름에서, 예를 들어 18:3$^{\Delta 9,12,15}$에서 18은 탄소의 수, :3은 이중결합의 수이고, Δ9, 12, 15는 지방산의 제일 말단에 있는 탄소를 기준으로 한 이중결합이 위치를 나타낸다. 이런 지방산의 구조는 표 6.9에 나타나 있다.

[b]*Arabidopsis* 씨도 역시 곤도익산(gondoic acid)이라는 특이한 C_{20} 단일 불포화지방산을 전체 오일의 22% 가지고 있다.

당 ATP/g

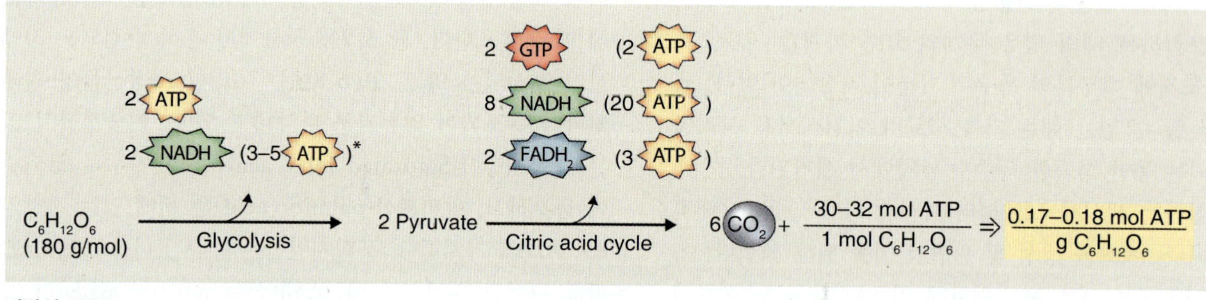

지방산 ATP/g

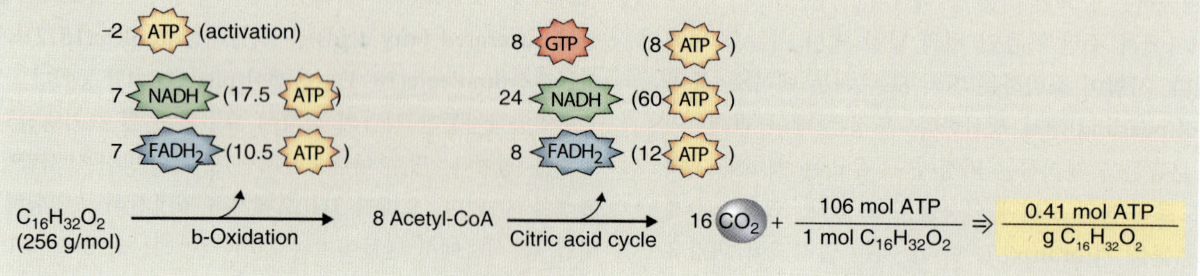

그림 6.19 당과 지방산의 분해에서 생성되는 ATP 생성량의 비교

표 6.9 식물에 존재하는 정선된 지방산

보통명	계통명	구조	약어[a]
포화지방산			
라우르산	*n*-테트라데칸산	$CH_3(CH_2)_{10}COOH$	12 : 0
팔미틱산[a]	*n*-헥사데칸산	$CH_3(CH_2)_{12}CH_2CH_2COOH$	16 : 0
스테아르산[a]	*n*-옥타데칸산	$CH_3(CH_2)_{12}CH_2CH_2CH_2CH_2COOH$	18 : 0
아라킨산	*n*-이코사노산	$CH_3(CH_2)_{12}CH_2CH_2CH_2CH_2CH_2CH_2COOH$	20 : 0
베헨산	*n*-도코사노산	$CH_3(CH_2)_{12}CH_2CH_2CH_2CH_2CH_2CH_2CH_2CH_2COOH$	22 : 0
리그노세르산	*n*-테트라코사노산	$CH_3(CH_2)_{12}CH_2CH_2CH_2CH_2CH_2CH_2CH_2CH_2CH_2CH_2COOH$	24 : 0
불포화지방산			
올레산[a]	*cis*-9-옥타데세노산	$CH_3(CH_2)_7CH{=}CH(CH_2)_7COOH$	$18:1^{\Delta 9}$
페트로셀레산	*cis*-6-옥타데세노산	$CH_3(CH_2)_{10}CH{=}CH(CH_2)_4COOH$	$18:1^{\Delta 6}$
리놀레산[a]	*cis,cis*-9,12-옥타데카트리에노산	$CH_3(CH_2)_4CH{=}CH-CH_2-CH{=}CH(CH_2)_7COOH$	$18:2^{\Delta 9,12}$
α-리놀레산[a]	*all-cis*-9,12,15-옥타데카트리에노산	$CH_3CH_2CH{=}CH-CH_2-CH{=}CH-CH_2-CH{=}CH(CH_2)_7COOH$	$18:3^{\Delta 9,12,15}$
γ-리놀레산	*all-cis*-6,9,12-옥타데카트리에노산	$CH_3(CH_2)_4CH{=}CH-CH_2-CH{=}CH-CH_2-CH{=}CH(CH_2)_4COOH$	$18:3^{\Delta 6,9,12}$
로한산	*all-cis*-7,10,13-헥사데카트리에노산	$CH_3CH_2CH{=}CH-CH_2-CH{=}CH-CH_2-CH{=}CH(CH_2)_5COOH$	$16:3^{\Delta 7,10,13}$
에루진산	*cis*-13-이코세노산	$CH_3(CH_2)_7CH{=}CH(CH_2)_{11}COOH$	$22:1^{\Delta 13}$
몇 종의 흔하지 않은 지방산			
리시놀레산	12-하이드록시옥타데카-9-에노산	$CH_3(CH_2)_5-CH(OH)-CH_2-CH{=}CH(CH_2)_7COOH$	$12\text{-OH-}18:1^{\Delta 9}$
베몰리산	12,13-에폭시옥타데카-9-에노산	$CH_3(CH_2)_4-\overset{O}{\widehat{CH-CH}}-CH_2-CH{=}CH(CH_2)_7COOH$	
곤도산	*cis*-11-이코세노산	$CH_3(CH_2)_7CH{=}CH(CH_2)_9COOH$	$20:1^{\Delta 11}$

[a]식물에서 지방산은 주로 세포막의 지질에서 발견된다.

카복실기에서 가장 멀리 있는 탄소분자를 기준으로 지방산 사슬에 이중결합이 있는 위치에 따라 만들어졌다. 오메가-3 그룹은 끝에 있는 메틸 그룹에서부터 세 번째 탄소가 이중결합을 하고 있고, 오메가-6 지방산들은 여섯 번째 탄소에서 이중결합이 발견된다. 식물은 리놀레산이 오메가-3이고, 리놀렌산이 오메가-6인 것에서도 알 수 있듯이 사람에게 필수 지방산을 제공하는 좋은 원천이다.

식물성 기름의 지방산 구성성분과 포화된 정도는 매우 다르고(표 6.8 참고), 특정한 요리나 산업용으로 쓰기 위해 대규모로 이들을 조정하는 것은 화학적이고 생물공학적인 문제다. 촉매를 사용한 수소 첨가 반응은 불포화지방산에 대한 포화지방산의 비율을 늘려서 기름의 녹는 점을 올리지만, 사람의 음식 중 건강에 좋지 않다고 생각되어지는 트랜스지방의 생성을 야기한다. 많은 종들에서 식물 육종학자들이 활용할 수 있는 지방의 성분에는 자연적으로 상당한 변이가 있다. 예를 들어, 카놀라 오일에서 올레산($18:1^{\Delta 9}$)은 전체 지방산의 43%에서 78%까지 된다. 카놀라는 유채의 한 재배종으로 저산캐나다 오일(Canadian oil

표 6.10 오메가-3와 오메가-6 지방산의 예

보통명	지질명[b]	계통명
오메가-3 지방산		
로한산	$16:3^{\Delta7,10,13}$	all-cis-7,10,13-헥사데카트리엔산
α-리놀렌산 (ALA)	$18:3^{\Delta9,12,15}$	all-cis-9,12,15-옥타데카트리엔산
스테아리돈산 (STD)	$18:4^{\Delta6,9,12,15}$	all-cis-6,9,12,15-옥타데카테트라엔산
이코사트리엔산 (ETE)	$20:3^{\Delta11,14,17}$	all-cis-11,14,17-이코사트리엔산
이코사테트라엔산 (ETA)	$20:4^{\Delta8,11,14,17}$	all-cis-8,11,14,17-이코사테트라엔산
이코사펜타엔산 (EPA)	$20:5^{\Delta5,8,11,14,17}$	all-cis-5,8,11,14,17-이코사펜타엔산
도코사펜타엔산 (DPA), 클루파노돈산	$22:5^{\Delta7,10,13,16,19}$	all-cis-7,10,13,16,19-도코사펜타엔산
도토헥사엔산 (DHA)	$22:6^{\Delta4,7,10,13,16,19}$	all-cis-4,7,10,13,16,19-도코사헥사엔산
테트라코사펜타엔산	$24:5^{\Delta9,12,15,18,21}$	all-cis-9,12,15,18,21-도코사헥사엔산
테트라코사헥세논산 (니신산)	$24:6^{\Delta6,9,12,15,18,21}$	all-cis-6,9,12,15,18,21-테트라코센산
오메가-6 지방산		
리놀레산	$18:2^{\Delta9,12}$	all-cis-9,12-옥타데카디엔산
γ-리놀레산	$18:3^{\Delta6,9,12}$	all-cis-6,9,12-옥타데카트리엔산
이코사디엔산	$20:2^{\Delta11,14}$	all-cis-11,14-이코사디엔산
다이호모-γ-리놀레산	$20:3^{\Delta8,11,14}$	all-cis-8,11,14-이코사트리엔산
아라키돈산	$20:4^{\Delta5,8,11,14}$	all-cis-5,8,11,14-이코사테트라엔산
도코사디엔산	$22:2^{\Delta13,16}$	all-cis-13,16-도코사디엔산
아드렌산	$22:4^{\Delta7,10,13,16}$	all-cis-7,10,13,16-도코사테트라엔산
도코사펜타엔산	$22:5^{\Delta4,7,10,13,16}$	all-cis-4,7,10,13,16-도코사펜타엔산

[a]3과 6의 표시는 지방산에서 말단의 메틸기를 기준으로 해서 이중결합이 최초로 나타나는 위치에 의해서 정해진다.
[b]지질의 이름에서, 예를 들어 $16:3\Delta^{XX}$에서 16은 탄소의 수, :3은 이중결합의 수, Δ^{XX}는 분자 끝에 있는 카복실기로부터 세어온 이중결합의 위치를 나타낸다. (대표적인 지방산의 구조는 표 6.9 참고).

low acid)에서 그 이름이 유래되었다. 원래 유채 오일에는 에루스산(erucic acid,($22:1^{\Delta13}$))이 높은 수준으로 존재한다. C_{18} 지방산의 사슬 길이를 늘리는 일롱게이즈(elongase)라는 효소를 암호화하는 유전자가 없어지는 돌연변이가 자연적으로 발생하는데, 이 경우는 이렇게 긴 사슬의 지방산 축적이 감소된다. 에루스산 섭취가 심장 조직에 해를 끼친다는 염려가 있다. 지방 성분의 유전적 변이의 범위가 커지도록 돌연변이를 유도하는 과정들이 마와 해바라기를 포함해서 많은 종에 대해 성공적으로 수행되어 왔다. 최근 몇 년 사이에 재조합 DNA 기술을 이용해 포화 정도를 상대적으로 낮춰서 요리를 하는 동안이나 보관 중에 식물의 지방산이 산화되는 경향을 감소시키거나, 식용할 수 있는 항산화제를 증가시키거나, 트랜스 지방을 감소시키고, 긴 사슬의 필수 지방산 생산을 위해 기름의 특성을 변화시키려는 시도들이 있었고, 어떤 경우는 성공적이었다. 인간의 영양에 대한 이런 접근들은 유전적으로 변화된 작물로부터 만들어진 음식물이 얼마나 안전하고 수용할 수 있는가의 여부에 따라 기여하는 바가 다를 것이다. 음식으로써의 중요성과 더불어, 씨의 기름은 화장품, 계면 활성제, 유연제, 페인트 등의 제조를 포함한 많은 산업적 용도를 가지고 있다(표 6.11).

6.3.9 씨는 다량의 광물 원소를 복잡한 형태로 저장하고 있다

씨는 **피트산(phytic acid)**, 미오-이노시톨 헥사인산(myo-inositol hexaphosphoric acid, IP6)(그림 6.20)과 복합체를 이루어 다량의 광물질을 저장하고 있다. 씨에서 90% 이

표 6.11 몇몇 음식으로 사용하지 않는 식물 지방산들

지질 타입	예	주요 공급원	주요 사용	대략적 미국내 시장 1989 ($10^6$$)
중간길이 사슬	라우르산 (12:0)	코코넛 (*Cocos nucifera*), 팜핵유 (*Elaeis* sp.)	비누, 세정제, 계면활성제	350
긴 사슬	에루스산 (22:1)	유채 (*Brassica napus*)	윤활유, 슬립제	100
에폭시	베르놀산	에폭시화된 대두유, 베르노니아	가소제, 코팅제, 페인트	70
하이드록시	리시놀렌산	아주까리 (*Ricinus communis*)	코팅제, 윤활유, 폴리머	50
트리엔	리놀렌산 (18:3)	마 (*Linum*)	페인트, 광택제, 코팅제	45
왁스 에스테르	조조바오일	조조바 (*Simmondsia chinensis*)	윤황유, 화장품	10

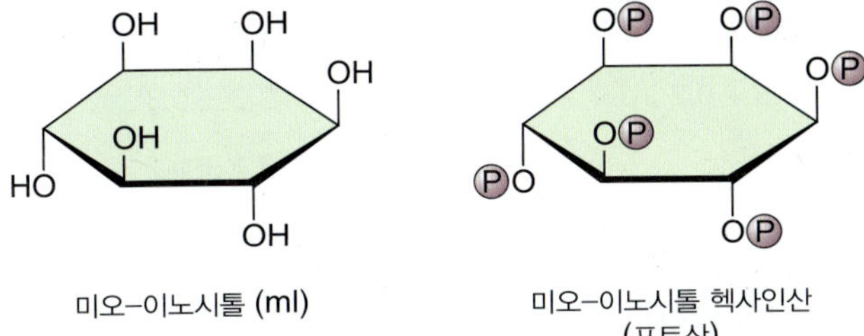

그림 6.20 미오-이노시톨과 피트산 유도체의 구조식. 특별한 카이네이즈가 ATP를 사용하여 피트산의 포스포에스테르 결합을 형성한다.

상의 인과 K^+, Mg^{2+}, Ca^{2+}, Zn^{2+}과 Fe^{3+} 등의 주요 양이온들은 집합적으로 **피테이트(phytate)**라고 하는 피트산염으로 발견된다(표 6.12). 피트산은 포도당-6-인산에서 합성된다; 미오-이노시톨 모노포스페이트 합성효소(myo-inositol monophosphate synthase)가 포도당-6-인산(G6P)을 이노시톨-1-P로 전환시키고 ATP가 IP3에게 인을 주는 공여자로 작용하는 인산화 반응이 연속적으로 일어난다. 2개의 이노시톨인산 카이네이즈(inositol phosphate kinases)는 IP3를 IP6로 변환시킨다. IP6 합성이 일어나는 세포내 장소는 아직 알려져 있지 않지만, 세포질에서 진행될 것으로 생각되어지고 있다. 피트는 막으로 둘러 싸여져 있는 **글로보이드(globoid)**라는 결정 침전물의 형태로 단백질 저장 액포에 축적된다. 글로보이드 결정은 같은 종의 조직에서 조차 그 크기가 다양하다. 그림 6.16의 *Arabidopsis* 씨의 떡잎과 배젖 세포의 전자현미경 사진에 나타나 있다. 두 세포 타입 모두 피트산이 함유된 단백질 저장 액포를 가지고 있는데, 떡잎의 글로보이드 결정이 배젖에서 보이는 결정보다 훨씬 크다.

최근의 분자 유전학적인 실험으로 피테이트가 생존력이 있는 씨를 형성하는 데 필요하지는 않다는 것이 알려졌다. *Arabidopsis*에서 IP6 합성의 마지막 두 단계를 촉매하는 이노시톨인산 카이네이즈 2개 모두에서 돌연변이가 일어난 돌연변이체는 피테이트가 없는 씨를 만들고, 수용성 인산의 농도가 대조군에 비해 거의 10배 이상 증가된 것으로 나타났다(표 6.13). 씨의 생산량이 피테이트가 없는 것에 대해서 영향을 받지 않았고, 피테이트가 없는 씨의 발아도 정상적이다.

키포인트 다당류와 단백질들이 씨의 저장 양분의 대부분을 구성한다. 광물질들은 주로 이노시톨 헥사인산과 결합한 복합체 형태로 저장되어 피테이트라고 하는 복합체를 이룬다. 이 밀로플라스트에 저장된 전분립과 세포벽의 탄수화물들은 자장 다당류의 대부분을 차지한다. 대추야자나 호로파 같은 몇몇 식물의 씨에는 세포벽의 중합체들이 다량의 저장 다당류를 이룬다. 씨의 저장 단백질은 복잡하며, 물, 희석된 염이 있는 용액, 알코올 등 어느 용액에 녹느냐에 따라 구분된다. 이들은 단백질 저장 액포나 단백질체에서 발견된다. 트리글라이세라이드(triglyseride)로써 지방은 올레오좀(oleosome)이라는 특수화된 지방체에 저장된다. 이들 역시 지방산 사슬의 길이와 포화정도에 있어서 화학적으로 다양한 변화를 나타낸다.

6.3.10 피테이트는 씨에 있는 또 다른 반영양소다

피테이트는 Ca^{2+}, Fe^{3+}, Zn^{2+}과 같은 양이온들과 결합

표 6.12 다양한 종의 씨에서 피테이트를 이루는 주요 무기원소들의 함량. 건중량에 대한 퍼센트로 표시되어 있다.

종	Mg	Ca	K	P	Fe	Mn	Cu
보리 (*Hordeum* spp.)	0.16	0.03	0.56	0.43			
귀리 (*Avena sativa*)	0.4	0.19	1.1	0.96	0.035	0.008	0.005
대두 (*Glycine max*)	0.22	0.13	2.18	0.71			
	0.4	0.13	2.18	0.79	0.059	0.003	0.005
해바라기 (*Helianthus annuus*)	0.4	0.2	1	1.01			

표 6.13 *Arabidopsis*에서의 이노시톨 인산, 유리 인산과 씨 생산성에 대한 분석.

유전자형[a]	IP_4 (nmol mg^{-1})	IP_5 (nmol mg^{-1})	IP_6 (nmol mg^{-1})	P_i (nmol mg^{-1})	씨 200개의 무게 (mg)
야생형	ND	ND	22.3 ± 0.4	13.7 ± 5.3	3.3 ± 0.1
atipk1-1	3.3 ± 0.3	29.7 ±	3.9 ± 0.9	23.9 ± 0.3	3.0 ± 0.4
atipk2β -1	2.5 ± 0.9	15.3 ± 1.4	14.5 ± 0.2	23.7 ± 0.9	3.3 ± 0.3
atipk1-1 atipk2β-1	<1	6.7 ± 1.1	<1	127.3 ± 6.0	3.1 ± 0.2

[a]atipk1-1과 atipk2β-1은 IP6합성에 필요한 카이네이즈이다. *atipk1-1 atipk2β-1*은 이중돌연변이체이다. 데이터는 한번에 3개씩 2회 혹은 3회 반복된 실험의 둘, 또는 세 개의 독립적인 샘플에서 정량한 평균값 ± 표준편차이다.

IP, inositol phosphate(이노시톨 인산), ND, 발견되지 않음, P_i, inorganic phosphate(무기 인산).

할 수 있기 때문에 강력한 반영양소다. 콩이나 옥수수 등을 주식으로 하는 국가들에서 처럼 씨가 풍부한 식이요법은 피테이트에 의해 Ca^{2+}이 제거되기 때문에 골광화(bone mineralization)에 문제를 야기할 수 있고, 따라서 소화 기관에서 흡수되지 않는다. 피테이트가 많이 함유된 음식을 섭취했을 경우 나타날 수 있는 다른 질병에는 철분 가용량이 감소됨으로써 나타나는 빈혈, 아연 부족으로 인한 성선 저하증(hypogonal dwarfism) 같은 것들이 있다. 위가 하나인 동물들(소나 다른 반추 동물처럼 위가 여러 개인 동물과 비교해서)의 사료로 씨를 사용했을 때, 피테이트를 가수분해하여 영양물질들을 이동시킬 장내 세균 환경이 없기 때문에 씨는 반영양소로 작용한다. 주로 곡물이 부한 사료를 먹이는 칠면조 같은 조류는 사지 뼈가 약해지는 고통을 겪는다. 돼지의 경우에 먹은 피테이트가 대부분 배설되어 없어지는데, 이로 인해 강이나 개울에 인산 농도를 증가되어 부영양화를 초래한다. 피테이트를 가수분해시킬 수 있는 조리법을 사용하거나, 씨를 근간을 하는 동물 사료에 피테이즈(phytase)라는 효소를 같이 처리해 줌으로써 고농도의 피테이트에서 유발된 문제들을 완화시킬 수 있다; 이러한 시도들이 모델 식물인 *Arabidopsis*에서 성공적으로 이루어져 왔다(표 6.13).

6.3.11 씨의 성숙과정은 오랜 기간 생존할 수 있는 씨를 만든다

성숙한 씨는 수분의 함량이 10% 이하로, 이후로 계속 연장되는 휴면기에 생존력이 남아 있을지 의심스러울 만큼의 상태가 된다. 수분 함량이 높은 씨는 휴면 상태의 씨에 비해 대사 속도도 빠르고 저장되었던 영양분들을 빨리 산화시키는 것으로 알려져 있다. 새로운 식물체로의 성장을 지지할 영양분을 공급하는 것 외에도 씨가 성숙하면서 저장되어 있던 영양소의 중합화 현상이 일어나야 한다. 포도당은 위에서 언급했듯이 녹말로 중합되는데, 중합화의 정도는 10^5개의 포도당 잔기가 훌쩍 넘을 정도다. 녹말이 녹말 과립으로 조직화되면 수용성이 없어진다. 이와 유사하게 당분도 세포벽의 중합체로 편입되어 세포질의 삼투적 성질이 다당류의 축적에 의해 영향을 받지 않게 한다.

분자량이 큰 단백질들은 단백질 저장 액포로 들어가 포장되어 염 용액이나 알코올에만 녹는 침전물을 형성한다. 트리아실글라이세롤은 물에 녹지 않는 중성 지방으로 **올레오좀**[**oleosome**, **지방체**(**oil body**), 4장 참고]이라고 하는 반쪽 단위의 막에 의해 세포질과 구분이 된다. 액포 내에서 피테이트 결정체로 광물질들을 궁극적으로 없애므

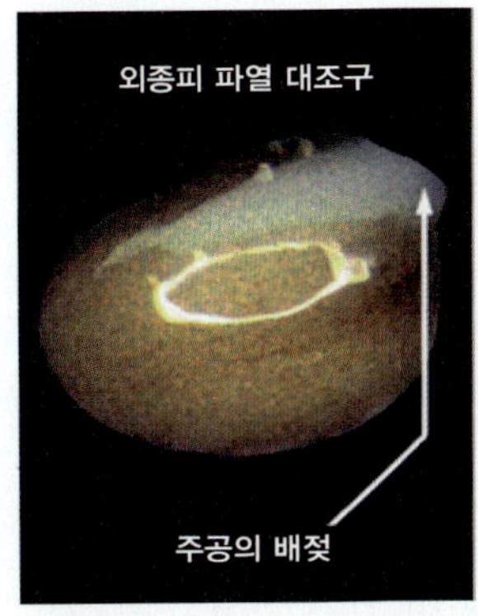

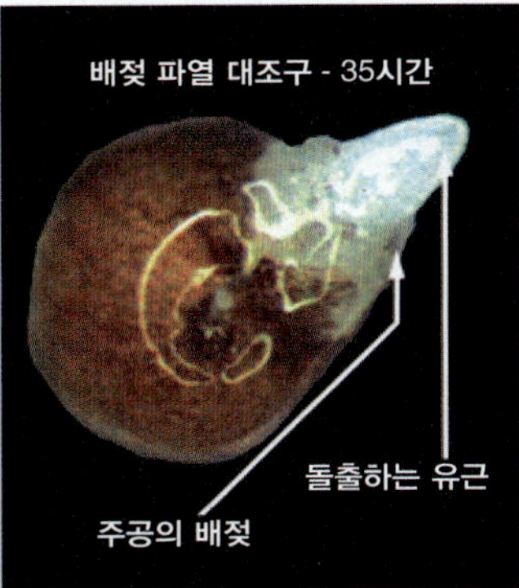

그림 6.21 *Lepidium* 씨에서 유근의 돌출. 휴면 상태가 아닌 씨가 물에 불으면 싸고 있던 배젖에서 유근이 튀어나오고 외종피를 파괴한다.

로써 세포질의 수분 포텐셜이 증발에 의해 씨에서 물이 빠지도록 한다. 다음 절에서는 씨가 발아하여 어린 식물로 자라기 시작할 때 저장물질의 침전 과정이 어떻게 역전되는지 알아볼 것이다. 이 과정들은 광합성 기작이 발달하여 활성화되기 전까지 타가영양생물인 어린 식물체의 생존을 지지하는 역할을 한다.

6.4 발아와 어린 식물의 초기 성장

발아(germination)는 배의 뿌리가 자라나 씨껍질을 뚫고 나오는 것으로 정의된다(그림 6.21). 이 그림에 나와 있는 레피디움(Lepidium)의 예에서 보듯이, 과피 뿐만 아니라 외종피와 배젖, 곡물류 유근이 배의 유근초와 때로는 겨(내화영과 외화영)를 뚫고 나와야만 한다(그림 6.6 참고). 발아를 한 이후에 배가 자라기 시작하여 어린 식물이 씨껍질로부터 나온다. 발아하고 있는 어린 식물의 떡잎이 땅 아래 혹은 위에 남을 것인가에 따라, 배에 있던 줄기가 자라 **상배축**(epicotyl, 떡잎 윗부분)이나 **하배축**(hypocotyl, 떡잎 아랫부분)이 된다(그림 6.22). 완두(*Pisum sativum*)와 같이 **지하발아(hypogeal)**를 하는 어린 식물체는 발아 후에 떡잎이 땅속에 그대로 남아 있고, 어린 식물의 첫 번째 진정엽은 상배축에서 나온다. 완두에서 상배축은 정단분열조직을 위로 밀어 내는 고리 모양의 구조물(hook)을 형성하는데 비해, 곡류의 어린 식물체들은 자엽초가 땅에서부터 위로 올려지는 어린 싹을 보호한다. 강낭콩(*Phaseolus vulgaris*)이나 아주까리(*Ricinus communis*), 양파(*Allium cepa*)처럼 **지상발아(epigeal)**를 하는 식물체들은 하배축의 성장으로 떡잎이 땅 위로 올라오게 된다(그림 6.22). 양파와 아주까리의 어린 식물체에서 떡잎은 저장된 영양분의 공급원으로 작용할 뿐만 아니라 어린 식물체의 첫 번째 광합성 기관이기도 하다.

6.4.1 물을 흡수하는 것이 씨의 발아에 필요하다

위에서 언급했듯이, 성숙한 씨는 흔히 건중량의 10% 미만일 정도로 물을 매우 적게 가지고 있다. 씨의 수분 함유량은 씨 내에 어떤 종류의 저장물질들을 가지고 있는지 뿐만 아니라 씨가 저장되어 있었던 환경의 수분 함유량에 따라 다르다. 보통 지방성 씨(약 5%)가 같은 상대 습도하에 저장되어 있었던 녹말성 씨(약 10%) 보다 수분 함유량이 낮다. 씨가 물에 있으면 급속히 물을 다시 흡수하는데, 이 과정을 **흡수(imbibition)**라고 한다. 이런 흡수는 살아 있는 씨와 죽은 씨 모두에서 일어난다; 이것은 씨의 저장 폴리머들이 물을 흡수하는 물리적인 과정이다. 대부분의 씨 외종피에는 **막공(micropyle)**이 존재한다(그림 6.1A). 이것은 외종피에 있는 얇은 조직으로 아주 작은 구멍이다. 이것은 배주의 주피 사이에 있는 틈으로, 여기를 통해서 꽃가루가 배주 안으로 들어갈 수 있다(그림 1.18 참고). 씨가 물을 흡수하는 과정은 막공을 통해 물이 들어오는 것으로 시작된다. 특히, 물을 한정적으로만 쓸 수 있는 상황에서 씨에 고르게 물이 흡수되는 것은 씨껍질의 표면에 있는 점액층이 있기 때문이다(그림 6.4). 점액질은 흔히 물에 노출된 지 수초 만에 급속하게 물을 흡수한다. 물을 흡수할 때는 10–20 MPa에 달하는(100–200 대기압에 달하는 압력으로 바위를 부술 수도 있을 정도의!) 매우 강한 힘이 형성될 수도 있다. 물을 흡수하는 동안 외종피와 과피가 쪼개지지만, 이것이 발아로 귀결된다고 할 수는 없다.

6.4.2 휴면 중인 씨는 물을 흡수한 후에 발아하지 않는다

물과 산소의 가용성 면에서 정상적으로 발아를 하기에 좋은 조건인데도 발아를 하지 않는 씨를 **휴면(dormancy)** 상태에 있다고 한다. 다른 휴면 구조물들과 같이—예를 들어 휴면 상태의 눈(bud)—휴면 상태에 있는 씨는 성장을 개시하고 유지하는 데 추가적인 자극이 필요하다. 서로 다른 기관에서 서로 다른 종류의 휴면 상태는 개별적인 양상을 보이지만, 몇몇의 공통적인 생리적 기작과 조절 기작을 공유하고 있다; 이런 측면들이 17장에 서술되어 있다. 여기서는 휴면 상태가 씨의 발아를 억제하는 주요 방법들에 중점

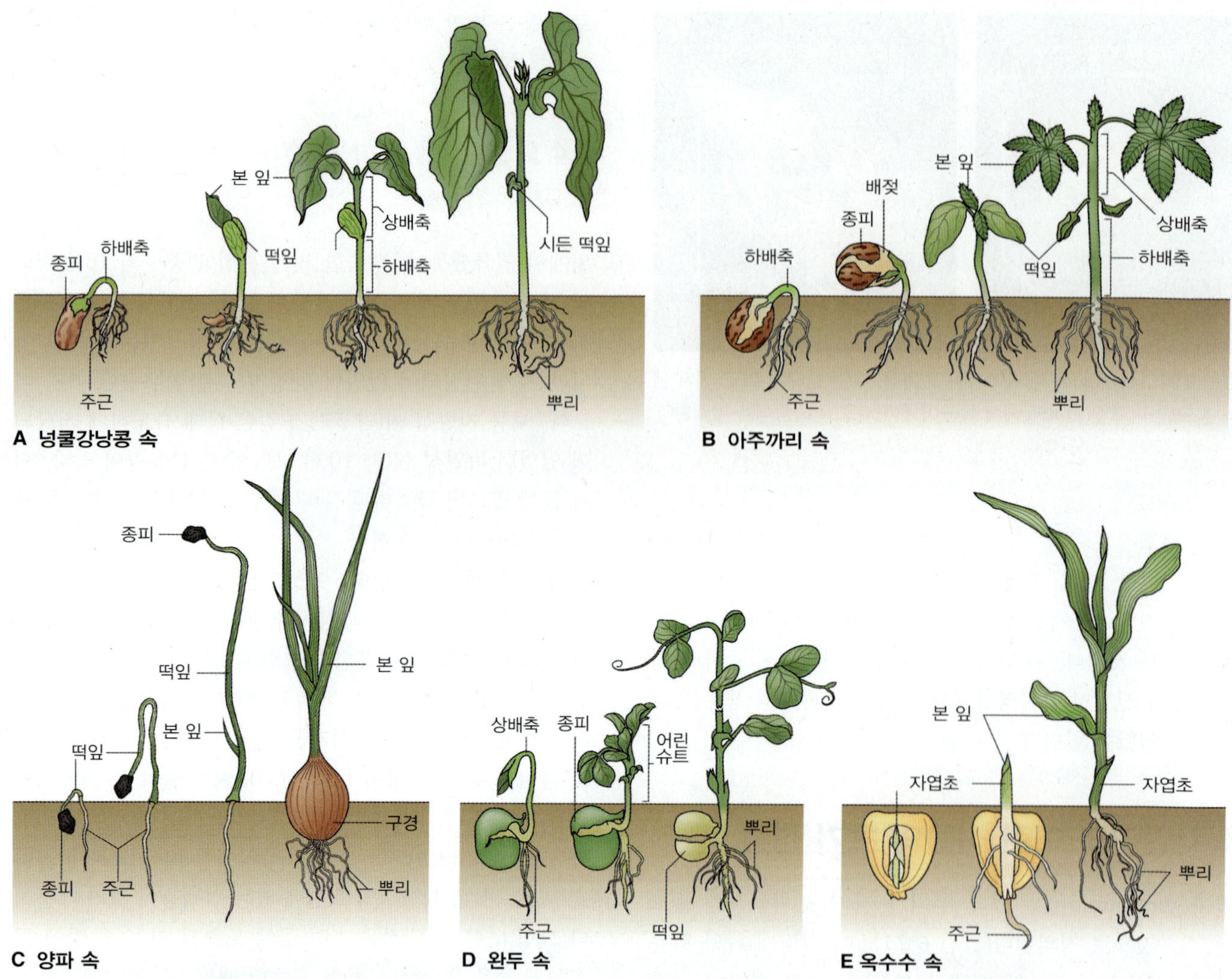

그림 6.22 대표적인 단자엽식물과 진정쌍자엽식물의 초기 발달 과정. 강낭콩 (A), 아주까리(B), 양파(C)의 발아는 지상발아이다; 이런 식물들의 떡잎은 하배축이 성장하면서 땅 위로 올려진다. 완두(D)와 옥수수(E)의 발아는 지하발아다; 이런 식물들의 떡잎은 땅속에 남아 있고, 성장하는 상배축(곡류에서는 중배축)이 정단 부분을 땅 위로 올린다. 이런 식물들은 토양 속에서 움직일 때 어린 싹을 보호할 수 있게 서로 다른 전략을 가지고 진화했음을 나타낸다. 진정쌍자엽식물(A, B, D)에서 하배축이나 상배축은 고리 모양이고, 양파(C) 같은 단자엽식물에서도 떡잎이 고리 모양이다. 옥수수 같은 곡류(E)에서는 이런 싹이 권모양의 자엽초에 의해 보호된다. 많은 종에서(옥수수, 완누, 강낭콩 등) 떡잎은 저장 기관으로만 역할을 한다. 그러나 몇몇 식물에서는(아주까리, 양파) 떡잎이 어린 식물의 첫 번째 광합성 기관이기도 하다.

을 둘 것이다.

휴면은 복잡한 특징이다. **일차 휴면(primary dormancy)**을 하고 있는 씨들은 그들이 성숙한 식물체에서 떨어져 나올 때부터 휴면 상태에 있지만, 떨어진 후에 경험하게 되는 환경에 반응하여 **이차 휴면(secondary dormancy)**을 하는 씨들도 있다. 이차 휴면은 대부분 극한의 온도로 인해 휴면을 하지 않는 씨들에게 나타나지만, 빛의 있고 없음이 이차 휴면을 유도할 수도 있다. 일차 휴면은 씨들이 여전히 모식물체에 붙어 있을 때 조기 발아되지 않도록 한다. 이차 휴면은 새로 돋아나는 어린 식물의 성장이 성공적일 수 있는 환경 조건이 될 때까지 발아를 지연시킨다.

휴면은 씨껍질의 특징이거나 배의 특징일 수도 있다. *Arabidopsis*를 비롯해 보리, 상추, 벼, 야생 귀리 등의 휴면하는 종류들을 포함해서 많은 종에서 **씨껍질에 의해 증가되는 휴면(Seed coat-enhanced dormancy)**이 발견된다. 씨껍질 휴면의 기본적인 특징은 휴면하는 씨의 배가 둘러싸고 있는 씨껍질과 분리되어 있고, 배가 물속에서 배양되고 있어서 어린 식물로 자랄 수 있다는 것이다(그림 6.23). 휴면하고 있는 씨에서 제거된 배의 성장은 휴면하고 있지 않은 씨의 배의 성장과 전혀 다르지 않다. 17장에 더 자세

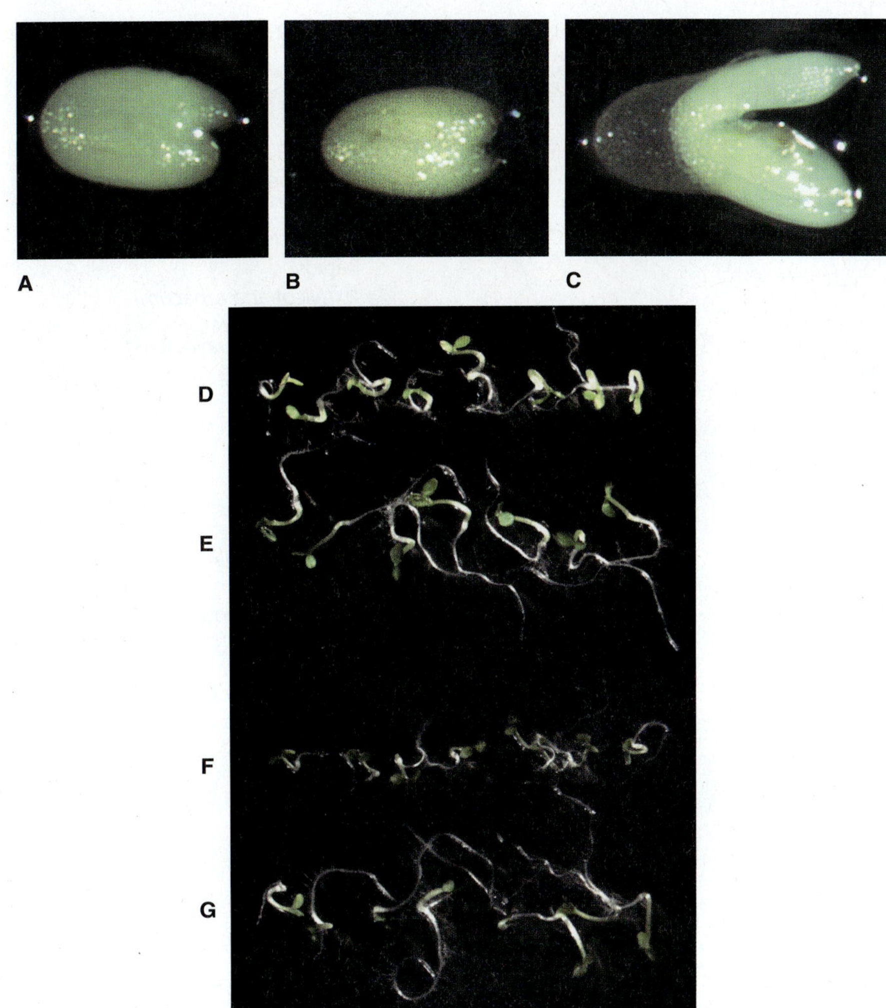

그림 6.23 휴면 중인 *Arabidopsis* 씨의 배는 외종피와 호분층이 제거되면 발아한다. 위: (A, B) 외종피가 벗겨지고, 호분층이 그대로 있는 씨는 각각 3일, 28일이 되어도 발아하지 않는다. (C) 외종피가 제거되고 호분층이 파괴되면 배는 3일 내에 발아한다. 아래: 외종피와 호분층이 제거된 후 *Arabidopsis*의 생태형에 따른 발아. 휴면 상태를 보내지 않는 콜롬비아의 발아(D), 약간의 휴면 상태를 보이는 C24의 발아(E), 휴면 경향이 매우 높은 Cvi(F)와 Kas2(G)의 발아. 배를 물에서 배양하면서 3일 후에 사진을 찍었다. Cvi와 Kas2의 씨는 물에 담그면 수개월 동안 휴면 상태로 있음에 주목하자.

히 기술되어 있듯이(17.2.1과 17.4.1 참고) 씨껍질 휴면을 설명하기 위한 기작으로는 배의 기계적인 억제력, 물이나 기체가 흡수될 수 없는 씨껍질의 불투과성, 씨껍질이 식물호르몬인 **abscisic acid(ABA)** 같은 발아의 억제 물질이 씻겨 나가 제거되지 않도록 하는 차단막의 역할을 하는 것, 혹은 이러한 요인들이 복합적으로 작용한다는 등이 제시되고 있다.

씨껍질이 제거되었을 때에도 배가 성장하지 않는다면 **배에 의한 휴면(embryo dormancy)** 상태에 있다고 한다. 배에 의한 휴면의 예는 갓 수확한 양파에서 볼 수 있는데, 양파는 발아가 되려면 수개월 이상 저장되어야 한다. 이런 배들이 왜 발아를 하지 않는지에 대해서는 많이 알려지지는 않았으나, 연구자들은 배의 대사결핍이나 발달 장애가 원인일 것으로 생각하고 있다(17.4.2 참고).

6.4.3 환경적 신호가 휴면을 정지시키는 역할을 한다

휴면 상태의 씨도 궁극적으로는 발아하고, 발아를 초래하는 몇몇 신호들에 대해서 이제는 잘 알려져 있다. 휴면 상태의 씨는 정상적으로 환경적 신호—주로 온도와 빛—에 반응하여 발아하거나 오랜 저장 기간의 결과로 발아한다. 표 6.14에 나타나 있듯이, 씨들은 하나 이상의 발아를 촉진하는 신호들에 반응한다. 곡류의 낟알들은 금방 수확했을 때에는 휴면 상태이며, 건조한 조건에서 저장하는 **후숙(after-ripening)**이라는 과정을 거쳐야 발아를 하는 씨들이다. 곡물에서 후숙이 필요하다는 것은 금방 수확한 낟알들이 즉시 발아하지 않고, 휴면 상태가 완전히 없어지도록 적절한 조건에서 흔히 몇 개월 동안 저장되어야 한다는 것을 의미한다.

표 6.14 다양한 요인들에 의한 휴면 종료.

종	요인 후숙	저온처리	빛
벤트그라스 (*Agrostis tenuis*)	+		+
귀리 (*Avena fatua*)	+	+	
보리 (*Hordeum* spp.)	+	+	
블루그라스 (*Poa annua*)		+	+
밀 (*Triticum aestivum*)	+	+	
단풍나무 (*Acer pseudoplatanus*)	+	+	
흰자작나무 (*Betula pubescens*)	+	+	+
명아주 (*Chenopodium album*)	+		+
헤이즐넛 (*Corylus avellana*)	+	+	
상추 (*Lactuca sativa*; some cultivars)	+	+	+
담배 (*Nicotiana tabacum*)			+
자두 (*Prunus domestica*)	+	+	
사과나무 (*Malus domestica*)	+	+	(+)?
구주소나무 (*Pinus sylvestris*)		+	+

+ 휴면 종료에 효과적

많은 씨들은 **저온 처리(stratification)**라고 하는, 습기가 있는 찬 조건에서 저장하는 과정을 거치면 휴면 상태가 없어진다(표 6.14). 저온에 반응하는 대부분의 씨들은 온대 지역에서 자라는 종들의 씨들이다; 이는 저온 처리가 적합한 적응력의 장점을 가지고 있다는 것을 의미한다. 늦여름이나 초가을에 떨어지는 씨들은 다가오는 겨울 기간을 지나야 하고, 그럼으로써 휴면 상태가 없어지고, 성장하기에 좋은 조건인 그 다음 봄이나 여름이 되어야만 발아하는

표 6.15 휴면 상태를 중단시키기에 요구되는 빛의 조사 조건.

조사 조건	예
수초 혹은 수분	벤트그라스 (*Agrostis tenuis*) 명아주 (*Chenopodium album*) 상추 (*Lactuca sativa* cv. Grand Rapids) 담배 (*Nicotiana tabacum*)
몇 시간	피그넛 (*Hyptis suaveolens*) 자주부처꽃 (*Lythrum salicaria*)
며칠	돌바늘꽃 칼랑코에
장일	베고니아 흰자작나무 (*Betula pubescens*) (at 15 ˚C) 버들명아주 (*Chenopodium botrys*) (at 30˚C)
단일	버들명아주(>30˚C) 솔송나무 (*Tsuga canadensis*) 흰자작나무 (> 15˚C)

것이다. 17장에서 더 논의되듯이, 영양아와 관다발 조직의 휴면 역시 겨울 조건에 맞춰진 것이다(17.4.2와 17.4.5 참고).

6.4.4 빛은 발아를 하게 하는 중요한 계기가 된다

빛은 분명 발아를 하게 하는 중요한 인자이다; 빛의 특정한 파장과 강도, 빛이 쪼여지는 기간 등은 효과적인 촉진제가 될 수 있다(표 6.15). 예를 들어, 적색광이나 청색광을 잠깐 조사하면 발아를 야기할 수 있다. 이는 빛을 오랫동안 쪼여주거나, 겨울이나 여름의 낮 길이와 유사하게 장일이나 단일의 빛을 쪼여 주는 것과 같은 효과다.

상추(*Lactuca sativa*) 씨에서 약 660 nm의 파장을 갖는 적색광이 휴면 상태를 없애는 것을 발견한 것은 1950년대의 기념비적인 발견이었다. 광휴면 종자인 상추씨가 적색광(red light, R)을 잠시 처리한 후에 발아하는 것을 보인 이 실험으로 빛에 의해 가역적으로 변하는 색소인 **파이토크롬(phytochrome)**을 발견할 수 있었다(8장 참고). 중요한 실험으로 약 710 nm의 원적색광

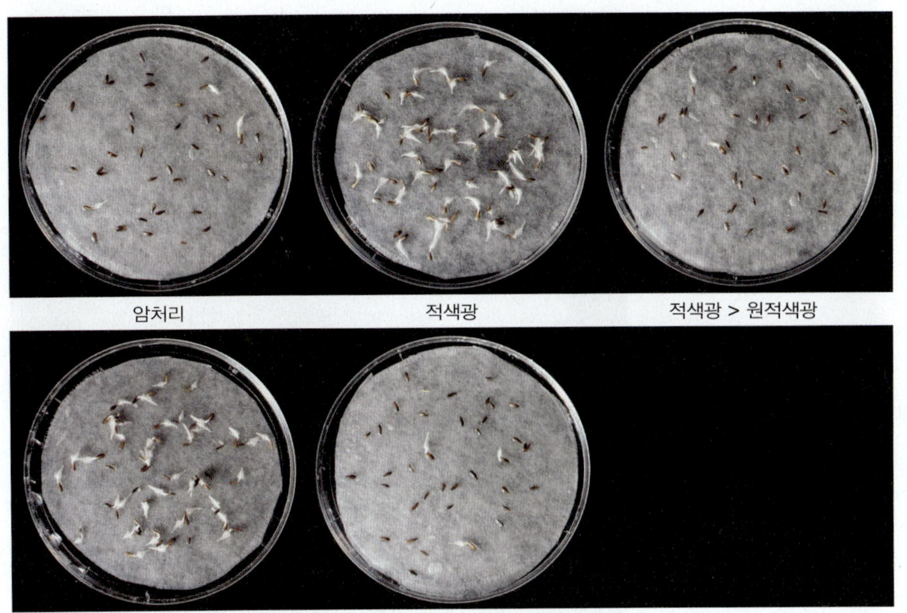

그림 6.24 여기 보이는 상추씨를 포함해서 많은 광휴면 종자들은 발아에 빛을 필요로 한다. 이러한 반응에 대한 광수용체를 파이토크롬이라 한다. 상추씨의 발아는 적색광에 의해 촉진되고, 원적색광에 의해 억제된다. 이 실험에서 볼 수 있듯이, 씨들이 적색광에 노출되고 뒤이어 원적색광에 노출되면 적색광에 의한 촉진효과가 사라져 씨들은 그대로 휴면 상태로 있다. 씨에 적색광과 원적색광이 번갈아 주어진다면, 발아 여부는 마지막으로 쪼여 주는 광에 의해 결정된다.

표 6.16 파이토크롬의 광가역성과 휴면의 중단.

조사 순서	발아율 (%)
None (암처리)	4
적색광	98
원적색광	3
적색광, 원적색광	2
적색광, 원적색광, 적색광	97
적색광, 원적색광, 적색광, 원적색광	0
적색광, 원적색광, 적색광, 원적색광, 적색광	95

[a]상추씨를 암상태에서 물에 담근 후 적색광 (640-680 nm)을 1.5분, 원적색광 (>710 nm)을 4분간 차례로 조사하였다. 조사를 마친 후 다시 24시간 동안 암처리한 후 발아된 씨를 세었다.

(far-red light, FR)을 잠시 조사하면 적색광을 잠시 조사했을 때의 발아 촉진 효과가 사라지는 것이 발견되었다(그림 6.24). 사실, 광휴면 종자인 상추씨에 R과 FR을 교대로 번갈아 조사하면, 마지막에 주어지는 광이 무엇이냐에 따라 씨는 휴면 상태를 유지하든지, 발아를 하든지가 결정된다는 것이 입증되었다(표 6.16). 이 실험들은 상추씨에는 광에 의해 가역적으로 변하는 색소가 있다는 것으로 해석될 수 있고, R 처리 후에 존재하는 색소의 형태가 발아를 유도하는 것을 의미한다. 이런 형태의 색소에 FR을 조사하면 발아를 차단하는 형태로 광변이가 일어날 것이

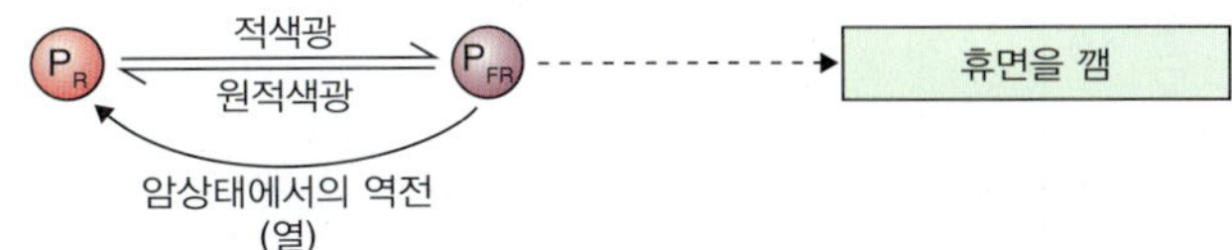

그림 6.25 적색광을 흡수하는 형태(P_R)에서 원적색광을 흡수하는 형태(P_{FR})로 전환되는 파이토크롬의 광가역성(photoreversibility)을 나타내는 모식도. P_{FR}은 점선(그림에서는 실선 화살표임)으로 표시된 것처럼 암상태에서 효소에 의해 P_R로 전환될 수도 있다.

라는 가설이 세워졌다. 현재 우리는 이 색소가 파이토크롬(P)이라는 것을 안다. FR을 처리한 후에 존재하는 P_R과 R을 처리한 후에 존재하는 P_{FR} 형태 파이토크롬들의 관계가 그림 6.25에 간략한 모식도로 나타나 있다. 우리는 8장에서 식물의 성장과 발달 과정에 있어서 파이토크롬과 이들의 역할에 대해 더 알게 될 것이고, 17장에서는 빛에 의해 조절되는 휴면의 생태학적인 중요성에 대해서 다룰 것이다(17.4.3과 17.4.5 참고).

6.4.5 식물호르몬들은 휴면의 유지와 중단에 중요한 역할을 한다

다양한 종류의 환경적 신호가 휴면 중인 씨의 발아를 유도하지만, 휴면을 중단시키는 분자 수준에서의 기작은 유사한것 같다. 식물호르몬들은 휴면을 조절하는 것으로 여겨져 왔다. 유전학적이고 생리학적인 실험들은 **ABA**와 **지베렐린(gibberellin, GAs)**이 중요한 역할을 함을 강조하고 있다. GAs를 과도하게 생산하는 돌연변이체나, GAs 수준

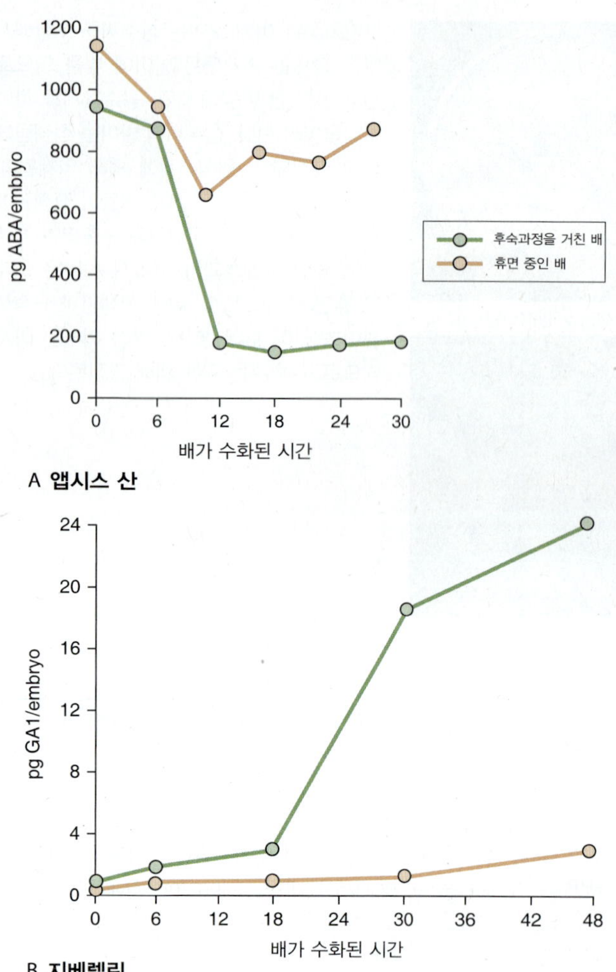

그림 6.26 휴면 중인 보리의 배와 휴면 중이 아닌[후숙과정(after-ripened)을 거치는] 보리의 배에서 나타나는 앱시스산(ABA)(A)과 지베렐린(GA) (B) 농도의 변화. 각각의 씨들을 물에 불리는 작업을 여러 번 반복한 후에 배를 꺼내고, ABA와 GA 농도를 측정하였다.

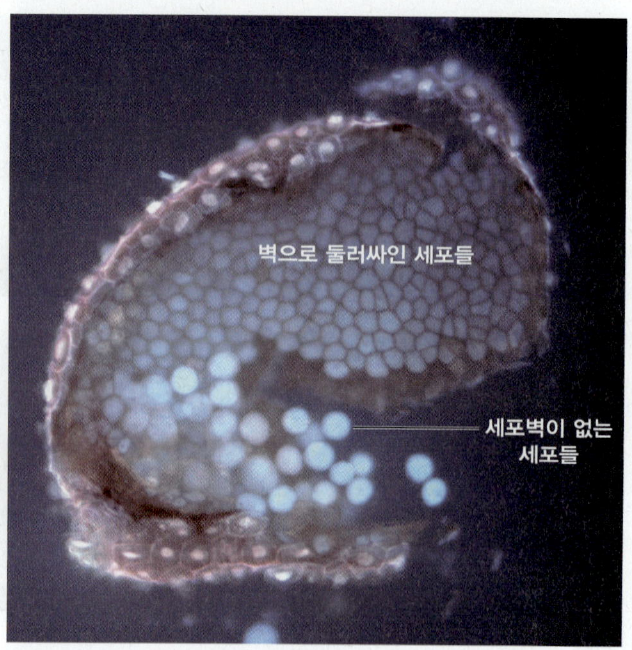

그림 6.27 *Arabidopsis*에서 호분층의 세포벽은 급격히 약해질 수 있다. *Arabidopsis spy-1* 돌연변이체에서 호분층 세포들을 자세히 보면 세포벽이 단단하지 않기 때문에 둥근 모습으로 된다. *Spy-1* 돌연변이체의 세포벽을 녹이면, 세포들은 서로 간에 분리되면서 극히 동그랗게 된다. *Spy-1* 돌연변이체의 씨는 휴면을 거치지 않고 물이 있으면 매우 빠르게 발아한다.

이 높아지지 않았는 데도 항상 GAs에 대한 반응성을 나타내는 돌연변이체들은 휴면을 하지 않는다. 비슷한 양상은 ABA가 없거나, 그 수준이 감소되어 있는 돌연변이체나 ABA에 대한 반응성이 결여된 돌연변이체에서도 나타난다. 대부분의 씨에서 ABA는 휴면을 하게 만들고, ABA 농도가 감소하거나 GA 농도가 증가하면 휴면이 중단에 이르는다는 것이 대개의 사실이다.

보리에서 ABA 농도는 휴면 중에 있거나 휴면 중이 아닌 마른 낟알 모두에서 높지만, 물이 들어가고 나면 휴면 중인 낟알에서 보다는 휴면 중이 아니었던 낟알의 배에서 ABA 농도가 훨씬 더 급격히 감소한다(그림 6.26A). 휴면이 없어지는 동안 보리 낟알에서의 GA 농도 역시 변하는데, 휴면 중이 아니었던 배에서는 빠르게 증가하는 반면, 휴면하고 있던 배에서는 낮은 수준 그대로 유지된다(그림 6.26B). 이를 다 감안하면, 휴면 중인 배와 그렇지 않은 배에서 ABA와 GA 농도가 상반되게 변하면서 휴면을 중단시키는 것으로 나타난다고 할 수 있다. *Arabidopsis*의 씨는 파이토크롬을 통해 작용하는 적색광이 휴면을 중단시킬 수 있다. 이 경우는 빛이 GA 생합성 유전자의 발현을 일으키게 하고, 이것이 다시 씨에서의 활동성 GAs를 증가시킨 것이다.

ABA와 GA의 농도 변화가 어떻게 휴면 중인 씨의 유근이 출현되는 것으로 환언될 수 있는가? 씨껍질에 의한 휴면은 씨껍질이 더 이상 배축의 성장을 제한하지 못하는 시점에서 사라진다는 것이 널리 알려져 있다. *Arabidopsis*나 상추(*Lactuca*), 후추(*Lepidium*), 담배(*Nicotiana*) 등의 휴면 중인 씨에서 씨껍질과 특히 배젖은 배가 성장하면서 생기는 압력에 영향을 받지 않기 때문에 유근이 나오는 것을 억제한다. 이런 종들의 씨들이 휴면이 없어질 때는 유근이 배젖의 약해진 벽을 뚫고 나올 수 있다. *Arabidopsis*와 상추에서 호르몬 처리는 배젖 세포벽의 강도에 영향을 미치는 것이 알려졌다. GA를 처리한 씨에서 배젖의 세포들은 세포벽의 두께가 감소하는 반면, ABA가 처리되면 이들 세포벽의 약화가 방지된다. 더구나 항상적인 GA 반응성을 나타내는 돌연변이체는 유근과 인접한 배젖의 세포벽이 극히 얇아져 있는 것으로 나타났다(그림 6.27).

분자 수준에서의 휴면 조절에 대한 가장 일반적인 모델들은 가장 중심적인 양상으로 ABA-GA 상호작용을 포함하고 있다. 이에 대해서는 17.4.5에서 더 자세히 논의될 것이다.

키포인트 모든 씨가 습도와 온도가 적절한 조건이라고 해서 발아하는 것은 아니다. 발아를 하지 않는 씨는 휴면 상태에 있는 것이다. 휴면은 어린 식물의 성장을 지지하지 못하는 환경에서는 씨가 조기에 발아되지 않도록 한다는 점에서 중요한 특징이다. 많은 환경적 신호들과 내재적으로 합성되는 물질들이 휴면을 중단시킨다. 발아를 촉진하는 환경적인 요인으로는 기온의 변화, 특히 추운 기간과 빛의 유무, 특히 질산이나 아질산 같은 토양에 있는 음이온의 농도 등이 있다. 앱시스산(ABA), 지베렐린(GAs)과 일산화질소(nitric oxide, NO)와 같은 호르몬들은 모두 휴면을 조절하는 데 중요한 역할을 한다. 유전학적이고 생화학적인 증거들이 휴면을 유지하는 데 있어서는 ABA의 역할이 매우 중요하고, 휴면을 중단시키는 데에는 GA와 NO의 역할이 중요하다는 것을 나타내고 있다.

6.5 저장된 양분의 이동이 어린 식물의 성장을 지지한다

발아는 주로 땅속에서 일어난다. 성장 중인 어린 식물체는 빛에 닿아 스스로 광합성을 할 수 있을 때 까지는 씨 속에 저장된 영양분에 의존해야만 한다. 우리가 이미 봤듯이 씨는 단백질, 탄수화물, 지질, 광물질 등의 저장 양분을 가지고 있다 자라는 어린 식물체는 P, K, Mg과 Fe 같은 원소의 원료로 광물질을 이용하고, 에너지와 탄소 골격을 위해서는 유기 분자들을 이용한다. 이런 모든 것들은 새로운 거대 분자들을 만드는 데 필요하다. 자라는 어린 식물체가 저장된 양분을 이용하기 전에, 이 양분들은 식물체로 이동할 수 있도록 보다 더 작은 단위로 쪼개져야 한다. 우리는 각각의 주요 저장 분자들이 어떻게 이동하여 어린 식물체에 의해 사용되는지를 살펴 볼 것이다.

6.5.1 단백질은 효소에 의해 아미노산으로 분해된 후 이동한다

모든 씨들은 일정 정도의 단백질을 저장하고 있다. 어린 식물이 성장하는 초기에 이들 단백질들은 분해되어 성장에 필요한 아미노산이 된다. 단백질 분해 과정에 의해 형성된 아미노산은 바로 새로운 단백질 합성에 이용될 수도 있고, 아미노 그룹이 떨어져 나간 후 산화되어 에너지를 방출할 수도 있다. 저장된 단백질이 그 구성 물질인 아미노산으로 가수분해되는 데는 여러 종류의 단백질 분해효소들의 작용이 필요하다. 어떤 분해효소들은 단백질을 아미노산으로 완전히 분해시키기도 하고, 어떤 분해효소들은 단백질을 작은 폴리펩타이드(polypeptide)까지만 되도록 분해시키기도 한다. 폴리펩타이드는 펩티데이즈(peptidase)라는 효소에 의해 더 분해된다. 많은 단백질 분해효소들이 발견되어져 연구되었다. 이들은 모두 메탈로-프로티에이즈(metallo-protease), 시스테인 프로티에이즈(cysteine protease), 세린 프로티에이즈(serine protease) 그룹에 속하는 것으로 나타났다.

씨가 발아하는 동안에 활성을 나타내는 단백질 분해효소들은 기질의 펩타이드 결합을 가수분해하는 방식에 따라 분류된다(그림 6.28):

- **엔도펩티데이즈:** 내부에 있는 펩타이드 결합을 잘라서 작은 펩타이드를 양산한다.
- **아미노펩티데이즈:** 폴리펩타이드 사슬의 끝에 있는 유리된 아미노산으로부터 말단의 아미노산을 순차적으로 자른다.

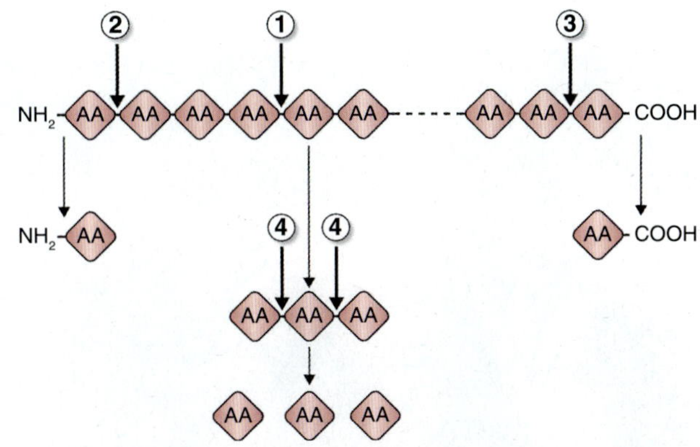

그림 6.28 서로 다른 단백질 분해효소들의 특이성의 차이로 인해 저장된 단백질이 완전히 분해된다; 엔도펩티데이즈 (1), 아미노펩티데이즈(2), 카복시펩티데이즈(3)와 펩티데이즈(4) 등은 폴리펩타이드 사슬의 특정한 지점에서 작용한다.

- **카복시펩티데이즈:** 아미노펩티데이즈와 유사하나 사슬의 카복시 말단에서부터 아미노산을 자른다.
- **펩티데이즈:** 작은 펩타이드를 아미노산이 되도록 자른다.

최근에 조절 이황화 단백질인 티오레독신(thioredoxin)이 발달 중인 어린 식물체에서 단백질과 탄수화물의 이동을 원활하게 해 준다는 것이 보고되었다. 곡류의 배젖에서 티오레독신은 NADPH와 NADP-티로레독신 리덕테이즈(NADP-thioredoxin reductase)에 의해 환원된다.

식 6.1 단백질 분해에 있어서 NTR의 역할

6.1A

$$\underset{}{\text{NADPH}} + \underset{(\text{S–S})}{\text{thioredoxin}_{ox}} \rightarrow \underset{(\text{–SH HS–})}{\text{thioredoxin}_{red}} + \text{NADP}^{+}$$

6.1B

$$\underset{(\text{–SH HS–})}{\text{Thioredoxin}_{red}} + \underset{(\text{S–S})}{\text{protein}_{ox}} \rightarrow \underset{(\text{–SH HS–})}{\text{protein}_{red}} + \underset{(\text{S–S})}{\text{thioredoxin}_{ox}}$$

티오레독신은 환원된 후 많은 씨 단백질들의 이황화(S-S) 그룹을 환원시킨다. 예를 들어, 씨의 저장 단백질이 티오레독신에 의해 환원되면 이들의 용해도가 증가하면서 단백질에 더 쉽게 분해된다. 더불어 티오레독신은 특정 효소들의 활성을 직접 환원시킴으로써, 혹은 간접적으로 억제 단백질의 이황화 결합을 불활성화시킴으로써 증가시킨다. 이황화 단백질에 의해 억제되는 효소의 하나가 녹말 분해에 관련된 녹말 가지제거효소(starch debranching enzyme)이다(식 6.3 참고). 티오레독신은 많은 곡류와 콩과 식물의 씨에서 효소 활성에 영향을 미치는 것으로 알려져 있다.

티오레독신의 발현을 변화시키는 형질전환 실험들은 발아에 있어서 티오레독신의 중심적인 역할을 확인시켜 주었다. 티오레독신을 과발현시킨 곡류의 낟알은 대조군에 비해 더 빨리 발아하고, 티오레독신의 발현을 감소시킨 낟알은 더 늦게 발아가 되는 것으로 나타났다. 티오레독신 수준이 감소된 형질전환된 밀의 품종 개발이 어쩌면 오랫동안 계속된 농업의 골치거리를 해결할 수도 있을지 모른다. 습도가 매우 높은 계절에 밀의 낟알은 모식물체에 그대로 달려 있는 상태로 발아할 수도 있다. 이를 수확 전 발아(preharvest sprouting)라고 한다. 티오레독신 수준이 감소된 밀은 이러한 수확 전 발아현상을 감소시키는 것으로 나타났다(그림 6.29).

저장 단백질들을 옮기는 몇몇 단백질 분해효소들은 새로 합성되기도 하지만, 씨에 불활성화된 상태로 이미 존재하고 있던 것들도 있다. 예를 들어 곡류에서 녹말성 배젖을 둘러싸고 있는 살아 있는 호분층은 최적 활성을 위한 pH가 4-5인 많은 종류의 산성 가수분해효소들을 합성해서 분비한다. 이런 산성 가수분해효소들 중에 배젖의 저장 단백질을 분해하는 다수의 분해효소들이 있다. 이렇게 분비되는 효소들은 낟알의 녹말성 배젖에 존재하고 있던 효소들을 보완하는 역할을 한다.

키포인트 씨에서 저장된 영양분이 이동하는 것은 효소의 작용으로 이루어진다. 곡류의 죽은 녹말성 배젖에서, 녹말과 단백질들은 호분층에서 합성되어 분비된 효소들이 이용하기 쉽다. 진정쌍자엽식물의 저장 떡잎에서 저장 영양분들은 살아 있는 세포들에 있고, 단백질들은 단백질 저장 액포 (PSVs)에, 녹

그림 6.29 티오레독신 유전자의 발현이 감소된 형질전환 밀(T)에서는 형질전환 되지 않은 대조군(C)에 비해 수확 전 발아 현상이 억제된다. 수확 전 발아는 낟알이 이삭에서 발아하도록 하고, 이는 저온 온대 지역에서 수확량 감소의 주요 원인이다. 한 예로 중국의 어떤 지역에서는 밀의 10-20%가 수확 전 발아 때문에 소실된다.

말은 아밀로플라스트에 있다. 진정쌍자엽식물의 떡잎에서 저장 단백질들을 분해하는 효소의 합성은 ER에서 일어난다. 그런 다음 이런 효소들은 골지체 유래 소포에 의해 액포로 옮겨진다. 곡류의 호분층에서도 PSVs에서의 단백질 분해가 비슷하게 진행된다. 녹말 분해효소의 합성은 유리된 리보좀에서 일어난다; 이 효소들은 색소체의 외막과 내막에 있는 특별한 수송 단백질에 의해 아밀로플라스트로 이동한다.

6.5.2 진정쌍자엽식물에서 저장된 단백질의 이동은 살아 있는 세포에서 일어난다

진정쌍자엽식물 씨의 떡잎이나 배젖에 존재하는 단백질이 분해되는 것은 곡류의 배젖에 있는 단백질의 분해와는 다르다. 이런 조직들의 세포는 살아 있고, 저장된 단백질들은 단백질 저장 액포에 있다. 새로 합성되거나 이미 존재하고 있었던 단백질 분해효소들이 액포에 저장된 단백질들을 분해한다는 증거가 있다. 새로 합성된 단백질 분해효소들이 액포로 이동되고, 거기서 저장된 단백질들이 분해되는 일련의 단백질 분해 활성이 개시된다는 가설이 있다. 이 가설에 의하면 새로 합성된 단백질 분해효소의 역할은 액포의 루멘에 불활성 상태로 이미 있었던 단백질 분해효소들을 활성화시키는 것이다. 단백질 저장 액포에서 루멘의 pH 역시 저장 단백질의 분해를 조절하는 데 중요한 역할을 한다. *Arabidopsis*에서 VPE(vacuolar processing enzyme)라는 효소들이 단백질 분해 과정을 시작하여 저장 단백질들을 이동시키는 데 역할을 하는 것으로 밝혀졌다. VPE는 ER에서 활성이 없는 전구체의 형태로 합성된다; 이것은 산성의 PH 하에서 자가-활성화가 되는데, 아마 액포에서 그렇게 될 것이다. 그리고는 VPE는 다른 단백질 분해효소들을 활성화시킨다. 저장된 단백질들을 분해하는 분해효소들은 산성의 pH에서 최적의 활성을 나타내기에, 이런 분해효소들의 기질 분해 속도가 액포 루멘의 산성화 정도에 의해 이루어짐을 쉽 게 알 수 있다. 그들의 기질을 분해하는 속도를 결정하는 것을 쉽게 볼 수 있다. 씨가 발아하는 동안 단백질들의 이동 과정은 노화나 세포 사멸이 일어나는 동안 진행되는 단백질 분해현상과 유사한 점이 많다. 이에 대해서는 18장에서 더 살펴 볼 것이다.

키포인트 저장된 단백질을 펩타이드나 아미노산으로 분해하는 단백질 분해효소들은 효소들이 어떻게 폴리펩타이드 사슬에 접근하는가에 따라 대략 네 가지로 나뉜다. 아미노펩티데이즈는 폴리펩타이드의 아미노기 말단에서부터, 그리고 카복시펩티데이즈는 카복실기 말단에서부터 단백질을 분해하며, 엔도펩티데이즈는 아미노기 말단과 카복실기 말단 사이의 무작위적인 지점에서 단백질을 분해한다. 펩티데이즈는 엔도펩티데이즈에 의해 생성된 작은 펩타이드를 잘라서 아미노산으로 만든다. 저장된 단백질의 분해로 생긴 아미노산들은 새로운 효소들(예를 들어, 곡류의 호분층에서 생성되는 α-아밀레이즈)을 만드는 데 사용되거나, 어린 식물체가 발달할 때 새로운 단백질의 합성을 돕기 위해 배로 이동된다.

6.5.3 저장된 녹말의 이동은 포스포라이틱 효소(phospholytic enzyme)들에 의해 매개된다

녹말은 대부분의 식물에서 중요한 탄수화물의 저장 형태이다. 녹말은 아밀로오즈와 아밀로펙틴 두 분자로 이루어지다(6.3.1). 녹말은 아마도 글라이코시딕 결합을 끊는 데 Pi를 사용하는 **인산분해효소(phospholytic enzyme)**나 이들 결합을 끊는 데 물을 사용하는 **가수분해효소(hydrolytic enzyme)**, 2종류의 효소 중 하나에 의해 더 작은 중합체나 단량체의 형태로 잘려진다(그림 6.30).

적어도 세 종류의 효소들(**starch phosphorylase, debranching enzyme**과 **glucosyltransferase**)이 **인산분해적 녹말분해(phosphorolytic starch degradation)** 과정에 관여한다(식 6.2-6.4).

식 6.2 Starch phosphorylase

$$\alpha\text{-Glucan}_{(n)} + P_i \rightarrow \alpha\text{-glucan}_{(n-1)} + \text{glucose-1-phosphate}$$

식 6.3 Debranching enzyme(R-enzyme)

$$\text{Branched } \alpha(1 \rightarrow 6)\text{-}\alpha\text{-}(1 \rightarrow 4)\text{-glucan} \rightarrow \text{linear } \alpha\text{-1,4-glucans}$$

식 6.4 Glucosyltransferase(D-enzyme)

$$\alpha\text{-Glucan}_{(m)} + \alpha\text{-glucan}_{(n)} \rightarrow \alpha\text{-glucan}_{(m+n-1)} + \text{glucose}$$

Starch phosphorylase는 녹말의 비환원성 말단에서 포도당 잔기를 하나씩 끊어내서 glucose-1-phosphate가 생성되도록 한다. Starch phosphorylase는 가지가 쳐져 있는 지점에 적어도 4개 이상의 포도당이 있는 지점의 결합만을 공격할 수 있다. 가지가 쳐진 녹말 분자에서 계속적으로 인산분해적인 공격이 진행되려면, α(1 → 6) 결합을 끊

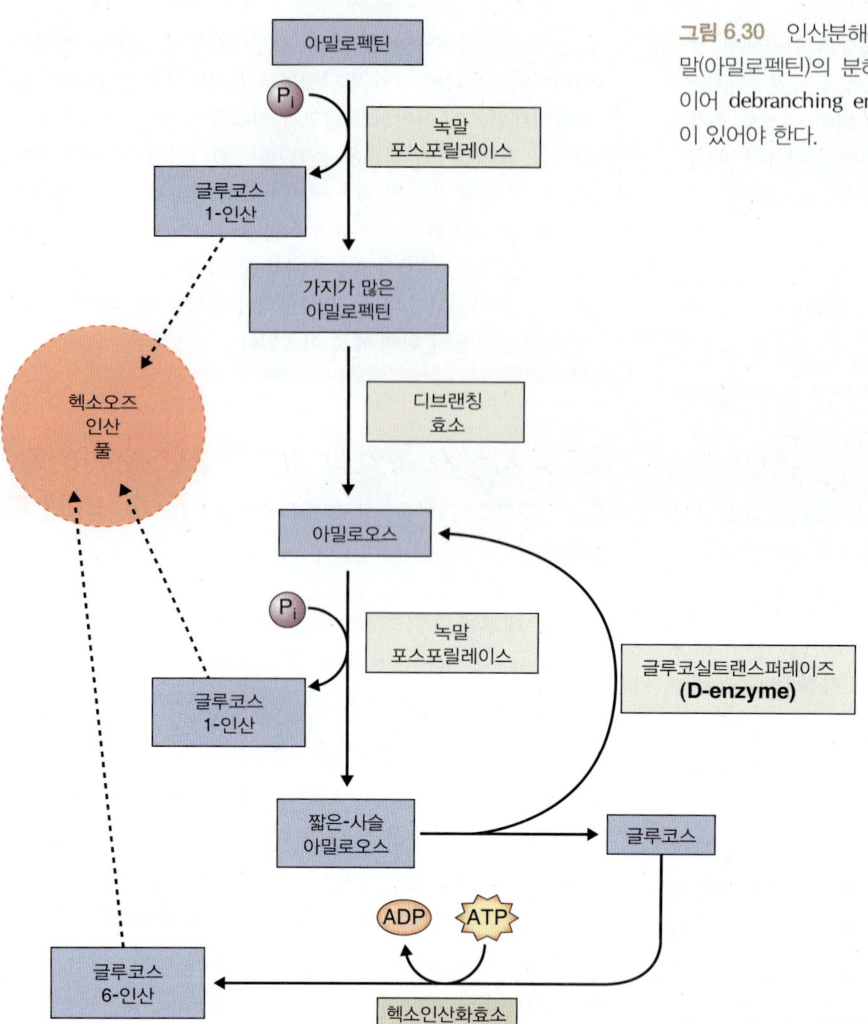

그림 6.30 인산분해를 통한 녹말의 분해. Starch phosphorylase가 녹말(아밀로펙틴)의 분해를 시작하지만, 완전히 분해되기 위해서는 뒤이어 debranching enzyme과 glucosyltransferase(D-enzyme)의 작용이 있어야 한다.

어서 가지가 없는 선형의 사슬을 만들어 내는 debranching enzyme(**pullulanase** 혹은 **R-enzyme**라고도 불리는)이 있어야 한다. 형성된 선형의 사슬에는 starch phosphorylase가 작용할 수 있다. 더불어 **D-enzyme**라고도 하는 glucosyltransferase는 짧은 글라이칸 폴리머를 중합해서 phosphorylase의 새로운 기질들을 만들어낼 수 있다(그림 6.30).

starch phosphorylase가 탄수화물 대사의 중심적인 역할을 하지만 식물에서 이 효소의 활성이 어떻게 조절되는 지는 밝혀지지 않았다. 한 가지 가설은 이 효소가 무기인산을 얼마나 사용할 수 있는지의 여부에 의해 조절된다는 것인데, 무기인산의 가용 정도는 서로 다른 스트레스를 포함한 성장 조건의 변화에 반응하여 가변적이다. 이런 식으로 식물의 starch phosphorylase가 조절되는 것은 동물에서 상응하는 glycogen phosphorylase의 조절 형태와는 다르다. Glycogen phosphorylase는 아주 정교한 단백질의 인산화/탈인산화 과정을 통해 조절된다.

6.5.4 아밀레이즈 역시 녹말 분해에 역할을 한다

녹말은 **아밀레이즈**(**amylases**)(식 6.5-6.7)라고 하는 일종의 가수분해 효소에 의해서도 분해된다. 아밀레이즈는 선형의 α(1 → 4)-글라이칸(α(1 → 4)-glucans)을 분해하는데, 내부에 있는 글라이코실 결합을 끊어 내어 **덱스트린**(**dextrin**)이라고 하는 짧은 글라이칸이 만들어지도록 한다. α-아밀레이즈에 의해서 형성되는 가장 작은 단위는 이탄당인 말토오즈(maltose)다. β-아밀레이즈는 녹말 분자의 비환원성 말단으로부터 말토오즈를 끊어냄으로써 녹말을 분해시킨다. 아밀레이즈들의 분해 산물인 말토오즈와 짧은 글라이칸들은 **α-글라이코시데이즈**(**α-glucosidase**)의 작용으로 더 분해되어 포도당 분자로 된다. 아밀로펙틴이 완전히 분해되기 위해서는 아밀리이즈와 글루코시데이즈 뿐만 아니라 debranching enzyme(식 6.3)이 작용이 필요하다(그림 6.31).

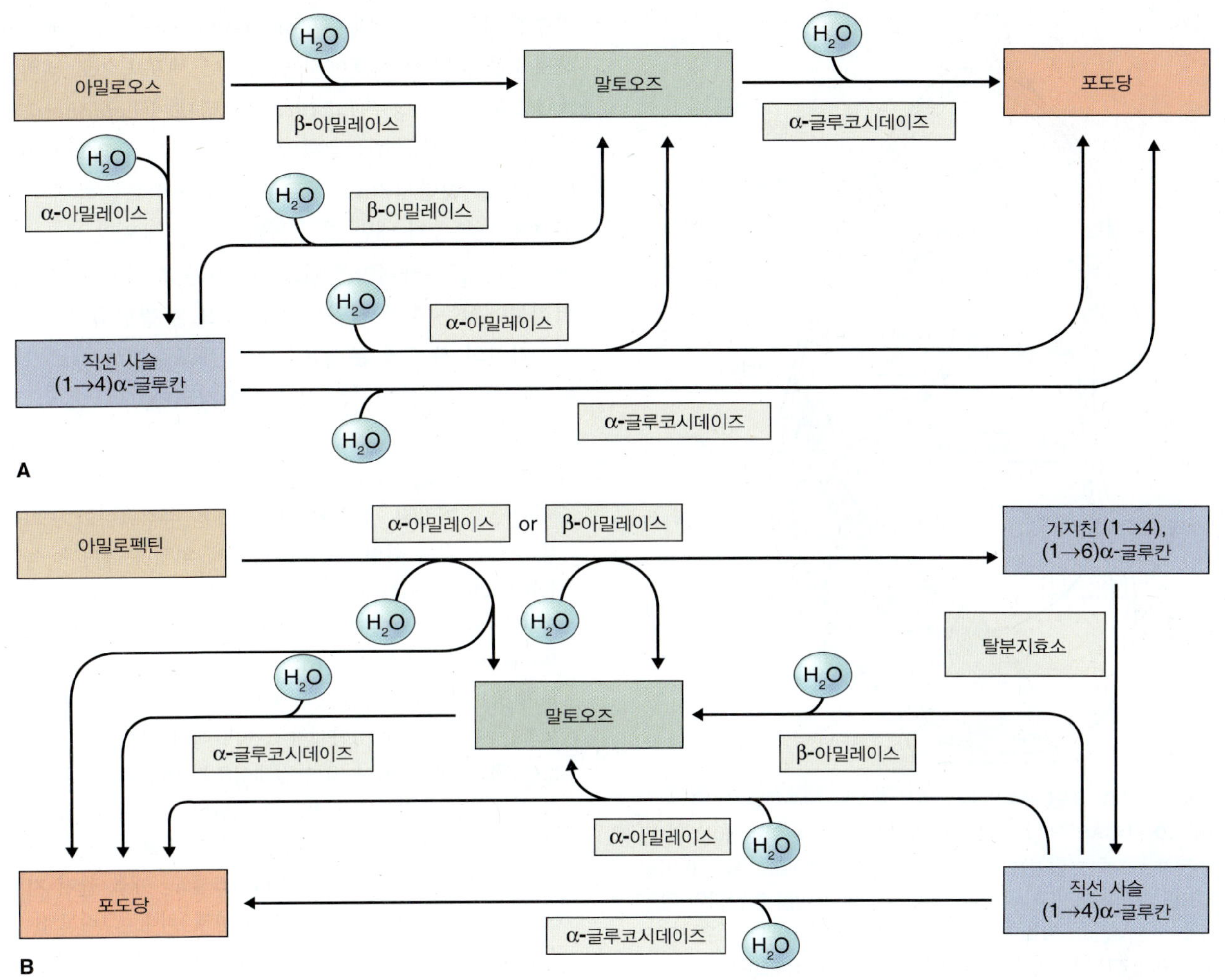

그림 6.31 녹말의 가수분해. (A) 아밀로오즈가 포도당으로 완전히 가수분해되기 위해서는 여러 가수분해효소들의 협동적인 역할이 요구된다. (B) 아밀로펙틴의 α(1 → 6) 결합을 가수분해하기 위해서는 debranching enzyme 또한 필요하다.

식 6.5 α-Amylase

$$1,4\text{-}\alpha\text{-D-glucan}_{(n)} \rightarrow 1,4\text{-}\alpha\text{-D-glucan}_{(x)} + 1,4\text{-}\alpha\text{-D-glucan}_{(y)}$$
$$(n \geq 3; x + y = n)$$

식 6.6 β-Amylase

$$1,4\text{-}\alpha\text{-D-glucan}_{(n)} \rightarrow 1,4\text{-}\alpha\text{-D-glucan}_{(n-2)} + \text{maltose}$$

식 6.7 α-Glucosidase

$$1,4\text{-}\alpha\text{-D-glucose}_{(n)} \rightarrow 1,4\text{-}\alpha\text{-D-glucose}_{(n-1)} + \text{D-glucose}$$

녹말의 가수분해에 관련된 효소들은 씨가 발아할 때 특히 활성이 높다. 곡류가 발아하는 동안, 배젖의 녹말은 빠르게 분해된다. 가장 많이 연구된 녹말 가수 분해효소는 α-아밀레이즈로, 배반과 호분층에서 합성되고 녹말성 배젖으로 분비된다(그림 6.32). 호분층에 의해 α-아밀레이즈가 합성되는 것은 GA에 의해 촉진되고, ABA에 의해 억제된다. 모든 분비되는 단백질들은 ER에서 합성되어 골지체에서 형성된 소포에 의해 세포 바깥으로 수송된다. 호분층이나 배반에서 분비되는 단백질 분해효소들처럼 α-아밀레이즈도 산성 pH에서 활성을 나타내고 최적의 활성은 pH 4 근처에서 나타난다.

곡물 낟알의 β-아밀레이즈는 호분층에서 새로 합성되지 않는다. 이 경우는 효소의 전구체가 발아하기 전 녹말성 배젖에서 이미 결합된 형태로 존재한다. 발아하는 동안 방출되어 효소의 카복실기 끝에 있는 작은 펩타이드가 제거되면서 활성화되거나, 티오레독신(thioredoxin)같은 설프하이드릴(sulfhydryl) 작용 물질에 의해서 활성화된다(6.5.1 참고). 어떤 α-글루코시데이즈(α-glucosidase)는 마

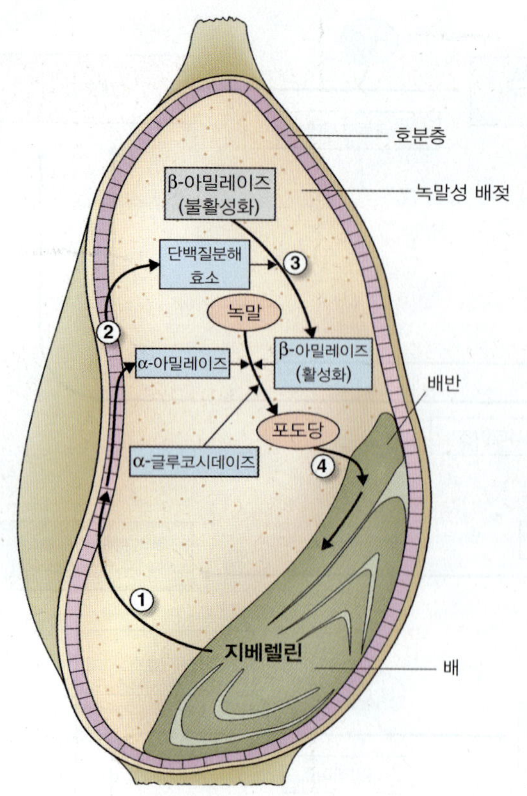

그림 6.32 발아 중인 곡물의 낱알에서 저장된 탄수화물을 이동시키는 데 있어서 GA의 역할. 배에서 방출된 GA(1)는 α-아밀레이즈와 단백질 분해효소들의 합성을 촉진한다(2). 단백질 분해효소들은 β-아밀레이즈를 활성화시켜(3) α-아밀레이즈와 함께 녹말을 이탄당인 말토오즈로 전환시킨다. 말토오즈는 α-글루코시데이즈에 의해 포도당으로 전환된다. 그러면 배반은 포도당을 흡수하고(4) 배축으로 수송한다.

른 씨에 존재한지만, 발아하는 동안에는 증가된 GA의 양에 대한 반응으로 호분층에서 대량으로 합성된다. 씨에 존재하는 debranching enzyme과 α-아밀레이즈의 활성은 억제제로 작용하는 작고 특이적인 이황화 단백질에 의해 더 조절된다. 떡잎과 같은 저장 조직에서 녹말의 분해와 관련된 가수분해 효소들은 잎의 엽록체에 일시적으로 저장된 녹말의 이동에도 역시 역할을 한다. 이 경우 가수분해효소들은 유리된 리보좀에서 합성되어 엽록체로 이동된다.

6.5.5 세포벽은 탄수화물의 또 다른 원천이다

많은 씨에서 세포벽은 저장된 탄수화물의 중요한 공급원이고, 살아 있는 세포에서 분비된 효소들 역시 이러한 탄수화물을 이동시킨다. 배젖이 있는 진정쌍자엽식물의 씨 같은 경우는 만난(manman)과 갈락토만난(galactomannans)을 가수분해하는 만나네이즈(mannanase)와 같은 세포벽 분해효소들이 배젖 세포에서 합성되어 세포벽으로 분비된다. *Arabidopsis*나 상추(*Lactuca*), 다닥냉이(*Lepidium*) 씨 같은 경우에는 분해효소들에 의해서 세포벽을 약화시키는 것이 휴면을 중단시키고, 씨로부터 유근이 돌출하게끔 한다. 곡류의 호분층과 배반 역시 녹말성 배젖세포의 세포벽을 분해시키는 글루카네이즈(glucanase)를 분비한다. 진정쌍자엽식물에서는 저장 떡잎의 세포벽 또한 광범위하게 분해된다. 떡잎의 세포벽 분해효소들은 세포질에서 새로 합성되어 세포벽으로 분비되는 것으로 여겨진다.

키포인트 저장된 폴리사카라이드들은 탄수화물의 글라이코실 결합을 끊은 다양한 분해효소들에 의해 분해된다. 녹말은 debranching enzyme, α-, β-amylases와 α-glucosidase 등의 일련의 효소들에 의해 분해된다. Debranching enzyme은 아밀로펙틴의 β(1 → 6) 연결을 공격해서 가지가 없는 사슬의 β(1 → 4) 결합을 갖는 아밀로오즈를 생성한다. 아밀로오즈는 무작위적인 지점에서 α-아밀레이즈에 의해 분해되어 짧은 덱스트린이 된다. β-아밀레이즈는 아밀로오즈와 덱스트린의 비환원성 말단에 작용하여 이탄당인 말토오즈를 형성한다. 말토오즈는 α-글루코시데이즈에 의해 포도당으로 분해된다. 세포벽을 이루는 폴리사카라이드들도, 예를 들어 자일란(xylan)은 자일라네이즈(xyxylanas)에 의해, 그리고 β-글루칸(β-glucans)은 β-글루카네이즈(β-glucanases)에 의해 분해되는 식으로, 특이적인 탄수화물 분해효소들에 의해 분해된다.

6.5.6 저장 지방의 이동은 트리아실글라이세롤의 분해와 연관이 있다

발아한 어린 식물이 자라는 동안 씨 속에 저장되어 있던 트리아실글라이세롤(triacylglycerol)은 분해되어 포도당과 다양한 종류의 다른 필수적인 대사산물로 전환된다. 저장 조직의 세포 내에서 트리아실글라이세롤은 자라나고 있는 어린 식물체의 다른 조직으로 이동하기 위해서 당(sucrose)으로 전환된다. 씨에서 트리아실글라이세롤의 이동은 세 가지의 세포소기관이 관여한다: (i) 오일 바디(oleosome), 여기에서 트리아실글라이세롤은 글라이세롤(glycerol)과 지방산(fatty acids)으로 전환된다; (ii) 특화된 **퍼록시좀**(**peroxisome**), 흔히 **글라이옥시좀**(**glyoxysome**)이라고도 불리는데, 여기서 **β-산화**(**β-oxidation**)에 의해 지방산이 acetyl-coenzyme A(CoA)로 전환되고, 뒤이어 **glyoxylate cycle**에 의해 석신산(succinate)로 전환된다; (iii) **마이토콘**

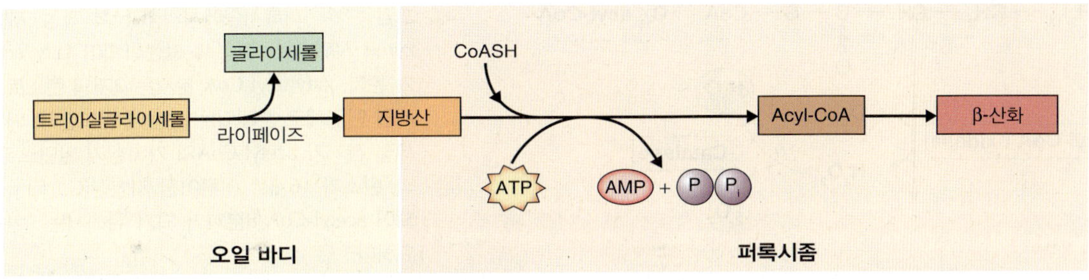

A

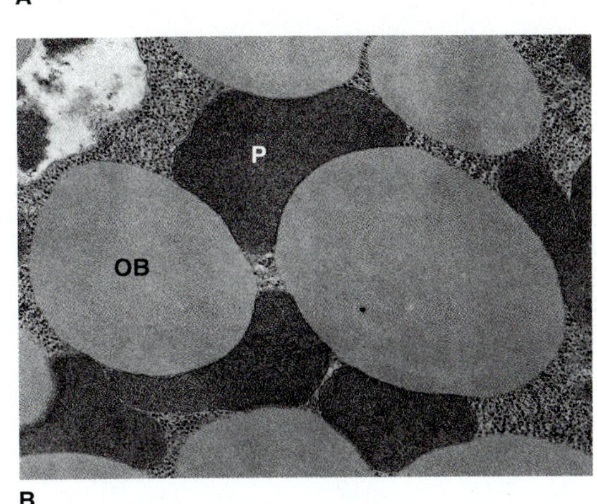

B

그림 6.33 오일을 저장하고 있는 씨에서 저장되어 있는 트리아실글라이세롤의 분해는 오일 바디와 퍼록시좀에서 일어난다. (A) 오일 바디에서 트리아실글라이세롤은 라이페이즈에 의해 글라이세롤과 지방산으로 분해된다. 지방산은 퍼록시좀으로 이동되어 β-산화 과정에 의해서 acetyl-CoA로 더 분해된다. (B) 퍼록시좀 (P)과 근처에 있는 오일 바디(OB)를 나타내고 있는 전자현미경 사진.

드리아. 여기서 석신산은 말산(malate)으로 전환되고, 말산은 세포질로 이동되어 **gluconeogenesis** 과정에 의해서 마지막으로 헥소오즈(hexoses)로 전환된다. 우리는 여기서 트리아실글라이세롤은 글라이세롤과 지방산으로 전환되고, 지방산이 acetyl-CoA로 전환되는 과정에 대해 논할 것이다. 뒤이어 acetyl-CoA가 헥소오즈로 전환되는 과정을 7장에서 다루게 될 것이다.

트리아실글라이세롤은 오일 바디라고 하는(4장 참고) 특별한 세포소기관에 저장되어 있다. 물에 용해되지 않는 성질로 인해 트리아실글라이세롤은 이들이 대사과정에 사용될 수 있기 전에 라이페이즈(lipase)에 의해서 **지방산(fatty acid)**와 **글라이세롤(glycerol)**로 반드시 분해되어야만 한다(그림 6.33). 라이페이즈의 작용으로 방출된 글라이세롤은 세포질에서 트리오즈 인산(trios phosphate)로 전환된 다음, gluconeogenesis를 통해서 당을 합성하는 데 이용된다(7장 참고). 반면 지방산은 다음 단계의 이동 과정을 위해서 **퍼록시좀(peroxisome)**으로 옮겨진다. 어떻게 옮겨지는 아직 모르지만 퍼록시좀 근처에서 오일 바디가 흔히 발견된다(그림 6.33B 참고)

식물에서 지방산의 산화는 발아하는 씨나 잎의 퍼록시좀에서 일어난다(그림 6.33). 동물 세포에서는 지방산의 중요한 환원 장소가 마이토콘드리아라는 것은 매우 대비되는 점이다. 지방산은 2번 탄소(β 탄소)가 산화되는 **β-산화(β-oxidation)**라고 하는 반복적인 과정을 통해서 탄소 2개로 이루어진 단위체(C2)로 분해된다(그림 6.34). 지방산에 **fatty acid-CoA synthase**라는 효소를 사용하여 coenzyme A를 붙이면 지방산이 활성화된다. 그런 후 그림 6.34에 나와 있는 네 단계의 과정을 거쳐 산화된다. **Acyl-CoA oxidase**가 전자를 산소로 바로 전달하여 과산화수소(H_2O_2)를 생성하기 때문에, 지방산 분해의 첫 번째 산화과정에서 방출되는 에너지는 열로 흩어진다. 생성된 과산화수소는 강력하고 잠재적으로 위험한 산화제이다; **catalase**에 의해 즉시 물과 산소로 분해된다(식 6.8).

식 6.8 Catalase

$$2H_2O_2 \rightarrow 2H_2O + O_2$$

반면에 동물 세포의 β-산화는 마이토콘드리아에서 일어난다. 첫 번째 산화 단계에서 제거된 전자들은 호흡 과정을 통해서 산소로 전달된다. 이는 ATP 합성을 이용해 에너지를 획득하는 과정과 동반되어 일어난다(7장 참고). 7장에서 보겠지만, β-산화에서 **enoyl-CoA hydratase**와 **β-hydroxyacyl-CoA dehydrogenase**에 의해서 매개되는 반응들과 유사한 반응들을 마이토콘드리아에서 진행되는

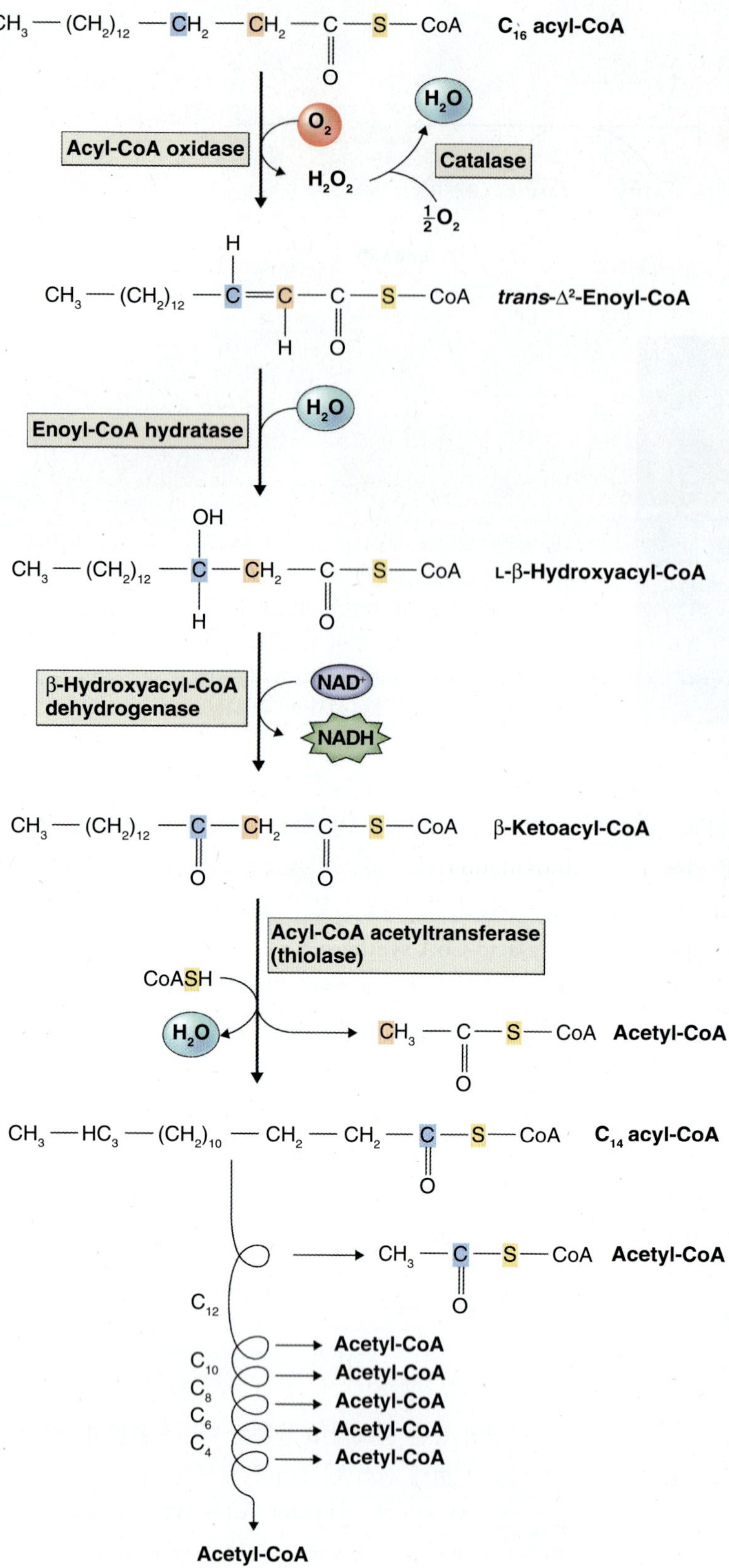

그림 6.34 퍼록시좀에서의 β-산화 과정. 지방산은 coenzyme A(CoA)가 붙어서 활성화되어 fatty acyl-CoA 분자가 된다. fatty acyl-CoA 분자는 2개의 탄소로 이루어진 아세틸 단위체로 분해되는 과정이 반복된다. 매번 하나의 아세틸 잔기가 acetyl-CoA의 카복실기 말단으로부터 제거된다. 탄소가 16개로 이루어진 지방산(C_{16} fatty acid)이 산화되어 acetyl-CoA 8분자가 되기 위해서는 7번의 과정이 필요하다.

유기호흡 과정 중 시트르산 회로 부분(fumarase와 malate dehydrogenase에 의한)에서 찾아볼 수 있다.

6.5.7 저장되어 있던 광물질은 피트산의 분해로 인해 이동된다

6.3.9에서 논의했듯이, 광물 원소들은 피트산(phytic acid)이나 myo-inositol hexaphosphoric acid(IP_6)의 복합체로 씨에 저장되어 있다. 발아하는 동안 IP_6는 인산을 분리시키고 양이온으로 킬레이트 화합물을 만드는 탈인산화효소인 **파이테이즈(phytase)**에 의해 가수분해된다. 파이테이즈 수준은 씨의 발아 후에 증가하여 배의 성장과 발달을 지지하는 데 필요한 인산과 다른 광물질들을 만들게 된다. IP_6의 가수분해로 inositol-1-phosphate에서부터 IP_6에 이르는 일련의 inositol phosphates가 만들어진다. 특히 inositol-1,4,5-trisphosphate같은 특정한 inositol phosphate는 진핵세포에서 조절작용을 하는 분자로 잘 알려져 있다. IP_6 가수분해로 생긴 산물들이 씨에서 어떤 조절 작용을 한다는 증거는 아직 없다; 사실상 피트산이 없는 *Arabidopsis*도 정상적으로 발아한다. 피트산이 있으면 씨나 어린 식물이 발아 후 최소한 며칠 간은 외부로부터 필수 광물질들이 공급되지 않아도 된다.

우리는 단백질, 녹말, 지질이 각각 어떻게 이동되어 아미노산과 단순당, acetyl-CoA로 전환되는지 살펴보았다. 이런 물질들(혹은 이들의 유도체들)은 저장 조직으로부터 성장하고 있는 조직으로 수송된다. 곡류의 낟알에서 배반은 용질들이 배젖으로부터 성장 중인 슈트와 뿌리로 이동되는 데 매우 중요한 역할을 한다. 이런 용질들은 탄소 골격의 원천으로써 혹은 물질대사를 수행하는 데 필요한 에너지원으로 배에 의해 사용될 수 있다. 저장 지질의 이동은 더욱 복잡한데, acetyl-CoA와 글라이세롤이 더 이용되기 위해서는 당과 석신산으로 전화되어야 하기 때문이다. 이런 전환에 필요한 과정들인 the tricarboxylic acid와 glyoxylate 회로 및 gluconeogenesis에 대해서는 7장에서 자세히 다룰 것이다.

키포인트 Triglycerides는 오일 바디에서 lipase에 의해 글라이세롤과 지방산 사슬로 분해된다. 글라이세롤은 해당 작용에 의해 더 대사된다. 지방산은 β-산화 과정을 통해 acetyl-CoA로 전환되고 그 다음 퍼록시좀에서 네 단계의 일련의 과정을 거쳐서 탄소 2개로 이루어진 분자인 acetyl-CoA로 전환된다. 이 과정의 첫 번째 단계는 과산화수소수 (H_2O_2)와 열을 생성할 뿐 사용할 에너지를 만들지 않는 acyl-CoA oxidase에 의해 이루어진다. 과산화수소수는 모든 퍼록시좀에 풍부히 있는 catalase에 의해 물과 산소로 분해된다. 퍼록시좀에서 생성된 acetyl-CoA는 마이토콘드리아와 세포질에서 더 대사되어 최종적으로 gluconeogenesis라는 과정을 통해 당을 생성한다. K, Mg과 Fe 같은 무기 광물들은 씨의 액포에 피트산이라는 불용성의 염으로 저장되어 있다. 파이테이즈는 발아하는 동안 피트산을 가수분해시켜 피트산염을 이온화시킨다. 방출된 광물질들은 자라나는 어린 식물체로 이동된다.

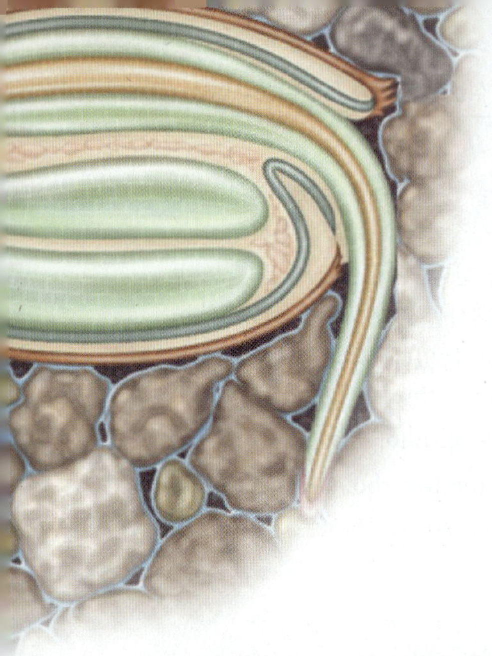

Chapter 7

물질의 대사: 호흡과 당신생과정 (gluconeogenesis)

7.1 이화작용과 동화작용

식물의 모든 살아 있는 조직은 살아가는 데 필수적인 과정을 위해 **에너지**를 섭취한다. 또한 세포의 구조와 기능을 수행하기 위해서는 **탄소 골격**(carbon skeletons)이 반드시 필요하다. 광합성의 직접적 혹은 간접적 산물이라고 할 수 있는 당이 기능 수행에 있어서 주요한 시작점이라고 할 수 있다. 제6장에서 우리는 종자 발아의 초기 단계를 살펴보았고 종자의 저장물질(reserve)이 어떻게 작은 분자의 생성에 관여하는지 알아보았다. 여기에서는 저장 전분을 분해하여 얻은 포도당을 이용하는 유묘 세포의 대사 경로에 초점을 맞추어, 식물의 성장과 적응 및 생식에 필수적인 거대분자를 만들어 내는 에너지의 생성과 원자재의 창출에 대해 설명하고자 한다. 이 과정에 참여하는 수백 가지의 효소 촉매 반응들은 다양한 형태의 생명체에서 상당히 유사한 형태로 존재한다. 발아 과정에서 이용되는 탄소 골격의 다른 원천 중 하나는 종자에 저장된 저장 지질(acylglycerols)로서 이는 지방산을 합성에 이용된다. 우리는 이번 장에서 어떤 세포들이 탄수화물을 합성하기 위하여 지방산을 사용하는지 알아 볼 것이다. 발달 단계 중 유묘 확립(seedling establishment) 단계에서의 탄소와 에너지 대사 양상이 노화 단계에서도 다시 나타나는데, 이 양상은 18장에서 설명할 것이다.

대사는 두 가지 경로로 구성되어 있다. 그중 하나는 **동화작용**(anabolism)으로 작은 전구체들로부터 세포 구성요소를 생합성하는 에너지 의존적인 활성이 필요한 반응이고, 다른 하나는 **이화작용**(catabolism)으로 영양분과 분자의 복합체를 분해하여 에너지를 방출시키거나 재료를 회수하거나 둘 모두의 반응이 일어나는 중간 대사 단계를 말한다(그림 7.1). 특정 대사산물의 합성과 분해는 보통 동시에 일어나기 때문에, 전체 반응의 측면에서 보았을 때 물질의 축적량 혹은 감소량은 대사산물의 합성과 분해 속도에 따라 결정된다. 특정한 때의 세포 내에 있는 대사산물의 양을 **pool size(그 물질의 양)**라고 하며, 분자들이 pool로 들어오거나 나가는 비율을 **대사회전율(turnover rate)** 혹은 **플럭스(flux)**라고 한다. 그 크기가 일정하게 유지되고 있는 pool을 **정상 상태(steady state)**에 있다고 한다. 유묘 확립 단계와 같이 빠른 성장과 발달이 일어나는 시기에는 새로운 조직과 기관의 구조적 기능적 체계를 확립시키기 위한 동화작용이 신진 대사과정보다 우세하게 일어난다. 종자 저장 조직의 노화 혹은 이동과 같은 단계에서는 그 반대가 된다. 동화작용의 조절은—이화작용과의 균형, 생합성과 분해 활동을 암호화하는 유전자의 발현을 발달과 환경 요인에 따라 조절 하는 것—식물과 식물의 각 부분의 생애 주기를 통한 진보의 주요한 특징이다. 유묘와 성체 식물의 이화작용에 중요한 역할을 차지하는 고에너지 대사산물, 보조효소, 산화환원 반응 및 효소들은 2장에서 설명하였다.

The Molecular Life of Plants, First Edition. Russell Jones, Helen Ougham, Howard Thomas and Susan Waaland.

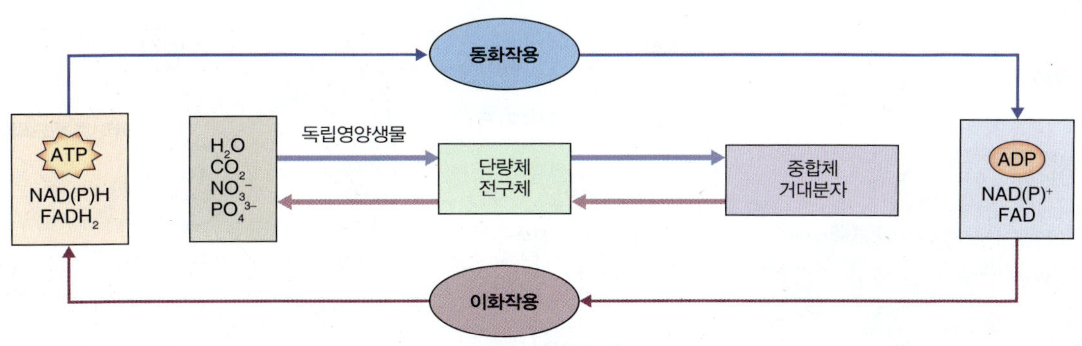

그림 7.1 동화작용과 이화작용의 관계. 동화작용 경로를 통해 작은 크기의 전구체 분자들이 이화작용 경로에 필요한 화학적 에너지를 제공하는 세포 거대분자로 전환된다. 전체적인 생물학적 순환 주기는 독립영양생물에 의한 무기 분자의 흡수에 의해 작동된다.

키포인트 당이 호흡에 의해 분해되면 생물학적인 구조와 기능에 영향을 주는 에너지와 탄소 골격을 제공한다. 작은 전구체들로부터 세포 구성요소를 만들어 내는 생합성 반응인 동화작용은 이화작용이라고 불리는 분해 과정으로부터 만들어진 에너지를 사용한다. 동화작용과 이화작용은 대사 회전에 기여한다. 대사과정 중에 분자들은 생화학적 중간단계인 풀(pool)에 들어오거나 나가면서 계속적인 플럭스(flux) 상태를 유지한다. 정상 상태(steady state)에서 대사산물의 풀 크기는 일정하게 유지된다. 동화작용은 성장 및 발달 과정 동안에 이화작용보다 우세하게 일어난다. 반면, 노화 또는 저장 물질의 유동 단계에서는 반대가 된다.

7.2 탄수화물 분해의 혐기성 단계

식물체와 다른 생물체에서 이화작용의 중요한 특징 중 하나는 포도당과 같이 에너지가 풍부한 분자를 분해하여 에너지를 얻는 것이다. **세포 호흡(cellular respiration)**이라고 불리는 이 과정에서 포도당은 이산화탄소와 물로 산화된다. 이 산화 과정 동안에 에너지는 방출되어($\triangle G^{\circ\prime}$ $-2870\ kJmol^{-1}$), 생합성 과정에서 가장 먼저 이용되며, 원형질막의 H^+-ATPase와 같은 이온 펌프의 작동과 세포골격에 의한 세포질 및 기관의 이동 등에 사용되는 ATP(수식 7.1)를 합성하는 데 이용된다. 세포 호흡 경로는 성장 중인 조직은 물론 완전히 발달된 조직에서 분자 교체에 필요한 단백질, 탄수화물, 핵산 및 지질의 **전구체(precursors)**를 공급하는 역할을 한다. 세포 호흡은 식물의 모든 조직에서 광조건과 암조건 아래서 모두 일어난다. 광합성으로 만들어진 당의 약 30-60%가 세포 호흡에 이용된다.

식 7.1 유기호흡의 개요

$$C_6H_{12}O_6 + 6O_2 + 32-34(ADP + P_i)$$
$$\rightarrow 6CO_2 + 6H_2O + 32-34ATP$$

세포 호흡은 세 가지 주요한 경로로 이루어져 있다: **해당작용(glycolysis)**, **TCA 회로(tricarboxylic acid cycle)**, 그리고 **전자전달/산화적 인산화(electron transpot/oxidative phosphorylation)**. 각각의 경로는 서로 다른 세포내 구획(subcellular compartment)에서 일어난다. 해당작용에서 기능하는 효소는 세포질에 위치한다. TCA 회로는 마이토콘드리아에 존재하는 기질(matrix)과 크리스테의 효소를 이용하고, 전자전달/산화적 인산화는 마이토콘드리아 내막에서 일어난다(그림 7.2). 호기성 세포에서 탄수화물 분해가 시작되는 데에는 산소가 필요하지 않다(**혐기성 단계**). 두 번째 단계(7.3절과 7.4절에서 설명)에서는 혐기성 단계의 포도당 이화작용에 의해 만들어진 유기산이 완전히 산화되어 이산화탄소와 물이 만들어진다. 위의 단계들에서 각각 다른 양의 에너지가 방출된다. 우리는 이와 같은 순차적인 반응들에서 몇 가지의 중간물질이 다른 세포 화합물에 탄소 골격을 제공하기 위해 변화될 수 있다는 것을 전제로 이 경로들을 통해 포도당 분자의 이동을 살펴보았다. 또한 특정 상황에서 탄소와 에너지 대사에 중요한 다른 두 가지의 반응 순서인 **산화 오탄당인산 경로(oxidative pentose phosphate pathway**, 7.5절 참고)와 **글리옥실산 회로(glyoxylate cycle**, 7.6절 참고)도 알아보았다.

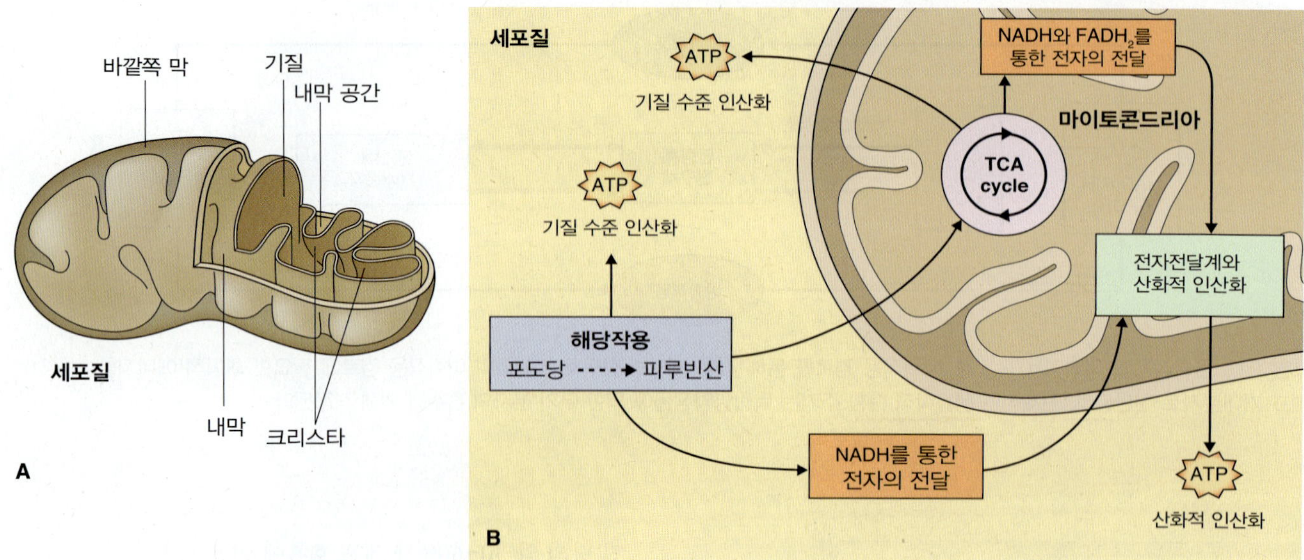

그림 7.2 마이토콘드리아의 구조와 대사. (A) 마이토콘드리아 구조를 살펴보면 막, 기질, 내막 공간으로 나뉘어 있다. 바깥쪽 막에는 대사산물이나 이온들이 장벽을 가로지를 수 있도록 도와주는 포린이라는 채널이 존재한다. 안쪽 막에는 수많은 효소와 호흡복합체, 대사산물의 특이적 수송체들이 존재한다. (B) 호흡 과정에서 마이토콘드리아의 세포질에서 일어나는 해당작용에 의해 만들어진 피루빈산을 받아들여 TCA 회로와 산화적 인산화를 통해 ATP를 생성하는 막 연계 전자 전달계를 보여주고 있다.

7.2.1 해당작용에 의해 포도당이 피루빈산으로 전환된다

산소와 무관하게 일어나는 반응을 통해 해당작용은 1개의 6탄소(포도당)를 2개의 3탄소(pyruvate, 피루빈산)로 전환시킨다. 해당작용은 세포질에서 일어나는 10가지 효소의 연속적인 촉매 반응이다. 해당효소(glycolytic enzyme)와 중간체들의 이름은 그림 7.3에 나와 있다. 해당작용에서 1분자의 포도당에 2분자의 ATP가 사용되고, 2분자의 NAD^+에서는 1개의 NADH로 환원된다. 그리고 4분자의 ATP가 만들어진다(식 7.2). 해당작용의 전체 자유에너지 변화는 $-95.5kJ\ mol^{-1}$이다.

식 7.2 해당작용의 개요

$$\text{Glucose} + 2\text{ATP} + 2\text{NAD}^+ + 4\text{ADP} + 4\text{P}_i \rightarrow$$
$$2\ \text{pyruvate} + 2\text{NADH} + 2\text{H}^+ + 2\text{ADP} + 4\text{ATP} + 2\text{H}_2\text{O}$$

해당작용은 **투입기** 혹은 **준비기**(**investment or preparatory**) 단계와 **산출기** 혹은 **지급기**(**payoff**) **단계**의 두 단계로 나뉘어진다(그림 7.3). 준비기에서는 ATP 2분자가 포도당을 순서대로 포도당-6-인산과 프룩토스-1,6-이인산으로 인산화한다(그림 7.3A). 프룩토스-1,6-이인산은 상호 변환이 가능한 3탄당인산(triose phosphate)인 글리세롤 알데하이드-3-인산과 디하이드록시아세톤인산(dihydroxy-acetone phosphate)으로 쪼개진다. 푸룩토스-1,6-이인산(fructose-1,6-bisphosphate) 분자의 두 반쪽이 2분자의 3탄당인산(triose phosphate)으로 쪼개지면서 생성된 물질의 구조와 이들이 어디에 관련되어 있는지 알아보았다. 이 반응과 그 역반응은 해당작용 뿐만이 아니라 동화작용에서도 중요한 단계로서, 당신생과정(7.6절 참고) 또는 광합성을 통한 탄소 고정 등에 의해 만들어지는 3탄소 화합물의 공급과 관련되어 있으며, 6탄당 형성과도 관련되어 있다.

해당작용의 **지급기**(**payoff phase**, 그림 7.3B)는 NAD^+가 NADH로 환원되고, 무기인산(P_i)이 글리세롤 알데하이드-3-인산으로 통합되어 1,3-이인산글리세르산(1,3-bisphosphoglycerate; **substrate-level phosphorylation, 기질수준 인산화**)이 생기는 글리세르알데하이드-3-인산의 산화 반응이 일어날 때 시작된다. 글리세롤-3-인산의 인산은 기질 수준 인산화를 통해 ATP를 생산하기 위해 ADP로 이동된다. 그리고 1,3-이인산글리세르산은 3-인산글리세르산(3-phosphoglycerate)으로 변환된다.

다음으로는, 포스포에놀피루빈산(phosphoenolpyruvate, PEP)의 형성에 이어서 3-포스포글리세르산이 2-포스포글리세르산(2-phosphoglycerate)으로 변환되며, 당 분

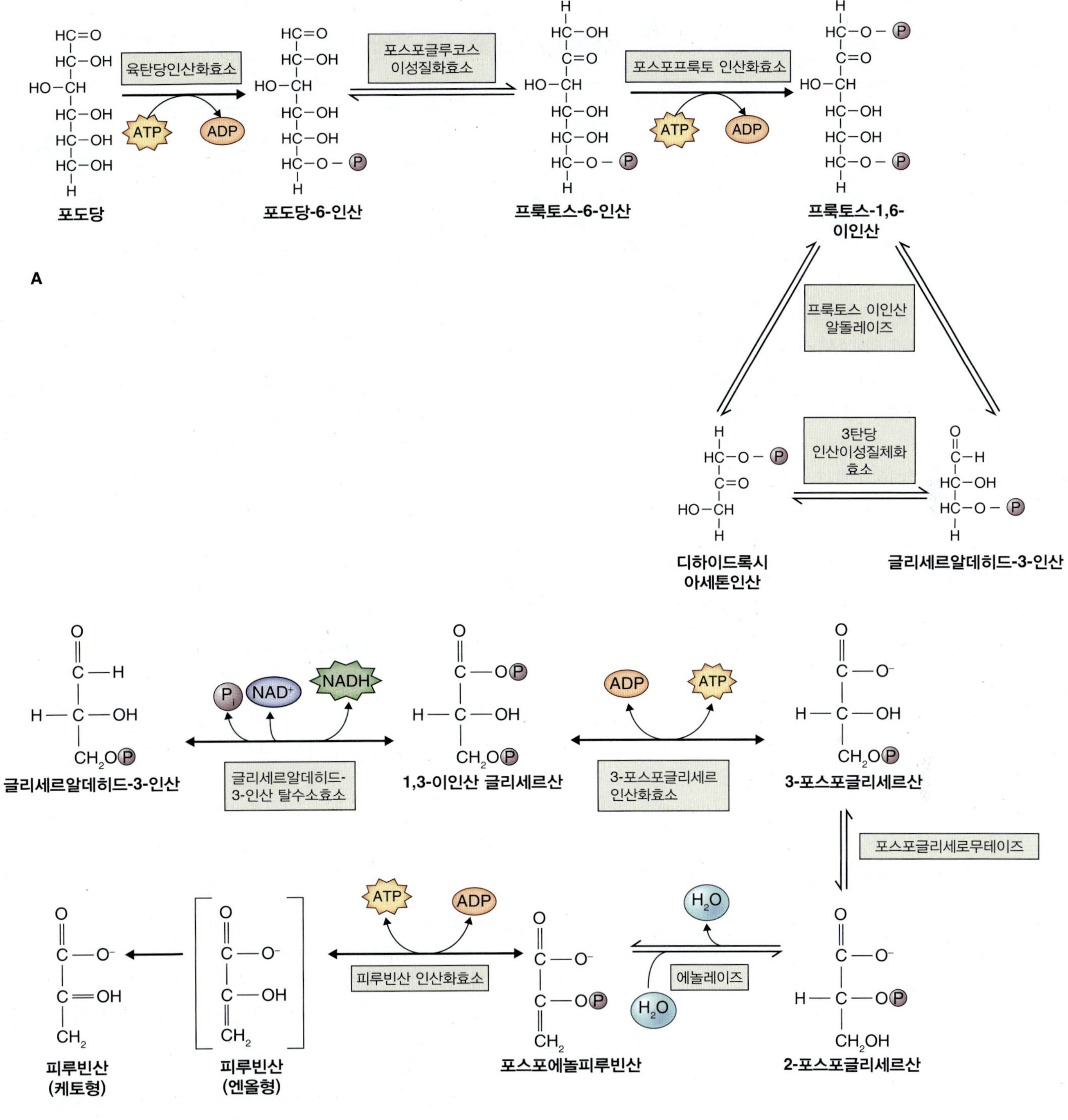

그림 7.3 해당작용. 각각의 포도당 분자들은 준비기(preparation phase)를 통해 처리된다. (A) 2분자의 글리세르알데하이드-3-인산이 지급기(payoff phase)를 거쳐 만들어진다. (B) 피루빈산은 해당작용 두 번째 단계의 마지막 산물이다.

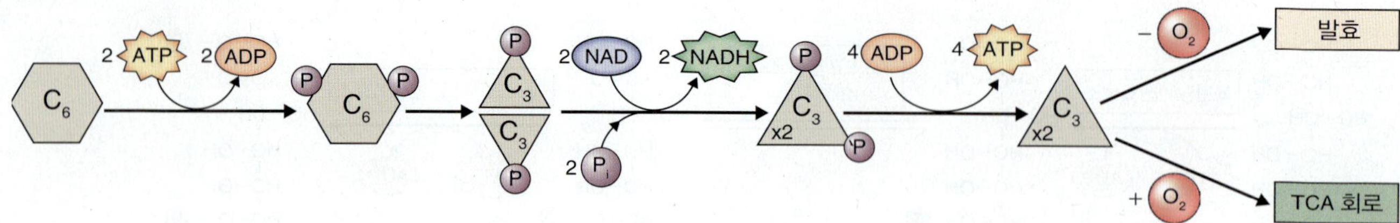

그림 7.4 해당작용의 화학양론. 포도당 분자 하나와 2개의 ATPs가 준비 단계에서 소비되고 4개의 ATPs와 2개의 NADH가 지급기(payoff phase)에서 만들어진다. 전체적으로 포도당 1분자가 피루빈산으로 전환되는 과정에서 총 2개의 ATP 분자를 얻게 된다.

해의 마지막 단계에서 PEP와 ADP가 피루빈산과 ATP로 변환된다(그림 7.3B). Mg^{2+}는 인산 그룹의 이동과 관련된 모든 반응에 참여한다. 이들 반응에 사용되는 기질은 Mg^{2+}와 각각의 인산화된 중간물질의 복합체이다.

해당작용의 준비기에 들어간 모든 포도당 분자는 2개의 글리세르알데하이드-3-인산 분자로 바뀌어 지급기에 진입하고, 지급기를 거친 모든 글리세르알데하이드-3-인산 분자는 2분자의 ATP와 한 분자의 NADH를 만들어 낸다(그림 7.3, 7.4). 그러므로 준비 단계에서 만들어진 2개의 ATP는 과정 중에 소비되고 해당과정 전체로 보았을 때 새롭게 2개의 ATP와 2개의 NADH가 만들어진다.

산소가 존재할 때 해당과정에 의해 만들어진 피루빈산은 7.3에서 설명한 것처럼 마이토콘드리아로 이동하여 TCA 회로를 통해 산화되어 에너지를 방출하고, 산화적 인산화 과정 중에 ATP가 합성된다. 게다가, 전자가 전자 전달계로 이동하는 장소인 마이토콘드리아에서 NADH가 NAD^+로 산화된다. 이렇게 만들어진 NAD^+는 다시 세포질로 이동되어 해당과정 동안에 재활용된다.

7.2.2 산소가 없을 때 알코올 발효 과정을 통해 해당작용이 일어난다

침수된 토양 속의 뿌리 세포와 같이 주변 환경에 O_2가 존재하지 않는 경우, 마이토콘드리아에서의 피루빈산 산화과정은 중단된다. 만약, NADH가 환원된 상태로 유지된다면, 해당작용의 준비 단계에서 NAD^+는 재활용되지 않는다. 혐기성 조건 하에서, **알코올 발효**(alcoholic fermentation) 과정 동안 해당작용에 의해 만들어진 NADH는 재산화된다(그림 7.5). 피루빈산은 아세트알데하이드와 이산화탄소를 얻기 위해 카르복시기가 제거되고, 아세트알데하이드는 해당작용에서 만들어진 NADH를 재활용하여 에탄올과 NAD^+를 얻기 위해 환원된다. 이러한 방법으로 세포는 혐기성 조건 하에서도 포도당 분자를 이용하여 에너지의 일부를 얻을 수 있다. 산소가 없는 상황에서도 해당작용은 계속되며 반응의 속도는 종종 증가하게 되는데, 이러한 현상은 프랑스의 저명한 미생물학자인 루이 파스퇴르에 의해 발견되어 **파스퇴르 효과**(Pasteur effect)로 알려졌다. 식물은 당분해 중간 물질들의 증가와, 당 분해와 발효에 관여하는 효소들을 암호화하는 유전자의 발현 증가를 통해 발효와 같이 에너지 효율이 낮은 상황에 대한 보상을 얻는다. 에탄올이 세포에 독성을 나타내기 때문에, 알코올성 발효는 식물체로부터 알코올이 멀리 희석되어 나갈 수 있는 상황인 홍수와 같은 조건 아래에서만 일어나도록 제한되어 있다.

키포인트 세포 호흡이란 포도당이 이산화탄소와 물로 분해되고 ATP의 형태로 에너지를 방출하는 과정이다. 해당작용은 세포질에 위치한 호흡의 한 경로이다. 혐기성 세포에서 해당작용에 의한 탄수화물의 분해는 산소를 필요로 하지 않는다. 해당작용은 10종류 효소의 연속적인 작용에 의해 포도당의 6탄소 분자를 3탄소의 피루빈산 분자 2개로 변환시킨다. 해당작용의 준비 단계에 의해 2분자의 ATP가 사용되고, 보수단계에서 4개의 ATP가 만들어져 전체적으로 총 2개의 ATP가 생성된다. 그리고 2분자의 NAD^+가 NADH로 변환된다. 호기성 조건에서 피루빈산은 마이토콘드리아 안에서 TCA 회로를 통해 대사된다. 산소가 없는 경우, 피루빈산은 알코올성 발효과정에 의해 아세트알데하이드와 에탄올로 변환된다. 이 과정에서는 해당작용을 통해 만들어진 NADH가 산화되며 NAD^+를 재활용하게 된다. 혐기성 조건에 의한 해당작용의 촉진은 파스퇴르 효과라고 불린다. 인류는 일찍부터 제빵과 양조에 발효를 이용해 왔다.

인류는 국경과 세기를 초월하여 발효를 빵이나 맥주 또는 와인을 만들기(그림 6.7) 위해 이용해 왔다. 최근에는 이동수단의 연료가 되는 휘발유를 대체하기 위한 에탄올을

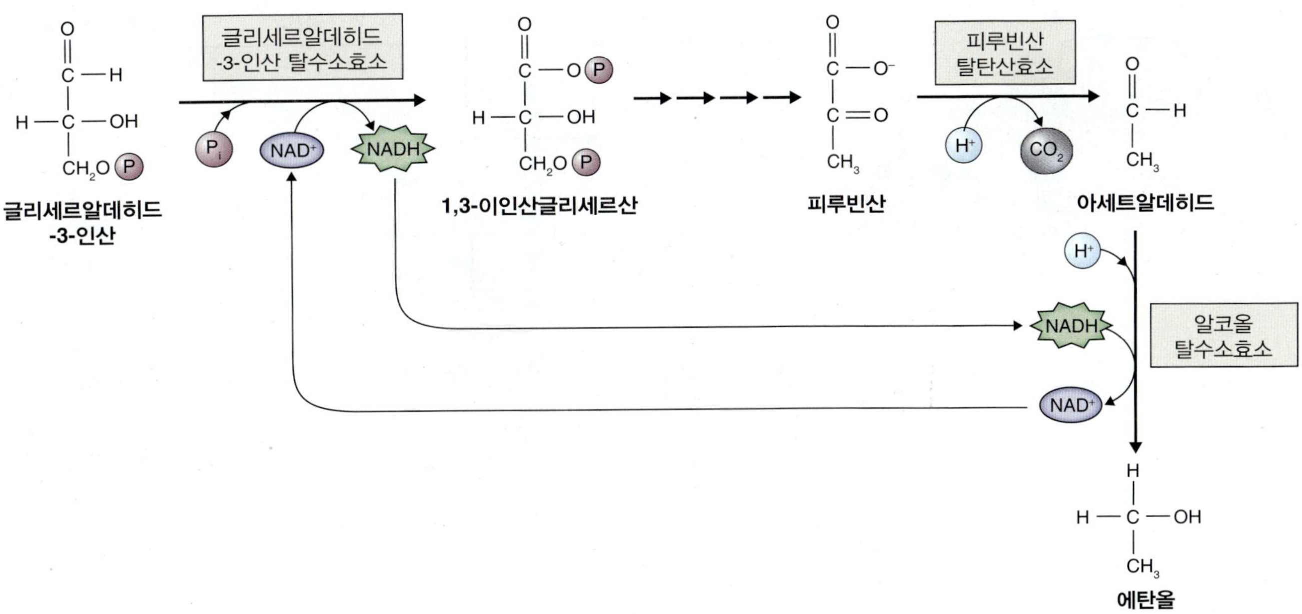

그림 7.5 발효. 피루빈산이 혐기적 반응을 통해 에탄올로 변환된다. 해당작용을 통해 만들어진 NADH는 피루빈산이 탈카르복시화되어 생성된 아세트알데히드를 에탄올로 환원시키는 데 사용되고 이 과정에서 만들어진 NAD^+는 재활용된다.

생산하는 방법으로도 발효가 이용되고 있다. 이와 같은 과정에서 효모(혹은 관련 미생물)가 식물의 해당작용의 당 분해 효소와 같은 역할을 한다. 식품과 음료 산업에서 발효 생명공학을 발전시키기 위한 노력이 수년 간 이어져 오는 동안, 발효 생명공학의 궁극적인 목표는 핵연료의 대체 연료를 발견하는 것으로 발전하였다. 최근 바이오연료 생산에 가장 많이 사용되는 재료는 식량과 사료로도 사용 가능한 옥수수 전분이었다. 보다 발전된 연구에서는 주요 식물 생산물의 하나이지만 식량으로는 사용할 수 없는 셀룰로스를 이용한 에탄올 생산에 주목하고 있다. 바이오연료의 생산이 수년 내에 세계적으로 주요한 산업이 될 것이라고 전망되기 때문에 농업과 산업적 측면에서 매우 중요하다고 할 수 있다.

7.3 삼중카르복시산 회로(tricarboxylic acid cycle)

세포 호흡의 나머지 반응들은 마이토콘드리아에서 일어난다(그림 7.2A). 단일막-부착 구성성분을 제외한, TCA 회로(Krebs or citric acid cycle)의 효소들은 수용성이며, 마이토콘드리아의 기질(matrix)에 위치하는 반면, 전자전달과 산화적 인산화 반응은 마이토콘드리아 내막에서만 일어난다. 피루빈산, NADH, ADP 및 무기인산(P_i)와 같은 반응 참여 물질들은 반드시 마이토콘드리아의 내막과 외막을 가로질러 존재한다. 마이토콘드리아 외막은 작은 분자(최대 1 kDa)에 대해서는 투과성이 있으나, 대부분의 물질은 이동 채널의 역할을 하는 단백질인 **포린(porin)**을 통해 이동한다. 마이토콘드리아 내막을 관통하는 이동은 기질-특이적 수송체가 필요하다. 이 이동 방법은 가장 중요한 물질인 피루빈산, ADP/ATP, 무기인산(P_i), 구연산 및 말산(malate)과 같은 물질이 이동되는 방법이다(그림 7.6).

7.3.1 피루빈산은 TCA 회로에 들어가기 위한 준비 과정에서 acetyl-CoA로 변환된다

세포 호흡의 두 번째 단계에서 해당작용으로부터 얻어진 피루빈산은 마이토콘드리아 기질(matrix)에서 이산화탄소로 산화되어 그 전자는 전자 수송체인 NAD^+와 FAD로 이동된다(그림 2.19, 2.20). 준비 과정의 첫 번째 단계는 **준비 반응**(preparatory reaction)으로서 피루빈산을 TCA 회로로 들어갈 수 있는 형태로 바꾸는 반응이 일어난다. 이 반응은 **피루빈산 탈수소효소 복합체**(pyruvate dehydrogenase enzyme complex)에 의해 촉매되는데, 이 복합체는 세 가지의 개별 효소와 플라빈 아데닌 디뉴클레오타이드(flavin adenine dinucleotide, FAD) 및 티아민피로인산(thiamine pyrophosphate)과 리포산(lipoic acid)과 같은 보조인자(그림 2.20, 2.21)로 이루어져 있다. 이 반응의 기질은 피루빈산, NAD^+ 및 조효소 A(coenzyme A, CoASH; 그림

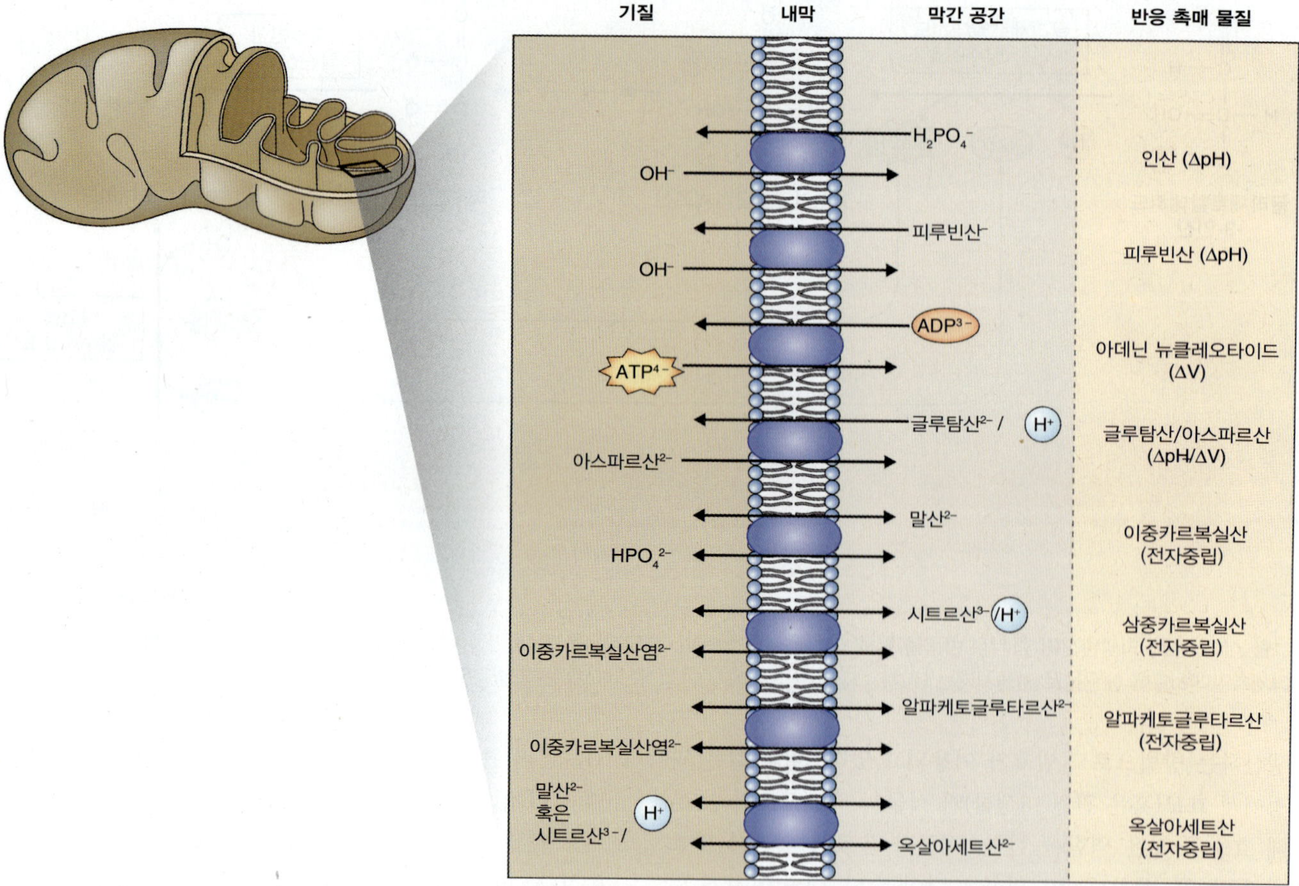

그림 7.6 마이토콘드리아 내막의 대사산물 운반체들.

2.21)이다. 피루빈산은 카르복시기가 제거되며, 이산화탄소를 방출한 이후에 산화되어 NAD^+가 줄어든다. 그 결과 C_2 화합물과 아세테이트가 CoASH에 결합하여 **acetyl-CoA**를 형성한다(식 7.3). 아세테이트와 조효소 A 사이의 결합은 불안정하고 반응성을 띠며, 피루빈산 분자가 갖고 있던 에너지의 일부를 보존한다. Acetyl-CoA 분자는 TCA 회로에 진입할 준비가 되었으며 관련 효소와 중간물질들은 그림 7.7에 나와 있다.

식 7.3

$$\text{Pyruvate} + \text{CoASH} + \text{NAD}^+ \rightarrow \text{acetyl-CoA} + \text{NADH} + \text{CO}_2$$

7.3.2 TCA 회로는 피루빈산을 이산화탄소로 완전 분해하며 전자 수송체를 감소시킨다

TCA 회로가 시작되면, acetyl-CoA, 옥살아세트산(oxaloacetate)과 4탄소 유기산은 6탄산과 구연산 그리고 자유 CoASH를 만들기 위해 뭉쳐진다(그림 7.7). 구연산은 이성질화되어 이소구연산(isocitrate)으로 바뀐다. 그 다음 회로의 두 번째 단계는 이산화탄소의 생산과 NAD^+로의 전자 이동과 관련된 산화성 카르복시화 반응이다. 첫 번째로 이소구연산은 카르복시기가 제거되어 이산화탄소, NADH와 5탄소 유기산인 α-케토글루타레이트(α-ketoglutarate)를 형성한다. α-케토글루타레이트는 **α-케토글루타레이트 탈수소효소 복합체(α-ketoglutarate dehydrogenase enzyme complex)**에 의해 촉매되는 반응을 통해 산화되어 succinly CoA, 이산화탄소 그리고 NADH를 만든다. 이 효소 복합체의 구조는 피루빈산을 acetyl-CoA로 변환하는 피루빈산 탈수소효소 복합체의 구조와 유사하다(7.3.1). 이 두 복합체에 의해 촉매되는 반응들은 화학적으로 유사하며 보결분자단(prosthetic group)으로서 티아민피로인산(thiamine pyrophosphate)과 리포산과 같은 보조 효소를 갖고 있다. 이 두 가지 효소 복합체의 작용 기작이 매우 유사하기는 하지만, 피루빈산 탈수소효소의 활성은 회복 가능한 인산화 반응(reversible phosphorylation)에 의해 조절되는 반

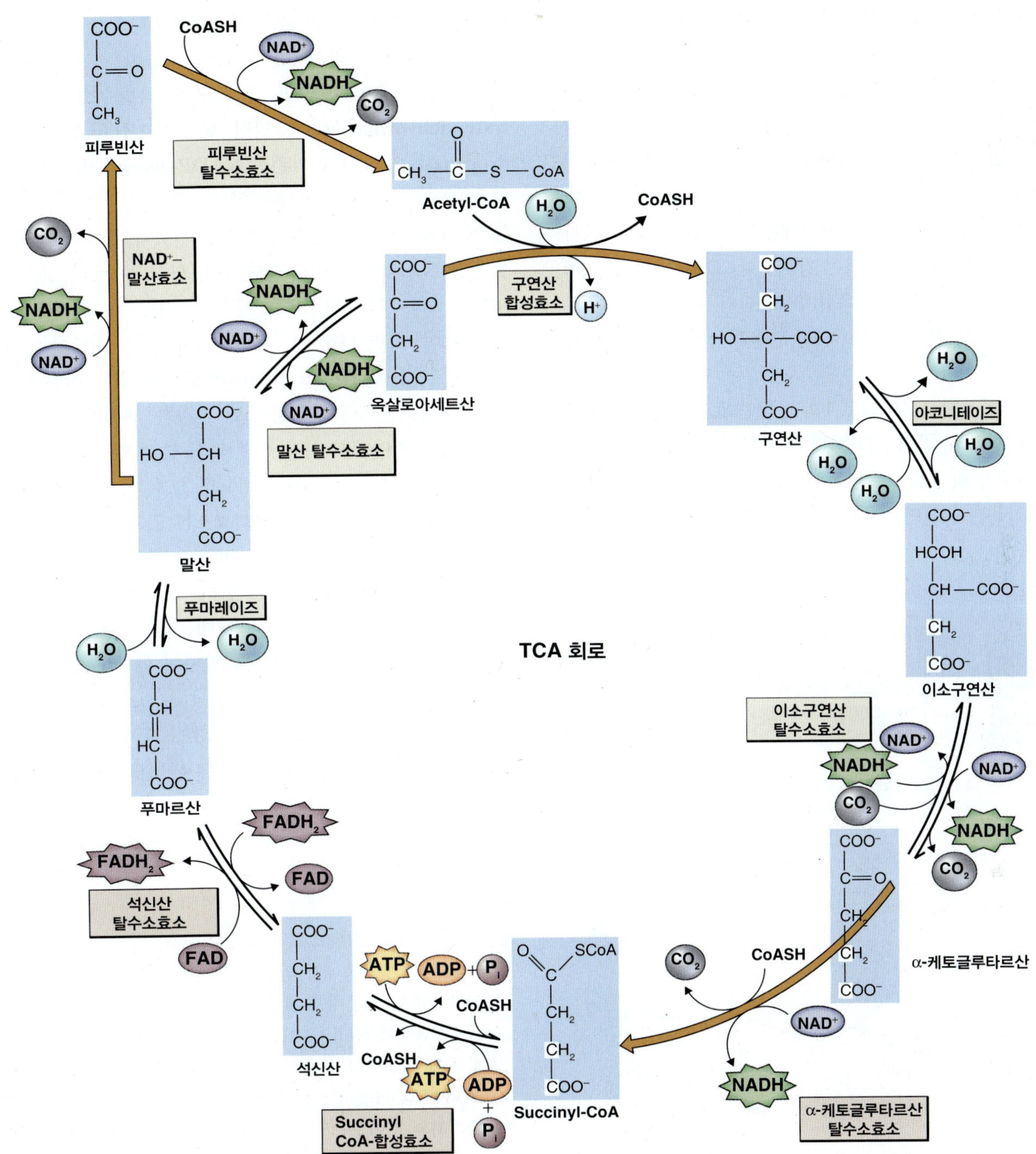

그림 7.7 TCA 회로. 구연산 합성효소에 의해 촉매되는 반응에서, 준비 반응으로부터 만들어진 acetyl-CoA는 옥살로아세트산과 결합하여 3개의 카르복시기를 갖는 C_6 화합물인 구연산을 만든다. 이 회로의 비가역적 반응은 갈색 굵은 화살표로 표지하였고, acetyl-CoA의 acetyl기에서 유래된 탄소 원자는 흰색으로 강조하였다.

면(7.7.1) α-케토글루타르산 탈수소 효소의 활성은 그렇지 않다.

Succinly-CoA는 호박산(또는 석신산, succinate)으로 변환되며 이 과정에서 ADP의 ATP로의 인산화가 이루어진다; 이것은 TCA 회로 반응에서 유일하게 기질 단위의 인산화로 ATP가 직접적으로 생성되는 반응이다. 호박산이 푸마르산(fumarate)으로 산화되는 반응은 TAC 회로의 유일한 막-결합 효소인 **석신산 탈수소효소(succinate dehydrogenase)**에 의해 촉매된다. 이 효소는 호박산의 전자를 공유결합된 FAD로 이동시키며, 호흡 전자 수송계의 ComplexII에서 촉매 작용을 하는 구성 요소이다(7.4.2).

다음으로 푸마르산은 역으로 수화되어 말산(malate)

을 만든다. 이 반응은 **푸마레이즈(fumarase)**에 의해 촉매되며, 이 효소는 마이토콘드리아 특이적인 성질을 갖고 있어 마이토콘드리아 기질(matrix)의 표지로 이용된다. TCA 회로의 마지막 단계에서는 말산이 산화되어 옥살아세트산(oxaloacetate)이 되고 NADH가 만들어진다. 이 반응의 역반응은 자유롭게 일어난다. 생체 외에서(*in vitro*) 이 반응이 평형상태를 이루면 옥살아세트산이 말산으로 변화하는 반응을 저해하려는 성질이 강해진다. 그러나 생체 내(*in vivo*)에서는 반대가 되어 옥살아세트산이 형성되는 쪽으로 평형이 이루어지는데, 이는 산화 반응의 산물이 빠르게 소비되기 때문이다.

준비 반응과 TCA 회로 1회전 동안에 전체적으로 피루빈산의 3탄소 분자가 이산화탄소의 형태로 방출되고, 1분자의 ATP가 직접적으로 만들어지며, 4개의 NADH와 1개의 $FADH_2$분자가 만들어진다(그림 7.8). ATP, NADH 및 $FADH_2$는 모두 세포의 주요 에너지원이다.

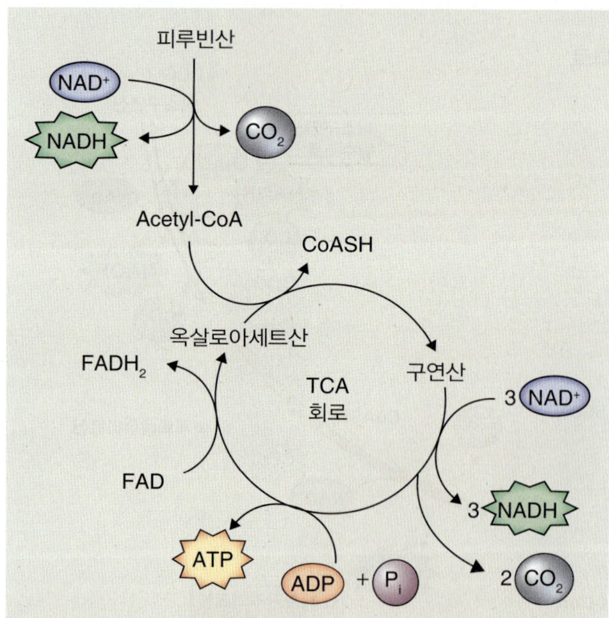

그림 7.8 TCA 회로를 통해 만들어지는 산물의 요약. 전체 회로를 통해, 한 분자의 옥살로아세트산과, 3개의 NADH, 1개의 $FADH_2$와 ATP 1분자를 생성하는 연속적인 반응에서 구연산은 2분자의 CO_2를 만들기 위해 산화된다. 옥살로아세트산이 acetyl-CoA 분자와 반응하여 회로가 계속해서 작동하게 된다. 피루빈산의 산화적 탈카르복시화 반응을 통해 추가적으로 CO_2와 NADH를 얻는다. 그러므로 TCA 회로에서는 피루빈산이 완전히 산화되어 $3CO_2$와 $10e^-$가 만들어지고, 이 전자들은 일시적으로 4분자의 NADH와 1분자의 $FADH_2$의 형태로 저장된다. 또한 ADP와 P_i의 기질수준 인산화 반응을 통해 1분자의 ATP가 합성된다. 식물체에서 해당작용의 대체 산물이 될 수 있는 말산은 NAD-malic 효소의 작용에 의해 피루빈산과 CO_2, NADH로 변환된다.

반면, 대부분의 TCA 회로 효소들이 전자 수송체로 NAD^+를 사용하는 반면, **이소구연산 탈수소효소(isocitrate dehydrogenase)**와 **말산 탈수소효소(malate dehydrogenase)**의 **NADP-의존성(NADP-dependent)** 이성질체는 세포의 다른 부분에 존재한다. 예를 들어, 퍼옥시좀에는 NADP 이소구연산 탈수소효소가 있다. 효소에 의해 만들어진 NADPH는 여러 가지로 변화할 수 있다. 식물 마이토콘드리아의 전자 전달계에 의해 직접적으로 산화될 수도 있으며, 또한 디하이드로엽산(dehydrofolate)이 테트라하이드로엽산(tetrahydrofolate)으로 환원되는 반응에서와 같이 마이토콘드리아 반응에서 전자를 제공하기도 하며, 마이토콘드리아에서 전자 전달 과정 중에 만들어진 활성산소(15장, 18장 참고)로부터 세포를 보호하기 위한 산화 글루타티온의 환원 및 대체 산화효소(7.7.2절)의 활성을 위해 마이토콘드리아 티오레독신의 환원과 같은 C_2 광호흡(9장 참고)의 재료로 이용되기도 한다. NADP-의존성 이소구연산 탈수소효소의 세포질 내 형태는 잎 세포에서 흔하게 존재하지만, 이를 암호화하는 유전자의 활성이 없다하더라도 식물의 성장과 탄소 대사산물이나 질소 대사산물에는 그 영향이 미비하다. 이를 통해 그 효소가 아미노산의 대사에서 기능하며, 병원균 반응과 연관된 산화환원반응에 연관되어있을 것으로 생각된다.

키포인트 해당작용에서 만들어진 피루빈산은 TCA 회로에 들어가기에 앞서 준비 단계를 거친다. 피루빈산 탈수소효소는 다단백질복합체(multiprotein complex)로서, NAD^+와 조효소 A가 피루빈산과 함께 이산화탄소를 방출하면서 acetyl-CoA와 NADH를 만드는 반응을 촉진한다. TCA 회로 1회전은 8가지의 마이토콘드리아 효소 연쇄작용에 의해 촉진되며, acetyl-CoA의 acetyl 탄소 2분자를 이산화탄소 2분자의 형태로 방출하며, 1분자의 ATP와 3분자의 NADH, 그리고 1개의 $FADH_2$를 만들어 낸다. 1분자의 옥살아세트산은 다음 TCA 회로의 회전을 위해 재사용된다. 7가지의 효소는 수용성이며 마이토콘드리아의 기질(matrix)에 위치한다. 나머지 한 가지인 석신산 탈수소효소는 막에 부착되어 있으며, 호흡전자 전달계 복합체의 한 부분을 이룬다. 대부분의 TCA 효소들은 마이토콘드리아가 아닌 다른 세포 기관에 존재하는 동위효소를 갖는다. 다만 푸마레이즈(fumarase)는 마이토콘드리아에 위치하며 종종 세포 기관의 특정 표지로 사용된다.

7.3.3 아미노산과 아실글리세롤은 해당작용과 TCA 회로에 의해 산화된다

포도당이 해당작용의 첫 번째 기질인 반면, 지질과 아미노산의 분해산물은 해당작용과 TCA 회로의 재료로 공급된다. 더욱이, 지질과 글루타메이트와 같은 특정 아미노산의 이화작용을 통해 TCA 회로에 의해 대사된 acetyl-CoA나 중간 물질을 얻을 수 있다(그림 7.9). 콩과 식물과 같이 저장 단백질을 많이 가지고 있는 발아 중인 종자에서 글루타메이트와 같은 아미노산은 중요 에너지원이다. 질소가 저장 단백질로 전환되는 조직(종자 혹은 노화 과정의 잎)에서 아미노산의 이화작용은 대체로 글루타민이나 아스파라긴과 같은 아마이드의 합성과 연관되어 있다. 그림 7.9에 해당작용과 TCA 회로에 의해 분해되는 기질들을 요약하였다.

7.3.4 TCA 회로와 해당작용은 생합성을 위한 탄소 골격을 제공한다

식물체에서 TCA 회로는 이화작용(에너지의 생산)과 동화작용(생합성)이 모두 일어난다. 이 회로는 많은 생합성 경로에 전구체를 제공한다(그림 7.9). 특히, 대표적인 예는 지방산의 합성을 위한 acetyl-CoA의 사용과 아스파레이트와 글루카메이트의 전구체로서 역할을 한다고 여겨지는 옥살아세트산과 α-케토글라타레이트의 사용이다. 글루타메이트는 핵산의 전구체이기도 하다. Succinyl-CoA는 포르피린(porphyrin) 생합성에 사용되기도 한다. 당 분해의 중간물질들은 생합성을 위한 전구체로서의 기능을 수행한다: 3-포스포글리세르산(3-phosphoglycerate)의 serine으로의 합성, 포스포에놀피루빈산(phosphoenolpyruvate)의 방향족 아미노산(aromatic amino acid)로의 합성, 피루빈산의 알라닌으로의 합성. 그러므로 해당작용과 TCA 회로는 에너지를 제공할 뿐만 아니라 세포의 생합성 작용에 필요한 기본적인 구조적 요소를 제공한다.

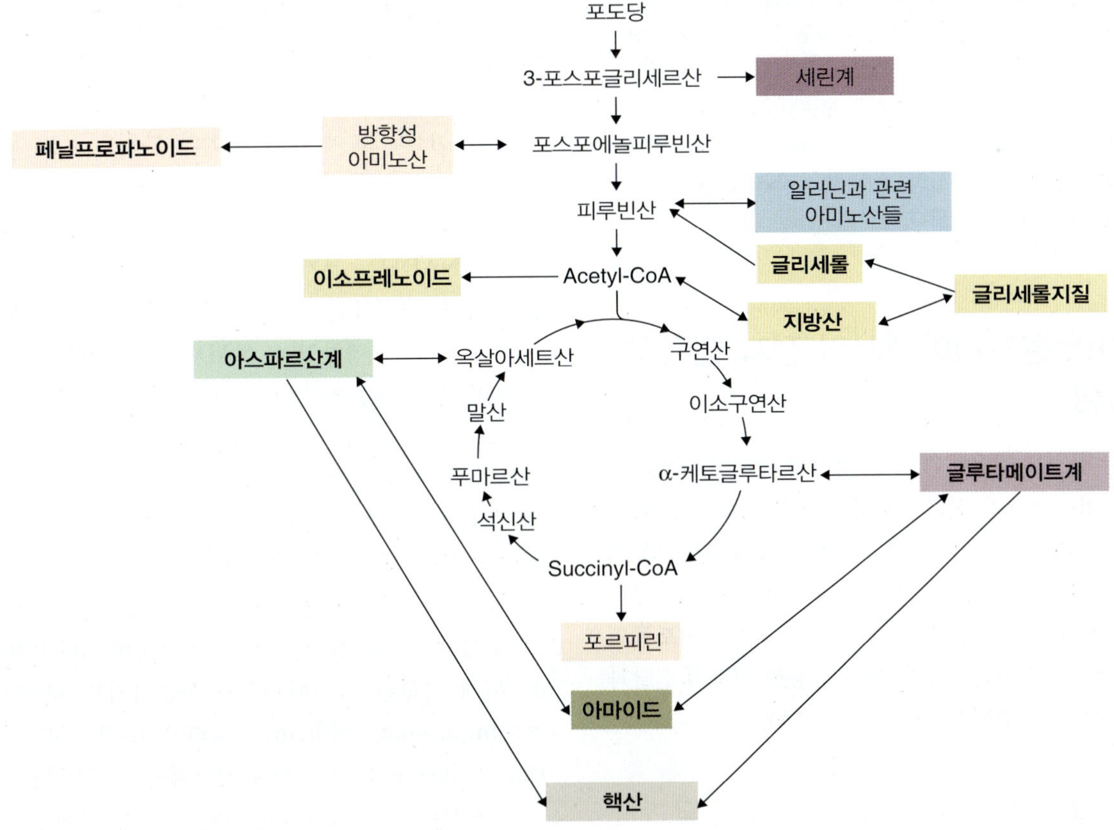

그림 7.9 해당작용과 TCA 회로의 이화작용 및 동화작용의 두 가지 기능. 당 대사처럼 이 경로는 지질의 가수분해와 아미노산의 de-/trans-animation으로 인해 방출된 탄소골격를 분해한다. 또한 이 경로는 아미노산, 포르피린, 핵산, 이소프레노이드, 지방산 및 페닐프로파노이드 이차 화합물과 같은 다양한 범위의 대사산물 생합성을 위한 전구체를 제공하기도 한다.

TCA 회로의 중간물질들은 생합성의 요구를 충족시키기 위해 제거되고, 제거된 TCA 구성요소들은 **보충반응**(**anaplerotic reaction**)에 의해 다시 보충되며, 보충반응에서는 이산화탄소가 당 분해 중간물질에 추가된다. **포스포에놀피루빈산 카르복실화효소**(**phosphoenolpyruvate carboxylase**, 식 7.4)와 **말산효소**(**malic enzyme**, 식 7.5)는 식물체에서 이 기능을 수행하는 효소이다.

식 7.4 포스포에놀피루빈산 카르복실화 효소

$$\text{Phosphoenolpyruvate} + CO_2 \rightarrow \text{oxaloacetate} + P_i$$

식 7.5 말산 효소

$$\text{Pyruvate} + \text{NADPH} + CO_2 \rightarrow \text{malate} + \text{NADP}^+$$

키포인트 포도당과 같이 지질과 아미노산의 분해 산물들은 acetyl-CoA를 통해 TCA 회로로 들어간다. 예를 들어, 발아 중인 종자에서의 아마이드 합성은 아미노산의 이화작용과 α-케토글루타레이트와 같은 TCA 회로 중간 물질의 생산과 연관되어 있다. 해당작용과 TCA 회로는 생합성을 위한 전구체를 제공한다. 호흡 중간 물질들로부터 파생된 물질에는 지방산, 아미노산, 아마이드, 뉴클레오타이드, 포르피린과 페닐프로파노이드가 있다. TCA 회로 대사물질은 보충반응에 의해서 재충전되고, 이산화탄소-고정 효소인 말산효소(malic enzyme)와 **포스포에놀피루빈산 카르복실화 효소**(**phosphoenolpyruvate carboxylase**)에 의해 촉매된다.

7.4 마이토콘드리아에서의 전자 전달과 ATP 합성

지금까지는 산소를 사용하지 않는 대사에 대하여 논의하였다. 그런데 이러한 반응 산물의 다음 과정은 매우 산소 의존적이다. 다음 대사 과정의 핵심은 TCA 회로와 해당작용에서 환원되었던 전자 수송체(NADH, $FADH_2$)로부터 산소로 전자가 전달되는 과정이다. ATP의 생성은 마이토콘드리아 내막에서 일어나는 일련의 반응을 통한 전자의 전달과정과 직접적으로 연결되어 있다(그림 7.2A).

7.4.1 마이토콘드리아에서는 전자 전달과 산화적 인산화를 통해 ATP가 생성된다

해당작용과 TCA 회로는 많은 양의 NADH와 $FADH_2$를 만든다. 세포 호흡의 마지막 단계는 위와 같이 환원된 조효소들에 저장되어 있는 에너지를 추출하여 ADP와 무기인산(P_i)를 이용하여 ATP를 합성하는 데 사용하는 것이다. 이 과정을 수행하기 위하여 NADH와 $FADH_2$의 전자들은 **전자 수송체**(**electron carriers**)에 의해 산소로 전달된다. 생물에너지학적(bioenergetics)인 관점에서 전자들의 움직임은 비탈을 내려가는 것과 같고, 마이토콘드리아의 기질(matrix)에서 내막 공간 쪽으로 **양성자**(**proton**, 수소이온, H^+)의 이동을 수반한다. 이것은 내막 사이로 양성자 기울기를 초래한다. 이 양성자 기울기가 방출되었을 때 그 안에 있던 에너지는 ADP와 무기인산(P_i)로부터 화학삼투적인 ATP의 합성을 일으킨다. 이 방법을 통해 세포는 포도당이 이산화탄소로 산화되면서 방출한 에너지의 많은 부분을 보존할 수 있게 된다.

호흡 전자 전달계는 NADH와 $FADH_2$로부터 산소로 전자를 전달해 주는 여러 단계를 촉진하는 막 결합 **산화환원 센터들**(**redox centers**)로 이루어져 있고, 이 과정에서 물이 생성되고 **matrix**에서 **내막 공간**으로 양성자의 이동이 일어난다. 이와 같은 **에너지를 사용**(**endergonic**, energy-consuming)하는 양성자의 펌프는 강하게 환원된 물질로부터 강하게 산화된 물질로 **에너지를 방출**(**exergonic**, energy-releasing)하는 전자의 이동을 통해 일어난다. NADH의 $2e^-$에 의한 $\frac{1}{2}O_2$의 환원은 1.14 V의 산화환원 전위 차(redox potential difference, $\Delta E^{\circ\prime}$)를 가진다(그림 7.10). 이것은 자유에너지 약 220 KJ로 전환되는데, 산화된 NADH는 분자당 7개의 ATP를 방출하는 것과 같은 양이다. 산화환원 전위와 자유에너지, 그리고 ATP의 관계는 2장에서 설명하였다. NADH나 $FADH_2$가 직접 산소를 환원시킨다면, 에너지가 열로 방출될 것이고 이는 생물학적으로 유용하지 않다. 사실 이와 같은 일이 벌어진다면 세포가 죽고 말 것이다. 전자 전달계는 한번의 폭발적인 에너지 반응보다 여러 단계의 최적화된 에너지 방출 산화환원 반응을 촉진시키고, 양성자 전위를 통해 에너지를 보존한다. **F_0F_1-ATP 합성효소**는 내막 공간에서 기질(matrix)로 양성자가 재확산되는 것을 조절하며, ADP의 인산화를 위해 방출된 자유에너지를 사용하기도 한다. **유비퀴논**(**ubiquinone**), **헴**(**heme**), 그리고 **철-황 클러스터**(**iron-sulfur cluster**)와 같은 전자 전달계를 이루는 단백질인 보결분자단(prosthetic groups)의 구조가 그림 7.11에 나와 있다.

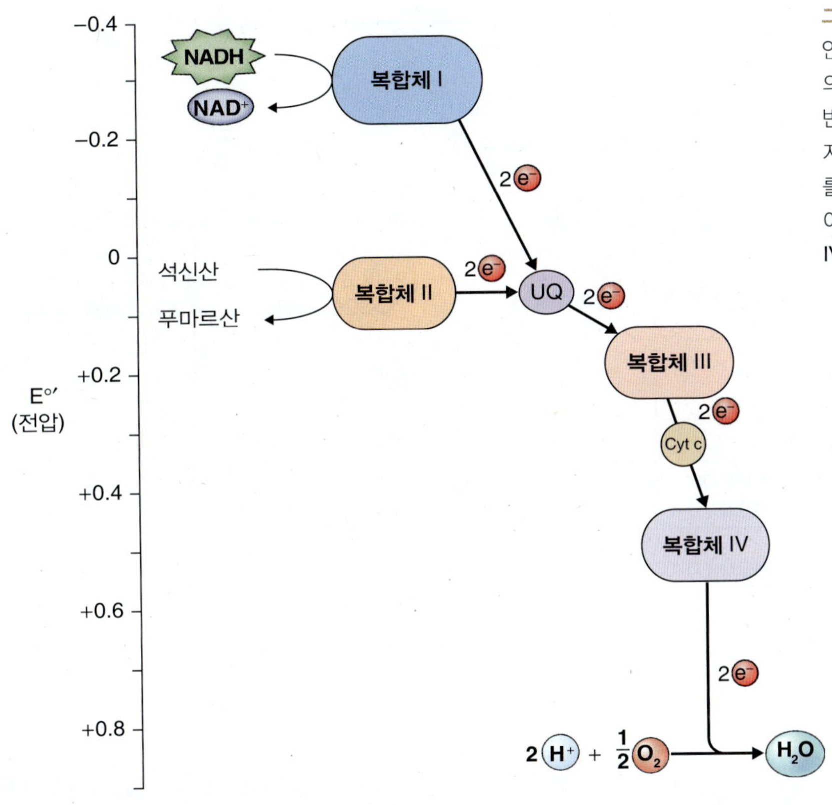

그림 7.10 마이토콘드리아의 호흡계가 작동되는 동안 열역학적인 구배에 따른 전자의 흐름. 전자 전달계의 구성요소들은 산화환원 반응을 통한 에너지 생산 반응에서 스스로의 정확한 위치에 따라 배열된다. 에너지 방출은 전자 전달계 중 세 위치에서 양성자의 전좌를 유발한다: 복합체 I(complex I)과 유비퀴논(UQ) 사이, UQ와 사이토크롬 c 사이, 사이토크롬 c와 복합체 IV(complex IV) 사이.

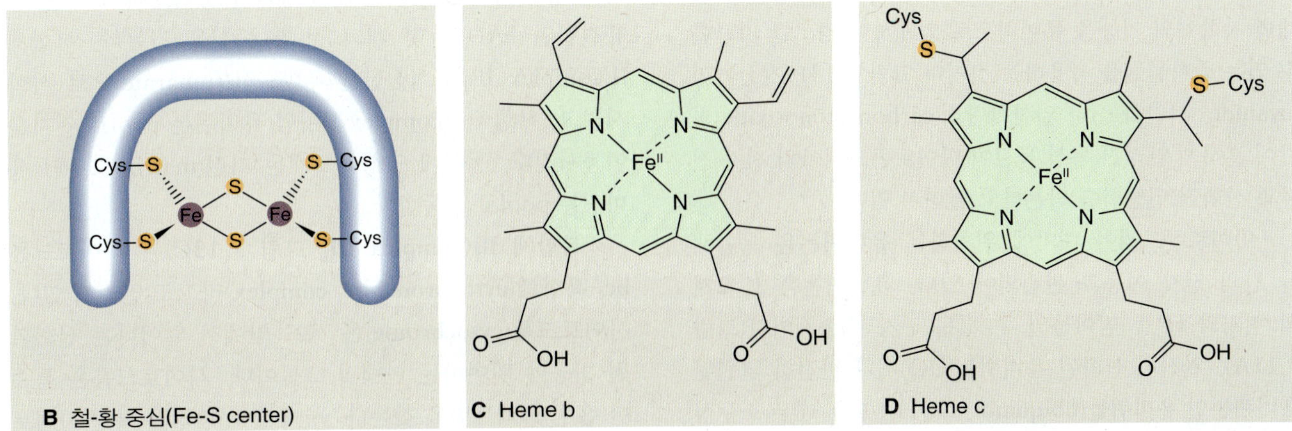

그림 7.11 마이토콘드리아 전자 전달계에 존재하는 수송체 보결분자단의 구조. (A) 유비퀴논. 일부가 환원된 세미퀴논(semiquinone)과 완전히 환원된 형태가 존재한다. (B) 전자 전달계에서 발견된 철-황 중심. 이는 복합체 II(complex II)에 존재하는 형태이다. (C) Heme b, b-유형의 사이토크롬에 존재하는 보결분자단. (D) Heme c, 사이토크롬 c의 보결분자단으로 사이토크롬 c는 사이토크롬 b와 달리 사이토크롬 아포단백질의 시스테인 그룹과 공유결합하고 있다.

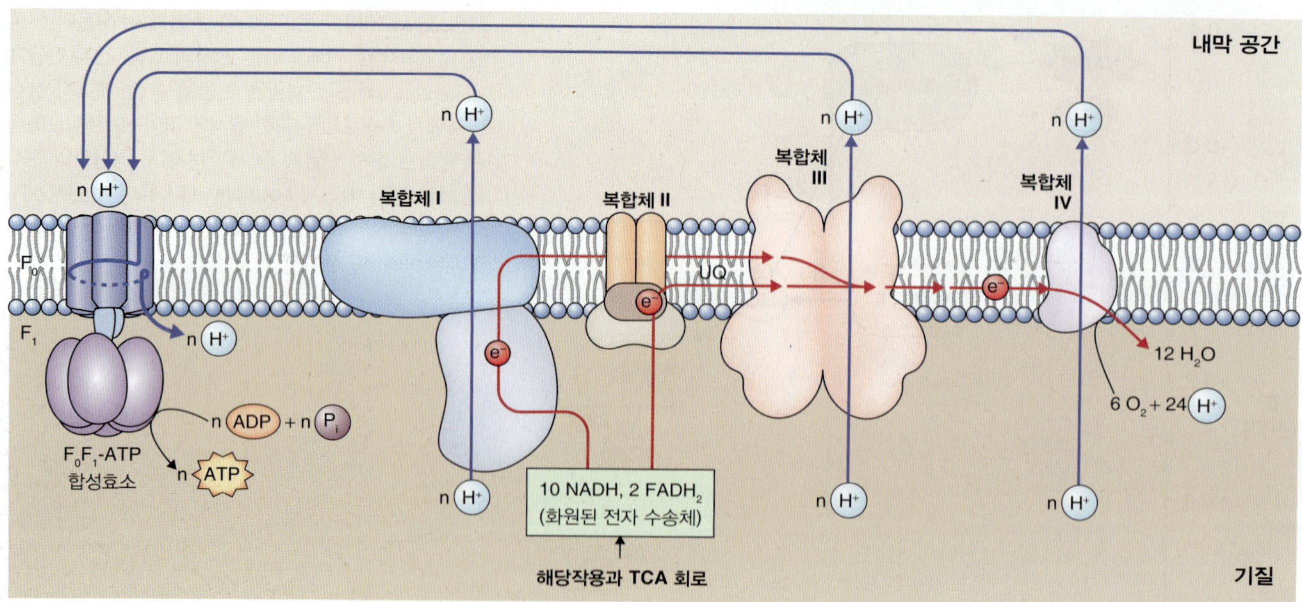

그림 7.12 마이토콘드리아 내막에 존재하는 식물 마이토콘드리아 전자 전달계에는 전자 전달계 복합체 I~IV와 F_0F_1-ATP 합성효소(complex V)가 있다. 빨간선은 전자전달경로를 나타낸다. 파란색 화살표는 복합체 I, III, IV(complex I, III, IV)에서의 양성자 전좌와 F_0F_1-ATP 합성효소를 통한 ATP의 합성을 일으키는 전자화학적 구배를 만들어 내는 막 관통 양성자 이동을 나타낸다.

7.4.2 전자 전달계는 환원된 전자 수송체로부터 생성된 전자를 산소로 이동시킨다

전형적인 마이토콘드리아 전자 전달계인 **사이토크롬 경로(cytochrome pathway)**는 네 가지의 mutisubunit 단백질 복합체로 구성되며 보통 복합체 I~IV(complex I~IV)로 불린다(그림 7.12). 전자 전달 활성이 없는 F_0F_1-ATP 합성효소는 때때로 복합체 V(complex V)라고 불린다. 마이토콘드리아에서 전자 전달계를 설명하기 위한 방법 중 하나는 개별 복합체의 기능을 특이적으로 억제하여 경로를 차단할 수 있는 화학물질을 사용하는 것이다(그림 7.13). 청산가리(cyanide, 시안화물)나 일산화탄소(carbon monooxide)와 같이 흔하게 알려진 독성 물질이 마이토콘드리아의 전자 전달과 산화적 인산화를 막는다고 알려져 있다.

마이토콘드리아 내막에 위치하는 **유비퀴논**은 복합체들 간의 전자 이동과 관련되어 있다. 유비퀴논은 1, 2개의 전자와 H^+를 받아들일 수 있는 전자 수송체이다(그림 7.11A). 완전히 산화된 유비퀴논(UQ)이나 완전히 환원된 유비퀴논인 **유비퀴놀(ubiquinol, UQH_2)** 모두 매우 소수성이며, 막 내에서 횡 방향과 측 방향으로 이동할 수 있다. 유비퀴논(UQ)와 유비퀴놀(UQH_2)는 복합체 I과 II(complex I, II)에서 복합체 III(complex III)로 전자를 운반한다.

복합체 I(complex I)은 몇 개의 철-황 중심(Fe-S center)을 갖는 30-40개의 폴리펩티드로 이루어진 큰 크기의 복합체이다(그림 7.13A). **NADH 탈수소효소(NADH dehydrogenase)**의 역할을 하며, 전자를 마이토콘드리아 기질(matrix)의 TCA 회로에서 만들어진 NADH로부터 유비퀴논 pool로 이동시킨다. NADH를 산화시키기 위해서 복합체 I(complex I)은 4개의 양성자를 마이토콘드리아 기질(matrix)에서 내막 공간으로 펌프한다. **복합체 II(complex II**, 그림 7.13B)는 TCA 회로의 효소로도 작용하는 석신산 탈수소효소(succinate dehydrogenase)를 포함한 4개의 단백질로 구성되어 있다. 이 효소는 공유결합된 FAD와 몇 개의 철-황 중심을 갖는다. 복합체 II(complex II)는 석신산을 푸마르산(fumarate)으로 산화시키고, 복합체 I(complex I)처럼 유비퀴논 pool로 전자를 이동시킨다. 동시에 양성자 2개는 기질(matrix)로부터 유비퀴논 pool로 이동한다.

복합체 III(complex III, 그림 7.13C)는 **사이토크롬 bc_1 복합체(cytochrome bc_1 complex)**라고도 알려져 있다. **사이토크롬(cytochrome)**은 세포 안에서 일어나는 산화환원 반응에 관여하는 단백질 그룹이다. 사이토크롬은 특수한 흡수 스펙트럼을 갖는다. 최대 흡수 파장은 특정 사이토크롬을 구별하는 데 사용되며, 종종 사이토크롬의 이름 옆에 파장을 기입하기도 한다. 각각의 사이토크롬 분자에는 헴 보조인자가 결합되어 있다. 헴은 철을 포함하는 테트라피롤(tetrapyrrole)이다. b-type의 사이토크롬은 사이토크롬 아포단백질(apoprotein)과 중앙 철 분자를 통한 비공유

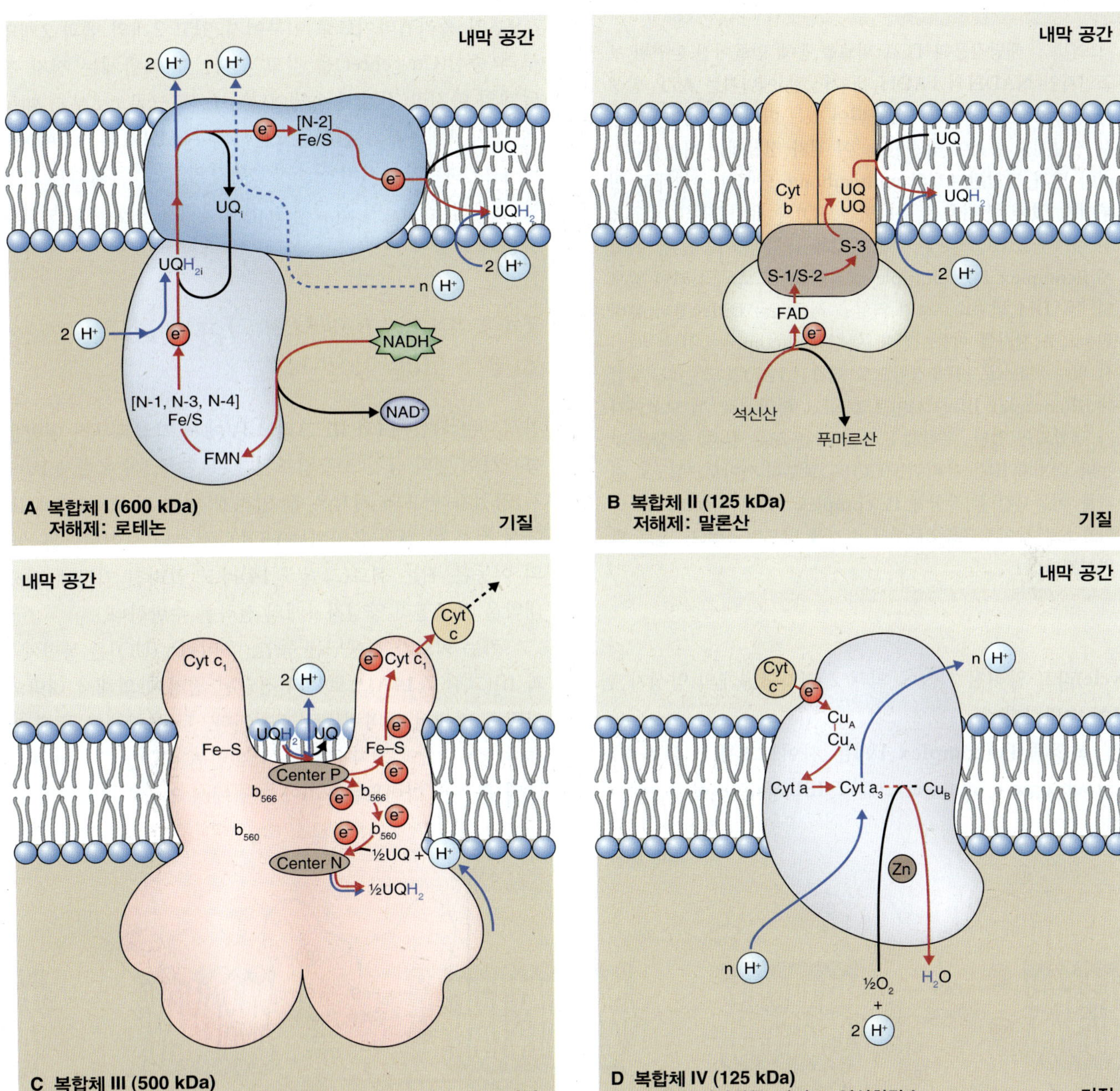

그림 7.13 마이토콘드리아 전자 전달계에 존재하는 각 복합체의 기능과 그 억제제들. (A) 복합체 I은 NADH로부터 유비퀴논(UQ)으로 전자를 이동시킨다. (B) 복합체 II은 석신산을 푸마르산으로 산화시키고, UQ로 전자를 전달한다. (C) 복합체 III은 양성자 구동력에 의한 Q 회로의 작동을 보조한다. Q 회로는 두 단계에 걸쳐 UQH_2를 산화하고 UQ를 환원시키며, 전자를 사이토크롬 c로 전달한다. (D) 복합체 IV(complex IV)는 사이토크롬 c 산화효소로서 최종 전자수용체인 산소에 전자를 전달한다.

결합으로 연결되어 있다(그림 7.11C). 사이토크롬 c의 헴은 시스테인 잔기의 티올기(thiol group)를 통하여 아포단백질에 공유결합으로 연결되어 있다(그림 7.11D).

복합체 III(complex III)은 cyt b_{566}과 cyt b_{560}의 두 b-type 사이토크롬과 1개의 c_1-type 사이토크롬과 및 1개의 리스케형 철-황 단백질(Rieske-type Fe-S protein, 그림 7.11B), 그리고 여러 개의 다른 폴리펩타이드로 이루어져 있다. 복합체 III은 유비퀴놀로부터 한 번에 1개의 전자를 복합체 IV(complex IV)로 이동시키는 사이토크롬 c로 전자를 옮긴다(그림 7.13C). 사이토크롬 c는 마이토콘드리아 내막의 바깥쪽 공간에 위치하는 말초 막 단백질(peripheral membrane protein)이다. 이 단백질은 전자 전달계에서 유일하게 내재성 막 단백질 복합체와 강하게 결합하지 않는 단백질이다. 복합체 III에 의한 전자의 이동은 **퀴논회로**(Q

> **키포인트** 해당작용과 TCA 회로를 통해 만들어진 환원된 보조인자인 NADH와 $FADH_2$에 저장된 에너지는 ATP 합성과 산소의 물로의 환원과 연관되어 있는 마이토콘드리아의 전자 전달계를 통하여 방출된다. 이 전자 전달계는 마이토콘드리아 막과 결합된 4개의 multisubunit 단백질 복합체로 이루어져 있다. 전자들은 유비퀴논(UQ)과 유비퀴논의 환원체인 유비퀴놀(UQH_2)에 의해 복합체들 간에 이동된다. 복합체 I(complex I)은 multiple 폴리펩타이드로 구성되어 있으며, NADH 탈수소효소의 역할을 하고, NADH로부터 유비퀴논으로 전자를 이동시킨다. 복합체 II(complex II)는 석신산 탈수소효소로, 공유결합으로 연결된 FAD를 갖는다. 복합체 III(complex III)는 사이토크롬 bc_1 복합체로, 헴 보조인자가 결합되어 있다. 복합체 I, II와 III는 모두 철-황 중심을 갖는다. 복합체 III는 유비퀴놀(UQH_2)로부터 사이토크롬 c로 전자를 이동시킨다. 복합체 IV(complex IV)는 사이토크롬 산화효소로 사이토크롬 c로부터 전자를 받으며 산소를 물로 환원시킨다.

cycle)라고 알려진 기작에 의해 2 전자당 4개의 양성자 펌프를 수반한다.

복합체 IV(complex IV)는 **사이토크롬 c 산화효소**(**cytochrome c oxidase**, 그림 7.13D)라고도 불리는데, 7~9개의 폴리펩타이드로 이루어져 있고 2개의 헴과 2개의 구리 중심(Cu center)을 갖고 있다. 이 복합체는 전자 전달계의 마지막 전자 수송체이다. 사이토크롬 c로부터 이동된 전자 4개(4개의 전자는 2분자의 NADH 혹은 $FADH_2$와 같다)마다 1분자의 산소가 2분자의 물로 환원되는 과정을 필요로 한다. 이 복합체는 전자 2개가 이동 시 두 양성자를 펌프한다.

7.4.3 복합체 III에서의 양성자 펌프는 퀴논 회로를 통해 일어난다

양성자는 복합체 I과 III 그리고 IV에서 기질로부터 내막을 통과하여 내막 공간으로 펌프된다. 복합체 I과 복합체 IV에서 양성자 펌프의 기작은 잘 알려져 있지 않다. 복합체 III에서 전자 한 쌍의 유비퀴놀(UQH_2)로부터 사이토크롬 c로의 이동은 퀴논 회로(그림 7.14)라고 알려진 기작에 의해 내막을 가로질러 양성자 4개의 전좌를 수반한다.

퀴논 회로가 진행되는 동안, 유비퀴논(UQ)은 복합체 I과 III(그림 7.14A)으로부터 전달된 전자에 의해서 내막의 기질쪽 면에서 유비퀴놀로 환원된다. 두 복합체를 통해 이루어지는 2개의 전자를 이용한 유비퀴논(UQ)의 유비퀴놀로의 환원은 마이토콘드리아 기질에서 2개의 양성자의 유

A 첫 번째 UQH_2의 산화

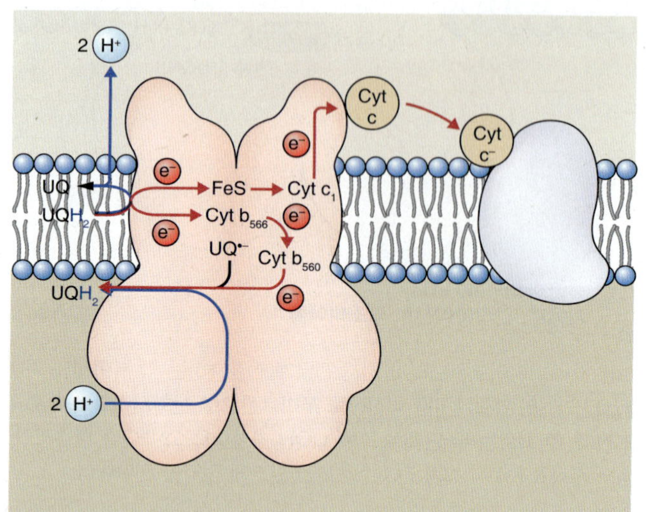

B 두 번째 UQH_2의 산화

그림 7.14 마이토콘드리아 전자 전달계의 복합체 III에서의 Q 회로. (A) UQH_2의 첫 번째 분자는 복합체 III의 내막 공간 쪽 위치에 결합하여 UQ로 산화되고 2개의 양성자를 방출한다. 1개의 전자가 리스케 철-황 중심으로 이동된 후에 사이토크롬 c_1과 사이토크롬 c로 이동한다. 두 번째 전자는 사이토크롬 b_{566}을 통해 고전위의 사이토크롬 b_{560}을 환원시킨다. 1개의 UQ 분자는 복합체 III의 기질 쪽 면에 결합하여 사이토크롬 b_{560}으로부터 전자를 받아들이고 세미퀴논(semiquinone)으로 환원된다. (B) 또 다른 UQH_2 한 분자는 두 번째 산화환원 반응이 일어날 때 결합하여 2개의 양성자를 방출시키고, 전자 1개는 사이토크롬 c로, 다른 1개는 사이토크롬 b_{560}으로 전달된다. 후자의 경우 기질로부터 2개의 양성자를 받아들여 $UQ^{•-}$를 UQH_2로 환원시킨다. Q 회로의 작동으로 인한 전체 결과는 복합체 III에서 사이토크롬 c로 이동된 매 2개의 전자마다 양성자 4개가 기질로부터 내막계로 이동된 것이다.

입을 동반한다. 유비퀴놀이 만들어진 후 유비퀴놀은 막의 바깥쪽 면으로 확산되고 P center(막에서 양전하를 띠고 있는 면)에 결합한다. P center는 사이토크롬 b와 리스케 철-황 단백질에 의해 형성된 복합체 III에 위치한 유비퀴놀의 특이적 산화 위치이다. 유비퀴놀은 산화 위치에 결합하고 난 후에 산화된다. 전자 중 1개가 철-황 단백질로 이동되며 다른 전자는 사이토크롬 b_{566}으로 이동된다. 유비퀴놀의 유비퀴논(UQ)으로 산화될 때 내막 공간으로 2개의 양성자가 방출된다(그림 7.14A). 리스케 철-황 중심의 전자는 사이토크롬 c_1으로 이동된 후에 사이토크롬 c로 이동되고 마지막으로 산소로 전달된다. 환원된 사이토크롬 b_{566}은 갖고 있는 전자를 두 번째 UQ-결합 장소인 사이토크롬 b_{560}의 N center(막의 기질쪽 면으로서 음전하를 띄는 곳)로 이동시킨다. 환원된 사이토크롬 b_{560}는 가지고 있는 전자를 세미퀴논 중간체인 $UQ^{\bullet -}$(그림 7.11A)를 통해 다시 유비퀴논(UQ) pool(그림 7.14A)로 전달한다.

퀴논 회로에서는 사이토크롬 c를 산화하는 전자 1개당 2개의 양성자가 내막을 통과하여 전좌된다. 복합체 III을 통해 산화된 매 2분자의 유비퀴놀마다 4개의 양성자가 내막 공간으로 방출되지만, 4개 중 2개의 전자만이 전자 전달계를 통해 전달되어 궁극적으로 산소를 환원시키기 때문에 화학량론(stoichiometry)이 성립한다. 나머지 2개의 전자는 b-type 사이토크롬을 통해 재활용되어 1개의 유비퀴논(UQ)를 유비퀴놀로 재환원시키는 데 이용된다(그림 7.14B). 엽록체의 틸라코이드 막에서 일어나는 광합성에서의 전자 전달 과정 중 사이토크롬 b_6f에서 퀴논 회로와 유사한 반응이 일어난다(9장 참고).

7.4.4 F_0F_1-ATP 합성효소 복합체는 수소이온 농도구배(양성자 기울기)에 의해 ATP를 만든다

전자 전달계를 통한 전자의 이동으로(그림 7.12) 수소이온 농도구배가 역전되면, ADP와 무기인산(P_i)로부터 ATP의 합성이 일어난다. 이 반응을 촉매하는 효소가 F_0F_1-ATP 합성효소이다. 이 효소는 내막에 박혀 있는 multisubunit 복합체로서 F_1과 F_0이라는 두 가지 주요 구성요소로 이루어져 있다(그림 7.15). F_0는 내재성 막 단백질로 내막을 통과하는 **양성자 채널**의 역할을 한다. 말초 막(pheripheral membrane) 단백질 복합체인 F_1은 기질쪽 공간으로 튀어나온 모양으로 F_0 복합체에 맨 아래 부분이 줄기 모양으

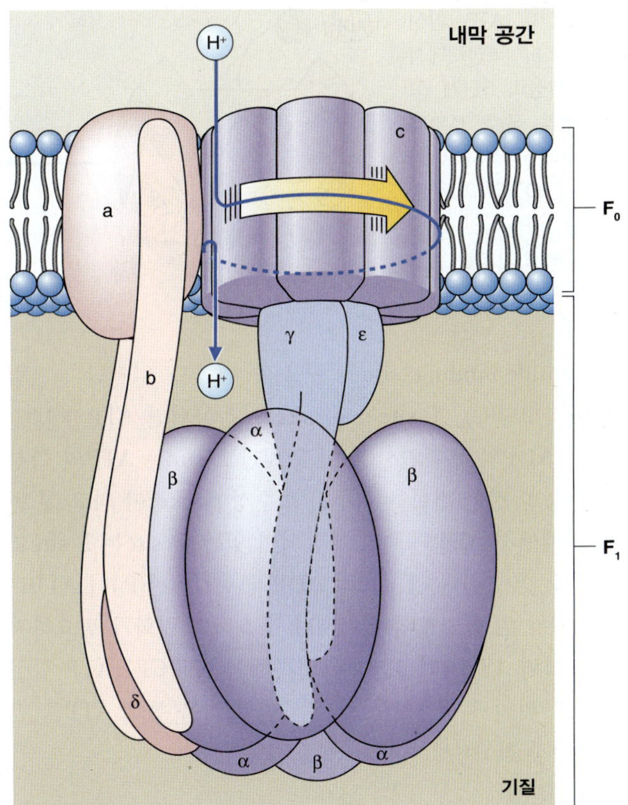

그림 7.15 F_0F_1-ATP 합성효소의 구조와 막 토포그래프(topography) 모델. ADP와 P_i가 ATP로 변환되는 촉매 장소는 주로 F_1의 β-소단위에 위치한다. F_0 복합체는 막 내재성의 회전하는 복합체로서 양성자 채널의 역할을 하며 내막을 가로질러 기질로 향하는 양성자의 이동 경로를 가능하게 한다. 올리고마이신 B, 스트렙토마이시스속(streptomyces) 박테리아에 의해 만들어진 복합체 순환 항생물질(complex cyclic antibiotic)으로서 ATP 합성효소의 저해제이다.

로 고정되어 있다. F_1 복합체는 최소 5개 이상의 α부터 ε까지의 폴리펩타이드로 이루어져 있다. ADP와 무기인산(P_i)를 이용한 ATP 합성이 촉진되는 장소는 우선적으로 β-subunit에 위치한다. F_1의 줄기는 γ-폴리펩타이드와 몇몇 다른 소단위들을 포함하는데, 그중 하나는 호흡 저해제인 올리고마이신의 대상이다.

양성자 확산으로부터 유입된 자유 에너지는 L(loose), T(tight), O(open)의 세 가지 활성 위치중 하나에서 ATP를 방출하는 F_1 복합체의 구조적인 변화를 일으킬 것이라고 여겨진다. ADP와 무기인산(P_i)이 아무것도 결합되지 않은 O site에 제일 먼저 결합하는 반면에 ATP는 T site에, ADP와 무기인산(P_i)은 L site에 결합한다(그림 7.16의 1단계). F_0 channel을 통한 양성자 이동으로 인해 방출된 에너지에 의해 γ-subunit이 회전하고 동시에 세

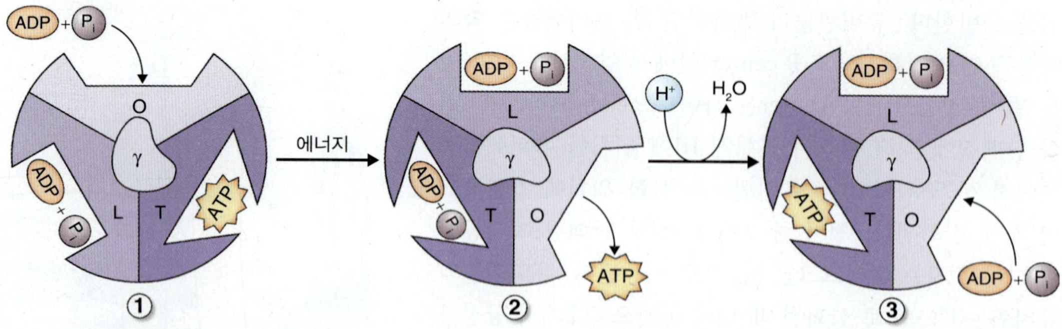

그림 7.16 ATP 합성효소의 F_1 복합체에서 ATP 합성의 3단계 모델. 내막 공간으로부터 기질로의 양성자 이동은 L, T, O 위치에서 일어나는 구조적인 변화와 ADP 인산화를 일으킨다.

nucleotide-binding site의 구조적 변화가 일어난다(그림 7.16의 2단계). T site가 O site로 전환되면 ATP가 방출된다. ADP와 무기인산(P_i)이 위치한 L site는 ATP의 합성이 가능한 강한 결합을 이루는 소수성 pocket이 되고 첫 번째 단계에서 ADP와 P_i가 결합되어 있는 O site는 L site의 형태를 갖게 된다. T site의 ADP와 무기인산(P_i)이 ATP로 변환되기 위한 별도의 에너지나 구조적인 변화가 필요하지 않다(그림 17.16의 3단계). 엽록체의 CF0CF1-ATP 합성효소도 위의 3 단계 기작과 유사한 기작을 통해 ATP를 만든다(9장 참고).

7.4.5 산화적 인산화에서 전체적인 에너지 균형은 NADH의 유입과 ATP의 유출로 정리 될 수 있다

우리는 이제 산화적 인산화로부터 얻을 수 있는 에너지를 계산할 수 있다. 마이토콘드리아의 기질(matrix)에서 내막 공간으로 10개의 양성자가 이동하는 반응과 함께 NADH에서 산소로 2개의 전자가 이동하는 반응이 일어난다. ADP와 무기인산(P_i)이 내막을 가로질러 기질로 이동되는데 소비되는 에너지를 고려하면, 1개의 ATP가 만들어지기 위해서는 4개의 양성자가 전자 이동을 통해 움직이게 된다. 그러므로, NADH 산화에 대한 ADP:O의 비율은 약 2.5이다. 예를 들면, 환원된 ½O_2당 10개의 H^+의 전좌가 일어나고, 그중 4개의 H^+당 1개의 ADP 인산화가 일어난다. 마이토콘드리아를 따로 추출하여 실험하였을 때 ADP:O의 비율이 약 2.4~2.7인 것과 매우 유사하였다. NADH와 ½O_2 사이의 환원 가능성 차이에 근거한 이론적인 수치는 7로서, 생체 내에서 산화적 인산화 반응의 2.5/7 혹은 약 30%의 **에너지 효율성**을 만든다.

복합체 II에 결합된 FADH의 산화 수율은 이론과 실험을 통해 확인해 본 결과 ADP:O의 비율이 약 1.5로 나타났다. 이는 복합체 II에서 시작되는 전자의 이동이 3개의 양성자가 전좌 site(그림 7.12) 중 2개에만 관여하기 때문이다. 해당작용과 TCA 회로의 매 단계에서 일어나는 기질의 직접적인 인산화 혹은 간접적으로 마이토콘드리아에서 전자 전달을 통한 ATP의 형성은 표 7.1에 요약되어 있다.

키포인트 전자가 전달되는 동안, 복합체 I, II, IV는 내막을 가로질러 기질로부터 내막 공간으로 양성자를 펌프하고, 이 반응이 ADP와 무기인산(P_i)으로부터 ATP가 합성되는 반응인 산화적 인산화를 일으킨다. 복합체 III에서 막을 가로지르는 양성자의 이동은 퀴논회로 기작에 의해 일어난다. 전체 퀴논 회로의 전체 반응은 유비퀴놀 2분자가 산화되고, 양성자 4개가 이동하고, 전자 2개가 복합체 IV로 이동되어 1개의 유비퀴논이 환원되는 동안 두 번 일어난다. 전자 전달 과정 중에 내막 공간에 축적된 양성자는 multisubunit F_0F_1-ATP 합성효소 복합체에 의해 ATP를 합성하게 된다. F_0 부분은 막에 묻혀 있으며 양성자 채널의 역할을 한다. F_1은 말단 부에 위치하며 세 가지 기질-결합 site의 구조적 기작을 통해 ATP를 합성한다. 전체적으로 NADH에서 산소로 이동되는 전자 전달계를 따라 이동된 2개의 전자마다 10개의 양성자가 펌프되어 ATP 2.5 분자를 얻는다. 복합체 II에서 결합된 FADH의 산화에 대한 ATP 수득률(ATP yield)은 약 1.5이다.

7.4.6 우회 탈수소효소는 마이토콘드리아 복합체 I과 연관되어 있다

NADH 탈수소효소의 활성은 복합체 I과 연관이 있다; 식물의 마이토콘드리아에는 NADH나 NADPH를 산화시킬 수 있는 많은 탈수소효소가 있다(그림 7.17). 복합체 I과 달리, 탈수소효소들은 양성자를 펌프하지 않는다. 내막의 바깥쪽 면에 NADH와 NADPH의 탈수소효소가 존재한다. 이 탈수소효소들은 세포질(해당작용에 의해 만들어진 NADH)과 색소체(산화적 오탄당 인산화 경로에 의해 만

표 7.1 해당작용과 TCA 회로 및 산화적 인산화를 통해 포도당을 이산화탄소와 물로 변환시켰을 때 얻어지는 ATP의 양

대사경로	기질	산물	ATP 양
해당작용: 세포질	포도당 1분자	피루빈산 2분자	
	2 ADP + 2P_i	2ATP	2
	2NAD^+(세포질)	2NADH(세포질)	
TCA 회로: 마이토콘드리아	피루빈산 2분자	6CO_2	
	2ADP + 2P_i	2ATP	2
	8NAD^+	8NADH	
	2FAD(결합형)	2$FADH_2$ (결합형)	
산화적 인산화: 마이토콘드리아	O_2 6분자	12H_2O	
	ADP + P_i		
	2NADH(세포질)	2NAD^+(세포질)	3[a]
	8NADH(마이토콘드리아)	8NAD^+(마이토콘드리아)	20[b]
	2$FADH_2$(결합형)	2FAD(결합형)	3
누적 ATP 양			30

[a] 세포질의 해당작용에서 1.5ATP/NADH일 것으로 추정된다.
[b] 마이토콘드리아에서 2.5ATP/NADH일 것으로 추정된다.

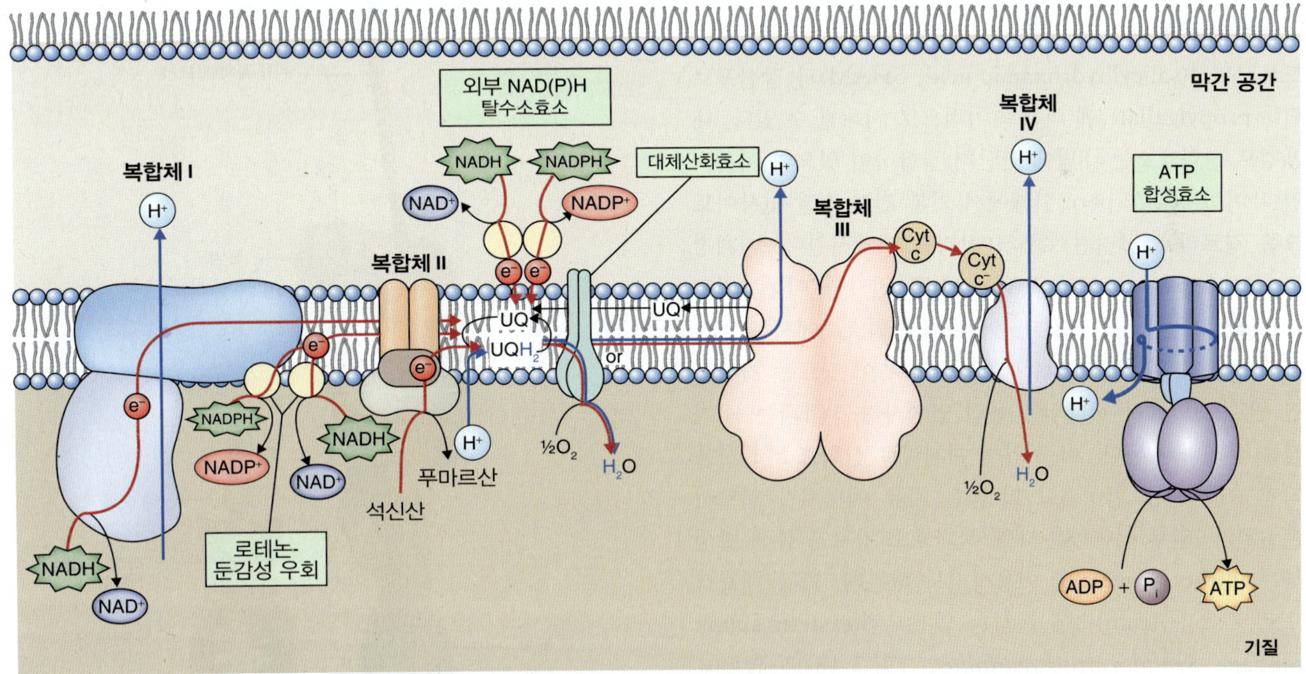

그림 7.17 마이토콘드리아 내막에 존재하는 식물 마이토콘드리아 전자 전달계의 조직들과 연관되어 있는 대체 산화효소. 대세 산화효소와 2개의 추가적인 로테논 저항성 NAD(P)H 탈수소효소를 보여주고 있다. 그리고 외부의 NAD(P)H 탈수소효소와 복합체 I-IV 및 ATP 합성효소가 함께 그려져 있다.

들어진 NADPH), 퍼옥시좀(지방산 분해과정에서 만들어진 NADPH, 6장 참고)에서 만들어진 NADH와 NADPH를 산화한다. 또한, 기질-유래 NAD(P)H 우회 탈수소효소(bypass dehydrogenase)는 마이토콘드리아 기질에서 효소에 의해 만들어진 NADH에 작용하기 위해 복합체 I과 경쟁한다(TCA 회로). 우회는 복합체 I 저해제인 로테논

(rotenone)에 영향을 받지 않는다. 우회경로(bypass)는 복합체 I에 비해 NADH 친화성이 매우 약하며, 따라서 기질에서 NADH의 농도가 매우 높을 때만 작동한다. 탈수소효소에 의해 산화된 NADH와 NADPH의 ADP:O 비율은 약 1.5 정도이며, 이것은 이들 효소에 의한 전자의 전달이 복합체 I의 양성자 펌핑 위치를 따라가고, 유비퀴논(UQ) pool로 직접적으로 전달되기 때문이다.

7.4.7 식물 마이토콘드리아는 전자를 산소로 이동시키는 대체 산화효소를 갖는다

NAD(P)H의 산화 작용에 관여하는 부수적인 몇 가지 경로를 제외하고, 식물 마이토콘드리아는 사이토크롬 c 산화효소(복합체 IV)를 거쳐 유비퀴논으로 산소로 전자가 전달되는 경로를 갖는다(그림 7.17). **대체 산화효소(alternative oxidase)**는 육상식물과 조류, 곰팡이류 그리고 몇몇 원생동물에서 발견되었다. 대체경로 산화효소를 통한 전자의 흐름은 사이토크롬 c 산화효소의 대표적인 저해제와(청산가리와 일산화탄소) 복합체 III의 저해제(antimycin A)에 영향을 받지 않는다. 그런데, 살리실하이드록사민산(salicylhydroxamic acid, SHAM)과 갈산프로필(*n*-propylgallate)에 의해 특이적으로 저해될 수 있다. 대체경로 산화효소는 내막에 단단히 결합하여 있으며 기본적인 유비퀴논(UQ) pool 단계에서 기본 전자 전달계(**사이토크롬 경로**라고 알려진)로부터 전자를 이탈시킨다. 대체경로 산화효소는 유비퀴놀로부터 O_2로 전자를 이동시키고 그 결과로 물이 만들어진다. 이 대체 산화효소에서는 양성자의 전좌가 일어나지 않는다. 그러므로 이 경로는 기본적인 전자 전달계가 진행되는 동안 양성자가 전좌되는 ⅔ 지점을 우회하게 된다. 이로 인해 대체경로 산화효소가 사용되면 ATP가 덜 합성되고 더 많은 자유 에너지가 열로서 손실된다. 일부 식물들은 대체 산화효소 경로를 통해 발생하는 **열(thermogenic)**을 이용하기도 하는데, 가장 대표적으로는 아룸(Arum)속에 속하는 앉은부채(eastern skunk cabbage, *Symplocarpus renifolius*, 그림 7.18)로, 앉은부채는 꽃의 성숙 기간 동안 꽃가루 매개체를 유혹하기 위해 냄새의 휘발성을 증가시킨다.

대부분 식물의 조직에서 대체 산화효소의 활성이 모두 어느 정도 있으나 전체적인 활성도의 양은 매우 다양하다. 예를 들어, 대체 산화효소의 합성은 활성산소 합성이 증가하는 영양 부족 혹은 가뭄과 같은 스트레스 조건 아래에

키포인트 식물 마이토콘드리아는 마이토콘드리아의 바깥에서 만들어진 NAD(P)H를 이용하는 복합체 I 뿐만 아니라 많은 NAD(P)H 탈수소효소를 가지고 있다. 기질 유래 NAD(P)H 탈수소효소는 복합체 I 저해제인 로테논에 영향을 받지 않는다. 양성자 펌핑 site 주위를 따라 양성자의 이동 경로가 만들어짐에 따라 우회 탈수소효소라고 불리는데, NAD(P)H 산화에 의한 ATP 수득을 약 1.5 정도로 낮추게 된다. 식물 마이토콘드리아는 또한 유비퀴논으로부터 O_2로 전자를 이동시키는 대체 경로를 갖는데, 이를 bypassing 복합체 IV라고 한다. 대체 산화효소 경로는 내막에 강하게 결합하여 있으며 복합체 III와 IV의 저해제에 영향을 받지 않는다. 3개의 양성자 전좌 위치 중 2개 주변의 전자 방향을 바꿈으로써, 대체경로의 산화효소는 ATP 수득을 감소시키고, 에너지의 열 손실을 증가시킨다. 이 과정은 열 발생 종이라고 불리는 일부 식물에서 꽃가루 매개체에 대한 성숙한 꽃으로 끌어당기는 힘을 증가시키는 데 이용되기도 한다. 대체경로 산화효소의 일반적인 기능은 유해한 활성산소의 형성을 조절하는 것이다.

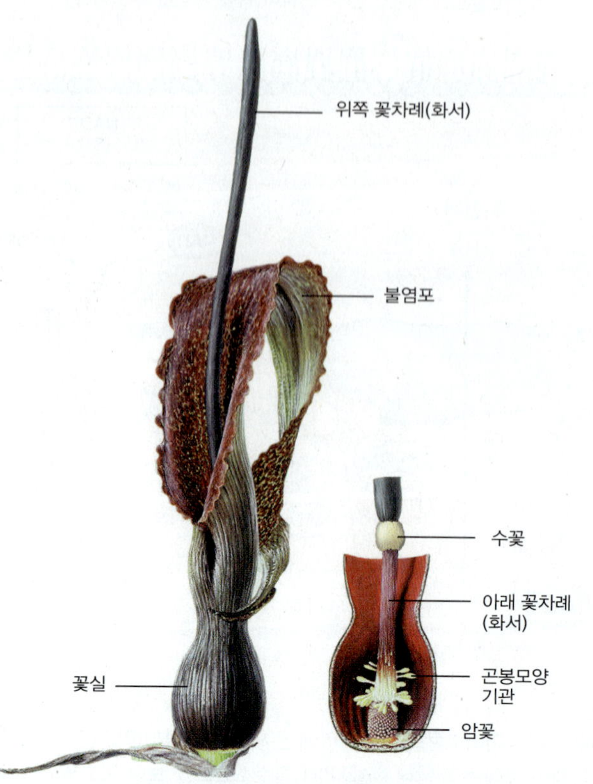

그림 7.18 아룸(*Anum*)속 식물의 꽃에서 일어나는 열 발생 반응. 일부 토란의 육수꽃차례, 앉은부채를 예로 들자면 주위 공기의 온도보다 30℃ 가량 높은 열을 낸다. 이는 식물의 악취를 휘발시키는 데 도움을 주고 곤충과 같은 꽃가루 매개자를 유혹하는 데 도움을 준다. 이와 같은 열 발생이 일어나는 장소는 위쪽의 꽃차례이다.

서 더 많아진다(15장 참고). 대체 산화효소의 경로는 퀴논 pool의 과도한 환원을 막고 활성산소의 형성을 줄여줄 것으로 여겨진다.

7.5 산화 오탄당 인산 경로

당 분해경로 이외에, 세포에는 탄수화물을 분해하는 다른 경로가 존재한다. 그중 식물에서 특히나 중요한 것은 **산화 오탄당 인산 경로(oxidative pentose phosphate pathway)**이다(그림 7.19). 이 경로는 **환원 오탄당 인산 경로(reductive pentose phosphate pathway)**라고 알려진 캘빈-벤슨 회로(9장 참고)와 유사하나 차이가 있다. 이 경로는 오탄당 경로의 중간 산물인 리불로스-5-인산(ribulose-5-phosphate)을 통해 포도당-6-인산을 산화하고 카르복실기를 제거한다. 그리고 이 과정에서 이산화탄소가 생성되며, NAD^+ 보다는 $NADP^+$가 전자 수송체로 작용한다(식 7.6).

식 7.6 산화 오탄당 인산화 경로의 개요

$$6\ \text{Glucose-6-phosphate} + 7H_2O + 12NADP^+$$
$$\rightarrow 5\ \text{glucose-6-phosphate} + 6CO_2 + P_i$$
$$+ 12NADPH + 12H^+$$

이 경로는 색소체와 세포질 모두에 존재하며 보통 색소체에서 두드러진다. 색소체에서 이 경로는 광합성 경로를 통한 NADPH의 사용이 불가능한 밤 시간에 주로 작동한다(9장 참고).

7.5.1 오탄당 인산 경로는 산화 단계와 재생 단계로 나뉜다

산화 오탄당 인산 경로는 다음과 같은 두 단계를 갖는다. **산화 단계(oxidative phase)**: 포도당-6-인산이 6-포스포글루콘산(6-phosphogluconate)과 NADPH로 그 다음에는 리불로스-5-인산과 이산화탄소 및 NADPH로 전환되는 단계). **재생 단계[regenerative(non-oxidative) phase]**: 리불로스-5-인산으로부터 포도당-6-인산이 재생되는 단계. (그림 7.19B). 이 경로의 화학량론(그림 7.20)은 중간물질들이 다른 물질로 변환되지 않는다고 가정하였을 경우, C_6 pool에서 보충된 한 분자의 포도당-6-인산이 여섯 경로 동안 완전히 이산화탄소로 산화된다. 즉, 매 6개의 C_6 마다 하나가 6분자의 이산화탄소 형태로 방출되고, 남은 5개의 C_6 골격은 재생 단계의 C_5, C_4, C_7과 C_3과 같은 중간물질 사이를 회전하는 과정을 통해 재생된다. 이렇게 새로 보충된 포도당-6-인산은 다시 산화단계로 진입할 수 있게 된다.

오탄당 인산 경로가 진행되는 동안 기질 수준의 인산화에 의한 ATP 생성은 일어나지 않는다; 포도당-6-인산의 모든 에너지는 NADPH에 보존된다. NADPH는 마이토콘드리아의 호흡 전자 전달계를 통해 산화될 때 생합성 혹은 마이토콘드리아의 ATP 생성 과정에 사용될 수 있다.

7.5.2 오탄당 인산 경로에서는 여러 가지 생합성 경로의 중간체를 만든다

이 경로의 재생 단계의 중간물질들은 다른 세포 구성요소들의 생합성에 이용되기도 한다. 예를 들어 리보스-5-인산은 RNA, DNA, ATP와 일부 조효소의 합성에 이용된다. 식물에서, 4 탄소 중간물질인 에리스로-4-인산(erythrose-4-phosphate)은 **방향족 아미노산(aromatic amino acid)** 합성 반응의 전구체이며, 식물의 **천연물질(natural product)**에서 파생된 리그닌이나 플라보노이드와 같은 물질의 합성에 이용되기도 한다(15장 참고).

중간물질들과 재생 단계에 작용하는 대부분의 효소들은 캘빈-벤슨 회로에도 관여하는데 이는 9장에서 다루어질 것이다. 색소체에서 진행되는 **녹화(greening)**가 진행되는 동안 산화 오탄당 인산 경로의 중간물질들은 광합성 능

키포인트 산화 오탄당 인산 경로는 색소체와 세포질에 존재하고, 포도당-6-인산을 산화 및 탈카르복실화시켜 이산화탄소 및 전자 수송체인 $NADP^+$를 만든다. 산화 단계의 세 가지 반응을 통해 $2NADP^+$의 환원과 포도당-6-인산의 리불로스-5-인산과 이산화탄소로의 변환이 이루어진다. 재생 단계는 리불로스-5-인산으로부터 6 가지 효소의 작용을 거쳐 포도당-6-인산을 재생시킨다. 포도당-6-인산 매 6분자마다 한 분자가 6번의 경로를 지나 이산화탄소로 완전히 산화된다. 이 단계에서는 C_5, C_4, C_7, C_3 중간물질의 인산화를 통해 5개의 육탄당 인산(C_6)이 만들어진다. 오탄당 인산 경로에 의해 방출된 모든 에너지는 NADPH의 형태로 보존되고, 기질 수준의 인산화를 통한 ATP 합성은 일어나지 않는다. NADPH는 마이토콘드리아의 산화적 인산화에 이용되거나, 경로의 중간물질들을 따라 조효소, 핵산, 천연물 합성, 광합성에 의한 캘빈-벤슨 회로와의 상호작용과 같은 다른 대사에 이용될 수도 있다.

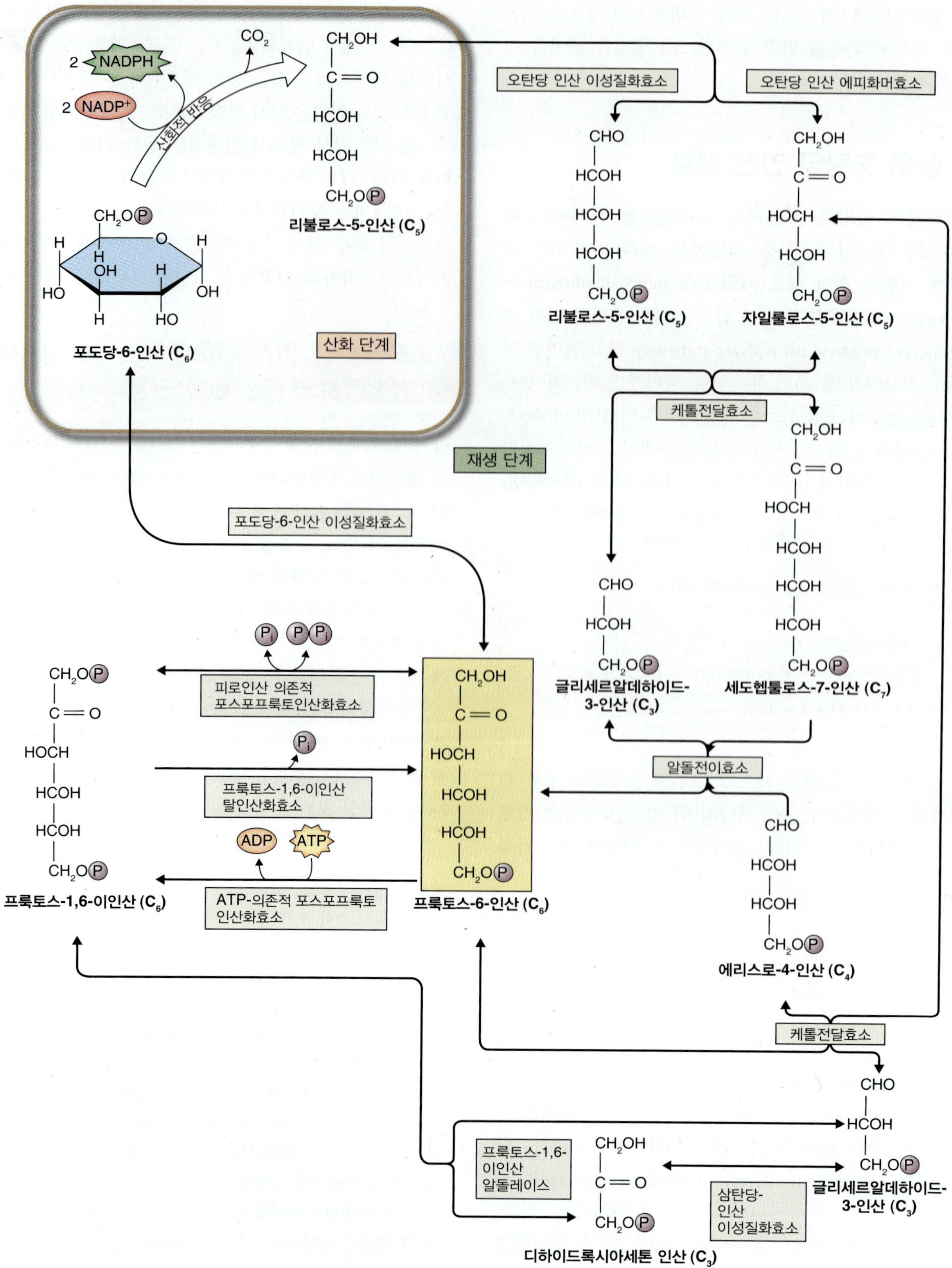

그림 7.19 산화 오탄당 인산화 회로. 이 회로의 산화 단계에서 포도당-6-인산은 리불로스-5-인산으로 산화되어 NADPH와 CO_2를 얻는다. 포도당-6-인산은 이 회로의 재생 단계나 비-산화적 단계에서 리불로스-5-인산으로부터 다시 생산될 수 있다. 알돌전이효소(transaldolase)를 제외한 재생 단계의 효소들은 9장의 캘빈-벤슨 회로와 함께 논의될 것이다. 산화 단계의 반응들은 비가역적인 반면에 재생 단계는 가역적이다.

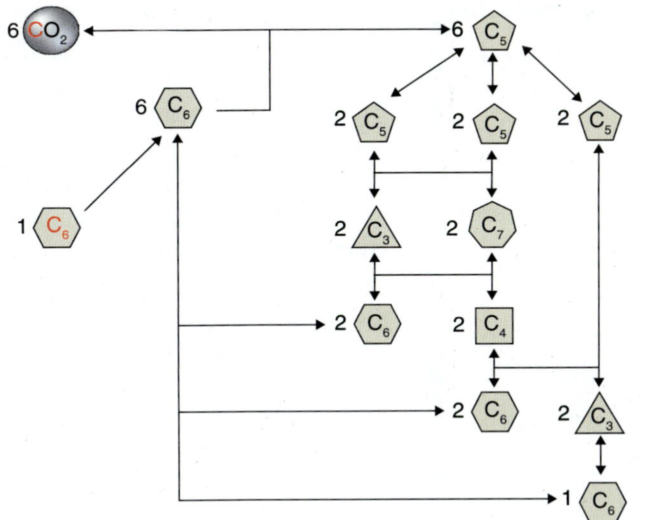

그림 7.20 산화 오탄당 인산화 경로의 화학양론. C_6 pool에 들어간 각각의 C_6 당은 회로가 6번 회전하는 동안 CO_2로 완전히 산화된다. 이 과정에서, 5개의 C_6 당 인산은 6개의 C_5 전구체들로부터 재생산된다.

력이 최대치가 될 때까지 캘빈-벤슨 회로의 중간물질로 호환이 가능하다.

7.6 탄수화물 생합성과 관련된 지질의 분해

6장에서 살펴본 바와 같이, 종자에서 트리아실글리세롤의 acetyl-CoA로의 분해에는 두 세포소기관이 관여한다. 두 세포소기관은 저장된 지질이 지방산으로 변환되는 장소인 **유체**(**oil body, oleosome**)와 지방산이 **베타 산화**(**β-oxidation**)에 의해 acetyl-CoA로 변환되는 장소인 퍼옥시좀(혹은 글리옥시좀; 그림 6.33)이다. 막에 존재하는 당지질 혹은 인지질과 같은 다른 아실 지질들은 대사물질의 회전이나 분해과정 동안 일어나는 것과 비슷하게 이화된다. 대부분의 경우 acetyl-CoA는 마이토콘드리아의 TCA 회로를 통하여 호흡된다. 대체경로에 의해서는 글리옥실산 회로(glyoxylate cycle)를 통해 석신산으로 변환되어 **당신생과정**(**gluconeogenesis**) 반응에서 육탄당의 합성을 위한 기질로 사용된다(그림 7.21). 석신산은 마이토콘드리아의 TCA 회로에 의해 말산으로 변환된다. Acetyl-CoA로부터 만들어진 대부분의 말산은 다른 탄수화물의 합성에 이용 될 수 있는 육탄당으로의 최종 변환을 위해 세포질로 이동되거나, 식물의 다른 세포로 내보내기 위한 자당(sucrose)을 만드는 데 이용될 수 있다.

7.6.1 글리옥실산 회로를 통해 acetyl-CoA가 석신산으로 변환된다

퍼옥시좀에서 β-oxidation에 의해 만들어진 acetyl-CoA가 탄수화물 합성에 이용되기에 앞서, 글리옥실산 회로의 여러 효소들에 의해 C_4 화합물인 석신산으로 변환된다(식 7.7).

식 7.7 글리옥실산 회로의 개요

$$2\text{Acetyl-CoA} + \text{NAD}^+ + 2\text{H}_2\text{O} \rightarrow \text{succinate} + 2\text{CoASH} + \text{NADH} + \text{H}^+$$

가장 먼저 acetyl-CoA는 옥살로아세트산(oxaloacetate)과 함께 응축되어 구연산(citrate)을 형성하고 그 뒤에 이소구연산(isocitrate)으로 변환된다. 이소구연산은 **이소구연산 분해효소**(**isocitrate lyase**)에 의해 글리옥실산과 석신산으로 분해된다. 전체 반응의 산물로서 석신산이 방출되며, 글리옥실산은 **말산 합성효소**(**malate synthase**)에 의해 촉진되는 반응을 통하여 말산을 형성하기 위해 acetyl-CoA 분자와 결합한다. 말산은 옥살산으로 변환되고 글리옥실산 회로가 계속 진행된다. 이소구연산 분해효소 반응에 의해 만들어진 석신산은 퍼옥시좀 밖으로 빠져 나와 마이토콘드리아로 들어간다(그림 7.21).

Acetyl-CoA가 이소구연산으로 변환되고, TCA 회로 대신에 글리옥신산 회로에서 석신산이 만들어짐에 따라 TCA 회로에서 2분자의 이산화탄소 방출 반응이 우회된다. 그러므로 전체적으로 보았을 때 당의 합성에 필요한 탄소의 유지가 가능해진다. 동물은 글리옥실산 회로에 필수적인 이소구연산 합성효소와 말산 합성효소 두 가지를 효소를 갖고 있지 않기 때문에 지질을 탄수화물로 변환시킬 수 없다. 이것이 식물과 동물의 기본적인(근본적인) 생화학적 차이이다.

7.6.2 마이토콘드리아에서 석신산으로부터 탄수화물의 전구체인 말산이 만들어진다

글리옥시좀에서 생성되는 석신산이 탄수화물을 만들어 내기 위해서는 반드시 먼저 말산으로 변환되어야 한다. 석신산은 마이토콘드리아 기질로 이동된다. 이곳에서 석신산은 TCA 회로의 효소들에 의해 말산으로 변환된다(그

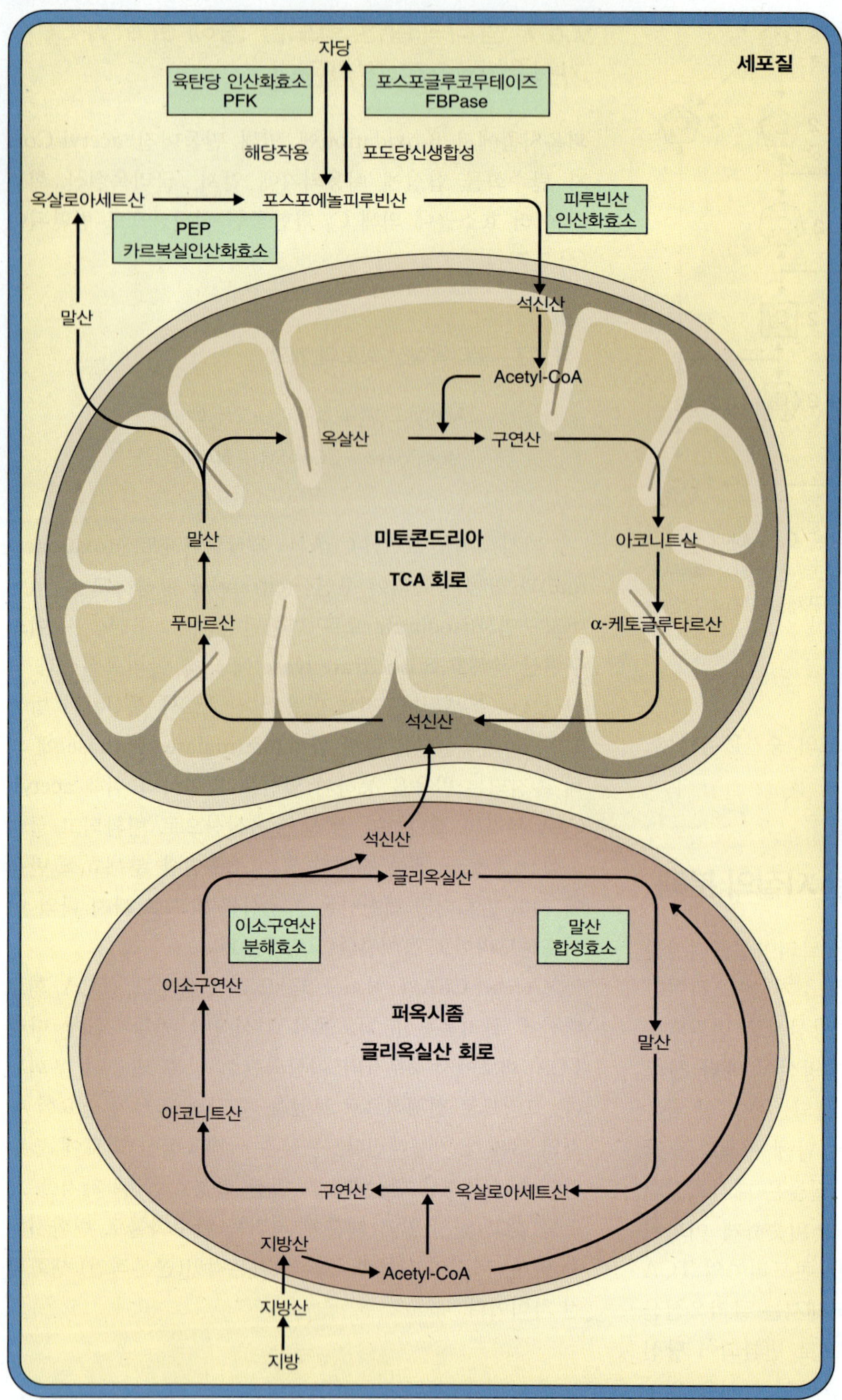

그림 7.21 글리옥실산 회로와 당신생과정. 이소구연산 분해효소와 말산 합성효소는 퍼옥시좀 특이적이다. 해당작용과 포도당신생합성(자당 합성)의 서로 다른 경로들이 나와 있다. 포도당신생합성의 우회 반응: 비가역적 당분해 효소 피루빈산 인산화효소를 우회하는 포스포에놀피루빈산(PEP) 카르복실인산화효소와 포스포프룩토인산화효소(PFK)를 우회하는 프룩토스-1,6-이인산 탈인산화효소(fructose-1,6-bisphosphatase), 그리고 육탄당인산화효소(hexokinase)를 우회하는 포스포글루코무테이즈(phosphoglucomutase)가 있다.

림 7.7). 이렇게 만들어진 말산은 세포질로 이동하여 말산 탈수소효소에 의해 옥살산으로 변환된다. 이 곳에서 옥살산은 **포스포에놀피루빈산 카르복실 인산화효소**(**PEP carboxykinase**)에 의해 포스포에놀피루빈산으로 변환된다(식 7.8). 포스포에놀피루빈산은 당신생과정을 통한 육탄당 합성을 위한 기질로 이용된다(그림 7.21).

식 7.8 PEP 카르복실인산화효소

$$\text{Oxaloacetate} + \text{ATP} \rightarrow \text{phosphoenolpyruvate} + \text{ADP} + CO_2$$

마이토콘드리아 기질에서 말산은 두 가지의 다른 물질

로 변화할 수 있음을 알아 보았다. 세포질로 방출되어 탄수화물 합성에 이용되거나, TCA 회로로 들어가 이산화탄소와 물로 산화될 수도 있다. 무엇이 말산이 어느 경로로 이용될 것인지를 정할까? 이소구연산 탈수소효소가 마이토콘드리아에서 탄소의 흐름에 매우 중요한 역할을 하는 것에서 단서를 얻을 수 있다. TCA 회로의 중간물질 등에 의해 효소의 활동이 억제되었을 때 말산은 마이토콘드리아로부터 방출되고, 효소가 활성화되어 있을 경우 말산이 다시 TCA 회로에 대신 들어가 산화된다.

7.6.3 당신생과정을 통해 포스포에놀피루빈산이 육탄당으로 변환된다

당신생과정은 지질이 탄수화물로 변화되는 과정의 가장 마지막이라고 할 수 있다. 이 과정은 포스포에놀피루빈산으로 시작되어 자당이나 다른 합성물의 합성에 사용 가능한 과당-6-인산(F6P)과 포도당-6-인산(G6P)의 생산으로 끝이 난다. 이 경로의 10가지 반응 중 7가지는 당 분해 반응의 역반응이다(그림 7.3). 그런데 당 분해 반응 중 세 가지 반응들은 생체 내에서는 대부분 역반응이 불가능하며, 포스포에놀피루빈산이 육탄당의 인산이 되는 반응을 막는 장애물이라고 할 수 있다. 이 반응들은 **육탄당인산화 효소(hexokinase,** 포도당을 포도당-6-인산으로 변환시키는 효소)와 **포스포프룩토인산화효소(phosphofructokinase,** PFK; 프룩토프룩토스-6-인산을 프룩토스-1,6-인산으로 변환시키는 효소) 및 **피루빈산인산화효소(pyruvate kinase,** 포스포에놀피루빈산을 피루빈산으로 변환시키는 효소)에 의해 촉매된다(그림 7.21).

당신생과정 동안 피루빈산인산화효소 반응은 PEP 카복실인산화효소(PEP carboxykinase)에 의해 우회된다(식 7.8). 프룩토스-1,6-인산(그림 7.22A)이 프룩토스-6-인산으로 변환되는 과정은 **프룩토스-1,6-이인산 탈인산화효소(FBPase)**에 의해 우회되고, 이 효소는 역반응이 불가능한 C-1 인산의 가수분해에 의해 촉진된다(식 7.9).

식 7.9 프룩토스-1,6-이인산 탈인산화효소 (FBPase)

$$\text{Fructose-1,6-bisphosphate} + H_2O \rightarrow$$
$$\text{fructose-6-phosphate} + P_i$$

이 효소는 엽록체의 캘빈-벤슨 회로 내에서 짝을 갖는데, 이 두 효소들은 매우 다른 방식으로 조절된다. 동물과 식물의 세포질에 존재하는 FBPase는 다른자리입체성 대사산물(allosteric metabolite) AMP와 특정 조절 대사산물인 **프룩토스-2,6-이인산**에 의해 저해되도록 조절된다(그림 7.22B). 프룩토스-2,6-이인산의 농도는 이 물질을 합성하거나 분해할 수 있는 인산화효소(kinase)와 탈인산화효소(phsophatase)에 의해 결정되며, 이 두 효소는 조절 중간물질의 수준에 민감하게 반응한다(9장 참고). 엽록체의 FBPase는 반대로 광유도성 pH 및 Mg^{2+} 농도의 변화와 함께 페레독신/티오레독신(ferredoxin/thioredoxin)계에 의해 조절된다(15장 참고).

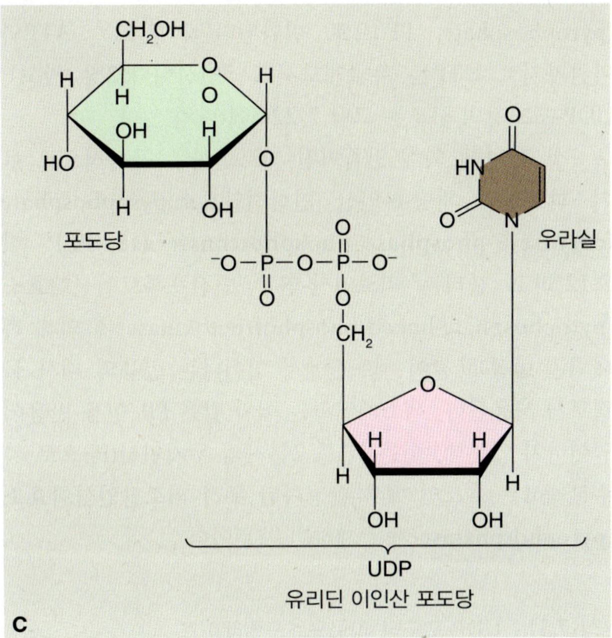

그림 7.22 (A) 프룩토스-1,6-이인산(fructose-1,6-bisphosphate), (B) 프룩토스-2,6-이인산(fructose-2,6-bisphosphate), (C) 유리딘 이인산-포도당(UDP-포도당)의 구조.

종자에서 비가역적 당 분해 작용의 육탄당 인산화 반응은 포도당-6-인산이 **포도당인산무테이즈(phosphoglucomutase)**에 의해서 포도당-1-인산으로 변환됨에 따라 우회된다(식 7.10).

식 7.10 포도당인산무테이즈
Glucose-6-phosphate → glucose-1-phosphate

유리딘-3-인산(uridine-3-phosphate)이 존재하면, **UDP-포도당 피로포스포릴레이즈(UDP-glucose-pyrophosphorylase)**에 의해 인산포도당-1-인산이 **UDP-포도당(UDP-glucose**, uridine diphosphate-glucose)과 피로인산(pyrophosphate, PP_i)으로 변환된다(식 7.11). ATP와 마찬가지로 UTP는 뉴클레오시드 3인산이다(2장 참고). UDP-포도당의 구조는 그림 7.22C에 나와 있다.

식 7.11에 의해 만들어진 피로인산은 공식적으로 **무기 피로인산 과당-6-인산 인산전달효소(pyrophosphate fructose-6-phosphase phosphotransferase**, PEP, 식 7.12)라고 불리는 피로인산-연관 인산프룩토인산화효소(pyrophosphate-linked phosphofructokinase)에 의해 촉매되는 반응과 같이 세포질에서 일어나는 반응의 대사 물질로서 사용된다. 색소체에서는 이와 같은 PP_i 이용 반응이 일어나지 않는데, 이는 PP_i를 2분자의 무기인산(P_i)으로 가수분해하는 효소인 매우 활성화된 **무기 피로탈인산화효소(pyrophosphatase)**가 존재하기 때문이다.

식 7.11 UDP-포도당 피로포스포릴레이즈
Glucose-1-phosphate + UTP → UDP-glucose + PP_i

식 7.12 무기 피로인산 연관 인산프룩토인산화효소 (PFP)
PP_i + fructose-6-phosphate →
fructose-1,6-bisphosphate + P_i

자당 합성의 마지막 단계에서 자당-6-인산은 **자당-6-인산 합성효소(sucrose-6-phosphate synthesis**; 식 7.13)에 의해 UDP-포도당과 프룩토스-6-인산으로부터 합성된다. 그리고 최종적으로는 자당-6-인산은 **자당-6-인산 탈인산화효소(sucrose-6-phosphate phosphatase**; 식 7.14)에 의해 자당과 무기인산(P_i)으로 가수분해된다.

식 7.13 자당-6-인산 합성효소
UDP-glucose + fructose-6-phosphate →
sucrose-6-phosphate + UDP

식 7.14 자당-6-인산 탈인산화효소
Sucrose-6-phosphate + H_2O → sucrose + P_i

지질 분해 반응의 전체적인 최종 결과는 지방이 식물의 다른 부분으로 전좌될 수 있는 자당이나 당으로 변화하는 것이다. 이 반응은 해당작용이나 TCA 회로를 통한 분해 이후의 생합성이나 ATP의 합성과 같은 다양한 목적을 위해 사용될 수 있다.

키포인트 아실 지질 분해과정 동안, 퍼옥시좀에서 지방산 β-산화(β-oxidation)의 산물은 마이토콘드리아의 TCA 회로에 사용되고, 이산화탄소 호흡을 통해 acetyl-CoA가 만들어진다. 그 대신에 acetly-CoA의 탄소 분자는 글리옥실산 회로를 통해 보존 되며 육탄당을 합성하는 당신생과정에 이용된다. acetyl-CoA는 퍼옥시좀으로 이동하여 이소구연산으로 변환된다. 이소구연산 분해효소와 말산 합성효소는 글리옥실산 회로의 특징적인 효소로서, 이소구연산이 말산으로 변화되어 글리옥실산 회로를 통해 석신산으로 변화할 수 있도록 한다. 석신산은 마이토콘드리아로 이동하여 TCA 회로에 이용된다. 당신생과정 동안 석신산으로부터 유래된 말산은 세포질에서 옥살아세트산으로 변환되고 이어서 PEP 카르복실인산화효소에 의해 포스포에놀피루빈산(PEP)로 변환된다. 해당작용에서 육탄당과 PEP 사이의 효소 중 포스포프룩토인산화효소(PFK)와 육탄당인산화효소(hexokinase)를 제외한 효소들은 역반응이 가능하다. 프룩토스-1,6-이인산(FBPase)와 포도당인산무테이즈는 이 반응들을 우회하고, 해당작용의 역반응에 의해 PEP가 자당으로 변환되도록 한다. FBPase는 AMP와 프룩토스-2,6-이인산에 의해 allosteric하게 조절된다.

7.7 호흡에 의한 탄소 대사과정의 조절과 통합

호흡은 가장 우선적인 대사의 핵심이며, 생리학적인 항상성 유지를 위해 민감하게 작동되어야 한다. 대사 조절이란, 조조정(carse, long-term)과 미세조정(fine, moment-to-moment)의 조합을 통해 생화학적인 경로를 따라 중간물질의 흐름을 조정하는 과정이다. 한 효소의 양은 그 효소가 촉매하는 반응의 속도에 직접적으로 영향을 미치고, 또한 증가 또는 감소 조절되는 유전자 발현에 따라 변경된다. 하지만 상대적으로 효소 활성에 상당한 변화를 가져오는 데 필요한 시간이 더 많이 요구된다는 것은 조정에 기여하는 단백질 합성의 변화에 기초한 기작이라는 의미이다. 단기간의 호흡 조절은 보통 촉매제나 단백질의 조절 부위와 직접적으로 상호작용하는 대사산물에 작용하는 효소의 존재 유무나 대사물질 양의 감소 등에 따라 결정된다. 이 절에서는 생리학적인 필요에 의해 조절되는 호흡에 의한 미세조정과 조조정의 기작에 대해 알아 볼 것이다.

7.7.1 호흡의 미세조정은 효소 활성의 대사 조절을 통해 일어난다

세포 호흡 경로를 따라 일어나는 대사물질의 흐름은 최종적으로 호흡 전자 전달계에 의한 NADH의 재산화 속도와 세포의 ATP 이용 속도에 의해 조절된다. 생화학적 경로에 존재하는 효소를 통한 기질과 생산물질들의 흐름에 대한 연구를 **대사조절분석**(**metabolic control analysis, MCA**)이라고 한다. 짧고 곁 반응이 없는 가장 간단한 반응에서, 반응의 흐름은 속도-결정단계, 즉 전체 경로에 대한 속도를 조절하는 효소의 활성에 의해 결정된다. 실제로 대사 경로는 복잡한 네트워크로서 그 흐름은 어느 특정 단계에 의해 결정된다기 보다는 전체적으로 연결된 시스템에 의해서 결정된다. MCA는 전체 경로의 흐름에 대한 각 반응의 기여도와 시스템에 대한 중요도 및 대사 산물의 농도 혹은 환경적 신호 또는 발달과 같은 변화 요소 등을 수치화한 것이다.

식물체에서 MCA는 해당작용, TCA 회로, 마이토콘드리아 전자 전달계 등에서 응용되었다. 이 경로들을 분석한 결과 유연한 구조와 대체 경로를 밝혀 이미 알려져 있던 특정 속도-조절 단계와 흐름 조절 단일 포인트가 틀렸다는 것을 입증하였다. 그런데, 그림 7.23과 같이 전체 호흡의 생화학적인 대사 조절에 대한 기여의 면에서 일부 반응들이 더 민감하다. 포스포프룩토 인산화효소의 해당작용 조절은 아래 경로 중간물질에 의한 음성 조절의 예라고 할 수 있다. 프룩토스-6-인산이 PFK에 의해 프룩토스-1,6-이인산로 변환되는 반응은 무기인산(P_i)에 의해 활성화되고, PEP에 의해 억제되며, 또한 당 분해 경로의 다른 대사 산물에 의해 조금 억제된다(그림 7.24). 마찬가지로, 피루빈산 인산화효소는 ADP에 의해 활성화되고 TCA 회로의 일부 생산물에 의해 억제된다(그림 7.23). TCA 회로의 대사 조절은 준비 반응의 피루빈산 탈수소효소 복합체의 조절에 의해 가장 잘 설명된다. 피루빈산 탈수소효소는 ATP-의존성 효소인 **단백질 인산화효소**(**protein kinase**)에 의해 인산화되었을 때 억제된다. **탈인산화효소**(**phosphatase**)에 의해 인산기가 제거되면 효소가 다시 활성화된다. 단백질 인산화효소의 활성은 몇몇 대사물질에 의해 조절된다(그림 7.25). 피루빈산은 인산화효소를 억제하고, 기질이 충분할 때 탈수소효소를 활성화시킨다. 그리고 피루빈산 탈수소효소는 acetyl-CoA와 NADH의 생산을 통한 피드백 저해의 영향을 받는다. TCA 회로의 다른 탈수소효소들(말산, 이소구연산, α-케토글루타르산 탈수소효소)은 음성 피드백을 통해 NADH와 acetyl-CoA에 의해 억제된다(그림 7.23).

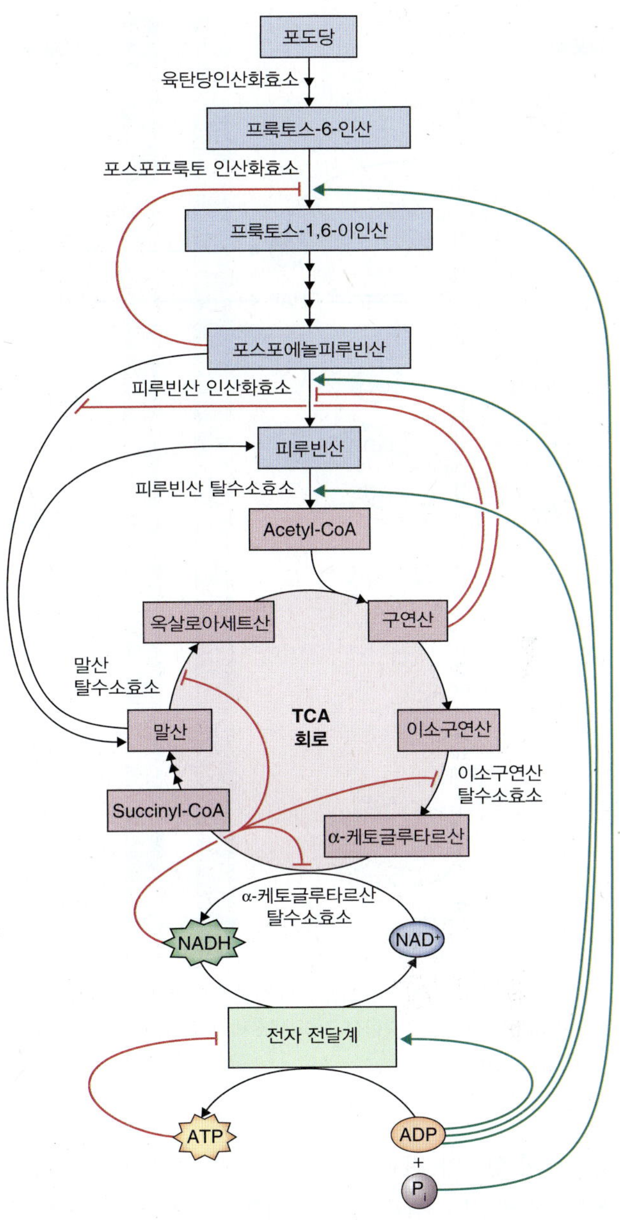

그림 7.23 호흡 과정 중 피드백 조절에 의해 대사적으로 조절되는 지점.

전자 전달의 속도와 산소 흡수의 속도는 ADP와 무기인산(P_i)의 능력에 의해 조절된다. 이 현상은 **호흡 조절**(**respiratory control**)이라고 불린다(그림 7.26A). ADP 또는 무기인산(P_i)이 없으면 ATP 합성효소의 F_0 양성자 채널이 닫히게 된다. 이 결과로서 다음 양성자의 막을 가로지르는 전좌를 제한하는 화학적 삼투압의 배압을 가할 때까지 내막을 가로지르는 양성자 기울기가 만들어진다. 전자

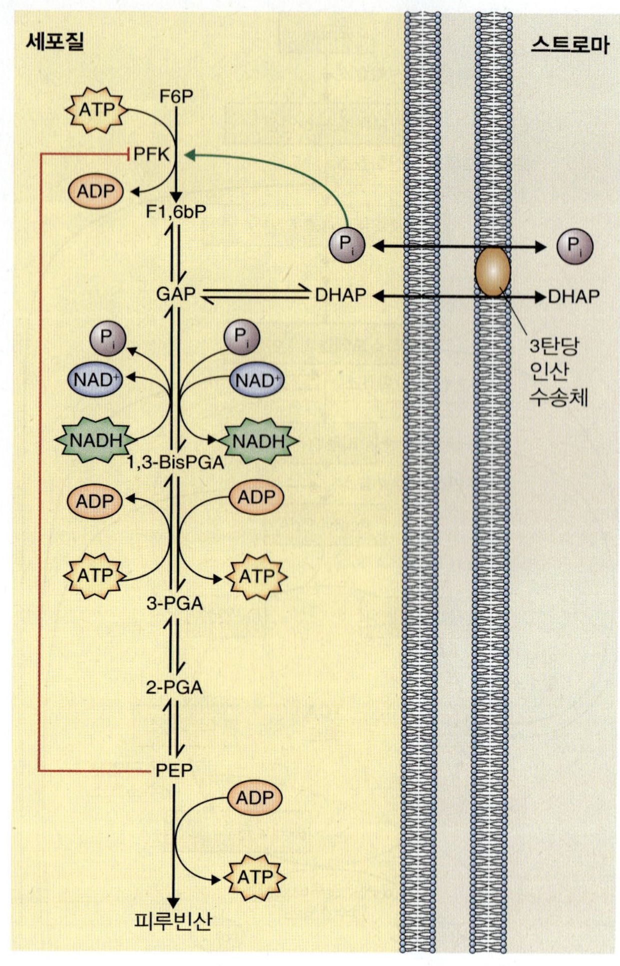

그림 7.24 포스포프룩토인산화효소(PFK)의 피드백 조절 및 해당작용과 엽록체에서 일어나는 광합성 간의 색소체 막의 3탄당 인산 수송체를 통한 상호작용.

의 전달이 양성자 전좌와 연결되어 있기 때문에, 큰 양성자의 증강이 산소 흡수 속도를 제한하게 된다. 정상 상태(steady state)에서, 전자 전달 속도는 양성자가 내막 공간에서 기질로 다시 돌아오는 흐름의 속도에 의해 결정된다. ADP와 무기인산(P_i)이 있을 때, ATP 합성효소를 통한 양성자의 역류가 빠르게 일어나고, ADP나 무기인산(P_i) 둘 중 하나가 없거나 둘 모두 없을 때 양성자는 느리게 내막을 가로질러 흘러나온다.

양성자의 누출은 **프로톤포어(protonphores)**나 양성자 채널의 역할을 하는 **공역방지제(uncoupler)**라고 불리는 특정 화합물에 의해 극적으로 증가될 수 있다. NH_4^+와 같은 공역방지제는 내막을 가로질러 양성자가 균형을 이루게 한다(그림 7.26B). 이를 통해 양성자 구배가 전복되고 ATP 합성이 중단되지만, 양성자 채널이 열려 전자전달 속도와 산소 흡수 속도는 증가하게 된다. 이와 같은 전자 전달 방법은 ATP 합성 과정과 분리되어 있다.

7.7.2 호흡은 다른 탄소 및 산화환원 경로와 상호작용한다

빛 조건에서 녹색 조직(green tissue)은 광합성의 캘빈-벤슨 회로를 통해 이산화탄소를 받아 들였다가 광호흡과 세포 호흡에 의해 자발적으로 이산화탄소를 내 놓는다(9장 참고). 어두울 때에는 잎이 광합성을 할 수 없지만 호흡을 통해 이산화탄소와 ATP를 계속 만들어 낸다. 빛 조건과 암 조건 아래에서 호흡의 생리학적 차이가 발생하는 것은 광합성에 의한 탄소와 에너지 대사의 상호작용의 결과이다. 광합성은 호흡의 기질들을 제공한다. 해당작용과 엽록체의 탄소 대사 사이의 중요한 공통점은 색소체 막에 존재하는 3탄당 인산 수송체(triose phosphate transporter, TPT)이다. 캘빈-벤슨 회로와 무기인산(P_i)의 3탄당 교환에 의해 TPT는 직접적으로 PFK의 활성을 조절할 수 있다(그림 7.24).

호흡은 광합성에 대한 영향을 최적화하는 것이다. 예를 들어, 호흡은 광화학 반응에 의해서 생성되는 초과된 환원등가물의 방출을 촉진한다. 마이토콘드리아의 전자 전달계는 등가물을 없애는 데 중요한 역할을 하여 엽록체 전자전달 구성요소의 과환원을 막고 틸라코이드 막에 산화 손

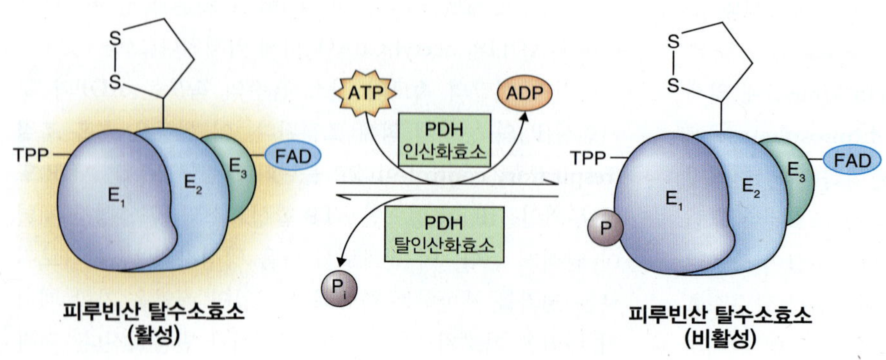

그림 7.25 인산화/탈인산화를 통해 조절되는 피루빈산 탈수소효소(PDH) 복합체. 특정 세린의 인산화에 의해 억제되는 효소는 PDH 탈인산화효소에 의해 탈인산화 반응이 일어난 이후에 다시 활성화된다.

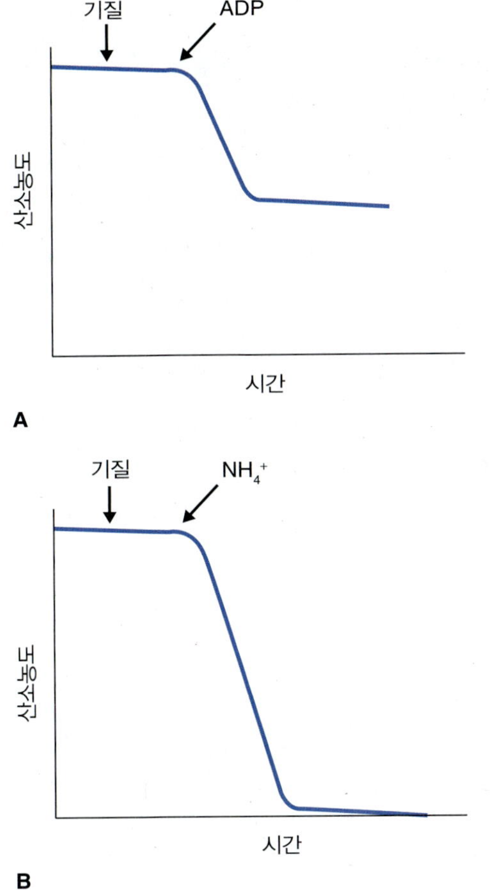

그림 7.26 마이토콘드리아에서의 전자 흐름은 배지로부터 산소의 흡수를 측정하여 알아 볼 수 있다. (A) ADP와 NADH 같은 기질에 의존적인 전자의 흐름은 호흡 조절로 알려진 현상으로 양성자 구배를 방출한다. 전자의 흐름은 ATP의 형성을 함께 일으킨다. (B) 암모늄 이온은 막의 양쪽 면에서 양성자가 균형을 이루게 하여 구배를 뒤엎는다. 이럴 때 전자의 흐름은 분리되었다(uncoupled)고 말한다.

상이 생기는 것을 방지한다. 광합성 동안 마이토콘드리아 호흡의 또 다른 중요한 기능은 광호흡 동안 만들어진 글리신의 산화이다(9장 참고). 아코니테이즈나 말산 탈수소효소와 같은 TCA 회로에 관여하는 유전자의 발현을 억제시킨 **형질전환 식물체(transgenic plants)**에서는 광합성 및 건물축적률(dry matter accumulation)이 증가되어 있다. 이것은 자당 생합성 전구체를 만들어 내는 TCA 회로에서 경쟁이 약화되었기 때문으로 해석된다.

광이 직접적으로 페레독신에 의해 엽록체의 전자 전달 흐름과 연결되어 있는 **티오레독신(thioredoxin)**의 산화환원 단계를 통해 일부 광합성 관련 효소들을 조절한다는 것이 잘 알려져 있다(15장 참고). 최근 발견된 세포질과 마이토콘드리아 특이적 티오레독신은 단백질에 존재하는 티올 그룹의 공유적 변형에 의한 호흡의 산화환원 조절이 이루어진다는 것에 대한 증거이다. 호흡 구성 요소 중 티올의 환원에 의해 활성화된다고 알려진 구성요소들은 NAD-글리세르알데하이드-3-인산 탈수소효소, 알돌레이즈(aldolase)와 마이토콘드리아의 구연산 합성효소이다. 이들 대체 산화효소의 활성은 단백질의 내부 소단위(subunit)의 이황화결합의 형성을 통한 대체 산화효소를 비활성화하는 형태의 산화환원 조절에 의하여 이뤄진다. 티오레독신의 감소는 단백질의 결합을 끊고 활성화한다.

키포인트 대사분석조절(MCA)은 경로 내의 각 효소의 전체 경로 흐름 조절에 대한 기여도를 수치화한다. 해당작용의 단계 중 호흡 유동에 가장 영향을 미치는 것은 아래 중간물질들로부터 피드백-조절을 받는 PFK와 피루빈산 인산화효소이다. 피루빈산 탈수소효소복합체는 인산화/탈인산화 및 알로스테릭 피드백(allosteric feedback)에 의해 조절된다. 일부 TCA 회로의 효소들은 NADH와 acetyl-CoA에 의해 저해된다. 전자 전달 속도와 산소 흡수의 속도는 ATP 합성효소의 F_0 양성자 채널의 ADP와 무기인산(P_i)에 대한 민감도에 의해 결정된다. 엽록체의 3탄당 인산 수송체는 광합성의 해당과정 조절의 한 포인트이다. 틸라코이드막에 대한 산화적 손상을 막고, 광호흡 동안 만들어진 글리신을 산화하고 자당 생합성의 전구체와 경쟁함으로써 마이토콘드리아는 광합성에 영향을 준다. 일부 호흡 구성 요소 활성의 산화환원 조절은 티오레독신 매개의 이황화 결합 공유적 변형을 통해 작용한다.

7.7.3 호흡 활성의 조조정은 유전자 발현의 조절을 통해 작용한다

광합성 및 호흡 대사 사이의 상호작용을 통해 효과가 나타나는 것처럼, 광은 마이토콘드리아 단백질 중 특정 전자 전달계 구성요소의 광수용체-매개성 **전사 조절(transcriptional control)**에 의해서 호흡에 직접적으로 영향을 준다(표 7.2). 대부분의 TCA 회로 효소들은 광에 의해 조절되지 않지만 애기장대에 존재하는 2종류의 말산 탈수소효소들은 광에 의해 유도되었다. 이것들 중 하나의 경우, 광의 효과는 적색광과 근적외선광에 민감하고, 이는 **파이토크롬(phytochrome)**이 관련되어 있음을 나타낸다(8장 참고). 광은 또한 탄소가 TCA 회로에 들어가는 과정에서 세 가

표 7.2 광과 당에 의해 조절되는 마이토콘드리아 단백질 유전자

과정	단백질	광 [a,b] 유도/억제	당 유도/억제[b]
TCA 회로	피루빈산 탈수소효소 E1 소단위	w	sucrose(자당)
	구연산 합성효소-4[c]	W	SUCROSE(자당)
	구연산 합성효소 -3[c]	fr	sucrose(자당)
	어코니타아제-2	fr	SUCROSE(자당)
	말산 탈수소효소-2[c]	FR, R	SUCROSE(자당)
	말산 탈수소효소-5[c]	W	SUCROSE(자당), GLUCOSE(포도당)
호흡계/산화적 인산화	대체 산화효소	R	SUCROSE(자당), GLUCOSE(포도당)
	로테논-둔감성 NAD(P)H 탈수소효소	B, FR, R	
	사이토크롬 c	B, FR, R	GLUCOSE(포도당)
	ADP/ATP 수송 단백질	r	sucrose(자당)
	호흡사슬 복합체 조립 단백질 (Respiratory chain complex assembly protein)	FR	

[a] 광의 종류에 따라 영향을 받는 유전자의 발현은 B/b:청색광; FR/fr:원적외선; R/r:적색광; W/w:백색광으로 표시하였다.
[b] 유전자의 발현이 증가한 것은 대문자로, 감소한 것은 소문자로 표시하였다.
[c] 구연산 합성효소-3과 -4는 각각 다른 유전자에 의해 암호화된 마이토콘드리아로 위치하는 효소이다. 말산 탈수소효소-2와 -5도 마찬가지이다.

지 효소의 단계에 영향을 준다: 피루빈산 탈수소효소, 구연산 합성효소, 아코니테이즈(표 7.2). 마이토콘드리아 호흡계의 구성요소를 암호화하는 유전자의 약 10%는 광에 의해 발현 변화를 보인다. 이들 유전자에는 사이토크롬 c (청색광은 물론 적색광과 근적생광에도 민감성을 보인다)를 비롯하여 ADP/ATP 수송 단백질과 호흡 복합체의 조립에 필요한 단백질이 포함된다(표 7.2). 로테논 무반응 (rotenone-insensitive) NAD(P)H 탈수소효소(그림 7.17)를 암호화하는 유전자의 전사는 매우 광 의존적이며, 파이토크롬과 청색광 수용체인 **크립토크롬(cryptochrome)**에 의해 매개된다. 광조건 아래에서 자란 잎에서 추출된 마이토콘드리아의 대체 산화효소의 능력은 암 조건에서 자란 조직의 소기관들에서 보다 높다. 광합성을 활성화시키는 빛과 낮은 강도의 적색광 모두에서 유도된 결과를 보였다(표 7.2). 이를 통해 비양성자 펌핑인 특정 대체 호흡계는 광 조건에서 활성화되는 것으로 여겨진다. 이는 광호흡 동안 글리신 탈카르복실효소에 의한 많은 양의 NADH 생산과 연관 있을 것으로 보인다(9장 참고). 그림 7.27에서는 호흡 관련 유전자들의 광반응을 녹색 조직(green tissue)과 황백화 조직의 광합성 및 광형태형성 경로와 비교하여 설명하고 있다. 위 모식도는 호흡 활성의 일간 리듬의 기저를 이루는 광수용체와 생체시계(8장 참고) 간의 상호작용에 대해서 설명하고 있다.

수용성 자당은 호흡에 이용되는 기본적인 대사 원료이다. 자당은 특정 신호 경로에 의해 감지되기도 하며, 유전자 발현에 큰 영향을 주는 데 이용되기도 하고, 탄소 대사뿐만 아니라 다양한 종류의 발달 경로 및 환경 반응에도 이용된다. 자당과 자당의 가수분해로 인한 육탄당 산물(포도당과 프룩토스)은 호흡 관련 효소들을 암호화하는 유전자의 전사를 유도하거나 억제하는 영향을 준다(표 7.2). 식물의 세포들은 자당과 포도당, 프룩토스에 대한 개별적인 센서를 갖고 이 시스템에 의해 감지된 자당:육탄당 비율 변화

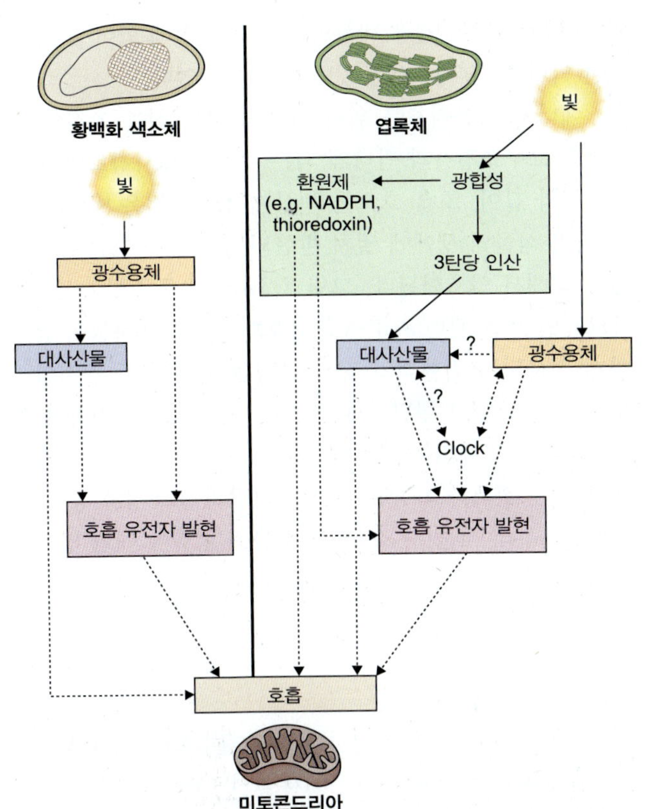

그림 7.27 광합성적 광수용체-매개에 의한 호흡의 조절과 호흡관련 효소를 암호화하는 유전자 발현의 조절. 대사산물, 환원제와 전사는 연화 조직이나 광합성 조직에서 백색광, 적색광, 원-적색광 혹은 청색광에 의해 조절된다.

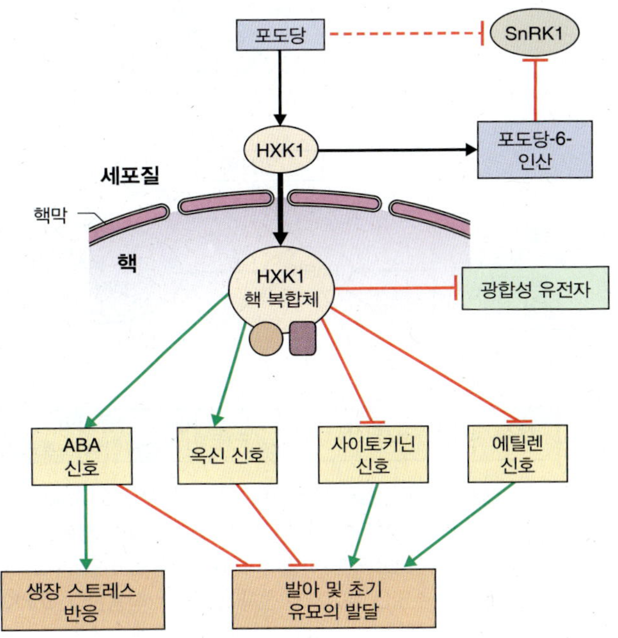

그림 7.28 육탄당 인산화효소(HXK)는 당 센서의 역할을 하고, 포도당의 인산화에서 효소로 작용한다. 애기장대 *HXK1* 유전자에 의해 암호화된 단백질에 의해 조절되는 조절 네트워크와 SnRK1에 의해 매개되는 신호전달 경로(그림 7.29)와의 상호작용을 설명하는 그림이다. HXK1은 다른 단백질과 함께 고분자량 복합체의 형태로 핵 안에 존재한다. 상위 조절은 화살표로 표시되었고, 하부조절은 Bar-ended 선으로 표시하였다. ABA, 아브시스산.

는 전달 경로의 변화를 야기한다. 당-감지 시스템은 성장을 증가시키기도 감소시키기도 한다. 성장을 증가시키는 경로의 예로서 해당작용의 첫 단계를 촉진하는 효소인 **육탄당 인산화효소(hexokinase, HXK)**가 중심이 되는 세포내부 조절 경로와 성장을 저해하는 경로의 예로서 **SnRK1(Snf1-Related Kinase1)**이라고 불리는 단백질 인산화효소 중심의 세포내부 조절 경로가 설명되어 있다. 이 두 경로는 각각의 자당 대사에 대한 민감도를 통해 서로 상호작용한다(그림 7.28).

애기장대의 HXK1, 벼의 HXK5, HXK6 유전자에 의해 암호화되는 효소들은 포도당 센서의 기능을 한다. HXK의 포도당 감지 특성은 마이토콘드리아에 주로 있으며, 포도당이 포도당-6-인산으로 변환되는 당 분해 역할과는 독립적으로 작용한다. HXK의 일부분은 고분자량 복합체의 형태로 핵에 존재하고 광합성 유전자의 발현을 억제하는 한편, 식물 호르몬 신호 경로에서 기능하는 전사 인자의 프로테아좀 매개 분해를 촉진한다(그림 7.28). 애기장대 *hxk1* 돌연변이체는 포도당-불감성이며 측근과 뿌리의 성장이 저해되고, 개화와 노화가 지연되고, 옥신과 사이토키닌에 대한 감수성이 없어져 있다. 이러한 결과로 HXK가 식물의 성장과 생식 모두에서 중요하다는 것을 알 수 있다.

SnRK1은 Snf1의 식물 상동 유전자로 효모에서 발효가 호기성 대사로 전환되는 데 주요한 조절자 중 하나이다. SnRK1은 발달과 환경에 대한 반응에 광범위하게 영향을 주며, 번역-후 억제와 전사 활성의 역할을 하는 단백질 인산화효소이다(그림 7.29). 이 효소는 세포 내에 자당이 높은 농도로 있거나 포도당의 농도가 낮은 농도로 있을 때 그리고 암조건 및 영양 실조와 같은 조건에 의해 활성화된다. SnRK1은 질산환원효소 및 자당인산 합성효소 등과 같이 대사 작용에 중요한 일부 효소를 인산화하여 그 활성을 억제한다. 활성화된 SnRK1은 자당 합성효소와 α-아밀라아제와 같은 탄소 유동 관련 효소를 암호화하는 유전자의 전사를 자극한다. 식물체에서 SnRK1의 발현은 비정상적인 화분, 발달이 덜 된 뿌리, 미성숙 노화와 같은 비정상적인 발달에 의해 억제됨이 실험을 통해 밝혀졌다. 염분 스트레스에 대한 높은 민감도와 병원균의 공격에 대한 민감성이 SnRK1 결핍 식물체에서 관찰되었다. 이러한 실험 결

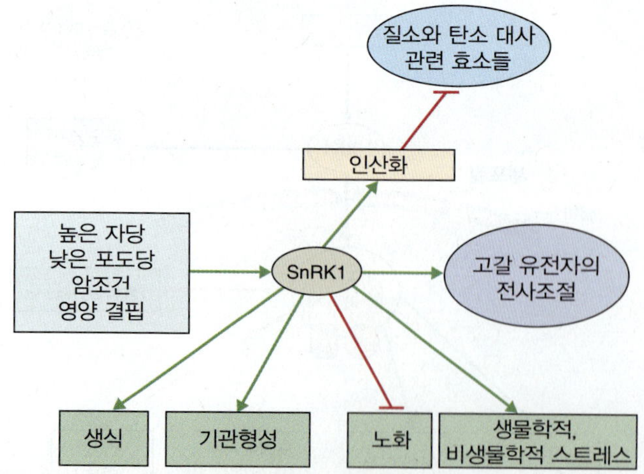

그림 7.29 대사와 발달, 스트레스 반응의 조절에 관련된 SnRK1 기능. 활성화된 SnRK1은 일부 중요한 대사 효소를 인산화시킴으로써 비활성화시키고, 당 합성효소와 α-아밀라아제와 같은 효소를 암호화하는 유전자를 비롯한 수많은 유전자의 전사 활성자로 작용한다. SnRK1은 식물의 생장 및 생식 발달 그리고 스트레스 반응에 필수적인 신호전달 체계를 자극시키고 노화를 지연시킨다.

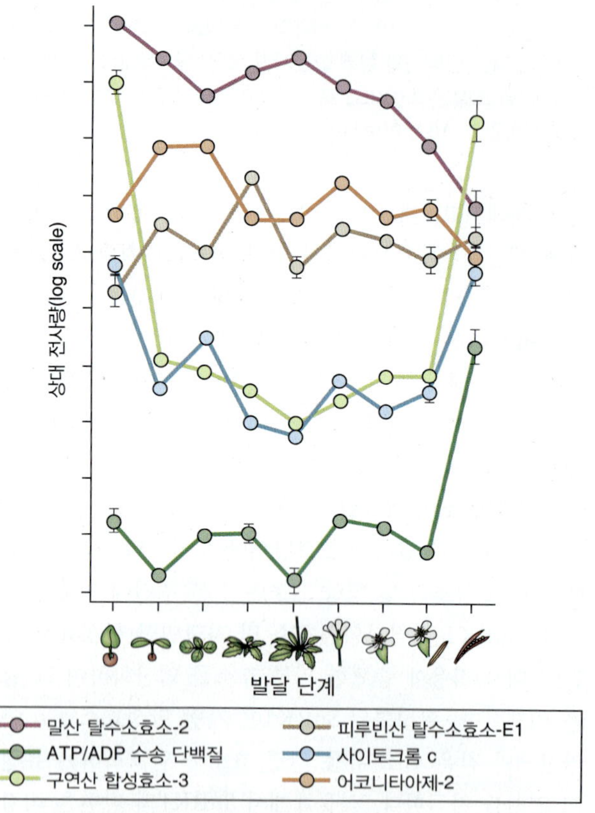

그림 7.30 애기장대의 다양한 생애 주기별 마이토콘드리아의 호흡 관련 효소들을 암호화하는 유전자들의 발현. 표 7.2에 기초하여 효소들을 선택하였다. 유전자미세배열(Microarray) 실험을 통해 전사의 풍부함이 계산되었고 Genevestigator meta-analysis 도구를 사용하여 표시하였다(http://www.genevestigator.com/).

과들이 SnRK1가 전체 대사와 발달의 조절에 있어 매우 중요한 역할을 한다는 것을 뒷받침해 주고 있다.

에너지와 환원제를 위한 사실상 모든 식물 조직의 근본적인 요구조건들과 만나게 되는 주요한 대사경로의 성분들에서와 같이, 호흡 효소들은 상대적으로 적은 발달 편차를 가진 식물의 생애에 걸쳐 발현되는 경향을 가진 유전자들에 의해서 암호화된다. 그림 7.30은 표 7.2에서 선택된 대표적인 호흡 관련 효소들을 암호화하는 유전자들이 풍부하게 전사되는 전형적인 전사 유형을 보여준다. 전사활성의 조절은 환경과 발달 신호에 대한 반응으로 유전자가 활성화되거나 억제되는 결과인 기질 흐름 수준에서의 미세조정과 낮은 진폭과 확장된 시간 프레임의 조조정을 통한 피드백으로부터 식물대사 조절의 계층적 성질에 대한 명확한 설명이다.

키포인트 광은 직접적으로 피루빈산 탈수소효소, TCA 회로 구성요소, 사이토크롬 c, ADP/ATP 수송 단백질, 우회 NAD(P)H 탈수소효소 및 대체 산화효소와 같은 일부 호흡 관련 유전자에 영향을 준다. 많은 경우에, 내생의 생체시계와 함께 작용하는 파이토크롬 수용체와 크립토크롬의 관련성에 대한 증거가 있다. 자당은 유전자 발현의 강력한 조절자이다. 그리고 당 분해작용에서 자당 센서인 육탄당 인산화효소는 광합성 유전자의 발현을 억제하고, 호르몬 신호 경로를 조절하는 곳인 핵 안에서 다중 성분 복합체(multicomponent complex)를 형성하는 기능을 갖는다. SnRK1는 또 다른 자당-감지 조절자이다. SnRK1는 탄소, 영양분, 광의 제한과 같은 조건에 반응하여 활성화되는 인산화효소이고, 인산화를 통해 일부 중요한 효소들을 억제한다. SnRK1는 탄소 유동을 전사적으로 활성화시키고, 정상적인 발달과 스트레스 내성에 반드시 필요하다. 호흡 관련 효소를 암호화하는 유전자 발현은 상대적으로 발달과정 중 그 편차가 적게 나타난다.

Part III
출현

Chapter 8
빛의 인식과 신호전달

8.1 빛과 생활사에 대한 서론

빛은 지구 상의 생명체 대부분의 궁극적 에너지원이다. 식물 및 기타 광자가영양체(photoautotroph)들은 광합성 과정을 통해 빛 에너지를 포획한다(9장 참고). 그러나 빛은 에너지를 요구하는 대사 활성 동력원 이상의 의미를 갖는다: 빛은 빛의 질(다른 파장의 광자들 간의 균형) 및 세기(에너지 유동), 다른 환경적 요소와의 상호작용을 통해 환경 상태를 보여준다.

식물은 태양광에 대해 계절마다, 매일마다, 순간마다 세밀하게 반응한다. 빛은 성장과 발달과정에 극적인 효과를 갖는다. 유묘(seedling)가 발아 후 지하로부터 성장해 올라올 때, 줄기 부분은 급격히 성장하나 엽록소 부족으로 인해 옅은 색을 띠는 자엽(cotyledon) 그리고 (혹은) 잎은 팽창하지 않는다. 쌍자엽 유묘에서, 줄기 정단 부위의 구부러짐은 정단면을 아래로 향하게 한다. 곡류 및 초본류에서 자엽초(coleoptile)는 줄기의 끝과 어린 잎을 감싼다. 암소(dark)에서 자라는 유묘는 **황백화(etiolated)**되는데, 이와 같은 성장을 **암형태형성(skotomorphogenesis**, *skoto*=암)이라 불린다. 빛의 존재 시에 **광형태형성(photomorphogenesis)**이 개시된다. 광형태형성은 빛의 양, 빛의 질(예를 들어, 파장의 종류), 빛의 방향, **광주기(photoperiod)**라 불리는 낮과 밤의 상대적 길이 등의 빛과 관련된 정보에 대한, 발달 과정 동안의 개체 반응으로 정의된다. 빛 노출시, 줄기 생장 속도는 감소하고, 자엽 그리고(혹은) 잎은 팽창하며, 녹화된다. 또한 빛에 의해 쌍자엽의 정단 후크(hook) 부위는 펴지며, 초본류의 자엽초 성장은 지연되고 팽창하는 잎이 자엽초의 끝을 찌를 때 성장이 중단된다(그림 8.1).

빛에 반응하기 위해서, 개체는 빛 흡수 분자인 **광수용체(photoreceptor)**를 소유하여야 하고, 빛에 대한 생물학적 반응을 위해 요구되는 일련의 과정들을 구축하여야 한다. 8장에서는, 빛의 일반적 특성을 살펴보고, 식물이 빛을 인지하는 방법과 빛의 인지가 생물학적 반응으로 연계되는 기작을 논의하게 될 것이다.

8.1.1 가시광선은 전자기적 스펙트럼의 일부이다

태양은 지구 상 모든 비핵화 에너지의 궁극적 원천이다. **태양 에너지(solar energy)**는 양성자를 헬륨 핵으로 변환시키는 핵융합 반응의 산물인데, 해당 에너지는 초당 트리니트로톨루엔(TNT) 폭탄 약 10^{17} kg을 통해 발생될 수 있는 에너지와 맞먹는다. 지구의 대기, 해양, 대륙에 의해 흡수되는 연간 태양 에너지의 양은 약 5.62×10^{24} 주울(joules)에 해당하는데, 이 중 광합성 과정을 통해 포획되는 에너지는 약 3.16×10^{21} joules에 달한다(표 8.1).

가시광선은 감마선, 엑스선으로부터 전파(radiowave)까지 이르는 전체 전자기 스펙트럼 중 극히 일부에 불과하다(그림 8.2). 빛은 파장과 입자의 성질을 동시에 지니

The Molecular Life of Plants, First Edition. Russell Jones, Helen Ougham, Howard Thomas and Susan Waaland.

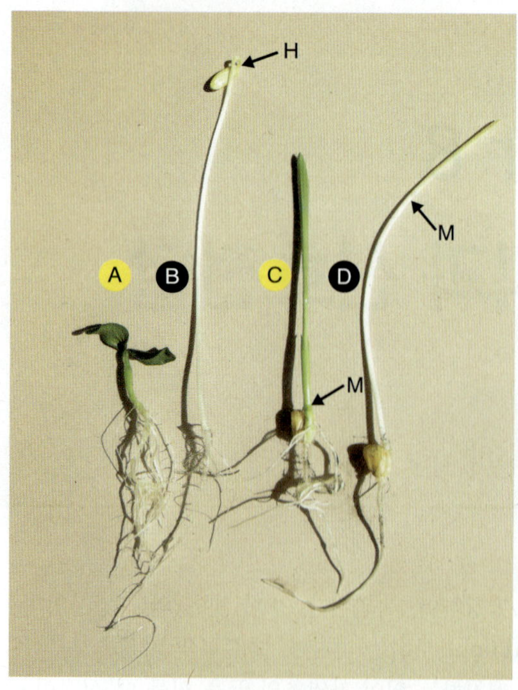

그림 8.1 명조건(A, C) 또는 암조건(B, D)에서 1주일 간 자란 오이(A, B)와 옥수수(C, D)의 유묘. H, 정단 후크(hook); M, 자엽초의 중배축

표 8.1 지구에 도달하는 태양 에너지의 운명

지구 태양 에너지의 균형	단위 : terawatts[a]
유입되는 태양 에너지의 양[b]	178,000
즉시 반사되는 양	53,000
흡수되어 열로 방출되는 양	82,000
수분 증발(날씨)	40,000
광합성에 의해 포획되는 양[c] (일차 생산량)	100
인간에 의해 사용되는 전체 에너지	
2005년의 사용량	13
2100년의 예상사용량	46
식량으로서 사용되는 양	0.6

[a] **watt**는 **joule**과 연관되는 **에너지** 단위이다. Watt=단위 시간당 joules. Terawatt는 10^{12} watts 및 10^{12} joules s^{-1}과 동일하다.
[b] 연간 유입되는 전체 태양 에너지량 = 5.62 x 10^{12} terawatts (5.62 x 10^{24} joules).
[c] 연간 광합성 생물에 의해 포획되는 전체 태양 에너지량 = 3.16 x 10^{9} terawatts (3.16 x 10^{21} joules).

고 있다. 간단히 말해, 빛은 파동을 통해 움직이는 에너지 혹은 **양자**(**quantum**)의 개별적인 패킷(packet)으로 생각된다. 빛 에너지 양자를 **광자**(**photon**)라고 부른다. 가시광선 영역의 **파장**(**wavelength**, λ)은 보통 나노미터(nm)로 표시된다. 무지개색으로 보여지는 **가시광선 스펙트럼**(**visible spectrum**)은 약 380 nm(보라)에서 760 nm(근적외)에 해당된다. 식 8.1은 파장(미터 단위), **진동수**(**frequency**, υ, 단위 = s^{-1}), **빛의 속도**(**speed**, c, 단위 = m s^{-1}) 간의 관계를 보여준다.

식 8.1 파장, 빈도수, 빛의 속도 간의 관계

$$c = \upsilon\lambda$$

식 8.2에서 보여지듯이, 양자 에너지는 진동수와 직접적으로 관련되며 파장과 반비례 관계에 있다. 비례상수 **h**는 플랑크 상수라고 불리며, 양자를 나타내는 E는 **electron-volts**(eV)의 단위로 표기된다: 1 eV는 1.6 × 10^{-19}에 해당된다. **hυ**는 광자를 표기하기 위해 사용된다.

식 8.2 전자기적 광선의 파장 혹은 빈도수와 에너지 간의 관계

$$E = hc/\lambda = h\upsilon$$

C는 빛의 속도(300 x 10^{6} m s^{-1}), h는 플랑크 상수(4.14 x 10^{-15} eV·s)를 나타냄. 주어진 빛 파장의 에너지(공통적으로 nm 단위로 표기됨)는 다음과 같다:

$$E = 1240/\lambda_{nm}$$

감마선과 엑스선은 전자기 스펙트럼의 단파장쪽 끝에 위치하며 높은 에너지를 가지고 있다($E>10^{5}$ eV). 이에 반해, 전파는 긴 파장을 가지고 있으며 상대적으로 낮은 에너지를 가지고 있다(<10^{-6} eV). 단파장(파랑-보라) 가시광선의 광자 에너지는 장파장(빨강)의 그것보다 높다—약 3.3 eV와 1.6 eV. 자외선(UV)은 일반적으로 UVA(파장범위 400-320 nm, 광자 에너지 3.1-3.94 eV), UVB(파장범위 320-280 nm, 광자 에너지 3.94-4.43 eV, UVC(파장범위 280-100 nm, 광자 에너지 4.43-12.4 eV)로 나뉜다.

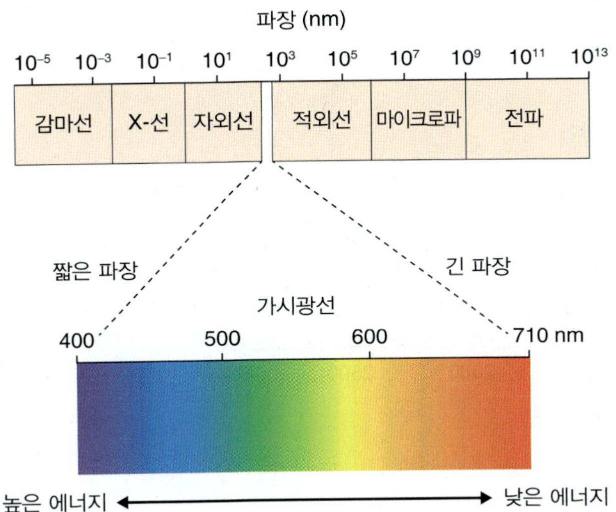

그림 8.2 가시광선 파장의 색깔을 보여주는 400 nm부터 710 nm까지의 전자기 스펙트럼. 인간은 이 범위를 초과하여 380 nm부터 760 nm까지 인식할 수 있다.

8.1.2 빛은 광자 물리학 원리에 부합되어 물질과 반응한다

생명체와 빛 간의 상호반응은 광자 물리학 원리에 의해 규명될 수 있다. 원자와 충돌하는 광자는 그 에너지를 전자로 넘겨 주는데, 이에 따른 전자와 광자의 운명은 광자의 에너지 수준과 원자의 성질에 따라 결정된다. 감마선, 엑스선과 같은 단파장 광자는 전자가 원자로부터 벗어나기에 충분한 에너지를 제공한다. 전자기 스펙트럼의 단파장 부분은 이러한 이유 때문에 종종 **전리방사선(ionizing radiation)**의 근원으로 일컬어진다. 지구 표면에 이르는 태양 에너지 중 생명체에게 해로운 전리방사선(295 nm 이하의 파장)을 대기가 걸러줌으로써 지구 생명체들의 삶이 가능해진다(그림 8.3). 그럼에도 불구하고, 지구에 도달하는 특정 단파장 광자(주로 UVB)로 인해 생명체는 항산화 방어, 수선 기작, 자외선 방지 시스템을 장착할 필요성을 갖게 된다(15장에서 상세히 기술함).

전자기장 스펙트럼의 가시광선 영역내 광자와 상호작용하는 분자를 **색소(pigment)**라 부른다. 색소는 가시광선 파장 범위의 특정 부위를 선택적으로 흡수하기 때문에 사람의 눈에 의해 구별되는 색을 띤다. 가시광선 파장의 빛이 색소 분자에 도달하였을 때, 해당 빛은 이온화를 유발하기에 충분한 에너지를 보유하고 있지 않다. 대신에 해당 빛은 전자를 원자 내에서 보다 높은 에너지 레벨로 이동시킨다(그림 8.4). 색소의 원자가 비흥분(바닥) 상태(E_g)와 흥분 상태(E_e) 간의 에너지 차이와 일치하는 에너지를 가진 광자를 흡수하였을 때, 전자들 중 하나가 저에너지로부터 고에너지의 분자 오비탈(orbital)로 이동한다(식 8.3).

식 8.3 흡수된 광자 에너지와 바닥 상태, 들뜬 상태 간의 관계

$$E_e - E_g = hc/\lambda$$

색소가 E_e, E_g 형태를 띠는 다수의 다양한 원자 및 전자로 구성되어 있기 때문에, 각 색소는 광범위한 파장의 빛을 흡수하게 될 것이다(예를 들어, 엽록소의 경우 청색 파장과 적색 스펙트럼 지역)(그림 8.4). 이때, 엑시톤(**exciton**)이라 불리기도 하는, 에너지를 가진 전자들은 여러가지 가능한 운명들 중 하나를 택하게 된다. 그림 8.4에서 보듯이, 어떤 경우 빛(**형광, fluorescence**)과 (혹은) 열(**적외선** 에너지, **infra-red** energy)로서 에너지를 재방출한 후, 원래의 에너지 수준으로 재빨리 되돌아올 수도 있고, 어떤 경우 에너지 배출을 통해 저에너지 수준(푸른빛, 인광)으로 되돌아가기 전까지 상대적으로 긴시간 동안 높은 에너지 상태를 지속할 수도 있다. 또 어떤 경우 에너지는 색소로부터 다른 분자로 전달될 수도 있는데, 이때 색소로부터의 전자 전달을 통해 공여 색소는 양전화되고 수여 분자는 음전화된다(**전하분리, charge separation**이라 불리는 광합성의 중요 개념, 9장 참고). 적외선 및 기타 장파장 광자가 가진 에너지 수준은 전자를 들뜬 상태로 만들기에는 충분치 않다. 그러나 다수의 색소분자들에 의한 해당 광자의 흡수는 연계 과정을 통해 **진동** 에너지(vibrational energy)로 변환될 수 있다. 이산화탄소, 메탄 등의 '**온실 가스(greenhouse gases)**'에 의한 적외선 흡수는 대기의 열을 붙잡는 결과를 초래하여, 지구 온난화 및 **기후 변화(climate change)**의 주 원인이 되는 문제점을 발생시킨다. 시스템의 고엔트로피 수준과 엑시톤이 저에너지 상태로 변환될 때 재방출되는 광자의 파장 증가(에너지 감소)를 통해 알 수 있듯, 모든 경우에, 광자로부터 원자로의 에너지 전달은 열역학법칙에 엄격하게 종속된다(그림 8.4).

만약 생체 내(*in vivo*) 색소 분자들이, 에너지 대사를 위해 자신이 사용할 수 있는 범위를 초과하는 에너지를 흡수하였을 경우, **광민감화(photosensitization)**를 통해 해당 색소가 생체 내 다른 분자의 변형을 초래할 수 있다. 광민감화 과정은 해롭고 과도한 빛에 의해 발생되는 세포의 구

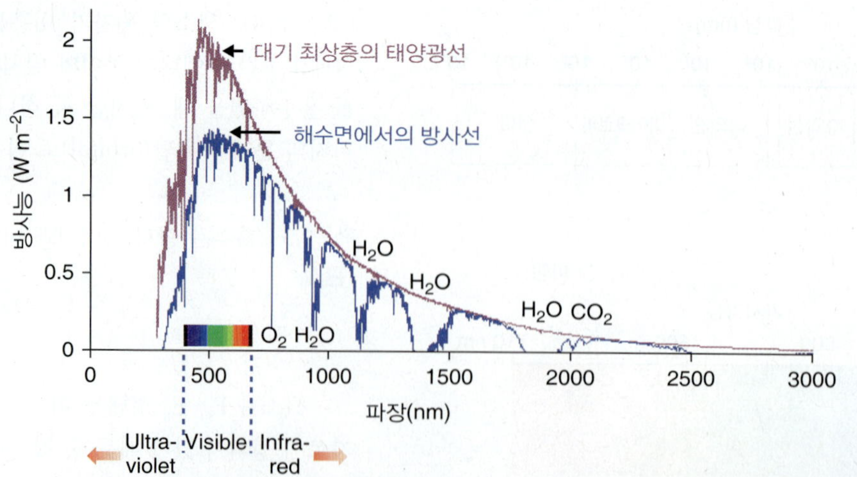

그림 8.3 지구에 도달하는 태양 에너지의 스펙트럼. 빨간색 선과 파란색 선은 대기에 의해 걸러지기 전후의 태양 에너지 스펙트럼을 각각 나타낸다. 가시광선 스펙트럼과 자외선, 적외선 영역, 그리고 대기 중의 O_2, H_2O, CO_2에 의해 흡수되는 방사선 밴드를 확인할 수 있다.

조 및 기능 손상에 대해 생체가 방어과정을 확립하도록 만드는데, 특히 이 과정은 주에너지원이 빛인 식물에게 매우 중요하다. 9장에서는 광민감화의 해로움을 최소화하기 위해 광합성 과정이 어떻게 조직되어 있는지를 기술하며, 15장에서는 과도한 빛으로부터 생성되는 해로운 화학적 산물에 대한 방어 과정을 기술한다.

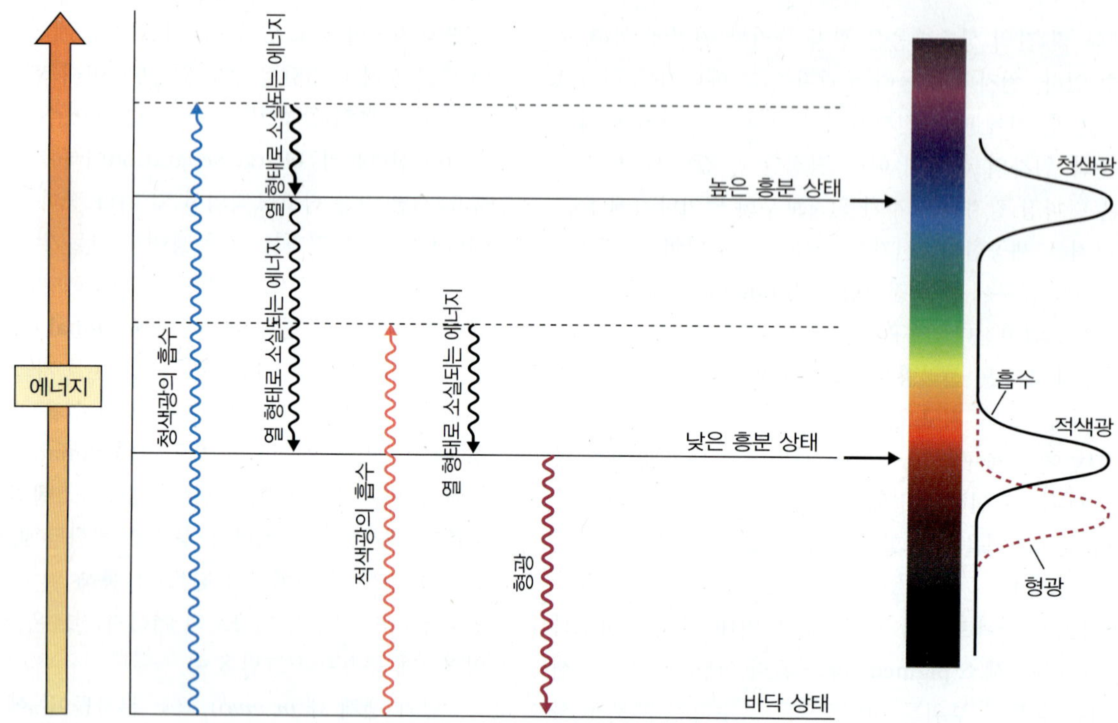

그림 8.4 빛과 상호작용하는 색소 분자 내 에너지 수준. 색소 분자의 예로는 청색과 적색 스펙트럼 영역의 빛을 흡수하는 엽록소가 있다. 들뜬 상태 간에 일어나는 전이과정 동안, 열역학 제2법칙에 따라 에너지는 열로 소실된다. 가장 낮은 들뜬 상태로부터 바닥 상태로 전이될 때, 에너지는 형광형태로 방출된다. 형광형태로 방출되는 광자의 최대 파장은 색소 분자에 의해 흡수되어진 광자의 최대 파장보다 길다(즉, 보다 작은 에너지이다). 그림의 오른쪽은 흡수 및 형광 스펙트럼을 나타낸다. 단파장 흡수 밴드는 더 높은 에너지 상태로의 전이, 장파장 흡수 밴드는 더 낮은 에너지 상태로의 전이를 나타낸다.

키포인트 태양광은 광합성을 야기하며 식물의 발달을 조절하는 환경적 신호의 근원이다. 암형태형성은 암조건에서의 발달 과정을 일컬으며, 광형태형성은 빛에 반응하여 일어나는 식물의 발달 과정을 일컫는다. 광형태형성은 광수용체들에 의해 매개된다. 전자기 스펙트럼 중 극히 일부인 가시광선은 380 nm(보라)으로부터 760 nm(근적외)까지의 영역에 해당된다. 광자(빛의 양자) 에너지는 파장과 반비례 관계에 있다. 광자는 원자와 반응하여 빛 에너지를 전자로 전달하며, 그 결과 전자는 바닥 상태로부터 들뜬 상태로 전이된다. 295 nm 이하 파장의 고에너지를 가진 광자는 원자의 이온화를 유발한다. 광수용체의 색소들은 가시광선 영역의 빛을 흡수한다. 색소 원자 내 에너지를 흡수한 전자는 바닥 상태로 변환되는 동안 빛 에너지(형광) 및/혹은 열(적외선 에너지)을 배출하거나 수용체 분자로 에너지를 전달한다(전하분리). 전하분리 과정은 광합성을 위한 에너지를 제공한다. 적외선 및 장파장의 빛에너지는 바닥 상태의 전자를 들뜬 상태로 전환시키기에는 너무 낮은 에너지를 보유하고 있지만, 분자 간 연계를 통한 방식으로 진동에너지를 증가시킬 수 있다. 이러한 방법으로, 이산화탄소와 같은 온실가스는 적외선을 흡수하며, 그 결과 전 세계 기후의 변화를 야기할 수 있다.

8.1.3 광생물학은 빛과 생명체 간의 상호작용을 연구하는 학문이다

빛과 생명 간의 상호작용을 연구하는 학문을 **광생물학**(photobiology)이라 부른다. 빛을 흡수하는 **광수용체**(photoreceptor) 분자는 생명체가 환경적 리듬과 변동을 관찰하고 이에 적응할 수 있도록 한다. 인간 및 기타 동물 등에서, 로돕신은 시각을 위한 대표적인 광수용체이다. 식물은 다수의 상이한 광수용체들을 보유하고 있는데, 이러한 광수용체에는 광합성 색소들(8.4절과 9장 참고), 파이토크롬(8.2절 참고), 크립토크롬 및 포토트로핀(8.3절 참고) 등이 있다. 각 광수용체는 특징적인 **흡수 스펙트럼**(absorption spectrum)을 가지고 있다. 광수용체에 의해 흡수되는 빛 파장은 특정 반응을 활성화하는데, 각 파장이 특정 생리 반응을 얼마나 강하게 유발하는지 플롯화한 것을 **작용 스펙트럼**(action spectrum)이라 한다. 광반응에 대한 작용 스펙트럼을 측정하는 것은, 해당 반응에 관련된 광수용체를 규명하는 데 유용하다. 작용 스펙트럼의 예는 8.2.3절에서 기술되어질 것이다.

그림 8.5에 도식화된 바와 같이, 영양 및 생식 생장과 발달의 많은 양상은 빛 환경과 조화를 이룬다. 예를 들어, 빛에 민감한 씨앗들은 토양이 파헤쳐져서 빛에 노출될 때까지 땅속에서 휴면을 유지한다(17장). 다수의 식물종들은

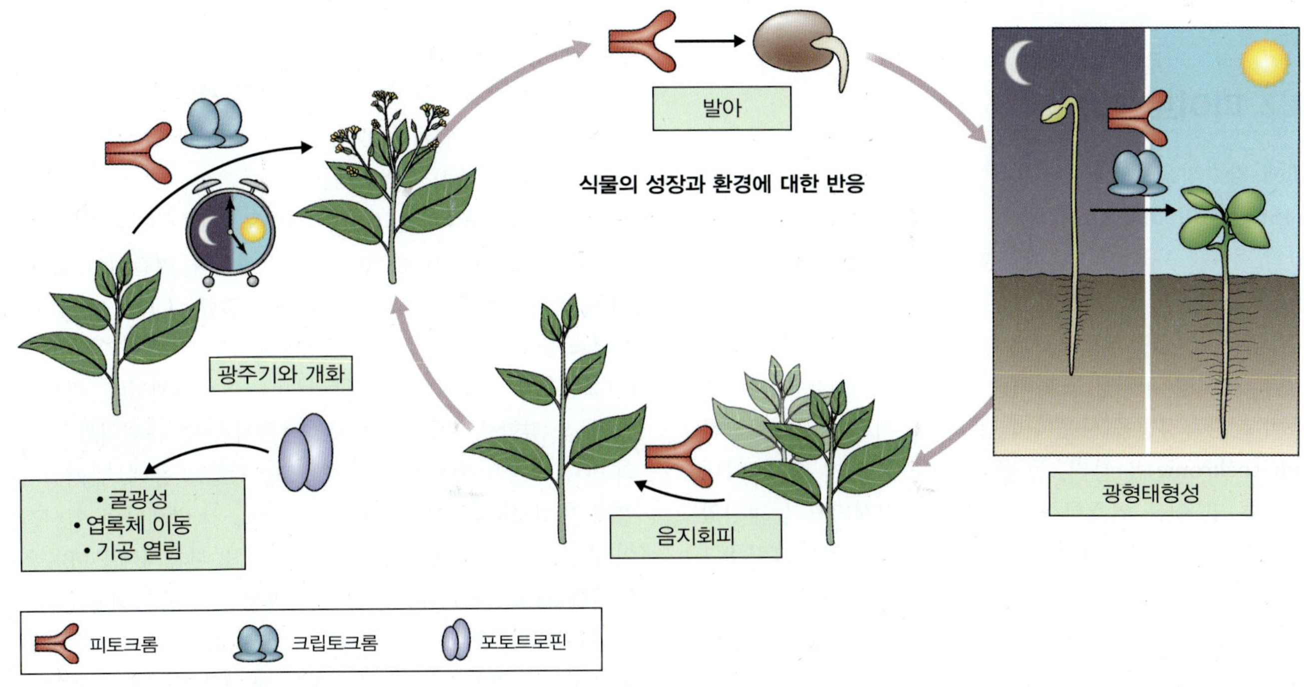

그림 8.5 빛에 의해 조절되는 식물의 발달은 적색광과 청색광 수용체에 의해 이루어진다. 시계 기호는 일주기 조절을 나타낸다.

꽃 유도를 위한 특정한 낮의 길이가 충족되지 않는다면 영양상태에서 생식상태로 전환되지 않는다. 싹의 휴면 및 잎의 탈리와 같이, 계절의 변화에 의해 발생하는 현상도 일년 주기 동안 이루어지는 빛조건의 변화에 의해 결정된다. 또한, 식물은 빛의 방향에 따라 반응한다. Charles Darwin과 그의 아들인 Francis는 식물의 성장이 빛의 근원을 향하거나 그로부터 멀어지는 현상인 **굴광성(phototropism)**에 대한 초기 과학적 설명에 기여했다(tropism = 방향성을 보이는 성장). 다음 절에서 우리는 주요 광수용체들을 공부하고, 광수용체에 의한 빛의 흡수가 어떠한 방식으로 생물학적 반응을 이끌어 내는지에 대한 사례들을 살펴볼 것이다.

키포인트 광생물학은 빛에 대한 생명체의 반응을 연구하는 학문이다. 식물의 주요 광수용체는 엽록소와 다른 광합성 색소인 파이토크롬, 크립토크롬, 포토트로핀 등이다. 각 광수용체는 특정 파장에서 광자와 반응하며, 이에 따라 특징적인 흡수 스펙트럼을 가지고 있다. 각 파장에서의 광형태형성 과정을 측정함으로써 작용 스펙트럼을 산출해 낼 수 있는데, 이는 특정 해당 과정을 매개하는 광수용체의 흡수 스펙트럼과 직접적으로 연관된다. 광수용체들은 성장 주기 동안 빛의 근원을 향하여 성장하거나 혹은 그로부터 멀어지는 현상인 굴광성을 포함하여, 다양한 영양 생장 및 생식 생장의 양상들을 조정한다.

8.2 파이토크롬

빛에 감수성을 보이는 양상추 씨앗의 발아는 적색광(**red light, R**; 약 660 nm의 λ)으로의 노출에 의해 촉진된다. 만약 적색광 자극 이후 근적외광(**far-red light, FR**; 약 730 nm의 λ)으로의 노출이 뒤 따른다면 씨앗은 발아하지 않는다. 반대로, 근적외광의 효과는 적외광에 의해 역전될 수 있다. 이러한 적외광/근적외광의 광가역적 성질은 과학자들이 분광측정법을 사용하여 광수용체 색소인 **파이토크롬(phytochrome)**을 분리, 동정하는 것을 가능케 했다. 파이토크롬 및 이를 암호화하는 유전자가 정제되고 동정되었다. 파이토크롬은 탈황백화 및 엽록소 합성 증가(그림 8.1 참고), 개화(그림 8.5 참고), 빛 감수성 씨앗의 발아 유도, 줄기 신장률의 감소, 잎 팽창 촉진, 음지회피, 광주기 현상 등과 같은 발달 과정을 조절한다.

8.2.1 빛은 파이토크롬 발색단의 이성질화를 유발한다

파이토크롬은 광반응 보조그룹인 발색단(chromophore)를 보유한 120 kDa의 주단백질(apoprotein)로 이루어진 **빌리단백질(biliprotein)**이다. 발색단은 직선 사슬의 테트라피롤(tetrapyrrole) 형태로 이루어져 있으며, (3E)-**피토크로모빌린(phytochromobilin)**(3E는 광활성화된 분자의 이성질체 형태를 나타냄) 혹은 PΦB이라 명명된 빌린(bilin)이다. 피토크로모빌린은 헴(heme), 엽록소에서 나타나는 선형 테트라피롤과 구조적으로 연관되어 있으며, 이들과 생합성 기원을 공유하고 있다(8.4절). 4개의 피롤고리는 A, B, C, D로 각각 명명된다(그림 8.6). 피토크로모빌린은 두 가지 배열 형태인 $PΦB_R$와 $PΦB_{FR}$를 가지고 있다. 적색광 흡수 형태인 $PΦB_R$은 660 nm의 파장에서 최대 흡수치를 갖는다. 적색광 노출시 $PΦB_R$는 $PΦB_{FR}$로 전환되며 최대 흡수치는 스펙트럼의 근적외광 지역인 730 nm로 쉬프트(shift)된다. 근적외광하에서, $PΦB_{FR}$는 $PΦB_R$로 되돌아간다. $PΦB_R$ 형태하에서 발색단을 장착한 파이토크롬 빌리단백질은 적색광 흡수 형태이며 P_R이라 하고, $PΦB_R$ 형태하에서 발색단을 장착한 파이토크롬 빌리단백질은 근적외광 흡수 형태로서 P_{FR}이라 한다. P_R 및 P_{FR}과 관련된 빛 흡수의 개요는 그림 8.7A에 나타나 있으며, 둘 사이의 색 차이는 그림 8.7B에 그려져 있다. P_{FR}은 적색 파장을 상당량 흡수하는데, 이런 이유로 인해 적색광하에서 파이토크롬 분자의 최대 85%가 P_{FR}로 구성된다. 반대로, 근적외광하에서 P_R의 비율은 95%에 이를수 있다. 광가역적인 $PΦB_R$-$PΦB_{FR}$ 간의 상호변환은 광형태형성 과정에 있어서 파이토크롬 효과의 화학적 기반이 된다.

발색단의 A 피롤고리는 파이토크롬 주단백질의 폴리펩티드 사슬 내에 존재하는 시스테인과 연결되어 있다. $PΦB_R$에서 C와 D 피롤고리들은 **메탄 결합**(-CH=, **methine bridge**)을 통해 시스(cis) 배열 형태로 서로에게 부착되어 있다(그림 8.6). $PΦB_{FR}$은 트랜스(trans) 이성질체이다. 적색광은 시스 결합을 트랜스 형태로 전환시키며, 근적외광은 이와 반대 과정을 수행한다. 고해상도분광법을 통해, 단백질의 형태 변화로부터 야기된 $PΦB_R$-$PΦB_{FR}$ 간 발색단의 일시적인 **중간** 형태(**lumi-form**)가 밝혀졌다. 빛 부재시에 $PΦB_{FR}$은 **암전환(dark reversion)**라 불리는 과정을 통해 느리게 $PΦB_R$로 변환된다. $PΦB_{FR}$은 광형태형성을 유발하는 형태이다. 파이토크롬 주기를 통해 발생하는 생물학적 반응은 $PΦB_R$-

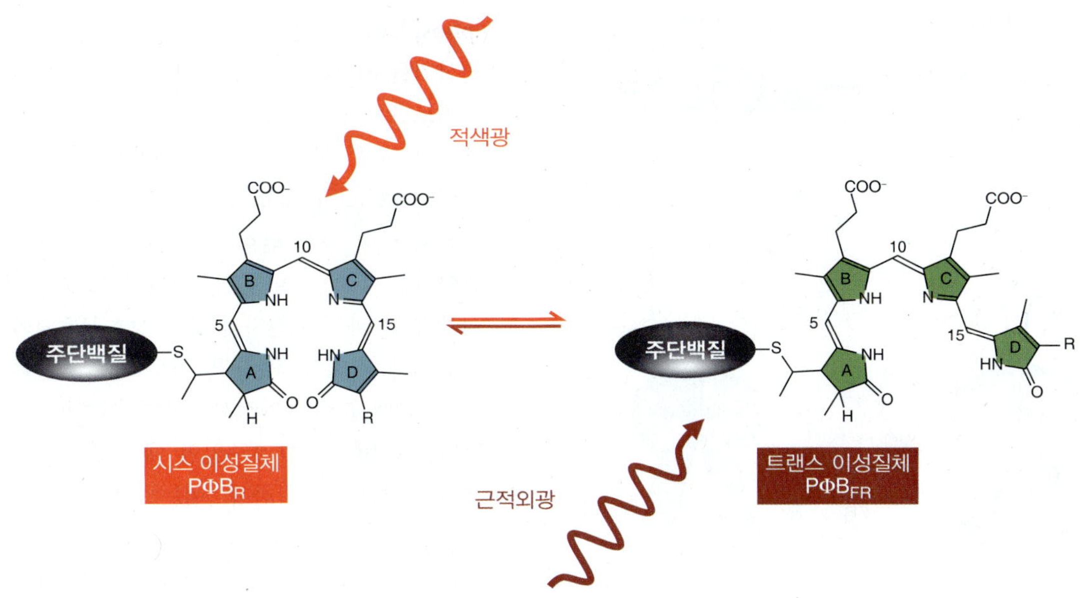

그림 8.6 적색광 또는 근적외광에 노출된 파이토크롬 발색단(PΦB)의 시스-트랜스 이성질체. 15번 탄소 원자와 D-고리 사이의 이중결합에 대한 배열의 차이를 참고하라.

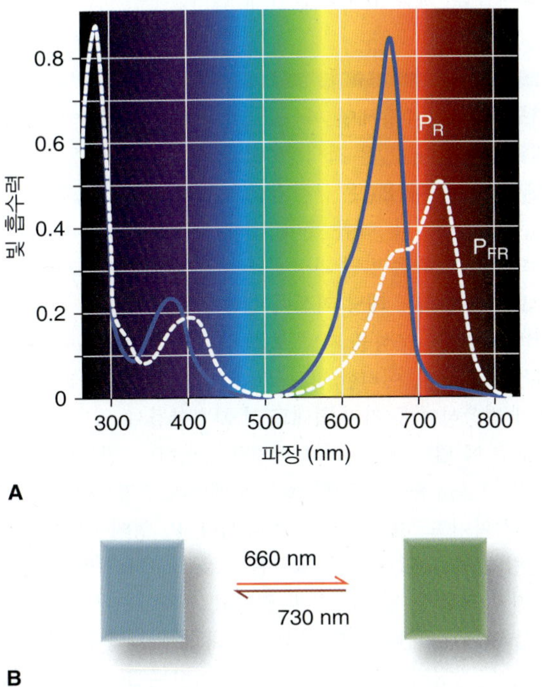

그림 8.7 빛의 인식은 광가역적 수용체 단백질인 파이토크롬에 의해 매개된다. (A) 두 가지 형태의 파이토크롬에 의한 가시광선 범위 내의 파장 흡수. (B) 파이토크롬 발색단의 가역적인 광전환은 수용액 내 광수용체 색깔의 변화를 야기한다.

PΦB$_{FR}$의 비율에 의해 결정되며, 그 비율은 적외광 및 근적외광의 상대적 수준 및 암복귀 비율을 반영한다. 파이토크롬 광주기는 그림 8.8에 요약되어 있다.

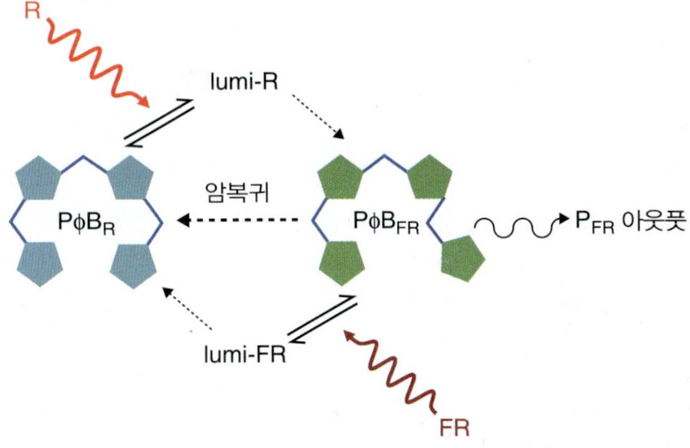

그림 8.8 적색광과 근적외광에 의해 유발되는 파이토크롬의 광주기. Lumi-R과 lumi-FR은 하나의 형태에서 다른 형태로 전환 중인 발색단의 일시적인 중간 형태이다.

8.2.2 파이토크롬 단백질은 복잡한 다중 도메인 구조를 갖는다

종자식물에서부터 균류, 청록색 세균에 이르기까지, 광범위한 식물 및 미생물의 광수용체에 대한 비교 연구를 통해, 파이토크롬 구조 및 작용 양상이 빠르게 이해되어지고 있다. 단백질 서열의 배열 및 X-선 결정 구조에 기반한 3차 구조 모델화 과정을 통해, 파이토크롬 내 기능 모티프(motif), 조절 모티프가 규명되었다(그림 8.9). 파이토크롬 단백질은 N 말단의 **광센서** 지역과 C 말단의 **조절** 도메인, 그리고 그들 사이를 연결하는 **경첩**(**hinge**) 지역으로 이루어져 있다. 광센서 부위는 4개의 도메인으로 이루어져 있다

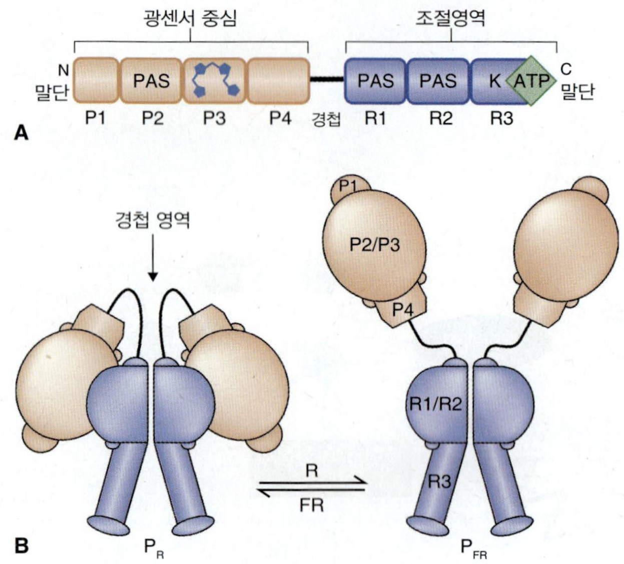

그림 8.9 파이토크롬의 도메인 구조 및 형태. (A) 도메인 배열 형태. 광센서 도메인의 P1-P4 지역, PAS 모티프가 반복되는 조절영역, C 말단의 히스티딘 인산화 모듈이 보여지고 있다. 발색단은 P3에 결합한다. (B) 파이토크롬의 이량화 과정과 P_R 및 P_{FR}의 입체 구조.

(그림 8.9A). N 말단에 위치한 P1과 P4는 P_{FR}의 P_R로의 전환을 암조건에서 저해한다. P2 모티프는 원핵생물에서 진핵생물에 이르기까지 광범위한 생물에서 신호 인식에 관여하는 것으로 알려져 있는 PAS를 가지고 있다. P3는 피토크로모빌린의 결합 부위이다. 파이토크롬의 3차 구조 모델을 통해, 발색단이 P3 도메인의 접힘에 의해 형성되는 포켓 부위에 위치함을 보여준다. 파이토크롬의 조절 부위는 2개의 PAS 타입 도메인과 C 말단의 인산화효소 지역으로 이루어져 있다(그림 8.9A).

세포 내에서 파이토크롬은 **이량체**(**dimer**)로 존재한다(그림 8.9B). 홀로단백질(holoprotein)의 적색광 흡수 형태인 P_R에서, 두 소단위체(subunit)들은 경첩 부위에서 접히고 그 결과 N 말단의 광센서 지역과 C 말단의 조절 부위가 서로 접촉하게 된다. 적색광에 의한 발색단의 광변환(photoconversion)은 N, C 말단 간의 상호작용을 붕괴시키는 결과를 초래하고, 그 결과 근적외광 형태인 P_{FR} 구조의 개방 및 묻혀 있던 부위의 노출을 야기한다. 이러한 변화는 신호 전달 과정시 **파이토크롬 상호작용 인자**(**phytochrome-interacting factor**, PIF)가 해당 부위로 쉽게 접근할 수 있도록 한다. P_{FR}과 파이토크롬 상호작용 인자들 간의 관계는 8.2.4절에 기술되어 있다. 또한 그러한 구조 변화는 R3 도메인의 자가인산화를 통해 노출된 세린 및 트레오닌 잔기의 **빛 의존적인 인산화**(**light-dependent phosphorylation**)를 가능케 한다. P_{FR} 특이적인 **포스파테이즈**(**phosphatase**, 탈인산화효소)는 경첩 부위 아미노산들의 인산기를 제거하는 것으로 알려졌는데, 이러한 탈인산화는 파이토크롬 상호작용 인자들과의 친화력을 증가시키고 단백질 분해에 대한 민감성을 증가시킨다. 피트크롬은 또한 크립토크롬(cryptochrome, 8.3절 참고)을 포함한 다른 광수용체들 및 옥신 신호 전달 과정 단백질들의 인산화에도 관여하는 것으로 알려졌는데(10장 참고), 이는 빛과 기타 식물 발달 과정 조절자들 간의 **상호신호교환**(**cross-talk**)을 촉진시킬 수 있다. P_R과 P_{FR} 간의 구조적 차이는 생체 내에서 두 단백질 간의 안정성 차이를 야기할 수 있다. P_R의 **반감기**(**half-life**)가 약 1주일인 데 반해, P_{FR}의 반감기는 단지 1-2시간에 불과하다. 이는 부분적으로 단백질의 경도(compactness) 차이를 통해 야기된다. 즉 단백질 가수분해효소에 대해 P_{FR}이 더 민감한 구조임을 나타낸다. 앞의 내용들을 통해 알 수 있듯이, 적색광/근적외광 조절, 인산화/탈인산화, 단백질 분해 안정성 차이 등의 다양한 조합이 파이토크롬을 세밀하게 조절하게 된다.

키포인트 광수용체인 파이토크롬은 2종류의 광가역적인 형태로 존재한다. P_R은 적색광(660 nm 근처 파장)을 흡수한 후 P_{FR}로 변환된다. P_{FR}은 근적외광(약 730 nm)에 노출되었을 때 P_R로 되돌아간다. 예를 들어, 빛에 민감한 양상추(lettuce) 씨앗의 발아와 같은 발달 과정에서 적외광/근적외광 가역성은 파이토크롬에 의해 해당 과정이 매개됨을 보여준다. 파이토크롬 단백질은 광반응성을 지닌 보조 그룹인 피토크로모빌린을 보유하고 있는데, 이러한 피토크로모빌린은 적외광 혹은 근적외광에 반응하여 두 가지 형태로 상호 변환될 수 있다. 해당 보조 그룹은 N 말단의 광센서 도메인에 결합하며, 광센서 도메인은 경첩 지역을 통해 C 말단 조절 도메인과 연결되어 있다. 활성을 띤 파이토크롬은 이량체 형태이다. P_R 형태에서 각 소단위(단량체)의 N 말단 및 C 말단은 서로 접촉하여 있다. P_{FR}로의 광변환 과정시, 경첩 부분이 열리고, 파이토크롬 상호작용 인자들(PIFs), 인산화효소, 단백질 분해 효소 등의 접근성이 용이해지며, 광형태형성이 개시된다. 단백질 구조의 차이 때문에, P_R의 반감기는 약 1주일인 반면, P_{FR}의 반감기는 고작 1-2시간에 불과하다.

8.2.3 다양한 파이토크롬의 형태는 다양한 유전자들의 암호화를 통해 이루어진다

여태까지 파이토크롬 구조와 관련하여 한 가지 파이토크롬 분자를 가정하고 이야기해 왔다. 그러나 실제로 파이토크롬 유전자는 유전자족으로 존재한다. 예를 들어, 애기장대(*Arabidopsis*)는 *PHYA*에서 *PHYE*까지 파이토크롬을 암호화하는 5종류의 유전자를 보유하고 있으며, 벼는 3종류의 유전자(*PHYA*에서 *PHYC*)를 보유하고 있다. 대부분의 침엽수들(conifers) 및 이끼류들(mosses)은 4개의 유전자를, 소철들(cycads)은 3개를, 양치식물들(ferns)은 2개를, 석송과식물들(lycopods)은 1개를 보유하고 있다. 유전자 배열 비교에 근거한 계통분류 관계 분석을 통해 보면, *PHYA*는 *PHYC*와 함께, *PHYB*는 *PHYD*, *PHYE*와 함께 다른 그룹으로 분류된다(그림 8.10A). 이러한 유전자들에 의해 암호화되는 파이토크롬들은 각기 다양한 분자적 특성을 갖는다. 예를 들어 PHYA는 빛에 의해 불안정하므로 황화 조직 및 새롭게 발달하는 조직에 풍부한 반면, 다른 파이토크롬들은 빛에 의해 안정적이고 광조건에서 자라는 식물 내에서 우세하다(그림 8.10B). 애기장대 PHYA는 동종이량체로 존재하는 반면, 다른 애기장대 파이토크롬들은(생리학적 중요성이 아직 명확히 알려지지 않음에도 불구하고) 이종이량체로 존재한다.

생활사 동안, 파이토크롬의 형태에 따라 조직내 발현량 차이, 빛에 의한 민감성 차이, 그들이 관여하는 반응의 차이 등을 보인다(그림 8.10B). 파이토크롬에 의해 매개되는 반응은 **고복사 조도 반응**(**HIR**), 저플루엔스 반응으로 분류된다. **플루엔스**(**fluence**)는 단위 면적당 충돌하는 광자의 수로 정의되며, mol m^{-2}의 단위로 표기된다. **복사조도**(**irradiance**)는 플루엔스율, 즉 단위 시간당 플루엔스를 의미하며 mol m^{-2} s^{-1}로 표기된다. 저플루엔스 반응의 특징은 **상호성**(**reciprocity**)이 적용된다는 점이다(저플루엔스 반응은 미량의 빛에 대한 장기간의 노출 혹은 고복사 조도 빛

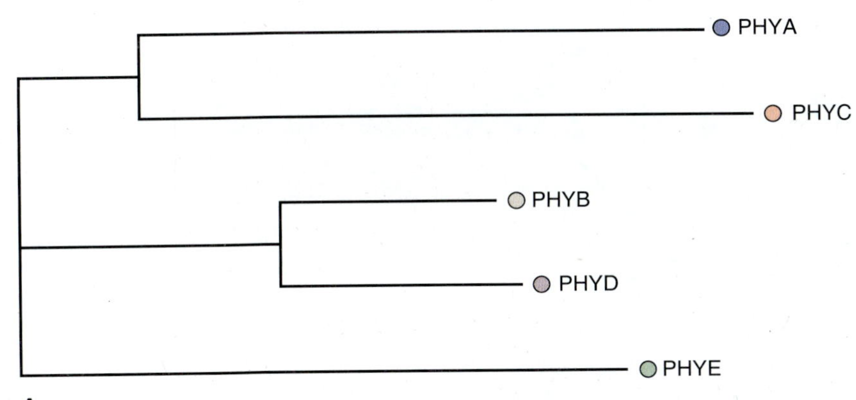

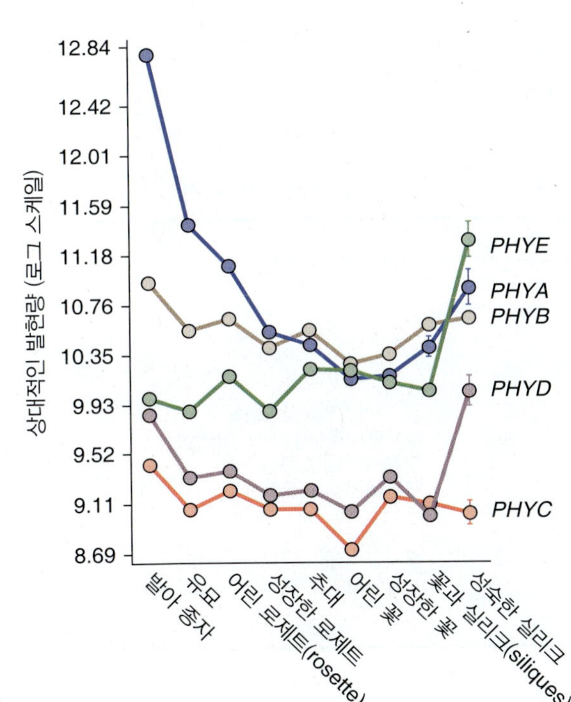

그림 8.10 (A) 단백질 서열의 배열에 근거한 애기장대 PHY 단백질족 구성원들 간의 관계. PHYA와 PHYC는 약 50%, PHYB와 PHYD는 약 80%의 밀접한 상동성을 가진다. PHYE는 PHYA/C 그룹과는 50% 미만, PHYB/D 그룹과는 50% 이상의 상동성을 가진다. (B) 애기장대의 생활사 동안 각 조직내 PHY 유전자의 상대적 발현량.

에 대한 단기간 노출 모두에 의해 발동될 수 있음을 의미함). 저플루엔스 반응은 다시 적외광/근적외광 매개 **저플루엔스 가역반응**(low fluence red/far-red reversible reaction, **LFR**)과 **초저플루엔스 반응**(very low fluence response, **VLFR**)로 나뉘어진다. 그림 8.11은 VLFR, LFR, HIR 간에 반응과 관련된 상호관계를 요약하고 있으며, 각각이 관여하는 광형태형성 과정의 예를 보여주고 있다.

파이토크롬 유전자들의 돌연변이체들이 다수의 식물 종에서 보고되었는데, 이들에 대한 연구를 통해 각 파이토크롬 유전자가 어떠한 특정 플루엔스 반응과 연계되는지 알 수 있다. 예를 들어 오이의 *lh* 돌연변이체와(그림 8.12) 애기장대의 *hy3* 돌연변이체는 *PHYB* 유전자가 결손되어 있으며, 그 결과 백색광하에서 야생종보다 큰 키를 갖는다. 이러한 형질은 음지효과(the effect of shading)를 통해 보이는 형질을 모방하는데, 식물군집에서 빛에 대한 경쟁 및 보다 용이한 빛의 감지를 위해 작용하는 파이토크롬의 생태학적 역할과 그 맥락을 같이 한다. 토마토의 PHYA 결손 *aurea* 돌연변이체가 백색광하에서 자라게 되면, 연두색 잎, 증가된 하배축, 안토씨아닌(anthocyanin) 함량 감소 등의 형질을 보인다. 파이토크롬 돌연변이체 연구를 통한 결과에 기반하여, PHYB와 PHYA는 각각 LFR과 VLFR의 주 조절자로서 기능함을 알 수 있다. PHYA와 PHYB의 다른 기능은 그들의 작용 스펙트럼을 통해 반영된다. 그림 8.13은 암소에서 2일 간 수분을 흡수한 애기장대 씨의

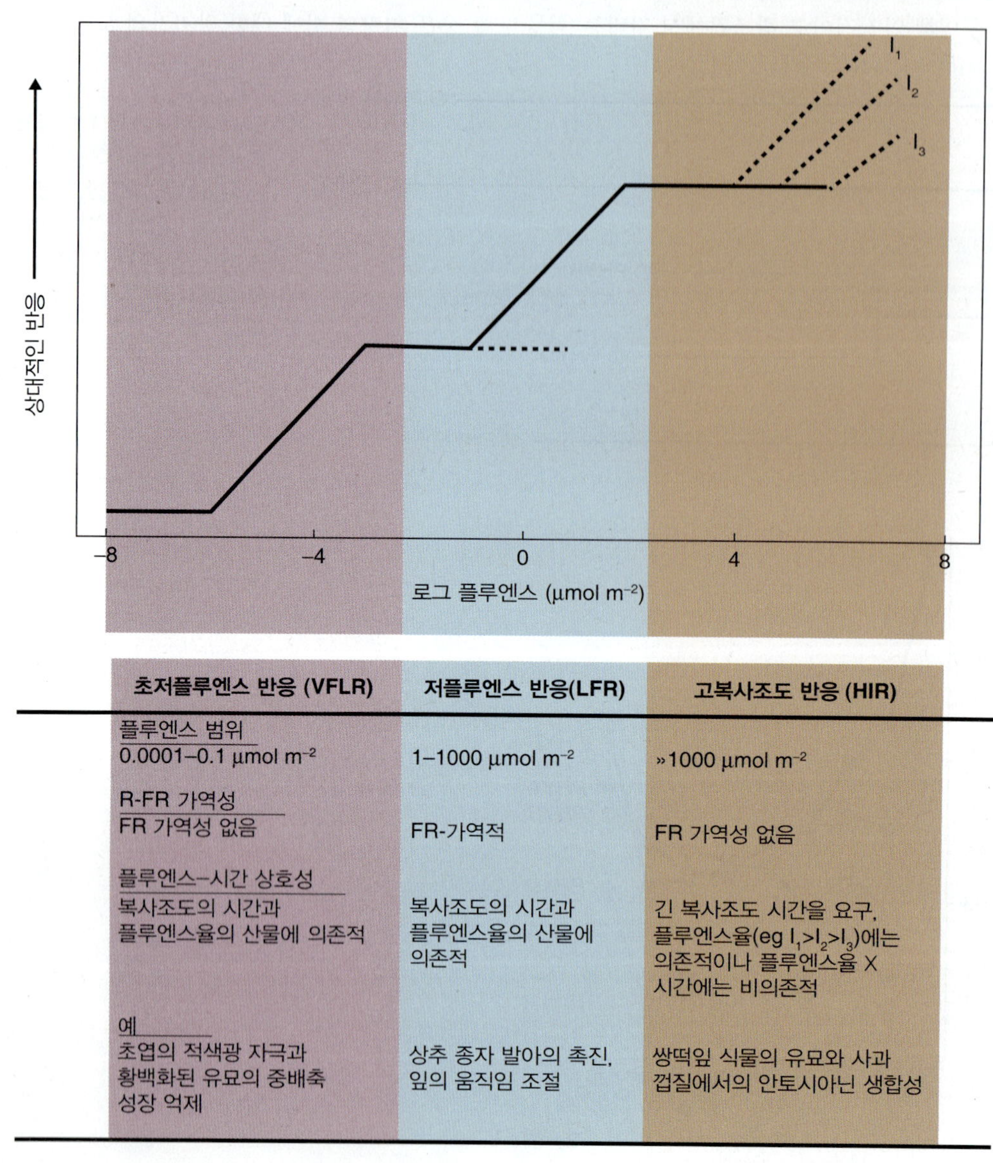

초저플루엔스 반응 (VFLR)	저플루엔스 반응(LFR)	고복사조도 반응 (HIR)
플루엔스 범위 0.0001–0.1 μmol m^{-2}	1–1000 μmol m^{-2}	»1000 μmol m^{-2}
R-FR 가역성 FR 가역성 없음	FR-가역적	FR 가역성 없음
플루엔스–시간 상호성 복사조도의 시간과 플루엔스율의 산물에 의존적	복사조도의 시간과 플루엔스율의 산물에 의존적	긴 복사조도 시간을 요구, 플루엔스율(eg $I_1 > I_2 > I_3$)에는 의존적이나 플루엔스율 X 시간에는 비의존적
예 초엽의 적색광 자극과 황백화된 유묘의 중배축 성장 억제	상추 종자 발아의 촉진, 잎의 움직임 조절	쌍떡잎 식물의 유묘와 사과 껍질에서의 안토시아닌 생합성

그림 8.11 플루엔스율에 대한 파이토크롬 반응의 특징. FR, 근적외광; R, 적색광.

그림 8.12 오이의 야생형과 *lh* 돌연변이체의 성장 모습. 식물은 14/10시간의 명/암주기하에서 20일 간 성장하였으며, 날마다 명주기 끝에 20분 간의 근적외광(FR) 혹은 암조건(대조군 처리, D)에 노출되었다.

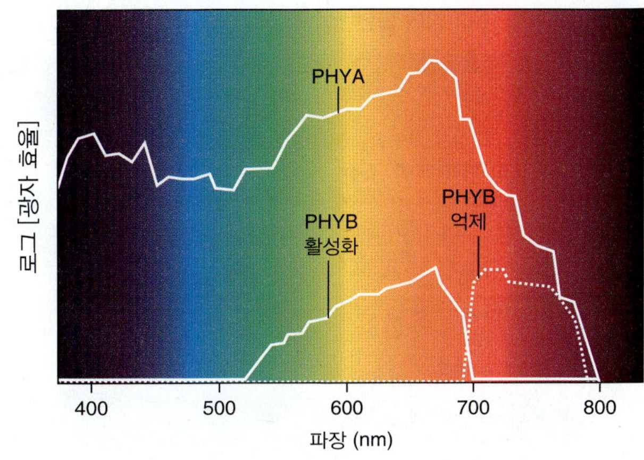

그림 8.13 파이토크롬의 작용 스펙트럼. 해당 스펙트럼은 적색광 의존적인 애기장대의 종자발아 촉진과정을 억제하거나 유도하는 각 파장의 능력을 측정하여 얻어졌다. PHYA 작용 스펙트럼은 암소에서 2일 간 수분을 흡수한 PHYB-결손 돌연변이체의 씨앗에서 측정되었다. PHYB 작용 스펙트럼은 암소에서 3시간 동안 수분을 흡수한 PHYA 돌연변이체의 씨앗에서 측정되었다. PHYA 효과가 없는 상태에서, 적색광에 의한 PHYB의 종자발아 활성화는 근적외광 노출에 의해 억제된다. 광자의 효율성(유도 또는 억제를 위해 필요한 플루엔스)은 발아 반응을 통해 판단되었으며, 로그 스케일로 표현되었다.

PHYA 작용 스펙트럼을 보여주며, 아주 짧은 기간(3시간) 동안 수분을 흡수한 씨에 의해 결정된 PHYB의 작용 스펙트럼을 보여준다. PHYA 관련 반응은 근적외광에 의해 역전되지 않는 VLFR인 반면, PHYB 반응은 근적외광에 의해 역전되는 전형적인 LFR이다(그림 8.11 참고).

애기장대의 세 가지 다른 파이토크롬들은 다양한 기능들을 가지고 있으며, 그 기능 중 일부는 서로 중첩된다(표 8.2). 파이토크롬들이 HIR에 명백히 관여되어 있음에도 불구하고, UV 혹은 청색광을 흡수하는 다른 광수용체들 역시 이러한 조절에 관여한다는 증거가 제시되어 있다(8.3절 참고). 다양한 플루엔스 반응들과 관련하여, 종내 혹은 종 간의 다양한 파이토크롬들이 유사한 기능을 공유하기도 하지만, 한편으로는 각각이 특정한 역할을 할 수 있도록 분지되었는데, 이는 파이토크롬들이 진화과정에서 서로로부터 분리되고, 각각이 생태생리학적인 적응 과정을 경험하였음을 의미한다.

8.2.4 파이토크롬은 다수 단백질과의 상호작용을 통해 유전자 발현을 조절한다

파이토크롬에 의한 광형태형성 유도는 유전자 발현 양상의 커다란 변화와 연관된다. 만약 파이토크롬이 유전자 발현에 영향을 미친다면, 이를 위해 다양한 이벤트들이 일어나야만 한다. 첫째, 세포질에서 발견되는 P_R이 P_{FR}로 변환된 후 핵으로 이동하며, 다음으로 P_{FR}은 파이토크롬 상호작용 인자들(**PIFs**) 중 하나와 상호작용을 하게 된다. 관심 단백질에 결합하는 분자를 규명하는 기술인 효모 **이종 잡종법**(yeast **two-hybrid screening**)을 통해 첫 번째 파이토크롬 상호작용 인자가 발견되었다(그림 8.14). PHYB가 미끼로 사용되었을 때, PIF3라 불리는 PIF가 발견되었다. PIF3는 핵으로 이동하는 basic helix-loop-helix(bHLH) 전사 조절 인자이며(3장 참고), PHYA 보다는 PHYB의 C 말단에 더 우선적으로 결합한다. PIF3 bHLH 단백질족의 구성원으로서 PIF1, PIF4, PIF5, PIF6 등이 추가로 규명되었다. PIF3와 관련된 이러한 단백질들은 암형태형성 유전자들의 전사를 촉진하며, 광형태형성을 억제하는 것으로 알려져 있다. PIF3와 P_{FR} 간의 복합체 형성은 PIF3의 인산화를 유도하며, 이는 PIF3의 유비퀴티네이션(ubiquitination) 및 프로테아좀(proteasome)을 통한 분해를 야기한다(그림 8.15;

표 8.2 애기장대 돌연변이체 분석을 통해 알아 본 파이토크롬 A-E와 연관된 기능들의 예

기능	PHYA	PHYB	PHYC	PHYD	PHYE
종자 발아 촉진	+	+			+
유묘의 탈황백화 조절	+	+	+	+	+
엽록소 합성 자극	+	+			
뿌리 굴중성 조절		+			
뿌리털 성장 억제		+			
잎 구조 조절	+	+	+	+	+
절간 신장 억제	+	+			+
음지 회피 억제		+		+	+
기공:표피세포 비율 조절		+			
일주기성 시계	+	+		+	+
광주기 인지	+		+		
개화의 억제		+	+	+	+

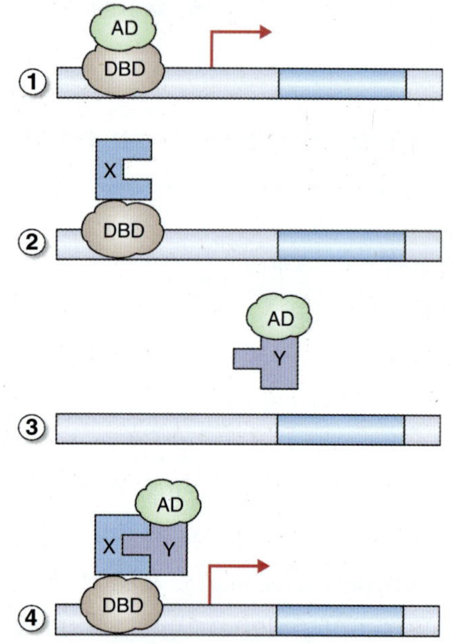

그림 8.14 효모 이종 잡종법. (1) 해당 기법은 선별적 마커를 암호화하는 유전자를 조절하는 특정 전사인자를 가공하여 이루어진다. 해당 전사조절인자의 DNA 결합 도메인(DBD)과 전사 활성 도메인(AD)이 분리되도록 설계한다. DBD 또는 AD는 단독으로는 전사를 활성화시킬 수 없다. 만약 (2) 하나의 단편이 일반적으로 '미끼(bait)'라 칭하는 목적 단백질인 X(이 경우 파이토크롬)와 결합하여 있고, (3) 다른 단편이 일반적으로 '먹이(prey)'라 칭하는 X의 상호작용 단백질인 Y(예를 들어, PIF)와 결합하여 있을 때, 전사인자는 (4)와 같이 재구성되어 효모 마커 유전자가 전사된다.

5.9절 참고). 결국 P_{FR}은 암형태형성을 촉진하는 전사조절인자들을 제거함으로써 광형태형성을 선호하는 전사과정이 다시 개시되도록 한다.

파이토크롬과 결합하는 다수의 기타 단백질들이 존재한다. **FHY1**(Far-red elongated Hypocotyl 1)과 **FHL**(FHY1-like)는 PHYA의 P_{FR} 형태와는 결합하나 PHYB와는 결합하지 않으며, PHYA의 핵으로의 이동을 촉진한다. 몇몇 PIF는 P_{FR}을 안정화시키는 방법을 통해 파이토크롬 활성에 영향을 미치는데, **ARR4**(*Arabidopsis* response regulator 4)가 이러한 과정을 수행하는 대표적인 PIF이다; ARR4는 PHYB는 안정화시키나 PHYA를 안정화시키지는 않는다. ARR4는 시토키닌 신호 전달의 음성조절자로서 역할을 하는 type A ARR 멤버 중 하나이다(10.4.3절). ARR4 단백질은 PHYB 의존적 방식으로 적색광하에서 축적되며, PHYB의 P_R, P_{FR} 형태에 동일하게 결합하고 P_{FR}로부터 P_R으로의 암복귀를 억제한다. PHYB의 P_{FR} 형태 안정화를 통해 ARR4는 파이토크롬의 활성을 증대시킨다.

파이토크롬 활성을 조절하는 또 다른 파이토크롬 상호작용 인자로 **COP1**(Constitutive Photomporphogenic 1)이 있다. COP1은 광형태형성의 주 억제자이며, *cop1* 돌연변이체는 암조건하에서 조차도 항시적인 광형태형성을 보인다. COP1은 E3 유비퀴틴 라이게이즈(ubiquitin ligase)이며(5.9절 참고), 광반응 유전자의 발현을 촉진하는 전사조절인자들을 26S 프로테아좀으로 보내어 분해시킴으로써 암형태형성을 촉진한다. COP1은 빛에 의해 세

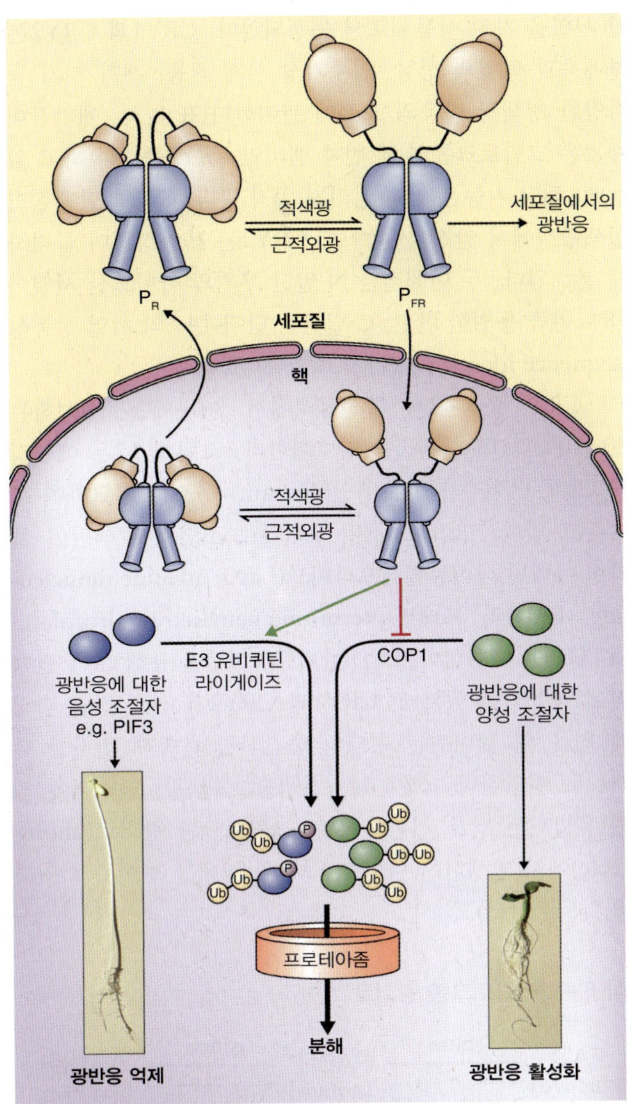

그림 8.15 광형태형성에 대한 파이토크롬의 영향. P_{FR}은 유비퀴틴-프로테아좀 시스템을 통해 광반응에 대한 음성 조절자의 분해를 촉진시키고, 양성 조절자의 분해를 억제함으로써 광형태형성을 촉진한다. COP1은 E3 유비퀴틴 라이게이즈(ubiquitin ligase)로서 광반응에 대한 양성 조절자들의 분해에 관여한다.

포내 위치가 달라지는데, 즉 빛 존재 시에는 세포질에, 암조건 시에는 핵에 위치한다. COP1은 PHYA와 PHYB(또한 크립토크롬)에 의해 조절된다. P_{FR}과 결합한 COP1은 핵으로부터 배제되고, 그 결과 광조절 유전자를 양성 조절하는 인자의 안정화 및 광형태형성을 가능케 한다(그림 8.15). COP1은 또한 빛에 의해 야기되는 PHYA의 분해에도 작용을 하는 듯하다. PHYA와 COP1 간의 결합은 PHYA의 유비퀴티네이션 및 분해를 증가시킨다(반대로, PHYA는 *cop1* 돌연변이체 내에서 안정화된다).

이러한 파이토크롬 상호작용의 예들은, 발색단의 광전환, 단백질 구조변화, 인산화/탈인산화, 파이토크롬 상호작용 인자와의 복합체 형성, 유비퀴틴-프로테아좀 시스템(UbPS)를 통한 단백질 턴오버(turnover)의 차이 등을 통해 빛이 매우 정교한 방법으로 형태형성에 영향을 미치고 있음을 보여준다. 파이토크롬 조절 네트워크는 매우 광범위하다. 파이토크롬 신호 전달 과정에서 역할을 하는 최소 15개의 단백질이 P_{FR}과 상호작용을 하는 것으로 알려졌는데, 이 중 12개 이상이 게놈(genome) 분석과 단백질 결합 스크리닝 기법을 통해 보고되었다. 해당 단백질들이 참여하는 신호 전달 과정 내에서, 그들의 작용기작 및 상호작용 과정을 탐구하는 것이 이제 시작 단계에 불과함에도 불구하고, 파이토크롬에 의해 매개되는 빛의 인지가 식물 성장과 발달 조절의 가장 주요한 부분이라는 것은 의심할 여지가 없다.

키포인트 속씨식물의 파이토크롬은 약 5개의 유전자(*PHYA- E*)에 암호화된다. DNA 서열에 근거할 때, 해당 유전자는 *PHYB/D/E* 그룹과 *PHYA/C* 그룹으로 나뉜다. 다른 파이토크롬들과 달리, PHYA는 빛에 의해 불안정하며(황백화 조직에 풍부함) 유일하게 동종이량체로 존재한다(다른 파이토크롬들은 서로 간에 이종이량체를 형성할 수 있음). 파이토크롬에 의해 매개되는 반응은 고복사조도 반응(HIR: 예를 들어, 안토시아닌 생합성), 저플루엔스 반응(LFR: 예를 들어, 빛 민감성 씨앗 발아), 초저플루엔스 반응(VLFR: 예를 들어, 자엽초 생장을 위한 적외광 자극)으로 나뉜다. 고복사조도 반응에는 파이토크롬 뿐 아니라 다른 광수용체들도 관여한다. 저플루엔스 반응은 주로 PHYB에 의해 매개되며, 초저플루엔스 반응은 주로 PHYA에 의해 매개된다. 파이토크롬마다 특이적인 기능을 보유하고 있으며, 때로는 같은 기능을 공유하기도 한다. P_R은 세포질에 위치하며, P_{FR}은 핵에 위치한다. P_{FR}은 전사조절인자인 PIF3와 결합하여, PIF3가 유비퀴틴 시스템을 통해 분해되도록 만든다. PIF3 및 이와 관련된 PIF들은 광형태형성의 억제자로 기능한다. PIF들은 또한 파이토크롬의 안정성, 세포내 위치, 호르몬 신호와의 상호작용 등을 조절하기도 한다. P_{FR}은 유비퀴틴 매개 과정을 통해 광형태형성 촉진 단백질들을 분해하는 COP1(Constitutive Photomorphogenic 1)의 활성을 차단하기도 한다. COP1과 PHYA의 결합은 PHYA의 유비퀴티네이션 및 분해를 증가시킨다.

8.3 청색광과 자외선에 대한 생리학적 반응

파이토크롬은 적색광 지역의 빛으로부터 야기되는 형태학적 정보를 주로 제공한다. 한편, 식물은 320-500 nm 범위

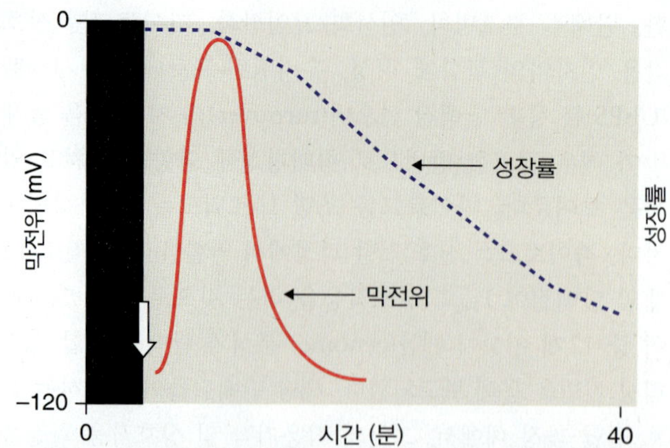

그림 8.16 청색광에 의한 황백화 유묘 하배축의 성장 억제와 원형질막 전위 변화. 청색광(흰색 화살표)을 조사하면, 하배축 내 각 세포에서 막 전위의 급격한 탈분극이 관찰된다. 뒤이어 성장률의 현저한 감소가 뒤따른다.

의 빛에도 민감한데, 청색광을 통한 반응으로는 청색광에 의한 원형질막 포텐셜의 변화, 하배축 성장 억제, 굴광성, 기공 열림, 일주기성 시계 확립, 안토시아닌(anthocyanin) 생산 등이 있다(그림 8.16). 관련된 생화학적, 분자적 반응으로 산화-환원 반응, 전자 전달, 청색광 조절 유전자의 발현 등이 포함된다(표 8.3). 식물은 UVA와 청색광에 반응하는, 적어도 3종류의 광수용체를 보유하고 있다. **크립토크롬**(**cryptochrome**), **포토트로핀**(**phototropin**)은 UVA/청색광 효과를 매개하는 것으로 잘 알려진 광수용체이다. 최근 들어, 청색광 수용체의 세 번째 종류인 자이틀룹(zeitlupe)이 밝혀졌다. 자이틀룹 단백질에 대한 상세한 설명은 8.3.3절에서 다루어질 것이다. 3종류의 청색광 수용체 모두 **플라빈**(**flavin**)을 발색단으로 사용한다. 해당 광수용체들에 의해 조절되는 과정, 활성화 기작, 신호 전달 과정에 대한 지식들은, 아직 완전치는 않으나 꾸준히 증가하고 있다(표 8.3).

8.3.1 크립토크롬은 광형태형성과 개화를 포함한 다양한 빛에 대한 반응 조절에 관여한다

애기장대 게놈은 크립토크롬을 암호화하는 3종류의 유전자인 *CRY1-3*을 포함하고 있다, *CRY1* 유전자의 분리는, 적생광 혹은 근적외광하에서는 정상적으로 자라나 청색광 혹은 UVA하에서는 비정상적으로 긴 하배축을 갖는 돌연변이체들의 스크리닝(screening) 과정을 통해 이뤄졌다. 두 번째 애기장대 크립토크롬 유전자인 *CRY2*는 *CRY1*과 유사한 서열을 가진 상동체로서 동정되었다. CRY1과 CRY2는 하배축과 떡잎의 성장, 일주기성 시계 작동, 개화 시기 등 다양한 청색광 반응의 조절에 관여한다(표 8.3). 애기장대 게놈은 크립토크롬의 세 번째 멤버인 *CRY3*를 보유하고 있는데, 해당 기능은 아직 알려져 있지 않다. CRY1 단백질이 청색광하에서 안정적인 반면, CRY2는 불안정하며 급격하게 분해된다. 두 단백질은 N 말단 부위의 아미노산 서열이 58% 만큼 동일한 반면, C 말단은 단지 14%의 서열 상동성(sequence identity)을 가지고 있다.

CRY 유전자는 활성상태에서 이량체를 형성하는 70–80 kDa의 단백질을 암호화한다. 그림 8.17은 애기장대 CRY 단백질들의 도메인(domain) 구조를 비교하여 보여주고 있다. 크립토크롬은 2개의 보조인자 발색단인 **플라빈 아데닌 다이뉴클레오타이드**(**flavin adenine dinucleotide, FAD**)와 **프테린**(**pterin**)(methenyltetrahydrofolate, MTHF)을 포함한다. FAD는 비공유결합을 통해 CRY 단백질에 결합되어 있는데, CRY1과 CRY2가 신호 전달 과정에 있을 때 세미퀴논 형태의 중간산물을 통해 전자를 단백질로 전달한다. 식 8.4는 청색광, 녹색광, 암조건에 의해 유발되는 상호 전환 과정인 크립토크롬 **광회로**(**photocycle**)에서 발생하는 다양한 FAD의 형태를 보여주고 있다(8.3.5절 참고).

식 8.4 크립토크롬 광회로

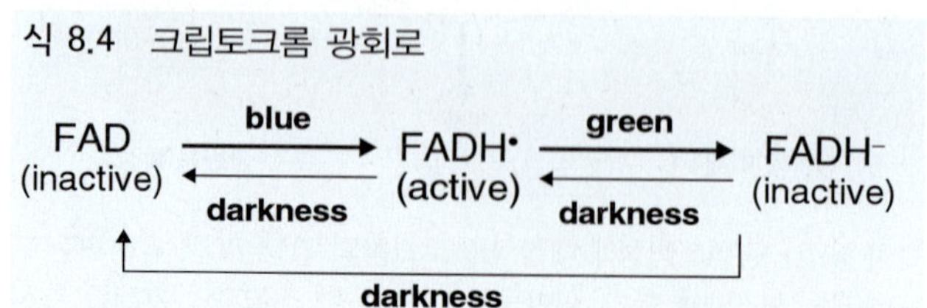

단백질 보조인자의 결합 부위는 PHR(photolyase-related) 도메인이라 불리는데, 이는 박테리아 수선 효소(repair enzyme)인 DNA-포토라이에이즈(photolyase)와의 구조적 유사성(비록 식물 CRY가 해당 효소의 활성을 보유하고 있지 않음에도 불구하고) 때문이다. PHR 도메인은 광수용체 기능을 위해 필수적인 **이량화 과정**(**dimerization**) 또한 매개한다. DAS라 불리는 보존된 모티프(motif)는 CRY1과 CRY2의 C 말단에 존재한다. CRY2의 C 말단은 **핵수송서열**(**nuclear localization signal**)을 보유하고 있다. CRY1이 해당 서열을 보유하고 있지 않음에도 불구하고, CRY1 또한 세포질과 핵 간을 왕래할 수 있다. CRY3에서 PHR 도메인과 N 말단의 확장된 지역(CRY1과 CRY2에는 존재하지 않는) 사이에 존재하는 DAS 모

표 8.3 척색광에 대한 생리학적 반응과 관련된 청색광 수용체

반응	크립토크롬		포토트로핀		자이틀룹
	CRY1	CRY2	PHOT1	PHOT2	(ZTL/ADO)
하배축/줄기 신장 억제	고플루엔스율	저플루엔스율	빠른 반응		+
자엽/잎의 팽창	+		+	+	
유전자 발현에 대한 효과	+	+			
엽록소 합성 자극	+	+			
일주기성 시계 동조화	+	+			
일주기성 시계 기능					+
개화 시기	+	+			+
굴광성			저강도	고강도	
엽록체 이동 : 축적			+	+	
엽록체 이동 : 회피				+	
기공 열림			+	+	
세포내 Ca^{2+} 농도의 증가	+		+	+	
증가된 광자 유출	+		+	+	

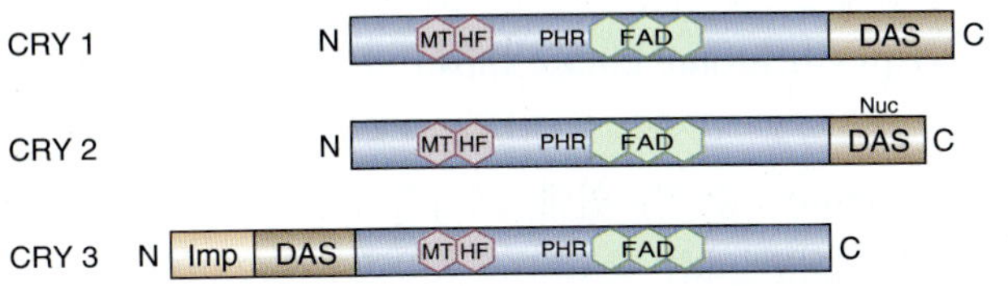

CRY 1 N MTHF PHR FAD DAS C

CRY 2 N MTHF PHR FAD Nuc DAS C

CRY 3 N Imp DAS MTHF PHR FAD C

그림 8.17 애기장대 세 가지 크립토크롬의 도메인 구조. FAD, flavin adenine dinucleotide cofactor; MTHF, methenyltetrahydrofolate(프테린) cofactor; PHR, photolyase-related domain(보조인자와 결합). DAS는 다양한 생물체들의 크립토크롬 내에 잘 보존되어 있는 모티프이다. Nuc은 CRY2의 C 말단 근처에 위치한 핵 이동 모티프를 나타낸다. Imp는 CRY3의 N 말단에 존재하는 소기관 유입 신호를 나타낸다.

티프는 CRY3의 엽록체와 마이토콘드리아로의 이동을 위해 요구된다.

신호 전달 과정에서 크립토크롬의 기능은 여러 면에서 파이토크롬의 기능과 유사하다. 앞에서 보았듯이, CRY2는 PHYA처럼 빛에서 불안정하며 크립토크롬과 파이토크롬 모두 핵에서 활성화된다. CRY1과 CRY2에 대한 청색광 자극은 적어도 부분적으로는, 급격한 자가인산화(auto-phosphorylation)를 유발한다. 청색광은 CRY 단백질의 구조변화를 유발하는데, 이는 단백질의 C 말단을 노출시켜 다른 신호인자들과의 상호작용을 가능하게 한다. 그중 하나가 암조건 시 광형태형성의 억제자로서, 파이토크롬과도 상호작용하는 COP1이다. CRY1과 CRY2는 파이토크롬과도 결합하여(8.2.4절 참고), 파이토크롬에 의해 인산화된다. 그러한 CRY-PHY 상호작용의 생리적인 중요성은 아직 명확하지 않으나, 그들이 광수용체 신호 전달 기작 간의 상호신호교환(cross-talk)을 매개하는 것으로 생각되어지고 있다. CRY1은 PHYA 신호 전달이 관여하는 일주기성 시계(circadian clock) 과정을 위해 요구되는 것으로 알려져 있다(8.5절 참고).

8.3.2 포토트로핀은 성장, 굴성 반응, 색소체 위치 설정을 최적화하는 데 공헌하는 청색광 수용체이다

이름에서 알 수 있듯이, UV/청색광 수용체 중 **포토트로핀**은 굴광성 연구를 통해 발견되었다. 굴광성에 대한 청색광 수용체의 탐색을 통해, 대두의 상배축들(epicotyls)이 청색광에 노출되었을 때, 원형질막에 연계된 채로 자가인산화되는 단백질이 규명되었다. 뒤를 이어 애기장대로부터 **non-phototropin mutant**인 *nph1* 분석을 통해, 해당 단백질과 상동성을 보이는 단백질이 동정되었다. 2종류의 애기

장대 포토트로핀 유전자인 ***PHOT1***과 ***PHOT2***는 부분적으로 중복되는 기능을 보인다(표 8.3). PHOT1이 떡잎과 하배축 성장을 조절하는 반면, PHOT1과 PHOT2는 굴광성, 엽록체 움직임, 기공 열림, 이온수송에 공통적으로 관여한다. 그러나 어떠한 경우, 두 포토트로핀은 다른 플루엔스 범위에서 작동한다.

포토트로핀 단백질(그림 8.18A)은 N 말단의 광센서 도메인과 C 말단의 **세린/트레오닌 인산화효소 도메인**(**serine/threonine kinase domain**)으로 이루어진 2개의 지역으로 구성되어 있으며, 두 지역은 경첩에 의해 연결되어 있다. 광센서 지역 내에는 약 100개의 아미노산으로 구성된 2개의 유사 도메인인 **LOV1**, **LOV2**가 있는데, 이 지역에는 빛감지 보조인자인 **플라빈 모노뉴클레오타이드**(**FMN, flavin mononucleitide**)가 결합되어 있다. LOV는 light(빛), oxygen(산소), voltage(전압)의 약자인데, 이들은 포토트로핀이 속해 있는 거대 단백질족의 구성원들을 조절하는 신호들이다. 암조건에서, 두 도메인은 서로 밀착되어 있으며, 인산화지역은 불활성화 상태로 존재한다. 그림 8.19에는 FMN 광회로가 제시되어 있다. 청색광을 흡수했을 때, FMN은 보존된 시스테인(cysteine) 잔기를 통해 LOV와 공유결합한다. 포토트로핀의 최대 흡수 파장하에서, 광전환 과정의 중간단계 산물들이 규명되었다. 암조건에서 LOV2 부위는 광센서 도메인의 C 말단쪽에 존재하는 **Jα-나선**(helix)과 상호결합한다. 광자극에 의해 이러한 결합은 붕괴되고 그 결과로 C 말단 인산화효소의 활성화 및 자가인산화가 일어난다. 해당 인산화효소의 활성화를 통한 인산화 과정은, 청색광 조사시 세포 내에서 급격히 일어나는 반응인 원형질막으로부터 골지체로 단백질을 재배치하는 과정을 위해 필요하다.

어떠한 방식을 통해 포토트로핀으로부터 하위단계 대상으로 신호가 전달되는지는 명확치 않다. 예를 들어, PHOT1과 PHOT2에 의해 흡수된 청색광은 기공의 열림을 촉진한다. 이러한 반응은 공변세포 원형질막의 H^+-ATPase의 활성화와 양성자의 배출을 요구한다(그림 14.32 참고). H^+-ATPase의 활성화가 인산화와 연관됨에도 불구하고 포토트로핀이 이와 직접적으로 연관된다는 증거는 없다. 아마도, 다른 인자들이 인산화된 PHOT과 원형질막 H^+-ATPase 간의 상호작용을 매개함으로써, 청색광 신호의 **기공**(**stomata**) 열림 과정을 가능하게 하는 것으로 생각된다.

줄기와 초본 식물(grass) 유묘의 자엽초는 굴광성에 양성적으로 반응하는데(단일 빛의 근원을 향해 자람), 이러한 반응은 PHOT1에 의해 매개된다. 단일방향적 조사(unilateral irradiation)는 PHOT1 자가인산화의 **구배**(**gradient**)를 유도한 뒤, **옥신**(**auxin**) 농도의 구배를 이끈다. 기관의 어두운 쪽에 존재하는 고농도의 옥신은 해당 지역의 빠른 성장을 야기하며, 그 결과 줄기와 자엽초는 빛의 방향으로 굽어진다. 굴광성 반응이 손상된 돌연변이체 분석을 통해 PHOT1과 결합하는 단백질들을 동정하였는데, 이들은 옥신의 재배치에 기능하는 것으로 생각된다. 이 중 하나인 **PKS1**(**phytochrome kinase substrate 1**) 단백질은 파이토크롬 상호작용 인자의 일종이다. PKS1은 PKS 유전자족(gene family) 중 하나인데, 애기장대 돌연변이체를 통한 분석에 의하면 약한 강도의 청색광하에서 일어나는 정상적 굴광성을 위해 요구되는 것으로 보인다. 그러므로 PKS1은 굴광성과 파이토크롬 신호 전달을 연결지어 주는 역할을 한다.

세포내 소기관의 이동 또한 포토트로핀을 통해 매개

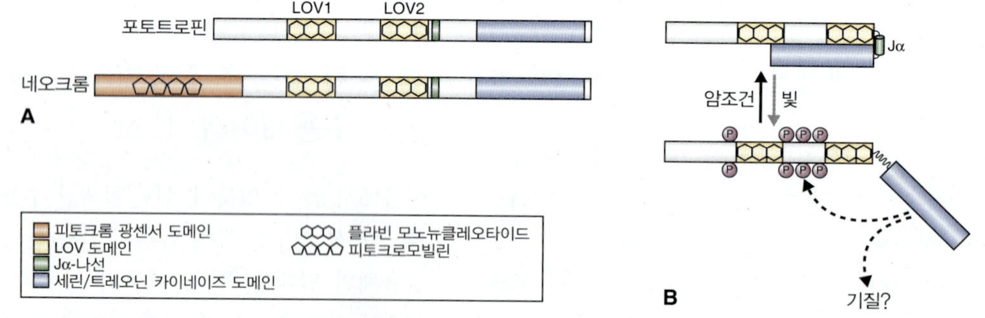

그림 8.18 포토트로핀과 네오크롬. (A) 포토트로핀과 네오크롬의 도메인 구조. 특정 양치식물과 조류에서 발견되는 네오크롬은 포토트로핀 수용체의 N 말단에 파이토크롬 광센서 도메인이 연결되어 있는 융합단백질이다. (B) 빛에 의한 포토트로핀 수용체의 활성화 기작. 수용체가 인산화되지 않은 경우 비활성 상태로 존재한다. LOV2에 의한 빛 흡수는 Jα-나선(helix) 지역의 펴짐(unfold)을 유발한다. 이러한 과정은 C 말단의 인산화효소 도메인을 활성화시키며, 광수용체의 자가인산화 및 (아마도) 기타 단백질들의 인산화를 이끌어 낸다.

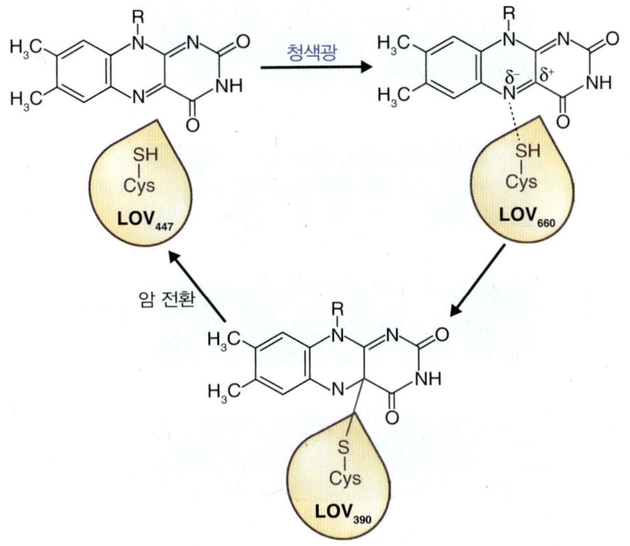

그림 8.19 포토트로핀 LOV 도메인의 FMN 광회로. 암조건시, FMN 발색단은 447 nm 파장(LOV_{447})에서 빛을 최대로 흡수한다. 청색광은 FMN이 LOV 도메인 내 시스테인 잔기에 공유결합하도록 만드는데, 이 결과 660 nm에서 최대 흡수치를 갖는 중간단계 산물인 LOV_{660}을 거쳐 LOV_{390}가 형성된다. 광반응 과정은 암조건에서 완전히 가역적이다.

되는 청색광의 영향을 받는다. 약한 조사광하에서 엽육세포의 엽록체는 빛 흡수의 극대화를 위해 잎표면과 평행하게 배열되는 반면, 강한 빛에서는 광손상(photodamage)을 피하기 위해 직각 방향으로 배열(회피반응)된다(그림 4.39 참고). 강한 빛에 의한 엽록체의 회피반응(avoidance response)이 결여된 돌연변이체의 분석을 통해 *CHUP1*(Chloroplast Unusual Positioning 1)과 *PMI*(Plastid Movement-Impaired) 유전자족을 동정하였는데, 이러한 유전자들의 발현은 포토트로핀과 세포내 소기관의 위치화를 연결시키는 데 필요하다.

8.3.3 포토트로핀 유사 LOV 수용체는 광범위한 식물 종 및 식물 과정에서 광수용체로 작용한다

최근에 알려지고 있는 청색광 수용체인 자이툴룹(zeitlupe) 클래스 단백질들(ZTL/ADP로도 알려짐)은 포토트로핀과 관련되어 있으나, 이와는 상이한 단백질이다. 포토트로핀처럼, 해당 단백질들은 빛에 의해 활성화되는 FMN-결합 LOV 지역을 가지고 있다. 그러나 그들은 동시에 **F-box** 모티프를 가지고 있다. F-box 지역은 단백질-단백질 상호결합을 촉진하는 약 50개의 아미노산으로 이루어진 구조적 모티프이다. F-box 단백질은 E3 유비퀴틴 라이게이즈(E3 ubiquitin ligase)의 일종인데, F-box 단백질을 보유하고 있는 E3 ligase는 신호 전달, 호르몬 작용, 세포주기 조절 등 다양한 세포내 기능과 연관되어 있다(10장 참고). 3종류의 자이툴룹 타입 유전자들이 애기장대와 벼 게놈에서 동정되어 왔으며, 상동 유전자들이 포플러, 옥수수, 소나무 등 다른 종들에서 보고되어왔다. 자이툴룹 광수용체는 생리학적 기능은 개화 조절 및 광주기 시계 작동과 연계된 단백질들의 분해에 관여하는 것으로 알려져 있다(8.5절 참고).

LOV 도메인을 보유한 또 다른 타입의 광수용체는 **네오크롬**(**neochrome**)이다. 해당 수용체들은 양치식물 및 조류에서 독립적으로 진화된 것처럼 보인다. 네오크롬 단백질은 포토트로핀 유사 단백질이 파이토크롬의 발색단 결합 도메인과 융합된 형태를 갖는데(그림 8.18 참고), 그 결과 적색광/청색광 광수용체의 두 가지 기능을 모두 할 수 있게 된다. 사상형(filamentous) 녹조류(green alga)인 *Mougeotia*는 2개의 네오크롬과 2개의 포토트로핀을 가지고 있다. 각 *Mougeotia* 세포에 존재하는 단일 리본 모양의 거대 엽록체는 적색광/청색광 광수용체 조절하에 현저한 빛 회피반응을 보인다(그림 8.20).

로돕신(**rhodopsin**) 유사 광수용체와 플라보단백질 광수용체는 다수의 조류 및 동물에 존재한다. 로돕신은 인간 및 척추동물에서 잘 알려진 시각 색소이며, 발색단으로 비타민 A 유도체인 **레티날**(**retinal**)을 보유하고 있다. 단일세포 편모녹조류인 *Chlamydomonas reinhardtii*는 **주광성**(**phototaxis**, 특정 방향의 빛에 반응하여 움직이는)을 위해 빛을 인지하는 색소화된 시각점을 가지고 있다. 이러한 조류는 광수용체로서 채널(channel) 로돕신(ChR1, ChR2)이라 불리는 2개의 로돕신 유사 분자를 가지고 있다. 채널로돕신은 청록빛에 대해 주광성을 조절하는 광-개폐 양성자 통로이다(500 nm에서 최대 흡수량을 가짐). *C. reinhardtii*는 로돕신 유사 광수용체 외에 1개의 크립토크롬과 1개의 포토트로핀을 가지고 있다(파이토크롬은 가지고 있지 않음). 광합성 원생생물(protist)인 *Euglena gracilis*에서 주광성을 위한 광수용체는 광활성화되는 아데니릴 사이클레이즈(adenylyl cyclase)이다. 이러한 플라보단백질 복합체는 편모 운동을 조절하는 세포질내 cAMP(cyclic AMP)의 양을 증가시킴으로써 방향성 청색광 정보에 반응한다.

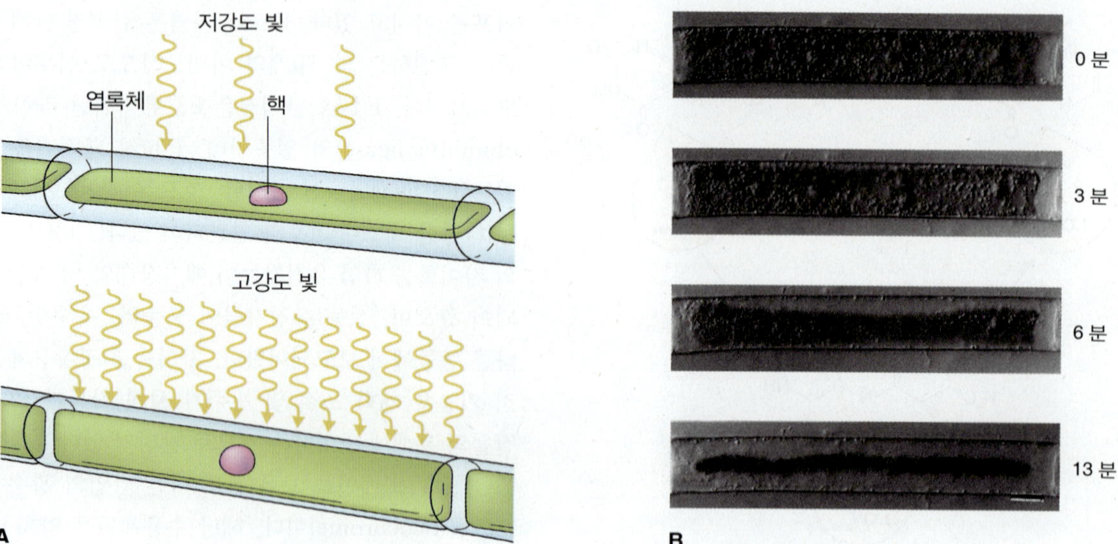

그림 8.20 사상형(filamentous) 녹조류인 *Mougeotia* 세포 내에서 포토트로핀과 네오크롬에 의해 매개되는 엽록체의 이동. (A) 희미한 빛의 조건에서 단일 리본 모양의 엽록체는 그 평평한 면이 빛과 마주한다. 반면 밝은 빛의 조건에서는 가장자리 부분이 빛과 마주한다. (B) 일정 간격으로 촬영한, 회전 중인 엽록체의 광학현미경 사진. 축척자 = 10 μm.

키포인트 가시광선의 파란색-보라색 파장에 대한 식물의 반응은 크립토크롬(CRY), 포토트로핀(PHOT), 자이툴룹(ZTL)에 의해 촉진된다. 세 경우 모두, 광반응 보조단(photoreactive prosthetic group)으로 플라빈(flavin)을 사용한다. 애기장대는 3종류의 *CRY* 유전자(*CRY1-3*)를 보유하고 있다. CRY 단백질들은 이량체로 존재하며, 각 소단위체는 발색단인 FAD, 프테린과 결합하는 부위를 포함하고 있다. CRY2는 핵수송서열을, CRY3는 색소체/마이토콘드리아로의 이동을 위한 모티프를 보유하고 있다. (청색광에 안정한) CRY1과 (불안정한) CRY2는 생장, 일주기성 시계, 개화 시간의 조절에 기능한다. CRY1, CRY2에 대한 청색광 자극은 그들의 인산화 및 COP1, PHY와 같은 다른 신호 전달 요소들과의 결합을 촉진한다. PHOT 단백질은 FMN이 결합하는 N 말단의 광센서 도메인과 경첩 지역에 의해 연결된 C 말단의 카이네이즈 도메인으로 이루어져 있다. 청색광은 해당 단백질의 구조를 변화시켜 인산화, 기공의 열림, 굴광성, 소기관 이동, PHY 네트워크와의 상호작용을 야기한다. 자이툴룹은 PHOT과 유사하며, 개화 유도 및 일주기성 조절 동안 유비퀴틴-프로테아좀 시스템에 기능하는 F-box 도메인을 소유하고 있다. 그 외에 잘 알려지지 않은 식물의 청색광-민감성 수용체로는 네오크롬(neochrome), 로돕신(rhodopsin), 플라보단백질인 아데니릴 사이클레이즈(adenylyl cyclase)가 있다.

8.3.4 잎에 의해 투과되거나 반사되는 빛의 파장은 이웃하는 식물의 존재를 인식하는 데 사용될 수 있다

주요 광수용체들에 의해 흡수되는 빛은 대개 가시광선 스펙트럼의 양쪽 말단에 존재한다. 마찬가지로, 광합성 색소에 의해 포획되는 빛은 주로 적색광과 청색광에서 주로 발생한다. 흡수되지 않는 빛의 투과와 반사는 약 560 mn에서 정점을 이루며, 이는 초목을 이루는 색깔인 녹색의 원인이 된다(그림 8.21). 나뭇잎의 반사 스펙트럼(**reflectance spectrum**)은 식물 및 그들과 상호작용하는 동물 시각계의

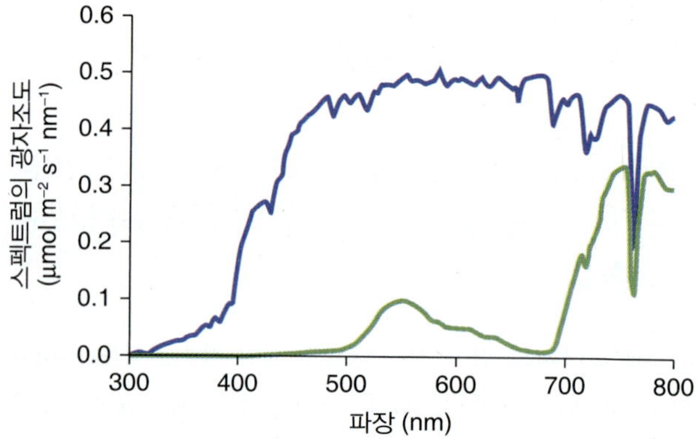

그림 8.21 일광(청색선)하에서의 광자 분포 스펙트럼과 호장근(*Fallopia japonica*) 잎으로부터 반사된 빛(녹색선)의 광자 분포 스펙트럼. 잎으로부터 반사된 빛에서 적색 양자는 매우 감소되어 있으며, 상대적으로 근적외광 양자는 증가되어 있음을 알 수 있다.

공동진화(**coevolution**)에 있어서 중요한 요인이 되어 왔다. 예를 들어 고릴라, 침팬지, 인류와 같은 구세계 영장류들(old-world primates)은 세 가지 색(RGB) 시각을 가지고 있는 반면, 신세계 영장류들(new-world primates)의 광수용체는 단지 두 파장의 범위(녹색과 청색이 중심이 되는)에 민감하다. 비교 생리학 및 유전학을 통해 구세계 영장류들의 세 번째 광수용체(564 nm에서 최대 흡수도를 갖는)는 잎에 의해 반사되는 파장에 **조정**되어(**spectrally tuned**) 진화되었음을 보여준다. 이는 동물이 식량 확보 및 나뭇잎 배경으로부터 포식자 인식을 용이하게 함으로써, 결과적으로 환경 적응을 유리하게 만들었을 것으로 생각된다.

초목으로부터 반사되는 빛은 **식물 간 상호작용**(**plant-plant interactions**)에도 중요한 역할을 한다. 식물이 성장하는 자연 환경에서, 각 개체는 **임관**(숲의 우거진 윗부분, **canopies**)을 형성하는 나뭇잎들의 군집으로부터 다른 개체와 경쟁해야 한다. 이웃하는 식물들은 임관 형성에서 야기되는 빛의 스펙트럼상 변화에 반응함으로써 서로를 인지할 수 있다. 예를 들어, 빛이 녹색 잎에 의해 투과되거나 반사되면 적색광(R)에 비해 근적외광(FR)의 비율이 증가한다(그림 8.22) 이러한 R:FR 비율의 변화는 파이토크롬에 의해 인지되어 P_R(불활성화 형태인) 형태의 파이토크롬 비율을 증가시키게 된다. 애기장대와 같이 음지환경에 예민한(shade-intolerant) 식물들은 줄기와 잎자루(petiole) 성장률을 증가시킴으로써 이에 대응한다. 해당 반응을 **음지회피**(**shade avoidance**)라 부르는데, 이는 이러한 급격한 줄기 신장이 해당 식물을 다른 식물들에 의해 야기된 음지환경으로부터 벗어날 수 있게 만들기 때문이다. 그림 8.12의 오이(cucumber)의 PHYB-결여 *lh* 돌연변이체에서 본 바와 같이, R:FR 비율의 변화를 인지하는 기작의 손상은 해당 돌연변이체가 백색광에 있을 때 조차 마치 그늘에 있을 때 처럼 자라게 되는 원인을 제공한다. 음지화(shading)는 청색광/자외선 광수용체에 의해 인식되는 청색광 플루엔스율(fluence rate)을 또한 감소시킨다. 그러므로, 특정 종에서 포토트로핀은 음지회피반응을 위한 광수용체로서 역할을 한다. 이러한 반응은 생존을 위한 필수 전략이며, 그것이 직접적으로 빛의 포획과 광합성 생산성에 영향을 미치므로 작물생산성에 있어 농업적으로 중요한 요소가 된다.

8.3.5 식물들은 청색광, 적색광, 근적외광의 파장의 빛에도 반응한다

광생리학과 관련된 실험실 연구에서, 녹색은 보편적으로 '안전한' 빛으로 사용되는데, 이는 해당 빛이 식물에 최소한의 영향력을 행사하기 때문이다. 그러나 식물의 형태발생 과정이 녹색빛으로부터 부분적으로 영향 받는다는 것을 보여주는 증거들이 발견되고 있다. 다수의 연구를 통해, 녹색빛이 신장, 열대식물 생장, 기공 열림, 색소체의 유전자 발현 등에 음성적 효과를 미침이 보고되고 있다. 이러한 반응의 다수는 알려진 광수용체의 흡수 스펙트럼 측면에서 설명될 수 있다. 예를 들어, 그림 8.7은 파이토크롬, 특히 P_R이

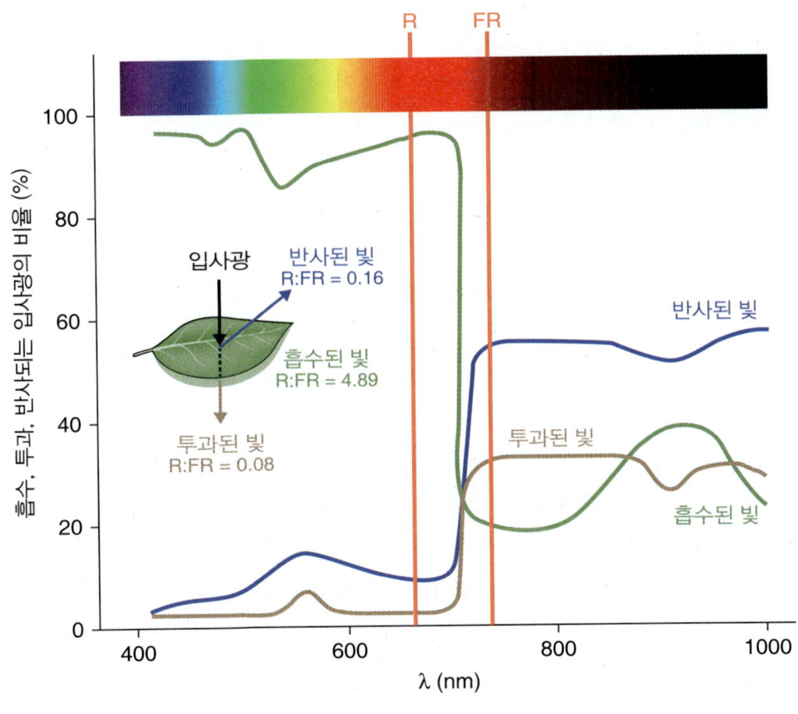

그림 8.22 일반적인 식물 잎에서 보여지는, 400-1000 nm 범위에서의 파장 스펙트럼의 특징. 잎은 400 nm와 700 nm 사이 입사광의 80% 이상을 흡수한다. 근적외광과 적외선 영역에서 흡광도가 급격하게 감소함을 볼 수 있다. 그 결과 흡수된 적색광:근적외선광(R:FR)의 비율(4.89)은 반사(0.16)되거나 투과(0.08)된 빛의 비율보다 훨씬 높다. 이는 반사되거나 투과된 빛에서 파이토크롬이 P_R 형으로 변환되는 결과를 초래한다.

500-600 nm 범위에서 주목할 만한 흡수도를 가짐을 보여주며, 씨앗 휴면타파(breaking seed dormancy)를 위한 PHYA 작용 스펙트럼이 녹색 파장대까지 확대되어 있음을 보여준다(그림 8.13).

크립토크롬에 대한 최근 연구를 통해, 녹색광이 청색광의 효과를 역전시킴이 보고되었으며, 청색광 혹은 녹색광 조사에 의해 산화/환원 형태가 상호변환되고 암전환(dark reversion)에 종속되는 플라빈(flavin) 광회로 모델이 제안되었다(식 8.4 참고). 그럼에도 불구하고, 녹색빛에 대한 특정 반응들은 알려져 있는 광수용체를 기준으로 설명하기가 힘들다. 이에 녹색광에 반응하는 새로운 종류의 광수용체에 대한 연구가 진행되었으며, 그 결과 흥미로운 후보 수용체들이 출현하였다. 청색광은 기공 열림을 자극하는데, 이때 짧은 녹색섬광(short green light pulse)을 제공할 경우 청색광 반응은 제거된다. 이러한 녹색광 효과의 작용 스펙트럼은 540 nm에서 최대치를 보이고 490 nm 및 580 nm에서 최저치를 보이는데, 이는 카로티노이드의 일종인 **제아크산틴**(**zeaxanthin**)의 흡수 스펙트럼이 약 50 nm 만큼 적색광 쪽으로 치우쳤을 때의 양상과 유사하다. 제아크산틴이 결여된 애기장대 돌연변이체의 기공은 청색광 특이적 반응이 결여된다. 제아크산틴은 또한 빛 스트레스를 다루는 기작인 **크산토필 회로**(**xanthophyll cycle**)에서 핵심 요소로 작용한다(9장, 15장 참고). 새로운 종류의 플라보 단백질과 레티날 결합 단백질 등이 종자식물에서 녹색광에 민감한 잠재적 광수용체로서 또한 기능할 수 있음이 보고되고 있다.

8.1.1과 8.1.2절에서 기술하였듯이, 자외선은 생명체에 해로울 수 있다. 특히, 핵산과 단백질은 UVB와 UVC를 강하게 흡수하는데, 이 과정은 핵산과 단백질에 손상을 줄 수 있다. 자외선에 의한 손상은 그 자체가 빛을 인지하는 하나의 이벤트가 될 수 있으며, 이를 통해 신호 전달과 생화학적 반응을 촉발할 수 있다. 기존에 알려진 UV/청색광 수용체들과는 다른 자외선 민감성 광수용체(**ultraviolet-sensitive photoreceptors**)의 존재(하나는 280-300 nm에서, 또 다른 하나는 300-320 nm에서 활성을 갖는)에 대한 증거가 보고되고 있으나, 그들의 화학적 성질과 작용기작은 현재까지 알려져 있지 않다.

키포인트 잎은 560 nm의 빛에 대해 최대 반사율 및 투과율을 보이기 때문에 녹색으로 보인다. 해당 파장은 삼색 시각을 보유한 구세계 영장류들(인간 포함)의 장파장 시각 수용체의 최대 흡수 파장에 근접해 있다. 식물은 파이토크롬을 통해 이웃한 식물로부터 반사/투과되는 적색광/근적외광 비율을 감지하며, 해당 정보를 음지회피 성장 반응을 개시하는 데 사용한다. 청색광과 포토트로핀은 또한 음지회피반응에 역할을 한다. 카로티노이드 중 하나인 제아크산틴은 녹색광에 대한 기공 반응에 관여하는 잠재적 광수용체로 알려져 있다. 400-320 nm (UVA)와 320-280 nm (UVB) 범위의 자외선 또한 광형태형성을 유발할 수 있으며, 경우에 따라 식물에 해로운 영향을 끼친다. 자외선은 특정 수용체들에 의해 감지된다.

8.4 엽록소 및 다른 테트라피롤의 생합성

암소에서 발아되고 성장하는 유묘들은 옅은 노란빛을 띠는 반면, 빛 존재하에서 자라는 유묘는 녹색을 띤다. 이러한 색깔의 변화는 빛 존재시에만 발생하는 엽록소의 합성 및 기능적 광합성 기구의 생산 때문이다. 이번 절에서는 엽록소의 합성 과정 및 이러한 합성을 위해 요구되는 빛 의존성에 대해 논의할 것이다. **엽록소**(chlorophyll, **Chl**)는 피롤(pyrorle) 그룹 4개가 연결된 **테트라피롤**(**tetrapyrrole**) 그룹 분자들 중 하나이다. 앞에서 언급한 피토크로모빌린 또한 테트라피롤이며, 또 다른 중요한 테트라피롤 중 하나가 **헴**(**heme**)이다. 헴은 혈액 내 산소운반 단백질인 헤모글로빈의 구성요소로 가장 잘 알려져 있다. 레그헤모글로빈(Leghemoglobin)은 식물의 질소고정과정에 필수적인 헴 단백질(hemoprotein)인데, 이는 질소고정효소인 나이트로지네이즈(nitrogenase)의 억제를 막기 위해 산소를 격리시키기 때문이다(12.4.4절). 헴은 또한 호흡(7장)과 광합성(9장) 시 전자전달에 관여하는 **시토크롬**(**cytochrome**)의 보조인자이며, **퍼옥시데이즈**(**peroxidase**)와 같은 특정 효소의 보조인자이다. 모든 태트라피롤 생합성의 초기 단계는 동일하며, 합성 과정은 최종 산물에 따라 분지된다. 엽록소의 경우, 모든 생합성효소 유전자들은 핵에서 암호화됨에도 불구하고, 생합성효소 단백질들이 색소체에서 발견된다(그림 8.23). 엽록소 생합성을 위해 요구되는 유전자들 대부분은 빛 의존적인 방식으로 조절되며, 그들 중 일부는 일주기성 리듬(circadian rhythms)에 따라서 발현되기도 한다. 빛 이외의 환경적인 요인들 역시 엽록소 생합성을 부분

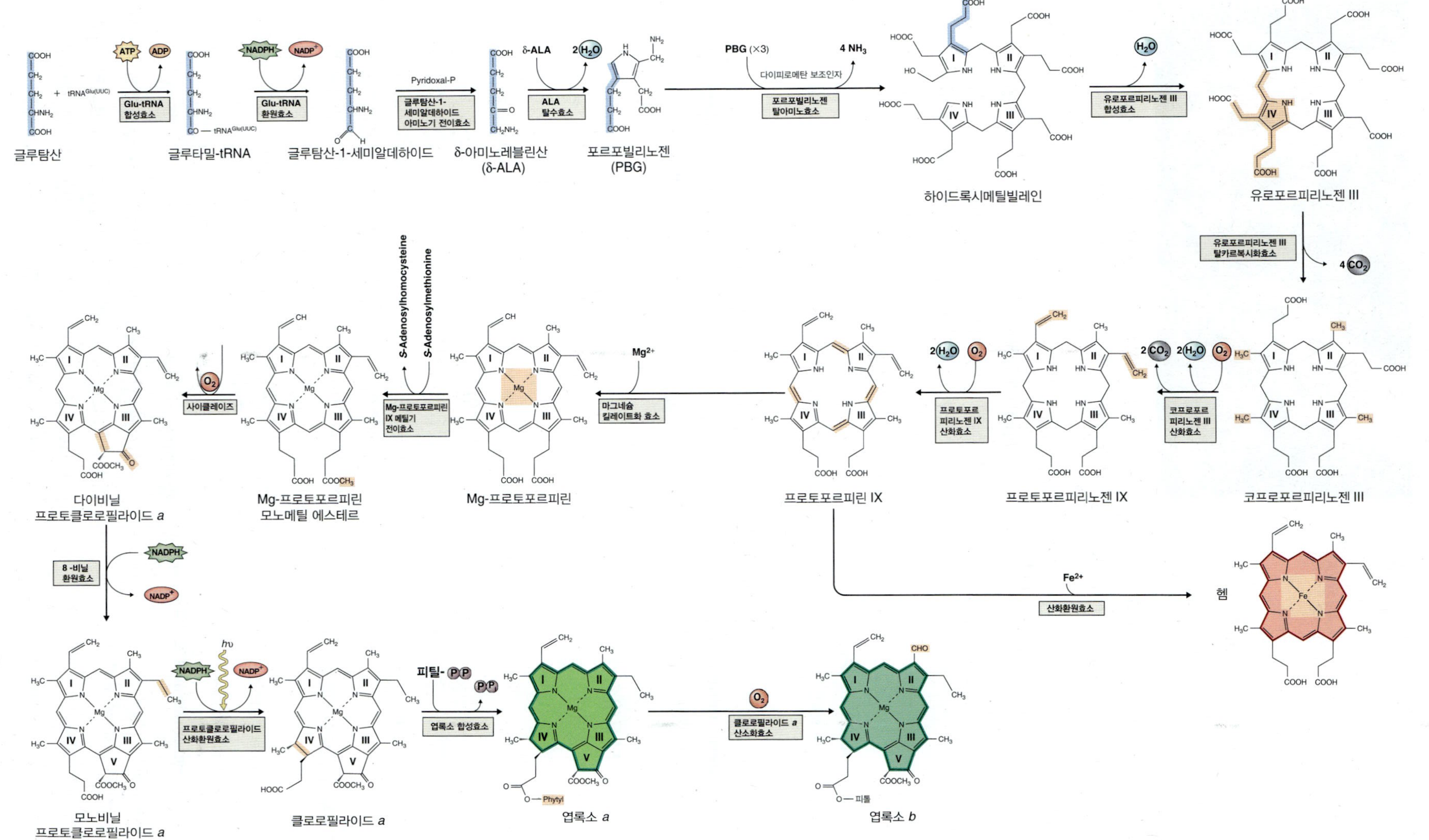

그림 8.23 테트라피롤의 생합성 경로. 엽록소와 헴은 글루탐산으로부터 델타-아미노레블린산(ALA) 합성을 시작하는 분지 경로에 의해 생합성된다. 다음 세 단계에서 ALA 8분자는 프로토포르피린 IX의 전구체인 유로포르피리노겐 III의 고리 구조로 형성되기 위해서 프로포빌리노겐(PBG) 합성효소를 통해 결합된다. 이 시점 이후 헴과 엽록소 경로는 분지된다. 엽록소 합성에는 마그네슘 결합효소의 관여로 프로토포르피린IX 고리에 마그네슘이 필요하다. 반면에 헴은 철결합효소의 관여로 고리에 철을 포함한다. 엽록소 합성경로에서 속씨 식물의 경우 마지막에서 두번째 단계에 광의존효소인 원엽록소의 산화환원효소가 필요하다. 이것은 엽록소 *a* 형태에 피톨고리가 부착된 클로로필리드를 생성한다. 엽록소 *b*는 엽록소 *a*로부터 합성된다.

적으로 조절한다.

8.4.1 아미노레블린산은 테트라피롤 생합성의 전구체이다

테트라피롤 생합성은 아미노레블린산(aminolevulinic acid, ALA)의 형성으로부터 시작된다. 아미노레블린산 생합성의 첫 단계는 식물에서 **글루타밀 tRNA 환원효소(glutamyl tRNA reductase, GluTR)**에 의해 촉매되며, 전체 과정 중 속도조절(rate-limiting) 단계이다. GluTR은 *HEMA1* 유전자에 의해 암호화된다. 빛에 의한 엽록소 생합성 자극에 작용하는 광수용체는 PHYA, PHYB, CRY1, CRY2이다. 해당 과정은 *HEMA1*의 전사량을 조절함으로써 이루어진다.

식 8.5 Glu-tRNA 환원효소(GluTR)

$$\text{Glutamate-1-semialdehyde} + NADP^{+} + \text{tRNA(Glu)} \rightleftharpoons \text{glutamyl tRNA(Glu)} + NADPH$$

해당 단계의 주 생성물 중 하나인 헴은 식물 GluTR의 다른자리입체성 억제자(allosteric inhibitor)로 작용한다. 그러므로, 만약 분해가 억제되어 헴이 축적된다면, 엽록소 전구체의 생합성 또한 감소할 것이다. 아미노레블린산 생합성은 GLuTR과 결합하는 *FLU* 유전자 산물에 의해 암조건에서 하향조절된다. *FLU*의 돌연변이는 식물이 암조건에서 형광을 띤 엽록소 생합성의 중간단계 산물을 축적하는 결과를 야기한다.

8.4.2 테트라피롤 대사과정의 고리형 중간산물은 잠재적 감광제이다

식 8.6 아미노레블린산으로부터 유로포르피리노젠(uroporphyrinogen)의 합성

8.6A 포르포빌리노젠(Porphobilinogen) 합성효소

$$2\ \text{5-Aminolevulinate} \rightarrow \text{porphobilinogen} + 2H_2O$$

8.6B 하이드록시메틸빌레인(Hydroxymethylbilane) 합성효소

$$4\ \text{Porphobilinogen} + H_2O \rightarrow \text{hydroxymethylbilane} + 4NH_3$$

8.6C 유로포르피리노젠(Uroporphyrinogen) III 합성효소

$$\text{Hydroxymethylbilane} \rightarrow \text{uroporphyrinogen III} + H_2O$$

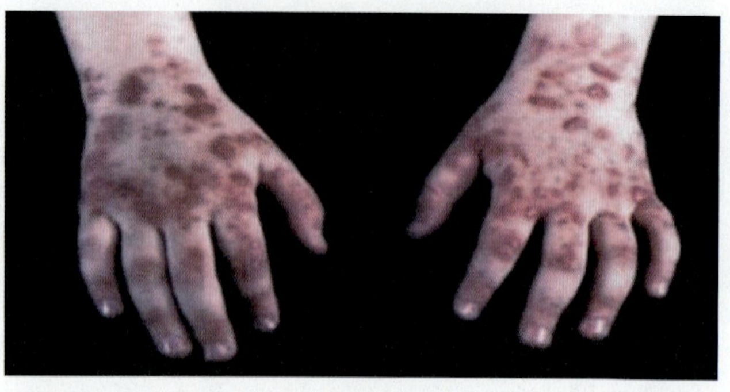

그림 8.24 포르피린병을 앓는 환자에게서 보여지는 피부 병변. 포르피린병은 테트라피롤 생합성 중간산물의 축적에 의해 유도된, 헴 생합성경로에 결함이 생긴 질병이다.

생합성 과정에서 첫 번째 고리형 테트라피롤인 유로포르피리노젠(uroporphyrinogen) III은 아미노레블린산 8분자의 축합반응에 의해 형성되며(식 8.6), 그 후, 3단계의 산화과정을 통해 프로토포르피린(protoporphyrin)으로 전환된다. 해당과정 동안 분자들의 광반응성은 증가되는데, 이는 식물들에게 잠재적으로 손상을 줄 수 있다. 엽록소 및 기타 테트라피롤들이 빛을 흡수할 때, 그들은 에너지를 다른 분자들에게 전달하는데, 이는 활성산소종의 생성을 야기하며 결국 단백질과 지질막에 손상을 줄 수 있다. 이러한 이유로 인해, 테트라피롤 생합성은 엄격하에 조절되며, 돌연변이 및 화학적 처리를 통한 광반응 중간산물의 축적은 식물이 빛에 의한 손상에 대해 매우 민감해지도록 만든다. 8.4.1절에 기술된 *FLU* 유전자의 돌연변이는 광독성(phototoxic) 물질이 축적되게 만드는 원인들 중 하나가 된다. 이러한 특성은 테트라피롤 생합성의 중간단계 산물이 질병 치료, 특히 **광역학적 치료법(photodynamic therapy)**을 이용한 암종양 치료에 유용하도록 만든다. 해당 치료법에서, 빛을 인지하는 물질(광반응 중간산물)을 질병 조직으로 위치시킨 후, 고강도의 빛 처리를 통해 암세포를 죽이는 활성산소종의 국부적 생산을 유도한다. 테트라피롤 생합성 전구체인 아미노레블린산은 이러한 광역학적 치료법에 널리 사용되고 있다. 엽록소 이화작용의 초기 중간단계 물질들(18장 참고) 또한 광활성을 띤 테트라피롤인데, 그중 하나인 페오포바이드(pheophorbide)는 지질의 과산화 및 종양 성장의 중지를 유발하는 치료법에 사용되는 또 다른 감광제이다.

식물과 같이 동물 또한 테트라피롤 중간단계 산물이 비정상적으로 축적되면 손상을 입는다. 포르피린병(porphyrias)으로 알려진 여러 인간 질병들은 헴 생합성과정에 특이적인 효소들의 결핍에서 유래된다. 예를 들어, 유

로포르피리노젠(uroporphyinogen) III 합성효소, 코프로포르피리노젠(coproporphyrinogen) III 산화효소, 프로토포르피리노젠(protoporphyrinogen) 산화효소, 철 킬레이트화 효소(ferrochelase) 등의 결핍은 감광성과 연관된 증상을 보이는 질환을 초래한다. 해당 환자들은 고강도의 빛에 의해, 통증을 수반한 피부 병변이 발달된다(그림 8.24).

8.4.3 프로토포르피린은 엽록소 혹은 헴 생성의 분지점에 위치한다

그림 8.23에 보여진 코프로포르피리노젠 III 산화효소까지의 모든 합성 단계의 모든 효소들은, 스트로마 혹은 막에 느슨하게 결합된 상태로 색소체에서 발견된다. 그러나 다음 단계의 효소들은 마이토콘드리아막 및 플라스티드막에 위치한다. 만약 이 단계에서, 테트라피롤이 마이토콘드리아의 시토크롬(cytochrome)으로 전환되도록 운명되어 있다면, (관련 수송체는 아직 밝혀지지 않았으나) 테트라피롤은 색소체에서 마이토콘드리아로 이동한다.

식 8.7 철 킬레이트화 효소(ferrochelatase)

$$\text{protoporphyrin} + Fe^{2+} \rightarrow \text{protoheme} + 2H^{+}$$

식 8.8 마그네슘 킬레이트화효소(magnesium chelatase)

$$\text{ATP} + \text{protoporphyrin IX} + Mg^{2+} + H_2O$$
$$\rightarrow \text{ADP} + P_i + \text{Mg-protoporphyrin IX} + 2H^{+}$$

프로토포르피린(**protoporphyrin, Proto**)은 두 가지 다른 운명이 가능하다(식 8.7과 8.8). 만약 Fe^{2+}가 테트라피롤 고리의 중심으로 삽입된다면 그 분자는 헴이 된다. 반면, Mg^{2+}의 삽입은 **클로로필라이드**(**chlorophyllide, Chlide**)를 거쳐 엽록소의 합성을 이끈다. 식물의 이러한 과정은 금속 **chelatase**인 **철 킬레이트화 효소**(ferrochelatase, **FeCh**)와 **마그네슘 킬레이트화 효소**(magnesium chelatase, **MgCh**)에 의해 각각 수행된다; 두 효소가 같은 세포 내 구획에 존재할 경우, 그들은 동일 기질인 Proto을 놓고 경쟁한다. FeCh가 색소체와 마이토콘드리아에서 발견됨에도 불구하고, 식물 대부분의 헴 생합성은 색소체에서 일어난다. 식물 MgCh는 3개의 소단위체인 CHLI, CHLD, CHLH로 이루어진다. 속씨식물에서 색소체막과 스트로마 간의 CHLH 및 CHLD 분포는 내부 Mg^{2+} 농도에 의존한다. CHLH가 Proto 기질을 운반하는 반면, CHLI-CHLD 복합체는 마그네슘(magnesium) 이온을 제공하는 것 같다.

8.4.4 파이토크롬의 발색단은 헴으로부터 합성된다

8.2.2절에서 논의하였듯이, 파이토크롬은 이량체 단백질이다. 파이토크롬의 2개의 단량체 각각은 선형 테트라피롤인 피토크로모빌린과 공유결합을 통해 연결되어 있다(8.2.1절과 그림 8.6 참고). 해당 화합물은 헴으로부터 합성된다(그림 8.25); 합성의 중요 단계는 **헴 산소화효소**(**heme oxygenase**)에 의한 헴의 절단을 통해 빌리베르딘(biliverdin) IXa를 생성하는 것인데, 이 반응은 산소, 전자공여체인 페레독신(ferredoxin, Fd)을 요구하며, 일산화탄소와 Fe^{2+}를 생성한다(식 8.9).

식 8.9 헴 산소화 효소(oxygenase)

$$\text{Heme} + 3Fd_{red} + 3O_2$$
$$\rightarrow \text{biliverdin} + Fe^{2+} + CO + 3Fd_{ox} + 3H_2O$$

다음으로, 페레독신 의존적 효소인(3E)-피토크로모빌린 합성효소는 빌리베르딘 IXa를 3Z-이성질체 형태의 피토크로모빌린으로 환원시키고, 이어서 메틸그룹의 뒤집힘을 통해(이성질화된) 파이토크롬 발색단의 활성화 배열형태인(3E)-피토크로모빌린이 생성된다. 이러한 이성질화 단계가 자발적으로 일어나는지 아니면 효소에 의한 촉매 반응을 통해 일어나는지는 아직 명확히 알려져있지 않다. 그림 8.25은 피코사이아노빌린(phycocyanobilin), 피코에리트로빌린(phycoerythrobilin)을 포함한 다른 빌린의 생성 과정을 함께 보여주고 있다. 해당 화합물들은 청록색 세균 및 몇몇 조류들의 광합성 색소인 피코빌리 단백질(phycobiliprotein)의 발색단으로 기능한다.

키포인트 엽록소, 헴, 피토크로모빌린은 엽록체 내 공통적 생합성 기원을 지닌 테트라피롤이다. 속도 조절 반응(rate-limiting reaction)은 *HEMA1* 유전자에 의해 암호화되는 글루타밀 tRNA 환원효소(GluTR)에 의해 촉매화된다. *HEMA1* 유전자는 PHYA, PHYB, CRY1, CRY2에 의해 전사량이 조절된다. 헴은 GluTR 활성에 대한 다른자리 입체성 피드백 억제자이다. GluTR 및 아미노기 전이 효소(aminotransferase)의 산물인 아미노레불린산은 암조건에서 FLU 단백질에 의해 하향조절된다. 유로포르피리노젠

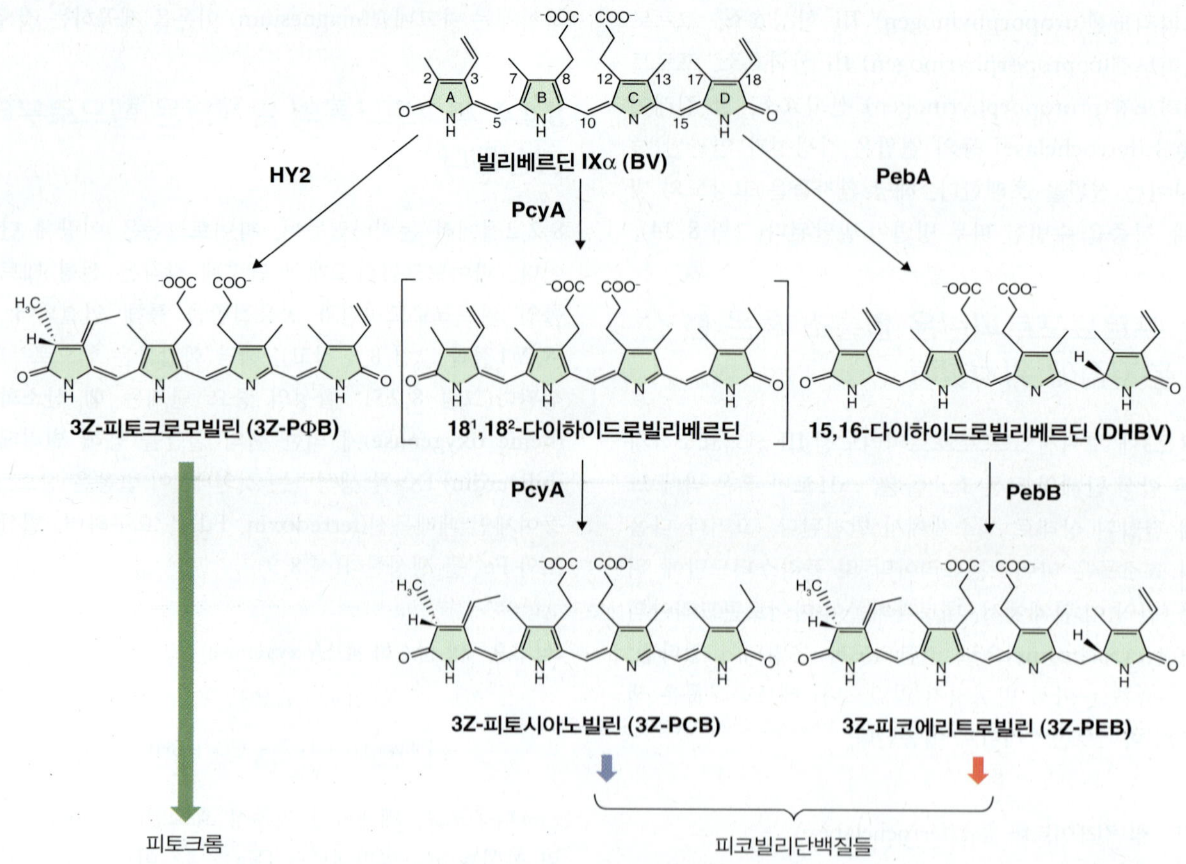

그림 8.25 선형의 테트라피롤인 빌리베르딘 IXα(BV)로부터 생합성되는 피토크로모빌린 및 기타 식물 빌린들. 파이토크롬에서 발견되는 3E-피토크로모빌린 발색단의 전구체인 3Z-피토크로모빌린은 피토크로모빌린 합성 효소(HY2)의 작용에 의해 생성된다. 피코시아노빌린:페레독신 산화환원효소(PcyA)는 피코시아노빌린(PCB)의 합성에 관여한다. 피코에리트로빌린(PEB)의 형성을 위해, 아래의 두 효소에 의해 촉매되는 일련의 반응이 요구된다: BV의 C-15 메틴 브릿지를 감소시키는 15, 16-다이하이드로빌리베르딘:페레독신 산화환원효소(PebA); 15,16-디하이드로빌리베르딘(DHBV)의 A-고리 디엔 구조를 감소시키는 피코에르트로빌린:페레독신 산화환원효소(PebB).

(uroporphyrinogen) III은 첫 번째로 생성되는 고리형 테트라피롤 중간산물이며, 3단계의 산화반응을 통해 분지점에 존재하는 중간산물인 프로토포르피린(Proto)로 변환된다. 고리형 테트라피롤 중간산물은 잠재적인 광감제인데, 이의 비정상적인 축적은 빛에 의한 유해 병변을 유발한다. 엽록소와 빛에 의해 합성되는 헴은 엽록체에서 Proto에 의해 생성된다. 마이토콘드리아로 수송되는 Proto는 호흡 과정에 사용되는 시토크롬 헴의 전구체로 사용된다. 헴으로의 철 원자는 철 킬레이트화 효소(FeCh)에 의해, 엽록체로의 마그네슘 원자는 마그네슘 킬레이트화효소(MgCh)에 의해 각각 삽입된다. 파이토크롬의 피토크로모빌린은 두 단계의 페레독신 의존적 반응을 통해 헴으로부터 합성되는데, 그중 첫 단계는 헴 산소화효소(heme oxygenase)에 의해 촉매된다. 두 번째 단계인 환원 과정을 통해 생성된 산물은 이성질화 과정을 통해 활성을 띤 발색단으로 전환된다.

8.4.5 종자식물에서 프로토클로로필라이드의 클로로필라이드로의 전환은 빛 의존적이다

엽록소 a 생합성의 마지막 단계는 D고리 내 17번째 탄소와 18번째 탄소 간에 형성되어 있는 이중결합의 환원 과정을 통해 프로토클로로필라이드(protochlorophyllide, Pchlide)가 클로로필라이드(Chlide)로 전환되는 것이다(그림 8.23). 해당 반응을 촉매하는 효소는 **NADPH-프로토클로로필라이드 산화환원효소(NADPH-Pchlide oxidoreductase, POR**; 식 8.10)이다.

식 8.10 NADPH-프로토클로로필라이드 산화환원효소(POR)

$$\text{Protochlorophyllide} + \text{NADPH} + H^+ \rightarrow \text{chlorophyllide a} + \text{NADP}^+$$

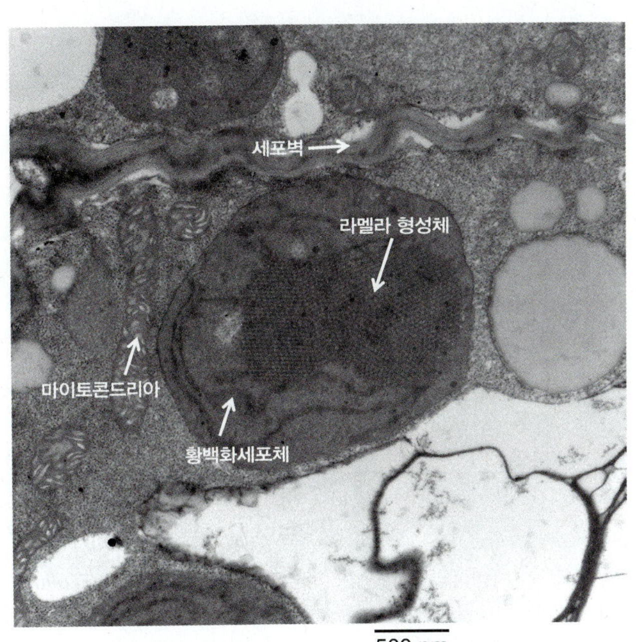

그림 8.26 암소에서 성장한 애기장대 유식물의 황백화색소체.

조류, 호기성(aerobic) 광합성 세균, 우산이끼류(liverworts), 겉씨식물 등은 세 가지 소단위체로 구성된 빛 비의존적 형태의 POR을 가지고 있다. 그러나 속씨식물의 경우, 진화 과정 중 어떤 시점에서 빛 비의존적 형태의 POR을 잃어버렸으며, 그 결과 박테리오클로로필(bacteriochlorophyll)을 가지고 있는 몇 종류의 혐기성(anaerobic) 세균을 제외한 모든 광합성 생물에서 발견되는 빛 의존적 형태만 보유하게 되었다. 이것은 속씨식물의 엽록소 생합성의 마지막 단계가 전적으로 빛을 요구함을 의미한다; 빛 부재시, 잎의 색소체는 엽록체 대신 **황백화색소체(etioplast)**가 된다(그림 8.26).

엽록소 합성을 위해 가장 중요한 효소인 빛 의존적인 POR은 35-38 kDa 크기의 단량체 효소이다; 속씨식물에서, 빛과 발달 과정에 따라 다른 조절 양상을 보이는 소유전자족에 의해 암호화된다. 예를 들어, 보리에는 2개의 *POR* 유전자가 존재하는 반면 애기장대에는 3개가 존재한다. 애기장대 *PORA*는 암조건에서 특이적으로 발현되며 *PORB*는 항시적으로 발현되고 *PORC*는 빛에 의해 유도된다. 그림 8.26에서 보듯이, 황백화색소체의 많은 부분을 차지하는 격자 모양의 구조는 크게 Pchlide, NADPH, POR로 구성되어 있다. PChlide는 복합체 내에서 광수용보조단(photoreceptive prosthetic group)으로 기능한다. 황백화색소체를 가지고 있는 조직에 빛이 조사되었을 때, POR은 Pchlide를 Chlide로 급격하게 변환시키며, 황백화색소체의 내부 구조는 전형적인 엽록체의 형태로 재편된다(4.6.2절 참고). 애기장대 POR의 주요한 '암'형태 전구체인 폴리펩티드(polypeptide) prePORA는 기질 의존적으로 세포질 내 합성 장소에서 색소체 내로 유입되므로 PORA 전구체를 위하여 충분한 양의 Pchlide가 색소체 내에 존재해야만 한다.

PORA는 파이토크롬을 포함하여 광수용체로 작용하는 소수의 식물 단백질들 중 하나이다. 암조건에서 발아된 유묘 내에서, 위에서 언급된 POR, Pchlide, NADPH를 가지고 있는 황백화색소체 복합체는 안정적이다. 그러나 빛 조사 및 PChlide의 Chlide로의 전환시, POR은 방출되고 급격하게 **분해**되며(**proteolysis**), 그 결과 POR 단백질의 대부분은 빛 존재시 사라진다. POR의 광수용체적 성질은 파이토크롬의 그것과 유사하다: POR은 세포와 조직에서 광형태학적 변화를 유발하는 테트라피롤 발색단을 보유하고 있으며, POR의 테트라피롤 발색단은 식물 조직에 의해 인식되는 빛을 통해 그 형태와 양이 조절된다. POR 단백질의 기능은 황백화색소체에서 엽록체로 전환되는 과정의 연구를 통해 자세히 규명되어 왔다. 빛 존재하에 자라는 식물에서, 엽록소 합성에 관여하는 다른 형태의 애기장대 POR인 PORC는 활성을 위해 여전히 빛을 요구하지만, 해당 단백질의 분해 조절 기작에 대해서는 아직 잘 알려져 있지 않다.

8.4.6 엽록소 a와 b를 만들기 위해 클로로필라이드에 피톨이 부가된다

POR 촉매 반응에 의해 형성되는 산물은 클라이드(Chlide) a이다. 엽록소 a 생합성의 마지막 단계에서, 탄소 18개로 구성된 **피톨(phytol)** 곁사슬이 더해지는데(식 8.11), 이 과정은 클라이드와는 다르게 소수성 성질을 띤 엽록소를 만드는 과정이다. 해당 과정을 수행하는 효소는 **엽록소 합성 효소(chlorophyll synthase)**로서, 에스테르화 반응을 통해 피틸 파이로인산염(phytyl pyrophosphate)을 엽록소의 C_{18} 프로피오닐(propionyl) 그룹에 첨가한다.

식 8.11 엽록소 합성효소

$$\text{Chlorophyllide a} + \text{phytyl pyrophosphate} \rightarrow \text{chlorophyll a} + PP_i$$

엽록소 b 형성은 피톨 곁사슬 첨가 뿐 아니라, 클라이드 C-7 메틸그룹이 포르밀(formyl)로 산화되는 과정을 필요로 한다. 이러한 산화 과정(식 8.12)은 철과 황을 보유하고 있는 단일산소화효소(monooxygenase)인 **클라이드 a 산소화효소(Chlide a oxygenase)**에 의해 수행된다. 해당 효소의 기질은 엽록소 a라기 보다는 클라이드 a이며, 엽록소 합성 효소에 대한 기질인 클라이드 b를 생성한다.

식 8.12 클로로필라이드 a 산소화효소

7-Hydroxychlorophyllide a + O_2 + NADPH

→ chlorophyllide b + $2H_2O$ + $NADP^+$

이 절에서 보여준 바와 같이, 엽록소는 광합성 기구의 핵심이며, 엽록소 생합성 과정 및 기능은 빛 의존적이다. 이는 자가영양 식물의 성장 및 형태형성에서 빛이 중심적인 역할을 수행하고 있음을 다시 한번 보여준다.

키포인트 엽록소 a의 중간단계 전구체인 클로로필라이드 a는 NADPH-프로토클로로필라이드(protochlorophyllide) 산화환원효소(POR)에 의해 촉매되는 빛 의존적 효소 반응의 산물이다. 부가적인 빛-비의존적 형태의 POR은 조류, 혐기성 광합성 세균, 우산이끼류, 겉씨식물 등에는 존재하는 반면, 속씨식물의 경우에는 없어 진화과정 동안 해당 효소를 잃어버린 듯 보인다. 대부분의 속씨식물의 POR 유전자족은 2-3개의 유전자로 이루어져 있다. 애기장대의 *PORA*는 암조건에서 특이적으로 발현되며 PHY에 의해 하향조절된다. PORA 경우, 황백화색소체 내에서 결정화 구조를 형성하며, 빛 조사 후 엽록체 발달시 단백질 분해 과정을 통해 소멸된다. *PORB*는 항시 발현하며 *PORC*는 빛에 의해 유도된다. POR은 광수용체로서 작용하는데, 이 경우 프로토클로로필라이드를 발색단으로 사용한다. 클로로필라이드 b는 클로로필라이드 a 산소화효소에 의해 촉매되는 클로로필라이드 a의 반응 산물이다. 엽록소 a와 b는 엽록소 합성효소가 촉매하는 에스테르화 반응을 통해, C_{18} 알코올인 피톨 및 클로로필라이드로부터 합성된다.

8.5 일주기성, 광주기성 조절

진화의 초기 과정 동안, 생명체는 지구 회전에 의해 유발된 빛과 온도의 낮-밤 주기에 맞추어 생물학적 과정을 발달시켰다. 가장 근본적인 이유는 DNA 자외선의 유해 효과를 피하기 위해, 오직 밤 동안에만 DNA를 복제하기 위한 것으로 알려지고 있다. 현대의 식물, 동물, 균류 및 다수의 기타 생명체들 역시 그러한 생물학적 활성의 순환

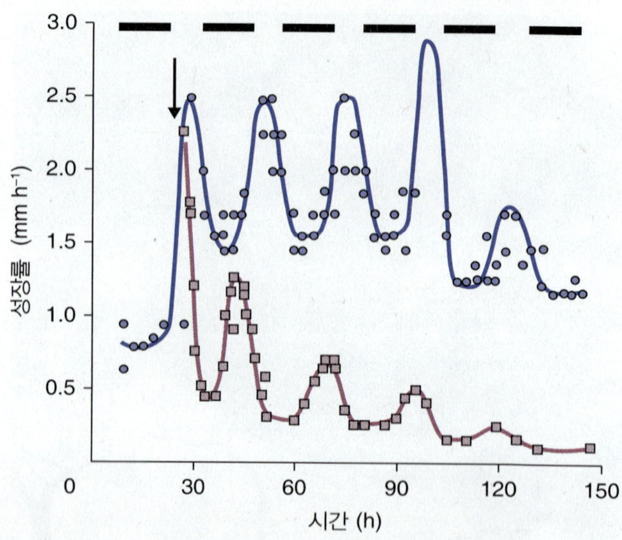

그림 8.27 잎 성장의 일주기성 리듬. 20℃에서의 독보리(*Lolium temulentum*) 유식물 4번째 잎의 성장률을 8/16시간 명/암의 광주기 조건(●)에서, 그리고 24시간째 지속적 암조건으로 이동시킨 후(■)(화살표)에 측정하였다.

적 조절을 보여주고 있다. 이 장의 앞에서 기술한 바와 같이, 빛 자체가 조절 역할을 하기도 하지만, 생명체들은 또한 하루 단위로 일어나는 생명 현상(소위 **일주기성 리듬, circadian rhythm**이라 불리는)들을 체계화시키기 위한 **생물학 시계(biological clock)**를 소유하고 있기도 하다. 정상적인 명-암 주기하에서, 일주기성 리듬은 해당 주기에 **동조화(entrained)**된다; 즉, 일주기성 리듬의 지속과 주기는 낮-밤 서열의 지속 및 주기와 일치된다. 그러나 생명체가 낮과 밤의 정상적인 환경으로부터 벗어나, (예를 들어) 지속적인 빛의 환경하에 놓인다 해도 일주기성 리듬은 그 뒤 며칠 동안 혹은 심지어 그 이상의 기간 동안 약 24시간의 주기를 가지고 작동을 지속한다. 그림 8.27은 비록 리듬의 진폭이 점차 감소하고 주기가 원래 24시간의 간격에 비해 상대적으로 길어짐에도 불구하고, 초종(grass species)에서 잎이 성장하는 시점은 암조건에 있을 때에서조차 일주기 리듬을 따르고 있음을 보여준다.

적도 근처 지역에서, 낮-밤 주기는 연중내내 거의 변하지 않는다. 그러나 이보다 남쪽 혹은 북쪽 지역에서는, 자전축의 기울어짐에 의해 낮과 밤의 비율이 끊임 없이 변화한다(그림 8.28). **광주기성 조절(Photoperiodic control)**이란 낮과 밤의 상대적인 길이에 따른 생물학적 과정의 조절을 의미한다. 뒤에서 보여지듯이, 광주기 조절을 적절히 수행하기 위해서, 식물은 빛의 존재 여부에 따라 제공되는 외부 신호와 식물의 내재적인 일주기성 리듬을 '비교'할 필요가 있다.

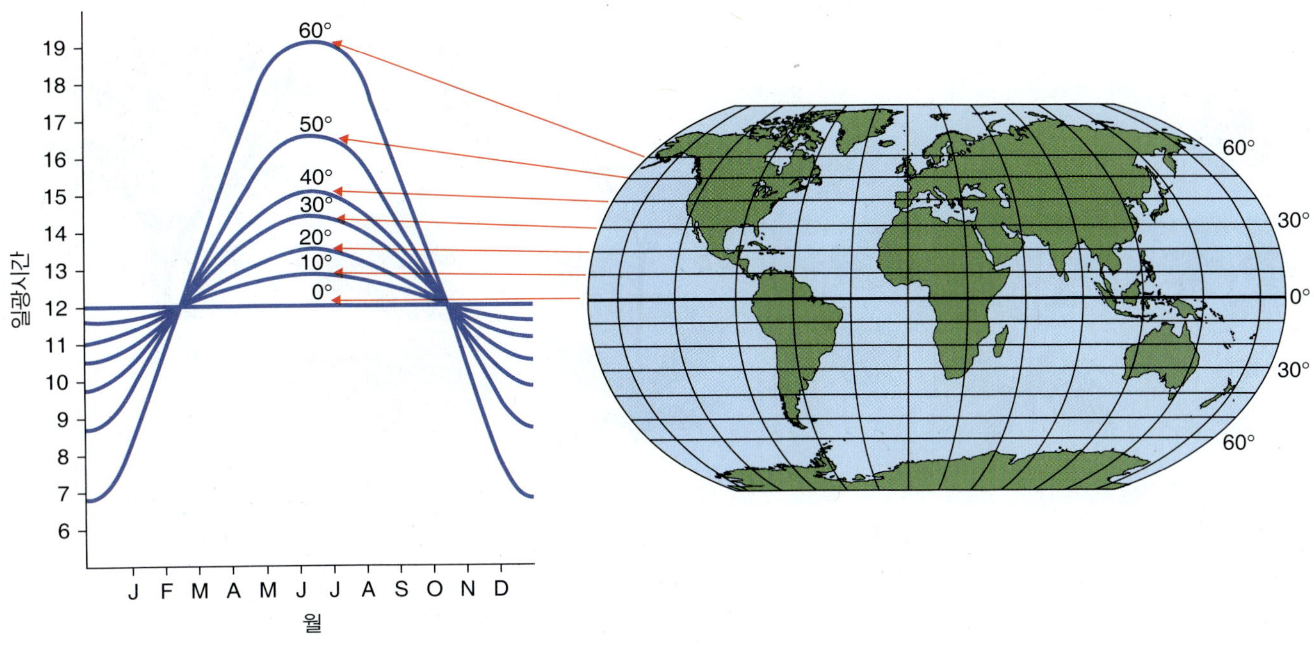

그림 8.28 위도와 연중 낮 길이의 관계 (매월 20일에 측정).

8.5.1 일주기성 리듬과 낮-밤 주기는 생물학적 기능을 정확하게 조절하기 위해 동기화되어야만 한다

일주기성 리듬의 적절한 기능화는 모든 생물에게 중요하다. 예를 들어, 다수의 시간대를 통과하는 여행 시에 유발되는 인간의 시차 부적응 현상은, 현재 속해 있는 환경의 낮-밤 주기에서 생체시계가 벗어나 있음을 의미한다. 이러한 생체시계는 변화된 낮-밤 주기에 며칠 동안 노출됨으로써 **재편**(**reset**)된다. 그러나 신체 과정은 이와 다른 속도로 재편되는데, 이 과정 동안 수면 장애, 소화 장애, 두통, 혼미함 등을 동반한 여러가지 불쾌 증상을 경험하게 된다. 식물 또한, 낮-밤 주기에 알맞은 일주기성 시계를 지닌 식물이 부정확한 일주기성 시계를 지닌 돌연변이 식물보다 더 많은 탄소를 고정하고, 더 빨리 자라며 경쟁관계에서 우위를 점한다. 선택적 생존에 대한 압박 때문에, 모든 종은 보다 정확한 시계의 존재를 선호하게 된다.

일주기성 리듬은 **세포 자치적**(**cell autonomous**)이다. 즉, 일주기성 리듬은 크게 볼 때 개체의 각 세포에서 각각 독립적으로 세팅된다. 잎에 존재하는 각 세포의 시계들은 장시간의 암조건에서 조차 서로 간에 약하게 동기화(synchronized)되어 있다. 그리하여 기공 열림처럼 리듬을 가지고 있는 식물의 행동은 전체 잎을 통해 함께 일어난다. 그러나 뿌리의 경우 단지 일부의 일주기성 조절 유전자만을 사용한다. 정상적인 상태에서는 뿌리가 빛에 노출되지 않으므로, 뿌리는 낮-밤 주기에 일치하는 시계를 유지하기 위해 잎으로부터 제공되는 신호에 의존하는 것으로 생각된다.

일주기성 시계는 식물 유전자들을 높은 비율로 조절한다(애기장대 단백질 암호화 유전자의 25-30%가 일주기성 조절의 지배하에 있는 것으로 추산된다). 그림 8.29에서 보여지는 바와 같이, 해당 유전자들은 다양한 필수 과정들에 참여한다. 식물은 또한 일주기성 시계를 낮과 밤의 **지속성**(**duration**)을 측정하기 위해 사용하는데, 이는 계절을 감지하거나 꽃 개화 혹은 잎 노화 개시시점 등 원활한 식물 생장을 위해 적절한 시기에 일어나야 하는 다양한 과정에 영향을 미친다. 여기서는 식물 일주기성 리듬의 특징을 먼저 살펴보고, 다음으로 **광주기현상**(**photoperiodism**), 계절에 따라 달라지는 낮과 밤 길이의 변화에 대한 식물의 반응 등을 알아보고자 한다.

8.5.2 유전적으로 조절되는 연쇄 피드백 고리는 일주기성 시계 기작의 근간을 이룬다

일주기성 시계의 기능이 모든 생명체에서 유사해 보임에도 불구하고, 식물에서 이러한 기작을 조절하는 유전자들은 동물 혹은 균류의 그것들과 매우 다르다. 해당 시계의 보유가 다양한 선택적 이득을 부여 받기 때문에, 아마도 상

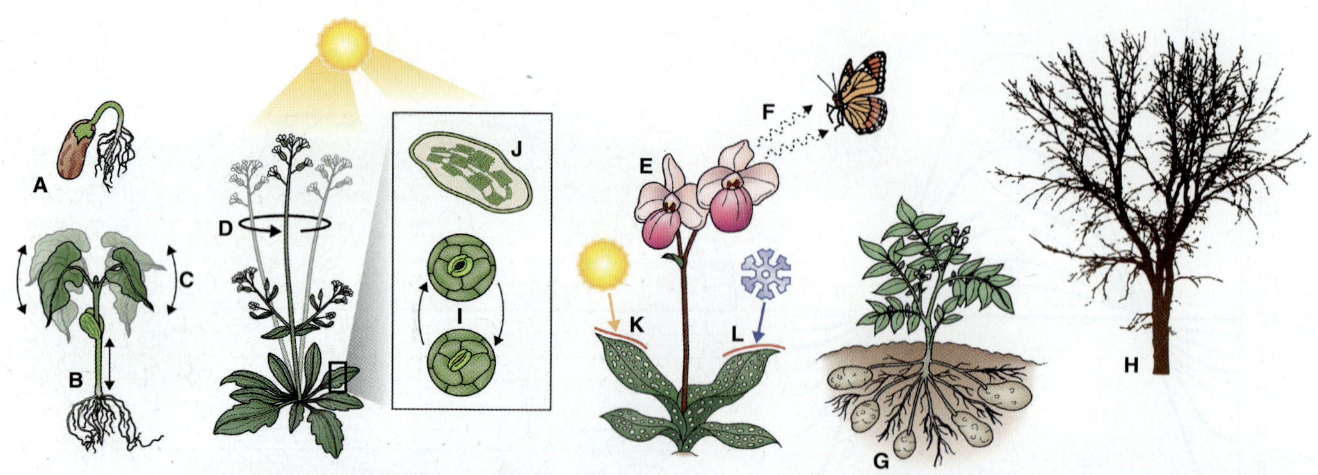

그림 8.29 일주기성 시계는 식물 생활주기의 여러 측면을 조절한다 : (A) 발아; (B) 신장생장과 음지 회피; (C, D) 잎과 꽃의 움직임; (E) 개화시간; (F) 향 분비; (G) 괴경 형성; (H) 겨울 휴면; (I) 기공 열림; (J) 광합성; (K,L) 극한 온도하에서의 보호.

이한 개체들마다 관련 유전자들을 갖는 과정에서, 다수의 독립적인 진화적 이벤트들이 있었을 것이다. 분자생물학적 및 유전학적 수준에서의 연구를 통해, 지구의 24시간 주기에 대한 해당 시계들의 동기화 과정이, 소위 **시계 유전자**(**clock gene**)라 불리는 상당히 적은 수의 유전자들을 조절하는 일련의 **피드백 고리**(**feedback loop**)를 통해 일어났음을 알 수 있다. 단순한 피드백 고리에서(그림 8.30), 자극은 유전자 전사량을 증가시키고, 해당 단백질의 합성 및 다른 하위단계 효과를 이끈다. 증가된 단백질은 보통 시간이 흐른 뒤, 해당 유전자 전사량의 감소를 유도하게 된다. 결국 전체적인 효과를 보면, 해당 단백질에 의해 조절되는 특정 과정 및 해당 단백질의 양이 **진동**(**oscillation**) 형태를 보이게 된다. 보다 정교한 조절은 그림 8.31에서 보이듯이 연쇄적인 고리가 참여할 때 이루어질 수 있다. 모든 일주기성 시계는 그러한 연쇄 피드백 고리계에 의해 조절되는데, 그림 8.31에 제시된 바와 같이, 애기장대 잎에서의 시계 조절 기작은 **CCA1**(Circadian Clock Associated 1), **LHY**(Late Elongated Hypocotyl), **TOC1**(Timing of CAB Expression 1) 등이 아직 규명되지 않은 다른 인자들과 함께 아침(morning loop)과 저녁 고리(evening loop)를 조절함으로써 이루어지는 것으로 보인다. 최근에 발견된 세 번째 아침 고리(morning loop)는 CCA1 및 LHY가 PRR7 및 PRR9(Psuedo-Response Regulator 7 및 9)과 함께 연계되어 있음을 보여준다. 새벽에, LHY와 CCA1 단백질은 합성되고 그들의 억제자인 PRR7 및 PRR9을 암호화하는 유전자를 상향 조절한다. 뒤이어 PRR7과 PRR9은 음성적 피드백의 예에서 보듯이, *LHY*와 *CCA1* 유전자 발현을 하향 조절한다. 또한 LHY와 CCA1는 아침 동안 저녁 유전자(evening gene)의 발현을 억제한다. 해당 저녁 유전자 중 가장 중요한 *TOC1*은 황혼 시에 발현되며, TOC1은 자신을 활성화시키는 활성자(activator)인 유전자 *Y*의 단백질 산물(아직 분리되지는 않았으나 일주기성 시계의 특성에 의해 그 존재가 추론되는)의 발현을 조절한다. TOC1에 의해 상향 조절될 것으로 생각되는 또 다른 가상의 유전자인 *X*는 밤늦게 *LHY*/*CCA1* 유전자의 발현을 활성화시킴으로써, 저녁 고리로부터 아침 고리로의 피드백을 유발한다. LHY/CCA1, PRR9, Y를 암호화하는 유전자들의 발현은 빛에 의해 증가되는데, 이는 일주기성 시계가 낮의 길이와 동시성을 가진 채 유지될 수 있도록 하는 수단을 제공한다.

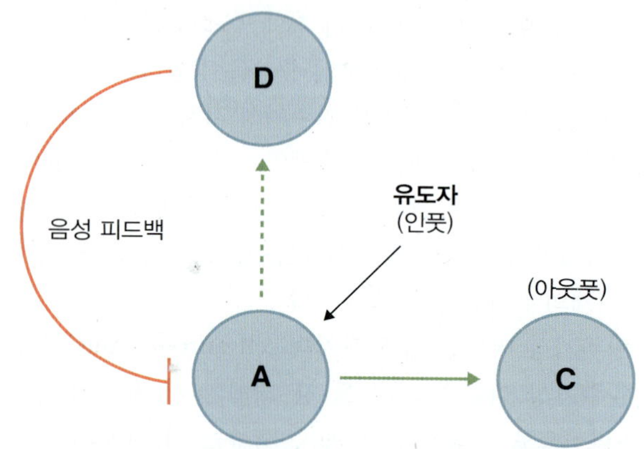

그림 8.30 피드백 고리(feedback loop). 유전자 A의 전사는 유도자에 의해 상향 조절되며, 그 결과 단백질 D의 합성 및 반응 C 경로로의 진행을 유발한다. 단백질 D의 농도 증가는 A의 하향 조절을 초래한다. 이는 전체적으로 D 단백질량과 반응 C가 진동의 형태로 증가와 감소를 반복하는 결과를 낳는다.

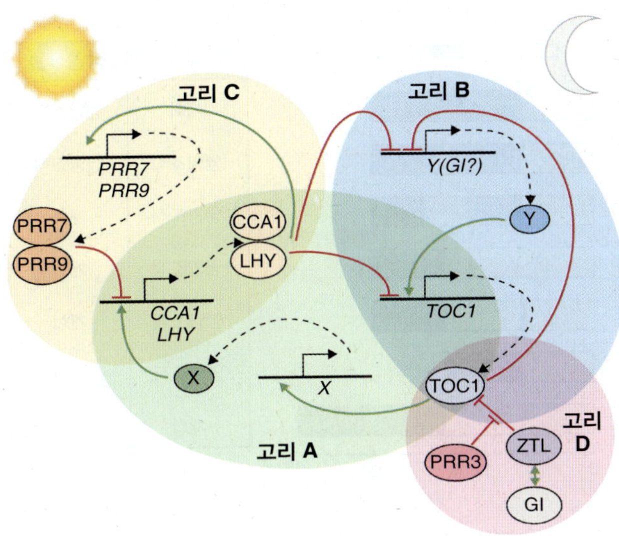

그림 8.31 식물 시계 모델. 고리 A는 새벽 시간에 관여하는 인자인 CCA1 및 LHY와 *TOC1* 발현의 음성조절자로 구성되어 있다. TOC1은 *CCA1*과 *LHY* 발현을 유도하는 가상의 인자인 X를 직간접적으로 활성화시킨다. 고리 B는 2개 또는 그 이상의 저녁 시간에 관여하는 유전자들, 미지의 인자 Y(유전자 *Gigantea*의 산물인 GI에 의해 부분적으로 활성이 제공됨) 그리고 TOC1으로 구성되어 있다. 고리 C는 아침 시간에 관여하는 PRR7, PRR9, CCA1, LHY로 구성되어 있다. 고리 D는 ZTL, TOC1, GI, PRR3 간에 일어나는 전사 후 조절 단계에서의 상호작용을 나타낸다.

키포인트 생물학적 과정은 빛(어떠한 경우 온도)에 의해 생성되는 낮-밤 주기에 맞추어 동기화된다. 개체의 생물학적 시계에 맞춰 계획화되는 하루 동안의 생리학적 이벤트들은 세포 자치적인 일주기성 리듬을 야기하는데, 이러한 리듬은 보통 명-암 서열(light-dark sequence)에 따라 동조화된다. 보통 암조건에서 자라는 뿌리는 일주기성 시계의 동기화를 위해 잎에서 유래된 신호에 의지한다. 식물 유전자의 약 1/3이 일주기성 시계에 의해 조절된다. 일주기성 조절은 성장과 발달이 낮-밤의 지속성에 민감한 광주기성 반응에 그 기반을 두고 있다. 일주기성 시계는 상호작용하는 피드백 고리의 기작을 통해 분자 수준에서 하루 주기로 동기화되며, 그 결과 시계 유전자 발현의 진동성을 유발한다. 애기장대에서의 해당 기작은 새벽에 상향조절되는 유전자들(예를 들어 *Circadian Clock Associated 1, CCA1*) 및 황혼시에 발현이 증가하는 유전자들(예를 들어 *Timing of CAB Expression 1, TOC1*)로 구성된 아침 및 저녁 고리를 통해 이루어진다. 다수의 시계 유전자들이 빛에 대한 반응성을 보이며, 낮의 길이와 동기화되어 유지된다. 자이틀룹과 같은 특정 시계 구성요소들은 시계 유전자의 발현을 전사 후 단계에서 조절한다.

일주기성 시계 기작과 관련하여 가장 잘 알려진 위의 구성요소들이 전사 수준의 조절 방식을 사용하지만, 자이틀룹 단백질인 ZTL의 경우에서 보듯이, **전사 후 변형(post-transcriptional modification)** 과정 또한 조절에 중요한 역할을 한다. ZTL은 TOC1과의 결합한 후, TOC1을 프로테아좀으로 이동시키고 분해시키는 데 관여함으로써 TOC1의 단백질 양을 조절한다. 시간마다 일주기성 시계 유전자 산물의 상대적인 양이 다른 식물 유전자의 조절에 영향력을 행사함에도 불구하고, 그 아웃풋(식물 일주기성 시계의 결과물)은 여전히 잘 알려져 있지 않다.

8.5.3 식물은 광주기에 대한 발달 반응에 따라 장일, 단일, 혹은 중일 식물로 분류된다

식물 생식 발달의 많은 단계는 광주기성 조절하에 있다. 개화, 감자와 같은 종의 괴경(tuber) 발달 개시, 양파와 마늘의 인경(bulb) 형성, 몇몇 나무의 싹틈(bud set), 다수의 다년생 종들의 휴면진입 등이 이에 해당된다. 이러한 광주기성 조절은 식물들이 생장에 우호적이지 않은 계절을 예측하고 이에 대해 미리 준비할 수 있게 한다. 예를 들어, 여름의 중간 시기 혹은 늦여름 시기에 발생하는 낮 길이의 감소는 늦가을과 겨울의 추운 날씨를 예측하는 데 있어서 가장 믿을 만한 요인이 된다. 또한 광주기에 대한 민감성은 식물이 주요 발달 과정에 대한 시간적인 계획을 미리 잡도록 함으로써, 성장에 불리한 조건이 도래하기 전에 씨를 뿌리고 영양·저장 구조를 확립하는 등, 빛을 가능한한 가장 효율적으로 사용할 수 있도록 만든다. 빛을 이용하는 정도는 특히 북쪽과 남쪽의 극단 지역에서 계절 변화에 따라 현저하게 달라진다(그림 8.32). 가장 잘 연구된 광주기계(photoperiodic system)는 의심할 나위 없이 낮 길이에 의한 조절되는 개화 과정이다.

영양 발달에서 생식 발달로의 전환시 관여하는 환경적 조절에 대한 초기 실험들을 통해, 단일(밤의 길이가 긴) 조건으로의 노출이 *Humulus*(덩굴식물인 홉, hop)과 *Cannabis*(삼, hemp)의 개화를 촉진하는 반면, 장일(밤의 길이가 짧은) 조건으로의 노출은 *Sempervivum funckii*(돌나물과 풀, Funck's houseleek)의 개화를 초래함이 밝혀졌다. 뒤이어, 낮/밤의 지속(광주기)이 다양한 식물종에서 개화 및 다양한 발달 양상들을 조절함이 밝혀졌다. 밤의 길이가 길고 낮의 길이가 짧은 조건에 의해 개화되는 식물종은 **단일식물(short-day plant, SDP)**로 분류된다; *S. funckii*는 **장일식물(long-day plant, LDP)** 종의 예이다(그

그림 8.32 위도와 계절에 따른 낮 길이의 변화.; 북위 65°와 45°가 (45°N는 밀라노, 이탈리아, 캐나다 몬트리올, 65°N은 레이캬비크, 아이슬란드, 앵커리지, 알래스카, 미국의 대략적인 위도이다) 비교되고 있다. 겨울은 1월 1일, 봄은 5월 1일, 여름은 6월 20일 그리고 가을은 8월 10일을 시작 날짜로 하였다.

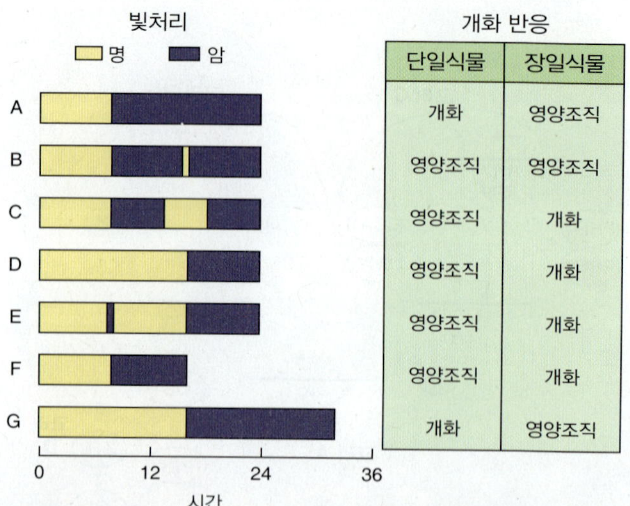

그림 8.33 명암주기의 변화에 따른 장일식물(LDPs)과 단일식물(SDPs)의 일반적인 반응 : (A–E), 일반적인 24시간 낮-밤 주기; (F), 인위적으로 단축시킨 낮-밤 주기; (G), 인위적으로 증가시킨 낮-밤 주기. 단일식물들은 낮의 길이가 짧든(A) 길든(G) 간에 밤의 길이가 길다면(A) 개화한다. 만약 그들을 짧거나 긴시간 동안 빛에 노출시켜 긴 밤 주기를 방해하면 개화 반응이 억제된다(B, C). 대부분의 장일식물들은 심지어 낮의 길이 조차 짧다 해도(F), 밤의 길이가 짧다면(D, E) 개화한다. 그들은 짧은 시간의 빛으로의 노출 여부와 관계 없이(B, A), 밤의 길이가 긴 조건하에서 영양조직상태를 유지한다(개화가 억제된다). 이는 설사 낮의 길이가 길다 해도 마찬가지이다(G); 그러나 밤의 지속을 장시간 동안 빛으로 방해한다면 개화는 유도된다(C). 장시간의 낮 동안에 잠시 암처리한다 해도 장일식물과 단일식물의 개화 반응에는 영향을 주지 않는다(D와 E 비교).

림 8.33). 일반적으로, LDP들은 낮의 길이가 길어지는 초여름에 꽃이 피는 반면, SDP들은 낮의 길이가 짧아지고 밤의 길이가 길어지는 시기인 늦여름과 초가을에 꽃이 핀다. 광주기에 관계 없이 개화하는 다수의 식물종들은 **중일식물**(**day-neutral**)로 분류된다.

광주기에 민감한 모든 식물들이 이러한 방식으로 단순하게 분류되는 것은 아니다; 다른 광주기 서열을 요구하는 식물들이 있는 반면, 어떠한 식물들은 순차적인 온도와 광주기 처리를 요구하기도 한다. 개화는 최적화되지 않은 환경에 대하여 빈번하게 발달하는 반응이고, 스트레스 반응하에 위치한 다수의 조절 네트워크가(15장 참고) 이러한 개화조절 과정과 서로 교차된다.

장일식물과 단일식물은 다시 개화 유도를 위해 정확한 광주기에 전적으로 의존하는 **질적 낮길이 민감성**(**qualitative daylength-sensitive**) 식물과 개화를 유도하는 광주기로의 노출에 의해 그 과정이 촉진되기는 하지만, 비유도성 조건(non-inductive condition)으로의 노출 시에도 결국은 자체적으로 개화할 수 있는 **양적 혹은 조건적 낮길이 민감성**(**quantitative or facultative daylength-sensitive**) 식물로 나뉠 수 있다. 질적 낮길이 민감성 식물이 실험을 위해 보다 유용한데, 그 이유는 광주기 처리가 정밀하게 이루어짐으로써, 개화 유도를 위한 빛의 요구 정도를 상세히 분석할 수 있기 때문이다. 나팔꽃(*Pharbitis nil*, *Ipomoea nil*로도 불림)과 우엉(*Xanthium strumarium*)이 단일성(single) 유도 광주기로의 노출에 의해 개화가 촉진되는 질적 단일식물 모델의 대표적 예이다. 소위 케레스(Ceres)형이라 불리는 일년생초인 *Lolium temulentum*(그림 8.34)의 개화는 단일성(single) 장일조건에 의해 유도된다. 이러한 질적 장일/단일 모델에 대한 연구, 개화 유도에 대한 분자 수준에서의 규명, 발달 과정 연구 등을 통해 확립된 생리학적 기반은 조건적 장일식물종인 애기장대에 그 초점이 맞추어져 있다.

LDP와 SDP라는 용어는 약간 오해의 소지가 있다. 왜냐하면 광주기에 중요한 것은 낮의 길이 보다는 밤의 길이이기 때문이다. 단일식물에서는, 장시간의 밤과 함께 연계된 단일조건만이 개화를 유도할 수 있다. 단일식물들이 24시간 보다 짧은 인위적인 낮-밤 주기(낮과 밤이 모두 짧은)하에서 자랄 때 개화는 일어나지 않는다(그림 8.33F). 더욱이 만약 장시간의 밤기간 동안 짧은 빛 자극이 제공되었을 때 개화는 또 다시 억제된다. 그러므로, 단일 식물의 경우 영양성장에서 생식성장으로의 전환을 개시하기 위해 필요한 것은 장시간의 밤의 지속이다. 장일식물들에서도 역시 밤의 길이가 개화의 중요한 요인이 된다. 그림 8.34의 *L. temulentum*에서 보는 바와 같이, 개화 유도를 위해 짧은 밤이 요구된다. 만약 밤의 길이가 충분히 짧다면, 심지어 낮의 길이 또한 짧다 해도 장일식물의 개화는 일어난다(그림 8.33F). 반면 장일식물에서 낮 뿐 아니라 밤의 길이 역시 길다면 개화는 유도되지 않는다(그림 8.33G). 그러므로 단일식물들은 실제로 장시간의 밤을 요구하는 식물(long-night plants)이며, 장일 식물들은 실제로는 단시간의 밤을 요구하는 식물(short-night plants)이다. 개화를 억제하는 조건인 장시간의 밤의 연속성(지속)을 방해한다면, 이 역시 많은 장일식물에서(모두가 그렇지는 않다 할지라도) 개화를 유도할 수 있다. 단 이 경우, 빛에 의한 밤 조건의 지속 방해 과정(break)이 충분히 길어야 하며, 짧은 빛에 의한 방해 과정만으로는 개화를 유도할 수 없다. 이러한 현상은 밤기간 동안 짧은 섬광만으로도 개화를 억제하던 단일식물에서의 양상과 대조적이다.

식물이 어떻게 낮과 밤의 길이를 측정하는가? 가장 널리 받아들여지는 설명은 환경으로부터의 빛의 양과 질에 반응하는 광수용체가 일주기성 리듬에 따라 발현되는 주요 단백질의 안정성을 조절한다는 것이다. 이러한 단백질들은 뒤이어 싹틈, 생장 중단, 괴경 형성 등 광주기 조절하에 있는 여러 과정들을 위해 중요한 유전자들의 발현을 조절한다. 다수의 발달 과정들과 관련하여, 개화시간 조절 분석을 위해 가장 유용한 실험 재료는 개화유도 신호에 대한 민감성이 나이에 따라 증가하는 양적 장일식물인 애기장대이다.

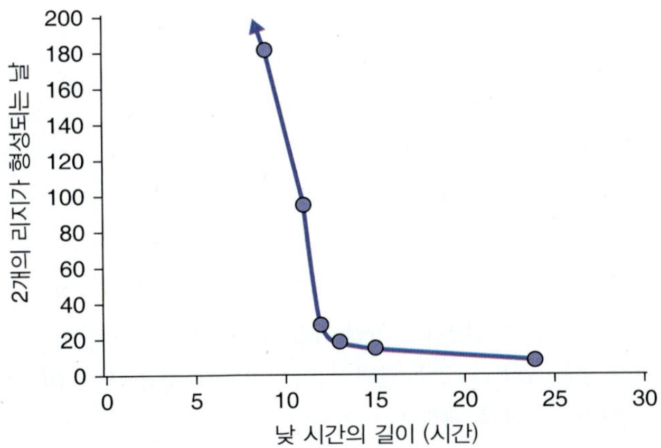

그림 8.34 케레스(Ceres) 형인 *Lolium temulentum*의 개화유도를 위해서는 단일성(single) 장일조건을 요구하는 질적장일식물이다. 개화는 밤의 길이가 임계 길이인 10시간 보다 짧을 때 일어난다. 2개의 리지(ridge) 형성이라 함은 정단분열조직이 잎원기 생산을 중지하고 꽃의 개시를 시작하는 단계에서 경단의 상태를 나타낸다.

8.5.4 이동성 개화 유도자를 암호화하는 유전자인 *FT*는 전사조절인자인 CO에 의해 조절된다

다른 광주기에 노출된 동일 식물 내의 다른 부위에 대한 실험을 통해, 유도 자극을 인지하는 부위는 줄기 정단 부위가 아닌 잎임이 밝혀졌다. 빛에 의해 유도된 잎을 영양 줄기로 접목하면(접붙이기하면), 개화를 유도한다. 단일식물종인 *Perilla frutescens*(들깻잎, beefsteak plant) 연구에서, 유도된 단일 잎이 7개의 영양단계 식물에 연이어 접목될 수 있으며, 이 경우 여전히 유도 효과를 유발할 수 있음을 보여주고 있다(그림 8.35). 이러한 결과는 광유도가 이를 받아들이는 잎의 영구한 변화를 유발할 수 있으며, 이는광유

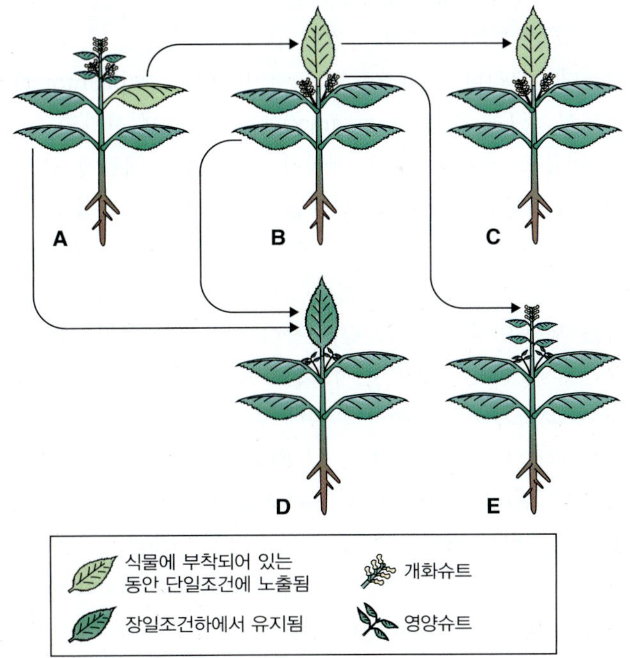

그림 8.35 들깻잎의 영구적인 광유도. (A) 단일조건(SDs)에 노출된 단 1개의 잎이, 개화 비유도적 장일조건(LDs)하에서 자란 식물 잎의 개화를 유도한다. (B) 동일한 단일조건 잎을 장일조건하에서 자란 두 번째 영양식물로 접목하면 개화를 유도한다. 동일한 잎은 같은 방식으로 세 번째 식물의 (C) 혹은 그 이상의 식물들의 개화를 유도할 수 있다. 개화된 식물의 장일조건하에 있던 잎이 다른 장일조건하의 식물에 접목되었을 때(D), 접목된 식물의 개화를 유도할 수 없으며, 개화정단(floral apex)이 장일조건하의 식물에 접목되었을 때(E) 역시 접목된 식물의 개화를 유도하지 못한다.

도가 이동성을 보유한 개화 자극의 끊임없는 근원이 될 수 있음을 보여준다. 이러한 자극을 **플로리겐(florigen)**이라 하며 이에 대한 동정은 개화유도 연구의 중심 주제가 되어오고 있다.

특히, 애기장대 돌연변이체들은 영양 발달을 조절하는 유전자 및 상호작용 과정의 분석을 위해 필수적인 실험도구가 되어 왔다(12장). 이와 유사하게, 야생종에 비해 빠르게 혹은 느리게 개화하는 돌연변이체들에 대한 연구를 통해, 개화 자극의 인지, 신호 전달, 경단내 영양 조건으로부터 생식조건으로의 전환 등을 조절하는 네트워크의 존재가 규명되었다. 일반적으로, 만기개화성(late-flowering) 유전적 변종(genetic variant)들은 개화 촉진 유전자에 결함이 있는 반면, 일찍 꽃이 피는 변종들은 보통 개화를 억제하는 유전자가 불활성되거나 하향조절됨을 보여준다. 애기장대에서 만기개화성 돌연변이체의 분석을 통해, 징크핑거(zinc-finger) 형태의 전사조절인자를 암호화하는 *CONSTANS*(*CO*)가 개화 조절 유전자로서 기능함을 밝혀내었다. 장일조건하에서, CO는 *FLOWERING LOCUS T*(*FT*) 유전자의 전사를 유도한다.

*FT*는 보통 잎에서는 발현되나 정단에서는 발현되지 않는다. 그러나 분열조직 특이적인 프로모터(promoter) 하에서, *FT*를 경단(shoot apex)에서 과다발현시키면, 개화 비유도 조건하에서도 개화가 일어난다. 체관에 표적(target)화되었을 때, CO 단백질은 FT 합성 및 이동성 개화 신호의 형성을 자극한다. 접목실험 및 형질전환 조작을 통해, FT 단백질이 잎에서 정단으로 유도 신호를 전달하는 체관-이동성 개화촉진 인자라는 사실이 규명되었다. 경단에서, FT는 bZIP 전사조절자인 **FD**(*FLOWERING LOCUS D*, *FD* 유전자에 의해 암호화되는)와 결합하여 존재한다. FT-FD 복합체는 *SUPPRESSOR OF OVEREXPRESSION OF CONSTANS*(*SOC1*)의 발현을 유도한다. FT-FD와 SOC1은 꽃 정체성 유전자(floral identity gene)들을 활성화시키는 전사통합자(transcriptional integrator)이다(그림 8.36; 16장 참고).

8.5.5 CO-FT 시스템은 일주기성 시계, 광주기, 빛의 질에 의해 조절된다

앞에서 보았듯이, CO에 의해 합성이 촉진되는 FT는 잎에서 경단으로 이동한 후, 경단에서 영양성장으로부터 개화로의 전환을 유발하는 유전자의 발현을 개시하게 된다(16장). 그림 8.37은 장일식물인 애기장대에서 낮의 길이에 따

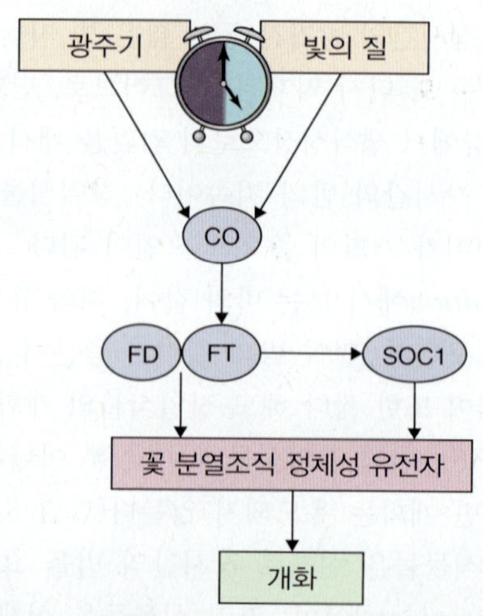

그림 8.36 개화 과정의 광조절과 일주기 조절을 연결짓는 유전자 네트워크. 환경 신호들은 전사조절인자인 CONSTANS (CO)의 합성을 상향조절한다. CO는 *FLOWERING LOCUS T* (*FT*) 유전자와 상호작용하며, FT를 통해 *FLOWERING LOCUS D* (*FD*), *SUPPRESSOR OF OVERXPRESSION OF CONSTANS1* (*SOC1*)와 간접적으로 상호작용한다. 이러한 유전자들의 산물은 꽃 분열조직 정체성 유전자와 상호작용하여 개화를 이끌어 낸다.

른 *CO*의 발현 조절 양상을 보여주고 있다. 일주기성 시계는 *CONSTANS* 유전자의 발현을 조절하며, CO 발현 조절 혹은 CO 단백질 안정성을 조절하는 파이토크롬과 크립토크롬의 능력을 조절한다. 낮의 길이가 짧아질 때, CO 유전자는 밤시간 동안 최대로 발현된다; 그러나 CO 단백질은 암조건에서 분해되며, 게다가 낮의 초기 동안 PHYB가 CO 분해를 촉진시킨다. 결국, 단일조건하에서 CO는 축적되지 않는데, 이는 낮 동안은 CO가 합성되지 않고 밤에 만들어지는 CO는 분해되기 때문이다. 한편 장일조건 시, 장일기간의 끝에 이르러 활성화되는 자이툴룹 광수용체는 *CO* 발현 억제자의 분해를 촉진하는데, 이는 합성되는 CO 단백질이 분해되지 않는 낮기간 동안 *CO* 유전자의 발현을 최대치로 이끈다. 게다가 파이토크롬 A와 크립토크롬은 낮의 끝자락에 CO 분해를 억제하는 역할을 하므로, 빛 존재하에서의 CO 안정성을 촉진한다. 이러한 과정들을 통해 CO는 축적되어 개화를 유도하는 *FT* 발현을 활성화시킨다. *phyA*와 *cry2* 돌연변이들은 개화가 늦는 반면 *phyB* 돌연변이는 빠른 개화를 보인다.

*CO*와 *FT*는 하루 단위로 발현 양상이 조절되는데, 해당 유전자들의 상동 유전자들이 광주기가 발달과정을 조절하는 조건하에서 동정되었다. 벼와 겨울밀 및 다수의 쌍자엽식물(*Populus*, *Nicotiana*, *Pharbitis*를 포함한)들에서, *FT*의 과다발현은 극심한 조기개화(early flowering)를 유

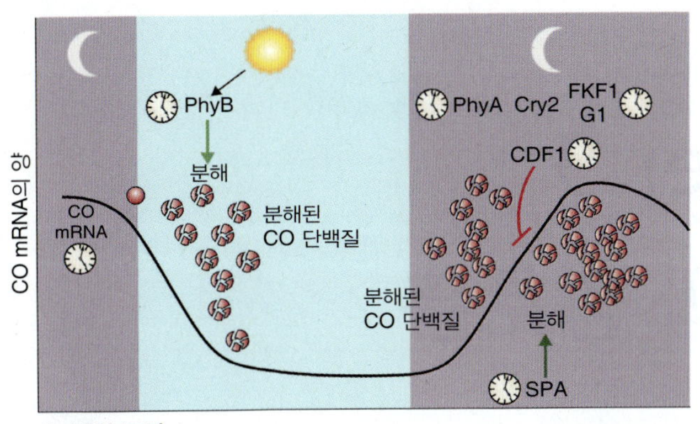

A 단일 조건

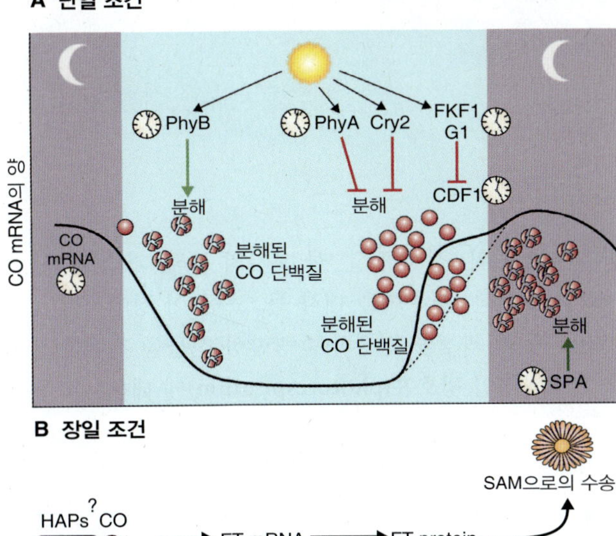

B 장일 조건

그림 8.37 일주기성 시계에 의한 CO 전사량 조절 및 CO 단백질량 조절. 빨간색 구는 온전한 CO단백질을, 조각난 빨간색 구는 분해된 CO 단백질을, 검은색 선은 시계 조절에 따른 CO mRNA량의 변화를 보여준다. 시계 기호는 일주기성 시계에 의해 조절되는 유전자를 나타낸다. (A) 단일 조건에서, CO mRNA는 암조건시에 주로 합성되지만, 그 결과 만들어진 CO 단백질은 SPA 단백질족에 의해 분해된다. 아침에 생산된 일부 CO 단백질 역시 활성화된 PHYB 의존적 경로하에서 분해된다. CDF1에 의한 CO 유전자 발현의 억제는 오후 기간 동안 CO의 합성을 막는다. (B) 장일조건에서 아침에 생산되는 CO는 여전히 분해된다. 그러나 빛 조건에서 FKF1과 G1은 CDF1에 의한 CO mRNA 합성 억제를 막기 때문에, *CO* 유전자는 오후 동안 발현된다. 그 결과 생성되는 CO 단백질은 PHYA와 Cry2에 의해 빛에서 안정화된다. 안정화된 CO 단백질은 HAP(헴 활성화 단백질, heme activator protein)와 복합체를 이루며, 이러한 복합체는 FT 유전자의 프로모터에 결합하여 FT 단백질 생산에 기여하는 것으로 생각되어지고 있다. FT는 체관을 통해 경단분열조직으로 이동하고, 그곳에서 개화를 유도한다.

발한다. 또한 RNA 간섭 기법(RNA interference method) 혹은 돌연변이에 의한 *FT*의 하향 조절은 애기장대와 벼의 개화를 현저히 지연시키는데, 이러한 실험들로부터의 결과를 통해 *FT*가 보편적인 개화 신호임을 알 수 있다. CO-FT 모듈(module)은 개화 유도 조절 유전자의 네트워크 뿐 아니라, 괴경형성, 휴면, 싹틈과 같이 광주기에 결정되는 과정에서 또한 잘 보존되어 있다(17장 참고).

개화 과정의 보존적 특성이 실용적 측면에 미치는 중요한 영향은, 모델 시스템으로부터 유래된 해당 기작의 관련 지식이, 작물 생산량 개선을 위해 생식 발달 조절이 중요한 농업종들로 직접 적용될 수 있다는 것이다. *FT* 상동체(homolog) 중심의 조절 경로는 곡류에서 중요하게 연구되고 있다. 단일식물인 *Oryza*(벼)에서의 개화는 *HEADING DATE*(*Hd*) 유전자족 구성원들에 의해 조절된다. *Hd3a*는 체관-이동성 FT 이종상동성(ortholog) 단백질을 암호화한다. 유도 조건하에서 Hd1이 *Hd3a*의 전사를 자극할 뿐만 아니라, 장일조건하에서 이를 억제하기 때문에, (비록 애기장대 CO보다 그 기능이 보다 복잡함에도 불구하고) *Hd1*은 벼의 CO로서 *Hd3a* 발현의 광주기적 조절을 매개한다. 생식 발달을 위한 유전학적 · 환경적 조절은 16장에서 보다 자세히 다루어질 것이다.

키포인트 영양 발달에서 생식 발달로의 전환(휴면구조의 형성, 휴면, 기타 생명주기 관련 이벤트 등)은 광주기성 조절하에서 이루어진다. 식물은 개화에 영향을 미치는 광주기에 따라 단일, 장일, 중일식물로 나뉘어진다. 또한 낮길이 민감성 식물들은 질적 낮길이 민감성 식물(예를 들어, 단일식물인 *Pharbitis*와 장일식물인 *Lolium temulentum*)과 양적 낮길이 민감성 식물(예를 들어, 장일식물인 *Arabidopsis*)로 나뉠 수 있다. 보통 장일식물과 단일식물의 개화를 결정짓는 것은 광주기 중 밤의 길이이며, 낮시간 동안의 반응들은 파이토크롬이 관여함을 시사하는 적외광/근적외광 가역성을 보여준다. 광주기는 *CONSTANS* (*CO*) 유전자가 *FLOWERING LOCUS T* (*FT*)의 유도자를 발현시키는 장소인 잎에 의해 인지된다. CO 단백질의 양은 일주기성 시계에 의해 직접적으로 조절되며, PHYA와 CRY2는 CO 단백질의 안정성을 증가시키는 반면, PHYB는 CO의 분해를 촉진한다. FT 단백질은 유도된 잎으로부터 경단으로 이동한 후, 경단에서 bZIP 전사조절인자인 FD와 복합체를 형성한다. 해당 복합체는 개화 통합자 및 꽃 정체성 유전자를 상향조절하고, 그 결과 영양 발달에서 개화 과정 발달로의 전환이 개시된다.

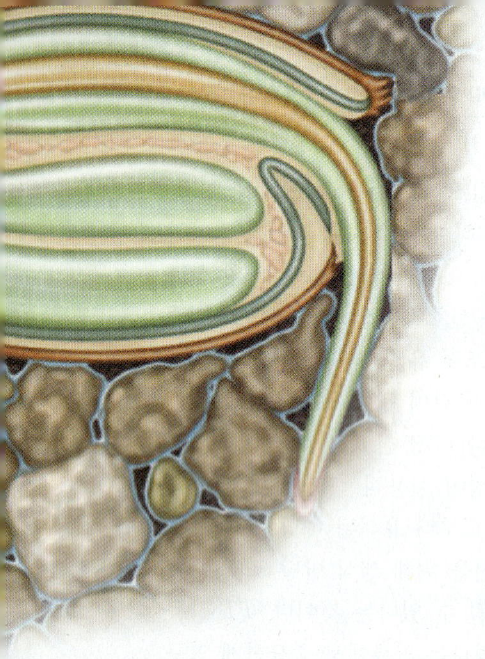

Chapter 9
광합성과 광호흡

9.1 광합성 서론

거의 모든 생명체에서 일어나는 유기물의 합성은 태양 에너지로부터 **광합성**(**photosynthesis**)이라는 과정을 통해 직접적 혹은 간접적으로 유발된다(그림 9.1). 8장에서 제공되었던 태양 에너지의 제공 및 이용에 대한 그림은, 광합성 과정이 지구 표면에 도착하는 1,700 주울(joule) 당 하나의 광에너지를 포획함을 보여준다. 광합성을 하는 육상식물, 조류 및 원핵생물들을 통틀어 **광자가영양체**(**photoautotroph**)라 일컫는데, 이들은 유기물의 일차 생산자로서 **먹이 사슬**(**food chain**) 혹은 **먹이 그물**(**food web**)을 통해 **타가영양체**(**heterotrophic**)에게 유기물을 공급한다. 무기형태의 이산화탄소(CO_2)를 광합성 유기물로 전환하는 것을 **탄소 고정**(**carbon fixation**) 혹은 **동화**(**assimilation**)라 부른다. 세포 호흡 및 생물학적 산화 과정에 사용되는 대기 산소는 광합성의 부산물이다(그림 9.1). 현재 진행 중인 광합성은 인간이 식량, 섬유, 생물자원 등을 얻기 위한 탄소 고정을 위해 요구되며, 과거에 발생한 광합성 고정의 산물인 **화석 연료**(**fossil fuel**)는 산업 경제 시스템을 작동하기 위한 필수 에너지원으로 사용되고 있다. 이산화탄소와 물로부터 생성되는 유기물과 산소는, 빛이 흡수된 후 복잡한 과정을 거쳐 생물학적으로 이용 가능한 에너지와 환원력(reducing power)로 전환된다. 이번 장에서는 녹색 식물 광합성 기전의 구성 요소들 간의 조직화, 기능, 조절 방식 등을 기술한다—빛 포획, 전자 전달, 물 분자의 분해, 가스 교환, 이산화탄소 교환, 탄수화물 대사 등. 또한 이 장에서는 이산화탄소 동화 과정과 경쟁하여 광합성 산물을 제한하는 산화 활성과정인 **광호흡**(**photorespiration**)에 대해서도 논의한다.

9.1.1 녹색 식물의 광합성은 물을 전자 공여체로, 이산화탄소를 전자 수용체로 사용하는 산화환원 과정이다

광합성은 빛 에너지를 사용하여 이산화탄소를 탄수화물(실험식($(CH_2O)_n$))로 환원시키는 과정이다. 대부분 광합성 생물의 **환원제**(**reductant**)는 물이지만, 다른 합성물을 사용하는 광자가영양체 원핵생물도 존재한다: 예를 들어, **보라색황세균**(**purple sulfur bacteria**)은 광합성을 위해 황화수소(hydrogen sulfide, H_2S)를 사용한다. 환원제를 H_2A로 표기할 때, 광합성은 식 9.1로 요약될 수 있다.

식 9.1 광합성: 일반적인 전체 반응

$$CO_2 + 2H_2A + light \rightarrow (CH_2O) + 2A + H_2O$$

광합성동안 보라색황세균은 H_2S를 황(S)으로 변환시킨다. 환원제 H_2A가 H_2O인 녹색식물, 조류, 청록색세균

The Molecular Life of Plants, First Edition. Russell Jones, Helen Ougham, Howard Thomas and Susan Waaland.

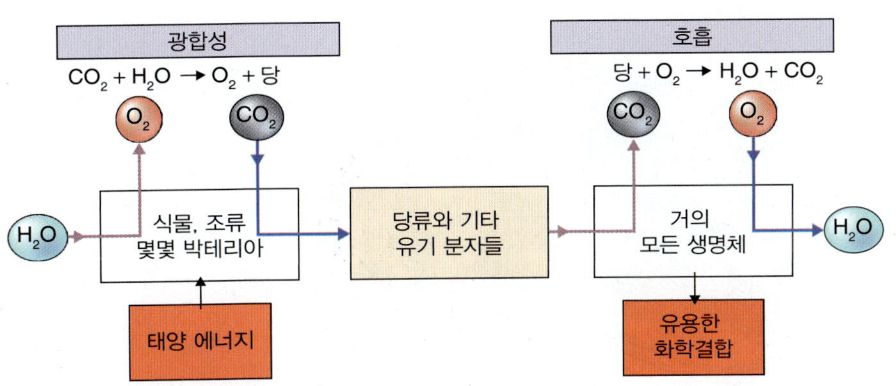

그림 9.1 광합성은 자가영양체와 타가영양체에게 유기 분자와 산소를 제공한다.

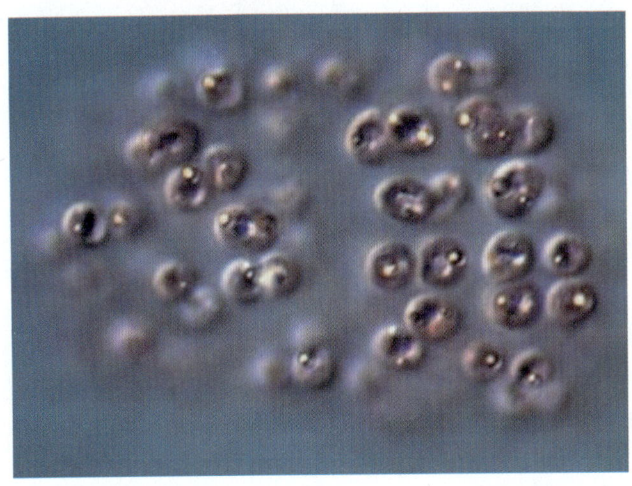

그림 9.2 미국 옐로우스톤 국립공원 온천의 저산소 침전물에서 발견된 보라색황세균.

(cyanobacteria)은 광합성을 통해 산소를 발생시킨다. 산소를 발생시키는 광합성은 **산소 발생성(oxygenic)**으로 언급된다; 산물 A가 황과 같은 산소 이외의 것일 때 해당 광합성을 **비산소 발생성(anoxygenic)**이라 한다. 비산소 발생성 광합성 원핵생물에서의 이산화탄소 고정을 위한 생화학 과정은 녹색 식물의 그것과 일반적으로 같다. 또한 빛 포획을 위한 구조적 특성 및 기작 특성의 대다수가 모든 광자가영양체 간에 동일하다. 보라색황세균 같은 생물체는 광합성의 분자적 · 생물리학적 기초를 이해하기 위한 실험적 모델 확립에 중요하다.

산소 발생성 광합성은 대기의 산소 농도 유지 및 유기물 합성을 위한 에너지와 환원 탄소 공급에 매우 중요하다(그림 9.1). 산소 발생성 광합성(식 9.2)은 +2840 kJ mol^{-1}의 자유에너지 변화($\Delta G°'$)를 가진 **흡열반응(endergonic reaction)**이다.

식 9.2 광합성: 산소 발생성 광자가영양체에 의해 수행되는 일반적인 전체 반응

$$CO_2 + 2H_2O + light \rightarrow (CH_2O) + O_2 + H_2O$$

9.1.2 녹색 식물의 광합성은 엽록체에서 일어난다

광합성은 다세포 식물의 잎과 기타 녹색 조직에서 수행된다. 해당 조직들은 모든 생물리학적 · 생화학적 광합성 반응이 일어나는 특화된 소기관인 **엽록체(chloroplast)**을 보유하고 있다(그림 9.3). 엽록체는 15억 년 이상 전에, 원시 진핵세포와 청록색세균-유사 광합성 원핵생물 간의 **공생(endosymbiotic** association)으로부터 기원된 것으로 생각된다. 4장에서 기술한 바와 같이, 엽록체는 이중**막**(double-membrane **envelope**)에 둘러싸인 액상의 **스트로마(stroma)**와 스트로마에 파묻힌 복잡한 구조의 내부 **틸라코이드 막계(thylakoid membrane** system)로 이루어져 있다. 녹색 식물에서, 틸라코이드계는 밀착된 중첩구조인 **그라나**(단수로 **그라넘, granum**)과 비중첩구조인 스트로마 막(stroma membrane)으로 구성되어 있다. 그라나와 스트로마 막은 서로 연결되어 있으며 내부 공간인 **틸라코이드 루멘(thylakoid lumen)**을 둘러싸고 있다(그림 9.3).

9.1.3 틸라코이드는 빛 에너지를 탄소환원을 위해 스트로마에서 이용될 ATP와 NADPH로 변환시킨다

분리된 엽록체는 빛의존적인 방식을 통해 이산화탄소를 탄수화물로 전환시킬 수 있다. 광합성은 2개의 단계인 **빛 에너지 포획 반응(light energy capture reaction)**과 **탄소 환**

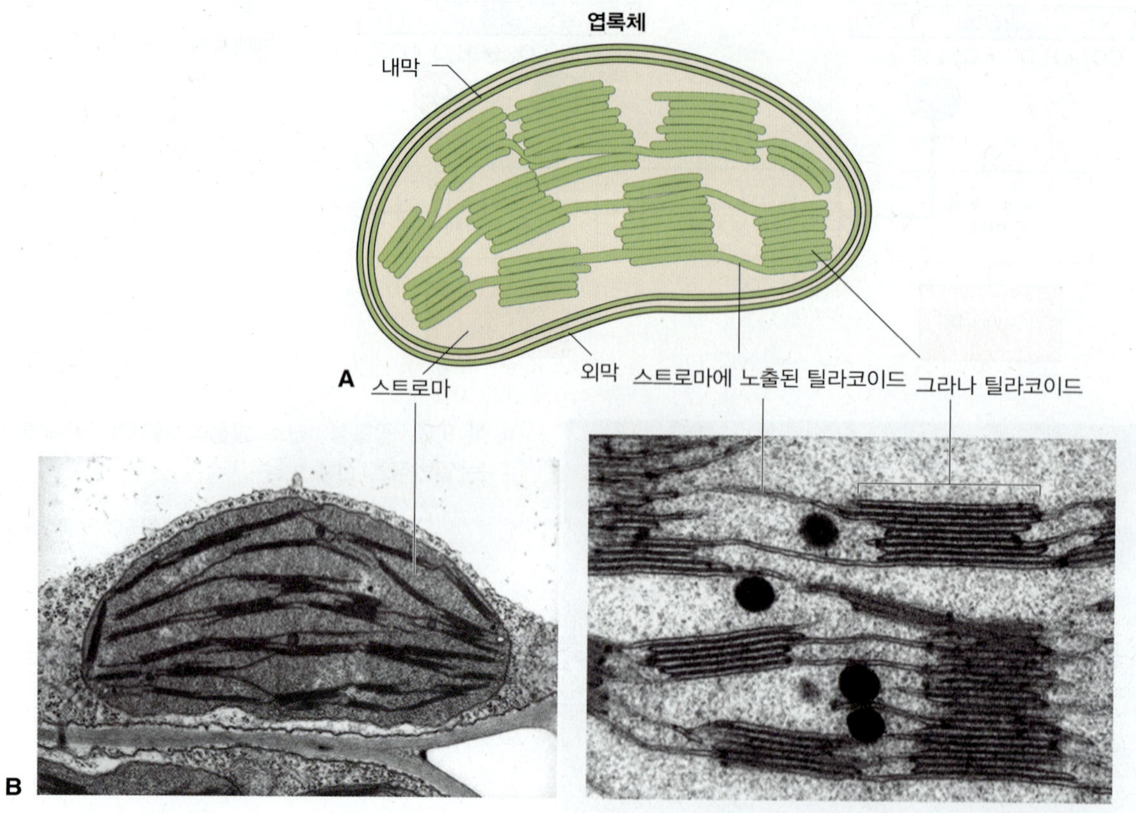

그림 9.3 엽록체 구조. (A) 식물엽록체의 세포기관 구획화를 보여주는 도식. 전형적인 고등식물의 엽록체에서 내막(틸라코이드)은 막 중첩 부위(그라나 틸라코이드)와 막 비중첩 부위(스트로마에 노출된 틸라코이드)로 구성된다. (B) 식물 엽록체의 초미세구조를 보여주는 투과전자현미경 사진.

원 반응(**캘빈-벤슨 회로, Calvin-Benson cycle**)으로 나뉘어진다(그림 9.4). 첫 단계에서, 빛 에너지는 화학 에너지로 변환되며, 해당 단계의 산물은 O_2, ATP, NADPH이다. 두 번째 단계에서, 첫 단계 산물인 ATP와 NADPH는 CO_2를 탄수화물로 환원시키기 위해 사용된다. 그 결과 생성된 탄소 환원 산물인 $NADP^+$와 ADP+P_i 산물은 빛 에너지 포획 반응에 재사용된다(그림 9.4). 산소 발생성 광합성 동안 방출된 산소가 이산화탄소가 아닌 물로부터 온다는 사실은 꽤 중요하다. 탄소환원 주기가 엽록체 스트로마에 위치하는 반면, 빛 포획 반응은 틸라코이드막 내에서 독점적으로 일어난다. 두 단계는 '명', '암' 반응으로 각각 언급되기도 한다. 그러나 이것은 잘못된 말인데, 그 이유는 한 단계의 산물과 다른 단계의 반응물이 서로 연계되어 있기 때문이다. 게다가, '암'단계의 몇몇 효소 활성화를 위해 빛이 요구되기도 한다. 두 반응은 암조건과 CO_2 부재시에 중지된다.

녹색 식물의 광합성 색소는 틸라코이드 막 내부에 존재하는 2개의 다중 단백질 복합체인 **광계 I(photosystem I, PSI)**과 **광계 II(PSII)**의 구성 요소이다. 물은 PSII

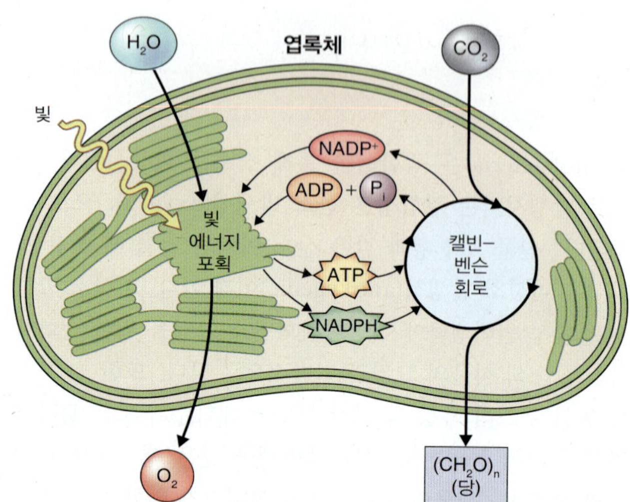

그림 9.4 광합성에서의 빛 에너지 포획과 탄소 환원 반응 간의 관계. 빛 에너지 포획 반응은 틸라코이드 막에서, 탄소 환원 반응은 스트로마에서 이루어진다.

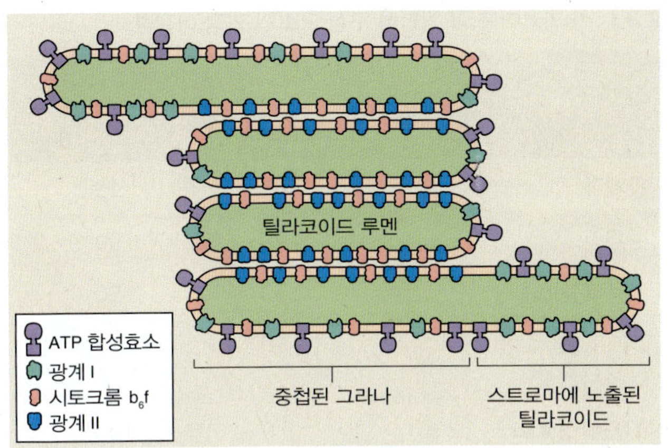

그림 9.5 틸라코이드 막과 광합성 복합체의 구성. 광계 II는 주로 틸라코이드 막의 중첩 부위에 존재하고, 광계 I 및 ATP 합성효소는 막의 비중첩 부위에 존재한다. 시토크롬 b_6f 복합체는 막전체에 고루 분포한다. 광계는 공간적으로 분리되어 있으므로, 전자를 전달해 줄 플라스토퀴논, 플라스토시아닌과 같은 전자 전달자가 필요하다.

의 일부 장소에서 분해된다. PSI은 산화환원 단백질인 **페레독신**(**ferredoxin**)을 통해 전자를 $NADP^+$로 전달한다. 틸라코이드는 또한 2개의 부가적인 다중 단백질 구조를 포함하고 있는데, 막관통 시토크롬 복합체(**시토크롬 b_6f, cytochrome b_6f**)와 스트로마에 노출된 거대 단백질 복합체인 엽록체 **ATP 합성효소**(**ATP synthase**)가 그들이다(그림 9.5). 이러한 구조들 간의 기능적인 관련은 시토크롬 b_6f가 PSII로부터 전자를 받아서 PSI으로 전달함을 통해 이루어진다. PSII와 시토크롬 b_6f 간의 전자 전달에는 지용성 퀴논인 **플라스토퀴논**(**plastoquinone**)이, 시토크롬 b_6f와 PSI 간의 전자 전달에는 수용성 구리 단백질인 **플라스토시아닌**(**plastocyanin**)이 관여한다. 광합성 전자 전달 과정에는 틸라코이드 루멘에 있는 물로부터 스트로마(캘빈-벤슨 사이클 반응이 일어나는)에 있는 $NADP^+$로의 전자 이동이 관여한다. ATP 합성 효소는 ATP의 화학삼투적 합성을 위해, 전자 전달 동안 구축된 양성자 기울기를 사용한다. 광합성 전자 전달은 그림 9.6에서 보여지는 서열을 통해 요약되어 있다.

틸라코이드 막의 중요한 특성은 광합성 기구의 다중 단백질 복합체가 **측면 이질성**(**lateral heterogeneity**) 방식으로 진열되어 있다(막에 균일하게 분포되어 있지 않다는 의미)는 점이다(표 9.1과 그림 9.5) PSI은 틸라코이드가 겹쳐져 있지 않은 부위와 스트로마 방향으로 노출된 막에 집중되어 있는 반면, PSII는 대부분 그라나의 겹쳐진 부분에서 발견된다. ATP 합성효소는 거의 스트로마 방향으로 노출된 막에서 발견되는 반면, 시토크롬 b_6f 복합체는 막을 따라 어느 정도 균등하게 분포되어 있다. 플라스토시아닌은 그라나보다는 틸라코이드 루멘의 겹치지 않은 지역에 보다 풍부하다. 이러한 측면 이질성은 광합성 동안 멀리 떨어져 있는 틸라코이드 구성 요소들 간에 **장거리 전자 이동**을 위한 기작이 필요함을 암시한다. 틸라코이드 막은 확산 가능한 전자 운반체인 플라스토퀴논과 플라스토시아닌이 빠른 측면 이동을 가능케 함으로써, 이러한 전자 이동이 효율적으로 이루어질 수 있도록 한다.

광합성 막 복합체와 탄소 고정 스트로마 효소인 ribulose-1,5-bisphosphate carboxylase(루비스코, rubisco)의 폴리펩티드는 **핵 게놈**(**nuclear genome**)과 **엽록체 게놈**(**chloroplast genome**) 모두에 의해 전사되고 번역되는 산물이다. 이러한 다중구조의 정확한 조립은 엽록체와 핵 간의 고차원적 협동과정을 요구한다(12장과 15장 참고).

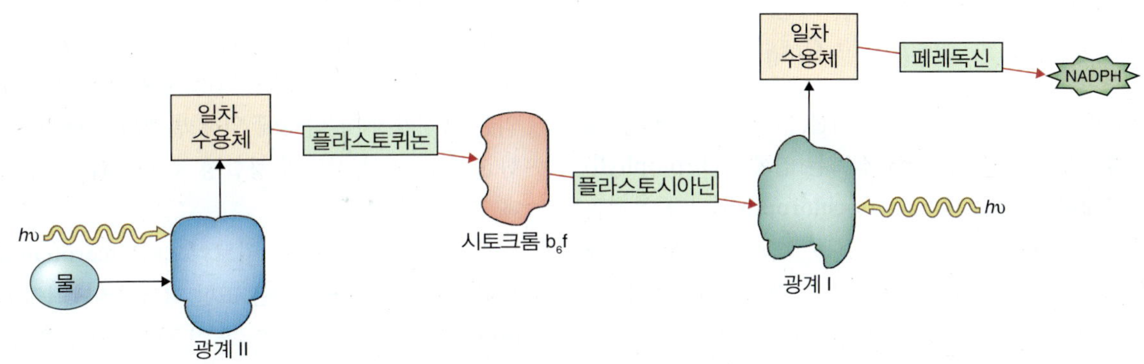

그림 9.6 광합성 전자 전달 사슬. 광계 II, 시토크롬 b_6f, 광계 I은 엽록체 틸라코이드 막에 위치한 단백질 복합체이다. 플라스토퀴논, 플라스토시아닌, 페레독신은 전자운반체이다.

키포인트 광합성 자가영양체는 CO_2를 유기화합물로 전환시킨다. 이러한 유기화합물은 인간을 포함한 타가영양체의 생존을 지탱하는 식량 및 에너지 그물의 근간이 된다. 녹색 식물은 물을 전자 공여체로, CO_2를 전자 수용체로 사용하는 흡열과정인 산소 발생성 광합성을 수행한다. 보라색황세균과 같은 비산소 발생성 광합성 미생물은 광합성 연구에 있어서 유용한 모델이다. 빛 에너지는 엽록체의 틸라코이드 막에서 포획된다. ATP 및 NADPH는 빛에 의해 유발되는 전자 전달 사슬과 양성자 구배에 의해 매개되는 인산화 과정을 통해 생성된다. 엽록체 스트로마에서 일어나는 탄소 환원(캘빈-벤슨) 회로는 ATP와 NADPH를 이용하여 탄소를 동화하고 유기 대사물을 생산한다.

표 9.1 틸라코이드 막 광합성 구성 요소의 횡적 이질성.

구성 요소	틸라코이드 (%)	
	그라나	스트로마 라멜라
광계 II	85	15
광계 I	10	90
시토크롬 b_6f	50	50
LHC-II (광계 II의 광수확 복합체)	90	10
ATP 합성효소	0	100
플라스토시아닌 (틸라코이드 루멘에 존재)	40	60

9.2 색소와 광합성계

8장에서 보았듯이, 빛 에너지는 생물학적 효과를 갖기 위해서 색소에 의해 흡수되어야 한다. 생체 내에서, 광합성 색소는 구조적, 기능적, 공간적으로 상호 별개이나 다양한 광합성 생물들 간에 특성을 공유하고 있는 PSI과 PSII의 공통 구성 요소들이다. 광계는 안테나 배열의 **광수확 복합체(light-harvesting complex)**를 보유하고 있는데, 광수확 복합체 내의 색소들은 에너지를 수확하여, 빛 에너지가 화학 에너지로 변환되는 반응 중심(reaction center)으로 이를 전달한다. 대부분의 식물에서, 약 250개의 안테나 엽록소 분자들이 각 반응 중심과 결합되어 있다. 안테나 색소들은 그들 간의 에너지 전달을 통해, 해당 에너지를 거의 100%의 효율로 반응 중심에 빠르게 전달될 수 있도록 배열되어 있다.

9.2.1 광합성에 사용되는 빛 에너지는 엽록소, 카로티노이드 그리고, 특정 조류와 청록색세균에서의 피코빌린에 의해 포획된다

산소 발생성 광합성을 수행하는 식물, 조류, 청록색세균에서 빛 에너지를 흡수하는 주요 색소는 **엽록소(chrolophyll)**이다. **박테리오클로로필(bacteriochlorophyll)**이라 불리는 엽록소와 구조적으로 유사한 색소는, 혐기성 광합성 세균의 광수용체이다(그림 9.7). 엽록소는 테트라피롤로서, 다른 테트라피롤인 헴, 피코빌린(phycobilin), 파이토크롬 발색단 등의 전구체를 제공하는 대사 과정에 의해 합성된다(8장 참고). 엽록소의 테트라피롤 고리(**macrocycle**라고도 불리는)는 중앙의 마그네슘 원자와 결합하고 있으며, 비극성 성질을 부여하는 긴 소수성 곁사슬(C_{20})인 **피톨(phytol)**을 부착하고 있다.

Macrocycle에 서로 다른 화학 작용기가 결합함으로써 엽록소 a, b, c, d와 같은 엽록소의 변종이 생성된다. 표 9.2에 요약한 바와 같이, 모든 산소 발생성 광합성 생물은 **엽록소 a(chrolophyll a)**를 포함한다(그림 9.7). 거의 모든 청록색세균에서, 엽록소 a가 유일한 형태의 엽록소이다. 비리도파이트(Viridophyte)와 특정 청록색세균은 두 번째 색소 형태인 **엽록소 b(chrolophyll b**, 표 9.2와 그림 9.7)를 보유하고 있다. 엽록소 b는 메틸기의 포밀(formyl)기로의 치환을 통해 엽록소 a으로부터 합성된다(8장 참고). 갈조류(algae of the brown), 규조류(diatom) 및 와편모조류(dinoflagellate) 등은 엽록소 a 뿐 아니라 **엽록소 c(chrolophyll c)**를 보유하고 있다. 반면, 홍조류(red algae)는 두 번째 형태의 엽록소로 **엽록소 d(chrolophyll d)**를 포함한다(표 9.2). Macrocycle의 곁사슬 및 포화정도 차이는 엽록소 종류마다 흡수 스펙트럼 영역의 변화를 야기하지만, 그럼에도 불구하고 모든 엽록소는 가시광선 영역 중 청색 및 적색 파장을 주로 흡수한다. 엽록소 a와 b에 의한 흡수가 매우 약함에 의해 발생되는 녹색광 지역에 대한 반사는 지상 식물의 광합성 조직이 왜 녹색인지를 설명해 준다.

모든 광합성 생물은 **카로티노이드(carotenoid)**를 보유하고 있으며, 이 중 몇몇은 또한 **피코빌리단백질(phycobiliprotein)**을 보유하고 있다(표 9.2). 이러한 광합성 색소들은 엽록소에 의해 잘 흡수되지 못하는 파장의 빛을 흡수함으로써, 한 종류의 색소를 통한 흡수과정에 비하여, 가시광

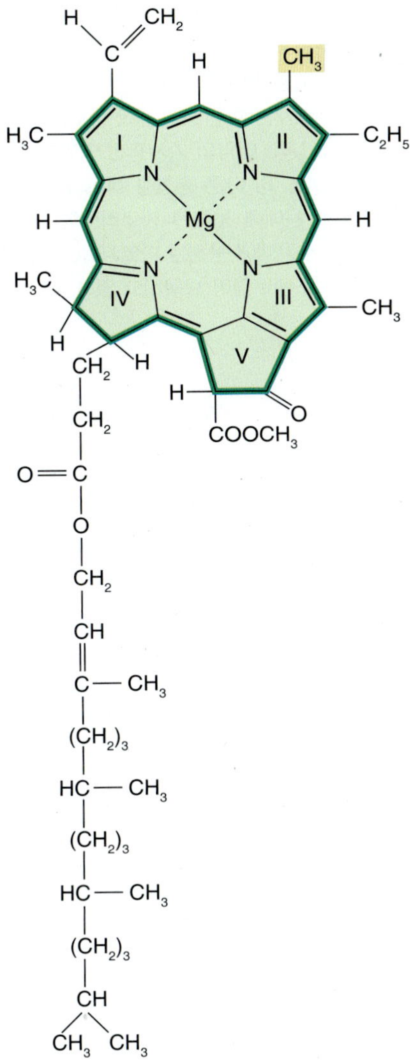

엽록소 a

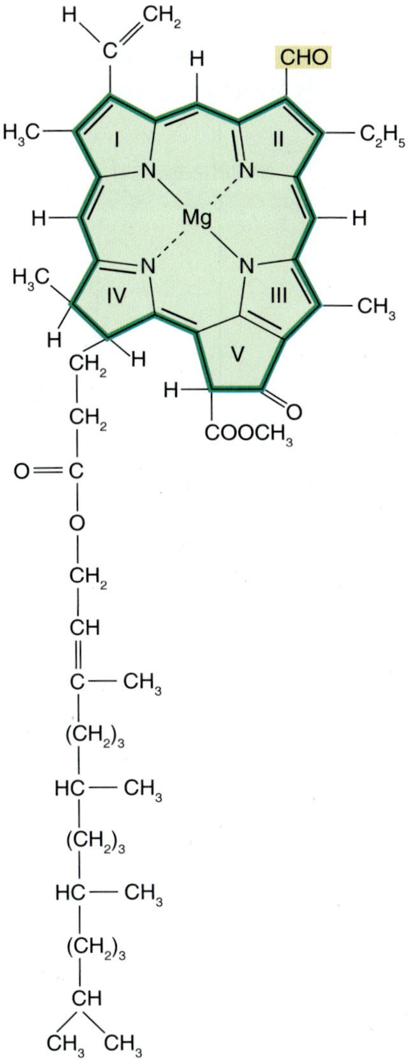

엽록소 b

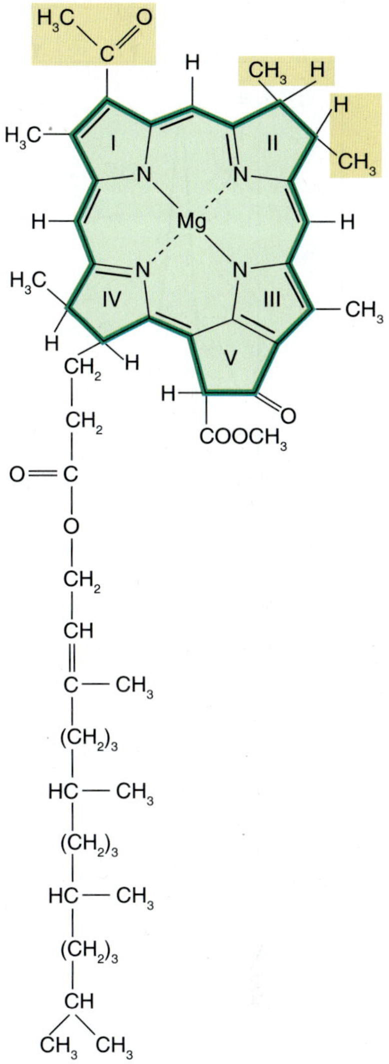

박테리오크로로필 a

그림 9.7 엽록소의 분자구조. 테트라피롤 고리의 강조된 부분이 엽록소 간의 차이점을 나타낸다.

표 9.2 산소 발생성 광합성의 색소 분포

기관	엽록소				카로티노이드	피코빌리단백질
	a	b	c	d		
육생식물	+	+	-	-	+	-
녹조류	+	+	-	-	+	-
규조류	+	-	+	-	+	-
와편모류	+	-	+	-	+	-
갈조류	+	-	+	-	+	-
홍조류	+	-	-	+	+	+
청록색세균군	+	-	-	-	+	+

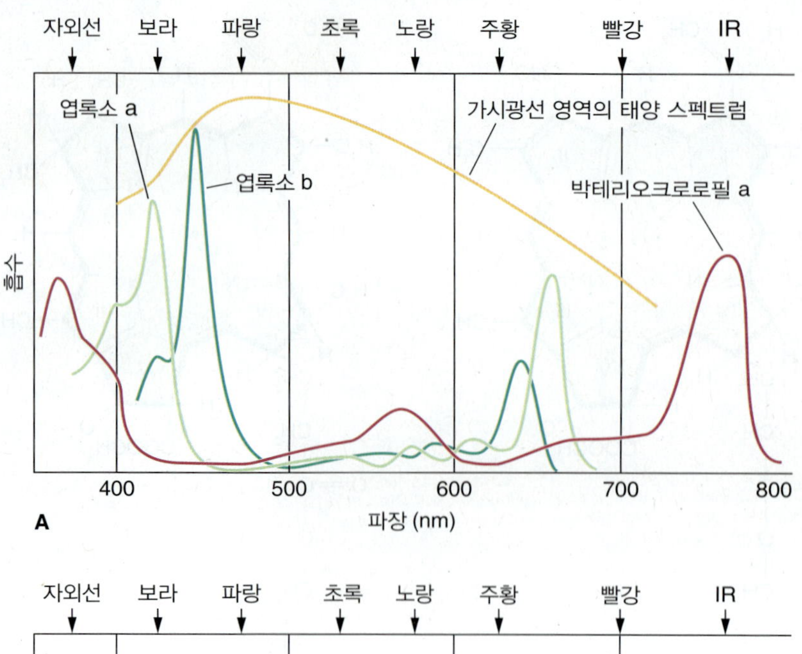

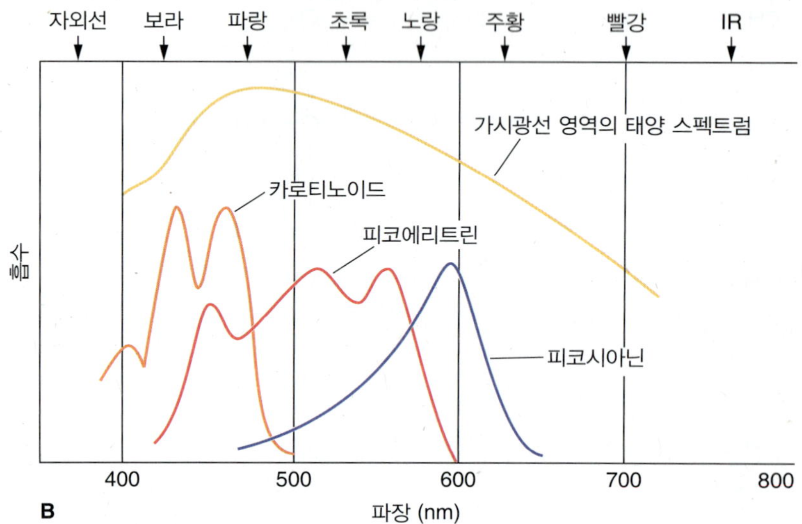

그림 9.8 광합성 색소의 빛 흡수 스펙트럼. (A) 비극성 용매에 용해된 엽록소 a, b, 박테리오크로로필 a의 흡수스펙트럼을 보여준다. 이러한 색소의 스펙트럼은 생체 내에서는 특정 단백질과 상호작용하여 다소의 변화가 있다. 태양의 가시광선 영역 스펙트럼도 나타나 있다. (B) 다른 광합성 색소의 흡수 스펙트럼. 비극성 용매에 용해된 카로티노이드의 흡수 스펙트럼과 수용액에 용해된 피코시아닌, 피코에리트린의 흡수 스펙트럼이 보여지고 있다. IR, 적외선; UV, 자외선.

선 빛 에너지 사용을 보다 효율적이게 만든다(그림 9.8B). 일반적으로 산소 발생성 광합성 생물은 광합성을 위해 400-700 nm 파장의 빛을 사용한다. 적색광이 부족한 수상 환경에 존재하는 다수의 비산소 발생성 광합성 원핵생물의 경우, 박테리오클로로필에 의한 흡수는 적색광 근처의 저에너지 파장 영역인 700 nm 까지도 확장된다.

주황색-노란색 색소인 **카로티노이드**(**carotenoide**)는 400-500 nm의 빛을 흡수하며(그림 9.8B), 이소프레노이드(isoprenoid) 경로에 의해 생합성되는 **테트라테르펜**(**tetraterpene**, C_{40})이다(15장 참고). 카로티노이드는 복합적 이중결합계(단일결합과 이중결합이 교대로 이루어진 사슬)로 이루어진 **카로틴**(**carotene**)과 다양한 방법을 통해 카로틴의 끝쪽 고리가 산소화된 **크산토필**(**xanthophyll**) 등으로 구성되어 있다. 카로티노이드는 광합성시 부가적인(minor) 액세서리 색소로 작용하며, 빛 에너지를 엽록소 분자로 전달한다. 그러나 카로티노이드는 광수확 복합체의 조립 및 광산화적 손상시 광합성 기구를 보호하기 위한 필수 구조적 구성 요소로서 중요한 역할을 하기도 한다(15장 참고).

500-650 nm 범위의 빛을 흡수하는 **피코빌린**(**phycobilin**)은 홍조류와 청록색세균에서 발견된다(표 9.2). 피코빌린은 수용성 선형 테트라피롤이며 다음과 같은 특정 단백질과 공유결합을 통해 연결되어 있다: 발색단인 **피코에리트로빌린**(**phycoerythrobilin**)과 결합하는 **피코에리트린**(**phycoerythrin**); 발색단인 **피코시아노빌린**(**phycocyanobilin**)과 결합하는 **피코시아닌**(**phycocyanin**) 및 **알로피코시아닌**(**allophycocyanin**). 홍조류와 청록색세균에서, 피코빌리단백질은 틸라코이드 막에 강하게 부착되어 있는 **피코빌리좀**(**phycobilisome**)이라 불리는 복합체 구조 내에 포함되어 있다. 피코빌리좀은 틸라코이드의 중첩구조를 방해

하기 때문에, 홍조류 엽록체는 그라나 구조를 가지고 있지 않다.

9.2.2 반응 중심은 광합성 과정시 주요한 광화학적 사건이 발생하는 장소이다

8장에서, 색소가 광자를 흡수했을 때 전자 중 하나가 들뜬 상태(excited state)로 뛰어오름을 기술하였다. 들뜬 전자는 **전하분리(charge separation)**라 불리는 과정하에서 수용체 분자로 전달된다. 들뜬 상태의 색소에 의해 수행되는 전하분리는 전자 수용체의 환원과 연관되며 광합성 과정 중 일어나는 주요 광화학 사건이다(식 9.3). 해당 과정은 각 광계의 **반응 중심(reaction center)**에서 일어난다.

식 9.3 광합성: 광합성에서의 전하분리

$$\text{Pigment} + \text{acceptor} + h\nu \rightarrow \text{pigment}^{*} + \text{acceptor} \rightarrow \text{pigment}^{+} + \text{acceptor}^{-}$$

*는 들뜬 상태를 나타냄

들뜬 상태 전자의 수용체 분자로의 전달(10^{-12}초)은 형광 방출(10^{-9}초)보다 몇천배 이상 빨리 일어난다. 광화학적 사건(event)의 효율성은, 흡수된 광자의 비율이 화학적 산물로 변환되는 **양자수율(quantum yield)**로 표기된다. 측정된 양자수율이 거의 1에 가까워지는 최적 조건하에서(전자 수용체의 적절한 공급이 이루어짐을 의미), 전하분리 과정을 통한 탈흥분(de-excitation)이 우선적으로 일어나며, 광합성은 고효율로 진행되고 형광은 거의 검출되지 않을 것이다. 그러나 만약 산화된 전자 수용체가 충분히 공급되지 않을 경우, 양자 수율은 1 이하가 될 것이고 형광은 증가할 것이다. **엽록소 형광(chlorophyll fluorescence)**의 측정은 광합성의 기작, 조절, 양자수율을 분석하는 고민감성 방법의 기초가 된다.

광합성 세균인 *Rhodopseudomonas viridis*로부터 분리된 반응 중심 복합체의 X-선 결정학(crystallography)에 의한 3차원 구조 탐색을 통해, 반응 중심의 분자구조와 상호작용 이해에 대한 진일보가 이루어졌다. 해당 반응 중심은 광계 I과 광계 II의 구조 및 기능에 대한 개념적 모델을 제공한다. 반응 중심은 광합성막에 직각으로 대칭적 배열을 보이는 한 쌍의 폴리펩티드인 L과 M으로 이루어져 있다(그림 9.9A). L과 M은 일차 전하 분리에 참여하는 색소로서 **특정 쌍(special pair)**이라 불리는 박테리오클로로필

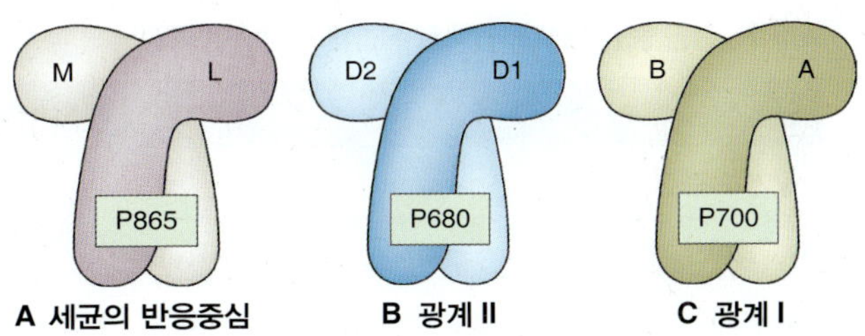

그림 9.9 세균의 반응 중심(A)과 식물의 광계 II(B), 광계 I(C) 간의 구조적 상동성을 보여주는, 반응 중심의 폴리펩티드와 (세균)엽록소 이량체들을 묘사한 모식도.

이량체와 결합되어 있다. 특정 쌍이 지닌 분자적 환경은 특징적인 최대 흡수파장인 865 nm를 제공하므로, 보통 이를 **P865**라 일컫는다. *R. viridis* 반응 중심과 PSI/PSII 반응 중심은 구조적, 기능적으로 밀접한 상동성을 보인다(그림 9.9). 진핵자가영양체에서, 반응 중심은 2개의 상동성 단백질인 광계 II의 **D1**과 **D2**(그림 9.9B), PSI 소단위체인 A, B의 C 말단 도메인들(그림 9.9C)로 이루어져 있다. 각각의 경우에 폴리펩티드 사슬은 5개의 막관통 α-나선으로 이루어지며, 두 소단위체는 서로 맞물려 위대칭적(pseudo-symmetrical)인 handshake 모티프를 생성한다. 이량체의 분자적 환경에 의해, 각각의 이량체는 특징적인 최대 흡수치를 부여 받는데, 이에 따라 광계 II에서의 이량체는 **P680**으로, 광계 I에서는 **P700**으로 불린다(그림 9.9B, C). 반응 중심의 엽록소는 광자 흡수 후 전자를 일련의 수용체인 A_0, A_1, A_2에게 순차적으로 전달한다. 표 9.3은 PSI과 PSII의 전자수용체인 A_0, A_1, A_2에 대한 상세 정보를 보여주고 있다. 막관통 단백질 소단위체들에서 관찰되는 대칭성은 잠재적인 전자 수용체의 배열을 반영하는데, 전체 반응중심이 기본 구조의 중복에 의해 만들어진 것으로 보인다. 두 대칭적 경로중 오직 하나만이 전자 전달에 이용된다. 두 번째 분지는 아직 발견되지 않은 기작으로부터 기인한 이유에 의해 불활성상태로 남아 있게 된다. 광계 I의 반응 중심 소단위체를 암호화하는 유전자는 *psa*로, PSII는 *psb*로

표 9.3 광계 I, 광계 II 반응 중심 복합체의 전자 전달 운반체.

전자 전달자	광계 I	광계 II
반응 중심 엽록소	P700	P680
A_0	엽록소 a	페오피틴 a
A_1	필로퀴논	플라스토퀴논(Q_A)
A_2	F_X([Fe_4S_4] 중심)	플라스토퀴논(Q_B)

표 9.4 반응 중심 엽록소-단백질 복합체의 단백질 특성.

단백질	단백질 분자량(kDa)	암호화 유전자	게놈
광계 I 관련			
PsaA	18	*psaA*	색소체
PsaB	18	*psaB*	색소체
PsaN (플라스토시아닌 결합부위)		*psaN*	핵
PsaF	17	*psaF*	핵
PsaC (산화환원 단백질)		*psaC*	색소체
PsaD (페레독신 결합)	18	*psaD*	핵
PsaE (FNR 결합)	10	*psaE*	핵
광계 II 관련			
D1	32	*psbA*	색소체
CP43	43	*psbD*	색소체
CP47	51	*psbC*	색소체
시토크롬 b_{559}		*psbE*, *psbF*	색소체

명명되어 있다(표 9.4). 기능적인 반응 중심 복합체의 합성 및 조립은 핵과 엽록체 게놈들 간의 협동과정을 요구한다.

9.2.3 안테나 색소와 결합 단백질들은 틸라코이드 막 내 광수확 복합체를 형성한다

산소 발생성 광합성을 수행하는 모든 생명체에서 반응 중심의 엽록소는 항상 엽록소 a이다. 반응 중심의 색소들은 유입되는 광자에 의해 들뜬 상태가 된다. 언급한 엽록소 a와 기타 광합성 색소들은 광자 포획 능력이 극대화된 광수확(안테나) 복합체 내에서 발견된다. 녹색 식물에서 안테나 복합체는 엽록소 a, 엽록소 b, 카로티노이드를 포함하고 있다. 분리된 엽록소 a는 660-670 nm(용매에 의존적으로) 근처에서 최대 흡수치를 보이며, 엽록소 b는 640-650 nm에서 빛을 최대로 흡수한다(그림 9.8A). 광수확 복합체의 안테나 단백질과 결합된 엽록소의 최대 흡수치는 스펙트럼의 적색광 끝(저에너지 영역) 방향으로 쉬프트되어, 반응 중심의 엽록소에 의해 흡수되는 장파장에 가까워진다. 반응 중심은 안테나로부터 반응 중심으로 연결되는 빛 에너지를 포획하는 **포획체(trap)**로서 역할한다.

안테나 색소는 **광수확 복합체(light-harvesting complexes, LHCs)** 내에서 특정 단백질과 결합하여 있다. LHC는 1개에서 3개의 단백질을 포함하는 것으로 보인다. 광계 I, 광계 II와 결합된 복합체들은 각각 **LHC-I**, **LHC-II**로 불리며, 해당 단백질은 각각 핵 유전자인 ***Lhca***와 ***Lhcb*** 유전자족으로부터 암호화된다. LHCs는 일반적으로 엽록소와 카로티노이드를 2:1의 비율로 보유하고 있다. 표 9.5는 광계 I과 광계 II의 주요 LHCs에 대한 크기 및 조성과 관련된 데이터를 요약하고 있다. LHCs가 보통 빛 에너지를 반응 중심으로 연결지어 주는 역할을 하지만, 어떠한 경우 광계 II의 안테나는 에너지를 광계 I의 반응 중심으로 전달할 수 있다(15장 참고). 홍조류와 청록색세균에서, 피코빌리좀은 틸라코이드막에 파묻힌 LHC-II로 에너지를 전달함으로써 광계 II를 위한 광수확 안테나로서 기능한다.

9.3 광계 II와 산소 발생 복합체

산소 발생성 광합성을 실행하는 모든 생명체 내에서 발견되는 2개의 광계 중 하나인 광계 II는 **물-플라스토퀴논 산화환원효소(water-plastoquinone oxidoreductase)**로서 기능한다. 녹색 식물 광계 II의 반응 중심은 그 구조와 기능 면에서 *Rhodopseudomonas viridis*의 그것과 유사하다(그림 9.9). 광계 II의 안테나 복합체는 6개의 엽록소 a/b 결합 단백질(chlorophyll a/b-binding protein) 간의 조

표 9.5 광수확 엽록소-단백질 복합체 특성.

복합체	엽록소 a:b 비율	단백질 분자량(kDa)	암호화 유전자
광계 I 관련			
LHC-Ia	2.0–3.1	20.5	*Lhca3*
		18	*Lhca2*
LHC-Ib	2.2–4.4	20	*Lhca1*
		20	*Lhca4*
광계 II 관련			
LHC-IIa	4.0	29	*Lhcb4*
LHC-IIb	1.35	27–28	*Lhcb1*
		25–27	*Lhcb2*
		25	*Lhcb3*
LHC-IIc	2.9	26.5	*Lhcb5*
LHC-IId	1.51	24	*Lhcb6*

키포인트 산소 발생성 자가영양체의 주요 광합성 색소는 엽록소 a이다. 대부분의 청록색세균에서 엽록소 a는 엽록소의 유일한 형태이다. 혐기성 세균은 박테리오클로로필을 가지고 있다. 녹조류 및 육상 식물은 엽록소 a 뿐만 아니라 엽록소 b를 보유하고 있으며, 기타 특정 조류들은 엽록소 c와 엽록소 d를 가지고 있다. 모든 광자가영양체들은 카로티노이드 보조 색소를 보유하고 있으며, 피코빌린은 청록색세균과 홍조류에서 발견된다. 빛 에너지는 광계하에 조직되어 있는 광합성 색소들에 의해 포획되는데, 각각의 광계는 광수확 안테나와 틸라코이드 막에 둘러쌓여 있는 반응 중심으로 이루어져 있다. 광흥분 과정은 반응 중심 내에 존재하는 한 쌍의 반응성 엽록소 a 분자들이 전자를 공여체로부터 수용체로 전달하는 과정인 전하분리를 유발한다. 녹색 식물이 보유한 광계 II와 광계 I의 반응 중심 엽록소들인 P680과 P700은 반응 중심 폴리펩티드에 결합되어 있다. 녹색 식물의 반응 중심은 박테리아의 그것과 구조적으로 상동성을 띠며, 위대칭적인 구조를 이루고 있다. 엽록소 및 보조 색소들은 막단백질들과 함께 안테나 복합체를 이루는데, 해당 복합체는 포획한 빛 에너지를 반응 중심으로 전달한다.

합을 통해 이루어진, 적어도 4종류의 다중 광수확 단위체(multiple light-harvesting unit)들로 이루어져 있다(표 9.5). 물을 분해하고, 전자 전달 사슬과 ATP 합성효소를 위한 전자와 양성자를 제공하는 **산소 발생 복합체(oxygen-evolving complex)** 또한, 광계 II와 결합되어 있다. 이 절에서는 광계 II의 구조, 산소 발생을 위해 물이 분해되는 기작, 플라스토퀴논의 특성, 광계 I에서 시토크롬 b_6f 복합체(cytochrome b_6f complex)로 전자를 전달하는 수용체 등을 살펴본다.

9.3.1 광계 II의 반응 중심은 P680과 전자 전달 구성 요소들을 포함한 다중 내재 단백질 복합체이다

광계 II 반응 중심은 2개의 페오피틴(pheophytin) 분자, 하나의 철 원자, 최종 수용체로 작용하는 2개의 플라스토퀴논 분자(Q_A와 Q_B)를 포함하고 있다. 전자운반체들은 대칭을 이루는 2개의 분지 구조로 조직되어 있다(그림 9.10). P680, 페오피틴, 플라스토퀴논 등은 반응 중심의 두 가지 주 단백질인 D1, D2의 **보조그룹(prosthetic group)**으로 역할을 한다. 반응 중심의 활성화된 분지(branch)에서 그 기능을 하는 D1은 엽록체 유전자 *psbA*에 의해 암호화되는 소수성 32 kDa 단백질이다. 빛 존재시에, D1은 들뜬 상태의 P680에 의해 생성되는 극산화적 환경에 노출되는데, 이는 빠른 속도의 D1 분해 및 새롭게 합성된 단백질을 통한 D1의 교체를 유발한다. 빛 의존적인 D1 **턴오버(turnover)**는 15장에서 광합성에 대한 환경적 반응과 연결지어 상세히 기술될 것이다. 34 kDa인 D2 단백질은 엽록체 유전자 *psbB*에 의해 암호화되며, 반응 중심의 비활성 형태 분지로서 존재한다(표 9.4).

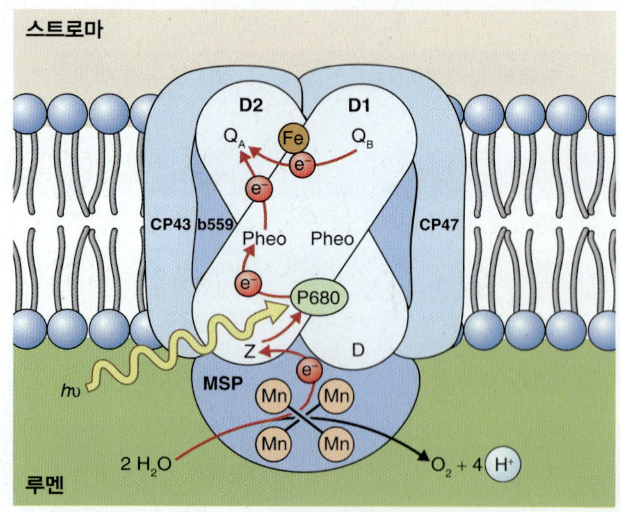

그림 9.10 광계 II와 산소 발생 복합체. 광계 II 구성성분: D1, D2, 광계 II 반응 중심 단백질; Z, D1 소단위 내 티로신 잔기; CP43, CP47, 엽록소 a-결합 단백질; 페오피틴(Pheo); Q_A, Q_B, 플라스토퀴논 2분자; MSP, 산소 발생 복합체의 망간-안정화 단백질.

CP43(43 kDa의 분자량)과 **CP47**(51 kDa)은 광계 II의 반응 중심과 결합된 소수성 엽록소 a-결합 단백질이며, 각각 엽록체 유전자 *psbD*, *psbC*에 의해 암호화된다(표 9.4). 기능이 알려지지 않았으나 광계의 정확한 조립을 위해 요구되는 다수의 소단백질들 또한 반응 중심에 포함된다. 그들 중, **시토크롬 b_{559}(cytochrome b_{559})**의 소단위체들은 엽록체 유전자 *psbE*, *psbF*에 의해 암호화된다(표 9.4).

9.3.2 광계 II의 광수확 안테나 복합체는 전체 틸라코이드 단백질의 반에 해당한다

녹색 식물에서, 광계 II의 안테나 복합체는 6개의 엽록소 a/b 결합 단백질 간의 조합을 통해 이루어진 적어도 4종류의 다중 광수확 단위체로 이루어져 있다(표 9.5). LHC-II는 식물 엽록체막 내 존재하는 전체 단백질의 약 50%를 차지하며, 많은 식물의 녹색 조직에서 루비스코 다음으로 풍부한 단백질 복합체이다(9.7.1절 참고). LHC-II는 **삼량체(trimer)**로 존재하며, 엽록체 내 전체 엽록소의 약 50%와 결합한다. 각각의 단량체 LHC-II는 핵으로부터의 ***Lhcb*** 유전자족 중 하나의 산물로서 230-250개의 아미노산(24-29 kDa)으로 이루어진 단일 폴리펩티드를 포함하고 있다(표 9.5). 13-15개의 엽록소 a와 엽록소 b, 2개의 루테인(lutein) 등이 LHC-II 단백질에 비공유결합을 통해 결합하여 있다. 해당 복합체는 강하게 결합한 **인지질(phopholipid)**을 또한 포함하고 있다. LHC-II 단백질의 1차 구조에 대한 소수성 지표 분석(hydropathy analysis, 2장 참고)을 통해, LHC-II 단백질이 A, B, C로 명명된 3개의 막관통 α-나선으로 이루어진 이차구조를 보유하고 있음을 예측할 수 있다(그림 2.15). 이러한 배치는 완두콩(pea, *Pisum sativum*) LHC-II의 **X-선 결정학(X-ray crystallography)**에 의해 검증되었다(그림 9.11). 해당 단백질의 N-말단에 존재하는 54개의 극성 아미노산들은 스트로마에 접근성을 가지고 있으며, C, B, A 막관통 나선 구조를 유발한다(그림 9.11A). 틸라코이드 막 중, 루멘 쪽에 존재하는 C 말단 부위는 10개의 아미노산으로 이루어진 짧은 나선인 나선 D를 포함하고 있다. 최근 시금치(spinach) LHC-II의 고해상도 연구를 통해, 해당 복합체가 *P. sativum* 복합체의 구조와 거의 동일하며, 나선 C, B 사이에 존재하는 다섯 번째 짧은 나선인 나선 E를 추가로 보유하고 있음이 밝혀졌다.

A와 B 나선은 두 분자의 크산토필인 **루테인(lutein)**에 의해 꽉 조여진 X자 형태를 형성한다(그림 9.12A). 크산토필은 엽록소 a, b에 의한 적색광 흡수를 보완하는, 즉 청록색 지역의 빛 흡수에 관여하는 **보조 광수확 색소(accessory light-harvesting pigments)**로서 효율적으로 기능한다. 또한 크산토필은 과도한 빛에 의해 유발되는 손상을 방지하는 역할을 하기도 한다(15장 참고). LHC-II의 엽록소 a와 b는 폴리펩티드 사슬 백본(backbone)의 카르보닐기, 히스티딘, 글루타민, 글루탐산, 아스파라긴 아미노산들의 곁사슬 및 **포스파티딜 글리세롤(phosphatidyl glycerol)** 분자의 포스포다이에스터기(phosphodiester group) 등과 비공유결합을 통해 고정되어 있다. 개별 엽록소 분자 간의 거리는 알려진 에너지 전달률과 일치한다.

단백질과 색소들이 적절한 환경하에서 정확한 비율로 존재할 때, LHC-II는 *in vitro*상에서 **자가조립(self-assemble)**된다. 다른 크산토필들이 이러한 조립에 그리 효과적이지는 않음에도 불구하고, 그들은 루테인을 대체할 수 있

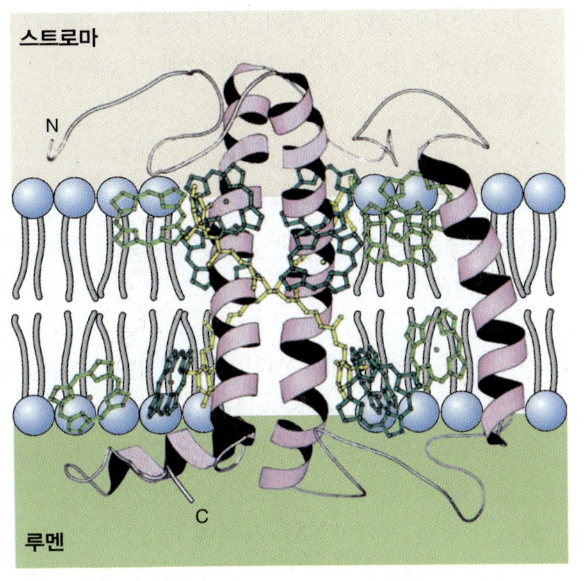

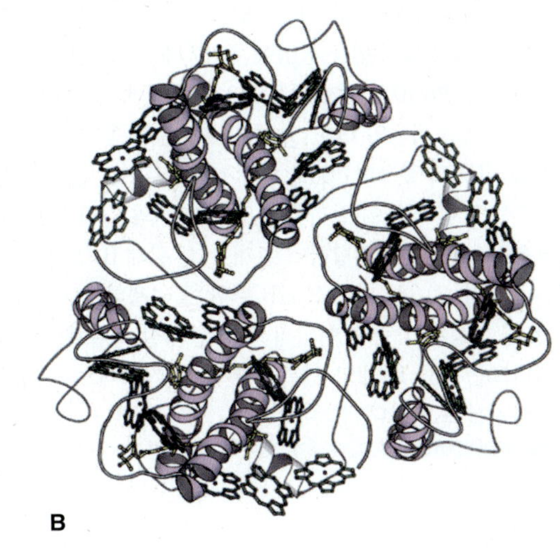

그림 9.11 광계 II의 광수확 복합체. (A) 3개의 막관통 나선형과 엽록소 a와 b의 거대고리(macrocycle) 위치. (B) 스트로마 부위에서 본 삼량체 LHC-II의 모델.

그림 9.12 광계 II의 광수확 복합체와 상호작용하는 2가지 크산토필: (A) 루테인, (B) 비올라크산틴

는 것 같다. **비올라크산틴**(**violaxanthin**)이 루테인의 역할을 대체하는 광수확 복합체를 보유한 루테인 결여 애기장대 돌연변이체의 경우, 정상적 수준으로 기능하는 것이 관찰되었다(그림 9.12B). 색소들은 LHC-II 단백질이 정상적인 기능을 할 수 있는 형태로 접히는 과정을 촉진시키는데, 이는 색소의 공급과 제거를 조율함으로써 복합체의 생합성 및 분해를 조절할 수 있음을 의미한다. 포스파티딜 글리세롤은 LHC-II의 삼량체 조립과정 동안 일어나는 단량체 간의 소수성 결합을 안정화시키는 데 중요한 역할을 한다. 삼량체 LHC-II 내부의 단량체 배열은 그림 9.11B에 나와 있다. 인접한 삼량체들 간의 결합은 틸라코이드막의 **당지질**(**galactolipid**)에 의해 차례로 매개되어, 안테나 및 빛 포획 능력을 극대화시키는 빛 수확 단백질-색소-지질로 구성된 슈퍼복합체를 형성한다.

9.3.3 물의 산화와 광계 II 전자 수용체의 환원은 방출된 산소 1분자당 4개의 광자를 요구한다

광계 II는 물로부터 전자를 제거하고 이를 플라스토퀴논에 전달한다. 물이 분해되는 산소 발생 복합체는(식 9.4) 광계 II와 결합되어 있다. 광계 II 반응 중심에서의 빛 유도에 의한 전하분리는, 물로부터 전자의 흡열적 전달과 산소를 발생시키기 충분한 산화제인 $P680^+$을 생산한다(그림 9.13). 물의 분해는, 광계 II의 산화반응이 일어나는 쪽(루멘)에서 산소분자가 생성되고 4개의 전자가 전달되는 동안 일어나는 일련의 복잡한 반응에 연루된다. 산소 발생 복합체는 **망간**(**manganese**), **칼슘**(**calcium**), (아마도) **염소**(**chloride**)를 포함하고 있으며, 광계 II의 D1 단백질 내 산화-환원 **티로**

키포인트 광계 II는 빛 의존적인 물-플라스토퀴논 산화환원 효소이다. 광계 II의 반응 중심에 존재하는 주요 전자 수용체는 페오피틴과, P680과 함께 D1, D2 단백질에 결합되어 있는 2개의 플라스토퀴논인 Q_A, Q_B이다. D1은 반응 중심의 활성화 분지를 이루고 있으며, 빛에 의해 빠른 속도로 분해된다. D1과 D2는 또한 기능이 알려지지 않은 다수의 기타 단백질들(시토크롬 b_{559} 포함)과 결합하여 존재한다. 광계 II의 광수확 안테나는 6개의 상이한 엽록소 a/b-결합 폴리펩티드들 간의 조합을 통해 형성된 삼량체 형태의 색소-단백질 복합체이다. 각 폴리펩티드는 13-15개의 엽록소 분자와 카로티노이드인 루테인 2분자를 포함한다.

신 잔기인 **Z**에 의해 P680과 전기적으로 연결되어 있다(그림 9.13).

식 9.4 물 분해 반응은 +0.82 V의 $E^{\circ\prime}$를 갖는다

$$2H_2O \rightarrow O_2 + 4H^+ + 4e^-$$

전자 하나의 $P680^+$에 대한 연속적인 환원은, 물이 전자 4개를 산화 과정을 통해 잃고 O_2 1분자를 생산하는 과정과 짝지어진다. 이 과정은 **S-회로(S-state cycle)**에 의해 일어나는 것으로 생각되어진다. 해당 모델에서, 흡수되는 단일 광자들은 각각 S_4에 이를 때까지 중간 형태인 S_1, S_2, S_3 형태로 P680에 저장되며, 이 과정 동안 축적된 4개의 전자가 물의 산소 및 양성자로의 산화를 야기한다. 그 후 해당 시스템은 회로 반복을 위해 S_0로 되돌아간다(그림 9.14). 고해상도 현미경(high-resolution spectroscopy)과 X-선 결정학 모델링을 통한 산소 발생 복합체에 대한 연구는, S-회로의 전자-수용체 구성 요소들이 산소와 연계된 **직육면체(cuboid)** 구조하에서 칼슘과 함께 배열되어 있는 4개의 망간임을 보여준다. D1 소단위체의 Z 잔기는 P680의 S-회로와 연결되어 있다.

3개의 단백질이 산소 발생 복합체를 구성한다(표 9.6). 핵 유전자인 *psbO*의 산물은 33 kDa이며, 광계 II의 루멘으로 노출된 쪽에 존재하는 반응 중심 단백질인 CP47에 결합하는 것으로 생각되어진다. PsbO는 망간-안정화 단백질(Mn-stabilizing protein, MSP)로도 불린다. 핵 유전자인 *psbP*는 23 kDa의 또 다른 루멘 쪽-노출 단백질을 암호화한다. 역시 루멘 쪽으로 노출된 세 번째 단백질은 핵 유전자인 *psbQ*의 16 kDa 산물이다. 해당 단백질들이 여러가지 이온-결합 및 기타 모티프들을 포함한 구조를 가지고 있음에도 불구하고, 그들의 상세 기능은 아직 알려져 있지 않다.

9.3.4 플라스토퀴논은 광계 II에서 유래한 전자들을 안정적으로 수용하는 첫 번째 수용체이다

광계 II의 환원 쪽에 존재하는 일차 전자 수용체는 **페오피틴 a(pheophytin a, Phe a)**이다. 전하 분리에 의해 형성되는 초기 래디칼 쌍(radical pair)인 $P680^+Phe\ a^-$은 $Phe\ a^-$으로부터 첫 번째 플라스토퀴논 수용체인 Q_A로의 전자 전달을 유발한다(식 9.5A). 동시에 $P680^+$은 산소 발생 복합체의 Z 및 Mn_4Ca 클러스터(cluster)로부터 유래되는 전자 전달 과정에 의해 재환원된다(그림 9.13). 첫 번째 안정적 전자 수용체인 Q_A는 광계 II 반응 중심에 강하게 결합되어 빠른 속도로 환원된다. 이어서, Q_A는 느린 반응을 통해 반응 중심에 보다 느슨하게 결합되어 있는 이차 수용체인 Q_B로 전자를 전달한다(식 9.5B). Q_B^{2-}는 내강에서 기원한 2

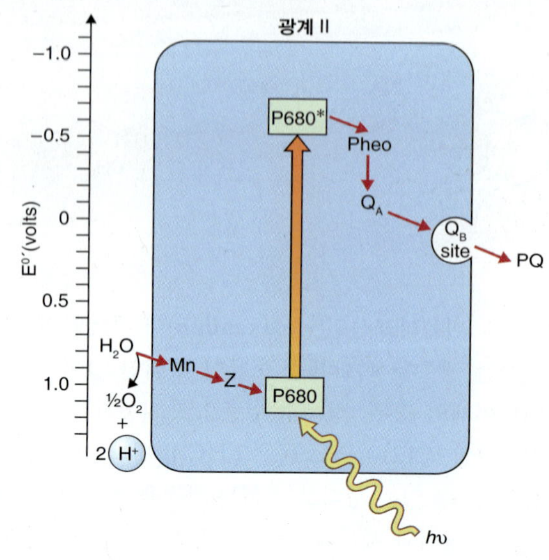

그림 9.13 광계 II에서 일어나는 물에서 플라스토퀴논으로의 P680-매개 전자 전달. 빨간색 화살표가 전자의 흐름을 보여준다. 광자가 P680으로부터 흡수되면, 전자는 P680에서 첫 번째 전자 수용체인 페오피틴(Pheo)으로 전달되고, 그 후에 2개의 플라스토퀴논 분자들에게 전달된다. 첫 번째 분자(Q_A)는 복합체에 강하게 결합되어 있으며, 이동이 가능한 두 번째의 경우 산화상태(PQ)시 Q_B 자리에 결합하고, 환원상태(PQH_2)시 결합하지 않는다. $P680^+$는 물로부터 유래한 전자에 의해 환원되는데, 이러한 환원 과정에는 반응 중심 D1 소단위체의 티로신 잔기인 Z가 관여한다.

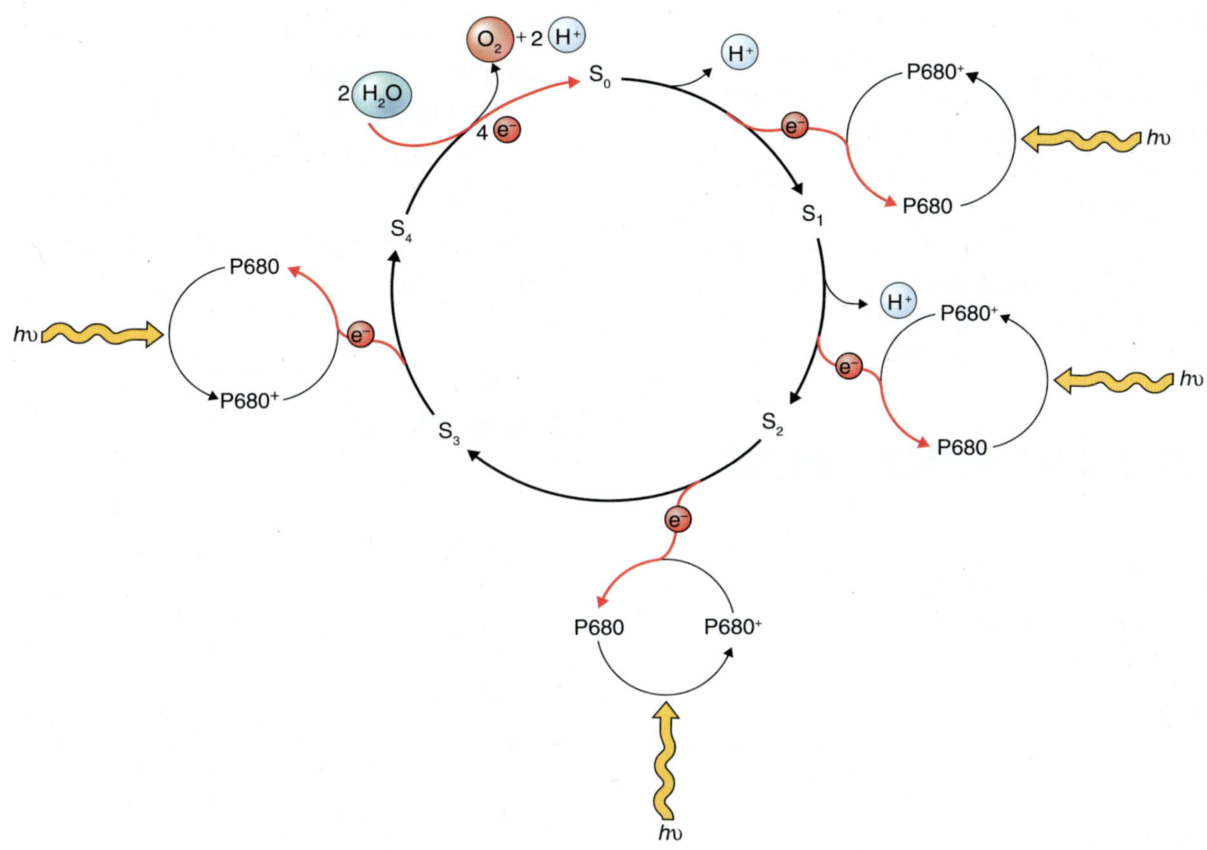

그림 9.14 산소 발생 복합체의 S-회로. 이 복합체에는 5가지의 산화 상태(S_0부터 S_4)가 존재한다. 해당 회로는 크게 산화된(양전하로 하전된) 상태(S_4)가 될 때까지 광계 II로부터 흡수된 광자에 의해 순차적으로 진행된다. S_4 상태에서만 물의 산화가 가능하다. P680의 빛-의존적 산화와 물로부터 유래된 전자에 의한 환원과정이 보여지고 있다. 광계 II에서 흡수된 4개의 양자는 1분자의 O_2를 만든다.

표 9.6 산소 발생 복합체와 상호작용하는 단백질들의 특징.

단백질 (위치)	분자량 (kDa)	암호화 유전자	게놈
PsbO (망간-안정화 단백질, MSP; CP47에 결합)	33	*psbO*	핵
PsbP (루멘-노출 단백질)	23	*psbP*	핵
PsbQ (루멘-노출 단백질)	16	*psbQ*	핵

개의 H^+ 이온에 의해 양성자화된다(식 9.5C). Q_BH_2는 시토크롬 b_6f 복합체로부터 되돌아 온 산화된 플라스토퀴논(plastoquinone)에 의해 광계 II 결합자리로부터 대체된다.

식 9.5 광계 II의 전자 전달회로

9.5A 플라스토세미퀴논 Q_A– 형성

$$P680^+ \text{ Phe a}^- + Q_A \rightarrow P680^+ \text{ Phe a} + Q_A^-$$

9.5B 완전히 환원된 Q_B^{2-}의 2단계 형성

$$Q_A^- + Q_B \rightarrow QA + Q_B^-$$
$$Q_A^- + Q_B^- \rightarrow Q_A + Q_B^{2-}$$

9.5C Q_B^{2-}의 양성자 첨가를 통한 플라스토퀴놀 형성

$$Q_B^{2-} + 2H^+ \rightarrow Q_BH_2$$

그림 9.15A는 플라스토퀴논(PQ)의 구조와 환원된 형태인 플라스토세미퀴논(plastosemiquinone, $PQ^{\bullet -}$) 및 플라스토퀴놀(plastoquinol, PQH_2)을 보여주고 있다. 그림 7.11은 이들과 호흡과정의 전자 전달 사슬에 존재하는 유비퀴논(ubiquinone) 간의 구조를 비교하여 보여주고 있다. 플라스토퀴논 및 유비퀴논은 매우 지질 친화적인데, 그들의 구조는 틸라코이드 이중막 혹은 마이토콘드리아 내막 내에서 빠른 확산을 통한 이동을 가능케 한다(그림 9.15B).

키포인트 광계 II로의 전자 공여체는 물인데, 물의 분해는 망간, 칼슘, 염소 및 3종류의 단백질로 이루어진 산소 발생 복합체에 의해 이루어진다. P680의 환원 및 물로부터의 O_2 발생은 4단계로 이루어진 양성자 S 회로를 통해 일어난다. 플라스토퀴논은 환원된 페오피틴 및 광계 II의 반응 중심과 결합되어 있는 Q_A에 의해 수행되는 일련의 과정을 통해 전자를 공급받는다. 해당 과정을 통해 양성자화된 플라스퀴놀은 인지질 이중층을 통해 확산되어 시토크롬 b_6f 복합체로 이동한다.

9.4 시토크롬 b_6f 복합체를 통한 전자 전달

플라스토퀴놀의 전자들은 **플라스토퀴놀-플라스토시아닌 산화환원효소**(**plastoquinol-plastocyanin oxidoreductase**)로 작용하는 막내재 단백질복합체인 시토크롬 b_6f으로 전달된다. 해당 복합체는 구조와 기능 면에서 마이토콘드리아 호흡 사슬(7장 참고)의 시토크롬 bc_1 복합체(cytochrome bc_1 complex, Complex III)와 유사하다. 예를 들어, 시토크롬 f는 보조인자로 공유결합한 헴을 가지고 있는 c-타입 시토크롬(그림 7.11)이며, 복합체의 산화환원 및 양성자 방출 기능은 Q 회로 작동에 의해 실현된다(그림 7.13C). 시토크롬 b_6f 복합체는 식물의 성장환경 및 발달상태에 민감하게 반응하며, 이를 통해 광합성 전자 흐름과 ATP 및 NADPH의 대사 요구를 맞물리게 하는 주요 조절점이 된다.

9.4.1 시토크롬 b_6f 복합체는 3개의 전자 운반체와 퀴논 결합 단백질을 포함하고 있다

사상(filamentous) 청록색세균인 *Mastigocladus laminosus*와 단일세포 진핵 녹조류인 *Chlamydomonas reinhardtii*에서 시토크롬 b_6f 복합체의 결정구조가 밝혀졌다(그림 9.16A). 분자생물학적, 유전학적 연구를 통해, 해당 복합체의 구조와 기능이 광합성 원핵생물부터 종자식물에 이르기까지 잘 보존되어 있음을 알 수 있다. 시토크롬 b_6f는

플라스토퀴논 (PQ) $\underset{-H^+ - e^-}{\overset{+H^+ + e^-}{\rightleftharpoons}}$ 플라스토세미퀴논 ($PQ^{\bullet -}$) $\underset{-H^+ - e^-}{\overset{+H^+ + e^-}{\rightleftharpoons}}$ 플라스토퀴놀 (PQH_2)

$R = -(CH_2-CH=\overset{CH_3}{\overset{|}{C}}-CH_2)_9-H$

A

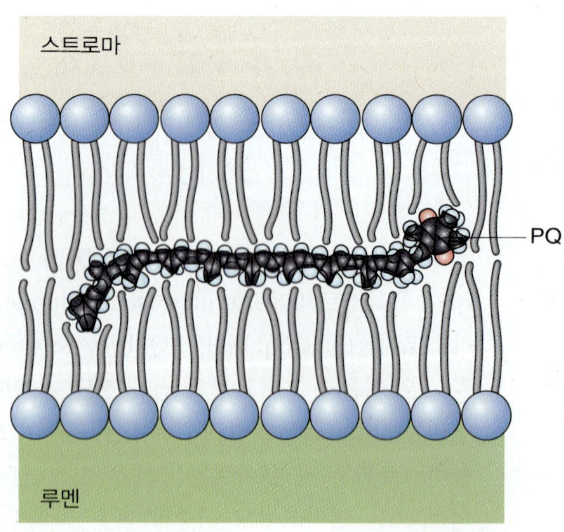

B

그림 9.15 플라스토퀴논. (A) 플라스토퀴논의 구조와 환원 산물. (B) 지질이중층 틸라코이드 막의 플라스토퀴논(PQ). 플라스토퀴논은 광계 II에서 시토크롬 b_6f 복합체으로 전자를 전달하기 위해 막 내에서 측면 확산된다.

220 kDa의 **이량체**(**dimer**) 형태로 틸라코이드막에 파묻힌 채 존재한다. 각 단량체는 8개의 소단위체—4개의 비교적 고분자량인 산화환원 요소(17-32 kDa)와 기능이 불확실한 4개의 작은 폴리펩티드(< 4 kDa)—로 이루어져 있다(표 9.7). 그들은 루멘 내에 광범위하게 위치한 부위와 틸라코이드막을 횡단하는 13개의 나선 부위로 이루어져 있다(그림 9.16B).

시토크롬 f(**cytochrome f**)는 단일 막관통 나선 부위와 틸라코이드막 쪽으로 길게 뻗은 N 말단의 헴 결합 부위를 가진 32 kDa의 폴리펩티드이다(그림 9.16B). 시토크롬 f는 *petA* 유전자에 의해 암호화된다(표 9.7). 시토크롬 b_6의 분자량은 24 kDa이며, 4개의 막관통 사슬을 갖는다. 또한 시토크롬 b_6는 2개의 b-타입 헴 보조그룹과 비공유 방식으로 결합되어 있다(그림 9.16B). 해당 복합체의 세 번째 산화환원 활성화(redox-active) 소단위체인 리스케 단백질(Rieske protein)은 내강에 위치한 19 kDa의 폴리펩티드인데, 이것은 N 말단 근처의 소수성 지역을 통해 틸라코이드막에 고정되어 있다. 보조그룹인 **리스케 철-황 중심**([Fe_2S_2] **Rieske iron-sulfur center**)은 리스케 단백질의 시스테인 및 히스티딘 잔기들을 통해 결합한다(그림 9.16B). 시토크롬 b_6f 복합체는 또한 퀴논-결합 17 kDa 단백질인 소단위체 IV(**subunit IV**, 그림 9.16B)와 *petG*, *petL*, *petM*, *petN*에 의해 암호화되는 작은 주변부 단백질들(각각은 단일 막 관통 나선 형태를 보임)을 포함하고 있어(그림 9.16B). 그들은 산화환원 기능을 수행하는 것 같지는 않으나 복합체 조립 및 안정성을 위해 필요하다.

9.4.2 시토크롬 b_6f 복합체는 Q 회로 작동을 통해 양성자 구배를 유발한다

시토크롬 b_6f 복합체는 리스케 [Fe_2S_2] 소단위체와 시토크롬 f를 통해, 전기화학적 구배를 따라 플라스토퀴놀로부터 플라스토시아닌으로의 발열적(exergonic) 전자 전달을 촉진한다. **고전위** 전자 전달 사슬(**high potential** electron transport chain) 구성 요소들에 대한 E°′ 값이 표 9.8에 나와 있다. 고전위 경로의 플라스토퀴놀 산물로부터 두 번째 전자가 시토크롬 b_6의 헴이 관여되어 있는 **저전위** 사슬(**low potential** chain)을 따라 수송된다. 이러한 2종류 전자 전달 사슬의 작동은 틸라코이드막의 스트로마 쪽에서 루멘으로의 양성자 전체 수송과 연결되어 있다(그림 9.17). 이는 마이토콘드리아 전자 전달 사슬의 복합체 III 관련하여 기술

표 9.7 시토크롬 b_6f 복합체 단백질들의 특징.

단백질	분자량 (kDa)	암호화 유전자	게놈
시토크롬 f	32	*petA*	색소체
시토크롬 b_6	24	*petB*	색소체
산화환원 반응 단백질	19	*petC*	핵
퀴논 결합 단백질 (소단위체 Ⅳ)	17	*petD*	색소체
주변부 단백질		*petG*, *petL*, *petM*, *petN*	핵

되었던 전자 및 양성자 수송에 관한 **Q 회로**(**Q cycle**) 기작과 유사하다. 식 9.6은 환원된 리스케 [Fe_2S_2]의 전자가 고전위 경로의 전기화학적 구배에 따라 시토크롬 f를 통해 플라스토시아닌(시토크롬 b_6f와 PSI 간 전자운반체인)으로 전달되는 것을 보여준다(표 9.8). 해당 회로의 각 순환 동안 스트로마로부터 유래된 양성자 2개는 내강으로 방출된다. 이동한 양성자는 **화학삼투적 ATP 합성**(**chemiosmotic ATP synthesis**)을 유발한다.

식 9.6 플라스토시아닌의 환원

$$[Fe_2S_2]_{red} + \text{cyt } f_{ox} \rightarrow [Fe_2S_2]_{ox} + \text{cyt } f_{red}$$
$$\text{cyt } f_{red} + PC_{ox} \rightarrow \text{cyt } f_{ox} + PC_{red}$$

9.4.3 플라스토시아닌은 전자를 전달하는 수용성 단백질이다

플라스토시아닌(plastocyanin)은 작은 사이즈의(11 kDa) **구리이온 포함**(**copper-containing**) 전자 전달 단백질이다. 플라스토시아닌들은 틸라코이드 루멘의 액상 지역에 위치한다. 시토크롬 b_6f 복합체와 광계 I 간의 빠른 전자 전달은 이들이 높은 운동성을 가지고 있음을 보여준다. 플라스토시아닌의 양적인 변화는 다수의 종자 식물 및 조류 종에서 광합성 전자 전달의 활성 변화와 연관되어진다. 그럼에도 불구하고, 애기장대에서 플라스토시아닌을 암호화하는 두 핵 유전자인 *RETE1*과 *PETE2*의 발현 감소 혹은 과다발현 실험은, 플라스코시아닌이 적정 생장조건하에서 광합성률을 제한하는 데 역할을 한다는 것을 보여주는 데 실패

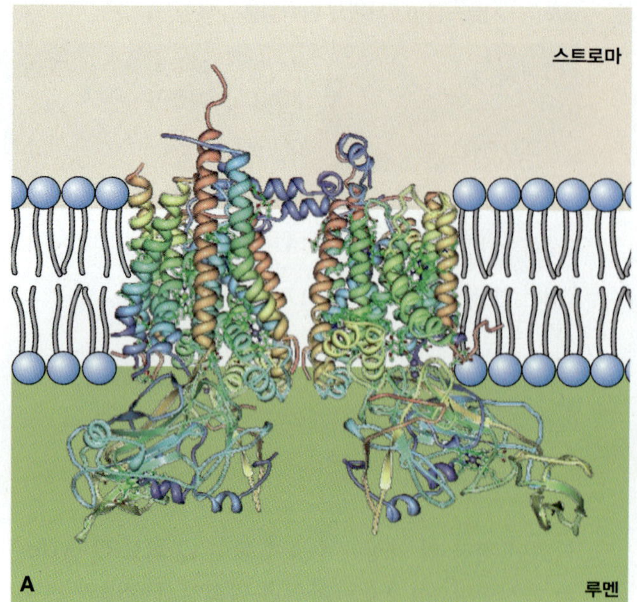

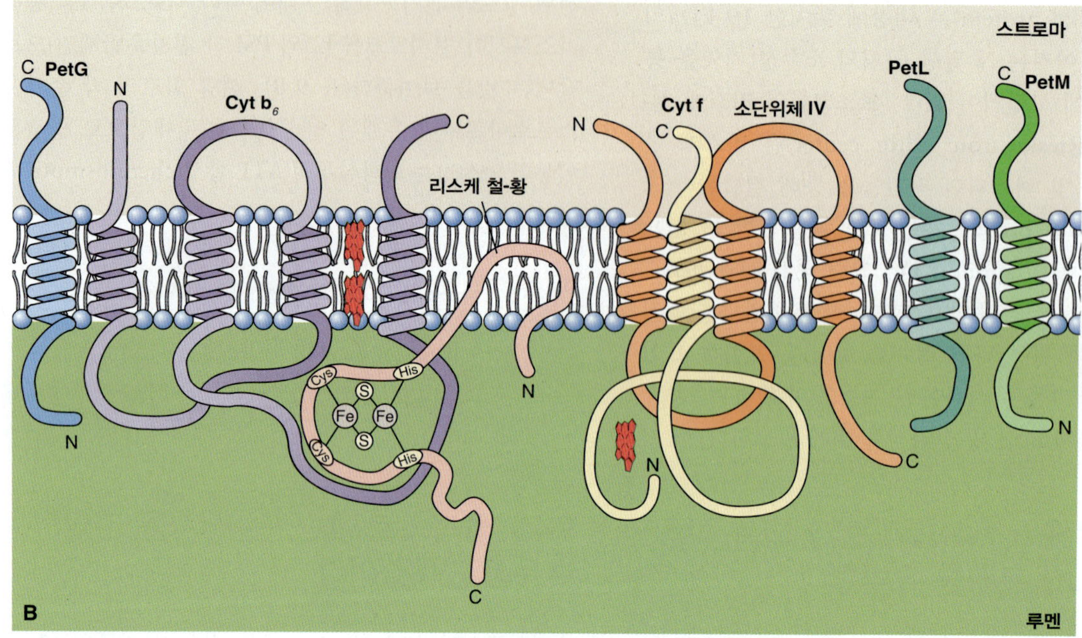

그림 9.16 시토크롬 b_6f 복합체. (A) X-선 결정학 연구에 기반한 *Chlamydomonas* 복합체 모델. (B) 틸라코이드 막의 폴리펩티드 구성 요소 배열을 묘사한 모식도. PetG, cyt f, PetL, PetM과 같은 소단위체들이 1개의 막 관통 도메인을 갖는 반면, cyt b_6와 소단위체 IV는 여러 개의 막 관통 나선형을 지닌다. cyt b_6의 헴 그룹들은 막의 양쪽에 존재하며, 퀴놀의 산화 및 환원 부위의 일부분을 이룬다. cyt f 헴 그룹과 리스케 단백질의 철-황 중심은 틸라코이드 루멘 내에 존재한다. 헴 그룹은 빨간색으로 표시되어 있다.

했다.

플라스토시아닌은 광합성세포 내에서 전체 구리이온의 약 50%를 차지하고 있으므로, **구리 영양 및 독성**(**copper nutrition and toxicity**)에 중요한 역할을 한다(13장 참고). 구리 이온의 가용성이 몇몇 조류 및 청록색세균에서 플라스토시아닌의 생합성 과정을 조절한다. 제한된 구리 공급의 환경하에 있는 종자 식물에서, 플라스토시아닌 유전자 발현 및 단백질 합성은 **구리/아연 슈퍼옥사이드디스뮤테이즈**(**copper/zinc superoxide dismutase**)와 같이 광자가영양 성장에 필수적이지 않은 다른 구리 포함 단백질의 사용 억제를 통해 유지된다.

9.5 광계 I과 NADPH의 형성

플라스토시아닌-페레독신 산화환원효소(**plastocyanin-ferredoxin oxidoreductase**)로 기능하는 광계 I은, 45개의 막관통 나선으로 배열된 16개의 단백질 소단위체를 중심에 보유하고 있으며, 168개의 엽록소 분자, 5개의 카로티노이드, 3개의 [Fe_4S_4] 무리 및 2분자의 전자 전달 수송체인 **필로퀴논**(**phylloquinone**)(vitamin K1; 그림 9.18)을 보유하고 있다. 엽록소 a, 필로퀴논, [Fe_4S_4]는 복합체의 환원 부위에서 전자 수용체인 A_0, A_1, A_2로 각각 기능한다(표 9.3). 반응 중심 엽록소는 P700이다. 광계 I은 크게 틸라코

키포인트 시토크롬 b_6f 복합체는 플라스토퀴놀-플라스토시아닌 산화환원효소이며, 구조적, 기능적으로 마이토콘드리아 전자 전달 사슬의 시토크롬 bc_1 복합체와 유사하다. 해당 복합체는 8개의 소단위체로 이루어져 있으며, 틸라코이드 막 내에서 이량체를 형성한다. 복합체를 구성하는 시토크롬 f, 시토크롬 b_6 및 $[Fe_2S_2]$ 중심 단백질은 산화환원 기능을 갖는다. 전자는 고전위 $[Fe_2S_2]$-시토크롬 f 사슬과 저전위 시토크롬 b_6 사슬을 통해 공여체인 플라스토퀴놀로부터 수용체인 플라스토시아닌으로 전달된다. 이러한 Q 회로의 작동 방식은 호흡과정시 일어나는 cytochrome bc_1의 그것과 유사하다. Q 회로는 작동 과정동안 틸라코이드 막의 스트로마 쪽에서 루멘쪽으로 양성자를 이동시킨다. 시토크롬 b_6f의 전자는 이동성 구리이온-포함 단백질인 플라스토시아닌을 통해 광계 I로 전달된다.

이드막의 그라나 간(스트로마쪽으로 노출된) 지역에 박혀 있다(표 9.1과 그림 9.5). 완두콩 광계 I의 결정구조가 원자 해상도(atomic resolution)상에서 결정되었다(그림 9.19). 광계 I 구성 요소들의 명명은 광계 II 구성 요소들의 명명 방식과 매우 유사하다; 반응 중심 소단위체는 Psa, 광수확 복합체는 Lhca와 같다.

표 9.8 시토크롬 b_6f 복합체 구성 요소의 산화환원 전위.

산화환원 구성 요소	$E^{\circ\prime}$(V)
PQ/PQH_2	+0.10
시토크롬 b_6 (저전위 전자 전달 사슬)	
헴 $b_{n(ox/red)}$	−0.05 부터 −0.03
헴 $b_{p(ox/red)}$	−0.15 부터 −0.09
고전위 전자 전달 사슬	
리스케 $[Fe_2S_2]_{(ox/red)}$	+0.30
시토크롬 $f_{(ox/red)}$	+0.35
플라스토시아닌$_{(ox/red)}$	+0.36

9.5.1 광계 I 반응 중심 소단위체는 플라스토시아닌 결합 부위를 보유하고 있으며, P700, 일차 및 이차 전자 수용체들과 결합되어 있다

광계 I은 플라스토시아닌으로부터 전자를 받아서 이를 페레독신(ferredoxin)에 전달한다. 광계 I은 '거의 완벽한 아인슈타인 광화학 기계'라고 불리는데, 이는 1.0에 근접한 양자수율을 가지고 작동하기 때문이다(9.2.2절 참고). 광계 I 반응 중심에 있는 P700의 광흥분은 시토크롬 b_6f 복합체로부터 도착한 환원 형태의 플라스토시아닌을 산화시킨다. 그림 9.20에 보여지듯이, P700은 엽록소 a(A_0)와 필로퀴논(A_1)을 통해, 전자를 첫 번째 안정화된 수용체인 $F_x(A_2)$로 전달한다. P700, A_0, A_1, A_2는 엽록체 게놈에서 암호화된 약 83 kDa의 폴리펩티드들인 **PsaA**와 **PsaB**에 결합한다. 플라스토시아닌은 PsaF(17 kDa)와 결합하는 작은 루멘 소단위체인 PsaN와 결합하는 듯하다(그림 9.19).

두 번째 전자 수용체인 F_A와 F_B(그림 9.20)는 $[Fe_4S_4]$ 중심이며 9 kDa 소단위체인 PsaC와 결합한다. F_B로부터 전자를 받는 페레독신(Fd)은 **페레독신-NADP$^+$ 환원효소**(**ferredoxin-NADP$^+$ reductase**)(FNR; 식 9.7)를 통해 $NADP^+$를 환원시킨다. 소단위체 **PsaD**는 페레독신 및

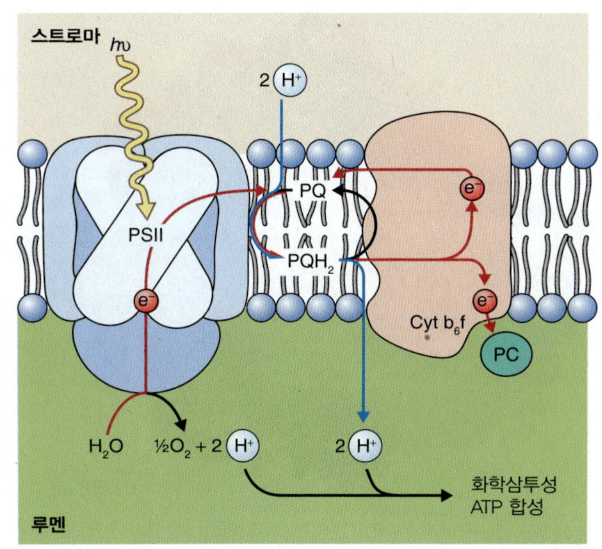

그림 9.17 광계 II와 시토크롬 b_6f 복합체 간의 전자 전달시 틸라코이드 막을 가로질러 일어나는 양성자의 이동. 빨간색 화살표가 전자의 흐름을 보여준다. 전자는 플라스토퀴논(PQ)에 의해 광계 II에서 시토크롬 b_6f 복합체를 통해 플라스토시아닌(PC)으로 전달된다. 틸라코이드 막에서, 리스케 $[Fe_2S_2]$ 중심과 cyt f을 통한 고전위 경로와 cyt b_6을 통한 저전위 경로로 구성된 2개의 전자 전달 사슬은 스트로마로부터 루멘으로 양성자를 전달하는 Q 회로하에서 작동된다.

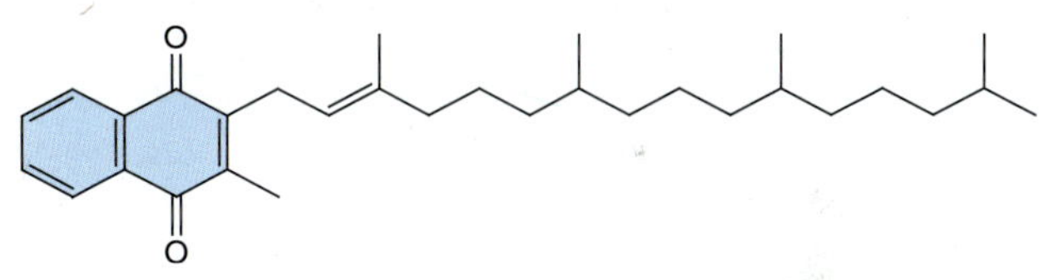

그림 9.18 광계 I에서 전자운반체로 작용하는 필로퀴논(비타민 K1)의 구조.

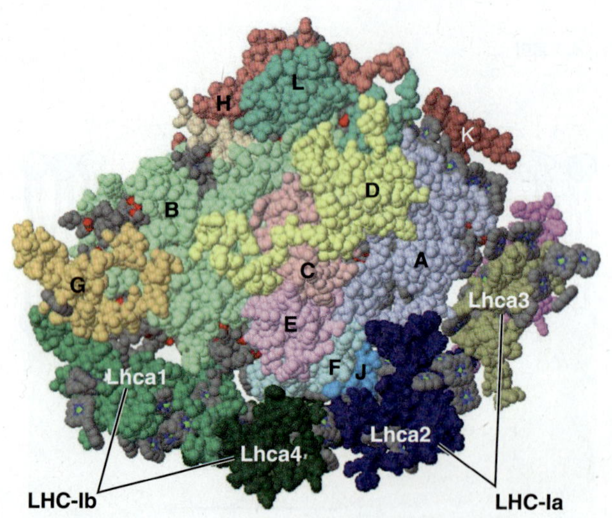

그림 9.19 틸라코이드 막의 스트로마 쪽에서 바라본 식물 광계 I의 구조 모델. 주요 소단위체의 위치를 보여주는 결정 구조: LHC, 엽록소-단백질 소단위체; Lhca, 광수확 단백질; PsaA, PsaB, P700-결합 반응 중심 폴리펩티드(그림 9.9 참고). 플라스토퀴논 결합 단백질인 PsaN은 복합체의 루멘 쪽 및 Lhca2와 Lhcda3의 아래에 위치한다. 대문자는 각각 다른 Psa 단백질을 보여준다(예를 들어, A는 PsaA를 나타냄). 다른 폴리펩티드들(PsaC-PsaF)의 특성은 표 9.4에 제시되어 있다.

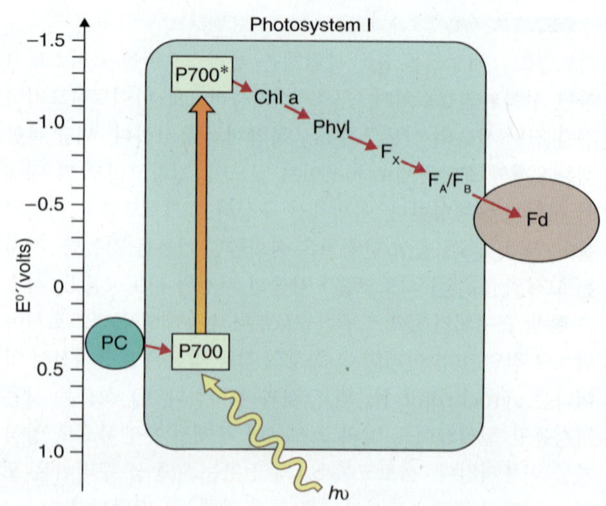

그림 9.20 플라스토시아닌(PC)에서 페레독신(Fd)까지의 광계 I-매개 전자 전달(빨간색 화살표). 광계 I 복합체에서의 전자 전달 경로는 P700, 단량체의 엽록소 a(Chl a), 필로퀴논(Phyl), 세 가지 철-황 중심(F_X, F_A, F_B)을 포함한 일련의 부가적인 전자운반체들로 이루어져 있다.

PsaC와 결합한다; 10 kDa의 **PsaE** 소단위체는 FNR에 결합한다. 광계 I의 반응 중심은, Lhca 소단위체와의 결합, 광조절, 구조 안정화 등의 다양한 기능을 가진 여러 개의 기타 Psa 폴리펩티드를 포함하고 있다.

식 9.7 페레독신-$NADP^+$ 환원효소

$$2Fd_{red} + NADP^+ + H^+ \rightarrow 2Fd_{ox} + NADPH$$

9.5.2 광계 I의 안테나는 4개의 광수확 엽록소 결합 단백질로 이루어져 있다

광계 I의 광수확 안테나는 4개의 주변부 엽록소-단백질 소단위체들로 이루어져 있다. 이들은 2개의 이량체인 **LHC-Ia**, **LHC-Ib**로 배열되며, 반응 중심의 PsaF 쪽에 위치한다(그림 9.19). **Lhca** 단백질들은 18-25 kDa의 질량을 가지고 있으며, 각각은 13개의 엽록소 및 2-3개의 카로티노이드와 결합하고 있다. LHC-Ib는 11 kDa의 **PsaG** 소단위체를 통해 단단하게 결합되어 있다. LHC-Ia는 상대적으로 약하게 결합되어 있으며, Lhca 단백질의 양은 빛의 강도 및 영양분의 이용가능성에 따라 성장 · 발달 과정 동안 다양하게 변하는 경향이 있다.

9.5.3 광계 I 전자 수용체인 페레독신은 광합성 과정에서의 NADPH 환원 및 다수의 기타 산화환원 반응의 환원제이다

$[Fe_4S_4]$ 전자 운반체인 F_A, F_B와 결합된 PsaC, PSaD, PsaE 소단위체들은 P700*으로부터 **페레독신(ferredoxin)**으로의 발열적 전자 전달을 촉진한다(그림 9.20). 페레독신은 강한 환원제이다($E°'$−0.42V). 페레독신은 $NADP^+$로부터 NADPH의 환원, 질소 및 황 동화과정(13장 참고), 지방산 합성(17장 참고), **티오리독신(thioredoxin)**을 통한 산화환원 조절(15장 참고), 엽록소 이화과정(18장 참고), 순환적 광인산화 반응(18장 참고) 등을 포함한 다수의 중요 대사 반응에 있어서 **전자 공여체(electron donor)**로 기능한다(9.6.2절).

식물의 페레독신은 보조그룹으로 $[Fe_2S_2]$을 보유한 저분자(10-11 kDa)의 철-황 단백질이다. 애기장대의 핵 게놈은 페레독신을 암호화하는 4개의 유전자를 포함하고 있다. *AtFd1*과 *AtFd2*는 녹색 조직에서 발현되며, *AtFd3*는 뿌리의 페레독신을 암호화한다. *AtFd4*에 의해 암호화되는 4번째 페레독신의 역할은 아직 알려져 있지 않다. 4개 페레독신의 1차 아미노산 서열 모두가 N 말단의 **색소체-표적 지역(plastid-targeting region)**을 포함하고 있는데, 이는 해당 단백질들이 엽록체와 비녹색 조직의 색소체 내에서 산화환원 반응에 작용한다는 사실과 일치한다.

환원된 페레독신으로부터 $NADP^+$로의 전자 전달은 페레독신-$NADP^+$ 환원효소(FNR)에 의해 촉매된다(식 9.7). FNR은 보조그룹으로 **플라빈 아데닌 다이뉴클레오타이드(flavin adenine dinucleotide, FAD)**를 가진 **플라보단백질(flavoprotein)**이다(그림 2.20). Fd_{red}(페레독신의 환원 형태)는 FNR과 결합하여, 단일 전자를 플라빈 세미퀴논(flavin semiquinone)에게 전달하며, Fd_{red}로부터의 두 번째 전자 전달은 $FADH_2$를 완전한 환원형태로 만든다. 그 후 FNR은 2개의 전자를 $NADP^+$로 전달한다.

9.6 광인산화

2장에서는 **산화환원 전위(redox potential**, E°′)의 기반하에 산화환원 반응이 어떠한 방법으로 규명되고 전기화학적 연쇄과정으로 배열되는지 기술하고 있다. 그림 9.21은 E°′ 스케일과 관련지어 광합성 전자 전달 사슬의 구성 요소들을 배치하고 있다. 광계 II의 산화 부위에서 일어나는 물분해 과정과 광계 I의 환원 부위에서 일어나는 NADPH 형성 간의 전자 이동 과정은 **Z 모식도(scheme)**로 설명된다. 다수의 실험적 증거는 광합성 전자 전달의 Z 모식도 모델을 뒷받침하며 생·물리학적인 세부 의문점을 상당 부분 해소시켰다.

광계 II의 1차 광화학적 산물은, 강한 산화제($P680^+$, 대략 +1.2 V의 높은 positive E°′을 가짐, 알려진 가장 강한 산화종) 및 상대적으로 약한 안정화된 환원제로 작용하는 A_1(Q_A^-, 플라스토퀴논)이다. $P680^+$는 물로부터 전자를 제거하여 산소와 양성자를 발생시키는 산화력(oxidizing power)을 가지고 있다. Q_A^-는 **전기화학적 구배(electrochemical gradient)**를 따라, 플라스토퀴논, 시토크롬 b_6f 복합체를 통해 광계 I으로 전자를 전달한다. 이러한 광계 II로부터 광계 I으로의 발열적 전자 전달에 의해 방출되는 에너지는 ATP의 **화학삼투적(chemiosmotic)** 합성을 위해 사용된다. 광계 I 반응 중심에서의 전하 분리는 강력하고 안정적인 환원제(환원된 철-황 중심, F_X^-, E°′−0.73V) 및 상대적으로 약한 산화제인 $P700^+$(E°′+0.49V)를 생산한다. P700의 중간산물인 환원된 페레독신은 $NADP^+$를

> **키포인트** 광계 I은 틸라코이드막의 그라나 간 지역에 위치한, 빛 의존적 플라스토시아닌-페레독신 산화환원효소이다. 광계 I 반응 중심에 존재하는 일차 전자 수용체는 엽록소 a인 필로퀴논과 페레독신인데, 이들은 P700과 함께 PsaA(활성화된 분지) 및 PsaB에 결합하여 있다. 광계 I의 중심은, 플라스토시아닌 결합 단백질과 이차 전자 수용체로 기능하는 3개의 $[Fe_4S_4]$ 중심 및 16개의 폴리펩티드 소단위체들로 이루어져 있다. 2개의 이량체로 이루어진 색소 단백질 복합체가 광계 I 안테나를 구성한다. 광계 I로부터의 전자 수용체인 페레독신은 다양한 대사과정에서 일어나는 산화환원 반응에 참여한다. 광합성의 탄소환원 반응에 사용되는 NADPH는, 환원된 페레독신으로부터 플라보단백질인 페레독신-$NADP^+$ 환원효소에 의해 전자를 넘겨 받아 형성된다.

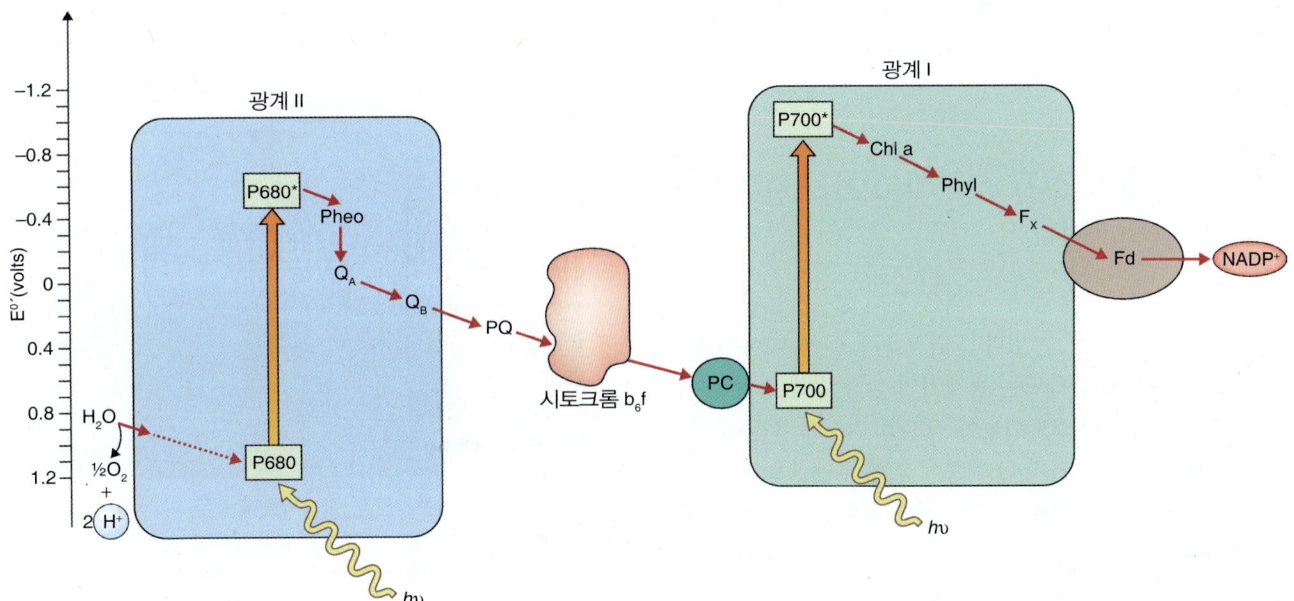

그림 9.21 광합성 전자 전달의 Z 모식도. 빨간색 화살표는 전자의 흐름을 보여준다. 비순환 전자 전달 사슬의 각 전자 운반체의 수직적 위치는 산화환원 전위(E°′)의 중간지점과 일치한다.

NADPH로 환원시킨다(그림 9.21).

특정 E°′값을 가진 산화환원 반응제를 사용하여, 광합성 전자 전달 사슬로 전자를 전달하거나, 혹은 이러한 사슬로부터 전자를 가로채는 것이 가능해진다. 이러한 화학물질은 Z 모식도를 분석하고 해당 사슬의 특정 지점을 조사하는 데 유용한 연구수단으로 사용된다. 엽록체 전자 전달 사슬을 특이적으로 억제하는 화합물은 제초제로서 실용적으로 응용된다. 다이유론(diuron), 아트라진(atrazine)과 같은 제초제들은 광계 II 반응 중심의 D1 단백질과 결합함으로써 Q_B의 환원을 막는다. 파라쿼트(praquat) 타입의 제초제들은 광계 I의 환원 부위에 작용하여 페레독신의 환원을 막는다.

광합성 전자 전달 동안, 양성자는 틸라코이드 루멘에 축적되며 이들의 스트로마로의 이동은 종종 **짝짓기 요소**(**coupling factor**, CF)로도 언급되는 다중 단백질 **ATP 합성효소** 복합체(**ATP synthase** complex)에 의한 ATP 합성을 유발한다. 광합성 동안의 ATP 합성은 **광인산화**(**photophosphorylation**)로 불리며 마이토콘드리아의 산화적 인산화에서 언급된 것과 유사한 화학삼투적 기작에 의해 일어난다(7장 참고). 양성자 구배를 붕괴시키는 **탈공역제**(**uncoupler**) 제공에 의해, ATP의 형성 없이 전자의 흐름이 일어날 수 있음에도 불구하고, 두 가지 경우 모두에서, ATP 합성은 보통 전자 전달과 짝지어진다. 물에서 NADPH로의 전자 전달 동안 일어나게 되는 ATP 합성은 **비순환적 인산화**(**non-cyclic phosphorylation**)로 명명된다. **순환적 인산화**(**cyclic phosphorylation**)는 광계 I으로부터 시토크롬 b_6f로 전자를 되돌리는 부가적 과정을 통해 일어난다.

9.6.1 비순환적 전자 전달의 산물은 ATP, 산소, NADPH이다

광합성 전자 전달 사슬 중 두 지역을 통해 양성자들이 틸라코이드 루멘에 위치할 수 있다(그림 9.17). 그중 하나는 물을 전자, O_2, H^+로 분해하는 광계 II의 산소 발생 복합체이며, 다른 하나는 플라스토퀴놀이 전자를 리스케 [Fe_2S_2] 중심으로 전달하고 양성자가 Q 회로에 의해 루멘으로 이동하는 시토크롬 b_6f의 산화지역이다. 비순환적 인산화의 **짝짓기**(**coupling**) 정도를 보면, 일반적으로 물에서 $NADP^+$로 전달되는 2개의 전자당 1.0–1.5 ATP 분자가 ADP와 P_i로부터 합성된다.

9.6.2 ATP는 광계 I 주변에서 순환적 전자 흐름을 통해 생성되는 유일한 산물이다

비순환적 인산화 뿐 아니라, 엽록체는 광계 I으로부터 환원된 페레독신을 직·간접적으로 시토크롬 b_6f 복합체에 전달하는 순환적 전자 전달 사슬을 보유하고 있다. 비순환적 광인산화와 마찬가지로, 순환적 경로는 양성자를 스트로마로부터 틸라코이드 내강으로 퍼낸다; 그러나 이때 물 분해, 산소 발생, NADPH 생성은 없다. 광계 I 주변의 순환적 전자 흐름 경로에 대한 지식이 최근의 유전학적 연구를 통해 증가되고 있다. 청록색세균인 *Synechocystis*의 ***ndhB*** 유전자의 돌연변이는 광계 I 순환적 전자 수송의 활성을 망가뜨린다. 엽록체 게놈에 존재하는 상동성 유전자의 손상이 일어난 *Nicotiana tabacum* 식물 역시 유사한 형질을 보인다. *ndhB*는 NADH로부터 전자를 유비퀴논으로 전달하는 마이토콘드리아 **복합체 I**(**Complex I**)에 상응하는 엽록체 **NAD(P)H 탈수소효소**(**NAD(P)H dehydrogenase, NDH**) 복합체의 소단위체를 암호화한다(그림 7.13A). 이러한 결과는 광계 I에서 $NADP^+$가 FNR에 의해 환원되고, 그 결과 NADPH가 틸라코이드 NDH 복합체를 통해 전자를 플라스토퀴논으로 전달하는 순환적 전자 흐름 경로를 제시한다(그림 9.22). 마이토콘드리아 복합체 I은 막의 한쪽 면에서 다른 쪽으로 양성자를 퍼내며, 엽록체 NDH 역시 같은 역할을 한다.

두 번째 순환적 전자사슬의 존재는 애기장대 돌연변

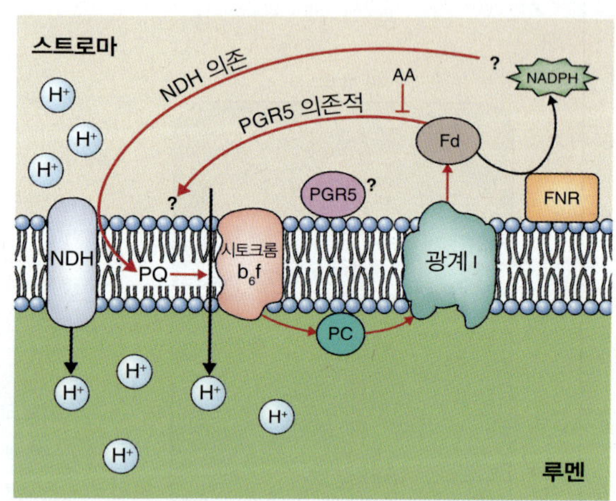

그림 9.22 순환적 전자 전달. 관속식물에는 두 가지 부분적인 과잉 경로(NDH-의존적, PGR5-의존적)가 있다. PGR5-의존적 경로는 안티마이신 A에 의해 억제된다. NDH 복합체로의 전자 공여체나 PGR5-의존적 경로에서의 전자 수용 경로는 알려져 있지 않다. FNR, 페레독신-$NADP^+$ 환원효소; NDH, NAD(P)H 탈수소효소; PC, 플라스토시아닌; PGR5, 양성자 기울기 조절 5 단백질.

이체인 *proton gradient regulation 5*(*pgr5*)의 특성을 통해 제안되었다. 해당 돌연변이체의 경우 순환적 전자 수송은 결여되어 있으나 정상적인 NDH의 수준과 기능을 가지고 있다. ***PGR5*** 유전자는 작은 사이즈의(10 kDa) 잘 보존된 틸라코이드 결합 단백질을 암호화한다. PGR5는 페레독신 의존적 플라스토퀴논 환원의 조절자로 생각되어지고 있으나(그림 9.22), 상세한 기능은 아직 자세히 알려져 있지 않다. PGR5 경로는 광합성 생물에 보편적으로 존재한다. NDH 경로와 반대로, 해당 경로는 퀴논 산화환원 반응의 억제자인 **안티마이신 A**(**antimycin A**)에 의해 차단된다. 침엽수와 단일세포 녹조류를 포함한 다수의 식물군에서 색소체 게놈상에 *ndh* 유전자가 결여되어 있는 듯 하다.

순환적 인산화는 다수의 생리학적 기능을 가지고 있다. 순환적, 비순환적 전자 흐름의 **균형**이 ATP와 NADPH의 상대적 공급을 결정하는데, 이는 상이한 대사 경로로부터의 이들에 대한 요구를 유연하게 승인한다. 더욱이, 그러한 균형 조정은 스트로마의 **과도한 환원**(**over-production**) 및 막수송 과정의 붕괴를 막는다. 과도한 환원은 광계 I의 **광억제**(**photoinhibition**)의 원인이 되기도 한다(15장 참고).

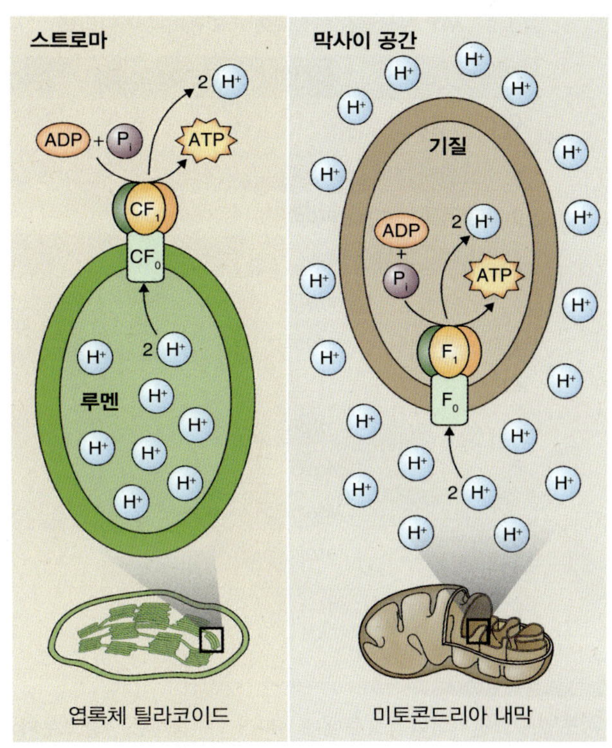

그림 9.23 엽록체와 마이토콘드리아에 존재하는 ATP 합성효소의 비교. ATP는 엽록체의 스트로마 쪽에서, 마이토콘드리아의 기질 쪽에서 생성된다.

9.6.3 CF_0CF_1은 틸라코이드 막을 가로지르는 양성자 구배를 이용하여 ADP를 인산화시키는 다중 단백질 ATP 합성효소 복합체이다

틸라코이드의 ATP 합성은, 그 구조와 기능면에서 마이토콘드리아의 **F_0F_1-ATP 합성효소**(**synthase**)와 같은 기타 ATP 합성효소와 유사하다(그림 7.15). 엽록체 복합체의 스트로마 도메인 및 막관통 도메인은 각각 **CF_1**과 **CF_0**로 알려져 있다. 그림 9.23은 엽록체와 마이토콘드리아 간 ATP 합성효소의 기능적, 조직적 유사성을 보여준다. 틸라코이드 막의 다른 다중단백질 복합체처럼, CF_0CF_1-ATP 합성효소의 조립은 엽록체 유전자(6개 소단위체)와 핵 유전자(3개 소단위체)의 공조된 발현을 요구한다(표 9.9).

CF_0은 170 kDa의 분자량 및 17개의 폴리펩티드로 구성되어 있다(표 9.9): 막관통 사슬이 고리 모양으로 배열된 단일 소단위체 I, II, IV와 소단위체 III의 14개 복사체(copies). CF_1은 400 kDa의 분자량을 가지고 있으며, 5개의 소단위체(α, β, γ, δ, ε가 3:3:1:1:1의 비율)로 구성되어 있다(표 9.9). ADP의 ATP로의 인산화는 α, β 소단위체에 의해 촉매되며, 양성자 구동 '분자 모터'의 작동이 3단계의 **결합 변화 기작**(**binding change mechanism**)을 통해 이루어진다. δ 소단위체와 소단위체 I, II, IV는 CF_0과 CF_1의 결합에 관여하며, 소단위체 III는 양성자 이동에 역할을 한다(표 9.9). 엽록체 ATP 합성효소의 특이한 성질로서 그 활성이 빛에 의해 조절된다는 점이 있는데, ε 소단위체는 암조건에서의 촉매 작용 억제에 중요한 역할을 한다. γ 소단위체 또한 **페레독신/티오레독신계**(**ferredoxin/thioredoxin system**)에 의해 매개되는, 해당 효소의 빛에 의한 활성화 및 암조건에서의 비활성화 과정에 참여한다(15장 참고).

9.7 이산화탄소 고정 및 광합성 탄소 환원 회로

빛 에너지 포획 반응의 산물인 NADPH와 ATP는 **캘빈-벤슨** 회로의 반응 중 탄소의 환원 단계 동안 사용된다. 해당 회로는 13개의 효소가 관여하는 단계로 이루어져 있으며, 스트로마에서 일어난다. 이 회로는 크게 3단계로 나누어진다: (i) CO_2가 수용체 분자인 리불로오스 **1,5-이인산**(ribulose-1,5-bisphosphate, **RuBP**)에 더해져 2분자의 3탄소 유기산인 **3-포스포글리세르산**(3-

표 9.9 ATP 합성효소 복합체의 폴리펩티드 소단위체.

단백질	유전자	유전자의 위치	분자량(kDa)	복합체당 반복 수	기능
CF_1					
α-소단위체	*atpA*	C	55	3	촉매작용
β-소단위체	*atpB*	C	54	3	촉매작용
γ-소단위체	*atpC*	N	36	1	양성자 이동 경로
δ-소단위체	*atpD*	N	20	1	CF_1과 CF_0를 연결
ε-소단위체	*atpE*	C	15	1	ATP 가수분해 효소 억제
CF_0					
I	*atpF*	C	17	1	CF_1과 CF_0를 연결
II	*atpG*	N	16	1	CF_1과 CF_0를 연결
Ⅲ	*atpH*	C	8	14	양성자 자리옮김
Ⅳ	*atpI*	C	27	1	CF_1과 CF_0를 연결

C, 엽록체 게놈; N, 핵.

키포인트 전기화학적 구배에 따라 이동하는 물로부터 NADPH로의 전자 흐름에 대한 모식도를 Z 모식도라 일컫는다. Z 모식도의 작동시 방출되는 에너지는 ATP의 형태로 포획된다. O_2 및 NADPH 형성과 연계된 ATP 합성은 비순환적 인산화의 산물이다. ATP는 광계 I로부터 환원된 페레독신이 NAD(P)H 탈수소효소를 통해 시토크롬 b_6f로 전자를 전달하는 순환적 인산화 과정을 통해서도 합성될 수 있다. 산소 발생 복합체 및 시토크롬 b_6f는 양성자가 틸라코이드 루멘으로 이동하는 장소이다. 양성자 구배는 다중 단백질인 CF_0CF_1-ATP 합성효소 복합체의 3단계 결합 변화 기작을 통한 ADP의 인산화 과정을 촉발한다. 이러한 과정은 마이토콘드리아의 F_0F_1 복합체에 의한 ATP 합성 과정과 유사하다.

phosphoglycerate, **3-PGA**)을 생성하는 **카르복시화(carboxylation)**; (ii) 각 3-PGA로부터 3탄당인 **글리세르알데히드 3-인산**(glyceraldehyde 3-phosphate, **GAP**)을 생성하는 환원(reduction); (iii) RUBP 생성에 관여하는 **재생(regeneration)**(그림 9.24). 1분자의 탄소 고정을 위해, ATP와 NADPH가 각각 2분자씩 환원단계에서 사용된다. 추가적인 ATP 소모는 재생 단계에서 이루어진다. 캘빈-벤슨 회로는 종종 **환원적 5탄당 인산경로(reductive pentose phosphate pathway)**로도 불리는데, 이는 해당 회로가 호흡 과정의 산화적 5탄당 인산 경로와 참여 효소의 활성 및 반응 중간산물을 공유하기 때문이다(7장 참고).

조사된 빛이 세포 엽록체 내 대사산물들을 통해 고정 · 환원 · 분포되는 과정인 CO_2로부터의 탄소 이동 경로는, 녹조류인 *Chlorella* 및 *Scenedesmus*를 사용한 일련의 고전적 실험들을 통해 정립되었다. CO_2 고정의 첫 번째 안정적 산물은 글리세르산 일인산(glyceric acid monophosphate), 글리세르산 이인산(glyceric acid bisphosphate), 인산화 3탄당(phosphorylated trioses) 등인데, 이들 모두 **3탄소 대사산물(three-carbon metabolite)**이므로 해당 회로는 광합성의 **C_3 경로(C_3 pathway)**로 불린다. 9.9절에서 보듯, 열대 아열대 식물 다수는 부가적인 CO_2 고정 기작인 **C_4 광합성** 및 **CAM 광합성(photosynthesis)**을 가지고 있다.

이 절에서는 카르복실레이즈의 구조 및 기능, 캘빈-벤슨 회로의 환원 과정을 통한 탄소의 대사과정으로의 편입, 카르복시화 수용체의 재생을 이끄는 상호 전환 과정 등을 살펴보고자 한다. 그림 9.25는 해당 경로의 중간산물, 반응 및 효소를 요약하고 있다.

9.7.1 루비스코는 캘빈–벤슨 회로의 첫 반응을 촉매한다

캘빈-벤슨 회로의 첫 반응은 CO_2와 결합하는 5탄소 수용체인 **리불로오스-1,5-이인산(RuBP)**의 카르복시화 과정이며, 해당 반응은 흔히 **루비스코(rubisco)**라 불리는 **RuBP 카르복실레이즈-옥시게네이즈(RuBP carboxylase-oxygenase)**에 의해 촉매된다; 해당 반응의 산물은 **3-포스포글리세르산(3-PGA)**이다(식 9.8). 루비스코라는 이름은 마치 시리얼 상품명처럼 들리는데, 이는 음식물에 함유되어 있는 모든 탄

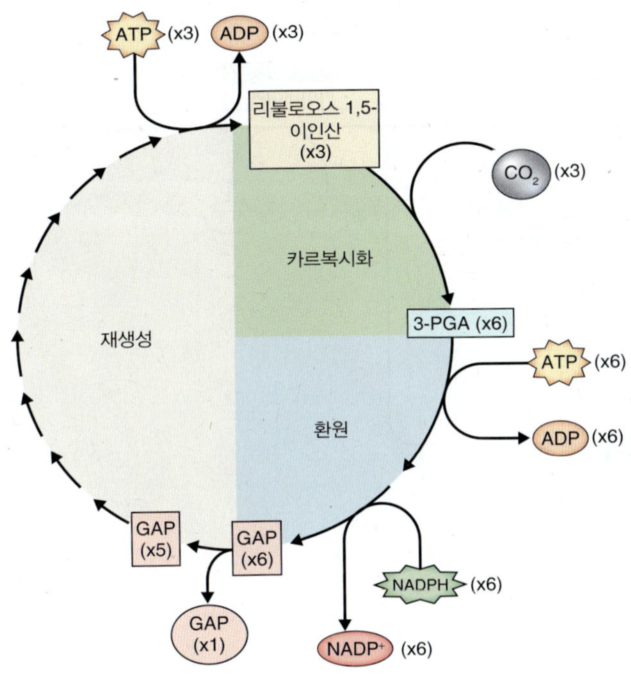

그림 9.24 C_3 광합성의 탄소 고정 회로 단계. 회로는 카르복시화, 환원, 재생의 3단계로 나누어져 있다. 1분자의 CO_2 고정에는 2분자의 NADPH와 3분자의 ATP가 필요하다. 3-PGA, 3-포스포글리세르산; GAP, 글리세르알데히드-3-인산

수화물에 전적으로 관련되어 있기 때문이다.

식 9.8 루비스코에 의해 촉매되는 카르보시화 반응

$$RuBP + CO_2 + H_2O \rightarrow 2\ 3\text{-PGA}$$

루비스코에 의해 촉매되는 반응은 5단계의 기작을 통해 진행되는데, 해당 단계에서 단기적으로 존재하는 **6탄소 중간산물(six-carbon intermediate)**이 형성된 후 2분자의 3-PGA 산물로 가수분해된다. 이 반응은 캘빈-벤슨 회로에서만 독특하게 이루어지며, 지구 상의 대다수 CO_2를 유기물로 편입시키는 경로이다(연간 10^{14} kg으로 추산됨). 루비스코는 지구 상의 가장 풍부한 단백질 중 하나이다. 잎 전체 단백질 내 질소의 절반 이상을 함유한 녹색 조직의 가장 풍부한 단백질로서, 식물의 광합성 기능이 중지됐을 때, 그 밖의 지역에서의 아미노산 질소를 공급받기 위한 주 잠재적 근원이 된다. 노화 과정 동안 일어나는 루비스코의 분해는 18장에서 보다 자세히 다루어진다. 루비스코 반응 산물이 해당 회로의 **환원(reduction)** 과정으로 들어간 후, RuBP를 **재생(regeneration)**하는 일련의 반응이 뒤따른다(그림 9.25).

RuBP의 카르복시화 뿐만 아니라, 루비스코는 O_2와 RUBP의 5탄소 단기 중간 산물 간의 반응을 촉매할 수 있다. 이러한 과정은 3-PGA와 2탄소 산물인 **포스포글리콜산(phosphoglycolate)**의 형성을 초래한다(그림 9.26). 루비스코의 **옥시게네이즈(oxygenase)** 활성은 **광호흡(photorespiration)**의 근간이 되는데, 해당 과정은 광합성 탄소 고정의 효율을 제한하는 중요한 경로이다(9.8절 참고).

9.7.2 루비스코는 핵과 색소체 게놈에 의해 암호화되는 소단위체들로 이루어진 복합체 효소이다

녹색 식물과 모든 기타 진핵 자가영양체는 큰(L) 소단위체 및 작은(S) 소단위체로 이루어진 **Type I 루비스코(Rubisco)**를 가지고 있다. 충분히 활성화된 Type I **전효소(holoenzyme)**는 $(L_2)_4(S_4)_2$ **hexadecamer** 방식으로 배열된 4개의 이량체 큰 소단위체들(dimeric large subunits)과 2개의 사량체 작은 소단위체들(tetrameric small subunits)로 이루어져 있다(그림 9.27). 큰 소단위체는 엽록체 ***rbcL* 유전자**에 의해 암호화되는 55 kDa의 폴리펩티드이며, 효소의 활성 자리 및 조절자(effector) 결합 자리를 가지고 있다. 작은 소단위체는 촉매활성을 가지고 있지는 않으나, Type I 전효소의 활성 형태 형성을 위해 필요하며, 핵 게놈의 ***rbcS* 유전자족(gene family)**에 의해 암호화된다. 작은 소단위체는 세포질 리보좀에 의해 20 kDa 전구체로 합성된 뒤, 엽록체로 이동하여 14 kDa의 최종 크기로 다듬어진다. 작은 소단위체의 이동 · 성숙과 두 소단위체 간의 조립을 위해 **분자 샤페론(molecular chaperone)**으로 기능하는 다수의 단백질 보조인자들이 요구된다. 작은 소단위체가 결핍된 3종류 다른 형태의 루비스코가 고세균(archea), 프로테오박테리아(proteobacteria), 특정 와편모충(dinoflagellates) 등에 존재한다.

루비스코의 구조 및 기능에 대한 연구는, head-to tail 형태로 배열된 큰 **소단위체의 이량체(dimer of L subunits)**가 루비스코의 기본적인 촉매 단위로 작용함을 보여준다. 이량체 당 존재하는 2개의 활성화자리 중 각각은, 첫 번째 단량체의 C 말단에 주로 존재하는 아미노산들이 두 번째 단량체의 N 말단에 존재하는 몇몇의 아미노산들과 함께 공존하는 형태로 이루어져 있다. 루비스코는 상대적으로 느린 **촉매율(catalytic rate)**(전형적인 효소가 초당 10^2에서 10^3의 촉매값을 가지는 데 반해, 초당 3–10의 반응 범

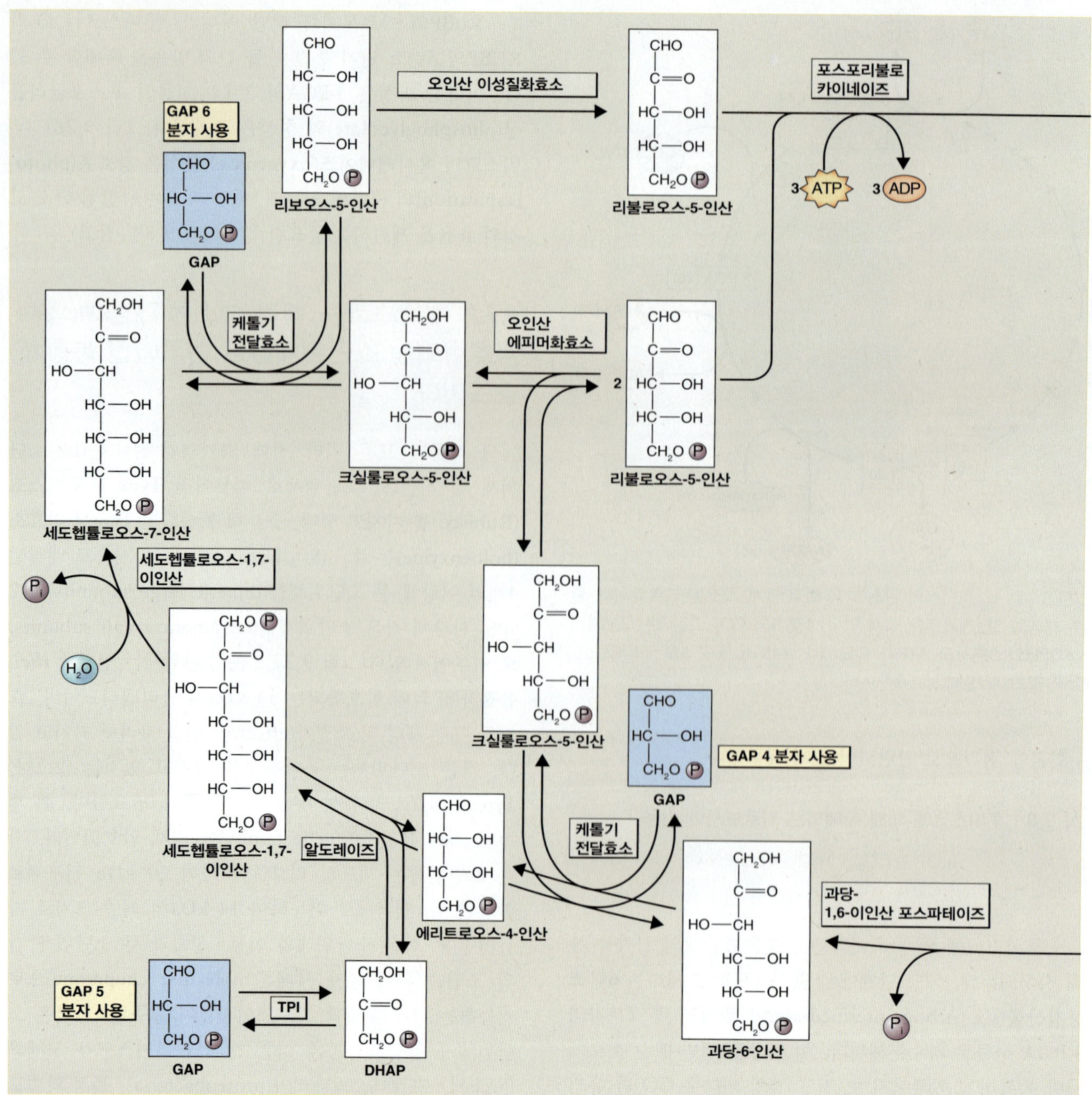

그림 9.25 C_3 식물의 광합성 탄소 환원(캘빈-벤슨) 회로의 각 단계. 카르복시화, 환원, 재생성 단계가 그림 9.24와 동일한 색으로 표시되어있다. 그림은 다음 장에 계속된다.

위를 가짐)을 갖는다; 이러한 비효율성을 보상하기 위해 엽록체 내에 다량의 루비스코 단백질이 존재한다. 루비스코 활성은 일반적으로 밝은 빛 존재시 CO_2 고정의 **속도결정 단계(rate-determining step)**이다. 루비스코는 단백질의 합성 · 조립과 단백질 분해 간의 균형을 통해 이루어지는 단백질량의 총합에 의해 조절된다.

큰 소단위체의 변형 및 상호작용을 통한 루비스코의 상세 조절 또한 가능하다. 루비스코는 촉매자리의 양전하를 띤 라이신(lysine)이 CO_2와의 공유결합적 반응을 통해 음전하를 띤 **카르바메이트(carbamylate)**로 변형되기 전까지는 비활성 상태로 존재한다. 카르바밀화된 효소는 Mg^{2+}과 함께 촉매 활성을 띤 3차 구조를 형성한다(식 9.9A; 그림 9.27). 루비스코 활성은 억제자인 **2-카르복시-D-아라비니톨-1-인산(2-carboxy-D-arabinitol-1-phosphate,**

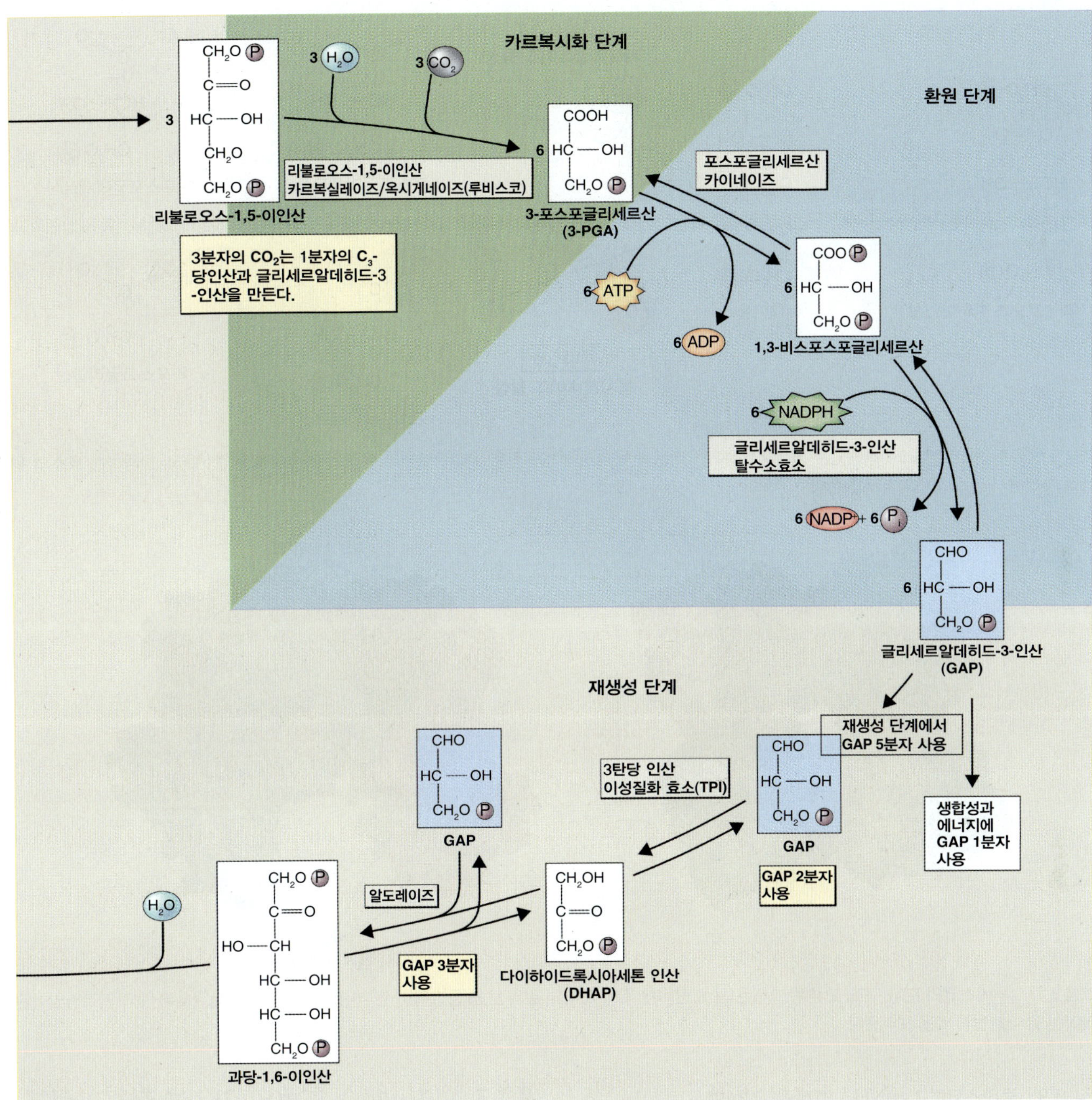

그림 9.25 (계속)

CA1P; 그림 9.28)을 포함한 인산화 대사산물들에 의해 빛에 민감한 방식으로 조절되기도 한다. 빛이 없을 때, CA1P는 캘빈-벤슨 회로의 중간산물 중 하나인 과당-1,6-이인산(fructose-1,6-bisphosphate)에서 유래된 2-카르복시-D-아라비니톨(2-carboxy-D-arabinitol, CA)로부터 합성된다. CA1P는 활성화된 루비스코와 강하게 결합하여 이를 불성화시킨다(식 9.9B). 빛 존재시에, CA1P는 2개의 동형단백질들(isoforms)(분자량 43, 46 kDa)로 존재하는 산화환원-반응 단백질인 **루비스코 활성화 효소(rubisco activase)**에 의해 carbamylated rubisco-Mg2^{+} 복합체로부터 제거된다. 루비스코 활성화 효소에 의해 방출된 CA1P는 탈인산화효소에 의해 CA로 전환된다.

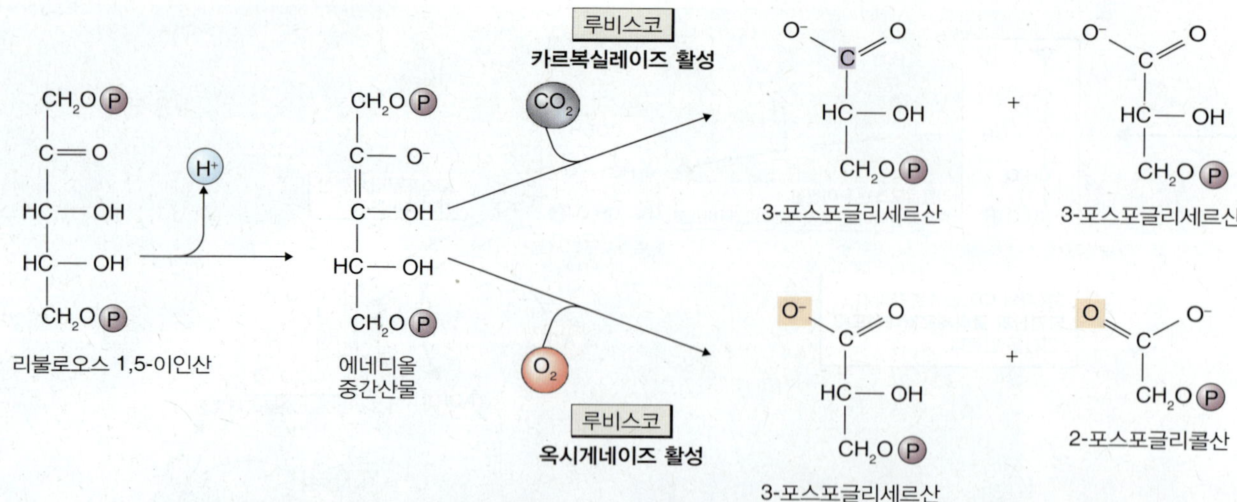

그림 9.26 루비스코에 의해 촉매되는 카르복실레이즈 작용과 옥시게네이즈 작용. RUBP로부터 유래된 에네디올 중간산물과 반응하는 효소의 활성화 자리에서 산소와 CO_2가 경쟁한다.

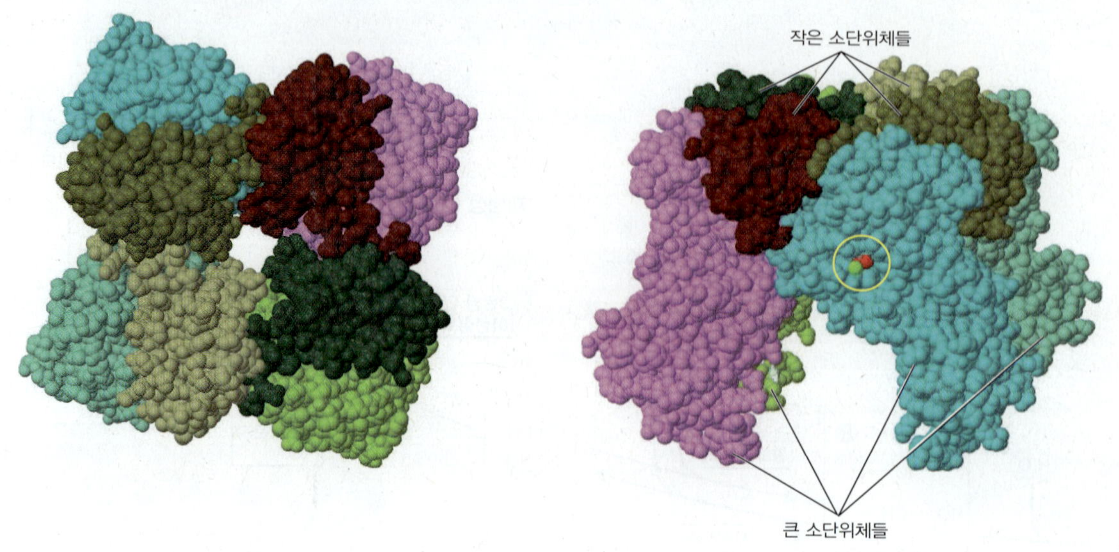

그림 9.27 루비스코의 분자 구조. 오른쪽 그림은 큰 소단위체 촉매 자리의 갈라진 틈(동그라미 친 부분)에 존재하는 Mg^{2+}(초록색)와 카르바밀화된 라이신 곁사슬(빨간색)을 보여준다.

식 9.9 루비스코(E-Lys-NH_2) 억제 및 활성화

9.9A

$$[\text{E-Lys-NH}_2]_{inactive} + CO_2 + Mg^{2+} \rightarrow [\text{E-Lys-NH-COO}^- Mg^{2+}]_{active} + H^+$$

9.9B

$$[\text{E-Lys-COO}^- Mg^{2+}]_{active} + \text{CA1P} \rightarrow [\text{E-Lys-COO}^- Mg^{2+}\text{CA1P}]_{inactive}$$

9.7.3 캘빈–벤슨 회로의 2단계 환원과정에서 ATP와 NADPH가 사용된다

루비스코에 의해 촉매된 카르복시화 산물인 3-포스포글리세르산은 두 단계 효소 반응을 통해 **3탄당 인산(triose phosphate)**인 **글리세르알데히드 3-인산(GAP)**으로 변환된다(그림 9.25 참고). **포스포글리세르산 인산화효소(phosphoglycerate kinase)**는 3-포스포글리세르산을 인산화시켜 1,3-비스포스포글리세르산(1,3- bisphosphoglycerate)을 생성하며(식 9.10A), 뒤이어 1,3-비스포스포글리세르산은 **NADPH-의존적 GAP 탈수소효소(NADPH-dependent GAP dehydrogenase)**에 의해 GAP로 환원된다(식 9.10B).

키포인트 이산화탄소는 스트로마에서 캘빈-벤슨 회로(환원적 오탄당 인산 경로 혹은 C_3 경로라 불리기도 하는)를 통해 동화된다. 해당 회로는 13개의 효소가 참여하며, 크게 3단계로 구성된다. 첫 단계는 루비스코에 의해 촉매되는 카르복시화 단계이며, 환원 단계 및 재생 단계가 뒤이어 일어난다. 루비스코는 16개의 소단위체로 구성된 풍부한 스트로마 효소이다. 해당 효소는 색소체에서 암호화하는 큰 소단위체들과 핵에서 암호화하는 작은 소단위체들로 이루어져 있으며, CO_2와 C_5 수용체인 리불로오스-1,5-이인산(RuBP) 간의 카르복시화 과정을 촉매하여 2분자의 C_3 산물(3-포스포글리세르산)을 생성시킨다. 카르복시화 과정은 충분한 활성을 위해 Mg^{2+}를 요구하며, 2-카르복시-D-아라비니톨-1-인산을 통해 빛에 의하여 기질 수준에서 조절된다. 또한 카르복시화 과정은 루비스코 활성화 효소에 의해 조절된다. 루비스코의 옥시게네이즈 기능은 RuBP와 O_2로부터 C_2 산물인 포스포글리콜산 형성을 촉매한다.

식 9.10 캘빈-벤슨 회로 환원 단계의 효소 반응

9.10A 포스포글리세르산 인산화효소

$$\text{3-PGA} + \text{ATP} \rightleftharpoons \text{1,3-bisphosphoglycerate} + \text{ADP}$$

9.10B 글리세르알데히드-3-인산 탈수소효소

$$\text{1,3-bisphosphoglycerate} + \text{NADPH} \rightleftharpoons \text{GAP} + \text{NADP}^+ + \text{P}_i$$

이러한 과정 시에, 1분자의 CO_2를 고정하기 위해, 빛 포획 반응에 의해 공급된 각 1몰의 ATP와 NADPH를 사용한다. 반대로 작용하는, 해당과정 에너지 회수기(payoff phase)의 처음 두 단계 과정과 광합성 탄소 환원 과정 간의 유사성(C_3 중간산물들, ATP의 참여) 및 차이점(광합성의 NADP 사용, 해당과정의 NADH 사용)에 주목하라(그림 7.3B). GAP은 회로로부터 탄소가 제거되는 주요 지점이며, 엽록체 녹말 합성의 전구체이다(9.7.6절). GAP은 또한 **3탄당 인산 수송체(triose phosphate transporter)**(9.7.5절 참고)를 통해, 엽록체 막을 가로지르는 인산과 상호 교환되며, **설탕(sucrose)** 및 기타 산물(9.7.6절 참고)의 합성을 위한 전구체로 사용되거나 에너지원으로 사용되기도 한다.

9.7.4 캘빈-벤슨 회로의 재생 단계 동안, 10개의 효소가 5개의 3탄당을 3개의 5탄당으로 변환시킨다

광합성 과정에서만 독특하게 역할을 하는 2개의 효소를 포함하여, 캘빈-벤슨 회로의 총 13개 효소 중 10개가 재생 과정에 참여하게 된다. **세도헵툴로오스-1,7-이인산 비스포스파테이즈(sedoheptulose-1,7-bisphosphatase)**는 C_7 이인산당을 탈인산화시켜 일인산당을 생성한다. **포스포리불로카이네이즈(phosphoribulokinase)**는 리불로오스-5-인산(ribulose-5-phosphate)의 인산화를 통해 CO_2의 초기 5탄당 수용체인 RuBP를 생성한다(그림 9.25 참고). 환원 과정을 통해 생산되는 6개의 3탄당 인산 분자들 중 하나는 식물의 **탄소 획득(net gain of carbon)**에 사용되며, 나머지 5개는 회로로 다시 들어가 3분자의 RuBP를 재생하는 데 쓰인다.

$$\begin{array}{c} \text{CH}_2\text{O}Ⓟ \\ | \\ \text{HO}-\text{C}-\text{COO}^- \\ | \\ \text{H}-\text{C}-\text{OH} \\ | \\ \text{H}-\text{C}-\text{OH} \\ | \\ \text{CH}_2\text{OH} \end{array}$$

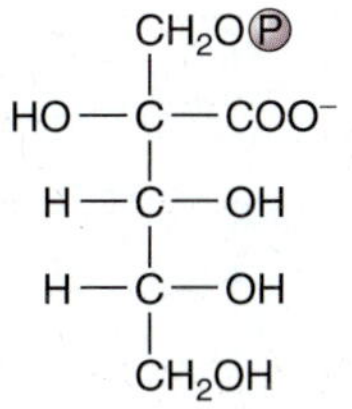

그림 9.28 2-카르복시-D-아라비니톨-1-인산(CA1P)은 적은 빛이나 암조건에서 루비스코의 활성을 저해하는 대사산물이다.

해당 회로의 중간산물 간의 상호변환은 **산화적 오탄당 인산 회로(oxidative pentose phosphate pathway)**의 그것과 유사함을 보인다(그림 7.19). 이는 그림 9.29에 요약되어 있다. 2분자의 3탄당 인산(C_3)은 서로 합쳐져 과당-1,6-이인산(C_6)을 만든다. 탈인산화 후, 해당 C_6 당인산은 또 다른 3탄당 인산과 반응하여 1분자의 C_5와 1분자의 C_4 산물을 만든다. C_4 당인산과 또 다른 3탄당 인산은 서로 반응하여 C_7 당인산을 만든다. 탈인산화 후, C_7은 C_3와 반응하여 2분자의 C_5 당인산을 만든다. 재생 단계의 마지막 과정은 리불로오스-5-인산의 RuBP로의 전환이다(그림 9.24, 그림 9.28 참고).

6개의 CO_2로부터 2개의 3탄당(포도당 1분자에 해당하는) 합성을 위해 필요한 에너지는 12개의 NADPH와 18개의 ATP이다. 생리적 환경하에서 캘빈-벤슨 회로의 열역학 측정을 통해, 그 효율이 80% 이상임을 알 수 있다.

9.7.5 광합성은 엽록체 막을 횡단하는 대사산물들의 교환에 의존적이다

세포내, 세포 간, 조직과 기관 등에서 엽록체로부터 이동하는 광합성 산물들은 먼저 **엽록체막(chloroplast envelope)**이라 불리는 2개의 색소체막을 가로질러야 한다. 세포질로부터 엽록체로의 반대 방향성 이동은 광합성 기구의 구조와

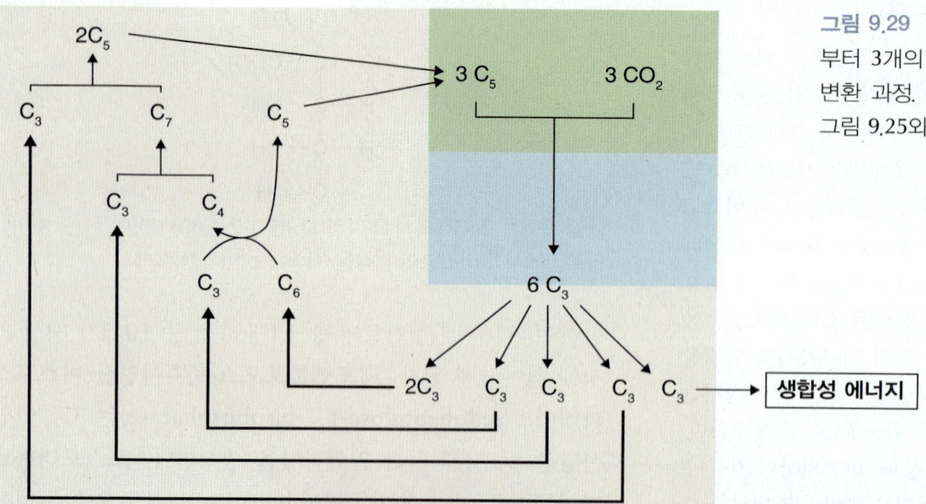

그림 9.29 캘빈-벤슨 회로에서 5개의 C_3 전구체로부터 3개의 C_5 카르복시화 수용체를 재생하는 상호변환 과정. 캘빈-벤슨 회로의 각 단계가 그림 9.24, 그림 9.25와 동일한 색으로 표시되어 있다.

키포인트 캘빈-벤슨 회로의 환원 과정 동안, 3-포스포글리세르산이 두 단계의 과정을 통해 3탄당 인산으로 전환되는데, 1몰의 3-포스포글리세르산 전환을 위해, 빛 에너지 포획 반응을 통해 공급된 각 1몰의 ATP와 NADPH를 사용한다. 6몰의 3탄당 인산 중 1몰이 광합성 과정에서 고정되는 탄소 획득 과정에 쓰이게 된다. 나머지 5몰의 C_3 중간단계 산물은 재생 단계 동안 3몰의 C_5 산물로 전환된다. 재생 단계에 참여하는 10개의 효소들 중, 세도헵툴로오스-1,7-이인산 비스포스파테이즈와 포스포리불로카이네이즈가 포함되어 있는데, 이들은 광합성 과정에서만 특이적으로 발견되는 효소들이다. 탄소 환원 회로를 종결짓는 마지막 단계는 CO_2 수용체인 리불로오스-1,5-이인산을 재생하는 과정이며, 이 과정은 ATP 의존적이다.

기능을 위해 요구되는 단백질, 기질, 전구체 공급 등에 필수적이다. 그림 9.30은 광합성 전구체와 산물의 교환에 역할을 하는 내막 수송체를 요약하고 있다. 광합성 관련 입·출입뿐 아니라, 질소·황 동화과정, 아미노산·지방산 합성, 지질 저장, 이차 화합물 합성 과정 동안 다양한 대사산물들이 교환된다. 다수의 **수송체들(transporters)**을 보유한 색소체 막은, 엽록체와 다른 세포내 소기관 사이를 연결짓는 복잡한 대사과정의 네트워크를 위해 필수적인 인터페이스(interface)이다.

색소체와 세포질 사이에서, 여러가지 인산화된 C_3, C_5, C_6 화합물들과 무기인산을 교환하는 인산 **역수송계(antiport system)**는 광합성을 유지하고 탄소 동화 산물을 분배함에 있어 특히 중요하다. 이와 관련되어 가장 잘 규명된 것이 엽록체 내막의 **3탄당 인산 수송체**(triose

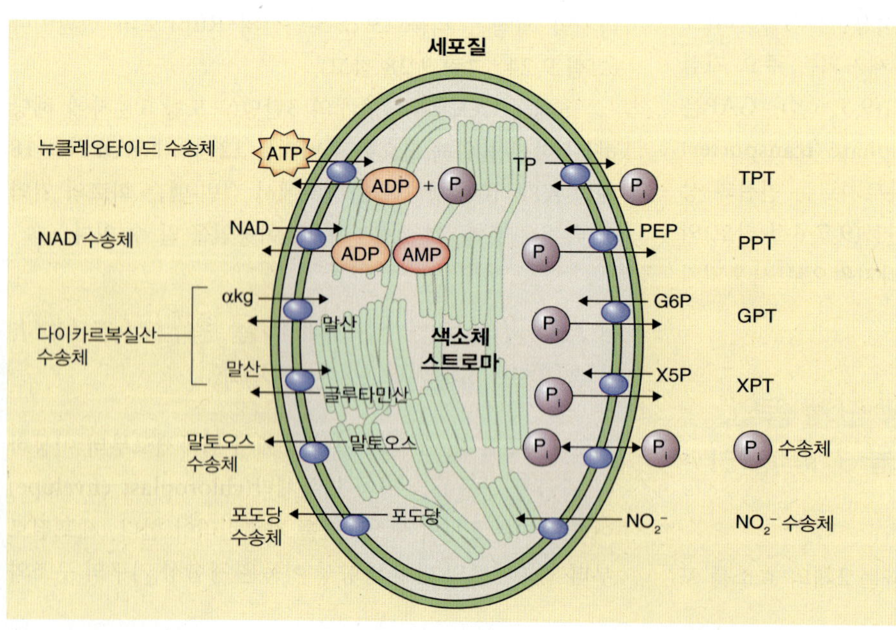

그림 9.30 색소체 내막의 용질 수송체. αkg, α- 케토글루타르산; G6P, 포도당-6-인산; GPT, G6P 수송체; PEP, 포스포에놀피루브산; PPT, PEP/인산 수송체; TP, 3탄당 인산; TPT, 3탄당 인산 수송체; X5P, 크실룰로오스-5-인산; XPT, X5P 수송체

phosphate translocator, **TPT**)이다. TPT는 엄격하게 짝지어진 반응하에서, C_3 캘빈-벤슨 회로 중간산물과 무기인산을 교환한다(그림 9.31). TPT는 종종 '낮 동안의 탄소분배(day path of carbon allocation)'로 불리는데, 대부분의 식물에서 유출된 3탄당 인산의 주요 사용처는 설탕의 합성과 세포내 호흡을 위한 것이다(유출되는 3탄당 인산 4몰당 설탕 1몰). 설탕의 합성 과정은 P_i를 배출하는데, 배출된 P_i는 세포질로부터 엽록체로 되돌아와서 광인산화에 재사용된다. 3탄소 화합물의 또 다른 수송체는 **포스포엔올피루브산/인산 수송체**(**PPT**, phosphoenolpyruvate(PEP)/phosphate translocator)이다. 이는 C_4 광합성에 특히 중요하며 9.9절에서 자세히 다루기로 한다.

또 다른 수송체는 유리형 설탕의 수송에 관여하며, **녹말**(**starch**) 형태로 엽록체 내 저장된 동화된 탄소가 **말산**(**maltose**)으로 분해되어 세포질로 방출되는 동안 일어나는 '밤 동안의 탄소분배(night path of carbon allocation)'에 역할을 한다. **6탄당 인산**(**hexose phosphate**)은 일반적으로 엽록체 막을 통해 교환되지는 않으나, **비녹화 색소체**(**amyloplast**)는 녹말과 지방산의 합성 기질 및 색소체에서 일어나는 산화적 5탄당 인산 경로를 통한 대사 기질을 제공하는 **포도당-6-인산 수송체**(glucose-6-phosphate transporter, **GPT**)를 보유하고 있다. 엽록체는 캘빈-벤슨 회로(환원적 5탄당 인산회로)와 산화적 5탄당 인산회로(세포질에서 몇몇 효소 반응이 일어나는)를 연결지어 주는 **C_5 당 인산 수송체**(**C_5 sugar phosphate transporter, XTP**)를 사용한다.

9.7.6 캘빈-벤슨 회로는 이동과 저장을 위한 탄수화물의 전구체를 제공한다

TPT에 의해 엽록체막을 가로질러 수송된 3탄당 인산은 다양한 탄소 고정 산물의 합성을 진행하는 세포질 내 대사과정으로 편입된다. 여기서는 체관에서 이동하는 주 탄소 형태인 **설탕**과 가장 일반적인 저장 탄소 형태인 **녹말**을 형성하는 경로에 특별히 집중해 보기로 한다. 엽록체로부터 배출된 GAP는 캘빈-벤슨 회로 재생의 첫 단계와 유사한 반응서열을 통해 다이하드록시아세톤 인산(dihydroxyacetone phosphate)과 과당-1,6-이인산을 거쳐 과당-6-인산으로 변환된다(그림 9.25). 이와 관련되는 효소들은 세포질 내 동형 단백질들로 존재하는 3탄당 인산 이성질화 효소(triose phosphate isomerase), 알도레이즈(aldolase), **과당-1,6-이인산 포스파테이즈**(**fructose-1,6-bisphosphatase,**

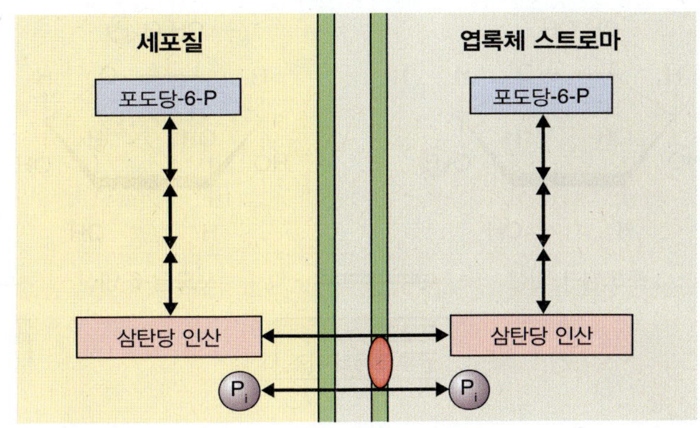

그림 9.31 엽록체 내막의 3탄당 인산 수송체.

F1,6BPase) 등이다. F1,6BPase에 의해 촉매되는 반응은 첫 번째 비가역적 반응이자 설탕 합성 단계의 중요 조절 지점이다.

과당-6-인산, 포도당-6-인산, 포도당-1-인산(glucose-1-phosphate) 등을 합해 **6탄당 인산 풀**(**hexose phosphate pool**)이라 하며, 이들은 포도당-6-인산 이성질화 효소(glucose-6-phosphate isomerase)와 포스포글루코뮤테이즈(phosphoglucomutase) 가역효소들에 의해 자유로이 상호 변환된다(그림 9.32). 설탕 합성의 반응물들은 과당-6-인산과 **유리딘 이인산 포도당**(uridine diphosphate glucose, **UDP-glucose**; 그림 7.22C 참고)인데, 후자는 **UDP-포도당 피로포스포릴레이즈**(**UDP-glucose pyrophosphorylase**)에 의해 포도당-1-인산으로부터 합성된다(식 9.11).

식 9.11 UDP-포도당 피로포스포릴레이즈

$$\text{Glucose-1-phosphate} + \text{UTP} \rightleftharpoons \text{UDP-glucose} + \text{PPi}$$

설탕-6-인산 합성 효소(**sucrose-6-phosphate synthase, SPS**)는 UDP-포도당과 과당-6-인산 간의 반응을 통해 설탕-6-인산과 UDP를 생성하는 과정을 촉매한다. 설탕-6-인산은 **설탕-6-인산 포스파테이즈**(**sucrose-6-phosphate phosphatase**)에 의해 설탕과 P_i로 가수분해된다(그림 9.33). 포도당-1-인산으로부터 설탕을 합성할 때 나타나는 음성적 자유 에너지 값($\Delta G^{\circ\prime}$−25 kJ mol^{-1})은 이러한 반응이 강한 발열 반응이며 비가역적임을 보여준다. SPS의 반응 산물인 UDP는, **뉴클레오사이드-이인산 인산화 효소**(**nucleoside-diphosphate kinase**)에 의해 촉매되는 ATP-의존적 반응을 통해 UTP로 재생된다. 설탕 합성 단계 동안 배출되는 P_i와 PP_i는 TPT를 포함한 엽록체막 수송체를 통해 세포질로부터 엽록체로 이동된다(그림 9.30).

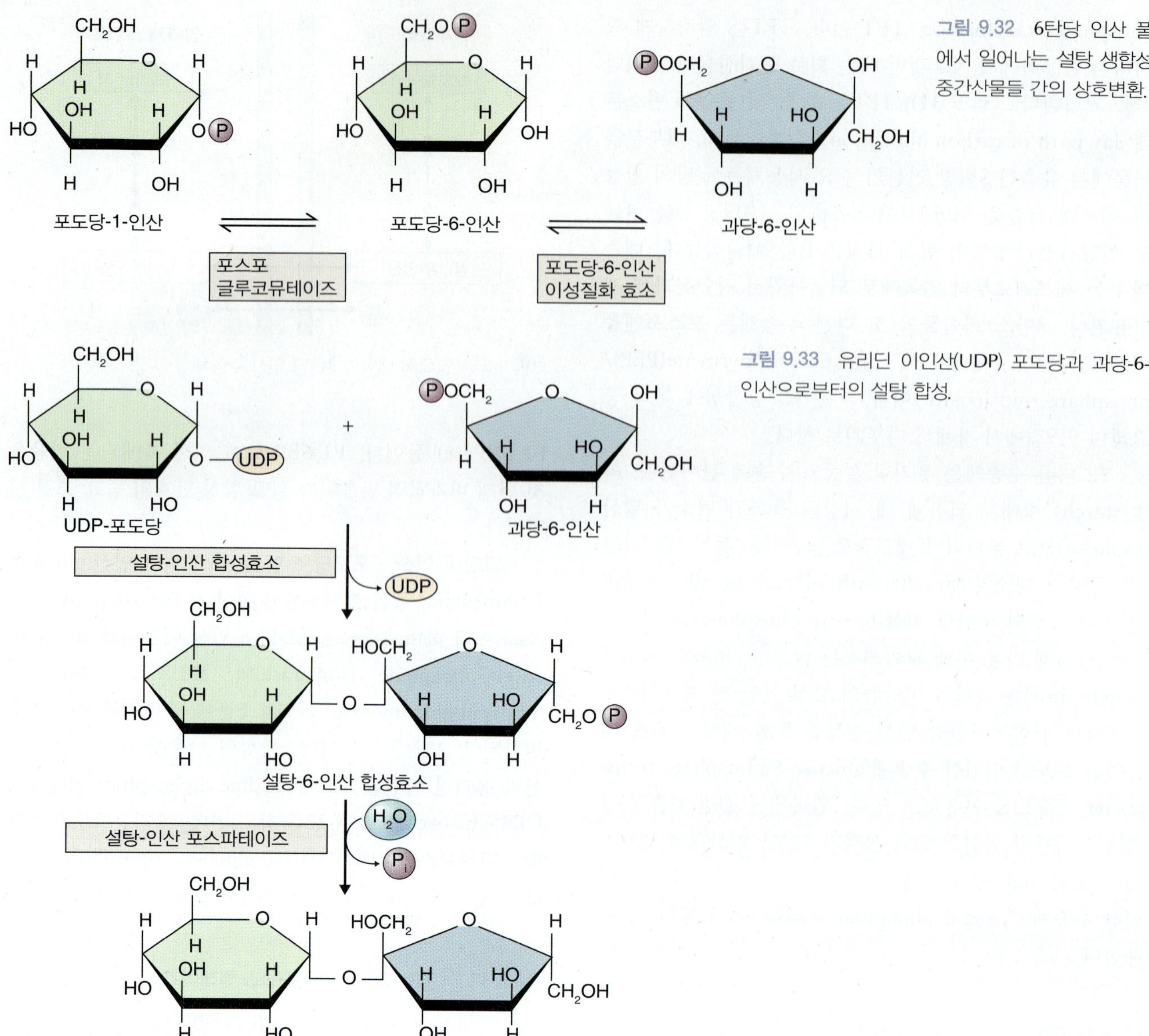

그림 9.32 6탄당 인산 풀에서 일어나는 설탕 생합성 중간산물들 간의 상호변환.

그림 9.33 유리딘 이인산(UDP) 포도당과 과당-6-인산으로부터의 설탕 합성.

설탕 합성시 **대사조절**(**metabolic control**)은 SPS와 세포질 내 F1,6BPase의 조절을 통해 이루어진다. F1,6BPase 활성은 다른자리 조절 억제자(allosteric inhibitor)로서 P_i 및 다른 대사산물의 수준에 농도 민감성을 보이는 **과당-2,6-이인산**(**fructose-2,6-bisphosphate, F2,6BP**, 그림 7.22B)에 의해 조절된다. 광합성율이 높을시에, F2,6BP의 수준은 낮고, F1,6BPase는 활성화되며, 과당-1,6-이인산은 설탕 합성에 사용된다. 광합성으로부터 3탄당 인산의 공급이 감소하면, F2,6BP는 축적되고 F1,6BPase는 억제되며, 탄소의 흐름은 설탕 합성으로부터 해당작용 쪽으로 전환된다. SPS는 6탄당 인산 풀의 상태에 영향을 받는다. 포도당-6-인산은 **다른자리 결합**(**allosteric interaction**)을 통해 SPS의 활성을 증가시키며, P_i는 특정 인산화효소에 의해 SPS에 부착시 SPS를 억제한다.

설탕은 고정된 탄소가 관다발계를 통해 공급원 조직(source tissue)로부터 대사 수용부(metabolic sinks, 생장 및 저장을 위해 생합성 물질을 필요로 하며, 그 결과 광합성 산물의 유입을 요구하는 조직들)로 이동할 때의 주요형태이다(14장, 17장 참고). 만약 광합성에 의한 동화산물의 공급이 수용부의 요구를 초과하게 되면, 고정 탄소의 흐름은 설탕이 아닌 엽록체 녹말 쪽으로 방향을 전환한다. 그러나 온대 목초(temperate pasture grass), 곡류(cereal species), 기타 다른 식물족 등 몇몇 식물 그룹에서, 설탕은 잎 광합성 세포의 액포에 축적될 수도 있다. 해당 식물 종에서 설탕이 높은 농도로 존재할 때, 선형 혹은 분지형의 형태로 상이한 단량체-단량체 결합을 가지고 있는 수용성 과당 다량체인 **프럭탄(fructan)**들의 합성을 유발한다(17장 참고). 프럭탄을 축적하는 식물들에서, 프럭탄은 단기적 저장 탄소(다른 식물들이 엽록체의 녹말을 단기적 저장 탄소로 사용하는 반면)로 사용된다.

글루칸(glucan)의 중합 형태인 **녹말(starch)**은 삼투적 불활성을 띤 안정적 형태의 탄수화물이다(그림 6.10, 그림 6.11 참고). 녹말은 엽록체 내에서는 단기적 저장 화합물로서 역할을 한다. 반면에, 씨앗, 뿌리, 괴경 및 다른 저장 기관 내의 저장 조직 내에 존재하는 **비녹화 색소체(amyloplasts)**에서는 동원 가능한 탄소의 장기 보관소로서 역할을 한다(6장, 17장 참고). 설탕 및 녹말 합성 경로는 공간적으로 분리되어 있으며, 서로 다른 6탄당 인산 풀에 의해 공급을 받는다(그림 9.34). 설탕 합성 반응과 마찬가지로, 녹말의 전구체는 뉴클레오사이드 이인산 포도당(nucleoside diphosphate glucose)이지만, 이 경우 뉴클레오사이드 염기(nucleoside base)는 우라실(uracil, U)이 아닌 아데닌(adenine, A)이다. **ADP-포도당(ADP-glucose)**은 포도당-1-인산(엽록체의 캘빈-벤슨 회로에서 유래되거나 비녹화 색소체의 세포질로부터 유래된)과 ATP 간의 반응 산물이며, 이 반응은 **ADP-포도당 피로포스포릴레이즈(ADP-glucose pyrophosphorylase)**에 의해 색소체에서 촉매된다(그림 9.34).

녹말은 선형의 α(1 → 4)-linked 중합체(polymer)인 **아밀로오스(amylase)**와 α(1 → 6) 분지(branch)를 가지고 있는 α(1 → 4)인 **아밀로펙틴(amylopectin)**의 2종류 글루칸으로 구성되어 있다(그림 6.10 참고). 아밀로오스와 아밀로펙틴 간의 비율은 종, 기관, 환경 조건에 따라 달라지나, 대략 1:3 정도이다. 엽록체 녹말은 중첩 형태를 띠는 과립 형태로 존재한다(그림 6.11 참고). ADP-포도당으로부터 녹말 합성에 관여하는 두 효소는 α(1 → 4) 연결에 관여하는 **녹말 합성 효소(starch synthase)**와 α(1 → 6) 분지화에 관여하는 **녹말 분지 효소(starch branching enzyme)**이다. 저장 조직에서의 녹말 축적에 대해서는 17장에서 보다 자세히 다루기로 한다. ADP-포도당 피로포스포릴레이즈는 녹말 합성 조절의 주 조절 지점이다. 해당 효소는 엽록체와 세포질에서 동형 단백질 효소들로 존재하며, 활성화 상태에서 2개의 대단위체와 2개의 소단위체가 합쳐진 **이질사량체(heterotetramer)**로 존재한다. 해당 효소는 3-포스포글리세르산에 의해 활성화되고, P_i에 의해 억제되며, 고정 탄소의 공급 및 광인산화 상태에 따라 직접적으로 반응한다(그림 9.34).

키포인트 CO_2 고정으로부터 얻어진 3탄당 인산은 엽록체 내막에 존재하는 특정한 인산 역수송체를 통해 엽록체로부터 유출된다. 세포질에서 6탄당 인산으로 전환되는 3탄당 인산은 엽록체 인산화 반응을 위해 필수적인 무기 인산과 엽록체 내막을 중심으로 상호 교환된다. 또한, 엽록체 막에는 ADP-포도당으로부터의 저장 녹말 합성을 위해 탄수화물을 유입하는 유리형 당 수송체가 존재하며, 캘빈-벤슨 회로와 산화적 5탄당 인산 경로를 연결하는 C_5 당 인산 수송체가 존재한다. 엽록체로부터 유출된 3탄당 인산에서 유래되는 세포질 내 6탄당 인산 풀은 세포벽 다당류, 아실 지질, 설탕, 프럭탄 합성의 전구체를 만들기 위한 재료가 된다. 고정 탄소의 주요한 장거리 수송 형태인 설탕은 다른자리 조절 효소인 설탕-6-인산 합성 효소에 의해 UDP-포도당으로부터 합성된다.

캘빈-벤슨 회로에 의해 공급되는 6탄당 인산 풀은 설탕 및 녹말 합성 뿐 아니라 다수의 탄소 대사 경로들에서 필요시 된다(그림 9.35). 포도당-1-인산에서 유래되는 세포벽 **다당류(polysaccharide)**의 합성, 3탄당 인산과 **아세틸 CoA(acetyl-CoA)**를 통한 과당-6-인산으로부터의 **아실 지질 합성(acyl lipid synthesis**, 그림 9.36) 경로들이 이에 해당된다. 아미노산 같은 다른 화합물의 생합성을 위한 중간산물을 공급하는 호흡 과정 등도 이에 포함된다.

9.8 광호흡

9.7절에서 기술하였듯이, C_3 경로에 의한 광합성은 대기 산소에 민감하다. 정상적 대기 산소 농도인 21%로부터 산소 농도가 2배 증가되면, CO_2 고정을 약 50%까지 감소시킬 수 있다. 역으로, 2% 미만으로의 산소 농도 감소는 탄소 고정을 2배로 증가시킬 수 있다. 만약 광합성 중인 조직이 암조건으로 옮겨진다면, 외부 O_2 농도에 정비례하여 CO_2의 **post-illumination burst**가 일어난다. 이러한 현상은 CO_2 방출과 O_2 소모에 의해, 빛 의존적으로 광합성과 경쟁하는 과정이 존재함을 보여준다. 이러한 과정을 **광호흡(photorespiration)**이라 하는데, 이는 여러 세포소기관들을 통해 작동되는 대표적인 대사경로이다. 광호흡이 세포 호흡처럼 O_2를 소모하고 CO_2를 방출하는 반면, ATP를 생산하지 않고 소모한다는 점에서, 세포 호흡과는 매우 다른 과정이다.

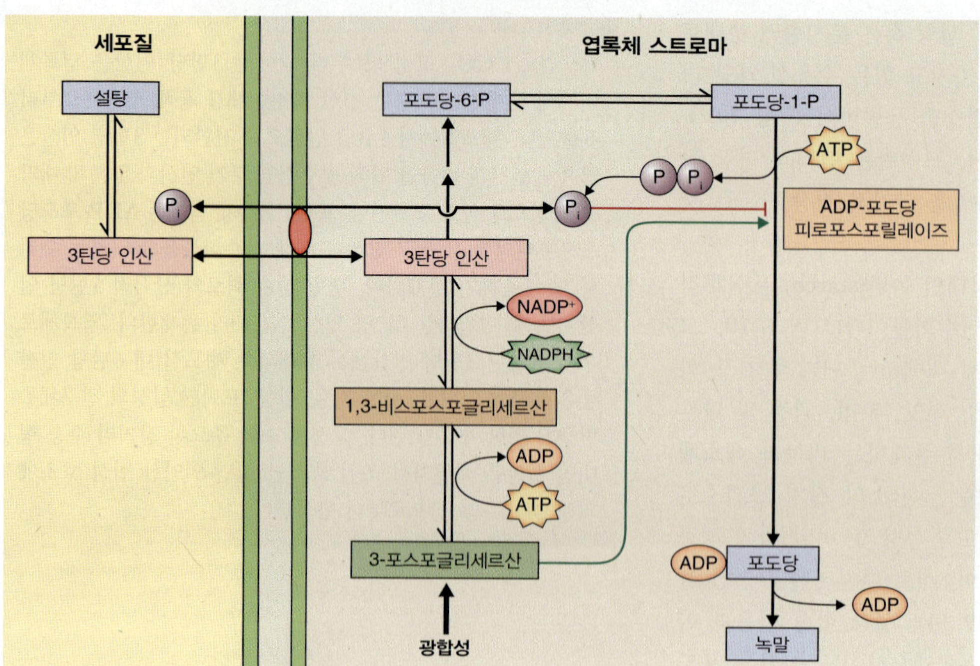

그림 9.34 엽록체의 녹말 합성 경로.

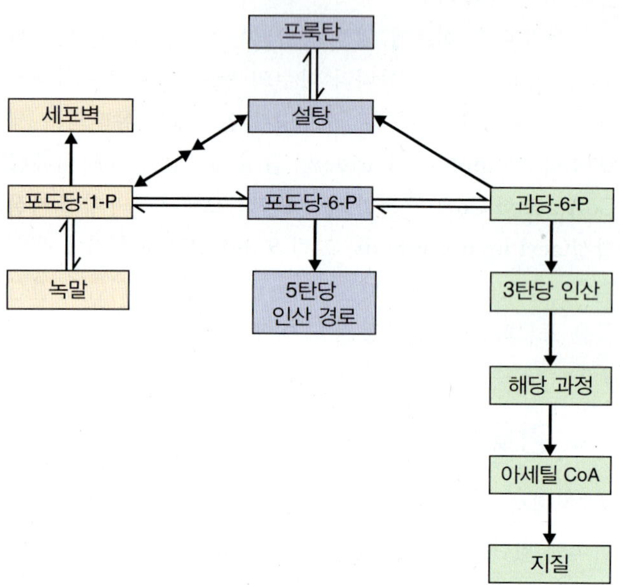

그림 9.35 6탄당 인산 광합성 산물은 대사과정을 통해 생합성 경로 및 호흡과정에 사용될 수 있다.

9.8.1 광호흡의 초기 단계는 루비스코의 옥시게네이즈 활성에 의해 촉매된다

대기 중 CO_2보다 풍부한 산소(약 600:1의 비율로)는 루비스코의 동일 활성화 자리를 통해 CO_2와 경쟁함으로써 광합성의 탄소 고정을 억제한다. 루비스코의 옥시게네이즈 활성은 O_2의 편입을 통해 3-포스포글리세르산과 **2-포스포글리콜산(2-phosphoglycolate**, 그림 9.26)의 생성을 초래한다. 루비스코의 옥시게네이즈와 카르복실레이즈의 상대적 활성은 두 반응의 최대 속도(V)와 미카엘리스-멘텐 상수(Michaelis-Menten constants)(K_m)로부터의 식 9.12에 따라 계산될 수 있다(2장). $(V_c/K_c)/(V_o/K_o)$에 의해 나타내어지는 비율은 카르복실레이즈와 옥시게네이즈 간의 능력을 비교하는 지표로서 **특이율(specificity factor)**이라 일컬어진다. 육상 식물 루비스코의 특이율에 대한 실험적 측정 값은 80–130의 범위에 있다. 루비스코에 의해 사용되는 산소와 이산화탄소는 다음과 같이 정리된다: 섭씨 25도에서, 공기 중에 평형 상태로 녹아 있는 CO_2의 농도는 8 μM이며 산소는 약 250 μM이다. 식 9.12에 이를 대입하면 100의 특이율을 갖는 효소에 대해 $v_c/v_o = 3.2$의 값이 된다. 다르게 말하면, 육상종에서 루비스코에 의한 탄소 고정률은 평균적으로 광호흡에서의 산소화 반응에 비해 약 3배 정도 높다.

식 9.12 루비스코의 카르복시화 및 산소화 활성률

$$v_c/v_o = ((V_c/K_c)/(V_o/K_o))[CO_2]/[O_2]$$

아래첨자 c와 o는 각각 카르복실레이즈 및 옥시게네이즈를 나타내며, v = rate, $V = V_{max}$, $K = K_m$을 나타낸다.

RuBP의 oxygenation은 모든 알려진 루비스코의 내재적 특성이다. 이러한 현상은 루비스코의 조상이 원래 비산소 대기에서 진화되었음을 의미한다 할 수 있다. 가장 초기 루비스코 효소의 특성을 보여주는 혐기성 광합성 세균의 루비스코에서 결정되는 특이율은 15 정도이며, 청록색

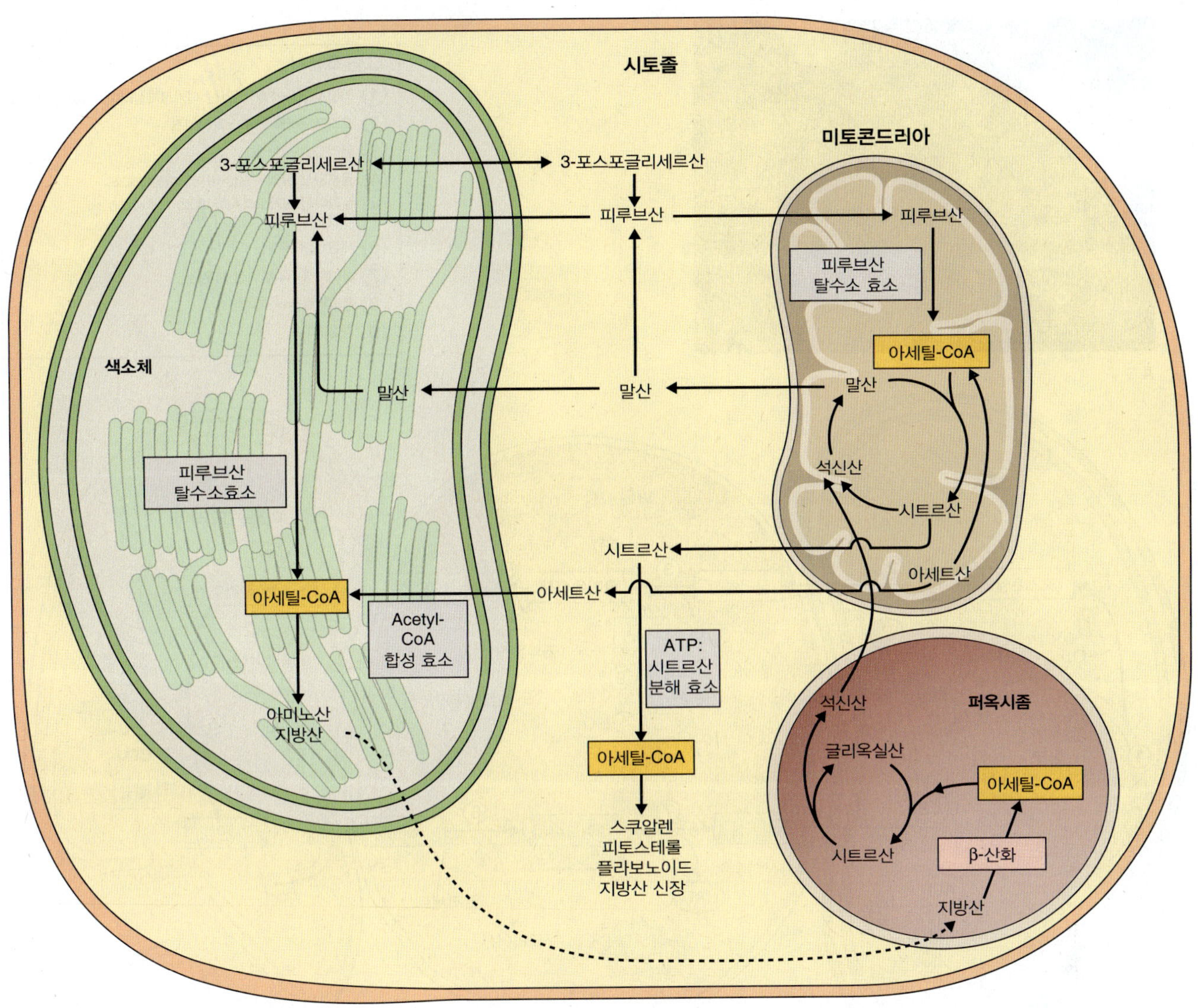

그림 9.36 마이토콘드리아, 퍼옥시좀 내에서 일어나는 이화작용 혹은 광합성 산물인 3탄당 인산 광합성 산물로부터 합성되는 엽록체 내 지방산. 소기관들의 상대적 크기는 실제와 다르다.

세균의 해당 값은 약 50-60이다. 15억 년 동안 진행된 선택적 압력은 특이율 값을 차츰 증가시켜 가장 최근 진화된 식물에서 대부분 보여지는 약 100의 값에 이르게 한 것으로 보인다. 9.9절에서는 카르복실레이즈-옥시게네이즈 특성이 점차 카르복실레이즈 쪽으로 치우치도록 진화한 기작에 대해 논할 것이다.

9.8.2 광호흡의 효소 반응은 엽록체, 퍼옥시좀, 마이토콘드리아 간에 분포되어 있다

루비스코 옥시게네이즈 반응 산물 중 하나인 2-포스포글리콜산은 캘빈-벤슨 회로에 의해 사용되지 않는다. 대신에 이 산물은 **광호흡 탄소 산화 회로**(photorespiratory carbon oxidation cycle)로 알려진 **C_2 산화적 광합성 탄소 회로**(C_2 oxidative photosynthetic carbon cycle)에 의해 대사된다. 이러한 반응은 포스포글리콜산으로 갈라져 나갔던 환원 탄소의 대부분을 다시 회수하도록 만든다. C_2 회로는 그림 9.37에 요약되어 있다. 해당 경로는 세포내 소기관들을 넘나들며 작동하는 방식을 띠고 있으며 질소 대사와 캘빈-벤슨 회로를 통합한다는 면에서 주목할 만하다. 2-포스포글리콜산은 탈인산화되어 **글리콜산**(glycolate)을 생성하며, 글리콜산은 특정 수송체를 통해 엽록체 막을 가로질러 이동한 후, **퍼옥시좀**(peroxisome)으로 들어간다(그림 9.37). 퍼옥시좀 효소인 **글리콜산 산화효소**(glycolate oxidase)는 글리콜산과 O_2의 반응을 통해 **글리옥실산**(glyoxylate)과 **과산화수소**(hydrogen peroxide, H_2O_2)를 생성하는 반응

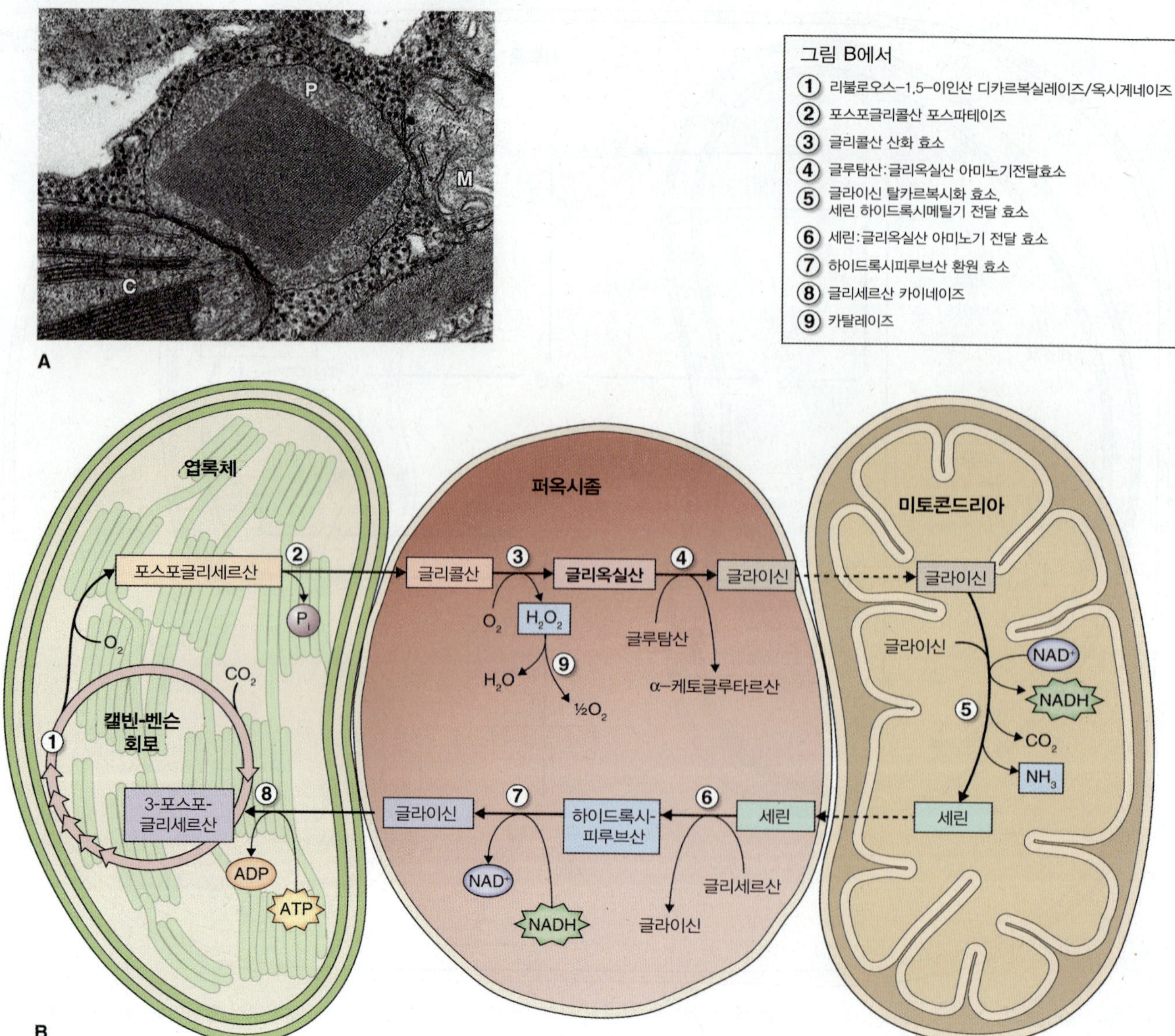

그림 9.37 (A) 카탈레이즈 결정을 포함하는 담배잎의 퍼옥시좀(P)과 접촉하고 있는 엽록체(C) 및 마이토콘드리아(M)의 전자현미경 사진. (B) 퍼옥시좀, 엽록체, 마이토콘드리아에 위치한 효소 시스템을 이용하는 광호흡 글리콜산 경로. 엽록체에서 루비스코가 촉매한 산소화 반응의 산물인 포스포글리콜산으로부터 만들어진 글리콜산은 퍼옥시좀에서 글라이신으로 대사된다. 글라이신은 마이토콘드리아에서 세린의 작용으로 탈카르복시화되고, 퍼옥시좀에서 대사된 후, 엽록체로 돌아가 글리세르산이 된다. 소기관들의 크기는 실제와 무관하다.

을 촉매한다. 퍼옥시좀 내 존재하는 **카탈레이즈(catalase,** 그림 9.37A)는 H_2O_2를 물과 산소로 변환시킨다. **글라이신 (glycine)**은 퍼옥시좀에 존재하는 2개의 **아미노기 전달 효소(aminotransferase)**에 의해 촉매되는 글리옥실산의 아미노화(amination) 과정을 통해 형성되며, 이때 **아민 공여체 (amine donor)**들은 세린(serine)과 글루탐산(glutamate)이다. 해당 효소들 중 하나인, 글루탐산:글리옥실산 아미노기 전달 효소(glutamate:glyoxylate aminotransferase)는 다음 절에 기술될 **α-케토글루타르산(α-ketoglutarate)**을 생성한다. 이러한 아미노기 전달 효소들은 C_2 회로의 지속적 작동에 필수적이다.

이어서 글라이신은 마이토콘드리아로 이동한다. 마이토콘드리아에서 보조인자로 **테트라하이드로폴레이트(tetrahydrofolate,** THF; 그림 9.38A)를 보유한 **글라이신 디카르복실레이즈(glycine decarboxylase)**는 NAD^+-의존적인 산화적 변환과정을 통해 한 분자의 글라이신을 각 한 분자의 CO_2, NH_3, CH_2-THF(methylene tetrahydrofolate; 그림 9.38B)로 변환시키는 과정을 촉매한다. 글라이신 디카르복실레이즈는 마이토콘드리아 효소 복합체로 풍부하게 존재하며, 해당 효소에 의해 촉매되는 반응은 광

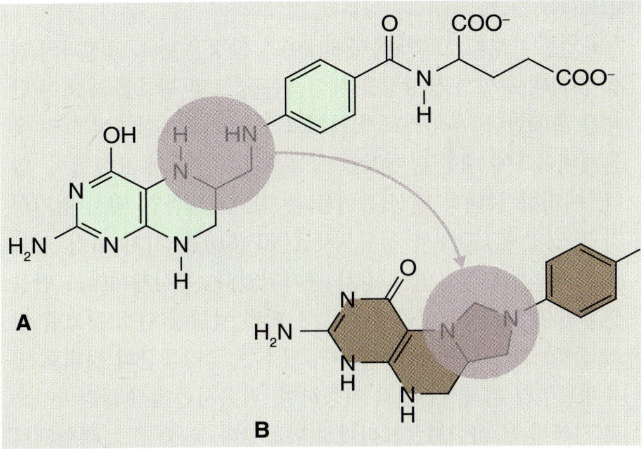

그림 9.38 (A) 마이토콘드리아에서 광호흡 동안의 CO_2 생산에 관여하는 글라이신 디카르복실레이즈의 보조인자로 사용되는 테트라하이드로폴레이트(THF). (B) 해당 효소는 글라이신의 CH_2를 THF로 전달함으로써 메틸렌-THF를 생성한다.

호흡 동안의 CO_2 배출과 관련된다. 해당 효소 복합체는 THF 뿐만 아니라 피리독살 인산(pyridoxal phosphate), FAD, 리포아마이드(lipoamide)와 같은 보조 인자를 보유하고 있으며, 4개의 효소 소단위체로 구성되어 있다. **세린 하이드록시메틸 전달 효소(serine hydroxymethyltransferase)**에 의해 촉매되는 두 번째 글라이신과 CH_2-THF 간의 반응은 THF를 재생하고 퍼옥시좀으로 되돌아갈 세린을 생산해 낸다.

퍼옥시좀에서, 세린은 퍼옥시좀에 존재하는 세린:글리옥실산 아미노기 전달 효소(serine:glyoxylate aminotransferase, 그림 9.37)의 기질이 된다. 세린의 아미노기는 글리옥실산으로 전달되어 **하이드록시피루브산(hydroxypyruvate)**을 생성한 후, 이는 다시 **글리세르산(glycerate)**으로 환원된다. 글리세르산은 엽록체로 이동하여 3-포스포글리세르산으로 인산화된 후, 캘빈-벤슨 회로에 합류한다.

9.8.3 광호흡 동안 생성되는 암모니아는 효율적으로 재동화된다

암모니아(ammonia)는 광호흡 동안 마이토콘드리아에서 글라이신 탈카르복시화 반응(glycine decarboxylation)에 의해 생성된다. **NH_3 재동화 과정(reassimilation)**(즉, 질소의 유기물로의 재편입)은 독성의 암모니아를 배제하고 질소의 손실을 막는 데 필요하다. 이러한 과정은 엽록체에서 **글루타민 합성 효소-글루탐산 α-케토글루타르산 아미노기 전달 효소(glutamine synthetase–glutamate α-ketoglutarate aminotransferase, GS-GOGAT)** 경로를 통해 일어난다(13장 참고). 식 9.13은 GS와 GOGAT에 의해 촉매되는 전체 반응을 보여준다. ATP와 환원된 페레독신은 광합성 전자 전달 및 광인산화 과정을 통해 공급된다.

식 9.13 GS-GOGAT 경로에 의한 광호흡 암모니아 재동화 과정

$$\alpha\text{-Ketoglutarate} + NH_3 + ATP + 2Fd_{red} \rightarrow \text{glutamate} + ADP + P_i + 2Fd_{ox}$$

글루탐산:α-케토글루타르산 회로는, 엽록체와 퍼옥시좀 사이에서 GOGAT 및 글루탐산:글리옥실산 아미노기 전달 효소의 활성과 엽록체막에 존재하는 수송체들에 의해 작동된다(그림 9.30 참고). 질소 동화 과정이 포함된 산화적 탄소 회로와 퍼옥시좀의 아미노기 전달 효소 반응을 연결지음으로써, 광호흡 대사과정은 균형을 이루게 된다.

9.8.4 광호흡의 에너지 소비 및 환경적 민감성은 지구의 기후 변화에 중요한 영향을 미친다

광호흡 탄소회로 작동의 전체 효과는 2분자의 RuBP를 3분자의 3-포스포글리세르산 및 1분자의 CO_2로 변환하는 것이다(식 9.14). 식물은 카르복시화 수용체로부터의 탄소 10개 중 1개를 잃는 것 뿐 아니라, 암모니아의 재동화 과정 동안, 광합성의 빛 에너지 포획 반응에 의해 생성된 NADPH 및 ATP를 소모해야 한다. 가스교환의 관점에서 볼 때, CO_2 1분자당 3분자의 산소가 소모된다(식 9.14). 대조적으로, 광합성 과정 동안 유입되는 CO_2와 유출되는 O_2의 비율은 1:1이다. 이론적으로 계산하면 광호흡 과정은 **CO_2 고정을 위한 에너지 소비(energy cost of CO_2 fixation)**를 증가시키고, 1분자의 CO_2를 동화하기 위해 필요한 양성자의 수를 8에서 거의 14정도로 증가시킨다.

식 9.14 C_2 회로의 전체 화학량론

$$2\ RuBP + 3O_2 + 2Fd_{red} + 2ATP \rightarrow 3\ 3\text{-PGA} + CO_2 + 2Fd_{ox} + 2ADP + 2P_i$$

식 9.12는 루비스코 활성 자리에서의 O_2에 대한 CO_2의 농도를 증가시킴으로써 광호흡을 최소화시킬 수 있음을 보여준다. 9.9절에서 보여지듯이, 광호흡을 최소화하는 대사 기작을 발달시킨 식물들의 광합성 산물들이 이에 상응

하여 증가됨을 알 수 있다. 온실 내 CO_2 농도 증가를 통해 작물 생산량을 증대시키는 것은 오래전부터 확립되어 온 원예학 기술 중 하나이다.

전 세계적인 기후 변화와 관련된 당대 관심사로서, 지난 150여 간 진행되어 온 **전세계 대기 CO_2 농도(global atmospheric CO_2 concentration)**의 증가(260 parts per million(ppm)으로부터 380 ppm으로의)가 자리잡고 있다. 이러한 농도 증가 추세는 유지되거나 심지어는 더 가속화되고 있다. 다양한 시나리오에 기반한 'International Panel on Climate Change'의 예측을 통해 볼 때, 2050년까지 이산화탄소의 농도는 450-550 ppm에 이를 것으로 예상된다. 고농도의 CO_2는 광호흡에 비해 상대적으로 카르복시화 과정을 촉진시키며, **'CO_2 fertilization'** 효과를 통해 **작물 생산량(crop yield)**에 이득을 준다. 증가된 CO_2 하에서 잠재적인 광합성 증진을 통해 작물생산량이 증가될 것으로 기대되는데, 이를 위해서는 추가적으로 고정된 탄소를 받아들일 수 있는 적절한 **수용부 능력(sink capacity)**(예를 들어, 식물당 씨앗의 수와 크기)이 요구된다. 만약 **수용부의 능력이 제한적**일 경우(**sink-limited**)(흔히 있듯이), 피드백 및 적응과정을 통해 'CO_2 fertilization'을 통한 생산성 효과가 반감되게 될 것이다. 그러한 발달과정의 적응과 관련된 예로서 기공 밀도의 변화를 들 수 있다. 지난 200년 동안 수집된 식물표본 연구를 통해, 대기 CO_2 농도의 증가에 따라, CO_2 흡수의 감소를 유발하는 잎 단위면적당 기공 수의 감소가 있어 왔음이 밝혀졌다. 현재 수준에서 550 ppm으로의 CO_2 농도 증가에 의한 잠재적인 작물 생산량의 증가는 밀, 벼, 대두(soybean)에서 11-32%에 이를 것으로 추산되고 있다. 그러나 CO_2 농도 증가의 진정한 결과는, 전 세계 기후가 변화됨에 따라 영향을 받게 될 온도 및 토양의 수분 함량과의 복잡한 상호작용에 의해 큰 영향을 받을 것으로 보인다.

9.9 이산화탄소 고정 기작의 변형된 형태

앞에서 보았듯이, 루비스코는 CO_2 고정을 통해 당 합성을 이끌거나, O_2를 통한 광호흡 과정을 초래한다. 루비스코 활성 자리에서 O_2 농도에 대한 CO_2 농도의 증가는 광합성 산물 생성을 증가시키고 광호흡을 감소시킨다(식 9.12 참고). 광합성 조류, 청록색세균 및 몇몇 수상 고등 식물들은 세포 내 중탄산이온(bicarbonate, HCO_3^-)을 축적하고 이를 엽록체로 수송하는 기작을 통해 위의 과정을 실현한다. 대부분의 육상 식물이 C_3 타입이며 단지 캘빈-벤슨 회로에 의해 광합성 탄소 고정을 수행함에도 불구하고, 루비스코의 CO_2 고정 자리에서 해당 기체의 농도를 증가시키는 생리적 기작 또한 다수의 식물 그룹에서 진화되었다. 육상 식물 종들 간에, 광합성 기작의 가장 중요한 변형은 열대, 아열대, 염화 환경(saline environments)에서 생장하는 종들의 특징인 **C_4 경로(C_4 pathway)**와 건조한 환경에서 자라는 다육(多肉)성(succulent) 식물의 특징인 **crassulacean acid 대사과정(metabolism)(CAM)**이다. 해당 식물 그룹에서, 초기 CO_2 고정은 O_2를 고정하지 않는 **포스포엔올피루브산 카르복실레이즈(phosphoenolpyruvate carboxylase, PEP carboxylase, PEPC)**에 의해 수행된다. C_4, CAM 식물들 모두에서 2차 CO_2 고정과 당합성은 루비스코 및 캘빈-벤슨 회로를 통해 일어난다.

키포인트 루비스코의 옥시게네이즈 활성은 탄소 고정과의 경쟁에 의해 광합성 생산성을 제한하는 경로인 광호흡의 초기 단계를 촉매한다. 루비스코가 가지고 있는 카르복실레이즈 및 옥시게네이즈에 대한 상대적인 활성은 특이율로서 표현될 수 있다. 이러한 상대적 활성(특이율)은 진화과정동안 원시 혐기성자가 영양체(15)에서 청록색세균(50-60)을 거쳐 육상 식물(100 이상)에 이르면서 점차 증가되었다. 옥시게네이즈 반응 산물인 2-포스포글리콜산은 C_2 산화적 광합성 탄소(광호흡 탄소 산화) 회로에 의해 대사된다. 탄소는 글리콜산의 형태로 엽록체로부터 퍼옥시좀으로 이동하며, 퍼옥시좀에서 글라이신으로 전환된 후 마이토콘드리아로 이동한다. 다중 효소 복합체로 마이토콘드리아에 풍부하게 존재하는 글라이신 디카르복실레이즈는 광호흡과정동안의 CO_2 방출 및 엽록체로 재동화되는 NH_3 형성에 관여한다. 광호흡동안 일어나는 고정 탄소의 소실과 질소 재동화과정을 위한 환원제 및 ATP 소비는 광합성을 위해 요구되는 에너지의 지출을 증가시키게 된다. 광합성과 광호흡 간의 균형은 대기 온도와 이산화탄소 농도에 반응하여 이루어지므로 지구 기후 변화에 매우 민감하다.

9.9.1 C_4 식물은 별도의 이산화탄소 고정 효소 2개와 및 특화된 잎 구조를 가지고 있다

다수의 환경 조건들은 육상식물 잎의 공기 공간에서 O_2 농도에 대한 CO_2 농도의 감소를 유발하며, 그 결과 광호흡의 증가를 초래한다. 예를 들어, 온도가 증가할 때, 수용성 CO_2의 농도는 산소의 농도와 비교하여 급격히 감소하며, 그 결과 $[CO_2]:[O_2]$ 비율을 감소시킨다. 또한, 루비스코의 옥시게네이즈 활성은 카르복시화 활성에 비해 온도 증가시 빠르게 증가하여 광합성 대신 광호흡을 선호하는 결과를 초래한다. 게다가, 고온, 저습, 염화된 토양과 같은 조건들은 잎에서의 급격한 수분 소실 혹은 뿌리의 잎 흡수 감소를 유발한다. 이러한 조건하에서, 식물은 물 소실을 줄이기 위해 부분적으로 기공을 닫게 되는데(14장 참고), 이는 잎 외부로의 물 확산률 감소 및 잎으로의 CO_2 유입률을 떨어뜨림으로써 결과적으로 O_2에 대한 CO_2 비율을 낮추게 된다.

탄소 고정을 위한 **C_4 경로(C_4 pathway of carbon fixation)**는 덥고 햇살이 강한 지역 혹은 염분이 높은 지역에 사는 몇몇의 속씨식물들로부터 진화되었다. 옥수수(*Zea mays*)와 사탕수수(sugar cane, *Saccharum officinarum*), 그리고 소수의 쌍자엽식물들(예를 들어, *Amaranthus* 속에 속하는 식물종들)과 같은 다수의 **열대 초본 식물(tropical grasses)**이 이러한 식물에 해당된다. C_4 탄소 고정 경로를 가진 식물들은 두 가지의 독특한 특성(생화학적, 해부학적)을 가지고 있다. 첫째로, C_3 종에서 광합성의 안정적인 첫 번째 산물이 3-포스포글리세르산인 반면, C_4 종에서는 다량의 **4탄소 유기산**들(**four-carbon organic acids**)이 이산화탄소 고정의 가장 초기 산물이다. 이러한 사실을 기반으로 해당 종들에서의 초기 주요 CO_2 고정이 PEPC에 의해 촉매됨이 밝혀졌다. 두 번째로, C_4 종은 루비스코 활성 자리 근처에서의 CO_2 농축 및 O_2 농도 감소에 적합한 독특한 잎 구조를 가지고 있다.

C_4 종(C_4 species)의 잎에서, 엽록체를 보유한 조직은 **엽육세포(mesophyll cells)**와 **유관속초세포(bundle sheath cells)**라 불리는 2종류의 세포로 분화되어 있다(그림 9.39A). C_3의 잎과는 달리, 엽육세포들은 책상층(palisade layer) 및 해면층(spongy layer)으로 분화되어 있지 않으며, 잎맥을 둘러싸고 있는 유관속초세포들(엽록체를 포함하고 있는) 주위를 단단히 감싸고 있다. 다수의 원형질연락사(plasmodesmata)가 두 세포를 연결하고 있다. 이러한 조직의 구조를 **크란츠 해부구조(Kranz anatomy**, 유관속초세포들의 배열을 묘사하는 독일어 'wreath, 화환'으로부터 유래)라 부른다.

엽육세포와 유관속초세포의 공간적 분포는 C_4 광합성의 조직 및 작동에 중요한 생화학 경로의 위치를 반영한다. 엽육세포에서 PEPC를 통한 카르복시화가 일어나는 반면, 루비스코의 활성은 유관속초세포 내에 제한되어 있다. 엽록체의 초미세구조(**chloroplast ultrastructure**)는 엽육세포와 유관속초세포 내에서 서로 다르다(그림 9.39B). 엽육세포 엽록체의 틸라코이드 막은 그라나 중첩구조(grana stacks)와 스트로마 라멜라(stroma lamellae)로 이루어져 있으며 광계 I, 광계 II를 포함한다. PEPC의 합성은 엽육세포 내에서 상향조절되며, 루비스코는 엽육세포 엽록체에 존재하지 않는다. 유관속초세포의 엽록체는 루비스코를 보유한 대신 중첩된 틸라코이드막이 존재하지 않으며 광계 II가 대폭 감소되어 있다. 유관속초세포 엽록체에는 비순환적 전자 흐름이 거의 없으며, 그 결과 산소 발생이 거의 이루어지지 않는다; ATP는 순환적 광인산화에 의해 주도적으로 생산된다.

C_4 경로는, 바깥쪽 엽육세포에서 PEPC에 의해 촉매되어 초기 CO_2 고정산물로 합성되는 C_4 유기산을 통해 개시된다. 엽육세포로부터 유관속초세포로의 C_4 산물의 이동 후 CO_2의 배출 및 캘빈-벤슨 회로에 의한 탄소의 재고정이 일어난다. C_3 화합물은 엽육세포로 되돌아가 PEPC의 수용체를 재생하게 된다(그림 9.39C). 그러므로 엽육세포 내의 CO_2는 고농도로 유지되며, 해당 지역의 루비스코는 활성이 높은 채로, 광호흡률은 최저 상태로 유지된다.

9.9.2 C_4 경로는 광호흡을 최소화한다

C_4 경로의 첫 단계에서, PEPC는 PEP을 카르복시화시켜 4탄소 유기산인 **옥살초산(oxaloacetate)**과 P_i를 생성시킨다(식 7.4 참고). 루비스코와 달리, PEPC는 용해된 CO_2 보다는 **HCO_3^-**를 C_1 기질로 사용하는데, 이는 HCO_3^-의 결합자리가 CO_2를 인지하지 못하기 때문이며, 이로 인해 카르복시화 과정은 루비스코에서 일어났던 산소화 과정과 관련된 경쟁 없이 효율적으로 진행된다. 수용액 상의 CO_2는 소량의 HCO_3^-(pH7에서 약 1%; 식 9.15)와 평형을 이루는데, 이러한 평형은 C_4 및 CAM의 중요 효소인 **탄산 탈수효소(carbonic anhydrase)**에 의해 일어난다(9.9.5절에서 자세히 기술됨).

식 9.15 수용액상의 이산화탄소와 중탄산이온

$$CO_2 + H_2O \rightleftharpoons HCO_3^- + H^+$$

엽육세포의 초기 탄소 고정 산물인 옥살초산(oxaloacetate)은 세 가지 방법 중 하나를 통해 대사된다(표 9.10). **$NADP^+$-말산 효소($NADP^+$-malic enzyme)** 경로는 수수(*Sorghum bicolor*)와 옥수수(*Zea mays*) 같은 종들에서 일어난다(그림 9.40A). 이 경우, 옥살초산은 $NADP^+$-말산 탈수소 효소($NADP^+$-malate dehydrogenase)에 의해 말산(malate)으로 변환된다. 말산은 엽육세포로부터 유관속초세포로 이동하며, 유관속초세포에서 $NADP^+$-말산 효소에 의해 탈카르복시화된다. 이 과정 동안 방출되는 CO_2는 루

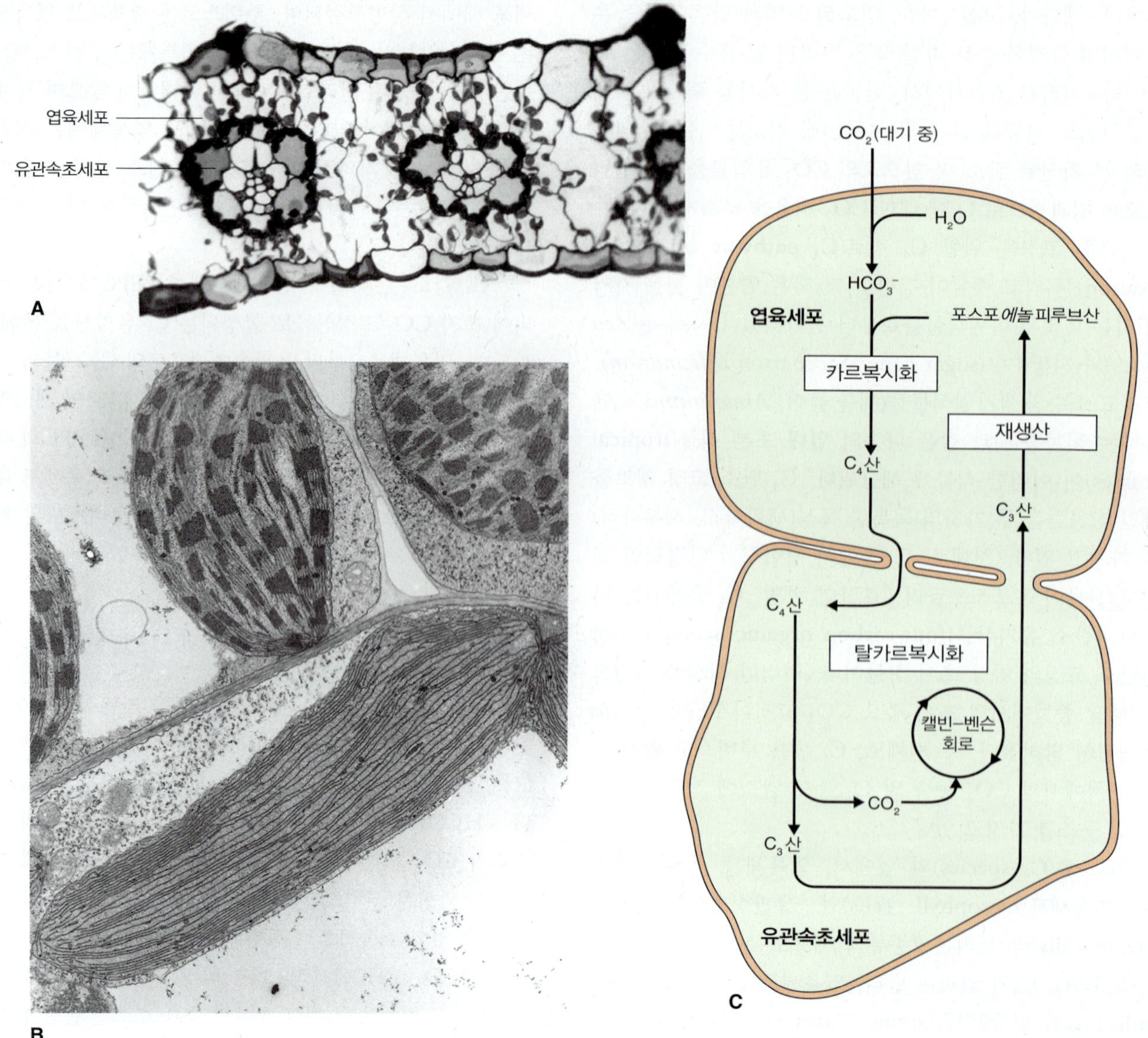

그림 9.39 (A) 엽육세포와 관다발을 둘러싼 커다란 유관속초세포의 크란츠 해부구조를 보여주는 C_4 식물의 잎 횡단면 광학현미경 사진. (B) 유관속초세포(아래쪽)와 엽육세포(위쪽) 간 엽록체의 구조적 차이를 보여주는 전자현미경 사진. (C) C_4 경로의 개요. CO_2가 엽육세포로 들어오면, 액상 환경인 세포질에서 HCO_3^-로 전환된다. 중탄산이온(HCO_3^-)과 PEP이 C_4산(옥살초산)를 생성한 후, 옥살초산은 두 번째 C_4산으로 전환되고 인접한 유관속초세포로 전달된다. 유관속초세포에서 C_4산은 탈카르복시화되며, 이때 방출된 CO_2는 루비스코 및 캘빈-벤슨 회로에 의해 고정된다. 탈카르복시화의 생성물인 C_3산은 엽육세포로 돌아가 PEP을 재생성한다.

비스코와 캘빈-벤슨 회로를 통해 동화된다. 말산 탈카르복시화의 산물인 피루브산(pyruvate)은 엽육세포로 되돌아간 후, **피루브산-인산 다이카이네이즈(pyruvate-orthophosphate dikinase**, PPDK)에 의해 인산화됨으로써 PEP을 재생한다.

기장(*Panicum miliaceum*) 및 스위치글래스(*P. vergatum*)는 **NAD⁺-말산 효소(NAD⁺-malic enzyme)** 형태의 C_4 광합성을 수행하는 대표적인 종이다(그림 9.40B). 이 경우, 탄소는 각각 옥살초산과 피루브산의 아미노기 전이(transamination) 산물의 형태인 **아스파르트산(aspartate)**과 **알라닌(alanine)**으로 엽육세포와 유관속초세포 사이를 이동한다(표 9.10). 세 번째 경로는 기니어 그래스(guinea grass, *Megathyrsus maximus*)에서 볼 수 있는 예로, 엽육세포에서 수송된 아스파르트산(aspartate)의 아미노기 전이(transamination) 과정이 옥살초산을 생성하고, 이는 유관속초세포의 **PEP 카르복시카이네이즈(PEP carboxykinase)**에 의해 탈카르복시화됨으로써 CO_2와 PEP을 생성하는 경로이다(그림 9.40C). 해당 경로에서, 탄소는 PEP, 알

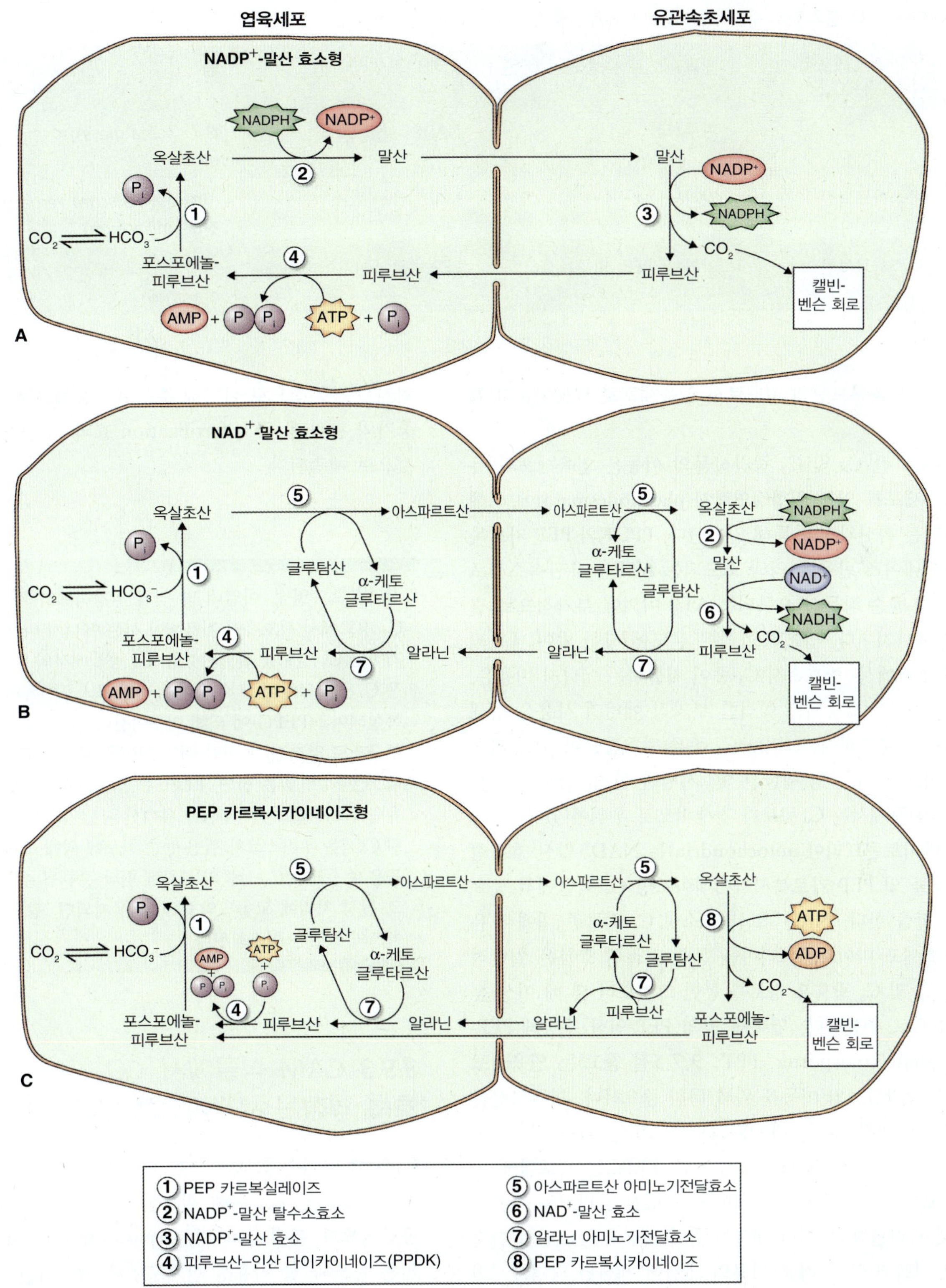

그림 9.40 C_4 경로의 변형. (A) $NADP^+$-말산 효소형에서, 고정된 탄소는 말산의 형태로 엽육세포에서 유관속초세포로 이동한다. (B) NAD^+-말산 효소형에서, 탄소는 아미노기 전이 산물인 아스파르트산과 알라닌의 형태로 엽육세포와 유관속초세포 사이에서 교환된다. (C) PEP 카르복시카이네이즈형에서, 탄소는 알라닌과 PEP의 형태로 유관속초세포로부터 재순환된다.

표 9.10 C_4 종의 탄소 수송과 탈카르복시화의 종류

유관속초세포로 수송되는 C_4산	엽육세포로 수송되는 C_3산	디카르복실레이즈	종
말산	피루브산	$NADP^+$-말산 효소	옥수수(*Zea mays*), 수수(*sorghum bicolor*)
아스파르트산	알라닌	NAD^+-말산 효소	지팽이풀(*Panicum vergatum*), 기장(*P. miliaceum*)
아스파르트산	알라닌, PEP, 피루브산	PEP 카르복시카이네이즈	기니아 그래스(*Megathyrsus maximus*)

라닌 혹은 피루브산의 형태로서 엽육세포로 되돌아온다(표 9.10).

세포 간 C_4 및 C_3 중간산물의 이동은 엽육세포와 유관속초세포를 잇는 **원형질연락사(plasmodesmata)**에 의해 촉진되는 확산과정을 통해 일어난다. PPDK와 PEP 카르복시카이네이즈 반응에 의해 소모되는 **ATP**는 유관속초세포의 캘빈-벤슨 작동시 요구되는 ATP 이외에 부가적으로 필요한 에너지이다. 건조하고 높은 온도에 강한 빛이 내리쬐는 환경하에서, 광호흡시 C_3 종이 지불하는 에너지 비용은, C_4 광합성시 요구되는 이러한 부가적 에너지 사용을 상쇄하기에는 부족하다. 그러나 C_3 종은 광호흡률이 낮고 기공열림이 충분한 환경(제한된 빛, 시원한 환경, 습도가 충분한 환경)하에서는 C_4 종보다 경쟁적으로 우위에 있다.

마이토콘드리아(mitochondria)는 NAD^+-말산 효소형 C_4 식물 및 PEP 카르복시카이네이즈형 C_4 식물에서 중요한 역할을 한다. NAD^+-말산 효소형 C_4 식물종 내에서 유관속초세포 마이토콘드리아를 통한 탄소의 흐름은 일반적인 호흡 및 C_3 광호흡 경로를 통한 그것보다 몇 배 이상 높은 것으로 추산된다. 엽록체 막의 PEP-인산 수송체(PEP-phosphate transporter, PPT; 9.7.5절 참고)는 엽육세포 내 C_3 중간산물의 이동을 위해 특히 중요하다. 피루브산을 PEP으로 변환시키는 PPDK(그림 9.40)는 엽육세포 엽록체의 스트로마에 위치해 있는 반면, PEPC는 세포질에 위치하고 있다. PPT는 엽록체막을 가로질러 PEP을 수송하는 데 관련된다. 덥거나 햇살이 강하거나 혹은 고염인 환경에서 진화된 C_4 기작은 기공의 열림이 제한된 환경에서의 CO_2 포획 증가를 통해 광합성 효율을 증진시키고 수분 소실을 감소시킨다. 루비스코가 위치한 유관속초세포에서의 약 20배 CO_2 농축을 통해, 옥시게네이즈 활성은 억제되고 광호흡 과정은 거의 대부분 제거된다. 이러한 C_4의 적응 기작은 왜 옥수수와 같은 종들이 생산성이 가장 뛰어난 작물인지를 부분적으로 설명해 준다. C_4 종들은 온실 가스 방출 증가와 관련된 'CO_2 fertilization 효과'에 전적으로 불감할 것으로 예측된다.

키포인트 열대, 아열대 및 염화 환경하에서 자라는 종들은, C_3 경로에서 광호흡시 지불해야 하는 에너지 비용을 상쇄하는 기작인 C_4 경로를 발달시켰다. C_4 종들에서의 일차 탄소 고정은 C_4 산물로부터 그 이름이 유래된 포스포엔올피루브산 카르복실레이즈(PEPC)에 의해 이루어진다. 루비스코가 크란츠 해부구조로 알려진, 특이적 배열 형태를 보이는 유관속초세포들 내 국한되어 있는 반면, PEPC는 엽육세포에 위치하고 있다. 유관속초세포로 이동한 C_4 유기산은 탈카르복시화되며 방출된 CO_2는 루비스코와 캘빈-벤슨 회로에 의해 고정된다. C_4 종들은 수송되는 C_4 산물의 종류에 따라 분류될 수 있다. 루비스코 활성 자리에 고농도의 CO_2가 유지되면, 광호흡 옥시게네이즈의 활성은 최소화된다.

9.9.3 CAM 식물에서, CO_2 포획 과정과 광호흡 과정은 시간적으로 분리되어 있다

C_4는 캘빈-벤슨 회로에 의한 루비스코-매개 카르복시화 과정과 탄소 동화를 위해 필요한 초기 CO_2의 고정 과정을 **공간적으로 분리(spatially separating)**하는 방식을 통해, 높은 온도와 물 이용성 한계로부터 야기되는 문제점을 해결한다. **크래술산 대사(Crassulacean acid metabolism, CAM)** 식물은, PEPC와 루비스코를 **시간적으로 분리**하는 방식(**separated in time**)을 통해 이러한 환경적 문제에 적응한다. CAM 광합성은 선인장류 및 기타 다육(多肉)성(succulent) 식물들과 같이 극히 건조한 환경에서 자

라는 식물들에서 보여지는 특징이다. 이러한 광합성 과정은 특정 착생란(epiphytic orchid)과 파인애플(*Ananas comosus*) 및 *Agave* 종들과 같은 몇몇 작물종 등에서도 또한 발견된다.

C_3 및 C_4 종들과는 달리, CAM 식물들은 밤에 기공을 열고 낮에 기공을 닫는다. 상대적으로 낮은 기온과 높은 습도를 보이는 밤에 이루어지는 기공의 제한적 열림은 과도한 증산작용 없이 가스 교환을 가능케 한다. PEPC에 의한 초기 탄소의 고정(HCO_3^-의 형태로)은 기공이 열려 있는 밤에 일어난다(그림 9.41). PEPC 반응 산물인 옥살초산은 말산 탈수소 효소(malate dehydrogenase)에 의해 **말산(malate)**으로 변환된다. 말산은 밤시간 동안 액포에 고농도로 축적된다. 낮시간이 시작될 때, 기공은 닫히고 $NADP^+$-말산 효소는 루비스코와 캘빈-켄슨 회로를 통한 동화과정 수행을 위해 말산으로부터 CO_2를 방출시킨다(그림 9.41). 낮 동안의 기공 닫힘은 물을 보존하고 고농도 CO_2 축적의 결과로서 루비스코의 효율을 증대시키는 두 가지 효과를 보일 수 있다.

일주기성 조절을 통해 이루어지는 효소 활성 및 효소량의 리듬은 기공 열림/닫힘의 일주기성 주기와 관련된다(8장 참고). PEPC mRNA 및 단백질량은 암조건에서 최대치를 보이다가 낮 동안 최저치로 변한다. 반대로, PEP-인산 수송체(9.7.5절 참고)의 전사는 낮 동안 가장 활발하다. PEPC는 또한 **전사 후(post-translational)** 수준에서 조절된다. PEPC는 특정 인산화효소에 의한 인산화과정을 통해 밤 동안 활성화된다. 해당 인산화효소의 합성 및 분해는 **일주기 진동자(circadian oscillator)**에 의해 조절된다(8장 참고). 또한 PEPC는 세포질 내 말산에 의한 **피드백 억제(feedback inhibition)**에 민감하다. CAM 생합성에서의 내재적 리듬은 극단적 가뭄 환경(밤에도 기공이 닫힌 채로 존재하고, CO_2의 세포내 재순환이 단지 활성만 유지될 뿐 성장에는 기여하지 못하는)하에서 무효화될 수 있다.

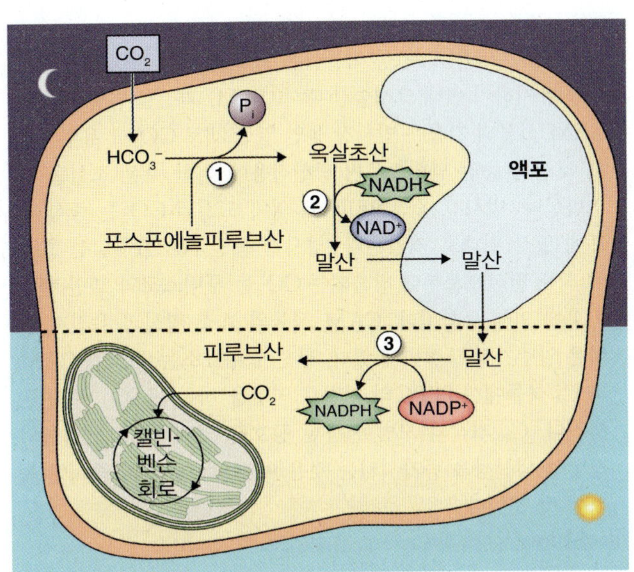

그림 9.41 크래슐란 대사(CAM). CAM 식물은 밤에 기공을 열어 CO_2를 유입한다. (1) PEP 카르복실레이즈는 CO_2(HCO_3^-)를 C_4 유기산인 옥살초산으로 편입시키고, (2) 옥살초산은 말산 탈수소 효소에 의해 말산으로 환원된다. 말산은 밤시간 동안 액포 내에 저장된다. 낮에는 기공을 닫아 수분 소실을 막는다. (3) 저장된 말산은 $NADP^+$-말산 효소에 의해 탈카르복시화되고, 그 결과 생성된 CO_2는 캘빈-벤슨 회로를 통해 동화된다.

9.9.4 증산률은 이산화탄소의 고정과 수분의 소실을 결부시킨다

CAM과 C_4의 적응과정은 식물이 보다 건조한 환경에서 살 수 있도록 하는데, 이는 그들이 C_3 식물과 비교할 때 증산작용에 의한 물의 소실을 감소시키기 때문이다. **증산률(transpiration ratio)**은 식물들이 증산작용에 의한 물 손실량에 비해 상대적으로 얼마나 효율적인 탄소 고정을 수행할 수 있는지를 비교할 때 사용된다(14장 참고). 증산률은 일반적으로 건중량에 대한 물소실량의 비율로 표기된다. C_3 식물은 450–950 g g^{-1}의 증산률을 보인다. CAM 식물에서, 유기산으로의 일차 CO_2 편입은 열려 있는 기공을 통한 물의 소실이 최소화되는 밤에 일어난다. 해당 식물들의 최고 증산률은 18–125 g g^{-1}의 범위하에 있다. C_4 식물은 이들의 중간 정도인 250–350 g g^{-1}의 증산률을 보인다. C_3와 C_4 식물들 간의 2–3배 증산률의 차이는 잎의 구조와 일차 CO_2 포획 기작의 차이에서 비롯된다. C_4 잎의 엽육세포들은 효율적 CO_2 포획 효소를 보유한 엽록체들을 커다란 잎의 공기 간극에 인접하도록 위치시킨다. 이러한 과정은 C_4 식물의 내부 CO_2 농도가 C_3 식물 잎의 공기 간극에서의 CO_2 농도보다 더 낮도록 만든다. 잎 공기 간극의 낮은 CO_2 농도는 잎으로 확산되는 CO_2의 양을 증가시킨다. 이는 C_4 식물이 물소실 감소를 위해 기공을 부분적으로 닫은 상태에서도 CO_2의 빠른 흡수를 유지하도록 만든다.

9.9.5 C_4 및 CAM의 진화적 기원에 대한 단서는 탄산 탈수효소 효소의 연구로부터 얻을 수 있다

C_4 광합성은 19개의 식물과(科)에 분포되어 있는 약 7,000종의 속씨식물에서 일어난다. 해당 과정은 약 3천만 년 전에 초본식물(grass)에서 처음으로 발생하였으며, 진정쌍떡잎식물(eudicots)을 거쳐 40계통 이상에서 **독립적으로 진화(evolved independently)**된 듯하다. CAM 광합성의 경우 이보다 더 심화되어 있는데, 30개 이상의 식물과에 속한 적어도 20,000종에서 이러한 과정이 일어난다. 이는 원시 비속씨식물에서 발견되는 **고대 경로(ancient pathway)**를 고려한 것이며, 개화식물에서의 기원 및 다중계통 분포는 C_4 경로에서의 그것과 스케일면에서 유사하다. C_4 능력 획득을 위해 필요한 단계들로서, 크란츠 구조 발달, 글라이신 디카르복실레이즈(glycine decarboxylase)의 유관속초세포 내 배치, PEPC의 상향조절, 다른 C_4 효소들의 발현 등이 있다. CAM 광합성을 위해서, 엽육세포의 다육(多肉)화 및 밀집화가 가장 중요한 구조적 조건이며, 일주기 조절 또한 필수적인 요구조건이다.

초기 탄소 고정의 PEPC 경로에서 중요한 구성 요소는 C_1 기질인 HCO_3^-의 형성을 촉매하는 **탄산 탈수효소(carbonic anhydrase, CA)**이다(식 9.15 참고). CA는 활성 자리에 아연을 포함하고 있는 **금속성 효소(metalloenzyme)**이다. 박테리아에서 인간에 이르기까지 거의 모든 생명체에 존재하며, 식물의 해당 효소들은 β-CA 군에 속한다. C_4 관련 CA의 진화는 C_3, C_4 및 중간 종들을 포함하고 있는 yellowtop(*Flaveria*)속 식물들에서 연구되어 왔다. *Flaveria*의 β-CA는 소수의 다중 유전자족(small, multigene family)에 의해 암호화된다. *CA3*는 잎에서 높게 발현되는 **세포질형(cytosolic form)**의 단백질을 암호화하며, 해당 효소는 HCO_3^-를 PEPC에 공급하는 역할을 한다. 엽록체에 존재하는 CA는 CO_2의 수준을 조절하고 C_3, C_4 종 모두에서 소기관 내 CO_2 확산을 조절하는 역할을 함이 제안되어 왔다. *Flaveria* 종에서의 CA 유전자의 구조 · 발현 비교 및 해당 효소의 다른 동형 단백질들(isoforms) 간 세포내 위치 연구를 통해, C_4 경로의 첫 단계를 촉매하는 CA가 C_3 조상에 존재했던 유전자의 변형을 통해 발생되었음을 알 수 있다. 진화과정 동안, **엽록체 수송 펩타이드(chloroplast transit peptide)**가 소실되고, 해당 유전자가 상향조절됨으로써 C_4 엽육세포 내 높은 활성을 보이는 세포질형 CA를 보유하게 되었다.

기본적인 C_3 광합성 기작에 대한 연구는 실용성 측면에서 끊임 없이 흥미를 유발하는 주제이다. 전 세계 식량 공급을 주도하는 작물들은 밀과 벼로 대표되는 C_3형의 곡물류(cereal)들이다. 만약 이러한 종들로, C_4 기작과 관련된 구성 요소들을 도입하고 이의 활성화 과정을 통해 광호흡에 의한 손실들을 감소시킬 수 있다면, 광합성 생산성 및 산출량은 증대될 것으로 기대된다. 진화과정 동안, C_3 계통에서의 C_4 행동 양식 출현이 독립적으로 유발된 경우가 많이 있었으므로, 식물 육종학과 생명공학을 이용하여 이와 유사한 트릭을 행할 수 있을지도 모른다. 이러한 시도를 성공시키는 것이 아직까지 매우 제한적임에도 불구하고, 이는 21세기 농업 연구에 있어서 **거대한 도전(Grand Challenge)**으로 인식되고 있다.

키포인트 다육(多肉)성 식물들은 덥고 건조한 환경에서 광합성을 유지하기 위해 크래슐산 대사(CAM) 과정을 발달시켰다. CAM 식물의 기공은 밤시간 동안 열린 채로 CO_2를 유입시키고 낮시간 동안 닫힘으로써 증산작용에 의한 수분 소실을 최소화한다. 밤시간 동안 PEPC에 의해 고정된 CO_2는 중심 액포에 말산 형태로 저장된다. 낮시간 동안 $NADP^+$-말산 효소에 의해 말산으로부터 방출되는 CO_2는 루비스코와 캘빈-벤슨 회로에 의해 동화된다. CAM 식물의 효소 활성과 유전자 발현은 일주기성 조절하에 있다. 탄산 탈수효소는 CO_2를 CAM과 C_4 식물에서 PEPC의 기질로 역할을 하는 HCO_3^-로 변환시킨다. C_4 기작의 모방을 통한 광호흡 억제에 의해, 작물의 광합성 생산성을 증가시키는 것은 미래 생명공학의 중대한 목적이 될 것이다.

Part IV
생장

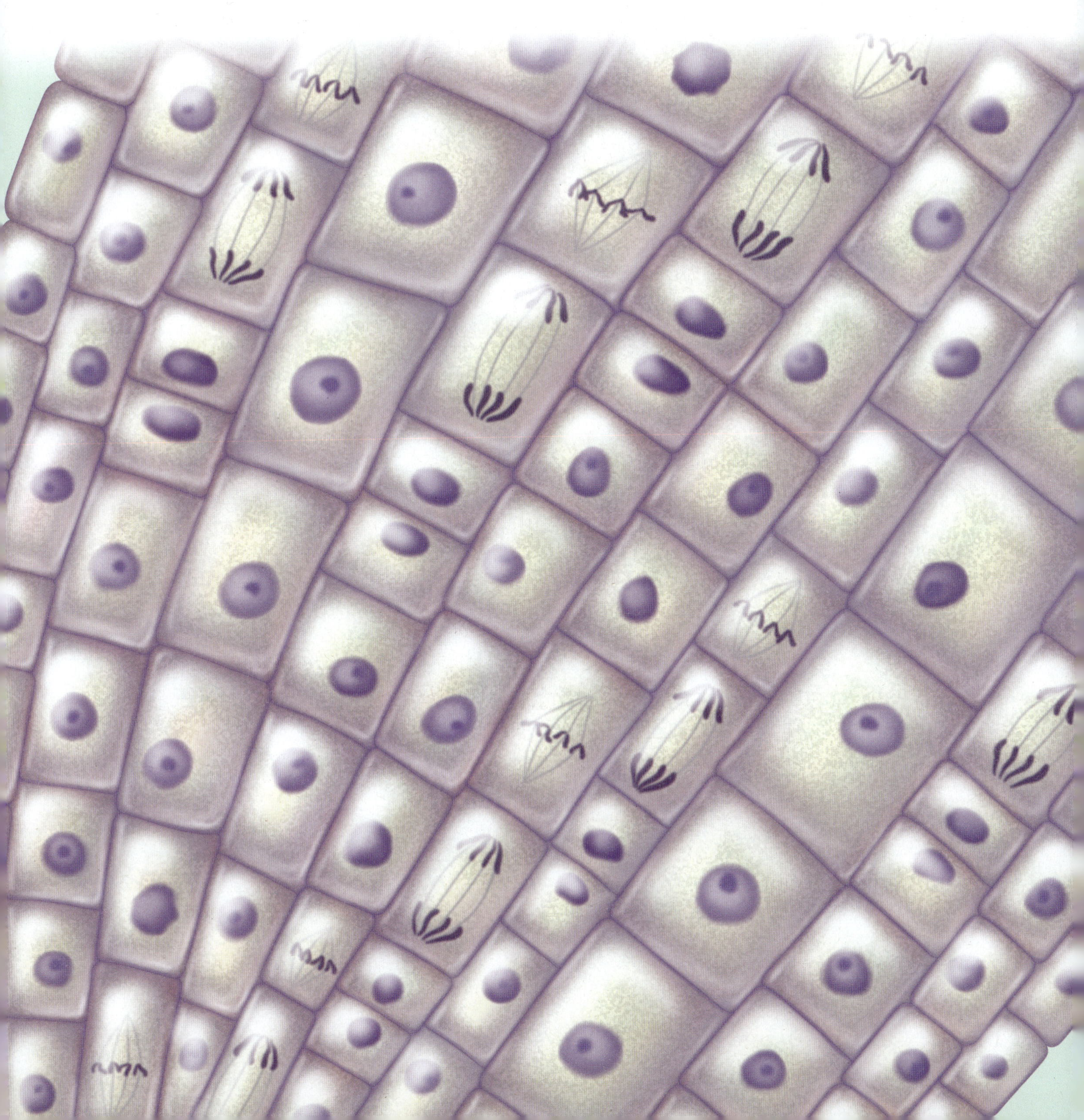

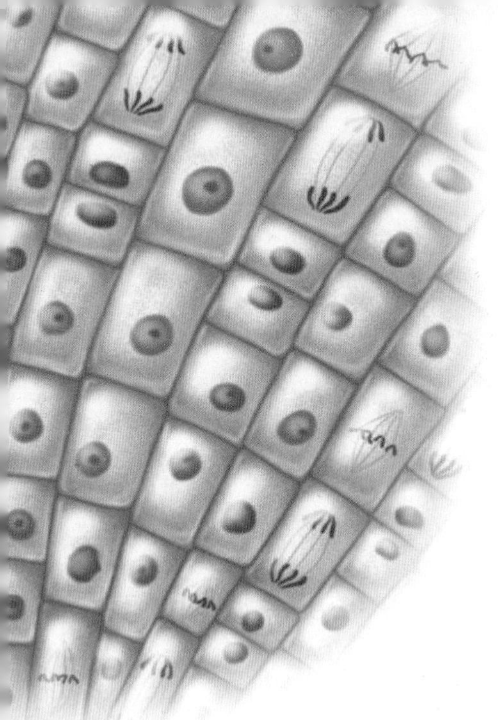

Chapter 10
호르몬과 기타 신호전달물질

10.1 식물 호르몬에 대한 서론

전통적으로 호르몬이란 생명체 개체나 조직의 한 부분에서 생성된 후, 다른 부분으로 수송되어 반응을 유도하는 화학물질로 정의된다. Charles Darwin과 그 아들 Francis는 식물의 한 부분에서 생성된 신호가 다른 부분의 생장에 영향을 주는 것을 처음으로 보여준 그룹 중 하나였다. Darwin 부자는 다양한 초본식물과 진정쌍떡잎 식물의 유식물들에 일정한 방향에서 빛을 조사한 후 빛에 의한 반응성 생장인 **굴광성(phototropism)** 반응을 관찰하였다. 그들이 관측한 투과성 빛 신호의 연관성에 관한 가장 분명한 증거는 canary grass(*Phalaris canariensis*) 유식물의 **자엽초**에 **일방향의 빛**을 조사하였을 때 광원의 방향으로 기저부가 생장함을 관측한 것이었다. 그들은 1880년에 다음과 같이 기술하였다, "그러므로 우리는 유식물이 수평적인 빛에 노출되었을 때 어떠한 영향이 상층부에서 기저부로 이동하여 구부러짐 생장 현상을 유도한다고 결론지을 수 있다". 20세기 초반의 연구들은 일방향의 빛에 노출된 초본 유식물의 정단 부분에서 생성된 신호가 자연적인 화학물질임을 밝혀 냈으며, 1920년대 Frits Went의 연구는 식물 호르몬에 대한 최초의 **생물검정법(bioassay)** 방법을 제시하였다. Went는 초본 자엽초 정단에서 생성되는 화학물질의 양과 자엽초 하단부의 구부러짐의 정도가 정량적인 상관관계가 있음을 확인하고 이 화학물질을 **옥신(auxin)**이라고 명명하였다. 이러한 생물검정법으로 연구자들은 정단 부분이 제거된 자엽초의 구부러짐 반응을 측정함으로써 식물 추출물에서 호르몬의 양을 결정하였다. 자엽초 생물검정법으로 자엽초를 구부러지게 하는 호르몬인 **인돌-3-아세트산(indole-3-acetic acids, IAA)**를 발견하게 되었다(그림 10.1).

생물검정법은 식물과 동물로부터의 호르몬을 확인하는 초창기 연구에 있어서 핵심적인 수단이었으며, 1960년대와 1970년대에 이르러서는 화학 분석법의 발달로 조직으로부터 분리한 호르몬의 정확한 동정과 양적 측정이 가능하게 되었다. 이 시대의 주요한 기술적 진보에는 감도 높은 gas chromatographs와 mass spectrometer의 개발이 있고 이는 이후 **GC-MS**(gas chromatography-mass spectrometry)와 그 변형된 기술들로 발전하여 식물의 자연추출물을 분석하는 기본 방법이 되었다. 그림 10.1은 11가지 대표적인 식물 호르몬들—**앱시스산(abscisic acid, ABA)**, **옥신**, **브라시노스테로이드(brassinosteroids, BRs)**, **시토키닌(cytokinins, CKs)**, **에틸렌(ethylene)**, **지베렐린(gibberellins, GAs)**, **자스몬산(jasmonic acids, JAs)**, **폴리아민(polyamines, PAs)**, **살리실산(salicylic acids, SAs)**, **스트리고락톤(strigolactone, SL)**, **산화질소(nitric oxide, NO)**—을 보여준다. 비록 각각의 이 호르몬들은 화학적으로 다를지라도 이들의 합성과 분해의 경로들은 많은 부분을 공유하고 있다(그림 10.2). 이소프레노이드(isoprenoid) 경로는 ABA, BRs, CKs, GAs, SL(15장 참고)의 전구물질을 제공하는 반면에, 아미노산인 트립토판, 메티오닌, 아르기닌/오르니틴 등으로부터는 옥신, 에틸렌, 폴리

The Molecular Life of Plants, First Edition. Russell Jones, Helen Ougham, Howard Thomas and Susan Waaland.

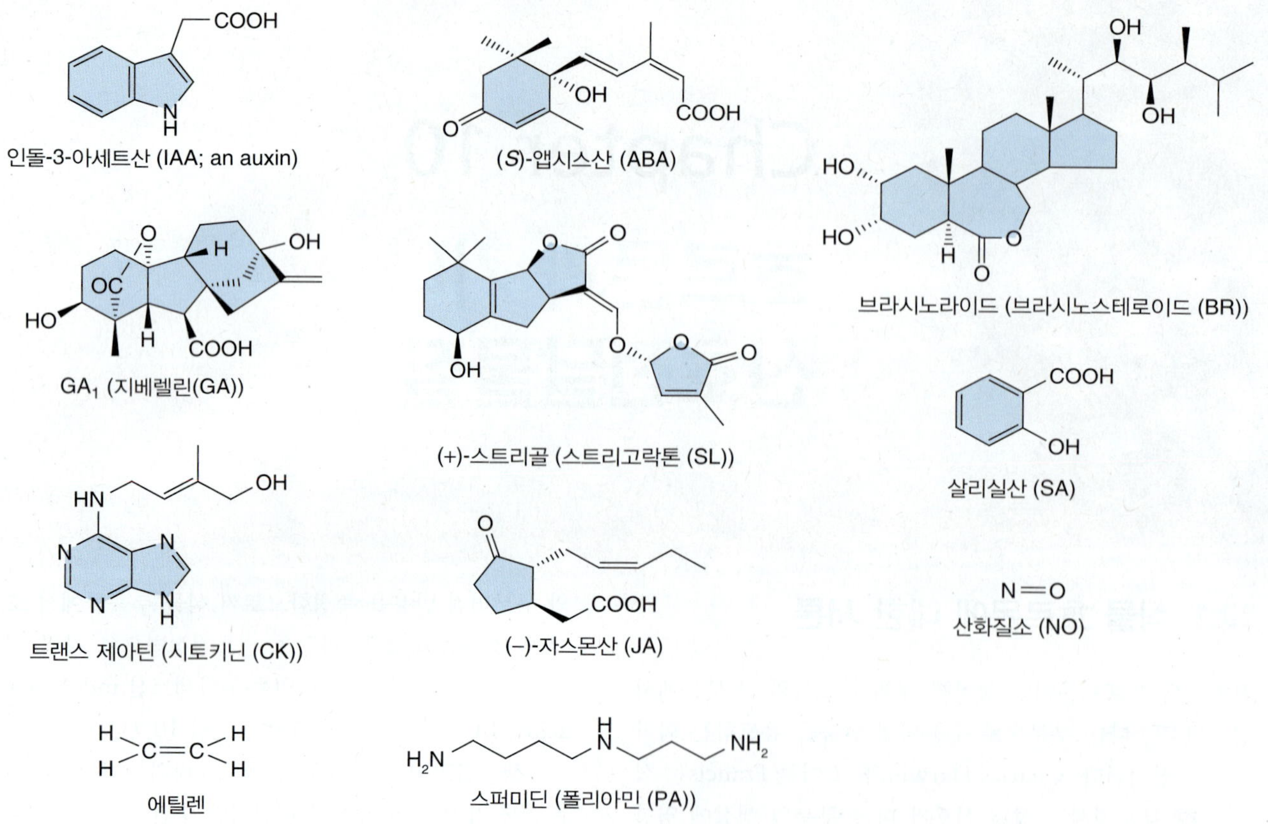

그림 10.1 식물에서 발견된 주요 호르몬들의 화학구조, 이름과 약어들

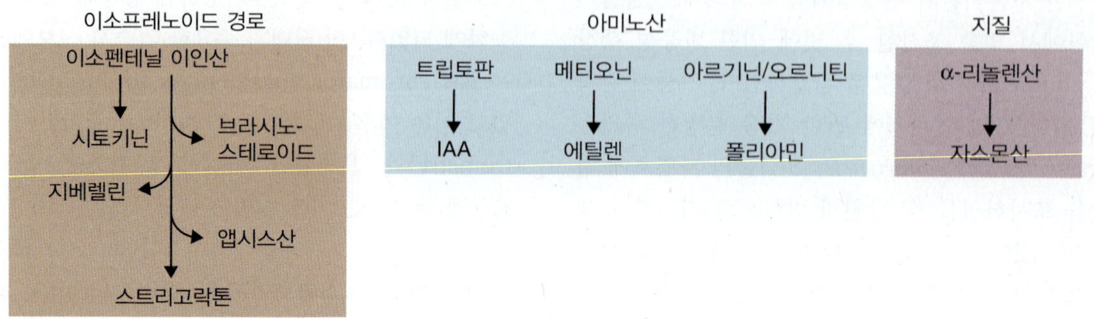

그림 10.2 식물 호르몬은 생합성 경로의 기원에 따라 3개의 그룹으로 분류된다; 이소프레노이드 경로(ABA, BR, CK, GA, SL), 아미노산(에틸렌, IAA, 폴리아민), 지질(JA)

아민 등이 만들어진다. 지질 중에서도 특별히 α-리놀렌산(α-linolenic acids)의 지방산은 자스몬산의 전구물질로 사용된다. 에틸렌과 산화질소의 두 기체 호르몬 외에 최근의 연구들은 식물에서 합성되는 또 다른 기체인 **황화수소(hydrogen sulfide)**도 신호전달 물질로 작용함을 제시하고 있다.

식물의 주요 호르몬들은 1980년대 말까지 화학적인 분석이 잘 이루어졌으며 또한 화학과 생화적인 방법들은 이들의 생성에 대한 기초 지식들을 밝혀냈다. 이후 분자생물학적 클로닝 방법의 개발은 호르몬 생합성의 이해에 지대한 공헌을 하였고, 분자유전학적 방법들은 주요 식물 호르몬들의 신호전달 기작에 대한 경로 발견의 기회를 제공하였다. 이러한 분자유전학의 발전에 기반한 진보는 식물의 주요 호르몬들의 수용체를 발견하도록 이끌었다. 우리가 이 장에서 소개할 몇몇 최신의 발견들은 호르몬 신호전달 분야 연구자들에게 의외의 결과들이었다. 예를 들어 스트리고락톤들은 옥신과 더불어 곁눈의 휴면을 조절한다는 사실을 최근에 알게 되었다. 아마도 식물의 이동성 신호물질의 생물학적 연구는 우리에게 더 많은 새로운 결과들을 보여 줄 것이다.

키포인트 식물 호르몬을 발견하고 분석하는 데 있어서 특수한 생물검정법의 개발은 중요한 과정이었다. 이러한 생물검정법들은 지금까지도 식물의 추출물에서 호르몬을 검출하는 데 사용되나 질량분석기와 같은 새로운 분석기술은 혼합물에서 적은 양의 자연적 산물의 정량을 가능하게 한다. 식물의 호르몬은 에틸렌이나 산화질소와 같은 기체의 형태에서부터 브라시노스테로이드의 경우 처럼 27개의 탄소로 이루어지는 테르페노이드에 이르기까지 다양한 형태의 분자로 구성되며, 그들의 합성물질의 기원에 따라 세 그룹으로 나뉘어진다. ABA, BRs, CKs, GAs, SL 등은 이소프레노이드 경로로부터, 에틸렌, IAA, PA는 아미노산들로부터, JAs는 막 지질로부터 합성이 된다.

10.2 옥신

이 장에서 옥신(Auxins)은 옥신-특이적 생물검정법에 반응성을 가지는 모든 화합물로 정의하게 된다. 가장 많이 존재하는 옥신의 형태는 IAA이나 다른 인돌 링 구조 화합물인 인돌-3-부틸산(indole-3-butyric acid), 4-클로로인돌-3-아세트산(4-chlorindole-3-acetic acid) 그리고 적어도 하나의 비 인돌성 옥신인 페닐아세트산(phenylacetic acid)이 식물에서 발견되고 옥신 생물검정법에 반응을 보인다(그림 10.3). 옥신은 수분과 수정, 영양 생장 단계, 개화에 이르기까지 식물의 거의 모든 발달 기간 동안의 과정들에 영향을 미친다. 옥신은 중력과 빛, 촉각에 대한 식물의 굴성 반응을 매개하는 중요한 신호전달 물질로, 다른 식물 호르몬들의 생합성과 기능에 영향을 줌으로써 더욱 다양한 식물의 생장과 발달에 관여한다.

뿌리 발달을 개시하거나 지상부 분지를 억제하는 데 있어서의 옥신의 효과는 농업과 원예 분야에서 광범위하게 활용되는 잘 알려진 현상이다(그림 10.4). 지상부의 절단과 절단면의 옥신 처리는 부정근 형성을 유도할 수 있다. 그림 10.4A의 *Calycanthus* 'Venus' 잡종(Venus sweet-shrub)의 경우, 절단면을 **KIBA**(potassium salt of indole-3-butyric acid)로 처리하였다. 옥신이 없을 때에는 부정근이 형성되지 않으나, KIBA의 농도가 높아질수록 부정근 형성이 증가함을 보여준다. 곁눈의 생장도 옥신이 조절한다. 그림 10.4B의 *P. sativum*의 경우, **정단우성(apical dominance)**이라 알려진 현상에 따라 일반적으로는 곁눈이 억제되어 있지만, **줄기 정단(shoot)**이 제거되면 곁눈이 자라게 된다. 만약 정단이 제거된 지상부를 IAA로 처리하게 되면 곁눈의 생장이 다시 억제된다. 정단우성과 연관된 호르몬들의 기작들은 12장에서 자세히 설명할 것이다.

10.2.1 IAA의 합성과 분해 모두가 옥신 신호전달에 중요하다

조절 분자로서의 식물 호르몬의 효율성을 고려할 때는, 활성형 호르몬들의 합이 어떻게 조절되는지 아는 것이 중요하다. 호르몬으로서의 역할을 위해서는 반드시 생성과 분해가 같이 일어나야 한다. 단순히 생성만으로 호르몬이 신호전달물질로 충분하지 않은 이유는 국소적인 부위의 농도를

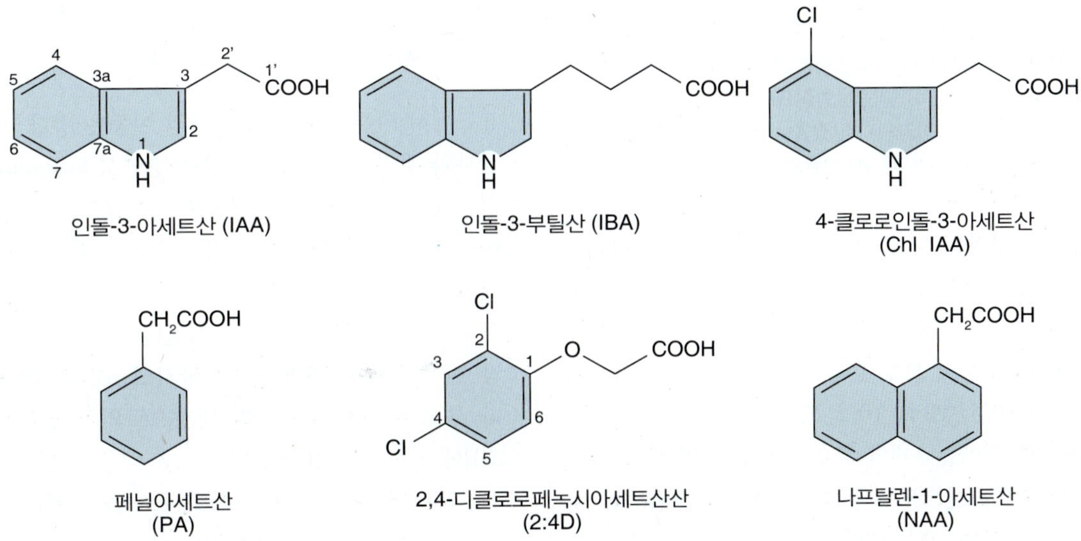

그림 10.3 자연적으로 존재하는 옥신들과(IAA, IBA, Chl IAA, PA), 제초제로 사용되거나 (2:4D) 줄기 절단 후 뿌리 형성 유도제로(NAA) 사용되는 2개의 합성 옥신의 구조.

그림 10.4 (A) 옥신 KIBA(potassium salt of indole-3-butyric acid) 농도의 증가에 의한 Venus sweetshrub(*Calycanthus* 'Venus' 잡종)의 지상부 절단면에서의 측근 형성 유도 (B) 완두(*Pisum sativum*)의 정단우성에 대한 IAA의 효과. 완두 유식물의 정단부를 제거하고 그 정단면에 IAA가 첨가되거나 첨가되지 않은 라놀린을(*) 처리하였다. IAA가 첨가 첨가되었을 때에는(왼쪽) 곁눈이(화살표) 휴면 상태를 유지하고 신장되지 않은 반면 IAA가 참가되지 않았을 시에는(오른쪽) 곁눈이 휴면 상태에서 벗어나 곁가지로(화살표) 발달하게 된다.

줄이는 기작이 없이는 항상 신호가 켜진 상태로 존재하기 때문이다. 그러므로 신호를 끄는 과정은 켜는 과정 만큼 중요하다. 옥신의 경우 생성과 결합, 대사적 분해, **극성 수송(polar transport)** 등이 모두 부분적 농도 조절의 기작으로 작용한다(그림 10.5, 10.6, 10.2.2절 참고).

IAA의 생합성에는 2개의 주요한 경로가 있는데, 하나는 트립토판 아미노산으로부터, 다른 하나는 트립토판 비의존성 경로로 합성이 되는 것이다(그림 10.6). 두 경로 모두 공통되는 부분은 코리스메이트(chorismate)에서 인돌(indole)까지의 반응이며 여기서 두 경로가 나뉘게 된다. 그중 하나인 트립토판 비의존성 경로는 인돌-피루브산으로부터 IAA를 합성하며 또 다른 경로는 트립토판을 생성한다. 현 시점에서 돌연변이를 통한 분석은 트립토판에서 IAA를 생성하는 데 최소 4개 또는 5개의 경로가 존재하여 합성경로에 대한 자세한 분석이 어려움을 보여준다. 트립토판에서 IAA까지의 생합성 경로가 복잡하다 할지라도 실험적 증거들은 식물에서 트립토판이 IAA의 주요 전구물질임을 증명하고 있다.

IAA의 이화대사도 여러 경로를 따라 이루어지게 되는데, IAA 결합체들을 만드는 것이 그중 하나이고, 다른 경로들은 IAA를 분해시킨다(그림 10.5). 몇 종류의 비활성형 IAA 결합체의 형성은 가역적으로 일어나며 이들의 가수분해에 의한 활성형의 IAA 생성은 IAA 농도의 항상성 유지에 중요하다. 대부분의 이러한 반응들은 IAA에 의한 피드백 조절을 받게 된다. 즉, IAA 결합체의 형성은 높은 농도의 IAA에 의해 증가되며, 결합체의 가수분해는 낮은 농도의 IAA에 의해 촉진된다. L-아미노산이나 포도당에 대한 IAA의 결합은 다양한 조직들에서 관찰되는데, 포도당 에스터(glucose ester)의 형성은 특별히 종자에서 우세하게 일어난다. 일부 IAA-아미노산 결합체는 운반이 가능하여 저장물질로 기능할 수 있는 반면에 많은 경우 이들 결합체는 비가역적인 IAA 분해 경로의 도구로 쓰여진다. 자유 IAA와 그 아미노산 결합체의 분해에는 퍼옥시데이스 계열의 효소들이 관여한다.

10.2.2 옥신의 극성 수송이 식물 발달의 조절에 중요한 기여를 한다

세포에서 다른 세포로의 옥신의 이동은 방향성이 있다. 지상부와 뿌리부에서 수송은 **하향방향성(basipetally**, 기관의 정단에서 멀어지는 방향)으로 일어난다. 극성 수송(polar transport)이라 부르는 이러한 현상은 옥신 특이적이며 옥신의 극성 수송은 물관 요소의 형성과 수선, 정단우성, 측근 발달과(12장 참고) 같은 식물발달, 빛과 중력에 대한 생장 반응(굴광성, 8장 참고)[굴지성, **상위생장(epinasty)**이라 부르는 잎자루의 하단 방향으로의 굴절현상, 15장 참고)]에 영향을 미치게 된다.

옥신의 극성 수송은 주로 아포플라스트(apoplast)에서의 양성자화된 IAA(IAAH)와 심플라스트(symplast)에서의 음이온 형태의 IAA^- 농도 기울기에 의해 구동되며 생체

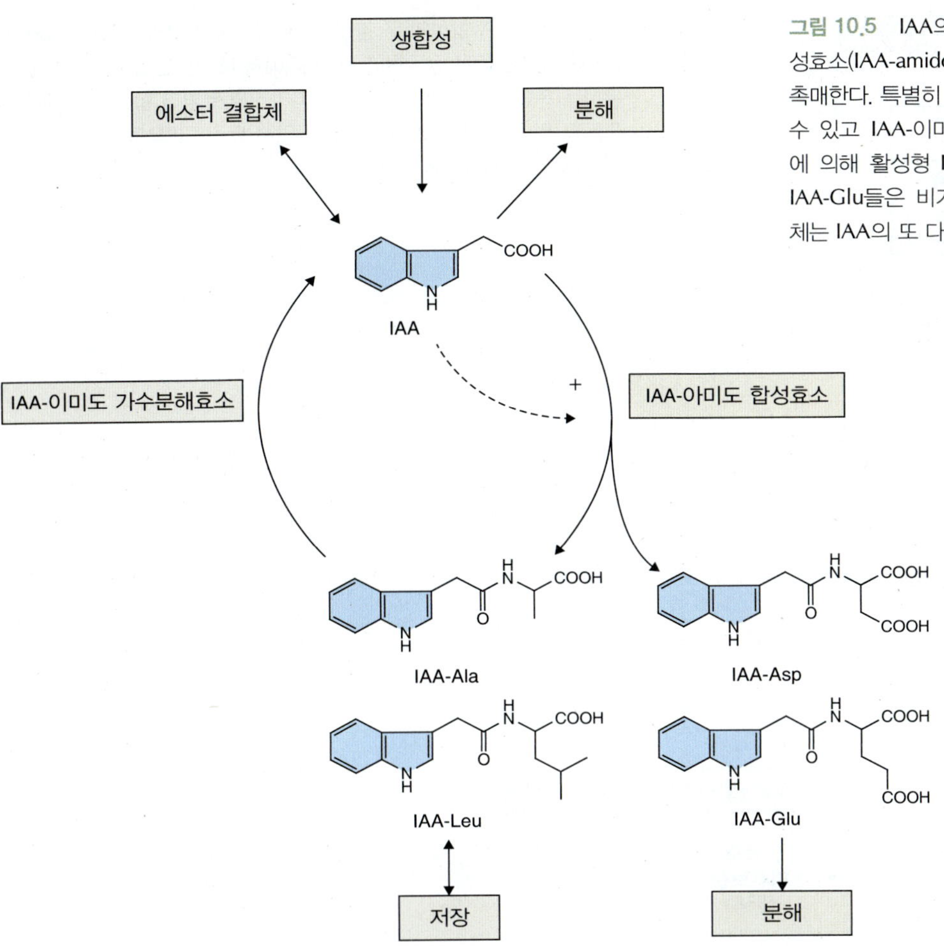

그림 10.5 IAA의 분해와 저장의 경로들. IAA-아미도 합성효소(IAA-amido synthetase)는 아미노산 결합체 생성을 촉매한다. 특별히 IAA-Ala, IAA-Leu과 같은 것들은 저장될 수 있고 IAA-이미도 가수분해효소(IAA-imido hydrolase)에 의해 활성형 IAA로 전환될 수 있다. 반면 IAA-Asp와 IAA-Glu들은 비가역적으로 분해된다. 에스터(ester) 결합체는 IAA의 또 다른 저장 형태이다.

막에 있는 옥신 수송체들에 의해 유지가 된다(그림 10.7). IAA(IAAH)와 IAA^- 농도 기울기는 식물 생체막 안과 밖의 pH 차이에 의해 형성된다(5장 참고). IAA는 pKa 값 4.7의 약산성이기 때문에 pH 7.0 정도인 세포질에서 대부분 IAA^-의 형태로 존재하나 pH 5.0 정도인 세포벽에서는 대부분 IAAH의 형태로 존재한다. 생체막은 IAA^-에는 불투과성을 보이나 이온화 되지 않은 IAAH에 대해서는 상대적으로 더 큰 투과성을 보이기 때문에 생체막을 가로질러 형성된 ΔpH는 효과적으로 IAA^-를 세포질에 가둘 수 있다.

특정한 수송 단백질들이 옥신의 극성 수송에 기여한다는 발견은 애기장대의 돌연변이 연구로부터 나왔다. 애기장대에서 발견된 ***aux***(***auxin influx carrier***) 돌연변이들은 첨가된 고농도의 옥신에 저항성을 보인다. 염기서열 분석은 AUX1이 원핵생물의 아미노산 투과효소(amino acid permease)들과 유사한 단백질 그룹에 속함을 제시한다. IAA와 트립토판이 화학적으로 유사함을 고려하면 AUX1이 실제로 H^+/IAA^- 공동수송체(symporter)로서 옥신 수송에 관여함을 예측할 수 있으나 직접적인 증거는 부재한 상태이다. 옥신의 유입(influx) 수송 단백질들은 세포 생체막의 정단 끝부분에 비대칭적으로 존재한다(그림 10.7B).

PIN 단백질이라 불리는 또 다른 종류의 비대칭적인 분포를 갖는 수송 단백질은 그림 10.8과 같이 애기장대 *pin*1 돌연변이에서 처음 발견되었다. 이 돌연변이는 잎, 싹, 꽃 등이 결여된 바늘 모양의 꽃차례 줄기를 가지고 있어서 *pin*이라 명명되었다. 이러한 *pin* 표현형은 야생형의 애기장대에 옥신 수송의 저해제를 처리했을 때도 관측이 되기 때문에 PIN 단백질들은 세포에서 옥신의 유출(efflux)에 관여함이 예측된다. 애기장대에서는 적어도 8개의 *PIN* 유전자들이 발견되었다. 이들 중 몇몇은 옥신이 관여한다고 알려진 빛과 중력에 대한 굴절 반응에 연관이 되어 있다(8장, 15장 참고). 몇몇 PIN 단백질들은 세포의 하단부 생체막에 비대칭적으로 존재하며 옥신의 극성 유출(efflux) 수송을 담당한다(그림 10.7C).

세 번째 종류의 옥신 수송 단백질은 애기장대에서 기능 소실 돌연변이들로 인하여 발견된 막 단백질인 **ABC 수송 단백질**(**ABC transporter**)이다(5장 참고). ABC 수송 단백질 그룹에서도 B 소그룹의 몇몇 단백질은 옥신을 수송함을 보여주었는데, 이들은 생체막과 액포막을 통과하는

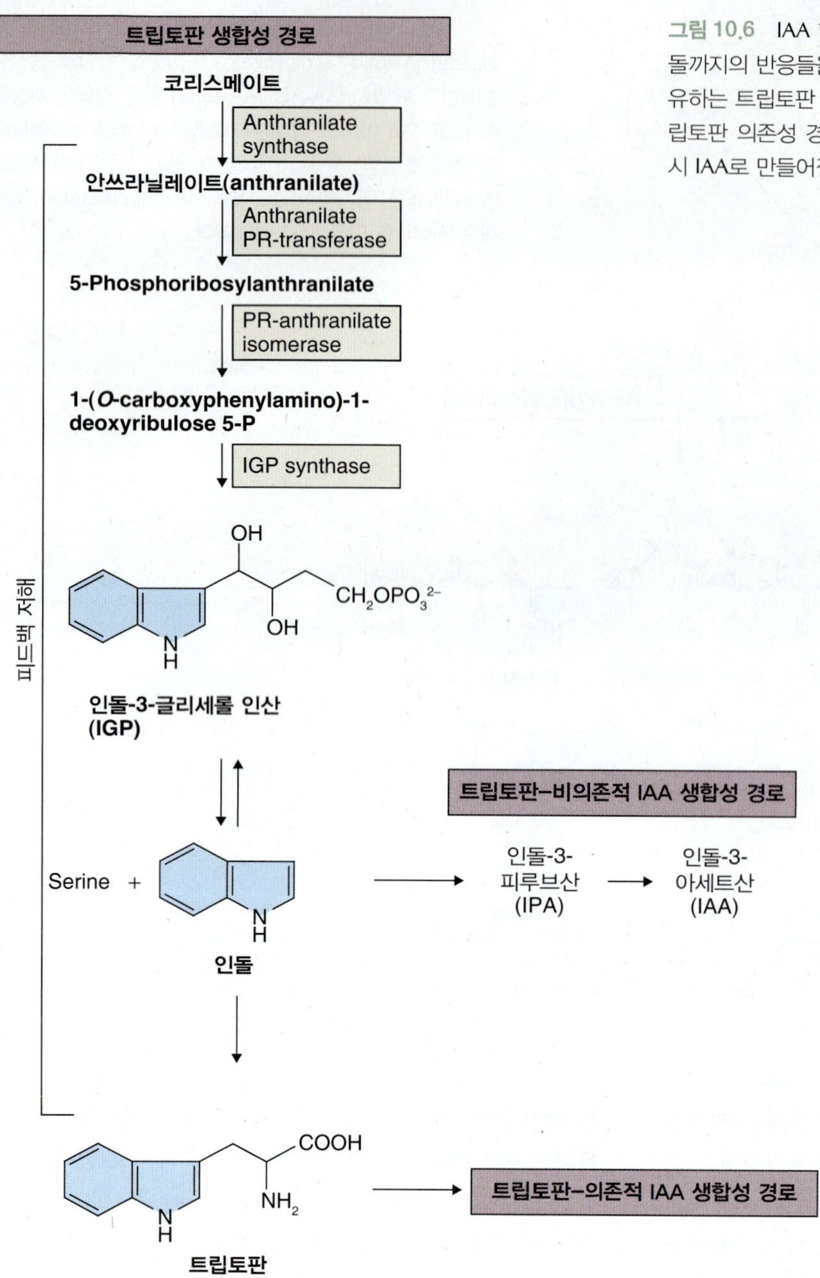

그림 10.6 IAA 합성의 두 경로들. 두 경로들은 코리스메이트에서 인돌까지의 반응들을 공유한다. 이 지점에서 IAA는 인돌-피루브산을 경유하는 트립토판 비의존성 경로에 따라 인돌로부터 합성이 되거나 트립토판 의존성 경로에 따라 인돌이 먼저 트립토판으로 전환된 후 다시 IAA로 만들어질 수 있다.

IAA^- 유출시 기능할 수 있다. PIN 단백질들과는 다르게 이 수송체들은 세포 내에서 비대칭적으로 존재하지 않기 때문에 옥신의 극성 수송에는 관여하지 않을 것으로 보인다. 이 그룹의 단백질들은 IAA^-를 수송할 때 ATP 형태의 에너지를 요구한다.

아포플라스트의 낮은 pH와 IAAH에 대한 생체막의 투과성, 세포질의 중성 pH 조건에서 IAAH의 분해 등은 세포질에 IAA^-를 가두는 효과를 낸다. 옥신의 극성 수송은 AUX1의 세포 내 상층부 정단 부분 위치에 의한 결과이며, 이는 옥신의 유입에 방향성을 부여하여 세포의 하층부 끝에 위치한 PIN 단백질을 통한 극성의 IAA^- 유출을 유도한다. 세포로부터의 IAA^- 유출을 위한 원동력은 −200에서 −300 mV에 이르는 음의 막 전위차가 담당한다.

10.2.3 옥신 수용체는 E3 유비퀴틴 결합효소의 구성요소이다

옥신에 의한 표적 조직의 생장 변화 유도는 10분이 채 걸리지 않는데, 이러한 옥신의 빠른 반응을 설명하는 기작의 일부가 최근에 밝혀지고 있다. 최소한 두 가지 종류의 옥신 수용체로, **ABP**(auxin binding protein)와 AUX/IAA-SCF^{TIR1} E3 유비퀴틴 결합효소(ubiquitin ligase)의 구성요

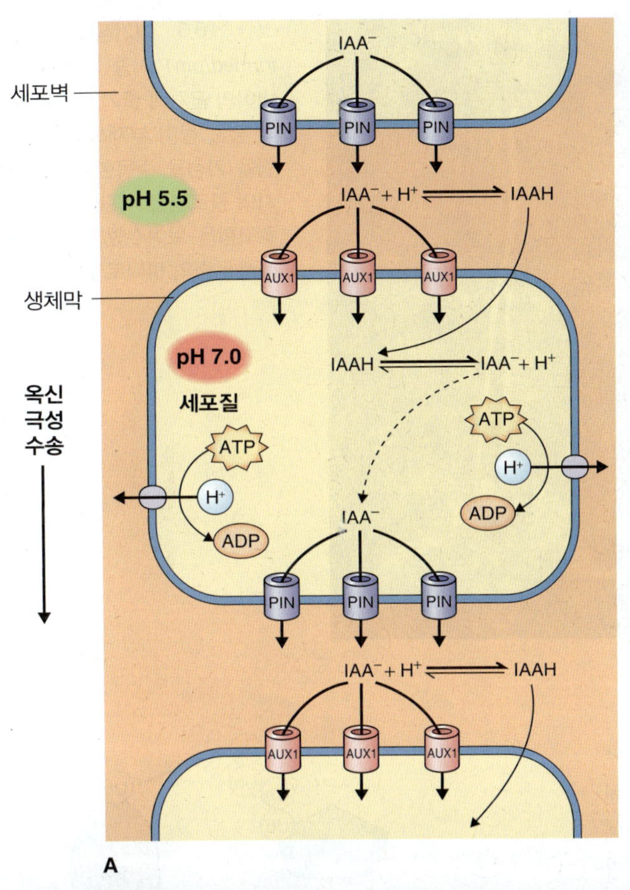

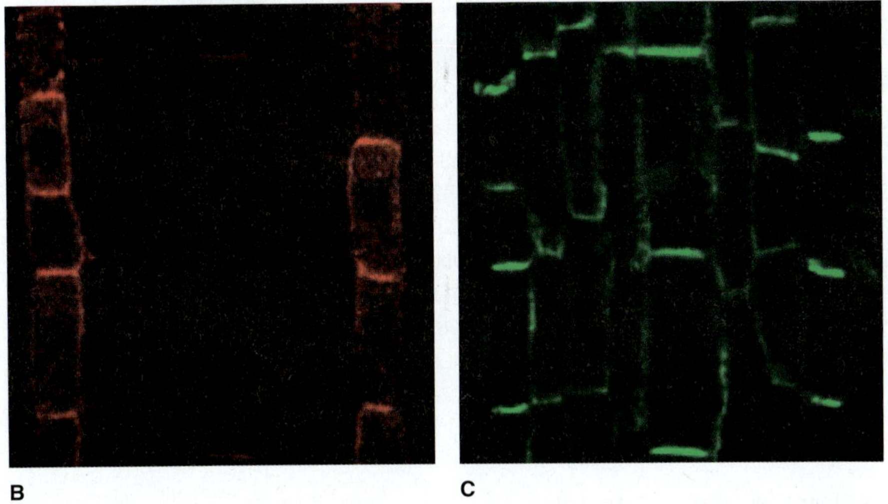

그림 10.7 옥신의 극성 수송. (A) 막 존재 수송 단백질이 옥신의 극성 수송에 관여하는 모델. 세포벽은 pH 5.5 정도의 약산성으로 IAA의 양성화를 유도하나 pH 7.0 정도의 세포질에서는 IAAH가 IAA⁻와 H⁺로 분해된다. IAAH는 생체막을 가로질러 자유롭게 확산이 되나 IAA⁻의 경우는 이동에 막 수송 단백질이 요구된다. 세포벽과 세포질의 pH 차이는 IAA 농도 기울기를 형성하여 세포 안과 밖으로의 이동을 유도한다. 특정 부위에 존재하는 IAA⁻의 수송 단백질이 옥신의 극성 수송을 결정한다. 옥신의 influx carrier인 AUX1은 생체막의 상층 정단 부분에 존재하여 IAA⁻가 세포 안으로 들어오게 하고 옥신의 efflux carrier인 PIN 단백질들은 생체막의 기저부에 존해하여 IAA⁻가 세포 밖으로 나가게 한다. (B, C) 수송 단백질들은 애기장대의 뿌리 중심주 세포에서 면역형광현미경법으로 볼 수 있다. 이 실험은 세포의 양쪽 반대 끝에서 옥신 influx carrier인 AUX1과 (적색, B) 옥신 efflux carrier인 PIN1의 (녹색, C) 존재를 보여준다.

소인 F-box 단백질 **TIR1**(Transport Inhibitor Response 1)이 분리되었다. ABP는 KDEL/HDEL 소포체(ER) 존재 신호를 가지고, 주로 소포체에(ER) 존재하나(5장 참고) 일부 ABP는 생체막에도 존재한다. ABP이 소포체나 생체막에서 어떻게 기능하는가는 아직 알려지지 않았으나 산성의 pH에서는 ABP의 IAA에 대한 친화력이 더 큰 것으로 알려져 있다. 소포체 안쪽은 중성의 pH를 가지고 있고, 생체막 바깥쪽의 pH는 거의 5.5인 점을 고려한다면 ABP은 생체막에 존재할 때 IAA의 수용체로서 기능할 것이라 예측할 수 있다.

ABP와는 다르게 옥신 신호전달에 있어서 AUX/IAA-SCF^{TIR1} 복합체의 기능은 많은 부분이 밝혀져 있다. SCF 복합체는 E3 유비퀴틴 결합효소 중의 하나인 CULLIN/RING E3 결합효소(ligase) 그룹 중의 한 구성요소이다(그림 5.36C). 이들 복합체들은 유비퀴틴-프로테아좀(ubiquitin-proteasome) 시스템의 구성 요소들이다(**UbPS**, 5장 참

그림 10.8 애기장대의 야생형과 *pin formed/pin1* 이중 돌연변이 표현형. 돌연변이의 꽃차례 줄기는 구분이 가능한 잎이나 옆눈 등이 부재하여 바늘 모양의 표현형을 가짐을 주목한다. 이 돌연변이 유전자의 클로닝은 막관통 단백질인 PIN을 암호화함을 보여주었고, 이는 옥신의 efflux carrier 중의 하나로 알려져 있다.

키포인트 옥신의 종류들은 식물에서 가장 먼저 발견된 호르몬들이다. PA(phenylacetic acid)의 경우를 제외하면, IAA처럼 자연적으로 존재하는 모든 옥신은 인돌 고리 구조를 가지며 트립토판이나 인돌로부터 합성이 된다. 다른 모든 호르몬의 경우와 같이 옥신은 합성 뿐만 아니라 분해에 있어서도 조절 기작이 존재한다. 극성 수송은 옥신의 기본 특징이며 세포 내에서 옥신의 농도를 조절하는 또 다른 기작 중 하나이다. 세포벽과 (pH 5.5) 세포질 (pH 7.0)의 pH 차이는 옥신의 극송 수송에 중요한 요소이다. IAAH는 확산으로 세포 내로 이동되나 IAA^-는 세포 내외로 이동할 때 특정한 세포막 수송 단백질들을 필요로 한다. IAA^- 유입 수송 단백질은 세포의 상층부 정단 부분에 존재하고 유출 수송 단백질들은 하층부 끝 부분에 존재한다. 유입와 유출 수송 단백질들의 비대칭적인 분포와 IAA와 IAA^-의 생체막에 대한 투과성의 차이가 옥신의 극성 수송을 가능하게 한다.

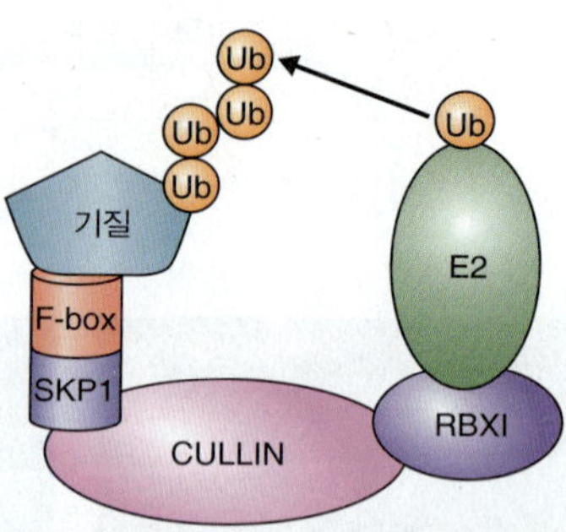

그림 10.9 일반적인 SKP1/CULLIN/F-box(SCF) E3 복합효소의 모델. SCF E3 결합효소 복합체는 네 가지 단백질들을 포함한다: CULLIN, SKP1, F-box, 그리고 RING finger 단백질인 RBX1. RBX1은 E2 유비퀴틴 복합물 형성(ubiquitin conjugation) 효소와 결합한다. F-box 단백질은 표적 단백질을 인식하여 E2에 의해 유비퀴틴화되도록 위치시킨다. 최대 7개의 유비퀴틴(Ub)이 표적에 첨가되고 그 후 26S 프로테아좀에 의해 분해된다. 표적 단백질의 특이적 인식은 F-box 단백질에 의해 결정된다.

고). **SCF**라는 이름은 포유동물 단백질 복합체의 세 가지 가장 중요한 구성요소인 SKP1, CULLIN과 F-box 단백질에서(그림 10.9) 유래되었고 식물도 유사한 단백질들을 가지고 있다. F-box 단백질은 유비퀴틴화될 기질을 인식한다. CULLIN은 RING 도메인 단백질인 RBX1과 이합체를 이루고 CULLIN-RBX1은 표적 단백질에 유비퀴틴을 전달한다. 옥신 신호전달에 관여하는 SCF 복합체는 핵에 존재하고 SKP1 단백질인 **ASK**(*Arabidopsis* SKP1-loke), CULLIN, 그리고 F-box 단백질인 TIR1을 포함한다(그림 10.10).

옥신-반응성 유전자들의 전사는 그 프로모터에 대한 **ARF**(auxin response factor) 계열의 단백질과 같은 전사인자를 포함한 많은 요소들의 결합으로 조절된다. ARF들은 옥신-반응성 유전자들의 프로모터에 존재하는 특정한 옥신 반응 요소(auxin response element)에 결합하여 그 유전자들의 전사를 촉진시킨다. 옥신이 없을 때에는, 옥신-반응성 유전자의 전사는 ARF의 기능을 저해하는 전사적 억제자인 **AUX/IAA**에 의해서, 또는 co-repressor 단백질

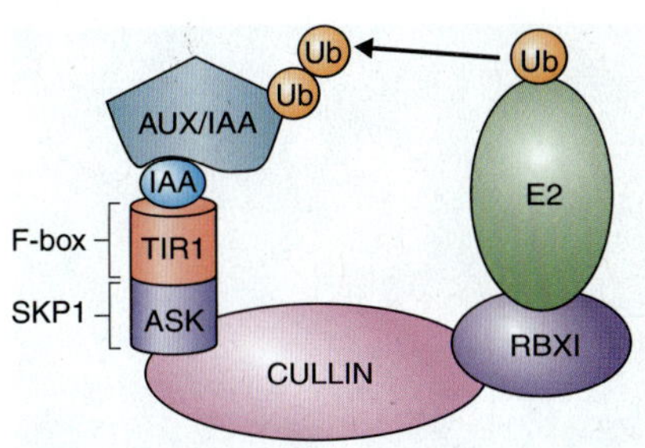

그림 10.10 AUX/IAA-SCF^{TIR1} E3 유비퀴틴 결합효소 복합체의 구성 요소들이 IAA의 인지와 신호전달에 관여함을 보여주는 모델. F-box 단백질인 TIR1은 IAA의 수용체로서 AUX/IAA 계열의 억제자 단백질들과 복합체를 형성한다. 애기장대의 SKP1 유사 단백질인 ASK1과 CULLIN, RING 도메인 단백질인 RBX1은 AUX/IAA 표적 단백질들과 E2 결합효소를 끌어들여 AUX/IAA가 유비퀴틴화 된 후 프로테아좀에 의해 분해되도록 유도한다.

에 의해서 감소적으로 조절된다(그림 10.11).

TIR1은 IAA 수용체로서 기능한다. IAA는 TIR1에 결합하여 옥신 유도성 유전자들의 발현을 개시한다. 이는 TIR1을 AUX/IAA와 결합하게 하고 이들을 SCF^{TIR1} 복합체에 의해 유비퀴틴화 되도록 하여 이후 26S 프로테아좀(26S proteasome)에 의해 분해되도록 유도한다(그림 10.11). AUX/IAA의 분해는 옥신 반응성 유전자들의 전사를 가능하게 한다.

키포인트 옥신 수용체 TIR1은 F-box 그룹의 단백질 중의 하나이며 E3 결합효소 SCF^{TIR1}의 하나의 구성요소이다. 옥신 반응성 유전자들은 전사인자들에 의해 조절되며, 그들 중 하나인 ARF(auxin response factor)들은 AUX/IAA라 불리는 전사적 억제자에 의해 감소적으로 그 기능이 조절된다. 옥신이 존재할 때, SCF^{TIR1}은 AUX/IAA를 인지하고 결합하여 이들이 유비퀴틴화되어 26S 프로테아좀에 의해 분해되게 한다. AUX/IAA의 제거는 옥신 유도성 유전자들이 활성화되고 옥신 반응이 나타나게 한다.

10.3 지베렐린

지베렐린(Gibberellins, GAs)은 식물과 곰팡이에서 만들어지는 다양한 그룹의 자연적 화합물 중의 하나이다. 그것들은 19개 또는 20개의 탄소를 가지는 테트라사이클릭 디테르펜(tetracyclic diterpene)으로 지금까지 136개의 GA가 발견되어 분석되었다. GA는 발견된 순서에 따라 숫자를 가지며, GA_1, GA_2와 같이 구분한다. 발견된 모든 GA들이

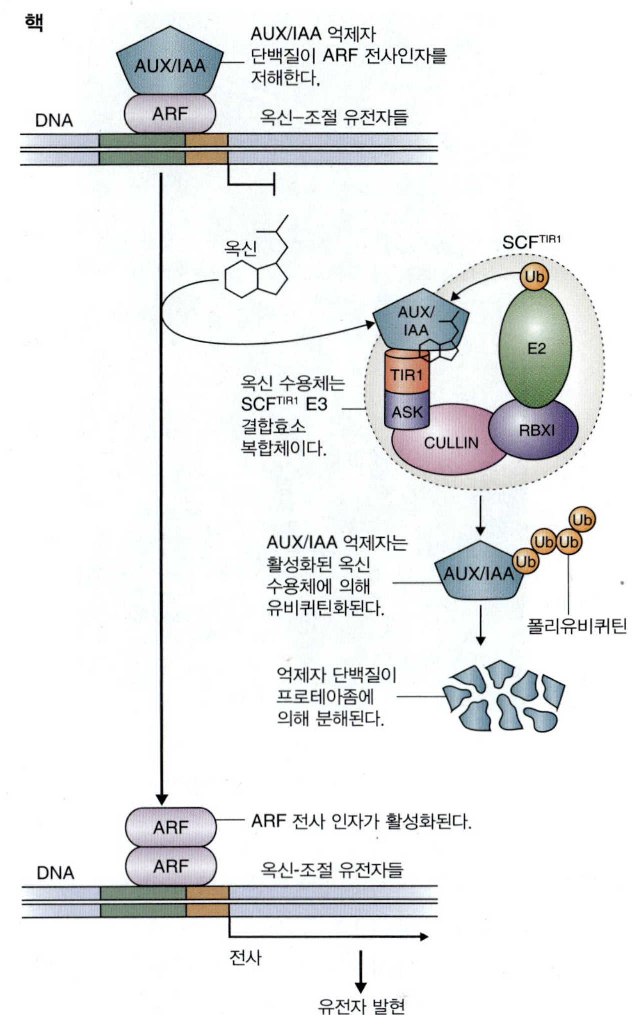

그림 10.11 옥신 반응에 대한 신호전달 모델. IAA가 없을 때, AUX/IAA는 ARF들과 복합체를 이루어 옥신 조절 유전자들을 억제한다. IAA가 존재할 때에는, AUX/IAA 단백질은 SCF^{TIR1} E3 결합효소 복합체에 의하여 유비퀴틴화되고 프로테아좀에 의해 분해된다. 그 후 ARF가 기능하여 보통은 ARF-ARF 이합체로서 옥신 반응성 유전자들의 전사를 유도한다.

식물에서 생물학적인 활성을 가지는 것은 아니며 가장 흔히 보이는 2개의 활성형 GA는 GA_1과 GA_4이다. 식물과 곰팡이에서 분리된 대부분의 다른 GA들은 활성형 GA를 합성하는 중간 대사 산물들이거나 분해의 결과물들이다.

지베렐린은 1920년대에 벼의 바보묘병을 연구하던 일본 식물 병리학자들에 의해 발견되었다(그림 10.12). 바보묘병의 벼 유식물은 곰팡이인 *Gibberella fujikuroi*에 감염된 결과 비감염 식물보다 훨씬 더 길게 신장하게 된다. 이것은 감염성 곰팡이균에서 생산된 화합물이 벼 신장을 촉진시켰음을 암시하였고, 1950년대에 이에 대한 분리와 화

그림 10.12 곰팡이인 *Gibberella fujikuroi*에 감염되어 길게 신장된 잎과 지상부를 보이는 (흰색 화살표) 벼(*Oryza sativa*).

학적인 분석이 이루어져 지베렐린산(gibberellic acid)이라 명명되었다(GA_3, 그림 10.1 참고).

GA_3의 분리와 그의 생리학적 연구 결과는 GA_3의 식물 생장에 대한 큰 영향을 보여주어 GA에 대한 관심을 촉발시켰다. 지상부 신장에 대한 GA의 효과는 그림 10.13A의 실험에서 명확히 보여주고 있다. *GA1* 유전자에 돌연변이를 가지는 애기장대는 낮은 GA 농도와 왜소형의 표현형을 보이는데 이는 GA_3의 분무로 회복될 수 있다. 지상부 신장에 대한 큰 효과 외에, GA는 잎 생장, 방향성과 노화, 개화, 열매와 종자의 형성, 발아, 초기 유식물 생장과 같은

A

B

C

그림 10.13 지베렐린(GA)의 생합성과 신호전달에서의 돌연변이는 식물 생장과 발달의 다양한 측면들에 영향을 준다. (A) 애기장대 *ga1-3* 돌연변이체는 (중앙) GA 생합성의 한 중요 유전자가 결여되었으며 그 결과 매우 낮은 농도의 GA를 함유한다. 돌연변이 식물들은 왜소형의 표현형과 지연된 개화를 보인다. 이 돌연변이 표현형은 GA_3를(오른쪽) 처리함으로써 회복되어 야생형과 (WT) 같은 키의 식물로 자랄 수 있다(왼쪽). (B) 이 밀(*Triticum aestivum*)들은 GA 신호전달에 영향을 주는 *Rht*(*reduced height*) 유전자의 다양한 대립유전자를 갖는다. (C) 이 밀 경작지는 바람과 비에 대하여 정상과 감소된 신장 형질의 식물들이 어떤 영향을 받는지 보여준다; 왼쪽은 정상 식물로 도복 현상을 보이며 오른쪽은 신장이 감소된 식물로 도복 저항성 형질을 보인다.

다양한 발달과정을 조절한다. GA의 산업적 이용 중 하나는 포도의 과일 형성과 성장 촉진에 사용되는 것이다. 지상부 신장에 대한 GA의 효과는 식물 생체량 증가에 기여할 것으로 보이지만, 실제로는 식물의 GA 함량을 감소시키는 기술들이 작물 생산량을 증가시키는 데 훨씬 더 경제적으로 가치 있는 기술이 되었다. 육종으로 개량되어 길이가 줄어든 식물들과 그 새로운 변형체들은 밀의 ***Rht****(reduced height)* 돌연변이체의 경우처럼 곡물 생산 증가에 기여하였다(그림 10.13B). 키 작은 밀 형질은 **녹색혁명**의 예로 여겨지고 있다. 이러한 식물들은 광합성 산물을 줄기 생장보다 곡물 생산량 증가에 사용한다. 또한 이러한 형질은 수확을 어렵게 하거나 불가능하게 만드는 바람으로 인한 밀 경작지의 도복현상을 줄이는 부수적 이점을 가진다(그림 10.13C). 곡물과 다른 식물 종들의 신장 조절은 12장에서 더 논의하도록 한다.

10.3.1 지베렐린 생합성의 초기 단계들은 몇몇 다른 호르몬들의 초기 단계들과 유사하다

지베렐린은 영양 생장 조직에 그램 생체량당 1 ng이 채 되지 않는 아주 적은 농도로 존재하며, 이로 인해 그 생합성 경로의 분석이 어렵다. GA는 엽록체에서 합성되는 이소펜테닐 이인산(isopentenyl diphosphate)으로부터 생합성된다(15장 참고). GA 생합성의 초기 단계들은 앱시스산, 브라시노스테로이드, 시토키닌 생합성의 초기 과정들과 생화학적으로 유사하다(그림 10.2 참고). 이들 호르몬 생합성의 시작점은 헤미테르펜(hemiterpene) 이소펜테닐 이인산(IPP)으로 디메틸알릴 이인산(dimethylallyl diphosphate, DMAPP)(그림 10.14)으로 이성화한다. IPP와 DMAPP는 5개의 탄소 화합물로 2개의 다른 전구체를 각각 사용하는 2개의 특징적 대사경로를 통하여 합성될 수 있다. ABA와 GA 합성을 위한 IPP와 CK의 측쇄로 사용되는 DMAPP는 색소체에서 DOXP 경로를 따라 합성되나(그림 15.23 참고), BR에 필요한 IPP는 세포질에서 메발론산(mevalonic acid, MVA) 경로를 따라 합성된다(그림 10.14).

GA 합성의 직전 디테르펜(diterpene) 전구체는 **제라닐제라닐 이인산(geranylgeranyl diphosphate)**으로 색소체에서 두 단계의 반응을 거쳐 ***ent*****-kaurene**으로 전환된다(그림 10.15). *ent*-kaurene의 카우레노익산(**kaurenoic acid**)과 GA_{12}로의 전환은 시토크롬 P450 계열의 2개의 다기능 효소에 의해 촉매된다. 이 과정은 색소체의 외막에서 시작되어 소포체 내강 안에서 종결된다. GA_{12}는 세포질의 두 대사 경로 중 하나를 거쳐서 활성형 GA로 변환된다. **13-하이드록실화(13-hydroxylation) 경로**에서는 GA_{12}는 GA_{53}으로 전환되고 이후의 여러 단계를 거쳐 활성형 GA_1이 된다. **비 13-하이드록실화 경로**에서는 GA_{12}이 GA_4(그림 10.15)로 전환된다. GA_1과 GA_4의 직전 전구체는 각각 비활성형의 GA_{20}와 GA_9이며, 이 둘은 수용성의 2산소화효소(dioxygenase)인 GA-3 산화효소(GA-3 oxidase, GA3ox)에 의해서 3번 탄소가 하이드록실화될 때 활성화된다. 수용성 2산소화효소인 GA-2 산화효소(GA-2 oxidase, GA2ox)에 의한 GA_1과 GA_4의 2번 탄소 하이드록실화는 GA_1을 GA_8으로, GA_4를 GA_{34}로 전환시킴으로써 호르몬을 비활성화시킨다(그림 10.15).

10.3.2 조직에서의 GA 함량은 음성과 양성의 되먹임 조절을 받는다

GA는 식물 조직에 매우 낮은 농도로 존재하나 조절 호르몬으로 기능하기 위해서는 그 농도의 변화가 정확하게 조절되어야 한다. GA 함량은 GA 분자의 3번과 2번 탄소 원자의 하이드록실화를 통한 **피드포워드와 피드백** 기작 조절하에 있다. 두 가지 음성 되먹임 조절의 예로는 GA20ox에 의한 GA_{12}의 GA_9로의 변환과 GA3ox에 의한 GA_9의 GA_4로의 전환이 고농도의 활성형 GA에 의해 저해된다는 것이다(그림 10.16). GA_{12}의 20번과 3번 탄소의 순차적인 하이드록실화는 활성형 GA_4와 GA_1를 생성한다. 활성형 GA가 많을 때 식물은 GA의 존재에 강한 반응을 보이고 GA-20과 GA-3 산화효소의 합성을 저해하여 추가적인 GA 생산을 방해한다. 멘델의 완두 실험에서 보여준 왜소형 형질 유전자 *le*는(그림 12.50 참고) GA3ox를 암호화함이 밝혀졌다. *Le*의 돌연변이는 활성형 GA_1의 양을 감소시키고 왜소 표현형을 발현시켜서 GA_1 농도와 이 종의 줄기 신장에 관한 인과관계를 보여준다.

주요 활성형 GA인 GA_4와 GA_1만이 2번 탄소에서 하이드록실화된다고 생각했으나 초기의 GA 전구체들도 2번 탄소에서 하이드록실화됨이 밝혀졌다. 이 과정으로 생성된 비활성형 GA는 이후의 대사과정을 더 거쳐도 활성형의 GA로 변환되지 못한다. 16번과 17번 탄소의 이중 결합을 산화시키는 효소 또한 GA의 비활성화에 기여한다. 이러한 에폭시화 반응은 13번 탄소에 OH가 결여된 GA_9와 GA_4

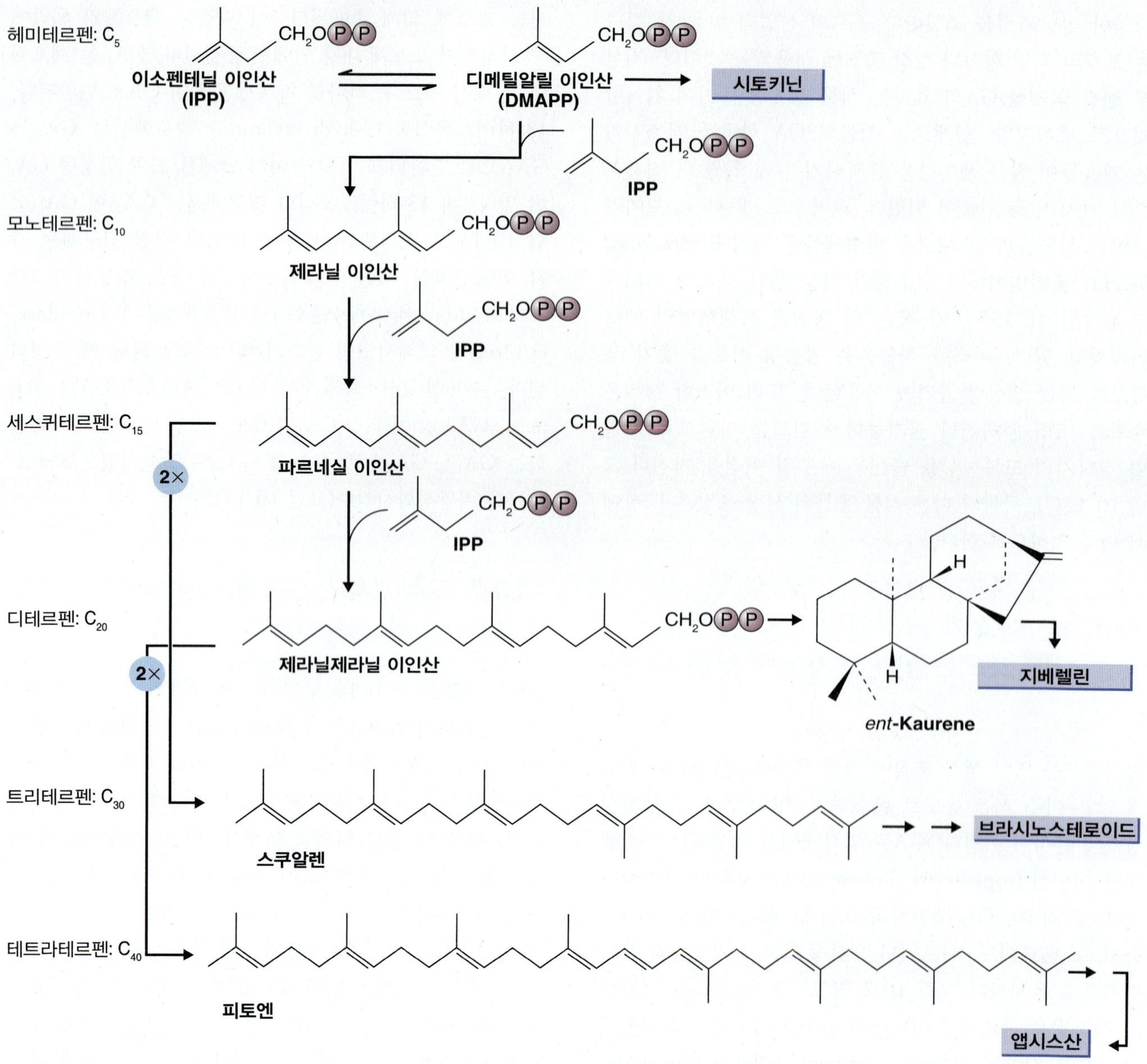

헤미테르펜: C_5
CH_2OPP
이소펜테닐 이인산
(IPP)
CH_2OPP
디메틸알릴 이인산
(DMAPP)
시토키닌
CH_2OPP
IPP
모노테르펜: C_{10}
CH_2OPP
제라닐 이인산
CH_2OPP
IPP
세스퀴테르펜: C_{15}
CH_2OPP
2×
파르네실 이인산
CH_2OPP
IPP
디테르펜: C_{20}
CH_2OPP
H
H
2×
제라닐제라닐 이인산
지베렐린
ent-Kaurene
트리테르펜: C_{30}
브라시노스테로이드
스쿠알렌
테트라테르펜: C_{40}
피토엔
앱시스산

그림 10.14 색소체에서 시토키닌, 지베렐린, 브라시노스테로이드, 앱시스산의 전체 또는 부분적인 합성을 유도하는 생합성 경로들의 개요

등에만 한정된다. GA_{53}, GA_{20}, GA_1과 같은 13-hydroxy GA들은 이러한 반응에 의해 비활성화 되지 않는다.

10.3.3 지베렐린 수용체 GID1은 수용성 단백질로 억제자 단백질들의 유비퀴틴화를 촉진시킨다

분자유전학적 방법에 의한 연구로 식물에서 GA 수용체와 전사 수준에서 GA가 조절하는 반응 기작들이 발견되었다. GA 수용체는 GA에 대한 반응성이 결여된 돌연변이 벼에서 처음 발견되었다. Gibberellin Insensitive Dwarf1 (GID1)으로 알려진 이 돌연변이의 해당 유전자는 ***GID1***이라 명명되었다. 벼에서는 오직 1개의 *GID1* 유전자가 존재한다. 분리된 GID1 단백질이 생물학적으로 활성형인 GA에 대하여는 높은 친화력을 가지나 비활성형인 GA_8과 GA_{34}에는 그렇지 않은 점은 이것이 GA 수용체라는 강력한 증거이다. *GID1*은 애기장대에서도 발견되나 이 종에서는 3개의 유사한 유전자들이 존재한다.

옥신의 인지와 신호전달의 경우에서와 마찬가지로 유비퀴틴-프로테아좀 시스템(UbPS)은 GA 신호전달 기작의

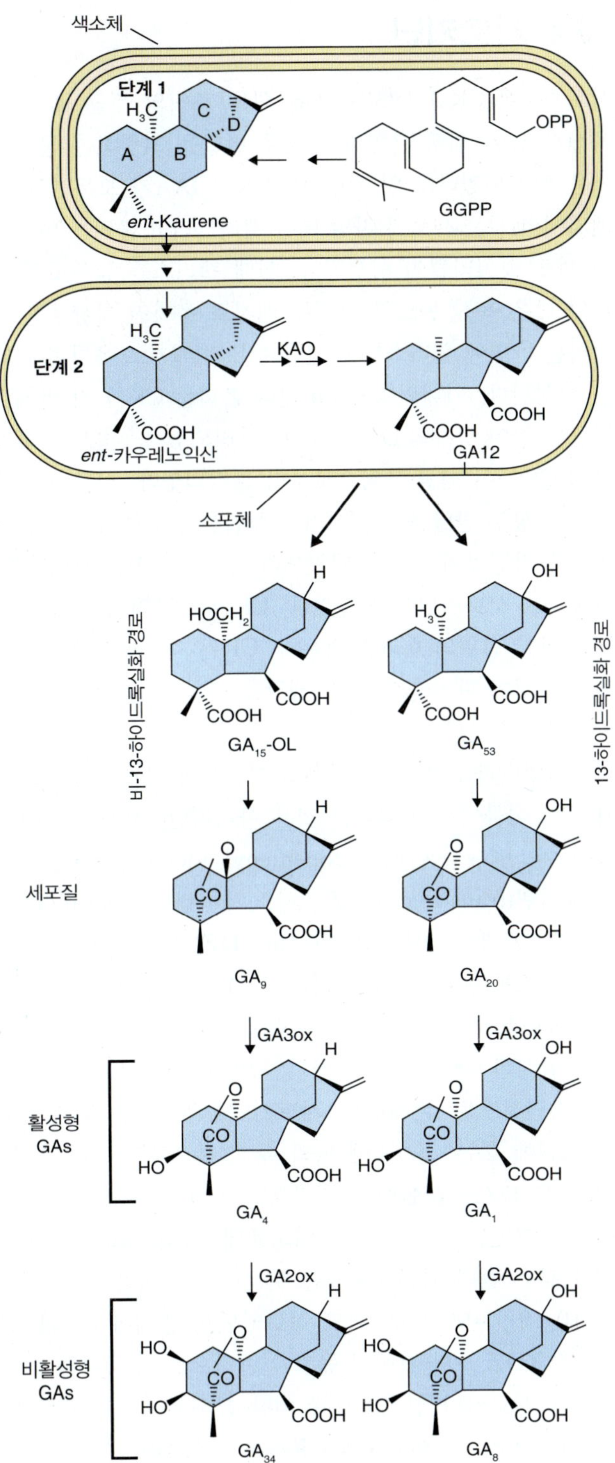

그림 10.15 지베렐린 생합성의 주요 대사 경로와 세포내 존재 위치. 13-하이드록실화 경로는 활성형 GA_1을 생산하고 비 13-하이드록실화 경로는 활성형 GA_4 · GGPP(geranylgeranyl pyrophosphate)를 생산한다; KAO, kaurenoic acid oxidase; PPO, pyrophosphate.

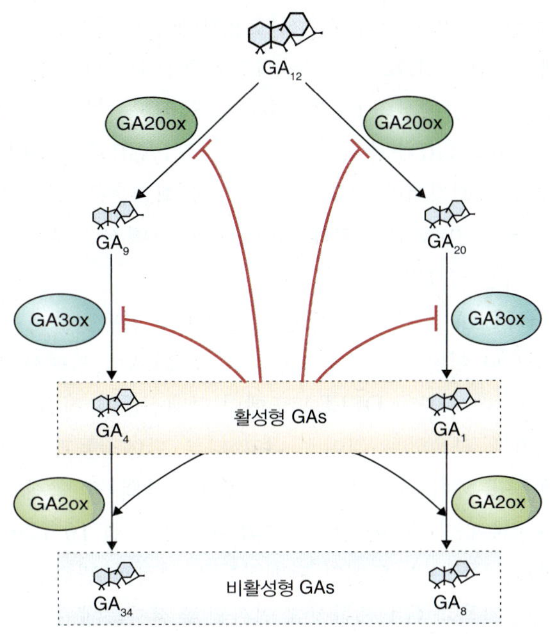

그림 10.16 활성형 지베렐린인 GA_4와 GA_1 생합성은 음성 되먹임(⊢)과 양성 되먹임(→) 기작에 의해 조절된다. 활성형 GA_4와 GA_1에 의한 GA20ox과 GA3ox의 효소활성의 감소적 조절은 음성 되먹임 기작의 예이다. 반면에 활성형 GA에 의한 비활성형 GA_{34}와 GA_8을 생성하는 GA2ox의 효소활성의 증가적 조절은 양성 되먹임 기작의 예이다.

키포인트 지베렐린은 곰팡이와 식물에서 만들어지는 다양한 그룹의 디테르펜에 속한다. 줄기 생장에 대한 극명한 GA의 효과가 처음에는 농업적인 관심을 받았으나 현재는 GA 반응의 감소를 유도하는 기작에 더 큰 관심을 가지고 있다. 예를 들면 짧은 줄기의 곡물들은 녹색혁명 주도의 핵심 요인들이었다. 비록 지금까지 130개 이상의 GA가 발견되었으나 GA_1과 GA_4와 같은 몇 가지 만이 생물학적인 활성을 보인다. 활성형의 GA 생합성은 음성 되먹임과 양성 되먹임의 조절을 받는 효소들에 의하여 섬세하게 조절되고 있다. 높은 농도의 활성형 GA_1과 GA_4는 음성 되먹임 억제에 의하여 그들의 생합성을 가져올 효소들의 생산을 억제하는 동시에 그들의 비활성화에 관여하는 효소들의 생산은 촉진시킨다. 이러한 음성 되먹임 억제와 양성 되먹임의 효소 유도의 조화는 GA의 순환을 빠르게 하고 지속된 호르몬 생성이 없을 때 GA 신호전달을 중지시키는 것을 확실하게 한다.

핵심 요소이다. 억제자 단백질의 분해를 유도하는 GID1 수용체를 통한 GA 신호전달의 기본 요소들이 그림 10.17에 기술되어 있다. 옥신 수용체인 TIR1의 경우와 다르게 GID1은 수용성의 핵 단백질이며 SCF E3 결합효소 복합체의 구성요소가 아니다. GA 신호전달에 관련된 F-box 단백질에는 벼의 GID2와 애기장대의 SLY1이 있다. 그러므로 GA 신호전달에서의 E3 결합효소는 $SCF^{SLY1/GID2}$이다. 활성형의 GA와 GID1 수용체 존재 시 SLY1/GID2는 **DELLA 도메인** 단백질이라 불리는 억제자 단백질들을 인식하고, 이는 유비퀴틴화와 프로테아좀에 의한 단백질 분해의 결과로 이어진다(그림 10.17).

DELLA 도메인 단백질들은 억제자 단백질들로 알려져 있으나 어떤 유전자들의 전사는 DELLA에 의해서 촉진되기도 한다. 또한 DELLA 도메인 단백질들은 직접적으로 억제자로 작용하는 것이 아니고 다른 단백질들과의 상호작용을 통하여 간접적으로 유전자의 억제와 탈 억제의 기능을 갖는다. 이러한 상호작용의 예들을 그림 10.17에 보여준다. DELLA 도메인 단백질들은 성장과 관련된 일련의 유전자들과 GA 생합성에 연관된 유전자들에 영향을 준다. GA에 대한 반응성 외에 DELLA 단백질들은 빛 또는 온도와 같은 비생물학적 요인들에 대한 다양한 식물의 반응을 매개한다고 알려져 있다. DELLA 도메인 단백질들은 **PIF**(phytochrome-interacting factor)들과 결합하여 GA와 빛에 의해 조절되는 유전자들의 전사를 조절한다(8장, 12장 참고). GA로 처리한 식물은 UbPS에 의한 DELLA 단백질의 분해가 일어나고 이로 인한 특정 유전자들의 억제 또는 촉진 현상은 변형된 생장과 발달(그림 10.13 참고), 곡물 호분에서 가수분해성 효소들의 생산과 분비(그림 6.32 참고), 휴면의 종결(6장, 17장 참고), 개화 유도(16장 참고)와 같은 다양한 형태의 GA 반응들이 촉진된다.

키포인트 지베렐린 반응성 유전자들은 GA에 의해 활성화되는 것들과 억제되는 것들의 두 그룹으로 나뉜다. GA 반응성 유전자들의 활성화와 비활성화는 전사 촉진 단백질 그룹과 DELLA 도메인 단백질과 같은 전사억제 단백질에 의해서 조절된다. GA 수용체인 GID1은 수용성의 핵 단백질로 GA와 결합하여 SCF^{SLY1} 복합체의 구성요소인 F-box 단백질 SLY1과 상호작용한다. SCF^{SLY1}/GID1/GA 복합체는 DELLA 도메인 단백질을 인식하고 결합하여 유비퀴틴화시키고 프로테아좀에 의한 분해를 유도한다. DELLA 단백질의 분해는 GA 반응성 유전자들의 전사를 유도한다.

10.4 시토키닌

시토키닌은(CKs) 1930년대에 식물 조직의 무균 배양 시 옥신과 같이 세포 분열과 지상부 발달을 지원하는 물질로 처음 발견되었다(그림 10.18). CK와 IAA가 모두 함유된 배지에서 식물 세포가 자랄 때는 캘러스라고 불리는 비분화된 세포 덩어리들이 형성된다. 이때 캘러스를 높은 CK 농도와 낮은 옥신 농도를 가지는 배지로 옮기면 지상부를 생성하는 반면에 캘러스를 옥신만 함유된 배지로 옮기면 뿌리가 형성된다. **키네틴(kinetin)**이라 불리는 CK가 첫 번째로 멸균된 청어 정자의 DNA로부터 분리되었다. 이후 여러 종류의 CK들이 식물 조직으로부터 분리되었다. 식물 조직배양은 지상부 발달을 촉진시키는 화합물을 선별하는 일반적인 생물검정법의 기반이 되었으며 여기서 활성을 보이는 화합물들을 시토키닌이라 불렀다. CK는 식물의 생장과 발달에 다양한 범위의 효과를 갖는다. CK는 지상부와 뿌리부의 기관 형성에 관여하고, 측아 생장을 제어하며, 노화와 종자 발아를 조절한다.

키네틴과 또 다른 합성 시토키닌인 벤질아데닌은(그림 10.19) 식물에서 합성되는 것은 아니지만, 현재까지 식물에서 이소펜테닐 아데닌(isopentenyl adenine, **iPA**), 트랜스-제아틴(trans-zeatin, **tZ**), 시스-제아틴(cis-zeatin, **cZ**), 디하이드로제아틴(dihydrozeatin, **DZ**)을 포함한 다양한 자연적 CK들이 분리되었다(그림 10.19). 디페닐유레아(Diphenylurea)의 예외적 경우를 제외하면 모든 자연적인 또는 합성된 CK들은 퓨린 염기인 아데닌의 유도체들이다.

자연적으로 존재하는 시토키닌들은 퓨린 부분의 6번 자리에 붙는 곁가지에 따라 두 그룹으로 나뉜다. iPA, tZ, cZ, DZ를 포함한 자연적으로 가장 풍부하게 존재하는 시토키닌들은 그 위치에 **이소펜테닐(isopentenyl)** 곁가지를 갖는 반면 다른 CK들은 아로마틱 그룹을 갖는다(그림 10.19). 이소프레노이드 시토키닌들 중에서 iPA와 tZ가 cZ나 DZ 보다 활성이 높고 일반적으로 더 풍부하게 존재하나 시토키닌 산화효소에 의한 분해에는 더 민감하다(10.4.2절 참고). 아로마틱 CK들은 이소프레노이드 CK에 비하여 덜 풍부하며 그 생리적 기능도 덜 알려져 있다.

10.4.1 시토키닌 생합성은 색소체에서 일어난다

그림 10.20은 tZ의 생합성을 보여준다. 이소펜테닐 결가지 구조의 디메틸알릴 이인산(DMAPP)으로부터 ATP 또

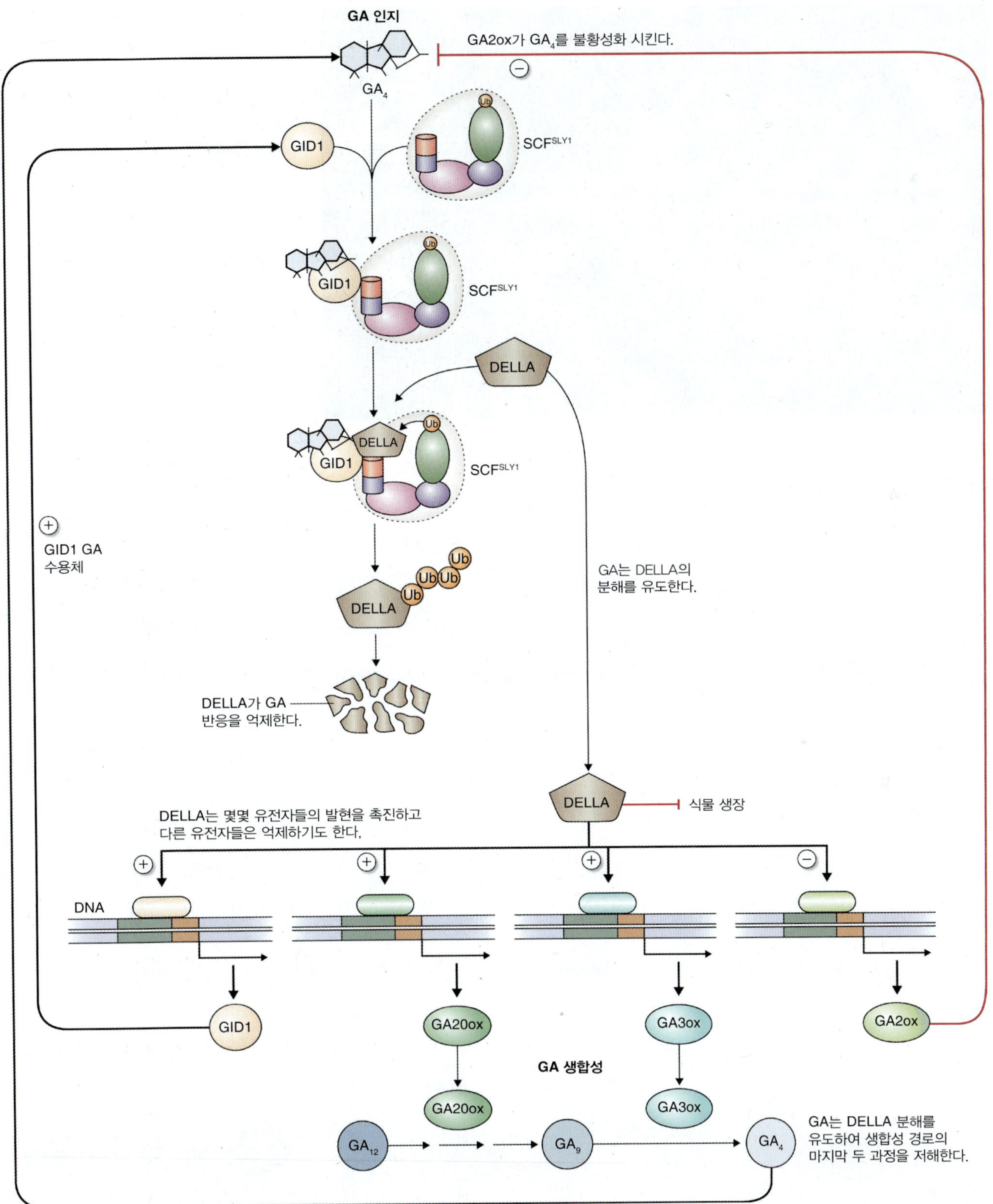

그림 10.17 GA 반응성 유전자들의 전사를 억제하는 DELLA 도메인 단백질들의 핵심적 역할을 보여주는 벼의 GA 신호전달 경로의 모델. DELLA 단백질들은 E3 결합효소 SCF^{SLY1}에 의해 유비퀴틴화 된 후 프로테아좀에 의해 분해된다. GA는 GA 수용체인 GID1에 부착된다. 호르몬-수용체 복합체는 이후 SCF^{SLY1}의 F-box 단백질인 SLY1과 상호 반응하여 DELLA 단백질과 결합하고 유비퀴틴화 시켜 이후 프로테아좀에 의한 분해를 유도한다. DELLA 단백질의 제거는 GA 반응성 유전자들의 전사를 진행시킨다. DELLA에 의해 증가적으로 조절되는 유전자들에는 GA의 인지와 (*GID1*) 생합성 (*GA20ox*, *GA3ox*)에 관여하는 유전자들이 포함된다. DELLA에 의해 감소적으로 조절되는 유전자의 예로는 *GA2ox*가 있다.

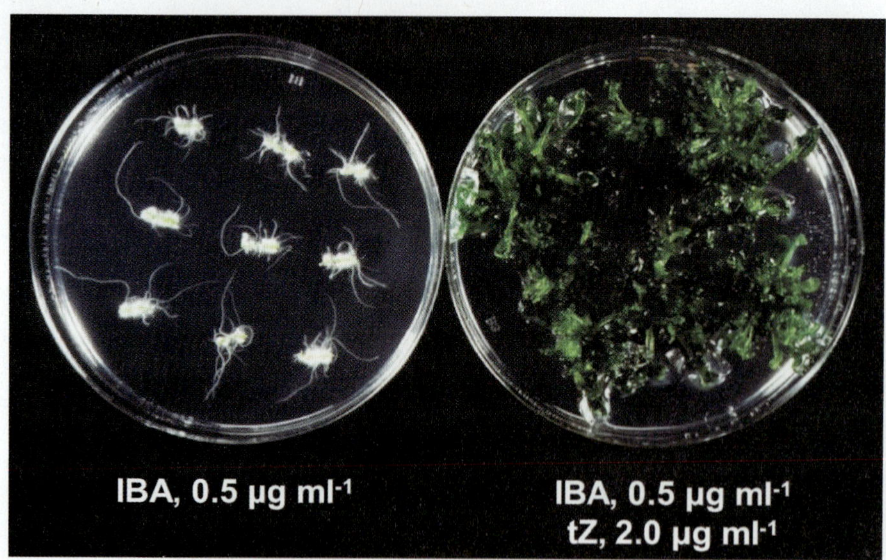

그림 10.18 애기장대 캘러스 조직에 의한 뿌리와 지상부 생성. 옥신, 인돌 부틸산(IBA)이 함유된 배지에 계대배양한 캘러스는 뿌리만 생성한다(왼쪽); 그러나 IBA 대비 높은 비율의 트랜스-제아틴(tZ) 시토키닌이 첨가된 배지에서는 지상부를 생성한다(오른쪽).

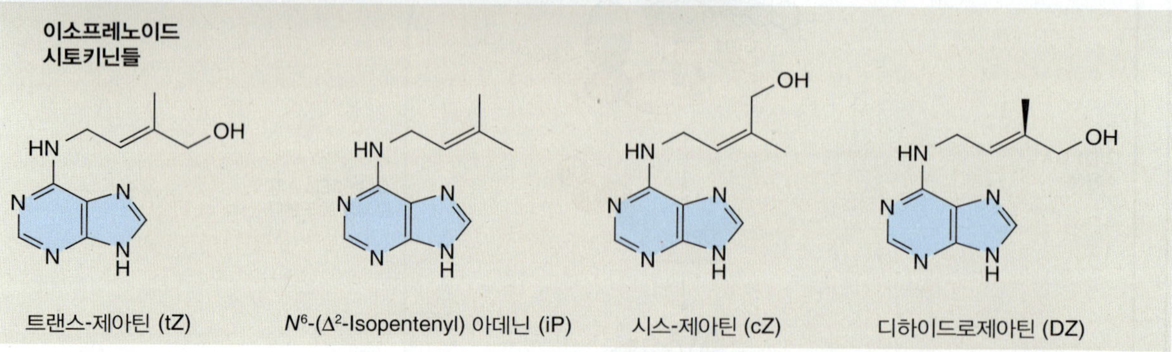

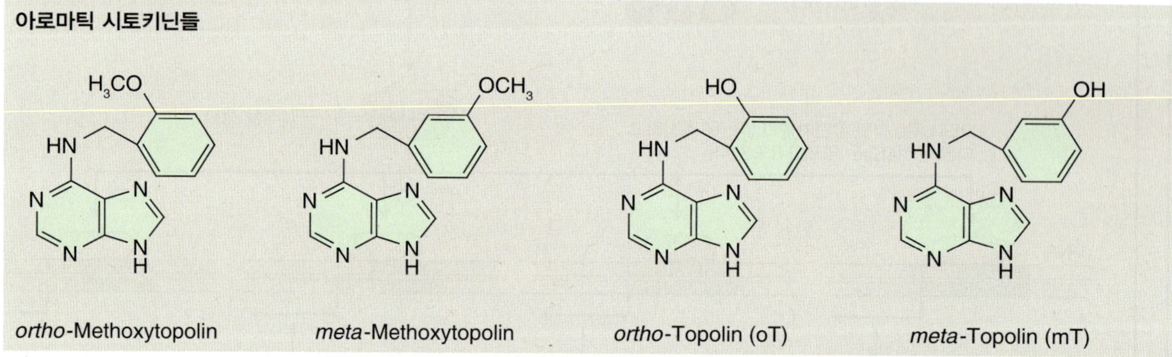

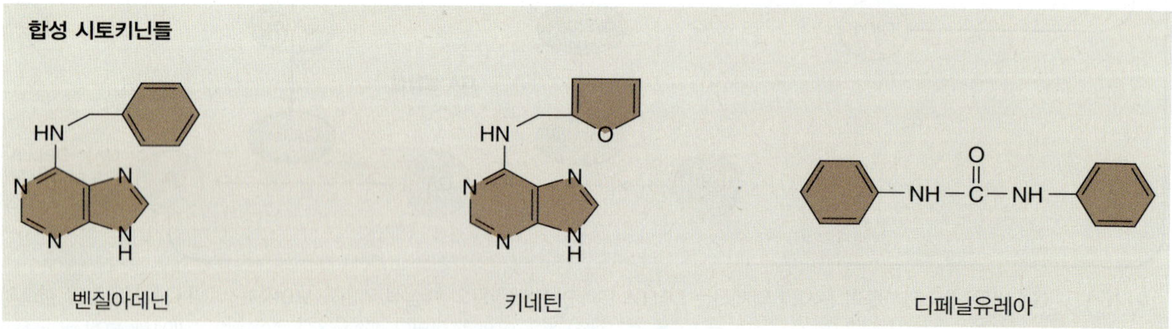

그림 10.19 자연적 또는 합성 시토키닌의 구조들. 자연적 시토키닌은 퓨린 염기 아데닌의 6번 자리에 붙는 곁가지에 따라 이소프레노이드 시토키닌과 아로마틱 시토키닌의 두 그룹으로 나뉜다. 벤질아데닌과 같은 합성 시토키닌은 6번 자리가 치환된 구조이지만 디페닐유레아는 퓨린 고리 구조를 가지고 있지 않다.

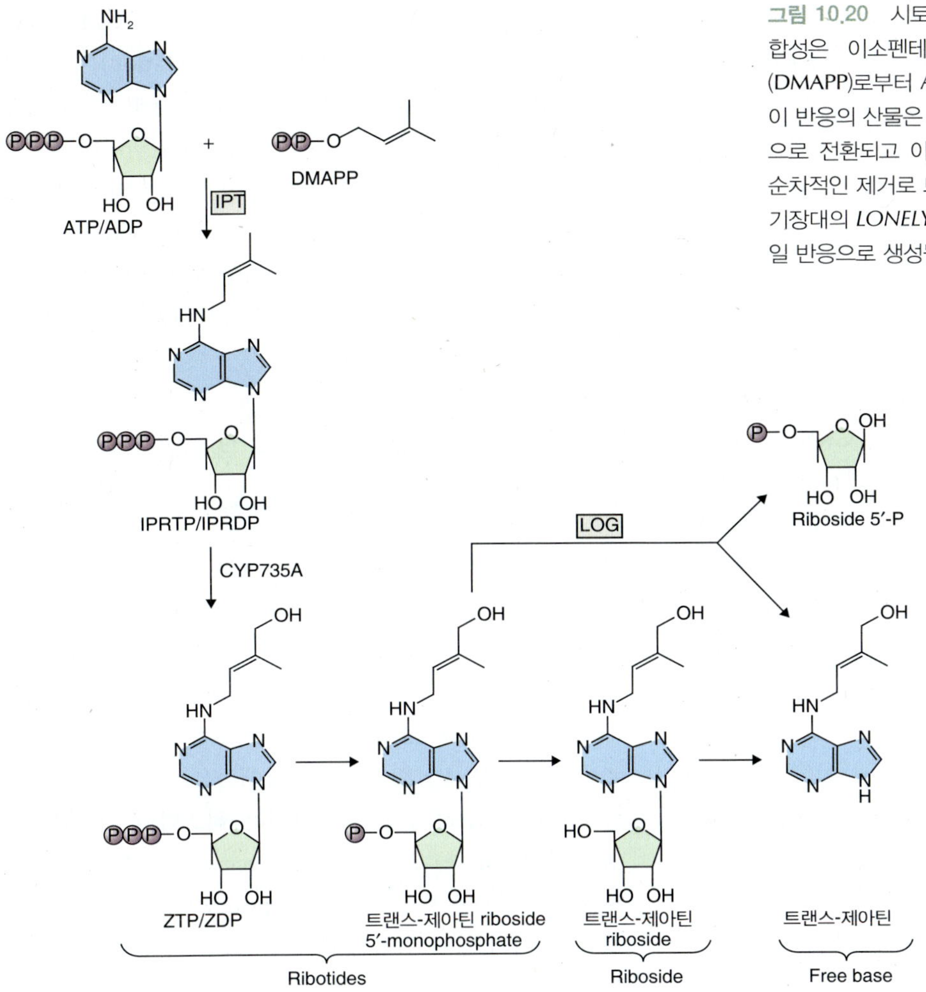

그림 10.20 시토키닌 생합성 경로의 주요 과정들. CK 생합성은 이소펜테닐 곁가지 구조의 디메틸알릴 이인산(DMAPP)로부터 ATP 또는 ADP로의 전달과 함께 시작한다. 이 반응의 산물은 시토크롬 P450 효소에 의해 제아틴 3인산으로 전환되고 이후에 2개의 추가적인 인산기와 리보스의 순차적인 제거로 트랜스-제아틴이 된다. 트랜스-제아틴은 애기장대의 *LONELY GUY* 유전자의 산물인 LOG의 촉매로 단일 반응으로 생성될 수도 있다.

는 ADP로의 전달은 **이소펜테닐 전이효소(IPT, isopentenyl transferase)**에 의해 촉매된다. tZ 생합성의 이 과정은 DMAPP가 색소체에서 만들어지기 때문에 색소체에서 일어나며(그림 10.14 참고) IPT도 색소체에 존재한다. IPT 유전자는 작은 유전자군으로 이루어져 있다(애기장대는 CK 생합성에 관여하는 7개의 유전자가 있다). IPT 유전자의 돌연변이들은 변형된 가지 분지, 과다 뿌리 생장, iPA와 tZ 양 감소와 같은 표현형을 생산한다. 몇몇 IPT 유전자의 발현은 CK에 의해 감소적으로 조절되어 CK 생합성은 GA 생합성 대사 경로에서 밝혀진 바와 유사한 피드백 조절 고리의 영향하에 있다. 식물 조직에서 IPT 유전자의 발현 양상은 CK 생합성이 발달 중인 종자 뿐만 아니라 지상부와 뿌리부의 정단에서도 일어남을 제시한다.

시토크롬 P450 일산소첨가효소(cytochrome P450 monooxygenase, **CYP**) 그룹의 효소에 의한 이소펜테닐 곁가지 구조의 하이드록실화이다. 이 반응들은 대부분 소포체의 막에서 이루어지며 다른 호르몬들에 의해서도 조절이 되는데 이는 CYP가 다른 다양한 호르몬 관련 경로들의 상호작용의 매개점 임을 암시한다. 예를 들어 CK는 *CYP* 유전자들을 증가적으로 조절하는 반면 IAA와 ABA는 그 발현을 감소시킨다. CK는 자유 염기 상태일 때만 생물학적으로 활성형이다. Ribotide(trans-zeatin riboside-5′-monophosphate)로부터 자유 염기 상태로의 변환은 일단계 과정 반응 또는 이단계 과정 반응을 통해 완성한다. 자유 염기 형성의 일단계 과정 반응은 ribotide로부터 인산화된 리보스를 제거하고 tZ를 방출하게 되는데 이 반응은 애기장대의 *LONELY GUY* 유전자 산물로 촉매된다. 이단계 과정 반응은 ribotide에서 인산가수분해효소(phosphohydrolase)에 의한 인산기의 가수분해로 riboside를 생성한 후 뉴클레오시드 분해효소(nucleosidase)에 의한 리보스의 제거가 뒤따르게 된다(그림 10.20).

CK가 tRNA의 가수분해로 생성될 수 있다는 가능성은 광범위하게 조사되었다. 식물과 동물에서는 이소펜테닐 곁가지를 tRNA의 특정한 아데닌 잔기에 전달해 줄 수 있는 특별한 IPT의 활성이 발견되었다. 또한 정제된 tRNA를 가수분해할 때 방출되는 CK는 생물학적인 활성을 가짐도 보여졌다. 그러나 tRNA가 생체 내 호르몬 총량에 생리적으로 의미있는 만큼의 CK를 보충하는가는 아직 밝혀지지 않았다.

10.4.2 시토키닌의 분해에는 두 가지 경로가 있다

지금까지 소개된 다른 호르몬처럼, 신호전달물질로서의 기능을 위해 시토키닌의 분해 조절은 중요하다. CK의 이화대사에는 2개의 기본적인 경로가 존재한다. 첫 번째는 FAD 산화 환원 효소(oxidoreductase)인 **CKK(cytokinin oxidase, 시토키닌 산화효소)**에 의한 산화로 이는 CK의 이소펜테닐 곁가지를 잘라내고 아데닌과 3-메틸부테날(3-methylbutenal)을 방출시킨다(그림 10.21A). CKK의 발현량에 자연변이가 있는 벼를 이용한 실험은 CKK 활성의 감소가 발달에 영향을 미친다는 증거를 보여준다. CKK 발현이 감소된 벼는 훨씬 더 큰 이삭 크기를 보여 결과적으로 생산량이 늘게 된다(그림 10.21B).

CK는 또한 설탕과 아미노산의 추가로 인한 불활성화가 가능하다. 글루코실화(glucosylation)는 아데닌 잔기의 N-6 또는 N-7 위치나 이소펜테닐 곁가지의 OH 그룹에 발생할 수 있다. N-글루코실화(N-glucosylation)는 비가역적으로 CK의 불활성화를 가져오나 O-글루코실화(O-glucosylation)는 가역적이다. N-9 위치에는 알라닌이 첨가될 수 있고 이 반응 또한 가역적이다. 설탕이나 아미노산 추가를 통한 CK의 가역적 변형은 이러한 변형된 CK들이 액포에 존재한다는 사실로 보건 데 저장을 위한 중요한 기작으로 여겨진다. 자유 CK는 종자 발아 시기와 같은 조건에서 저장된 형태로부터 방출된다.

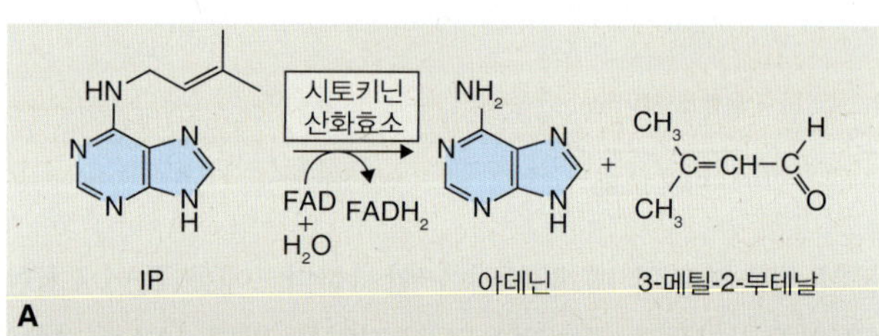

그림 10.21 (A) 시토키닌 산화효소는 플라빈을 가지는 산화효소로써 이소펜테닐아데닌(IP)을 포함한 많은 CK들을 비가역적으로 분해한다. (B) 야생형의 벼(*Oryza sativa*)(왼쪽)와 시토키닌 산화효소가 감소된 돌연변이 벼(오른쪽). 돌연변이 벼는 큰 사이즈의 이삭과 그에 따른 증대된 생산량을 보임에 주목한다.

10.4.3 시토키닌 수용체는 박테리아의 2개-인자 히스티딘 인산화효소와 연관성이 있다

분자 유전학적 접근법들은 어떻게 CK들이 세포 수준에서 발달 단계에 영향을 주는가에 대한 포괄적인 모델을 제시하였으나 몇몇 부분들은 아직 더 연구가 진행되어야 한다. CK 수용체는 **박테리아의 2개-인자 히스티딘 인산화효소(two-component histidine kinase)** 그룹의 수용체들과 연관이 있다(그림 10.22A). 이 수용체들은 입력(input)과 전달자(transmitter) 도메인을 가지는 **히스티딘 인산화효소(histidine kinase) 센서**와 수용자(receiver)와 출력(output) 도메인을 가지는 **반응 조절자(response regulator)**로 구성된다. 센서의 입력 도메인에 대한 리간드의 결합은 전달자 도메인의 활성화와 히스티딘 잔기의 자가인산화를 유도한다. 그 후 센서는 반응 조절자의 아스파라긴산 잔기에 인산기를 전달하게 되고, 박테리아에서는 이 과정에 의해 전사 활성화가 일어나게 된다.

식물에서 CK 수용체는 조금 더 복잡하여 **인산기 전달 2개-인자 시스템(phosphorelay two-component system)**이라고 불린다(그림 10.22B). 이 경우에는 하이브리드 센서라는 것이 히스티딘 영역을 가지는 센서 도메인과 아스파라긴산 영역을 가지는 리시버 도메인을 함께 가진다. 자가인산화에 이어 센서는 인산기를 애기장대에서 **AHP**라 불리는 히스티딘 인산기전달 단백질(histidine phosphotransfer protein, Hpt)에 전달하고 그 후 **ARR(*Arabidopsis* response regulator)**이라 불리는 반응 조절자의 아스파라긴산 위치에 전달된다. 그림 10.23은 CK 신호전달의 기본적 개요를 보여준다. 애기장대에서는 3종류의 CK 수용체가 분리되었다: CRE1(Cytokinin Receptor1), AHK2(*Arabidopsis* Hybrid sensor Kinase2), AHK3. CK 수용체는 막 관통 도메인을 가지며 이합체로 기능한다. 이 수용체는 생체막에 존재하는 것으로 사료되었으나 최근의 증거

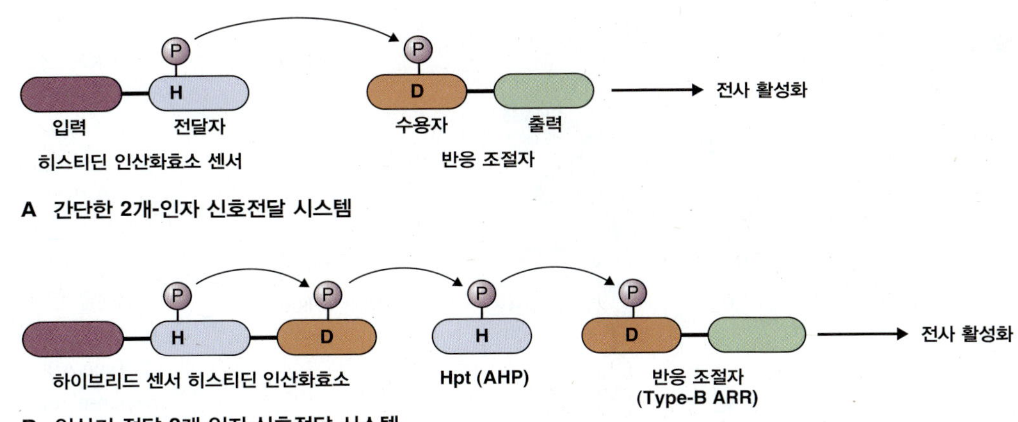

그림 10.22 단순형 또는 복잡형 2개-인자 시스템의 모델들. (A) 단순형 2개-인자 시스템에서는 히스티딘 인산화효소가 신호에 반응하여 전달자 도메인의 히스티딘(His, H) 잔기에 자가인산화가 일어난다. 이 인산기 그룹은 반응 조절자의 수용자 도메인의 아스파라긴산(Asp, D) 잔기에 전달된다. (B) 복잡형 인산기 전달 모델에서는 히스티딘 인산화효소 수용체가 센서와 수용자 도메인 모두를 가지며 이들은 순차적으로 인산화된다. 그 후 인산기는 히스티딘 인산화효소로부터 히스티딘 인산기전달효소(Hpt, 애기장대에서의 AHP)로 전달되고 최종적으로 반응 조절자인 ARR(*Arabidopsis* response regulator)로 이동된다.

들은 소포체에서의 존재 가능성을 보여준다. CK가 수용체와 결합한 후 인산기가 수용체로부터 세포질에 존재하는 많은 AHP들 중 하나로 전달된다. 애기장대에서는 최소한 5개의 검증된 AHP 유전자가 발견되었고 하나 또는 그 이상의 유전자의 결실이 CK에 대한 반응을 완전히 제거하지 못한다는 사실에 근거해 볼 때 이들 유전자는 중복된 기능을 가지는 것으로 여겨진다. 반면에 삼중 또는 사중의 돌연변이체들은 CK에 대하여 훨씬 더 줄어든 반응을 보이는 것으로 볼 때 히스티딘 인산기전달 단백질들은 서로 부가적으로 기능한다고 볼 수 있다.

AHP들은 그들의 인산기를 각각 세포의 CK에 대한 부분적 반응들을 조절하는 2개의 잠정적인 표적인 Type A와 Type B의 ARR들에 전달하게 되고 이러한 인산기 전달에 의해 ARR들이 활성화되고 안정화된다. 애기장대에서는 11개의 Type B ARR들이 밝혀졌으며 이들은 모두 CK의 항상성, 지상부와 뿌리부 발달, 세포 신장과 노화 등을 조절하는 전사적 활성화 단백질들이다. Type B ARR들은 또한 Type A ARR들의 전사 조절에도 관여한다.

인산화된 Type A ARR들은 AHP에 의하여 자가인산화가 음성적으로 조절되어 음성 되먹임 고리를 형성한다. Type A ARR들은 애기장대에서 10개의 유전자로 구성되며 이들의 기능 소실 돌연변이체 연구는 이 중 8개가 CK 신호전달을 음성적으로 조절하나 아직 그 기능에 대한 정확한 기작은 알려지지 않았다. 애기장대 Type A ARR3, 4, 5, 6, 8, 9 유전자의 돌연변이들은 CK에 의한 일차적 반응 유전자들에 대한 증가된 발현을 보여 이들 6개 ARR들은 CK 신호전달을 억제하는 기능을 가지고 있을 것을 암시한다. 적어도 2개의 Type A ARR들은 특별히 일주기성 리듬과 파이토크롬 기능과 관련된 CK 신호전달을 양성적으로 조절하는 것으로 보인다.

CRF(**Cytokinin response factor**)들은 세포에서 CK 신호를 전달하는 또 하나의 단백질 그룹이다(그림 10.23). 애기장대에는 6개의 *CRF* 유전자들이 존재하고 그중 3개의 발현은 Type B ARRs에 의해 증가된다. CRF들은 CK 처리 후에 핵에 축적된다. 유전자 발현의 측정은 CRF가 기능하기 위해 핵에 존재하는 것이 필수적임을 보여주며, 이 유

키포인트 시토키닌은 세포 분열의 조절 뿐만 아니라 측아발달, 노화, 종자 발아와 같은 다양한 발달 과정에 관여한다. 대부분의 CK들은 퓨린기의 6번 탄소에 이소펜테닐 그룹을 가지는 아데닌 변형체들이다. 다른 모든 호르몬들처럼 그 합성과 분해가 설탕이나 아미노산의 결합에 의한 가역적 불활성화와 시토키닌 산화효소에 의한 비가역적 불활성화를 포함한 기작들에 의해 미세하게 조절된다. CK 수용체는 막에 존재하는 인산기 전달 단백질들이다. 수용체는 인산기 전달을 개시하여 수용체에 있는 인산기가 인산기전달(phosphotransfer) 단백질로 이동하고 그 후 이 인산기는 ARR이라 불리는 2개의 반응 조절자 그룹 중 하나로 이동하게 된다. 인산화된 Type A ARR들은 Type B ARR을 암호화하는 유전자를 포함한 시토키닌 반응성 유전자들의 전사를 유도한다. Type B ARR들은 그 후 그 자신에 의해 유도되는 시토키닌 의존성 반응들을 촉진시킬 뿐만 아니라 Type A ARR들에 의해 유도되는 전사의 피드백 억제를 야기한다.

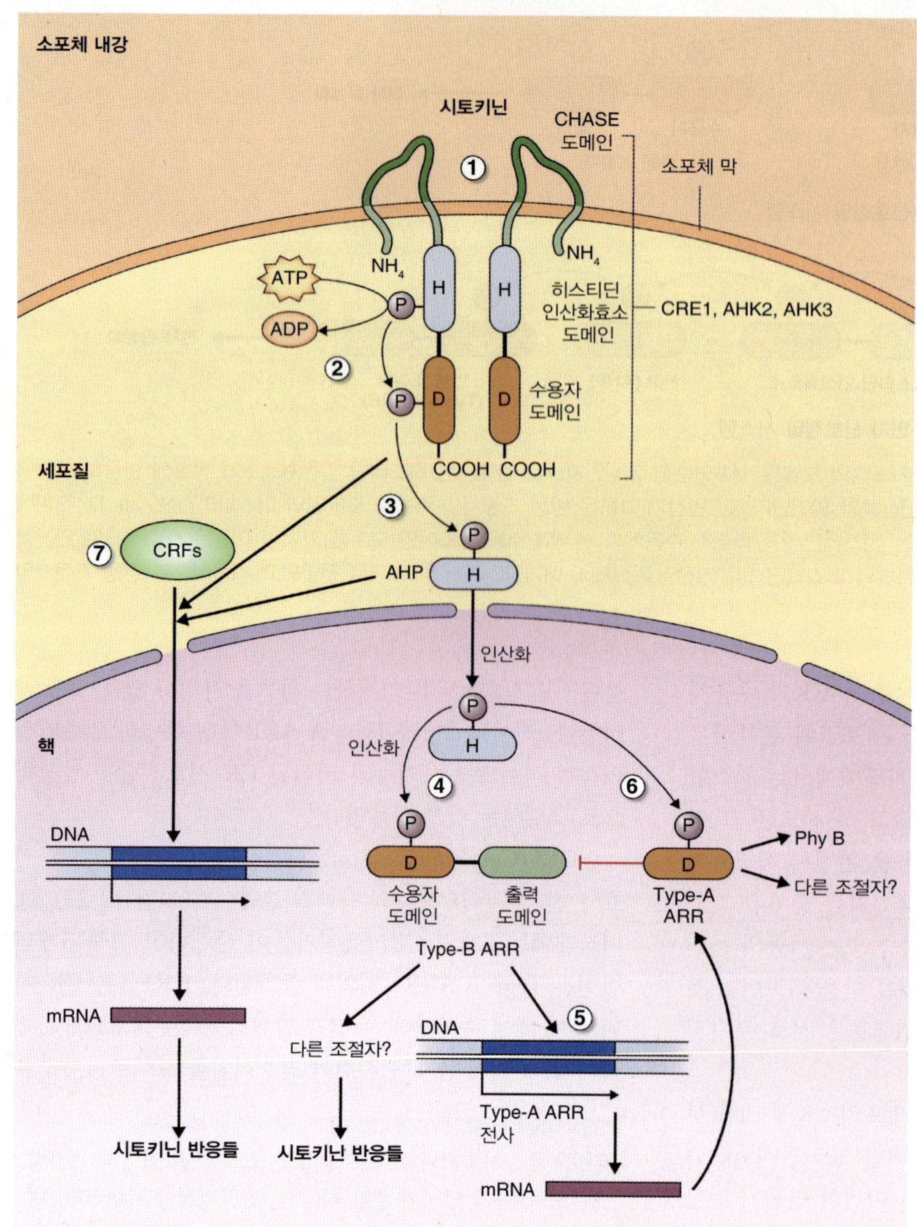

그림 10.23 시토키닌 신호전달 경로. (1) CK가 소포체에 존재하는 수용체(CRE1, AHK2, AHK3)의 CHASE 도메인에 부착되면 수용체의 히스티딘 인산화효소 도메인을 활성화시키게 된다. (2) 인산기가 CRE1의 히스티딘 인산화효소 도메인으로부터 수용자 도메인으로 전달된 후 (3) 다시 히스티딘 인산기전달 단백질(AHP)로 전달된다. (4, 6) AHP는 핵으로 이동하여 그 인산기를 Type-A와 Type-B *ARR*(*Arabidopsis* response regulator)에 전달한다. Type-B ARR의 인산화는 (5) Type-A **ARR** 유전자의 전사로 이어지며 ARR들은 다양한 CK 반응들을 유도한다. (7) CRF(cytokinin response factor)들은 또한 CRE1이나 AHP에 의해 활성화될 수 있다. 활성화된 CRF들은 핵으로 이동하고 시토키닌 반응성 유전자들의 전사를 촉발시킨다.

전자들의 결실은 많은 수의 CK 의존성 유전자들의 발현 감소를 유발한다.

10.5 에틸렌

식물의 생장과 발달의 조절에 대한 에틸렌의 기능의 발견은 20세기 초반에 자연적인 에틸렌 기체를 방출하는 가스등 근처에서 자라는 가로수들이 조기에 잎들을 떨어뜨리는 현상이 관찰되면서 부터였다. 식물이 에틸렌을 생산한다는 사실은 1930년 중반에 이미 알려졌으나 가스 크로마토그래피와 낮은 농도의 에틸렌을 측정하는 기술이 도래하기 전까지 식물학자들은 에틸렌이 식물 발달의 내부 조절물질이라는 사실을 인지하지 못했다.

에틸렌은 식물 발달의 다양한 측면에 영향을 끼친다. 잎과 다른 기관들의 탈리 시의 작용 외에 에틸렌은 과일 성숙과 종자 발아를 촉진하고 세포 신장에 영향을 미친다(12장, 18장 참고). 에틸렌 처리에 대한 세포 신장의 변화는 19세기 중반에 기술되었고 이 현상은 현재 **삼중 반응**(**triple response**)이라고 알려져 있다(그림 10.24). 유식물의 이 반응들은 지상부의 구부러짐과 비대화 그리고 정단 훅(apical hook)의 말림을 포함한다. 삼중 반응은 에틸렌에 대한 식물 반응의 진단 척도로 사용되어 에틸렌 신호 전달 경로에서 돌연변이를 선별하는 중요한 표현형이 된다.

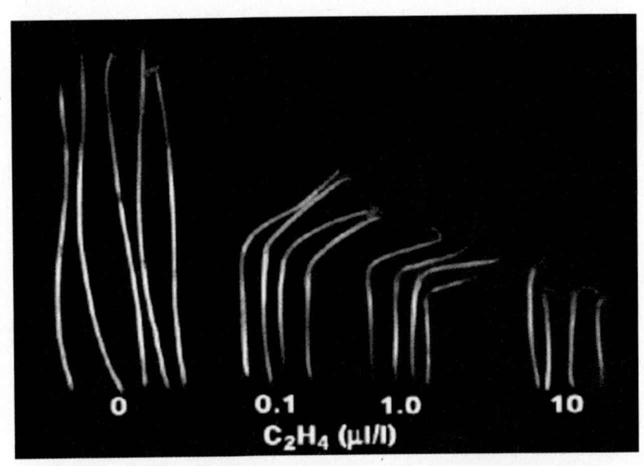

A

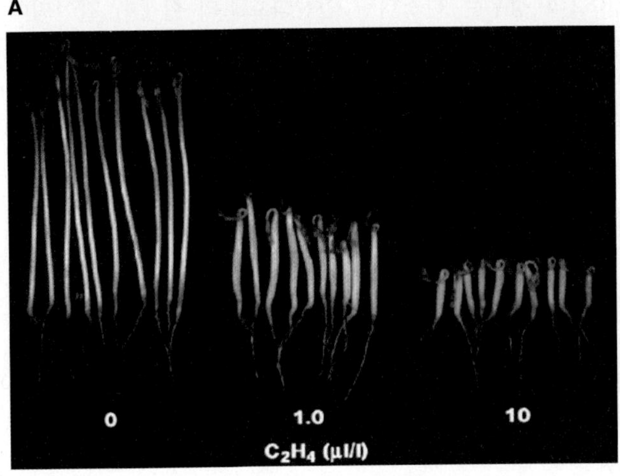

B

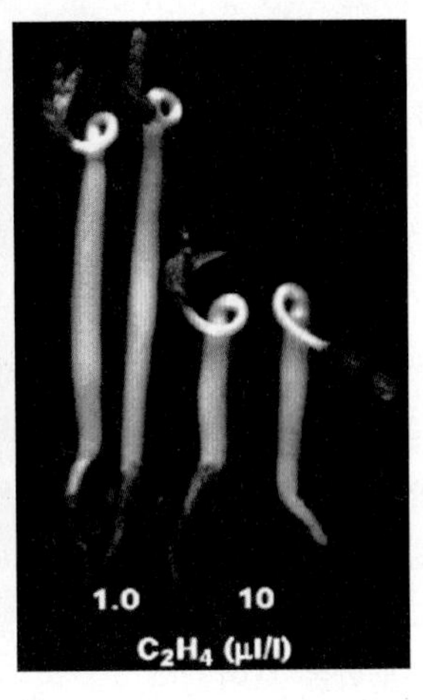

C

그림 10.24 에틸렌에 노출된 암소에서 키운 완두(*Pisum sativum*)와 녹두(*Vigna radiata*) 유식물의 삼중 반응. (A) 대조구 완두 유식물과 (0) 다른 에틸렌 농도를 처리한 완두 유식물들. 에틸렌이 처리된 식물들은 짧고 두꺼운 상배축을 가지며 중간 정도 농도의 에틸렌 처리시 상배축이 수평적으로 자란다. (B, C) 에틸렌을 처리한 녹두 유식물은 전형적인 삼중 반응을 보인다; 하배축과 뿌리 신장의 저해, 하배축 두께의 증가, 정단 훅의 과도한 말림 현상들.

10.5.1 간단한 기체인 에틸렌은 메티오닌으로부터 세 단계의 반응을 거쳐 생성된다

에틸렌은 실험식이 C_2H_4인 간단한 기체성 불포화 탄화수소이다(그림 10.1 참고). 에틸렌은 대부분의 식물 조직에서 합성되나 특별히 상처나 다른 스트레스 요인들에 의해, 그리고 과일의 성숙과 노화, 탈리의 시기에 그 합성이 증가된다(18장 참고). 성숙 중인 모든 과일들이 많은 양의 에틸렌을 방출하는 것은 아니며, 실제로 이러한 현상은 **급등형**(**climacteric**) 과일들에만 한정된 현상이다. 성숙기에 이러한 과일들은 호흡이 갑자기 증가하는 **호흡 급등형**(**respiratory climacteric**) 과정을 거치며 이는 에틸렌에 의해 촉진된다. 호흡 급등형 과일의 예들은 표 18.2가 보여준다. 북미나 유럽 지역의 나라들로 수입되는 바나나, 망고, 파파야와 같은 열대성 과일들은 대부분 급등형 과일이며 열대 지방으로부터의 운송 중에 과하게 익을 수 있다. 아래에서 논의하듯이 특별히 에틸렌에 초점을 맞춘 과일 성숙의 지연 방법에 대한 연구들이 많이 진행되어 왔다.

에틸렌은 메티오닌으로부터 세 단계의 효소반응에 의해 합성된다: **아데노실 메티오닌 합성효소**(**adenosyl methionine synthetase**)는 메티오닌으로부터 S-아데노실 메티오닌(S-adenosyl methionine, **SAM**)을 생산한다, **ACC 합성효소**(ACC synthase, **ACS**)는 **ACC**(1-aminocyclopropane-1-carboylic acid)를 생산한다, **ACC 산화효소**(**ACO, ACC oxidase**)는 ACC로부터 CO_2와 HCN 뿐만 아니라 에틸렌도 생산하게 된다(그림 10.25). ACC 합성효소와 ACC 산화효소는 생체 내에서 고도로 조절되는 효소들이다. ACS 유전자들의 발현은 옥신, 과일 성숙, 상처 및 침수를 포함하는 몇몇 비생물적 스트레스 등에 의해 촉진되고, ACO 유전자들은 성숙 중인 급등형 과일에서 강하게 증가된 발현을 보인다.

*ACS*와 *ACO*들은 다유전자 그룹으로 구성된다. 토마토는 적어도 10개의 *ACS* 유전자를 가지며 이들은 그 유전자 발현이 옥신, 과일 성숙, 상처, 비생물적 스트레스 등에

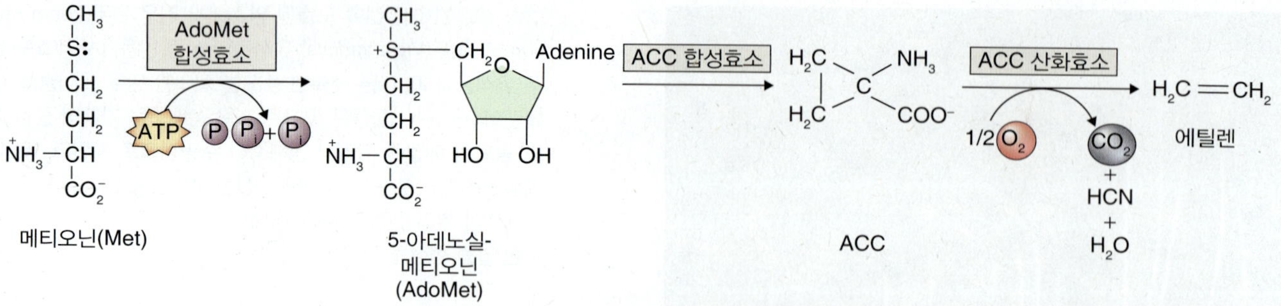

그림 10.25 아미노산 메티오닌으로부터 에틸렌의 생합성. ACC, 1 aminocyclopropane-1-carboxylic acid.

서 조절이 되는가에 따라 몇가지 그룹으로 나뉜다. ACS 활성은 또한 그 단백질 안정성의 변화를 통한 조절이 가능한데, 예를 들어 단백질의 카르복실 쪽의 인산화는 26S 프로테아좀에 의한 분해를 감소시키게 된다.

일반적으로 주요 식물 호르몬들의 분해에는 특별한 기작이 존재하나 에틸렌은 예외적이다. 에틸렌은 합성 후 바로 그 장소에서 확산이 되기에 그 분해에 특별한 이화 반응들이 요구되지 않는다. 식물의 조직들에서는 에틸렌을 분해할 수 있는 이화 반응들이 발견은 되고 있으나 이 반응들의 저해는 에틸렌에 대한 조직의 반응에 영향을 주지는 않는다. 이러한 실험들은 에틸렌 농도 항상성에 이화작용이 중요하지 않다는 결론을 뒷받침하며 그보다는 생성 장소로부터의 기체 확산이 신호의 제거에 충분함을 보여준다.

10.5.2 에틸렌 수용체는 히스티딘 인산화효소 반응 조절자의 일부 특징을 가지고 있다

에틸렌 수용체는 애기장대에서 그 기체에 대한 불감성의 돌연변이 선별로 발견되었다. 이렇게 선별된 돌연변이는 에틸렌의 존재에도 삼중 반응을 보이지 않고 정상적으로 성장하였으며, *etr1*(*ethylene response*1, 그림 10.26)이라고 명명되었다. 돌연변이 *etr1* 유전자의 분리와 염기서열 결정은 이것이 박테리아의 히스티딘 인산화효소 2개-인자 반응 조절자와 유사함을 보여주었다. 이것은 식물에서 이러한 유형의 호르몬 수용체로서 최초의 발견이었고 현재는 CK 수용체 또한 이런 종류의 수용체임을 알고 있다(그림 10.22, 10.23 참고). 다른 에틸렌 수용체로서는 ***ETR1***, ***ETR2***, ***EIN4***(ethylene insensitive4)와 이것들과 유사한 ***ERS2***(ethylene response sensor2)가 발견되었다. 이 모든 에틸렌 수용체들은 아미노 말단에 에틸렌과 결합하는 막 관통 영역을 가지며 카르복실 쪽의 절반 부분에 히스티딘 인산화효소 도메인을 가진다. ETR1과 ERS1은 기능적인 히스티딘 인산화효소 도메인을 가지는 반면 EIN4, ETR2, ERS2의 경우는 히스티딘 인산화효소의 활성이 결여되어 있다.

애기장대에서 에틸렌 수용체들은 서로 상호작용하여 큰 단백질 복합체로 소포체의 막에 위치한다. 기능적 에틸렌 수용체는 **구리**(**cooper**)의 결합을 필요로 한다. 에틸렌 부재 시 에틸렌 수용체들은 에틸렌 반응 경로를 억제한다. 에틸렌이 수용체에 결합하였을 때는 수용체가 불활성화되어 더 이상 에틸렌 반응 경로의 억제가 이루어지지 않게 된다. 요약하자면 에틸렌 부재 시 에틸렌 수용체는 '켜진' 상태이고 에틸렌 존재 시에는 '꺼진' 상태이다.

10.5.3 MAP 인산화효소와 유사한 단백질들이 수용체로부터 표적 단백질까지 에틸렌 신호를 전달한다

MAP 인산화효소(mitogen-activated protein kinase, **MAP kinase**)들은 고도로 보존된 진핵 단백질군 중의 하나로 생체막의 수용체, 단백질 인산화효소, GTPase들로부터 세포 내의 표적에 이르기까지 연쇄적인 신호전달을 매개한다. 수용체로부터의 신호는 수명이 짧을지라도 MAP 인산화효소들을 통한 연쇄적 인산화 반응은 이 단백질군에 속하는 다른 많은 유사 단백질들에 의하여 세포 전체에 거쳐 오래 지속되고 광범위하게 작용한다. MAP 인산화효소는 세린/트레오닌 단백질 인산화효소로 애기장대에는 90개의 유전자가 이 그룹의 단백질을 암호화한다. MAP 인산화효소들은 순서적으로 작동하는 기능적으로 구분이 가능한 3개의 그룹으로 나뉜다. **MAPKKK**(MAP kinase kinase kinase, 애기장대에 60개의 유전자 존재)는 에틸렌 신호전달의 RAF 유사 인산화효소(RAF-like kinase)인 CTR1과 같은 상위의 인산화효소에 의해 인산화된다. 그 후 MAPKKK는 **MAPKK**(MAP kinase kinase, 애기장대는 10개의 유전

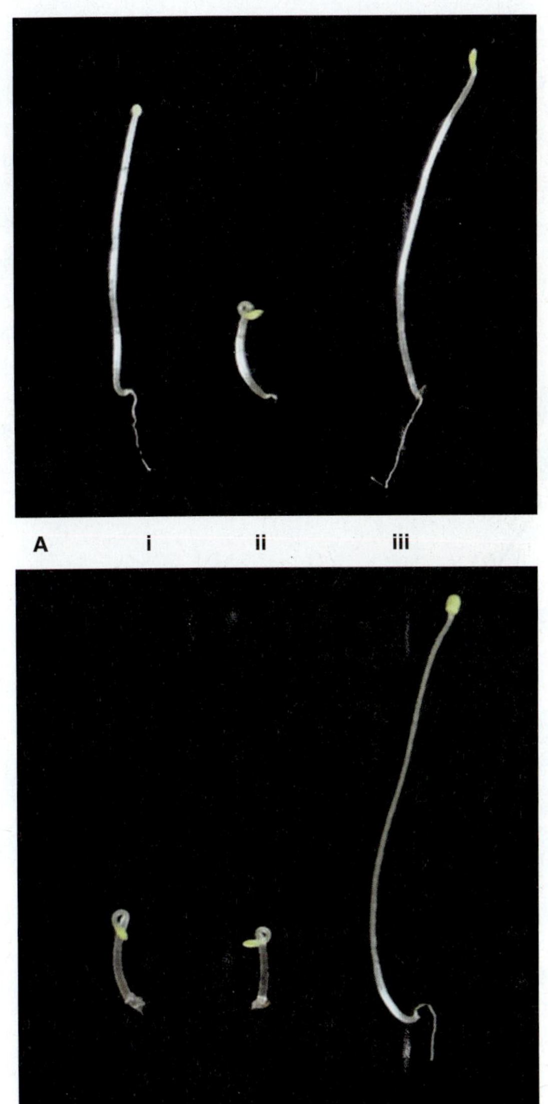

그림 10.26 에틸렌 존재와 부재시 암소에서 키운 야생형과 돌연변이 애기장대 유식물들. (A) 에틸렌 부재시 야생형 유식물과 (i) 에틸렌 불감성 돌연변이인 *ein2-1* 유식물은 (iii) 정상적으로 생장하나 *ctr1-1* 돌연변이 (ii)는 에틸렌 부재 시에도 감소된 하배축 신장, 하배축의 비대화, 정단 훅의 과도한 말림과 같은 삼중 반응이 항상적으로 일어난다. (B) 에틸렌이 존재할 때 이 세 가지 유전자형의 유식물을 키우면, 이 중 야생형과 (i) *ctr1-1*의 (ii) 유식물은 정상적인 삼중 반응을 보이는 반면 에틸렌에 불감인 *ein2-1* 돌연변이는 (iii) 에틸렌이 없을 때처럼 생장한다. 이러한 돌연변이들은 에틸렌 수용체와 에틸렌 신호전달경로의 중요한 단계들을 발견하게 해 주었다.

자 가짐)를 인산화시키고, MAPKK는 **MAPK**(MAP 인산화효소, 애기장대에 20개의 유전자 존재)의 트레오닌과 타이로신 부위를 인산화시킨다. 그림 10.27에서 보여주듯이 MAPK는 연쇄적 인산화 반응의 마지막 인산화효소가 된다. 이러한 연쇄적 신호전달의 표적의 예로는 전사인자들

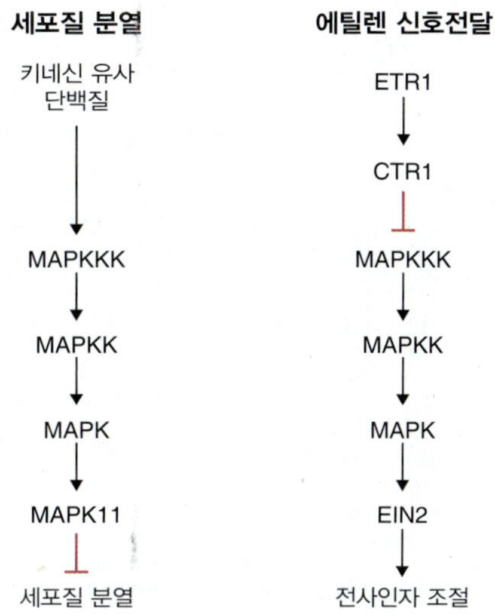

그림 10.27 MAP 인산화효소(MAPK) 연쇄반응은 애기장대에서 세포질 분열과 에틸렌에 대한 반응들을 포함하는 많은 식물의 생장과 발달에 관여한다. 세포질 분열을 조절하는 동안(왼쪽), MAPK 연쇄 반응의 상위에 위치한 키네신 유사 단백질은 세포 분열을 저해하는 인산화효소인 MAPK11과 같은 단백질 인산화효소를 표적으로 한다. 에틸렌 신호전달의 경우(오른쪽), 에틸렌 수용체 ETR1과 또 다른 인산화효소인 CTR1이 MAPK 연쇄 반응과 에틸렌 신호전달에서 기능하는 막 단백질인 EIN2의 상위에 위치하게 된다. MAPKK, MAP kinase kinase; MAPKKK, MAP kinase kinase kinase.

이 있고 이들은 공변세포 기능, 세포 분열의 조절, 병원균에 대한 저항성, 다양한 비생물학적 스트레스에 대한 반응들에 관여한다.

MAP 인산화효소들은 에틸렌 수용체 ETR1과(그림 10.28) 두 번째 인산화효소인 **CTR1**(Constitutive Triple Response1)의 하위에서 기능한다. 유전자 ***ctr1***은 유전학적 스크리닝으로부터 발견되었으며, 이름이 제시하는 것처럼 이러한 돌연변이를 가지는 식물은 에틸렌 부재 시에도 삼중 반응을 보이게 된다(그림 10.26 참고). 돌연변이 *ctr1*이 에틸렌 부재 시에도 에틸렌 반응을 보인다는 사실은 야생형의 이 유전자는 에틸렌 반응의 음성적 조절자임을 암시한다. CTR1은 ETR1과 직접적으로 상호작용한다고 알려져 있다.

에틸렌은 에틸렌 반응 요소를 가지고 있는 과일 성숙을 조절하는 유전자들을 포함하는 일련의 유전자들의 발현을 변화시킨다. 이러한 과정은 최소한 2개의 전사인자 **EIN3**와 **ERF1**에 영향을 줌으로써 일어나게 된다. CTR1과 에틸렌 반응 요소를 인식하는 전사인자들과의 연결고리는 막관통 영역을 가지며 그 세포내 위치나 기능이 밝혀지지 않은 **EIN2**이다. 에틸렌 수용체들은 그 리시버 도메인을 소포체의 내강을 향하게 하여 소포체 막에 위치한다.

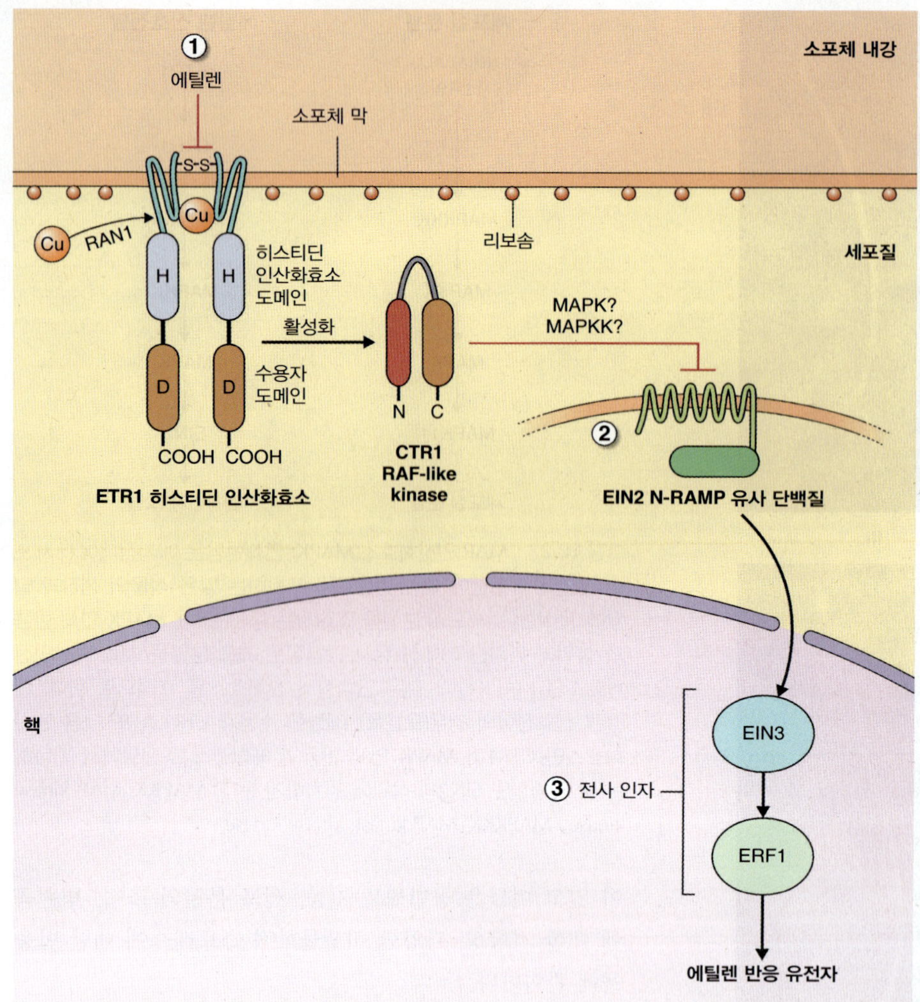

그림 10.28 애기장대에서의 에틸렌 신호전달 경로. (1) 에틸렌 수용체 ETR1은 소포체 막에 위치한다. 에틸렌 부재 시 ETR1은 CTR1부터 시작하여 순서적인 MAP 인산화효소들을 포함하는 인산화 연쇄 반응을 활성화시킨다. (2) EIN2는 12개의 막 관통 도메인을 가지는 막 단백질이며 MAP 인산화효소 연쇄 반응의 하위에 위치한다. (3) EIN2는 EIN3와 ERF1을 포함하는 일단의 전사인자들을 활성화시켜 에틸렌 반응성 유전자들의 발현을 조절한다.

CTR1으로부터 또 다른 막 단백질인 EIN2와 그 후 핵 안의 전사인자들까지 정보가 어떻게 전달되는지는 알려지지 않고 있다.

키포인트 에틸렌은 세포 신장과 잎 탈리 촉진, 과일 성숙을 포함한 식물의 생장과 발달의 다양한 측면에 영향을 준다. 에틸렌은 메티오닌으로부터 SAM과 ACC를 거쳐 합성된다. 식물에서 에틸렌의 분해는 따로 요구되지 않고 에틸렌 신호의 활동 장소로부터 기체의 확산으로 신호를 중단하게 된다. 에틸렌 수용체들은 박테리아의 히스티딘 인산화효소 2개-인자 반응 조절자와 연관된 소포체에 위치한 단백질이다. 에틸렌 부재 시 수용체는 MAP 인산화효소 계열의 인산화효소를 통한 인산기 전달을 개시하고 에틸렌 반응 경로의 불활성화를 유도한다. 에틸렌 존재 시 수용체는 불활성화되어 인산기 전달이 일어나지 않고 막 단백질인 EIN2를 활성화시킨다. EIN2는 에틸렌 반응성 유전자들의 발현을 조절하는 전사인자들을 활성화시킨다.

10.6 브라시노스테로이드

탄소 수 27~29개를 포함하는 특징적인 화학구조를 가지는 트리테르펜 분자인 브라시노스테로이드(BRs, Brassinosteroids)는 다른 식물 호르몬들과 생합성의 기원을 같이 한다(그림 10.14 참고). 식물에서 가장 활성이 높은 자연적 BR인 **브라시노라이드(brassinolide, BL)**는 28개의 탄소 원자를 가지며 각 탄소위치의 명명된 숫자와 구조가 그림 10.29에 나타나 있다. BR의 생물학적 활성은 A 고리의 2번, 3번 탄소, 곁가지에서의 22번, 23번 탄소에서의 수산기와 7원자 구성 락톤 B 고리의 존재에 의존한다. BL은 발아하는 *Brassica rapa*의 화분에서 처음 분리되었다. 이후 또 다른 BR인 카스타스테론(castasterone)은 밤나무(*Castanea* spp.)의 충영에서 분리되었다. BR은 벼의 엽신 기울기 변화를 유도하는데, 이러한 생물검정법은 BR과 유사한 물질들의 생물학적 활성을 측정하는 데 사용된다(그림 10.30).

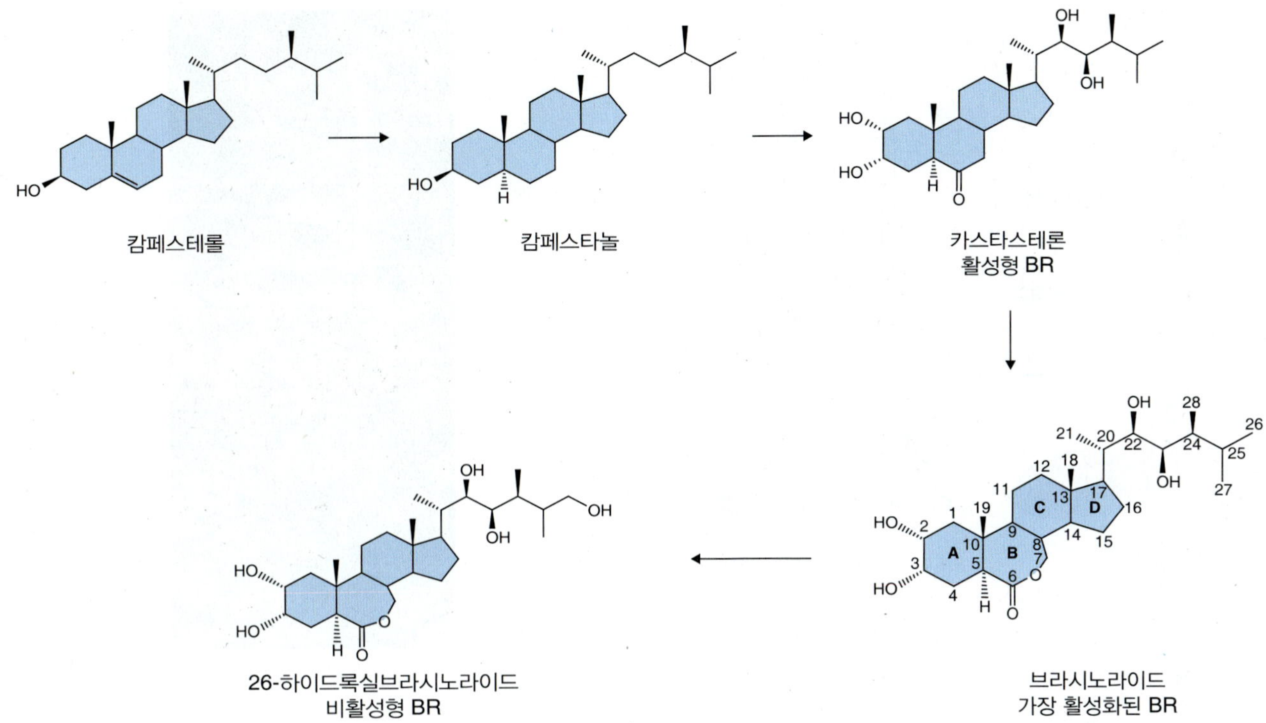

캄페스테롤 → 캄페스타놀 → 카스타스테론 활성형 BR → 브라시노라이드 가장 활성화된 BR → 26-하이드록실브라시노라이드 비활성형 BR

그림 10.29 브라시노스테로이드(BRs)의 간략한 생합성 경로. 캄페스테롤(campesterol)과 캄페스타놀(campestanol)은 생물학적 활성 물질인 카스타스테론(castasterone)과 브라시노라이드의 비활성 형태의 전구 물질이다. 브라시노라이드는 자연적으로 존재하는 가장 활성이 높은 BR이며 *BAS1* 유전자에 의하여 암호화되는 시토크롬 P450 효소에 의해 비활성형의 26-하이드록실브라시노라이드로 대사된다. BR들의 생물학적 활성형은 A 고리의 2번, 3번 탄소 위치와 곁가지의 22번, 23번 위치에서의 수산기의 존재 여부와 7원자 구성 락톤 B 고리의 존재에 의존한다.

애기장대의 유전학적 분석은 BR이 식물의 정상적 발달 과정에 필요함을 보여주었다. BR의 생합성과 신호전달 경로에의 돌연변이들은 BR 수용체의 돌연변이인 ***bri1***(*BR insensitive* 1)에 의한 극단적 왜소증과 ***det2***(*de-etiolated2*)나 ***cpd***(*constitutive photomorphogenesis and dwarfism*) 돌연변이가 보이는 탈황백화와 같은 다양한 표현형을 생산한다. 탈황백화 표현형은 암소에서 키운 애기장대 유식물에서 명확하게 보이는 것으로, 돌연변이들은 짧고 굵은 하배축과 확장된 떡잎, 안토시아닌 색소의 발현을 보인다(그림 10.31).

10.6.1 캄페스테롤로부터의 브라시노스테로이드의 생합성은 피드백 루프에 의해 조절된다

브라시노스테로이드는 시토스테롤(sitosterol, C_{29}), 스티그마스테롤(stigmasterol, C_{29}), 캄페스테롤(campesterol, C_{28}), 콜레스테롤(cholesterol, C_{26})과 같은 간단한 스테롤 전구체로부터 합성된다(그림 15.21 참고). 식물에서는 시토스테롤이 가장 풍부한 스테롤이지만 BR 생합성의 기질로는 캄페스테롤이 더 선호된다. 캄페스테롤은 6번 탄소의 산화, 5번 탄소의 환원, 2번, 3번, 22번, 23번 탄소 위치에 수산기를 첨가하는 시토크롬 P450 그룹의 반응에 의한 수산화 반응을 포함하는 일련의 반응들에 의해 카스타스테론으로 전환된다(그림 10.29). 캄페스테롤과 카스타스테론 사이에는 많은 종류의 대사 중간물질이 존재하며 수산화 반응의 순서는 임의적이라고 알려져 있다. 7원자 구성 락톤 B 고리는 카스타스테론이 BL로 전환된 결과로 형성된다.

다른 호르몬들과 같이, BL 항상성의 유지는 호르몬으로서 효율성에 핵심적이다. BL 생합성은 캄페스타놀(campestanol)의 수산화와 연관된 시토크롬 P450 효소들을 암호화하는 유전자들의 전사적 발현조절을 담당하는 피드백 루프에 의하여 조절된다. 그러므로 BL 농도가 높을 시엔 그 생합성은 감소된다. BL의 이화적 대사는 연구가 잘 되어 있지 않으나 수산화, 에피머화, 산화, 술폰화, 설탕 또는 지질과의 결합 등은 모두 BL의 활성 감소를 유도하는

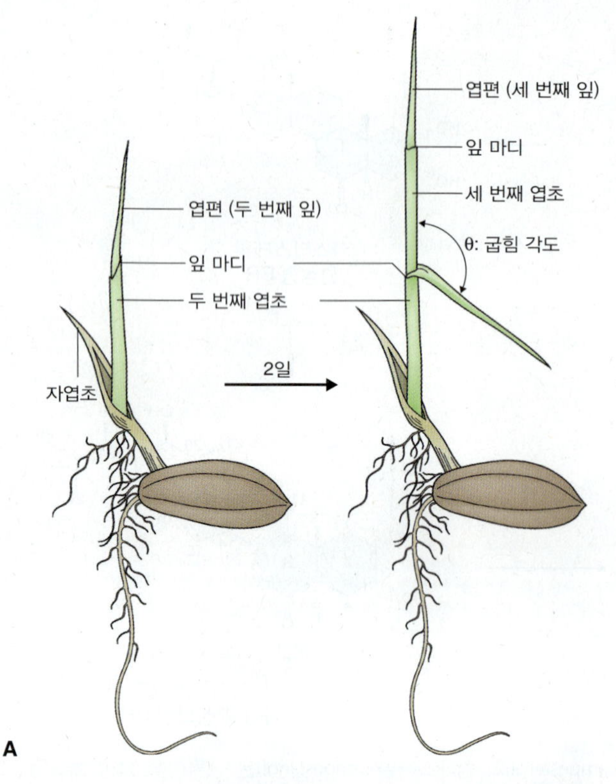

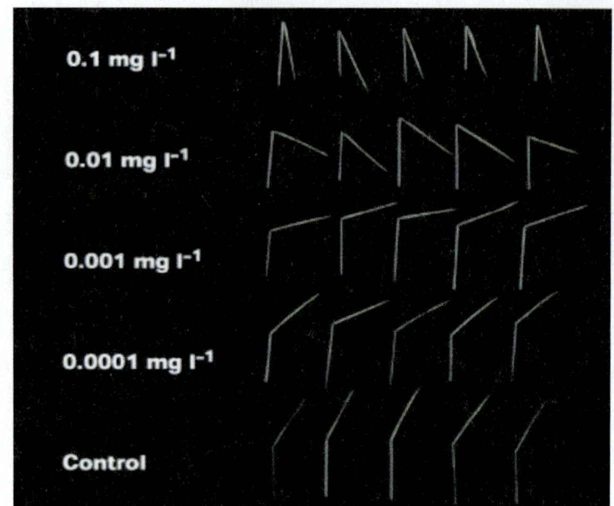

그림 10.30 브라시노스테로이드 생물 검정법. (A) 엽편과 엽초를 보여주는 벼 유식물 모식도. 생물검정할 브라시노스테로이드를 엽편과 엽초 경계에 처리하고 2일의 생장 기간을 기다린 후 엽편의 각도를 측정한다. (B) 벼 유식물의 엽편 각도에 대해 증가하는 BR 농도의 효과를 보여주는 사진.

것으로 알려져 있다. 가장 잘 밝혀진 반응은 *BAS1* 유전자가 암호화하는 시토크롬 P450 효소에 의한 26번 탄소 위치에서의 수산화(그림 10.29)로, 이 반응은 애기장대에서 BL의 수준을 감소시키고 왜소증을 유발한다.

그림 10.31 브라시노스테로이드 합성 경로에 결함이 있는 애기장대 돌연변이인 *de-etiolated2*(*det2*)와 야생형을 암소에서 생장시켜 살펴본 식물 형태에 대한 브라시노스테로이드 생합성 경로 돌연변이의 효과

10.6.2 브라시노스테로이드 수용체는 생체막에 위치한 LRR 수용체 세린/트레오닌 인산화효소이다

BR 수용체는 생체막에 위치한 **LRR**(leucine-rich repeat) 수용체 세린/트레오닌 인산화효소이다(그림 10.32). 이 수용체는 높은 BL 농도에서도 정상적인 뿌리 생장을 보이는 애기장대 돌연변이 스크리닝에서 처음 확인되었다. 높은 BL 농도에서도 정상적인 생장을 보이는 돌연변이는 *bri1*(*brassinosteroid insensitive1*)이라고 명명되었다. BRI1의 세포 바깥쪽 도메인은 다수의 LRR 반복과 BL 결합 도메인으로 이루어져 있으며 세포 안쪽 도메인은 세린/트레오닌 단백질 인산화효소 도메인으로 구성되어 있다. BKI1(BRI1 kinase inhibitor1)이라고 불리는 BRI1 인산화의 억제자는 BRI1의 세포 안쪽 도메인의 인산화를 억제하는데, 이 억제는 BL의 결합과 함께 사라진다. BL은 수용체의 세포 바깥쪽 부분의 결합 부위에 부착되어 BRI1 활성화를 개시한다. 활성화는 다수의 지역에 자가인산화를 유도하고 동형 이합체(homodimer)를 형성하게 한다. 활성화된 BRI1은 또 다른 LRR 수용체 인산화효소인 BAK1과 함께 이형 이합체(heterodimer)를 형성한다. 그 후에 활성

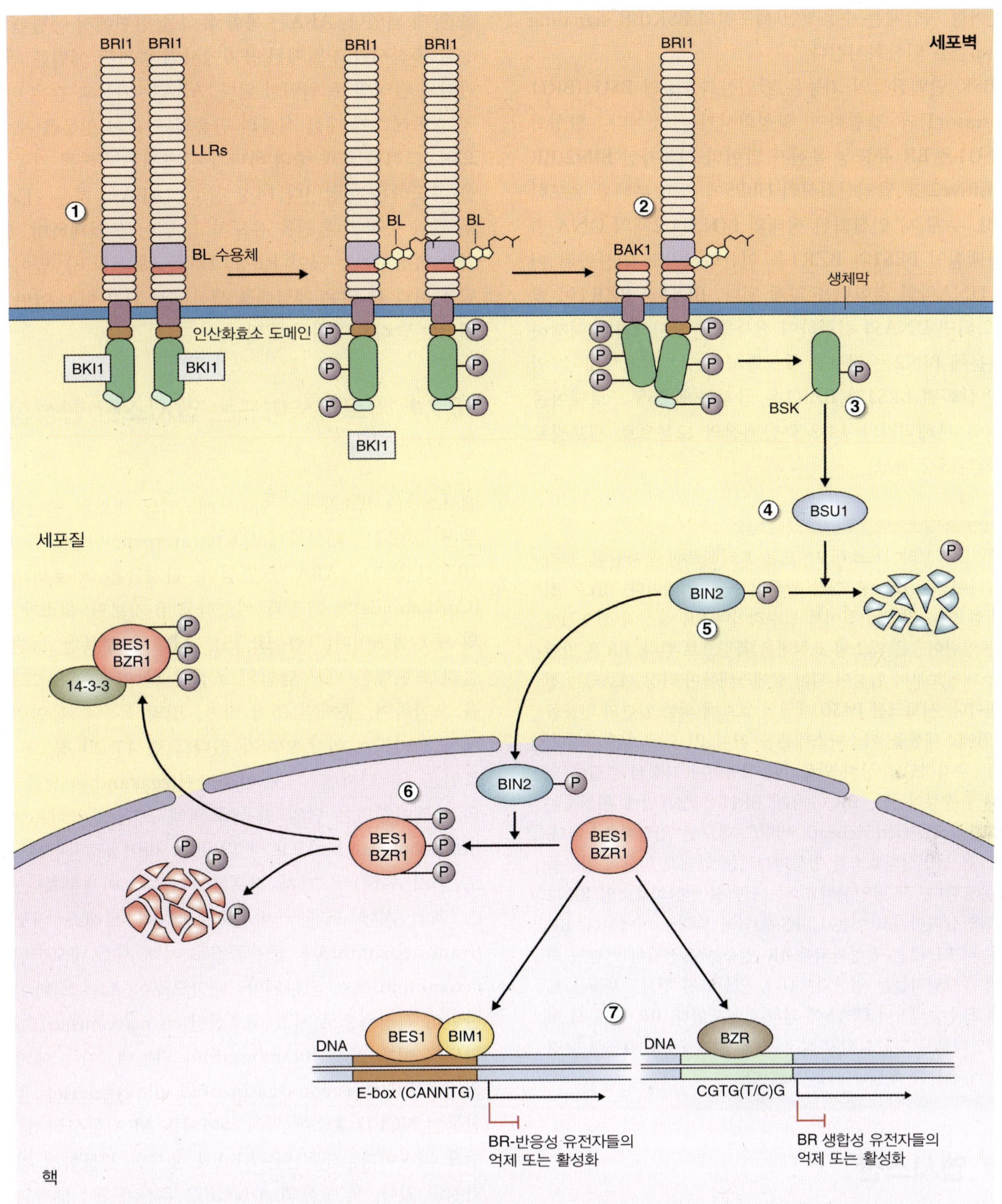

그림 10.32 브라시노스테로이드(BR) 신호전달 경로. (1) BR 수용체인 BRI1은 생체막에 존재하며 동형 다합체(homo-oligomer)를 형성한다. BR 결합 시 BRI1은 인산화되고 BKI1(BRI1 kinase inhibitor1)을 세포질로 방출한다. (2) 활성화된 BRI1은 BAK1과 이형 다합체(hetero-oligomer)를 형성하고 BAK1은 인산화된다. (3) 복합체는 이후 BSK 단백질들을 인산화시킨다. (4) BSK는 탈인산화효소인 BSU를 활성화시킨다. (5) BSU는 BIN2를 탈인산화시켜 유비퀴틴-프로테아좀 시스템(UbPS)에 의한 분해를 유도한다. (6) BR 부재 시, 인산화된 BIN2는 전사적 조절자인 BES1과 BZR1들을 인산화시킴으로써 그 활성을 제거하고 UbPS에 의한 분해를 유도하거나 14-3-3 단백질들과의 결합을 통한 세포질로의 방출을 증가시킨다. (7) BR 존재 시, BES1과 BZR1은 인산화되지 않고 전사적 조절자로서 활성화된 형태로 브라시노스테로이드 반응들을 유도하게 된다.

화된 이형 이합체는 수용성인 세포질의 BSK(BR signaling kinase)들을 인산화시킨다.

BSK 단백질들의 기능은 탈인산화효소인 BSU1(BRI1 suppressor1)과 결합하여 활성화시키는 것이다. 활성화된 BSU1은 BR 유도성 유전자 발현의 저해자인 BIN2(BR insensitive2)를 탈인산화시켜 UbPS에 의한 분해를 유도한다. BL 부재 시 인산화된 형태의 BIN2는 2개의 DNA-결합 단백질인 BES1과 BZR1을 인산화시키고 인산화된 이들은 DNA와의 결합력을 잃게 된다. BES1과 BZR1이 탈인산화되면 DNA와 결합하여 전사를 촉진시키거나 억제하기 때문에 BIN2는 전사를 활성화시키거나 억제시킬 수 있다. 인산화된 BES1과 BZR1은 급격하게 26S 프로테아좀에 의해 분해되거나 14-3-3 단백질의 도움으로 세포질로 수송된다(5장 참고).

키포인트 브라시노스테로이드는 트리테르펜 분자인데, 브라시노라이드는 BR 중 가장 활성이 높은 형태이다. BR은 정상적인 식물 발달에 있어서 필수적이며 BR 생성과 신호전달의 돌연변이들은 왜소형 표현형을 특징으로 한다. BR은 간단한 스테롤로부터 합성이 되며 캄페스테롤이 가장 선호되는 전구체이다. 시토크롬 P450 계열의 효소에 의한 일련의 반응들은 캄페스테롤을 카스타스테론을 거쳐 BL으로 전환시킨다. BL은 추가적인 수산화 반응이나 설탕이나 지질의 결합에 의해서 불활성화된다. BR 수용체 BRI1은 생체막에 위치하는 LRR(leucine-rich repeat) 세린/트레오닌 인산화효소이다. BRI1은 탈인산화효소를 활성화시키는 연쇄적 인산화 반응들을 유도한다. 그 탈인산화효소는 단백질 인산화효소인 BIN2를 탈인산화시키고 이는 UbPS에 의해 분해로 이어진다. BR 부재 시 BIN2는 활성화되어 BR 반응성 유전자와 연관된 하위의 전사인자들을 인산화시킨다. 인산화된 전사인자들은 세포질로 수송되거나 UbPS에 의하여 분해된다. BR 존재 시 이 전사인자들은 인산화되지 않고 핵에 남아서 BR 반응성 유전자들의 전사를 촉진하거나 저해한다.

10.7 앱시스산

앱시스산(ABA, abscisic acid)은 1960년대 초반에 분리되고 그 구조가 밝혀졌다. 그 당시에 식물의 추출물에서 ABA의 존재를 테스트 하기 위한 생물검정법 중의 하나가 밀폐된 용기 안에서 목화 유식물 절편으로부터 잎자루의 탈리(abscision)를 측정하는 것이었고 이러한 생물검정법이 앱시스산이라는 통속명을 가지게 된 기원이었다. 지금은 그 방법에서 탈리에 대한 ABA의 영향은 간접적이라는 사실을 알게 되었다. ABA는 목화 유식물 절편에서 에틸렌의 합성을 촉진시키고 밀폐된 용기에서의 증가된 에틸렌 생성이 관찰된 탈리의 주 원인이 된다. ABA는 가뭄과 같은 비생물적 스트레스에 대한 식물의 반응과 연관이 있음을 보여 왔으며, 그러한 효과 중의 하나가 공변세포의 빠른 기공 닫힘을 유도하는 현상이다(14장 참고). ABA의 다른 기능으로는 싹과 종자의 휴면을 유도하고, 발아를 억제하며, 잎 노화를 촉진시키는 것이다(6장, 17장, 18장 참고). 잎이 노화됨에 따라 더 많은 에틸렌을 생산하게 되고 이는 어떤 종들에서는 탈리를 유발하게 된다.

10.7.1 카로티노이드는 앱시스산 합성의 중간산물이다

앱시스산은 색소체에서 이소프레노이드 경로의 중간산물로부터 합성되는 테트라테르펜(tetraterpene)이다(그림 10.2, 10.14 참고). ABA 생합성의 단계들은 카로티노이드(Carotenoids)의 과정과 비슷하고 β-카로틴 색소가 합성의 중간물질이다(그림 10.33). ABA가 부족한 돌연변이들의 표현형은 기공 닫힘의 조절이 잘 안 되어 시드는 것을 포함하여, 종자의 조기 발아, 몇몇 옥수수 돌연변이들에서 보여지는 이삭 발아가 있다(그림 17.20 참고). β-카로틴은 몇 단계를 거쳐 제아잔틴(zeaxanthin)으로 전환되고 제아잔틴은 단일 반응에 의해 트랜스 바이올로잔틴(trans-violaxanthin)으로 전환된다. 바이올로잔틴은 ABA로 되기 위해 두 가지 경로를 따른다. 비생물적 스트레스 조건 시에 트랜스 바이올로잔틴이 트랜스 네오잔틴(trans-neoxanthin)을 중간물질로 하여 시스 네오잔틴(cis-neoxanthin)으로 전환된다. 대안으로는 트랜스 바이올로잔틴이 직접적으로 시스 네오잔틴(cis-neoxanthin)으로 전환되고 이후 잔톡신(xanthoxin)이 되는데, 이는 애기장대의 *NCED*(9-cis-epoxycarotenoid dioxygenase) 유전자 산물인 NCED 효소에 의해 촉매되는 ABA 합성의 첫 번째 주요 과정이다. 잔톡신은 ABA와 유사한 생물학적 활성을 가지고 있다. 몇 종류의 *AtNCED* 유전자들이 분리되었는데, *AtNCED3*는 비생물적 스트레스 시에 잔톡신 합성을 촉매하는 반면에, *AtNCED6*와 *AtNCED9*은 종자에서의 잔톡신 생성에 관여한다.

잔톡신으로부터 ABA의 생성은 세포질에서 ABA-알데히드(ABA-aldehyde)의 형성을 시작으로 두 단계로 일어난다. 애기장대에서 *ABA2* 유전자는 잔톡신을 ABA-알데히드로 전환하는 효소를 암호화한다. ABA-알데히드의

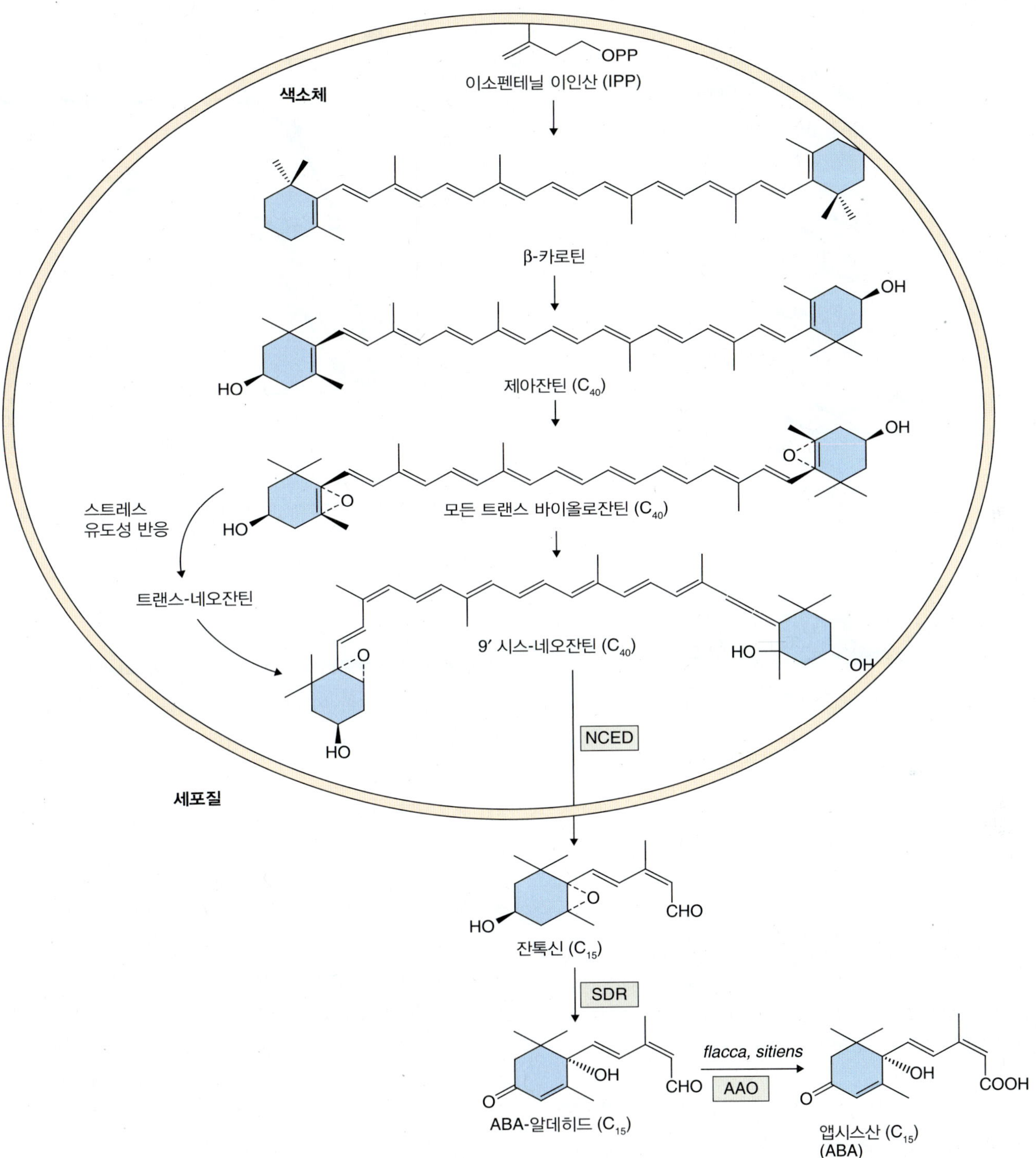

그림 10.33 이소펜테닐 이인산으로부터의 앱시스산 생합성은 색소체에서 시작된다. 잔톡신의 ABA로의 전환은 세포질에서 일어난다. AAO, ABA-oxidase; NCED, 9-cis-epoxycarotenoid dioxygenase; SDR, short chain dehydrogenease/reductase.

ABA로의 전환은 ABA-산화효소(ABA-oxidase, AAO)에 의해 촉매된다. ABA-알데히드에서 ABA로의 전환이 결함이 있는 많은 종류의 돌연변이들이 토마토(*Solanum lycopersicum*)의 *flcca*와 *sitiens*, 보리(*Hordeum vulgare*)의 *nar2a*, 애기장대의 *aba3*와 *aao3*를 포함하여 분리되었다.

ABA의 이화적 대사반응과 설탕과 같은 작은 분자들에의 결합은 ABA가 세포로부터 빠르게 제거되도록하는 기작을 제공하여 신호전달 물질로서 기능할 수 있게 한다. ABA의 이화적 대사반응의 주 경로는 산화에 의한 생물학적 비활성형인 8′-하이드록시-ABA, 파세익 산(phaseic acid),

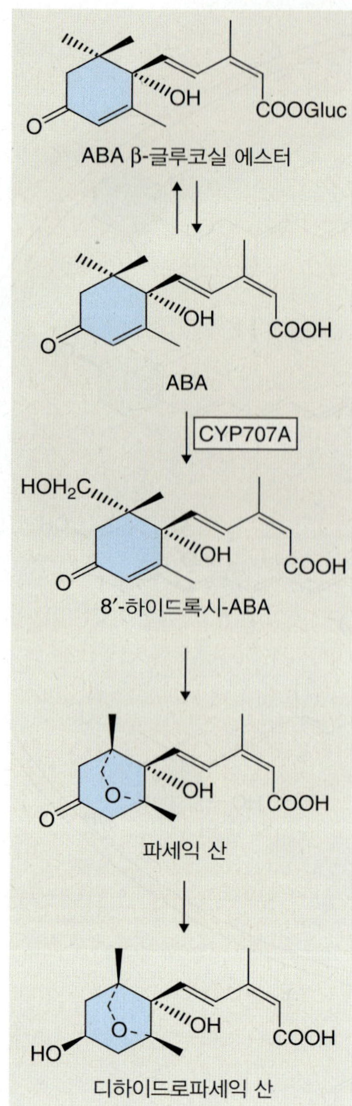

그림 10.34 앱시스산 불활성화의 과정들. 포도당을 이용한 에스테르화에 의한 ABA 불활성화는 가역적이다. ABA는 8′-하이드록시-ABA, 파세익 산, 디하이드로파세익 산과 같은 좀 더 산화된 파생물로 전환되었을 때 비가역적으로 불활성화된다. ABA로부터 파세익 산 까지의 과정들은 CYP450 효소 그룹들에 의해 촉매된다.

디하이드로파세익 산의 형성이다(그림 10.34). 8′-하이드록시-ABA의 생성을 촉매하는 ABA 8′-수산화효소는 BR과 GA를 불활성화시키는 효소와 같이 시토크롬 P450 일산소 첨가효소이며, 이 경우에는 **CYP707A**가 그 역할을 담당한다. *CYP707A*의 기능 소실 돌연변이는 애기장대 종자의 발아를 급격하게 감소시켜 발아에 있어서 ABA의 중요성과 ABA 불활성화에 있어서 CYP707A의 역할을 강조해 준다(그림 10.35). ABA의 설탕과의 **결합(conjugation)**은 세포로부터 활성형 ABA를 제거하는 또 다른 방법이다. ABA β-글루코실 에스터는 중요한 분해산물로 액포에 저장

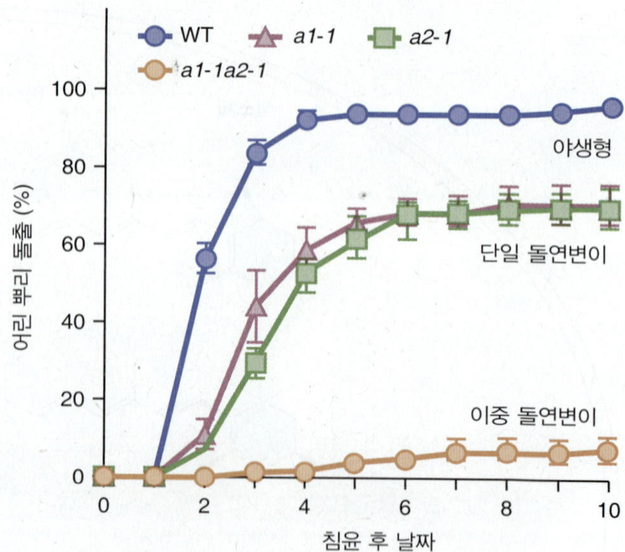

그림 10.35 ABA 8′-수산화효소 유전자인 *CYP707A*의 돌연변이들은 활성형의 ABA가 농축되게 하여 애기장대 종자의 발아가 감소되게 한다. 야생형(WT) 식물의 모든 종자는 4일 째에 발아가 되는 반면 단일 돌연변이(*a1-1, a2-1*)와 이중 돌연변이(*a1-1 a2-1*)들은 감소된 발아 정도를 보인다.

되는 것으로 추정된다. ABA 결합체를 가수분해하는 효소들이 분리되었는데, 이 결과는 결합체들이 활성형 ABA에 대한 공급원이 될 수 있음을 암시한다.

10.7.2 다양한 종류의 앱시스산 수용체들이 존재한다

식물에서 앱시스산은 두 가지 특징적인 반응을 유도하는데, 첫째는 공변세포에서의 삼투압 소실에 따른 기공의 닫힘과 같은 빠른 반응이 그것이고 둘째는 종자의 휴면과 발아에의 영향, 비생물적 스트레스에 대한 반응과 같은 점진적인 반응이다. 이렇게 상대적으로 느리거나 빠른 반응들은 다른 수용체를 가질 것이라 추정되었기 때문에 돌연변이 스크리닝을 통한 수용체의 분리가 더욱 어려웠었다. 이렇게 다수의 ABA 수용체가 존재할 것이라는 가능성은 수용성이거나 막에 존재하는 수용체에 대한 증거들로 뒷받침되었다. 현재까지 3종류의 ABA 수용체들이 발견되었다. 이들은 생체막에 존재하는 **G-protein**들인 GTG1과 GTG2, 핵과 색소체 간의 신호 교환을 중재하는 색소체에 존재하는 효소, 세포질에 존재하는 START 도메인 그룹의 리간드-결합단백질들이 그것들이다. 최근의 연구들은 이 중 수용성의 START 도메인 단백질들이 주요 ABA 수용체로서 기공의 닫힘과 발아, 비생물적 스트레스 반응과 같은 다양한 기

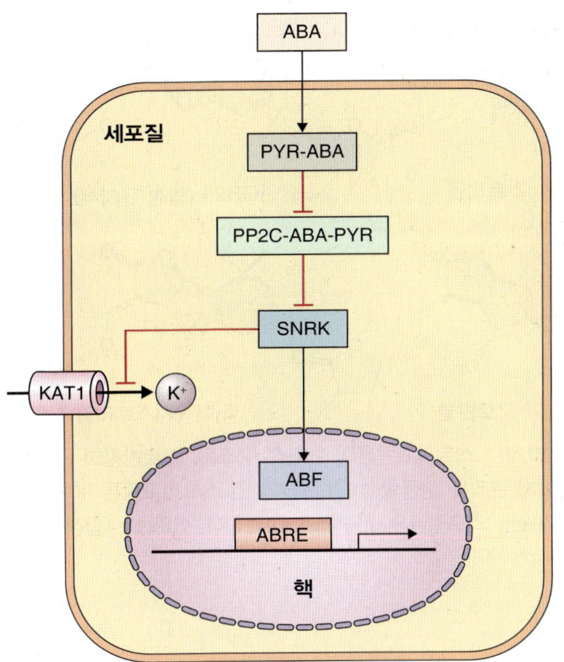

그림 10.36 수용성의 PYR 수용체에 의한 앱시스산 신호전달 경로의 간략한 모델. 세포질에서 PYR는 ABA와 결합한 후 탈인산화효소인 PP2C와 결합함으로써 그 효소활성을 저해한다. SNRK 계열의 단백질 인산화효소는 PP2C의 하위 인자들이다. 이들 인산화효소들은 자가 인산화되었을 때 KAT1 포타슘 채널과 같은 이온 채널과 ABRE(ABA Response Element)를 포함하는 유전자들의 전사를 조절하는 ABFs (ABRE binding factors)와 같은 전사인자들의 활성을 조절한다.

능을 담당함을 보여주었다.

START 도메인 단백질의 ABA 수용체로서의 발견은 두 가지 다른 실험 방법으로 가능하였다. 첫 번째는 ABA 효과와 유사함을 보이는 합성 화합물인 **피라박틴**(**PY**, **pyrabactin**)을 활용하여 PY 불감성의 애기장대 돌연변이를 찾았고 그 불감성을 나타내는 유전자를 클로닝하여 ***PYR1***(*pyrabactin resistance1*)이라고 불렀다. PYR1과 애기장대에서 **PYL**(**PYR-like**)이라 불리는 유사 단백질들은 START 도메인 단백질들로서 한 그룹의 **PP2C**(Protein Phosphatase type 2C) 단백질들에 대한 ABA 의존성 저해제로서의 기능을 갖는 것으로 알려져 있다(그림 10.36). 이 발견의 흥미로운 점은 몇몇 ABA 불감성 애기장대 돌연변이들을 만드는 해당 유전자들이 *ABI1*과 *ABI2*를 포함하여 이전에 ABA 신호전달에 연관이 된 것으로 알려진 PP2C 계열의 단백질 그룹에 속한다는 것이었다. 두 번째 실험적 접근은 단백질-단백질 상호결합에 의존하여 PYR1/PYL과 PP2C들 간의 연결고리를 발견하였다. ABI1과 ABI2를 미끼로 하는 효모 투-하이브리드(two-hybrid) 시스템(그림 8.14 참고)을 사용한 실험은 **RCAR**(Regulatory Component of ABA Receptor)라 불리는 추가적인 PYR1/PYL 유사 단백질들을 선별하였다.

PYR1/PYL/RCAR 그룹의 단백질들은 이합체를 형성하고 ABA에 특이적으로 결합하여 ABA 수용체로서 기능한다. 이러한 이합체에 ABA와 부착되면 이는 PP2C 계열의 탈인산화효소와 결합하게 되고 PP2C의 활성을 저해한다. PP2C의 표적은 **SNRK2**(SNF1-related protein kinase2) 계열의 단백질이다. 애기장대 돌연변이의 분석은 OST1(Open Stomata1)과 같은 SNRK2 계열의 인산화효소가 ABA 신호전달의 양성 조절자임을 보여주었다. 환언하면 SNRK2 인산화효소는 ABA 존재 시 활성화되고 ABA 신호전달에 필수적이다. ABA는 그 생리적 효과를 표적 단백질들을 인산화시키는 SNRK2 인산화효소의 조절을 통하여 생산한다. ABA 부재 시 ABI1과 ABI2 같은 PP2C들은 활성화되어 SNRK2를 탈인산화시킴으로써 이 인산화효소를 불활성화시킨다. 역으로 ABA 존재 시 PP2C는 억제되고 SNRK2 인산화효소는 활성화된다. PYR/PYL/RCAR-PP2C-SNRK2 경로의 많은 하위 표적들이 지금까지 확인되고 있다. 이러한 것들에는 이온 채널과(애기장대 포타슘 채널 KAT1-13장에서 논의된 AKT1 채널과 같은 그룹의 채널 단백질), 활성산소족 생성 효소인 NADPH 산화효소 중의(18장 참고) 하나인 RbohF, ABF2와 같은 ABA 반응성 전사인자 등이 있다. ABF2 계열의 전사인자들은 ABA 반응성 유전자들의 프로모터에 존재하는 **ABRE**(**ABA Response Element**)에 결합한다(3장 참고).

키포인트 앱시스산은 색소체에서 카로티노이드로부터 시작되어 합성되는 테트라테르펜으로서 ABA 생성의 마지막 단계는 세포질에서 일어난다. ABA는 기공의 기능을 조절하고 싹과 종자의 휴면과 연관되며 노화와 세포사의 과정에 기능을 갖는다. ABA는 설탕과의 결합 또는 시토크롬 P450 계열의 효소에 의한 파세익 산(phaseic acid)으로의 산화 등에 의해 불활성화된다. ABA 수용체는 수용성의 세포질 단백질로 ABA와의 결합 전에 이합체를 형성한다. ABA와 수용체의 복합체는 PP2C 탈인산화효소와 결합하여 효소 기능을 저해한다. PP2C 활성의 저해는 SNRK 계열의 인산화효소가 이온 채널들과 전사인자들 같은 표적 단백질을 인산화시켜 활성화시키게 한다.

그림 10.37 아이비(*Hedera helix*)에 자라는 *Orobanche hederae* (brown stalks).

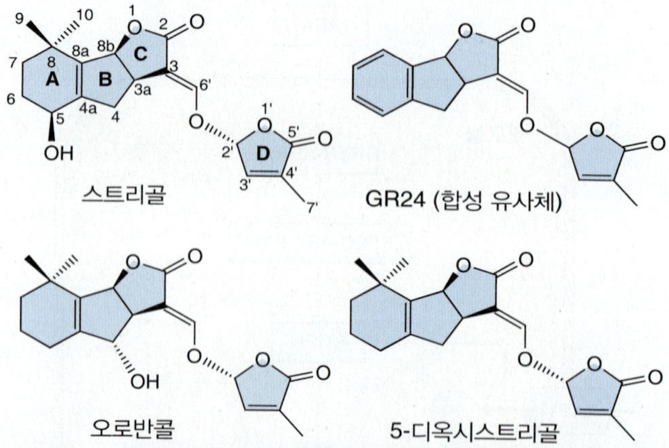

그림 10.38 스트리고락톤의 화학적 구조들. 오로반콜과 스트리골은 식물에서 분리된 생물학적으로 활성형인 스트리고락톤이며 5-디옥시스트리골은 스트리골의 전구체로 여겨진다. GR24는 합성형 스트리골 유사체이다.

10.8 스트리고락톤

스트리고락톤(SLs)은 Orobanchaceae과의 *Orobanche* spp. (broom rape)나 *Striga* spp.(witch weed)(그림 10.37, 그림 15.42 참고) 같은 몇몇 기생성 식물의 종자 발아를 촉진시키는 화합물로 그리고 균근류 균사의 분지를 촉진시키는 화합물로 뿌리 추출물에서 처음 분리되었다. *Striga asiatica*는 초본류의 일반적인 기생식물로 경우에 따라 심각한 작물의 손실을 초래한다. 반면에 *Orobanche* 종들은 *Helianthus annus*(해바라기) 같은 진정쌍떡잎 식물들에 특이적인 기생식물이다. *Striga*와 *Orobanche*의 기생에 의한 심각성은 각각이 토양에서 생존 가능한 수천 개의 매우 작은 종자들을 생산한다는 사실로 인해 증가되고 있다.

SL은 해로운 기생식물의 침입을 촉진시키는 역할 외에도 내생성 균근 곰팡이(12장 참고)에서 숙주의 인식 신호로 기능함을 보여주었다. 이 균들은 대부분 식물들의 (>80%) 뿌리에서 유익한 공생 관계를 형성한다. 숙주 식물의 뿌리에서 방출되는 SL은 내생성 균근(arbuscular mycorrhiza, AM)을 뿌리 표면으로 유인하고 곰팡이 균사의 분지를 촉진시키는 것으로 알려져 있다. SL은 AM의 숙주가 되는 식물에 의해서도 합성되지만 애기장대나 white lupin(*Lupinus albus*)과 같은 비숙주 종들에서도 만들어진다. 기생성 잡초의 숙주가 아닌 식물의 뿌리에서도 SL이 생산된다는 사실을 고려할 때, 이 특별한 식물 화합물은 정상적인 식물의 생장과 발달에 역할을 함을 추정할 수 있다.

10.8.1 스트리고락톤은 목화의 뿌리 추출물에서 처음 분리되었다

스트리골(Strigol)은 정제된 첫 번째 SL이었다. 이것은 에놀 에테르(enol ether) 다리로 연결된 2개의 락톤 고리(C 고리, D 고리)를 포함하는 특징적 화학구조를 가지고 있다(그림 10.38). 스트리골은 처음 Orobanchaceae과가 기생하지 않은 식물인 *Gossypium hirusutum*(목화)의 뿌리 추출물에서 분리되었다. 그러므로 *G. hirusutum*은 '*Striga* 트랩'으로 사용되는 많은 작물들 중의 하나로, 스트리골을 생산하여 적절한 숙주 식물이 없음에도 *Striga* 종자들을 발아시켜 토양 안의 살아 남은 종자들을 줄여 주는 역할을 한다.

식물에서 지금까지 10가지 이상의 SL들이 분리되었으며, 이 모두는 잡초성 기생식물의 발아를 촉진시킨다. 붉은토끼풀(*Trifolium pratense*)의 뿌리 추출물로부터 분리된 **오로반콜(orobanchol)**은 많은 Orobanche 종들의 발아를 촉진시킨다. SL을 생산하는 거의 대부분의 식물 뿌리 추출물에서 발견되는 5-디옥시스트리골은 이것의 하이드록실화 산물들이 스트리골, 오로반콜과 다른 SL들을 형성한다는 가설을 제시해 준다(그림 10.38). SL은 식물에서 매우 낮은 농도로 존재하며 그 화학적 생성은 최근에야 가능하게 되었다. 따라서 SL의 기능에 대한 연구는 GR24라 알려진 합성 SL 유사체에 의존하였다(그림 10.38). 자연적으로 존재하는 SL들과 GR24 간의 유사성인 C, D 고리와 에놀 에테르 다리의 존재에 주목한다.

그림 10.39 애기장대와 벼의 분지 돌연변이들은 스트리고락톤이 측아 생장을 조절함을 암시한다. (A) 야생형 벼와 *d3*, *d10* 돌연변이는 분얼(tillering, 분지 생장)의 표현형이 합성 스트리고락톤인 GR24의 처리에 의해 억제될 수 있음을 보여준다. (B) 애기장대의 야생형과 (WT) *max* 돌연변이들(상단 열) 그리고 해당되는 돌연변이 접수들의 야생형 대목에의 접목(하단 열)을 보여주는 모식도. 스트리고락톤 생합성의 돌연변이들(*max*1, *max*3, *max*4)은 야생형에 접목하여 회복이 가능하나 스트리고락톤 신호전달 유전자의 돌연변이인 *max*2는 접목에 의해 회복이 불가능하다.

10.8.2 스트리고락톤은 측아 휴면을 조절한다

이 장 초반에서 언급하였듯이, 옥신과 CK는 식물의 분지에 큰 영향을 준다. 특별히 애기장대의 *max*(*more axillary growth*), 완두(*Pisum sativum*)의 *rms*(*ramous*), 벼(*Oryza sativa*)의 다양한 왜소형 돌연변이들(*d*17과 *d*10)과 같은 분지 돌연변이들의 분석은 SL이 잠정적인 분지 조절자임을 인식하게 해 주었다(그림 10.39). MAX1, MAX3, MAX4, RMS1, RMS5, D10, D17들은 모두 CCD(Carotenoid Cleavage Dioxygenase)라고 알려진 색소체 존재 효소군의 하나로 알려져 있다. CCD를 암호화하는 유전자의 돌연변이들은 분지와 또한 벼의 경우 분얼(tillering)을 증가시키고 훨씬 낮은 수준의 SL 농도를 만든다. 이러한 돌연변이들은 합성 SL인 GR24를 첨가해 줌으로써 회복될 수 있다(그림 10.39A). 이것과 다른 연구 결과들은 애기장대, 완두와 벼의 분지가 SL에 의해 조절되며 그 생성은 색소체에 존재하는 CCD의 활성에 의존함을 보여주었다. 애기장대에서의 접목 실험은 뿌리에서 생성된 SL이 증산의 흐름을 따라 위로 이동하여 측면 분지가 자라나는 것을 저해함을 보여주었다(그림 10.39B). 이 실험들에서 돌연변이의 접수들은 야생형(WT)의 대목에 접목이 되었고 SL 생합성에 필요한 효소가 결여된 *max*3와 *max*4의 경우에는 돌연변이 표현형이 회복되었다. 애기장대의 *max*1 돌연변이는 CYP450 효소를 암호화하고 또한 GR24 처리나 *max*1 접수를 야생형에 접목하여 회복될 수 있다. 애기장대 *max*2 돌연변이는 야생형에 대한 뿌리 접목으로 회복되지 않는다. 이 경우는 돌연변이가 F-box 단백질의 유전자에 위치하는데 이 유전자는 SL 신호전달에 연관이 되고 합성에는 연관되지 않아 첨가된 SL에 의해 표현형이 극복되지 않는다.

위에서 논의된 많은 분지 돌연변이들을 이용한 연구들을 포함하는 SL 생합성 경로의 전개도는 그림 10.40과 같다. CCD들에 의한 카로티노이드의 분해 산물은 CYP450 효소들의 작용에 의해 SL로 전환된다. 측아 생장 저해를 유도하는 SL의 신호전달은 SCF-type E3 유비퀴틴 결합효

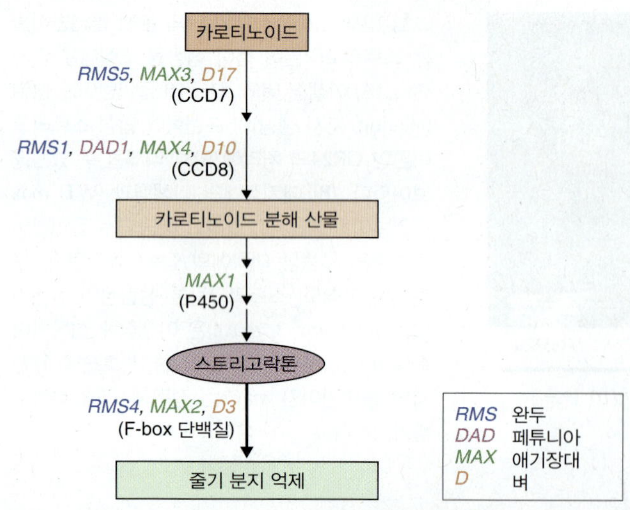

그림 10.40 스트리고락톤의 (SLs) 생성과 신호전달 경로의 단계들. SL들은 색소체에서 카로티노이드로부터 합성이 되고 세포질에서 시토크롬 P450 (CYP450) 계열의 효소에 의해 활성형의 SL로 전환된다. SL 신호전달에는 UbPS가 관여한다. 애기장대, 페튜니아, 완두, 벼에서 SL 합성과 연관된 단계들의 돌연변이와 SL 신호전달과 연관된 F-box 단백질의 돌연변이들이 제시되어 있다.

소의 일부로 *MAX*2 유전자의 산물인 F-box 단백질을 포함한다. 분지 과정에 대한 SL의 기능은 12장에서 더 논의된다.

키포인트 스트리고락톤은 색소체에서 카로티노이드로부터 합성되는 테르페노이드 분자이다. 목화 또는 다른 식물의 뿌리가 Orobanchaceae과의 식물 종자 발아를 촉진시키는 것으로 알려졌기에 SL은 처음 목화의 뿌리 추출물에서 분리되었다. 이 과의 식물들은 유해한 기생식물로 옥수수와 수수를 포함하는 많은 작물들에 치명적인 결과를 가져온다. 현재는 SL들이 식물의 생장과 발달의 조절에 관여함을 알게 되었고 애기장대의 몇몇 MAX 돌연변이들을 이용한 실험들은 SL들이 분지에 중요한 조절자임을 제시하였다. SL 수용체에 대해서는 알려진 바가 거의 없으며 신호전달 기작도 SCF E3 유비퀴틴 결합효소가 주요 기능을 한다는 사실 발견 외에는 연구가 미진한 상태이다.

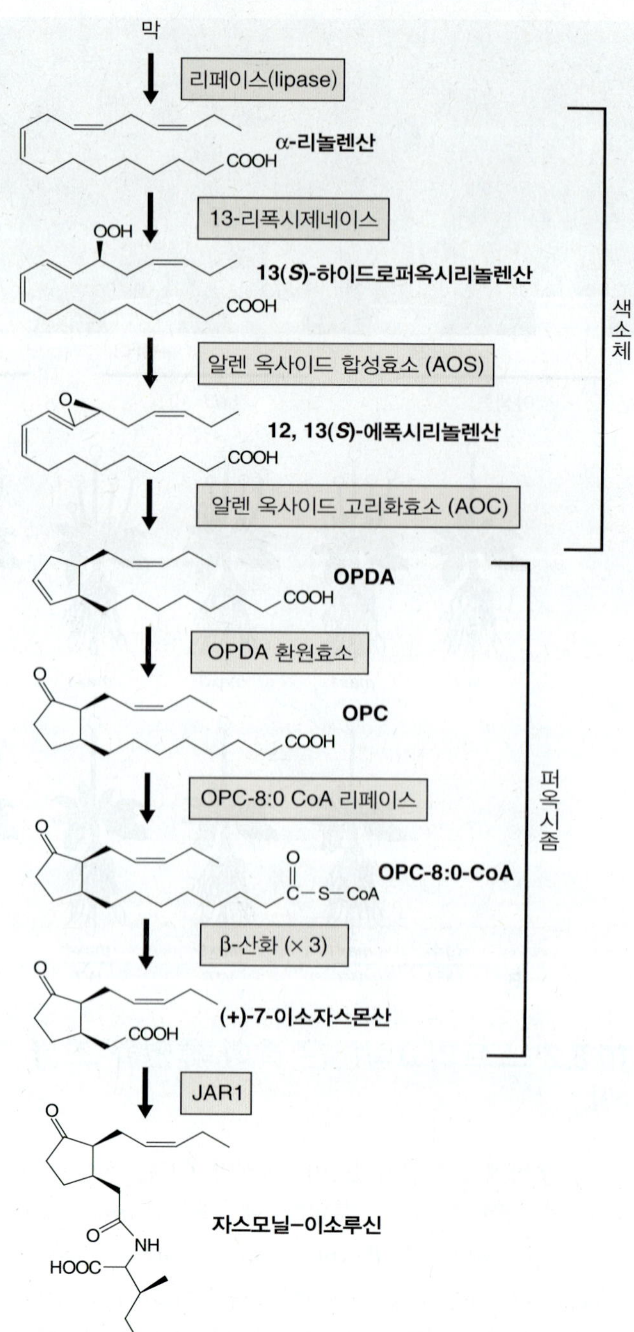

그림 10.41 자스몬산의 생합성. 막으로부터 리페이스(lipase) 활성에 의해 방출되는 α--리놀렌산은 색소체에서 OPDA(oxo-phytodienoic acid)로 전환되고 퍼옥시좀에서 일어나는 β-산화를 포함한 몇 단계를 거치게 된다. 이소루신과 결합된 JA가 세포질에서 생물학적으로 활성형인 자스모네이트이다. JAR1, *JASMONATES RESISTANT1* 좌위의 산물; OPC, oxo-cyclopentane octanoic acid.

10.9 자스몬산

자스모네이트는 자연적으로 존재하는 화합물 그룹 중의 하나로 지방산인 리놀렌산으로부터 합성되는 동물의 프로스타글란딘과 유사하다(그림 10.41). 자스몬산(Jasmonic acids, **JA**)과 메틸 자스모네이트(**MeJA**)는 식물에서 가장 일반적으로 존재하는 자스모네이트이다. MeJA는 자스민(*Jasminum grandiflorum*)에서 생산되는 향의 주요 성분 중의 하나이다. 식물 호르몬으로서의 자스모네이트의 기능은 1970년대에 처음 발견되었는데, 이때 JA는 벼와 밀, 상추 유식물의 생장을 방해하는 것으로 보고되었다. JA는 이후 종자와 포자의 발아를 저해하고 뿌리 생장을 방해하고 덩굴손의 말림을 촉진시키는 것이 보고되었다. JA는 또한 덩이줄기 형성을 촉진하고 종자에서 저장성 단백질을 농축시킨다.

JA 생합성과 반응에 결함이 있는 애기장대 돌연변이들은 수술대가 꽃가루를 암술머리에 전달할 만큼 신장하지 못하여 웅성 불임이다. 더욱이 꽃이 개화했을 때 꽃밥 터짐이 일어나지 않아 대부분의 돌연변이 꽃가루들은 생존하지 못한다. 이러한 돌연변이들의 생식력은 JA의 처리에 의해 회복될 수 있다. 자스모네이트는 또한 식물 조직이 초식동물에 의해 상처를 받았을 때 합성되어 식물의 방어 기작에도 중요한 역할을 한다(15장 참고).

10.9.1 자스모네이트 생합성은 색소체에서 시작되고 퍼옥시좀으로 이동된다

색소체와 퍼옥시좀의 두 세포소기관이 리놀렌산으로부터 JA를 생합성하는 데 연관되어 있다. JA 생합성의 첫 번째 단계는 리페이스(lipase)에 의해 촉매되며, C_{18} 다불포화성 지방산인 α-리놀렌산을 색소체 막 지질로부터 방출하는 것이다. 리놀렌산은 색소체에서 세 효소인 리폭시제네이스, 알렌 옥사이드 합성효소, 알렌 옥사이드 고리화효소에 의해 OPDA(oxo-phytodienoic acid)로 전환된다. OPDA가 어떻게 색소체에서 방출되는 것인지는 잘 이해되고 있지 않으나 ABC 계열의 수송 단백질에 의해 퍼옥시좀으로 이동된다(5장 참고). OPDA는 퍼옥시좀에서 OPDA 환원효소, OPA(oxo-phytoenoic acid) CoA 결합효소와 세 번의 β-산화를 포함한 총 다섯 단계를 거쳐서 JA로 전환된다(그림 10.41, 6장 참고).

JA는 아마이드 연결을 통해 이소루신(Ile) 또는 다른 아미노산들과 결합되어 자스모닐-이소루신(JA-Ile) 또는 자스모닐-아미노산 결합체를 생성한다(그림 10.41). JA-Ile은 JA의 기능적으로 활성화된 형태로 알려져 있다. 애기장대에서는 JA의 아마노산과의 결합은 *JAR1*(*JASMONATE RESISTANT1*) 좌위가 암호화하는 효소에 의해 촉매된다. *JAR1* 유전자는 높은 농도의 JA에 저항성을 갖는 돌연변이의 스크리닝으로부터 분리되었는데, 이러한 표현형은 JA의 JA-Ile로의 전환이 JA 신호전달 경로를 활성화하는 데 필수적임을 제시하였다. 다른 식물 호르몬들의 합성 경로와는 다르게 JA-Ile의 합성은 양성 되먹임 조절을 받는다. JA의 처리는 리폭시제네이스, *AOS*, *AOC*, OPDA 환원효소(*OPR3*), *JAR1*과 같은 JA 생합성 관련 유전자들의 발현을 증가시킨다.

JA-Ile으로 전환되는 것 외에도, JA는 SAM 의존성 카르복실 메틸화효소(carboxyl methyltransferase)의 산물인 방향성 메틸 자스모네이트의 전구체이기도 하다. 메틸 자스모네이트는 생물학적으로 활성을 가지며 초식동물에 대한 식물 방어의 방향성 신호로 기능한다고 알려져 있다(15장 참고). 식물에는 덩이줄기 형성을 촉진하는 튜베론산과 같은 다양한 JA 분해 산물들이 축적된다. 의외로 비활성형의 JA 분해산물의 형성에 대해서는 알려진 바가 적다. 앞서 강조했듯이, 세포로부터 호르몬을 제거하는 기작은 합성 만큼이나 중요한 기작이다. 아마도 에틸렌의 경우와 같이 JA와 그 유도체들의 방향적 특징이 화학적 불활성화 기작을 필요 없게 하였을 것이다.

10.9.2 자스모네이트 수용체는 자스모네이트 반응성 유전자의 억제자를 표적으로 하는 F-box 단백질이다

자스몬산은 식물에서 특별히 방어 기작과 연관된 많은 수의 유전자의 전사를 조절한다. JA 신호전달 경로는 다른 많은 식물 호르몬들의 그것들과 유사하여 전사적 억제자 단백질인 **JAZ** 그룹의 단백질의 분해에 UbPS가 연관되어 있다(그림 10.42). JAZ는 JA 반응성 유전자들을 조절하는 전사인자의 활성을 억제하는 기능을 갖는다. JAZ의 단백질 분해는 이에 의한 억제를 풀고 JA 반응성 유전자들이 전사되도록 한다. JA는 JAZ 단백질들을 SCF^{COI1} 유비퀴틴 결합효소 복합체의 구성요소인 F-box 단백질 COI1과의 결합에 의한 유비퀴틴화를 통하여 제거한다.

JAZ 단백질은 JA 반응성 유전자들의 발현에 필요한 전사인자인 **MYC2**와 결합하여 전사를 저해한다. JA-Ile이 SCF^{COI1} 복합체에 부착되면 JAZ와 복합체의 결합을 촉진하게 되고 이는 JAZ의 유비퀴틴화와 프로테아좀에 의한 단백질 분해로 이어진다. 그 결과 MYC2의 억제가 풀리고 JA 반응성 유전자들의 전사가 유도된다. 흥미롭게도 JAZ를 암호화하는 유전자들은 JA-Ile에 의해 양성적으로 조절되어 음성적인 되먹임 고리를 형성하게 된다.

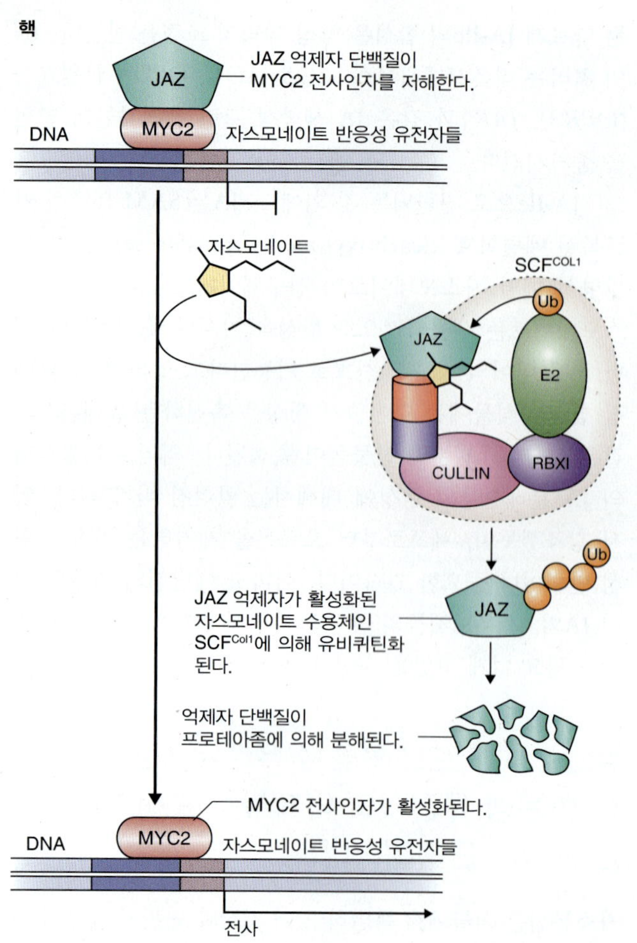

그림 10.42 자스몬산 (JA) 신호전달 경로의 간략한 모델. 자스모네이트는 F-box 단백질 COI1과 복합체를 이루고 전사적 억제자인 JAZ를 표적으로 하여 UbPS에 의한 분해를 유도한다. JAZ에 의한 억제의 풀림은 MYC2와 같은 전사인자에 의한 JA 반응성 유전자들의 전사를 가능하게 한다. 전사된 유전자들 중에는 방어 기작 단백질들이 있다.

키포인트 자스모네이트(JA)는 포유류의 프로스타글란딘과 유사한 분자로 식물의 방어 반응의 조절 외에도 종자의 발아와 꽃가루 관의 생장을 저해하는 것과 연관이 있는 것으로 알려져 있다. JA는 색소체에서부터 시작하여 퍼옥시좀에서 완성되는 일련의 경로를 따라 리놀렌산으로부터 합성된다. JA는 이소루신과 같은 아미노산과 결합하고 JA-Ile이 JA의 활성형 형태인 것으로 여겨진다. JA는 또한 메틸화되어 방향성의 메틸 자스모네이트를 형성하는데, 이는 초식동물에 대한 방어 기작의 신호전달과 연관이 있다. 방향성의 JA 유도체의 형성은 JA가 합성된 후에 신호를 퍼뜨리는 기작으로 작용할 것으로 추측된다. JA 수용체는 SCF^COI1 유비퀴틴 결합효소의 구성요소인 F-box 단백질로서 JAZ 계열의 전사 억제자들이 분해되도록 표적화한다. JAZ 단백질들은 일련의 방어 단백질들의 발현을 억제하고 JAZ의 프로테아좀에 의한 단백질 분해는 유전자 발현의 저해를 풀리게 하며 방어 단백질들이 전사되도록 한다.

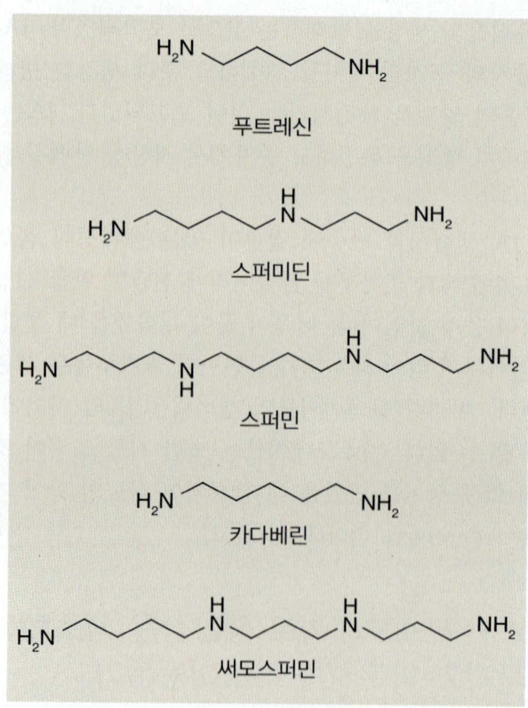

그림 10.43 식물에서 자연적으로 존재하는 폴리아민(PAs)의 화학적 구조들. 푸트레신, 스퍼미딘, 스퍼민은 가장 일반적인 PA이며 카다베린은 콩과식물에서 풍부하다.

10.10 폴리아민

폴리아민(PAs)은 2개 또는 그 이상의 아미노 그룹을 가지는 작은 유기 화합물로 분자량이 푸트레신(putrescine)의 경우는 88 Da이고 스퍼민의 경우는 202 Da에 달한다. 식물에서는 푸트레신, 스퍼미딘(spermidine), 스퍼민(spermine)이 가장 풍부하게 존재하는 PA들이며 콩과식물에서는 카다베린이 또한 풍부하게 존재한다(그림 10.43). 써모스퍼민(thermospermine)과 조금 덜 풍부하게 존재하는 PA들도 생리적으로 중요한 기능을 한다. 지금까지 논의된 다른 호르몬들과는 다르게 PA들은 식물에서 밀리 몰 단위의 농도로 존재한다. 그들은 세포의 분화와 분열, 배 발생, 꽃 발달, 과일 성숙, 뿌리 개시, 비생물적 스트레스에 대한 내성, 덩이줄기 형성 등과 같은 다양한 반응들을 매개한다.

PA는 하이드록시신나믹산(hydroxycinnamic acid)과 같은 막과 세포벽의 음이온 그룹이나 DNA, RNA, 인지질, 산성 단백질 같은 음이온 성분들에 강한 친화력을 보인다. 자유 아민의 형태로 존재하는 것 외에도, PA 풀의 상당한 부분은 *p*-쿠마릭산(*p*-coumaric acid), 퍼룰릭산(ferulic acid), 카페익산(caffeic acid)과 아마이드 결합체를 이룬다. PA와 하이드록시신나믹산과의 결합체는 개화, 종자와

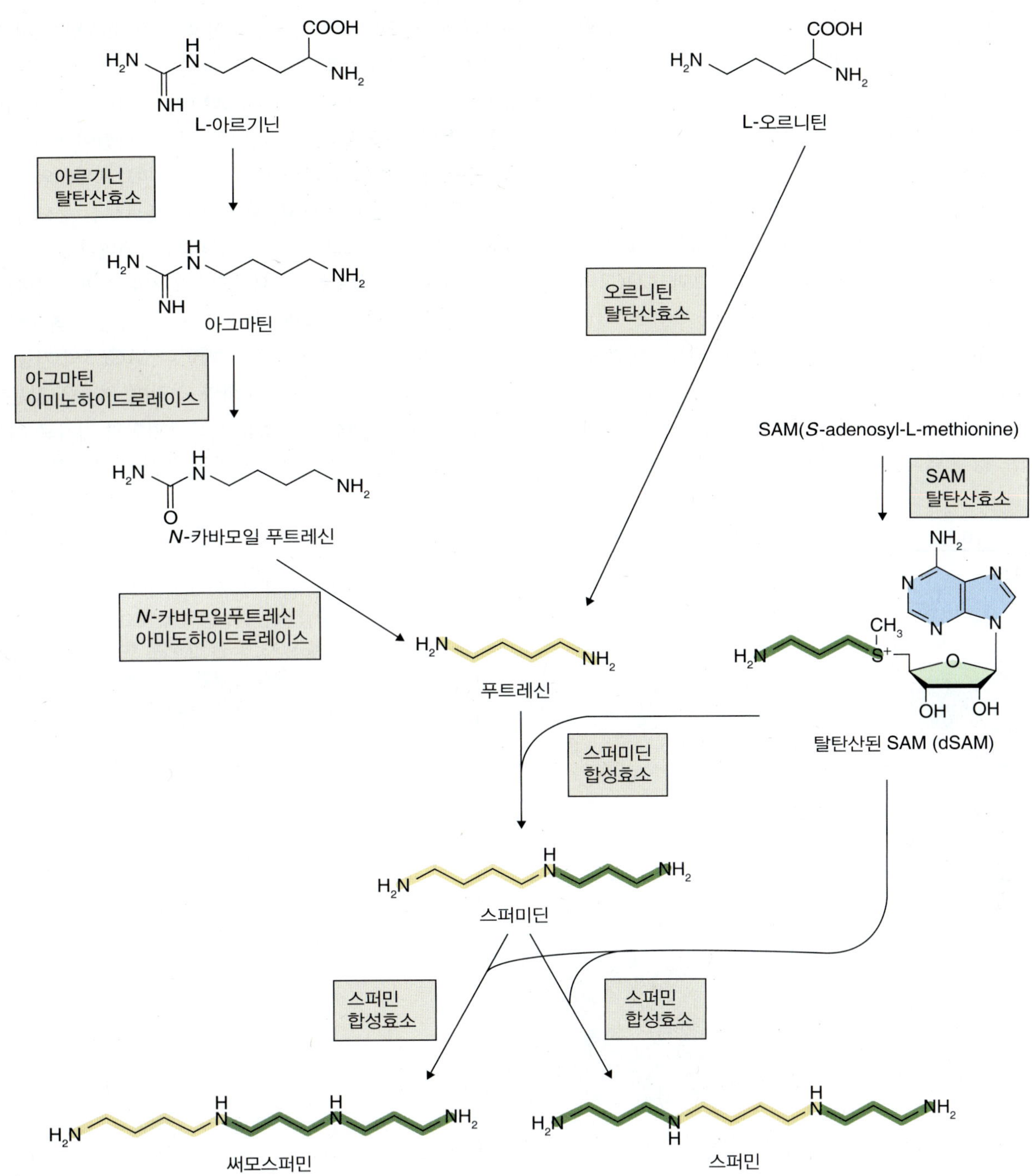

그림 10.44 아르기닌, 오르니틴, SAM(S-adenosyl methionine)으로부터 폴리아민의 생성

과일의 발달에 또한 바이러스, 곰팡이 감염에 대한 민감성 반응에 기능을 한다.

10.10.1 폴리아민은 아미노산으로부터 생성된다

푸트레신은 가장 간단한 형태의 PA로서 스퍼미딘과 스퍼민 생성의 전구체로 기능한다(그림 10.44). 몇몇 종들에서는 푸트레신이 오르니틴 탈탄산효소(ornithine decarboxylase, ODC)에 의해 L-오르니틴(Orn)으로부터 단일 반응으로 합성되거나 아르기닌 탈탄산효소(arginine decarboxylase, ADC)로부터 시작된 두 단계 반응으로 L-아르기닌(Arg)으로 합성된다. 일반적으로 ODC가 ADC보다 활성이 낮다는 사실은 아르기닌 탈탄산이 푸트레신의 더 주요한 경로임을 말해 준다. PA 생합성에 대한 아르기닌의 중요성은 애기장대의 경우 *ODC* 유전자는 결여되어 있으나 *ADC* 유전자는 2개를 가지고 있다는 사실에 근거한다. 더욱이 2개 모두의 *ADC* 유전자가 결여된 애기장대 돌연변이는 발아가 되지 않는 비정상적인 종자를 생산한다. 많은 종들에 있어서 푸트레신 생산은 환경적 스트레스에 의한 ADC 활성의 양성적 조절에 의해 증가된다. 애기장대의 저온 노출, 고염, 탈수, ABA 처리 등은 *ADC1*과 *ADC2*의 발현을 유도한다.

SAM과 푸트레신은 스퍼미딘, 스퍼민, 써모스퍼민 합성의 전구체들이다(그림 10.44). 10.5.1절에서 보았듯이 SAM은 또한 에틸렌의 전구체이기에 결과적으로 PA와 에틸렌은 서로 상대 쪽의 생합성 경로의 경쟁적 억제자로 작용하게 된다. SAM은 먼저 탈탄산을 거쳐 dSAM이 된 후 스퍼미딘 합성효소에 의해 푸트레신으로부터 스퍼미딘을 생성하는 데 기능한다. 또한 dSAM이 관여하는 스퍼미딘 합성효소의 반응에 의해 스퍼민과 써모스퍼민이 스퍼미딘으로부터 만들어진다. dSAM의 생성은 피드포워드와 피드백의 조절을 받는데, dSAM의 생성은 푸트레신 농도가 높아짐에 따라 증가하고 스퍼미딘에 의해 저해된다.

애기장대는 ***SDMS***와 ***ACL5***인 2개의 스퍼민 합성효소 유전자를 갖는다. SDMS는 스퍼민의 합성을 촉매하고 ACL5는 써모스퍼민의 합성을 촉매한다. *ACL5*의 기능 소실 돌연변이는 줄기 물관의 분화와 신장에 결함을 갖는다(그림 10.45). 그러한 표현형은 써모스퍼민의 첨가로 회복될 수 있는데, 스퍼민은 회복시키지 못하여 애기장대에서

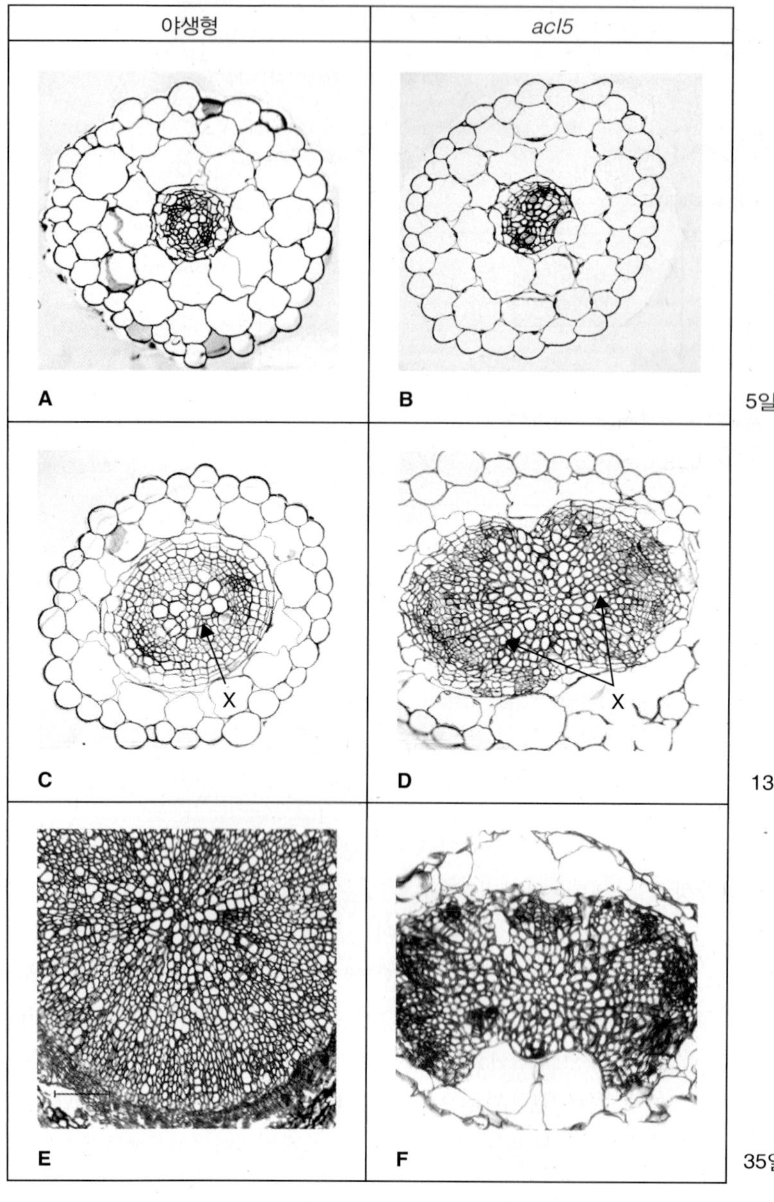

그림 10.45 스퍼민으로부터 써모스퍼민을 합성하는 효소를 암호화하는 *acl5* 유전자의 돌연변이들은 애기장대 유식물 하배축의 물관(X) 발달에 결함을 유발한다. 야생형(A, C, E)과 *acl5*(B, D, F)의 유식물을 5, 13, 35일 간 키운 후 줄기의 절단면을 광학현미경으로 관찰한 결과. *acl5* 돌연변이의 매우 비정상적인 물관 발달에 주목한다.

써모스퍼민이 정상적인 줄기 신장에 필수적임을 보여준다.

PA의 이화적 대사반응은 구리를 함유한 다이아민 산화효소와 플라빈이 연결된 폴리아민 산화효소라는 2개의 그룹의 효소에 의해 촉매된다. 양 그룹의 효소들은 PA가 궁극적으로 불활성형의 화합물로 분해되는 동안 H_2O_2를 발생시킨다. 식물은 많은 종류의 폴리아민 산화효소를 가지는데, 그중 몇몇은 아포플라스트에서 H_2O_2를 방출시켜 하이드록시신나믹산의 크로스링킹을 통한 리그닌화(lignification)에 영향을 준다. 애기장대의 5개 폴리아민 산화효소 중 3개는 퍼옥시좀에 존재하나 이들 효소에 의해 방출되는 H_2O_2는 퍼옥시좀에서 H_2O_2를 H_2O로 전환시키는 카탈레이스(catalase)가 풍부함을 고려한다면 식물 발달에 중요하지는 않을 것으로 생각된다.

10.10.2 폴리아민은 물관 분화에 기능한다

헛물관의 분화에 대한 PA의 효과는 애기장대와 *Zinnia elegans*에서 잘 연구되었다. 애기장대 *acl5* 돌연변이는 써모스퍼민 수준이 감소되고 하배축에서의 물관 분화에 결함이 생긴다(그림 10.45). 야생형과 비교하였을 때, *acl5* 돌연변이의 물관 요소는 작고 나선상 비후를 보이며 세포벽에 벽공도 없다. 물관 섬유 또한 결여되어 있다. 물관 분화에 관한 *acl5* 돌연변이의 효과가 스퍼민 처리에 의해 회복된다는 관찰과 ACL5가 특별히 야생형의 애기장대에서 발달하는 물관 요소들에서 발현된다는 사실은 PA 합성이 정상적인 물관의 발달에 필수적임을 뒷받침한다.

물관 분화에 대한 PA의 역할을 보여주는 또 다른 증거는 세포 배양을 통한 세포 수준에서의 헛물관 분화 연구가 가능한 *Zinnia elegans*의 결과로부터 나왔다. 헛물관 요소를 형성하도록 유도된 배양 중인 *Z. elegans* 세포에 대한 스퍼민의 처리는 물관의 크기를 급격하게 증가시키고 세포벽의 비대도 좀 더 정교하게 일어난다. 아마도 애기장대와 *Z. elegans* 모두에게 있어서 PA는 기능적인 물관 요소와 헛물관을 분화시키는 마지막 단계인 헛물관 요소의 예정된 세포사를 지연시키는 데 기능할 것으로 보인다(18장 참고).

키포인트 폴리아민은 적어도 2개의 아미노 그룹을 가지고 있는 저분자 유기 물질이다. 가장 작은 PA인 푸트레신은 아미노산인 오르니틴과 아르기닌으로부터 합성된다. 스퍼미딘과 스퍼민 같은 좀 더 큰 크기의 PA는 SAM(S-adenosyl methionine)과 푸트레신으로 부터 합성된다. PA는 다이아민 산화효소나 폴리아민 산화효소와 같은 두 그룹의 효소에 의해 분해된다. PA는 물관의 분화, 개화, 과일 생장, 병원균에 대한 반응과 같은 다양한 식물의 생장과 발달에 영향을 준다. PA에 대한 많은 반응들은 예정된 세포사에 대한 PA의 효과와 연관이 되어 있는 것으로 추정되나 그 정확한 기작은 아직 밝혀지지 않고 있다.

10.11 살리실산

살리실산(salicylic acid, SA)은 오랜 시간 동안 식물에서 만들어지는 생물학적으로 중요한 물질로 인식되어 왔다. 최근까지 그 생물학적 중요성은 일반적으로 아스피린이라고 알려진 살리실산 유도체인 아세틸살리실산의 의학적 기능과 연관이 있었다. SA는 처음에 버드나무(*Salix alba*)의 수피로부터 분리되었고 이름도 여기에서 유래되었다. 그 공식적인 화학적 명칭은 2-hydroxybenzenecarboxcyclic acid이고 분자량은 138 Da이다.

10.11.1 식물에서 2개의 살리실산 생합성 경로가 존재한다

식물에서는 2개의 가능한 SA 생합성 경로가 존재하는데, 첫 번째는 트랜스 신나믹산(*trans*-cinnamic acid, tCA)으로부터이고 두 번째는 코리스믹산(chorismic acid)으로부터이다(그림 10.46). tCA 경로에서는 트랜스 신나믹산이 **PAL**(phenylalanine ammonia lyase)의 촉매에 의해 페닐알라닌으로부터 합성이 된다. tCA는 CoA가 tCA로 첨가되는 β-산화에 의해 벤조산(benzoic acid)으로 전환된다. 트랜스-신나모일-CoA는 세 번의 β-산화를 거쳐서 벤조일-CoA를 생성하고 이는 다시 벤조산으로 전환된다. 벤조산은 수용성의 시토크롬 P450 효소에 의하여 하이드록실화되어 SA를 형성한다. SA 생합성의 이 경로의 역할에 대한 증거는 담배(*Nicotiana tabacum*)를 담배 모자이크 바이러스(TMV)로 접종시켰을때 PAL 활성이 억제되고 훨씬 낮은 수준의 SA가 관찰되는 실험 결과로부터 나왔다.

SA 생합성의 코리스메이트(chorismate) 경로는 두 단계에 걸쳐서 일어난다(그림 10.46). 첫 번째 단계는 ***ICS1/SID2*** 유전자에 의해 암호화되는 아이소코리스메이트 합성효소에 의해 촉매되고 두 번째 단계는 **IPL**(isochorismate pyruvate lyase)에 의해 촉매된다. 애기장대의 *ics*1/*sid*2 돌연변이는 다양한 SA의 유도 조건에서 SA를 농축시키는데 실패하여 이러한 종들에서 코리스메이트 경로가 SA 합

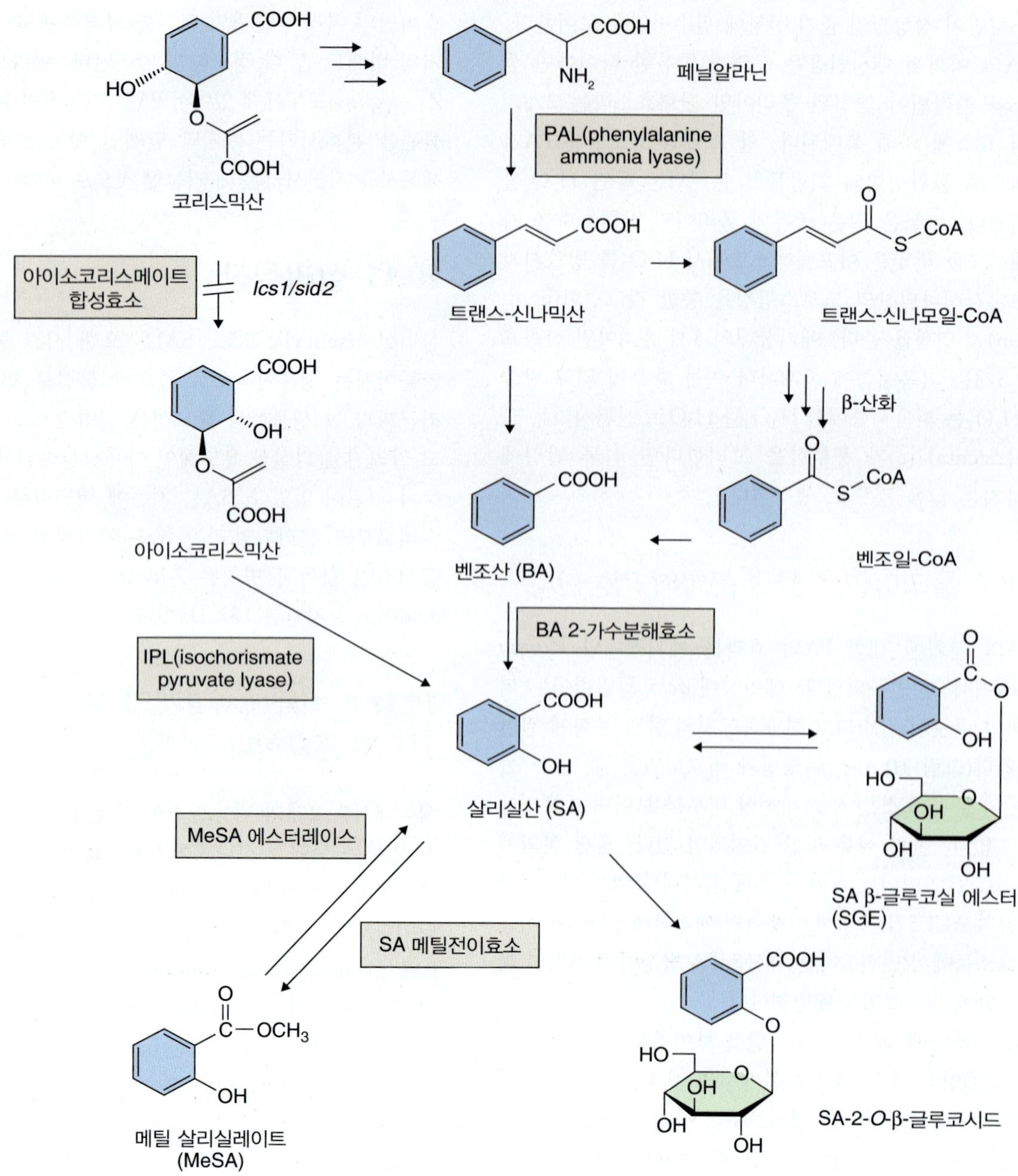

그림 10.46 페닐알라닌과 코리스메이트로부터 살리실산의 생합성. SA는 메틸 살리실레이트로 전환되거나 포도당과 결합된다.

성의 주요 경로임을 보여준다. 그러나 다른 종들의 경우에서는 SA는 tCA 경로를 따라 합성이 된다. 오존에 노출되어 비생물적 스트레스를 겪는 담배는 *ICS*의 발현 없이 벤조산으로부터 SA를 생성한다. 반면에 애기장대에서는 *ICS*가 오존에 반응하여 발현이 되고 SA도 축적된다. 이러한 결과들은 식물에서 SA 생합성의 경로는 종 특이적이며 또한 아마도 자극 특이적일 것임을 암시한다.

SA는 in vivo 상에서 메틸 살리실레이트(MeSA)로 전환되고 글루코실 에스터와 글루코시드가 생산될 수 있다 (그림 10.46). SA의 카르복실 그룹에 대한 메틸화는 MeSA를 형성하는데, 이 반응은 SAM을 메틸기 공여자로 사용하는 카르복실 메틸 전이효소에 의해 촉매된다. MeSA는 MeSA 에스터레이스에 의해 SA로 다시 전환될 수 있다.

10.11.2 살리실산은 몇몇 식물에서 개화를 유도하고 열을 발생시킨다

살리실산은 꽃잎의 노화를 지연시키고 좀개구리밥의 개화를 유도하며 천남성과의 arum lily에서 **열발생**(**thermogenesis**)을 유발시킨다(그림 7.18 참고). 절단된 꽃들이 있는 꽃병 안에 아스피린을 첨가하는 것은 그들의 노화를 지연시키기 위해 많은 사람들이 사용하는 처방법이다. 이 경우에 SA 작용의 기작은 ACC를 에틸렌으로 전환시키는 과정을 조절한 결과이다. SA는 ACO를 억제하여 에틸렌 수준을 낮추고 노화를 지연시킨다. 개구리좀밥(천남성과의 작은 수생 현화식물로 *Lemna gibba*, *Spirodela polyrrhiza*, *Wolffia microscopia* 등이 이에 속한다)은 개화에 일련의 긴 낮 시간을 요구하나 SA 처리 시에는 단일 조건에서도 개화가 유도될 수 있다. 개구리좀밥에서 SA가 내재적인 개화 유도 호르몬은 아닌 것으로 보여지는데, SA는 장일 조건이나 단일 조건 모두에서 식물에 비교적 풍부한 것으로 알려져 있기 때문이다.

천남성 육수화서(spadix)의 발열 현상은 흥미로운 생물학적 현상이며 SA가 이러한 반응을 유도하는 신호로 알려져 있다. 마이토콘드리아에서 대체적인 산화효소 경로를 따라 짝풀림 전자 흐름에 의한 열에너지 방출의 결과 육수화서 조직의 온도가 10°C나 그 이상 증가하게 되고 육수화서가 생산한 아민들은 방향성이 된다(7장 참고). 자극적인 방향성 아민들은 꽃가루 매개자들을 꽃으로 유인한다. 발열 현상의 유도 인자는 처음에 **칼로리젠**(**calorigen**)이라 불렸는데 이는 1980년대 후반에 SA인 것으로 확인되었다. 육수화서에 SA의 처리는 발열 현상을 유도하는데 이때 내재적인 SA 수준의 증가가 같이 일어나므로 양성적 피드백의 예가 된다.

10.11.3 살리실산은 국부적인 또한 광범위한 병 저항성 반응과 연관되어 있다

병원균의 감염에 반응하여 많은 식물은 병원균이 퍼지는 것을 제한함으로써 질병에 대한 저항성을 전개시킨다(15장 참고). 병원균의 국소적 퍼짐을 제한하는 것 외에도 감염 지역과 떨어진 식물의 일부분은 병원균에 대한 저항성을 만들어 내는데 이러한 현상을 **SAR**(**systemic acquired resistance**)라 부른다. SAR는 또한 일련의 **PR** (**pathogenesis-related**) 단백질들의 생산과도 연관된다. SA는 병원성 감염에 대한 이러한 저항성 기작에 중요한 요소이다.

SA가 SAR에 연관이 되어 있다는 증거는 TMV에 민감한 *Nicotiana tabacum* cv. Xanthi의 잎에 SA를 처리했을 때 PA 단백질들이 생성되고 TMV 감염에 저항성을 준다는 실험으로부터이다. SA에 대한 노출은 다양한 병원균 감염 식물들에서 SAR를 유도하는 것을 보여주었다. SA가 SAR와 연관이 된다는 또 다른 증거는 TMV 저항성 담배에 TMV를 감염시켰을 때 감염된 잎에서 SA의 수준이 40배 증가되고 감염 부위로부터 떨어진 잎에서는 10배 증가된다는 실험의 결과이다. TMV 저항성 식물에서 SA 농도의 증가는 감염된 잎과 감염되지 않은 잎에서 공히 PA 단백질을 암호화하는 유전자의 증가된 발현을 동반한다. TMV에 민감한 담배 식물은 바이러스에 감염되었을 때 SA 농도의 증가나 PA 단백질의 유전자 발현 증가를 보이지 않는다. 이러한 결과와 유사한 다른 실험들은 SA가 SAR를 발생시키는 신호전달 기작에서 중요한 역할을 한다는 결론을 제시한다.

MeSA는 SAR에서 기능을 하지만 이는 종마다 다른 것으로 보인다. 담배에서는 MeSA가 가용한 SA 풀을 조절하는 기능으로 SAR에 필수적이라는 결과가 보고되지만, 애기장대에서는 MeSA가 SA 항상성이나 SAR에 기능한다는 증거가 없다.

키포인트 살리실산은 병원균에 대한 식물의 방어와 비생물적 스트레스에 대한 식물의 반응들과 연관되어 있다. 이는 국부적인 병원균의 감염을 막아 줄 뿐 아니라 감염점으로부터 떨어진 지역의 저항성을 증진하는 SAR(systemic acquired resistance)를 매개하기도 한다. SA는 촉발자의 성격에 따라 두 가지 경로를 거쳐서 합성된다. 비생물적 스트레스에 노출된 식물들은 코리스메이트로부터 SA를 합성하고, 병원균의 존재에 대하여 반응을 보이는 식물들은 트랜스-신나믹산으로부터 SA를 합성한다. SAR 동안 만들어지는 SA는 메틸화되고 MeSA는 몇몇 식물 종들에서 활성형인 형태이다. SA는 좀개구리밥에서 개화를 촉진하고 칼라 같은 식물에서는 마이토콘드리아에서 짝풀림 에너지 흐름에 의한 열발생 과정인 열발생 현상을 유도한다. 열은 자극적 아민들을 방향화시키고 이들은 곤충 꽃가루 매개자들을 유인하는 역할을 한다.

10.12 산화질소

산화질소(NO)는 모든 살아 있는 생명체로부터 만들어지는 기체이다. 식물에 의한 질산염(NO_3^-) 대사의 생화학에 대한 1980년대 조사는 NO_3^-가 NH_4^+로의 환원되는 질산염 동화 중에 NO가 합성될 수 있다는 발견을 가져왔다. 반면에 박테리아에서는 NH_4^+가 N_2로 산화되는 탈질산화 과정 중에 NO가 생성된다(13장 참고). 동물들은 NO 합성효소(NO synthase)를 사용하여 아르기닌으로부터 NO를 생성한다. NO 합성효소는 아직 식물에서 결정적으로 발견되지는 않았고 우리가 뒤에 논의하는 바와 같이 식물은 NO의 생성에 있어서 NO_3^-를 NH_4로 전환시키는 데 주요 역할을 하는 효소인 질산염 환원효소(nitrate reductase)를 포함한 다양한 다른 효소와 경로들을 사용한다.

포유동물에서 NO는 혈관 확장의 조절자로 주목 받았고 이는 비아그라(Viagra)와 같은 약품의 개발로 이어졌다. NO는 또한 식물에서 다양한 반응들을 유도한다. 이러한 반응들로는 기공의 닫힘 조절, 측근 개시, 개화, 종자 발아, 삼투압, 염분, 침수, 극한 온도와 같은 비생물적 스트레스에 대한 반응들이 있다. NO는 또한 병원균의 공격에 대하여 H_2O_2 생성을 자극함으로써 식물의 방어기작 형성에 관여한다. 식물 조직에 대한 ABA와 IAA의 처리는 NO 생성을 증가시키고 공변세포에서는 H_2O_2가 NO 생성을 증가시킨다.

포유동물과는 달리 식물에서는 NO 합성의 기질로 아르기닌을 사용하는 NO 합성효소의 활성을 명확하게 보여주지 못했다. 식물에서는 질산염 환원효소에 의해 촉매되는 NO_3^- 또는 아질산염(NO_2^-)으로부터 NO의 합성이 잘 확립되어 있다(13장 참고). **정상산소(normoxic)** 조건에서 질산염 환원효소는 식물에서 효소에 의해 생성되는 NO의 공급원이다. 애기장대는 2개의 질산염 환원효소인, ***NIA1***과 ***NIA2***를 가지며 이중 돌연변이인 *nia1*/*nia2*는 공변세포에서 NO 생성과 ABA에 의한 기공의 닫힘이 급격하게 감소됨을 보였다. 애기장대에서 NIA2는 양적으로 더 많이 존재하는 효소이나 *NIA1*의 돌연변이들은 NIA1에 의한 NO의 생성이 기공 닫힘에 더 중요함을 보였다.

식물에서의 다른 생합성 경로들은 특별히 제한적인 산소 가용 조건에서 NO의 상당량을 생성할 수 있는데, 이때 NO_2^-와 같은 기질들은 시토크롬 산화효소, 시토크롬 C, 시토크롬 P450 또는 다른 공여자로부터 전자를 수용하게 된다(식 10.1).

식 10.1 아질산염의 환원에 의한 산화질소 생성

$$NO_2^- + 2e^- + 2H^+ \rightarrow NO + H_2O$$

NO 생성의 비효소적 기작들도 동물과 식물에서 작동할 것이라 여겨진다. NO_2^-로부터 NO 생성의 화학은 잘 정립되어 있다. 약산성 조건에서 아질산염은 양성자가 첨가되면 아질산을 생성한다(식 10.2). 아질산은 그 후 아스코베이트(ascorbate)와 식물 세포벽의 페놀성 화합물 등을 포함한 다양한 생물학적 환원제에 의하여 식 10.3에서 보여주듯이 NO로 환원될 수 있다.

식 10.2 아질산염의 양성자 첨가

$$NO_2^- + H^+ \rightarrow HNO_2$$

식 10.3 아질산의 환원

$$HNO_2 + 2RH \rightarrow NO + H_2O + 2R$$

식물이 몇몇의 산성의 구획을 가진다는 것은 아질산염으로부터 NO의 생성을 뒷받침하는데, 특별히 세포벽은 생체막 H^+-ATPase의 활성이 아포플라스트를 산성화시키고 세포벽의 페놀성 화합물은 아질산염을 환원시켜 NO를 생성하는 환원제를 제공한다.

키포인트 산화질소는 공변세포 기공의 기능, 측근 개시, 개화, 종자 발아, 비생물적 스트레스에 대한 반응 등을 포함하는 식물 생장과 발달의 다양한 측면들을 조절하는 반응성의 기체이다. NO는 1980년대 이래로 식물에서 생성이 되는 것으로 알려져 있으나 호르몬으로서의 그 기능은 최근에서야 탐구되고 있다. NO는 질산염 환원효소나 다른 효소 촉매적 반응들에 의한 화학반응에 의해 질산염으로부터 생성되나 동물의 경우에서와는 대조적으로 식물에서는 NO 합성효소에 의한 아르기닌으로부터의 NO를 생성한다는 증거는 아직 없다. NO의 상당량은 식물의 세포벽에서 보여지는 산성조건하에서 아질산염으로부터 비효소적으로 생성된다.

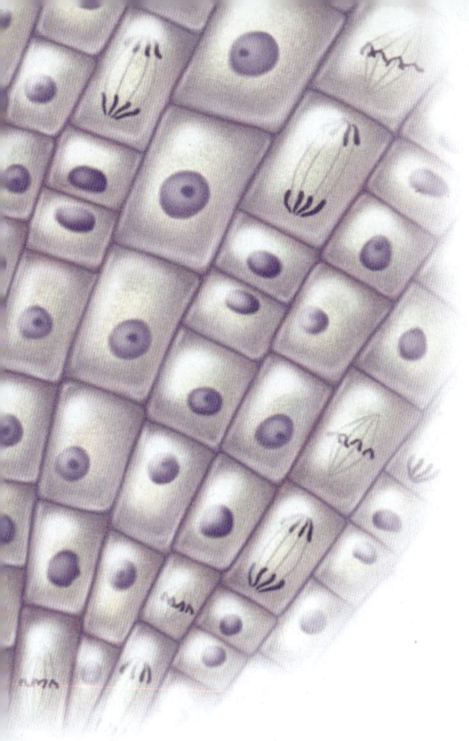

Chapter 11
세포 주기와 분열조직

11.1 세포 분열과 분열조직에 대한 서론

살아 있는 모든 생명체와 같이 식물에서도 모든 세포는 현존하는 세포의 분열에 의한 결과물이다. 세포 분열의 전에 세포의 핵 내 게놈은 정확히 복제되어 새롭게 만들어지는 세포들은 이전 세포와 유전적으로 동일한 세포들이 된다. 세포 분열 과정이 정확히 조절되는 것은 매우 중요하여 세포가 부적절한 시기와 장소에서 분열하게 되면 비정상적인 생장이 이루어지고 몇몇 경우에는 종양성 증식을 유발하게 된다. 세포 분열을 조절하는 기작의 중요 요소들은 진핵세포 진화의 초기부터 존재했기에 모든 진핵 생명체에서 고도로 보존되어 있으나 식물의 세포 주기(cell cycle)는 또한 몇 가지 특별한 단독적인 특징도 가지고 있다.

진핵세포에서는 두 가지 유형의 세포 주기를 가지는데, 영양 생장의 세포 주기 또는 **체세포 분열(mitotic cell cycle)**은 식물에서 모든 뿌리와 줄기, 잎, 그리고 다른 비생식 조직을 생산해 내며, 그것의 특별한 변형 형태인 **감수 분열(meiotic cell cycle)**은 식물에서 생식 조직에서만 일어나고 포자들을 생산하게 된다(그림 1.6 참고). 이 장에서는 두 가지 유형 모두의 세포 분열을 다루고자 한다. 여기서는 DNA 복제의 과정과 세포 분열의 개요를 특별히 식물에서의 특징적인 모습과 함께 소개할 것이다. 세포 분열은 분열조직(meristem)에서 일어나게 되는데, 이곳은 식물에서 다양한 형태의 세포 유형 중의 하나로 분화될 수 있는 새로운 세포들을 생산하는 장소이다. 또한 분열조직에서의 세포 주기 조절도 논의가 될 것이다.

11.1.1 체세포 분열 주기는 4개의 단계로 구성된다: M, G1, S와 G2

세포 분열이 일어나기 위한 필수적인 2개의 과정은 **DNA 복제** 그리고 2개의 딸 세포 사이에서의 **염색체 분리**이다. 이 두 과정은 서로 양립할 수 없어서 게놈이 딸 세포에 정확히 전달되기 위해서는 염색체가 분리되는 동안 DNA 복제는 불가능하다. 그러므로 이 두 과정의 시기들은 매우 정교하게 조절된다. 이러한 조절을 위하여 세포 주기는 4개의 단계로 구성되는데, 세포는 각 단계에서 그 다음으로의 비가역적인 전환으로 순서적으로 반드시 이 과정들을 거친다. 이 네 단계들로는 체세포 분열과 뒤이은 세포질 분열을 구성하는 **M기**, 간격 1(gap 1) 또는 체세포 분열 후 간기(**G1 phase**), DNA 합성기(**S phase**), 간격 2(gap2) 또는 합성 후 간기(**G2 phase**)들이 있다(그림 11.1). G1, S, G2기는 합쳐서 **간기(interphase)**로 알려져 있다. M기 동안에 세포는 나뉘고 두 딸 세포 간에 복제된 게놈을 분배하게 된다. M기는 일반적으로 각각이 특징적인 염색체의 구조를 보이는 6개의 과정들로 기술된다. 이 과정들은 전기(prophase), 전중기(prometaphase), 중기(metaphase), 후기(anaphase), 말기(telophase)와 세포질

The Molecular Life of Plants, First Edition. Russell Jones, Helen Ougham, Howard Thomas and Susan Waaland.

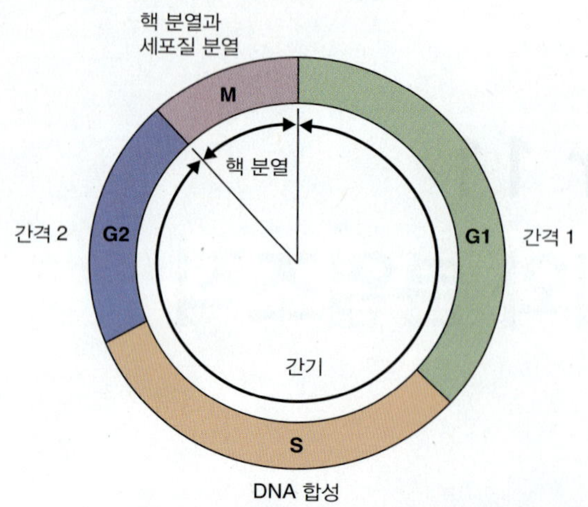

그림 11.1 세포 주기의 단계들. 체세포 분열은 염색체가 응축되고 자매 염색분체가 분리되는 시기로 핵 분열이 뒤따르게 된다. 세포 주기의 그 밖의 다른 시기들을 전부 간기(interphase)라 부르며 염색체가 퍼져서 존재한다. 간기는 G1 간격기, S(DNA 합성기)기, 두 번째 간격인 G2기로 구성된다.

분열(cytokinesis)로 구성되며, 그림 11.2에 도식되어 있다. 이들 중 전기에서 말기에 이르는 처음 다섯 단계들이 체세포 분열을 구성하고 이후 세포질 분열을 통하여 2개의 핵이 딸 세포들로 나뉘어지며 M기를 완성하게 된다. G1기는 세포가 단백질, 지질, 탄수화물, 그리고 다른 필수적인 분자들을 생산하여 생장하는 시기이다. 세포 분열을 위한 준비로 DNA는 S기 동안에 복제되고 G2기를 거치며 고분자 물질의 생산이 일어나고, 세포는 다음 단계인 M기로 들어가게 된다.

한 단계에서 그 다음으로의 전환은 특별한 인산화효소와 탈인산화효소, 단백질 분해효소를 포함하는 단백질들의 네트워크를 통하여 조절된다. 이러한 조절은 스위치와 같이 작용하여 정확하게 단계적인 진행이 이루어 질 수 있도록 하며, 이렇게 DNA가 정확히 복제되어 복사된 유전 물질들이 2개의 딸 세포 간에 적절하게 배분되도록 한다. 이러한 조절은 또한 세포 주기의 단계들을 환경적 조건들과 연관시켜 주어진 환경하에 대부분의 세포들이 특정한 임계점의 크기까지 분열할 수 있도록 조절한다. 그러나 세포 분열은 일반적으로 특정한 크기로의 생장이라는 조건 하나만으로 유발되지는 않고 다른 신호들에 의해서도 촉진이 되어야 한다. 세포 분열의 시기를 조절하는 기작들은 또 다른 중요한 역할을 하는데 그것이 바로 질적인 조절이다. **확인점(checkpoint)**이라 불리는 세포 주기의 특정한 시기에 세포는 불완전하게 복제되거나 손상된 DNA 등이 자손 세포

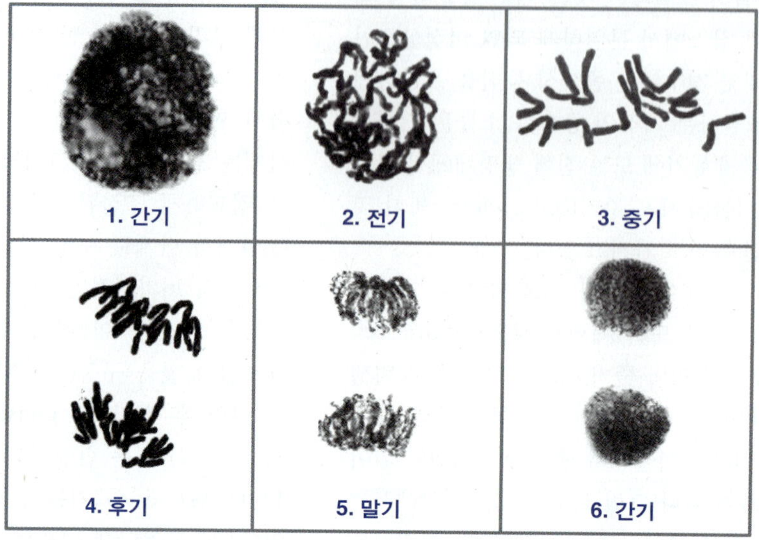

그림 11.2 식물세포에서의 체세포 분열. (A) 6쌍의 염색체(2n=2x=12)를 가지는 속씨 식물의 뿌리 세포에서의 체세포 분열 사진들. 염색체들을 DNA와 반응하여 착색물을 만들어 내는 Feulgen's 용액으로 염색하였다. (B) 체세포 분열의 첫 단계는 전기(prophase)로 이 시기에는 핵 막이 사라지고 염색체가 응축되며 방추체가 형성된다. 전중기(prometaphase)와 중기(metaphase)에는 염색체가 방추사에 부착되고 양쪽 방추체 극에서 중간에 위치한 중기판으로 이동하여 배열된다. 후기(anaphase)에는 자매 염색분체가 분리되고 서로 반대편 극으로 이동한다. 말기(telophase) 동안에는 2개의 새로운 딸 세포가 형성될 지역에서 염색체들 주변으로 새로운 핵막이 형성되고 염색체들은 응축이 풀리게 된다. 세포질 분열(cytokinesis)은 말기에 일어나는데, 식물 세포 분열의 특징인 격막 형성체(phragmoplast)가 딸 핵들 사이에 형성되기 시작한다. 세포판이 세포 면까지 도달하면 부모 세포의 세포벽 옆 면과 융합되고 세포질 분열 말기에 딸 세포들은 각각 완전한 핵과 자신 만의 생체막을 보유하며 세포벽에 의해 분리된다.

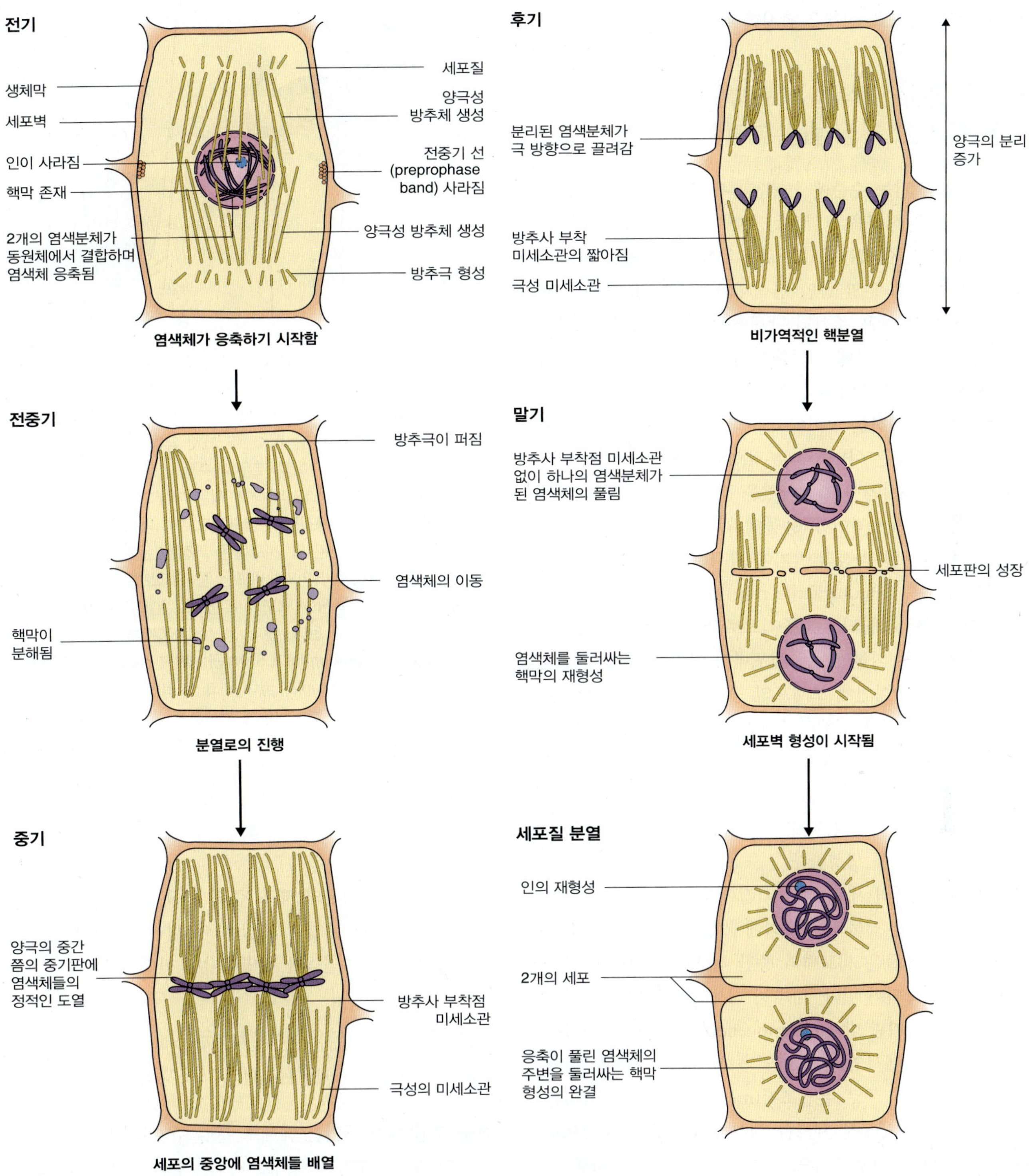
전기
생체막
세포벽
인이 사라짐
핵막 존재
2개의 염색분체가
동원체에서 결합하며
염색체 응축됨
세포질
양극성
방추체 생성
전중기 선
(preprophase
band) 사라짐
양극성 방추체 생성
방추극 형성
염색체가 응축하기 시작함
전중기
방추극이 퍼짐
염색체의 이동
핵막이
분해됨
분열로의 진행
중기
양극의 중간
쯤의 중기판에
염색체들의
정적인 도열
방추사 부착점
미세소관
극성의 미세소관
세포의 중앙에 염색체들 배열
후기
분리된 염색분체가
극 방향으로 끌려감
방추사 부착
미세소관의 짧아짐
극성 미세소관
양극의 분리
증가
비가역적인 핵분열
말기
방추사 부착점 미세소관
없이 하나의 염색분체가
된 염색체의 풀림
세포판의 성장
염색체를 둘러싸는
핵막의 재형성
세포벽 형성이 시작됨
세포질 분열
인의 재형성
2개의 세포
응축이 풀린 염색체의
주변을 둘러싸는 핵막
형성의 완결
B

그림 11.2 (*계속*)

에 전달되지 않도록 진행을 감시한다.

11.1.2 견고한 식물 세포벽은 식물 세포 주기에 독특한 특징들을 부여한다

DNA 서열과 기능 수준에서 볼 때, 세포 분열 주기의 많은 구성 요소들은 식물을 포함하는 진핵 생명체들에서 고도로 보존되어 있다. 이러한 요소들로는 DNA 복제를 수행하는 효소들과 체세포 분열 동안 염색체의 이동을 조절하는 세포골격 구조들, 세포 주기의 단계별 주요한 전환을 조절하는 인산화효소들, 단백질 분해의 **유비퀴틴-프로테아솜 체계(UbPS**; 5장 참고)의 구성요소들이 있다. 그러나 식물은 세포 분열을 조절하는 방식에서 몇몇 차이점을 보이는 진화를 해 왔다. 이것은 아마도 부분적으로나마 식물 세포의 독특한 구조적 특징에서 기인하였을 것이다. 그중의 하나는 견고한 식물의 세포벽이다. 동물에서는 2개의 딸 핵들이 분리되는 세포 분열 과정의 말기에 발생하는 2개의 딸 세포들 사이의 수축 환(contractile ring)에서 생체막의 점진적인 수축이 일어나게 되고 최종적으로 2개의 새로운 세포들로 나뉘게 된다. 식물에서는 세포벽이 이러한 수축이 일어나는 것을 막고 대신에 모세포의 중간 부분에서 자라나는 **세포판(cell plate)**에 의해서 2개의 딸 핵들이 분리된다(그림 11.2B; 4.2.5절, 그림 4.7 참고). 세포판은 생체막과 세포벽의 성분을 함유하는 골지체 유래 소낭으로부터 형성되고 결과적으로 모세포의 생체막 그리고 옆 세포벽과 융합하여 2개의 딸 세포를 생성한다.

식물과 동물의 세포 분열 과정에서의 또 다른 중요한 차이점도 견고한 식물의 세포벽에 기인한다. 다세포 식물의 인접한 세포들은 세포벽의 중간 라멜라에 의하여 단단하게 서로 부착되어 있다. 따라서 다세포 식물의 세포들은 이동성이 없고 기관 발생(organogenesis)은 새로운 기관이 형성될 그 장소에서의 세포 분열과 신장들에 의존하게 된다. 세포 분열은 주로 **분열조직(meristem)**에서 발생하는데, 분열조직은 새로운 세포를 생산하는 특별한 지역으로 만들어진 세포는 분열조직으로부터 떨어져 나와 다양한 유형의 세포로 분화한다(그림 11.3; 1장 참고).

마지막으로, 포유류와 다른 많은 동물들과 비교하여 식물 생장과 발달은 주로 후배기(postembryonic)에 이루어진다. 식물은 배발생 동안 뿌리-줄기 축이 확립되고 몇몇 엽원기가 형성되나 식물 생장의 대부분은 발아 이후에 이루어지며 새로운 잎, 줄기, 뿌리, 그 밖의 구조들을 생성하는 데 분열조직에서의 세포 증식을 요구한다(12장 참고). 식물에서의 세포 분열의 조절은 이 절에서 논의되는 모든 구조적, 발달적 측면들을 반영해야만 한다.

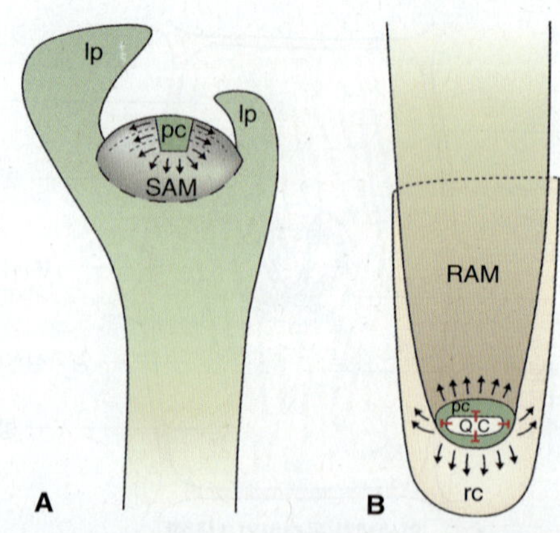

그림 11.3 정단 분열조직. 식물은 그 생활사 동안 새로운 조직과 기관을 생성할 수 있고, 이는 식물이 (A) 줄기 정단 분열조직(shoot apical meristem, SAM)과 (B) 뿌리 정단 분열조직(root apical meristem, RAM)을 가지고 있기에 가능하다. 두 가지 유형의 분열조직들은 분열을 통하여 생장하는 기관에 새로운 세포들을 공급할 수 있는 미분화된 세포들을 가진다. 분열조직 내의 작은 부분의 증식 세포(proliferative cells, PC)들은 분열조직이 영구적으로 기능하는 데 핵심적이다. 증식 세포로부터 생산된 딸 세포들은 특정한 운명의 세포 라인들을 형성한다. 만들어진 하나의 딸 세포는 증식 세포를 유지하고 또 다른 하나는 궁극적으로 특정한 세포의 유형으로 분화하여 생장하는 세포들을(화살표) 생산하게 된다. 줄기 정단에는 분열하는 세포로 이루어진 엽원기(lp, leaf primordia)가 SAM 근처에 형성된다. 뿌리에서는 보호성 뿌리골무(rc, root cap)로 쌓여 있고, 그 바로 뒤에 정단 분열조직이 있어 뿌리의 생장을 뒷받침하는 세포들을 생산해 낸다. RAM과 뿌리골무의 경계면에 정지 중심(QC, quiescent center)인 작은 비분열성 세포 그룹이 존재한다. 이 세포들은 신호를 방출하여 인접 세포들이 증식성의 비분화 상태를 유지하도록 한다.

11.1.3 감수 분열은 반수체 세포들을 생산하는 특별한 형태의 세포 주기이다

감수 분열 세포 주기는 체세포 분열 주기와 많은 공통된 부분들이 있어 2개의 휴지기로 나뉘는 DNA 합성 시기와 핵과 세포 분열 시기를 가진다. 많은 유전자들이 두 유형의 세포 주기에 있어서 조절 기능을 갖는다. 그러나 감수 분열 주기는 모세포와 동일한 딸 세포를 만들어 내는 대신 이배체 세포에서 반수체 세포를 생산하는 기능 때문에 세 가지 중요한 측면에서 세포질 분열과 차이점들을 보인다. 첫째, 감수 분열은 한 번이 아닌 두 번의 분열을 하여 이배체 세포로

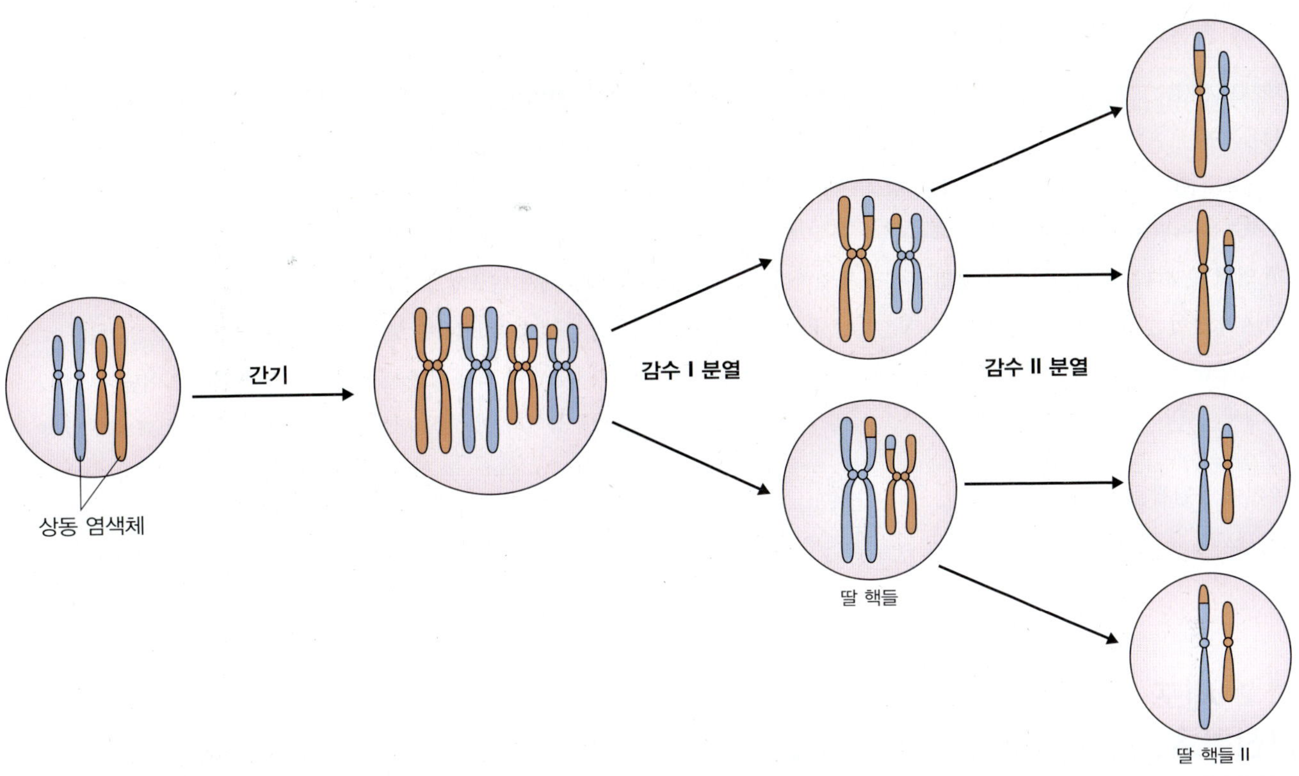

그림 11.4 감수 분열의 중요한 특징들. DNA 복제 후 각 2개의 자매 염색분체로 이루어진 상동 염색체들은 짝을 이루고 유전 물질들을 교환한다. 그 이후 2회의 세포 분열이 일어난다. 첫 번째 분열 동안 상동 염색체는 분리되어 이배체 세포가 아닌 반수체 세포를 생산하고, 자매 염색분체들은 두 번째 분열 동안 분리되어 4개의 반수체 세포를 만든다. 감수 분열의 딸 세포들은 유전적으로 모세포와도 다르고 자손 세포들끼리도 다르다.

부터 이배체가 아닌 반수체인 4개의 새로운 세포들을 생산하게 된다(그림 11.4). 두 번째 중요한 차이는 **감수 I 분열(meiosis I)**의 전기 동안에 이미 DNA 복제 과정을 거쳐서 각각 2개의 자매 염색분체로 구성된 상동 염색체 쌍들이 모여지고 전체 길이를 따라 서로 붙잡게 배치된다. 이러한 배열에서 염색체들은 **교차(crossing over)**를 통해 상동 염색체 쌍의 두 염색체 간 DNA 교환을 하게 된다. 이러한 방법으로 진핵 생명체는 부모로부터 전달되는 유전 물질의 **재조합(recombination)** 또는 재배열을 하고 자손 간의 변이도 가능하게 한다. 세 번째 차이점은 상동 염색체가 감수 분열 I 동안에 분리되어 딸 세포들이 반수체가 된다는 것이다. **감수 분열 I**과 **감수 분열 II**의 두 세포 분열 단계들은 새롭게 재조합된 염색분체들을 4개의 딸 세포들 간에 분배하는 기능을 가진다(그림 11.4). 표 11.1은 체세포 분열, 감수 분열 I, 감수 분열 II 간의 유사점과 차이점을 요약하고 있다.

키포인트 세포 분열이 일어나기 위해서는 DNA가 반드시 복제되고 2개의 딸 세포 사이에서는 염색체가 분리되어야 한다. 그러기 위해서는 세포 주기가 매우 정교하게 조절되어야 한다. 체세포 분열(M phase) 동안 염색체들은 응축되고 자매 염색분체는 분리된다. 체세포 분열에 이은 세포질 분열은 2개의 새로운 딸 세포를 형성한다. 그 후엔 간격 시기(G1)가 있고 DNA 합성기(S phase)와 두 번째 간격 시기(G2)가 세포가 다음 차례의 체세포 분열을 하도록 준비시킨다. 체세포 분열 주기의 기작과 구성 요소들이 모든 진핵 생명체를 통틀어 잘 보존되었다지만 견고한 세포벽의 존재는 식물에서만 보이는 특징적인 몇몇 제한을 부과한다. 감수 분열은 세포 주기의 특별한 형태로 두 번의 분열을 바탕으로 구성되며 이로써 모세포와 동일한 2개의 세포가 아닌 반수체인 4개의 세포를 형성한다. 감수 분열 동안에 2개의 부모 염색체 쌍의 DNA는 재조합할 수 있고, 그 결과 자손은 새로운 배열의 유전 물질을 가지게 된다.

표 11.1 체세포 분열과 감수 분열의 중요한 차이점들

체세포 분열	감수 분열
체세포에서	성 주기(sexual cycle)에 있는 세포에서
모세포의 한 번 분열로 2개의 딸 세포를 형성한다	모세포의 두 번 분열로 4개의 반수체 딸 세포를 형성한다
모세포는 어떤 배수라도 가질 수 있다	모세포는 항상 이배체(2n)이다
핵 안에 존재하는 염색체의 수가 분열 후에도 동일하다	딸 세포에서 염색체의 수는 반이 된다(2n → 1n)
DNA의 양이 두 배가 되는 S기가 세포 분열에 앞서 선행된다	오직 감수 분열 I에서만 S기가 세포 분열에 앞서 선행된다
보통 상동 염색체가 짝을 이루지 않는다	전기 I 동안에 모든 상동 염색체 쌍들의 배열이 일어난다
염색체 간 DNA의 교환(교차)이 없다	전기 I 동안에 각 상동 염색체 쌍당 한 번 이상의 교차가 발생한다
후기에 동원체들이 나뉜다	동원체들의 분리는 후기 I이 아닌 후기 II에서만 발생한다
딸 세포의 유전자형이 모세포와 그리고 자손간 서로 동일하다	딸 세포의 유전자형이 모세포와 그리고 자손간 서로 다르다

11.2 세포 주기의 구성 분자들: 인산화효소, 사이클린, 탈인산화효소, 저해제

세포 주기의 조절은 많은 수의 단백질의 기능들을 요구하는데, 여기에는 다른 단백질을 인산화시키는 인산화효소들과 몇몇 인산화효소들의 촉매 활성에 필요한 사이클린(cyclin)들, 단백질로부터 인산기를 제거하는 탈인산화효소(phosphatase), 인산화효소 저해제들이 있다. 이 절은 이들 중 가장 중요한 단백질들을 소개하고 그 기능들을 서술한다(표 11.2). 세포 주기 조절기구의 많은 요소들은 모든 진핵 생명체들 사이에서도 잘 보존되어 있으나 몇몇은 식물에 특이적으로 나타나며 이들 또한 논의해 보고자 한다.

11.2.1 특수한 인산화효소 복합체가 세포가 세포 주기를 거치도록 한다

다른 생명체처럼 식물에서 세포 주기의 진행은 특별한 **사이클린-의존성 인산화효소(cyclin-dependent kinase; CDKs)**의 활성화 변화에 의한 조절을 받는다. 이러한 인산화효소들은 2개의 소단위체로 이루어진 복합체로 기능하는데, 촉매적 활성을 가지는 CDK 자신과 촉매를 활성화시키는 기능의 **사이클린(CYC)**들로 이루어져 있다. 대부분의 경우에서 CDK 단독으로는 비활성화된 상태이며 그 활성화의 첫 번째 과정으로서 사이클린과의 결합이 요구된다. 단 1개의 CDK를 가지는 단세포성 진핵 생명체와는 달리 식물과 다른 다세포성 생명체는 다수의 CDK들을 가진다. 모든 진핵세포들은 또한 다수의 사이클린들을 가지며 각각은 세포 주기의 특정한 시기에 기능하게 된다. 각각 다른 CDK들은 각각 다른 그룹의 사이클린들과 결합한다. 이러한 개별적 CDK와 사이클린들의 상호작용들이 세포 주기의 어느 특정 스텝에서의 효소복합체의 활성을 결정하기 때문에 CDK와 특정 사이클린과의 결합은 세포 주기의의 다른 단계별 진행의 결정에 중요한 조절 기작으로 여겨진다. 그러나 CDK들의 활성은 사이클린에 의하여 조절되는 방법 외에도 CDK의 인산화 정도나 **CDK 저해제(CDK inhibitor)** 또는 결합인자들을 포함하는 다른 물질과의 결합에 의해서도 조절이 된다(그림 11.5).

11.2.2 CDK-사이클린 복합체는 단백질 기질들을 인산화시켜 세포 주기의 진행과 더불어 세포의 다른 여러 과정을 조절한다

일단 진핵세포의 CDK가 사이클린 소단위와 결합하면 단백질 기질 내의 (세린/트레오닌)-프롤린-X-(아르기닌/리신)(X는 어떤 아미노산이 있어도 상관 없음)으로 이루어진 인식 부위에서 세린 또는 트레오닌을 인산화시킬 수 있다. CDK는 2개의 돌출부 구조를 가지며 N-말단(위쪽)과 C-말단(아래쪽)의 돌출부 사이의 갈라진 공간에 촉매 부위가 위치한다(그림 11.5). ATP 결합에 필요한 아미노산들은 CDK 단백질의 N-말단 가까이에 위치하고, 모든 진핵 생명체에서 보이며 사이클린 결합에 필요한 **PSTAIRE 도메**

표 11.2 체세포 분열 주기의 인산화효소, 사이클린, 저해제들

단백질	형질
사이클린-의존성 인산화효소 (CDKs): 세포 주기의 전환	
CDKA 형	PSTAIRE 도메인 G1기에서 S기로, G2기에서 M기로 전이 시 기능
CDKB1 형	PPTALRE 도메인 M기로/M기를 거쳐서 진행 S, G2, M기에 전사체가 축적되고 M기에 활성이 높음 세포 주기로부터 탈출을 억제
CDKB2 형	PPTTLRE 도메인 G2와 M기에 전사체/단백질 축적
CDK-활성형 인산화효소 (CAKs)	
CDKD	CDK들과 RNA Pol II를 인산화시킴 CycH를 필요로 함
CDKF	CDKD를 인산화시킴 Cyc를 필요로 하지 않음
사이클린 (CYCs): CDK 활성에 필요함	
CYCA	S기에서 M기로의 전환을 조절 D-box 모티브를 가짐
CYCB	G2기에서 M기로의 전환과 M기 동안에 활성화됨 D-box 모티브를 가짐
CYCD	G1기에서 S기로의 전환을 조절 생장 촉진 호르몬들과 설탕이 축적을 유도함 발아하는 씨앗에서 세포 분열의 시작 전에 발현됨
CYCH	CDKD들의 활성을 조절함
CDK 저해제 (CDKIs)	
KRP	CDKA-CycD 복합체의 활성을 억제함
SIM, SMR	CDKA-CycD 복합체의 활성을 억제함

인(7개의 아미노산을 한 글자로 표기법으로 명명한)이 그 뒤에 위치한다. 처음에 발견된 그러한 도메인은 PSTAIRE 서열을 보였으나 이후 이러한 서열에서 하나 또는 그 이상의 아미노산이 바뀐 변형된 형태의 서열들도 발견되었다. 이러한 서열의 변화들은 CDK를 소그룹으로 분류하는 데 이용되는데, 유사하거나 동일한 PSTAIRE를 공유하는 CDK들은 일반적으로 서로 연관성이 높은 사이클린들과 상호결합한다.

지금까지 연구된 모든 진핵 생명체들은 PSTAIRE 모티브를 가지는 적어도 하나의 CDK를 가지며 이 그룹에 속하는 식물 CDK는 **A-유형** CDK 또는 CDKA라고 알려져 있다. 이들은 G1에서 S기로 그리고 G2에서 M기로 전환하는 데 중요한 기능을 하며 낮은 CDK 활성을 가지는 식물들은 감소된 비율의 세포 분열을 보인다.

CDK 그룹 중의 하나인 **B-유형** CDKs(CDKBs)는 식물에서만 발견된다. 이 그룹의 CDK는 PSTAIRE 모티브에 2개 또는 3개의 아미노산이 치환되어 PPTALRE나 PPTTLRE를 가지고 있다. 이 그룹의 CDK는 CDKB1과 CDKB2의 2개의 소 그룹으로 나뉘며, 이 둘은 세포 주기 동안의 유전자 발현 양상에서 약간의 차이를 보인다. *CDKB1* 전사체는 S, G2, M기에 축적되는 반면 *CDKB2*의 발현은 G2, M기 동안에만 보인다. 각각의 CDKB 단백질의 축적은 해당 유전자의 전사 패턴과 밀접하게 일치되며, CDKB 연관 인산화효소 활성은 체세포 분열 동안 최고조에 이르게 된다. 특별히 CDKB1의 활성은 체세포 분열을 거치는 과정들의 진행에 있어서 필수적이며 CDKB1 활성이 감소된 식물은 G2에서 M기로 전환되는 시점에 정지되는 것이 관찰된다. CDKB1은 G1기를 제외한 모든 시기

에 발현된다는 사실이 암시하는 바와 같이, 세포 주기에서 추가적인 기능을 갖는다. CDKB1과 연관된 인산화효소의 활성은 **핵내 중복(endoreduplication)**의 개시를 억제하는 것을 보여주었다(11.4.3 참고). *CDKB2* 유전자의 발현이 감소된 식물들은 무질서한 분열조직들을 갖는다.

단백질의 1차 서열구조 상에서 CDK의 촉매적 활성화에 필수적인 아미노산들은 단백질 전반에 걸쳐 분포한다. 이들은 CDK 단백질의 접힘에 의한 정확한 3-D 구조의 형성에 따라서 사이클린 소단위체 그리고 이어서 기질과의 결합에 필요한 적절한 구조적 공간적 배치를 만든다. CDK 기질들의 촉매 활성화 부위로의 진입은 **T-loop**라 불리는 탄력적인 도메인에 의하여 방해될 수 있다(그림 11.5 참고). 기질의 결합이 일어나기 위해서는 T-loop가 활성화 부위의 진입 부위로부터 빠져 나와야 한다. 이렇게 열리고 접근이 가능한 구조는 T-loop 내의 트레오닌 부위에서의 **CDK-활성형 인산화효소**(CDK-activating kinase, CAK)에 의한 인산화에 의해 안정화된다(그림 11.5 참고).

식물은 두 가지 종류의 CAK을 갖는다: **CDKD**는 척추 동물과 다른 동물들에 존재하는 CAK들과 기능적으로 연관되어 있으며 **CDKF**는 식물에서만 보여진다. 이들 계열들은 기질의 특이성과 사이클린 의존성인지 아닌지에 따라 명확히 구분된다(그림 11.6). CDKD는 CDK들의 인산화 외에도 RNA polymerase II 큰 소단위체의 C-말단 도메인을 인산화시켜서 DNA 전사의 기본적 비율을 세포 주기 과정의 진행과 연관시킨다. CDKD는 사이클린과의 결합이 필수적인데 이 경우는 **CYCH**가 해당된다. 반면에 CDKF 활성화는 사이클린과의 어떠한 결합도 요구하지 않는다. 흥미롭게도 CDKD와 CDKF 사이에는 기능적인 연관성이 존재하는데, CDKF는 CAK-활성형 인산화효소로 기능하여 CDKD를 인산화시키고 활성화시킨다. 그 후 CDKF는 더 상위의 다른 인산화효소에 의하여 보존된 지역 Thr290의 인산화를 통해 활성화된다. 이러한 복잡한

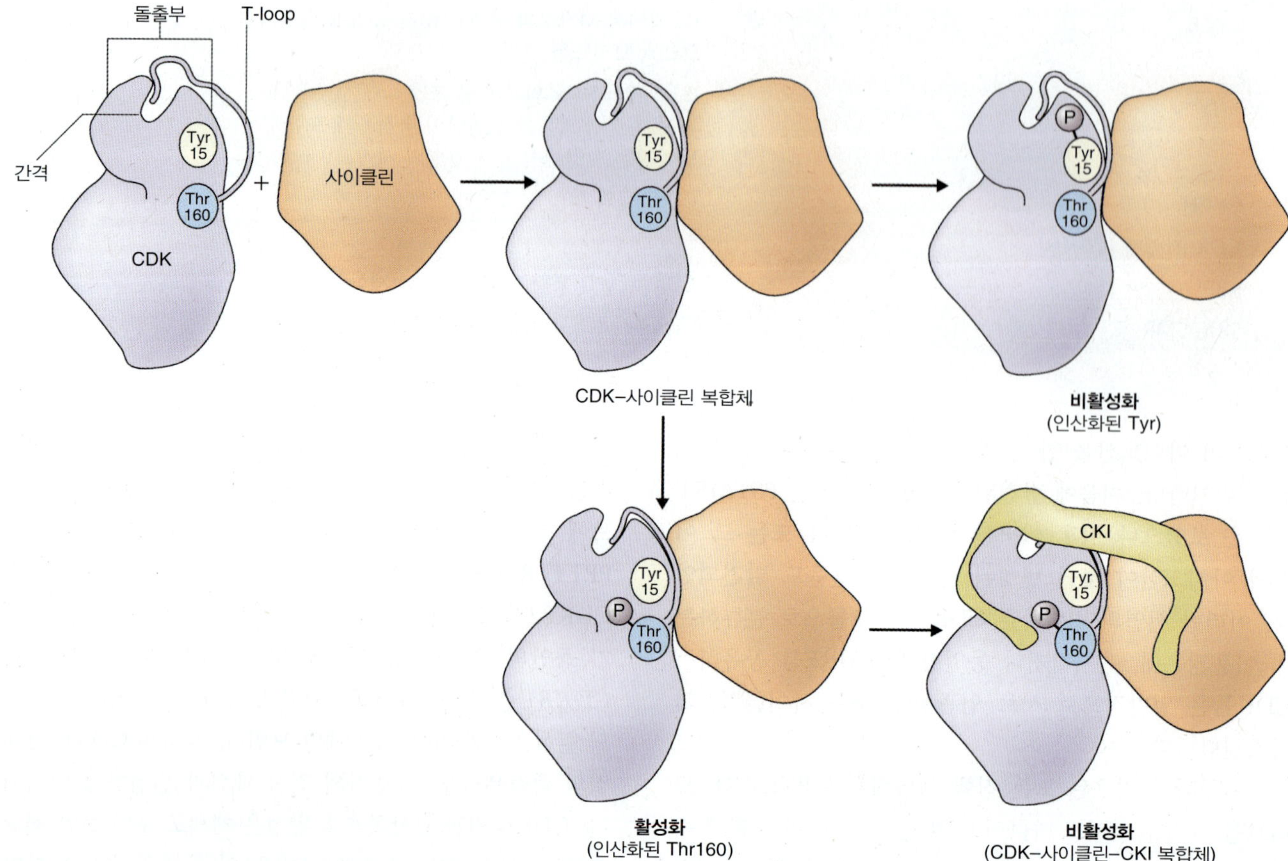

그림 11.5 CDK(cyclin-dependent kinase)와 사이클린과의 복합체 형성을 통한 다른 형태들의 도식적 모델. CDK는 그 인산화효소의 활성을 위해서 사이클린과 결합하여야 하며 최대 활성을 위해서는 160번째 위치의 트레오닌이 인산화되어야 한다. 반면에 15번째 위치의 타이로신이 인산화되면 CDK의 활성은 저해된다. CDK의 저해는 또한 CDK 저해제(CKI, 노란색)와의 결합에 의해 CDK의 인산화 상태를 변화시키지 않고서도 발생할 수 있다. CDK의 두 돌출부 사이의 갈라진 공간은 CDK의 활성화 부위를 갖는다.

인산화 단계들을 통하여 CDK들의 활성화를 발달 경로 및 환경적 정보들과 연결하는 것으로 보여진다.

잘 알려진 A-유형, B-유형, D-유형, F-유형 CDK들에 추가하여, 식물은 CDK와 비교적 유사성이 떨어지는 C-유형(**CDKC**)과 E-유형(**CDKE**)의 CDK를 가지는데 두 종류 다 세포 주기의 조절에 관한 기능은 갖지 않는다. CDKC는 RNA polymerase II의 C-말단 도메인을 인산화하여 DNA 전사에 관련된 기능이 있을 것으로 보인다. 이들은 또한 세포에서 스플라이싱 인자들과 같은 위치에 공존하여 초기 mRNA로부터 인트론을 제거함과 전사 과정을 연계하는 기능을 함으로써 mRNA의 생성과 함께 곧바로 정확하게 스플라이싱이 일어나도록 기여한다. CDKE의 알려진 유일한 기능은 꽃 기관 발달 동안에 잘 알려지지 않은 기작에 의하여 세포 운명의 조절에 관여하는 것이다.

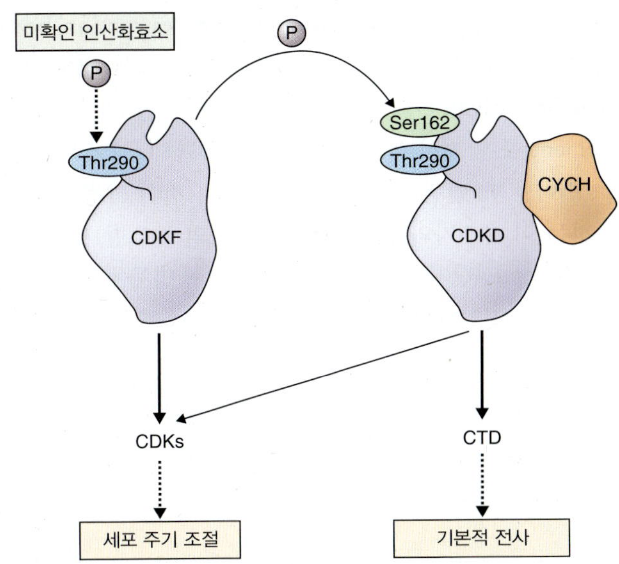

그림 11.6 세포 주기 조절과 기본적 전사에 있어서 CDKF, CDKD, 사이클린 H(CYCH)의 기능들. CDKF는 Thr290의 인산화에 의해 활성화된다. 활성화된 CDKF는 CDKD의 인산화와 활성화를 책임지며 활성화된 CDKD는 CYCH와 안정적인 복합체를 형성하여 RNA polymerase II의 C-말단 도메인(CTD)과 여러 CDK들을 인산화시킨다.

11.2.3 사이클린의 결합은 사이클린-의존성 인산화효소의 3-D 구조와 특이성, 세포 내 위치 등을 결정하게 된다

CDK들에 대한 사이클린의 결합은 많은 결과들을 도출한다. 첫째, 이는 T-loop의 재배치를 포함한 CDK의 단백질 기질을 인식하는 데 필요한 구조적 변화를 유도하여 기질이 촉매활성 부위에 접근하는 것을 쉽게 한다(그림 11.5 참고). CAK에 의한 인산화는 11.2.2절에서 설명한 바와 같이, 이러한 열린 구조를 안정화시킨다. 둘째, 사이클린-CDK 복합체에 참여하는 사이클린의 종류에 따라 그 복합체에 대한 기질의 특이성을 부여하게 된다. 셋째, 사이클린은 세포 주기 동안의 적절한 시기에 특별한 세포내 장소로 CDK를 운반 이동시키는 기능을 갖는다. 모든 진핵 생명체는 다수의 사이클린을 가지나 식물은 다른 생명체에서 발견된 것보다 더 많은 수를 가진다. 예로 애기장대의 게놈은 최고 50가지 다른 종류의 사이클린 유전자를 가진다. 식물 사이클린은 포유동물의 유사체들에 대한 기능적 유사성 정도에 근거하여 A, B, C, D, H, L, P, T의 8종류로 구분이 된다. **사이클린 박스(cyclin box)**라 불리는 도메인은 인산화효소 소단위체와 결합하는 부위이며 모든 진핵 생명체에서 보존되어 있는 서열로 이 도메인의 변화에 따라 사이클린 종류의 분류가 이루어진다. 8종류의 식물 사이클린들 중에서 A-, B- D-, H-유형의 네 가지들은 세포 주기의 진행에 기능을 하는 것으로 지금까지 알려져 있다. H-유형의 사이클린은 CDKD의 활성을 조절하며 나머지 3종류의 사이클린들은 각각이 세포 주기의 하나 또는 그 이상의 시기별 전환을 조절하는 것으로 알려져 있다. D-유형 사이클린은 G1에서 S기로의 전이에 기능하고, A-유형 사이클린은 S기에서 M기로의 전이에 기능하며, B-유형 사이클린은 G2기에서 M기로의 전이와 M기 동안 모두에 기능을 한다.

D-유형 사이클린(CYCD)은 대부분의 진핵 생명체에서 발견되나 그 서열들의 변이는 상당하게 존재한다. 포유동물에서는 D-유형 사이클린의 축적이 생장 촉진 호르몬에 의해 유도된다. 식물에서의 성장 촉진 기작은 동물의 그것과 많은 차이점이 존재하나 특정한 식물 호르몬과(예를 들어, 시토키닌, 브라시노스테로이드, 지베렐린) 설탕은 식물의 CYCD의 축적을 유도한다. 이러한 관찰은 D-유형 사이클린이 식물의 호르몬과 영양 상태에 따른 세포 주기의 진행을 조절하는 데 기능을 한다는 것을 제시한다. 발아하는 종자에서 D-유형 사이클린 유전자는 세포 분열에 앞서서 발현이 되며 CYCD 발현의 결핍은 배아기 뿌리 분열조직에서의 세포 주기의 활성화를 지연시키는 효과를 가져온다(그림 11.7).

S기를 거치는 세포 주기의 진행을 조절하는 **A-유형 사이클린**(**CYCA**)과 **B-유형 사이클린**(**CYCB**) 모두는 체세포 분열의 후반부에 확실히 분해될 수 있게 하는 데 필요한 단

백질 도메인인 **D 박스(D-box; mitotic destruction box)**를 갖는다. 부가적으로 식물의 *CYCB* 유전자는 **MSA**(**M-specific activator**)라는 보존된 시스 활성 인자(cis-acting element)를 가져서 *CYCB* 유전자가 특별히 G2에서 M기로 전이할 때 발현되게 되는데, 이는 이 전이 과정에서 기능하는 이 유전자와 잘 상응한다. 식물의 B-유형 사이클린은 *Xenopus* 난자와 같은 완전히 다른 생명체에서도 체세포 분열로 진입하게 유도할 수 있다.

11.2.4 인산화효소, 탈인산화효소, 특이적 저해제들 모두는 CDK-사이클린 복합체의 활성 조절에 기여한다

모든 진핵 생명체들에서 특수화된 인산화효소와 탈인산화효소들이 CDK-사이클린 복합체의 활성을 조절한다. 효모와 포유동물에서는 CDK-사이클린 복합체의 활성 스위치를 **WEE1 인산화효소**와 **CDC25(Cell division cycle 25) 탈인산화효소**의 활성으로 각각 끄거나 켜게 한다. WEE1은 CDK들을 인산화하여 불활성화시킨다(WEE1 인산화효소는 효모에서 *WEE1* 유전자의 돌연변이에 의한 세포 분열의 조기 유도와 보통보다 작은 딸 세포 형성의 표현형에 따라 또는 'wee'라는 스코트랜드 방언을 기반으로 명명되었다). **WEE1 인산화효소**에 의한 CDK의 Tyr15 인산화는 효모와 척추 동물 모두에서 CDK 활성을 저해하는데 척추동물에서는 추가적으로 Thr14도 인산화시킨다. 이러한 인산화 과정은 **CDC25**에 의해 반전될 수 있다(그림 11.8). 식물은 또한 인산화를 이용하여 CDK들을 감소적으로 조절할 수 있다는 증거들이 제시되었다(그림 11.5 참고). 예로 세포 주기의 정지가 필요한 DNA 손상과 같은 스트레스 조건 하에서 CDKA의 Tyr 인산화가 감지되었다. WEE1 인산화효소를 암호화하는 식물 유전자의 과발현이 세포 주기 진행을 저해한다는 사실의 관찰은 다른 생명체와 같이 식물에서도 WEE1 인산화효소가 Tyr 인산화를 매개한다고 암시한다. 반면에 CDC25와 명백하게 유사한 유전자가 가 지금까지 분석된 어느 식물의 게놈에도 존재하지 않다는 것은 CDK의 Tyr 인산화가 지금까지 알려지지 않은 아마도 식물 특이적인 탈인산화효소에 의해 매개될 것으로 추정된다.

인산화와 탈인산화 외에도 CDK의 활성은 **CDK 저해제(CDK inhibitors, CKIs)**에 의해 미세 조절될 수 있다. 저해가 필요할 때에는 CKI는 활성화된 CDK-사이클린 복합체와 결합하여 이들이 단백질 기질을 인산화하는 것을 막는다. CKI에 의한 CDK 활성의 억제는 가역적이어서 CDK-사이클린 복합체의 인산화 상태는 변화시키지 않는다(그림 11.5 참고). 식물은 두 가지 종류의 CKI를 가지고 있다. 두 가지 모두가 CDKA-CYCD 복합체와 결합하나 실험적 증거는 각각이 다른 자극에 의해 유도됨을 제시한다.

식물에서 첫 번째 종류의 CKI는 높게 보존된 C-말단 도메인을 가지며, 이는 CDK와 사이클린이 부착되는데 필요한 부위이다. 이 도메인은 포유동물의 CIP/KIP 계열의 CKI의 N-말단에 위치하는 지역과 유사하여 이러한 종류의 식물 CKI들이 **KRP(Kip-related protein)**로 불리게 되었다. KRP의 정상 수준 이상의 증가는 CDK 활성을 억제하고 강력한 세포 분열의 저해와, 왜소증과 식물의 형태에 대한 다양한 변화들을 야기시킨다(그림 11.9A, B). KRP는 주로 CDKA-CYCD 복합체를 저해한다. 앞에서 논의한 바와 같이, CYCD는 성장 호르몬에 대한 식물의 반응에 기능하고, 식물 성장 촉진 호르몬의 처리는 식물에 CYCD 축적을 증가시킨다. 반면에 세포 분열을 억제하는 호르몬인 앱시스산의 처리는 *KRP1* 유전자의(또한 *ICK1*으로 알려진) 전사를 유도하기에 KRP1 단백질이 이러한 식물에

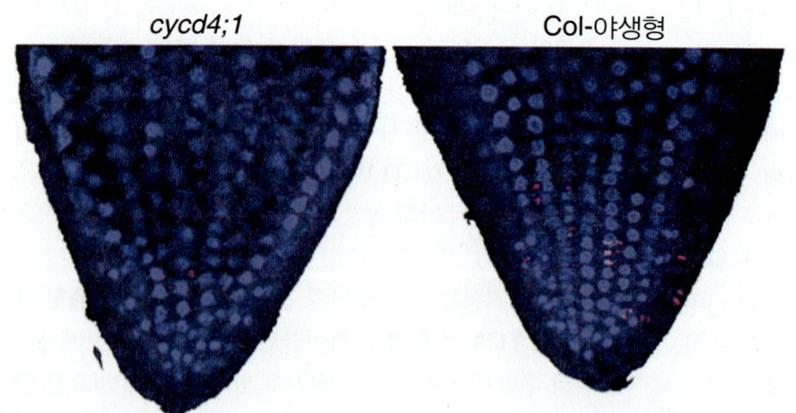

그림 11.7 발아 시작 후 14시간이 경과한 애기장대 유식물 뿌리 정단의 사진. 유사분열 방추체(mitotic spindle)는 분홍색으로 염색되어 있다. 오른쪽 그림은 대조구 뿌리 정단으로(Columbia 야생형, Col-WT) 많은 유사분열 방추체가 보이고, 왼쪽 그림은 돌연변이 식물(*cycd4;1*)의 뿌리로 *CYCD* 유전자의 불활성화로 체세포 분열을 하는 세포 수가 적게 보인다.

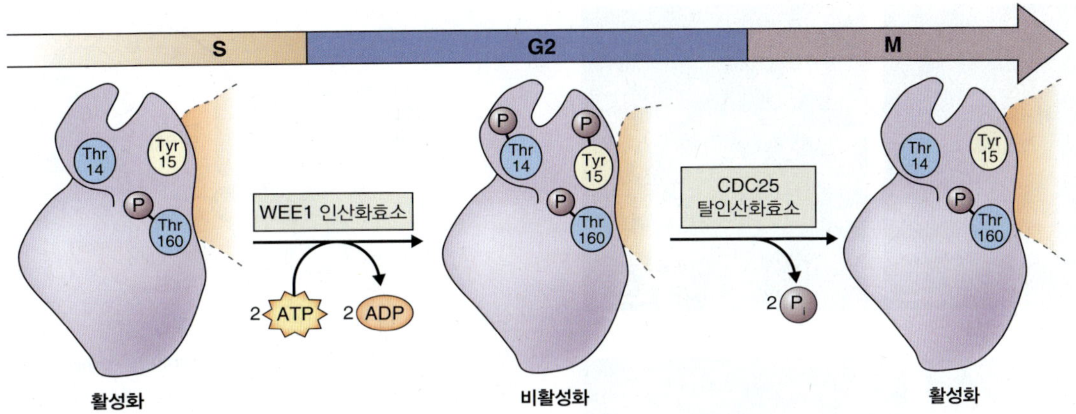

그림 11.8 WEE1 인산화효소와 CDC25 탈인산화효소에 의한 효모(*Schizosaccharomyces pombe*) CDK의 인산화효소 활성의 조절. WEE1 인산화효소가 2개의 인접 아미노산인 Thr14와 Tyr15를 인산화시킬 때 CDK의 인산화효소 활성은 저해된다. CDC25는 그 인산기를 제거하고 CDK의 인산화효소 활성을 다시 복구시킨다. 식물은 CDC25 유사 단백질을 가지고 있지 않는 것으로 보인다.

서 세포 주기의 정지를 매개하는 기능을 가지고 있을 것으로 예측된다.

두 번째 종류의 식물 CKI들은 **SIM**과 **SMR** 단백질들로 알려져 있다. 이 그룹의 첫 번째 유전자는 애기장대에서 SIAMESE(SIM) 단백질을 암호화한다. *SIM* 유전자는 트리콤(trichome)에서 세포 분열을 억제하는 것으로 알려져 있다(그림 11.9C, D). SIM과 SMR(SIAMESE-related) 단백질들은 KRP들에서 일반적으로 발견되는 6개의 아미노산 도메인을 가지며, 이는 사이클린의 결합과 CDK 활성의 억제에 필수적인 도메인이다. KRP들과 같이 SIM과 SMR 단백질들은 CDKA-CYCD 복합체를 억제한다. SIM과 SMR 단백질들을 암호화하는 유전자들이 다양한 스트레스 조건하에서 강하게 발현이 증가된다는 사실의 발견은 이들이 생물적 그리고 비생물적 스트레스 반응에 대한 세포 주기의 조절에 관여함을 암시한다.

11.2.5 유비퀴틴-프로테아솜 체계에 의한 단백질 가수분해는 세포 주기가 비가역적이게 만든다

세포 주기의 중요 지점에서의 특별한 단백질의 분해는 세포 주기가 일방향성으로 진행되도록 유지한다. 예를 들어, G1기의 후반부에 접어들 때 KRP 그룹의 CKI들의 분해는(11.2.4 참고) 특별히 CDKA를 포함한 CDK의 활성 증가를 유도한다. 이러한 CDK의 활성 증가는 세포 주기가 S기로 진행하기 위해서는 필수적이다. 세포 주기 동안의 단백질 분해는 유비퀴틴-프로테아솜 체계(ubiquitin-proteasome system, UbPS; 5.9 참고)에 의해서 수행되는데 여기서는 표적 단백질에 폴리펩타이드인 유비퀴틴 표식을 붙여서 26S 프로테아좀에 인식되어 분해되도록 한다. 이러한 표식을 위해 **유비퀴틴 결합효소(E3)**의 작용을 바탕으로 표적 단백질과 유비퀴틴 운반 효소들 간의 상호작용이 있어야 한다. 세포 주기의 조절에 중요한 2개의 E3 복합체들이 알려져 있는데, G1에서 S기로의 전이를 조정하는 **SKP1/CULLIN/F-box(SCF) 연관 복합체**와 M기에서 기능하는 **후기 촉진 복합체(Anaphase-promoting complex, APC)**가 그것이다.

SCF 복합체와 그들의 호르몬 신호전달에 있어서의 기능들은 10장에 설명되어 있다. 전부는 아닐지라도 대부분의 세포 주기 조절에 기능을 가지는 SCF 복합체는 유비퀴틴화를 위한 기질로 인산화된 단백질만을 인식한다. 포유동물에서 D-유형 사이클린은 SCF 의존적인 방식으로 분해되는데, 식물의 CYCD도 같은 과정을 거치는 것으로 보인다. E2Fc와 몇몇의 CKI를 포함하는 이 장에서 논의된 다른 세포 주기 조절자들도 또한 SCF 유형의 E3 결합효소에 의해 유비퀴틴화된다.

SCF 복합체와는 다르게, APC는 인산화되지 않은 단백질들도 인식할 수가 있다. APC는 적어도 11개의 단백질들로 이루어져 있고(그림 11.10), SCF와 유사하게 어떤 어댑터 단백질이 결합되어 있는가에 따라 다양한 형태로 존재할 수 있다. CDC20과 CDH1 그룹의 어댑터 단백질들은 APC 복합체의 활성화와 기질 특이성에 기여한다. 애기장대 게놈은 5개의 CDC20 유전자를 가지며 3개의 CDH1 관련 단백질을 암호화하는 유전자인 CCS52A1,

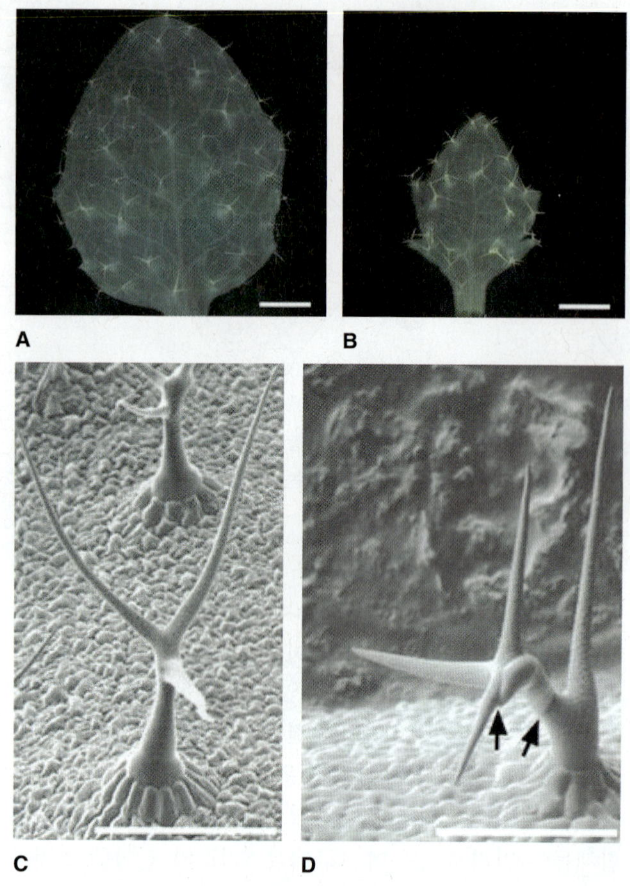

그림 11.9 CDK 저해제(CKIs)를 암호화하는 유전자의 발현을 변형한 결과들. (A, B) 애기장대 야생형(Columbia)(A)과 기공으로 분화될 운명의 세포에서만 발현하는 프로모터에 의해 조절되는 애기장대 *KRP1* 유전자 발현 형질전환체(B)로부터의 로제트 잎들. 공변세포에서의 이러한 비정상적인 *KRP1*의 발현은 식물 잎의 세포 수를 감소시키기 때문에 작은 크기의 잎을 생산하고 변형된 잎 형태를 발생시킨다. (C, D) 애기장대에서 *SIM* 유전자의 결여는 트리콤(trichome) 내에서 정상적인 경우에는 억제되는 세포 분열을 유발시킨다. (C) 1개의 세포로 이루어진 야생형 트리콤의 주사전자현미경 사진. (D) 복수의 세포로 이루어진 *sim* 돌연변이 트리콤의 주사전자현미경 사진. 화살표는 트리콤의 두 인접 세포간 연결 부위를 표시한다. 기준자 = 1 mm(A), 100 μm(B) 200 μm(C, D).

CCS52A2, CCS52B를 갖는다. *CCS52B* 유전자는 G2/M에서 M기 사이에 발현되는 반면, *CCS52A1*, *CCS52A2* 유전자들은 M기 후반부에서 G1 기 초반부까지 발현된다. 이러한 관찰들은 APC 활성자인 이 그룹의 유전자가 많은 것이 식물 세포 주기 동안의 연속적인 단계별로 기능을 수행하기 위함임을 제시한다. CCS52 단백질들은 또한 일부의 다른 체세포 분열 사이클린들과 상호결합한다. APC는 다른 여러 단백질 중에서도 체세포 분열로부터 빠져 나오기 위해 반드시 제거되어야 하는 A-, B-유형 사이클린과 같

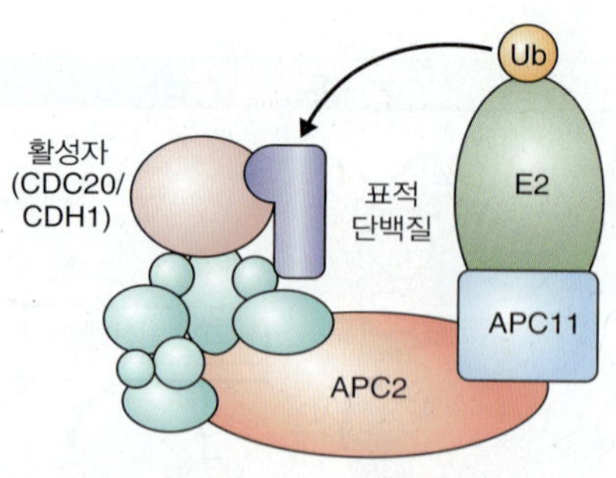

그림 11.10 11개의 다른 소단위체를 포함하는 거대한 단백질 복합체인 후기촉진복합체(Anaphase-promoting complex, APC, E3 유비퀴틴 결합효소)는 세포 주기에서 G1기로부터 S기로 전이를 조절하는데 중요하다. E2 유비퀴틴 복합물 형성 효소(E2 ubiquitin-conjugating enzyme)는 APC11 소단위와의 결합을 바탕으로 APC와 상호작용한다. 표적 기질 단백질의 리신 잔기에 유비퀴틴(작은 원)이 전이되려면 기질이 활성화 단백질인 CDC20과 CCS52에 통하여 APC에 인식되는 것을 필요로 한다. APC와 기질과의 상호결합은 기질 단백질 서열 안에 특정한 아미노산 모티브(D-box 또는 KEN box)의 존재를 통하여 매개된다. 단백질이 폴리유비퀴틴화되면 26S 프로테아좀에 의해 인식되고 단백질 가수분해 과정을 거치게 된다.

은 D-box 서열을 가지고 있는 단백질을 인식한다. 이러한 사이클린 안의 D-box의 존재는 단백질 가수분해를 통해 제거되는 것을 유도한다.

키포인트 세포 주기는 복잡한 과정으로 많은 수의 단백질들이 관여한다. 주요 요소들 중 하나는 사이클린 의존적 단백질 인산화효소(cyclin-dependent kinases, CDKs)이다. 대부분의 CDK들은 그 활성을 획득하기 위하여 사이클린의 존재를 필요로 하며, 사이클린의 결합은 CDK의 3-D 구조와 기질 특이성과 어떤 경우에는 세포소기관으로의 이동과 분포도 결정하게 된다. CDK-사이클린 복합체는 단백질 기질을 인산화시키는데 이는 세포 주기 동안의 진행을 조절하는 중요한 기작으로 작용하게 된다. 그 CDK-사이클린 복합체 자체들도 인산화효소, 탈인산화효소, 특별한 저해제를 포함한 많은 다른 단백질들에 의해 조절을 받는다. 세포 주기의 비가역적 진행은 그 구성요소가 기능을 수행한 이후에 단백질 가수분해로 제거됨으로써 유지될 수 있는데, 이는 유비퀴틴-프로테아솜 체계에 의하여 매개된다. 두 종류의 E3 결합효소가 세포 주기의 조절에 특별히 중요한데, SCF 연관성 복합체는 G1에서 S기로의 전이 시기에 기능하고 후기 촉진 복합체(Anaphase-promoting complex, APC)는 M기 동안에 기능한다.

11.3 세포 주기 진행의 조절

이 절은 DNA 복제가 시작되는 G1 간격기에서 S기로의 전환 시점을 출발점으로 하여 체세포 분열주기를 통한 세포의 성장을 기술한다. 앞서 11.2에서 소개된 인산화효소, 사이클린과 그 밖의 조절 단백질들의 기능에 대해 세포 주기 기구의 다른 요소들과의 전후 관계들을 고려하여 설명한다. 그림 11.11은 세포 주기의 각 단계들과 각 단계에서 발생하는 주요한 분자 수준에서의 조절을 요약하고 있다.

11.3.1 G1에서 S기로의 전이는 CDK-CYCD 복합체와 RBR/E2F 경로의 상호작용에 의하여 조절된다

G1에서 S기로의 진입은 모든 진핵 생명체에서 놀랍도록 잘 보존된 **RBR/E2F** 경로에 의해서 조절된다. S기로의 진입은 D-유형 사이클린의 생성에 의하여 유도된다. 이들 사이클린들은 CDK들과 복합체를 형성하고 포유동물에서는 **pRB(retinoblastoma tumor-suppressor protein)**로, 식물에서는 **RBR(RB-related)**로 알려진 단백질들을 인산화시킨다. RB/RBR 단백질들은 **E2F 전사인자** 그룹의 단백질들과 결합하여 세포의 증식을 조절한다(그림 11.12). 이 계열의 전사인자들은 DNA 복제에 필수적인 단백질들을 암호화하는 유전자들을 활성화시킨다. 그러므로 E2F 전사인자들은 세포가 G1기를 지나서 S기로 가는 제한점을 통과하고 DNA 합성 시기로 진입하는 세포의 결정에 중요한 요소들이다. RBR이 E2F 전사인자에 결합하면 E2F 단백질의 **전사 활성화 도메인(transcriptional activation domain)**이 가려지고 비활성화된다. 어떤 특정한 조건하에서 RBR은 DNA 변형 단백질(DNA-modifying protein)의 유입을 촉진시켜 **염색질 응축**을 유도하고 E2F 전사인자의 표적이 되는 유전자들의 프로모터 활성을 억제하게 된다. G1기 후반부에 RBR이 CDK-CYCD 복합체에 의해 인산화되면 그 억제적 기능이 저해되고 자유롭게 된 E2F는 전사적으로 활성화된 형태가 된다. 그 후 E2F들은 DNA 복제에 필수적인 효소들을 암호화하는 유전자들의 전사를 촉진시키게 된다. 애기장대 게놈은 RBR을 암호화하는 1개의 유전자(*RBR1*)와 E2F 전자인자를 암호화하는 3개의 유전자(*E2Fa*, *E2Fb*, *E2Fc*)를 갖는다. RBR은 또한 분열하지 않는 세포에서도 중요한 기능을 갖는데, 예로 수 배우체와 암 배우체의

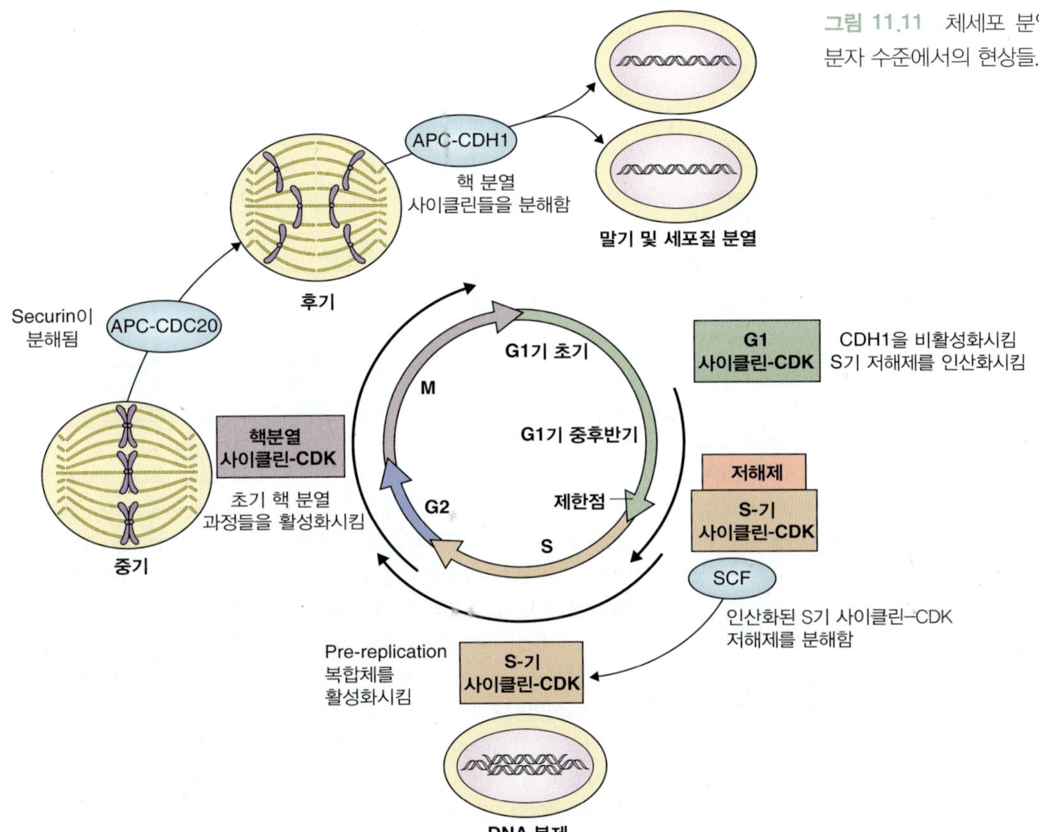

그림 11.11 체세포 분열의 단계들과 각 단계들에서 분자 수준에서의 현상들.

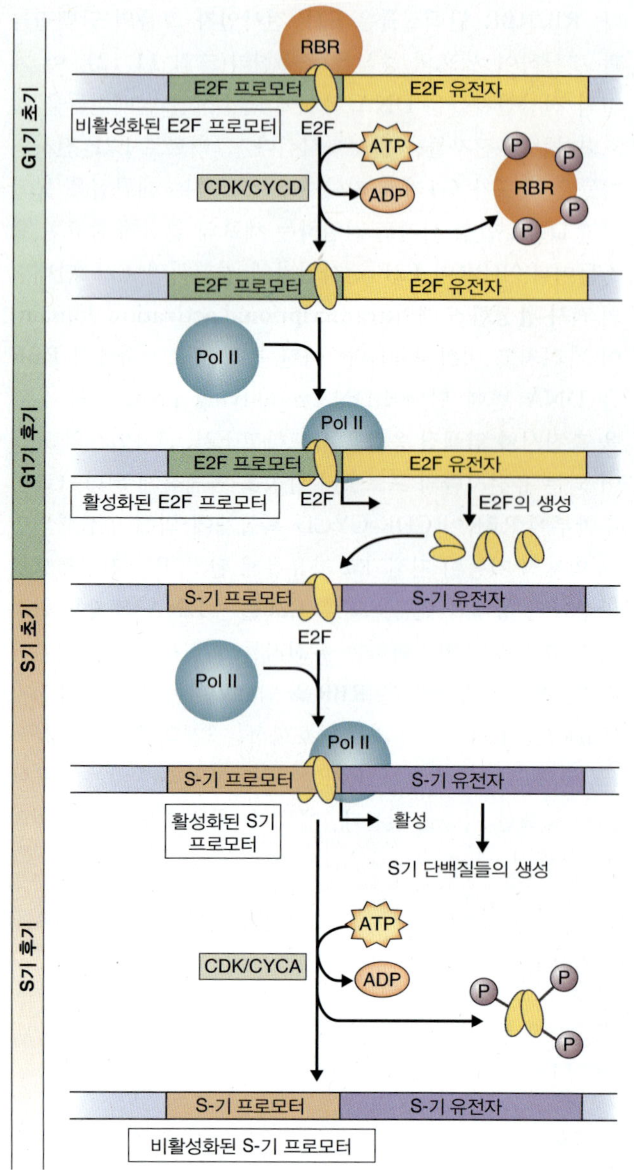

그림 11.12 RBR과 E2F 전사인자에 의한 G1기에서 S기로의 전환에 대한 조절. G1기 초반부에 RBR의 E2F 프로모터에의 결합은 *E2F* 유전자의 전사를 억제한다. 세포가 제한점(restriction point)을 통과하여 분열이 진행되면 CDK-CYCD 복합체는 RBR을 인산화시키고, 인산화된 RBR은 E2F로부터 떨어져 나와서 *E2F* 유전자가 RNA polymerase II(Pol II)에 의해 전사되어 E2F 단백질이 축적된다. E2F는 S기 특이적인 유전자들의 프로모터에 결합하여 전사를 촉진시키고 S기 단백질들을 합성하게 한다. S기 후반부에 E2F의 CDK-CYCA 복합체에 의한 인산화는 E2F 의존적 S기 전사를 비활성화시킨다.

분화에 필수적이며(16장에서 논의), RBR이 결핍된 세포들은 세포 분화의 지연 현상이 관찰된다.

이러한 기작은 상당히 높게 보존되어 있어서 심지어 E2F 타겟 유전자들의 프로모터에 존재하는 DNA 시스 활성 인자(TTTCCCGC)도 식물과 동물, 그 밖의 진핵 생명체들에서 동일하게 나타난다. 모든 E2F들은 1개의 보존된 DNA-결합 도메인을 가지며 대부분의 경우는 여기에 추가하여 DP(dimerization partner) 도메인을 가진다(그림 11.13A). 이 도메인은 E2F가 DP 단백질 그룹의 멤버와 이합체를 형성하도록 하며 이렇게 형성된 이형 이합체 단백질은 두 번째 DNA-결합 도메인을 가지게 된다. 이합체화를 통하여 형성된 새로운 도메인은 많은 E2F 타겟 유전자들의 프로모터 지역에 대한 서열 특이적인 결합에 필수적이다. E2Fa와 E2Fb는 또한 전사적 활성화 도메인을 가져 특정 유전자의 TATA 박스에 RNA polymerase II의 부착을 촉진시키고 전사를 활성화시킨다. E2Fa와 E2Fb 유전자의 과발현은 세포 증식을 유도한다. 반면에 E2Fc는 명백하게 보이는 활성화 도메인이 결여돼 있고 E2F 반응성 유전자들에 대하여 음성적 조절자로 기능하여 과발현이 되면 세포 분열을 억제하고 E2Fc 단백질이 존재하지 않는 돌

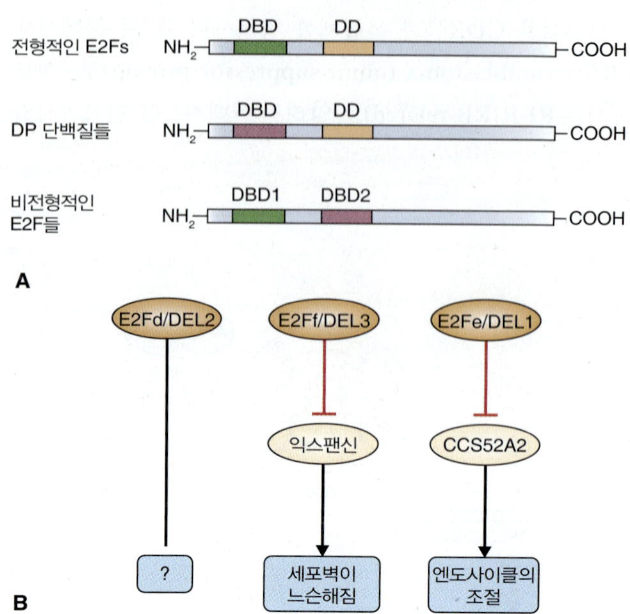

그림 11.13 전형적인 또는 비전형적인 E2F 전사인자들. (A) 전형적인 E2F 단백질과 연관된 DP 단백질들은 DNA-결합 도메인(DNA-binding domain, DBD)과 이합체화 도메인(dimerization domain, DD)을 갖는다. 비전형적인 E2F는 DD는 결여되어 없으나 2개의 DBD를 가진다. 전형적인 E2F는 DNA에 결합하기 위해서 반드시 DP 단백질과 이합체화되어야 하나 2개의 DBD가 존재하는 비전형적 E2F는 단합체로서 DNA에 결합할 수 있다. (B) 지금까지 애기장대에서 확인된 비전형적 E2F 단백질(E2Fd/DELs)들의 생물학적 기능에 대한 개요. 익스팬신(Expansin)은 세포벽을 느슨하게 하는 효소이고, CCS52A는 APC의 유비퀴틴 결합효소 활성과 기질 특이성 조절에 대한 활성화 단백질이고 엔도사이클(endocycle)의 진행을 조절한다.

연변이의 경우 세포 증식이 급증하는 것을 관찰할 수 있다. G1기에서 S기로의 전이 시에 E2Fc는 CDK에 의하여 인산화되어 SCF 의존적으로 분해된다. E2Fc의 제거와 함께 인산화에 의한 RBR의 불활성화는 DNA polymerase나 뉴클레오티드 생합성 효소들과 같은 복제 인자를 포함하는 DNA 합성에 필요한 유전자들의 발현을 증가시킨다. 최근에는 E2F와 연관된 새로운 그룹의 단백질이 식물에서 발견되었다. 이 단백질들은 복제된 2개의 DNA-결합 도메인을 가지고 있기 때문에 DP 단백질의 참여 없이 E2F 타겟 유전자에 결합할 수 있다(그림 11.13A). 이러한 비전형적 E2F 단백질들은 애기장대에서 처음 발견되었고 **DP-E2F-like(DEL)** 또는 **E2Fd-E2Ff**로 알려져 있다. 이 단백질들은 전사적 활성화 도메인을 가지고 있지 않으며 아마도 전사적 억제자로 기능할 것으로 추정된다. 이 단백질들은 아직까지 S기 시작의 시점에서의 역할은 알려진 바가 없으나 그 유전자들이 비활성화된 식물을 이용한 실험 결과들은 세포 분열과 체세포 분열 후 분화의 과정 사이를 조정하는 기능을 가질 것으로 제시된다. 이 그룹의 한 멤버인 E2Ff/DEL3는 세포벽을 변형시키는 효소인 **익스펜신(Expansin)**을 암호화하는 유전자를 전사적으로 억제하여 분열하는 세포에서 세포 신장을 저해한다. 다른 멤버인 E2Fe/DEL1은 분열 중인 세포가 너무 급하게 엔도사이클(endocycle)로 진입하는 것을 막는다(그림 11.13B). 비록 DFL 연관 단백질들은 식물에서 처음 발견되었지만, 이들은 또한 동물에서도 발견되고 세포 증식과 세포 사멸(apoptotic cell death)의 조절에 중요한 역할을 한다.

11.3.2 S기의 진행은 많은 단백질들에 의하여 조절된다

모든 진핵 생명체들에서 DNA의 복제는 게놈 상의 다수의 복제 개시점에서부터 시작된다. 이 기작은 네 가지의 단계들을 가지는데 **개시점 인지 복합체(origin recognition complex, ORC)**에 의한 복제 개시점의 인식, **pre-replication 복합체(preRC)**의 조립, **DNA 나선효소(helicase)**의 활성화, 개시점의 DNA에 복제기구의 장착들이 그것이다(그림 11.14). **복제 개시점(origin of replication)**은 1차적인 DNA 서열에 의존하는 것이 아니라 히스톤 아세틸화와 메틸화 모두를 포함하는 후성 유전학적 결정인자로 인해 만들어지는 구조에 의하여 결정된다(3장 참고). 각기 다른 복제 개시점에서의 DNA 합성은 S기 동안의 다른 시점에서 개시되고 복제

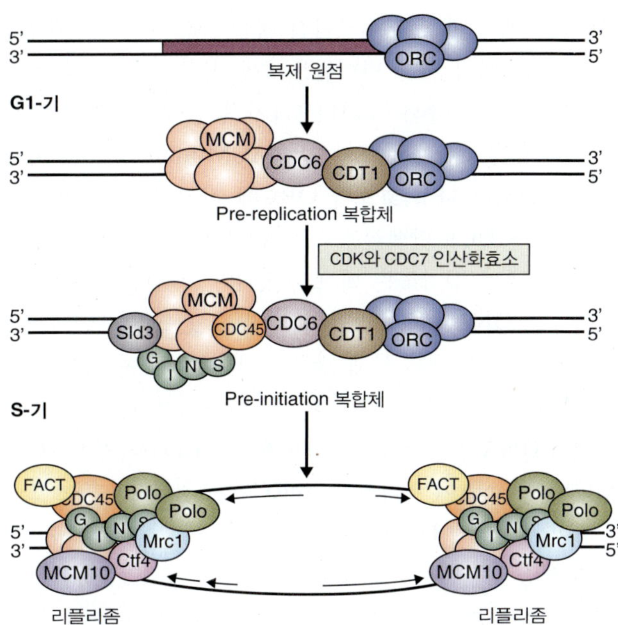

그림 11.14 Pre-replication 복합체들의 구성. 복제 단백질들은 정교하게 조절되는 일련의 과정들을 거치며 개시점 인지 복합체(origin recognition complex, ORC)와 결합하여 DNA 복제가 조기에 발생하는 것을 막는다. 먼저 CDC6와 CDT1 단백질들이 결합하면 이후 MCM, CDC45 단백질들이 결합하여 Pre-replication 복합체를 형성한다. 이 복합체는 CDK나 CDC7에 의한 인산화를 통하여 활성화되고, 세포 주기의 이 시점에서 세포가 세포 분열의 과정을 진행할 것을 결정하고 S기를 시작하게 된다. 다음에는 DNA polymerase를 포함하는 다른 많은 복제 단백질들로 구성된 리플리좀 복합치(replisome complex)가 장착되어 복제 분기점(replication fork)을 형성한다.

개시점들은 아직까지 알려지지 않은 조절인자의 기능으로 각기 조기형, 중간형, 말기형으로 분류된다.

DNA 복제의 조절은 복잡하여 많은 단백질들이 직접적 또는 간접적으로 복제 개시점과 상호작용하며 이러한 상호작용은 빠르게는 이전 S기의 말기에서부터 시작된다. 성공적인 DNA 복제의 개시와 완결에는 다른 많은 단백질들을 필요로 하나 그 단백질 단독적으로는 복제의 조절과 직접적인 관련이 없는 경우도 있다. 뉴클레오시드 삼인산(nucleoside triphosphate)의 생합성 경로는 S기 바로 전에 촉진되어 DNA 합성을 위한 기질의 충분한 공급을 보장하게 된다. 히스톤 유전자의 발현과 그 단백질의 합성은 S기 초기에 증가됨으로써 새로이 복제되는 DNA는 적절하게 염색질을 구성하게 된다.

복제를 하는 첫 번째 단계는 pre-replication 복합체의 구성이다(그림 11.14). S기에서 G1기 초기 동안에 **ORC**는 DNA에 결합한다. ORC는 **ORC1**에서 **ORC6**까지

동량의 6개 단백질로 이루어진 복합체로 DNA에 부착하는 그 지점에서 다른 단백질을 위한 결합 플랫폼으로 기능하게 된다. 이후에 초기의 G1기 동안에 6개의 단백질로 이루어진 복합체를 포함하는 **MCM(minichromosome maintenance) 나선 효소**가 ORC에 장착된다. ATP-결합 단백질인 CDC6 단백질은 ORC로 유도되며 MCM 단백질을 DNA에 장착하는 데 필수적이다. 관련된 MCM 단백질들은 DNA 이중나선을 둘러싼 도넛 고리 모양을 형성한다. 이 복합체는 복제 개시점부터 시작하여 이후 계속 DNA를 따라 복제 기구가 이동되어 내려갈 때 복제 분기점에서 DNA를 풀어 낸다. CDC6, CDT1과 함께 ORC와 MCM은 DNA에 부착되어 **preRC**를 구성한다.

이 시점에서 DNA는 복제될 준비가 된 것이다. S기 시작의 실질적 출발은 preRC가 이미 존재하고 있는 복제 개시점에서 **리플리좀**(replisome, DNA polymerase를 포함한 많은 효소들로 이루어진 복합체)의 형성이 필수적으로 요구된다. 리플리좀의 장착은 더 큰 복합체인 **preIC(pre-initiation complex)**를 형성한다. 이것은 DNA 이중나선을 열고 발생되는 외가닥 DNA를 안정화시키며 DNA polymerase가 접근하여 뉴클레오시드 삼인산의 새로운 가닥으로의 연속적인 추가를 바탕으로 DNA를 복제하게 된다. 나선효소의 활성이 복제되지 않을 운명의 외가닥 DNA를 만들어 내지 않도록 나선효소의 활성화는 리플리좀의 적재와 강하게 연관지어져 있다.

일단 복제가 시작되면 MCM 나선효소 복합체는 DNA를 풀어내고 개시점마다 각각 두 방향으로 진행하며 **복제 분기점(replication fork)**이라 불리는 2개의 Y자 형태의 DNA 구조를 형성한다. DNA에 대한 각각의 복제 단위를 **리플리콘(replicon)**이라 한다. 궁극적으로는 DNA를 따라서 양방향으로 복제가 진행되면 리플리콘들이 만나서 융합되고 S기 말기에는 전체 게놈이 복사된다. 리플리좀의 구성과 복제의 정상적 진행을 위해서는 4개의 작은 단백질인 Sld5, Psf1, Psf2, Psf3의 복합체의 존재가 요구된다. 이 복합체는 5, 1, 2, 3에 해당하는 일본어(go-ich-ni-san)를 따라서 **GINS 복합체**라 부른다.

11.3.3 DNA 복제는 세포 주기 동안에 엄격하게 조절된다

체세포 분열 주기 동안에 DNA 합성의 개시는 오직 S기 동안에만 일어나고 G2, M, G1기 동안에는 억제된다. 이로서 두 가지 잠재적인 문제점들을 막게 되는데, 첫째는 만약 DNA가 M기 후반부나 G1기 동안에 합성된다면 그 생성은 세포가 분열하는 중이나 생장 중인 동안에 발생하게 되고, 둘째는 G2기나 M기 초기에 DNA가 합성되면 배수성(ploidy, DNA의 양과 게놈 사본 수)에 영향을 미치고 염색체 분리에 방해를 줄 수 있다는 것이다. 그러므로 비록 이전의 S기 후기로부터의 DNA에 preRC가 존재한다 하여도 preIC가 형성이 되어야만 DNA 복제가 일어날 수 있고 이렇게 하여 각 세포 주기마다 단 한번씩의 복제가 일어나게 한다. 이것에 대한 특별한 예외가 핵내 중복(endoreduplication) 현상으로 이는 11.4.3절에서 논의하는 바와 같이, 체세포 분열이나 세포의 나뉨이 일어나지 않는 변형된 세포 분열의 형태이다.

중기에서 후기로의 전환기에 APC는 활성화되어 체세포 분열 사이클린을 포함한 몇몇 단백질들을 분해하여 급격한 CDK 활성의 감소를 유도한다. 이와 함께 CDC6가 축적되고 이는 ORC와 상호작용하게 되는데, 그렇지 않은 경우에는 CDC6는 CDK에 의해 인산화되어 UbPS에 의한 분해의 표적이 된다. 그러므로 복제 개시점으로 MCM 복합체를 끌어들이는 CDC6–ORC 복합체는 오직 체세포 분열이 완성되고 CDK 활성이 떨어진 후 S기가 시작되기 전에 형성될 수 있다(그림 11.14 참고).

세포 주기의 중요한 곳으로 G1기 말기에 **제한점(restriction point)**이라고 불리는 지점이 있다. 여기서 세포는 분열을 진행할 것인가에 대한 비가역적인 결정을 내리게 된다. 일단 분열을 결정하고 이 지점을 통과하게 되면 세포는 S기로 들어가게 된다. 히스톤 암호화 유전자 같은 S기 유전자들의 발현이 촉진되고 DNA 상의 preRC의 인산화에 의한 활성화로 S기가 개시된다. 이러한 과정은 복제 개시점에 부착된 단백질 인산화효소 이형 복합체(촉매성 CDC7 소단위와 **DBF4**(dumbbell-forming protein 4) 소단위)인 **DDK4**(Dbf4-dependent kinase)와 함께 CDK의 활성을 요구한다. DDK4 인산화는 MCM5 단백질의 구조 변화를 유도하는 것으로 추정된다. 이는 CDC45 단백질을 GINS 복합체와 결합하게 하고 나선효소의 활성화로 리플리좀의 적재를 가져온다. GINS 복합체는 CDK에 의해 인산화 될 때 DNA polymerase B 소단위와 결합이 유도되고 CDC45와 함께 리플리좀을 끌어들이게 된다. 그러므로 DDK에 의한 MCM의 인산화는 DNA 복제를 시작하는 중요한 사건이 된다. 복제 개시점의 재활성화를 막고 DNA가 각 S기 마다 한 번씩만 복제되도록 조절하기 위하여 CDC6와 다른 복제 단백질들은 CDK 의존적 인산화를 통한 표적화 후 분해된다.

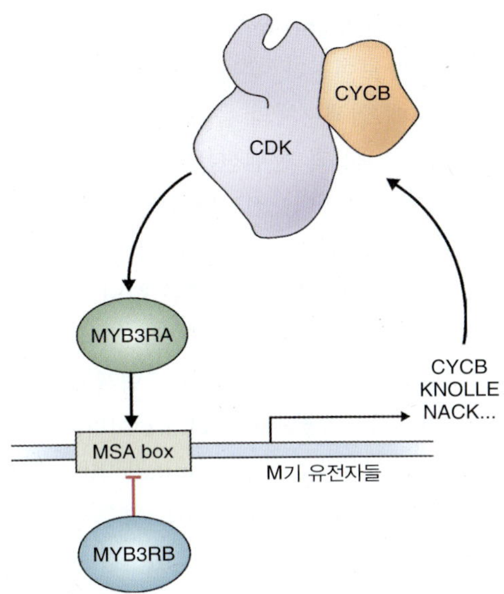

그림 11.15 MYB3R 단백질의 MSA(M-specific activator) 요소에의 결합. MSA 요소는 G2에서 M기로의 전환기에 특이적으로 발현되는 유전자들의 전사에 필요 충분적인 조절 요소이다. *MYB3RA* 유전자는 세포 주기의 시기에 의존적인 전사 패턴을 보이는 반면, MYB3RB 단백질은 세포 주기 동안 일정하게 유지가 된다. MYB3RB는 MSA를 포함한 프로모터를 활성화 시킬 수 없으나 대신 해당 유전자들의 전사를 억제하게 된다. MYB3RA가 MSA를 포함하는 프로모터를 가지는 유전자들의 전사를 활성화시키는 정도는 세포 주기의 시기와 CDK에 의한 C-말단 도메인의 인산화 정도에 따라 다르다. 그러므로 MYB3RA에 의해 그 생성이 유도되는 사이클린들은 CDK들과 복합체를 이루고 이는 다시 MYB3RA를 더욱 활성화시키게 된다.

S기 동안의 핵 DNA의 복제는 전체 세포 주기에서도 가장 중요한 사건으로 고려된다. 그러나 앞서 본 바와 같이 복제의 발생은 M기와 G1기 동안에 일어난 과정들에 의존적이며 그 기간 동안 DNA 합성의 개시를 매개할 단백질 복합체들이 게놈상에 구성된다. 세포가 S기에 들어 갔을 때 DNA 복제를 개시할 능력은 이 단백질 복합체의 유무에 의하여 결정된다. G2, M, G1기 동안에 DNA 복제가 억제되듯이 복제 과정의 동안에는 이러한 단백질 복합체의 구성이 억제된다.

11.3.4 식물의 B-유형 사이클린 의존성 인산화효소 안의 MSA 요소는 G2기에서 M기로의 전환에 중요하다

일단 DNA 복제가 완성이 되면, 세포는 G2기로 진행하여 체세포 분열의 진입을 준비하게 된다. 이는 G2기의 후반부에 일어나는 M기-특이적 사이클린들의 합성을 필요로 한다. 그 후 G2기에서 M기로의 전환 시에 체세포 분열 CDK 활성의 빠른 증가가 있는데, 이로써 염색체 응축의 시작과 함께 체세포 분열과 세포질 분열을 개시한다(그림 11.2B 참고). 식물에서는 CDKA와 CDKB가 G2기에서 M기로의 전환을 조절하는 CDK로 여겨지는데, 이 둘은 세포 주기의 이 시점에서 활성화되었다가 그 이후 불활성화된다는 보고가 있다. A-유형, B-유형 사이클린 유전자들은 모두 G2와 M기 동안에 전사적으로 높게 활성화되고 그 산물들은 체세포 분열에 중요한 기능을 하게 된다.

식물의 B-유형 *CDK* 유전자들은 시스 활성 인자(cis-acting element)로 **MSA(M-specific activator) 요소**를 가지는데, 이들은 유사분열 방추체(mitotic spindle)를 형성하여 염색체 분리에 필요한 운동성 단백질인 키네신(kinesin)을 암호화하는 유전자와 같이 체세포 분열 동안 발현되는 다른 유전자들에서도 발견된다. MSA 요소는 G2에서 M기로의 전환기에 특이적인 유전자 발현을 조절하는 데 필요 충분적인 요소로 기능한다. 이 요소에는 **MYB3RA**와 **MYB3RB**라는 2개의 단백질이 결합하며, 이와 구조적으로 유사한 동물의 c-Myb 전사인자의 경우에는 세포 분화를 조절하고 과발현 시에 암과 자가면역 질환을 발생시키게 된다. *MYB3RA* 유전자의 전사는 세포 주기의 시기에 의존적인 반면, *MYB3RB* 유전자의 발현은 세포 주기 동안 일정하게 유지가 된다. MYBR3A 단백질이 MSA 요소에 결합할 때는 유전자 발현이 촉진되지만, MYBR3B 단백질이 MSA 요소에 결합할 때는 전사 활성의 기능이 없다. MYB3RA와 MYB3RB 단백질들이 G2에서 M기로의 전환기에 특이적인 유전자 발현을 상보적으로 조절하는 모델이 제시되었다(그림 11.15). MYB3RA 단백질의 MSA 요소에의 결합으로 그 생성이 촉진되는 사이클린들은 CDK들과 복합체를 형성하여 양성 피드백적으로 MYB3RA의 활성을 증가시킨다. 이는 체세포 분열 특이적 유전자들이 세포 주기의 특정 시기에 좀 더 급격히 발현되는 것을 촉진할 것으로 추정된다.

11.3.5 복제된 염색체의 응축이 M기의 시작을 나타낸다

앞서 살펴본 바와 같이, 비록 체세포 분열이 G1, S, G2기에서 억제된다 할지라도 체세포 분열을 촉진하는 과정은 일찍이 S기부터 시작된다. M기의 전기(prophase)는 **염색체 응축**의 개시와 함께 시작되며(그림 11.16) 보통 세포질로부터 독립된 공간으로 핵 기질을 둘러싸고 있는 핵막의 분해가 뒤따른다. 염색체의 응축은 세포 주기의 다른 시기 동

키포인트 G1기에서 S기로의 전환은 잘 보존된 경로들에 의하여 조절된다. S기로의 진입은 D-유형 사이클린의 합성에 의해 유도되는데 이는 합성 후 CDK와 복합체를 이루어 RBR 단백질을 인산화시킨다. 이 단백질은 E2F 전사인자 그룹의 단백질과 결합하여 DNA 복제에 필수적인 단백질을 암호화하는 유전자의 발현을 촉진시키고 세포가 DNA 합성기로 들어가도록 한다. DNA의 복제는 게놈상의 여러 복제 원점에서 개시된다. 그 개시는 네 단계의 과정으로 이루어지는데, 개시점 인지 복합체(origin recognition complex, ORC)에 의한 복제 원점의 인식, preRC(pre-replication complex)의 조립, DNA 나선효소의 활성화, 개시점 DNA에 대한 복제 기구의 탑재가 그것이다. DNA 합성은 복수의 개시점에서 진행된다. 세포 주기 동안에 DNA 합성은 S기를 제외한 모든 시기에서 제한 받는다. G2기에서 M기로의 전환은 A-형과 B-형의 CDK에 의해 조절 받는데 이들 CDK는 세포 주기의 이 시기에만 활성화되고 다른 시기에는 불활성화된다. 식물의 B-형 CDK 유전자는 MSA(M-specific activator) 요소라는 시스 활성 인자를 가지는데, 이 요소는 체세포 분열시 발현되는 다른 유전자들에서도 발견된다. MSA 요소는 G2기에서 M기로 전환되는 시기에 특이적인 유전자 발현에 필요 충분적인 요소이다.

안에 존재하는 것보다 훨씬 더 큰 DNA 적재 밀도를 유발하고 염색질 구조를 완전히 새롭게 리모델링한다. 히스톤 H1은 인산화되고 뉴클레오좀(nucleosome) 쌍 사이에 존재하는 연결 DNA에 더 이상 결합하지 못하게 된다(3장 참고). 먼저 전기의 전반부에 염색체들은[각각은 2개의 **자매 염색분체(sister chromatid)**로 구성됨] 응축되고 길이가 짧아진다. 전기의 후반부, 전중기(prometaphase), 중기(metaphase)의 전반부 동안 응축이 더 진행되고 여기에 **위상이성질화효소(topoisomerase)**가 초나선감김(supercoiling)을 도입하게 되면 **DNA 적재 밀도(DNA packing density)**는 더 높아지고 자매 염색분체는 구분이 가능한 독립적 구조로 보이게 된다.

염색체 응축, 염색분체들의 결합, 그리고 뒤이은 염색분체 분리의 모든 과정들은 많은 종류의 단백질들의 참여를 요구한다. 응축하는 염색체는 **코헤신(cohesin)**, **콘덴신(condensin)**, 그리고 다른 골격 단백질(scaffold protein)들의 중앙 축에 형성된다. 이러한 과정들로 염색질이 더 소형화된 염색체의 구조로 변환되어 복제된 DNA가 정확하게 분리되도록 한다. S기 동안에 합성되는 코헤신은 양 자매 염색분체들과 상호 작용하여 자매 염색분체가 단단히 결합을 이룬 구조를 확립하며, 염색질의 분리가 시작되는 후기의 전반기까지 그 상태가 유지되도록 한다. 코헤신은 동원체와 염색체 팔(chromosome arms)을 포함하는 모든 염색체를 따라 보여진다. 콘덴신은 염색체 길이의 감소를 매개한다. 자매 염색분체의 응축과 결합은 밀접하게 관련되어 있으며, 코헤신과 콘덴신은 식물의 정상적인 발달에도 필수적인 요소들이다. 전기의 후반부에는 핵막이 분해되고 방추사 미세소관들이 염색체와 결합하기 시작한다. 방추체(spindle)는 세포 골격의 특별한 형태로 체세포 분열과 감수 분열 모두에서 딸 세포로의 염색체의 이동을 수행하기 위하여 세포 분열 전에 조립된다. 염색체들의 동원체에 결합하는 **방추사부착점(kinetochore)**이라는 거대한 단백질 복합체를 통하여 방추사 섬유(spindle fiber)들이 복제된 염색체들에 부착된다(그림 11.16). 방추사부착점의 형성은 DNA 복제의 완성과 연계되어 있으나 방추사부착점 복합체를 구성하는 분자들은 아직 잘 알려져 있지 않다. 방추사부착점 미세소관(Kinetochore microtubule)들은 염색체를 이동시켜 중기판(metaphase plate)에 배열하며 이후 후기(anaphase)에서는 자매 염색분체를 밀어서 방추체 극(spindle pole)으로 끌어 당기는 역할을 한다.

11.3.6 염색분체 분리와 체세포 분열로부터의 나감은 사이클린 의존성 인산화효소에 의한 후기 촉진 복합체의 인산화와 세큐린의 분해에 의해 진행된다

복제된 염색체들은 중기에 방추사의 중간 부분에 배열하여 중기판(metaphase plate)을 형성한다. 자매 염색분체들은 서로 붙어 있다 할지라도 방추사부착점 미세소관(kinetochore microtubules)에 의해 서로 세포의 반대편 끝에 연결된다. 염색분체들은 이 시기에 분리가 가능하고 일단 자매 염색분체 간 연결이 끊어지면 염색체의 분리가 일어난다. 자매 염색분체들의 분리는 **세파레이스(separase)**라는 효소가 둘 사이를 연결하는 코헤신(cohesion)을 분해함으로써 발생한다. 비정상적인 조기의 염색분체들의 분리를 막고자 억제성 단백질인 **세큐린(securin)**이 세파레이스에 결합하게 된다. 세큐린은 중기 초반부에 세파레이스의 활성을 저해할 뿐만 아니라 중기의 후반부에는 세파레이스가 염색분체 분리를 촉진하기 위한 자리에 올바르게 위치하도록 인도하는 기능을 가진다.

자매 염색분체의 분리가 정상적으로 일어나는 것을 확립하기 위해, 세포는 각 자매 염색분체 쌍의 방추사부착점이 방추사 미세소관에 의해 정확하게 반대편의 방추체 극에 연결되었는가를 확인한다. 이 과정이 완수되기 전까지

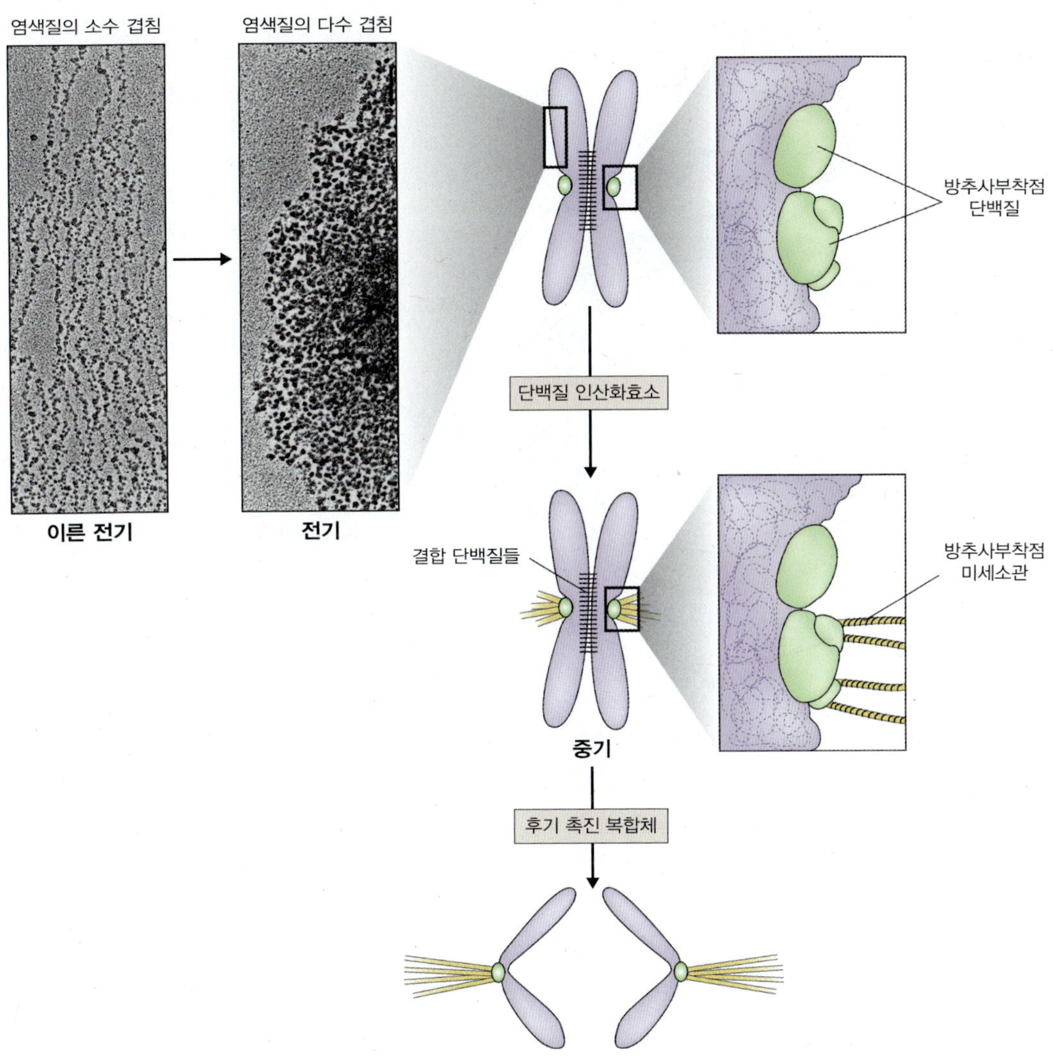

그림 11.16 염색체 응축과 방추사부착점 복합체. 체세포 분열과 감수 분열 시기를 제외하고는 DNA 분자는 히스톤을 둘러싸고 감싸서 복잡한 염색질 구조로 적재된다. 이러한 적재는 DNA가 끊어지는 것은 막으면서도 전사인자나 RNA polymerase는 접근하여 유전자 발현을 지속할 수 있게 보호하는 역할을 한다. 그러나 비분열 세포에서 보이는 이러한 염색질의 구조는 체세포 분열시 얽힘 없이 자매 염색분체들의 분리를 도모하기에는 응축이 부족한 상태이다. 그래서 전기에(왼쪽 전자현미경 사진) 염색체 분리를 위한 응축이 일어난다. 방추사부착점은 단백질 복합체로서 응축된 염색체의 동원체(centrosome)에 결합되어 방추사 미세소관(spindle microtubules)이 붙는 부위로 기능하며, 자매 염색체들을 잡아 당겨 방추체 반대편 극으로 각각 이동하게 한다. 자매 염색분체들의 분리가 일어나려면 이들을 결합하는 코헤신(cohesion) 단백질들이 분해되어야 하는데, 이 과정은 단백질 인산화에 의해 활성화되는 후기 촉진 복합체(anaphase-promoting complex)에 의해 매개된다.

는 세파레이스 저해제인 세큐린은 자매 염색분체의 분리를 계속 억제하게 된다. 중기의 마지막 단계에서, 모든 단백질 복합체들과 다른 구조적 요소들이 제자리에 위치했을 때 하나의 촉발 사건이 후기를 개시한다. 이 시점은 G1에서 S기로 전환기의 준비된 preRC의 경우와 유사하고 단백질 인산화로 만들어지는 촉발 사건이라는 점도 같다. 그러나 이 경우 중기에서 후기로의 전이는 CDK에 의한 APC의 인산화에 의해 만들어진다.

인산화에 의한 APC 활성화는 세큐린의 유비퀴틴화를 유발하고 26S 프로테아좀에 의한 분해로 이어진다. 단백질 분해에 의한 세큐린의 제거는 세파레이스를 활성화시켜서 자매 염색분체 사이의 연결을 깨고 방추체의 반대 극으로 끌려갈 수 있게 한다(그림 11.16 참고). APC의 활성화는 다른 기능도 가지는데 체세포 분열 사이클린의 분해를 유도하여 말기에 체세포 분열로부터 빠져 나올 수 있게 한다. 동시에 체세포 분열 CDK 활성은 감소하고 이는 G1 사이클린 생성의 억제를 해소해서 D-유형 사이클린이 축적된다. G1 CDK들의 활성은 점진적으로 증가하여 새로운 복제 복합체들을 세포 주기의 다음 사이클을 준비하기 위해 조립한다.

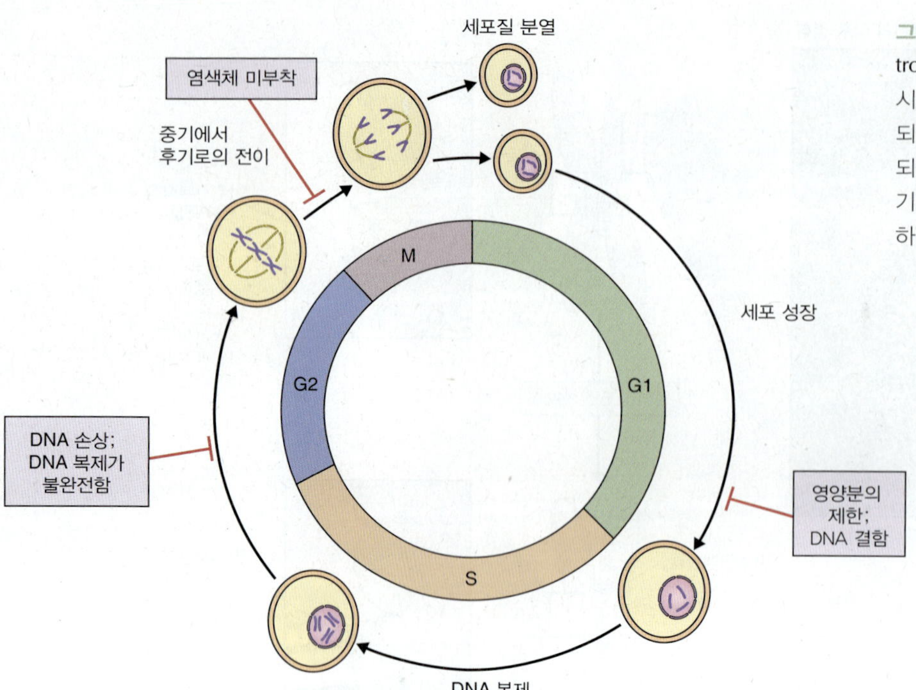

그림 11.17 확인점 조절(checkpoint controls; 빨간색 막대기)에 의한 세포 주기의 감시. 만약 DNA가 손상되거나 불완전하게 복제되면, 또는 만약 염색체가 부정확하게 배열이 되어 중기에 결합된 형태가 아니라면 세포 주기의 진행은 그 어떤 비가역적인 단계에 진입하기 전에 저지된다.

체세포 분열의 마지막 단계인 말기(telophase)는 2개의 딸 세포의 형성이라는 특징을 보인다. 세포의 양 끝에 두 쌍의 염색체를 둘러싸는 핵막이 형성된다. 세포질 분열(cytokinesis) 동안에는 세포판(cell plate)이 형성되어 2개의 딸 세포를 분리하고 이는 종종 말기가 진행 중인 동안에도 발생한다.

11.3.7 DNA 손상과 세포 주기 진행의 미완성은 확인점 조절에 의해 감시된다

많은 환경적 요인들이 세포 주기의 순조로운 진행을 방해할 수 있다. 예를 들어, 전리 방사선과 몇몇 화학물질은 DNA를 손상시킬 수 있다. 다른 환경 스트레스들도 DNA 합성의 완결을 지연하거나 미세소관이 염색체에 부착되는 것을 방해하는 결과를 도출할 수 있다. 만약 그런 세포가 세포 주기의 단계들을 계속 거치면 그 결과 손상된 DNA, 비정상적 염색체 수, 또는 다른 문제들을 가지는 딸 세포들이 생성된다. 이러한 문제들을 해결하는 수선 기작들이 진화되어 왔는데, 이들은 오직 세포 주기의 진행이 정지되었을 때만 효과적으로 작동한다. 이러한 정지는 시기적으로나 손상의 성격에 따라서 세 가지의 **확인점(checkpoints)** 어느 곳에서도 이루어질 수 있다. 이들 각각의 확인점들은 또한 **제한점(restriction point)**으로 알려져 있으며 세포 주기의 비가역적인 지점들의 바로 전에 위치한다. 이들은 G1에서 S기로의 전환기에 DNA 복제에 대한 결정, DNA 합성의 완결에 이은 체세포 분열로의 진입에 대한 결정, 자매 염색분체의 분리와 세포 분열의 개시에 대한 결정들이 그것이다(그림 11.17).

위의 세 결정들 중 체세포 분열과 연관된 뒤의 두 가지 결정에 대한 식물의 조절 방식은 아직 잘 알려져 있지 않다. 그러나 G1에서 S기로의 전환기에 앞서는 확인점은 적어도 부분적으로나마 식물과 다른 진핵 생명체들에서 공통적으로 보존되었다는 증거가 있다. 만약 세포의 DNA가 손상되면 세포는 생존을 위하여 두 가지 반응 기작들을 시행하게 된다. DNA 수선 기구들은 반드시 활성화되야 하고 세포 주기의 진행은 반드시 지연되거나 정지되어야 DNA 손상이 체세포 분열을 통하여 새로운 세포들로 전달되지 않을 것이다. 구조적으로 연관된 두 가지 인산화효소들이 이 반응들에 핵심적이다. 처음 발견된 포유동물의 유사 단백질들의 이름을 따서 이들은 **ATM(ataxia telangiectasiamutated)**과 **ATR(ATM-and-rad3-related)**단백질로 불린다.

모든 진핵 생명체에서 높게 보존된 이들 단백질들은 다른 종류의 DNA 손상에 반응하게 된다. ATM 단백질의 인산화효소 활성은 DNA의 **이중가닥 절단(double-strand breaks, DSBs)**에 의해 활성화되고, ATR 인산화효소는 주로 단일가닥 절단(single-strand breaks)이나 복제 분기점의 지연에 의해 활성화된다(그림 11.18A). 이 두 단백질을 암호화하는 유전자들에 대한 각각의 돌연변이들은 DNA 손상을 일으키는 화합물에 대하여 식물이 비정상적인 민

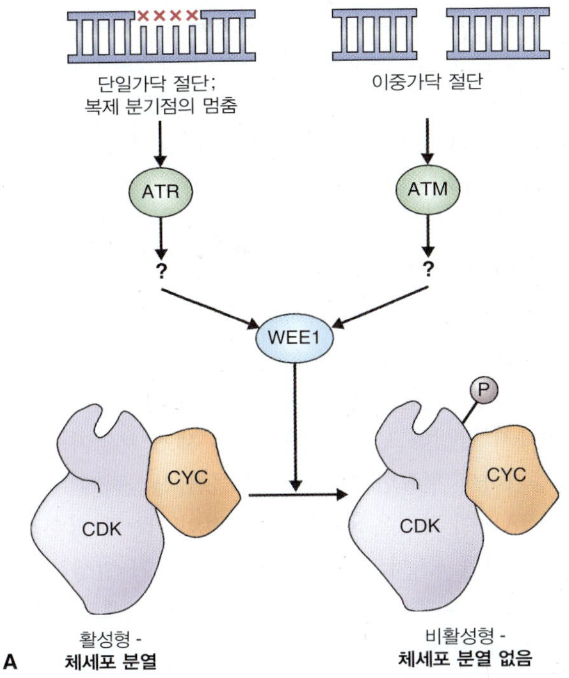

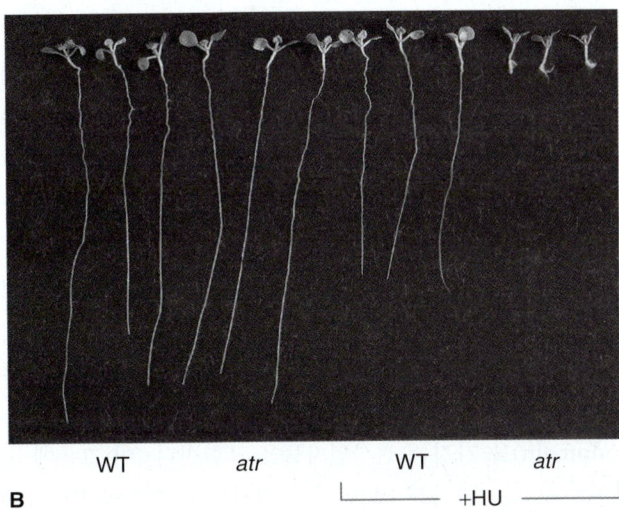

그림 11.18 DNA 손상 조절. (A) ATR과 ATM에 의한 각각의 DNA 단일가닥 절단과 이중가닥 절단의 감시. ATR과 ATM이 DNA 절단을 인지하고 신호를 보내면 WEE1 인산화효소 유전자의 전사가 알려지지 않은 경로에 의해(물음표로 표시된 바와 같이) 유도된다. 그 후 WEE1은 CDK/CYC 복합체를 인산화시켜서 불활성화시키고 이는 DNA 손상을 가지는 세포가 체세포 분열로 진입하는 것을 저지한다. (B) 애기장대 야생형(WT)과 비교한 *atr* 돌연변이체에 대한 하이드록시유레아의 효과. 하이드록시유레아(HU)와 같은 화합물에 의하여 활성화된 ATR 단백질은 DNA 합성 시 복제 분기점의 진행을 저지하거나 느리게 한다. 이는 DNA가 불완전하게 복제되었을 때 세포가 세포 주기를 통해 진행하는 것을 막아 준다. ATR을 암호화하는 유전자에 돌연변이를 가지는 식물들은 야생형과 비교하여 하이드록시유레아에 비정상적으로 민감한 반응을 보인다.

감성 반응을 보이게 하는데, 이는 DNA가 손상되었을 때 세포 주기를 멈추지 못하면 손상된 DNA의 계속된 복제와 전달이 매 세포 분열 때마다 진행되기 때문이다. 식물에서 *atm* 돌연변이체는 DSB를 일으키는 γ-선 조사나 메틸 메탄설포네이트(methyl methanesulfonate)와 같은 화학물질 처리 시에 비정상적인 발달 과정을 겪는다. 반면에 *atr* 돌연변이체는 복제 분기점의 진행을 느리게 하거나 정지시키는 **하이드록시유레아(hydroxyurea)**나 **에피디콜린(aphidicolin)**과 같은 약품에 대하여 증가된 민감성을 보인다(그림 11.18B). ATM 또는 ATR에 영향을 주는 돌연변이들은 정상적인 식물의 발달에 유해한 영향을 주는데 특별히 환경 스트레스 조건에서 *atm atr* 이중 돌연변이는 발달에 심각한 영향을 주게 된다.

DNA 손상은 세포 주기의 정지를 유도할 수 있어야 하고 이는 CDK의 불활성화에 의해 매개된다. 동물에서는 이런 조절이 ATM과 ATR이 종양 억제 단백질인(tumor-suppressor protein) **p53**과 2개의 확인점 인산화효소인 **CHK1**와 **CHK2**를 활성화시킬 때 발생한다. 이들 단백질의 활성화는 CKI를 암호화하는 유전자의 전사를 유도하고 식물이 아닌 종들에서 체세포 분열의 타이머로 기능하는 탈인산화효소인 **CDC25 탈인산화효소**의 불활성화를 유도한다. 그러나 식물은 p53 또는 CHK1, CHK2, CDC25 유사 단백질들과 기능적으로 유사한 단백질들을 가지고 있지 않기에 ATM과 ATR은 다른 방법으로 세포 주기의 정지를 만들어 낼 것이다. DNA 손상이 있을 때 식물에서는 WEE1 인산화효소는 확인점의 유일한 매개체인 것은

키포인트 체세포 분열의 세포 주기 동안에 새롭게 복제된 염색체들은 2개의 딸 세포로 나뉘게 된다. DNA 복제가 완료되면 각 염색체는 동원체에서 형성되는 방추사부착점이라는 큰 단백질 복합체에 의하여 세포 골격의 특수한 요소인 방추체에 결합된다. 자매 염색분체는 둘 사이를 연결하는 단백질들이 세파레이스를 촉매로 하여 분해되면 서로 분리가 되고 그 후 방추체의 반대편 극으로 이동할 수 있게 된다. 세포판이 모세포의 적도판을 따라서 생겨나고 2개의 딸 세포를 생성하는 생체막과 세포벽의 재구성이 뒤따르게 된다. 확인점 조절(checkpoint control)은 DNA가 손상되었을 때 세포가 그 DNA를 복제하는 것을 방지하고 세포 주기가 정상적으로 진행되지 않았을 때 세포가 분열하는 것을 막는다. 2개의 인산화효소인 ATM과 ATR은 이 확인점에서 중요한 기능을 수행하는데, ATM은 DNA의 이중가닥 절단에 의해 활성화되고 ATR은 단일가닥 절단이나 복제 분기점의 정지에 의해 활성화된다.

아닐지라도 세포 주기 정지의 주요 단백질인 것으로 보고되어 왔다. ATM과 ATR은 빠르게 *WEE1* 유전자 발현과 WEE1 단백질 합성을 유도한다. 앞서 본 바와 같이(그림 11.8), WEE1은 CDK들을 인산화시키고 이는 세포가 체세포 분열에 돌입하는 것을 막는다(그림 11.18A). ATM/ATR이 WEE1 활성을 증가시키는 자세한 신호전달 경로는 아직 알려지지 않았다. 기능적인 *WEE1* 유전자가 결여된 돌연변이체는 DNA 손상이 발생했을 때 그들의 세포 주기가 정지되도록 할 수가 없어서 손상된 DNA와 불완전하게 복제된 게놈을 가지는 상태로 체세포 분열이 진행된다. 이렇게 만들어진 세포는 보통 생명력이 없고 생장은 멈추게 된다.

11.4 발달 동안의 세포 주기 조절

동물과 다르게 식물은 그들의 생활사 동안 새로운 기관과 조직들을 계속해서 형성할 수 있다. 식물은 분열조직(meristem)이라고 알려진 제한된 지역에서 세포 분열이 일어나는데, 이 곳은 조직과 기관들의 발생 지역이 되면서 분열하는 세포 그룹을 재충전한다. 현재 매우 활발한 의과학 연구 분야의 영향으로 분열조직의 세포들은 '줄기세포(stem cells)'라 불리기도 한다. 이러한 용어는 이 세포들이 많은 횟수의 체세포 분열을 거치고, 이후 특수한 세포들로 분화될 잠재력을 가지는 미분화된 세포를 생산할 수 있음을 나타낸다. '줄기세포'라는 용어의 정확한 의미가 식물 발달을 설명하는 데 있어서 혼동을 줄 수 있기 때문에 이 책에서는 특별히 이 용어는 사용하지 않는다.

11.4.1 기관형성 동안 분열조직에서 세포 분열은 엄격하게 조절된다

분열조직(1장에서 처음 소개함)들의 구분은; 뿌리와 줄기, 곁가지에 존재하는 정단(apical); 2차 성장을 담당하며 유관속 형성층(cambium)에 주로 보이는 측생(lateral); 마디사이(internode)에서의 생장 지역 또는 특징적으로 초본류와 다른 외떡잎식물의 신장하는 잎의 기저부에서 보이는 절간(intercalary)으로 나뉜다. 12장은 식물 기관의 발달과 생장에 있어서의 분열조직의 역할을 기술할 것이다. 이 장에서 우리는 분열조직 자체의 구조와 분자 수준에서의 조절에 초점을 맞추고자 한다. **줄기 정단 분열조직(shoot apical meristem, SAM)**과 **뿌리 정단 분열조직(root apical meristem, RAM)**(그림 11.3 참고)은 각각 줄기와 뿌리에서 새로운 세포들을 생산하는 역할을 한다. 정단 분열조직은 미래에 그들로부터 새로운 조직이 만들어지도록 스스로 유지되어야 한다. 이를 위하여 정단 분열조직은 그 중앙부에 매우 낮은 비율의 세포 분열로 DNA 손상의 축적을 최소화하여 누적된 돌연변이 비율이 매우 낮은 세포군을 갖는다. 그 결과 수명이 매우 긴 브리슬콘 파인(bristlecone pine)에서 조차도 분열조직은 4,000~5,000년 동안 유지되었지만 세포들은 아직까지도 과도한 DNA 손상 없이 정확하게 분열하고 있다.

지상부에서는 새로운 기관의 개시와 발달이 SAM의 측면에서 발생하고, 이 영역에서는 세포 분열이 지역적으로 증가하여 필요한 새로운 세포들을 생산하게 된다(그림 11.19A). 이 과정은 SAM의 정상적인 기능에 필수적인 여러 유전자들 중 어느 하나라도 돌연변이가 발생하면 무산될 수 있다. 이들 유전자들은 3개의 주요 카테고리 중 하나에 속하게 된다(그림 11.19B). 첫 번째 그룹의 유전자들은 분열조직 자체의 갱신에 필요한 느리게 분열하는 중심 지역(central zone)의 세포들의 확립과 유지에 필수적이다. 두 번째 카테고리는 세포의 분화를 조절하며, 세 번째 카테고리는 기관 원기(primordia)에서의 지역적인 세포 분열을 조절한다. 이들 카테고리 중 어느 하나라도 영향을 주는 돌연변이들은 정상적인 줄기 정단 분열조직 활성의 모든 국면에 영향을 끼치고, 이는 이들 유전자가 발현되는 분열조직의 도메인 별 활성이 각각 자율적이지는 않음을 보여준다.

첫 번째 카테고리의 유전자들은 분열조직의 확립과 유지에 필요한데, 몇 가지 다른 종류의 **호메오도메인(homeodomain)**을 가지는 전사인자들을 포함한다. 이 그룹에 속하는 것으로 밝혀진 첫 번째 유전자는 옥수수의 *Knotted*로 3장에서 기술되었다. Knotted나 애기장대 유사체인 KNAT1의 부적절한 활성화는 한 예로 잎의 중간 부분과 같은 비정상 위치에(ectopic) 줄기 정단 분열조직을 형성한다. 애기장대의 또 다른 유전자인 ***SHOOT MERISTEMLESS*(*STM*)**는 분열조직의 중심부가 스스로 자가 생산을 하여 미분화된 세포들로 유지되는데 필요하다. 기능적인 *STM* 유전자의 결여는 또 다른 호메오박스(homeobox) 유전자인 ***WUSCHEL*(*WUS*)**의 기능적 산물이 없을 때 보이는 것처럼(그림 11.20C, E) 분열조직을 사라지게 한다(그림 11.20B). *WUS*의 발현은 기관의 원기(primordia)에서 세포 분화를 촉진하는 두 번째 그룹의 유전자들에 의해 음성적으로 조절된다. 이 그룹의 유전자들의 돌연변이는 세포가 체세포 분열을 거듭하고 분화보다는 분열조직 세포의 숫자들을 증가시켜서 분열조직이 커지게 한다. 이 그룹의 유전자들 중의 한 예가 애기장대에서 인산화효소를 암호화하는 ***CLAVATA*(*CLV*)**이다. *CLV* 유전자의 기능에 영향을 미치는 돌연변이들은 비약적으로 증대된 분열조직을 생성하게 된다(그림 11.20D). 지금 시점에서는 어떻게 호메오도메인(homeodomain) 단백질들과 이들과 상호작용하는 인자들이 분열조직에서 세포 주기 활성을 조절하는가가 분명하지 않다.

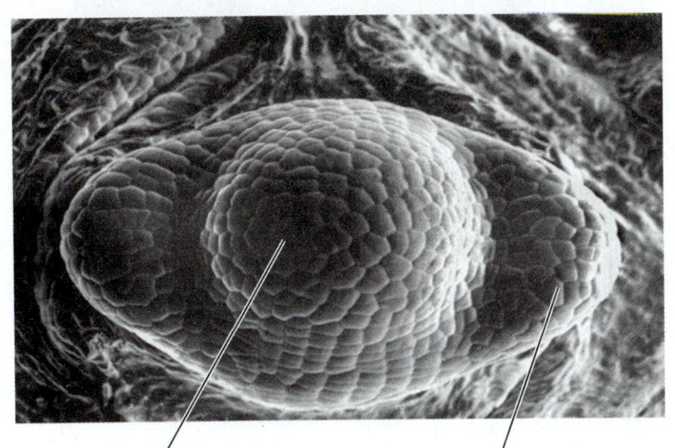

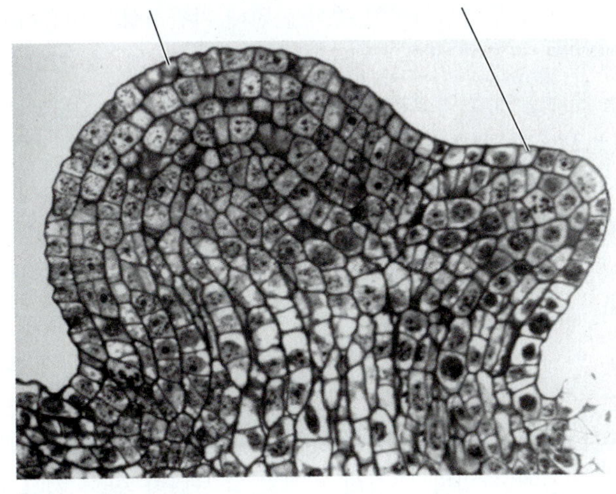

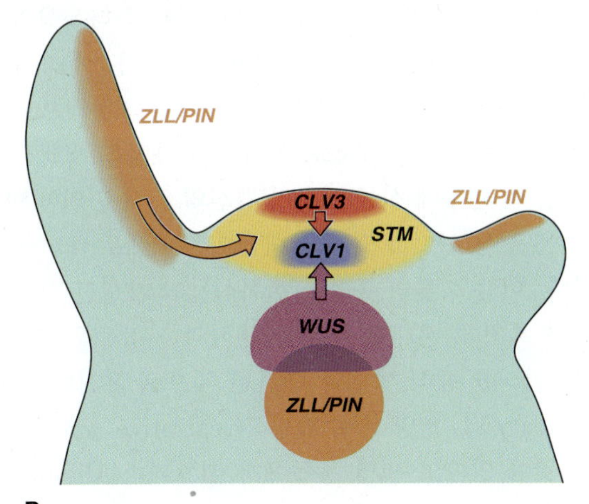

분열조직의 기능에 필요로 하는 세 번째 그룹의 유전자들은 발달 중인 기관에서 세포들의 국부적인 증식을 조절한다. 금어초(*Antirrhinum majus*)에서 ***PHANTASTICA*(*PHAN*)** 유전자의 산물은 잎 상층면(adaxial)을 따라서 세포의 증식을 조절하여 엽편(leaf blade)을 생성한다. *PHAN* 유전자의 열성 돌연변이들은 방사상 대칭적이면서 주맥(midrib)은 있지만 엽육세포는 존재하지 않는 뾰족한 모양의 잎을 생성하게 된다. 비정상적인 잎 발달에 추가하여 *phan* 돌연변이들은 줄기 정단에서 새로운 기관을 형성하고 증식하는 것을 억제하는데, 이는 줄기 정단 분열조직의 기능 유지에 중요한 피드백 신호전달 기작이 발달 중인 기관으로부터 존재함을 암시한다. *ASYMMETRIC LEAVES 1*은 애기장대에서의 PHAN 유사 단백질이다. 식물의 기관을 생성하는 분열조직의 역할은 12장에서 좀 더 자세히 논의할 것이다.

11.4.2 많은 식물 세포들은 그들의 생활사 동안 전형성능인 상태로 존재한다

모든 정원사들이 알고 있듯이, 식물들은 절단체의 회수, 전체 식물의 분지, 구근, 구경과 같은 다년생 기관의 조각화, 취목(모식물에 부착된 순에서 뿌리가 자라도록 유도하여 독립적으로 만드는), 접목 등으로 손쉽게 증식시킬 수 있다. 이러한 과정의 생산물은 클론들로 원본의 식물과 유전적으로 동일하다. 클론 증식이 가능한 것은 완전히 분화된 조직과 기관들이 식물체로 재분화될 수 있기 때문인데, 이는 대부분 또는 아마도 모든 살아 있는 식물의 다양한 세포 유형들의 기본적 특징으로, 하나의 개별 세포가 증식을 하여 전체 식물의 모든 분화된 세포를 생산할 수 있는 능력인

그림 11.19 줄기 정단 분열조직(shoot apical meristem, SAM)의 구성. (A) SAM의 두 가지 다른 모습들. 상단부의 주사전자현미경 사진은 기관(잎)으로 발달할 원기(primordia)가 분열조직의 주변에 위치함을 보여준다. 하단부의 종단면 현미경 사진은 SAM과 발달하는 새로운 기관의 조직층들을 보여준다. (B) SAM의 확립과 유지에 필수적인 조절 유전자들은 특정한 영역들에 발현된다. 분열조직의 기저부에서 발현되는 WUS을 암호화하는 유전자는 그 상부의 도메인에서 STM을 암호화하는 유전자의 발현에 필수적이다. CLV1과 CLV3를 암호화하는 유전자들은 분열조직의 부정형의 중심 지역(indeterminate central zone)에서 발현되고, 그 유전자 산물들은 중심 지역의 크기를 결정하기 위해 상호작용한다고 보여진다. ZLL/PIN 유전자 산물들은 SAM 활성의 유지에 필요하다.

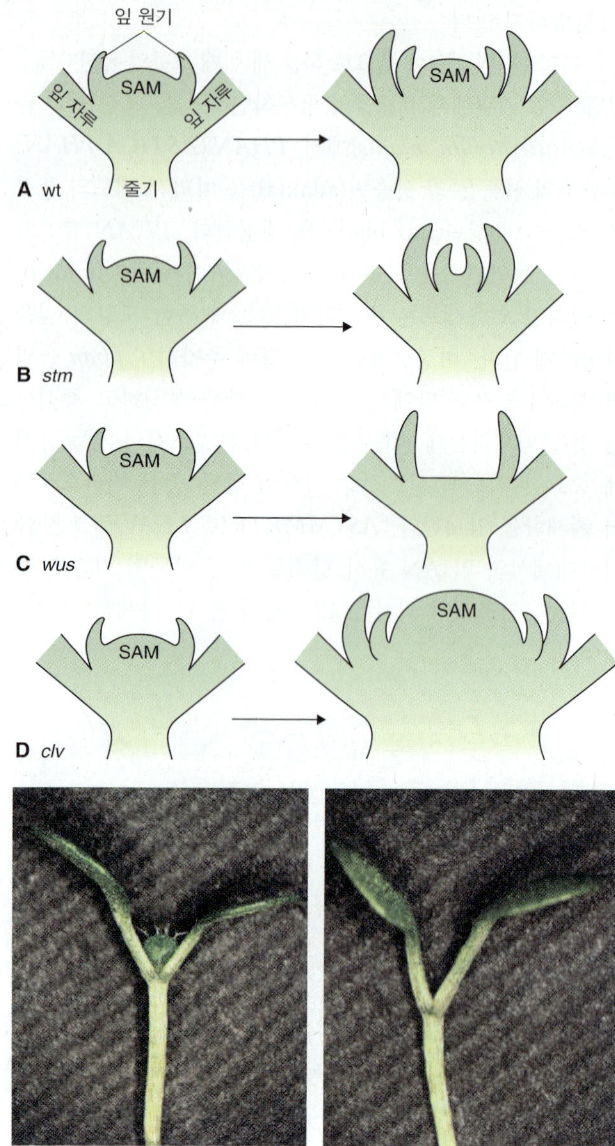

그림 11.20 줄기 정단 분열조직의 정상적 기능에 필수적인 세 유전자 *SHOOT MERISTEM-LESS*(*STM*), *WUSCHEL*(*WUS*), *CLAVATA*(*CLV*)들에 대한 돌연변이의 효과. 왼쪽의 그림은 초기의 줄기 정단 분열조직을 보여주며 오른쪽 그림은 그 이후 더 성장한 형태를 보여준다. (A) 야생형(wt) 줄기 정단 또는 측생 분열조직. (B) *stm* 돌연변이체에서의 부정형 분열조직 (C) *wus* 돌연변이체에서의 부정형 분열조직. (D) *clv* 돌연변이체에서의 정단 또는 측생 분열조직. (E) 야생형(왼쪽)과 *wus* 돌연변이체(오른쪽)의 사진들.

전형성능(totipotency)이라 불린다. 많은 경우에 있어 적절한 조건하에서 1개의 식물 세포는 전체 식물을 생산할 수 있다. 이러한 현상은 식물의 세포를 분리하고 실험실 배지에서 유지시킬 때 빈번하게 관찰된다. 놀랍게도 가장 고도로 분화되고 특수화된 세포라 할지라도 전형성능을 보일 수 있다. 예를 들어, 사탕무(*Beta vulgaris*)의 공변세포로

그림 11.21 베고니아 식물의 절편에 옥신을 포함하는 뿌리 형성 호르몬의 처리를 통한 뿌리 형성의 촉진

부터도 식물이 재분화될 수 있다. 식물의 재분화는 **배발생(embryogenesis)**과 **기관발생(organogenesis)**을 통하여 일어날 수 있는데, 체세포 배발생(somatic embryogenesis) 동안 전체 배는 종자에서 보여지는 것처럼 하나의 배양 세포로부터 만들어진다. 반면에 기관형성기에는 세포가 먼저 지상부를 형성하고 그 후 지상부에서 뿌리가 형성된다. 식물은 또한 무성생식적인 증식을 위해 기관형성을 이용하는데 많은 종들의 경우 뿌리들은 지상부로 발달할 수 있고 다른 경우들에 있어서는 지상부가 뿌리가 될 수도 있다(그림 11.21, 그림 10.4A 참고).

꽃 형성과 유성 생식을 거치지 않고 각각의 식물 세포가 체세포 배발생과 형태 발생을 수행할 수 있는 능력인 전형성능(totipotency)은 모든 종에서 볼 수 있는 것은 아니며, 그것이 가능한 종에서도 모든 세포에서 보여지는 것도 아니고, 대부분의 경우 세포들을 분리하여 실험실 조건하에서 배양하는 것이 필요하다. 그러나 어떤 식물들은 (예를 들어, *Kalanchoe diagremontiana*) 체세포 배발생이 정상적인 발달 과정의 일부로 손상되지 않은 식물에서 보여지기도 한다(그림 11.22A). 이러한 다육성의 종인 'Mother of thousands'는 성숙한 잎의 가장자리에 있는 전형성능의 세포들이 유식물로 분화되어 최종적으로는 떨어져 나와 독립적인 개체로 살아가는 과정을 생생하게 보여준다. 이 경우에 식물은 자기 자신의 증식을 위한 방법으로 꽃을 형성하는 것 외에도 대안으로 체세포 배발생을 활용한다. 어떤 식물의 종들은 현화식물의 탄생전 식물 진화 역사의 초기에 존재했던 무성 생식의 기작들을 간직하고 있다. 이러한 증식 방법과 연관된 것으로 유사발아(pseudovivipary)나 영양 무수정생식(vegetative apomixis)과 같은 것이 양파의 몇몇 종들에서 관찰된다(Allium; 그림 11.22B).

A

B

그림 11.22 무성 생식의 예들. (A) 잎 주변부를 따라 유식물을 형성하는 *Kalanchoe diagremontiana*('Mother of thousands')에서의 체세포 배발생. (B) *Allium cepa*(Egyptian onion)에서의 유사발아(pseudovivipary)

모든 종에서 식물의 재분화는 세 단계의 과정을 필요로 한다: 세포의 **탈분화(dedifferentiation)**, 세포 주기와 세포 증식으로의 재진입, 마지막으로 **재분화(redifferentiation)**의 유도로 뿌리와 지상부 조직을 만들 특수한 세포로의 전환이 그것이다. 세포의 탈분화와 세포 주기로의 진입은 서로 밀접하게 연관되어 분자적 수준에서는 두 과정을 분리하여 분석하는 것이 어렵다. 실험적 증거들은 완전히 분화된 세포로부터 탈분화된 상태로의 전환은 뉴클레오좀 히스톤의 전사 후 변형을 매개로 하는 염색질의 구조 변화가 수반된다고 제시한다(3장 참고). 세포 분열의 개시와 함께, 전사가 용이한 진정염색질(euchromatin) 비율이 이질염색질(heterochromatin)에 비하여 증가한다. 탈분화 동안에 E2F 타겟 유전자들의 염색질 구조도 변하는 것으로 보아, G1에서 S기로의 전환을 조절하는 RBR/E2F 경로도 (11.3.1 참고) 탈분화 과정에서 어떤 역할을 할 것으로 보여진다. RBR 결핍 시 세포의 분화는 지연되고, RBR 과발현의 유도 시 분열조직 세포들의 분화가 촉진된다는 관찰들은 세포의 분화 상태를 조절하는 RBR의 기능을 제시한다.

11.4.3 분화된 식물 세포에서 내부배수성(endopolyploidy)은 일반적으로 보여진다

식물 발달의 모든 단계들마다 어떤 세포들은 체세포 분열 세포 주기를 빠져 나와 분열을 멈추고 특수한 세포로 분화하게 된다. 때때로 세포 주기로부터의 탈출이 DNA 합성의 중단을 의미하지는 않는다. 대신 세포는 **핵내 배가(endoreduplication)**라 알려진 대체적 주기에 들어서게 된다. 절지동물과 포유동물, 식물을 포함한 많은 생명체들은 다양한 종류의 세포들에서 핵내 배가를 보인다. 이는 세포 분열 없이 반복된 주기의 DNA 복제를 특징으로 하는데, 이로 인해 각 새로운 주기마다 핵의 DNA 양은 두 배가 된다. 어떤 경우에는 그 효과가 극명한데 예를 들어 배발생 동안 *Phaseolus coccineus*의 배자루(suspensor)에 있는 세포들은 세포 분열 없이 12회의 추가적인 DNA 복제를 거치고 그 결과 체세포 분열을 탈출할 때 보다 4,000배 더 많은

키포인트 지상부와 뿌리부의 새로운 세포들은 줄기 정단 줄기세포(SAM)와 뿌리 정단 줄기세포(RAM)에서 각각 생성된다. 분열조직에서의 세포 분열은 확실하게 조절되어 분열조직이 기관들로 발달할 세포들을 생산해 내는 것 뿐만 아니라 분열조직 자체도 유지하여야 한다. 지상부에서는 SAM의 측면에 새로운 기관들이 개시되고 발달한다. 세 그룹의 유전자들이 정상적인 SAM의 기능에 필수적인데, 첫 번째 카테고리 유전자들은 분열조직 자체를 갱신하는 느리게 분열하는 중앙 지역을 확립하고 유지하는 데 필요하다. 두 번째 카테고리의 유전자들은 세포들의 특수한 형태로의 분화를 조절하고 세 번째 카테고리는 다른 기관들과 잎의 원기에서의 국부적인 세포 분열을 조절한다. 많은 식물 세포들은 전형성능을 가져서 이로부터 한 개체를 구성하는 모든 종류의 분화된 세포들을 생산할 수 있게 된다. 재생은 세포가 탈분화하는 것을 필요로 하고 세포 주기에 재진입하여 세포 분열을 재개한다. 이 과정은 뒤이어 재분화의 유도와 뿌리와 지상부 조직을 구성하는 특수한 형태의 세포로의 전환이 필요하다.

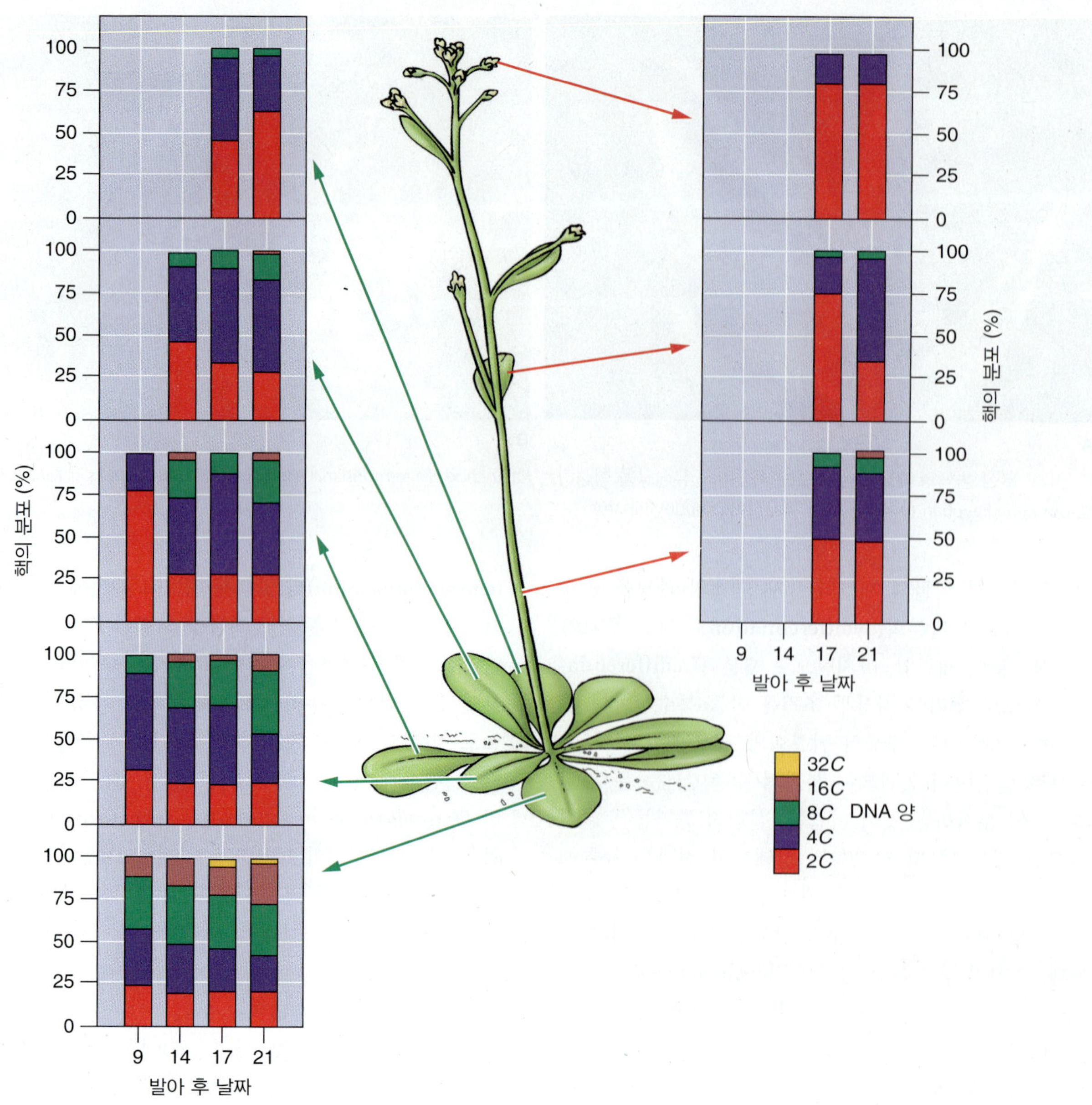

그림 11.23 애기장대에서 핵 DNA 양의 발달 과정에 따른 조절. 발달 단계별로 조직에서 분리된 핵의 분석은 조직의 나이와 C(반수체 게놈이 가지는 DNA의 질량)의 배수로 나타낸 배수성 DNA 양과의 사이에 강한 상관 관계를 보여준다.

DNA를 가지게 된다.

배수성(ploidy)의 증가를 유도하는 몇 가지 다른 방법들이 존재한다. DNA의 복제 후 핵 분열은 뒤따르나 세포질 분열이 일어나지 않을 때 세포는 다수의 핵을 가지게 된다. 그러나 핵 분열 없이 DNA가 반복적으로 복제되어 모든 복제된 DNA가 원래의 핵에 존재할 때 핵내 배가는 **내부배수성(endopolyploidy)** 또는 **다사성(polyteny)**을 만들게 된다. 내부배수성의 세포들은 DNA 합성 후 자매 염색분체들이 분리되어 응축이 풀린 간기의 상태로 되돌아 가게 되나 정상적인 체세포 분열 주기에서 일어나는 것처럼 핵막의 분해는 일어나지 않는다. 그 결과 원래의 핵막 안에 각각의 염색체의 수가 증가된 상태로 있게 된다. 반면에 다사성에서는 DNA 합성 후 염색체의 응축과 풀림의 단계나 자매 염색분체의 분리가 일어나지 않는다. 이러한 여건에서는 거대한 다사성의 염색체('giant' multistranded chromosomes)가 형성되며 핵막 안의 염색체의 개수는 유지된다.

어떤 식물의 경우는 핵내 배가가 애기장대에서 보여준 바와 같이 모든 영양 생장 조직들에서 발생할 수 있다(그림 11.23). 그러나 이 과정은 조직 특이적인 경우들이

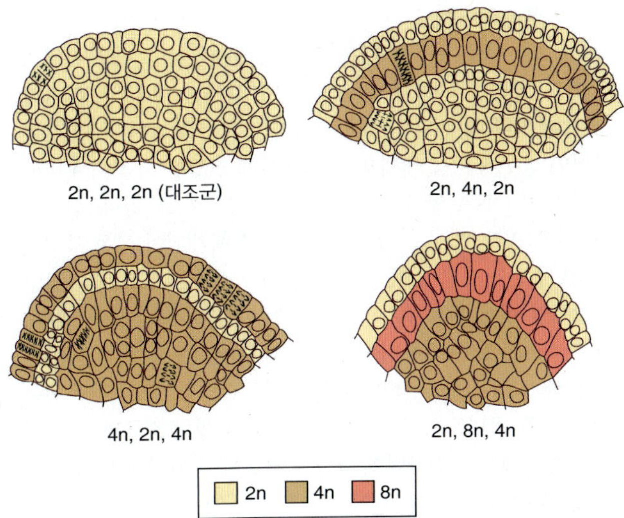

그림 11.24 세포의 크기와 배수성의 상관 관계. 접목의 기법으로 키메라 식물(다른 유전자형을 가지는 세포들로 구성된 개체)을 생산하는 것이 가능하다. 키메라 분열조직을 가지는 식물의 분석은 세포의 부피는 분열조직의 위치에 따라 결정되는 것이 아니라 배수성에 결정됨을 보여준다(n의 배수로 나타내며, n은 반수체 게놈의 한 카피를 나타낸다). 증가된 배수성과 증가된 세포 크기 사이에는 큰 양의 상관 관계가 존재한다.

있고, 특별히 옥수수의 배젖과 같은 저장성 조직들, 토마토의 과일, 초본의 큰 표피 세포에서 광범위하게 보여진다. 핵내 배가의 생리학적 의미에 대해서는 아직까지 논의가 지속 중이다. 종종 세포의 크기와 DNA 배수성의 정도는 상관 관계가 존재하여(그림 11.24) 세포가 특정한 크기 이상으로 자랄 때 필요로 하는 증가된 유전자량을 핵내 배가로 공급할 수도 있을 것이다. 예를 들어, 저장 조직의 세포들은 보통 단백질, 탄수화물, 지질 저장체의 축적을 감당하도록 확장된다. 핵내 배가는 또한 분열조직의 세포들에서는 게놈의 크기를 작게 유지하면서 영양 조직의 세포들에서는 게놈의 증가로 열성 돌연변이에 의한 효과로부터 보호하는 기능을 하는 진화적 전략일 수도 있다. 핵내 배가는 애기장대와 같이 생활사가 짧은 식물 종들에서 빈번히 보인다. 그러한 종들에서는 반복된 세포 분열보다는 핵내 배가가 증가된 DNA 양을 가지는 큰 세포를 생성함으로써 많은 수의 작은 이배체 세포보다 더 효율적으로 표면적을 확장(잎과 같이) 시킬 수 있다. 마지막으로 핵내 배가는 일반적으로 식물이 다양한 환경 조건에 잘 적응할 수 있도록 한다. 증가된 게놈 사본 수는 게놈 상에 존재하는 밀접하게 유사한 유전자들 사이에서 발생할 수 있는 선택적인 유전자 침묵(gene silencing)을 바탕으로 한 유전자 발현의 후성적 조절을 촉진함으로써 유전자 진화와 게놈의 재구성을 가속화시킬 수 있다.

핵내 배가 주기(endocycle)는 DNA 복제와 간격 시기는 보이나 M기는 제외된 체세포 분열 주기의 하나로 생각될 수 있다. 핵내 배가 주기를 겪는 세포들은 다른 분열하는 세포처럼 DNA의 복제가 필요하기 때문에 DNA 합성에 필요한 요소들을 공유하며 복제 개시의 활성화가 필요하다. 그러기에 핵내 배가의 진행과 조절이 preRC 복합체 구성을 조절하는 많은 단백질들에(CDC6 또는 CDT1과 같은) 영향을 받는다거나(그림 11.14 참고), DNA 합성을 촉진시키는 E2F 전사인자를 과발현하는 형질전환 식물에서 핵내 배가의 정도가 증가됨은 예측이 가능하다. 이는 RBR/E2F 경로가(그림 11.12 참고) 핵내 배가의 시작에 중요함을 제시한다.

핵내 배가 주기에서 M기의 삭제를 위해서는 G2에서 M기로의 전환에 특이적인 CDK-사이클린 복합체의 활성이 반드시 억제되어야 한다. 이를 위해 *CDK* 유전자의 전사 억제와 또한 이 복합체의 구성요소인 A-유형, B-유형 CDK 단백질의 분해가 일어난다. 감소된 CDKB1 활성을 가지는 식물은 정상보다 더 빨리 핵내 배가 과정에 돌입하게 된다. 실험 결과에 따르면 CCS52A에 의해 활성화된 APC가 CDKB1과 연관된 사이클린들을 26S 프로테아좀 의존적으로 선별적인 분해를 함을 보여 주었다. CKI들은 특별히 CDKA와 같은 CDK의 활성을 감소시킨다.

11.4.4 식물세포는 3개의 게놈을 복제하고 유지하여야만 한다

우리는 지금까지 세포 주기의 논의에 있어서 핵 게놈의 복제에 초점을 맞추어 왔다. 그러나 진핵세포들은 그 외 다른 게놈들을 가지고 있으며 동물과 곰팡이와는 다르게 식물 세포는 핵, 색소체, 마이토콘드리아에서 3개의 다른 게놈을 갖는다. 각각의 게놈은 독립된 세포소기관의 구역에 존재하는데, 일반적으로 식물 세포 하나당 1개의 핵을 가지는 반면 다수의 마이토콘드리아와 색소체들이 존재한다. 더욱이 하나의 마이토콘드리아와 색소체 안에 존재하는 게놈의 사본 수는 다양하다. 소기관 게놈은 주로 분열조직이나 기관 원기에서 복제가 되는데 각 마이토콘드리아 마다 20-100개의 게놈 사본이 존재하고 각 색소체는 50-150개의 게놈 사본이 존재한다. 빠르게 분열하는 세포들은 세포소기관의 수가 상대적으로 적다. 체세포 분열에 뒤이어 소기관들은 계속적으로 분열을 하나 소기관 게놈의 복제는 점차 줄어든다. 그 결과 세포당 각 소기관의 수는 증가하고 소기관당 게놈의 사본 수는 감소한다(그림 11.25).

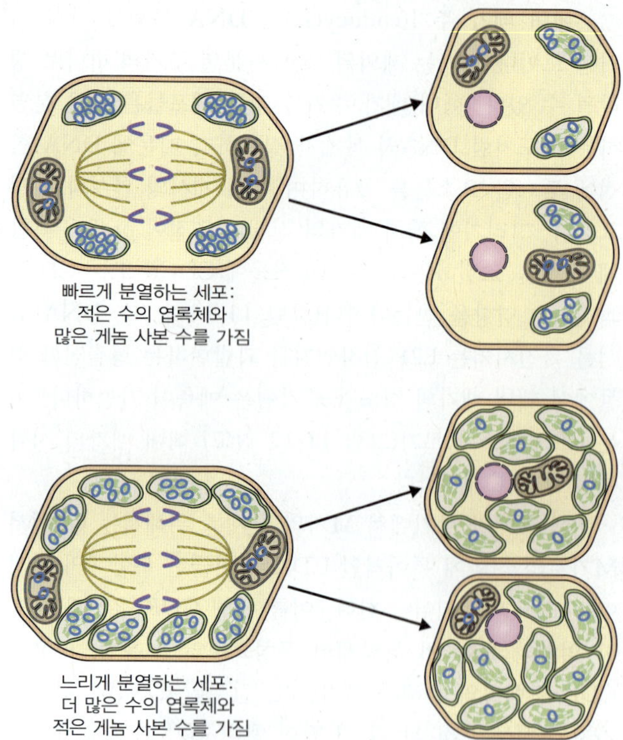

그림 11.25 빠르게 분열하는 세포와 느리게 분열하는 세포에서의 엽록체 DNA. 빠르게 분열하는 세포는 비교적 엽록체의 수가 적으나 각 엽록체는 많은 사본 수의 원형의 엽록체 게놈을 가진다. 세포가 줄기 정단 분열조직에서 빠져 나와 증식을 멈추게 되면 색소체들은 1~2회 더 분열을 하지만, DNA 복제는 더 이상 하지 않는다. 느리게 분열하는 세포들은 많은 수의 색소체들을 포함하고 각 색소체는 빠르게 분열하는 세포에 비하여 적은 사본 수의 게놈을 가진다. 이 그림에서 보여주는 소기관의 크기는 원래 크기 비율과는 다름에 유의한다.

분열하는 식물 세포는 색소체의 집단을 유지하며 세포 유형의 다름에 따라 색소체의 개수는 조절된다. 이는 세포 분열의 과정 동안에 색소체의 분열과 딸 세포들 사이에서의 분배를 조절하는 기작이 존재함을 암시한다. 몇몇 조류에서와 같이 세포당 1개의 색소체를 가지는 종들의 경우 이러한 조절은 정확하여 새롭게 분열하는 세포들이 반드시 1개의 색소체를 가지도록 한다. 현화 식물에서는 모든 분열조직의 세포들이 다수의 색소체를 가지고 있어 이러한 조절이 조금은 느슨할 것이다. 복제 인자인 **CDT1**은 핵의 DNA 복제와 색소체의 분열을 조정하는 기능을 가진다. 애기장대에서 CDT1 단백질은 핵과 색소체 모두에서 존재한다. CDT1 수준이 감소된 식물은 색소체의 수와 크기가 정상과는 다른 양상을 보인다. 그러나 색소체의 분열을 조절하는 이 복제 인자의 분자적 기능은 아직 밝혀지지 않았다.

키포인트 식물 세포는 다른 많은 생명체들처럼 세포 분열의 차례가 없이 반복된 DNA 복제만이 일어나 세포의 DNA가 분열 때 마다 배가 되는 핵내 배가라는 과정을 거친다. 이는 극단적인 경우에 처음 체세포 분열 주기에 진입할 때 보다 4,000배가 넘는 DNA 양을 가지는 세포를 유도할 수 있다. 식물에서는 DNA가 핵 분열 없이 반복적으로 복제되어 모든 복제된 DNA가 원래의 핵 안에 존재하게 되는 것이 일반적이다. 만약 정상적인 세포 분열 주기와 같이 DNA 복제 후 자매 염색분체가 분리되고 응축이 풀리면 세포는 내부배수성을 가지게 된다. 핵내 배가는 그 어느 영양 조직에서도 발생할 수 있으나 옥수수의 배젖, 토마토의 과일, 초본의 거대 표피 조직들과 같은 저장 조직들에서처럼 특별한 저장 조직들에서 가장 빈번히 일어난다. 핵내 배가 주기는 DNA의 복제와 간극기들을 가지나 M기는 결여된 체세포 분열 주기와 비슷한 것으로 사료된다. 다른 진핵 생명체와는 다르게 식물은 반드시 핵과 마이토콘드리아, 색소체의 3 게놈을 복제하고 유지해야 한다. 색소체의 분열은 세포 분열과 같이 조정되어 딸 세포에서 색소체의 수를 조절할 수 있도록 한다.

11.5 감수 분열 세포 주기

지금까지는 식물에서 일생 동안 발생하는 체세포 분열 세포 주기를 논의하였으나 이후부터는 유성 생식 기간 동안 발생하는 감수 분열(meiosis)의 과정을 주제로 하고자 한다. 체세포 분열 세포 주기처럼, 감수 분열 세포 주기는 DNA 합성기 또는 S기에 의해서 분리되는 2개의 간격기인 G1과 G2를 포함하고 있다. 그러나 2개의 유전적으로 동일한 딸 세포를 생산하는 체세포 분열주기의 M기는 감수 분열 주기에서는 2개의 연속적인 세포 분열 단계인 감수 I 분열(meiosios I)과 감수 II 분열(meiosis II)로 대체되어 각각이 유전적으로 다른 4개의 반수체 세포들을 생산하게 된다. 감수 I 분열과 감수 II 분열 모두는 체세포 분열과 마찬가지로 전기(prophase), 전중기(prometaphase), 중기(metaphase), 후기(anaphase), 말기(telophase)와 세포질 분열(cytokinesis)로 나뉘어진다. 그러나 감수 I 분열의 과정들은 체세포 분열과 상당히 다른 부분이 있다(그림 11.2B, 11.4 참고). 감수 I 분열에서 상동 염색체들은 짝을 이루고, 재조합이 보통 일어나며, 상동 염색체가 분리되어 그 결과 염색체의 수가 배우자 세포의 2n(이배체) 상태에서 딸 세포의 1n(반수체)으로 줄어들게 된다. 반면에 감수 II 분열의 과정은 체세포 분열과 상당히 유사하다. 이후의 절에서는 감수 I 분열 동안 발생하는 특수한 과정을 알아보도록 한다.

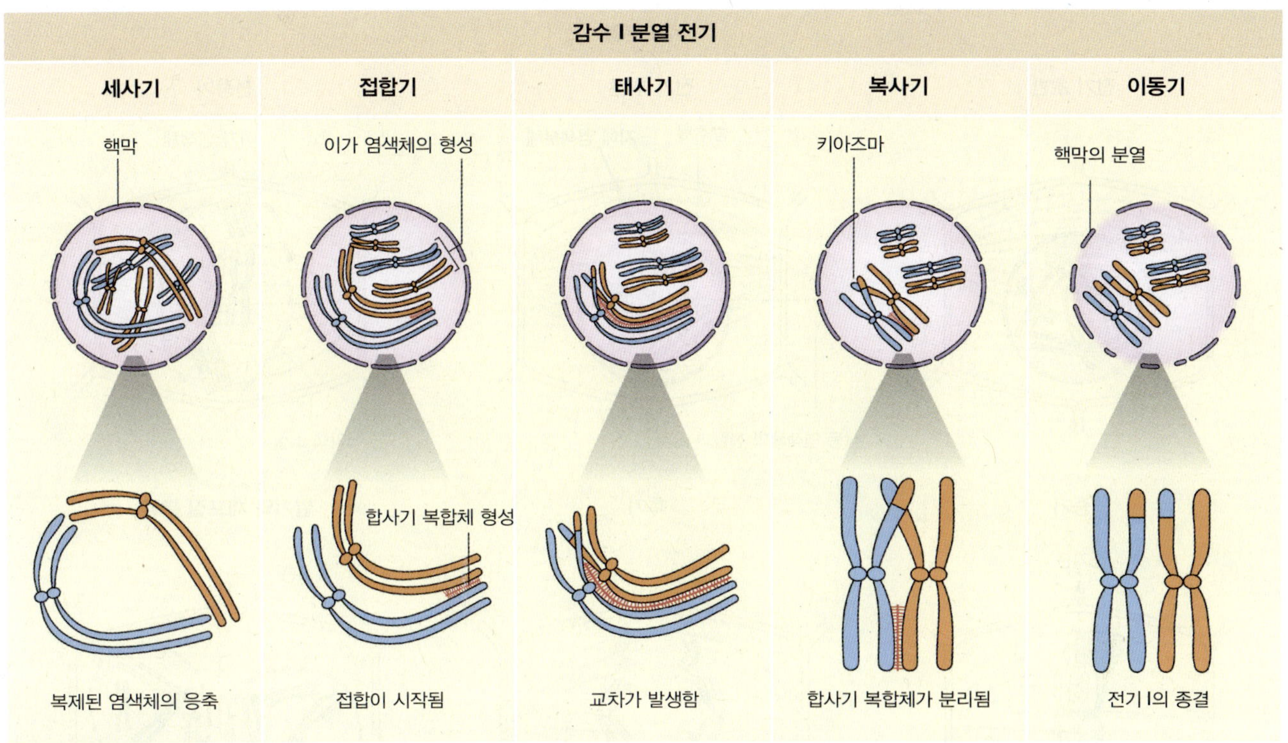

그림 11.26 감수 I 분열의 전기 동안의 주요 사건들. 감수 분열의 이 시기 동안 염색체는 응축되고 상동 염색체는 접합을 이루어 짝을 이룬 자매 염색분체 간에 교차가 일어난다.

11.5.1 감수 분열 전기 I 동안에 상동염색체들은 짝을 이루고 재조합이 일반적으로 일어난다

감수 분열 전기 I 동안의 사건들은 복잡하며 특징적이다. 상동 염색체들은 후기 I 동안의 분리를 위한 준비로 짝을 이루고 교차의 과정을 통한 유전 물질의 교환으로 유전자들의 재조합을 만들어 낸다. 유전학자들은 전기 I을 다섯 단계의 과정으로 구분한다(그림 11.26). **세사기(leptotene)** 동안에 앞서 S기 때에 복제된 염색체들은 응축이 된다. **접합기(zygotene)**에는 상동 염색체들이 짝을 이루고 염색체 전체 길이에 걸쳐 유전자 대 유전자의 배열로 **이가 염색체(bivalent)** 또는 **사분체(tetrad)**라는 구조를 형성하는데, 이는 상동 염색체 쌍의 각 염색체로부터 2개씩 총 4개의 염색분체로 이루어진다. 이러한 짝지음과 배열인 **접합(synapsis)**은 **합사기 복합체(synaptonemal complex)**라는 구조에 의해 매개된다. 그 후에 유전물질을 교환하는 교차의 과정이 일어난다. 이가 염색체를 따라 교차가 일어난 각 지점을 **키아즈마(chiasma**; 그리스 알파벳인 chi, χ와 유사함을 따라서)라 부른다. 감수 분열의 이 시기에 키아즈마타(chiasmata)는 상동 염색체들을 붙잡고 있다. 교차는 **태사기(pachytene)**까지 완성이 되나 4개의 염색분체는 합사기 복합체에 의해 연합되어 있는 상태로 존재하며, **복사기(diplotene)** 동안에 합사기 복합체의 분해로 인하여 이가 염색체의 분리 과정이 진행되고 이는 감수 I 분열 후기에 완성이 된다. 감수 I 분열 전기의 마지막 시기인 **이동기(diakinesis)**에 이르러 합사기 복합체는 사라지게 된다.

감수 I 분열의 나머지 부분들은 체세포 분열 주기의 M기와 유사한 측면들을 보인다: 전중기 동안에 핵막이 분해되며 방추사 섬유가 동원체에 부착되고 그 후 염색체들이 반대편 방추체 극으로 이동하기 전에 중기판에 배열되며, 염색체 이동 후에는 핵막이 재형성되어 세포질 분열로 2개의 딸 세포가 형성된다(그림 11.27). 감수 I 분열과 체세포 분열 M기 사이에는 두 가지 큰 차이점이 존재한다. 첫째, 감수 I 분열에서는 염색체들이 중기판에 단독으로 배열되지 않고 전기 동안에 상동 염색체와 짝을 이루어 이가 염색체를 형성하여 배열된다. 이들은 유전 물질을 교환하기 때문에 감수 I 분열의 끝자락에 딸 세포로 분리되는 염색체들은 그림 11.27에서 보여주는 바와 같이 유전적으로 혼합된 것들이다. 둘째, 감수 I 분열은 모세포 배수성의 반을 가지는 반수체 세포를 생산하는 반면 체세포 분열은 모세포처럼 같은 배수성을 가지는 세포를 생산하게 된다.

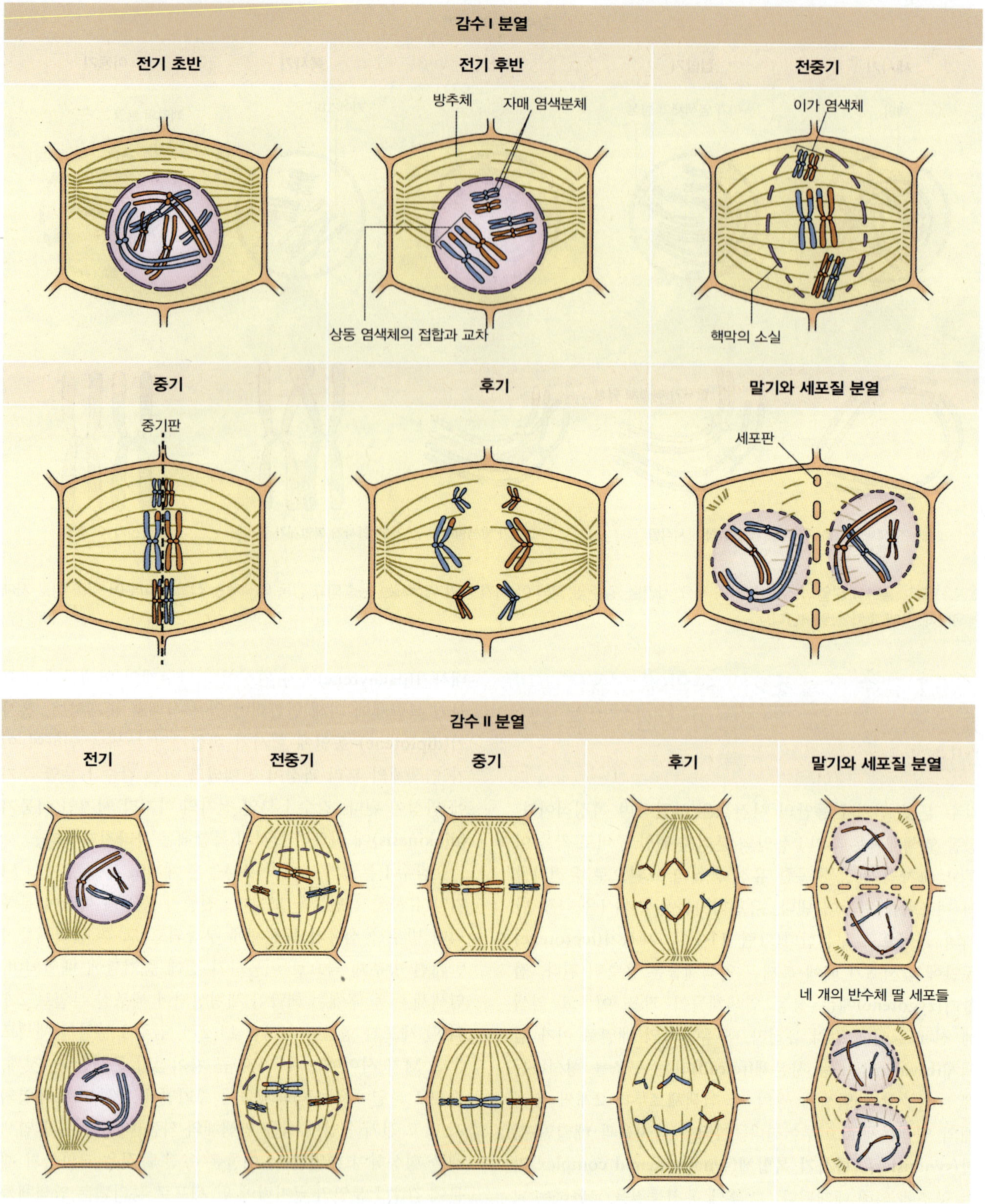

감수 I 분열

전기 초반

전기 후반

방추체

자매 염색분체

상동 염색체의 접합과 교차

전중기

이가 염색체

핵막의 소실

중기

중기판

후기

말기와 세포질 분열

세포판

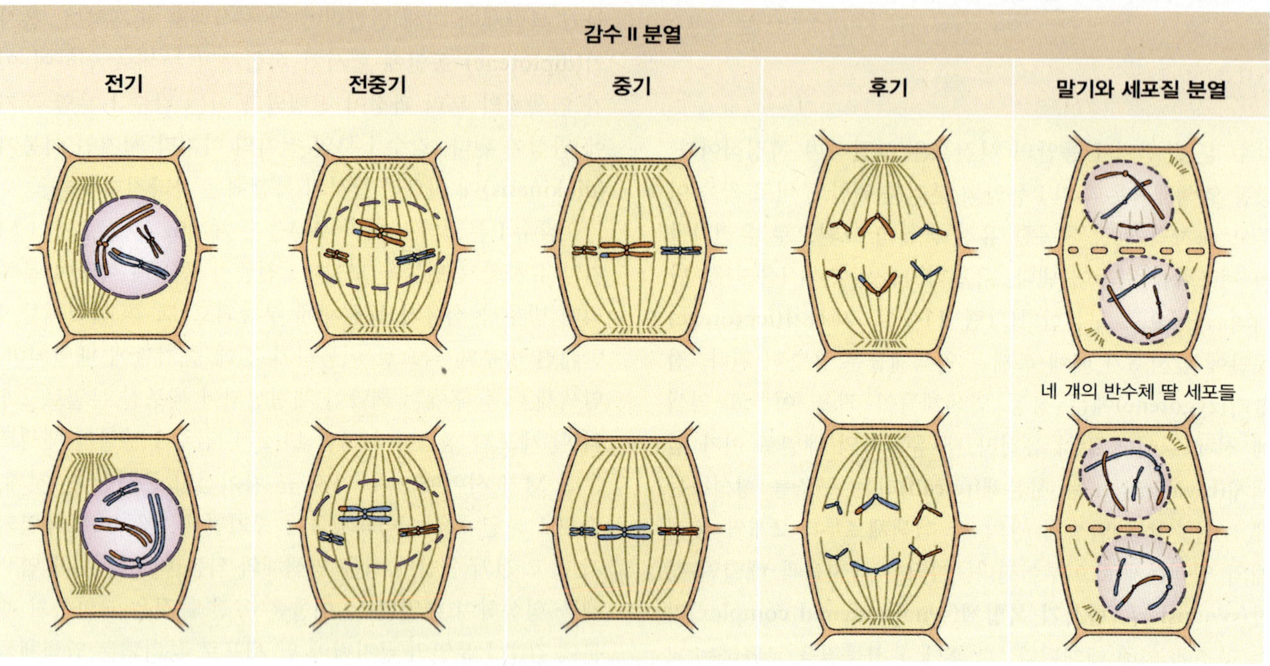

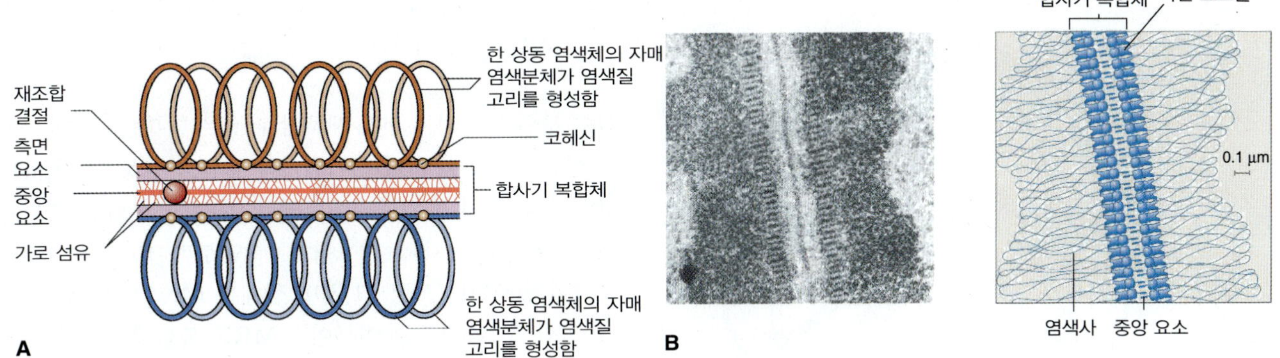

그림 11.28 감수 I 분열의 전기에 상동 염색체들을 결합하는 합사기 복합체. (A) 합사기 복합체의 모식도. 각 상동 염색체는 2개의 자매 염색분체로 구성된다. (B) 합사기 복합체의 전자현미경적 사진과 이들의 중점 특징을 대변하는 모식도.

11.5.2 접합은 상동 염색체들을 짝 짓는 과정이다

감수 분열 때, S기 동안 DNA의 복제로 생성된 자매 염색분체는 도넛 모양의 코헤신 단백질 복합체에 의해 결합되어 있다. 이 **자매염색분체 결합(sister chromatid cohesion, SCC) 복합체**는 이후의 감수 분열이 제대로 진행되는 데 필수적인 요소이다. 동물과 균류에서는 감수 분열의 코헤신 복합체가 체세포 분열 때의 그것과 다르나, 식물에서는 그 차이가 명확하지 않고 필수적 요소 중 하나인 REC8 유사 단백질은 감수 분열의 조직 뿐만 아니라 체세포에서도 발현이 된다.

감수 I 분열의 접합기(zygotene)에는 상동 염색체 각 쌍들의 염색체가 전체 길이를 따라 합사기 복합체(synaptonemal complex, SC)에 의해 연결되어 삼중 구조의 형태를 형성한다. 세사기(leptotene) 동안에는 SC 형성에 앞서 각 염색체는 **축 방향 요소(axial element)**로 알려진 단백질 중심을 형성하고 여기에 2개의 염색분체의 염색질이 연속적인 고리 구조로 부착하게 된다. 축 방향 요소의 정확한 형성은 자매 염색분체의 결합에 의존한다. SC는 단백질 성분인 중앙 요소(central element)로 이루어져 있으며, 가로 섬유(transverse filament)에 의해 두 상동 염색체들의 축 방향 요소에 연결되어 있다. 상동 염색체들이 접합을 할 때, 축 방향 요소들은 SC의 측면 요소(lateral element)가 된다(그림 11.28). 어떻게 상동 염색체들이 서로를 인식하는가는 아직 미제로 남아 있으나 식물의 감수 분열 동안에 관찰되는 한 현상이 어떤 역할을 할 것이라고 생각된다. 이는 '부케(bouquet)'라는 것으로 모든 염색체들의 텔로미어들이 핵막에 부착하여 무리를 이루게 한다(그림 11.29). 접합은 텔로미어 근처에서 가장 빈번하게 유도되는데 부케는 상동 염색체의 텔로미어들이 근접하게 위치하도록 도와준다.

식물을 포함한 대부분의 진핵 생물에서 SC가 감수 분열의 특징이긴 하지만 재조합에 필수적인 것은 아니어서 균류인 *Saccharomyces pombe*와 *Aspergillus nidulans*을 포함한 몇몇 생명체들은 SC의 형성 없이도 재조합을 수행할 수 있다. SC는 그것을 가지고 있는 생명체들 사이에서는 구조적으로는 보존되어 있지만 분자 수준에서는 그렇지가 않다. 중앙과 측면 요소들의 단백질들은 식물과 균류, 동물들, 그리고 심지어는 유연관계가 가까운 종들 사이에서도 비교했을 때 서열의 낮은 유사성을 보인다. 애기장대에서 감수 I 분열 전기 동안에 존재하는 AtZIP1 단백

그림 11.27 감수 I 분열과 감수 II 분열의 단계들은 각각의 부모 세포로부터 4개의 딸 세포를 만들어 낸다. 전기 I 동안 염색체들은 응축한다. 상동 염색체의 각 쌍은 접합(synapsis)을 거치고 배열되어 4개의 염색분체로 이루어진 사분체(tetrad)를 형성한다. 교차가 발생하여 2개의 상동 염색체 간에 DNA의 재조합이 일어난다. 전중기 I에는 핵막이 분해되고 사분체가 중기판에 배열하기 시작한다. 중기 I 동안에 이 배열이 완성되고 후기 I에서는 상동 염색체들이 방추체의 반대편 극 쪽으로 이동한다. 각각은 2개의 염색분체로 이루어지며 교차가 일어난 곳에서 각 염색체에서 하나의 염색분체의 DNA는 부분적으로 상동 염색체의 다른 염색체로부터 유래된 것일 것이다. 말기 I과 세포질 분열 I이 뒤따라서 부모 세포로부터의 염색체들 중 반수를 가지는 2개의 딸 세포를 형성한다. 이 시기에 각 염색체는 여전히 2개의 염색분체로 이루어져 있다. 감수 II 분열의 시기는 체세포 분열과 유사하다(그림 11.2 참고). 그러나 딸 세포들은 이배체가 아니라 반수체로서 상동 염색체의 각 쌍 중 하나만을 가지며 각 염색체는 그 상동 염색체와 재조합 과정을 가졌거나 또는 그렇지 않은 경우가 된다.

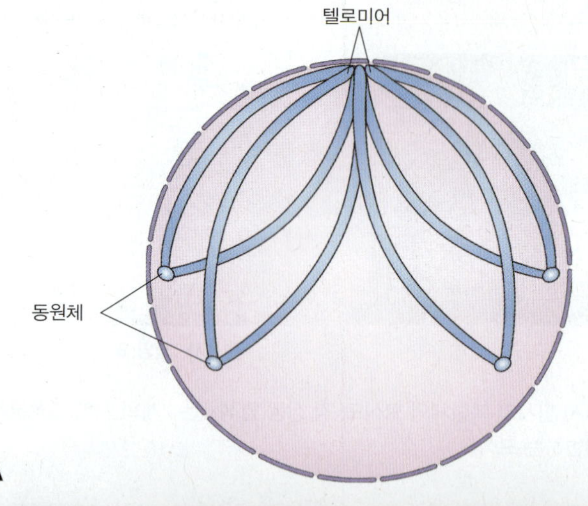

A

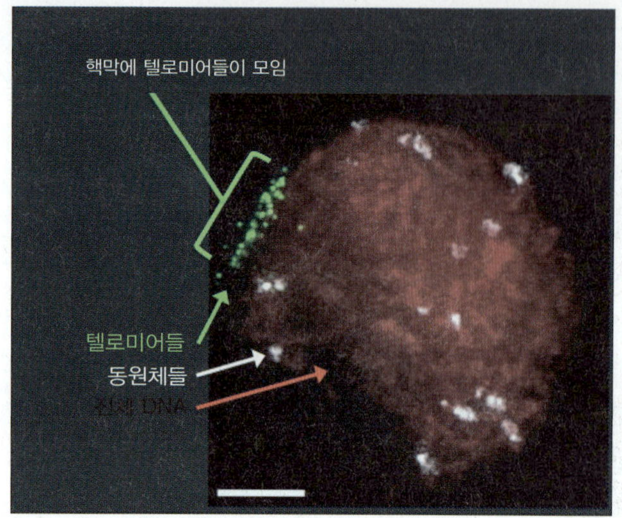

B

그림 11.29 감수 분열 전기 I의 전반부에서 염색체의 무리화. (A) 감수 분열 동안 상동 염색체들의 텔로미어를 핵막에 근접하게 위치시켜 접합을 촉진시키는 염색체의 부케 구조를 보여주는 모식도. (B) 감수 분열 전기 I 초기의 옥수수 핵을 보여주는 현미경의 채색 이미지에서, 녹색의 점들은 텔로미어들이 무리를 이루었음을 보여주고 흰색의 점들은 동원체를 보여준다.

질은 SC의 중앙 요소에 위치한다. AtZIP1은 *AtZIP1a*와 *AtZIP1b* 2개의 유전자에 의해 암호화 되는데 이 둘은 기능적으로 중복되어 둘 중 하나가 기능을 하지 못할 때는 표현형에 영향을 주지 않으며, 둘 모두가 기능을 상실할 때는 감수 분열이 지연되고 대부분의 세포에서 상동 염색체의 짝 이룸과 접합이 일어나지 않게 된다. 그럼에도 불구하고 일단 짝 이룸이 일어나면 교차는 정상적인 빈도 만큼 발생하기에 AtZIP1 단백질의 소실은 재조합 과정을 방해하지는 않는다.

11.5.3 재조합은 대부분의 경우 DNA의 이중가닥 절단과 함께 시작된다

감수 분열 동안의 유전자 재조합 과정은 대부분의 경우 2개의 상동염색체 중 하나에 이중가닥 절단을 생성하는 **Spo11 단백질**에 의해 유도된다. 절단된 지점에서 단일 가닥의 DNA를 만들어 내기 위하여 5′ 말단부터 시작하여 DNA 가닥이 절제된다(그림 11.30). 절제는 Mre11, Rad50, 그리고 Xrs2/Nbs1으로 이루어진 **MRX 복합체**에 의해 수행된다. 단일가닥 DNA는 RAD51(radiation-sensitive 51)과 DMC1(disrupted meiotic cDNA1)의 촉매의 과정을 거쳐 상동 염색체의 한 염색분체의 이중나선 DNA 부분에

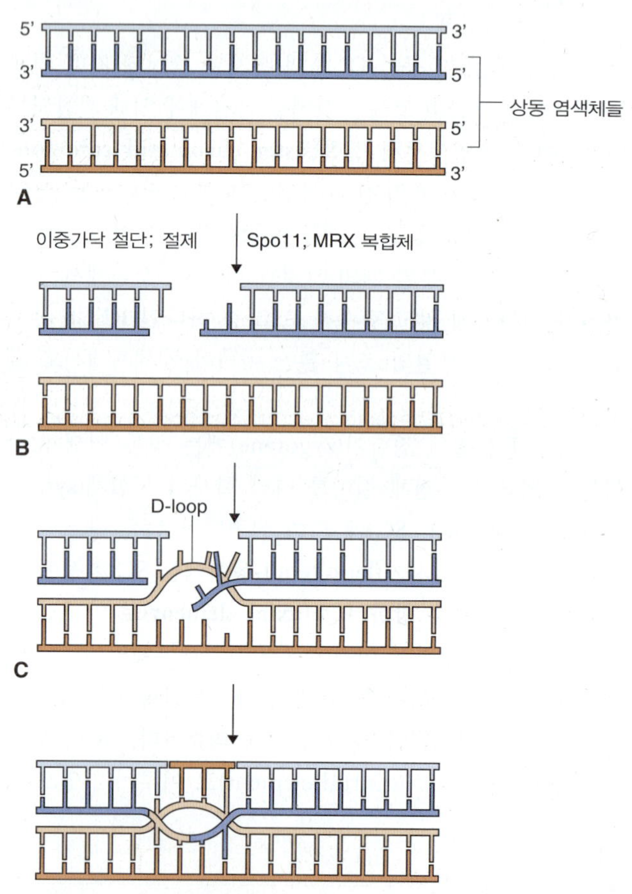

그림 11.30 교차 과정의 초기 단계들. (A) 쌍을 이룬 2개의 상동 염색체의 각 염색분체에서 이중가닥의 DNA들. (B) Spo11에 의한 이중가닥의 절단 후, 각 절단선의 5′ 말단으로부터의 역 분해가 MRX 복합체에 의해 나타나고 그 결과 단일가닥 DNA의 지역들이 만들어진다. (C) 한 가닥의 DNA가 다른 염색분체의 DNA에 침입하고, 이 과정은 RAD51과 DMC1이 매개한다. (D) DNA 합성 후(점선), 결찰(ligation)이 일어나고, 이중 홀리데이 접합부가 생성된 후 안정화된다.

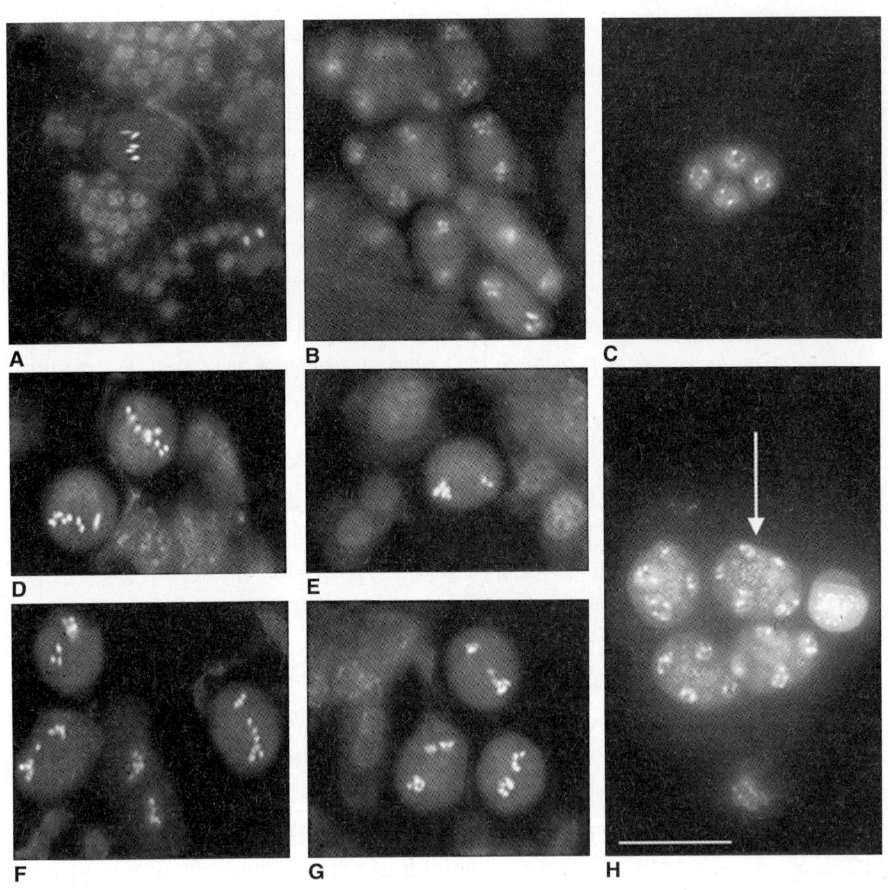

그림 11.31 DMC를 암호화하는 유전자의 돌연변이들에서는 감수 분열시 소수의 이가 염색체들이 생성된다. DNA와 결합하는 형광 물질인 디아미디노-2-페닐인돌(diamidino-2-phenylindole)로 염색한 세포들의 현미경사진(A-C) 야생형의 애기장대 화분모세포(microspore mother cell) (A) 5개의 이가 염색체가 배열된 감수 분열 중기 I. (B) 5개의 응축된 염색체 두 그룹을 보여주는 중기 II. (C) 말기 II 후반부에 4개의 정상적 세포핵을 가지는 사분체. (D-H) *dmc1* 돌연변이의 화분모세포. (D) 이가 염색체 없이 10개의 일가 염색체가 화분모세포에 분포하는 중기 I과 상응하는 단계. (E-G) 10개의 일가 염색체가 두 그룹 간 임의적으로 분포되어 있는 중기 II와 상응하는 단계. (H) 4개 이상의 핵을 가지고 있는 말기 II 동안의 사분체를 화살표가 가리키고 있다. 기준자 = 10 μm(모든 그림에 해당).

끼어 들어간다(그림 11.30). 이들 두 단백질들은 단일가닥 DNA 결합의 기능과 DNA-의존성 ATPase 활성을 가진다. RAD51은 감수 분열 뿐만 아니라 체세포 분열 동안에도 활성이 있으며, 감수 분열 동안 재조합에 필수적인 것 외에도 이중가닥 절단의 복구에 기능에 있을 것으로 생각된다. DMC1은 감수 분열 동안 이가 염색체의 형성과 염색체의 분리에 필수적이다. 애기장대 *AtDMC1* 유전자의 돌연변이들은 세포들이 주로 일가 염색체를 가지고 감수 I 분열 전기의 후반부에 이가 염색체를 형성하는 경우는 아주 일부 경우이다(그림 11.31).

상동 염색체 염색분체의 DNA 가닥은 다른 상동 염색체의 염색분체로부터의 단일가닥 DNA의 삽입에 따라 교체되고 **D-loop**(displacement loop)이라 부르는 구조를 형성한다(그림 11.30C). DNA 간격 복구 생성의 과정이 간격들을 채우고 이 과정 동안 2개의 **홀리데이 접합부**(**Holliday junctions**) 구조가 생성된다. 두 염색질들 간 DNA 교환이 이루어진 상동 염색체들의 분리를 위하여 이 접합부는 해결이 되어야 한다.

이 과정은 그림 11.32에서 기술하는 바와 같이 둘 중 하나의 방법으로 일어난다. 어떤 경우에는 그 결과가 비교차 과정(non-crossover event)으로 작은 부분에서 재조합이 일어난다 해도 염색체의 대부분이 원래의 구성을 유지하게 된다. 그러나 대부분의 경우 홀리데이 접합부의 분리는 염색체 간 교차와 상당한 부분의 재조합을 발생시킨다. 키아즈마타(chiasmata)는 홀리데이 접합부와 재조합 과정의 시각적인 증거들이다.

11.5.4 재조합 이후 두 번의 분열은 4개의 반수체 세포를 생성한다

재조합의 완료시에, 합사기 복합체(synaptonemal complex)의 분해가 시작되고 복사기(diplotene) 말기에는 대부분 사라지게 된다. 현미경을 통해 이가 염색체가 4개의 염색분체로 이루어진 것을 쉽게 관찰할 수 있다[이러한 이유로 이 구조는 때때로 사분체(tetrad)라 불린다]. 4개의 염색분체 중 2개는 일반적으로 한 번 또는 그 이상의 재조합 과정을 거

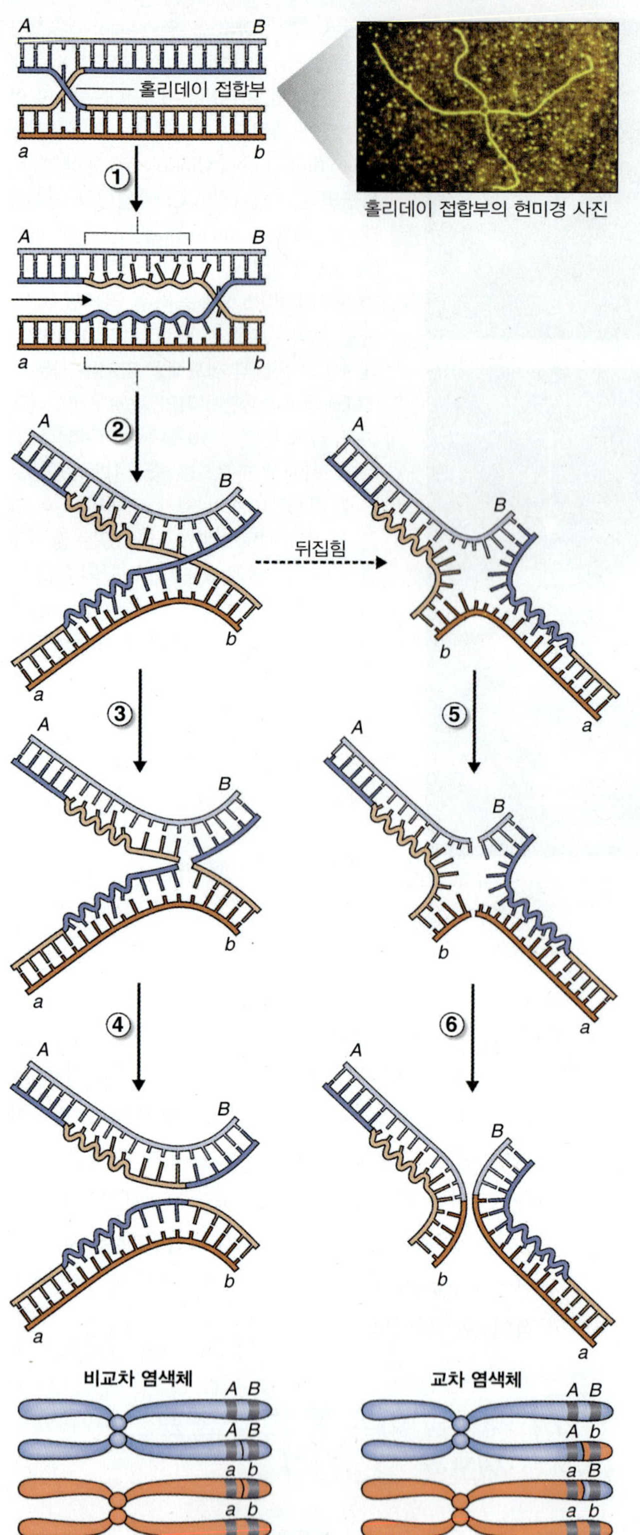

쳐서 양쪽 부모로부터의 DNA로 구성된다. 이제 감수 분열의 결과물인 염색분체는 4개의 딸세포들에 분배되어야 하고, 이는 그림 11.27에서 보여주듯이 두 번의 연속적인 분열에 의해 완수된다. 그 딸 세포들은 반수체이고 이는 각 상동 염색체 쌍에서 오직 하나를 갖게 된다. 식물에서는 감수 분열 후의 반수체 결과물을 포자(spore)라 부르는데 이들은 체세포 분열을 통하여 배우체를(gametophytes) 생성하고 이는 다시 체세포 분열로 배우자 세포(gamete)가 된다. 식물의 암수 생식 기관 구조의 발달은 16장에서 기술된다.

키포인트 체세포 분열과 달리 감수 분열에서는 각 부모로부터 받은 상동 염색체들이 쌍을 이루고 교차를 하여 유전 물질들이 재조합된 딸 세포들을 만든다. 염색체들이 쌍을 이루는 과정을 접합이라 하며, 이는 거대 단백질 복합체인 합사기 복합체에 의해 매개된다. 재조합은 보통 쌍을 이루는 상동 염색체 중 한 염색분체의 DNA에 이중가닥 절단이 도입되면서 유도된다. 그 DNA는 절단 부위에서부터 역으로 분해되고 잘려진 DNA의 한 가닥이 상동 염색체 중 한 염색분체의 DNA에 끼어들게 된다. DNA의 합성으로 만들어진 틈이 채워지고 홀리데이 접합부라는 구조가 생성된다. 홀리데이 접합부의 분리는 교차를 발생시키고 재조합 염색분체를 생성하거나 비교차성 결과를 만들어 내기도 한다. 재조합 후에 세포는 두 번의 분열을 거쳐 4개의 반수체 세포를 형성한다.

그림 11.32 감수 분열시 키아즈마타에서의 교차와 접합부 분리. 홀리데이 접합부(현미경 사진에서 그 한 예가 보임)는 두 가지 방법에 의해 분리가 될 수 있는데, 이들 중 하나가 교차를 유도한다. (1) 홀리데이 접합부는 왼쪽에서 오른쪽으로 이동하며 몇 개의 염기 서열 불일치를 보이는 2개의 이형 이중가닥(heteroduplex)을 생성한다. (2) 다음 단계에서, 염색분체들은 실제적 홀리데이 접합부와 같게 A와 B 말단은 위로, a와 b 말단은 아래로 구부려 그려졌다. (3) 원래 끊어졌던 가닥이 분해된다. (4) 가닥들이 연결되어 비교차(non-recombinant)이나 짧은 이형 이중가닥 지역을 가지는 염색체를 형성한다. (5) 원래 끊어지지 않았던 가닥이 분해된다. (6) 가닥들이 연결되어 짧은 이형 이중가닥의 지역을 가지는 재조합 염색체를 형성한다.

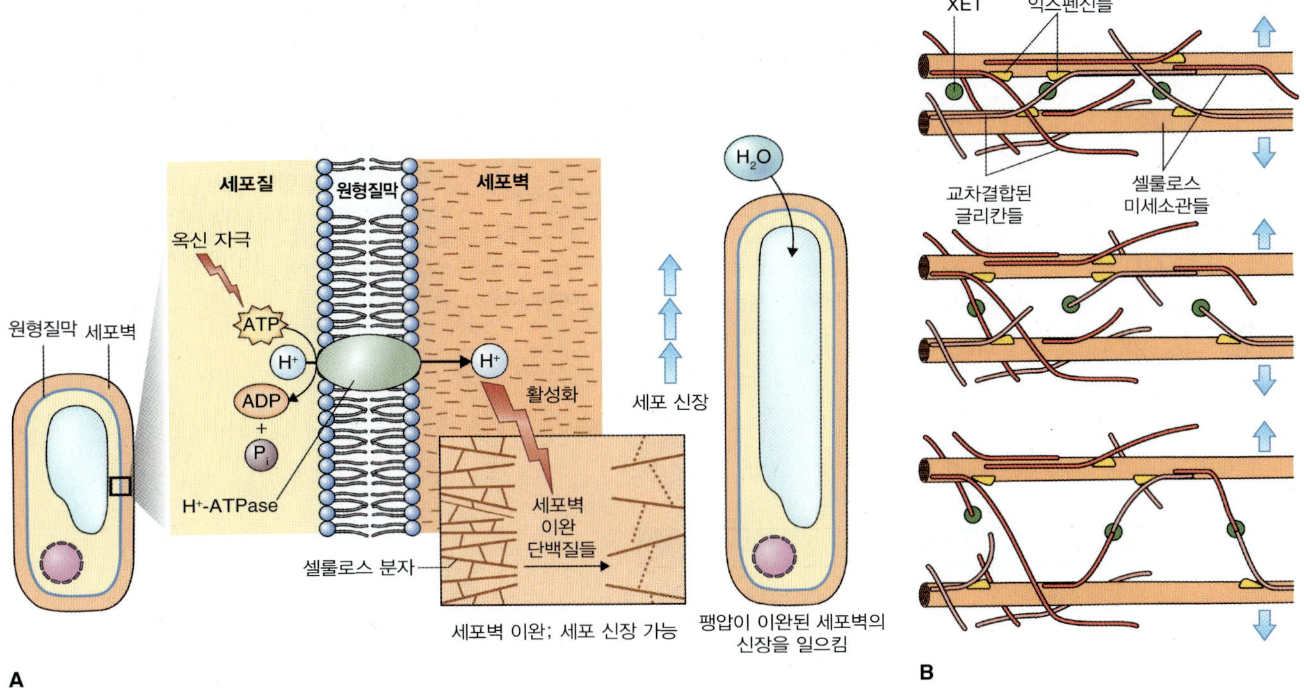

그림 12.10 세포벽 미세섬유의 분리와 삼투압에 의한 세포 팽창. (A) 산성 생장은 원형질막의 수소이온 펌프의 옥신에 의한 자극에 의해 매개된다. 세포벽 용액의 pH가 감소하면 세포벽 이완 관련 단백질의 활성을 촉진한다. (B) 익스팬신(Expansion) 또는 XET(transglycosylase), 또는 둘 다에 의해 셀룰로오스-글리칸 상호작용의 절단으로 인한 교차-결합된 글리칸의 이완.

XET가 세포벽 이완과 보강 모두에서 기능을 한다고 알려졌다. 그러나 일반적으로, 세포벽 이완에 관한 효소적 기작(그림 12.10B)은 아직 잘 모르고 있다.

2개의 큰 다유전자(multigene) 패밀리에 의해 암호화되는 **익스팬신(expansin)**은 가수분해 또는 글루코실기 전이(transglycosylation)가 검출되지 않는 기작으로 세포벽의 교차-결합 네트워크를 재구성하는 데 관련되어 있다. 그들은 미세섬유와 셀룰로오스가 연결된 하중을 견디는 글리칸 사이의 수소결합을 차단함으로써 작용한다(그림 12.10B). 그리고 신장된(stretched) 세포벽, 열 또는 동결/융해 처리로 죽인 줄기 조직, 심지어 필터 종이에 처리하였을 때에도 팽창을 일으킨다. 더 나아가 외부에서 익스팬신을 분열조직 측면에 처리하였을 때, 융기와 때때로 잎원기의 분화를 유도함이 보여졌다(12.5.1 참고). 그림 12.11은 옥수수 익스팬신(원래 꽃가루 항원으로 알려진; 6장 참고)의 **결정구조**이다. 분자는 주름의 양쪽에 고도의 이차 구조를 가진 2개의 도메인을 가진다. 분자의 표면에 극성 아미노산과 방향족 아미노산들이 집중된 부분이 있는데, 약 10개 정도 잔기를 가진 분지된 다당류 지역에 결합하여, 두 도메인 사이의 각도를 이동함으로써 셀룰로오스 표면으로부터 글리칸을 분해시킬 것이라 생각되고 있다.

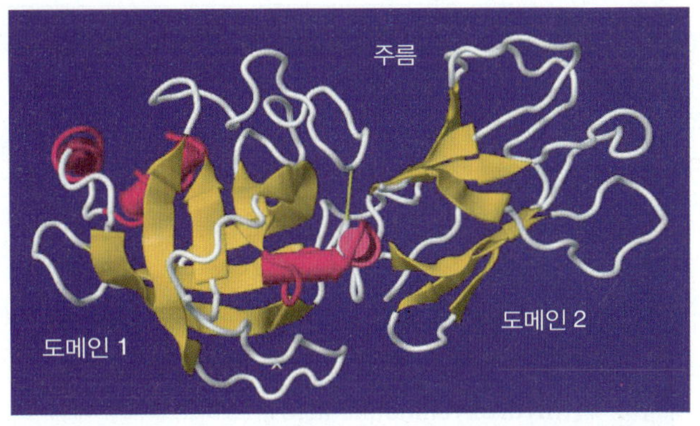

그림 12.11 옥수수 β-expansion(EXP B-1)의 결정 구조. 주름으로 분리된 두 도메인에 시트(sheet, 노란색)과 나선(helices, 분홍색) 구조가 존재한다.

지금까지, 성장이 일어나는 데 있어서 조직의 세포벽 이완이 요구됨을 알게 되었다. 그림 12.8에서와 같이, 유동학적 측정은 팽창에서부터 충분히 자란 상태로의 전이가 세포의 형태를 결정하는 **세포벽 보강(wall stiffening)** 과정이라는 사실을 알게 한다. 다른 세포벽 폴리머(그림 4.6 참고)를 교차 결합시키는 하이드록시프롤린이 많은 당단백질(hydroxyproline-rich glycoproteins; **HGRPs**)인 **익스텐신(extensins)**은 세포벽이 보강됨에 따라 점점 불용성이 된

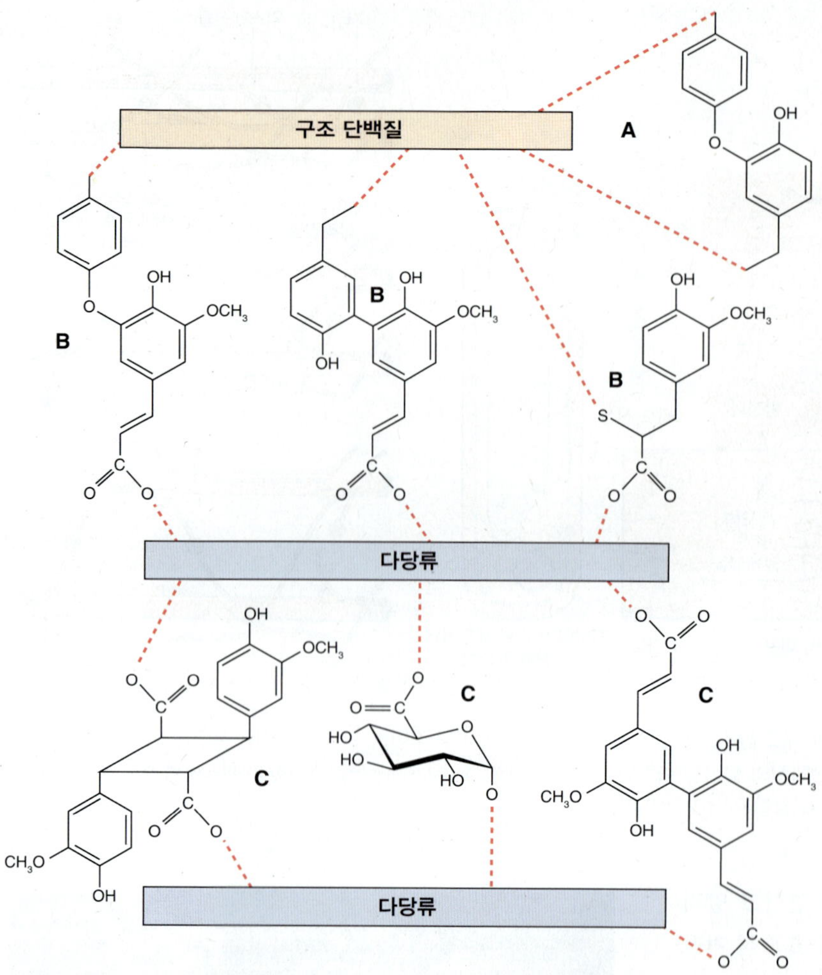

그림 12.12 세포벽의 다당류-다당류와 다당류-단백질 교차-가교(cross-bridge). (A) 아이소다이타이로신(isodityrosine)은 익스텐신 봉(extensin rods)을 안정화시키는 내부펩티드(intrapeptide) 결합을 형성한다. (B) 타이로신, 라이신(그림에 보이지 않음)과 황을 갖는 아미노산은 다당류에 에스테르화된 하이드록시시나믹산과 에테르와 아릴 결합을 형성할 수 있다. (C) 이웃하는 다당류는 당에 직접적으로 에스테르화된 교차-가교를 갖는다.

다. 이것은 익스텐신과 다른 HGRP-유사 단백질들이 그들 자신과 셀룰로오스 미세섬유들을 결합하는 네트에 참여함으로써 세포벽 보강에 역할을 함을 의미한다. 구조 단백질과 다당류는 타이로신, 라이신 그리고 황(S)을 포함하는 아미노산, 그리고 에테르 또는 에스터 결합을 가진 하이드록시시나믹산(hydroxycinnamic acids) 그리고 다른 페놀 화합물과 **가교(bridges)**를 형성할 수 있다(그림 12.12). **아이소다이타이로신(isodityrosine)**(그림 12.12A)은 세포벽 단백질의 타이로신 잔기에 작용한 **퍼록시데이즈(peroxidase)**에 의한 교차-결합 산물이며(식 12.3), 이러한 세포 간에 있는 퍼록시데이즈가 결합 기작에서 기능함을 암시한다.

성장과 성숙 동안의 가소성-탄성 전이는 세포벽 이완

식 12.3 퍼록시데이즈에 의한 아이소다이타이로신의 형성

$$2\ \text{타이로신} + H_2O_2 \rightarrow \text{이소다이타이로신} + 2H_2O$$

타이로신 이소다이타이로신

의 점진적인 중지와 세포벽을 보강시키는 대사적, 산화적 교차-결합 사건 양쪽의 결과라고 결론내릴 수 있다. 팽창하는 축과 측면 구조의 안쪽 세포들은, 그들의 내재하는 유동성에 더해서, **표피 조직**(epidermis)에 의한 물리적, 화학적 제한 상황에 처해 있다. 둘러싸고 있는 조직의 잠재적인 확장을 제한하는 **인장피부**(tensile skin)로서의 표피 조직의 역할은 최근 새롭게 관심을 받고 있다. 표피 세포벽에 있는 큐티클(cuticles)의 생화학적 특성은 그러한 제한적인(constraining) 역할과 일치한다. 반대로, 표피와 피하 조직 간의 호르몬 신호전달은 슈트 성장에 긍정적인 효과를 가함이 알려졌다. IAA(indole-3-acetic acid)의 역할에 관한 고전적인 관찰 이후, 많은 연구를 통해, 성장 중인 기관의 바깥 세포층이 옥신-매개의 세포벽 가소성 증가의 표적임을 밝혀내었다. **브라시노스테로이드**(brassinosteroids, 10장 참고)는 또 다른 중요한 호르몬 효과를 보인다. 예를 들면, 애기장대의 브라시노스테로이드 생합성 또는 반응 돌연변이들은 왜성(dwarf)을 보인다. 한편, 표피 특이적으로 브라시노스테로이드 생합성 또는 반응 관련 유전자를 발현시킨 형질전환 돌연변이 라인들은 크기가 정상이다. 이러한 생물 물리적, 유전학적 연구는 표피 조직에서 기계적, 화학적 영향의 균형이 기관의 크기와 형태를 결정하는 데 필수적인 요인이라는 결론을 내렸다.

12.2.5 세포는 첨단 성장 또는 확산 성장으로 커진다

뿌리털, 화분관, 목화섬유와 같은 몇몇 특화된 세포들의 신장은 **첨단 성장**(tip growth)에 의해 일어난다(그림 12.13A). 첨단 성장에서 신장은, 분비 소포들이 많고 미세소관(microtubule)은 없는, 돔-모양의 세포 정단에서만 일어난다. 돔은 발생 초기의 얇은 세포벽으로 싸여 있다. 분비 소포의 세포외 유출(exocytosis)을 통해 정단의 성장 위치에 새로운 원형질막과 세포벽 전구체들을 추가한다. 미세소관은 성숙하는 정단 아래 지역에서 팽창 축과 평행하게 배열하고, 정단 돔에서 성장을 유지하는 세포질 칼슘 농도의 기울기를 조절한다. 화분관에서의 첨단 성장은 16.5.6 (그림 16.39와 16.40)에 더 자세히 설명되어 있다.

뿌리와 줄기에서 신장하고 있는 세포들은, 확장이 세포벽에 균일하게 분포되어 있는 **확산 성장**(diffuse growth)에 의해 자란다(그림 12.13B). 4장에서 보았듯이, 세포벽은 교차-결합 글리칸들에 의해 연결되어 펙틴-당단백질 기질에 박혀 있는 셀룰로오스 미세섬유로 구성되어 있다(그림 4.6 참고).

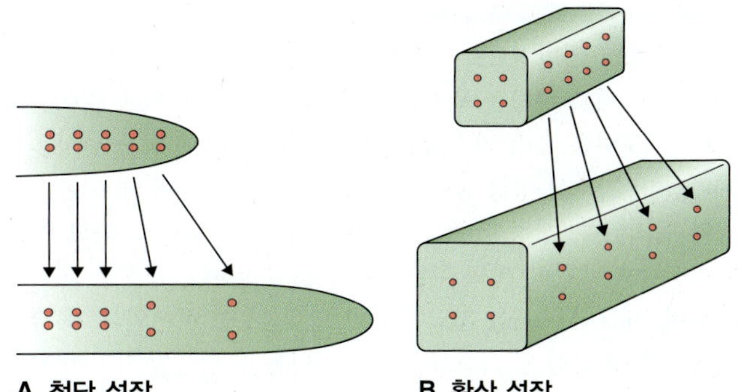

그림 12.13 식물에서 일어나는 2종류의 세포 성장. 가상의 세포들에 점으로 표시하였다. (A) 첨단 성장에서는 새로운 세포벽과 원형질막 성분들이 정단에 삽입되어 정단에서 가장 높은 팽창의 기울기 변화를 만든다. 팽창이 정단 돔에 한정되므로 이 지역에 있는 표시들만이 분리되어진다(화살표). (B) 확산 성장에서는, 팽창이 세포 전체 표면에서 일어나므로 표지들의 거리가 일정하게 증가한다. 세포가 폭보다 길이 신장이 더 많음을 주목하라.

확산 성장에 의해 신장되는 세포에서 셀룰로오스 미세섬유는 고리형으로 가로방향이나 약간 나선 방향으로 위치된다. 세포의 측면 팽창은 세포벽의 셀룰로오스 미세섬유의 방향에 의해 제한된다. 즉, 확산 팽창 중인 세포의 미세섬유는 성장하는 축방향에 수직 방향으로 위치한다(그림 12.9A 참고). 셀룰로오스 미세섬유의 배열은 피층 미세소관의 패턴과 관련되어 있는 것으로 여겨지는데, 피층 미세소관이 원형질막에 통로(channel)를 형성하여 셀룰로오스 합성 효소 복합체의 이동을 돕는 것 같다. 그들이 이동하면서, 수직 방향의 셀룰로오스 미세섬유를 만들어 내고, 성장하는 세포벽에 삽입된다(그림 4.8과 4.20 참고). 피층 미세소관을 분해시키는 콜히친을 처리하면 셀룰로오스 미세섬유가 무질서하게 배열된다. 이 경우 세포벽은 모든 방향으로 등축 팽창(isodiametric expansion)을 하게 된다.

12.2.6 일차 도관조직의 세포들은 줄기와 뿌리의 정단 분열조직에서 유래한다; 형성층은 이차 도관조직의 기원이다

줄기와 뿌리가 성숙할 때, 일차 도관조직은 정단 분열조직의 전형성층 세포(procambial cells)에서 분화한다(12.2.1 참고). 그 후에 많은 쌍자엽식물과 모든 나자식물의 일차 줄

키포인트 일반적으로 성장은 시간에 대한 S-모양의 크기 변화이다. 세포 팽창은 세포벽에 가해지는 팽압에 의해 일어난다. 세포벽은 초기 가소성을 가지나 성숙하면서 점차 탄성을 가진다. 가소성 성장 중에 세포벽 구조가 이완되며 새 고분자가 축적된다. 산성화, 옥신, 글리칸 가수분해효소, 그리고 익스팬신 단백질이 세포 이완과 확장을 촉진한다. 성장은 제한되며, 세포벽은 페놀 가교에 의한 미세섬유들 사이의 교차-결합을 통해 점점 덜 가소성을 가지고 더욱 더 탄성을 가지게 된다. 내부 조직의 성장을 제한할 수 있는 표피 조직은 옥신과 브라시노스테로이드 같은 생장-촉진 호르몬의 작용 부위가 된다. 뿌리털, 화분관 그리고 몇몇 특별한 세포들은 첨단 성장에 의해 커지게 되나, 대부분의 조직은 주로 확산 성장에 의해 확대된다. 셀룰로스 미세섬유의 방향이 다른 면에서 성장 정도를 결정한다.

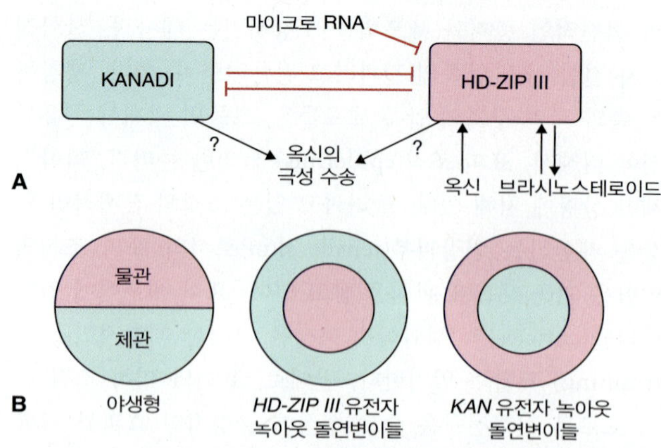

그림 12.14 KAN과 HD-ZIP III 전사조절인자에 의한 도관 패턴 조절. (A) *KAN*과 *HD-ZIP III* 패밀리 유전자들의 활성은 서로 길항적관계이다. (B) *KAN*과 *HD-ZIP III* 유전자의 녹아웃 돌연변이는 관다발의 물관부와 체관부 배열을 향축/배축에서 동심원 구조로 변형시킨다.

기와 뿌리는 **형성층**(**cambium**)의 분열조직 세포에서 물관과 체관이 발달하는 **이차 생장**(**secondary growth**)을 하게 된다(그림 1.40 참고). 옥신은 도관 분화에 필요한 연속적인 전형성층 띠(continuous procambial strands)를 형성하는 데 결정적인 조절 역할을 한다. 관다발 구조의 **패턴화**(**patterning**)는 배(embryo)에서 설정되고, 다른 형태형성 과정처럼, 돌연변이들을 분석함으로써 연구되고 모델링되어진다. 이 과정에서 방사형과 향축/배축 방향 설정에 결정적인 역할을 하는 많은 **전사조절인자**(**transcription factor**) 유전자들이 동정되었다. *MYB*(myeloblastosis virus 이름에서 유래) 패밀리 전사조절인자인 *KANADI* 그룹과 타입 III *HD-ZIP*(HomeoDomain leucine Zipper) 전사조절인자들이 상호 길항적 관계임이 알려졌다(그림 12.14A). 타입 III HD-ZIP 전사조절인자들은 옥신 및 브라시노스테로이드와 상호작용으로 도관 증식을 조절하며, microRNA에 의해 조절됨이 알려졌다(3.4.12 참고). *HD-ZIP III* 유전자의 녹아웃 돌연변이는, 체관과 물관이 정상적인 향축/배축 배열에서 체관이 도관을 둘러싸는, 도관조직 패턴이 근본적으로 변형된다. 반면 *kan* 돌연변이는 물관이 체관을 둘러싸는 관다발을 가진다(그림 12.14B). KAN과 HD-ZIP III가 옥신의 극성 수송을 변화시킴으로써 도관 패턴화에 영향을 미치는 것으로 여겨진다. 잎 발달 동안 향축/배축 패턴화에서 이러한 전사조절인자들의 더 자세한 기능은 12.5.4절에 기술한다.

옥신과 더불어, **사이토키닌**이 도관 패터닝에 호르몬 조절자로 밝혀졌다. **사이토키닌 two-component histidine kinase** 신호전달 경로(10장 참고)가 훼손된 돌연변이의 뿌리에서 도관 실린더의 다른 세포 타입은 감소되나, 원생목부(protoxylem) 세포층의 수가 증가한다. 사이토키닌은 또한 이차 생장 동안 형성층 세포 증식 능력의 유지에 필요하다.

물관부에서 가도관 요소(tracheary element), 그리고 **후막조직**(**sclerenchyma**) 같은 기계적 지지 조직 세포의 특징은 그들의 두꺼운 이차 세포벽이다. 이차 세포벽은 셀룰로오스-글리칸의 교차-결합(그림 12.10)이 **리그닌**(페닐프로파노이드의 중합체)의 함침(impregnation)으로 더욱 강화된다. 일차 세포벽에서 가교를 형성하는 단당류 페놀화합물은 종종 모노리그놀이라 한다(그림 12.12). 페닐프로파노이드 생합성 경로는 15장에 기술되어 있다. 이차 세포벽에서 **모노리그놀**이 중합되어 리그닌의 형성은 **퍼록시데이즈**에 의해 H_2O_2로부터 생성되는 산소 라디칼 또는 **laccase**에 의한 O_2를 포함하는 결합 반응에 의해 이루어진다. 결과적으로 hydroxycinnamic, ferulic 그리고 dehydroferulic acid 가교를 통한 ester와 ether 결합을 통해 세포벽 다당류에 교차-결합된 리그닌 기질이 된다(그림 12.15).

가도관 요소 분화의 목질화 단계는 **예정세포사**(**programmed cell death**) 과정에 의한 세포질의 파괴에서 정점에 이르며, 단단한 빈 튜브 형태의 기계적, 화학적으로 강한 조직을 만든다. 가도관 요소 분화의 예정세포사는 18장에서 자세히 다룬다. 식물 세포가 축적하는 장벽 기능을 가지며, 비활성인 거대분자로서 **suberin**과 **cutin**의 waxy

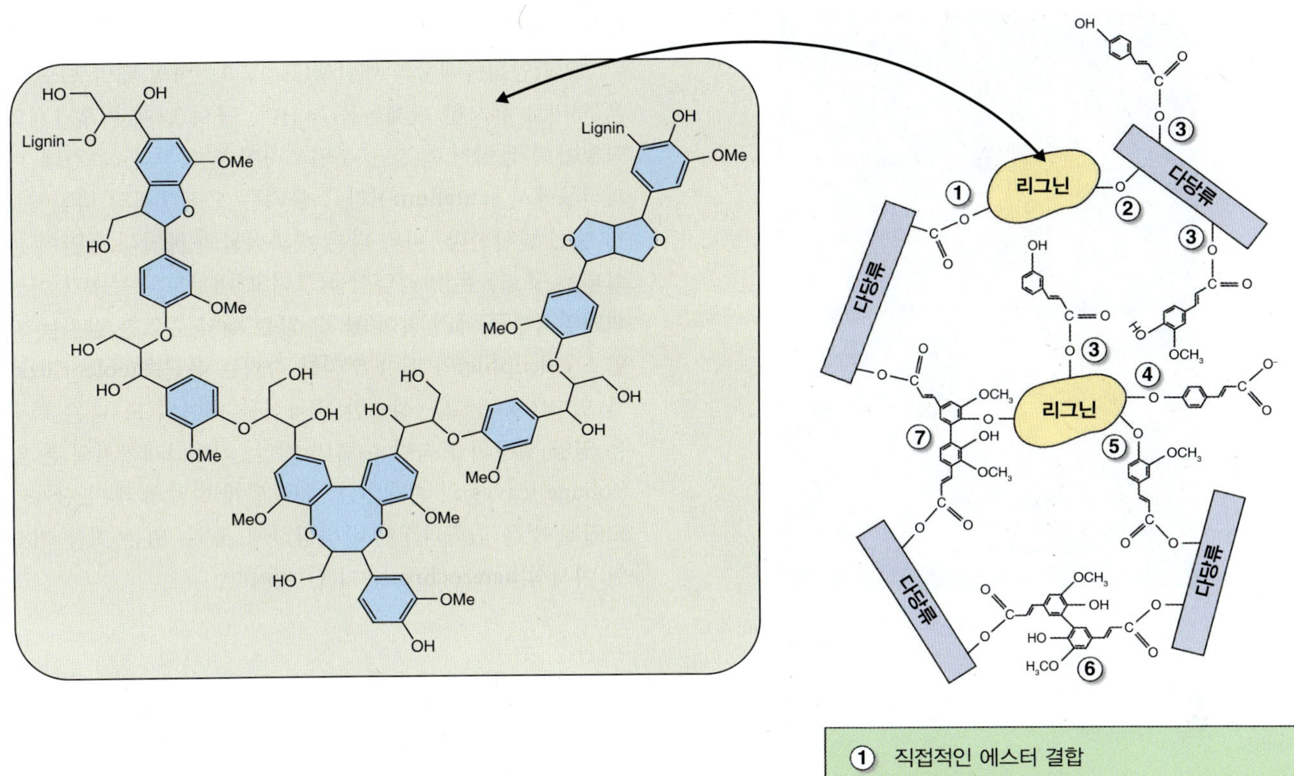

그림 12.15 리그닌의 구조와 아로마틱 에스터와 에테르 결합을 통한 세포벽 탄수화물과의 교차 결합.

폴리머가 있다.

체관부(**phloem**)는 유관속식물에서 광합성 산물을 먼 거리로 수송하는 조직이다(14장 참고). 체관의 **체관 요소**(**sieve tube element**)는 전형성층에서 발달하는 **원생 체관부 요소**(**protophloem sieve element**)로서 유래한다. 체관 요소는 좁고 길며 식물 기관의 길이 축과 평행하게 위치한다(그림 1.29 참고). 설탕 수송은 **체판**(**sieve plate**)에 의해 가능하게 되는데, 체판은 세포의 위, 아래 끝에 구멍이 뚫린 세포벽으로 겹쳐진 체관 요소들 사이에 커다란 세포질 연결이 되도록 기능한다. *APL*(*ALTERED PHLOEM DEVELOPMENT*)이라는 조절 유전자는 원생 체관부가 물관과 체관이 혼합되어 있는 특성을 갖는 세포로 분화되는 발달 돌연변이의 연구로부터 알려졌다. 이 돌연변이는 치사형으로, 단지 몇 개의 잎이 나오고 생장이 정지되어 죽게 된다. *APL*은 MYB-타입의 전사조절인자로 물관부 분화를 공간적으로 제한하고, 체관 요소 발달의 후반부에 필요할 것으로 여겨진다.

키포인트 SAM과 RAM의 전형성층 세포들은 일차 도관조직의 원천이다. 물관부와 체관부는 형성층의 분열 세포에서 유래하는 이차 생장 동안에 만들어진다. 도관조직의 서로 다른 세포 타입의 구성은 옥신의 극성 수송, 사이토키닌 신호전달 기작 그리고 HD-ZIP 전사조절인자들의 조절에 의한다. 성숙함에 따라 물관과 후막세포의 세포벽은 점차 목질화되고 예정 세포사의 끝 부분에서 세포질이 소실된다. MYB-타입 전사조절인자 중 하나는 체관부의 체관 요소 발달과 관련되어 있다.

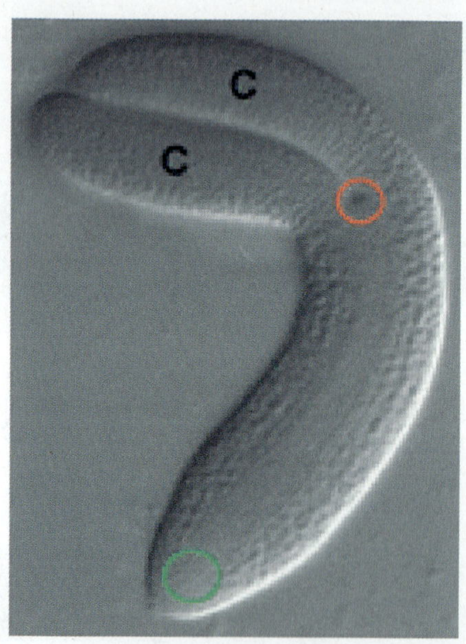

그림 12.16 2개의 떡잎(C) 그리고 각각 뿌리 정단 분열조직과 슈트 정단 분열조직이 될 뿌리(초록색 원) 및 슈트(붉은색 원)의 증식 세포 위치를 보여주는 애기장대 배아.

12.3 배발생

속씨식물의 배아는 보통 접합체로부터 발달한다. 접합체는 삼배체인 배젖과 함께 화분관이 밑씨에 도달할 때 일어나는 중복수정의 산물이다(1장과 16장 참고). 그림 12.16은 쌍떡잎식물인 애기장대 배아의 사진인데, 2개의 떡잎 그리고 RAM과 SAM이 될 증식 세포들의 위치와 뿌리-슈트 축을 보여준다.

애기장대의 접합체로부터 배아의 발달에서 가장 이른 단계들이 그림 12.17에 보여진다. 접합자의 첫 세포 분열은 극성을 가지며, 배자루(suspensor)가 될 기저세포와 배아로 발달할 말단세포를 만든다. 배아세포는 증식하여 기본 분열조직(ground meristem), 원표피(protoderm), 전형성층(procambium)을 가지는 **구형 단계(globular stage)**를 형성한다. 2개의 떡잎이 **심장 단계(heart stage)**에서 보이고 **어뢰 단계(torpedo stage)**에서 슈트와 뿌리 정단 분열조직이 발달한다(그림 1.17 참고). 애기장대와 다른 십자화과 식물에서는, 초기 배발생 동안에 세포 분열의 패턴이 고정되어 있어서 세포의 운명을 추적할 수 있다. 그림 12.17C는 16-세포 배아에서부터 초기 심장단계의 개별 세포들의 가계를 보여준다. 그런데 많은 다른 진정쌍떡잎식물들과 외떡잎식물들에서는 덜 규칙적이다. 이러한 사실은 식물의 배발생을 보편적인 세포 분열 패턴으로 설명할 수 없음을 의미한다.

외떡잎식물에서의 배발생(표 12.1; 벼의 배발생)도 넓은 의미로 유사한 단계들을 거친다. 구형 단계 이후 1개의 떡잎이 만들어지고 정단 분열조직이 분화한다. 그런데 벼과식물에서 scutellum이라고 불리는 오직 1개의 떡잎이 2개 대신 발달한다. 벼와 다른 벼과식물의 배발생 동안에 분화되는 구조들은 쌍떡잎식물(그리고 대부분의 목초가 아닌 외떡잎식물들)에서 찾아 볼 수 없는 배아 슈트를 감싸는 **자엽초(coleoptile)**와 배아 뿌리를 감싸는 **유근초(coleorhiza)**가 있다(6장 참고). 성숙한 벼과식물 배아의 또 다른 특징은 영양 생장의 조숙한 수립의 예인, 최대 3개까지의 본 잎(foliage leaves)의 존재이다. 배발생에 발달의 후기 단계가 도입된 것은 진화과정에서 다양하게 볼 수 있는 적응 기작인 **이시성(heterochrony)**의 한 예이다.

12.3.1 패턴형성은 배아 세포의 발달 운명에서 극성화의 결과이다

형태형성에 있어서 극성의 수립에 중요한 인자는 **비대칭적 세포 분열(asymmetrical cell division)**이다. 즉, 체세포 분열로 크기, 구조, 또는 둘 다 다르고, 서로 다른 발달 운명을 갖게 되는 2개의 딸 세포가 생성된다. 애기장대 접합자의 첫 번째 세포 분열로 **기저 세포(basal cell)**와 **정단 세포(apical cell)**가 되는데, 비대칭이다. 이것은 극성화 이벤트로 녹조류 *Fucus*의 초기 배발생과 유사하다(그림 12.6 참고). 기능적 특화를 유도하는 비대칭 세포 분열의 또 다른 예들은, **뿌리 분열조직**의 미분화, 계속된 세포 분열로부터 분화-가능한 딸 세포의 분리(그림 12.3 참고)와 잎 조직 분화 중에 **기공** 형성이 있다(12.5.2 참고).

몇몇 경우에서, 형태와 운명이 다른 딸 세포들을 만드는 세포 분열이 내재적인 조절 시스템에 의해 결정된다는 좋은 증거가 있다. 그러한 내재적인 기작은 주위 세포들로부터의 신호들에 차례로 반응하기도 한다. 비록 식물 배발생에서 비대칭성을 부여하는 정확한 원인은 아직 모르지만, 비대칭적 진핵세포 분열을 설명하는 많은 상이한 기작들이 알려져 있다. *YODA* 유전자에 의해 암호화되는 하나의 단백질 인산화효소(kinase)를 중심으로 하는 **신호전달** 기작이 핵심적인 역할을 하는 유전적 증거가 제시되었으나, 구체적인 것은 아직 잘 모른다. 상이한 딸 세포들을 만드는 세포 분열 기작에서 중요한 요소는 액틴 세포골격 구조와 관련된 모터 단백질의 영향하에 있는 **방추체(mitotic**

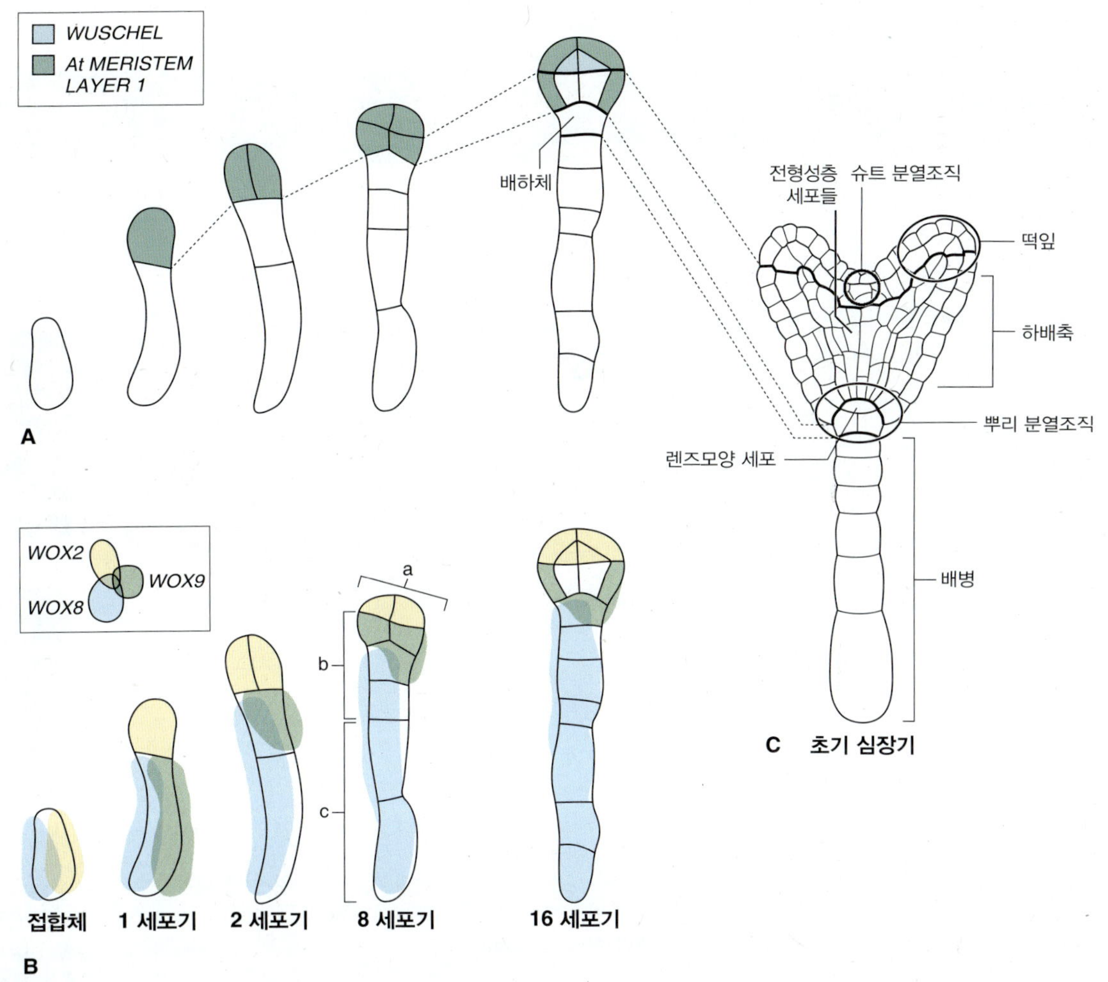

그림 12.17 애기장대 배아의 초기 발달에서 세포 운명의 분자적 표식자. (A) 16-세포 시기까지의 *AtML1*과 *WUS* 전사조절인자의 발현 패턴. (B) *WOX*(*WUSCHEL HOMEOBOX*-like) 패밀리 유전자들의 세포 특이적인 발현 패턴. 접합자 세포의 비대칭적 세포 분열과 정단세포와 기저세포 사이에 표식자의 불균일한 분포를 주목하라. 8개-세포 배아의 3개 도메인을 a, b, c로 나타내었다. (C) 16-세포 배아와 심장 단계 배아 세포들의 계통 관계.

spindle)의 방향이다. 세포 분열에서 상이한 결과가 부여되는 또 다른 방법은 분열 전에 세포의 한 지역에만 조절 인자가 위치하는 것이다. 이러한 인자의 분할(partitioning)은 유전자들을 활성화하여 두 딸 세포 중 하나의 운명을 결정한다. 호메오박스 전사조절인자인 **WOX**(*WUSCHEL HOMEOBOX*-like) 패밀리의 불균일 분포는 애기장대 초기 배아의 세포 분열 패턴과 발달에 관련될 수 있다(그림 12.17A, B). 15개 정도로 구성된 *WOX* 유전자 패밀리 중, *WOX2*와 *WOX8*는 접합자의 비대칭적 세포 분열의 세포 표식자이다. *WOX2*와 *WOX8*는 접합자에서 초기에는 함께 발현되지만 세포 분열 후에, 점점 정단과 기저세포에 각각 발현이 제한되게 된다. 세 번째 *WOX*인 *WOX9*는 세포 분열 후 오직 기저세포에만 발현된다.

계속 논란을 일으키는 중요한 주제는 다음과 같은 의문이다. 세포 분열이 어느 정도까지 계속되는 기관 성장과 발달을 주도하는가? 성장-분화 관계에 관한 초기 통찰력은 높은 선량의 감마선에 노출된 곡류의 배아인, 소위 **감마 유묘(gamma plantlets)** 실험에서 왔다. 감마 유묘는 DNA 합성과 세포 분열은 못하지만 도관과 엽육조직과 같은 고도로 분화된 세포 타입들을 생산하며, 형태적으로 비교적 완전하다(그림 12.18). 그런데 그들은 새로운 기관을 만들지 못한다. 분열조직은 다양한 비정상성을 보여주며, 공변세포와 모용세포(trichome cells)가 결여되어 있다. 감마 유묘는 배아 세포가, DNA 복제와 세포 증식에 무관하게, 상당한 분화능을 가지고 있음을 보여준다.

표 12.1. 벼의 배아 발생 단계.

단계	수분후 일수	세포 수	특징	길이 방향의 단면구조
접합체	0	1	• 수정	
초기 구형 단계	1	1 to c. 25	• 수정란의 첫 세포 분열 • 빠른 세포 분열	
중기 구형 단계	2	c. 25 to c. 150	• 구형 모양 • 비교적 느린 성장	
후기 구형 단계	3	c.150 to c.800	• 길쭉한 모양 • 지수적 성장의 시작, 성장과 세포 증가의 이중 리듬 • 배복 방향에 따른 세포 크기의 기울기 형성 • 패턴 형성, 구역화	
슈트 정단 분열조직과 유모 형성	4	> 800	• 자엽초(검은색 화살촉), 슈트 정단 분열조직(화살표), 그리고 유모(흰색 화살촉)의 분화 개시	
첫 잎 형성	5-6		• 첫 번째 엽원기(화살표)의 돌출 • 배반의 확장 • 배반 상피에서 *RAmy1A* 유전자의 발현 • 어린 영양생장 단계의 시작	

표 12.1 (계속)

단계	수분후 일수	세포 수	특징	길이 방향의 단면구조
두 번째와 세 번째 잎 형성	7-8		• 어긋나기 잎차례에서 두 번째와 세 번째 엽원기의 돌출	
기관의 확장	9-10		• 기관 확장과 형태적 완성 • *OsEM*, *Rab16A*, *REG2*와 같은 성숙-관련 유전자들의 발현	
성숙기	11-20		• 화살표는 슈트 정단 분열조직을 가리킴 • 수정 후 21일째부터 휴면 발달	

CO, 자엽초; EP, 외피; RA, 유묘; SC, 배반.

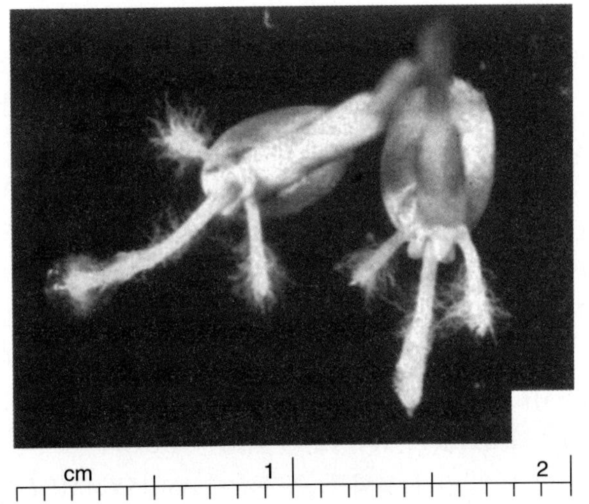

그림 12.18 밀의 감마 유묘. 높은 선량의 감마선을 처리한 종자에서 발달한 유묘로 DNA 합성과 세포 분열을 하지 못한다.

12.3.2 배발생 과정에서의 축(axis) 형성은 뿌리와 슈트 분화의 전주곡이다

배발생에서 뿌리와 슈트 축(axis)의 형성은 식물의 **바디 플랜(body plan)**을 수립하는 데 근본이 된다. 축 형성은, 배아 패턴 형성의 초기 과정이며, 옥신과 같은 호르몬의 조절 네트워크과 전사조절인자의 조절에 따른 대칭성과 조직 정체성 결정을 포함한다. 8-세포 배아의 정단-기저 축은 3개의 **도메인**(그림 12.17B에서 a, b, c로 표시됨)으로 구성된다. 2개의 정단 세포는 슈트 정단 분열조직과 대부분의 떡잎 조직을 만든다. 남은 떡잎 세포와 하배축, 뿌리 정단 시원세포들은 가운데 도메인의 4개 세포에서 유래한다. 기저의 2개 세포는 분열정지중심(quiescent center)과 뿌리골무 시원세포를 만든다. 16-세포 단계에서 배아는 바깥 원표피, 표피 아래 기본 조직과 중심 도관 시원세포를 가진 **동심**

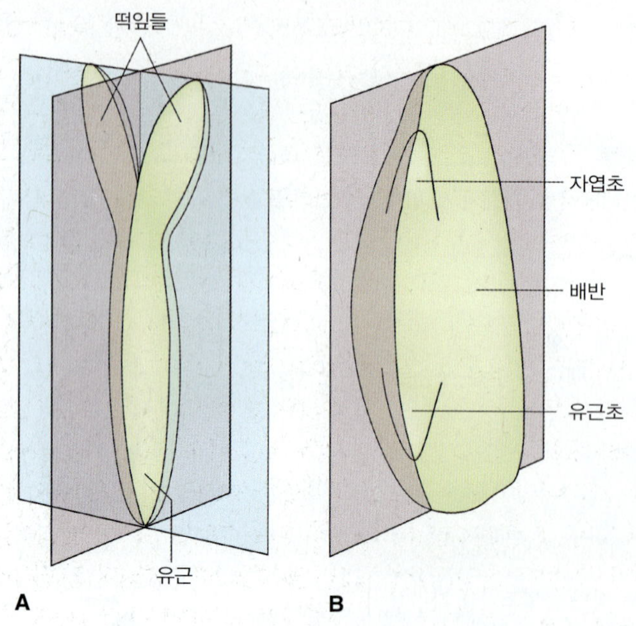

그림 12.19 쌍떡잎식물과 외떡잎식물 배아의 대칭성. (A) 애기장대 같은 쌍떡잎식물 배아는 2개의 좌우대칭면을 가진다. (B) 옥수수 같은 외떡잎식물 배아는 오직 1개의 좌우대칭면을 가진다.

원 구조(**concentrically organized**)가 된다(그림 12.17C). 떡잎 2개가 분화를 시작할 때(좌-우 극성화의 개시), **방사대칭(radial symmetry)**의 구형 배아가 심장 단계의 **좌우대칭(bilateral symmetry)**이 된다. 슈트와 뿌리 분열조직 사이에 그려진 선은 축을 지나는데, 줄기의 방사대칭과 일차 뿌리는 유지된다. 그러나 심장 단계에서 어뢰 단계까지 떡잎은 중심-주변 축을 따라 발달하여(그림 12.19A), 중심축을 향하는 **향축(adaxial)**과 반대인 **배축(abaxial)** 표면을 수립한다.

외떡잎식물인 벼, 옥수수, 기타 벼과식물의 배아에서는 방사대칭인 구형 단계에서 자엽초와 배젖 사이에 놓인 좌우대칭이며 방패 모양의 scutellum(외떡잎에 해당되는)을 형성하는 시기로의 전이가 있다. 슈트 분열조직에서 뿌리 분열조직의 축은 scutellum에 대해 중심에 있다(표 12.1). 따라서 외떡잎 배아(벼와 옥수수로 대표되는)는 2개가 아닌 오직 하나의 좌우대칭면을 가지므로 쌍떡잎식물인 애기장대와 상당히 다르다(그림 12.19B). 이는 쌍떡잎식물 배발생에서 극성과 패턴 조절을 하는 유전자들의 기능적 역할이 외떡잎식물의 경우에 비해 시기와 위치가 다름을 의미한다.

12.3.3 패턴 형성에서 기능을 하는 많은 유전자들은 배발생 돌연변이 연구에서 동정되었다

돌연변이들의 유전학적 분석으로 발달 과정을 전사조절인자들의 상호작용 조절 네트워크로 모델링한다. 배발생이 비정상적인 많은 돌연변이들이 애기장대에서 알려졌고, 옥수수나 벼와 같은 종에서도 몇몇이 알려졌다. 여기서는, 유전학적 분석을 통해 알려진, 축 발달과 패턴 형성에서 중요한 역할을 하는 일련의 **전사조절인자(transcription factors)**에 대해 고찰한다. *WOX2*, *WOX8* 그리고 *WOX9*은 초기 배발생에서 패턴 형성의 세포 표식자이다(12.3.1절 참고). *AtML1*(*Arabidopsis thaliana MERISTEM LAYER 1*) 유전자는 SAM에서 원표피 분화에 필요하다. 그러나 뿌리의 표피 발달에는 관련되어 있지 않다. 그림 12.17은 초기 배발생 여러 단계에서 *WUSCHEL*(*WUS* 3장과 11장 참고), *AtML1* 그리고 *WOX* 유전자 패밀리의 공간적 발현 양상을 보여준다. *WOX2-like* 유전자는 옥수수, 벼 등의 배아 발생 초기에는 정단 도메인에서 발현되며, 나중에 슈트 정단 분열조직이 형성될 배쪽(ventral side)의 바깥 L1 층에 발현이 국한되게 된다. 한편, 세포 타입 발현 프로파일(profile)에 의하면, 외떡잎식물 배아의 *WUS* 유사 유전자는 주로 새 기관의 발달에 관련되어 있고, 애기장대에서 슈트 정단 분열조직의 구성을 조절하는 *CLAVATA*(*CLV*) 유전자와의 피드백 조절(3장, 그림 3.32 참고)에는 관여하지 않는다. 이러한 발견은 외떡잎과 쌍떡잎식물 사이에서 *CLV* 신호전달의 변화와 연관된 *WUS* 유전자의 **다양한 기능(divergent functions)** 진화를 보여준다. 즉, 피자식물의 두 부류에서 대조적인 배발생 패턴 형성과 구성을 반영한다고 할 수 있다.

옥신은 배발생에서 매우 중요한 역할을 한다. 애기장대 배아에서 좌우대칭으로의 전이와 떡잎 성장 동안에 조절 역할을 하는 CUC 전사조절인자를 옥신이 조절한다(그림 12.20). **CUC**(*CUP-SHAPED COTYLEDON*) 패밀리 유전자는 초기 슈트 정단 분열조직에서 **STM**(*SHOOT MERISTEMLESS*) 유전자의 발현을 유도한다. *KNOX* 유전자 패밀리의 *STM*(12.1과 12.5 참고)은 *CUC*의 피드백 억제자이고, 잎원기 분화를 촉진하는 *AS*(*ASYMMETRIC LEAVES*) 유전자를 또한 억제한다. *CUC-STM* 상호작용은 2개의 떡잎을 분리하는 경계를 만들어 낸다(그림 12.20). 떡잎 돌출 전에 **옥신 유출 수송기(auxin efflux**

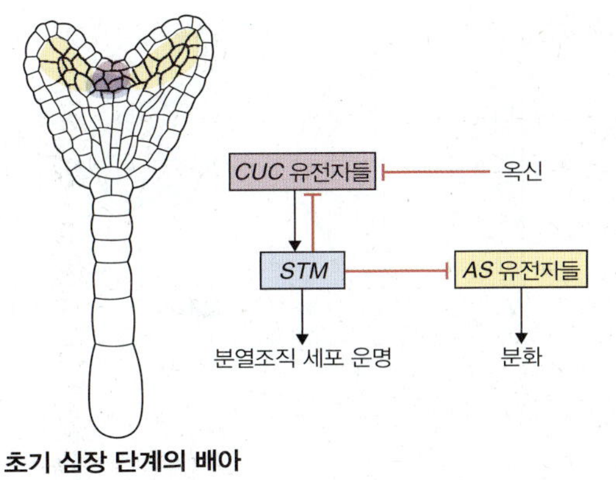

그림 12.20 애기장대 배아에서 좌우대칭 전이와 떡잎 돌출을 조절하는 유전자들의 상호작용과 조직 특이적 발현 패턴.

carrier)의 비대칭적인 분포는 호르몬을 *CUC* 유전자 발현을 억제시키는 측면 도메인으로 향하게 한다.

배발생 과정에 역할을 하는 약 80개 이상의 유전자들의 조직 특이적 발현 패턴과 상호작용이 연구되어지고 있다. 이 중에서, 위에 언급된 것처럼, 대부분은 전사조절인자와 호르몬 또는 단백질인산화효소-기반의 신호전달 기작에 관련되어 있다. 이를 통해, 초기 배발생에 관련된 매우 자세한 전사적, 그리고 신호전달 기작의 밑그림이 만들어졌다. 미래 식물 발달 생물학에서 중요한 도전은 유전형과 표현형 사이[즉, 생물학적 구조를 만들고 작동하게 하는 물리적 과정, 발달 유전자, 그리고 화학물질을 조절하는 **회로 전환(switching circuitry)** 사이]의 생화학적, 세포생물학적 그리고 생리적 세부 내용을 채우는 것이다.

키포인트 극성은 배발생 초기에 수립되고 접합자가 비대칭성 세포 분열을 하게 되어 기저세포와 정단세포가 만들어진다. 단백질인산화효소 신호전달기작, 방추체의 배열 방향, 그리고 전사조절인자의 불균일 분포가 비대칭성을 유도한다. 고농도의 방사능 처리로 성장을 못하는 감마 유묘의 실험은 형태형성이 세포 분열 없이 일어날 수 있음을 보여준다. 쌍떡잎식물의 배아는 초기에 방사대칭이고 떡잎이 분화됨에 따라 2개의 좌우대칭면을 가지게 된다. 반면, 외떡잎식물의 배아는 1개의 좌우대칭면을 가진다. 배발생을 조절하는 인자들에 대한 연구는 돌연변이를 통해 이루어졌다. WUS, WOX, 그리고 CLV 패밀리의 전사조절인자들은 배아 세포 패턴 형성의 표식자이며, 분열조직 구성을 이루는 조절 네트워크의 구성원이다. 옥신은 전사조절인자인 CUC과 STM의 상호작용에 관여하여 배아 대칭성, 떡잎 돌출, 그리고 잎원기 분화를 조절하는 주요 호르몬이다.

12.4 뿌리의 성장과 분화

서로 다른 식물 종 사이의 뿌리 구조와 형태는 줄기에 비해 크게 다양하지 않다. 이는 토양이 대기 환경에 비해 더 안정하기 때문인 것 같다. 그러나 상당한 변이는 존재한다(그림 1.30 참고). 화석과 계통 발생의 비교 연구에서 대부분 뿌리들의 특성(뿌리털과 뿌리골무)은 다양한 진화적 기원을 가지고 있음을 제시한다. 측근(lateral root)과 부정근(adventitious root)의 뿌리 내 개시는 진화상 반복적으로 발생해 왔고 도관 연속성의 필요와 줄기 정단에서 떨어진 옥신 수송의 우점적 패턴에 관련되어 있을 것으로 여겨진다. 측근 발달의 경우, 만일 뿌리 정단 분열조직에서 시작되면, 뿌리가 토양을 뚫고 자랄 때 닳아 없어질 위험이 있다. 뿌리 신장이 멈춘 지역인 내초(pericycle)에서 개시되면 이러한 위험을 피할 수 있다(그림 12.21). 뿌리 형태형성에 미치는 외부 영향은 영양분 가용성과 생물학적 상호작용을 포함한다. 화학적 신호전달은 뿌리가 토양 미생물과 다른 뿌리와의 병리학적, 공생적 관계에 특히 중요하다. 이 절에서는 뿌리 형태와 기능 발달, 그리고 외적 및 내적인 요인에 의한 조절을 다룬다.

12.4.1 뿌리의 구조는 지지, 양분 획득, 저장 그리고 다른 생물과의 관계에서 중요하다

물과 무기 이온의 흡수, 고정 그리고 탄수화물 저장은 뿌리의 주요 기능이다(13, 14, 17장 참고). 더불어, 뿌리는 추가적인 지지(얕은 뿌리를 가진 열대지역 나무의 지지뿌리, *Lilium* 구경의 수축성 뿌리, 등나무의 움켜쥐는 뿌리)와 월동(*Dahlia*의 덩이뿌리, 당근과 파스닙의 주근)을 하기 위해 특화되어 있다(15장, 17장 참고). 약 4,000 종 이상의 식물은 필요한 영양분의 일부 또는 전부를 다른 식물에 기생하여 얻고 있다. 기생식물의 뿌리인 **흡수근(haustoria)**은 숙주 식물의 뿌리조직을 뚫고 들어가서 양분을 흡수한다(그림 15.42 참고). 많은 식물의 뿌리는 다른 생물들과 공생적 관계를 형성한다. 식물 양분섭취에 뿌리혹(질소고정 미생물이 있는)과 **수지상체**(균근 곰팡이와 뿌리를 연결하는, **arbuscules**)가 중요하다.

식물 뿌리 시스템의 구조는 기능을 수행하는 데 중요하다. 측근과 **유묘(radicle)**는 식물의 일차 뿌리 시스템을 구성한다. 새로운 기관 원기가 정단 분열조직에서 나오는

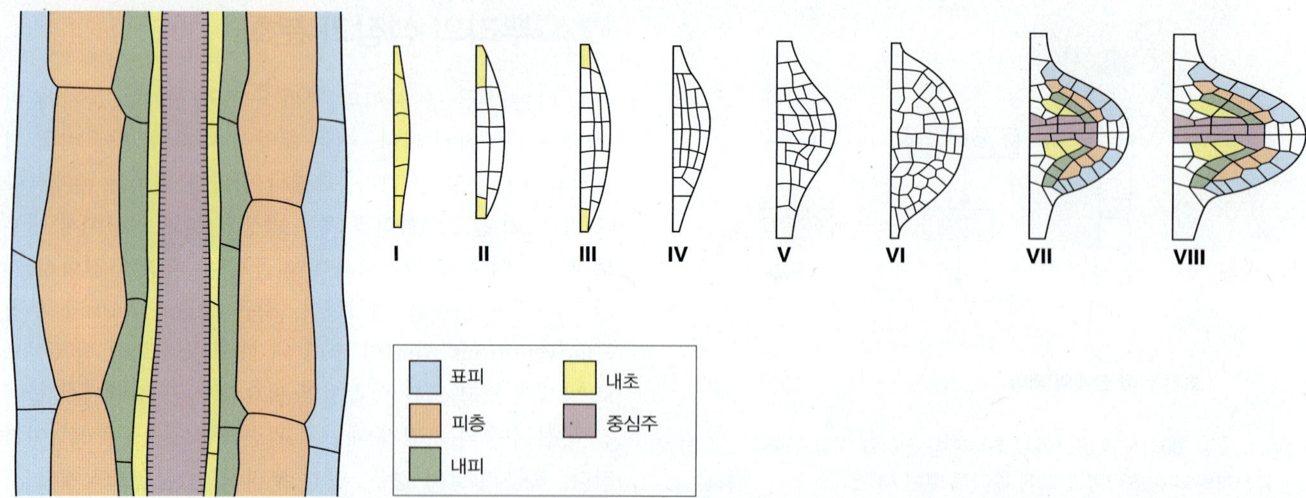

그림 12.21 측근 형태형성 동안 원기 발달의 8단계. 측근은 일차 뿌리 내부의 내초에서 기원한다. (I) 내초 세포층. (II-VI) 내초 세포의 병층 분열이 측근 원기를 개시한다. 계속된 병층 및 수층 분열로 원기의 크기가 커진다. (VII, VIII) 원기가 자라면서 세포층이 분화되기 시작한다.

줄기와 달리, 측근 원기는 성숙한 조직[도관 실린더 옆 내초(pericycle)의 분열조직 세포]에서 나온다(그림 1.36과 1.37 참고). 그림 12.21은 측근 원기의 형성 단계를 보여준다. 측근은 일차 뿌리의 모든 방향에서 나온다. **뿌리털**(**root hairs**)은 1개의 표피세포가 신장한 것으로 대부분의 표면적을 뿌리에 제공하여 용해된 미네랄과 물을 흡수한다(그림 12.22; 그림 1.36 참고). 줄기와 잎은 **부정근**(**adventitious roots**)을 만들 수 있다. 이 경우, 부정근 원기는 관다발 근처의 유조직 세포에서 기원한다.

쌍떡잎식물과 외떡잎식물의 뿌리 시스템은 다르다. 쌍떡잎식물에서는 일차 뿌리가 계속 자라고 측근을 생성한다; 기부는 일부 식물에서는 저장기관인 **주근**(**taproot**)이다(17장 참고). 복잡한 뿌리 분지 시스템은 측근의 계속된 생성의 결과이다. 외떡잎식물에서는 슈트에 의해 생성되는 부정근이 식물 뿌리 시스템 발달에서 중요한 역할을 한다. 심지어 발아 이전에 **중배축**(**mesocotyl**)이라고 불리는 배아 줄기의 기저에서 **씨뿌리**(**seminal root**) 원기가 발달한다. 외떡잎 유묘의 초기 발달에서 유근이 종자에서 나오고, 씨뿌리가 자라기 시작한다(그림 12.22). 식물이 발달하면서 일차 뿌리, 씨뿌리 그리고 측근들은 점점 중요성이 덜해지고, 슈트의 절간에서 시작된 부정근이 지지, 물과 영양분의 흡수 역할을 대신 하게 된다. 그 결과, **수염뿌리 시스템**(**fibrous root system**)이 되고 쌍떡잎식물의 주근 시스템에 비해 더 얕다(그림 1.30 참고).

위에서 언급한 바와 같이, 쌍떡잎식물과 외떡잎식물은 뿌리 시스템의 기본 구조가 다르다. 이러한 두 집단 뿐 아니라 심지어 종에 따라 뿌리 구조에 큰 변이가 있다. 뿌리 시스템의 크기와 구조는 뿌리가 자라는 환경에 의존적이다(12.4.3 참고). 토양 구조와 밀도(compaction), 물과 양분의 가용성, 토양에 존재하는 다른 생명체, 예를 들면, 세균, 곰팡이, 무척추동물, 천공(burrowing) 척추동물 등 모두가 뿌리 발달에 영향을 미친다.

가뭄 또는 미네랄 부족과 같은 스트레스 조건에서 식물의 생존 능력과 생산성은 뿌리 시스템의 크기와 구조에 의해 영향을 받는다. 선택적 육종을 통한 현대 작물 품종의 개발은 뿌리 구조에 많은 변이를 가져 왔다. 종종 생산성이 좋아서 우연히 선발되기도 한다. 측근의 개시와 성장은 뿌리 시스템 구조를 결정하는 가장 중요한 요인이다. 다음 절에서는 측근 성장 조절에 초점을 맞춘다.

12.4.2 곁뿌리의 개시와 성장은 복잡한 유전적, 호르몬 조절을 받는다

피자식물과 나자식물에서의 측근은 **내초**(**pericycle**)에서 시작된다. 애기장대를 포함한 대부분 쌍떡잎식물에서 측근은 오직 도관 조직 위의 내초 세포에서 발달하지만, 다른 종, 특히 외떡잎식물에서는 측근이 체관 위의 내초 세포에서 기원하며 내피조직(endodermis)도 또한 기여를 한다. 측근의

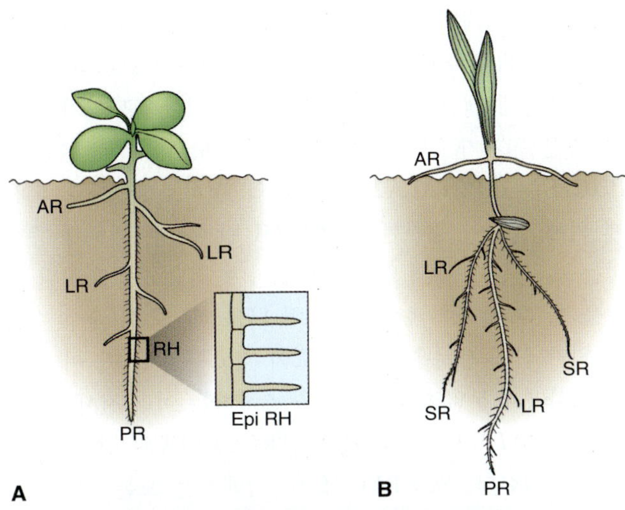

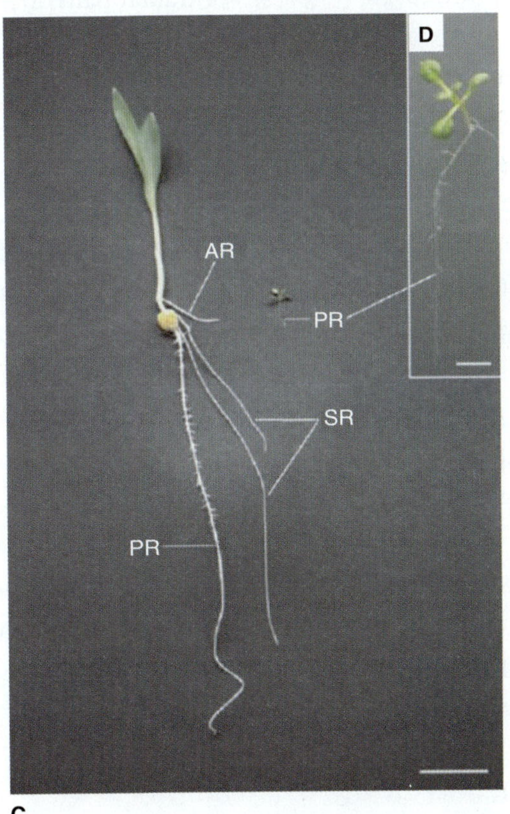

그림 12.22 전형적인 뿌리 시스템. (A) 애기장대와 같은, 쌍자엽식물 뿌리는 어린 식물이 발달하면서 일차 뿌리(PR)와 여기서 유래한 측근(LR)으로 구성된다. 측근은 계속해서 2번째, 3번째 분지를 한다. 부정근(AR)도 형성된다. (B) 외떡잎식물의 뿌리 또한 일차 뿌리를 가지나, 어린 식물이 자라면서, 일차 뿌리 맨 위에서 유래한 씨뿌리(SR)와 줄기 끝에서 유래한 부정근(AR)이 점차 더 중요해진다. 쌍떡잎, 외떡잎식물 모두에서 뿌리털(RH)은 하나의 표피세포(Epi)에서 유래하고 뿌리 시스템의 총 표면적을 크게 증가시킨다. (C, D) 14일 자란 옥수수 유묘(C)와 애기장대(D). 옥수수에서는 씨뿌리와 부정근이 보이나 애기장대에서는 일차 뿌리만 보인다.

형성은 내초 세포가 재분화 자극을 받을 때 시작된다; 세포들은 이때 세포 분열 주기로 다시 들어가고 비대칭성 세포 분열을 하여 측근 원기를 만든다. 이 원기 세포들이 팽창하여 일차 뿌리의 바깥층을 통과하여 나오게 한다(그림 1.37 참고). 일단 측근이 나오면, 뿌리 정단 분열조직이 활성화되고, 측근은 일차 뿌리가 자라는 것과 동일한 기작으로 자라게 된다.

측근의 개시와 성장은 많은 유전자들과 옥신과 같은 식물 호르몬의 농도와 수송에 의해 조절된다. 측근 발달에서 핵심적인 유전자들 중 일부는 옥신에 의존적이다. 가장 잘 연구된 것이 애기장대의 ABERRANT LATERAL ROOT FORMATION 4(ALF4) 단백질이다. *alf4* 돌연변이는 측근이 전혀 없고, 내초 세포의 세포 분열 주기가 차단되어 있다. ALF4는 핵에 위치하는 단백질이나 정확한 기능은 아직 모른다. ARABIDILLO-1과 ARABIDILLO-2 또한 호르몬-비의존적으로 측근 개시를 촉진한다; 이 두 단백질을 암호화하는 유전자들이 돌연변이되면 측근의 수가 크게 줄어든다. ARABIDILLO는 **F-박스 단백질(F-box proteins)**로, 아마도 유비퀴틴 E3 라이게이즈의 구성원으로 특정 타겟 단백질의 분해에 관련될 것으로 여겨진다.

옥신은 식물의 성장과 발달의 여러 측면에서 중요하며, 지금까지 연구된 모든 식물에서 조화로운 뿌리 발달에 핵심적인 역할을 한다. 옥신은 뿌리털 발달 뿐 아니라 측근과 부정근의 개시 조절에 관련되어 있다. 삽목이 잘 안 되는 식물에서 뿌리를 촉진시킬 때 정원사가 사용하는 호르몬 뿌리 약제에는 활성 성분으로 **indole-3-butyric acid(IBA)**가 주로 들어 있다. IBA는 대부분 식물에서 옥신 효과를 가지는 indole-3-acetic acid (IAA)와 유사하면서, 화학적으로 더 안정하기 때문에 사용된다(10장 참고).

옥신 신호전달은 주어진 조직에서의 옥신 농도 뿐만 아니라 농도 기울기 수립에 의존한다. 옥신은 식물 지상부에서 합성되어 뿌리로 이동한다고 오랫동안 알려져 왔다; 최근 연구에서는 옥신이 뿌리 자체에서도 합성된다는 사실을 밝혔다. 옥신은 극성 수송으로 알려진 방법으로 뿌리 내에서 방향성을 가지고 수송된다(10장 참고). 옥신은 도관 실린더(중심주, stele)에 관련된 세포에서 뿌리 끝으로 이동하고, 표피 세포 끝으로부터 이동해 나간다(그림 12.23). 국지적인 옥신 농도는 원형질막 사이로 확산 그리고 옥신 수송 단백질의 활동 모두에 의해 조절된다. 옥신 수송 단백질은 세포 내로 옥신의 유입을 촉진하는 AUX1과 옥신 유출을 촉진하는 PIN이 있다(그림 10.7 참고). 이러한 단백

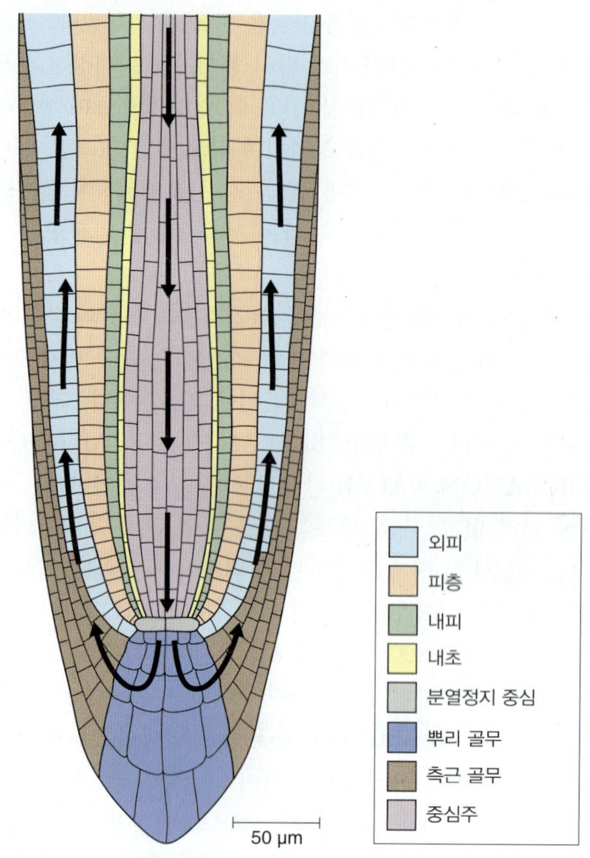

그림 12.23 애기장대 뿌리 끝에서의 옥신의 극성 수송. 옥신은 도관 실린더 안에서 슈트 정단으로 부터 뿌리 골무까지 아래로 이동하고, 그 후 표피를 통해 측근 골무에서 위로 이동한다.

질들의 활동이 농도 기울기와 지역적인 옥신 맥시마(maxima)를 형성하고, 옥신 맥시마에서 측근이 개시된다. 정상적인 옥신 기울기 수립을 저해하는 돌연변이는 뿌리 발달의 패턴을 방해한다. 옥신에 의한 측근 형성 촉진이 사이토키닌에 의해 억제된다. 또한, 일차 뿌리의 측근 근원 세포에 사이토키닌이 직접적으로 작용하여 억제한다. 사이토키닌이 PIN 유전자 발현을 저해한다는 증거가 있다.

특정 식물 종에서의 측근 형성 조절에 다른 호르몬들이 작용한다; 예를 들면, 애기장대에서, 에틸렌과 브라시노스테로이드가 옥신-의존적인 경로로 측근 개시를 촉진함이 알려졌고, 반면, ABA는 억제한다는 증거가 있다. 그림 12.24는 애기장대에서 측근 발달의 호르몬 조절에 관한 최근 이해를 정리하였다. 대조적으로 ABA는 벼와 몇몇 콩과 식물에서는 측근 발달을 촉진함이 알려졌다.

옥신은 측근의 개시 뿐 아니라 조화로운 일련의 세포 분열을 통해 일어나는 지속적인 성장에도 필요하다. 측근 성장 조절에 핵심 유전자는 *PUCHI*인데, 측근 원기 자체와 측근 원기가 생성되는 내초 세포 모두에서 발현된다. *PUCHI*는 APETALA2(AP2) 타입 전사조절인자로 옥신에 의해 발현이 증가한다. PUCHI 단백질은 세포가 증식하는 측근 원기 내의 영역을 제한하여 적당하게 조절된 성장을 할 수 있도록 한다. 측근이 나올 때, 옥신 극성 수송은 원기 끝에 새로운 옥신 농도의 최고를 만들고, 이 새로운 맥시마가 분열조직 정체성을 조절하는 여러 전사조절인자[*CLAVATA*(3장 참고)와 *SCARECROW*와 같은]의 발현을 조절한다. SCARECROW 단백질은 모든 뿌리에서 뿌리 세포의 정확한 **방사형 패턴(radial pattern)**을 유지하고, 일차 뿌리에서 측근의 개시 모두에 필요하다. *SCARECROW*의 옥수수 해당 유전자인 *ZmSCR*은 일차 및 측근의 끝에서 방사형 패턴과 배발생에서 옥수수 유근 형성 모두에 중요하다. 식물에 따라 lob 도메인 패밀리 전사조절인자의 구성원들은 뿌리 발달의 다른 측면에 관련되어 있다. 애기장대의 lob 도메인 유전자인 *LBD16*과 *LBD29* 모두는 측근 발달에 필요하다. 둘 중 하나의 유전자가 과발현되면 측근 발달이 촉진된다. 옥수수 *lob* 도메인 유전자인 *rtcs*와 벼의 유사 유전자인 *crl1*/*arl1*(독립적인 연구에서 발견한 2개의 이름을 가진 같은 유전자)은 부정근 형성에 필요하다. 이러한 사실은 어떻게 하나의 유전자 패밀리가 서로 다르지만 관련된 기능을 수행하도록 진화되는 지를 보여준다. 측근의 개수를 조절하는 다른 유전자로 ARF(AUXIN RESPONSE FACTOR) 패밀리의 전사조절인자가 있다(10장 참고). 애기장대에서, ARF 유전자 산물인 ARF7과 ARF19은 위에서 언급한 *LBD16*과 *LBD29* 유전자 발현을 활성화시킨다.

키포인트 뿌리는 물과 이온 흡수, 고정과 지지, 저장, 그리고 기생(흡수근의 경우)과 같은 다양한 기능을 가진다. 외떡잎식물은 섬유상 뿌리 구조를 가지나, 많은 쌍떡잎식물은 주근 시스템을 가진다. 측근은 내초에서 개시되며, 옥신과 다양한 옥신-의존적 또는 옥신-비의존적 유전자(몇몇 F-박스 단백질)들에 의해 조절된다. 뿌리에서 옥신의 이동은 PIN, LAX, AUX와 같은 수송 단백질에 의해 매개된다. 사이토키닌은 측근 발달에 억제자이다. 뿌리조직의 방사형 패턴 결정은 옥신의 의해 조절되는 전사조절인자에 의해 유지된다.

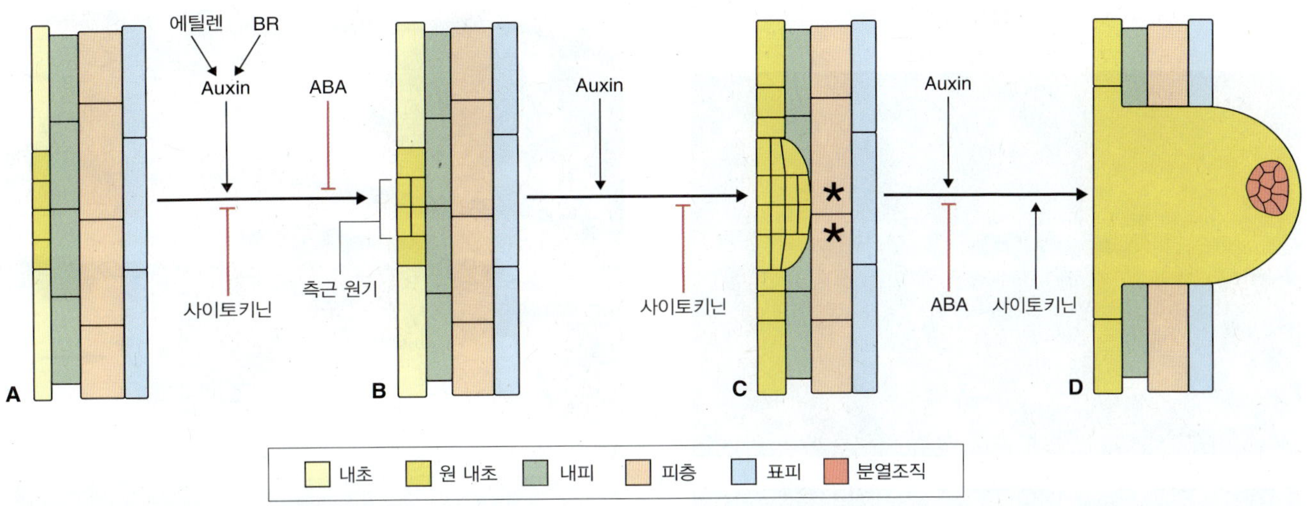

그림 12.24 측근의 개시와 호르몬에 의한 발달 단계를 보여주는 애기장대 뿌리의 길이 방향 단면. (A, B) 이 과정은 개시 내초 세포가 수층 분열(뿌리 표면과 수직 방향)과 병층 분열(뿌리 표면과 평행 방향)을 하면서 시작된다. (C) 계속된 세포 분열은 고도로 조절된 방법으로 일어나며, 측근 원기가 일차 뿌리의 바깥 세포층을 통과해서 나오게 된다. 이때, 바깥 세포층에 별표로 표시된 세포들이 분리된다. (D) 새로운 측근이 나오게 되면, 분열조직이 활성화되어 계속해서 자랄 수 있다. ABA, 앱시스산; BR, 브라시노스테로이드.

12.4.3 양분은 뿌리 발달의 조절자로서 작용한다

양분 가용성과 식물 내부 양분 상태가 뿌리 시스템의 구조와 기능을 조절한다. 양분의 역할은 13장에 더 자세히 기술되어 있다. 여기서는 주요 토양 양분의 효과만 논의한다.

토양에 존재하는 질소원은 뿌리 구조에 영향을 준다. 고농도의 **질산염(nitrate)**은 길고, 분지가 별로 없는 일차 뿌리의 성장을 촉진한다. 반면, 주요 질소원으로 **암모늄(ammonium)**의 경우는 보통 짧고, 두껍고, 분지가 많다. **글루탐산(Glutamate)**이 처리되면, 일차 뿌리 성장이 억제된다. 이것은 옥신 수송과 12.4.2절에 기술된 신호전달기작 사이의 상호작용에 기인하는 것으로 여겨진다. 질산염은 질산염 수송 단백질 NRT1을 요구하는 경로를 통해 글루탐산의 효과를 상쇄시킨다(13장 참고). 그러나 그 정확한 기작은 아직 모른다. 광합성 산물의 탄소 대 질소의 비율이 높을 때는 질소의 형태와 관계 없이 측근의 개시가 억제된다. 여기에는 또 다른 질산염 수송 단백질인 NRT2.1이 필요하다. NRT2.1은 식물이 고농도 질산염 조건에서 저농도 조건으로 전이된 후, 측근 형성이 개시될 때에도 관련되어 있다. 최근 연구결과에 의하면, NRT2.1은 수송단백질 역할 뿐만 아니라, 고정 질소의 가용성에 반응하여 측근 형성을 조절하기 위해 옥신 신호전달 경로와 소통하는 고정-질소 센서로서 역할을 한다. **고정 질소(fixed nitrogen)**라는 용어는 식물이 직접적으로 이용하지 못하는 질소가스(N_2)와 직접적인 이용이 가능한 질소(예, 질산염, 암모늄)와 구분하기 위해 사용되었다.

뿌리 시스템 구조에 대한 양분 가용성의 효과는 수분 공급, 통기, 토양 pH와 같은 여러 요인에 결부되어 복잡하다. 예를 들면, 면화에서 최대 뿌리 성장에 필요한 외부 칼슘농도는 pH가 5.6일 때는 약 1 μM이지만, pH가 4.5일 때는 50 mM 이상으로 증가한다. 양분은 부족하거나 또는 충분한 정도에 따라 전체 식물 성장에 영향을 주어 뿌리 발달을 간접적으로 조절한다. 그러나 또한 특정 유전자의 기능과 발현을 조절함으로써 직접적으로 형태형성에 영향을 주기도 한다.

애기장대와 다른 많은 식물에서, P_i 결핍은 일차 뿌리의 성장을 억제한다. 측근 성장에 대한 P_i 결핍은 긍정적 및 부정적 영향이 보고되어서 더 복잡하고, 식물에 따라 서로 다른 패턴을 보이기도 한다. 예를 들면, 애기장대의 P_i 결핍은, 측근이 정상보다 더 조밀하고 길어져서, 분지가 많은 얕은 뿌리 시스템을 만든다. 한편, 강낭콩(*Phaseolus vulgaris*)의 P_i 결핍은, 측근 성장의 각도를 아래쪽에서 바깥쪽으로 바꾸어 결국 얕은 뿌리 시스템을 만든다. 그러나 측근의 밀도나 길이 변화는 없다. P_i 결핍에 의한 일차 뿌리 성장의 억제는 뿌리 끝의 지역적인 P_i 농도에 의해 조절된다. 이 과정에 2개의 유전자, *LOW PHOSPHATE ROOT 1*(*LPR1*)와 *LOW PHOSPHATE ROOT 2*(*LPR2*)가 관

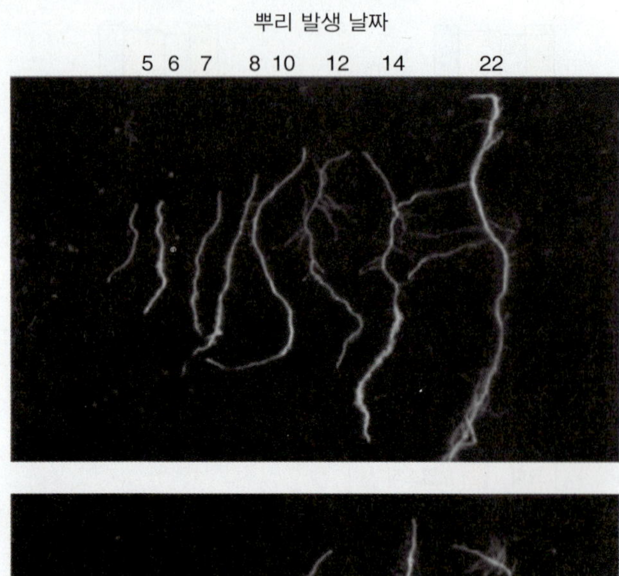

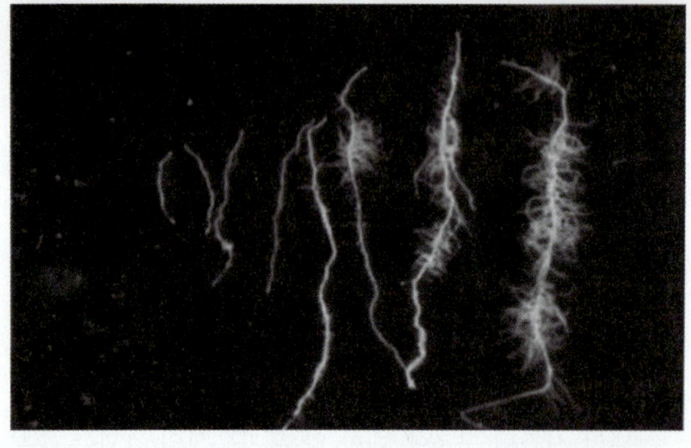

그림 12.25 white lupin(*Lupinus albus*)에서 P_i 결핍(아래 패널)은 수많은 짧은 프로티오이드 뿌리(3차) 발생을 두 번째 측근에서 유도한다. 적당한 P_i가 존재할 때의 위 패널과 뿌리 발달을 비교해 보라.

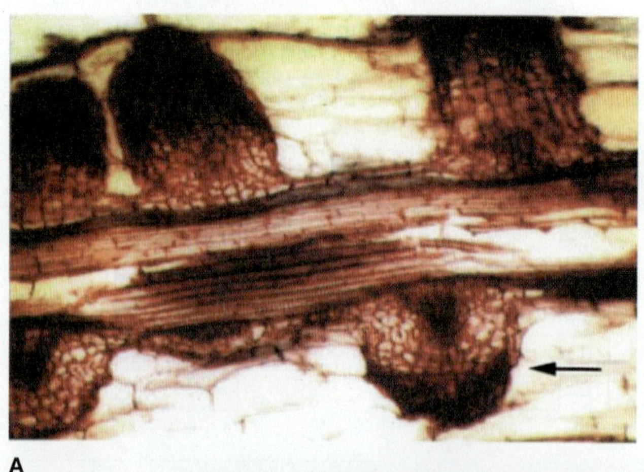

A

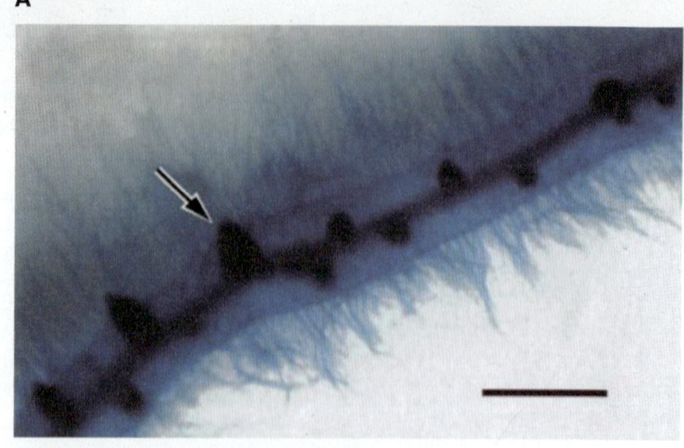

B

그림 12.26 (A) P_i 결핍 *Lupinus albus* 식물의 프로티오이드 뿌리의 길이 단면. 측근 발달의 치밀한 클러스터를 보여준다. 화살표는 3차 뿌리 분열조직을 가리킨다. (B) 8일된 P_i 결핍 *Lupinus albus* 식물의 2차 측근. 표피를 뚫고 나오는 3차 측근(화살표)을 쉽게 보기 위해 Sodium hypochlorite로 투명하게 하고 메틸렌 블루로 염색하였다. 뿌리털은 파란색으로 염색되었다. 축척자 = 1 mm.

련된다. 측근 발달의 변경은 전체적인 P_i 상태에 따라 조절되며, 옥신과 에틸렌도 이 반응에 관련되어 있다.

어떤 식물에서는 P_i 결핍이 뿌리 형태에 흥미로운 리모델링을 유발한다. 예를 들면, white lupin(*Lupinus albus*)에서 P_i 결핍은 수 많은 짧은 3차 뿌리 발생을 유도한다(그림 12.25). 이러한 3차 또는 **프로티오이드 뿌리(proteoid roots)**는 치밀한 클러스터를 형성하여 작은 부피의 토양에서 효과적으로 P_i와 다른 양분을 흡수한다(그림 12.26). 프로티오이드 뿌리는 citrate, malate 같은 카르복시산을 근권에 배출할 수 있다. 이러한 물질은 철과 알루미늄 같은 금속 이온의 칠착제(chelators)로 작용하여 식물에게 금속의 가용성을 증가시킨다(13장 참고).

12.4.4 질소고정 세균과 공생 관계의 형성은 뿌리 발달을 변형시킨다

대부분 식물은 무균 상태에서 자랄 수 있다. 미네랄 양분 공급이 충분하면 공생 관계는 생존에 필수적인 것이 아니다. 하지만 자연환경에서는 많은 식물이 토양 세균이나 곰팡이와 뿌리 공생을 형성한다. 그러한 경우, 미생물은 식물에게 필수 양분 공급을 증가시키고, 식물의 광합성을 통한 설탕을 얻는다. 표 12.2는 **질소공급영양체(diazotrophs,** diazo=dinitrogen, troph=eater)로 불리는 질소-고정 세균과 식물 간의 공생 관계의 예들을 보여준다.

가장 잘 알려진 공생은 콩과식물(Fabaceae)과 질소를 고정할 수 있는 근균(rhizobia)으로 알려진 토양 세균과의

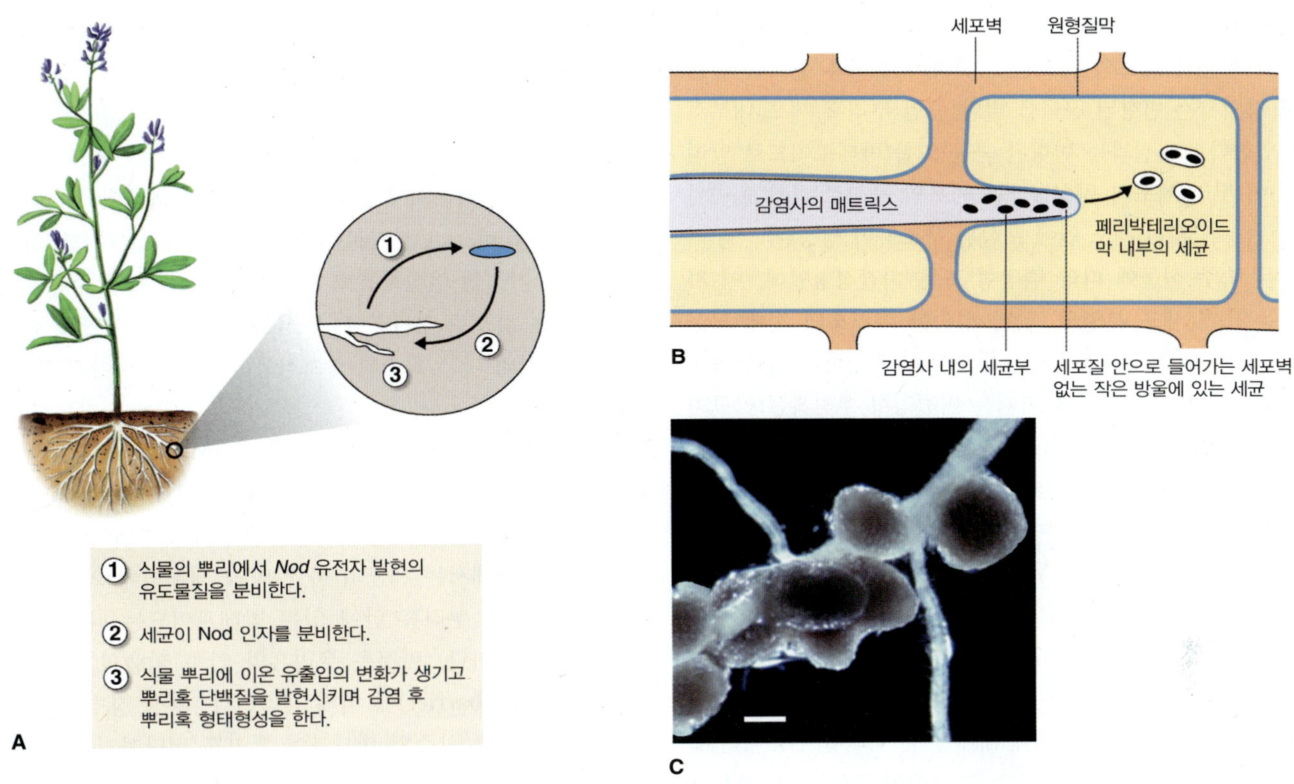

그림 12.27 콩과식물의 뿌리에서 뿌리혹 발달 단계. (A) 뿌리와 세균의 상호작용. (B) 뿌리혹 형성 전, 감염사에 의한 세균의 피층 세포로 이동. (C) 콩의 뿌리혹. 축척자 = 100 μm.

관계이다. 콩과식물에서는, 적합한 근균 세균이 식물의 뿌리에 침투하고, 뿌리의 세포 분열을 유도하여, 세포벽이 결핍된 변형된 형태의 세균인 **박테로이드(bacteroids)**가 사는, **뿌리혹(root nodules)**을 만든다(그림 12.27). 뿌리혹 안에서, 근균 박테로이드가 대기 중의 질소(N_2)를 암모니아로 고정한다. 이것은 에너지-요구 반응이다. 왜냐하면, 질소 분자는 깨지기 어려운 3중 결합을 하기 때문이다. 박테로이드는 필요한 에너지를 식물이 만든 광합성 산물로부터 얻는다. 식물은 기체 상태의 질소를 이용할 수 없으나, 암모니아를 아미노산에 포함시키고 단백질과 다른 세포 성분에 사용한다. 그래서 콩과식물은 무기 질소가 적은 토양에서 자랄 수 있다. 세계적으로 중요한 식량 작물, 대두(*Glycine max*), *Phaseolus*속(강낭콩, 흰강낭콩 등), *Vicia*속(잠두), *Vigna*속(팥, 녹두), 병아리콩(*Cicer arietinum*), 렌즈콩(*Lens culinaris*) 등이 콩과식물이다. 사료 작물인 알팔파(*Medicago sativa*)와 클로버(*Trifolium* spp.), 그리고 땅콩(*Arachis hypogaea*), mesquite(*Prosopis* spp.) 또한 콩과식물이다. 이러한 종들은 엽채소와 곡류 같은 작물에 비해 질소 비료가 거의 없어도 자랄 수 있다. 그런데 콩과 작물인 대두의 경우, 집중적으로 재배되므로 최대 성장을 위해 비료를 준다. 이때, 뿌리혹에서 고정되는 질소의 양은 감소한다.

뿌리혹의 형성과 질소-고정 공생의 수립은 첫째, 숙주 식물과 근균이 서로 인식할 수 있어야 한다. 이것은 식물 뿌리에서 근권으로 분비되는 플라보노이드 화합물로 이루어진다. 각 근균 종들은 특정한 플라보노이드를 인식하며, 이것이 공생 특이성의 기반이다. 일단 세균이 뿌리에 끌리게 되면, **뿌리혹-특이적(*nod*) 유전자**의 발현이 유도되고, 이들이 소위 **노드 인자(Nod factors)**라고 불리는 lipo-chito-oligosaccharides를 합성한다(15장 참고). 이러한 분자들은 fatty acyl 그룹을 가진 N-acetyl-D-glucosamine 단위의 올리고당이다.

적합한 근균 박테리아가 식물 뿌리 근처에 노드 인자를 분비하면, 뿌리혹 발달이 유도된다. 노드 인자로 인한 하나의 특징적인 초기 반응은, **칼슘 스파이킹(calcium spiking)**이라고 알려진, 일시적이며, 빠른 뿌리털 세포 핵 내부의 칼슘 농도의 증가이다. 근균 세균이 뿌리털에 결합하면, 6–8시간 내에 변형이 일어난다. 근균 세균은 뿌리털이나 뿌리 표피의 틈을 통해 숙주 식물의 뿌리에 들어간다. 더 일반적인 뿌리털 감염은 식물 세포벽 물질로부터 감염사(infection threads)의 형성으로 진행된다(그림 12.28). 뿌리 피층과 내초의 세포는 분열하여 뿌리혹 원기를 만들고 감염사는 변형된 근균을 발달 중인 뿌리혹 세포 내부로 주입한다. 그 결과는 변형된 근균 그룹(박테로이드로 알려진)이 뿌리 세포의 원형질막과 세포외 물질로 각각 둘러싸인 변형된 뿌리 세포 안에 포함된 구조물이 생성된다. 뿌리혹은 숙주 식물에 따라 결정형 또는 비결정형인데, 이 차이는 초기 세포 분열의 장소, 성숙한 뿌리혹의 전체 모양 그리고 분열조직이 유지되는가 여부에 기인한다. 원통형이며 지속적인 분열조직을 가지는 비결정형 뿌리혹은 알팔파(*M. sativa*), 배럴 메딕(*M. truncatula*), 흰클로버(*Trifolium repens*), 그리고 완두콩(*P. sativum*)과 같은 종에서 발견된다. 반면, 구형이며 지속적이지 않은 분열조직을 갖는, 결정형 뿌리혹은 대두(*G. max*), 콩(*P. vulgaris*) 그리고 *Lotus japonicus*에서 나타난다.

식물 뿌리에서 노드 인자의 초기 인식은 표피세포 원형질막에 존재하는 2개의 **수용체-유사 인산화효소(receptor-like kinases, RLKs)**에 의해 매개된다. 이러한 수용체는 세포내 인산화효소 도메인, 막관통 도메인, 그리고 LysM 도메인을 가진 세포외 부분으로 구성된다(그림 12.29). 약 40개 아미노산으로 구성되고 펩티도글리칸-결합 기능이 있는 것으로 여겨지는 LysM 도메인은 세균 세포벽 분해효소에서는 일반적이나 진핵생물에서는 흔하지 않다. 자세히 연구된 콩과식물 시스템에서, RLK 수용체 중 하나는 전형적인 serine/threonine 인산화효소 도메인을 가지고, 다른 하나는 없다. 따라서 2개의 LysM RLK가 하나의 이형이량체(heterodimeric) 분자로 결합되어, 하위 신호전달 역할을 하는 기능성 인산화효소 도메인을 갖는, 활성 수용체로 기능하는 것으로 여겨진다. 두 RLK 시스템이 복잡한 신호전달 과정의 다른 요소와 상호작용하는 기작은 아직 잘 모르고 있다.

질소를 고정하는 세균 효소는 **nitrogenase**인데, 대기 중의 질소를 암모니아로 전환시킨다(식 13.1 참고). Nitrogenase가 기능하기 위해서는 산소로부터 보호되어야 한다. 온전한 근균에서는 세균의 바깥 막과 세포벽에 의해 보호된다. 그런데 뿌리혹 안에 있는 박테로이드는 다른 보호 수단이 필요하다. 이것은 뿌리혹의 안쪽 피층의 **확산 장벽(diffusion barrier)**에 의해 제공된다. 확산 장벽은 뿌리혹에 들어가는 산소의 대부분이 뿌리혹 정단까지 가게 하여 산소 농도의 수직 기울기를 형성하게 한다. 대부분의 질소고정이 일어나는 뿌리혹의 한 가운데의 산소 농도는 50 nM 이하이다. **뿌리혹 헤모글로빈(leghemoglobin)**은 산소

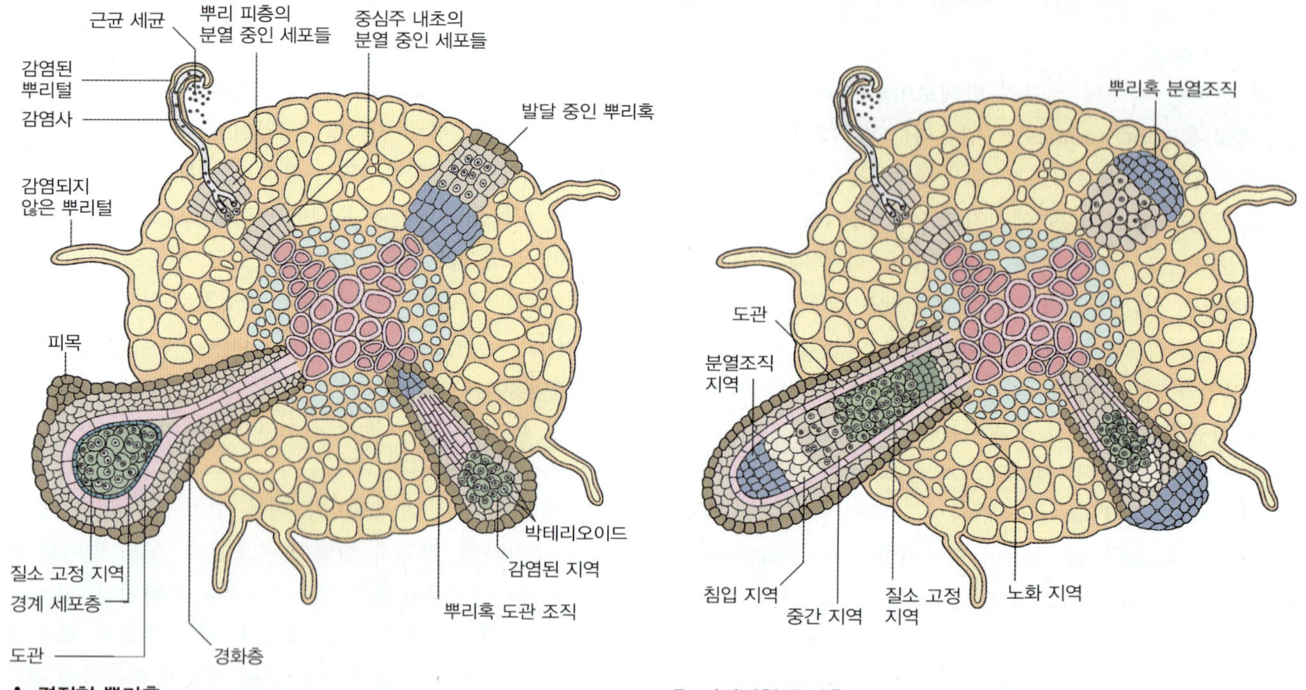

그림 12.28 뿌리털 감염은 식물 세포벽 물질에서 유래한 감염사(infection threads)의 형성으로 진행된다. 그 결과물은 변형된 근균이 원형질막과 세포외 물질로 둘러싸인 뿌리 구조물이다. (A) 대두와 콩의 결정형 뿌리혹은 지속적인 분열조직이 결여되어 있고 구형에 가깝다. (B) 알팔파와 완두콩의 비결정형 뿌리혹은 지속적인 분열조직이 있고 원통 모양이다.

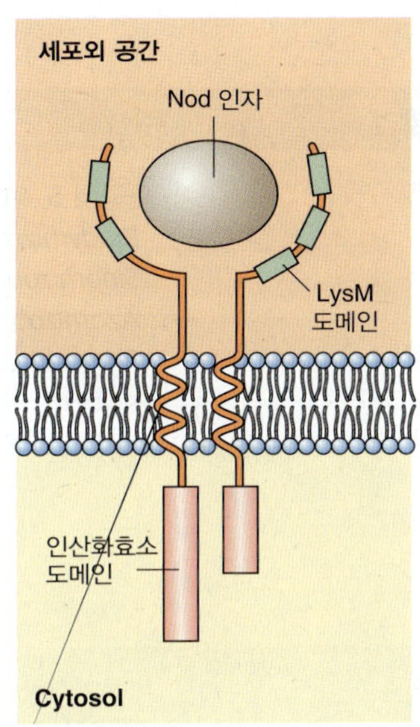

그림 12.29 식물 뿌리에서 노드 인자의 초기 인식은 표피세포에 존재하는 2개의 수용체-유사 인산화효소에 의해 매개된다. 이 수용체는 세포내 인산화효소 도메인, 막관통 도메인, 그리고 2개 또는 3개의 LysM 도메인을 갖는 세포외 부분으로 구성된다.

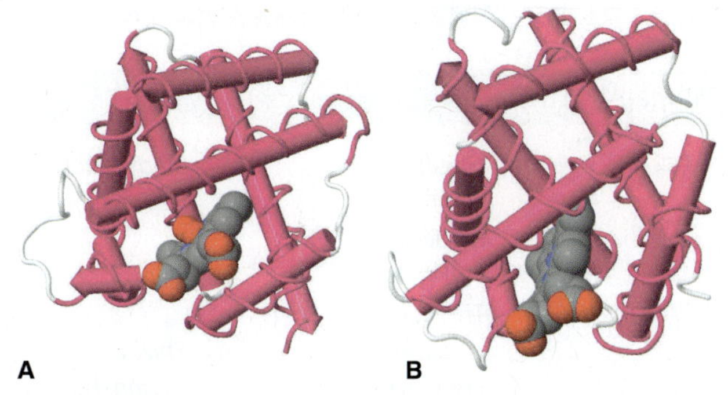

그림 12.30 뿌리혹 헤모글로빈은 동물 혈액에서 산소를 수송하는 헤모글로빈의 4개 소단위와 구조적으로 유사하다. (A) yellow lupine(*Lupinus luteus*)의 뿌리혹 헤모글로빈. (B) 인간 헤모글로빈의 α-소단위. α-나선은 분홍색 실린더, 헴 그룹 원자는 회색, 빨간색 그리고 파란색으로 보여준다.

가용성을 조절하는 중요한 인자이다. 뿌리혹 헤모글로빈은 동물 혈액에서 산소를 수송하는 헤모글로빈과 구조적으로 유사하다(그림 12.30). 그리고 헤모글로빈이 붉은색인 것처럼, 뿌리혹의 특징적인 분홍색을 띄게 한다. 뿌리혹 헤모글로빈은 호흡을 유지할 수 있을 정도의 산소를 박테로이드에 배달한다. 이에 따라 nitrogenase의 기능을 저해하는 과도한 산소를 피할 수 있다. 뿌리혹 헤모글로빈 유전자는, 비록 식물의 글로빈 패밀리와 가깝게 관련되어 있지만, 오직 콩과식물에서만 발견되고, 보통 작은 패밀리이다. 예를 들면, *Lotus japonicus*는 5개의 뿌리혹 헤모글로빈 유전자를 가지는데, 그중 3개는 오직 뿌리혹에서만 발현된다.

질소 고정의 다른 효소와 Nitrogenase를 암호화하는 유전자들은 발달과 환경 및 생리 조건의 과정을 조율하는 조절 네트워크의 조정을 받는다. Nitrogenase 복합체의 폴리펩티드 소단위와 질소고정의 다른 효소들은 세균의 ***nif***(*nitrogen fixation*) 유전자의 산물이다. 20개 이상의 nif 유전자가 알려져 있고, 그들 중 대부분의 기능이 표 12.3에 정리되어 있다. *nif* 유전자의 발현은 고정된 질소 농도와 외부 산소 및 세포의 산화환원 상태에 반응한다. 공통적인 조절원리와 유사한 신호전달 경로를 서로 다른 질소자급영양체에서 볼 수 있다. 그런데, 구체적인 기작과 다양한 네트워크의 상대적인 영향은 미생물 종과 체내 공생체의 경우, 숙주 식물과의 생리적 관계에 따라 상이하다. 특히, 조절 흐름의 활성은 자유생활과 공생 상태에 따라 현저하게 변한다.

Nitrogenase를 포함하는 *nif* 유전자들의 전사는 전사조절인자의 인핸서(enhancer)-결합 단백질 패밀리인 NifA에 의해 활성화된다. 체내 공생인 프로테오박테리아(근균과 같은)의 NifA는 직접적인 상호작용으로 산소를 감지한다. 자유 생활하는 질소 고정에서는, 마치 FixK 단백질이 질소 고정 유전자의 fix 그룹의 발현을 조절하는 것처럼, 산소 감지에 다른 단백질이 요구된다. 그림 12.31은 일

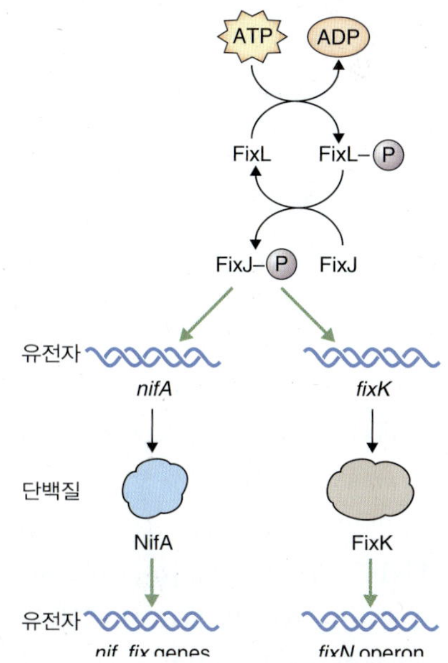

그림 12.31 FixL–FixJ 신호 전달에 의한 세균 nif와 fix 유전자 발현 조절. FixL은 헴을 가지는 단백질로 산소가 없는 조건에서 FixJ 반응조절자를 인산화시킨다. 인산화된 FixJ는 DNA에 결합하여 NifA와 FixK 전사조절인자의 전사를 활성화시킨다. 이들은 다시 질소고정에 필요한 유전자들의 전사를 촉진한다.

표 12.2 질소 고정 원핵생물과 공생적 관계를 형성하는 식물들의 예

식물 타입	식물종의 예	공생자	연계 방법	주석
콩과식물	*Glycine max* (대두) Medicago sativa (알팔파) Trifolium spp. (클로버) Pisum sativum (완두콩)	*Bradyrhizobium japonicum* *Sinorhizobium meliloti* *Rhizobium leguminosarum* bv. *trifolii* *Rhizobium leguminosarum* bv. *viciae*	뿌리혹 뿌리혹 뿌리혹 뿌리혹	근균의 5 속(*Rhizobium*, *Bradyrhizobium*, *Sinorhizobium*, *Azorhizobium*, *Photorhizobium*). 생태형(bv)은 기주 특이성에 따라 분화된 품종이다.
비콩과 수목 및 관목류	*Parasponia spp.* Alnus spp. (오리나무) Ceanothus (캘리포니아 라일락)	*Bradyrhizobium* Frankia Frankia	뿌리혹 방선균근 뿌리혹 방선균근 뿌리혹	비콩과식물이 근균과 뿌리혹을 형성하는 드문 예 방선균에 의한 뿌리혹 형성 *Frankia*는 근균의 뿌리혹과 수지상 균근 형성 모두에 유사성을 가진다.
Gunneracea의 구성원들	*Gunnera spp.*	*Nostoc punctiforme*	엽병 기저부에 조류샘 형성	세포내 사이아노박테리아와 같은 공생자
초본류	*Saccharum spp.* (사탕수수)	*Gluconacetobacter diazotrophicus*	물관과 세포 간극에 내생 군집 형성	*G. diazotrophicus*는 커피와 고구마에서도 분리되었다
수생식물	*Sesbania aculeata* (dhaincha) *Aeschenomene* spp. (jointvetch) *Azolla spp.*	*Azorhizobium* Photorhizobium Anabaena azollae	뿌리혹과 줄기혹 줄기혹 공생자가 식물 포자체의 특화 잎 공간을 차지한다.	인도에서는 벼 재배시 녹색 비료로 사용한다. 공생자는 광합성을 한다. 동아시아 벼 논농사에서 수생양치식물은 질소비료원으로 사용한다.

부 근균에서 FixL–FixJ 두 구성요소(two-component) 시스템에 의한 *nifA*와 *fixK* 유전자 발현 조절의 예를 보여준다. 산소에 민감한 헤모프로틴 인산화효소(hemoprotein kinase)인 FixL은 파트너인 FixJ를 인산화시킨다. 인산화된 형태에서, FixJ는 NifA와 FixK를 포함하는 다른 조절 단백질 유전자들의 전사를 활성화시킨다. NifA와 FixK는 다시 수많은 *nif*와 *fix* 유전자들의 발현을 조절한다. 산소 농도가 높으면, FixL은 FixJ를 인산화 시키지 못한다. 그래서 오직 낮은-산소 환경에서 뿌리혹의 박테로이드는 질소를 암모니아로 환원시키는 데 필요한 nitrogenase와 다른 단백질들을 발현시킨다.

대부분 고등식물의 질소-고정 공생체는 근균(rhizobia)이지만(표 12.2 참고), ***Frankia***속의 사상세균도 질소고정을 위한 뿌리혹을 만들 수 있다. 이러한 공생 관계는 **actinorhizal** 식물(대부분 나무와 관목)에 국한되어 있다. 이들은 주로 오리나무(*Alnus* spp.)와 베이베리나무(*Myrica* spp.)와 같은 온대지역의 식물들이다. 그런데, actinorhizal속의 *Casuarina*는 오스트랄라시아와 서태평양의 열대기후 토종이며, 이 속의 식물은 주로 관상식물로 재배된다. 이들은 플로리다 같은 지역에 외래 유입종인데, 낮

표 12.3 *nif* 유전자들의 알려진 기능. FeMoco는 질소-고정 효소인 nitrogenase의 보결(prosthetic) 그룹이다(13장 참고).

nif	질소 고정 효소의 구조 유전자들	질소 고정 효소의 성숙	FeMoco 생합성	전자 공여	조절 기작
H *D* *K*	■				
Z *M*		■			
E *N* *X* *Q* *S* *U* *V* *Y*			■		
F *J*				■	
A *L*					■

은 질소를 가진 토양에서 생존하는 능력은 토종과 효과적인 경합을 벌일 수 있다. 식물-근균 공생 관계에서, 질소고정에 필요한 nitrogenase는 산소에 민감하다. actinorhizal 식물의 뿌리혹은 세균의 호흡을 유지하면서 과도한 산소로부터 nitrogenase를 보호하는 적응을 하고 있다.

질소-고정 공생 관계에서 흥미로운 변이는, 시아노박테리아인 ***Anabaena azollae***와 ***Azolla*** 속에 속하는, 7 종의 수생 양치식물 사이의 관계에서 볼 수 있다. 여기서, 광합성 세균은 뿌리혹에 있는 것이 아니라 잎 내부의 빈 공간에 존재한다(그림 12.32A). Anabaena의 nitrogenase에 의해 생성되는 대부분의 암모니아는 세균에 의해 분비되고 양치식물이 흡수한다. *Azolla–Anabaena* 공생 관계는 수백 년 동안 벼농사에 이용되어 왔다. *Azolla*를 논에 접종시켜 양치식물이 퍼지게 하여 자라는 작물에 고정된 질소를 제공하였다(그림 12.32B).

12.4.5 균근 공생도 뿌리 발달을 변형시킨다

균근(**Mycorrhiza**, mycor = 균, rhiza = 근)은 육상식물의 뿌리와 곰팡이 사이의 공생 관계이다. 곰팡이 파트너는, 특히 양분이 적은 조건에서, 토양에서 미네랄을 흡수하고, 식물 파트너는 곰팡이에게 탄소와 에너지원으로 광합성 산물을 제공한다. 균근 공생 관계는 식물로 하여금 건조하고, 양분이 부족한 토양에서 자랄 수 있게 한다. 균근은 곰팡이가 식물 세포 바깥에 있는 **외생균근**(**ectomycorrhiza**), 또는 곰팡이의 일부가 식물 세포를 뚫고 들어오는 **내생균근**(**endomycorrhiza**)으로 구분한다. 모두의 경우에서 곰팡이의 균사(filaments)는 토양으로 뻗어 나가서 물과 미네랄, 특히 P_i를 흡수하여 식물 파트너와 공유한다(13.3.3 참고). 가장 일반적인 균근 공생은 **수지상체 균근**(**arbuscular mycorrhiza, AM**)인데, 취균류(Glomeromycota)에 속하는 곰팡이로, 식물 세포의 세포벽과 원형질막 사이에 나무 같은 구조('arbuscule'은 작은 나무를 의미함)를 형성한다

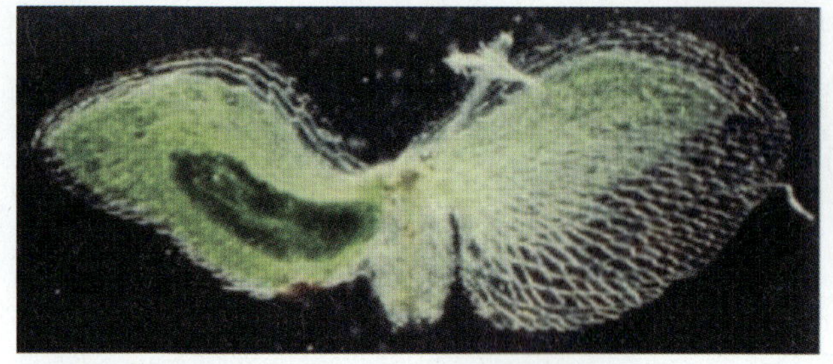

A

B

그림 12.32 (A) *Azolla* 속의 수생 양치식물과 질소-고정 시아노박테리아인 *Anabaena azollae* 사이의 공생 관계에서, 세균은 뿌리혹에 있는 것이 아니라 잎 내부의 빈 공간에 존재한다. 그림에서, 진한 녹색 부위에 *Anabaena* 세포가 존재한다. (B) 논에서 사용되는 *Azolla*–벼–오리 농업 시스템. *Azolla*–*Anabaena* 공생 관계는 벼에게 고정된 질소를 제공한다. 오리는 *Azolla*를 먹으며, 이들의 배설물에는 벼가 필요로 하는 다른 양분이 많이 포함되어 있다.

(그림 12.33). 수지상체 균근(AM)은 육지 식물의 약 70%에서 발견된다.

자유-생활형 곰팡이가 토양에, 식물 뿌리에서 분비되는, **스트리고락톤(strigolactones)**이라는 물질의 존재로 AM 생성이 유도된다(10장 참고). 곰팡이는 그 후 신호물질을 만들어 식물에서 공생-특이적 반응을 유도한다(15장 참고). 이러한 물질을 총칭하여 **Myc**(mycorrhiza의 줄임) **인자(factors)**라 한다. 많은 경우, 아직 잘 모르나, 일부는 확산가능하고, 작은 유기물로 전사수준에서 공생-관련 유전자의 발현을 유도한다. 세균의 Nod 인자가 뿌리에서 칼슘 농도의 스파이크를 유도하는 세균 뿌리혹 생성에서처럼, 식물 뿌리에서 AM 곰팡이 균사가 접근할 때, 그러나 접촉하기 이전에, 칼슘 스파이킹이 관찰되었다. 균근 공생 형성은 식물이 AM 곰팡이의 세포벽 구성 요소인 **키틴(chitin)**을 인지할 수 있어야 한다. 키틴 인지는 LysM 도메인을 가지는 수용체-유사 분자에 의해 매개된다. LysM 도메인은 Nod 인자 수용체에도 존재하므로 키틴 수용체와 Nod 수용체가 같은 조상 단백질에서 기인한 것일 가능성이 있다.

키포인트 뿌리 발달은 토양 양분에 의해 조절된다. 질소의 다른 형태와 N:C 비율은 질산염 수송과 옥신 신호전달기작을 통해서 뿌리 성장과 발달에 영향을 미친다. 인산 결핍은 일차 뿌리 성장을 억제하지만 측근에는 다양한 영향을 준다. 인산 수준에 대한 반응에 옥신과 에틸렌이 역할을 한다. 콩과식물과 여러 식물들이 토양 세균(주로 근균 속)과 공생 관계를 형성함으로써 대기 중의 질소를 고정할 수 있다. 세균은 뿌리에 뿌리혹을 점유한다. 뿌리혹은 세균이 숙주 식물에 의해 인지되고 뿌리 세포에 침입한 후에 발달한다. 뿌리에서 토양으로 분비된 플라보노이드 신호가 세균으로 하여금 Nod 인자를 합성하도록 촉진하고, Nod 인자는 숙주의 인산화효소 네트워크를 자극하여 뿌리혹을 발달시킨다. 물리적인 장벽과 뿌리혹 헤모글로빈의 존재가 박테로이드가 점유한 뿌리혹을 질소-고정 효소인 nitrogenase가 요구하는 낮은 산소 농도로 유지시킨다. 질소-고정 경로의 nitrogenase와 다른 효소들은, 전사조절인자 NifA와 산소에 민감한 FixK–FixJ 시스템에 의해 조절되는, 세균의 *nif*와 *fix* 유전자들에 의해 암호화된다. 대부분 관속 식물의 뿌리는, 양분 흡수를 돕는, 균근 곰팡이와 공생 관계를 형성한다. 곰팡이는 뿌리에서 분비되는 스트리고락톤에 의해 끌리게 되고, Myc 인자를 합성하여 숙주 식물의 공생-관련 유전자들을 활성화시킨다. 수지상체 균근 공생에서, 곰팡이는 뿌리 세포에 침입하여 세포벽과 원형질막 사이에 수지상을 형성한다.

12.5 잎의 성장과 분화

이 절에서는 피자식물 잎의 기원과 발달에 대해 논한다. 가장 초기의 다세포 녹색 식물인 녹조류의 광합성 세포는 군락, 실 모양, 편평한 쿠션, 또는 잎 같은 **엽상체(thalli)**로 배열되어졌다. 우산이끼와 양치식물의 배우체는 엽상체 형태를 지니나, 이끼와 관속식물의 포자체에서는 광합성이 주로 지상부 축의 측생 구조에서 수행된다. 진짜 잎을 가진 육상 식물 문의 대표 식물에서 잎 형태형성의 에보-데보 연구

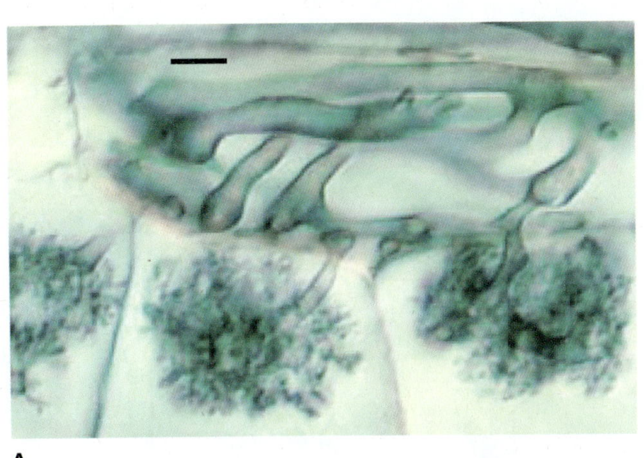

A

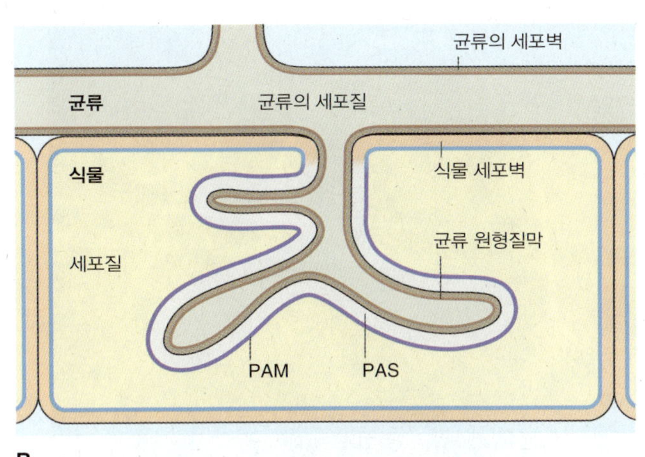

B

그림 12.33 수지상체 균근(Arbuscular mycorrhiza). (A) 가장 일반적인 균근 공생은 수지상체 균근(arbuscular mycorrhiza)인데, 곰팡이가 나무 같은 구조를 형성한다. 그림은 *Asarum canadense* 뿌리의 안쪽 피층에 있는 수지상체를 보여준다. 축척자 = 10 um. (B) 식물 세포내에 곰팡이에 의해 형성된 '작은 나무' 구조의 모식도. 세포 내부의 각 곰팡이의 '분지'는 식물 원형질막에서 유래된 periarbuscular membrane (PAM)이라는 막으로 둘러싸여 있다. PAM은 곰팡이가 식물 세포질 밖에 있도록 한다. 식물-유래의 PAM과 곰팡이의 원형질막 사이의 공간을 periarbuscular space (PAS)라 한다.

를 통해 공통적인 조절 기작을 발견하였다.

잎원기(leaf primordium)는 일반적으로 SAM 옆의 작은 돌기에서 시작한다(그림 12.34). 쌍떡잎식물에 비해, 외떡잎식물의 잎원기(leaf initials)는 분열조직의 크기보다 전체적으로 더 작은 경향이 있다. SAM은 규칙적인 간격과 예측되는 위치에 잎을 만들어 낸다. SAM에서 기관 형성의 기하학(geometry)은, 슈트에서 잎 배열의 공간적 패턴을 연구하는, **잎차례학(phyllotaxy)**의 토대이다. 그림 12.35는 피자식물에서 보이는 주요 엽서 모양을 보여준다. 마디당 1개의 잎이 줄기에 엇갈리거나 나선형으로 삽입되기도 하고, 마디의 서로 맞은 편에 쌍으로 잎이 배열되는 것 뿐 아니라 3개 또는 그 이상의 잎이 **윤생**으로 배열되는 등 다양한 잎차례가 있다. 나선형 잎차례는 가장 일반적인 형태이며 하나의 잎과 다음 잎의 변위각(displacement angle)이 약 137° 차이가 나는 특징을 지닌다. 계속된 잎원기 형성의 시간 간격을 **엽간기(plastochron)**라고 한다(그림 12.7 참고).

잎은 SAM의 측면에서 생성되며, 3단계 과정을 거친다(그림 12.34). 첫 번째 단계는 기관형성(기관 정체성의 설립초기)으로 하나의 **세포 집단(founder cell)**이 잎원기를 형성한다. 두 번째 단계에서 잎원기는, 발달하는 잎의 구성 조직을 형성하는, 기본적인 형태 도메인으로 나눠진다. 마지막 단계는, 잎원기의 형태적 해부학적 잠재력이 발현되는, 조화로운 세포 분열, 팽창 그리고 분화의 시기이다.

발달은 고도로 통합된 과정이다. 보통 하나의 잎은 12개까지의 서로 다른 세포로 구성된다. **표피 조직(epidermis)**은 분열조직의 L1 층에서 발달하고, **엽육(mesophyll)** 세포와 **도관(vascular)** 조직은 보통 L2와 L3 층에서 발달한다. 잎의 내부 표피 아래 세포들의 기원은 표피 조직 세포들과 다르지만, 잎의 형태형성은 원기 내의 다른 기원을 갖는 조직들 사이에서 밀접한 발달적 조화를 요구한다.

12.5.1 영양 슈트 분열조직은 형태형성 필드에 의해서 정해진 장소에서 잎원기를 만든다

잎은 영양 슈트(vegetative shoot)의 비결정형 정단에서 기원하지만, 잎의 성장은 **결정형(determinate)**이므로 정의된 모양과 크기를 가진 기관이 된다. 비결정형에서 결정형으로의 전이는 기관 정체성 확립에 필수적이다. ***KNOX 유전자 패밀리***는 특히 중요한데, 분열조직에서는 *on* 상태이고 단엽 발달의 초기에 *off*된다. 첫 번째로 알

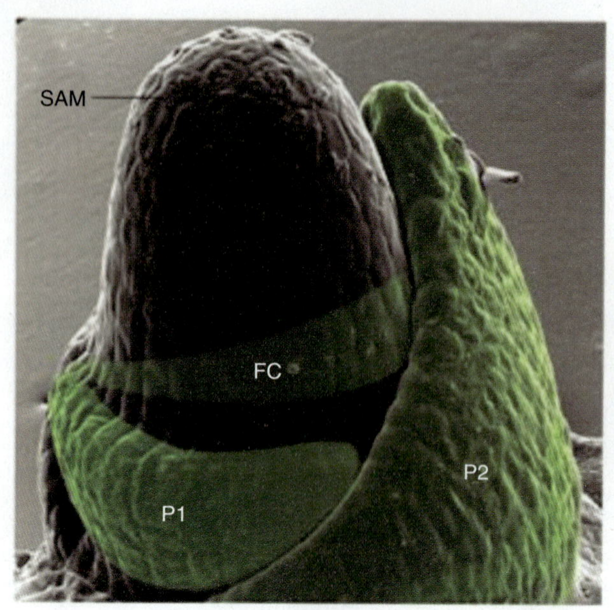

그림 12.34 어린 옥수수 정단의 주사형 전자현미경 사진. 정단 분열조직(SAM)에서 2개의 어린 잎원기 P1과 P2(녹색으로 나타냄)가 측면에서 나오고 있다. FC는 다음 잎원기를 만들 파운더-세포(founder-cell) 집단의 위치를 나타낸다.

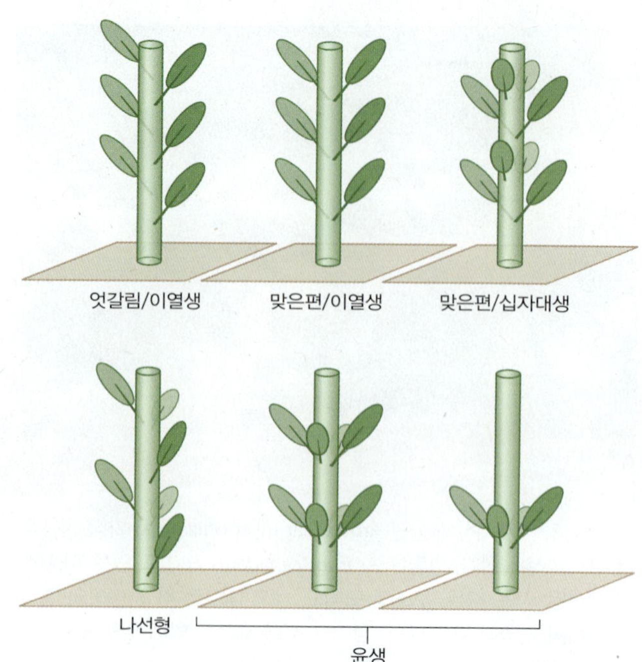

그림 12.35 잎차례의 유형. 이열생(distichous)은 잎이 두 줄로 배열된 것을 의미한다. 십자대생(decussate) 잎차례에서, 네 줄의 잎이 맞은 편 쌍으로 배열되어 있다. 두 가지 유형의 윤생; 하나는 줄기를 따라 연결된 마디에 잎이 배열되고, 다른 하나는 슈트의 기저 부분에 하나의 뚜렷한 윤생으로 특정 로젯(rosette) 식물에서 보인다.

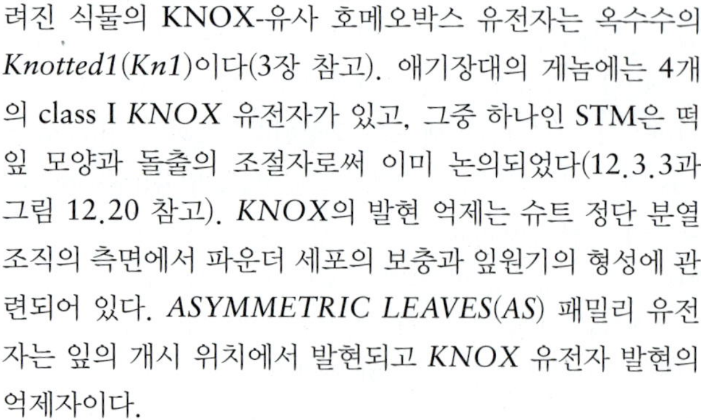

려진 식물의 KNOX-유사 호메오박스 유전자는 옥수수의 *Knotted1*(*Kn1*)이다(3장 참고). 애기장대의 게놈에는 4개의 class I *KNOX* 유전자가 있고, 그중 하나인 STM은 떡잎 모양과 돌출의 조절자로써 이미 논의되었다(12.3.3과 그림 12.20 참고). *KNOX*의 발현 억제는 슈트 정단 분열조직의 측면에서 파운더 세포의 보충과 잎원기의 형성에 관련되어 있다. *ASYMMETRIC LEAVES*(*AS*) 패밀리 유전자는 잎의 개시 위치에서 발현되고 *KNOX* 유전자 발현의 억제자이다.

잎의 개시는 인접한 잎원기로부터 부정적인 영향을 받고 있으며, 형태형성 필드의 기하학이 최소한의 지역적인 억제를 만드는, 분열조직의 가용 공간에 위치한다(그림 12.36A). 형태형성 분야에 수많은 요인들이 영향을 준다. 개시 위치는 주위 조직으로부터 **물리적인 스트레스**(**physical stress**)에 처하게 된다. 그 장소에서의 세포들은 익스팬신 유전자의 발현 증가와 **극성 수송**(**polar transport**)에 의한 옥신의 적당한 공급에 반응하여 커지기 시작할 것이다(12.2.4 참고). 인접한 원기는 또한 **옥신 극성 수송**을 억제할 것으로 여겨진다(그림 12.36B). 분열조직에서 옥신 수송 단백질의 분포 패턴은, 막 시작된 잎 형성 위치로 이동하는, 옥신 유출과 일치한다.

지역적인 세포 팽창은 개시 위치를 정하고, 원기 형성과 궁극적으로 완전히 분화된 잎을 형성하는 발달 경로를 완전히 활성화하는 데 충분해 보인다. 그런데, 이 모델은 어떻게 잎차례의 서로 다른 패턴이 만들어지는 지는 설명하지 못한다. 돌연변이 분석은 약간의 실마리를 제공해준다. 정상적인 옥수수는 대생/이열 잎차례를 가진다(그림 12.35). 이러한 패턴은 각 마디에서, 이전의 잎과 전연 반대에 위치한 1개의 잎을 만드는 SAM 때문이다. *ABERRANT PHYLLOTAXY 1*이라는 돌연변이는 2개의 잎을 각 마디에서 만든다. 해당 유전자인 *ABPHYLL1*은 클로닝되었고 사이토키닌 신호전달 단백질을 암호화함이 발견되었다. ABPHYLL1이 SAM에서, 옥신 신호전달의 긍정적인 조절자인 것으로 여겨진다. 다음 연구는 그림 12.35에 있는 단순한 잎 개시 모델을, 옥신과 사이토키닌 신호전달 경로의 cross-talk을 포함하여, 향상시킬 것이다.

잎원기의 **공간적**(**spatial**) 결정에서와 같이, 이전에 형성된 잎이, 새로운 잎 개시의 **시기**(**timing**)에 억제 효과를 미칠 것이라는 증거가 있다. **사이토크롬 P450** redox 단백질 패밀리의 한 구성원을 암호화하는 부정적인 조절 유

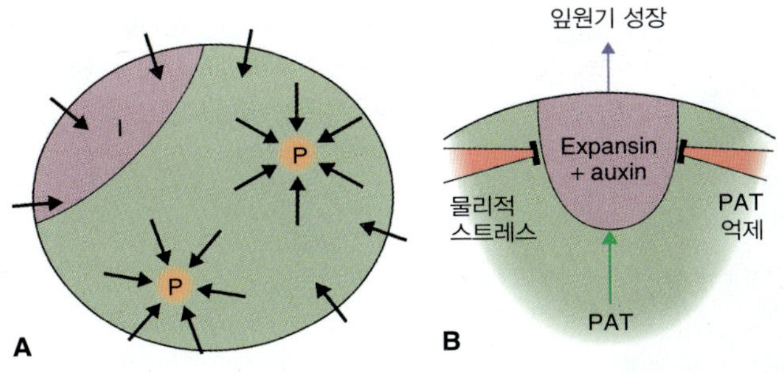

그림 12.36 슈트 정단 분열조직에서 잎 개시 위치(I)의 결정. (A) 정단의 반구형 지붕을 위해서 본 모습. 형태형성 필드가, 이전의 잎원기(P)의 위치로 옥신 수송을 유도함과 상호작용하는 subtending 조직으로부터의 옥신의 유입(검은 화살표)에 의해 설정된다. (B) 잎 개시 위치를 통하는 길이 단면. 새로운 잎원기가 충분한 익스팬신과 옥신을 가진 세포 집단의 부피 증가에 의해 시작된다고 여겨진다. 기존의 원기는 물리적 스트레스를 생성하고, 옥신 극성 수송(PAT)의 억제자를 배출함으로써 I의 위치에 영향을 준다. 이 억제 지역을 지나서, PAT는 원기 개시를 돕기 위해 옥신을 충분히 공급한다.

전자가 엽간기(plastochron)의 설정에 관련되어 있을 것으로 여겨지는 인자들 중에 있다. 비록 사이토키닌 신호전달이 잎차례와 엽간기, 두 과정에서 역할을 한다는 증거가 있지만, 일반적으로, 잎차례와 엽간기는 서로 독립적으로 조절된다.

키포인트 잎원기는 SAM 측면의 파운더 세포에서 발달한다. 잎 개시의 공간적인 패턴이 줄기에서 잎의 배열인 잎차례를 결정한다. 엽간기는 한 잎의 개시와 다음 잎 개시 사이의 시간이다. 12개까지의 서로 다른 세포 유형이 완전히 발달된 잎을 구성하며, 각 세포 유형은 SAM 내부의 어떤 특정한 층이나 층들에서 유래한다. SAM은 비결정형이나 잎의 성장은 결정형이다. 잎원기 형성 중에 결정형의 전이는 AS 패밀리 조절인자에 의한 *KNOX*의 억제가 필요하다. 잎 개시 위치는 SAM을 가로지르는 물리적 스트레스, 옥신의 극성 수송, 그리고 익스팬신 생합성의 증가 등의 조합에 의해 결정된다. 옥신과 사이토키닌 신호전달의 조합이 잎차례의 마지막 패턴을 결정한다. 엽간기와 잎차례는 독립적으로 조절된다.

12.5.2 잎의 표피 조직 발달에서, 3종류의 세포가 분화된다; 포장세포, 모용세포, 그리고 공변세포

표피 조직(**epidermis**)은 기관과 대기 환경 간의 경계(interface)이다. 1.8.1절에서 기술되었듯이, 표피 조직 세포는 형태형성에 필요한 강도와 유연성을 결합하는 맞물리는(interlocking) 기계적 시스템을 형성한다. 표피 조직은 물을 투과시키지 않는 장벽이지만, 물과 가스 교환을 조절한다. 표피 조직은 병원균이나 포식자로부터 식물을 보호한다. 그러나 꽃이나 열매와 같은 기관의 경우, 표피 조직의 세포는 수분과 분산을 돕는 동물들을 유인하기 위한 화학물질을 만든다. 표피 조직의 다양한 기능들은 서로 다른 특화된 세포 유형에 의해서 가능해진다.

표피 조직의 정체성은 배아 발달에서 매우 초기에 수립된다. 관다발이 잎의 축에 **평행**한 외떡잎식물 잎에서(그림 12.37A), 분화의 단위는 한 가운데를 가로지르는 중간맥의 2개의 인접한 엽맥에 의해 경계되는 표피 세포의 한 영역이다. **원표피**(**protoderm**)의 파운더 세포는 이 발달 구획의 중간맥 옆에 있고 잎맥 사이 표면을 덮는 초기 표피층을 만들기 위해 고도로 극성화된 세포 분열을 한다. 외떡잎식물 잎의 긴 형태는 잎의 기저부에 있는 **절간 분열조직**(**intercalary meristem**)의 연장된 활성에 의해 생성된다. 팽창은 주로 **일차원**(**one dimension**)으로 일어나며 표피 조직 세포와 다른 조직들은 규칙적인 평행 배열을 한다. 한편, 쌍떡잎식물의 잎맥 패턴은 평행이라기보다는 **망상**(**reticulate; a network**)이다(그림 12.37B). 잎 표면의 팽창은 **이차원**(**two-dimensional**)적이고 패턴과 세포 계통은 복잡하며, 종렬이 아닌, 부분적으로 배열되어 있다(그림 12.38).

잎의 표피 조직은 주로 원기의 원표피를 만드는 SAM의 바깥(L1) 층에서 유래한다. 표피 조직의 주요 세포 유형은 일반적인 **보도 세포**(**pavement cell**), **모용**(**trichomes, leaf hair**), 그리고 기공 복합체의 **공변 세포**(**guard cells**)이다(그림 1.25와 1.26 참고). 모용세포와 기공 분화의 기작은 외떡잎과 쌍떡잎식물에서 공통적인 모습을 가지고 있다. 예를 들면, 애기장대와 같은 쌍떡잎식물의 표피 조직에 있는 기공의 분포는, 언뜻 보기에는 불규칙적이지만, 외떡잎식물의 기공은 특정 열을 지어 발달한다. 그러나 모두의 경우에서 기공의 분화는 **bHLH**(basic helix-loop-helix) 타입의 전사조절인자에 의해 조절된다. 나아가, 모용의 발달을 유도하는 신호전달 경로가 피자식물 내에 보존되어 있다는 증거가 있다. 전사조절인자의 상호작용에 의해 결정되는 원표피의 조직 패턴형성의 밑그림은 주로 애기장대의 돌연변이 분석을 통해 이루어졌다.

전형적인 애기장대 모용세포는 독특한 3개의 뿔(tricorn;

그림 12.37 (A) 외떡잎식물 잎의 평행 잎맥(daylily, *Hemerocallis*). (B) 쌍떡잎식물의 망상 잎맥 패턴(mint, *Mentha*).

three-horned)이 있는 단세포이다(그림 12.39A). 모용 형성의 위치를 결정하는 조절인자 네트워크의 주요 선수들은 bHLH과 MYB 패밀리 전사조절인자, 그리고 WD40 repeat를 가진 단백질, TTG1(TRANSPARENT TESTA GLABRA1)이다. **WD40**라는 명칭은, 보존된 트립토판(W)과 아스파테이트(D)를 가진 40개 아미노산 모티프에서 유래한다. 그림 12.39는 또한 TTG1, GLABRA3 (GL3; a bHLH transcription factor), a MYB(GL1)과 the MYB-like factor TRYPTICON(TRY) 사이의 단백질-단백질 상호작용에 기초한 모용세포 형성의 가능한 모델을 2종류 보여준다. **활성자-억제자 모델(activator-inhibitor model)**(그림 12.39B)에서는, TTG1, GL3와 GL1은 모용세포 분화를 유도하는 자가-활성 복합체를 형성한다. 이러한 삼량 복합체(trimeric complex)는 자신의 억제자인 TRY를 활성화시킨다. TRY는 이웃 세포로 가서 복합체 중 GL1을 대체하여 불활성화시킨다. **활성자-고갈 모델(activator-depletion model)**(그림 12.39C)은 초기 모용세포와 이웃 세포 사이에 TTG1의 분포가 불균형적이라는 관점으로 패턴 형성을 설명한다.

TTG1이 세포 사이를 자유롭게 이동할 수 있어서, 모

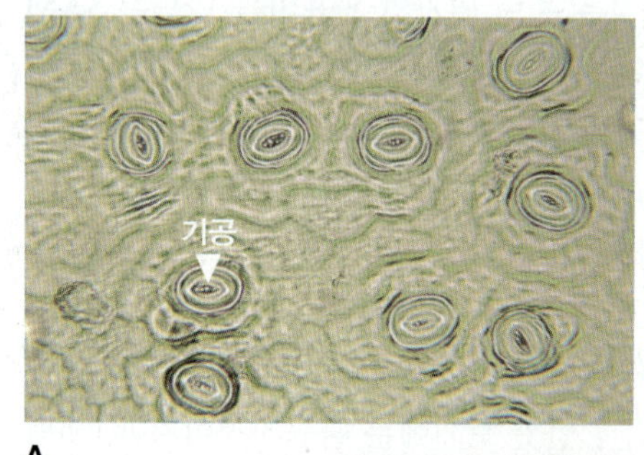

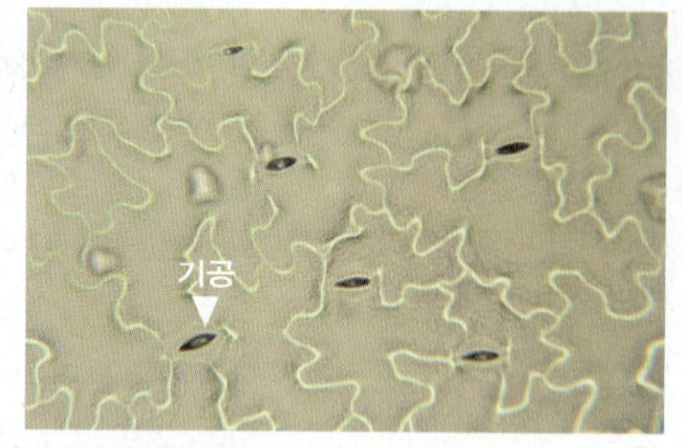

그림 12.38 외떡잎과 쌍떡잎식물 잎의 표피 조직 세포. 표피 조직의 복제는 매니큐어로 잎표면을 칠하여 만들었다. 마른 후에, 매니큐어 층을 투명한 테잎으로 분리하여 현미경으로 관찰하였다. (A) Cherry laurel(*Prunus laurocerasus*; 쌍떡잎식물). (B) Pea(*Pisum sativum*; 쌍떡잎식물). (C) Maize(*Zea mays*; 외떡잎식물). 외떡잎식물의 기공은 잎맥을 따라 열을 지어 나타나는 반면에, 쌍떡잎식물은 잎맥 사이에 흩어져 있음을 주목하라.

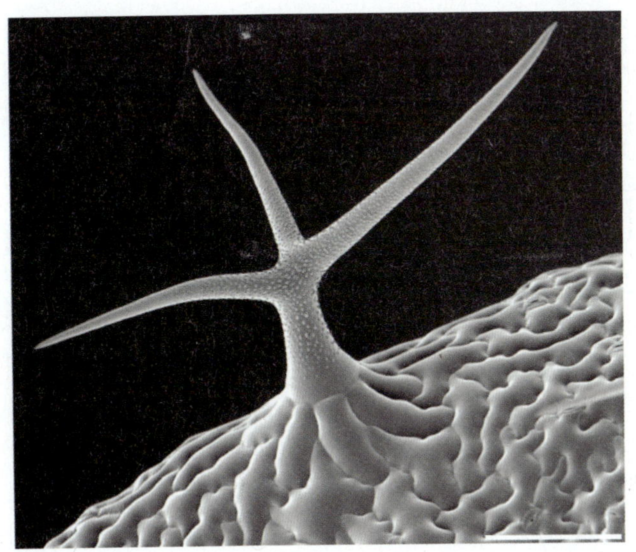

A

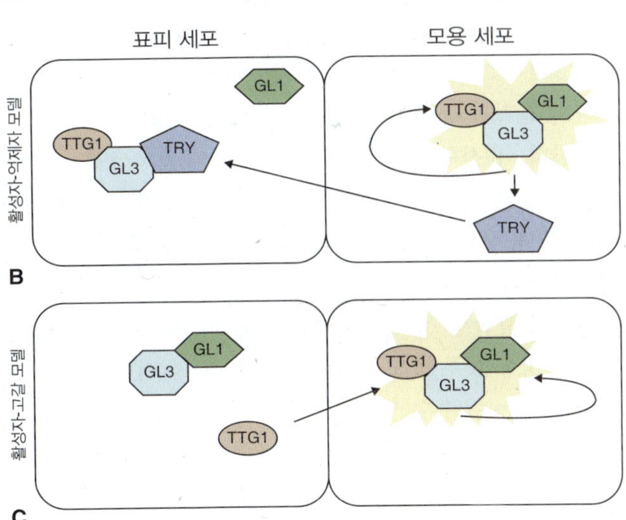

그림 12.39 (A) 애기장대 모용세포의 주사전자현미경 사진. (B) 모용세포 형성의 활성자-억제자 모델. (C) 활성자-고갈 모델. 모델들은 TTG1(WD40 repeat protein), GL3(a bHLH transcription factor), GL1(a MYB)과 the MYB-like factor TRY 사이의 단백질-단백질 상호작용에 기반한다.

용세포에서 강하게 발현되는 GL3와 결합한다고 가정한다. 모용 시원세포에 TTG1이 갇히게 되어 주변 세포에서는 TTG1이 고갈된다. 두 모델의 특징적인 모습은 조절 단백질의 세포 간(아마도 원형질 연락사를 통해서) 이동이다. 이러한 단백질-단백질 상호작용 위에 다른 조절자들의 복잡한 네트워크와 피드백 루프가 있는데 계속적인 연구가 진행되고 있다.

기공(**stoma**)의 형성 단계는 그림 12.40에 있다. 분열 모세포(meristemoid mother cell)는 비대칭적으로 분열하여(12.3.1 참고) 하나의 작은 분열세포를 형성하는데, 이는 이후 여러 번 비대칭 세포 분열을 거듭하여 **공변 모세포**(**guard mother cell; GMC**)로 분화된다. GMC는 대칭 분열을 하여 한 쌍의 **공변 세포**(**guard cells**)를 만든다. 모용세포처럼 기공 형성은 bHLH 전사조절인자를 포함하는 단백질-단백질 상호작용에 의해 조절된다. 그중 하나는 bHLH 전사조절인자인 SPEECHLESS(SPCH)인데, 분열 모세포의 비대칭 분열 개시를 조절한다. 생성된 분열 세포가 공변모세포로의 전이는 또 다른 bHLH 인자인 MUTE에 의해 조절되고, 세 번째 bHLH 인자인 FAMA가 마지막 분화 단계에 필요하다. 2개의 다른 bHLH 인자인 ICE1/SCRM1과 SCRM2는 기공 분화를 조절하는데, SPCH, MUTE, 그리고 FAMA와 물리적으로 결합할 것으로 여겨진다(그림 12.40). 표피 조직에서 기공의 **간격**을 결정하는 조절 경로에 많은 유전자들이 알려지고 있다. 2개의 연관된 *EPIDERMAL PATTERNING FACTOR*(*EPF*) 유전자들; leucine-rich repeat 수용체 단백질을 암호화하는 *TOO MANY MOUTHS*(TMM; 그림 12.41) 유전자와 단백질 분해효소를 암호화하는 *STOMATAL DENSITY AND DISTRIBUTION 1*(*SDD1*) 유전자. TMM 수용체는 그림 10.27에서 보인 mitogen-activated protein kinase(**MAP kinase**) 경로를 통해 기공 발달의 부정적으로 조절할 것으로 여겨진다.

기공 밀도(표피 조직 단위 면적당 기공의 개수)는 환경적 영향, 특히 빛, 이산화탄소, 물에 민감하다. 환경자극은 성숙한 잎에서 감지하여 발달 중인 잎에 전달한다. 빛 반응은 **파이토크롬** 시스템에 의해 매개된다. 최근 **phytochrome interacting factor PIF4**(a bHLH 단백질; 8장 참고)가 조

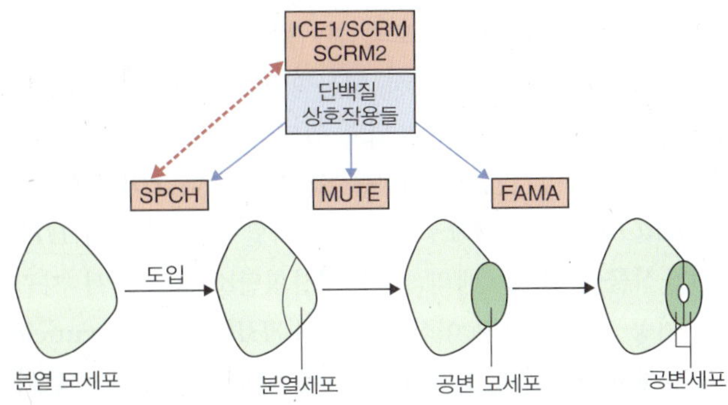

그림 12.40 bHLH 전사조절인자에 의한 기공 분화와 조절. 각 전사조절인자는 기공 생성에서 서로 다른 단계를 조절한다. 단백질 상호작용은 파란색 화살표이고 빨간색 점선 화살표는 피드백 전사조절을 가리킨다.

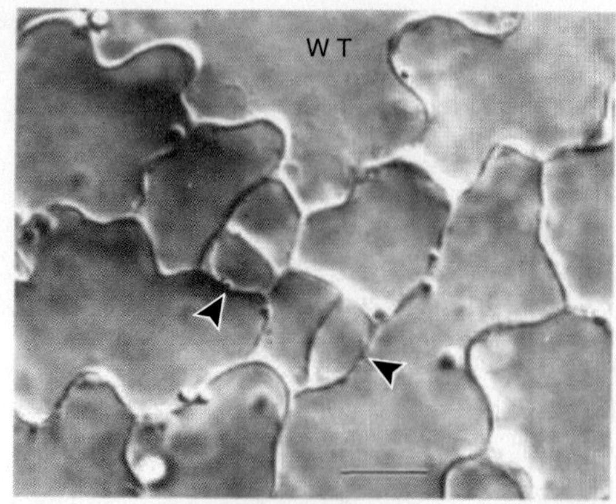

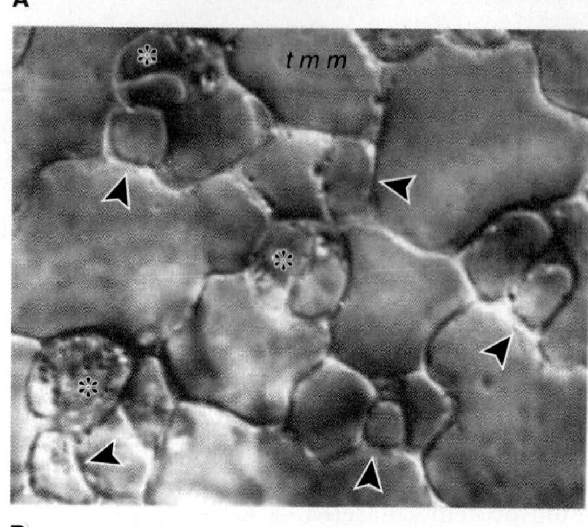

그림 12.41 (A) 애기장대 야생형, (B) *too many mouths*(*tmm*) 돌연변이의 배축 표피조직 세포. 화살촉이 분열세포를 가리키는데 야생형보다 돌연변이에서 빈도가 높다. 별표는 발달 중인 기공을 의미한다. 축척자 = 10 μm.

절 경로에서 결정적인 요소로 밝혀졌다. 기공의 밀도는 주위 이산화탄소 수준이 증가하면 감소한다. 대기 중의 이산화탄소 농도 관련 기공 밀도의 변이는 인류의 의한 대기 변화를 연구하는 데에 있어서 이산화탄소 농도의 역사적인 변화를 기록하기 위해 사용되고 있다(9장 참고). 이산화탄소에 대한 기공 발달의 반응을 조절하는 데 ***HIC***(*HIGH CARBON DIOXIDE*) 유전자의 역할이 알려졌다. *HIC* 결함 식물에서, 두 배의 대기 이산화탄소 농도에서 자랄 때, 기공 밀도가 40% 이상 증가한다. *HIC*는 **waxy cuticle**을 형성하는 효소를 암호화하는 유전자이다. 큐티클에 왁스를 형성하는 다른 유전자들도 이산화탄소에 대한 기공 발달의 반응이 알려지고 있다. 이러한 결과들은 표피 조직의 세포외 물질과 큐티클이 잎의 구조, 기능, 환경 반응의 조절에서 중요한 역할을 한다는 사실을 암시한다. 성숙한 잎과 발달 중인 잎을 연결하는 체계적인 신호의 본질은 아직 확실치 않으나, 식물의 수분 균형 관련 기공 개폐 조절자로 잘 알려진, **ABA** 호르몬이 증산과 기공 밀도를 연결하는 신호전달 요소로서 제안되고 있다.

12.5.3 잎의 내부구조 발달에는 도관세포와 광합성 세포의 분화를 포함한다

잎의 내부 조직인 도관조직과 엽육세포는 정단 분열조직의 L2, L3 층에서 유래하였다. 전형성층은 도관조직을 형성하고 엽육세포는 기본 분열조직(ground meristem)에서 발달한다. 잎 도관조직의 패턴은 식물에 따라 다양하다(예, 그림 12.37). 엽맥 패턴은 잎의 발달 초기에 결정된다. 엽맥의 형성을 설명하는 가설 중 하나는, 옥신의 흐름이 특정 세포들을 지나면서 점점 효과적인 옥신의 수송자가 되고, 마침내 도관 조직으로 분화하였다는 것이다. 또 다른 가설은 관다발 간격과 패턴이 내부에서 발달하는 형태형성 필드를 제시한다. 유전학적 분석을 통해, 도관 패턴 형성을 조절하는 네트워크의 구성원으로, 브라시노스테로이드 수용체인 *BRI1*을 동정하였다. 물관과 체관의 분화는 12.2.6절에 기술되었다.

잎의 광합성 조직의 분화는 직접적으로 광합성 기구의 발달에 영향을 주며 또한 영향을 받는다. 이러한 관계의 자세한 연구는 옥수수 잎의 발달, 특히 탄소고정의 C_4 경로와 광합성 조직의 **엽육**조직과 **유관속초**(**bundle sheath**) 조직으로의 분화에서 이루어졌다(그림 9.39 참고). C_4 광합성의 능력은 도관 발달과 밀접하게 관련되어 있다. 옥수수 돌연변이인 ***golden2***(***g2***)에서, 유관속초 세포의 분화가 교란되었고, 엽록체 발달이 전색소체(proplastid) 단계에서 정지되었으며, 유관속초 세포 특이적인 효소들이 축적되지 못하였다. *g2*에서 엽육세포의 형태형성은 정상적이었다. 두 번째 ***GOLDEN2-like***(***GLK***) 유전자인 *ZmGLK1*는 엽육세포에서 발현된다. *G2*와 *GLK1*는 C_4 식물의 잎에서 유관속초와 엽육세포 분화를 결정하는 조절 네트워크에서 필수적인 요인으로 여겨지고 있다.

전사조절인자를 암호화하는 *GLK* 유전자는 핵의 광합성 유전자 발현과 엽록체 발달에 필요하다. 그들은 육상식물에서, 주로 **partially redundant pairs**(*GLK1*과 *GLK2*)로 넓게 나타난다. 애기장대와 이끼인 *Physcomitrella* 같은 C_3 식물은, *GLK1*과 *GLK2* 유사 유전자가 세포-특이적인 방법으로 발현되지 않는, 옥수수 같은 Kranz

그림 12.42 *Antirrhinum*의 *dag* 돌연변이에서의 비정상적인 잎 세포의 발달. 돌연변이의 기형적인 엽육세포는 잎 모양의 전반적인 변화를 유발한다.

anatomy(9장 참고)를 갖는 종들과 다르다. 두 유전자의 발현은, 전색소체가 엽록체로의 전이에 필요하고, 빛-의존적이고, 잎 발달의 모든 단계에서 나타나고, 생체주기 조절을 받는다(8장 참고). *GLK* 유전자의 특징은 각 세포에서 광합성 기구를 미세조절하고 유지, 조정하는 기능과 일치한다.

광합성 세포의 발달과 그의 엽록체 분화 사이의 연계는 여러 종에서 많은 돌연변이의 표현형에서 명백하다. 예를 들어, 토마토의 ***dcl***(*defective chloroplast and leaf*) 돌연변이와 유사하지만 같지는 않은 *Antirrhinum*(***dag***, *differentiation and greening*) 돌연변이(그림 12.42)는 **비정상적인 엽록체 발달(aberrant chloroplast development)**과 기형적인 책상조직 세포 형성을 초래한다. DCL과 DAG 단백질은, 색소체에서 엽록체로의 전이에 참여할 것으로 여겨지는, 색소체에 위치하게 된다. DCL 또는 DAG와 세포 분화 사이의 연결고리의 본질은 확실하지 않다. 세 번째 유전자인 ***DOV1***(*Differential development Of Vascular-associated cells 1*)은, dov1 돌연변이의 엽육세포 엽록체가 발달 못하였지만 세포 구조는 정상이므로, *DCL*과 *DAG* 보다 나중 단계에서 작용할 것으로 생각된다.

광합성 세포의 분화 중에, 핵과 색소체(그리고 마이토콘드리아)의 유전체는 조화롭게 기능해야 한다. 핵 유전체는 소기관 유전자 발현의 주 제어자이지만 소기관에서 유래한 인자에 반응한다. 이러한 정보 공유 시스템을 **역행성 신호전달(retrograde signaling)**이라고 한다. 엽록체와 핵 사이에 네 가지의 역행성 신호전달 경로가 알려졌다(그림 12.43). (i) 엽록체-유래의 **활성산소(reactive oxygen species, ROS)**에 의한 핵 유전자 전사 유도; (ii) **광합성 전자 수송 체인(photosynthetic electron transport chain)**의 산화환원(redox) 상태에 의한 핵 유전자 조절; (iii) **클로로필(chlorophyll)** 생합성에서 중간체의 축적; 그리고 (iv) 발달 인자 또는 스트레스에 의해 색소체 유전체에서 유전자 발현의 억제. 유전자 발현의 환경적 조절에서 ROS와 산화환원 상태의 역할은 15장에 서술된다. 여기서는, 클로로필 생합성의 중간체인 **Mg-protoporphyrin IX(Mg-proto)**가 결정적인 역할을 한다고 믿어지고 있는, 엽록체 발달에서 작동하는 두 가지 신호-전달 경로를 고찰한다. 단세포 녹조류인 클라미도모나스와 피자식물에서의 관찰은 엽록체에서 tetrapyrrole 생합성의 클로로필-헴 분지점의 교란이 distress 신호를 발생한다. 2종류의 신호전달 경로가 알려졌다. 하나는, Mg-proto 방출이 GENOMES UNCOUPLED 1 (**GUN1**) 또는 a putative GUN1-dependent chloroplast protein(**GDCP**)에 의해 촉진된다; 이후 Mg-proto와 세포질 인자 사이의 상호작용을 통해 마침내 핵으로 신호가 전달된다. 두 번째는, GUN1 또는 GDCP가 엽록체 안에서 Mg-proto와 다른 역행성 신호의 센서로 작용하고, 아직 모르는 인자를 통해 핵으로 신호를 전달한다(그림 12.43). gun 돌연변이에서 수백 개의 핵 유전자의 발현이 정상식물과 다르다. 전사조절인자인 **ABI4**(ABA insensitive 4)는 Mg-proto 신호전달과 빛 수확 단백질인 LHCP2 같은 광합성 기구의 단백질을 암호화하는 핵 유전자의 발현을 매개한다. ABI4는 또한 마이토콘드리아와 핵 간의 역행성 신호전달에도 관련되어 있다. 이는 이 조절자가 ABA 반응과 소기관 발달 경로에서 중추적인 역할을 함을 암시한다.

키포인트 표피 조직 세포의 정체성은 초기 배아발생에서 결정된다. 외떡잎과 쌍떡잎식물 잎 표피 세포의 평행 또는 망상형 배열은, 잎맥 패턴의 형태형성 영향을 반영하며, 브라시노스테로이드 수용체를 포함하는 네트워크에 의해 조절된다. 표피 세포에는, 보도, 모용 그리고 공변 세포 유형이 있다. 기공세포 패터닝은 주로 bHLH 전사조절인자에 의해 조절된다. 기공의 공변세포는 공변 모세포의 비대칭적 세포 분열을 통해서 생겨난다. 기공 밀도는 빛, 물, 이산화탄소에 영향을 받으며, 피토크롬, ABA, 그리고 큐티클 발달 관련 유전자들에 의해 매개된다. 모용세포 분화는 활성자-억제자 또는 활성자-고갈 모델로 설명되어진다. C_4 식물인 옥수수의 광합성 조직의 세포 발달은 도관조직의 근접성에 민감하며, *G2*와 *GLK* 전사조절인자에 의해 매개된다. 엽육세포 분화 과정 동안의 핵-소기관 조절 상호작용은, 산화환원 상태, 클로로필 생합성의 중간체 그리고 색소체 유전자 발현 상태에 예민한, 역행성 신호전달 경로를 포함한다. 전사조절인자인 ABI4는 역행성 신호전달에 중추적인 역할을 한다.

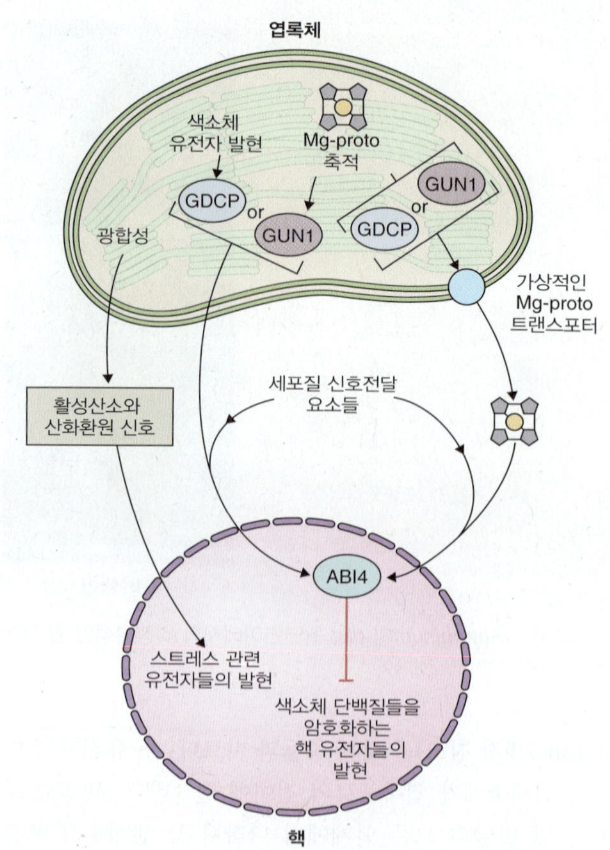

그림 14.43 엽록체에서 핵으로의 역행성 신호전달 경로. 테트라피롤 생합성 경로의 상태에 대한 핵 유전자 발현 감도가, Mg-protoporphyrin IX(Mg-proto) pool의 크기에 의해, 또는 GUN1 또는 GDCP에 의해, 또는 미지의 세포질 신호전달 요소에 의해 그리고 전사조절인자인 ABI4에 의해 매개된다. 엽록체에서 생성되는 활성산소와 광합성 전자수송 사슬의 산화환원 상태 또한 핵 유전자 발현을 조절한다.

12.5.4 라미나의 편평화, 방향, 성장이 궁극적으로 잎의 크기와 모양을 결정한다

잎들은 크게 **단엽**(**simple**)과 **복엽**(**compound**)으로 구분한다. 단엽에서 잎은 갈라지지 않고, 복엽은 갈라져서 소엽으로 나누어진다(그림 1.32 참고). 단엽의 형태는 초기 기관형성에서, 배축(abaxial, 축에서 먼) 표면에서 향축(adaxial, 축을 향하는)으로, 먼(distal, 끝) 지역에서 가까운(proximal, 마디에 가까운) 지역으로, 그리고 주맥(midvein)에서 가장자리(margin)를 가로지르는 서로 다른 도메인으로의 분화를 일으키는, **극성화**(**polarization events**)에 의해 결정된다(그림 12.44). 이러한 기본 계획(ground plan)에 기초하여, 잎의 형태는 표피 조직과 피하조직의 분화를 동반하여, 세포 분열과 팽창을 통해서 만들어진다.

주로 애기장대에서 돌연변이 분석으로 **배축-향축 편평화**(**abaxial-adaxial flattening**)를 조절하는 많은 유전자들이 동정되었다. 12.2.6의 도관 패턴형성과 관련하여, 전사조절인자, *KANADI*와 *HD-ZIP III*는 상호 배타적이다(그림 12.14A). 이러한 유전자 패밀리는 형태형성에서 더 폭 넓은 기능을 가진다. **향축**(**adaxial**) 정체성은 *HD-ZIP III* 유전자에 의해 결정되고, **배축**(**abaxial**) 세포 운명은 KAN 패밀리 유전자에 의해 결정된다. KAN 단백질은 배축 방향에서 *HD-ZIP III* 유전자의 발현을 억제하고, 반면 HD-ZIP *III* 단백질은 향축(adaxial) 방향에서 KAN 패밀리 유전자 발현을 억제한다(그림 12.45). 향축이 아닌 배축에서 발현되는 또 다른 유전자는 ***YABBY***이다. *YABBY*와 *KAN*이 아직 잘 모르는 방법으로 상호작용하여 애기장대와 *Antirrhinum* 같은 쌍떡잎식물 잎의 성장을 조절한다. 그러나 *YABBY*의 극성화 기능은 옥수수에서는 발견되지

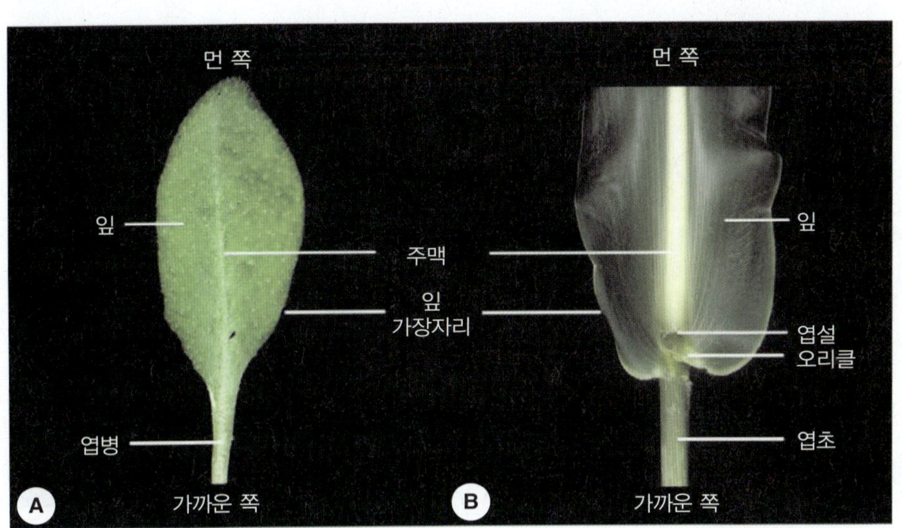

그림 12.44 극성 특성을 보이는 애기장대 (A)와 옥수수(B)의 향축 방향의 단엽.

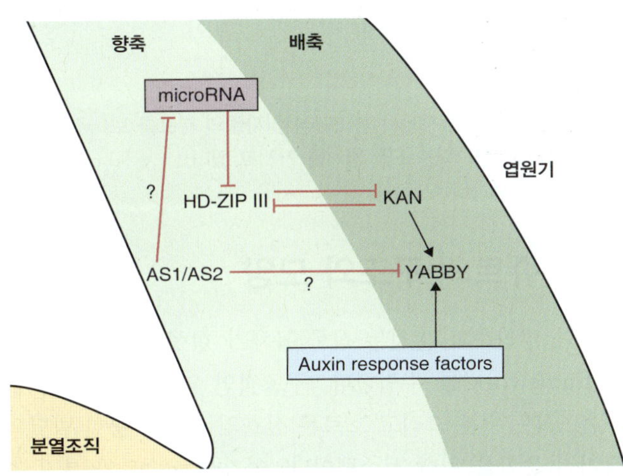

그림 12.45 잎 발달에서 향축/배축 패턴 결정은 *HD-ZIP III*, *KANADI*, *YABBY* 그리고 *AS* 전사조절인자들 간의 상호작용에 의해 조절된다. 향축(adaxial) 정체성은 *HD-ZIP III* 유전자에 의해 결정되고, 배축(abaxial) 세포 운명은 *KAN* 패밀리 유전자에 의해 결정된다.

않았다. ***AS*** 패밀리 유전자(12.3.3 참고)는 *YABBY* 억제자로 작용하여, 간접적으로 *HD-ZIP* III 유전자의 긍정적인 조절자이다. 배축 운명 결정에서 *KAN* 활성은 옥신 반응 인자(auxin response factor)에 의해서 또한 촉진된다(그림 12.45)

극성 기본 계획이 자리 잡은 후, 잎의 길이와 너비 방향으로 통합적인 세포 분열과 팽창으로 잎의 크기와 모양이 완성된다. 세포 성장 기간 동안 차원(dimensional) 조절의 개시와 마감이 교란되면, 일반적인 편평한 잎의 표면이 찌그러진다. 잎 형성에 기능하는 많은 유전자가 쭈글쭈글한 잎을 가진 돌연변이의 연구로 동정되었다. *Antirrhinum*의 ***CINCINNATA***와 애기장대 표현형과 유사하며, microRNA를 포함하는 조절 네트워크의 일부라고 여겨지는 ***JAW*** 유전자가 있다. 잎의 가장자리 톱니의 정도를 조절하는 것으로 알려진 조절자로서, 애기장대의 ***JAGGED***와 배아 조직 패턴형성에서 기능을 하는 *CUC* 그리고 옥신 소송 유전자들이 있다(12.3.3 참고). *JAGGED*는 또한 ***LEAFY PETIOLE*** 유전자와 함께 가깝고-먼(proximal-distal) 극성에 의해 결정되는 잎과 줄기(stalk)로의 분화 기작을 조절하는 데 참여한다.

복엽(compound leaves)은 피자식물에서 매우 넓게 분포되어 있고, 많은 관련 없는 쌍떡잎식물과, 외떡잎식물, *Philodendron*과 *Amorphophallus*와 같은 야자수와 토란(aroids; *Arum* 패밀리)에서 나타난다. 복엽 특성은 식물의 진화 동안, 독립적으로 여러 경우에 나타났으며, 양치식물 등에서 벌써 나타났다. 단엽의 비결정형 정단 성장에서 결정형 발달로의 전이에 관련된 *KNOX*의 초기 억제(12.5.1)는 복엽 발달 동안에 역전된다. 한편 *KNOX*는 양치식물의 잎의 분화 동안에는 결코 억제되지 않는다. 그림 12.46은 토마토 복엽의 초기 분화에 관련된 *KNOX*, *CUC* 그리고 지베렐린과 옥신 신호전달 경로의 상호작용 방법을 보여준다. **지베렐린** 신호는 세포 분화와 잎의 성장을 촉진하고, *KNOX* 발현에 의해 억제된다. PIN 단백질은 세포 간 옥신 흐름을 촉진하여 **소엽(leaflet)** 원기 위치를 결정하고 *KNOX*를 억제하는 국부적인 옥신 반응을 일으킨다. 소엽 사이 영역에서의 옥신 반응은 *ENTIRE*(*E*) 유전자의 산물에 의해 억제된다. *CUC*은 소엽 가장자리의 **톱**

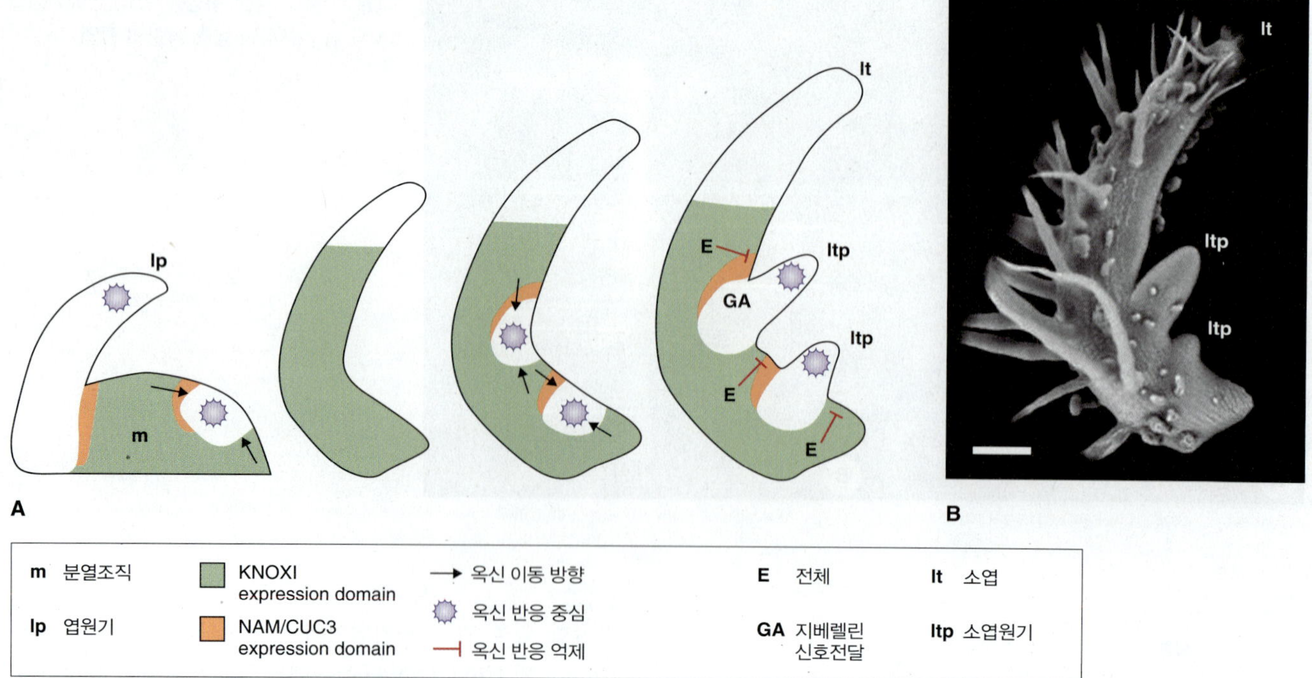

그림 12.46 전사조절인자와 호르몬에 의한 복엽 형성의 조절. (A) 분열조직, 잎 그리고 소엽 원기에서 형태형성 인자들의 분포를 보여주는 발달 순서. (B) 발달하고 있는 토마토 복엽. 잎 말단에서 기저까지 시작되는 하나의 먼 소엽과 2개의 측면 소엽 원기를 가지고 있다.

니형성에 필요한 원기의 경계 도메인을 정의하기 위해 전사조절인자 *NAM*(*NO APICAL MERISTEM*)과 함께 활동한다.

잎 발달의 분자적 기초에 대한 이해는, 엄청난 복잡성의 네트워크에서 상호작용하는 혼란스러운 배열의 전사조절인자와 다른 조절자들로 구성되어 있는 것으로 여겨지는 일반적으로 식물 형태형성의 전형이다. 실제로는, 형태형성에 영향을 미치는 생화학 기작의 쟁점 뿐만 아니라 주요 인자들의 수가 다소 적다. 이것은, '어떻게 상대적으로 제한된 유전적 도구가 그렇게 풍부한 형태의 변이를 만드는가'와 같은 근본적인 질문을 하게 한다.

키포인트 잎 모양은, 말단은 기저로부터 분화되는, 극성화 발달에 의해 이루어지고, 주맥과 잎 가장자리 사이의 측면 도메인이 정의된다. 잎 날의 편평화는 도관 패턴형성을 조절하는 것과 유사한 전사조절인자의 조절을 받는다. 돌연변이 분석을 통해 동정된 다른 유전자들에는, 라미나 형성, 잎 끝의 톱니 그리고 잎자루 분화의 조절자들이 있다. 복엽의 발달은 *KNOX* 유전자 발현의 불완전한 억제와 관련되어 있으며, 지베렐린과 옥신 호르몬에 의해 조절된다.

12.6 슈트의 구조와 모양

슈트와 뿌리축과 분지는 식물 몸체가 형성되는 구조적 골조(framework)를 수립한다. 구조적인 역할과 더불어, 골조는 양분, 수분 그리고 호르몬 신호의 전달을 통한 발달의 장거리 통합을 위한 시스템이다. 여기서는 슈트와 분지 조절의 모듈형 본질(modular nature)에 대해 살펴본다. 식물 구조(architecture) 조절의 실용적 중요성은 작은 키를 가진 '녹색 혁명' 곡류 변종으로 논의된다.

12.6.1 식물의 구조는 모듈형이다

동물의 **바디플랜**은 고정(최고 크기, 다리 개수, 내장 기관의 배열 등)되어 있다. 반면, 식물은 전형성능(totipotency)과 영양 번식(vegetative propagation)을 통한 복제 능력으로, 구조적 단위의 무제한(open-ended) 반복적인 추가에 의해 계속 증가한다(그림 12.47). 식물 형태의 풍부한 다양성은 공간적 배열의 변이, 개시 시기, 그리고 **모듈**(**module**)의 발달에 의해 이루어진다. 어떤 면에서 식물은, 개체라기 보다는, 부분의 통합체(integrated population)로 행동하는 **군체 생물**(**colonial organism**)과 같다. 이런 관점

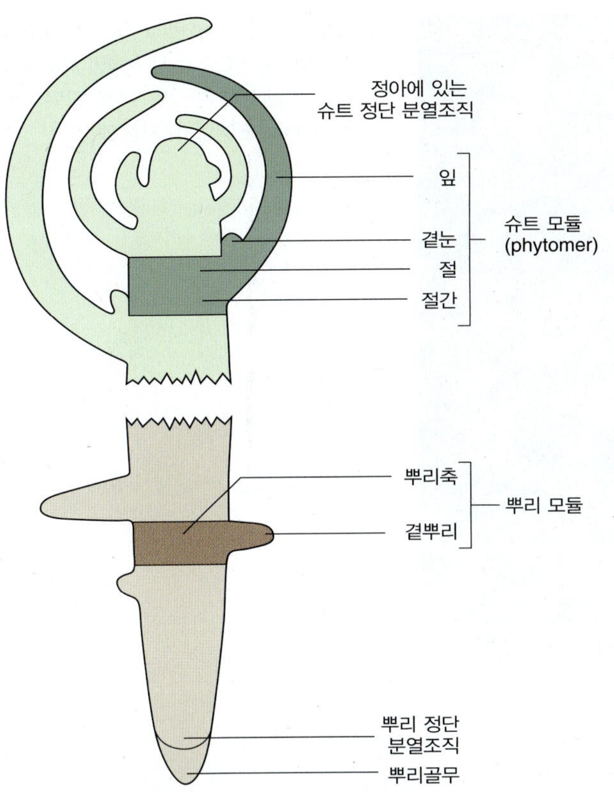

그림 12.47 식물의 몸은 구조적인 모듈에 의해 만들어진다. 뿌리와 슈트 정단 분열조직은 같은 구조적인 모듈을 반복적으로 생산한다. 곁눈과 측근의 성장은 모듈 발달을 반복한다. 줄기는 절간 신장에 의해 자란다.

에서의 식물 구조는 개체의 형태형성이 단위의 성장과 발달 과정이라고 간주한다. 슈트의 구조적 모듈을 **phytomer**라 한다. 일반적으로 하나의 phytomer는 연결된 잎과 곁눈, 그리고 그 밑의 절간을 포함하는 하나의 마디로 구성된다(그림 12.47). 일반적으로 하나의 phytomer는 전형적인 S-커브의 개시, 성장과 분화, 성숙, 노화, 그리고 마침내 사멸된다. 하나의 phytomer를 구성하는 각 세포와 조직은, 전체 식물처럼, 유사한 발달 순서로 나아간다. 변화들이 서로 다른 정도[**자기-유사성(self-similarity)**이라고 불리는 특성]로 반복되는 구조적 방식을 위상기하학의 수학 용어인 **fractal**이라 정의한다. 비교적 단순한 반복 원리에 기초한 수학적 모델링은 실제와 가상 식물의 형태형성을 흉내 낼 수 있다. 예를 들면, 그림 12.48은 *Capsella bursa-pastoris*(shepherd's purse)의 발달을 형상화한 것으로, phytomer의 성장과 분화와 같은 반복적인 역동적 시스템을 모델링하는 수학적 형식주의(mathematical formalism)인, **L-systems**를 이용하였다.

세포와 기관 수준의 형태형성 기작을 전체 식물 발달로 **규모 확장(scaling up)**하는 하나의 방법은, 모델 변수들을 특정 생리 과정과 관련된 유전자들을 연결시키는 것이다. 성장의 비교적 단순한 지수 모델(식 12.1과 그림 12.7)이 엽간기와 같은 생물학적으로 유의미한 결과를 내었고, 호르몬과 유전학적 조절 네트워크 관점에서 정의될 수 있다(12.5.1 참고). Phytomer의 기원과 운명을 흉내 내는 L-system 방법 그리고 관련된 시도는 생리학자와 분자 생물학자들에게 식물 구조의 규칙에 대한 통찰력을 주고, 발달 분석에 대한 새로운 실험적 방법들을 제안한다. 전체-식물 수준에서 작동하는 형태형성원(morphogens)은 **장거리 신호(long-range signals)**이어야 하며, 도관 시스템은 명백하게, symplasm에 의해 국지적으로 보충되는, 주요 통신 채널이다. 호르몬은 강력한 이동 형태형성원이고, 아래(12.6.2 참고)의 분지 조절의 예에서처럼, 그들의 상호작용은 예민한 조절 기작을 만든다. 질산염과 같은 이동된 무기 화합물과 이동된 설탕과 같은 광합성 산물은 양분적인 기능과 더불어, 저장조직(sink tissues)에 강력한 형태형성적 영향을 미칠 수 있다. 조절 유전자 발현의 산물인 단백질과 RNA 모두가 세포 간, 그리고 원거리 이동을 한다는 증거가 늘고 있다. 8장에서는 영양 생장에서 생식 생장으로 전이하는 신호전달에 관련된, 소위 **화성소(florigen)**라 불리는, 고도로 이동성인 형태형성 단백질을 자세히 논한다.

12.6.2 가지의 형성은 정단 성장과 측면 성장 사이의 상호작용에서 기인한다

가지 형성 패턴은 식물 종들 마다 크게 다르고, 종종 같은 종의 품종 간에도 다르다. 이러한 차이는 일부 유전적으로 결정되어 있고, SAM의 프로그램과 관련되어 있다. 그러나 가지 형성은 종종 환경에 크게 영향을 받으며, 이는 부동 생물(sedentary organism)의 생존에 필수적인 특징이다. 이러한 표현형적 가소성의 근원은 **곁눈(axillary bud)**의 구조와 그들의 성장 조절에 있다. 곁눈은 줄기와 줄기에 붙어 있는 잎의 향축 쪽 사이에 위치하며, 그것의 돌출성장으로 슈트 가지가 만들어진다. 각 곁눈은 SAM에서 기원한 세포에서 유래되고, 잎원기 근처에 위치한 액생 분열조직(axillary meristem)을 가진다. 옥신은 원기 위치 결정에 필수적인 조절인자이다. 액생 분열조직은 다양한 수의 잎과 곁눈 원기를 만든다. **휴면 눈(dormant bud)**은, 각각이 작은 곁눈이 될 몇 개의 확장되지 않은 잎을 개시한 후, 초기 액생 분열

그림 12.48 *Capsella bursa-pastoris* 성장의 컴퓨터 묘사. 연속적인 phytomer 단위의 생성과 변화를 위해 반복 기술(L-systems 모델링)이 사용되었다.

조직의 성장이 정지되었을 때 형성된다. 그러한 눈의 활성화로, 위에서 언급한 자기-유사(self-similar) 모듈의 반복적인 발달 원리에 따라, 삼차(tertiary) 슈트 정단 분열조직을 가지는 가지를 만든다.

일차 슈트 정단은 곁눈의 성장에 억제 영향을 미친다. 이 효과를 **정단우성(apical dominance)**라 한다. 일차 슈트의 정단이 제거되면, 정단우성이 없어지고 곁눈이 가지로 자란다(그림 10.4B). 정원사들은 이러한 반응을 잘 알고 있고, 가지가 많은 생장을 유도하기 위해 슈트 정단을 잘라 낸다. 일차 슈트 정단을 제거한 위치에 옥신을 처리하여 곁눈의 돌출 성장을 막는다. 옥신 스스로 억제된 액생 분열조직에 축적되지 않는다는 사실은 중개 신호(intermediary signal)를 통함을 암시한다. 옥신과 달리, 사이토키닌은 정단우성을 억제하고 곁눈 성장을 촉진한다. 예를 들면, 정단우성은 사이토키닌 생합성 유전자를 과발현시킨 형질전환 식물과 사이토키닌의 양이 증가된 *shooting*(*sho*) 페튜니아 돌연변이에서 억제된다.

많은 식물 종에서 **슈트 가지 돌연변이(shoot branching mutants)** 연구를 통해 옥신 조절 경로에 작용하는 새로운 이차 신호전달자가 동정되었다. 돌연변이들은, 애기장대의 *more axillary growth*(***max***)(그림 10.39B 참고); 완두의 *ramosus*(***rms***); 페튜니아의 *decreased apical dominance*(***dad***); 그리고 벼의 high tillering dwarf(***d***; 그림 10.39A) 등이다. 이러한 돌연변이의 유전학 및 생화학적 분석을 통해, **스트리고락톤(strigolactones)**을 포함하는

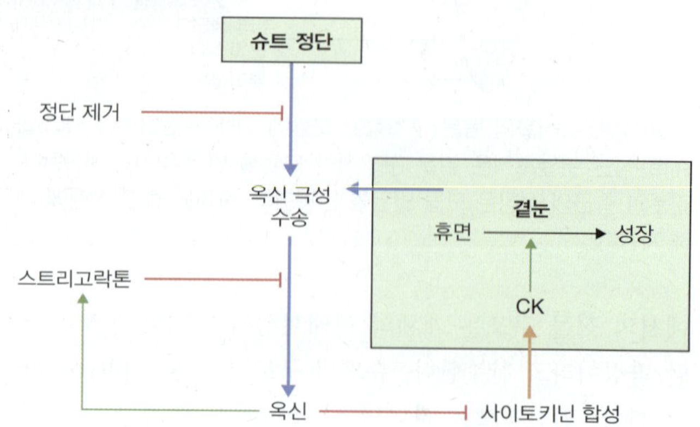

그림 12.49 가지 형성은, 옥신, 사이토키닌(CK), 그리고 스트리고락톤이 포함된 호르몬 네트워크(극성 수송, 억제/촉진 상호작용, 그리고 source-sink 관계를 통한 조절을 하는)에 의해 조절된다.

원거리 신호전달 경로의 존재를 수립하였다. 스트리고락톤은 카로테노이드의 분해로 만들어지며, 원래 뿌리의 분비물에서 동정된 터르피노이드 파생물 중 하나이다(10.8 참고). *MAX*/*RMS*/*DAD*/*D* 패밀리 유전자는 스트리고락톤 생합성 효소 또는 눈에서 가지 형성 억제를 조절하는 네트워크의 표적을 암호화한다.

그림 12.49는 곁눈의 가지 성장에서 호르몬 상호작용의 모델을 보여준다. 곁눈 성장의 활성화는, 증산에 의해 이동된 사이토키닌 공급과 옥신 극성 수송으로 눈에서 옥신을 배출하는 능력에 의존한다. 슈트 정단에서의 하향(basipetal) 옥신 수송은, 위쪽으로 움직이는 스트리고락톤에 의해 음성적으로 조절된다. 그래서 옥신에 대한 줄기

의 저장능을 감소시킨다. 옥신은 줄기에서, 스트리고락톤 생합성에는 양성적 조절자이고 사이토키닌 생합성에는 음성적 조절자이다. 정단 제거는 옥신의 근원을 제거하고 사이토키닌 생합성 유전자의 억제를 해소한다. 새롭게 합성된 사이토키닌은 휴면 곁눈으로 이동해 가서 지속적인 돌출 성장을 개시한다. 마침내 곁눈의 SAM이 활성화되어 옥신이 만들어지고, 사이토키닌 생합성은 마감되어, 새로운 정단우성/곁눈 휴면 사이클이 설정된다. 이렇게 고도로 연결된 양성적 및 음성적 상호작용의 조절 네트워크가 식물에 다양한 외적/내적 유래 입력신호(inputs)의 통합을 보장한다.

키포인트 식물의 구조는 모듈형이다. 슈트의 구조적 모듈은 phytomer이다. 발달은 반복적인 모듈의 형성과 성장의 결과인 fractal이다. 구조적 모듈의 배열은 원거리 신호전달을 통한 전체 식물 형태형성의 골조를 대변한다. 가지 형성은 환경적 영향과 SAM의 프로그램된 이벤트의 상호작용의 결과로 이루어진다. 곁눈은, 일차 슈트 정단에 의해 호르몬 매개의 성장의 억제인, 정단우성에 의해 휴면 상태로 유지된다. 정단은 곁눈 성장을 억제하는 옥신의 근원이다. 사이토키닌은 곁눈의 성장을 촉진한다. 가지 형성은 옥신과 사이토키닌의 상호작용으로 조절되며, 스트리고락톤이 조절 네트워크에 참여한다.

12.6.3 왜성 및 반왜성 '녹색 혁명' 곡류는 키의 유전적 변이를 활용한 작물 교배를 통해 만들어졌다

20세기 이전, 밀과 쌀 같은 곡류는 그들의 야생 조상처럼 키가 컸다. 많은 정교한 식물-교배 방법으로 더 많은 생산성을 가진 곡류를 만들었지만 생산성은 공짜가 아니었다. 식물의 긴 줄기는 증가한 씨앗의 무게를 견디지 못하고, 특히 강한 바람과 많은 비에, 종종 쓰러졌다. **도복(lodging)**이라 알려진, 이러한 현상으로 수확기 곡물의 심각한 손실이 일어났다. 따라서 현대적인 짧은 줄기를 가진 곡류 개발이 시급했다(그림 10.13C). 높은 곡물 생산성을 가지나 도복하지 않는, 쌀과 밀의 **반왜성(semi-dwarf)** 변종의 도입이 20세기 중후반의 소위 '녹색 혁명(Green Revolution)'의 핵심이었다. 반왜성의 분자적 기반에 대해서는 나중에 기술하겠다.

화석 기록은 초기 육상식물이 키가 컸음을 보여준다. 아마도 풍부한 빛, 물, 이산화탄소, 토양 미네랄 등으로 성장에 특별한 제약이 없었을 것으로 여겨진다. 그런데 많은 식물 그룹에서 진화적 경향은 키가 점점 작아졌다. 아마도 새롭고 양분이 더 제한된 생태적 위치를 찾아갔기 때문일 것이다. 현대 육상식물의 키는 매우 넓은 다양성을 가진다. redwood(*Sequoia sempervirens*) 나무는 115 미터의 높이를 가지며, 압축된 절간을 지닌 초본식물들은 키가 1 센티미터가 넘지 않는다. 일반적으로, 키가 큰 식물들은, 아마도 초기 육상식물의 생육환경과 유사한 환경인 강수량이 많고, 해수면이 가까운 지역에서 발견된다. 건조하거나 춥거나 혹은 높은 고도에서 발견되는 식물들은, 물, 영양, 빛이 제한되지 않는 조건에 옮겨 심어도, 결코 큰 키를 갖지 못한다.

많은 복잡한 식물 형질들처럼, 키는 여러 유전자들에 의해 조절되지만, 이러한 유전자들 중 어떤 유전자가 돌연변이되면, 전체적인 식물의 유전적 구성과 관계 없이, 키에 중요한 영향을 미칠 수 있다. 식물의 키는, 유전학에 처음으로 빛을 선사한 고전적 실험에서, 그레고리 멘델이 연구한 7개 특성 중 하나이었다. 멘델은 하나는 긴 줄기, 다른 하나는 짧은 줄기를 가진 완두 2종을 교배하였다. 그 결과, 모든 자손이 긴-줄기를 가짐을 발견하였다. 이는 긴 줄기를 가진 완두가 **우성(dominant)**임을 의미한다. 이러한 긴 줄기 자손들을 자가-교배시키면, 자손들은 긴-줄기, 짧은-줄기 식물이 약 3:1의 비율로 구성되며, 이는 키의 조절이 하나의 핵 유전자에 의함을 의미한다(그림 12.50).

하나의 작물 종에서 키 변이의 다양성은 현대적인 짧은-줄기, 고 생산성 변종을 교배하는 과정에서 필수적이다. 식물의 키를 조절하는 가장 중요한 유전자는 식물의 지베렐린을 생합성하는 능력과 관련된 기능을 가진다. 이렇게 중요한 diterpenoid carboxylic acid 화합물을 생합성하는 경로는 10장에 기술되어 있다. 벼의 반왜성 변종은 지베렐린 생합성의 결함에서 유래한 반면, 밀에서는 지베렐린 둔감성이 왜성 특성의 근거이다.

벼의 많은 현대적 반왜성 변종(그림 12.51)들은 Dee-geo-woo-gen이라는 중국 품종을 조상으로 한다. Dee-geo-woo-gen은 1950년대에 대만의 교배 프로그램에 도입되었고, 거기서 부터 필리핀의 International Rice Research Institute(IRRI)에 의해 계속 되었다. 다른 반왜성 벼 품종(또한 높은 곡물 생산성을 가진)이 독립적인 교배 프로그램에 의해, 미국, 일본, 중국에서 생산되었다. 그러나 교배에서 사용된 부모들이 각각 독립적으로 얻어졌음에도 불구하

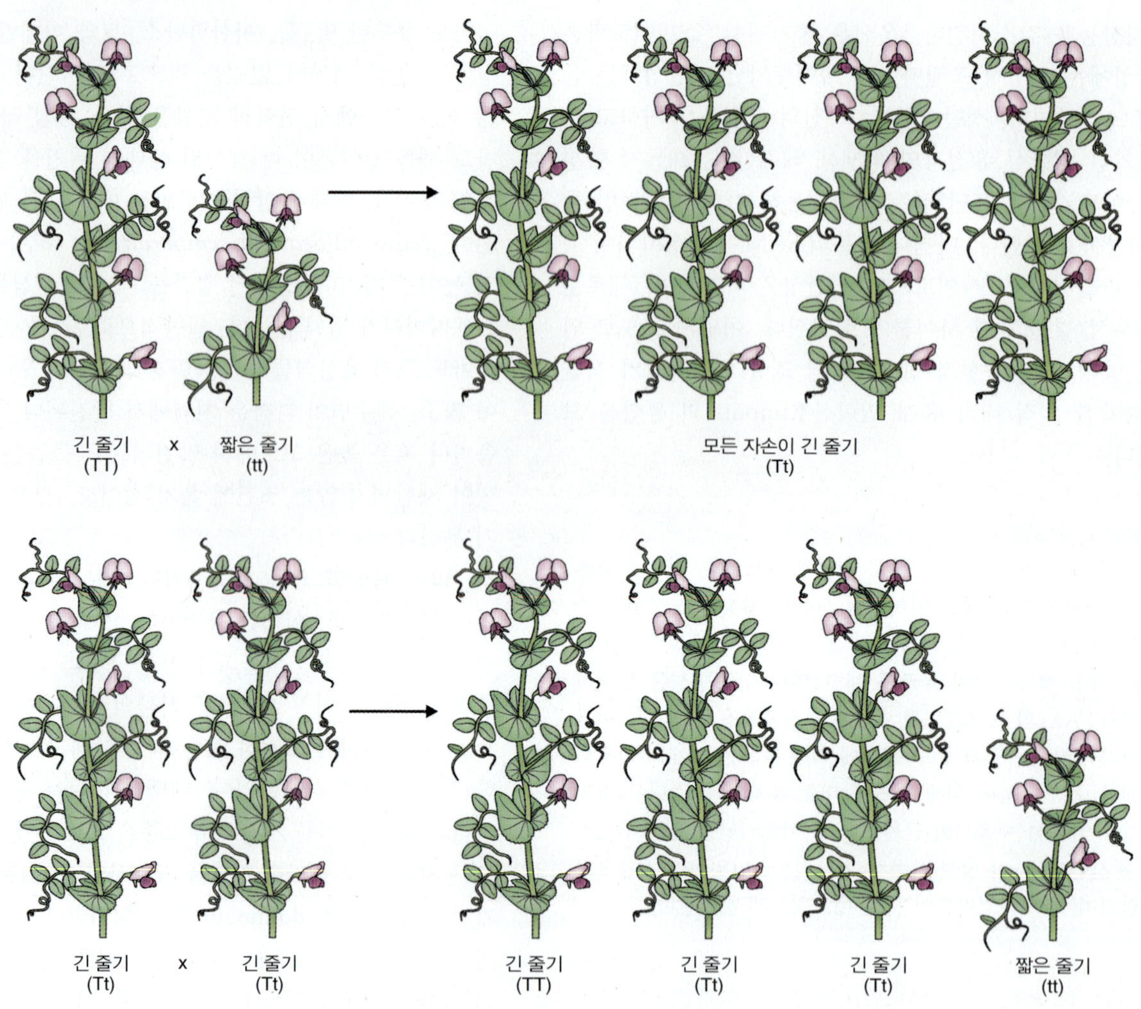

그림 12.50 멘델이 완두의 두 라인(하나는 긴-줄기이고 다른 하나는 짧은-줄기)을 교배하였을 때, 다음 세대 자손은 모두 긴-줄기임을 발견하였다. 완두의 긴-줄기 형질은 우성이고 *T*라는 대립형질에 의해 조절되며, 반면 짧은-줄기는 *t*라는 대립형질에 조절되는 열성이다. 유전형이 *Tt*인 긴-줄기 자손을 자가 교배하면, 다음 자손들은 긴-줄기, 짧은-줄기 식물이 약 3:1의 비율로 구성되며, 이는 키의 조절은 하나의 핵 유전자에 의함을 의미한다.

그림 12.51 2개의 반왜성 벼 품종과 상응하는 키 큰 동종(isogenic) 라인들. 왼쪽에서 오른쪽: Dee-geo-woo-gen(왜성 인디카 품종), Woo-gen(키 큰 동종(equivalent)), Calrose 76(왜성 자포니카 품종)과 Calrose(키 큰 동종(equivalent)). Dee-geo-woo-gen이 녹색혁명에서 중요한 소위 '기적의 벼'의 조상이었다.

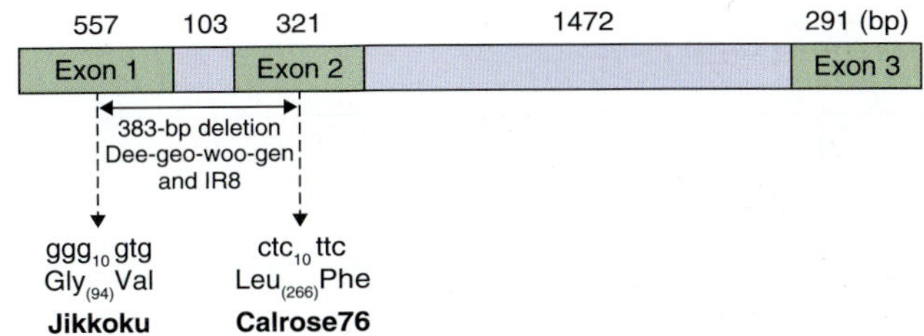

그림 12.52 벼의 *GA20ox2* 유전자는 3개의 엑손과 2개의 인트론으로 구성된다. 본문에서 설명한 작은 키 표현형을 유발하는 돌연변이는 1개 염기 치환(점선 화살표) 또는 Dee-geo-woo-gen(양방향 실선 화살표)에서 보이는 결실이다.

고, 모든 경우에서 동일하게 반왜성 형질은 ***sd1***이라는 단 하나의 유전자의 변형에서 기인했음이 분자적 분석에 의해 알려졌다.

이 모든 품종들에서, 정상적인 식물의 키는 자라는 동안 지베렐린의 처리에 의해 회복되었고, 이는 GA 생성의 어떤 요인이 결핍되었음을 의미한다. *sd1* 유전자는 분리되었고, GA 생합성에 필요한 효소 중 하나인, **GA-20 oxidase(GA20ox)**를 암호화함이 알려졌다. Dee-geo-woo-gen으로부터 유래한 *sd1* 대립형질 내의 품종들은 *GA20ox* 유전자(벼인 *Oryza sative*의 유전자이므로 *OsGA20ox*로 알려진)에서 383 염기쌍이 결실되었다. 이러한 결실은 조기 정지 코돈을 가지게 되고(그림 12.52), 단백질 크기가 크게 절단되어, *GA20ox* 효소의 비활성적 형태를 가진다. 일본의 Jikkoku와 Reimie, 미국의 Calrose76와 같은 품종은 감마선으로 처리된 조상들로부터 교배되었으며, *OsGA20ox2*(그림 12.52)에서 점 돌연변이를 가져서 1개의 아미노산이 치환되었다. 이러한 왜성 대립형질은 일반적으로 383 염기쌍이 결실된 것에 비해 약하며, 이는 돌연변이 효소가 여전히 GA 생합성 활성의 일부를 가지고 있음을 의미한다. GA 생합성 경로의 끝에서 두 번째 단계를 촉매하는 GA20ox는 소규모 유전자 패밀리에 의해 암호화된다. 이 패밀리의 서로 다른 멤버들은, 유전자 발현 패턴의 중복 또는 생합성 경로의 중간물질이 조직 간에 이동할 수 있어서 특정 세포 타입에서 한 멤버의 결손을 보상할 수 있기 때문에, 서로 일부는 대체 가능하다. 이와 같은 이유로, GA20ox를 암호화하는 유전자의 돌연변이는 보통 적당한 GA-결핍을 보여 **반왜성 표현형(semi-dwarf phenotype)**을 갖는다. 반면, 다른 유전자의 돌연변이에 의해 GA가 심하게 결핍되어 극도로 왜성이 되면, 종종 불임이 되며 다른 발달 장애를 겪게 된다. 놀랍게도, 벼에서 반왜성의 선발은, 다른 GA 생합성 유전자가 아닌, 항상 *OsGA20ox2*의 돌연변이에서 이루어졌다. 이에 대한 가장 그럴듯한 설명은 다음과 같다. 즉, 다른 유전자들의 돌연변이는 심한 발달 장애를 일으키거나 곡물 생산성의 감소로 인해 초기 교배 프로그램에서 제거되었기 때문일 것이다.

빵밀(*Triticum aestivum*)에서 이용된 왜성 유전자는 일본 품종인 다루마(Daruma)에서 유래하였고, 다수확성인 미국 밀과 교배하여 **Norin 10**이라는 품종이 만들어 졌다. Norin 10은 현대 반왜성 밀의 조상이며, 많은 서로 다른 환경에 적응되었다. 현재 상업적인 밀 품종의 절반 이상이 Norin 10 왜성 유전자를 가지고 있다. 이러한 왜성 유전자들은 두 가지가 있다. 벼의 *sd1* 결실, 열성 돌연변이와 달리, 이러한 밀의 유전자들은 변화된 기능을 주며 반-우성이다. 각 돌연변이된 유전자는 키가 약간 작아진다; 같은 식물에서 돌연변이가 합쳐지면, 그 효과는 더해져서 키가 더욱 작아진다(그림 12.53). 빵밀은 6배체로, 3종류의

그림 12.53 서로 다른 *Rht-B1*과 *Rht-D1* 유전자를 가진 일련의 동종 밀 라인들. 왼쪽의 Rht-B1a/Rht-D1은 정상 키를 가진다. Rht-B1b와 Rht-D1b 대립형질 각각은 키의 감소를 일으킨다. Rht-B1b/Rht-D1b 조합은 오른쪽의 반왜성 식물을 만든다. 이는 여러 현대 반왜성 밀의 조상인 Norin 10에서 발견된 것과 똑같은 조합의 대립형질이다.

야생 이배체의 조상들로부터 각 염색체 쌍이 유래되었다(그림 3.22 참고). 세 쌍의 염색체는 각각 A, B, 그리고 D로 동정되었다. **왜성 대립형질**은 ***Rht-B1b***(이전의 *Rht1*)과 ***Rht-D1b***(***Rht2***)로 명명되었다. Rht는 감소한 키(reduced height)를 의미하고, B1b/D1b는 염색체 B1과 D1의 짧은 팔에 위치하는 대립형질을 의미한다.

Rht 유전자는 전사를 조절하는 GRAS 패밀리 단백질을 암호화한다. N-말단에 2개의 보존된 영역이 있는 데, 그중 하나는 **DELLA 도메인**이라 불리는 27개 아미노산 모티프이다. 야생형 Rht 단백질은 GA 신호전달에서 음성적 조절자이고, GA는 그 단백질의 조절 기능을 억제함으로써 기능을 한다. Rht 유사 단백질은 핵에 위치한다. 온전한 DELLA 영역을 가지면, GA의 존재에 의해 빨리 분해된다. 이러한 분해는 5장과 10장에서 기술된 유비퀴틴-단백질 분해효소 복합체 시스템(ubiquitin-proteasome system)에 의해 유비퀴틴-매개 단백질 분해를 포함한다.

Rht 왜성 대립형질은 지베렐린에 대한 식물의 정상적인 반응을 감소시킨다. *Rht-B1b*와 *Rht-D1b*의 왜성 대립형질은 DNA 염기 치환이 있어서, DELLA 영역에 조숙한 정지 코돈을 가진다(그림 12.54). 이러한 정지코돈에 의해 만들어진 잘린 단백질은 성장에 있어서 지속적인 억제인자로 행동한다; 그들은 GA에 반응하지 않는다. 그래서 그들의 N-말단이 변경되면, Rht 유전자 산물은 여전히 성장의 억제인자로 행동하고, GA에 의해 억제되지 않아서, 결국 GA 처리에도 반전되지 않는 반왜성 표현형을 갖게 된다.

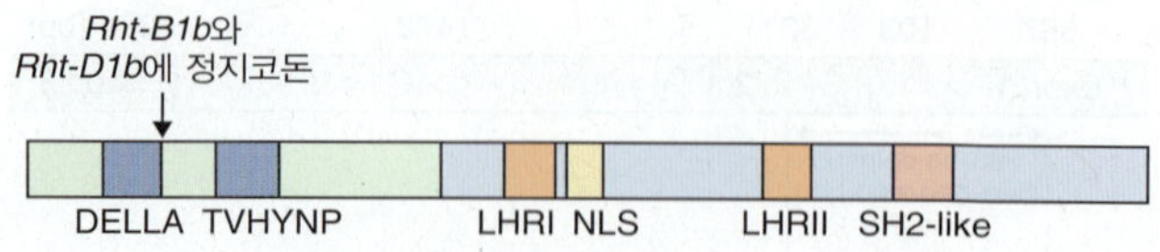

그림 12.54 Rht-B1b와 *Rht-D1b* 돌연변이는 모두 Rht/GAI 단백질의 보존된 DELLA 영역에 조숙한 정지 코돈을 가진다.

Rht 유전자의 상동유전자가 다른 종에서 발견된다. 애기장대의 GAI와 옥수수의 *dwarf8* 유전자의 돌연변이도 지베렐린-무반응 왜성형을 만든다. Rht 돌연변이처럼, 두 경우에서, 표현형은 단백질의 보존된 N-말단 도메인의 하나 또는 양쪽의 부분적 또는 완전한 결손에서 기인한다. 반면, Rht 유사 기능의 완전한 결손을 일으키는 돌연변이는 보리의 *slender*와 같이 과도성장 돌연변이를 만든다(12.2.4 참고). 이 경우, *SLN1*의 가운데에 염기 치환이 있어서 DELLA 도메인을 가진 Rht 유사 단백질인, SLN1 단백질을 만들지 못한다. 이런 돌연변이를 가진 보리는 GA를 처리한 것처럼 막대기처럼 길게 자란다(그림 12.55).

위에서 살펴본 것과 같이, 곡물을 위해 경작되는 초본식물에서, 작은 키의 선발은 유리하다. 왜냐하면 도복의 위험을 줄이고 고정된 탄소를 줄기 대신 곡물에 더 할당할 수 있기 때문이다. 산업화된 서구 농업에서, 지상부 바이오매스의 비곡물 부분의 가치는 곡물에 비해 낮다; 덜 집약적인

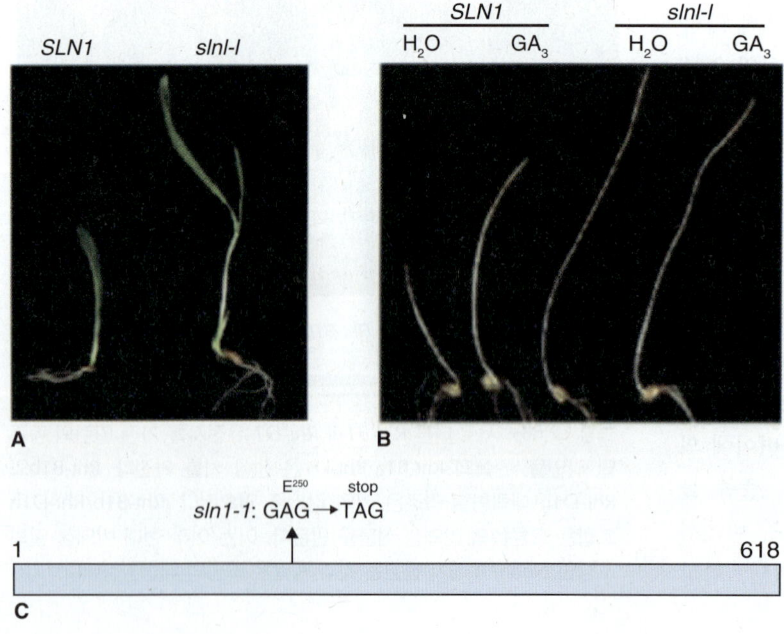

그림 12.55 (A) 5일 자란 유묘에서, *slender* (*sln*) 돌연변이를 가진 보리는 야생형(*SLN*)에 비해 매우 긴 막대기 모양이다. (B) 이 돌연변이는 야생형에 지베렐린을 처리한 것과 유사하다. (C) 이 돌연변이는 GAG 코돈이 정지 코돈인 TAG로 변환된 것이다. 숫자는 SLN1 단백질의 아미노산 위치를 나타낸다(1은 시작인 Met, 그리고 618은 끝인 Pro를 가리킨다).

키포인트 식물의 키는 작물에서 중요한 형질이다. 현대 곡류 변종들은 전통적으로 경작하던 것에 비해 작아서, 도복에 대한 저항성, 비료에 대한 반응성 그리고 다수확의 장점들을 지닌다. 녹색혁명은 키가 작은 밀과 벼의 육종에서 시작되었다. 일반적으로 큰 키에 대한 대립형질은 작은 키에 대해서 우성이다. 벼의 반왜성 형질은 지베렐린 생합성의 결핍에 기인한다. 해당 유전자는 GA-20 oxidase를 암호화한다; 반왜성 벼 변종에 존재하는 대립형질은 염기 결실 또는 치환으로 정상적인 효소를 만들지 못한다. 왜성 밀은 지베렐린에 둔감하다. 대부분의 반왜성 빵밀의 유전형은 Norin 10 변종에서 유래한 *Rht* (*reduced height*) 대립형질을 가진다. Rht 단백질은 DELLA 경로를 통해서 GA 신호를 음성적으로 조절한다. *Rht*의 염기 치환이 지베렐린에 대한 성장 반응을 감소시킨다. Rht 유사 기능의 완전한 결실은, 보리의 *slender* 돌연변이처럼, 과도 성장 표현형을 유발한다.

농업에서 줄기와 잎이 동물 사료, 건축재, 연료 등으로 사용되기는 한다. 현재 인류는 초본류와 곡류의 섬유성 줄기가 biorenewables로서의 잠재력 때문에 중요하게 여기는 시대로 가고 있다. 줄기 조직의 생산성을 최대화하기 위해서는 더 많은 연구가 필요하다. 이때, biorenewables 산업에서 요구되는 줄기의 조성적 특성은 유지하고, 물과 비료의 투입은 최소화시켜야 한다.

Part V
성숙

Chapter 13
무기영양소의 획득과 동화

13.1 식물 영양에 대한 개요

식물은 생존, 번창 및 성장에 필요한 모든 요소들을 이산화탄소, 물 및 물에 용해된 무기 이온들(무기영양소)로부터 얻는다. 9장에서 이미 광합성 과정 동안의 유기 탄소 화합물의 획득에 대해서 다루었다. 이번 장에서는 필수 무기 이온들의 흡수와 역할에 대해 다룰 예정이다. 농업에서 석회 또는 나뭇재를 토양에 첨가하는 중요성은 이미 2,000년 이상 동안 잘 알려졌지만, 19세기 중반에 이르러서야 식물에 대한 무기영양소의 필요성이 체계적인 과학 연구 주제로 다루어졌다. 독일 화학자인 유스투스 폰 리비히(Justus von Liebig)는 탄소, 수소 및 산소 이외에 질소, 인, 황, 칼륨, 칼슘, 마그네슘 및 철이 식물의 성장에 필요한 필수 영양소임을 밝혔다. 20세기 동안 다른 미량의 영양소들이 식물 성장에 필수적임이 밝혀졌는데, 이러한 미량 영양소들은 망간, 붕소, 아연, 구리, 몰리브덴 및 니켈 등을 포함한다.

표 13.1은 식물의 성장과 발달에 필수적인 다량 및 미량 영양소들을 보여준다. 영양소가 필수로 분류되려면 i) 식물이 생활사를 완료하기 위해서 절대적으로 필요해야 하며, ii) 다른 영양소에 의해 대체될 수 없어야 한다. 식물 조직에서 다량 영양소의 농도는 대체로 식물의 건조 중량 1g 당 1–15 mg이지만, 미량 영양소는 대략 이보다 10배 또는 그 이상 훨씬 더 적은 양으로 존재한다. 식물체와 토양의 영양소 조성 사이의 뚜렷한 농도 차이는 식물의 흡수와 수송 체계가 상당히 선택적이어야 하며 또한 농도 구배에 역행해야 함을 의미한다. 식물의 이러한 영양소 획득에 대한 특성의 근간을 이루는 분자 수준에서의 구조 및 기작의 규명은 유전체학, 막 생물리학, 구조 생물학 및 세포 생리학에서의 최근의 발전이 융합된 최신 연구의 관심사이다.

13.1.1 결핍 증상은 식물에서 영양소의 기능과 유동성을 반영한다

만약 특정 필수 영양소의 공급이 최적 성장을 위한 수준 이하로 떨어지면 식물은 결핍 증상을 드러낸다. 부적합한 영양소 공급은 토양에서의 낮은 농도, 식물이 접근 또는 흡수하지 못하는 형태로의 존재 등에 기인하며, 토양의 pH, 통기, 수분 상태 또는 고농도의 길항 성분 영양소 등에 기인하기도 한다. 식물은 영양소가 풍부한 시기에 해당 영양소를 격리함으로써 결핍 증상의 심각성을 완화할 수 있다. 예를 들면, 식물은 질산염을 세포내 액포에 고농도로(간혹 20 mM 이상) 저장할 수 있다. 그래서 토양으로부터 질소의 공급이 제한되면, 우선 이러한 저장물을 유출하여 대사에 대한 즉각적인 영향을 상쇄할 수 있다.

결핍 증상의 형태적인 양상은 종종 제한적인 영양소의 식물 내 유동성 정도에 따라 영향을 받는다(그림 13.1). 예를 들면, 인은 동화작용을 통해 대사산물이나 거대분자로부터 조달되어서 어린 조직으로 수송되기 때문에 인과 같이 매우 유동적인 영양소의 부적합한 공급에 의한 결핍 증상은 우선 오래된 기관에서 발생한다. 반대로 칼슘과 같이

표 13.1 양호한 식물 성장, 발달 및 생존을 위한 무기 원소

원소 (화학기호)	지각에서의 양 (%)[a]	농경지에서의 전형적인 농도 범위(mM)	식물에 의해 흡수되는 원소의 형태	식물 조직에서의 농도(생중량에서의 몰농도)[b]	생리학적 기능	결핍 증상
다량 영양소						
질소(N)	0.005	1.0–27.6 (NO_3^-) 5.0–6.1 (NH_4^+)	NO_3^-, NH_4^+, 아미노산	71×10^{-3}	단백질, 핵산, 보조인자, 엽록소, 알칼로이드(alkaloid) 및 이들의 전구체 구조에 사용됨; 아미노산과 많은 1차 및 중간 대사산물의 합성에 관여하며 일부 호르몬 및 기타 신호전달 물질을 포함함	질소가 부족한 환경에서 엽록체 합성의 감소는 오래된 잎의 일반적인 황백화(chlorosis, yellowing=황화)를 초래하고 식물의 나머지는 종종 담록색을 띤다.
칼륨(P)	2.6	0.1–6.8 (K^+)	K^+	17×10^{-3}	단백질 합성을 위한 필수 이온; 수분 포텐셜에 작용하는 주요 용질; 기공에서의 기능	오래된 잎의 시듬 및 그을음. 잎 가장자리로부터 안쪽으로 그을음이 생기면서 잎맥 사이의 황백화가 기저부에서 시작된다.
칼슘(C)	3.6	1.7–19.6 (Ca^{2+})	Ca^{2+}	8.3×10^{-3}	세포벽 안정화, 막 구조 및 투과성 유지 및 세포 신호전달에서의 역할	새 잎이 뒤틀리거나 불규칙한 형태가 된다. 배꼽썩음병을 유발한다.
마그네슘(Mg)	2.0	0.3–10.3 (Mg^{2+})	Mg^{2+}	5.5×10^{-3}	엽록소의 구성성분; 많은 효소 반응을 위한 필수 이온; 라이보좀의 통합 및 단백질 합성에서의 역할	종종 잎의 중앙에 녹색의 화살표 모양을 남기면서 오래된 잎이 끝에서 황화된다.
인(P)	0.12	0–0.09 ($H_2PO_4^-$)	$H_2PO_4^-$	4.3×10^{-3}	인산 이온 형태로 식물과 동물에서의 필수 영양소; 핵산의 뉴클레오타이드 구조 단위를 연결한다; ATP, ADP, 인산화된 중간물 및 단백질의 구조 중 일부로 에너지 대사에서 핵심적 역할; 인지질 세포막의 구성성분; 신호전달 과정에서 단백질 인산화에서의 역할	잎의 끝이 탄것처럼 보이며 뒤이어 오래된 잎은 짙은 녹색 또는 자주색으로 변한다.
황(S)	0.05	0.3–3.5 (SO_4^{2-})	SO_4^{2-}	2.1×10^{-3}	아미노산, 단백질, 조효소 및 보결분자단의 구성성분; 메탈로타이오네인, 황지질 및 항산화제의 구성성분; 이차대사를 통한 스트레스 반응에서의 역할	어린 잎이 우선 황화되며 때때로 오래된 잎이 뒤따른다.

표 13.1 (계속)

원소 (화학기호)	지각에서의 양 (%)[a]	농경지에서의 전형적인 농도 범위(mM)	식물에 의해 흡수되는 원소의 형태	식물 조직에서의 농도(생중량에서의 몰농도)[b]	생리학적 기능	결핍 증상
미량 영양소						
염소(Cl)	0.05	—	Cl^-	188×10^{-6}	광합성에서 물 분해 과정에 필요함	어린 잎에서 시듦과 잎맥 사이의 황백화, 성숙한 잎의 상부에서 갈색화
붕소(B)	0.05	—	$B(OH)_3$	123×10^{-6}	엽록소 합성에서 보조인자; 세포벽 기능에서의 역할	말단의 눈이 죽고 빗자루병이 생긴다.
철(Fe)	5.0	—	Fe^{3+}	120×10^{-6}	사이토크롬, 철-황 및 기타 보결분자단의 구성성분	어린 잎의 잎맥 사이에서 황화가 발생한다.
망간(Mn)	0.1	—	Mn^{2+}	61×10^{-6}	아미노산 합성에 관여; 광합성에서 물 분해 과정에 필요함; 슈퍼옥사이드 디스뮤테이즈의 구성성분	어린 잎의 잎맥 사이에서 황화가 발생한다. 일반적으로 식물 부위(잎, 지상부, 과일)의 크기 감소, 죽은 반점 또는 부위
아연(Zn)	미량	—	Zn^{2+}	20×10^{-6}	RNA 중합효소, 알코올 탈수소효소, 탄산 탈수효소 및 슈퍼옥사이드 디스뮤테이즈의 구성성분; 엽록소 생합성에 필수적임	짧아진 절간, 말단부 잎이 로제트화(방사상 배열)되며 새로운 잎의 잎맥 사이에서 황화가 발생한다. 갈색화
구리(Cu)	0.01	—	Cu^{2+}	6.2×10^{-6}	플라스토사이아닌, 사이토크롬 산화효소, 슈퍼옥사이드 디스뮤테이즈 및 리그닌 생합성 효소의 구성성분	잎이 짙은 녹색이 된다; 식물이 왜소해짐
몰리브덴(Mo)	미량	—	MoO_4^{2-}	70×10^{-9}	질소를 고정하는 박테리아와의 공생 관계에 필수적임; 질산염 환원에서 보조인자; 아황산염 산화효소, 크산틴 탈수소효소 및 알데하이드 산화효소의 구성성분	오래된 잎(식물 하부)의 일반적인 황화; 나머지 부분은 종종 옅은 녹색이 된다.
니켈(Ni)	미량	—	Ni^{2+}	6×10^{-9}	유리에이즈의 보조인자	독성 수준까지 축적된 요소로 인한 괴사 병변

(계속)

표 13.1 (*계속*)

원소 (화학기호)	지각에서의 양 (%)[a]	농경지에서의 전형적인 농도 범위(mM)	식물에 의해 흡수되는 원소의 형태	식물 조직에서의 농도(생중량에서의 몰농도)[b]	생리학적 기능	결핍 증상
일부 식물에서만 필요한 영양소						
나트륨(Na)	2.8	—	Na^+	1.5–155 × 10^{-3}	염생 식물 및 C_4 광합성을 하는 식물에 필요함	
코발트(Co)	미량	—	Co^{2+}	0.12 × 10^{-3}	질소 고정을 위해 콩과식물에 필요함	
실리콘(Si)	27.8	—		2.6–255 × 10^{-3}	생리적으로 필수적이지는 않지만 일부 목초는 초식동물 억제제로써 실리콘을 축적한다.	

[a]지각에서 가장 풍부한 원소는 산소이다(46.5%). 알루미늄은 8.1%를 차지한다. 영양소인 Si, Fe, Ca, Na, K 및 Mg 모두가 43.8%, 나머지가 1.6%를 차지한다.

[b]생중량대 건중량의 비가 대략 15:1임을 감안하여 계산된 몰 농도. 제시된 값은 아포플라스트와 심플라스트 분획을 모두 포함하는 조직의 평균값이다. 세포질 또는 개별 세포내 소기관의 농도는 전체 값과 수백 배까지 차이가 날 수 있다.

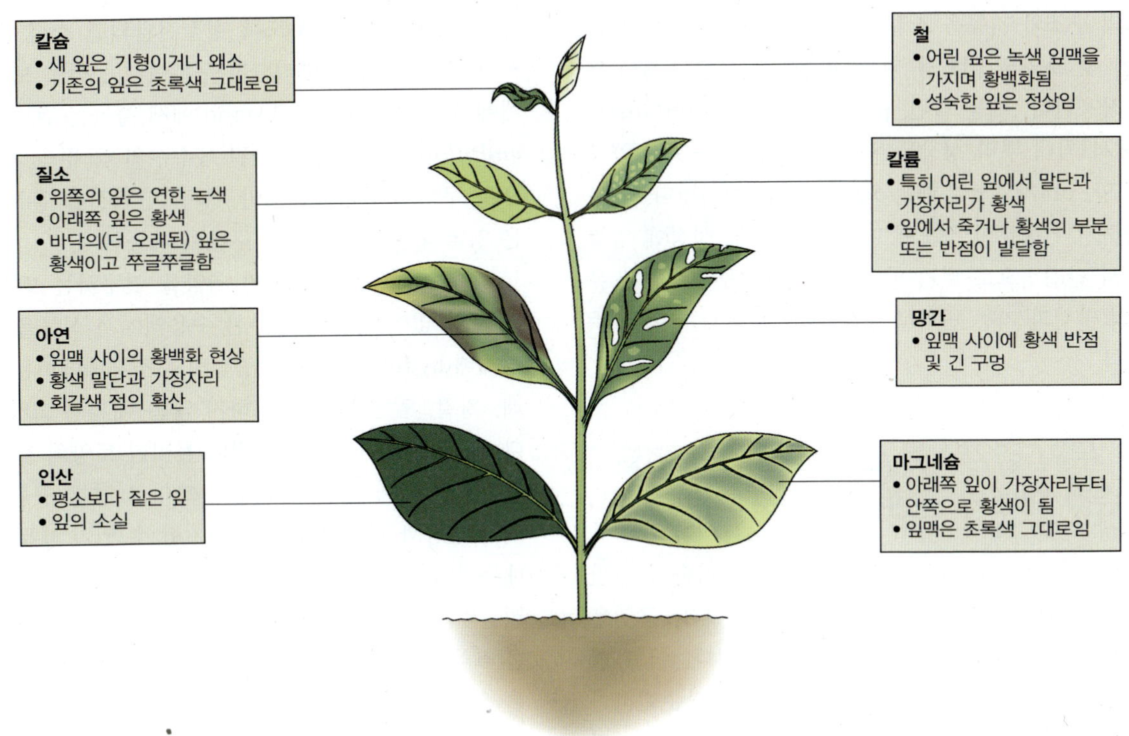

그림 13.1 영양소 부족 신호

상대적으로 비유동적인 영양소의 부족은 확실히 어린 기관에서 성장과 발달의 저해를 초래한다. 서로 다른 영양소는 토양에서의 가용성, 상호작용 뿐 아니라 저장이나 유동성에 대한 생리적 반응 및 생화학적 기능에서 상이하기 때문에 결핍에 따른 반응이 종종 진단하기에 충분할 만큼 두드러진다. 표 13.1은 식물의 주요 필수 영양소의 특징적인 결핍 증상을 보여준다. 질소, 인 및 칼륨의 가용성은 종종 식물의 성장을 제한하므로 이 다량 영양소들은 정원 및 농업 비료의 주요 성분을 이룬다.

13.1.2 뿌리 이외에 다른 기관들도 양분 획득 기능을 수행한다

뿌리가 양분을 흡수하는 기본적인 구조이지만(1장 및 12장 참고), 많은 식물들은 다른 기관들을 통해서 상당한 양의 양분을 획득하기도 한다. 예를 들면 잎은 양분을 흡수할 수 있으므로 원예나 농업에서는 작물의 수확량과 품질 향상을 위해서 잎을 통해 양분을 주기도 한다. 낭상엽 식물(*Nepenthacear*), 끈끈이주걱 및 파리잡이 식물(*Droseraceae*) 등의 새로운 과를 포함하는 약 600여 종의 식물 잎은 곤충 및 다른 작은 동물을 포획하고 소화할 수 있는 구조로 변형되어 있다. 조성을 분석해 보면 곤충은 풍부한 다량 영양소 원천임을 알 수 있다(건조 중량 1 kg당 질소는 99-121 g, 인은 6-14.7 g, 칼륨은 1.5-31.8 g, 칼슘은 22.5 g 그리고 마그네슘은 0.94 g). 이러한 영양 섭취로 인해 육식 식물은 산성 조건이 많은 양분의 가용성을 제한하는 습지, 늪, 소택지 등의 양분이 부족한 환경에서 자랄 수 있다.

식물의 뿌리는 이온 흡수에 유리하도록 넓은 표면적을 가진 많은 분지로 구성된 기관 체계이다. 뿌리의 표면적은 단세포인 뿌리털 형성에 의해 더 넓어진다(1장 참고). 모든 뿌리와 뿌리털의 표면적은 지상부 체계의 표면적보다 넓은 경우도 있다. 게다가 뿌리는 식물을 지지하거나(예를 들면, 판근, 수축근, 호흡근 등) 저장물을 보관(덩이근, 주근)하는 기능도 수행한다. 4,000종 이상의 식물들은 다른 식물에 기생함으로써 일부 또는 모든 필요한 양분을 얻는 것으로 알려져 있다. 기생식물의 뿌리인 흡수근은 숙주 식물 종의 뿌리 조직을 관통해서 양분을 얻는다. 많은 식물들의 뿌리는 다른 생명체와 공생관계를 형성한다. 질소를 고정하는 원핵생물을 포함하는 뿌리혹 구조나 뿌리와 근균의 상호작용과 관련된 수지상체는 식물 영양에서 특히나 중요하다(12장 참고). 뿌리, 토양 및 미생물의 밀접한 관계를 **근권(rhizosphere)**이라고 한다.

양분의 가용성과 식물 내부의 양분 효율성 상태는 뿌

리 체계의 구조와 기능을 조절한다. 양분 가용성은 수분 공급, 통기 및 토양의 pH 등 다른 요소들과 복잡한 양상으로 상호작용한다. 예를 들면, pH가 5.6일 때 목화(*Gossypium*)에서 최대 뿌리 성장을 위한 외부 칼슘 농도는 약 1 μM이지만, pH가 4.5일 때는 50 mM까지 증가한다. 양분은 부족하거나 충분한 정도에 따라 전체 식물 성장에 영향을 주면서 간접적으로 뿌리 발달을 조절하지만, 특별한 유전자들의 발현과 기능 변화를 통해 직접 형태적 영향을 주기도 한다.

13.1.3 무기 영양소를 연구하기 위한 기술에는 수경 재배와 근관찰관이 포함된다

식물 영양 기작을 연구하는 데 있어서 주요 기술적 난관은 작용의 대부분이 지하에서 일어난다는 것이다. 근권은 자체적으로 관찰하기가 어려운 복잡한 체계이다. 이로 인해 많은 연구 접근방법들은 식물-양분 관계를 단순화하거나 뿌리의 발달과 기능을 보다 분석하기 쉬운 방향으로 진행되었다.

널리 쓰이는 한 방법은 뿌리를 관찰할 수 있는 토양 단면에 유리나 투명한 플라스틱 판 또는 관 형태의 토양 내 창인 **근관찰관**(**rhizotron**)을 이용하는 것이다. 최근 이러한 접근 방식의 발전은 가시광선 및 적외선 범위의 다양한 파장에서 디지털 영상을 취합하고 컴퓨터를 이용한 기술을 적용함으로써 뿌리의 구조와 역학의 분석까지 이용된다. 화학적 표지 염료나 형광 표지의 이용은 근권 생리의 비침습적 조사를 가능하게 만들었다. 그림 13.2는 식물이 형광 단백질을 발현하도록 형질전환되면 소형 근관찰관에서 서로 다른 종의 뿌리까지 구분이 가능함을 보여준다. 이 예에서 혼교임분(mixed stand)에서 자라는 쥐보리(*Lolium multiflorum*)와 형질전환된 옥수수의 각 뿌리 체계는 육안으로 구분이 불가능하지만, 형광 단백질을 흥분시키는 좁은 영역의 빛에서는 쉽게 구분이 가능하다.

뿌리의 기능과 식물의 영양을 연구하는 또 다른 방법은 토양 없이 양분이 풍부한 수용액에서 식물을 기르는 **수경재배**(**hydroponics**)이다. 몇몇 수경재배에서는 뿌리가 모래, 자갈, 암면 등의 견고하지 않은 배지에 고정되기도 한다. 토양에서 비롯된 질병이나 불리한 토양의 물리적, 화학적 특성, 물에 의한 스트레스 그리고 양분 공급과 수용에 대한 변동과 관련된 문제를 제거할 수 있기 때문에, 수경재배는 상업적 작물 생산을 위해 널리 사용된다. 기본적인 기법을 바탕으로 많은 변이가 있는데, 그중 일부 수경재배법은 식물 영양 연구를 위한 수단으로 확립되었다. 그림 13.3은 3분을 주기로 자동적으로 양분 액 샘플들을 공급하는 유수 양분 시설을 보여준다. pH, 질산염, 암모늄, 칼륨 및 기타 영양소들이 측정되어서 만약 초기 설정 수준으로부터 벗어나면 적절한 화합물이 배양 단위로 보내진다. 그 후 영양소들이 각 단위로 재공급되는 속도로부터 식물의 영양소 흡수가 계산된다. 수용성 배양액에서 자라는 식물은 뿌리 및 그 기능에 접근할 수 있는 유용한 수단이다. 그러나 근권에서 발생하는 다양하고 복잡한 물리적, 생물학적 상호 관계의 부재는 꼭 유념해야 한다. 이는 수경재배 조건에서의 행동을 바탕으로 토양에서 자라는 뿌리에 대한 추정에 있어서 반드시 유의해야 함을 의미한다.

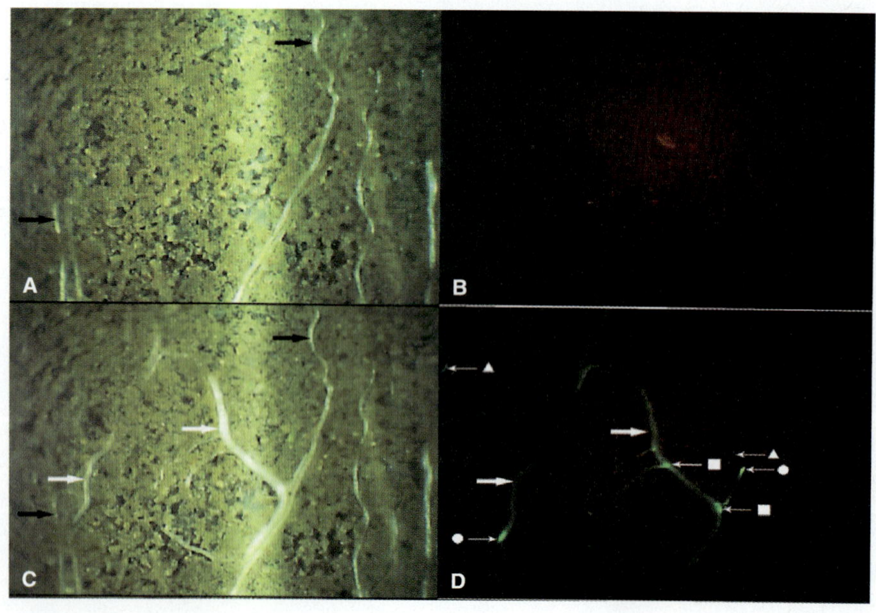

그림 13.2 소형 근관찰관(minirhizotron)에서 자라는 옥수수(*Zea mays*)와 쥐보리(*Lolium multiflorum*) 혼교임분(mixed stand)의 뿌리. 옥수수 유전형은 녹색 형광 단백질을 발현하는 유전자로 유전적으로 형질전환되었다. 가시광선 하에서 일반적인 뿌리 사진을 옥수수 파종 후 37일 후(A) 및 48일 후(B)에 찍었다. (B)와 (D)는 상응하는 형광 사진이다. 옥수수(흰색 화살표)와 쥐보리(검은색 화살표) 뿌리가 확실하게 구분될 수 있다. 형광은 뿌리 말단(원)과 분지 지점(사각형)에서 특히 강하다.

13.1.4 근권은 식물의 무기영양소 가용성에 영향을 준다

무기 이온들은 식물에 흡수되기 전에 반드시 토양액에 용해되어야 한다. 앞으로 보겠지만 이온들은 수용도가 다양하다. 수용도는 pH에 영향을 받는데, 예를 들면 음전하를 띠는 진흙 입자는 양전하의 이온들을 끌어당겨서 결합한다. 토양 사이로 스며드는 물은 토양액에 용해된 이온들을 유실시키므로 진흙 입자는 양이온 저장소로 작용한다. 양성자는 양이온 교환에 의해 결합된 양이온들을 토양액에 방출되도록 분리시킬 수 있다(그림 13.4). 식물의 뿌리는 결합된 양이온들을 얻기 위해서 이러한 교환을 촉진시킬 수 있다. 양성자가 진흙에 결합된 모든 다른 양이온들을 분리시키기 때문에 산성비는 토양의 영양소를 고갈시킨다.

식물체는 대략 두 부위인 **아포플라스트**(**apoplast**) 및 **심플라즘**(**symplasm**)으로 나뉠 수 있다. 식물 세포들의 서로 연결된 세포벽들은 아포플라스트를 구성한다. 식물에서 대부분 세포들의 원형질체(protoplast)는 심플라즘이라고 불리는 얇은 세포질 연결체들로 연결되어 있다(그림 14.6). 용해된 이온들은 두 가지 경로인 **아포플라스트 경로**(**apoplastic pathway**)와 **심플라즘 경로**(**symplasmic pathway**)에 의해 뿌리로 또는 뿌리를 가로질러 이동한다. 심플라즘 경로로 진입하기 위해서 이온들은 채널(channel) 또는 공수송체(co-transporter)를 이용하여 뿌리 세포의 세포막을 가로질러야만 한다(5장 참고). 이 과정은 수송체가 없는 이온들을 차단하며 세포질에 이온 농도를 토양액보다 100-1,000배 이상 높게 축적하게 해 준다. 그 후 이온들은 물관부의 유조직(parenchyma) 세포에 도달할 때까지 심플라즘을 통해 뿌리를 가로질러 확산한다. 이곳에서 이온들은 물관부의 물관 요소(tracheary element)로 떨어져서 식물의 다른 부위의 세포로 수송된다(14장 참고). 이온들은 이 경로를 따라 특정 지점에서 심플라즘 경로를 진입하거나 빠져 나올 수 있다. 다른 방법으로는 이온들이 아포플라스트로 확산되어서 **내막**(**endodermis**)에 도달할 때까지 세포벽의 수용액에서 뿌리를 가로질러 확산한다(그림 13.5 및 그림 1.31). 내피 세포벽에 존재하는 왁스층인 **카스파리선**(**casparian strip**)은 뿌리 중심부의 관속주(vascular cylinder)로 물과 이온의 확산을 저지하는 장벽을 형성한다. 따라서 물관부에 도달하기 위해서 아포플라스트에 있는 이온들은 내피 세포의 세포막을 가로질러서 심플라즘 경로에 진입해야만 한다.

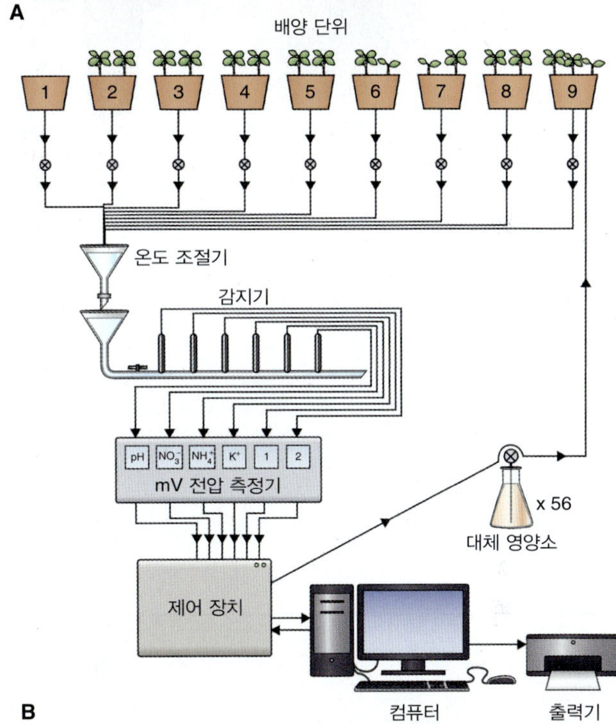

그림 13.3 특정 환경 조건 및 근권 pH 하에서 전체 식물 수준에서 NO_3^-, NH_4^+, K^+ 및 기타 이온들의 순 흡수에 대한 비파괴적이고 계속적인 측정을 제공하는 자동화된 수경 재배 연구 시스템. (A) 6개의 배양 단위 모습. (B) 조절 시스템 도해. 흡수 속도의 분석능은 10분에서 10주 까지이며 시스템은 짧은 기간(24시간 이하) 또는 긴 기간(몇 주) 연구를 위해 사용될 수 있다.

이 시점에서 무기 이온의 흡수 및 분배와 관련된 막 수송(5장에서 자세히 기술됨)의 기본적인 원리에 대해 요약해 볼만 하다. 식물 세포의 세포막은 세포막 H^+-ATPase의 활성에 의해서 −100에서 −250 mV의 전위가 유지된다. 세포 외의 양이온들은 전기화학적 구배(electrochemical gradient)에 순행해서 채널을 통해 세포막을 가로질러 확산될 수 있다. 음이온들의 이동은 전기화학적 구배에 역

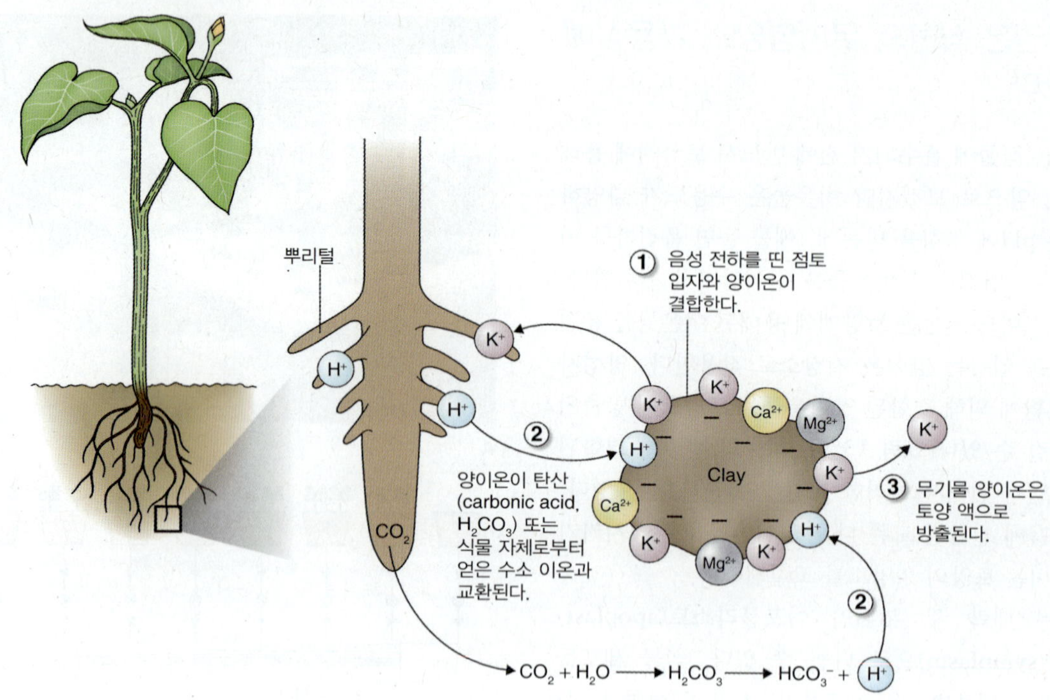

그림 13.4 점토 입자와 뿌리 사이에서의 양이온 교환

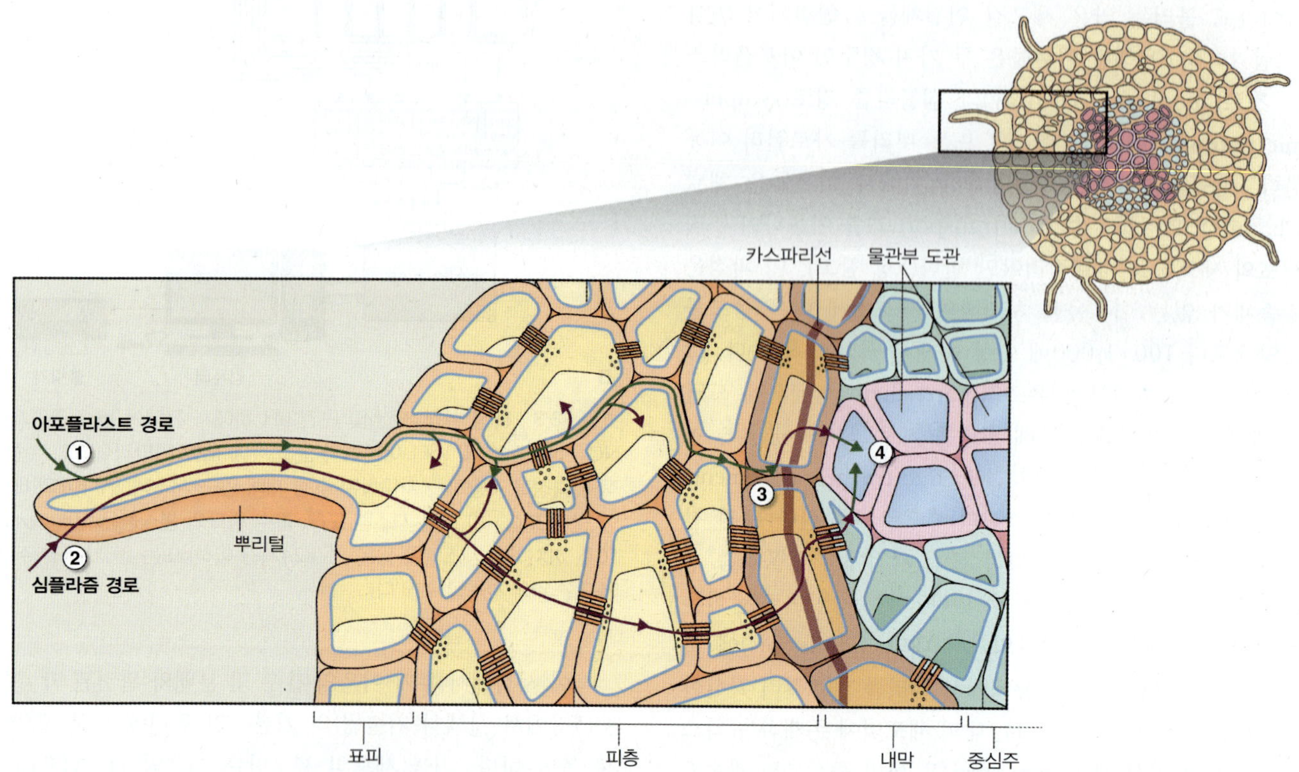

그림 13.5 뿌리를 가로지르는 무기물 수송을 위한 아포플라스트 및 심플라즘 경로. (1) 아포플라스트 경로(apoplastic route): 물과 용해된 무기물이 토양으로부터 표피 세포의 친수성 세포벽으로 확산되며 피층(cortex)의 아포플라스트 공간을 통해 이동한다. (2) 심플라즘 경로(symplasmic route): 뿌리털 세포막을 통과한 무기물은 근접한 피층 세포들의 세포질에서 세포질로 중심주(stele)까지 확산된다. (3) 카스파리선(Casparian strip)은 내피(endodermis)를 가로지르는 아포플라스트 이동은 차단한다. 피층에서 중심주로 도달하기 위해서 무기물은 심플라즘으로 이동해야만 한다. (4) 물과 무기물은 지상부로 상향 수송되기 위해서 내피와 관다발 유세포(parenchyma cell)의 심플라즘 공간으로부터 물관부 도관(xylem vessel)으로 이동한다.

행하는데, 막을 가로지르는 이동은 보통 세포막 양성자 펌프에 의해 유지되는 양성자 농도 구배에 의해 매개되는 2차 능동수송(secondary active transport)을 통해 이루어진다. 세포 내에서 액포는 이온의 흡수와 이용에 있어서 주요 역할을 수행한다. 액포막은 약 +20에서 30 mV의 전위를 갖는데, 이는 액포 H^+-ATPase와 양성자를 퍼내는 파이로포스퍼테이즈(H^+-pumping pyrophosphatase)에 의해 유지되며 따라서 액포 액(vacuolar sap)은 세포질에 비해 양전하를 띤다. 그러므로 전기화학적 구배는 세포질과 액포액 사이에서 음이온들의 확산을 용이하게 하지만 양이온의 이동에는 공수송체의 도움이 필요하다.

이번 장의 나머지 부분에서는 각 무기영양소를 다량으로 요구되는 것부터 미량이 필요한 것까지 다루려고 한다. 각 영양소에 대해서 토양에서 어떤 형태로 존재하는지, 어떤 형태가 식물에 의해 흡수되는지, 그리고 어떤 기작에 의해 뿌리 세포로 진입하는지를 살펴보고자 한다. 해당되는 곳에서는 영양소들이 생물학적 분자로 함유되는 방식, 즉 **동화**(**assimilation**)라고 불리는 과정에 대해서도 다루려고 한다.

13.2 질소

질소는 탄소, 수소, 산소 다음으로 생명체에서 가장 많은 원소이다. 이러한 질소의 대부분은 다른 생명체의 분해를 통해 재순환되는 질소로 구성된 집체에서 기인한다. 이 집체로의 새로운 투입은 자연 현상(예를 들면, 화재 및 뇌우) 또는 인간의 활동(예를 들면, 화석 연료의 연소 또는 화학비료의 사용)에 동반되는 화학 반응에 의해 이루어진다. 생명체에 의해 흡수 그리고 방출되는 동안 질소는 다양한 환원 및 산화 형태를 거친다. 표 13.2는 주요한 질소 형태의 산화 상태를 보여준다.

질소 원자의 바깥 껍질(outer shell)은 다른 원자들과 결합이 가능한 5개의 전자를 가지고 있다. 질소보다 전기적으로 음성인 즉, 원자들이 전자에 대한 고친화력을 가지고 있는 원소들은 5개의 바깥 껍질 전자의 일부 또는 전체를 가져갈 수 있다. 산소가 그러한 원소로 최대 3개의 산소 원자들이 1개의 질소와 반응하여 질산염 이온처럼 최대 산화상태(+5)까지 일련의 질소 산화물(NO_X)을 만들 수 있다. 질소는 전기적으로 덜 음성적인 원소들 특히 수소(암모니아 기체 NH_3 및 암모늄 이온 NH_4^+로써) 및 탄소(살아 있는 세포의 구성성분을 포함한 광범위한 질소 유기물 형태로써)로부터 전자를 탈취함으로써 환원되기도 한다. 질소는 또한 대기 기체인 **이질소**(**dinitrogen, N_2**)에서는 자신과 결합한다. 질소의 삼중결합($N{\equiv}N$)은 특히 안정적이어서 이질소 한 분자를 생물학적으로 유용한 형태로 환원하기 위해서는 다량의 환원력(reducing power) 뿐 아니라 에너지가 필요하다. 질소는 끊임 없는 생지화학적 순환(biogeochemical cycle) 속에서 산화, 환원 및 이질소 사이를 이동하면서 지구 상에서 순환한다(그림 13.6).

13.2.1 생물권에서 질소는 무기와 유기 집체에서 순환한다

질소는 지구 곳곳에 존재하지만, 대부분은 수백만 년에 걸쳐 일어나는 풍화 및 다른 기작을 제하고는 실제로 생명체의 접근이 불가능한 바위나 침전물에 고정되어 있다(표 13.3). 지구 대기의 약 80%를 차지하는 이질소 기체는 질소 삼중결합의 본질적인 화학적 안정성으로 인해 대부분의 진핵 생명체에게는 무용지물이다. 그러나 **질소자급영양체**(**diazotroph**)라고 불리는 질소를 고정하는 원핵 생명체는 대기 중의 질소(N_2)를 이용할 수 있다. 적지만 그래도 상당한 양의 대기 중 질소는 뇌우(electrical storm)에 의해 NO_X 형태로 전환될 수도 있다. NO_3^-는 결국 수중 환경 및 토양에서 식물의 성장을 가능케 한다(그림 13.6). 무기 형태와는 달리 질소가 무기 결합(R-NHX; 표 13.2 참고)으로 진입하면 매우 불안정해져서 몇 달에서 몇 년을 주기로 순환한다(표 13.3).

식물은 **질산염**(**nitrate**) 및 **암모늄**(**ammonium**) 모

> **키포인트** 식물의 성장에 필요한 다량 영양소들은 질소, 인, 황, 칼륨, 칼슘이며 필수 미량 영양소들은 마그네슘, 철, 망간, 붕소, 아연, 구리, 몰리브덴, 니켈이다. 특별한 필수 영양소의 부적합한 공급은 특징적인 결핍 증상을 야기한다. 식물은 무기영양소들을 주로 뿌리를 통해 토양으로부터 획득하지만, 일부 종들(예를 들면, 식충 식물)은 다른 기관 및 다른 영양원을 이용한다. 뿌리-토양 구역(근권)은 접근하기 어려우므로 근관찰관(식물을 그 자체로 조사할 수 있는 창) 및 수경재배(흙이 없는 재배)와 같은 도구들이 식물 영양을 실험적으로 관찰하기 위해서 종종 이용된다. 영양소들은 근권에서 식물로 이동하며 식물에서는 심플라즘(세포 내) 또는 아포플라스트(세포 외) 경로를 통해 분배된다.

표 13.2 주요 질소 형태의 이름과 산화 상태

화합물	질소의 산화 상태	이름	
N_2	0	이질소(질소 기체)	
$R\text{-}NH_x$	−1 to −3	유기 N ($x \geq 0$)	
NH_3	−3	암모니아	총괄해서 NH_x
NH_4^+	−3	암모늄 이온	
NH_2OH	−1	수산화아민	
N_2O	+1	아산화질소	총괄해서 NO_x
NO	+2	산화질소	
NO_2^-	+3	아질산염	
NO_2	+4	질소 산화물	
NO_3^-	+5	질산염	

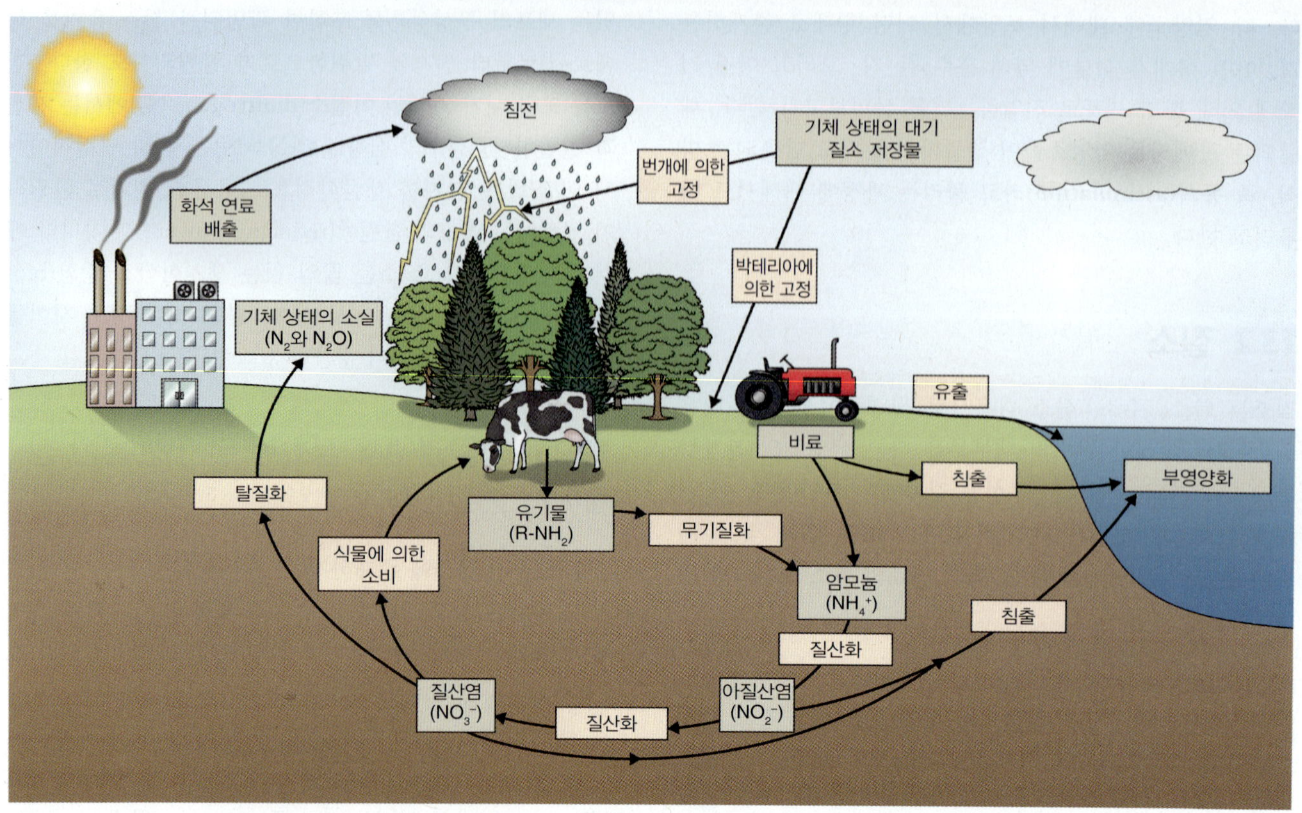

그림 13.6 간단한 형태의 생물학적 질소 순환(biological nitrogen cycle).

두를 질소원으로 이용할 수 있다. 일단 흡수되면 질산염은 유기물에 편입될 수 있기 전에 암모늄으로 환원되어야만 한다. 토양 내의 암모늄은 대기 중의 질소로부터 기인하는데, 이는 질소고정 기작(13.2.2절 참고) 또는 **무기질화**(**mineralization**) 및 **암모니아화**(**ammonification**)라고도 불리는 부패과정 동안 유기물($R\text{-}NH_X$)로부터의 방출에서 비롯된다. 토양 또는 수중의 질산화 세균은 NH_4^+를 NO_2^- 및 NO_3^-로 전환한다. NO_2^- 및 NO_3^-의 NH_4^+로의 환원 및 이후의 동화는 세균, 곰팡이 및 식물에서 일어난다. **질산화 세균**이 수용성 NO_X를 완전히 이질소 기체 및 NO_X의 기체 형태로 환원시키면 질소는 생물학적 동화에 이용 가능한 집체로부터 소실되기도 한다. 질소(특히 NO_3^-)는 토양 내의 접근 불가능한 부위로 확산되어서 이 집체로부터 소실되기도 한다. 게다가 물에 녹은 형

표 13.3 다른 질소 형태의 양과 역학

질소 저장소	양(kg)	회전율[a]
침전물 및 암석	2×10^{20}	4×10^{8}년
대기(주로 N_2)	4×10^{18}	4×10^{7}년
수중 무기물(주로 용해된 NO_x)	2×10	2×10^{5}년
육상 유기물	3×10^{14}	1–40년
수중 유기물	3×10^{13}	1개월
토양	2×10^{13}	1년 이하

[a]저장소를 들어가고 나오는 질소 원자에 대한 평균 기간

태의 질소는 육지로부터 수생 환경으로 침출되기도 한다(그림 13.6). 토양, 호수, 하천 및 해양에서 고농도의 이용 가능한 질소 및 다른 영양소로 인한 **부영양화(eutrophication)**는 자연 공동체(natural community)의 악화, 생물다양성의 감소 및 때로는 녹조 현상(algal bloom)의 경우처럼 먹이 사슬 및 인류의 건강에 대한 위협과 밀접한 관련이 있다.

다음 절에서는 우선 이질소를 고정하는 기작에 대해 다루고자 한다. 그 후 뿌리에 의한 고정된 유기적 질소 형태인 NH_4^+ 및 NO_3^-의 흡수를 다루고, 마지막으로 이러한 이온들이 유기 분자로 어떻게 편입되는지를 살펴볼 것이다.

13.2.2 질소 고정은 이질소 기체를 NH_3로 전환한다

대기 중에는 이질소 기체가 풍부하지만 일부 생명체를 제외하고는 거의 모든 생명체에서 이용되지 못한다. 세포 내의 유기 복합물로 진입하기 위해서는 이질소 기체의 질소가 고정되어야만 한다. 즉 이질소 기체의 두 원자 사이의 매우 안정된 삼중 결합이 열리고 환원되어서 NH_3를 형성해야만 한다. 질소 고정 전반을 위한 깁스 자유 에너지 변화($\Delta G°'$)는 약 −200 $kJmol^{-1}$이다. 공장 수준에서의 대기 중 이질소 환원은 철 촉매제 존재 속에서 고온 및 고압하에 N_2와 H_2가 결합되어 NH_3를 형성하는 **Haber-Bosch** 기작을 이용한다. 이 기작은 농업을 위한 질소 비료 제조의 기초가 된다. 매년 생산되는 10억 톤의 비료는 지구 에너지 공급의 1–2%를 소모하며, 세계 인구의 ⅓을 연명하게 하는 것으로 추정된다. 이와 반대로 **생물학적 질소 고정**은 주위 온도 및 대기압에서 일어난다. 이는 특정 종의 질소자급영양 진정세균(diazotrophic eubacteria) 및 몇

> **키포인트** 질소는 생명체에서 탄소, 수소, 산소 다음으로 가장 많은 원소이다. 질소는 다양한 환원 및 산화 형태로 존재하며 유기 및 무기 집체 사이에서 순환한다. 뿌리는 질소의 가장 산화된 상태인 질산염 NO_3^-를 흡수한다. 질산염은 동화(유기 복합체로 진입)되기 전에 암모늄 이온 NH_4^+로 환원되어야만 한다. 뿌리는 특히 산성 토양에서는 암모늄을 흡수할 수도 있다. 대기 중에서 가장 많은 기체인 이질소 N_2는 화학적으로 비활성이라서 N_2를 NH_4^+로 환원시킬 수 있는 특화된 질소 고정 미생물인 질소자급영양체에 의해서만 생물학적으로 이용될 수 있다. 지구의 질소 순환계에서 암모늄은 무기질화에 의해 유기 물질로부터 방출되며 질산화 세균에 의해 질산염으로 전환될 수 있다. 탈질소 세균은 유기 질소를 기체 산화물 또는 대기 중 이질소 기체로 되돌릴 수 있다. 환경에서 고 수준의 유용 가능한 질소(부영양화, eutrophication)는 생태적으로 해로울 수 있다.

몇 대표적인 메탄생성 고세균(methanogenic archaea)에 국한된다. 대부분의 질소자급영양체(diazotroph)는 독립 생활을 하지만 몇몇 특히 방선균(actinomycetes), 사이아노박테리아(cyanobacteria) 및 α-프로테오박테리아(α-proteobacteria)는 식물과의 공생관계로 진입한다(표 12.2 참고). 질소를 고정하는 뿌리혹의 발달과 공생을 위한 유전자 발현 조절 및 질소 동화 효소의 조절은 12장에서 다룰 예정이다.

13.2.3 생물학적 질소 고정은 나이트로지네이즈(nitrogenase)에 의해 촉매된다

생물학적 질소 고정을 담당하는 효소는 **나이트로지네이즈(nitrogenase)**로 **디나이트로지네이즈 환원효소(dinitrogenase reductase)** 및 **디나이트로지네이즈(dinitrogenase)** 효소들의 복합체이다(그림 13.7). 나이트로지네이즈에 의해 촉매되는 전반적인 반응은(식 13.1) 이질소 하나로부터 2몰(mole)의 암모니아를 생산하며 이 과정에서 16몰의 ATP를 사용하여 1몰의 이수소(dihydrogen, H_2)가 생성된다. 이 반응 과정에서 디나이트로지네이즈(**몰리브덴-철 단백질, MoFe protein**)는 이질소(N_2)와 결합하고 ATP를 가수분해하며 디나이트로지네이즈 환원효소(**철 단백질, Fe protein**)는 ATP와 결합하고 N_2를 NH_3로 환원하는 데 사용되는 고에너지 전자들을 공급한다. 구성 효소들과 안정화된 나이

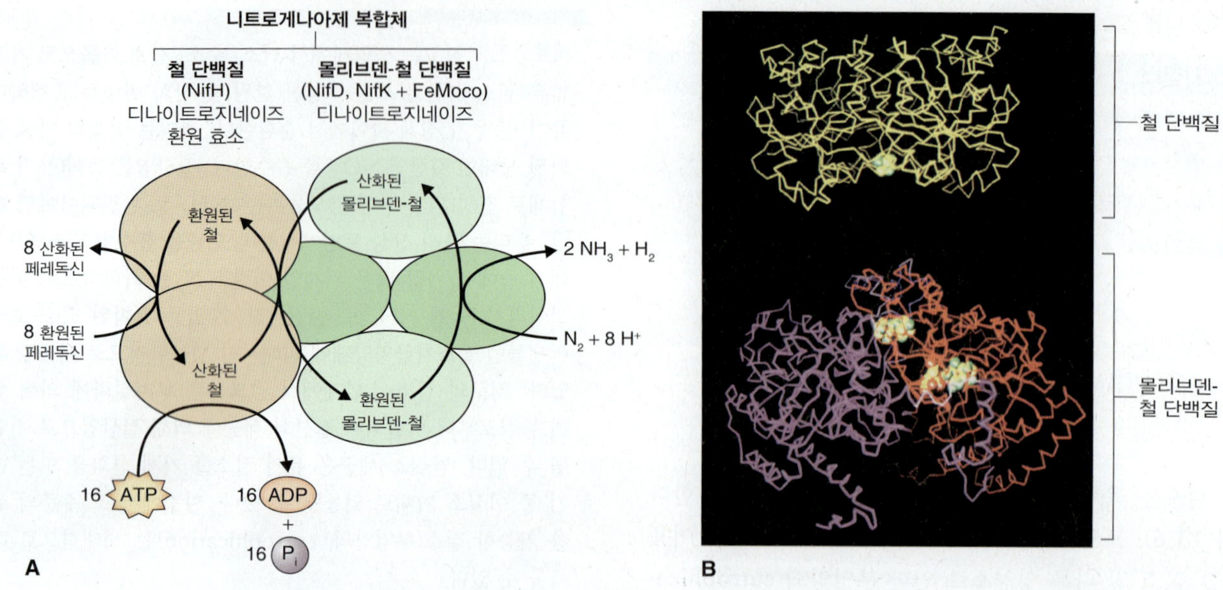

그림 13.7 (A) 효소에 의한 질소 고정에서 환원력 및 기질의 흐름을 보여주는 디나이트로지네이즈 복합체(nitrogenase complex). *nifH* 유전자에 의해 암호화되는 철 단백질(Fe protein)은 예를 들면 페레독신(ferredoxin, Fd), 플라보독신(flavodoxin) 또는 비슷한 전위의 다른 산화환원 활성 종(redox-active species) 등의 운반자로부터 전자를 받는다. 운반자의 정체는 관련된 생물학적 시스템에 따라 다르다. 철 단백질은 ATP의 순 가수분해와 함께 아주 낮은 전위에서 몰리브덴-철 단백질(MoFe 단백질)로 하나의 전자를 수송한다. *nifD* 및 *nifK* 유전자에 의해 암호화되는 소단위들의 α2β2 이종 4량체(heterotetramer)인 몰리브덴-철 단백질은 전자를 받아들여서 단계적인 순환 속에서 H^+ 이온과 N_2 기체에 결합한다. 이는 궁극적으로는 H_2와 암모니아 합성으로 이어진다. (B) 철 단백질(노란색)과 몰리브덴-철 단백질의 αβ 소단위(차례로 보라색 및 빨간색) 쌍의 결합 복합체 모델. 효소 소단위의 보결 분자단(prosthetic group)은 공간을 채우는 분자 구조로써 보여준다.

트로지네이즈 복합체의 3차원적 구조는 X-선 결정학에 의해 밝혀졌다(그림 13.7).

식 13.1 나이트로지네이즈에 의해 촉매되는 전반적인 반응

$$N_2 + 16ATP + 8e^- + 8H^+ \rightarrow 2NH_3 + H_2 + 16ADP + 16P_i$$

디나이트로지네이즈 환원 효소는 64 kDa의 호모다이머(homodimer, 즉 같은 폴리펩타이드의 쌍으로 구성된 구조)로 하나의 $[Fe_4S_4]$ 클러스터를 포함한다. 디나이트로지네이즈는 2개의 알파(α) 및 2개의 베타(β) 소단위들로 구성된, 즉 한 종류 이상의 4개의 폴리펩타이드로 구성된(헤테로테트라머, heterotetramer) 240 kDa 크기의 단백질이다. 디나이트로지네이즈 전효소(homoenzyme)는 P 클러스터 및 M 클러스터의 두 종류 금속 중심(metal center)을 갖는다. **P 클러스터**는 환원된 상태(P^N)에서 7개의 황에 결합된 8개의 철 원자로 구성된 $[Fe_8S_7]$ 복합체이다(그림 13.8A). 4개의 철과 4개의 황 원자들은 입방형 조각을 형성한다. 산화된 상태(P^{OX})에서는 또 다른 3개의 철 원자들이 3개의 황에 결합하며, 남은 철은 산소를 통해서 베타 소단위의 폴리펩타이드 사슬의 세린 잔기에 연결된다(그림 13.8B). 디나이트로지네이즈 헤테로다이머(heterodimer)는 한 쌍의 동일한 P 클러스터를 갖는다. **M 클러스터**는 **FeMO 보조인자**(FeMo cofactor, FeMoco; 그림 13.8C)로 기질을 환원시키는 장소이다. P 클러스터와 같이 전효소 한 분자당 2개의 M 클러스터가 존재하며 그들의 구조는 산화환원 상태(redox state)에 따라 변화하며 본래 또는 반 환원된 형태(M^N), 산화된 형태(M^{OX}) 및 환원된 형태(M^R) 등 적어도 세 가지 형태를 취한다. M 클러스터는 3개의 황 원자와 C_7 시트르산과 유사한 호모시트르산(homocitrate)에 의해 연결된 $[Fe_4S_3]$ 입방(cuboid)과 $[Fe_3MoS_3]$ 절편를 갖는다.

모든 질소자급영양체는 몰리브덴-철(molybdenum-iron) 디나이트로지네이즈 체계를 가지고 있다. *Azotobacter vinelandii* 및 *Rhodobacter capsulatus* 같은 몇몇 독립생활을 하는 세균은 몰리브덴 결핍에 반응하여 바나듐-철(vanadium-iron) 또는 철-철 보조인자를 포함하는 대체 나이트로지네이즈를 합성할 수 있다. 그러나 식물의 체내 공생체는 오로지 몰리브덴-철 형태의 효소만을 합성할

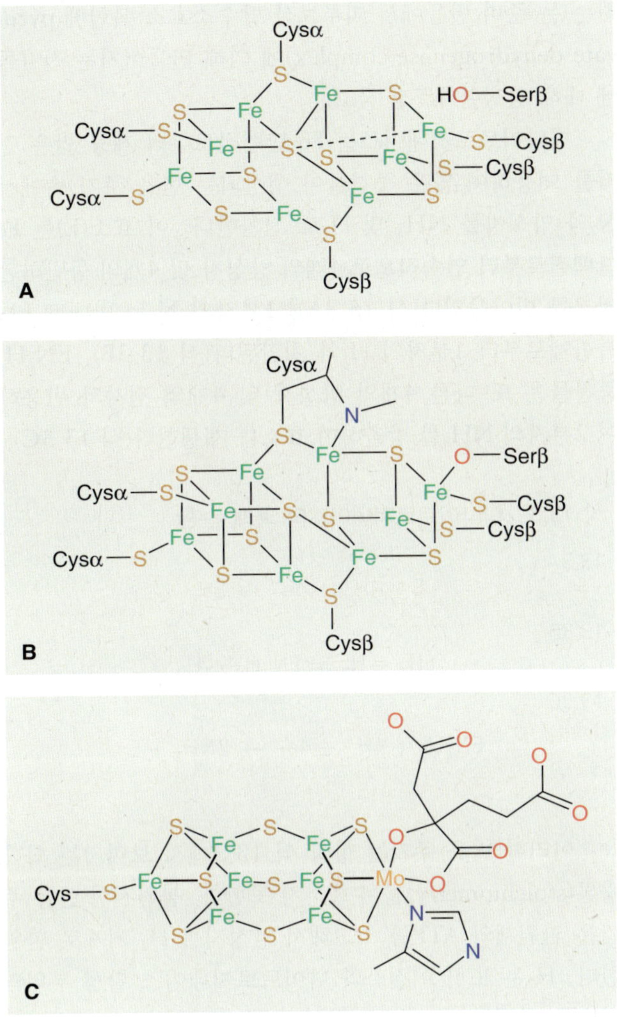

그림 13.8 디나이트로지네이즈(dinitrogenase)의 P 및 M 보결 분자단: (A) P^N, (B) P^{OX}, (C) FeMoco.

수 있다. 디나이트로지네이즈는 이질소 뿐 아니라 아세틸렌(acetylene, C_2H_2), 시안화물(cyanide, CN^-), 아산화질소(nitrous oxide, N_2O) 및 아자이드화물(azide, N_3^-) 등의 여러 결합을 갖는 여러 다른 복합물들도 환원시킬 수 있다. 효소에 의한 아세틸렌의 에틸렌으로의 전환은 기체 크로마토그래피에 의해 쉽게 측정할 수 있으며, 이는 나이트로지네이즈 활성의 용이한 분석에 있어서 기초가 된다.

나이트로지네이즈는 환원제와 함께 나이트로지네이즈를 공급해 주는 몇몇 단백질들처럼 산소에 의한 비활성화에 매우 민감하다. 그래서 질소 고정 세균은 절대적 혐기성 세균인 경우가 많다(예를 들면 클로스트리듐의 여러 종). 빠르게 호흡하는 아조토박터같은 다른 세균들은 대사적으로 산소를 제거하거나 또는 질소 고정을 호기성 대사와 공간적으로 분리시킴으로써—**헤테로시스트(heterocyst)**라

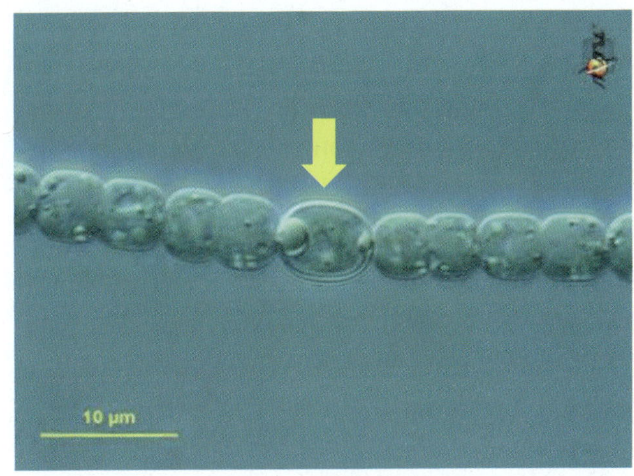

그림 13.9 N_2를 고정하는 헤테로시스트(heterocyst, 화살표)를 보여주는 사이아노박테리아(cyanobacterium)인 *Anabaena* 필라멘트(filament)의 일부.

불리는 특화된 질소 고정 세포를 보유한 아나베나(Anabaena) 및 기타 사이아노박테리아(cyanobacteria)에서 처럼—혐기성 환경을 유지할 수 있다(그림 13.9).

발효와 혐기성 호흡에서는 산화되는 탄소당 ATP의 생산이 매우 낮기 때문에 질소를 고정하는 혐기성 세균은 탄소 기질에 대한 수요가 높을 수 밖에 없다. 그 결과로 내부 공생 관계(12장 참고)는 식물 숙주에 대해 탄소 기질에 대한 상당한 수요를 요구한다. 질소 1 g을 고정하기 위해서는 약 12 g의 유기 탄소를 필요로 한다. 대체로 콩과 식물의 질소를 고정하는 뿌리혹은 광합성에 의해 식물이 획득한 탄소의 50%까지 소모하는 것으로 여겨진다. 이러한 일차 식물 생산성 측면에서의 약점은 왜 내부 공생 질소 고정자(endosymbiotic N_2-fixer)를 가진 식물이 전 세계인을 먹여 살리는 주요 작물에 포함되지 않는지를 설명해 준다.

13.2.4 이질소의 고정은 촉매 순환에 의해 일어난다

이질소를 고정하는 동안의 전자 흐름은 그림 13.10에서 보여준다. 산화된 형태의 디나이트로지네이즈 환원효소

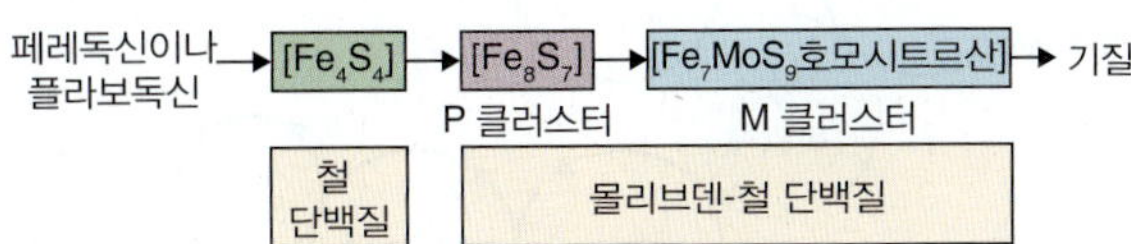

그림 13.10 나이트로지네이즈 시스템에서 전자 전달 단계의 순서. 철 단백질, 디나이트로지네이즈 환원효소; 몰리브덴-철 단백질, 디나이트로지네이즈.

(dinitrogenase reductase, Fe 단백질)은 환원된 페레독신(ferredoxin, Fd) 또는 플라보독신으로부터 전자를 받아서 2분자의 MgATP와 결합하고 전자를 디나이트로지네이즈(MoFe 단백질)로 전달한다. 한 바퀴의 나이트로지네이즈 촉매 순환은 이러한 연속적인 전달 8번 및 16분자의 ATP의 ADP로의 가수분해가 필요하다(식 13.1 참고). 디나이트로지네이즈로의 전자 전달은 Fe 단백질을 다음 번의 ATP 의존적인 산화환원 순환(redox cycle)을 위한 산화된 형태로 전환한다. Fe 단백질은 ATP가 결합하거나 가수분해됨에 따라 눈에 띄는 구조적 변화를 겪는다.

디나이트로지네이즈 환원효소에 대한 전자 공여자는 페레독신 또는 몇몇 생명체에서는 플로보독신이다(그림 13.10). 독립생활을 하는 많은 질소자급영양체에서 피루브산 페레독신(플라보독신) 산화환원효소(pyruvate ferredoxin (flavodoxin) oxidoreductase)는 전자를 피루브산과 α-케토글루타르산염으로부터 산화된 페레독신(플라보독신)으로 전달한다(식 13.2).

식 13.2 피루브산 페레독신 산화환원효소

$$\text{Pyruvate} + \text{CoASH} + 2\text{Fd}_{ox} \rightleftharpoons \text{acetyl-CoA} + CO_2 + 2\text{Fd}_{red} + 2H^+$$

내부공생을 하는 뿌리혹 박테리아(표 12.2 참고)는 페레독신을 환원하기 위해 필요한 저준위의 전자를 생산하는 대체 전자수송 결합방법(alternative electron transport-coupled method)을 가지기도 한다. 예를 들면 그림 13.11은 열대 콩과 식물인 *Sesbania rostrata*에서 뿌리혹을 형성하는 질소자급영양체 α-프로테오박테리아인 *Azorhizobium caulinodans*에서 피루브산에서 나이트로지네이즈로의 전자 수송 경로를 보여준다. 질소 고정(ATP를 소모하는)과 사이토크롬 경로(산화적 인산화에 의해 ATP를 생성하는)는 준비 반응에서 피루브산 탈수소효소 복합체(pyruvate dehydrogenase complex)에 의해 만들어지는 전자들에 대해 경쟁한다(7장 참고).

디나이트로지네이즈는 Fe 단백질로부터 제공 받은 전자를 이용하여 많은 중간물이 생성되는 반응 주기 속에서 N_2와 양성자를 NH_3 및 H_2로 전환한다. 이 효소(E)는 Fe 단백질로부터 연속적으로 4개의 양성자 및 4개의 동반하는 전자를 받아들인다(식 13.3A). 1분자의 N_2는 반대로 EH 복합체로부터 1분자의 H_2와 치환된다(식 13.3B). EN_2H_2 중간물은 또 다른 4개의 양성자 및 4개의 전자와 반응하여 2분자의 NH_3를 방출하며 효소를 재생한다(식 13.3C).

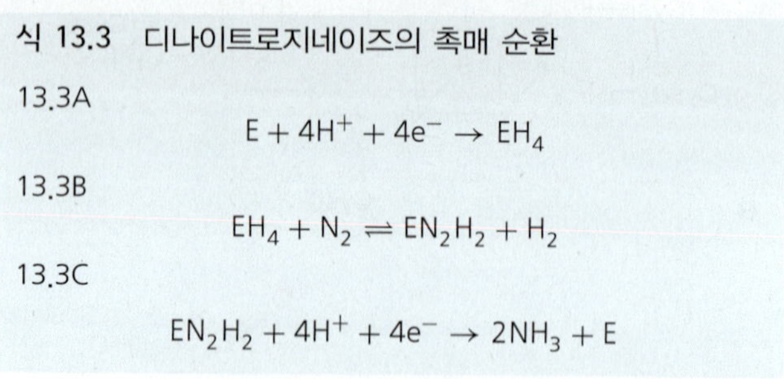

식 13.3 디나이트로지네이즈의 촉매 순환

13.3A

$$E + 4H^+ + 4e^- \rightarrow EH_4$$

13.3B

$$EH_4 + N_2 \rightleftharpoons EN_2H_2 + H_2$$

13.3C

$$EN_2H_2 + 4H^+ + 4e^- \rightarrow 2NH_3 + E$$

이러한 반응 주기는 항상 식 13.3에서 보여지는 화학량론(stoichiometry)를 수행하지 못한다. 불완전한 반응 주기는 환원제와 ATP를 소모해서 양성자를 H_2 기체로 환원한다. H_2는 또한 이질소와 나이트로지네이즈 활성 부위의 점유를 경쟁함으로써 N_2 환원을 억제한다. 많게는 나이트로지네이즈에 공급되는 에너지의 60%가 H^+를 H_2로 환원하는 경쟁을 통해서 N_2 고정으로부터 이탈한다. 특정 뿌리혹 박테리아(*Rhizobium*) 종은 H_2를 H^+로 다시 전환함으로써 전자를 재활용하는 효소인 수소화효소(hydrogenase)의 활성을 통해 손실된 에너지의 일부를 다시 획득할 수 있다.

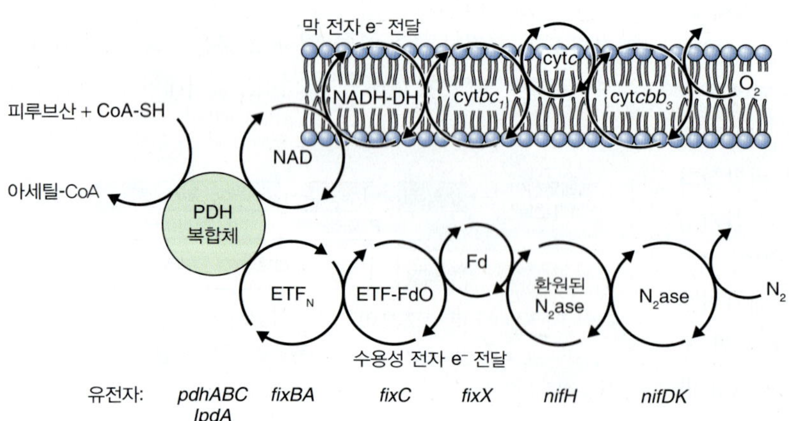

그림 13.11 *Azorhizobium caulinodans*에서 N_2 고정을 뒷받침하는 전자 전달 경로. NAD^+와 전자 전달 플라빈단백질(electron-transferring flavoprotein, ETF_N)는 피루브산 탈수소효소(PDH) 복합체를 재산화시키는 데 있어서 운동역학적으로 경쟁한다. 막 전자전달(membrane electron transport, 산화적 인산화 oxidative phosphorylation)는 ATP를 양산하고 N_2로의 수용성 전자 전달은 ATP를 소모한다. DH, dehydrogenase(탈수수효소); ETF-FdO, ETF-ferredoxin oxidoreductase(페레독신 산화환원효소).

키포인트 질소 고정은 깁스 자유에너지 변화($\Delta G°'$)가 −200 k $Jmol^{-1}$로 상당한 에너지를 필요로 한다. 많은 식물 종들은 질소자급영양 미생물들과의 공생 관계로 진입함으로써 질소를 고정할 수 있다: 예를 들면 콩과 식물(legume)과 뿌리혹 박테리아(*Rhizobium* bacteria). 저산소 환경에서 N_2를 NH_4^+로 환원시키는 효소인 나이트로지네이즈는 디나이트로지네이즈 환원효소(dinitrogenase reductase, Fe 단백질)와 디나이트로지네이즈(dinitrogenase, MoFe 단백질)로 구성된 복합체이다. 디나이트로지네이즈는 하나의 $[Fe_8S_7]$ P 클러스터 및 하나의 FeMo 보조인자(M 클러스터)에 결합된 헤테로다이머 단백질이다. 효소에 의한 질소 고정 순환(enzymatic N fixation cycle) 동안 디나이트로지네이즈 환원효소는 16분자의 ATP를 ADP로 가수분해하며 연속적으로 8개의 전자를 환원된 페레독신 또는 플라보독신으로부터 디나이트로지네이즈로 전달한다. 디나이트로지네이즈는 전자들을 이용하여 1분자의 N_2를 2분자의 암모니아로 전환시킨다. 불완전한 반응 주기는 에너지 측면에서 비효율적이며 이수소(H_2) 기체를 생성한다. 그러나 몇몇 뿌리혹 박테리아 종은 수소화효소를 통해서 이수소 기체를 양성자로 다시 전환할 수 있다.

13.2.5 암모늄의 심플라즘으로의 흡수는 특별한 막 채널를 통해 일어난다

지금까지 토양에서 식물의 성장을 지원할 수 있는 유용 가능한 토양의 주요 무기물 형태의 질소는 NO_3^- 및 NH_4^+임을 배웠다. 뿌리는 이러한 이온들을 세포막의 특별한 수송 단백질을 통해 심플라즘으로 흡수한다. 질산화 속도가 느린 산성 토양에서 암모늄 이온(NH_4^+)의 유용도는 종종 질산염(NO_3^-)의 유용도를 상당히 상회한다. 고농도의 암모늄은 질산염 동화에 필요한 유전자 발현을 억제한다. 암모늄의 흡수는 다면성을 보이는데 이는 다양한 수송 체계의 존재를 암시한다. 수송체에 대한 K_m 값은 NH_4^+ 및 메틸아마인(CH_3NH_2) 같은 화학적 유사물들에 대해서 10에서 70 μM로 측정된다. 수송체들 중 한 그룹인 **AMT1**의 구조 및 기작은 유전자 서열과 개구리 난자(*Xenopus* oocyte) 및 다른 이종 시스템에서의 기능 분석에 대한 연구로부터 유추되었다. 식물의 AMT1 단백질들은 박테리아, 포유류 및 다른 생명체의 수송체와 유사하며 효모에서 NH_4^+ 흡수 돌연변이를 보완할 수 있다. 이 단백질들은 여러 개의 추정되는 막 관통 부위들을 가지고 있다. 애기장대 게놈에는 5개의 *AMT1* 그룹에 속하는 단백질들이 있는데, 5개 모두는 뿌리에서 발현하며 2개는 지상부에서 발현한다.

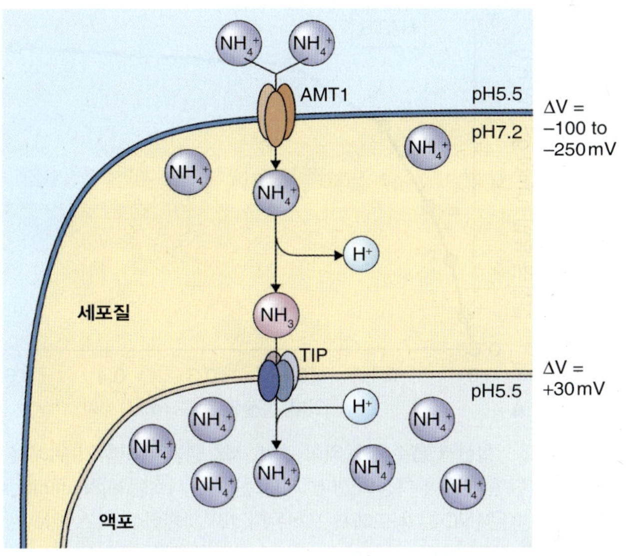

그림 13.12 세포막 AMT1 수송체에 의한 NH_4^+ 흡수 및 아쿠아포린(aquaporin)과 유사한 액포막 내재 단백질(tonoplast intrinsic protein, TIP)에 의해 액포막을 가로지르는 수송.

전기생리학적 측정은 AMT1 단백질이 세포막에 존재하는 **NH_4^+ 채널**임을 보여주며, NH_4^+는 전기화학적 구배를 따라 세포질로 확산된다. 세포질의 NH_4^+ 일부는 양성자를 잃어서 NH_3가 되며 아쿠아포린과 유사한 액포막 내재 단백질(aquaporin-like tonoplast intrinsic protein, 5.5.4절 참고)에 의해 액포막을 통과해서 액포로 이동한다(그림 13.12). 과도한 독점적 질소 공급원으로써의 암모늄은 식물에 해로울 수 있으며, 아마도 근권의 산성화 그리고 산-염기 균형 및 에너지 대사 붕괴의 결과로써 저하된 잎 팽창, 손상된 뿌리 성장 및 황화(chlorosis, yellowing)를 초래한다.

질소를 고정하는 뿌리혹에서 암모늄은 특정 **노듈린**(**nodulin**, 이질소자급영양 박테로이드과의 공생 형성에 반응하여 발현되는 식물의 단백질)에 의해 수송된다. 대두(soybean, *Glycine max*)의 암모늄 수송체 노듈린 단백질인 **GmSAT1**은 특이한 특성을 가지고 있는데, 예를 들면 하나의 추정 막관통 부위를 가지고 있으며 박테로이드를 둘러싸고 있는 숙주에서 유래한 막의 생리학적 연구와 일관되게 암모늄 유사물인 메틸아마인에 대한 K_m이 약 5 mM로 비교적 높다.

13.2.6 뿌리는 다른 형태의 질소보다 우선해서 질산염을 흡수한다

질산염은 강력한 형태형성 효과를 보유하는 등 단순한 영

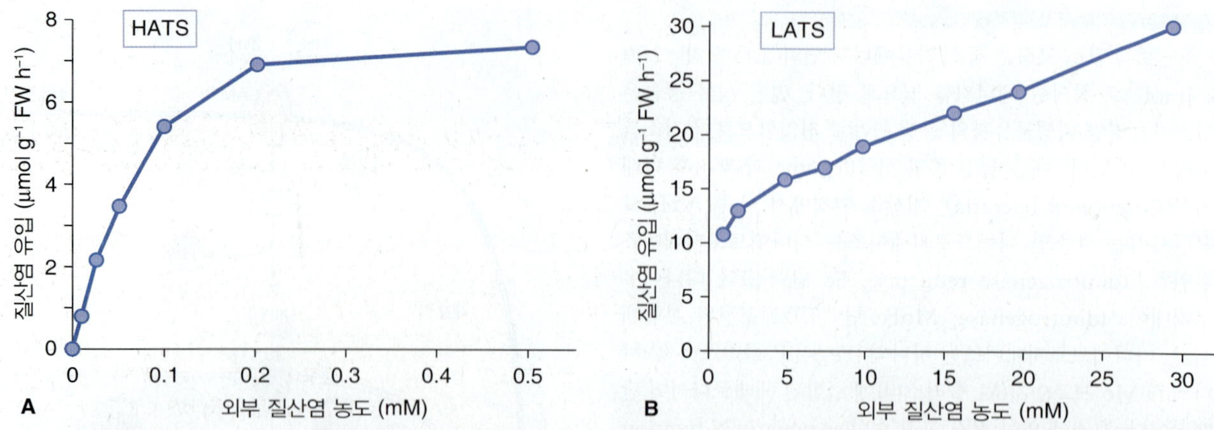

그림 13.13 질산염 흡수의 동역학. 흡수 시스템을 유도하기 위해서 0.1 mM 질산염으로 미리 처리한 보리 뿌리에서 질산염 유입은 외부 질산염 농도에 대한 함수로써 측정되었다. (A) 고친화력 시스템(high-affinity system)에 의한 흡수는 미카엘리스-멘텐 동역학(Michaelis-Menten kinetics)을 보여주는 높은 [NO_3^-] 농도에서 포화된다. (B) 저친화력 시스템(low-affinity system)에 의한 흡수는 비포화 동역학(non-saturating kinetics)을 나타낸다. FW, 생중량(fresh weight).

양소 이상의 기능을 보인다. 질산염은 질소 대사 유전자들의 발현을 조절하는 신호로써 작용할 뿐 아니라 성장 속도, 식물의 형태, 탄소와 질소 대사의 상호관계 및 다양한 환경 조건들에 대한 반응을 조절하는 대규모 대사의 일부로써 작용한다. 선택적으로 뿌리는 보통 NH_4^+ 보다 우선해서 NO_3^-를 흡수하며, AMT1 수송체의 활성을 중단한다. 일정 기간 동안 질소를 결핍시킨 후 NH_4NO_3를 뿌리에 재공급하면 질소 동화 산물인 글루타민의 내생 집체(endogenous pool)의 증가가 초래되며 이는 바로 AMT1 전사를 하향 조절한다. 세포질에서 질산염은 질산염 환원효소(NR, nitrate reductase)와 아질산염 환원효소(NiR, nitrite reductase)에 의한 촉매 반응의 결과로 암모늄으로 전환된 후 유기 질소 집체(organic N pool)로 진입한다.

뿌리 세포에 의한 토양 질산염 흡수는 세포막에 위치하는 **고친화력(HATS, high affinity transport system)** 및 저친화력 수송체계(**LATS, low affinity transport system**)에 의해 일어난다. HATS(때로는 system I이라고도 불리는)는 NO_3^-에 대해서 10-100 μM의 K_m 값을 갖는다(그림 13.13A). HATS는 지속적인 활성을 갖는 요소(**cHATS**)와 질산염에 의해 유도되는 활성을 갖는 요소(**iHATS**)를 가지고 있다. HATS의 NO_3^-에 의해 유도되는 요소는 토양 질산염의 유용도에 대한 센서로 작용하는 것으로 여겨지고 있다. LATS(system II)는 포화 흡수 반응속도론(Michaelis-Menten 유형)을 보이지 않는다(그림 13.13B). LATS는 HATS가 포화되며 요소들의 발현이 억제되는 농도인 0.5 mM NO_3^- 및 그 이상에서 작동한다. 토양의 질산염 유용도가 일반적으로 낮은 자연 생태계에서 식물은 흡수를 위해 HATS를 이용하는 경향이 있는 것 같다. LATS는 비료가 충분한 토양에서 자라는 농작물 종들에서 더 중요하며 따라서 작물의 생산성 및 품질을 향상시키거나 부영양화를 감소시키는 것을 목적으로 하는 질소 이용 효율에 대한 연구에 있어서 특별한 관심의 대상이 된다.

수송 체계는 질산염을 암모늄으로 환원하거나 지상부로 이동하기 위해서 물관부로 확산되는 심플라즘으로 운반한다. 세포막의 전기화학적 구배(−100에서 −250 mV)에 역행하는 질산염의 흡수는 결과적으로 순 양전하(net positive charge)를 유입하는 **전기발생 $2H^+/NO_3^-$ 심포터(symporter)**를 이용한 이차 능동수송(secondary active transport)에 의해 이루어진다(그림 13.14). 이 기작에 대한 근거는 세포가 질산염에 노출될 때 세포막의 H^+ 펌프에 의해 전기화학적 구배의 재분극(repolarization)이 동반되는 막의 탈분극(depolarization)의 관찰로부터 비롯된다. 연속적인 저농도 및 고농도의 NO_3^- 존재 하에서 세포의 2단계에 걸친 전기생리학적 행동은 이 모델이 LATS 및 HATS에 의한 능동적인 질산염 흡수 기작을 제공함을 암시한다(그림 13.15).

적어도 두 그룹의 **질산염 수송체(nitrate transporter) 유전자**들인 ***NRT1*** 및 ***NRT2***가 존재한다. *NRT1*과 *NRT2*는 일차 염기서열 유사도는 거의 없지만 해당 단백질의 구조적 토폴로지(structural topology)는 비슷해서 6개의 나선 2쌍이 세포질 고리(cytosolic loop)로 연결된 12개의 막투과 부위(transmembrane domain)로 구성되어 있다. *NRT2*는 유도 HATS의 막 수송체 및 질산염 센서 구성요소를 암호화하고 있다. NRT2 단백질의 활성은 환원된 형

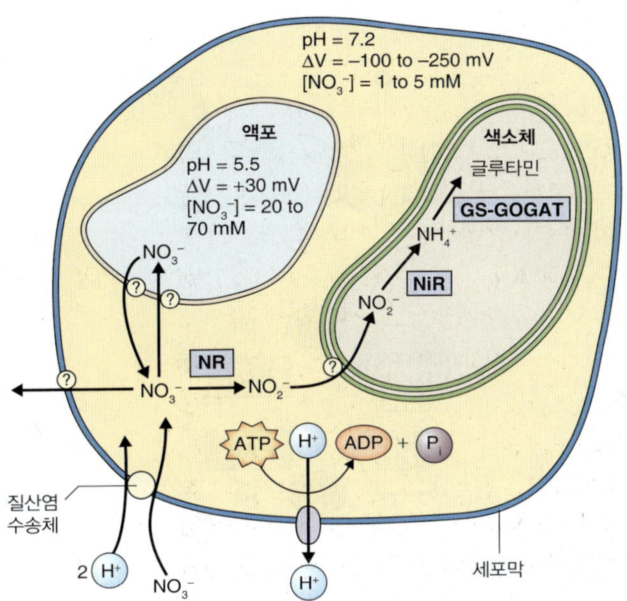

그림 13.14 식물 세포에 의한 질산염 동화는 세포막을 가로지르는 질산염의 수송 및 2단계 과정의 암모니아로의 환원을 수반한다. 세포막 양성자-ATPase(H^+-ATPase)는 세포의 질산염 흡수를 유도하는 전기화학적 구배를 유지한다. 전위 및 세포내 질산염 농도에 대한 값은 전형적인 값이지만 상당히 다를 수 있다. GOGAT, 글루탐산 합성효소; GS, 글루타민 합성효소; NiR, 아질산염 환원효소; NR, 질산염 환원효소.

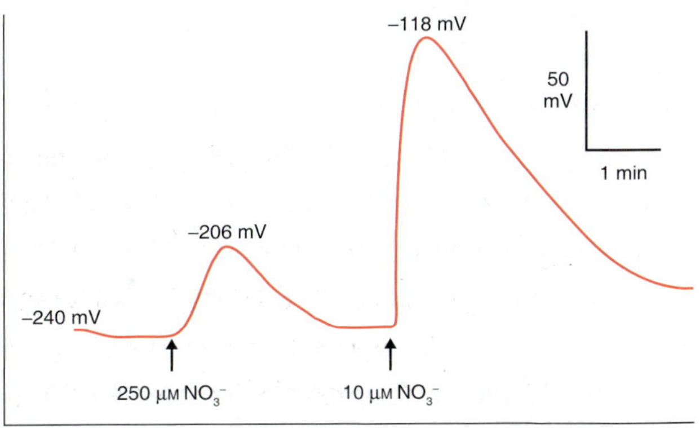

그림 13.15 질산염에 대한 막 탈분극(membrane depolarization). 애기장대 뿌리 표피 세포(root epidermal cell)의 세포막 전위는 식물이 처음으로 질산염에 노출되었을 때 보다 더 양의 값을 가지게 된다. 첫 번째 탈분극은 기본적으로 고친화력 시스템에 의한 흡수에서 비롯되지만(250 μM 질산염에서 측정), 두 번째 탈분극은 고친화력 및 저친화력 시스템 모두에 의한 흡수를 반영한다(10 mM 질산염에서 측정). 식물은 측정 이전에는 질산염 없이 재배되었다.

태의 질소(암모늄 및 글루타민)에 대한 유전자 발현의 되먹임 조절, 2차 구성 단백질과의 상호관계를 통한 막 타겟팅 및 인산화에 의해 조절된다. 애기장대 게놈(*Arabidopsis* genome)에서 *NRT2* 그룹에는 7개의 멤버가 있다. *NRT2*는 대체로 뿌리에서 발현되며 지상부에서는 약하게 발현되거나 발현되지 않는다. *NRT2* mRNA의 수준은 뿌리 끝에 가까운 표피 및 내피 세포에서 가장 높으며 뿌리 축의 기저부(base of the root axis)로 가면서 급격하게 감소한다.

NRT1 유전자 그룹은 애기장대 게놈에서 53개의 멤버가 동정될 만큼 상당히 크지만 *NRT1*의 역할 특히 LATS와 관련성은 복잡해서 아직 잘 모르고 있다. 첫 번째 NRT1은 염소산염(chlorate, ClO_3^-)에 대한 저항성을 보이는 애기장대 돌연변이 스크리닝에 의해 동정되었다. 염소산염은 질산염 수송체 및 유해한 산물인 아염소산염(chlorite, ClO_2^-)으로 환원시키는 질산염 환원효소(NR)에 대한 기질로써 작용할 수 있는 질산염의 화학적 유사물이다. 애기장대의 돌연변이 집단에 염소산염을 처리했을 때 돌연변이체인 *chl1*은 생존 식물체로 분리되었다(그림 13.16). 이 돌연변이체는 질산염 흡수에 결함이 있지만 정상적인 수준의 NR 활성을 가지고 있다. 애기장대의 *CHL1* 유전자는 현재 *AtNRT1.1*로 불린다. 원래 *AtNRT1.1*은 LATS의 한 구성성분으로 여겨졌지만 그 것의 분자 및 생리학적 특성은 예상과 일치하지는 않는다. *AtNRT1.1*의 발현은 NO_3^-에 의해 유도되며 단백질은 뿌리 끝에 위치하지만 기공의 공변세포(stomatal guard cell)에서도 발견되며 수분 스트레스에 민감한 것으로 알려져 있다. 몇몇 관찰은 AtNRT1.1 단백질이 아마도 인산화에

그림 13.16 질산염 흡수 돌연변이체는 식물에 염소산염(chlorate)을 처리하는 것에 의해 선별할 수 있다. 야생형(wild-type) 식물은 염소산염을 흡수하여 황백화를 초래하는 독성 산물인 아염소산염(chlorite)으로 환원시킨다. 질산염 흡수 돌연변이체는 염소산염을 흡수할 수 없어서 초록색 그대로 남는다.

의해 조절되어서 고친화력 및 저친화력 수송 범위에서 전환하는 이중 기능을 가지고 있다고 제안하고 있다. 애기장대에서 *NRT1* 그룹의 또 다른 멤버인 *AtNRT1.2*는 뿌리 표피 세포에서 항상 발현되며 LATS 범위에서 NO_3^-에 대해서 약 6 mM의 K_m 값을 갖는다. *NRT1.1* 또는 *NRT1.2* 유전자의 제거는 LATS 활성의 45% 이상의 감소를 초래하지만 어느 경우에도 감소된 수송 능력과 변화된 유전자 전사체 수준 간의 연관성이 크지 않으며 *NRT1* 그룹의 이 멤버들 및 다른 멤버들이 LATS에 어디서 어느 정도로 기여하는지도 불확실하다. 따라서 다른 유전자 그룹으로부터 또 다른 또는 대체 후보자들의 특성이 더 알려져야만 할 것으로 보인다. NRT1 및 NRT2는 NO_3^- 수송에 있어서의 기능 외에도 식물의 외부 및 내부의 질소 관계에 대한 뿌리의 발달 반응을 조절하는 신호전달 기작의 중요한 구성성분이기도 하다(12장 참고).

키포인트 암모늄 흡수는 AMT1과 같은 NH_4^+ 채널을 통한 심플라즘 경로이다. 뿌리혹 박테리아를 포함하는 질소 고정 콩과 식물 뿌리혹의 암모늄 채널은 노듈린으로 공생 형성에 반응해서 박테로이드를 둘러 싼 막에서 발현된다. 뿌리는 보통 NH_4^+ 보다 우선적으로 NO_3^-를 흡수하며 AMT1 수송체의 활성을 중단한다. 질산염 흡수 체계는 고친화력(high-affinity, HATS) 및 저친화력(low-affinity, LATS) 형태로 나뉜다. HATS는 항활성을 갖거나(cHATS) 질산염에 의해 활성이 유도된다(iHATS). HATS와 LATS는 *NRT1* 및 *NRT2* 유전자 그룹에 의해 암호화된 전기발생 $2H^+/NO_3^-$ 심포터이다. NRT 단백질은 12개의 막 투과 부위를 갖는다. 막 수송체(membrane-transporter)와 iHATS의 질산염 센서 구성성분을 암호화하는 *NRT2*의 발현은 질소 동화의 최종 산물에 의해 조절된다. NRT1과 LATS의 상호관계는 아직 불확실하다.

13.2.7 질산염 환원은 질소 동화의 첫 번째 과정이다

뿌리 세포로 진입하면 질산염은 질소의 산화 상태가 +5에서 −3으로 변하면서 아질산염과 암모니아를 거쳐 유기 질소가 되는 **동화 기작(assimilation pathway)**로 이용된다(표 13.2 참고). 생물권(biosphere)에서 대부분의 유기 질소는 영양자급체(autotroph)의 동화적 질산염 환원(assimilatory nitrate reduction)을 통해 진입한다. NO_3^-에서 NH_4^+로의 환원은 8개의 전자를 필요로 하며 **질산염 환원효소(nitrate reductase, NR)** 및 **아질산염 환원효소(nitrite reductase, NiR)**의 두 효소에 의해 촉매된다. 질산염 환원효소는 NADH 또는 NADPH 한 분자의 산화 및 NO_3^-당 하나의 양성자 소모와 관련된 반응인 질산염의 아질산염으로의 환원을 촉매한다(식 13.4). NADH 특이적 NR은 지상 식물 및 조류에 주로 존재하며, NADPH 특이적 NR은 곰팡이에만 특이적으로 존재한다. NADH 또는 NADPH 중 하나를 이용할 수 있는 형태의 NR은 지상 식물, 조류 및 (가장 일반적으로) 곰팡이에서 발견된다.

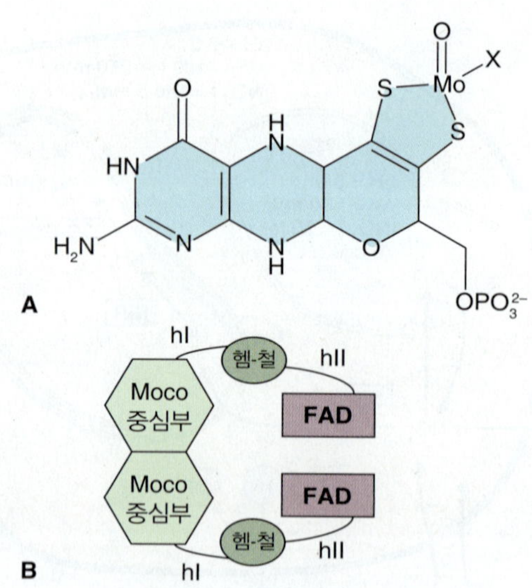

그림 13.17 (A) 질산염 환원효소의 몰리브덴 보조인자(molybdenum cofactor, Moco)의 화학적 구조. (B) Moco, 헴(heme), FAD 및 이들을 연결하는 경첩(hinge) 부위 hI과 hII를 보여주는 질산염 환원효소의 지역 구조.

식 13.4 질산염 환원효소

$$NO_3^- + NAD(P)H + H^+ \rightarrow NO_2^- + NAD(P)^+ + H_2O$$

NR은 몰리브덴(Mo)를 포함하는 금속효소(metalloenzyme)로 활성이 있는 형태는 호모다이머(homodimer)이다. 몰리브덴 보조인자(Mo cofactor, **Moco**)의 구조는 몰리브도프테린(molybdopterin)과 복합체가 된 하나의 몰리브덴 이온으로 구성되어 있다(그림 13.17A). 각 NR 모노머(monomer)는 길이가 약 900개의 아미노산으로 세 영역으로 구성되어 있다(그림 13.17B): **Moco 중심부**(아미노 말단의 Moco와 결합하는 부위 그리고 카르복시 말단의 2분자체(dimerization) 부위로 더 나뉘어짐), **시토크롬 b_5-철 헴(cytochrome b_5-Fe heme)** 영역 및 **플라빈 아데닌 뉴클레오타이드(flavin adenine nucleotide, FAD)**와 결합

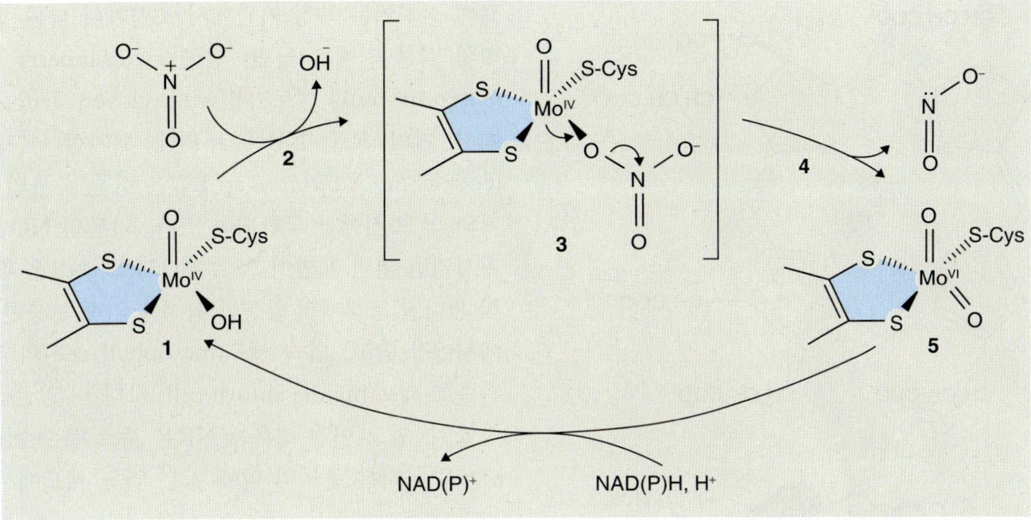

그림 13.18 제안된 질산염 환원효소(nitrate reductase, NR)에 의한 질산염 환원 반응 순환. 반응은 환원된 Mo(IV) 중심부로 시작한다(단계 1). 질산염은 활성 부위에 결합하여(단계 2) 반응 중간물을 형성하며(단계 3) OH^-를 방출한다. Mo 중심부의 Mo(VI)로의 산화는 질산염의 산소와 질소 사이의 결합을 깨서 아질산염을 방출한다(단계 4와 5). 환원적 반쪽 반응이 끝난 후 Mo는 다음 순환을 위해 [Mo(IV)]로 재생된다.

된 카르복시 말단 영역. 단백질 구조 연구는 3개의 기능적 부위들이 2개의 경첩 부위(hinge region)인 hI 및 hII에 의해 연결되어 있음을 알려준다(그림 13.17B). Moco, 철 헴(Fe heme) 및 FAD는 NO_3^-를 NO_2^-로 환원하는 연속적인 전자전달 반응에서 산화환원 중심부로써 기능한다.

NR은 **3단계의 촉매 주기**(**three-stage catalytic cycle**)을 갖는다: (i) NAD(P)H가 FAD를 환원시키는 환원성 절반 반응(reductive half-reaction); (ii) 중간 헴 부위(heme domain)를 통한 전자 전달 상태; (iii) Moco 중심부가 전자들을 질산염에 전달하여 아질산염을 생성하는 산화성 반쪽 반응. 이러한 일련의 산화환원 반응들은 −272에서 −160 그리고 −10 mV로의 FAD, 헴(heme) 및 Moco에 대한 중간점 전위(midpoint potential, $E^{\circ\prime}$) 음성도의 관찰된 점차적 감소와 일치한다. 질산염을 아질산염으로 환원시키는 Moco 중심부에서의 세부적인 반응 주기는 그림 13.18에서 보여준다. 환원된 형태의 Mo(IV)(단계 1)에서 몰리브덴은 활성 부위에서 NO_3^-와 반응하여(단계 2) OH^-와 반응 중간물을 형성한다(단계 3). Mo 중심부의 Mo(IV)로의 산화는 O-N 결합을 끊어서 NO_2^-를 방출한다(단계 4). Mo(IV)는 NAD(P)H와의 환원에 의해 재생되어 반응 주기를 계속할 수 있게 된다.

질소 고정 동안 아질산염의 암모늄으로의 환원은 보통 아질산염 환원효소라고 여겨지는 페레독신:아질산염 산화환원효소에 의해 촉매된다. NiR 반응 동안(식 13.5) 6개의 전자가 환원된 페레독신(**Fd_{red}**)으로부터 NO_2^-로 전달된다. 환원된 페레독신은 색소체에서 생성된다. 뿌리의 무색 색소체에서 환원제의 원천은 산화적 5탄당 인산경로에서 비롯된 NADPH이다(7장 참고). 녹색 조직에서 환원된 페레독신(Fd_{red})은 비순환적 광합성 전자전달의 산물이다(9장 참고).

식 13.5 아질산염 환원효소

$$NO_2^- + 6Fd_{red} + 8H^+ \rightarrow NH_4^+ + 6Fd_{ox} + 2H_2O$$

식물의 아질산염 환원효소는 약 65 kDa의 수용성 단분자 효소(soluble monomeric enzyme)이다. NiR의 활성 부위는 카르복시 말단의 절반을 차지하며 $[Fe_4S_4]$ 중심부와 연결된(그림 13.19B) **시로헴**(**siroheme**)을 포함한다(그림 13.19A). 2개의 클러스터에 위치하는 4개의 시스테인(cycteine)은 $[Fe_4S_4]$ 그룹에 대한 연결 리간드 및 황 리간드를 제공한다. 폴리펩타이드 사슬에서 특정 위치의 아미노산을 바꾸는 부위 특이적 돌연변이(site-directed mutagenesis)는 페레독신 결합에 중요한 아미노 말단 부위의 3개의 라이신 잔기를 포함하는 많은 리간드들을 동정한다. **NiR 환원 주기**는 $[Fe_4S_4]$ 중심부를 거쳐서 시로헴으로 전자를 전달하는 것으로 시작한다. 환원된(Fe^{2+}) 시로헴은 아질산염과 빠르게 결합한다. 환원된 페레독신에서 비롯된 두 번째 전자는 $[Fe_4S_4]^{2+}$ 상태에서 철-황 클러스터와 함께 Fe^{2+} 시로헴-NO 복합체를 생성한다. 이후의 전자전달 과정은 정확히 알지 못하며 다만 수산화아마인(hydroxylamine, NH_2OH, 산화 상태 −1; 표 13.2 참고)이 중간물일 것이라는 몇몇 근거가 있다. 반응과 관련된 8개의 양성

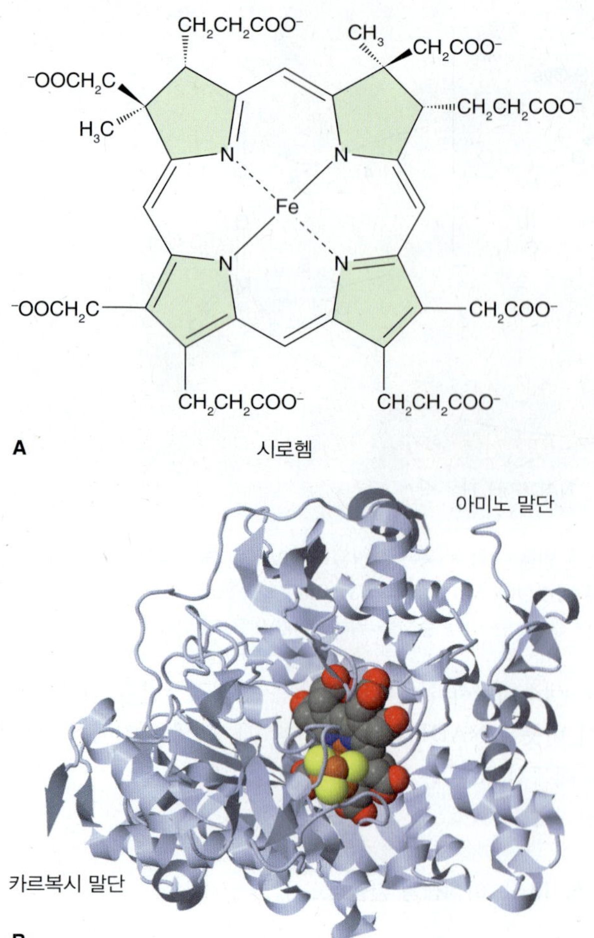

그림 13.19 아질산염 환원효소(nitrite reductase, NiR). (A) 시로헴의 구조. (B) 단백질 뼈대(은색), 시로헴 및 철-황 클러스터를 보여주는 시금치 NiR의 모델(C 원자는 짙은 회색, O 원자는 빨간색, N 원자는 파란색, Fe 원자는 오렌지색, S 원자는 노란색).

자에 대한 경로 역시 불명확하다. 질소 동화의 마지막 단계인 NH_4^+의 글루타민을 거친 유기 분자로의 결합은 13.2.9절에서 다룰 예정이다.

13.2.8 질산염 환원은 질산염 환원효소의 합성과 활성 조절에 의해 조절된다

다른 종들 및 다른 환경에서 성장한 같은 종의 다른 개체들의 비교는 식물이 질산염의 획득, 환원, 저장 및 동화에 다양한 전략을 사용함을 보여준다. 흡수된 질산염은 뿌리에서 환원, 동화되거나($NO_3^- \rightarrow NH_4^+ \rightarrow$ 글루타민) 물관부에서 NO_3^-로써 지상부로 이동된다. 질산염은 뿌리나 지상부 세포의 액포에서 저장되기도 한다. 따라서 NR의 분포 및 질산염 환원은 종들마다 그리고 같은 종에서도 서로 다르며 심지어는 특정 기관에서 조직마다 다른 경우도 있다. 몇몇 식물을 예로 들면, 덩굴월귤(cranberry, *Vaccinium macrocarpon*)과 흰토끼풀(white clover, *Trifolium repens*)에서 거의 모든 NR은 뿌리에 위치한다. 반대로 우엉(cocklebur, *Xanthium* sp.) 같은 다른 종들의 NR은 거의 거의 잎 조직에만 국한되어 있다. 외부의 NO_3^- 농도를 증가시키면 뿌리 표면이 그 주위 세포의 NR을 더 깊은 피질 및 관다발 조직에서 발생한 활성에 의해 보충한다. C_4 식물에서(9장 참고) 엽육 세포(mesophyll cell)의 광합성은 유관속초 세포(bundle sheath cell) 보다 더 많은 환원제를 생성할 수 있고 이런 경우에 NR은 주로 옥수수(maize, *Zea mays*)나 다른 종들의 잎에 있는 엽육 세포에서 주로 관찰된다.

NR은 질산염의 양, 암모니아, 질소 대사물(특히 글루타민), CO_2, 탄수화물(특히 설탕), 시토키닌 및 빛에 민감하여 상당한 조절을 받는 효소이다. NR 활성에서 수시간에서 수일에 걸친 오랜 기간의 조절은 유전자 발현 수준에서 이루어지지만 수분에서 수시간 범위의 급격한 변화는 효소 기능과 회전의 번역후 조정에 의해 조절된다. 반대로 녹색 조직에서 NiR의 수준은 과할 정도로 많은 경향이 있으며 NiR 유전자의 전자는 보통 NR과 함께 조절된다. NO_2^-는 세포 내에 축적되면 해롭기 때문에 높은 NiR 활성은 해독 방어 기작으로써 작용한다. NR은 질산염 동화에 있어서 속도 제한 효소로 여겨진다. NR은 기질에 의해 발현이 유도되는 핵 유전자인 ***NIA***에 의해 암호화된다. 대두와 같은 몇몇 식물은 항활성을 띠는 효소를 가지고 있기도 한다.

마이크로어레이 실험은 질산염이 NR 외에도 문헌적으로는 질산염 수송체, NiR, Fd 및 오탄당 인산 경로의 효소들을 암호화하는 유전자들을 포함한 수백 개의 유전자 발현을 유도함을 밝혀냈다. 몇몇 다른 유전자들의 발현은 질산염 노출에 의해 감소한다. 녹말 합성과 관련된 효소들[예를 들면 ADP 포도당 피로 가인산 분해효소(ADP glucose pyrophosphorylase); 9장 참고]에 대한 유전자 발현을 감소시키는 한편 포스포에놀피루브산(phosphoenolpyruvate, PEP; 7장 참고) 카르복실레이즈(PEP carboxylase) 같은 효소들에 대한 유전자 발현을 증가시킴으로써 질산염은 저장 탄수화물로부터 아미노산과 유기산을 생성하므로 탄소 전용을 야기할 수 있다. 질산염에 대한 반응은 수분 내에 측정할 수 있으며(그림 13.20A) 마이크로 몰 수준의 적은 농도에 이르기까지 민감하다. 녹색 조직의 세포질에서 NR 활성의 유도는 엽록체에서 비롯된 신호의 영향

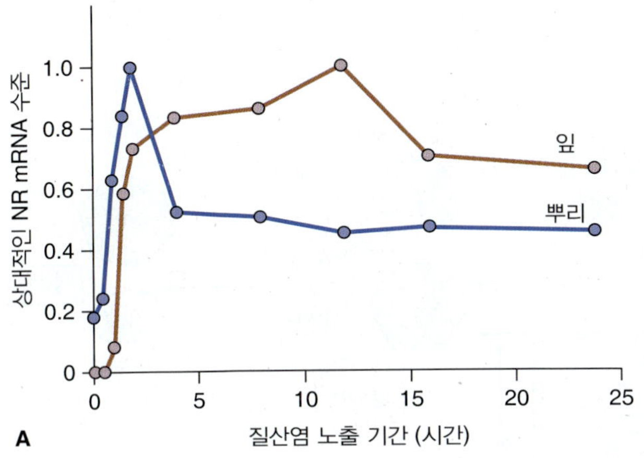

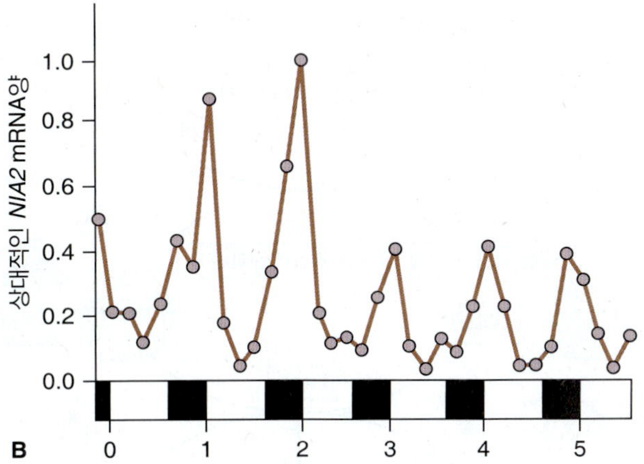

그림 13.20 질산염 환원효소(nitrate reductase, NR) 유전자 발현의 조절. (A) NR mRNA의 양으로 측정된 뿌리 및 잎에서 NR을 암호화하는 유전자의 전사는 질산염의 유용도에 영향을 받는다. 질산염 없이 7일 동안 자란 보리 유묘(barley seedling)를 시간 0에 15 mM 질산염으로 처리했다. RNA는 표시된 시간에 뿌리 및 잎으로부터 추출되었으며 상대적인 NR mRNA 수준이 확인되었다. (B) 질산염 존재 하에 키운 식물에서 *NIA2* mRNA 농도는 하루 밤낮 주기를 보여준다. RNA는 표시된 시간에 토마토 식물의 잎으로부터 추출되었으며 상대적인 *NIA2* mRNA 수준이 확인되었다.

하에 있다. 이것은 과다한 NO_2^-의 축적을 막기 위해서 색소체에서 NiR 용량 조절을 확실하게 한다.

NR의 유도는 질소 동화를 위한 환원제와 탄소 골격을 제공하는 광합성뿐 아니라 광형태형성(photomorphogenesis)의 신호전달 경로를 통해 작용하는 빛을 필요로 한다. 뿌리에서 NR의 유도는 잎에서 이동한 고정 탄소에 의해 이루어진다. 고농도의 설탕이 공급되면 암 조건에서 황화된 지상부 조직도 NR 합성을 유도할 수 있다. *NIA* 유전자 발현이 유도되면 NR mRNA의 양은 파이토크롬과 하위 대사물 아마도 질소 동화의 초기 산물인 글루타민(13.2.9절 참고)의 조절 하에 있는 확연한 **1주야 리듬[diel (day-night) rhythm]**을 보인다(그림 13.20B). 하루 주기에 대해서 잎에서는 글루타민 농도와 NR mRNA 양 사이에 상호 연관관계가 존재한다. 1주야 주기(diel cycle)는 또한 **생체 시계(circadian clock)** 유전자들의 조절적 영향을 받는다(8장 참고).

유전자 발현을 통한 NR 활성의 변화 뿐 아니라 NR 효소는 인산화와 조절 단백질들과의 상호관계에 의해 그 자체로 조절된다(그림 13.21). 이러한 **번역후 기작(post-translational mechanism)**은 직접적으로 효소의 촉매 활성 변화 및 단백질 회전에서 합성과 분해 사이의 균형을 통해 일어난다. 이 기작은 오랜 기간에 걸쳐 일어날 수도 있는데, 예를 들면 식물이 며칠 동안 질소 또는 빛이 결핍되면 NR 전사체의 양은 높음에도 불구하고 NR 단백질 양의 감소가 초래된다. 번역 이후 수준에서의 조절은 암 조건이나 낮은 CO_2 농도에 노출되었을 때 식물에서 NR 활성이 억제되는 것처럼 짧은 기간 및 가역적인 반응을 담당하기도 한다.

그러한 조건 하에서 NR의 불활성화는 빠르고[단백질 반감기(half-life)가 15분으로 짧은] ATP를 필요로 한다. NR 분자의 Moco와 헴 부위를 연결하는 경첩 1 부위(hI)는 특별한 효소인 **NR 인산화효소(NR-kinase)**에 의해 촉매되는 ATP 의존적인 인산화(ATP-dependent phosphorylation)를 겪는 조절 세린(Ser, serine) 잔기를 가지고 있다. 인산화만으로는 NR을 억제할 수 없으며 불활성화 단백질이 필요하다. 이는 세포 주기 조절 및 다른 기작에서 기능하는 것으로 알려진 매우 잘 보존된 조절 단백질인 **14-3-3 그룹** 구성원임이 밝혀졌다(그림 5.12 참고). 14-3-3이라는 이름은 순화과정 동안에서 이 단백질의 행동에서 비롯되었다. 애기장대에서는 적어도 15개의 14-3-3 유전자 및 관련 위유전자(pseudogene)가 존재한다. 단백질 탈인산화 효소 2A(protein phosphatase 2A)에 의한 NR의 탈인산화는 14-3-3이 NR에 결합해서 불활성화시키는 것을 억제한다. 인산화/탈인산화 및 14-3-3 단백질과의 결합을 통한 NR 조절 기작은 그림 13.21에 요약되어 있다.

NR 인산화효소의 활성은 Ca^{2+}에 의해 긍정적으로 조절되며 그 수준이 결국 광합성 및 엽록체로부터 고정 탄소의 유출에 의해 직접적으로 조절되는 세포질 5탄당 인산(hexose phosphate)에 의해 억제된다. 인산화된 NR(phosphor-NR)은 마그네슘 또는 칼슘에 의존적인(Mg^{2+}- or Ca^{2+}-dependent) 방법으로 14-3-3과 결합한다. hI 경첩 부위에 결합된 14-3-3은 헴과 Moco 부위 사

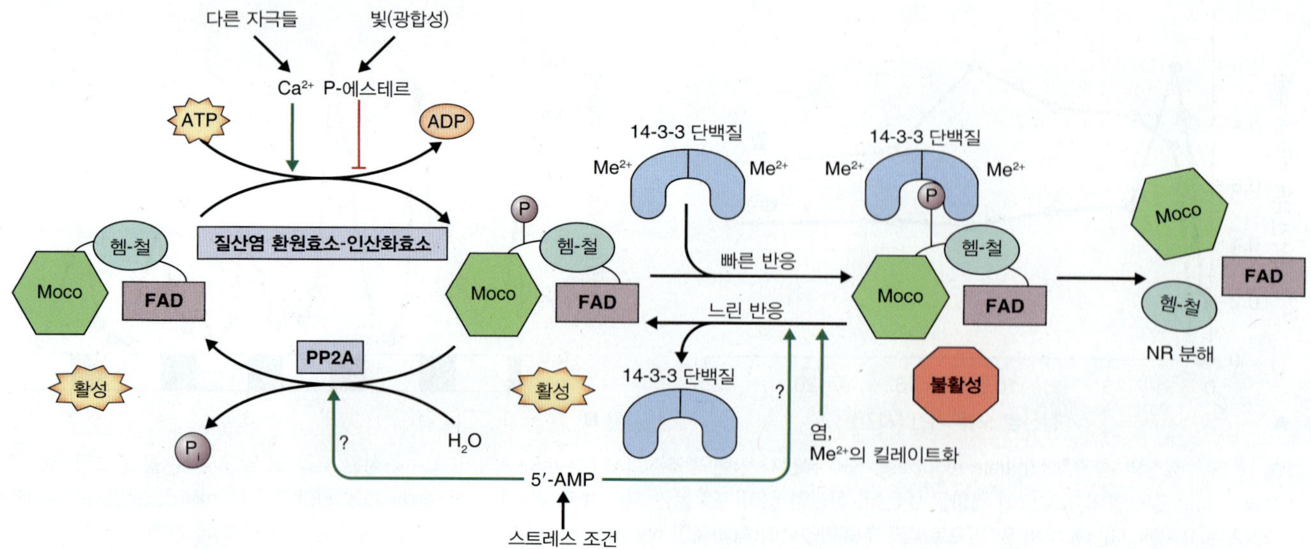

그림 13.21 인산화/탈인산화 및 14-3-3 단백질과의 가역적인 결합에 의한 질산염 환원효소(nitrate reductase, NR)의 조절에 대한 제시된 모델. NR은 단백질 인산화효소에 의해 경첩 1(hinge 1)의 세린 잔기에 인산화가 된다. 인산화된 NR은 여전히 활성을 갖지만 NR을 불활성화시키는 14-3-3 2량체와 결합한다. 14-3-3 복합체에서 NR은 자유 NR보다 더 빠르게 분해되며 인산효소에 대한 가능한 기질은 아니다. NR이 14-3-3 단백질로부터 떨어지면 조절 인산은 단백질 탈인산화효소 PP2A에 의해 제거될 수 있다. Me^{2+}는 Mg^{2+} 또는 Ca^{2+}와 동일하다.

이의 전자 전달을 억제함으로써 NR을 비활성화시킨다고 생각되고 있다. 불활성화된 NR/14-3-3 복합체는 세포질 단백질 분해효소로부터 공격을 받기 쉬우므로 감소된 효소 활성은 NR 단백질 감소를 동반한다. NR 조절 체계는 14-3-3과 결합하여 복합체를 와해하는 아데닌 뉴클레오타이드 특히 5′-AMP에도 민감하다. 그림 13.21에 보이는 **인산화 효소/14-3-3 번역후 조절 기작(kinase-14-3-3 post-translational regulatory mechanism)**은 잠재적으로 해로운 암주기 같이 조건이 질소 동화에 유리하지 않을 때 NR 활성의 빠르고 가역적인 억제를 허용한다.

13.2.9 질소는 GS-GOGAT 경로를 통해 질소 복합물로 진입한다

지난 번에 보았던 것처럼, 세포 내의 암모늄은 공생관계의 질소 고정, 토양 질산염의 흡수 및 환원 또는 이화작용 과정에서 유기 복합물로부터의 방출 산물이다. 암모늄은 아미노산 집체로 진입하여 이후 보통 **GS-GOGAT 경로**의 작용을 거쳐 대사과정으로 진입한다(그림 13.22). **GS**는 글루타민 합성효소이며 **GOGAT**는 **글루탐산 합성효소**이다. 이 주요 효소들에 의한 주기는 식물에서 NH_4^+ 동화의 기본 경로이다. GS는 NH_4^+와 글루탐산으로부터 ATP 의존적으로 글루타민 합성을 촉매한다. 글루타민은 이동되는 유기 질소의 주요 형태 중 하나이다. 글루타민의 아미드 그룹은

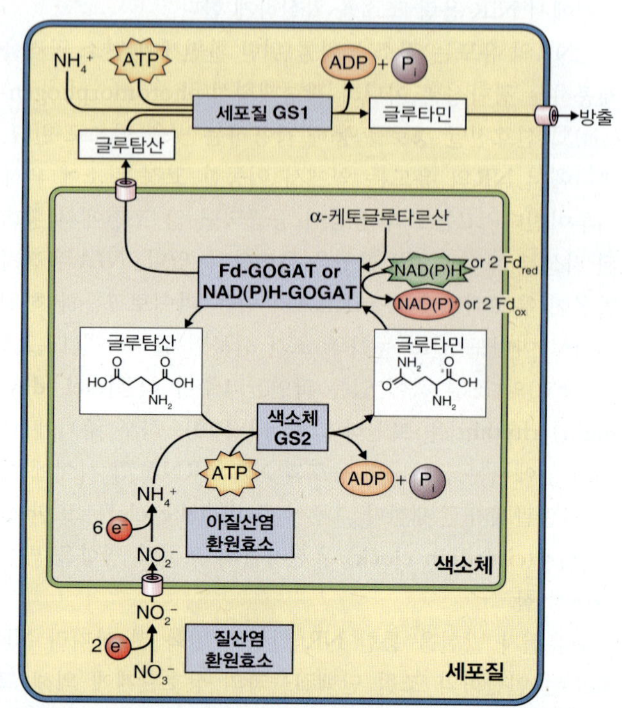

그림 13.22 식물에서 1차 및 2차 암모늄 동화의 기본적인 경로인 글루타민 합성효소-글루탐산 합성효소(GS-GOGAT) 경로. GS는 세포질(GS1) 및 색소체(GS2) 이성질체로 존재한다.

GOGAT와 아미노기 전이효소의 활성을 통해 아미노산 집체로 공여될 수 있다.

GS 반응 동안 글루탐산의 아미드화는 ATP의 가수분해를 동반한다(식 13.6). GS 효소는 마그네슘(Mg^{2+}) 같은

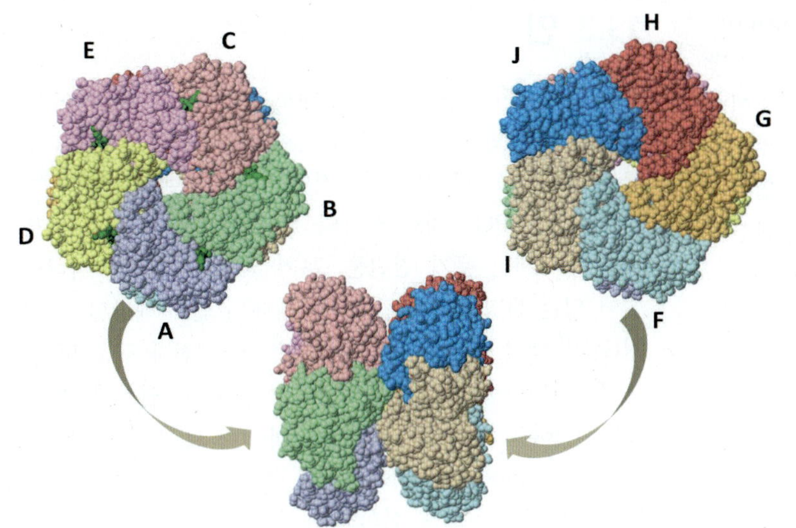

그림 13.23 X-선 결정학(X-ray crystallography)에 의해 확인된 옥수수(*Zea mays*)의 세포질 글루타민 합성효소(cytosolic glutamine synthetase)의 구조 모델. 전효소(holoenzyme)의 10개의 폴리펩타이드(polypeptide, 소단위 A부터 J까지)는 마주보는 배열(face-to-face arrangement)로 조립된 2개의 5량체 고리(pentameric ring)를 형성한다.

2가의 양이온을 필요로 하며 살아 있는 세포 내의 낮은 암모늄 농도에서 작용할 수 있게 매우 높은 NH_4^+에 대한 친화력(K_m 3–5 μM)을 가지고 있다.

식 13.6 글루타민 합성효소

$$\text{Glutamate} + NH_4^+ + \text{ATP} \rightarrow \text{glutamine} + \text{ADP} + P_i + H^+$$

활성이 있는 GS는 10개의 소단위로 구성된 단백질인 데카머(decamer)이다. 글루타민 합성효소는 2개의 동질 효소가 있는데, **세포질 형태**의 GS1과 **색소체에 위치하는** GS2이다. 핵 *GS1* 유전자가 5개까지 있으며 *GS1* 유전자 그룹의 대립형질 변이로 인해 GS1은 호모 또는 헤테로데카머(homo- or heterodecamer)로써 집합체를 이룬다. 옥수수 세포질 GS의 단백질 결정 구조(그림 13.23)는 각 데카머가 한 쌍의 근접한 소단위 사이에 형성된 활성 부위 10개를 포함하는 5개의 소단위 고리 2개가 마주보는 형태로 구성되어 있음을 보여준다. GS1은 잎 보다는 뿌리에 더 많으며 체관부의 동반세포에서 강하게 발현된다. 이는 GS1이 토양 질소의 일차적인 동화 및 먼 거리 수송을 위한 글루타민 합성에서 역할을 수행함을 시사한다. 색소체에 위치하는 동질 효소인 GS2는 하나의 핵 유전자에 의해 암호화되며 주로 녹색 조직에서 두드러진 형태인데, 일차적인 NH_4^+ 동화 및 광호흡(9장 참고) 시 방출되는 NH_4^+의 재동화에서 모두 기능을 수행한다. DNA 염기서열 비교에 근거해서 *GS1*과 *GS2*는 고대 유전자 중복 현상의 산물로 추정되고 있다.

GOGAT는 글루타민의 아미드 그룹의 α-케토글루타르산으로의 환원적 전이를 촉매함으로써 2개의 글루탐산 분자를 생성한다(식 13.7).

식 13.7 글루탐산 합성효소

13.7A Fd 의존적 글루탐산 합성효소 (Fd-GOGAT)

$$\text{Glutamine} + \alpha\text{-ketoglutarate} + Fd_{red} \rightarrow 2\ \text{glutamate} + Fd_{ox}$$

13.7B NAD(P)H 의존적 글루탐산 합성효소(NAD(P)H-GOGAT)

$$\text{Glutamine} + \alpha\text{-ketoglutarate} + \text{NAD(P)H} + H^+ \rightarrow 2\ \text{glutamate} + \text{NAD(P)}^+$$

페레독신에 의존적인 GOGAT(ferredoxin-dependent GOGAT, **Fd-GOGAT**)는 오로지 광합성을 하는 생명체에서만 발견된다(식 13.7A). 식물과 박테리아는 NAD(P)H에 의존적인 GOGAT(**NAD(P)H-dependent GOGAT**) 활성도 가지고 있다(식 13.7B). Fd에 의존적인 효소는 애기장대에서 주된 글루탐산 합성효소의 형태이며 잎에서는 전체 GOGAT 활성의 96%, 뿌리에서는 68%까지 담당한다. 애기장대 및 벼(rice, *Oryza sativa*)에는 잎에서 주로 발현되는 빛에 의해 유도되는 Fd-GOGAT가 있다. 항상 발현되는 별개의 형태는 뿌리에서 발견되며 아마도 일차적인 질소 동화에서 기능을 수행하는 것으로 여겨진다. 반대로 옥수수에서 이 효소는 하나의 유전자에 의해 암호화되는 것으로 보여진다. Fd-GOGAT는 엽육 세포의 엽록체 및 뿌리 세포의 색소체에 위치한다. 벼 유묘의 관다발 조직에서의 NAD(P)H에 의존적인 GOGAT 존재에 대한 보고들이 있는데, 이는 아마도 노화 조직(18장 참고) 및 뿌리로부터 방출되는 글루타민의 재활용에서 기능을 수행하는 것으로 여겨진다.

GS-GOGAT 주기의 발견 이전에는 식물에서 NH_4^+ 동화 경로가 **글루탐산 탈수소효소(glutamate dehydrogenase, GDH)**를 거치는 것으로 여겨졌다. GDH는 글루탐산의 탈아미노화를 가역적으로 촉매하는 어디에나 있는 효소이다(식 13.8). NADH에 의존적인 GDH 형태는 미토토콘드리아에서 발견되며 NADPH에 의존적인 GDH는 엽록체에서 발견된다. 요즘은 이 효소의 주요 역할이 글루탐산의 이화작용일 것으로 여겨지고 있다.

식 13.8 글루탐산 탈수소효소

$$\text{Glutamate} + \text{NAD(P)}^+ + H_2O \rightleftharpoons$$
$$NH_4^+ + \alpha\text{-ketoglutarate} + \text{NAD(P)H}$$

GS-GOGAT를 거친 암모늄 동화 산물인 글루탐산으로부터 비롯된 질소는 아미노기 전이를 통한 광범위한 대사 기작 뿐 아니라 생합성 및 세포 기능 관여에 유용되는 $R\text{-}NH_X$(표 13.2 참고)를 만드는 기타 반응에도 이용된다.

키포인트 NO_3^-의 NO_2^-를 거친 NH_4^+로의 효소적 환원은 질산염 환원효소(nitrate reductase, NR)와 아질산염 환원효소(nitrite reductase, NiR)에 의해 촉매된다. 3단계의 촉매 주기에서 1분자의 NAD(P)H의 산화와 하나의 양성자(H^+) 소모와 함께 1분자의 NO_3^-를 NO_2^-로 환원하는 NR은 몰리브덴을 포함하는 보결 분자단(prosthetic group), 시토크롬 b_5-Fe 헴 부위(cytochrome b_5-Fe heme domain) 및 FAD 보조인자를 갖는 호모다이머 효소(homodimeric enzyme)이다. 시로헴과 $[Fe_4S_4]$ 중심부를 갖는 단 분자 효소인 NiR은 환원된 페레독신으로부터 6개의 전자 전달과 함께 NO_2^-를 NH_4^+로 환원시킨다. NR 유전자인 *NIA*의 발현은 오랜 기간 조절을 받는다. 짧은 기간에서 NR의 활성은 특히 인산화, 14-3-3 형태의 조절 단백질들과의 결합 및 선별된 단백질 가수분해(targeted proteolysis)를 통한 번역후 기작에 의해 조절된다. 암모늄은 글루타민 합성효소-글루탐산 합성효소(glutamine synthetase-glutamate synthase, GS-GOGAT) 경로를 거쳐 유기 복합물로 진입한다. GS는 글루탐산과 암모늄으로부터 ATP 의존적으로 글루타민 생성을 촉매하는 집합체 효소이다. GOGAT는 페레독신(녹색 조직) 또는 NAD(P)H(비 녹색 조직)의 환원과 함께 아미드기를 α-케토글루타르산에 전달하여 글루탐산을 생성한다.

13.3 인

요소 인은 지구 상에서 자유 형태로 생기지 않는다. 인이 다른 요소들과 반응하여 수소화물, 할로겐화물, 설파이드 및 금속 인화물을 만들지만 자연적인 상태의 인은 **인산**(PO_4^{3-}, HPO_3^{2-}, $H_2PO_3^-$)처럼 산소와 결합하고 있다. 인산은 토양과 물에서는 무기 침전물, 무기 및 유기 인 뿐 아니라 살아 있는 생명체에서는 다양한 형태의 인에 해당된다. 인산(P_i)은 핵산 분자의 구성 성분으로써 유전자 구조 및 기능 뿐 아니라 고에너지 복합물(2장 참고)의 인산에스테르(phosphoester) 및 2인산(diphosphate) 결합 형태로써 생물 에너지(bioenergetics)에서도 결정적인 기능을 가지고 있다. 인은 광합성 및 산화적 대사에서 기질 및 조절 인자이고 공유 결합 인산화/탈인산화 반응에 의해 신호전달 경로에 참여하며 인지질 형태로 막 생화학에 핵심적인 역할을 한다.

인산은 해리되어 총 3개까지 양성자를 방출하는 인산(phosphoric acid)인 H_3PO_4의 염이다(식 13.9). 표 13.4는 이 평형 반응 각각에 대한 pK_a 값을 보여준다. pK_a 값은 전형적인 산인 $HA \rightleftharpoons H^+ + A^-$에 대해서 식 13.10에서 주어지는 해리 상수(dissociation constant) K_a에 대한 $-\log_{10}$의 값으로 규정된다.

식 13.9 인산의 이온화

$$H_3PO_4 \rightleftharpoons H^+ + H_2PO_4^- \rightleftharpoons 2H^+ + HPO_4^{2-}$$
$$\rightleftharpoons 3H^+ + PO_4^{3-}$$

식 13.10 전형적인 산인 HA의 해리 상수 Ka

$$K_a = [H^+][A^-]/[HA]$$

이는 생리적인 pH(약 6-8)에서 세포 내의 P_i는 2수화(dihydro)와 1수화(monohydro) 형태 사이에서 평형을 이룬다는 것을 말해 준다(pK_{a2} = 7.2, 표 13.4). 나트륨, 칼륨, 암모늄 및 리튬 등을 제외하고 대부분의 양이온들은 실제로 인산과 비수용성의 염을 형성한다. 그래서 철과 알루미늄이 많은 토양에서는 상당량의 인산이 식물 성장에 이

표 13.4 인산염의 pK_a 값

평형	pK_a 값
$H_3PO_4 \rightleftharpoons H_2PO_4^- + H^+$	$pK_{a1} = 2.15$
$H_2PO_4^- \rightleftharpoons HPO_4^{2-} + H^+$	$pK_{a2} = 7.20$
$HPO_4^{2-} \rightleftharpoons PO_4^{3-} + H^+$	$pK_{a3} = 12.37$

용될 수 없다. 인이 인산 에스테르 형태로 유기 복합물에 진입하여 산화된 상태로 남아 있다는 점에서 식물에서의 인산 동화는 질산염과 황산염 동화의 환원적 양식과는 차이가 있다.

13.3.1 인은 인산으로써 생물권에 진입한다

풍화, 용해, 격리, 침출 및 침전은 인 주기의 단계들이다. 질소 및 황 주기와는 달리 인의 생물지화학적 주기에서 기체 상태는 없으며, 먼지(Aeolian P) 및 인산으로써 산성비에 포함된 소량을 제외하고는 대기 중의 인은 전체적인 균형에 있어서 중요성이 매우 미미하다. 단언컨데, 가장 큰 인 저장소는 퇴적암에 있다(표 13.5). 인회석(apatite, $Ca_X(OH)_Y(PO_4)_Z$)과 같은 퇴적암 및 뼈, 치아와 같은 생물적 근원에서의 무기 인(mineral P)은 식물에 의해 흡수되기 전에 반드시 풍화에 의해 용해되어야만 한다. 인산은 화학적 비료로 토양에 더해지기도 한다.

표 13.5 다른 인 형태의 양과 역학의 지구 추정량

인 저장소	양(kg)	유동 (kg yr^{-1})
침전물 및 암석	4×10^{18}	
채굴 가능한 인	1×10^{13}	12×10^9
육상 토양	2×10^{14}	육상 순환
육상 생물군	3×10^{12}	60×10^9
바다로의 강 유입[a]		21×10^9
풍화작용에 의한 인(바람에 의해 축적된 부스러기)		1×10^9
해수 및 생물군	9×10^{13}	해양 순환 1×10^{12}

[a] 19×10^9 kg yr^{-1}은 입자에 결합된 형태로 2×10^9은 자유로운 형태로 유입됨. 약 절반은 인간에 의한 부영양화 때문임.

식물에 의한 토양 인산 흡수는 끝내 초식(herbivore) 및 육식동물(carnivore)에 이르기까지 육상 먹이사슬의 근간이 된다. 인은 사후 식물 및 동물의 분해 뿐 아니라 대소변의 형태로 토양으로 되돌아간다(그림 13.24). 토양 인의 최대 80%는 유기 복합물로 존재한다. 유기 인이 절반 가까이 되는 특정 토양에서는 비교적 비반응성인 **파이테이트**(**phytate**, myo-inositol hexaphosphate; 6장 참고)의 형태로 존재한다. 육상 생물권(terrestrial biosphere)에서 매년 인의 유동은 약 6×10^{10} kg이다. 하천을 거쳐 호수와 바다로의 유동량은 이것의 약 1/3이며(표 13.5) 이는 수중 먹이사슬을 지원한다.

일반적으로 인은 하천으로부터 바다로 거의 일방적인 방류에 의해 생물권으로부터 손실되는 경향이 있으며 바다에서는 비수용성인 인산칼슘으로 침전되어 심해 지역으로 가라앉는다. 현재의 유동 속도에서 지구 상의 인 매장량은 금 세기를 거치는 동안 절반 정도 결핍된 상태에 도달할 것으로 예상된다. 소량의 해양 인은 조분석(바닷새의 배설물) 형태로 육지로 되돌아 온다. 역사적으로 비료 수준 물질의 주요 공급처는 페루 해안의 떨어진 도서에 서식하는 물고기를 섭취하는 새들의 집단으로, 매년 약 11,000 톤의 조석분을 생산하는 것으로 추정된다.

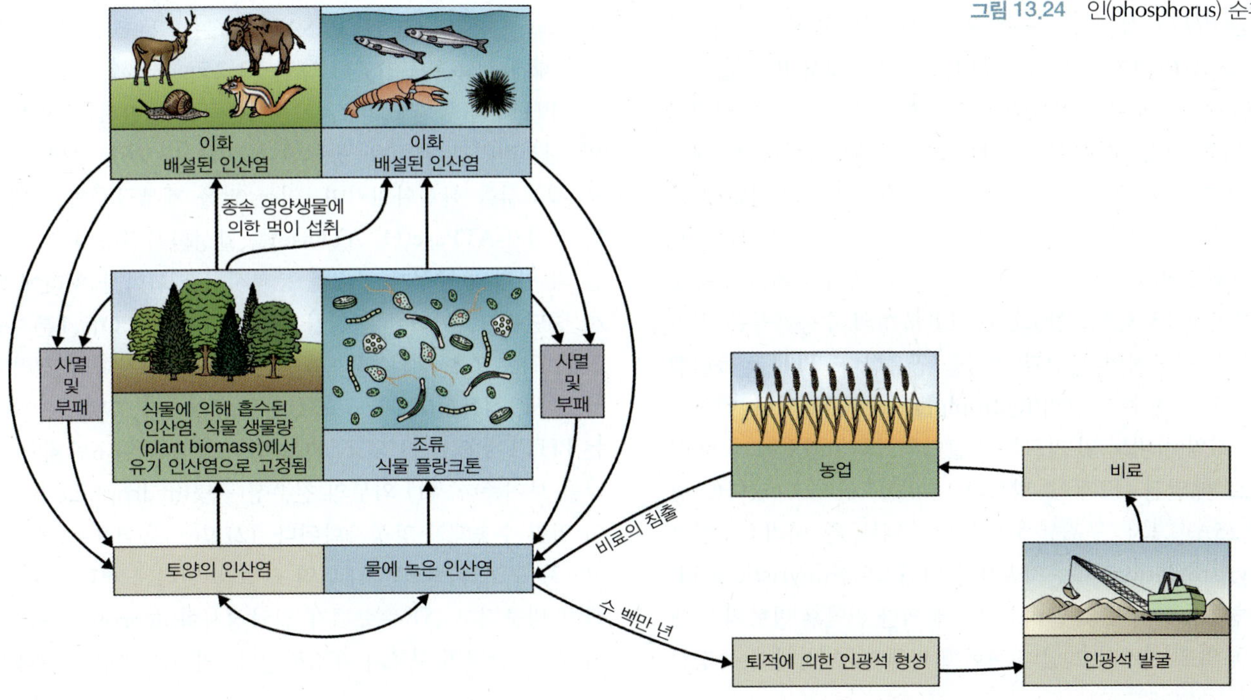

그림 13.24 인(phosphorus) 순환.

식물은 P_i로 표시되는 수용성 무기 인산으로써 인을 흡수하며 유기 인산은 식물 성장에 직접적으로 이용될 수 없다. 토양의 유기 물질은 **무기질화** 과정을 통해 P_i를 방출한다. 토양의 인산은 쉽게 침출, 침전되고 유기 및 무기 물질들에 의한 흡수, 가뭄에 의한 불용화 또는 뿌리에 의한 근권으로부터의 빠른 고갈로 인해 식물 성장의 지지가 가능한 인은 제한적이다. 다른 영양소들과 비교했을 때 P_i의 확산 계수는 0.3–3.3 × 10^{-13} m^2 s^{-1} 범위로 매우 낮으며 토양이 건조하면 특히 더 낮아진다. 그렇지 않고 토양으로부터 접근이 불가능한 인을 얻으려면, 뿌리는 구조와 기능을 변형하거나 근권의 화학반응을 조작하거나 균근 곰팡이(mycorrhizal fungus)와 상호 상조관계로 진입해야 한다(13.3.3절 참고; 12 및 15장 참고)

13.3.2 인산은 뿌리 세포에 의해 능동적으로 축적된다

뿌리 세포에서 P_i의 농도는 밀리몰(mM) 범위로 존재하지만 토양에서의 농도는 종종 1 μM 또는 그 이하로 존재한다. 게다가 세포막을 가로지르는 막 전위는 상당히 음성적이다. 이에 따라 뿌리 세포는 흡수되는 $H_2PO_4^-$ 1분자당 적어도 1분자의 ATP의 가수분해에 해당하는 에너지의 투입을 필요로 하는 전기화학적 구배에 역행하여 인산을 흡수한다. 식물에서는 **PHT1**, **PHT2** 및 **PHT3**의 3종류의 P_i 수송체가 동정되었다. 뿌리에 의한 P_i의 흡수는 특히 고친화력 수송체인 PHT1 그룹에 의존한다. 애기장대에는 *PHT1* 유전자 그룹에 9개의 구성원이 존재한다. 이들 중 *AtPHT1.1* 및 *AtPHT1.4*는 뿌리에서 P_i의 흡수와 관련된 2개의 주요 수송체를 암호화하는 것으로 밝혀졌지만 다른 그룹 구성원들은 다른 조직들에서 발현하는 것으로 여겨진다. *PHT1*과 유사한 유전자들은 광범위한 종들에서 동정되었다. *PHT1* 그룹의 일부 구성원들은 균근 관계(mycorrhizal association)와 관련된 P_i 수송에서 기능을 수행한다(13.3.3절 참고). PHT1 유형의 수송체들은 일반적으로 구조적인 특성과 기작을 공유한다. PHT1 폴리펩타이드는 친수성 고리(hydrophilic loop)에 의해 연결되어 2지역(아미노 및 카르복시 말단의, N- and C-terminal)으로 배열된 12개의 막투과 부위를 가지고 있다(그림 13.25A). 1차 구조상에서 몇몇 부위들은 미리스토일화[myristoylation, C_{14} 지방산인 미리스트산(myristic acid)의 첨가], 인산화 및 글리코실화에 의한 번역후 변형의 잠재적 부위로 여겨지고 있다. 4번째 막투과 부위 내의 특징적

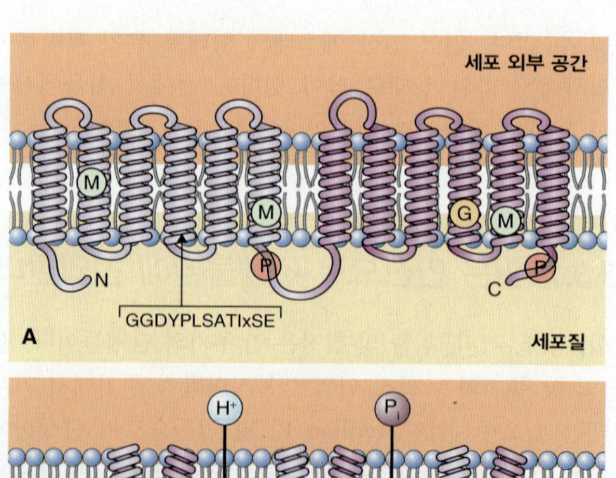

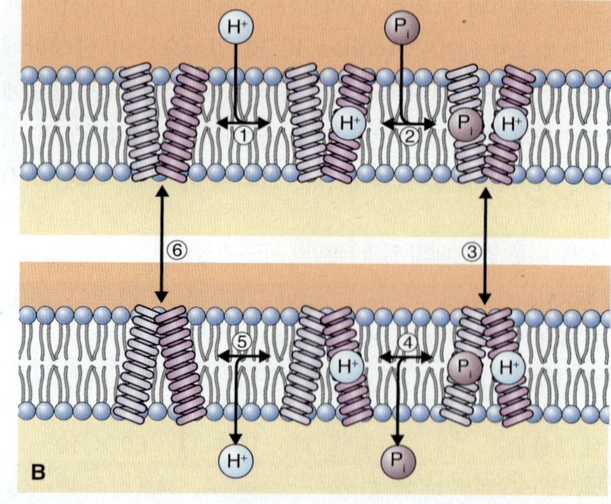

그림 13.25 (A) PHT1 수송체의 예상 막투과 위상 구조. 아미노산 서열 GGDYPLSATIxSE는 모든 식물의 PHT1 수송체에서 보존되어 있다. M, G 및 P는 미리스토일화(myristoylation), 글리코실화 및 인산화 부위를 각각 표시한다. (B) PHT1 수송체를 통한 양성자와 인산염 공수송에 대한 추정 기작. 단계 1–6에 대한 설명은 본문을 참고하도록 한다.

아미노산 서열인 GGDYPLSATIxSE는 모든 식물의 PHT1 수송체에서 보존되어 있다(그림 13.25A).

PHT1을 통한 P_i의 흡수는 재분극을 수반하는 세포 막의 일시적인 탈분극을 동반한다(그림 13.26). P_i의 흡수는 세포질을 산성화시키며, 이는 막을 재분극시키는 **세포막 양성자-ATPase**(**H^+-ATPase**)를 활성화시킨다. P_i의 흡수는 막 안팎의 양성자 구배를 붕괴시키는 화학물 처리에 의해 중단된다. 이러한 관찰들은 PHT1이 $H_2PO_4^-$ 1분자당 2개 또는 그 이상의 양성자를 수송하는 고친화력 전기발생 **P_i/H^+ 심포터**(K_m 1–5 μM)임을 보여준다. 그림 13.25B는 PHT1에 의한 H^+와 $H_2PO_4^-$의 수송을 위한 6단계의 기작을 보여준다: (1) 외부의 친수성 구멍(hydrophilic pore)이 열린 수송체가 양성자화된다. (2) 인산 음이온이 결합하고 (3) 구조적 변화는 내부의 구멍을 열리게 한다. (4) 인산이 방출되고 (5) 수송체가 탈양성자화(deprotonated)되며 (6) 바깥면의 구조가 재정립된다. 인이 충분한 식물에서

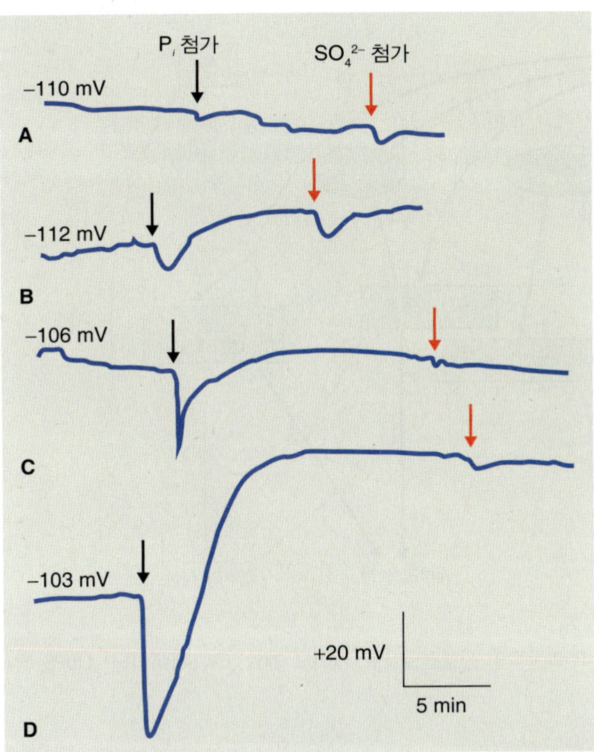

그림 13.26 *Trifolium repens* 뿌리의 막 투과 전위에서 인산염에 의해 유도되는 과도현상(transients). 실선 화살표는 pH 5로 조정된 배지에 125 μM 인산염 첨가 및 뿌리 막 전위에서 초래되는 변화를 나타낸다. 빨간색 화살표는 막 전위에 대한 무기 음이온 효과의 대조실험인 63 μM 황산 첨가를 나타낸다. (A) 전체 29일의 실험 기간 동안 P_i에서 재배된 식물. (B) 재배 마지막 날에 회수된 P_i. (C) 재배 마지막 7일 동안 회수된 P_i. (D) 재배 마지막 14일 동안 회수된 P_i.

P_i 이 더해지면 막전위의 변화 정도가 작지만 인 고갈이 증가함에 따라 변화 정도는 점차 커지며(그림 13.26), 이는 PHT1의 활성이 인이 충분하거나 결핍되는 정도에 따라 조절됨을 시사한다.

PHT1 유형의 고친화력 수송체 외에도 저친화력 수송체 2그룹이 동정되었는데, 이들은 주로 막을 가로지르는 세포내 P_i 수송에 관여하는 것으로 여겨진다. 애기장대에서 엽록체와 연관된 PHT2 단백질의 발현은 잎에서 P_i의 분배 및 어린 조직에서 세포벽 대사와 관련되어 있다. PHT3 그룹의 구성원들은 마이토콘드리아의 인산 수송과 관련되어 있다. 다른 유전자들과 단백질들은 관다발 체계를 통한 P_i의 적재 및 분배 그리고 액포의 P_i 유출입에서 기능을 수행하지만 그 특성은 잘 알려져 있지 않다.

인 공급이 충분하면 P_i의 85% 이상이 액포에 저장된다. 인이 결핍된 조건 하에서는 저장된 액포의 P_i을 유동화함으로써 항상성이 조절된다. 이 저장물이 유출될 때까지 식물은 인 유입 능력을 조정하지 않는다. 인산 부족이 진행됨에 따라 뿌리는 고친화력 P_i 수송체의 발현을 유도함으로써 인 흡수 능력을 증가시킨다(그림 13.27). 인 부족은 또한 여러 **산성 탈인산화 효소**(acid phosphatase, APase) 및 **리보핵산 가수분해효소**(ribonuclease, RNase)의 활성을 유도함으로써 오래된 조직으로부터의 인 회수 및 새롭게 성장, 발달하는 부위로의 P_i 이동을 가속화한다. 인이 고갈된 식물에서 *PHT1*의 발현은 뿌리 표피에서 일어나며 단백질은 뿌리 표피 세포의 세포막에 위치한다. 인 제한에 대한 *PHT1* 유전자 발현 반응은 복잡하지만 적어도 일부는 MYB 유형의 전자 조절인자인 **PHR1**이 인식하는 *PHT1* 프로모터의 염기서열 존재와 관련이 있다(그림 13.27). PHR 인식 서열은 또한 많은 APase 유전자들의 프로모터에서 존재하는데, 이는 PHR인 인 고갈에 의해 촉발되는 보편적 조절 기작의 구성 요소임을 시사한다(그림 13.27). 특성이 잘 알려지지 않은 다른 전자 조절인자들은 인 수송 및 재유동화를 위한 유전자들의 양성적 및 음성적 조절에 관여하며 번역후 기작이 작용한다는 근거도 있다.

인 고갈 증상(P-starvation syndrome)은 단순한 뿌리 주변에서의 국부적 반응이 아니라 식물 전체의 인 상태에 대한 반응이다. P_i 수송체 및 인에 민감한 다른 유전자들의 발현과 내적 인 농도를 연결하는 조절 신호에 대한 특성은 뿌리 분할 실험에서 조사되었다. 토마토 식물의 뿌리 절반에서는 인을 고갈시키고 나머지 절반은 충분한 인에 노출시켰다. *PHT* 유전자 발현은 인이 충분하거나 고갈된 뿌리 분할 부분에서 같게 관찰되었지만 뿌리 전체적으로 인이 충분하거나 고갈된 경우의 중간이었다. 이러한 연구들을 통해서 인 고갈 반응을 조절하는 전사 신호는 지상부에서 유래하며 지상부의 인 상태를 반영한다는 결론이 도출되었다. 따라서 전체 식물 수준에서 인 항상성은 P_i 공급에 반응하여 유동적으로 조절된 P_i 획득의 조화 및 내적 인 생태 상태에 의해 유지된다.

13.3.3 식물은 근권을 변화시키며 인 유용도를 향상시키기 위해 균근 관계를 형성한다

토양 인의 식물에 대한 유용도는 그 산화물이 진흙 토양에 흔한 철 및 알루미늄과 석회질 토양(limed or calcareous soil)에 풍부한 $CaCO_3$의 칼슘 같은 금속의 존재 하에서 낮은 P_i 수용도로 인해 종종 제한된다. 또한 인이 토양 미생

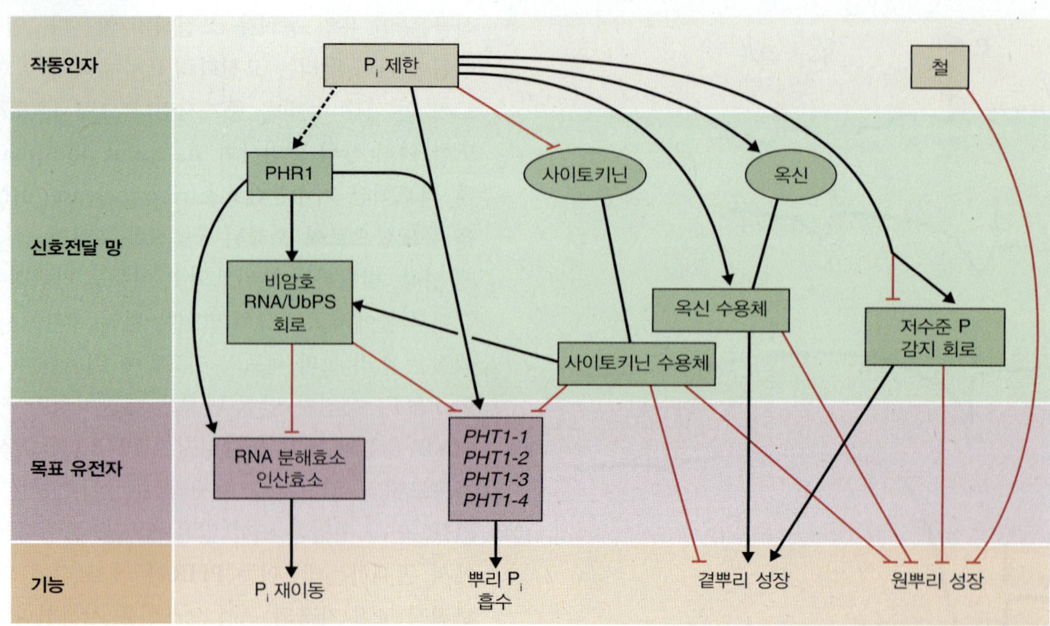

그림 13.27 뿌리의 P_i 수송 능력, P_i 재이동 및 뿌리 체계 형태에 영향을 주는 P 의존적인 신호전달 케스케이드 개요. CK, 시토키닌; UbPS, 유비퀴틴-프로테아좀 시스템(ubiquitin-proteasome system).

물에 의해 유기물로 전환되면 유용 불가능해지기도 한다. 식물은 유용이 불가능한 토양의 인 저장물을 캐기 위한 다양한 전략들을 개발해 왔다. 인 결핍에 반응해서 P_i 수송체의 상향 조절은 위에서 이미 다루었다. 뿌리 구조 및 기능에서 발달 상의 변화 역시 12장에서 다루었다. 여기서는 접근이 불가능한 무기 및 유기 인을 방출하는 근권 기작 및 비 근권 토양(non-rhizosphere soil)에서 인을 획득하기 위해서 뿌리와 몇몇 토양 곰팡이 간에 형성된 균근 관계(mycorrhizal association)를 살펴보고자 한다. 다른 종 및 같은 종에서도 다른 유전형질의 식물들이 이용하는 인 추출 전략들(P-extraction strategies)이 다양하다. 작물 육종가들에게 주요 관심 대상은 작물의 토양 인 획득 능력의 변화에 의한 인 유용 효율을 개선하기 위해서 전통적이고 분자적인 접근 방법들을 이용하는 것이다.

여러 종류의 근분비물(root exudates)이 토양속 인의 흡수를 향상시킨다는 것이 알려졌다. 건조한 사막 토양에서 몇몇 식물은 밤에 뿌리로부터 물을 방출함으로써 P_i의 확산을 개선할 수 있다. 그러나 식물이 P_i 접근성을 증가시키기 위해서 근권을 변화시키는 가장 흔한 방법은 **카르복시산**[**carboxylic acid**; 구연산, 말산, 말론산(malonate)] 및 **인산효소**를 분비하는 것이다(그림 13.28). 카르복시산의 방출은 보통 인 결핍에 대한 반응이지만 *Cicer arietinum*(병아리콩, garbanzo, chickpea) 같은 몇몇 식물 종에서는 카르복시산의 방출이 항상 일어나는 것 같다. 인에 대한 필요를 충족시키기 위해서 흰꽃루피누스(white lupine, *Lupinus albus*)는 전체 고정 탄소의 25%까지 유기산으로써 토양에 방출하는 것으로 추정된다. 카르복시산은 킬레이터(chelator)로, 즉 양이온과 결합하여 양이온의 침전물 형성을 방지하는 다가 음이온(polyanaion)이다. 인산과 결합하는 금속 양이온들을 킬레이트함으로써 카르복시산은 무기 및 유기 인을 토양층으로부터 박탈하여 식물이 이용 가능하게 만들어 준다. 게다가 몇몇 킬레이트된 철은 뿌리 표면으로 이동하여 세포막의 철 수송체계에 의해 흡수되기도 한다(그림 13.28; 13.6.1절 참고). 카르복시산 방출은 음이온 채널을 통해 이루어지며, 항상 그렇지는 않지만 종종 근권의 산화를 동반한다(그림 13.28). 인 결핍에 대한 반응에 따른 유기산의 방출은 뿌리 대사의 조화로운 변화와 관련이 있다. **시트르산 합성효소**와 **말산 탈수소효소** 같은 트리카르복시산 회로 효소들 및 해당작용 효소인 **PEP 카르복실레이즈**(**PEP carboxylase**)는 그들을 암호화하는 유전자 발현 증가에 따라 그 활성이 증가한다.

토양의 유기 인은 기본적으로 파이테이트를 포함하는 인산의 에스테르 형태로 존재하며, 이들이 카르복시산에 의해 물에 녹을 수 있게 변하면 식물에 의해 흡수 가능하도록 가수분해되어야만 한다. 인 고갈에 대한 반응으로 뿌리에서 방출되는 산성 인산효소(그림 13.28)는 다양한 유기인 복합물을 가수분해할 수 있다. 몇몇 종의 뿌리는 상당한 양의 파이테이즈 방출하기도 한다.

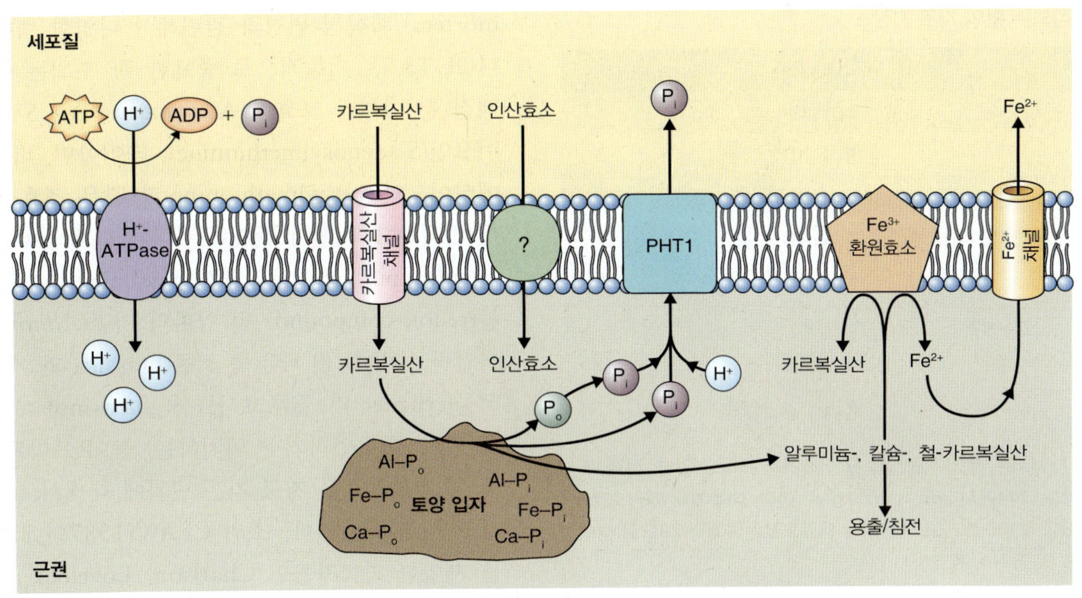

그림 13.28 토양에서 무기 및 유기 인(P_i, P_o) 이동에 대한 카르복실산(및 다른 삼출물)의 영향. 카르복실산은 음이온 채널을 통해 방출된다. 어떻게 인산효소가가 방출되는지는 알려지지 않았다. 카르복실산은 P_i 및 P_o 모두를 유동화시킨다. 인산효소는 카르복실산에 의해 유동화된 P_o 복합물을 가수분해한다. 카르복실산은 P에 결합한 양이온 일부 역시 유동화하며, 양이온들 중 일부(특히 철)는 뿌리에 의한 흡수를 위해 뿌리 표면으로 이동한다. 나머지는 토양층 아래로 이동하여 침전물을 형성하는 것으로 생각된다.

관다발 식물 종들의 80% 이상이 그들의 뿌리와 곰팡이 공생체(fungal symbiont)와의 균근 관계(mycorrhizal association)를 형성할 수 있는 능력을 가지고 있다(12장 참고). 그러한 공생은 토양으로부터 비유동성의 영양소 특히 P_i의 흡수를 향상시킴으로써 식물을 이롭게 한다. 곰팡이 균사(hypha)에 의한 인 흡수는 기능, 구조 및 계통발생적으로 식물의 PHT 수송체 그룹과 관련된 고친화력 P_i/H^+ 심포터(high-affinity P_i/H^+ symporter)에 의해 일어난다(그림 13.25). 근균 *Glomus* spp.로부터 분리된 수송체들은 곰팡이의 세포막에서 발현되며 8–18 μM의 P_i에 대한 K_m을 갖는다. 흡수된 인산은 곰팡이의 에너지 대사, 핵산 및 인지질로 편입되거나 곰팡이의 인 저장 형태인 다중인산(polyphosphate)으로 응축된다. 뿌리 세포 내에서 수지상체(arbuscule)를 형성하는 곰팡이 균사 내에서 이동한 후에 인산은 아직 완전히 알려지지 않은 과정에 의해 숙주 식물로 이동된다. 뿌리의 고친화력 P_i 수송체 및 APase와 같은 인 고갈과 관련된 유전자들의 주요 하향 조절은 곰팡이의 P_i 흡수 그리고 아마도 곰팡이와 숙주 사이의 인 이동 체계의 활성화와 관련되어 있으며, 이는 아마도 개선된 식물의 인 상태를 반영한다.

키포인트 인은 생명체, 무기 침전물, 토양 및 물에 인산염으로써 존재한다. 식물은 무기 인산(P_i)으로 인을 흡수한다. 생리적인 pH에서 세포내 P_i는 $H_2PO_4^-$와 HPO_4^{2-} 이온 사이에서 평형 상태로 존재한다. P_i는 무기질화(mineralization)에 의해 유기물로부터 토양으로 방출된다. 주로 PHT1 고친화력 전기 발생 P_i/H^+ 심포터(symporter)를 통해 뿌리는 P_i를 흡수한다. PHT2와 PHT3은 세포 내에서 막을 가로질러 P_i를 수송하는 저친화력 수송체이다. 인 고갈은 전사 인자 PHR1의 영향을 받는 고친화력 수송체, 산성 탈인산화 효소 및 리보핵산 가수분해효소의 유전자 발현 유도 이전에 액포에 저장된 세포내 인을 고갈시킨다. 카르복시산, 인산효소 및 파이테이즈(phytase)가 포함된 뿌리 삼출물은 식물이 점토나 석회질 토양에서 불용성 P_i를 유용할 수 있게 도와준다. 근균(mycorrhizal fungus)과의 공생은 부동 P_i 흡수를 향상시킨다. 근균의 수송체는 PHT와 유사한 P_i/H^+ 심포터이다.

13.4 황

요소 황은 보통 화산 활동 지역(옛 이름인 유황(brimstone)에 의해 알려진 곳) 또는 황산 무기물이 혐기성 박테리아에 의해 환원된 곳에서 발생한다. 환원된 무기 황은 기체인 황화 수소(H_2S) 및 황화 음이온인 S^{2-} 형태를 띤다. 산화된 무기 황은 기체인 이산화황(SO_2) 및 음이온들인 아황산

표 13.6 추정되는 황의 지구 저장소

저장소	수량(kg)
침전물 및 암석	10^{19}
대기	3×10^9
무기 인	
수중	1×10^{18}
육상	NA
유기 인	
수중	4×10^4
육상	$6\text{–}10 \times 10^{12}$

[a]황의 유동에 대해서는 질소나 인처럼 잘 이해하지 못하고 있다. 전체 대기 유동 추정치는 144에서 365 × 10^9 kg yr^{-1}이다. 대륙에서 대양으로의 연간 유동은 8에서 100 그리고 대양에서 대륙으로는 4에서 20으로 상이하게 추정되고 있다. NA, 유효하지 않음.

(sulphite, SO_3^{2-}) 및 황산(sulphate, SO_4^{2-})으로 존재한다. 다른 무기 인 복합물들 중에는 메타중아황(metabisulfite, $S_2O_5^{2-}$), 타이오황산(thiosulfate, $S_2O_3^{2-}$), 아디타이온산(dithionite, $S_2O_4^{2-}$), 이타이온산(dithinate, $S_2O_6^{2-}$) 및 타이오시안산(thiocyanate, SCN^-) 등이 있다. 지구 황 저장물에 대한 추정은 표 13.6에서 볼 수 있다.

유기 황은 체내에서의 역할 및 병리 혹은 사후(post-mortem) 화학적 변형과 관련해서 다양한 형태를 띠고 있다(표 13.7). 기능적으로 중요한 황 부위는 아미노산, 단백질 뿐 아니라 조효소 A(coenzyme A), *S*-아데노실메타이오인(*S*-adenosylmethionine), 타이아민, 비오틴 및 메틸메타이오인(methylmethionine)과 같은 조효소 및 비타민에 존재한다. 식물에 존재하는 다른 형태의 유기 황은 황지질(sulfolipid), 파이토알렉신(phytoalexin), 산화환원 화합물(redox compound) 및 양파와 마늘(*Allium* spp.)의 다이알릴(diallyl) 및 배추속 식물(brassica)과 기타 십자화과 식물(crucifer)의 글루코시놀산(glucosinolate)와 같은 많은 맛과 향(유인하거나 퇴치하는) 등이 포함된다. 생물 유래 황 화합물들은 지구 기온 변화에 대해서 특별히 중요하다고 여겨지고 있다. 소위 CLAW(1987년에 처음으로 이를 제안한 과학자들인 Charlson, Lovelock, Andreae 및 Warren의 이름을 딴) 가설에 따르면 화석 연료의 연소가 대기 중 황의 가장 큰 주범이지만 생물 유래 황 성분의 대부분은 해양 조류에서 비롯된다. 다양한 환경 스트레스에 대한 방어로써 식물플랑크톤은 다량의 황 화합물인 **디메틸 설폰프로피온산(dimethyl sulfoniopropionate, DMSP)**을 합성한다(그림 13.29). 플랑크톤 조류로부터 방출된 DMSP는 상층부 해양에서 복잡한 물리적 그리고 미생물에 의한 과정에 의해 **디메틸 설파이드(dimethyl sulphide, DMS)**로 분해되며, 이는 대기 중으로 기화되어서 이후 디

표 13.7 식물에 의해 생성되는 황을 포함하는 화합물의 구조와 예

화합물	일반 구조	예
타이올(멀캅탄)	RSH	L-시스테인, 조효소 A
황화물 또는 타이오에테르	R_1SR_2	황화 수소 (H_2S) L-메타이오닌
설폭사이드	R_1SOR_2	알리신
메틸설포늄 화합물	$(CH_3)_2S^+R$	*S*-아데노실-L-메타이오닌, *S*-메틸메타이오닌, DMSP, 디메틸설포닉 하이드록시뷰티레이트
황산 에스테르	$R-O-S(=O)_2-O^-$	페놀 황산, 다당류 황산
설파민산	$R=N-O-S(=O)_2-O^-$	아릴 설파민산, 겨자씨 기름 배당체
설폰산	$R-O-S(=O)_2-O^-$	포도당-6-설폰산, 시스테산, 타우린, 설포퀴노보실 디아실글라이세롤

DMSP, dimethyl sulfoniopropionate.

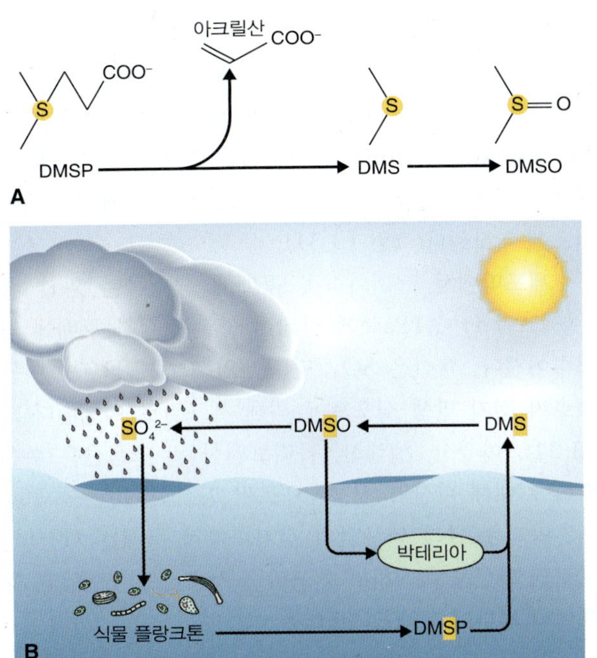

그림 13.29 식물 플랑크톤-기후 연관성. (A) 디메틸설폰프로피온산(dimethylsulfoniopropionate, DMSP)으로부터 디메틸 설파이드(dimethyl sulfide)의 형성 및 디메틸 설폭사이드(dimethylsulfoxide, DMSO)로의 산화. (B) 식물 플랑크톤에 의해 합성된 DMSP는 박테리아에 의해 DMS 및 아크릴산(acrylate)으로 분해된다. DMS는 기화되어 DMSO 및 황산으로 산화되며 황산은 물방울을 핵화하여 구름 형성으로 이어지게 한다. 황산은 비에 녹아 바다로 돌아간다. 구름 덮개는 식물 플랑크톤의 성장을 저해하며 대기의 냉각을 동반하므로 식물 플랑크톤은 항상성 기후 조절 기작으로써 작동한다.

메틸 설폭시화물(dimethyl sulfoxide), 아황산 및 황산으로 산화된다. 매년 대략 3 × 10^7 kg의 황이 이 경로에 의해 해양으로부터 대기로 이동하는 것으로 추정되고 있다. 대류권(troposphere)에서 DMS의 산화는 구름 응결 핵(cloud condensation nucleus)으로 작용하는 황산 연무제(sulfate aerosol) 형성으로 이어진다. 증가한 구름 덮개는 차례로 지구의 **알베도(albedo**, 진입하는 태양 방사선이 우주로 다시 반사되는 정도)를 상승시키며 CLAW 가설에 따르면 이는 지구 대기의 온도를 안정화하도록 작용하는 음성 되먹임 고리(negative feedback loop)로 여겨진다.

13.4.1 황 순환은 산화 및 환원된 황 족들의 상호전환을 수반한다

생지화학적 황 순환(biogeochemical sulfur cycle)은 산화 및 환원된 황 족들의 상호전환에 중점이 있다(그림 13.30). 미생물의 SO_4^{2-} 환원은 *Pseudomonas* 및 *Salmonella* 같은 조

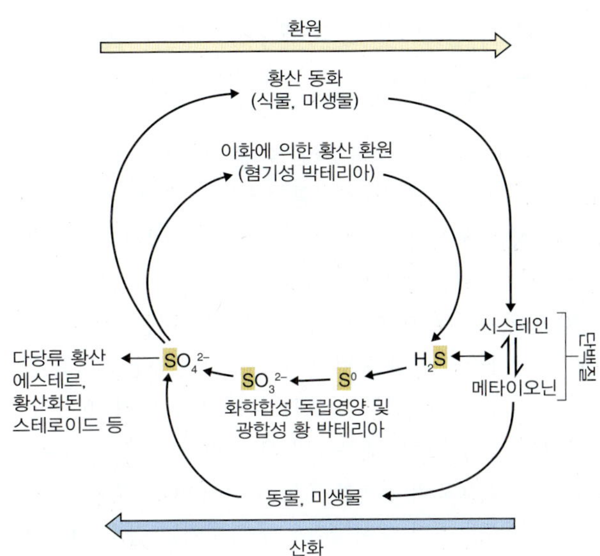

그림 13.30 생지화학적 황 순환. 황산은 이를 이용하여 시스테인 및 기타 황 화합물을 생성하는 황 동화 생명체 및 산소 대신 황산을 호흡 전자 수용체로 사용하는 이화 생명체인 혐기성 박테리아에 의해 환원된다. 많은 생명체는 환원된 황을 황산으로 산화한다. 화학합성 독립영양 박테리아(chemoautotrophic bacteria)는 에너지를 위해 전자를 추출하지만 광영양 박테리아(phototrophic bacteria)는 광합성을 위해 전자를 이용한다. 환원된 황은 산소가 존재할 때 지화학적으로(geochemically) 산화되기도 한다.

건 혐기성 박테리아가 산소대신 황산을 호흡 전자 수용체로 사용하여 황산을 황으로 환원할 때 발생한다. 황은 이후 *Desulfovibrio*, *Desulfomonas* 및 다른 혐기성 미생물들에 의해 H_2S로 추가적으로 환원된다. 자연상태에서 황산의 환원은 주로 이 경로에 의해 일어난다.

황 순환의 산화적 단계에서 SO_4^{2-}는 S와 H_2S로부터 재생된다(그림 13.30). 환원된 황의 황산으로의 생물학적 산화는 에너지를 위해 전자를 추출하는 화학합성 독립영양 박테리아(chemoautotrophic bacteria) 및 광합성을 위해 전자를 이용하는 광합성 박테리아를 포함하는 다양한 생명체에 의해 일어난다. 호기성 세균(예를 들면 *Thiobacillus*)과 *Chlorobium* 같은 혐기성 세균들은 설파이드를 황으로 산화하며 추가적으로 황을 황산으로 산화한다. 중성 pH에서 설파이드는 또한 자연적인 지구 화학적 산화(geochemical oxidation)를 받아서 기체 이산화황(sulfur dioxide)인 SO_2가 될 수도 있다. 대기의 SO_2에 대한 또 다른 주요 원천은 화석 연료의 연소이다. 잎은 SO_2를 흡수, 동화할 수 있으며 이는 고 수준의 공기 오염 지역에서 식물 성장을 위한 황의 주요 원천이 될 수 있다. 보다 일반적으로 SO_2는 용해된 형태인 SO_3^{2-}로써 물과 토양에서 생물학적 순환에 재진입한다.

13.4.2 식물은 토양으로부터 주로 황산으로서 황을 획득한다

식물은 주로 뿌리를 통해 황산을 흡수함으로써 황을 획득한다. 일반적으로 황은 자연환경에서 비교적 풍부하기 때문에 성장을 제한하는 영양소는 아니지만 황산 공급, 성장 요구조건 및 질소 동화의 조화를 유지하기 위해서 황의 흡수 및 동화는 엄격하게 조절된다. 다른 음이온 다량 영양소들과 마찬가지로 황산은 뿌리 세포에 의해 능동적으로 축적된다(그림 13.31). 일부 황산의 환원 및 동화가 뿌리의 색소체에서 일어나지만 대부분의 황 처리 및 수요 장소는 지상부이며 잎 세포의 엽록체가 빛에 의해 SO_4^{2-}를 시스테인, 글루타티온 및 기타 대사물질로 동화시키는 장소이다(그림 13.31). 색소체는 무기 황산을 시스테인으로 유도하는 전체 생합성 경로를 포함하는 것으로 알려져 있다. 다른 무기 이온들처럼 황산은 뿌리로부터 물관부로 수송된다. 잎에서 황산은 엽육 세포(mesophyll cell)로 진입하며 **엽록체 외막(chloroplast envelope)**을 가로질러 수송된다. 잎 및 뿌리 세포 모두에서 일부 황산은 **액포막**을 가로질러 수송되어서 액포에 저장된다(그림 13.31).

세포막에서 전기화학적 구배에 역행하는 황산 흡수는 세포막 H^+-ATPase에 의해 형성된 양성자 구배에 의해 이루어진다. 황산은 SO_4^{2-}당 3개의 양성자(H^+)를 이동함으로써 **전기 발생 심포트**에 의해 세포질로 이동된다(그림 13.31). 아황산, 셀렌산, 몰리브덴산 및 크롬산은 수송체 결합에 대해 황산과 경쟁함으로써 황산 흡수를 억제한다. 세포막과는 달리 액포막의 전기화학적 구배는 황산의 액포로의 확산을 촉진하며 액포막을 가로지르는 이동은 **황산 특이적 채널**에 의해 일어난다.

황산 농도에 역행하는 황산의 뿌리로의 흡수율 도표의 양상은 다면성을 보이며(그림 13.32), 이는 황산에 대한 친화력이 다른 여러 수송체가 존재함을 암시한다. 이런 해석은 유전학적인 연구에 의해 뒷받침된다. 예를 들면 애기장대는 SO_4^{2-} 수송체로 추정되는 14개의 유전자를 가지고 있다. 이들 중에서 2개의 고친화력 SO_4^{2-} 수송체인 **SULTR1.1**과 **SULTR1.2**는 주로 뿌리의 표피 및 피질(cortical) 세포에서 발현되며, 4개의 저친화력 수송체인 **SULTR1.3**, **SULTR2.1**, **SULTR3.5** 및 **SULTR2.2**는 관다발계에서 기능을 수행하는 것으로 여겨지며, **SULTR4.1**과 **SULTR4.2**는 액포의 황산 방출을 용이하게 하는 액포

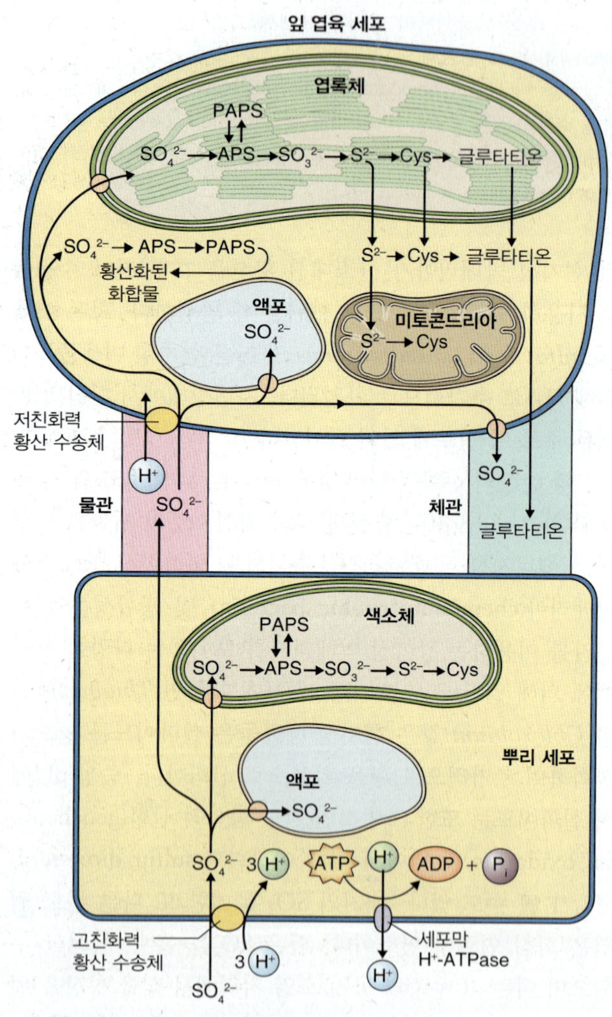

그림 13.31 식물에서 황 흡수, 환원 및 수송의 개요. APS, 5′-아데노신포스포황산(5′-adenosinephosphosulfate); PAPS, 아데노신-3′-인산-5′-포스포황산(adenosine-3′-phosphate-5′-phosphosulfate).

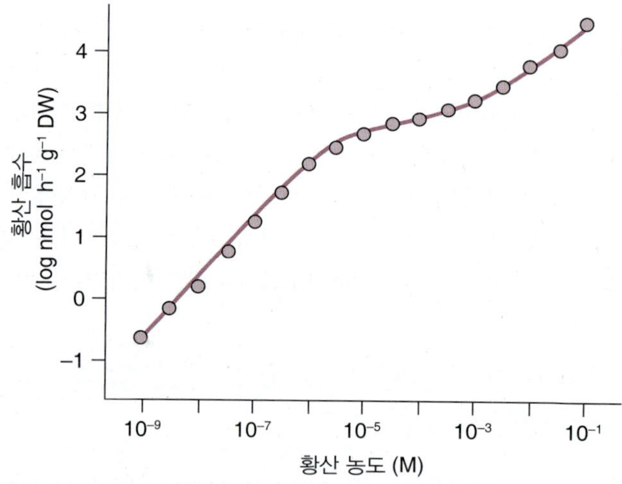

그림 13.32 보리 뿌리에 의한 황산 흡수. 그래프는 다양한 황산 농도에서 배양된 보리 뿌리에 의한 다면적인 황산 흡수 속도(multiphasic rate of sulfate uptake)를 보여준다.

그림 13.33 애기장대 황산 수송체 SULTR1.2 모델.

막 수송체이다. 액포에서 SO_4^{2-} 축적 및 엽록체로의 SO_4^{2-} 수송을 매개하는 단백질을 암호화하는 유전자들은 아직 알려져 있지 않다. 돌연변이의 관찰은 SULTR1.2가 애기장대 뿌리에 의한 황산 흡수의 주요 수송체임을 보여준다. SULTR1.2 폴리펩타이드 서열에 기반한 구조 예측은 SULTR1.2가 10개나 11개의 막투과 나선를 가지고 있음을 보여준다(그림 13.33).

키포인트 황은 설파이드, 기체 산화물 및 수용성인 아황산(sulfite, SO_3^{2-})과 황산(sulfate, SO_4^{2-}) 음이온 등의 환원된 형태로 나타난다. 유기 황은 아미노산, 단백질, 조효소, 지질, 산화환원 화합물, 맛 및 향 등에 존재한다. 지구의 황 순환은 미생물에 의한 산화 및 환원된 형태의 전환을 수반한다. 식물 플랑크톤으로부터 방출되는 휘발성 황 화합물들은 기후 온난화를 완화시키는 것으로 여겨진다. 뿌리는 토양으로부터 전기 발생 SO_4^{2-}/H^+ 심포터(SO_4^{2-}/H^+ symporter, SULTR)를 통해 황산을 흡수한다. 2개의 고친화력 수송체들은 부리 표피 및 피질(피층)에서 발현된다. 애기장대 뿌리의 주요 고친화력 수송체인 SULTR1.2의 구조는 10개나 11개의 막투과 나선을 포함하는 것으로 예측된다. 3개의 저친화력 SULTR들은 액포 수송과 관련되어 있다. 액포로부터의 황산 방출은 2개의 액포막 수송체들에 의해 매개되지만 액포 내로의 이동은 황산 특이적 채널을 통해 일어난다.

13.4.3 황산의 환원 및 동화는 일련의 효소들에 의해 촉매된다

황산의 동화는 황산의 설파이드로의 환원 및 이후 설파이드의 시스테인으로의 편입을 수반한다. 황산의 설파이드로의 환원은 1개의 ATP 및 8개의 전자를 필요로 하며 AMP와 무기 피로인산(pyrophosphate, PP_i)이 생성된다(식 13.11). 732 kJ mol^{-1}에서 이 반응은 질산이나 탄소의 동화(각각 347 및 478 kJ mol^{-1}) 보다 더 에너지 집약적이다. 엽록체에서 황산 환원에 필요한 에너지는 대체로 광합성으로부터 직접 유래한 ATP와 환원제에 의해 충족된다. 뿌리 세포의 비광합성 색소체에서는 황산 동화는 호흡 및 산화적 5탄당 인산 경로의 작동에 의해 에너지를 공급받는다.

식 13.11 황산염의 설파이드로의 환원

$$SO_4^{2-} + ATP + 8e^- + 8H^+ \rightarrow S^{2-} + 4H_2O + AMP + PP_i$$

황산 환원에서의 첫 번째 단계는 황산이 ATP와 반응하여 **5′-아데노신 포스포황산(5′-adenosine phosphosulfate, APS)**을 형성하는 활성 단계로 이 반응은 **ATP 설퍼릴레이즈(sulfurylase)**에 의해 촉매된다(식 13.12). 이 가역적인 반응은 APS를 형성하는 방향으로 진행되지만 APS 환원효소(ATS reductase)에 의한 APS 제거 및 무기 피로인산 가수분해 효소에 의한 PP_i의 제거는 ATP를 생성하는 방향으로 유도한다. 잎의 ATP 설퍼릴레이즈는 비슷한 활동 상수를 갖는 2개의 아형 단백질로 존재한다. 전체 활성의 90% 까지를 차지하는 주요 동형 단백질은 엽록체에 위치하며 다른 부차적 동형 단백질은 세포질에 위치한다.

애기장대에서는 색소체 ATP 설퍼릴레이즈를 암호화하는 유전자가 적어도 3개(***APS1***, ***APS3*** 및 ***APS4***) 동정되었다. 세포질 아형은 네 번째 유전자인 ***APS2***에 의해 암호화되는 것으로 여겨진다. 시금치(spinach, *Spinacea oleracea*) 및 애기장대의 ATP 설퍼릴레이즈는 호모테트라머(homotetramer)로 보고되었지만, 최근 대두 효소에 대한 연구에서 자연적인 형태는 인간 및 해양 박테리아 효소 구조와 유사하게 호모다이머 구조임을 제시한다. ATP 설퍼릴레이즈 폴리펩타이드 소단위는 49-50 kDa의 분자량을 갖는다. 전효소는 MgATP 및 황산에 순차적으로 결합한다. 몰리브덴산과 셀렌산 음이온들은 황산 결합 부위에 대해 경쟁할 수 있어서 반응을 억제할 수 있다.

식 13.12 ATP 설퍼릴레이즈

$$SO_4^{2-} + MgATP \rightleftharpoons MgPP_i + 5'\text{-adenosine phosphosulfate (APS)}$$

APS는 설퓨릴기의 이후 대사 반응을 가능케 하는 인산-황산 무수 결합(phosphoric acid-sulfuric acid anhydride

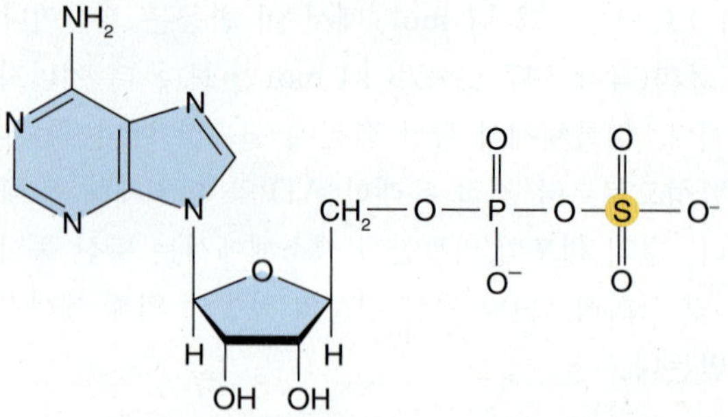

그림 13.34 5′-아데노신 포스포황산[5′-Adenosine phosphosulfate, APS; 5′-아데니닐황산(5′-adenylylsulfate)으로도 알려짐].

bond)을 보유한 고에너지 화합물이다(그림 13.34). APS는 **황산 환원**(시스테인으로 이끄는) 및 **황산화(sulfation,** O-황산화된 화합물 설폰산 및 파생물로 이끄는) 두 가지 경로의 기점에 위치한다. 황산화 경로에서 APS 인산화효소는 APS를 인산화하여 아데노신-3′-인산-5′-포스포황산(adenosine-3′-phosphate-5′-phos-phosulfate, **PAPS**)를 생성한다(식 13.13). 이 효소는 모노머당 타이오레독신 체계를 통해 산화환원 반응을 조절하는 6개의 보존된 시스테인 잔기를 가진다(15장 참고). 애기장대 게놈은 APS 인산화효소를 암호화하거나 또는 잠정적으로 암호화하는 4개의 유전자를 가지고 있다. 이들 중 2개의 번역 산물인 **Akn1** 및 **Akn2**는 색소체로 타겟팅되는 것으로 예상된다. PAPS는 그 다음에 쿠머린(coumarin), 글루코시놀산(glucosinolate), 플라보노이드, 페놀산, 스테로이드 및 에스테르 황산(sulfate ester)과 같은 다양한 화합물의 황산화를 담당하는 다중 단백질 그룹(multiprotein family)인 설포전달효소(sulfotransferase)의 기질이 된다(표 13.7).

식 13.13 APS 인산화효소

$$APS + ATP \rightarrow PAPS + ADP$$

APS에서 시스테인으로의 황산 환원 경로는 여러 반응들을 수반한다. 우선 APS는 **아황산(sulfite, SO_3^{2-})**으로 환원되며 이후 아황산은 **설파이드(sulfide, S^{2-})**로 환원된다. 마지막으로 설파이드는 O-아세틸세린(O-acetylserine)과 반응하여 시스테인의 타이올기를 형성한다. APS의 아황산으로의 환원은 식물에만 존재하는 타이올 의존적인 **APS 환원효소**(thiol-dependent **APS reductase**)에 의해 촉매된다. 색소체에 위치하는 이 효소는 APS와 환원된 글루타티온 간의 반응을 촉매하여 아황산, AMP 및 산화된 글루타티온을 생성한다(식 13.14).

식 13.14 APS 환원효소

$$APS + 2\ glutathione_{red} \rightarrow SO_3^{2-} + glutathione_{ox} + AMP + 2H^+$$

글루타티온은 글루탐산, 시스테인 및 글리신으로 구성된 트리펩타이드이다(그림 13.35A). 글루타티온은 디타이올(dithiol, 환원된 형태, -SH HS-)과 이황화(disulfide, 산화된 형태, -S-S-)를 순환하면서 생체 내에서 광범위한 산화환원 반응들을 매개하는 중요한 화합물 그룹 중 하나이다(15장 참고). Glutathione$_{red}$은 **NADPH 글루타티온 환원효소(NADPH glutathione reductase)**에 의해 glutathione$_{ox}$로부터 재생된다(그림 13.35B).

APS 환원효소 단백질이 세포질의 라이보좀에서 합성되면 엽록체로 효소를 이동시키는 아미노 말단의 트랜짓 펩타이드(transit peptide)를 가지게 되며, 이것이 엽록체 내로 이입되면 잘려진다. 잘린 후에 완성된 효소는 카르복시 말단의 산화환원 부위 및 아미노 말단의 환원효소 부위를 갖게 된다(그림 13.36). 카르복시 말단은 산화환원 활성 단백질들인 **글루타레독신(glutaredoxin)** 및 **타이오레독신(thioredoxin)**처럼 이황화 부위(disulfide motif; CPFC, 2개의 다른 아미노산에 의해 분리된 2개의 시스테인 잔기)를 가지고 있다.

황산 환원 과정의 다음 단계는 각 SO_3^{2-} 분자를 환원시키기 위해 필요한 6개의 전자 공급을 위해서 페레독신을 이용하는 색소체 위치 효소인 **아황산 환원효소(sulfite reductase, SiR)**에 의한 아황산의 설파이드로의 전환이다(식 13.15). 녹색 조직에서는 이후 페레독신이 Fd-NADP$^+$ 환원효소(Fd-NADP$^+$ reductase)를 통한 비순환적 전자 전달에 의해 직접 환원된다. 뿌리에서는 페레독신은 5탄당 인산 경로의 작동에서 비롯된 NADPH에 의해 간접적으로 환원된다.

식 13.15 아황산염 환원효소

$$SO_3^{2-} + 6\ ferredoxin_{red} \rightarrow S2^- + 6\ ferredoxin_{ox}$$

식물 SiR의 아미노산 서열은 아질산 환원효소와 가까운 상동성을 가지고 있다(13.2.7절 참고). NiR처럼 SiR 폴리펩타이드의 카르복시 말단 절반 역시 하나의 시로헴 부위(그림 13.19A) 및 하나의 [Fe_4S_4] 클러스터로 구성된 보결 분자단(prosthetic group)과 결합한다. 고등 식물의 자연적 효소는 1개 또는 2개의 핵 유전자에 의해 암호화

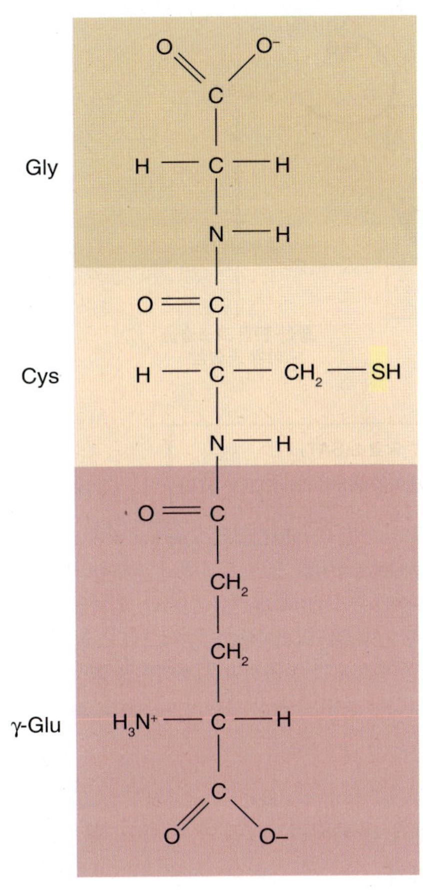

A 환원된 글루타티온

2 γ-Glu Cys Gly
SH
환원된 글루타티온
NADP+
NADPH
글루타티온 환원효소
γ-Glu Cys Gly
S
S
γ-Glu Cys Gly
산화된 글루타티온

B

그림 13.35 트리펩타이드 글루타티온(tripeptide glutathione)은 각 글루타티온 분자가 하나의 타이올기를 갖는 환원된 형태와 2개의 글루타티온 분자가 결합하여 분자간 이황화 결합를 형성하는 산화된 형태 사이를 끊임 없이 전환함으로써 세포의 산화환원 전위(redox potential)에 대한 완충제로써 작용한다. (A) 환원된 글루타티온의 구조. 글루탐산의 γ-카르보닐기(γ-carbonyl)와 시스테인의 아미노기를 연결하는 특이한 펩타이드 결합에 유의한다. (B) 글루타티온은 대체로 글루타티온 환원효소에 의해 촉매되는 NADPH와의 반응에 의해 환원된 형태로 유지되지만, 스트레스 조건 하에서는 세포 내에서 산화된 글루타티온 비율이 증가한다.

된 64-71 kDa 크기의 모노머로 색소체에 위치한다. 시금치로부터 순화된 SiR은 아질산을 낮지만 유의미한 정도로 환원시킬 수 있는 능력이 있으며, 이 관찰은 DNA 염기서열 유연관계와 함께 음이온 산화환원 효소 초그룹 내에서의 공통적인 진화 기원을 시사한다. APS 환원효소를 초과하는 SiR 활성 유지는 아황산이 유해한 수준으로 축적되는 것으로부터 식물을 방어해 준다. 아황산은 몰리브덴 조효소를 포함하는 효소인 아황산 산화효소에 의해 촉매되는 황산으로의 산화에 의해서도 해독되기도 한다.

13.4.4 2개의 효소들이 시스테인으로의 황산 동화 마지막 단계들을 촉매한다

환원적 황산 동화의 마지막 단계는 시스테인을 생성하기 위한 **O-아세틸세린(O-acetylserine, OAS)**과 설파이드의 응축이다. 세린 및 아세틸-CoA로부터의 OAS 합성은 **세린 아세틸 전달효소(serine acetyltransferase, SAT)**에 의해 촉매된다(식 13.16). 이 반응을 위한 아세틸-CoA의 가능한 원천들은 제7장에 기술되어 있다.

식 13.16 세린 아세틸전이효소

Serine + acetyl-CoA → *O*-acetylserine + CoASH

보결 분자단으로써 피리독살 인산을 가지고 있는 효소인 **O-아세틸세린(타이올)라이에이즈(O-acetylserine (thiol)lyase, OASTL)**는 OAS와 설파이드 간의 반응을 촉매하여 시스테인을 생성한다(식 13.17).

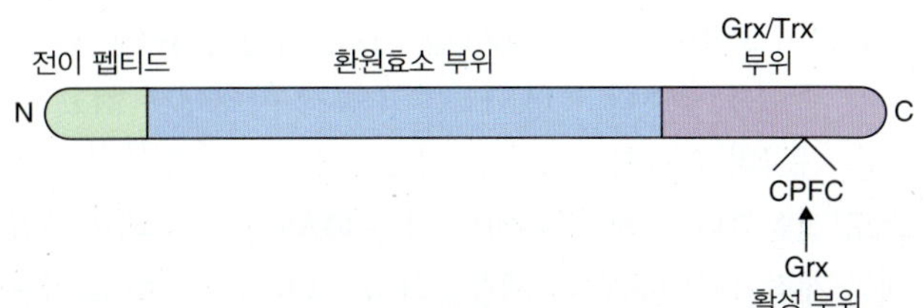

그림 13.36 APS 환원효소(APS reductase)의 부위. 전이 펩타이드(초록색)은 단백질을 엽록체로 이동시킨다. 성숙한 효소는 환원효소 부위(파란색)와 글루타리독신/타이오리독신(glutaredoxin/thioredoxin, Grx/Trx) 그룹 단백질과 유사한 구조를 갖는 카르복시 말단(C-terminal) 부위(보라색)을 갖는다. 환원된 글루타티온($glutathione_{red}$)과 Grx/Trx 부위의 산화환원 결합은 환원효소 부위에서 APS 환원을 위한 전자 공급원으로 여겨진다.

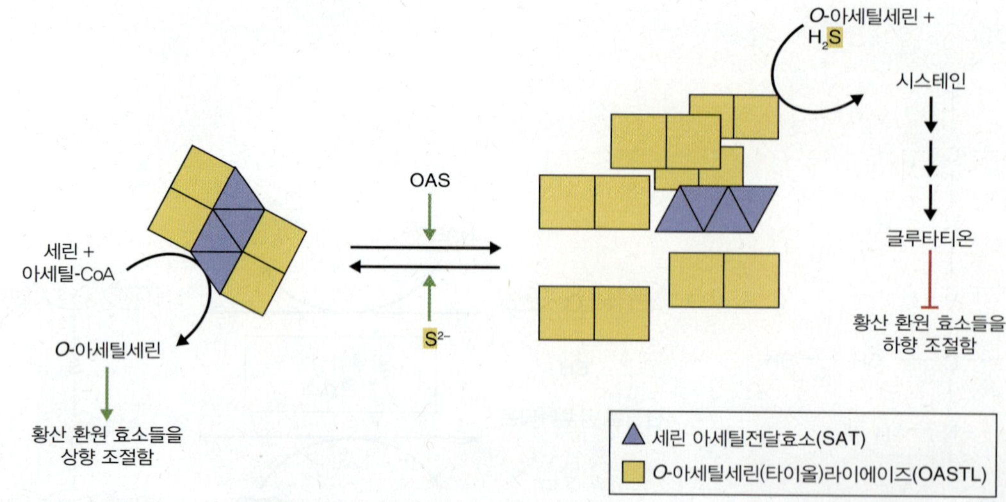

그림 13.37 시스테인 합성에서 *O*-아세틸세린(타이올)라이에이즈(*O*-acetylserine(thiol)lyase, OASTL)-세린 아세틸전달효소(serine acetyltransferase, SAT) 복합체의 조절. OASTL 2량체(dimer, 노란색 박스)는 파란색 삼각형으로 표시된 SAT 4량체(tetramer)를 훨씬 초과해서 존재한다. 효소들은 특별한 결합 부위를 통해 결합한다. SAT는 복합체 상태에서 활성을 갖지만 OASTL은 복합체로부터 분리될 때 활성을 갖는다. 황화물은 복합체 형성을 촉진하여 *O*-아세틸세린(*O*-acetylserine, OAS) 형성을 촉진한다. OAS는 황산 동화를 위한 단백질들의 발현을 양성적으로 조절한다. 황화물 부족으로 인해 OAS가 축적되면 복합체는 불안정하게 되며 OAS 합성이 감소한다. OAS는 또한 황화물과 반응하여 시스테인을 형성하며 이는 자유 OASTL 2량체(free OASTL dimer)에 의해 촉매된다. 결과적으로 증가한 시스테인 및 글루타티온 농도는 황산 동화 단백질들의 발현을 억제한다.

식 13.17 *O*-아세틸세린(타이올)라이에이즈

O-acetylserine + S^{2-} → cysteine + acetate

2개의 OASTL 다이머와 하나의 SAT 호모테트라머는 가역적으로 분리가 가능한 복합체를 형성한다(그림 13.37). 생체 내에서 전체 OASTL의 오직 일부만이 이 방식으로 SAT와 결합하지만, 이 복합체는 황 상태의 센서로써 결정적인 역할을 한다. OAS 농도는 이 복합체의 결합 상태를 조절함으로써 황 동화의 마지막 단계를 통한 유동성을 조절하며 이는 차례로 구성 효소들 개별 활성을 결정한다. 황이 제한된 조건은 고수준의 OAS로 이어지며 이에 반응하여 효소 복합체는 SAT를 해리, 불활성화하며 OAS 합성 속도를 낮춘다. OASTL은 비해리 상태에서 최고 활성을 가지며 효과적으로 이용 가능한 설파이드를 시스테인으로 전환한다. 황이 풍부하면 자유 OAS가 고갈되고 복합체가 재결합하며 SAT가 재활성화되어 OAS 합성이 일어난다. 박테리아의 SAT는 음성 되먹임을 통한 시스테인에 의해 조절되지만 많은 식물의 SAT는 시스테인 되먹임에 둔감하다. 그러나 설파이드가 풍부할 때 무분별한 OAS 합성을 방지하는 역할을 하는 시스테인에 민감한 이형 단백질들도 있다. SAT와 OASTL은 세포질, 엽록체 및 마이토콘드리아 형태로 존재한다. 해당 유전자들이 동정되었으며 이들은 뿌리와 잎에서 발현된다. 그들의 전사는 황 고갈에 반응하지 않는 것 같다.

글루타티온(13.4.3절 참고)과 같이 시스테인은 쉽게 디타이올 ↔ 이황화 상호전환을 받기 때문에 세포의 산화환원 반응에 있어서 중요하다. 또한 폴리펩타이드에서 2개의 시스테인 잔기들이 공유 이황화 결합을 형성함으로써 단백질 접힘을 촉진하기도 하는 고차원 단백질 구조(higher-order protein structure)에서도 역할을 수행하기도 한다. 시스테인은 메타이오닌, 글루타티온, 조효소, 지질 및 많은 자연 산물들이 포함된 황을 포함하는 대부분의 세포 화합물의 전구체(precursor)이다(표 13.7). 황을 포함하는 아미노산인 시스테인과 메타이오닌의 식이 공급은 황을 산화할 수 없는 인간을 포함한 동물들에게 필수적이다. 농작물 특히 콩과 식물들은 메타이오닌이 결핍되어 있으므로 단백질 아미노산으로의 황 흐름은 식물 육종(breeding) 및 생명공학(biotechnology)에서 지속적으로 우선순위에 놓여 있다. 그림 13.38은 동화된 황의 주요 대사적 운명에 대한 개요이다.

13.4.5 황 동화는 질소 동화와 일부 특성을 공유한다

공급과 결핍에 대한 황 동화 조절의 일반적인 개요는 그림

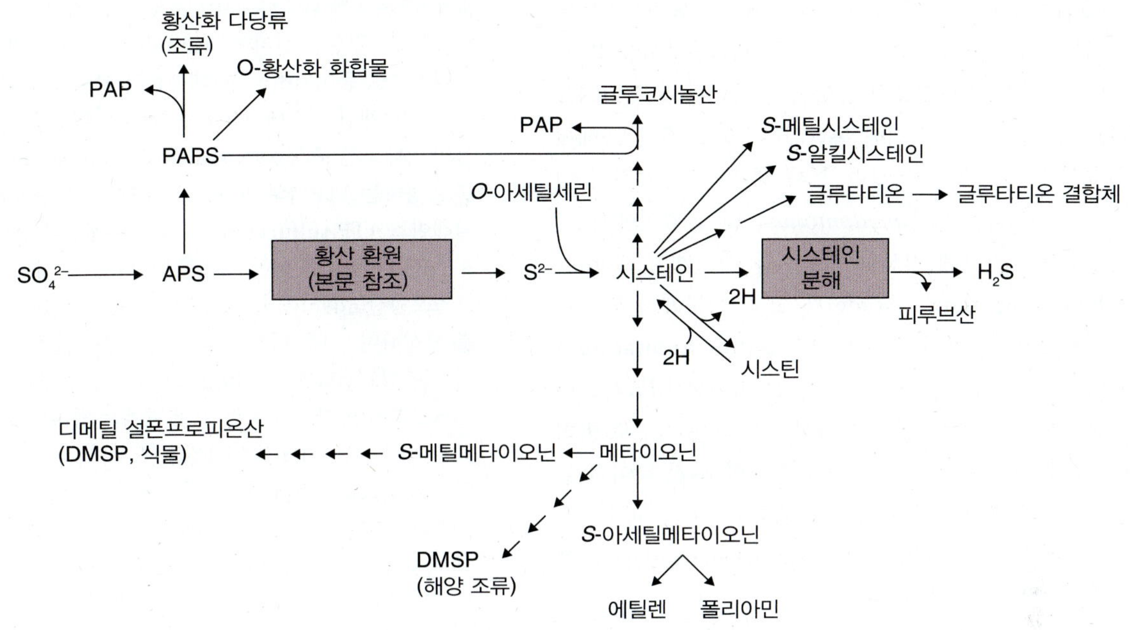

그림 13.38 식물에서 황의 동화 및 이후의 대사. APS, 아데노신 포스포황산(adenosine phosphosulfate); PAP, 아데노신-3′,5′-이인산(adenosine-3′,5′-diphosphate); PAPS, 아데노신-3′-인산-5′-포스포황산(adenosine-3′-phosphate-5′-phosphosulfate).

13.39에서 보여준다. 황과 질소 동화를 조절하는 기작들은 유사점과 차이점을 갖는다. 황산 환원은 색소체에서 일어나지만 질산 환원과는 달리 빛에 의해 강하게 조절되지는 않는다. 뿌리 및 빛을 받지 못한 지상부 모두에서 황산 환원은 빛 없이 일어날 수 있다. 질산 환원 및 탄소 고정과는 달리 황 환원의 속도는 낮-밤 진동을 보이지 않는다. 황을 동화하는 효소들은 오래된 조직에서 보다는 어린 잎 및 뿌리 끝에서 훨씬 더 활성이 높으며 이는 식물의 성장 및 분화 동안에 단백질 합성을 지원하기 위한 시스테인과 메타이오닌에 대한 높은 수요를 반영한다. 황산 흡수 활성은 황 유용도에 따라 조절된다. 황산 공급은 흡수를 억제하지만 황 고갈은 특히 뿌리에서 황산의 수송 및 APS 환원효소의 유전자 전사와 효소 활성을 촉진한다. 반대로 질소를 동화하는 효소들은 질산이 결핍되면 하향 조절된다. 성숙한 식물의 잎은 황 결핍에 덜 반응하는데 이는 아마도 액포의 황산이 잎 세포들에서 황 공급에 있어서 짧은 기간의 변동에 대한 완충작용을 하기 때문인 것 같다.

체관부 수액에서 아래 방향으로 이동되는 글루타티온은 지상부와 뿌리 사이의 황 신호전달에서 작용하는 것으로 여겨진다. 짧은 기간의 황 고갈은 애기장대 뿌리에서 옥신 합성과 시토키닌 및 그 수용체의 참여를 포함하는 연쇄적인 대사 및 호르몬 변화를 유도한다. 시스테인 합성의 전구체인 *O*-아세틸세린 역시 황을 동화하는 효소들을 암호화하는 유전자들뿐 아니라 뿌리의 SO_4^{2-} 수송체들을 암호화하는 유전자들의 대부분의 발현을 상향 조절하는 데 중요한 역할을 한다.

2개의 저친화력 황산 수송체들인 SULTR3.5 및

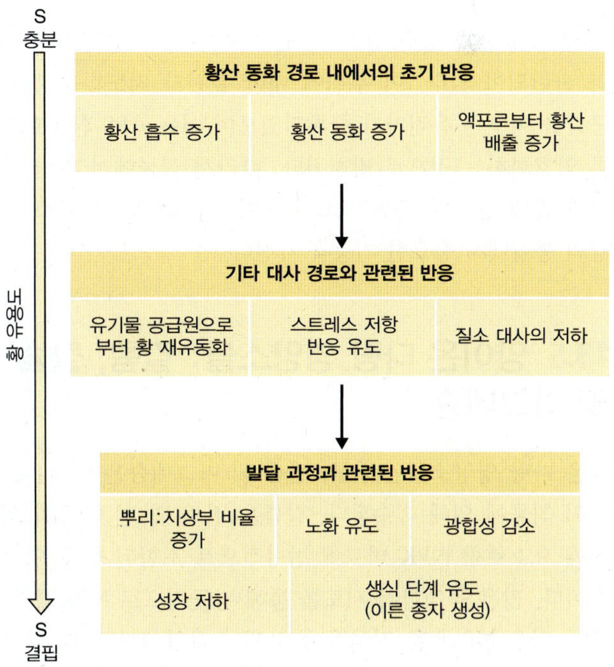

그림 13.39 부족한 황 공급 하에서 자란 식물에서의 일련의 반응 모델. 적당한 S 결핍은 S 동화 수준에서의 변화를 초래한다. 더 심한 결핍의 결과는 변화된 일반 대사 활성에서 확연해진다. 극도의 S 결핍 하에서는 대규모의 생리학적 조정이 있게 된다.

SULTR2.1은 황이 고갈된 식물에서 아포플라스트의 SO_4^{2-} 회수 및 지상부로의 이동을 촉진한다. 뿌리 및 지상부의 액포에서 세포질로의 유출을 담당하는 SULTR4.2의 발현 역시 황 고갈에 의해 촉진된다. 황 고갈에 대해서 SO_4^{2-} 수송을 조절하는 복잡한 전자 체계는 잘 알려져 있다. 클라미도모나스(*Chlamydomonas*) 및 곰팡이에서 잘 연구된 것과 유사하게 인산화 신호전달 캐스캐이드(phosphorylation signaling cascade)가 고등 식물에서 작동한다는 근거도 있다. 전사 조절 인자인 **Sulfur Limitation 1 (SLIM1)**은 황 고갈에 대해서 *SULTR1.1*, *SULTR1.2* 및 *SULTR4.2* 유전자들의 발현을 상향 조절하는 것으로 밝혀졌다. SULTR1.2의 잠정적 인산화 장소의 부위 특이적 돌연변이 유도는 단백질의 활성을 저해하며, 이는 SO_4^{2-} 수송 활성의 번역 후 조절(post-translational regulation)에서의 기능적 역할을 암시한다.

세포내 RNA 집단에 대한 연구(전사체학, transcriptomics)를 통해 뿌리에서의 황(및 질소와 인) 흡수가 지상부의 광합성과 엄격하게 연관이 되어 있으며 이는 당 신호전달 경로에 의해 매개된다는 것이 밝혀졌다(7장 참고). 게다가 놀랍게도 식물에서 질소에 대한 환원된 황의 비율은 약 1:20으로 엄격하게 유지되는데 이는 황 동화가 질소 동화 및 성장 속도에 맞춰서 엄격하게 조절됨을 시사한다. 애기장대 생태형들 사이에서 황산 함유량의 차이는 토양에서의 질소 유용과 강한 상호작용을 보이는 주요 유전자 부위와 관련되어 있다. 이 부위에 대한 유전자 지도화를 통해 근간을 이루는 유전자가 클론되었으며 이는 APS 환원효소를 암호화하는 것으로 밝혀졌다. 따라서 식물에서 황산 축적과 반대 양상의 활성을 보이는 이 효소는 황 및 질소 영양의 통합에서 중요한 기능을 가진다.

> **키포인트** 황산은 설파이드(sulfide, S^{2-})로의 환원을 통해 대사과정으로 동화되며 이후 대부분의 황을 포함하는 대사산물들의 전구체인 시스테인으로 동화된다. 황산은 고에너지 중간물인 아데노신 포스포황산(adenosine phosphosulfate, APS)를 형성하는 ATP와의 반응에 의해 활성화되며 이는 ATP 설퍼릴레이즈(ATP sulfurylase)에 의해 촉매된다. APS 인산화 효소(APS kinase)에 의한 APS의 인산화는 아데노신-3-인산-5′-포스포황산(adenosine-3′-phosphate-5′-phosphosulfate)를 생성하며, 이는 이후 다양한 황화 화합물들의 합성으로 이어지는 설포전달효소(sulfotransferase)에 대한 기질이 된다. APS로부터의 시스테인 합성 첫 단계는 엽록체 효소인 글루타티온 의존적인 APS 환원효소(APS reductase)에 의한 APS의 아황산으로의 환원이다. 아황산은 엽록체에서 페레독신으로부터 1분자의 SO_3^{2-}당 6개의 전자를 전달하는 반응 속에서 아황산 환원효소(sulfite reductase, SiR)에 의해 설파이드로 환원된다. SiR은 공통적인 진화 기원을 갖는 NiR과 유사하게 시로헴 부위 및 $[Fe_4S_4]$ 중심부를 가지고 있다. OAS(타이올)라이에이즈(OAS (thiol)lyase, OASTL)에 의해 촉매되는 설파이드와 *O*-아세틸세린(O-acetylserine, OAS)의 응축은 시스테인을 생성한다. OAS는 세린 아세틸전달효소(serine acetyltransferase, SAT)에 의해 세린과 아세틸코에이로부터 합성된다. OASTL 및 SAT는 그 구조와 활성이 황 상태에 민감한 다중 소단위 복합체를 형성한다. 낮거나 또는 높은 황 유용도는 인산화 신호전달 케스케이드 및 전자 조절인자인 Sulfur Limitation 1을 통해 황 수송 및 동화를 위한 유전자들의 전사에 영향을 준다.

13.5 양이온 다량 영양소들: 칼륨, 칼슘 및 마그네슘

남은 다량 영양소들인 칼륨, 칼슘 및 마그네슘은 양이온으로써 식물에 의해 흡수된다. 칼륨은 질소 및 인 다음의 세 번째 요소로써 NPK 비료에 전형적으로 포함된 다량 영양소이다. 많은 농경학적 시도를 통해 평균적으로 NPK를 처리한 밀은 NP만 준 작물들에 비해 수확량에서 20% 향상을 보인다. 식물에 의해 흡수되는 칼슘의 대부분은 아포플라스트에 위치하며 세포벽과 관련된 일부 및 세포막의 전환 가능한 일부를 포함한다. 결핍 증상(그림 13.1 참고)은 아포플라스트의 Ca^{2+}이 안정적인 세포벽 및 세포막에 필수적임을 보여준다. 세포질 Ca^{2+}은 식물에서 뿐 아니라 일반적으로 진핵생물에서 기본적인 신호전달 매개체이며 세포내 농도는 엄격한 조절을 받는다. 마그네슘과 칼슘은 식물 영양을 위해 가장 중요한 2가 양이온을 대표하며 몇몇 종은 토양에서 전환 가능한 Mg에 대한 Ca의 비율이 특정 한도 내에 있어야만 하는데 이는 과량의 어느 한 이온은 다른 이온의 결핍을 초래하기 때문이다. 엽록소(8장 참고)의 테트라피롤 고리(tetrapyrrole ring)에서 Mg의 구조적인 중요성은 이 다량 영양소의 부적합한 공급에 의해 초래되는 황백화 증상(chlorotic symptom)으로부터 뚜렷이 드러난다(그림 13.1 참고). 여기서는 식물에 의해 획득되고 세포내 및 세포 간에 배분되는 K, Ca 및 Mg의 수송 기작들을 다루고자 한다.

13.5.1 칼륨은 식물 조직에서 가장 많은 양이온이다

칼륨은 약 2.5%를 차지하는 암석권(lithosphere)에서 가장 풍부한 요소들 중 하나이다(표 13.1 참고). 그리고 건조 중량의 10% 까지를 차지하는 식물에서 가장 많은 양이온이다. 이 수준이 건조 중량의 1% 이하로 떨어지면 대부분의 종들은 전형적으로 오래된 잎에서 잎맥간 부위가 황백화(노랗게 되는) 그리고 결국에는 괴사(죽는)하고 심각한 조건 하에서는 분열조직이 사멸하는 결핍 증상을 보인다. 일반적으로 세포질의 K 농도는 80에서 200 mM 사이에서 엄격하게 조절되지만 각 세포내 기관들에서 K 수준은 상당히 다양하다. K의 공급과 수용에서의 변동은 액포 군집에 의해 완충된다. 세포질에서 항상성의 칼륨 농도를 유지하기 위해서 액포의 칼륨은 나트륨에 반해 교환된다. 칼륨은 광범위한 세포 및 전 식물 기능들에 있어서 필수적인데 오스코티쿰(osmoticum, 삼투압을 제공하는 물질), 확산 가능한 반대 이온(counterion) 및 효소 활성화 인자로써 기여한다.

토양에서 K의 농도는 0.04%에서 3%의 범위이다. 토양 K는 토양액(식물의 접근이 가능한 형태), 치환성 K, 고정된 K 및 점토 광물의 분자 격자 구조에 격리된 K 등 4개의 서로 다른 군집으로 존재한다. 이러한 군집들 사이에서의 이동 역학은 식물에 유용 가능한 K를 결정하는 인자이다. 다른 다량 영양소들, 특히 질산과의 이온 결합은 이 군집들 사이에서 K의 치환에 강하게 영향을 준다. 칼륨은 식물 내에서 뿐 아니라 토양액에서 대단히 유동적인데 K 이동 경로는 그림 13.40에서 보여 준다.

토양에서 뿌리의 심플라즘으로의 칼륨 이동 및 서로 다른 세포내 기관들로의 진입은 막을 가로지르는 수송을 필요로 한다. K^+ 흡수는 식물에서 가장 집중적으로 연구된 수송 기작 중 하나이다. 이전에 식물 및 세포로 그리고 식물과 세포 내에서 N, P 및 S의 이동과 관련되어 기술된 많은 연구접근 방법들(특히 전기생리학적 및 분자적 기술의 응용) 및 원리들은 이 연구로부터 비롯되었다. 칼륨의 수송은 **저친화력** 및 **고친화력 체계들(low-affinity** 및 **high-affinity systems**, 각각 **LATS** 및 **HATS**; 그림 13.41)로 구성된다. 분자적 용어로 저친화력 체계는 보통 K^+ 채널이지만 고친화력 구성물은 공수송체이다. 그러나 이 두 수송체는 HATS 또는 LATS에서만 작용한다. 5장에서 보았듯이, 채널을 통한 수송은 수동적이지만 공수송체에 의해 매개

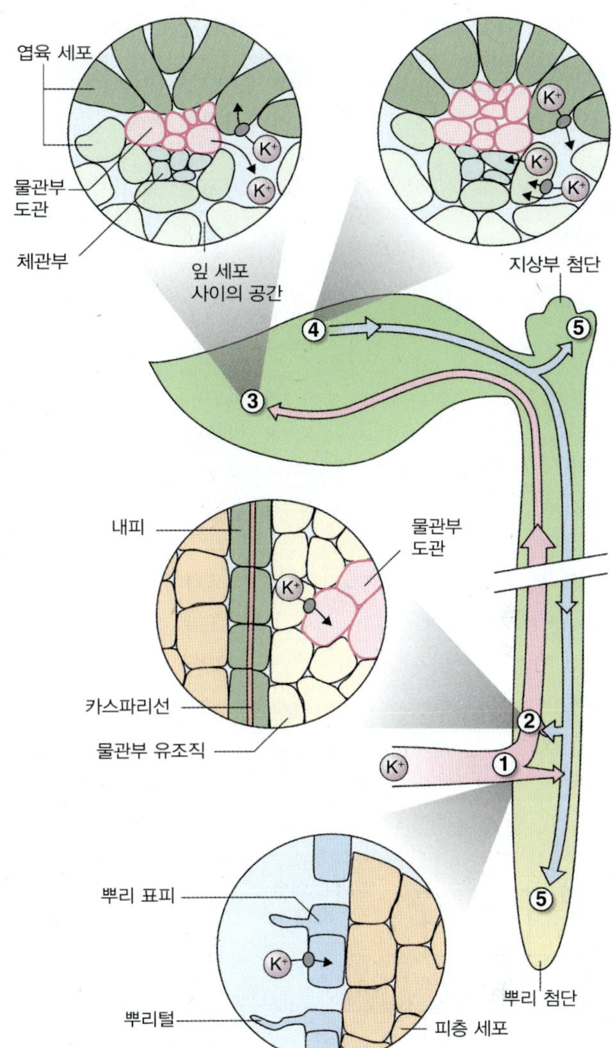

그림 13.40 K^+의 식물체 내로 그리고 식물체 내에서의 수송 경로를 보여주는 그림. K^+는 물관부(xylem, 분홍색 화살표) 및 체관부(phloem, 청색 화살표) 내에서 수송된다. 숫자는 원거리 K^+ 수송 경로에서 중요한 수송 지점을 나타낸다. 5개의 표시된 곳 중 4곳에 대해서는 확대를 통해 세포 수준에서의 K^+ 수송을 보여준다. (1) K^+는 뿌리 세포의 세포막을 가로질러 흡수된다(세로면). (2) K^+는 살아 있는 물관부 유세포에서 죽은 물관부 도관로 수송된다(단면). (3) K^+는 물관부에 의해 지상부(잎)로 수송되며 물관부 도관에서 주변의 잎 세포를 둘러싸는 아포플라스트로 이동하여 잎 엽육 세포(mesophyll cell)로 흡수된다(단면). (4) 잎 세포로부터 배출된 후에 K^+는 완전히 확장된 공급원 잎의 체관부로 적재된다. 체관-동반세포 복합체(sieve tube-companion cell complex)로의 수송은 아포플라스트 및 심플라즘 경로 모두에 의해 일어난다(단면). (5) K^+는 체관부를 통해 지상부로부터 뿌리 첨단까지 이동하여 이후의 활용을 위해 하적된다.

표 13.8 애기장대 뿌리의 주요 K^+ 수송 단백질

단백질	채널 또는 수송체 유형	뿌리에서의 위치	잠재적 기능
AKT1	쉐이커 유형 K^+ 채널	뿌리골무, 표피, 피층, 내피, 중심주	K^+ 흡수
ATKC1	쉐이커 유형 K^+ 채널	분열조직, 표피, 피층, 내피	K^+ 흡수
GORK	쉐이커 유형 K^+ 채널	표피	K^+ 배출, 막 재위치, 신호전달, K^+ 인지
SKOR	쉐이커 유형 K^+ 채널	내초와 별모양 유조직	물관부 적재
AKT2/AKT3	양방향 K^+ 채널	체관부	체관부 적재 및 하적
AtHAK5	K^+/H^+ 심포터	원뿌리와 곁뿌리의 표피	HATS 구성성분
TRH1 (AtKT3/AtKUP4)	K^+/H^+ 심포터	뿌리골무	LATS 구성성분, 뿌리털 발달, 굴중성 반응
AtKUP1	K^+/H^+ 심포터		HATS 이중 고/저 시스템 구성성분
AtKUP2	K^+/H^+ 심포터	뿌리끝, 뿌리-배축 접합부	K^+-수송, 세포 신장 조절
AtKUP3	K^+/H^+ 심포터		LATS 구성성분
AtKUP12	K^+/H^+ 심포터		HATS 구성성분
KEA5	잠재적 K^+/H^+ 안티포터		
AtCHX17	양이온/H^+ 안티포터	피층, 표피	K^+ 흡수

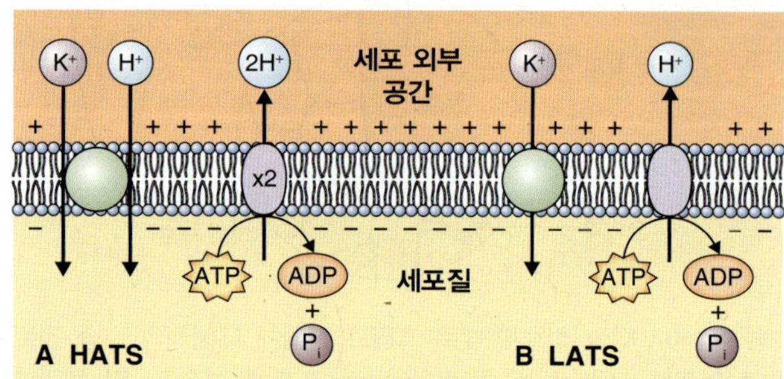

그림 13.41 (A) 고친화력 수송 시스템(high-affinity transport system, HATS) 및 (B) 저친화력 수송 시스템(low-affinity transport system, LATS)을 통한 K^+의 식물 세포로의 유입에 대한 일반적인 제시 모델. HATS 기작에서 열역학적으로 어려운 K^+ 유동은 열역학적으로 수월한 H^+ 유동에 의해 유도되고, 전하의 균형은 세포막 양성자 ATP 가수분해효소에 의해 2개의 H^+를 외부로 배출함으로써 이루어진다. LATS 기작에서는 반대로 전기 발생 K^+ 채널을 통한 흡수가 ATP에 의해 유도되는 하나의 H^+ 방출에 의해 전기적으로 균형을 이룬다.

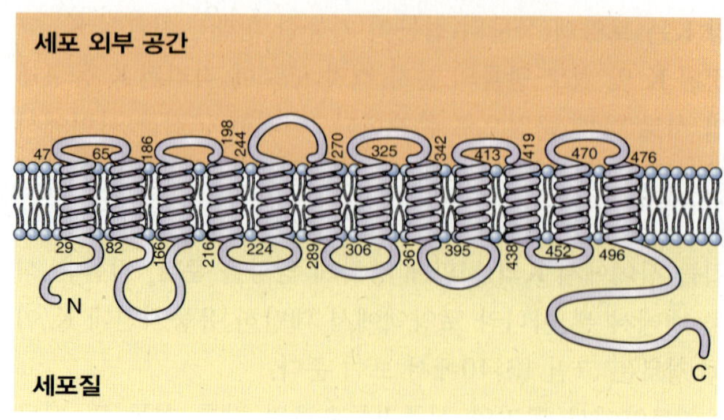

그림 13.42 고친화력 K^+ 수송체인 AtKUP1의 구조.

되는 수송은 이차적인 능동 수송이다. 그러나 양쪽 모두의 경우에서 막 전위 또는 양성자 구배를 회복하기 위해서는 세포막 양성자 펌프의 활성이 필요하다. 애기장대 게놈에서는 K^+ 채널 외에도 **KT/HAK/KUP**(K^+/H^+ 심포터), **TRK/HKT**(K^+/H^+ 또는 K^+/Na^+ 심포터)와 **CPA**(양이온/H^+ 안티포터(antiporter)) 등 3개의 주요 **칼륨 공 수송체** 그룹이 동정되었다. 표 13.8은 식물의 K 영양에서 작용하는 주요 수송체들을 특성과 함께 보여준다.

애기장대와 벼의 KT/HAK/KUP 단백질들은 10개에서 14개의 막투과 부위를 가지고 있는 것으로 예상된다. AtKUP1은 그러한 HATS 유형의 K^+ 수송체의 예이다(그림 13.42). 이 단백질은 분자량이 79 kDa로 뿌리, 잎 및 꽃에서 발현된다. *AtKUP1*으로 형질전환된 효소에서의 수송 연구는 이 단백질인 이중(고 및 저)의 K^+ 친화력을 가지는 단백질임을 제시한다. 애기장대 게놈은 다양한 위치와 기능을 가진 12개의 구성원을 갖는 *KUP* 그룹을 포함한다(표 13.8).

AKT1, AKT2, SKOR 및 GORK를 포함하는 많은 식물 **K^+ 채널**들은 유사한 유전자에 결함이 있는 *Drosophila* 돌연변이체들의 행동에서 이름이 유래된 **Shaker**라 불리는 유형이다. 예를 들면 AKT1은 뿌리의 모든 세포 유형에서 발현되는 전압 개폐(voltage-gated) K^+ 채널이다(그림 5.16 참고). 다른 유형의 K^+ 수송체들이 비활성일 때 뿌리에서 AKT1은 고친화력 흡수에 중요해진다는 근거가 있다. K^+ 채널은 뿌리로의 K 흡수 이외에도 물관부와 체관부에서의 K 적재 및 하적에도 관여한다(표 13.8). 전압 개폐 K^+ 채널들은 공변 세포(guard cell)에서 팽압(turgor) 조절에도 중요하다(14장 참고).

식물 내의 저칼륨 상태에 대한 반응으로 HATS 유형 수송체들의 발현이 촉진되며 몇몇 K^+ 채널들은 상향 조절된다. 게다가 상처와 같은 스트레스에 대한 반응을 연상케 하는 기작을 이용함으로써 일부는 활성 산소 종(reactive oxygen species)와 옥신, 에틸렌 및 자스몬산 같은 호르몬에 의해 매개되는 신호전달 케스케이드가 활성화된다(15장 참고).

키포인트 칼륨은 주요 양이온 다량 영양소로 토양 및 식물에서 상당히 유동적이다. 막을 가로지르는 토양과 심플라즘 사이에서 수송은 고친화력(high-affinity, HATS) 및 저친화력(low-affinity, LATS) 체계에 의해 가능해진다. 칼륨 공수송체(potassium co-transporter)는 K^+/H^+ 심포터, K^+/H^+ 또는 K^+/Na^+ 심포터 및 양이온/H^+ 안티포터를 포함한다. HATS 또는 이중 HATS/LATS K^+/H^+ 심포터의 예인 AtKUP1은 12개의 막투과 나선을 가진 막 단백질이다. 전압 개폐 Shaker 유사 K^+ 채널인 AKT1은 칼륨이 고갈된 뿌리에 의한 저친화력 K^+ 흡수의 대부분을 담당한다. K^+ 채널은 또한 관다발계에서 적재 및 하역에도 참여하며 기공의 팽압 조절에도 관여한다. 몇몇 K+ 채널 및 수송체들을 암호화하는 유전자들의 발현은 K 유용도, 활성 산소 종 및 호르몬에 민감하다.

13.5.2 엄격하게 조절되는 채널과 수송체는 세포질 칼슘이 서브마이크로몰 수준의 농도에서 유지되도록 한다

칼슘은 식물에서 결정적인 구조적 조절적 영양소이다. 근권 액에서 Ca^{2+} 농도는 밀리몰 수준의 범위이지만 세포질 Ca^{2+} 농도는 서브마이크로몰(submicromolar concentration) 수준이다. 일반적으로 뿌리로의 Ca^{2+} 진입은 확산에 의해 일어난다. 뿌리 세포의 세포막에 있는 엄격히 조절되는 많은 Ca^{2+} 투과성 양이온 채널들은 표 13.9에 기술되어 있다. 이들은 과분극 활성(hyperpolarization-activated) 아넥신(annexin) 유형 Ca^{2+} 채널, 전압 의존적(voltage-dependent) CNGC (고리모양 뉴클레오타이드 개폐 채널, cyclic nucleotide-gated channel), 글루탐산 수용체(glutamate receptor, GLR) 양이온 채널 및 탈분극 활성 TPC1(3공 채널 1, three pore channel 1) 등이 포함된다. 예를 들면, 애기장대 뿌리 표피 세포로의 Ca^{2+} 유입은 Ca = 1.00에 대해서 이온 및 이온 결합물에 대한 다음의 투과도를 갖는 양이온 채널들에 의해 매개된다: 바륨(Ba, 0.93) > 아연(Zn, 0.51) > 칼슘/나트륨(Ca/Na, 0.19) > 칼슘/인(Ca/P, 0.14). 세포질의 Ca^{2+} 농도는 Ca^{2+}을 세포질로부터 아포플라스트, 내막 체계의 소기관, 색소체 또는 액포로 유출하는 Ca^{2+}-ATPase 및 Ca^{2+}/H^+ 안티포터(antiporter)에 의해 유지된다. 낮은 수준의 세포질 Ca은 **칼모듈린(calmodulin, CaM)**이 포함된 Ca 결합 단백질들에 의해 인지된다. CaM은 마이크로몰 수준의 농도에서 Ca와 결합하며, Ca와 결합한 후에는 단백질 인산화 효소와 단백질 탈인산화 효소와 같은 표적 단백질들과 결합할 수 있게 된다. 액포의 칼슘은 액포막에 존재하는 전압 개폐(voltage-gated) 또는 리간드 개폐(ligand-gated) Ca^{2+} 투과 양이온 채널을 통해 방출된다. 소포체(ER)은 또한 세포질 Ca^{2+} 항상성을 유지하는 중요한 저장소이며, **이노시톨 3인산염(inositol triphosphate, IP3)**는 소포체로부터 세포질로 Ca^{2+}을 방출하는 채널을 여는 데 있어서 중요한 역할을 수행한다.

세포질에서 Ca^{2+} 수준은 엄격하게 조절되기 때문에 심플라즘에서 Ca 농도 구배는 존재하지 않으며 뿌리를 가로지르는 Ca의 이동은 대체로 아포플라스트를 통한 확산에 의해 발생한다. 아포플라스트에서 확산을 방지하는 카스파리선(Casparian strip)은 뿌리 피층(cortex)에서 물관부로의 Ca^{2+} 이동에 있어서 장애물이 된다. 뿌리 물관부로의 칼슘 진입은 내피(endodermis)가 분화되기 전 그리고 카스파리선이 붕괴되는 곁뿌리(lateral root) 발생 시점에는 대체로 뿌리의 첨단 부위(apical region)에서 일어나는 것으로 여겨진다. 칼슘은 식물 내에서 주로 물관부를 통해 자유 Ca^{2+} 형태 또는 유기산과 복합되어서 분배된다. 물관부 세포벽의 펙틴(pectin)과 리그닌(lignin)의 음성 전하 그룹은 집단류(mass flow)에 비해 Ca^{2+}의 이동을 방해하는 경향이 있다. 일반적으로 낮은 칼슘 유동성은 말단 기관에서 사과의 고두병(bitter pit)과 토마토의 배꼽 썩음병

표 13.9 식물의 기관, 세포 유형 및 세포내 소기관 사이에서 Mg와 Ca의 흡수 및 분배에 관여하는 유전자 그룹

원소	유전자 그룹	수송체 유형	막 위치	잠정적인 세포내 기능
Mg	*MRS2*	마그네슘 채널(Mitochondrial RNA Splicing에서 비롯된 이름)	세포막 or 엽록체막	Mg 유입, 엽록체 Mg 흡수
	MHX	마그네슘-양성자 교환수송체	액포막	액포 Mg 축적
	TPC1	3구 채널	액포막	액포 Mg 방출
Ca	*Annexin*	과분극에 의해 활성화되는 아넥신 유형 양이온 채널	세포막	Ca 유입
	CNGC	고리모양 뉴클레오타이드 의존성 채널	세포막	Ca 유입
	GLR	칼슘 채널(GLutamante Receptor에서 비롯된 이름)	세포막	Ca 유입
	TPC1	3구 채널	세포막	Ca 유입
	ECA/ACA	Ca^{2+}-ATPase	세포막, 내막계, 액포막, 색소체	세포질에서 아포플라스트, 내막계, 소포체, 색소체 및 액포로의 Ca 방출
	CAX	양이온/양성자 역수송체	액포막	물관부 Ca 적재
	Annexin	과분극에 의해 활성화되는 아넥신 유형 양이온 채널	액포막	액포 Ca 방출
	TPC1	3구 채널	액포막	액포 Ca 방출

(blossom-end rot)과 같은 결핍 증상으로 이어질 수 있다(표 13.1).

13.5.3 세포막의 채널은 마그네슘을 세포질로 전달하며 안티포터는 세포질에서 액포로의 수송을 매개한다

마그네슘 이온은 핵산 합성, 광합성 및 호흡 효소들을 포함한 많은 중요한 효소들의 활성에 특별히 필요하다. Mg는 엽록체의 테트라피롤 고리(tetrapyrrole ring)에서 구조적인 역할도 가지고 있다. 토양액에서 마그네슘의 농도는 0.1-8.5 mM이며 세포질에서는 약 0.4 mM이다. 뿌리 세포로의 Mg^{2+} 진입은 주로 **MRS2** 그룹의 세포막 Mg^{2+} 채널을 통해 일어나는 것으로 여겨진다. 액포 막을 가로지르는 Mg^{2+}의 유입과 유출은 각각 **MHX Mg^{2+}/H^{+} 안티포터** 및 **TPC1 Mg^{2+} 투과 양이온 채널(Mg^{2+}-permeable cation channel)**을 경유하는 것으로 생각된다(표 13.9). 마그네슘은 자유 Mg^{2+} 또는 킬레이트된 형태로 물관부로 수송된다.

키포인트 조직 칼슘은 상당 부분 아포플스트에 존재하며 그곳에서 세포벽과 막을 안정화한다. 세포내 Ca^{2+}은 신호전달 과정에서 필수적이다. 칼슘은 엄격히 조절되는 Ca^{2+} 투과 양이온 채널을 통해 뿌리로 진입한다. Ca^{2+}-ATPase와 Ca^{2+}/H^{+} 안티포터(antiporter)는 칼슘을 세포질에서 아포플라스트 또는 세포내 소기관으로 이동시키며 액포막에 위치하는 Ca^{2+} 투과 양이온 채널은 액포의 칼슘을 세포질로 방출함으로써 세포질의 Ca^{2+} 농도를 엄격하게 조절한다. 칼슘 유동성은 식물 내에서 비교적 제한적이다. 또 다른 주요 2가 양이온인 마그네슘은 세포막 MRS2 Mg^{2+} 채널을 통해 뿌리 세포로 진입하며 액포막 MHX Mg^{2+}/H^{+} 안티포터를 거쳐 액포로 진입한다. 액포에서 마그네슘의 방출은 TPC1 Mg^{2+} 투과 양이온 채널(Mg^{2+}-permeable cation channel)에 의해 매개된다. 물관부에서 긴 범위의 수송은 자유 또는 킬레이트된 Mg^{2+}로써 일어난다.

13.6 미량 영양소

미량 영양소들(망간, 아연, 구리, 붕소, 몰리브덴, 니켈)이 흡수·이용되는 기작 보다는 식물이 어떻게 다량 영양소들

을 흡수하고 수송하는지에 대해서 훨씬 더 잘 알려져 있다. Fe 영양에 대한 최근 진척(13.6.1절 참고)은 몇몇 미량 영양소 생리의 유전자와 유전자 산물을 동정하였다. 게다가 연구 관심이 많은 토양에서 Fe, Zn 및 Cu(농작물 생산을 제한하는)의 낮은 유용성에 중점을 두고 있으며 특히 중금속 독성(heavy metal toxicity)의 원흉으로써 이들 및 다른 무기물의 과도한 수준 및 환경적 중요성에 중점을 두고 있다.

아연은 과산화물 불균등화 효소(superoxide dismutase)와 같은 중요한 효소들과의 결합 뿐 아니라 아연 집게, 아연 클러스터, RING 집게 부위를 포함하는 전사 조절 인자의 구조 및 기능에서의 중요한 역할 때문에 특별한 관심을 받고 있다. *IRT1* Fe 수송체 유전자의 클로닝(13.6.1절 참고)은 Zn^{2+} 및 미량 영양소 수송체들을 암호화하는 유전자 그룹인 많은 ***ZIP***(ZRT-like(zinc regulated transporter-like), IRT-like protein)들의 분리로 이어졌다. ZIP 수송체는 흔하게 존재하며 식물 뿐 아니라 박테리아, 곰팡이 포유류 등에서 동정되었다. 대부분의 ZIP 단백질들은 8개의 막투과 나선(transmembrane helices)을 보유하고 있으며 많은 경우 막투과 부위 3과 4 사이에 잠재적인 금속 결합능이 아연 수송 또는 조절에 기능할 것으로 여겨지는 히스티딘 풍부 서열이 포함된 긴 고리 부위가 존재한다(그림 13.43).

효모에서의 유전자 발현 연구와 뿌리에 대한 실험은 ***ZIP1***, ***ZIP3***와 ***ZIP4***에 의해 암호화되는 단백질들이 Cd 및 Cu와 같은 다른 2가의 양이온들의 흡수도 매개하리라 여겨지는 고친화력 Zn^{2+} 수송체임을 밝혔다. *ZIP1*와 *ZIP3*은 Zn 결핍에 반응하여 뿌리에서 발현되며 *ZIP4*는 뿌리

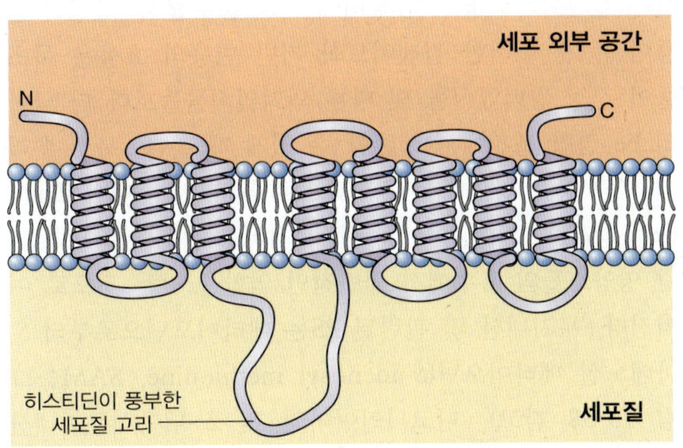

그림 13.43 미량 영양소 수송체인 ZIP 그룹 구성원의 예측 단백질 구조.

및 지상부에서 발현된다. *ZIP4*의 유사체인 *ZNT1*의 과다발현은 과다축적 종인 *Thlaspi caerulescens*에 의한 향상된 아연 흡수의 요인이다(13.6.4절 참고). 아연은 시트르산, 니코티안아마인(nicotianamine) 또는 말산와의 복합체로써 수송되고 격리된다. YSL1, FER1, FER1(13.6.1절 참고), PHT1-4(13.3.2절 참고) 및 글루타티온 대사의 스트레스 반응성 효소 등을 포함해서 많은 또 다른 유전자 산물들이 Zn 수송과 관련되어 있다.

13.6.1 철은 생물학적 전자 전달 과정의 필수적 구성 성분이다

철은 Fe^{2+}와 Fe^{3+} 사이를 순환하는 가역적인 산화환원 반응을 통한 생물학적 전자 전달 과정에서 필수적이다. 예를 들면 철은 시토크롬과 페레독신의 구성 성분이다. 부적합한 Fe 흡수는 잎에서 잎맥간 황백화 및 저하된 성장과 같은 결핍 증상으로 이어진다. Fe는 지각에서 4번째로 풍부한 요소이지만(표 13.1 참고) 제한된 수용도는 생리적인 pH에서 10^{-15}M 이하의 자유 Fe^{3+} 또는 Fe^{2+}의 농도를 초래한다. 이는 식물이 철을 쉽게 유용할 수 없음을 의미한다. 게다가 칼슘과 같은 다른 무기물들은 Fe 결핍을 심화시킨다. 지구의 경작 토양의 3분의 1은 석회질로 이에 Fe이 부족한 것으로 여겨지며 이는 잠재적인 작물 수확량의 감소로 이어진다. Fe^{2+}와 Fe^{3+}는 산소 분자의 해로운 **ROS**(활성산소종, reactive oxygen species)로의 환원을 촉매하기 때문에 Fe의 화학적 특성 역시 식물에 의한 축적에서의 제한을 심화한다. 심플라즘에 존재하면 Fe는 물에 녹는, 수송 가능한 형태로 유지되며 시트르산과 니코티안아마인과 같은 킬레이터와 결합함으로써 ROS를 발생하는 것이 억제된다. 식물은 토양으로부터 Fe를 흡수하기 위해서 진화적으로 두 가지 전략을 개발하였다. Fe 고갈은 토양액의 산성화 및 Fe^{3+}의 환원과 관련된 기작을 활성화하지만(그림 13.44, 초종(grass species)은 킬레이트화 기반 전략을 이용한다(그림 13.45).

호기성 조건에서 토양 Fe은 대체로 산화철로 존재한다. Fe 결핍 조건에서 진정 쌍떡잎식물(eudicot)과 풀이 아닌 외떡잎식물(non-grass monocot)은 토양액의 pH를 낮추고 Fe^{3+}의 수용도를 높이기 위해서 양성자를 근권으로 분비한다(식 13.18). 8에서 4로의 pH 하락은 용액에서 Fe^{3+}의 농도를 10^{-20}에서 10^{-9} M로 증가시킨다. 세포막 양성자-ATPase(H^+-ATPase)가 이 과정에 관여하는 것으로 생

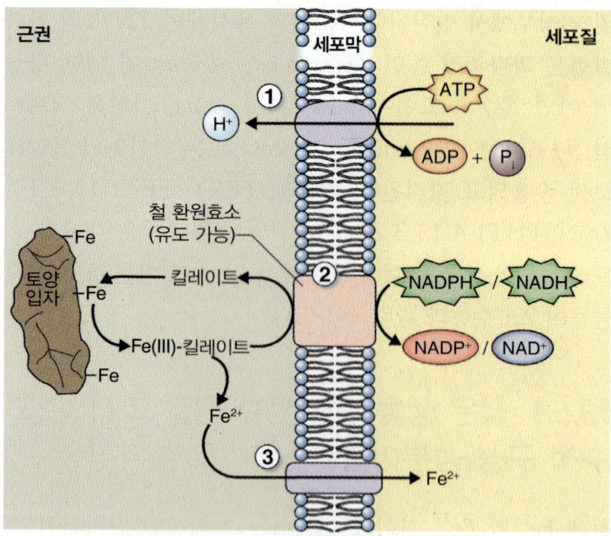

그림 13.44 진정 쌍떡잎식물(eudicot) 및 비목초 외떡잎식물(non-grass monocot)에 의한 철 흡수. 철 결핍에 의해 뿌리에서 유도되는 핵심적인 세포막 위치 구성물을 보여준다. (1) AHA2, 세포막 H^+-ATP 가수분해효소(H^+-ATPase) 그룹 구성원. (2) 유도 가능한 철 환원효소 산화효소 2(ferric reductase oxidase 2, FRO2). (3) 고친화력 Fe^{2+} 수송체(철 조절 수송체 1, iron regulated transporter 1, IRT1).

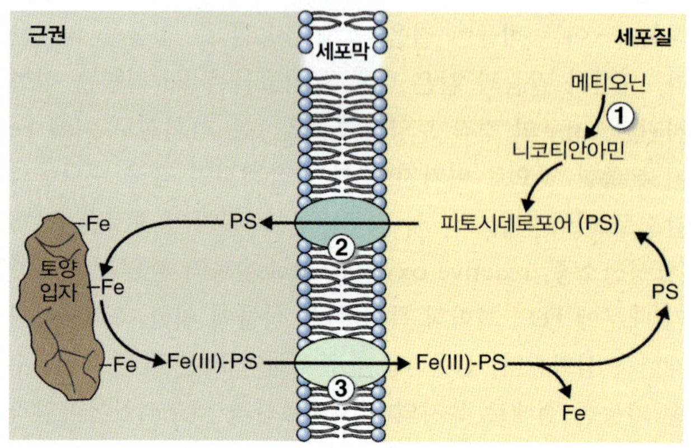

그림 13.45 목초에 의한 철 흡수. 보이는 핵심 구성원들은 (1) 피토시데로포어(phytosiderophore, PS)의 생합성, (2) 유도 가능 세포막(Plasma membrane, PM) PS 수송체 및 (3) Fe-PS 수송체이다.

각된다. 애기장대에서 이 단백질은 *AHA* 유전자 그룹에 의해 암호화된다. 낮은 Fe에 반응하여 이 그룹의 하나인 *AHA2* 발현의 상향 조절은 철 결핍에 의해 유도되는 전자 조절인자에 의해 매개되는 것으로 밝혀졌다.

식 13.18 산성화에 의한 제2 철이온의 가용화

$$Fe(OH)_3 + 3H^+ \rightleftharpoons Fe^{3+} + 3H_2O$$

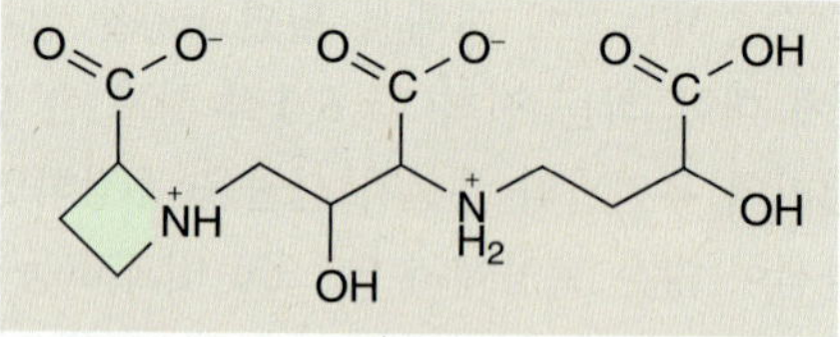

그림 13.46 무지네산(mugineic acid).

뿌리에 의해 흡수되기 전에 철은 Fe^{3+}에서 더 물에 잘 녹는 Fe^{2+}로 환원되어야 한다. 유도성의 세포막 **철 환원 산화 효소(ferric reductase oxidase, FRO)**는 Fe^{3+}의 환원을 촉매한다(그림 13.44). 이것은 Fe가 결핍된 뿌리의 표피 세포에서 발현되는 ***FRO2*** 유전자에 의해 암호화된다. 이 단백질은 8개의 막을 투과하는 부위, 2개의 히스티딘이 조화된 헴 그룹 및 잠정적 FAD 및 NADPH 결합 부위를 갖는 것으로 예측된다. 애기장대에서는 7개의 또 다른 금속 환원효소(metal reductase)의 *FRO* 유전자 그룹 구성원들이 존재하며 이들은 뿌리 이외 지역인 관다발 조직과 지상부에서 발현된다. Fe^{2+}는 뿌리 세포에서 광대한 **ZIP 금속 수송체 그룹(metal transporter family)** 중 하나인 **IRT1 (철 조절 수송체 1, iron regulated transporter 1)**에 의해 수송된다(그림 13.44). IRT1은 Fe가 결핍된 뿌리에서 표피 세포의 세포막에서 발현된다. 애기장대 돌연변이체 및 *IRT1* 유전자로 형질전환된 효모 세포의 연구는 이 단백질이 Fe 뿐 아니라 다른 2가 양이온 금속들(Zn, Mn, Cd)도 수송할 수 있음을 보여준다.

Fe 결핍 하에서 옥수수(*Zea mays*), 밀(*Triticum* spp.) 및 벼(*Oryza sativa*)와 같은 목초는 철을 얻기 위한 다른 전략을 이용한다. 그들은 **무지네산(mugineic acid)**과 관련 있는 저분자량의 **파이토시데로포어(phytosiderophore, PS)**를 방출한다(그림 13.46). PS는 근권에서 Fe^{3+}와 결합하는 킬레이터로 Fe^{3+}가 뿌리에 의해 흡수될 수 있도록 만들어 준다. 이러한 킬레이트화 기반 반응의 효율은 목초들이 진정 쌍떡잎식물 및 다른 외떡잎식물들보다 더 극한의 Fe 결핍 조건에서 생존할 수 있게 해 준다. 목초 뿌리에 의해 방출되는 PS는 효과적으로 철 뿐만 아니라 Zn^{2+}, Cu^{2+}, Mn^{2+}, Ni^{2+}, Co^{2+} 등을 킬레이트하며 이런 무기 미량 영양소들의 흡수에서 일반적인 역할을 갖는 것으로 여겨진다. 무지네산 및 관련된 PS는 메타이오닌으로부터 *S*-아데노실 메타이오닌(*S*-adenosyl methionine, SAM; 그림 13.38 참고), 니코니안아마인 및 2′-디옥시무지네산(2′-deoxymugineic acid) 등의 중간물을 거쳐 생합성된다(식 13.19).

식 13.19 무지네산의 생합성

3SAM → nicotianamine
(enzyme = nicotianamine synthase)

Nicotianamine → 2′-deoxymugineic acid
(enzyme = nicotianamine aminotransferase)

2′-Deoxymugineic acid → mugineic acid
(enzyme = dioxygenase)

Fe(III)-PS 복합체는 세포막의 특별한 고친화력 수송 단백질에 의해 Fe가 결핍된 뿌리의 표피 세포로 이동된다(그림 13.45). 유전자 ***YS1***(*Yellow Stripe 1*)은 12개의 잠정적인 막투과 부위를 갖는 내재성 막 단백질(integral membrane protein)인 **Fe(III)-PS 수송체**를 암호화한다. 이 단백질은 PS와 무지네산-금속 킬레이트 화합물에 대한 양성자 결합 심포터이다. 뿌리 심플라즘으로 진입하면 킬레이트화 복합물 형태의 Fe는 원형질연락사(plasmodesmata)를 통해 중심주(stele)로 확산된다. 다양한 킬레이트화와 산화/환원 단계, 수송 활성 및 단백질 결합 등이 생체 내에서 Fe를 수용화하고, 이동시키며 구획화하고 재유동화하며 저장하고 완충한다.

토양으로부터의 Fe 흡수에 관여하는 몇몇 단백질들 또는 같은 그룹의 구성원들은 뿌리에서 지상부로의 경로를 따라 다른 세포 유형에서 발현되며 기능하는 것으로 여겨진다. 예를 들면 *YSL*(*Yellow Stripe-Like*) 유전자들은 많은 조직들에서 발현되며, 이는 그들이 식물의 서로 다른 부위에서의 Fe 흡수에서 역할을 수행함을 암시한다. Fe 항상성은 헴(heme)과 Fe-S 보결 분자단(prosthetic group) 제작 및 그들을 아포 단백질(apoprotein)로 정확하게 구성하는 데 필요하다. 세포 이하 수준에서의 철 저장 및 완충은 철 부족 및 독성으로부터 보호하는 데 필수적이다. 색소체는 세포 철의 일부를 산화철 형태의 Fe^{3+} 4500 원자까지 둘러싸는 나노구멍(nanocage)을 형성할 수 있는 단백질인 **페리틴(ferritin)**의 형태로 격리한다. 애기장대 게놈은 4개의 페리틴을 암호화하는데, **FER2**는 종자에 국한되고 **FER1**, **FER3** 및 **FER4**는 지상부 조직에서 발현되며, FER1은 뿌리에서도 발견된다. 성숙한 종자에서 저장된 철은 액포의 글로보이드(globoid)와 결합된다.

식물은 확실히 Fe 상태를 인지하고 Fe 결핍을 신호전달하는 기작들을 보유하고 있지만 그들에 대한 이해는 아직 불완전하다. **FIT1**(Fe에 의해 유도되는 결핍 전사 조절인자 1, Fe-induced deficiency transcription factor 1)은 Fe 결핍에 의해 발현이 상향 조절되는 전자 조절인자이다. FIT1은 *FRO2*와 *IRT1*을 포함해서 Fe에 의해 유도되는 유전자들의 약 40%를 조절하는 것으로 밝혀졌다. 이는 Fe 상태를 인지하는 데 있어서 호르몬 신호전달이 역할을 수행함을 암시한다.

키포인트 필수 미량 영양소인 철은 풍부한 요소이지만 낮은 수용도로 인해 토양에서는 유용도가 제한적이다. 철 고갈에 반응해서 비초지식물의 뿌리에서는 *AHA* 유전자 그룹에 의해 암호화되는 세포막 양성자-ATPase(H^+-ATPase)가 활성화되고 근권을 산성화시키는데, 이는 Fe^{3+}의 수용도를 증가시킨다. Fe^{3+}는 *FRO2* 유전자에 의해 암호화되는 유도성 세포막 철 환원 산화 효소에 의해 물에 더 잘 녹는 Fe^{2+}로 환원된다. Fe^{2+}는 광대한 ZIP 철 수송체 그룹의 구성원인 IRT1에 의해 뿌리 세포로 수송된다. Fe가 고갈된 목초 뿌리는 파이토시데로포어(phytosiderophore, PS)를 방출한다. 이는 근권 Fe^{3+}와 결합하는 킬레이터이며 유전자 *YS1*에 의해 암호화되는 특별한 고친화력 양성자 결합 심포터인 Fe(III)-PS 수송체를 통한 흡수를 위해 Fe^{3+}를 유용 가능하게 한다. Fe 킬레이트 복합물은 뿌리 심플라즘을 거쳐 중심부로 확산된다. 철은 산화철 결합 단백질인 페리틴의 형태로 색소체에 격리된다.

13.6.2 과량의 여러 미량 영양물 요소들은 해롭다

필수 미량 영양소 요소들은 다수가 중금속이다. 소량의 Ni, Cu, Zn 등등은 정상적인 성장을 위해 필요하지만 최적이상의 수준에 대해 노출되면, 서로 다른 식물 종 사이 및 같은 종 내에서도 중금속 내성에 대해 상당한 차이가 있지만, 독성 반응을 일으킨다. 예를 들면 옥수수 식물은 강낭콩(common bean, *Phaseolus vulgaris*) 보다 과량의 Cu에 대해 훨씬 적은 내성을 가지고 있다. Cu 또는 Zn 독성의 증상은 뿌리 성장의 억제로 시작되며 지상부에서는 종종 이차적인 철 결핍과 관련되는 황백화 반응으로 진행되기도 한다. 과량의 Ni 역시 다른 필수 2가 양이온 영양소 특히 Ca^{2+}, Mg^{2+}, Fe^{2+} 및 Zn^{2+} 흡수와의 경쟁 결과로써 황백화를 초래한다.

Cu, Ni, Mn, Fe 및 Mo는 모두 **천이 금속(transition metal)**이다. 천이 금속은 안쪽 전자 껍질(*d* 궤도)이 불완전하게 채워진 하나 또는 그 이상의 안정된 금속을 형성하는 원소로써 정의된다. 이는 천이 금속에게 독특한 화학적 특성을 부여하는데, 이는 곧 이들이 살아 있는 세포에서 특별한 일을 수행하도록 해 준다. 특히 Cu, Fe, Mn 및 Mo

는 다중 산화환원 상태로 존재하며 전자 전달 과정을 위한 결정적인 보조인자로써 작용한다. 과량으로 존재할 때 이러한 필수 미량 영양소 금속들의 독성과 그들의 천이 원소로써의 특성으로부터 직접 발생한다. 해로운 농도의 중금속 이온에 대한 노출은 활성 산소 대사의 균형을 H_2O_2의 축적으로 이동시킨다(15장 참고). Cu^{2+}와 Fe^{2+} 같이 산화환원 반응이 활발한 천이 금속은 **펜톤 반응(Fenton reaction)**을 통해 H_2O_2의 고반응성 히드록실 라디칼(hydroxyl radical)인 $^{\bullet}OH$로의 전환을 촉매한다(식 13.20A). 수퍼옥사이드 라디칼(superoxide radical, $O_2^{\bullet-}$)과의 이후 반응은 환원된 금속 이온을 재생시킨다(식 13.20B).

식 13.20 천이금속에 의한 활성 산소 종 생성

13.20A

$$H_2O_2 + Fe^{2+}/Cu^{+} \rightarrow {}^{\bullet}OH + OH^{-} + Fe^{3+}/Cu^{2+}$$

13.20B

$$O_2^{\bullet-} + Fe^{3+}/Cu^{2+} \rightarrow Fe^{2+}/Cu^{+} + O_2$$

미량 영양소 요구량을 초과할 때 중금속의 발생기 형태의 산소 발생을 초래하는 경향은 이러한 유형의 독성을 병원균 및 초식동물의 공격과 같은 다른 스트레스에 대한 일반화된 반응과 연결되며, 이는 ROS 캐스캐이드 및 신호 전달 경로를 통해 매개된다(15장 참고).

13.6.3 알루미늄은 산성 토양에서 자라는 많은 식물에서 독성 반응을 담당하는 비영양 무기질이다

식물 성장에 대해서 불리한 영향을 주는 비영양 요소들 중에서 Al은 농업적으로 대단히 중요하다. 알루미늄은 약 8%(부피에 의한)로 지각에서 세 번째로 풍부한 요소이다(47%인 산소 및 28%인 실리콘 다음). 독성 형태의 Al 수용화에 의해 초래되는 산성 토양(pH<5)에서의 낮은 작물 생산성은 전 세계적인 경작 문제이다. 산성 pH에서 용해된 알루미늄은 대체로 뿌리에 해로운 Al^{3+} 이온으로써 존재한다. Al의 수화 생성물인 $Al(OH)_2^{+}$와 $Al(OH)^{2+}$는 대략 중성 pH에서 지배적이며 염기성 용액에서는 $Al(OH)_4^{-}$가 주요 알루미늄 형태이다. 농업 연구 및 개발을 위해 시급한 Al^{3+} 내성 작물의 육종은 뿌리에서 Al 독성에 대한 유전적 그리고 생리적 이해의 응용에 의존한다.

토양에서 Al^{3+}는 유기산, 무기 인산 및 황산과 복합물을 형성한다. 세포로 진입하면 Al은 또한 단백질, 뉴클레오타이드 및 기타 거대 분자의 이러한 그룹들과 결합하기도 한다. 2종류의 Al 내성 기작이 알려져 있다. (i) Al이 세포로 진입하지만 대사가 회복되고 정상적으로 기능수행을 지속할 수 있는 심플라즘 내성, 그리고 (ii) 근권에서 Al에 대한 노출에 반해서 뿌리 첨단을 방어하는 Al 차단이 그것이다. 식물이 진화적으로 개발한 차단 기작 중 하나는 Al^{3+} 이온을 킬레이트함으로써 뿌리를 보호하는 유기산 배출에 의존한다. 뿌리가 잠긴 용액에 말산이나 시트르산을 첨가하면 Al과 유기산 킬레이터 사이에 형성된 복합물이 쉽게 뿌리 세포의 세포막을 가로지르지 못하므로 Al 독성이 완화된다. 차단 유형의 Al 내성에 대한 유전자들은 여러 종에서 분리되었다. 이들은 **Al^{3+} 활성 말산 수송체(Al^{3+}-activated malate transporter, ALMT)**와 **다중 약물 독성 배출** 구성원들의 막 단백질들을 암호화하는 것으로 알려졌다.

처음으로 클론된 식물 Al^{3+} 내성 유전자는 밀(*Triticum* spp.)의 ALMT 유형의 말산 수송체(ALMT-type malate transporter, **TaALMT1**)를 암호화한다. 수많은 근거들은 밀에서 독성에 대한 Al^{3+} 내성의 일반적인 기작으로써 TaALMT1에 의해 조절되는 말산 방출이 선호됨을 보여준다. 예를 들면 밀 유전자 지도에서 이 유전자의 위치는 이 종에서 Al^{3+} 내성을 조절하는 단일 주요 유전자 부위와 일치한다. 담배(*Nicotiana tabacum*)와 같은 이종 형질전환 체계에서 이 유전자의 발현은 증가된 Al^{3+} 내성을 부여하며 Al^{3+}에 의해 활성화된 말산 방출을 향상시킨다. 밀의 내성적이고 민감한 품종의 마이크로몰의 Al 수준에 대한 반응은 그림 13.47에서 보여준다. TaALMT1은 밀 변종 Atlas 66에서 강하게 발현되지만 변종 Scout 66에서는 약하게 발현된다.

MATE 유형 유전자의 예는 Al에 내성적이고 민감한 품종들에서 유전자 지도화에 의해 동정되고 클론된 보리(barley)의 ***HvAACT1***이다. *HvAACT1*를 과다발현하는 유전적으로 형질전환된 담배 식물은 야생형 식물에 비해서 향상된 시트르산 분비 및 Al 내성을 보인다. 뿌리 표피 세포에의 세포막에 위치하는 이 단백질은 Al에 내성적인 보리의 뿌리에서는 항상 발현된다. Al 내성에 대한 차이가 있는 보리(*Hordeum vulgare*) 품종들에서 *HvAACT1*의 발현과 시트르산 분비 간에는 좋은 상관관계가 있다.

ALMT와 **MATE** 단백질들에 대한 이차 구조 예측은 5개에서 7개의 막투과 부위를 갖는 분자적 형태를 보여주며, 이는 Al을 킬레이트화하는 유기산의 배출을 용이하게 하는 수송 단백질로써의 역할과 일치한다. ALMT 단

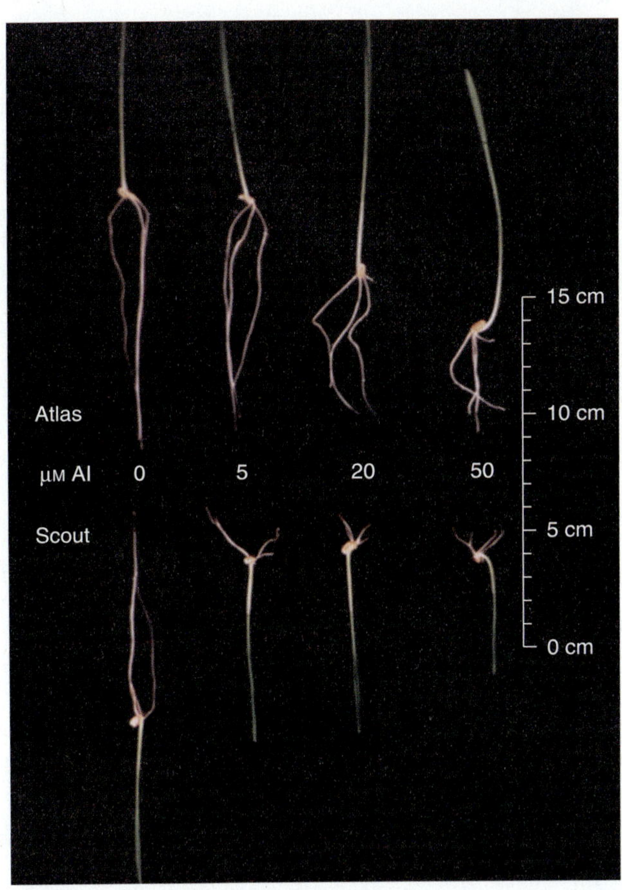

그림 13.47 Al에 내성을 갖는 Atlas 66 및 Al에 민감함 Scout 66 밀 품종(cultivar)의 뿌리 성장에 대한 알루미늄 노출의 영향. 유묘(seedling)는 0, 5, 20 또는 50 μM $AlCl_3$(pH 4.5)가 포함된 0.6 mM $CaSO_4$ 용액에서 4일 동안 재배하였다.

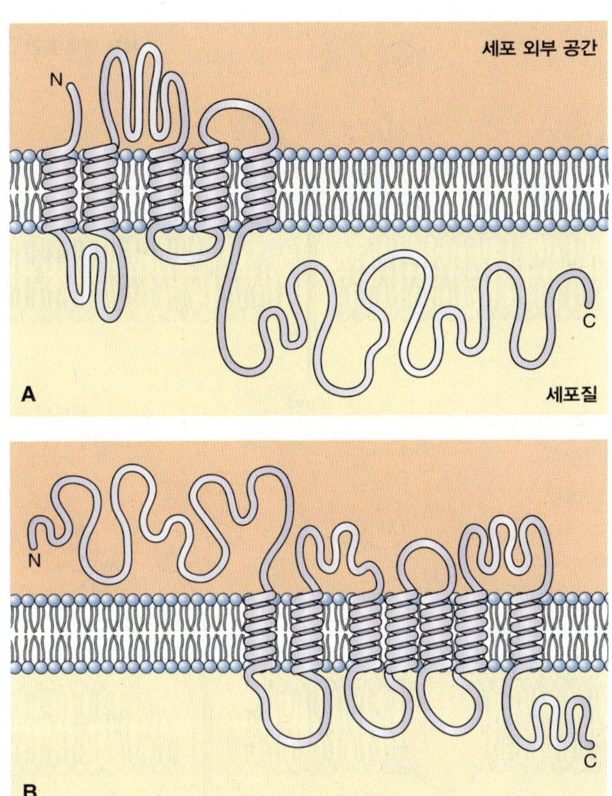

그림 13.48 차단 유형의 알루미늄 내성(exclusion-type aluminium resistance)과 관련된 단백질의 예측 이차 구조. (A) ALMT1, Al^{3+}에 의해 활성화되는 밀(*Triticum*)의 말산 수송체. (B) HvAACT1, 보리의 다중약물 및 독소 차단 수송체. 양쪽 경우에서 막을 가로지르는 구조 방향은 모델 예측에 근거한 가장 그럴듯한 배치를 나타낸다.

백질에서 막투과 나선들은 단백질의 아미노 말단에 존재하지만(그림 13.48A), HvAACT1에 대해 예측된 구조는 이 단백질의 카르복시 말단 절반에서 7개의 막투과 부위가 있음을 보여준다(그림 13.48B). 밀과 보리의 ALMT 및 MATE 유형과 같이 항활성 수송체의 제시된 작용 기작은 그림 13.49A에서 보여준다. 여기서 유기 음이온 배출은 Al^{3+}와 세포막의 기존 단백질의 직접적인 결합에 의해 촉진된다. 애기장대, 배추속 식물(*Brassica*) 및 수수(*Sorghum* app.) 같은 많은 종에서 유기 음이온 수송체의 유전자 발현은 Al^{3+}에 의해 특별한 수용체를 거치거나 아니면 비특이적 스트레스 반응을 거치는 신호전달 경로를 통해 유도된다. 이후 Al^{3+}는 세포막에서 새로 합성된 단백질과 결합하고 유기 음이온 배출을 활성화시킨다(그림 13.49B).

해로운 요소들에 대해 상당해 내성적인 식물들 대부분은 차단자(excluder)로 이들의 흡수와 뿌리-지상부 전이를 제한함으로써 독성물질의 축적을 제한한다. 그러나 **과다축적자(hyperaccumulator)**로 불리는 몇몇 식물들은 그들의 조직에 극히 높은 수준의 미량 원소들을 축적하고 (몇몇 경우에서는 잎 건조 중량의 1%를 초과하는) 이에 대해 내성을 가질 수 있다. 450 식물 종 이상이 미량 금속(아연, 니켈, 망간, 구리, 코발트, 카드뮴), 준금속(비소) 및 비금속(셀레늄)의 과다축적자로 밝혀졌다. Ni 과다축적자는 이 그룹의 75%에 해당된다. 과다축적자들은 독성 금속 제거에 의해 오염된 땅을 개간하는 생물적 **환경 정화(bioremediation)**에서의 그들의 잠재적인 유용으로 인해 상당한 관심을 받고 있다. 과다축적하는 특성은 자연환경에서 풍부한 특정 요소에 대한 적응으로써 식물 종 사이 또는 같은 종 내에서 진화하였다. 예를 들면 모든 *Thlaspi caerulescens*(십자화과(Brassicaceae family)의 구성원) 집단은 Zn을 과다축적하지만 같은 기질에서 키우면 고농도의 미량 금속이 포함된 토양의 집단은 저 농도 토양의 집단보다 Zn을 덜 축적한다. Zn 수송 및 저장 생리와 관련된 유전자 발현의 비교 분석은 *T. caerulescens*가 다량의 Zn을 축적함에도 불구하고 Zn이 결핍된 것처럼 행동함을 보여준다. 그

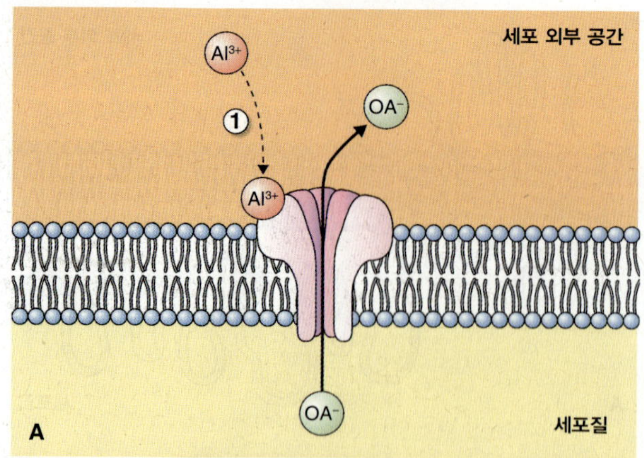

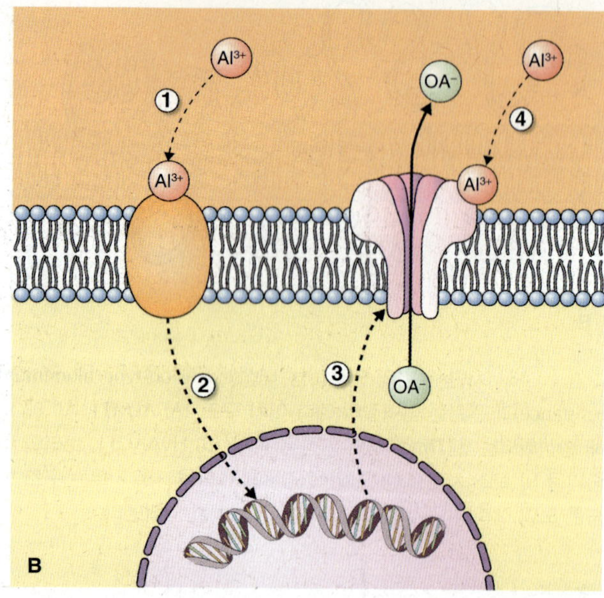

그림 13.49 Al^{3+}에 의해 활성화되는 ALMT와 MATE 단백질 그룹 구성원에 의한 유기 음이온 방출 가상 모델. (A) 양상 I. Al^{3+}에 민감한 유전형보다 Al^{3+}에 내성을 갖는 유전형에서 더 큰 발현을 보이는 단백질은 뿌리 첨단에서 항시적으로 발현된다. Al^{3+}는 세포막에 이미 존재하고 있는 단백질과 직접 결합함으로써(화살표 1) 유기 음이온(OA^-) 방출을 활성화시킨다. (B) 양상 II. 우선 Al^{3+}은 아마도 특별한 Al^{3+} 수용체(화살표 1) 또는 비특이적 스트레스 반응과 관련된 신호전달 경로를 통해 단백질 발현을 유도한다(화살표 2 및 3). Al^{3+}는 이후 세포막의 새로 합성된 단백질과 결합함으로써 유기 음이온 방출을 활성화시킨다(화살표 4).

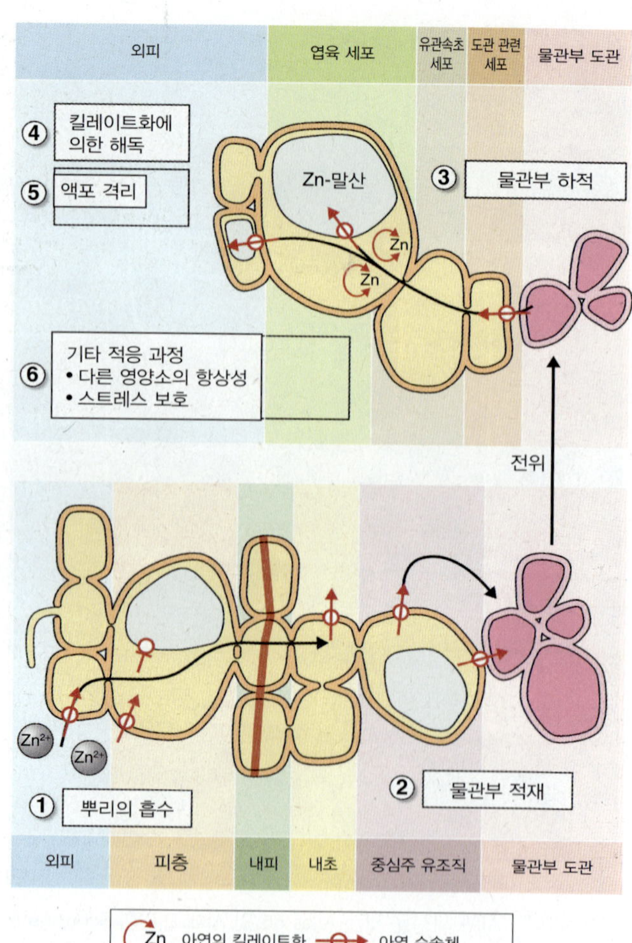

그림 13.50 금속, 특히 아연(zinc, Zn)을 과다축적하는 적응(빨간색으로 강조된)의 개요. 뿌리 세포 액포 내로의 축적은 액포막 수송체 수준에서 차단된다. 물관부를 통해 뿌리로부터 수송된 Zn 이온은 엽육 세포 액포 내에 격리되거나 킬레이트화에 의해 해독된다.

림 13.50은 세포가 가지고 있는 흡수, 수송 및 격리 체계 지점이 과다축적 증상에서 변한다는 것을 보여준다.

13.6.4 중금속 항상성은 금속과 결합하는 대사산물 및 단백질에 의해 매개된다

금속 항상성의 유지는 생존을 위해서 필수적이다. 식물이 이용하는 특별한 금속 이온의 흡수 및 배분을 조절하는 기작의 범위는 저분자량 또는 중합 리간드와 복합체를 형성함으로써 비필수 금속 및 과량의 필수 금속을 해독할 수 있는 능력을 의미한다. 예를 들면 **파이토킬라틴(phytochelatin)**은 일반적으로 $(\gamma\text{-Glu-Cys})_n\text{Gly}$ (n = 2에서 10) 구조를 가진 다양한 크기의 금속 결합 중합체(metal-binding polymer)로 고농도의 Cu^{2+} 또는 Cd^{2+}와 같은 독성 양이온 등의 미량 영양소에 대한 노출 시 식물에 의해 합성된다. 파이토킬라틴 합성의 전구체는 트리펩타이드 글루타티온이다. Cd^{2+}와 같은 금속 이온은 **파이토킬라틴 합성효소[phytochelatin synthase**(γ-glutamylcysteine dipeptidyl transpeptidase)]를 활성화시키며, 이는 파이토킬라틴의 또 다른 글루타티온 또는 같은 위치에 존재하는 시스테인의 카르복실기로 글루타티온을 전이시킨다(그림 13.51). 기능성의 파이토킬라틴 합성효소가 없는 돌연변이체는 카드뮴 독성에 대해 과민반응을 보인다. ABC 액

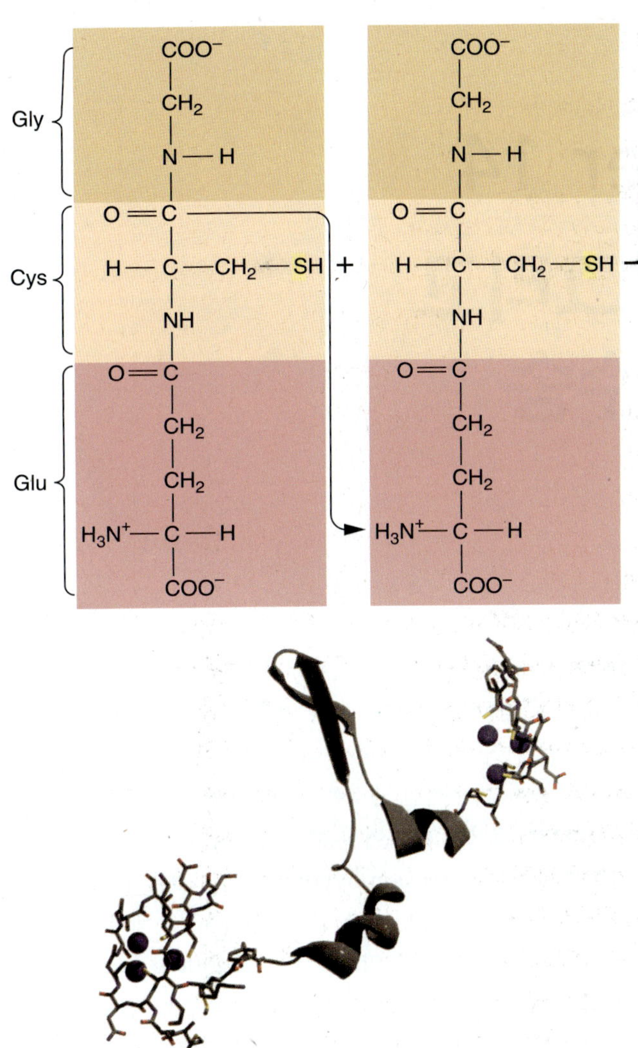

그림 13.51 γ-글루타밀 시스테인 디펩타이딜 트랜스펩타이드 가수분해효소(γ-glutamylcysteine dipeptidyl transpeptidase)에 의한 파이토켈라틴(phytochelatin)의 합성.

그림 13.52 듀럼 밀 메탈로타이오네인(metallothionein)의 예측 구조. 아령 모양의 분자 각 막대에서 금속 중심과 결합한 카드뮴(cadmium, 보라색 구)은 리본 모양으로 강조된 확장된 경첩 부위를 가진 구 및 막대 표시 속에서 보여진다.

포막 수송체(ATP-binding cassette (ABC)-type tonoplast transporter)(5장 참고)는 파이토킬라틴-카드뮴 복합체를 또 다른 카드뮴 및 설파이드와의 반응으로 CdS 미세 결정이 형성되는 액포로 수송한다. 이러한 격리 과정을 **생물 무기질화(biomineralization)**라고 부른다.

메탈로타이오네인(metallothionein, MT)은 금속 결합 부위에 배열된 고함량의 시스테인(Cys-Cys, Cys-X-Cys 또는 Cys-X-X-Cys; X는 비특정 아미노산)을 가진 저분자량(4-14 kDa) 단백질이다. 이 부위를 가진 폴리펩타이드는 시스테인 곁사슬의 설프히드릴 리간드를 통해 2가 금속 이온을 조절할 수 있다. MT는 분류 범위 전반에 걸쳐 모든 생명체에서 발견되며 Cd, Cu 및 다른 중금속과의 결합, Zn 항상성 유지, ROS 조절 및 신호전달 경로에의 참여 등 다양한 역할을 가지고 있다. 식물에서 MT 및 MT 유사 단백질을 암호화하는 유전자들에서 보존되어 있는 시스테인 잔기 부위에 기반하여 네 가지 유형의 MT가 알려졌다. **유형 1 MT**는 뿌리에서 주로 발현되며 **유형 2 MT**는 잎, **유형 3 MT**는 과실 그리고 **유형 4 MT**는 종자에서 발현된다. 듀럼 밀[durum wheat(*Triticum durum*)]의 유형 1 Cd 결합 MT의 구조 모델은 그림 13.52에서 보여준다. *Thlaspi caerulescens*를 포함한 많은 식물 종에서 MT 유전자 발현은 Cu 처리에 의해 강하게 유도되며 정도는 작지만 Cd 및 Zn에 의해서도 유도된다. 애기장대 생태형(ecotype) 및 실렌종(*Silene* spp.) 집단 사이에서의 Cu 내성의 차이는 MT 유전자 발현과 상관관계가 있다. 벼에서 유형 2 MT는 ROS 제거 및 병원균 공격에 대한 반응에 관여하는 것으로 여겨진다. 영양, 항상성 및 해독화 등에서 역할을 수행하는 다른 금속 결합 분자들에는 파이토시데로포어, 페리틴 및 금속 샤페론 등이 있다.

키포인트 ZIP 수송체는 Zn^{2+}에 대해서 고친화력을 가지며 Fe 뿐 아니라 Cd, Cu 같은 다른 양이온들의 흡수도 매개한다. Zn 결핍은 뿌리에서 ZIP 유전자들의 발현을 유도하며높은 수준의 ZIP 발현은 Zn과 다른 중금속들을 과다축적하는 식물 종의 특징이다. 아연은 킬레이트된 형태로 수송 및 저장된다. Fe와 천이 금속 미량 영양소인 Cu, Ni, Mn 및 Mo는 해로운 활성 산소종(reactive oxygen species)의 생성을 촉진하기 때문에 과량일 경우 잠재적으로 독성을 띤다. 알루미늄은 성장에 대해서 농업적으로 상당히 유해한 영향을 주는 비영양 요소이다. 산성 pH 토양에서 알루미늄은 뿌리에 해로운 Al^{3+} 이온으로써 수용화된다. 일부 식물들은 근권으로 킬레이터(chelator)를 분비함으로써 Al 독성에 내성을 가질 수 있다. 이러한 내성에 대한 유전자들에는 Al^{3+} 활성 말산 수송체(Al^{3+}-activated malate transporter) 및 다중 약물 독성 차단 단백질(multidrug and toxin extrusion protein)을 암호화하는 유전자들이 포함된다. 중금속 독성을 중화하는 것으로 여겨지는 금속 결합 단백질들에는 파이토킬라틴(phytochelatin) 및 메탈로타이오네인(metallothionein) 등이 포함된다.

Chapter 14

세포 간 그리고 원거리 수송

14.1 물과 용질 수송에 대한 개요

식물에서 모든 살아 있는 세포는 생존과 성장을 위해서 물, 용해된 이온 및 당을 필요로 한다. 대부분의 식물들은 토양에 뿌리 그리고 잎과 줄기는 지상에 두고 살아간다. 뿌리는 토양으로부터 물과 용해된 무기 이온들을 흡수하며 잎과 녹색 줄기는 광합성 과정에서 당을 생산한다. 식물에 있어서 어려운 문제는 뿌리로부터 줄기와 잎의 세포로 물과 무기물을 이동시키는 것과 당을 비광합성 부위로 수송하는 것이다. 종종 이 수송은 원거리에 걸쳐 일어나야만 한다(몇몇 경우에는 수십 미터 지하의 가장 깊은 뿌리 끝으로부터 몇몇 나무에서는 지상 100m 이상의 가장 높은 줄기 끝까지). 수송은 식물의 지상 표면으로부터 증발하는 물을 대체할 만큼 충분히 빨라야만 한다(몇몇 경우에서 4 mm s^{-1}만큼 높은 속도로). 식물은 특별한 펌프 기관이 없이도 이것을 극복할 수 있다(그림 14.1).

식물 기관 내 그리고 기관들 사이에서 물, 무기물 및 광합성 산물(photosynthate)의 수송은 **체관부(phloem)** 및 **물관부(xylem)** 두 가지 수송 체계에서 일어난다. 각 체계에서 수송은 특화되어 서로 연결된 세포의 기둥에 의해 형성된 관 내에서 일어나며 부피 유동(bulk flow)에 의해 일어난다. 우리는 관의 구성물, 수송 방향 및 압력 구배(pressure gradient)의 원천이 이 두 체계에서 서로 다르다는 것을 살펴볼 것이다. 체관부에서의 수송은 **전이(translocation)**라 부르며 물관부에서의 수송은 기공을 통한 증산에 의한 물 소실의 결과이다.

어떻게 식물에서 물과 용해된 용질이 원거리를 이동하는지에 대한 기본적인 생각은 지난 세기 동안 크게 바뀌지 않았다. 이 장에서 다루어질 물관부에서 물 이동에 대한 응집력설(cohesion-tension hypothesis)은 20세기 초반에 잘 확립되었으며, 1920년대에 뮌히(Munch)는 체관부에서의 이동을 설명하기 위한 압류설(pressure-flow hypothesis)을 제안하였다. 지난 20여 년 동안의 기술적 진보는 연구자들이 빠른 증산작용 동안 물관부에서 발생하는 장력(tension)을 측정할 수 있게 해 주었다. 이를 위해서 작동하는 물관부로 삽입될 수 있는 마이크로피펫(micropipette)이 개발되었으며 이를 통해 장력이 정확하게 측정되었다. 측정된 장력은 물 이동에 대한 응집력설에 의해 예측된 값과 일치한다. 실험적인 근거들 또한 체관부에서의 물 이동에 대한 압류설을 상당히 뒷받침하며 이를 뒷받침하는 근거는 흥미로운 자료로부터 비롯되었다. 연구자들은 체관부 수액(phloem sap)의 조성 뿐 아니라 체관부에서의 유속을 측정하기 위해서 체관부 내용물을 먹고 사는 곤충인 진딧물(aphid)를 이용하였다(14.5.2절 참고).

분자 클로닝의 발전 역시 우리가 물과 용질의 이동을 이해하는 데 중요한 역할을 했다. 제5장 및 13장에서 다루었듯이, 많은 특이 용질 수송체들의 염기서열이 밝혀졌으며 이 수송 단백질 중 일부의 3차원적 구조도 이제 알려

The Molecular Life of Plants, First Edition. Russell Jones, Helen Ougham, Howard Thomas and Susan Waaland.

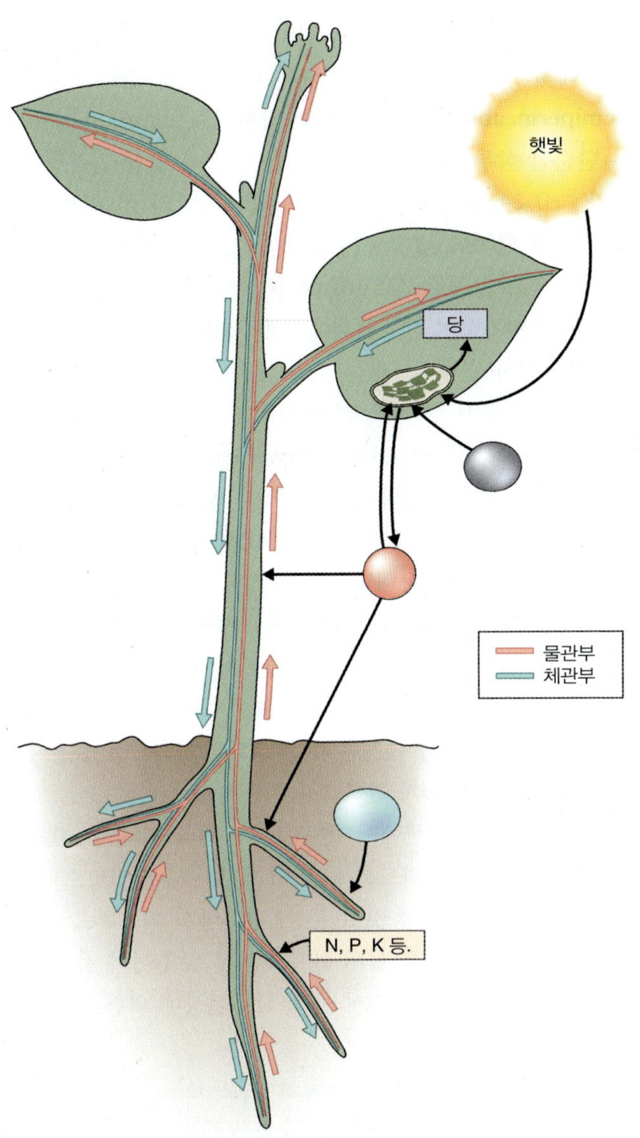

그림 14.1 물관부와 체관부 그리고 물, 용질 및 기체 흡수를 위한 경로를 보여주는 식물에서의 원거리 수송체계의 개요.

졌다. 물의 원거리 수송에 있어서 약 20년 전의 아쿠아포린(aquaporin)의 발견과 이 커다란 단백질 그룹 구성원들의 염기서열 확인은 물이 어떻게 원거리 특히 뿌리를 방사상으로 가로질러서 이동하는지에 대한 이해에 있어서 중요한 개념적 진보로 이어졌다. 현미경의 발전 역시 원형질연락사(plasmodesmata)의 구조를 밝히는 데 중요한 역할을 했으며 바이러스가 이동하는 방법에 대한 지식과 함께 수송에 있어서 원형질연락사 기능에 대한 이해를 대단히 향상시켰다.

이 장에서는 우선 세포 내외로의 물 이동을 지배하는 원리를 다루고자 한다. 그 후 원형질연락사를 통한 세포 간 수송을 살펴보고자 한다. 마지막으로는 물, 무기 이온 및 광합성 산물의 원거리 수송 기작을 살펴볼 계획이다.

14.2 수분 포텐셜의 개념

식물 세포에 의해 물이 어떻게 흡수되는지를 고려하기 전에 물의 몇몇 물리적 특성 및 이들이 어떻게 압력, 중력 및 용해된 용질과 같은 힘에 의해 영향을 받는지를 이해하는 것이 중요하다. 식물 생리학자(plant physiologist)들은 물의 **화학적 포텐셜(chemical potential)**을 측정하는 것으로써 **수분 포텐셜(water potential)**이라는 용어를 사용한다. 제5장에서도 다루었듯이, 화학적 포텐셜은 상대적인 용어로 물에 대해서는 표준 조건 하에서 순수한 물의 화학적 포텐셜은 다른 수용액과 관련이 있다. 이는 J mol^{-1}로 표시된다. 수분 포텐셜은 단위 부피당 물의 자유 에너지 측정값으로 물의 화학적 포텐셜을 물의 부분 몰 부피(partial molar volume = 18×10^{-6} m^3 mol^{-1}) 로 나눔으로써 얻어진다. 수분 포텐셜은 압력 단위로 표시되며 때때로 다른 압력 단위가 사용되기도 하지만 주로 메가파스칼(mega-Pascals, MPa)로 표시된다. 표 14.1은 서로 다르지만 일반적으로 사용되는 압력 단위들이 어떻게 전환되는지를 보여준다. 이 표를 이용하면 산악 자전거 타이어는 보통 약 0.4 MPa로 공기를 넣고 자동차 타이어는 약 0.2 MPa로 공기를 넣음을 알 수 있다. 그에 반해 식물 세포는 보통 0.4–0.6 MPa 값을 갖지만 높을 때는 1 MPa에 달하기도 하는 **팽압(turgor pressure)**이라고 불리는 압력 포텐셜을 갖는다.

수분 포텐셜은 그리스 문자인 psi(프사이, Ψ_w)로 나타낸다. 살아 있는 세포에서는 3개의 구성요소들인 용질의 농도, 압력 및 중력이 Ψ_w에 기여한다. 수분 포텐셜에 대한 이들의 영향은 식 14.1에 의해 나타낼 수 있다.

식 14.1 수분 포텐셜 Ψ_w의 구성성분

$$\Psi_w = \Psi_s + \Psi_p + \Psi_g$$

표 14.1 압력 단위당 양

1 mega-Pascal	$= 1 \text{ J m}^{-3}$
1 MPa	= 10 바
1 MPa	= 9.87 기압
1 MPa	= 145 제곱인치당 파운드

14.2.1 용질은 수분 포텐셜을 낮춘다

용해된 용질은 효과적으로 물을 희석함으로써 물의 화학적 포텐셜을 낮춘다. 이 효과는 용액의 삼투 농도에 의존한다. 삼투 농도(osmol L^{-1})는 용액에서 모든 용질 입자들 농도의 합이다. 한 용질의 삼투 농도는 용질의 몰랄 농도에 용질이 해리되는 입자 수인 i를 곱함으로써 계산할 수 있다. 설탕 및 기타 이온화되지 않는 용질들에 대해서 I = 1이며 KCl 같은 염에 대해서는 I = 2 그리고 $CaCl_2$에 대해서는 I = 3 등이다. 대부분의 염은 완전히 해리되지 않으므로 i에 대한 값은 KCl에 대해 i는 약 2, Ca Cl_2에 대해서는 약 3 등으로 단순한 근사치이다. 몰랄 농도는 물 1 kg에 녹는 용질의 몰수를 나타낸다.

용질 포텐셜로도 알려진 **삼투 포텐셜**(**osmotic potential, Ψ_S**)은 수분 포텐셜에 대한 용해된 용질의 영향의 측정값이다. 삼투 포텐셜의 대략적인 근사치는 **반트 호프식**(**van't Hoff equation**)인 식 14.2로부터 얻을 수 있다.

식 14.2 반트 호프식

$$\Psi_s \approx -RTc_s$$

R은 기체 상수, T는 °K로 표시되는 절대 온도, 그리고 C_s는 용액의 **삼투질 농도**임

이 식으로부터 한 용액의 삼투 포텐셜은 항상 0 이하임을 알 수 있다. 20°C에서 1 오스몰랄(osmolal)의 이상적인 용액은 -2.44 MPa의 삼투 포텐셜을 갖는다. 대사산물 및 설탕, KCl과 같은 용질은 이상적인 용액으로써 행동하지 않으며 이는 반트 호프식이 단순히 한 용액의 삼투 표텐셜의 대략적인 추정치만을 제시한다는 것을 의미한다.

14.2.2 압력은 수분 포텐셜을 증가시키거나 감소시킬 수 있다

한 용액에 대해 증가된 압력은 농도를 효과적으로 증가시킴으로써 물의 화학적 포텐셜을 증가시키지만 감소된 압력은 화학적 포텐셜을 감소시킨다. 수분 포텐셜에 대한 압력의 영향은 **압력 포텐셜**(**pressure potential, Ψ_P**)로 표시된다. 표준 조건 하에서 Ψ_P는 0 MPa로 정의된다. 그러므로 압력이 1기압(atmosphere, 대략 0.1 MPa)보다 크면 Ψ_P는 양의 값이지만 1기압보다 작으면 Ψ_P는 음의 값이며 식물 생리학자들에 의해서는 **장력**(**tension**)으로 언급된다.

Ψ_W에 대한 압력 및 장력의 반대적인 영향은 그림 14.2에서 보여지는 것처럼 유리 U자 관에 **반투과성** 막(**semipermeable** membrane)을 위치시킴으로써 만들어지는 단순한 삼투압계(osmometer)를 이용하여 잘 입증될 수 있다. -0.24 MPa의 Ψ_W를 갖는 0.1 몰랄의 설탕 용액을 U자 관의 한쪽에 넣고 순수한 물(Ψ_W = 0 MPa)을 다른 한쪽에 넣으면 물은 **삼투**(**osmosis**)에 의해 반투과성 막을 가로질러 이동하며 삼투압계에서 물 기둥이 올라간다(그림 14.2A). U자 관에서 그림 14.2B에서 보여지는 것처럼 위치가 놓여지고 0.24 MPa의 압력이 더해지면 설탕 용액으로의 물의 순 이동(net H_2O movement)은 멈춰질 수 있다. 압력의 영향은 설탕 용액의 Ψ_P를 증가시키는 것이다. 이 예에서 피스톤을 통해 0.24 MPa의 압력이 가해지면 Ψ_W는 Ψ_W와 같아져서 Ψ_W = 0이 되며 물의 순 이동이 없게 된다. U자 관에서 설탕 용액에 가해진 압력이 Ψ_S보다 크면 물은 설탕으로부터 순수한 물로 강제 이동된다. 그림 14.2C의 예에서는 0.3 MPa의 압력이 설탕 용액에 가해져서 설탕 용액의 Ψ가 이제는 0.06 MPa가 되므로 물은 순수한 H_2O가 있는 U자 관쪽으로 이동하게 된다.

피스톤이 U자 관에서 물 기둥 끝에 위치해서 -0.30 MPa의 압력을 생성하도록 위로 당겨지면 물은 설탕으로부터 순수한 물로 이동할 것이다. 이 경우에서 피스톤을 올림으로써 생기는 장력은 물의 엔트로피를 낮추어서 음성 값의 Ψ_P를 초래하며 설탕에서 물로 삼투현상에 의한 물 이동

키포인트 Ψ_W에 의해 표시되는 수분 포텐셜은 물의 화학적 포텐셜을 나타내기 위해 사용되는 용어로 주로 메가 파스칼(mega-Pascals, MPa) 단위로 표시된다. 이는 순수한 물의 Ψ_W를 식물 세포 세포질의 물과 같은 용액의 Ψ_W와 비교하기 때문에 상대적인 용어이다. 정의상 순수한 물의 Ψ_W는 0이다. 용질의 존재, 1 대기압을 벗어나는 압력 및 중력 등을 포함하는 여러 힘들이 Ψ_W에 대해 작용한다. 용질은 Ψ_W를 감소시키며 2 대기압 이상의 압력은 Ψ_W을 증가시킨다. 식물은 펌프 기관이 없지만 때로는 나무에서 100 m를 초과하는 원거리에 대해서 물과 용질을 이동시킨다. 식물에서 원거리 수송은 낮은 저항을 가진 관에서 일어나며 압력 구배에 의해 유도된다. 물관부에서 물과 무기 용질은 큰 지름의 죽은 헛물관 및 도관을 통해 이동하지만 체관부에서 당과 아미노산과 같은 기타 유기 분자들은 살아 있는 체관 내에서 이동한다. 물관부의 관상 요소에서 액체의 유동은 빠른 증산 과정에서 발생하는 장력이라 불리는 음의 값을 가진 압력 포텐셜에 의해 유도된다. 반대로 양의 값의 압력은 체관부 체관에서의 유동을 유도한다.

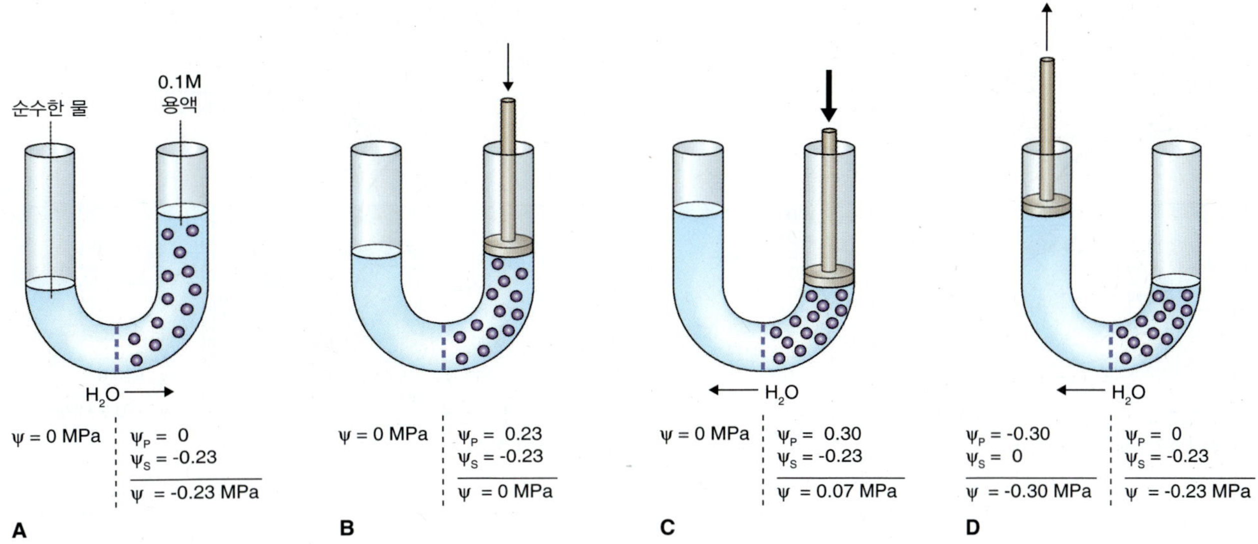

그림 14.2 간단한 삼투압계가 삼투현상의 원리를 보여주고 있다. 물은 높은 수분 포텐셜(Ψ_W) 지역에서 낮은 수분 포텐셜 지역으로 반투과성 막을 가로질러 확산된다. (A) 용질은 수분 포텐셜을 감소시킨다. 물은 순수한 물($\Psi_W = 0$)에서 0.1 몰 농도의 설탕 용액으로 확산된다. 압력은 수분 포텐셜을 증가시키거나 감소시킨다. (B, C) 대기압 이상의 압력은 수분 포텐셜을 증가시킨다. (D) 1 대기압(장력) 이하의 압력은 수분 포텐셜을 낮춘다. 용질 포텐셜(Ψ_S)과 압력 포텐셜(Ψ_P) 값을 알 때 Ψ_W가 계산될 수 있다: $\Psi_W = \Psi_S + \Psi_P$.

을 허용한다. 증발산(evapotranspiration) 과정 동안 물을 큰 나무 줄기의 위로 올리는 것은 장력이다.

14.2.3 중력은 수분 포텐셜을 증가시키며 나무에서 Ψ_W의 커다란 구성 요소이다

중력은 압력의 영향과 유사하게 수분 포텐셜에 영향을 준다. 물 기둥의 높이가 상승함에 따라 수분 포텐셜도 증가한다. 중력의 영향은 중력 포텐셜(gravitational potential)인 Ψ_g로 표시된다. Ψ_g 표시는 식 14.3에 보여지는 것처럼 물 기둥의 높이인 h, 물의 밀도인 ρ_W 그리고 중력 가속도인 g 등 물에 작용하는 세 가지 힘의 합이다.

식 14.3 중력 포텐셜에 기여하는 힘

$$\Psi_g = \rho_W gh$$

해수면과 20°C에서 $\rho_W g \approx 0.01$ MPa m^{-2}이다. 큰 나무에서 물의 이동을 다룰 때에 Ψ_W에 대한 중력의 영향은 상당하다. 그러나 근접한 세포들의 물 관계를 고려하면 세포들은 같은 높이에 있기 때문에 중력 요소는 상쇄된다. 따라서 세포의 수분 포텐셜(식 14.1)의 표시는 식 14.4로 간단해질 수 있다.

식 14.4 같은 높이에 있는 세포에서 수분 포텐셜

$$\Psi_W* = \Psi_s + \Psi_p$$

14.3 식물 세포에 의한 물 흡수

물은 반투과성 막을 가로지르는 확산인 삼투현상에 의해 세포를 출입한다. 물은 Ψ_W 값이 높은 부위로부터 Ψ_W 값이 낮은 부위로 이동하면서 Ψ_W 구배에 따라 세포 내외로 확산된다. 식물 세포에서 Ψ_P는 팽압(turgor pressure)에 의해 결정된다. 팽압은 물 흡수가 **원형질체(protoplast)**가 **단단한 세포벽**을 향해 미는 것을 야기할 때 식물 세포에서 생성된다. 앞에서 보았듯이(14.2.2절 참고), 이 압력은 세포로의 물 흡수를 방해한다. 세포의 Ψ_P가 0보다 크면 세포는 딱딱해져서 팽창되었다고(**turgid**)라고 말하며(그림 14.3A), Ψ_P이 0으로 떨어지면 세포는 흐느적거리거나 축 늘어진다(**flaccid**). 세포가 충분히 물을 잃어서 그 원형질체가 벽으로부터 멀어질 만큼 수축되면 세포는 원형질 분리가 되었다고(**plasmolyzed**) 말한다(그림 14.3B). 팽압은 비 목질 기관의 구조를 유지하는 데 중요하다. 식물이 너무 많은 물을 소실하면 세포가 수축되며 잎과 줄기는 시들게 된다.

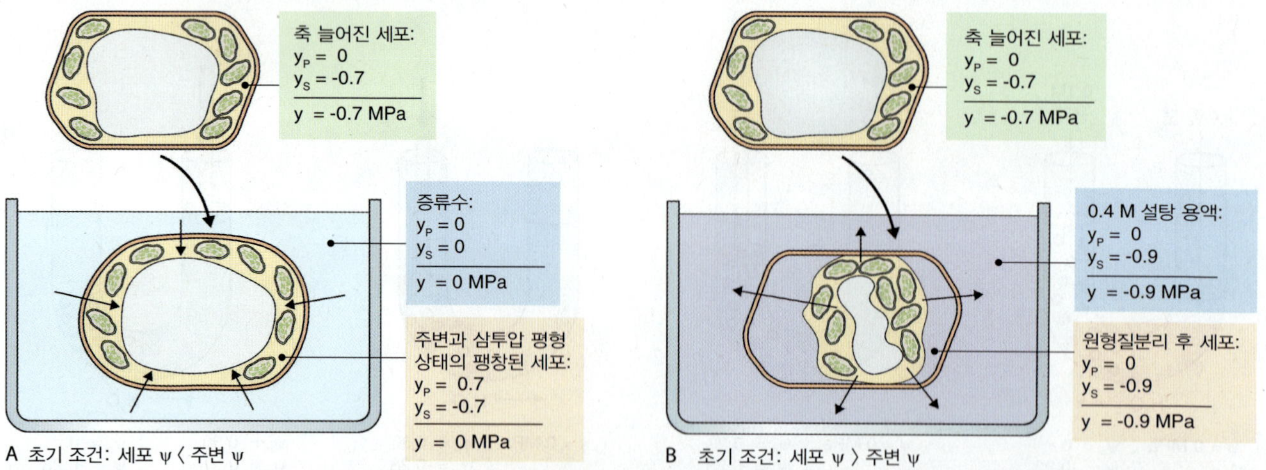

그림 14.3 세포 내외로의 물 이동은 수분 포텐셜(Ψ_W) 구배에 의해 유도된다. 2개의 같은 식물 세포가 서로 다른 용액에 놓여 있다. (A) 하나의 세포가 순수한 물에 놓여질 때 수분 흡수는 팽압이라 불리는 압력 포텐셜(Ψ_P) 발생으로 이어진다. 평형상태에서 수분 흡수는 중단되고 세포는 완전히 팽창되어서 세포와 주변 사이의 수분 포텐셜(Ψ_W) 차이가 0이 된다. (B) 세포의 용질 포텐셜(Ψ_S) 보다 낮은 용질 포텐셜(Ψ_S)을 가지는 용액에 세포가 넣어지면 물은 세포로부터 주변 용액으로 나가며 원형질체가 세포벽으로부터 수축된다. 이 경우 팽압(Ψ_P)은 0이 되며, 세포에서 원형질이 분리되었다라고 일컬어진다.

14.3.1 물에 대한 생물학적 막의 투과성은 식물 세포에 의한 물 흡수에 영향을 준다

물 흡수는 유도하는 힘인 $\Delta\Psi_W$이 얼마나 빨리 물이 세포 내로 이동하는지를 결정하는 유일한 변수는 아니다. 세포막의 **수리 전도도(hydraulic conductivity**, Lp)는 세포가 국지적 환경과 얼마나 빨리 평형을 이루는지에 대해 지대한 영향을 줄 수 있다. 이는 물이 막을 가로지르는 용이성의 측정값으로 단위 면적, 단위 시간 및 단위 원동력당 물의 단위 부피로 표시된다($m^3\ m^{-2}\ s^{-1}\ MPa^{-1}$). 식 14.5는 막을 가로지르는 물 유동 속도(단위 시간 및 막의 단위 면적당 막을 가로지르는 물 부피, $m^3\ m^{-2}\ s^{-1} = m{-}s^{-1}$)인 J_V, 수리 전도도인 Lp 및 원동력인 $\Delta\Psi_W$ 사이의 관계를 보여주는 간단한 표시이다.

식 14.5 막을 가로지르는 물의 이동 속도

$$J_v = Lp\Delta\Psi_W$$

제5장에서 다루었듯이, 아쿠아포린(aquaporin)이라고 불리는 수분 채널은 세포막에 존재한다. 이 채널의 개폐는 조절될 수 있어서 이 채널들은 막의 수리 전도도에 지대한 영향력을 갖는다.

14.3.2 확산과 부피 유동은 식물에서 물과 용질의 이동을 유도한다

2개의 힘이 복합하여 식물에서 물과 용질의 이동을 유도하는데 이는 **확산(diffusion)**과 **부피 유동(bulk flow)**이다. 확산은 예를 들면 삼투 현상에 의해 막을 가로지르는 물의 이동과 같이 근거리에 대한 분자의 이동을 담당할 수 있다. 수 밀리미터 이상의 거리에 대해서 용질을 이동시키는 효과적인 수단으로써 확산의 한계는 5.2.1절에서 다루었다. 확산 속도는 이동되는 거리의 제곱에 따라 감소한다. 그래서 어떤 용질이 2.5초에 10 μm 세포를 가로질러 확산될 수 있지만 10 mm 반경의 기관을 가로질러 확산되는 데에는 50시간이 걸린다.

세포질 유동(cytoplasmic streaming)은 식물 세포 내에서 물과 용질의 이동에 있어서 가장 중요한 공헌자인 것 같다. 세포질 유동은 세포 골격(cytoskeleton)의 운동 단백질의 작용에 의해 유도되며, 제4장에 기술된 것처럼 ATP 가수분해에 의해 에너지를 공급받는다. 이러한 세포 내 수송 양식은 지름이 수 밀리미터 그리고 길이가 수 센티미터이기도 한 *Nitella*와 같은 거대 조류 세포의 기능 수행에 중요할 뿐 아니라(그림 14.4) 관다발 식물의 보통 유세포(ordinary parenchyma cell)에도 중요하다. 확실히 확산은 그런 먼 거리에 대한 물 또는 용질의 이동을 지탱하기에는 충분하지 못하다.

그림 14.4 식물의 상대적인 크기를 보여주는 눈금과 함께 있는 *Nitella* 사진. *Nitella*의 개별 세포들은 길이 10 cm 및 넓이 2 mm를 초과할 수 있다. 단세포 가지는 세포의 각 끝에서 형성된다.

관다발 식물에서 수 밀리미터를 초과하는 거리에 대한 수송에 있어서 용질의 이동은 부피 유동(bulk flow)에 의해 일어난다. 부피 이동은 압력에 의해 유도되는 액체 및 그 용질의 한 단위로써의 수송이다. 이는 각 분자 종이 해당 물질의 농도 구배에 순행하여 이동하는 확산과는 다르다. 부피 유동의 한 예는 가정 배관에서의 물의 이동 또는 동물 순환계(circulatory system)에서 혈액의 유동 등이다. 식물을 통한 물의 부피 유동이며, $m^3\ m^{-2}\ s^{-1}$로 표시되는 J_W는 경로의 면적과 용액의 점성도(viscosity) 뿐 아니라 압력에서의 구배에 의존한다. 이들의 관계는 식 14.6에서와 같이 푸아죄유(Poiseuille)에 의해 공식화되었으며 여기서 r은 전도계(conducting system)의 반경, η는 흐르는 용액의 점성도 그리고 $(\Delta\Psi_P/\Delta x)$는 계에서의 압력 구배이다.

식 14.6 푸아죄유 등식

$$J_w = (\pi r^4/8\eta)(\Delta\Psi_p/\Delta x)$$

이 식으로부터 관의 반경은 물의 유동에 지대하게 영향을 준다는 것이 확실하다. 반경이 2배가 되면 유속에서 16배의 증가가 일어난다. 예를 들면 r이 1에서 2로 증가하면 r^4은 1에서 16으로 증가한다. 수송 체계의 반지름이 작을수록 유동에 대한 저항은 증가한다. 때문에 큰 반경 및 낮은 저항을 갖는 수송 체계를 통한 유동은 저항이 높은 체계를 통한 것보다 훨씬 빠르게 된다. 이에 따라 식물에서 원거리 수송은 큰 지름과 넓은 세포 간 연결부위를 갖는 특화된 세포에서 일어남을 보게 될 것이다. 예를 들면 체관부에서 체관은 원형질연락사보다 30배 더 큰 세포질 연결 부위를 가지고 있어서 유동에 대해 훨씬 더 낮은 저항 및 더 빠른 수송 속도로 이어진다(그림 14.5).

키포인트 살아 있는 식물 세포에서 수분 포텐셜 Ψ_W는 항상 0 이하인 용질 포텐셜 Ψ_S와 보통 0 이상인 압력 포텐셜 Ψ_P로 구성된다. 살아 있는 세포의 압력 포텐셜은 팽압이라고도 불리며 시든 잎의 세포는 0의 압력 포텐셜을 갖는다. 수분 포텐셜에 대한 중력의 영향 Ψ_g는 식물의 높이에 의존한다. 단순히 2-3 미터 높이의 식물에 있어서는 Ψ_g는 세포의 Ψ_W에 대해 비교적 적게 영향을 준다. 삼투 현상은 높은 Ψ_W 지역으로부터 낮은 Ψ_W 지역으로의 반투과성 막을 통한 물의 확산이다. 생물학적 막은 물의 확산은 허용하지만 전하를 띠거나 큰 분자는 대체로 허용하지 않는 반투과성 막의 예이다. 세포로의 물의 이동은 막 사이 Ψ_W에서의 차이 및 물에 대한 막의 투과성에 의해 결정된다. 지질 성분에도 불구하고 생물학적 막은 물이 침투할 수 있다. 아쿠아포린 채널(aquaporin channel)의 존재는 막의 물 투과성을 더 증가시킨다.

14.4 용질과 물의 수송에서 원형질연락사의 역할

제4장에서 식물 대부분의 세포는 **원형질연락사**라고 불리는 섬세한 세포질 연결체로 연결되어 있으며 식물체는 적당히 **심플라즘**(**symplasm**)과 **아포플라스트**(**apoplast**)로 나뉠 수 있다는 것을 알았다(그림 14.6). 심플라즘은 식물에서 서로 연결된 원형질체(protoplast) 모두를 포함하며 뿌리 끝의 살아 있는 세포들과 잎의 엽육 세포들 사이에서 연속체(continuum)를 형성한다. 심플라즘에는 중요한 단절이 있다. 거의 모든 식물 종에서 **배 조직**(**embryonic tissue**)은 **모 조직**(**maternal tissue**)으로부터 격리되어 있으며 기공의 **공변 세포**(**stomatal guard cell**) 역시 원형질연락사가 없다. 식물의 아포플라스트는 원형질체의 바깥 공간으로 세포벽 연결망과 물관부 수분 전도 세포의 내용물을 포함한다.

물과 용질의 세포 간 수송은 식물의 거의 모든 살아 있

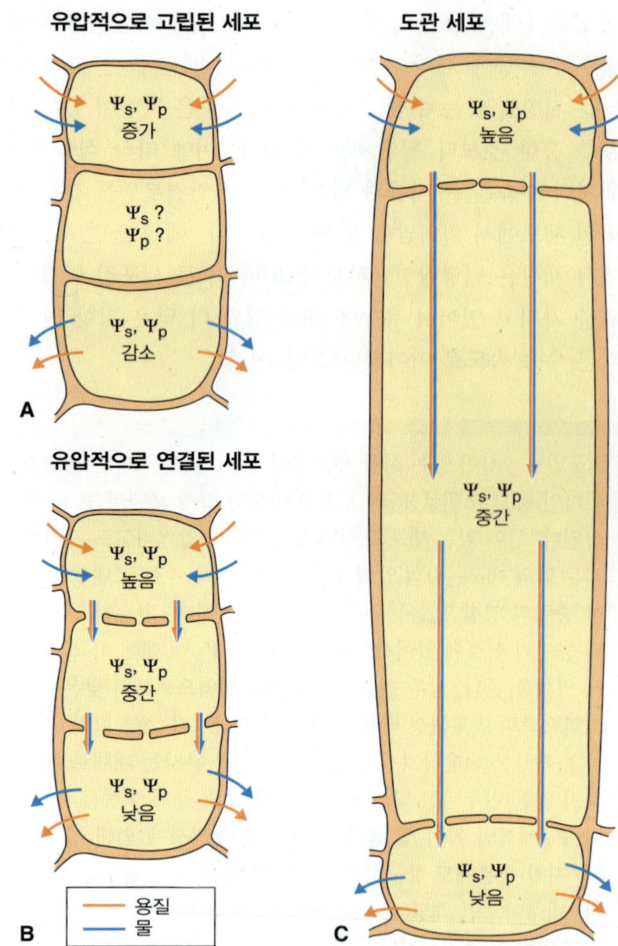

그림 14.5 유압적으로 고립된 세포(A), 원형질연락사로 연결된 세포(B) 및 낮은 저항의 벽에 의해 연결된 물관부 도관 및 체관부 체요소(phloem sieve element)와 같은 세포(C)에서의 물과 용질의 이동 경로. (A)의 세포는 원형질연락사로 서로 연결되지 않아 물은 세포 사이를 삼투현상으로 이동한다. (B)의 세포는 물이 흐를 수 있는 작은 직경의 많은 원형질연락사로 연결되어 있다. 물관부와 체관부 세포처럼 (C)의 세포는 더 큰 직경 및 큰 천공(perforation)의 벽을 갖는 경향이 있다.

는 세포 사이에서 고저항 연결체를 제공하는 원형질연락사를 통해 일어난다. 원형질연락사의 빈도는 제곱 마이크로미터당 약 0.1에서 10로 상당히 다양하다. 일차적인 원형질연락사는 세포판이 세포 분열 동안 성장함에 따라 세포들 사이에 형성된다. 소포체(endoplasmic reticulum, ER) 가닥들은 성장하는 세포판에 의해 갇혀서 이후에 원형질연락사가 형성될 장소를 형성한다(4장 참고). 이차 원형질연락사는 원래 원형질연락사가 없던 기존의 세포벽에 형성될 수 있다. 이것의 예는 접목 접착부(graft union)가 형성될 때 및 겨우살이(mistletoe)가 숙주 식물에 기생할 때와 같이 숙주-기생 상호관계가 형성될 때 발견할 수 있다

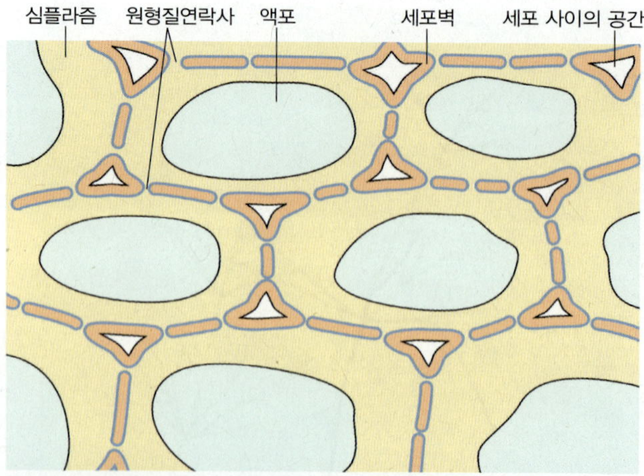

그림 14.6 아포플라스트(apoplast, 세포벽과 세포 사이의 공기층) 및 심플라즘. 이 그림에서 원형질연락사는 모든 세포를 연결하고 있으며, 이는 세포들이 하나의 심플라즘임을 의미한다.

(그림 14.7).

모든 일차 원형질연락사에 흔한 특성 중 하나는 2개의 근접 세포 사이에서 세포막의 연속성에 의해 형성된 **관**의 존재이다(그림 14.8). 중앙에 중심 막대(central rod)가 존재하는 **데스모튜불(desmotubule)**로써 알려진 **압축된 ER 가닥**이 관 내에 갇혀 있다. **세포질 소매(cytoplasmic sleeve)**가 데스모튜불과 세포막 사이에 놓여 있으며, 세포질 소매와 데스모튜불 사이의 공간을 중앙 공동(central cavity)이라고 부른다. 전자현미경 사진으로부터 이 중앙 공동의 넓이는 약 2-3 nm로 추정되고 있다.

14.4.1 원형질연락사는 세포 사이에서 물과 용질의 유동을 증가시킨다

몇몇 실험적인 접근 방법들은 원형질연락사가 세포 사이에서 물과 용질의 유동을 증가시킴을 결정적으로 확정하였다. 예를 들면, 미소 전극(microelectrode)를 이용한 측정은 원형질연락사로 연결된 세포들이 전기적으로도 연결되어 있음을 보여준다. 근접한 세포들에 심어진 전극을 이용하면 한 세포로 주입된 전류가 다른 근접 세포로 전도되는지 여부를 측정할 수 있다(그림 14.9A). 전류가 한 세포에서 다른 세포로 지나가는 정도를 **결합비(coupling ratio)**라고 부르며, 그림 14.9A에서 보여지는 것처럼, 전류 주입 후 세포 1과 2의 막 전위 변화가 각각 ΔE_1 및 ΔE_2일 때 $\Delta E_1/\Delta E_2$로 표시된다. 세포 1 및 2가 원형질연락사가 없어서 근접한 세포막에 의해 전기적으로 절연된다면 결합비는 전류가 흐르지 않음을 나타내는 0이 될 것이다. 반대로 한

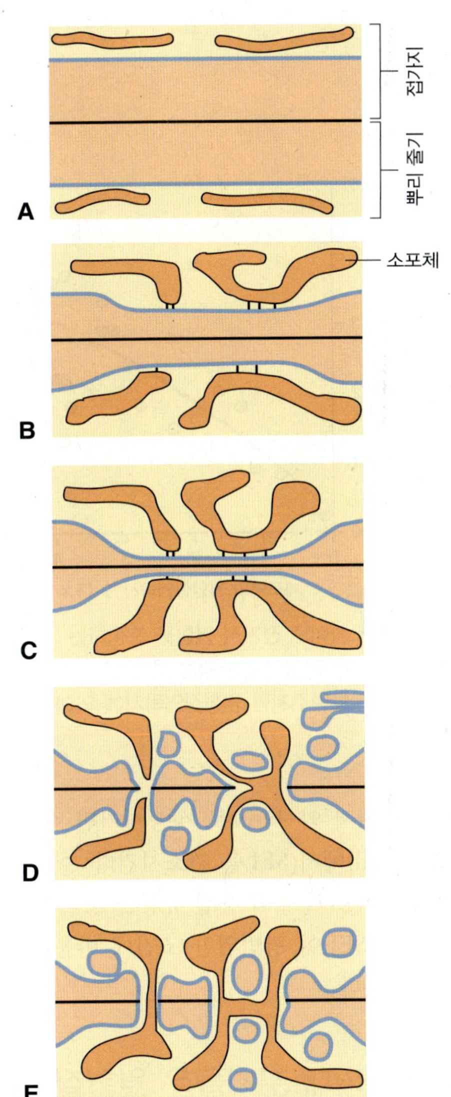

그림 14.7 뿌리 줄기(stock)와 접가지(scion branch) 줄기의 세포 사이에서 접목 접착부(graft union)가 형성되는 동안 근접한 세포 사이에서의 이차 원형질연락사의 형성. (A) 뿌리 및 접가지 줄기의 세포들이 함께 압축된다; 처음에 세포들은 잘린 표면의 잔해에 의해 나뉘어져 있다. (B) 우선 근접한 각 세포에서 소포체(ER, endoplasmic reticulum)가 세포막과 융합한다; (C) 근접한 세포벽이 얇아지고; (D) 근접한 세포막과 소포체가 융합하여; (E) 원형질연락사가 형성된다.

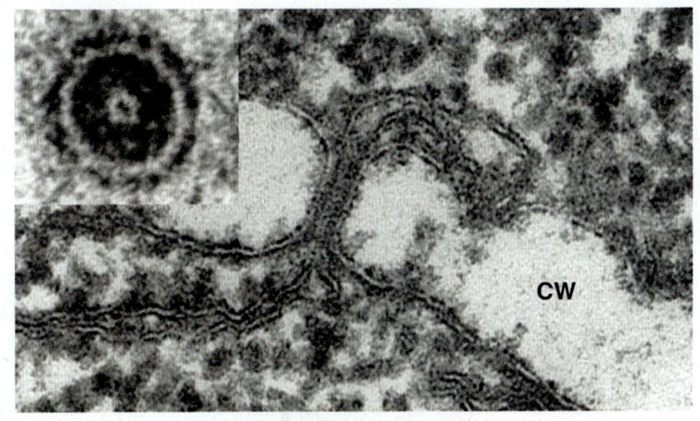

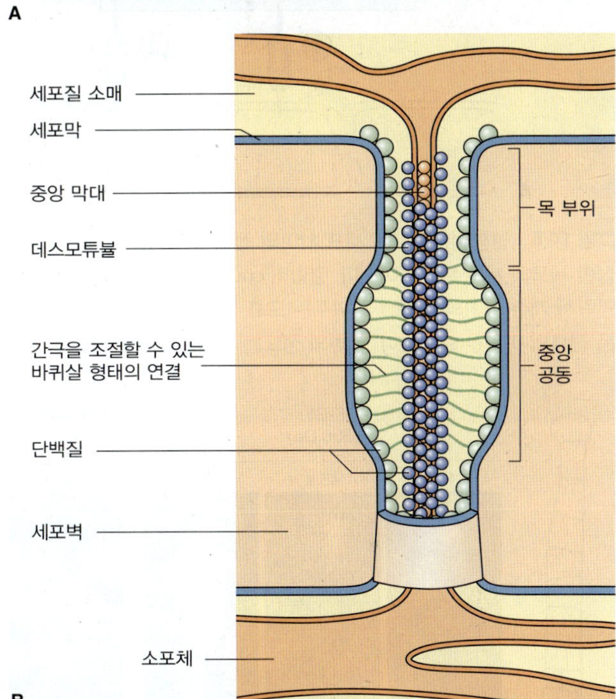

그림 14.8 원형질연락사의 구조. (A) 단면(삽화) 및 측면에서의 *Azolla* 뿌리 끝 세포 원형질연락사의 전자현미경 사진. (B) 전형적인 원형질연락사의 구조적인 세부사항을 보여주는 측면 그림. CR, 중심막대(central rod); CS, 세포질 소매(cytoplasmic sleeve); CW, 세포벽(cell wall); DT, 데스모튜뷸(desmotubule); ER, 소포체(endoplasmic reticulum); PM, 세포막(plasma membrane); SP, 원형질연락사 간극(aperture)을 조절할 수 있는 데스모튜뷸과 세포막 사이의 바퀴살(spoke) 형태의 연결(spoke-like connection). 파란색과 담록색 원은 원형질연락사 특이적인 단백질을 나타낸다.

쌍의 전극이 모두 세포 1에 있다면 결합비는 전극 사이에 전류 흐름에 대한 방해자가 없음을 나타내는 1이 될 것이다. 양치 식물 *Azolla*의 헛뿌리(rhizoid)에서 결합비의 측정은 결합비가 0.4 만큼 높음을 보여주며 원형질연락사의 수와 전기적 연결 사이에는 놀라울 정도의 양적인 상관관계가 존재한다(그림 14.9B).

14.4.2 형광 탐침은 원형질연락사의 크기 배제 제한 추정치를 제시한다

형광 염색(fluorescent dye)의 세포 주입은 원형질연락사 기능을 보기 위한 강력한 수단이다. 형광으로 표지된(fluorescently-labeled) 알려진 분자량의 분자들을 이용한 실험들은 원형질연락사의 **크기 배제 제한**(**size exclusion**

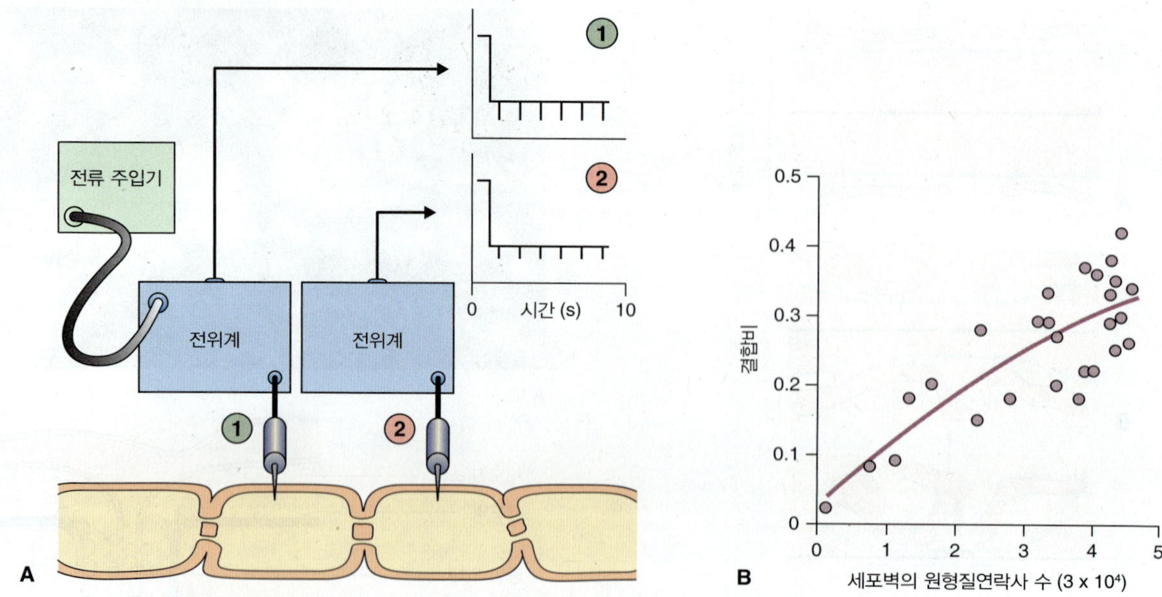

그림 14.9 원형질연락사는 세포 사이의 전기적 결합(electrical coupling)을 증가시킨다. (A) 세포 사이의 전기적 결합을 측정하는 기법. 전극은 근접한 세포의 세포질에 놓여진다. 결합비(coupling ration)라 불리는 전극 사이의 전류 이동은 세포 간 연결이 존재함을 보여준다. (B) 전류와 원형질연락사 개수 사이의 관계를 보여주는 도표. 심플라즘적으로 고립된 세포는 전기적 결합이 없음을 보여주지만 원형질연락사에 의해 연결된 세포들은 전류의 이동을 보여준다. 전류의 정도는 세포들을 연결하는 원형질연락사의 수에 비례한다.

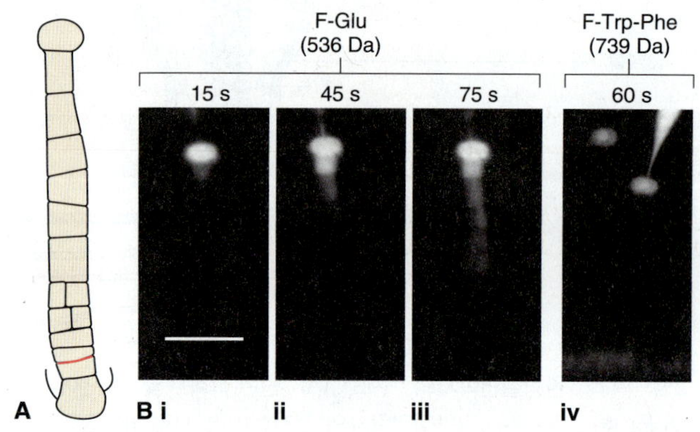

그림 14.10 크기가 다른 마커의 미세주입은 *Abutilon* 꿀샘 잎털(nectary trichome) 원형질연락사의 크기 배제 제한(size exclusion limit)을 보여준다. (A) 잎털 그림. (B) (i) 536 Da의 형광 마커(F-Glu)의 주입; (ii, iii) 심플라즘을 통한 염색 이동; (iv) 크기가 큰(739 Da) 마커(F-Trp-Phe)는 심플라즘을 통한 세포 사이의 이동이 불가능하다.

limit, SEL)을 결정하는 실험들을 가능하게 하였다. 형광으로 표지된 분자들을 세포로 주입하고 현미경으로 형광을 관찰한다(그림 14.10). 이 접근 방법을 이용하여 대부분 원형질연락사의 SEL이 상당한 편차가 있을 수 있지만 대체로 약 800 Da임이 밝혀졌다. 대사 억제제(metabolic inhibitor) 또는 산소 결핍(anoxia) 같은 스트레스는 SEL을 800 Da에서 약 5-10 kDa로 증가시킬 수 있다. 다른 한편으로 세포질 Ca^{2+}을 약 100 nM의 휴지 농도(resting concentration)에서 약 1 μM로 상승시키면 수술 모 세포(stamen hair cell)에서 SEL을 감소시킨다. 이러한 실험들은 식물이 세포 사이의 물과 용질 유동을 조절할 수 있도록 원형질연락사의 SEL이 광범위한 조건에 반응하여 달라질 수 있음을 보여준다.

14.4.3 내생 거대 분자들은 원형질연락사를 거쳐 세포와 세포 사이로 이동한다

거의 10년 전 쯤에 알려진 놀라운 발견은 RNA 및 단백질 등이 포함된 내생 조절 분자(endogenous regulatory molecule)들이 원형질연락사를 통해 세포와 세포 사이로 이동한다는 것이다. 옥수수의 *Knotted1* (*Kn1*) 돌연변이체 잎의 비정상적인 발달의 원인이 되는 전사 조절 인자 KNOTTED1 (KN1, 제3장 및 12장 참고)은 옥수수 분열조직의 특정 층에서 세포 사이를 이동한다는 것이 밝혀졌다. KN1 단백질은 39.8 kDa의 분자량으로 표피층을 포함해서 *Kn1* 식물 분열조직의 모든 세포층의 핵에 존재한다(그림 14.11). 놀랍게도 KN1 단백질을 암호화하는 mRNA는 분열조직의 표피 세포에 존재하지 않으며 이는 표피의 KN1 단백질이 다른 곳에서 합성되어서 원형질연락사를 통해 표피 세포로 수송됨을 보여준다. KN1 단백질이 자신의 이동을 매개한다는 결과는 형광으로 표지된 KN1

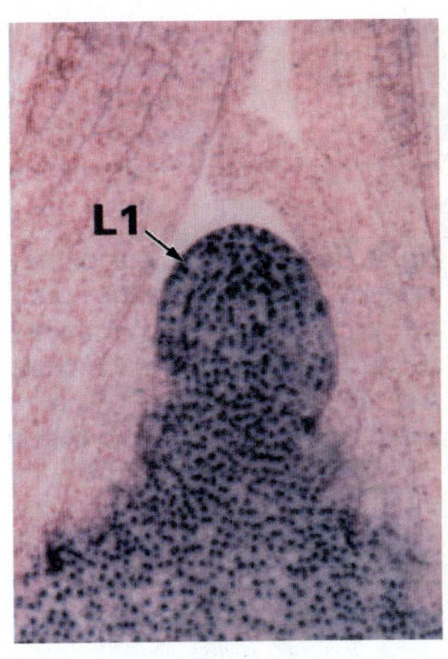

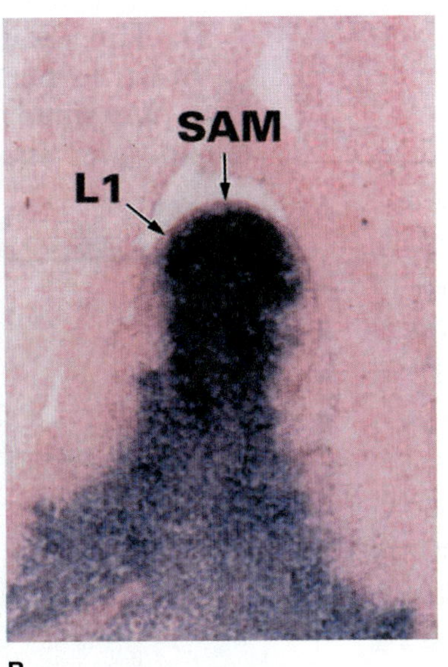

그림 14.11 원형질연락사는 크기가 40 kDa인 단백질의 이동도 허용한다. (A) 옥수수(*Zea mays*)에서 KN1 단백질의 면역위치분석법(immunolocalization)은 이 단백질이 지상부 정단 분열조직(shoot apical meristem, SAM)의 모든 층에서 발견됨을 보여준다. (B) 가시적 분자결합화(in situ hybridization)는 *Kn1* 유전자의 mRNA 전사체가 최외곽 표피층(L1)을 제외한 분열조직의 모든 층에서 발현됨을 보여준다. 이는 L1에서 발견되는 KN1이 다른 곳에서 합성되어 원형질연락사를 통해 이동함을 의미한다. 이 현상의 흥미로운 점은 KN1이 자신의 이동을 촉진한다는 것이다.

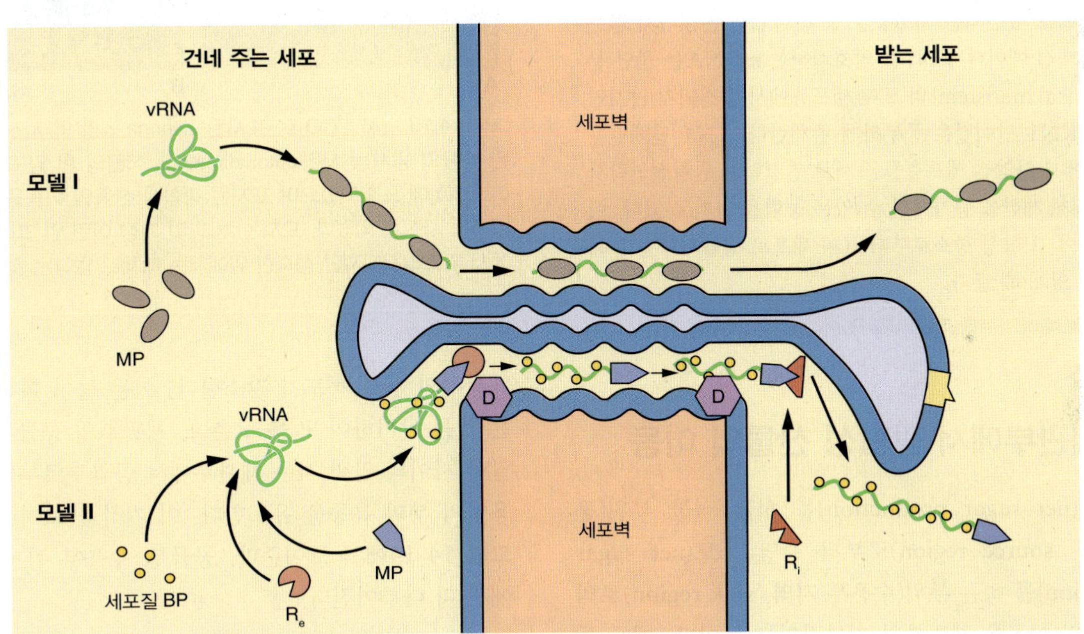

그림 14.12 어떻게 이동 단백질(MP, movement protein)이 원형질연락사를 통해 바이러스의 RNA 수송을 촉진하는지를 보여주는 모델. 모델 I은 RNA 수송을 위해 오직 MP 하나만 필요할 것으로 예측하지만 모델 II는 RNA 수송에 MP 뿐 아니라 내생 세포 단백질(cellular BP), 추측성 수용체 단백질(Re, Ri) 및 결합 단백질(D)이 관여할 것으로 예측한다.

단백질이 담배의 잎에 주입되면 엽육 세포 사이에서 자유로이 이동할 수 있다는 실험에서 비롯되었다. 이 실험은 또한 KN1이 잎 원형질연락사의 SEL을 약 800 Da에서 20 및 40 kDa로 증가시킨다는 것을 보여준다.

14.4.4 바이러스의 RNA는 원형질연락사를 통해 세포와 세포 사이로 이동할 수 있다

여러 해 동안 바이러스는 식물에서 원형질연락사를 통해 세포와 세포 사이를 이동한다고 의심 받아 왔었다. 단백질이 자신의 이동을 용이하게 함을 보여주는 KN1 연구는 바이러스 RNA 이동 기작에 대한 단서를 제공하였다. 우리는 이제 특별한 집단의 **이동 단백질(movement protein)**들이 원형질연락사를 통한 바이러스 RNA 수송을 용이하게 한다는 것을 알고 있다(그림 14.12). TMV가 없는 담배 잎에 담배 모자이크 바이러스(tabacco mosaic virus, TMV) 이동 단백질을 주입하면 800 Da에서 10 kDa로 엽육 세포 SEL 증가를 일으킨다는 실험에서 보여지듯이 실제로 이동 단백질 자체로 원형질연락사의 크기 배제 제한(size exclusion limit)을 증가시킬 수 있다.

키포인트 개체 식물의 거의 모든 세포들은 세포막으로 둘러싸인 세포질 연장체인 원형질연락사에 의해 서로 연결된다. 단지 기공의 공변 세포(guard cell) 및 배 조직(embryonic tissue)이 세포질에 있어서 격리되어 있다. 원형질연락사에 의해 서로 연결된 세포들은 심플라즘을 구성하며 세포막 외부의 모든 공간은 아포플라스트라고 불린다. 아포플라스트는 세포벽, 물관 요소의 내용물 및 세포 간 공간 등을 포함한다. 일반적으로 상대적으로 작은 분자들만이 원형질연락사를 통과하지만 세포들은 바이러스와 내생 mRNA 및 단백질을 포함한 거대 분자들이 심플라즘 내에서 세포와 세포 사이를 이동하도록 원형질연락사의 크기 배제 제한(size exclusion limit)을 조절할 수 있다. KNOTTED1 (KN1) 단백질은 그 mRNA가 KN1이 일반적으로 발견되는 세포층들 중 하나에서 존재하지 않는 훌륭한 단백질 예이다. KN1을 암호화하는 mRNA는 정단 분열조직(apical meristem)의 표피 세포층에서 발견되지 않지만 그곳에서 KN1 단백질은 풍부하게 존재한다. KN1 단백질은 분열조직에서 다양한 세포층들을 서로 연결하는 원형질연락사의 크기 배제 제한을 증가시킬 수 있는 능력을 가지고 있다. 이는 단백질이 그 합성 장소로부터 표피 세포로 심플라즘을 통해 이동할 수 있게 해 준다.

그림 14.13 (A) $^{14}CO_2$로 표지된 *Zebrina* 식물의 사진 및 (B) 표지된 식물의 방사능 사진(autoradiogram). 식물의 한 잎(화살표로 표시)이 $^{14}CO_2$에 노출되었으며 표지된 광합성 산물의 이동을 보기 위해서 방사능 사진을 찍었다. 표지는 뿌리 및 가장 어린 잎 그리고 분열조직에서 두드러지지지만 성숙한 잎에서는 대체로 없다는 것에 주목한다.

14.5 체관부에서 광합성 산물의 이동

순당 합성(net sugar production)을 하는 식물 부위(**공급부 지역, source region**)로부터 순당 소모(net sugar consumption)를 하는 부위(**수용부 지역, sink region**)로의 용해된 당의 이동은 체관부의 기본적인 기능이다. 예를 들면 성숙한 잎에서 광합성 세포는 당의 공급부이지만 당을 녹말(starch)로 전환하는 뿌리 및 종자 그리고 성장을 위해 당을 사용하는 자라는 잎 등은 수용부다. 광합성을 하는 잎의 공급부 조직으로부터 새로 합성된 당의 수용부 조직으로의 이동은 그림 14.13에서 보여준다. 체관부에서 물과 용질의 수송에 대해 일반적으로 받아들여지는 기작은 1929년에 언스트 뮌히(Ernst Munch)에 의해 처음으로 제안되었으며 이제는 **뮌히 가설**로써 널리 언급되어진다. 공급부 지역의 세포들은 당을 물관부에 적재하며 이는 체관의 삼투 농도를 증가시킨다. 그리고 물은 체관부로 확산되어 높은 Ψ_P이 공급부 말단에서 형성된다. 수용부 지역의 세포들은 당을 하적하여 이를 이용하거나 중합하며 그 결과로써 체관부의 삼투 농도가 감소한다. 이는 물이 확산되어 나가는 것을 야기하여 Ψ_P를 낮춘다. 체관부의 공급부와 수용부 말단 사이의 압력 차는 체관부에서 공급부로부터 수용부로 용액의 부피 유동을 유도한다. 이 기작을 보여주는 모델을 그림 14.14에서 보여준다. 공급부-수용부 관계는 제17장에서 더 다루어진다.

14.5.1 체요소와 동반세포는 현화 식물 물관부에 독특한 세포 유형이다

용질이 통과하는 **체요소(sieve element)**와 이와 **연결된 동반세포(companion cell)**인 2개의 독특한 세포 유형이 현화 식물의 체관부를 구성한다(그림 14.29 참고). 기능적으로 성숙해지면 체요소[체관 요소(sieve tube member)로써도 알려진]는 핵, 라이보좀, 미소관, 미세 섬유 및 액포막 등이 없는 길면서 살아 있는 세포로 **체판(sieve plate)**이라고 불리는 천공된 말단 벽을 갖는다. 세포질은 체판의 천공을 통해서 연결된다. 현화 식물의 체요소는 체판에서 끝과 끝끼리 연결되어 식물에서 위와 아래로 용질을 수송할 수 있는

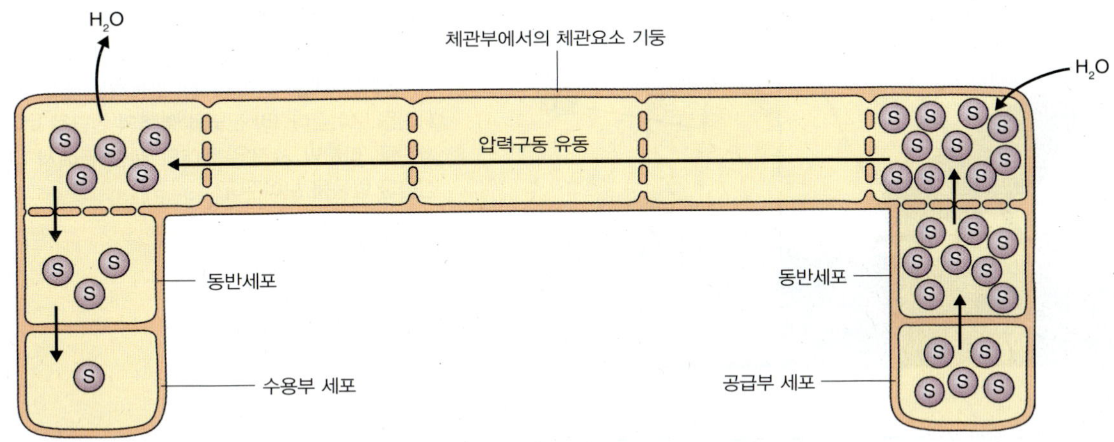

그림 14.14 체관부(phloem)에서 압력구동 유동(pressure-driven flow)의 원리. 공급부(source)에서 적재된 당(S, sugar)은 용질 농도를 증가시킨다. 수분 흡수는 체관부에서 압력 포텐셜의 증가로 이어지며 수용부(sink) 세포에서 당 하적은 용질 농도를 낮추어서 물이 빠져 나가서 유동이 일어나게 한다.

길고 낮은 저항의 **체관(sieve tube)**을 형성한다(그림 1.29 참고).

발생학적 연구는 체요소와 이와 연결된 동반세포가 공통의 **모세포(mother cell)**에서 유래된다는 것을 보여준다. 체요소와는 달리 동반세포는 핵, 라이보좀 및 풍부한 마이토콘드리아를 가지고 있다. 공변 세포는 그들과 연결된 체요소를 위한 동력실 및 정보 센터로서 여겨진다. 많은 원형질연락사들이 체요소를 공변 세포와 연결하며 이 두 세포는 **체요소/공변 세포 복합체(sieve element/companion cell complex, SE/CC** 복합체)로 종종 언급된다(그림 14.15). 체관부의 적재 및 하적 말단에 위치한 SE/CC 복합체를 제외하고는 대체로 원형질연락사가 없으므로 체관부는 주변 조직과 심플라즘에 있어서는 격리되어 있다.

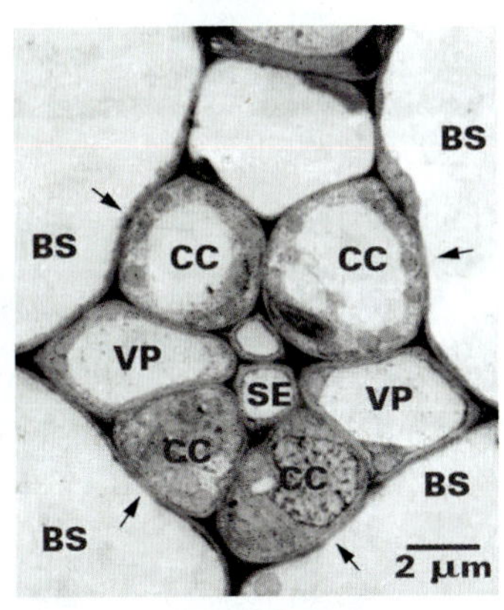

그림 14.15 체관부 체관요소(SE, pholoem sieve tube element), 근접한 동반세포(CC, companion cell) 및 유세포(VP, parenchyma cell)를 포함하는 잎에서 체관부 단면을 보여주는 전자현미경 사진. 동반세포는 많은 소기관을 가지고 있지만 체관요소는 소기관이 없다. 광합성을 하는 유관속초 세포(BS, bundle sheath cell)가 체관부를 둘러싸고 있다.

14.5.2 체요소는 고농도의 용질을 포함하며 높은 팽압을 갖는다

체요소는 용질, 특히 유기 용질(organic solute)을 수송하기 때문에 높은 팽압을 가지고 있다. 체요소의 내용물을 채취함과 동시에 체요소의 Ψ_P를 측정하기 위해서 몇몇 기발한 방법들이 고안되었다. 이 방법들 중 주목할 만한 것은 진딧물 빨대(aphid stylet)의 이용이다. 진딧물은 체관부에 빨대를 박고(그림 14.16A) 팽압으로 체관부 액을 소화계로 이동시키게 함으로써 수동적으로 먹고 사는 곤충이다. 체관부를 채취하기 위해서 먹이를 먹고 있는 진딧물의 빨대를 절단하면 팽압은 빨대의 잘린 끝으로부터 삼출물(exudate)을 배출하게 되며(그림 14.16B), 이 말단에서 삼출물이 모아져서 분석될 수 있다.

표 14.2는 두 종으로부터 얻어진 물관부와 나란히 체관부 삼출액 내용물 분석을 보여준다. 설탕은 체관부에서 압도적인 용질이지만 물관부에는 존재하지 않는다. 아미노산 및 칼륨의 농도 역시 물관부에서보다 체관부에서 훨씬 높다. 체관부와 물관부 삼출액의 일반적인 특징은 표 14.3에 요약되어 있다. 표 14.3은 Ψ_S에 있어서의 큰 차이에서 반영되는 체관부와 물관부 사이의 유기 용질(organic solute) 농도에서의 차이에 대한 강조 뿐 아니라 이 두 수송 체계 사이에서 pH에서의 대비도 보여준다. 체관 액의 높은

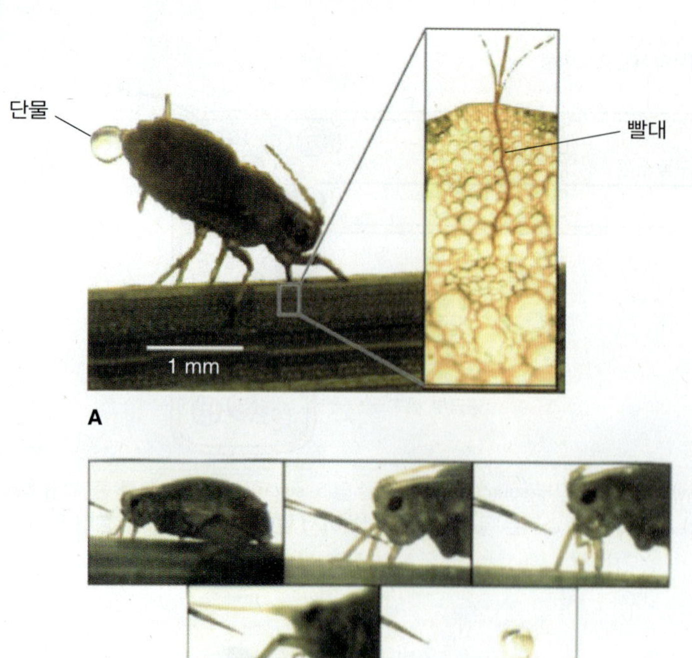

그림 14.16 (A) 체관부에 삽입된 빨대로 먹이를 먹는 진딧물. 곤충의 배후에서 삼출되는 단물 방울에 주목하기를 바란다. 삽화는 체관부 체요소를 관통하는 빨대가 있는 현미경 사진을 보여준다. (B) 진딧물 빨대의 절단을 보여주는 일련의 사진들. 마지막 사진은 빨대의 잘린 끝에서 나오는 체관부 삼출물 방울을 보여준다.

표 14.2 루핀과 나무담배의 물관부 및 체관부 삼출물 비교

	Lupinus angustifolius		*Nicotiana glauca*	
	물관부 (mM)	체관부 (mM)	물관부 (mM)	체관부 (mM)
설탕	ND	490	ND	460
아미노산	20	115	2.2	83
칼륨	4.6	47	5.2	94
나트륨	2.2	4.4	2.0	5.0
인	NA	NA	2.2	14
마그네슘	0.33	5.8	1.4	4.3
칼슘	1.8	1.6	4.7	2.1
철	0.02	0.13	0.01	0.17
아연	0.01	0.08	0.02	0.24
질산염	0.50	Tr	NA	ND
pH	5.9	8.0	5.7	7.9

NA: 무의미, ND: 미검출, Tr: 극미량.

pH는 SE/CC 복합체로의 설탕 흡수를 지탱하기 위해 아포플라스트로 H^+를 수송하는 세포막 H^+ 펌프의 높은 활성을 반영한다(14.6.2절 참고).

14.5.3 체요소는 압력 구동 용질 유동을 가능하게 하는 열린 체판을 가지고 있다

체요소의 구조가 압력 구동 유동(pressure-driven flow)과 일치하는지에 대해서는 상당한 논란이 있다. 체관 요소(sieve tube element)의 전자현미경 사진은 때로는 체판에

표 14.3 물관부 및 체관부 삼출물의 일반적인 특징

	체관부 삼출물	물관부 삼출물
당	100–300 g l^{-1}	0 g l^{-1}
아미노산(주로 Glu, Asp, Gln, Asn)	5–40 g l^{-1}	0.1–2 g l^{-1}
무기물	1–5 g l^{-1}	0.2–4 g l^{-1}
총 용질	250–1200 mmol kg^{-1} (Ψ_s c. −0.6 to −3 MPa)	10–100 mmol kg^{-1} (Ψ_s c. −0.02 to −0.2 MPa)
pH	7.3–8.0	5.0–6.5

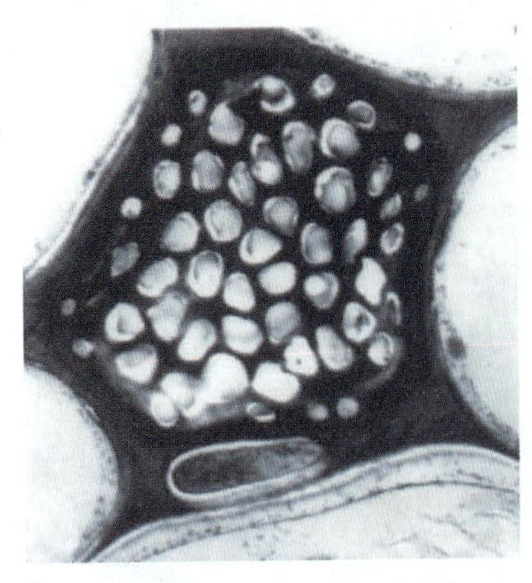

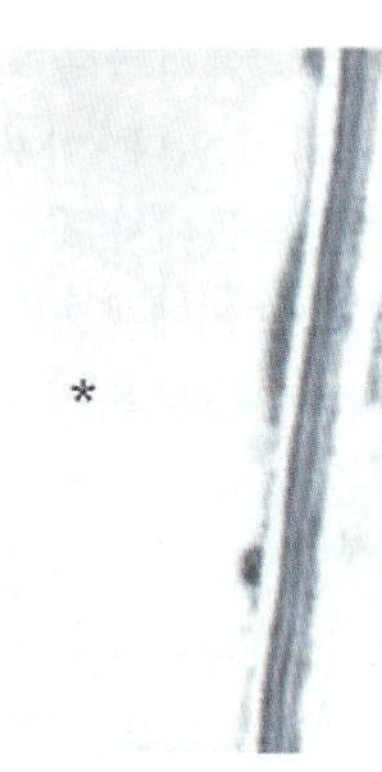

A B

그림 14.17 (A) 막히지 않은 체판(sieve plate) 및 막히지 않고 열린 체관요소(sieve tube element)를 보여주는 전자현미경 사진. 별표는 용질 이동이 일어나는 열린 채널을 표시한다. 초고속 냉동법(ultra-rapid freezing)에 의해 현미경 관찰을 위한 조직이 준비되었다.

서 세포질 연결이 차단된 것 같다는 것을 보여준다. 현미경 관찰자들은 이것으로 체관부를 통한 물과 용질의 압력 구동 부피 유동(pressure-driven bulk flow)이 배제될 수 있다는 결론을 내렸다. 그러나 이 차단은 현미경을 위해 조직이 준비되는 과정의 인위적 결과임이 밝혀졌다. 이 경우 살아 있는 조직은 고정하기 전에 조각조작 잘린다. 살아 있는 체요소는 높은 팽압을 가지고 있기 때문에 상처를 받거나 잘리면 세포 내용물이 잘리거나 상처입은 지점으로 몰려들어서 각 체요소의 체판을 차단한다. 생체 내에서 이는 체관부가 상처를 입었을 때 체요소 내용물의 누출을 막는 기작으로 여겨진다. 현미경 관찰을 위해 준비하기 전에 각 관다발(vascular bundle)을 그대로(in situ) 빨리 동결시키면 이러한 몰려듬을 방지할 수 있으며 체요소의 내강(lumen) 뿐 아니라 체판의 구멍들도 세포 잔해(cellular debris)에 의해 차단되지 않는다(그림 14.17).

키포인트 체관부에서 광합성 산물(photosynthate)의 수송은 상당히 특화된 체관 요소(sieve tube element)을 통해 일어난다. 초저온 급속 냉각을 수반하는 현미경 관찰을 위해 살아 있는 조직을 보존하는 새로운 기술들은 압력 구동 유동(pressure-driven flow)에 있어서 필수적인 체판(sieve plate)을 통한 세포질 연결에 차단이 없음을 보여준다. 체관부에서 용질의 이동은 뮌히의 압류설(pressure-flow hypothesis)에 의해 설명된다. 압류설은 저항이 낮은 관이 수송계의 적재 말단(공급부)을 하적 말단(수용부)와 연결한다고 제안한다. 공급부로의 당 적재는 Ψ_W를 낮추며 이로 인해 물이 삼투 현상에 의해 체요소(sieve element)로 흘러간다. 역으로 수용부에서 용질의 하적은 체관(sieve tube)에서 Ψ_W를 올리고 수용부 세포에서 Ψ_W를 낮춤으로 인해 물이 체관부의 하적 말단을 떠나게 한다. 체관부 내용물을 직접 먹고 사는 곤충인 진딧물을 이용한 실험은 양의 압력의 존재 뿐 아니라 체관부에서 당 구배 발생을 확립하였다.

14.6 체관부 적재, 전이 및 하적

공급부에서 체관부로의 당 이동은 **적재(loading)**라고 언급되며 전이된 당의 수용부로의 수송은 **하적(unloading)**이라 부른다. 적재 및 하적 기작에 대한 연구는 심플라즘과 아포플라스트 과정의 상대적인 기여에 중점을 두었으며 공급부에서 수용부로의 광합성 산물을 이동시키는 전략이 종과 종마다 눈에 띄게 다르다는 것을 밝혔다.

14.6.1 공급부에서 체관부 적재 아포플라스트로부터 또는 심플라즘을 통해 일어난다

체관부 적재는 거의 대부분 광합성을 하는 잎에서 연구되었다. 당이 체관부에 적재되는 두 가지 기작이 있다. **아포플라스트 적재(apoplastic loading)**를 하는 식물에서 공급부 세포는 아포플라스트로 당을 배출하고 여기에서 SE/CC 복합체로 당이 능동적으로 적재된다. **심플라즘 적재(symplasmic loading)**를 하는 식물에서는 광합성을 하는 엽육 세포와 체관 사이에 중단이 없는 심플라즘 연결체가 존재해서 당이 공급부 세포로부터 SE/CC 복합체로 원형질연락사를 통해 확산된다. 아포플라스트 적재를 하는 종은 **보통 동반세포(ordinary companion cell)**을 가지고 있다. 이 세포는 파트너 체요소와 많은 원형질연락사 연결을 가지고 있지만 주변 세포와의 연결은 거의 없다(그림 14.18A). 보통 동반세포의 세포벽은 체요소와 먼 쪽에 위치하는 세포벽에서 발견되는 내성장(ingrowth)으로 종종 심하게 변형된다. 이러한 벽의 내성장은 동화 산물(assimilate)의 흡수를 용이하게 하기 위해 세포막의 표면적(surface area)을 증가시키는 효과를 가지고 있다. 이러한 유형의 동반세포를 **수송 세포(transfer cell)** 특징을 가지고 있다고 말한다. 동반세포를 체요소로 연결하는 원형질연락사는 복잡하며 종종 동반세포 측면에서 상당히 분지되어 있다(그림 14.18B). SE/CC 복합체와 주변 세포 사이의 원형질연락사 부재는 주변 세포들이 심플라즘적으로 격리되어 있음을 의미하며, 이때 SE/CC 복합체는 폐쇄적 구성(closed configuration)을 가지고 있다고 말한다.

심플라즘 적재를 하는 종들은 **중간 동반세포(intermediary companion cell)**을 가지고 있다. 이 세포들은 자신과 동화 산물을 생성하는 세포 및 체요소와 연결된 많은 원형질연락사를 가지고 있다. 중간 동반세포는 **열린 유형**의 SE/CC 복합체 특징을 가지고 있다(그림 14.18A). 체관부로 동화 산물을 축적하는 식물의 잎에서 원형질연락사는 심플라즘 적재에 의해 광합성 세포와 SE/CC 복합체 간에 연속체(continuum)를 형성한다. 그러나 이후에 보여지는 것처럼 중간 세포(intermediary cell)와 체요소 사이의 원형질연락사 SEL은 중간 세포와 당 생성 세포 사이의 원형질연락사 SEL 보다 크다.

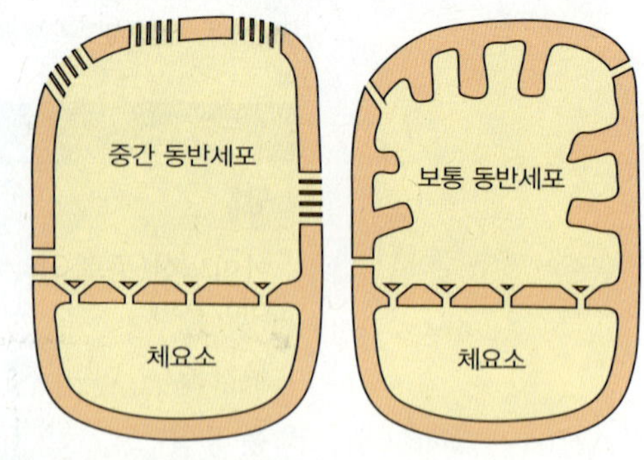

엽육세포와 동반세포 경계에서 원형질연락사의 수	> 10 / μm²	< 0.1 / μm²
당 구배 역행	역행	역행
주요 수송 당	설탕, 갈락토실 다당류	주로 설탕

A

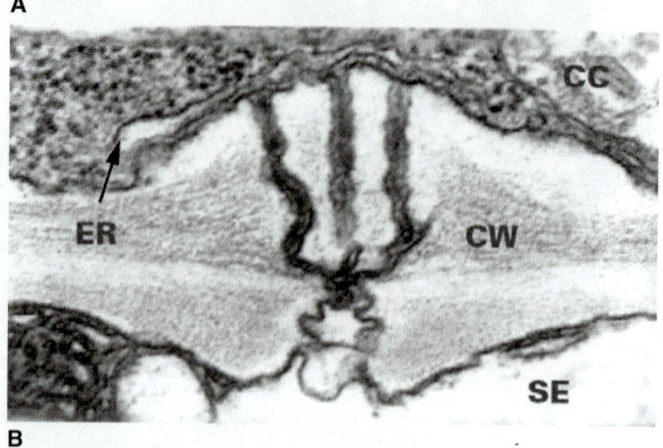

B

그림 14.18 심플라즘(왼쪽) 및 아포플라스트(오른쪽) 체관부 적재. (A) 체요소(SE, sieve element)와 주로 연결된 동반세포 유형을 보여주는 그림. 왼쪽에서 중간 동반세포(IC, intermediate companion cell)는 심플라즘 적재자의 특성을 가지고 있으며 광합성을 하는 세포와 연결된 많은 원형질연락사를 가지고 있다. 설탕 및 다당류가 중간 동반세포에 의해 주로 적재된다. 오른쪽에서 세포벽 내성장을 가진 보통 동반세포는 원형질연락사가 거의 없으며 아포플라스트로부터 설탕을 적재한다. CC, 동반세포(companion cell); MC, 엽육세포(mesophyll cell). (B) 양쪽 유형의 동반세포가 분지된 원형질연락사에 의해 체요소에 연결된다. CC, 동반세포(companion cell); CW, 세포벽(cell wall); ER, 소포체(endoplasmic reticulum).

14.6.2 설탕과 기타 비환원당은 체관부에서 전이된다

체관 적재 기작은 체관부에서 수송되는 당의 유형을 결정한다. SE/CC 복합체가 심플라즘적으로 격리된 아포플라스트 적재자에서 설탕이 거의 예외 없이 수송되지만 심플라즘 적재자는 글루코스, 과당 및 갈락토스 3당류(trisaccharide)인 라피노스(raffinose)와 같은 더 큰 다당류(oligosaccharide)를 포함하는 다양한 범위의 당을 수송한다. 곡류와 초목를 포함한 대부분의 농작물 아포플라스트 적재자이지만 나무와 대부분의 열대 식물은 심플라즘을 통해 동화 산물을 적재한다(그림 14.19).

SE/CC 복합체의 아포플라스트 적재 과정에서 광합성 잎 세포에서 합성된 설탕은 심플라즘을 통해 SE/CC 복합체 인근으로 수송되기도 하지만 이후 SE/CC 복합체로 확산되는 아포플라스트로 이동하며 여기서 이차 능동수송(secondary active transport)에 의해 흡수된다(그림 14.19A). SE/CC 복합체에 의한 설탕 축적은 세포막 양

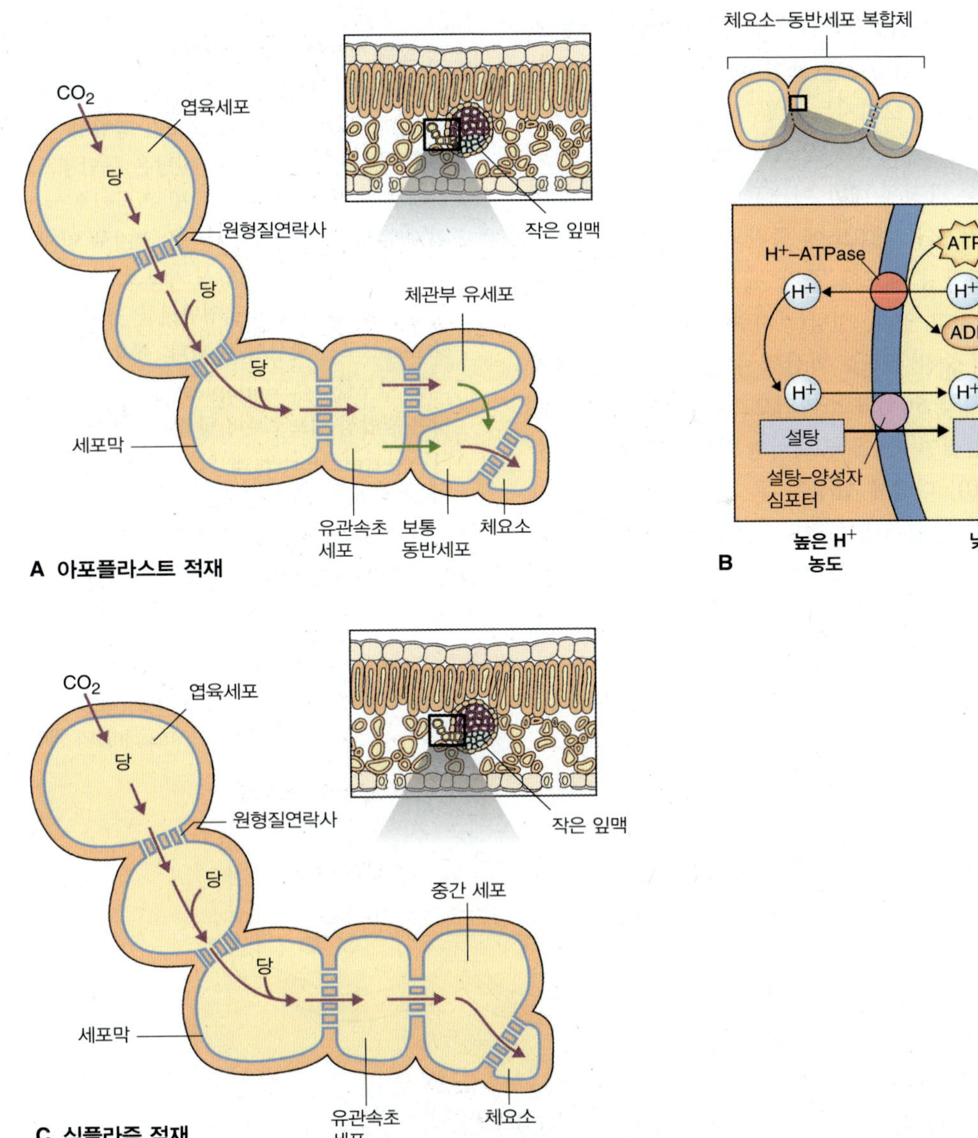

그림 14.19 엽육세포에서 체관요소로 당을 적재하는 아포플라스트(녹색 화살표) 및 심플라즘(빨간색 화살표) 경로. (A) 아포플라스트 경로에서 당은 원형질연락사를 통해 엽육세포에서 동반세포로 이동하고 동반세포에서는 아포플라스트로 이동하며 보통 동반세포로 능동적으로 적재된다. (B) 동반세포에 의한 아포플라스트로부터의 능동적인 설탕의 흡수. 세포막 H^+-ATPase는 양성자를 세포 외로 배출하여 양성자 구배(proton gradient)를 형성한다. 이 구배 에너지는 양성자/설탕 심포터(H^+/sucrose symporter)를 통한 설탕 흡수를 유도한다. (C) 심플라즘 경로에서 당은 엽육세포에서 중간 세포로 원형질연락사를 통해 이동하며 이후 체관요소로 이동한다.

성자/설탕 공수송체(H^+/sucrose co-transporter)를 이용한다(그림 14.19B). 실험적 근거는 아포플라스트로부터의 설탕 흡수가 세포막의 H^+ 펌프 활성에 의존하며 이 펌프의 활성을 억제하거나 아포플라스트를 알칼리화시키는 처리는 설탕 흡수를 감소시킴을 보여준다. 아포플라스트 적재자의 체관부가 거의 예외 없이 설탕을 수송한다는 관찰 결과는 체관부로의 수송이 특별한 운반자에 의해 일어난다는 기본적인 생각을 뒷받침한다. 다양한 환원 및 비환원 당들이 잎의 비수송 세포들에서 발견되지만 체관부에서는 오직 설탕만이 발견된다.

이것은 체관부에 설탕 외에 라피노스(raffinose) 및 스타키오스(stachyose) 다당류를 포함하는 심플라즘 적재자인 식물의 체관부에서 보여지는 상황과는 대조적이다(그림 14.19C). 라피노스 및 스타키오스의 합성은 심플라즘 적재자에서 당 수송 과정에 대한 어느 정도의 특이성을 부여하는 것으로 여겨진다. 체요소에 중간 세포를 연결하는 원형질연락사는 광합성 세포에 중간 세포를 연결하는 것보다 큰 SEL을 가지고 있다. 설탕(분자량 342)은 좁은 원형질연락사를 통해 중간 세포로 확산될 수 있지만 더 큰 크기의 라피노스(분자량 504)와 스타키오스(분자량 660)은 큰 SEL을 갖는 원형질연락사를 통해서만 체요소로 이동할 수 있다(그림 14.20). 다당류 합성은 두 가지 기능을 수행한다. 이는 SE/CC 복합체에서 설탕 농도를 낮추는 기작을 제공하여 더 많은 설탕이 농도 구배에 따라 SE/CC 복합체로 확산될 수 있도록 한다. 또한 더 큰 다당류는 SE/CC 복합체에 갇혀서 광합성 세포로 다시 확산될 수 없게 된다. 잎의 엽육 세포와 중간 세포에서의 당 분석은 이러한 중합체 포획 모델(polymer-trapping model)을 뒷받침한다. 따라서 광합성 세포는 높은 설탕 농도를 보유하지만 라피노스와 스타키오스는 없게 된다.

키포인트 당은 두 가지 경로 중 하나에 의해 수용부(sink)로의 수송을 위해서 체요소(sieve element)로 적재된다. 한 경로는 잎의 광합성 세포가 원형질연락사를 통해 직접 체관부의 체요소 적재 말단에 연결된 심플라즘(symplasm)을 거치는 것이다. 중합체 포획은 당이 오로지 광합성 세포로부터 체요소로 이동하게 하는 기작이다. 설탕은 동반세포(companion cell)에서 라피노스(raffinose) 및 스타키오스(stachyose)와 같은 더 큰 다당류로 전환된다. 큰 크기로 인해 이들 다당류는 원형질연락사를 통해 광합성 세포로 다시 확산될 수 없지만 더 큰 SEL을 갖는 원형질연락사를 통해 체관 요소(sieve tube element)로는 확산될 수 있다. 체요소로의 또 다른 당 수송 경로는 아포플라스트(apoplast)를 거치는 것이다. 이 경우에 설탕은 광합성 세포로부터 방출되며 설탕/H^+ 공수송체(sucrose/H^+ co-transporter)에 의해 설탕을 흡수하는 동반세포/체요소 복합체(companion cell/sieve element complex)로 아포플라스트에서 확산된다.

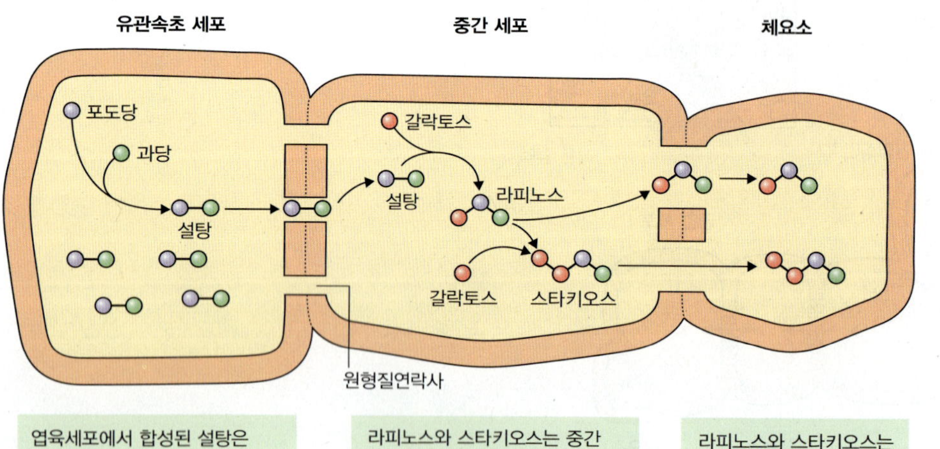

그림 14.20 중합체 포획(polymer trapping)의 원리

14.6.3 체관부에서의 원거리 압류는 에너지 비의존적이다

체관부 체판의 열린 구멍의 존재에 대한 계속되는 불확실성으로 인해 여러 대체 가설들이 용질 전이를 설명하기 위해서 제안되었다. 이들 중 하나는 원형질 유동(cytoplasmic streaming)이 체요소에서 체요소로 체관부를 통해 용질을 이동시키는 것 같다고 주장하지만 측정된 전이 속도는 그런 기작에 대해 부정적이다. 용질은 체관부에서 1 cm min^{-1}을 상회하는 속도로 이동하지만 세포질 유동은 1 mm min^{-1}을 거의 넘지 못한다. 또한 세포질 유동은 에너지 의존적인 과정이지만 체관(sieve tube)를 통한 전이는 에너지 비의존적인 것 같다. 버드나무(willow) 줄기의 온도를 0°C로 떨어뜨린 한 실험에서 동위원소로 표지된(radioactively-labeled) 동화 산물의 이동이 23°C에서의 이동과 비교되었다. 전이가 에너지를 필요로 하면 전이 속도는 23°C에서 보다 0°C에서 더 느려짐을 예상할 수 있다. 그림 14.21에서 보여지는 것처럼, 이 두 온도에서 전이 속도에는 차이가 없으며 이는 온도 의존적인 과정이 필요하지 않음을 시사한다.

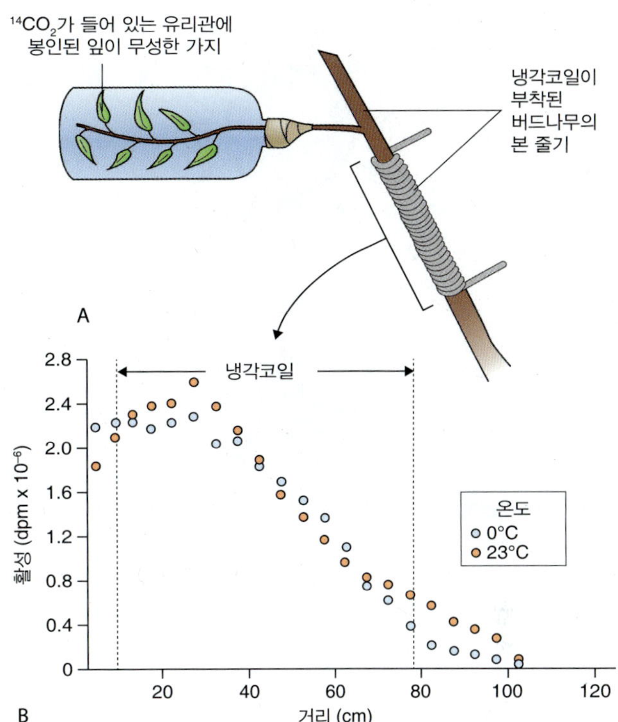

그림 14.21 체관부 수송에 대한 온도의 영향. (A) 잎이 무성한 버드나무 가지를 $^{14}CO_2$로 표지한 후 표지된 잎 아래의 줄기를 23°C로 유지하거나 0°C로 냉각하였다. (B) 줄기에서 표지된 당 수송 도표는 수송 속도에 대한 냉각의 매우 미미한 효과를 보여준다.

14.6.4 체관부 하적은 일련의 단거리 수송 사건들을 수반한다

체관부에서 수송되는 당과 다른 용질들은 당이 호흡을 위해 사용되거나 저장을 위해 녹말(starch)로 전환되는 수용부 조직으로 하적된다. 몇몇 식물의 예를 들면 사탕무우(sugar beet, *Beta vulgaris*)에서 설탕은 뿌리 수용부 세포의 액포에 능동적으로 축적된다. 당 제거와 소모에 의해 체관부 하적은 Ψ_S를 증가시키며 물은 SE/CC 복합체로부터 확산되어 나간다. 이는 뮌히 가설의 엄격한 요구조건인 체관부 공급부 말단에서 보다 수용부 말단에서의 압력 저하를 초래한다. 체관부 하적의 흥미로운 측면은 적재 과정과는 달리 특이성이 없다는 것이다. 대부분의 경우에서 용질과 물은 심플라즘을 통해서 SE/CC 복합체를 떠나며 그래서 체관부 하적 말단은 아포플라스트 적재자에서의 적재 말단에서처럼 심플라즘적으로 격리되지 않는다. 체관부 하적 말단에서의 원형질연락사는 큰 SEL을 가지며 결과적으로 식물의 다른 부분보다 훨씬 높은 전도성(conductivity)을 갖는다. 심플라즘 하적을 뒷받침하는 근거에는 하적이 일어나는 속도가 막 수송에 의한 것보다 일반적으로 최소 10개 더 빠르다는 관찰 결과가 포함된다. 10과 20 kDa 사이의 큰 SEL은 여러 종의 하적 SE/CC 복합체 원형질연락사에서 이렇게 높은 속도의 심플라즘 수송을 가능하게 한다.

14.7 물관부에서의 물의 이동

물관부의 기본적인 기능은 뿌리에서 줄기 및 잎으로 물과 유기 이온(무기질)을 수송하는 것이다. 삼투 현상에 의해 형성된 압력 구배에 의해 당 용액이 밀려 이동하는 체관부와는 달리, 물관부에서 물은 잎 세포벽에서 물의 증발에 의해 형성된 **장력**(tension)에 의해 끌어당겨 올라가는 것이다. 태양광의 흡수는 이 과정을 유도하는 에너지를 제공한다. 잎에서 공기층을 둘러싸는 세포벽에서의 표면 장력(surface tension)은 아포플라스트를 거쳐 물관부의 물기둥에 전이되며 결국 뿌리 표면까지 확장된다. 관련된 이 힘의 크기는 과소평가될 수 없다. 예를 들면 잎 유세포(parenchyma cell) 세포벽에 있는 구멍들은 지름이 5-7 mm로 작지만 이들로부터 물을 제거하기 위해서는 50 MPa를 초과하는 압력이 필요하다. 마찬가지로 표면 장력

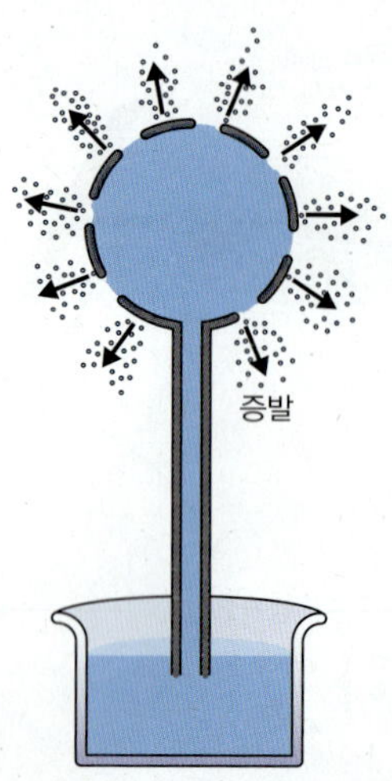

그림 14.22 물속에 담긴 얇은 유리관이 부착된 다공성 세라믹 구형(porous ceramic globe)은 응집력(cohesion-tension)에 의한 물 수송 원리를 보여준다. 세라믹 구형의 미세한 구멍으로부터의 물 증발은 물을 유리관 위로 끌어 당긴다. 이 현상은 강한 분자간 수소결합을 형성할 수 있는 물 분자에 의해 가능하다.

으로부터 발생하는 물관부의 장력은 굉장해서 -5 MPa를 초과할 수 있다. 3개의 수소 결합(hydrogen bond)을 하는 물 분자(2장 참고)의 능력은 심지어 가장 큰 나무의 줄기 위로 물을 끌어 올릴 수 있는 **응집력(cohesive strength)**를 제공한다. 살아 있는 조직이 장력에 의해 유도되는 물 이동을 위해 필요치 않다는 점은 그림 14.22의 작동 모델에 의해 보여진다. 이 모델에서 좁은 유리관에 부착된 다공성 세라믹 구형(porous ceramic globe)은 증발산에 의한 물 이동(evapotranspirational water movement)이 고려될 만큼 살아 있는 식물을 모방할 수 있다. 물관부에서 물 이동 기작에 대한 이 가설은 **응집력 가설(cohesion-tension hypothesis)**이라 부른다.

14.7.1 물관부의 통수 조직은 낮은 저항의 도관과 헛물관으로 구성된다

합쳐서 **헛물관 요소(tracheary element)**라고 불리는 **도관(vessel)**과 **헛물관(tracheid)**은 물관부의 통수 세포를 구성한다(그림 1.28 및 14.23 참고). 기능적으로 성숙해지면 통수 헛물관 요소는 리그닌(lignin)으로 가득찬 두껍고 단단한 2차 세포벽을 가진 채로 죽고 속이 텅 비게 된다. 도관(vessel)은 지름이 70-200 μm로 크며 길이가 1 mm 이상일 수 있는 **도관 요소(vessel element)**로 구성된 낮은 저항의 관이다. 도관 요소는 종종 고리, 나선 또는 그물 모

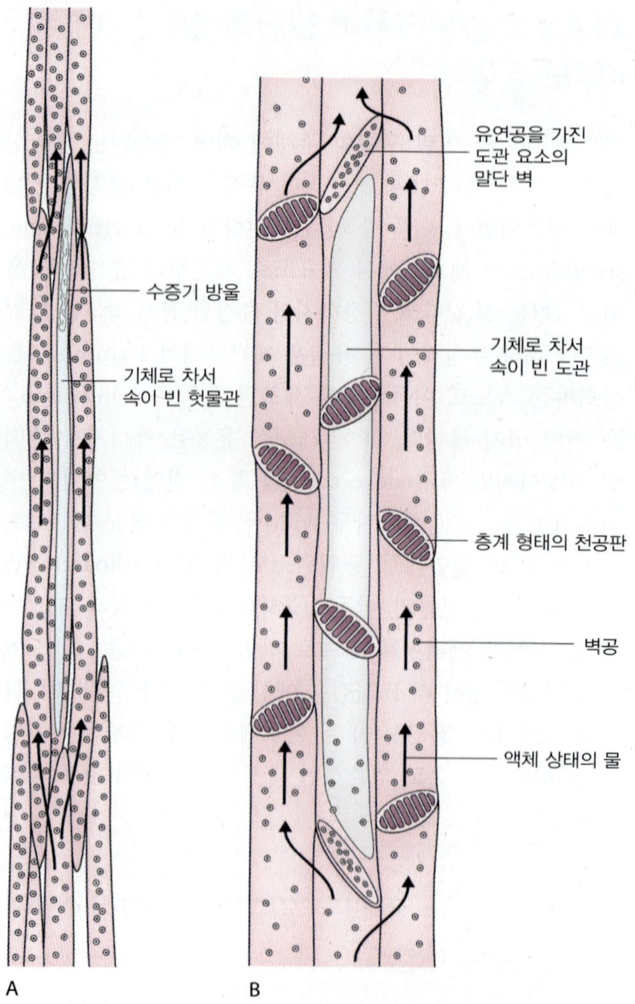

그림 14.23 헛물관 요소(tracheary element)에서 물 수송 경로. (A) 근접한 헛물관 사이의 물 이동은 세포벽의 벽공(pit)을 통해서만 일어난다. 벽공은 2차 세포벽은 없지만 1차 세포벽은 존재하는 지역이다. (B) 이 그림에서는 도관 사이에서 물이 벽공을 따라서 측면으로 이동할 수 있는 것처럼 보여주지만, 도관을 따르는 물의 이동은 대체로 말단 벽의 막힘이 없는 천공판(perforation plate)을 통해 일어난다. 이 그림은 또한 공동 현상(물 수송을 막는 물 기둥 속 공기 방울 도입)을 보여준다. 바람과 같은 물리적인 힘은 헛물관 요소 내에 공기 방울 형성을 야기할 수 있다. 헛물관은 고저항 벽공에 의해 연결되어 있어서 기체가 단일 세포에 포획될 수 있다. 더 큰 직경의 도관 요소(vessel element)와 말단 벽의 큰 천공(층계 형태의 천공판)의 존재는 기체 방울이 일련의 긴 도관 요소들을 차지할 수 있을 만큼 확장될 수 있음을 의미한다. 이 그림에서 도관은 2개의 도관 요소로 구성됨을 보여주지만, 자연상태에서 도관은 많은 도관 요소로 구성될 수 있으며 길이는 수 미터가 될 수도 있다.

양으로 축적된 이차 세포벽을 가지고 있다. 성숙 과정에서 도관 요소의 말단 세포벽은 녹아서 **천공판(perforation plate)**을 형성한다. 세포벽 용해 양상은 다양한 형태의 천공을 남긴다. 열린 말단과 비교적 큰 지름은 도관 요소를

낮은 저항의 물 수송에 이상적으로 적합하게 만들어 준다(그림 14.23B). 도관은 몇몇 예외를 제외하고는 겉씨 식물(gymnosperm)과 다른 은화 식물(non-flowering plant)들에는 없기 때문에 현화 식물(flowering plant)를 정의하는데 도움이 된다.

헛물관(tracheid)는 모든 유관속 식물(vascular plant)에 존재하며 도관 요소보다 더 좁고 길다(그림 14.23A). 헛물관 역시 쌓여서 긴 관을 형성하지만 비스듬한 말단 벽에는 천공판이 없다. 대신 **벽공**(**pit**)라 불리는 리그닌이 없는 세포벽 일부 지역이 존재한다. 벽공은 근접한 헛물관 요소(tracheary element) 사이에서 쌍으로 발생하는데 오로지 **벽공 막**(**pit membrane**)이라고 때로 불리는 구멍이 있는 일차 세포벽이 **벽공쌍**(**pit pair**)을 공유하는 세포들을 나눈다(그림 1.28 참고). 헛물관 사이에서 물의 이동은 대부분 벽공을 통해 일어난다. 벽공은 단순한 구멍일 수도 있으며 몇몇 겉씨 식물의 헛물관 요소에서 발견되는 유연공(bordered pit)처럼 더 복잡한 구조일 수도 있다. 헛물관의 작은 지름과 천공판 부재는 이들이 도관보다 물 유동에 있어서 더 높은 저항을 갖는다는 것을 의미한다.

14.7.2 증산은 물관부 수송의 원동력을 제공한다

증산(**transpiration**)은 식물의 지상부 표면으로부터의 물 증발이다. 이는 물관부에서 물 이동에 필요한 원동력이다. 빠른 **증발산**(**evapotranspiration**) 기간 동안 물은 4 mm s^{-1} 이상의 속도로 물관부를 상향 이동할 수 있다. 세포벽의 작은 구멍으로부터의 물 손실은 물관부에서 −5 MPa를 초과하는 장력(tension) 생성으로 이어진다. 물관부에서 용질의 농도는 매우 낮기 때문에(표 14.2 및 14.3 참고) 장력은 대부분 식물의 물관부에서 가장 큰 Ψ_W 구성요소를 형성한다. 작은 초본 식물 물관부에서 Ψ_S와 Ψ_g는 무시할 만한 수준이어서 $\Psi_W = \Psi_P$이다. 그러나 큰 나무에서 높이가 10 m 올라갈수록 Ψ_g는 Ψ_W에 0.1 MPa를 더해주므로 Ψ_g는 헛물관 요소의 Ψ_W에서의 상당한 증가에 관여한다. 100 m 높이가 보통인 세콰이어(coast redwood, *Sequoia sempervirens*)에서 Ψ_g는 매우 중요하며 Ψ_g의 효과를 극복하기 위해서는 −0.1 MPa의 원동력이 필요하다.

100 m의 큰 나무에서 저항이 약 2 MPa에 달하는 것으로 추정되는 물관부의 마찰 저항(frictional resistance) 역시 물이 주어진 거리를 이동하기 위해서 극복되어야만 된다. 이 값이 중력 효과에 더해지면 이 높이의 나무 끝까지 물이 이동하기 위해서는 적어도 3 MPa의 압력차가 있어야 함이 확실해진다. 실제로 대부분의 식물에서 물관부의 장력은 이 값을 쉽게 초과한다.

물관부 장력은 압력 폭발 장치(pressure bomb)를 이용하여 쉽게 측정할 수 있다(그림 14.24). 압력 폭발 장치는 간단한 원리로 작동된다. 나뭇가지, 잎 또는 비슷한 조직 조각이 잘려지면 물관부 물기둥에 대한 장력이 방출되며 물기둥은 잘린 표면으로부터 후퇴한다. 이는 늘린 고무줄을 잘랐을 때 일어나는 것과 비슷하다. 잘린 식물 부위는 잘린 말단이 보통의 대기압인 실외로 남겨진 채로 강화실(strengthened chamber, bomb)에 삽입된다. 그 후 물관부의 물이 잘린 표면으로 되돌아갈 때까지 실내의 조직에 압력을 가한다. 물이 잘린 표면으로 이동되기 위한 압력은 반대로 원래 식물에서 잘리기 전에 물관부에 존재했던 장력과 같은 압력이 된다. 물관부 장력 측정을 통한 평균 값은 농작물에서는 약 −3 MPa, 나무에서는 −4 MPa, 그리고 사막 식물에서는 −10 MPa이다.

14.7.3 특별한 환경 하에서 설탕은 물관부 내로 뿌리에서 지상부로 수송되기도 한다

이미 보았듯이, 물관부 수액(xylem sap)에서 당의 농도는 보통 매우 낮고(표 14.2 및 14.3 참고) 물관부에서의 수송은 응집력(cohesion-tension)에 의해 일어난다. 그러나 봄에 *Acer* 속(maple)의 많은 나무들은 줄기(물관부)의 목질 부분에 구멍이 뚫리면 단 수액(sugary sap)을 흘린다. 이에 대해 가장 잘 알려진 종은 사탕 단풍(sugar maple, *Acer saccharrum*)으로 그 수액은 보통 2–3% 설탕을 포함하며 메이플 시럽(maple syrup)을 만드는 데 사용된다. 이 관찰 결과는 두 가지 의문점을 제시하는데 왜 물관액이 당을 포함하느냐와 무엇이 물관부 내에서 양의 압력을 형성하는 기작이냐는 것이다. 겨울 동안 나무는 뿌리에 녹말을 저장한다. 봄에 나무가 잎을 틔울 준비를 할 때 녹말은 아포플라스트로 확산되는 설탕으로 전환되며 이 식물 종에서 설탕은 물관부의 헛물관 요소로 누출된다.

설탕 단풍에서 단 수액이 물관부를 상향 이동하는 기작은 논란의 대상이 되었으며 최근에 와서야 식물 생리학자들은 수액 유동이 일어날 것 같은 방법에 대해 동의하게 되었다. 이 기작에 대한 단서는 수액 유동 발생에 대해 널리 퍼져 있는 입증되지 않은 조건에 대한 설명 특히 봄철에

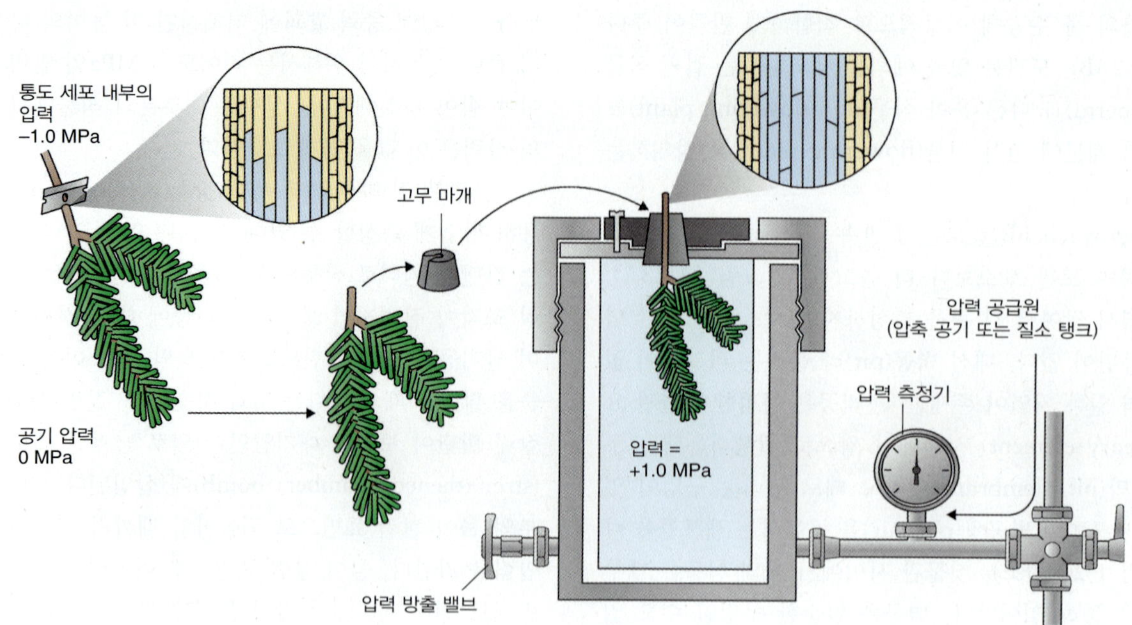

그림 14.24 압력 폭발 장치(pressure bomb)은 물관부의 장력 측정을 가능하게 해 준다. 작은 가지를 잘라서 폭발실에 삽입한다. 가지가 잘릴 때 장력 하에 있던 물관부의 물 기둥은 후퇴한다. 가스실로부터의 압력 적용은 물을 다시 가지의 잘린 말단으로 되돌아가게 한다. 물이 잘린 말단으로 돌아가기 위해 필요한 압력은 물관부의 장력과 같다.

며칠 간의 영상의 낮이 수반되는 영하의 밤으로부터 비롯되었다. 격리된 단풍나무 줄기 조각에서 수액 이동 측정에 의해 물이 밤에는 줄기에서 끌어 올려지고 낮에는 밀려 나간다는 것이 밝혀졌다. 낮 동안 상승된 압력은 액체가 물관부에 뚫린 구멍으로부터 흘러나오게 할 것이다. 그럼 왜 수액이 밤에 물관부에서 올라오고 왜 낮에는 물관부의 압력이 상승하는가? 그 과정은 기온이 영하로 내려가는 밤 기간과 영상 기온의 낮 기간을 필요로 한다는 사실에 기초해서 단순하게 물리적으로 설명할 수 있다. 밤에 영하의 기온은 줄기 조직 세포벽에 얼음 결정이 형성되고 축적되는 것을을 야기하지만 뿌리와 토양은 얼지 않는다. 얼음이 형성됨에 따라 액체 상태의 물이 뿌리에서 줄기로 끌어당겨져서 얼어서 없어진 물을 대체한다. 낮 동안 줄기의 얼음은 녹게 되며 이는 부피의 증가(물은 4°C에서 최대의 부피를 갖는다)를 일으킨다. 줄기의 살아 있는 세포(예를 들면, 물관부 유조직)에서 물 흡수로 인한 부피의 증가는 압력을 올라가게 하며 나무에서 수액을 밀어내게 된다.

14.7.4 헛물관 요소에서의 공동 형성은 물 수송을 방해한다

증산과정 동안 물관부에서의 높은 장력 때문에 물은 팽팽하게 당겨지며 교란으로 인해 공기 방울이 주입되는 **공동 형성(cavitation)**이 야기된다. 공동 형성은 물 기둥에서의 중단을 초래한다. 예를 들면 맹풍은 결빙과 해동처럼 공동 형성을 초래할 수 있다. 공동 형성은 헛물관의 **공기 주입(air seeding)**에 의해 발생한다. 공기는 벽에 있는 구멍이 높은 장력이 형성되는 것을 허용하는 잎 유세포(parenchyma cell)에서의 5–7 nm 구멍보다 상당히 큰 0.1–0.4 μm 범위인 벽공 막(pit membrane)(그림 1.28 참고)을 거쳐 헛물관으로 진입하는 것으로 여겨진다. 많은 목본 특히 저온 지역에서 자라는 종들에서는 겨울 막판에 결빙과 해동으로 인해 대부분의 헛물관 요소가 비기능적으로 변하기도 한다. 헛물관 기둥은 도관(vessel)보다는 공기 방울에 의한 차단에 더 내성적이다(그림 14.23 참고).

공동 형성은 민감한 청취 장치(listening equipment)에 의해 물 기둥이 차단되는 소리가 감지될 수 있는 음향 기법(acoustic method)을 이용하여 추적될 수 있다. 공동 형성의 정도를 알아 내는 또 다른 방법은 줄기 일부를 자르고 저압에서 잘린 절편을 통한 물 유동 속도를 측정하는 것이다. 절편은 이후 차단한 공기 방울을 다시 녹이기 위해 고압에서 물로 세척하여 저압에서 물 유동 속도를 다시 측정한다. 이 두 물 유동 측정값의 차는 공동 형성 정도에 대한 추정치를 제시한다.

공동 형성이 식물에서 만연한지 그리고 초본 식물 종의 물관부에서도 발견되는지에 대해 물어볼 수도 있을 것이다. 이 질문들에 대한 해답은 그렇다는 것이다. 공동 형성은 많은 식물 종에서 매일 발생하는 것처럼 여겨지며 강풍, 결빙과 해동 및 가뭄에 의해 악화된다.

14.7.5 헛물관 요소는 뿌리 압력에 의해 물로 다시 채워질 수 있다

공동 형성이 일반적인 현상이라면 식물은 어떻게 이에 맞서는가? 헛물관 요소를 물로 다시 채우게 하는 여러 기작이 있는 것으로 생각되며 대부분은 물관부 압력의 상승을 수반한다. 한 기작은 **뿌리 압력**(**root pressure**)과 관련이 있다. 뿌리 압력은 뿌리 물관부 기저에 축적된 용질이 물관부로의 삼투현상에 의한 물 유동을 야기함으로써 발생한다. 뿌리 압력은 보통 따뜻한 토양, 습한 대기와 같이 특별한 일련의 환경 조건들을 필요로 하며 증발산이 없는 밤에 발생한다. 밤에 뿌리 압력은 공기의 재용해를 유도할 수 있는 물관부에서의 상승된 압력을 야기한다. 초본 식물 종에서 뿌리 압력은 잎의 끝이나 가장자리에서 발견되는 **배수 조직**(**hydathode**)이라 불리는 특화된 세포들을 통해서 액체 상태의 물을 잎에서 강제로 배출시킬 수 있다. **일액 현상**(**guttation**)이라고 불리는 이 과정은 새벽에 잔디 및 여타 식물에서 발견되는 이슬(dew)의 원인이 된다(그림 14.25). 뿌리 압력과 관련된 물관부의 수분 포텐셜 변수는 증산과정 동안에 발견되는 지표에 대해 반대 기호값을 갖는다. 즉 뿌리 압력의 결과로써 물관부에서 Ψ_S는 더한 음의 값을 가지며 Ψ_P는 양의 값을 갖는다.

그림 14.25 딸기에서의 배수. 유리한 환경(높은 상대 습도 및 따뜻하고 개관이 잘된 흙에서 기공이 닫힌 밤에)에서의 삼투현상(osmosis)은 물관부에서 물의 축적 및 특화된 배수선(hydathodes)을 통해 잎 가장자리로부터 물을 배출하는 압력의 형성을 야기한다. 물관부에서 생성되는 양의 압력은 공동현상(cavitation)에서 형성된 공기 방울을 다시 녹이는 기작 중 하나이다.

큰 나무의 몸통에서 뿌리 압력은 없거나 공기의 용해를 유도하기에는 부족하기도 하다. 이 경우에 살아 있는 물관부 유세포에 의한 헛물관 요소로의 용질 분비가 Ψ_W를 낮추면, 삼투현상에 의한 물관부로의 물 유동으로 인해 물관부에서 압력이 상승하게 된다. 상승된 압력은 헛물관 요소의 통도 기능을 회복하는 기체의 흡수를 야기한다.

> **키포인트** 물관부의 헛물관 요소(tracheary element)는 토양에서 대기로의 물과 용해된 무기질 이동을 위한 도관이다. 단단한 이차 세포벽에 의해 강화된 헛물관 요소는 증산(transpiration)이 일어날 때 장력 하에 놓인다. 이 장력은 강한 분자 간 결합을 하는 물의 특성에 의해 형성되며 비교적 작은 지름을 가진 헛물관(tracheary), 도관(vessel) 및 세포벽 내의 미세한 구멍에 의해 보조된다. 헛물관 요소의 장력은 −5 MPa 만큼 낮을 수 있기 때문에 물 기둥은 바람이나 결빙 같은 물리적 힘에 의해 쉽게 그리고 자주 중단될 수 있다. 이는 헛물관 요소에 공기가 주입되는 공동 형성(cavitation)으로 이어져서 헛물관 요소를 물 수송이 불가능한 상태로 만든다. 공동이 형성된 헛물관 요소에서 공기를 다시 녹이는 한 방법은 뿌리 압력에 의한 것이다. 이는 기공(stomata)이 닫힌 밤에 일어난다. 용질은 뿌리의 헛물관 요소로 수송되어 물이 확산되어 들어올 수 있는 농도로 축적된다. 이는 물관부의 물 기둥에서 압력을 상승시키고 공기 방울이 재용해되도록 하여 물 기둥의 통합성(integrity)을 회복시킨다.

14.8 토양에서 대기까지 물의 경로

토양에서 식물의 지상부(aerial part)까지의 물의 수송은 뿌리, 물관부 및 지상부 사이에서의 물리적이고 생리적인 연속성(continuity)을 필요로 하는 통합된 과정이다. 물과 용질은 기공을 통한 증발산에 의해 형성된 장력에 의해서 끌어 당겨지는 부피 유동(bulk flow)에 따라 인해 뿌리에서 지상부까지 한 방향으로 이동한다.

14.8.1 물이 뿌리에 진입하는 두 가지 경로가 있다

뿌리는 물 흡수에 있어서 매우 적합하다. 뿌리털(root

hair)은 물을 흡수하기 위한 뿌리의 능력을 상당히 향상시킨다. 예를 들면 호밀(rye)에서 뿌리털은 뿌리 표면적의 60%를 담당하는 것으로 추정된다. 물은 관속주(vascular cylinder, **stele**)로 가기 위해서 두 가지 기본 경로를 따른다. 물은 삼투 현상에 의해 뿌리털로 이동되어서 중심주에 있는 물관부 유세포로 원형질연락사를 통한 심플라즘 방법으로 이동한다. 또는 **내피(endodermis)**에 도달할 때까지 아포플라스트를 통해 확산되기도 한다(그림 13.5 참고). 어느 지점에서 물은 한 경로에서 다른 경로로 이동할 수도 있다. 내피에서 아포플라스트 경로는 **카스파리선(Casparian strip)**이라고 불리는 내피 세포벽의 코르크화된(suberized) 지역에 의해 차단된다(그림 1.31 및 13.5 참고). 내피를 가로지르는 물의 이동은 삼투 현상에 의해 일어나야 하지만 이 장벽을 넘으면 물은 물관부까지 심플라즘 또는 아포플라스트 경로로 지속적으로 이동할 수 있다. 앞에서 다루었듯이, 물은 물관부 장력으로 인해 헛물관 요소로 진입한다.

물 흡수가 일어나기 위해서는 토양의 수분 포텐셜이 뿌리 세포의 수분 포텐셜보다 높아야 한다. 이는 대체로 Ψ_S이 약 −0.02에서 −0.04 MPa이며 세포의 Ψ_W가 보통 −0.2에서 −1.0 MPa 범주인 충분히 급수된 토양에서의 경우이다. 낮은 토양 수분 함량은 토양 Ψ_W에 가장 지대한 영향을 미친다. 토양의 수분 함량이 감소하면 토양의 미세 입자에서 장력이 형성되며 큰 음의 값의 Ψ_P를 초래한다. 빈약하게 개관된 토양에서 토양 Ψ_P 값은 −1.0 MPa보다 낮을 수도 있다. 이로 인해 빈약하게 급수된 염토(saline soil)는 상당한 음의 값의 Ψ_W를 가져서 뿌리 세포에 대한 물 유용도를 제한한다.

14.8.2 용질의 흡수와 물관부의 적재 및 하적은 능동 수송 과정이다

표 14.2에서 보이는 것처럼, 용질은 물관부에서 밀리몰라(millimolar) 농도로 존재한다. 예를 들면 K^+는 1과 10 mM 사이의 농도로 존재한다. K^+와 같은 용질은 토양에서 물관부로 물과 같은 경로를 따른다. 용질들은 세포막의 수송체를 통해 이동함으로써 심플라즘에 진입하며 중심주까지 심플라즘 경로로 이동하거나 또는 아포플라스트를 거쳐 세포막을 가로질러 심플라즘으로 들어가기 위해서 수송체를 필요로 하는 내막으로 이동할 수 있다. 중심주의 헛물관 요소로의 물 이동은 Ψ_W에서의 구배를 따르지만 심플라즘에서 죽어 있는 헛물관 요소로의 용질 이동은 생리학자들에게 딜레마(dilemma)를 안겨준다. 헛물관 요소는 죽었기 때문에 뿌리의 살아 있는 세포들과 심플라즘 연결이 없다. 그러면 왜 중심주의 살아 있는 세포가 죽은 헛물관 요소로 용질을 잃는 것인가? 여러 가설들이 제안되었으며 그중 가장 최근의 가설은 물관부 유세포가 물관부로 K^+, Na^+, Mg^{2+} 등의 이온들을 방출한다는 것이다. 이 가설은 물관부 유조직에서 물관부 적재를 일으킬 수 있는 이온 유출 채널(ion efflux channel)의 발견에 의해 뒷받침되고 있다.

물관부에서 잎으로의 용질 하적 역시 아직 잘 이해하지 못한다. 잎의 공기층을 둘러 싸는 세포벽으로부터 물이 증발할 때 용질은 일반적으로 아포플라스트에 남지 않는다. 오히려 용질은 특별한 막 수송체에 의해 잎의 살아 있는 세포로 흡수되고 원형질연락사를 통해 다른 세포로 배분되는 것 같다. 이 가설에 대한 간접적인 근거는 합성 염료(synthetic dye)를 이용한 실험에서 비롯되었다. 염료가 물관부를 통해 잎에 투여되면 헛물관 요소의 말단에 축적되는데, 이는 아마도 이것을 심플라즘으로 흡수하는 특별한 수송체의 결여 때문인 것 같다.

14.8.3 많은 구조적 그리고 생리적 특성은 식물이 지상부로부터의 증발산을 조절하게 해 준다

식물의 지상부 역시 물 손실을 최소화하는 덮개를 가지고 있다. 초본 식물에서 밀랍 성분의 큐티클은 표피를 덮고 있으며 털과 트리콤(trichome) 형태의 표피 변형이 물 손실을 최소화하기 위해 진화하였다(그림 14.26). 큐티클은 식물의 지상부를 효과적으로 밀봉한다. 식물로부터 증발하는 대부분의 물은 기공(단수는 **stoma** 또는 stomat; 복수는 **stomata** 또는 **stomates**)이라고 불리는 표피의 특별한 구멍을 통해서 손실된다(그림 14.27). 기공은 특별한 공변세포 한 쌍에 의해 형성된다. 기공이 잎의 아래쪽 표면에 주로 많지만(표 14.4), 초본 식물의 줄기, 과실 및 꽃 조직의 표피에서도 발견된다. 목본 식물에서는 기공이 대체로 잎에 국한되어 있다. 대부분의 나무에서 기공은 아래쪽(배축, abaxial) 표면에서만 발견되지만 수련(water lily, *Lilium* spp.)에서는 기공이 부엽(floating leaf)의 위쪽(향축, adaxial) 면에서만 발견된다. 많은 식물은 잎의 양쪽 표면에 기공을 가지고 있지만 이 경우 보통 배축 면에 더 많은 기공이 존재한다. 한 잎에서의 기공의 밀도는 잎 발달 과정 동안 물의 유용도 및 대기 중의 CO_2 농도와 같은 환경 조건

그림 14.26 잎과 줄기 표면에서의 털(A)과 왁스(B) 축적은 식물의 지상부로부터의 물 손실을 감소시킨다.

에 의해 영향을 받는다.

14.8.4 수증기 농도 차이 및 경로의 저항이 증발산을 유도한다

잎의 공기층과 대기 사이의 **수증기 농도**에서의 차이 및 수증기 교환에 대한 저항이 잎에서의 물 손실 속도를 결정한다. 수증기 농도의 차이 및 상응하는 저항을 볼 수 있는 몇몇 경계가 있다. 헛물관 요소의 물은 세포벽으로부터 잎의 공기층으로 증발하며(그림 14.28), 잎의 공기층으로부터는 잎의 바깥 표면 그리고 대기로 확산된다. 이 경계 사이의 수분 포텐셜 구배는 계산될 수 있다(표 14.5). 수분 포텐셜의 가장 큰 차이는 잎의 공기층과 잎의 표면 사이에서 생긴다는 것을 명심하기 바란다. 잎 안쪽의 공기층과 기공 바로 안쪽의 공기층 사이의 수분 포텐셜 차는 약 −6 MPa이지만 기공 안쪽의 공기와 기공 바로 바깥쪽 사이의 차는 −63 MPa 이상이다.

잎에서 물 이동에 대한 높은 저항을 주는 두 군데의 경계가 있다. 하나는 **잎 기공 저항**(**leaf stomatal resistance**)라고 불리는 기공에 있으며 다른 하나는 **경계층 저항**(**boundary layer resistance**)라고 불리는 잎 표면/대기 접점에 있다. 기공의 수와 크기는 잎 기공 저항을 결정하지만 잎 표면에서 수증기 혼합 정도는 경계층 저항에 영향을 준다. 발달 프로그램은 특정 잎에서 기공의 수를 결정하며 공변 세포는 기공의 크기를 조절한다. 경계층 저항은 열린 기공 주변에 형성된 수증기 층의 기능이다. 이는 잎 안쪽과 바깥쪽 공기 사이의 수증기 농도(water vapor concentration, C_{WV}) 구배를 감소시킨다. 잎의 구조(anatomy)는 경계층의 특성과 정도에 영향을 줄 수 있다. 많은 털 또는 트리콤을 가진 잎은 이러한 변형이 없는 잎보다 더 큰 경계층

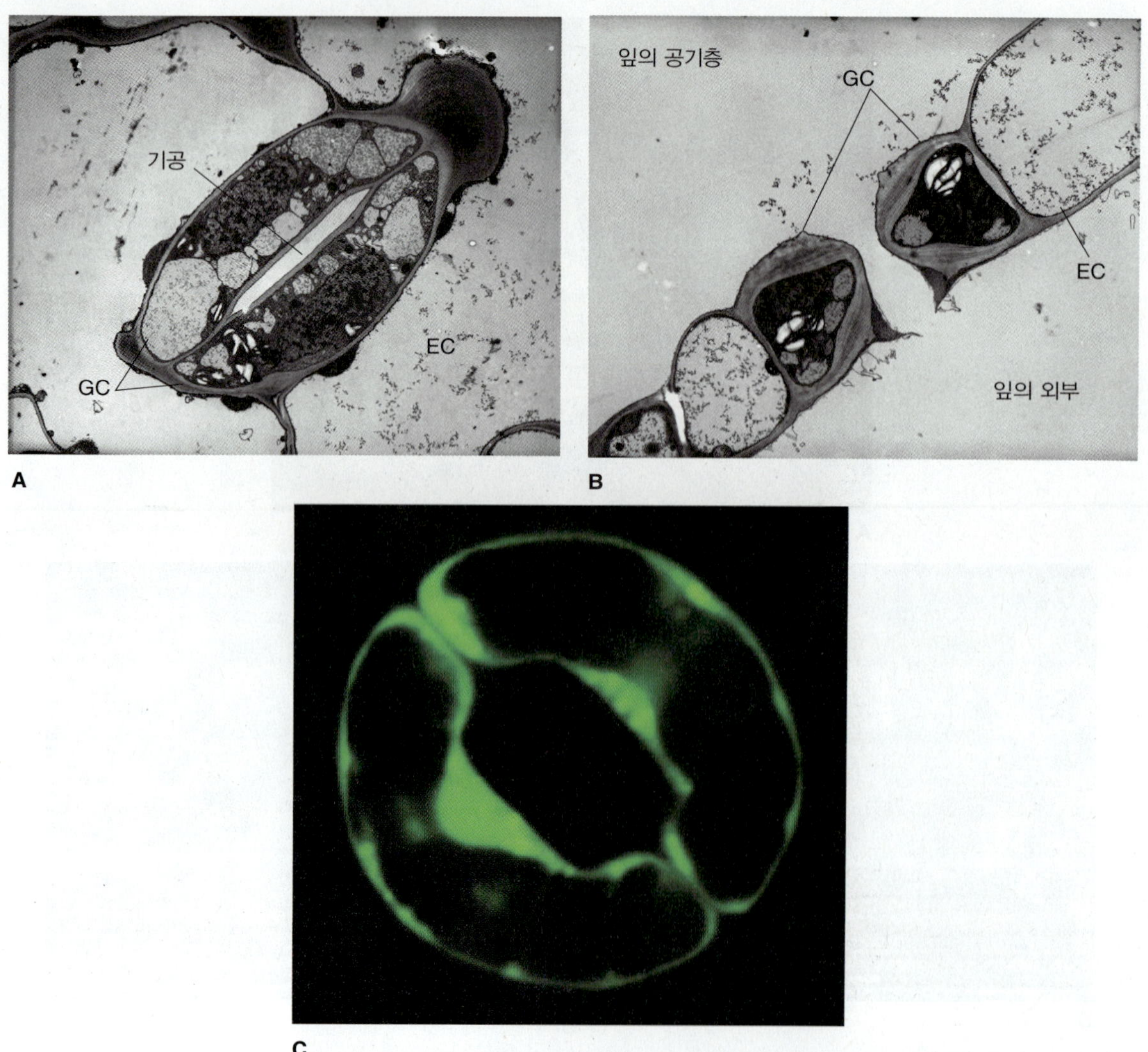

그림 14.27 (A, B) 접선면(A) 및 단면(B)에서 한 쌍의 공변세포(guard cell, GC) 및 근접 표피세포(epidermal cell, EC) 장면을 보여주는 진정 쌍떡잎식물(eudicot) 기공의 전자현미경 사진. (C) 열린 기공(stomatal pore)을 감싸는 형광으로 표지된 한 쌍의 공변세포를 보이는 광학현미경 사진.

저항을 갖는다. 환경 조건 중에서도 공기의 이동은 경계층에 영향을 준다.

14.8.5 기공 공변 세포는 잎에서 물 손실의 핵심 조절자이다

기공 공변 세포(stomatal guard cell)는 모든 관다발 식물에서 발견되는 고도로 특화된 표피 세포 쌍이다. 이는 다른 잎 세포들과 심플라즘적으로 고립되어 있으며 다른 표피 세포와는 달리 엽록체를 가지고 있다. 공변 세포는 또한 한 쌍의 공변 세포가 기공을 열고 닫을 수 있게 해 주는 특화된 세포벽 비후(thickening)를 가지고 있다. 두 가지 유형의 공변 세포가 발견되는데 하나는 대부분의 진정 쌍떡잎식물(eudicots) 및 많은 외떡잎식물에서 발견되는 콩팥 형태의(kidney-shaped) 공변 세포이고(그림 14.29A), 다른 하나는 잔디(grass), 사초(sedge) 및 야자수(palm)의 특징인 아령 형태의(dumbbell-shaped) 공변 세포이다(그림 14.29B).

양쪽 유형의 공변 세포는 세포벽을 강화하는 방사상으로 배열된 셀룰로스 미세섬유(cellulose microfibril)를 가지고 있다. 잔디의 공변 세포는 아령 형태의 공변 세포 옆에 위치하는 한 쌍의 **곁세포(subsidiary cell)**가 포함된 **기공 복합체(stomatal complex)**에서 발견된다. 잔디 공변 세포의 둥글납작한 말단은 셀룰로스 축적에 의해 강화된 세포벽을 가진 아령대보다 비교적 얇은 세포벽을 가지고 있다. 방사상으로 배열된 미세섬유 외에도 쌍떡잎식물 공변 세포

표 14.4 기공의 분포

종	기공 분포(% 합계)	
	향축(상부) 표피	배축(하부) 표피
양치식물		
Osmunda regalis (고비)	0	100
Phyllitis scolopendrium (골고사리)	0	100
외떡잎식물		
Allium cepa (양파)	50	50
Hordeum vulgare (보리)	44	55
Zea mays (옥수수)	48	52
진정 쌍떡잎식물		
애기장대	35	65
Helianthus annuus (해바라기)	41	59
Nicotiana tabacum (담배)	21	79
Nymphaea alba (수련)	100	0
Phaseolus vulgaris (껍질콩)	14	86
Pisum sativum (완두)	32	68
Prunus laurocerasus (장미과 상록나무)	0	00
Quercus palustris (핀 오크)	0	100
Tilia americana (참피나무)	0	100

표 14.5 토양-식물-공기 연속체에 대한 수분 포텐셜 값[a]

위치	Ψ_w (MPa)
뿌리 표면의 토양	−0.50
뿌리 물관부	−0.60
10 m에서의 줄기 물관부	−0.80
10 m에서의 잎 엽육세포	−0.80
기공 아래의 잎 내 공기	−6.90
기공 외부의 공기	−70.0
경계층 위의 공기	−95.0

[a]공기의 Ψ_w 값은 상대습도로부터 계산됨. ($RT \bar{V}_w^{-1} \ln(\%RH/100)$)

키포인트 대부분 식물의 지상부는 바깥쪽 표면이 표피 세포에서 비롯된 털 같은 연장물 뿐 아니라 밀랍 성분의 큐티클(waxy cuticle)로 감싸여 있는 표피(epidermis)로 덮여 있다. 종합해서 이러한 표피의 표면에서의 변형은 물 손실을 상당히 감소시켜서 수증기와 기체의 교환은 거의 대부분 기공(stomatal pore)을 통해서만 일어난다. 기공 공변 세포는 잎과 줄기의 공기층과 대기 사이의 기체 및 수증기 교환을 조절하는 기공 개폐를 제어하는 밸브로써 작동한다. 기공은 완전히 열리거나 또는 부분적으로 열리거나 꽉 닫힐 수 있다. 기공의 개폐는 환경 조건에 의해 촉발된다. 공변 세포는 기공을 열기 위해 물을 흡수하여 부푼다. 기공을 닫기 위해서는 기공이 물을 소실하여 수축되어야 한다. 물의 유입과 유출은 공변 세포의 삼투 농도(osmotic concentration)의 변화에 의해 조절된다.

의 세포벽 역시 기공에 근접한 측면을 따라 두꺼워진다(그림 14.29).

차별적으로 강화된 세포벽의 존재는 공변 세포로 하여금 물을 흡수하거나 소실했을 때 모양이 바뀌게 하며 이는 기공의 개폐로 이어진다(그림 14.30). 기공을 열기 위해서 공변 세포는 용질을 축적해야 하며, 이는 물의 흡수 및 연이은 팽압의 상승으로 이어진다. 콩팥 형태의 공변 세포를 가진 식물에서 팽압의 증가는 공변 세포가 구부러져서 서로로부터 멀어지게 함으로써 구멍을 만든다. 잔디 형태의 기공에서 팽압의 증가는 아령 형태 세포의 얇은 말단을 팽창하게 함으로써 공변 세포 쌍을 멀리 밀어낸다.

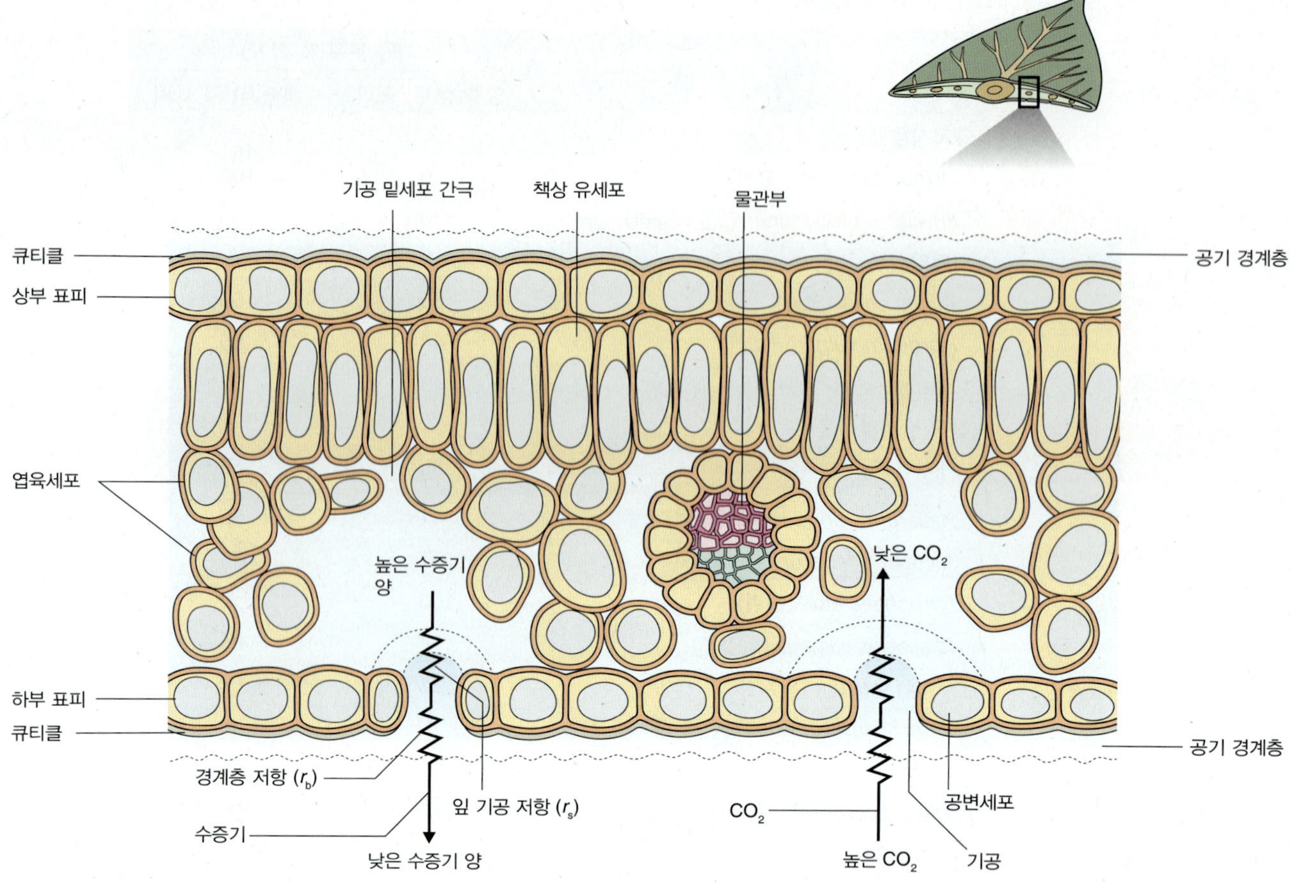

그림 14.28 잎을 통한 CO_2와 물의 이동 경로. 물은 잎 세포의 세포벽으로부터 증발하며, 기공이 열렸을 때 수증기는 기공을 통해서 대기로 확산된다. CO_2는 대기에서 잎의 광합성 세포로 비슷한 경로를 따른다. 기공은 기체 확산에 대한 저항을 제공하며 기공이 많이 열릴수록 기체 확산에 대한 저항은 낮아진다. 기공을 통해 달아나는 수증기는 점선으로 보이는 경계층(boundary layer)을 형성하는 잎의 위 및 아래 표면에 축적된다. 경계층은 잎에서 대기로의 수증기 확산을 더디게 한다.

14.8.6 기공은 다양한 환경 인자에 반응하여 열리고 닫힌다

공변 세포는 많은 상이한 환경 신호에 반응하여 기공을 열고 닫는다. 예를 들면 대부분의 식물에서 기공은 빛이 있으면 열리고 없으면 닫힌다. 공변 세포에서 빛에 대한 2개의 상이한 반응이 있는데 이 둘은 모두 기공을 열리게 하는 공변 세포의 삼투 농도 상승을 유발한다. 이른 아침 기공의 열림은 K^+ 및 이의 반대 이온(counter-ion)의 절정(peak)과 관련되어 있으며(그림 14.31) 기본적으로 청색광(blue light)에 의해 촉발되는 것으로 여겨진다. 늦은 오후에는 광합성을 활발하게 하는 빛이 설탕의 합성과 축적을 통해 기공의 열림을 촉진 · 유지한다(그림 14.31).

청색광은 공변 세포의 세포막에 있는 광수용체(photoreceptor)에 의해 흡수되며(8장 참고), 이는 곧 공변 세포 세포막 H^+ 펌프의 활성을 촉진하여 세포벽 용액을 산성화시키고 세포막 전위의 감소(**과분극, hyperpolarization**)을 야기한다. 과분극은 내향 정류 K^+ 채널(inwardly rectifying K^+ channel)을 열어서 4-8배의 K^+ 축적으로 이어진다. 양성자 구배(proton gradient)는 H^+/음이온 심포터(H^+/anion symporter)에 의한 음이온 축적의 동력으로 사용된다. 결과적으로 삼투 농도의 증가는 물이 공변 세포로 확산되게 하여서 Ψ_P의 상승으로 이어진다(그림 14.32A). 기공의 열림에 있어서 H^+ 펌프의 역할을 뒷받침하는 근거는 2종류의 실험에서 비롯되었다. 하나는 H^+ 펌프의 활성이 억제되면 기공 열림에 있어서 청색광의 효과가 차단된다는 것이다. 다른 하나는 H^+ 펌프를 자극하는 복합물은 어둠에서 기공의 열림을 촉발한다는 것이다. 공변 세포에서의 광합성은 직접적으로 설탕 축적을 통해 공변 세포의 삼투 농도를 증가시키는 것 뿐 아니라 세포막 H^+ 펌프의

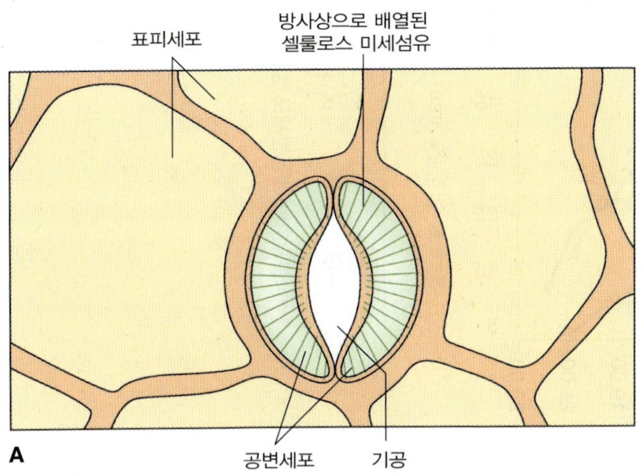

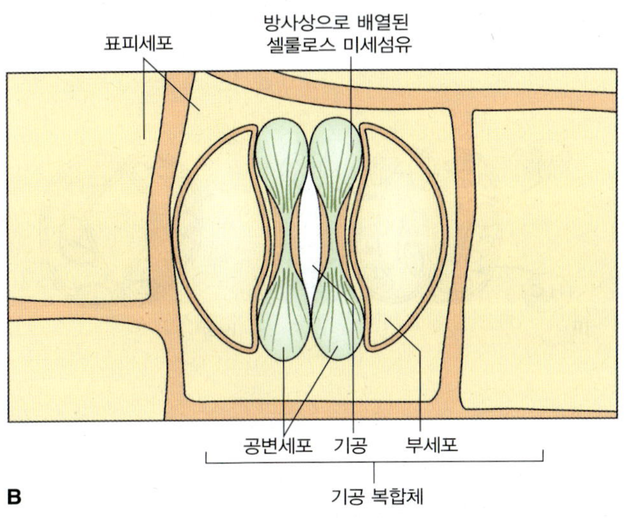

그림 14.29 공변세포의 세포벽에서 셀룰로스 미세섬유(cellulose microfibril)의 방향. 콩팥 유형(kidney-shaped)(A) 및 목초 유형(grass-type) 공변세포 모두의 세포벽에서 미세섬유는 방사상으로 배열되어 있다. 양쪽 유형에서 기공에 근접한 세포벽은 두꺼워져 있다. 목초의 공변세포에서 세포 말단의 세포벽은 상대적으로 얇아서 아령 형태(dumbbell-shaped)의 세포가 된다.

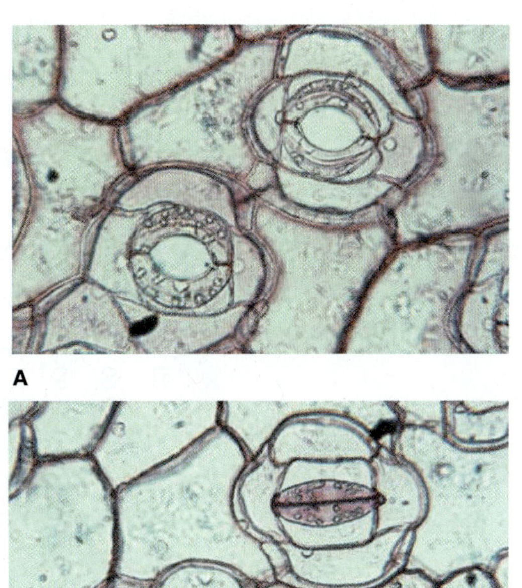

그림 14.30 앱시식산(abscisic acid, ABA)에 의해 유도되는 기공 폐쇄: *Commelina*의 표피 절편을 10 μM ABA가 있거나 없는 완충 배지에 배양하였다. (A) ABA 없이 배양된 공변세포는 열리지만, (B) 10분 동안의 짧은 ABA에서의 배양은 기공 폐쇄를 초래한다.

작동을 위한 ATP를 제공하기 위해 필요하다. 광합성 억제제는 설탕의 축적을 방지하며 기공의 열림을 차단한다는 것이 알려져 있다. H^+ 펌프를 통해 작동하는 청색광과 광합성을 활발하게 하는 빛은 협력적으로 삼투 농도를 증가시켜서 Ψ_P를 상승시키는 것 같다.

습도 및 낮은 수준의 토양 수분 역시 공변 세포에 의해 감지된다. 습도가 낮으면 기공은 닫힌다. 기공은 또한 토양이 건조하거나 뿌리 세포가 수분 스트레스를 겪으면 닫히게 된다. 이 경우 호르몬인 앱시스산(abscisic acid, ABA)이 뿌리의 수분 상태를 잎에 전달하는 데 중요한 역할을 한다. 수분 스트레스에 반응하여 ABA는 뿌리 세포에서 합성되며 이 호르몬은 물관부 내에서 기공의 닫힘을 유도하는 곳인 잎으로 빠르게 수송된다(그림 14.30). ABA는 세포막에 있는 Cl^- 채널을 열어서 세포 밖으로 Cl^-을 확산시킴으로써 기공 닫힘을 촉진한다. 이는 막 전위를 더 적은 음의 값으로 되게 한다(탈분극화한다, **depolarize**). 이 외에 ABA는 세포막 H^+ 펌프 활성을 억제하여 추가적인 탈분극(depolarization)으로 이어지게 한다. 탈분극은 전위 의존성 외향 정류 K^+ 채널(voltage-gated outwardly rectifying K^+ channel)을 열리게 하여 K^+를 세포 외부로 확산되게 한다. Cl^-와 K^+ 소실의 총 효과는 공변 세포의 삼투 농도의 하락이며 결과적으로 물은 공변 세포 외부로 확산되어 Ψ_P를 낮추며 기공을 닫는다(그림 14.32B).

세포내 CO_2 농도는 공변 세포에 의해 감지된다. 높은 수준의 CO_2는 기공의 닫힘을 야기한다. 높은 수준의 CO_2가 기공의 닫힘을 촉진하는 기작은 ABA의 기작과 유사하다. 높은 수준의 CO_2는 Cl^- 채널을 열리게 하여 Cl^-의 유출 및 막 탈분극으로 이어진다. 탈분극은 차례로 외향 정류 K^+ 채널(outwardly rectifying K^+ channel)을 자극하여 추가적인 K^+ 유출을 촉발한다.

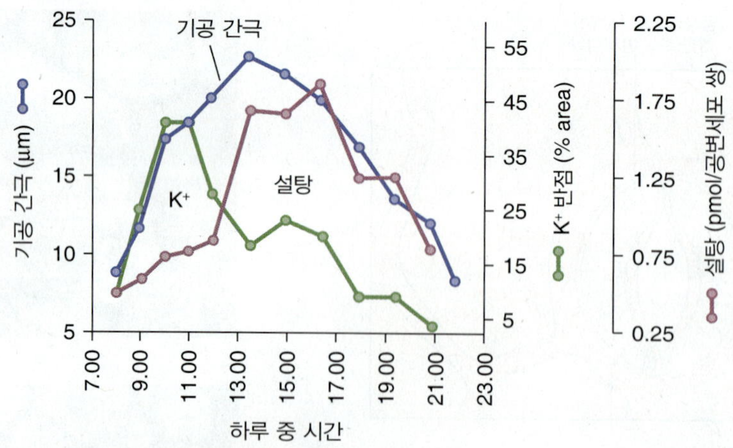

그림 14.31 공변세포의 기공 간극(aperture)과 K^+ 및 설탕 양의 일변화.

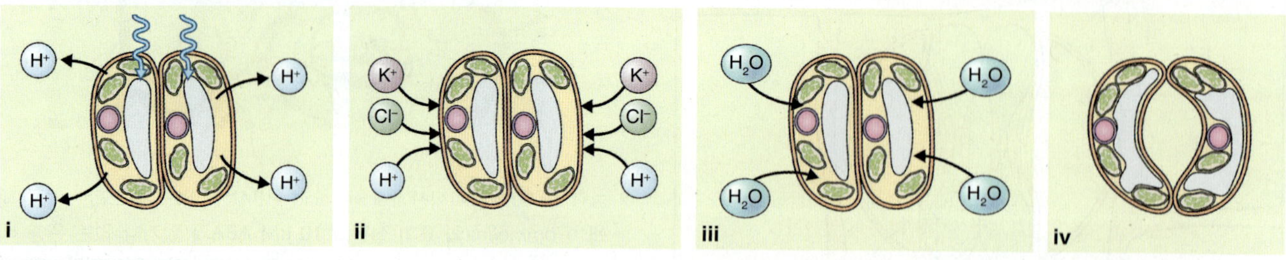

A 청색광에 반응하여 기공이 열린다.

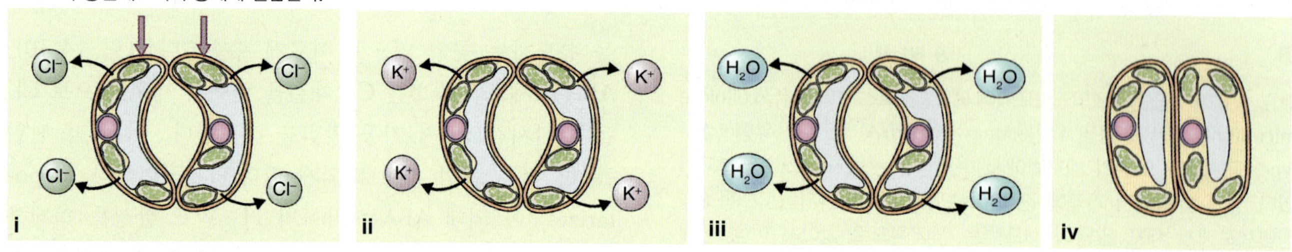

B ABA에 반응하여 기공이 닫힌다.

그림 14.32 삼투 포텐셜(osmotic potential) 변화가 기공 개폐를 결정한다. (A) (i) 청색광 광수용체(photoreceptor)는 세포막의 H^+ 펌프를 활성화시키며, (ii) 이는 차례로 K^+ 및 Cl^- 채널을 활성화시킨다. (iii) 용질 축적의 결과로 인한 수분 포텐셜(water potential) 상승은 삼투현상에 의한 물의 세포로의 진입을 야기하여 팽압(turgor pressure)을 상승시키며, (iv) 기공을 열리게 한다. (B) (i) 앱시식산(abscisic acid, ABA)은 Cl^- 배출 촉발에 의한 기공 폐쇄를 야기하며, (ii) 이 결과로 인한 막 전위(membrane potential)의 변화로 외향 정류(outwardly rectifying) K^+ 채널이 열리게 된다. (iii) 이로 인한 용질의 손실은 삼투현상에 의해 물이 잎의 공변세포로부터의 이동을 야기하여, (iv) 기공을 닫히게 한다.

14.8.7 낮 동안 기공의 열림은 생리적인 타협을 나타낸다

잎에서 기체 교환을 조절하게 될 때에 식물은 딜레마(dilemma)에 직면하게 된다. 광합성은 빛과 CO_2를 필요로 해서 대부분 식물의 기공은 낮 동안 열리지만 동시에 물 소실에 대한 원동력은 극대화된다. 기공 저항(stomatal resistance)을 조절함으로써 식물은 물 소실과 광합성 수행의 필요성의 균형을 잡는다. 궁극적인 목표는 CO_2 흡수를 최대화하며 물 소실을 최소화하는 것이다. 광합성을 위한 CO_2 수용에 반응하여 기공의 기공 개도(stomatal aperture)를 조절하는 것은 이를 달성하기 위한 한 방법이다.

기공 밑세포 간극(substomatal cavity)에서 CO_2 농도

는 증산과 광합성의 균형을 잡는 데 중요한 역할을 한다. 잎 공기층에서 CO_2 농도가 높으면 기공은 닫히는 경향이 있으며 CO_2 수준이 떨어지면 반대 현상이 일어난다. 이 관찰은 공변 세포가 광합성 수요에 반응하여 기공 개도를 조절한다는 것을 시사한다.

식물은 증산으로 인한 물 소실을 감소시키는 많은 적응법을 가지고 있다. 예를 들면 많은 식물은 증산 속도가 높은 한 낮에는 기공을 닫지만 이후 기온이 떨어지고 습도가 올라가면 기공을 다시 연다. 건조한 지역에서의 생활에 적응한 식물은 물을 잃는 표면적을 감소시키는 특별한 특성을 가지고 있다. 이는 작은 기공, 잎 면적당 적은 기공 수 및 적은 잎 수 등을 포함한다. 두꺼운 큐티클, 흰 표면 및 털의 급증은 모두 낮은 증산 속도로 이어진다. 물 소실을 감소시키는 이러한 적응 대부분은 또한 광합성 능력의 감소를 초래한다. 이것이 건조한 땅에서 살아남기 위해서 행해야만 하는 광합성/증산 타협(**photosynthesis/transpiration compromise**)의 예이다. 두 그룹인 C_4와 CAM(crassulacean acid metabolism)는 증산을 감소시키는 형태 및 생화학적인 적응을 가지고 있다. 9장은 이러한 그룹에서 증산과 광합성 사이의 상관관계를 더 자세히 다루고 있다.

키포인트 물과 용질은 헛물관 요소(tracheary element) 내에서 수분 포텐셜(water potential) 구배에 따라 토양액으로부터 위로 이동한다. 물 이동의 원동력인 토양액과 대기 사이의 Ψ_W는 상당히 클 수 있어서 습한 날에는 10–20 MPa를 초과할 수 있으며 건조한 날에는 이 값이 90 MPa까지 초과할 수 있다. 이렇게 커다란 원동력의 존재로 인해 식물은 대기로의 물 소실에 대한 큰 저항을 가지고 있다. 증발에 의한 물 소실에 대한 가장 큰 저항은 잎 및 줄기에서 발견된다. 이는 구조적인 특성의 결과로 모든 표피 세포의 밀랍 성분 큐티클 및 일부 종에서의 트리콤(trichome)이 포함된다. 잎 표면으로부터의 물 소실은 대체로 기공에 국한되며 기공의 수와 위치는 얼마나 빨리 증발산(evapotranspiration)에 의해 물이 소실되는 지를 결정한다.

Chapter 15
환경 상호작용

15.1 식물-환경 상호작용의 소개

식물은 가변적이며, 때때로 적대적인 환경에 대처하기 위하여 다양한 특성들을 진화시켜 왔다. 비록 한 곳에 정착해 있다 하더라도 식물의 제한 없는 무한 발달 방식(12장 참고)은 한정 요건을 극복하는 수단으로서 식물이 환경에 침투할 수 있게 한다. 예를 들어, 성장하는 뿌리는 토양을 관통하고 식물체의 다른 부위에서 필요로 하는 것에 반응하여 물과 무기 양분의 농도 구배를 따름으로써 이 유입물들을 보유할 수 있다. 유사하게, 뿌리줄기나 기는줄기, 덩굴을 만드는 **덩굴식물**(**creeping plant**)은—예를 들어, 딸기(*Fragaria* spp.; 그림 15.1)—자원을 찾아 주변 환경을 효과적으로 여행한다. 수관 아래와 같이 빛이 제한적인 곳에서는 **그늘**(**shading**)을 벗어나기 위해 줄기는 신장할 것이며, 잎은 확장할 것이다(12장 참고). 종자와 기타 주아의 산포는 식물이 특정 장소에 뿌리를 박고 있다고 하더라도 식물이 자신의 유전자를 다른 곳으로 보낼 수 있는 도구이다. 따라서 식물은 착생이지만 움직이지 않는 것은 결코 아니다.

그럼에도 불구하고, 한 곳에 머물러 있는 개체에게 있어서 환경은 **적응**(**fitness**)이라는 끊임 없는 시험이다. 낮과 밤의 벗어날 수 없는 순환이 한 가지 좋은 예이다. 광독립영양생물로서 식물은 계속 변화하는 빛 환경에 대해 상대적으로 빠른 생리적 적응을 해야만 한다. 온대 지방에서 낮의 길이는 계절에 따라 변하며 발달에 있어서 장기간의 변화를 유발한다(8장과 12장 참고). 최적 환경 조건으로부터의 변화에 반응할 뿐만 아니라 이러한 변동을 구조와 기능의 적응적 변화를 촉발하는 정보의 원천으로 사용하는 것은 식물의 특성이다. 이 장에서는 식물의 일반적인 특성인 환경 상호작용을 고찰하는 것으로 시작하여, 이런 반응 중에서 가장 독특한 것, 말하자면 환경 압력에 저항하거나 회피하는 데 기능한다고 알려져 있거나 추정되는 식물성 화학물질을 광범위하게 합성할 수 있는 능력을 살펴볼 것이다. 그 다음 비-생물학적 외부 영향에 반응하는 특별한 예를 기술하고, 식물이 병원체와 기타 생물학적 도전들에 반응하게 하는 기구들을 조사할 것이다.

15.2 식물-환경 상호작용의 일반 원리

환경에 반응하는 생물체의 행동(스트레스)을 이해하는 한 가지 접근법은 공학의 **응력**과 **변형**(**stress and strain**)의 개념을 차용하는 것이다. 응력은 변형을 일으키는 어떤 인자로 정의된다. 이 개념에서 우리는 압박감에 대한 사람의 심리적이며 물리적인 반응과 유사한 것으로서 *괴로움*(*distress*)이라는 관점에서의 *스트레스*(*stress*)를 생각하지 않도록 조심해야 한다. 앞에서 보아온 것처럼, 최적 조건은 스트레스가 없는 상태가 아니다. 도망갈 수 없는 식물에게 있어서 스트레스와 변형(stress-strain)은 삶의 한 방식이다.

The Molecular Life of Plants, First Edition. Russell Jones, Helen Ougham, Howard Thomas and Susan Waaland.

그림 15.1 딸기는 마디에서 뿌리와 새로운 식물체를 형성하는 기는 줄기를 뻗어 내 주변으로 이동하며 환경을 이용한다.

만약 환경이 변하면 식물은 선택권이 없이 변해야 한다. 우리는 이미 스트레스-변형 개념을 성장하는 세포벽의 유동적 특성을 논의할 때 적용한 바가 있는데(12장 참고), 이때 **가소적**(**plastic**)이며 **탄력적**(**elastic**)인 변형이라는 생각을 도입했었다. 우리는 이 스트레스-변형 행동의 그림을 환경적 도전에 대한 반응의 전 범위를 포함하기 위해 확대시킬 수 있다. 환경적 교란의 경험에 대한 생리적 반응이 스트레스의 제거에 가역적일 때 그 시스템은 탄력적으로 행동했다고 여겨진다. 탄력 한계를 넘어서면 생리적 적응은 비가역적이 될 것이며 반응은 가소적이 된다. 만약 스트레스가 시스템이 생리적으로 일관된 방식에서 탄력적이거나 가소적으로 반응할 수 있는 수용력을 초과한다면 세 번째 조건에 도달한다. 그 결과는 **시스템 고장**(**system failure**), 즉 병리적 변화와 죽음으로 이끄는 파멸적 결말이다.

식물의 성장, 발달 그리고 생존에 영향을 미치는 환경 인자들은 **생물적인**(**biotic**; 다른 생물체와의 상호작용으로부터 직접적이거나 간접적으로 발생한 것들) 것과 **무생물적인**(**abiotic**; 물리적, 화학적, 에너지 조건을 겪음으로서 기인함) 것으로 나누어질 수 있다. 중요한 무생물적 인자들은 빛, 온도, 물, 그리고 양분이다(15.6절에서 논의함). 생물학적 영향은 다른 식물, 병원체, 초식자, 수분매개자와 산포자 뿐만 아니라 선발과 오염 같은 인간의 간섭을 포함한다.

15.2.1 환경 인자들은 긍정적인 영향과 부정적인 영향을 모두 미칠 수 있다

한 가지 단순 모델이 환경 영향과 식물 생리 사이의 상호작용을 설명한다. 생물학적 반응 R을 이끌어 내는 환경 인자 F의 경우를 가정해보자. 만약 F와 R이 측정가능하면 (예를 들어, F가 온도이고 R이 성장률이라면), 자극과 반응 사이의 상호 관계를 보여주는 그래프를 그릴 수 있다(그림 15.2). 곡선은 F 값이 낮은 최소값으로부터 최고점(**최적**, **optimum**)까지 전형적으로 증가하며, 그 이후 R은 더 이상 증가하지 않거나 또는 (온도와 같은 많은 환경 요인들의 경우에) 감소하여 궁극적으로는 0이 된다. 이 F-R 곡선은 환경 인자의 수준이 증가함에 따라 반대로 반응하는 두 반응의 조합이다. 하나는 그림 15.2에서 R_s 곡선으로 나타낸 것으로서 점차적으로 높아지는 F의 수준에 노출된 비제한적 자극 효과이다. 예를 들어, 화학반응(대부분의 생물학적 과정의 토대)은 온도가 올라감에 따라 대체로 기하급수적으로 증가할 것이다. R_s 곡선은 과하게 자극받았을 때 점차 더 무질서해지는 생물학적 과정의 경향에 의해 상쇄된다(그림 15.2, R_i 곡선). 따라서 결합된 곡선은 F_L(R이 최소일 때의 F 값)과 F_{OPT} 사이에서 **최적이하**(**suboptimal**) 범위의 특징을, F_{OPT}와 F_U 사이에서는 **최적이상**(**supraoptimal**) 범위의 특징을 갖는다(그림 15.2).

그림 15.3은 서로 다른 식물들의 반응 곡선에 대한 전형적인 예를 보여준다. 토양 온도가 낮을 때 건조 물질은 천천히 축적된다. 토양이 점차 따뜻해지면 건조 물질의 생

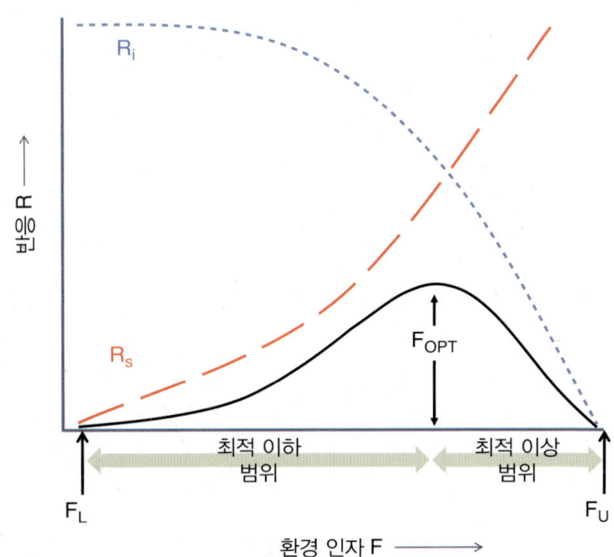

그림 15.2 다른 강도의 환경 인자 F에 노출된 생물학적 과정의 반응 R의 일반화 곡선. R_s와 R_i 곡선은 각각 F에 대한 양성(자극)과 음성(억제) 요소이다. R_s와 R_i의 조합은 F = F_L일 때의 최소값부터 최대값(F_{OPT})까지 증가하며 더 이상 반응이 없는 지점(F_U) 바로 아래의 상향 한계점까지 다시 감소한다.

산량은 **최적 성장 온도(optimal growth temperature)**에서 최고점에 이를 때까지 증가한다. 온도를 더 올리면 치사 온도에 도달하고 성장이 완전히 정지할 때까지 생산이 감소한다. 그림 15.3의 생산에 대한 온도 곡선은 그림 15.2의 이상 곡선의 특성과 유사하다. 성장 최적 온도보다 낮거나 높은 온도는 각각 최적이하와 최적이상이다. 특히 다른 서식지나 지리적 지역의 서로 다른 종들은 서로 다른 최적 온도와 성장-온도 범위를 갖는다. 그림 15.3을 보면 온대 작물인 밀(*Triticum*)의 최적 온도는 18°C로서 더 덥고 더 건조한 환경에 적응한 대두(*Glycine*)보다 약 10°C 더 낮다.

반응 곡선에 대해 논의함으로써, 식물은 심지어 최적 온도에서도 **환경제약(environment constraint)**을 겪는다는 것을 알 수 있다. 생물체는 어떤 주어진 환경 변인에 대해 각각의 고유 반응 곡선을 갖고 있는 개별 구성 요소와 과정들의 엄청나게 복잡한 조합이다. 따라서, 예를 들어, 옥수수 식물체가 토양 온도 32°C에서 최적 성장한다고 해도(그림 15.3), 생리 기구의 많은 구성 요소들에게 이 온도는 최적이하이거나 최적이상일 것이다. 여기서 환경 영향의 한 가지 예로 온도를 제시했지만 모든 외부 인자에서도 동일하다. 성장과 같은 복잡한 특성의 최적점은 매우 다양한 유입-유출 행동 그리고 근본적인 과정들 사이의 상호작용의 결과이다.

15.2.2 식물은 스트레스를 회피하거나 견뎌낼 수 있는 기구를 갖추고 있다

생물체는 서로 다른 방법으로 비-최적 환경 조건을 다룰 수 있다. 스트레스를 견뎌 내어 생존할 수 있게 하는 탄력적인 구조나 생리기구를 만드는 **내성(tolerance)** 전략을 쓸 수도 있다. 또는 일생의 주기를 통한 **회피(avoidance)** 경로 전략, 즉 변동하는 환경에서 상대적으로 유리한 시기에 한정적으로 성장하는 것을 선택하여 극한 조건에서 취약한 상태로 노출되는 것을 최소화할 수도 있다. 다른 스트레스 정도에서 생존하는 능력은 종 간에, 그리고 한 종에서도 유전형 간에 크게 다르다. 예를 들어, 많은 사막 식물들은 **건생식물(xerophyte)**로서 극심한 건조를 견뎌낼 수 있게 하는 구조적, 생리적 특성을 가지고 있다. 이런 특성들에는 수분-저장 다육성 조직, CAM(크레슐산 대사, crassulacean acid metabolism) 광합성, 그리고 탈수를 최소화하는 구조적 특징이 포함된다(그림 15.4A). 허니 메스키트(honey mesquite, *Prosopis glandulosa* var. *glandulosa*) 같은 종에서 사용하고 있는 또 다른 건조-내성 기구는 지하수에 대한 접근성을 높이고 장기간 비가 오지 않는 시기에 살아 남을 수 있게 하는 깊은 **주근(taproot)**을 발달시키는 것이다(그림 15.4B). 이에 반해, **사막 단명식물들(desert ephemeral**; 뜨겁고 건조한 서식지의 수명이 짧은 목본 식물)의 전략은 물을 충분히 이용할 수 있는 동안 발아하고 생활사를 완성하여 건조를 회피한다(그림 15.4C).

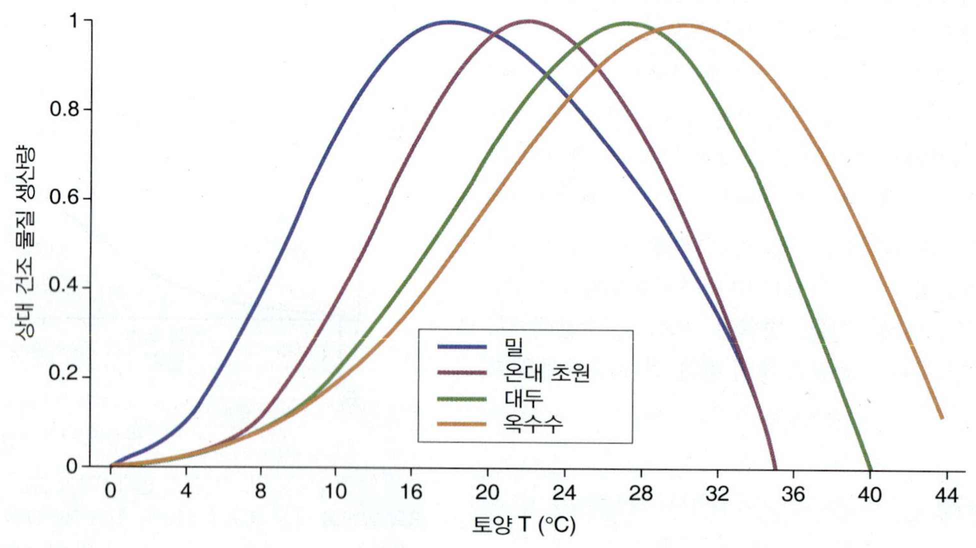

그림 15.3 몇몇 농업 작물 시스템에서 식물 성장은 토양 온도에 반응한다. 성장은 건조 물질의 축적 속도로 표현하였으며, 최대 생산량 = 1에 대하여 표준화하였다.

그림 15.4 스트레스 내성과 스트레스 회피를 보여주는 종의 예. (A) 사구아로 선인장(*Carnegiea giganteus*)는 가뭄-내성이 매우 높은 건생식물이다. (B) 허니 메스키트(*Prosopis glandulosa* var. *glandulosa*)는 깊은 뿌리를 갖는 가뭄-회피 종이다. (C) 모하비 사막 별(*Monoptilon bellioides*)은 적당한 겨울/봄 비가 내린 후에만 꽃을 피우는 사막 단명식물이다. (D) 시금치(*Spinacia oleracea*)는 보통은 삼투 스트레스에 민감하지만 생리적 순응 능력이 있다. (E) 가문비나무(*Picea mariana*)는 순화에 의해 냉해 내성을 발달시키는 저온 내한성 목본이다.

15.2.3 식물은 순화에 의해 단기간에, 그리고 적응에 의해 진화적 시간 척도에서 환경에 반응한다

생물 시스템은 **항상성(homeostatic)**이 있다. 생물체는 압박을 최소화하고 평형을 유지함으로써 스트레스에 적응하는 경향이 있다. 항상성이 있는 시스템은 방해에 대한 세 가지 반응 방식을 갖는데, 처음 두 가지는 시스템이 되돌아가 이전 상태를 재개하는 탄력적인 것과 변형되어 새로운 안정한 배열로 자리 잡는 가소적인 것이다. 탄력적 회복력과 가소적 회복력의 한계를 초과할 때 파멸적 반응의 결과가 발생하며 시스템은 일관성이 없어지고 엔트로피가 증가하며 생물학의 경우에는 죽음이 뒤따른다.

변화하는 환경 인자들에 대한 개체의 항상성적인 적응을 **순화(acclimation)**라고 한다. 순화의 한 예는 성장을 위해 공급되는 물속의 염에 대한 시금치의 반응이다(그림 15.4D). 시금치는 세포질 내에 축적되는 용질을 생산하고 염을 액포에 격리시키는 생리적 적응을 하여 토양과 삼투 균형을 유지한다. 또 하나의 예는 온대 지역의 나무에서 발견된다. 일반적으로 이 나무들은 여름 동안에 결빙을 견뎌내지 못하지만, 많은 종들이 가을에 점차 낮아지는 온도에 반응하여 순화할 수 있다. 결국에는 −50°C 이하 온도의 겨울에도 생존할 수 있다(그림 15.4E). 순화는 정원사들에게는 친숙한데, 이는 식물을 죽지 않을 정도의 스트레스에 노출시켜 더 강하게 하는 과정으로 **서서히 한기를 쐬어 튼튼하게 하는 것(hardening off)**으로 알려져 있다.

거듭되거나 반복되는 환경적 도전은 순화를 불러일으킬 뿐만 아니라 스트레스 하에서 적합성을 증진시키는 특성이 진화하게 하는 **선택압(selective pressure)**을 가할 수도 있다. 많은 세대를 지나 그리고 개체군 전체에 걸쳐 나타나는 이러한 조정을 **적응(adaptation)**이라고 한다. 예를 들어, 선인장 그리고 이와 유사한 건생식물들의 경우에서 함몰된 기공, 빛-반사 가시, CAM 대사와 같은 적응적 특성은 유전적으로 결정되어 있는 **구성적(constitutive)** 형질이다. 이러한 특질들은 스트레스 저항성 때문에 진화해 왔으나 식물체가 스트레스를 받든지 받지 않든지 관계없이 발현된다. 표 15.1은 순화와 적응의 일반적 특성을 요약했다. **개체(individual)**에서 짧은 기간에 걸쳐 작용하는 순화

표 15.1 적응과 순화의 비교와 대조

	적응	순화
개체 또는 개체군 수준	개체군	개체
원인	개체군 내 대립유전자의 변이에 대해 작용하는 자연 선택	유전적으로 결정된 생리적 반응성에 대해 작용하는 지역 환경 조건
유전 가능성	유전형	일반적으로 유전되지 않음; 어떤 경우 후성유전적으로 전달됨
가역성	비가역적(추가적인 유전적 변화와 선택은 예외)	가역적
교란에 대한 항상성 반응	대체로 가소적	대체로 탄력적
시간 척도	생물체의 한 세대로부터 진화적 시간까지	단기간(분/시간): 유전자 발현의 중요한 변화 없이 이미 존재하는 구성 요소의 대사 및 생리적 조정 장기간(수주 또는 수개월까지): 유전자 발현 양상의 변화, 자원의 재배치, 형태적 변화
생활사의 배치	전략적	전술적

는 흔히 계획되지 않은 스트레스에 대한 **전술적인**(**tactical**) 반응을 대표한다. 이에 반하여 적응은 자연에서의 전략이며 **개체군-수준**(**population-scale**) 반응의 기초이다. 겨울철 동면과 온대림에서의 잎의 손실과 같은 반응은 흔히 예상 가능한 계절적 도전과 관련되어 있다. 그림 15.5는 스트레스, 압박, 순화, 적응 사이의 관계를 요약한 것이다.

순화와 적응의 결정적 차이는 각 과정에서 유전체의 역할이다(표 15.1). 순화 반응은 일반적으로 대사적 조정을 포함하는데, 이는 유전자의 전사와 번역을 필요로 할 수도, 그렇지 않을 수도 있다. 장기간에 걸친 대사적 변화는 형태학적, 생리학적으로 표현형의 중요한 변화를 일으킨다. 순화 중에 획득된 형질은 대부분의 경우 **유전되지 않는다**(**non heritable**). 그럼에도 불구하고, 어떤 상황 하에서는 **후성유전적**(**epigenetic**) 변화가 일어난다는 증거도 있다(3장 참고). 고전적 예는 아마(flax, *Linum usitatissimum*)에서 보이는데, 인이 결핍된 질소-칼륨 비료로 키운 식물체는 NPK(질소, 인산, 칼륨)로 키운 식물체의 1/3에서 1/4 크기이다. 이러한 표현형적 차이는 유전되며, 50세대 이상 유지되었고 심지어 NPK가 충분한 조건에서 식물체를 키워도 남는다(그림 15.6). 소위 **유전영양**(**genotrophic**) 효과로 불리는 이 현상의 분자적 기초는 알려지지 않았다. 후성유전 효과를 제외하면 유전자 발현의 변화는 순화에 있어서 가역적인 역할을 하며 유전체에 대한 영구적 변화와는 관련이 없다. 다른 한편으로, 적응은 개체군 내 **대립유전자의 변이**(**allelic variation**)를 일으켜 선택적 스트레스에 대해 생존하는 데 가장 적합한 유전형을 선호하게 하며 유전체에 비가역적 변화를 일으킨다.

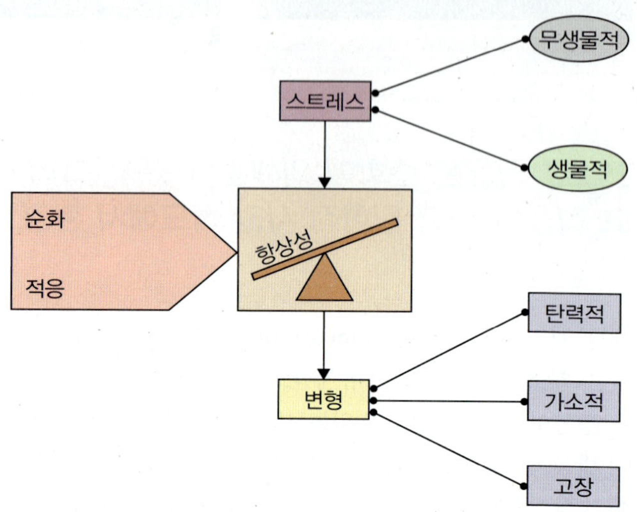

그림 15.5 생물적 또는 무생물적 스트레스는 탄력적, 가소적 또는 시스템 고장 형태의 변형을 불러 일으킨다. 항상성이 유지될 수 있는 정도는 기관, 개체 또는 개체군의 순화나 적응 능력에 의해 좌우된다.

키포인트 비록 착생생물이지만 식물은 적대적 환경을 벗어나거나 견디기 위한 다양한 발달 및 적응 전략을 채택할 수 있다. 환경 스트레스는 이에 대한 생리적 압박을 불러 일으킨다. 스트레스에 대한 반응은 탄력적(시스템이 이전에 존재했던 생리적 상태로 돌아감)이거나 가소적(새로운 상태로 변화)이거나 고장(항상성이 깨져 흔히 죽음에 이름)이다. 환경 스트레스는 무생물적인 것(물리-화학적 기원)과 생물적인 것(생물-생물 상호작용의 결과)으로 구분된다. 주어진 환경 인자의 영향 하에서 생물학적 과정의 반응 곡선은 최적이하와 최적이상 범위로 표현되는 최적값을 가지며, 자극과 억제의 조합에서 비롯된다. 내성과 회피는 비-최적 조건에서 생존하기 위한 전략이다. 환경 변화에 대한 단기간, 가역적이며 보통 유전되지 않는 생물의 적응을 순화라고 한다. 적응은 진화 기간에 걸쳐 확립된 유전 가능한 개체군-수준의 반응이다.

15.2.4 식물은 광범위한 일련의 2차 대사산물을 만드는데, 이들 중 많은 것들이 생물 및 무생물적 도전에 대한 보호제이다

식물은 환경 스트레스를 다루기 위한 독특한 생화학적 방안을 이용한다. 성장과 발달에 직접 관련된 생화학적 중간체와 최종 산물을 **1차 대사산물(primary metabolite)**이라고 부른다. 1차 대사산물은 모든 식물체에서 발견되며, 당, 식물 스테롤, 아실 지질, 뉴클레오티드, 아미노산과 유기산 등을 포함한다. 이들의 생화학적 기능은 잘 확립되어 있다. 또한 1차 대사에는 참여하지 않으며 식물계 분류군 내 또는 사이에 차등적으로 분포하고 있는 대단히 다양한 유기분자들도 있다. 소위 **2차 화합물(secondary compound)**로 불리는 많은 이런 물질들의 특별한 기능은 알려지지 않았다. 그러나 2차 대사산물의 주요 역할이 특히 생물학적 기원의 환경 스트레스에 대한 순화와 적응이라는 것은 명확해지고 있다. 2차 독립영양 생물이 환경적 도전에 반응하거나 또는 이를 준비하기 위하여 화학적 방어를 진화시켰다는 것은 완벽하게 이치에 맞다. 우리는 이번 장에서 생물의 분자적 삶에서 이러한 기능을 하는 3종류의 주요 천연 화합물, 즉 **페놀 화합물(phenolics)**, **알칼로이드류(alkaloids)**, 그리고 **테르페노이드류(terpenoids)** 또는 이소프레노이드류(isoprenoids)에 초점을 맞출 것이다.

최소 8,000종류의 서로 다른 화학 구조로 구성되어 있는 것으로 추정되는 페놀 화합물(대부분 페닐프로파노이드)은 저분자량 페놀 화합물과 탄닌, 리그닌, 플라보노이드 등 응축형 산물을 포함한다. 약 10,000종류가 알려져 있는 알칼로이드는 질소를 함유하고 있는 방어형 2차 대사산물로서 주로 아미노산으로부터 유래한다. 알칼로이드는 흔히 약리적으로 활성이 있다. 25,000종류 이상의 식물성 테르페노이드는 5-탄소 **이소프레노이드(isoprenoid)** 단위로부터 만들어진다. 여기에는 **카로티노이드(carotenoid)** 및 관련 화합물 뿐만 아니라 다양한 종류의 독소, 항초식제와 유인물질들이 포함된다.

그림 15.6 인이 있거나(NPK) 인이 결핍된(NK) 비료로 키운 유전적으로 균일한 부모 계통에서 유래한 아마(*Linum usitatissimum*)의 유전 가능한 표현형. 사진은 NPK에서 키운 49번째 세대의 자손 개체를 보여주고 있다. 이와 같이 양분 이용가능성에 대한 반응의 결과에서 유래한 유전적 변이를 유전 영양이라고 한다.

2차 대사산물은 병원체, 초식자, 기타 환경 위험요소에 대항하여 진화했으며, 따라서 경쟁력과 적응력을 향상시킨다. 2차 화합물은 흔히 독성이 있고, 비영양적이며, 알레르기를 일으키고 고약한 냄새가 나거나 나쁜 맛을 내기 때문에 인간이 소비하기에는 부적합하다. 야생종의 **재배화(domestication)**와 원하는 **작물 형질(crop trait)**의 선발 결과 보통 이런 자연 산물은 감소하거나 제거된다. 결과적으로, 재배종은 흔히 환경적 (특별히 생물학적) 도전에 대한 방어가 약화된다. 살충제와 기타 **작물 보호(crop protection)** 방법들이 이런 취약성에 대처하지만 한편으로 농업 효율에 심각한 영향을 미치는 환경적, 경제적 비용을 초래한다. 따라서, 식물의 2차 대사산물을 이해하는 것은 **식량 생산(food production)**을 위해 중요하다. 또한 현존하는 그리고 잠재적인 많은 **약물(drug)**들이 식물 천연물로부터 유래하기 때문에 2차 대사는 약학적으로도 매우 흥미롭다.

키포인트 대사산물들은 1차 산물(성장과 발달의 핵심 과정에 참여하며 모든 식물체에서 발견되는 필수불가결한 화학 구성원)과 2차 산물(비-필수적 유기 천연물로서 종 간에 구조와 분포가 매우 다양함)로 분류된다. 많은 2차 대사산물들은 환경 스트레스에 대한 적응과 순화에 역할을 한다. 2차 대사산물의 주요 종류들은 페놀 화합물, 탄닌류, 리그닌, 플라보노이드를 포함하는 페닐프로파노이드, 아미노산 유도 화합물(많은 수가 생리활성이 높음)로 구성된 알칼로이드, 가장 종류가 많고 구조적으로 다양한 식물 대사산물인 테르페노이드다. 많은 2차 대사산물들이 비영양적이기 때문에 이를 축적하는 능력은 작물 종에서 배제되어 왔다. 그 결과 일반적으로 해충과 병에 대한 작물 종의 방어력이 약화되었기에, 산출량을 유지하기 위해서 농화학적 처리가 필요하게 되었다. 의학에서 사용되는 가장 중요한 약들 중 많은 것들이 식물 2차 대사산물이거나 이들의 화학적 유도체이다.

15.3 스트레스에 대한 대사 반응 I. 페놀 화합물

식물성 페놀 화합물은 다양한 2차 대사산물을 포함한다. 페놀성 화합물의 기본 화학 단위는 6-탄소 **방향성(aromatic)** 또는 페닐(phenyl) 고리로서 여기에 1개 이상의 **수산화기(hydroxyl group)**가 붙는다(그림 15.7A). 다양한 구조적, 생리적 역할을 갖는 엄청나게 많은 페놀 화합물을 만들 수 있는 능력이 수생 조상으로부터 육상식물이 진화할 수 있게 한 특성들 중의 하나이다. 리그닌 같은 페놀성 세포벽 구성원은 세포벽을 강화하며 물이 제공하는 부력에 의한 지지가 없는 육상에서 식물을 똑바로 서있도록 붙잡는 데 필수적이다. 육상식물은 또한 다양한 종류의 **비-구조적 페놀 화합물**을 개발했다. 이 물질들은 단단함, 색, 맛, 향, 스트레스에 대한 방어, 그리고 생존에 필수적인 기타 속성들에 기여한다. 페놀 화합물들은 생물계를 순환하는 유기 탄소의 약 40%를 차지한다고 추정된다. 리그닌과 탄닌과 같은 거대분자 페놀 화합물 유도체들의 상대적인 화학적 안정성은 이 산물들의 생물학적 분해가 유기탄소로부터 CO_2로의 **재활용(recycling)**에 대한 속도 제한 단계가 되게 한다.

사과가 손상되어 공기에 노출될 때, 친숙한 갈변화 반응이 빠르게 일어난다. 이는 식물 조직에서 일어나는 광범위하게 퍼져 있는 반응의 한 예로서 페놀 화합물 산화의 결과이다. 이에 따라 흔히 단백질과 핵산의 불활성 복합체가 만들어져 생화학적 또는 분자적 분석을 어렵게 만든다. 이런 이유 때문에 식물 단백질과 핵산 추출을 위한 지침서는 일반적으로 페놀성 화합물에 의한 간섭을 최소화하기 위해 고안된 특별한 예방 조치를 담고 있다.

대부분의 식물성 페놀 화합물의 화학 구조는 페닐프로파노이드(그림 15.7B, D)와 페닐프로파노이드-아세트산(그림 15.7C, E) 대사에서의 생합성 기원과 관련이 있다. 유관속 식물에서 구조 및 수송 조직의 2차 세포벽을 강화하는 리그닌 중합체(그림 12.15 참고)는 페닐프로파노이드 경로의 산물이다. **리그난(lignan**, 그림 15.7D)은 구조적으로 페닐프로파노이드 이량체 또는 올리고체이며, 생합성적으로 리그닌과 관련되어 있다. 이들은 식물계에 광범위하게 퍼져 있으며 꽃, 종자, 줄기, 수피, 잎, 뿌리에서 생물적, 무생물적 스트레스에 대한 방어 기능을 수행한다. 코르크, 수피, 그리고 감자 표피의 주피 조직에서 발견되는 **수베린(suberin)**은 페놀 화합물과 지방족 구조 물질의 친수성과 소수성의 교차 층을 담고 있다. 수베린화는 수분 손실과 병원체 공격에 대한 방어 장벽을 확립한다. 식물 페놀 화합물에서 가장 다양한 집단은 플라보노이드류이다(그림 15.7E). 식물에 존재하는 약 4,500종의 플라보노이드에 포함되는 것들은 **안토시아닌(anthocyanin**, 많은 영양 조직, 꽃과 열매의 분홍/파랑/빨강 색소와 관련됨), **프로안토시아니딘(proanthocyanidin)** 또는 **응축 탄닌(condensed tannin**, 섭식기피제와 목재보호제), **이소플라보노이드(isoflavonoid**, 방어 산물과 신호전달 분자)이다. 식물은 또한 **쿠마린(coumarin)**, **퓨라노쿠마린(furanocoumarin)**과 **스틸벤(stilbene)**을 포함한 여러 종류의 다양한 페놀 화합물-관련 산물에 의해 초식자와 미생물 병원체, 경쟁하는 이웃들로부터 보호받는다.

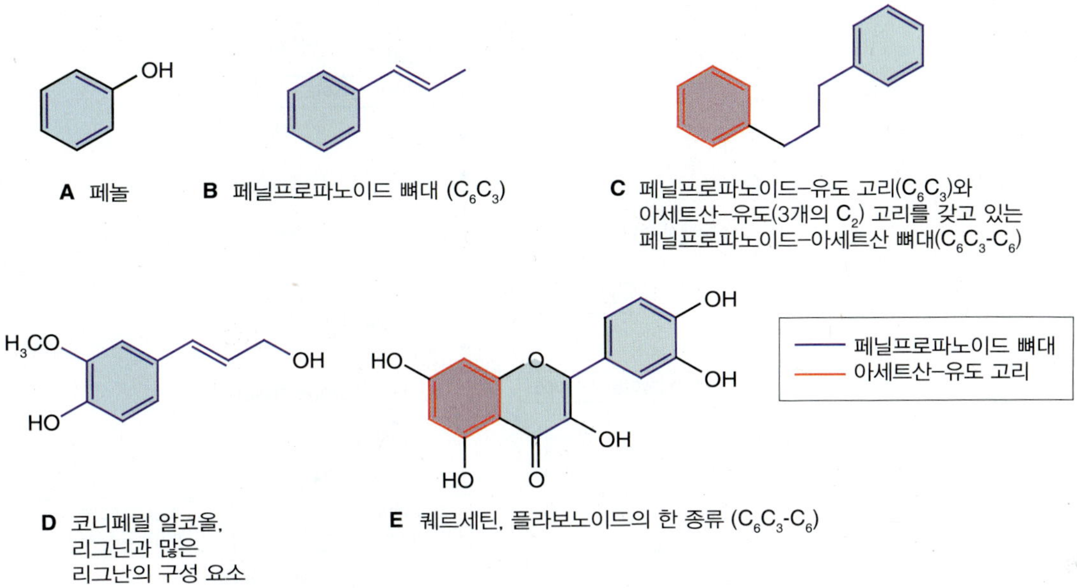

OH

A 페놀

B 페닐프로파노이드 뼈대 (C_6C_3)

C 페닐프로파노이드-유도 고리(C_6C_3)와 아세트산-유도(3개의 C_2) 고리를 갖고 있는 페닐프로파노이드-아세트산 뼈대(C_6C_3-C_6)

H_3CO OH HO

D 코니페릴 알코올, 리그닌과 많은 리그난의 구성 요소

HO O OH OH OH HO O

E 퀘르세틴, 플라보노이드의 한 종류 (C_6C_3-C_6)

페닐프로파노이드 뼈대
아세트산-유도 고리

그림 15.7 페놀 화합물의 화학 구조. (A) 페놀, 페닐프로파노이드의 모체. (B) 페닐프로파노이드 뼈대. (C) 페닐프로파노이드 아세트산의 구조, 분자의 서로 다른 부위의 기원을 보여주고 있다. (D) 코니페릴 알코올, 리그닌의 페닐프로파노이드 구성 요소. (E) 퀘르세틴, 페닐프로파노이드 아세트산에 기반한 구조를 갖고 있는 플라보놀.

15.3.1 페닐알라닌과 티로신은 1차 대사와 페놀 생합성의 2차 경로를 연결하는 대사물질이다

식물에서 대부분의 페놀 화합물과 알칼로이드 2차 화합물은 **방향성 아미노산**인 페닐알라닌과 티로신, 트립토판으로부터 유래된다. 단백질 합성에 대한 단량체로서의 역할에 추가하여, 이들 1차 대사산물은 1차 대사와 2차 대사 사이의 주요 연결점이다. 방향족 아미노산으로부터 유래한 2차 대사산물들은 인돌 호르몬[예를 들어, 인돌-3-아세트산(indol-3-acetic acid, IAA); 10장 참고]과 안토시아닌 색소, 방어물질 파이토알렉신(phytoalexin), 생리활성 알칼로이드와 구조분자 리그닌 등이 있다. 식물이 고정하는 탄소의 약 20%는 일반 방향족 아미노산 경로를 통해 흐르는 것으로 추정되며, 이 중 가장 많은 부분은 결국 리그닌이 된다.

그림 15.8은 1차 탄소 대사의 중간체[포스포에놀피루브산(phosphoenolpyruvate, PEP)]과 에리트로스-4-인산(erythrose-4-phosphate)으로부터 페닐알라닌, 티로신과 트립토판으로, 그리고 계속 나아가 페놀 화합물과 알칼로이드로 이끄는 반응 순서를 개요한 것이다. **시킴산 경로(shikimate pathway)**는 수산화된 6개 탄소 고리를 갖는 카르복시산인 **시킴산(shikimic acid)** 중간체의 이름을 딴 것이다. 시킴산 경로는 엽록체 내에서 일어나는 7-단계 과정인데, 이의 산물인 **코리슴산(chorismic acid)**은 3종류 방향족 아미노산 합성의 마지막 공통 중간체이다. 이 경로의 첫 번째 반응은 **DAHP 신세이즈(DAHP synthase)**에 의한 3-deoxy-D-arabino-heptulosonate-7-phosphate(**DAHP**)의 형성인데, 이 효소는 트립토판과 Mn^{2+} 활성화에 의해 조절된다(식 15.1).

식 15.1 DAHP 신세이즈

PEP + erythrose-4-phosphate + H_2O → DAHP + P_i

시킴산 경로의 마지막 단계 다음(식 15.2)은 **EPSP 신세이즈**의 경쟁적 억제제이며 널리 사용되고 있는 제초제 **글라이포세이트(glyphosate**, Roundup; 그림 15.9)의 목표이다. 전략적으로 중요한 이 반응을 차단함으로써 발생되는 치명적 결과는 식물 대사에 있어서 시킴산 경로의 핵심적 중요성을 확실하게 보여준다.

식 15.2 EPSP(5-Enolpyruvylshikimate-3-phosphate) 신세이즈

Shikimate-3-phosphate + PEP → EPSP + P_i

코리스메이드 신세이즈(chorismate synthase)에 의해 EPSP로부터 만들어지는 코리슴산은 시킴산 경로의 최종-산물이며 페닐알라닌과 티로신이 합성되는 반응 순서의 시

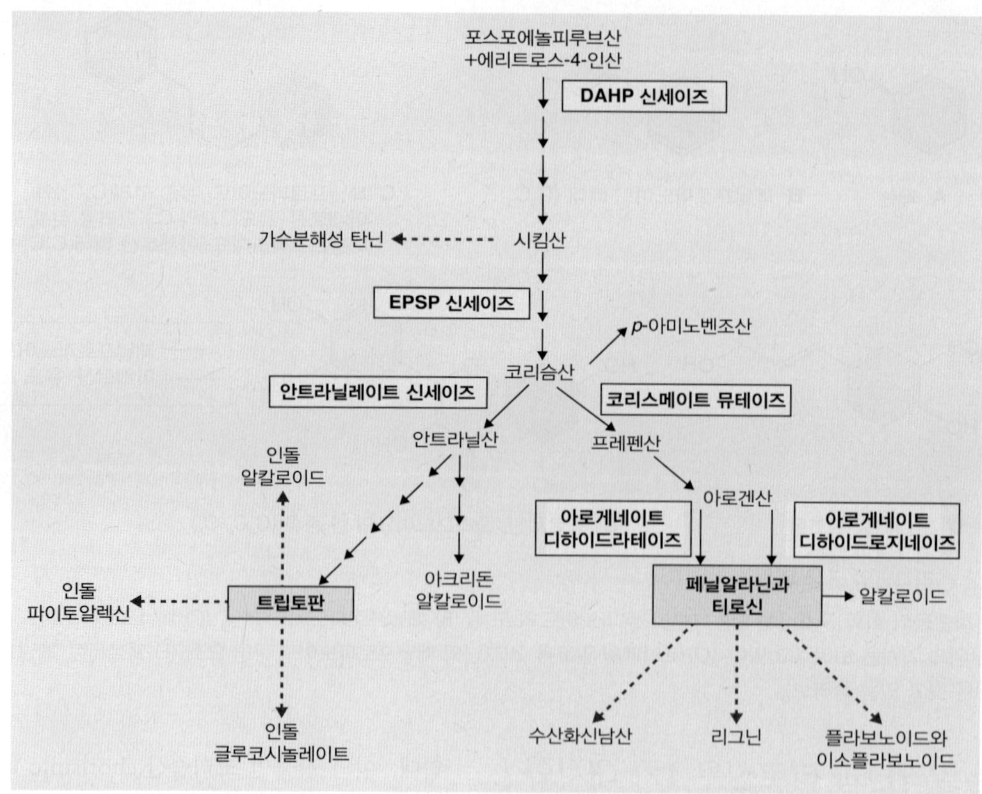

그림 15.8 페놀 화합물과 알칼로이드 천연물의 근원인 방향성 아미노산 페닐알라닌, 티로신, 트립토판의 생합성.

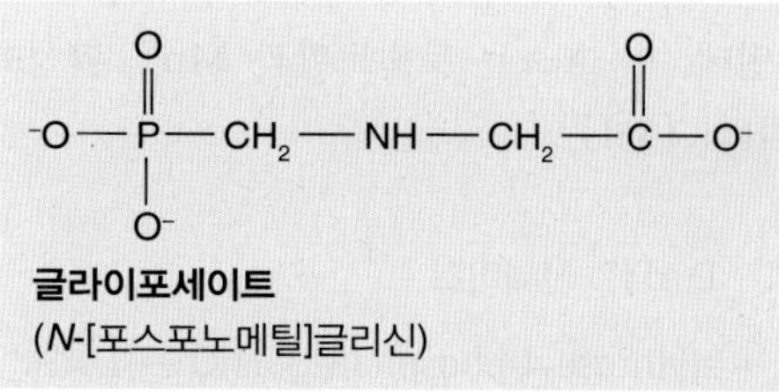

$^{-}O-P(=O)(O^{-})-CH_2-NH-CH_2-C(=O)-O^{-}$

글라이포세이트
(*N*-[포스포노메틸]글리신)

그림 15.9 제초제 글라이포세이트는 페닐알라닌과 티로신 합성 경로의 효소인 EPSP(5-에놀피루빌시킴산-3-인산) 신세이즈의 경쟁적 억제제이다.

작점이다(그림 15.8). **코리스메이트 뮤테이즈(chorismate mutase**, CM)는 분자내 재배열에 의해 코리슴산으로부터 프리펜산(prephenate)의 형성을 촉매한다. 엽록체에 위치하는 동형단백질 CM1은 방향족 아미노산 합성 경로의 **페닐알라닌/티로신 지류(phenylalanine/tyrosine branch)**로의 유입을 조절하는 핵심 지점이다(그림 15.8). 이 경로의 최종-산물인 페닐알라닌과 티로신은 효소의 **되먹임 억제(feedback inhibition)**에 의해 CM1의 활성을 조절한다. 프리펜산은 아미노기 전이되어 페닐알라닌과 티로신의 직전 전구체인 **아로겐산(arogenate)**이 된다. **아로게네이트 디하이드라테이즈(arogenate dehydratase)**는 탈카르복시화 반응을 통해 아로게네이트로부터 페닐알라닌의 합성을 촉매하며(식 15.3A), **아로게네이트 디하이드로지네이즈(arogenate dehydrogenase)**는 $NADP^+$-의존 반응을 통해 아로게네이트로부터 티로신을 생산한다(식 15.3B). 이 두 효소들은 최종-산물 억제에 의해 조절되며 페닐프로파노이드 생산에 있어서 민감한 조절 지점으로서의 역할을 한다.

식 15.3 아로게네이트로부터 페닐알라닌과 티로신의 합성

15.3A 아로게네이트 디하이드라테이즈

$$\text{Arogenate} \rightarrow \text{phenylalanine} + CO_2 + H_2O$$

15.3B 아로게네이트 디하이드로지네이즈

$$\text{Arogenate} + NADP^+ \rightarrow \text{tyrosine} + NADPH + H^+ + CO_2$$

어떤 페놀 화합물들은 페닐알라닌/티로신 경로 이외의 경로를 통해 생성된다. 이의 한 예가 시킴산과 탄수화물 유도체인 **가수분해성 탄닌(hydrolyzable tannine**; 다양한 쌍떡잎 종의 잎, 과일, 꼬투리와 혹에서 발견되는 방어 화합물)이다. 가수분해형 탄닌은, 15.3.3절에서 설명한 것처럼, 플라보노이드 대사 산물인 응축 탄닌과는 화학적으로 뚜렷이 구분된다.

15.3.2 대부분의 페놀 화합물은 페닐프로파노이드 경로를 거쳐 페닐알라닌 또는 티로신으로부터 합성된다

페닐알라닌 대사 산물을 논의하는 데 있어, 페놀성 중간체들의 화학적 다양성의 기반이 되는 기본적인 구조적 특성을 정리하는 것은 유용하다. 공통 분자 구조는 6-탄소 방향족 고리이다. 불포화 3-탄소(**프로펜, propene**) 측쇄가 고리의 1번 탄소에 붙는다(그림 15.10A). 방향족 고리의 다른 원자들은 C-1에 대하여 시계방향으로 번호를 붙인다. 페닐알라닌으로부터 유도되는 페놀성 중간 대사물질들은 방향족 고리의 3, 4, 5번 탄소(그림 15.10A, 각각 R^1, R, R^2 그룹)와 프로펜 측쇄의 말단 C 원자(그림 15.10A, R^3)에 붙는 원자 또는 그룹이 다양하다. **페닐알라닌(티로신) 암모니아-라이에이즈[phenylalanine (tyrosine) ammonia-lyase, PAL/TAL]** 효소는 페닐프로파노이드 대사 내부로 방향족 아미노산이 들어오는 지점이다. PAL은 가장 선호하는 기질인 페닐알라닌을 신남산(계피산, cinnamic acid)으로 바꾸는데, 외떡잎식물의 효소는 4-쿠말산(4-coumaric acid)을 만들기 위해 티로신을 사용할 수도 있다(그림 15.10B). 이 반응에서 만들어지는 암모늄 이온은 GS-GOGAT 경로에 의해 **재동화(reassimilate)**된다(13장 참고). 어떤 종에서 PAL은 하나의 유전자에 의해 암호화되지만 다른 종에서 이는 다유전자군의 산물이다. PAL의 신남산 산물은 **신나메이트-4-하이드록실레이즈(cinnamate-4-hydroxylase, C4H)**에 의해 4-쿠말산으로 전환된다(그림 15.11). 이 효소는 산소를 필요로 하는 NADPH-의존형 효소로서 **시토크롬 P450(cytochrome P450)**을 갖고 있는데, 이 그룹은 4-(즉, *para*-) 위치의 방향족 고리에 특별히 수산기를 첨가한다. 시토크롬 P450-형 효소는 유기 분자를 산화시키며 거대 유전자군(**CYP**)에 의해 암호화되어 있다. 애기장대 유전체는 270개 이상의 *CYP* 또는 *CYP*-유사 서열을 갖고 있다. 다른 CYP 효소들처럼, C4H는 소포체(ER) 막에 박혀 있다. PAL이 C4H와 물리적으로 연합하여 느슨한 복합체를 형성하며, 두 번째 효소에 전위 효소의 산물이 직접 공급되는 **대사적 채널링(metabolic channeling)**으로 알려진 과정이 일어난다는 증거가 있다.

식 15.4 신나메이트-4-하이드록실레이즈

$$\text{Cinnamate} + \text{NADPH} + \text{H}^+ + \text{O}_2 \rightleftharpoons \text{4-coumarate} + \text{NADP}^+ + \text{H}_2\text{O}$$

신남산으로부터 합성되는 조효소 A 티오에스테르인 시나모일-CoA(cinnamoyl-CoA)는 손상에 반응하여 식물이 합성하는 천연물의 스틸벤(stilbene) 그룹의 기원이다(그림 15.11). 포도와 소나무, 콩류는 스틸벤 **레스베라트롤(resveratrol)**군의 풍부한 공급원인데, 이들은 **파이토알렉신(phytoalexin**, 병원체 방어 요소; 15.7.1절 참고)으로 기능하며 항암제와 심장보호제로서 약학적으로도 흥미가 있는 물질이다. 2-위치에서 4-쿠말산이 수산화되면 2,4-이수산화쿠말산이 만들어지는데, 이는 결국 향기는 있지만 식욕을 억제하는 쓴 맛의 물질인 **쿠마린(coumarin)**이 된다(그림 15.11). 쥐약과 혈액 희석제로 쓰이는 항혈액응고제

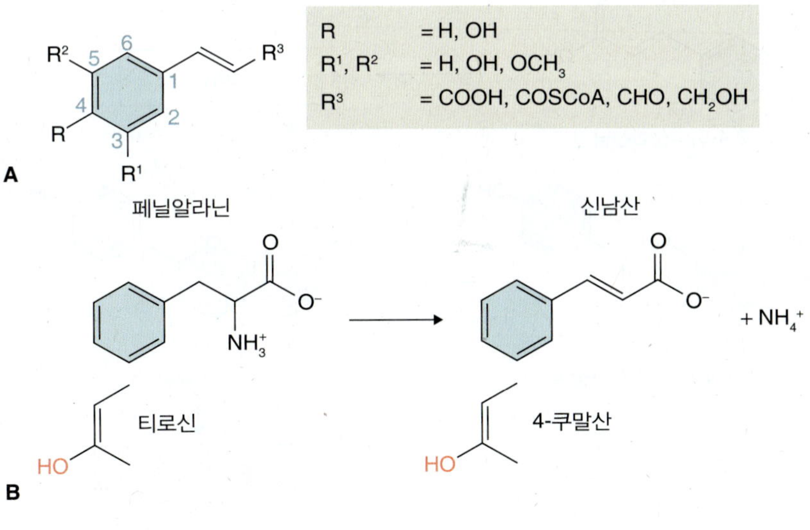

R	= H, OH
R^1, R^2	= H, OH, OCH_3
R^3	= COOH, COSCoA, CHO, CH_2OH

A: 페닐알라닌 → 신남산 + NH_4^+

B: 티로신, 4-쿠말산

그림 15.10 신남산에서 유도된 페놀 화합물 중간체의 화학 구조. (A) 페닐프로파노이드 방향족 고리의 탄소 원자는 프로펜-측쇄 위치에서 시작하여 시계 방향으로 번호를 붙였다. 방향족 고리의 치환 양상을 설명하는 관례에 따르면 인접한 탄소 원자 상의 두 치환기는 오쏘(*ortho*, *o*-), 치환기 사이에 탄소 원자가 1개 있으면 메타(*meta*, *m*-), 그리고 사이에 탄소 원자가 2개 있으면 파라(*para*, *p*-)라고 한다. (B) 페닐알라닌(티로신) 암모니아 라이에이즈가 촉매하는 반응. (A)에서 설명한 관례에 따르면, 신남산의 수산화 유도체는 4- 또는 *p*-쿠말산으로 불린다.

인 와파린(warfarin 또는 coumadin)은 화학적으로 변형된 쿠마린 유도체이다.

15.3.3 플라본과 플라보놀, 안토시아닌이 만들어지는 플라보노이드 경로는 찰콘 신세이즈와 찰콘 아이소머레이즈와 함께 시작한다

4-쿠마로일-CoA는 **플라보노이드(flavonoid)** 대사의 시작 물질이다(그림 15.11). 플라보노이드는 단위체, 이량체 그리고 고차원 저중합체(올리고머)로 나타날 수 있으며 대부분의 식물 조직에 걸쳐 분포한다. 지용성이며 보통 색소체에서 발견되는 카로티노이드와 엽록소 같은 색소에 반하여, 대부분의 플라보노이드는 수용성이며 주로 **액포(vacuole)**에 위치한다. 4-쿠마로일-CoA를 통한 플라보노이드 합성 경로로의 유입은 2종류의 독특한 효소인 **찰콘 신세이즈(chalcone synthase, CHS)**와 **찰콘 아이소머레이즈(chacone isomerase, CHI)**와 함께 시작한다. CHS에 의해 촉매되는 반응(식 15.5)은 아세트산으로부터 유래한 세 분자의 말로닐-CoA(malonyl-CoA, 그림 15.7A를 참고)와 4-쿠마로일-CoA가 축합하여 4,2′,4′,6′-사수산화찰콘(4,2′,4′,6′-tetrahydroxychalcone)을 형성하는 것이다(그림 15.11). 꽃의 색소를 만들어 내는 이 경로의 중요성 때문에 CHS에 대한 유전자는 생명공학적 변형을 위한 초창기 목표 중의 하나였다. 이러한 처리들은 *CHS*의 발현을 변경함으로써 꽃 색깔을 바꿀 수 있다는 것을 보여주었다. CHS는 찰콘 리덕테이즈(chalcone reductase)와 동격으로 작동할 수 있는데, 찰콘 리덕테이즈는 NADPH-의존 효소로서 이소리퀴리티제닌(isoliquiritigenin)을 생성하며 페닐프로파노이드 대사의 이소플라보노이드 지류로 이끈다(그림 15.12).

식 15.5 찰콘 신세이즈(CHS)

$$\text{4-Coumaroyl-CoA} + \text{3malonyl-CoA}$$
$$\rightarrow \text{4,2}'\text{,4}'\text{,6}'\text{-tetrahydroxychalcone} + \text{4CoASH} + 3CO_2$$

찰콘 아이소머레이즈는 입체 특이적 고리 폐쇄 이성질화 단계를 촉매하여 보통 **나린제닌(naringenin)**을 형성한다(그림 15.11). 이소플라본 합성에서, CHI는 이소플라본

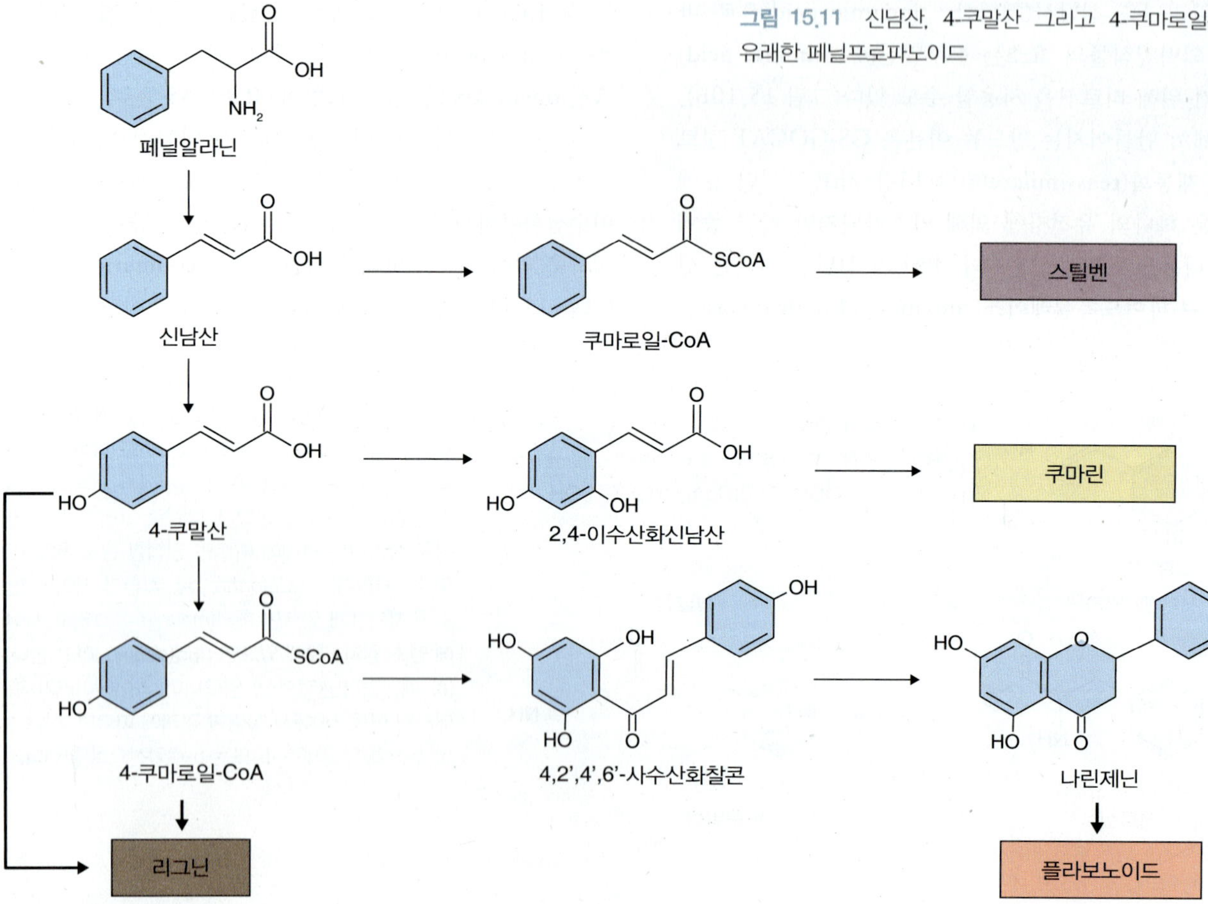

그림 15.11 신남산, 4-쿠말산 그리고 4-쿠마로일-CoA에서 유래한 페닐프로파노이드

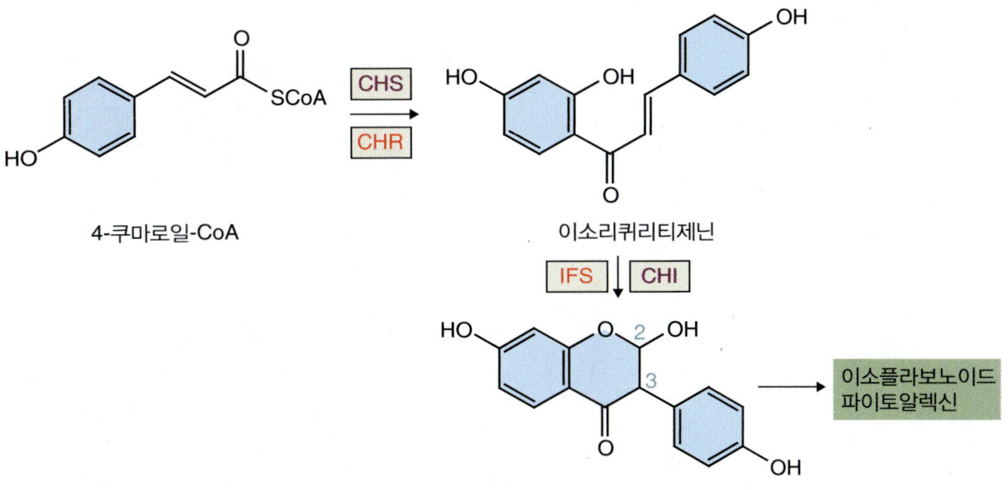

그림 15.12 4-쿠마로일-CoA로부터 이소플라보노이드와 파이토알렉신으로 이어지는 경로. 플라보노이드 생합성에 공통적인 효소들은 찰콘 신세이즈(CHS)와 찰콘 아이소머레이즈(CHI)이다. 이소플라보노이드 합성에 참여하는 효소는 찰콘 리덕테이즈(CHR)와 이소플라본 신세이즈(IFS)이다. 이소플라보노이드에 있는 페닐기는 옥산 고리의 3번 위치에 붙어 있는 반면, 나린제닌에서 유도된 플라보노이드에서는 2번 위치에 붙어 있음을 주목한다(그림 15.11과 비교하시오).

신세이즈(isoflavone synthase, NADPH-dependent cytochrome P450 효소)와 함께 작용하여 옥산 고리의 3번 위치(플라보노이드에서 2번 대신)에 방향족 고리가 붙은 산물을 만들어 낸다(그림 15.12). 이소플라보노이드의 추가적인 대사는 항병원성 파이토알렉신과 살충성 **로테노이드(rotenoid)**를 생산한다.

나린제닌은 **플라본(flavone)**, **플라보놀(flavonol)**, **안토시아닌(anthocyanin)**, 그리고 응축 탄닌의 원료이다(그림 15.13). 풍부한 플라본인 **에피제닌(apigenin)**은 유익한 약리적 특성이 다양하다고 보고되고 있다. 이는 플라본 신세이즈의 반응 산물이다. 효소에 의한 나린제닌의 수산화 결과 **디히드로캠페롤(dihydrokaempferol)**이 만들어지며, 이는 다시 [플라보놀 신세이즈가 촉매하는 **캠페롤(kaempferol)** 형성을 통해 만들어지는] 플라보놀의 원료가 된다. 디히드로캠페롤은 **대사 망(metabolic grid)**에 공급되어 많은 꽃잎, 잎, 줄기와 열매에서 발견되는 선명한 빨간색, 분홍색, 연보라색, 파란색, 그리고 보라색 안토시아닌 색소의 합성에 쓰인다(그림 15.13). **디히드로퀘르세틴(dihydroquercitin)**과 **디히드로미리세틴(dihydromyricetin)**은 디히드로캠페롤의 3′와 5′ 위치를 수산화시킨 산물이다. 이 3종류 플라보놀 모두 NADPH-의존 효소인 **디히드로플라보놀-4-리덕테이즈(dihydroflavonol-4-reductase, DFR)**의 기질로 쓰인다. DFR 반응의 산물은 **류코안토시아니딘[leucoanthocyanidin**, 예를 들어, 디히드로캠페롤로부터 유도된 류코펠라고니딘(leucopelargonidin)]이며, 이는 다시 α-케토글루탈산-의존 디옥시지네이즈(α-ketoglutarate-dependent dioxygenase)인 **안토시아니딘 신세이즈(anthocyanidin synthase)**의 작용을 통해 색깔을 띤 안토시아니딘(예를 들어, 펠라고니딘)으로 바뀐다(그림 15.13). 안토시아닌 합성의 마지막 단계는 안토시아니딘의 글리코실화(당화, glycosylation)이며, 이는 분자를 안정화시킨다. 그 다음 수산화 그룹의 추가적인 메틸화, 글리코실화, 아실화 등 추가 변형을 통해 식물계에 존재하는 대단히 다양한 안토시아닌의 색이 만들어진다. 꽃 색의 조절은 16장에서, 가을 단풍의 빨간색과 보라색의 원인이 되는 잎 안토시아닌의 중요성은 18장에서 논의한다.

류코안토시아니딘과 안토시아니딘은 또한 널리 퍼져 있는 수렴성 방어 분자인 **카테킨(catechin)**과 응축 탄닌의 선구물질이 될 수 있다(그림 15.13). 차나무, 코코아, 쵸콜렛, 와인, 많은 과일과 채소는 카테킨의 풍부한 원천인데, 카테킨은 맛과 영양학적 효과에 기여한다. 탄닌은 거대분자 그리고 불활성화 효소 등과 복합체를 형성하여 병원체와 초식자를 막는다.

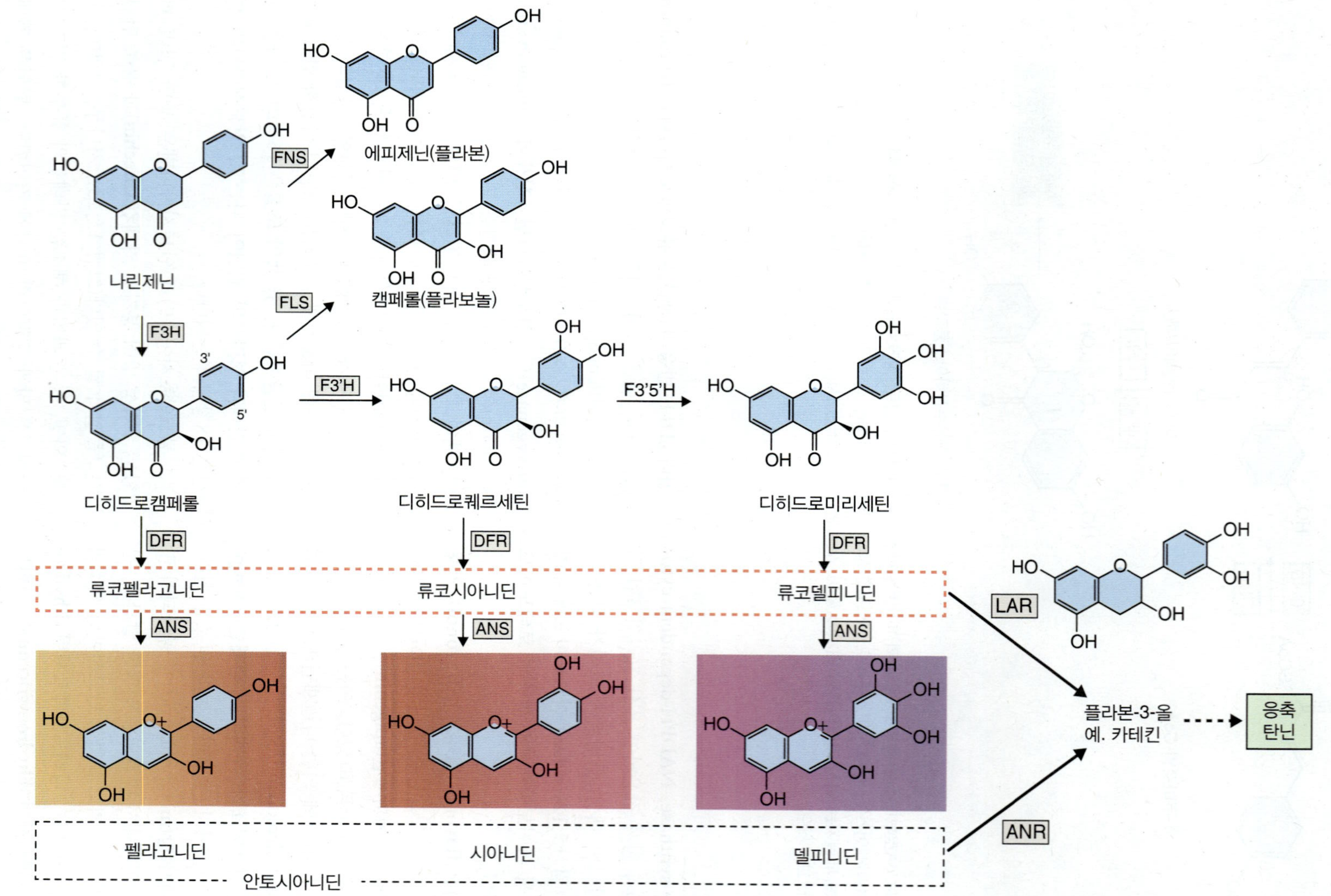

그림 15.13 나린제닌으로부터 플라본, 플라보놀, 그리고 안토시아닌과 응축 탄닌의 합성으로 이어지는 물질대사 망의 중간체로의 변환. 핵심 효소들은 다음과 같다: ANR, 안토시아닌 리덕테이즈; ANS, 안토시아니딘 신세이즈; DFR, 디하이드로플라보놀-4-리덕테이즈; F3H, 플라본-3-하이드록실레이즈; F3′H, 플라보노이드-3-하이드록실레이즈; F3′5′H, 플라보노이드-3′,5′-하이드록실레이즈; FLS, 플라보놀 신세이즈; FNS, 플라본 신세이즈; LAR, 류코안토시아니딘 리덕테이즈.

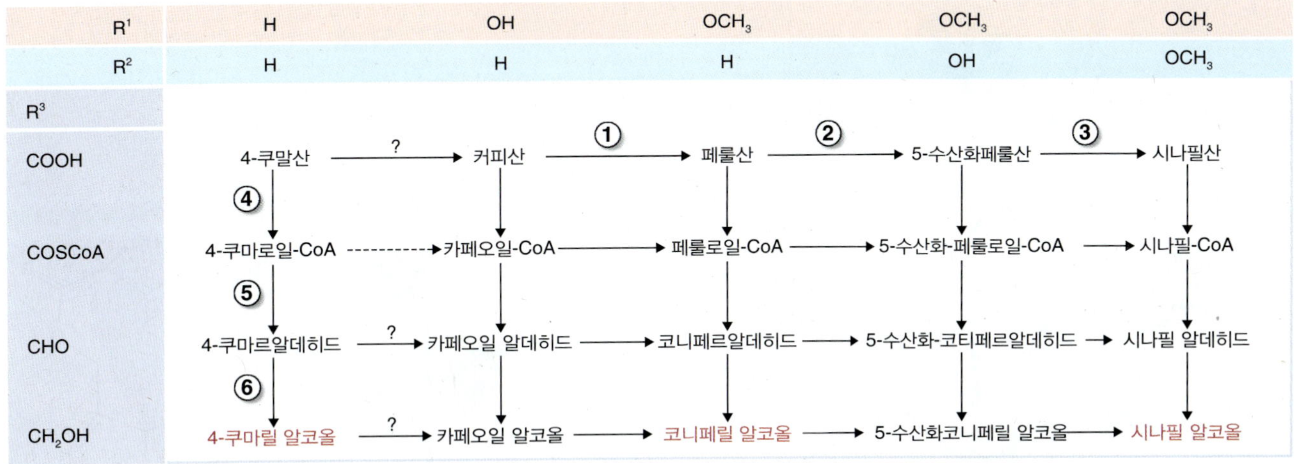

그림 15.14 4-쿠말산으로부터 유도되는 페놀 화합물 리그닌 선구체의 격자 망. R^1, R^2, R^3는 그림 15.10A에서 보여준 치환 양상을 나타낸다. 모노리그놀은 빨간색으로 표시했다. 가로 방향의 반응을 촉매하는 효소는 다음과 같다: (1) O-메틸 트랜스퍼레이즈, (2) 페룰레이트-5-하이드록실레이즈와 (3) O-메틸 트랜스퍼레이즈. 세로 방향 반응은 다음의 효소에 의해 촉매된다: (4) 4-쿠마레이트:코엔자임 A 라이게이즈, (5) 시나모일-CoA 리덕테이즈와 (6) 시나밀/시나필 알코올 디하이드로지네이즈. ? = 효소의 정체가 확실하지 않은 경우. 4-쿠마로일-CoA는 3 단계의 효소 단계에 의해 카페오일-CoA로 변환된다.

키포인트 페닐프로파노이드는 수산화된 C_6 페닐 고리에 기반한 페놀 화합물이다. 리그닌은 구조성 페놀 화합물이다. 가장 다양한 종류가 플라보노이드인 비-구조성 페놀 화합물은 탄닌, 색소, 휘발성과 방어 화합물들을 포함한다. 대부분의 페닐프로파노이드는 대사적으로 볼 때 페닐알라닌, 티로신, 트립토판 합성으로 이끄는 시킴산 경로로부터 유도된다. 페닐알라닌(티로신) 암모니아-라이에이즈의 산물인 신남산은 스틸벤의 원료이며 또한 신나메이트-4-하이드록실레이즈의 기질이기도 하다. 이 반응의 산물인 4-쿠말산염은 리그닌, 쿠마린 그리고 플라보노이드의 대사 기원이다. 쿠말산염은 찰콘 신세이즈와 찰콘 아이소머레이즈를 통해 플라보노이드 경로에 유입된다. 이 경로의 한 지류는 이소리퀴리티게닌 중간체를 경유하여 이소플라보노이드와 파이토알렉신이 된다. 나린제닌 중간체로부터 유도된 안토시아닌과 응축 탄닌은 두 번째 지류의 산물이다. 신남산과 4-쿠말산염은 리그닌 선구체인 모노리그놀(4-쿠마릴, 코니페릴, 5-히드록시코니페릴, 그리고 시나필 알코올)의 원료이다. 리그닌은 세포벽에서 모노리그놀 배당체로부터 합성된다.

15.3.4 리그닌 선구체는 4-쿠말산과 신남산으로부터 유래한 대사 망의 생성물들이다

신남산과 4-쿠말산은 **방향족 수산화(aromatic hydroxylation)**, **O-메틸화(O-methylation)**, **CoA 연결(CoA ligation)**, **NADPH-의존 환원(NADPH-dependent reduction)** 등 일련의 효소 반응을 통해 다양한 페놀 산물로 변환된다(그림 15.14). 그 결과 리그닌 생합성의 선구체(**모노리그놀, monolignol**)인 4-쿠마릴(4-coumaryl), 코니페릴(coniferyl), 5-히드록시코니페릴(5-hydroxyconiferyl), 그리고 시나필(sinapyl) 알코올을 제공하는 대사 망이 만들어진다. 대사 망의 대부분 효소들은 기질 특이성이 넓은 다기능성이며 각각은 1개 이상의 반응을 촉매한다. **페룰레이트-5-하이드록실레이즈(ferulate-5-hydroxylase**; 그림 15.14, 반응 2)는 내막에 결합한 CYP-형 효소이다. 비록 일부는 앞서 PAL과 C4H에서 설명한 것처럼 대사 채널링에 관여하지만, 대사 망의 모든 다른 효소들은 수용성이다.

리그닌 합성은 세포벽에서 일어난다. 세포벽으로 유출되기 전에 모노리그놀은 **UDP-글루코스 코니페릴 알코올 글루코실트랜스퍼레이즈(UDP-glucose coniferyl alcohol glucosyltransferase)**에 의해 이인산(diphosphate, UDP) 포도당으로부터 만들어진다(식 15.6A). 모노리그놀 배당체(monolignol glucoside)가 세포벽으로 이동되면, 이들은 **코니페린 β-글루코시데이즈(coniferin β-glucosidase)**에 의해 가수분해된다(식 15.6B). 방출된 모노리그놀은 퍼옥시데이즈(peroxydase)와 락캐이즈(laccase)에 의해 중합되며, 12장에서 설명한 것처럼 세포벽 다당류에 교차결합된다.

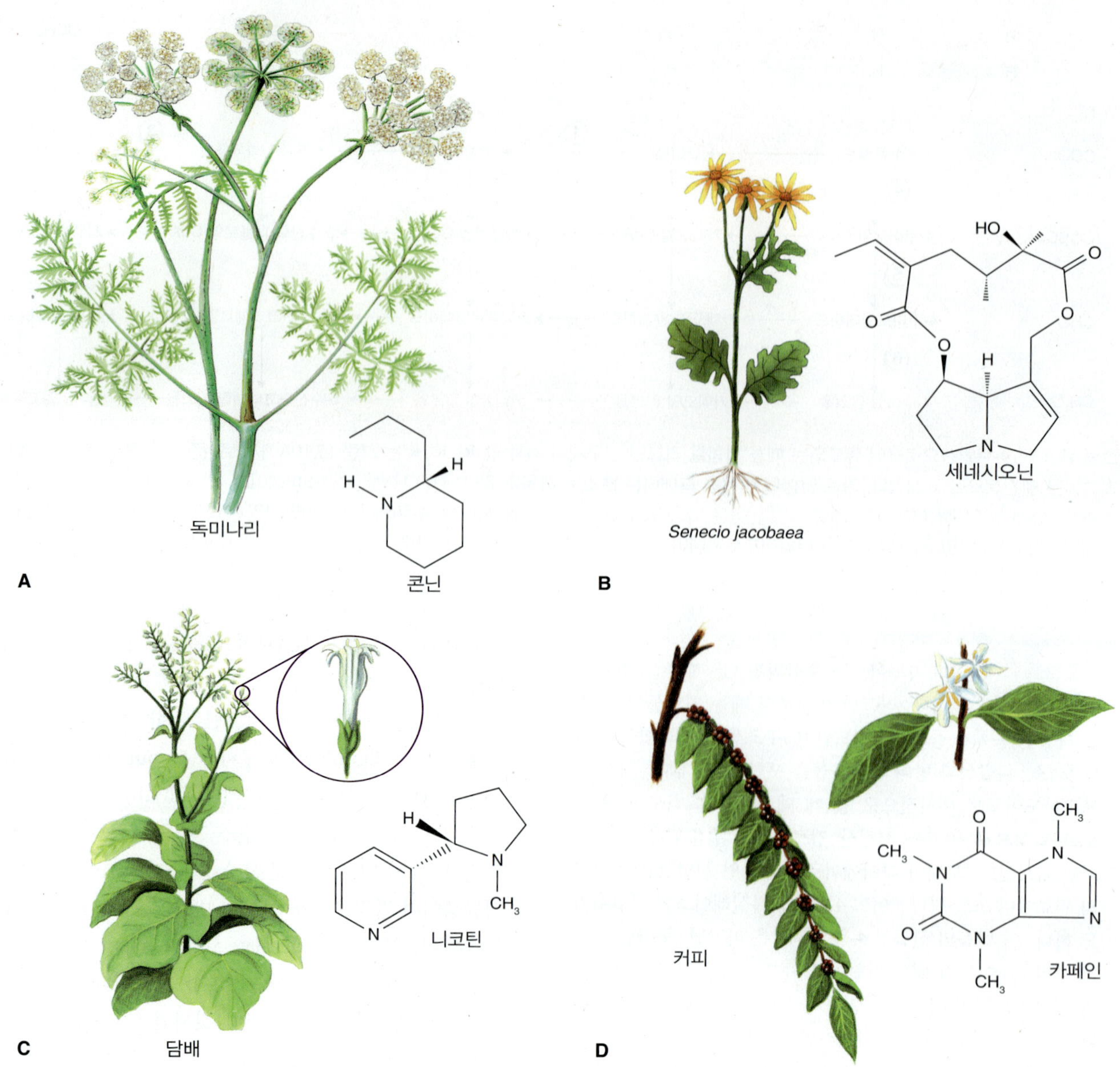

그림 15.15 다양한 화학 구조의 알칼로이드와 이를 생산하는 식물의 예. (A) 독미나리(*Conium maculatum*)의 콘닌. (B) 금방망이류(*Senecio jacobaea*)의 세네시오닌. (C) 담배(*Nicotiana tabacum*)의 니코틴. (D) 커피(*Coffea arabica*)의 카페인.

식 15.6 리그닌 선구체의 형성

15.6A UDP-글루코스 코니페릴 알코올 글루코실트랜스퍼레이즈

UDP-glucose + coniferyl alcohol ⇄ UDP + coniferin

15.6B 코니페린 β-글루코시데이즈

Coniferin + H_2O → coniferol + D-glucose

15.4 스트레스에 대한 대사 반응 II. 알칼로이드

인간 역사의 초기부터 알칼로이드는 가장 강력하며 사회적으로 중요한 식물 생산물 가운데에 하나였다. 이들은 **아편**[**opium**, 양귀비(*Papaver somniferum*)의 유액으로부터 얻음], 그리스 고전 철학자 소크라테스의 사형에 사용되어 유명해진 **콘닌**[**coniine**, 독미나리(*Conium maculatum*)의 독, 그림 15.15A], 많은 가지과 식물 추출액의 핵심 활성 물질로서 고농도에서는 치명적이지만 미량 수준에서는 다양한 의학적 조건의 효과적인 약물 치료제인 **히오시아민**

표 15.2 근대 의학에서 사용되고 있는 생리활성 알칼로이드

알칼로이드	기원 식물	이용법
애즈멀린(ajmaline)	*Rauwolfia serpentina*	심장 조직의 마이토콘드리아의 포도당 흡수 억제에 의한 부정맥 치료제
아트로핀(atropine)	*Atropa belladonna*	신경 가스 독성에 대한 콜린억제성 해독제
카페인(caffeine)	*Coffea arabica*	광범위하게 사용되는 중추신경계 자극제
캠토테신(camptothecin)	*Camptotheca acuminata*	강력한 항암제
코카인(cocaine)	*Erythroxylon coca*	국소 마취제, 강력한 중추신경계 자극제, 아드레날린 차단제, 남용 약물
코데인(codeine)	*Papaver somniferum*	상대적으로 비중독성 진통제 및 진해제
콘닌(coniine)	*Conium maculatum*	최초로 합성된 알칼로이드; 극도로 유독, 운동신경 말단 마비 유발, 소량 복용으로 동종요법에 쓰임
에머틴(emetine)	*Uragoga ipecacuanha*	입에서 활성화되는 구토제, 항아메바제
모르핀(morphine)	*Papaver somniferum*	강력한 마약성 진통제와 중독성 남용 약물
니코틴(nicotine)	*Nicotiana tabacum*	매우 유독, 호흡 마비 유발, 원예 살충제, 남용 약물
필로카르핀(pilocarpine)	*Pilocarpus jaborandi*	부교감신경계의 말단 자극제, 녹내장 치료에 사용
퀴닌(quinine)	*Cinchona officinalis*	전통적 항말라리아제, 다른 항말라리아제에 저항성인 열대열원충 계통의 치료에 중요
상귀나린(sanguinarine)	*Eschscholzia californica*	항플라그 활성이 있는 항세균제, 치약과 구강 세정제에 사용
스트리크닌(strychnine)	*Strychnos nux-vomica*	극심한 파상풍 독, 쥐약에 사용, 동종요법에 사용
(+)-튜보쿠라린 (tubocurarine)	*Chondrodendron tomentosum*	비-감극성 마비를 일으키는 근육이완제, 마취 보조제로 사용
빈블라스틴(binblastine)	*Catharanthus roseus*	호지킨 또는 다른 림프종 치료에 사용되는 항종양제

(**hyoscyamine**) 등을 포함한다. 알칼로이드를 포함한 식물은 인류의 최초 약제였으며 심지어 오늘날에도 가장 흔한 질환에 대한 효과적인 처방 약의 목록에는 식물 기원의 제약회사들이 우세하다. 식물 알칼로이드는 또한 근대 **합성 약물(synthetic drug)**들을 설계하는 데 화학적 모델이 되고 있다. 예를 들어, 항말라리아 약인 **클로로퀸(chloroquine)**은 천연물 **퀴닌(quinine)**과 관련된 인돌-유도 알칼로이드이다. 표 15.2는 근대 의학에서 사용되고 있는 일부 주요 식물-유래 알칼로이드들의 목록을 나타낸다.

알칼로이드는 원래 약리 활성이 있는 식물 유래 질소 함유 알칼리성 화합물로 간주되었다. 이 용어는 이상의 정의를 엄밀하게 따르지 않는 많은 식물 화학 물질에도 확대 적용되고 있다. 또한 알칼로이드가 식물에만 한정되지 않는다는 점도 명확해지고 있다. 세균, 곰팡이, 해면동물, 절지동물, 양서류와 포유류 종들도 알칼로이드를 축적시키는 것으로 보이는데, 이들에서 알칼로이드는 중요한 생태적 기능을 갖고 있으며 몇몇 경우는 식물에서 기원한 것도 있다. 예를 들어, 시나바 나방(cinnabar moth, *Tyria jacobaea*)은 이들이 뜯어 먹는 숙주 식물인 금방망이류인 *Senecio jacobaea*로부터 알칼로이드 선구체를 모으고(그림 15.15B), 이를 페로몬과 방어 화합물로 바꾼다. 그러나 일반적으로, 식물은 알칼로이드를 항생제, 초식자 억제제 또는 생물적 스트레스에 대한 기타 조치로서 사용한다. 알칼로이드는 **항시적(constitutive**, 모든 시기에 존재)이거나 물리적 또는 위협적 외상에 대한 반응으로 합성될 수도 있다. 예를 들어, 니코틴(그림 15.15C)은 잠재적 살충제이며 재배 식물을 보호하기 위하여 인간이 오랜 기간에 걸쳐 사용해 왔다. 야생 담배(*Nicotiana* spp.)는 체내 니코틴 생합성 속도를 급속 증가시켜 초식에 반응한다. 코코아(*Theobroma cacao*), 커피(*Coffea* spp.), 차나무(*Camellia sinensis*)의 잎과 종자에서 발견된 **카페인(caffeine**, 그림 15.15D)은 또 하나의 방어 화학물로서 신선한 커피 콩 또는 차 잎에서 발견되는 농도의 일부분에서도 곤충에 효과적이다. 식물 알칼로이드의 약리적, 영양적 또는 향정신적 특성은 식물이 상호작용하는 동물과 기타 생물체의 생리에 대한 화학 영향자(보통은 해로움)로서 이들의 생태적 기능에 직접적으로 관여한다.

15.4.1 트립토판은 인돌 알칼로이드의 생합성 전구체이다

대부분의 알칼로이드 종류들은 직간접적으로 단독 또는 테르페노이드와 결합한 아미노산으로부터 유래한다(표 15.3). 알칼로이드의 자세한 생합성 경로는 상대적으로 거의 알려지지 않았다. 정보가 알려져 있는 경우에도 식물의 광범위한 대사적 다양성을 증명하는 것처럼 이색적이며 복잡한 화학 구조와 기작들이 많다. 하나의 예로써, 여기에서는 인돌 종류의 알칼로이드 중 하나의 반응 경로를 간단히 살펴보고, 15.4.2절에서 이소퀴놀린(isoquinoline)을 만드는 두 번째 예를 논의한다(표 15.3).

인돌형 신경독소인 **스트리크닌(strychnine)**은 트립토판 파생물이다. 트립토판 형성의 첫 번째 단계는 **안트라닐레이트 신세이즈(anthranilate synthase,** 그림 15.8 참고)에 의해 코리슴산으로부터 **안트라닐산(anthranilate)**이 합

표 15.3 식물 알칼로이드의 선구체와 구조에 따른 분류 및 예

선구체	알칼로이드 유형	예와 기원	구조
티로신	이소퀴놀린	메스칼린(다양한 선인장에서 온 향정신성 산물)	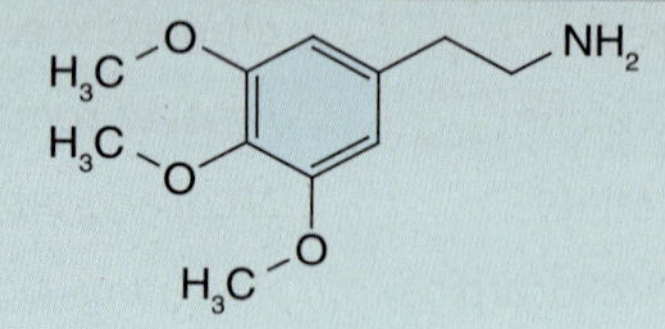 H_3C–O, H_3C–O, H_3C–O, NH_2
트립토판과 안트라닐산염	인돌 퀴놀린 피롤인돌 퀴나졸린 아크리돈	에세린[칼라바르콩(*Physostigma venenosum*)에서 온 콜린에스터레이즈 억제제]	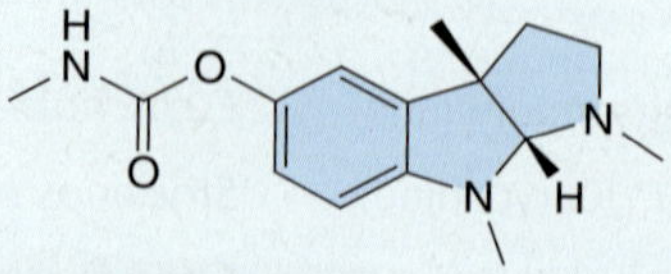 H, N, O, O, N, N, H
오르니틴	트로판 피롤리지딘	스코폴라민(가지과 종에서 물리적 손상에 의해 유도되는 콜린 억제성 섭식 저해제)	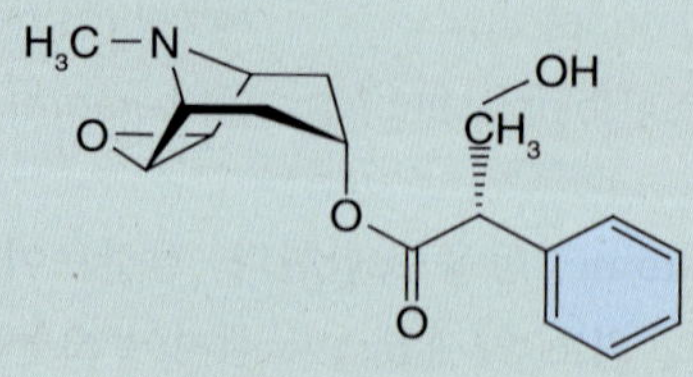 H_3C–N, O, OH, CH_3, O, O
리신	피페리딘 퀴놀리지딘 인돌리지딘	루파닌[루핀(*Lupinus*)속 종에서 온 항초식성 화합물)]	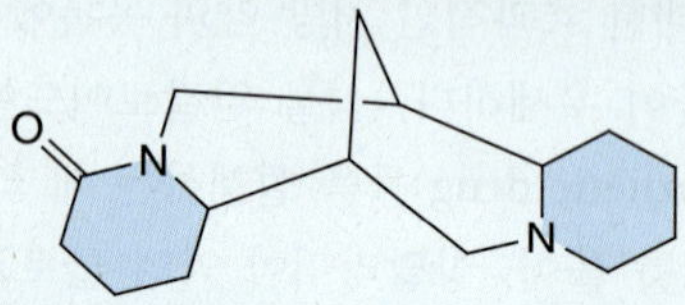 O, N, N
니코틴산	피리딘	미오스민(담배와 견과류의 발암 성분)	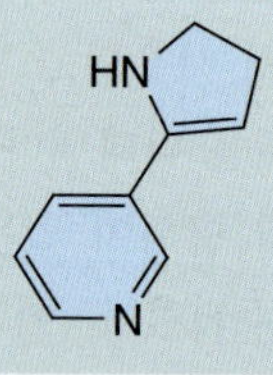 HN, N
히스티딘	이미다졸	필로카르핀(*Pilocarpus microphyllus*에서 온 진정제)	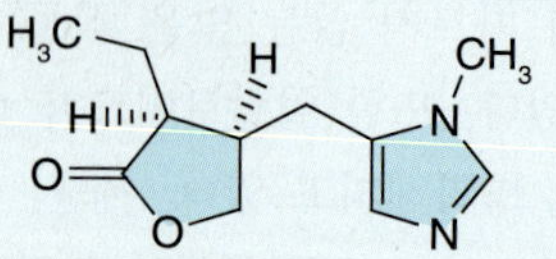 H_3C, H, H, CH_3, N, O, O, N
아미노화 산물	아세트산-유도 페닐알라닌-유도 테르페노이드 스테로이드성 퓨린	에페드린(교감신경계 흥분제, 본래 마황 종에서 분리됨)	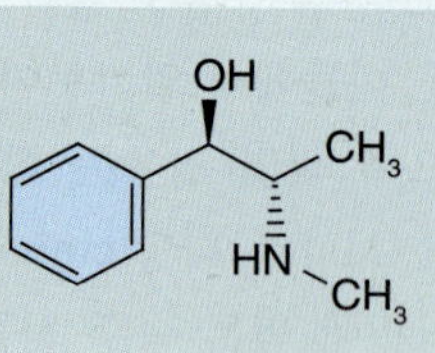 OH, CH_3, HN, CH_3

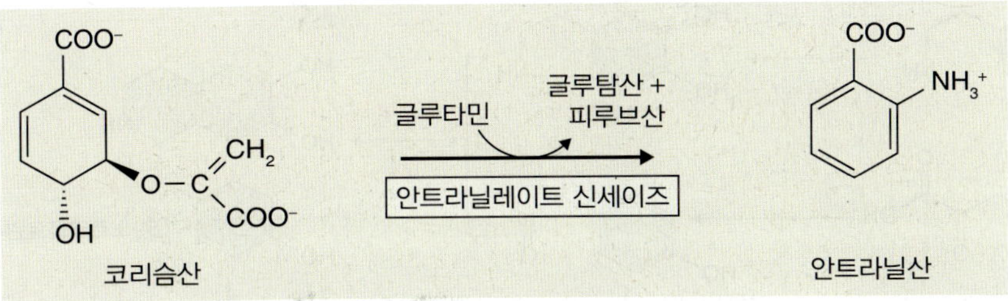

그림 15.16 트립토판 생합성이 첫 단계인 안트라닐레이트 신세이즈에 의한 코리슴산으로부터 안트라닐산으로의 전환

성되는 것이다. 안트라닐레이트 신세이즈는 글루타민으로부터 아민기를 코리슴산으로 전이하고 피루브산을 방출한다(그림 15.16). 두 번의 효소 단계는 안트라닐산을 **트립토판 신세이즈(tryptophane synthase, TS)**의 기질인 인돌-3-글리세롤 인산(indole-3-glycerol phosphate)으로 바꾼다. 트립토판은 TS의 α-와 β-단위체에 의해 각각 촉매되는 두 반응의 산물이다(식 15.7).

식 15.7 트립토판 합성효소

15.7A α-단위체에 의해 촉매되는 반응

Indole-3-glycerol phosphate → indole + glyceraldehyde-3-phosphate

15.7B β-단위체에 의해 촉매되는 반응

Indole + serine → tryptophan + H_2O

스트리크닌 생합성은 트립토판 디카르복실레이즈(tryptophane decarboxylase)에 의해 트립토판의 탈카르복시화로 시작하여 **트립타민(tryptamine)**을 형성한다(식 15.8). 그 다음 **스트릭토시딘 신세이즈(strictosidine synthase)**가 트립타민과 테르펜 세콜로가닌(secologanin)의 입체특이적 응축을 촉매한다. 이 반응의 산물이 스트릭토시딘(strictosidine)인데(그림 15.17), 이는 종-특이적 효소 조합을 통해 수 많은 다양한 구조로 변화하는 출발점이 된다. 역사와 소설 속에 나오는 독살범의 고전적 도구 중 하나였던 스트리크닌은 수 많은 스트릭토시딘 대사 유도체 가운데 하나일 뿐이다. 다른 것들에는 항말라리아 퀴닌(quinine), 암 치료법으로 널리 사용되는 일일초(*Catharanthus* ssp.)의 튜불린-결합 알칼로이드인 **빈블라스틴(vinblastine)**과 **빈크리스틴(vincristine)**이 있다.

식 15.8 트립토판 디카르복실레이즈

Tryptophan → tryptamine + CO_2

15.4.2 모르핀 및 관련 이소퀴놀린 알칼로이드는 티로신 유도체이다

티로신은 **이소퀴놀린 알칼로이드(isoquinoline alkaloid)**인

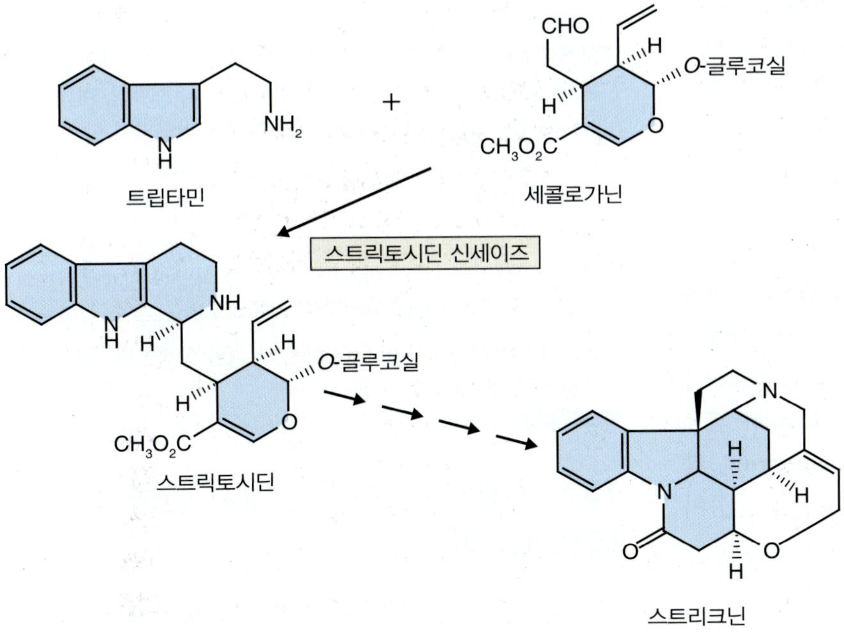

그림 15.17 인돌 알칼로이드인 스트리크닌은 트립토판으로부터 트립타민(이 자체로도 생물학적 활성이 있는 알칼로이드임)과 스트릭토시딘을 거쳐 생합성된다.

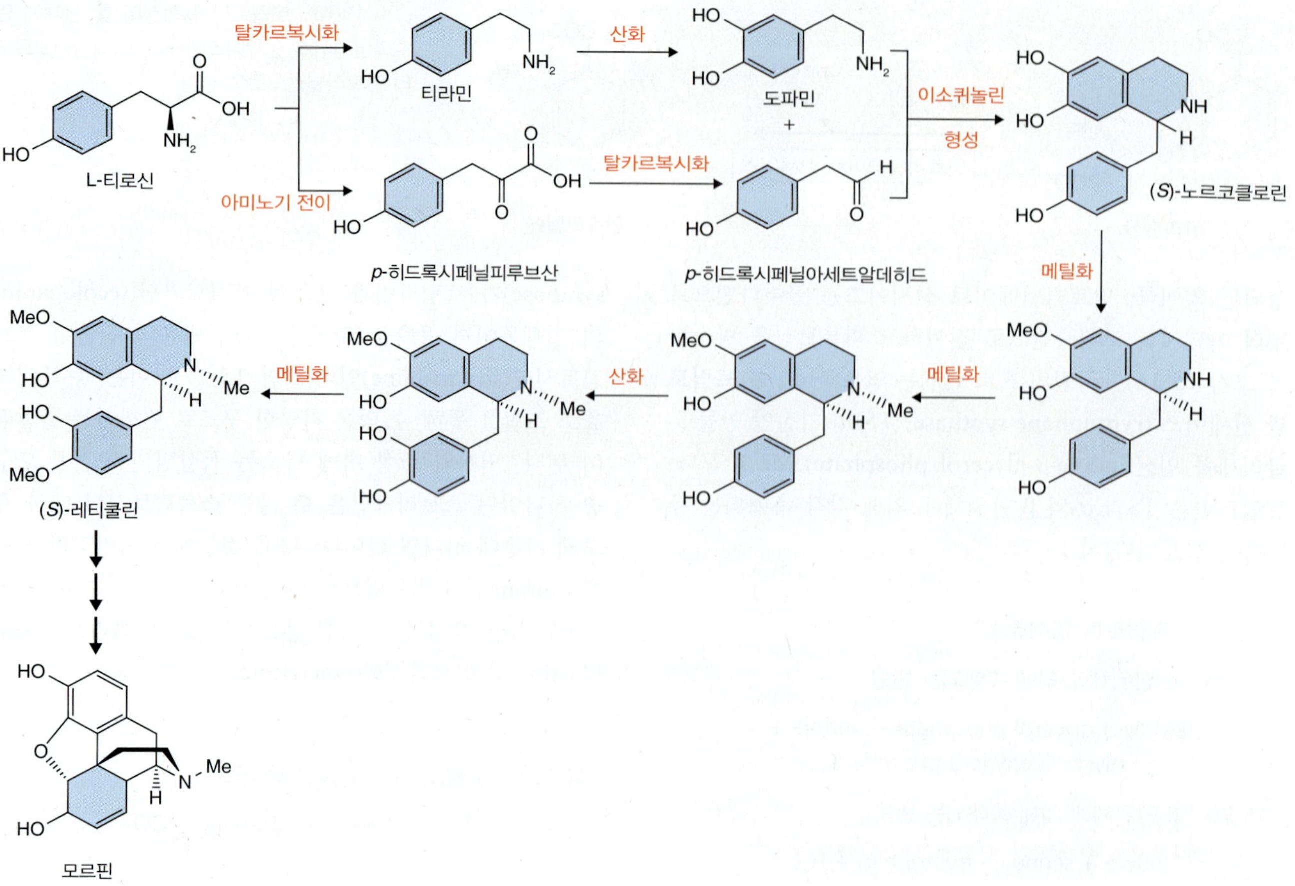

그림 15.18 모르핀 생합성 경로의 개요.

모르핀(**morphine**)의 선구체이다. 티로신 한 분자는 탈탄산화되어 **티라민**(**tyramine**)을 형성하며, 이는 다시 페놀 옥시데이즈(phenole oxidase)에 의해 3,4-디히드록시페닐아민[(3,4-dihydroxyphenylamine), **도파민**(**dopamine**)]이 된다. 두 번째 티로신은 아미노기전이되고 탈탄산화되어 *p*-히드록시페닐아세트알데히드(*p*-hydroxyphenylacetaldehyde)가 된다. 도파민과 *p*-히드록시페닐아세트알데히드는 입체선택적으로 응축되어 첫 번째 이소퀴놀린 중간체인 (*S*)-노르코클로린[(*S*)-norcoclaurine]을 형성한다. 일련의 메틸화와 산화 반응이 뒤따라 분지 지점의 대사물인 **(*S*)-레티쿨린**[**(S)-reticuline**]이 만들어진다. 스트릭토시딘과 비슷하게 (*S*)-레티쿨린은 엄청나게 많은 구조적으로 다양한 산물의 선구체가 되는데, 이들에는 모르핀 및 **코데인**(**codeine**)과 같은 관련 화합물 뿐만 아니라 **베르베린**(**berberine**, 전통적 약과 염료의 활성 화합물)과 **상귀나린**(**sanguinarine**, 많은 식물종에서 발견되며, 동물세포에 해가 되는 산물) 등이 포함된다.

키포인트 식물 기원의 알칼로이드 약, 마취제, 독은 인간 역사를 통해 사용되어 왔다. 몇몇 미생물과 동물은 그들이 먹는 식물로부터 얻은 방어성 알칼로이드를 축적한다. 알칼로이드는 필수 구성요소로 존재할 수도 있고 식물이 피식자나 병원체에 의한 공격에 반응하여 만들도록 유도될 수도 있다. 대부분의 알칼로이드의 선구체는 아미노산인데, 때때로 테르페노이드와 결합할 수도 있다. 신경독소인 스트리크닌이 한 종류인 인돌 알칼로이드는 시킴산 경로 산물인 코리슴산으로부터 유도된 트립토판으로부터 합성된다. 스트릭토시딘은 스트리크닌 생합성의 분기점에 있는 중간물로서 퀴닌과 튜불린 결합 약물인 빈블라스틴 및 빈크리스틴을 포함한 다양한 알칼로이드의 선구체이다. 모르핀과 코데인은 이소퀴놀린 계열의 알칼로이드로서 티로신으로부터 유도된다. 이 생합성 경로의 중요한 중간물은 도파민과 (*S*)-레티쿨린이다.

15.5 스트레스에 대한 대사 반응 III. 테르페노이드

테르페노이드라는 이름은 **테레빈유**(**turpentine**, 소나무 수

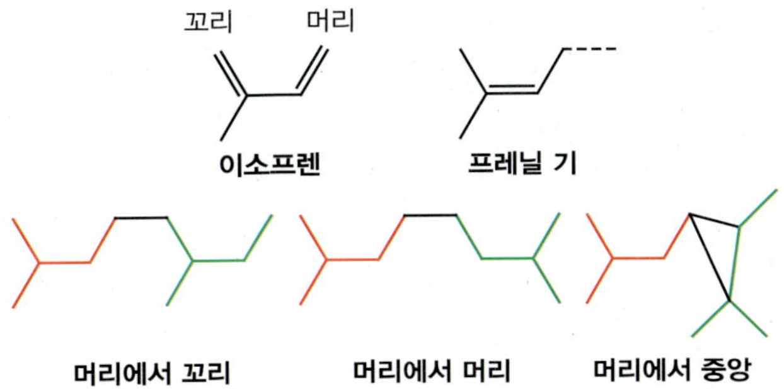

그림 15.19 테르페노이드는 분기형 C_5 탄화수소 이소프렌에 기반한 프레닐 단위체로부터 만들어진다. C_5 단위를 머리-꼬리, 머리-머리, 머리-중앙 형태의 조합으로 연결함으로써 수 많은 테르페노이드 구조가 생성될 수 있다.

지를 증류할 때 만들어지는 용제)의 휘발성 성분인 **테르펜(terpene)**으로부터 왔다. 이들은 식물 천연물 중 구조적으로 가장 다양한 집단이며 분기형 5-탄소 이소펜탄 골격으로 이루어진 **이소프렌(isoprene)** 단위로부터 만들어진다. 테르페노이드는 종종 이소프레노이드로도 불리지만, 이소프렌 자체는 테르페노이드 합성의 중간체가 아니다. 테르페노이드가 만들어지는 반복적인 C_5 구조 모티브는 **프레닐 기(prenyl group)**로 불린다(그림 15.19). 서로 다른 종류의 테르페노이드는 C_5 단위의 개수로 구분된다(표 15.4). 이에 따라 헤미테르페노이드(C_5), 모노테르페노이드(C_{10}), 세스퀴테르페노이드(C_{15}), 디테르페노이드(C_{20}), 세스테르페노이드(C_{25}), 트리테르페노이드(C_{30}), 그리고 테트라테르페노이드(C_{40}) 종류로 나뉜다. 8개 보다 많은 이소프렌 단위로 구성된 테르페노이드는 폴리테르페노이드라고 한다. 11,000개에서 20,000개 단위체로 구성된 이소프렌 중합체인 천연 **고무(rubber)**가 폴리테르페노이드의 예이다(표 15.4). 호흡(그림 7.11 참고)과 광합성(그림 9.15A를 참고)의 전자 전달자인 유비퀴논과 플라스토퀴논 또한 폴리테르페노이드다. **노르테르페노이드(norterpenoid)**는 1개 이상의 탄소를 상실하여 더 이상 C_5 다중체가 아닌 테르페노이드 파생물을 말한다. 예를 들어, 일부 **지베벨린(gibberellin**, 10장 참고)은 C_{19} 구조인데, 디테르펜 선구체로부터 탄소 1개가 제거된 것이다. 테르페노이드로부터 부분적으로 유도된 혼합 생합성 기원의 천연물을 때때로 **메로테르페노이드(meroterpenoid)**라고 부른다. 이런 화합물에는 **시토키닌(cytokinin**, 10장 참고)과 친유성의 막-결합 15- 또는 20-탄소 이소프레노이드 측쇄 첨가에 의해 프레닐화된 일부 단백질이 포함된다.

디테르페노이드와 트리테르페노이드는 1차와 2차 대사산물을 모두 포함한다. 예를 들어, 디테르펜 카우레노산(kaurenoic acid)은 모든 식물에서 지베벨린 합성 과정의 필수 중간물이며(10장 참고) 따라서 1차 대사산물의 일종이다. 다른 한편으로 카우레노산과 구조와 생합성 기원이 유사한(그림 15.20) 아비에트산(abietic acid)은 수지의 구성 성분이며 주로 콩과와 소나무과 식물들에 국한된다. 1차 대사에 참여하지 않기 때문에 정의에 의해 아비에트산은 2차 화합물이다. 디테르페노이드와 트리테르페노이드로부터 유도되는 중요한 화학 그룹이 스테로이드이다. 스테로이드는 식물, 곰팡이, 동물에 널리 분포하고 있으며 막 구조와 호르몬 신호전달에 필수적인 역할을 한다. 식물 스테로이드로는 식물성 기름의 천연 성분으로 인간의 영양에 유익한 효과가 있는 **파이토스테롤(phytosterol)**과 식물 호르몬의 한 종류인 **브라시노스테로이드(brassinosteroid)**가 있다(10장 참고). 그림 15.21은 트리테르페노이드에서 유래한 식물의 막 스테롤의 일부를 보여주고 있다. 독특한 구조적 특성은 1개의 사이클로펜탄(C_5)과 3개의 사이클로헥산(C_6) 고리로 구성된 스테란 중심이다.

테트라테르페노이드의 대부분은 **카로티노이드(catotenoid)**로서 많은 것들이[예를 들어, 비올라크산틴(violaxathin)과 루테인(lutein); 그림 9.12 참고)] 다양한 분류군의 독립영양생물에서 광생물학과 산소 대사에 필수 역할을 하며 따라서 1차 대사산물이 된다. 표 15.4는 카로티노이드 2차 대사산물의 예로서 매운 파프리카(고추)의 빨간색 색소인 **캡소루빈(capsorubin)**을 보여 주고 있다. 테트라테르펜 카로티노이드의 산화적 분해 산물인 아포카로티노이드(apocarotenoid)는 생물체에 광범위하게 분포하고 있으며, 흔히 중요한 조절, 수용체, 신호전달 기능을 수행한다. 호르몬인 **앱시스산(abscisic acid**, 10장 참고)은 C_{40} 카로티노이드가 비대칭적으로 분해된 아포카로티노이드 산물이다.

15.5.1 테르페노이드는 흔히 특수화된 구조 내에서 IPP와 DMAPP로부터 합성된다

식물이 생산하는 다양한 테르페노이드류는 미생물이나 동물이 생산하는 것들 보다 훨씬 광범위하다. 식물이 축적하고 배출하거나 분비하는 대량의 테르페노이드는 거의 항상 샘털, 분비강, 수지구, 수포 같은 특수화된 구조와 함께한다. 이 구조들은 보통 광합성을 하지 않으며 따라서 테르페노이드 합성에 필요한 탄소와 에너지를 이웃 또는 멀리 떨어진 조직에 의존한다. 이들은 송백류 종의 로진 디테르페노이드와 같은 방어 산물의 원천이다. 꽃잎의 샘 표피에

표 15.4 탄소 원자 수로 분류한 테르페노이드 종류 및 각각의 예와 구조

C 원자 수	테르펜 종류	예	구조
5	헤미테르페노이드	이소프렌, 광합성 조직에서 방출되는 테르페노이드와 휘발성 생성물의 구조 단위	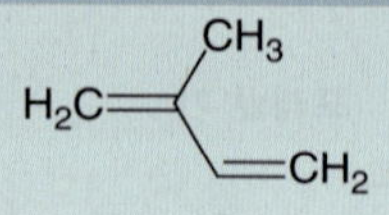
10	모노테르페노이드	리모닌, *Quercus ilex*에서 온 휘발성 종자 발아 억제제	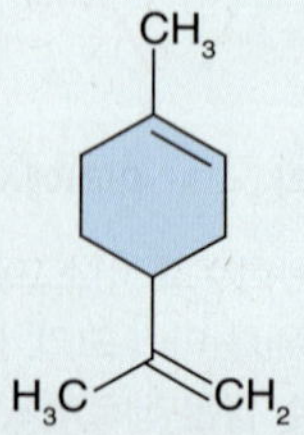
15	세스퀴테르페노이드	파르네솔, 많은 종의 정유에서 발견되는 천연 살충제 및 페로몬	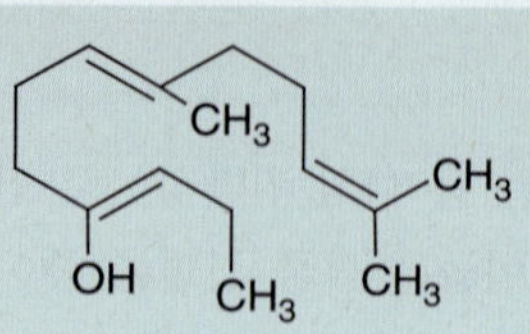
20	디테르페노이드	텍사디엔, 주목에서 온 항암제 텍솔의 선구체	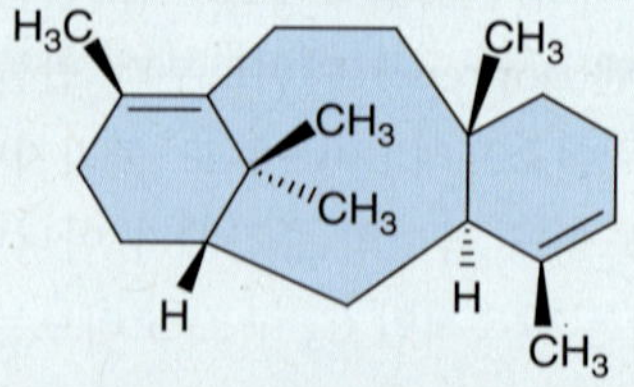
25	세스테르페노이드	오피오볼란, 식물에 유해한 곰팡이 테르페노이드	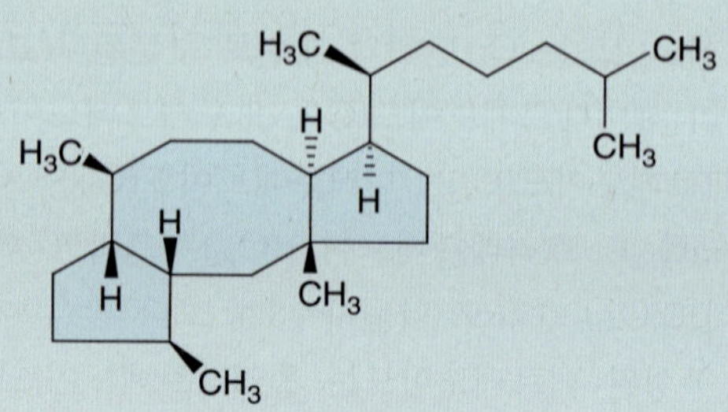
30	트리테르페노이드	루페인, 광범위하게 분포하는 세포 독소	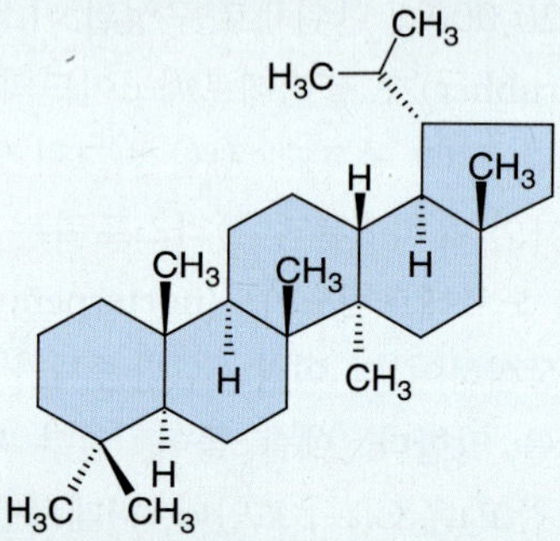
40	테트라테르페노이드	캡소루빈, 파프리카 추출물의 색소 성분	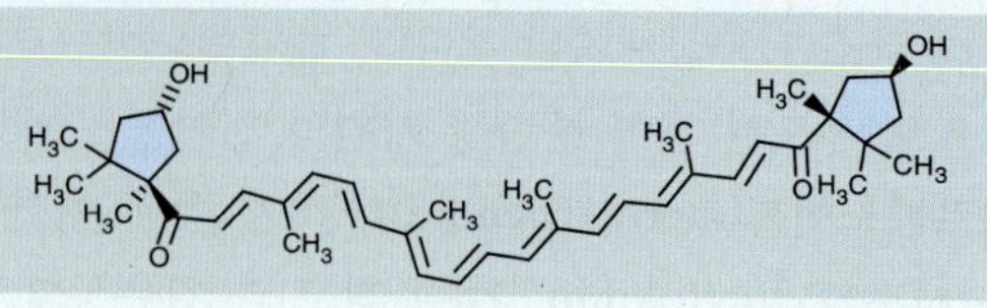
>40	폴리테르페노이드	천연 고무는 고무나무(*Hevea*) 및 다수의 기타 종의 유액에서 발견되는 이소프렌의 중합체임	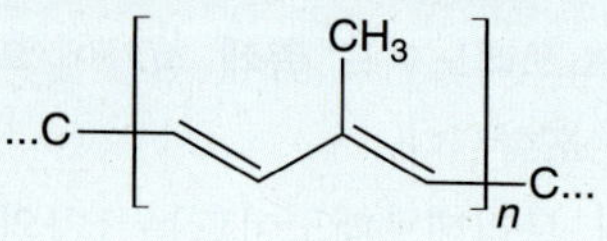

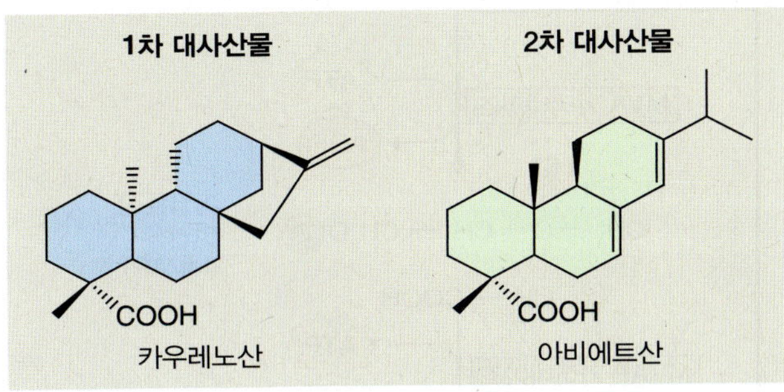

그림 15.20 1차 및 2차 디테르페노이드 대사산물의 예. 카우레노산은 필수 호르몬인 지베렐린의 선구체이며 따라서 1차 대사산물로 분류된다. 수지의 구성성분인 아비에트산은 2차 대사산물이다.

서 분비되는 테르페노이드 정유는 곤충에 의한 수분을 촉진한다. 표피 구조를 특수하게 만드는 것은 또한 트리테르페노이드 표면 왁스의 형성 및 분비와 관계되어 있으며 유관(lactiferous duct)은 어떤 종류의 트리테르페노이드와 고무를 생산한다. 주요 조직에서 대사가 일어나는 곳과 생물학적 활성이 있으며 흔히 해로운 테르페노이드를 분리함으로써 식물은 잠재적 자가독성 문제를 회피할 수 있다.

모든 테르페노이드는 4단계 과정에 의해 단순한 1차 대사산물로부터 생합성된다. 1단계는 **이소펜테닐 이인산**(**isopentenyl diphosphate, IPP**)과 이의 이성질체인 **디메틸알릴 이인산**(**dimethylallyl diphosphate, DMAPP**)의 형성인데, 이 C_5 구조 단위로부터 모든 이소프레노이드가 만들어진다. 2단계 동안 IPP가 계속 첨가되어 일련의 **프레닐 이인산**(**prenyl diphosphate**) 유사체들이 만들어진다. 3단계는 특정 **테르페노이드 신세이즈**(**terpenoid synthase**)에 의해 프레닐 이인산으로부터 테르페노이드 골격이 합성된다. 4단계 동안 테르페노이드 골격의 두 번째 효소적 변형의 결과 이 천연물 종류의 특징을 결정하는 기능적 특성과 화학적 구조의 다양성이 갖춰진다.

IPP 합성 경로는 두 가지가 있는데, 하나는 세포질에서, 두 번째는 색소체에서 일어난다. 세포질에서의 IPP 합성(그림 15.22)은 세 분자의 아세틸-CoA의 2-단계 축합 반응으로 시작하며 뒤따르는 환원반응을 통해 메발론산(**mevalonic acid, MVA**)이 만들어지는데, 이 이름을 따서 경로를 명명했다. MVA는 두 번의 순차적인 ATP-의존적 인산화와 탈탄산화를 거쳐 IPP로 변환된다. MVA 경로에서 핵심적인 조절 반응은 3-히드록시-3-메틸글루타릴-CoA 리덕테이즈(3-hydroxy-3-methylglutaryl-CoA reductase, HMGR)에 의해 촉매되는 반응이다. HMGR은 ER을 목표로 하는 효소이며, 종에 따라 2개에서 4개 유전자로 구성된 유전자군에 의해 암호화되어 있다. *HMGR* 유전자의 차등 발현이 서로 다른 종류의 이소프레노이드의 조직과 스트레스-특이적 생합성이 일어나게 한다고 생각된다.

최근, IPP 형성의 대체 경로가 육상 식물과 조류의 색소체 뿐만 아니라 남세균과 기타 진정세균, 진핵 기생생물의 일부에서 작동된다고 알려졌다. 이 경로는 1-디옥시-D-자이룰로스-5-인산(1-deoxy-D-xyluose-5-phosphate, DOXP; 그림 15.23)으로 시작한다. 일반적으로, IPP 합성의 **MVA 경로**(**MVA pathway**)는 파이토스테롤, 세스퀴테르펜, 트리테르페노이드의 기원이 되는데, **DOXP 경로**는 색소체 이소프레노이드, 특히 카로티노이드, 피톨, 플라스토퀴논, 토코페롤 뿐만 아니라 호르몬 지베렐린과 앱시스산의 합성을 보조한다.

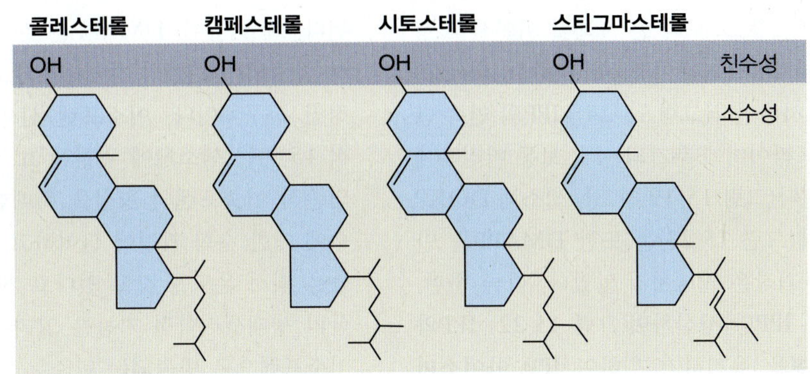

그림 15.21 양쪽성 특성을 보여주고 있는 식물 막의 스테로이드. 콜레스테롤은 C_{27} 분자이고, 캠페스테롤은 C_{28}이며, 스티그마스테롤은 C_{29}이다. 이 스테롤들은 직쇄인 C_{30} 트리테르페노이드 선구체가 고리화에 의해 고리 4개의 C_{17} 스테란 중심부가 된 후 1개 이상의 탄소가 제거되어 만들어진다.

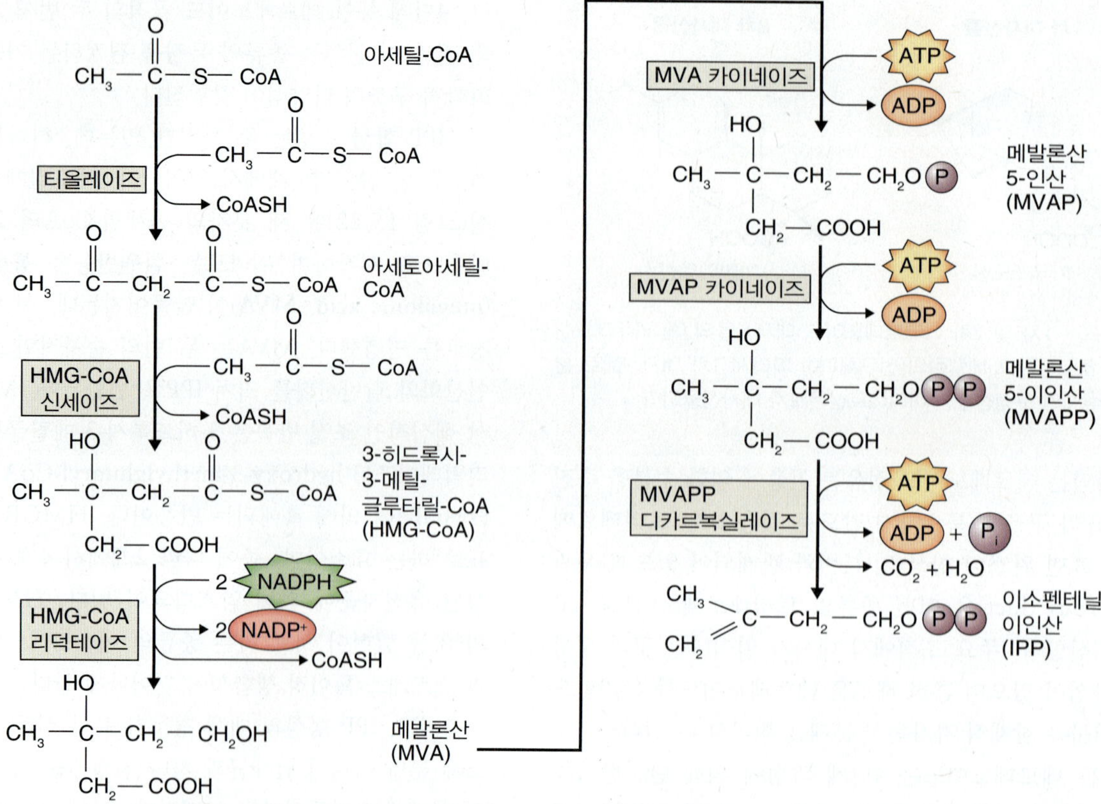

그림 15.22 이소펜테닐 이인산 생합성의 메발론산(세포질) 경로.

15.5.2 C_{10} 및 그 이상의 테르페노이드는 개시 DMAPP 프라이머에 IPP 단위를 축합하여 만들어지며, 프레닐트랜스퍼레이즈가 촉매한다

이소프레노이드 생합성에는 IPP와 이의 이성질체인 DMAPP가 필요하다. 테르페노이드 생합성 경로의 선구체로 쓰이는 C_{10}, C_{15}, C_{20}과 그 보다 큰 프레닐 이인산을 형성하기 위하여 **프레닐트랜스퍼레이즈(prenyltransferase)**는 IPP와 DMAPP를 사용한다(그림 15.24). IPP의 연속 단위가 개시 DMAPP 프라이머에 추가되는데, 보통 머리쪽에서 꼬리쪽으로 축합된다(그림 15.19 참고). 색소체 DOXP 경로의 IPP-형성 단계(그림 15.23)는 또한 DMAPP를 만들어 내는데, 정확한 기작은 알려지지 않았다. 다른 한편, 세포질 MAV 경로는 IPP만 생산하며(그림 15.22) IPP와 DMAPP 사이의 평형을 유지하기 위하여 **IPP 아이소머레이즈(IPP isomerase)**의 작용이 필요하다(그림 15.24). 서로 다른 테르페노이드 종류들을 합성하는 데 필요한 DMAPP에 대한 IPP의 몰 비율이 모노테르페노이드 1:1부터 세스퀴테르페노이드와 스테롤 2:1, 디테르페노이드, 카로티노이드, 피톨 3:1, 그리고 긴-사슬 폴리프레놀과 폴리테르페노이드는 그 이상으로 다양하기 때문에 IPP 이성질화효소는 주요 테르페노이드류의 합성을 조절하는 데 중요하다.

헤미테르페노이드는 IPP-DMAPP 평형으로부터 유도된다. 예를 들어, DMAPP는 광합성을 활발히 하는 조직에서 방출되는 휘발성 헤미테르페노이드인 이소프렌의 직접적인 선구체이다. **이소프렌 신세이즈(isoprene synthase**, 식 15.9)는 색소체에 위치한 효소로서 DMAPP로부터 빛-의존적 이소프렌의 형성을 촉매한다. 이소프렌이 온도 상승에 대한 순화 과정에 관여하고 합성효소가 비정상적으로 높은 최적 온도를 갖고 있다고 제안되었지만, 이소프렌 생산의 생태생리학적 기능은 알려지지 않았다. 연간 잎에서 이소프렌으로 방출되는 탄소는 약 5억 미터톤으로 온실가스인 **메테인(methane)**과 같은 규모이다. 이소프렌은 또한 대류권에서 **오존(ozone)** 형성의 중요 반응물이다.

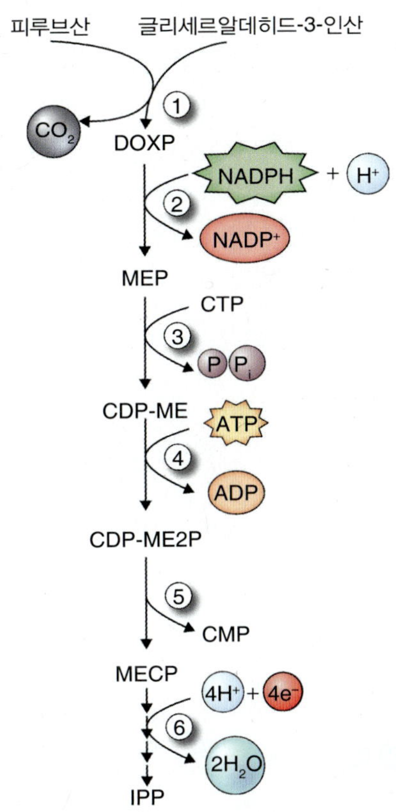

그림 15.23 IPP 합성의 DOXP 경로. 경로의 효소들은 다음과 같다: (1) DOXP 신세이즈, (2) DOXP 리덕토아이소머레이즈, (3) MEP 사이티딜릴트랜스퍼레이즈, (4) CDP-ME 카이네이즈, (5) MECP 신세이즈, 그리고 (6) 신세이즈와 리덕테이즈. CDP-ME, 4-디포스포사이티딜-2C-메틸-D-에리트리톨; CDP-ME2P, 4-디포스포사이티딜-2C-메틸-D-에리트리톨-2-인산; CMP, 사이티딘 일인산; CTP, 사이티딘 삼인산; DOXP, 1-디옥시-D-자이룰로스-5-인산; IPP, 이소펜테닐 이인산; MECP, 2C-메틸-D-에리트리톨-2,4-사이클로이인산; MEP, 4-디포스포사이티딜-2C-메틸-D-에리트리톨.

식 15.9 이소프렌 신세이즈

$$\text{Dimethylallyl diphosphate} \rightleftharpoons \text{isoprene} + PP_i$$

제라닐 이인산(geranyl diphosphate, **GPP**), 파르네실 이인산(farnesyl diphosphate, **FPP**), 제라닐제라닐 이인산(genranylgeranyl diphosphate, **GGPP**)은 각각 모노-, 세스퀴-, 그리고 디테르페노이드의 **이인산 에스테르** 선구체이며 프레닐 트랜스퍼레이즈의 활성에 의해 생성된다(그림 15.24). IPP 한 분자를 DMAPP 프라이머에 추가하면 C_{10} 중간 산물 GPP가 만들어진다. 반응 회로가 더 진행되면 FPP(C_{15})와 GGPP(C_{20})가 만들어진다. 비록 프레닐 단위는 대부분 머리에서 꼬리쪽으로 첨가되지만 이 방식에 머리에서 머리로, 머리에서 중앙 부위로와 같이 예외도 많다(그림 15.19 참고). 한 가지 예가 모노테르페노이드로서 머리에서 중앙 부위의 배열을 갖는 **피레트린(pyrethrin)**이다. 이 화합물은 국화과 식물에서 처음 밝혀졌고 천연형과 합성 유도체 모두 살충제로 널리 사용되고 있다. 프레닐 트랜스퍼레이즈(prenyl transferase)에 의해 도입된 새로운 알릴 이중결합은 간혹 시스 이중결합으로 만들어지지만 대부분은 트랜스 배열이다. 예를 들어, 고무가 이런 경우인데, 중합체의 탄성은 시스 결합 때문이다. 프레닐 트랜스퍼레이즈 반응은 IPP 이외의 그룹도 부착할 수 있고 단백질과 기타 비-테르페노이드 같은 화합물에 프레닐 측쇄를 추가하는 것도 담당한다.

테르펜 신세이즈(terpene synthase)들은 테르페노이드의 특징이 되는 엄청나게 다양한 탄소 골격을 형성하는 효소 군이며, 프레닐 이인산 에스테르가 이 효소들의 기질이다. 이소프레노이드 구조에서 가장 흔한 형태인 고리형 산물을 만들어 내는 테르페노이드 신세이즈는 또한 **사이클레이즈(cyclase)**로도 불린다. **송백류 수지(conifer resin)**에 흔한 디테르페노이드인 **아비에트산(abietic acid**, 그림 15.20 참고)이 신세이즈/사이클레이즈 활성 산물의 한 예이다. 수지는 상처 밀봉에 중요하며 이의 화석형은 친숙한 **호박(amber)**이다. 어떤 경우에 특별한 테르펜 신세이즈는 1개 이상의 반응 산물을 생성할 수 있다. 예를 들어, 피넨 신세이즈(pinene synthase)는 나무좀과 병원성 곰팡이 공생체에 활성이 있는 널리 분포하는 모노테르펜 독소 α-와 β-피넨을 모두 만든다. **세스퀴테르펜 신세이즈(sesquiterpene synthase)**들 역시 송백류 수지 합성에 관여하며, 개별적으로 25종 이상의 산물을 만들 수 있다고 알려져 있다.

15.5.3 스쿠알렌과 파이토엔은 파이토스테롤과 카로티노이드의 선구체이다

C_{30} 트리테르페노이드는 **스쿠알렌(squalene)**을 생산하기 위하여 2개의 C_{15} FPP가 머리에서 머리로 연결되어 만들어진다. 비슷하게, C_{40} 테트라테르페노이드는 두 분자의 C_{20} GGPP가 머리에서 머리 방식으로 연결된 산물인 **파이토엔(phytoene)**으로부터 유도된다(그림 15.24). **스쿠알렌 신세이즈(squalene synthase)**와 **파이토엔 신세이즈(phytoene synthase)**는 프레닐 트랜스퍼레이즈로서 두 분자의 프레닐 이인산 선구체의 머리 말단(C-1) 탄소를 함께 묶는 데 필요한 복잡한 일련의 재배열에 관여하는 기작과 유사한 반응 기작의 프레닐 전이효소이다.

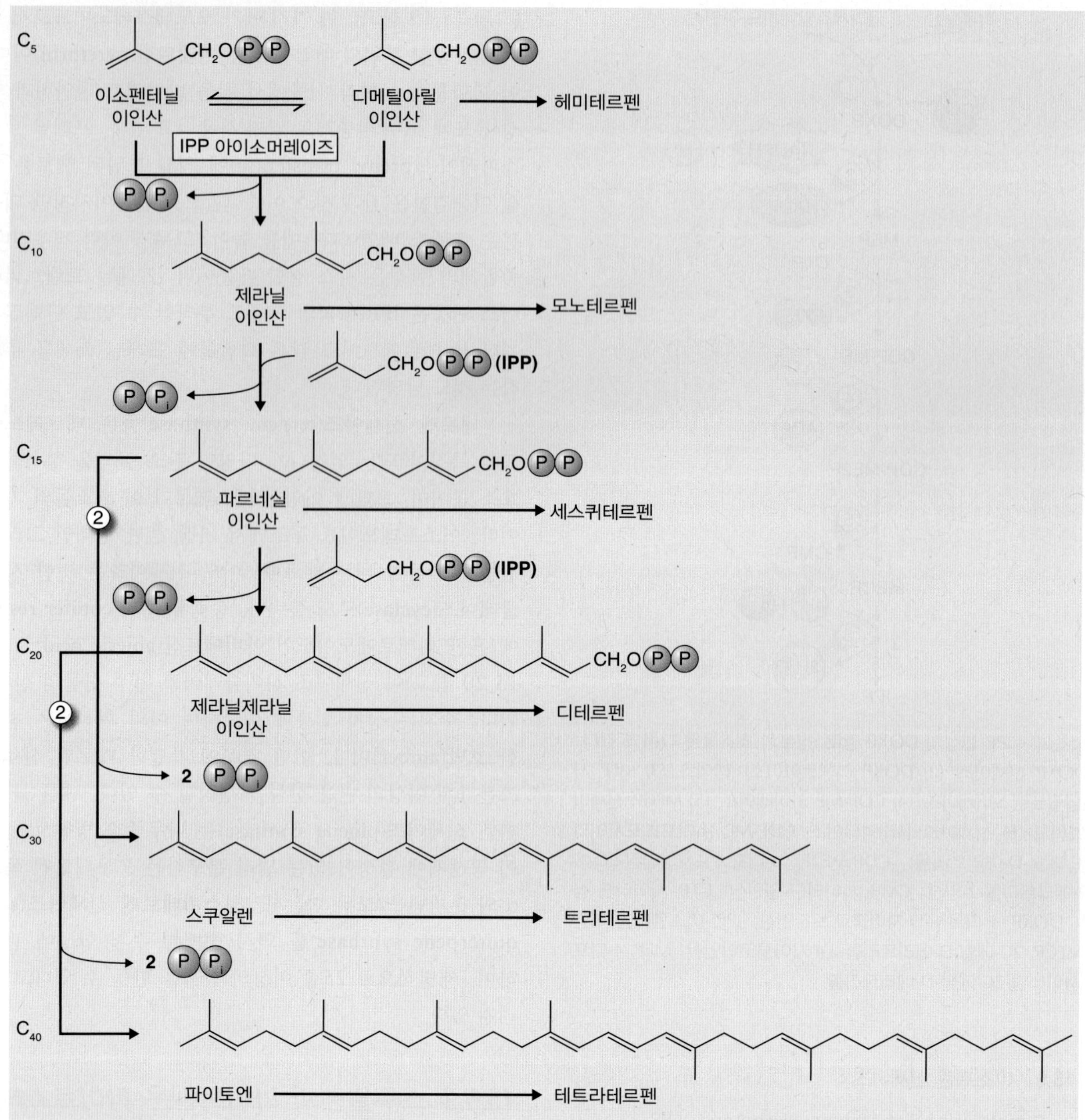

그림 15.24 이소펜테닐 이인산(IPP)과 이의 이성질체 디메틸알릴 이인산으로부터 주요 하위 단위 테르페노이드의 생합성. 프레닐 트랜스퍼레이즈는 각각의 중간 산물에 머리에서 꼬리로 C_5 단위를 첨가하여 모노테르펜(C_{10}), 세스퀴테르펜(C_{15}), 그리고 디테르펜(C_{20}) 형성을 촉매한다. 트리테르펜(C_{30})은 2개의 C_{15}(파르네실) 단위가, 테트라테르펜(C_{40})은 2개의 C_{20}(제라닐제라닐) 단위가 머리에서 머리로 연결되어 형성된다.

스테로이드는 스쿠알렌의 고리화 산물이다. NADPH-의존적 **에폭시데이즈(epoxidase**, 식 15.10)는 스쿠알렌을 2,3-에폭시스쿠알렌으로 산화시키며, 이는 다시 고리화되어 파이토스테롤 생합성의 다양한 중간 산물을 형성한다. 그림 15.25는 주요 고리화 산물인 **사이클로아르테놀(cycloartenol)**과 라노스테롤(lanosterol)을 보여주는데, 이들은 일련의 메틸화와 탈메틸화 반응을 통해 콜레스테롤, 캠페스테롤, 시토스테롤 그리고 스티그마스테롤 같은 막 스테롤(그림 15.21)과 브라시노스테로이드 호르몬(10장 참고)이 된다.

식 15.10 스쿠알렌 에폭시데이즈

$$\text{Squalene} + \text{NADPH} + \text{H+} + O_2 \rightarrow \text{2,3-epoxysqualene} + \text{NADP}^+ + H_2O$$

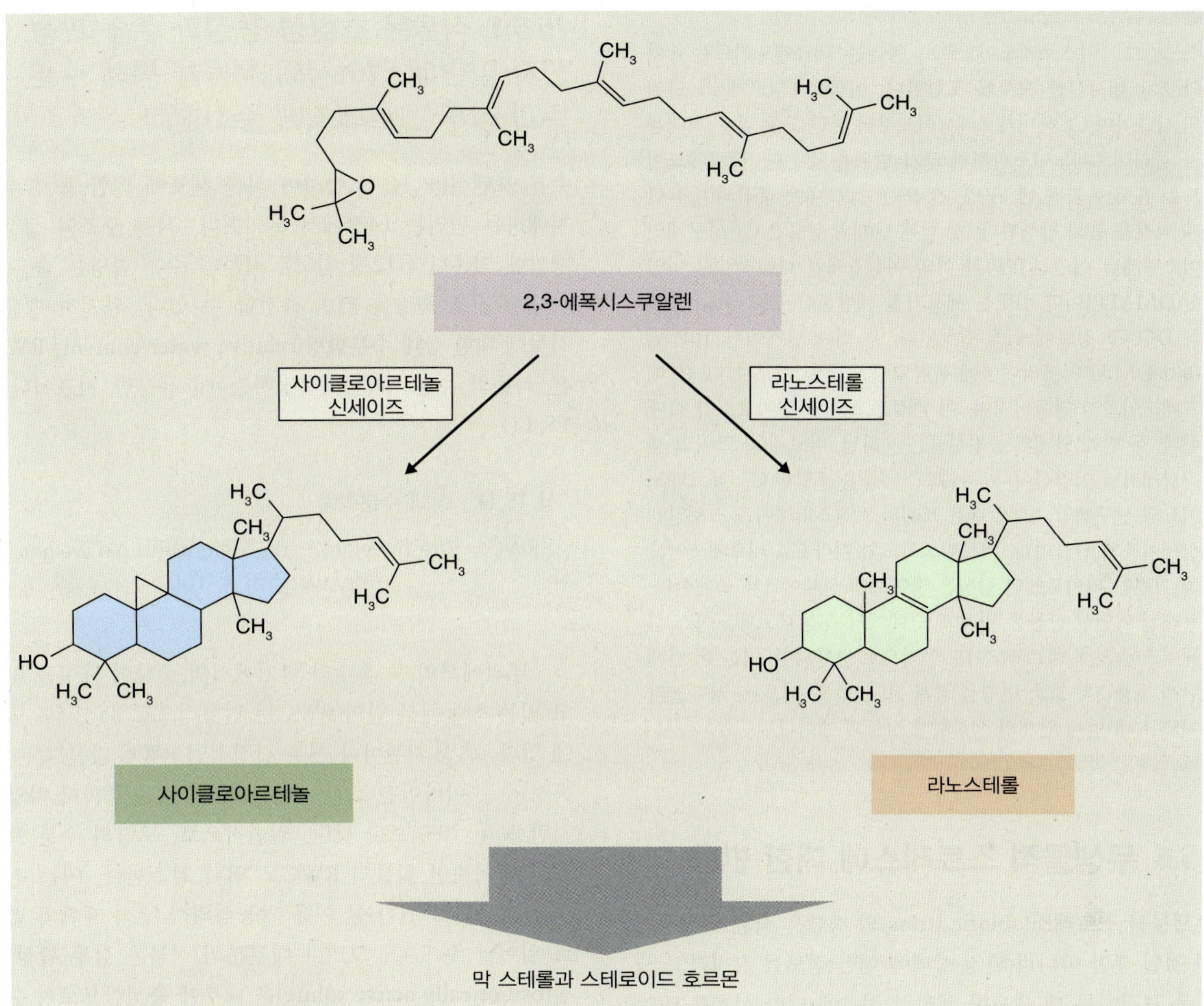

그림 15.25 에폭시스쿠알렌의 고리화에 의해 형성되는 식물 스테로이드의 선구체.

카로티노이드는 일련의 탈포화와 고리화 단계를 거쳐 파이토엔으로부터 유도된다. 카로티노이드의 대사적 상호변화는 광억제와 산화적 손상에 대한 방어에 중요하며, 15.6절에 더 자세히 설명한다. 카로티노이드 합성은 또한 많은 종에서 **과일 발달**에 중심적 요소로서 18장에서 논의하는 것처럼, 색깔 변화와 기타 성숙에 기여한다.

15.5.4 테르페노이드의 2차 변형의 결과 다양한 생물활성 화합물이 만들어진다

테르페노이드 생합성의 전체적인 구성에서 마지막 단계는 테르페노이드 신세이즈에 의해 만들어진 부모 골격의 변형이며, 그 결과 서로 다른 구조적, 기능적 특성을 갖는 풍부한 종류의 식물계 이소프레노이드가 만들어진다. 산화, 환원, 이성질체화와 변환 등이 이러한 2차 변형의 일종이다. 일부 테르페노이드 골격은 고도로 장식된다. 예를 들어, 주목(*Taxus*)에서 얻은 항암제인 **택솔(taxol)**은 디테르페노이드 핵(택사디엔, taxadiene; 표 15.4 참고)이 복잡한 양상의 수산화와 아실화에 의해 광범위하게 변형되어 있다. **사포닌(saponin)**과 **카데놀라이드(cardenolide)**는 초식자에 유독한 강력한 생물활성 화합물이다. 이 분자들에서, 기본 테르페노이드 구조는 **글리코실화(glycosylation)**에 의해 변형된다. 널리 사용되는 심장약 디지톡시제닌(digitoxigenin)은 당이 결합하지 않은 애이글라이콘(aglycone) 성분으로 디기탈리스(*Digitalis*), 폴스글로브의 카데놀라이드로부터 유도된다.

키포인트 이소프레노이드로도 불리는 테르페노이드는 1차와 2차 대사산물 모두를 포함한다. 이들은 C_5(프레닐) 단위의 사슬이며 C_5 헤미테르페노이드부터 천연 고무 같은 거대분자 폴리테르페노이드까지의 크기 범위를 갖는다. 테르페노이드는 흔히 특화된 샘, 구멍, 관 또는 수포 내에 축적되며 4-단계 과정을 통해 합성된다. 첫 번째 단계의 산물은 C_5 선구체인 이소펜테닐 이인산(IPP)과 이의 이성질체인 디메틸알릴 이인산(DMAPP)이다. IPP는 세포기질 메발론산 경로 또는 엽록체 DOXP 경로에 의해 합성된다. 두 번째 단계에서, IPP 단위가 DMAPP 프라이머에 축합되어 C_{10} 및 이보다 더 큰 테르페노이드가 만들어지며, 이 과정은 프레닐 전이효소가 촉매한다. 두 번째 단계의 중간산물은 제라닐, 파르네실, 그리고 제라닐제라닐 이인산이다. 파이토스테롤을 포함한 C_{30} 테르페노이드의 선구체인 스쿠알렌은 프레닐 트렌스퍼레이즈 스쿠알렌 신세이즈의 산물이다. 카로티노이드와 기타 C_{40} 테르페노이드의 기원인 파이토엔의 합성은 파이토엔 신세이즈가 촉매한다. 프레닐 이인산 산물은 세 번째 단계에서 특정 테르페노이스 신세이즈에 의해 테르페노이드 골격으로 변환되며, 이는 네 번째 단계 도중 2차 효소 변형을 겪게 된다. 택솔, 사포닌, 카데놀라이드는 네 번째 단계의 생물활성 산물의 예이다.

15.6 무생물적 스트레스에 대한 반응

무생물적 스트레스(**abiotic stress**)의 경험은 식물에 정상적인 것일 뿐만 아니라 환경 상태에 대한 정보를 감지하고 생존을 보장하는 데 필요한 생리적 적응에 대한 신호를 받는 핵심 경로이다. 반응은 스트레스의 강도와 지속 기간, 발달 단계, 조직 유형과 다수의 스트레스 간 상호작용에 의존한다. 스트레스 경험은 전형적으로 유전자 발현과 대사의 변화를 촉진한다. 반응은 15.2.4절에서 설명한 것처럼 흔히 2차 대사산물의 변화된 양상에 집중되며 궁극적으로 생리, 발달, 그리고 생활사의 국소적 또는 전신 변형으로 이어진다. 이번 절에서는 환경 속 **물리-화학적 변수들**(**physico-chemical variables**), 특히 물(결핍과 초과), 산소와 이의 반응성 유도체, 복사에너지(열과 빛 모두) 그리고 기계적 영향에 대한 식물의 반응을 살펴볼 것이다. 이번 논의는 각각의 인자 유형을 개별적으로 살펴보겠지만, 서로 다른 요인들이 식물 조직에 작용하는 일정 규모의 공통의 방식이 있다는 것을 아는 것이 중요하다. 예를 들어, 염해, 가뭄 스트레스와 동해는 모두 **탈수**(**dehydration**)로 인한 세포질 손상의 양상일 수 있다.

15.6.1 식물은 호환성 용질과 수송 과정, 유전자 발현에 있어서의 적응을 통해 수분 부족과 삼투 스트레스에 순화한다

수분 포텐셜(Ψ_w)을 포함하여 식물 세포에 의한 물 흡수를 지배하는 원리는 14장에서 논의했다. 식물 구조와 성장은 팽압에 의존한다(12장 참고). 식물의 수분 함량은 습윤 중량에서 건조 중량을 빼면 측정할 수 있다. 완전히 팽윤된 식물에 대한 **상대 수분함량**(**relative water content, RWC**)은 식물의 수분 수준을 측정하는 데 유용한 지표이다(식 15.11).

식 15.11 상대 수분함량

$$RWC = [(\text{fresh weight} - \text{dry weight})/(\text{turgid weight} - \text{dry weight})] \times 100$$

뿌리에서의 물 흡수와 줄기에서의 증산이 균형을 맞추고 있는 식물에서 잎의 RWC는 전형적으로 85-95% 범위에 있다. 특정 기관마다 매우 결정적인 RWC 값을 갖는데, 특정 수준 이하이면 조직이 죽는다. 이 값은 종마다 다양하지만 보통 50% 보다 낮다. 일반적으로, 토양의 수분 포텐셜이 떨어지면 식물의 RWC도 역시 감소한다. 이는 건조 또는 염분으로 인한 물 이용 가능성의 삼투적 제한의 결과로 일어날 수 있다. 그러나 대부분의 식물은 **삼투 활성 용질**(**osmotically active solute**)을 내부에 축적함으로써 수분 포텐셜을 조정할 수 있는 능력을 갖고 있다. 이는 Ψ_w를 감소시키고 토양과 세포 간 수분 포텐셜의 급격한 기울기를 따라 물이 지속적으로 유입되게 하며(14장 참고), 그렇게 함으로써 높은 수준의 RWC를 보존하고 생존 능력을 유지하게 하는 효과가 있다. 이제부터 삼투적 적응에 대한 세포생물학, 세포 내부로의 수분 흐름의 기작, 수분 스트레스와 관련된 유전자 발현의 산물과 조절, 수분 상태의 감지 및 신호전달 기작에 대해 논의한다.

물을 흡수하기 위하여 식물은 뿌리와 토양 사이의 수분 포텐셜 기울기를 유지해야 한다. **시들음**(**wilting**)은 잎과 줄기의 증산이 토양으로부터 수분 흡수 속도를 초과하는 초기 증상이다. 건조나 염 조건을 견디는 많은 식물들은 용질 포텐셜을 조절함으로써 RWC 감소의 유해한 효과를 회피한다. 삼투 적응은 세포의 삼투 농도를 증가시키고 탈수 손상으로부터 세포를 보호하는 화합물의 합성을 포함하는 일종의 순화 과정이다. 비교생리학 연구에 따르면 이들 화합물 중 일부는 식물 뿐만 아니라 세균과 동물에서도 순화 기능을 한다. 생명에 대한 물의 근본적인 중요성의 관점에서, 수분 포텐셜을 조절하는 세포 기작이 모든 살아 있는 생물체에서 일종의 공통성이 있다는 것은 놀라운 일이 아니다.

식물에서, 중앙 액포의 삼투 적응에 사용되는 화합물은 세포의 다른 부위에서 사용되는 것과는 다르다. 세포부피의 대부분을 차지하는 액포에서는 보통 무기염이 주요 삼투조절 물질이다. 액포 효소들은 높은 염 농도를 견뎌 낼 수 있다. 세포질과 기타 소기관에서, 높은 염 농도는 치명적이며 대신 작은 유기분자들이 사용된다. 세포질과 비-액포 소기관들에서 삼투 적응에 기능하는 화합물들을 **호환성 용질**(compatible solute) 또는 **삼투물질**(osmolyte)로 부른다. 이들은 상대적으로 소그룹의 화학적으로 다양하고 물에 녹는 유기 화합물들인데(그림 15.26) 세포 대사를 크게 방해하지 않고 고농도로 축적될 수 있다(이런 이유로 이름이 '호환성'임). 예를 들어, 염-스트레스를 받은 시금치 잎(그림 15.4D 참고)의 세포질과 엽록체는 250 mM 이상의 **글리신 베테인**(glycine betaine)을 축적하는데, 액포 액에서의 이 삼투물질의 농도는 매우 낮다. 세포 내부 및 세포 사이에서 삼투물질의 이동과 차등적 분포는 막-결합 운반체에 의해 조절된다. 호환성 삼투물질의 축적은 다른 스트레스에 대한 방어에도 추가적으로 이로울 수 있다. 예를 들어, **만니톨**(mannitol)과 **프롤린**(proline)(그림 15.26)은 수산화 라디칼의 청소부이며 활성 산소의 효과를 완화시키는 역할을 한다(15.6.3절 참고).

프롤린 같은 일부 호환성 용질은 식물계를 통해 광범위하게 나타난다. 다른 것들은 분포에 있어서 더 제한적이다. 예를 들어, β-알라닌 베테인(**β-alanine betaine**; 그림 15.26)은 갯질경이과의 일부 종에서만 발견된다. 중합체에서 유래한 단량체 당, 특히 전분에서 유래한 포도당과 프락탄에서 유래한 과당은 스트레스 조건하에서 효과적인 호환성 용질로 작용할 수 있다. 용질 축적을 위한 서로 다른 기작이 알려져 있다. 어떤 경우에는 비가역적 합성이 일제히 일어난다. 다른 경우에는 분해보다는 합성 쪽으로 정상 전환하여 용질을 늘린다. 전분으로부터 유래한 포도당은 스트레스가 완화됐을 때 손쉽게 재중합될 수 있는 삼투적 불활성 중합체로부터 풀려 나온 용질의 한 예이다.

물 제한에 대한 호환성 삼투물질의 대량 합성은 **글리신 베테인**(glycine betaine, GB)의 경우로 도해했다(그림 15.26). 글리신 베테인은 4 암모늄 화합물로서 광범위한 범위의 동물, 세균, 일부 **염생**(halophytic; 염-내성)과 건조-내성 속씨식물에서 호환성 용질로서 작용한다. 속씨식물에서는 주로 엽록체 내에 풍부한데, 틸라코이드 막의 통합적 상태를 보호함으로써 삼투 스트레스 하의 광합성 효율을 유지시킨다. 옥수수(*Zea mays*), 사탕무(*Beta vulgaris*), 보리(*Hordeum vulgare*), 시금치(*Spinacia oleraceae*) 같은 종들은 염, 가뭄 또는 저온 스트레스에 반응하여 글리신 베테인을 자연적으로 축적한다. GB는 엽록체에서 **콜린**(choline)으로부터 합성되며, 이는 아미노산 세린과 막 인지질의 전환체로부터 유도된다. 콜린은 광합성을 통해 환원된 페레독신을 공동-기질로 사용하는 모노옥시지네이즈(monooxygenase)에 의해 탈수소화되어 **베테인 알데히드**(betaine aldehyde)가 된다. 그 다음 베테인 알데히드는 베테인 알데히드 디하이드로지네이즈(betaine aldehyde dehydrogenase)에 의해 GB로 전환된다(그림 15.27). 콜린 공급은 흔히 GB 생합성의 속도-결정 단계이다. 두 효소의 활성과 이 효소를 암호화하는 유전자의 mRNA 전사체는 삼투 스트레스 조건 하에서 현저하게 증가한다. 전사체 수준은 스트레스가 제거되면 감소하지만 분해 경로가 없으면 GB의 축적 자체는 비가역적이다. GB 생합성의 기타 경로들도 알려져 있지만 콜린에서 시작하는 경로는 GB를 축적하는 모든 식물 종에서 공통적이다. 정상적으로는 GB를 축적하지 못하는 식물에 GB 생합성 유전자를 유전적으로

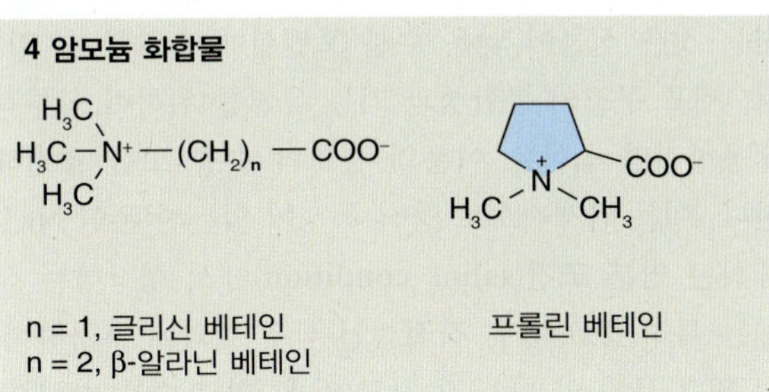

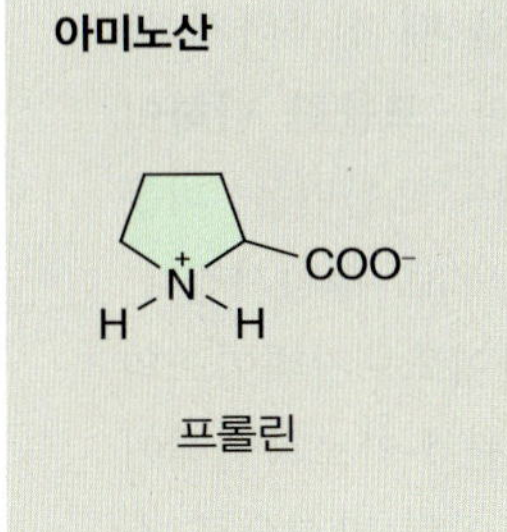

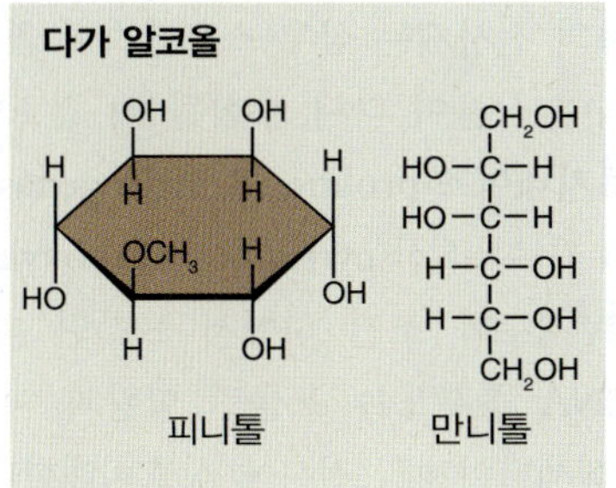

그림 15.26 흔한 세포 삼투물질의 구조

도입시키면 삼투 스트레스에 대한 내성이 증진된다.

아미노산 프롤린(그림 15.26 참고)은 다양한 환경 스트레스에 반응하여 세포질에 축적되는 호환성 삼투질의 한 예이다. GB와는 달리 프롤린은 스트레스가 줄어들면 신속하게 대사되며 이의 분해 산물은 회복과 복구에 필요한 에너지로 기여한다. 삼투질로서의 역할에 추가하여, 프롤린은 단백질, 막, 기타 세포 구조의 안정화를 돕고, **자유 라디칼의 청소부**로 작용하며, 산화환원 수준과 pH 조건의 변동에 대한 세포 대사를 완충한다. 뿐만 아니라, 많은 염 스트레스-반응 유전자의 발현은 프롤린 반응 요소를 갖고 있는 프로모터의 조절 하에 있다고 알려져 있다. 식물에는 서로 다른 두 가지 **프롤린 생합성 경로**가 있다. 아미노산 오르니틴에서 유래하는 경로는 세균에서도 작동하는 경로인 글루탐산으로부터 유래하는 주요 경로(식 15.12) 보다는 덜 이해되고 있다.

식 15.12 글루탐산으로부터 프롤린의 합성

15.12A Δ^1-피롤린-5-카르복실레이트-신세타아제

$$\text{Glutamate} + \text{ATP} + \text{NADPH} + \text{H}^+ \rightarrow$$
$$\text{glutamate } \gamma\text{-semialdehyde} + \text{ADP} + \text{NADP}^+ + \text{P}_i$$

15.12B 글루타메이트 γ-세미알데히드의 자발적 고리화

$$\text{Glutamate } \gamma\text{-semialdehyde} \rightleftharpoons$$
$$\Delta^1\text{-pyrroline-5-carboxylate} + \text{H}_2\text{O}$$

15.12C Δ^1-피롤린-5-카르복실레이트 리덕테이즈

$$\Delta^1\text{-pyrroline-5-carboxylate} + \text{NADPH} + \text{H}^+$$
$$\rightarrow \text{proline} + \text{NADP}^+$$

2중 기능 효소인 Δ^1-피롤린-5-카르복실레이트 신세타아제(Δ^1-pyrroline-5-carboxylate synthetase)에 의한 글루탐산 γ-세미알데히드(**glutamate γ-semialdehyde, GSA**)의 형성은 반응속도-제한 단계이며 프롤린에 의한 **알로스테릭 피드백 조절**을 받는다. 조직의 프롤린 수준과 함께, Δ^1-피롤린-5-카로복실레이트 신세타아제를 암호화하는 유전자의 전사체는 삼투 스트레스에 처했을 때 신속하게 축적되며 식물이 다시 수화될 때 감소한다. **프롤린 디하이드로지네이즈(proline dehydrogenase)**는 프롤린을 피롤린-5-카르복실산(pyrroline-5-carboxylate)으로 전환시킨다. 탈수/재수화 조건 하에서 프롤린 디하이드로지네이즈의 mRNA 풍부도는 프롤린 함량과 피롤린-5-카르복실레이트 신세타아제의 전사에 상호비례한다. 이런 방식으로 스트레스-민감성 합성과 대사의 균형을 잡음으로써 **대사 전환(metabolic turnover)**를 통해 프롤린 함량이 효과적으로 조절될 수 있다.

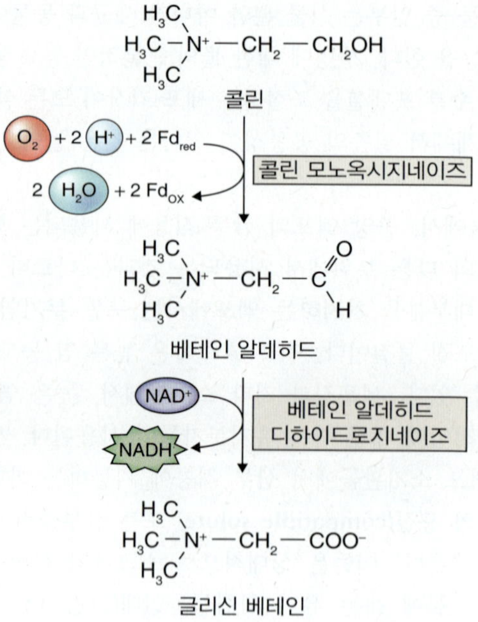

$H_3C-N^+(CH_3)_2-CH_2-CH_2OH$

콜린

$O_2 + 2\,H^+ + 2\,Fd_{red}$ → $2\,H_2O + 2\,Fd_{ox}$ (콜린 모노옥시지네이즈)

$H_3C-N^+(CH_3)_2-CH_2-CHO$

베테인 알데히드

NAD^+ → NADH (베테인 알데히드 디하이드로지네이즈)

$H_3C-N^+(CH_3)_2-CH_2-COO^-$

글리신 베테인

그림 15.27 콜린으로부터 글리신 베테인의 생합성

호환성 삼투질의 마지막 그룹은 **다가 알코올(polydydric alcohol)**로서 만니톨과 **피니톨(pinitol**; 그림 15.26 참고)을 포함한다. 당 알코올인 만니톨은 셀러리(*Apium graveolens*) 같은 일부 식물 종에서 탄수화물의 상당 부분을 차지한다. 만니톨은 소비 속도의 저하와 선구체에 대한 **설탕 합성(sucrose synthesis)**과의 경쟁 감소의 결과에 따른 삼투 스트레스에 반응하여 축적된다. 소나무과, 콩과, 석죽과의 염생 및 건조에 적응한 종들은 특징적으로 고리형 당알코올 피니톨을 고농도로 갖는다. 피니톨은 엽록체와 세포질에 위치하지만 액포에는 없다. 피니톨 합성은 **전사 수준에서 조절된다(transcriptionally regulated)**. 피니톨, 만니톨 또는 프롤린을 축적하도록 유전적으로 조작된 식물체는 삼투 스트레스에 대한 저항성이 강화된다.

가뭄과 염 스트레스에 대응하여 호환성 삼투질을 축적하는 것은 식물이 낮은 수분 포텐셜에 순화할 수 있게 한다. 세포 구조의 통합성과 기능 유지를 위하여 삼투적으로 적응하려면 식물은 이온의 농도와 수송 또한 조절해야만 한다. 이는 잠재적으로 양적 독성이 있는 이온인 Na^+가 존재하는 **염분 조건(saline condition)**에서 성장하는 식물에게는 특히 중요하다. 직접적인 삼투 효과에 추가하여 Na^+는 필수 무기 양분(13장 참고)인 K^+의 흡수를 방해하기 때문에 유독할 수 있다. 식물에서는 Na^+-선택적 이온 채널은

발견되지 않았다. 원형질막을 가로지르는 Na^+ 유입의 주요 경로는 **전압-독립 비특이적 양이온 채널(voltage-independent non-specific cation channel, VI-NSCCs)**이다. 세포내 Ca^{2+} 수준은 Ca^{2+}가 VI-NSCCs의 활성을 차단하기 때문에 Na^+ 유동에 직접적인 영향을 준다. 원형질막을 가로질러 Na^+를 능동 배출하는 것은 세포질 내에 Na^+가 축적되는 것을 상쇄시킨다. 추가적으로, 액포의 **Na^+/H^+ 교환수송체(Na^+/H^+ antiporter)**는 염 스트레스에 대응하여 활성화되어 세포질 Na^+를 액포 내부로 이동시킨다.

호환성 삼투질의 축적과 이온의 재분배와 같은 가뭄과 염에 대한 순화 반응은 무생물 스트레스에 민감한 조절 네트워크의 지배를 받고 있는 유전자 발현의 변화와 관련되어 있다. 물-부족 조직과 물-충분 조직 간의 전반적인 전사 양상을 비교한 결과 다양한 스트레스-유도(stress-inducible) 유전자가 밝혀졌는데, 이들 중 많은 것들이 순화 과정에서 확인 가능한 역할을 한다. 이 유전자들의 단백질 산물들은 대략 두 집단으로 구분할 수 있다(그림 15.28). **기능(functional)** 집단은 샤페론(chaperone), 아쿠아포린(aquaporin), 당과 프롤린 운반체, 해독 효소와 다양한 프로테아제들을 포함한다. **조절(regulatory)** 집단은 신호 전달과 스트레스-반응 유전자 발현을 추가 조절하는 데 관여하는 단백질 인자로 구성되며 전사인자, 카이네이즈와 포스파테이즈, 인지질 대사 효소, 칼모듈린 체계의 구성원(13장 참고) 등을 포함한다.

기능적 유전자 산물 중 **배발생 후기-풍부(late embryogenesis-abundant, LEA) 단백질**은 식물의 생활사 동안의 스트레스 반응 전반에 걸쳐 특히 흥미롭다. 종자는 휴면과 산포를 준비하기 위하여 건조되기 때문에 탈수는 배 성숙의 정상 단계이다. 탈수-관련 *LEA* 유전자의 발현 유도는 종자 성숙 연구에서 처음 확인되었지만, 곧이어 수분 결핍에 처한 영양 조직에서도 LEA 단백질이 증가한다는 것이 관찰되었다. 약 400종류의 LEA 단백질이 최대 7개 집단으로 분류되는데, 이들은 유래한 종과 구조 모티프가 서로 다르다. LEA 단백질은 높은 친수성과 6% 이상의 글리신 함량을 특징으로 하는 **하이드로필린(hydrophilin)**으로 불리는 널리 분포하는 단백질 집단의 구성원이다. 하이드로필린은 고세균과 진정세균, 그리고 진핵생물에 걸쳐 나타나며 보편적인 스트레스-반응 기작의 구성 요소인 것으로 여겨진다. 한 종에서 다른 종의 *LEA* 유전자를 과발현시키면 식물, 세균, 효모에서 가뭄 및 염 저항성이 높아지는 것이 관찰되었다. 그러나 효과가 없거나 악영향이 있다는 보고도 있다. LEA 단백질이 어떻게 작동하는지 명확하지 않다. 많은 LEA 단백질이 세포 외(*in vitro*)에서 탈수-유발 **효소 불활성화(enzyme inactivation)**에 대한 보호 작용을 한다는 것이 입증되었다. 서로 다른 LEA 단백질 군의 구성원 사이에 공통의 분자 모티프가 있다는 것은 대부분의 LEA 단백질이 본질적으로 비구조 단백질로서 용액 내에서 주로 불규칙 코일로 존재함을 나타낸다. LEA 단백질은 이들의 목표 효소를 포위하고 물이 풍부한 환경을 유지하게 함으로써 단백질의 원래 상태를 보존하게 하여 효소 불활성화를 막는다. LEA 단백질은 또한 탈수된 세포질 내에서 강한 수소결합 네트워크를 형성하여 잔존 수분을 유지시키고 세포 구조를 안정화시킨다.

그림 15.28에서 보여주는 것 같이, 호르몬 **앱시스산(abscisic acid, ABA)**은 수분 제한에 대한 식물의 반응에 역할을 한다. 가뭄과 높은 염은 유전자 발현과 순화적 및 적응적 생리 반응의 주요 변화에 동반하여 세포내 ABA 함량을 크게 증가시킨다. ABA 생합성이 결여된 돌연변이체는 가뭄에 반응하지 못한다. 공변세포에서 ABA에 의해 촉발되는 이온 유동의 변화로 매개되는 기공 폐쇄는 수분 제한에 대한 신속한 반응이다(14장 참고). ABA-결핍 돌연변이체는 증산이 통제되지 않기 때문에 비정상적으로 **시들시들(wilty)**하다. 가뭄은 멀리 떨어진 곳에서도 ABA 생합성을 자극할 수 있는 즉각적인 **수압 신호(hydraulic signal**; 아마도 물관 장력의 신속한 변화)를 보낸다. ABA는 일차적으로 관다발계에서 만들어지며 신속하게 주변 조직으로 분배된다. 수분 부족에 반응하여 합성된 ABA는 수분이 보충되면 즉시 분해된다. ABA 대사의 핵심 효소인 **앱시스산 8′-하이드록실레이즈(abscisic acid 8′-hydroxylase)**는 관다

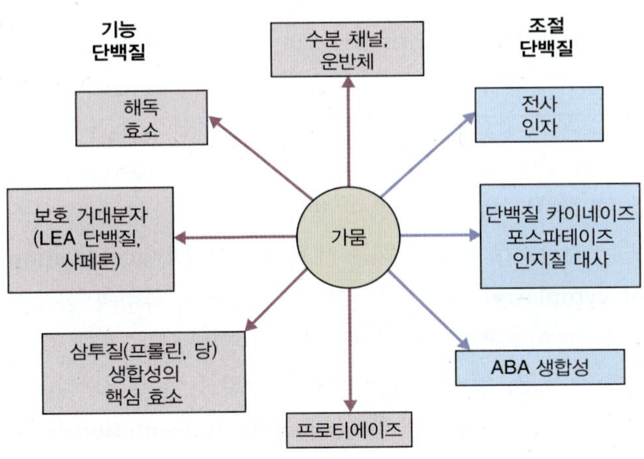

그림 15.28 가뭄 스트레스-유도 유전자는 이들의 산물이 스트레스 반응을 수행하는 종류(기능 단백질)와 신호전달 및 유전자 발현 조절에 관련되어 있는 종류(조절 단백질)로 구분된다.

발 조직과 공변세포에서 높은 습도에 노출되면 몇 분 이내에 활성화되어 불활성의 파세인산(phaseic acid)을 만들어 낸다.

외부에서 ABA를 처리하면 호환성 용질 대사 효소를 암호화하는 유전자를 포함한 몇 가지 가뭄-민감성 유전자가 발현된다. 예를 들어, 프롤린-합성 효소인 Δ^1-피롤린-5-카르복실레이트 신세타아제(Δ^1-pyrroline-5-carboxylate synthetase; 식 15.12A 참고)를 암호화하는 유전자인 *P5CS1*은 **bZIP**(기본 류신 지퍼 도메인) **전사인자**(**transcription factor**) 중 ABA-반응 소집단에 의해 조절된다. bZIP-결합 **ABA 반응 요소**(**ABA responsive element**)는 밀의 LEA인 Em의 유전자에서도 확인되었다. MYC, MYB, NAC 전사인자들도 가뭄과 염 스트레스에 대한 반응 및 내성에 대한 ABA의 조절에 관련되어 있다. 그러나 ABA가 모든 스트레스-유도 유전자를 조절하지는 않는다. 많은 탄수화물-관련 호환성 용질, 특히 **라피노오스**(**raffinose**) 계통의 올리고당류의 축적은 **ABA-독립 경로**(**ABA-independent pathway**)를 거쳐 일어난다. 이 경로의 유전자들은 프로모터 영역에 가뭄-반응 인자를 가지고 있으며 아마도 별개의 또는 상호작용하는 신호전달 네트워크에 의해 조절된다.

키포인트 팽압은 식물의 구조와 성장에 필수적이다. 조직은 수분 함량이 임계 수준 아래로 떨어지면 죽는다. 식물은 삼투 활성 용질을 축적함으로써 불충분한 수분 이용률에 순화한다. 호환성 용질(삼투질)은 세포질과 세포소기관에 위치한다. 특정 운반체는 삼투질을 막을 가로질러 이동시킨다. 식물과 기타 생물체에서 호환성 삼투질인 글리신 베타인은 수분 제한에 반응하여 합성된다. 이는 주로 엽록체 내에서 합성되고 축적되며 틸라코이드의 구조와 기능을 보호한다. 삼투 스트레스는 글리신 베타인 생합성과 관련된 유전자의 발현을 증가시킨다. 세포질 호환성 삼투질로서 이의 대사 변동이 수분 이용률에 민감한 프롤린은 세포내 구조를 안정화시키고 자유 라디칼을 청소하며 스트레스-반응 유전자를 전사적으로 조절한다. 어떤 종들은 삼투 스트레스에 반응하여 삼투질인 만니톨과 피니톨을 축적한다. 염 조건은 흔히 삼투 스트레스와 Na^+ 독성을 일으킨다. 가뭄과 염에 대한 순화는 다양한 범위의 해독, 효소, 수송체, 방어 단백질들을 암호화하는 기능적 유전자의 발현과 관련되어 있다. 이들 중 배발생-후기 풍부 단백질이 삼투로 인한 손상으로부터 세포 구조를 안정화시킨다. 수분 스트레스에 대해 반응하는 조절 유전자는 다양한 신호전달 요소와 전사인자를 암호화한다. 앱시스산은 호환성 용질과 방어 단백질의 합성에 필요한 기능 및 조절 유전자의 발현에 중요한 영향을 미치는 호르몬이다. 앱시스산은 또한 기공 공변세포의 개폐 동안 이온 유동을 조절한다.

15.6.2 홍수는 식물에서 산소를 빼앗아 호흡 과정과 유전자 발현 및 구조의 순화적 변화에 영향을 준다

이제 수분 과다로 인한 문제를 살펴보자. 대부분의 진핵생물처럼 식물도 **완전 호기성**(**obligate aerobe**) 생물이다. 공기 중 산소의 확산 계수는 수중보다 약 10,000배 크기 때문에 홍수는 O_2의 토양 내 유입을 막아 뿌리와 지하경이 호흡을 할 수 없게 한다. 정상적인 유기 호흡은 6탄당 1몰당 32몰의 ATP를 얻는 데 비해 무산소 호흡은 단지 2몰의 ATP만 생산한다(7장 참고). 단기간의 홍수에서 생존하려면 식물은 충분한 ATP를 만들고, $NADP^+$와 NAD^+를 재생하며, 독성 대사산물의 축적을 막을 수 있어야 한다. 홍수는 발효성 호흡과 알코올 형성, 그리고 파스퇴르 효과(7장 참고)를 활성화시킨다. 수중이나 습지 또는 물가에서 사는 많은 종들이 주기적이거나 지속적인 침수 조건 하에서 생존 또는 생육할 수 있게 하는 적응 기구를 진화시켜 왔다. 그러나 홍수에 대한 저항성은 유관속 식물에만 한정된다. 식생 양상을 결정하는 생태적 중요성 뿐만 아니라 침수 토양은 **작물 생산성**(**crop yield**)을 심각하게 감소시키기 때문에 홍수에 대한 반응은 농업적으로도 중요하다.

식물 또는 세포의 산소 수준은 **정상산소**(**normoxic**; 정상 O_2 수준), **저산소**(**hypoxic**; 감소된 O_2 수준), 또는 **무산소**(**anoxic**; O_2 결핍)로 정의될 수 있다(표 15.5). 주기적인 산소 부족은 산소 대사로부터 무산소 대사로의 전환을 일으킨다. 즉, 처음에는 O_2 부족에 대한 직접적인 대사 반응이 나타나며, 그 다음은 유전자 발현의 변화가 뒤따른다. 오랜 기간이 지나면 저산소 또는 무산소 조건에 대한 순화가 발달 행동, 형태 및 해부학적 구조에 있어서의 변화를 포함하는 발달적 반응의 형태에 이를 수 있다. 무산소 또는 저산소로 인한 상해는 **세포질의 산성화**(**acidification of cytoplasm**) 때문인데, 그 결과 단백질 합성의 심각한 감소, 마이토콘드리아 분해, 세포 분열과 신장 억제, 이온 수송의 교란, 뿌리 생장점 세포의 사멸 등이 일어난다. 홍수-내성 식물은 **에탄올 발효**(**ethanolic fermentation**)를 통해 세포질의 산성증을 회피하며 단기간의 침수 동안 ATP를 계속 만들어 낼 수 있다. 예를 들어, 옥수수(*Zea mays*)

표 15.5 산소 부족에 대한 호흡 대사의 반응

산소 상태	대사에 대한 효과
정상산소 (호기성)	유산소 호흡 정상 진행. 거의 모든 ATP는 산화적 인산화 결과로 생성됨
저산소	불충분한 O_2 압력이 산화적 인산화에 의한 ATP 생성을 제한함. 정상 조건에서보다 ATP 산출량에서 더 많은 부분을 해당과정이 차지함. 대사와 발달 변화가 자극되어 저산소 환경에 적응하게 됨
무산소 (혐기성)	ATP는 해당과정을 통해서만 생성됨. 세포는 ATP 함량이 낮고, 단백질 합성이 줄어들며 분열과 신장에 장애가 생김. 무산소 조건이 지속되면 많은 식물 세포가 죽음

유식물체는 최대 5일 까지 상해를 겪지 않고 무산소 상태에서 생존할 수 있다. 저산소에 한 번만 노출되어도 그 이후 일정 기간 동안 무산소 상태를 겪어도 생존율이 크게 높아지는데, 이를 고전적인 순화 또는 강화 반응이라고 한다. 저산소 상태를 미리 처리하면 그 결과 헥소카이네이즈(hexokinase), 프락토카이네이즈(fructokinase), 피루베이트 카이네이즈(pyruvate kinase)와 해당 과정 및 에탄올 발효의 기타 효소들의 활성이 크게 높아진다(7장 참고). 이는 순차적으로 당 분해, ATP 생산, 세포질을 산성화시키는 젖산의 생산을 자극한다. 유산소 대사로부터 해당적 발효로의 전이는 유전자의 발현 양상과 활성을 신속하게 극적으로 변화시키는데, 이는 전사 수준과 전사 후 수준 양쪽에서 조절된다.

식물이 산소 결핍을 감지하는 기작은 자세히 알려져 있지 않지만 **활성 산소종(reactive oxygen species, ROS**; 15.6.3절 참고)과 관련된 대사 및 신호전달 네트워크가 상호작용한다는 뚜렷한 증거가 있다. 산소 결핍은 대부분의 유전자 발현을 억제하지만 설탕과 전분 분해, 해당과정 및 에탄올 발효 관련 효소를 암호화하는 유전자를 포함한 중요한 일부 유전자의 발현은 강화한다. 알코올 디하이드로지네이즈(alcohol dehydrogenase)의 동위형들은 프로모터 서열의 차이로 인하여 유산소 세포와 무산소 세포에서 차등적으로 발현된다. 많은 저산소-자극 유전자의 프로모터에는 무산소-반응 전사 조절자인 **ERF(ethylene responsive factor)** 군과 상호작용하는 소위 무산소 반응 요소가 있다.

장기간의 범람에 적응한 습지 식물들은 침수 토양에서 생존할 수 있게 하는 해부학적, 형태적, 생리적 특성을 가지고 있다. 범람과 장기간의 무산소 조건에 대한 특히 놀라운 구조적 반응은 **통기조직(aerenchyma)**의 분화이다. 통기조직은 뿌리 피층 조직 내에 발달하는 연속적인 원주형 세포내 공간으로서 공기가 있는 구조로부터 침수되어 있는 뿌리로의 O_2 운반을 촉진한다. 에틸렌의 조절 하에 통기조직을 만드는 것은 **예정 세포사(programmed cell death)**의 한 예이다. 예정 세포사는 18장에서 더 자세히 논의되어 있다. 기타 적응 특성으로는 **부정근(adventitious root)**, 무산소 토양으로의 O_2 손실을 감소시켜 주는 뿌리 **하피(hypodermis)**의 비후, 그리고 **피목(lenticel**; 기체 교환을 가능하게 하는 줄기 주피의 구멍) 등이 있다. 또한 일부 식물들은 물 바깥쪽으로 굴중성에 반하여 자라는 얕은 뿌리인 **호흡근(pneumatophore)**을 만든다.

벼(*Oryza sativa*)는 전 세계의 많은 사람들에게 가장 중요한 주식이다. 헥타르당 벼 수확량은 1960년대 이래 2배 이상 증가했지만 이번 세기의 중간까지 계획된 영양 요구량을 맞추기 위해서는 추가적인 증산이 필요하다. 아시아 지역의 30% 이상 그리고 아프리카 벼의 40%가 물 깊이가 15 cm부터 50 cm 이상인 논에서 자라고 있다. 고수확 벼 변종들은 깊은 물 속과 장시간의 침수에서는 생존할 수 없다. 깊은 물에 적응했거나 침수-내성이 있는 벼 변종들은 홍수를 견딜수 있지만 생산성이 낮아지는 경향이 있다.

깊은 물에서 사는 벼는 천천히 차오르는 범람한 물 위로 자라올라 생존하는데, 그 길이가 4m에 달할 수 있다. 이에 대비되는 침수-저항성 벼의 전략은 신장을 억제하고 생장 정지 상태에 들어가는 것이다(그림 15.29). 식물의 키에 대한 지베렐린과 '녹색 혁명' 유전자인 *Rht* 군의 조절은 12장에 자세히 설명되어 있다. 깊은 물에서 사는 벼의 신장 성장은 ***SNORKEL***과 ***SUBMERGENCE***라는 에틸렌 반응 전사인자 유전자의 조절을 받는다. *SNORKEL1*과 *SNORKEL2* (*SK1* and *SK2*)에 암호화되어 있는 전사인자는 에틸렌에 의해 활성화되며 지베렐린(GA)-자극성 신장 성장을 촉진한다. 침수 조직에 축적되는 에틸렌은 또한 GA 작용의 음성 조절자인 ABA의 합성을 억제하며 분해를 촉진한다. 생장 정지 전략에서, 에틸렌에 의해 유도된 SUBMERGENCE (SUB1A-1) 전사인자는 *SLENDER RICE-1* (*SLR1*)과 *SLR LIKE-1* (*SLRL1*)을 발현시켜 GA-매개 성장을 억제한다. 보통은 홍수에 내성이 없는 고수확 변종에 *SK* 또는 *SUB* 유전자를 도입하면 경작 한계지에서 생산되는 벼의 품질과 수량을 획기적으로 증진시키는데 기여할 수 있을 것으로 전망되고 있다.

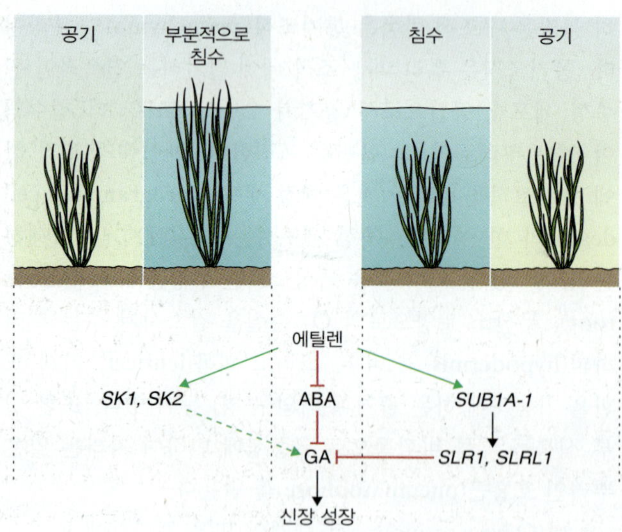

그림 15.29 홍수에 대한 반응에 있어서 벼의 적응 전략. 깊은 물에 사는 벼의 탈출 전략(왼쪽 그림)은 두 *SNORKEL* 유전자인 *SK1*과 *SK2*의 영향을 받는다. 침수-내성 변종(오른쪽 그림)에서, 생장 정지는 에틸렌-민감성 *SUBMERGENCE* 유전자 *SUB1A-1*과 키-결정 유전자 *SLR1*과 *SLRL1* 사이의 상호작용의 결과이다. 앱시스산(ABA)은 지베렐린(GA)-매개 성장을 억제한다. 침수 조건하에서 축적된 에틸렌은 ABA 합성을 억제하고 ABA 분해는 자극하여 신장을 촉진한다.

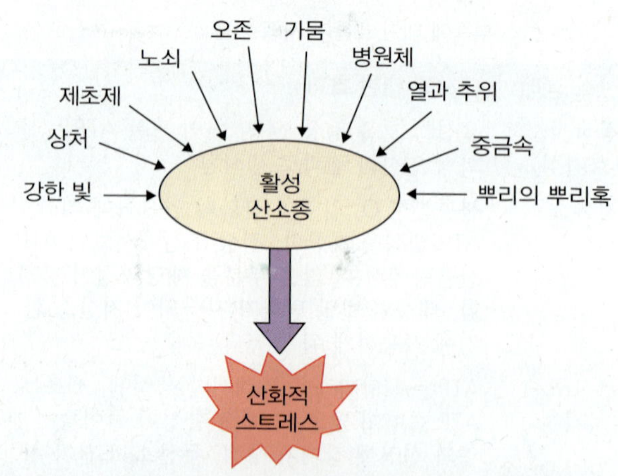

그림 15.30 활성 산소종에 의해 매개되는 산화적 스트레스는 환경에서 불리한 생물 및 무생물적 인자에 대한 모든 범위의 식물 반응의 기저를 이루고 있다.

15.6.3 활성 산소종은 다양한 스트레스에 반응하는 식물의 일반 인자로서 항산화 시스템을 조절할 뿐만 아니라 이의 조절을 받기도 한다

산소 분자(O_2)는 지구 대기의 약 20%를 차지한다. 생물체는 최초의 산소 광독립생물이 27억 년 전에 진화한 이래 대기 산소에 계속 노출되어 왔다. 부분적으로 환원된 많은 산소 유도체들은 반응성이 매우 높고 세포에 잠재적으로 유독하기 때문에 진화를 통해 모든 호기성 생물들은 **활성 산소종**(**reactive oxygen species, ROS**)을 감지하고, 청소하고, 제거하는 효과적인 기작을 갖추고 있다. ROS는 식물체에서 다양한 생리적 역할을 한다. 활성 산소는, 예를 들어, 리그닌 형성과 같은 수 많은 중요한 생화학 반응의 기질이다. ROS는 또한 신호전달 네트워크, 대사와 발달의 산화환원 조절과 생물 스트레스에 대한 반응에 참여한다. 여기에서 논의하는 가장 중요한 점은, 많은 환경 인자들이 지질과 핵산, 단백질에 대해 고도로 파괴적인 활성 산소종의 형성을 촉진하여 세포를 손상시키거나 죽게 한다는 것이다. ROS가 매개하는 산화적 스트레스는 대기 오염, 산화제-형성 제초제, 중금속, 가뭄, 열과 한냉, 상처, 자외선과 과도한 가시광선에 대한 역반응의 공통 인자이다(그림 15.30).

활성 산소의 다양한 형태를 표 15.6에 나타냈다. **일중항 산소**(**singlet oxygen**)는 광민감화 산물이며 15.6.6절에서 빛에 대한 반응에서 논의한다. 여기에서는 **과산화물**(**superoxide**) 음이온($O^{\bullet -}$), **과산화수소**(**hydrogen peroxide**, H_2O_2)와 **오존**(**ozone**, O_3)의 생물학적 효과와 대사를 살펴볼 것이다. 반응성이 높은 이러한 분자들의 상호 변환, 청소 및 제거는 **항산화**(**antioxidant**) 효소와 다양한 세포 구획 내에 존재하는 비효소성 항산화 화합물로 구성되어 있는 방어 체계가 담당한다. 그림 15.31은 식물의 주요 항산화 체계의 활성과 구성원을 요약하고 있다. 항산화 물질과 항산화 효소의 합성을 증가시키기 위하여 선발하거나 유전적으로 조작한 식물체에서 산화적 스트레스에 대한 내성 증진이 관찰됨으로써 이 체계가 핵심적으로 중요하다는 점이 명확해졌다.

과산화물은 엽록체와 마이토콘드리아의 전자 전달계뿐만 아니라 NAD(P)H 옥시데이즈(oxidase), 크산틴 옥시데이즈(xanthine oxidase), 리폭시지네이즈(lipoxygenase), 사이토크롬 P450 모노옥시지네이즈(cytochrome P450 monooxygenase)를 포함한 다양한 효소의 산물이다. 과산화물 음이온은 또한 전자가 광계 I로부터 산소로 직접 전달되는 소위 **Mehler 반응**(**Mehler reaction**)에 의해 엽록체에서 만들어진다.

과산화수소는 과산화물 **불균등변화**(**dismutation**)로 알려져 있는 반응, 즉 한 화학물질이 동시에 산화와 환원되어 2개의 서로 다른 산물을 형성하는 반응을 통해 과산화

표 15.6 활성 산소의 형태

화합물	약식 기호	기원
분자 산소(삼중 기저 상태)	O_2; $^3\Sigma$	산소 기체의 가장 일반적인 형태
일중항 산소(첫 번째 들뜬 일중 상태)	$^1O_2$; $^1\Delta$	자외선 조사, 광억제, 광계 II e^- 전달 반응(엽록체)
과산화물 음이온	$O_2^{\bullet-}$	마이토콘드리아 e^- 전달 반응, 엽록체에서 Mehler 반응(광계 I의 철-황 중심 F_x에 의한 O_2의 환원), 글리옥시좀의 광호흡, 퍼옥시좀 활성, 원형질막, 파라콰트의 산화, 질소 고정, 병원체에 대한 방어, 아포플라스트 공간에서 O_3와 OH^-의 반응
과산화수소	H_2O_2	광호흡, β-산화, $O_2^{\bullet-}$의 양성자-유발 분해, 병원체에 의한 방어
수산화 라디칼	$HO^{\bullet-}$	아포플라스트 공간에서 양성자가 있을 때 O_3의 분해, 병원체에 의한 방어
과수산화 라디칼	$HO_2^{\bullet-}$	아포플라스트 공간에서 O_3와 OH^-의 반응
오존	O_3	성층권에서 방전 또는 자외선 조사, 대류권에서 화석 연료 연소 산물의 반응과 자외선 조사

물로부터 형성된다. H_2O_2와 O_2를 생산하는 $O^{\bullet-}$와 H^+ 사이의 생화학 반응은 **수퍼옥사이드 디스뮤테이즈**(**superoxide dismutase, SOD**; 그림 15.31) 효소에 의해 촉매된다. 서로 다른 SOD들은 이들의 금속 조효소와 세포내 위치로 구별된다. **Cu/Zn SOD**는 세포질, 퍼옥시좀, 색소체에서 나타나며 뿌리혹에서도 발견된다. **Mn SOD**는 마이토콘드리아에 있으며, **Fe SOD**는 색소체에 위치한다. H_2O_2 또한 광합성과 광호흡(9장 참고) 뿐만 아니라 포도당 옥시데이즈(glucose oxidase), 아미노산 옥시데이즈(amino acid oxidase), 세포벽-결합 퍼옥시데이즈(peroxidase), 원형질막 NADPH 옥시데이즈를 포함한 다수의 효소의 정상 산물이다. H_2O_2의 효소적 해독은 **카탈레이즈**(**catalase**)를 거치거나 **아스코베이트 퍼옥시데이즈**(**ascorbate peroxidase**), **모노디하이드로아스코베이트 리덕테이즈**(**monodehydroascorbate reductase**), **디하이드로아스코베이트 리덕테이즈**(**dehydroascorbate reductase**) 그리고 **글루타치온 리덕테이즈**(**glutathione reductase**)에 의해 촉매되는 산화환원 회로를 통해 일어난다(그림 15.31). **아스코브산**(**ascorbate**, 비타민 C)은 이 회로의 반응 물질 중 하나로 수용성이며 세포질, 색소체, 액포와 아포플라스트에 걸쳐 분포하는 당질산의 항산화제이다. 또 다른 반응 물질의 하나인 **글루타치온**(**glutathione**; 13장 참고)은 트리펩티드의 티올 항산화제로 세포질, 마이토콘드리아와 색소체에서 발견된다. 다른 산소 활성형과는 달리 H_2O_2는 불안정하거나 단명하지 않으며 스트레스를 받지 않은 식물 조직에서도 정상적인 측정 가능한 구성요소이다. 그러나 전이금속 이온이 있을 때와 같은 특정 상황 하에서(**Fenton 반응**; 13장 참고) H_2O_2는 극도로 해로운 히드록시기($HO^{\bullet-}$)와 퍼히드록시기($HO_2^{\bullet-}$ 라디칼)의 원천이 된다.

오존은 ROS로 매개되는 산화적 스트레스에 의해 생물체에 해를 입히는 오염물질이다. 오존은 **성층권**(**stratosphere**)의 정상 구성원으로서 이곳에서 유해한 자외선 복사로부터 지구를 차폐하는 필수 역할을 수행한다. 그러나 하층 대기(**대류권, troposphere**)에서 생물체는 점점 더 해로운 수준의 오존에 노출되고 있는데, 오존은 태양 자외선 하에서 O_2와 인위적으로 생성된 탄화수소와 질소(NO_x) 및 황 산화물(SO_x)의 반응으로부터 생성된다. 오존에 대한 식물의 반응은 광합성 장애, 잎의 손상, 줄기와 뿌리의 성장 감소, 노화의 가속을 포함하며 이들 모두 작물 종에서 심각한 수확량 감소를 일으킨다.

산소를 포함하고 있는 라디칼들이 조절되지 않고 늘어나면 잠재적인 상해를 입힐 수 있기 때문에 세포 내 ROS의 정상 수준은 잘 관리될 필요가 있다. 150개 이상의 유전자들이 **ROS 조절 네트워크**(**ROS regulatory network**)에서

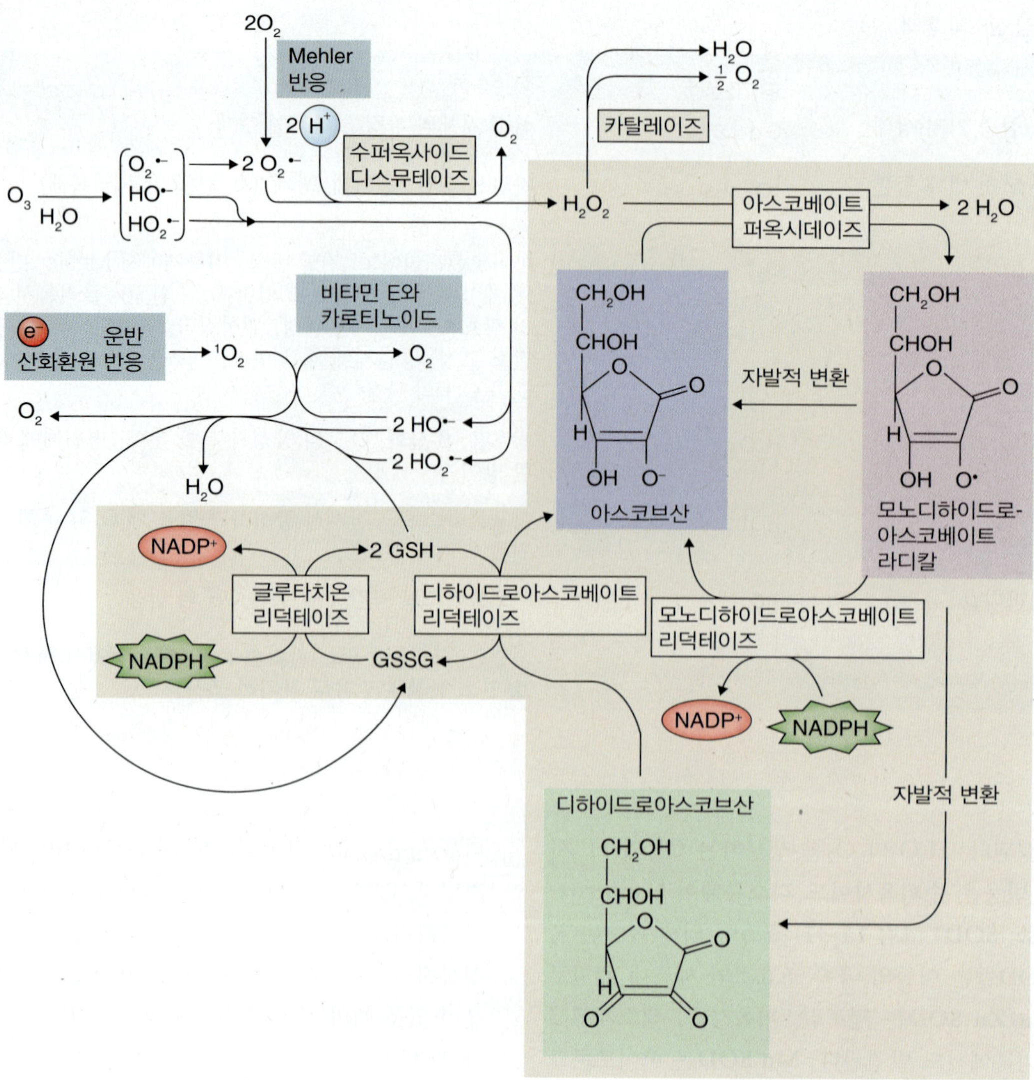

그림 15.31 활성 산소종의 산호전환과 주요 효소 및 비효소성 항산화제의 기능. 아스코브산-글루타치온 회로를 중심으로 나타냈다. 과산화 라디칼들은 수퍼옥사이드 디스뮤테이즈가 촉매하는 반응을 통해 과산화수소(H_2O_2)로 변환되어 제거된다. 카탈레이즈는 H_2O_2를 O_2와 H_2O로 변환한다. H_2O_2는 또한 아스코브산과의 반응에 의해 물로 환원되기도 한다. 아스코브산은 색소체에서 모노디하이드로아스코베이트의 효소적 환원에 의해 재생된다. 다른 한편으로, 모노디하이드로아스코베이트는 자발적으로 디하이드로아스코베이트로 불균등 변화할 수 있다. 디하이드로아스코베이트 리덕테이즈는 그 다음 디하이드로아스코베이트와 환원된 글루타치온(GSH)의 반응을 촉매하여 아스코브산과 산화된 글루타치온(GSSG)를 생성한다. GSSG는 글루타치온 리덕테이즈에 의한 NADPH-의존 반응을 통해 GSH로 환원된다. 수산화 이온과 일중항 산소는 글루타치온 경로에서 제거되고, 일중항 산소에 의한 손상 또한 비효소성 항산화제에 의해 감소된다.

밝혀졌는데, 이들은 기능적 중복성(한 단백질의 활성이 네트워크 내 1개 이상의 다른 단백질에 의해 치환 가능하면 기능적 중복이라 함)이 고도로 높은 다양한 ROS-청소 및 ROS-생성 단백질을 암호화하고 있다. 식물 세포는 수용체 단백질과 산화환원-민감 전사인자를 통해 그리고 신호전달 인산화 캐스케이드의 직접 억제에 의해 ROS를 감지한다. **세포 산화환원 상태 감지(sensing cell redox status)**에 대해 제안된 대부분의 기작은 폴리펩티드 사슬 내 시스테인 간 **이황화 다리(disulfide bridge)**의 가역적 형성 및 분해를 기반으로 한다. 식 15.13은 산화환원 중재분자 A의 영향하에서 폴리펩티드 P_1과 P_2 사이의 S-S 다리가 만들어지고 깨지는 것을 보여준다. 이로 인한 단백질 구조와 효소 활성의 변화는 신호전달 네트워크를 촉발시켜 유전자 발현 변화와 이에 상응하는 순화 또는 상해 반응을 일으키게 된다.

식 15.13 이황화 다리의 산화환원 민감성

$$P_1\text{-Cys-SH} + \text{HS-Cys-}P_2 + A_{ox} \rightleftharpoons P_1\text{-Cys-S-S-Cys-}P_2 + A_{red}$$

산화적 스트레스에 의해 발현이 증가하는 유전자들 중에서 중요한 것들은 항산화제 합성 및 대사 효소를 암호화하는 것들이다. 표 15.7은 몇몇 유전자의 예를 목록화했으며 산화와 기타 스트레스 사이의 교차작용의 정도를 나타냈다. 스트레스 경로 간의 상호작용은 부분적으로는 앱시스산, 살리실산, 자스몬산과 에틸렌 같은 식물 호르몬에 의해 매개된다(10장 참고). 18장에서 기술한 것처럼, 노화와 노쇠 동안 카탈레이즈(catalase)의 조절은 이러한 상호작용의 한 예이다.

표 15.7 항산화제와 항산화 효소 그리고 이들의 수준 또는 활성 증가를 자극하는 스트레스 조건

항산화제 또는 항산화 효소	스트레스 조건
아스코르브산 퍼옥시데이즈	가뭄, 고농도 CO_2, 높은 광도, 오존, 파라콰트
카탈레이즈	냉해, 노화
글루타치온	냉해, 가뭄, 감마선 조사, 열 스트레스, 고농도 CO_2, 오존, SO_2
글루타치온 리덕테이즈	냉해, 가뭄, 고농도 CO_2, 오존, 파라콰트
수퍼옥사이드 디스뮤테이즈	냉해, 고농도 CO_2, 높은 광도, O_2 증가, 오존, 파라콰트, SO_2

15.6.4 저온 스트레스는 기타 무생물적 도전에 대한 것과 유사한 감수성, 내성 및 순화 기작을 통해 경험된다

식물이 최적이하 온도에 노출됨으로써 겪게 되는 스트레스의 본질은 물과 세포막의 물리적 상태에 의존한다. 최적 온도 범위 이하로 냉각되면 대사와 생장 그리고 발달이 느려진다. 이는 초기에는 화학 반응의 속도에 대한 직접적인 열역학 효과 때문이다. 저온에 오랜 기간 노출되면 온도 범위, 종의 적응 특성과 순화 정도에 의존적인 더 복잡한 생리적 결과가 나타난다. 저온에 대한 식물의 반응을 논의할 때 **냉해**(**chilling**; 물이 액체 상태인 0–15°C 범위)와 **동해**(**freezing**; 얼음이 형성되는 온도 이하)를 구분하는 것이 중요하다. 온대 지방의 식물은 일반적으로 냉해 온도에서 생존할 수 있다. 더 따뜻한 기후에 적응한 종들은 흔히 **냉해에 민감**(**chilling-sensitive**)하며 몇몇 열대 식물의 경우 10°C 이상과 같이 정해진 최저 한계 이하 온도에 매우 짧게 노출되어도 손상의 징후를 보인다. 동해에 대한 반응은 양적이며 통계적이다. 즉, 유전적으로 균일한 개체군에서 사멸은 단일 한계 값 보다는 온도 범위를 초과했을 때 일어난다. 광범위하게 사용되는 동해 민감도 지수가 $\mathbf{LT_{50}}$으로서 이는 개체군의 50%에 치명적인 온도이다. LT_{50}은 종과 유전형에 따라 다양하며, 낮은 비치명적 온도에서의 순화에 의해 달라질 수 있다. 따라서 **호밀**(**rye**, *Secale cereale*)의 겨울 변종—가장 동해 내성이 큰 작물 종 중 하나—의 순화하지 않은 식물체는 LT_{50}이 −5°C이지만 냉해 온도에 일정 기간 노출되면 이를 −30°C까지 낮출 수 있다. 북위도 지역의 일부 나무들은 −70°C의 겨울 온도를 견딜 수 있고 이런 종의 순화된 조직은 이에 따라 LT_{50} 값이 낮은 것으로 보인다.

키포인트 홍수는 저산소 또는 무산소 상태를 만들어 유기대사를 무기대사로 전환시켜 그 결과 상해를 입힌다. 식물은 에탄올 발효를 활성화시켜 홍수에 순화할 수 있으며 통기조직의 발달을 포함한 생리적 반응에 필요한 무산소 혐기성-민감 유전자를 발현시킨다. 지베렐린-매개 성장 기작을 통해 작동하는 SNORKEL과 SUBMERGENCE 전사인자군은 깊은 물 및 침수-내성 벼 변종이 홍수에 적응하게 한다. 활성 산소종(ROS)의 대사는 많은 환경 스트레스에 민감하다. ROS는 효소의 기질과 산물, 신호전달 요소, 산화환원 조절자와 해로운 산화제로 기능한다. 과산화물 음이온, 과산화수소와 오염물질 오존을 전환시키고 청소하는 항산화 시스템의 주요 구성 요소는 과산화물 디스뮤테이즈(superoxide dismutase)와 카탈레이즈(catalase), 산화환원 조절자인 아스코르브산과 글루타치온, 그리고 이들을 대사하는 효소들이다. 수용체 단백질과 전사인자는 ROS의 상태를 감지하고 신호전달 네트워크와 유전자 발현의 순화적 변화를 촉발한다.

저온 스트레스에 대한 반응의 기저를 이루는 많은 기작들은 수분 제한(15.6.1절 참고)과 ROS의 영향(15.6.3절)에 관련된 기작들을 공유한다. 예를 들어, 동해 손상은 주로 얼음 결정의 형성 결과인데, 이는 결국 탈수, 이온 불균형과 막 구조 및 기능의 손상을 초래한다(그림 15.32). 수분 스트레스에 대한 순화를 뒷받침하는 조건들은 흔히 동해 내성을 증진시키며 그 반대도 같다. 호환성 용질(15.6.1절 참고)은 효과적인 동결보호제(즉, 저온 손상을

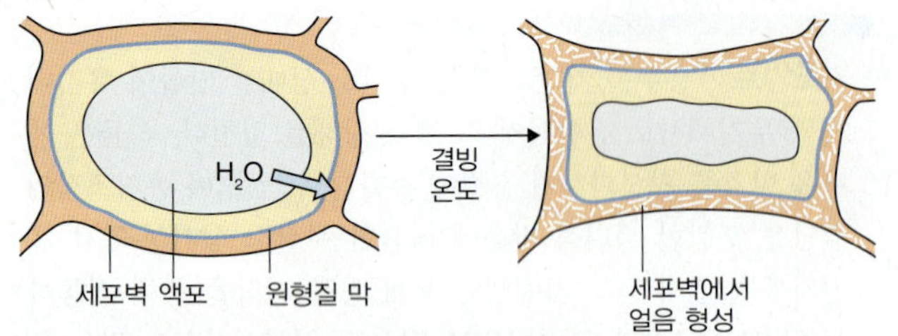

그림 15.32 식물 세포에 대한 동해 손상. 세포벽에 얼음이 형성되면 세포로부터 물이 빠져나가 탈수에 의한 상해를 일으키는데, 이는 가뭄 스트레스에 대한 반응과 여러 가지 생리적 특성을 공유한다.

막는 화학물)이며 동해에 대한 순화는 보통 탄수화물, 아미노산, 아민의 축적과 관련되어 있다. 동해 민감성과 병원체에 대한 감수성은 스트레스 사이의 교차-순화의 예이다. 수 많은 병원성-관련 (PR) 단백질(15.7.1절 참고)은 항냉동 특성을 가지고 있는 것으로 보인다.

냉해로 인한 상해의 1차적인 세포적 기초는 동해로 인한 손상과는 다르다. 냉해-민감 종이 손상의 징후를 보이는 한계점과 세포막 지질의 상태가 **액정**(**liquid crystalline**)에서 **젤**(**gel**)로 변하는 소위 **상 전이**(**phase transition**)를 연결하는 것을 목표로 한 많은 연구들이 수행되었다(그림 15.33). 젤 상태의 지질은 막의 유동성과 통합성, 기능을 붕괴시키고 대사를 방해하여 상해와 사멸로 이끈다. 한 지질에 대한 결정적인 상 전이 온도는 지방산(2장 참고) 구성 요소의 **포화**(**saturation**) 정도와 관련되어 있다. 예를 들어, 글리세롤 부분이 2개의 **스테아르산**(**stearic acid**; 포화 C_{18} 지방산) 잔기와 에스테르화되어 있는 순수한 **포스파티딜콜린**(**phosphatidylcholine**)은 수중 젤-액정 전이 온도가 58°C이다. 포화지방산 1개를 18:1 불포화 지방산 **올레산**(**oleic acid**)로 대체하면 상 전이 온도가 3°C로 내려간다. 냉해 민감성과 막 지질의 포화 정도 사이의 관계는 복잡하지만 단지 넓은 상관관계만이 정립되어 있다.

막의 유동성은 식물 세포가 **저온 스트레스를 감지하는**(**sense cold stress**) 한 가지 가능한 방식이다. 대사물질의 농도, 단백질 구조와 산화환원 상태는 또 다른 온도-민감 인자로서 이를 통해 냉해가 감지되어 *COR*(*COLD RESPONSIVE*) 유전자 발현의 변화로 변환된다. 최근의 증거 또한 온도 변동에 반응한 유전자의 조화로운 활성화와 불활성화에 염색체 DNA-히스톤 상호작용(**뉴클레오좀**, **nucleosome**; 3장 참고)이 관련되어 있음을 보여준다. *COR* 유전자들 중에는 ERF군의 전사인자를 암호화하는 유전자, ABA-반응 및 ABA-독립 가뭄 반응 경로 유전자(15.6.1절 참고), 그리고 항산화 대사 유전자들(표 15.7 참고)이 있다. 많은 식물종에서 냉해(그리고 기타 스트레스)에 대한 독특하며 가시적인 반응은 **붉은색 안토시아닌**(**red anthocyanin**)을 축적하는 것인데, 이는 페닐프로파노이드와 기타 2차 대사 경로가 활성화됐음을 나타낸다. 스트레스를 받은 조직에서 이런 색소들의 기능은 확실하지 않지만 빛과 산화적 손상에 대한 방어 역할을 한다는 증거가 있다.

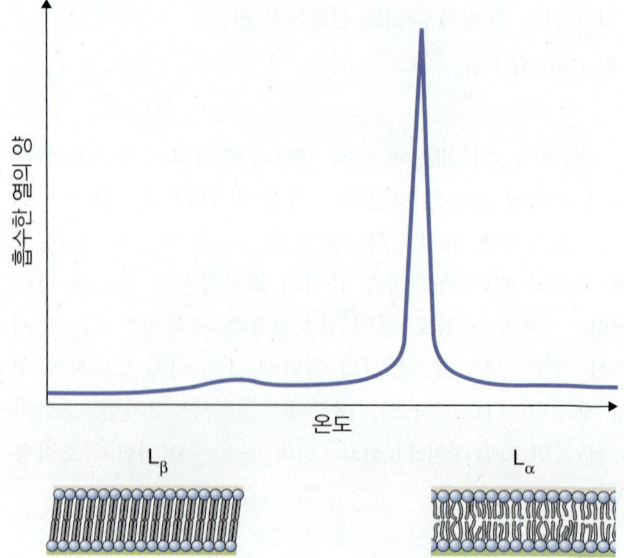

그림 15.33 막 인지질은 특정 온도에서 가역적으로 젤(Lβ)에서 액정(Lα)으로 상전이 한다. 강한 흡열 반응인 상의 변화는 열 흡수 피크의 열량 측정으로 감지할 수 있다.

15.6.5 식물은 열충격 단백질을 만들어 고온 스트레스에 반응한다

최적이하 온도에 대한 다양한 반응에 반하여, 대부분의 식물들은 세균에서 척추동물까지 분류학적 다양성을 가로질러 기초적 특성을 공유하는 생리적 증상을 활성화하여 열 스트레스에 대해 균일하게 반응한다. 유전자 발현이 바껴 서로 다른 생물체 사이에서 구조가 보존되어 있는 단백질군인 **열충격 단백질**(**heat shock proteins, HSPs**; 그림 15.34)을 축적하게 된다. HSP는 일반적으로 **분자 샤페론**(**molecular chaperone**)으로 기능한다. 즉, 이들은 완성된 또는 새로 합성된 단백질과 상호작용하여 응집을 막거나 분해를 촉진하고, 폴리펩티드 사슬의 접힘 또는 재접힘을 보조하며, 단백질의 유입과 위치 변경을 촉진하고, 신호전달과 전사 활성화에 참여한다(5장 참고).

열충격 반응은 성장 최적 온도보다 겨우 5°C 높은 온

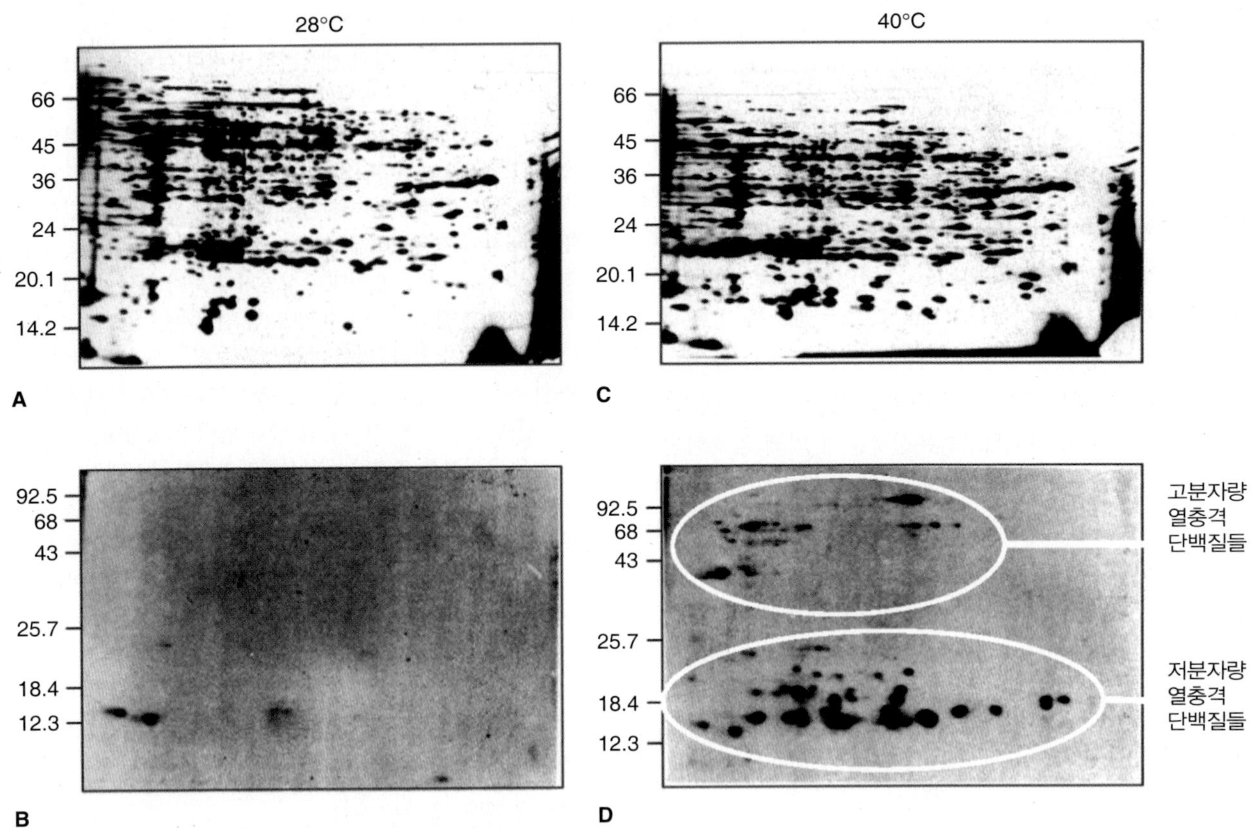

그림 15.34 고온(대조군 28°C에 비교하여 40°C)에 대한 반응으로 대두 유식물체에서 축적된 열충격 단백질(HSP). 2차원 젤 전기영동으로 분리했다. (A, C) 은으로 염색한 전체 단백질. (B, D) 방사성 아미노산과 방사선투과사진으로 나타낸 젤 (A)와 (C)에서 새롭게 합성된 단백질. 각 젤의 세로축은 기준 단백질의 이동도에 기초한 폴리펩티드의 분자량(kDa)이다.

도를 경험한 조직에서도 감지될 수 있다. 이는 세포소기관과 세포골격 및 막 기능이 손상되는 것을 막아 낸다. 식물은 비-치사적인 최적이상 온도에 일정기간 노출되면 열 스트레스에 순화할 수 있다. 포장 조건에서 식물이 이러한 상황을 규칙적으로 겪는 것—예를 들어, 빛 조사량이 높고 기공이 반쯤 닫힌 맑고 건조한 조건—과 환경 조건이 변동할 때 순화와 탈순화를 순환하는 것은 정상적인 것이다.

HSP는 분자 크기에 따라 HSP100, HSP90, HSP70, HSP60, 그리고 소형(sm) HSP의 5개 집단으로 구분한다. **HSP100** 집단은 100-140 kDa의 단백질로 구성된다. 이 집단에 속하는 것들은 프로티에이즈 **Clp** 군으로 대부분이 색소체와 마이토콘드리아에 위치하여 ATP-의존적 단백질 분해와 전환에 기능한다고 생각된다. **HSP90**(80-94 kDa)과 **HSP70**(69-71 kDa) 집단을 대표하는 것은 분자 샤페론으로 이들은 많은 경우에 ATP-의존적이며 정상적인 세포 기능에 필수적이다. 여기에는 항시 발현되는 것들과 저온 및 열 스트레스에 의해 유도되는 것들이 있다. 이들은 몇몇 세포내 구획(세포질, ER, 마이토콘드리아와 색소체) 내에 존재한다. **HSP60** 집단(57-60 kDa)의 구성원들은 특징적으로 마이토콘드리아의 기질과 엽록체의 스트로마에서 발견되는데, 심지어 정상 온도에서도 풍부하다. 이 단백질 군에는 **샤페로닌 60(chaperonin 60)**이 포함되는데, 이는 핵에 암호화되어 있는 엽록체 단백질로서 **루비스코(rubisco)** 단위체들이 기능을 하는 전효소로 조립되는 데 필요하다(9장 참고). 저분자량 HSP(**smHSP**, 15-30 kDa)가 다양하게 존재하는 것은 식물 열충격 반응의 독특한 특성이다(그림 15.34). 이들은 정상적인 세포 기능에는 필요하지 않지만 ATP-독립적인 단백질 안정화를 촉진하고 응집을 방지하여 열에 대한 내성을 발달시키는 데 참여하는 것으로 생각된다.

HSP를 암호화하고 있는 유전자의 프로모터는 **열충격 전사인자(heat shock transcription factor, HSF)**가 감지하는 보존된 DNA 서열인 **열충격 요소(heat shock element, HSE)**를 갖고 있다. 몇몇 *Hsf* 유전자의 프로모터는 또한 HSE 모티프도 담고 있다. 열 스트레스는 단량체 HSF 단백질을 HSE-결합 활성형 **올리고 형**(oligomeric form)으로 변환시키는 데 필요하다. A, B, C의 세 가지 HSP 유형이 알려져 있다. 애기장대(그림 15.35)와 토마토, 벼의 *HsfA*, *HsfB*, *HsfC* 유전자군의 발현 양상 및 기능 분석과 비교 분석에 기반하여 발달과 스트레스 반응에서 열충격 인자들의 역할과 상호작용에 대한 그림이 모습을 드러내고 있다. *HsfA2*, *HsfA7*과 *HsfB1*은 열-스트레스를 받은 뿌리와 줄기에서 강하게 발현증가된다(그림 15.35). *HsfB1*의 전사는 또한 뿌리에서 전 범위의 무생물적 스트레스에 의해 유도된다. HsfA1a(*HsfA* 유전자군에 의해 암호화됨)는 토마토에서 *HsfA2*와 *HsfB1*을 포함한 열충격 유전자의 발현을 촉발시켜 열 내성을 유도하는 주 조절자로서의 역할을 한다. *HsfA2* 유전자는 열에 내성인 세포 내에서 지배적인 HSF 단백질을 암호화하며 *HsfA3*는 가뭄 스트레스 신호전달과 교차작용한다. *HsfA4c*는 모든 세포와 모든 스트레스 처리에 다소간 균일하게 발현된다(그림 15.35). 이상의 유전체 연구는 스트레스 반응과 식물 발달을 지배하는 조절 과정이 매우 풍부하며 상호 연결되어 있다는 것을 보여준다.

> **키포인트** 저온은 물과 세포막의 물리적 상태에 대한 효과를 통해 식물의 성장과 발달에 영향을 미친다. 얼기 쉬운 환경의 식물은 흔히 영하의 온도에 순화할 수 있다. 세포 외부의 얼음 형성과 세포질로부터의 수분 유출을 수반하는 동해로 인한 손상은 삼투 스트레스와 마찬가지의 특성을 가진다. 호환성 용질은 효과적인 저온보호제이다. 따뜻한 기후에 적응한 식물은 냉해(결빙 온도 이상)에 의해 손상받거나 죽기 쉽다. 냉해 손상의 한계는 막 지질이 액정에서 겔로 상 전이하는 온도와 관련되어 있다는 증가가 있다. 막의 유동성은 순화에 있어서 한 가지 가능한 온도-감지 기작이다. 다른 것들로는 중요 대사물질의 농도, 단백질의 구조, 산화환원 상과 염색사의 상태가 있다. 호르몬은 유전자를 조절하며 항산화제와 2차 대사과정의 유전자들은 냉해에 반응한다. 고온 스트레스는 열충격 반응을 불러일으키는데, 열충격 반응은 모든 생물체에서 고도로 보존되어 있다. 세포는 열충격 단백질(HSP)를 만들며 이들 중 많은 것들이 분자 샤페론으로 작동하여 단백질의 응집과 손상을 막는다. HSP는 크기에 따라 다섯 종류가 있는데, 그 범위가 식물에서 특이하게 매우 많고 다양한 소형 HSP(<30 kDa) 부터 >100 kDa에 이른다. HSP 유전자 발현은 열충격 전사인자군에 의해 조절되는데, 이들 중 일부는 또한 기타 무생물 및 생물 스트레스에 대해서도 반응한다.

15.6.6 식물은 잠재적으로 유해한 과도한 빛을 방어하는 광화합물과 순화 및 적응 기작을 가지고 있다

식물은 광형태 발생(8장 참고)과 광합성(9장 참고)을 위해 빛에 의존한다. 그러나 흡수한 광자 에너지가 식물이 사용할수 있는 수용량을 초과하면 빛도 유해할 수 있다. 그림 8.4는 광자의 흡수가 어떻게 색소 분자의 에너지 수준을 기저 상태에서 흥분 상태로 상승시키는지 보여주었다. 엽록소의 과도한 흥분은 결과적으로 일중항 산소($^1O_2$; 표 15.6 참고)를 형성하게 한다. 엽록소는 **광감광제**(photosensitizer, S)로 작용하여 안정한 삼중항 상태의 O_2를 $^1O_2$로 변환시키는데 필요한 에너지를 제공한다. 식 15.14A에서 보여주는 것처럼, 광감광제의 하나는 엽록소 같은 색소로 빛을 흡수하여 들뜬 단일항 상태($^{*1}S$)로부터 들뜬 삼중항 상태($^{*3}S$)로 뒤바뀐다. 일중항 산소는 $^{*3}S$와 O_2 사이의 반응 산물이다(식 15.14B). $^1O_2$와 이의 반응 산물로 인한 산화적 손상의 결과로 일어나는 광합성 효율 감소를 **광억제**(photoinhibition)라고 한다. 광계 II(PSII) 반응 중심(9장 참고)의 **D1 단백질**(D1 protein)의 위치와 기능으로 볼 때 이 단백질은 광산화 손상에 특히 취약하다. 이를 대체하기 위해 항시적 합성이 필요한데, 이는 이 단백질의 대단히 높은 **전환**(turnover) 속도와 관계가 있다. 극한 조건하에서 항일중 산소가 억제되지 않고 만들어지면 치명적일 수 있다. 식물은 광감광과 산소 라디칼에 의한 손상으로부터 보호[즉, **해소**(quench)]할 수 있는 일련의 기작을 갖추고 있다.

식 15.14 광감광제-매개 일중항 산소의 형성

15.14A 단일항 상태 S의 흥분과 들뜬 삼중항 상태로의 회전-반전

$$^1S + h\upsilon \rightarrow {}^{*1}S \rightarrow {}^{*3}S$$

15.14B 들뜬 삼중항 광감광제와 삼중항 산소

$$^{*3}S + O_2 \rightarrow {}^1S + {}^1O_2$$

삼중항 상태의 엽록소는 지질의 **지방산**(fatty acid)과 직접 반응하여 **자유 라디칼**(free radical) 손상 또한 일으킬 수 있다. 엽록체 카로티노이드의 중요한 기능은 해소

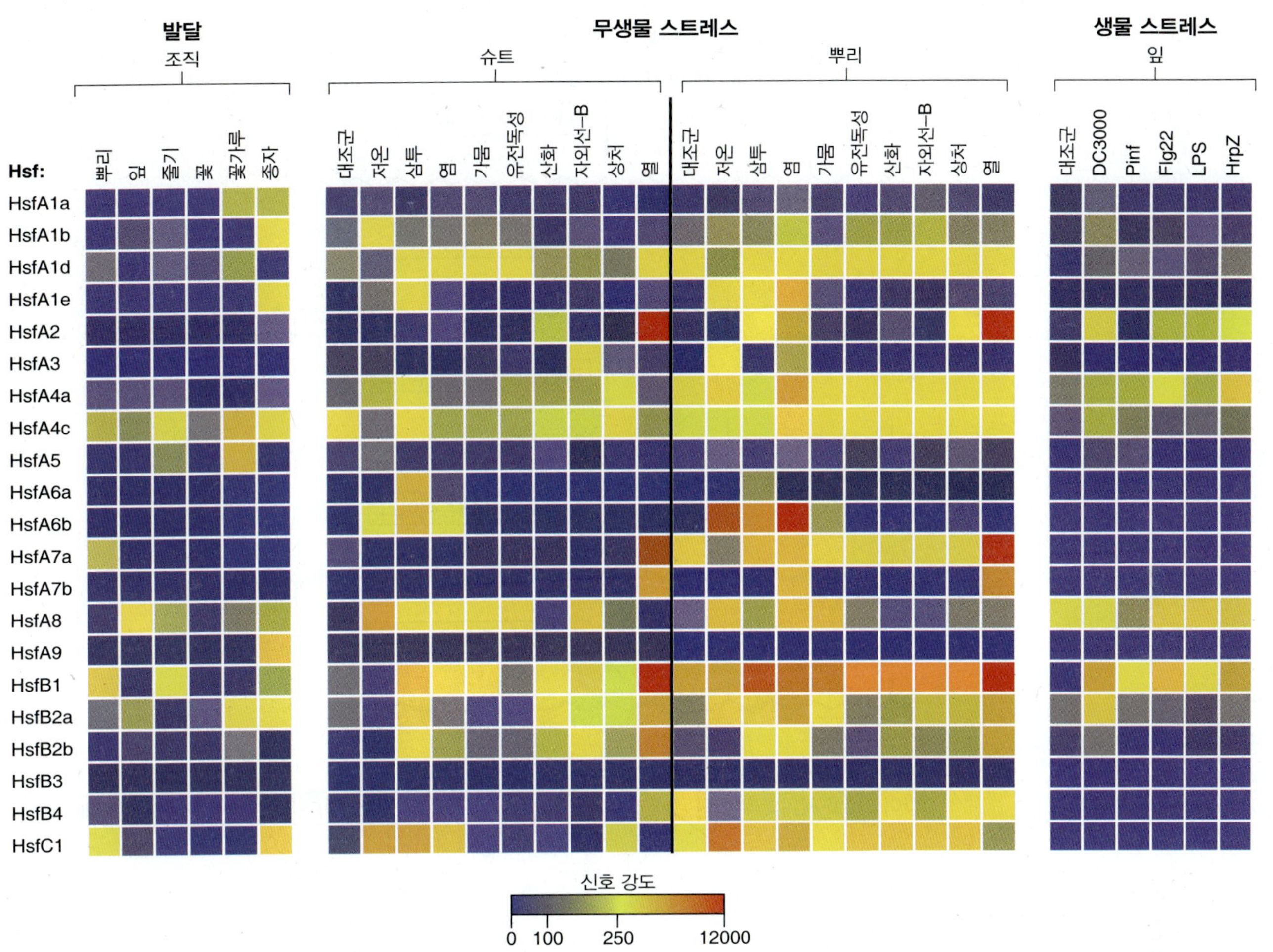

그림 15.35 다양한 무생물 및 생물 스트레스 처리에 반응한 *Hsf*(열충격 전사인자) 유전자 mRNA 전사체의 상대적 풍부도. 전사체 수준(신호 강도)은 낮은 쪽(파란색)부터 높은 쪽(빨간색)까지 색상 변화의 '히트 맵(heat map)'으로 나타냈다. 무생물 스트레스는 수경 재배한 애기장대 유식물체에 처리했다. 생물 스트레스는 *Pseudomonas syringae* pv. tomato DC3000나 *Phytophthora infestans*(Pinf)를 침투시키거나 또는 플라젤린(Flg22)이나 지질다당류(LPS), 하르핀Z(HrpZ)을 처리한 것이다.

제로 작용하는 것이다. 카로티노이드는 삼중항 엽록소(그리고 어떤 경우에는 들뜬 단일항 상태의 엽록소)로부터 여기 에너지를 받아들일 수 있어 이로 인해 단일항 산소와 자유 라디칼 다단계(cascade)가 생성되는 것을 막는다. 카로티노이드 생합성(그림 15.36) 또한 **크산토필 회로(xanthophyll cycle)**를 경유하여 엽록소 형광을 pH-의존적으로 소광함으로써 들뜬 에너지의 초과분을 열로 소멸시키는 경로를 제공한다. C_{40} 테트라테르페노이드 선구체 파이토엔(그림 15.24 참고)으로부터의 생합성 경로는 중간체 **라이코펜(lycopene)**에서 나누어진다. 한쪽 경로는 α-카로틴을 거쳐 엽록체에서 가장 풍부한 크산토필인 **루테인(luteine)**이 되고, 다른 쪽 경로는 **β-카로틴(β-carotene)**으로부터 크산토필 회로와 **네오크산틴(neoxanthin)**이 된다(그림 15.36). 복사조도가 낮은 조건에서 카로티노이드 **비올라크산틴(violaxanthin)**은 에너지를 엽록소 a에 전달하는 광합성 안테나 색소로 기능한다. 빛이 강할 때 틸라코이드 루멘은 PSII의 광 분해 작용으로 인해 더욱 산성화된다. 루멘의 산성화는 **비올라크산틴 디-에폭시데이즈(violaxanthin de-epoxidase)** 효소를 활성화키고, 이 효소는 비올라크산틴을 **안테라크산틴(antheraxanthin)** 그리고 그 뒤 엽록소 여기 단일항 상태의 섬광제인 **제아크산틴(zeaxanthin)**으로 빠르게 변환시킨다. 이런 방식으로, 틸라코이드 루멘에서 제아크산틴과 안테라크산틴, 낮은 pH의 조합은 비-광화학적 섬광(non-photochemical quenching), 즉 광-수확 안테나 내 들뜬 에너지의 초과분을 열로 무해하게 소멸시키도록 촉진한다. **제아크산틴 에폭시데이즈(zeaxanthin eposidase)**

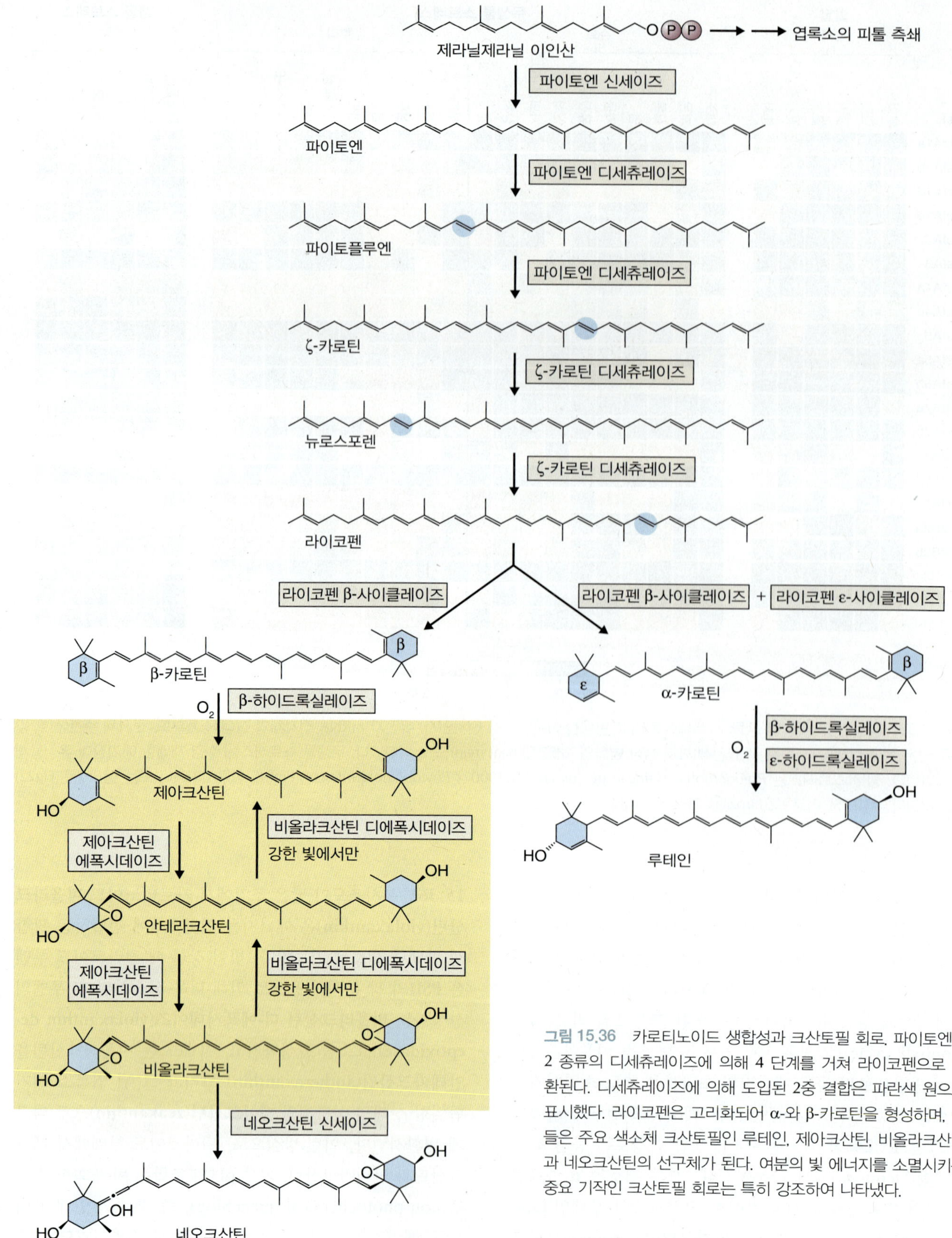

그림 15.36 카로티노이드 생합성과 크산토필 회로. 파이토엔은 2 종류의 디세츄레이즈에 의해 4 단계를 거쳐 라이코펜으로 변환된다. 디세츄레이즈에 의해 도입된 2중 결합은 파란색 원으로 표시했다. 라이코펜은 고리화되어 α-와 β-카로틴을 형성하며, 이들은 주요 색소체 크산토필인 루테인, 제아크산틴, 비올라크산틴과 네오크산틴의 선구체가 된다. 여분의 빛 에너지를 소멸시키는 중요 기작인 크산토필 회로는 특히 강조하여 나타냈다.

는 빛 유동이 감소할 때 제아크산틴을 비올라크산틴으로 재순환시킨다(그림 15.36). 광합성 조직에서 카로티노이드는 필수적인 방어 기능을 하기 때문에 카로티노이드 생합성을 막는 돌연변이가 발생하거나 화학적 처리를 하면 빛의 세기가 강할 때 단일항 산소가 보통 치사 수준의 농도로 형성된다.

빛의 양과 질이 변동하는 것은 많은 환경에서 복사조도의 정상적인 특성이다. 예를 들어, **음영**(**shading**)과 **광반**(**sunfleck**)은 숲 바닥에 사는 식물들이 일반적으로 겪는다. 태양광이 임관(leaf canopy)를 통과할 때, 근적외광에 대한 적색광의 비율은 크게 감소한다(그림 8.22 참고). 광계 I(PSI)은 PSII 보다 더 효율적으로 근적외광(>660 nm)을 이용할 수 있는 데 비해 적색 파장(<660 nm)에서 PSII는 PSI보다 더 활발히 광합성을 수행한다. 적색광이 감소된 음지 빛에서 두 광계는 불균형적으로 들뜨며 전자 전달이 비효율적일 수 있다. 소위 **음지 식물**(**shade plant**)은 이러한 불균형을 다룰 수 있는 몇 가지 적응 기구를 가지고 있다. 이 중에는 틸라코이드 막에서 PSI 중심에 대한 PSII 중심의 비율 변화가 포함된다. 햇빛이 완전히 드는 환경에 익숙한 일부 종들은 음영에 반응하여 이 비율을 조정함으로써 순화할 수 있다. 예를 들어, PSII 빛(550–660 nm)에서 키운 완두(*Pisum sativum*)의 엽록체에서 PSII:PSI의 비율은 1.2이며 태양광에서는 1.8, 그리고 PSI 빛(>660 nm)에서는 2.3이다. PSI과 PSII 사이의 빛 에너지의 분포는 또한 **상태 변환**(**state transition**)으로 불리는 기작에 의해 세밀하게 조절된다. 과도한 빛이 PSII(일차적으로 그라나에 위치; 표 9.1 참고)에 의해 포획될 때, PSII 광수확 단위인 LHCII 3량체의 일부분은 산화환원에 의해 활성화되는 카이네이즈에 의해 인산화된다. 이들은 그 다음 PSII로부터 분리되고 틸라코이드 막의 그라나 사이 지역으로 이동하며 PSI과 연결된다. 이 과정은 가역적이며 LHCII에 의해 포획된 빛 에너지를 PSII와 PSI에 균형 있게 전달하는 민감한 방식이다.

광합성 기구의 과도한 흥분은 CO_2 고정에 필요한 수준 이상으로 NADPH와 ATP가 생산된 결과일 수 있다. 빛 에너지 포획 반응에 의해 환원되는 페레독신의 산화환원 상태와 캘빈-벤슨 회로 효소(그림 9.29 참고) 일부의 활성을 조절하는 **티오레독신**(**thioredoxin**; 그림 15.37)의 산화환원 상태를 연결하는 시스템은 이의 균형을 잡을 수 있다. **페레독신-티오레독신 리덕테이즈**(**ferredoxin-thioredoxin reductase**)는 환원된 페레독신과 티오레독신 사이의 반응을 촉매한다. 환원된 티오레독신은 조절 기능을 하는 분자

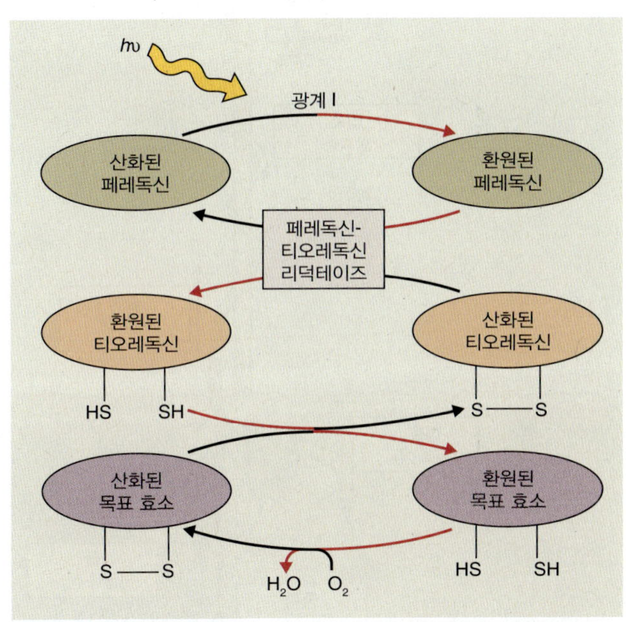

그림 15.37 페레독신-티오레독신 시스템을 통한 효소 구조의 빛 조절. 빨간색 화살표는 환원 반응을, 검은색 화살표는 산화 반응을 나타낸다.

키포인트 과도한 빛은 식물에 해로울 수 있다. 엽록소는 잠재적인 광감광제 색소이다. 엽록소의 과도한 흥분으로부터 유도된 단일항 산소에 의한 손상은 광억제라고 불린다. 광계 II(PSII)의 D1 단백질의 높은 대사회전율은 이 단백질이 항시적으로 광억제 손상에 노출되어 있음을 나타난다. 고에너지 삼중항 상태의 엽록소는 또한 자유 라디칼에 의한 막 지질의 상해를 일으킨다. 엽록체 카로티노이드는 엽록소로부터 들뜬 에너지를 받아들여 엽록소 광감광의 섬광제로서 기능한다. 과도한 들뜬 에너지는 또한 비-광화학적 섬광에 의해 크산토필 회로를 통하여 열로 소멸되는데, 이 과정에서 광 변화에 영향을 받는 틸라코이드 루멘의 pH가 섬광제 제아크산틴을 형성하는 비올라크산틴의 디-에폭시화를 조절한다. 나뭇잎을 통해 전달되는 빛은 PSII가 특이적으로 사용하는 적색 파장이 대폭 감소되어 있다. 광수확복합체의 산화환원적으로 조절되는 인산화에 의해 식물은 단기간의 음영과 광반에 반응하여 PSI과 PSII 사이의 빛 에너지의 분포를 조절할 수 있다. 장기간에 걸쳐 음지에 적응한 식물은 PSII와 PSI 중심의 상대적인 수가 변화한 엽록체를 발달시킬 수 있다. 티오레독신과 페레독신은 틸라코이드 반응의 들뜬 상태에 반응하여 캘빈-벤슨 회로 효소의 산화환원 조절을 매개한다.

내 이황화결합을 환원시켜 목표 효소를 활성화시킨다. 이렇게 조절되는 **캘빈-벤슨 회로**(**Calvin-Benson cycle**) 효소로는 프락토스-1,6-비스포스파테이즈(fructose-1,6-bisphosphatase), 세도헵툴로스-1,7-비스포스파테이즈(sedoheptulose-1,7-bisphosphatase), 포스포리불로카이네이즈(phosphoribulokinase), $NADP^+$-글리세르알데하이드-3-포스페이트 디하이드로지네이즈($NADP^+$-glyceraldehyde-3-phosphate dehydrogenase), 그리고 루비스코 액티베이즈(rubisco activase) 등이 있다. 켈빈-벤슨 회로는 또한 pH와 Mg^{2+} 농도 변화를 거쳐 빛에 의해 직접적으로 조절된다. 뿐만 아니라, 빛 속에서 형성된 환원형 티오레독신은 빛 에너지 포획 반응과 관련되어 있는 ATP 신세이즈(synthase)와 C_4 효소 $NADP^+$-말레이트 디하이드로지네이즈($NADP^+$-malate dehydrogenase)를 자극하며 산화적 5탄당 인산 경로를 억제한다.

15.6.7 중력과 접촉은 굴성 반응을 불러일으키는 방향적, 기계적 스트레스이다

식물의 성장과 발달에 대한 환경 영향은 모든 면에서 균일하게 가해지지는 않는다. 굴성, 즉 방향성 자극에 반응한 방향성 성장은 자원 쪽으로 또는 잠재적으로 해로운 환경으로부터 벗어나는 것을 목적으로 하는 성장에 의해 식물의 생존에 기여하는 일종의 적응이다. 굴성 반응은 빛, 온도, 물, 산소, 무기 양분 이용 가능성의 구배의 영향 하에서 일어난다(그림 15.38). 굴광성에서 빛의 감지와 신호전달 기작은 8장에서 논의됐다. 여기에서는 기계적 인자들, 특히 중력(**굴중성**, **gravitropism**)과 접촉(**굴촉성**, **thigmotropism**)의 영향에 초점을 맞춘다.

뿌리는 중력 방향 쪽으로 자라는 양성 굴중성인데 반해 줄기는 음성 굴중성이다. 일반적으로, 굴성 반응 동안 성장 방향을 재지정하는 것은 옥신 농도의 측면 구배에 반응하여 한 기관의 양쪽 세포의 비대칭적 신장의 결과 때문이다. 옥신은 뿌리와 줄기의 하면 쪽에 축적된다. 옥신은 줄기 세포에서 세포 신장을 촉진하여 음성 굴중성을 일으키지만 뿌리 세포는 신장을 억제하여 뿌리에서 양성 굴중성 일으킨다. 옥신의 극성 수송은 지역적인 유입(예를 들어, AUX1) 및 유출(PIN, ABC transporter) 수송 운반체에 의해 이루어진다(10장과 12장 참고). 뿌리에서 중력을 감지하는 세포는 근관에 위치하며 줄기에서는 관다발 조직의 바깥쪽 면에서 발견된다. 이러한 감지 세포에서, 중력은 세포질에 있는 전분으로 채워진 **녹말체**(**amyloplast**)를 아래쪽으로 침전시킨다. 근관에서 이 과정은 아직까지 알려지지 않은 기작인 옥신의 재분배를 일으키는 생화학적 신호전달 다단계에 의해 시작된다(그림 15.39). 옥신의 측면 구배에 의한 비대칭적 성장 촉진은 또한 빛 감지를 굴성 반응으로 전환시키는 기작이기도 하다.

어떤 식물에서, 줄기와 뿌리, 덩굴손은 이들이 만나게 되는 물체를 빙 둘러 자란다(그림 15.38과 15.40). 이 반응은 굴촉성으로 알려져 있다. 접촉 센서의 정체는 아직 밝혀지지 않았다. 그러나 **Ca^{2+}-관련 신호전달 네트워크**(**Ca^{2+}-related signaling network**)를 활성화시키면 궁극적으로 굴촉성 반응을 일으킨다고 여겨진다. 굴성은 다른 순화 및 적응 반응과 통합되며 식물이 다양한 무생물 스트레스를 다룰 수 있게 준비를 갖춰 주는 신호전달과 대사 경로에 조율된다.

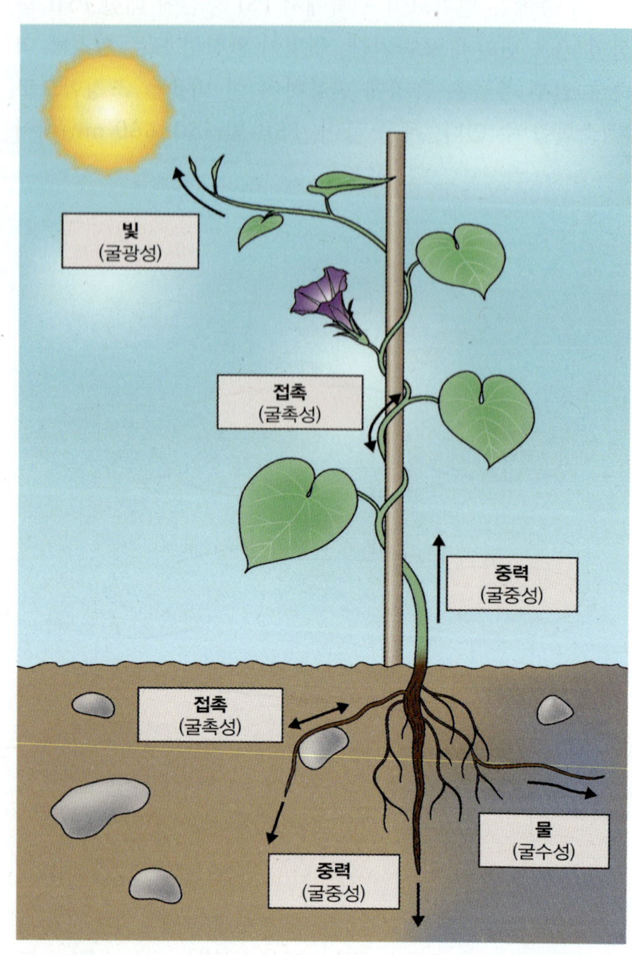

그림 15.38 방향성 자극에 대한 식물의 굴성 반응

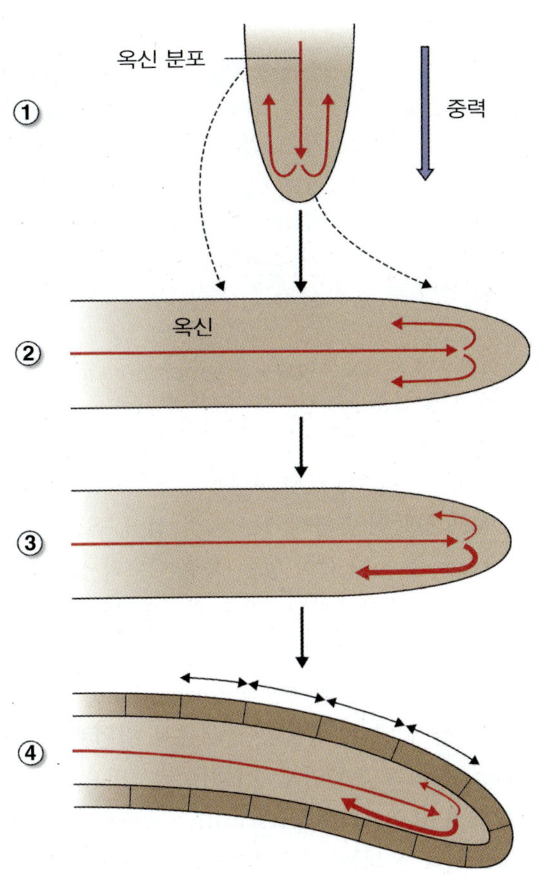

그림 15.39 뿌리에서 중력의 영향에 의한 옥신의 재분배. (1) 한쪽으로 치우친 중력 자극에 노출되기 이전의 뿌리에서 정상적인 옥신의 분포. (2) 수직에서 수평 방향으로 움직인 근단. (3) 아래쪽 면으로 중력-감지 세포에 의한 옥신의 능동적 재분배. (4) 옥신의 불균등 분포는 아래쪽 면은 성장 억제하고 위쪽 면은 성장 촉진시켜 굽어지게 한다.

키포인트 굴성 성장은 균일하지 않은 환경 자극에 대한 비대칭 반응이다. 뿌리와 줄기는 각각 양성 및 음성 굴중성이다. 굴광성은 방향성 광원에 대한 성장을 나타낸다. 반응 기관의 양쪽면에서의 부등 성장은 일반적으로 옥신의 조절하에서 세포 신장의 측면 구배의 결과이다. 옥신의 공간적 분포는 운반체의 유입과 유출 활성의 양상에 의해 결정된다. 뿌리는 근관 세포의 녹말체 내 전분 과립의 침전을 통해 중력을 감지한다. 덩굴성 식물의 줄기와 덩굴손은 접촉에 반응하는 굴촉성이 있다. 굴촉성의 접촉 센서는 정체가 아직 밝혀지지 않았으나 Ca^{2+}-신호전달 네트워크를 거쳐 성장을 촉발한다.

그림 15.40 강낭콩(*Phaseolus vulgaris*) 줄기의 굴촉성 성장. 줄기가 어떻게 지지대 주변을 감는지 주목하시오.

15.7 생물 스트레스에 대한 반응

식물은 분류학적 범위를 가로질러 다른 생물체들과 상호관계를 형성한다. 이러한 생물학적 상호작용은 **기생/숙주**(parasite/host; 한쪽 파트너가 다른 쪽의 비용으로 생존함), **공생**(mutualistic; 자원에 대한 접근 또는 환경적 회복력을 증진시키는 상호 이익이 되는 제휴), **포식/피식**(predator/prey; 먹이 사슬에서의 위치와 관련됨), **타감**(allelopathic; 경쟁을 강화시키는 2차 대사산물) 또는 **공진화**(coevolution; 상보적 적응을 통해 다른 생물을 이용함) 등이 있다. 다른 형태의 제휴는 상호 간에 배타적이지 않으며, 많은 경우 상호작용 및 그 안에서 식물이 수행하는 부분의 근본적인 기작은 **포괄적**(generic)이다. 따라서 상처와 공생 뿌리혹의 형성은 ROS-매개 산화적 스트레스의 대사 및 조절 네트워크에 집중되며(그림 15.31 참고), 병원체에 대한 방어는 열충격 증후군(그림 15.35 참고)과 예정 세포사(18장 참고)의 양상을 포함한다. 이번 절에서는 2차 대사의 기본 원리와 무생물 스트레스 반응의 적응 및 순화 특성이 어떻게 식물과 다른 생물들 사이의 상호작용에 적용되는지 살펴볼 것이다.

표 15.8 식물 병원체가 사용하는 전략

	사물영양성	활물영양성	반활물영양성
공격 전략	세포벽 분해 효소, 독소, 또는 두 가지 모두 분비	식물 세포와 밀접한 세포내 접촉	초기 활물영양 단계 후 사물영양 단계
상호작용의 특성	식물 조직이 죽은 다음 병원체 이식. 대규모 조직 해리	감염 내내 식물 세포가 살아 있음. 식물 세포 손상 최소	식물 세포는 감염 초기에만 살아 있음. 후반부에 식물 조직은 크게 손상됨
숙주 범위	넓음	좁음; 흔히 단일 식물종만 공격 받음	중간
예	부식성 세균(*Erwinia* 종 등), 부식성 곰팡이(*Botrytis cinerea* 등)	곰팡이 노균병과 흰가루병 및 녹병; 바이러스와 내부시생 선충; *Pseudomonas* 종의 세균	역병균(*Phytophthora infestans*, 감자 역병의 원인균)

15.7.1 식물은 잠재적 병원체에 대항하여 항시 방어 및 유도 방어 체계를 갖추고 있다

다른 모든 생물체와 같이 식물은 끊임 없이 잠재적 병원체에 노출되어 있다. **식물 병원체(plant pathogen)**는 이들의 생활사의 일부 또는 전체를 완료하기 위해 반드시 식물체 위 또는 내부에서 성장해야 하며 이렇게 하는 도중에 숙주에 부정적인 효과를 미치는 생물로 정의된다. 식물 병원체 각각의 유형은 특징적인 방식으로 그들의 숙주에 침입한다. 일부는 기공 또는 피목을 통해 또는 이전에 다친 조직을 통해 들어오는 반면 다른 것들은 기계적 또는 효소적 공격에 의해 표피를 직접 관통한다. 병원체는 감염된 식물체를 기질로 사용하기 위하여 채택한 전략에 따라 구분된다(표 15.8). **사물영양체(necrotroph)**는 숙주 식물의 세포를 죽인다. **활물영양체(biotroph)**는 세포 손상을 최소화하며 살아 있는 숙주 조직을 필요로 한다. **반활물영양체(hemibiotroph)**는 초기에는 세포를 살려 두지만 감염 말기에 죽인다. 병증을 일으키는 병원체 계통은 **병원성(virulent)**이라고 부른다.

사물영양성 곰팡이와 세균은 세포벽 분해 효소나 독소, 또는 두 가지 모두를 분비하여 숙주에 해를 입힌다. 곰팡이 *Phythium*과 *Botrytis*, 그리고 *Erwinia* 속의 세균은 세포벽을 파괴하여 그 결과 흘러 나오는 세포 내용물로부터 양분을 얻는다. 곰팡이 *Fusicoccum amygdali*는 사물영양성 병원체의 한 예로서 **푸시콕신(fusicoccin)**이라는 독소를 분비하는데, 이는 원형질막에 위치하는 H^+-ATPase의 활성을 자극하여 기공을 열게 한다. 그 결과 많은 식물 종이 시들고 세포가 죽게 된다.

노균병균(downy mildew)과 흰가루병균(powdery mildew) 같은 활물영양 곰팡이는 흔히 섭식 구조 또는 **흡기(haustorium)**를 통해 살아 있는 숙주 세포와 상호작용하는 고도로 특수화된 병원체다. 많은 활물영양체는 숙주 조직 내로 시토키닌을 분비한다. 이는 감염 부위에서 숙주 세포의 노화를 막고 소위 **녹색반점(green island)**으로 불리는 구조를 만들어 낸다. 활물영양 세균성 병원체 중의 하나가 *Pseudomonas* 종들인데, 이들은 전체적으로 **과민성 저항성 단백질 클러스터[hypersensitive resistant protein (hrp) cluster]**로 불리는 세균의 병원성에 절대적으로 필요한 유전자 집단을 가지고 있다. 수천 종의 쌍떡잎 식물 종에 근두암종을 일으키는 *Rhizobium radiobacter*(기존에, 그리고 현재까지도 널리 *Agrobacterium tumefaciens*로 알려져 있음)는 생명공학에서 매우 중요한 활물영양 세균이다. *R. radiobacter*는 T-DNA[전달되는(transferred) DNA]로 불리는 DNA 절편으로 식물 세포를 형질전환시키는데, T-DNA는 식물 유전체 내로 안정하게 통합되어 숙주의 호르몬 대사를 변화시켜 종양 형성을 촉진한다. *R. radiobacter*의 T-DNA는 외래 DNA를 식물 유전체 내에 안정적으로 통합시키기 위한 운반체로, 또한 고등 식물의 세포를 재조합 DNA 분자로 형질전환시키기 위한 운반체로 가장 널리 사용되고 있다.

바이러스 병원체는 활물영양형으로 숙주 조직의 황화(**황백화, chlorosis**) 또는 갈변화(**괴사, necrosis**), 모자이크 양상(백화 반점)과 생육 저해를 일으킨다. 대부분의 식물 바이러스는 단일가닥 RNA 바이러스로서 숙주세포의 세포질에서 복제되고 **원형질연락사(plasmodesmata**; 14장 참고)를 통해 세포 사이를 움직인다. 숙주에서 숙주로의 전염은 흔히 **무척추동물 매개체(invertebrate vector)**를 거쳐 일어난다.

전 세계에서 가장 파괴적인 식물 병원성 생물들 중

일부는 반활물영양성 병원체이다. 예를 들어, 1846년과 1847년의 아일랜드 대기근은 감자 역병을 일으키는 난균 또는 물곰팡이인 역병균 ***Phytophthora infestans***의 재앙적 감염에 의해 촉발되었다. 아일랜드 대기근으로 백만 명 이상의 아일랜드 사람들이 미국과 다른 나라로 이민을 가게 되었다.

병을 일으키는 미생물에 대항하여 식물이 채택한 방식에는 항미생물 2차 대사산물의 형태인 **항시적 방어(constitutive defense)**가 포함된다. 이 물질들은 특정 세포 구획 내에 있으며 세포가 손상되면 방출된다. 감염 이후에 새로 합성되는 2차 대사산물인 파이토알렉신(phytoalexin)과 구분하기 위하여 미리 만들어 놓은 항미생물 2차 산물을 때때로 **파이토안티시핀(phytoanticipin)**으로 부른다. 흥미롭게도, 한 식물종의 파이토알렉신이 다른 종에서는 파이토안티시핀이 되기도 한다. 파이토안티시핀의 한 예는 귀리(*Avena*)의 트리테르페노이드 사포닌인 **아베나신(avenacin)**으로 곡류 뿌리의 주요 병원체인 *Gaeumannomyces graminis*의 감염을 막는다.

항시적 방어에 반해, **유도적 방어 반응(induced defense response)**은 식물에 의한 병원체 감지와 방어-관련 유전자의 신속한 활성화를 필요로 한다. **저항성/비병원성(resistance/avirulence)** 유전자 대 유전자 시스템(18장 참고)은 병원체가 인식되는 한 기작이다. 또 다른 기작은 **엘리시터(elicitor**; 병원체에서 기원한 분자)와 숙주 수용체 사이의 상호작용이다. **세균성 엘리시터(bacterial elicitor)**의 예에는 **플라젤린(flagellin**, 편모 단백질)과 **하르핀(harpin**, 분비 단백질), **지질다당류(lipopolysaccharide**; 그림 15.35 참고) 등이 있다. 곰팡이 엘리시터에는 세포벽 다당류, 폴리펩티드, 당단백질과 지질 분자 등이 포함된다. 완전한 방어 증상을 촉발하는 식물-병원체 상호작용은 **부적합(incompatible)**하다는 용어로 말한다. 이는 다양한 세트의 세포 기작을 자극한다(그림 15.41). 그 결과 흔히 병원체의 확산을 막는 국부 세포 사멸[**과민성 반응, hypersensitive response (HR)**]이 일어난다. HR은 예정 세포사의 한 예로서 18장에서 더 자세히 논의한다. 한편, 숙주가 침입자를 인지하지 못하여 유도 방어 반응이 일어나지 않는 **적합(compatible)** 반응에서도 병원체는 성공적인 감염이 일어나기 이전에 여전히 항시적 방어를 극복해야 한다는 점을 특히 주의해야 한다.

초기에 유도되는 방어 반응은 원형질막-결합 **NADPH 옥시데이즈(NADPH oxidase)**에 의한 과산화물의 생성이다. $O_2^{\bullet -}$와 H_2O_2의 대사적 운명과 신호전달에서의 역할은 그림 15.31과 15.6.3절에 설명되어 있다. 병원체 인지의 초기 결과 신호전달 분자인 산화 질소(nitric oxide)가 빠르게 합성되어 ROS와의 상승작용을 통해 숙주의 방어를 활성화시킨다. ROS는 또한 리그닌 합성에 참여한다. **히드록시프롤린-풍부 당단백질(hydroxyproline-rich glycoprotein)**의 합성 및 교차 결합과 **폴리갈락투로네이즈 억제 단백질(polygalacturonase inhibiting protein)**의 생성과 함께 리그닌 합성은 식물 세포벽을 미생물의 침투와 효소적 분해에 더 저항할 수 있게 만든다. 1차 선구체들이 2차 대사로 전환되면서 저항성이 시작된다. 예를 들어, bHLH, MYB, WRKY군의 전사인자에 의해 페닐알라닌으로부터 이소플라보노이드로 이어지는 경로를 암호화하는 유전자가 통합적으로 활성화된 결과 페닐프로파노이드 파이토알렉신이 합성된다(그림 15.11과 15.13 참고).

국소 및 전신 방어 반응에서 특히 중요한 점은 **병원성-관련 [pathogenesis-related (PR)]** 단백질인데, 이들은 다양한 종류의 효소, 항곰팡이제, 2차 신호전달 요소 등이다. 여기에는 곰팡이 세포벽을 공격하는 글루카네이즈(glucanase)와 키티네이즈(chitinase), 병원체의 거대 분자를 파괴하는 엔도프로티네이즈(endoproteinase)와 리보뉴클리에이즈(ribonuclease), 그리고 항미생물 휘발성 물질과 자스몬산-관련 신호전달 분자 등이 포함된다. 많은 PR 유전

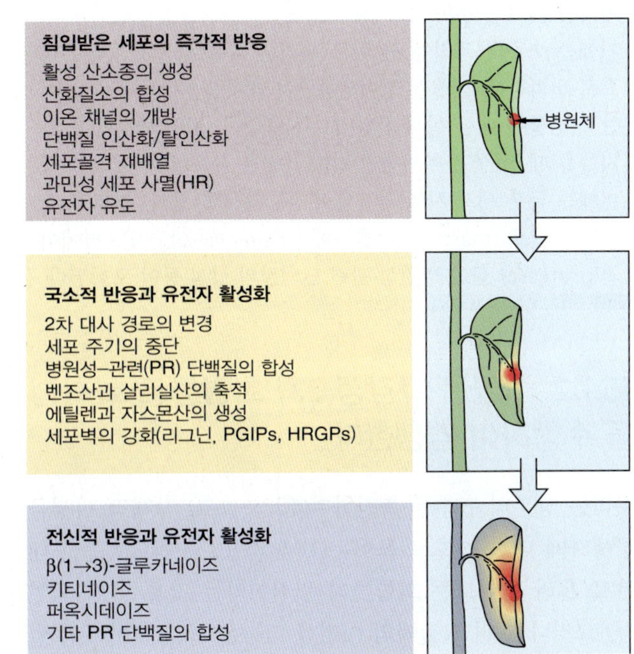

그림 15.41 병원체 침입에 대한 즉각적, 국소적 그리고 전신적 유도 반응.

자의 전사적 활성화는 살리실산과 에틸렌-매개 신호전달 다단계에 의해 조절된다.

식물은 다양한 곰팡이들과 비-병원성(**내부기생성, endophytic**) 관계를 형성한다. 대부분의 경우 상호작용 참여자에 대한 혜택은 불분명하지만, 일부 내부기생성 연관은 생태적으로 농업적으로 중요하다고 알려져 있다. 예를 들어, 호밀풀속(*Lolium*)과 김의털속(*Festuca*)의 사료작물과 터프그래스의 곰팡이 내부기생자인 *Neotyphodium* 종들은 무생물 스트레스에 대한 숙주의 내성과 곤충 및 포유류 초식자들에 대한 저항성을 (현재까지 알려지지 않은 기작에 의해) 증진시키는 것으로 밝혀졌다.

키포인트 식물과 이들의 병원체 사이의 관계는 기생체-숙주의 생물적 상호작용의 한 예이다. 병원성 병원체는 병증을 일으킨다. 사물영양체 병원체는 독소나 세포벽-분해 효소를 분비하여 숙주 세포에 상해를 입히거나 죽인다. 흰가루병균은 특화된 활물영양체 곰팡이로 시토키닌을 분비하여 숙주 세포가 계속 살아 있게 하며 흡기를 통해 양분을 빨아들인다. 많은 활물기생체들은 숙주 조직 내로 시토키닌을 분비한다. *Pseudomonas*속 활물영양체 세균에서 병원성은 과민성 저항성 단백질(hrp) 클러스터의 유전자를 필요로 한다. 근두암종을 일으키는 *Rhizobium radiobacter*(*Agrobacterium*)은 식물의 형질전환을 위해 생명공학에서 이용된다. 대부분의 병원성 식물 바이러스는 단일가닥 RNA 형의 활물기생체이다. 감자역병균(*Phytophthora infestans*)은 반활물영양체로서 초기에는 숙주의 조직을 산 채로 유지한 다음 사물기생체 유형으로 변화한다. 식물은 항미생물 2차 대사산물을 병을 일으키는 미생물에 대한 항시적 방어로 사용한다. 침입 병원체를 감지했을 때, 식물은 추가적인 방어 기작을 유도한다. 이러한 방어에는 국부 세포 사멸(과민성 반응), 세포벽 강화, 그리고 키티네이즈(chitinase)와 뉴클리에이즈(nuclease), 프로티에이즈(protease) 같은 병원성-관련 단백질의 합성 등이 포함된다.

15.7.2 식물은 타감성 2차 화합물로 화학전을 수행하여 경쟁한다

뿌리는 양분의 흡수를 촉진하며(13장 참고) 잠재적 미생물 공생자에 대한 신호로 쓰이는(10장과 12장 참고) 근권 내부로 흘러 들어오는 화합물의 원천이라는 것을 알게 되었다. 그러나 뿌리 삼출액의 이러한 기능은 단지 이야기의 일부분일 뿐이다. **뿌리 삼출액**(**root exudate**)에서 발견되는 다양한 화합물 중에는 아미노산, 유기산, 당, 페놀 화합물, 고분자 다당류 점액 덩어리와 단백질 등이 있다. 광합성으로 고정되는 전체 탄소의 5%에서 20%가 근권으로 분비된다고 추정된다. 이처럼 뿌리 삼출에 자원을 높은 수준으로 투입하는 것은 분비가 식물의 생존에 중요하다는 것을 나타내는 것이다.

근권으로 분비되는 화합물의 생태학적으로 중요한 기능은 주변 식물의 성장에, 대부분의 경우 부정적으로, 영향을 미치는 것이다. 이러한 현상은 **타감작용**(**allelopathy**)으로 알려져 있다. 타감적으로 활성이 있는 화합물(**타감화학물, allelochemical**)은 보통 손상을 주며, 따라서 경쟁자가 토양의 자원을 훔치지 못하게 한다. 많은 파괴적인 종 또는 고도의 침입종들은 타감성이 매우 높다. 한 가지 예가 광범위한 지역에서 우점하며 경쟁력이 강한 잡초인 **수레국화류**(**knapweed**, *Centaurea maculosa*)이다. 이 종은 류코안토시아니딘과 안토시아니딘(15.3.3절 참고)으로부터 유도된 식물독성 페닐프로파노이드인 **카테킨**(**catechin**)을 뿌리에서 방출한다. 타감화학물이 경쟁자에 대한 효과적 방어가 될 수 있는 반면, 기생생물에게는 신호가 될 수도 있다. 기생성 식물은 흔히 숙주의 뿌리에서 분비된 2차 대사산물을 침입 뿌리(**기생근, haustoria**)의 발달을 개시하는 신호로 이용하여 그들의 숙주를 찾는다(그림 15.42). 숙주의 뿌리에서 분비된 플라보노이드, *p*-히드록시산, 퀴논과 시토키닌은 기생근 형성을 유도한다. 옥수수, 수수, 기장과 벼에 막대한 손실을 입히는 기생성 속인 스트라이가(*Striga*; 그림 15.42)는 아프리카에서 곡류 작물 재배 지역의 2/3에서 창궐하는 것으로 추정된다. 스트라이가라는 이름은 식물의 성장과 발달의 많은 측면에 관여하는 중요한 신호전달 분자 **스트리고락톤**(**strigolactone**)에서 유래한 것이다(예를 들어, 10장과 12장 참고). 이 분자는 또한 숙주-기생체 인지 뿐만 아니라 균근 연합의 형성(12장 참고)에 관련되어 있는 근권 타감화학물로도 기능한다.

15.7.3 초식과 피식, 그리고 상처는 포괄적인 국소적 및 전신적 스트레스 반응을 일으킨다

식물은 **무척추동물**(**invertebrate**)로부터 지속적인 공격을 받고 있는데, 이들은 섭식, 생식 또는 서식 행동의 결과로서 식물에 물리적이며 생리적인 증상을 만들어 낸다. **저작곤충**(**chewing insect**)은 식물 조직에 엄청난 상해를 입힌다. 예를 들어, 메뚜기 떼는 한나절 내에 몇 헥타르에 걸친

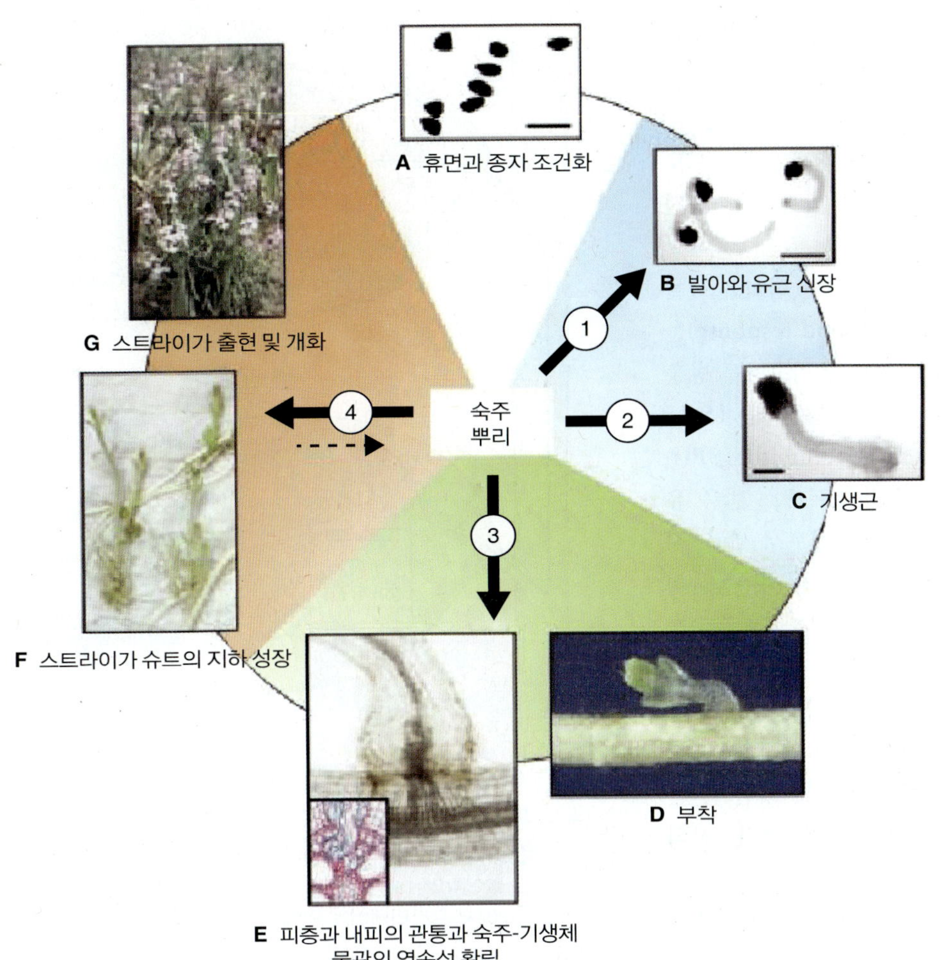

그림 15.42 스트라이가(*Striga*)의 생활사. (A) 각각의 스트라이가 식물체는 100,000개의 종자를 생산할 수 있다. (B) 종자는 숙주의 뿌리 분비물에 존재하는 발아 촉진제에 반응하여 발아한다. (C) 신장한 스트라이가의 유근은 숙주의 뿌리에서 분비된 기생근 개시인자(HIF)를 감지하고 기능적 부착 기관을 형성한다. (D) 끈끈한 털이 숙주 뿌리에 기생근을 부착시킨다. (E) 기생근 세포는 쐐기를 형성하고 숙주의 물관으로(체관이 아님) 침입한다. (F) 숙주와 물관을 연결한 다음 기생근은 더욱 분화하고, 뒤따라 떡잎이 형성되며 잎이 발달하기 시작한다. (G) 스트라이가의 슈트가 땅 위로 나타나며, 꽃이 피고 약 6주 후 종자가 달린다. 축척자 = 250 μm (A–C).

전체 작물을 고사시킬 수 있는 무시무시한 능력을 갖고 있다. 저작 곤충에 의한 조직의 손상은 흔히 사물영양성 곰팡이와 세균에 의한 2차 감염이 일어나게 한다. 다른 한편으로, 진딧물이나 삽주벌레 같은 **수액 흡수 곤충**(**sap-sucking insect**)은 체관 요소의 내용물을 특수화된 구기인 빨대(그림 14.16 참고)를 이용하여 빼낸다. 비록 심하게 감염되면 만성적인 광합성 산물 부족 때문에 성장 잠재력의 심각한 감소를 초래할 수 있지만, 이런 곤충들은 대규모 물리적 상해는 거의 입히지 않는다. 수액 흡수 곤충들은 섭식하는 동안 **감자 바이러스 X**(**potato virus X**) 같이 농업적으로 중요한 활물기생성 병원체를 포함한 바이러스를 전달한다.

가장 해를 끼치는 무척추 초식자 중에 기생성 **선충**(**nematode**)이 있다. 많은 경우에 이들은 뿌리에 감염하여 흔히 식물체 전체의 대사와 뿌리 구조에 큰 변화를 일으킨다. **포낭 선충**(**cyst nematode**)은 내부기생체로서 선 분비물을 방출하는데, 이는 **합포체성 섭식 구조**(**syncytial feeding structure**)를 형성하기 위한 숙주 세포의 융합을 촉발한다. 내부기생성 **뿌리혹 선충**(**root-knot nematode**)은 DNA의 내재복제와 피층 세포 성장을 촉진하여 **거대 세포**(**giant cell**)가 만들어지게 한다. 합포체 세포와 거대 세포는 전이 세포를 통해 체관과 연결되며 광합성 산물을 소모시켜 식물의 생산성을 떨어뜨린다.

방목 가축 또는 잎을 뜯어 먹는 동물에 의한 조직의 손상을 막기 위해 고안된 적응에는 가시와 털이 포함된다. **초원**(**pasture**)의 풀들은 탈엽 스트레스에 대해 토양 표면 근처에 위치한 줄기의 절간 분열조직, 규산질화된 잎 표면, 회복 성장을 뒷받침하기 위한 효과적인 양분 재순환 기작과 같은 특별히 눈에 띄는 적응을 보여준다. 방목 가축에 의한 탈엽과 밟기에 적응한 식물의 형태적 형질은 방목 가축이 초목을 먹기 적합하게 발달한 진화적 특성, 예를 들어, 잎을 깨물고 씹도록 고안된 이빨, 많은 양을 처리할 수 있는 소화계, 영양소가 적은 먹이 등등에 대해 상보적으로 발달한 것이다. 목초식물과 반추동물 사이의 관계는 **공진화적인**(**coevolutionary**) 것이다.

초식자에 의한 저작과 내부기생자에 의한 섭식은 식물 조직에서 국소적 및 전신적 **상처 반응**(**wound response**)을 촉발한다. 상처는 손상된 세포벽으로부터 올리고당을 방출시키고, 이는 병원성-관련 단백질, 열충격 인자(그림 15.35 참고)와 프로티네이즈 억제재(proteinase inhibitors, PIs)를 암호화하는 유전자를 포함한 다수의 스트레스 반응 유전자를 활성화시킨다. PI는 작은 방어 단백질로서 세린, 시스테인, 아스파틸 프로티네이즈를 억제하여 무척추동물의 소화계에 지장을 주고 그로 인해 필수 아미노산의 흡수를 줄여 초식자의 성장과 발달을 지체시킨다. 다친 세포에서의 즉각적인 생화학적 변화의 많은 것들이 다른 무생물 및 생물 스트레스의 생화학적 변화(그림 15.30과 15.41 참고), 즉 ROS의 생성, 2차 대사의 유도와 페놀 화합물, 탄닌과 파이토알렉신의 축적, 에틸렌, 자스몬산, 살리실산의 합성 증가 등을 공유한다.

관다발계를 거쳐 상처 부위로부터 신호 분자를 방출한 결과, 상처는 흔히 식물체 전체에 걸친 전신 반응을 자극한다. 상처는 아미노산 200개로 구성된 **프로시스테민**(**prosystemin**) 선구체의 단백질가수분해 과정을 촉진하여 아미노산 18개의 펩티드 호르몬인 **시스테민**(**systemin**)을 형성하게 한다. 시스테민은 원형질막에 있는 수용체와 결합하여 자스몬산(JA) 합성의 옥시리핀 경로(10장 참고) 뿐만 아니라 PI를 암호화하는 유전자(*PIN2*)의 전사를 촉진한다. JA는 체관을 통하여 멀리 떨어져 있는 상처받지 않은 조직으로 이동하고, 이곳에서 PIN2와 기타 전신성 상처 반응 단백질의 합성을 유도한다고 여겨진다(그림 15.43).

식물체 내에서 생리적 반응을 유도하는 것에 덧붙여, 상처는 또한 식물체의 다른 부위 또는 심지어 군집 내 다른 개체에 경고 신호로 작용하는 **휘발성 화합물**(**volatile compound**)의 생성을 자극한다. 식물이 발산하는 휘발물질에는 메탄올, 아세톤, 포름알데히드와 기타 짧은 사슬의 카르보닐 화합물, 여기에 추가하여 다수의 테르페노이드(이소프렌을 포함함—15.5.2절 참고), 페닐프로파노이드와 지방산 유도체 등이 있다. 휘발성 물질에 의한 식물에서 식물로의 신호전달은 상대적으로 새로운 연구 분야이며 자세한 기작과 생태학적 중요성은 아직 밝혀지지 않았다.

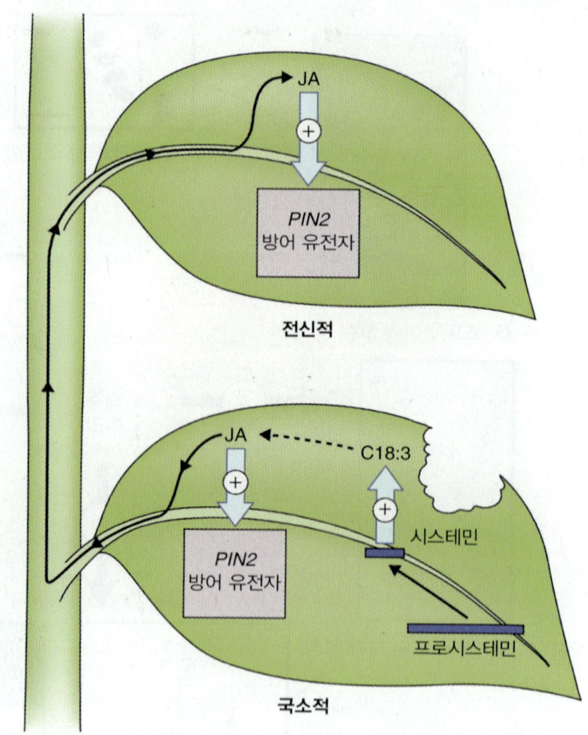

그림 15.43 시스테민과 자스몬산(JA)에 의해 매개되는 상처에 대한 국소적 및 전신적 반응. 프로시스테민은 단백질가수분해 과정을 통해 펩티드 호르몬인 시스테민이 되며, 이는 리놀렌산(C18:3)으로부터 JA의 합성을 활성화한다. JA는 국소적으로 그리고 JA가 수송되는 멀리 떨어진 조직에서 프로티네이즈 억제재와 기타 상처 반응 단백질을 암호화하는 유전자(*PIN2*)의 전사를 자극한다.

키포인트 식물은 그들 주위의 다른 식물의 성장에 (보통은 부정적인) 영향을 줄 수 있는 화합물을 근권으로 분비한다. 이 현상은 타감작용으로 알려져 있으며 특히 수레국화류와 같은 고도의 침입종에서는 흔하다. 뿌리에서 분비되는 2차 대사산물 또한 기생성 식물이 적당한 숙주의 위치를 찾아내는 데 사용된다. 선충에 의한 기생과 방목 가축에 의한 초식은 식물에 상당한 손상을 가할 수 있다. 어떤 종들은 가시나 털을 만들어 자신을 방어한다. 대부분의 식물은 초식, 피식과 상처에 의해 작동되는 다양한 국소적 그리고 전신적 스트레스 반응을 가지고 있는데, 이런 반응의 많은 것들이 ROS 생성과 페놀 화합물, 탄닌, 파이토알렉신의 축적 같은 무생물 스트레스 반응과 공통적인 특성을 보인다. 무척추동물의 소화계를 방해하는 프로티네이즈 억제재의 합성은 초식자의 공격에 대한 빈번한 반응이다. 또한 상처는 식물체의 다른 부위 또는 인근의 식물에 신호로 작용하는 휘발성 화합물의 방출을 유도할 수 있다.

Part VI
재생

Chapter 16
개화와 유성생식

16.1 개화에 대한 서론

Charles Darwin은 현화식물이 갑작스럽게 출현하여 급속히 퍼지게 된 진화적 사실을 '지독한 미스터리'라고 일컬은 바 있다. 이에 못지 않은 또 하나의 미스터리는 유성생식이라는 생물학적 생식 방법이 왜 나타났는가이다. 특히 식물의 경우에는 세포의 전능성 때문에 효율적인 무성생식이 가능함에도 불구하고 유성생식이 왜 필요할까? 그러나 꽃을 통한 유성생식이 자연선택에서 유리하게 작용한다는 사실은 현화식물의 진화에서 명백히 나타난다. 약 1억 2천5백만 년 전에 처음으로 현화식물이 출현한 후, 지질학적으로 짧은 시기인 6천만 년 만에 현화식물은 지구의 식생을 지배하였고, 현재 대부분의 생태계에서 80% 이상의 종을 차지하게 되었다.

종자식물과 동물의 체재(body plan)와 형태형성의 원리(12장 참고)가 서로 다르듯이, 종자식물의 생식 전략 또한 여러 가지 면에서 동물과는 근본적으로 상이하다(그림 16.1). 동물의 초기 배발생 동안, **생식계열 세포(germ line cells**, 배우자가 되는 세포)는 **체세포(somatic cells**, 난자와 정자를 제외한 모든 조직을 구성하는 세포)로부터 분리된다(그림 16.1A). 어떤 세포가 성숙 시에 체세포가 될지 아니면 생식계열 세포가 될지는 세포질의 극성과 같은 내부적 요인과 인접한 세포로부터의 신호와 같은 요인에 따라 결정된다. 보통 어떤 세포가 생식계열 또는 체세포로 전속(commit)되면, 그 세포와 그로부터 유래한 자손 세포들은 그 발생학적 운명을 바꿀 수 없게 된다. 따라서 동물의 생식계는 주요한 체세포 조직과 기관의 형성을 유도하는 발생학적 신호에 노출되지 않으며, 생식계열 세포에 돌연변이가 일어날 때만 그 돌연변이가 자손에 유전될 수 있다.

반면 식물에는 동물과 같은 생식계열 세포와 체세포의 특정화(specification) 과정이 존재하지 않는다(그림 16.1B). 슈트정단(shoot apex)은 발생 신호와 환경 신호에 반응하여 영양 단계로부터 생식 단계로 전환된다. 식물의 성숙 과정에서 수많은 세포 분열을 거치면서 내부적 영향과 환경적 영향에 노출된 일부 세포들이 분화하여 꽃의 생식계를 구성하게 된다. 이배체성 포자체(sporophyte)와 반수체성 배우자체(gametophyte) 사이의 세대교번(alteration of generation, 1장 참고)은, 배우자 형성(gametogenesis) 이전에 분열 조직(meristem) 내에 발생한, 잠재적으로 해로운 돌연변이를 배제하기 위한 효율적인 기작이다.

이 장에서는 영양조건에서 생식조건으로의 전이를 결정하는 환경 요인과 발생학적 요인을 논의하고, 화원기(flower primordium)의 패턴형성과 꽃 기관의 분화를 다룬 후, 웅성 배우자와 자성 배우자의 형성 및 이들의 결합인 수정(fertilization)을 다룰 것이다.

16.2 개화의 유도

생식의 성공 가능성을 최대화하기 위해서는 개화(flowering)가 적절한 시기에 일어나야 한다. 대부분의 식물은 **타가수**

The Molecular Life of Plants, First Edition. Russell Jones, Helen Ougham, Howard Thomas and Susan Waaland.

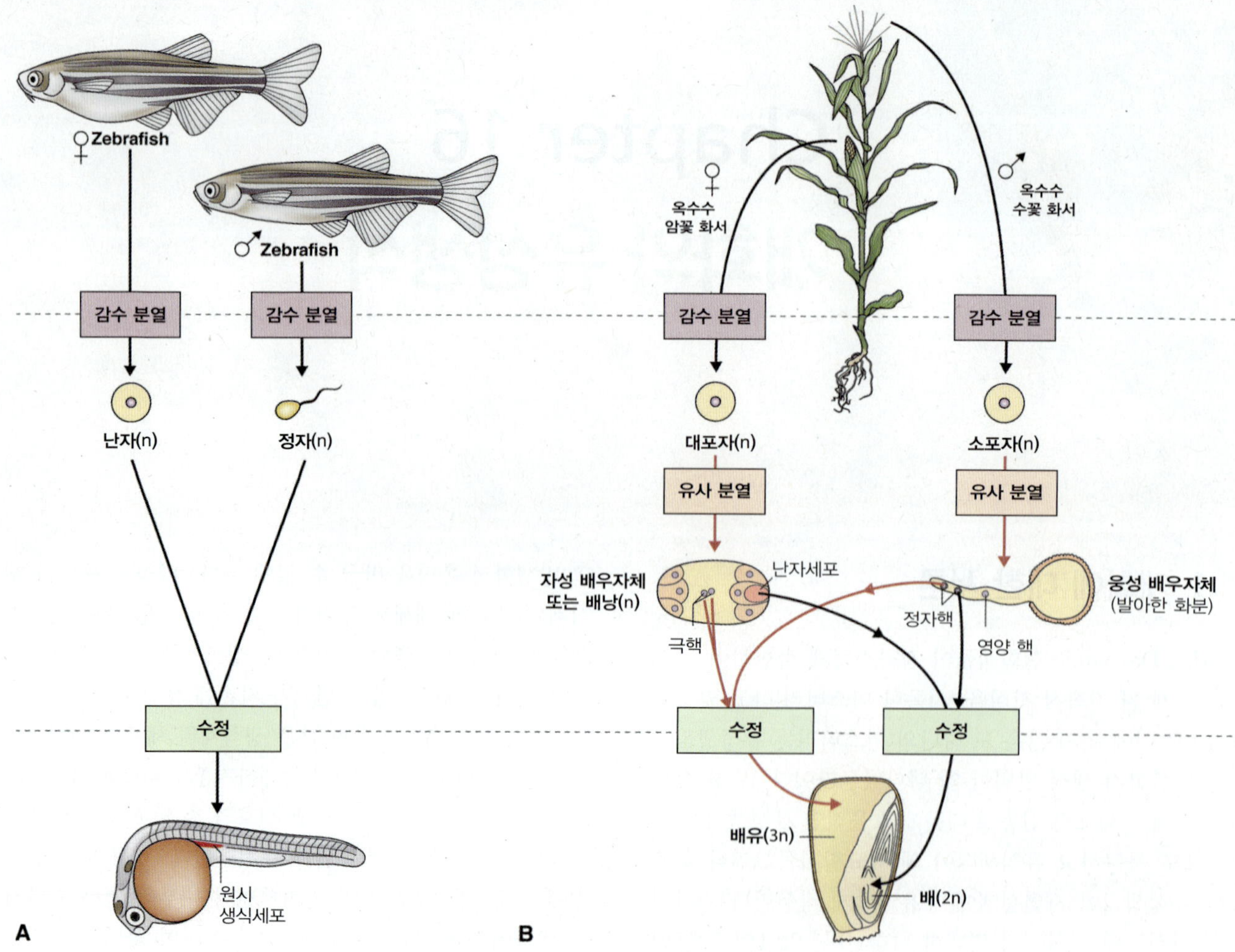

그림 16.1 동물과 식물의 생활환(life cycle)의 비교. (A) 전형적인 동물인 제브라피쉬의 배우자는 생식세포의 감수 분열을 통해 직접 생산되며, 유전자 발현은 대개 이배체 세포에 제한된다. 원시 생식계열 세포들은 배발생 초기에 분화된다. (B) 전형적인 현화식물인 옥수수의 생활환은 포자체 세대와 배우자체 세대의 교번으로 구성되며, 감수 분열하는 세포는 미리 결정된 생식계열로부터 유래하지 않는다.

분(cross-pollinate)하므로 동종의 다른 식물들과 개화 시기를 맞추어야 하며 수분매개자(pollinator)가 주변에 존재할 때 개화가 일어나야 한다. 연중 계절의 변화가 생장에 적합한 시기와 적합하지 않은 시기를 반복하는 지역에서는, 개화의 조절이 대개 환경에 밀접하게 관련되어 있어서 최적 조건에서 종자가 발생하고 열매가 산포(dispersal)할 수 있도록 개화 시기가 맞추어진다. 개화는 3단계로 구성된 과정이다. 우선 식물은 적절한 개화 유도 신호 인자에 반응할 수 있는 수용력(competence)을 획득해야 한다. 다음 단계에서는 유도 신호가 잎에 의해 인식되고(8.5.4절 참고), 어떤 전달물질이 슈트정단으로 이동하여 슈트정단의 영양-생식 전이를 일으킨다. 마지막 단계에서는 이와 같이 재편된 슈트정단이 더 이상 영양측지(vegetative laterals)를 생산하지 않고 대신 꽃 기관의 분화를 일으키는 패턴형성과 형태형성 경로로 전환된다. 유도 신호의 작용을 자극하는 인자 중에 가장 잘 알려진 것이 빛(**광주기, photoperiodism**)과 온도(**춘화처리, vernalization**)이다.

16.2.1 개화가 유도되려면 식물의 성숙기에 수용기관과 슈트정단이 수용력을 획득해야 한다

개화가 일어나려면 식물이 수용력을 가져야 한다. 수용력은 개화 유도 자극을 수용하는 잎에 존재할 수도 있고, 슈트정단에 존재할 수도 있으며, 잎과 슈트정단 모두에 존재할 수도 있다. 그림 16.2에 가능한 수용력의 조합들과 그 결과물이 요약되어 있다. 어린 나무의 슈트정단은 전형적으로 불수용 상태(incompetent)에 있으며, 불수용 상태인 슈트

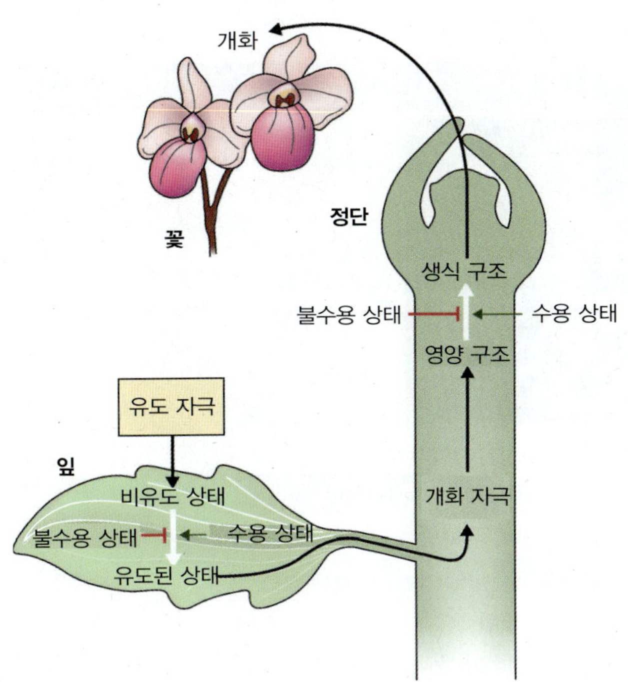

그림 16.2 개화가 일어나기 위해 수용력의 획득이 요구되는 지점들.

정단을 분리하여 다른 성숙한 식물에 이식한다 해도 이식된 슈트정단에서 꽃이 만들어지지 않는다. 역으로 칼랑코에속의 일부 종(천손초; 그림 11.22A 참고)의 경우, 유년기의 정단이 수용력을 가지고 있어 성숙한 식물에 이식하면 꽃을 형성할 수 있다. 개화 수용력의 조절은 복잡하며 분류학적 위치에 따라 다양하지만, 식물 개체의 발생 단계 중 유년기에서 성체기로 전이되는 과정이 개화 수용력 조절 기작에서 중요한 부분을 차지한다.

많은 종의 생애에서 유년기와 성숙기는 뚜렷이 구분될 수 있다. 이러한 성숙 과정을 **이질형태**(**heteroblasty**) 또는 단계 변화(phase change)라 일컫는다. 식물의 생활환에서 볼 수 있는 네 가지 단계 또는 성숙기는 (i) 배아기(embryonic phase), (ii) 배발생 후 유년기(post-embryonic juvenile phase), (iii) 성체 영양기(adult vegetative phase), (iv) 성체 생식기(adult reproductive phase)이다. 각 단계는 특정 형태 및 생리적 특성들의 집합과 연관되어 있다. 서양담쟁이덩굴(*Hedera helix*)은 단계 변화의 잘 알려진 예이다. 표 16.1은 유년기 서양담쟁이덩굴의 특성을 성체기 식물의 특성과 비교한 표이다. 서양담쟁이덩굴이 성숙하면서 개화 수용력이 변화할 뿐만 아니라 수많은 형태적 측면, 즉 잎의 형태, 잎차례, 생장 습성, 슈트 생장의 한정성(determinacy) 및 뿌리 발생 등이 변화한다. 만일 유년기 서양담쟁이덩굴 조직을 절단하여 배양하면 이로부터 재생된 식물은 안정된 유년기 표현형을 갖는다. 이와 유사하게, 성숙한 조직은 성숙기 특성을 갖는 식물로 재생된다. 각 단계 간의 차이는 강한 후성유전학적 성분을 갖는다(3.5절 참고).

지베렐린은 단계 변화 조절을 담당하는 중요한 내부 인자이다. 그러나 지베렐린의 효과는 모든 종에서 동일하지 않다. 이를테면 성체기의 서양담쟁이덩굴에 지베렐린을 뿌리면 유년기로 회귀할 수 있는 반면, 지베렐린 합성 또는 인식이 불가능한 애기장대 돌연변이는 유년기에서 성체기로의 전이를 지연시킨다. 지베렐린은 또한 추대(bolting; 애기장대를 비롯한 여러 로제트(rosette)형 식물에서 개화에 앞서 일어나는 줄기의 신장 과정)에 필요하다. 빛의 세기와 주변 온도와 같은 환경 변수는 유년기에서 성체기로의 전환 시기의 결정에 유의적으로 영향을 미친다. 그림 16.3은 단계 변화 돌연변이 옥수수의 표현형을 보여주는데, 야생형에 비해 키가 작고 슈트의 수가 증가하는 표현형을 볼 수 있다. 유년기 옥수수 식물의 잎은 짧고 털이 없으며 큐티클 위의 왁스로 덮여 있다. 성체기 잎은 길고 좁으며 털이 있으며 왁스가 없다. 이러한 돌연변이를 분석한 결과, *Corngrass* (***Cg***) 유전자와 *Teopod* (***Tp***) 족의 유전자들이 옥수수에서 성체기 조건을 촉진하고 유년기 조건을 억제함을 발견하게 되었다. 단계 전이를 유발하는 신호는 슈트정단 분열 조직보다는 개별 엽원기(leaf primordium)에서 직접 인식된다. *Cg* 및 *Tp* 유전자에 일어난 돌연변이는 miR156족에 속하는 마이크로RNA의 과다발현과 관련성이 있다(3장 참고). miR156 좌위는 벼의 발생 구조 및 성숙에 있어서도 중요함이 알려져 왔으며, 이 좌위에서 나타나는 유전적 변이는 일반적으로 곡류 작물의 진화와 재배도입(domestication)에 있어 중요한 것으로 제안되고 있다. miR156에 의해 침묵되는 표적 유전자 중에는 ***SPL***(*SQUAMOSA promoter-binding-like*)족에 속하는 전사인자 유전자가 있다. *SPL* 유전자족은 분열 조직의 정체성, 잎 형태와 조직 패턴형성, 꽃 유도 등 다양한 발생학적 기능을 수행하는 것으로 알려져 있다. 단계 변화, 개화를 비롯한 형태형성 과정에서 소형 RNA의 역할은 최근 연구가 활발히 진행되고 있는 분야로서 식물의 발생 조절에 새로운 식견을 제공할 수 있을 것으로 기대하고 있다.

16.2.2 생식정단의 한정성은 식물 형태와 일년생/다년생 생장 습성에 영향을 준다

무한생장성(**indeterminate**) 슈트정단은 지속적으로 분열능을 가지는 반면, **유한생장성**(**determinate**) 슈트정단은 말

표 16.1 유년기와 성체기의 서양담쟁이덩굴의 특성 비교

유년기 특성	성체기 특성
3개 또는 5개로 결각진(lobed) 장상형(palmate) 잎	매끈하고 계란형(ovate) 잎
호생 잎차례(alternate phyllotaxy)	나선형 잎차례(spiral phyllotaxy)
4.2일마다 잎이 나타남	3.2일마다 잎이 나타남
슈트정단은 큰 세포로 구성되고 비교적 좁음	슈트정단은 작은 세포로 구성되고 넓음
절간 생장이 빠름	절간 생장이 느림
어린 잎과 줄기에 안토시아닌 색소가 축적됨	안토시아닌 색소가 축적되지 않음
털이 많은 줄기	매끈한 줄기
타고 오르면서 퍼지는 생장 습성	수직 또는 수평으로 생장하는 습성
슈트는 무한 생장하며 정아(terminal bud)를 갖지 않음	슈트는 유한 생장하며 비늘을 가진 정아를 가짐
개화가 일어나지 않음	개화 가능
꺾꽂이 효율이 좋음	꺾꽂이가 잘 되지 않음
부정근(adventitious root)이 존재	부정근이 없음

그림 16.3 옥수수(*Zea mays*)의 단계 변화 돌연변이. *Teopod*족 유전자들(*Tp1*, *Tp2*)과 *Corngrass*(*Cg*) 유전자의 돌연변이가 가진 효과가 야생형(Wt)의 표현형과 비교된다.

단 기관으로 분화하여 더 이상 새로운 구조를 만들지 않는다. 슈트정단에서 잎이 발생하든(12장 참고) 또는 꽃 구조가 발생하든지에 상관 없이, 기관형성 과정의 초기에는 유한생장성 원기(primordium)가 형성된다. 정단 한정성과 원기 한정성의 양상은 영양기관과 꽃기관의 형태 뿐 아니라 식물의 습성과 생활환에 결정적인 영향을 미친다(그림 12.4의 예를 참고). 일년생 종의 경우, 일단 종자가 산포되고 나면 모든 무한생장성 꽃 정단과 식물 개체는 죽게 된다.

다년생 종의 경우, 영양정단이 일시적으로 한정성을 가지면서 휴면아(resting bud)가 형성된다. **휴면(dormancy)**은 식물이 불리한 계절에 생존하기 위해 취하는 비활성 조건으로서, 정단 생장이 멈춰 있는 상태이다. 식물에서 휴면아의 위치는 식물을 형태적으로 구분할 때 널리 사용되는 기준이다(17장 참고).

일반적으로 말단 꽃 정단의 한정성은 비가역적이지만, 수많은 역행 현상(reversion)의 예 또한 존재한다. 역행 현상에서는 분열 조직의 활성에 시동이 걸리면서 영양 구조나 생식 구조를 비정상적으로 생산하게 된다. 역행 현상은 환경에 반응하여 일어날 수 있다. 일례로, 단일(short day) 조건에서 개화가 유도된 대두(*Glycine max*) 식물을 비유도 조건인 장일(long day) 조건으로 옮긴다면 대두 식물이 생식 단계에서 영양 생장 단계로 역행하는 것을 관찰할 수 있는데, 구체적으로 포엽(foliar bract; 꽃 부위와 연합되어 있는 변형된 단엽) 대신 3개의 소엽으로 구성된 복엽을 만들고, 꽃눈(floral bud)을 더 이상 만들지 않는 대신 영양슈트 생장을 개시한다. 봉선화(*Impatiens balsamina*)와 같은 종에서는, 역행 현상의 경향성이 유전적 요인에 의해 강하게 영향 받는다(그림 16.4). 즉, 부모와 자손에서 역행 현상이 일어나는 정도와 성질은 변종에 따라 다르다. 애기장대에서 생식 상태를 결정하고 유지하는 유전자에 돌연변이가 일어나면 이는 종종 꽃의 역행 현상을 야기하기도 한다.

16.2.3 상이한 유도 경로들이 개화를 일으킨다

개화 유도에는 여러 가지 환경 신호가 관여할 수 있다. 이러한 신호로는 광주기(photoperiod), 광선의 속성, 온도 등이

> **키포인트** 지구 상의 모든 식물 중에서 오직 현화식물만이 꽃을 만든다. 개화를 위해서는 세가지 조건이 있다. 첫째, 식물은 유도 신호에 반응할 수 있는 상태에 도달해야 한다. 둘째, 이 유도 신호는 잎에서 인식되어 슈트정단분열 조직으로 전달되어야 한다. 셋째, 이에 반응하여 분열 조직은 영양조직 대신 여러 꽃 부위를 생산하도록 변형되어야 한다. 개화를 유발하는 인자로 가장 잘 알려진 것은 낮의 길이와 온도이다. 많은 종들은 상이한 유년기와 성체기를 가지며, 성체기에 있는 식물만이 개화 수용력을 갖는다. 지베렐린은 유년기에서 성체기로의 단계 변화를 조절하는데 있어 중요하다. 슈트정단은 무한생장성일 수도(즉 지속적으로 분열 조직능력을 보유할 수도) 있고, 유한생장성 말단 기관으로 분화하여 새로운 구조를 더 이상 생산하지 않을 수도 있다. 일년생 식물 종의 경우 모든 무한생장성 영양 슈트정단은 유한생장성 꽃정단이 된다. 다년생 식물 종의 경우 영양성 정단은 일시적으로 유한생장성이 되어 휴면아를 만든다. 꽃정단의 분화결정은 대개 비가역적이지만, 환경 조건에 반응하여 역행 현상이 일어나기도 한다.

있다. 빛에 의한 개화의 조절은 낮의 길이와 광선의 속성에 의해 일어난다. 개화 조절에서 빛의 역할은 8장에서 논의되었다(그림 8.33 참고). 온대 지역에서 자라는 많은 동계 일년생(winter annual), 이년생, 다년생 장일식물들의 경우, 저온에 노출되어야 광유도 조건에 반응하여 수용력을 획득할 수 있다. 이러한 저온 요구성을 **춘화처리(vernalization)**라고 부르는데, 춘화처리는 겨울의 경과를 측정하는 일종의 시간 계산 기작으로 작용하여 식물에 유리한 봄이 올 때까지 개화가 일어나지 않도록 한다. 광주기에 반응하지 않는 개화 지체 애기장대 돌연변이들 중 한 부류를 분석한 결과, 또 하나의 개화 유도 조절 경로, 소위 **자율적 경로(autonomous pathway)**가 밝혀졌다. 자율적 경로는 낮의

A

B

C

그림 16.4 개화를 유도하는 광주기 처리를 한 봉선화에서 관찰되는 개화(flowering), 역행 현상(reversion), 그리고 재개화(reflowering) 반응. (A) 말단부에 핀 꽃을 위에서 본 사진. (B) 역행하여 잎을 만드는 말단부 꽃을 위해서 본 사진. (C) 일부 자손에서 관찰되는 재개화 표현형.

길이에 독립적으로 작용하며, 개화 유전자와 그들의 상호작용으로 구성되는 네트워크에 식물 내부의 발생학적 신호를 입력하는 경로이다.

그림 16.5는 광주기 경로, 광선 속성 경로, 춘화처리 경로, 자율적 경로가 어떻게 개화 조절 네트워크를 형성하는지 나타내고 있는데, 개화 조절 네트워크는 개화 자극을 통합하고 영양 단계에서 생식 단계로의 전이를 유발하는 몇몇 유전자들의 활성에 수렴된다. 이러한 전이에서 지베렐린은 수많은 역할을 수행한다. 애기장대 및 다른 장일식물 및/또는 이년생 식물의 개화에 지베렐린이 담당하는 역할에는 수용력의 획득(16.2.1절 참고), 꽃 기관의 발생(16.3절 참고), 추대와 개화 촉진이 있다. 한편 다년생 식물의 개화는 지베벨린에 반응하지 않거나 심지어 저해되기도 한다. 화본과 장일식물인 *Lolium temulentum*에서 지베렐린은 광주기성 개화 자극을 전달하는 이동성 신호라는 증거가 제시된 바 있다. 이때 지베렐린의 작용은 FT(잎에서 체관을 통해 이동해 슈트정단으로 개화 유도 신호를 전달하는 단백질; 8.5.4절 참고)의 작용과는 독립적이다.

애기장대에서*SOC1*(*SUPPRESSOROFOVEREXPRESSION OF CONSTANS1*) 유전자와 *LFY* 유전자의 발현은 DELLA 단백질에 의해 매개되는 지베렐린 신호전달 기작을 통해 촉진된다(10장 참고). 따라서 *SOC1* 유전자는 여러 인자에 의해 조절되며 자율적 경로, 춘화처리 경로 및 지베렐린 경로를 통합한다. 지베렐린 경로와 광유도성 경로는 *SOC1* 유전자와 *LFY* 유전자에서 수렴된다(그림 16.6).

꽃 분열 조직 정체성 유전자(floral meristem identity gene)들은 상이한 유도 경로들 사이의 연결점에 위치한다. 이들 유전자는 ***APETALA1***(***AP1***), ***LEAFY***(***LFY***), ***SEPALLATA3***(***SEP3***), ***FRUITFUL***(***FUL***)로서, 해당 애기장대 돌연변이가 가진 비정상적 꽃의 표현형을 따라 명명된 것이다(16.3절 참고). 생식 발생 단계로 전환되는 동안 꽃 정체성 유전자가 활성화되는 기작은 표적 유전자에 대한 억제작용이 풀리는 유형(*AP1*의 경우가 이에 해당함)일 수도 있고, 꽃 원기 발생 전의 정단 내 유전자 발현 위치가 재편되는 유형(*LFY*의 경우가 한 예임)일 수도 있다(그림 16.7). 뒤에서 설명하겠지만, 영양 단계에서 생식 단계로 전이되는 동안 꽃 정체성 유전자들은 상이하지만 일부 중복되는 기능을 수행하면서 서로의 활성을 조정하기 위해 협력한다(그림 16.6).

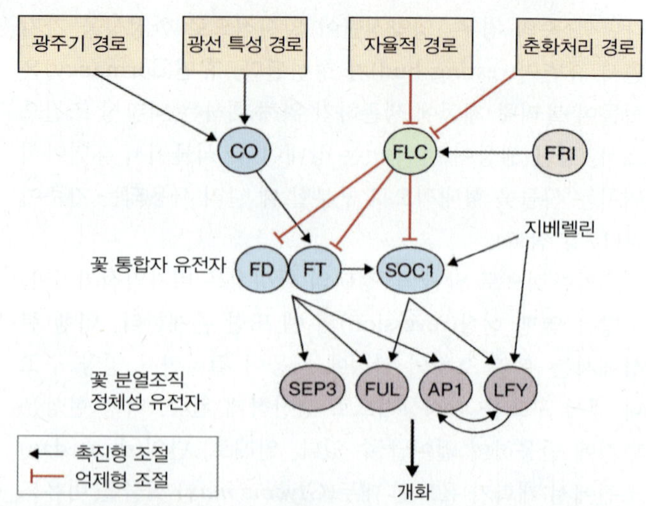

그림 16.6 애기장대 개화 유전자 산물로 구성된 조절 네트워크. 개화를 촉진하는 상호작용은 검정색 선으로 표시되며, 개화를 억제하는 상호작용은 빨간색 선으로 표시됨.

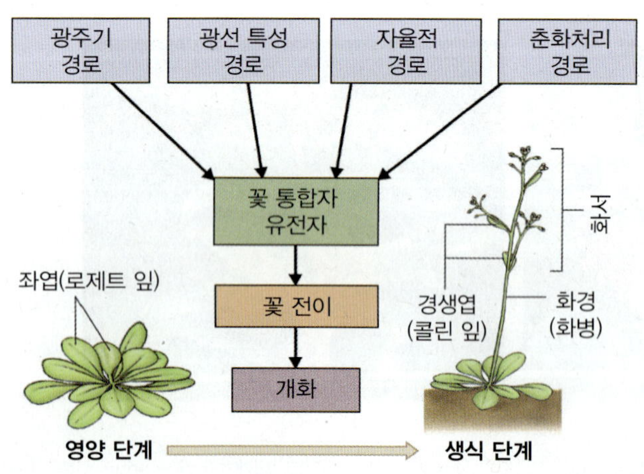

그림 16.5 애기장대의 개화를 조절하는 경로들.

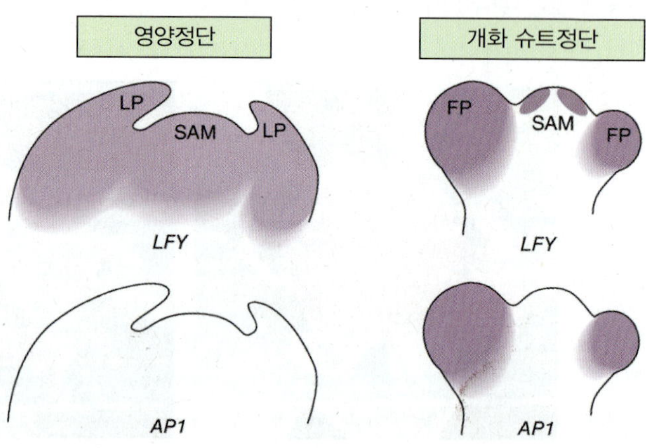

그림 16.7 애기장대의 영양정단과 생식정단에서 일부 꽃 정체성 유전자의 발현 양상. FP, 꽃 원기(floral primordium); LP, 엽원기(leaf primordium); SAM, 슈트정단 분열 조직(shoot apical meristem).

16.2.4 춘화처리에 의한 개화 유도는 후성 유전학적으로 조절된다

실험실에서 흔히 사용하는 애기장대 계통을 비롯하여 다수의 애기장대 계통은 하계 일년생(summer annual)로서, 개화를 위해 춘화처리를 요구하지 않는다. 그러나 자연적 변이 연구를 통해, 동계 일년생처럼 일정 기간 저온에 노출되지 않으면 개화가 지연되는 애기장대 **생태형**(ecotype; 특정 서식지에 적응된 유전자형)이 발견되었다. 유전학적 분석 결과 *FLOWERING LOCUS C*(***FLC***)라는 유전자와 *FRIGIDA*(***FRI***)라는 우성 유전자가 이러한 춘화처리 요건을 제공한다고 알려졌다. FLC 단백질은 MADS 박스 전사인자로서, *FT* 유전자의 발현을 막는 방법 등을 통해 개화 억제자로 작용한다. *FLC* 유전자는 식물 내 모든 영양 조직 부위에서 발현되나 그 mRNA는 어린 꽃 분열 조직에서는 검출되지 않으므로, 개화 전이 후 정단부에서 *FLC*의 발현이 감소되도록 조절된다고 볼 수 있다. FLC 단백질은 자율적 경로와 춘화처리 경로가 수렴하는 지점이다(그림 16.6 참고). 자율적 경로에 발생하는 돌연변이는 개화를 지체시키고, 이러한 지체 효과는 *flc* 널(null) 돌연변이에서 억제된다. *FLC* 유전자 발현을 막는 자율적 경로 상의 유전자는 폭넓은 발생학적 기능을 갖는데, 이러한 기능 중 다수는 개화와 직접적으로 관련되지는 않는다. *FRI* 유전자는 식물에서만 발견되는 핵 단백질을 암호화하며, *FLC* 유전자 발현을 증가시켜 조절함으로써 *FT* 및 기타 꽃 통합자 유전자의 전사를 억제한다(그림 16.6 참고). 애기장대 생태형들이 보여주는 춘화처리에 대한 자연적 변이의 대부분은 *FRI* 유전자와 *FLC* 유전자에서의 대립유전자 **변이**(variation)에 기인한다.

춘화처리는 **후성유전학적 스위치**(epigenetic switch)의 일례이다. 저온 처리가 중단된 이후에도, 수많은 횟수의 유사 분열(mitosis)을 겪은 정단분열 조직에서도 춘화처리에 의한 개화 수용력의 변화는 여전히 유지된다. 이러한 스위치는 *FLC* 좌위의 염색질(chromatin) 변형이라는 형태를 취하므로, 거듭된 유사 분열에도 안정적으로 유지되는 *FLC* 전사 억제 현상을 일으킨다. 애기장대에서 저온은 **VIN3**단백질(*VERNALIZATIONINSENSITIVE3*유전자의산물)의 합성을 유도한다. VIN3 단백질은 VERNALIZATION 2(VRN2) 및 VRN1 등의 다른 단백질과 함께 소위 polycomb repressive complex 2(**PRC2**)라는 단백질 복합체로 이동한다. 폴리콤(Polycomb)이라는 이름은 어떤 호메오 돌연변이 초파리의 표현형에서 유래한 것이다. 폴리콤 그룹 단백질은 동물과 식물에서 염색질을 개조함으로써 유전자 발현을 침묵시킨다. 이러한 억제 상태는 여러 번의 세포 분열 후에도 계속 유지된다. PRC2 복합체 성분들은 춘화처리 동안 증가하고 히스톤 메틸화의 변형을 일으켜, FLC 유전자 전사를 억제하고 그 결과 개화에 대한 억제가 풀리게 된다(그림 16.8).

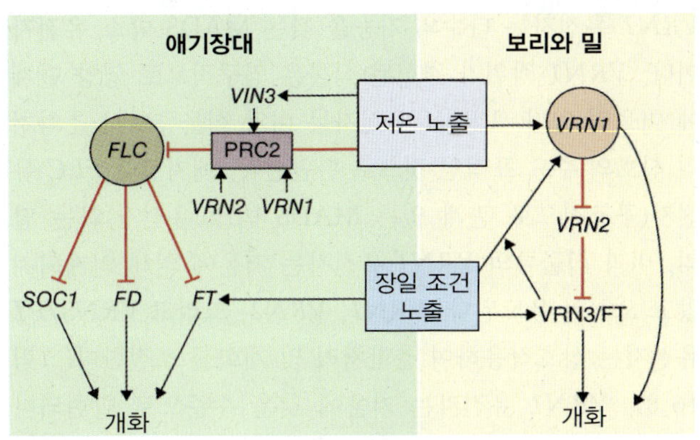

그림 16.8 애기장대와 곡물류에서 춘화처리 기작의 비교. 애기장대에서 춘화처리 동안 VRN2 및 VRN1 단백질과 연합한 PRC2 단백질 복합체는 VIN3를 불러들여 FLC의 억제 작용을 개시한다. 이 억제 작용은 유사 분열 후에도 안정적으로 유지된다. 밀과 보리의 *VRN1* 유전자 및 *VRN2* 유전자는 같은 이름의 애기장대 유전자들과는 구조적·기능적으로 상이하다. 밀과 보리에서 춘화처리가 *VRN1* 유전자 발현을 자극하면 *VRN1* 유전자는 개화를 촉진한다. 춘화처리는 장일 조건과 협력하여 작용하고, FT/VRN3 광주기 경로를 통해 신호가 전달되어, 개화 및 종자 형성이 봄과 여름에 일어나도록 한다.

동계 곡물류(winter cereals)는 가을에 파종하여 겨울 동안 저온에 노출시킴으로써 춘화처리 요건을 만족하게 하면, 봄에 유식물 생장을 계속하게 된다. 대부분의 온대성 다년생 벼과 식물류(grasses) 또한 춘화처리 요건을 통해 장일 조건에 반응하여 개화 수용력을 획득한다. 춘계 곡물류는 그 이름이 암시하는 것처럼 겨울이 끝난 후 파종하여 춘화처리 없이 꽃을 맺는다. 애기장대와 동계 곡물류에서 춘화처리 경로는 유사점과 차이점을 동시에 갖는다(그림 16.8). 밀(*Triticum* spp.)의 개화는 3개의 *VRN* 좌위에서 조절된다. 벼과 식물류에서 *VRN*이라고 이름 붙인 유전자들은 애기장대에서 동일한 이름의 유전자와는 구조적으로 관련되어 있지 않아 혼동되기 쉽다. 밀과 보리(*Hordeum* 속)의 *VRN3* 유전자는 *FT* 유전자와 상동성이 높다. 곡물류 유전체의 *VRN2* 부위는 *VRN3/FT* 유전자의 억제자로 작용하는 2개의 유사한 징크핑거(zinc finger) 단백질을 암호화한다. 밀과 보리의 춘계 생장 습성은 *VRN3/FT* 억제자인 *VRN2* 유전자의 결손과 관련되어 있다. *VRN2*에 대한 상동 유전자는 애기장대에서 명확히 알려져 있지 않다.

VRN1 유전자는 다수의 기능을 갖는 MADS 박스 유전자이다. *VRN1* 좌위가 결실된 식물은 영구적으로 영양 단계에 머물러 있다. *VRN1* 유전자는 벼과 식물류에서 춘화처리 신호의 주요 표적인 것으로 판단된다. 애기장대 *FLC* 유전자(구조적으로 관계 없는 MADS 박스 유전자)와는 달리, 벼과 식물류의 *VRN1* 유전자는 저온에 의해 억제되지 않고 오히려 유도된다. *VRN1*, *VRN2*, 그리고 *VRN3/FT* 유전자는 상호작용하여 춘화처리 및 개화를 조절한다(그림 16.8). *VRN1* 유전자는 겨울에 낮은 수준으로 발현되다가, 봄에 낮의 길이가 증가하고 슈트정단 분열 조직이 엽원기 대신 꽃원기를 생성함에 따라, 슈트정단에서 *VRN1* 유전자의 발현은 VRN3 단백질에 의해 강하게 증가된다. 이후 발생과 화서의 신장은 일반적으로 장일 조건을 요구한다. VRN1 단백질은 *VRN2* 유전자 전사의 억제자이기도 한다. 애기장대처럼 저온에 의해 유도된 동계 곡물류의 개화 수용력은 히스톤 메틸화 및 염색질 구조의 변화와 관련되어 있고 유사 분열 동안 안정되게 전달된다.

동계 곡물류에서 춘화처리 조절의 후성유전학적 성질은 단순히 생물학적 흥미 그 이상의 의미, 즉 역사적 · 정치적 중요성을 가진다. 1930년대 유력한 우크라이나 농학자인 Trofim Lysenko는 멘델 유전학의 원리에 반대하고 춘화처리 효과를 획득 형질의 유전에 대한 증거로 제시하였다. Lysenko의 학설은 소련 공산당에 의해 신성시되고 *Bulletin of Vernalization*이라는 자체 학술지에 의해 전파되어 스탈린 시대 동안 생물학을 지배하였다. 그 결과 여러 뛰어난 유전학자와 농학자들이 박해 당하여 소련 농업 후퇴를 불러 일으키는 한편 광범위한 흉작이 자주 일어나게 되었다. 이처럼 곡물류 춘화처리의 유전학적 조절은 20세기 역사에서 중요한 영향을 미쳤다 해도 과언이 아니다.

키포인트 광주기와 광선 속성은 여러 식물에서 개화 유도의 조절에 중요하다. 온대 서식 종들은 종종 개화 수용력을 획득하기 위해서 일정기간 저온에 노출되어야 한다. 이러한 저온 요구성을 춘화처리라고 부른다. 춘화처리는 일종의 후성유전학적 스위치로서, *FLC* 유전자 주위의 염색질 변형에 의해 야기된다. 광주기와 온도에 독립적으로 작용하는 자율적 경로는 내부 발생 신호를 통합함으로써 개화가 부적절하게 유발되지 않도록 한다. 자율적 경로, 광주기 경로, 광선 속성 경로, 그리고 춘화처리 경로는 함께 협력하여, 영양적 발생에서 생식적 발생으로의 전환을 유발하는 주요 유전자의 발현을 조절한다.

16.3 꽃 기관의 발생

슈트정단의 정체성이 영양 단계에서 생식 단계로 전이되는 과정을 16.2절에서 기술하였지만, 이는 개화의 첫 단계일 뿐이다. 제대로 기능하는 꽃을 생산하기 위해서는 슈트에서 기관 원기의 정체성이 확립되어야 한다. 꽃의 발생 과정을 이해하기 위해서는 먼저 꽃의 형태를 기술하는 용어에 익숙해져야 한다(1.7.1절 참고). 성숙한 애기장대 꽃의 구조는 전형적인 고등 피자식물의 꽃을 보여준다. 애기장대 꽃은 4개의 동심원적 화륜(whorl)으로 배열한 네 가지 유형의 꽃 기관으로 구성된다. 가장 바깥쪽 화륜은 4개의 **꽃받침(sepal**; 또는 악편이라고도 번역함)으로 구성되며, 꽃받침의 집합은 **악(calyx)**이라고 한다. 그 안쪽의 화륜은 4개의 **꽃잎(petal**; 화판)으로 구성되며, 꽃잎의 집합은 **화관(corolla)**이라고 한다. 꽃잎들은 웅성(male)과 자성(female) 생식기관을 둘러싸고 있다. 웅성 생식기관의 화륜인 6개의 **수술(stamen**; 웅예)은 가장 안쪽의 자성 생식기관 화륜인 **암술군(gynoecium**; 자예군)을 둘러싸고 있다. 애기장대 꽃의 암술군은 2개의 **심피(carpel)**로 구성된다(그림 1.17 참고). 악과 화관은 함께 **화피(perianth)**를 구성한다.

개화가 유도되면 애기장대는 추대[bolting; 로제트형의 식물이 꽃정단과 경생엽(cauline leaf; 줄기에서 자라는 잎; 그림 16.5 참고)을 갖춘 일종의 슈트를 생성하는 현상]를 나타내게 된다. 이렇게 발생한 화병(peduncle)은 무한생장성이며, 첫 번째로 출현하는 화서, 즉 1차 화서(primary inflorescence)를 형성한다. 화서(inflorescence)는 줄기 상의 꽃 무리 또는 집합으로 정의된다. 화서를 구성하는 꽃들은 슈트 정단의 중앙축을 중심으로 배열하며, 인접한 꽃은 서로 130°에서 150°의 각도를 가지면서 나선형으로 배열하고, 가장 오래된 꽃은 기저(base)에, 가장 어린 꽃은 분열 조직의 상부에 위치한다. 경생엽의 액아(axillary bud)가 발달하여 2차 화서를 형성하면 2차 화서의 길이 방향으로 꽃을 맺는다. 2차 화서가 형성되기 약간 전에 1차 슈트 분열 조직 상의 꽃 형성이 시작된다. 꽃원기(flower primordium)가 슈트 전단분열 조직 상의 돌출부로 출현한 후, 이 꽃원기에서 꽃기관원기들(floral organ primordia)이 돌출부 형태로 발생한다. 실험 조건 하에서는 정상적 애기장대 꽃을 발생시키는 일련의 사건들이 예정된 순서대로 일어난다. 표 16.2는 애기장대 꽃 발생의 주요 단계를 요약한 표이고, 그림 16.9는 해당 단계에서 볼 수 있는 꽃정단과 발생 중인 꽃원기와 꽃기관원기들의 주사전자현미경 사진이다.

표 16.2 애기장대에서 꽃 발생의 단계

단계	단계 초기에 일어나는 주요 사건	기간(시간)[a]	단계 종료 시 꽃의 연령(일)
1	꽃 돌출부가 나타남	24	1
2	꽃원기가 형성됨	30	2.25
3	꽃받침 원기가 나타남	18	3
4	꽃받침이 꽃분열 조직 위에 놓임	18	3.75
5	꽃잎과 수술 원기가 나타남	6	4
6	꽃받침이 꽃눈(floral bud)을 감싸게 됨	30	5.25
7	긴 수술 원기가 기저에 자루(stalk) 모양 형성	24	6.25
8	약실(locule)이 긴 수술에서 출현함	24	7.25
9	꽃잎 원기가 기저에 자루(stalk) 모양 형성	60	9.75
10	꽃잎이 짧은 수술과 같은 높이에 도달함	12	10.25
11	암술머리 돌기(stigmatic papillae)가 출현함	30	11.5
12	꽃잎이 긴 수술과 같은 높이에 도달함	42	13.25

[a] 추정 가능한 최소 단위는 6시간임

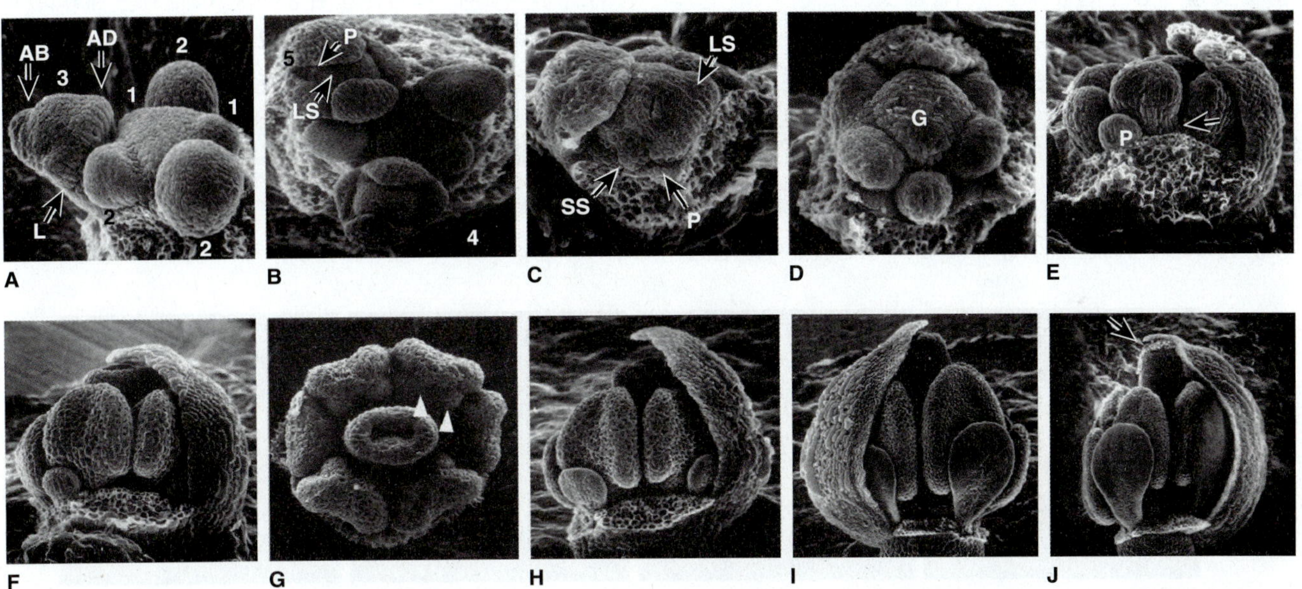

그림 16.9 애기장대의 슈트 정단분열 조직(A, B)과 어린 꽃원기(C부터 J)의 주사전자현미경 사진. 각 단계는 표 16.2에 요약된 일련의 주요 사건에 근거한 단계를 말한다. (A) 단계 1, 2, 3에 있는 원기들을 측면에서 바라본 사진. (B) 단계 4, 5의 원기들을 위쪽에서 보여주는 사진. (C) 2개의 꽃받침을 제거한 단계 5의 꽃. (D) 꽃받침이 제거된 단계 6의 꽃을 측면에서 본 사진. (E) 단계 7의 꽃을 측면에서 본 사진. (F, G) 단계 8를 측면과 위쪽에서 본 사진들. 화살표 머리는 수술의 약실(locule)을 가리킴. (H) 단계 9 초기. (I) 단계 10 초기. (J) 단계 11 초기. AB, 배축면(abaxial) 꽃받침 원기; AD, 향축면(adaxial) 꽃받침 원기; G, 암술군; L, 측면 꽃받침 원기; LS, 긴 수술; P, 꽃잎; SS, 짧은 수술.

꽃 형태형성의 상세한 분자유전학적 분석 대상으로 애기장대가 사용되어 왔다. 애기장대에서 꽃 발생 분석은 **호메오 돌연변이체(homeotic mutant)**의 존재에 힘입은 바 크다. 호메오 돌연변이체에서는 기관이나 조직이 비정상적인 위치에서 발생하고, 종종 이러한 기관 또는 조직이 해당 위치에서 정상적으로 발생해야 할 구조를 대신하기도 한다. 이러한 돌연변이체는 곤충, 특히 초파리에서 활발히 연구되어 왔다. 초파리의 몸은 체절성(metameric), 즉 상이한 기관들을 갖는 마디로 조직화되어 있다. 이를테면 초파리 돌연변이체인 *Antennapedia*의 경우, 해당 호메오 유전자인 *Antp*의 오발현(mis-expression) 결과 머리 체절에서 발생하는 원기가 더듬이 대신 다리로 발달하게 된다

(그림 3.30 참고). 식물의 체재도 초파리처럼 체절성이며, *KNOX*족 유전자에서 볼 수 있듯이 호메오 돌연변이가 생길 수 있다(3장 및 12장 참고). 꽃에 영향을 미치는 호메오 돌연변이는 유전학자들에게 일찍부터 인지되었으며, 잘 알려진 예를 장미꽃, 동백꽃, 카네이션꽃 등의 상업적 품종에서 볼 수 있다. 소위 겹꽃으로 불리는 이들 품종은 수술의 일부 또는 전부가 꽃잎으로 바뀐 것들이다. 호메오 돌연변이체의 유전학적 분석은 오늘날 애기장대의 꽃 기관 정체성의 조절에 관한 모델을 완성하는 데 핵심 정보를 제공하였다.

이후 논의에서는 꽃 발생의 양상을 알아 보기로 한다. 이 양상은 정상적인 꽃 형태형성 과정이 파괴된 애기장대 돌연변이체에 대한 연구로부터 비롯된 것이다. 이어서 우리는 애기장대에서 확립된 꽃 구조의 특정화 모델이 어떻게 적절히 조정되어 다른 피자식물류에 적용될 수 있는지 고려할 것이다. 마지막으로 어떻게 꽃의 대칭성, 화서의 구성 및 꽃의 색상이 결정되는지 기술할 것이다.

16.3.1 유전자 발현의 ABC 모델로 애기장대 꽃 구조의 특정화를 설명할 수 있다

각각의 화륜에 기관(꽃받침, 꽃잎, 수술, 심피) 정체성을 비정상적으로 나타내는 애기장대 호메오 돌연변이체를 분석한 결과, 소수의 조절 유전자의 상호작용에 기초한 꽃 발생 이론이 도출되었다. 잘못 특정된 꽃 기관을 갖는 애기장대 돌연변이체 중 일부가 그림 16.10에 제시되어 있다. ***apetala2*** (***ap2***) 돌연변이체의 꽃은 야생형 꽃과 마찬가지로 제3화륜에 수술을, 제4화륜에 암술을 가지고 있으나, 제1화륜에서 꽃받침 대신 심피가 발생하고 제2화륜은 수술을 가지거나 어떤 기관도 갖지 않는다. 다른 돌연변이인 ***pistillata*** (***pi***)의 꽃은 제1화륜과 제2화륜에 꽃받침을, 제3화륜과 제4화륜에 심피를 갖는다. ***agamous*** (***ag***) 돌연변이 꽃은 화피만으로 구성되어 있는데, 제1화륜은 꽃받침을 갖고 제2화륜과 제3화륜은 꽃잎을 갖는 구조이며, 그 내부 화륜은 이들 구조가 반복되어 있다. 이들과 함께 다른 호메오 돌연변이체를 관찰한 결과 꽃 기관 결정에 관한 모델이 만들어졌다. 이 모델은 서로 중복되는 유전자 활성 영역 세 가지를 A, B, C로 지정하고, 이들 활성 영역의 조합이 꽃원기의 각 화륜에서 기관 정체성을 특정한다고 제안한다. A 영역은 제1화륜과 제2화륜을 담당하고, C 영역은 제3화륜과 제4화륜을 담당하며, B 영역은 제2화륜에서 A 영역과 중복되고 제3화륜에서 C 영역과 중복된다. 이 모델에서 중요한 특징은 A 영역과 C 영역 간의 길항적 관계(antagonism)로서, 만일 두 영역 중 한 영역이 결실되면 다른 한 영역이 전체 꽃분열 조직에 걸쳐 발현된다는 것이다(그림 16.11). 이 모델에 따르면, 야생형 꽃의 경우 제1화륜에서 정상적으로

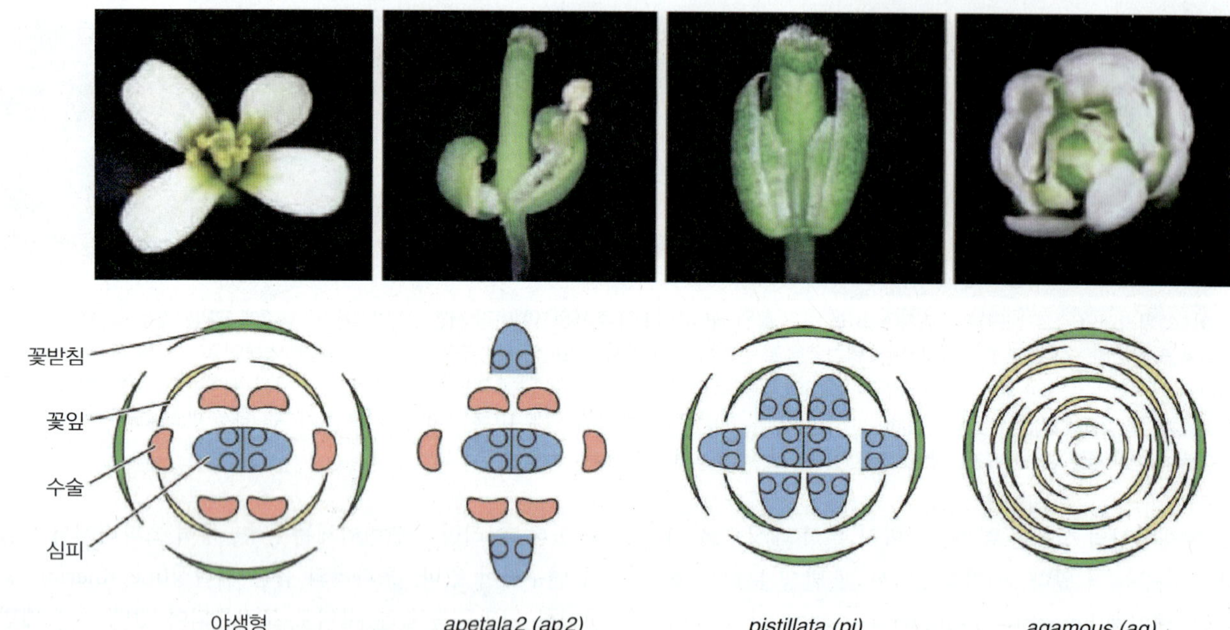

그림 16.10 꽃 기관 정체성 돌연변이인 *apetala2* (*ap2*), *pistillata* (*pi*), *agamous* (*ag*)의 표현형을 보여주는 사진과 그 모식도. 이들 돌연변이체에서는 애기장대 꽃의 화륜에서 기관 정체성이 교란되어 있다. *ap2* 돌연변이체에서는 꽃받침과 꽃잎이 없고 제1화륜에서 심피가 꽃받침을 대체하며 제2화륜이 수술을 갖거나 위에 보이는 예에서 처럼 어떠한 기관도 갖지 않을 수 있다. *pi* 돌연변이체에서는 수술과 꽃잎이 없고 제2화륜에서 꽃받침이 꽃잎을 대체하며 제3화륜에서 심피가 수술을 대체한다. *ag* 돌연변이체에서는 심피와 수술이 존재하지 않는다.

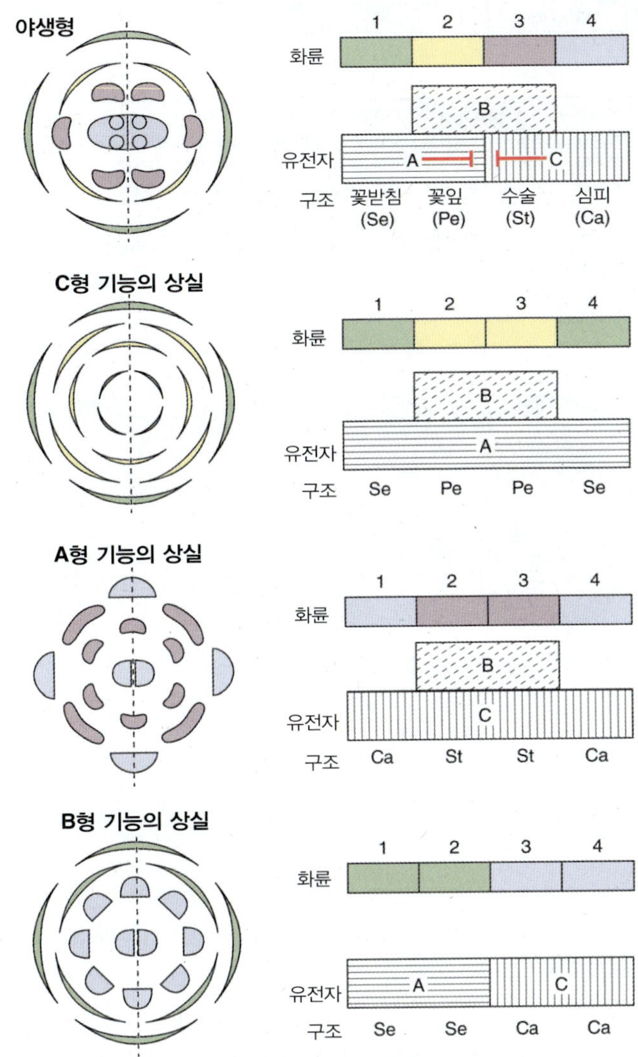

그림 16.11 ABC 모델에 따른 꽃 기관 특정화. A 영역은 단독으로 작용하여 꽃받침을 특정한다. A+B 영역은 함께 작용하여 꽃잎을 특정한다. B+C 영역은 함께 작용하여 수술을 특정한다. C 영역은 단독으로 작용하여 심피를 특정한다. A 영역과 C 영역의 길항적 관계는 T자 모양의 끝을 가진 선으로 표시되어 있다. 이들 영역 중 하나를 잃게 되면 다른 한 영역이 모든 화륜을 덮게 된다. 야생형과 기능상실(loss-of-function) 돌연변이체가 나타내는 꽃의 표현형 모식도와 화륜 간의 기관 분포가 위에 제시되어 있다.

꽃받침이 만들어지려면 A형 유전자의 발현이 필요하다. 제2화륜에서 A형과 B형 유전자의 결합은 꽃잎을 특정한다. 제3화륜에서 B형과 C형 유전자는 함께 수술을 결정하고, 제4화륜에서 C형 유전자 발현은 단독으로 심피의 정체성을 확립한다(그림 16.11).

이러한 ABC 모델을 통해 해당되는 돌연변이체의 표현형이 설명될 수 있다. 그림 16.10에서 나타난 유전자의 야생형 대립유전자를 모델에 따라 분류한다면, *AP2*는 A형 유전자, *PI*는 B형 유전자, *AG*는 C형 유전자가 된다. 올바로 기능하는 *AP2*, *PI*, *AG* 유전자의 조합은 제1화륜부터 제4화륜까지 차례로 꽃받침, 꽃잎, 수술, 심피를 갖는 정상적인 꽃을 특정한다. 그림 16.11은 *AG* 유전자에 생긴 돌연변이(C형 기능의 결실), *AP2* 유전자에 발생한 돌연변이(A형 기능의 결실), *PI* 유전자에 발생한 돌연변이(B형 기능의 결실)의 영향을 각각 보여주고 있다.

AP2, *PI*, *AG* 유전자는 모두 호메오 유전자로 분류되나 *KNOX*를 비롯한 호메오 유전자처럼 호메오도메인(homeodomain)을 가진 단백질은 아니다. *AG* 유전자와 *PI* 유전자는 MADS 박스 족에 속하는 전사 조절자이다. 그림 16.12는 식물 MADS 박스 서열을 비교한 것으로 높은 진화적 보존도를 보여준다. 물고사리류(*Ceratopteris*)의 MADS 박스 유전자는 배우자체와 포자체에서 발현하고 진정쌍자엽식물인 금어초(*Antirrhinum*)와 애기장대의 MADS 박스 유전자와 높은 상동성을 보인다. 현대 유관속 식물의 최근 공통조상이 보유했던 MADS 박스 유전자는 여러 차례의 유전자 중복과 기능 분화를 겪으면서 꽃 기관의 진화 과정에서 새로운 발생 네트워크로 편입되었으리라고 유추된다. *AP2* 유전자는 MADS 박스 단백질이 아니라 ERF(ethylene responsive factor, 에틸렌 반응 인자) 족의 전사 조절자를 암호화한다.

16.3.2 E형 인자가 추가되면서 기존의 ABC 모델이 강화되었다

꽃기관 정체성 결정의 ABC 모델이 처음 제시된 이후, 호메오 돌연변이체를 더 연구한 결과 D 영역과 E 영역이라는 추가적인 형태형성 영역이 포함되면서 ABC 모델은 더욱 정교해졌다. D형 유전자는 심피에 작용하여 밑씨(ovule; 배주라고도 번역함)의 정체성을 부여하며 이는 16.4.4절에서 다시 논의할 것이다. 먼저 우리는 꽃잎, 수술과 심피를 특정하기 위해 필요한 *SEPALLATA*(*SEP*)이라는 4개의 애기장대 MADS 박스 유전자들을 검토할 것이다. *sep* 돌연변이의 발현 양상의 관찰 결과, 확장된 꽃 발생 모델에서 해당 야생형 유전자들이 E형 유전자로 지정되었다. *sep1-sep2-sep3* 삼중 돌연변이체의 꽃은 꽃받침으로만 구성되어 있다. 4번째 *SEP* 유전자인 *SEP4* 유전자는 *SEP1* 유전자, *SEP2* 유전자, *SEP3* 유전자와 함께 협력하여 꽃받침의 정체성을 특정할 뿐 아니라 꽃잎, 수술 및 심피의 발생에도 기여한다. 4중 돌연변이체(*sep1-sep2-sep3-sep4*)에서는 모든 꽃 기관들이 잎과 유사한 구조로 전환된다. 이러한 관찰에 기초하여 ABCE 모델이 제시되었다. 이 모델에 따르

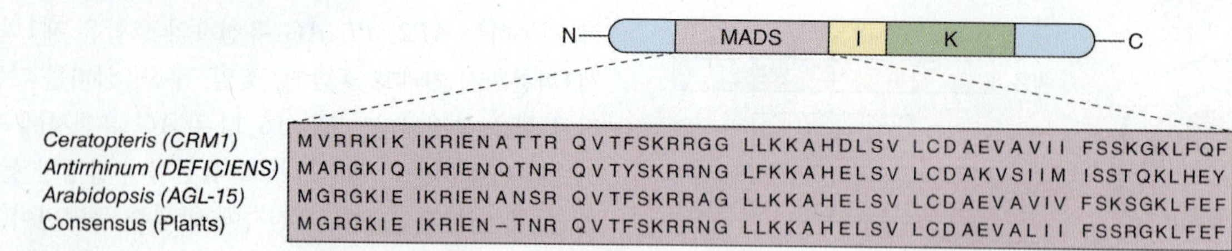

그림 16.12 MADS 박스 단백질의 일반적 구조. I 도메인, K 도메인, C 말단 지역은 전사 조절 기능을 위해 필요한 복합체에서 MADS 인자가 서로 결합하는 부위이다. 물고사리류(*Ceratopteris*), 애기장대, 금어초(*Antirrhinum*)의 일부 선택된 MADS 도메인에서 아미노산 서열을 비교한 것과 그 공통서열이 나타나 있다.

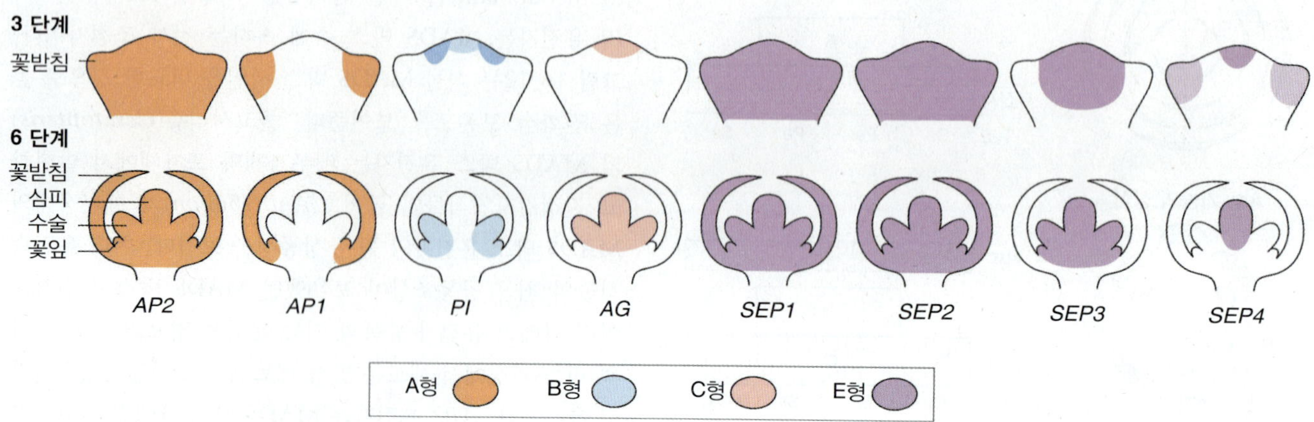

그림 16.13 꽃 발생의 두 가지 단계(표 16.2 참고)에 있는 분열 조직에서 A형 유전자(*AP1*, *AP2*), B형 유전자(*PI*), C형 유전자(*AG*), E형 유전자(*SEP1-4*)의 발현 양상.

면 A+E 기능은 꽃받침에 필요하고, A+B+E 기능이 꽃잎에, B+C+E 기능이 수술에, C+E 기능이 심피에 필요하다.

ABCE 모델의 유전자는 꽃 정단의 특징적 위치에서 발현되는데, 그 위치는 꽃원기가 분화하면서 변화한다. 그림 16.13은 꽃 발생의 초기 단계와 후기 단계(표 16.2와 그림 16.9에서 단계 3과 단계 6) 사이에서 유전자 발현이 어떻게 변형되는지를 보여 준다. 단계 3에서는 꽃받침 시원세포군(initials)들 만이 식별될 수 있을 뿐이다. 네 가지 꽃 기관의 원기는 단계 6에서야 존재한다. *AP2* (A형 유전자)는 꽃의 모든 화륜에서 발현된다. *AP1* (A형 유전자)은 영양 슈트에서는 검출되지 않고 꽃원기의 바깥쪽 두 화륜에서 특이적으로 발현된다(그림 16.13). 초기 단계에서부터 B형 유전자 *PI*의 발현은 꽃잎과 수술을 형성할 운명에 있는 세포와 강하게 관련되어 있다. *AG* (C형 유전자)는 안쪽 두 화륜에서 발현된다. *SEP* 유전자(E형 유전자) 중에서 *SEP1*과 *SEP2*는 꽃 전체에서 발현되고 *SEP3*은 안쪽 세 화륜에 발현되며 *SEP4*는 제4화륜에서 두드러지게 발현하고 단계 3에서는 꽃받침 원기에서 낮은 수준으로 발현된다.

꽃 정체성 MADS 박스 유전자가 암호화하는 단백질은 그들이 가진 I 도메인, K 도메인, C 말단 도메인(그림 16.12 참고)을 통해 상호작용하여 상이한 사합체(tetramer)를 형성하고, 이 사합체가 표적 유전자의 조절 부위에 있는 소위 CArG DNA 서열과 결합한다. 이 DNA 서열의 이름은 CC(A/T)rich$_6$GG로부터 유래했는데, 이는 첫 2개의 C 뉴클레오타이드 뒤에 6개 뉴클레오타이드 전부 또는 대부분이 A 또는 T로 이어진 후 2개의 G 뉴클레오타이드로 끝나는 서열을 의미한다. 그림 16.14는 각 기관 유형과 그 기관을 특정하는 MADS 박스 사합체의 구성과 연결시켜 놓은 것이다. 단백질-단백질 결합과 단백질-DNA 결합을 실험적으로 연구한 결과는 ABCE 모델의 밑바탕이 되는 '꽃 사중주단(floral quartet)' 기작을 직접적으로 뒷받침한다.

꽃 유도 네트워크의 유전자(그림 16.6 참고)와 꽃 기관 정체성 조절자 사이에는 어느 정도 중복이 존재한다. 이를테면, *AP1* 유전자는 A형 호메오 유전자로 기능한다. FT-FD 및 LFY 단백질 간의 상호작용은 *AP1* 유전자를 활성화하는 반면, ABC 모델의 핵심인 A-C 길항작용 때문에 AG 단백질은 *AP1* 유전자 발현의 억제자가 된다. E형 유전자 *SEP3*는 직접적으로 FT-FD에 반응할 수 있다.

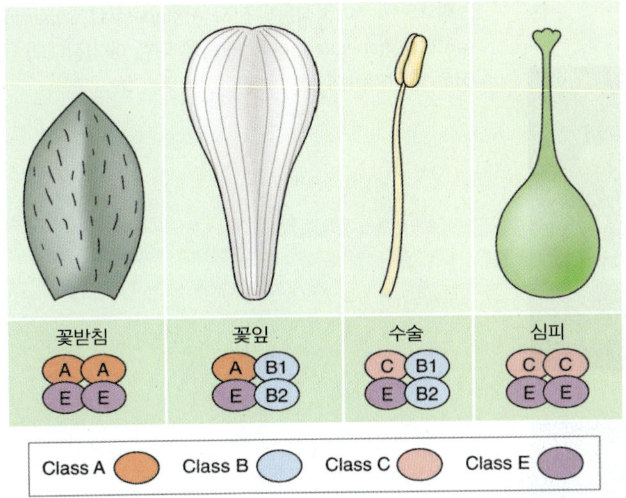

그림 16.14 꽃 정체성을 특정하는 MADS 박스 인자 상호작용의 꽃 사중주단(floral quartet) 기작. 꽃받침과 심피는 E형 인자의 동종이합체(homodimer)와 A형 인자의 동종이합체(꽃받침의 경우) 또는 C형 인자의 동종이합체(심피의 경우) 간의 복합체에 의해 결정된다. B형 기능은 이종이합체(heterodimer)의 구성에 의존적인데 그 예로서는 AP3 (= B1) 및 PI (= B2)로 구성되는 이종이합체가 있다. 꽃잎과 수술은 E형(꽃잎의 경우) 또는 C형(수술의 경우) 단위체(monomer)와 복합체를 형성하는 B형 이종이합체에 의해서 특정된다.

16.3.3 ABCE 모델 또는 그 수정 모델이 다양한 피자식물의 꽃 분화에 적용된다

ABCE 개념은 주로 애기장대의 유전학적 연구에 기초한 것이지만, 다른 종을 이용한 연구 또한 이 모델의 발전에 상당한 기여를 했으며, 그 결과 다양한 피자식물의 꽃 발생에 적용할 수 있는 포괄적 체계로서 확립될 수 있도록 했다. 이러한 종이 금어초(*Antirrhinum majus*)인데, 성숙한 금어초의 꽃은 애기장대 꽃과는 형태적으로 매우 다르다(그림 16.15). 금어초 꽃은 **좌우대칭(bilaterally symmetrical** 또는 **zygomorphic)**이나 애기장대 꽃은 **방사대칭(radially symmetric** 또는 **actinomorphic)**이다. 애기장대 꽃에서 4개의 꽃잎은 모두 동일하고 각 꽃잎은 좌우대칭이나, 금어초의 화관은 1개의 좌우대칭 배측(dorsal) 또는 향축면(adaxial) 꽃잎, 2개의 비대칭적 측면(lateral) 꽃잎, 그리고 2개의 비대칭적 복측(ventral) 또는 배축면(abaxial) 꽃잎으로 구성되며 이들 꽃잎이 기저에서 합쳐져서 화관통(corolla tube)를 형성하고 있다(그림 16.15) (식물 기관의 방향성을 기술하는 문헌에서 향축면과 배측이라는 용어는 종종 상호교환하여 사용하기도 하며, 배축면과 복측이라는 용어도 마찬가지이다). 피자식물의 다양화 과정에서 좌우

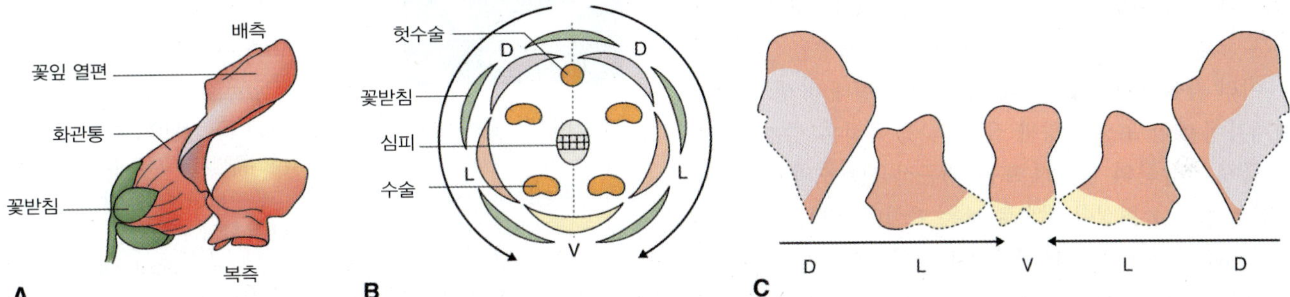

그림 16.15 금어초 꽃의 해부 구조. (A) 전체 꽃. (B) 꽃 모식도. 금어초 꽃은 배복부 축(dorsoventral axis; 점선으로 표시됨)을 따라 대칭인 단일 평면으로 구성된다. (C) 꽃잎의 열편(lobe). 하나의 꽃은 5개의 꽃잎을 갖는데, 배측(D)의 한 쌍과 측면(L)에 다른 한 쌍은 모두 비대칭적이고 복측(V)의 꽃잎 하나는 좌우대칭이다. (B)에서 배측으로부터 복측으로 향하는 화살표는 2차원적으로 나타낸 (C)에서 화살표 방향과 일치한다. 헛수술(staminode)은 미발달한 불임성 수술이다.

표 16.3 애기장대, 금어초, 옥수수에서 ABCE 꽃 유전자의 이종상동유전자(ortholog)

종	A형 유전자	B형 유전자	C형 유전자	E형 유전자
애기장대	*APETALA1* (*AP1*, *AP2*)	*PISTILLATA* (*PI1*), *APETALA3* (*AP3*)	*AGAMOUS* (*AG*)	*SEPALLATA* (*SEP1*, *SEP2*, *SEP3*, *SEP4*)
금어초	*SQUAMOSA* (*SQUA*), *LIPPLESS* (*LIP1*, *LIP2*)	*DEFICIENS* (*DEF*), *GLOBOSA* (*GLO*)	*FARINELLI* (*FAR*)	*DEFH49*, *DEFH200*, *DEFH72*, *AmSEP3b*
옥수수	*ZAP1*, *GLOSSY15* (*GL15*)	*SILKY* (*SI1*), *ZMM16*, *ZMM18*, *ZMM29*	*ZAG1*, *ZMM2*	*ZMM3*, *ZMM8*, *ZMM14*, *ZMM24*, *ZMM31*, *ZMM6*, *ZMM27*

그림 16.16 이종상동유전자 A형(*apetala1*, *squamosa*l)과 B형(*apetala3*, *deficiens*)에 대한 애기장대와 금어초 돌연변이체 꽃의 형태.

대칭 꽃을 가진 종은 방사대칭 꽃을 가진 조상으로부터 진화했을 것으로 추측되며 이러한 진화적 사건은 수 차례 독립적으로 발생했을 것이다. 전문화된 수분매개자와의 공동 진화 결과 좌우대칭의 꽃이 등장하여 효율적이고 특이적인 화분 교환을 촉진하였을 것이다. 이러한 경향을 설명하려는 여러 가설이 있다. 이를테면, 화관의 형태와 색상, 수분매개자에 대한 보상의 양과 질 등의 꽃 특성은, 수분매개자의 특정 분류군의 인지적 또는 행동적 선호도와 일치하는 표현형 집합을 형성할 것으로 보는 가설이 있다. 꽃의 대칭성의 유전학적 조절은 16.3.5절에 논의한다.

꽃 구조의 차이에도 불구하고, ABCE 모델의 근간이 되는 기관 특정 유전자들과 돌연변이체들은 금어초와 애기장대에서 매우 유사하다(표 16.3, 그림 16.16). 사실 꽃 분열 조직 정체성 유전자들 중 일부는 금어초에서 먼저 분리된 후 그 서열 유사성을 이용하여 애기장대 유전자가 클로닝되었다. ABCE 관련 DNA 서열의 비교 연구를 통해 유전자와 기작의 보존이 다양한 분류군에서 확인되었고, 이 분류군에는 현화식물의 최초 계열의 후손인 소위 기저 피자식물류(basal angiosperms)도 포함된다. 기저 피자식물로는 목련(목련목), 아보카도(*Persea americana*, 녹나무목), 후추(*Piper nigrum*, 후추목), 수련(수련과)이 있다.

단자엽식물류는 종종 기저 피자식물류에 포함된다(그림 1.16 참고). 형태형성 영역 상호작용의 원리가 단자엽식물의 꽃 기관 특정 과정에도 적용되지만, 단자엽식물 꽃

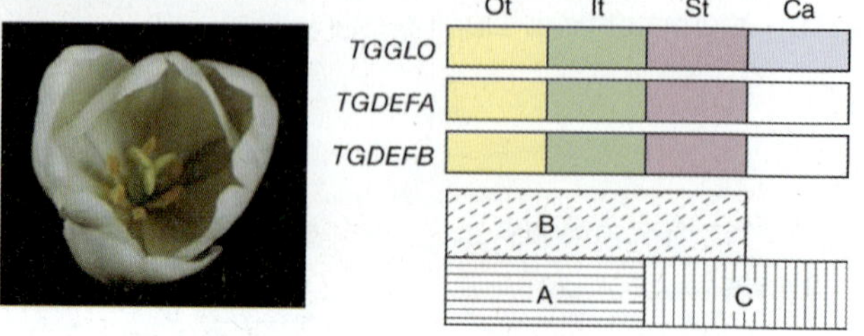

그림 16.17 튤립(*Tulipa gesneriana*)에서 꽃 기관의 특정. *TGGLO*, *TGDEFA*, *TGDEFB*는 각각 금어초 B형 유전자 *GLO*, *DEFA*, *DEFB*의 이종상동유전자이다. 상기 모델은 그림 16.14에 나타낸 꽃 사중주단 개념과 일치한다. *DEF* 유형과 *GLO* 유형의 유전자는 이종이합체를 형성하여 B형 기능을 갖는다. 외화피편(outer tepal, Ot)과 내화피편(inner tepal, It)은 A+B형 유전자의 발현을 필요로 하며, 수술(St)은 B+C형 유전자의 발현을, 심피(Ca)는 C형 유전자의 발현만을 필요로 한다. *GLO* 유전자가 발현되지만 *DEFA*나 *DEFB* 유전자는 발현되지 않는 심피에서 B 기능이 나타나지 않음에 유의한다.

의 독특한 특성을 설명하기 위해 ABCE 모델이 일부 수정되어야 한다. 벼과 식물류 이외의 단자엽식물, 이를테면 백합, 튤립 등의 꽃은 4개 화륜 구조의 변이가 나타나서, 꽃받침과 꽃잎을 대신하는 화피편(tepal)이라는 꽃잎과 유사한 기관이 바깥쪽 화륜과 안쪽 화륜에 각각 3개씩 배열하고 있으며, 그 내부에는 6개의 수술과 융합된 3개의 심피가 존재한다. 이들 화피편의 기관 정체성을 설명하는 모델에서는, B 영역이 바깥쪽 2개 화륜까지 확대되어 A+B 기능이 바깥쪽과 안쪽 화피편을 특정하고, B+C 기능이 수술을, C 기능 단독으로 심피를 특정하게 된다(그림 16.17).

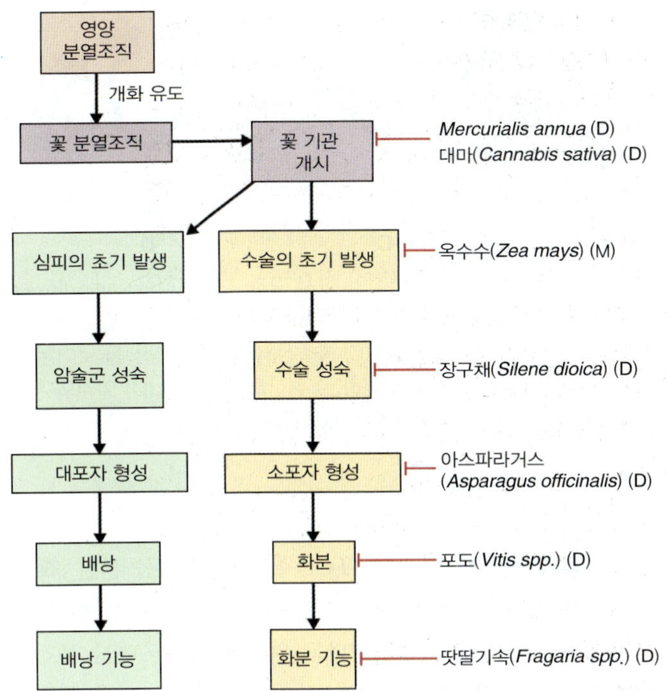

그림 16.18 대표적인 자웅동주(M) 및 자웅이주(D) 식물에서 성별 결정 과정 동안 꽃 발생이 중단되는 단계. 딸딸기속(*Fragaria* spp.) 식물은 2n = 14, 28, 42 및 56인 일련의 배수체(polyploid)를 형성함에 유의한다. 모든 이배체 종은 암수한몸(hermaphrodite)이며, 야생 배수체 종은 자웅이주이다.

벼과 식물류는 바람이 수분 매개자로 이에 맞게 꽃의 구조가 특화되어 꽃받침이 크게 변형되어 있고 꽃잎을 가지지 않는다(그림 6.6 참고). A, B, C형 유전자들이 수많은 벼과 식물 종에서 분리되었다(표 16.3은 옥수수의 이종상동유전자를 열거하고 있다). 벼와 옥수수 호메오 돌연변이체를 연구한 결과 이들 종에서 B형 기능이 보존되어 있음을 확인되었다. 이에 비해 심피의 특정과 C형 MADS 박스 유전자의 기능은 덜 명확한 편이다. E형 이종상동유전자가 다수의 단자엽식물에서 동정되었지만(적어도 7개의 옥수수 유전자가 존재한다; 표 16.3 참고), 그들의 기능은 아직 확증되지 않았다.

대부분의 피자식물이 수술과 심피를 보유한 꽃을 가지나, 수많은 종에서 수술꽃(staminate flower)과 암술꽃(pistillate flower)이 구분되어 있다. 옥수수는 한 식물체에 암꽃과 수꽃을 별도로 가지고 있는 **자웅동주(monoecious)** 종의 예이다. 아스파라거스나 감탕나무(*Ilex* spp.) 같은 **자웅이주(dioecious)** 종의 경우, 수꽃과 암꽃은 서로 다른 식물체에 있다. 자웅동주 식물과 자웅이주 식물에서 꽃의 성별은 다양한 기작에 의해 결정되는데, 수술 또는 암술의 개시, 특정, 또는 분화가 종에 따라 특정한 시점에서 중단되어 꽃의 성별이 결정된다(그림 16.18). 옥수수 꽃 발생과 성별 결정에서 세포사멸의 역할은 18장에서 기술될 것이다.

키포인트 꽃은 동심원적인 화륜으로 배열된 꽃 요소로 구성되며, 내부의 생식 기관을 둘러싼 꽃받침과 꽃잎을 가진다. 상이한 꽃 구조가 특정되는 현상은 애기장대에서 가장 잘 알려져 있는데, 한 가지 유형의 꽃 부위가 다른 유형으로 변하는 호메오 돌연변이체 애기장대 꽃은 꽃 구조의 분자적 조절을 분석하는 데 사용되어 왔다. 꽃 기관 특정 현상을 설명하는 ABC 모델은 유전자 발현이 중복되는 영역을 제안하는데, 이를테면 A형 유전자 발현이 제1화륜에서 정상적으로 꽃받침이 생산되는데 필요한 반면, A형 유전자 발현과 B형 유전자 발현의 조합은 제2화륜에서 꽃잎이 발생하도록 특정한다. 이후 원래의 ABC 모델은 확장되어 E형 유전자를 포함하게 되었다. 꽃원기가 발달함에 따라 A, B, C, E형 유전자는 상이한 꽃정단 지대에서 발현된다. ABCE 모델의 변종들이 다양한 피자식물의 꽃 부위 분화 과정에 적용될 수 있다.

16.3.4 꽃의 대칭성은 TCP 유형 및 MYB 유형의 전사 인자 간의 상호작용에 의해 결정된다

앞에서 본 것처럼, 금어초의 꽃은 좌우대칭이다. 좌우대칭성이 손상된 금어초 돌연변이체의 연구 결과 배측/복측 발생을 조절하는 4개의 핵심 유전자를 발견하게 되었다. *CYCLOIDEA*(*CYC*) 유전자와 *DICHOTOMA*(***DICH***) 유전자는 배측 정체성을 촉진하고 TCP족 단백질을 암호화한다. 현화식물에서만 존재하는 TCP 인자는 옥수수 *TB1* 유전자, 금어초 *CYC* 유전자 및 벼 *PCF* 유전자의 첫 글

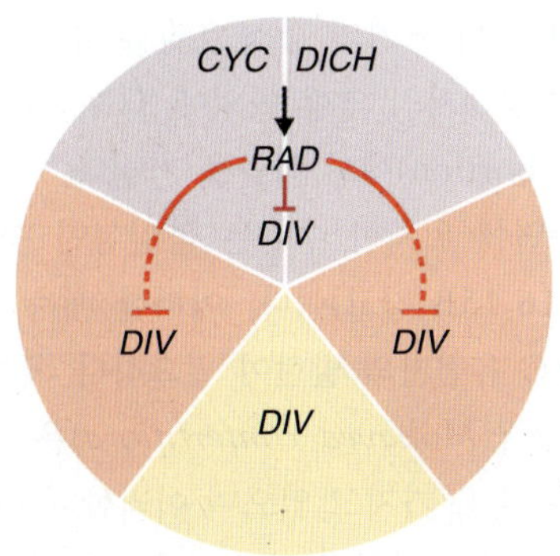

그림 16.19 금어초의 배측/복측 비대칭성을 조절하는 유전자 간의 상호작용 모델. 배측 영역(상단의 두 단면)에서 *CYC* 및 *DICH* 유전자의 발현 결과 *RAD* 유전자는 활성화되고(화살표), 이는 다시 배측 부위(실선)와 측면(점선)에서 *DIV* 유전자 활성을 저해한다.

자로부터 그 명칭이 유래하였고, 염기성 헬릭스-루프-헬릭스(basic helix-loop-helix) 유형의 DNA 결합 단백질에 관계된 단백질이다. CYC 단백질과 DICH 단백질은 MYB 유전자족에 속하는 *RADIALIS*(***RAD***) 유전자 및 *DIVARICATA*(***DIV***) 유전자와 상호작용한다. 꽃 분열 조직의 배측 부위에서 두 TCP 단백질이 발현되면 그 결과 *RAD* 유전자의 전사가 국소적으로 활성화된다. *RAD* 유전자와 *DIV* 유전자는 서로 길항적으로 작용하므로, 분열 조직의 배측면에서 *RAD* 유전자의 활성화는 해당 부위에서 *DIV* 유전자의 불활성화를 초래한다. 그림 16.19는 *TCP* 및 *MYB* 전사 인자 간의 상호작용의 관점에서 금어초 꽃의 배측/복측 및 측면부의 패턴을 해석한 것이다.

좌우대칭의 발생 과정에서 *CYC* 상동유전자의 결정적인 역할은 다수의 종에서 증명되었다. 예를 들면 벌노랑이(*Lotus japonicas*)와 완두(*Pisum sativum*)에서 *CYC*와 유사한 유전자의 발현을 조작하여 야생형의 배측/복측 대칭성 패턴을 붕괴시켜 볼 수 있다. 즉, *CYC*와 유사한 유전자를 비정상적 위치에서 발현시키면 배측 특성이 나타나고, 이 유전자 발현을 감소시키면 복측 표현형이 나타난다. 방사대칭성에서 좌우대칭성으로의 진화적 전환 과정에 *CYC* 유전자가 관여한다는 증거는 좌우대칭적인 서양말냉이류(*Iberis*)에서 찾을 수 있다. 서양말냉이속 꽃에서 2개의 배측 꽃잎은 2개의 복측 꽃잎에 비해 작다. 야생형 서양말냉이속 꽃의 배측 꽃잎 발생 동안 *CYC* 유사 유전자가 더 나중에 발현하는 현상은 배측 꽃잎의 크기가 복측 꽃잎에 비해 더 작다는 사실과 관련성을 가진다. 이는 금어초와는 대조적인 것으로, 금어초에서는 배측 꽃잎이 복측 꽃잎보다 크다. 이러한 *CYC* 유전자 발현 양상은 방사대칭성을 보이는 서양말냉이류 돌연변이체에서는 나타나지 않는다. 서양말냉이류의 *CYC* 유전자를 방사대칭성 근연종인 애기장대에 발현시키면 꽃잎 크기의 감소 효과를 나타낸다.

꽃의 대칭성에서의 역할 이외에 *TCP* 유전자는 꽃 기관 발육중단(abortion)에도 역할을 가진다. 이를테면 금어초 꽃의 향축면에 위치한 수술은 불임성인 헛수술(staminode; 그림 16.15B 참고)이다. 이러한 배측 수술의 발육중단에는 *CYC* 유전자의 발현이 필요하다. 금어초의 근연종인 사막유령꽃(*Mohavea confertiflora*)은 향축면 헛수술과 측면 헛수술을 가지고 있으며 이러한 특성은 *CYC* 유사 유전자의 발현이 측면 영역으로 확장된다는 사실과 상관관계가 있다. *TCP*족 유전자들은 식물 진화 과정에서 광범위한 유전자 중복, 구조적 분기 및 기능적 다양화를 겪어 왔으며, 꽃 기관 패턴 형성 이외에도 다양한 형태형성 프로그램에 전용되어 왔다. *TCP* 유전자들은 꽃 분열 조직, 슈트 분열 조직, 잎원기, 꽃기관원기 등 광범위한 발생 조직에서 일시적으로 발현된다고 알려져 있다. 이들 유전자는 기관의 형태, 크기, 숫자 및 굴곡(curvature)을 결정하는데 있어 역할을 수행함이 알려지고 있다. 이를테면 금어초 *CINCINNATA* (*CIN*) 유전자는 꽃잎과 잎에서 열편(lobe) 형성을 조절하는 TCP 전사 인자를 암호화한다.

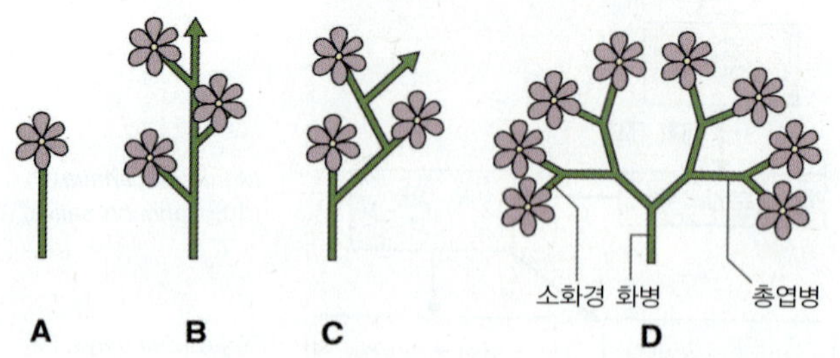

그림 16.20 네 가지 기본적인 화서 구조. (A) 단정화(single flower) (B) 단축성(monopodial) 생장을 보이는(즉, 꽃이 액아분열 조직에서 발생하는) 총상화서(raceme). (C) 가축성(sympodial) 생장을 보이는(즉, 꽃이 정단분열 조직에서 발생하는) 취산화서(cyme). (D) 일련의 분지된 축 말단에 꽃을 가진 원추화서(panicle).

16.3.5 화서의 구조는 분열 조직 정체성의 매개 변수인 veg를 이용하여 모델링할 수 있다

화서(inflorescence)는 꽃의 축(floral axis)인 화병(peduncle) 상에서 꽃들의 배열을 의미하는 명칭이다. 산방화서(corymb), 산형화서(umbel), 육수화서(spadix), 단산화서(glomerule), 밀추화서(thyrse) 등 상이한 형태의 화서 구조를 가리키는 용어들은 가장 멋진 단어들이긴 하나 극도로 복잡하고 혼동하기 쉬운 용어들이다. 그러나 우리는 다양한 화서 형태를 몇 가지 기본적 부류로 분류할 수 있다(그림 16.20). 단정화(single flower)는 보통 말단에 존재한다. **총상화서(raceme)**는 **단축성(monopodial**; 단일 지점에서 지속적으로 생장하는) 중심 줄기의 측면에 맺힌 여러 꽃의 집합으로 구성된다. 애기장대의 화서는 총상화서이다. **취산화서(cyme)**의 중심 줄기는 꽃을 만들면서 소진되고 **가축성(sympodial**; 말단에 꽃을 가진 측면 슈트들로부터 연속적인 생장을 하는)으로 생장하여 개별 슈트들로 이루어진 꽃의 축을 생산한다. 그 결과, 취산화서는 지그재그 모양을 나타내지만, 종종 발생 과정에서 평탄하게 되면서 총상화서의 곧은 줄기처럼 보이기도 한다. **원추화서(panicle)**는 일련의 분지된 축으로 구성되며, 각 축의 말단에 꽃을

그림 16.21 해바라기(Helianthus annuus; 국화과)의 화서. 통상화(disc floret)와 설상화(ray floret)가 나타나 있다.

맺는다. 화서 내에서 꽃이나 추가적인 분지(branch)를 맺는 줄기를 **총엽병(rachis)**이라 하고, 각 꽃의 자루를 **소화경(pedicel)**이라 한다.

국화과(Asteraceae) 식물의 화서는 고도로 변형된 총상화서이다. 총엽병과 소화경이 극도로 작아진 결과, 미소한 개별 꽃, 즉 소화(floret)들은 압축되어 두상화서(capitulum), 즉 개별 꽃처럼 보이는 복합적 화서를 형성한다. 국화과 식물의 전형적 예인 해바라기(*Helianthus*)의 개별 '꽃'은 사실 하나의 화서이다(그림 16.21). 화피, 수술과 심피로 구성된 개별 소화들은 쿠션 모양의 **화탁(receptacle)** 상에 배열되어 있으며 포(bract)에 둘러싸여 있다. 해바라기에서처럼 화서는 중앙의 통상화(disc)와 꽃잎처럼 생긴 외부의 설상화(ray)로 분화될 수 있는데, 통상화는 양성화로 구성되며 설상화는 보통 암술꽃이다. 식물 구조의 프랙탈(차원분열 도형)의 원리(12장 참고)에 맞게, 여러 종에서 개별 두상화서로 이루어진 집단은 다시 2차적인 '화서의 화서'를 형성하기도 한다. 국화과 식물은 여러가지 식물 과 중에서도 가장 종류가 많으므로, 두상화서는 유성생식을 통한 번식법 중에서 매우 성공적인 꽃 유형이라 할 수 있다.

상이한 화서 구조를 설명할 수 있는 체계로서 **과도기 모델(transient model)**라 불리우는 모델이 총상화서, 취산화서, 원추화서의 발달 과정에 대한 시뮬레이션에 사용되어 왔다. 이 모델은 **영양생장성(vegetativeness, *veg*)**이라는 정량적 값에 의해 분열 조직의 정체성을 정의한다. *veg*는 식물의 연령이나 조절유전자 네트워크와 같은 인자에 의해서 영향 받으며, 일정 *veg* 역치 이상에서 분열 조직은 영양단계의 **피토머(vegetative phytomer)**를 생산한다 [피토머는 절간부위(internode), 하나의 잎과 이들 사이에 끼여 있는 측면분열 조직(lateral meristem)으로 구성되는 단위이다]. 역치 이하의 *veg* 값에서는 분열 조직이 꽃 분열 조직이 된다. 이와 같은 영양/꽃 역치 이하에서 *veg*는 2번째 역치를 가지는데, 이 역치는 꽃 분열 조직이 유한생장성인지 무한생장성인지를 결정한다. 만일 *veg* 값이 2번째 역치보다 낮으면 분열 조직은 유한생장성이 되고, 높으면 무한생장성 분열 조직이 된다. 분지 후 일정 시간 후 모든 분열 조직에서 *veg* 값이 자동적으로 균일하게 감소하면, 이들 분열 조직 유한생장성이 되면서 원추화서가 형성된다. 만일 측면분열 조직의 *veg* 값이 정단분열 조직의 *veg* 값보다 먼저 꽃 결정을 위한 역치에 도달하면, 총상화서가 생성된다. 역으로 정단분열 조직의 *veg* 값이 측면분열 조직의 *veg* 값보다 먼저 역치에 도달하면 취산화서가 만들어진다.

과도기 모델에 따라 2개의 애기장대 유전자를 *veg* 결정 요소로 이용하여 화서 발생의 시뮬레이션이 수행되었다. A형 유전자 *AP1*과 직접 상호작용하는 꽃 정체성 유전자인 *LFY*(그림 16.6 참고)는 *veg* 값 감소를 일으킨다. 반면 *TERMINAL FLOWER 1* (*TFL1*) 유전자의 효과는 *veg* 값을 증가시키는 것이다. 따라서 *tfl1* 돌연변이체는 야생형보다 짧은 축의 말단에 꽃을 가진 화서를 생산한다. *TFL1* 유전자의 발현량이 높고 *LFY* 유전자의 발현량이 낮은 분열 조직은 *veg* 값이 높으며 상태 A에 있다고 한다. *LFY* 유전자 발현이 높고 *TFL1* 유전자 발현이 낮은 경우는 상태 B에 해당한다. 그림 16.22A는 이러한 상호작용을 모델에 적용시킨 것으로, 이 모델에서는 *LFY* 유전자와 *TFL1* 유전자는 서로 길항 관계에 있으며 시간에 의존적인 발현 양상을 보이고 *veg*에 대해 반대 효과를 가진다. 상태 B에서는 *TFL1* 유전자가 억제되고, 생장은 상태 B에서 상태 A로의 전이를 촉진한다. 시간 변수를 변화시키고 *TFL1* 유전자와 *LFY* 유전자의 돌연변이를 도입한 효과를 통해 *veg* 값을 변화시켜 위 모델에 기초한 컴퓨터 시뮬레이션을 다양하게 수행한 결과, 애기장대 야생형의 총상화서를 생성할 수 있었을 뿐 아니라 돌연변이체와 과다발현체의 화서 표현형 또한 생성할 수 있었다(그림 16.22B). 다양한 모델 매개 변수의 수치를 변화시킴으로써 취산화서 및 원추화서와 유사한 화서를 만들어 낼 수 있다.

벼과 식물류의 화서는 독특한 구조를 가지고 있다. 각

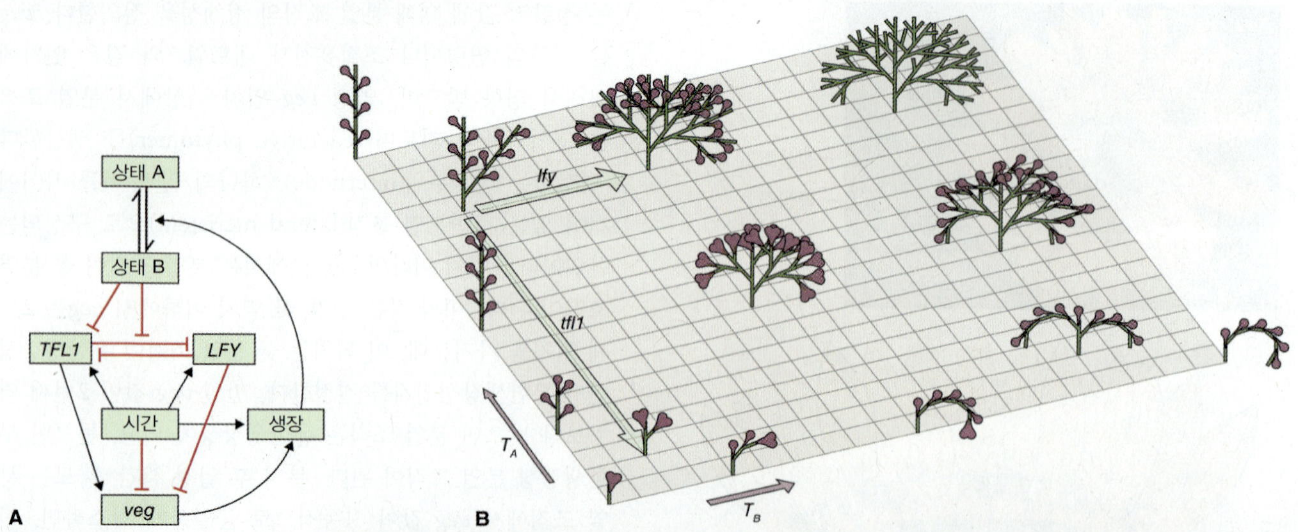

그림 16.22 (A) 화서 구조의 과도기 모델의 도해. 생장 및 시간, 분열 조직 상태(상태 A 및 상태 B), 영양생장성(vegetativeness, *veg*)을 결정하는 유전자(*TFL1*, *LFY*) 간의 상호작용이 나타나 있다. (B) 과도기 모델에 기초한 컴퓨터 시뮬레이션에서 생성된 여러 가지 화서 표현형. T_A 축과 T_B 축은 꽃이 형성되기 시작하는 시간을 나타낸다. 화살표는 애기장대 야생형의 화서 구조로부터 이탈하는 경향을 표시하며 꽃 유도 조건에서 *tfl1*과 *lfy* 돌연변이의 효과를 나타낸다.

꽃 단위는 **소수**(**spikelet**)라고 불리며, 최대 약 40개의 개별 소화(floret)를 포함하고, 종에 따라 유한생장성 또는 무한생장성이다. 벼에서 각 소수 분열 조직은 하나의 가임성 소화(fertile floret)를 생산하고 소수들은 원추화서로 배열한다. 옥수수는 꽃 구조의 유전학적 조절이 잘 연구되어 있는 또 다른 벼과 식물이다. 옥수수의 수꽃과 암꽃에서는 소수 1개당 2개의 소화가 포함되어 있으며, 그중 하나의 소화만이 가임성이다. 애기장대 *LFY* 유전자의 기능은 그 옥수수 상동유전자인 *ZFL1* 및 *ZFL2*에서 보존되어 있다. 벼에도 그 상동유전자인 *RFL*이 존재하나, *RFL*의 주요 역할은 원추화서의 분지 형성 및 분얼생장(tillering; 분지의 생장)의 조절이다. 애기장대 *CLAVATA*(*CLV*)는 영양 분열 조직 생장의 패턴을 조절하는 유전자인데, 벼와 옥수수의 *CLV* 상동유전자는 화서의 정단 분열 조직에 의해 생산되는 분지의 수를 조절함으로써 화서 발달에 독특한 역할을 수행한다. 단자엽식물과 쌍자엽식물에서 화서 구조를 결정하는 인자들을 기능적으로 연구하고 모델링하려는 노력을 통해, 계통유전학적으로 특이한 조절 특성 또는 공통적 조절 특성이 밝혀지고 있다.

16.3.6 꽃 부위의 색상은 베타라인, 안토시아닌 또는 카로티노이드 색소에 기인한다

피자식물의 진화 이전에는, 지구 위 식생의 색깔은 현재 침엽수림 생태계에서 볼 수 있는 것처럼 주로 녹색, 노란색, 갈색으로 구성되어 있었을 것이다. 백악기에 피자식물이 폭발적으로 진화하는 동안 풍부한 자연 색소가 급속히 증가하였을 것이며, 색소의 증가가 비생물학적 요인과 생물학적 요인의 조합에 대한 적응 반응이었을 것이다. 예를 들어 곤충 및 기타 동물과 피자식물의 공동진화는 꽃 부위 그리고 종자 및 열매와 같은 번식 구조의 색상 발달에 있어 중요한 요인이었다. 식물 기관의 색소는 신호전달 분자로 작용하여, 수분매개자, 산포자(disperser), 또는 초식동물 및 기타 포식자에게 식물의 존재를 알리는 기능을 한다. 꽃 색소는 화학적 구조, 세포내 위치 및 유전적 조절에 있어 다양성을 보인다. 꽃의 색상을 만드는 색소의 세 가지 종류로 베타레인류(betalains), 카로티노이드류(carotenoids), 안토시아닌류(anthocyanins)가 있다(그림 16.23). **카로티노이드류**는 15장에서 기술된 이소프레노이드 생합성 경로의 테트라테르펜 산물이다(그림 15.36 참고). **안토시아닌류**는 역시 15장에서 논의되었던 플라보노이드 경로의 일부로서 합성된다(그림 15.13 참고). **베타레인류**는 적색, 보라색, 노란색, 또는 주황색의 수용성 색소로 방향족 아미노산인 티로신의 유도체이며, 그 생합성의 초기 단계는 모르핀과 같은 알칼로이드계 물질의 생합성 단계와 중복된다(그림 16.24; 그림 15.18 참고). 베타레인류는 석죽목(Caryophyllales)에 속하는 과의 일부에 그 분포가 제한되어 있다. 흥미롭게도 베타레인은 안토시아닌류를 축적하는 종에서는 발견되지 않고, 반대의 경우도 마찬가지이지만, 그 이유는 명확하지 않다.

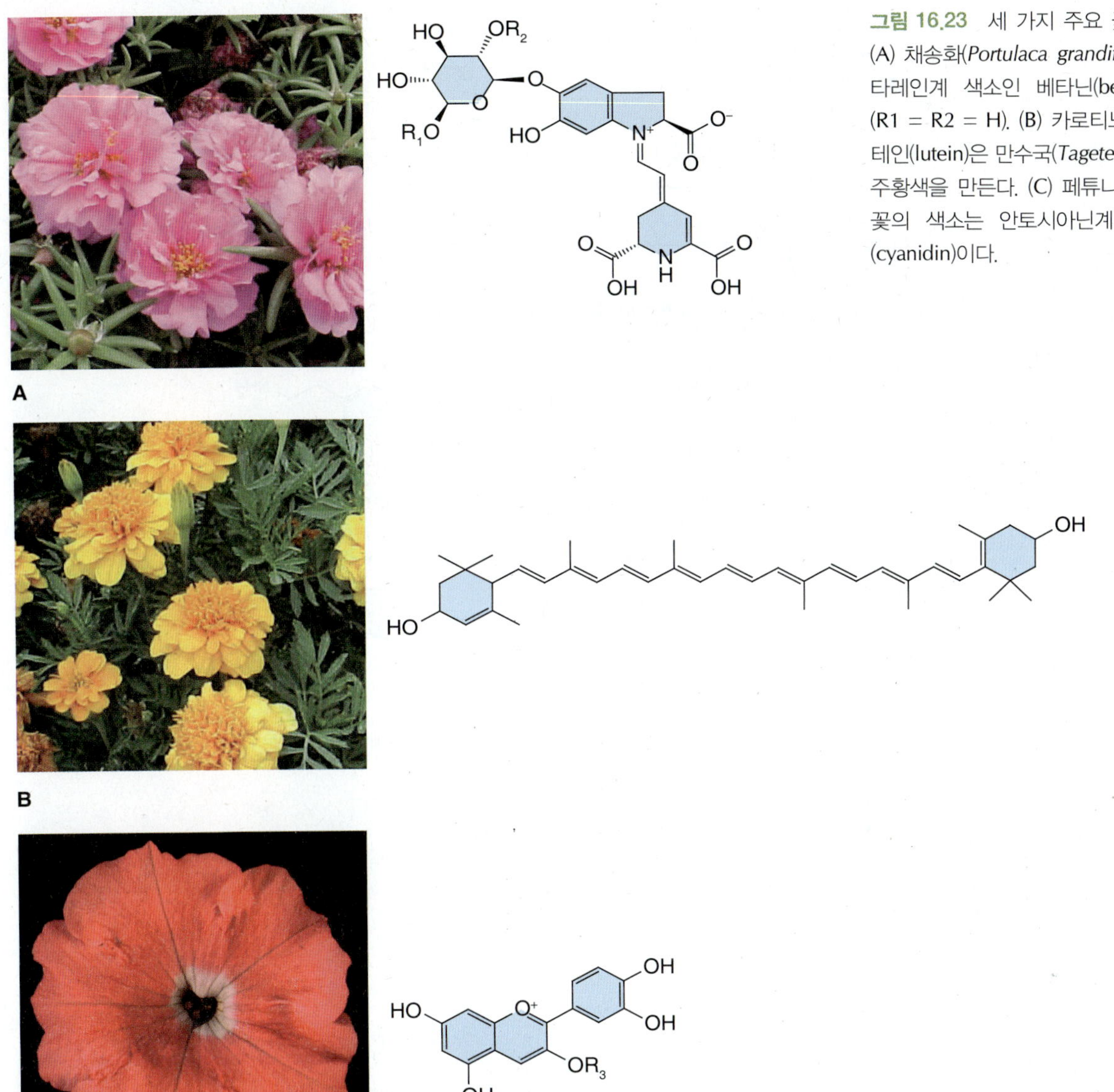

그림 16.23 세 가지 주요 꽃 색소 유형의 예. (A) 채송화(*Portulaca grandiflora*) 꽃은 주로 베타레인계 색소인 베타닌(betanin)을 축적한다(R1 = R2 = H). (B) 카로티노이드계 색소인 루테인(lutein)은 만수국(*Tagetes patula*) 꽃의 노란 주황색을 만든다. (C) 페튜니아(*Petunia hybrid*) 꽃의 색소는 안토시아닌계 색소인 시아니딘(cyanidin)이다.

꽃의 베타레인류는 시클로-도파(시클로-디히드록시페닐알라닌) 및 베타니딘의 수준에서 글리코실화되며(그림 16.24), 꽃잎 세포의 액포에 위치한다. 안토시아닌계 색소 또한 액포에 저장되는 수용성 배당체(glycoside)이다. 옥수수의 글리코실화 효소인 안토시아니딘 3-*O*-글루코실트랜스퍼레이즈(anthocyanidin 3-*O*-glucosyltransferase)는 *Bronze1*(*Br1*) 유전자에 의해 암호화된다(그림 3.6 참고). 열매의 카로티노이드처럼 유색 꽃의 카로티노이드류는 혐수성이며 잡색체(chromoplast) 내에서 종종 구립(globule), 결정 또는 미소섬유 형태로 농축되어 있다(18장 참고). 카로티노이드에 의한 꽃의 채색과 동물의 시각계 사이의 상호작용은 수렴 진화의 극단적인 예이다. 최초의 원핵 광독립영양생물(photoautotroph)은 카로티노이드-단백질 수용체 구조와 대사계를 통해 빛 에너지를 수확하였다. 피자식물 기관의 카로티노이드 구조와 기능, 이들과 상호작용하는 동물의 시각 광수용체에 있어서 이들 모두는 놀라운 유전자와 단백질 서열의 보존을 보여준다. 카로티노이드계 화합물이 가진 극히 오래된 기원과 기능적 조직화와는 대조적으로, 꽃, 열매와 잎의 액포 속 색소들은 상대적으로 늦게 육상식물에서 도입된 편이며, 이들 색소의 다양화는 피자식물의 방사에 있어 주요 인자였다.

꽃 색깔의 패턴과 명암을 결정하는 수많은 유전자들이 금어초에서 동정되었다. 금어초 꽃잎의 심홍색 안토시아닌 색소의 강도와 국지적 분포는 *DELILA* (***DEL***), *ROSEA*

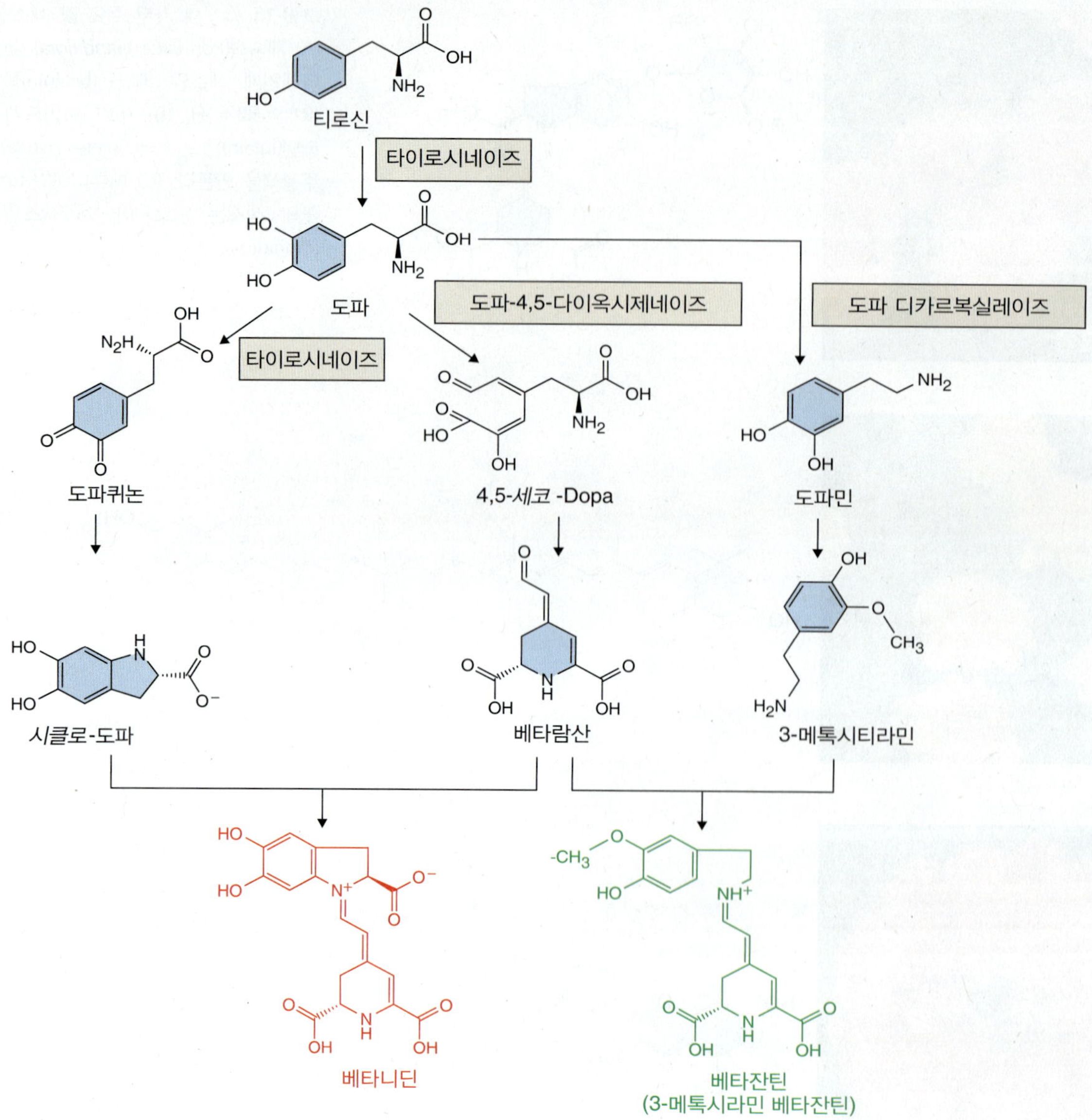

그림 16.24 베타레인 생합성 경로, 구조 및 알려진 효소들.

(***ROS***), *VENOSA* (***VEN***) 및 *MUTABILIS* (***MUT***) 유전자에 의해 조절된다. 이들 조절 유전자에서 일어난 돌연변이는 색소 침착을 막지는 못하지만 꽃에서 색소 침착의 패턴을 변형시킨다. *DEL* 유전자는 화관통(corolla tube)의 색상을 결정한다. *MUT* 유전자는 꽃잎 열편(petal lobe)에서 색소 침착에 영향을 준다. *ROS* 유전자는 열편과 화관통 모두에서 모두 색상의 패턴과 강도를 조절한다. *VEN* 유전자는 열편과 화관통에서 꽃잎맥 위의 표피 조직 색소 침착을 특정함으로써 줄무늬 패턴을 조절한다. *DEL* 유전자는 염기성 헬릭스-루프-헬릭스 (bHLH) 단백질을 암호화하고, *ROS* 유전자와 *VEN* 유전자는 MYB 단백질을 암호화한다. 이들 전사 인자 각각은 고유한 특이성을 가지면서 안토시아닌 생합성 유전자의 발현을 활성화한다. *ROS1*, *ROS2* 또는 *VE*, 그리고 *MUT* 또는 *DEL* 간의 상호작용을 통해 금어초 꽃의 각 부위에서 색상 침착이 결정된다(그림 16.25). 상이한 금어초 종들 간에 볼 수 있는 안토시아닌 색소 침착 양상의 다양성은 대체로 *ROS* 및 *VEN* 유전좌위 상의 활성 변이에 기인한다. 색소 생합성의 전사적 조절자의 활성이 이와 같이 부위 특이적으로 조절되는 것은 꽃의 독특한 점박이나 줄무늬를 만드는 한 가지 방법이다. 또 하나의 흔한 기작은 3장에서 페튜니아 꽃을 통해 기술된 바와 같은 전이인자의 삽입과 절제이다(그림 3.6 참고).

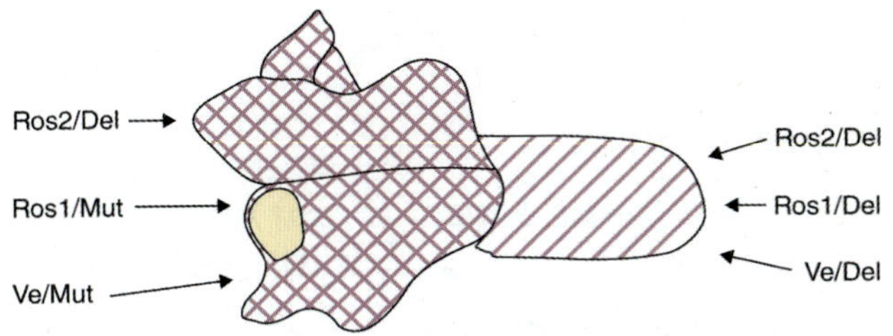

그림 16.25 금어초 꽃의 상이한 부위에서 조절 단백질을 암호화하는 유전자의 상호작용 요약. 우측으로 기울어진 빨간색 사선은 *MUT* 유전자 발현 영역을 표시한 것이고, 좌측으로 기울어진 빨간색 사선은 *DEL* 유전자 발현 영역을 표시한 것이다. 꽃잎 열편(lobe)에서 *ROS1* 및 *VE* 유전자는 *MUT* 및 *DEL* 유전자와 상호작용할 수 있는 반면, *ROS2* 유전자는 오직 *DEL* 유전자와 상호작용할 수 있다.

키포인트 꽃의 대칭 구조의 조직은 2종류(*TCP*족 및 *MYB* 유형 인자)의 전사 인자 유전자 사이의 상호작용에 의해 조절된다. TCP 유전자 산물은 꽃 기관의 발육중단과 기타 식물 발생 단계에도 작용한다. 화병(꽃의 축) 상의 꽃의 배열을 화서라고 부른다. 식물은 매우 다양한 화서 구조를 나타낸다. 화서 발생과 구조의 모델은 *veg*라는 정량적 매개 변수에 기초한다. *veg* 수치는 분열 조직의 상태를 특정하여 해당 분열 조직이 영양 분열 조직으로 남을 것인지 아니면 무한생장성 꽃 기관 또는 유한생장성 꽃 기관이 될 것인지를 결정한다. 다수의 꽃 부위들은 밝은 색상을 가지고 있으며 잠재적으로 수분을 매개하거나 종자를 산포하는 곤충, 새, 기타 동물에게 신호로서 작용한다. 종에 따라 이러한 색상은 세 종류의 주요 색소(베타레인계, 안토시아닌계, 카로티노이드계) 중 하나 이상의 색소로부터 기인한다.

16.4 웅성 배우자체와 자성 배우자체의 발생

식물이 생활환을 완결하기 위해서는 배우자, 즉 정자와 난자 세포를 형성해야 한다(그림 16.26). 현화식물에서, 웅성 배우자를 생산하는 구조, 즉 웅성 배우자체(male gametophyte)는 화분립(pollen grain)이며 화분립은 꽃밥(anther; 약)에서 생산된다. 자성 배우자체(female gametophyte)는 **배낭**(**embryo sac**)으로, 배낭은 심피의 씨방(ovary) 속에 존재하는 **밑씨**(**ovule**; **배주**) 안에서 만들어진다. 화분(pollen; 꽃가루)이 꽃밥에서 방출될 때, **수분**(**pollination**)이라는 과정을 통해 화분은 심피의 암술머리(stigma)에 전달된다. 16.5절에서 기술하겠지만, 화분립이 암술머리에 접촉할 때 화분은 화분관(pollen tube)을 돌출시키고, 화분관은 암술대(style)를 통과해 자라서 배낭에 도달한 후 2개의 정자 세포를 방출하여 **수정**(**fertilization**)을 수행한다. 분자적 수준에서는 배낭 발생보다는 화분립 형성에 대해 더 많은 것이 알려져 있다. 그 첫 번째 이유는 꽃이 배낭보다는 훨씬 많은 수의 화분립을 생산하기 때문이다. 예를 들어 옥수수 식물은 2천5백만 개 이상의 화분립을 생산할 수 있는 데 비해 배낭은 수백 개만을 생산하여, 보통 옥수수 식물이 200개 내지 400개의 낟알을 가진 옥수수속(cob) 한두 개를 맺는다. 두 번째 이유로, 화분립은 꽃밥에서 방출되므로 보통 쉽게 분리할 수 있는 반면, 자성 배우자에서만 발현되는 유전자를 연구하려면 배낭을 밑씨로부터 조심스럽게 절단해 내야 한다. 본 절과 이후 절에서 우리는 전형적인 현화식물에서 웅성 배우자체와 자성 배우자체의 형성을 기술할 것이다.

16.4.1 웅성 배우자체는 꽃밥에서 형성되는 화분립이다

세포학적 수준과 분자적 수준에서 식물의 웅성 생식조직의 발생은 모든 피자식물 중에서 고도로 보존되어 있다. 꽃밥 속의 화분립(웅성 배우자체)의 생산으로 이어지는 사건의 순서가 그림 16.27에 나타나 있다. 이 과정의 첫 단계는 이배체 세포의 분열에 의해 **융단층 시원 세포**(**tapetal initial cell**)와 **소포자 모세포**(**microspore mother cell**)를 생성하는 것이다. 이들 세포는 화분립의 생산에서 매우 상이한 역할을 수행한다.

소포자 모세포는 감수 분열(11장 참고)을 통해 **소포자**(**microspore**)라 불리는 반수체 세포 4개를 생산한다. 초기에 각 소포자는 포도당의 β(1→3) 중합체인 칼로오스(callose)로 구성된 세포벽에 의해 둘러싸여 있다. 이러한 4개의 세포를 집합적으로 사분체(tetrad)라고 부르는데 이들은 이후 융단층(tapetum)에서 분비되는 칼레이즈(callase)에 의해 세포벽이 분해됨으로써 세포벽으로부터 분리된다. 소포자가 칼로오스 세포벽으로부터 방출되면, 각 소포자는 비대칭적 유사 분열을 거쳐서 커다란 **영양세포**(**vegetative cell**)와 작은 **생식세포**(**generative cell**)로 구성된 화분립을 만든다. 이후 생식세포는 분열하여 2개의 정자 세포를 생성한다. 이 세포 분열의 시기는 식물 종마다 다양하다. 이를테면 애기장대에서 이 분열은 화분이 여전히 꽃밥에 붙어 있을 때 일어나지만, 다수의 피자식물에서 화분립은 2세포기(즉, 영양세포와 생식세포로 구성될 때)에 꽃밥에서 떨어져 나가며 생식세포의 분열은 수분이 일어나고 화분관 생장이 개시될 때 일어난다(16.5절 참고). 둘 중 어떤

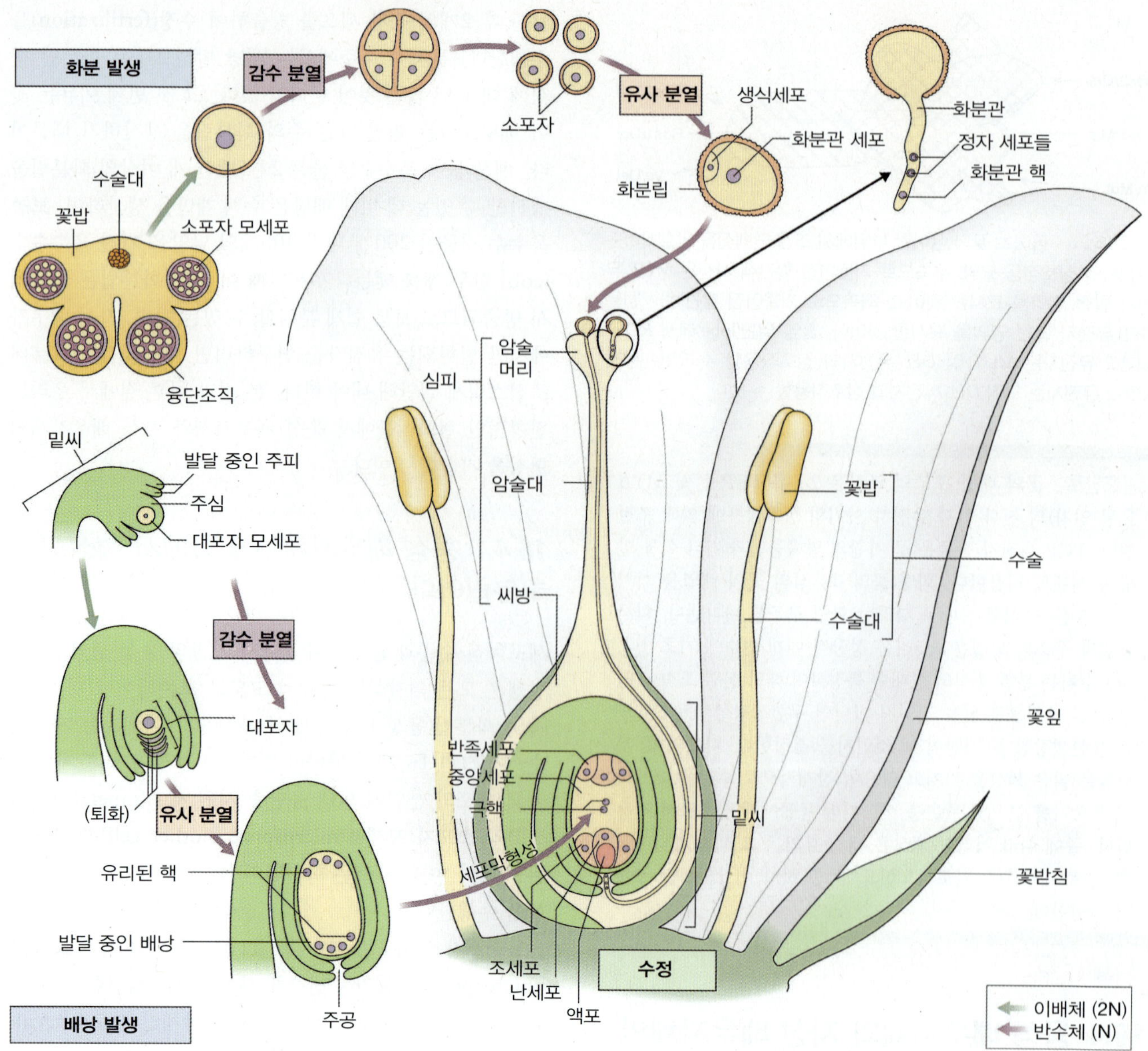

그림 16.26 피자식물류에서 웅성 배우자체와 자성 배우자체의 발생. 웅성 배우자체(화분립)은 꽃밥(약)에서 형성되며, 자성 배우자체(배낭)은 밑씨에서 발달한다.

경우이든 최종 산물은 2개의 작은 정자 세포와 이들을 둘러싼 영양세포이다(그림 16.27). 화분이 성숙하는 동안 화분관 생장에 필요한 저장 영양소, 단백질 및 RNA 전사물(transcript)이 영양세포에 축적되어, 일단 화분이 암술머리 표면에 접촉하게 되면 화분관은 급속히 자란다.

융단층시원세포는 유사 분열을 수 차례 거쳐 융단층(tapetum)을 형성한다. 융단층은 꽃밥의 약실(locule)을 따라 늘어선 조직으로, 두 가지 중요한 기능을 갖는다. 첫째, 융단층은 칼로오스 세포벽으로부터 소포자를 방출시키는 데 필요한 칼레이즈를 생산한다. 둘째, 융단층은 구조적 중합체와 색소 등 화분립의 외벽을 구성하는 여러 가지 화합물을 생산한다. 화분 발생의 후기 단계에서 융단층 세포는 붕괴되고 그 세포질 물질이 화분 외피(pollen coat)에 침적된다. 16.5절에서 다루겠지만, 화분 외피의 성분은 화분과 자성 조직 간의 상호작용에 중요하다.

16.4.2 다수의 유전자가 꽃밥에서만 배타적으로 발현된다

일부 유전자의 경우에 꽃밥에서만 발현되고 식물의 생활환 동안 다른 단계에서는 발현되지 않는다. 일례로, 애기장대에서 700개 이상의 유전자는 꽃밥에서만 특이적으로 발현

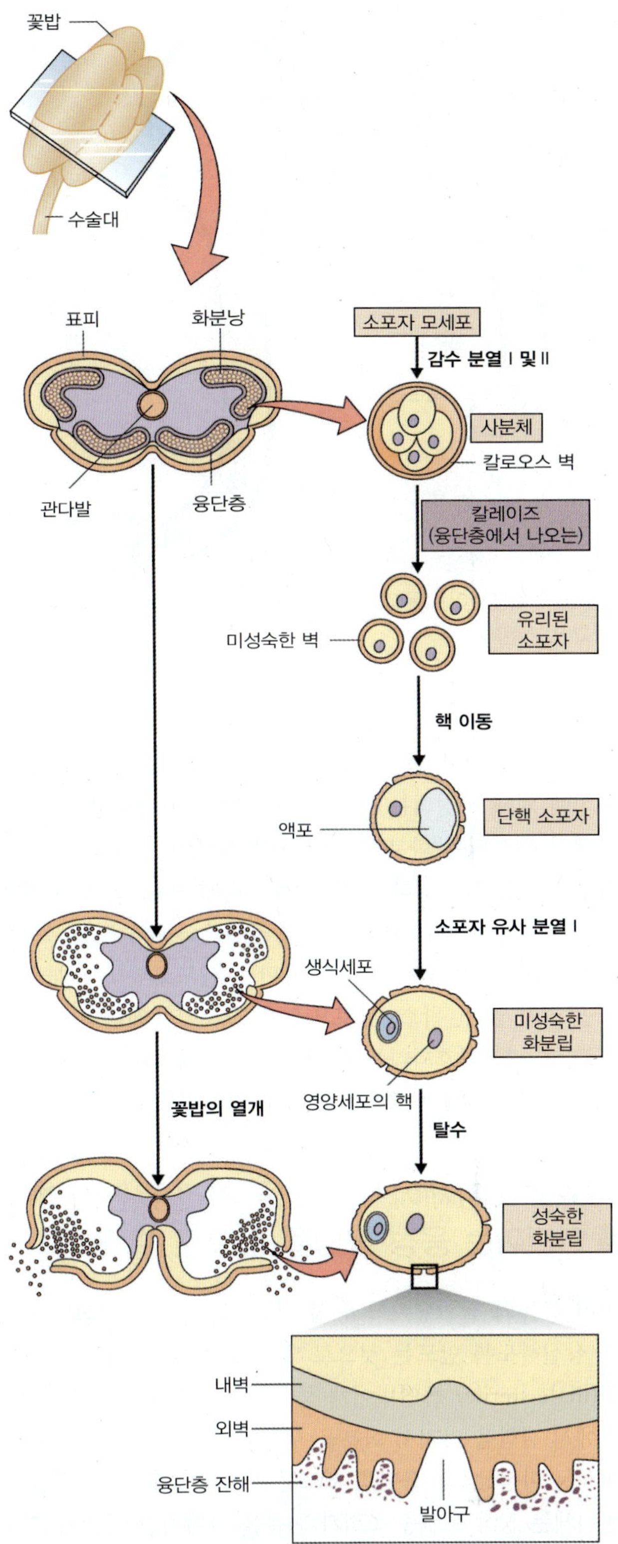

그림 16.27 대부분의 피자식물에서 전형적으로 나타나는 화분 발생 경로. 감수 분열은 꽃밥에서 일어나며 4개의 소포자로 구성된 사분체(tetrad)를 만든다. 사분체를 둘러싼 세포벽을 칼레이즈가 분해한 후에 유리된 소포자들이 방출된다. 비대칭적 유사 분열에 의해 커다란 영양세포와 작은 생식세포가 형성된다. 부분적으로 건조된 화분은 꽃밥이 열개될 때 방출된다.

된다. 이들 중 일부는 세포골격 단백질인 튜불린과 액틴을 암호화하는 유전자처럼 다유전자군(multigene family)에 속하는 유전자의 일원이며, 이 경우 다른 일원(즉, 상이한 개별 튜불린 및 액틴 유전자 등)은 상이한 발생 단계에서 발현된다. 그러나 꽃밥 특이적 발현을 보이는 유전자 중 다른 경우는 화분에서 독특하게 발견되는 유형의 단백질을 암호화하기도 한다. 대부분의 화분 특이적 유전자는 영양세포에서만 발현되고, 정자가 될 생식세포에서는 발현되지 않는다. 소포자의 첫 번째 비대칭적인 분열 동안, 영양세포는 리보솜 및 기타 번역에 필요한 장치들을 포함한 대부분의 세포질을 물려 받게 된다. 생식세포 핵의 염색질은 고도로 응축되어 있고 대체로 전사적으로 불활성 상태인 것처럼 보인다.

성숙한 화분립을 둘러싼 세포벽은 복잡한 구조를 가진다. 화분립 세포벽의 안쪽 벽, 즉 내벽은 화분립을 완전히 둘러싸고 있지만, 바깥쪽 벽, 즉 외벽은 간격을 두고 구멍을 갖고 있다. 수분이 일어난 후, 화분립은 암술머리 표면에서 발아하고 화분관이 외벽 상의 구멍 중 하나에서 나와 선단 생장(tip growth)을 통해 내벽을 연장하며 자란다(그림 16.28). 내벽은 다른 식물 세포벽처럼 셀룰로오스와 아라비난(arabinan)도 포함하고 있지만, 그 주요 성분은 칼로오스라는 점에서 다른 식물 세포벽과는 다르다.

다수의 종에서 화분립의 외벽은 아주 단단하며, 정교한 양상의 가시와 굴곡 등의 장식을 보여준다. 특정 종의 화분립 외벽마다 독특한 양상이 존재하므로(그림 16.29) 특정 위치와 관련된 식물을 동정할 때 유용하게 사용되기도 한다. 이러한 속성은 어떤 식물종이 과거에 어떤 서식지를 점유하였는가를 결정하는 고식물학적인 연구에 적용되기도 하고, 범죄 현장을 찾는 법의학적 수사에 적용되기도 한다. 화분이 가진 이례적인 내구성은 외벽의 주요한 구조적 성분인 **스포로폴레닌(sporopollenin)** 덕분이다. 스포로폴레닌은 부패 저항성이 매우 높은 페놀화합물 중합체로서, 외벽이 수백만 년 동안 가혹한 조건 속에서도 그 구조를 유지할 수 있도록 한다.

외벽 모양의 유전적 조절은 흥미로운 주제이다. 상이한 화분립 형태를 가지고 있지만 유연관계가 매우 높은 두 식물 종을 교배하면, 모든 자손 식물들은 동일한 화분립을 가지는 반면 그 외벽 양상은 두 부모 종의 특성을 모두 포함하는 경우가 있다(이를 테면, 한쪽 양친으로부터는 가시의 길이를, 다른 양친으로부터는 가시의 밀도를 닮을 수 있다). 자손 식물이 각 부모의 성질 일부를 물려 받는다는 사실이 암시하는 것은, 연관되어 있지 않은 여러 유전자들이

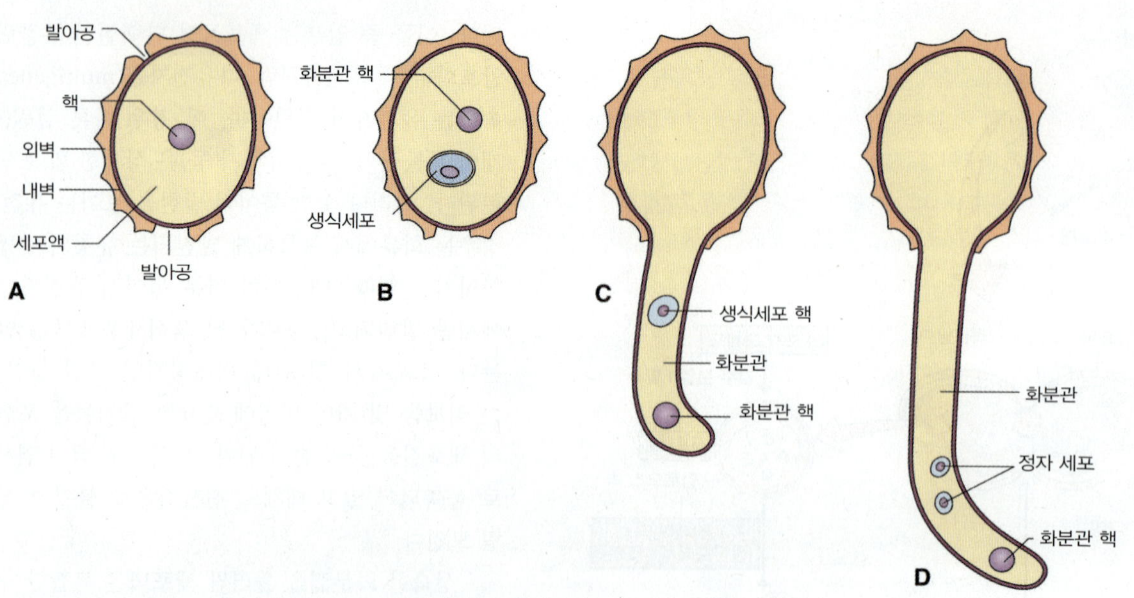

그림 16.28 (A-D) 화분이 발아할 때 화분립을 둘러싸는 외벽의 구멍 중 하나를 통해 화분관이 나온다. 화분관은 선단 생장(tip growth)을 통해 자라면서 내벽의 세포벽을 연장함으로써, 내벽이 계속 발달 중인 화분관을 둘러싸고 있게 된다.

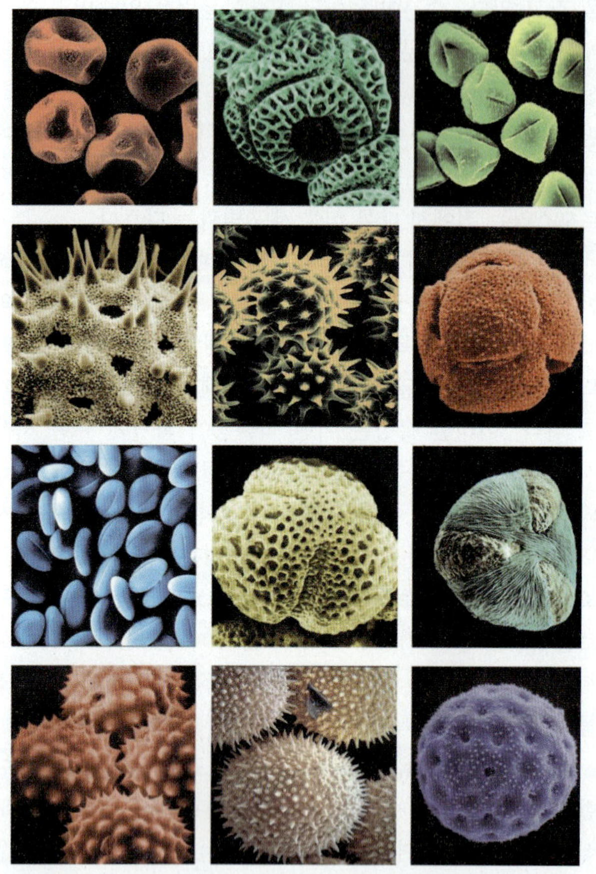

그림 16.29 다양한 과에 속하는 화분의 매력적인 외벽 양상을 보여주는 채색된 주사전자현미경 사진. 첫째 줄(왼쪽부터): 플랜틴(plantain), 레우코스페르뭄(leucospermum), 미나리아재비(buttercup). 둘째 줄: 붓꽃, 옥스아이데이지(ox-eye daisy), 제라늄. 셋째 줄: 쐐기풀(nettle), 돼지풀(ragweed), 양버즘나무(sycamore). 넷째 줄: 수련, 접시꽃(hollyhock), 그령(love grass).

상이한 외벽 양상의 유전적 요소를 조절한다는 것이다. 그러나 또 다른 시사점은, 화분 형태는 화분립 자체의 유전자 조성에 의해 조절되는 것이 아니고(만약 그렇다면 단일 부모에서 생산되는 화분립은 그 외벽 양상이 다양했을 것이다), 화분립을 형성하기 전의 식물체에 의해 화분 형태가 조절된다는 것이다. 외벽의 구성 물질은 3종의 세포, 즉 소포자 모세포, 소포자, 그리고 융단층 세포로부터 유래한다고 알려져 있다. 왁스, 칼로오스 및 스포로폴레닌의 생합성 경로 효소를 암호화하는 유전자는 외벽과 화분 수정 능력의 정상적인 발달에 중요한 것으로 알려져 있다.

16.4.3 포자체에서 활성을 가진 유전자의 돌연변이는 웅성 불임을 일으킬 수 있다

여러 종류의 돌연변이가 웅성 양친(즉, 부계) 식물의 기능을 상실하도록 만드는 것으로 알려져 있다. 이러한 웅성불임(male-sterile) 돌연변이체 중 일부는 감수 분열의 한 단계에서 결함을 가져서 화분을 형성할 수 없다. 일부 돌연변이체는 비정상적인 융단층 세포를 가지기도 하고, 다른 돌연변이체는 정상 융단층 조직과 화분을 가지지만 꽃밥 구조의 결함 때문에 화분을 제대로 방출하지 못하기도 한다. 웅성 불임을 일으키는 유전자 중 일부가 분리되기는 했지만 대부분의 경우 이들 유전자의 산물의 기능은 잘 밝혀져 있지 않다.

웅성 불임 돌연변이체 중 한 유형은 식물 육종에 있어 중요하므로 자세히 언급하고자 한다. 이들은 소위 **세포**

웅성 불임(cytoplasmic male-sterile; 줄여서 CMS) 돌연변이체이다. 옥수수, 벼, 해바라기(*Helianthus*)속 식물과 강낭콩(*Phaseolus*)속 식물과 같은 다양한 피자식물에서 동정된 CMS 돌연변이체 식물에서는 웅성 불임성이 자성 양친(즉, 모계) 식물을 통해 유전된다. 지금까지 연구된 모든 CMS 돌연변이 사례에서, 웅성 불임 표현형의 원인은 자성 양친으로부터 유전되는 마이토콘드리아에 있었다. CMS 식물의 모든 세포에서 어떤 비정상적 단백질이 마이토콘드리아에서 발현되지만 웅성 배우자체가 발달하는 시기에서만 표현형이 나타난다는 사실은, 마이토콘드리아가 화분 형성에서 특히 중요한 역할을 수행한다는 점을 암시한다. 만일 비정상적인 마이토콘드리아 유전자가 만드는 단백질의 발현이 감소되면 식물은 다시 번식력을 회복한다. 다수 식물 종의 핵 유전체 속에는 복구 유전자가 존재하여 이들 유독성 마이토콘드리아 단백질의 발현을 억제할 수 있다.

세포질 웅성 불임은 옥수수에서 깊이 연구되었다. 가장 집중적으로 수행된 연구 중 하나가 CMS-T라는 옥수수 계열로서, 이들은 완전 웅성 불임을 야기하는 URF13이라는 비정상적 마이토콘드리아 단백질을 생산한다고 한다. 그러나 만일 *Rf1* 및 *Rf2* 복구 유전자가 핵 유전체에 포함되어 둘 다 발현되는 식물에 CMS-T 돌연변이를 도입하면, 웅성 불임 현상은 극복되어 정상 번식이 가능하게 된다. *Rf1* 복구 유전자의 발현이 URF13 단백질의 생산량을 크게 감소시키지만, *Rf2* 복구 유전자 또한 발현되어서 생식력 회복에 기여해야 한다(그림 16.30). *Rf2* 복구 유전자의 산물은 알데하이드 탈수소효소(aldehyde dehydrogenase)인데, 발달 중인 융단층 세포의 마이토콘드리아 내부에서 유독성 알데히드가 축적되는 것을 URF13 단백질이 야기한다고 추측된다. 상이한 분자적 기초를 가진 세포질 웅성 불임의 다른 예는 CMS-S 시스템이며, 이는 18장에서 기술될 것이다. 식물 육종학자들은 세포질 웅성 불임을 사용하여 다수의 작물에서 F_1 잡종을 생산한다. 자가수정이 불가능한 CMS 식물은 자성 양친으로 사용하고 복구 유전자를 가진 식물을 웅성 양친으로 사용한다. 이러한 교배 결과로 F_1 잡종은 생식능력이 회복되고 두 양친 식물이 가진 바람직한 특성을 획득할 수 있다.

16.4.4 자성 배우자체인 배낭은 1회의 감수 분열 후 다수의 유사 분열을 통해 생산된다

종자 식물의 자성 생식 세포는 밑씨 내에 포함되어 있으며, 밑씨의 구성 요소는 외부 층인 주피(integument)와 이에 둘

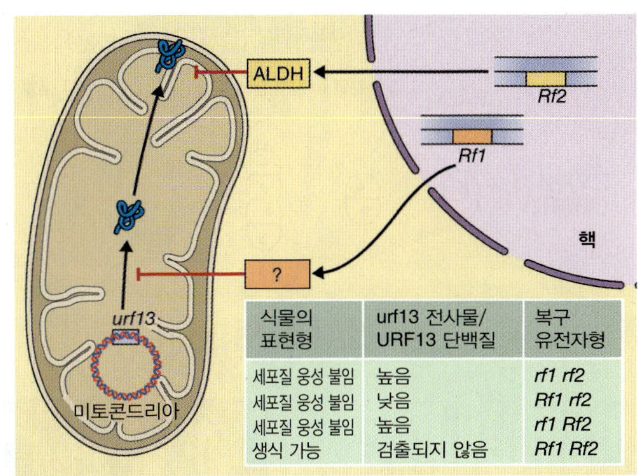

식물의 표현형	urf13 전사물/ URF13 단백질	복구 유전자형
세포질 웅성 불임	높음	*rf1 rf2*
세포질 웅성 불임	낮음	*Rf1 rf2*
세포질 웅성 불임	높음	*rf1 Rf2*
생식 가능	검출되지 않음	*Rf1 Rf2*

그림 16.30 옥수수의 세포질 웅성 불임 T (CMS-T) 시스템. 마이토콘드리아 유전자에 의해 암호화되는 독성 단백질인 URF1과 핵 유전자에 의해 암호화되는 복구 단백질인 Rf1 및 Rf2에 의해 수행되는 역할이 도식적으로 나타나 있다. Rf1 및 Rf2 모두 생식력을 회복하기 위해서 필요하다. 아직 명확하지 않은 기작에 의해 Rf1은 *urf13* 전사물의 축적을 감소시킨다. *Rf2* 유전자는 알데하이드 탈수소효소(ALDH)를 암호화하지만 *urf13* 전사물의 양에 대해서는 효과를 나타내지 않는다. ALDH는 URF13 단백질이 생산하는 독성 화합물을 제거할 가능성이 있다.

키포인트 식물은 배우자(정자와 난자 세포)를 형성해야 생활환을 완료할 수 있다. 웅성 배우자를 생산하는 구조인 웅성 배우자체는 화분립이며, 이는 꽃밥에서 형성된다. 심피의 씨방 속에 있는 밑씨 내에서 형성되는 자성 배우자체가 배낭이다. 수분은 화분립이 심피의 암술머리에 전달되는 과정이다. 화분립이 암술머리 조직과 접촉할 때 자가불화합성 반응이 이를 방해하지 않는다면, 화분관이 화분립으로부터 돌출되어 나와 암술대를 통과하여 자라서 배낭에 도달한다. 이후 화분립이 가져온 두 정자 세포는 배낭과 수정할 수 있게 된다. 수백 개의 유전자가 꽃밥에서만 발현되고 식물의 생활환 중 다른 시기에서는 발현되지 않는다. 화분에서 유전자 발현은 주로 영양세포에서 일어나지만 정자로 발달하는 생식세포에서는 유전자 발현이 잘 일어나지 않는다. 성숙한 화분립은 복잡한 두 층의 세포벽으로 둘러싸여 있다. 바깥 층(외벽)은 극도로 견고하고 많은 종에서 복잡한 양상의 가시, 굴곡 및 기타 장식을 가지고 있어 식물 종의 동정을 위해 사용되기도 한다. 만약 몇 가지 유형의 유전자들에 돌연변이가 일어나면 이는 웅성 양친으로 작용할 수 없게 만든다(즉, 웅성 불임을 일으킨다). 일부 웅성 불임 돌연변이체는 비정상적인 감수 분열을 가지고 화분을 형성할 수 없으며, 일부 돌연변이체는 비정상적 융단층 또는 꽃밥 구조를 가진다. 세포질 웅성 불임의 경우, 자성 양친으로부터 유전된 마이토콘드리아에서 비정상적 단백질이 생산되고 이 단백질이 정상 화분의 형성을 막는다. 세포질 웅성 불임은 잡종 종자 생산에 유용하므로 식물 육종에서 중요하다.

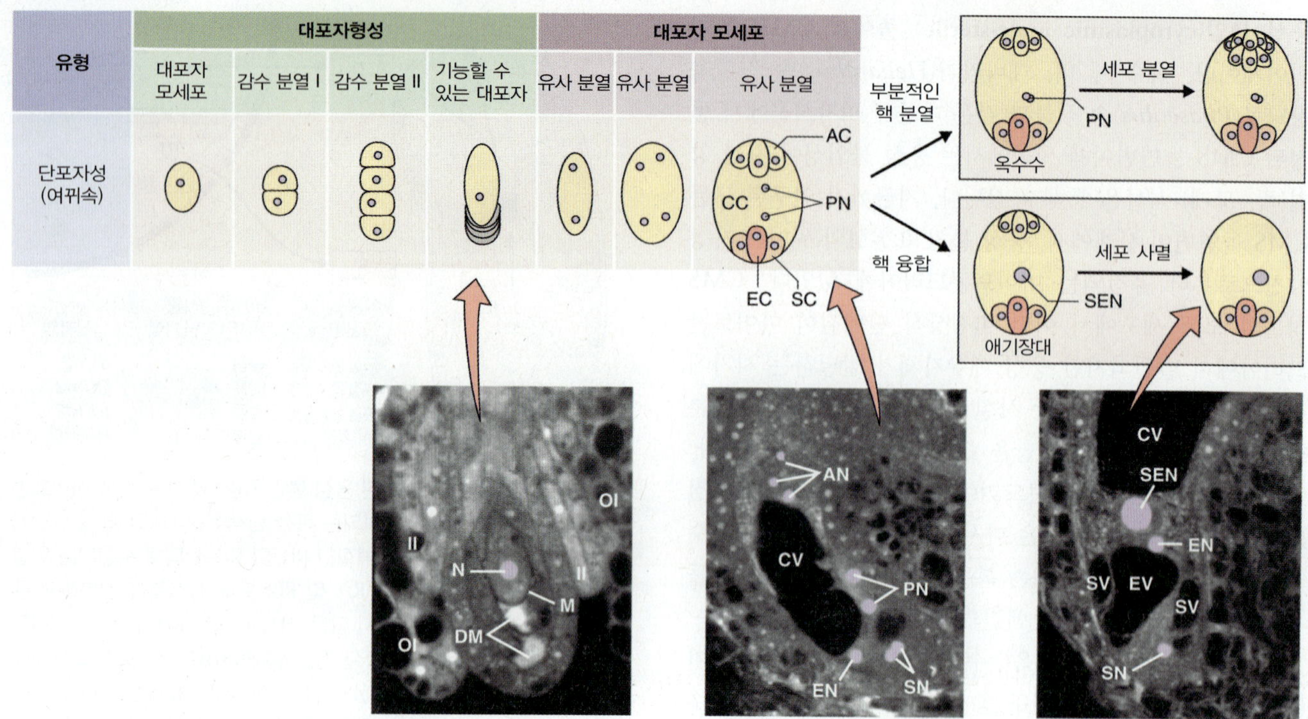

그림 16.31 여뀌속(*Polygonum*) 양상의 자성 배우자체 발생. 이 세포 분열 양상은 70% 이상의 피자식물에서 전형적으로 나타난다. 이 과정은 2단계로 구분할 수 있다. 첫 단계인 대포자 형성(megasporogenesis) 동안 감수 분열이 일어나며, 둘째 단계인 대배우자 형성(megagametogenesis) 동안 생존한 반수체 대포자가 유사 분열을 통해 배낭(자성 배우자체)를 형성한다. 애기장대 및 일부 다른 종에서 극핵(polar nuclei; PN)은 이차 배유핵(secondary endosperm nuclei; SEN)과 융합한다. 애기장대에서 반족 세포의 소멸은 예정 세포사(programmed cell death)의 한 예이다(18장 참고). AC, 반족 세포; AN, 반족 세포 핵; CC, 중앙 세포; CV, 중앙 세포 액포; DM, 퇴화된 대포자; EC, 난자 세포; EN, 난자 핵; EV, 난자 액포; II, 내주피; M, 대포자; N, 핵; OI, 외주피; SC, 조세포; SN, 조세포 핵; SV, 조세포 액포.

러싸인 **주심(nucellus)** 또는 대포자낭(megasporagium)이다. 감수 분열 결과 꽃밥 속에서 웅성 배우자체가 생산되는 것처럼, 주심 속에서 대포자 모세포(**megaspore mother cell**; MMC)는 감수 분열을 통해 자성 배우자체(배낭)가 된다(그림 16.26 참고). 배낭을 만드는 세포 분열의 순서는 식물 종마다 다양하지만, 현화식물의 70% 이상에서 여뀌속 유형(polygonum-type) 발생이라는 양상을 따른다(이 유형의 명칭은 처음 발견된 쌍자엽식물속에서 이름을 딴 것이다). 이들 종에서 대포자 모세포의 감수 분열을 거쳐 생산된 4개의 반수체 딸세포 중 3개는 죽고, 이들보다 훨씬 큰 나머지 1개 반수체 딸세포가 **대포자(megaspore)**가 된다(그림 16.31). 대포자는 이후 유사 분열을 3회 거쳐서 유전적으로 동일한 8개의 딸세포 핵을 생산한다. 이후 세포질 분열을 통해 7개의 세포를 포함하는 성숙한 배낭을 생산한다. 이 7개 세포 중 6개는 단일핵을 가진 반수체 세포(3개의 반족 세포, 2개의 조세포, 1개의 난자 세포)이고, 1개는 두 반수체 핵을 포함하고 있는 중앙 세포다. 16.5.7절에서 논의하겠지만, 화분관은 2개의 정자핵을 배낭에 전달하여 **중복 수정(double fertilization)**이 일어난다. 난자 세포는 하나의 정자핵과 융합하여 이배체 접합자(zygote)를 형성하며, 접합자는 배(embryo)로 발달한다. 중앙 세포는 다른 정자핵과 융합하여 **삼배체(triploid)**성의 **일차 배유(primary endosperm)** 세포를 생산하며, 이 세포는 이후에 배를 둘러싸고 발아 시에 영양분을 배에 공급하는 조직인 배유로 발달한다.

웅성 배우자체 발생에서와 같이, 자성 배우자체 형성을 이끄는 단계에서만 발현되는 유전자가 다수 존재한다. 이들 유전자에서 발생하는 돌연변이는 비정상적인 밑씨 발생과 자성 불임(female sterility)을 일으킨다. 일부 유전자는 세포 분열의 횟수나 배낭의 세포 분화 과정을 조절하는 단백질을 암호화한다. 그림 16.32는 이러한 애기장대 돌연변이 중 두 가지의 효과를 보여준다. 한 돌연변이체에서는 대포자 단계에서 발생이 중단되고, 다른 한 돌연변이체에서는 2개의 극핵이 융합되지 않는다. 다른 유전자들에서 일어난 돌연변이는 밑씨의 전반적 발생에 영향을 주어, 밑씨가 다른 구조로 변형되고 정상 배낭 형성을 방해한다. 이를테면, 애기장대에서 서로 밀접하게 관련된 4개의 MADS 박스 족 전사 인자를 암호화는 유전자들인

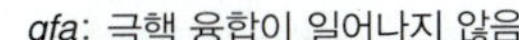

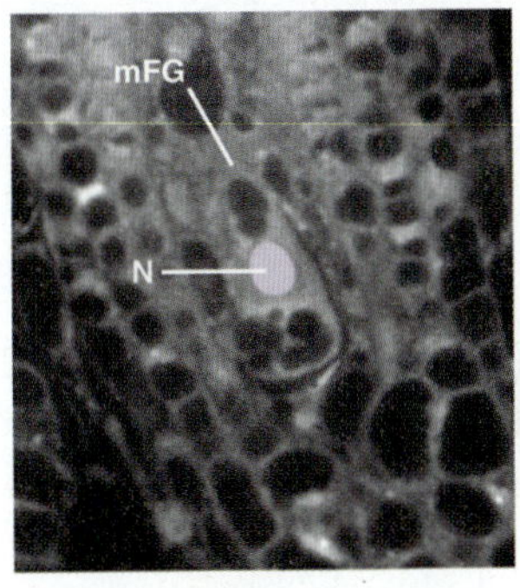

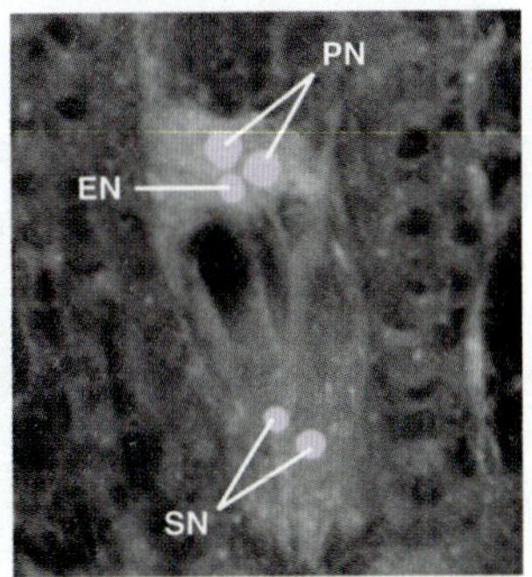

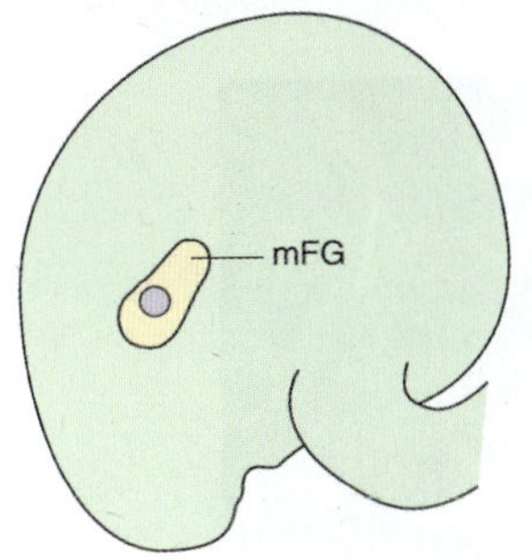

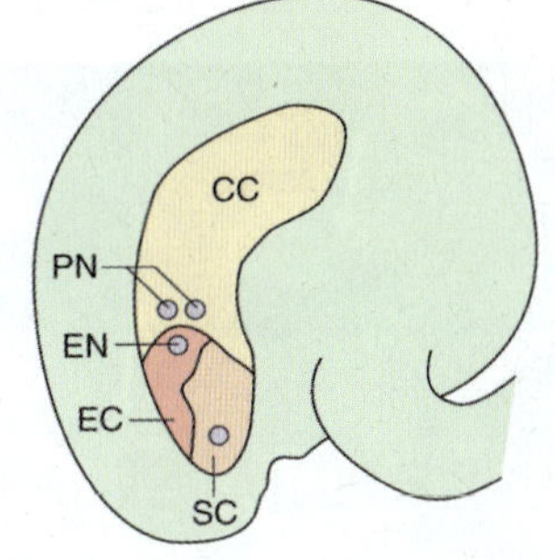

그림 16.32 대배우자 형성에 결함을 지닌 애기장대 돌연변이체의 현미경 사진. *fem2* 돌연변이체는 1세포기에서 발생을 중단한다. *gfa* 돌연변이에서 극핵은 융합에 실패한다. mFG, 돌연변이 자성 배우자체; 기타 축약어는 그림 16.31과 동일함.

AG, *SEEDSTICK*(***STK***), *SHATTERPROOF1*(***SHP1***) 및 *SHATTERPROOF2*(***SHP2***)는 밑씨 조직들에 올바른 정체성을 부여하는 과정에서 필수적이다. *stk-shp1-shp2* 삼중 돌연변이를 가진 식물체의 꽃에서 밑씨는 심피 또는 잎을 닮은 기관으로 전환된다. 이러한 밑씨 정체성 유전자는종종 D형 기능 유전자라는 이름으로 꽃 기관 패턴형성의 ABCE 모델의 확장형에 포함되기도 한다(16.3.3절 참고). 또 하나의 MADS 박스 전사 인자 유형을 암호화하는 SEP 족의 유전자에 발생하는 돌연변이에 의해서도 이와 유사한 표현형이 나타난다(그림 16.33).

키포인트 배낭 발생의 단계는 식물 종마다 다양하나, 70% 이상의 현화 식물에서 대포자 모세포는 감수 분열을 거치고 나서 4개의 반수체 딸세포 중 3개는 소멸된다. 가장 크기가 큰 나머지 1개의 세포는 대포자로서, 3회의 유사 분열을 통해 8개의 유전적으로 동일한 딸세포 핵을 생산한다. 이들은 7개의 세포로 구성된 성숙한 배낭으로 발달한다. 배낭의 세포 중 6개 세포는 핵을 하나씩 갖는 반수체 세포(반족 세포 3개, 조세포 2개, 난자 세포 1개)이며, 나머지 1개는 반수체 핵을 2개 갖는 중앙 세포다.

16.5 수분과 수정

유성생식의 목표는 수정, 즉 난자와 정자의 융합이다. 현화 식물에서 수정이 일어나기 전에 화분립은 이를 수용할 수 있는 암술머리와 접촉해야 한다. 이후 화분립은 발아하여 화분관을 생산하고 화분관은 암술대를 통과하고 배낭을 향해 자란다. 이제 수정이 일어나 새로운 이배체 포자체 세대를 시작하는 접합자를 생산할 수 있게 된다. 암술머리 표면에 화분이 접촉하는 순간부터 배형성(embryogenesis) 개시까지 일련의 사건 동안, 매 순간 적당한 세포 간 신호전달 상호작용이 일어나야 한다. 수분 이후, 자성 생식기관은 웅성 배우자체의 세포질 성분이 자신의 조직을 침입하는 것을 허용해야만 한다. 이 단계는 자기(self)와 비자기(non-self)를 구별하는 매우 특이적인 분자 기작에 의해 매개된다. 이 절에서는 세대 교번의 주기를 완성하는 웅성 배우자와 자성 배우자 간의 결합(수정)을 촉진(또는 경우에 따라 억제)하는 신호와 조절 네트워크에 대해 논의한다.

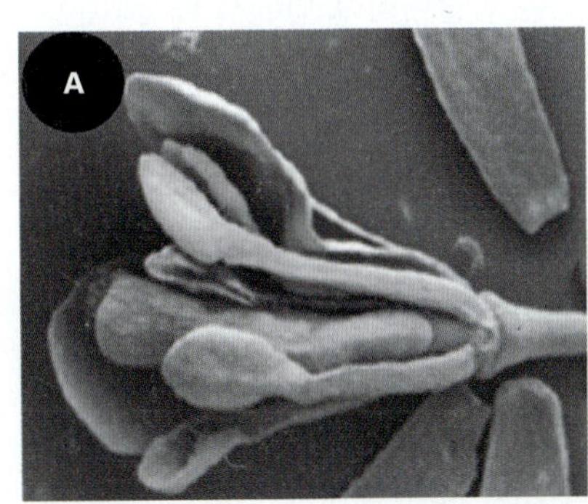

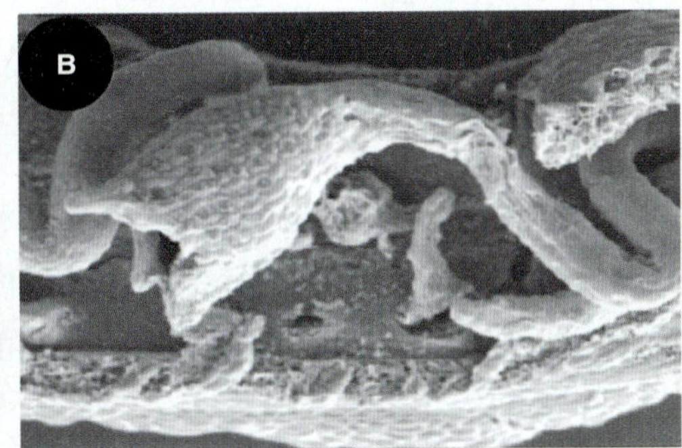

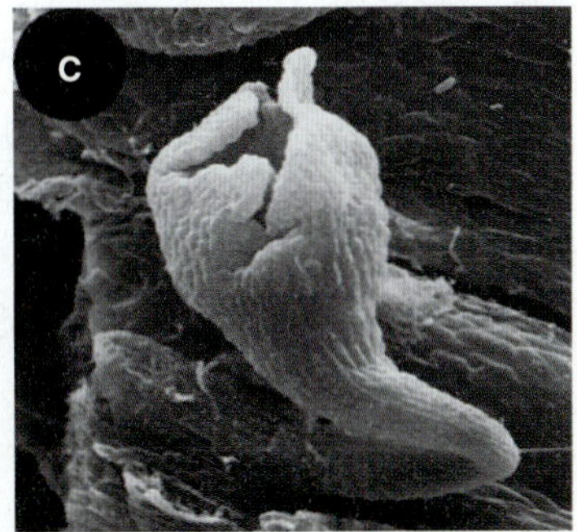

그림 16.33 *SEP1/sep1-sep2-sep3* 및 *stk-shp1-shp2* 돌연변이 식물의 표현형. (A) *SEP1/sep1-sep2-sep3* 식물의 꽃. 이 돌연변이체에서 꽃의 발생은 정상이다. (B) *SEP1/sep1-sep2-sep3* 돌연변이 식물의 밑씨. 밑씨 발생에 심각한 영향을 받아 밑씨가 심피 및 잎과 같은 구조로 변형되었다. (C) *stk-shp1-shp2* 돌연변이 식물의 밑씨. 밑씨 발생에 심각한 영향을 받았다. 표현형이 (B)와 유사하다.

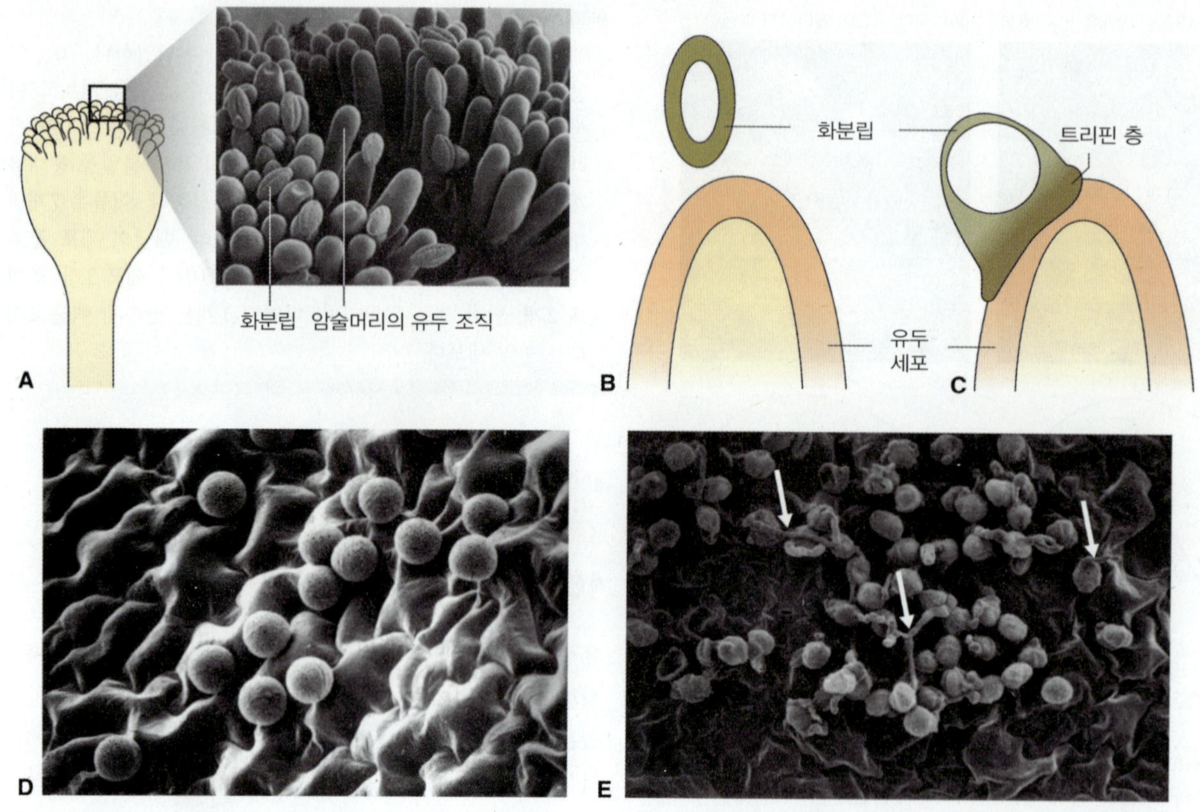

그림 16.34 애기장대의 화분립과 암술머리 간 상호작용. (A) 암술머리 표면과 화분립. 암술머리와 접촉 시 호환성 화분이 암술머리에 부착하여 수분을 흡수하고 화분관을 생성한다. (B) 접촉 전의 화분립은 길쭉한 형태를 갖고 상대적으로 건조되어 있다. (C) 유두세포에 의해 포획될 때, 화분립의 최외각 층(십자화과의 경우, 트리핀 층)이 유두세포 표면에 침적되고, 부착지가 세포 간 경계면에 형성된 후, 수분이 화분립에 흡수된다. (D) 화분립은 보통 암술머리가 아닌 조직, 예를 들어 여기에 보여진 야생형 애기장대의 잎 표피와 접촉 시 반응하지 않는다. (E) 화분립은 애기장대 *fiddlehead* 돌연변이체의 잎 표면에서 수분을 흡수하고 발아할 수 있다(화살표).

16.5.1 화분립의 수분 흡수와 발아는 화분 외피와 암술머리 표면 간의 특이적 상호작용을 요구한다

화분이 성숙하는 동안 발생 중인 화분립에서 탈수가 일어난다. 화분립이 꽃밥에서 암술머리로 이동하는 동안, 화분 외피는 화분립이 과도하게 건조되는 것을 막는다. 또한 화분 외피는 화분이 암술머리에 부착하여 다시 수분을 흡수하는 것을 촉진함으로써 화분이 암술머리와 상호작용하는 초기 단계에 관여한다. 화분 외피의 바깥 층은 배우자 형성 시기에 융단층에 의해 생성되며 화분-암술머리 간 상호작용의 무대가 되는 지질-단백질 기질이다. 화분립이 암술머리와 접촉할 때 수분 흡수가 시작되며, 이는 화분관 생장과 밑씨 속 배낭으로 정자를 운반하는 과정의 전주곡으로 작용한다(그림 16.34A–C). 수분 흡수는 엄격히 조절되는 단계로서 많은 **자가불화합성**(**self-incompatible**) 종에서 자기자신의 화분이 거부되는 단계이고 이종간 수분(interspecific pollination)이 방지되는 단계이기도 하다(16.5.3절 참고). 자가불화합성 종이란, 한 식물에서 생산된 화분이 같은 식물의 난자를 수정시킬 수 없는 종이다. 식물 종에 따라, 그리고 그 식물 종이 사용하는 자가불화합성 기작에 따라, 배의 발생 과정 중 여러 단계 중 하나가 차단될 수 있다. 이러한 단계의 예로 화분 발아, 화분관 생장, 수정 및 배의 발생 등이 있다.

화분립의 수분 흡수는 암술머리 표면에서 배출되는 수분에 의해 촉진된다. 수분 방출의 기작은 완전히 규명되고 있지는 못하나 수많은 화분 외피 성분과 암술머리 성분이 관계하는 것으로 보인다. 이 중에는 아쿠아포린(aquaporin)과 유사한 유전자가 포함되는데, 이 유전자들은 암술머리 유두조직(papillae)에서 상대적으로 강하게 발현한다. 일부 식물의 경우 플라보놀류(flavonols)와 같은 2차 대사산물이 화분관 생장의 개시를 촉진하기도 한다. 화분과 암술머리 간 상호작용은 지질 대사에 장애를 갖는 돌연변이체에서 비정상적일 수 있다. 예를 들어 애기장대 *eceriferum*(*cer*) 돌연변이체의 화분립은 화분 외피에서 지질이 고갈되어 있으며, 높은 습도에 노출되거나 수분 시

지방을 암술머리에 처리하지 않으면 수분 흡수에 실패한다. 애기장대 및 이에 관련된 십자화과 식물의 화분 외피는 라이페이즈(lipase)를 함유하고 글리신이 풍부한 올레오신(oleosin)이라 불리는 지질결합 단백질 또한 함유하고 있다. GRP17이라는 가장 흔한 올레오신을 암호화하는 유전자에 돌연변이가 발생하면, 화분에서 수분 흡수가 지체되고 야생형 화분에 비해 수분 능력이 떨어지는 것을 볼 수 있다.

지질이 화분립 발아에 중요하다는 사실에 대한 증거는 비정상적인 기관 부착 및 융합을 초래하는 변형된 표피를 갖는 애기장대 *fiddlehead*(***fdh***) 돌연변이체의 관찰로부터 유래하였다. 정상적인 경우 야생형 잎 표피와 같이 암술머리가 아닌 조직 상에서 화분립이 발아하지 않으나(그림 16.34D), *fdh* 돌연변이체의 잎 표면은 화분의 수분 흡수와 발아를 일으킨다(그림 16.34E). 그러나 이와 같은 잎 표피에서의 비정상적 상호작용은 애기장대나 이와 밀접히 관련된 종의 화분 사이에서만 일어나므로, *fdh* 돌연변이를 가진 식물체는 여전히 자기와 비자기를 인식하는 능력을 보유하고 있다. *fdh* 돌연변이체에는 긴 사슬 지방산 합성 효소인 베타-케토아실-CoA 신세이즈(β-ketoacyl-CoA synthase)가 결핍되어 있다. 그 결과 *fdh* 돌연변이 잎 세포에서 고분자량 지질은 야생형의 잎의 것과 다르며 표피 세포의 투과도가 변화되어 있다. 우리가 본 절에서 일부 논의한 애기장대 화분의 수분 흡수에 대한 유전학적 · 생화학적 연구의 결론은, 식물은 암술머리를 제외한 다른 조직에서 큐티클을 통해 수분 손실을 방지한다는 것과, 암술머리 표면은 긴 사슬 지방산 합성을 변형하여 화분과 접촉 시 수분 투과성을 변화시킬 수 있는 독특한 능력을 가지고 있다는 것이다.

16.5.2 건초열의 원인인 화분 알레르기유발원은 수정에서 다양한 기능을 갖는다

화분 외피 구조의 복잡성이 가져오는 바람직하지 않은 결과는 화분에 노출될 경우 일부 민감성인 사람의 면역 체계를 자극할 수 있다는 것이다. 그 결과는 건초열(hay fever)로 알려진 알레르기성 비염을 일으키며, 전 세계에서 거의 5억 명 가량의 사람에게 나타난다고 알려져 있다. 화분 알레르기유발원(allergen)은 민감성인 사람의 점막에서 항체와 결합하여 히스타민, 류코트리엔 및 기타 면역 중재 물질의 분비를 일으키고, 혈관 확장, 붉고 부은 피부, 점액 분비 증가, 가려움증, 재채기 등의 건초열 증상을 야기한다.

알레르기성 화분 단백질이 존재하는 이유는 인간에게 재채기를 일으키고자 하는 것이 아니라 화분 발아와 생장을 촉진하고자 함이다. 암술머리에서 암술대를 거쳐 배낭으로 향하는 경로(전달로)는 세포벽의 탄수화물, 펙틴 및 당단백질로 구성된 세포외 기질과 접해 있고, 화분 알레르기유발원은 이들 물질과 상호작용한다. 화분 알레르기유발원은 구조적으로 그리고 기능적으로 다양하여, 펙틴 분해효소, 병저항성 단백질, 칼슘 결합 단백질 및 서로 관계되지 않은 구조 단백질들 등을 포함한다. 벼과 식물의 화분은 특히 알레르기를 유발하기 쉽다. 표 16.4는 큰조아재비(*Phleum pretense*)의 개별 알레르기유발원 유형을 나열하고 있는데, 유형 별로 전형적인 크기 범위, 면역학적 효과

표 16.4 큰조아재비(*Phleum pretense*) 화분 알레르기유발원 집단의 면역학적 특성과 생화학적 특성

알레르기유발원	알레르기 유발도 (IgE 항체와의 반응성, %)	분자량 (kDa)	기능
Phl p 1	95	35	β-익스팬신
Phl p 2	50	11	
Phl p 3	50	11	
Phl p 4	70	50	
Phl p 5a	90	38	
Phl p 5b	90	32	RNase
Phl p 6	60	13	
Phl p 7	7	9	칼슘 결합 단백질
Phl p 11	40	20	트립신 저해제
Phl p 12	10	14	프로필린(profilin)
Phl p 13	60	60	폴리갈락투로네이즈

및 단백질 기능을 보여 준다. 주요 알레르기유발원인 **Phl p 1**은 옥수수 EXP B-1 알레르기유발원의 *P. pretense* 상동 단백질이다(그림 12.11 참고). 이 집단에 속하는 알레르기유발원들은 화분 유사 분열 이전에는 낮은 농도로 발현되다가 성숙한 화분에서 최대로 발현된다. 이들은 β-익스팬신(β-expansin)으로 기능하여 세포벽 다당류의 네트워크를 느슨하게 함으로써 팽압에 의한 세포 팽창을 일으킨다(12장 참고). 이들 단백질은 벼과 식물의 암술머리와 암술대에서 세포벽을 느슨하게 하여 암술 조직으로 화분관이 침입하는 것을 용이하게 하는 것으로 판단된다.

Phl p 11(표 16.4)은 OleI 족의 한 일원인데, OleI은 지중해 국가들에서 건초열의 가장 흔한 원인인 올리브(*Olea europaea*) 화분의 주요 알레르기유발원 이름에서 유래하였다. 그 상동 단백질들은 애기장대, 토마토 및 옥수수에서 기술되어 왔다. 이 알레르기유발원 집단은 소포자 초기에서부터 계속 화분 벽과 융단층 내에 축적된다. *Phl p 11* 유전자의 발현을 감소시키게 되면, 화분의 성숙은 정상적으로 일어나더라도 화분의 수분 흡수가 잘 일어나지 않거나 효과적인 화분관 생장이 일어나지 않아 배우자체 치사 표현형이 나타난다. 단백질 구조의 모티프를 비교 분석한 결과, 이 알레르기유발원 집단은 트립신 유형 프로테에이즈의 저해제에 관련되어 있음이 암시되었지만, 이것이 수분 기능에 어떤 관계가 있는지는 명확하지 않다. **Phl p 7**(표 16.4)는 소형이고 알레르기유발도가 비교적 약한 칼슘 결합 단백질이며, 성숙한 화분의 세포액이나 수분 흡수 동안 화분립의 벽 또는 화분관의 표면과 정단부에서 많이 발현된다. 이러한 단백질은 칼슘에 민감한 신호 분자로 작용할 것으로 예상된다(16.5.6절 참고).

Phl p 12는 프로필린(profilin)이라는 작고 매우 보존된 단백질족에 관계되어 있다. 프로필린은 자작나무속(*Betula*)의 화분에서 처음 발견되었는데, 자작나무속의 화분은 인구의 15%에서 20%가 건초열에 시달리고 있는 북쪽 고위도 지방에서 주요한 알레르기 반응의 원인이다. 이 단백질의 3차원적 구조가 그림 16.35에 있다. 프로필린은 세포골격 성분인 **액틴**(**actin**)에 결합한다. 액틴은 화분관 생장에서 중요한 역할을 수행하므로, 프로필린이 수분 도중 정자 세포를 배낭에 전달하는 과정을 지원한다는 가설이 제시되었다.

폴리갈락투로네이즈(Polygalactruonase)인 **Phl p 13**(표 16.4)는 생체 내에서 펙틴의 효소적 변형에 작용하는 알레르기유발원 중 하나이다. 폴리갈락투로네이즈 이외에도 펙테이트 라이에이즈(pectate lyase)와 유사한 아미노산 서열을 가진 화분 단백질이 토마토, 돼지풀(*Ambrosia artemisiifolia*), 삼나무(*Cryptomeria japonica*) 등 다양한 종에서 주요한 알레르기유발원으로 발견되었다. 펙틴은 인접한 식물 세포들을 접착시키는 중간 박막층(middle lamella)의 주요 성분이다(4장 참고). 펙틴을 변형하는 효소는 병원성 미생물이 식물 조직을 부드럽게 만들기 위해 이용된다. 따라서 알레르기유발원이 화분관 생장 동안 암술대를 통과하는 데 있어 펙틴 변형 활성이 어떤 역할을 수행하는 것으로 볼 수 있다.

키포인트 수분이 끝나면 난자와 정자의 결합인 수정이 일어난다. 화분립은 암술머리와 접촉 시에 수분을 흡수하는 과정은 일련의 단계로 조절 받는데, 이러한 조절은 아쿠아포린의 발현과 지질 대사의 변화를 포함한다. 화분 알레르기유발원은 수정 과정에서 다양한 기능을 갖는 여러 단백질 집단으로 구성된다. 알레르기유발원에는 세포벽 변형을 일으키는 물질, 질병 저항성 인자 및 칼슘 결합 단백질이 포함된다. 자작나무 화분의 주요 알레르기유발원인 프로필린은 수정 전 화분관 생장 및 정자 세포의 배낭 수송 시에 세포골격과 상호작용한다.

16.5.3 자가불화합성 기작이 자가수분을 방지하고 이계교배를 촉진한다

피자식물의 85% 이상이 암수한몸(hermaphrodite), 즉 양

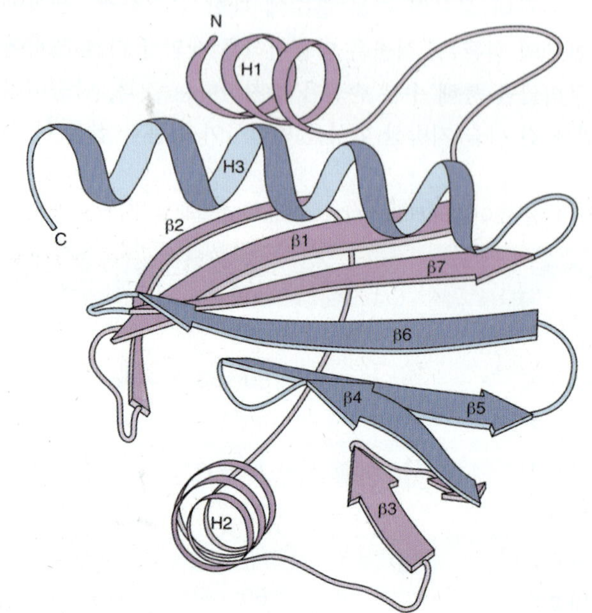

그림 16.35 자작나무 화분에서 유래한 프로필린의 엑스레이 결정법 구조를 α-나선(H) 및 β-병풍(β)의 리본 모델로 나타낸 그림. 프로필린 단백질은 역평형 방향으로 배열된 6개의 β-병풍 구조로 구성된 중심부를 가지며, 액틴 결합 도메인은 C 말단에 위치한 α-나선(H3)과 중앙 β-병풍 중 아래쪽 3개 병풍(β4, β5 및 β6)으로 구성되어 있다.

쪽 성을 동시에 지니며 웅성 생식기관과 자성 생식기관을 모두 갖는 양성화(bisexual flower)을 맺는다. 거기에 더해 5% 정도는 옥수수(그림 16.3 참고)처럼 단성화(unisexual flower)를 갖는 자웅동주(monoecious) 식물, 즉 암꽃과 수꽃이 별도로 한 식물에 맺히는 식물이다. 따라서 대부분의 식물에서 화분이 자신의 암술머리에 수분되는 현상, 즉 **자가수분(self-pollination)**이 일어날 가능성이 매우 높다. 자가수분은 동계교배(inbreeding)를 촉진하여 자손의 적응도(fitness)를 감소시키는 단점을 갖는다. 자신의 화분에 의한 난자 세포의 수정을 최소화하거나 방지하는 기작이 여러 가지로 진화하였다. 이를테면 한 암수한꽃에서 수술과 암술의 성숙 시기가 다르거나, 자웅동주 식물에서 암꽃과 수꽃의 성숙 시기가 다를 수 있다. 자성 조직이 화분관 생장을 수용할 수 있는 시기에 비해 화분이 너무 빨리 또는 늦게 생산된다면 수정에 성공할 수 없을 것이다.

이 절에서는 이계교배(outbreeding)를 촉진하는 유전적 전략에 대해 논의한다. 이와 같은 **자가불화합성(self-incompatibility)** 기작에 의해, 개별 식물의 화분이 같은 식물의 암술머리에서 수분에 실패하지만 다른 식물에서 온 동일 종의 화분은 수분에 성공하게 된다. 진화 과정에서 자가불화합성은 여러 차례 독립적으로 발생하였으며, 식물의 종류에 따라 자가불화합성의 분자적 근거가 상이하다. 자가불화합성은 대개 **S 좌위(S locus)**에 의해 조절되는데, S 좌위는 화분립(웅성) 또는 암술(자성)에서 발현되는 여러 개의 유전자들, 즉 **결정요소(determinant)**들로 구성된다. 개별 웅성 결정요소와 자성 결정요소는 각각 다수의 대립유전자(allele)를 가지고 있고 단일 분리 단위로서 유전된다. 이러한 유전자 복합체의 변이형들을 S 반수체형(haplotype)이라고 한다. 결정요소 유전자의 상이한 대립유전자에 의해 암호화되는 단백질에 따라 화분은 불화합성(incompatible), 즉 **자기(self)**의 화분인지, 또는 화합성(compatible), 즉 **비자기(non-self)**의 화분인지 인식된다. 만일 상대방이 동일한 S 반수체형을 가지고 있으면 불화합성 반응이 일어나지만, 웅성 및 자성 개체가 상이한 S 반수체형의 결정요소를 갖는다면 수분과 수정이 허용된다. 자가불화합성 기작은 화분과 암술 조직 간의 관계에 따라 두 가지 유형으로 구분할 수 있다(표 16.5). **배우자체 자가불화합성(gametophytic self-incompatibility; GSI로 약칭함)**은 화분의 반수체 S 좌위 유전자형에 의해 결정된다. 반면, **포자체 자가불화합성(sporophytic self-incompatibility; SSI로 약칭함)**은 웅성 양친의 이배체 S 좌위 유전자형에 의해 결정된다. GSI 상호작용에서 불화합성 화분관은 종종 생장을 개시하여 암술대에서 생장이 중단되기도 하지만, SSI에서는 화분립이 발아에 실패한다(그림 16.36).

표 16.5 자가불화합성(SI) 체계의 유형. 십자화과(Brassicaceae)의 SI 체계는 포자체 유형(SSI)이다. 가지과(Solanaceae), 장미과(Rosaceae) 및 현삼과(Scrophulariaceae)의 SI 체계는 배우자체 유형(GSI)이다. 웅성 결정요소와 자성 결정요소의 정체성과 기능은 본문에 기술되어 있다. 양귀비과(Papaveraceae)의 GSI 체계는 예정 세포사 기작에 의한다.

과	SI 유형	웅성 결정요소	자성 결정요소
십자화과	SSI	SP11/SCR	SRK
가지과, 장미과, 현삼과	GSI	SLF/SFB	S-RNase
양귀비과	GSI	(알려져 있지 않음)	S-protein

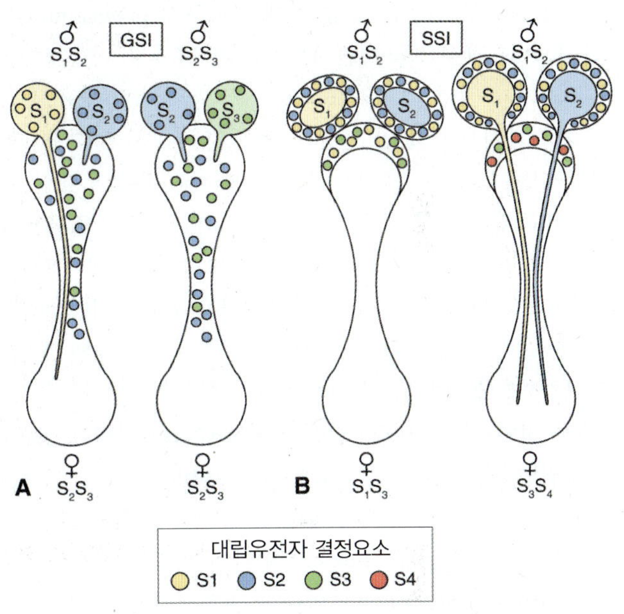

그림 16.36 자가불화합성 기작. (A) 배우자체 자가불화합성(GSI). 화분이 성공적으로 수분되려면, 화분의 반수체 유전자형이 S 좌위에서 자성 유전자형과 일치하지 않아야 한다. S_2 S_3 암술대를 통과하는 동안 S_2 화분관과 S_3 화분관은 생장이 중지된다. S_1 화분관만이 이 암술대를 계속 통과하여 생장할 수 있다. (B) 포자체 자가불화합성(SSI). 화분의 성공은 양친 포자체가 부여하는 결정요소에 달려 있다. 화분립이 발아하여 화분관을 형성하기 위해서는 이배체(포자체)의 결정요소가 자성 유전자형과 일치하지 않아야 한다. 좌측에 나타난 S_1 S_3 암술대의 S_2 화분의 반수체형이 암술대의 S_2 S_3 유전자형과 다르지만 이 화분은 여전히 화분관을 형성하지 못한다. 그 이유는 포자체에서 유래한 화분 외피의 결정요소로 S_1이 포함되어 있어 불화합성 반응을 일으키기 때문이다. 이와 대조적으로, 우측에 나타난 암술대에서 S_1 화분과 S_2 화분은 암술대의 S_3 S_4 유전자형과 어떠한 결정요소도 일치하지 않으므로 화분관을 형성하여 생장할 수 있다.

16.5.4 배우자체 자가불화합성의 경우 화분관의 생장은 리보뉴클레이즈 또는 예정 세포사에 의해 중단된다

배우자체 자가불화합성 체계는 60과 이상에서 나타나는 가장 흔한 유형의 자가불화합성으로, 적어도 2종의 GSI 체계가 존재한다. 가지과(Solanaceae), 장미과(Rosaceae) 및 현삼과(Scrophulariaceae) 식물의 자가불화합성의 경우, **세포독성 리보뉴클레이즈(cytotoxic ribonunclease**, 또는 줄여서 cytotoxic RNase)에 의해 자기 화분의 화분관 내 RNA를 파괴하는 기작을 이용한다. 양귀비과(Papaveraceae)의 경우, 불화합성 반응은 일종의 **예정 세포사(programmed cell death)** 과정으로 이는 18장에 더 자세히 기술할 것이다.

가지과에서 GSI 연구 결과, 암술대 추출액에 다량 함유된 약 30 kDa 크기의 특이적 당단백질과 특정 S 대립유전자의 존재 사이의 상관관계가 확립되었다. 단백질 분석 결과, 이 자성 결정요소 단백질은 RNase임이 밝혀졌다. 이러한 **S-RNase**를 암호화하는 유전자는 암술에서만 배타적으로 발현된다. S-RNase 단백질은 주로 암술대의 상단에 위치하는데, 이 부위는 바로 자기 화분의 화분관 생장 억제가 일어나는 곳이다. 암술대의 S-RNase 활성을 상실한 돌연변이는 자가화합성(self-compatible) 식물을 생성한다. S-RNase에서 S 반수체형의 특이성에 대한 결정요소는 당 곁가지(glycan side-chain)가 아니라 단백질 기본골격(protein backbone)에 있다고 밝혀졌다. 페튜니아의 S_3-RNase에서 N-당화(N-glycosylation) 부위가 결실된 유전공학적 실험 결과, 이러한 결실을 가진 식물은 여전히 S_3 화분을 거부하는 능력을 보유하고 있었다. S-RNase 단백질을 암호화하는 유전자는 매우 다형적(polymorphic)이어서, 상이한 대립유전자에 의해 암호화되는 S-RNase의 아미노산 서열이 일치하는 비율은 38%에서 98%에 이른다. 그림 16.37은 장미과의 전형적인 S-RNase인 돌배나무(*Pyrus pyrifolia*)의 S_3-RNase의 구조 모델이다. 이 분자의 N 말단 쪽 절반에 있는 고리(loop) 구조는 과변이성 부위(hypervariable region)라 불리며, S 좌위에서 상이한 자성 결정요소들 중에서도 가장 아미노산 서열 상의 대립유전자 변이가 큰 지역이다.

가지과, 장미과 및 현삼과 식물의 GSI 체계에서 웅성 결정요소의 성질과 작용 방식은 확실하지 않다. 신규 F 박스 단백질(F-box protein)을 암호화하는 유전자들이 이들 식물종의 S 좌위와 관련성 있다. F-박스 단백질은 컬린/링 E3 유비퀴틴 라이게이즈(Cullin/RING E3 ubiquitin ligase) (그림 5.36 참고) 중 한 종류의 성분이다. 이러한 단백질은 **SLF**(S-locus F-box) 또는 **SLB**(S-haplotype-specific F-box)로 불린다. SLF/SLB 단백질과 S-RNase가 상호작용하여 자기 화분의 생장을 특이적으로 억제하는 분자적 기작은 아직 알려져 있지 않다. 한 가지 간단한 모델에 따르면, S-RNase는 암술대로부터 화분관으로 비특이적으로 이동하고, SLF/SLB 단백질과 불화합성 RNase 간의 상호작용은 RNase가 분해되는 것을 억제하여 이들이 화분관 속의 RNA를 분해하도록 함으로써 화분관의 생장을 막고 수정을 방지한다고 제안한다. 한편 화합성(compatible) 암술대로부터 유래한 RNase는 보호되지 않거나 미지의 억제자와 결합하여, 그 결과 생장 중인 화분관에서 RNA가 분해되지 않고 남게 된다. 이와 같은 모델 이외에 보다 복잡한 모델 또한 제안되었다. 이와 같은 자가불화합성 체계를 구성하는 추가적 요소가 더 규명되어야 하며, 보다 명확한 양상을 밝히기 위해서는 향후 연구가 필요할 것이다.

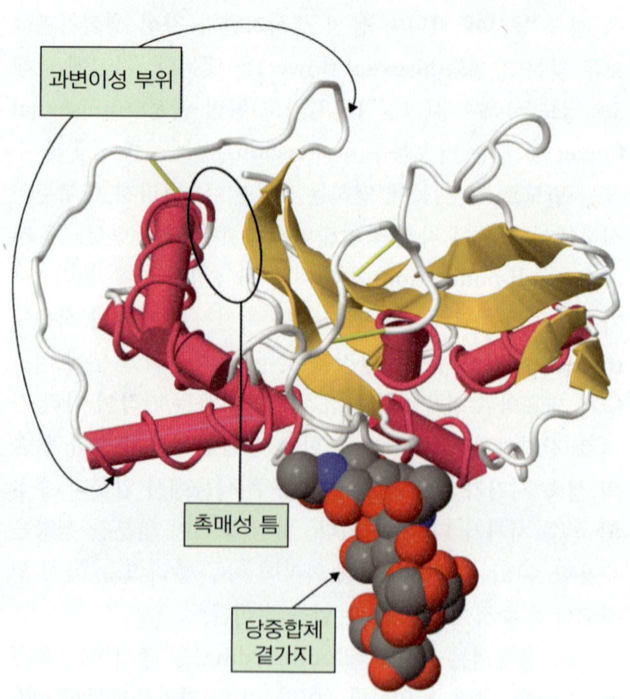

그림 16.37 돌배나무(*Pyrus pyrifolia*) S_3-RNase의 분자 모델. 이 분자 구조는 8개의 나선과 7개의 병풍 구조로 구성된다. S 좌위의 자성 결정요소의 대립유전자 변이가 아미노산 서열의 분화로서 나타난 폴리펩티드 고리는 과변이성 부위(hypervariable region)로 표시되어 있다. 만노오스(mannose)와 *N*-아세틸글루코사민(*N*-acetylglucosamine) 잔기들로 구성된 당중합체 곁가지(glycan side-chain)이 2개의 당화자리(glycosylation site) 중 하나에 첨가된 것이 표시되어 있다. 알파나선은 분홍색으로, 베타병풍은 노란색으로 채색되었다.

16.5.5 십자화과 식물의 포자체 자가불화합성은 암술의 수용체 인산화효소와 화분 외피의 펩티드 리간드에 의해서 매개된다

포자체 자가불화합성에서, 화분관이 생장하여 암술대를 통과할 것인지 여부는 화분립을 생산하는 식물의 이배체 S 유전자형에 의해 결정된다(그림 16.36B). SSI 체계에서 상호작용은 일반적으로 암술머리 표면에 집중하여 일어나며, 불화합성은 화분 수분 흡수 저해나 화분관의 발생 방해의 형태를 취한다. 단일 유두세포는 유전적으로 상이한 화분립들을 구별하여 할 수 있어서 자기 유형의 화분립을 억제하고 비자기 화분이 발달하도록 한다. 이러한 반응은 보통 신속해서, 화분과 암술머리 접촉 후 수분 내에 일어난다. GSI와 달리 SSI는 세포독성 RNase나 세포사멸이 관여하지 않는다. 이 경우 화분관을 형성하지 않는 불화합성 화분립은 불화합성 암술머리에 떨어진 후 일정 시간 동안 살아 있으며, 만일 화합성 암술머리로 옮기면 화분관을 발생할 수 있다.

SSI 기작은 십자화과 식물 종에서 가장 잘 알려져 있으며, 암술머리의 표피 수용체 인산화효소(receptor kinase)와 이에 대응하는 화분 표피의 펩티드 리간드(peptide ligand) 간의 상호작용에 의한다. 십자화과의 S 좌위는 3개의 유전자로 구성되는데, 2개의 자성 결정요인인 ***SRK*** 및 ***SLG*** 유전자, 그리고 1개의 웅성 결정요인인 ***SP11*** 유전자가 그것이다(그림 16.38). *SRK*(*S-locus Receptor Kinase*) 유전자가 암호화하는 단백질은 암술머리의 유두세포 원형질막을 관통하며, 그 구성은 세포 외부 도메인(extracellular domain), 막관통 도메인(transmembrane domain), 그리고 세포질 쪽의 **세린/트레오닌 인산화효소**(**serine/threonine kinase**) 도메인으로 되어 있다. 웅성 결정요소인 SP11(S-locus protein 11) 단백질은 SCR(S-locus cycstein-rich protein)로도 불리는 작은 펩티드로서, 꽃밥 융단층에서 주로 발현되고 화분 성숙기에 외벽 층에 축적된다. 대립유전자 변이 결과로 SRK 단백질 간에는 70% 이상의 아미노산 분화가 나타나고 SP11 단백질 간에는 35%의 분화가 나타난다. SLG(S-locus glycoporotein) 단백질은 유두세포의 세포벽에 위치하며 자기/비자기 구분에 필수적이지는 않지만 일부 S 반수체형에서 불화합성 반응을 강화하는 역할을 한다.

자기 화분립이 암술머리와 접촉할 때 SP11 단백질은 유두세포벽을 관통하여 S 반수체형 특이적으로 SRK의 세포 외부 도메인에 결합한다. 그 결과 SRK의 자가인산화

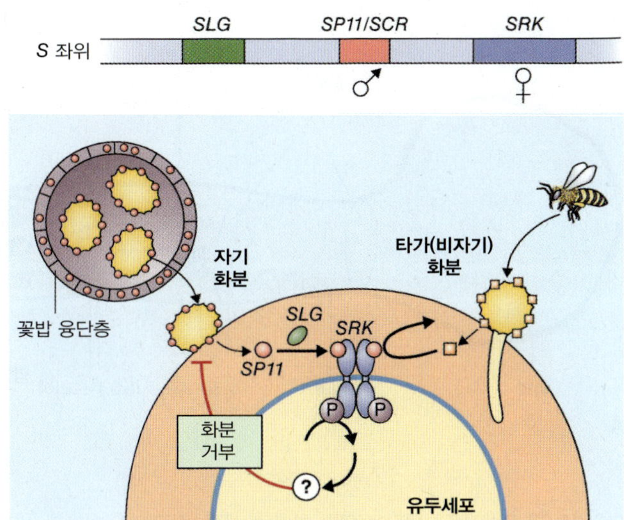

그림 16.38 십자화과 식물류에서 포자체 자가불화합성의 기작에 관한 모델. S 좌위는 *SP11*(웅성 결정요소) 유전자와 *SRK*(자성 결정요소) 유전자를 포함한다. 화분 외피의 SP11는 SRK 단백질에 결합하고 화분 거부를 일으키는 다단계 인산화 신호전달계를 유발하는 것으로 생각된다.

(autophosphorylation)가 유도되고 다단계 신호전달(signaling cascade) 체계가 활성화되어 화분 거부 현상이 일어난다. 이러한 기작은 돌연변이체와 형질전환 식물의 분석을 통해 확인되었다. 예를들면 애기장대는 보통 자가수정하므로 불화합성을 보이지 않으나, 이와 근연관계이고 SSI 유형의 자가불화합성을 보이는 *Arabidopsis lyrata*의 *SRK* 및 *SP11* 유전자 쌍을 애기장대에 도입시키면 애기장대에 자가불화합성을 부여할 수 있다. 신호전달계에서 SRK 이후 단계에 대한 정보는 아직 불완전한 상태이다(그림 16.38).

키포인트 자가불화합성은 식물이 자신의 화분과 난자 간의 수정을 방지하여 이종교배를 유도하는 수단이다. 일반적으로 자가불화합성의 유전적 조절은 결정요인이라는 다수의 유전자로 구성된 S 좌위에 의한다. 배우자체 자가불화합성(GSI)은 화분의 반수체 유전자형에 의해 정해지는데, 세포독성 리보뉴클레이즈에 의해 화분관 RNA가 파괴됨으로써 일어나거나, 양귀비류에서처럼 일종의 예정 세포사에 의해 일어날 수 있다. 포자체 자가불화합성(SSI)은 웅성 양친의 S 좌위 이배체 유전자형에 의해 결정된다. SSI에서 화분과 암술머리 간의 불화합성 반응은, 웅성 S 좌위 결정요소에 의해 정해지는 화분 표피 펩티드 리간드와 자성 S 좌위 결정요소에 의해 암호화되는 인산화효소 간의 상호작용을 일으킨다. 이 상호작용이 화분 수분 흡수의 방지나 화분관 생장의 억제를 일으키는 신호전달 다단계를 유발한다.

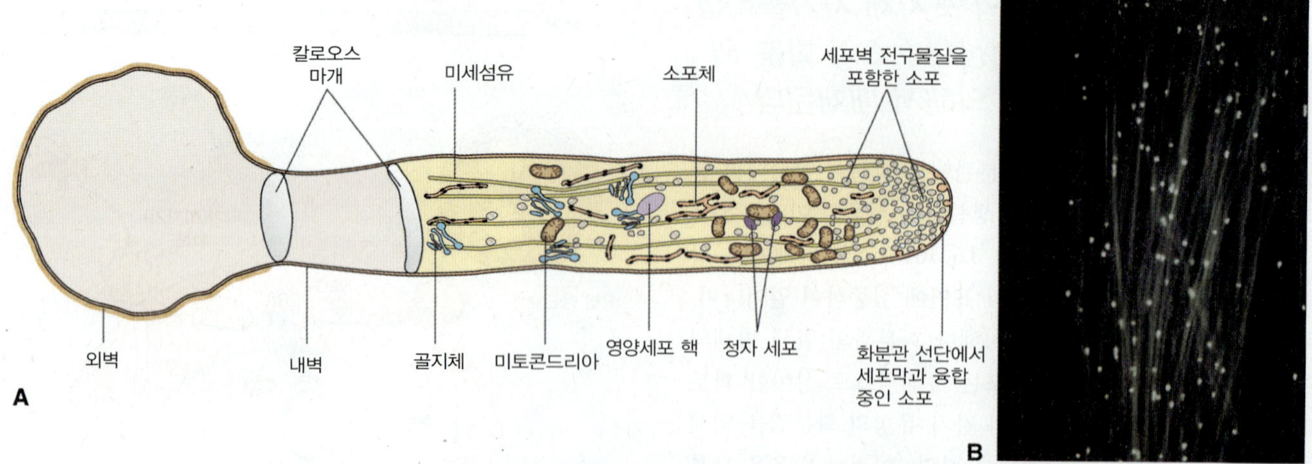

그림 16.39 (A) 선단 생장에 의한 화분관 신장. 칼로오스 마개가 세포질을 생장 중인 선단의 가까운 부위에 제한시키는 역할을 한다. (B) 암술을 통과하여 자라는 화분관의 형광현미경 사진. 아닐린 블루(aniline blue)로 염색된 칼로오스 마개가 일정한 간격으로 화분관을 막고 있다.

16.5.6 화분관 생장은 배낭을 향해 능동적으로 인도된다

화분의 접촉, 수분 흡수 및 발아 후에, 화합성 웅성 배우자체의 영양세포는 화분관을 생산하고, 화분관은 암술대를 통과하여 밑씨를 향해 생장한다. 화분관은 주공(micropyle)에서 밑씨로 들어가서 배낭에 접근한다. 선단 생장(tip growth)을 통한 화분관의 신장은 최대 3 μm s^{-1}의 속도에 달한다. 화분관의 생장 동안 세포질은 선단 부근에 집중되어 있고(그림 16.39A), 화분립에 가까운 화분관 부위는 칼로오스 마개가 침적되어 막혀 있다(그림 16.39A, B). 세포벽 물질을 포함하고 있는 소낭(vesicle)은 세포골격을 경유하여 화관분의 선단 쪽으로 수송된 후 세포외배출작용(exocytosis)에 의해 그 내용물을 세포벽으로 운송한다.

무엇이 화분관을 대기 중인 배낭에 도달하도록 인도하는가가 중요한 의문점이다. 배낭과 암술대는 화분관 생장의 경로와 속도를 결정하는 신호를 보내는 것으로 보이며, 또한 화분관에 에너지를 공급한다. 암술대에 의해 발산되는 화학적 영향력은 백합(*Lilium longiflorum*)을 이용하여 연구되었는데, 독특하게도 백합의 암술대는 비어 있어서 화분관 생장 연구에 편리하다. 칼슘에 결합하는 알레르기유발원 단백질(16.5.2절 참고)에 의해 매개되는 칼슘이온 농도 구배가 화분관 생장 경로를 결정하는 데 중요한 역할을 수행하는 것처럼 보인다. 만일 칼슘 킬레이터 물질을 처리하는 방법 등으로 화분관 선단 주변의 칼슘이온 농도 구배를 조작하면 이에 따라 화분관 생장 방향이 변한다.

양성자(수소 이온)의 흐름이 화분관 생장에 관여하는 것으로 암시되어 왔다. 화분관의 선단 부위에는 pH 구배가 존재하는데, 말단 pH는 6.8인 반면 소포가 존재하는 지대의 기저부(그림 16.39A)는 알칼리성(pH 7.5)이다. 원형질막 상의 양성자 ATP 가수분해 효소 활성에 의해 발생하는 화분관 말단의 양성자 흐름은 돔 형태의 말단에서 전류 회로를 조절하고 이는 다시 화분관 생장에 직접 영향을 준다. 양성자와 생장 간의 연관성의 증거는, 화분관 생장의 주기적인 진동 패턴(백합의 경우 100 내지 500 nm s^{-1}의 속도와 20 내지 50초의 주기성을 보임)이 pH의 주기적 진동과 같은 주기성을 가진다는 연구 결과에서 나왔다. 유사한 주기성이 ATP 공급에 대해서도 관찰되었다.

칼슘이온과 수소이온 이외에, **포스포이노시티드(phosphoinositide)**와 **소형 G단백질(small G protein)**이 관여하는 신호전달 경로를 통해서도 화분관 생장이 조절된다. 포스파티딜이노시톨-4,5-이인산(phosphatidyl inositol-4,5-bisphosphate; PIP_2) 등의 포스포이노시티드는 막지질이다. PIP_2는 프로필린(그림 16.35 참고) 및 기타 액틴 결합 단백질과 결합한다. G단백질 중에는 **ROPs**(Rho family GTPases of plants) 단백질이 포함되는데, ROP 단백질은 여러 발생학적 사건과 신호전달계에서 분자적 스위치로 작용하는 단백질들의 집합으로서, 식물에 독특하게 나타난다. ROP과 PIP_2는 화분관 말단의 원형질막에 분포하며 세포의 극성에 기여한다. 그림 16.40은 생장 중인 화분관의 선단을 나타낸 모델로서, ROP과 PIP_2 뿐 아니라 칼슘이온, 수소이온 및 수산화이온 흐름의 역할, 화분 녹말체(amyloplast)에 저장된 녹말을 소비하는 호흡에 의한 ATP 형성, 그리고 소낭, 소포체 및 액틴 간의 상호작용을 보여

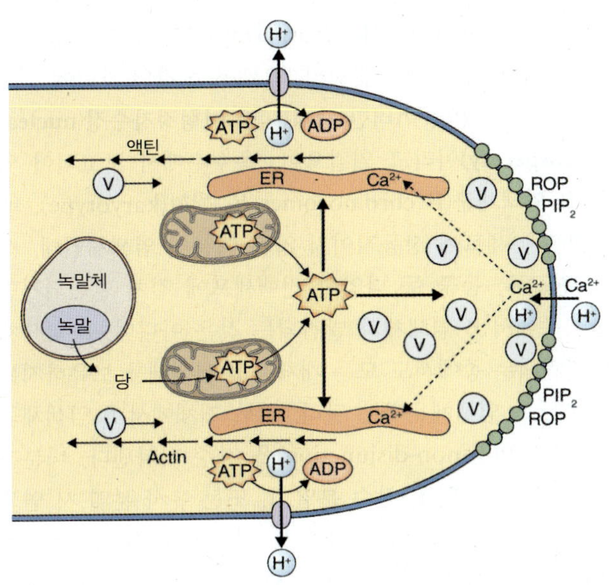

그림 16.40 화분관 말단의 생장에 참여하는 구조적 요소와 생리적 과정. 녹말체에 저장된 녹말이 가수분해되어 당을 만들면, 당은 마이토콘드리아에서 대사 과정을 거쳐 ATP를 생성한다. ATP는 원형질막의 수소이온-ATP 가수분해효소에 의해 소비되어 양성자 배출을 야기한다. ATP는 또한 액틴의 중합반응 및 미세섬유를 이용한 수송에도 필요하고, 소포체(ER)에 의한 칼슘 흡수, 액포(V) 수송 및 화분관 말단에서 소낭의 융합에도 요구된다. ROP 단백질과 포스파티딜이노시톨-4,5-이인산(PIP_2)은 정단의 원형질막에서 세포 극성의 특정에 기여하는 신호전달 물질이다.

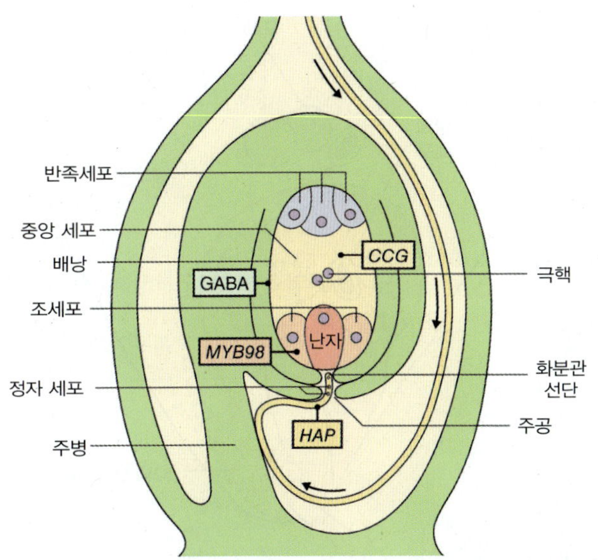

그림 16.41 화분 전달경로의 끝에서 주공 방향으로 화분관을 인도하도록 기여하는 인자들. 성숙한 배낭은 1개의 난자, 2개의 조세포, 1개의 중앙 세포(2개의 극핵을 가진 것으로 표시됨), 0개 또는 여러 개의 반족 세포들로 구성된다. 웅성 배우자체와 자성 배우자체 모두 밑씨의 주공 구멍으로 화분관이 올바르게 인도되도록 돕는다. GABA(γ-아미노부티르산)는 화학적 유인물질로 기능할 수 있다. *MYB98* 및 *CCG* 유전자는 각각 조세포에서 발현되는 전사 인자와 중앙 세포에서 발현되는 전사 인자를 암호화하여, 화분관이 주공을 통과해서 정확하게 인도되도록 한다. *HAP* 유전자는 화분관 속의 유도 인식 인자를 발현한다.

주고 있다.

화분관이 화분전달경로의 끝에 도달하면 화분관 생장은 배낭에서 유래한 신호에 의해 인도된다(그림 16.41). 화분관은 비정상적으로 발생한 배낭이나 이미 수정된 배낭, 열에 의해 파괴된 배낭에는 유인되지 않는다. 배낭이 분비한 **GABA(γ-aminobutyric acid**; γ-아미노부티르산)이 화분관 인도의 화학적 유인물질로 작용할 수 있다는 증거가 존재한다. 애기장대 돌연변이 분석 결과 수많은 배우자체 유전자들이 발견되었는데, 화분관이 배낭으로 정확히 인도되기 위해서는 이들 유전자의 발현이 필요하다. 이를테면, 난자 세포의 양 옆에 위치한 조세포는 화분관이 주공으로 향하고 이를 통과하여 배낭으로 진입하도록 유인하는 데 핵심적 역할을 한다고 믿어져 왔다. MYB98이라는 전사 인자는 조세포에서 특이적으로 발현된다. *myb98* 돌연변이에서는 조세포의 초미세구조가 붕괴되고 밑씨는 화분관을 주공으로 유인하지 못한다. 중앙 세포 또한 화분관 인도에 역할을수행할것이다. *CENTRALCELLGUIDANCE*(**CCG**) 유전자는 어떤 전사 인자를 암호화하는 것으로 보이고, 중앙 세포에서 작용하여 화분관이 올바르게 주공을 통해 인도되도록 한다. 화분이 가진 유전자 또한 이 과정에서 중요하다. *HAPLESS* (*HAP*) 족 유전자들에 돌연변이를 가진 화분은 목적지 없이 비틀거리는 듯한 화분관의 움직임을 밑씨 표면에서 보이는데, 이러한 행동은 배낭에서 유래한 유도 신호를 인식하는 데 필요한 기작이 붕괴되었음을 암시한다. 그림 16.41은 배우자체 인도 체계의 구성 성분을 요약한 것이다.

16.5.7 중복 수정이 세대교번을 완성한다

화분관이 배낭에 도달하면 화분관의 선단이 파열하여 2개의 정자 세포를 조세포 2개 중 하나에 배출하며, 조세포는 정자가 배출되는 때 또는 배출된 잠시 후에 퇴화한다(그림 16.42). 애기장대 돌연변이체인 *feronia*(***fer***)와 *sirene* (***sir***)의 화분관은 조세포가 퇴화된 후에도 계속 자라는데, 이러한 결과가 의미하는 것은 배낭에서 분비되어 화분관 생장을 중단시키는 정상적인 신호가 이 돌연변이체에서 상실되었으리라는 것이다. 일반적으로 각 밑씨는 단 하나의 화분관을 유인한다. 여분의 화분관에 의한 수정을 **다정자수정**(**polyspermy**) 또는 **이형수정**(**heterofertilization**)이라고 한다. 애기장대에서 정상적인 이형수정의 확률은 1% 미만이

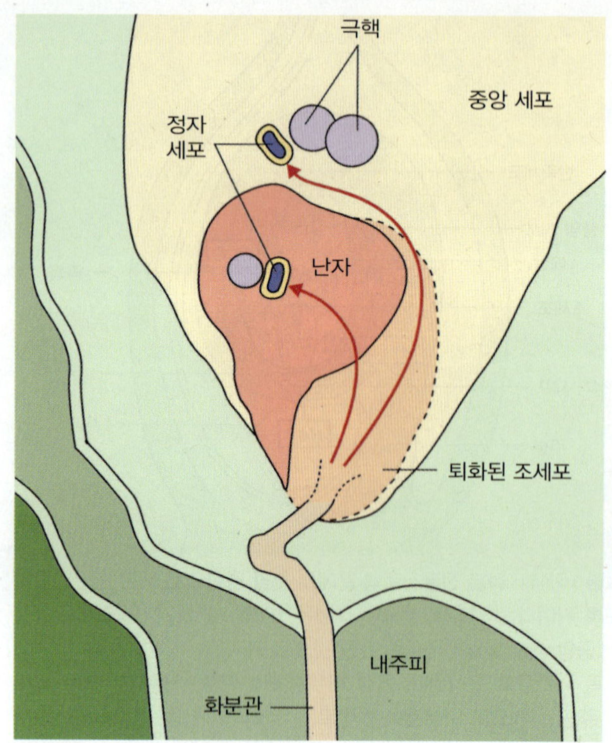

그림 16.42 옥수수에서 중복 수정. 2개의 정자가 화분관에서 퇴화된 조세포 중 하나로 배출된다. 한 정자는 난자와 융합하고 다른 정자는 중앙 세포와 융합한다.

지만 *fer* 돌연변이체와 *sir* 돌연변이체에서는 다수의 화분관이 밑씨에 도달할 수 있다. 이 같은 관찰이 암시하는 바는 화분관 수용력이 추가적 화분관을 거부하고 다정자수정을 방지하는 기작의 일부이라는 점이다. *FERONIA* 유전자는 원형질막 단백질이며 수용체와 유사한 세린-트레오닌 인산화효소를 암호화한다. 그 신호전달 경로에 대한 한 모델에 따르면, FER 단백질과 화분관에서 유래하는 미지의 FER 리간드 간의 상호작용 결과로 활성화된 FER 단백질이 조세포로 하여금 다시 어떤 신호를 화분관으로 보냄으로써 화분관의 생장을 중단시키고 화분관 파열을 유도한다.

중복 수정 동안 정자 하나는 반수체 난자 세포와 융합하여 하나의 이배체 접합자를 형성함으로써 새로운 포자체 세대를 시작한다. 다른 정자는 중앙 세포를 수정시키는데, 정자 핵이 2개의 중앙 세포 핵과 융합하여 삼배체(triploid) 일차 배유 세포를 만든다(그림 16.42). 일부 식물에서 2개의 정자 세포는 크기나 모양, 또는 그 속의 세포소기관의 개수와 종류에 있어서 서로 다르다. 이들 중 극단적 예로 *Plumbago zeylanica*가 있다. 이 종의 정자 중 작은 것이 색소체를 더 많이 가지며 항상 난자와 융합한다. 이와 같이 유전성 세포소기관이 정자에 비균등하게 분포하는 경향에 따라 차별적으로 수정이 일어나는 것을 **세포질 이형정자수정**(cytoplasmic heterospermy)라고 한다. 이와 달리, 두 정자 세포 간의 분화가 핵 내용물 간의 차이에서 비롯된 경우가 있다. 이러한 체계는 **핵 이형정자수정**(**nuclear heterospermy**)이라고 일컬으며, 옥수수에서 보고되어 있다. **B 염색체군**(**B chromosomes**)은 핵형(karyotype), 즉 A 염색체 세트에 상동적이지 않은 여분의 염색체인데, 식물, 진균류, 동물 등 다양한 진핵세포에 걸쳐 발견되지만 모든 종에서 B 염색체가 발견되는 것은 아니며, B 염색체가 발견되는 종에서도 모든 개체가 B 염색체를 보유하지는 않는다. A 염색체군과는 달리, 일부 개체에서 B 염색체군은 비분리현상(non-disjunction)을 자주 나타낸다. 비분리현상은 감수 분열 I, 감수 분열 II, 또는 유사 분열 시 염색체 쌍이 올바르게 분리되지 않는 현상이다. B 염색체군을 가진 옥수수 계열에서는 2번째 화분 유사 분열에서 비분리현상이 일어난 결과 2개 이상의 B 염색체군을 받는 정자 세포와 전혀 받지 않는 정자 세포가 생긴다. B 염색체군을 가진 정자는 가지지 않은 정자에 비해 더 자주 난자와 수정하는 경향이 있다(최대 3:1의 비율). 핵 이형정자수정과 세포질 이형정자수정에서 공통적으로 특정 정자에 대한 선택성은 난자와 정자 간의 신호전달에서 유래하는 것으로 보이나, 그 분자 기작은 아직 발견되지 않았다.

수정은 세포소기관 유전체가 다음 세대로 전달되는 현상, 즉 세포질 유전(cytoplasmic inheritance)이 일어나는 시점이다. 세포질 유전에서 우세한 유형은 **단친성 모계**(**uniparental maternal**) 유전으로, 이 경우 후손의 색소체와 마이토콘드리아는 자성 양친으로부터만 배타적으로 유래한다. 색소체의 **단친성 부계**(**uniparental paternal**) 유전 현상은 소수지만 유의미한 숫자의 현화식물에서 발견된다. 부계를 통해 마이토콘드리아가 유전되는 현상은 알팔파(*Medicago sativa*), 포플러, 유채(*Brassica napus*)에서 보고되고 있다. 난자 세포의 색소체는 대개 그 크기와 모양이 다양하고 녹말과립과 박막(lamella) 같은 구조를 포함하며 핵 주변에 모여 있는 경향이 있다. 세포 하나당 색소체의 개수는 8개(당근류)부터 700개 이상(*Plumbago*속의 경우)까지 다양하다.

16.5.8 종자를 이용한 무성생식인 무수정생식은 수많은 분류군에서 나타나며 작물 육종의 표적 형질이다

일부 식물 종에서 종자는 유성생식 뿐 아니라 무성생식을 통해 만들어지기도 한다. 난자와 정자에 의한 수정 없이 종

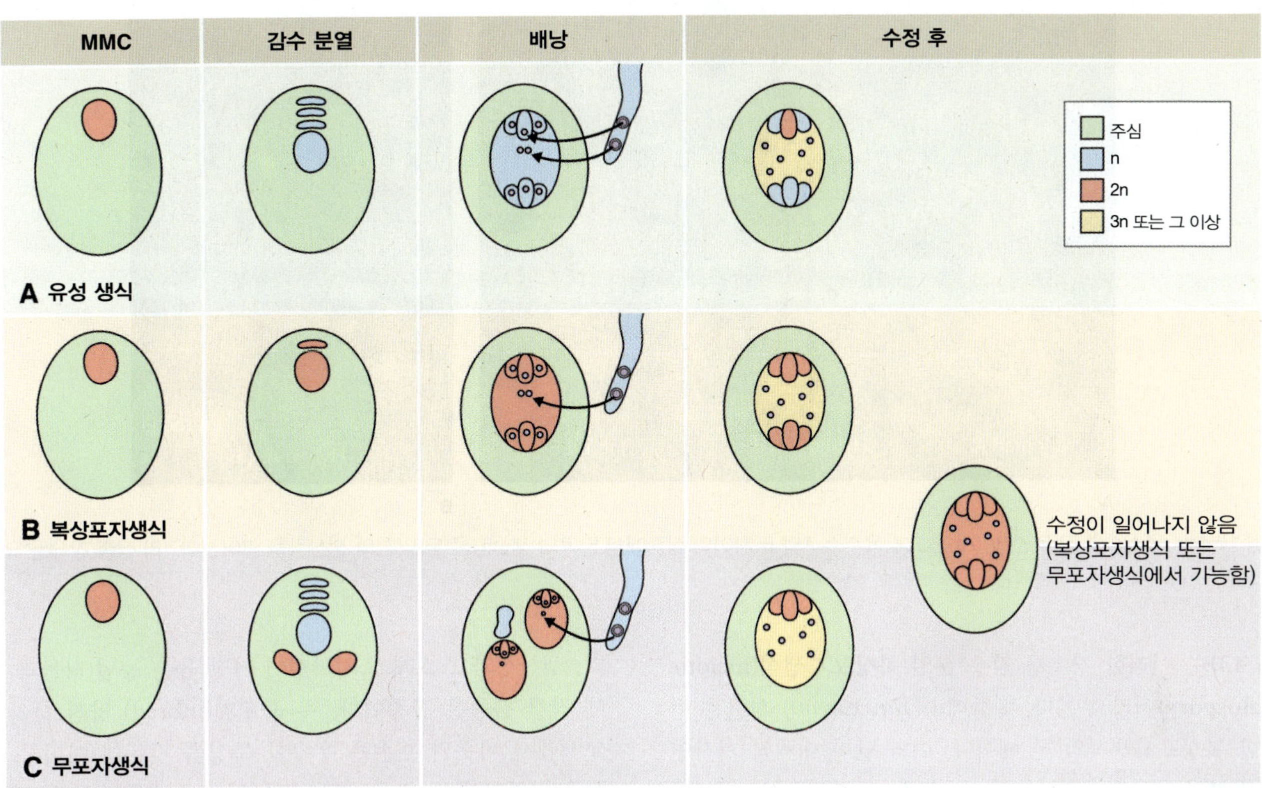

그림 16.43 정상적인 유성생식 수정과 비교한 배우자체 무수정생식의 기작. 각 경우에 자성 생식은 밑씨의 주심에서 발생하고, 밑씨에서 전형적으로 하나의 세포가 대포자 모세포(MMC)가 된다. (A) 유성생식에서 수정. 이배체 MMC의 감수 분열 결과 4개의 반수체 세포가 만들어지고 하나의 배낭이 생성된다. 중복 수정 결과 이배체 배와 삼배체 배유가 생성된다. (B) 복상포자생식에 의한 무수정생식. 이 유형에서는 MMC에서 감수 분열을 통한 염색체 수의 감소가 일어나지 않는다. 수정이 되지 않고 생성된 배는 이배체이며 배유를 생성할 정자 세포 핵 만이 배낭을 관통한다. (C) 무포자생식에서 MMC는 감수 분열에 의한 염색체 수의 감소를 겪지만, MMC 또는 대포자 주변의 이배체성 무포자생식 시원세포로부터 하나 이상의 배낭이 형성된다. 배유는 극핵과 1개의 정자 핵이 융합하여 만들어질 수 있다. 무수정생식과 복상포자생식에서 배유는 화분 핵이 없더라도 형성될 수 있다.

자가 생산되는 과정을 **무수정생식**(**apomixis**) 또는 **무배우자생식**(**agamospermy**)이라고 부르며, 무수정생식으로 번식하는 식물을 무수정생식체(apomict)라고 한다. 배로 발생하는 세포의 근원에 따라 무수정생식 경로는 배우자체 무수정생식과 포자체 무수정생식으로 구분된다. 무수정생식 습성은 여러 차례 독립적으로 진화해 왔으며, 400개 분류군 이상에서 나타난다. **부정배형성**(**adventitious embryony**)이라고도 불리는 **포자체 무수정생식**(**sporophytic apomixis**)이라는 이름의 유래는 배가 밑씨의 주피(integument) 세포 또는 반수체 배낭에 인접한 주심 세포(nucellar cell)에서 저절로 발생한다는 사실에 바탕을 둔다. 포자체 무수정생식은 감귤류(citrus)에서 흔하게 나타난다. 부정배의 성숙과 생존은 정상적인 중복 수정에서 비롯된 배유의 발달에 의존한다. 이러한 종류의 무수정생식은 기본적으로 **체세포 배발생**(**somtatic embryogenesis**)의 한 형태이다. 체세포 배발생은 식물을 재생하기 위한 조직 배양에서 배양된 세포에 일어나는 발생학적 경로를 뜻한다.

국화과(Asteraceae), 장미과(Rosaceae) 및 벼과(Poaceae)의 3과 식물은 전체 현화식물 종의 10% 정도만을 구성하지만 **배우자체 무수정생식체**(**gametophytic apomict**)의 약 75%를 차지한다. 항상 그렇지는 않지만 종종 무수정생식은 자가불화합성, 다년생의 습성 및 개과(dehiscent fruits; 성숙 시에 열리는 열매)와 연관되어 있다. 배우자체 무수정생식은 이배체성 배낭에서 유래하는데, 이러한 이배체성 배낭은 반수체 대포자에서 발생하는 것이 아니라, 무수정생식의 잠재력을 가진 이배체 세포의 유사 분열에 의해 발생한다(그림 16.43). 배유 발생은 자율적(autonomous)일 수도 있고 화분 정자 핵과 수정이 되어 유도되는 위수정성(pseudogamous)일 수도 있다.

이배체 배낭으로 발달하는 세포 유형에 따라, 배우자체 무수정생식은 다시 복상포자생식과 무포자생식의 두 가지 경로로 구분된다. **복상포자생식**(**diplospory**)에서는 대포자 모세포가 감수 분열을 개시하지만 초기 단계에서 중단되고 유사 분열로 전환되어 배낭이 발생되며(그림

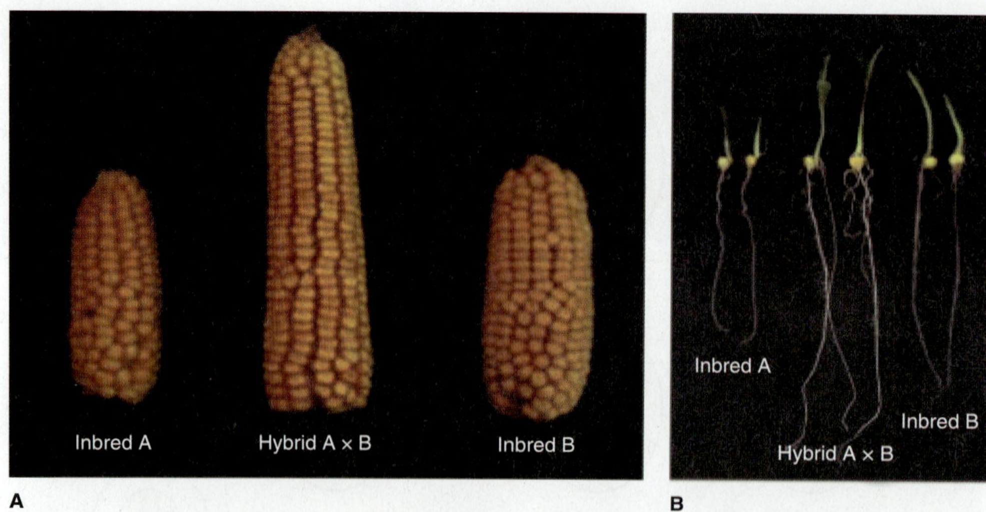

그림 16.44 옥수수의 잡종 강세. (A) 근교계 옥수수 A와 B 사이의 잡종에서 알곡의 생산량은 두 양친의 생산량을 넘어선다. (B) 잡종 강세는 유식물 생장 초기에서부터 나타난다.

16.43B), 이러한 경우를 **감수 분열 복상포자생식(meiotic diplospory)**이라 부른다. 민들레속(*Taraxacum*) 식물은 이러한 복상포자생식의 한 예이다. 이와 달리 대체적 기작인 **유사 분열 복상포자생식(mitotic diplospory)**에서는 대포자모세포가 감수 분열을 개시하지 않고 유사 분열로 직접 이배체 배낭을 형성한다. 둘째 유형의 배우자체 무수정생식은 **무포자생식(apospory)**으로, 조팝나물속(*Hieracium*) 식물이 그 예이다. 무포자생식에서 배낭은 무포자생식 시원세포군(apospory initials)이라고 불리는 하나 이상의 체세포성 밑씨 세포에서 유래한다. 이배체 배낭은 밑씨 발생 중 다양한 시기에 무포자생식 시원세포로부터 분화될 수 있는데, 분화된 이배체 배낭은 감수 분열로 형성되는 반수체 배낭과 동일한 밑씨에서 공존할 수도 있지만, 반수체 배낭이 퇴화되는 반면 이배체 배낭은 계속 발달할 수도 있다(그림 16.43C).

무수정생식은 진화적 종점 또는 막다른 골목이라고 불리는데, 그 이유는 무수정생식이 유전적 단일성, 낮은 적응 잠재력 및 유해한 돌연변이 축적과 관련된다고 가정되기 때문이다. 한편으로 무수정생식은 다른 형태의 무성생식처럼(11.4.2절 및 17장에서 상세히 논의됨) 자연계에서 흔하고 널리 분포되어 있으므로 역동적인 자연 집단에서 적응과 진화적 이점을 분명히 갖는 것으로 간주된다. 이러한 점에서 무수정생식의 유전적 조절은 생태학적으로 흥미로운 주제이다.

무수정생식은 또한 농업과 생명공학적으로도 흥미로운 주제인데, 그 이유는 주요 작물 종에 무수정생식의 특성을 도입함으로써 작물 육종의 혁명을 이끌 수 있기 때문이다. 생산성과 스트레스 저항성이 가장 높은 농업 작물과 원예 작물 품종은 잡종이다. 두 근교계(inbred) 양친 사이의 교배에서 비롯된 후손은 우수한 특성을 갖는데 이러한 현상을 **잡종강세(hetrosis 또는 hybrid vigor)**라고 한다. 반대로 여러 세대 동안 자가수분시킨 잡종은 점진적으로 이형접합성(heterozygosity)과 생물학적 활력(vigor)이 감소하는데 이를 **동계교배에 의한 위축(inbreeding depression)**이라고 한다. 주요 작물에서 잡종강세를 이용한 예는 옥수수이다. 옥수수에서 잡종강세를 발견한 사람은 찰스 다윈인데, 그는 타가교배한 옥수수로부터 나온 자손이 근교계 양친의 자손들보다 키가 25% 더 큰 것을 관찰하였다. 20세기 초반 육종학자들은 잡종인 옥수수 품종들을 처음 개발하였다. 이후 이들 잡종 옥수수 품종의 사용은 그 작물 생산성의 증가와 더불어 계속 증가해 왔고, 오늘날 잡종 옥수수는 미국에서 95%를 차지하며 전 세계에서 2/3를 차지한다. 그림 16.44는 성숙한 옥수수 낟알의 생산량과 옥수수 유식물 발생의 초기 단계에서 모두 명백히 나타나는 잡종 강세 효과를 보여준다.

F_1 잡종 품종의 단점은 이들이 순종(true breeding)이 아니어서 만일 전통적 방법으로 종자를 증식시키게 되면 동계교배에 의한 위축 현상을 보인다는 점이다. 따라서 이러한 잡종은 근교계 양친을 교배하여 계절마다 다시 생산해야 하며 이는 비용과 시간을 소비해야 하는 과정이다. 이 지점에서 바로 무수정생식이 필요한데, 왜냐하면 무수정생식은 잡종을 종자를 통한 무성생식으로 증식시킬 수 있어 바람직한 특성이 자손으로 확실히 전달될 수 있기 때문이다. 옥수수와 유연관계인 트리프사쿰속(*Tripsacum*)

의 목초는 무수정생식을 하는 종을 포함하고 있다. 이배체성 *Tripsacum dactyloides*는 유성생식을 하나, 그 사배체성 유전자형 식물은 위수정성 복상포자생식 무수정생식체(pseudogamous diplosporous apomict)이다. 트리프사쿰속의 복상포자생식은 단일 우성 좌위로서 유전된다. *T. dactyloides*은 옥수수와 교배 가능하며, 두 종 간에서 생식 가능한 잡종을 얻을 수 있다는 점을 이용해 무수정생식 좌위를 옥수수로 도입하려는 노력을 계속 시도해 왔다. 지금까지 이러한 시도로부터 얻은 성과는 제한적인데, 그 이유 중 하나는 두 종의 유전체 간에 재조합의 확률이 낮기 때문이었다. 그러나 옥수수의 유전적 바탕에 무수정생식 좌위를 이식하려는 역교배 프로그램은 계속되고 있다. 일부 권위자들은 무수정생식에 관여하는 유전자들의 조직이 너무 복잡하여 전통적 교배를 이용해 유전 형질을 속 간에서 이전시키는 것은 불가능할 것으로 생각하기도 한다.

이에 대한 대안적 전략은 유전공학적 방법으로 대포자 모세포 내의 감수 분열 과정을 간섭하는 것이다. 이러한 접근법의 예로서, ***OSD1***(*OMISSION OF SECOND DIVISION 1*)이라는 애기장대 유전자를 분리한 최근 연구가 있다. *osd1* 돌연변이체에서 감수 분열의 산물은 사분체(tetrad) 포자가 아니라 한 쌍의 포자이다. *osd1* 돌연변이, 재조합이 일어나지 않게 만드는 돌연변이, 그리고 염색분체 분리를 변형시키는 돌연변이의 3중 돌연변이체에서 감수 분열은 완전히 유사 분열로 전환된다. 이러한 소위 MiMe 식물은 그들의 양친과 유전적으로 동일한 이배체 웅성 배우자와 이배체 자성 배우자를 생산하고, 매 세대마다 그들의 배수성(ploidy)는 두 배가 된다. 감수 분열과 무수정생식을 분자적으로 더 깊이 이해하게 되면서, MiMe 식물과 같은 새로운 도구와 접근법이 가능하게 되어 생명공학자와 식물육종학자가 작물의 생식체계를 조작할 수 있는 목표를 성취할 수 있도록 도울 것이다.

키포인트 화분관은 선단 생장에 의해 신장하며, 화분관의 생장을 능동적으로 인도하는 신호는 암술대와 배낭에서 유래하여 칼슘이온 구배, 칼슘과 결합하는 알레르기유발원 및 양성자 흐름에 의해 중개된다. 화분관 발달은 포스포이노시티드 및 G단백질 신호전달 경로에 의해서도 조절된다. 배낭은 화분관을 수정 지점으로 인도하는 화학적 유인물질을 생산한다. 조세포, 중앙 세포 및 화분관 자체에서 발현되는 전사 인자는 정자 세포를 배낭으로 수송시키는 데 있어 필수적이다. 배낭에서 유래하는 신호가 화분관의 생장을 중단시킴으로써 둘 이상의 화분관에 의한 수정이 방지된다. 중복 수정 결과 이배체 접합자와 삼배체 배유가 만들어진다. 수정은 세포소기관 유전체를 다음 세대로 전달하는 역할을 하는데, 주로 모계의 세포소기관 유전체를 전달하지만 일부의 예에서는 부계의 유전 현상도 알려져 있다. 종자를 통한 무성생식은 무수정생식이라고 한다. 포자체 무수정생식에서는 반수체 배낭에 인접한 이배체성 밑씨 세포에서 배가 유래한다. 배우자체 무수정생식은 이배체 배낭으로부터 배형성이 일어난 결과이다. 무수정생식은 동계교배에서 생기는 위축 현상을 억제하고 잡종 강세를 촉진하는 수단으로서 작물 육종학자에게 관심의 대상이 되지만, 무수정생식이 실용적인 도구로 활용하기까지 극복해야 할 위협적인 장애물이 적지 않다.

16.6 종자와 열매의 발달

수분과 중복 수정 이후에 종자(seed)의 주요 구조인 배(embryo), 배유(endosperm) 및 종피(seed coat)가 발달한다. 종피는 밑씨(ovule)의 주피(integument)에서 유래하는데, 주피는 모계(maternal) 조직으로서 발생 중인 배를 둘러싸면서 배를 보호하고 영양분 공급을 촉진한다. 열매(fruit; 그림 1.22 참고)는 씨방(ovary)에서 유래하여 종자를 맺거나 포함하는 구조로 정의된다. 열매의 종류는 여러 가지로 구분될 수 있는데, 단과(simple fruit)는 단일 씨방에서 발생하고, 취과(aggregate fruit)는 단일 꽃 속의 개별 씨방들의 집합으로부터 유래하며, 다화과(multiple fruit)는 하나의 화서로부터 유래한다. 날개를 가진 단풍나무 열매는 단과의 예이다. 라즈베리(*Rubus idaeus*)는 취과이고, 홉(*Humulus*)은 다화과이다. 일부 열매의 구조는 암술군(gynoecium) 이외의 조직을 포함하는데 이런 열매를 위과(false fruit 또는 pseudocarp)라고 한다. 딸기(*Fragaria*)의 붉은 과육 부위는 꽃의 화탁에서 유래하였으므로 위과이다(그림 6.5A 참고).

배, 배유, 종피 및 모계에서 유래한 열매 조직을 형성하는 상이한 세포 유형의 운명은 유전자 활성의 네트워크에 의해 조절된다. 배형성의 조절은 12.3절에 상세히 기술되어 있다. 수정 직후에 배유는 증식하여 초기 배에 영양을 공급한다. 다수의 식물에서 배유는 발생 중인 배에 의해 흡수되어 성숙한 종자에는 존재하지 않는데, 이러한 종자의 예에는 완두(*Pisum sativum*)와 대두(*Glycine max*)가 있다. 벼과 식물류를 포함한 다른 종의 종자에서는 배유가 성숙한 종자에서 주요 양분 저장소로 남아 있으며, 발아와 유식물 생장 시에 저장된 양분을 제공한다. 이 절에서는 전형적인 무배유 종자인 대두에서 종자 발생을 논의할 것이다. 이어서 곡물류에서 배유의 발생을 고려할 것이다. 마지막으로 우리는 열매 조직의 분화와 그 조절에 대해 전반적으로 살펴볼 것이다.

16.6.1 유전체학적 분석을 통해 종자 발생 동안 유전자 발현의 조직 특이성과 시간에 따른 변화 양상이 밝혀졌다

종자는 해부학적으로 복잡한 구조로서 다양한 발생학적 기원을 갖는 수많은 조직으로 구성된다. 이러한 복잡성을 이해하는 방법 중 하나가 **유전체학**적 접근법으로, 이 접근법에서는 한 종에서 전체 유전자들의 발현 양상이 상이한 종자 조직과 여러 시간대에 걸쳐서 어떻게 변화하는지 결정된다. 우리는 대두를 이용한 연구를 예시로 하여 이 유전체학적 접근법을 살펴 보도록 한다.

그림 16.45는 개화에서 수정 및 종자 성숙까지 대두 종자 발생의 주요 사건을 보여 준다. 발생을 마친 대두 종자는 배유를 갖지 않는다. 배유는 세포 분열기 및 배발생기 동안 존재하지만, 세포들이 팽창하면서 배유는 흡수되고, 종자가 성숙기에 가까워지고 수분량이 감소하는 시기가 되면 배유가 소멸된다. 건조기 동안 전사 및 번역은 전반적으로 감소하게 되지만 일부 유전자의 발현은 증가하는데, 특히 LEA(late embryogenesis-abundant; 배발생 후기 축적) 단백질과 탈수된 조직에서 보호 기능을 하는 다른 단백질들의 발현이 증가한다(15.6.1절 참고). 종자 발생의 중간 단계에서 단백질, 지질 및 녹말의 저장소는 자엽(cotyledon)에 있다. 성숙 초기에 배의 DNA는 **핵내 중복(endoreduplication)**이라는 유전체의 복제 과정을 겪음으로써 세포당 유전자의 개수를 증가시키고 전사 속도를 높게 유지할 수 있다(11.4.3절 참고).

대두 종자 조직에서 상이한 성숙 시기에 발현되는 mRNA에서 cDNA(complementary DNA)를 제조하고, 이를 대두 유전체 중 3만 종 이상의 서열이 배열되어 있는 유전자 칩과 반응시켜 분석하였다. 각 유전자가 해당 cDNA와 혼성화(hybridize)하는 정도를 측정함으로써, 각 mRNA를 정량하고 시간과 공간 변수에 따른 해당 유전자의 전사 양상을 폭넓게 조사하였다. 그림 16.46은 이러한 분석에서 도출된 결과물을 보여준다. 현미경 사진(그림 16.46A)은 배발생의 구형기(globular stage)에 있는 종자의 상이한 조직을 보여 준다. 그림 16.46B는 **배병(suspensor)**과 같은 특정 조직에서 전사되는 유전자를 기능적으로 분류한 예시이다. 발현되는 유전자 중 절반 이상이 아직 특정 기능이나 정체성을 부여 받지 못하고 있음에 유의할 필요가 있다. 이것은 현재 유전체학의 전형적인 지식 범위를 잘 드러내고 있으며, 앞으로 많은 연구가 수행되어야 발생 과정의 전체 윤곽과 이를 조절하는 유전자들을 밝힐 수 있을 것이라는 점을 시사한다. 배병에서 발현되는 유전자 중 기존에 어느 정도 관련 기능이 밝혀진 것은 일반적 대사,

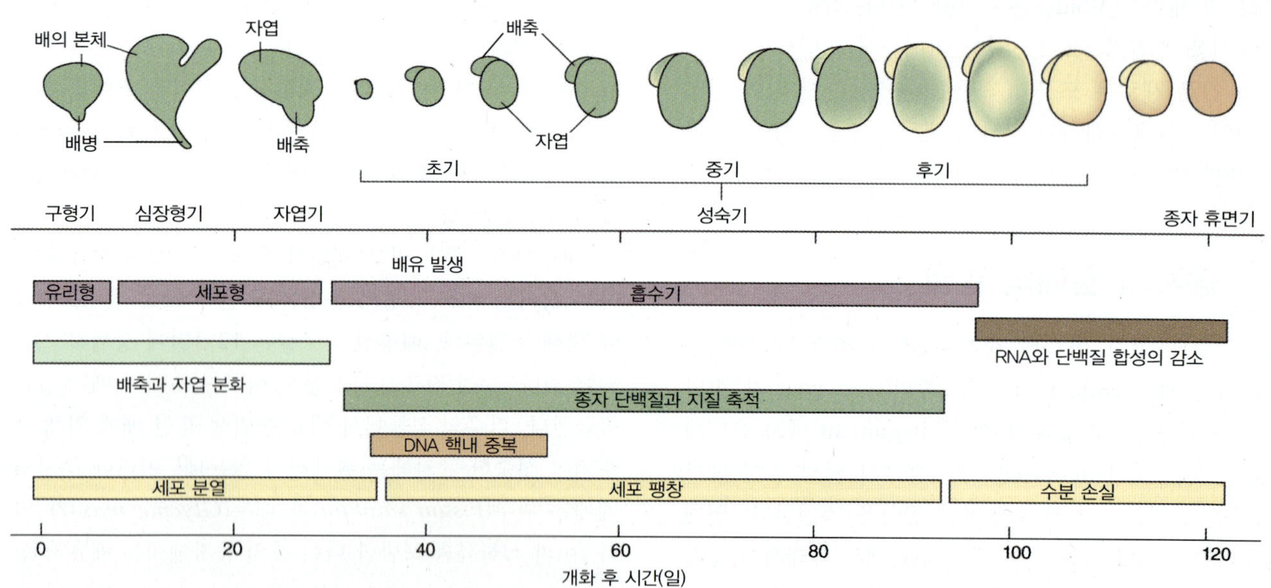

그림 16.45 배발생 초기부터 종자 성숙기까지 대두(*Glycine max*)의 종자 발생 동안의 사건.

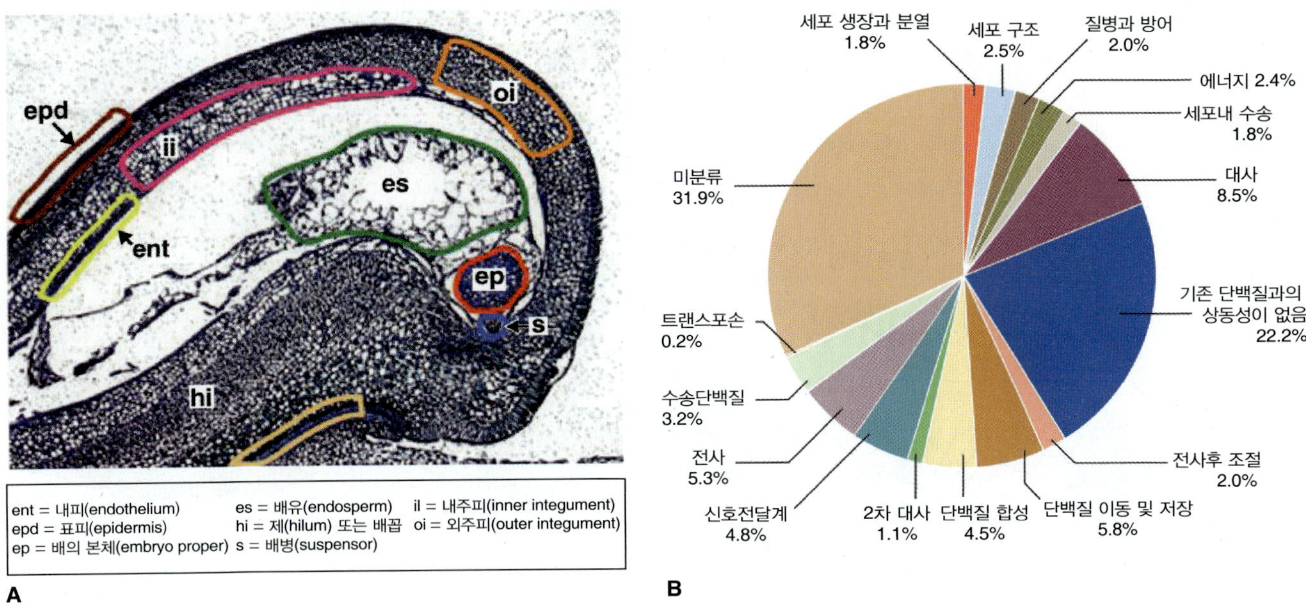

그림 16.46 발달 중인 대두 종자에서 유전자 발현의 대량 분석. (A) 배발생 중 구형기(globular stage)에 있는 종자의 단면을 보여주는 광학현미경 사진. (B) 배병에서 발현되는 유전자의 기능적 범주.

단백질 저장, 전사 및 신호전달계에 관련된 유전자가 다수를 차지한다. 구형기 대두 배를 만들기 위해서 필요한 것은 적어도 2만 종의 상이한 전사 서열에 해당되는 유전자의 발현이며, 이 중 74개 서열은 배병에서만 발현되고 다른 곳에서는 발현되지 않는 것으로 밝혀졌다. 이러한 지역 특이적 유전자의 예는 NAM 족에 속하는 전사 인자를 암호화하는 유전자이다(12.5.4절 및 18.3.5절 참고).

유전체학 기술은 급속히 변화하고 있다. DNA 칩을 이용한 포괄적인 전사물의 대량 분석은 대용량 DNA 서열분석법에 의해 대치되고 있다. 이러한 연구에서 끊임 없이 생산된 데이터는 생물정보학, 시스템생물학 및 컴퓨터 용량 증가를 요구하며, 그 결과 정보의 홍수로부터 유용한 생물학적 지식을 이끌어 낼 수 있을 것이다.

16.6.2 핵형 배유의 발생은 다핵세포 형성, 세포막 형성, 핵내 중복 및 예정 세포사의 단계로 구성된다

일차 배유 세포(primary endosperm cell)는 배낭 중앙 세포의 핵 2개와 두 번째 웅성 배우자의 반수체 핵 간의 삼배체 융합 산물이다. 일차 배유 세포에서 배유 조직이 발생하는 과정은 다음 세 가지 형태 중 하나를 따른다. **세포형 배유(cellular endosperm)**에서는 세포벽 형성이 핵 분열과 함께 일어난다. 세포형 배유 형성은 피자식물 중 약 25%의 과에서 일어난다. **핵형 배유(nuclear endosperm)**에서는 세포벽 형성 과정 없이 유리된(free) 핵 분열만이 반복되어 **다핵세포(syncytium**; 수많은 핵을 포함한 세포질로 구성되지만 개별 세포로 분리되지 않은 조직)를 형성한다. 이 경우 세포벽은 나중에 형성될 수 있다. 핵형 배유는 가장 흔한 유형으로, 피자식물의 56%에서 나타난다. 코코넛(*Cocos nucifera*)은 핵형 배유 형성을 보이는 식물의 예이다(그림 1.21B 참고). 종자가 성숙함에 따라 다핵세포성 배유는 세포벽을 형성하기 시작하여 코코넛 '육질'을 형성하는 한편 코코넛 '즙'은 다핵세포로 남는다. **헬로비형 배유(Helobial endosperm)**는 이들의 중간형으로, 이 경우 첫 번째 유사 분열 후 세포질 분열을 통해 2개의 불균등한 세포를 형성하게 된다. 이들 세포가 이후 분열하게 되면 유리된 핵형 배유가 되고 유리 핵 분열이 완료된 후에 세포벽이 형성될 수 있다. 헬로비형 배유 형성은 19%의 과에서 발견되는데 주로 수생 단자엽식물과 기타 벼과 식물류가 아닌 단자엽식물이 이에 속한다. 이제 우리는 곡물류에서 핵형 배유의 형성을 논의할 것인데, 세계 식량 공급을 좌우하는 곡물 저장 조직은 바로 곡물류의 배유로부터 만들어진다.

옥수수 배유 형성의 초기 사건들이 그림 16.47A에 표시되어 있다. 수정 후 일차 배유 핵은 빠르게 유사 분열기에 들어 간다. 일정 정도 동시발생성을 보이는 핵 분열을 여러 회 거치는 동안 세포판 형성과 세포질 분열이 일어나지 않는 결과(11.1.2절 참고), 다핵세포가 형성된다. 초기

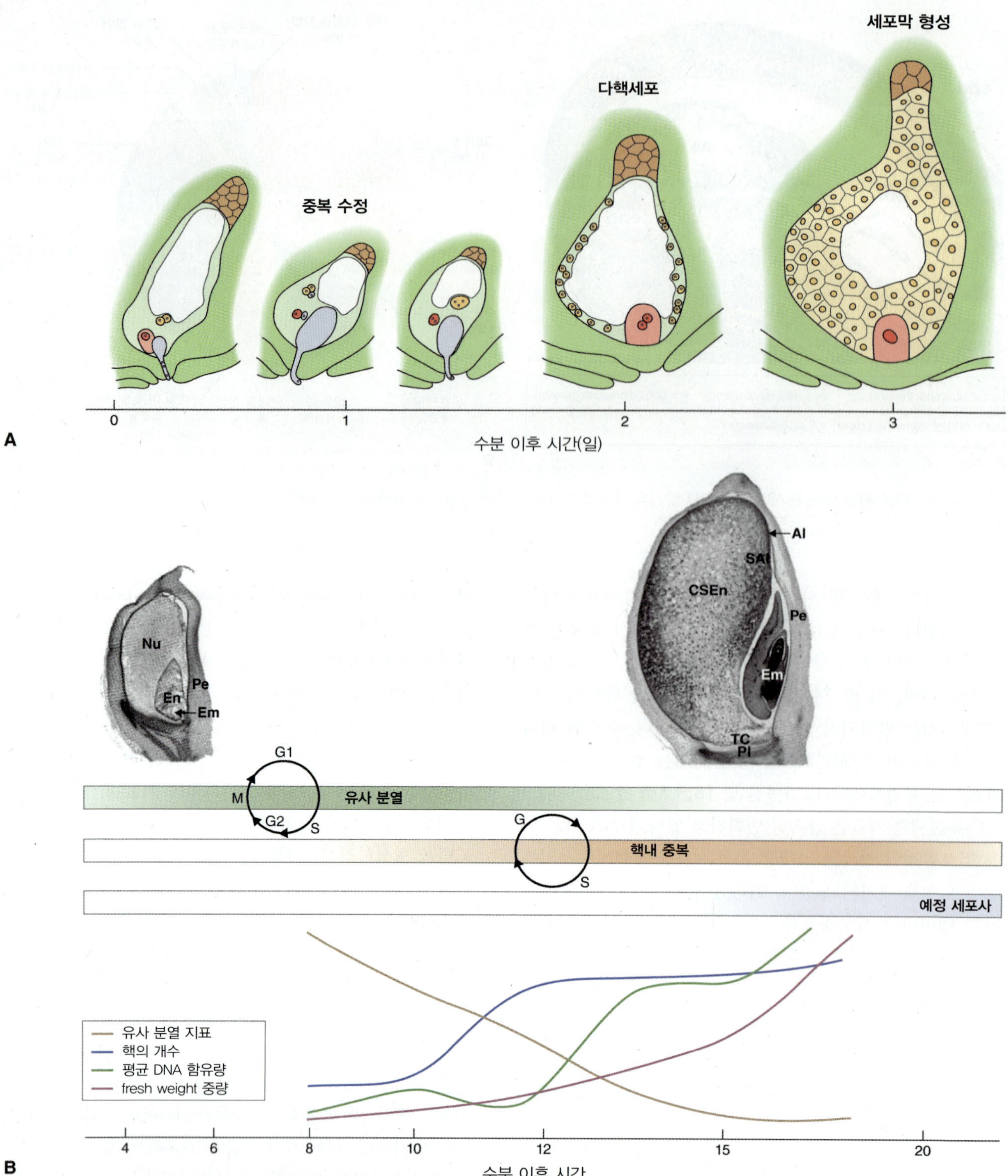

그림 16.47 옥수수 배유 발생의 단계들. (A) 수분 후 첫 3일: 중복 수정, 다핵세포 형성 및 배유의 세포막 형성. 화분관과 정자 핵은 파란색으로 표시됨; 자성 배우자체의 중앙 세포에서 극핵과 이들로부터 유래하는 배유 핵과 조직은 노란색으로 표시됨; 난자 핵과 배의 핵 및 조직은 빨간색과 분홍색으로 표시됨. (B) 수분 후 4일부터 20일째: 유사 분열에 의한 세포 증식, 핵내 중복, 예정 세포사의 최종 단계 및 성숙기. Al, 호분층; CSEn, 중앙 녹말성 배유. Em, 배; En, 배유; Nu, 주심; Pe, 과피; Pl, 소화경의 태좌합점 부위; SAl, 호분하층; TC, 수송세포.

배유 발생에서 유사 분열 활성은 같은 시기의 배에서의 활성에 비해 훨씬 강하다. 배유 핵의 증식 속도가 배의 세포 분열 속도 수준으로 감소할 때, 다핵세포 단계는 **세포막 형성**(cellularization) 단계로 전환된다(그림 16.47A). 핵 표면에서 뻗어 나가는 미세소관이 핵-세포질 영역(nuclear-cytoplasmic domain)을 결정한다. 세포막 형성의 양상은 배유 주변에서 배유의 중심부 공간으로 세포층이 뻗어 나가는 형태를 취한다.

위치 신호는 배유 세포의 운명을 특정한다. 성숙한 배유는 2개 유형의 저장 조직, 즉 **녹말성 배유**(starchy endosperm)와 **호분층**(aleurone)으로 구성된다(6.2.3절 참고). 유관속 조직 주변과와 배 주위의 일부 배유 세포는 수송 기능을 보유한다. 이들 **수송세포**(transfer cell)의 세포질은 전형적으로 밀도가 높으며, 내부에 작고 많은 구형의 마이토콘드리아를 갖는다. 수많은 유전자가 수송세포의 분화와 발생에 기능을 갖는 것으로 보고되었다. 옥수수 *EMPTY PERICARP4* 유전자는 마이토콘드리아 유전자의 발현을 조절하는 단백질을 암호화하는데, 이 유전자에 발생한 돌연변이는 수송세포층과 배유에 결함을 초래한다. ***BETL*** (*Basal Endosperm Transfer Layer*) 및 ***EBE***(*Embryo-sac Basal-endosperm-layer Embryo-surrounding-region*) 족 유전자들은 주로 옥수수 수송세포에서 발현되며, 그 발현 조절은 MYB 계열 단백질인 **ZmMRP-1**에 의한다. 옥수수 *globby-1* 돌연변이체의 수송세포의 기저층은 비정상적인데, 이는 발생 패턴의 시간적 조절에 오류가 일어난 결과이다. 모계의 포자체 조직에서 유래하는 신호가 기저 수송세포층의 발생을 조절할 것이라는 증거가 있다.

옥수수 ***dek1***(*defective kernel1*) 돌연변이체는 호분층을 갖지 않으나 정상적인 수송세포를 가지므로, 각 세포 유형의 분화는 서로 독립적으로 조절된다고 볼 수 있다. *Dek1* 유전자는 막 결합성 프로티에이즈를 암호화하는데, 이 효소는 호분층 세포 특정화 과정에서 **위치 신호**(positional information)를 전달하는 기작의 일부를 구성한다고 생각된다. 옥수수 *waxy*, *sugary* 및 *shrunken* 돌연변이체의 표현형을 고려할 때, 녹말성 배유의 발생은 녹말 합성 효소의 변형 및 녹말 과립과 녹말체(amyloplast)의 구조 변화에 민감하다고 할 수 있다(6.3.1절 및 17.3.1절 참고). 곡물류의 프롤라민(prolamin)과 같은 저장 단백질(6.3.4절 참고)은 배유 발생의 중기에서 후기에 축적되며(그림 16.47B), 이들을 암호화하는 유전자는 주로 전사 단계에서 조절된다.

핵형 배유 발생의 독특한 특징은 **세포 주기**(cell cycle)의 변화이다(그림 16.47). 다핵세포가 형성되는 동안 세포질 분열은 억제된다. 성숙한 배유의 대다수 세포는 세포질 분열과 별개로 일어나는 핵 분열의 산물이다. 광범위한 핵내 중복의 결과로 이들 세포는 고도의 **내부배수성**(endopolyploidy)을 보이는데(최대 96배수성), 염색질 응축, 염색분체 분리 및 세포질 분열이 일어나지 않으면서도 DNA 복제는 반복되어 핵내 중복이 일어난다. 수많은 세포주기 조절자(11장 참고)가 배유 발생 과정에서 수행하는 역할이 연구되었다. 이를테면, 핵 분열 주기에서 핵내 중복 세포주기로 전환되는 시점에서, 핵 분열기 **사이클린-의존성 인산화효소**(cyclin-dependent kinase; CDK로 약칭함)의 활성 감소 및 S기 CDK의 활성 증가가 일어남이 알려져 있다.

배유 발생의 특성은 다른 절에서 좀 더 논의되고 있다. 각인현상과 후성유전학적 조절(3.5.4절 및 그림 3.36 참고), 성숙 시에 녹말성 배유가 최종 사멸하면서 **예정 세포사** 단계가 완성되는 것(18.4.4절 참고)이 이들에 포함된다.

16.6.3 열매 조직의 분화는 MADS 박스 전사 인자의 활성과 관련된다

애기장대에서 확립된 광범위한 분자생물학적 연구자원을 활용하여 열매 발생의 몇 가지 측면들이 분석되어 왔다. 애기장대 및 다른 십자화과 식물의 열매는 **장각과**(silique)로, 장각과는 2개의 융합된 심피(꼬투리 조각) 구조에서 유래하는데 두 심피는 종자를 맺고 있는 격벽(septum)에 의

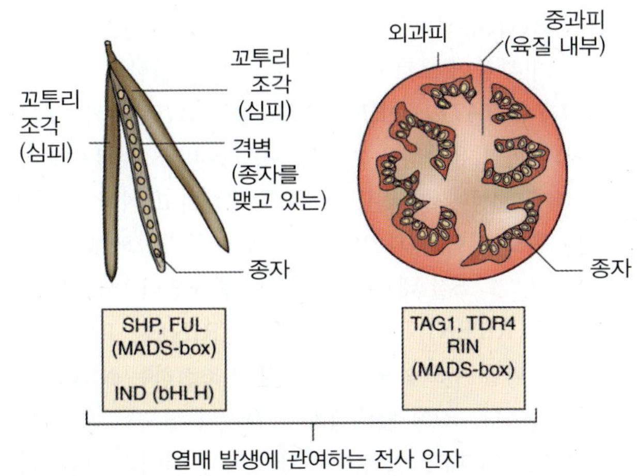

그림 16.48 (A) 애기장대 열매와 (B) 토마토 열매의 구조 및 그 발생을 조절하는 전사 인자들.

해 분리되어 있다(그림 16.48A). 장각과는 성숙 시에 열매가 열리면서 내부의 종자를 떨어뜨리는 건과(dry fruit)이다. 꼬투리 조각(valve)과 꼬투리 조각의 가장자리 발생은 조직특이적 MADS-박스 단백질인 FRUITFUL (FUL) 및 SHATTERPROOF (SHP), 그리고 bHLH 전사 인자인 INDEHISCENT (IND)의 통제 하에 있다. DNA 대량 분석을 통해 15개 이상의 전사 인자가 꼬투리 조각의 **과피(pericarp)** 조직의 발생과 관련되어 있다고 밝혀졌다. 이들 조절 성분은 장각과 유형의 건개과(dry dehiscent pod-type fruit)를 가진 종에서 잘 보존되어 있는 것처럼 보이지만, 그들이 어떻게 열매 발생을 지시하는 네트워크를 형성하는지에 대해서는 상세히 알려져 있지 않다.

열매의 진화적 기원은 1억 2천5백만 년 이전 심피로 덮인 종자를 가진 피자식물이 출현한 백악기로 거슬러 올라간다. 가장 초기 열매는 건조하였고 이들의 후손인 육질 형태의 열매는 6천5백만 년 전에 나타났을 것으로 믿어진다. 이러한 진화적 진행 동안 조절 유전자가 진화적으로 보존되었을 것을 암시하는 증거가 있다. 토마토는 **육질과(fleshy fruit)** 중 장과(berry)의 한 예로서, 그 종자는 중과피(mesocarp) 조직에 파묻혀 있고 외과피(exocarp)가 이들을 둘러싸고 있다(그림 16.48B). 외과피와 중과피가 함께 과피를 구성하며, 이 과피가 장각과의 꼬투리 조각에 대한 상동적 구조이다. 열매의 육질이 어떻게 진화 또는 발생 상에서 나타나게 되었는지는 확실하지 않지만, *TAG1* 유전자를 과다발현한 실험 결과가 어떤 실마리를 던져 주는 것 같다. *TAG1* 유전자는 호메오 MADS-박스 유전자 *AGAMOUS*(*AG*; 16.3.1절 참고)의 토마토 상동유전자이다. *TAG1* 유전자를 토마토에서 과다발현시킨 결과 꽃받침이 더 부풀어 오르고 성숙하는 것을 관찰할 수 있었다. *TDR4*(*TOMATO DEFICIENS-RELATED4*)는 *FUL* 유전자와 서열 유사성을 가지는 MADS-박스 유전자로, 토마토 과피 발생에서 어떤 역할을 수행한다고 여겨진다. 육질과의 구조 분화는 과일의 성숙 과정과 밀접하게 통합되어 있으며, 그 조절 네트워크는 서로 중첩된다. 한 가지 공통 인자는 RIPENING INHIBITOR(RIN)로, RIN 단백질은 중과피를 부드럽게 하는 과정을 조절하는 MADS-박스 단백질이다. RIN 단백질과 육질과의 성숙을 조절하는 다른 인자들에 대한 이야기는 18장에서 이어진다(18.5절 참고).

키포인트 중복 수정은 종자 중 배와 배유를 발생시키고, 종피는 밑씨의 주피로부터 발달한다. 종자는 열매 속이나 열매 위에 맺히고, 열매는 씨방으로부터 유래한다. 대두와 같은 무배유 종자에서, 배유는 발생 중인 배에 의해 흡수되고 자엽이 단백질과 지질 및 녹말 저장물을 성숙기 동안 축적한다. DNA의 핵내 중복은 배발생 초기에 일어난다. 종자가 성숙기에 다다르면서 일어나는 종자의 건조는 수분 스트레스에 대한 적응 기능을 하는 유전자의 발현을 증가시키는 조절과 관련되어 있다. 유전체학적 연구 결과, 대두의 구형기 배의 분화가 일어나기 위해서는 2만여 개 이상의 전사체 서열이 필요함이 암시되었다. 곡물류와 기타 종의 성숙한 종자에서 배유는 여전히 주요 저장조직으로 남아 있다. 옥수수에서 배유 분화는 핵형 배유 형성의 한 예이다(다른 유형의 배유는 세포형 배유와 헬로비형 배유로서 덜 흔한 형태이다). 수정 이후의 시기에서 세포벽 형성 없이 일어나는 핵 분열을 통해 다핵세포가 생긴다. 이후 세포막 형성 단계와 상이한 배유 세포 유형, 즉 녹말성 배유, 호분층 및 수송세포가 특정되는 단계가 이어진다. 세포의 정체성과 조직 분화는 전사 인자들에 의해 결정되고, 녹말 합성 경로의 작용에 민감하며, 후성유전학적으로 조절된다. 성숙한 녹말성 배유 세포는 고도의 내부배수성을 보이며 미라와 같은 상태이다. 건과를 갖는 종에 비해 육질과를 갖는 종들은 상대적으로 최근에 진화하였고, 조절 기작은 진화적으로 보존되어 있다. 두 경우 모두 MADS-박스 전사 인자의 활성이 열매 조직의 분화에 관여하고 있는 것 같다.

Chapter 17
휴지(resting) 구조의 발달과 휴면

17.1 식물 생활사에서 휴지 구조의 소개

대부분 식물의 생활사는 **휴면기(dormancy**, quiescence, 또는 rest)를 가지며, 이때 비록 환경 조건이 양호해도, 식물 전체 또는 일부분이 성장과 발달을 멈춘다. 휴지 구조(resting structure)는 영양발달의 산물(끝눈, 곁눈, 형성층 조직, 다년 기관으로 알려진 지하 저장 구조)과 생식 시기의 산물(꽃눈, 종자, 열매) 모두를 포함한다(그림 17.1). 휴지 구조들이 가지고 있는 특성들은, 저장물질 축적, 세포주기와 분열조직 정지, 스트레스 저항성, 환경 요인을 감지하여 생장을 정지 또는 재성장하는 신호인식 기작이다. 많은 휴지 구조들은 **번식체(propagules)**이다. 즉, 식물의 일부가 떨어져서 능동적으로 또는 수동적으로 퍼져 나간다. 번식체는 후손에게 전해진 유전자들이 널리 퍼지게 해서 생존 기회를 높이는 동시에 부모와의 경쟁은 최소화할 수 있게 해 준다. 이 장에서는 휴지기관의 구조적, 생리적인 특성을 조사하고 이들이 식물 생활사의 다른 측면들, 즉 세포분열, 형태형성, 환경 반응, 생식 발달 및 노화와 연관시켜 보기로 한다.

17.2 휴지 기관의 형태와 기능

식물성장 곡선의 기본적인 형태는 S자형(sigmoidal)이고(12.2.3 참고), 세포 증식의 초기 시기, 주로 물의 유입에 의한 세포 팽창시기, 그리고 마지막 시기로 구성된다. 마지막 시기에는 세포벽이 굳어지고 성장률이 영(0)에 가까워져서 세포의 크기는 점근적으로(asymptotically) 최고에 이른다. 종자와 지하 영양저장 기관 같은 여러 휴지 구조들은 이러한 일반적인 패턴을 따른다. 그런데 마지막 시기는 보통 저장물질이 쌓이면서 지속적인 건중량의 축적(반면, 조직의 물 비율은 감소하여 생중량은 더 이상 증가하지 않음)과 관련되어 있다. 이것은 그림 17.2에 소개되어 있는데, sycamore (*Acer pseudoplatanus*) 배아의 성숙 동안에 무게와 조성 변화를 보여준다. 이 종에서는 액체 배젖이 초기 배아와 1개의 종자를 감싸는 날개 모양의 과피(난소의 벽에서 유래된)로 구성된 열매(samara; 그림 17.2A)가 발달하는 동안 흡수된다. 종자는 이후 갈색 종피로 덮힌다. 종자 안에는 배아축과 전분(그림 17.2C), 단백질과 지질(그림 17.2D)과 같은 주요 저장물질이 축적된 한 쌍의 녹색 자엽이 있다.

목본식물의 월동 줄기 정아를 가진 **휴지눈(resting buds)**에서는, 성장은 세포 팽창 시기에 정지되어 있고, 구조는 망원경 같이 중첩된 슈트의 형태이다. 슈트는 수많은 기관 시원세포들과 보호를 위한 아린(bud scales)으로 둘러싸인 응축된 절간들을 포함한다. 성장을 억제하는 요인이 제거되면, 전체 기관 또는 부정아와 같은 성장 중심에서 발달이 재개된다. 이 절에서는, 유성생식의 산물부터 변형된 줄기, 잎, 뿌리에서 유래한 다년생 기관까지, 식물에서 발견되는 다양한 휴지 구조들을 논의한다.

The Molecular Life of Plants, First Edition. Russell Jones, Helen Ougham, Howard Thomas and Susan Waaland.

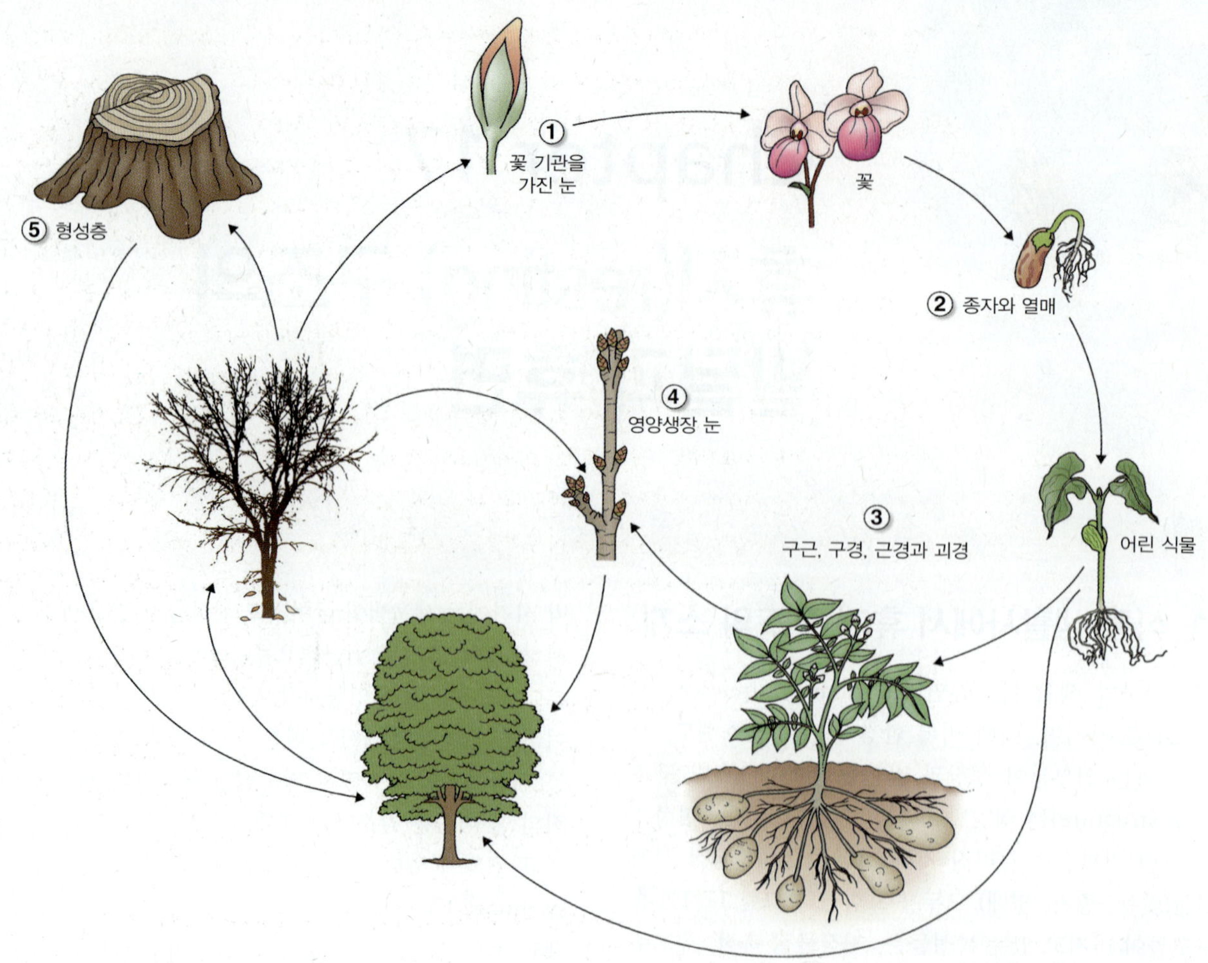

그림 17.1 식물 생활사에서 휴지 구조. 생육이 정지될 수 있는 기관과 조직들: (1) 꽃 기관을 가진 눈, (2) 발아 전의 종자와 열매, (3) 구근(bulbs), 구경(corms) 그리고 특별한 생식 구조들, (4) 끝눈과 곁눈, (5) 목본류의 형성층에 있는 분열조직.

17.2.1 배아의 휴면은 관련된 저장 조직과 종피에 의해 조정된다

제1장에서 기술된 바와 같이, 곡물과 상추의 수과를 포함한 여러 종의 '종자'는, 엄밀히 말하면, 하나의 종자를 가진 열매이다. 왜냐하면 자방 벽이 종피에 붙어 있기 때문이다(그림 6.5 참고). 배아의 발아와 성장을 돕는 저장물질은, 커피(*Caffea arabica*)의 모성 주심(maternal nucellar) 조직에서 유래한 외배유(perisperm), 또는 브라질 너트(*Bertholletia excelsa*)에서와 같은, 배젖 또는 커진 떡잎, 또는 불어난 하배축에 저장된다. 배아의 발아와 발달은 종종 주변 조직의 영향으로 억제된다. 배아와 배젖, 특히 호분층은 호르몬 조절자 뿐 아니라 에너지와 양분의 원천이다(6장 참고). 밑씨(ovule)의 외피에서 유래한 **종피(testa)**로 만들어진 종자 껍질은 많은 종에서 휴면에 중요한 역할을 한다. 손상되지 않은 종자의 휴면은 저온 또는 빛의 처리로 타파되지만, 종자 껍질의 제거는 종종 그 요구가 필요없다. 상추(*Lactuca*)와 자작나무(*Betula*)는 빛-요구성 식물의 예인데, 종자 껍질이 제거되면, 빛이 없어도 발아한다. 많은 곡류에서 새로 수확된 종자의 발아는 좋지 않지만, 건조 저장 동안 점차 향상된다. 겉껍질(husk)의 제거는 종종 소위 후숙(after-ripening) 요구를 대체한다. 많은 Acer 종들의 휴면은 손상되지 않은 종자의 저온 처리로 타파되지만 종피에서 분리된 배아는 저온처리 없이도 발아할 수 있다.

많은 경우, 종피는 물리적인 이유로 발아를 억제한다. 예를 들면, *Cotoneaster*의 종자는 오직 침수된 종자만 저

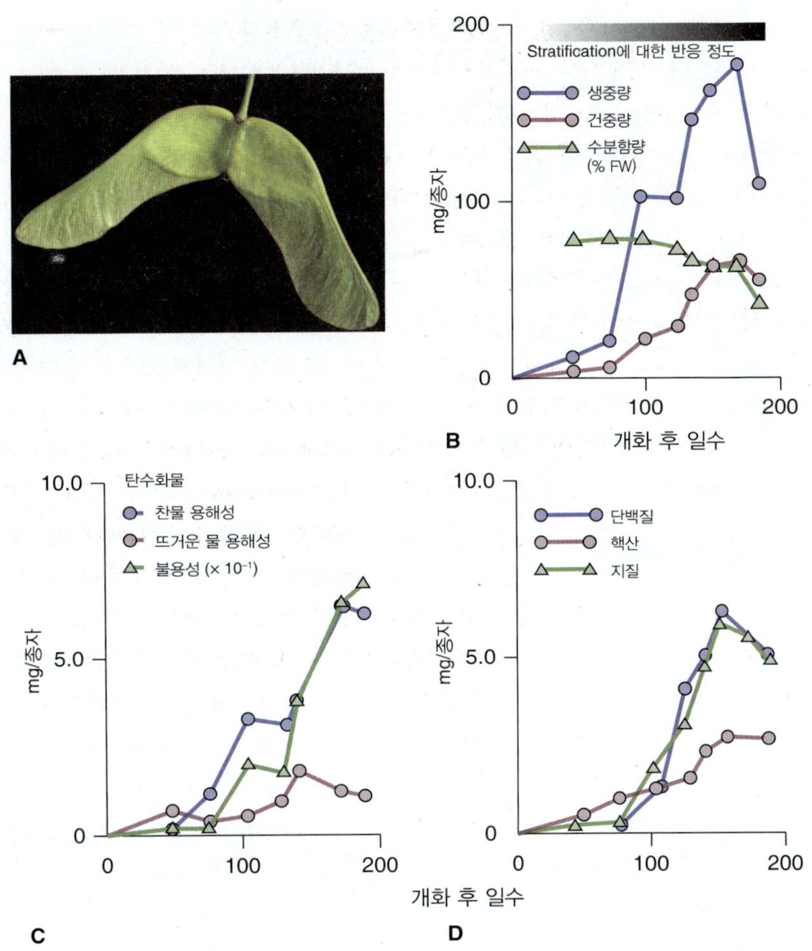

그림 17.2 sycamore(*Acer pseudoplatanus*) 배아의 성숙 동안 무게, 화학조성, 휴면의 변화. (A) *A. pseudoplatanus* 열매(samara). (B) 종자당 생중량과 건중량. 저온처리(stratification)에 의한 배아 휴면 타파의 정도는 회색 막대의 진한 정도로 표시했다. (C) 탄수화물 분획. 찬물 수용성 = 작은 분자량 설탕; 뜨거운 물 수용성 = 큰 올리고당; 불용성 = 전분과 세포벽 다당류 (D) 단백질, 핵산, 그리고 지질.

온에 반응하고 딱딱한 종자 껍질은 다음 여름 전까지는 물 침투가 안 되기 때문에 땅에 떨어진 후 2년 이내에는 발아가 되지 않는다. 종자를 먹는 동물의 소화관의 통과는 딱딱한 종자 껍질에 의한 억제를 극복한다. 종자 껍질의 또 다른 효과는 가스 교환의 억제이다. 예를 들면, *Cucurbita*와 *Betula*는 종자 껍질의 제거 또는 고농도의 산소 노출이 발아를 촉진한다. 도꼬마리(*Xanthium*; cocklebur), 사과(*Malus*) 그리고 배(*Pyrus*)와 같은 종의 비-휴면 종자는 산소 공급이 제한되면 휴면을 다시 시작한다(**이차휴면; secondary dormancy**).

17.2.2 끝눈(terminal buds)은 잎 또는 꽃 원기와 신장되지 않은 절간을 포함하며 보호 인편으로 싸여 있다

온대 지역의 대부분 목본 식물은 연중 성장하기에 부적절한 시기에 휴지눈(resting buds)을 만든다. 전형적인 휴지눈은 보호 인편(scale)에 의해 덮혀 있다. 보호 인편은 자작나무와 참나무(oak)에서는 턱잎(잎 기저부의 돌출물)에서 유래하고, *Viburnum*, *Acer*, 사과 그리고 *Fraxinus*(ash)에서는 변형된 잎에서 유래한다. 그림 17.3은 마로니에(*Aesculus hippocastanum*)의 눈 구조이며, 휴면이 타파되고 환경적 조건이 팽창을 재개하여 인편 잎에서 진짜 잎으로의 전이를 보여준다.

월동 눈은 일반적으로 많은 잎 원기와 압축된 절간을

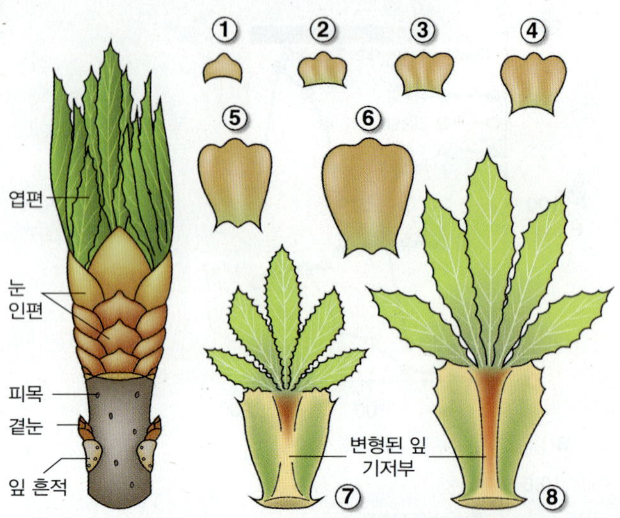

그림 17.3 마로니에(*Aesculus hippocastanum*)의 팽창하고 있는 눈의 구성요소 해부. 눈 인편(1-6)에서 진짜 잎(7, 8)으로의 전이를 보여준다.

가진다. 봄에 눈의 휴면 타파와 슈트 팽창 후 보통 새로운 원기의 성장과 생산 그리고 여름 캐노피가 수립된다. 너도밤나무, 참나무 같은 몇몇 종에서 봄과 여름에 팽창한 모든 잎들은 휴지눈에서 이미 만들어진 것이다. 때때로 이러한 종에서 두 번째 성장[예전에, 하아지(lammas shoot)로 알려진]이 늦여름에 끝눈의 조숙한 휴면 타파로 일어난다. *Salix gracilistyla*(rosegold pussy willow)의 겨울-휴면 영양눈은 겨울의 가장 짧은 날 한 달 전에 형성되고, 두 달 후 약 50%의 눈이 휴면 타파된다. 월동 **생식눈(generative buds**, 꽃원기를 가진 눈)은 6월 중순에서 하순에 보이기 시작하고 계속된 꽃(catkins)의 생산은 4월 초에 완성된다(그림 17.4). 버드나무 패밀리(Salicaceae)와 더불어, 자작나무(Betulaceae), 너도밤나무(Fagaceae) 그리고 뽕나무(Moraceae) 등 목본식물은 잎의 슈트를 만드는 영양눈과 꽃대를 만드는 생식눈 모두를 만든다.

라임 또는 참피나무(*Tilia*), 느릅나무(*Ulmus*), 밤나무(*Castanea*) 그리고 많은 다른 종의 슈트는 끝눈을 만들지 않는다. 대신 줄기 신장이 정단의 죽음과 탈리에서 끝나고, 다음 계절에서는 가장 높은 곁눈에서 성장을 시작한다. 결과적으로 이러한 종의 슈트 시스템은 독특한 S자형 구조를 가진다(그림 16.20과 비교하라).

17.2.3 연간 관다발 형성층의 성장과 정지로 생긴 나이테는 환경 조건에 대한 역사 기록이다

좋지 않은 계절에는 직선 성장과 줄기 둘레의 증가 모두가 정지된다. 목본식물에서 연간 성장과 정지의 주기는 나이테를 만든다(그림 17.5). 휴지 관다발 형성층이 활성화될 때, 비교적 큰 세포로 이루어진 덜 치밀한 물관 조직의 영역을 먼저 생산하는데 이를 초기목부(earlywood)라 한다. 계속해서, 성장이 느려지고 좋은 계절의 막바지에 이르면, 세포들은 점점 작아지고 조직은 더 치밀해지는데 이를 후기목부(latewood)라 한다. 온대 지역에서, 초기목부와 후기목부의 영역으로 이루어진 각 나이테는 1년 간의 성장을 보여준다. 계절 후기 성장이 끝날 때, 바깥 껍질층 바로 아래의 체관 유세포들은 저장 장소가 된다.

형성층 활성과 관다발 발달은 물 공급, 온도와 질병과 같은 생물학적, 무생물학적 조건에 민감하다(그림 17.5). 직접적인 결과로서, 나이테 링의 폭은 나무의 환경의 역사적 기록이다. 나이테의 시기와 패턴을 연구하는 **연륜연대학(dendrochronology)**은 대표적인 목본의 통계적 표본추출에 기초하는데, 과거 생태를 재구성할 수 있도록 해 준다. 왜냐하면 종종 과거 수백 년 또는 수천 년의 나이테를 설정할 수 있기 때문에, 연륜연대학은 과거 기후 추세에 중요한 데이터를 제공한다. 나이테 측정이 환경 역사의 사건들을 파악할 수 있는 정확성은 북알래스카 여름 기온 기록을 통해 보여진다 (그림 17.6). 1783년의 비이상적인 낮은 수치(그림 17.6B)는 기록된 가장 거대한 화산 폭발(아이슬란드의 Crater of Laki)에 상응한다. 이 화산 폭발이 지구적 기후 혼란을 야기하여 작물 실패와 기아로 세계적으로 약 6백만 명이 죽었다. 1780년의 나이테(그림 17.6A)는 양쪽의 것과 뚜렷하게 대조되는데, 큰 산불, 안개, 그리고 짙은 구름이 북아메리카 일부를 덮었던 해와 관련된다. 나이테 패턴의 다른 세부적인 것들은 기록된 환경 변화와 연관시킬 수 있다.

17.2.4 구경, 근경, 주근, 괴경는 변형된 줄기이다

변형된 줄기는 다년생 구조를 만든다. 구경(corms)은 줄기의 비후된 기부이며, 기부판(부정근이 발달하는), 유세포 저장 조직의 크고 일정한 고체 덩어리, 얇은 외막 그리고

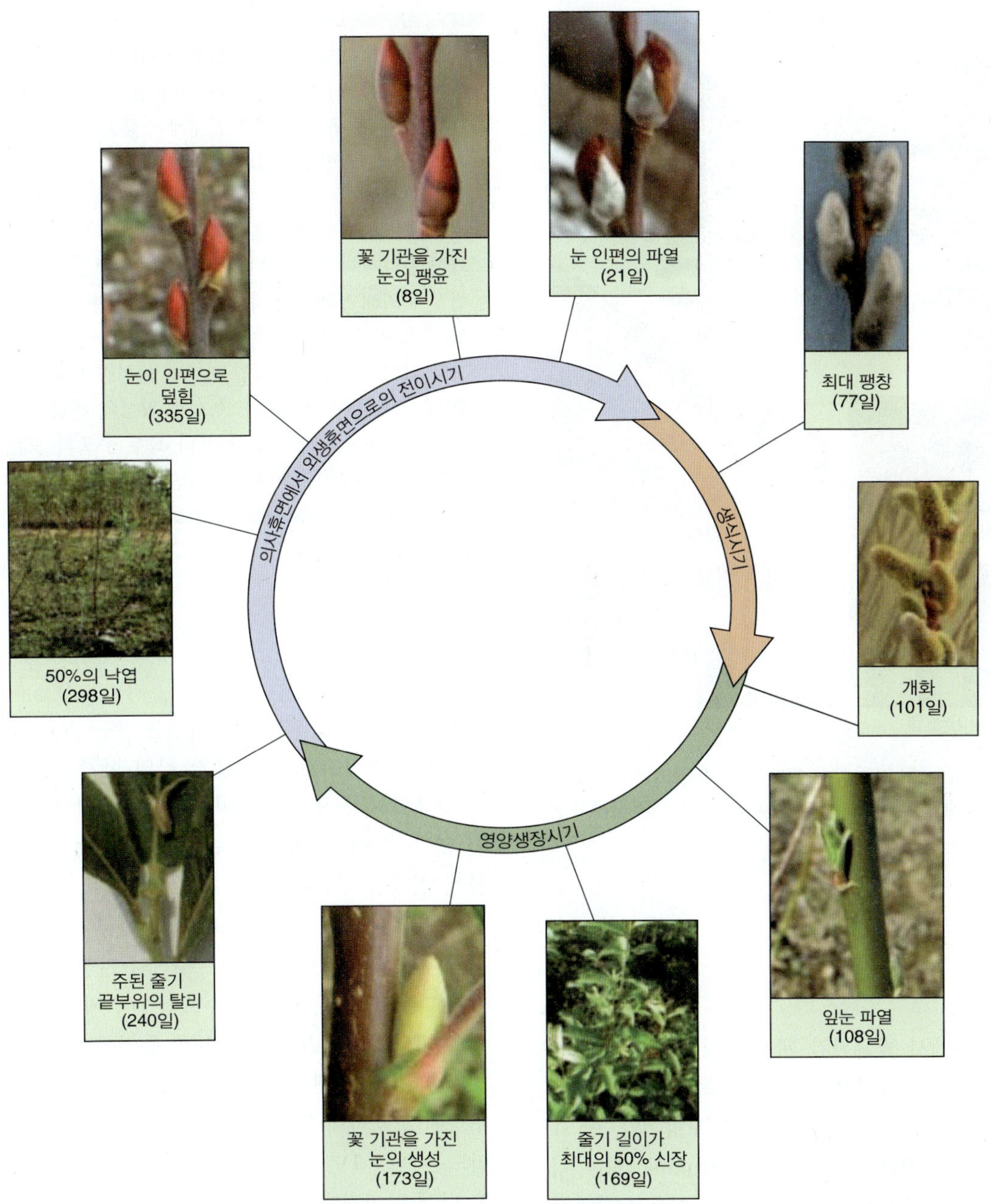

그림 17.4 버드나무(*Salix gracilistyla*)의 일년 주기. 2007년과 2008년에 각 선택된 시기가 기록된 때의 연중 평균 일수를 나타냄. 주기는 생식 발달에 앞선 휴면 시기 뿐 아니라 생식시기와 영양생장시기로 나뉜다.

정아(지상부 슈트를 형성할)로 구성되어 있다. 구경에서 발달하는 정원식물에는 *Gladiolus*, *Crocus*(그림 1.33E 참고) 그리고 프리지아가 있다. 식용식물 중에, 바나나가 구경을 형성하고, 중국 마름(Chinese water chestnut, *Eleocharis dulcis*)과 타로토란(*Colocasia esculenta*)의 구경은 식용이다. 구경을 만드는 식물의 생활에서 매년 새로운 구경이 보통 쭈그러져 없어지는 옛날 것 위에 발달한다. 지난해 만들어진 기관의 기초에 만들어져, 땅에서 나오는 연속적인 구경의 추세는 구경을 땅 속 깊이 끌어 내리는 수축 뿌리의 활동으로 상쇄된다. 많은 종에서, **애기 알줄기(cormels)**라 불리는 작은 번식 구조가 구경 기부에서 증식한다.

연꽃(*Nelumbo nucifera*), 사시나무(*Populus tremuloides*), 여러 화본류(예, *bent grass*, *Agrostis stolonifera*)와 같은 식물에서는 지하줄기인 **근경(rhizomes)**(그림 1.33B 참고)을 만든다. 중력에 반하여 슈트의 세워진 줄기와 달리, 근경은 수평으로 자라며, 인편과 같은 잎을 가지고, 땅

그림 17.5 연간 물 공급이 다른 두 나무에서 나이테 크기의 비교. 왼쪽의 나무는 일정한 물을 공급받고, 오른쪽 나무는 연간 물 공급이 변동적이어서 나이테의 폭에 변동이 있다.

키포인트 휴면은 관대한 환경 조건에서 생장과 발달을 정지하는 것이다. 식물 생활주기에서 휴면 시기는 눈, 형성층, 지하 다년생 기관, 종자 그리고 열매에 영향을 미친다. 휴면 구조는 스트레스에 저항성이 있다. 그들의 성장 곡선은 중단되고, 분열조직 세포 주기는 정지되어, 휴면 타파시 발달 재개를 위한 비축물질을 저장한다. 종자와 1개 종자를 가진 열매의 휴면은, 화학적 억제제 또는 발아의 물리적 장벽으로서의 원천인, 종자 껍질에 의해 부과된다. 휴지눈은 보호 인편으로 둘러싸인 망원경 구조의 (영양 또는 생식) 슈트이다. 나이테는 줄기 부피 증가를 담당하는 분열조직인 관다발 형성층의 활성과 정지의 연간 주기에 의해 형성된다. 형성층 활성의 환경적 민감성 때문에, 종종 매우 오래 사는 나무와 목부 구조의 보존성으로, 나이테는 성장 조건과 기후의 유용한 과거 기록을 제시해 준다.

표면 아래의 암흑에서 발달하기 때문에 황백화되어 있다. 근경은 식용 저장 기관으로서, 비교적 길고, 얇거나, 생강(*Zingiber officinale*)처럼, 촘촘하고 부푼 모양이다. 땅 표면을 따라 수평으로 자라는 줄기는 **주근(stolons)** 또는 넝쿨(runners)(그림 1.33A 참고)이라 불린다. 이들은 근경에 비해 훨씬 긴 절간을 가진다. 딸기(*Fragaria*; 그림 15.1 참고) 같은 넝쿨식물의 퍼지는 줄기가 주근이다.

많은 끈질긴 잡초, 예를 들면, couch grass 또는 quack grass (*Agropyron repens*)는 그들의 침입능력이, 근경 생산과 밭갈이 또는 기계적 잡초제거에 의해 토양에 남겨지는, 근경 조각에서의 식물 재생 능력에 결부되어 있다. 근경의 지속성과 저장 능력은 또한 소위 차세대 에너지 작물(거대 억새인 *Miscanthus*와 같은)의 농경에 필수적인 요소이다(17.3.5 참고).

흰 감자(Solanum tuberosum)는 변형된 줄기인 **괴경(tuber)**의 예이다. 각 감자 괴경은 주근 또는 근경으로 다양하게 일컬어지는 수평 줄기 끝의 한 돌기에서 발달한다(그림 1.33C). 구경과 달리, 괴경은 뿌리가 나오는 기부판이 없다. 눈이 나선형으로 표면에 흩어져 있고, 정아는 식물에 접점을 기준으로 먼 쪽 끝에 있다. 감자의 '눈'은 곁눈으로, 각각은 인편 잎(scale leaf)의 흔적인 작은 굽은 상처와 연관되어 있다. 각 눈은 수직인 지상부 슈트로 발달할 수 있다. 부정근은 이러한 슈트의 기부에서 발달한다. 구경의 외피와 달리, 감자 껍질은 한 층의 주피이다. 이 주피는 초기 괴경 발달에서 표피를 대체하고, 코르크화된 세포로 구성된 보호막이 있다. 감자의 괴경과 대부분 다른 괴경을 만드는 종은 1년 간 존재한 후, 다음 계절의 영양생장을 돕고 나서 없어진다.

17.2.5 구경은 단자엽식물의 영양생장 휴지기관이며 압축된 슈트를 둘러싸는 두꺼운 저장 잎들로 구성되어 있다

구경, 괴경 그리고 다른 지하 다년생 기관을 구어로 '구근(bulbs)'이라고 부른다. 그러나 진짜 **구근(bulb)**은 어떤 특별한 특성을 가져서 다른 변형된 슈트와 구별된다. 구근은 식량을 저장하는 볼록한 잎기부의 여러 층으로 둘러싸인 눈으로 구성되어 있다(그림 1.33D 참고). 변형된 잎이

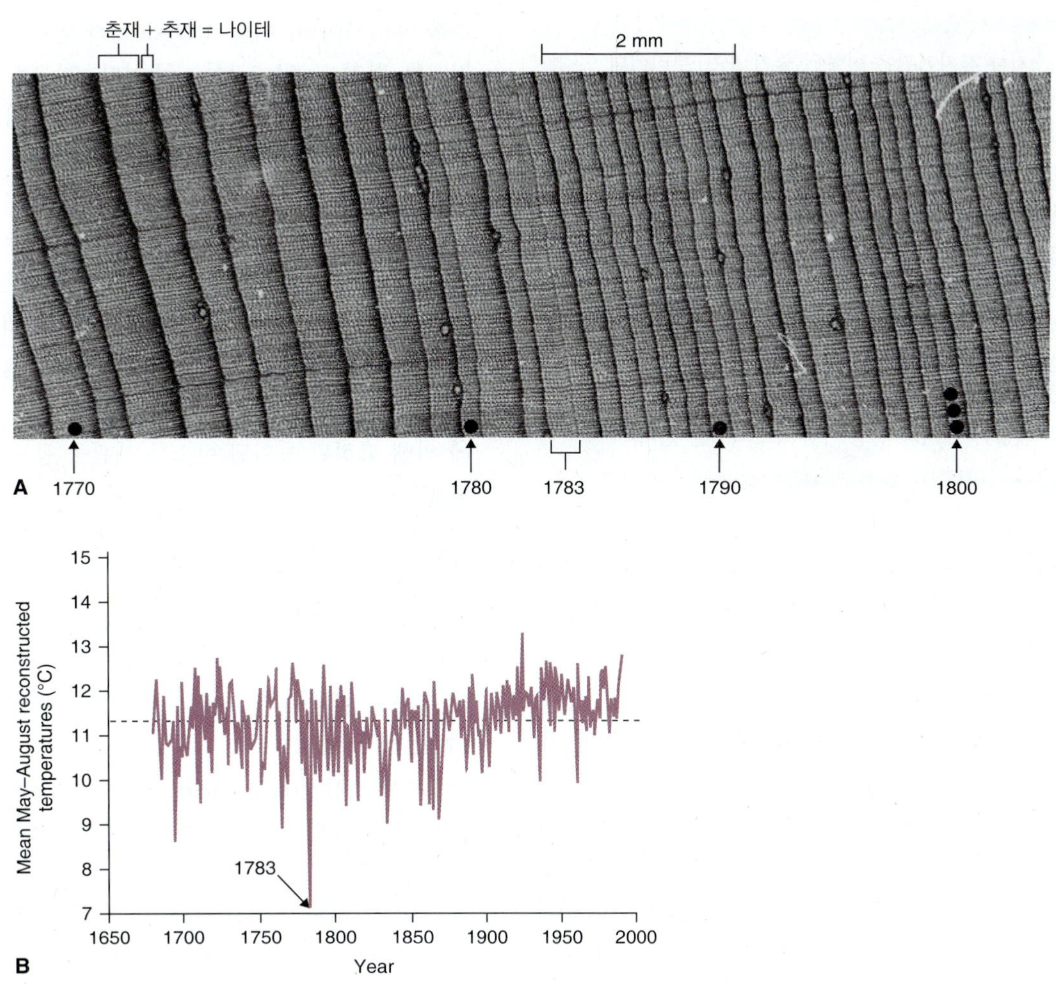

그림 17.6 나이테는 그 나무가 노출되었던 과거 환경의 기록이다. (A) 알래스카 하얀 가문비나무(Picea glauca) 단면의 나이테이며 1770년과 1800년 사이의 날들과 비교하였다. 1783년에 해당하는 나이테는 후기목부 영역이 결여되었다. (B) 나이테 데이터로부터 재구성된 북부 알래스카의 과거 온도. 1783년에 극단적인 사건이 발생했음을 보여준다.

줄기에 삽입되어 기부판을 형성하는데 여기서 부정근이 나오게 된다. 눈은 종종 주아(bulblets) 또는 offsets으로 발달한다. 몇몇 종은 지상부 줄기의 잎에 구경과 유사한 번식체(**주아, bulbils**)가 발달한다(그림 11.22B 참고). 모든 진짜 구경을 형성하는 식물은 단자엽식물이고, 신장가능한 마디가 결여된 기관의 압축된 구조는 이 식물 그룹이 기초하는 일반적인 형태의 건축적 원리를 반영한다. 가장 널리 소비되는 구경 형성 식량작물은 양파, 마늘, 부추(leek)와 부추과(Alliaceae)의 다른 멤버들이다. 진짜 구경을 형성하는 다른 과는 백합과(예, lily, tulip) 그리고 수선화과(예, *Amaryllis*, *Hippeastrum*, *Narcissus*)가 있다. 다년생 화본과는, 일반적으로 좋지 않은 계절에는, 잎을 떨어뜨리고 양분을 구경과 유사한 부푼 잎 기저부로 구성된 스트레스 저항성인 크라운(crowns)에 저장함으로써 생존한다. 이름이 설명하듯이, *Hordeum bulbosum*(재배 보리와 밀접하게 관련된 하계 휴면 다년생 화본과)의 휴지 구조는 구경이다. 단일에서 장일로 바뀜에 반응하여 꽃대의 가장 낮은 절간에서 형성된다.

17.2.6 덩이뿌리와 부푼 주근은 지하 다년생 저장기관이다

카사바(*Manihot esculenta*), 얌(*Dioscorea* spp.) 그리고 고구마(*Ipomoea batatas*)는 변형된 측근에서 유래한 지하 저장기관의 예이다. 소위, **덩이뿌리(tuberous roots)**는 괴경(stem tuber)과 유사하나 형태적으로 독특하다. 예를 들면, 고구마의 부푼 이차뿌리는 내외부가 뿌리처럼 구조를 가진다. 그들은 마디와 절간이 없고, 크라운에서 부정근과 줄기를 만든다. 저장물(대부분 전분)은 증식하는 뿌리 유세포에 저장되는데, 각각 형성층에 둘러싸인 작고 흩어져 있는 도

키포인트 지하 휴지기관은 변형된 줄기 또는 뿌리이다. 구경은 부푼 줄기 기부이고, 뿌리가 자라는 기저판과 휴지 정아가 있다. 근경과 주근은 수평으로 자라는 줄기로 식물은 이를 통해 주변으로 침입하여 번식한다. 몇몇 경우, 주근과 근경은 커져서 저장 기관 역할을 한다. 예를 들면, 감자의 줄기 괴경은 주근의 부푼 끝에서 발달한다. 구경은 눈 주위의 커지고 물질-저장하는 잎 기부들로 만들어진다. 덩이뿌리는 변형된 측근에서 유래하고 각각은 작은 도관이 흩어져 있는 저장 유조직을 둘러싸는 질긴 껍질로 구성되어 있다. 커진 주근은 많은 식물, 민들레와 다른 끈질긴 잡초 그리고 당근, 파스닙, 사탕무우와 같은 주요 뿌리 작물 등에서 다년생 기관으로 역할을 한다.

관에 매립되어 있다. 초본형 모란(*Paeonia* spp.)과 원추리(*Hemerocallis* spp.)와 같은 종의 저장 뿌리는 다육질이다. 그러나 괴경 만큼 부풀지는 않는다.

많은 종에서 **주근**(**taproot**)은 확대되고 지속적, 원뿔 또는 구형으로 수직 아래로 자라며 점점 가늘어진다. 정원사는 민들레(*Taraxacum officinale*)와 많은 다른 잡초는 뿌리를 뽑아서는 제거하기 어렵다는 것을 알고 있다. 왜냐하면, 그들의 주근이 끊어지면, 토양에 조각이 남고, 그것들이 재빨리 싹을 틔우기 때문이다. 부푼 주근의 큰 부피는 설탕, 전분 그리고 다른 탄수화물을 축적하는 저장 유세포로 구성되어 있다. 주근의 영양 성분으로 재배하는 중요한 뿌리 작물에는 당근, 파스닙, 무, 순무, 사탕무우 등이 있다.

17.3 저장물의 합성과 축적

휴지기관에 저장 물질을 축적하는 능력은 도관식물에 의해 진화된 주요 형질 중 하나이다. 저장물을 축적함으로써 식물은 자원의 공급과 수요 변동을 고르게 한다. 탄소와 양분의 풍부한 동화 기간 동안에 원재료의 저장은 환경이 안 좋아질 때를 대비한 투자이다. 삼투압적으로 비활성인 저장 폴리머로 꽉 찬 세포는, 상당한 정도로 세포내 물을 대체할 수 있어서, 본질적으로 탈수 스트레스에 저항성을 가진다(15장 참고). 저장물의 대량 이동에 의한 빠른 성장과 발달은 다음 세대의 기관과 개체에 경쟁우위(competitive edge)를 부여해 준다.

만일 한 기관이 양분(질소, 인, 칼륨, 황과 다른 미네랄)과 동화물(광합성에서 직간접적으로 유래된 탄소)의 순수한 수입자이면, 이를 **싱크**(**sink**)라 한다. 저장 물질을 축적하는 휴지 구조는 강한 sink이다. 전구물질을 가진 sink의 대사를 공급하는 기관을 **소스**(**source**)라 한다(14장 참고). 휴지기관의 발달과 조성은 소스-싱크 상호관계에 의해 조절된다. 소스와 싱크는 도관 시스템으로 소통한다. 그림 17.7은 어떻게 체관과 물관을 통한 직접적인 흐름이 잎과 뿌리(sources)와 발달하는 잎, 열매 그리고 다육의 다년생 기관(sinks)을 연결하는지 보여준다. 종자의 **배젖**(**endosperm**)과 구경, 괴경, 구근의 **저장 유조직**(**storage parenchyma**)은 저장 탄수화물을 축적하고, 대부분 최근 광합성에 의해 고정된 동화된 탄소를 체관을 통해 공급받는다(그림 17.8).

저장 질소는 특정한 저장 단백질의 형태로 축적된다. 저장 단백질의 어떤 아미노산 전구체는 최근 동화된 무기질소의 산물이지만 일반적으로 싱크에 의해 수입되는 대부분 아미노산은, 체관을 통해 운반되는, 소스 조직의 노화 동안에 발생하는 단백질 분해의 재활용 산물이다(그림 17.8; 18장 참고).

작물 생산성(**crop yield**)은 본질적으로 싱크 크기와 같은 말이다. 농업 연구에서 반복되는 질문은: 무엇이 생산을 결정하는가 — 싱크의 용량 또는 소스의 강도? 사실 단순한 해답은 없다. 주어진 작물에서, 생산성은 한 조건에서는 싱크-제한적이고 다른 조건에서는 소스-제한적이다. 관련된 질문은: 어떻게 싱크 요구성이 소스와 소통하는가 또는 어떻게 소스 용량이 포텐셜 싱크에 신호 전달이 되는가 이다. 다시, 해답은 다양하며 식물종과 환경에 달려 있다. 싱크가 가득 차면, 생합성은 끝난다; 전구물질은 전달시스템에서 뒤로 가고, 소스 대사의 중간물질의 크기는 증가하며, 동화는 되먹임에 의해 억제된다. 낙엽, 해가림(shading) 또는 질병과 같은 상황에서는 소스 출력이 감소되어 결국 발달이 늦어지고 싱크는 작아진다. 소스와 싱크 사이의 신호의 본질은 또한 다양하다. 양분과 질산염과 설탕 같은 광합성 산물은, 대사와 유전자 발현 네트워크 모두의 수준에서 역할을 하는, 소스-싱크 생리의 움직이는 조절자이다. 도관 시스템을 통해 이동하는 호르몬 또한 신호 역할을 한다. 화성소 FT(8장과 16장 참고)와 항병원성 신호 시스테민(15장)의 예를 보면, 이동성 단백질도 소스-싱크 소통 시스템의 일부가 될 수 있을 것으로 여겨진다.

다음 절에서는 휴지기관 발달 동안 싱크 조직에서의 저장 물질 합성의 조절, 구조, 생화학에 대해 논의한다. 특히 전분과 프럭탄, 유지 종자의 지방, 종자와 영양기관의

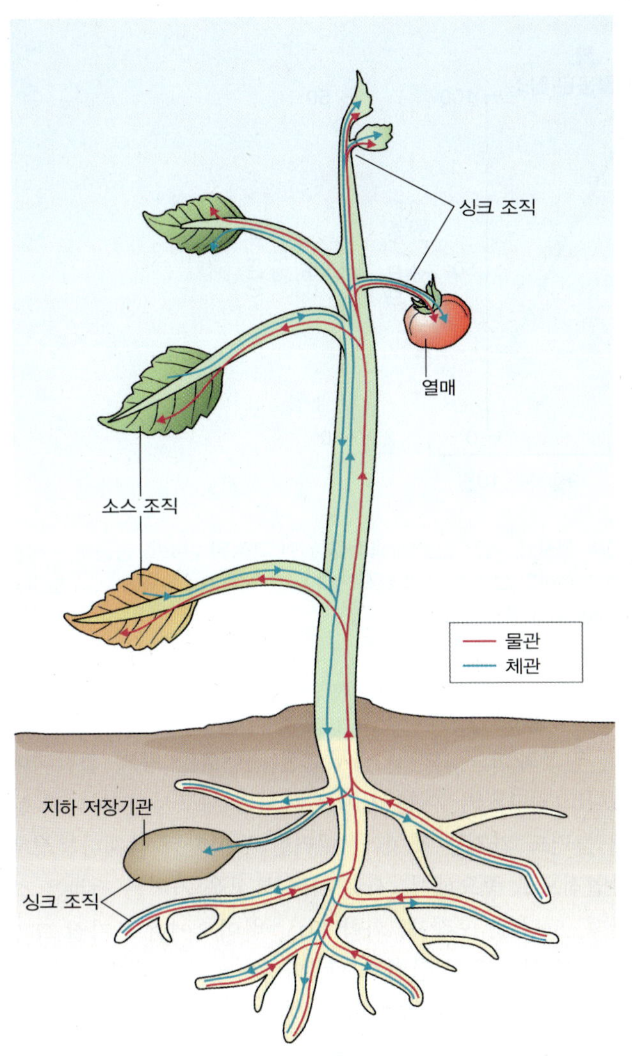

그림 17.7 소스 조직(성숙잎, 노화잎, 뿌리)과 싱크 조직(어린 잎, 열매, 지하 저장기관)의 관계. 물관과 체관을 통한 흐름의 방향을 보여준다.

저장 단백질, 지상부 바이오매스의 사멸 동안의 미네랄 원소의 재배치에 대해 중점을 둔다.

17.3.1 전분은 색소체에서 합성되며 전분합성효소와 전분분지효소에 의해 만들어지는 반결정형 과립이다

전분(**starch**)은 셀룰로스 다음으로 가장 풍부한 식물 탄수화물이며 인간 식사에 탄소와 에너지의 주된 근원이다. 곡물, 감자, 카사바, 고구마, 얌, 바나나, 그리고 콩과 종자는 인간에 의해 소비되는 전분의 주요 원천이다. 전분은 곡물과 뿌리 채소의 건중량의 대부분을 차지한다. 예를 들면, 건물질은 고구마 뿌리의 총 중량의 약 30%를 차지하고(줄기와 잎은 약 5-15%와 비교), 뿌리 건중량의 70-80%는 전분이다.

아밀로스(포도당의 직선형 폴리머)와 **아밀로펙틴**(분지된 글리칸)으로 구성된 전분 구조와 ADP-glucose에서의 전분 생합성은 6장과 9장에서 소개되었다. 여기서는 저장조직에서 효소학과 전분 축적에 대해 더 자세히 살펴본다. 전분은 **색소체**(**plastids**)에서 합성된다. 완두(*Pisum*)와 콩(*Vicia*, *Phaseolus*) 같은 녹색 배아를 가진 비배젖 종자는 전분을 떡잎의 엽록체에 저장한다. 이 경우에, 일반적으로 잎의 엽육세포에서 전분을 광합성의 역동적인 저장물질로 만드는 과정이 점점 전분 과립(너무 커져서 틸라코이드 막 시스템 구조를 변형시키는)을 만드는 데에 적응된다. 오이(*Cucumis sativus*)처럼, 유묘의 떡잎에 전분을 저장하는 엽록체를 가진 종은 광합성 능력을 가지고 있다. 발아하는 오이 종자는 떡잎이 토양에서 나오고 유묘의 첫 번째 광합성 기관이 된다(그림 8.1 참고). 배젖, 정아, 그리고 다년생 기관의 저장 유조직에서의 전분 생합성은 **전분체**(**amyloplasts**)에서 일어난다. 전분체는 무색의 세포소기관으로 색소체 발달 네트워크의 일부이다(그림 4.23과 4.24B 참고).

전분체에서의 전분 생합성의 효소학은 엽록체의 그것과 유사하나 상당한 차이가 있다(그림 17.9). 소스 잎에서 발달 중인 배젖 또는 유조직 세포로 수송된 설탕은 체관에서 하역되고 세포질에서 많은 상호변환(interconversion)을 한다. 엽록체와 달리, 전분체는 타가영양이고 세포질로부터 전분 생합성을 위한 탄소를 수입해야 한다. 전분체 막은 glucose-6-phosphate 수송체가 존재한다(그림 17.9 참고). 전분의 α(1 → 4)-글루칸 체인의 합성은 **전분합성효소**(**starch synthase**)에 의해 촉매된다(식 17.1A). 이는 기존의 아밀로스 또는 아밀로펙틴 분자에 ADP-포도당으로부터 포도당 분자를 첨가한다. 아밀로펙틴의 α(1 → 6) 분지 형성은 **전분분지효소**(**starch branching enzyme**)에 의해 촉매된다(식 17.1B), 이는 하나의 α(1 → 4) 연결을 절단하고 잘린 α(1 → 6) 절편을 약 20개 정도 아래의 포도당에 연결한다.

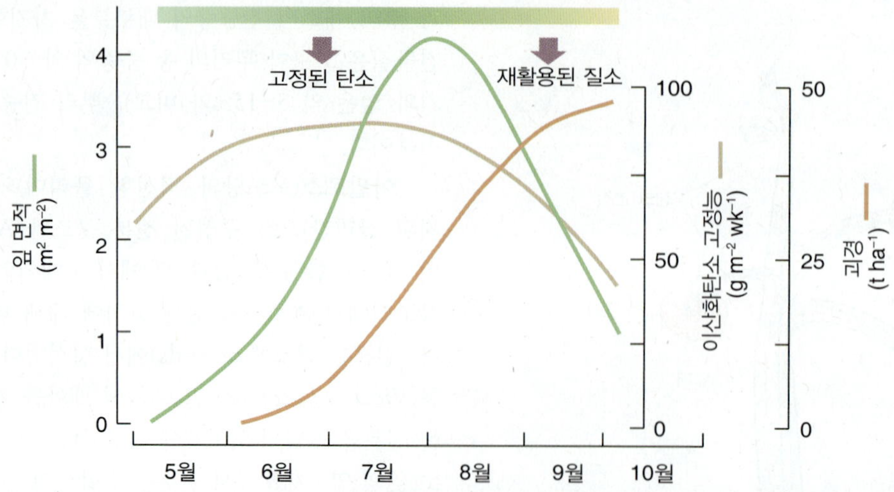

그림 17.8 소스 잎의 광합성과 노화의 상관관계 그리고 하얀 감자 괴경(sinks)의 생산량. 괴경 전분의 축적을 위한 고정된 탄소를 공급하는 광합성능은 9월말 경에 감소하기 시작한다. 노화는 잎 면적의 감소와 동일한 시기에 시작한다(그림 위쪽에 녹색에서 노란색으로의 추세에 의해 보여진다). 이후 괴경 저장 단백질의 합성을 위해 재동원된 아미노산(재생 질소; recycled N)이 공급된다.

식 17.1 전분생합성의 효소들

17.1A 전분합성효소

$$\text{ADP-glucose} + \alpha\text{-glucan}_{(n)} \rightarrow \alpha\text{-glucan}_{(n+1)} + \text{ADP}$$

17.1B 전분분지효소

$$\text{Linear } \alpha(1 \rightarrow 4)\text{-glucan}_{(n)} + \alpha(1 \rightarrow 4)\text{-glucan}_{(m)}$$
$$\rightarrow \text{branched } \alpha(1 \rightarrow 4)\text{-glucan}_{(n)}$$
$$|$$
$$\alpha(1 \rightarrow 6)$$
$$|$$
$$\alpha(1 \rightarrow 4)\text{-glucan}_{(m)}$$

전분합성효소는 ***GBSS*****(granule-bound starch synthase)**, *SSI*, *SSII*, *SSIII* 그리고 *SSIV*의 5개 유전자 패밀리에 의해 코딩된다. GBSS는 전분 과립과 단단하게 결합되어 있고 아밀로스를 만든다. SS isoforms는 색소체 스트로마에 존재하는 수용성 효소이거나 과립에 부분적으로 결합되어 있고 전분분지효소과 함께 아밀로펙틴을 합성한다. 특정한 SS isoforms이 결여된 유전적 변이는 다른 구조의 아밀로펙틴을 만들고 이는 각각의 수용성 합성효소가 독특한 역할을 함을 의미한다. 두 종류의 분지효소(BE)는 그들이 전달하는 체인의 길이가 다르다. 다중의, 특화된 SS와 BE 효소를 진화시킴으로써 식물은 분자적 구조가 다른 전분을 축적하는 능력을 발달시켰다. 나아가, GBSS에 더불어, 발달 중인 전분과립은 일련의 변형 효소들인 아밀레이즈, 인산화효소 그리고 글루코실 전이효소 등과 결합되어 있다(그림 17.9). 이는 커지는 과립의 재구성 뿐 아니라 분해 능력도 가지는 것이다. 이러한 생화학적 다재다능성은 상업적으로 중요해서, 서로 다른 특성을 가지는 전분은 접착제, 코팅제, 포장재, 화학 원료, 바이오에너지 기질 그리고 식품 첨가제 등 산업적으로 다양하게 이용된다.

다양한 종에서 전분-합성 기관은 SS와 BE 아이소폼의 상대적 수준이 다르다. 예를 들면, 감자 괴경에서는 SSIII가 수용성 SS 활성에서 약 80%를 차지한다. 완두 배아에서는 SSII가 약 60%의 생합성 활성을 가지고 반면, 옥수수 배젖에서는 SSI 이 약 60%의 활성을 갖는다. GBSS 활성이 결여된 돌연변이는 아밀로스가 없는 전분을 축적하는데, 이를 **waxy**라 한다. 표 6.5는 waxy 종자를 가지는 여러 돌연변이 종의 목록이다. 흰 감자의 품종들은, 괴경 전분에서 아밀로스:아밀로펙틴 비율을 토대로, 넓게 **floury**와 waxy 로 나뉜다. Floury(고 아밀로스) 품종은 굽거나 으깨기 좋고, 반면 waxy(저 아밀로스) 감자는 굳은 질감을 지녀서 요리할 때 모양을 유지하기 때문에, 삶아서 샐러드에 넣어 차갑게 먹기가 좋다(그림 17.10A). 완두 배아에서 전분 생합성에 영향을 미친 돌연변이는 유전학 역사에서 특별히 중요하다. 녹색/노란색 떡잎(18장 참고)과 긴 줄기/짧은 줄기(12장 참고)와 더불어, 둥근모양/주름모양은 그레고리 멘델이 유전의 법칙을 연구할 때 분석한 7개 형질 중 세 가지이다. 주름진 종자(그림 17.10B)는 *R*(*RUGOSUS*)

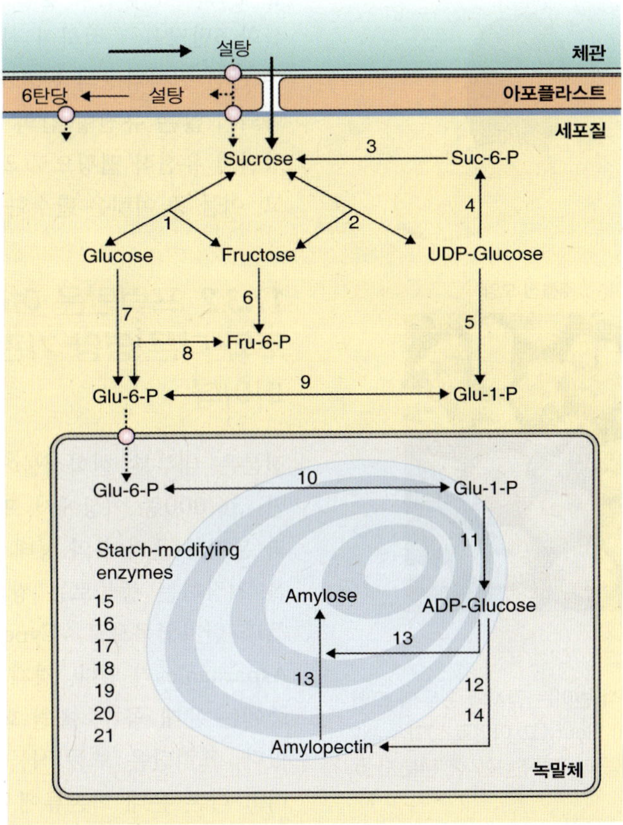

그림 17.9 감자 괴경의 저장 유조직 세포에서의 전분 생합성 경로. 효소들: 1. 자당효소(invertase); 2. 설탕합성효소(sucrose synthase); 3. 설탕탈인산화효소(sucrose-P phosphorylase); 4. sucrose-P synthase; 5. UDP-glucose pyrophosphorylase; 6. fructokinase; 7. hexokinase; 8. phosphoglucose isomerase; 9. cytosolic phosphoglucomutase; 10. plastidic phosphoglucomutase; 11. ADP-glucosepyrophosphorylase; 12. soluble starch synthase; 13. granule-bound starch synthase; 14. starch branching enzyme; 15. granule-associated phosphorylation factor R1; 16. isoamylase; 17. α-amylase; 18. β-amylase; 19. pullulanase; 20. starch phosphorylase; 21. maltosyl transfer enzyme (D-enzyme).

좌위에서 동형 열성(homozygous recessive)이고 분지효소의 BEI 아이소폼의 결핍이다. 야생형(*R*)과 돌연변이(*r*) 대립형질의 DNA 염기서열을 비교해 보면, 돌연변이 대립형질에 0.8 kb의 **전이인자(transposable element)**가 삽입되어 비정상적인 전사체를 만듦으로 BEI 효소 활성이 없다.

여러 종에서, 전분 생합성 효소의 결핍은 수용성 설탕 축적과 관련이 있다. **사탕옥수수(sweetcorn)** 품종을 예로 들면, 3개의 특징적인 열성 유전 좌위(*sugary1*, *shrunken2*와 *sugary enhanced*)가 배젖 설탕의 높은 수준에 관련된다. 주름진 완두의 전분은 건중량의 약 30%이지만, 둥근 모양에서는 약 50%이고, 주름진 완두의 수용성 설탕 함량은 이에 상응하여 10%로 6%에 비해 더 많다. 주름진 형질은 일부는 수용성 설탕이 전분과립에 비해 수분을 덜 가지기 때문에 생겨난다.

종자가 성숙할 때 건조되는 동안에 불규칙적인 방법으로 줄어들게 된다. 수용성 설탕은 차가운 조건(10°C 이하)에서 수확 후 저장하는 동안, 감자 같은 휴면 전분 뿌리와 줄기 기관에 축적된다. 이러한 소위 저온 당화 효과는, 칩이나 프렌치 프라이를 만드는 상업적 용도로 이용되는 감자에서는 바람직하지 않다. 만일 6탄당 수준이 괴경 건중량의 2.6% 이상이 축적되면, 제조 동안에 유리 아미노산과 반응하여, 어두운 색의 쓴맛을 지닌 프라이와 칩을 만들게 되고, 어떤 경우에서는, 발암제로 의심되는 아크릴아미드의 수준이 높아진다. 튀기거나 오븐 온도에서, 환원당과 아미노산은 **Maillard 반응**을 하게 되어 N-glycosylamine을 형성한다(식 17.2).

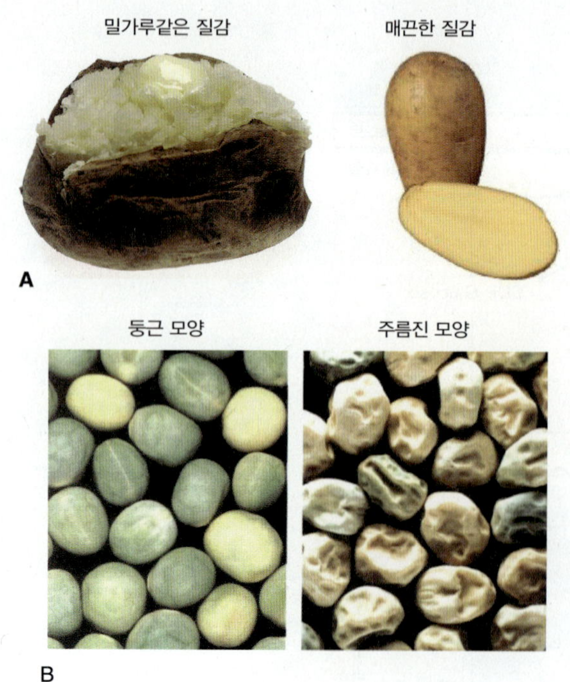

그림 17.10 전분 생합성 효소의 유전적 변이는 감자와 완두의 모양과 요리에서의 용도에 영향을 준다. (A) Floury(고 아밀로스)와 waxy(저 아밀로스) 감자. (B) 둥근 모양(야생형)과 주름진 모양(전분분지 효소의 결핍)의 완두 종자.

식 17.2 Maillard 반응의 개시 시기

$$\underset{\text{Sugar}}{\text{R-CHO}} + \underset{\text{amino acid}}{\text{R}^1\text{-NH}_2} \rightarrow \text{R-CHOH-HN-R}^1$$

$$\rightleftharpoons H_2O + \text{R-CH-N-R}^1$$

$$\rightleftharpoons \textit{N}\text{-glycosylamine}$$

rearranges

개시시기 이후 복잡한 일련의 반응과 재배열이 이루어지고 갈색의 질소 폴리머와 melanoidins라는, 나쁜 맛과 향을 내는, 코폴리머가 만들어진다. Maillard 반응은 또한 맥아 향기, 빵 크러스트의 황금 빛, 볶은 커피의 향기와 같은 식품의 바람직한 풍미의 근원이 된다. 휴면 동안의 저온 당화(sweetening)는 점진적인 전분의 분해와 호흡에너지를 사용한 느린 설탕 합성의 결과이다. 탄수화물 대사의 몇몇 효소는 특히 온도에 민감하다. 예를 들면, 감자 괴경의 phosphofructokinase는 저온에 약하다. 저온 저장 동안에 효소의 우선적 불활성화는 해당작용을 제한하고, 인산화 6탄당을 축적하여 설탕 함량을 증가시킨다. 또한 저온 관련 전사과정의 변화가 관찰되었으며, 당화되거나, 당화되지 않는 유전형 간의 교배로부터 얻은 집단에서 양적 형질의 유전적 맵핑으로 20 유전자 좌위 이상을 발견하였고, 이들 중 여럿은 탄수화물 대사에 관련된 유전자이다.

17.3.2 프럭탄은 여러 식물 종에서 휴지 구조와 다른 영양 기관에 축적되는 저장 폴리머이다

전분은 대부분 현화식물에서 저장하는 비축 다당류이지만, 36,000종 이상에서 **프럭탄(fructan)** 프럭토스의 선형과 분지형 폴리머)의 형태로 탄수화물을 저장한다. 프럭탄을 저장하는 종들로는 쌍자엽으로 Asterales목의 구성원들과 단자엽목으로, Cyperales, Poales, Liliales 그리고 Asparagales가 있다. 경제적으로 중요한 프럭탄-저장 식물 중에는 온대 곡류, 초원 화본류, 채소 그리고 관상식물이 있다. 프럭탄은 보통 식물 전체에 축적된다. 밀, 보리 그리고 다른 온대 화본류에서는 잎, 줄기와 잎 기저부에 종종 고농도로 프럭탄이 저장되지만 성숙한 낟알에는 보통 매우 적다. 많은 양의 프럭탄이 *Allium*종(양파와 근연종)의 구경, *Cichorium*(치커리)의 주근, 그리고 *Helianthus tuberosus*(뚱딴지, Jerusalem artichoke)의 괴경에 축적된다. 프럭탄은 수용성이어서 삼투 활성을 가지고 세포막을 안정화시키는 등 저장 역할 뿐 아니라 효과적인 스트레스 저항성 대사물질의 특성을 지닌다(15장 참고). *Bacillus*, *Streptococcus*, *Pseudomonas*, *Erwinia*, *Actinomyces*속의 세균도 또한 프럭탄을 합성한다.

프럭탄은 설탕을 기본으로 하는 폴리머로서 프럭토스 체인이 결합된다. 설탕은 β(1 → 2) 결합으로 glucopyranose 부분이 fructofuranose에 연결된 이탄당(2장 참고)으로 사탕무우와 사탕수수에서 주요 저장 탄수화물이다(그림 17.11). 설탕의 fructosyl 그룹에 fructose가 β(2 → 1) 결합으로 구성된 3탄당인 **1-kestose**는 프럭탄 폴리머의 **이눌린(inulin)** 시리즈의 부모 분자이다. 뚱딴지 괴경의 저장 다당류는 약 35개의 β(2 → 1)-linked fructose units인 이눌린이다(그림 17.12). 이눌린(탄수화물)은 동물 단백질 호르몬인 인슐린(Insulin)과는 아무 관련이 없음을 주의하라! 다른 프럭탄 시리즈인 **레반(levans)**은 **6-kestose**에 기초한 β(2 → 6)-결합 프럭토스 체인이다(그림 17.11).

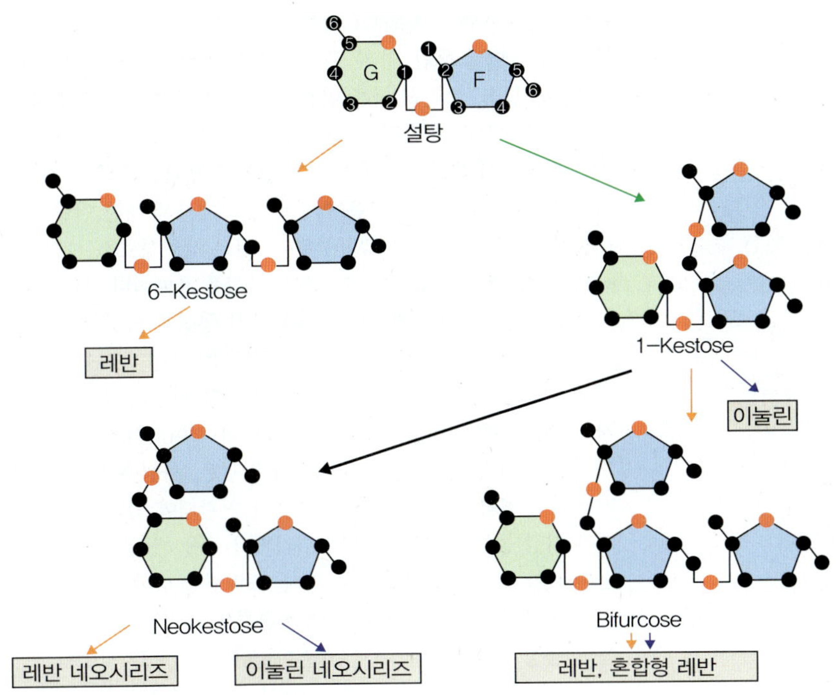

그림 17.11 설탕에 구조적으로 그리고 생합성적 관계를 보여주는 프럭탄과 전구물질 타입. 설탕의 포도당(G)과 프럭토스(F) 부분의 탄소 원자(검은색)에 번호가 있다. 산소원자는 빨간색이다. 주황색 화살표는 sucrose:fructan 6-fructosyltransferase(6-SFT)에 의해 촉매되고, 녹색 화살표는 sucrose:sucrose 1-fructosyltransferase(1-SST)에 의해, 그리고 파란색 화살표는 fructan:fructan 1-fructosyltransferase(1-FFT)에 의해 촉매된다. Neokestose는 fructan:fructan 6G-fructosyltransferase(6G-FFT)에 의해서 설탕과 1-kestose로부터 합성된다. Neokestose에 기초한 올리고다당류는 neoseries이다.

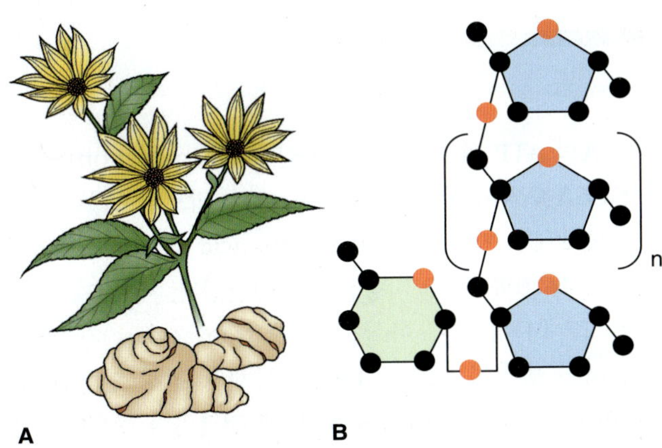

그림 17.12 뚱딴지의 프럭탄 저장. (A) 슈트와 괴경. (B) 이눌린의 구조. *H. tuberosus* 괴경의 선형 β(2 → 1)-결합 프럭탄. 프럭토스 단위의 숫자 n은 약 350이다.

Graminaceous종과 세균의 고분자량 프럭탄은 주로 레반 타입이다. 저장 프럭탄의 선형 레반 또는 이눌린 백본(backbone)은 종종 올리고프럭토실(oligofructosyl) 분지를 가진다. 양파와 아스파라거스 같은 Asparagales목의 식물에서 발견되는 세 번째 클래스의 프럭탄은 포도당이 두 프럭토스에 의해 둘러싸인 **neokestose**에 기초한다. Neokestose의 β(2 → 1)-결합 프럭토스의 확장은 이눌린 **neoseries**를 만들고, 반면 β(2 → 6) 프럭토스의 추가는 레반 neoseries를 만든다. β(2 → 1)-와 β(2 → 6)-결합 4당류 bifurcose는 보리에서 발견되었고 일련의 혼합 결한 레반의 부모 프럭탄이다(그림 17.11).

프럭탄은 세포의 중심 액포에서 합성되고 축적된다. 레반 시리즈의 프럭탄의 합성은 **설탕:프럭탄 6-프럭토실트랜스퍼라제(6-SFT**; 그림 17.11)에 의해 촉매된다(식 17.3A). 설탕에서 첫 번째 프럭토실 전이의 산물(구조와 결합은 G1 → 2F로 표시됨)은 6-kestose(G1 → 2F6 → 2F)이고 계속된 전이의 기질로서 일련의 체인 길이가 증가되는 다당류(G1 → 2F6 → 2F6 → 2F6 → 2F6 → 2F6 → 2F . . .)를 만든다. 설탕에서 1-kestose의 합성은 sucrose:sucrose 1-fructosyltransferase(**1-SST**; 그림 17.11)에 의해 촉매된다(식 17.3B). Fructan:fructan 1-fructosyltransferase(**1-FFT**) 효소는 프럭토스를 전이하여 이눌린 시리즈의 프럭탄을 만든다(식 17.3C). 프럭탄은 전분과 세포벽 다당류와 달리, 고-에너지 nucleoside triphosphate 반응에 의한 기질 활성화 없이 합성된다. 프럭토실 전이의 열역학적 요구성은 포도당-프럭토스 결합의 분해 에너지로 충분하다(ATP 가수분해에서 생기는 에너지와 유사함). 많은 다른 효소들이 프럭탄 대사의 다양한 측면에 참여한다. 효소 특성과 해당 유전자의 DNA 염기서열의 비교를 통해 프럭탄 합성과 분해 효소는, 설탕의 포도당-프럭토스의 가역적 가수분해를 촉매하는, 선조 **자당전화효소(invertases)**에서 진화해 왔음을 시사한다.

식 17.3 프럭탄 생합성의 효소

17.3A Sucrose:fructan 6-fructosyltransferase (6-SFT)

$$\text{Sucrose (G1} \rightarrow \text{2F)} + \text{sucrose (G1} \rightarrow \text{2F)}$$
$$\rightleftharpoons \text{glucose} + \text{6-kestose (G1} \rightarrow \text{2F6} \rightarrow \text{2F)}$$

17.3B Sucrose:sucrose 1-fructosyltransferase (1-SST)

$$\text{Sucrose (G1} \rightarrow \text{2F)} + \text{sucrose (G1} \rightarrow \text{2F)}$$
$$\rightleftharpoons \text{glucose} + \text{1-kestose (G1} \rightarrow \text{2F1} \rightarrow \text{2F)}$$

17.3C Fructan:fructan 1-fructosyltransferase (1-FFT)

$$\text{G1} \rightarrow \text{2F1} \rightarrow \text{2F[1} \rightarrow \text{2F1} \rightarrow \text{2F]}_m$$
$$+ \text{G1} \rightarrow \text{2F1} \rightarrow \text{2F[1} \rightarrow \text{2F1} \rightarrow \text{2F]}_n$$
$$\rightleftharpoons \text{G1} \rightarrow \text{2F1} \rightarrow \text{2F[1} \rightarrow \text{2F1} \rightarrow \text{2F]}_{m-1}$$
$$+ \text{G1} \rightarrow \text{2F1} \rightarrow \text{2F[1} \rightarrow \text{2F1} \rightarrow \text{2F]}_{n+1}$$

키포인트 발달 동안, 휴지 구조는 소스 기관으로부터 이동해 온 탄소, 질소, 그리고 다른 양분의 강력한 싱크이다. 소스 활성과 소스로부터 수송된 산물을 받아들이는 싱크의 수용능이 많은 작물에서 생산성을 결정한다. 전분과 프럭탄은 휴지 기관의 주요 다당류이다. 전분은 이동된 설탕에서 유래한 단당 전구물로부터 색소체에서 생합성된다. 전분 생합성효소는 선형 $\alpha(1 \rightarrow 4)$-결합 글루칸 아밀로스의 합성을 촉매한다. 전분 분지효소는 아밀로펙틴의 $\alpha(1 \rightarrow 6)$ 분지 형성을 담당한다. 전분 생합성 효소의 특정 아이소폼의 결핍은 다른 특성을 지닌 전분 과립을 만든다. 감자의 waxy 변이와 완두의 주름진 종자는, 과립-결합 전분 생합성효소 활성이 결여되어, 아밀로스가 낮은 돌연변이다. 전분 생합성의 결핍은, 사탕수수에서 나타나는 것처럼, 수용성 설탕의 축적과 연관되어 있다. 감자의 저온 저장 동안의 설탕 축적은, 튀기거나 구울 때, 불쾌하고 위험한 산물의 형성을 유발할 수 있다. 프럭탄은 양파 구경, 치커리와 뚱딴지의 뿌리 그리고 온대 화본류의 영양조직에 저장되는 수용성 다당류이다. 프럭탄은 이눌린($\beta(2 \rightarrow 1)$-결합의 프럭토스)과 레반($\beta(2 \rightarrow 6)$-결합 프럭토스)으로 구분된다. 프럭토실 트랜스퍼레이즈(fructosyl transferase)에 의해 설탕으로부터 합성되며 세포의 액포에 축적되고 삼투물질로 작용한다.

17.3.3 지방산은 색소체에서 아세틸-CoA로부터 생합성되고 소포체에서 유래한 오일바디 내에 트리아실글리세롤로 저장된다

종자에 의해 저장되는 지방과 기름은 주로, 글리세롤이 에스테르 결합된 지방산인, 트리아실글리세롤이다(6.3.7절 참고; 지질의 구조는 2.2.7절 참고). 식물에서, 지방과 기름의 형태로 탄소 저장은 주로 종자와 열매에서 나타난다. 영양 휴지 구조에서는 지방의 축적이 거의 일어나지 않는다. 북반구 온대에서 아열대 지역의 다년생 사초과(*Cyperus esculentus*)의 괴경은 예외적이다. 그 괴경은 chufa 또는 tigernuts로 알려져 있고(그림 17.13), 고대 이집트 시대부터 음식으로 이용되고 있다. Chufa 기름은 괴경 건중량의 20–36%를 차지하고 지질 조성은, 약 11%의 포화 지방산(palmitic과 stearic acids)과 88%의 불포화 지방산(oleic과 linoleic acids)으로 구성되어, 올리브유와 유사하다(표 17.1)(6장 참고). Chufa는 바이오연료 생산의 기름 작물로 제안되고 있다. 다음 지질 생합성의 논의는 기름 종자에 초점을 맞추지만 다른 조직에서의 일반적인 지방산 대사도 참고한다.

지방산 생합성(그림 17.14)의 전구체인 아세틸-CoA는, 한 번에 2개의 탄소인 아실 체인을 축적하는(이것이 대부분의 지방산이 짝수개의 탄소 원자를 갖는 이유임), 일련의 반응에서 아세틸기의 공여자로서 활동한다. 첫 단계는, **acetyl-CoA carboxylase**(**ACCase**)에 의해, 아세틸-CoA의 ATP 의존적인 카르복실화(carboxylation)로 말로닐-CoA를 형성한다. 아세틸-CoA와 말로닐-CoA는 다효소 복합체인 **지방산합성효소**(**fatty acid synthase, FAS**)에 의해 16:0과 18:0 지방산으로 전환된다. 두 번째 단계(그림 17.14)에서는, 아실전이효소(transacylase)가 말로닐-CoA의 말로닐 그룹을 FAS 복합체의 필수 단백질 코팩터인 **acyl-carrier protein**(**ACP**)에 전달한다. ACP는 성

그림 17.13 Chufa(tigernuts, *Cyperus esculentus*)는 높은 수준의 저장 지질을 갖는 괴경을 가진, 매우 드문 예이다.

표 17.1 올리브 열매와 오일 야자의 열매, 종자와 비교한 chufa 괴경 오일의 지방산 조성

지방산	포화도	오일의 조성(%)			
		Chufa	올리브	야자 열매	야자 종자
Lauric (12:0)	포화	—	—	—	48
Myristic (14:0)	포화	—	—	—	16
Palmitic (16:0)	포화	10	14	44	8
Stearic (18:0)	포화	1	3	5	3
Oleic ($18:1^{\Delta 9}$)	단일 불포화	75	70	39	15
Linoleic ($18:2^{\Delta 9,12}$)	다중 불포화	12	12	11	2
Linolenic($18:3^{\Delta 9,12,15}$)	다중 불포화	1	1	—	

장하는 지방산 체인에 결합되어, thioester(−S−CO−) 결합으로 아실-ACP를 형성한다. 계속된 반응은 순환적 순서로 일어난다. 첫 번째 사이클에서, 아세틸-CoA와 말로닐-CoA 사이의 응축-탈탄산(condensation-decarboxylation) 반응으로 3-ketobutyryl-ACP가 만들어진다. 촉매 효소는 **3-ketoacyl-ACP synthase**의 isoenzyme III(**KAS III**; 그림 17.14, 단계 3)이다. 이후 NADPH-의존적 환원(단계 4), 탈수반응(단계 5) 그리고 계속된 환원 반응(단계 6)으로 완전히 환원된 acyl-ACP를 만든다. 연속된 사이클은 유사한 반응 순서를 가지는데 예외적으로 단계 3은 KAS의 isoenzyme I에 의해 촉매된다. 완전히 포화된 16:0 아실 체인을 가진 Acyl-ACP는 7번의 사이클을 통해 생산된다. 계속된 사이클은 18:0-ACP을 만든다. 이때 단계 3은 KAS II를 이용한다(그림 17.14). 불포화 지방산의 이중결합은, 주로 막에 결합된, 특정한 desaturase에 의해 도입된다. 마침내 지방산은 **thioesterase**에 의해 ACP에서 분리된다(식 17.4).

식 17.4 Thioesterase

$$RCO\text{-}S\text{-}ACP + H_2O \rightarrow RCOOH + ACP\text{-}SH$$

저장 지질과 막 지질의 생합성은 세포 내에서 구획화된다. 그림 17.15는 애기장대를 포함한 많은 기름 종자의 발달 동안의 지질 대사의 연구를 토대로, 반응과 세포 소기관 상호작용을 요약한다. 지방산은 **색소체**에서 만들어진다. 주요 생산물인, 16:0-ACP와 $18:1^{\Delta 9}$-ACP는 색소체 지질 합성에 이용되거나, 스트로마에서 thioesterase에 의해 유리 지방산으로 가수분해되어 바깥쪽 색소체 막에서 아실-CoA로 전환되어 외부로 나간다. 소포체에서의 아실-CoA 집체(pool)는, 그림 17.15에서처럼, transferase, desaturase 그리고 phosphatase 반응의 네트워크에서 인지질의 합성에 사용될 수 있다. 저장 지질의 트리아실글리세롤은 아실-CoA 집체의 다이아실글리세롤로 아실기의 전이에 의해 합성되어지거나, 또는 phosphatidyl choline에서 합성되며 오일바디에 축적된다(**oleosomes**; 그림 4.18 참고).

17.3.4 종자와 영양 저장 단백질은 설탕과 질소의 공급에 반응하여 합성되어 액포와 소포(vesicle)에 축적된다

휴지 구조에 의해 저장되는 단백질은 다시 성장할 때 생합성과 발달을 위해 사용되는 아미노산의 원료이다. 특징적으로, 저장 단백질은 막으로 제한된 세포 구획에 축적되며, 대량 합성과 분해기 사이의 시기에는, 거의 전환이 일어나지 않는다. 소스로부터 체관을 통해 이동된, 아마이드(주로 글루타민과 아스파라진)와 아미노산은, 비록 대두와 cowpea (*Vigna unguiculata*) 같은 일부 콩과식물에서는 상당한 양의 유기 질소를 퓨린 대사에서 유래한 **ureides**의 형태로 수송하지만, 저장 단백질 합성의 주요 전구물질이

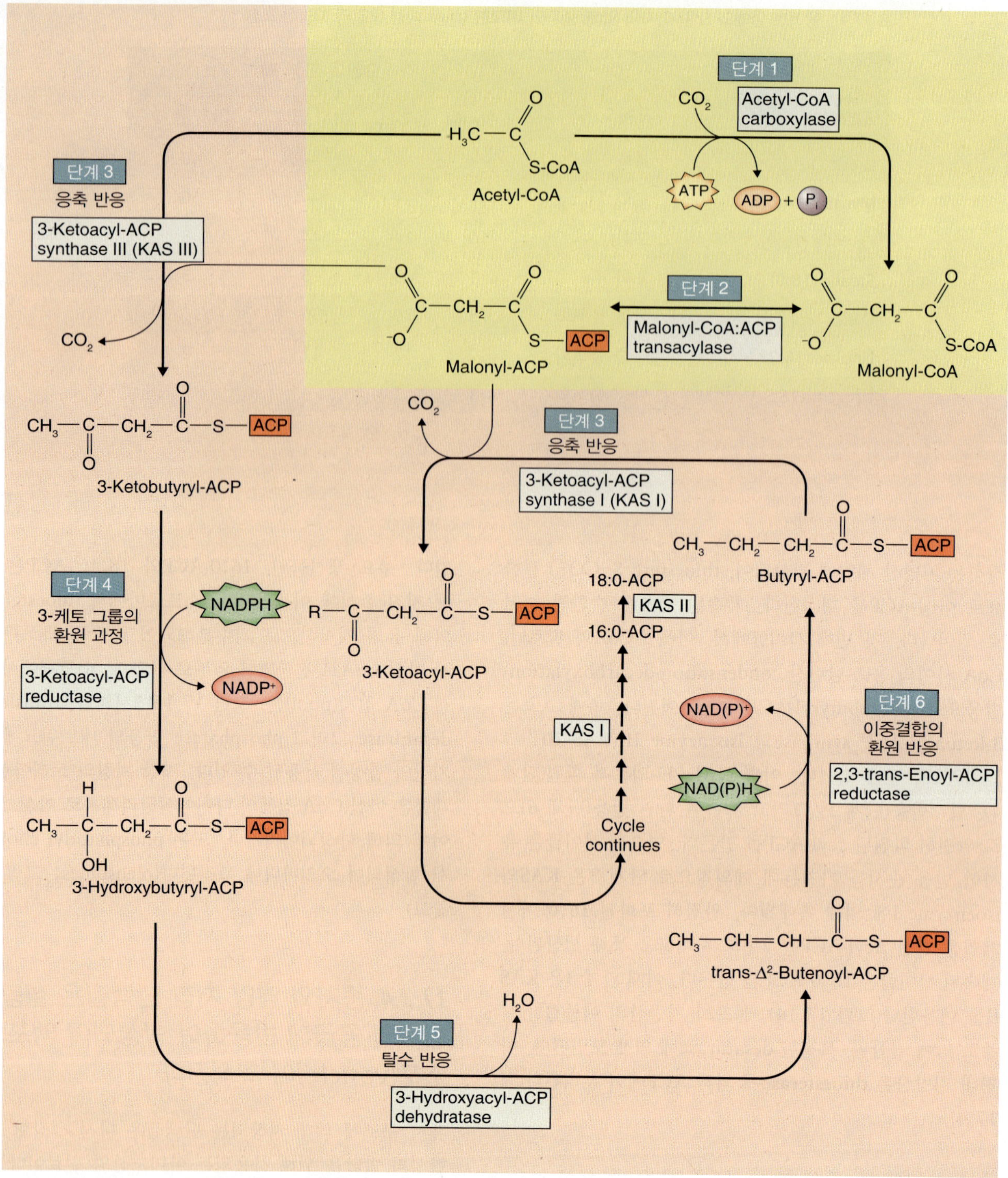

그림 17.14 지방산 합성의 개요. 지방산은 두-탄소(C_2) 단위의 추가로 성장한다. 노란색에서 강조된 반응은 어떻게 말로닐-CoA가 사이클로 들어가는지 보여준다; 분홍색 배경은 사이클 반응을 보여준다. C_{16} 지방산 합성은 7회 사이클 반복이 필요하다. 첫 사이클에서 응축 반응(단계 3)은 ketoacyl-ACP synthase (KAS) III에 의해 촉매된다. 다음 6번 사이클에서는 응축 반응이 KAS I에 의해 촉매된다. 마지막으로, KAS II는 16:0에서 18:0로 전환할 때 이용된다.

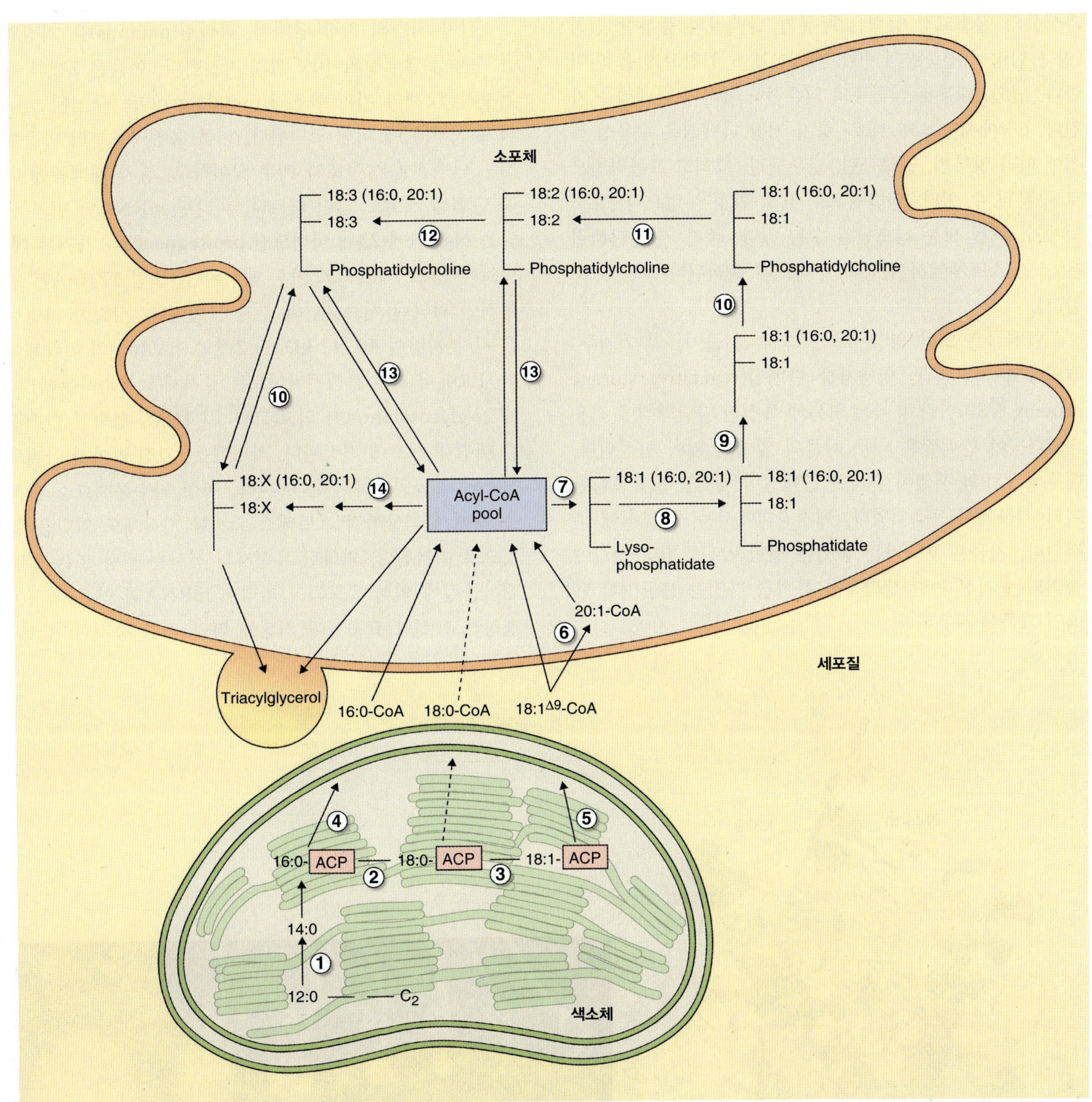

그림 17.15 기름 종자에서 인지질과 트리아실글리세롤 합성 경로 요약. 효소 단계의 번호는: 1, KAS I-과 KAS III-의존성 fatty acid synthase (FAS); 2, KAS II-의존성 FAS; 3, stearoyl-ACP desaturase; 4, palmitoyl-ACP thioesterase; 5, oleoyl-ACP thioesterase; 6, oleate elongase (애기장대 종자 기름에서 발견되는 gondoic acid 합성); 7, acyl-CoA:glycerol-3-phosphate acyltransferase; 8, acyl-CoA:lysophosphatate acyltransferase; 9, phosphatidate phosphatase, product diacylglycerol; 10, CDP-choline:diacylglycerol cholinephosphotransferase; 11, oleate desaturase; 12, linoleate desaturase; 13, acyl-CoA: sn-1 acyllysophosphatidylcholine acyltransferase; 14, 아실-CoA 집체에서의 지방산을 사용하여 다이아실글리세롤을 만드는 단계 7, 8, 9와 동일하다.

다. 이동된 유기질소 화합물이 싱크에 도달할 때, 아마이드와 아미노 전이는, 저장 단백질이 합성되는 아미노산 집체의 조성이 저장 폴리펩타이드의 다른 아미노산 비율과 일치하게 한다. 식물은 전 세계 식용 단백질 공급의 ⅔를 차지한다. 전 세계 음식 단백질의 약 50%는 곡물에서 오며, 그 다음 10%는 두류(콩과식물의 종자), 견과류 그리고 기름 종자에서 온다.

곡물의 단백질 함량은 건중량의 약 10-15%이다. 콩과식물의 질소고정 능력은 두류가 단백질의 풍부한 원천(평균 함량이 건중량의 40% 까지; 표 6.3 참고)임을 의미한다. 반면, 대부분 식물종의 잎은 5% 이하의 단백질을 가진다. 6장에서 논의한 대로, 종자 저장 단백질은 수용성 특성에 따라 알부민, 글로불린, 글루텔린, 그리고 프롤라민으로 구분될 수 있다. 일반적으로 효소 활성은 없으나, 효소 억제자, 렉틴 또는 티오닌일 수는 있다. 종자 저장 단백질은 조면 소포체에서 합성되고 액포에 축적된다(그림 6.18 참고).

단백질은 또한 영양 조직, 즉 휴지 줄기, 잎 기저부, 뿌리에도 저장된다. **영양저장 단백질(vegetative storage protein, VSP)**이란 용어는 처음에 특정한 당단백질에 적용되었다. 이 단백질은 대두 식물의 잎에서 많이 합성된다. 대두의 VSP와 서열이 유사한 단백질이 애기장대를 포함한 여러 식물에서 동정되었다. 애기장대에서는 꽃 조직에 축적된다. 지금은 VSP라는 용어는 일반적으로 영양 싱크에 축적되는 저장 관련 생화학적 특성을 가지는 불균일한 단백질 그룹에 사용된다.

감자 괴경의 저장 단백질, **파타틴(patatins)**은 괴경의 총 수용성 단백질의 40% 까지 차지한다. 이들은 2개의 유전자와 12개의 가짜 유전자(pseudo-gene)로 구성된 하나의 유전 좌위에 의해 코딩된다. 이들 유전자로부터 만들어지는 단백질들은 구조가 매우 상이하고, 감자 재배종에 따라 단백질 서열도 많이 다르다. 파타틴 mRNA의 번역 산물은 N-말단에 23개 아미노산 **pro-sequence**를 가지는 데, 이로써 ER로 타겟되고 이후 제거된다. 그림 17.16A는 전형적인 파타틴 서브유닛의 분자 모델이다. 성숙한 파타틴은 각 분자량이 40-42 kDa인 2개의 서브유닛의 이량체이다. ER에서 초기 폴리펩타이드는 골지체를 통과하는데, 이때 N-glycosylation이 되고(그림 17.16A), 성숙한 단백질은 마침내 액포에 저장된다. 파타틴은, 괴경 발아시 아미노 질소의 공급원으로서 뿐 아니라, 아실 가수분해효소 활성을 가져서 생물학적 스트레스의 저항 기작에도 역할을 할 것으로 여겨진다. 파타틴 유전자의 전사는 설탕 또는 설탕 대사물질에 의해 유도되고 파타틴 mRNA의 양은 괴경이 팽창하고 설탕 요구성이 커짐에 따라 점차 증가한다(그림

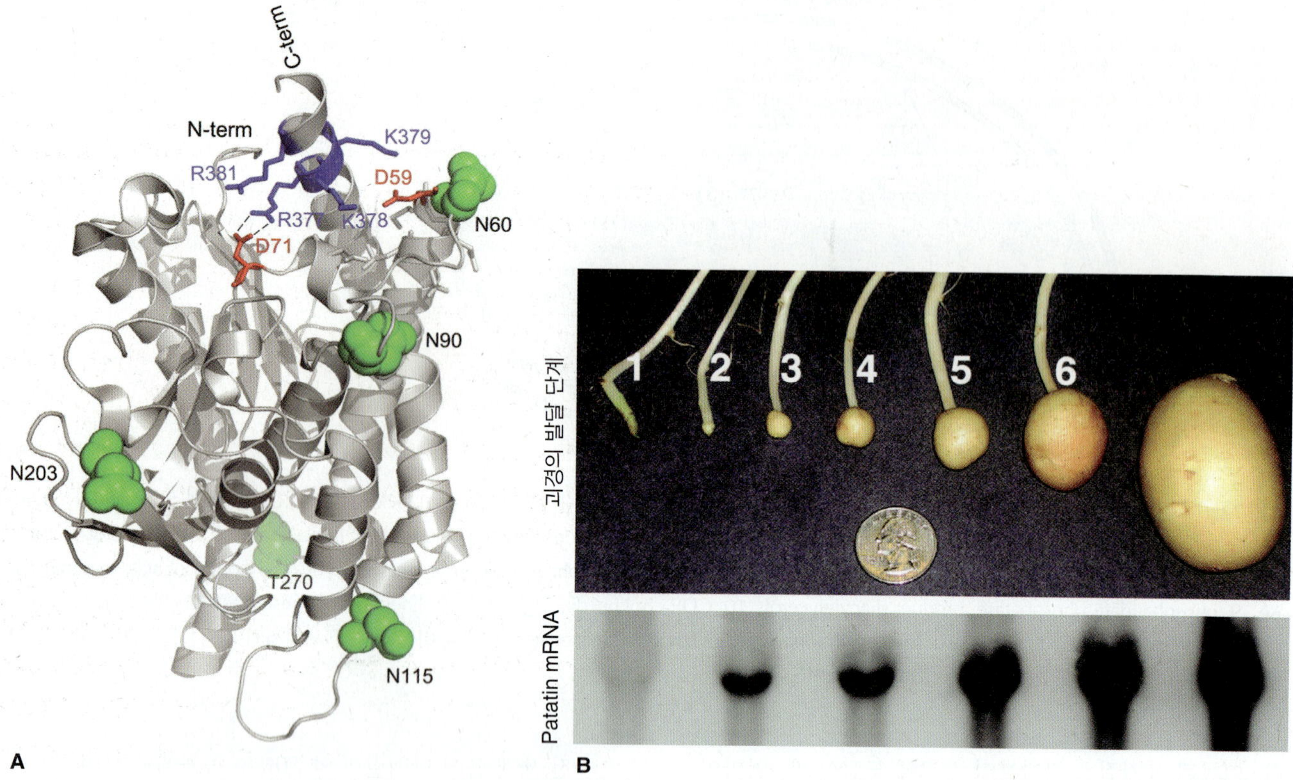

그림 17.16 (A). 파타틴의 분자 구조. 성숙한 파타틴의 C-말단 서열에는 파란색으로 보이는 4개의 염기성 아미노산(Arg^{377}, Lys^{378}, Lys^{379}, Arg^{381})이 있다. Arg^{377}은 Asp^{71}(빨간색)에 강하게 결합한다. 글리칸(녹색)은 Asn^{60}, Asn^{90}, Asn^{115}, Asn^{203}, Thr^{270}에 붙어 있다. (B). 괴경 발달의 1~6 단계의 감자 주근 끝에서의 파타틴 mRNA의 발현 양. 파타틴 유전자 DNA 서열로 혼성화해서 나타남.

17.16B). 다른 전분성 괴경 휴지 구조는 VSP를 유사한 방식으로 축적한다. 예를 들면, 고구마의 저장 당단백질로 뿌리 괴경 건중량의 약 7%를 차지하는 **스포라민(sporamin)** 또한 설탕에 의해 전사가 조절되고 ER-골지-액포 경로로 프로세스된다. VSP는 프럭탄 저장 기관에서 발견된다. 예를 들면, 분자량이 약 17 kDa인 작은 VSP는 치커리 주근에 축적된다. 이 경우, 해당 유전자의 발현은 소스 조직에서의 질소 공급에 의해 조절된다는 증거가 있다.

낙엽성 나무는 노화 잎에서 질소를 수거하고 겨울 동안 안쪽 **수피조직(bark tissue)**의 유조직 세포에 VSP 형태로 저장한다. 수피저장 단백질(**BSP**)은 원래 사과에서 연간 질소 순환의 중요한 요소로서 동정되었다. 사과의 봄철 성장에서 질소 공급의 90% 까지 BSP의 재이동에 의해 공급된다. BSP는 여러 종에서 기술되었고 월동 목본 종에서는 질소 경제에서 거의 보편적인 요소로 여겨지고 있다. 포플러 속의 유전체 염기서열이 분석됨에 따라 포플러는 BSP 축적과 이동을 포함하는 나무 생리의 분자적 연구에 좋은 재료가 되고 있다. 그림 17.17은 *Populus deltoides*의 겨울과 여름의 수피조직의 전자현미경 사진이다. 체관유조직은 겨울에는 단백질체와 함께 조밀하게 쌓이고, BSP는 총 단백질의 약 60-95%를 차지한다. 포플러에서 BSP의 축적은 18장에서 기술한 잎 노화 동안 일어나는 이동과 밀접하게 연관되어 있다. 낮의 길이가 감소하면서 가을 노화가 촉진되고 수피로 질소 이동이 증가한다. 이 후 BSP 유전자 전사가 활성화된다. 포플러의 BSP는 분자량이 32-38 kDa인 당단백질이고 7개의 유전적 좌위에 의해 코딩된다고 알려졌다. 이 유전자들의 3개 전사체는 휴면 형성층과 눈(bud)에 매우 많다. 남은 4개의 좌위에 의해 코딩되는 BSP는 활발하게 성장하는 조직에서 단기간 질소 저장에 역할을 하는 것으로 보인다.

키포인트 종자와 열매는 지질을 저장하는데, 주로 트리아실글리세롤의 형태이다. Chufa는 괴경의 비정상적인 예로써 많은 양의 오일을 저장한다. 저장 지질의 C_{16}, C_{18} 지방산은 지방산 합성 복합체에 의해 촉매되는 다단계 사이클에서 acetyl-CoA와 malonyl-CoA로부터 색소체에서 생합성된다. 불포화 지방산은 포화 지방산의 탄화수소 골격에 이중 결합을 도입하는 desaturase에 의해 만들어진다. 다이아실글리세롤에 아실을 전이한 결과물인 트리아실글리세롤은 오일 바디에 저장된다. 질소 저장물은 종자 또는 영양 저장 단백질(VSPs)의 형태로 축적된다. 파타틴은 감자 괴경의 VSP이고 스포라민은 고구마 뿌리 괴경의 VSP이다. 그들은 당화된 액포 단백질로 질소 공급원으로 작용하며 스트레스 저항 특성을 지닌다. 낙엽성 나무는 가을 잎의 노화 동안 질소를 회수하고 안쪽 수피조직의 노화 동안 질소를 회수하여 안쪽 수피조직의 체관 유조직 세포의 VSP의 한 클래스인 BSP(수피저장단백질)에 저장한다.

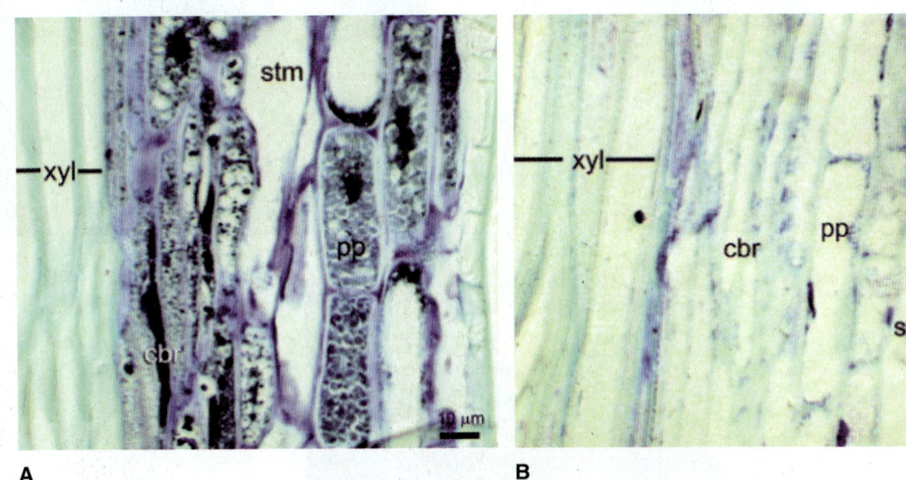

그림 17.17 *Populus deltoides* 줄기에서 저장 단백질 축적의 계절적 변화. (A)는 1월(겨울), (B)는 7월(여름)의 나무 줄기의 종단면 현미경 사진이다. 1월에 채취한 줄기의 체관유조직(phloem parenchyma, pp) 세포는 단백질을 저장하는 수많은 작은 액포를 가진다. 반면 7월에 채취한 줄기의 체관유조직 세포는 커다란 액포가 가운데에 있으며, 단백질은 세포의 가장자리에서 염색되어 보인다. cbr, cambial region; stm, sieve tube member; xyl, xylem.

17.3.5 지상부 바이오매스의 고사와 건조동안 이동성 미네랄 원소들이 다년 구조로 대량 이동이 일어난다

소스(source) 줄기 조직은 죽기 전에, 발달 중인 다년 구조에 광합성에서의 탄소 공급과 동화작용 그리고 단백질 재활용(그림 17.8 참고)에서의 환원 질소의 공급 뿐 아니라, 다음 계절에 성장을 개시하기 전에 이동 미네랄을 저장한다. 슈트와 근경 사이의 미네랄 순환의 실제적 중요성에 대한 실례는 고생산성 거대 초본인 **억새(*Miscanthus*)**(그림 17.18)에서 찾아볼 수 있다. 억새는 **차세대 바이오연료**로 개발되고 있다. 1세대 바이오연료는 설탕, 녹말 또는 식물성 기름에서 유래하는데 이는 식량 자원과 경쟁한다는 논쟁을 일으켰다. 차세대 바이오연료의 재료는 억새와 같은 비식량 작물로부터 얻는 리그노셀룰로스(lignocellulose)를 이용한다.

연소 또는 발효 에너지원으로서의 억새 바이오매스의 유용성은 생장 시기가 끝난 후에 슈트가 노화된 후 탄수화물(C, H, O)을 제외하고 남는 원소들의 양을 최소화할 수 있는가에 달려 있다. 노화 중인 녹색조직에서 지하 근경으로 영양분의 이동(그림 17.18)이 효율적으로 일어나면, 다음 시즌에서의 바이오매스 성장은 근경에 저장된 N, P, K와 다른 영양분의 재활용으로 이루어질 수 있으며, 따라서 추가적인 비료의 사용을 피할 수 있다. 재생 에너지의 재료로서의 다년생 초본식물의 지속성은 부분적으로 그들의 성장주기에 슈트와 근경 사이에 영양분을 적당한 시기에 얼마나 효율적으로 이동시키는 가에 달려 있다.

리그노셀룰로스를 제외한 지상부 바이오매스 전부를 완전히 빼내는 것의 중요성이 **dry-down**이다. 이는 건조물의 수확과 수송에서 경제적 수율을 최대화하기 위해 필요한 대규모의 건조를 의미한다. 휴지 기관으로 영양분의 대량 전이 후 Dry-down은 실용적 가치가 있는 곡물의 볏짚과 같은 작물 부산물에서도 또한 중요하다. 나아가, dry-down은 옥수수의 수확에서도 중요하다. 슈트에 수분이 너무 많으면 콤바인 수확기의 절단 기작을 막기 때문이다.

건조는 휴지 구조 자체의 발달 특징이다. 종자는 배아 성숙 동안에 건조된다. 이 과정 동안에 일련의 스트레스-관련 유전자가 발현되는데, **late embryogenesis-abundant**

그림 17.18 다년생 에너지 작물인 억새(*Miscanthus*)에서 바이오매스 노화와 근경으로의 영양분 이동. 효율적인 무기질의 재배치와 슈트 노화후 건조는 바이오연료 생산에 있어서 리그노셀룰로스의 경제적인 회수에 바람직하다.

(LEA) 단백질과 같은 많은 건조 저항성(15장 참고) 유전자들을 포함한다. 유사한 일련의 건조-관련 유전자 발현은 다른 휴지기관의 발달 동안에서도 보인다. 예를 들면, LEA-유사 단백질을 코딩하는 유전자들은 끝눈에서의 휴면의 시작과 분화 동안에 활성화된다. 그리고 LEA/dehydrin 패밀리 단백질의 유전자 발현 수준은 감자 괴경에서 매우 높다. 수분 제한성(그림 15.29 참고) 반응을 조절하는 네트워크의 주요 인자인 식물 호르몬 앱시스산(ABA)은 또한 휴지기관의 발달 동안에 영향을 미친다(17.5.4 참고).

키포인트 다년생 식물의 지하 기관은 성장 시즌의 끝에 노화되어 죽어가는 슈트에서 이동성 무기질을 받는다. 지상부와 지하부 바이오매스 사이에 효율적인 영양분 순환은 토양으로부터의 무기질 요구성을 줄여주며 이는 억새와 같은 다년생 바이오연료 작물의 재배에서 경제적으로 매우 중요하다. 슈트 바이오매스의 건조는 노화 및 영양분 이동과 밀접하게 관련되어 있으며 이는 발효나 연소를 통해 에너지를 생산하는 데 이용되는 작물에서 바람직한 특성이다. 종자 성숙에서도 건조가 일어나며, 이 과정에 late embryogenesis-abundant (LEA) 단백질과 dehydrin과 같은 건조 내성에 관련된 유전자의 발현이 증가된다. LEA-유사 단백질의 유전자 발현은 또한 끝눈과 감자 괴경 형성 동안 증진된다.

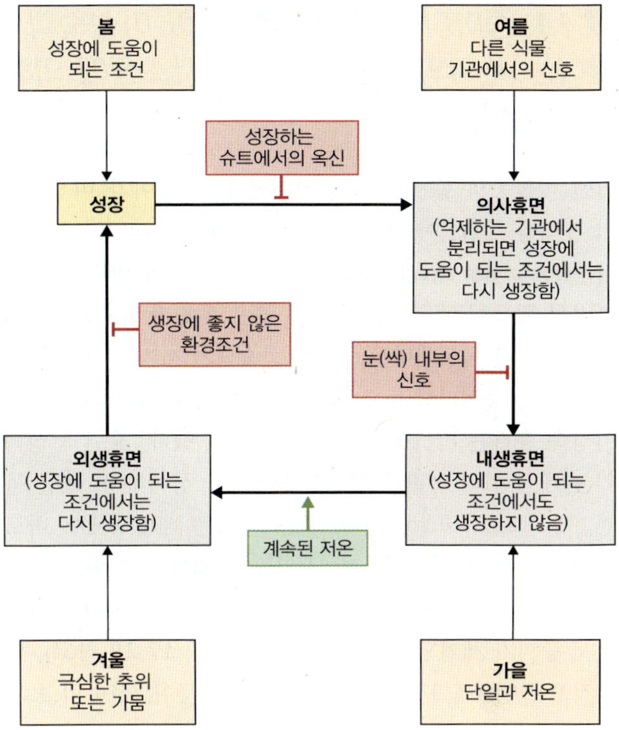

봄
성장에 도움이 되는 조건

여름
다른 식물 기관에서의 신호

성장하는 슈트에서의 억신

성장

의사휴면
(억제하는 기관에서 분리되면 성장에 도움이 되는 조건에서는 다시 생장함)

생장에 좋지 않은 환경조건

눈(싹) 내부의 신호

외생휴면
(성장에 도움이 되는 조건에서는 다시 생장함)

내생휴면
(성장에 도움이 되는 조건에서도 생장하지 않음)

계속된 저온

겨울
극심한 추위 또는 가뭄

가을
단일과 저온

그림 17.19 계절 조건과 성장에 따른 서로 다른 휴면 상태.

17.4 휴면

세 종류의 휴면이 알려져 있다(그림 17.19). **외생휴면**(ecodormancy)는 환경 요인의 제한으로 인한 생장정지를 의미한다. 예를 들면, 낮은 온도에 보관한 성숙한 양파 구경의 휴지 상태이다. 비록 유전자형 사이에 상당한 변이가 있지만, 대부분 양파 품종은 언제든지 차가운 저장에서 따뜻한 조건으로 이동하면 발아하는 능력을 가지고 있다. 이러한 측면에서, 양파는 다른 월동 단자엽 식물들과 유사하다. 이들은 냉각(chilling) 온도에서는 불활성이나 잎 확장의 한계온도(약 5°C) 위로 상승하면 바로 성장을 개시하는 능력을 지닌다. 이는 북유럽과 북미 지역의 정원사에게는 친숙하다. 그들은 종종 겨울 동안 온화한 시기에 잔디를 깎는다.

의사휴면(paradormancy, 종종 여름 휴면이라고 불린다)에서는 생장이 식물의 다른 부분의 영향으로 억제된다. 정단우성에 의한 측아 성장 억제는 의사휴면의 한 예이며 12장에 자세히 기술되어 있다.

내생휴면(endodormancy)는 휴면 구조 자체에 있는 억제이다(그림 17.19). 이 장의 목적은 **발달**(developmental) **내생휴면**과 **계절**(seasonal) **내생휴면** 사이를 구분하는 것이다. 발달 내생휴면은 생리적 또는 구조적 미성숙에 관련된 생장정지이고, 계절 내생휴면은 일련의 환경신호에 대한 반응으로 수행되는 본질적인 휴면 프로그램이다. 계절 순환 동안 정지 구조는 일부 또는 모든 다른 형태의 휴면 모드를 경험한다. 그래서 목본류 눈의 휴지 조건은 일반적으로 여름의 의사휴면에서 겨울의 내생휴면, 그리고 봄의 외생휴면으로 바뀐다(버드나무 경우에서 처럼; 그림 17.4 참고). 내생휴면의 주요 형태의 예는 다음 절에서 다루어질 것이고, 끝으로 서로 다른 카테고리의 휴지 구조의 발달 동안에 휴면의 시작과 타파를 조절하는 분자적 기작을 비교·대조할 것이다.

17.4.1 종마다 매우 상이한 배아 미성숙과 발아능 사이의 연관관계는 앱시스산에 의해 영향을 받는다

어떤 식물종의 종자는 땅에 떨어졌을 때 배아가 **미성숙**해서 휴면을 한다. 아네모네(*Anemone nemorosa*)와 물푸레나무(*Fraxinus excelsior*)가 그 예이다. 배아 발달과 발아 능력의 획득에는 적당한 수분과 좋은 온도가 요구된다. 최적 조건에서 물푸레나무 종자는 성숙되기 까지 수개월이 걸리지만, 눈동이나물(marsh marigold, *Caltha palustris*)의 미성숙 종자는 약 10일 후에 발아할 수 있다. 휴면과 성숙의 단계 사이의 연관관계는 식물 종마다 상이하다. 예를 들면, 망그로브(*Rhizophora*) 같은 식물은 배발생에서 바로 유식물 상태로 된다. 한편, 시카모아 배아는 성숙기 동안 휴면하고 저온 또는 최고 무게에 도달하여 건조하기 시작하면서 종피가 제거되는 것에 반응한다(그림 17.2B 참고). 일반적으로, 17.5.4장에서 자세히 다루었듯이, 성숙의 초기와 중간 시기는, 모계 조직에서 분비되는, ABA의 활동에 의해 지배된다. ABA의 영향에서 발달하는 배아를 분리하면 **조숙한 발아(precocious germination)**를 유발한다. 소위 모체발아(viviparous) 돌연변이가 이러한 행동을 보인다. 그림 17.20은 발아 중인 미성숙 낟알을 가진 옥수수 돌연변이 ***vp-1***(*viviparous-1*)이다. 옥수수에는 적어도 15개의 *vp* 돌연변이가 있는데, 각각은 서로 다른 ABA 생합성 또는 인식 단계에 영향을 미친다. *vp-12*, *vp-2*, *vp-5*, *vp-9* 그리고 *vp-7*은 ABA 생합성을 유도하는(그림 10.33 참고) geranylgeranyl diphosphate(그림 15.36 참고)로부터 β-carotene 합성 경로의 일련의 반응을 차단한다. *vp-1*은 ABA 신호전달을 방해하고 또한 안토시아닌 합성을 차단하는 다면발현 효과(pleiotropic effect)를 가진다. 이는 그림 17.20에서 색이 없는 발아하는 낟알과 발아하지 않는 자주색 낟알을 볼 수 있다.

애기장대의 *ABA-insensitive*(*abi*)와 *ABA-deficient* (*aba*) 돌연변이 종자 또한 조숙 발아를 한다. 여기까지 기술된 관찰을 토대로 다음과 같은 결론을 도출할 수 있다. 즉, 배아 성숙과 배아 휴면은 비록 상호작용하는 조절 시스템이지만 분리된 조절 하에 있는 생리학적으로 분리된 과정이다.

그림 17.20 옥수수 돌연변이 *vp-1*의 미성숙 종자에서의 조숙한 발아현상. 조숙 또는 조숙하지 않은 낟알에서 색소 함량의 차이를 주목하라.

17.4.2 많은 기관들은 휴면 타파를 위해 저온 기간을 필요로 한다

월동하는 휴지 구조는 휴면조건을 저온 스트레스(15장 참고) 노출에 대한 적응기작으로 채택한다. 그러나 휴면 타파를 위한 **냉각 요구(chilling requirement)**는 또한 겨울에서 봄까지의 시간을 측정하는 한 방법이다. 여러 식물 종에서 종자 휴면을 완화시키는 최적 온도가 약 5°C이다. 사과가 그렇다. 마찬가지로 목본 종에서 눈 휴면은 10°C 이하의 온도에 주로 반응한다. 그림 17.21B는 휴면 타파에서 6°C에서 강하고, 9°C에서 촉진되는 사과 재배종에서 12°C는 비교적 효과가 없음을 보여준다. 두 가지의 환경 신호가 월동하는 정단 눈 또는 괴경, 구근, 구경, 그리고 다른 다년 기관에서 내생휴면을 유도할 수 있다. 가을에 온도 감소 또는 낮 길이의 감소이다. 목본 모델인 포플러를 포함하여, 대부분 온대지방의 목본 식물에서, 눈 휴면은 **광주기(photoperiod)**에 의해 조절된다. 감자 괴경과 많은 다른 지하 휴지 구조에서도 마찬가지다. 그런데 사과와 배 같은 몇몇 종

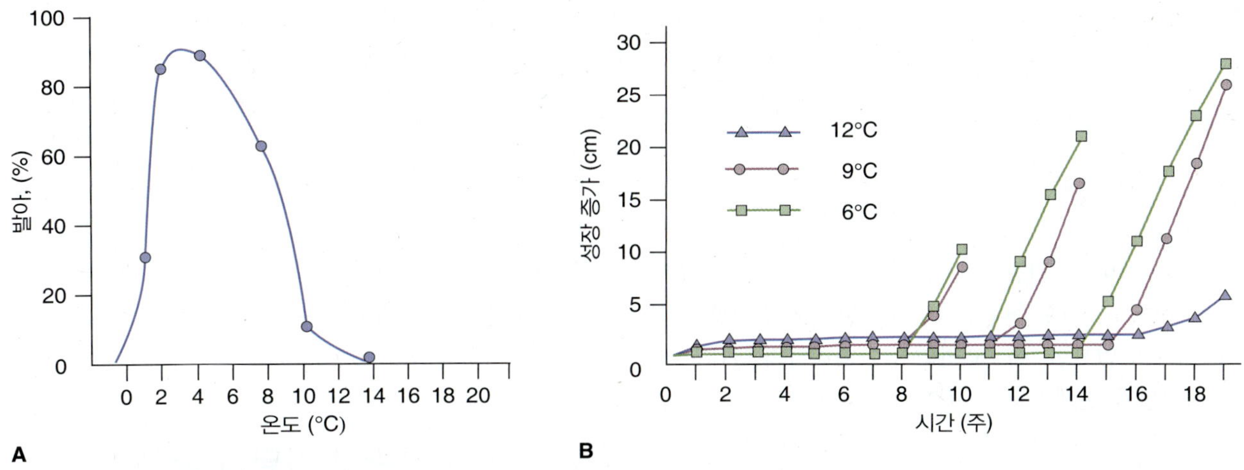

그림 17.21 사과에서 휴면 타파를 위한 온도 요구성. (A) 85일 간의 stratification 후에 사과 종자의 발아 온도 범위. (B) 사과 눈 휴면 타파. 주어진 온도에서 6, 10, 14주 후에 21°C로 옮긴 후 성장 능력을 측정함.

에서는 낮 길이의 감소가 아니라 온도 감소가 눈 휴면을 유도한다. 개암나무(*Corylus*)와 너도밤나무(*Fagus*) 같은 종의 휴면 종자에서는 지베렐린 처리가 냉각 요구성을 대신할 수 있다. 휴면 중인 시카모어 종자는 지베렐린에는 반응하지 않지만 사이토키닌은 stratification을 대신할 수 있다. 당단풍나무(*Acer saccharum*)와 배 같은 종에서는 지베렐린 또는 사이토키닌이 휴면을 타파할 수 있다. 감자 눈과 아스파라거스의 근경 곁눈의 휴면 기간이 지베렐린 처리로 짧아지고, 무화과나무(*Ficus carica*)와 복숭아(*Prunus persica*) 눈의 겨울 휴면이 극복된다. 성장과 휴면에서 지베렐린과 ABA의 상반된 역할은 17.5.4절에서 더 자세히 논의된다.

키포인트 환경적 제한에 의해 주어지는 휴면을 외생휴면(ecodormancy)이라 한다. 의사휴면(paradormancy)은 식물의 일부분이 다른 부분에 의해 성장이 억제되는 것을 의미한다. 내생휴면(endodormancy)은 발달 미성숙 또는 특별한 환경 신호 요구성 때문에 내재된 성장 불능성이다. 많은 식물의 종자는 배아 미성숙과 ABA의 억제 효과로 내생휴면한다. 월동 눈과 종자는 일반적으로 휴면 타파를 위한 냉각 시기를 요구한다. GA 처리(또는 사이토키닌)는 냉각 요구성을 극복할 수 있다. 목본식물 정단 눈과 많은 다년 기관의 휴지 눈의 내생휴면은 한여름 후에 낮의 길이가 감소함으로써 유도된다. 사과와 배는 독특하게도 가을에 온도가 떨어지는 것에 반응하여 정단 눈이 휴면한다.

17.4.3 토양 시드뱅크의 잡초 종자들은 빛 노출에 의해 휴면이 타파된다

정원을 파헤치고 농장을 갈거나 숲에서 벌목을 하는 등 토양이 흐트러지면, 잡초 집단이 발아하는 것을 흔히 볼 수 있다. 그중에는 그 자리에서 수년 또는 수백 년 간 자라지 않았던 것들도 있을 수 있다. 묻힌 종자 집단은 **토양 시드뱅크(soil seed bank)**라 부르고 이는 생태계의 생물 다양성에 중요한 저장고이다. 묻힌 종자는 휴면 상태에 있다. 종에 따라, 토양에 있던 시간 그리고 상호대립억제물질(allelochemicals) (15장 참고) 존재 여부에 따라 이 휴면은 외생(eco) 혹은 내생(endo) 형일 수 있다. *Matricaria recutita* (chamomile), *Galinsoga* spp. (shaggy soldier) 그리고 *Veronica arvensis* (speedwell)와 같은 많은 잡초에서 빛에 노출되는 것이 발아에 필수적이다. 배아 휴면은 빛 처리에 의해 극복되지는 않는다. 많은 잡초 종자는 땅에 떨어질 때 배아 휴면 상태이지만 토양에서 시간이 지남에 따라 빛을 제한 변수로 하는 외생휴면 상태가 된다. 시드뱅크 집단은 토양 온도와 같은 요인 하에서 휴면이 사이클된다. 종자를 적외선 혹은 근적외선에 노출시키는 실험을 통해 종자의 빛 요구성은 파이토크롬 시스템(6과 8장 참고)에 의해 매개됨이 알려졌다. 애기장대도 물론 잡초로서 파이토크롬에 의해 발아가 조절된다(그림 8.13 참고). 빛에 민감한 식물의 종피를 제거하면 빛 요구성이 상실된다. 이는 손상되지 않은 종자에서 파이토크롬 시스템의 활성은 껍질 투과성을 유발하는 과정을 촉진함을 의미한다.

17.4.4 빈번한 화재에 적응된 생태계에서는 연소로 발생한 화학성분이 휴면 타파 신호물질로 작용한다

화재는 지구적 생태계의 특성과 분포를 결정하는 가장 중요한 요인 중 하나로 여겨지고 있다. 정기적인 화재는 전 세계의 초원, 사바나, 지중해 관목지, 그리고 북반구 수림대에서의 자연스러운 모습이다(그림 17.22). 식생 모델에 의하면, 화재가 없으면, 아프리카와 남아메리카의 방대한 초원과 사바나가 현재의 기후 조건에서 삼림으로 될 가능성이 높다. 전 세계적으로, 주로 더 시원한 기후에서의 C_4 식물과 C_3 관목과 초본을 대신해서, 삼림 면적이 두 배가 될 수 있다. 가연성 생태계의 식물은 정기적인 화재를 견디거나 피하는 적응 능력을 가지고 있으며 많은 경우에 주기적인 화재는 생활사에 필연적이다. 특히 화재가 나기 쉬운 지역의 많은 식물 종의 종자는 불타는 식생으로부터의 **연기**(**smoke**)에 노출되기 전까지 휴면한다. 연기 추출물에 의한 종자 발아 촉진은 37개 과 170종 이상에서 나타나며, 심지어 원예용으로 상업적인 '연기-물(smoke-water)' 제조가 가능하다.

연기에 존재하는 구성물질을 분획한 결과 새로운 클래스의 생장-촉진 화합물인 **카리킨**(**karrikins**)이 알려졌다(그림 17.22, 표 17.2). 생리활성 카리킨의 핵심 구조는 케토 그룹을 가진 퓨란 고리(탄소 4개와 산소 1개로 구성)와 연결된 피란 고리(탄소 5개와 산소 1개로 구성; 피란은 그리스어로 화재라는 의미임)이다. 카리킨은 정기적인 화재가 있는 생태계에서의 식물 뿐 아니라, 강력한 발아 촉진제이다. 애기장대 종자도 연기-물에 반응하며, KAR1(표 17.2)이 휴면 종자에서 2개의 중요한 GA 생합성 효소의 발현을 유도시킴이 관찰되었다. 아마도 카리킨은 GA/ABA 신호 네트워크에 상호작용함으로써 작용할 것으로 여겨지나 또한 스트리고락톤(그림 10.38 참고)과 구조적 연관성의 결과일 수도 있다.

17.5 휴지기관의 발달과 휴면 조절

이 장에서는 휴지 구조의 다양성과 그들이 가진 넓고 다양한 생리에 대해 기술한다. 식물이 정지 상태로 진입과 탈출할 때 이용하는 기작은 서로 다른 휴지 구조 뿐 아니라 생활사의 다른 시기에 일어나는 성장과 분화 과정에서 매우 유사한 점이 있음을 보여주기 위해 발달 및 조절원리를 소개한다. 표 17.3은 휴면 상태로 진입과 탈출 그리고 서로 다른 휴지 구조의 평행한 타임라인을 설정하는데 발달 계획을 보여준다. 초기 성장 시기 이후 휴면, 유지기 그리고 휴면의 종료, 재성장이 개시된다. 휴면 이전 상태에서 휴면으로 그리고 다시 성장 개시는 이미 이 책에서 우리가 다루었던 조절 모듈이다(그림 17.23). 휴지 구조의 발달은 식물의 성장 및 적응에서 핵심적인 요인으로서 강조된다.

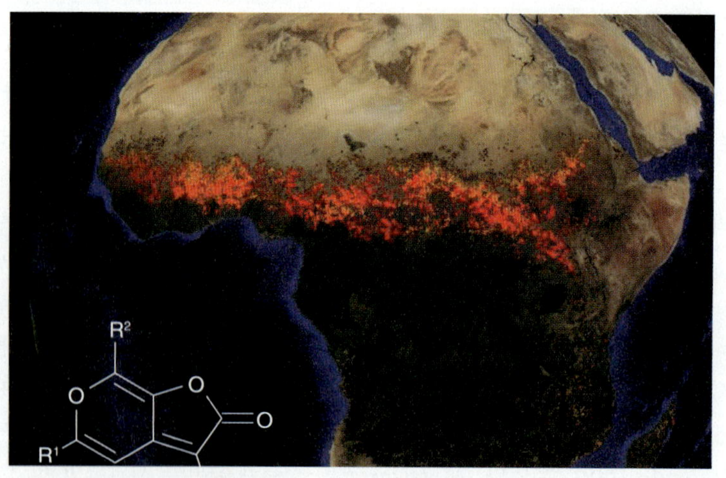

그림 17.22 2002년 동안의 아프리카 들불의 합성 위성 이미지. 삽입 그림은 카리킨의 화학 구조(표 17.2 참고).

표 17.2 연기로부터 유래한 성장 촉진 화합물인 카리킨의 화학적 구조. 카리킨의 핵심 구조는 그림 17.22에 있다.

카리킨	사이드 그룹		
	R^1	R^2	R^3
KAR1	H	H	CH_3
KAR2	H	H	H
KAR3	CH_3	H	CH_3
KAR4	H	CH_3	CH_3

키포인트 토양 시드뱅크는 휴면 종자들이 묻혀 있는데 땅이 흐트러져서 빛에 노출되면 발아를 시작한다. 빛 반응은 전형적인 파이토크롬의 적외/근적외선 가역적 반응으로 조절된다. 애기장대에서 종자 껍질 제거 또는 돌연변이로 인한 변형된 종피 구조는 빛 요구성을 극복한다. 정기적 화재에 노출되는 생태계에 적응된 종의 종자는 종종 연기에 존재하는 화합물에 의해 촉진되기 전까지 휴면한다. 이들 중, 카리킨은 화학적으로 스트리고락톤과 유사하며 발아를 촉진한다.

17.5.1 휴면 분열조직에서는 세포 분열 주기가 정지된다

세포 수준에서, 휴면은 정지 구조의 분열 조직에서의 분열 주기의 작동 정지로 이해된다. 11장에서 기술한 대로, 단백질 인산화효소의 인산화/탈인산화 과정과 연결되는 G1-시기 제한점에서의 세포 분열 주기의 조절은 보통 세포 주기의 재진입을 결정한다. G1/S와 G2/M 세포 주기의 분열 체크포인트 진행은 **cyclin-dependent kinase(CDKs)**에 의해 단단히 조절된다. 감자 괴경의 눈은 전형적인 내생휴면 구조이다. 왜냐하면, 그들의 분열조직 세포는 G1에서 멈춰져 있고 DNA, RNA와 단백질 합성 속도가 느리다. 의사휴면은 일반적으로 G1/S 체크포인트 이전에 세포를 멈추는 신호전달 기작을 통해 나타난다. 세포 주기-관련 내생휴면으로부터의 해방은 CDK 시스템의 발현, 어셈블리 그리고 활성을 조절하는 호르몬과 신호전달 기작에 의해 매개된다. 포플러에서, **사이클린**, CDK, 그리고 다른 세포주기 조절인자들을 코딩하는 대부분 유전자의 전사과정은 단일의 4주 후에 발달 중인 눈에서, 눈 비늘이 처음으로 보이기 시작한 1주 후에, 완전한 휴면이 정착되기 2주 전에 정지된다. 세포주기의 마감은 염색체 단백질의 합성 요구를 감소시킨다. 이것은 휴면 시기 동안에 **히스톤** 유전자의 발현이 낮고 발아 시기의 조직에서는 증가함을 의미한다(그림 17.24). 그림 17.23에서 사이클린/CDK/히스톤 조절 모듈의 인자들의 발현 감소에 반응한 세포주기의 정지는 휴면으로 전이하는 데 있어서 매우 중요한 사건이다. 계속되는 휴면 탈피는 세포주기 조절자의 재활성화와 분열조직 활성의 재개를 포함한다. 휴면 탈피시 DNA 복제의 재개는 일반적으로 나중 사건이고, 시카모어와 같은 일부 종자는 유근이 발달하기 전에는 복제가 완전하게 재개되지 않는다.

17.5.2 정아의 휴면은 많은 온대지역 식물 종들에서 광주기에 의해 조절된다

계절적인 내생휴면은 보통 감소하는 낮주기에 반응한다. 8장과 16장에서는 **CO-FT** 시스템을 기술했다. 이는 광주기에 의한 **개화** 유도를 매개한다. FT와 CO의 포플러 유사 유전자를 aspen(*Populus tremula*)에 형질전환하여 과발현시키면 단일 상태에서도 성장을 멈추지 않고 휴면 눈을 만들지 않는다. 반대로 RNA 간섭으로 FT 발현을 억제시키면 일주기에 상관 없이 성장을 멈추고 휴면 눈을 만든다(3장 참고). CO-FT 모듈은 목본식물의 눈 휴면의 단일 유도에서의 기능 뿐 아니라, 감자에서의 괴경화 반응과 양파의 구경 발달을 조절한다고 알려져 있다. 결국, CO-FT 모듈은 파이토크롬과 생물주기 시스템과 상호작용으로, 개화를 유도하듯이, 휴면 유도를 조절한다(그림 17.25). 포플러, 복숭아, 살구(*Prunus armeniaca*) 그리고 raspberry (*Rubus idaeus*)와 같은 종에서 내생휴면의 유도와 탈피는 ***DORMANCY-ASSOCIATED MADS-BOX*(*DAM*)** 유전자의 발현과 관련이 있다. 이들은 단일조건에서 유도되고 FT 기능을 억제하는 역할을 한다(그림 17.25). 사과와 배 같은 장미과 식물에서 보이는, 광주기보다 온도에 의한 휴면 유도 기작은 잘 알려져 있지 않다. DAM 유전자는 아마도 빛과 온도 경로가 서로 상호작용하는 데 역할을 할 것이다. 그림 17.25에서 보이는 계획은 DAM-CO/FT-파이토크롬-생체주기 조절 모듈을 포함한다.

17.5.3 휴지기관의 구조는 영양생장 발달의 변형에 의해 형성된다

휴면과 개화에서 공통된 모습은 그들의 유도 과정을 넘어

표 17.3 내생, 외생 그리고 의사-휴면 휴지기관에서의 성장과 휴면단계 사이의 전이 비교

		성장단계		전이단계	휴면 개시	휴면 유지	휴면 타파	전이단계	성장단계
발달상 내생휴면	배아	배발생	성장	성숙 또는 휴면			성숙후기	침윤	발아
계절적인 내생휴면	정아/측아	성장		눈 생성	내생휴면			세포주기 재개	눈 발아
	형성층	초기 성장		후기 성장	내생휴면			세포주기 재개	성장
	괴경	주근 성장		괴경	괴경 눈 휴면			세포주기 재개	출아
	종자/열매	배발생, 성숙		배아 휴면(종종 종피로 인한)				세포주기 재개	발아
외생휴면	구경	젊음	성숙	구경 생성		세포주기 재개		세포주기 재개	출아
의사휴면	측아	개시	성장	←애기장대에서는 순간적이거나 존재하지 않음→					돌출

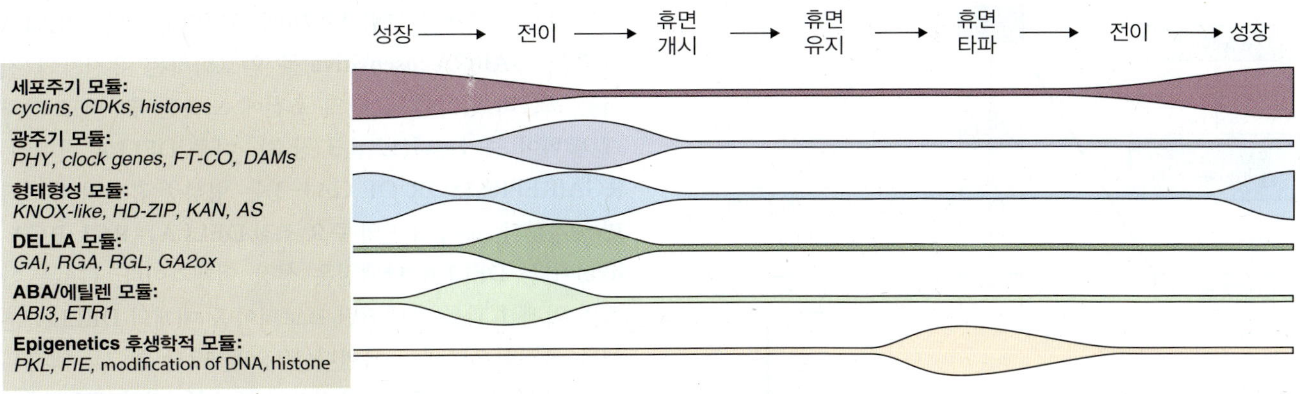

그림 17.23 발달 시기별 관련된 조절 모듈에 따른 성장-휴면 주기. 상향조절과 하향조절은 각 색띠의 두께로 표현된다. ABA, abscisic acid; CDK, cyclin-dependent kinase

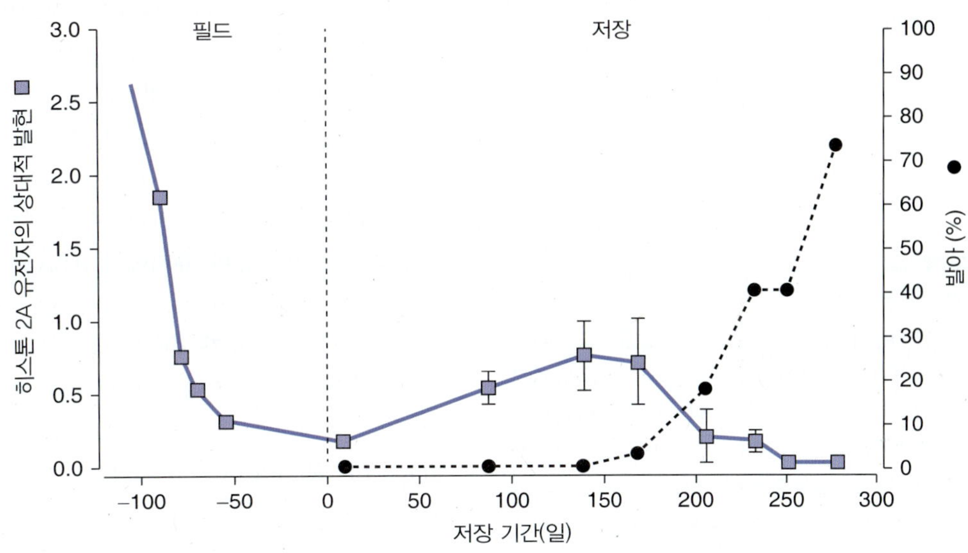

그림 17.24 양파 구경의 필드 발달, 저온 저장, 그리고 싹이 트는 동안 구경 조직 안쪽의 히스톤 2A를 코딩하는 유전자의 발현.

선다. 눈에서 일어나는 영양 생장에서 휴면 조건으로의 변화는 단순한 생장 정지가 아니라 개화유도에서 처럼 **형태형성적(morphogenetic)**인 전이이다. 눈에서의 기본적 변화는 갑작스럽게 발달 경로를 변화시키기도 한다. 예를 들면, 봄 시기의 잎 원기 생성은 휴면 수립시 눈 비늘(bud scale)을 형성하기도 하며, 반면 싹이 틀 때 잎 분화 잠재력을 가진다. 어떤 경우, 두 가지 발달 운명 사이에서 점진적인 전이는 새로 생기는 잎의 중간 형태에서 명백하게 나타난다(그림 17.3 참고). 이러한 구조적인 전이는 뚜렷하게 형태형성적이고 단순한 비특이적인 잎 발달 억제의 결과가 아니다. 멈추는 것이 아니라, **분열조직 활성(meristematic activity)**과 절간 신장 없는 잎 원기의 축적의 독특한 증가이다. 이러한 현상은 전나무(fir), 가문비나무(spruce), 소나무(pine) 그리고 낙엽송(larch)과 같은 나자식물에서 뚜렷하다. 이런 경우, 세포 신장은 휴면기로 전이시 분열조직 세포 주기가 멈추기 전에 중단된다. 분열조직 정체성, 활성, 기관 발달 그리고 잎 패터닝 관련 수많은 유전자가 휴면 관련해서 차등적으로 발현된다. class 1 *KNOX* 패밀리 유전자(예, 잎원기에서 향축/배축 패턴을 조절하는 HD-ZIP III, KANADI와 AS 전사조절인자)—분열조직 상태에서 유지되고 잎원기 개시 시기에 억제되는 (12장 참고)—는 눈 형성시 발현이 증가한다(그림 12.45 참고). 휴면 타파 후 성장과 발달의 재개는 형태형성의 조절 시스템의 회복과 관련되어 있다.

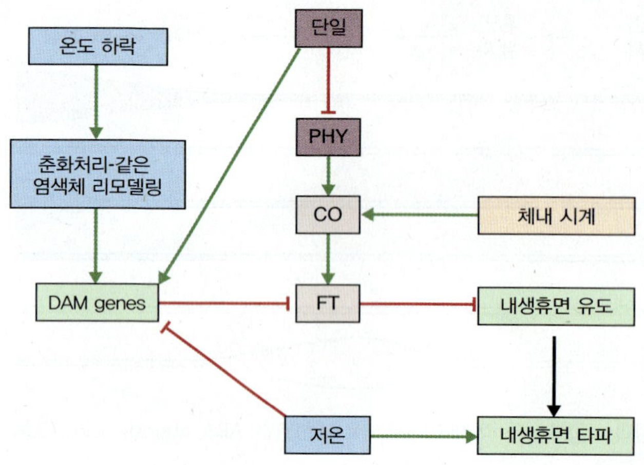

그림 17.25 단일 또는 기온 감소에 의한 휴면 유도의 조절 네트워크와 *DORMANCY-ASSOCIATED MADS-BOX* (*DAM*) 유전자의 역할. CO, Constans transcription factor; FT, flowering time transcription factor; PHY, phytochrome. 막대로 끝나는 선은 억제를, 화살표는 촉진을 나타낸다.

키포인트 휴지 구조는 공통적인 일련의 시기를 지닌다: 성장; 휴면으로 전이; 휴면 유지; 휴면 마감; 그리고 성장 재개. 휴면 개시는 분열조직의 세포주기 정지에 관련되어 있다. 감자 괴경의 내생휴면 눈은 G1에서 멈추어 있다. 의사휴면은 G1/S 체크포인트 이전에 멈춰 있다. 사이클린-의존 단백질인산화효소와 염색체 단백질 유전자의 발현은 휴면 진입시 감소하고 휴면이 타파되고 성장이 재개되기 전에 활성화된다. 일주기로 휴면이 결정될 때, FT와 CO, 파이토크롬과 생체주기 시스템 사이의 상호작용 같은 개화의 광주기 유도를 조절하는 기작을 이용한다. CO-FT 모듈은 포플러의 눈 형성, 감자의 괴경형성 그리고 양파의 구경 형성을 조절함이 알려졌다. 휴면 유도와 타파에 FT의 기능은, 단일조건에서 유도되는, DAM 단백질에 의해 억제된다.

17.5.4 휴면은 앱시스산과 지베렐린의 대립 활동에 의해 조절된다

휴면 상태의 분열조직 세포는 성장 촉진 신호에 둔감하다. 절간 신장은 GA에 의해 조절되고 휴지 조건의 도입과 탈출의 전이 동안 성장의 재개와 지속은 휴면에 미치는 GA의 효과에 의존된다. GA 합성과 활성에 대한 낮길이와 온도의 조절은 그림 17.26에 정리되어 있다. **DELLA 단백질**, **GAI(GA-insensitive)**를 암호화하는 유전자의 전사는 포플러 정아에서, 단일 조건에 노출된 후, 바로 강하게 발현이 증가된다(12.6.3 참고). 다른 DELLA 단백질, RGA(REPRESSOR OF GA1-3)는 형성층 휴면이 유도되면 증가한다. 종자 휴면의 주요 조절 DELLA는 **RGL**(RGA-like)이다. DELLA 단백질은 성장 억제자이다. GA는 이들의 억제 효과를 유비퀴틴-프로티아좀 매개의 DELLA 분해를 촉진함으로써 극복한다(10장과 12장 참고). 냉각은 DELLA를 암호화하는 유전자와 GA를 비활성화시키는 GA-2 oxidase의 전사를 증가시킴으로써 DELLA의 안정성을 증진시킨다(그림 17.26). 휴면 타파는 성장 재개의 과정이다. 그림 17.23에서의 휴면 개시/타파의 전이 동안 성장의 중지와 재개는 GA-DELLA 모듈의 조절로 이루어진다.

포플러 정아에서, 몇몇 식물의 종자 휴면에서 GA 효과를 상쇄시키는, ABA 농도가 성장이 멈추고 눈 형성 전에 피크를 이룬다. 이때 *ABA INSENSITIVE-3*(***ABI3***)와 같은 ABA 신호전달에 관련 여러 유전자들의 발현이 증가한다. 그런데 휴면 유지에서 ABA의 역할은 모순된다. 이 호르몬은 눈 형성 또는 종자의 늦은 배아 형성과 성숙을 조절함으로써 휴지 기관의 발달에 효과가 더 있는 것으로 여겨진다. 그리고 휴면 타파 이후 성장의 음성적 조절자이다. 유사하게, 에틸렌 신호전달 인자들(*ETHYLENE TRIPLE RESPONSE-1*, ***ETR1***을 포함하는)의 발현 증가는 포플러에서 휴면 유지보다는 눈 형성에 더 관련되어 있다. 그림 17.23은 휴면으로의 전이 이전 시기에 ABI3와 ETR1의 역할을 보여준다.

그림 17.25에서 보여지듯이, 휴면의 빛과 저온 유도 사이의 관련성은 개화에 있어서 광주기와 **춘화**(**vernalization**) 요구성 사이의 관계와 유사하다(8장과 16장 참고). 둘 다에서 **후성학적**(**epigenetic**) 조절이 있다는 강력한 증거가 있다. 예를 들면, 만일 개암나무(hazelnut) 휴면을 타파할 냉각 요구성이 불완전하게 이루어지면, 발아 후 발달하는 유식물은 천천히 자라는 난쟁이 식물이 된다. 이러한 상태는 오랜 기간 동안 지속될 수 있으나, 소급적으로 냉각 요구성이 충족되면(또는 GA를 처리하면) 역전될 수 있다. 마찬가지로, 휴면 눈의 냉각 요구성 충족에 실패하면 종종 다음 계절에 슈트 발달이 좋지 않다(그림 17.27). 춘화 처리의 경우에서 처럼(16장 참고), 휴면 조직의 억제된 상태의 크로마틴이 세포 분열 과정에 전달된다; 이런 상

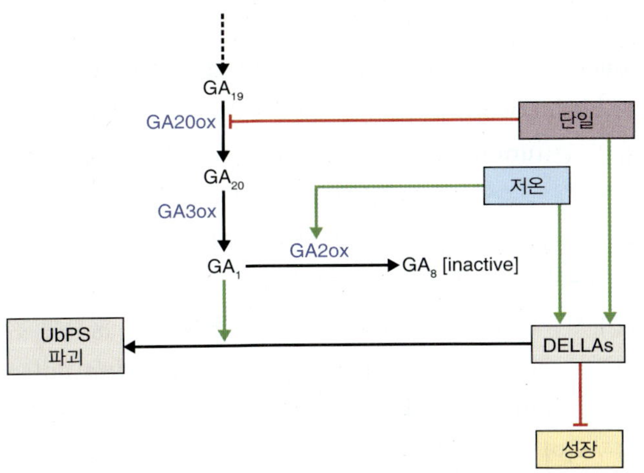

그림 17.26 휴면 유도/타파 전이 동안 성장 잠재력을 결정하는 GA 생합성-DELLA 시스템의 조절 포인트. 효소는 파란색, 대사 경로는 검은색, 그리고 조절 상호작용은 녹색과 빨간색(막대로 끝나는 선은 억제를, 화살표는 촉진을 나타냄). UbPS, ubiquitin–proteasome system.

그림 17.27 온화한 겨울을 지난 어린 복숭아나무에서 느린 슈트 성장. 눈 휴면 타파를 위한 냉각 요구성이 충분히 충족되지 못하였음.

태는 저온처리(때때로 GA 처리)에 의해 완화된다. **크로마틴** 재구성에 관련된 유전자는 눈 형성시 단일조건에 의해 강하게 발현이 증가한다. 이들 중 GA에 반응하고, 분열조직 활성의 억제자인 *PICKLE* (***PKL***)과 KNOTTED-유사 유전자들의발현을조절하는*FERTILIZATION-INDEPENDENT ENDOSPERM*(***FIE***)유전자가있다. 내생휴면에서크로마틴 재구성의 또 다른 증거는 감자 괴경 눈의 휴면 타파가 **DNA 메틸화(DNA methylation)**와 히스톤 다중 아세틸화에 관련되어 있다는 관찰에 의해 제공된다. 크로마틴 재구성은 세포주기 관련 유전자의 적절한 발현에 필요하다는 사실이 잘 알려져 있다. 식물의 성장과 발달에 후성학적 그리고 크로마틴 변형이 조절하는 기작에 관한 연구는 아직 초창기이다. 계속된 연구의 결과물은 휴면 상태의 본질과 조절에 새로운 시각을 줄 수 있을 것이다.

그림 17.23은 어떻게 환경과 발달이 비교적 적은 수의 상호작용 조절 시스템에 의해 성장과 휴면 주기가 유도되는 가를 보여준다. 즉, 전체 휴면 신드롬은 15장에서 기술된 환경 스트레스에 대한 일련의 반응과 연계된 적응현상이다.

키포인트 휴면 기관은 휴면 상태로 전이하는 동안 발달하는 특별한 구조이다. 예를 들면, 잎 형태형성이 휴면 눈의 비늘을 형성하도록 변형된다. 눈 형성 동안, *KNOX* 유전자와 잎 원기에서 극성과 패턴 형성을 조절하는 유전자들은 발현이 증가한다. 휴면 개시와 타파를 조절하는 낮길이와 온도는 GA-DELLA-UbPS 네트워크를 통해 매개된다. ABA는 GA의 길항적 억제자로 역할을 하지만 휴면 유지 기능은 하지 않는다. 휴면 유도와 춘화 과정에 대한 후성학적 조절 사이에 유사성이 존재한다. 크로마틴 재구성에 기능하는 유전자의 전사는 초기 눈 발달에서 단일조건에 의해 촉진된다.

17.6 적응과 진화의 관점에서 휴지기의 중요성

휴지 상태로부터 나타나고 유지하고 들어가는 구조의 발달과 생리는 환경에 밀접하게 조절된다. 이는 식물로 하여금 시간과 공간에서 여행할 수 있는 능력을 준다. 나쁜 환경조건에서 살아 남기 위해 정지 상태를 채택하여 시간여행을 하는 것은 영화나 소설에서 우주비행사가 은하를 탐험할 때 깊은 동면을 하는 것과 유사하다. 이러한 양식으로 식물은 매우 좋지 않은 서식처를 포함한 매우 다양한 생태학적 위치를 점유할 수 있게 된다. 씨를 퍼뜨리는 것은 공간 여행이고 움직이지 못하는 부모 식물이 자기 유전자를 퍼지게 하고 자신과의 경쟁을 조절한다. 식물구조와 생활사에서 휴지 구조의 중요성은 형태를 생태학적 기능으로 연관시키는 분류 시스템의 기반이다. 이 장에서는 다음의 주제를 다룬다; 휴지 구조의 분산을 통한 증식, 계절 순환에서 성장과 휴면의 중요성, 휴지 구조와 전체 식물 형태 사이의 관계에 따라 분류되는 생명 형태의 다양성. 끝으로, 현재 세계를 먹여 살리는 뿌리, 슈트, 그리고 열매가 인류의 진화에 미치는 영향을 고려한다.

17.6.1 대부분 휴지조직의 구성은 번식체(propagules)이다

식물은 종자와 열매를 통해 성적으로 번식할 수 있다. 또한 이 장에서 기술되는 저장뿌리 그리고 슈트와 같은 다년 기관을 포함하는 다양한 방법으로 무성 번식할 수 있다. 무성 번식에 비해 유성 번식의 비용과 이득은 진화생물학에서 많이 다루어지는 주제이다. 일반적으로, 유성 번식은 자원 이용 면에서 비싸지만, 감수 분열과 유전자 재조합을 통한 유전적 다양성 촉진에 의한 종 적합성(fitness)에 유리하다. 무성 번식은 재료와 에너지의 소요 관점에서 덜 비싸고, 잘 적응된 유전체의 유지와 빠른 증식에 효과적이다. 다만, 유전적 균일성은 융통성이 없고 적합성 손실 위험의 증가를 의미한다. 종자 분산을 촉진하는 종자와 열매의 특성은 일상적인 것이다. 먹는 열매의 매력적인 색과 향은 공동 진화과정에서 식물이 동물 분산자를 초대하는 신호이다. 갈고리, 가시나 다른 접착 수단을 가진 종자는 보상 없이 동물 운반자를 이용하는 것이다. Sacer samaras과 같은 열매는 날개로 날라 가고, 민들레(Taraxacum)의 수과는 낙하산을 타고 활강한다(그림 1.22 참고). Squirting cucumber (*Ecballium elaterium*) 같은 것들은 폭발적으로 종자를 방출한다.

딸기와 클로버 같은 기는식물의 근경과 주근의 형태학적 생리학적 특성은 아마도 무성 번식과 증식을 촉진하는 데 적응된 것으로 여겨진다. 클론으로 번식된 군락을 **genet**이라 부르며 유전적으로 동일한 개체 또는 **라멧(ramet)**으로 구성되어 있다. 그러한 집단은 종종 매우 오랫동안 산다. 영양 번식체 증식의 또 다른 예는 개구리밥(duckweed), 가래(pondweed), 검은말(waterweed)와 통발(bladderwort) 같은 수생 종의 스트레스-저항성인 내생휴면 눈(**turion**)이다. 일반적으로 눈은 단일 조건에서 변형된 슈트 분열조직으로부터 형성되며, 탈리층(abscission layer) 형성 후 어미 잎의 주근으로부터 떨어지고, 봄에 기온이 올라가서 성장을 개시하기 전까지 물 밑바닥에 가라앉아서 겨울을 지낸다. turion 발달 동안 세포 팽창은 감소되고 전분과 안토시아닌이 축적된다. *Spirodela polyrrhiza* (common duckmeat)의 turion은 눈 휴면의 모델로 연구되어 왔다. ABA는 turion 형성을 촉진하고 사이토키닌은 억제한다(그림 17.28). ***tur1***은 ABA에 의해 활성화되는 유전자로 d-myoinositol-3-phosphate synthase를 코딩하는 데 주요 신호전달 물질인 **inositol**을 합성하는 첫 단계를 촉매한다. 이 식물에서 ABA는 또한 스트레스-관련된 ABC 수송 단백질과 탈인산화효소를 유도한다. 휴면하고 재성장하는 turions는 종종 무산소 환경을 경험하게 되어 발효 대사 관련 수많은 유전자들을 발현한다. turion을 통한 영양번식은 명백히 효과적이다. 왜냐하면 *Hydrilla verticillata*와 같은 종들이 이러한 전략을 사용하는데, 매우 침략적인 수생 잡초로 분류되어진다.

> **키포인트** 대부분 양분-저장 휴지 기관은 번식체이며 이는 식물이 무성으로 번식함을 의미한다. 라멧은 근경 또는 주근에 의해 증식되는 유전적으로 동일한 개체이다. 그들은 클론의 군락을 형성하는데 이를 지넷(genet)이라 한다. 많은 수생 잡초는 turion으로 증식한다. 이는 단일 조건에서 형성되는 내생휴면 눈으로 부모식물에서 떨어져서 분산되고 월동 후 새로운 개체로 성장한다. Turion 형성은 ABA에 의해 촉진되고 사이토키닌에 의해 억제된다.

17.6.2 연간 생활사에서 생장과 생장정지의 시기를 연구하는 식물계절학은 환경적 변화에 관한 정보를 제공해 준다

식물 생활주기에서 성장, 생식 그리고 휴지 시기는 계절과 동조된다. **식물계절학(phenology)**은, 특히 기후 관련, 연간 주기적 생활사 사건의 시기를 연구한다. 전형적인 식물

그림 17.28 *Spirodella polyrrhiza*에서 ABA에 유도되는 turion 형성에 영향을 미치는 합성 사이토키닌인 키네틴의 효과. (A) 대조구 잎. (B) 20 μM의 키네틴을 처리한 잎. (C) 250 nM ABA를 처리한 잎(화살표는 turion과 turion 원기를 가리킨다). (D) 250 nM ABA와 20 μM 키네틴을 처리한 잎. 잎은 8일간 처리 후 사진이다.

계절적 순서는 그림 17.4의 *Salix gracilistyla*에서 보인다. 일간 날씨에 대한 식물의 반응은 누진적이다. 그래서 성장 또는 발달 사건의 시기에 대한 온도의 영향은 노출 시간에 따라 증가한다. 이는 종종 **열-시간(thermal time)**, 또는 일-도(day-degrees) 또는 열 단위(heat unit)로 표현되며, 일정 기간 대비 축적된 임계 온도에 대한 도(degrees)로 계산된다(식 17.5). 휴면 종에서 겨울 냉각 효과는 눈 휴면 타파를 위한 온도 시간을 감소시키는 것이다. 그림 17.29는 높은 냉각 요구성을 지니고 늦게 싹이 트는 너도밤나무(beech)의 열-시간 반응을 일찍 싹이 트는 산사나무(*Crataegus*)와 검은미루나무(*Populus*)와 비교한다. 열-시간에 대한 반응으로, 식물은 환경 데이터의 총괄자로 역할을 하며 이것이 식물계절학적 관찰이 기후 추세 정보에 대한 중요한 원천이 된다.

식 17.5 j에서 k일까지의 기간에 대한 열시간(thermal time, D)의 계산

$$D = \sum_{j}^{k} T_n - T_t$$

T_t는 임계온도이고 T_n은 n일의 평균 온도이다.

겨울 휴면 후 휴면 타파 시기(봄 잎이 처음 보이는 것으로 관찰하는)는 열-시간에 직접적으로 관련되어 있고 매년 온도 변화에 가장 강력하게 보여준다. 그림 17.30은, 1955년부터 2002년까지 북반구의 1,400개 이상의 장소에서의 결과에 기초하여, 매년 휴면 타파의 일자 추세를 보여준다.

데이터는 커다란 스케일의 관측에서 기대되는 것처럼 변화가 심하지만 최적선(fitted line)은 통계학적으로 유의미하고, 북반구에서 평균적으로 매 십년 간 봄이 하루씩 빨리 시작됨을 보여준다. 식물계절학은 마치 나이테(17.2.3장 참고)와 같아서 온도 변화에 대한 논쟁에 중요한 증거를 제공한다.

17.6.3 서로 다른 생명체는 요소 발달 과정의 통합에서의 변화를 통해 진화되어 왔다

12장에서 식물의 구조는 구조 단위의 반복에 기초함을 보았다. 모듈 구성의 변이가 현대 식물상의 형태와 생활사의 커다란 변화를 가져 왔다. 이러한 다양성을 정리하고자 많은 시스템이 제안되었다. **Raunkiaer** 분류는 휴지 구조에 기반하고 식물체를 활동 또는 휴면 상태에서 정단 분열조직의

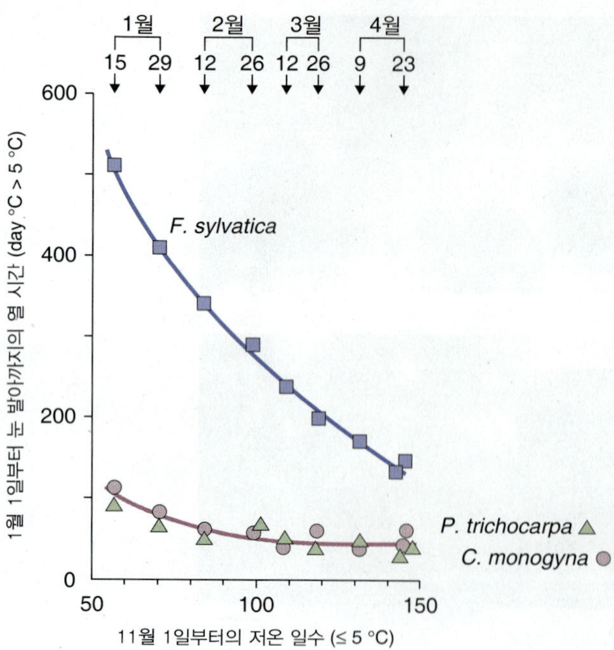

그림 17.29 늦게 싹이 트는 나무(예, *Fagus sylvatica*)와 일찍 싹이 트는 나무(*Populus trichocarpa*, *Crataegus monogyna*) 종에서, 싹트임을 유도하는 열-시간(임계온도 5℃)과 축적된 냉각 일수(5℃ 이하의 일수)와의 관련성. 묘목들을 따뜻한 온실과 야외 포지 사이에 이동시킴으로써 서로 다른 시간의 겨울 온도로처리하였다. 싹트는 평균 일을 기록하였고 각 처리에서 일-온도 값은 등식 17.5를 통해 계산하였다.

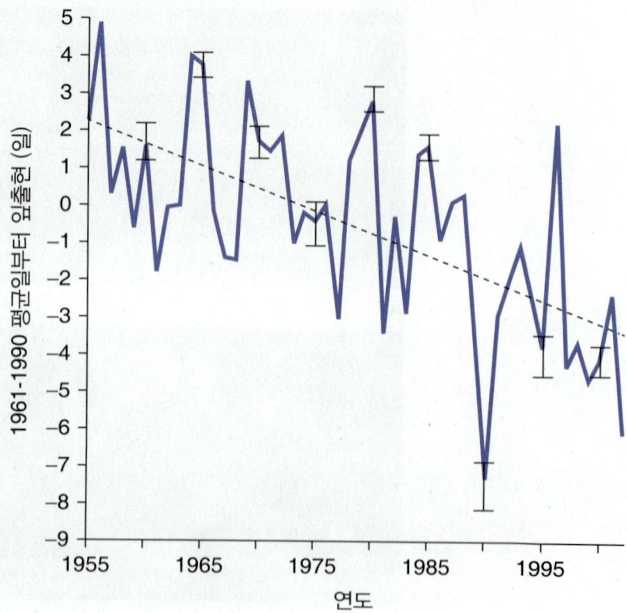

그림 17.30 1961-1990년을 평균값으로 비교하여, 북반구의 1955년에서 2002년까지 봄에 잎 출현 일자. 회귀직선은 약 10년에 1일의 비율로 이른 휴면 타파의 추세를 보여준다.

생존에 따라 분류하였다(표 17.4). 다양한 생명체는 성장 시기가 끝남에 따라 슈트 축이 지속적[**phanerophytes**(지상식물), **chamaephytes**], 축소적[**hemicryptophytes**(반지중식물), **cryptophytes**(지중식물)] 또는 죽느냐(**therophytes**)로 분류된다. 일년생(애기장대와 대부분 곡류)과 많은 이년생은 therophytes이다. 휴지 구조의 형성(12장 참고)과 점진적인 프로그램된 노화와 기관과 조직의 죽음과 함께 분열조직의 결정성은, 위에서 논의된 Raunkiaer 분류에서, 식물의 위치를 결정하고 전체와 각 구성 부분 사이에서의 연결을 나타낸다.

생명체의 다양성에서 근본적인 유전적 기작의 이해는 발달 조절의 분자적 지식을 적응과 진화의 기능적 건축적 이론을 융합시키는 시도를 포함하는 어려운 도전이다. 지중식물 또는 지상식물을 위한 유전자에 대한 논의는 너무 단순하지만, 유전적, 분자적 접근은 어떻게 생활사에서 휴지기관의 발달이 재조정될 수 있는지에 대한 이해를 주기 시작한다. 예를 들면, 땅속 줄기 특성은 몇몇 다년생 작물에서는 바람직한 형질이다. 온대 초원의 생산성이 좋은 콩과식물인 화이트 클로버(Trifolium repens)는 주근을 통해 주로 영양 번식을 한다. 관련 종인 Caucasian clover(*T. ambiguum*)는 뿌리줄기를 가지고 있어 건조 내성이 매우 강하다(그림 17.31). **연관 DNA 표지(linked DNA markers)**를 활용한 종간 교잡으로 식물 육종가는 화이트 클로버의 유전 배경에 뿌리줄기를 만들 수 있는 능력을 전이하는 데 성공하였다(그림 17.31). 그 결과, 효과적으로 반지중식물을 지중식물로 전환시켰다(표 17.4). 마찬가지로, 다년생 벼(*Oryza longistaminata*)의 뿌리줄기 형질을 *O. sativa*에 육종하였고, 2개의 주요 유전 좌위에 관련되어 있음을 보였다.

17.6.4 식물 휴지 기관의 섭취가 인류 진화 과정에 영향을 주었다

식물의 지하 저장 기관이 인류의 초기 진화에서 매우 중요한 역할을 했음이 최근 알려지고 있다. 화석 증거는 **초기 인류조상(early hominids)**이 사바나 식물의 전분 저장 기관

표 17.4 라운케르의 식물생장 형태의 분류

생장 형태	정의	포함된 타입	도식 표현
지상식물	지상으로부터 적어도 25 cm 이상에 눈과 정아를 가진 연중 내내 보이는 비교적 키가 큰 식물들. 예로써, 나무들, 큰 관목들과 리아나 종류	• 눈 덮개가 없는 상록식물 • 눈 덮개가 있는 상록식물 • 눈 덮개가 있는 낙엽식물 • 2 m 이하의 크기	
지표식물	지표면과 25 cm 사이에 다년 눈을 가지며 연간 보이는 키가 작은 식물들. 예로써 관목형 툰드라 종들	• 아관목형 지표식물들, 예, 잎이 지는 수직형 슈트를 가진 식물들 • 지표면 근처에 약한 슈트를 지닌 수동적인 지표식물들 • 수평적 방향으로 성장을하기 때문에 지표면 근처를 기는 능동적 지표식물들 • 방석 식물들	
반지하식물	눈과 정아가 토양표면 또 바로 아래에 위치하는 식물들. 예로써 다년생 풀, 여러 광엽초본과 양치류	• 정상적인 잎이 달린 지상부 슈트를 가진 원시 반지하식물들 • 지표면 근체의 짧은 절 간에 대부분의 잎이 달려 있는 부분적 로젯 식물들 • 기부 로젯에 모든 잎이 달려 있는 로젯형 식물들	
지하식물	성장시기 후 지하 근경, 구경, 구근이 되는 종들. 예로써 백합, 양파, 마늘, 감자와 유사한 광엽초본들	• 지중식물들로, i) 근경, ii) 구근, iii) 줄기괴경, 그리고 iv) 뿌리괴경 • 습지식물(소택식물) • 수초(수생식물)	

(계속)

표 17.4 *계속*

생장 형태	정의	포함된 타입	도식 표현
일년초	종자에서 종자까지 한 시즌 내에 죽어서 삶의 주기를 완성하거나 가을에 발아하여 번식하고 다음해 봄에 죽는 식물들	• 애기장대는 일년초이다	

을 막대기와 뼈를 이용해서 파내는 것을 보여준다. 현대 사바나 침팬지가 같은 일을 한다는 보고가 있다. 어떤 기관은 인류가 사용하는 도구가 이 행동에서 기인한다고 믿기도 한다. 그러한 질긴 섬유성의 음식 섭취가 초기 인류조상의 치아와 턱 구조에 영향을 주었을 수도 있다. 전분 식사는 또한 인류 유전체에 직접적인 영향을 주었다. 사람 타액의 **전분가수분해효소(human salivary amylase)**를 코딩하는 *AMY1* 유전자 좌위는 중복 핫스팟이다. 그림 17.32는 주로 전분이 많은 음식으로 연명하던 유럽-아메리카인과 Hadza(탄자니아의 사냥-채집자) 집단이 Yakut (nomadic hunters of Central Asia)와 Mbuti(Congolese pygmy tribes) 같은 전분이 적은 음식을 섭취하는 집단에 비해 *AMY1*의 중복이 유의하게 많음을 보여준다. 높은 *AMY1* 유전자 카피 수와 단백질 수준은 전분 음식의 소화와 장내 질병 효과를 억제하는 완충 기능을 개선한다고 믿어진다. 지하 저장 기관을 물에 담그면 비영양적 요소의 수준이 감소되고 가열하면 전분의 소화성이 증가한다. 아마도 이것이 요리의 기원으로 여겨진다. 지하 저장 구조물 섭취에 대

그림 17.31 주근성인 화이트 클로버(*Trifolium repens*), 뿌리줄기를 가진 Caucasian clover(*T. ambiguum*), 그리고 그들 간의 종 간 잡종의 역교배자손(BC3). BC3는 화이트 클로버 유전 배경에 뿌리줄기의 특성이 육종되었다.

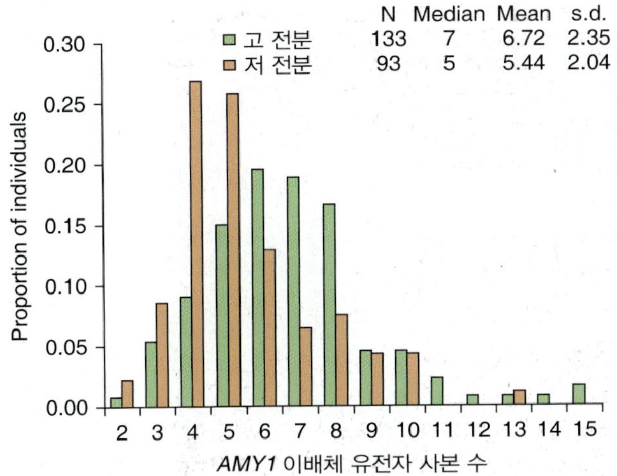

그림 17.32 사람 타액의 전분가수분해효소 유전자 *AMY1*의 이배체 사본 수와 식습관 사이의 관계. 막대그래프는 전분이 많거나 또는 적은 전통적 식습관을 가진 집단에서 *AMY1* 유전자 사본 수 변화의 빈도 분포를 보여준다. N은 각 그룹에서 검색된 개인의 숫자를 가리킨다.

한 또 다른 영향은, 전분 음식에 대한 입맛의 발달을 통해, 초기 인류는 그들의 식생활을 야생 초본류의 낟알을 포함시켜 다양화하였을 것이고, 이것이 곡류와 다른 작물을 재배하는 농업의 진화를 유도하였을 것이다. 그래서 인간 생리, 행동, 사회 그리고 문화의 뿌리를 변변치 않은 근경, 괴경, 구경, 구근과 주근의 특성에서 찾기도 한다.

키포인트 식물계절학은 여러 해에 걸쳐 연간주기에서 식물발달 중 일어난 유의미한 사건 발생 시점의 축적된 기록에 대한 연구이다. 식물생활사에서 서로 다른 시기의 길이가 환경조건에 민감하기 때문에, 식물계절학적인 결과는 기후 추세의 증거를 제시한다. 발달은 온도에 노출 기간에 민감해서 열-시간 스케일로 표시되기도 한다. 냉각 요구성을 가진 휴면 종에서는 낮은 겨울 온도가 눈 성장에 열-시간을 감소시킨다. 식물계절학적 연구는 북반구에서 봄의 개시가 십년 간 하루의 속도로 매해 빨라짐을 추정한다. Raunkiaer 시스템은 정단 분열조직의 생존과 휴지 구조의 조직화 방법에 따라 식물의 형태를 분류한다. 전분이 많은 영양 저장 기관은 초기 인류조상의 진화이래로 인간 음식의 일부였다. 막대기나 뼈로 뿌리를 파내는 것은 연장 사용은 초기 예가 될 수 있다. 그러한 음식 재료의 식감을 증진시키기 위해 물에 담그거나 삶는 행위가 요리의 기원이 될 수도 있다. 저장뿌리와 줄기의 질기고 섬유성인 본질은 초기인류의 치아와 턱의 진화에 영향을 주었다. 그리고 침샘 전분가수분해효소의 분자적 연구를 통해 전분 섭취가 인류 유전체에 선택적 영향을 주었다는 증거가 있다.

Chapter 18
노쇠화, 숙성 및 세포 사멸

18.1 서론: 식물과 식물 부위들의 일생에서 마지막 단계

식물의 조직, 개별 세포, 심지어 전체 기관의 선택적 사멸(selective death)은 식물의 정상적인 발생과 생존에 필수적이다. 온대성 지역의 낙엽수(deciduous tree)에서 잎이 떨어지는 것이 가장 잘 알려진 예이지만, 사멸을 통제하여 특정 식물 부위를 제거하는 것은 모든 식물의 생활환 중 많은 단계 중에서 필수적인 과정이다. **예정 세포사(programmed cell death**; 이하 **PCD**로 약칭함)는, 유전적으로 미리 결정된 사건의 일부로서 식물 원형질(protoplasm) 및 종종 이와 연합한 세포벽이 선택적으로 제거되는 모든 과정을 이르는 일반적인 용어이다.

발생 및 적응 동안에 발생하는 세포 사멸은 그 목적성이 뚜렷하기 때문에 그 조절이 매우 엄격해야 하며 이에 따라 '예정(programmed)'이라는 용어를 사용하게 되었다. PCD의 개념은 어떤 세포가 잘 조직된 방식으로 사멸하는 모든 과정에 적용되지만, 세포 사멸의 특정 방식이나 기작을 의미하기 위해 사용되지는 않는다. 식물 세포에는 여러 유형이 있고 식물과 식물 부위들의 생활환 최종 단계에는 여러 사건이 있는 만큼이나 다양한 세포 사멸 변이형이 있을 것으로 예상된다. 이 장에서는 식물 전체와 식물 기관, 조직 및 세포가 어떻게 PCD로 이끄는 과정을 개시하고 수행하는지에 대해 가장 중요한 몇 가지 방식을 중심으로 살펴볼 것이다.

18.1.1 상이한 범주의 세포 사멸에는 몇 가지 공통 특성이 있다

예정 세포사는 능동적인 과정으로서, 대사 과정이 일사분란하게 진행되고 생물학적 에너지가 공급되어야 하는 과정이다. PCD는 특정 유전자에 의해 조절되는데, 대사적, 세포학적 사건들이 정확한 시간과 공간에서 발생하게 하기 위해 이러한 유전자가 수행하는 필수적 기능은 돌연변이, 형질전환에 의한 변형 또는 화학적 조작을 통해 확인할 수 있다. 세포 사멸 프로그램의 수행은 여러 생화학적 활성이 **다단계(cascades)**로 조직된 형태를 가지는데, 이 경우 특정 단계에서 활성의 변화는 다음 단계(downstream)에서 활성의 변화를 일으키며, 이러한 전달이 계속 반복됨으로써 전체 세포에 걸쳐 반응을 전파하게 된다.

발아에서부터 다음 세대의 종자를 발생시키는 것까지 식물 생활환의 거의 모든 단계는 PCD에 의해 영향 받게 된다(그림 18.1). 다른 개체(병원균, 해충, 초식동물, 수분매개체 등)와의 상호작용과 가뭄, 열, 영양분 부족 등 환경 스트레스에 대한 반응에도 일부 세포의 예정사가 관여한다. 동물에서 가장 활발히 연구되는 PCD의 유형은 **아폽토시스(apoptosis)**라고 한다. 아폽토시스는 고도로 조절되는 과정으로 알려져 있으며, 잘 규명되어 있는 특정 유전자들에 의해 조절되며 명확한 생화학적 경로를 통해 수행된다(그림 18.2). 대부분의 경우에 식물 PCD는 동물의 아폽토시스와는 다른 유전자와 경로로 구성되어 있는 것 같다.

The Molecular Life of Plants, First Edition. Russell Jones, Helen Ougham, Howard Thomas and Susan Waaland.

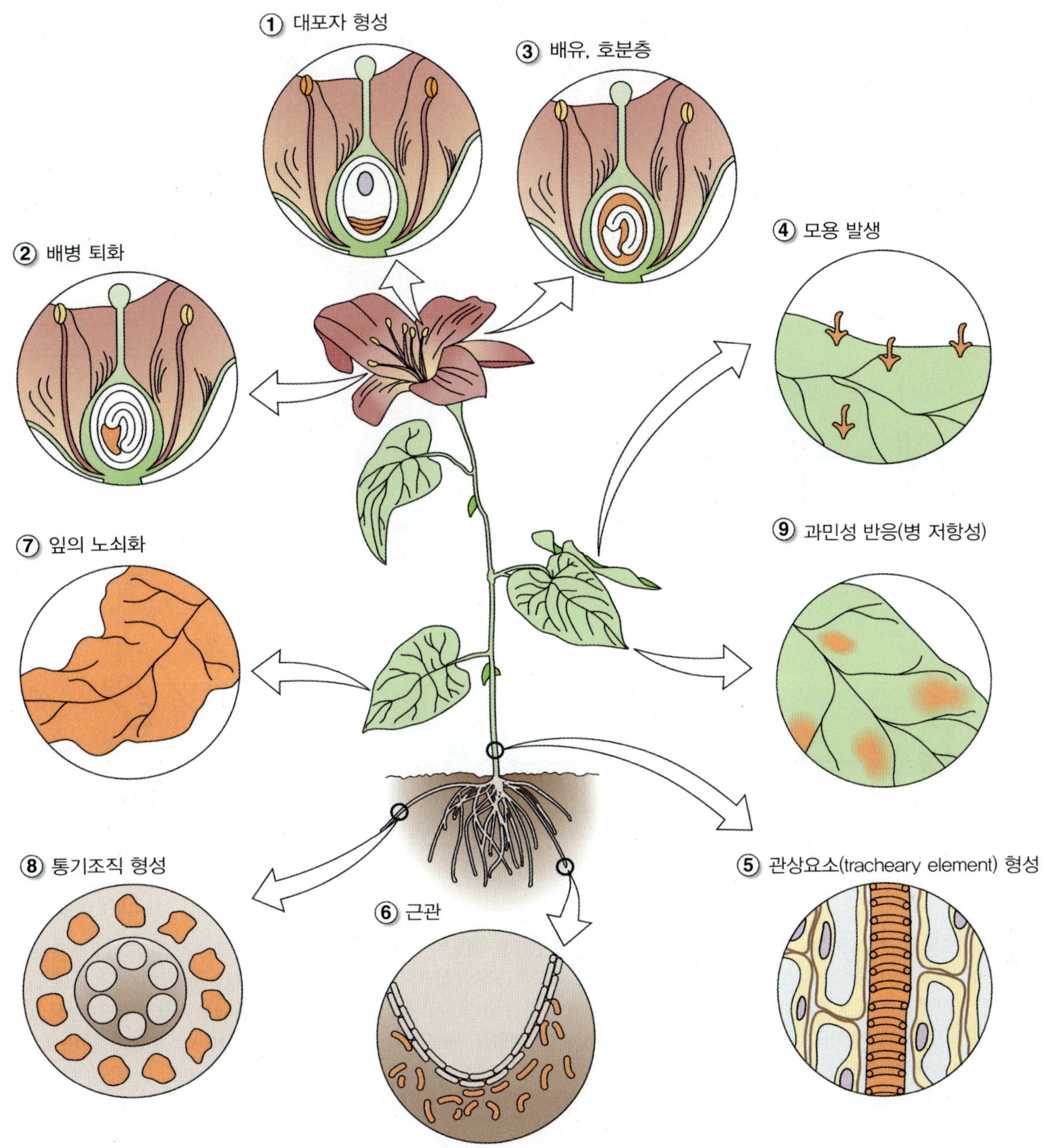

그림 18.1 예정 세포사(PCD)는 여러 식물 세포와 조직에서 일어나며 수많은 발생 및 적응 과정, 이를테면 (1) 배우자 형성; (2) 배 발생; (3) 종자와 열매에서 조직의 퇴화; (4-6) 조직 및 기관 발생; (7) 노쇠화; 및 (8, 9) 환경 신호와 병원균에 대한 반응 등에서 고유하게 일어난다.

18.1.2 세포 사멸로 이끄는 발생 프로그램 동안 세포의 생존력이 유지된다

예정 세포사는 2단계로 구성된다. 첫째 단계에서 세포는 생존해 있어서 그들의 막과 세포소기관이 온전한 상태로 남아 있고 잎과 같은 기관들은 팽압을 유지하고 있다. 잎에서 녹색 세포(엽육세포)의 **노쇠화**(senescence)와 같은 일부 경우에, 이 첫째 단계는 가역적이다. 즉, 잎의 거의 모든 거대분자가 재활용되어 다른 식물 부위로 수송되어 나갈 때까지 엽육세포는 여전히 생존해 있다. 일부 식물 부위에서 이 단계는 오래 동안 연장되기도 한다. 둘째 단계는 말기로서 종종 급속하게 진행되며, 항상 비가역적이다.

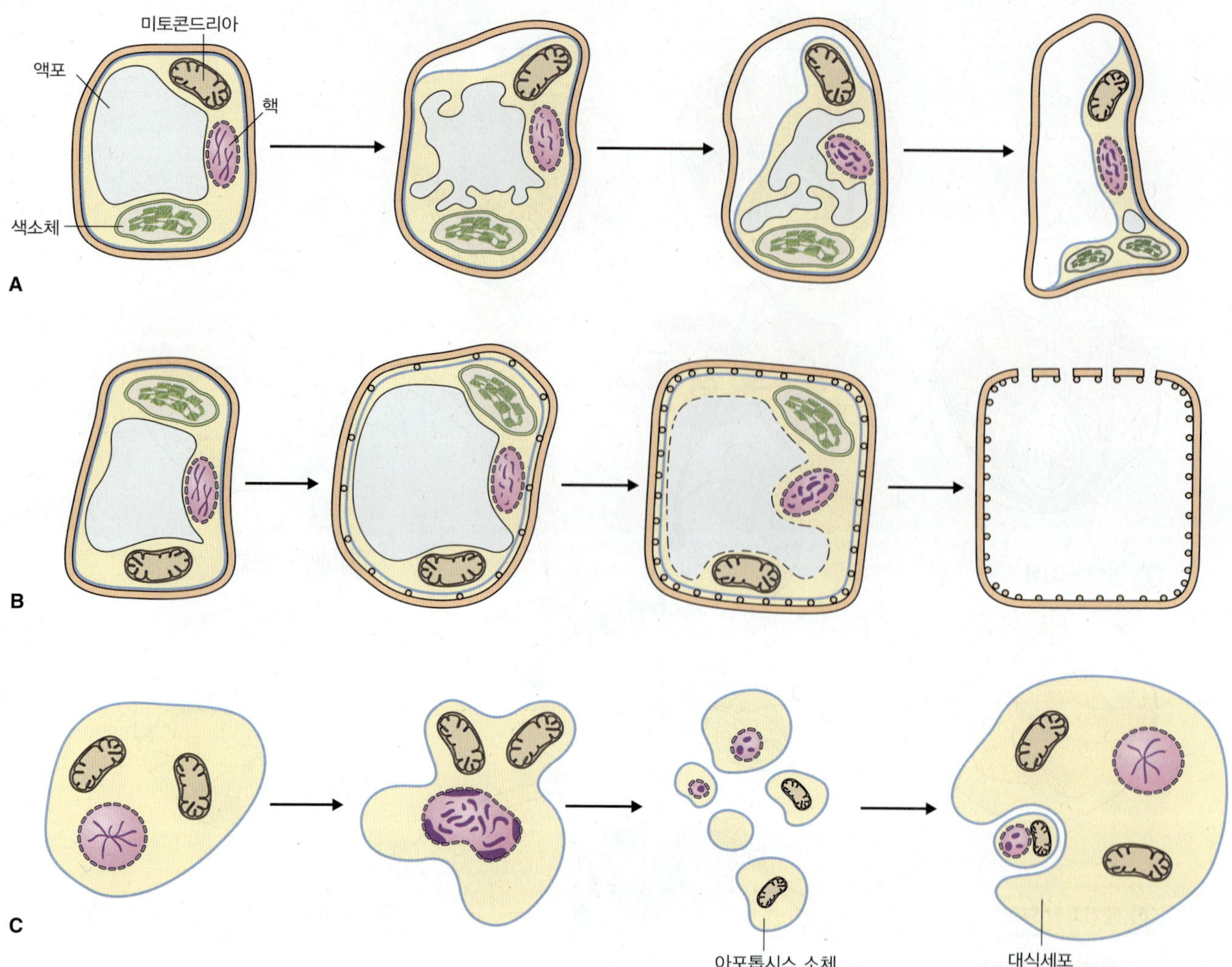

그림 18.2 식물 세포의 예정사 2종류와 동물 세포 사멸의 아포토시스 경로를 세포학적으로 비교한 것. (A) 병원균 공격에 대한 저항성 반응인 과민성 세포 사멸. 핵내 DNA가 응축하고 절단된 후, 액포가 파괴되고 액포막과 원형질막으로부터 물집 형성(blebbing)이 일어난다. 이 과정은 세포 소기관의 파괴, 원형질막의 붕괴 및 죽은 세포의 내용물이 아포플라스트로 누출되면서 종료된다. (B) 발생학적 세포 사멸의 예인 관상요소의 분화. 액포가 부풀고 파열되면서 세포벽이 2차적 비후(secondary thickening)와 재편을 겪는다. 액포가 파괴된 후 핵 DNA의 분절이 일어난다. 마지막에 가서는 자가분해(autolysis)에 의해 남은 세포질이 제거되어, 비후되고 망상 형태이며 천공을 가진 세포벽으로 둘러싸인 빈 공간의 세포를 남기게 된다. (C) 동물 세포에서 아폽토시스. 염색질 응축과 분절이 초기의 형태적 사건이다. 원형질막이 붕괴되고, 세포 내용물이 아폽토시스체(apoptotic body)로 재포장된 후 주변 세포에 의해 흡수된다.

18.1.3 자가분해는 공통적인 형태의 세포 사멸이다

식물에서 여러 가지 PCD의 중요한 일반적 특성은 **자가분해성**(**autolytic**)이라는 것이다. 즉, 세포가 자신을 소화시키고 그 세포 내용물을 폐기한다는 것인데, 이 폐기 과정은 제거되는 세포질 자체를 대상으로 세포질 자체에 의해 일어난다. 거대분자를 가수분해하여 올리고머로 쪼개고 궁극적으로는 단위체(monomer)로 분해하는 **분해효소**(**lytic enzyme**)에 의해 소화가 수행된다. 식물 세포의 중심 액포(central vacuole)에는 펩티데이즈 및 뉴클레이즈 등 강력한 가수분해 효소가 특히 풍부하게 존재한다. 중심 액포는 여러 종류의 자가분해에서 필수적 역할을 갖는데, 이러한 자가분해는 지식작용(autophagy) 유형의 포획 기작에 의해서 일어나거나 액포막의 파열 후 액포 내용물의 분출에 의해서 일어난다.

핵산의 가수분해는 **뉴클레이즈**(**nuclease**)에 의해 촉매된다. 뉴클레이즈는 두 가지로 구분되는데, 기질 분자의 말단에서 순차적으로 뉴클레오타이드 단위체를 절단하는 **엑소뉴클레이즈**(**exouclease**)와 핵산 사슬 내부의 단위체 사이에서 결합을 가수분해시키는 **엔도뉴클레이즈(endonuclease)**로 구분된다. 뉴클레이즈는 RNA에 특이적으로 작용하는 리보뉴클레이즈(ribonuclease; **RNase**로 약칭하기도 함)이거나, DNA에 특이적으로 작용하거나(**DNase**), 또는 두 유형의 핵산을 모두 기질로 사용하기도 한다.

단백질 분해(proteolysis)는 **프로티에이즈(protease** 또는 proteinase)라는 가수분해 효소에 의해 촉매된다(6장 참고). PCD에서 특히 중요한 프로티에이즈는 기질 내부의 펩티드 결합을 절단하는 엔도펩티데이즈(endopeptidase)이다(그림 6.28 참고). 엔도펩티데이즈는 그 활성자리의 성질에 따라 구분된다. 예를 들면 **시스테인 엔도펩티데이즈(cysteine endopeptidase)** 족의 효소들은 그들의 촉매 중심에 반응성 시스테인 잔기를 갖는다. 비록 시스테인 엔도펩티데이즈가 동물의 아폽토시스성 사멸과 식물의 PCD에 관여하고 있지만, 식물의 시스테인 프로티에이즈를 암호화하는 유전자의 DNA 서열은 동물의 시스테인 프로티에이즈 유전자의 것과 관계가 없거나 매우 멀다. 식물의 PCD에 기능하는 시스테인 펩티데이즈를 가끔 **메타카스페이즈(metacaspase)**라고 부른다. 액포 가공 효소(vacuolar-processing enzyme; VPE로 약칭함)로 알려진 시스테인 엔도펩티데이즈 부류 중 하나는 메타카스페이즈의 예이다. 활성 자리의 화학에 의해 분류되는 다른 유형의 프로티에이즈는 **세린 프로티에이즈(serine protease)** 및 **메탈로프로티에이즈(metalloprotease)**이다. 5장에서 논의된 **유비퀴틴-프로테아솜 체계(ubiquitin-proteasome system**; UbPS로 약칭함)도 선택적 단백질 분해와 손상되거나 불필요한 폴리펩티드를 제거함으로써 세포 기능을 조절하는 데 있어 중요하다.

자가분해의 기작은 세포 이하의 수준에서 다양하게 존재한다. 일부 식물 세포는 **자식작용(autophagy**; 문자 그대로의 뜻은 '자신을 먹는 것'임; 그림 18.3)에 의해 세포 내용물을 폐기한다. 온전한 세포소기관을 포함한 세포액의 일부가 **오토파고솜(autophagosome)**이라는 소낭에 의해 포획된다. 이들 소낭은 세포의 커다란 중심 액포에 의해 흡수되거나 어떤 경우에는 리소좀(막으로 둘러싸인 작은 분해성 세포소기관)과 융합한다. 오토파고솜에서 배출된 내용물은 자식작용 소체(autophagic body)라고 불리며 가수분해 효소에 의해 분해된다(그림 18.3A). 프로티에이즈의 화학적 억제제는 자식작용 경로의 작용을 방해한다(그림 18.3B). 오토파고솜은 노쇠 중인 나팔꽃(*Ipomoea tricolor*) 화관(corolla) 세포(그림 18.3C)에서, 그리고 병원균의 공격에 대한 과민성 반응(그림 18.3D) 동안 관찰된 바 있다. 자식작용과 유사한 특성을 갖는 기타 자가분해 과정의 예로는, 양분이 결핍된 배양 세포의 사멸, 발아 중인 종자 조직의 사멸, 그리고 관다발 조직의 최종 분화가 있다.

자식작용과 그 조절 기작에 관한 모델은 효모에서 상세히 정립되어 있는데, 효모에서 자식작용은 아미노산 결핍 조건에 의해 유발된다. 효모 자식작용 유전자(*ATG*)의 대부분에 대한 상동 유전자가 애기장대와 다른 식물에 존재한다. *ATG* 유전자 발현과 ATG 단백질의 활성은 조절성 **인산화효소(kinase)**의 네트워크에 의해 조절된다. 자식작용은 소낭 구조의 유도 단계에서 시작하여 소낭 확장, 도킹, 액포막과의 융합의 단계를 거쳐 마지막에 소화의 단계로 종결된다. 세포가 자식작용을 하도록 지시하는 신호전달 경로는 ATG1과 ATG13 단백질 발현과 활성에 집중된다(그림 18.4). ATG1은 단백질 인산화효소 A에 의해 인산화되는데, 자식작용의 음성적 조절자인 단백질 인산화효소 A 자체는 TOR(Target Of Rapamycin) 인산화효소에 의해 조절된다. ATG13과 함께 **전오토파고솜 구조(pre-autophagosomal structure**; **PAS**라고 약칭함)에 존재하던 ATG1 단백질은 인산화될 때 세포액으로 빠져 나온다. *ATG1* 및 *ATG13* 유전자의 발현은 전사 조절자인 GCN4(General Control Nonderepressible4)에 의해 활성화된다. GCN4는 인산화된 신장 개시 인자 2α(elongation initiation factor 2α)에 의해 조절되며, 인산화된 신장 개시 인자 2α는 다시 영양결핍에 의해 유도되는 인산화효소인 GCN2 및 AMK(AMP-activated kinase)에 의해 활성화된다. AMK는 *ATG* 유전자 발현에서의 역할 이외에도 TOR를 인산화하고 불활성화시킴으로써 자식작용을 촉진

키포인트 세포, 조직 및 기관의 사멸은 식물의 생활환 중 모든 단계에서 일어나며 식물 발생과 적응에 있어 필수적인 부분이다. 예정 세포사(PCD)는 능동적이고 에너지를 요구하는 유전적으로 결정된 단계로서, 질서정연한 방식으로 전파되고 결국 비가역적으로 생존력을 상실하게 되는 과정이다. PCD의 주요 형태들은 자가분해성, 즉 프로티에이즈, 뉴클레이즈 및 기타 분해효소가 촉매하는 자기소화에 의해서 세포 내용물이 제거된다. 중심 액포는 PCD 동안 가수분해 활성이 위치하는 곳이다. 자식작용은 식물, 효모 및 기타 진핵세포가 공유하는 특별한 자가분해 기작이다. 양분 결핍이나 발생 신호와 같은 자극에 반응하는 인산화효소 네트워크가 자식작용 유전자(*ATG*)의 발현, 세포질 일부를 포획하는 자식작용 소낭의 조립, 그리고 소낭과 가수분해 장소인 액포의 융합을 조절한다.

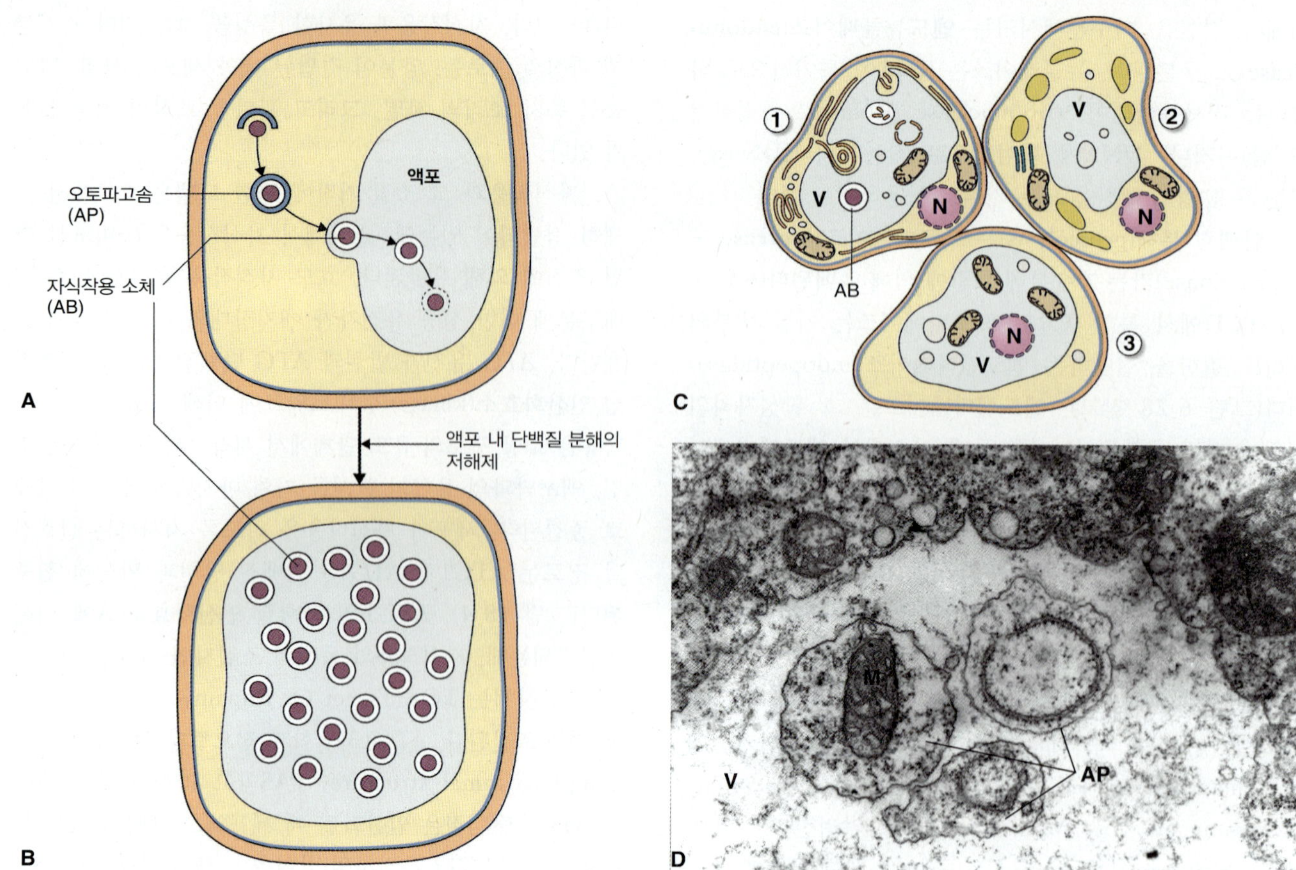

그림 18.3 식물 세포에서 자식작용 경로. (A) 애기장대와 기타 종에서 자식작용 유도 결과, 세포질의 일부 주위에 이중막을 가진 오토파고솜이 형성된다. 오토파고솜의 외막은 액포막과 융합하고, 내막과 그 속의 내용물은 액포의 내강으로 들어가 분해된다. (B) 액포 내 단백질 분해의 저해제를 처리하면 액포 내부에 자식작용 소체가 축적된다. (C) 나팔꽃(*Ipomoea tricolor*)의 사멸 중인 화관 세포에서 자식작용. 1번 세포는 초기 단계로서, 액포막의 함입과 세포질 일부가 포획되는 것을 보여준다. 이후 단계의 2번 세포는 액포의 축소와 세포질 막 체계의 팽창이 나타난다. 3번 세포는 액포막의 파열을 개시하는 자가분해의 최종 단계에 접근하고 있다. (D) 설탕(sucrose)의 결핍 조건에 있는 담배(*Nicotiana tabacum*) 배양 세포 BY-2(bright yellow-2)의 일부를 찍은 투과전자현미경 사진. 중심 액포에서 오토파고솜의 소화를 방해하는 억제제를 배양 세포에 처리하였다. 사진에 나타난 오토파고솜 중 하나가 마이토콘드리아 전체를 포획하고 있다. AB, 자식작용 소체; AP, 오토파고솜; M, 마이토콘드리아; N, 핵; V, 액포.

한다. 소낭이 PAS의 연합에 의해 세포질 일부를 포획하는 구조적 뼈대를 형성한다. 오토파고솜 소낭의 확장은 여러 ATG 단백질에 의해 보조된다. 궁극적으로 오토파고솜은 미세소관 세포골격에 연결되어 액포로 향한다.

18.2 생장 및 형태형성 동안의 세포 사멸

선택된 세포의 사멸은 식물의 생활 전체에 걸쳐 일어난다. 새로 형성된 특정 조직 유형에서 분화의 초기 단계에서부터 세포 성분 또는 심지어 세포 전체가 제거될 수 있다. 이러한 조직 중에 잘 규명된 예는 **관다발 조직(vascular tissue)**이다. 이곳에서 비후된 세포벽을 갖는 속 빈 세포인 관상요소(tracheary element)는 일종의 PCD에 의해 그 원형질을 상실한다(그림 18.2B 참고). 관상요소의 형성, 즉 **물관형성(xylogenesis)**은 배발생 시기에 시작하여 식물의 일생 동안 지속되며, 이후에 상세히 기술될 것이다. 우리는 또한 PCD가 관여하는 기타 형태형성 과정을 논의할 것인데, 여기에는 분비선(secretory gland)과 분비관(secretory canal)의 형성, 엽침(spine)과 경침(thorn)과 같은 방어 표면 구조의 분화 및 천공과 오목한 자국의 생성을 포함한다.

18.2.1 관다발 형성 및 기계적 조직에서 세포 사멸은 필수적인 과정이다

물관을 구성하는 **관상요소(tracheary element; TE라 약칭함**; 그림 18.5)는 비어 있는 세포로서, 식물에서 물이 수송되는 연결된 관 시스템을 형성한다(1.8.3절 참고). 분화

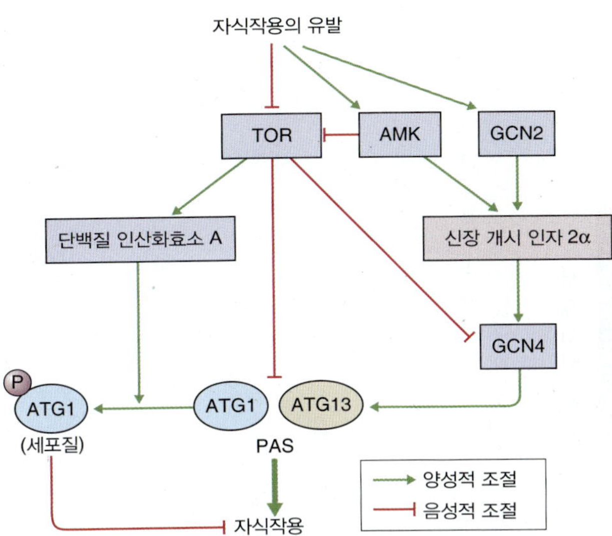

그림 18.4 자식작용의 조절. 여러 신호전달 경로가 자식작용 유전자인 *ATG1* 및 *ATG13*의 발현과 활성에 수렴되어 있다. TOR(Target Of Rapamycin), 단백질 인산화효소 A, AMK(AMP-activated kinase) 및 GCN2(General Control Nondepressible2)는 자식작용 신호전달 경로에 작용하는 인산화효소다. 신상 개시 인자 2α 및 전사 인지 GCN4는 *ATG1* 및 *ATG13* 유전자 발현을 조절한다. ATG1 및 ATG13을 포함하는 복합제인 PAS(전오토파고솜 구조)는 오토파고솜의 성분이 된다.

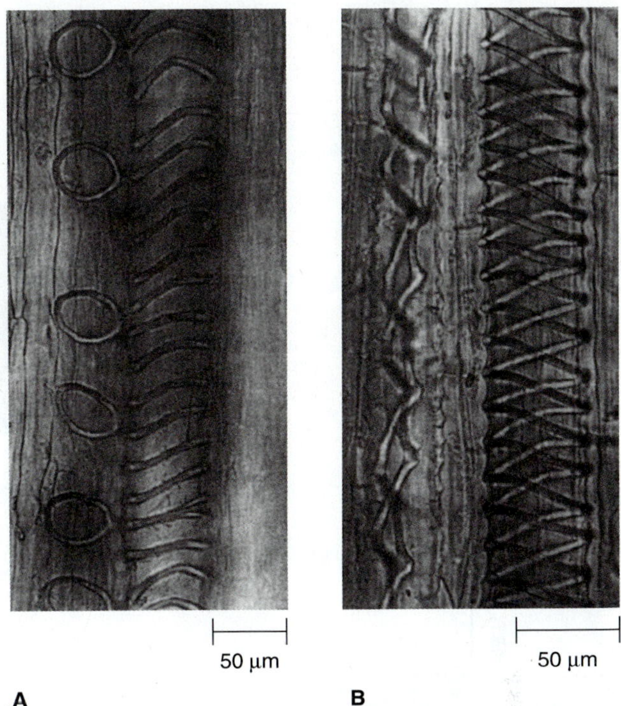

그림 18.5 피마자(*Ricinus communis*)의 1차 물관부 중 도관 요소(vessel element). 환상(A)의 세포벽 비후와 이중나선형(B) 세포벽 비후 양상을 보여주고 있다.

의 마지막 단계 동안 TE는 2차 **세포벽 비후**(**secondary cell wall thickening**)를 겪는다. 세포벽 비후 이후 세포 사멸과 자가분해에 의한 원형질의 분해가 일어난다. 최후에 남겨진 것은 전형적으로 2차 비후가 일어난 세포벽이다.

TE의 분화는 현화식물인 *Zinnia elegans*의 배양 세포를 이용한 시험관내 연구를 통해 널리 연구되었는데, 이 배양 세포는 TE로 동시에 재분화하도록 유도할 수 있다. *Zinnia* 잎에서 분리한 엽육세포를 옥신과 시토키닌을 포함한 배양액에서 키우면, 세포의 60%까지는 일단 **탈분화**(**dedifferentiate**)하여 광합성 능력을 상실한다. 이어서 탈분화한 세포는 분열하지 않고 TE로 재분화한다(그림 18.6). 생체 내 물관부의 TE와 유사하게, 재분화하는 TE에서는 2차 세포벽 비후가 일어난다. 비후가 일어난 후 곧 액포막이 파열되고 남아 있는 세포소기관이 분해되어 최종적으로 세포 내용물이 완전히 상실된다. DNase, RNase, 프로티에이즈 등 다수의 분해 효소 활성 증가가 원형질의 상실과 함께 일어난다.

*Zinnia*에서 TE 재분화는 약 4일 동안 세 가지 상이한 단계로 일어난다. 이 과정에서 많은 유전자 발현 양상이 변화한다(그림 18.7). 이들 유전자의 대부분은 애기장대 상동 유전자를 가지며, 일부 유전자의 기능이 돌연변이와 형질전환 식물을 이용하여 규명되었다. 제1단계인 탈분화 시기 동안 발현이 증가되는 유전자로는 식물의 **상처 반응**(**wound response**; 15.7.3절 참고)에 관여하는 유전자와 리보솜 단백질(ribosomal protein; RP) 및 신장인자(elongation factor; EF)와 같이 단백질 합성에 요구되는 유전자가 있다. 세포가 TE로 재분화하도록 전속되는 제2단계에서는 TE 분화에 관련된 유전자(*TED*) 전사물이 증가한다.

제3단계에서는 2차 세포벽 비후가 일어난다. 이 시기 동안 발현되는 유전자는 페닐알라닌 암모니아 라이에이즈(phenylalanine ammonia lyase; PAL), 시나믹 애시드 4-하이드록실레이즈(cinnamic acid 4-hydroxylase; C4H), 시나밀알코올 디하이드로제네이즈(cinnamyl alcohol dehydrogenase; CAD) 및 기타 **페닐프로파노이드 대사**(**phenylpropanoid metabolism**) 경로(15장 참고) 효소를 암호화한다. 튜불린 등 세포골격 단백질과 같은 구조적 성분의 합성에 필요한 유전자 또한 발현이 증가한다(그림 18.7). 2차 세포벽이 확립된 후 TE 세포는 PCD를 겪는다. 자가분해는 액포막이 파열되면서 일어나고 분해성 액포(lytic vacuole)의 효소가 세포액에 유출된다. 제2단계 말기 및 제3단계 초기에서 발현되는 *TED* 유전자 중에는 *Zen1* 유전자가 있는데, 이 유전자는 PCD 동안 이 세포

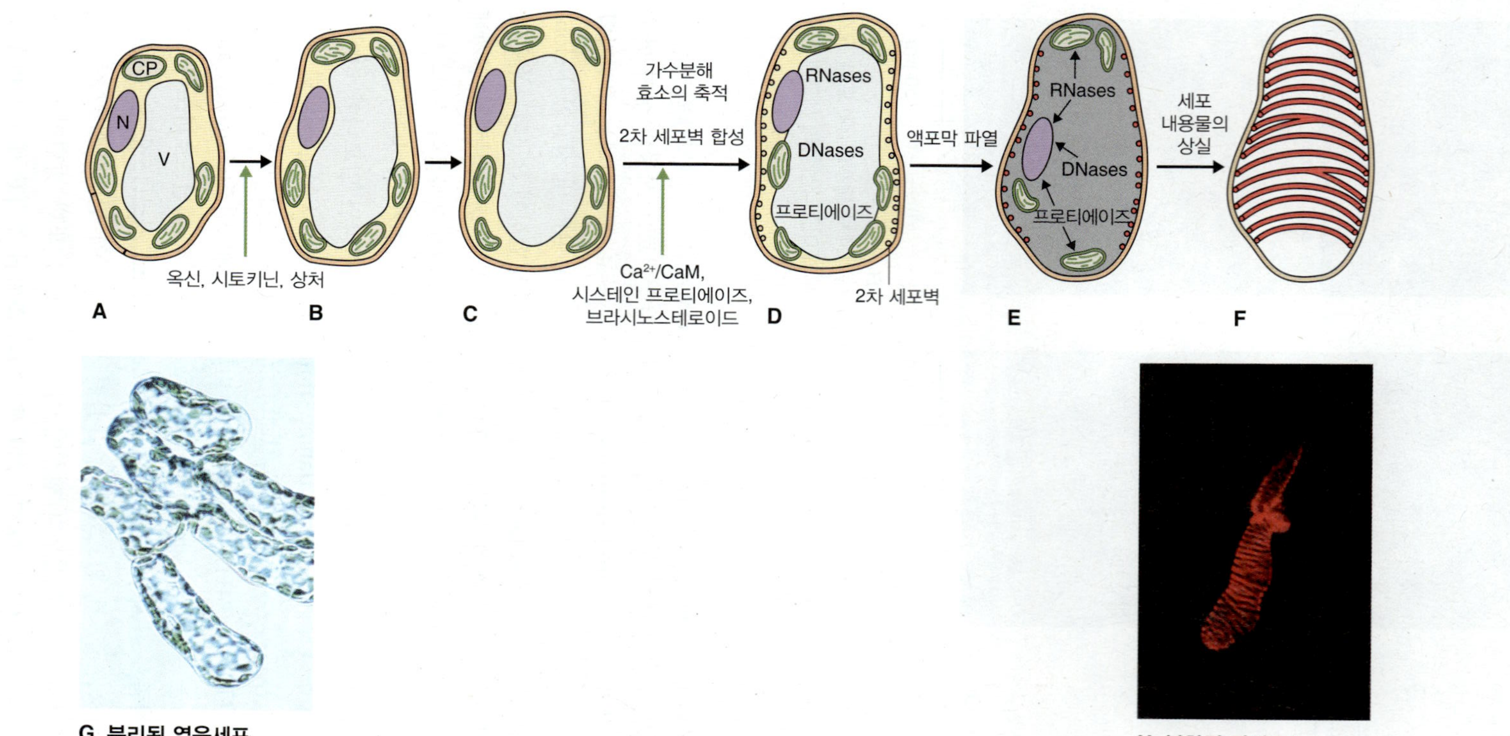

그림 18.6 배양된 *Zinnia elegans* 엽육세포가 관상요소(TE)로 재분화하는 동안 일어나는 예정 세포사. (A) 배양된 엽육세포. (B) 호르몬과 상처에 대한 반응으로 일어나는 초기 탈분화 상태. (C) TE 전구체 단계. (D) 전형적인 2차 세포벽 비후를 보이는 미성숙한 TE. (E) 액포 분해 및 세포 내용물의 제거. (F) 비어 있고 성숙하여 죽은 TE. (G) A 단계에 있는 세포의 광학현미경 영상. (H) 세포벽 리그닌을 보여주기 위해 염색된 성숙한 TE 세포의 형광현미경 영상. CaM, 칼모듈린(calmodulin); CP, 엽록체; N, 핵; V, 액포.

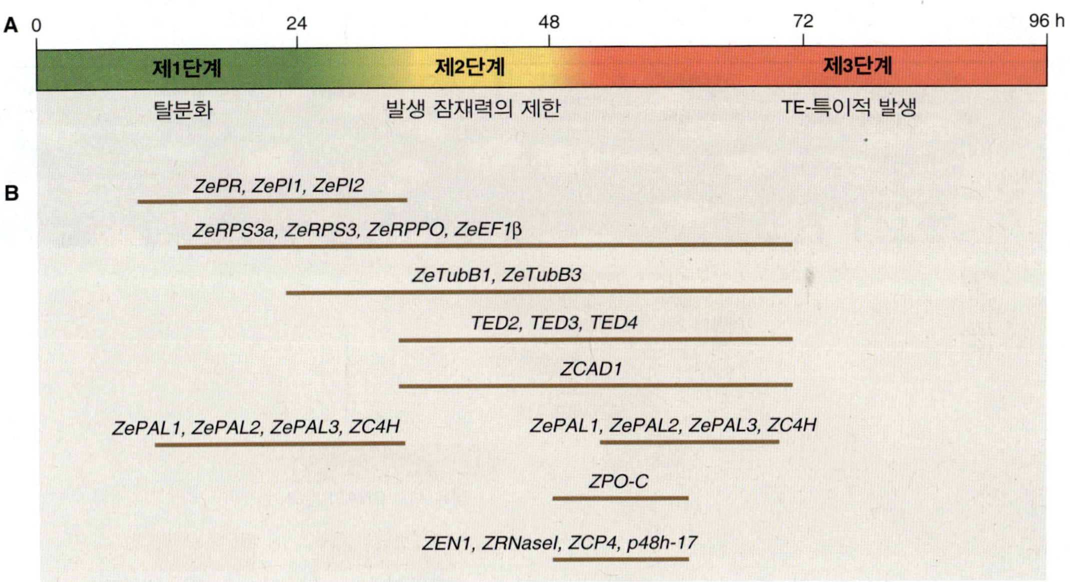

그림 18.7 *Zinnia* 엽육세포 재분화 동안의 단계별 유전자 발현. (A) TE 분화는 3단계로 구분되며 약 96시간 정도에 걸친다. (B) TE 분화에 결부된 유전자가 발현되는 기간. 프로티에이즈 저해제(protease inhibitor) 유전자인 *ZePI1* 및 *ZePI2* 및 병원성 관련(pathogenesis-related) 유전자 *ZePR*은 상처 반응(wound response)의 일부이다. 리보솜 단백질 유전자(*ZeRP*) 및 신장인자 유전자(*ZeEF*)는 단백질 합성 기구의 성분을 암호화한다. *ZeTub* 유전자는 튜불린을 암호화한다. 세포가 TE 형성을 전속할 때 TE 분화관련 유전자(*TED*) 전사물이 나타난다. phenylalanine ammonia lyase 유전자(*ZePAL*), cinnamic acid 4-hydroylase 유전자(*ZC4H*) 및 cinnamyl alcohol dehydrogenase 유전자(*ZCAD*)는 페닐프로파노이드 대사의 효소를 암호화한다. *ZPO-C*는 퍼옥시데이즈(peroxidase)를, *ZEN1* 및 *ZRNaseI*은 뉴클레이즈를, *ZCP4* 및 *p48h-17*은 시스테인 프로티에이즈 후보단백질을 각각 암호화한다.

의 핵 DNA의 분해를 일으키는 뉴클레이즈를 암호화한다. 이 시기에 발현되는 유전자 중에는 시스테인 프로티에이즈와 세린 프로티에이즈를 암호화하는 것도 있다. 2차 세포벽 비후가 일어나기 전에 시스테인 프로티에이즈에 대한 저해제를 *Zinnia* TE 세포 배양액에 처리하면 이후의 TE 분화가 억제되는데, 이러한 결과는 단백질 분해가 해당 유형의 PCD에서 중심적 역할을 함을 나타낸다. 애기장대 *XYLEM CYSTEINE PROTEASE* 유전자인 *XCP1* 및 *XCP2*의 발현 연구 결과, 해당 유전자가 암호화하는 효소가 생체 내 물관부 분화 동안 세포 내용물을 제거하는 데 참여할 가능성이 암시되었다. TE 발생의 마지막 단계에서 액포막이 파열되고 모든 가시적 세포소기관이 사라진다. 마지막으로 사라지는 막 구조는 원형질막이다.

PCD가 완료된 이후에 조차 세포벽의 **리그닌화(lignification)**는 계속되는데, 이때에는 인접한 세포로부터 제공되는 전구물질을 사용한다. 그 결과물은 모든 세포질 물질이 제거된 빈 세포로서, 이 세포들로 구성된 물관부를 통해 물이 자유롭게 이동할 수 있게 된다. 애기장대의 유전학적 연구를 통해, TE 분화 과정에서 세포 사멸과 세포벽 비후는 독립적인 과정이라는 사실이 밝혀졌다. 이를테면 *gapped xylem* (*gpx*) 돌연변이체의 TE는 PCD를 겪으나 2차 세포벽을 형성하지는 않는다.

Zinnia 체계는 목본에서 **목재 형성(wood formation)**의 연구에서 중요한 모델이 되어 왔다. 목재 형성은 일종의 PCD 과정으로 환경에 대한 영향과 경제적 중요성이 높다. 근래 포플러(*Populus trichocarpa*)의 유전체 서열이 결정되어, 포플러속 나무들의 이차 생장 동안 유전자 발현 연구의 기반이 조성되었다. 그림 18.8은 잡종 사시나무(*Populus tremula* × *tremuloides*)의 목재 조직 단면의 현미경 사진이다. 절단면은 뚜렷이 구분된 세포층을 보여주며, 물관부 발생 단계와 형성층으로부터의 거리의 관계를 잘 나타낸다. 세포 사멸을 겪고 있는 포플러속 목재 조직에서 많이 발현되는 유전자들 가운데에는 XCP 및 수많은 메타카스페이즈 유형 프로티에이즈를 암호화하는 상동유전자가 있는데, 이들 단백질은 TE의 PCD 또는 식물에서 다른 유형의 PCD를 조절하는 것으로 암시되어 왔다. 목본의 물관부는 TE와 물관부 섬유를 포함하며, 이 두 세포 유형은 매우 상이한 세포 사멸 프로그램을 보유한다(그림 18.8). 포플러속에서의 연구 결과, TE보다 훨씬 두터운 세포벽을 가진 물관부 섬유의 PCD는 서서히 진행하고 세포질 함유물

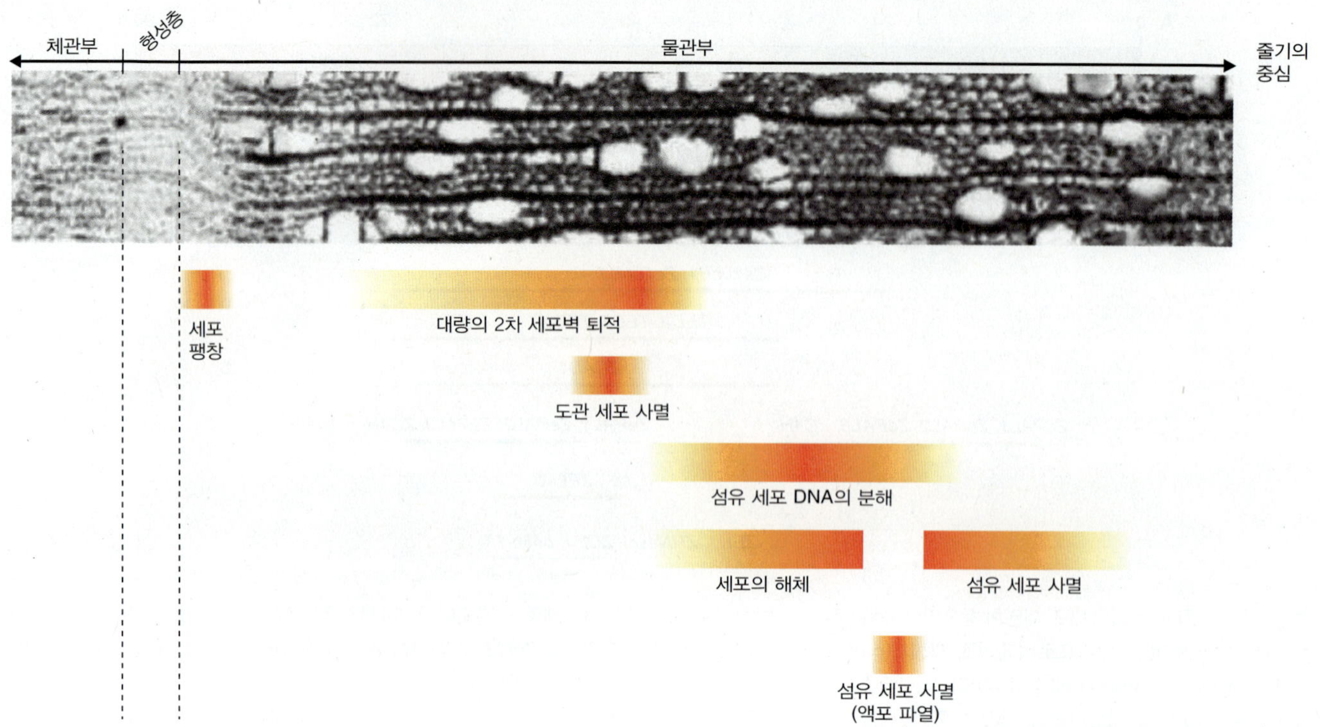

그림 18.8 잡종 사시나무(*Populus tremula* × *tremuloides*)의 목재 줄기 조직에서 물관부 발생 동안 일어나는 사건들. 안쪽(좌측에서 우측)으로 이동하면서 물관부 세포는 점점 더 형성층으로부터 멀어지며, 이들 세포는 발생학적 구배를 나타내고 있다. 도관요소의 예정 세포사는 단면의 중앙선 부근에서 완결되어 있다. 물관부 섬유의 발생은 도관에서의 발생보다 지체되어 있고, 세포 사멸 과정은 줄기의 중심부에 더 근접한 조직에서 관찰된다.

이 점진적으로 분해되는 편이다. 다수의 자식작용 유전자의 발현은 섬유에서 증가하나 TE에서는 증가하지 않으므로, 섬유에서 세포질의 분해는 자식작용에 의한 것일 것이라 추측되었다.

키포인트 PCD는 TE 발생의 필수적 부분으로, 두터운 세포벽을 가진 물관부 세포에서 원형질을 제거함으로써 수분을 전도하는 관다발 조직의 연결관을 만든다. *Zinnia* 배양 세포는 일시에 TE로 분화할 수 있어서, PCD의 진행 단계와 구성 성분을 결정하는 데 있어 유용하다. 초기 탈분화 단계 후 이어지는 재분화 전속 단계에서, 거대분자의 분해와 세포질 분해를 촉매하는 효소를 암호화하는 TE 분화 유전자(*TED*)들의 발현이 증가한다. 세포벽 비후에 필요한 유전자들이 활성화되고 마지막에 PCD가 일어나 액포가 파열되고 세포 내용물이 제거된다. *Zinnia* 체계는 애기장대의 물관형성 및 포플러속 목본에서 목재 형성 연구에 있어 훌륭한 모델이 되었다. 포플러속의 연구 결과, 물관부 섬유 세포는 TE보다 서서히 분화하고 자식작용과 유사한 PCD 경로를 따른다는 사실이 밝혀졌다.

18.2.2 분해형성, 분리형성 및 탈리가 관 구조와 공동의 형성 및 기관의 탈락을 일으킨다

동물 배의 발생 동안 신경관과 같이 위상학적으로 복잡한 구조는 종종 세포군의 이동에 의해 형성된다(신경관 형성). 하지만 식물 세포는 단단한 세포벽에 의해 제 위치에 갇혀 있으므로 세포의 이동이 불가능하다. 대신, 국소적으로 일어나고 발생학적으로 조절되는 노쇠화와 세포군의 사멸에 의해 식물 내에서 관(tube) 모양의 구조나 공동(cavity) 구조가 종종 형성된다. 이와 유사하게 세포 사멸을 조절하고 일부 부위를 절개 또는 탈락시킴으로써 특정한 식물의 모양이 만들어지고 상이한 목적에 따라 적응된다. 예를 들면, 감귤류의 껍질 표면에서 발견되는 유선(oil gland)은 표피 밑의 세포군이 PCD를 겪을 때 형성된다. 이것이 정유(essential oil)로 채워진 공동을 형성한다(그림 18.9A). **분해형성(lysigeny)**이라는 용어는 세포가 붕괴되어 선(gland), 통로(channel) 및 분비도(secretory duct)를 형성하는 것을 이른다. 어떤 경우에 분해형성은 **분리형성**

(**schizogeny**)이라는 세포들의 분리 과정을 동반하기도 한다. 감귤류 유선은 분해형성 PCD와 분리형성 PCD의 조합, 즉 분리분해형성(schizolysigeny)의 산물이다. 라임나무(*Tilia cordata*)의 눈비늘(bud scale)에서 발견되는 점액질관(mucilaginous canal)은 분해형성 세포 사멸에 의해서만 발생한다(그림 18.9B). 옻나무과(Anacardiaceae) 식물의 체관에 있는 수지 분비도(resinous secretory duct)는 분리형성에 의해 발생하며, 옻나무와 덩굴옻나무(*Toxicodendron spp.*) 수액 속의 극심한 알레르기유발원인 우루시올(urushiol)의 근원이다. 인접한 세포들의 분리는 식물 생활환의 여러 두드러진 사건들의 기저에 깔려 있는 기작으로(그림 18.10), 그 예로 기관의 **탈리(abscission)**와 **열개(dehiscence)**, 즉 건조된 열매나 꽃밥이 갈라져 각각 종자를 산포하거나 화분을 방출하는 현상이 있다. 식물 세포벽끼리 연접시키는 중간 박막층(middle lamella)은 주로 펙틴으로 구성된다. 탈리와 열개가 일어나는 동안에는 기질 다당류의 국소적 분해가 일어나 세포와 세포 간의 유착이 느슨해진다. 이 과정은 부드러운 열매가 숙성하는 동안 일어나는 과정과 관련성이 있다(18.5.3절 참고). 탈리의 경우 세포와 세포 간 유착이 해소되는 지역은 미리 결정된 자리이며, 이곳을 **탈리층(abscission zone)**이라고 부른다. 탈리는 에틸렌에 의해 자극되며 옥신에 의해 저해된다. 탈리층 형성은 스트레스, 앱시스산 및 탈리되는 기관의 노쇠 정도에 반응한다. 탈리에 관련된 전사 인자 및 인산화효소의 조절을 통해, 세포벽을 변형하는 효소들, 특히 셀룰레이즈(cellulase), 폴리갈락투로네이즈(polygalactronase), 퍼옥시데이즈(peroxidase) 및 익스팬신(expansin)이 탈리층에서 기능을 발휘한다. 스트레스 반응 인자 또한 그 발현이 증가하는데, 이에는 병원균과 기타 환경적 외상으로부터 노출된 표면을 방어하는 메탈로티오네인(metallothionein)과 병원성 관련(pathogenesis-related) 단백질이 포함된다(15장 참고).

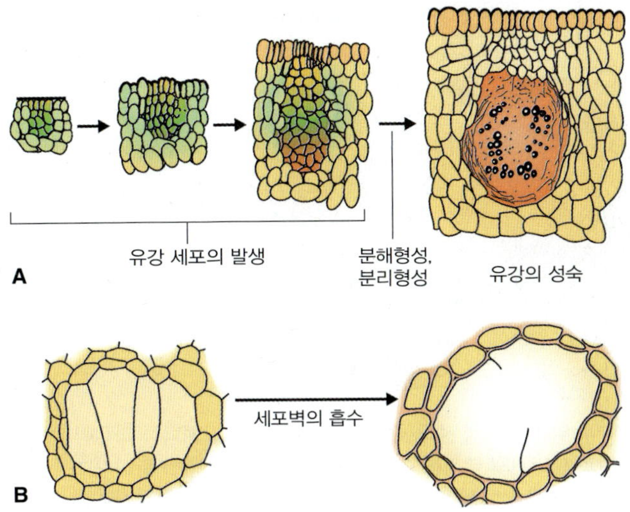

그림 18.9 분해형성 및 분리형성에 의한 세포 사멸. (A) 분해형성(원형질과 세포벽의 사멸과 용해)과 분리형성(세포벽이 분리되어 세포 간 공간이 만들어짐)에 의한 감귤류 껍질 속 유선(oil gland)의 형성. 그 결과 만들어진 공동을 둘러싼 세포가 공동에 정유(essential oil)를 분비한다. (B) 라임나무(*Tilia cordata*) 눈비늘의 점액질관 분해형성에 의한 세포 사멸로만 발생한다.

18.2.3 세포와 조직의 선택적 사멸에 의해 기관의 모양이 정해질 수 있다

선택적 세포 사멸은 식물에서 다른 측면의 영양 발생을 조절한다. 피침(prickle), 경침(thorn), 엽침(spine)과 같은 친근한 잎과 줄기 구조는 성숙한 후 죽은 구조이다. **선인장(cacti)**은 이들의 극단을 취한다. 선인장에서 녹색 줄기는 기능적 광합성 조직으로 잎을 대체하고 있으며, 잎은 죽은 엽침으로 대체된다(그림 1.33F 참고). 아포노게톤과(*Aponogetonaceae*) 및 천남성과(*Araceae*) 식물종 일부에서는 잎이 발생하면서 국소적인 세포 사멸이 일어나 잎에 오목한 자국이나 구멍을 만든다. 이러한 천남성과 식물로 잘 알려진 예로는 몬스테라(*Montera*; 그림 18.11A)가 있다. **레이스 플랜트**(*Aponogeton madagascariensis*; 그림 18.11B)는 잎 형태발생 동안 일어나는 PCD 패턴에서 유래하는 천공의 극단적 예이다.

키포인트 식물 조직 속의 분비도, 분비선과 통로의 형성은 세포 내용물의 상실(분해형성) 및/또는 세포 분리(분리형성)에 의한다. 라임나무의 눈비늘에서 점액질을 형성하는 분비도는 분해형성에 기원한다. 옻나무와 덩굴옻나무의 알레르기유발성 수액은 분리형성에 의해 발생한 분비도로 분비된다. 감귤류의 껍질은 분해형성과 분비형성의 조합에 의해 만들어진 유선을 갖는다. 잎이나 꽃과 같은 식물 부위의 탈리 및 건조한 열매와 꽃밥의 열개는 세포 분리가 관여하는데, 이들은 에틸렌의 양성적 조절과 옥신의 음성적 조절 아래에서 세포벽의 중간 박막층이 분해된 결과로 나타나는 현상들이다. 표침과 경침의 분화 동안 국소적 PCD가 일어나는데, 이는 또한 몬테라(*Montera*)와 수생 레이스 플랜트(*Aponogeton*)와 같은 종의 잎에 구멍을 만드는 원리이다.

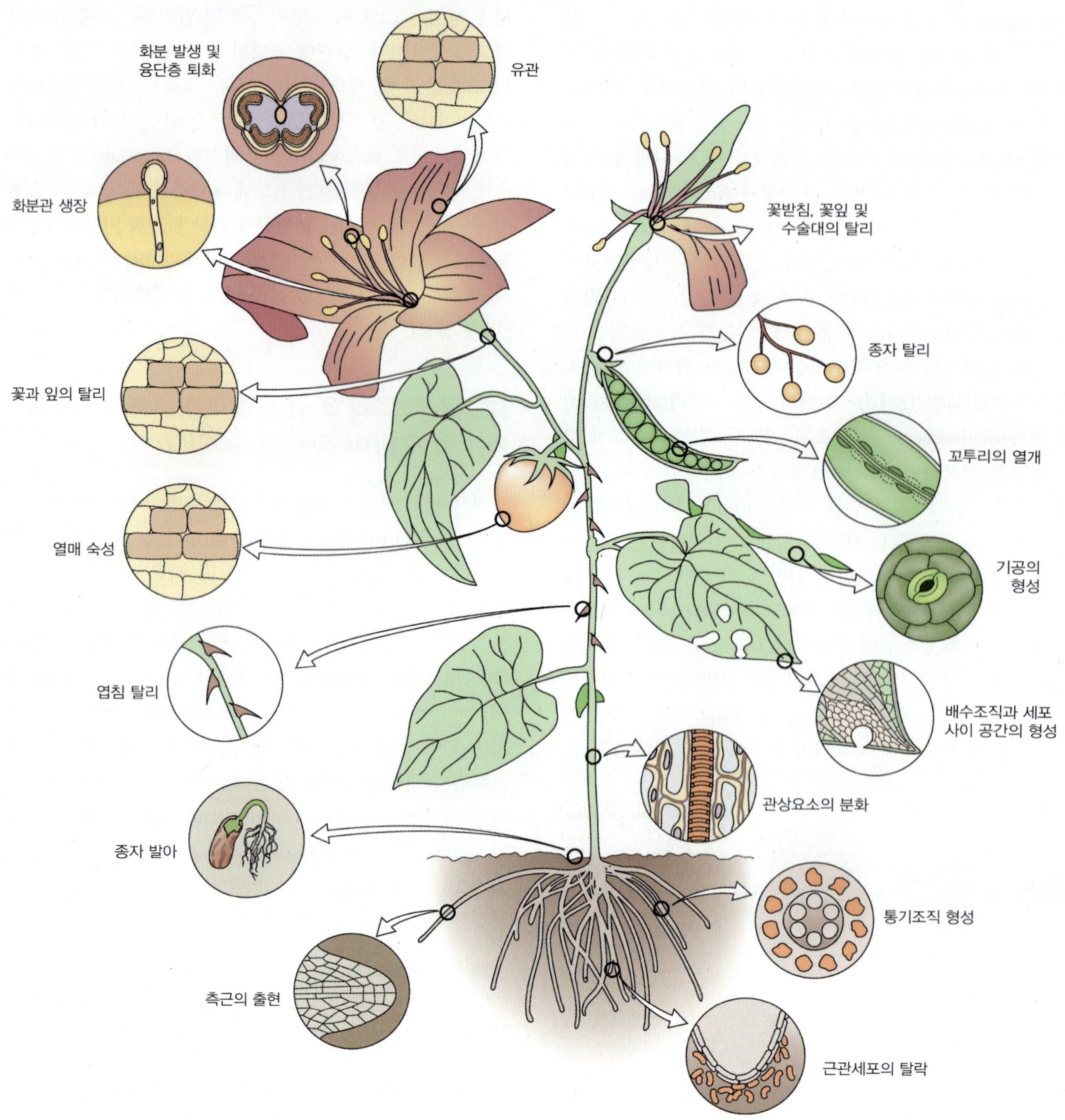

그림 18.10 식물에서 세포 분리가 일어나는 장소. 위의 그림은 세포벽의 변화에 의해 세포와 세포 간 접촉이 붕괴되는 발생학적 과정이 얼마나 다양한지 보여 준다. 이러한 과정에는 조직과 기관의 탈락, 열개, 세포 사이 공간과 분비관의 분리형성, 관통성 생장 및 조직 연화 등이 있다.

18.3 잎의 노쇠화

온대 지역에서 녹색 식물부의 노화는 여러 생물학적 과정 중에서도 시각적으로 가장 놀라운 광경 중 하나이다. 가을에 볼 수 있는 나무의 색상 변화와 밀과 옥수수와 같은 곡물류를 비롯한 농작물의 **숙성**(**ripening**)은 늦여름과 가을의 결정적인 특징이다(그림 18.12). 식물 노쇠화의 일정표는 일부의 경우 낮의 길이와 온도에 의해 지배되고 유전적으로 조절된다. 이러한 프로그램의 실행은 또한 환경 인자, 단계 변화(phase change; 16장 참고) 및 조직의 호르몬 상태에 의해 강하게 영향 받을 수 있다.

잎, 줄기, 꽃과 뿌리 등 모든 식물 부위는 발생의 최

그림 18.11 국소적 PCD가 일어난 지역에서 발생한 구멍 난 잎. (A) 몬스테라(*Montera*) 잎. (B) 레이스 플랜트(*Aponogeton madagascariensis*).

종 단계에서 노쇠화를 겪으며 결국 사멸을 맞이한다. 노쇠화는 대개 기관 생장이 완료되고 조직이 성숙한 후에 발생한다. 노쇠화에 의해 식물은 더 이상 필요하지 않은 부위를 제거하고 이로부터 유용 자원을 재생한다. 이러한 자원으로는 미량양분(micronutrient)과 질소 및 인이 포함된다. 일부 꽃의 꽃잎에서 볼 수 있는 것처럼, 어떤 경우에는 성숙 후 매우 급속히 노쇠화가 일어나기도 한다. 이를테면, 나팔꽃(*Ipomoea*)은 개화 후 하루 만에 노쇠화가 시작된다(그림 18.13). 다른 경우에는 식물 기관이 성숙하여 수개월에서 심지어 수년 동안 기능을 수행한 후 노쇠화가 진행되기도 한다. **강털소나무**(*Pinus longaeva*)의 잎은 45년 수명을 가지며, 사막식물인 웰위치아(*Welwitschia mirabilis*)는 커다란 가죽 끈 같이 생긴 잎(그림 18.14)을 갖는데 이 잎은 1,000년 이상 생존할 수 있다고 추정하기도 한다.

18.3.1 노쇠화 동안 세포 구조와 대사는 독특한 변화를 겪는다

노쇠화 동안 엄격한 조절 방식을 통해 일부 대사 경로들은 활성화되는 반면 다른 대사 경로는 활성이 사라진다. 피자식물의 잎에서 노쇠화 네트워크의 주요 단계가 그림 18.15에 제시되어 있다. 이 체계에서 호르몬이나 환경 조건과 같은 유발 요인은 신호전달 다단계를 경유하여 여러 유전자가 활성화되거나 억제되는 **개시 단계**(initiation phase)를 이끈다. 이후에 전이되는 **재조직 단계**(reorganization phase)에서는 세포 구성성분이 선택적으로 재분화하고 양분이 **재이동**(remobilization)된다. 마지막 단계는 **종결 단계**(termination phase)로 PCD가 일어난다. 세포내 막이 그 온전함을 상실하고 생화학적 경로의 구획화가 붕괴되는

그림 18.12 밀밭의 녹색 조직(A)들은 작물이 숙성하면서 노쇠하고 노랗게 변한다(B).

그림 18.13 나팔꽃(*Ipomoea tricolor*)의 화관통 노쇠화. (A) 꽃은 동틀 무렵 5시에서 6시 정도에 피기 시작하여 13시 정도까지 열려 있다. 초기 노쇠화 징후는 화관통 색상이 파란색에서 보라색으로 변하는 것이다. 화관통은 17시 경에 말리기 시작하여 이후 2시간에 걸쳐 완전히 안쪽으로 말린다.

그림 18.14 남아프리카 사막 식물 웰위치아(*Welwitschia mirabilis*)의 기괴한 잎 하나 하나는 수십 년에서 수백 년까지도 생존 가능하다.

시점은 종결 단계에서도 후기에 해당된다.

노쇠화 동안 주요 세포소기관이 받는 변형 중에서도 가장 극적인 것은 엽육세포의 엽록체에 일어나는 변형들이다. 최종 사멸 시기가 될 때까지 이러한 변화는 기능 감퇴에 해당되는 것이 아니라 재분화에 해당되는 변화이다. 잎의 엽록체는 틸라코이드 막을 상실하고 색소구체(plastoglobule)라는 커다란 지방 방울을 형성하면서 **노화체**(**genrontoplast**)로 재분화한다(그림 18.16). 이에 상응하는 세포소기관 변형이 여러 유형의 유색 열매와 꽃 부위의 발생 동안에도 일어나며, 이 경우 엽록체는 **잡색체**(**chromoplast**)가 된다. 이러한 상호전환은 식물 세포 분화의 생장, 성숙 및 종결 단계에 관련된 다양한 형태의 색소체들(그림 4.23 참고)을 연결하는 복잡한 발생 네트워크의 일부분이다.

다른 세포소기관 역시 영향 받을 수 있다. 노쇠 중인 저장 자엽에서, 다수의 쌍자엽 종자의 배유에서, 그리고 곡류 낟알의 호분층에서 단백질 저장 액포는 주요한 변화를 겪는다. 단백질 저장 세포소기관으로 기능하는 대신, 단백질 저장 액포들은 커다란 중심 액포가 되고 그 액포막은 견고성을 유지한다(그림 18.17). 발아 시에 자엽과 배유 조직이 노쇠화하면서 이들 저장 조직에서 전문화된 지질체(lipid body)가 사라진다. 퍼옥시솜은 개조되어 노쇠 중인

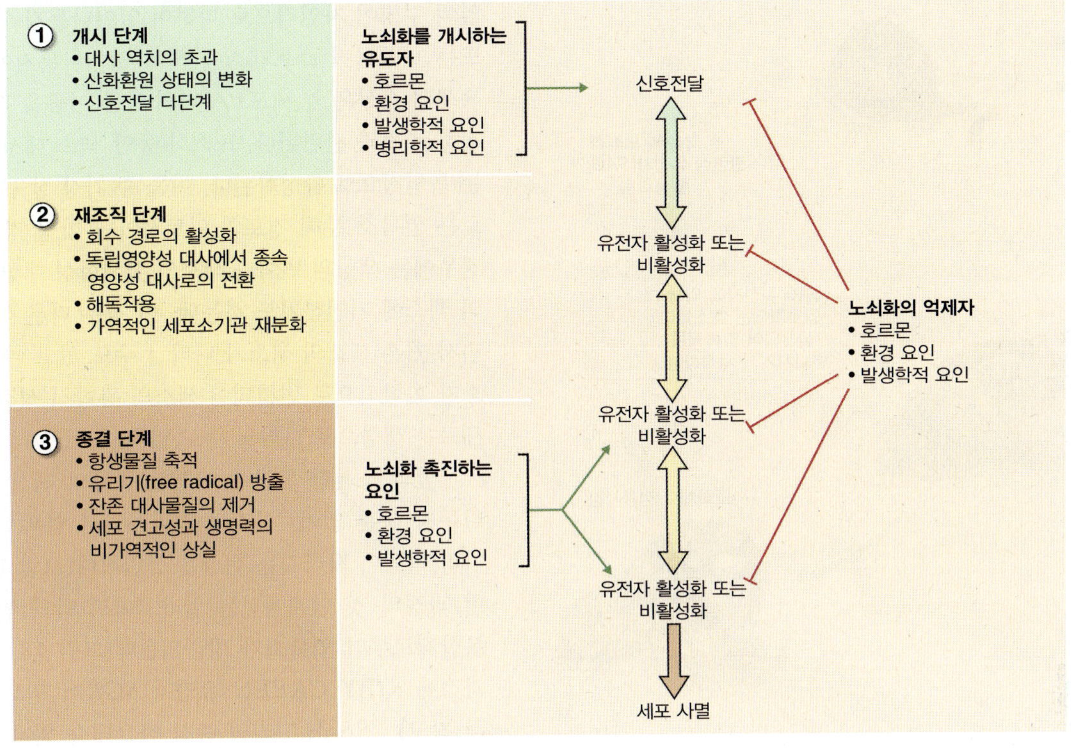

그림 18.15 신호 개시부터 세포 사멸까지 잎의 노쇠화 과정을 구성하는 단계들.

저장 조직과 광합성 조직에서 지질 대사와 포도당신생합성(gluconeogenesis)을 지원한다. 이러한 세포 구조와 구획화 상의 변화를 볼 때, 노쇠화가 기능 저하나 괴사(necrosis)의 한 형태가 아니라 계획된 과정이라는 사실을 확인할 수 있다.

노쇠화 동안 세포의 초미세 구조가 변화하는 한편으로, 1차 대사와 2차 대사 또한 재설계된다. 엽록소와 거대분자, 특히 저장 단백질이 분해된다. 이때 대사물과 구조적 성분, 특히 질소와 인의 저장물을 회수하는 것이 우선사항이다. 노쇠하는 세포에서 재이동과 기타 대사 과정에 요구되는 에너지원으로서 광합성은 그 역할이 점점 감소한다. 반면 호흡과 산화 경로에 상당한 변화가 일어나면서 이화과정이 에너지 수요를 충당하는 비율이 점점 증가한다(18.3.4절 참고). 다수의 종에서 **2차 대사산물(secondary metabolite)**의 합성 또는 변형 또한 일어나서 다른 개체와의 상호작용에 영향을 끼친다(15장 및 18.6.3절 참고). 이러한 예로는, 잠재적으로 취약한 노쇠화 조직을 병원균이나 해충으로부터 보호하기 위해 항생물질이나 초식동물에 대한 저항성 물질을 축적하는 것과, 동물 수분매개자와 종자산포자를 유인하기 위해 숙성 중인 열매와 꽃 기관에 밝은 색상을 부여하는 색소를 축적하는 것이 포함된다.

키포인트 노쇠화 동안 녹색 조직은 엽록소를 잃고 노란색, 빨간색, 보라색 또는 갈색이 된다. 농작물의 숙성과 가을 온대림 목본의 색상 변화는 노쇠화의 예이다. 노쇠화는 유전적으로 계획되어 있는 과정으로 많은 경우 환경 신호에 의해 유발된다. 양분은 노쇠 중인 조직으로부터 회수되어 생장 중이거나 저장소로 작용하는 식물 여러 부위로 재분배된다. 일부 수명이 긴 식물의 잎은 노쇠화되기까지 수십 년 간 생존하기도 하지만, 짧은 수명을 갖는 식물 종은 수일 내지는 수시간에 불과한 기간 동안 생존하는 측생 기관을 갖기도 한다. 노쇠화는 개시 단계에서 출발하며, 이때 특이적 유전자들이 대규모로 활성화되거나 억제된다. 이후 재조직 시기가 되면 노쇠화 프로그램이 실행되어 노쇠하는 세포들의 구조가 변화하고 양분이 재이동한다. 엽록체는 노화체 또는 잡색체로 변형된다. 액포는 현저한 구조적, 기능적 변화를 겪는다. 퍼옥시솜 대사는 지질 이화작용을 위해 전환되며 일부의 경우 포도당신생합성으로 전환되기도 한다. 가수분해 경로, 산화적 대사 및 2차 대사가 노쇠 중인 세포에서 활성화된다. 노쇠화의 종결 단계에서는 PCD가 일어나 막의 견고성과 세포의 생명력이 상실된다.

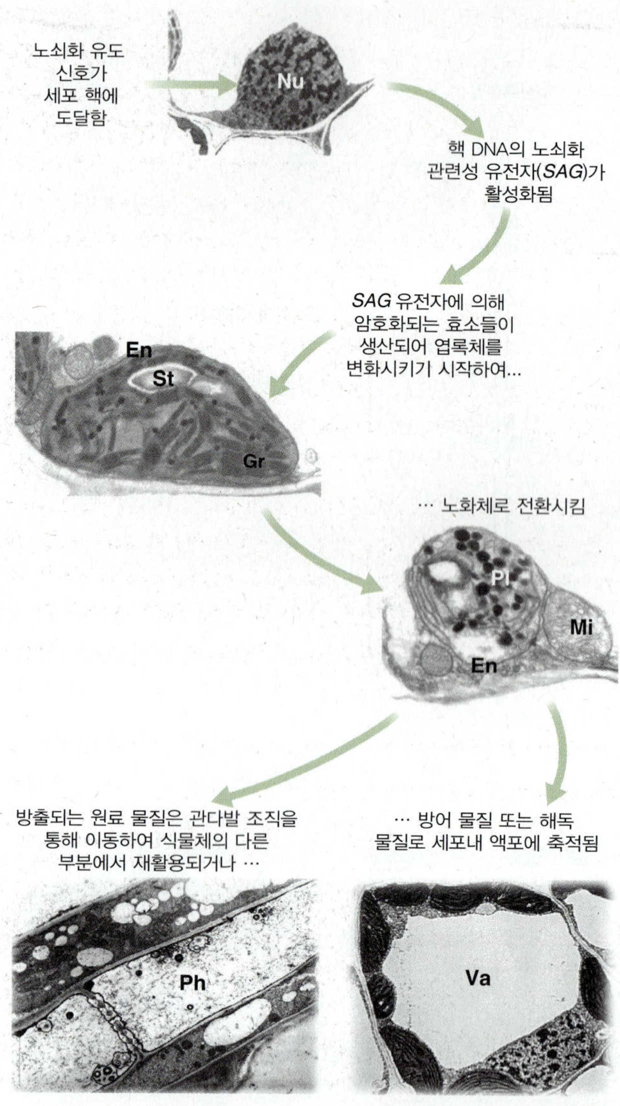

그림 18.16 잎 노쇠화 동안 일어나는 세포 조직의 변화. 전사 및 전사후 일어나는 사건에 의해 엽록체가 노화체(gerontoplast)로 분화한다. 색소체의 막(En)이 손상되지 않은 채 남아 있는 것과 그라나(Gr)의 중첩과 틸라코이드 막이 해체된 결과 노화체 내에 색소구체(Pl)가 축적되는 것에 주목하시오. 단백질 분해, 핵산 분해 및 기타 이화작용 활성의 산물이 체관(Ph)을 경유하여 수출된다. 방어에 관여하는 화합물과 엽록소 분해 산물이 엽육 세포의 액포(Va)에 축적된다. Mi, 마이토콘드리아; Nu, 핵; St, 녹말 과립.

18.3.2 노쇠화 동안 잎의 색상이 변화한다

거의 모든 경우에, 잎 또는 꽃 노쇠화, 열매 숙성, 또는 식물의 예정사에서 가장 두드러진 증상은 색상의 변화이다. 잎의 노쇠화 동안 녹색이 사라지는 현상은 종종 노란색 또는 빨간색 색소가 침적하는 현상을 동반하며, 노쇠 현상이 잎의 수명이 자연적으로 다하여 일어나든지 아니면 생물적 또는 비생물적 스트레스에 의해 일어나든지에 상관 없이, 녹색의 손실은 잎 세포로부터의 양분 이동을 직접적으로 조절하는 것과 관련된다. 노쇠화 동안 색소 대사의 일부 경로는 특이적으로 활성화된다. 이들 중 가장 잘 규명된 대사 경로는 엽록소 분해 경로와 안토시아닌 합성 경로이다. 다른 경우에는 색상의 변화가 색소의 신생합성 대신 단순히 기존의 색소에 기인하기도 하는데, 이 경우 다른 색소가 사라지면서 기존 색소의 색소가 나타날 수도 있고 아니면 기존 색소가 화학적으로 변형되어 색소의 광학적 성질이 변화하여 새로운 색상으로 나타날 수도 있다.

잎의 노쇠화 동안에 어떠한 종류의 색상 변화가 일어나든지 상관 없이, 시간이 경과하면서 엽록소가 분해됨에 따라 녹색이 사라지는 현상은 동일하다(그림 18.18). 이러한 과정의 첫 단계에서는 틸라코이드 막의 엽록소-단백질 복합체로부터 엽록소가 방출되는데(그림 18.19), 이 방출 과정에 *STAY GREEN* 유전자 *SGR*이 필요하다(18.3.5절 참고). 엽록소 고리의 중심 마그네슘 원자가 제거될 때(식 18.1A; 이 단계를 촉매하는 활성을 가진 소위 마그네슘 탈킬레이트제는 아직 잘 규명되지 않았음), 엽록소 분자의 색상이 초록색으로부터(푹 익힌 채소에서 나타나는) 올리브색 또는 어두운 카키색으로 전환된다. 그 다음에 **페오파이티네이즈(pheophytinase)** 효소가 **피톨(phytol)** 곁사슬을 절단하여 훨씬 더 극성을 띠는 분자인 **페오포비드(pheophorbide)**를 형성한다(식 18.1B).

식 18.1

18.1A **마그네슘 탈킬레이트제**(Mg-dechelating substance)

$$\text{Chlorophyll} \rightarrow \text{pheophytin} + Mg^{2+}$$

18.1B **페오파이티네이즈**(Pheophytinase)

$$\text{Pheophytin} \rightarrow \text{pheophorbide} + \text{phytol}$$

페오파이티네이즈 작용의 다른 산물인 피톨은 매우 혐수성이며, 노화체의 색소구체 속에 대개 에스테르 형태로 축적된다(그림 18.16 참고). 엽록소 분해 경로에서 엽록소 b는 분해되기 전에 엽록소 a로 전환되어야 한다(그림 18.19). 이 전환을 수행하는 효소는 노쇠화 동안 활성화되는 **엽록소 b 리덕테이즈(chlorophyll b reductase)**이다. 이 효소는 NADP 및 페레독신(Fd)을 보조인자로 사용하는 2단계 반응을 촉매한다(식 18.2).

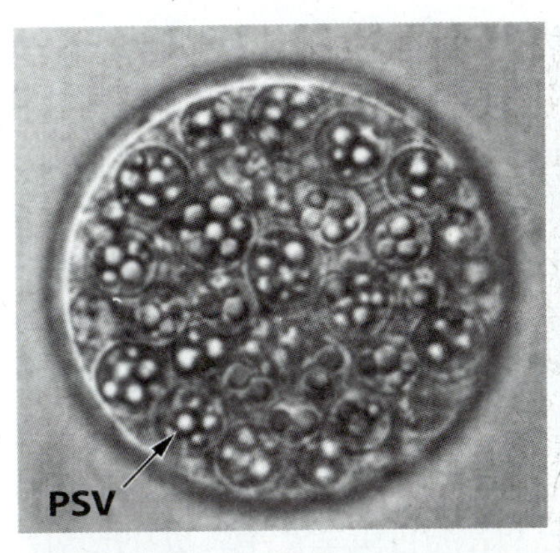

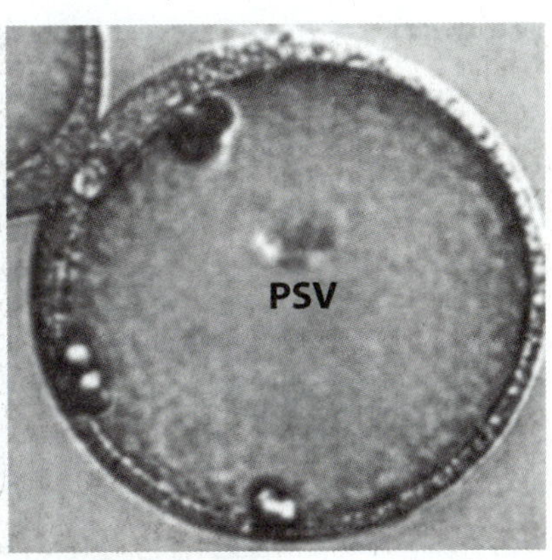

그림 18.17 보리 호분층 세포의 예정 세포사 동안 액포의 형태 및 기능의 변화. (A) 발아 시, 작은 단백질 저장 액포(PSV)는 그 저장 단백질을 잃어감에 따라 세포질에 액포가 풍부해진다. (B) PSV로부터 유래한 액포들이 융합하여 하나의 커다란 중심 액포를 형성한다. 막의 견고성이 세포 사멸 시까지 유지된다.

그림 18.18 (A) 유식물(발아 후 14일)부터 노쇠화(53일)까지 애기장대 식물의 발생 단계. (B) 최대 팽창(full expansion)한 후 7일째부터 11일째까지 좌엽(rosette leaf)이 차츰 노란색으로 변화하는 현상.

식 18.2 엽록소 b 리덕테이즈

$$\text{Chlorophyll(ide) b + NADPH + H}^+ \rightarrow 7^1\text{-OH-chlorophyll(ide) + NADP}$$

$$7^1\text{-OH-chlorophyll(ide) + Fd}_{red} \rightarrow \text{chlorophyll(ide) a + Fd}_{ox}$$

엽록소 분해 경로에서 페오포비드 및 그 이전의 중간 생성물은 녹색이다. 이후 결정적 단계들에서는 고리가 열리면서 무색의 선형 사슬 테트라피롤이 생성된다(그림 18.19). 이 단계에서 두 효소가 사용된다. 첫째 효소는 **페오포비드 a 옥시제네이즈(pheophorbide a oxygenase**; PaO로 약칭함)이다. 이름이 암시하듯이, PaO는 기질로 페오포비드 a를 사용하지만 페오포비드 b는 사용하지 않는다. PaO가 촉매하는 반응은 산소를 요구하고 환원된 페레독신(Fd_{red})에 의해 추진되는 산화환원 회로의 철을 필요로 한다.

식 18.3 페오포비드 a 옥시제네이즈

$$\text{Pheophorbide a + Fd}_{red} + O_2 \rightarrow \text{RCC + Fd}_{ox}$$

PaO 반응의 산물은 적색 빌린(bilin) 화합물인 **적색 엽록소 분해물질(red chlorophyll catabolite**; **RCC**로 약칭함)이다. RCC는 일부 단세포 조류가 배출하는 색소와 유사한데, 이 색소는 탄소원을 포함한 배양액으로 해당 조류를 옮겨서 광합성을 수행할 필요가 없고 질소원을 공급받지 못할 때 배출된다. RCC는 보통의 육상 식물에서 축적되지 않고 **RCC 리덕테이즈(RCC reductase**; 식 18.4)에 의해 즉시 대사된다. 이 효소는 RCC 내 이중결합의 환원을 촉매하여 무색의 테트라피롤을 생성한다. 이 테트라피롤은 **1차 형광 엽록소 분해물질(primary fluorescent chlorophyll catabolite**; **pFCC**로 약칭함)로 불리는데, 그 이유는 pFCC를 자외선으로 들뜨게 하면 강한 청색 형광을 발산하기 때문이다. 식물에서 pFCC는 2개의 상이한 에피머 형태가 발견되는데, 이는 RCC 리덕테이즈의 특정 아미노산의 치환(페닐알라닌을 발린으로 치환하는)에 의존하여 형성된다.

식 18.4 RCC 리덕테이즈

$$\text{RCC + Fd}_{red} \rightarrow \text{pFCC + Fd}_{ox}$$

지금까지 기술한 엽록소 분해 경로의 효소들은 모두

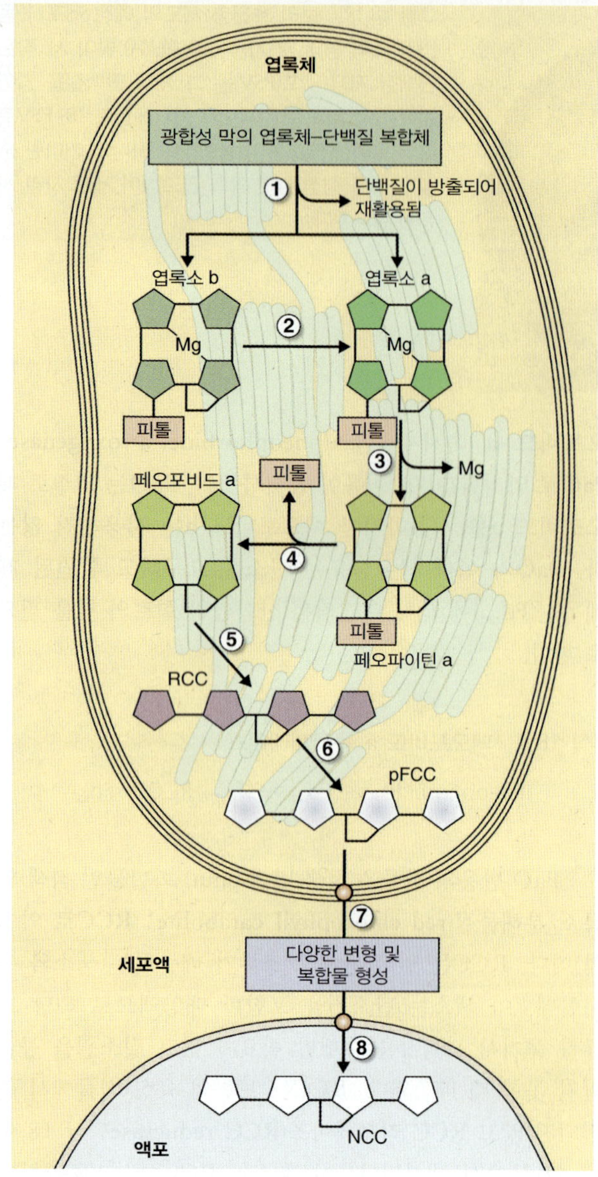

그림 18.19 노쇠화 동안 일어나는 엽록소 분해의 대사 경로와 세포내 조직화. 밝혀진 효소와 활성은 다음과 같다: (1) SGR (*STAY GREEN* 유전자 산물) 단백질; (2) 엽록소 b 리덕테이즈; (3) 탈킬레이트 반응; (4) 페오파이티네이즈(pheophytinase); (5) 페오포비드 a 옥시제네이즈; (6) 적색 엽록소 분해물질(red chlorophyll catabolite; RCC) 리덕테이즈; (7) ATP 의존성 분해물질 수송 단백질; (8) ABC 수송 단백질. NCC, 비형광성 엽록소 분해물질; pFCC, 형광성 엽록소 분해물질.

색소체 내에서 발견된다(그림 18.19). 엽록소 b 리덕테이즈, PaO, 그리고 아마도 마그네슘 디킬레테이즈(dechelatase)의 활성은 막에 관련되어 있다. RCC 리덕테이즈는 스트로마에서 발견되는 수용성 단백질이다. 합성된 pFCC가 노화체로부터 빠져 나오는 과정은 색소체 막에 존재하는 ATP 의존적 수송 단백질을 필요로 하는 능동적 과정이다. pFCC는 히드록시화 및 기타 화학적 변형(말로닐화 및 글루코실화가 흔한 형태임)을 받아 **비형광성 엽록소 분해산물류(non-fluorescent chlorophyll catabolites**; NCCs로 약칭함)를 생성한다. NCCs는 그 구조와 개수에 있어 식물 종에 따라 다양하다. 이들 최종 분해산물은 ABC 수송 단백질(5장 참고)을 경유하여 액포막을 통과하여 액포에 축적된 후(그림 18.19), 기타 부수적인 화학적 변형을 겪기도 한다. 낙엽성 식물의 경우 NCCs는 잎이 떨어진 뒤에도 그 속에 여전히 존재하므로, NCCs에 포함된 질소와 탄소는 모두 손실된다. 이는 낭비로 보일 수도 있지만, 이는 식물이 훨씬 더 큰 질소 저장원인 틸라코이드 막의 색소 복합체 단백질을 재이동시키기 위해 치러야 할 대가이다(아래 참고).

18.3.3 노쇠화 동안 거대분자들이 분해되고 양분이 회수된다

자연적인 노쇠화에서 가장 중요한 특징 중 하나는 단백질, 지질 및 핵산 등의 거대분자를 **재활용(recycling)**하여 노쇠하지 않은 다른 식물 부위를 위해 사용하는 것이다. 이러한 재활용이 왜 그리 중요할까? 일반적으로 빛과 이산화탄소가 주변에 존재하는지의 여부에 따라 식물 생장이 제한 받지는 않으나, 많은 경우 물과 무기질 양분은 제한 요소가 된다. 이는 특히 비료의 두 가지 중요 성분인 질소와 인에 있어 두드러진다. 따라서 식물은 질소와 인의 경제성을 높이도록 진화해 왔고, 다른 다량 영양소와 미량 영양소와 함께 이들 양분을 오래된 기관(특히 노쇠화 중인 잎)으로부터 재활용할 뿐 아니라, PCD를 겪는 분화된 세포(관상요소 등)로부터 이들 양분을 재흡수한다. 노쇠화와 세포 사멸의 주요한 기능은 성숙한 조직의 단백질과 핵산 속에 들어 있는 질소와 인을 효과적으로 회수하는 것과 이들 원소가 생장 중인 식물 부위 또는 곡물, 유료종자(oilseed), 뿌리, 지하경(rhizome), 괴경(tuber) 등의 저장 조직에 수송되도록 하는 것이다.

양분이 재활용되기 위해 방출될 수 있도록 하려면 거대분자들은 가수분해효소에 의해 분해되어야 하는데, 이 효소들의 발현은 노쇠화 동안 증가한다. 프로티에이즈가 색소체, 기타 세포소기관과 세포액의 효소와 구조 단백질에 작용하여 방출되는 아미노산은 추가적인 대사 과정을 거칠 수 있다(그림 18.20). 많은 종에서 두 가지 **아미드** 즉, 글루타민(글루타메이트 디하이드로제네이즈와 글루타민 신세테이즈에 의해 합성됨; 13장 참고)과 아스파라진

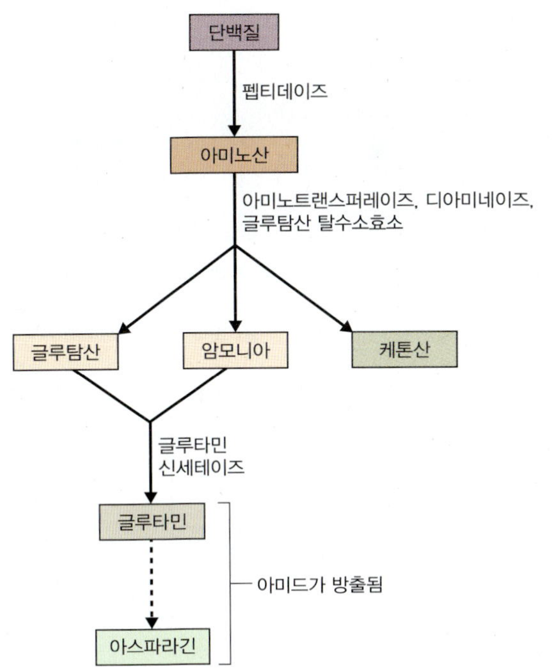

그림 18.20 잎 노쇠화 동안 일어나는 단백질 분해의 아미노산 산물의 대사적 운명. 노쇠화 동안 엔도펩티데이즈와 엑소펩티데이즈에 의해 단백질에서 방출된 아미노산은 광범위하게 대사된 후, 주로 글루타민 및 아스파라긴의 아미드 형태로 질소가 잎으로부터 방출된다.

(글루타민으로부터 아스파르트산으로 아미노 전이 반응의 산물)의 능동적 합성이 일어난다. 단백질로부터 재활용되는 질소가 노쇠 중인 조직으로부터 발달 중인 수용부(sink)로 전류(translocation)될 때, 주로 아미드 질소의 형태로 수송된다.

잎의 녹색 세포에서 대부분의 단백질은 엽록체 내에 위치하므로, 노쇠 중인 잎에서 대부분의 질소는 엽록체로부터 회수된다. 잎 단백질 속 질소의 60% 이상을 함유하는 엽록체 단백질 중에서도 가장 풍부한 단백질은 엽록체의 수용성 스트로마에 위치하는 **루비스코(rubisco)**와 틸라코이드 막에서 발견되는 **광수확 엽록소결합단백질(light-harvesting chlorophyll-binding protein; LHCP**로 약칭함)이다. 녹색의 손실 또는 광합성 속도의 감소로 측정한 잎 노쇠화의 진행 정도는 일반적으로 루비스코, LHCP 및 기타 엽록체 단백질 양의 감소 경향 및 단백질 분해 활성의 증가 경향과 일치하는 것으로 알려져 있다(그림 18.21). 그러나 이러한 과정의 규모에도 불구하고, 노쇠화 동안 색소체 단백질 분해 과정의 위치와 조절 및 생화학에 대한 지식은 아직 많이 부족한 편이다.

여러 유형의 프로테이에이즈가 색소체 내에서 발견되어 왔으며 그중 일부는 노쇠화 동안 증가함을 관찰할 수 있었다. 두 가지 종류의 프로테이에이즈가 색소체 단백질 분해에 주요한 역할을 할 것으로 기대되고 있는데, **Clp**(caseinolytic protease; 카제인 프로테이즈) 계열과 **FtsH**(Filamentation temperature sensitive H) 계열의 프로테이에이즈가 그것으로, 본래 이들은 세균에서 보고되었다. Clp 프로테이에이즈의 활성에는 ATP 가수분해가 필요하다. FtsH 프로테이에이즈 역시 ATP에 의존적이고 Zn^{2+} 요구성이다. Clp 및 FstH 프로테이에이즈는 광합성 기구의 수리 및 적응에 폭넓은 역할을 갖는다. 색소체에 위치하는 15

그림 18.21 담배(*Nicotiana*)의 성숙한 녹색 잎과 노쇠한 잎에 존재하는 단백질 및 단백질 분해 활성. 동일한 무게의 성숙한(M) 잎과 노쇠한(S) 잎의 추출액 속의 단백질이 전기영동법에 의해 분리되었다. 단백질 염색 결과 루비스코의 큰 소단위체와 작은 소단위체, 광계 II의 광수확 복합체를 구성하는 폴리펩티드가 가장 풍부한 잎 단백질임을 알 수 있다. 성숙한 상태와 노쇠한 상태 사이에는 대규모의 잎 단백질 분해와 아미노산 산물의 수출이 존재한다. 노쇠 중인 조직의 단백질 분해 활성은 성숙한 잎에서의 활성을 크게 초과하는데, 여기에서는 동일한 부피의 잎 추출액이 겔 플레이트 검정(gel plate assay)에서 젤라틴 단백질을 소화하는 정도로 표시되어 있다. 기질이 단백질 특이적 염색약으로 염색된 사진에서 단백질 분해 활성은 투명한 지역으로 나타난다.

개 이상의 Clp 중에서 2개(Clp3 및 ClpD)와 9개의 상이한 FtsH 중 2개(FtsH7 및 FtsH8)의 단백질이 노쇠한 잎에서 많이 발현되는 것으로 알려졌으나, 이들이 노쇠화 동안 루비스코와 LHCP 및 기타 색소체 단백질의 손실에 작용하는지는 잘 알려져 있지 않다.

잎의 노쇠화 프로그램의 개시 및 실행과 관련되어 있는 유전자들을 일반적으로 ***SAGs***(*Senescence Associated Genes*)라고 부른다. 프로티에이즈를 암호화하는 ***SAG12*** 유전자의 발현은 노쇠화에 대한 표지자(marker)로 널리 사용되고 있다. SAG12 단백질과 노쇠화 동안 발현되는 기타 여러 프로티에이즈는 시스테인 엔도펩티데이즈다. 이들은 파파인(papain) 계열의 프로티에이즈에 속하며 유사한 3차원적 구조와 촉매 특성을 보유하고 있다(그림 2.25 참고). 이들 효소는 색소체로 수입되는 단백질에서 보이는 전형적 서열 모티프를 가지고 있지 않다. 대신 많은 경우 이들은 액포 또는 소포체로 이동한다. 일부 증거에 의하면, 노쇠화와 관련된 프로티에이즈는 액포로부터 유래된 분해성 소낭 내에서 발견되기도 한다. 이들은 종자 발아 시에 합성되는 일부 프로티에이즈들(예를 들면, 발아하는 보리의 **aleurains** 및 발아하는 벼의 **oryzains**)에 밀접하게 관련되어 있다. 한 가지 가능한 가설은 노쇠화 동안 단백질 분해의 초기에는 색소체 내에서 분해가 일어나고, 노화체 분화 이후 최종적 PCD의 자가분해가 일어나면서 액포에서의 단백질 분해가 이어진다는 것이다.

노쇠화 동안 일어나는 핵산 분해와 그 조절은 단백질의 이동 과정과 많은 유사성이 있다. 두 경우 모두, 이화작용 효소를 암호화하는 유전자 발현이 시작되거나 증가하고 가수분해 활성이 증가하는 반면 기질(이 경우 핵산, 특히 RNA)의 양은 감소한다. 핵산 재이동에 관여하는 것으로 알려진 효소의 위치(주로 세포의 액포)는 대부분의 분해가 일어나는 위치와 일반적으로 일치하지 않는다.

인(phosphorus)의 재이동에 가장 큰 역할을 하는 것은 **엽록체 리보솜** 속의 RNA이다. RNA는 **라이보뉴클레이즈**(**ribonuclease**; **RNase**로 약칭함)에 의해 저분자 산물로 급속히 전환된다. 애기장대 RNase인 **BFN1**(**Bifunctional Nuclease1**)은 노쇠화 동안 일어나는 RNA 재이동에 작용할 후보 단백질로, 노쇠화 중인 잎과 줄기(그림 18.22A), 꽃잎과 수술에서 강하게 발현된다. 이 효소는 RNA 및 단일나선 DNA를 모두 가수분해할 수 있다는 점에서 두 가지 기능을 가졌다고 할 수 있다. *BFN1* 유전자는 분화 중인 물관부에서, 잎, 꽃 및 열매의 탈리층에서, 그리고 발생 중인 꽃밥과 종자에서도 활성이 있다. 그러므로 이 유전자

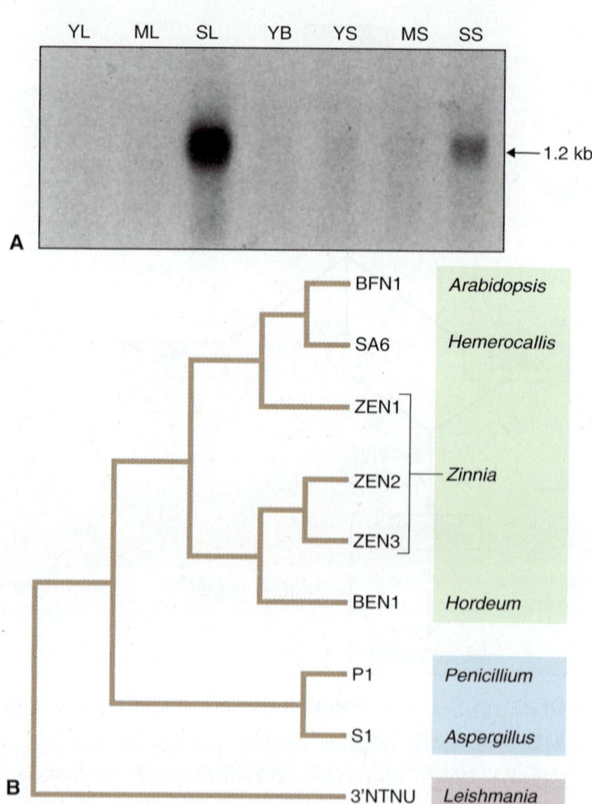

그림 18.22 애기장대 BFN1 뉴클레이즈. (A) 상이한 발생 시기에 있는 잎과 줄기 조직으로부터 분리된 RNA와 표지된 *BFN1* 유전자 DNA 서열을 혼성화시키는 겔 블로팅 분석을 통해, BFN1을 암호화하는 mRNA의 양을 결정하였다. 검출된 전사물의 크기(1.2 kb)는 35 kDa 크기의 단백질에 해당한다. YL, 어린 잎; ML, 성숙한 잎; SL 노쇠한 잎; YB, 어린 추대; YS, 어린 줄기; MS, 성숙한 줄기; SS, 노쇠한 줄기. (B) BFN1과 식물(녹색 상자), 진균류(파란색 상자), 원생동물(분홍색 상자)의 뉴클레이즈 간의 아미노산 서열 비교를 보여주는 계통수.

는 노쇠화 과정뿐 아니라 식물 생활환의 다른 시기에서 나타나는 PCD에서도 역할을 수행할 지도 모른다. BFN1 단백질은 다른 식물, 진균류와 원생생물의 뉴클레이즈와 매우 유사하며, 이들에는 *Zinnia*에서 TE 발생 중의 PCD에서 발현이 증가하는 ZEN1 뉴클레이즈가 포함된다(그림 18.22B; 18.2.1절 참고).

인은 무기인산의 형태로 노쇠 중인 조직으로부터 어린 조직으로 재분배된다. 뉴클레이즈가 RNA 및 DNA를 공격하여 뉴클레오티드를 생성하면, 뉴클레오티드로부터 인산을 방출하는 것은 노쇠화 및 PCD 동안 고도로 활성화된 **포스파테이즈**(**phosphatase**)이다. 뉴클레이즈와 포스파테이즈의 작용에 의해 나온 뉴클레오시드는 당, 퓨린 및 피리미딘으로 쪼개지고 이후 더 분해되어 결국 암모니아와 이산화탄소가 된다.

키포인트 엽록소 분해는 노쇠화의 결정적인 특징으로, 녹색 조직의 성숙한 세포에서 특이적으로 시작되는 대사 경로를 경유하여 일어난다. 첫째 단계에서는 틸라코이드 막의 엽록소-단백질 복합체에서 색소가 방출되며, 노쇠화 동안 발현이 증가하는 *STAY GREEN* 유전자에 의해 암호화되는 SGR 인자에 의해 첫 단계가 중개된다. 이 복합체가 해리되면 단백질 속의 질소가 재활용될 수 있다. 엽록소 고리로부터 마그네슘이 빠져나와 페오피틴이 생성되고 나면 페오파이티네이즈 효소에 의해 피톨 곁사슬이 제거된다. 그 산물인 페오포비드는 페레독신 의존적인 2단계 반응을 통해 적색 중간생성물인 RCC를 거쳐 무색의 생성물인 pFCC로 산화된다. 이들 반응은 각각 페오포비드 a 옥시제네이즈와 RCC 리덕테이즈에 의해 촉매된다. 최종 산물인 NCC는 액포에 축적된다. 엽록소 b가 분해되기 위해서는 먼저 리덕테이즈에 의해 엽록소 a로 전환되어야 한다. 루비스코와 색소-단백질 복합체의 단백질은 노쇠화 동안 회수되는 질소의 60% 이상을 차지한다. 시스테인 엔도펩티데이즈 SAG12 및 Clp 계열과 FstH 계열의 ATP 의존성 프로티에이즈를 포함하는 프로티에이즈의 작용으로 아미노산이 방출되고, 방출된 아미노산은 대사되어 재활용 질소의 주요한 형태인 아미드 화합물을 형성함으로써 노쇠 중인 조직으로부터 전류되어 나간다. 노쇠화 동안 핵산 또한 뉴클레이즈에 의해 뉴클레오티드로 가수분해된다. 포스파테이즈에 의해 방출된 인산은 생장 중인 조직에 필요한 인을 공급하기 위해 반출된다.

18.3.4 노쇠화 동안 에너지와 산화적 대사가 변형된다

노쇠화와 PCD는 능동적 과정으로서, 대사 및 수송 활성을 추진하기 위해 에너지를 필요로 한다. 노쇠화의 초기 단계에서 에너지 수요는 광합성에 의해 충족되지만, 색소체 단백질이 분해되고 재활용되면서 탄소 고정이 점차 감소하게 되고, 호흡에 사용되는 기질이 지질과 단백질 이화작용의 산물로 대체된다. 단백질 분해와 아미드 형성(그림 18.20 참고)에서 비롯된 아미노산 산물은 **아미노전달반응**(**transamination**) 및 **탈아미노반응**(**deamination**)을 통해 유기산을 방출하며, 이 유기산 속의 탄소 골격이 트리카르복시산(tricarboxylic acid; TCA) 회로에서 대사된다. 다수의 종에서 글리옥실산 회로(glyoxylic cycle)의 활성 증가는 지방산의 분해와 연관되어 있으며, 종종 포도당신생합성을 일으켜서 지질 탄소를 반출 가능한 당(exportable sugar)으로 재활용하기도 한다(7장 참고). 노쇠화 동안 색소체, 퍼옥시솜 및 마이토콘드리아 내의 에너지 대사는 **세포의 산화환원 조건**과 함께 두드러지게 변화하여, 최종 단계의 유전적, 대사적 조절에서 중요한 영향을 미치게 된다. 15장에서 상세히 논의했던 **활성산소종**(**reactive oxygen species**; **ROS**로 약칭함)이 노쇠화 과정에서 중요한 역할을 수행한다. 식물 대사 과정에서 생성된 ROS의 양은 조직이 노화됨에 따라 종종 증가한다. ROS는 생화학적으로 엄격히 조절되며 노쇠화와 사멸을 조절하는 **신호전달 경로**의 구성요소가 된다. ROS의 증가를 무제한적으로 허용하면 잠재적으로 세포에 피해를 입히고 사멸을 초래할 수 있다. 세포의 산화환원 상태는 특정 효소 체계와 유전자 조절 기작에 의해 조절되고 또한 역으로 조절을 받는다. PCD의 최종 단계에서 산화와 ROS 증가의 엄격한 조절은 완화되고 생명력이 상실되어 결국 사멸이 일어난다.

노쇠화 신호전달 네트워크의 성분으로 작용하는 ROS 중 하나는 퍼옥시솜, 엽록체 및 기타 세포소기관에서 정상적인 효소 반응으로 생성되는 과산화수소(H_2O_2)이다. 애기장대 좌엽의 노쇠화가 추대(bolting; 화경의 신장)에 의해 유도될 때, 엽록소 함량의 감소가 관찰되기 전에 이미 H_2O_2의 증가가 일어난다(그림 18.23). 이러한 증가는 H_2O_2를 제거하는 퍼옥시솜 카탈레이즈(catalase)인 **CAT2**의 활성(식 18.5) 감소와 연관되어 있다. 이와 동시에 세포액에 존재하는 **아스코르베이트 퍼옥시데이즈**(**ascorbate peroxidase**; 식 18.6)인 **APX1**의 감소가 일어난다.

식 18.5 카탈레이즈(CAT)

$$2H_2O_2 \rightarrow 2H_2O + O_2$$

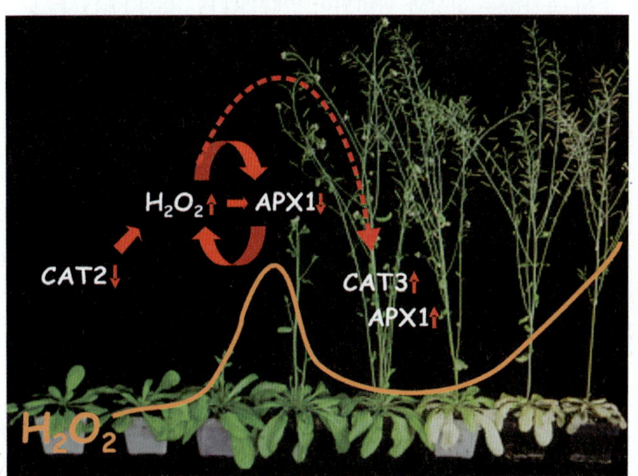

그림 18.23 애기장대의 추대 시기의 H_2O_2 생성과 대사. 카탈레이즈 유전자 *CAT2*의 발현 감소와 이에 따른 CAT2 효소 활성의 감소는 H_2O_2의 증가를 일으키고 이는 다시 아스코르베이트 퍼옥시데이즈(APX1)를 불활성화시키는 것으로 생각된다. APX1 활성이 감소하면서 H_2O_2 수준이 더 증가하고 결국 *CAT3* 발현을 유도한다. 증가된 CAT3 활성은 H_2O_2를 제거하고 APX1 활성을 회복시킨다.

식 18.6 아스코르베이트 퍼옥시데이즈(APX)

$$\text{Ascorbate} + H_2O_2 \rightarrow \text{dehydroascorbate} + 2H_2O$$

이후에 노란색화가 시작하면서 세포액에 존재하는 카탈레이즈인 CAT3가 활성화되고 APX1은 다시 증가하여 H_2O_2 수준이 떨어진다. 노쇠화가 마지막 단계로 진행되면서 세포가 사멸할 때까지 H_2O_2의 지속적 증가가 일어난다. CAT과 APX 활성의 타이밍과 상호작용은 ROS 생성과 **항산화** 체계(**antioxidant** system)에 의한 ROS 제거 간의 균형을 결정하는 데 있어 중요하다. 이러한 균형은 세포의 산화환원 상태를 결정하며, 그 결과 대사와 유전자 발현에 영향을 미친다.

세포의 산화환원 상태에 대한 반응과 그 조절에서 중요한 조절 유전자는 전사인자 **WRKY53**을 암호화하는 유전자이다. WRKY53은 H_2O_2에 의해 유도되며 되먹임 저해에 의해 자신의 합성을 자가조절한다. WRKY53는 다양한 유형의 유전자 60개 이상과 상호작용하는데, 여기에는 CAT1과 CAT3, 노쇠화 관련 시스테인 프로티에이즈 SAG12, 살리실산과 자스몬산 신호전달 네트워크의 구성요소를 암호화하는 유전자들이 포함되어 있다.

키포인트 노쇠화 현상의 에너지 요구 조건은 지질, 탄수화물 및 단백질 분해 산물에 포함된 탄소 골격의 이화 작용에 의해 충족된다. 이는 종종 세포가 노화하면서 활성산소종(ROS) 수준이 증가하는 현상과 관련되어 있다. ROS, 특히 H_2O_2는 노쇠화 과정에서 신호전달 기능을 가지며, 그 축적은 항산화 대사산물과 효소에 의해 조절된다. 카탈레이즈와 아스코르베이트 퍼옥시데이즈는 H_2O_2를 제거하는 효소로서, H_2O_2가 유전자 발현 및 산화적 대사에 미치는 영향을 조절한다. H_2O_2에 의해 발현이 유도되는 유전자 중에는 *WRKY53*이 있는데, 이 유전자는 자신과 다수의 노쇠화 관련 유전자들(카탈레이즈, SAG12 및 호르몬 신호전달 네트워크)을 조절하는 전사 인자를 암호화한다.

18.3.5 노쇠화는 유전적으로 조절되며 호르몬에 의해 조절된다

잎의 노쇠화 프로그램의 **개시**와 **실행**을 지시하는 유전자들인 *SAGs*는, 돌연변이체와 기타 유전적 변이의 연구, 유전자 발현 양상의 분석, DNA 서열의 클로닝과 기능적 시험 등에 의해서 동정되었다. 정상적 서열을 손상시키는 돌연변이는 종종 엽록소가 비정상적으로 잔존하는 현상을 일으키는데 이들을 **stay-green**이라고 부른다. 일부 유형의 stay-green 형질은 농업에 유리한데, 그 이유는 이 형질이 광합성에 의한 생산성 연장, 작물 품질과 저장 수명의 증가, 또는 스트레스 저항성 개선과 관련되어 있기 때문이다. stay-green이 유용한 형질인 작물로 수수(*Sorghum bicolor*)가 있다. 그러나 stay-green이 부정적인 효과를 나타나는 경우도 있는데, 이를테면 종자를 수확하는 일부 콩과 작물처럼 잎으로부터 질소와 인의 효율적 재활용이 요구되는 경우가 그러하다. 양분이 부족한 자연 생태계에서는 내부 질소 재활용 속도가 낮은 것이 선호됨에 따라, 이러한 서식지에 전형적으로 분포하는 **상록성**(**evergreen**) 관목과 교목이 적응을 위해 stay-green 전략을 채택하는 것이다.

stay-green은 역사적인 중요성을 갖는 특성이기도 하다. 현대 유전학의 아버지인 멘델은 완두(*Pisum sativum*)에서 여러 형질의 유전 현상을 연구하였으며, 이들 중에는 자엽의 노쇠화도 포함되어 있었다. 완두 잎의 노쇠화 때처럼 완두 자엽도 보통 종자가 성숙 시에 노란색으로 변한다. 멘델은 성숙 시에도 녹색을 유지하는 종자(그림 18.24A) 돌연변이의 유전을 연구하였다. 이후 유전자 지도 분석과 기능 분석의 조합에 의해 완두의 stay-green 유전자(*SGR*)가 분리되었다. **벼 유전체**(**rice genome**)의 전체 DNA 서열이 알려지고 이와 관련된 유전체학적 도구가 개발되면서 완두의 stay-green 유전자에 대한 벼과 식물류의 상동 유전자들이 발견되었다(그림 18.24B). RNA 간섭 기법을 이용하여 애기장대에서 *SGR* 유전자 발현을 녹아웃시켰을 때 stay-green 형질이 나타났다(그림 18.24C). 정상적 비돌연변이형 *SGR* 유전자는 매우 잘 보존되어 있는 구조를 가지며, 현화식물 뿐 아니라 이끼류부터 단세포 녹조류와 남세균까지 수많은 광합성 생물체에서도 동정되었다. *SGR* 유전자가 암호화하는 단백질은 번역후 기작을 통해 틸라코이드에 존재하는 광계 복합체의 해체를 조절하여, 엽록소와 단백질이 각각의 분해 경로로 들어가도록 한다(18.3.2절 및 18.3.3절 참고).

곡물류에서 노쇠화를 조절하는 농업적으로 중요한 유전자를 동정할 때에도 유전자 지도에 의한 클로닝 접근법은 매우 성공적이었다. 듀럼밀(*Triticum turgidum* ssp. *durum*; 파스타 원료가 되는 밀)은 야생 에머밀(*T. turgidum* ssp. *dicoccoides*; 사료로 사용되는 밀)로부터 재배된 후손이다. 두 종은 교배가 가능하므로, 자신의 한 염색체를 상대 종의 **상동 염색체에 해당되는 염색체**(**homeologous chromosome**)로 대신할 수 있다. 듀럼밀의 6번 염

A

B

C

그림 18.24 stay-green 형질. (A) 멘델이 유전 법칙을 확립하기 위해 이용한 노란색 및 녹색 완두 종자. (B) 목초인 넓은김의털(*Festuca pratensis*). 정상적으로 노란색으로 변하는 유전자형을 보이는 노쇠화 중인 잎 조직(왼쪽)과 stay-green 돌연변이 잎 조직(오른쪽). (C) 애기장대 야생형 잎(왼쪽)과 *SGR* 유전자 발현이 녹아웃되어 생성된 stay-green 표현형(왼쪽).

	형질전환체	비형질전환체 대조군
낟알 단백질 함량 %	13.27	19.08
Zn (ppm)	52.45	82.50
Fe (ppm)	37.40	60.83

그림 18.25 형질전환 밀 식물의 낟알에 관련된 형질과 노쇠화에 관련된 형질. 보여진 두 종류의 식물은 세 가지 밀 유전체 속 *NAM* 유전자들 모두의 발현을 억제하는 이식유전자(transgene)가 존재(형질전환체)하거나 존재하지 않는 자매 식물(비형질전환 대조군)이다. NAM 전사물의 발현을 50% 가량 감소시키는 RNAi 콘스트럭트(construct)로 6배체 빵밀(*T. aestivum* ssp. *aestivum*)을 형질전환하였다. 사진은 꽃밥 성숙 후 50일째에 형질전환 밀(왼쪽)과 대조군(오른쪽)을 비교한 것이다. 형질전환체에서 엽록소 손실은 24일에서 30일 정도 지연되었다. 이 stay-green 표현형은 낟알 속 단백질, 아연 및 철의 함량이 감소하는 것과 관련되어 있다. ppm, 백만분의 일.

색체를 에머밀 6번 염색체로 대치하면 밀 종자 단백질 함량이 높은 듀럼밀 유전자형이 만들어진다. 밀 종자의 단백질이 강화된 이유는 에머밀 6번 염색체 상의 유전 좌위들이 발현했기 때문인데, 이들 좌위는 잎 노쇠화를 촉진하고 잎의 질소를 다른 부위로 이동시키도록 한다. 분자유전학적 지도 분석 결과, 이 염색체 상의 고단백질 함량 형질은 ***NAM-B1***이라는 유전자 중 한 대립유전자와 관련되어 있었는데, 이 유전자는 애기장대 단백질 NO APICAL MERISTEM과 매우 유사한 전사 인자를 암호화한다. *NAM-B1*에 대한 듀럼밀의 대립유전자 및 6배체 빵밀(*T. aestivum* ssp. *aestivum*)의 대립유전자는 기능을 갖지 않는다. 아마도 인류 농업의 여명기 동안 곡물류의 **재배 도입(domestication)** 과정에서 밀 작물 종의 유전적 배경 속에 비기능성 *NAM-B1* 대립유전자의 변이 DNA 서열이 고정되었을 것이다. 이렇게 의도되지 않은 *NAM* 유전자 발현 조작 때문에 빵밀에서 잎의 노쇠화가 크게 지체되어 밀 낟알 속의 단백질, 아연 및 철 함량이 부족하게 되었다. 이러한 연구의 결론은 곡물류의 잎 노쇠화 과정 및 종자와 작물 잔류물 간에 일어나는 질소 및 무기물의 배분(partitioning) 과정에서 *NAM* 유전자가 핵심적 조절 기능을 수행한다는 것이다(그림 18.25). 이러한 예를 통해 우리는 식물육종학자가 직면한 도전, 즉 노쇠화의 지연이 가진 장점(탄소고정 기간의 연장, 곡물 생산량 증가)과 적절한 시기에 효율적으로 일어나는 노쇠화의 장점(양분 재활용의 개선, 곡물 품질의 향상) 간의 타협점을 찾아야 한다는 딜레마를 볼 수 있다. *NAM*과 *SGR*과 같은 예에서 볼 수 있듯이, 특정 유전자들을 클로닝하고 변형하는 정밀한 분석 기법과 함께 식물 노쇠화의 분자적 기초에 대한 향상된 지식을 이용한다면, 현대 육종학은 이러한 딜레마를 풀 수 있을 것이다.

여러 유형의 stay-green 돌연변이가 애기장대에서 동정되었다. 지연된 노쇠화를 나타내는 돌연변이체 집단 중 하나는 ***ore***(한국어로 장수를 뜻하는 *oresara*에서 온 명칭)라고 불린다. *ore9* 돌연변이 표현형을 일으키는 유전자가 클론되었으며, 이 *ORE9* 유전자는 유비퀴틴-프로테아솜 체계(UbPS)에 의한 단백질 분해에 작용하는 어떤 F-박스 단백질을 암호화하는 것으로 알려졌다. ORE9 단백질은 노쇠화의 억제 인자를 분해하도록 유도하여 노쇠화 개시를 일으킬 것으로 생각된다. 또 하나의 *ore* 돌연변이체인 *ore12-1*에서는 항노쇠화 호르몬인 시토키닌의 신호 전달 과정이 방해되어 잎의 생존기간이 늘어난다. *ORE12-1* 유전자는 **히스티딘 인산화효소(histidine kinase)**인 AHK3를 암호화한다. *ore12-1* 돌연변이는 기능획득(gain-of-function) 변이형으로서, 항상 시토키닌 활성화 조건에 있는 것처럼 행동하는 히스티딘 인산화효소 변이형을 생산한다. AHK3는 잎 수명을 결정하는 데 필수적인 **response regulator**인 ARR2(10장 참고)의 인산화를 매개한다.

시토키닌에 대조적으로, 에틸렌은 애기장대에서 잎의 조기 노쇠화를 유도한다. 잎 수명의 증가가 **에틸렌 불응 돌연변이체(ethylene-insensitive mutant)**인 *etr1-1* 및 *ein2*에서 관찰된다. 잎은 에틸렌에 반응하여 노쇠화가 개시될 수 있는 수용력을 가지기 전에 일정 연령에 도달해야 한다. 에틸렌에 대한 반응성을 획득하는 시기가 변화된 수많은 돌연변이체들은 ***old***(*onset of leaf death*)라고 불린다. 이들 돌연변이를 연구한 결과 애기장대 잎 노쇠화 과정에서 에틸렌에 의해 조절되는 복잡한 신호전달 네트워크가 다시 에틸렌 반응을 조절함이 밝혀지게 되었다.

돌연변이체 연구와 유전적 변이의 유전과 지도 분석에 의해 발견된 유전자들 이외에도, *SAGs* 유전자는 노쇠화 이전이나 노쇠화 과정, 또는 노쇠화 이후에 잎에서 DNA **전사 양상(transcription pattern)**을 분석함으로써 정의되고 분리되어 왔다. 보다 최근에는 DNA 마이크로어레이(microarray)와 염기서열 분석 등 유전자 발현의 대량 분석 기술이 수많은 모델 식물과 작물 종에서 노쇠화 동안 유전자 발현에 대한 정보를 엄청난 속도로 생산하고 있다. 분석 대상의 식물은 애기장대와 곡물류 같은 초본 종 뿐 아니라 낙엽성 관목인 **아스펜**(*Populus tremula*)도 포함하는데, 후자의 경우 가을에 잎 노쇠화가 나무 전체에서 조화로운 방식으로 진행되어(그림 18.26), 유전자 발현 감정을 단순화시킬 수 있다. 노쇠화로 들어가는 시기에는 항상 광범위한 유전자 발현 변화가 수반된다. 노쇠화를 겪지 않는 잎에서 많이 발현되는 유전자들 중 상당수는 발현이 종료되는데, 특히 광합성에 관여하는 단백질 및 광합성 색소(엽록체 및 카로티노이드)의 합성에 관련된 단백질을 암호화하는 핵 유전자와 색소체 유전자가 이에 해당한다.

그림 18.26 단독으로 생장하는 아스펜이 가을에 노쇠화하는 과정. 사진들은 스웨덴 우메오에서 9월 7일부터 10월 1일 사이에 하루 중 동일한 시간에 촬영함.

표 18.1 잠재적 기능에 따라 분류된 노쇠화 관련 유전자(SAGs).

잠재적 기능	암호화하는 단백질
단백질 분해	시스테인 프로티에이즈(Cysteine proteases) 아스파르틱 프로티에이즈(Aspartic proteases) Clp 프로티에이즈(Clp proteases) 유비퀴틴(Ubiquitin) F-박스 단백질(F-box protein)
단백질 절단	액포 절단 효소(Vacuolar processing enzyme; VPE)
질소 이동	글루타민 신세테이즈(Glutamine synthetase) 아미노트랜스퍼레이즈(Aminotransferase) 영양 저장 단백질(Vegetative storage protein) 분지형 α-케톤산 디하이드로제네이즈(Branched chain α-ketoacid dehydrogenases)
지질 분해	라이페이즈(Lipase) 아실 하이드롤레이즈(Acyl hydrolase) 포스포라이페이즈 D(Phospholipase D)
탄소 이동	아이소사이트레이트 라이에이즈(Isocitrate lyase) 말레이트 신세이즈(Malate synthase) 피루베이트 오쏘포스페이트 다이인산화효소(Pyruvate orthophosphate dikinase) 당 수송 단백질(Sugar transporter)
세포벽 분해	엔도자일로글루칸 트랜스퍼레이즈(Endoxyloglucan transferase) β-글루코시데이즈(β-glucosidase)
인 이동	RNA분해효소 (RNase) BFN1(Bifunctional nuclease 1)
수송	구리 샤페론(Copper chaperone), RAN1 당 수송 단백질
전사 조절	WRKY 인자 류신 지퍼 단백질(Leucine zipper proteins)
신호전달 경로	수용체 인산화효소(Receptor kinase) SARK 수용체 인산화효소 SIRK 칼모듈린 결합 단백질(Calmodulin-binding protein)
항산화제/금속 결합	카탈레이즈(Catalase) 메탈로티오네인(Metallothioneins) 페리틴(Ferritin) 청색 구리 결합 단백질(Blue copper-binding protein)

표 18.1 (계속).

잠재적 기능	암호화하는 단백질
호르몬 생합성	12 OPDA 리덕테이즈(12 OPDA reductase) 라이폭시제네이즈(lipoxygenase) 타이올레이즈(thiolase) ACC 신세이즈(ACC synthase) ACC 옥시데이즈(ACC oxidase)
세포 사멸	고리형 뉴클레오티드에 의해 개폐되는 이온 채널
방어 관련 유전자 산물	PR1a 카이티네이즈(Chitinase) 오스모틴 유사 단백질(Osmotin like) 나이트릴레이즈(nitrilase) β 1,3 글루카네이즈(glucanase) 등 Hin 1 (harpin induced)
번역	디옥시하이푸신 신세이즈(Deoxyhypusine synthase) 번역 개시 인자 5A(Translation initiation factor 5A)
미지의 기능	초기 광유도 단백질(Early light-induced protein) 시토크롬 P450s

ACC, 1-aminocyclopropane-1-carboxylic acid; OPDA, 12-oxophytodienoic acid.

지금까지 애기장대에서 800개 이상의 유전자가 노쇠화 시에 발현이 증가하는 것으로 알려졌으며, 다른 종에서도 유사한 수준의 *SAGs* 유전자의 활성화를 보여준다. 일부 *SAGs* 유전자는 노쇠화 초기에 발현되고 일부는 후기에 발현된다. 일부 *SAGs* 유전자는 식물체에 여전히 붙어있는 자연 상태의 노쇠화에서 발현되지만 식물체에서 분리된 유도적 노쇠화 시에는 발현되지 않기도 한다. 또 일부 *SAGs* 유전자는 살리실산, 자스몬산 또는 에틸렌과 같은 노쇠화를 변경시키는 물질에 반응하나 일부는 반응하지 않는다. *SAGs* 유전자 전사체 연구 결과 얻은 일반적 결론은, 노쇠화 동안 유전자 발현의 전반적 양상은 대부분의 식물에서 유사하나 한 종에서도 상이한 노쇠화 유도 처리 방법에 따라 상당히 독특한 유전자 발현 양상을 보이기 때문에 보편적인 노쇠화 유전자 발현 양상을 규정할 수 없다는 것이었다.

SAGs 유전자는 이들이 암호화하는 단백질의 생화학적 기능에 따라 분류할 수 있다(표 18.1). 예상대로 단백질 절단 및 재이동에 관련된 단백질에 대한 유전자가 두드러진다. 이러한 단백질로는 SAG12, VPEs, Clp 프로티에이즈,

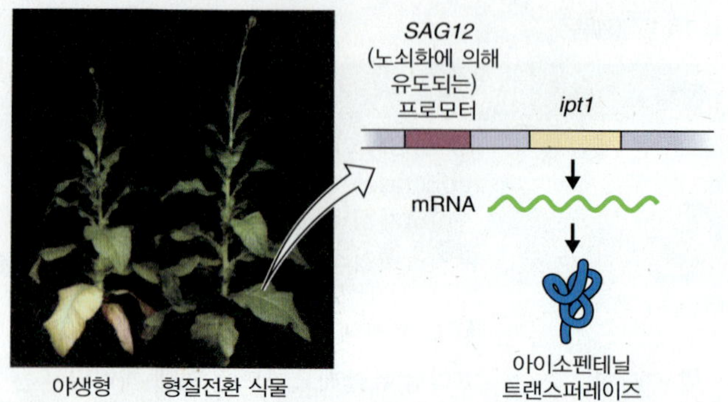

그림 18.27 시토키닌 생합성 유전자의 발현을 자가조절하도록 유전적으로 조작된 담배 식물에서 잎의 노쇠화가 지연된다. 세균의 *ipt1* 유전자는 시토키닌 생합성의 속도 제한 단계를 촉매하는 아이소펜테닐 트랜스퍼레이즈(isopentenyl transferase)를 암호화한다. ipt를 *SAG12* 유전자의 프로모터에 융합시켜 담배에 형질전환시켰을 때, ipt는 노쇠화하는 조직에서 특이적으로 발현된다. 형질전환 식물에서 노쇠화가 개시된 결과, 시토키닌 함량의 증가가 잎의 노쇠화를 억제하는 자가조절 회로가 작동한다.

유비퀴틴 및 아미노산과 케톤산 대사에 관여하는 효소들을 포함한다. 다른 *SAGs* 유전자는 지방산의 β 산화, 지질과 탄수화물 대사 및 포도당신생합성을 촉매하는 효소를 암호화한다. **메탈로티오네인(metallothionein)**을 암호화하는 수많은 유전자가 이 목록에 존재한다는 사실은, 금속 이온에 의해 매개되는 산화 스트레스로부터 방어 기능에 대한 수요 또는 이온 저장 및 수송에 대한 수요를 반영하는 것으로 보인다(13장 참고). 항진균 단백질, 병원성관련 단백질 및 카이티네이즈 등은 수많은 종에서 *SAGs* 유전자에 의해 암호화되는 성분들이다. WRKY53과 여러 NAM 계열 단백질과 같은 전사 인자들을 암호화하는 유전자 또한 노쇠화 동안 전사량의 변화를 많이 보이고 있다.

생장 조절자는 노쇠화의 개시와 진행, 그리고 *SAGs*의 발현에 영향을 미친다. 우리는 에틸렌이 주로 노쇠화의 촉진자로 작용하는 반면 시토키닌이 노쇠화의 길항제(antagonist)임을 보았다. *SAG* 발현과 시토키닌 기능에 대한 지식을 결합한 한가지 중요한 실험이 있다. 이 실험에서 연구자는 노쇠화 특이적으로 발현하는 시스테인 프로테이에이즈인 SAG12의 유전자에서 **프로모터(promoter)** 부위를 분리하여, 시토키닌 생합성의 제한 단계를 촉매하는 아이소펜테닐 트랜스퍼레이즈(isopentenyl transferase)의 유전자 *ipt*에 융합시켰다. 이러한 *SAG12* 프로모터-*ipt* 융합 DNA로 형질전환시킨 담배(*Nicotiana tabacum*) 식물은 **자가조절적(autoregulated)** 방식으로 시토키닌을 생산한다(그림 18.27). 조직이 노쇠화됨에 따라 이식유전자(transgene)가 유도되고 시토키닌이 생산된다. 시토키닌이

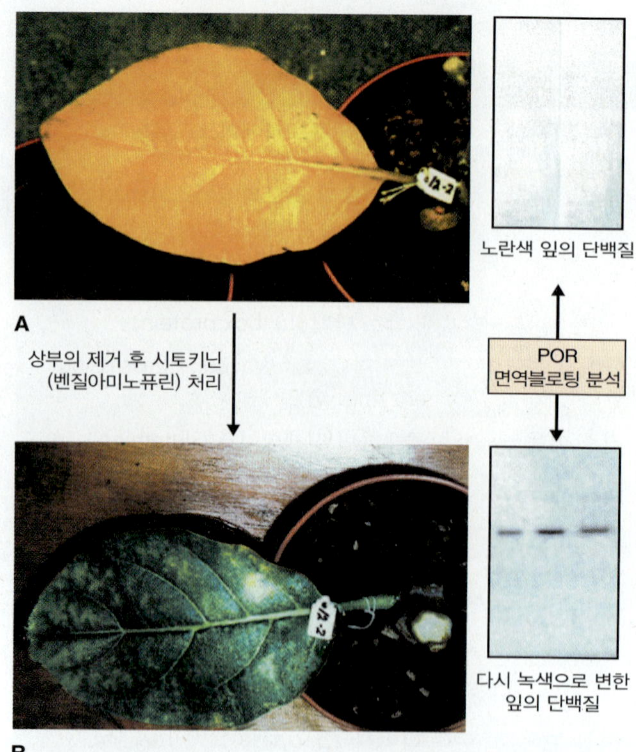

그림 18.28 담배의 회춘. (A) 개화 중인 *Nicotiana rustica* 슈트 상에서 기저 위치의(가장 오래된) 잎이 노쇠화 최종 단계에 있음. (B) 마디 부위에서 슈트를 절단한 후 시토키닌을 처리하고 20일 동안 약한 빛에서 유지시킨 동일한 잎. 다시 녹색으로 변하는 과정에서 노화체는 기능적 엽록체로 재분화하고, 매우 어린 잎 세포에서 일어나는 엽록체 조립에 전형적으로 관여하는 단백질(예를 들면, 프로토클로로필라이드 옥시도리덕테이즈; POR)이 다시 나타난다.

노쇠화를 억제하고 노쇠화의 억제는 다시 이식유전자의 발현을 감소시킨다. 따라서 시토키닌은 노쇠 중인 조직에서만 생산되고 노쇠화를 억제하는 데 필요한 양 만큼만 생산된다. 형질전환된 식물이 비형질전환 대조군과 다른 부분은, 잎의 노쇠화가 상당히 지연되며 광합성의 활성이 오래 지속되고 종자 생산량이 증가한다는 점이다. 이와 유사한 방식으로 유전적 변형을 시킨 식물에서 가뭄 저항성이 두드러지게 개선된 사례 또한 관찰된 바 있다. 이러한 특성은 농업에 있어 중요한 실용적 함의를 갖는다.

어떤 경우에 시토키닌은 노쇠화를 억제할 뿐 아니라 심지어 노쇠화 이전으로 되돌리기도 한다(그림 18.28). 성숙한 *N. rustica*의 개화 시 가장 밑에 있고 가장 오래된 잎은 거의 완벽히 노란색이다. 만일 가장 아래쪽 마디 바로 위를 절단하여 슈트를 제거하고 식물을 약한 조명에 놓아두면, 노란색 잎이 점차 녹색으로 변화할 것이다. 시토키닌 용액을 잎에 처리하면 이러한 과정은 더욱 빨리 촉진된다. 다시 녹색을 띠는 과정에서 *SAGs* 유전자의 발현은 억

키포인트 수많은 노쇠화 관련 유전자(*SAGs*)의 기능이 유전학 및 분자생물학적 분석을 통해 확립되었다. 노쇠화 동안 전형적으로 나타나는 색상 변화가 저해된 *SAGs* 돌연변이의 표현형적 산물이 stay-green이다. 일부 경우 stay-green 형질은 작물 생산성에 유용한데 stay-green이 광합성 지속 기간, 저장 가능 기간 및 스트레스 저항성을 늘리기 때문이다. 그러나 stay-green은 양분 재이동 효율을 감소시키는 부작용이 있을 수 있다. *SGR* 유전자는 엽록소-단백질 복합체의 분해에 작용하는 stay-green 유전자로서, 벼과 식물류, 완두 및 애기장대를 이용한 비교 유전학적 지도 분석법과 기능적 연구의 조합에 의해 분리되었다. 이와 유사한 전략을 통해 야생형과 재배도입형 밀의 NAM 전사 인자가 동정되었다. 이 NAM 전사 인자는 잎 노쇠화의 개시와 진행, 철과 아연 등의 양분의 재이동, 그리고 낟알 단백질의 함량을 조절한다. *ore*라고 집합적으로 불리는 수많은 stay-green 돌연변이체가 애기장대에서 규명되었다. *ORE9* 유전자는 UbPS 단백질 분해 경로에 작용하는 F-박스 단백질을 암호화하고, *ORE12-1*은 시토키닌 신호 전달 네트워크의 구성요소 중 하나이다. 노쇠화 활성 프로모터의 자가조절에 따라 시토키닌 합성 유전자를 발현하도록 유전공학을 통해 조작된 식물이 stay-green 표현형을 나타낸다는 관찰은 시토키닌의 노쇠화 저해 효과를 극적으로 보여 준다. 어떤 경우 시토키닌은 노쇠화가 상당히 진행되어 이미 노란색으로 변한 잎을 다시 녹색으로 되돌리고 광합성을 다시 회복하도록 자극하기도 한다. 유전체 분석을 통해 노쇠화의 개시와 실행에 관련된 유전자 수백 가지가 동정되었다. 단백질, 지질 및 탄수화물의 재이동, 이온 저장 및 수송, 생물적 스트레스 및 비생물적 스트레스 조절자, 그리고 전사 인자가 이들 *SAGs* 유전자에 의해 암호화되는 기능 중 두드러진다.

제되고 색소체 조립에 필요한 유전자들은 활성을 갖게 된다. 그림 18.28은 엽록소 생합성 효소인 프로토클로로필라이드 옥시도리덕테이즈(protochlorophyllide oxidoreductase)의 예를 보여 준다. 노란색 잎의 노화체(gerontoplast)는 엽록체로 재분화하고 광합성의 활성이 회복된다. 이러한 관찰에서 시토키닌이 항노쇠 인자라는 사실 뿐 아니라 잎 노쇠화는 상당히 진행된 단계에서도 잠재적으로 가역적이므로 다른 유형의 PCD와는 근본적으로 상이하다는 사실을 알 수 있다.

18.4 생식 구조와 종자의 발생 동안 일어나는 예정된 노쇠화와 사멸

피자식물(angiosperm)이 출현하고 꽃, 열매 및 종자가 진화하기 이전부터, 노쇠화와 기타 유형의 PCD는 식물 발생과 조직의 특성으로 자리잡고 있었다. 세포, 조직 및 기관의 선택적 노쇠화와 사멸을 관장하는 기존의 유전적 체계를 이용하여, 현화식물이 처음 출현했을 때 꽃의 발생 프로그램을 구성하였을 것이다. 피자식물에서 상이한 종류의 PCD는 유성 생식의 모든 단계, 즉 웅성 및 자성의 꽃 부위 및 배우자의 분화에서부터 수분 매개자를 유인하는 구조의 발생과 배 형성 및 종자 성숙에까지 모두 관여한다. 열매의 숙성은 노쇠화의 한 형태로, 특히 활발한 연구 대상이 되어 왔으며 18.5절에서 별도로 다루도록 한다.

18.4.1 단성화의 발생 동안 생식 구조의 선택적 사멸이 일어난다

꽃은 변형된 슈트에서 진화하였으며, 1억 2천5백만 년 이전에 처음 출현하였다. 선별된 세포 또는 세포군의 PCD는 꽃 발생의 여러 측면에서 핵심 인자이다. 단성화(unisexual flower)를 가진 식물 중 대부분에서, 발생 초기에 웅성화가 될 부위는 자성화가 될 부위와 잘 구별되지 않는데, 그 이유는 두 부위 모두 웅성 기관의 원기와 자성 기관의 원기를 포함하고 있기 때문이다. 그러나 특정 발생 단계에 도달하면(어떤 단계인지는 식물 종마다 다르다), 웅성 부위 또는 자성 부위가 생장을 멈추고 세포 사멸 프로그램이 개시되어 해당 부위가 사라지게 된다. 예를 들면, 옥수수(*Zea mays*)의 웅성 화서, 즉 **태슬**(tassel; 그림 18.29A)은 자성 화서, 즉 **이삭**(ear; 그림 16.1 참고)과 공간적으로 분리되어 있다. 태슬 발생의 초기 단계에서 어린 꽃은 **수술**(웅성) 원기와 **암술군**(자성) 원기를 모두 포함하고 있지만, 꽃이 발달함에 따라 암술군의 세포들은 생장과 분열을 중단한다. 이들 세포의 핵과 기타 세포소기관은 분해된다. 이와 같이 태슬에서 일어나는 자성 기관의 선택적 사멸에 *TASSELSEED 2* (*TS2*) 유전자가 요구된다고 알려져 있다. *TS2* 유전자에 돌연변이를 가진 식물에서는 암술군의 생장 중단과 퇴화가 일어나지 않고 태슬이 암꽃을 만든다(그림 18.29B). 야생형에서 *TS2* 유전자는 태슬의 암술군 세포에서 이들이 퇴화를 시작하기 직전에 발현된다. 이삭에서는 암꽃의 암술군이 TS2에 의한 세포 사멸을 겪지 않는데, 그 이유는*TS2* 유전자가 이 조직에서 발현하지만 그 작용이 *SILKLESS1* (*SK1*) 유전자에 의해 억제되기 때문이다. 기타 여러 유전자가 *TS2* 유전자 및 *SK1* 유전자와 상호작용하여 세포 사멸을 선택적으로 촉진 또는 억제함으로써 옥수수 꽃의 상이한 조직의 발달을 통제한다.

그림 18.29 옥수수의 웅성 화서(태슬)에서 단성화의 발생 조절. (A) 초기에는 양성을 가진 꽃을 태슬이 포함하고 있으나, PCD가 일어나 자성 조직의 사멸을 초래하고 단성의 웅성 화서가 발달한다. (B) *tasselseed2* 돌연변이체의 자성 조직은 PCD를 겪지 않고 그 결과로 생기는 태슬 꽃들은 대부분 자성이다.

18.4.2 꽃잎과 꽃받침이 노쇠화를 겪는다

거대분자의 분해와 세포소기관 구조 및 기능의 변형은 **꽃 부위(floral parts)** 노쇠화의 특징이다. 꽃 구조들에서 PCD의 상이한 위치와 방식이 그림 18.30에 요약되어 있다. 예를 들면, 카네이션(*Dianthus caryophyllys*), 꽃무속 식물(*Cheiranthus* sp.), 애기장대 등 많은 종들에서 에틸렌은 꽃의 노쇠화를 촉진한다. 그러나 다른 종에서 정상적인 꽃 노쇠화는 에틸렌에 반응하지 않는다. 꽃가지로 널리 사용되는 알스트로에메리아속(*Alstroemeria*)의 백합들은 에틸렌에 반응하지 않는 꽃 노쇠화로 가장 잘 알려진 예이다. 액포는 꽃잎 세포의 예정사에서 중요한 역할을 수행한다. 액포의 메타카스페이즈(metacaspase)가 꽃잎 노쇠화 동안 발현 증가한다. 액포막의 견고성이 상실되고 물, 전해질 및 가수분해효소가 액포에서 누출되면, 꽃잎이 시들고 거대분자가 분해되며 마침내 꽃잎 세포의 생명력이 사라지게 된다.

SAG 유전자 발현의 분석 결과 애기장대의 노쇠 중인 잎과 꽃잎에서 발현되는 유전자 중 약 25-30%가 동일한 것으로 나타났다. 꽃무속 식물(*Cheiranthus*) 꽃잎의 노쇠화 동안의 전사를 같은 종의 잎의 노쇠화 양상과 비교한 결과, 발현 증가한 유전자들 중 많은 수가 두 기관 사이에 공유되고 있음을 알 수 있었다. 이러한 공통적 발현을 보이는 유전자로는 SAG12과 유사한 시스테인 프로티에이즈를 암호화하는 유전자처럼 재이동 관련 유전자들이 있다. 카이티네이즈(chitinase) 및 글루타티온-S-트랜스퍼레이즈(glutathione-S-transferase)와 같은 단백질을 암호화하는 **방어 유전자(defense genes)**의 발현은 잎의 연령이 높아지면서 일정하거나 감소하는 반면, 꽃잎에서는 강하게 활성화된다. 꽃 조직 노쇠화 동안 질병을 유발하는 생물체의 감염에 대해 방어를 강화하는 것은 건강한 발생 과정 및 종자의 산포를 지키는 길이다.

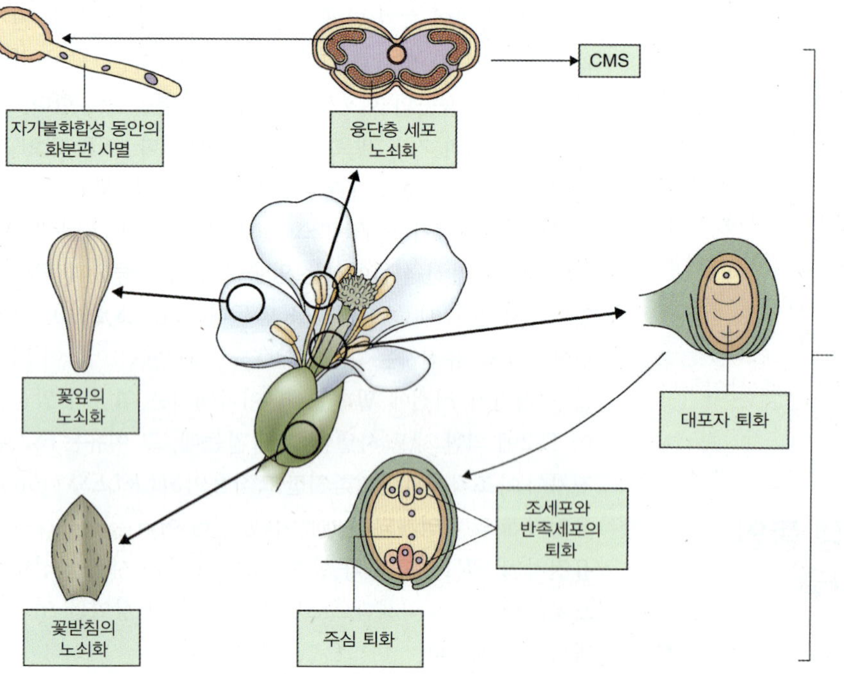

그림 18.30 꽃 기관의 발생 및 노쇠화 동안 일어나는 예정 세포사의 사건들. CMS, 세포질 웅성 불임.

키포인트 예정 세포사 과정은 생식 발생의 모든 단계에 관여한다. 단성화를 갖는 종에서 모든 꽃은 처음에는 웅성 부위의 원기와 자성 부위의 원기를 모두 보유하고 있으나 꽃 분화가 진행되면서 PCD가 선택적으로 한쪽의 원기를 제거한다. 옥수수의 태슬(수꽃들) 발생 동안 일어나는 암술군 세포의 제거는 *TS2* 유전자의 발현을 필요로 한다. 암꽃에서 *TS2* 유전자의 작용과 암술군 PCD는 또 다른 유전자 *SK1*에 의해 억제된다. 화관의 노쇠화는 종종 수분이 일어난 후 수분에 반응하여 시작되는데, 많은 종에서 에틸렌이 그 유발 신호가 되지만 일부 종에서는 그렇지 않다. 거대분자의 분해와 액포와 연관된 분해 작용이 꽃잎과 기타 유색 꽃 기관들의 노쇠화 동안 일어나고, 전사 분석 결과 꽃잎과 잎에서 발현되는 *SAGs* (특히 재이동 효소 및 방어 단백질을 암호화하는 유전자) 간에 상당한 유사성이 관찰된다.

18.4.3 배우자 및 배 형성 동안 특정 세포가 노쇠화와 사멸을 겪는다

많은 식물의 반수체 조직 또한 세포 사멸 프로그램에 의해 영향을 받는다. 화분립의 발생(**소포자 생성**; 16장 참고)에서 PCD가 중요하다. 발생 중인 화분립에 영양을 공급하는 세포층인 **융단층**(**tapetum**)은 소포자를 둘러싼다. 화분 발생의 후기 단계에 융단층은 PCD와 유사한 과정을 통해 퇴화한다. 현미경으로 관찰 시 세포의 수축, 염색질 응축, 소포체의 팽창 및 마이토콘드리아의 잔존을 볼 수 있다. 단일 세포 단계(unicellular stage) 종료 시점의 융단층 세포에서 DNA 분절화(fragmentation)가 일어나고 **시토크롬 c**가 마이토콘드리아에서 방출된다. 시토크롬 c는 어떤 종류의 동물 세포 사멸에서 신호전달 역할을 수행하고 **세포질 웅성 불임**(**cytoplasmic male sterility**)에서 하나의 인자로 작용하는 것으로 암시된다(세포질 웅성 불임은 화분의 발육부전이 마이토콘드리아 유전체에 의해 결정되는 돌연변이 표현형이다; 16.4.3절 참고). 정상적인 화분 생장이 일어나기 위해서는 융단층의 PCD가 적당한 시기에 일어나야 한다. 형질전환을 이용해 애기장대 융단층 세포의 사멸을 방해하도록 초기 소포자형성 과정을 조작하면 화분의 발육부전이 일어난다. 만일 소포자형성 과정에서 융단층이 지나치게 빨리 PCD를 겪어도 생존력을 가진 화분이 발생하지 못한다.

많은 식물 종들은 **자가불화합성**(**self-incompatible**)이다. 즉, 자기 자신의 화분을 인식하고 거부하여 자가 수정을 할 수 없다. 이것은 타가교배(outcrossing)을 보장하고 후손에서 유전자의 새로운 조합을 만들기 위한 진화적 전략이다. 매우 상이한 다수의 자가불화합성 체계가 알려져 있으며(16.5.3절 참고), 그중 일부는 PCD 과정을 이용한다. 예를 들어 개양귀비(*Papaver rhoeas*)는 저분자 **S 단백질**(**S protein**)을 암호화하는 암술 자가불화합성 좌위(pistil self-incompatibility locus)를 가지고 있다. 불화합성 화분이 암술에 닿으면 S 단백질이 화분에서 칼슘이온에 의존적인 신호전달 네트워크를 유발한다. 그 결과 화분관 생장이 빠르게 중단되고 세포골격 단백질인 액틴이 탈중합화(depolymerization)되고 MAP(mitogen-activated protein) 인산화효소 다단계 신호전달계가 활성화된다. 이러한 사건들은 PCD를 촉진하여 DNA가 분해되고 메타카스페이즈가 활성화된다.

난자 세포의 발생 과정, 즉 **대포자 형성**(**megasporogenesis**) 동안, 대포자 모세포의 감수분열 후 형성된 4개의 대포자 중 3개가 PCD를 겪게 되며 나머지 하나의 대포자가 자성 배우자체(배낭)로 발달하고 이후 배낭은 난자를 생산한다. 수정 이후 대부분의 피자식물에서 접합자의 첫째 유사 분열은 2개의 세포를 생성하는데, 이 중 하나는 배를 생산하고 다른 하나는 **배병**(**suspensor**)으로 발달한다. 배병은 몇 번의 유사 분열을 겪지만 결국 배병 세포는 PCD로 들어간다.

18.4.4 종자 발생 및 발아 시에 예정된 노쇠화와 사멸이 일어난다

곡물류의 배유가 갖는 두 가지 세포 유형은 녹말성 배유(starchy endosperm)와 호분층(aleurone)이다(6장 및 16장 참고). 두 유형의 세포 모두 발생 과정에서 조절되는 PCD를 겪지만 그 방식은 상이하다. 국소적인 PCD 또한 배의 발생에서 어떤 역할을 맡는다고 믿어진다. 성숙한 종자의 녹말성 배유는 죽은 상태이지만 보통과는 달리 세포의 내용물이 분해되지 않는 대신 탈수되어 미라처럼 보존되어 있는 상태이다. 낟알이 발아할 때, 배의 배반(scutellum)과 호분층에서 분비되는 가수분해효소가 녹말성 배유 전체를 분해한다. 따라서 세포가 생존력을 잃어 버린 뒤 어느 정도 시간(어떤 경우는 수년) 후에 세포 내용물의 분해가 일어난다. 만일 이러한 배유 발생 양상이 돌연변이에 의해 변형되면 녹말성 배유 세포는 다른 방식으로 사멸하게 된다. 옥수수에서 ***shrunken2*** 돌연변이는 이들 세포가 조기에 사멸되고 분해되는 과정을 겪는다(그림 18.31). *shrunken2* 돌연변이체에서 녹말성 배유 세포의 자가분해는 배유의 변형을 일으켜 비정상적이고 수축된 알곡을 만든다. 녹말성 배

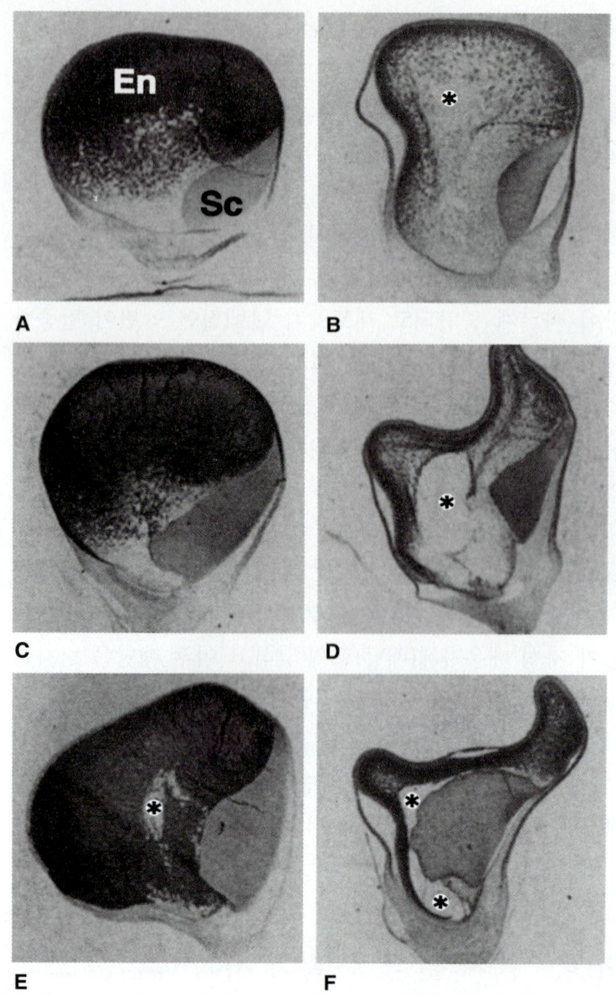

그림 18.31 야생형 및 *shrunken2* (*sh2*) 돌연변이 옥수수 유전자형에서 배유(En)의 발생. *sh2* 돌연변이의 녹말성 배유는 조기에 분해되어 빈 공간(*)을 형성한다. 사진은 수분 후 각각 28일(A, B), 32일(C, D), 40일(E, F)된 야생형(왼쪽)과 *sh2* 돌연변이(오른쪽)의 알곡을 보여준다. 녹말과 반응하여 암청색 복합체를 형성하는 요오드-요오드화칼륨으로 낟알을 염색하였다. Sc, 배반/배.

유 세포와는 달리, 호분층 세포는 발아가 완료되어 배유에 저장된 모든 영양분이 이동할 때까지 살아 있다. 이후 호분층 세포가 자가분해되어 사멸한다(그림 18.17 참고). 지베렐린(GA)는 보리와 밀 낟알의 호분층에서 PCD의 개시를 자극하는 반면, 앱시스산(ABA)은 PCD를 지연시킨다(그림 18.32). GA 처리 후 몇 시간 안에 호분층 세포의 **단백질 저장 액포**(protein storage vacuoles; PSVs) 내 pH가 약 7의 중성에서 5.5 정도의 산성으로 변화한다. PSV는 또한 뉴클레이즈와 여러 가지 아스파르트산 프로티에이즈 및 시스테인 프로티에이즈 등과 같은 분해효소를 축적한다. 이와 대조적으로 ABA 처리된 세포는 PCD를 겪지 않고 그들의 PSV는 거의 중성의 pH를 유지하며 분해효소 활성을 축적하지 않는다. GA 처리된 호분층 세포 속의 PSV

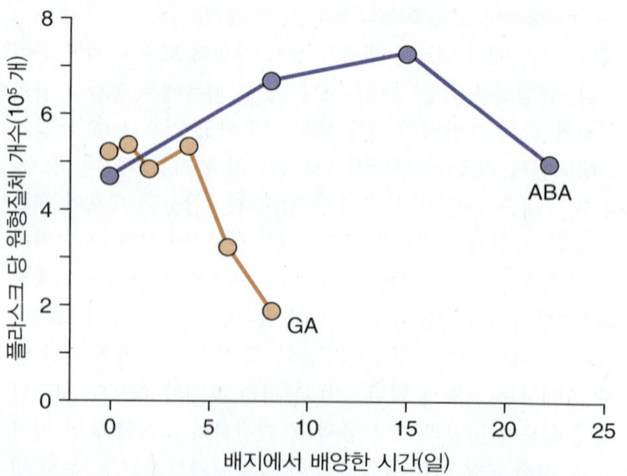

그림 18.32 보리 호분층 세포에서 예정 세포사는 지베렐린(GA)에 의해 촉진되고 앱시스산(ABA)에 의해 지연된다. 호분층 세포는 5 μM GA 또는 25 μM ABA를 포함한 배지에서 배양하였다. 세포 사멸은 살아 있는 세포의 수를 세어서 결정함.

는 노쇠화 중인 광합성 세포들의 액포와 여러 면에서 공통점을 갖는다. 두 가지 액포 모두 유사한 분해효소를 포함하고, 이들의 액포막은 거대분자가 분해되어 반출될 때까지 전 기간 동안 온전히 남아 있다. 이와 대조되는 PCD는 관상요소에서 관찰되는 PCD로(18.2.1절), 이 경우 액포막은 견고성을 상실한다.

키포인트 소포자발생 동안 적시에 일어나는 PCD는 생존력을 보유한 화분의 발생에 필수적이다. 발생 중인 화분립에 영양을 공급하는 융단층의 퇴화 과정에 동반하는 현상은 DNA의 분절 현상과 마이토콘드리아 시토크롬 c의 방출인데, 이들은 동물 세포의 PCD와 일부 유사성을 공유한다. 마이토콘드리아 DNA에 일어나는 어떤 종류의 돌연변이는 화분 발육부전의 한 형태인 세포질 웅성 불임을 야기한다. PCD는 개양귀비의 자가불화합성에서 하나의 인자로서, 이 경우 자가수분의 억제는 화분관 생장의 종결과 이어지는 화분 세포의 PCD에 의해 일어나며 화분 세포의 PCD는 S 단백질에 의해 유발되는 칼슘이온의 신호전달 네트워크가 매개한다. 난자 세포 형성 시 감수분열의 산물 4개 세포 중 3개가 PCD에 의해 제거되며, 수정 후 배병 세포 또한 PCD로 제거된다. 발생 중인 곡물류의 낟알에서 녹말성 배유 세포는 성숙 시 죽은 상태이지만, 거대분자가 가수분해되기 보다는 보존되어 있으므로 이 PCD 유형은 미라화(mummification)에 비유될 수 있다. 배유 녹말 합성에 발생한 돌연변이는 PCD를 방해하고 비정상적인 알곡 형태를 야기한다. 호분층 세포는 성숙 시에도 살아 있지만 발아 시에 지베렐린에 의해 자극되는 PCD를 겪어서, 분해효소가 축적되고 액포 구조와 기능에 커다란 변화가 일어난다. 앱시스산은 지베렐린의 PCD 촉진 효과에 반대로 작용한다.

18.5 열매의 숙성

우리가 먹음으로 해서 친숙하게 느끼는 열매는 현화식물에 독특한 구조이다(1장 및 16장 참고). 육질과(fleshy fruits)의 숙성(ripening)은 전형적으로 강렬한 색상의 변화 및 매력적인 질감, 맛과 향의 발달과 관련되어 있다. 이런 특성을 가진 열매의 다양화가 일어난 시점에 열매를 퍼뜨리는 동물 또한 급격한 진화를 겪게 되었는데, 이러한 사실은 열매의 숙성 과정이 공동진화적인 선택에 의해 생겨났을 것임을 강력히 암시한다. 열매는 잎에서 진화하였으므로, 숙성의 생화학과 조절은 잎에서 발견되는 최종 과정의 특징을 공유할 뿐 아니라 열매를 산포하는 동물(인간을 포함한)에 신호를 보내는 새로운 기작을 개발하도록 강화되는 경향을 보일 것으로 예상할 수 있다.

열매의 숙성은 퇴화 과정이라기 보다 발생의 최종 단계로 이해함이 보다 바람직하지만, 지금까지의 연구는 주로 저장 수명과 수확 후 열매의 품질 저하에 대한 생리학 및 병리학적 연구에 집중되어 왔다. 노쇠화 중인 잎과 달리 열매는 거대분자로부터 회수하는 상당한 양의 이화작용 산물을 다른 부위로 반출(export)하지 않는다. 열매의 팽창, 성숙, 저장 수명 및 영양분의 품질에 대한 연구 모델 종은 토마토(*Solanum lycopersicum*)이다. 지금부터 다른 표시가 없는 한 토마토라 함은 *S. lycopersicum*의 열매를 뜻한다. 열매 형성과 발달 과정을 분자적으로 조절하는 일반적 기작을 발견하는 데 있어 애기장대의 유전체 자원 또한 (문자 그대로) 풍성한 결실을 맺었다.

18.5.1 일부 종에서 열매 숙성 시 호흡의 폭발적 증가가 일어난다

수확한 열매가 숙성 시에 호흡의 폭발적 증가, 즉 **호흡급등(climacteric)**을 보이는지 아닌지에 따라 열매를 분류할 수 있다. 표 18.2는 호흡급등 종과 **비호흡급등(non-climacteric)** 종의 예를 나열한다. 완전히 성숙한 상태에서 수확한 호흡급등 열매는 양친 식물로부터 분리된 후에도 숙성될 수 있지만, 비호흡급등 종의 열매는 분리된 후에 일반적으로 완전한 숙성 단계로 진입하지 못한다.

호흡급등이 어떤 기능을 하는지는 완전히 이해하지 못하고 있다. 레몬(*Citrus limon*), 오렌지(*C. sinensis*) 등 감귤류와 딸기(*Fragaria* spp.), 포도(*Vitus* spp.)는 비호흡급등 열매의 예로, 호흡급등의 생리적 변화 없이도 정상적으로 완전히 숙성된다. 바나나(*Musa* spp.) 같은 열매는 호흡급등 동안 탄수화물의 5% 까지를 호흡 산물인 CO_2로 잃기도 한다(그림 18.33). 해당과 마이토콘드리아 호흡을 통해 ATP 형성이 증가하고 아미노전달 반응과 기타 대사 과정(7장 참고)을 위한 탄소 골격 생성이 늘어난다. 호흡급등은 또한 에틸렌 생산의 급증과도 관련되어 있다(그림 18.33). 에틸렌은 종종 '**숙성 호르몬(ripening hormone)**'이라고 불린다. 에틸렌은 노쇠화와 숙성 동안 호흡을 포함한 대사를 조절하고 또한 자신의 생합성을 조절한다(18.5.5절 참고).

표 18.2 호흡급등 및 비호흡급등 열매.

호흡급등 열매	비호흡급등 열매
사과	체리
살구	오이
바나나	포도
구아바	자몽
키위	레몬
망고	라임
파파야	리치
시계꽃 열매(Passion fruit)	만다린 귤
복숭아	멜론
배	오렌지
감	파인애플
자두	석류
사포딜라(Sapodilla)	래스베리
토마토	딸기

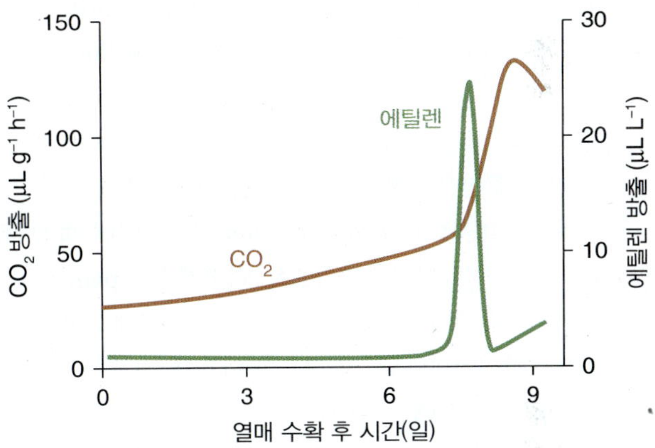

그림 18.33 숙성 중인 바나나 열매에 의한 에틸렌 생산과 호흡에 따른 CO_2 생산. 호흡급등은 에틸렌 방출의 피크에 의해 예측할 수 있다.

18.5.2 열매는 숙성 중에 색상을 바꾼다

열매는 숙성 중에 밝게 채색된다(그림 18.34). 바나나, 고추(*Capsicum*), 토마토 및 감귤류와 같은 많은 종에서, 미성숙한 열매는 녹색이지만 숙성 중인 열매에서 엽록소의 분해

그림 18.34 상이한 종류의 피망 색상은 엽록체에서 잡색체의 전이 과정 중 상이한 지점에서 중단되도록 선택된 결과이다.

가 노쇠하는 잎에서와 동일한 경로에 의해 일어난다. 엽록소의 상실 결과 **카로티노이드(carotenoids)**의 색상이 드러나게 된다. 카로티노이드는 고도로 혐수성인 화합물로 노란색 또는 주노란색의 배경색을 만들며, 이 바탕에 새로운 색소가 축적되면서 다양한 색상을 만들어 낸다. 숙성된 열매에서 밝게 채색된 카로티노이드는 잡색체(chromoplast) 내에 위치하는데, 잡색체는 미성숙한 녹색의 열매 조직의 엽록체로부터 유래한 특화된 색소체이다(그림 4.23 및 4.24D 참고). 잡색체의 카로티노이드는 섬유(fibril), 결정 또는 소구립(globule)을 형성하고 **피브릴린(fibrillin)**이라는 특정 단백질과 연합되어 있다. 피브릴린 유전자는 열매 숙성, 잎 노쇠화 및 꽃 부위의 발생 동안 뿐 아니라 다양한 환경 스트레스에 반응하여 강하게 발현한다.

토마토, 피망(*Capsicum annuum*) 등의 열매 숙성 동안 나타나는 적색 카로티노이드는 **리코펜(lycopene)**이다. 리코펜과 기타 열매 카로티노이드는 이소프레노이드 경로에 의해 합성된다(15장 참고). **파이토엔 신세이즈(Phytoene synthase; PSY)**는 열매에 의한 리코펜 합성에서 속도제한 효소이다. 이 효소는 C_{20} 전구체인 **제라닐제라닐 이인산(geranylgeranyl diphosphate; GGPP)** 두 분자를 응축시켜 C_{40} 카로티노이드인 피토엔(phytoene)을 만들며(식 18.7), 피토엔을 리코펜으로 전환시키는 효소들은 **파이토엔 디새튜레이즈(phytoene desaturase**; 이하 PDS로 줄임; 식 18.8) 및 플라스토퀴논을 요구하는 제타-카로틴 디새튜레이즈(ζ-carotene desaturase; 이하 ZDS로 줄임; 식 18.9)이다. 고추의 숙성 동안 GGPP 신세이즈와 PDS는 크게 증가한다.

식 18.7 파이토엔 신세이즈(PSY)는 2단계 반응을 촉매함

18.7A

2 Geranylgeranyl diphosphate (GGPP) →

PP_i + rephytoene diphosphate

18.7B

Prephytoene diphosphate → phytoene + PP_i

식 18.8 파이토엔 디새튜레이즈(PDS)

Phytoene → ζ-carotene

식 18.9 제타-카로틴 디새튜레이즈(ZDS)

$$\zeta\text{-Carotene} + 2PQH_2 + 2O_2 \rightleftharpoons \text{lycopene} + 4H_2O + 2PQ$$

숙성 중인 조직에서 축적되는 2번째 중요한 색소 및 이차대사 화합물 집단은 페닐프로파노이드(phenylpropanoid) 대사의 산물이다. 페닐프로파노이드 경로는 아미노산인 페닐알라닌에서 유래하며, 복잡하고 많은 분지와 조절 지점을 가진 대사 경로이고, 페놀화합물(phenolics), 탄닌(tannins) 및 플라보노이드(flavonoids)를 포함한 다양한 종류의 식물화학물질을 합성하도록 한다(15장 참고). 카로티노이드와는 달리 이들은 주로 수용성 화합물로 잡색체가 아니라 중심 **액포**에 축적된다. **안토시아닌(anthocyanins)**과 프로안토시아닌(proanthocyanins)은 **플라보노이드** 색소로 딸기 같은 일부 숙성된 열매의 색상을 나타나게 한다. 적색 포도(*Vitus*), 가지(*Solanum melongena*), 블랙커런트(*Ribes nigrum*), 체리(*Prunus* spp.) 및 붉은 사과(*Malus domesticus*)의 껍질은 안토시아닌이 풍부하다. 빨간색 및 보라색 안토시아닌과 노란색 플라보노이드 또한 단풍나무(*Acer* spp.)와 같은 목본의 놀라운 가을 낙엽 색상을 빚어 낸다. 열매에서 안토시아닌 색상의 발달은 특정 MYB 전사 인자에 의한 플라보노이드 생합성 유전자 발현의 조절에 기인한다.

18.5.3 열매는 숙성 중에 질감을 바꾼다

육질과는 숙성 중에 부드러워진다. 보통 세포의 팽압은 다소 일정하게 유지되나 과육 조직의 세포벽에서 화학적 변화가 일어나 단단함을 잃게 된다. **가수분해효소(hydrolytic enzyme)**는 숙성 중에 활성화되어 세포벽 탄수화물을 공격하고 다당류를 탈에스테르화하고 중합체를 해체하여 세포벽 기질의 물리적 성질을 변화시키며, 토마토와 복숭아와 같은 연한 열매에서는 세포 간의 부착을 느슨하게 만든다.

열매에서 세포벽의 기본 구조는 4장에서 기술된 바와 같이, 헤미셀룰로오스 기질에 셀룰로오스 미세섬유가 파묻혀 있고 인접한 세포를 연결하는 펙틴성 중간 박막층을 포함한다.

열매 세포벽의 50% 이상을 차지할 수 있는 펙틴은 호모갈락투로난(homogalacturonan; 이하 HG로 줄임) 및 람노갈락투로난(rhamnogalacturonan)으로 구성된다(4장 참고). 펙틴은 숙성된 열매보다 미숙성한 열매에서 보다 에스테르화되어 있으며 그 분자량과 중성 당 함량도 더 높다. 토마토 과육의 연화(softening) 현상은 HG의 메틸에스테르가 상실되는 것과 관련되어 있다. 이러한 HG의 변화는 **펙틴 메틸에스터레이즈**(**pectin methylesterase**; 이하 PME로 줄임)의 활성에 의한 결과물로, 이 효소는 펙틴 다당류 골격의 갈락투론산 잔기로부터 메틸에스테르기를 제거한다. 탈에르테르화된 HG는 **폴리갈락투로네이즈**(**polygalacturonase**; 이하 PG로 줄임)에 의한 가수분해의 대상이 될 수 있다. 토마토 유전체는 소규모의 *PG* 유전자족을 포함하고 있는데, 이 중 한 유전자는 PG1을 암호화하며 숙성 과정에 관여하는 것으로 보인다. 이들은 여러 PG 동족체들(isoforms)이 존재하며 대립유전자 변이에 의해 발생하고 단백질 글리코실화에 있어 차이점을 보인다. 폴리갈락투로네이즈의 분자 구조 모델이 그림 18.35에 나타나 있다. PG는 **엔도하이드롤레이즈**(**endohydrolase**), 즉 분지되지 않은 HG 골격 내의 글리코시드 결합을 점진적으로 공격하는 효소로 작용한다.

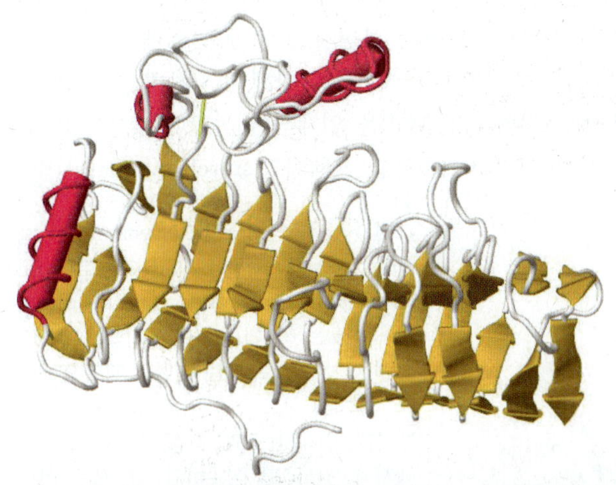

그림 18.35 식물의 병원성 세균인 *Erwinia carotovora* ssp. *carotovora*의 폴리갈락투로네이즈(PG)의 결정 구조. 여기에 보인 것과 같은 PG의 결정 구조와 컴퓨터 3차원 모델에서는, 커다란 하나의 나선 모양으로 감긴 평행한 β-병풍(노란색 화살표)들이 뚜렷한 단백질 형상을 구성하고 있는 것을 보여 준다. 분홍색 로켓 모양들은 알파 나선을 표시한다. 높은 1차 서열 상동성을 고려할 때, 식물의 폴리갈락투로네이즈는 이와 유사한 고차원적 구조를 가질 것으로 예측된다.

숙성 중에 PG의 효소 활성과 PG 유전자에서 전사되는 mRNA의 양은 이들이 열매의 연화 과정에서 중심 역할을 할 것이라는 가설을 지지한다. 그러나 PG 유전자에 대한 **안티센스**(**antisense**) 형태의 유전자로 형질전환시켜 PG 발현을 억제시킨 토마토에서 펙틴 중합체의 해체 감소 현상이나 열매 연화의 감소 현상이 거의 관찰되지 않았다. 안티센스 기법을 통한 PME 활성의 저해 또한 토마토 열매 질감의 변화를 초래하지 않았지만, 이들 식물에서 세포벽 펙틴의 분자량이 증가하였다. 그러나 이러한 조작을 통해 저장 수명과 수확 후 가공성이 개선되었으며, 한 동안 여러 상업용 토마토 품종의 기초를 제공하였다. *rin*(*ripening inhibitor*)라는 토마토 돌연변이를 이용한 후속 연구에 의해, 펙틴분해 효소 단독으로는 열매 숙성 시 질감의 변화를 초래하는 데 불충분하다는 사실이 밝혀졌다. *rin* 돌연변이는 숙성 과정을 효과적으로 저해하여 에틸렌을 생산하거나 반응하지 않고 녹색을 유지하는 단단한 열매가 만들어졌다. *rin* 열성 돌연변이에 대해 동형접합성인 식물의 열매는 PG 발현이 저해되어 있다. 만일 이러한 유전자형이 PG를 발현하도록 형질전환을 통해 조작된다면, PG 효소 활성이 검출되고 생체 내에서 펙틴 중합체가 해체되지만 열매의 유화는 잘 일어나지 않는다.

PG와 PME가 펙틴의 분해에 중요하다는 것은 분명하지만, 숙성 과정에서 이들의 유도는 조직 유화의 주요 결정 요소가 아니다. 따라서 보다 결정적이라고 예상되는 다른 세포벽 분해 효소로 관심이 돌려졌다. 숙성 기간에 활성의 증가를 나타내는 다수의 **글리칸 분해 효소**(**glycan-degrading enzymes**) 중에는 자일로글루칸 엔도트랜스글리코실레이즈(xyloglucan endotransglycosylase), 엔도-1,4-β-글루카네이즈(endo-1,4-β-glucanase) 및 익스팬신(expansin)이 있다. 이들은 세포벽 네트워크의 교차결합을 변화시킴으로써 벽 구조를 재편하는 것으로 믿어진다. 이와 같은 수많은 세포벽 변형 효소의 협동 작용이 열매 숙성의 변화에 요구될 것이다.

18.5.4 열매의 숙성 동안 맛과 향이 강해진다

일반적으로 열매는 숙성되면서 더 달콤해진다. 설탕과 이로부터 유래하는 6탄당 등 주요 당분의 농도에 의해 당도가 결정된다. 설탕의 당도를 1.0으로 했을 때 과당은 1.2이며 포도당은 0.64이다. 남미대륙 문명에 의해 토마토가 재배도입되고 나서 16세기 유럽에 토마토가 퍼져 나갔을 때 당도는 토마토가 가진 매우 가치 높은 형질이었다. 이러한 역사의 유산은, 오늘날 일부 품종에서 건조 중량 중에 당의 함량이 최대 60%에 이르게 된다는 점을 들 수 있다. 열매는 광합성 조직에서 반출된 탄수화물의 주요한 **최종 수용부(terminal sink)**이다. 발생 중인 열매로 전류(translocate)된 설탕은 **인버테이즈(invertase**; 식 18.10) 반응이 관여하는 과정에 의해 수송 체계로부터 하적(unload)된다.

식 18.10 인버테이즈(β-프룩토푸라노시데이즈, β-fructofuranosidase)

$$\text{Sucrose} + H_2O \rightarrow \text{glucose} + \text{fructose}$$

인버테이즈는 세포질 내부(**symplasmic**)에 존재하는 형태와 외부(**apoplastic**)에 존재하는 형태가 있다. 그림 18.36A은 액포성(vacuolar; symplasmic) 인버테이즈의 효소-기질 복합체의 구조 모델을 보여주며, 그림 18.36B는 세포벽에 연합되어 있는(cell wall-associated; apoplastic) 인버테이즈의 모델을 나타낸다. 진정쌍자엽식물과 단자엽식물이 분기한 시점 이전에 액포의 인버테이즈는 세포벽 인버테이즈로부터 진화한 것으로 믿어진다. 두 종류의 인버테이즈는 수많은 β-시트 부위로 구성된 독특한 분자적 구조를 공유하는데, 이 β-시트들은 소위 5개의 날을 가진 β-프로펠러 도메인과 β-샌드위치 도메인으로 배열되어 있다(그림 18.36). 토마토 과피(pericarp) 발생 초기에 설탕의 하적 과정은 심플라스트에서 일어난다는 증거가 있다. 그 후기 단계에서는 세포벽 인버테이즈가 원형질막에 있는 6탄당 수송 단백질의 활성과 기능적으로 연관되어 있다는 것이 알려져 있으며, 이는 체관에서 하적된 설탕이 발생 중인 열매로 이동하는 것은 아포플라스트를 통한다는 가설을 지지한다. 감자의 괴경처럼 녹말이 풍부한 저장 기관 또한 유사한 기작으로 전류된 당분을 수용한다(그림 17.9 참고). 토마토의 유전자 지도 상에서 다양한 열매의 형질에 대응하는 유전자 좌위가 인버테이즈 유전자와 일치한다는 관찰은, 형질전환 식물에서 인버테이즈 효소의 발현 실험 결과와 더불어, 아포플라스트의 인버테이즈가 토마토의 당 성분과 열매 크기를 조절하는 데 중요한 역할을 한다는 사실을 증명하였다. 인버테이즈와 다른 주요 당 가수분해 효소인 **설탕 신세이즈(sucrose synthase**; 식 18.11) 간의 상대적 활성 차이가 설탕과 6탄당의 상대적 비율을 결정하며, 이 비율에 따라 다양한 당도가 나타난다.

식 18.11 설탕 신세이즈(UDP-포도당:과당 글루코실 트랜스퍼레이즈)

$$\text{Sucrose} + \text{UDP} \rightleftharpoons \text{UDP-glucose} + \text{fructose}$$

다수의 열매에서, 발생 초기에 녹말의 일시적으로 축적된 후 숙성 시 대규모의 가수분해가 일어나면서 당도의 증가가 (호흡급등 열매의 경우, 호흡의 증가를 동반하며) 이어진다. 설탕 신세이즈, 프룩토인산화효소(fructokinase) 및 (특히) **ADP-글루코스 파이로포스포릴레이즈(ADP-glucose pyrophosphorylase**; 이하 **AGP**로 줄임; 식 18.12)의 활성이 녹말 축적 속도를 조절한다. AGP 소단위체를 암호화하는 유전자는 토마토 열매의 당 함량에 관계된 수많은 유전 좌위들에 함께 위치하며, 딸기에서 안티센스 기법으로 AGP을 억제하면 녹말이 감소하고 수용성 당이 증가한다. 녹말 신세이즈(starch synthase) 및 녹

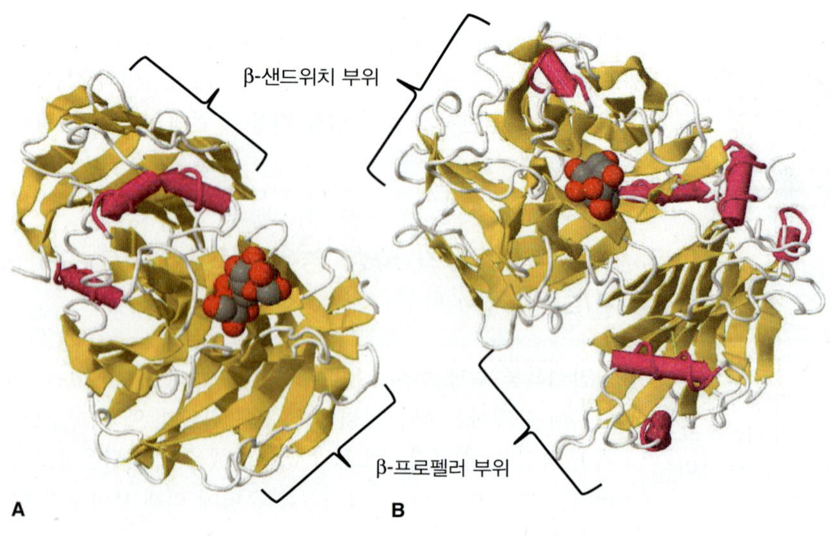

그림 18.36 인버테이즈(invertase). (A) 세균(*Thermotoga maritime*)의 β-프룩토푸라노시데이즈(β-fructofuranosidase), 즉 인버테이즈를 구성하는 6개의 동일한 폴리펩티드 소단위 중 하나의 구조로, 이는 식물의 액포 인버테이즈의 3차원 구조 모델임. *T. maritime*의 효소는 설탕 및 이에 관계된 다양한 올리고당(그림에서 활성 자리를 점유하고 있는 것은 라피노오스, 즉 α-D-갈락토실 설탕임)에서 과당을 방출할 수 있다. (B) 애기장대 세포벽(아포플라스틱) 인버테이즈와 설탕의 효소-기질 복합체 구조 모델. 알파 나선은 분홍색 로켓 모양으로 표시되어 있고 β-시트는 노란색 화살표로 표시되어 있다. 탄수화물 리간드 중 탄소 원자는 회색이며 산소 원자는 빨간색이다.

말 분지효소(starch branching enzyme)는 발생 중인 열매의 녹말 과립에 결합하여 있다(17장 참고). 열매에서 녹말 분해는 잘 알려져 있지 않지만, 가수분해에 참여하는 녹말 포스포릴레이즈(starch phosphorylase) 및 아밀레이즈(amylase) 등의 효소가 숙성 중인 바나나 과육녹말에서 증가하여 호흡급증기를 전후하여 최대치에 도달하는 것이 관찰된 바 있다.

식 18.12 ADP-글루코스 파이로포스포릴레이즈(AGP)

$$\text{Glucose-1-phosphate} + \text{ATP} \rightleftharpoons \text{PP}_i + \text{ADP-glucose}$$

신맛은 각 열매에 독특한 맛과 입에 닿는 느낌을 주는 복합적인 미각 화합물의 중요한 요소이다. 신맛은 주요한 유기산들의 비율에 따라 결정되는데, 시트르산에 대한 상대적 값으로 나타내면, 시트르산(1.0), 말산(0.9), 타르타르산(0.8)의 순서이다. 아스파르트산과 글루탐산과 같은 아미노산 또한 일부 열매에서 신맛을 내는 데 기여한다. 이러한 화합물의 대사적 기원은 해당과 TCA 회로이다. 유기산의 생화학적 조절과 종 내부 변이 및 종 간 변이의 기초는 자세히 알려져 있지 않으나, 대사물질의 포괄적 감정, 즉 **대사체학(metabolomics)**에 기반한 새로운 접근법, 유전자 지도 분석과 토마토 유전체 서열 분석법을 결합하여 그 해답을 찾기 시작했다.

열매의 맛을 인지하는 다른 측면은 **떫은맛(astringency)**으로, 대체로 페놀화합물, 그중에서도 특히 프로안토시아니딘(proanthocyanidins) 또는 축합형 탄닌(condensed tannins)에 의해 결정된다(15장 참고). 떫은맛의 강도는 축합형 탄닌의 중합체 형성과 화학적 변형의 정도와 관계 있다. 페놀화합물과 안토시아닌 등의 색소의 대사적 기원은 공통적으로 페닐프로파노이드 경로인데, 이는 종종 열매 성숙 동안 맛과 색상이 함께 조절되는 현상에 반영되어 있다. 예를 들면, 분기점에 위치하는 효소인 다이하이드로플라보놀 리덕테이즈(dihydroflavonol reductase)의 활성은 딸기 발생 초기에 축합형 탄닌이 축적되면서 활성을 띤 후, 일시적으로 활성이 감소하다가 열매의 색상이 강렬해지면서 다시 활성이 강화된다.

많은 열매의 숙성 동안 색상, 맛과 함께 **향기(fragrance)** 또한 강해진다. 이는 에스테르, 알코올, 알데히드 및 케톤류 등 저분자량의 휘발성 화합물의 생산이 증가한 결과이다. 토마토 열매는 약 400종의 휘발성 화합물을 포함하는 것으로 추정되며, 이 중 주요 물질로는 시스-3-헥사날(cis-3-hexanal), 시스-3-헥사놀(cis-3-hexanol), 헥사날(hexanal), 3-메틸부타날(3-methylbutanal), 6-메틸-5-헵텐-2-온(6-methyl-5-hepten-2-one), 1-펜탄-3-온(1-pentan-3-one), 트랜스-2-헥사날(trans-2-hexanal), 메틸 살리실산(methyl salicylate), 2-이소부틸티아졸(2-isobutylthiazole) 및 β-이오논(β-ionone)이 있다. 이들 휘발성 화합물은 생화학적 기원이 다양하고 아미노산, 지방산 및 카로티노이드 대사 경로에서 유래한다. 특히 흥미로운 효소는 **라이폭시제네이즈(lipoxygenase**; 그림 18.37)로서, 이 효소는 일부 방향족 화합물의 지질 전구체의 히드로과산화 반응을 촉매한다. 에스테르의 주요 공급원은 파이루베이트 디하이드로제네이즈 복합체의 산물인 아세틸 CoA이거나, 또는 파이루베이트 디카르복실레이즈와 알코올 디하이드로제네이즈를 경유하여 생성되는 아세트알데히드와 에탄올이다(7장 참고). 숙성 호르몬 에틸렌은 휘발성이며, 호흡급등 열매에서 에틸렌 생산을 억제하도록 화학적으로 처리하거나 유전적으로 조작하면 결과적으로 방향성 화합물의 생산이 감소한다. 에스테르의 형성에 작용하는 **알코올 아실트랜스퍼레이즈(alcohol acyltransferase)**의 유전자 발현은 에틸렌에 의해 강하게 증가하여, 이 효소의 활성을 크게 증가시킨다.

맛과 향기를 부여하는 인자 만큼이나 숙성한 열매 속에 존재하는 건강에 유익한 영양물질에 대해 점점 관심이 커지고 있다. 이들 중에는 인체가 신규로 합성할 수 없는 필수 화학물질이 포함된다. 예를 들면 **카로티노이드 결핍**은 시각장애를 일으키고, β-고리의 말단기를 가진 카로티노이드는 **비타민 A**의 합성에 필요하다. 서구형 식단에서

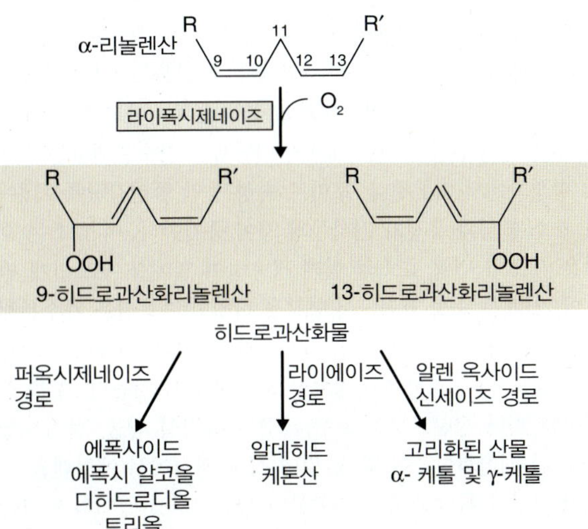

그림 18.37 라이폭시제네이즈 효소는 폴리불포화 지방산을 산화시켜 히드로과산화물을 형성한다. 이들은 다양한 휘발성 물질의 전구물질과 분기된 대사 경로의 기타 산물이다.

토마토 열매는 카로티노이드의 주요 공급원이다. 중요도 높은 또 다른 비타민은 **엽산(folic acid)**이다. 평균적 식단에서 엽산의 1일 섭취량 중 1/3 이상이 열매와 야채로부터 공급된다. 열매는 또한 비타민이 아닌 **항산화물질(antioxidant)**의 중요한 공급원이다. 이들처럼 숙성 중인 열매에서 소량이지만 영양학적으로 중요한 성분의 합성과 조절은 활발한 생명공학적 연구 분야이다.

마지막으로 우리가 기억해야 할 점이 있다. 비록 열매가 산포를 돕는 동물을 유인하기 위한 진화적 수단이고 또한 인간에게 매력적이고 식욕을 느끼게 하도록 식물 육종에 의해 선택되어 왔으나, 식물, 특히 야생 식물은 일반적으로 수많은 방어 체계를 잘 갖추고 있어 잠재적인 초식 동물을 제지할 수 있다. 우리는 토마토에서 이러한 예를 알고 있다. *malodorous*라는 유전자의 한 대립유전자는 야생 종의 열매에 불쾌한 냄새를 유발하여 이 대립유전자가 재배도입 과정에서 배제되도록 선택되었다.

키포인트 열매의 숙성 동안, 노쇠화 중인 기관의 대사와 유사한 대사 경로가 활성화되어, 열매의 색상, 질감, 맛과 향의 변화를 초래하여 산포자와 인간이 열매에 매혹될 수 있도록 한다. 숙성과 노쇠화 간의 명백한 차이점은 열매의 거대분자의 분해에서 나오는 물질의 회수와 반출이 제한되어 있다는 것이다. 열매는 숙성 과정에서 호흡의 급속한 증가와 함께 에틸렌 생성 증가를 종종 동반하는 호흡급등 열매와 비호흡급등 열매로 분류된다. 성숙한 호흡급등 열매는 양친 식물로부터 수확한 후에도 숙성될 수 있으며, 이러한 숙성은 에틸렌에 노출될 때 더 빨라진다. 잎이 노란색으로 변하는 것과 같은 경로를 통해 열매에서도 엽록소를 잃게 된다. 많은 종의 열매에서 엽록체는 잡색체로 분화한다. 이에 따라 카로티노이드의 색상이 드러나고 이소프레노이드 경로를 경유하여 카로티노이드가 새로 합성됨에 따라, 인간이 먹는 열매 중 다수에서 전형적으로 발견되는 주노란색과 빨간색 색소가 된다. 토마토와 피망의 빨간색 카로티노이드는 리코펜이다. 열매가 가진 색상의 또 다른 공급원은 페닐프로파노이드 대사의 수용성 산물로, 이들 중에는 포도, 체리 및 딸기의 빨간색과 보라색 안토시아닌 색소가 있다. 육질과의 유화 과정은 세포벽 다당류를 가수분해하는 효소의 활성화에서 비롯된다. 토마토 숙성 동안 폴리갈락투로네이즈 효소 활성과 유전자 전사물의 양이 증가한다. 이 효소는 수많은 세포벽 변형 효소와 함께 작용하여 열매를 부드럽게 만든다. 열매는 숙성 과정에서 당분을 반입하고 녹말을 가수분해하여 당도가 증가하게 된다. 아포플라스트의 인버테이즈는 열매의 당도 증가 과정에서 중요한 조절 기능을 갖는다. 맛을 결정하는 기타 성분으로는 호흡 과정의 유기산 산물, 플라보놀과 기타 페놀화합물이 있다. 열매 성숙 과정에서 에틸렌을 포함한 다양한 휘발성 유기 화합물이 생산되면서 열매의 향기는 더욱 풍부해진다. 수많은 휘발성 물질은 지질 산화 반응의 산물로, 라이폭시제네이즈에 의해 촉매되는 반응에서 생긴다. 열매는 카로티노이드, 비타민 A, 엽산 등 항산화물질과 비타민의 중요한 공급원이다.

18.5.5 열매 숙성은 유전적으로 조절되고 호르몬에 의해 조절된다

열매 숙성이 어떻게 조절되는지에 대한 지식은 주로 토마토 **돌연변이체**의 분석, 특히 에틸렌 합성과 반응에 영향을 미치는 돌연변이의 분석으로부터 유래하였다(그림 18.38). 우리는 이미 에틸렌에 의한 숙성 반응에 결함을 가진 *rin* 돌연변이를 언급한 바 있다. *RIN* 유전자는 꽃 발생과도 관련성이 있는 것으로 알려진 MADS 박스 전사 인자를 암호화함이 알려졌다. *RIN* 상동유전자는 호흡급등 종 및 비호흡급등 종에서 발견된다. *rin*과 유사한 표현형을 가진 기타 전사 인자 돌연변이체는 *non-ripening* (***nor***)와 *Colorless non-ripening* (***Cnr***)이 있다. CNR 단백질은 SBP (*SQUAMOSA* promoter binding) 족의 구성원이며, *NOR* 유전자는 NAC 도메인 인자를 암호화한다.

NOR, *RIN* 및 *CNR* 유전자는 포괄적 조절자로서, 에틸렌에 대해 독립적으로 숙성 증상을 직접 유발하는 기작에 관여한다. 토마토처럼 에틸렌에 민감한 호흡급등 열매에서 또한 이 인자들은 에틸렌 합성 및 신호전달경로들과 상호작용한다. 에틸렌 생합성 경로에 전속된 첫 중간 생성물(first committed intermediate)인 **1-아미노시클로**

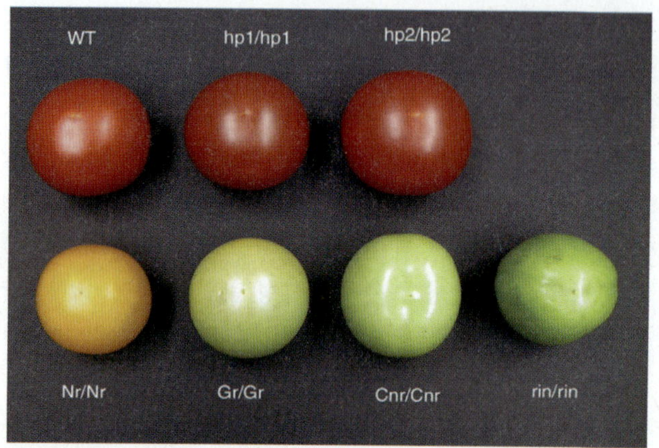

그림 18.38 야생형 토마토와 돌연변이 토마토 열매. 정상 토마토 재배종인 Ailsa Craig의 숙성한 열매(WT)가 녹색에서 빨간색으로 색상 변화가 개시된 지 10일째에 동일한 연령의 돌연변이 열매와 비교하여 전시되어 있다. 비교되고 있는 동형접합성 돌연변이는 *high-pigment 1* (*hp1/hp1*), *high-pigment 2* (*hp2/hp2*), *Never-ripe* (*Nr/Nr*), *Green-ripe* (*Gr/Gr*), *Colorless non-ripening* (*Cnr/Cnr*) 및 *ripening-inhibitor* (*rin/rin*)이다.

프로판-1-카르복실산(1-aminocyclopropane-1-carboxylic acid; ACC로 약칭함)은 **ACC 신세이즈(ACC synthase; ACS로 약칭함)**의 산물이며 **ACC 옥시데이즈(ACC oxidase; ACO로 약칭함)**에 의해 에틸렌으로 전환된다(10장 참고). 토마토에서 ACS를 암호화하는 9개 유전자 중 4개는 *RIN* 유전자의 영향 하에서 열매 숙성 기간에 차별적으로 발현되며, 이 유전자족에서 만들어진 상이한 ACS는 호흡급등 전후를 지배한다. 마찬가지로 ACO를 암호화하는 5개 유전자 중 3개가 열매 숙성 중에 차별적으로 전사된다. *ACS* 및 *ACO*의 발현을 안티센스 기법으로 감소시키면 에틸렌 반응이 억제되며 잎의 노쇠화가 지연되고 불완전한 열매 숙성을 나타내는 식물이 만들어진다. 이 표현형은 외생적(exogenous) 에틸렌 처리에 의해 교정된다. 숙성에 관계된 *ACS* 및 *ACO*의 발현은 다른 수많은 종에서 증명되었으며, 이들은 메론(*Cucumis melo*), 사과(*Malus*), 바나나(*Musa*) 및 감(*Diospyros* sp.)을 포함한다.

토마토 돌연변이인 *Never-ripe* (***Nr***)의 열매는 그 이름이 암시하듯이 완전히 숙성하지 못한다. 또한 *Nr* 돌연변이 식물은 잎과 꽃의 노쇠화가 지연되는 표현형을 보인다. *NR*유전자는 *ETR* (ethylene receptor) 유전자 족의 구성원으로, **에틸렌 수용체 단백질(ethylene receptor protein)**을 암호화한다. 에틸렌 수용체 유전자에 생긴 돌연변이는 에틸렌에 대해 반응하지 못하게 만든다(10장 참고). *Green-ripe* (*Gr*)은 또 다른 토마토 돌연변이체로서, 이 경우 열매와 꽃 조직에서 선택적으로 에틸렌에 대한 반응이 감소한 결과로 숙성이 완료되지 못한다. 에틸렌 신호전달처럼, 빛에 의해서도 토마토 숙성이 조절된다. 열성 돌연변이체인 *high-pigment* (*hp*)의 열매 중 카로티노이드 함량은 야생형 열매의 2배인데, 그 원인은 어떤 유전자가 자외선에 반응하는 기능에 결함이 생긴 탓이다. 이와 유사하게 크립토크롬(cryptochrome)을 과다발현시킨 형질전환 토마토 식물은 카로티노이드 및 플라보노이드의 수준 증가를 보인다.

숙성 중인 열매의 대사 프로그램을 구성하는 개별 반응은 여러 돌연변이들에 의해 저해되는 것으로 알려져 있다. 이를테면 녹색 열매를 갖는 토마토 근연종인 *Solanum pennellii*의 파이토엔 신세이즈(phytoene synthase)를 암호화하는 유전자에는 널 돌연변이(null mutation)가 있다. 다른 예로는 토마토의 stay-green 돌연변이체인 *gf*(*green flesh*)가 있다. *GF* 유전자는 *SGR*의 상동유전자인데, *SGR* 유전자는 벼과 식물류의 노쇠화 중인 잎과 완두 종자에서 발생 중인 자엽의 stay-green 표현형의 원인 유전자이다(18.3.2절 참고). 각 경우에 돌연변이 표현형은 외생적 에틸렌에 대해 반응하지 않는다.

토마토 열매에 영향을 미치는 돌연변이의 유전적 특성과 생리적 특성을 고려하면, 여러 유전자와 과정을 숙성에 관한 모델에 배치하는 것이 가능하다. 이 모델을 통해 실험적 관찰을 설명할 수 있으며, 또한 작물 생산성과 수확 후 품질을 개선하기 위해 실용적으로 조작할 수 있는 대상을 결정할 수 있다(그림 18.39).

18.6 환경이 예정된 노쇠화와 사멸에 미치는 영향

다른 생리적 활성처럼 노쇠화도 적합 범위를 벗어난 환경 조건에 반응한다. 계절적 신호 또는 여타 예측 가능한 환경 자극은 적응 **전략**(adaptive strategy)의 일부로서 노쇠화를 유발할 수 있다. 노쇠화는 또한 예측하지 못한 (생물적 또는 비생물적) 스트레스를 겪을 때 배치할 수 있는 하나의 **전술**(tactic)이다. 증가하는 환경적 스트레스의 속도와 강도

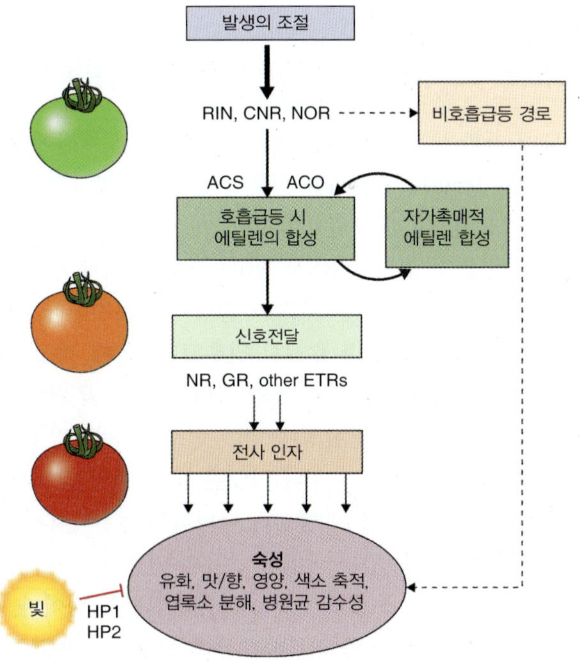

그림 18.39 토마토 숙성의 유전적 조절에 대한 모델. *RIN*, *CNR* 및 *NOR* 유전자에 의해 암호화되는 전사 인자는 호흡급등 시 에틸렌 합성을 활성화하여 숙성을 조절하고, 또한 에틸렌에 독립적인 경로(비호흡급등 경로)에도 참여하는 것으로 생각된다. 에틸렌 합성은 자가촉매적으로 유지된다. ACS 및 ACO는 각각 ACC 신세이즈와 ACC 옥시데이즈다. NR, GR 및 기타 에틸렌 수용체 단백질(ETRs)은 숙성을 개시하고 유지하는 유전자 활성화 다단계를 촉진한다. 빛은 HP 단백질의 활성을 통해 숙성을 조절한다.

> **키포인트** 수많은 상이한 유전자에 돌연변이가 일어난 결과 숙성 현상이 변화된다. 전사 인자를 암호화하는 토마토 유전자의 돌연변이인 *rin*, *nor* 및 *Cnr*는 숙성을 저해한다. *RIN* 유전자는 MADS 박스 인자를 암호화하며, RIN 전사 인자는 에틸렌 합성 효소인 ACC 신세이즈와 ACC 옥시데이즈를 암호화하는 유전자가 호흡급등을 전후한 시기에 차별적으로 발현하는 양상에 영향을 준다. *Nr* 및 *Gr* 돌연변이는 에틸렌에 반응하지 않는다. *NR* 유전자는 에틸렌 수용체 단백질을 암호화한다. 카로티노이드 축적은 자외선에 의해 조절되며 이 과정은 *HP* 유전자에 의해 매개된다. 크립토크롬 또한 빛에 의한 숙성의 조절에서 기능을 수행한다. 에틸렌에 반응하지 않는 토마토 돌연변이인 *green flesh* (*gf*)는 *SGR*의 상동유전자로, *SGR*은 틸라코이드 엽록소-단백질 복합체의 분해에 작용하는 stay-green 유전자이다.

가 상대적으로 느린 노쇠화 프로그램의 대응을 압도하게 되면, 세포는 보다 급속한 PCD 경로로 전환한다. 환경 인자에 대한 일반적인 식물 반응은 15장에서 논의되었다. 여기에서 우리는 노쇠화와 PCD가 특히 어떻게 환경 상태에 따라 영향 받는지 살펴보기로 한다.

18.6.1 노쇠화는 계절에 따라 변동한다

적도에 가까운 위도 지역을 제외하면, 상이한 계절에 **낮의 길이**(**day length**)의 변화는 식물이 임박한 스트레스(고온, 저온, 가뭄 등)에 대해 준비할 수 있게 하는 중요하고도 신뢰할 만한 환경 정보이다(8장 참고). 온대 지역에 서식하는 식물에서 잎의 노쇠화는 주요한 발생학적 사건이다. 식물이 자신의 탄소 및 질소 수요를 맞추고자 할 때 적절한 잎 노쇠화 시기는 필수적이다. 잎의 광합성 색소 및 단백질이 분해되기 시작하면, 광합성에 의한 탄소 획득은 감소하고 결국 중단되지만 질소와 기타 양분은 노쇠 중인 잎에서 회수될 수 있다. 이 과정이 명백히 나타나는 예는 온대 지역에서 가을에 볼 수 있는 낙엽성 관목의 단풍으로, 이는 매우 조직되어 있고 종종 시각적으로 매혹적인 과정이다. 아스펜은 가을에 노쇠화를 연구하기 위한 모델로 사용되어 왔으며(그림 18.26 참고), 이 종에서 노쇠화의 개시는 엄격히 **광주기**(**photoperiod**)에 따른다. 특정 아스펜 나무는 온도나 기타 환경 변수에 상관 없이 매년 거의 항상 같은 일자에 추계 노쇠화를 시작한다. 개별 잎이나 소규모의 잎 집합들의 노쇠화는 많은 스트레스(병원균 공격과 같은)에 의해 조기에 유도될 수 있지만, 점차 감소하는 낮의 길이가 추계 노쇠화를 유도할 때 아스펜 나무의 전체 수관(crown)은 세포의 예측가능한 계획표(그림 18.40)에 맞춰 조화롭게 노쇠화에 들어간다.

노쇠화의 개시가 광주기, 즉 날짜에 따라 결정되기는 하지만, 일단 노쇠화가 진행한 후에 색깔의 변화는 **온도**에 영향 받는다. 엽록소 분해는 저온에서 강화되는데 이는 **광산화 스트레스**(**photo-oxidative stress**)가 증가하기 때문일 것이다. 이는 노쇠화 시작부터 잎 색상이 노란색으로 변하는 시점까지의 시간이 온도에 따라 약 2주까지 차이 날 수 있다는 의미가 된다. 안토시아닌 생산(그림 18.40) 또한 저온에 의해 촉진되어, 노쇠화 개시 직후 몇 주 동안 온도가 더 낮은 해에는 엽록소 함량이 낮아지고 안토시아닌 수준은 높아져서 가을의 단풍 광경을 더욱 화려하게 만든다(그림 18.41). 가을에 나뭇잎에 축적되는 안토시아닌의 정확한 생물학적 기능은 여전히 미스터리로 남아 있다. 안토시

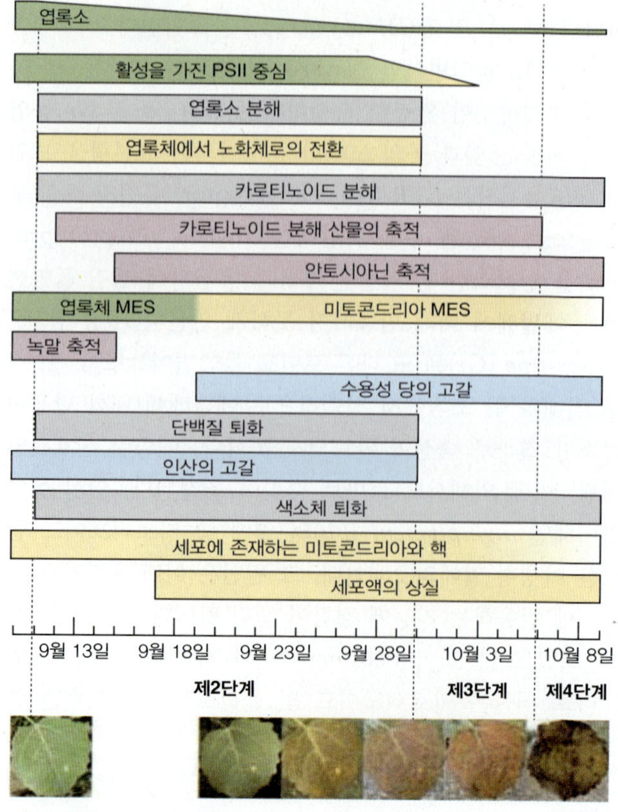

그림 18.40 아스펜 잎에서 추계 노쇠화 동안 일어나는 사건의 시간표. 노쇠화는 4단계로 나누어진다. 제1단계(노쇠화전의 성숙 단계; 여기에는 표시하지 않음) 후의 제2단계에서는, 엽록체가 노화체로 전환되고 주요 색소의 변화가 일어나며 질소와 인의 이동이 일어나고 당이 대사된다. 제2단계 동안 주요 에너지원(major energy source; MES로 표시함)은 엽록체에서 마이토콘드리아로 전환된다. 제3단계에 이르면 엽록소가 원래 수준의 5% 이하로 감소하고 세포 함유물의 고갈이 심화되나, 일부 세포에서 대사가 여전히 일어나고 있고 생존을 유지하고 있다. 제4단계에서 세포 사멸이 완료되고 남아 있는 세포벽 이외에는 구조물을 거의 찾아 볼 수 없게 된다. PSII, 광계II.

그림 18.41 가을의 색채.

아닌이 차양 기능이나 항산화 기능을 하여 적합 온도 이하에서 대사속도가 저하된 세포에 빛 에너지가 피해를 주는 것을 방지할 수도 있을 것이다. 이와 상호 배타적이지 않은 다른 가설적 기능으로는 가을의 잎 색상이 잠재적 초식 곤충에게 시각적 경고 신호로 작용한다는 것이다.

노쇠화 개시에 대한 광주기적 조절은 특히 고위도에서 자라는 관목에 있어 특히 중요하다. 예를 들면 북쪽 지방의 숲에서 질소는 종종 생장의 제한 요소가 된다. 따라서 만일 갑작스런 추위가 와서 양분 재이동이 일어나기 전에 잎 세포를 죽이게 되면 대량으로 질소와 기타 양분을 잃게 되므로, 광합성에 의한 잠재적인 탄소 획득을 희생하고 일찍 양분 재이동을 개시하는 것이 종종 많은 관목의 경우 유리할 수 있다. 고위도 지방의 가을 기후는 종종 급작스럽고 변덕스러워서, 겨울이 오고 있다는 지표로서 온도보다는 광주기가 더 신뢰할 만하다. 포플러속과 다른 관목 종들에서, 낮 길이 인식과 가을의 반응에서 파이토크롬이 중요한 역할을 수행한다는 증거가 증가하고 있다. MADS 박스 호메오 유전자를 포함한 전사 인자들이 추계 노쇠화와 생장, 개화 및 휴면을 통합하여 조절하는데 중요한 역할을 한다고 알려져 있다. 모든 온대 낙엽성 관목이 광주기에 따라 노쇠화 개시를 조절한다는 것은 아니라는 사실을 기억할 필요가 있다. 사과(*Malus*), 배(*Pyrus*)와 기타 일부 장미과(*Rosaceae*) 목본은 잎의 노쇠화를 겪고 낙엽 후 휴면 상태로 겨울을 지나지만 광주기에 반응하지 않는다는 점에서 독특하다. 이들 종에서 저온은 추계 증상을 유발하는데 있어 주요한 인자인 것 같다(15장 참고).

18.6.2 예정 노쇠화와 사멸은 흔한 비생물적 스트레스 반응이다

식물은 불리한 환경 조건을 피하여 이동할 수 없으므로, 식물에 적합하지 않은 조건에서 생존하기 위한 기작을 필요로 한다. **수분**은 특히 부족하기 쉬운 필수 인자이면서 가끔 과다해서 문제가 될 수도 있는 인자이다. 식물이 가뭄, 침수 및 기타 유사한 환경 변이에 직면하면, 이들은 종종 노쇠를 겪게 된다. 노쇠화 관련 유전자들은 가뭄과 기타 스트레스에 반응하여 발현이 증가되도록 조절되는 유전자에 흔히 포함된다. 가뭄 뿐 아니라, 온도, 대기 중의 CO_2 함량 및 **자외선** 또한 노쇠화 관련 유전자의 발현을 증가시키고 조직 노쇠화와 사멸의 양상을 변화시키는 결과를 낳는다. 식물이 환경 스트레스에 반응하여 PCD를 전개하는 방식을 잘 연구한 예로, **통기조직**(**aerenchyma**), 즉 커다란 공기 주머니를 가진 조직의 발달을 들 수 있다. 식물 뿌리가 침수되었을 때 종종 뿌리는 저산소증(hypoxia)이나 무산소증(anoxia)를 경험한다(15장 참고). 이런 환경에서는 성숙한 뿌리에서 세포들 전체가 분해형성(lysigeny)에 의해 제거된다(그림 18.42). 그 결과 뿌리에 통로가 만들어져 뿌리가 슈트로

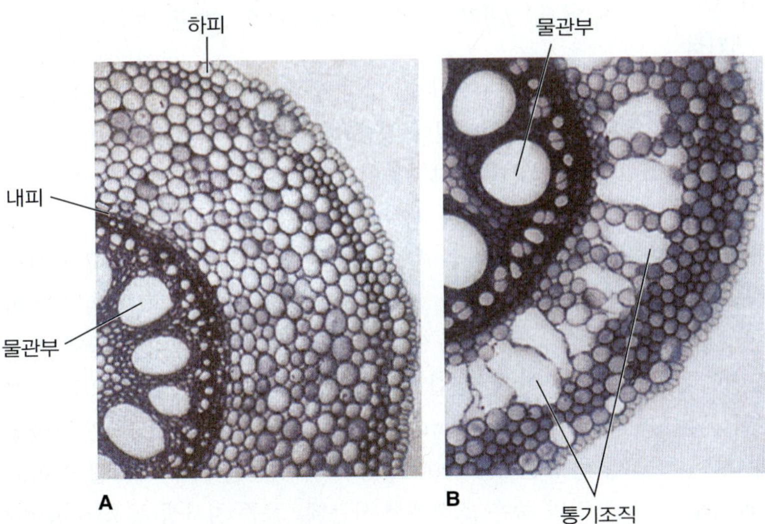

그림 18.42 희박한 산소(저산소증)에 반응하여 옥수수 뿌리가 형성하는 통기조직. 뿌리를 유산소 조건(A)과 저산소 조건(B)에서 생장시킴. 뿌리 피층 세포는 산소 부족에 반응하여 분해형성을 통해 연속적인 기체 공간의 네트워크를 형성함으로써, 침수된 뿌리가 지상부 조직으로부터 기체를 획득할 수 있게 한다.

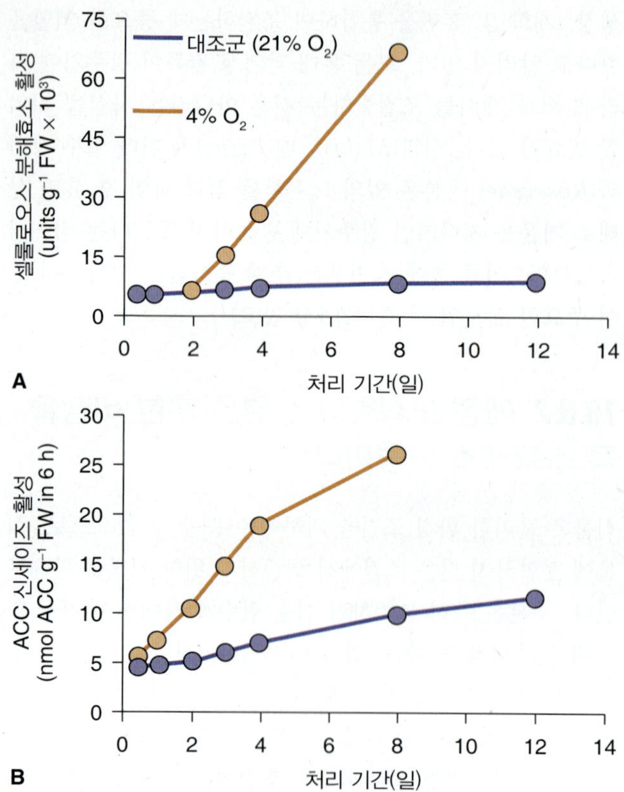

그림 18.43 저산소 조건에서 옥수수 뿌리의 통기조직 형성 동안, 셀룰레이즈 활성(A) 및 에틸렌 생합성의 속도제한 효소인 ACC 신세이즈의 활성(B)에 대한 산소 농도의 효과. 저산소 스트레스 기간 동안 두 활성이 모두 증가한다.

부터 공기의 확산에 의해 산소를 획득할 수 있게 된다. 몇 가지 식물 종에서 통기조직은 분해형성이 아니라 분리형성(schizogeny)에 의해, 즉 기체 공간이 세포 손실에 의해서가 아니라 세포가 분리되면서 형성된다(그림 18.9 참고). 통기조직 연구는 대개 작물을 이용하여 수행되었으며, 특히 침수와 통기 불량이 생산량을 심각하게 감소시킬 수 있는 벼와 옥수수 같은 작물에 더 집중되어 왔다. 그러나 통기조직 형성은 애기장대와 같은 종에서도 일어나며, 애기장대를 이용하여 통기조직 발생의 유전적 기초를 이해할 수 있었다.

통기조직 형성을 유도하는 것은 산소 부족이다. 산소 제한 조건에서 옥수수 뿌리를 이용한 연구 결과, 특정한 뿌리 피층 세포군에서 에틸렌에 의해 조절되어 일어나는 PCD의 결과로 통기조직이 형성됨이 밝혀졌다. 세포벽을 포함한 전체 피층 세포 하나가 제거되어 뿌리를 통한 산소 이동을 용이하게 하는 공간을 생성하게 된다. 이러한 PCD 과정은 매우 빠르게 일어날 수 있으며 DNA 분절화 현상과 유전자 발현에서 유의적인 변화가 함께 나타나는데, 발현 변화를 겪는 유전자들은 해당, 발효, 질소 활용, 트레할로

키포인트 적도에서 멀리 떨어진 생태계 중 다수에서 노쇠화는 광주기에 의해 조절된다. 온대 낙엽성 숲에서 추계 노쇠화는 일반적으로 낮의 길이가 감소하는 것에 반응하여 개시된다. 사과와 배 나무의 경우 예외적으로 낮 길이보다는 온도의 감소에 의해 노쇠화가 유도된다. 야외에서 자라는 아스펜 나무를 이용한 연구를 통해, 수관의 잎에서 조화롭게 진행되는 노쇠화의 개시는 광주기에 의해서 예측 가능한 방식으로 이루어진다. 낮의 길이에 의한 추계 노쇠화 개시의 조절은 파이토크롬과 MADS 박스 호메오 전사 인자에 의해 매개된다. 노쇠화가 개시된 후 노쇠화 프로그램의 실행 계획에는 온도가 영향을 준다. 저온은 광산화에 의한 엽록소 제거를 촉진하고 안토시아닌 축적을 강화한다. 식물은 흔히 비생물적 스트레스에 반응하여 PCD를 유도한다. 침수는 하나의 예로, 저산소 조건이 침수된 뿌리에 의해 감지되어 통기조직의 발생을 일으킨다. 에틸렌 신호전달 경로가 뿌리 피층에서 PCD를 조절하여 분해형성이나 분리형성에 의한 기체 공간이 발생하도록 함으로써 산소의 흐름을 개선시킨다. 통기조직 분화 동안 DNA 분절화 현상이 일어나고, 호흡, 탄수화물, 질소 및 이차 대사가 차별적으로 활성화되며, 세포벽 분해가 촉진된다.

오스 대사 및 알칼로이드 합성 등에 관여하는 것들이다. 이때 활성화되는 조절 체계로는 칼슘 신호전달 조절 체계, 단백질 인산화 및 탈인산화 조절 체계, 에틸렌 합성 및 인식 조절 체계가 있다. 옥수수 뿌리의 무산소 또는 저산소 처리 결과, 셀룰레이즈의 증가를 동반하는 세포벽 분해가 일어나며(그림 18.43A), 이러한 반응은 핵심적인 에틸렌 생합성 효소인 ACC 신세이즈의 수준과 상관관계를 갖는다(그림 18.43B).

18.6.3 노쇠화와 세포 사멸은 생물적 상호작용에 대한 적응 반응이자 병리 반응이다

예정 세포사는 식물이 다른 생물에게서 위협을 받거나 착취될 때 식물이 배치하는 중요한 무기이다. 우리가 이 장과 다른 장에서 살펴 보았듯이, 추계 노쇠화, 열매의 숙성 및 꽃의 출현과 관계된 색상의 변화는 잠재적 수분매개자, 산포자 또는 포식자의 시각 체계를 통한 유인 또는 경고 표시로 작용한다. 이러한 상호작용은 현화식물과 그 이후 식물의 기원 이래로 공동진화적 적응에 의해 정교하게 균형이 잡힌 결과이다. 연한 열매에서 회색곰팡이병을 일으키는 맹독성 균인 *Botrytis cinerea*와 같은 일부 병원균은 **사물영양성 병원체(necrotroph)**이다. 이들은 숙주 세포를 죽이고 그 결과 죽은 조직에서 사는데, 종종 치사성 독소[*Botrytis*

의 경우에는 세스퀴터르페노이드 계열 화합물인 보트리디알(botrydial)임]를 생산함으로써 이루어진다. 반면, **활물영양성 병원체(biotroph)**, 즉 살아 있는 식물 조직에서만 번성하는 병원체가 식물을 공격할 때에 숙주 식물은 전체 식물의 생존을 위해 종종 PCD로 자신의 일부를 희생시킨다(15장 참고). 이 유형의 PCD 중에 가장 두드러지고 잘 규명된 예로는, 진균, 세균 및 바이러스성 병원체에 대한 **과민성 반응(hypersensitive response; HR로 약칭함)**이 있다. 여기에서 과민성이라는 용어는, 병원균이 시도한 감염을 숙주 식물이 좁은 범위에 제한하고 무력화시키려는 노력을 의미한다. HR의 기작에 대한 상세한 연구가 많이 이루어졌음에도 불구하고, 병원체에 대한 저항성에 세포 사멸이 필요한 것인지 아니면 그 저항성의 산물인지는 명확하지 않다.

다양한 범위의 숙주 저항성(한쪽 극단에서는 HR이 전혀 일어나지 않아 완전한 감수성을 보이는 경우부터 반대 극단에서는 격렬한 HR을 보여 저항성이 강하게 나타나는 경우까지)과 병원체의 감염 전략에 따라 상세한 HR 양상이 달라진다. 진균성 병원체와 세균성 병원체는 일반적으로 **괴사 반점(necrotic flecks)**, 즉 세포 사멸이 일어난 국소적 영역(그림 18.44) 및 단독 세포의 HR을 유도한다. HR에 의한 세포 사멸은 식물 자체의 생화학적 특성에 의존하기 때문에 대개 빠르게 일어나며, PCD의 한 전형으로 취급할 수 있는 특성을 나타낸다(그림 18.2A 참고). 자식작

그림 18.44 옥수수 노란색잎반점병을 일으키는 진균성 병원체인 *Mycosphaerella zeae-maydis*에 감염되어 나타난 괴사 반점.

용(autophagy) 및 세포의 액포는 HR 세포 사멸의 중요한 구성 요소이다. 액포성 절단 효소(vacuolar processing enzymes; VPEs로 약칭함)는 세포 사멸 과정에서 특히 중요한 것으로 생각된다. 예를 들면 VPEs의 화학적 저해제는 HR 또한 저해하며, VPEs를 억제하는 돌연변이체나 형질전환체에 HR을 일으키는 병원체를 처리하면 대조군에 비해 세포 사멸과 메타카스페이즈 활성이 상당히 낮은 것을 볼 수 있다. VPEs의 생체 내 기질은 아마도 세포 사멸 과정을 유발시키는 물질일 것으로 예상된다. HR 동안 대량으로 생성되는 활성산소종 및 활성질소종 또한 세포사멸 프로그램을 개시하고 실행하는 데 있어서 결정적이다. 이들은 15장에서 논의한, 환경 스트레스에 대한 일반적인 반응에 있어서 ROS가 수행하는 역할과 관련되어 있다.

병원체의 공격 이후 HR에 관련된 유전적 프로그램은 세 가지 유형의 유전자를 포함한다. 첫째 유형은 사멸 개시를 유발하는 인자에 반응하는 유전자, 둘째는 사멸의 범위를 제한하는 유전자로서 감염되지 않았을 때 PCD를 억제하는 유전자, 셋째는 사멸 기작을 다른 식물 방어 기작과 통합하는 유전자이다. 각 유형의 유전자들을 동정하는 것이 분자식물병리학자의 주요한 목표가 되어 왔다.

HR을 개시하는 유전자로 처음 알려진 종류로는 **R (resistance)** 유전자들이 있다. R 유전자는 작물 육종학의 주요 표적으로, 육종학자에 의해 병원체 저항성의 중요한 유전적 원천으로 인식되어 왔다. 1940년대의 연구에 의해, R 유전자의 산물과 병원체의 **비병원성(avirulence; avr로** 약칭함) 유전자의 산물 간의 상호작용은 HR의 개시에 필요하다는 것이 밝혀졌다. 따라서 R-avr 상호작용은 PCD를 유발하는 신호로 간주될 수 있다. 보다 최근에 연구자들은 세포 사멸의 변화를 나타내는 돌연변이 계열을 만들고 선별하여 HR 과정을 더 상세히 해부하고 있다.

PCD는 유전적으로 조절되는 과정이므로, PCD에 기여하는 유전자에 발생하는 돌연변이는 변형된 사멸 형태를 가진 식물을 만들 것으로 예상할 수 있다. 이러한 변형은 정상적인 경우 일어나야 할 세포 사멸이 일어나지 않거나 감소하는 형태를 취할 수도 있고, 세포 사멸이 더 빨리 일어나거나 자극 없이도 자발적으로 일어나는 형태를 취할 수도 있다. 표 18.3은 지체된 사멸 또는 자발적인 사멸을 일으키는 돌연변이의 예를 열거하고 있으며, 각 돌연변이의 분자적 기초가 알려진 경우 이를 표시하고 있다.

자발적 세포 사멸로 생긴 괴사 반점은 종종 옥수수(30가지 이상의 예가 알려져 있음) 그리고 벼와 같은 작물에서 관찰되어 왔지만, 애기장대의 자발적 사멸 돌연변이가 가

표 18.3 애기장대의 병반 모방 돌연변이(lesion mimic mutant) 및 기타 세포 사멸 돌연변이와 그 PCD 표현형에 의해 암시된 유전자의 범위, 세포내 기능 및 신호전달 인자.

		대립유전자	유전자 산물 (알려진 경우)	역할 (알려진 경우)	관련된 주요 신호					
					칼슘 이온	ROS/$^1O_2$	살리실산	자스몬산	에틸렌	스핑고지질
감소된 세포 사멸(RCD) 돌연변이		*dnd1*	AtCNGC2	고리형 뉴클레오타이드가 조절하는 이온 통로			+	+	+	
		dnd2	AtCNGC4	–	+		+	+	+	
		executer1/2	핵 단백질	일중항 산소($^1O_2$) 의존성 사멸에 요구됨		+				
		Atrboh D/F	NADPH 옥시데이즈의 원형질막 성분	ROS 형성을 초래하는 막 관통 전자 흐름의 생성		+				
자발적 사멸(SD) 돌연변이	개시유형	*acd5*	지질 인산화효소	–			+			+
		acd6	막관통 부위를 가진 앤키린(Ankyrin) 단백질				+			
		flu	테트라피롤 생합성의 음성적 조절자	글루타메이트tRNA 리덕테이즈 (테트라피롤 생합성의 첫 단계 효소)를 조절함		+				
		lsd2~lsd7	–	–			+			
		cpr5	막관통 수송 단백질	–			+	+	+	
		hrl1	–	–			+	+	+	
		cet1~cet4	–	–				+		
		cpr22	AtCNGC11/AtCNGC12의 융합	고리형 뉴클레오타이드가 조절하는 이온 통로	+		+			
		lin2	코프로포파이리노젠 III 옥시데이즈	엽록소 생합성		+				
	증식유형	*acd1*	페오포비드 a 옥시제네이즈	엽록소 이화작용		+				
		acd2	적색 엽록소 이화산물 리덕테이즈	엽록소 이화작용		+				
		lsd1	징크 핑거 단백질	전사 활성화 인자		+				
		acd11	–	스핑고신 수송 단백질						+
		vad1	그람 도메인을 포함하는 단백질				+		+	

그림 18.45 애기장대 *vascular associated death1* (*vad1*) 돌연변이체의 표현형. 그림은 잎이 노화되면서 초기와 후기에 잎맥에서 바깥쪽으로 번져 나가는 괴사 부위(화살표)를 보여 준다.

장 많고 잘 규명되어 있다. 어떤 자발적 병반 돌연변이는 농업에 응용되어 왔는데, 비록 그 분자적 기작은 알지 못했어도 이들의 병원체 저항성이 증가되어 있는 장점을 이용해 왔다. 이를테면 벼의 세키구치 병반(Sekiguchi lesion; *sl*) 돌연변이는 심각한 진균성 병인 도열병에 대한 저항성을 벼에 부여한다. 보리의 *mildew resistance locus o* (*mlo*) 돌연변이는 육종학자에 의해 봄 보리 재배종을 개발하기 위해 널리 사용되었는데, 이 돌연변이의 잎은 괴사 반점을 가지고 있지만 백분병(powdery mildew)에 대한 저항성이 증가되어 있는 장점을 갖는다.

식물에서 동정된 자발적 사멸 돌연변이는 대부분 정상적인 발생학적 세포 사멸 경로를 보인다. 아마도 그 이유는 관상 요소(tracheary element)와 같은 구조 발생을 이끄는 사멸 과정이 진행되지 않는 식물이 생존할 수 없기 때문일 것이다. 그러나 이 같은 경향에서 예외일 가능성이 있는 경우가 하나 있는데, 잎이 노화되면서 잎맥에서 괴사가 일어나는 애기장대 돌연변이 *vascular associated death1* (*vad1*)이 그것이다(그림 18.45). 이 돌연변이는 HR 동안 유도되는 어떤 막결합 단백질에 영향을 준다. 따라서 *vad1*은 발생학적 세포 사멸과 병원체에 의해 유도되는 세포 사멸 간의 연결 고리를 상징할 수도 있을 것이다.

황화(chlorosis), 즉 노쇠화와 유사한 방식으로 일어나는 잎 조직의 노란색화는 식물 질병의 공통적인 특성이다. 왜 노쇠화를 개시하도록 하는 것이 병원체에게 유리할까? 다수의 쌍자엽 식물에 대한 세균성 병원체인 *Pseudomonas syringae* pathovar (P. s. pv.) tomato는 코로나틴(coronatine) 독소를 생산하는데, 코로나틴은 식물의 내생적 호르몬인 **자스몬산**의 작용을 모방하는 물질이다. 자스몬산은 황화의 개시에 기여하고 방어 기능을 갖는다. 강낭콩(*Phaseolus vulgaris*)에서 P. s. pv. Phaseolicola 병원체에 의해 개시된 황화는 아르기닌 생합성을 억제하는 테트라펩티드 독소인 파세올로톡신(phaseolotoxin) 때문에 발생한다. 또 하나의 독소인 탭독소(tab-toxin)는 P. s. pv. tabaci에 의해 발생하는 담배(*Nicotiana tabacum*) 들불병

키포인트 예정 세포사는 생물 간의 상호작용에서 중요하며, 식물과 상호작용하는 대상이 유익한 생물(수분매개자 및 산포자)인 경우와 해로운 생물(해충 및 병원체)인 경우 모두에 해당된다. 병원성 생물체는 사물영양성(숙주 조직을 죽이고 죽은 조직에서 생존함) 병원체와 활물영양성(숙주 조직이 생존해야 함) 병원체로 분류된다. 과민성 반응(HR)은 숙주가 PCD를 유도하여 감염을 무력화하는 전략이다. 병원체 진균류와 바이러스에 반응하는 HR은 대개 단독 세포의 PCD와 괴사 반점의 형태를 취한다. HR에 관련된 PCD의 기작은 액포의 분해 활성에 의한 역할이라는 측면과 화학적 저해제에 대한 민감성의 측면에서 자식작용과 매우 닮아 있다. ROS 및 활성 질소종은 HR의 유도제이다. 저항-비병원성(R-avr) 체계에서 유전자-유전자 상호작용은 HR 동안 PCD를 유발하는 데 있어 필수적이다. 이에 연관된 조절 네트워크의 유전학적 분석은 세포 사멸이 지연되거나 자발적으로 일어나는 돌연변이체를 이용하여 수행되었다. 강화된 질병 저항성을 부여하는 특성을 가져 농업적으로 중요한 자발적 병반 돌연변이체 중에는 벼의 *sl* 돌연변이체와 보리의 *mlo* 돌연변이체가 있다. 애기장대의 관다발 분화 돌연변이인 *vad1*은 발생학적 PCD와 HR 관련성 PCD에 모두 결함을 가진 유전적 변이의 예일 가능성이 있다. *Pseudomonas* spp.와 같은 일부 병원체는 노쇠화와 유사한 숙주 잎 조직의 노란색화를 유도하는 독소를 생산한다. 노쇠 중인 조직이 병원체 공격에 잠재적으로 취약하다는 사실은 *SAGs* 유전자 중에 왜 방어 관련 유전자가 두드러지는지를 잘 설명한다.

그림 18.46 *Lomatia tasmanica*. 이 종은 King's lomatia 또는 King's holly라고도 알려져 있으며 단독 삼배체 클론 집단으로서 타스마니아 지방에 토종 서식하고 있다. 가끔 꽃을 피우기도 하나 이 식물은 불임성으로 보이며, 뿌리 흡지(root suckering)에 의해 증식한다. 생존하고 있는 클론 중에는 4만3천 6백 년 이상된 것이 있다고 한다. 사진은 호바트 식물원에서 자라고 있는 재배 표본을 보여 준다.

(wildfire)에 감염되면 황화를 개시한다. 탭독소는 글루타민 신세이즈를 저해하는 디펩티드이다. 그 결과 암모니아가 축적되어 광합성을 억제하고 결국 엽록소의 틸라코이드 막을 붕괴시킨다. 위의 각 예에서 최종 결과는, 황화 개시에 의해 병원체가 숙주 식물 내에서 새로운 수용부(sink)를 확립하여, 감염되었지만 생존하고 있는 식물 세포가 6탄당과 다른 양분의 형태로 광합성 동화산물을 병원체 생장을 위해 병원체에게 공급하도록 만드는 것이다.

식물 생활환 중에서 잎 노쇠화는 취약한 시기인데, 그 이유는 이 시기에 종자나 괴경과 같은 조직에서 사용되기 위해 재이동되는 잎의 자원이 잠재적인 병원체에게 많은 자양분으로 제공될 수 있기 때문이다. 이러한 사실은 왜 식물이 정상적인 노쇠화를 개시할 때 방어 경로를 활성화하는지(표 18.1 참고), 그리고 왜 일부 노쇠화 호르몬(특히 자스몬산과 살리실산)이 병원체에 대한 저항성 또한 매개하는지에 대한 해답이 될 수 있다.

18.6.4 예정 노쇠화, 사멸 및 노화 간의 관계는 복잡하다

대개 시간은 환경적 인자로 취급되지 않지만, **시간**은 스트레스 인자의 성격을 일부 지니고 있다. **노화(aging)**은 시간에 따른 생물학적 변화를 뜻한다. 인간의 경험과 **노인병학(gerontology)**의 생물의학 분야는 노화를 **장수**의 문제 및 생명 기능의 점진적 감퇴와 연결시킨다. 이러한 점에서 식물이 흥미로운 점은, 식물이 동물과 인간에게서 관찰되는 노화에 관련된 중요한 특성의 일부를 나타내는 것처럼 보이되, 좀 더 과장된 형태로 나타낸다는 것이다. 예를 들면, 식물은 애기장대처럼 몇 주 만에 생활환을 마치는 초식성 유형부터 지구에서 가장 오래된 개체 중 하나인 남태평양 지역의 클론 관목 *Lomatia tasmanica*(4만 년 이상 생존한 것으로 추정됨; 그림 18.46)까지 다양하다. **1회 결실성(monocarpic)** 종은 한번만 꽃을 맺고 죽는데, 이 과정은 태평양 연어, 하루살이 및 다수의 문어와 오징어 등과 같은 1회 생식성(semelparous) 동물의 죽음과 관련된 생식적 고갈을 연상시킨다. 노쇠화, 노화 및 수명 간의 외관상 관련성은 가을의 낙엽, 꽃이 지는 것과 열매의 숙성을 인간의 상황에 대한 비유로 사용하는 문학적 관용 표현들에 의해 강화되어 왔다.

개별 식물의 노화 및 장수는 그 식물의 생활환에서 일부 부위가 예정 노쇠화와 사멸을 겪는 현상과 연결 고리를 가진다는 사실은 명백해 보인다. 이 연관성은 오래 생존하는 식물보다 1회성 결실 식물에서 뚜렷이 나타난다. 1회성 결실 식물의 생활환 전략은 명백히 전체 영양식물체의 점진적인 노쇠화와 사멸을 이끌어내는 것으로 구성되어, 영양분의 대량 이동과 종자로의 수송을 통해 종자가 다음 세대에서 새로운 과정을 다시 시작하도록 돕는다. 교목과 클론 식물종에서는 개체 전체의 수명과 그 일부 부위의 수명 간의 균형을 잡는 과정에서 일반적으로 개체 전체의 생존을 우선 시 한다. 아직 미해결된 의문점은, 장기간 축적될 수 있는 **유전적 오류** 및/또는 개체 크기가 커지고 **통합성(integration)**이 감소함에 따라 증가하는 스트레스가 궁극적으로 식물의 죽음을 초래하는가에 대한 것이다. 이에 대한 대답은 생물학적으로 그리고 의학적으로도 중요성을 가지며, 식물의 분자적 생명에서 예정 노쇠화와 사멸의 중요성을 실증할 것이다.

키포인트 노화라는 용어는 시간에 따른 변화를 뜻한다. 식물은 모든 다세포 생물 중에서도 가장 다양성 높은 수명을 갖고 있어서, 애기장대 같이 단명하는 잡초처럼 몇 주만 생존하는 것부터, 관목과 클론 식물종처럼 수천 년을 사는 식물까지 다양하다. 한 번만 꽃을 피우고 죽는 1회성 결실 식물은 1회성 생식 동물이 경험하는 것과 유사하게 생식적 고갈을 겪는다. 1회성 결실 식물의 노쇠화는 일종의 생존 전략으로서 전체 영양식물체가 다음 세대의 종자 생산과 번식을 위해 희생된다. 연속적인 생식을 하는 장수 식물의 경우 개별 식물의 유지와 생존이 강조된다. 이러한 전략은 유전적 오류의 축적과 생리학적 통합성의 감소에 대해 잠재적으로 취약할 수 있다.

Acknowledgments, credits and sources

We would like to acknowledge those individuals, organizations, publishers and societies, who have granted permission to reproduce material in this book. Acknowledgements are listed by chapter:

Chapter 1

Figure 1.1, courtesy of Peggy Lemaux, University of California, Berkeley

Figure 1.2A & B, courtesy of Tracey Slotta @USDA-NRCS PLANTS Database

Figure 1.2C & D, courtesy of Steve Hurst @USDA-NRCS PLANTS Database

Figures 1.4, 1.14, 1.15, 1.26, 1.27A & C, 1.28B & D, 1.34, 1.35, 1.37, 1.38 and 1.41, all courtesy of J. Robert Waaland, Algamarine Ltd.

Figures 1.7, 1.10B–D, 1.21 and 1.39, all courtesy of Susan Waaland

Figure 1.27B, courtesy of Steven Ruzin, University of California, Berkeley

Chapter 2

Figures 2.16, 2.19 and 2.20, from Buchanan, Gruissem and Jones, *Biochemistry and Molecular Biology of Plants*, 2000, The American Society of Plant Biologists

Figure 2.25, source: RCSB PDB www.pdb.org

Figure 2.27, courtesy of J. Robert Waaland, Algamarine Ltd.

Figure 2.28, from Mieda, T. et al., 2004, *Plant Cell Physiology* 45:1271–9, Oxford University Press

Table 2.4, after Morris, *A Biologist's Physical Chemistry*, 2nd edition, 1967, Edward Arnold

Chapter 3

Figures 3.4, 3.14, 3.15, 3.17, 3.19, 3.23, 3.25, 3.34, 3.36, 3.37 and 3.39, from Buchanan, Gruissem and Jones, *Biochemistry and Molecular Biology of Plants*, 2000, The American Society of Plant Biologists

Figures 3.6A, 3.8B and 3.9A, source: Proceedings of the National Academy of Sciences of the United States of America, www.pnas.org

Figure 3.6B, source: www.thenakedscientists.com

Figure 3.9B, courtesy of Graham Moore, The John Innes Centre, UK

Figure 3.10, courtesy of Helen Ougham and Sid Thomas, Aberystwyth University, UK

Figure 3.12, source: http://plants.ensembl.org/index.html

Figure 3.16, from Freeman, *Biological Science*, 3rd edition, 2008, Pearson Education

Figure 3.20, courtesy of Neil Jones, Aberystwyth University, UK

Figure 3.22, source: www.wheatgenome.org

Figure 3.30, source: http://commons.wikimedia.org/wiki/File:Antennapedia.jpg

Figure 3.31, source: The MaizeGDB database, www.maizegdb.org.

Figure 3.35, from Napoli, C., Lemieux, C. and Jorgensen, R., 1990, *The Plant Cell* 2, 279–289, The American Society of Plant Biologists

Figure 3.46, source: RCSB PDB, www.pdb.org. Data originators Gabdoulkhakov, A.G., Savoshkina, Y., Krauspenhaar, R., Stoeva, S., Konareva, N., Kornilov, V., Kornev, A.N., Voelter, W., Nikonov, S.V., Betzel, C. and Mikhailov, A.M.

Tables 3.2, 3.3, 3.4 and 3.5, modified from Buchanan, Gruissem and Jones, *Biochemistry and Molecular Biology of Plants*, 2000, The American Society of Plant Biologists

Chapter 4

Figures 4.2, 4.5, 4.10, 4.15A, 4.18, 4.24A & D, 4.25, 4.26, 4.28, 4.36, 4.39 and 4.41, from Buchanan, Gruissem and Jones, *Biochemistry and Molecular Biology of Plants*, 2000, The American Society of Plant Biologists

Figure 4.3, from *Plant Cell Biology on DVD—Information for Students and a Resource for Teachers*, Gunning, B.E.S., 2009, Springer Verlag, www.plantcellbiologyonDVD.com. Micrograph courtesy of Adrienne Hardham, Australian National University

Figures 4.7 and 4.13A–C, from *Plant Cell Biology on DVD—Information for Students and a Resource for Teachers*, Gunning, B.E.S., 2009, Springer Verlag, www.plantcellbiologyonDVD.com

Figure 4.17, from *Plant Cell Biology on DVD—Information for Students and a Resource for Teachers*,

The Molecular Life of Plants, First Edition. Russell Jones, Helen Ougham, Howard Thomas and Susan Waaland.

Gunning, B.E.S., 2009, Springer Verlag, www.plantcellbiologyonDVD.com. Micrograph A, courtesy of Karl Oparka; micrograph B, courtesy of Martin Steer

Figure 4.18B, courtesy of Peter Eastmond, University of Warwick, UK

Figure 4.21, from *Plant Cell Biology on DVD—Information for Students and a Resource for Teachers*, Gunning, B.E.S., 2009, Springer Verlag, www.plantcellbiologyonDVD.com. Micrograph B, courtesy of Ursula Meindl

Figures 4.22A–C, 4.24B & C and 4.27B, from *Plant Cell Biology on DVD—Information for Students and a Resource for Teachers*, Gunning, B.E.S., 2009, Springer Verlag, www.plantcellbiologyonDVD.com

Chapter 5

Figure 5.7B, from Bjørn, P. et al. 2007, *Nature* 450, 1111–14, Nature Publishing Group

Figure 5.13B, courtesy of C. Toyoshima, University of Tokyo, Japan

Figures 5.18 and 5.19, from Buchanan, Gruissem and Jones, *Biochemistry and Molecular Biology of Plants*, 2000, The American Society of Plant Biologists

Figure 5.23, from Maurel, C., 2007, *FEBS Letters* 581 (12): 2227–36, Elsevier

Figure 5.34, from *Plant Cell Biology on DVD—Information for Students and a Resource for Teachers*, Gunning, B.E.S., 2009, Springer Verlag, www.plantcellbiologyonDVD.com

Table 5.1, from Taiz, L. and Zeiger, E. *Plant Physiology*, 3rd edition, 2002, Sinauer Associates Inc. Data from Higinbotham et al., 1967

Chapter 6

Figure 6.2A & B, courtesy of Shinjiro Yamaguchi, published in Mikihiro Ogawa, et al., 2003, *The Plant Cell* 15: 1591–604, The American Society of Plant Biologists

Figures 6.3, 6.10, 6.12, 6.13, 6.13, 6.15, 6.19, 6.20, 6.30, 6.31 and 6.34 from Buchanan, Gruissem and Jones, *Biochemistry and Molecular Biology of Plants*, 2000, The American Society of Plant Biologists

Figure 6.11, courtesy of William Hurkman and Delilah Wood, University of California, Berkeley

Figure 6.16A, courtesy of Lacey Samuels, University of British Columbia, Canada

Figure 6.16B, courtesy of Paul Bethke, from Bethke et al., 2007, *Plant Physiology* 143: 1173–88, The American Society of Plant Biologists

Figure 6.17, courtesy of T. Okita, Washington State University

Figure 6.21, courtesy of Gerhard Leubner, originally published in Müller et al., 2006, *Plant and Cell Physiology* 47: 864–77, Oxford University Press

Figure 6.23, courtesy of Paul Bethke, from Bethke et al., 2007, *Plant Physiology* 143: 1173–88, The American Society of Plant Biologists

Figure 6.24, courtesy of Custom Life Science Images, © David McIntyre

Figure 6.27, courtesy of Paul Bethke, from Bethke et al., 2007, *Plant Physiology* 143: 1173–88, The American Society of Plant Biologists

Figure 6.29, courtesy of Bob Buchanan, University of California, Berkeley and J. Yin-Zhengzhou, National Engineering Research Centre for Wheat, Henan Agricultural University, China

Table 6.2, from Loren Cordain, 'Cereal grains: humanity's double-edged sword' in Simopoulos, A.P. (ed.), *Evolutionary Aspects of Nutrition and Health. Diet, Exercise, Genetics and Chronic Disease*, 1999, *World Review of Nutrition and Diet* 84: 19–73, Karger, Basel

Tables 6.3, 6.4, 6.7, 6.12, 6.14, 6.15 and 6.16, modified from Bewley and Black, *Seeds: Physiology of Development and Germination*, 2nd edition, 1994, Plenum Press

Table 6.5, source: International Starch Institute, Science Park Aarhus, Denmark, http://www.starch.dk/isi/starch/starch.asp

Table 6.8, source: Guy Inchbald, http://www.queenhill.demon.co.uk/seedoils/seedcontent.htm

Table 6.10, from Buchanan, Gruissem and Jones, *Biochemistry and Molecular Biology of Plants*, 2000, The American Society of Plant Biologists

Table 6.13, from Stevenson-Paulik et al., 2005, *Proceedings of the National Academy of Sciences* 102: 12612–17, National Academy of Sciences

Chapter 7

Figures 7.2, 7.3, 7.6, 7.7, 7.9, 7.10, 7.12, 7.13, 7.14, 7.15, 7.16, 7.17, 7.18, 7.21, 7.24 and 7.25, from Buchanan, Gruissem and Jones, *Biochemistry and Molecular Biology of Plants*, 2000, The American Society of Plant Biologists

Figure 7.30, output from Genevestigator meta-analysis tool, https://www.genevestigator.com/

Table 7.1, modified from Buchanan, Gruissem and Jones, *Biochemistry and Molecular Biology of Plants*, 2000, The American Society of Plant Biologists

Table 7.2, based on Rasmusson, A.G. and Escobar, M.A., 2007, *Physiologia Plantarum* 129: 57–67, Physiologia Plantarum

Chapter 8

Figure 8.1, courtesy of Susan Waaland

Figures 8.7, 8.14, 8.16, 8.20, 8.23 and 8.35, from Buchanan, Gruissem and Jones, *Biochemistry and Molecular Biology of Plants*, 2000, The American Society of Plant Biologists

Figure 8.10 B, output from Genevestigator meta-analysis tool, https://www.genevestigator.com/

Figure 8.12, from Lopez-Juez, E., Nagatani, A., Tomizawa, K.I., Deak, M., Kern, R., Kendrick, R.E. and Furuya, M., 1992, The cucumber long hypocotyl mutant lacks a light-stable PHYB-like phytochrome. *The Plant Cell* 4: 241–51, The American Society of Plant Biologists

Figure 8.21, adapted from Franklin and Whitelam, 2005, *Annals of Botany* 96 (2): 169–75, Oxford University Press

Figure 8.26, courtesy of Troy Paddock, National Renewable Energy Laboratory (NREL)

Figure 8.32, from Lagercrantz, U., 2009, *Journal of Experimental Botany* 60: 2501–15, Oxford University Press

Table 8.2, after Franklin, K.A. and Quail, P.H., 2010, *Journal of Experimental Botany* 61: 11–24, Oxford University Press

Table 8.3, after Banerjee, R. and Batschauer, A., 2005, *Planta* 220: 498–502, Springer Verlag

Chapter 9

Figures 9.3, 9.5, 9.7, 9.8, 9.11, 9.13, 9.14, 9.17, 9.20, 9.21, 9.24, 9.25, 9.26, 9.31, 9.32, 9.33, 9.34, 9.35, 9.36, 9.37, 9.39, 9.40 and 9.41, from Buchanan, Gruissem and Jones, *Biochemistry and Molecular Biology of Plants*, 2000, The American Society of Plant Biologists

Figure 9.19, source: RCSB PDB www.pdb.org

Figure 9.27, source: RCSB PDB www.pdb.org

Tables 9.1, 9.2, 9.3, 9.4, 9.5, 9.6, 9.7, 9.9 and 9.10, from Buchanan, Gruissem and Jones, *Biochemistry and Molecular Biology of Plants*, 2000, The American Society of Plant Biologists

Chapter 10

Figures 10.1, 10.3, 10.5, 10.7, 10.15, 10.20, 10.42, 10.45, 10.48 and 10.50 from Buchanan, Gruissem and Jones, *Biochemistry and Molecular Biology of Plants*, 2000, The American Society of Plant Biologists

Figure 10.4A, courtesy of Thomas G. Ranney, North Carolina State University

Figure 10.4B, courtesy of Vilem Reinohl, Mendel University, Brno, Czech Republic

Figure 10.8B & C, courtesy of J. Kleine-Vehn and J. Friml, Ghent University, Belgium

Figure 10.9, courtesy of Remko Offring, Leiden University, the Netherlands

Figure 10.13, courtesy of Yuji Kamiya, RIKEN, Japan and Nobutaka Takahashi, University of Tokyo, Japan

Figure 10.14A, courtesy of Tai-ping Sun, Duke University

Figure 10.14B, courtesy of Peter Hedden, Rothamstead Research, UK

Figure 10.14C, courtesy of Tina Barsby, National Institute of Agricultural Botany (NIAB), UK

Figures 10.19, 10.22B, 10.26, 10.33B and 10.43A, all courtesy of Shinjiro Yamaguchi, RIKEN, Japan

Figure 10.28, courtesy of Caren Chang, University of Maryland

Figure 10.34, courtesy of Zhi-yong Wang, Carnegie Institution at Stanford University

Figure 10.49, courtesy of Miguel Blazguez, originally published in Munoz et al., 2008, *Development*, 135: 2573, The Company of Biologists

Chapter 11

Figures 11.1, 11.2B, 11.12, 11.14, 11.16, 11.17, 11.19, 11.23, 11.24 and 11.25, from Buchanan, Gruissem and Jones, *Biochemistry and Molecular Biology of Plants*, 2000, The American Society of Plant Biologists

Figure 11.2A, courtesy of Neil Jones, Aberystwyth University, UK

Figure 11.7, source: *Proceedings of the National Academy of Sciences of the United States of America*, 2005, 102 (43): 15694–9, www.pnas.org,

Figure 11.9A & B, source: http://www.plantphysiol.org

Figure 11.9C & D, from Churchman et al., 2006, *The Plant Cell* 18: 3145–57, The American Society of Plant Biologists

Figure 11.18B, from Culligan, K., Tissier, A. and Britta, A., 2004, ATR regulates a G2-phase cell-cycle checkpoint in *Arabidopsis thaliana. The Plant Cell* 16: 1091–104, The American Society of Plant Biologists

Figure 11.20E, from Laux et al., 1996, *Development* 122: 87–96, The Company of Biologists

Figure 11.21, source: http://picasaweb.google.com/lh/photo/Xj-uQY8LOnE69RlAQQLe9A

Figure 11.22A, courtesy of Cal Lemke, University of Oklahoma

Figure 11.22B, source: http://s1.hubimg.com/u/1257364_f520

Figure 11.28B, source: http://bio3400.nicerweb.com/Locked/media/ch02/02_14-synaptonemal_complex

Figure 11.29B, courtesy of S.P. Murphy and H.W. Bass, Florida State University

Figure 11.31, from Couteau et al., 1999, *The Plant Cell* 11: 1623–34, The American Society of Plant Biologists

Figure 11.32, inset from Brooker, *Genetics: Analysis and Principles*, 4th edition, 2011, McGraw-Hill

Chapter 12

Figure 12.1, images from Keiko Sakakibara, Tomoaki Nishiyama, Hironori Deguchi and Mitsuyasu Hasebe, 2008, Class 1 KNOX genes are not involved in shoot development in the moss *Physcomitrella patens* but do function in sporophyte development. *Evolution and Development* 10: 555–66, John Wiley & Sons

Figure 12.2, courtesy of John Bowman, University of California, Davis

Figures 12.9, 12.12, 12.25, 12.26 and 12.27, from Buchanan, Gruissem and Jones, *Biochemistry and*

Molecular Biology of Plants, 2000, The American Society of Plant Biologists

Figure 12.16, from De Smet, I., Lau, S., Mayer, U. and Jurgens, G., 2010, Embryogenesis—the humble beginnings of plant life. *The Plant Journal* 61: 959–970, John Wiley & Sons

Figure 12.18, from Foard, D.E. and Haber, A.H., 1961, Anatomic studies of gamma-irradiated wheat growing without cell division. *American Journal of Botany* 48: 438–46, The Botanical Society of America

Figure 12.22C & D, source: Hochholdinger & Zimmermann, 2007

Figure 12.30, source: RCSB PDB www.pdb.org

Figure 12.32A, courtesy of T. Lumpkin

Figure 12.32B, source: www.asahi-net.or.jp/~it6i-wtnb/Aigamo-rice2

Figure 12.33A, courtesy of Mark Brundrett, University of Western Australia, http://mycorrhizas.info/vam.html

Figure 12.34, from Tsiantis, M. and Hay, A., 2003, Comparative plant development: the time of the leaf? *Nature Reviews Genetics* 4: 169–80, Nature Publishing Group

Figure 12.37, source: http://oak.cats.ohiou.edu/~braselto/readings/structure.html

Figure 12.42, from Chatterjee, M., Sparvoli, S., Edmunds, C., Garosi, P., Findlay, K. and Martin, C., 1996, DAG, a gene required for chloroplast differentiation and palisade development in *Antirrhinum majus*. *EMBO Journal* 15: 4194–420, Nature Publishing Group

Figure 12.44, from Byrne, M.E., 2005, Networks in leaf development. *Current Opinion in Plant Biology* 8: 59–66, Elsevier

Figure 12.48, from Prusinkiewicz, P., 1990, *The Algorithmic Beauty of Plants*, http://algorithmicbotany.org/papers/abop

Figure 12.51, from Hedden, P., 2003, The genes of the Green Revolution. *Trends in Genetics* 19: 5–9, Elsevier

Figure 12.53, source: Peter Hedden, Rothamstead Research, UK

Figure 12.55, from Fu et al., 2002, *The Plant Cell*, The American Society of Plant Biologists

Chapter 13

Figure 13.2, courtesy of M. Faget, ETH, Zürich, Switzerland

Figures 13.7, 13.13, 13.14, 13.15, 13.16, 13.17, 13.19, 13.20, 13.21, 13.22, 13.26, 13.29, 13.30, 13.31, 13.32, 13.34, 13.35, 13.36, 13.37, 13.38, 13.40, 13.42, 13.43, 13.44, 13.45, 13.47 and 13.51, from Buchanan, Gruissem and Jones, *Biochemistry and Molecular Biology of Plants*, 2000, The American Society of Plant Biologists

Figure 13.52, from Bilecen, K., Ozturk, U.H., Duru, A.D., Sutlu, T., Petoukhov, M.V., Svergun, D.I., Koch, M.H.J., Sezerman, U.O., Cakmak, I. and Sayers, Z., 2005, *Triticum durum* metallothionein. Isolation of the gene and structural characterization of the protein using solution scattering and molecular modeling. *Journal of Biological Chemistry* 280: 13701–11, The American Society for Biochemistry and Molecular Biology

Tables 13.2 and 13.7, from Buchanan, Gruissem and Jones, *Biochemistry and Molecular Biology of Plants*, 2000, The American Society of Plant Biologists

Table 13.8, from Ashley, M.K., Grant, M. and Grabov, A., 2006, *Journal of Experimental Botany* 57: 425–36, Oxford University Press

Table 13.9, from Karley, A.J. and White, P.J., 2009, *Current Opinion in Plant Biology* 12: 291–8, Elsevier

Chapter 14

Figure 14.4, courtesy of Jean-Pierre Metraux, University of Fribourg, Switzerland

Figures 14.5, 14.6, 14.7, 14.9, 14.10, 14.11, 14.12, 14.15, 14.16, 14.17, 14.18, 14.21, 14.22, 14.24 and 14.30, from Buchanan, Gruissem and Jones, *Biochemistry and Molecular Biology of Plants*, 2000, The American Society of Plant Biologists

Figure 14.8A, from *Plant Cell Biology on DVD—Information for Students and a Resource for Teachers*, Gunning, B.E.S., 2009, Springer Verlag, www.plantcellbiologyonDVD.com. Micrograph courtesy of Robyn Overall, University of Sydney, Australia

Figure 14.13, from Crafts and Yamaguchi, *The Auroradiography of Plant Materials*, Calif. Agr. Expt. Station Extension Serv. Manual 35, 1964

Figure 14.26A, courtesy of Susan Waaland

Figure 14.26B, courtesy of Lacey Samuels, University of British Columbia Canada, from Suh, M.C. et al., 2005, *Plant Physiology* 139: 1649–165, The American Society of Plant Biologists

Figures 14.27A & B, courtesy of David Robinson, University of Heidelberg, Germany

Figure 14.27C, courtesy of Julian Schroeder, University of California, San Diego

Tables 14.2 and 14.3, from Buchanan, Gruissem and Jones, *Biochemistry and Molecular Biology of Plants*, 2000, The American Society of Plant Biologists

Table 14.4, data from Willmer, *Stomata*, 1983, Prentice Hall

Table 14.5, modified from Nobel, *Biophysical Plant Physiology and Ecology*, 1st edition, 1983, Freeman

Chapter 15

Figure 15.1, source: http://www.kriyayoga.com/photography/photo_gallery/d/60773-2/strawberry_runners-dsc02107-g1.jpg

Figure 15.3, data from USDA CENTURY Agroecosystem Version 4.0, http://www.nrel.colostate.edu/projects/century/MANUAL/html_manual/fig3-8b

Figures 15.4, 15.8, 15.9, 15.15, 15.16, 15.17, 15.19, 15.20, 15.21, 15.22, 15.24, 15.26, 15.27, 15.30, 15.31, 15.32, 15.33, 15.34, 15.36, 15.37 and 15.41, from Buchanan, Gruissem and Jones, *Biochemistry and Molecular Biology of Plants*, 2000, The American Society of Plant Biologists

Figure 15.35, data from von Koskull-Doring, P., Scharf, K-D. and Nover, L., 2007, *Trends in Plant Science* 12: 452–7, Elsevier

Figure 15.40, courtesy of Wendy Silk, University of California, Davis

Figure 15.42, from Scholes, D.J. and Press, M.C., 2008, Striga infestation of cereal crops. *Current Opinion in Plant Biology* 11 (2): 180–6, Elsevier

Tables 15.2, 15.5, 15.6, 15.7 and 15.8, from Buchanan, Gruissem and Jones, *Biochemistry and Molecular Biology of Plants*, 2000, The American Society of Plant Biologists

Chapter 16

Figures 16.7, 16.9, 16.11, 16.12, 16.16, 16.27, 16.29, 16.30, 16.31, 16.32, 16.34A, 16.34D, 16.34E, 16.35, 16.36, 16.39 and 16.42, from Buchanan, Gruissem and Jones, *Biochemistry and Molecular Biology of Plants*, 2000, The American Society of Plant Biologists

Figure 16.3, from Poethig, R.S., 2009, Small RNAs and developmental timing in plants. *Current Opinion in Genetics and Development* 19: 374–8, Elsevier

Figure 16.4, from Tooke, F., Ordidge, M., Chiurugwi, T. and Battey, N., 2005, Mechanisms and function of flower and inflorescence reversion. *Journal of Experimental Botany* 56: 2587–99, Oxford University Press

Figure 16.10, images of flowers from Krizek, B.A. and Fletcher, J.C., 2005, Molecular mechanisms of flower development: an armchair guide. *Nature Reviews in Genetics* 6: 688–98, Nature Publishing Group

Figure 16.23, from Grotewold, E., 2006, The genetics and biochemistry of floral pigments. *Annual Review of Plant Biology* 57: 761–80, Annual Reviews

Figure 16.33, from Favaro et al., 2003, MADS-box protein complexes control carpel and ovule development in *Arabidopsis*. *The Plant Cell* 15: 2603–11, The American Society of Plant Biologists

Figure 16.34B & C, from Lolle, S.J. and Pruitt, R.E., 1999, *Trends in Plant Science* 4: 14–20, Elsevier

Figure 16.37, source: RCSB PDB www.pdb.org

Figure 16.44, from Hochholdinger, F. and Hoecker, N., 2007, Towards the molecular basis of heterosis. *Trends in Plant Science* 12: 427–32, Elsevier

Figure 16.46, micrograph from Le et al., 2007, *Plant Physiology* 144: 562–74, The American Society of Plant Biologists

Figure 16.47, micrographs from Sabelli, P.A. and Larkins, B.A., 2009, *Plant Physiology* 149: 14–26, The American Society of Plant Biologists

Chapter 17

Figure 17.4, from Saska, M.M. and Kuzovkina, Y.A., 2010, *Annals of Applied Biology* 156: 431–7, John Wiley & Sons

Figures 17.7, 17.9, 17.14, 17.15, 17.20 and 17.32, from Buchanan, Gruissem and Jones, *Biochemistry and Molecular Biology of Plants*, 2000, The American Society of Plant Biologists

Figure 17.6, from Jacoby, G.C., Workman, K.W. and D'Arrigo, R.D., 1999, *Quaternary Science Reviews* 18: 1365–71, Elsevier

Figure 17.9, modified and simplified from Kloosterman, B., Vorst, O., Hall, R.D., Visser, R.G.F. and Bachem, C.W., 2005, Tuber on a chip: differential gene expression during potato tuber development. *Plant Biotechnology Journal* 3: 505–19, John Wiley & Sons

Figure 17.10, pea image courtesy of Neil Jones, Aberystwyth University, UK

Figure 17.13, source: Marco Schmidt, http://commons.wikimedia.org/wiki/User:Marco_Schmidt

Figure 17.16A, source: RCSB PDB www.pdb.org

Figure 17.16B, from Stupar, R.M., Beaubien, K.A., Jin, W., Song, J., Lee, M-K., Wu, C., Zhang, H-B, Han, B. and Jiang, J., 2006, *Genetics* 172: 1263–75, DOI, The Genetics Society of America

Figure 17.17, from Cooke, J.E.K. and Weih, W., 2005, Nitrogen storage and seasonal nitrogen cycling in *Populus*: bridging molecular physiology and ecophysiology. *New Phytologist* 167: 19–30, John Wiley & Sons. Courtesy of John Greenwood, University of Guelph, Canada

Figure 17.18, courtesy of John Clifton-Brown, Aberystwyth University, UK

Figure 17.22, source: NASA, www.nasa.gov

Figure 17.27, from Arora, R., Rowland, L.J. and Tanino, K., 2003, *HortScience* 38: 911–21, The American Society for Horticultural Science

Figure 17.28, from Chaloupkova, K. and Smart, C.C., 1994, *Plant Physiology* 105: 497–507, The American Society of Plant Biologists

Figure 17.31, courtesy of Athole Marshall, Aberystwyth University, UK

Chapter 18

Figures 18.1, 18.3C, 18.5, 18.6, 18.7, 18.8, 18.9, 18.15, 18.17, 18.18, 18.27, 18.28, 18.29, 18.31, 18.32 and 18.36, from Buchanan, Gruissem and Jones, *Biochemistry and Molecular Biology of Plants*, 2000, The American Society of Plant Biologists

Figure 18.3D, courtesy of David Robinson, University of Heidelberg, Germany

Figure 18.11B, courtesy of Adrian Dauphinee, Gunawardena Laboratory, Biology Department, Dalhousie University, Canada

Figure 18.13, from Shibuya, K., Yamada, T., Suzuki, T., Shimizu, K. and Ichimura, K., 2009, InPSR26, a putative membrane protein, regulates programmed cell death during petal senescence in Japanese morning glory. *Plant Physiology* 149: 816–24, The American Society of Plant Biologists.

Figure 18.14, courtesy of Thomas Schoch, License: CC-BY-SA 3.0

Figure 18.21, *Nicotania tabacum* image courtesy of Magnus Manske, 2009, http://commons.wikimedia.org/wiki/File:Nicotiana_tabacum_%27Tobacco%27_%28Solanaceae%29_plant

Figure 18.22, from Miguel, A., Perez-Amador, M.A. et al., 2000, Identification of BFN1, a bifunctional nuclease induced during leaf and stem senescence in *Arabidopsis. Plant Physiology* 122: 169–79, The American Society of Plant Biologists

Figure 18.23, from Zimmermann P., Heinlein, C., Orendi, G. and Zentgraf, U., 2006, Senescence-specific regulation of catalases in *Arabidopsis thaliana* (L.) Heynh. *Plant, Cell and Environment* 29: 1049–60, John Wiley & Sons

Figure 18.24, courtesy of Helen Ougham and Sid Thomas, Aberystwyth University, UK

Figure 18.25, adapted from Uauy, C., Distelfeld, A., Fahima, T., Blechl, A. and Dubcovsky, J., 2006, A NAC gene regulating senescence improves grain protein, zinc, and iron content in wheat. *Science* 314: 1298–301, American Association for the Advancement of Science

Figure 18.26, from Bhalerao, R., Keskitalo, J., Sterky, J.F., Erlandsson R., Björkbacka, H., Birve, S.J., Karlsson, J., Gardeström, P., Gustafsson, P., Lundeberg, J. and Jansson, S., 2003, *Plant Physiology* 131: 430–42, The American Society of Plant Biologists

Figure 18.28, images courtesy of Hilda Zavaleta-Mancera, Postgrado de Botánica, Colegio de Postgraduados en Ciencias Agricolas, Montecillo, Mexico

Figure 18.35, source: RCSB PDB www.pdb.org

Figure 18.39, from Giovannoni, J.J., 2007, Fruit ripening mutants yield insights into ripening control. *Current Opinion in Plant Biology* 10: 283–9, Elsevier

Figure 18.40, leaf images courtesy of Keskitalo, J., Bergquist, G., Gardeström, P. and Jansson S., 2005, *Plant Physiology* 139: 1635–48, The American Society of Plant Biologists

Figure 18.44, source: The MaizeGDB database, www.maizegdb.org

Figure 18.45, from Lorrain, Lin et al. 2004. Vascular associated death1, a novel GRAM domain-containing protein, is a regulator of cell death and defense responses in vascular tissues. *The Plant Cell* 16: 2217–32, The American Society of Plant Biologists

Figure 18.46, source: Shantavira, http://en.wikipedia.org/wiki/File:456509194_b4bab5b9e7_o.jpg

Table 18.1, from Buchanan-Wollaston, V., Earl, S., Harrison, E., Mathas, E., Navabpour, S., Page, T. and Pink, D., 2003, *Plant Biotechnology Journal* 1: 3–22, John Wiley & Sons

Table 18.2, from Prasanna, V., Prabha, T.N. and Tharanathan, R.N., 2007, *Critical Reviews in Food Science and Nutrition* 47: 1–19, Taylor & Francis

Table 18.3, from Buchanan, Gruissem and Jones, *Biochemistry and Molecular Biology of Plants*, 2nd edition, not yet published, John Wiley & Sons

찾아보기

숫자

A

B

D

E

H

N

O

P

Q

R

S

T

U

ㅈ

ㅎ